2023 최신판

대기환경
기사/산업기사
필기

기술사 이승원
　　　 이동경 공저

✓ **이 책의 특징**
- 새로운 출제기준 완벽 적용
- 단원별 "핵심 학습포인트"를 정리, 수록
- 단원별 "CBT 형식 출제대비 예상문제" 수록
- 단원별 "출제 빈도에 따른 종합예상문제" 수록
- 최근 "과년도 출제문제 및 상세한 해설" 수록

Since 1990
연합플러스
평생교육원
저·자·직·강

스터디채널
studych.co.kr
동·영·상·강·의

기문사
www.kimoonsa.co.kr

머리말

　여러분들의 끊임없는 성원과 배려로 국가기술검정에 대비한 대기환경기사·산업기사 수험서를 출간하게 되었음을 먼저 감사드립니다.

　본 저자는 국가기술검정(대기환경관리 분야)의 다양한 출제경향과 깊이를 가늠하여 출제경향과 수험서의 이질적 공백을 최소화하는데 전력을 다하였으며, 특히 암기위주(暗記爲主)의 단편적인 수험서(受驗書)를 탈피하기 위해서 보편적인 원리와 개념을 최대한 반영하여 저자와 독자 간에 형성될 수 있는 소통의 장벽을 허물고자 책 본문 중에 "고딕체 표시", "중요 표시", "참고하기", "정리하기" 등 다양한 시도를 하였고, 이 분야의 학문적 특성상 환경양론 및 환경화학에 해당하는 공학적 단위나 수식이 자주 등장하기 때문에 이를 본래의 취지를 훼손하지 않으면서 허용되는 범위 내에서 수험생이 이해할 수 있는 단위환산 요령을 일반화시킴으로써 암기할 공식의 수요를 최소화하는 데 주력하였다. 특히 수식(數式)의 전개과정, 기초개념을 토대로 한 응용(應用)과 단위환산기법은 저자가 다년간 강단에서 학생들을 지도해온 방법 그대로를 수록하여 난해한 계산문제를 보다 쉽게 이해하고 풀 수 있도록 정리하여 수록하였다.

　새 자동차는 주행거리 1000km까지 어떻게 길을 들이느냐가 그 자동차의 수명을 좌우하듯이 지금 대기환경 자격증에 입문하는 수험생은 첫걸음인 수험서의 선택이 장래의 공부방식과 습성을 좌우하는 인생의 중요한 계기가 될 것입니다. 3년 공부에 천자문을 달달 외어도 신문 한 장 제대로 못 읽는다면 한문 공부가 무슨 소용이 있겠습니까?

　따라서, 본교재의 가장 큰 특징은 저자의 강단 교습내용을 생생하게 담아 최상의 경쟁력을 확보할 수 있도록 모든 학습기법의 노하우를 정성껏 편집하여 실었습니다.

　아무쪼록 국가기술검정 수험대비에 많은 도움을 받아 좋은 결과가 있기를 바라겠습니다.

　끝으로 본서의 내용에 대하여 많은 충고를 해주실 것을 당부드리면서 오랜 기간 학문적 지도와 집필 가이드 및 감수를 해주신 환경기술사 이승원 선생님 이하 여러 대기기술사님과 더불어 원고에 정리에 많은 도움을 주신 연합플러스 평생교육원 원장 장혜선 님, 도안을 맡아주신 이태경 PD, 교정을 맡아주신 김온유 선생께 깊은 감사를 드립니다.

저자　이동경 拜上

[대기환경기사]

· 적용기간 : 2020. 01. 01~2024. 12. 31

과목명	문제수	주요항목	세부항목	세세항목
대기오염 개론	20	1. 대기오염	1. 대기오염의 특성	1. 대기오염의 정의 2. 대기오염의 원인 3. 대기오염인자
			2. 대기오염의 현황	1. 대기오염물질 배출원 2. 대기오염물질 분류
			3. 실내공기오염	1. 배출원 2. 특성 및 영향
		2. 2차 오염	1. 광화학반응	1. 이론 2. 영향인자 3. 반응
			2. 2차 오염	1. 2차 오염물질의 정의 2. 2차 오염물질의 종류
		3. 대기오염의 영향 및 대책	1. 대기오염의 피해 및 영향	1. 인체에 미치는 영향 2. 동·식물에 미치는 영향 3. 재료와 구조물에 미치는 영향
			2. 대기오염사건	1. 대기오염사건별 특징 2. 대기오염사건의 피해와 그 영향
			3. 대기오염대책	1. 연료 대책 2. 자동차 대책 3. 기타 산업시설의 대책 등
			4. 광화학오염	1. 원인 물질의 종류 2. 특징 3. 영향 및 피해
			5. 산성비	1. 원인 물질의 종류 2. 특징 3. 영향 및 피해 4. 기타 국제적 환경문제와 그 대책
		4. 기후변화 대응	1. 지구온난화	1. 원인 물질의 종류 2. 특징 3. 영향 및 대책 4. 국제적 동향
			2. 오존층파괴	1. 원인 물질의 종류 2. 특징 3. 영향 및 대책 4. 국제적 동향
		5. 대기의 확산 및 오염예측	1. 대기의 성질 및 확산개요	1. 대기의 성질 2. 대기확산이론
			2. 대기확산방정식 및 확산 모델	1. 대기확산방정식 2. 대류 및 난류확산에 의한 모델

출제기준

과목명	문제수	주요항목	세부항목	세세항목
			3. 대기안정도 및 혼합고	1. 대기안정도의 정의 및 분류 2. 대기안정도의 판정 3. 혼합고의 개념 및 특성
			4. 오염물질의 확산	1. 대기안정도에 따른 오염물질의 확산특성 2. 확산에 따른 오염도 예측 3. 굴뚝 설계
			5. 기상인자 및 영향	1. 기상인자 2. 기상의 영향
연소공학	20	1. 연소	1. 연소이론	1. 연소의 정의 2. 연소의 형태와 분류
			2. 연료의 종류 및 특성	1. 고체연료의 종류 및 특성 2. 액체연료의 종류 및 특성 3. 기체연료의 종류 및 특성
		2. 연소계산	1. 연소열역학 및 열수지	1. 화학적 반응속도론 기초 2. 연소열역학 3. 열수지
			2. 이론공기량	1. 이론산소량 및 이론공기량 2. 공기비(과잉공기계수) 3. 연소에 소요되는 공기량
			3. 연소가스 분석 및 농도 산출	1. 연소가스량 및 성분분석 2. 오염물질의 농도계산
			4. 발열량과 연소온도	1. 발열량의 정의와 종류 2. 발열량 계산 3. 연소실 열발생율 및 연소온도 계산 등
		3. 연소설비	1. 연소장치 및 연소방법	1. 고체연료의 연소장치 및 연소방법 2. 액체연료의 연소장치 및 연소방법 3. 기체연료의 연소장치 및 연소방법 4. 각종 연소장애와 그 대책 등
			2. 연소기관 및 오염물	1. 연소기관의 분류 및 구조 2. 연소기관별 특징 및 배출오염물질 3. 연소설계
			3. 연소배출 오염물질 제어	1. 연료대체 2. 연소장치 및 개선방법
대기오염 방지기술	20	1. 입자 및 집진의 기초	1. 입자동력학	1. 입자에 작용하는 힘 2. 입자의 종말침강속도 산정 등
			2. 입경과 입경분포	1. 입경의 정의 및 분류 2. 입경분포의 해석
			3. 먼지의 발생 및 배출원	1. 먼지의 발생원 2. 먼지의 배출원
			4. 집진원리	1. 집진의 기초이론 2. 통과율 및 집진효율 계산 등

과목명	문제수	주요항목	세부항목	세세항목
		2. 집진기술	1. 집진방법	1. 직렬 및 병렬연결 2. 건식집진과 습식집진 등
			2. 집진장치의 종류 및 특징	1. 중력집진장치의 원리 및 특징 2. 관성력집진장치의 원리 및 특징 3. 원심력집진장치의 원리 및 특징 4. 세정식집진장치의 원리 및 특징 5. 여과집진장치의 원리 및 특징 6. 전기집진장치의 원리 및 특징 7. 기타집진장치의 원리 및 특징
			3. 집진장치의 설계	1. 각종 집진장치의 기본 및 실시 설계시 고려인자 2. 각종 집진장치의 처리성능과 특성 3. 각종 집진장치의 효율산정 등
			4. 집진장치의 운전 및 유지관리	1. 중력집진장치의 운전 및 유지관리 2. 관성력집진장치의 운전 및 유지관리 3. 원심력집진장치의 운전 및 유지관리 4. 세정식집진장치의 운전 및 유지관리 5. 여과집진장치의 운전 및 유지관리 6. 전기집진장치의 운전 및 유지관리 7. 기타집진장치의 운전 및 유지관리
		3. 유체역학	1. 유체의 특성	1. 유체의 흐름 2. 유체역학 방정식
		4. 유해가스 및 처리	1. 유해가스의 특성 및 처리이론	1. 유해가스의 특성 2. 유해가스의 처리이론(흡수, 흡착 등)
			2. 유해가스의 발생 및 처리	1. 황산화물 발생 및 처리 2. 질소산화물 발생 및 처리 3. 휘발성 유기화합물 발생 및 처리 4. 악취 발생 및 처리 5. 기타 배출시설에서 발생하는 유해가스 처리
			3. 유해가스 처리설비	1. 흡수 처리설비 2. 흡착 처리설비 3. 기타 처리설비 등
			4. 연소기관 배출가스 처리	1. 배출 및 발생 억제기술 2. 배출가스 처리기술
		5. 환기 및 통풍	1. 환기	1. 자연환기 2. 국소환기
			2. 통풍	1. 통풍의 종류 2. 통풍장치

출제기준

과목명	문제수	주요항목	세부항목	세세항목
대기오염 공정시험 기준(방법)	20	1. 일반분석	1. 분석의 기초	1. 총칙 2. 적용범위
			2. 일반분석	1. 단위 및 농도, 온도표시 2. 시험의 기재 및 용어 3. 시험기구 및 용기 4. 시험결과의 표시 및 검토 등
			3. 기기분석	1. 기체크로마토그래피 2. 자외선가시선분광법 3. 원자흡수분광광도법 4. 비분산적외선분광분석법 5. 이온크로마토그래피 6. 흡광차분광법 등
			4. 유속 및 유량 측정	1. 유속 측정 2. 유량 측정
			5. 압력 및 온도 측정	1. 압력 측정 2. 온도 측정
		2. 시료채취	1. 시료채취방법	1. 적용범위 2. 채취지점수 및 위치선정 3. 일반사항 및 주의사항 등
			2. 가스상 물질	1. 시료채취법 종류 및 원리 2. 시료채취장치 구성 및 조작
			3. 입자상 물질	1. 시료채취법 종류 및 원리 2. 시료채취장치 구성 및 조작
		3. 측정방법	1. 배출오염물질 측정	1. 적용범위 2. 분석방법의 종류 3. 시료채취, 분석 및 농도산출
			2. 대기 중 오염물질 측정	1. 적용범위 2. 측정방법의 종류 3. 시료채취, 분석 및 농도산출
			3. 연속자동측정	1. 적용범위 2. 측정방법의 종류 3. 성능 및 성능시험방법 4. 장치구성 및 측정조작
			4. 기타 오염인자의 측정	1. 적용범위 및 원리 2. 장치구성 3. 분석방법 및 농도계산
대기환경 관계법규	20	1. 대기환경 보전법	1. 총칙	
			2. 사업장 등의 대기 오염물질 배출규제	
			3. 생활환경상의 대기 오염물질 배출규제	

과목명	문제수	주요항목	세부항목	세세항목
			4. 자동차·선박 등의 배출가스의 규제	
			5. 보칙	
			6. 벌칙 (부칙포함)	
		2. 대기환경 보전법 시행령	1. 시행령 전문(부칙 및 별표 포함)	
		3. 대기환경 보전법 시행규칙	1. 시행규칙 전문(부칙 및 별표, 서식 포함)	
		4. 대기환경 관련법	1. 대기환경보전 및 관리, 오염 방지와 관련된 기타법령 (환경정책기본법, 악취방지법, 실내공기질 관리법 등 포함)	

출제기준

[대기환경산업기사]

· 적용기간 : 2020. 01. 01~2024. 12. 31

과목명	문제수	주요항목	세부항목	세세항목
대기오염 개론	20	1. 대기오염	1. 대기오염의 특성	1. 대기오염의 정의 2. 대기오염의 원인 3. 대기오염인자
			2. 대기오염의 현황	1. 대기오염물질 배출원 2. 대기오염물질 분류
			3. 실내공기오염	1. 배출원 2. 특성 및 영향
		2. 대기환경 기상	1. 기상영향	1. 대기안정도의 분류 및 판정 2. 안정도에 따른 오염물질의 확산 및 예측 3. 대기확산이론
			2. 기상인자	1. 바람 2. 체감율 3. 역전현상 4. 열섬효과 등
		3. 광화학오염	1. 광화학반응	1. 이론 2. 영향인자 3. 반응
		4. 대기오염의 영향 및 대책	1. 대기오염의 피해 및 영향	1. 인체에 미치는 영향 2. 동·식물에 미치는 영향 3. 재료와 구조물에 미치는 영향
			2. 대기오염사건	1. 대기오염사건별 특징 2. 대기오염사건의 피해와 그 영향
			3. 광화학오염	1. 원인 물질의 종류 2. 특징 3. 영향 및 피해
			4. 산성비	1. 원인 물실의 종류 2. 특징 3. 영향 및 피해
			5. 대기오염대책	1. 연료 대책 2. 자동차 대책 3. 기타 산업시설의 대책 등
		5. 기후변화 대응	1. 지구온난화	1. 원인 물질의 종류 2. 특징 3. 영향 및 대책 4. 국제적 동향
			2. 오존층 파괴	1. 원인 물질의 종류 2. 특징 3. 영향 및 대책 4. 국제적 동향

출제기준

과목명	문제수	주요항목	세부항목	세세항목
대기오염 방지기술	20	1. 입자 및 집진의 기초	1. 입자동력학	1. 입자에 작용하는 힘 2. 입자의 종말침강속도 산정 등
			2. 입경과 입경분포	1. 입경의 정의 및 분류 2. 입경분포의 해석
			3. 먼지의 발생 및 배출원	1. 먼지의 발생원 2. 먼지의 배출원
			4. 집진원리	1. 집진의 기초이론 2. 통과율 및 집진효율 계산 등
		2. 집진기술	1. 집진방법	1. 직렬 및 병렬연결 2. 건식집진과 습식집진 등
			2. 집진장치의 종류 및 특징	1. 중력집진장치의 원리 및 특징 2. 관성력집진장치의 원리 및 특징 3. 원심력집진장치의 원리 및 특징 4. 세정식집진장치의 원리 및 특징 5. 여과집진장치의 원리 및 특징 6. 전기집진장치의 원리 및 특징 7. 기타집진장치의 원리 및 특징
			3. 집진장치 설계	1. 각종 집진장치의 기본설계시 고려인자 2. 각종 집진장치의 처리성능과 특성 3. 각종 집진장치의 효율산정 등
			4. 집진장치의 운전 및 유지관리	1. 중력집진장치의 운전 및 유지관리 2. 관성력집진장치의 운전 및 유지관리 3. 원심력집진장치의 운전 및 유지관리 4. 세정식집진장치의 운전 및 유지관리 5. 여과집진장치의 운전 및 유지관리 6. 전기집진장치의 운전 및 유지관리 7. 기타집진장치의 운전 및 유지관리
		3. 유해가스 및 처리	1. 유해가스의 특성 및 처리이론	1. 유해가스의 특성 2. 유해가스의 처리이론(흡수, 흡착 등)
			2. 유해가스의 발생 및 처리	1. 황산화물 발생 및 처리 2. 질소산화물 발생 및 처리 3. 휘발성유기화합물 발생 및 처리 4. 악취 발생 및 처리 5. 기타 배출시설에서 발생하는 유해가스 처리
			3. 유해가스 처리설비	1. 흡수 처리설비 2. 흡착 처리설비 3. 기타 처리설비 등
			4. 연소기관 배출가스 처리	1. 배출 및 발생 억제기술 2. 배기가스 처리기술
		4. 환기 및 통풍	1. 환기	1. 자연환기 2. 국소환기

출제기준

과목명	문제수	주요항목	세부항목	세세항목
			2. 통풍	1. 통풍의 종류 2. 통풍장치
			3. 유체의 특성	1. 유체의 흐름 2. 유체역학 방정식
		5. 연소이론	1. 연료의 종류 및 특성	1. 고체연료의 종류 및 특성 2. 액체연료의 종류 및 특성 3. 기체연료의 종류 및 특성
			2. 공기량	1. 이론산소량 및 이론공기량 2. 공기비(과잉공기계수) 3. 연소에 소요되는 공기량
			3. 연소가스 분석 및 농도 산출	1. 연소가스량 및 성분분석 2. 연소생성물의 농도계산 3. 연소설비
			4. 발열량과 연소온도	1. 발열량의 정의와 종류 2. 발열량 계산 3. 연소실 열발생률 및 연소온도 계산 등
			5. 연소기관 및 오염물	1. 연소기관의 분류 및 구조 2. 연소기관별 특징 및 배출오염물질
대기오염 공정시험 기준(방법)	20	1. 일반분석	1. 분석의 기초	1. 총칙 2. 적용범위
			2. 일반분석	1. 단위 및 농도, 온도표시 2. 시험의 기재 및 용어 3. 시험기구 및 용기 4. 시험결과의 표시 및 검토 등
			3. 기기분석	1. 기체크로마토그래피 2. 자외선가시선분광법 3. 원자흡수분광도법 4. 비분산적외선분광분석법 5. 이온크로마토그래피 6. 흡광차분광법 등
			4. 유속 및 유량 측정	1. 유속 측정 2. 유량 측정
			5. 압력 및 온도 측정	1. 압력 측정 2. 온도 측정
		2. 시료채취	1. 시료채취방법	1. 적용범위 2. 채취지점수 및 위치선정 3. 일반사항 및 주의사항 등
			2. 가스상 물질	1. 시료채취법 종류 및 원리 2. 시료채취장치 구성 및 조작
			3. 입자상 물질	1. 시료채취법 종류 및 원리 2. 시료채취장치 구성 및 조작

과목명	문제수	주요항목	세부항목	세세항목
		3. 측정방법	1. 배출오염물질측정	1. 적용범위 2. 분석방법의 종류 3. 시료채취, 분석 및 농도산출
			2. 대기 중 오염물질 측정	1. 적용범위 2. 측정방법의 종류 3. 시료채취, 분석 및 농도산출
			3. 연속자동측정	1. 적용범위 2. 측정방법의 종류 3. 성능 및 성능시험방법 4. 장치구성 및 측정조작
			4. 기타 오염인자의 측정	1. 적용범위 및 원리 2. 장치구성 3. 분석방법 및 농도계산
대기환경 관계법규	20	1. 대기환경 보전법	1. 총칙	
			2. 사업장 등의 대기 오염물질 배출규제	
			3. 생활환경상의 대기 오염물질 배출규제	
			4. 자동차선박 등의 배출가스의 규제	
			5. 보칙	
			6. 벌칙(부칙포함)	
		2. 대기환경 보전법 시행령	1. 시행령 전문(부칙 및 별표 포함)	
		3. 대기환경 보전법 시행규칙	1. 시행규칙 전문(부칙 및 별표 포함)	
		4. 대기환경 관련법	1. 대기환경보전 및 관리, 오염 방지와 관련된 기타법령(환경정책기본법, 악취방지법, 실내공기질 관리법 등 포함)	

차 례

Part 1 대기오염개론

Chapter 1 대기오염 ··· 19
1. 대기오염의 특성_19
2. 대기오염의 현황_21
3. 실내 공기오염_31
- CBT 형식 출제대비 엄선 예상문제/40
- 업그레이드 종합 예상문제/50

Chapter 2 2차 오염 ··· 65
1. 광화학반응_65
2. 2차 오염_68
- CBT 형식 출제대비 엄선 예상문제/71
- 업그레이드 종합 예상문제/75

Chapter 3 대기오염의 영향 및 대책 ··· 80
1. 대기오염의 피해 및 영향_80
2. 대기오염사건_91
3. 대기오염 대책_92
4. 산성비·황사_99
- CBT 형식 출제대비 엄선 예상문제/102
- 업그레이드 종합 예상문제/114

Chapter 4 기후변화의 대응 ·· 143
1. 지구온난화_143
2. 오존층 파괴_148
- CBT 형식 출제대비 엄선 예상문제/150
- 업그레이드 종합 예상문제/156

Chapter 5 대기의 확산 및 오염예측 ··· 164
1. 대기의 성질 및 확산 개요_164
2. 대기 확산방정식 및 확산 모델_171
3. 대기안정도 및 혼합고_183
4. 오염물질의 확산_189
- CBT 형식 출제대비 엄선 예상문제/195
- 업그레이드 종합 예상문제/211

Part 2 연소공학

Chapter 1 연소(연소공학) ··· 239
1. 연소이론_239
2. 연료의 종류 및 특성_247
- CBT 형식 출제대비 엄선 예상문제/256
- 업그레이드 종합 예상문제/264

Chapter 2 연소계산(연소공학) ··· 286
    1. 연소 열역학 및 열수지_286
        ■ CBT 형식 출제대비 엄선 예상문제/299
    2. 공기량 · 공연비 · 공기비_307
        ■ CBT 형식 출제대비 엄선 예상문제/310
        ■ 업그레이드 종합 예상문제/319
    3. 연소가스 분석 및 농도산출_324
        ■ CBT 형식 출제대비 엄선 예상문제/327
        ■ 업그레이드 종합 예상문제/333
    4. 발열량과 연소온도 등_348
        ■ CBT 형식 출제대비 엄선 예상문제/349
        ■ 업그레이드 종합 예상문제/352

Chapter 3 연소설비(연소공학) ··· 358
    1. 연소장치 · 연소방법 · 연소기관의 구조_358
    2. 연소배출 오염물질 제어_363
        ■ CBT 형식 출제대비 엄선 예상문제/368
        ■ 업그레이드 종합 예상문제/372

Part 3 대기오염방지기술

Chapter 1 입자 및 집진의 기초 ··· 393
    1. 입자동력학_393
    2. 입경과 입경분포 · 먼지의 발생 · 배출원_395
    3. 집진원리_401
        ■ CBT 형식 출제대비 엄선 예상문제/404
        ■ 업그레이드 종합 예상문제/410

Chapter 2 집진기술 ··· 416
    1. 집진방법_416
        ■ CBT 형식 출제대비 엄선 예상문제/419
    2. 집진장치의 종류 및 특징_425
        ■ CBT 형식 출제대비 엄선 예상문제/430
    3. 집진장치의 설계_438
        ■ CBT 형식 출제대비 엄선 예상문제/446
        ■ 업그레이드 종합 예상문제/451
        ■ CBT 형식 출제대비 엄선 예상문제/468
        ■ 업그레이드 종합 예상문제/475

4. 집진장치의 운전 및 유지관리_490
- 업그레이드 종합 예상문제/494

Chapter 3 유해가스 및 처리 ··· 499

1. 유해가스의 특성_499
2. 유해가스의 처리이론(흡수/흡착)_501
   - CBT 형식 출제대비 엄선 예상문제/509
   - 업그레이드 종합 예상문제/513
3. 유해가스 처리장치_526
   - CBT 형식 출제대비 엄선 예상문제/530
4. 유해가스 발생 및 처리_535
   - CBT 형식 출제대비 엄선 예상문제/545
   - 업그레이드 종합 예상문제/551

Chapter 4 유체역학 · 환기 및 통풍 ·· 575

1. 유체의 특성_575
   - CBT 형식 출제대비 엄선 예상문제/579
2. 환기(換氣, Ventilation)_585
   - CBT 형식 출제대비 엄선 예상문제/595
3. 통풍(通風, ventilation)_602
   - CBT 형식 출제대비 엄선 예상문제/609
   - 업그레이드 종합 예상문제/615

Part 4 대기오염공정시험기준

Chapter 1 일반분석 ··· 627

1. 분석의 기초_627
2. 단위 및 농도 · 농도계산 · 환산_631
3. 중화 · 희석 · 혼합 · pH 계산_633
4. 유속 · 유량 · 압력 · 온도 · 수분량 측정_633
5. 기기분석_635
   - CBT 형식 출제대비 엄선 예상문제/673
   - 업그레이드 종합 예상문제/692

Chapter 2 시료채취 ··· 721

1. 시료채취 위치 · 방법_721
   - CBT 형식 출제대비 엄선 예상문제/731
   - 업그레이드 종합 예상문제/735
2. 가스상 물질 시료채취_739
   - CBT 형식 출제대비 엄선 예상문제/749
   - 업그레이드 종합 예상문제/753

3. 입자상 물질 시료채취_757
- CBT 형식 출제대비 엄선 예상문제/774
- 업그레이드 종합 예상문제/778

Chapter 3 측정방법 ·· 783

1. 가스상 오염물질 측정_783
   - CBT 형식 출제대비 엄선 예상문제/791
   - 업그레이드 종합 예상문제/794
   - CBT 형식 출제대비 엄선 예상문제/805
   - 업그레이드 종합 예상문제/807
   - CBT 형식 출제대비 엄선 예상문제/820
   - 업그레이드 종합 예상문제/822
   - CBT 형식 출제대비 엄선 예상문제/843
   - 업그레이드 종합 예상문제/849
2. 입자상 오염물질 측정_857
   - CBT 형식 출제대비 엄선 예상문제/865
   - 업그레이드 종합 예상문제/867
3. 중금속 배출오염물질 측정_869
   - CBT 형식 출제대비 엄선 예상문제/894
   - 업그레이드 종합 예상문제/897
4. 광화학 스모그 관련 오염물 측정_903
   - CBT 형식 출제대비 엄선 예상문제/919
   - 업그레이드 종합 예상문제/923
5. 기타 오염인자의 측정_928
   - CBT 형식 출제대비 엄선 예상문제/942
   - 업그레이드 종합 예상문제/946

Part 5 대기환경관계법규

Chapter 1 총칙(환경정책기본법 포함) ·· 953

1. 환경정책기본법 · 대기환경기준_953
   - CBT 형식 출제대비 엄선 예상문제/957
2. 총칙 · 용어정의(환경정책기본법 포함)_959
3. 환경계획_963
4. 상시측정 · 측정망계획 · 대기오염경보 · 기타 대기질관리_966
   - CBT 형식 출제대비 엄선 예상문제/972

Chapter 2 사업장 등의 대기오염물질 배출규제 ·· 985

1. 배출허용기준 · 총량규제_985
2. 배출시설 · 방지시설 규제_987
   - CBT 형식 출제대비 엄선 예상문제/1002

차 례

   3. 배출부과금 · 과징금_1012
      - CBT 형식 출제대비 엄선 예상문제/1022
   4. 비산배출시설 규제 · 자가측정 · 환경기술관리인_1029
      - CBT 형식 출제대비 엄선 예상문제/1034

Chapter 3 생활환경상 오염물질 배출규제 ·············· 1041
   - CBT 형식 출제대비 엄선 예상문제/1052

Chapter 4 자동차 · 선박 등 배출가스의 규제 ·············· 1060
   1. 제작차 배출가스 규제 · 과징금_1060
   2. 운행차 배출가스 규제 · 과징금_1069
   3. 자동차연료, 첨가제 · 촉매제 · 선박 배출허용기준_1078
   4. 자동차 온실가스 배출관리 · 냉매관리_1083
      - CBT 형식 출제대비 엄선 예상문제/1086

Chapter 5 보칙 · 기타 대기환경관계법규 ·············· 1102
   - CBT 형식 출제대비 엄선 예상문제/1115

부록 과년도 출제문제

- 제1회 대기환경기사(2019. 3. 3 시행)_1127
- 제1회 대기환경산업기사(2019. 3. 3 시행)_1145
- 제2회 대기환경기사(2019. 4. 27 시행)_1160
- 제2회 대기환경산업기사(2019. 4. 27 시행)_1179
- 제4회 대기환경기사(2019. 9. 21 시행)_1195
- 제4회 대기환경산업기사(2019. 9. 21 시행)_1214
- 제1, 2회 대기환경기사(2020. 6. 6 시행)_1228
- 제1, 2회 대기환경산업기사(2020. 6. 6 시행)_1246
- 제3회 대기환경기사(2020. 8. 22 시행)_1260
- 제3회 대기환경산업기사(2020. 8. 22 시행)_1278
- 제4회 대기환경기사(2020. 9. 26 시행)_1292
- 제1회 대기환경기사(2021. 3. 7 시행)_1310
- 제2회 대기환경기사(2021. 5. 15 시행)_1328
- 제4회 대기환경기사(2021. 9. 12 시행)_1346
- 제1회 대기환경기사(2022. 3. 5 시행)_1364
- 제2회 대기환경기사(2022. 4. 24 시행)_1385

PART 01 대기오염 개론

1. 대기오염

2. 2차 오염

3. 대기오염의 영향 및 대책

4. 기후변화의 대응

5. 대기의 확산 및 오염예측

Chapter 01 대기오염

출제기준

세부출제 기준항목

Chapter 1. 대기오염

적용기간 : 2020.1.1~2024.12.31

기사	산업기사
• 대기오염의 특성 • 대기오염의 현황 • 실내공기오염	• 대기오염의 특성 • 대기오염의 현황 • 실내공기오염

1 대기오염의 특성

(1) 지구환경에서 대기

지구환경은 **기권, 지권, 수권, 생물권**으로 구성되며, 각 권은 따로 존재하지 않고 상호 작용을 통해 물질과 에너지를 서로 교환하는데 지구계의 각 구성 요소들 사이에 상호작용이 일어날 때 물질의 이동과 더불어 에너지의 순환도 함께 일어남

- **기권**(氣圈)은 지구를 둘러싸고 있는 N_2, O_2, Ar, CO_2 등과 같은 다양한 기체의 혼합물인 대기로 싸여 있는 대기권(大氣圈)이 이에 해당함
- **지권**(地圈)은 지구환경에서 가장 큰 부피를 차지하며, 대부분 고체상태(토양과 암석으로 이루어진)로 이루어진 영역으로 인간의 생활과 관련된 중요한 환경이며, 생활에 필요한 식량 공급기지가 되고 있음
- **수권**(水圈)은 지구 표면의 2/3를 차지하고 있으며, 바다, 빙하, 지하수, 강과 호수를 모두 포함하는 물로 이루어진 영역으로 해수와 육지의 담수, 지하수 등으로 구성됨
- **생물권**(生物圈)은 땅 위뿐만 아니라 땅속과 물속 등 모든 생물이 서식하는 영역으로 생물의 분포에 따라 형성되는 크고 작은 모든 생태계를 포함함

(2) 기권(氣圈, atmosphere)

❋ **기권의 구분** : 기권의 대기층은 물리적 및 화학적 성질에 따라서 고도별로 분류되는데 지표면으로부터 상공으로 지표에서~**대류권(11km)**~**성층권(50km)**~**중간권(80km)**~**열권**(80km~1,000km까지)으로 구분됨

- **대류권**(對流圈, the troposphere)

- 고도가 증가할수록 기온이 **낮아짐**(-6.5℃/km, 대류권계면≒-56℃)
- 공기의 **대류현상**이 활발하게 일어나고, **기상현상**이 나타남
- 지구 전체 공기의 약 75%가 존재함(공기의 밀도가 가장 큼)
- 고도가 증가할수록 기온이 **낮아짐**(-6.5℃/km, 대류권계면≒-56℃)
  □ **성층권**(成層圈, the stratosphere)
    - 고도≒20~30km에 오존층이 존재하고, 태양의 자외선을 흡수함
    - 고도가 증가할수록 기온이 **높아지는 영구적 역전층**을 형성하고 있음
    - 기층(氣層)이 안정되어 있어 비행기의 항로로 많이 이용됨

※ **공기의 주성분** : 고도 100km 정도까지는 N_2가 주성분이지만 170km 정도부터는 산소 원자가 공기의 주된 성분이 됨 ⇨ 1,000km 이상은 **외기권**으로 분류됨

※ **정상 대기의 화학성분과 조성**
  □ 농도가 안정된 물질 : N_2(78.08%), O_2(20.95%), Ar(0.93%), CO_2(0.038%), ⋯ , H_2(0.5ppm)
  □ 농도가 변하는 물질 : SO_2, NO_2(1ppm 미만), CO(0.06ppm), O_3(0.04ppm), NH_3 등
  □ 체류시간의 크기 : $N_2(4 \times 10^8$년$) > O_2(6,000$년$) > N_2O(100$년$) > CH_4(3\sim8$년$) > CO(5$개월$) > NO_2(2\sim5$일$) > SO_2(1\sim4$일$)$

※ **대기의 역할과 공기의 자정작용**
  □ **정상 대기의 역할**
    - 동·식물의 호흡에 필요한 산소(O_2) 공급
    - 식물의 동화작용에 필요한 영양소(CO_2)의 공급
    - 오염물질의 자정작용
    - 지구의 열평형과 온도 유지(지구복사의 차단과 흡수)
    - 저위도(低緯度)의 열을 고위도로 순환하는 운반 매체의 역할(지구 열순환)
    - 태양으로부터 지구로 유입되는 유해 우주선과 자외선의 차단(생물권 보호)
  □ **공기의 자정작용**
    - 오염물질의 희석·확산 작용
    - 산화·분해 작용(산소, 오존, 과산화수소 등)
    - 햇빛에 의한 광분해 작용, 자외선에 의한 살균작용
    - 공기 중 수분에 의한 가수분해 작용
    - 입자상 물질의 응집에 의한 건성침적
    - 수분의 응결에 따른 강우·강설에 의한 습성침적
    - 침적된 오염물질의 지표면·토양 미생물에 의한 분해작용
    - 식물의 탄소동화작용에 따른 이산화탄소의 흡수와 산소의 생성

(3) 대기오염과 원인물질

※ **대기오염의 정의** : 대기오염의 정의는 국가나 단체, 학자에 따라 견해 차이가 있으나 대

체로 **인간의 활동**으로 인하여 생긴 대기오염의 원인물질(SO_2, NO_2, O_3 등의 가스상 물질이나 먼지·매연 등의 입자상 물질)이 공중보건학적인 면에서 건강에 **직접 또는 간접**적으로 피해를 줄 정도로 **단위용적당 다량으로 존재**하는 상태로 정의될 수 있음

대기오염의 특성

- **다양한 배출원** : 대기오염물질 배출원은 **인위적 발생원**(연료 연소, 운반, 연마, 화학공정, 난방, 자동차 등)과 **자연적 발생원**(화산재, 꽃가루, 황사, 산불 등)과 대규모 공장이나 발전소 등과 같은 **점오염원**, 일반 주거지역을 중심으로 하는 넓은 면적에 고르게 분포된 **면오염원**, 자동차, 선박, 비행기 등과 같은 **선오염원** 등 오염원이 매우 다양함
- **누적적·광역적 특성** : 인위적 활동과정에서 대기 중으로 배출된 대기오염물질은 공기의 흐름에 따라 이동하며 화학반응과 함께 확산되는 누적적·광역적인 특성을 가짐
- **산업·생활·에너지와 밀접한 관계** : 대기오염물질 배출은 산업 및 인구 증가와 에너지 및 연료 사용량(유류, 석탄, 가스 등)과 밀접한 관계가 있음
- **상호작용·상승작용** : 대기오염물질은 순환체계가 복잡·다양(기권-지권-수권-생물권)하고 오염물질과 자연요소(안개, 바람, 온도, 햇빛, 해염, 공기 등), 오염물질과 오염물질들 간의 상호작용(1차, 2차, 1~2차)을 통해 유해성이 증대되는 등 보건상·재산상·생태계에 많은 영향을 미치게 됨

대기오염의 원인물질

- **대기오염물질** : 대기 중에 존재하는 물질 중 대기오염의 원인으로 인정된 가스·입자상 물질을 말함
- **가스상 물질** : 연소·합성·분해될 때에 발생하거나 물리적 성질로 인하여 발생하는 기체상 물질을 말함
- **입자상 물질** : 물질이 파쇄·선별·퇴적·이적(移積)될 때, 그 밖에 기계적으로 처리되거나 연소·합성·분해될 때에 발생하는 고체상(固體狀) 또는 액체상(液體狀)의 미세한 물질을 말함
- **먼지** : 대기 중에 떠다니거나 흩날려 내려오는 입자상 물질을 말함
- **매연** : 연소할 때 생기는 **유리탄소**가 주가 되는 미세한 입자상 물질을 말함
- **검댕** : 연소할 때 생기는 유리(遊離) 탄소가 응결하여 입자의 **지름이 1μm 이상**이 되는 입자상 물질을 말함

2 대기오염의 현황

(1) 대기오염물질 배출원

아황산가스(SO_2)
- 배출원

- 고체연료 및 화석연료 중에 함유된 황(S)의 연소
- 산업장의 보일러 시설, 화력발전소, 자동차(디젤), 기타 화학공업
- 금속의 용융·제련, 황산제조, 석유정제 및 화학비료제조 공정

□ **특성**
- 황산화물(SO_x)에는 SO, SO_2, SO_3, SO_4, S_2O_3, S_2O_7 등이 있으나 배출가스 중에 SO_2 형태로 95%가 존재하므로 아황산가스를 대기환경기준으로 정하고 있음
- SO_2는 무색의 기체로 질식할 것 같은 냄새를 가짐
- 공기보다 무겁고 물에 잘 녹아 황산을 생성하여 산성비의 주 원인물질로 작용함
- 황화합물은 **산화상태가 클수록** 증기압이 낮고, 용해성이 증가함
- **해양**을 통해 자연적 발생원 중 가장 많이 배출되는 것은 **황화메틸**(DMS)임
- 대류권에서 **가장 안정**한 황화합물은 **카르보닐황화합물**(COS, Carbonyl Sulfide)임
- **삼산화황**(SO_3)은 **무색**의 **비가연성 폭발성 가스**로서 자극성, 환원성, 표백성이 있음

□ **반응성**
- $SO_2 + O_3 \rightarrow SO_3$
- $SO_3 + H_2O \rightarrow H_2SO_4$ … 황산염 형태의 Aerosol을 형성함
- SO_2는 대류권의 광자에너지에 의해서는 거의 **광분해되지 않음**
- 대기 중 SO_2의 **30%** 정도만 **황산염으로 전환**(이외 SO_2는 대기 중으로 확산, 이류) 되며, 평균체류시간이 약 4일 정도로 짧은 편임

□ **인체영향** : 호흡기 점막 자극, 기관지염, **폐기종** 등의 호흡기 질환을 유발함

※ **이산화질소**(NO_2)

□ **배출원**
- 질소화합물 중 인위적인 질소화합물 배출량은 자연적 배출량의 1/7~1/15 정도임
- 내연기관이나 연소시설에 공급된 연료와 공기 중의 질소가 고온에서 산화하여 NO_x로 전환(배출가스 중 NO 형태로 90% 이상 존재, 온도 NO+연료 NO)한 다음 공기 중에서 NO_2로 산화되어 대기 중에 존재함
- 산업장의 보일러 시설, 화력발전소, 자동차(가솔린, 디젤, LPG)
- 초산제조, 기타 화학물질 제조공정, 질산에 의한 금속 처리공정

□ **특성**
- 질소산화물(NO_x)에는 NO, NO_2, N_2O, N_2O_3, N_2O_4, N_2O_5 등이 있으나 대기 중에는 주로 NO가 산화되어 NO_2 형태로 존재하므로 NO_2를 대기환경기준으로 정하고 있음
- 화석연료가 고온에서 연소할 때 발생하는 NO_x의 **90% 이상**은 **NO**로 발생됨
- NO_2는 **적갈색**의 자극성 기체임
- 공기보다 무겁고 물에 잘 녹아 질산을 생성하여 산성비의 주 원인물질로 작용함
- 자외선에 의해 휘발성 유기화합물과 반응하여 오존, PAN 등 2차 오염물질을 생성함
- N_2O는 특히 토양에 과잉으로 공급되는 비료가 중요한 발생원이 되고 있음

□ **반응성**

- $2NO_2 + H_2O \rightarrow HNO_2 + HNO_3$ … 질산염 형태의 Aerosol을 형성함
- $NO_2 + O_2 \rightarrow NO + O_3$
- $NO_2 + VOC \rightarrow O_3$ 및 PAN
- NO와 NO_2의 대류권 체류시간은 2~5일 정도로 짧은 편임
- N_2O는 대류권에서 태양에너지에 대해 **안정**하고, 대류권에서의 체류시간이 긴 편임
- 아산화질소(N_2O)는 성층권의 오존을 소모하는 물질로 알려져 있음

□ 인체영향
- 하기도에 침투하여 폐포 자극, 기관지염 등의 호흡기 질환을 유발함
- NO의 독성은 오존의 1/10~1/15 정도이지만, 폐렴·폐수종을 일으킴
- NO_2는 **적갈색의 자극성 기체**이며, NO보다 5~7배 정도 독성이 더 강함
- NO_x는 그 자체도 인체에 해롭지만 광화학 스모그의 원인물질로도 중요한 역할을 함

❀ 탄화수소(HC)

□ 배출원
- 전 지구적 규모로 볼 때 비메탄탄화수소(NMHC)의 인위적 발생량은 자연적(생물학적) 발생량보다 적음(자연적 발생량의 약 1/9배)
- 석유용액의 저유 및 주유소의 저장시설, 유기용제 사용시설, 연료 불완전연소
- 자동차, 도장시설, 유화학제품 제조시설, 세탁소·인쇄소, 수송수단(기차, 선박, 비행기), 임업, 농업 등
- HC 중에서 중요한 온실가스에 속하는 CH_4의 경우, 인위적 배출량 규모는 **축산업**(30%) > 화재 > 경작지 > 습지·천연가스 > 해양·호소(0.03%)임

□ 특정 분류체계
- **올레핀계** : 일반식 C_nH_{2n}으로 표시되는 이중결합을 하나 갖는 불포화탄화수소를 총칭함 → 에틸렌(C_2H_4), 프로필렌(C_3H_6), 부틸렌(C_4H_8) 등
- **다이올레핀계** : 일반식 C_nH_{2n-2}로 표시되는 이중결합을 둘 갖는 지방족 불포화탄화수소를 말함 → 아세틸렌(C_2H_2) 등
- **파라핀계** : 일반식 C_nH_{2n+2}로 표시되는 탄화수소로서 메탄계 탄화수소를 말함 → 메탄(CH_4), 에탄(C_2H_6), 프로판(C_3H_8), 부탄(C_4H_{10}), 옥탄(C_8H_{18}) 등
  ※ 광화학반응성 크기 : olefins > diolefin > 피라핀계 탄화수소
- **비메탄 유기가스**(NMOG, Non-Methane Organic Gases) : 배출가스 중 메탄을 제외한 C_{12} 이하의 탄화수소나 C_5 이하의 알코올류 또는 알데하이드류 및 케톤류의 합으로서 표현되며 자동차 배출가스 중 오존형성 전구물질을 정의하는 데 더욱 정확한 표현으로 사용되고 있음

□ 이화학적 특성
- 녹는점과 끓는점이 낮고, 전기전도성이 없으며, 대부분 **비전해질**임
- 물에서 잘 녹지 않고, 반응성이 약하며, **대부분 비극성**임
- 메탄은 탄화수소류 중 가장 높은 농도(약 2ppm)로 존재함

▫ 영향
- VOCs를 제외하면 인체에 대한 직접적인 유해성은 그다지 크지 않음
- 올레핀계 탄화수소는 **광화학 스모그 발생**의 원인이 됨
  (광화학 반응성 크기는 **Olefins** > Diolefin > Aldehydes > Toluene > 메탄계 순서임)
- CH_4는 CO_2보다 대기 내 체류시간이 짧은 편이지만 지구온난화에 기여하는 정도는 CO_2에 비해 높음[GWP(Global Warming Potential)가 CO_2의 21배]
- **비메탄 유기가스**(NMOG)는 메탄을 제외한 C_{12} 이하의 탄화수소나 C_5 이하의 알코올류 또는 알데하이드류 및 케톤류의 합으로서 표현되는 오존 형성 전구물질이 됨

❀ **일산화탄소**(CO)
▫ 배출원
- 석탄, 목재, 종이, 유류, 가스 등과 같은 유기성 물질이 폭발하거나 연소 시에 주로 발생
- **자동차**에서 전체 **인위적 배출량의 80% 이상** 발생함
- 연료 중 유기탄소가 연소할 때 산소가 부족하거나 연소온도가 낮을 때, 불완전연소에 의해 일산화탄소(CO)가 생성됨
- CO의 자연적 발생원에는 화산폭발, 테르펜류의 산화, 클로로필의 분해, 산불 및 해수 중 미생물의 작용 등이 있음
- 대기 중 농도는 **북위 50° 부근**에서 **최대농도**를 나타내며, 북반구는 0.1~0.2ppm, 남반구는 0.04~0.06ppm 정도임

▫ 특성
- 무색, 무미, 무취의 기체이고 공기보다 가벼움
- CO는 다른 물질에 거의 **흡착되지 않는 특성**이 있음
- 대기 중 CO는 토양 박테리아의 활동에 의해 CO_2로 산화·제거됨
- CO는 **물에 난용성**이므로 수용성 가스와는 달리 강우에 의한 영향을 거의 받지 않음

▫ 인체영향
- 혈액 중의 **헤모글로빈과 강하게 반응**하여 산소공급을 방해함
- 중추신경장해, 두통, 호흡곤란, CO 중독에 의한 사망

❀ **오존**(O_3)
▫ 배출원 : 오존은 질소산화물과 탄화수소로부터 생성되는 2차 오염물질로 전구물질인 HC와 질소산화물을 배출하는 자동차가 주요 배출원임
▫ 특성
- 오존은 산소(O_2)와 산소원자(O)가 합쳐져서 형성된 2차 오염물질임
- 대기 중에서 질소산화물과 탄화수소가 자외선에 의한 촉매반응으로 생성됨
- 오존은 햇빛이 강하고 기온이 높은 날씨의 영향을 많이 받고, 광화학 스모그를 형성하는 대기오염의 주범임

- 오존은 강력한 산화물질로서 반응성이 강해 접촉하는 물질을 산화시켜 손상시킴
□ 인체영향
- 0.05ppm에서 냄새를 맡을 수 있으며, 0.1ppm이 넘으면 눈, 코, 목에 자극하여 호흡곤란 증상이 나타남
- 산화력이 강하므로 눈을 자극하고 물에 난용성이므로 쉽게 심부까지 도달하여 **폐수종, 폐출혈** 등을 유발함
- 화학적으로 활발한 가스이므로 방사선과 비슷한 DNA, RNA에 작용하여 유전인자에 변화를 일으킬 수 있음

※ 이황화탄소(CS_2)
□ 배출원 : **비스코스섬유**(레이온)공업, 고무제품제조, 셀로판·사염화탄소 제조공업 등
□ 특성
- 목탄 또는 메탄과 증기상태의 황을 고온(750~1,000℃)에서 반응시켜 제조함
- 무극성 분자로서 전도성이 적은 편이지만 구리, 플라스틱 등에 대한 부식작용이 있음
- 상온에서 **순수한 것은 무색**의 액체이지만 공업용은 담황색을 띰
- 공업용에 이용되는 CS_2는 통상 황화수소와 비슷한 불쾌한 냄새를 가짐
- 상온에서 빛에 의해 서서히 분해되는 특성이 있고, 인화성이 있음
- **물에 난용성**이며, 물보다 비중이 큼
□ 인체영향
- **감각·운동 신경계**에 영향(비가역적 신경계 손상)을 미침
- 대부분 상기도를 통해 체내 흡수되며, 중추신경계에 대한 특징적인 독성작용으로는 급성 혹은 아급성 뇌병증을 유발함
- 콜레스테롤치의 상승빈도 증가, 생식독성 물질, 전신중독, 지질 대사장애
- 고혈압 유병률 증가, 두통, 비타민(B_6)과 니코틴산의 대사장애, 동맥경화성 질환 유발

※ 염소(Cl_2)·염화수소(HCl)
□ 배출원
- Cl_2(염소) : **플라스틱공업, 소다공업, 활성탄제조업**, 화학공업 및 시약제조, 표백제, 물의 살균·소독제, 유기염소계 농약 등
- HCl(염화수소) : **플라스틱공업, 소다공업, 활성탄제조업**, 유기화합물 생산공정, 식품첨가물제조, 가죽 처리, 인산제조, 비료공업, 염료공업, 도금공업 등
□ 특성
- Cl_2(염소) : 자극성 냄새가 나는 **녹황색**(황록색) 기체로서 전기음성도가 불소(F_2) 다음으로 크고 **강산화제**이며, 표백제의 주원료로 쓰이기도 함
- HCl(염화수소) : 상온·상압에서 무색, 물에 잘 녹으며, 인화성과 폭발성은 없음
□ 인체영향
- Cl_2(염소) : 화학적 질식제로 작용, 폐렴, 피부 작열감, 염증·수포형성, 액체염소에

닿으면 눈과 피부에 화상을 입음
- HCl(염화수소) : 눈 및 호흡기계 점막자극, 만성 기관지염, 비중격 궤양, 위염, 피부염, 피부변색, 실명(결막부종과 각막손상)이 될 수 있음

불소화합물
- **배출원** : 불소(F)는 자연상태에서 존재하지 않으며, 관련되는 주요 업종으로는 **유리공업**(형석), **알루미늄정련공업**(빙정석), **인산비료공업**(인광석) 등임
  - HF는 Al제조공정에서 Na_3AlF_6, AlF_3가 약 1,000℃에서 HF를 발생시킴
  - HF(불화수소) : 금속제련의 융제, 금속의 세척제, 유리 연마제 및 거품제·부식제
  - SF_6(육불화황) : 전기절연체
  - NaF(불화나트륨) : 충치 치료제
  - NF_3(삼불화질소) : 반도체와 LCD 공정의 세정제
  - 과불소화합물(PFCs 및 PFOA) : 전기·전자공업의 세척제, 테플론 프라이팬, 종이컵 등의 코팅재료
- **반응성** : 불화규소(SiF_4)는 물과 반응하여 콜로이드상태의 규산과 규불산을 형성함
  - $SiF_4 + 2H_2O = SiO_2 + 4HF$ (규산 생성)
  - $2HF + SiF_4 = H_2SiF_6$ (규불산 생성)
- **특성**
  - HF는 강한 자극성 냄새, 물에 대한 **용해도가 높음**, **불연성**
  - 불소(F_2)는 상온에서 무색, 발연성 기체, 강한 자극성을 가지며, 화학적으로 활성이 큼
- **인체영향**
  - 미량은 충치예방에 효과적임(과량은 반상치 유발)
  - 불산용액이 피부에 직접 닿으면 조직이 파괴됨(동통성 화상)
  - 불소이온은 연부조직의 괴사 및 뼈에 탈칼슘작용을 함
  - HF는 호흡기 자극제, 청색증 및 폐수종 유발, 요추 및 골반 등에 불소침착증

황화수소(H_2S)
- **배출원** : **가스·펄프공업**, 석유정제, 석탄건류, 하수처리장, 매립장, **형광물질제조** 등
- **특성**
  - 무색의 가연성 기체로 달걀 썩는 냄새를 풍김
  - 공기 중 4.3% 이상이 되면 폭발할 수 있고, 고온(260℃)에서는 자연발화의 위험이 있음
- **인체영향**
  - 화학적 **질식제**(1,000ppm 농도)로 작용함
  - 매우 낮은 0.1ppm 농도에서는 자극과 감각손실 일으킴
  - 호흡효소인 치토크롬 산화효소(cytochrome oxidase)의 기능을 억제 → 산소이용 방해
  - 두통, 허약감, 메스꺼움, 구토, 식욕저하

※ **암모니아**(NH3)
- **배출원** : 비료공업, **냉동공업**, 표백, **색소제조공업** 등
- **특성**
  - 실온에서 무색의 가연성 액체, 자극적인 냄새, 물에 대한 용해도가 높음
  - 알코올, 에테르에 매우 잘 녹음
  - 강한 산화제와 접촉(칼슘, 염화표백제, 금, 은 등)할 경우 화재 및 폭발위험 있음
  - 할로겐화합물과는 격렬히 반응하며, 암모니아가 분해할 때는 질소산화물이 발생함
- **인체영향**
  - 암모니아는 눈, 호흡기 및 피부 및 점막에 강한 자극 유발
  - 기관지염, 폐렴, 폐수종, 폐부종 … 분홍색의 거품가래

※ **미세먼지**(PM, Fine Particulate Matter)
- **배출원**
  - 자동차, 난방, 발전소, 공장 등의 연소공정
  - 미세먼지는 황산염, 암모늄, 질산염, 나트륨과 같은 이온성분들과 납, 철, 구리, 티타늄 등과 같은 미량의 금속물질과 탄소물질, 수분으로 구성되어 있음
  - 탄소물질은 유기탄소와 원소탄소로 구분되는데 원소탄소는 검댕이나 블랙카본으로 부르며 대부분 연소과정에서 발생되어 대기 중으로 직접 투입됨
  - 자연적인 요인으로는 황사, 산불, 흙먼지 등으로 발생되기도 함
  - 대도시의 경우, 미세먼지의 70% 이상이 내연기관으로부터 기원되고 있음
- **특성**
  - 공기 중에서 다양한 물리/화학 반응을 통해서 그 크기와 구성성분이 변화함
  - 공기 중에서 증기상태(Vapour)의 물질은 **핵형성모드**(Nucleation mode)에서 $0.1\mu m$ 미만의 입자를 형성하고, 응착/유착의 **축적모드**(Accumulation mode)를 거치면서 $0.1 \sim 1\mu m$ 범위로 증대된 후 지속적 유착과정의 **조대모드**(Coarse mode)를 거쳐 $1 \sim 100\mu m$ 범위로 증대되었을 때 1차 배출형태로 관찰됨
  - $10\mu m$ 이상 증대된 입자상 물질은 수 시간~수 일 이내 중력침강(건성침적)에 의해 대기 중에서 제거됨
  - 다습한 지역에서는 에어로졸의 활성화를 통해 안개나 구름 등 작은 물방울의 씨앗으로 그 생성에 기여함
  - 조대모드 이전의 공기 중 미세먼지 제거의 주된 기작은 강수에 의한 습성(濕性)침적 현상임
- **인체영향** : 폐포에 깊숙이 침투하여 호흡기 질환을 유발함

※ **PAH**(Polycyclic Aromatic Hydrocarbons, 다환방향족탄화수소류)
- **배출원** : 화석연료의 연소가스, 담배연기, 소각공정, 석탄건류, 숯불에 육류를 굽고,

튀길 때 탄수화물, 지방 및 단백질의 탄화에 의해 발생됨
- ▫ **특성**
  - 벤젠고리가 2개 이상 연결된 방향족탄화수소류임
  - 순수 PAH는 무색~흰색~옅은 노랑이나 녹색의 고체물질로 존재하며, 약간 기분이 좋은 냄새를 풍김
  - 비극성으로 헨리상수가 낮지만 소수성으로 물에 난용성인 특징을 가지며, 지용성의 화학적 안정성이 높은 물질임
  - 유기용매에 대한 친화도가 물보다 크므로 옥탄올 분배계수가 큼
  - 대기를 통해 환경으로 유입된 PAH는 가스상 혹은 입자상에 잘 흡착됨
- ▫ **인체영향** : 탄소수 20($C_{20}H_{12}$) 이상은 돌연변이성과 발암성이 있는 것으로 보고됨
  - PAH는 폐, 위, 피부를 통해서 채내로 흡수됨
  - 채내에서는 PAH는 배설을 쉽게 하기 위하여 수용성으로 대사됨
  - PAH의 대사에 관여하는 효소는 시토크롬 P-448로 대사되는 중간산물이 발암성을 나타내는 것으로 알려지고 있음

⚛ 수은(Hg)

- ▫ 배출원 : 의약(Amalgam), 안료(금속제품 도금), 폭발물(뇌홍), 형광등, 계측기 봉액
- ▫ 특성
  - 상온(常溫)에서 유일하게 액체(비중 13.59)로 존재하는 금속으로 **철·니켈·코발트·마그네슘** 등을 **제외**한 대부분의 금속과 **아말감**(Amalgam)을 만듦
  - 금속수은(Hg^0), 무기수은(Hg^+, Hg^{2+} 및 질산수은·승홍·감홍·뇌홍 등), 유기수은(알킬수은=메틸·에틸수은, 아릴수은)으로 구분됨
- ▫ **인체영향** : 폐포에 깊숙이 침투하여 호흡기 질환을 유발함
  - **금속수은** : 산화되지 않은 금속수은(Hg0)은 혈액-뇌관문을 통과하여 **중추신경장애** 유발
  - **무기수은** : 표적장기는 신장이며, 특히, 염화제2수은은 피부로 흡수될 수 있으며, **소화관 흡수율은 2~7% 정도**로 낮음(유기수은의 경우 95% 이상)
  - **유기수은** : 유기수은의 표적장기는 **신경계**, 전신독성(호흡기 및 경피흡수율이 높은편)
    ◦ 유기수은의 장관흡수율은 매우 높음(**에틸수은** 및 **메틸수은**의 경우 95% 이상)
    ◦ 인체에 미치는 영향은 무기수은에 비하여 **메틸수은의 독성이 큼**
    ◦ 생물농축을 통해 어패류 등에 주로 존재함
    ◦ **헌터루셀**(Hunter-Russel) **증후군** 및 **미나마타병**(메틸수은)을 유발함

⚛ 납(Pb)

- ▫ **배출원**
  - 자동차 휘발유에 노킹(Knocking)방지제로 첨가된 사에틸납(Tetraethyl-Lead), 사메틸납(Tetramethyl-Lead)이 휘발유 연소 시 납(Pb) 입자형태로 대기 중에 배출됨

- 휘발유 자동차로부터 배출되는 무기납은 직경이 2㎛ 이하가 50~80%를 차지함
- 이외에 제련공정, 납제품 제조공정, 화합물 제조공정, 납축전지 제조공정, 폐기물·폐유 연소시설 등의 산업시설 등에서 배출됨

□ 특성
- **청색·은회색**의 연한 중금속, 화합물은 2가와 4가 상태로 존재하며 **2가 상태**가 일반적임
- 대기 중에 납은 주로 직경 0.1~5㎛ 크기의 입자형태로 존재함
- 물에 잘 녹지 않고 주로 호흡기관을 통하여 인체에 흡수되어 영향을 미침

□ 인체영향 : 빈혈, 위장장해, 식욕부진, 신근마비로 관절통, 근육통, 두통, 어지러움, 불면, 초조감, 권태감, 체중감소, 시력장해, 청력장해

※ 자료 인용 : 「대기환경기술사」 수험서, 이승원(저)

카드뮴(Cd)

□ 배출원
- 아연정련공업, 합금, 도금, 안료제조, 염화비닐 소각
- 알루미늄과의 합금, 살균제, 페인트, 사진, 플라스틱공업, 타이어, 용접재료 등

□ 특성
- 푸른색을 띠는 은백색 금속(칼로 자를 수 있을 정도로 무름)
- 연성과 전성이 좋고, 화학적 성질은 아연과 비슷함
- 산에 용해되어 +2가 산화상태의 염을 형성하지만 알칼리에는 녹지 않음

□ 인체영향 : 칼슘대사에 장애를 주어 신결석을 동반한 **신증후군**이 나타나고 다량의 칼슘배설이 일어나 뼈의 통증(**이타이이타이병**), **골연화증** 및 **골수공증**과 같은 골격계 장애를 유발함
- 카드뮴은 흡입독성이 경구독성보다 약 8배 정도 강하며, 산화카드뮴 흡입에 의한 장애가 가장 심함
- **단백뇨**(착색뇨), **혈뇨**, 아미노산뇨, 당뇨, 인산뇨의 증상을 가지는 **Fanconi씨 증후군**
- 두통, 관절통, 복통, 체중감소, 간, 신장기능 장애, 골격계 장애, 고혈압과 심혈관 질환, 폐기능 장애(폐활량 감소, 잔기량 증가 및 호흡곤란) 등

크롬(Cr)

□ 배출원
- 피혁공업, 염색공업, 시멘트제조업 등
- 니켈과의 합금(스테인리스), 가죽의 무두질, 도금

□ 특성
- 공기 및 습기에 대해서 매우 안정하고, 단단한 중금속임
- 2가(Cr^{2+})~6가(Cr^{6+})까지 존재하며, 0가, 6가는 산업공정 중에 생산되는 것들임
- 크롬(Cr^{3+})은 인체에 **필수영양소**로서 결핍 시는 **인슐린의 저하**로 인한 것과 같은 탄수화물의 대사장애를 일으키며, 크롬 중 가장 안정된 형태임

□ **인체영향** : Cr^{6+}는 피부나 코의 부식 및 폐암을 일으키지만 Cr^{3+}은 상대적으로 독성이 적으며, **위액**(胃液)은 Cr^{6+}**을** Cr^{3+}**으로 환원**시킴(Cr^{6+}의 흡수량을 감소시킴)
- 눈·코 점막의 충혈 발생 → 반점 → 종창 → 궤양 → 연골부의 **비중격천공** 발생
- 호흡기 증상(급성폐렴), 원발성 기관지암 및 폐암, 피부궤양(크롬산), 위장장애 등

※ **비소**(As)
□ **배출원**
- 농약(목재 방부제, 살충제, 살균제, 제초제, 살서제)
- 의약(독가스, 매독·암 치료제, 급성 골수성 백혈병 치료제 등), 축전지, 반도체 등

□ **특성**
- 은빛 광택, 가열 시 녹지 않고 청백색 불꽃을 내며 승화(昇華)되어 산화비소가 됨
- 화합물에서 보통 3가지 산화 상태(-3, +3, +5) 중 한 가지로 존재
- 흰색 또는 무색, 증발성이 없고, 냄새와 맛을 느끼지 못함
- 물이나 부식성 산에도 녹지 않음

□ **인체영향**
- 비중격 천공, 안검부종, 비카타르(비염)
- 혈관 내 용혈작용, 복통·황달·빈뇨, 손·발바닥의 각화 증상
- 겨드랑이나 국부 등에 **습진형 피부염, 피부암, 폐암, 간암** 등 각종 암을 유발시킴

※ **구리**(Cu)
□ **배출원** : 도금공업, 농약, 살조제, 구리정련공업, 전선 제조업, 파이프 제조업 등
□ **특성**
- 붉은색 광택이 나는 금속, 전성과 연성이 풍부, 전기양성도가 작음
- 구리화합물은 +1과 +2의 산화상태를 가짐
- 수분과 CO_2의 작용으로 천천히 푸른색 녹[녹청, $CuCO_3 \cdot Cu(OH)_2$]을 발생시킴
- 황화수소(H_2S), 황, 황화물, 할로겐원소 등과 반응함

□ **인체영향** : 동물에게 미량 필수영양소로 이용(직혈구 생성에 필요)
- 구리가 결핍되면 여러 신체 이상을 일으킬 수 있음
- **윌슨병**(Wilson's disease)을 앓는 사람은 체내에 구리가 과다하게 축적되어 뇌, 간, 신장기능에 영향을 미치고 정신질환을 일으킬 수 있음

(2) 대기오염의 현황

※ **오염물질 배출량** : 2016년 기준 전국 배출량 중 수도권지역의 배출량 기여율은 $PM_{2.5}$ 20%, PM_{10} 16%, NO_x 26%, SO_x 9%, VOC 29%, NH_3 19%로 나타나고 있는데 경기도는 국내 총 배출량기준 PM_{10}의 14%, $PM_{2.5}$의 11%, NO_x의 16%, SO_x의 4.3%를 배출하고 있는 것으로 집계되어 서울보다도 많이 대기오염물질을 많이 배출하고 있는 것으로 나타나고 있음

⚛ 대기오염 현황

- **이산화질소**(NO_2) : 이산화질소의 대기환경기준은 연간 평균치(0.03ppm 이하), 24시간 평균치(0.06ppm 이하), 1시간 평균치(0.10ppm 이하)임
  - NO_2 농도는 2008년을 기점으로 서서히 감소하고 있는 경향을 보임
  - 2018년에는 서울이 0.028ppm, 경기·인천은 0.025ppm으로 수도권이 비교적 높은 수준을 보임
- **오존**(O_3) : 오존의 대기환경기준은 8시간 평균치(0.06ppm 이하), 1시간 평균치(0.1ppm 이하)임
  - 오존의 연평균 농도는 2005년 이후 꾸준히 증가하고 있음
  - 2018년 서울의 경우는 0.023ppm 수준이며, 인천과 경기는 각각 0.025ppm, 0.024ppm으로 서울보다 다소 높은 수준을 보임
- **이산화황**(SO_2) : 이산화황의 대기환경기준은 연간 평균치(0.02ppm 이하), 24시간 평균치(0.05ppm 이하), 1시간 평균치(0.15ppm 이하)임
  - SO_2 농도는 2007년을 기점으로 서서히 감소하고 있는 경향을 보임
  - SO_2의 연평균 농도는 서울과 경기는 각각 0.004ppm 수준이며, 인천이 0.005ppm 수준으로 서울이나 경기보다 다소 높은 편을 보임
- **일산화탄소**(CO) : CO의 대기환경기준은 8시간 평균치(9ppm 이하), 1시간 평균치(25ppm 이하)임
  - CO의 오염도는 2007년도부터 크게 개선되어 0.5~0.6ppm 수준을 유지하고 있음
  - SO_2와 마찬가지로 청정연료의 공급 확대 등 친환경정책의 정착에 의한 것으로 판단됨
- **입자상 물질** : 먼지의 대기환경기준은 미세입자(PM_{10})의 연간 평균치($50\mu g/m^3$ 이하), 24시간 평균치($100\mu g/m^3$ 이하)이고, 초미세입자($PM_{2.5}$)의 연간 평균치($15\mu g/m^3$ 이하), 24시간 평균치($35\mu g/m^3$ 이하)임
  - PM 농도는 2007년을 기점으로 서서히 감소하고 있는 경향을 보임
  - 수도권의 연평균 PM_{10} 농도는 2006년 최고수준을 보였으며, 2007년 이후 점차 감소추세를 보임
  - 2018년에는 경기도가 $44\mu g/m^3$으로 수도권지역 중 가장 높은 농도수준을 보이고 있음

  [비고]
  - 미세먼지(PM_{10}) : 입자의 크기가 $10\mu m$ 이하인 먼지를 말함
  - 초미세먼지($PM_{2.5}$) : 입자의 크기가 $2.5\mu m$ 이하인 먼지를 말함

3 실내 공기오염

(1) 실내 공기오염물질의 종류와 발생원

- **실내 공기오염물질** : BTEX(벤젠, 톨루엔, 에틸벤젠, 자일렌), 미세먼지(PM_{10}), CO_2, CO, NO_2, O_3, 폼알데하이드(HCHO), 초미세먼지($PM_{2.5}$), 총부유세균(TAB), 라돈(Rn), 휘발성 유기화합물(VOCs), 석면, 곰팡이 등임

- **발생원**
  - 실내의 호흡, 연소기기, 사무기기, 건축자재, 가구류로부터 발생되거나 흡연, 주차시설 등으로부터 유입되기도 함
  - **연돌효과**(굴뚝효과, Stack effect) : 따뜻한 실내공기가 건물의 상층에서 배출되는 상황에서는 외부 공기가 건물 저층의 입구를 통해 안으로 들어온 다음 계단 등 수직공간이나 엘리베이터를 통하여 고층으로 이동하게 되는데 이때 실외 공기오염물질이 함께 유입되어 공기의 이동방향에 따라 상층으로 이동·확산되면서 영향을 미칠 수 있음

- **지표물질과 기준항목**
  - **실내 공기오염의 지표물질** : 탄산가스(CO_2)
  - **실내 공기질 권고기준 항목** : NO_2, 라돈, 총휘발성 유기화합물(VOCs), 미세먼지, 곰팡이
  - **실내 공기질 유지기준 항목** : 미세먼지(PM_{10}), 초미세먼지($PM_{2.5}$), CO_2, CO, 폼알데하이드(HCHO), 총부유세균(TAB)

(2) 주요 오염물질의 특성 및 영향

- **이산화탄소**(CO_2)
  - CO_2 농도는 일반적으로 실내 오염의 주요지표로 사용됨
  - 사람의 호흡이나 가스 및 물질의 연소과정에서 발생함
  - CO_2 농도가 18% 이상인 곳에서는 생명이 위험할 수 있음
  - 쾌적한 실내를 유기하기 위해 CO_2 농도 1,000ppm 이하로 관리하여야 함

- **일산화탄소**(CO)
  - 연료의 불완전연소 또는 흡연에 의해 발생
  - CO-Hb를 형성하여 **헤모글로빈의 산소운반능력을 저하**(신경계 영향)시킴
  - 혈중 CO-Hb 50% 이상이면 쉽게 사망에 이를 수 있음
  - 쾌적한 실내를 유기하기 위해 CO농도 10ppm 이하로 관리하여야 함

- **이산화질소**(NO_2)
  - 연소시설이나 흡연 등에 의해 발생되며 NO보다 4배 정도 독성이 강함
  - 헤모글로빈의 산소운반능력을 저하시키며, **자극성의 냄새**를 갖는 **적갈색**이 유독성 기체이고, 물에 **난용성**이므로 용이하게 폐포(肺胞)에 도달함
  - 쾌적한 실내를 유기하기 위해 NO_2 농도 0.05ppm 이하로 관리하여야 함

- **폼알데하이드**(HCHO)

- 건축물에 사용되는 단열재, 섬유, 옷감에서 주로 발생됨
- 눈과 코를 자극하며, 37% 용액(10~15% 메탄올 첨가)이 **포르말린**임
- 급성독성, 피부자극성이 있고, 국제암연구센터는 "**발암우려 물질**"로 분류하고 있음

❈ 휘발성 유기화합물(TVOCs)
- 기체상의 유기화합물을 총칭하며, 유기용제·페인트·접착제·세탁용제 등에서 발생됨
- 대표적으로 BTEX(벤젠, 톨루엔, 에틸벤젠, 자일렌) 등이 있음

▌ BTEX의 주요 특징과 영향 ▌

구분	벤젠	톨루엔	에틸벤젠	자일렌(크실렌)
화학식	C_6H_6	$C_6H_5CH_3$	C_8H_{10}	C_8H_{10}
증기압	95.2mmHg/25℃	22mmHg/25℃	9.53mmHg/25℃	6.72mmHg/21℃
인체 영향	• 재생불능성 빈혈 • 백혈병 유발 • 중추신경계장해 • 발암률 증가	• 지각장해 • 중추신경계장해 • 소화기관 영향 • 비발암성	• 신경장해 • 조혈기능장해 • 비발암성	• 신경장해 • 조혈기능장해 • 비발암성

※ 자료 인용 : 「대기환경기술사」 수험서, 이승원(저)

❈ 라돈(Rn, Radon)
- 라돈은 **라듐(Ra)**이 **알파(α) 붕괴**할 때 생기는 **기체상태의 원소**로 **무색, 무미, 무취**의 특성을 보이며, 호흡을 통해 유입되기 쉬운 방사선물질임
- 폐암을 유발하는 물질이지만 보건법상 **사무실 공기질 측정·관리대상은 아님**
- 주변 생활환경(토양, 콘크리트, 벽돌, 석재 등으로부터 방출)과 밀접한 관계가 있음
- 공기보다 9배 정도 무겁기 때문에 지하공간에서 더 높은 농도를 보임
- **반감기가 긴 Rn-222**가 실내공간의 위해성 측면에서 주요 관심 대상이 되고 있음

❈ 총부유세균(TAB)
- 공기 중의 먼지나 수증기 등에 흡착되어 있는 미생물을 총칭함
- 주로 호흡기관에 영향을 주고 병원성 감염 등을 초래할 수 있음
- 특히, **레이오넬라균**은 주로 여름과 초가을에 공기순환장치와 냉각탑 등에 기생하며 실내·외로 확산되어 호흡기질환을 유발하는 원인이 되고 있음

❈ 미세먼지(PM_{10}, Particulate Matters 10)
- 눈에 보이지 않을 정도로 미세한 직경 $10\mu m$ 이하의 먼지 입자를 말함
- 숨을 쉴 때 호흡기관을 통해 폐로 유입되어 폐의 기능을 떨어뜨리고 면역력을 약하게 만듦

❈ 석면(Asbestos)
- 과거 내열성, 단열성, 절연성 등의 뛰어난 특성 때문에 여러 분야에서 사용되었음
- 석면은 발암성이 매우 높은 유해물질(1A)로 분류됨

▫ 작업환경측정에서 석면은 길이가 5μm보다 크고, **길이 대 넓이의 비가 3 : 1 이상**인 섬유를 측정대상으로 하고 있음
▫ 석면 중 건강에 가장 치명적인 영향을 미치는 것은 **각섬석 계열**의 **청석면**(Crocidolite)임. 반면에 사문석 계열의 백석면[온석면-크리소타일, Chrysotile)]이 발암성이 가장 낮음

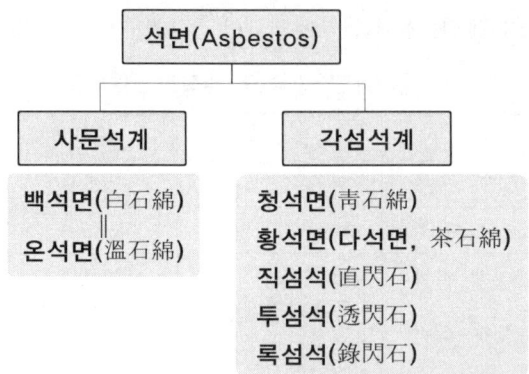

〈그림〉 석면의 분류

(3) 실내 공기질 유지기준과 권고기준

※ **실내 공기질 유지기준**
  ▫ **유지기준 항목** : 미세먼지(PM_{10}), 초미세먼지($PM_{2.5}$), CO_2, CO, 폼알데하이드(HCHO), 총부유세균(TAB)
  ▫ **시설별 유지기준**

다중이용시설 \ 오염물질 항목	PM_{10} (μg/m³)	$PM_{2.5}$ (μg/m³)	CO_2 (ppm)	HCHO (μg/m³)	TAB (CFU/m³)	CO (ppm)
가. 지하역사, 지하도상가, 철도역사의 대합실, 여객자동차터미널의 대합실, 항만시설 중 대합실, 공항시설 중 여객터미널, 도서관·박물관 및 미술관, 대규모 점포, 장례식장, 영화상영관, 학원, 전시시설, 인터넷컴퓨터게임시설제공업의 영업시설, 목욕장업의 영업시설	100 이하	50 이하	1,000 이하	100 이하	–	10 이하
나. 의료기관, 산후조리원, 노인요양시설, 어린이집, 실내 어린이놀이시설	75 이하	35 이하		80 이하	800 이하	
다. 실내주차장	200 이하	–		100 이하	–	25 이하
라. 실내 체육시설, 실내 공연장, 업무시설, 둘 이상의 용도에 사용되는 건축물	200 이하	–	–	–	–	–

[비고]
1. 도서관, 영화상영관, 학원, 인터넷컴퓨터게임시설제공업 영업시설 중 자연환기가 불가능하여 자연환기설비 또는 기계환기설비를 이용하는 경우에는 이산화탄소의 기준을 1,500ppm 이하로 한다.
2. 실내 체육시설, 실내 공연장, 업무시설 또는 둘 이상의 용도에 사용되는 건축물로서 실내 미세먼지(PM_{10})의 농도가 200μg/m³에 근접하여 기준을 초과할 우려가 있는 경우에는 실내 공기질의 유지를 위하여 다음의 실내 공기정화시설(덕트) 및 설비를 교체 또는 청소하여야 한다.
   가. 공기정화기와 이에 연결된 급·배기관(급·배기구를 포함)
   나. 중앙집중식 냉·난방시설의 급·배기구
   다. 실내 공기의 단순배기관
   라. 화장실용 배기관
   마. 조리용 배기관

실내 공기질 권고기준

- **기준항목** : 이산화질소, 라돈, 총휘발성 유기화합물(TVOCs), 곰팡이
- **시설별 유지기준**

다중이용시설 \ 오염물질 항목	NO_2 (ppm)	라돈 (Bq/m³)	TVOCs (μg/m³)	곰팡이 (CFU/m³)
가. 지하역사, 지하도상가, 철도역사의 대합실, 여객자동차터미널의 대합실, 항만시설 중 대합실, 공항시설 중 여객터미널, 도서관·박물관 및 미술관, 대규모점포, 장례식장, 영화상영관, 학원, 전시시설, 인터넷컴퓨터게임시설제공업의 영업시설, 목욕장업의 영업시설	0.1 이하	148 이하	500 이하	-
나. 의료기관, 산후조리원, 노인요양시설, 어린이집, 실내 어린이놀이시설	0.05 이하		400 이하	500 이하
다. 실내주차장	0.30 이하		1,000 이하	-

신축 공동주택의 실내 공기질 권고기준

- **기준항목** : 폼알데하이드, 벤젠, 톨루엔, 에틸벤젠, 자일렌, 스티렌, 라돈
- **권고기준**

  - 폼알데하이드 210μg/m³ 이하
  - 에틸벤젠 360μg/m³ 이하
  - 톨루엔 1,000μg/m³ 이하
  - 라돈 148Bq/m³ 이하
  - 스티렌 300μg/m³ 이하
  - 자일렌 700μg/m³ 이하
  - 벤젠 30μg/m³ 이하

※ 건축자재의 오염물질 방출기준

구 분	오염물질 종류	폼알데하이드	톨루엔	TVOCs
	1. 접착제	0.02 이하	0.08 이하	2.0 이하
	2. 페인트	0.02 이하	0.08 이하	2.5 이하
	3. 실란트	0.02 이하	0.08 이하	1.5 이하
	4. 퍼티	0.02 이하	0.08 이하	20.0 이하
	5. 벽지	0.02 이하	0.08 이하	4.0 이하
	6. 바닥재	0.02 이하	0.08 이하	4.0 이하
7. 목질판상제품	1) 2021년 12월 31일까지	0.12 이하	0.08 이하	0.8 이하
	2) 2022년 1월 1일부터	0.05 이하	0.08 이하	0.4 이하

[비고] 위 표에서 오염물질의 종류별 측정단위는 $mg/m^2 \cdot h$로 한다. 다만, 실란트의 측정단위는 $mg/m \cdot h$로 한다.

(4) 실내 공기오염의 건강장애

※ **레지오넬라병**(LD, Legionnaire's Disease)
- **의의** : 난방장치나 냉각탑 등에 기생하던 레지오넬라(Legionella)균이 강제기류를 타고 실내로 확산됨으로써 발생하는 호흡기 질환
- **원인**
  - 강제기류 난방장치, 가습장치, 저수조 온수장치의 청소불량
  - 밀폐된 공간과 환기불량
  - 습도가 높은 오염된 공기를 재순환(再循環)하는 경우
- **영향** : 알레르기성 질환이나 기타 호흡기 질환을 유발함
- **대책**
  - 냉난방 관련 기구의 정기적인 관리
  - 실내 공기의 환기
  - 균류(fungi), 바이러스(virus) 등의 미생물 퇴치를 위한 공기정화용품 사용

※ **가습기 발열**(HF, Humidifier Fever)
- **의의** : 실내 습도를 유지하기 위해 사용하는 가습기를 사용할 때, 가습기 내에 고여 있는 물에 번성한 **일반 세균**이나 **곰팡이**들이 토출되는 수증기와 함께 실내 공기를 오염시킴으로써 유발되는 **바이러스성 폐 염증**으로 **가습기 열**, 혹은 **가습기 폐**라고도 함
- **원인**
  - 가습기 내의 번성하는 아메바(A. polyphaga)
  - 세균(Bacillus subtilis) 및 세균성 내독소

- 영향
  - 독감과 비슷하게 오한, 근육통, 권태감 유발
  - 뚜렷이 폐와 관련된 증상이 없이 열이 남
  - 노출 후 4~8시간 내에 나타나고 보통 24시간 내 치유되는 경우가 많음
- 대책
  - 가습기 물의 주기적 교환(주 2회 이상)
  - 가습기 내부 청소(1일 1회 이상)
  - 안전성이 높은 가습기 사용

빌딩관련 질환(BRI, Building Related Illness)
- 의의 : 빌딩관련 질환은 실내근무와 관련하여 의사의 임상적 진단에 의해 증상이 확인되고 사무실 내에 이러한 건강장해를 일으키는 원인, 즉 **오염물질이 존재**하는 질환을 말함
- 유형 : 호흡기 과민반응, 호흡기 알레르기, 가습기 열병, 과민성폐렴, 레지오넬라병, 일산화탄소, 폼알데하이드, 농약, 진균독소 등 화학물질 또는 생물학적 인자 등에 노출되었을 때 나타나는 다양한 증상들이 이에 해당함

빌딩증후군(SBS, Sick Building Syndrome)
- 의의 : 빌딩 내의 근무자들이 건물 내에서 보내는 시간과 관계하여 특별한 증상이 없이 건강과 편안함에 영향을 받는 것(짜증스럽고 피곤해지는 현상)을 말함
- 원인
  - 밀폐된 공간의 오염된 공기
  - 건축자재, 생활용품으로부터 나오는 각종 유해물질
  - 밀폐된 실내 거주자들의 만성적 또는 일시적인 건강관련 증상
- 특징적 증상 : 거주밀도가 높을수록, 오전보다 오후에 증상이 많이 나타남
  - 눈, 코, 목의 자극(80% 이상)과 두통, 구토 및 현기증
  - 건조성 점막 및 피부증상(홍진, 홍반 등)
  - 정신적 피로 및 과민반응, 쉰 목소리
- 대책 : 일시적인 것보다 원인에 따른 근본 대책을 강구하는 것이 중요함
  - 실내 공기의 환기, 냉난방 관련 기구의 정기적인 관리
  - 쾌적한 온도와 습도 유지
  - 휴식시간을 활용하여 실외 산책
  - 사무실 실내 환경개선(공기청정기, 산소발생기, 숯 화분 등을 이용해 유해물질 제거하거나 복사기, 모니터 옆에 선인장·식물을 배식하여 전자파 차단 및 공기정화)

새집증후군(SHS, Sick House Syndrome)
- 의의 : 집이나 건물을 새로 지을 때 사용하는 건축자재나 벽지 등에서 나오는 유해물질로 인해 거주자들이 느끼는 건강상 문제 및 불쾌감을 이르는 용어임

- 원인
  - 실내 마감재와 건축자재에서 배출되는 휘발성 유기화합물(VOCs)
  - 폼알데하이드(HCHO), 벤젠, 톨루엔, 클로로폼, 아세톤, 스틸렌 등
- 영향 : 두통, 눈·코, 목의 자극, 기침, 가려움증, 현기증, 피로감, 집중력 저하 등에서 아토피성 피부염, 천식 등의 호흡기 질환, 심장병, 암 등으로 발전될 수 있음
- 대책 : 마감재 대신 친환경 소재를 사용하는 것이 바람직함
  - 실내 공기의 환기, 공기정화용품 사용
  - 실내 온도를 높인 후 환기를 시켜 휘발성 유해물질이 밖으로 빠져나가게 하는 **베이크 아웃**(Bake out) 환기법 적용

※ 헌집증후군(SHS, Sick House Syndrome)
- 의의 : 영어식 용어로는 새집증후군과 동일하게 사용됨. 헌집증후군은 오래된 집이 건강에 나쁜 영향을 주는 현상임
- 원인
  - 습기 찬 벽지 및 바닥지에 증식하는 곰팡이류
  - 배수관에 퇴적된 이물질이 부패하면서 발생하는 각종 유해가스 등
- 영향 : 기관지염이나 천식, 알레르기 등을 유발할 수 있고, 암모니아, 일산화탄소, 이산화질소, 이산화황 등은 두통 또는 현기증을 유발할 수 있음
- 대책
  - 벽지 및 배수관 교체, 실내 공기의 환기 빈도 증가
  - 제습기 가동, 숯 등의 자연제습재 비치, 공기정화용 식물 배식

※ 화학물질 민감증후군(MCS, Multiple Chemical Sensitivity)
- 의의 : 화학물질이 축적된 사람이 다른 곳에서 그 유사한 물질에 노출만 되어도 심각한 반응을 나타내는 증상으로 복합화학물질 과민증이라고도 함. 새집증후군은 주거 공간 내에서의 지각 증상이 많은데 대해, 화학물질 과민증은 모든 환경에 있어 화학물질에 과민하게 반응하는 것이 다름
- 대책 : 샴푸, 세제, 향수, 책, 신문 등의 VOC, 기타 화학제제 등
- 영향 : 민감한 냄새만 맡아도 구토, 발열, 두드러기 등의 증상이 나타남
- 특성 : 화학물질 민감증후군은 다음과 같은 특성을 가짐
  - 만성질환임 → 완치하기까지 증상이 계속됨
  - 재현성을 가짐 → 같은 오염화학물질에 반복해서 반응함
  - 극미량의 노출에도 반응을 나타냄
  - 관련성이 없는 여러 종류의 화학물질에 대해서도 과민반응을 함
  - 원인물질의 제거로 개선 또는 치료될 수 있음
  - 여러 계통의 장기(臟器)에 다양한 증상이 나타날 수 있음

□ **대책**
- 실내 공기의 환기 및 공기환경 개선
- 특수 공기청정기 사용
- 실내 온도 및 습도 조절
- 체내 유입량을 저감시킴(체내 흡수경로는 피부 : 음식물 : 호흡기＝1 : 10 : 30 비율)
- 체외 배출량을 증대시킴(운동, 입욕, 저온사우나, 차, 섬유질 식품 섭취)
- 규칙적이고 스트레스가 적은 생활로 신체 면역기능을 향상시킴

CBT 형식 출제대비 — 엄선 예상문제

01 대기는 연직방향으로 몇 개의 기권(氣圈)으로 나눌 수 있다. 기권의 구분기준으로 적당한 것은?
① 역전층의 구분
② 대기성분 분포
③ 공기밀도의 차이
④ 온도의 고도분포 특징

02 대기권은 수직 온도분포에 따른 4개의 권역으로 구분할 수 있다. 이 중 오존의 생성과 분해가 가장 활발하게 일어나는 곳은?
① 대류권　　② 열권
③ 중간권　　④ 성층권

03 대기층은 물리적 및 화학적 성질에 따라서 고도별로 분류된다. 지표면으로부터 상공으로의 지구 대기권을 옳게 분류한 것은?
① 대류권 → 열권 → 중간권 → 성층권
② 대류권 → 성층권 → 중간권 → 열권
③ 대류권 → 중간권 → 성층권 → 열권
④ 대류권 → 성층권 → 열권 → 중간권

04 대기층을 균질층과 이질층으로 구분할 때 균질층은?
① 지상 0~30km
② 지상 0~88km
③ 지상 0~150km
④ 지상 0~200km

05 대기(大氣)의 구성성분을 대기 내의 체류시간이 긴 것부터 짧은 순서로 옳게 배열한 것은?
① $O_2 > N_2O > CO > CH_4$
② $CO > N_2O > SO_2 > CH_4$
③ $N_2O > CH_4 > CO > SO_2$
④ $NO_2 > SO_2 > CO > CH_4$

06 대기의 성분을 농도(V/V%) 순으로 옳게 표시한 것은?
① $N_2 > O_2 > Ne > CO_2 > Ar$
② $N_2 > O_2 > Ar > CO_2 > Ne$
③ $N_2 > O_2 > CO_2 > Ar > Ne$
④ $N_2 > O_2 > CO_2 > Ne > Ar$

▶ 해설

01 대기권은 온도의 고도분포 또는 구성성분의 이화학적 특징에 따라 대류권, 성층권, 열권으로 구분된다.

02 공기의 대류현상이 활발하게 일어나고, 기상현상이 나타나는 곳은 대류권이다.

03 대기권은 지표면으로부터 대류권 → 성층권 → 중간권 → 열권으로 구분된다.

04 균질층은 지표면에서 상공 88km까지이다.

05 $N_2(4 \times 10^8$년$) > O_2(6,000$년$) > N_2O(100$년$) > CH_4 > CO > NO_2(2 \sim 5$일$) > SO_2(1 \sim 4$일$)$

06 대기의 부피 비율은 $N_2 > O_2 > Ar > CO_2 > Ne > He > CH_4 > Kr > H_2$, $N_2O > Xe > CO > O_3$ 순서이다. 반면에 체류시간의 크기는 $N_2 > O_2 > N_2O > CH_4 > CO > NO_2 > SO_2$이다.

정답 ▎ 1.④　2.④　3.②　4.②　5.③　6.②

07 다음 중 일반적으로 건조대기 내 체류시간이 가장 긴 것은?

① N_2 ② O_2
③ CH_4 ④ CO_2

08 대류권 내에서 다음 중 쉽게 농도가 변하는 물질에 해당하는 것은?

① Ne ② NO_2
③ Ar ④ CO_2

09 다음은 대류권 내에 존재하는 정상공기의 물리·화학적 조성과 특성에 대한 설명이다. 틀린 것은?

① 대기 중의 CH_4는 쉽게 농도가 변하지 않는 물질에 속한다.
② 쉽게 농도가 변하지 않는 물질의 농도의 크기 순서는 $Ne>He>Kr>Xe$이다.
③ 대기 중의 Ar은 농도가 안정된 물질에 속하며, 그 농도는 0.934% 정도이다.
④ H_2는 쉽게 농도가 변하는 물질에 속하며, 대류권에서의 농도는 10~50ppm 정도이다.

10 대기층의 구조에 대한 설명으로 틀린 것은?

① 지상 50~80km까지를 중간권이라 한다.
② 중간권은 고도가 증가할수록 온도가 낮다.
③ 성층권은 고도가 증가할수록 온도가 높다.
④ 오존층은 대류권과 성층권 중간에 위치한다.

11 대기의 연직구조에 대한 설명으로 거리가 먼 것은?

① 대류권은 보통 저위도 지방이 고위도 지방에 비하여 높다.
② 대류권은 지표에서부터 약 12km까지의 높이로서 구름이 끼고, 비가 오는 등의 기상현상은 대류권에 국한되어 나타난다.
③ 기상요소의 수평분포는 위도, 해륙분포 등에 의하여 지역에 따라 다르게 나타나지만 연직방향에 따른 변화가 더욱 크다.
④ 성층권의 고도는 12~50km까지이고, 이 권역에서는 고도에 따라 온도가 증가하고, 하층부의 밀도가 작아서 불안정한 상태를 나타낸다.

12 대기구조에 대한 설명으로 옳지 않은 것은?

① 중간권은 기층은 불안정하지만 기상현상은 생기지 않는다.
② 행성경계층에서는 지표면 마찰의 영향을 받기 때문에 풍속이 지표에서 멀어질수록 강하게 분다.
③ 고도 80km 이상을 열권이라고 하며, 이 권역에서는 분자들이 전리상태에 있어 전리층이라고도 한다.
④ 성층권은 고도 증가에 따라 온도가 상승하는 구간이며, 약 50km 부근에서 오존의 밀도가 최대로 된다.

▶ 해설

07 $N_2(4×10^8년) > O_2(6,000년) > N_2O(100년) > CH_4 > CO > NO_2(2~5일) > SO_2(1~4일)$

08 쉽게 농도가 변하는 물질은 제시된 항목 중 NO_2이다.

09 H_2는 쉽게 농도가 변하지 않는 물질(체류시간 4~7년)이며, 대류권에서의 농도는 0.5ppm 정도이다.

10 오존층은 성층권의 중간(25~35km)에 위치한다.

11 성층권은 매우 안정된 상태를 나타낸다.

12 성층권에서는 고도 약 25~30km 부근에서 오존의 밀도가 최대(약 10ppm)로 된다.

정답 ┃ 7.① 8.② 9.④ 10.④ 11.④ 12.④

13 다음은 대류권에 대한 설명이다. 틀린 것은?

① 행성경계층 내에서는 지표로부터 고도를 증가할수록 풍속이 약하게 된다.
② 구름이 형성되고 눈·비가 내리는 등의 기상현상은 대류권에 국한되어 나타난다.
③ 대류권의 자유대기층은 행성경계층의 상층으로 지표면의 마찰작용이 미치지 않는 층이다.
④ 대류권의 평균적인 기온체감률은 -6.5℃/km이고, 불안정한 기층으로 대류현상이 일어난다.

14 대기의 구조에 대한 설명 중 옳지 않은 것은?

① 대류권의 높이는 위도 45°의 경우 평균 12km 정도이며, 극지방은 이보다 낮다.
② 오존층에서는 오존의 생성과 소멸이 동시에 일어나면서 오존의 농도를 유지하려 한다.
③ 자외선 복사에너지는 성층권을 통과하면서 서서히 증가하고, 이에 따른 영향으로 성층권의 가장 낮은 온도분포는 성층권의 상부에 나타난다.
④ 대류권에서는 기단의 단열팽창에 의해 약 6.5℃/km씩 낮아지는 기온감률이 발생하고 이로 인해 밀도차에 따른 공기의 수직혼합이 발달한다.

15 대기권의 구조에 대한 설명으로 가장 거리가 먼 것은?

① 대기의 수직온도 분포에 따라 대류권, 성층권, 중간권, 열권으로 구분할 수 있다.
② 대류권의 높이는 통상 여름철에 낮고, 겨울철에 높으며, 고위도 지방이 저위도 지방에 비해 높다.
③ 대류권 기상요소의 수평분포는 위도, 해륙분포에 의해 다르지만 연직방향에 따른 변화는 더욱 크다.
④ 대류권의 하부 1~2km까지를 대기경계층이라고 하며, 지표면의 영향을 직접 받아서 기상요소의 일변화가 일어나는 층이다.

16 대기권의 특성에 대한 설명으로 옳지 않은 것은?

① 대류권은 고도에 따른 기온감률이 약 6.5℃/km이므로 대류현상이 일어난다.
② 중간권에서는 고도 증가에 따라 온도가 상승하므로 매우 안정한 상태를 유지한다.
③ 열권은 $0.1\mu m$ 이하의 자외선을 흡수하고, 분자들이 전리상태에 있으므로 전리층이라고도 한다.
④ 성층권의 오존층에서는 오존의 생성과 소멸이 계속적으로 일어나면서 오존의 농도를 유지하며 또한 지표면의 생물체에 유해한 자외선을 흡수한다.

▶ 해설

13 행성경계층 내에서는 지표로부터 고도를 증가할수록 풍속이 증가하게 된다. 행성경계층(Planetary Boundary Layer)은 대기경계층(Atmospheric Boundary Layer)이라고도 하며, 지표면의 마찰 영향을 받기 때문에 풍속이 지표와 가까워질수록 감소하게 된다.

14 자외선 복사에너지는 성층권을 통과할수록 서서히 감소하고, 낮은 온도는 성층권 하부에서 나타난다.

15 대류권 높이는 고위도보다 저위도 지방이 높고, 겨울보다 여름이 높다.

16 중간권에서는 고도 증가에 따라 온도가 감소하므로 불안정한 상태를 유지한다.

정답 ┃ 13.① 14.③ 15.② 16.②

17 초음속 고공비행기가 대기에 미치는 영향으로 옳은 것은?

① 대류권의 파괴와 CO_2의 증가
② Ozone층의 파괴와 CO_2의 증가
③ 지표대기층의 파괴와 NO_2의 증가
④ Mesosphere의 파괴와 NO_2의 증가

18 황화합물에 대한 설명으로 옳지 않은 것은?

① 황화합물은 산화상태가 클수록 증기압은 커지고, 용해성은 감소한다.
② 카르보닐황(OCS)은 대류권에서 매우 안정하기 때문에 거의 화학적인 반응을 하지 않는다.
③ 해양을 통해 자연적 발생원 중 아주 많은 양의 황화합물이 DMS[$(CH_3)_2S$] 형태로 배출된다.
④ 대기 중 유입된 SO_2는 입자상 물질의 표면이나 물방울에 흡착된 후 균질반응에 의해 대부분 황산염(SO_4^{2-})으로 산화되어 제거된다.

19 다음에 해당하는 대기오염물질은?

> 비가연성인 폭발성이 있는 무색(無色)의 자극성 기체로서 융점은 −75.5℃, 비점은 −10℃ 정도이며, 환원성이 있고 표백현상도 나타낸다.

① 황화수소 ② 삼산화황
③ 아황산가스 ④ 이황화탄소

20 고온에서 연소할 때 많이 발생하는 질소산화물은?

① N_2 ② NO
③ NO_2 ④ NO_3

21 연소 배출가스 중 $NO : NO_2$의 개략적인 비는?

① 5 : 95 ② 20 : 80
③ 50 : 50 ④ 90 : 10

22 NO_x의 특성에 대한 다음 설명 중 틀린 것은?

① NO와 NO_2의 대류권 체류시간은 2~5일 정도로 짧은 편이다.
② N_2O는 특히 토양에 과잉으로 공급되는 비료가 중요한 발생원이 되고 있다.
③ N_2O는 대류권의 태양에너지에 대해 불안정하므로 대류권에서의 체류시간이 짧은 편이다.
④ 질소산화물은 광화학반응과 밀접한 관계가 있으므로 도시지역의 경우 교통량이 많은 아침시간대에 NO의 농도가 높은 편이다.

23 질소산화물 중 대류권에서는 온실가스로 알려져 있고, 일명 웃음의 기체라고도 하며, 성층권에서는 오존층 파괴물질로 알려져 있는 것은?

① N_2O_3 ② NO_3
③ N_2O_5 ④ N_2O

> **해설**
>
> **17** 성층권의 고공비행은 오존층 파괴 및 연소 배기가스에 의해 CO_2 농도 증가원인이 되고 있다.
> **18** 황화합물은 산화상태가 클수록 증기압이 낮고, 용해성이 증가한다.
> **19** 무색의 비가연성 가스이고 폭발성, 자극성, 환원성, 표백성이 있는 것은 이산화황(SO_2)이다.
> **20** 고온에서 연소할 때 많이 발생하는 질소산화물은 NO이다.
> **21** 연소 배출가스 중 질소산화물의 90%는 NO로 배출된다.
> **22** N_2O는 대류권에서 태양에너지에 대해 안정하고, 대류권에서의 체류시간이 긴 편이다.
> **23** 온실가스로 알려져 있고, 일명 웃음의 기체라고도 하며, 성층권에서는 오존층 파괴물질로 알려져 있는 것은 N_2O이다.

정답 ┃ 17.② 18.① 19.③ 20.② 21.④ 22.③ 23.④

24 대기 중에서 질소가스의 광화학반응을 통하여 생성되거나 유기물이 토양 중에서 미생물 활동에 의해 분해될 때 발생되는 물질로 대류권에서는 온실가스로 작용하는 한편 성층권에서는 오존층 파괴물질로 알려져 있는 것은?

① NO
② NO_2
③ N_2O
④ NH_3

25 다음 중 메탄의 지표부근 배경농도는?

① 약 1.7ppm
② 약 17ppm
③ 약 170ppm
④ 약 1,700ppm

26 휘발성 유기화합물질(VOCs)은 다양한 배출원에서 배출되는데 우리나라의 경우 최근 가장 큰 부분(총배출량)을 차지하는 배출원은?

① 폐기물처리
② 유기용제 사용
③ 에너지 수송 및 저장
④ 자동차 등 도로 이동오염원

27 CO를 가장 많이 배출하는 발생원은 어느 것인가?

① 휘발유 자동차
② 테르펜류의 산화
③ 클로로필의 분해
④ 정유정제, 제철소

28 대기 중의 탄화수소(HC)에 대한 설명 중 틀린 것은?

① 지구 규모의 발생량으로 볼 때 자연적 발생량이 인위적 발생량보다 많다.
② 탄화수소는 대기 중에서 O, N, Cl 및 S와 반응하여 각종 탄화수소 유도체를 생성한다.
③ 탄소원자 1~12개인 탄화수소는 상온, 상압에서 기체로, 12개 이상인 것은 액체 또는 고체로 존재한다.
④ 탄화수소류 중에서 이중결합을 가진 올레핀화합물은 포화탄화수소나 방향족탄화수소보다 대기 중에서 반응성이 크다.

29 다음 설명 중 틀린 것은?

① CO는 물에 난용성이어서 강우에 의한 영향을 거의 받지 않는다.
② CO는 대기 중에서 다른 오염물질과 유해한 화학반응을 일으키지 않는다.
③ CO는 토양 박테리아의 활동에 의해 CO_2로 산화됨으로서 대기 중에서 제거된다.
④ CO의 배출이 가장 많은 인위적 발생원은 석탄연소 및 공업(석유정제, 제철소 등)이다.

> **해설**

24 대류권에서는 온실가스로 성층권에서는 오존층 파괴물질로 알려져 있는 것은 N_2O이다.

25 메탄(CH_4)의 지표부근 배경농도값은 1,783ppb(1.78ppm)이다. 온실가스 세계 감시망 자료(WMO-GAW)에 따르면 2005년 현재 이산화탄소(CO_2)는 379.1ppm, 아산화질소(N_2O)는 319.2ppb, 메탄(CH_4)은 1,783ppb로 관측되고 있다.

26 유기용제 사용 공정이 VOC의 가장 큰 배출원(63%)이다.

27 자동차는 지구 규모 CO의 50% 이상을 배출하는 주된 발생원이다.

28 탄소원자 5개 미만인 탄화수소는 상온·상압에서 기체로, 5개 이상인 것은 액체 또는 고체로 존재한다.

29 CO를 가장 많이 발생시키는 인위적 발생원은 석유연소이다.

정답 | 24.③ 25.① 26.② 27.① 28.③ 29.④

30 다음 중 탄화수소류에 대한 설명으로 틀린 것은?

① 불포화탄화수소는 반응성이 좋아 광화학반응에 의한 2차 오염물질을 발생시킨다.
② 탄화수소 중 탄소수가 5개 이상인 것은 대기환경 중에서 액체 또는 고체로 존재한다.
③ HC 중 2중 결합을 가진 올레핀계화합물은 방향족 HC보다 대기 중에서의 반응성이 크다.
④ 방향족탄화수소는 대기 중에서 대체로 기체로 존재하며, 메탄계탄화수소의 지구배경농도는 약 1.5ppb이다.

31 CO와 관련된 설명으로 옳지 않은 것은 어느 것인가?

① CO에 의한 인체독성 및 영향은 농도와 흡입시간과 관계가 있다.
② CO는 탄소 및 유기물의 불완전연소에 의해서 발생하며, 공기보다 비중이 작다.
③ CO에 고농도로 노출되었을 때 인체의 영향을 미치는 주된 표적장기는 심장이다.
④ 대기 중 체류시간은 발생량과 대기 중 평균농도로부터 5~10년 정도로 추정된다.

32 대기오염물질과 주요 업종의 연결로 틀린 것은?

① 염소 – 용광로, 염료제조, 펄프공업
② 질소산화물 – 비료, 화약, 필름제조
③ 불화수소 – 인산비료공업, 유리공업, 요업
④ 염화수소 – 소다공법, 활성탄제조, 금속정련

33 이황화탄소에 대한 설명으로 옳지 않은 것은 어느 것인가?

① 전도성 및 부식성이 큰 편이다.
② 상온에서도 빛에 의해 서서히 분해되며, 인화되기 쉽다.
③ 상온에서 무색, 투명하며 일반적으로 불쾌한 자극성 냄새를 내는 물질이다.
④ 이황화탄소는 보통 목탄 또는 메탄과 증기상태의 황을 750~1,000℃에서 반응시켜 제조한다.

34 염화수소 배출 관련업종으로 가장 거리가 먼 것은?

① 염산제조   ② 유리공업
③ 소다공업   ④ 활성탄제조

35 염화수소를 발생시킬 가능성과 가장 거리가 먼 업종은?

① 석유정제공업   ② 소다공업
③ 활성탄제조업   ④ 플라스틱공업

36 오염물질과 배출업종과의 연결로 틀린 것은 어느 것인가?

① 질소산화물 – 내연기관, 화약, 비료공업
② 암모니아 – 소다공업, 화학공업, 농약제조
③ 벤젠 – 석유정제, 포르말린제조, 도장공업
④ 시안화수소 – 가스공업, 화학공업, 제철공업

▶ **해설**

30 메탄계탄화수소의 배경농도는 약 1.7ppm이다.
31 CO의 대기 중 평균체류시간은 약 5개월 정도이다.
32 염소의 배출원은 소다공업, 플라스틱공업, 타이어 소각시설, 고무제조업, 화학공업 등이다.
33 CS_2는 무극성 분자로서 전도성이 적은 편이지만 구리, 플라스틱 등에 대한 부식작용이 있다.
34 유리공업은 불화수소(HF)의 주요 배출원이다.
35 석유정제공업에서는 벤젠 등의 VOC, 황화수소, 일산화탄소 등이 배출된다.
36 암모니아의 주 배출원은 냉동공업, 비료공업이다.

정답 ┃ 30.④ 31.④ 32.① 33.① 34.② 35.① 36.②

37 석유정제, 석탄건류, 형광물질의 원료 제조와 관련이 있는 것은?
① 브롬 ② 황화수소
③ 암모니아 ④ 폼알데하이드

38 다음은 주요 배출오염물질과 관련업종을 나타낸 것이다. ( ) 안에 가장 알맞은 것은?

- (Ⓐ) : 소다공업, 화학공업, 농약제조 등
- (Ⓑ) : 내연기관, 폭약, 비료, 필름제조 등

① Ⓐ NH_3, Ⓑ HF
② Ⓐ Cl_2, Ⓑ HF
③ Ⓐ NH_3, Ⓑ NO_x
④ Ⓐ Cl_2, Ⓑ NO_x

39 다음 중 불화수소(HF)의 주 배출원으로 옳은 것은?
① 황산공업, 제지공업
② 도금공업, 염료공업
③ 금속정련공업, 약품공업
④ 화학비료공업, 알루미늄공업

40 알루미늄공업, 유리공업, 화학비료공업에서 배출되는 대기오염물질은?
① 불화수소 ② 암모니아
③ 아황산가스 ④ 일산화탄소

41 폼알데하이드(HCHO) 배출업종이 아닌 것은?
① 피혁제조공업 ② 합성수지공업
③ 암모니아공업 ④ 포르말린제조공업

42 건전지 및 축전지, 인쇄, 크레용, 에나멜, 페인트, 고무가공, 도가니공업 등이 주된 배출 관련업종인 것은?
① Pb ② HCl
③ HCHO ④ H_2S

43 다음 중 납화합물의 주요 배출원으로 가장 거리가 먼 것은?
① 고무가공 공장
② 축전지 제조공장
③ 도가니 제조공장
④ 디젤자동차 배출가스

44 석면에 대한 다음 설명 중 틀린 것은?
① 석면의 발암성은 청석면이 온석면보다 강하다.
② 석면은 화학약품에 대한 저항성이 약하고, 전기절연성이 없다.
③ 석면은 자연계에서 일반적으로 산출되는 길고, 가늘고, 강한 섬유상 물질이다.
④ 석면에 폭로되어 중피종이 발생하기까지의 기간은 일반적으로 폐암보다는 긴 편이나 20년 이하에서 발생하는 예도 있다.

▶ **해설**

37 황화수소(H_2S)의 주요 발생원은 도시가스공업, 석유정제, 펄프공업, 하수처리장 등이다.
38 소다공업에서 배출되는 대표적인 대기오염물질은 염소와 염화수소이고, 내연기관이나 폭약제조공업에서 배출되는 대표적인 대기오염물질은 질소산화물(NO_x)이다.
39 불화수소(HF)의 주 배출원은 빙정석을 사용하여 알루미늄을 정련하는 알루미늄공업, 형석을 사용하여 유리를 제조하는 유리공업, 인광석을 사용하여 인산비료를 생산하는 비료공업 등이다.
40 불화수소(HF)의 주 배출원은 알루미늄공업, 유리공업, 화학비료공업이다.
42 건전지 · 축전지, 인쇄, 크레용, 에나멜 등과 관련 있는 유해물질은 납(Pb)이다.
43 납은 주로 가솔린 자동차 배출가스에서 배출된다.
44 석면은 화학약품에 대한 저항성이 강하고 전기절연성이 있으며, 보온특성과 견고성이 우수하다.

정답 ┃ 37.② 38.③ 39.④ 40.① 41.③ 42.① 43.④ 44.②

45 다음 오염물질로 가장 적합한 것은?

- 매우 가벼운 금속으로 높은 장력을 가지고 있으며, 회색빛이 나며, 그 합금은 전기 및 열의 전도성이 크고 마모와 부식에 강한 특징이 있다.
- 구강 흡입·섭취 혹은 피부접촉으로는 거의 흡수되지 않으며, 폐에 잔존할 수 있고 뼈, 간, 비장에 침착될 수 있으며, 배설속도가 느리기 때문에 폭로되지 않은 사람에게서는 검출되지 않는 특징을 가지고 있다.

① 카드뮴 ② 탈륨
③ 셀레늄 ④ 베릴륨

46 PCDDs의 이화학적 특성을 옳게 표현한 것은?

① 열적 불안정, 높은 증기압, 높은 수용성
② 열적 안정성, 낮은 증기압, 높은 수용성
③ 열적 불안정, 높은 증기압, 낮은 수용성
④ 열적 안정성, 낮은 증기압, 낮은 수용성

47 PCDDs의 구성을 옳게 설명한 것은?

① 1개의 벤젠고리, 2개 이상의 염소
② 2개의 벤젠고리, 2개 이상의 불소
③ 1개의 벤젠고리, 2개 이상의 불소
④ 2개의 벤젠고리, 2개 이상의 염소

48 다음 중 다이옥신에 대한 설명으로 옳지 않은 것은?

① 지용성으로서 열적 안정성이 좋다.
② 가장 유독한 다이옥신은 2,3,7,8-TCDD이다.
③ PCDF계는 75개, PCDD계는 135개의 동족체가 존재한다.
④ 유기성 고체물질로서 용출실험에 의해서도 거의 추출되지 않는 특징을 가지고 있다.

49 다음은 다이옥신의 특성에 대한 내용이다. ( ) 안에 적합한 것은?

- 물에 대한 용해도는 (Ⓐ).
- 증기압은 (Ⓑ).
- 완전분해 후 연소가스 배출 시 (Ⓒ)℃ 정도의 범위에서 재생성이 활발하다.

① Ⓐ 높다 Ⓑ 낮다 Ⓒ 1,200~1,300
② Ⓐ 높다 Ⓑ 높다 Ⓒ 300~400
③ Ⓐ 낮다 Ⓑ 낮다 Ⓒ 300~400
④ Ⓐ 낮다 Ⓑ 높다 Ⓒ 1,200~1,300

> 해설

45 베릴륨(Be)은 은백색으로 지금까지 알려진 가장 가벼운 금속 중의 하나이며, 인성(靭性)·전기전도도·탄성이 크고, 전성(展性)·연성(延性)이 있다. 알루미늄보다 가볍고 강철보다 50% 이상 강성이 높다.

46 다이옥신(PCDDs)은 열적 안정성이 높고 난분해성이며, 난용성이고 강한 흡착성을 가지며, 저온 재생성이 있고 낮은 증기압을 지닌다.

47 다이옥신은 두 개의 산소, 두 개의 벤젠, 두 개 이상의 염소와 결합된 다염소화된 물질을 총칭한다.

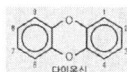
다이옥신
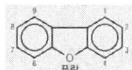
퓨란

48 PCDD계는 75개, PCDF계는 135개의 이성질체가 존재한다.

49 다이옥신은 물에 대한 용해도가 낮고, 증기압이 낮으며, 완전분해 후 연소가스 배출 시 300~400℃ 정도의 범위에서 재생성이 활발하다.

정답 | 45.④ 46.④ 47.④ 48.③ 49.③

50 다이옥신(Dioxin)에 대한 설명 중 틀린 것은 어느 것인가?

① 증기압이 매우 낮은 화합물이다.
② 다이옥신류는 크게 PCDD, PCDF로 대별된다.
③ 수용성은 낮으나 벤젠 등에 용해되며, 토양 등에 흡수된다.
④ 1,000℃ 정도의 고온온도에서 Fly Ash 표면에 염소공여체와 반응하여 재생성된다.

51 라돈에 대한 설명으로 틀린 것은?

① 일반적으로 인체에 미치는 영향으로 폐암을 유발한다.
② 자연계에 널리 존재하며, 주로 건축자재를 통해 인체에 영향을 미친다.
③ 흙속에서 방사선 붕괴를 일으키며, 화학적으로는 거의 반응을 일으키지 않는다.
④ 라돈은 무색, 무취의 기체로 액화되면 갈색을 띠며, 반감기는 5.8일간으로 라듐의 핵분열 시 생성되는 물질이다.

52 실내 공기오염물질인 라돈(Rn)에 대한 설명으로 틀린 것은?

① 무색, 무취의 기체로 폐암을 유발한다.
② 반감기는 약 3.8일, 호흡기로 흡입이 현저하다.
③ 토양, 콘크리트, 대리석 등으로부터 공기 중으로 방출된다.
④ 자연계에는 존재하지 않으며, 공기에 비해 약 3배 정도 무겁다.

53 라돈(Rn)에 대한 설명으로 틀린 것은 어느 것인가?

① 지구상에서 발견된 약 70여 가지의 자연 방사능 물질이다.
② 무색, 무취의 기체로 액화되어도 색을 띠지 않는 물질이다.
③ 일반적으로 인체의 조혈기능 및 중추신경 계통에 영향을 미치는 것으로 알려져 있다.
④ 주로 건축자재를 통하여 인체에 영향을 미치고 있으며, 화학적으로 거의 반응을 일으키지 않는다.

54 실내 공기를 오염시키는 물질에 대한 설명으로 틀린 것은?

① 폼알데하이드는 자극취가 있는 무색의 기체이며, 40% 수용액을 포르말린이라고 한다.
② 석면은 굴절성이 있고 불연성인 섬유물질로 분류되며, 대개 길이와 직경의 비가 크다.
③ 유기용제(VOC) 중 가장 독성이 강한 것은 스틸렌>자일렌>톨루엔>에틸벤젠 순서이다.
④ 라돈은 액화되어도 색을 거의 띠지 않는 물질이며, 화학적으로는 거의 반응을 일으키지 않고 흙속에서 방사선 붕괴를 일으킨다.

> **해설**

50 다이옥신류의 재생온도는 300~400℃ 부근이다.
51 라돈(Rn)은 무색·무취의 불활성 기체로 액화되어도 색을 띠지 않으며, 공기보다 7.5배 무겁다. 반감기는 3.82일로 우라늄(U) 또는 라듐(Ra)의 핵분열 시 생성되는 물질이다.
52 라돈은 자연계에 널리 존재하며, 공기보다 7.5배 무겁다.
53 라돈(Rn)에 지속적, 반복적으로 노출될 경우 폐암이 발생될 수 있다.
54 유기용제(VOC)의 독성이 강한 순서는 톨루엔>자일렌(크실렌)>에틸벤젠이다.

정답 | 50.④ 51.④ 52.④ 53.③ 54.③

55 실내 공기오염의 일반적인 지표가 되는 오염물질로서 다중이용시설에서 실내 공기질 유지기준이 1,000ppm 이하인 것은?

① N_2　　② CO
③ CO_2　　④ H_2S

56 실내 건축재료에서 배출되고 있는 실내 공간오염물질이 아닌 것은?

① 석면　　② 안티몬
③ 폼알데하이드　　④ 휘발성 유기화합물

57 지구대기의 연직구조에 관한 설명으로 옳지 않은 것은?

① 중간권은 고도 증가에 따라 온도가 감소한다.
② 성층권 상부의 열은 대부분 오존에 의해 흡수된 자외선 복사의 결과이다.
③ 성층권은 라디오파의 송수신에 중요한 역할을 하며, 오로라가 형성되는 층이다.
④ 대류권은 대기의 4개 층(대류권, 성층권, 중간권, 열권) 중 가장 얇은 층이다.

58 환기를 위한 실내공기오염의 지표가 되는 물질은?

① SO_2　　② NO_2
③ CO　　④ CO_2

59 다음 중 석면의 구성 성분과 거리가 먼 것은?

① K　　② Na
③ Fe　　④ Si

60 석면이 가지고 있는 일반적인 특성과 거리가 먼 것은?

① 절연성
② 내화성 및 단열성
③ 화학적 불활성
④ 흡습성 및 저인장성

61 일산화탄소에 관한 설명으로 옳지 않은 것은?

① 대류권 및 성층권에서의 광화학반응에 의하여 대기 중에서 제거된다.
② 물에 잘 녹아 강우의 영향을 크게 받으며, 다른 물질에 강하게 흡착하는 특징을 가진다.
③ 토양 박테리아의 활동에 의하여 이산화탄소로 산화되어 대기 중에서 제거된다.
④ 발생량과 대기 중의 평균농도로부터 대기 중 평균체류시간이 약 1~3개월 정도일 것이라 추정되고 있다.

> **해설**

55 다중이용시설에서 실내공기질 유지기준 항목에서 농도 1,000ppm 이하인 것은 CO_2이다.

56 실내공간 오염물질은 PM_{10}(미세먼지), CO_2, HCHO(폼알데하이드), 총부유세균(TAB), CO, NO_2, 라돈(Rn), 휘발성 유기화합물(VOCs), 석면, 오존(O_3) 등이다.

57 ③항은 열권에 관한 설명이다.

58 환기를 위한 실내공기오염의 지표가 되는 것은 CO_2이다.

59 석면은 섬유성을 지닌 규산화물로 규소(Si), 수소(H), 마그네슘(Mg), 철(Fe), 산소(O), 칼슘(Ca), 나트륨(Na) 등의 원소로 구성되어 있다.

60 석면은 내열성, 내산성, 내알칼리성, 절연성, 불활성의 성질을 가지고 있으며, 화학적으로 잘 분해되지 않는다.

61 일산화탄소는 난용성으로 강우에 의한 영향을 거의 받지 않으나, 강수(降水)가 많은 여름철에는 농도가 낮은 편이고 겨울철에 대체로 최고 농도를 보이며, 광화학반응에 의하여 대기 중에서 산화·제거된다.

정답 | 55.③　56.②　57.③　58.④　59.①　60.④　61.②

업그레이드 종합 예상문제

01 대기의 특성에 대한 설명으로 옳지 않은 것은?

① 성층권에서는 오존이 자외선을 흡수하여 성층권의 온도를 상승시킨다.
② 대기의 온도는 대류권에서는 하강, 성층권에서는 상승, 열권에서는 하강한다.
③ 대류권의 고도는 겨울철에 낮고, 여름철에 높으며, 저위도 지방이 고위도 지방에 비해 높다.
④ 지표부근의 표준상태에서의 건조공기의 구성은 부피농도로 질소>산소>아르곤>이산화탄소의 순이다.

해설 대기의 온도는 위쪽으로 올라갈수록 대류권과 중간권에서는 하강, 성층권과 열권에서는 상승한다.

02 대기의 특성에 대한 설명으로 옳지 않은 것은?

① 지표부근 대기의 일반적인 체류시간은 $O_2 > N_2O > CH_4 > CO$이다.
② 대기의 온도는 대류권에서는 하강, 성층권에서는 상승, 열권에서는 하강한다.
③ CO는 물에 난용성으로 강우에 의한 영향을 거의 받지 않아 체류시간이 긴 편이다.
④ 성층권의 오존층에서는 오존의 생성과 소멸이 계속적으로 일어나면서 오존의 농도를 유지하며 또한 지표의 생물체에 유해한 자외선을 흡수한다.

해설 대기의 온도는 위쪽으로 올라갈수록 대류권과 중간권에서는 하강, 성층권과 열권에서는 상승한다.

03 대기(大氣) 구조에 대한 다음 설명 중 옳은 것은?

① 대류권의 높이는 여름보다 겨울이 높다.
② 대류권 높이는 고위도 지방보다 저위도 지방이 낮다.
③ 대류권은 지상으로부터 약 20~30km 정도의 범위를 말한다.
④ 구름이 끼고, 비가 내리는 등의 기상현상은 대류권에 국한되어 나타나는 현상이다.

해설 ④항만 올바르다. 대류권의 높이는 여름보다 겨울이 낮다. 대류권 높이는 고위도 지방보다 저위도 지방이 높으며, 대류권은 지상으로부터 약 12km 정도의 범위를 말한다.

정답 1.② 2.② 3.④

04 대류권의 건조대기 성분 및 조성에 대한 설명으로 틀린 것은?

① NO_2, NH_3는 농도가 쉽게 변하는 물질이다.
② N_2, O_2 다음으로 함량이 높은 물질은 Ar이다.
③ 농도가 안정된 성분은 O_2, N_2, CO_2, Ar 등이다.
④ 오존의 평균농도는 0.1~1ppm 정도로 지역별 오염도에 따라 일변화가 매우 크다.

해설 대류권의 O_3 배경농도는 0.01~0.04ppm 정도이다.

05 지구대기의 성질에 대한 설명으로 옳지 않은 것은?

① 지표온도가 약 15℃일 때, 상공 12km의 대류권계면에서는 약 -56℃ 정도까지 하강한다.
② 대류권과 비교하였을 때 열권에서 분자의 운동속도는 매우 느리지만 공기 평균 자유행로는 짧다.
③ 중간권 이상에서의 온도에서는 대기의 분자운동에 의해 결정된 온도로서 직접 관측된 온도와는 다르다.
④ 성층권계면에서의 온도는 지표보다는 약간 낮으나 성층권계면 이상의 중간권에서 기온은 다시 하강한다.

해설 대류권과 비교하였을 때 열권에서 분자의 운동속도는 매우 빠르며(지구 탈출속도인 약 11.2km/sec에 육박), 공기 평균자유행로가 길며, 운동학적 온도가 매우 높은 것이 특징이다.

06 대기의 구조를 균질층과 이질층으로 구분한 경우에 대한 설명으로 틀린 것은?

① 지상 0~88km까지를 균질층으로 구분할 수 있다.
② 균질층 내의 공기는 지상 0~30km까지 98%가 존재하고 있다.
③ 이질층은 보통 3개 층으로 분류되는데 지상 3,600~9,600km를 헬륨층이라 한다.
④ 이질층의 공기는 강한 산화력을 가지며, 이로 인하여 지상에서 발생되어 상승한 이물질 등을 산화, 소멸시킨다.

해설 이질층은 보통 4개 층으로 분류(질소, 산소, 헬륨층, 수소층)되는데 3,600km 이상을 수소층이라 한다.

07 질소산화물(NO_x)에 대한 설명으로 옳지 않은 것은?

① 연소과정에서 처음 발생되는 NO_x는 주로 NO이다.
② NO_x의 인위적 배출량 중 거의 대부분이 연소과정에서 발생된다.
③ 연소 시 연료 중 질소의 NO 변화율은 대체로 약 2~5% 범위이다.
④ NO_x는 그 자체도 인체에 해롭지만 광화학 스모그의 원인물질로도 중요한 역할을 한다.

해설 연료질소(Fuel Nitrogen)는 총 NO_x의 50% 이상을 차지한다.

정답 4.④ 5.② 6.③ 7.③

08 대기 중 CO와 관련된 설명으로 옳지 않은 것은?

① CO는 다른 물질에 거의 흡착되지 않는 특성을 가지고 있다.
② 대기 중 CO는 토양박테리아의 활동에 의해 CO_2로 산화·제거된다.
③ CO는 용해도가 낮기 때문에 강수에 의한 영향을 거의 받지 않는다.
④ CO는 남위 30° 부근에서 최대농도, 남반구는 0.1~0.2ppm, 북반구는 0.01~0.03ppm 정도이며, 대기 중 배경농도는 0.05ppm 정도이다.

해설 북위 50° 부근에서 최대농도를 나타내며, 북반구는 0.1~0.2ppm, 남반구는 0.04~0.06ppm 정도이다.

09 CO와 관련된 다음 설명 중 틀린 것은?

① 대기 중 CO는 다른 물질에 흡착현상도 거의 나타나지 않는다.
② CO는 물에 난용성이므로 수용성 가스와는 달리 강우에 의한 영향을 거의 받지 않는다.
③ CO의 지구위도별 분포는 적도에서 최대치를 보이고, 북위 30° 부근에서 최소치를 나타낸다.
④ CO의 자연적 발생원에는 화산폭발, 테르펜류의 산화, 클로로필의 분해, 산불 및 해수 중 미생물의 작용 등이 있다.

해설 CO의 분포는 적도 부근에서 최소치를 보이고, 공업이 발달한 북위 50° 부근에서 최대치를 보인다. 반면에 탄산가스(CO_2)의 지구위도별 분포는 적도 부근에서 최소치를 보이고, 남위 30° 부근에서 최대치를 나타낸다.

10 대기오염물질의 특성 및 영향으로 틀린 것은 어느 것인가?

① 납중독의 대표적 증상은 조혈기능장애로 인한 빈혈이다.
② SO_2는 자극성이고, 질식성인 가스로 호흡기의 상기도에 많은 영향을 미친다.
③ 일반적으로 HbCO(Carboxy Hemoglobin) 1% 이하에서 인체에 대한 영향은 미약한 편이다.
④ NO는 O_3보다 독성이 수 십배 더 강한 적갈색의 기체이고, 혈중 헤모글로빈과의 결합력은 CO보다 수 백배 더 강하다.

해설 NO는 O_3보다 독성이 약하고 무색의 기체이다.

11 배출오염물질과 관련업종으로 틀린 것은?

① 염소 : 석유정제, 석탄건류, 가스공업
② 불화수소 : 알루미늄공업, 요업, 인산비료공업
③ 암모니아 : 비료공장, 냉동공장, 표백, 색소제조공장
④ 비소 : 화학공업, 유리공업, 과수원의 농약 분무작업

해설 염소 : 소다공업, 플라스틱공업, 타이어 소각시설, 고무제조업, 화학공업 등

12 페놀(C_6H_5OH)의 배출 관련업종이 아닌 것은?
① 정련공업　　　　　　② 화학공업
③ 타르공업　　　　　　④ 도장공업

해설 페놀의 배출 관련업종은 화학공업, 타르공업, 도장공업, 의약공업, 농약제조업 등이다.

13 A 가스는 계란 썩는 냄새가 나고, 호흡기 장애 및 불면증을 유발한다. A 가스의 발생원이 아닌 것은?
① 유리공업　　　　　　② 석유정제
③ 하수처리장　　　　　④ 암모니아공업

해설 계란 썩는 냄새가 나고, 호흡기 장애 및 불면증을 유발하는 가스는 황화수소이다. 유리공업은 불소화합물의 배출원이다.

14 염화수소 또는 염소 발생 가능성이 가장 적은 업종은?
① 소다공업　　　　　　② 플라스틱공업
③ 활성탄제조업　　　　④ 시멘트제조업

해설 시멘트제조업에서 발생되는 것은 중금속류인 크롬과 분진이다.

15 대기오염물질과 관련되는 주요 배출업종을 연결한 것으로 적합한 것은?
① 염소 – 주유소
② 벤젠 – 도장공업
③ 시안화수소 – 유리공업
④ 이황화탄소 – 구리정련

해설 ②항만 올바르다. 벤젠은 도장공업, 석유공업, 피혁공업, 농약제조업, 수지공업, 세제·염료공업 등에서 발생된다.

16 훈연(Fume)에 대한 설명으로 옳지 않은 것은?
① 활발한 브라운 운동을 한다.
② 20~50μm 정도의 크기가 대부분이다.
③ 아연과 납산화물의 훈연은 고온에서 휘발된 금속의 산화와 응축과정에서 생성된다.
④ 가스상 물질이 승화, 증류 및 화학반응과정에서 응축될 때 주로 생성되는 고체입자이다.

해설 훈연(Fume)은 1μm 이하(0.001~1μm)의 고체입자이다.

정답 12.① 13.① 14.④ 15.② 16.②

17 상온에서 무색이며, 자극성 냄새를 가진 기체로서 비중이 약 1.03(공기=1)인 오염물질은?

① 아황산가스　　② 포스겐　　③ 이황화탄소　　④ 폼알데하이드

해설 대상물질의 비중이 1.03일 때 분자량은 1.03×29.9≒30, 폼알데하이드(HCHO, M.W=30)이다. 아황산가스(SO_2, 64), 이황화탄소(CS_2, 76), 포스겐($COCl_2$, 99)이다.

18 실내 공기오염물질에 대한 다음 설명 중 틀린 것은?

① 벤젠은 무색의 휘발성 액체이며, 끓는점은 약 80℃ 정도이고, 인화성이 강하다.
② 톨루엔의 끓는점은 약 111℃ 정도이며, 휘발성이 강하고, 그 증기는 폭발성이 있다.
③ 석면의 공업적 생산 및 소비량은 각섬석 계열이 95% 정도이고, 나머지가 사문석 계열로서 강도는 높으나 굴절성이 약하다.
④ 석면은 얇고 긴 섬유의 형태로서 규소, 수소, 마그네슘, 철, 산소 등의 원소를 함유하며, 그 기본구조는 산화규소의 형태를 취한다.

해설 석면 중 사용 비율이 많은 것은 사문석 계열(95%)이다.

19 실내의 용적이 100m³인 복사실에서 오존(O_3)의 배출량이 분당 0.2mg인 복사기를 연속 사용하고 있다. 복사기 사용 전 실내의 오존농도가 0.13ppm일 때, 2시간 30분 복사기를 사용한 후 복사실의 오존농도(ppb)는?(단, 실내의 온도 및 압력조건은 0℃, 1기압이며, 밀폐된 공간으로 가정함)

① 270ppb　　② 380ppb　　③ 420ppb　　④ 536ppb

해설 복사기 사용 후 실내 오존농도는 복사기를 사용하기 전 실내 오존농도와 복사기 사용으로 인하여 증가 된 오존농도를 합산하여 산출한다. 1ppm=1,000ppb임을 이용할 것

☐ 오존농도(C) = 기존농도(C_o) + 증가농도(ΔC)

- 복사기 사용 전 농도(C_o) = 0.13 ppm = 130 ppb

- 증가농도(ΔC) = $\dfrac{오존발생량\,(mL)}{실내용적\,(m^3)}$

    = $\dfrac{0.2\,mg}{min} \times 150\,min \times \dfrac{22.4\,mL}{48\,mg} \times \dfrac{1}{100m^3}$ = 0.14 mL/m³ (= ppm) = 140 ppb

∴ C = 130 + 140 = 270 ppb

20 라돈에 대한 설명으로 틀린 것은?

① 폐암을 유발하는 물질로 알려져 있다.
② 상온에서 기체이고, 공기보다 7.5배 무겁다.
③ 무색·무취이며 액화되어도 색을 띠지 않는다.
④ 주기율표 3족에 속하며, 화학적으로 반응성이 크다.

정답　17.④　18.③　19.①　20.④

■해설 라돈(Rn)은 원소주기율표 6주기 18족에 속하는 비활성 기체로 무색·무취이고, 액화되어도 색을 거의 띠지 않는다.

더 풀어보기 예상문제

01 파장 0.42mm 이상의 가시광선에 의해 광분해 되는 물질로서 대기 중 체류시간은 2~5일 정도인 것은?
① CO_2 ② SO_2
③ NO_2 ④ RCHO

02 대기권의 성질을 설명한 것 중 틀린 것은 어느 것인가?
① 대류권의 높이는 보통 여름철보다는 겨울철에, 저위도보다는 고위도에서 낮게 나타난다.
② 대기밀도는 기온이 낮을수록 높아지므로 고도에 따른 기온분포로부터 밀도분포가 결정된다.
③ 대류권의 대기 기온체감률은 $-1℃/100m$이며, 기온변화에 따라 비교적 비균질한 기층이 형성된다.
④ 대기의 상하운동이 활발한 정도를 난류강도라 하고, 열적인 난류와 역학적인 난류가 있으며, 이를 고려한 안정도로 리처드슨 수가 있다.

03 대기의 구조는 균질층과 이질층으로 구분할 수 있다. 다음 설명 중 옳지 않은 것은?
① 이질층은 보통 4개 층으로 분류되며, 지상 1,120~3,600km는 산소원자층이라 한다.
② 균질층 내의 공기는 건조가스로서 지상 0~30km 정도까지 공기의 98% 정도가 존재한다.
③ 이질층 내의 공기는 강한 산화력으로 인하여 지상에서 발생되어 상승한 이물질들을 산화·소멸시킨다.
④ 지상 0~88km 정도까지의 균질층은 수분을 제외하고는 질소 및 산소 등 분자 조성비가 어느 정도 일정하다.

04 다음 중 옳은 것은?
① 먼지는 강우의 생성을 저해한다.
② 먼지가 증가하면 지구의 평균기온은 높아진다.
③ 성층권에서 고도가 높아질수록 온도가 높아진다.
④ 현재 오존층의 파괴가 가장 심한 지역은 적도 부근이다.

정답 1.③ 2.③ 3.① 4.③

더 풀어보기 예상문제 해설

01 가시광선에 의해 광분해 되는 물질로서 대기 중 체류시간이 비교적 짧은(2~5일) 것은 NO_2이다.

02 대류권에서의 대기 기온체감률은 $-6.5℃/km$이다. 지상 약 88km까지는 균질층(Homosphere)이 형성된다.

03 이질층은 보통 4개 층으로 분류되는데 지상 88~170km까지 질소층, 170~1,120km까지 산소층, 1,120~3,600km까지 헬륨층, 3,600km 이상을 수소층이라 한다.

04 성층권은 고도가 높아질수록 온도가 증가한다.

더 풀어보기 예상문제

01 성층권에 대한 다음 설명 중 옳지 않은 것은 어느 것인가?

① 오존의 밀도는 하층부(11~15km)일수록 높으며, 오존이 특히 많이 분포한 층을 오존층이라 한다.
② 하층부의 밀도가 커서 매우 안정한 상태를 유지하므로 공기의 상승이나 하강 등의 연직운동은 억제된다.
③ 화산분출 등에 의하여 미세한 분진이 성층권에 유입되면 수년간 잔류하여 기후에 영향을 미치기도 한다.
④ 성층권에서 고도에 따라 온도가 상승하는 이유는 성층권의 오존이 태양광선 중의 자외선을 흡수하기 때문이다.

02 다음 각 유해물질의 발생 특성에 대한 설명으로 틀린 것은?

① 염소 및 염화수소는 활성탄 제조용의 반응로 등에서 많이 발생한다.
② 불화수소는 Al제조공정에서 Na_3AlF_6, AlF_3가 약 1,000℃에서 HF를 발생시킨다.
③ 질소산화물은 저온연소 시 $N_2+O_2 \rightarrow 2NO$, 고온에서는 $2NO+O_2 \rightarrow 2NO_2$로 된다.
④ 황산화물의 자연적인 발생원은 해양 및 육지로부터의 H_2S의 발생, SO_4^{2-}의 방출 등이다.

03 대기의 수직온도 분포에 따른 각 대기권의 특징으로 틀린 것은?

① 중간권 : 고도에 따라 온도가 낮아지며, 지구대기층 중에서 가장 기온이 낮은 구역이다.
② 성층권 : 고도에 따라 온도가 상승하는 이유는 성층권의 오존이 태양광선 중의 자외선을 흡수하기 때문이다.
③ 대류권 : 대류권의 하부 1~2km까지를 대기경계층이라 하고, 이 대기경계층의 상층은 지표면의 영향을 직접 받지 않으므로 자유대기라고도 부른다.
④ 열권 : 고도 80km 이상인 층이며, 파장 약 0.1μm 이상의 자외선을 방출하고, 또한 흡수하는 에너지도 많아 열용량이 크기 때문에 온도는 매우 높게 된다.

04 대기 중에 존재하는 황산화물에 대한 설명으로 옳지 않은 것은?

① 연료 중 황분(S) 함량은 석탄이 가장 높다.
② 인위적 발생원에서 화석연료 중의 황화합물이 연소될 경우 대부분 SO_2로 된다.
③ 황분은 비점이 낮아 원유 정제 시 대부분 증발하여 점도가 높은 벙커C유에 잔존하게 된다.
④ 전 세계의 황화합물 배출량 중 인위적 발생량이 50%를 차지하며, 나머지 50%가 자연적 발생원에서 배출된다.

정답 1.① 2.③ 3.④ 4.③

더 풀어보기 예상문제 해설

01 오존은 지상 20~25km의 고도에 가장 높은 농도로 밀집되어 있어 이 층(層)을 소위 오존층(Ozone sphere)이라고 한다.

02 질소산화물은 고연소 시 $N_2+O_2 \rightarrow 2NO$로 된다. 반면에 일사량이 강하고, 산소농도가 풍부한 외기의 온도조건에서 $2NO+O_2 \rightarrow 2NO_2$로 된다.

03 열권은 0.1μm 이하의 자외선을 흡수하기 때문에 고도가 증가할수록 온도가 높아진다.

04 황분은 비점이 높아 원유 정제 시 대부분 잔류하여 점도가 높은 벙커C유에 잔존하게 된다.

더 풀어보기 예상문제

01 다음은 황화합물에 대한 설명이다. ( ) 안에 가장 적합한 물질은?

> ( )은(는) 대류권에서 매우 안정하므로 거의 화학적인 반응을 하지 않고, 서서히 성층권으로 유입되며 광분해반응에 종속된다. 반응성이 작아 청정대류권에서 가장 높은 농도를 나타내는 황화합물(수백 ppt 정도)로 간주되며, 거의 일정한 수준의 농도를 유지한다.

① 이산화황(SO_2) ② 황화수소(H_2S)
③ MSA(CH_3SO_3H) ④ 카르보닐황(COS)

02 황화합물에 대한 설명이다. ( ) 안에 가장 알맞은 것은?

> 지구적 규모로 볼 때 해양을 통해 자연적 발생원 중 많은 양의 황화합물이 ( ) 형태로 배출되고 있다.

① CS_2 ② OCS
③ DMS[$(CH_3)_2S$] ④ H_2S

03 연소반응 시 공기 중의 질소를 기원으로 하며, Zeldovich Mechanism에 의해 질소산화물이 생성되는 기구는?

① Prompt NO_x ② Fuel NO_x
③ Thermal NO_x ④ Circulation NO_x

04 황화합물에 대한 다음 설명 중 가장 거리가 먼 것은?

① CS_2는 증발하기 쉬우며, CS_2 증기는 공기보다 약 2.6배 더 무겁다.
② SO_2는 구름의 액적, 빗방울, 지표수 등에 쉽게 녹아 H_2SO_3를 생성한다.
③ SO_2는 280~290nm에서 강한 흡수를 보이지만 대류권에서는 거의 광분해되지 않는다.
④ 대기 중 SO_2는 약 90% 정도가 황산염으로 전환되며, 평균체류시간은 약 20일 정도이다.

05 대기 중 SO_2의 산화에 대한 다음 설명 중 틀린 것은?

① 파라핀계탄화수소는 NO_2와 SO_2가 존재하여도 Aerosol을 거의 형성시키지 않는다.
② 낮은 농도의 올레핀계탄화수소도 NO가 존재하면 SO_2 광산화에 상당한 효과를 발휘한다.
③ 모든 SO_2의 광화학은 일반적, 전자적으로 여기(勵起)된 상태의 SO_2의 분자반응들만 포함한다.
④ 연소과정에서 배출되는 SO_2의 광분해는 상당히 효과적인데, 그 이유는 저공에 도달하는 것보다 더 긴 파장이 요구되기 때문이다.

정답 1.④ 2.③ 3.③ 4.④ 5.④

더 풀어보기 예상문제 해설

01 대류권에서 가장 안정한 황화합물은 카르보닐황화합물(COS, Carbonyl Sulfide)이다.

02 해양을 통해 자연적 발생원 중 가장 많이 배출되는 것은 황화메틸(DMS)이다.

03 젤도비치(Zeldovich) 메커니즘(Mechanism)에 의한 NO_x 생성기구는 Thermal NO_x이다.

• $O_2 + M \rightleftharpoons 2O\cdot + M$ • $N_2 + O\cdot \rightleftharpoons NO + N\cdot$ • $N\cdot + O_2 \rightleftharpoons NO + O\cdot$

04 대기 중 SO_2의 30% 정도만 황산염으로 전환(이외 SO_2는 대기 중으로 확산, 이류)되며, 평균체류시간은 약 4일 정도로 짧은 편이다.

05 SO_2는 대류권의 광자에너지에 의해서는 거의 광분해되지 않는다.

더 풀어보기 예상문제

01 연료를 연소하는 과정에서 질소산화물(NO_x)이 발생하게 된다. 다음 반응 중 질소산화물(NO_x) 생성과정에서 발생하는 Prompt NO_x의 주된 반응식으로 가장 적합한 것은 어느 것인가?

① $N+N \rightarrow N_2$
② $CH+N_2 \rightarrow HCN+N$
③ $N+NH_3 \rightarrow N_2+1.5H_2$
④ $N_2+O_5 \rightarrow 2NO+1.5O_2$

02 질소산화물에 대한 설명으로 가장 거리가 먼 것은?

① NO_2는 적갈색의 자극성 기체이며, NO보다 5~7배 정도 독성이 더 크다.
② 화석연료가 고온에서 연소할 때 발생하는 질소산화물(NO_x)의 90% 이상은 NO로 발생한다.
③ N_2O는 불활성 물질로 대류권에서는 온실가스로 성층권에서는 오존층 파괴물질로서 작용하며, 자연대기 중에 약 0.5ppm 정도 존재한다.
④ NO는 오존보다 독성이 매우 높기 때문에(10~15배 정도) 인체에 폐렴이나 폐수종을 일으키며, 대기 중에서는 장기간 체류(20~100년 정도)하는 물질로 알려져 있다.

03 질소산화물에 대한 다음 설명 중 옳지 않은 것은?

① 아산화질소(N_2O)는 성층권의 오존을 소모하는 물질로 알려져 있다.
② 아산화질소(N_2O)는 대류권의 태양에너지에 대하여 매우 안정한 물질이다.
③ 질소화합물의 지구적 배출량 중 인위적 배출량은 자연적 배출량의 약 70% 정도이다.
④ 연료 NO_x는 연료 중 질소에 기인하고, 질소 함량은 석탄>중유>경유 순으로 적어진다.

04 질소산화물에 대한 설명으로 가장 거리가 먼 것은?

① 성층권에서는 N_2O가 오존과 반응하여 NO를 생성한다.
② 연소실 온도가 낮을 때는 높을 때보다 많은 NO_x가 배출된다.
③ 대기 중에서의 체류시간은 NO와 NO_2가 2~5일 정도로 추정된다.
④ N_2O는 온실가스로 알려져 있으며, 성층권에서는 오존층 파괴물질로 알려져 있다.

정답 1.② 2.④ 3.③ 4.②

더 풀어보기 예상문제 해설

01 Prompt NO_x는 질소가 탄화수소 및 탄소의 공격을 받아 HCN 또는 CN이 생성되고 HCN과 CN은 OH 및 O_2 등과 결합하여 NCO 등과 같은 중간 생성물질들을 거쳐 질소산화물로 전환된다는 학설이다.

02 NO 독성은 오존보다 1/10~1/15 정도 독성이 강하고, 폐렴·폐수종을 일으키며, 대기 중에 체류시간은 비교적 짧은 편(약 3~4일 정도)이다.

03 질소화합물의 지구적 배출량 중 자연적 배출량이 인위적인 배출량의 약 10배 이상 많다.

04 연소실 온도가 높을 때는 낮을 때보다 많은 NO_x가 배출된다.

더 풀어보기 예상문제

01 질소산화물에 대한 설명 중 옳지 않은 것은 어느 것인가?
① NO는 주로 교통량이 많은 이른 아침에 하루 중 최고치를 나타낸다.
② NO_2의 대기 중 체류시간은 2~5일이며, N_2O는 10~20일 정도로 추정되고 있다.
③ N_2O는 대류권에서는 온실가스로 알려져 있으며, 성층권에서는 오존을 분해하는 물질로 알려져 있다.
④ 전 세계 질소화합물 중 인위적인 질소화합물 배출량은 자연적 배출량의 10% 정도인 것으로 추정되고 있다.

02 다음 물질의 특성에 대한 설명 중 옳은 것은?
① 탄소의 순환에서 탄소(CO_2로서)의 가장 큰 저장고 역할을 하는 부분은 대기이다.
② HCl은 유독성을 가진 황록색가스로서 비료공장, 표백공장 등에서 주로 발생한다.
③ 불소는 주로 자연상태에서 존재하며, 관련되는 주요 업종으로는 황산제조, 연소공정 등이다.
④ 질소산화물은 연소 시 연료의 성분으로부터 발생하는 Fuel NO_x와 고온에서 공기 중의 질소와 산소가 반응하여 생기는 Thermal NO_x 등이 있다.

03 질소화합물에 대한 설명으로 가장 거리가 먼 것은?
① 연료 중의 질소화합물은 일반적으로 천연가스보다 석탄에 많다.
② 대기 중에서의 추정 체류시간은 NO와 NO_2가 약 2~5일, N_2O가 약 20~100년 정도이다.
③ N_2O는 대류권에서는 온실가스로 알려져 있으며, 성층권에서는 오존층 파괴 물질로 알려져 있다.
④ 전 세계 질소화합물의 배출량 중 인위적인 추정 배출량은 약 70~80% 정도로, 연간 총배출량은 주로 배출원별로는 난방, 연료별로는 석탄 사용이 제일 큰 비중을 차지한다.

04 다음 설명 중 틀린 것은?
① NO와 NO_2에 비해 N_2O가 장기간 대기 중에 체류한다.
② N_2O는 대류권에서 태양에너지에 대하여 매우 불안정하다.
③ N_2O는 성층권에서는 오존을 분해하는 물질로 알려져 있다.
④ NO_2는 해안지역에서는 해염입자와 반응하여 질산염을 생성하며, 대기 중에서 제거된다.

정답 1.② 2.④ 3.④ 4.②

더 풀어보기 예상문제 해설

01 N_2O의 대기 중 체류시간은 20~100년 정도이다.
02 ④항만 옳다. NO_x는 연료질소에 기인하는 Fuel NO_x와 공기질소에 기인하는 Thermal NO_x로 대별된다.
03 전 세계 질소화합물 중 인위적인 질소화합물 배출량은 자연적 배출량의 1/7~1/15 정도이다.
04 N_2O는 대류권에서 태양에너지에 대하여 매우 안정하다.

더 풀어보기 예상문제

01 탄화수소류에 대한 다음 설명 중 ( ) 안에 적합한 물질은?

- 탄화수소류 중에서 이중결합을 가진 올레핀화합물은 포화탄화수소나 방향족탄화수소보다 대기 중에서의 반응성이 크다.
- 방향족탄화수소는 대기 중에서 고체로 존재하며, 특히 ( )은 대표적인 발암물질이며, 환경호르몬으로 알려져 있다.
- 연소과정에서 생성되며, 숯불에 구운 쇠고기 등 가열로 검게 탄 식품, 담배 연기, 자동차배기가스, 석탄 타르 등에 포함되어 있다.

① 벤조피렌 ② 톨루엔
③ 안트라센 ④ 나프탈렌

02 유해가스에 대한 다음 설명 중 가장 거리가 먼 것은?

① Cl_2는 상온에서 황록색을 띠며, 자극성 냄새를 가진 유독물질로 관련 배출원은 표백공업이다.
② F_2는 무색의 발연성 기체로 강한 자극성이며, 물에 잘 녹고 관련 배출원은 알루미늄 공업이다.
③ SO_2는 무색, 자극성의 환원성 기체로 표백제로도 이용되며, 화석연료의 연소에 의해서도 발생된다.
④ NO는 적갈색의 특이한 냄새를 가진 기체이고 물에 질 녹는 염기성 기체이며, 자동차에 의해 배출이 가장 많은 부분을 차지한다.

03 휘발성 유기화합물에 대한 설명으로 옳지 않은 것은?

① 자연적인 휘발성 유기화합물은 대류권의 오존생성 및 지구온난화 등과도 관련이 있다.
② 인위적 배출량 중 페인트, 잉크, 용제 등의 사용에 의한 배출량도 많은 부분을 차지하고 있다.
③ 지구 전체의 규모로 볼 때 인위적인 NMHC(Non Methane Hydrocarbon)가 자연에서 발생되는 생물학적 NMHC보다 10배 이상 많다.
④ 일반적 의미의 휘발성 유기화합물은 NMHC, 할로겐족 탄화수소화합물, 알코올, 알데히드, 케톤 같은 산소결합 탄화수소화합물들을 내포한다.

04 이산화탄소에 대한 설명으로 거리가 먼 것은?

① 지구 북반구의 이산화탄소 농도가 상대적으로 높다.
② 대기 중에 배출하는 이산화탄소의 약 5%가 해수에 흡수된다.
③ 지구온실효과에 대한 추정 기여도는 CO_2가 50% 정도로 가장 높다.
④ 대기 중의 이산화탄소 농도는 북반구의 경우 계절적으로는 보통 겨울에 증가한다.

정답 1.① 2.④ 3.③ 4.②

더 풀어보기 예상문제 해설

01 방향족탄화수소(PAH)는 대기 중에서 고체로 존재하며, 특히 벤조피렌은 대표적인 발암물질이다.
02 적갈색을 띠는 것은 NO_2이다. NO는 무색, 무취, 무자극성으로 물에 잘 녹지 않는 난용성이다.
03 전 지구적 규모로 볼 때 비메탄탄화수소(NMHC)의 인위적 발생량은 자연적(생물학적) 발생량보다 적다.(자연적 발생량의 약 1/9배)
04 해양은 대기로 배출하는 이산화탄소의 20~30%를 흡수한다.

더 풀어보기 예상문제

01 다음 오염물질 중 수산기를 포함하는 것은?
① Mercaptan   ② Phenol
③ Chloroform   ④ Benzene

02 다음 중 불소화합물을 가장 많이 배출하는 배출원은?
① 자동차
② 표백분 제조
③ 화학비료공업
④ 용접, 전지의 제조나 처리

03 다음 대기오염물질과 관련되는 업종으로 가장 거리가 먼 것은?
① 비소 – 화학공업, 유리공업, 과수원의 농약 등
② 크롬 – 화학비료공업, 피혁공업, 시멘트 제조업
③ 시안화수소 – 피혁공장, 합성수지, 포르말린제조
④ 질소산화물 – 내연기관, 폭약, 필름제조업, 비료 등

04 불소화합물에 대한 다음 설명에서 ( ) 안에 알맞은 화학식은?

> 사불화규소는 물과 반응하여 콜로이드상태의 규산과 (　　)이/가 생성된다.

① CaF_2 ② $NaHF_2$
③ Na_2AlF_6 ④ H_2SiF_6

05 다음 설명 중 틀린 것은?
① 일산화탄소(CO)는 불완전연소에 의해 발생하며, 물에 대한 용해도가 작다.
② 염화수소(HCl)는 물에 대한 용해도가 크기 때문에 헨리 법칙이 잘 적용된다.
③ 불소(F_2)는 상온에서 무색의 극히 자극성이 강한 기체로 화학적으로 활성이 크다.
④ 아황산가스(SO_2)는 주로 화석연료의 연소에서 발생하며, 물에 대한 용해도가 비교적 크다.

정답 1.② 2.③ 3.③ 4.④ 5.②

더 풀어보기 예상문제 해설

01 제시된 항목 중 수산기(-OH)를 포함하는 것은 페놀이다. Chloroform의 분자식은 $CHCl_3$, Benzene의 분자식은 C_6H_6, Methyl Mercaptan의 분자식은 CH_3SH, Phenol의 분자식은 C_6H_5OH이다.

02 불소화합물의 주요 배출원은 유리공업, 알루미늄공업, 인산비료 및 인산제조업이다.

03 피혁공업에서 발생되는 것은 크롬이고, 합성수지·포르말린제조에서 발생되는 것은 폼알데하이드(HCHO)이다.

04 사불화규소(SiF_4)는 물과 반응하여 콜로이드상태의 규산(硅酸)과 규불산이 생성된다.
- $SiF_4 + 2H_2O = SiO_2 + 4HF$ (규산생성)
- $2HF + SiF_4 = H_2SiF_6$ (규불산생성)

05 염화수소(HCl)는 물에 대한 용해도가 크기 때문에 헨리 법칙을 적용하지 않는다. 헨리 법칙을 적용하는 기체는 용해도가 낮은 기체(CO, CO_2, NO, NO_2 등)이다.

더 풀어보기 예상문제

01 다음 물질의 특성에 대한 설명 중 옳은 것은?

① 염화수소는 플라스틱공업, PVC 소각, 소다공업 등의 관련 배출업종이다.
② 탄소의 순환에서 탄소(CO_2로서)의 가장 큰 저장고 역할을 하는 부분은 대기이다.
③ 불소(Fluorine)는 주로 자연상태에서 존재하며, 관련 배출업종으로는 황산제조공정, 연소공정 등이다.
④ 질소산화물은 연소 전 연료의 성분으로부터 발생하는 Fuel NO_x와 저온연소에서 공기 중의 질소와 산소가 반응하여 생기는 Thermal NO_x 등이 있다.

02 염소(Cl_2), 염화수소(HCl) 배출 관련업종과 가장 관계가 적은 것은?

① 소다공업 ② 활성탄제조업
③ 플라스틱공업 ④ 비스코스섬유공업

03 다음 업종 중 오염물로서의 크롬 발생 가능성이 가장 적은 것은?

① 피혁공업 ② 염색공업
③ 시멘트공업 ④ 레이온제조업

04 다음 오염물질과 주요 배출 관련업종의 연결로 옳지 않은 것은?

① 구리-제련소, 도금공장, 농약제조
② 납-건전지 및 축전지, 인쇄, 페인트
③ 페놀-타르공업, 화학공업, 도장공업
④ 비소-석유정제, 석탄건류, 가스공업

05 다음 중 실내 공기오염에 대한 설명으로 옳지 않은 것은?

① CO는 NO에 비해 혈중 헤모글로빈과의 결합력이 낮다.
② 실내 공기 중 세균의 위해성은 자체의 병원성보다 오히려 세균수가 문제시 된다.
③ 라돈은 화학적으로는 거의 반응을 일으키지 않고, 흙속에서 방사선붕괴를 일으킨다.
④ CO_2는 공기 중에서 약 0.3~0.4% 정도 존재하며, 10% 이상에서는 어지럼증을 느끼기 시작한다.

정답 1.① 2.④ 3.④ 4.④ 5.④

더 풀어보기 예상문제 해설

01 제①항만 올바르다.

▶바르게 고쳐보기◀

② 탄소의 순환에서 탄소(CO_2로서)의 가장 큰 저장고 역할을 하는 부분은 해양이다. 해양은 대기가 함유하는 탄산가스의 약 60배를 함유하고 있으며 이 양은 식물에 의한 흡수량보다 훨씬 많다.
③ 불소(Fluorine)은 주로 자연상태에서 형석, 인광석, 빙정석 등의 광물질 내에 존재한다. 주 관련 배출업종으로는 도자기공업, 유리공업, 알루미늄 정련업 등이다.
④ 질소산화물은 연소 시 연료의 성분으로부터 발생하는 Fuel NO_x와 고온에서 공기 중의 질소와 산소가 반응하여 생기는 Thermal NO_x 등이 있다.

02 비스코스섬유공업은 CS_2의 주요 배출공정이다.

03 레이온제조업에서는 주로 이황화탄소(CS_2)가 배출된다.

04 비소-화학·유리공업, 농약, 화석연료 연소 등에서 발생된다.

05 CO_2는 정상공기 중에서 약 370ppm(0.037%) 정도 존재한다.

더 풀어보기 예상문제

01 실내 공기오염에 대한 설명 중 옳지 않은 것은?
① 대체로 유기용제는 마취작용이 있으며, 독성의 크기는 톨루엔>자일렌>에틸벤젠 순이다.
② 폼알데하이드는 자극취가 있는 적갈색의 기체이며, 물에 잘 녹고 15% 수용액은 포르말린이라고 한다.
③ 유기용제의 인체에 대한 영향을 고려해 보면 벤젠은 혈액에 대한 독성작용이, 에틸벤젠은 신경계에 대한 독성작용이 강하다.
④ 빌딩증후군이란 밀폐된 공간 내 유해한 환경에 노출되었을 때에 눈자극, 두통, 피로감, 후두염 등과 같은 증상이 일어나는 것을 말한다.

02 다음은 주요 실내 공기오염물질에 관한 설명이다. ( ) 안에 적합한 것은?

> ( )의 주요 발생원은 흙, 바위, 물, 지하수, 화강암, 콘크리트 등이며, 인체에 대한 주요 영향은 폐암을 들 수 있다.

① 석면　　② 라돈
③ 포름알데히드　　④ VOC

03 실내 공기에 영향을 미치는 오염물질에 대한 설명 중 틀린 것은?
① 석면의 발암성은 청석면>아모사이트>온석면 순이다.
② 우라늄(U)과 라듐(Ra)은 Rn-222의 발생원에 해당된다.
③ Rn-222의 반감기는 3.8일이며, 화학적으로는 거의 불활성이다.
④ 석면은 자연계에 존재하는 유화(油和)된 규산염 광물의 총칭이고, 미국에서 가장 일반적인 것으로는 아크티놀라이트(백석면)가 있다.

04 실내 공기오염물질 중 석면의 위험성은 점점 커지고 있다. 다음 설명하는 석면의 분류에 해당하는 것은?

> 백석면이라고 하고, 석면의 형태 중 가장 먼저 마주치는 광물로서 일반적으로 미국에서 발견되는 석면 중 95% 정도가 이에 해당한다. 이 광물은 매우 유용하고, 섬유상의 층상 규산염광물이며, 이 광물의 이상적인 화학적 구조는 $Mg_3(Si_2O_5)(OH)_4$이다. 광택은 비단광택이고, 경도는 2.5 정도이다.

① Chrysotile　　② Antigorite
③ Lizardite　　④ Orthoantigorite

정답 1.② 2.② 3.④ 4.①

더 풀어보기 예상문제 해설

01 폼알데하이드(포름알데히드)는 무색·투명한 물질이며, 물에 녹지만 알코올이나 에테르에는 녹지 않는 특성을 지닌다. 포르말린은 폼알데하이드를 37%(±0.5%) 함유한 수용액의 상품명이다.

02 라돈(Rn)은 공기보다 7배 이상 무거운 물질로서 실내, 특히 지하공간에서 폐암을 유발하는 물질로 잘 알려져 있다.

03 석면은 자연계에 존재하는 수화화(水和化)된 규산염 광물의 총칭이고, 미국에서 가장 일반적인 것은 백석면($3MgO \cdot 2SiO_2 \cdot 2H_2O$, 크리소타일)이다.

04 백석면은 크리소타일(Chrysotile)이라고도 한다. 공업적으로 사용되는 비율을 보면 사문석계열이 95% 정도 사용되고 있다.

더 풀어보기 예상문제

01 석면폐증에 대한 설명으로 가장 거리가 먼 것은?
① 석면폐증은 폐의 상엽에서 주로 발생하며, 전이는 되지 않는 편이다.
② 석면폐증은 비가역적이며, 석면노출이 중단된 이후에도 악화되는 경우가 있다.
③ 석면폐증은 폐의 석면분진 침착에 의한 섬유화이며, 흉막의 섬유화와는 무관하다.
④ 폐의 섬유화는 폐조직의 신축성을 감소시키고 혈액으로의 산소공급을 불충분하게 한다.

02 라돈(Rn)에 대한 설명으로 옳지 않은 것은 어느 것인가?
① 무색, 무취의 기체로 액화되어도 색을 띠지 않는 물질이다.
② 반감기는 3.8일이며, 라듐이 핵분열 할 때 생성되는 물질이다.
③ 자연계에 널리 존재하며, 건축자재 등을 통하여 인체에 영향을 미치고 있다.
④ 주기율표에서 원자번호가 238번으로, 화학적으로 활성이 큰 물질이며, 흙속에서 방사선 붕괴를 일으킨다.

03 실내 공기오염물질에 대한 다음 설명 중 옳은 것은?
① 라돈은 화학적으로 반응이 활발하며, 흙 속에서 방사선 붕괴에 관여한다.
② 석면이나 광물섬유들은 장력강도와 열 및 전기적인 절연성이 크고, 화학적으로 분해가 잘 되지 않는다.
③ 이산화질소는 일산화질소보다 독성이 대략 10배 정도 강하고 물에 잘 녹기 때문에 인체의 폐포까지 쉽게 침투할 수 있다.
④ 일산화탄소는 무색, 무미의 기체로 인체 혈액 중 헤모글로빈과 쉽게 결합하고 산소보다 약 10~15배 정도의 결합력을 가지고 있다.

04 실내 공기오염물질과 거리가 먼 것은?
① 석면(Asbestos)
② 휘발성 유기화합물(VOC)
③ 염화비닐(Vinyl Chloride)
④ 폼알데하이드(Formaldehyde)

정답 1.① 2.④ 3.② 4.③

더 풀어보기 예상문제 해설

01 석면폐증은 폐의 하엽에 주로 나타나며, 흉막을 따라 폐의 중엽이나 설엽으로 전이되어 나간다.

02 라돈(Rn)은 원자번호 86번의 강한 방사선을 내는 비활성 기체원소이다.

03 ②항만 올바르다. 석면이나 광물섬유들은 장력강도와 열 및 전기적인 절연성이 크고 화학적으로 분해가 잘 되지 않는다. 한편, 라돈(Rn)은 비활성 기체로 화학적으로 거의 반응을 일으키지 않으며, 이산화질소(NO_2)는 NO보다 독성이 10배 정도 강하다. 물에 잘 녹지 않기 때문에 하기도(폐포)에 쉽게 침투할 수 있다. 또한 CO는 혈중 헤모글로빈과 결합력이 산소보다 230배 정도 강하다.

04 염화비닐은 실내 공기오염물질 항목이 아니다. 실내 공간오염물질은 PM_{10}(미세먼지), CO_2, HCHO(폼알데하이드), 총부유세균(TAB), CO, NO_2, 라돈(Rn), 휘발성 유기화합물(VOCs), 석면, 오존(O_3) 이다.

Chapter 02 2차 오염

출제기준	Chapter 2. 2차 오염	적용기간 : 2020.1.1~2024.12.31
세부출제 기준항목	기사	산업기사
	• 광화학반응 • 2차 오염	• 광화학반응 • 2차 오염

1 광화학반응

(1) 광화학반응 모델·반응 단계별 특징

- **광화학반응 모델** : 광화학반응은 제1단계 반응과 제2단계 반응으로 나누어 생각할 수 있으며 광화학 스모그로 발달되기 위해서는 필연적으로 1·2단계의 반응을 거쳐야 한다. 이때 중간생성물질인 **오존(O_3)은 광화학반응의 척도**로 사용됨

$$\begin{cases} \circ\ NO_x \\ \circ\ 탄화수소 \cdot VOCs \\ \circ\ 유기물 \end{cases} \xrightarrow[자외선/가시광선]{햇빛} O_3 \xrightarrow{연쇄반응} 유기성\ 연무질(smog)$$

$$\underset{광자의\ 흡수/\ 여기\ 및\ 해리효과}{\underleftarrow{1단계\ 반응}}\ \blacksquare\ \underset{생성물에\ 의한\ 반응}{\underrightarrow{2단계\ 반응}}$$

- NO_x, HC의 주 배출원 : 내연기관(자동차), 연소시설
- VOCs, 유기물의 주 배출원 : 주유소, 저유소, 자동차 연료증발, 도장공업 등
- **올레핀계 탄화수소** : 일반식 C_nH_{2n}으로 표시되는 **이중결합을 갖는 불포화탄화수소**로 에틸렌(C_2H_4), 프로필렌(C_3H_6), 부틸렌(C_4H_8) 등이 여기에 속함

- **제1단계 반응** : 제1단계 반응은 **원자, 분자** 또는 **자유기**와 **이온**들에 의한 광자에너지(빛의 파장 $0.38\mu m$ 이하)의 **흡수와 해리의 최초 효과**를 말한다.

  - NO_2의 광분해 : $NO_2 \xrightarrow{380\,nm} NO + O\cdot$

  - 알데하이드의 광분해 : $RCHO \xrightarrow{313\,nm} R\cdot + HCO\cdot$

  - VOC의 광분해 : $VOCs(NMOG) \xrightarrow[광분해]{h\nu} RO\cdot + 기타\ 부산물$

□ 과산화수소의 광분해 : $H_2O_2 \xrightarrow[\text{광분해}]{h\nu} OH\cdot + OH\cdot$

□ 오존의 생성 : $O\cdot + O_2 + M \xrightarrow{h\nu} O_3 + M$

❋ **제2단계 반응** : 제2단계 반응은 제1단계 반응에 의해 **생성된 생성물**에 의한 유기성 에어로졸(SOA)의 생성반응을 말하며, **대단히 급속하게 진행**되는 특징이 있다. 과산화수소의 분해와 NO_2의 광분해에 의하여 생성된 자유기($OH\cdot$) 및 산소($O\cdot$)는 각종 탄화수소 특히, 올레핀(olefin)과 치환된 탄화수소를 공격하여 산화시킨다. 이때 **산소원자의 산화속도는 오존에 비하여 약 10^8배**나 빠르다고 한다. 산소원자에 의해 생성된 오존은 대기 중 불포화탄화수소와 반응하여 유기성 자유기($R\cdot$, $RO\cdot$)를 생성한다.

□ 자유기[$OH\cdot$]의 알데하이드 공격 : $RCHO + OH\cdot \xrightarrow{h\nu} RCO\cdot + H_2O$

□ 산소의 올레핀 공격 : $O\cdot + olefin \xrightarrow{h\nu} R\cdot + RO\cdot$

□ 불포화탄화수소의 광화학적 산화 : $O_3 + RCH=CHR \xrightarrow{h\nu} RCHO + RO\cdot + HCO\cdot$

□ 케톤의 광화학반응 : $RCOR(케톤) \xrightarrow{300 \sim 700nm} RCO\cdot + R\cdot$

❋ **광화학 연쇄반응** : 광화학 연쇄반응은 **탄화수소가 원자상태의 산소에 의해 광산화**(光酸化)됨으로써 시작된다.

□ 생성된 유기성 자유기 또는 과산화기는 빠른 속도로 NO와 반응하여 NO_2로 산화시키기도 하고, 오존(O_3), 알데하이드류(RCHO), 아크롤레인(CH_2CHCHO), 염화니트로실(NOCl), 과산화수소(H_2O_2), 유기산(ROOH) 등을 생성시킨다.

□ 특히, 생성된 유기성 자유기는 대기 중에서 더욱 산화되어 유기 과산화라디칼($RCO_3\cdot$)을 형성하게 되고 여기에 NO_2가 반응하여 니트로화과아세트산, 즉 PAN(Peroxy Acetyl Nitrate)을 생성시키게 된다.

• 오존의 생성 : $RCO_3\cdot + O_2 \xrightarrow{h\nu} RCO_2\cdot + O_3$

$RO_2\cdot + O_2 \xrightarrow{h\nu} RO\cdot + O_3$

• 알데하이드와 케톤류의 생성 : $RCO_3\cdot + HC(VOCs) \xrightarrow{h\nu} aldehydes + ketons$

• 유기산류의 생성 : $CH_3CHO + O\cdot \xrightarrow{h\nu} ROOH$

• 황산염의 생성 : $SO_2 + 2OH\cdot \xrightarrow[\text{대류권에서는 광분해안 됨}]{\text{장파장 흡수}} H_2SO_4 \sim 연무질$

- PAN류의 생성 : $RCO_3 \cdot + NO_2 \xrightarrow{h\nu} RCO_3NO_2$(PAN, PPN, PBN, PBZN)

  ▶ PAN류에서 → R이 메틸기(CH_3-)이면 PAN(Peroxy Acetyl Nitrate)

  $CH_3COOONO_2 \Rightarrow CH_3-\overset{\overset{O}{\|}}{C}-O-O-NO_2$

  R이 에틸기(C_2H_5-)이면 PPN

  R이 n-프로필기(C_3H_7-)이면 PBN

  R이 페닐기(C_6H_5-)이면 PBzN(Peroxy Benzoyl Nitrate)

  $C_6H_5COOONO_2 \Rightarrow $ ⬡$-\overset{\overset{O}{\|}}{C}-O-O-NO_2$

❋ **광화학 연쇄반응의 종결** : 광화학 연쇄반응의 종결은 여러 가지 형태로 일어나는데 그 일반적인 예를 들면 다음과 같다.
  - 두 개의 라디칼(R)이 서로 반응하면 연쇄반응은 종결됨
  - 질산(HNO_3) 또는 이산화질소(NO_2)를 생성하게 되면 연쇄반응은 종결됨
  - 자유라디칼이 입자상물질의 표면에 작용하는 경우 그 반응은 종결됨

  ※ 자료 인용 : 「대기환경기술사」 수험서, 이승원(저)

(2) 광화학반응의 영향인자

❋ **기인요소와 촉진인자**
  - 광화학 스모그 3대 기인요소
    - 질소산화물
    - 반응성이 높은 탄화수소류(olefin, diolefin, cycloalkenes) 및 VOC
    - 광자에너지(자외선의 상한~가시광선의 하한범위)
  - 광화학 스모그 발생 촉진인자
    - **대기 중 오염물질의 농도** : NO_x와 HC, VOCs 등의 농도가 높을 때
    - **풍속** : 지상풍속이 4m/sec 이하로 약풍(弱風)이 지속되거나 무풍상태일 때
    - **안정도 및 기온** : 대기가 안정하고, 기온이 25℃ 이상으로 높을 때
    - **기압경사** : 기압경사 2.5mb/280km 이하이고, 정체성 고기압이 장기간 존재할 때
    - **일사량** : 쾌청한 날씨가 지속되어 일출 후 정오까지의 총 일사량이 $6.4\,MJ/m^2$ 이상일 때
    - **기타** : 대기환기량을 제한할 수 있는 지형, 지리적 요소를 갖는 지역일 때

❀ **광화학반응에 따른 하루 중 농도변화**

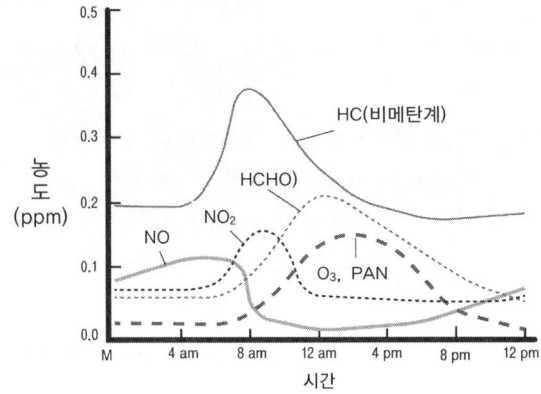

[비고]
- 자동차 교통량이 많은 아침 출근시간대에 하루 중 NO 농도가 최고치를 나타냄
- 일출 후 NO가 빠른 속도로 NO_2로 전환되면서 NO_2 농도가 증가하기 시작함
- NO에서 NO_2로 산화가 완료되고, NO_2가 최고농도에 달하면서 O_3가 증가되기 시작함
- NO_2가 광분해되면서 NO+O로 해리되고, 알데히드 및 오존(O_3)을 생성시킴
- 한낮에 O_3의 농도가, 조금 늦은 시간에 PAN의 농도가 하루 중 최고치를 나타내며, 이때 탄화수소류, 알데히드, NO 및 NO_2의 농도는 낮아짐

2 2차 오염

(1) 정의

❀ **2차 대기오염** : 발생원에서 배출된 1차 오염물질끼리 반응하거나 가수분해, 산화 혹은 광화학적 반응에 의해 대기 중에서 형성되어진 오염물질을 **2차 대기오염물질**이라고 하며, 일명 **인위·자연적 대기오염물**이라고도 한다. 대기 중에서 형성된 오존(O_3)이나 PAN(Peroxy Acetyl Nitrate) 등의 각종 산화제나 연무질(煙霧質)은 대기를 오염시킬 뿐만 아니라 환경에 악영향을 미치게 한다. 이것을 **2차 대기오염**이라고 한다.

❀ **2차 오염물질** : 대부분이 광산화물로서 O_3, PAN($CH_3COOONO_2$), H_2O_2, NOCl, 아크로레인(CH_2CHCHO) 등이 여기에 속한다.

❀ **1-2차 오염물질** : 발생원에서 직접 대기 중으로 배출될 수도 있고, 배출된 1차 오염물질이 공기 또는 상호 간의 가수분해, 산화 혹은 광화학적 반응에 의해 대기 중에서 형성될 수도 있는 대기오염물질을 말하며 SO_2, SO_3, H_2SO_4, NO, NO_2, HCHO, 케톤류, 유기산 등이 이에 해당된다.

(2) 특성·영향

❂ 오존(O_3)

- **이화학적 특성** : 광화학 반응의 척도, 산화형 smog(LA형 스모그)의 지표임
  - 무색, 무미, 난용성, 자극성, 생선취(비린내)가 나는 기체
  - **지표 부근의 오존**은 NO_x와 HC(VOCs)의 **광화학 반응**으로 생성됨
  - 햇빛이 강하고 건조한 맑은 여름철 오후 2~5시경에 많이 발생하고, 특히 바람이 불지 않을 때 더욱 높게 나타남
  - O_3는 여름에 농도가 높고, 겨울철에 농도가 낮은 **하고동저** 특성을 보임
  - **성층권의 오존**은 태양으로부터 오는 유해 자외선을 95~99% 정도 흡수함으로써 지구상의 생명체를 보호하는 역할을 함

- **인체에 미치는 영향**
  - 오존은 산화력이 강한 **옥시던트**(oxidant)의 대표물질(2차 오염물질)임
  - 사람의 눈을 자극하고, 흉통, 기관지염, 심장질환을 유발함
  - 만성노출 시 천식, **폐충혈**, 폐수종 등을 유발함
  - DNA, RNA에 작용하여 염색체 이상, 적혈구 노화를 초래함

참고 | 오존정보

▌오존경보 발령기준

구 분	농 도	인체영향	행동요령
주의보	0.12ppm 이상	• **눈, 코 자극** • 불안, 두통 • 호흡수 증가	• 실외운동경기 **자제** • 호흡기환자 실외활동 자제 • 노약자, 어린이 실외활동 자제 • 불필요한 자동차 운행 자제 • 대중교통시설 이용
경보	0.30ppm 이상	• **호흡기 자극** • 가슴 압박감 • 시력감소	• 실외운동경기 **억제요청** • 호흡기환자 실외활동 **제한** • 노약자, 어린이 실외활동 제한 • 발령지역 유치원, 학교의 실외활동 제한
중대경보	0.50ppm 이상	• 폐기능 저하 • 기관지 자극 • **폐혈증**	• 실외운동경기 억제요청 • 호흡기환자 실외활동 제한 • 노약자, 어린이 실외활동 제한 • 유치원, 학교 **휴교 요청** • 발령지역 자동차 **통행금지**

> 참고 | 오존예보

오존예보 : 4등급 색상으로 표시·공표함

구분/색상	오존농도
Blue(좋음)	0~0.030ppm
Green(보통)	0.031~0.090ppm
Yellow(나쁨)	0.091~0.150ppm
Red(매우 나쁨)	0.151ppm 이상

PAN(Peroxyacetyl Nitrate)

- **이화학적 특성**
  - 퍼옥시아세틸질산염은 광화학반응에 의해 생성되는 2차 오염물질임

  $$\begin{cases} NO_2 \\ RCO_3 \end{cases} + h\nu(\text{광자에너지}) \Rightarrow PAN(=CH_3COOONO_2)$$

  - PAN은 열적으로 불안정한 물질이지만 오존보다 안정적인 산화제임
  - 오존보다 장거리 확산이 가능하므로 질소산화물의 운반체 역할을 함
  - 오존과 더불어 하루 중 한낮에 농도가 높음

- **인체에 미치는 영향**
  - 오존보다 눈, 코의 점막을 더욱 강하게 자극함
  - 기관지염을 유발하거나 호흡기계통의 질병을 악화시킴

CBT 형식 출제대비 엄선 예상문제

01 다음 중 광화학반응에 의해 생성된 2차 오염물질로만 연결된 것은?
① SO_3-NH_3 ② $H_2O_2-O_3$
③ NO_2-HCl ④ $NaCl-SO_3$

02 2차 오염물질에 속하지 않는 것은?
① NOCl   ② O_3
③ PAN   ④ N_2O_3

03 다음 대기오염물질을 분류했을 때, 1차 오염물질로만 옳게 짝지어진 것은?
① N_2O_3, O_3 ② SiO_2, CO
③ H_2S, H_2O_2 ④ HCl, $CH_3COOONO_2$

04 바닷물의 물보라 등이 주요 발생원이며, 1차 오염물질에 해당하는 것은?
① N_2O_3 ② NaCl
③ HCN   ④ 알데하이드

05 다음 중 2차 대기오염물질로만 짝지어진 것은 어느 것인가?
① NO, Pb   ② SO_2, CO
③ NaCl, NO_2 ④ NOCl, H_2O_2

06 다음 중 1-2차 대기오염물질에 해당하는 것은?
① O_3 ② PAN
③ CO   ④ Aldehydes

07 다음의 대기오염물질 중 2차 오염물질과 가장 거리가 먼 것은?
① O_3 ② PAN
③ N_2O_3 ④ NOCl

08 다음 대기오염물질 중 2차 오염물질은?
① CO   ② CO_2
③ N_2O_3 ④ NOCl

> **해설**

01 ②항만 2차 오염물질로 되어 있다. 2차 대기오염물질은 O_3, PAN(CH_3COONO_2), H_2O_2, NOCl, 아크로레인(CH_2CHCHO) 등이다.
02 N_2O_3는 1-2차 오염물질이다.
03 ②항만 1차 오염물질로 구성되어 있다.
04 NaCl은 해염입자의 주성분으로 1차 오염물질로 분류된다.
05 2차 대기오염물질로만 짝지어진 것은 ④항이다.
06 1-2차 대기오염물질에 해당하는 것은 Aldehydes이다.
07 N_2O_3는 1-2차 대기오염물질에 해당한다.
08 NOCl만 2차 대기오염물질에 해당한다.

정답 | 1.② 2.④ 3.② 4.② 5.④ 6.④ 7.③ 8.④

09 다음 대기오염물질 중 2차 오염물질에 해당하지 않는 것은?

① SO_3
② H_2O_2
③ SO_2
④ NaCl

10 다음 그림은 탄화수소가 존재하지 않는 경우 NO_2의 광화학사이클(Photolytic cycle)이다. 그림의 A 및 B에 해당되는 물질은?

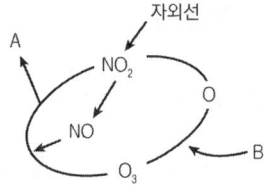

① A : NO_2, B : NO
② A : O_2, B : O_2
③ A : NO, B : NO_2
④ A : O_2, B : CO_2

11 다음은 탄화수소가 관여하지 않을 때, 이산화질소의 광화학반응을 나타낸 것이다. (Ⓐ)과 (Ⓑ)에 들어갈 물질을 바르게 짝지은 것은?

$$NO_2 + h\nu \rightarrow (Ⓐ) + O\cdot$$
$$O\cdot + O_2 + M \rightarrow (Ⓑ) + M$$
$$(Ⓐ) + (Ⓑ) \rightarrow NO_2 + O_2$$

① Ⓐ NO, Ⓑ O_3
② Ⓐ NO, Ⓑ NO_3
③ Ⓐ O_3, Ⓑ NO
④ Ⓐ NO_3, Ⓑ NO

12 다음은 광화학 스모그에 대한 설명이다. 옳은 것은?

① 과산화기가 산소와 반응하여 오존이 생성될 수도 있다.
② PAN은 안정한 화합물이므로 광화학반응에 의해 분해되지 않는다.
③ 태양광선 중 주로 적외선에 의해 강한 광화학반응을 일으켜 광화학 스모그를 형성한다.
④ 대기 중 PBN(Peroxybutyl Nitrate)의 농도는 PAN과 비슷하며, PPN(Peroxypropionyl Nitrate)은 PAN의 약 2배 정도이다.

13 다음 설명 중 옳지 않은 것은?

① 알데하이드(RCHO)는 파장 313nm 이하의 태양광선에 의해 광분해된다.
② 케톤은 파장 300~700nm의 태양광선에 약한 흡수를 보이며, 광분해한다.
③ SO_2는 대류권에서 쉽게 광분해되며, 파장 450~500nm에서 강한 흡수를 나타낸다.
④ NO_2는 도시 대기오염물질 중에서 가장 중요한 태양빛 흡수기체로서 파장 420nm 이상의 가시광선에 의해 NO와 O로 광분해된다.

> 해설

09 NaCl은 1차 대기오염물질로 분류된다.
10 그림의 A 및 B에 해당되는 물질 모두 O_2이다.
• $O\cdot + O_2 \rightarrow O_3$
• $NO + O_3 \rightarrow NO_2 + O_2$
11 NO_2는 광자에너지를 받아 NO와 O로 광분해된 후 O는 O_2와 반응하여 O_3을 생성하고, O_3은 NO를 NO_2로 산화시키면서 O_2로 전환된다.
12 ①항만 올바르다. "과산화기(ROO)+O_2=O_3+RO"의 광화학반응에 의해 오존이 생성될 수 있다.
▶ 바르게 고쳐보기 ◀
② PAN은 불안정한 화합물이므로 광화학반응에 의해 분해될 수 있다.
③ 태양광선 중 주로 자외선에 의해 강한 광화학반응을 일으켜 광화학 스모그를 형성한다.
④ 대기 중 PPN(Peroxypropionyl Nitrate)의 농도는 PAN의 1/10 정도이다.
13 SO_2는 280~290nm 영역의 파장을 강하게 흡수하나 대류권에서는 광분해되지 않는다.

정답 ▮ 9.④ 10.② 11.① 12.① 13.③

14 광화학 스모그를 형성할 때 탄화수소가 촉매역할을 하는데 어떤 종류의 탄화수소가 가장 유효한가?

① 방향족 HC ② Olefin계 HC
③ Paraffin계 HC ④ Acetylene계 HC

15 다음 중 일반적으로 하루 중에서 최고 농도를 나타내는 시간이 가장 빠른 것은?

① NO ② NO_2
③ O_3 ④ NO_3

16 광화학반응에 대한 다음 설명 중 옳지 않은 것은?

① 반응 생성물로 PAN, CH_3ONO_2, 케톤 등이 있다.
② 광화학반응이 일어나면서 NO_2가 감소하고, 여기에 대응하여 NO가 증가한다.
③ 알데히드는 O_3 생성에 앞서 반응 초기부터 생성되며 탄화수소의 감소에 대응한다.
④ NO에서 NO_2로의 산화가 거의 완료되고, NO_2가 최고 농도에 도달하기 직전부터 O_3가 생성되기 시작한다.

17 광화학 스모그 발생 시 산화물의 농도에 미치는 인자가 아닌 것은?

① 대기 고도 ② 반응물의 양
③ 빛의 강도 ④ 대기안정도

18 광화학반응에 대한 설명으로 가장 거리가 먼 것은?

① 광화학반응에 의한 생성물로는 PAN, 케톤, 아크롤레인, 질산 등이 있다.
② 대기 중에서의 오존농도는 보통 NO_2로 산화되는 NO의 양에 비례하여 증가한다.
③ 알데히드는 NO_2 생성에 앞서 반응 초기부터 생성되며, 탄화수소의 감소에 대응한다.
④ NO에서 NO_2로의 산화가 완료되고, NO_2가 최고 농도에 달하면서 O_3가 증가되기 시작한다.

19 대기오염현상 중 광화학 스모그에 대한 설명으로 옳지 않은 것은?

① 일사량이 크고, 대기가 안정되어 있을 때 잘 발생된다.
② 주된 원인물질은 자동차 배기가스 내 포함된 PAN, 옥시던트화합물의 대기확산이다.
③ 로스앤젤레스에서 시작되어 최근에는 자동차 운행이 많은 대도시 지역에서 발생하고 있다.
④ 오존의 농도는 아침에 증가하기 시작하여 일사량이 최대인 오후에 최대가 되고, 다시 감소한다.

> **해설**

14 탄화수소류의 광화학반응성은 Olefins > Diolefin > Adehydes, Ethylene > Toluene > 메탄계(파라핀계) > HC의 순서이다.

15 하루 중에서 최고 농도를 나타내는 시간이 가장 빠른 순서는 NO → NO_2 → O_3이다.

16 광화학반응이 일어나면서 NO가 감소하고, 여기에 대응하여 NO_2가 증가한다.

17 광화학 스모그 발생 시 산화물의 농도에 미치는 인자는 공간 내의 반응물의 양, 빛의 강도, 대기안정도이다.

18 알데히드는 NO_2 생성 이후에 생성되며, 탄화수소의 감소에 대응한다.

19 광화학 스모그의 주된 원인물질은 자동차 배기가스 내 포함된 질소산화물과 탄화수소(또는 VOCs)이다.

정답 | 14.② 15.① 16.② 17.① 18.③ 19.②

20 광화학반응에 의해 생성되는 PAN의 구조식을 나타낸 것은?

① $C_6H_5-\overset{\overset{O}{\|}}{C}-O-O-NO_2$

② $CH_3-\overset{\overset{O}{\|}}{C}-O-O-NO_2$

③ $C_2H_5-\overset{\overset{O}{\|}}{C}-O-O-NO_2$

④ $C_4H_8-\overset{\overset{O}{\|}}{C}-O-O-NO_2$

21 PAN(Peroxyacetyl Nitrate) 형성반응으로 옳은 것은?

① $RO·+NO_2 \rightarrow RONO_2$
② $RCOO+O_2 \rightarrow RO_2·+CO_2$
③ $CH_3COOO+NO_2 \rightarrow CH_3COOONO_2$
④ $C_5H_5COOO+NO_2 \rightarrow C_6H_5COOONO_2$

22 광화학반응으로 생성된 광화학 산화제가 아닌 것은?

① Ozone
② HCl 및 Phenol
③ Hydrogen Peroxide
④ PAN(Peroxy Acetyl Nitrate)

23 다음 광화학반응에 대한 설명 중 가장 거리가 먼 것은?

① 과산화기가 산소와 반응하여 O_3가 생성될 수도 있다.
② NO 광산화율이란 NO가 NO_2로 산화되는 율을 뜻하며, ppb/min의 단위로 표현된다.
③ 일반적으로 대기에서의 오존농도는 NO_2로 산화된 NO의 양에 비례하여 증가한다.
④ 탄화수소에 대한 O_3의 반응강도는 원자 상태의 산소보다 높으며, 반응이 빠르게 일어난다.

24 광화학반응과 관련한 설명 중 틀린 것은?

① 교통량이 많은 아침 출근시간대에 하루 중 NO 농도가 최고치를 나타낸다.
② NO는 대기 중의 산소와 반응하여 1~2시간 정도 후에 NO_2 농도가 하루 중 최고치를 나타낸다.
③ NO_2는 광화학적으로 반응성이 커서 태양광에너지에 의해 $NO_2 + h\nu \rightarrow NO + O$로 해리된다.
④ 한낮에 NO_2의 농도는 하루 중 최고치를 나타내며, 이때 O_3의 농도는 최저 농도에 도달한다.

25 광화학적 스모그(Smog)의 3대 생성인자가 아닌 것은?

① 자외선 ② 질소산화물
③ 아황산가스 ④ 올레핀계탄화수소

> **해설**

20 PAN은 R이 메틸(CH_3-)로 결합된 화학종이다.
21 PAN은 유기과산화기($CH_3COOO·$)와 NO_2가 반응하여 생성된다.
22 HCl(Hydrogen Chloride) 및 Phenol은 광화학 옥시던트에 해당되지 않는다.
23 탄화수소를 공격하는 원자상태의 산소는 오존(O_3)에 비하여 반응강도가 10^8배 크다.
24 한낮에 O_3의 농도는 하루 중 최고치를 나타내며, 이때 NO_2의 농도는 최저 농도에 도달한다.
25 광화학적 스모그(Smog)의 3대 생성요소는 질소산화물, 탄화수소(또는 VOCs), 광자에너지(자외선 또는 가시광선)이다.

정답 ┃ 20.② 21.③ 22.② 23.④ 24.④ 25.③

업그레이드 종합 예상문제

01 광화학 스모그 현상에 대한 설명으로 가장 거리가 먼 것은?
① LA 스모그는 광화학 스모그의 피해사례이다.
② 광화학 옥시던트는 인체의 눈, 코, 점막을 자극하고, 폐기능을 약화시킨다.
③ 정상상태일 경우 오전의 대기 중 오존농도는 NO_2/NO, 태양빛의 강도 등에 의해 좌우된다.
④ 광화학반응으로 생성된 물질은 미 산란(Mie Scattering) 효과에 의해 대기의 파장변화와 가시도의 증가를 초래한다.

해설 광화학반응에 의해 생성된 물질은 미(Mie) 산란 효과에 의한 가시도 감소를 초래한다.

02 다음 그림은 자동차 배출가스를 Air Chamber에 넣고 자외선을 쪼였을 때 발생하는 각종 가스 성분의 농도 변화를 표시한 것이다. (1) 및 (2)에 넣어야 할 적당한 물질로 구성된 것은?
① (1) → NO   (2) → HC
② (1) → NO   (2) → NO_2
③ (1) → HC   (2) → NO
④ (1) → NO_2 (2) → NO

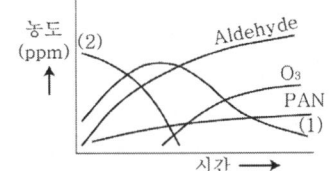

해설 NO는 광화학적 산화에 의해 NO_2로 산화된다. 따라서 NO의 농도는 낮아지고, NO_2의 농도는 증가하므로 그림의 (2)는 NO, (1)은 NO_2가 된다.

03 광화학반응에 대한 설명에서 (   ) 안에 알맞은 내용은?

(Ⓐ)는 도시 대기오염물질 중에서 가장 중요한 태양빛 흡수기체로서 파장 (Ⓑ) 이상의 가시광선에 의하여 광분해한다.

① Ⓐ NO_2 Ⓑ 420nm
② Ⓐ NO_2 Ⓑ 360nm
③ Ⓐ O_3 Ⓑ 420nm
④ Ⓐ O_3 Ⓑ 360nm

해설 NO_2는 파장 420nm 이상의 가시광선에 의해 광분해된다.

정답 1.④ 2.④ 3.①

더 풀어보기 예상문제

01 대기오염물질의 분류 중 1차 오염물질이라 볼 수 없는 것은?
① 금속산화물 ② 일산화탄소
③ 과산화수소 ④ 방향족탄화수소

02 다음 광화학반응에서 ( ) 안에 알맞은 것은?

$$(Ⓐ) + h\nu \rightarrow (Ⓑ) + O$$
$$O + (Ⓒ) \rightarrow (Ⓓ)$$
$$(Ⓓ) + (Ⓑ) \rightarrow (Ⓐ) + (Ⓒ)$$

① Ⓐ NO, Ⓑ NO$_2$, Ⓒ O$_3$, Ⓓ O$_2$
② Ⓐ NO$_2$, Ⓑ NO, Ⓒ O$_2$, Ⓓ O$_3$
③ Ⓐ NO, Ⓑ NO$_2$, Ⓒ O$_2$, Ⓓ O$_3$
④ Ⓐ NO$_2$, Ⓑ NO, Ⓒ O$_3$, Ⓓ O$_2$

03 NO$_x$의 광화반응에서 HC가 존재 시 생성되는 자극성 물질과 거리가 먼 것은?
① PAN(CH$_3$COOONO$_2$)
② 폼알데하이드(HCHO)
③ 아크롤레인(CH$_2$CHCHO)
④ 아세틱에시드(CH$_3$COOH)

04 다음의 광화학반응에서 A, B, C에 해당하는 물질은?

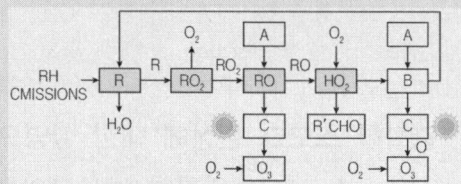

① A : NO$_2$ B : NO C : OH·
② A : OH· B : NO$_2$ C : NO
③ A : NO B : OH· C : NO$_2$
④ A : NO$_2$ B : OH· C : NO

05 광화학반응에 의한 오존이 높게 나타날 수 있는 기상조건이 아닌 것은?
① 탄화수소 및 질소산화물 농도가 높을 때
② 일사량이 강하고, 고기압이 정체할 때
③ 지표의 복사역전 존재와 대기가 불안정할 때
④ 기온이 높고, 기압경도가 완만하여 풍속 4m/sec 이하의 약풍이 지속될 때

정답 1.③ 2.② 3.④ 4.③ 5.③

더 풀어보기 예상문제 해설

01 과산화수소는 2차 오염물질로 분류된다.

02 NO$_2$는 광자에너지를 받아 NO와 O로 광분해된 후 O는 O$_2$와 반응하여 O$_3$을 생성하고, O$_3$은 NO를 NO$_2$로 산화시키면서 O$_2$로 전환된다.

03 Acetic acid(초산)은 NO$_x$의 광화학적 반응 부산물이 아니다. NO$_x$의 광화학적 반응에 의해 생성되는 오염물질은 HCHO, PAN, 아크롤레인(CH$_2$CHCHO), O$_3$, 케톤류, 2차 유기성 에어로졸(SOA) 등이다.

04 NO는 대기 중 과산화라디칼(RO)에 의해 NO$_2$로 산화된 후 NO와 O로 광분해되고, O는 대기 중의 O$_2$와 반응하여 O$_3$를 부생시킨다. 그러므로 A는 NO, C는 NO$_2$가 된다. 한편, HO$_2$의 광분해에 의해 OH· 라디칼이 생성되므로 B는 OH·가 된다.

05 대기가 안정할 때 광화학반응에 의한 고농도 오존이 발생한다.

더 풀어보기 예상문제

01 광화학반응 시 하루 중 오염물질의 농도변화를 설명한 것이다. 틀린 것은?
① NO_2는 오존의 농도가 최대에 도달할 때 통상적으로 아주 적게 생성된다.
② 탄화수소 중에서 오존을 잘 형성시키는 것은 Diolefins, Olefins, Aldehydes, Alcohols 등이다.
③ NO와 탄화수소의 반응에 의해 NO_2는 오전 7시경을 전후로 해서 상당한 율로 발생하기 시작한다.
④ 알데히드는 통상 오전 중에 감소 경향을 나타내다가 오후가 되면서 오존과 더불어 서서히 증가한다.

02 오존(O_3)의 특성과 광화학반응에 대한 설명으로 가장 거리가 먼 것은?
① 산화력이 강하여 눈을 자극하고 물에 난용성이다.
② 과산화기가 산소와 반응하여 오존이 생길 수도 있다.
③ 대기 중 지표면 오존(O_3)의 농도는 NO_2로 산화된 NO량에 비례하여 증가한다.
④ 오존의 탄화수소 산화반응률은 원자상태의 산소에 의한 탄화수소의 산화보다 빠르다.

03 광화학적 산화제와 2차 대기오염물질에 대한 설명으로 옳지 않은 것은?
① 오존은 폐충혈과 폐수종 등을 유발하며, 섬모운동의 기능장애를 일으킨다.
② 오존은 성숙한 잎에 피해가 크며, 섬유류의 퇴색작용과 직물의 셀룰로오스를 손상시킨다.
③ PAN은 강산화제로 작용하며, 빛을 흡수하여 가시거리를 증가시키며, 고엽에 피해가 큰 편이다.
④ 자외선이 강할 때, 빛의 지속시간이 긴 여름철에, 대기가 안정되었을 때 대기 중 광산화제의 농도가 높아진다.

04 광화학반응과 관련된 오염물 일변화의 특징으로 거리가 먼 것은?
① 생성물로는 PAN, H_2O_2, Ketone 등이 있다.
② Aldehyde는 O_3의 일중 최고 농도(PM 2시경) 이후에 생성되고, O_3의 감소에 대응한다.
③ NO와 HC의 반응에 의해 오전 7시경을 전후로 NO_2가 상당한 율로 발생하기 시작한다.
④ NO에서 NO_2로의 산화가 완료되고, NO_2가 최고 농도에 도달하는 때부터 O_3가 증가되기 시작한다.

정답 1.④ 2.④ 3.③ 4.②

더 풀어보기 예상문제 해설

01 알데히드의 농도는 오전 중에 증가 경향을 나타내다가 오후가 되면서 감소하는 경향을 보인다.
02 NO_2의 광분해에 의하여 생성된 산소(O)는 각종 탄화수소 특히, 올레핀(olefin)과 치환된 탄화수소를 공격하여 산화시킨다. 이때 산소원자의 산화속도는 오존에 비하여 약 10^8배나 빠르다.
03 PAN은 강산화제로 작용하며, 빛을 흡수 산란시켜 가시거리를 좁히며, 생활력이 성한 초엽(草葉)에 피해가 많다.
04 Aldehyde는 O_3의 일중 최고 농도(PM 2시경) 이전에 생성되고, HC 및 NO의 감소에 대응한다.

더 풀어보기 예상문제

01 우리나라의 경우, 인위적으로 배출되는 탄화수소(HC) 배출량이 가장 많은 부분을 차지하는 부분은?
① 자동차 ② 산업시설
③ 가정난방 ④ 화력발전소

02 PBzN(Peroxy Benzoyl Nitrate)의 구조식을 옳게 나타낸 것은?

① $C_6H_5-\overset{\overset{O}{\|}}{C}-O-O-NO_2$

② $CH_3-\overset{\overset{O}{\|}}{C}-O-O-NO_2$

③ $C_2H_5-\overset{\overset{O}{\|}}{C}-O-O-NO_2$

④ $C_4H_8-\overset{\overset{O}{\|}}{C}-O-O-NO_2$

03 대기 중의 광화학반응에서 탄화수소를 주로 공격하는 화학종은?
① CO ② OH·
③ NO ④ NO_2

04 광화학반응에 따른 하루 중 NO_x 변화를 옳게 설명한 것은?
① 오전 중의 NO의 감소는 오존의 감소와 시간적으로 일치한다.
② NO는 오전 7~9시경을 전후로 하여 하루 중 최고 농도를 나타낸다.
③ NO_2는 오존의 농도값이 적을 때 비례적으로 가장 적은 값을 나타낸다.
④ 교통량이 많은 아침시간대에 오존농도가 가장 높고 NO_x는 오후 2~3시경이 가장 높다.

05 광화학반응에 의한 고농도 오존이 나타날 수 있는 기상조건으로 거리가 먼 것은?
① 풍속 4m/sec 이하의 약풍이 지속될 때
② 지면에 복사역전이 존재하고 대기가 불안정할 때
③ 질소산화물과 휘발성 유기화합물의 배출이 많을 때
④ 시간당 일사량이 5MJ/m^2 이상으로 일사가 강할 때

정답 1.① 2.① 3.② 4.② 5.②

더 풀어보기 예상문제 해설

01 탄화수소 배출량이 가장 많은 부분을 차지하는 것은 자동차이다.

02 PBzN(Peroxy Benzoyl Nitrate)은 RCO_3+NO_2의 반응에서 R이 페닐기(C_6H_5-)로 결합된 화학종이다.

03 대기 광화학반응에서 탄화수소를 공격하는 화학종(種)은 OH와 산소(O)라디칼이다.

04 NO는 오전 7~9시경을 전후로 하여 하루 중 최고농도를 나타낸다.

05 대기가 안정할 때 고농도 오존이 발생한다.

더 풀어보기 예상문제

01 산화성이 강한 물질이 아닌 것은?
① O₃　　② PAN
③ NH₃　　④ Aldehyde

02 광화학반응에 대한 다음 설명 중 옳지 않은 것은?
① 광화학스모그는 맑은 날 자외선의 강도가 클수록 잘 발생된다.
② NO₂는 도시 대기오염물 중에서 가장 중요한 태양빛 흡수기체라 할 수 있다.
③ 오존은 200~320nm의 파장에서 강한 흡수가, 450~700nm에서는 약한 흡수가 있다.
④ 대류권에서 광화학 대기오염에 영향을 미치는 대기오염 측면에서 중요한 물질은 900nm 이상의 빛을 흡수하는 물질이다.

03 대기 중의 광화학반응에서 탄화수소와 반응하여 2차 오염물질을 형성하는 화학종과 가장 거리가 먼 것은?
① CO　　② -OH
③ NO　　④ NO₂

04 도시 대기오염물질의 광화학반응에 관한 설명으로 옳지 않은 것은?
① O₃는 파장 200~320nm에서 강한 흡수가, 450~700nm에서는 약한 흡수가 일어난다.
② PAN은 알데히드의 생성과 동시에 생기기 시작하며, 일반적으로 오존농도와는 관계가 없다.
③ NO₂는 도시 대기오염물질 중에서 가장 중요한 태양빛 흡수기체로서 파장 420nm 이상의 가시광선에 의하여 NO와 O로 광분해한다.
④ SO₃는 대기 중의 수분과 쉽게 반응하여 황산을 생성하고 수분을 더 흡수하여 중요한 대기오염물질의 하나인 황산입자 또는 황산미스트를 생성한다.

05 광화학반응으로 생성되는 오염물질에 해당하지 않는 것은?
① 케톤　　② PAN
③ 과산화수소　　④ 염화불화탄소

정답 1.③　2.④　3.①　4.②　5.④

더 풀어보기 예상문제 해설

01 NH₃는 광화학적 산화제(옥시던트)가 아니다.

02 대류권에서 광화학 대기오염에 영향을 미치는 대기오염 측면에서 중요한 물질은 800nm 이하의 빛을 흡수하는 물질이다.

03 대기 중으로 배출된 질소산화물은 광분해되어 NO와 O· 형태로 존재하며, O₂와 반응하여 오존 등의 2차 오염물질을 생성하며 탄화수소류(HC)의 경우, 광분해된 O·과 대기 중 OH·과 산화반응하여 PAN 등의 2차 오염물질을 부생시킨다. 이때 가장 반응성이 좋은 것은 Olefine계 탄화수소류이다.

04 알데히드(알데하이드)는 오존(O₃) 생성에 앞서 광화학반응 초기(오전)부터 생성되며, 탄화수소의 감소에 대응하는 반면 PAN은 유기과산화기(CH₃COOO·)와 NO₂가 반응하여 생성되는 광화학반응의 2단계 최종부산물에 해당되므로 오후 2~3시에 최고 농도를 보인다.

05 광화학반응으로 생성되는 오염물질은 O₃, PAN, H₂O₂(과산화수소), NOCl, 아크롤레인, 알데하이드, 유기산, 케톤류 등이다.

Chapter 03 대기오염의 영향 및 대책

출제기준

세부출제 기준항목

Chapter 3. 대기오염의 영향 및 대책   적용기간 : 2020.1.1~2024.12.31

기사	산업기사
• 대기오염의 피해 및 영향 • 대기오염사건 • 대기오염대책 • 광화학오염 • 산성비	• 대기오염의 피해 및 영향 • 대기오염사건 • 대기오염대책 • 광화학오염 • 산성비

1 대기오염의 피해 및 영향

(1) 가스상 오염물질의 특성·피해·영향

❀ 탄화수소(HC)

□ **이화학적 특성**
- 탄화수소(HC)는 녹는점과 끓는점이 **낮고**, 전기전도성이 없으며, 대부분 **비전해질**임
- 물에서 잘 **녹지 않고**, 반응성이 **약하며**, 대부분 **비극성**임
- 메탄은 탄화수소류 중 가장 높은 농도(약 2ppm)로 존재함
- CH_4의 인위적 배출량 규모는 **축산업**(30%) > 화재 > 경작지 > 습지·천연가스 > 해양·호소(0.03%)임

□ **영향**
- 인체에 대한 직접적인 유해성은 크지 않음
- 올레핀계 탄화수소는 **광화학 스모그 발생**의 원인이 됨
  (광화학 반응성 크기는 Olefins > Diolefin > Aldehydes > Toluene > 메탄계 순서임)
- CH_4는 CO_2보다 대기 내 체류시간이 짧지만 **지구온난화**에 기여하는 바는 높음
  [GWP(Global Warming Potential)가 **CO_2의 21배**]
- **비메탄유기가스**(NMOG)는 메탄을 제외한 C_{12} 이하의 탄화수소나 C_5 이하의 알코올류 또는 알데하이드류 및 케톤류의 합으로서 표현되는 **오존형성 전구물질**이 됨

- **황산화물**(SO_x)
  - □ 이화학적 특성
    - 무색, 불연성, **환원성**, **표백성**, **부식성**, 유독성, 자극성을 갖는 가스임
    - SO_2는 공기 중에서 쉽게 SO_3로 산화하여 **황산염**(H_2SO_3, H_2SO_4)이 됨
    - 물에 대체로 잘 녹음
      (용해도 : $HCl > HF > NH_3 > SO_2 > Cl_2 > H_2S > CO_2 > O_2 > CO$, NO_x의 순서)
    - SO_x는 대기 중 체류시간이 짧고(1~4일 정도), **산성비**의 기여도가 높음
  - □ 발생원 및 관련 시설 : 연소 시 배출 비율 → $SO_2 : SO_3 = 95\%$ 이상 : 5% 미만
    - 석탄 및 중유사용 발전소, 화석연료(석탄·중유·경유) 보일러
    - 소각시설, 자동차(디젤차)
    - 기타 금속의 용융 및 제련, 화학공업 등
    - ※ 연료 중 황(S) 함량 → 석탄 > 중유(C > B > A) > 경유 > 등유 순서임
  - □ 인체에 미치는 영향
    - 수용성이므로 대부분이 **상기도**에 흡수되어 기관지, 눈, 코 등의 점막을 통해 자극을 줌
    - 만성노출 시 기관지염 → 폐쇄성 질환 → 폐렴 → 폐기종으로 발전함
    - 수분이나 분진과는 상승작용 또는 상가작용을 함
    - **환원형 smog**(런던형 스모그)를 유발하는 주된 원인이 되는 물질임
  - □ 식물·재산에 미치는 영향
    - 황산이나 히드록시 술폰산으로 작용 → **백화현상, 맥간반점**을 일으킴
    - 지표식물 → **알팔파, 담배, 육송** 등(※ 강한 식물 : 협죽도, 수랍목)
    - 빛의 산란·시야 감소, 금속 부식, 대리석·건축물·문화재 손상의 원인이 됨

- **질소산화물**(NO_x)
  - □ 이화학적 특성
    - NO_x는 **산성비, 광화학 스모그**의 원인물질로 중요한 역할을 함
    - NO, NO_2는 **상자기성**을 띠며, 대기 중 체류시간이 짧은 편임(≒4일)
    - NO와 NO_2는 물에 **난용성** 물질임(NO_2보다 NO가 더 난용성)
    - N_2O_3, N_2O_5는 NO_2보다 물에 잘 녹고, **불안정**하며, **폭발성**이 있음
    - N_2O는 **불활성** 물질로 대류권에서는 온실가스로 성층권에서는 **오존층 파괴물질**로서 작용하며, 자연대기 중에 약 0.5ppm 정도 존재함
    - N_2O는 인체에 무해하여 과거에는 마취제로 사용되기도 하였음. **웃음가스**라 불리기도 함
  - □ 생성 특성 : **연료 중 질소**가 연소과정에서 NO_x로 전환하는 Fuel NO_x와 **연소용 공기 중 질소**에 기인하여 발생하는 Thermal NO_x로 분류됨
    - 연소 시 배출 비율 → $NO : NO_2 = 90\%$ 이상 : 10% 미만
    - 연료 중 질소(N) 함량 → 석탄 > 중유 > 경유 > 휘발유 > LNG 순으로 낮음
  - □ 발생원 및 관련 시설
    - 화석연료 연소시설(보일러), 소각시설, 내연기관(디젤, 휘발유, LPG)
    - 화약(폭약제조공업) 및 비료공업

- 필름제조, 화학물질 제조공정, 질산에 의한 금속 등 처리공정 등

□ 인체에 미치는 영향
- 물에 난용성으로 하기도에 피해가 큼
- 만성노출 시 기관지염 → 폐쇄성 질환 → 폐렴 → 폐수종으로 발전함
- **NO-Hb 형성**은 CO-Hb 결합력의 200배 이상 강함(산소결핍 유발)
- NO_2는 **적갈색**의 자극성 기체로서 무색의 NO보다 6배 정도 독성이 강함

□ 식물에 미치는 영향
- 식물세포 파괴 → **엽맥간**에 불규칙한 반점(갈색이나 흑갈색)을 형성함
- 인체에 미치는 독성은 강하나 식물에 미치는 영향은 적은 편임
- 약한 식물 → 갓, 담배, **해바라기** 등

⚛ 일산화탄소(CO)

□ 이화학적 특성
- CO는 무색, 무취, 난용성, 유독성 가스임
- 연료 중 탄소성분의 불완전연소에 의해 발생
- 대기 중 CO는 CH_4 등 HC의 산화반응에 의해 2차적으로 주로 생성됨
- CO는 수산기(OH)에 의해서 CO_2로 잘 변환됨

□ 발생원 및 관련 시설
- 주요 배출원은 주로 수송부분임(자동차는 인위적 발생의 55% 이상 배출)
- 화석연료(석탄, 중유 등) 사용 발전소
- 소각시설, 기타 주방·난방 연소시설, 보일러 시설

□ 인체에 미치는 영향
- 헤모글로빈(Hb)과의 친화력이 산소(O_2-Hb)에 비해 200~300배 강하여 체내 산소결핍의 원인이 됨
- CO-Hb 형성 → 산소운반능력 저하 → 신경장해(질식사)

□ 식물·동물에 미치는 영향
- 인체에는 유독 하지만 식물에 대한 생리독성은 아주 미미함
- 지표 동물 → **카나리아**

⚛ 이산화탄소

□ **발생원 및 관련 시설** : 인위적 발생은 주로 화석연료의 연소과정에서 생성됨
- 인위적 발생량은 1% 미만으로 적고, 대기 내 체류기간이 50~200년임
- 해양은 공기 CO_2의 약 20~30%를 흡수하는 가장 큰 저장고임
- 해양은 대기가 함유하는 탄산가스의 약 60배를 함유하고 있음

□ 이화학적 특성과 생태계에 미치는 영향
- CO_2는 식물의 탄소공급원으로 이용됨
- 물에 약간 녹으며, 용액은 탄산으로 **약산성**이 됨
- 직접적, 단기적인 환경오염을 초래하지는 않으나 **지구온난화**를 유발하는 주요 물질임

- ⚛ **황화수소**
  - ▫ **발생원 및 관련 시설** : 무색의 **가연성 기체**로 달걀 썩는 냄새(0.008ppm)를 풍김
    - 가스·펄프공업, 하수관·하수처리장
    - 석유정제, 석탄건류, 매립장, 형광물질 제조 등
  - ▫ **인체에 미치는 영향**
    - 화학적 **질식가스**로 작용함
    - 두통, 허약감, 메스꺼움, 구토, 식욕저하 유발
  - ▫ **식물에 미치는 영향**
    - 독성은 약하나 **어린잎**과 **새싹**에 피해가 많은 편임
    - 지표 식물 → **코스모스**, 클로버 등

- ⚛ **불소(플루오르) 화합물**
  - ▫ **발생원 및 관련 시설**
    - 3대 관련업종 → **알루미늄정련업**(빙정석), **유리공업**(형석), **비료공업**(인광석)
    - SF_6는 전기절연체로 사용되고, NF_3는 반도체 등 세정제로 사용됨
    - 과불소화합물(PFCs, PFOA)은 전기·전자공업의 세척제, 프라이팬, 종이컵 등의 코팅재료에 이용됨
  - ▫ **인체에 미치는 영향**
    - 독성이 강함, 면역체계 손상, 백혈구의 활동을 약화시킴
    - 소량은 **충치예방**에 유용, 과량은 **반상치**, 부정맥, 관절염, 요통 유발
  - ▫ **식물에 미치는 영향**
    - 저농도에서도 식물에 미치는 영향이 큼
    - **잎의 가장자리** 또는 **선단**(엽록)의 **갈색**변화(잎의 끝부분에 갈색연반, **엽록반점**을 형성)
    - 지표 식물 → **글라디올러스**, 옥수수, 자두, **메밀**(※ 강한 식물 : 알팔파, 콩)

- ⚛ **오존**(O_3)
  - ▫ **이화학적 특성**
    - 무색, 무미, 난용성, 자극성, 생선취(비린내)가 나는 기체
    - O_3는 여름에 농도가 높고, 겨울철에 농도가 낮은 **하고동저** 특성을 보임
    - **산화형 smog**(LA형 스모그)의 지표임
  - ▫ **인체에 미치는 영향**
    - 오존은 산화력이 강한 **옥시던트**(oxidant)의 대표물질(2차 오염물질)임
    - 사람의 눈을 자극하고, 흉통, 기관지염, 심장질환을 유발함
    - 만성노출 시 천식, **폐충혈**, 폐수종 등을 유발함
    - DNA, RNA에 작용하여 염색체 이상, 적혈구 노화를 초래함
  - ▫ **식물 및 생태계에 미치는 영향**
    - 오존은 **온실가스**로도 작용함

- 식물은 동물보다 더욱 민감하게 반응하고, 특히 그 피해는 급격하게 나타나며 상당한 수준에 이름
- 식물의 엽록소를 파괴하여 **잎 표면**(전면 상표면)에 갈색 또는 회색의 작은 반점(**전면 점반점**)을 나타냄(농작물, 유실수에 특히 피해가 큼)
- 활엽수는 엽맥사이, 침엽수는 잎 전체에 피해증상이 나타남
- 지표 식물 → **파, 시금치, 토마토, 담배**, 포도 등임

※ PAN(Peroxyacetyl Nitrate)
  □ 이화학적 특성
  - 광화학반응에 의해 생성되는 2차 오염물질임
  - 오존과 더불어 하루 중 한낮에 농도가 높음
  - PAN은 **열적으로 불안정**한 물질이지만 **오존보다 안정적인 산화제**임
  - 오존보다 장거리 확산이 가능하므로 질소산화물의 운반체 역할을 함
  □ 인체에 미치는 영향
  - 오존보다 눈, 코의 점막을 더욱 강하게 자극함
  - 기관지염을 유발하거나 호흡기계통의 질병을 악화시킴
  □ 식물에 미치는 영향
  - **잎의 뒷면**에 은회색 또는 적색의 **광택성 반점**을 일으키는 특징이 있음
  - 잎의 활력을 크게 떨어트림
  - 지표 식물 → 셀러리, **강낭콩** 등

※ 염소(Cl_2)
  □ 발생원 및 관련 시설
  - **소다공업, 플라스틱** 공업
  - **타이어 소각시설**, 고무제조업, 화학공업 등
  □ 인체에 미치는 영향
  - **녹황색**의 맹독가스임
  - 눈·호흡기의 심한 자극을 일으키고, 기관지염, 폐부종으로 발전함
  - 고농도에 노출 시 피부 작열감 및 화상을 일으킬 수 있음
  - **상대 독성의 크기** → $Cl_2 > SO_2 > HCl$ 순서임
  □ 식물에 미치는 영향 : 독성은 SO_2의 약 3배 정도임
  - 잎의 전면에 회백색 미세반점을 일으키고, 심한 경우 적갈색의 대형반점이 생김
  - 늙은 잎은 새잎보다, 윗잎은 아랫잎보다 쉽게 피해를 받음
  - 지표 식물 → 알팔파, 메밀 등(※ 강한 식물 : 가지, 콩, 올리브 등)

※ 염화수소(HCl)
  □ 발생원 및 관련 시설
  - **소다공업, 플라스틱**공업, 석탄연소

- PVC 소각시설, **활성탄제조**, 염산제조
□ **인체에 미치는 영향**
- 자극성, 무색의 기체로 안구통증, 눈물, 질식감, 흉부압박감, 위염 유발
- 기관지염, 비중격 궤양과 관련이 있음
□ **식물에 미치는 영향** : 피해 증상은 HF와 비슷함

※ **암모니아**(NH_3)
□ **이화학적 특성**
- 질소와 수소로 이루어진 화합물임
- 무색, 강한 자극성(역치<5ppm), 가연성, 부식성, 알칼리성 기체임
- 대기 중의 SO_x, NO_x 등과 반응하여 황산암모늄, 질산암모늄 등의 2차 대기오염물질을 생성함
□ **발생원 및 관련 시설**
- **비료공업, 냉동공업**, 표백, 색소 제조공업 등
- 사람 분뇨, 농업부문의 가축 및 비료사용 등
□ **인체에 미치는 영향**
- 저농도에서 미약한 피부 발작작용, 고농도에서는 격렬한 피부반응 있음
- 각막자극, 호흡곤란, 기관지 경련, 흉통
- 폐수종(분홍색의 거품가래), 폐부종 유발, 폐기능 저하
□ **식물에 미치는 영향** : 독성은 HCl과 비슷한 정도임
- 잎 전체에 영향을 주는 것이 특징임
- 잎에 흑색반점을 형성하거나 잎 전체를 백색·황색으로 퇴색시킴
- 약한 식물 → **토마토, 해바라기, 메밀** 등

※ **휘발성 유기화합물**(VOC ; Volatile organic compounds)
□ **의의** : VOC는 **증기압이 높아** 대기 중으로 쉽게 증발되고, 대기 중에서 질소산화물과 공존 시 태양광의 작용을 받아 광화학반응을 일으켜 오존 및 질산과산화아세틸(PAN) 등 광화학 산화성 물질을 생성시키고, 광화학 스모그를 유발하는 물질을 총칭함
□ **발생원 및 관련 시설**
- 도장시설, 석유정제 및 석유화학제품 제조시설
- 저유소 및 주유소, 세탁소 및 인쇄소, 유기용매 취급
- 자동차, 기차, 선박, 비행기 등의 배기가스
- 소비상품(실내공기 청정물질, 스프레이), 건축자재(페인트, 접착제) 등
□ **영향**
- 독성 화학물질(특히 방향족화합물 및 할로겐화 탄화수소물질)임
- **광화학 스모그의 전구물질**로 작용하고, **자체 발암**(發癌) 가능성이 있음
- 호흡기에 유입되어 직접적인 독성 유발

- 접촉에 의해서도 피부 또는 체내에 쉽게 유입되어 신경계 마취작용이나 소화기, 호흡기에 각종 질환을 유발시킴

※ 기타 오염물질의 발생원과 영향

오염물질	발생원 및 관련 시설	인체에 미치는 영향
폼알데하이드 (HCHO)	• 접착제, 합성수지공업 • 피혁공업, 포르말린제조공업 등	• 눈, 코, 기관지 점막에 염증 • 폐부종, 폐렴
벤젠 (C_6H_6)	• 도장공업, 석유공업, 피혁공업 • 농약제조업, 수지공업, 세제·염료공업 등	• 재생불량성 빈혈, 중추신경계 독성 • 급성 백혈병, 다발성 골수종 및 임파종
페놀 (C_6H_5OH)	• 도장공업, 농약제조업 • 화학공업, 의약공업 • 종이제조업, 금속공업 등	• 증발성이 낮음, 조직에 대한 부식작용 • 눈에 닿으면 실명 위험 • 폐 및 중추신경계의 기능장해
이황화탄소 (CS_2)	• 비스코스 섬유(레이온)공업 • 고무제품제조 • 화학공업 등	• 중추신경계 독성(급성·아급성 뇌병증) • 콜레스테롤치의 상승빈도 증가 • 생식독성 물질
시안화수소 (HCN)	• 청산제조공업 • 제철공업, 화학공업, 가스공업 등	• 대사성 질식제 • 호흡효소(시토크롬산화효소) 억제

(2) 입자상 오염물질의 특성·피해·영향

※ 개요

□ **입자상 물질의 발생원**
- 화석연료를 사용하는 각종 연소시설, 쓰레기 소각시설, 용접공정 등
- 열처리시설, 소성·건조 탈황시설, 탄광·석탄 및 연탄 제조시설
- 내연기관·자동차, 도로 및 비포장도로, 토목·건축 공사장

□ **대기 중에 존재하는 입자 크기** : $0.1\sim500\mu m$ 범위를 가짐
- 통상 대기 중에 존재하는 입경 : $0.1\sim10\mu m$ 범위임
- 황사 먼지 : $0.1\sim20\mu m$ 범위
- 해염입자 : $0.3\mu m$ 이상
- 광화학반응으로 생성된 연무질 : $0.2\mu m$ 이하
- 산업활동과정에서 배출되는 먼지 : $0.01\sim100\mu m$(금속 fume, 카본 블랙, 비산재, 황산미스트 등)

□ **입자상 물질의 종류와 분류**
- **성상·특성에 따른 분류**
  ▶ **먼지** : 대기 중에 떠다니거나 흩날려 내려오는 입자상 물질을 총칭함. 미세하고 가벼워서 침강하기 어려운 것을 **부유먼지**(suspended particles), 비교적 무거워서 침강하기 쉬운 것을 **강하먼지**(Dust fall)라고 함
  ▶ **매연** : 유리탄소가 주가 되는 입경 **$1\mu m$ 이하**의 입자상 물질을 말함

- ▶ **검댕**(Soot) : 연소 시 발생하는 유리탄소가 응결하여 입경 1㎛ 이상이 되는 입자상 물질로서 일명 **액체상 매연**이라고도 함
- ▶ **훈연**(fume) : 0.001~1㎛ 이하의 **고체입자**로 고온에서 휘발된 금속의 산화와 응축과정에서 생성되거나 가스상 물질이 **승화**, 증류 및 화학반응과정에서 응축될 때 주로 생성되며 활발한 브라운 운동을 하고, 응집·부착성이 강함
- ▶ **안개**(fog) : **시정거리**(가시거리) **1km 미만**, 습도 100%에 가까운 환경을 형성하면서 공기 중에 존재하는 액체상 입자를 말함
- ▶ **미스트**(mist) : **시정거리**(가시거리) **2km 이상**, 습도 90% 이하의 대기환경에서 공기 내에 존재하는 0.1~100㎛ 범위의 입자를 말함
- ▶ **연무**(haze) : 공기 중에 **건조한 입자**로 존재하는 분산질을 말함. 밝은 배경에서는 황갈색, 어두운 배경에서는 청자색을 띰

• 크기 및 입경범위에 따른 분류
- ▶ **총부유먼지**(TSP, Total Suspended Particulate) : 직경 50㎛ 이하를 총칭함
- ▶ **PM₁₀**(Particulate Matters less than) : 공기역학적 직경 10㎛ 이하인 것으로 호흡성 먼지량의 척도가 됨. PM₁₀은 사람 머리카락 지름(50~70㎛)보다 약 1/5~1/7 정도로 작은 크기임
- ▶ **PM₂.₅** : 공기역학적 직경이 2.5㎛ 이하인 것으로 상당량이 자동차의 매연이나 광화학반응에 의해 생성된 황산염, 질산염, 유기산염 등임
- ▶ **강하먼지**(dust fall) : 입자의 직경이 20㎛ 이상인 것을 말함
- ▶ **초미립자**(aitken particle) : 입경 0.1㎛ 이하인 것으로 눈으로는 관측할 수 없음
  - ◦ 생성 : 고온증기 → 응축 → fume(일반 대기 중에서는 관측되지 않음)
- ▶ **미세입자**(fine particle) : 입경 0.1~2㎛ 범위인 것을 말함
  - ◦ 생성 : 에이트켄 입자의 응집 또는 가스의 핵응축 → 미세입자[대기 중에 장기 체류함. 습성침적(rainout, washout에 의해 제거됨)]
- ▶ **조대입자**(coarse particle) : 입경 2㎛ 이상인 것을 말함
  - ◦ 생성 : 황사, 화산재, 해염입자, 연소재, 꽃가루 등으로 **자연적 발생원**에 의한 것이 대부분임 → 조대입자(짧은 체류시간, 건성침적 또는 중력침강에 의해 제거)

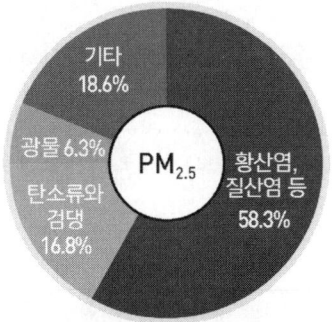

〈그림〉 미세먼지의 구성

- 입자상 물질의 발생기원에 따른 특징
  - 토양 성분을 기원으로 하는 입자상 물질
    - 공사장의 흙먼지, 황사(순수한)는 토양 성분을 기원으로 하는 **조대입자**(CPM, Coarse Particle Matters)가 이에 해당함
    - 입경이 크기 때문에 표면적이 작고 대기 중에서 수일 정도밖에 체류하지 못하며, 유해오염물질을 많이 흡착할 수 없으므로 위해성은 그다지 크지 않은 편임
  - 화학작용·광화학반응에 의해 생성되는 2차 발생 입자상 물질
    - 산업장의 연소시설, 화학공정에 의해 생성되는 분진, 대기 중의 수증기, 암모니아와 결합하거나 질소산화물이 대기 중의 수증기, 오존, 암모니아 등과 결합하는 화학반응을 통해 생성되는 **미세입자**(FPM, Fine Particle Matters) 등이 이에 해당함
    - FPM은 표면적이 크고 대기 중에 장기간 체류(수일~수개월)하면서 많은 유해물질을 흡착할 수 있으므로 특히 위해성이 높음
    - 대도시의 먼지는 2차 생성 비중이 전체 미세먼지($PM_{2.5}$) 발생량의 약 2/3를 차지할 정도로 높은 비중을 차지함

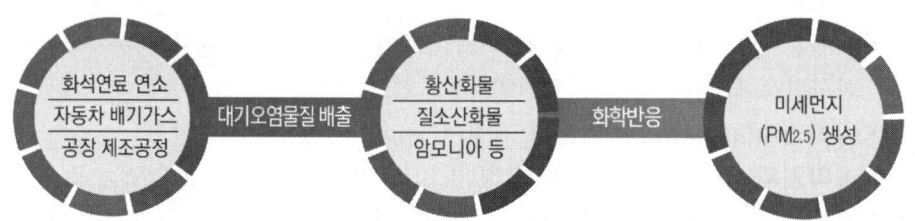

〈그림〉 미세먼지의 2차 발생과정

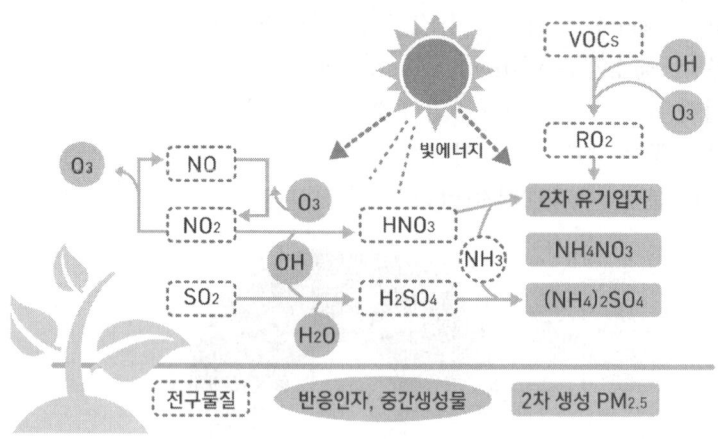

〈그림〉 미세먼지($PM_{2.5}$)의 2차 생성과정

입자상 물질의 영향
- 인체에 미치는 영향
  - 알레르기성 결막염, 각막염, 알레르기성 비염, 천식, 심혈관 질환

- 호흡을 통해 인체에 침입하여 기관지 및 폐포에 침착됨
- 기관지염, 폐렴, 폐기종, 폐포 손상, 진폐·면폐증, 폐암 등 다양한 영향을 나타냄

□ 호흡기 침작 5대 메커니즘
- 충돌(Impaction)
- 중력침강(Gravitational)
- 확산(Diffusion)
- 간섭(Interception)
- 정전기침강(Electrostatic deposition)

□ 입자 크기별 호흡기 침착범위 → 폐포 침착률이 높은 입자 입경범위 : 0.5~5μm

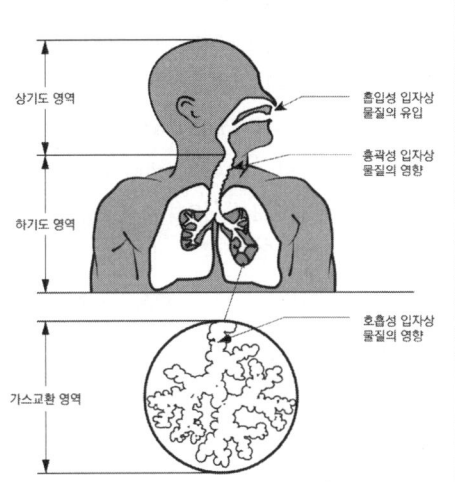

□ 흡입성(IPM) : 0~100μm
- 호흡기의 어느 부위에 침착하더라도 독성을 유발함
- 50μm 이하의 섬유상 먼지입자는 주로 **간섭**에 의해 침착됨

□ 흉곽성(TPM) : 10μm(50% 침착 크기)
- 기도(氣道), 기관지에 침착하여 독성을 유발함

□ 호흡성(RPM) : 4μm(50% 침착 크기)
- 가스교환 부위(폐포)에 침착하여 독성을 유발함
- 0.5μm 이하 입자는 주로 **확산**효과에 의해 침착됨
- 기관용골(호흡기의 갈라지는 부위)에는 **충돌**에 의한 침착이 지배적임
※ **영국의학연구의원회**(BMRC)는 호흡성 먼지 입경을 7.1μm 미만으로 정의하고 있음

□ 식물에 미치는 영향
- 햇빛을 차단하여 동화작용을 저해함
- 식물의 기공을 막고 호흡작용 및 증산작용 등을 저해하여 식물 생육에 악영향을 미침
- 카드뮴 등 중금속이 미세먼지에 노출될 경우 농작물·토양·수생 생물의 피해유발

□ 재산에 미치는 영향
- 반도체·디스플레이·도장공업 등의 불량률 증가
- 기물의 표면에 침착하여 미관상 손상을 주며, 그림물감, 도료 등을 퇴색시킴
- 전선피복의 손상으로 누전 및 실내 악취발생의 원인이 되기도 함
- 비행기·여객선 등의 운항장해

□ 대기질에 미치는 영향
- 입경 0.1~1μm 범위의 미세한 입자는 가시광선파장의 산란 → 미산란(Mie Scattering)
- 부유입자는 운적(雲滴)의 **응결핵**으로 작용 → 안개, 눈, 잦은 **강우현상 등 기후변화**
- 대기화학반응의 촉매인자로 작용하며, 지구의 열평형에 영향(알베도 증가)을 미침

빛의 분산 특성

■ **빛의 산란** : 대기 중에 존재하는 에어로졸(Aerosol) 입자에 의한 빛의 산란은 다양한 물리현상, 즉, 회절, 굴절, 흡수, 상변위 등에 기인함

□ **레일리 산란**(Rayleigh Scattering)
- 산란 **입자의 크기**가 매우 작아 빛의 **파장보다도 작을 때** 일어나는 산란
- 산란은 **빛 파장의 4제곱에 반비례**함(파장이 길수록 산란 빛은 감소됨)

□ **미 산란**(Mie Scattering)
- 산란 **입자의 크기**가 빛의 파장과 비슷할 때 일어나는 산란
- 빛의 파장과는 거의 무관하며, 입자의 밀도, 크기, 모양에 따라 달라짐
- **전방산란이 현저**하고, **후방산란은 적은 것이 특징**임

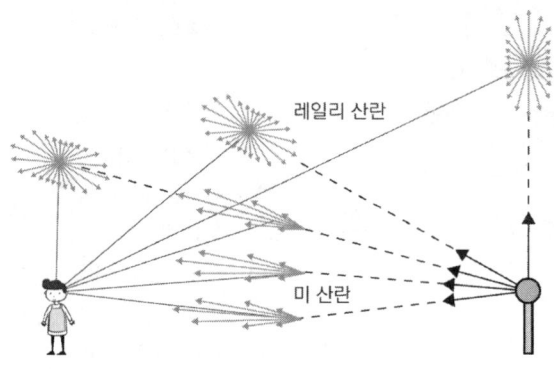

〈그림〉 Mie 산란과 Rayleigh 산란

□ **가시거리 산정** : 시정(가시거리)은 공기의 혼탁한 정도를 나타내는 척도의 하나로 사용되는데 가시거리(L_m, L_k)는 상대습도 70%에서 사물을 식별할 수 있는 거리를 말하며, 습도에 의하여 영향을 받음. 산란계수를 이용한 가시거리는 다음과 같이 계산함

■ $L_k(\mathrm{km}) = \dfrac{A \times 10^3}{G}$ $\begin{cases} L_k : \text{가시거리}(\mathrm{km}) \\ A : \text{상수} \\ G : \text{대기 중 먼지농도}(\mu\mathrm{g/m}^3) \end{cases}$

■ $L_m(\mathrm{m}) = \dfrac{5.2 \rho r}{KC}$ $\begin{cases} L_m : \text{가시거리}(\mathrm{m}) \\ \rho : \text{입자의 밀도}(\mathrm{g/m}^3) \\ r : \text{입자의 반경}(\mu\mathrm{m}) \\ K : \text{분산면적비(산란계수)} \\ C : \text{대기 중 먼지의 농도 }(\mathrm{g/m}^3) \end{cases}$

□ **헤이즈계수**(Coh, Coefficient of haze)**와 공기질** : 헤이즈계수 Coh는 광화학적 밀도가 0.01이 되도록 하는 여과지상의 고형물의 양을 나타냄
- 깨끗한 공기에 대한 Coh의 값은 0이며, Coh값에 비례하여 대기오염도가 높게 나타남

- $1Coh$는 광화학적 밀도(OD)를 0.01로 나눈 값이고, $1Coh$는 0.977의 투과도를 가짐
- 광화학적 밀도(OD, Optical Density)는 불투명도의 log값이며, 불투명도(opacity)는 빛 전달률(투과도)의 역수임

■ $Coh_{1,000} = \dfrac{\log(1/t) \div 0.01}{L} \times 1,000$ $\begin{cases} Coh_{1,000} : 1,000\text{m 또는 } 1,000\,\text{ft당 } Coh \\ t : \text{빛전달률} \\ L : \text{여과지 이동거리}(=\text{속도}\times\text{이동시간}) \end{cases}$

▮ 헤이즈계수 값에 따른 공기질의 평가 ▮

1,000ft당 Coh ($Coh_{1,000}$)	1,000m당 Coh ($Coh_{1,000}$)	대기오염 정도
0~0.9	0~3	약하다(Light)
1~1.9	3.3~6.5	보통이다(Moderate)
2~2.9	6.6~9.8	심하다(Heavy)
3~3.9	9.9~13.1	아주 심하다
4 이상	13.2 이상	극심하다

2 대기오염사건

(1) 대기오염사건별 특징

⚛ **공통 기상인자** : 기온역전, 무풍상태

⚛ **사건 연대표 및 사건별 특징**

사 건	발생(연도)	국 가	주 오염물질	피해특징
뮤즈계곡사건	1930	벨기에	• 공업지대 배기가스(SO_x, 분진 등)	심장질환 호흡기 질환
횡빈사건	1946	일본	• 공업지대 배기가스(SO_x, 분진 등)	
도노라사건	1948	미국	• 공업지대 배기가스(SO_x, 분진 등)	
포자리카사건	1950	멕시코	• 공장의 H_2S 누출사고	호흡기 질환 중추장해
런던스모그	1952	영국	• **석탄 연소배기가스**에 의한 스모그 • **환원형** 스모그(SO_x, 매연 등)	심장질환 호흡기 질환
LA 스모그	1954	미국	• **자동차 배기가스**에 의한 광화학 스모그 • **산화형** 스모그(O_3, PAN 등)	눈·코 자극 고무 노화
세베소사건	1976	이탈리아	• **염소가스**, 다이옥신 누출사고	화상, 피부병 가축 폐사
스리마일사건	1979	미국	• 핵발전소의 냉각제 상실	방사능 유출 無
보팔사건	1984	인도	• MIC(Methyl Isocyanate) **누출**	유독가스 질식
체르노빌	1986	러시아	• 핵발전소의 방사성 물질 유출	방사능 유출
후쿠시마	2011	일본	• 핵발전소의 방사성 물질 유출	방사능 유출

(2) 런던스모그와 LA 스모그의 비교

❀ **발생시간 · 기온 역전형태**
- 런던스모그 : 새벽~이른 아침, 복사(방사)역전
- LA 스모그 : 한낮, 침강역전

❀ **인체의 영향**
- 런던스모그 : 기관지염, 폐기종 등의 호흡기 질환
- LA 스모그 : 눈·코, 기도의 점막자극과 고무의 균열

❀ **기상조건 비교**

구 분	런던스모그	LA 스모그
기온	• 4℃ 이하	• 24℃ 이상
습도	• 습도 90 % 이상으로 높은 상태	• 습도 70% 이하로 낮은 상태
바람	• 무풍상태	• 무풍상태
기온역전	• **복사역전**(새벽이나 이른 아침)	• **침강역전**(고기압의 정체지역)

❀ **오염형태 비교**

구 분	런던스모그	LA 스모그
오염원	• 공장, 가정난방 – 석탄연료	• 자동차 – 석유계 연료
오염형태	• 열적 환원반응, 1차 오염형 • SO_2 + 매연 + 안개 → 환원형 Smog	• 광화학적 산화반응, 2차 오염형 • $HC + NO_x + h\nu$ → 광화학 산화형 Smog
smog	• 차가운 취기가 있는 농무형	• 회청색의 연무형
시정거리	• 100m 이하	• 1km 이하

3 대기오염 대책

(1) 연료 대책

❀ **연료 · 에너지 전환** : 황분 함량이 낮은 연료로의 전환(석탄>석유류>가스류), 저유황원유 수입(경제성이 낮음), 석탄과 석유연료를 청정연료로 전환, 에너지 대체(전기, 전지, 태양열, 풍력, 수력, 조력 등)

	원 유		
휘발유	**등 유**	**경 유**	**중 유**
비점범위 : 30~200℃	비점범위 : 180~270℃	비점범위 : 260~370℃	비점범위 : 330~470℃
탄소수 : C_5~C_{12}	탄소수 : C_{10}~C_{16}	탄소수 : C_{15}~C_{22}	탄소수 : C_{19}~C_{35}

❀ **연료(중유)탈황** : 연료(중유) 중의 황분을 제거하는 방법으로 금속산화물에 의한 흡착 탈황, 미생물에 의한 생화학적 탈황, 방사선 화학적 탈황, 접촉수소화 탈황법 등이 있으며, 이 중에서 실용적이고, 현재 가장 많이 사용되는 탈황법은 접촉수소화 탈황법임

- **직접 탈황법** : 전처리가 없이 내독성 촉매를 이용하여 고온·고압하에서 수소와 반응시켜 황과 H_2S로 제거하는 방법으로 탈황률이 80% 이상으로 높으나 H_2S가 대기로 배출될 우려가 있음
- **간접 탈황법** : 상압 잔유(殘油)를 일단 감압 증류하여 촉매독이 적은 경유분을 탈황시키고 감압 잔유와 재혼합하는 방법임
- **중간 탈황법** : 감압 증류로 분리한 감압 잔유를 용제탈황장치에서 아스팔텐이나 레진을 제거한 후 감압 경유와 혼합하여 탈황하는 방법으로 본체 외에 부대시설이 필요하며, 설비비가 비싸나 탈황효과가 간접법보다 1.5~2배 큼

(2) 자동차 대책

❈ **공연비에 의한 제어** : 자동차 배기가스 제어에 특히 유효함

- **공연비**(AFR, Air Fuel Ratio) : 연료와 공기의 혼합비율을 말하며, 단위시간당 연소장치에 공급되는 공기와 연료의 질량비로 정의됨

$$A/F = \frac{m_a M_a}{m_f M_f} \begin{cases} A/F : 공연비 \\ m_a : 공기의 \text{ mol 수} \\ M_a : 공기의 \text{ mol질량(분자량)} \\ m_f : 연료의 \text{ mol 수} \\ M_f : 연료의 \text{ mol질량(분자량)} \end{cases}$$

- **공연비에 배기가스 조성 변화** : 가솔린 자동차의 운영 공연비(AFR)는 14.7 이하(연료 농도를 농후하게)로 유지하기 때문에 CO 및 HC의 배출원인이 되고 있음
  - 공연비가 증가(희박 혼합기)할수록 → CO 및 HC의 농도는 현격하게 감소함
  - 공연비(AFR)가 16까지는 HC가 감소하나 그 이상으로 AFR을 증가시킬 경우 → 연소불량, 출력 저하, 연료 소비율이 증가하면서 HC 배출농도가 증가하게 됨

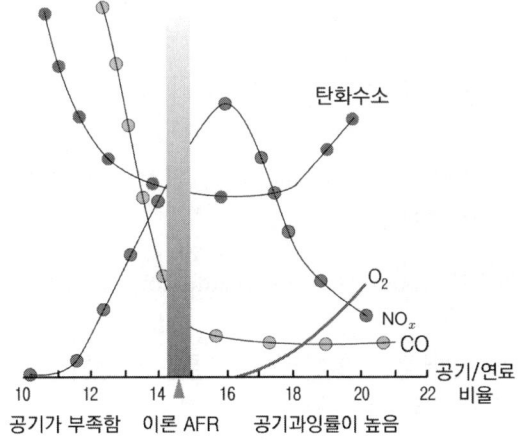

  - 저공연비 영역에서는 질소산화물의 농도는 감소하지만 공기부족으로 인하여 불완전 연소 생성물질인 HC 및 CO의 농도는 증가하게 됨

- 이론공연비 영역에서는 이상적 완전연소로 HC 및 CO의 농도는 감소하지만 질소산화물의 농도는 급증함
- 과잉공연비 영역에서는 충분한 공기가 존재하기 때문에 불완전연소 생성물질인 HC 및 CO의 농도는 최소로 되지만 과잉으로 투입된 공기로 인하여 배기가스 중의 산소 농도는 증가하게 됨

※ 자료 인용 : 「대기환경기술사」 수험서, 이승원(저)

❀ **운전조건의 조절에 의한 제어** : 자동차 배기가스 제어에 고려되는 것으로 자동차의 운전 모드인 공전(idling), 가속, 정속, 감속에 따라 오염물질의 배출양상은 달라짐

구 분	HC	CO	NO_x
많이 나올 때	감속·공전	감속·공전	가속
적게 나올 때	정속운행	정속운행	감속·공전

□ 블로바이가스(blow-by gas)는 피스톤과 실린더 사이에서 누출되는 가스로서 HC의 배출경로(20%)로서 중요함 → 가솔린·LPG 자동차에서 문제 되나 디젤기관은 문제되지 않음
□ 디젤기관은 CO 및 HC가 정지가동할 때는 아주 적게 배출되는 특징이 있음
□ 디젤기관은 가솔린기관에 비해 황산화물(SO_x), 매연($PM_{2.5}$), 소음과 냄새 문제 있음

❀ **점화시기 제어**
□ 점화시기를 느리게 하면 연료소비율과 CO 및 HC의 배출량이 증가하는 반면 NO_x의 배출농도는 낮아짐
□ 운행차의 경우 연료의 경제성을 고려하여 약간 빠르게 하고 있음

❀ **희박연소(Lean Burn)** : 희박연소(稀薄燃燒)란 점화플러그 부근에는 점화를 위해 AFR이 낮은 점화가능한 농후(濃厚)한 혼합기를 공급하여 연소시키고, 연소실에는 AFR이 높은 희박한 혼합기를 공급하여 연소시키는 방법임
□ 희박연소 효과는 정상연소보다 비열비가 증가함으로써 엔진의 열효율이 증가되고, 연소 최고온도가 낮아짐
□ NO_x의 생성량을 현저히 감소시킬 수 있고, 완전연소 효과에 따른 CO, HC 배출량도 감소시킬 수 있는 제어기술임

❀ **배기가스 재순환(EGR, Exhaust Gas Recirculation)** : EGR은 배기의 일부를 재순환하는 방식임
□ 흡기(吸氣)에 배기의 일부를 혼입함으로써 열용량 증가, 연소온도 저하, 저산소 연소 효과에 의해 NO_x의 생성을 억제하는데 기여함
□ EGR 시스템의 주된 효과는 희석효과, 열효과(흡기비열 증가) 및 화학효과(열해리효과)임

❀ **PCV(Positive Crankcase Ventilation) 제어** : PCV는 크랭크 케이스의 환기장치로 스파크 점화방식의 엔진에서 피스톤과 실린더 사이에서 누출되는 블로바이가스(blow-by gas)를 흡인하여 흡기 시스템을 거쳐 연소실로 주입하는 장치임

※ **연료증발 억제** : 연료의 조성을 변화(벤젠 등의 방향족화합물과 황함량을 낮게)시켜 휘발성을 낮추거나 제어기기를 부착(연료증기를 활성탄으로 흡착한 후 기화기로 재순환)하여 제어하는 방법 등이 있음

※ **배기가스 처리장치 부착에 의한 제어**
- **삼원촉매 전환장치**(TCCS, Three-way Catalytic Conversion System) : TCCS는 두 개의 촉매층이 직렬로 연결되어 CO와 HC(VOC) 및 NO_x를 동시에 1/10로 줄일 수 있는 내연기관의 후처리기술 중 하나임
  - **1단계** : 연소배기가스 중의 CO 및 HC(환원성 가스)를 **촉매(로듐)**와 접촉시켜 NO를 N_2로 환원시킴
  - **2단계** : 외부공기(산소)를 주입하여 배기가스를 **촉매(백금)**에 통과시켜 잔류하는 CO와 HC(VOC)를 CO_2와 H_2O로 산화시킴

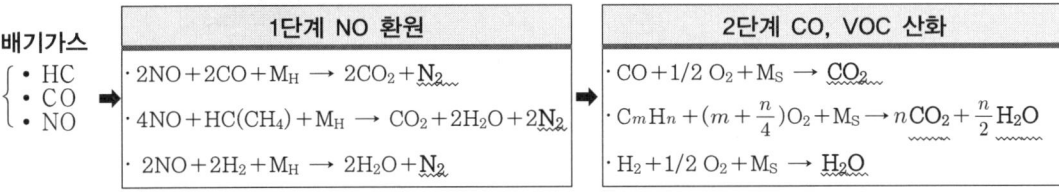

1단계 NO 환원	2단계 CO, VOC 산화
$2NO + 2CO + M_H \rightarrow 2CO_2 + N_2$	$CO + 1/2\,O_2 + M_S \rightarrow CO_2$
$4NO + HC(CH_4) + M_H \rightarrow CO_2 + 2H_2O + 2N_2$	$C_mH_n + (m + \frac{n}{4})O_2 + M_S \rightarrow nCO_2 + \frac{n}{2}H_2O$
$2NO + 2H_2 + M_H \rightarrow 2H_2O + N_2$	$H_2 + 1/2\,O_2 + M_S \rightarrow H_2O$

배기가스 { • HC • CO • NO

※ 촉매(MH) : 로듐(Rh), 촉매(MS) : 백금(Pt)~팔라듐(Pd)

〈그림〉 휘발유 자동차의 삼원촉매장치

▎유의사항
- NO_x의 효율적 환원을 위해서는 배기 중에 CO, HC, H_2가 적당량 존재하여야 하며, 잔류하는 CO, HC의 효율적인 산화를 위해서는 O_2가 적당량 존재해야 함
- 삼원촉매장치의 허용공연비 폭은 아주 미세하기 때문에 공연비를 보다 정밀하게 제어할 수 있는 전자제어 시스템이 필요함
- 3성분(NO, CO, HC)의 전환율을 80% 이상 유지하기 위한 공연비의 폭은 약 0.1~0.14 (A/F =14.48~14.62) 범위, 공기비 기준 약 0.01($m = 1.0 \pm 0.005$) 정도임

- **매연여과장치**(DPF, Diesel Particulate Filter trap) : 세라믹필터나 금속필터를 사용하여 탄소성분의 미립자(PM, Particulate Matter)를 포집하고, 포집된 PM을 태워 필터를 재생하는 방식임. 재생방식은 전기 재생방식, 첨가제 주입방식, 버너 재생방식, 촉매 재생방식 등이 있으며, 필터는 세라믹 모놀리스(ceramic monolith)나 세라믹 파이버필터(ceramic fiber filter), 금속필터(sintered metal filter) 등이 사용되고 있음

- **배출가스 저감장치(DPF, p-DPF)** : 자동차 배출가스 중 입자상물질(PM) 등을 촉매가 코팅된 필터로 여과한 후, 이를 산화(재생)시켜 이산화탄소(CO_2)와 수증기(H_2O)로 전환하여 오염물질을 제거하는 장치
  - 자연재생방식 : 재생에 필요한 열 공급원으로 엔진 배기열을 이용하는 방식(고속주행차량에 적용)
  - 복합재생방식 : 전기히터/보조연료 등을 사용하여 재생하는 방식(대부분 차량에 적용)

〈그림〉 디젤자동차의 매연저감장치(DPF)

- **PM-NO_x 동시 저감장치** : 배출가스 저감장치(DPF)에서 입자상물질(PM)을 저감시키고 선택적촉매환원장치(SCR)에서 배기가스에 요소수를 분사하여 질소산화물(NO_x)을 저감시키는 장치임

- **촉매 컨버터(Catalytic Converter)** : 연소 후 배출되는 오염물질을 촉매와 접촉시켜 무해한 물질(CO_2, H_2O, N_2)로 전환하는 장치임
  - 산화촉매는 주로 CO와 HC 처리에 사용되고, 환원촉매는 NO_x 처리에 사용됨
  - 백금(Pt)은 CO와 HC의 산화반응을 촉진하고, 로듐(Rh)은 NO의 환원반응을 촉진시키는 데 이용됨
- **선택적 촉매환원(SCR, Selective Catalytic Reduction)** : 촉매의 존재하에 NO_x와 선택적으로 반응할 수 있는 환원제(암모니아, 요소 등)를 주입하여 NO_x를 N_2로 환원하는 장치임

※ 자료 인용 : 「대기환경기술사」 수험서, 이승원(저)

청정연료의 대체에 의한 제어

연료	장점	단점
에탄올	• 우수한 자동차용 연료로서 인정받고 있음 • 오존형성 탄화수소와 유독성분의 배출이 적음 • 재활용 가능한 연료로부터 생산이 가능함 • 가내수공업적으로 생산이 가능함	• 연료생산 비용이 높음 • 주행범위가 다소 낮음
메탄올	• 우수한 자동차용 연료로서 인정받고 있음 • 오존형성 탄화수소와 유독성분의 배출이 적음 • 재활용 가능한 연료로부터 생산이 가능함 • 여러 원료로 부터 생산이 가능함	• 수입의존도가 높음 • 주행범위가 다소 낮음
천연 가스	• 우수한 자동차용 연료(특히, 경주용 차량) • 오존형성 탄화수소와 유독성분의 배출이 적음 • 재활용 가능한 연료로 부터 생산이 가능함 • 여러 원료로 부터 생산이 가능함	• 차량가격이 높음 • 주행범위가 낮음 • 연료공급방식이 다소 불편함
프로판	• 가솔린보다 가격이 저렴함 • 우수한 자동차용 연료(특히, 경주용 차량) • 현재 청정연료로 널리 사용되고 있음 • 오존형성 탄화수소와 유독성분의 배출이 다소 적은 편임	• 비용이 상승할 수 있음 • 공급이 제한적임 • 에너지 안전 혹은 거래상의 균형 이점이 없음
개질 가솔린	• 기존차량이나 연료분배 시스템의 변형없이 사용 가능 • 오존형성 탄화수소와 유독성분의 배출이 다소 적은 편임	• 연료비가 다소 높음 • 에너지의 안전도가 낮고 무역균형상의 편익이 적음

※ 표 인용 : 대기환경기술사 수험서, 이승원(저)

(3) 기타 산업시설의 대책

가스상 물질의 대책

□ **연소제어법** : NO_x 제어방법으로 주로 이용됨
- 저산소 연소(LEA, Low Excess Air firing), 연소실 열부하 저감
- 2단 연소(DSC, Double-Stage Combustion), 연소실 구조의 변경
- 저 NO_x 버너(low-NO_x burner) 사용, 버너의 형식 및 구조 개량
- 배기가스 재순환(FGR, Flue Gas Recirculation)
- 연료의 전환(고체＞액체＞기체 순으로 NO_x 생성량은 작아짐)

□ **배기가스 처리법**
- **흡수법**(Absorption) : 황산화물, 질소산화물, 염소화합물, 불소화합물 등의 여러 가지 오염가스를 제거하기 위해 널리 사용되는 방법으로서 세정액(흡수액)을 사용하는 흡수장치(충진탑, 포종탑, 분무탑 등)에 기체상태 오염물질을 통과시켜 흡수제거하는 방법임
- **흡착법**(Adsorption) : 기체의 분자 및 원자가 고체표면에 달라붙는 성질을 이용하여 오염된 기체를 제거하는 방법으로 흡착제(활성탄 등)가 충진된 흡착탑에 황산화물 및 VOC, 악취 등을 통과시켜 흡착처리하는 방법임

- **촉매산화법** : SO_2를 산화바나듐(V_2O_5)이나 K_2SO_4 등의 촉매와 접촉시켜 무수황산(SO_3)으로 전환시킨 후 물과 반응시켜 생성되는 황산(H_2SO_4)으로 자원화하는 방법임
- **선택적 촉매환원법**(SCR, Selective Catalytic Reduction) : 귀금속, 금속산화물 또는 제올라이트로 구성된 촉매가 내장된 촉매반응기를 300~500℃의 온도범위가 유지되는 공기예열기 후단 또는 전단에 설치하고, 선택적 환원제(NH_3 등)를 주입하여 배기가스 중의 NO_x를 H_2O와 N_2로 환원처리하는 방법
- **비선택적 촉매환원법**(NCR, Non-Selective Catalytic Reduction) : Pt 등의 귀금속이나 Co, Ni, Cu, Cr 등의 비금속산화물로 구성된 촉매가 내장된 촉매반응기에 비선택적 환원제(H_2, CO, CH_4 등)를 주입하여 배기가스 중의 NO_x를 H_2O와 N_2로 환원시키는 방법
- **무촉매환원법**(SNR or SNCR, Selective Non-Catalytic Reduction) : 촉매를 사용하지 않고 온도가 850~950℃인 연소로 또는 연소로 후단의 2차 연소실(과열기-재열기 사이)에 직접 환원제(암모니아, 암모니아수, 요소 수용액 등)를 분사하여 배기가스 중의 NO_x를 H_2O와 N_2로 환원시키는 방법
- **전자선조사법**(EBI, Electron Beam Irradiation) : 전자선(電子線)을 배기가스에 조사(照射)하여 NO_x와 SO_x를 고체 미립자로 한 다음 집진장치로 제거하는 방법
- **기타 처리방법** : 흡착, 흡수 이외의 물리적 방법으로 응축처리, 화학적 방법으로 폐가스의 소각처리, 생물학적 방법으로 생물여과, 생물세정, 생물살수여과 등으로 처리됨

☢ 입자상 물질의 대책

- **산업시설의 먼지 제거** : 가스 중 분진을 제거하기 위해 다양한 집진력(중력, 관성력, 원심력, 전기력, 확산력, 음파력, 열력 등)을 이용한 각종 집진장치가 사용되고 있음
  - **건식집진** : 중력·관성력·원심력집진장치, 섬유여과·막여과장치, 전기집진장치 등
  - **습식집진** : 세정집진장치(벤투리·사이클론·제트스크러버, 분무탑), 습식 전기집진장치
- **비산먼지 대책**
  - 산업공정에서 회분 함량이 많은 석탄 및 C중유 등을 LNG, 도시가스 등 청정연료로 대체하고, 연소시설 또는 연소방법 개선, 연소효율 제고
  - 비산먼지 발생시설의 방진시설 설치 의무화
  - 도로 포장률 제고, 공사장 등의 비산먼지 저감장치 강화, 자동차의 매연단속 강화 등

☢ 굴뚝 TMS 강화
굴뚝 TMS(Tele-Monitering System)란 오염발생원별로 설치된 자동측정기기와 관제실을 온라인으로 연결하여 오염물질의 배출상황(먼지, NO_x, SO_2, HCl, CO, NH_3, HF, O_2, 유량, 온도 등)을 24시간 상시 감시함은 물론, 자동 측정된 데이터를 기반으로 배출설비를 원격으로 조정함으로써 각종 환경오염사고의 발생을 사전에 예방할 수 있도록 하기 위해 설치되는 원격측정·감시·제어시스템임

4 산성비 · 황사

(1) 산성비(Acid Rain)

❀ **정의 · 메커니즘**
- 정의 : 일반적으로 강우의 pH 5.6 이하를 산성비의 기준으로 하고 있음
- 메커니즘 : 약산성의 정상 빗물(pH 5.7, 대기 중 CO_2 용해에 따른 탄산의 포화평형으로부터 산정되는 값)에 산성 대기오염물질(아황산가스, 이산화질소, 염화수소, 유기화합물 등)이나 황산염, 질산염 등이 구름에 용해되거나 낙하하는 빗방울에 충돌 · 포착됨으로써 강우의 산도가 pH 5.6 이하로 떨어지게 됨

❀ **기여도**
- SO_x 50% 이상, NO_x 약 20%, 염소이온 12% 정도 기여함
- 국내의 기여도는 50~70%, 국외(특히 중국)의 기여도는 30~50% 정도로 알려지고 있음

❀ **영향**
- 생태계에 미치는 영향
  - 토양생물의 서식환경 악화, 토양 중 영양염의 용탈
  - 토양 중 Al · Fe · Cd 등 금속이온의 활성도 증가
  - 식물 대사기능에 영향, 식물생장 저해, 토양의 황폐화 등
  - 수중의 Al · Cd 등과 같은 금속이온의 활성도 증가, 수중 생태계의 먹이사슬 교란
  - 호소환경을 빈영양상태로의 전환, 수중생물의 생장환경 악화, 수중생태의 단순화
- 인체 · 재산에 미치는 영향
  - 눈, 피부 자극
  - 수질악화 또는 먹이사슬에 의한 중금속 섭취량 증가와 대사기능 장애
  - 위암 및 노인성 치매 유병률 증가
  - 금속 및 대리석의 부식, 문화재 손상 등

❀ **대책**
- 국내대책
  - SO_x 및 NO_x 배출량 감소 대책강구(화석연료의 사용저감, 청정연료 및 저유황유 사용확대, 배출 감소를 위한 기술개발 및 보급)
  - 에너지의 전환사용(화석연료 → 수력, 풍력, 지열 및 태양열 등 이용)
  - 손상된 환경의 원상회복(산성화된 호소나 토양에 석회석 등 살포)
  - 개인의 에너지 절약 운동 확대
  - 측정망 구축과 관련 모델링 개발
  - 인접 국가 간의 협력 강화
- 산성비 관련 국제협약
  - 대기오염물질의 장거리 이동에 관한 협약(제네바 협약) : 1979년 스위스 제네바에서

유럽국가들은 유럽의 산성비 문제를 해결하고 국경을 이동하는 대기오염을 통제하기 위하여 유럽국가와 북미국가를 중심으로 채택한 협약임
- **헬싱키 의정서**(Helsinki Protocol)(1987년 핀란드) : SO_x 감축을 결의한 의정서로 1980년대에 들어 산성비로 인한 피해가 심각해지자 1987년에 SO_x 또는 월경 이동을 30% 삭감하도록 하는 의정서
- **소피아 의정서**(Sofia Protocol)(1989년 불가리아) : NO_x 감축을 결의한 의정서로 정식 명칭은 『질소산화물 배출 또는 월경 이류의 최저 30% 삭감에 관한 1979년 장거리 월경 대기오염 조약 의정서』임

(2) 황사(黃砂, Yellow Sand)

※ **개요** : 황사는 강한 바람이나 지형에 의해 만들어진 난류 등의 기상조건으로 인하여 다량의 모래와 먼지가 강풍을 따라 이동하여 지면 가까이 침적하면서 부유하거나 낙하하는 현상을 말한다. 우리나라는 1910년 이후 황사(黃砂)라 부르고 있지만 과거에는 토우(土雨)라고 하였으며, 북한에서는 흙비, 일본에서는 코사(高沙), 국제적으로는 Asian Dust라고 부르고 있음

※ **황사의 물리적 · 화학적 특성**
- **황사의 물리적 특성** : 입경 0.1~20μm 범위이며, 발생원 지역과 이동하는 거리에 따라 달라지는데 우리나라에서 측정한 자료들을 종합하면 PM_{10} 먼지(특히 5.0μm 부근) 범위의 입자농도가 높은 것으로 알려짐
- **황사의 화학적 조성**
  - 풍화되기 쉬운 다량의 장석(칼륨, 나트륨, 칼슘, 바륨을 함유한 알루미늄 규산염광물)과 석회(탄산칼슘) 및 마그네슘, 칼슘, 칼륨 함유
  - 이동과정 중 흡착된 오염물질(황산화물, 질소산화물, 기타 유해물질 등)

※ **황사의 발원지 · 이동경로**
- **황사의 발원지** : 황사의 발원지는 고비사막, 내몽골고원, 커얼친사막, 타클라마칸사막, 황토고원 등임. 우리나라에 영향을 미치는 황사의 발원지는 중국의 내몽골고원, 고비사막임
- **황사의 이동경로** : 황사는 약 30% 정도가 발원지 부근에 침강되고, 20%는 주변 지역에 가라앉으며, 나머지 50%가 한반도, 일본, 태평양 등으로 이동하는 것으로 알려지고 있음

※ **황사경보와 황사주의보**
- **황사경보** : 황사로 인해 1시간 평균 미세먼지(PM_{10}) 농도 $800\mu g/m^3$ 이상이 2시간 이상 지속될 것으로 예상되는 경우 발령됨
- **황사주의보** : 황사로 인해 1시간 평균 미세먼지(PM_{10}) 농도 $400\mu g/m^3$ 이상이 2시간 이상 지속될 것으로 예상되는 경우 발령됨

❀ 황사의 영향
▫ 부정적 영향
- 사람이나 가축의 호흡기 질환, 심혈관 질환, 눈병 등 각종 질병을 유발함
- 햇빛을 차단하여 농작물의 성장을 방해함
- 반도체나 정밀 기기의 고장 발생률을 높임
- 시정거리를 단축함으로써 자동차·항공기 운항에 차질을 빚음

▫ 긍정적 영향
- 모래 먼지 속의 알칼리성 성분이 산성 토양을 중화시키고, 해양 플랑크톤의 먹이가 됨
- 송충이 등의 번식 및 성장 억제
- 햇빛을 차단하여 지구 대기를 냉각시킴
- 바다의 적조 현상을 완화시킴

엄선 예상문제

01 대기오염물질의 특성에 대한 설명으로 틀린 것은?

① CS_2는 대부분 피부를 통해서 체내 흡수되며, 폐부종을 일으킨다.
② 아크릴아마이드(C_3H_5NO)는 주로 피부를 통해 흡수되며, 다발성 신경염을 일으킨다.
③ 염화비닐에 만성폭로 되면 레이노증후군, 말단 골연화증, 간·비장의 섬유화가 일어난다.
④ 삼염화에틸렌(Trichloroethylene)은 중추신경계를 억제하며 간과 신장에 미치는 독성은 사염화탄소에 비해 낮은 편이다.

02 대기오염물질이 인체에 미치는 영향으로 틀린 것은?

① NO의 유독성은 NO_2의 독성보다 약 5~7배 정도 강하다.
② 3,4-벤조피렌 등의 탄수화합물은 발암성 물질로 알려져 있다.
③ 광화학반응으로 생성된 옥시던트(Oxidant)는 눈을 자극한다.
④ SO_2는 고농도일수록 비강 또는 인후에서 많이 흡수되며, 저농도에서는 극히 저율로 흡수된다.

03 주 발생원이 비스코스 섬유공업이며, 이화학적 특징은 약한 부식성과 불쾌한 자극성 냄새를 유발하는 휘발성이 높은 액체로서 인체에는 중추신경계에 대한 특징적인 독성작용으로 중독될 경우 심한 급성 또는 아급성 뇌병증을 유발하는 물질은?

① Chloroform ② Formaldehyde
③ Carbon Disulfide ④ Hydrogen Sulfide

04 화학공업, 유리공업, 피혁공업, 과수원의 농약분무작업 등이 관련 배출업종이며, 인체에 피부암, 비중격천공, 각화증 등을 유발하는 물질은?

① 비소 ② 납
③ 구리 ④ 크롬

05 세포 내에서 SH기와 결합하여 헴(Heme) 합성에 관여하는 효소를 포함한 여러 세포의 효소작용을 방해하며, 적혈구 내의 전해질이 감소되어 적혈구 생존기간이 짧아지고 심한 경우 용혈성 빈혈이 나타나기도 하며, 만성 중독 시에는 혈중 프로토폴피린이 현저하게 증가하는 대기오염물질은?

① 수은 ② 납
③ 카드뮴 ④ 크롬

> **해설**
>
> **01** CS_2는 주로 증기 흡입에 의해 인체에 흡수(40~50%)된다. 최대 20%까지는 피부로 흡수될 수 있다.
> **02** 이산화질소(NO_2)의 유독성은 일산화질소(NO)의 독성보다 약 5~7배 정도 강하다.
> **03** 이황화탄소(CS_2)는 주로 비스코스 섬유(Viscose Rayon) 공업에서 발생되며 자극성 냄새, 화학적 불안정 물질로 중추신경계에 대한 특징적인 독성작용으로 중독될 경우 심한 급성 또는 아급성 뇌병증을 유발하는 물질이다.
> **04** 화학공업, 유리공업, 농약 등에서 발생되고 피부암, 비중격천공 등을 일으키는 물질은 비소(As)이다.
> **05** 납(Pb)은 세포 내에서 -SH기와 결합하여 헴(Heme) 합성에 관여하는 효소 등 각종 세포의 효소 작용을 방해한다.

정답 ┃ 1.① 2.① 3.③ 4.① 5.②

06 다음은 어떤 오염물질에 대한 설명인가?

이 오염물의 만성 폭로의 가장 흔한 증상은 단백뇨이다. 신피질에서 이 물질이 임계농도에 이르면 처음에는 저분자량 단백질의 배설이 증가하는데, 계속적으로 폭로되면 아미노산뇨, 당뇨, 고칼슘뇨증, 인산뇨 등의 증상을 가지는 Fanconi씨 증후군으로 진행된다.

① As　　　② Hg
③ Cr　　　④ Cd

07 혈관 내 용혈작용, 복통·황달·빈뇨, 손·발바닥의 각화 증상과 관련된 오염물질로서 급성중독 시 활성탄과 설사약을 투여하는 것은?

① 구리　　　② 비소
③ PAH　　　④ 납화합물

08 다음의 영향을 나타내는 오염물질은?

- 급성 폭로 시 심한 호흡기 자극을 일으켜 기침, 흉통, 호흡곤란 등을 유발하며, 심한 경우 폐부종을 동반한 화학성 폐렴이 생기기도 한다.
- 만성 폭로 시 오심과 소화불량과 같은 위장관증상도 호소하며, 숨을 쉴 때 또는 땀을 많이 흘릴 때 마늘 냄새가 나며, 만성적인 기중 폭로 시 결막염을 일으키는데 이를 "Rose eye"라 부른다.

① 베릴륨(Be)　　② 탈리움(Tl)
③ 알루미늄(Al)　④ 셀레늄(Se)

09 다음에 설명하는 오염물질에 해당하는 것은?

- 이 물질의 직업성 폭로는 철강제조에서 매우 많다.
- 생물의 필수금속으로서 인체에 급성으로 과다 폭로되면 화학성 폐렴, 간독성 등을 나타내며, 만성 폭로 시 파킨슨 증후군과 거의 비슷한 증후군을 유발한다.

① 납　　　② 불소
③ 구리　　④ 망간

10 탄광근로자에 영향을 많이 미치는 물질로 화석연료의 연소 후 배기가스에도 다량 함유되어 있다. 체내에 유입된 후 뼈에 소량 축적되는 한편, 신장을 통해 배설되는 특징이 있고, 만성 폭로 시 설태가 끼이며, 혈장 콜레스테롤 수치가 저하되는 특징을 가지고 있는 오염물질은?

① 구리　　② 수은
③ 바나듐　④ 크롬

11 망간(Mn), 아연(Zn) 화합물이 인체에 미치는 작용은?

① 발암물질　　　② 발열물질
③ 폐자극성 물질　④ 질식성 오염물질

12 다음 중 아황산가스에 대한 저항력이 가장 큰 것은?

① 옥수수　② 호박
③ 담배　　④ 보리

> **해설**

06 카드뮴(Cd)에 대한 설명이다. 카드뮴은 아연광의 채광 및 제련공정에서 부산물로 생성되며, 만성 폭로의 가장 흔한 증상은 단백뇨이며, 신결석증·골연화증을 유발한다.

07 혈관 내 용혈을 일으키며, 손·발바닥의 각화 증상과 복통, 황달, 빈뇨를 일으키는 대기오염물질은 비소(As)이다.

08 셀레늄(Se)의 중독증(Selenosis) 증세는 숨에서 마늘 냄새가 나는 것이 특징이다.

09 만성 폭로 시 파킨슨 증후군과 거의 비슷한 증후군으로 진전되는 유해물질은 망간(Mn)이다.

10 화석연료의 연소 후 배기가스에도 다량 함유되어 있고, 만성 폭로 시 설태가 끼이며, 혈장 콜레스테롤 수치가 저하되는 특징을 가진 오염물질은 바나듐이다.

11 아연과 망간은 발열물질에 속한다.

12 SO_2에 강한 것은 옥수수이다.

정답 ┃ 6.④ 7.② 8.④ 9.④ 10.③ 11.② 12.①

13 오염물질 중 사지 감각이상, 구음장애, 청력장애, 구심성 시야협착, 소뇌성 운동질환 등의 주요 증상이 특징적이고, Hunter-Russel 증후군으로도 일컬어지고 있는 오염물질은?

① 크롬　　　　　② 납
③ 메틸수은　　　④ 카드뮴

14 다음은 어떤 대기오염물질에 대한 설명인가?

- 독특한 풀 냄새가 나는 무색(시판용은 담황녹색)의 기체로 끓는점은 약 8℃이다.
- 건조상태는 부식성이 없으나, 수분이 존재하면 가수분해되어 금속을 부식시킨다.

① NH_3　　　　② H_2S
③ HCN　　　　④ $COCl_2$

15 다음 설명하는 오염물질로 가장 적합한 것은?

부식성이 강하며, 상기도에 대하여 급성 흡입효과를 나타내고, 고농도 하에서는 일정기간이 지나면 폐부종을 유발하기도 한다. 만성 폭로 시 구강과 혀가 갈색으로 변색되며, 호흡 시 독특한 냄새가 나고 피부 반점을 발생시킨다.

① Br_2　　　　② NO_2
③ Acrylamide　④ MEK

16 할로겐화탄화수소류에 대한 설명으로 틀린 것은?

① 할로겐화탄화수소의 독성은 화합물에 따라 차이는 있으나 다발성이며, 중독성이다.
② 할로겐화탄화수소화합물은 중추신경계 억제작용과 점막에 대한 자극효과를 일으킨다.
③ CCl_4는 가열하면 $COCl_2$나 Cl_2로 분해되며, 신장장애를 유발하며, 간에 대한 독작용이 심하다.
④ 할로겐화탄화수소는 가연성과 폭발성이 강하고 비점이 200℃ 이상으로 상온에서 안정하다.

17 아황산가스에 약한 지표식물과 가장 거리가 먼 것은?

① 보리　　　　② 담배
③ 자주개나리　④ 옥수수

18 다음 중 가장 낮은 농도의 HF에 쉽게 피해를 받는 지표식물은?

① 장미　　　　② 라일락
③ 글라디올러스　④ 양배추

> **해설**

13 메틸수은은 0.5ppm 정도면 신경이나 뇌에 회복할 수 없는 상태의 심각한 손상을 일으키고, Hunter-Russel 증후군과 미나마타병을 유발한다.
- 유기수은(RHgX) 특히, 메틸수은의 독성이 높다.
- 헌터루셀(Hunter-Russel) 증후군, 미나마타병, 중추신경계마비, 콩팥기능 장해, 운동마비, 언어장애 등 유발
- 표적장기는 금속수은 → 신장과 뇌, 무기수은 → 신장, 유기수은 → 신경계에 영향을 미친다.

14 $COCl_2$(포스겐)은 자극성의 풀 냄새가 나는 무색의 기체로 시판용품은 황녹색이다. 건조상태에서는 부식성이 없으나, 수분이 존재하면 염산과 이산화탄소로 가수분해 되어 금속을 부식시킨다.

15 브롬(Br_2)의 특성과 영향에 대한 설명이다.

16 할로겐화탄화수소는 대체로 비가연성이고, 비점이 낮고, 증기압이 높아 쉽게 휘발되는 성질을 가지고 있다.

17 제시된 항목 중 옥수수는 아황산가스에 비교적 저항성이 강한 식물에 속한다.

18 HF의 대표적인 지표식물은 글라디올러스이다.

정답 ┃ 13.③　14.④　15.①　16.④　17.④　18.③

19 SO₂의 식물 피해에 대한 설명으로 가장 거리가 먼 것은?

① 낮보다는 밤에 피해가 심하다.
② 피해특징은 맥간반점을 형성한다.
③ SO₂에 강한 식물은 협죽도, 수랍목 등이다.
④ 식물 잎 뒤쪽 표피 밑의 유조직(Parenchyma)이 피해를 입기 시작한다.

20 잎의 끝 또는 가장자리에 피해를 입히는 대기오염물질은?

① 오존　　　　　　② 아황산가스
③ 질소산화물　　　④ 플루오르화수소

21 불소 및 그 화합물에 대한 배출 및 피해의 특징이 아닌 것은?

① 지표식물은 자주개나리, 목화 등이다.
② 잎 끝이나 가장자리에 피해증상이 나타난다.
③ 저농도에서도 피해를 주며, 특히 어린잎에 피해가 크다.
④ 불소 및 그 화합물은 알루미늄의 정련, 인산비료공업 등에서 HF 또는 SiF₄ 형태로 배출된다.

22 황화수소(H₂S)에 대한 강한 식물이 아닌 것은?

① 사과　　　　　　② 복숭아
③ 딸기　　　　　　④ 토마토

23 대기오염물질이 식물에 미치는 영향에 대한 설명으로 틀린 것은?

① H₂S에 강한 식물은 복숭아, 딸기, 사과 등이다.
② SO₂는 콩과식물 및 소나무, 보리 등에 많은 피해를 입힌다.
③ 식물에 대한 피해강도는 Cl₂>SO₂>HF>O₃>NO₂ 순서로 된다.
④ CO는 식물에 심각한 영향을 주지 않으나 500ppm 정도에서 토마토 잎에 피해가 나타난다.

24 식물에 대하여 다음와 같은 피해를 주는 대기오염물질은?

- 피해증상 : 유리화, 은백색 광택화
- 피해성숙도 : 어린 잎에 가장 민감
- 피해부분 : 해면 연조직
- 감수성 식물 : 시금치, 상추, 셀러리 등

① SO₂　　　　　　② HCl
③ PAN　　　　　　④ NO$_x$

25 대기 내에서 금속의 부식속도가 빠른 순서대로 나열된 것은?

① 알루미늄>철>아연>구리
② 구리>아연>철>알루미늄
③ 철>아연>구리>알루미늄
④ 철>알루미늄>아연>구리

> **해설**

19 밤보다 낮에 피해가 심하다.
20 잎의 끝 또는 가장자리에 피해를 입히는 대기오염물질은 HF이다.
21 자주개나리는 SO₂의 대표적인 지표식물이다.
22 토마토는 황화수소에 약한 식물이다.
23 식물에 미치는 독성의 크기는 HF>Cl₂>O₃>SO₂>NO₂ 순서이다.
24 피해증상이 잎의 뒷면에 유리화, 은백색 광택화가 나타나는 오염물질은 PAN이다.
25 금속 중 부식속도가 가장 빠른 것은 철이고 내식성(耐蝕性)이 가장 우수한 것은 알루미늄이다.

정답 ┃ 19.① 20.④ 21.① 22.④ 23.③ 24.③ 25.③

26 다음 중 오존에 민감한 식물은?
① 목화 ② 옥수수
③ 시금치 ④ 사과

27 대기오염사건에서 공통적으로 발생한 환경 조건은?
① 무풍, 기온역전, 황산화물
② 광화학반응, 기온역전, 오존
③ 강한 바람, 미단열상태, 황산화물
④ 광화학반응, 과단열상태, 질소산화물

28 다음 대기오염사건들이 발생한 순서가 오래된 것부터 순서대로 올바르게 나열된 것은?

- A : 인도 보팔시에서 발생한 사건
- B : 미국에서 발생한 도노라사건
- C : 벨기에에서 발생한 뮤즈계곡사건
- D : 영국 런던 스모그사건

① A-B-C-D ② C-B-D-A
③ B-A-D-C ④ D-A-C-B

29 대기오염사건 중 London형 Smog의 기상 및 안정도 조건으로 옳지 않은 것은?
① 무풍상태 ② 복사역전
③ 침강역전 ④ 습도 85% 이상

30 런던 대기오염사건 당시에 발생했던 기온역전은?
① 복사형 ② 침강형
③ 난류형 ④ 전선형

31 런던형 스모그와 비교하여 LA형 스모그의 특징이라 볼 수 없는 것은?
① 식물과 재산피해가 적다.
② 화학반응은 산화반응이다.
③ 역전의 종류는 복사성 역전이다.
④ 인체에는 간접적 피해가 발생한다.

32 다음 설명 중 옳지 않은 것은?
① 로스앤젤레스 스모그사건은 광화학스모그에 의한 침강성 역전이다.
② 런던스모그사건은 산화반응에 의한 것으로 습도는 70% 이하 조건에서 발생하였다.
③ 방사성 역전은 밤과 아침 사이에 지표면이 냉각되어 공기온도가 낮아지기 때문에 발생한다.
④ 침강성 역전은 고기압권 내에서 공기가 하강하여 생기며, 주·야 구분 없이 발생할 수 있다.

> 해설

26 오존에 약한 식물은 파, 시금치, 토마토, 담배이다.
27 뮤즈계곡, 도노라, 런던스모그사건과 같은 대기오염사건에서 공통적으로 발생한 환경조건은 무풍, 기온역전이며, 황산화물과 부유 미세분진에 의한 대기오염사건이다.
28 보팔사건(1984년), 도노라사건(1948년), 뮤즈계곡사건(1930년), 런던사건(1952년)이므로 C-B-D-A의 순서가 옳다.
29 LA 스모그는 침강역전이 원인인자로 작용하였다.
30 런던스모그는 복사(방사)역전이 원인인자로 작용하였다.
31 LA형 스모그 발생 당시의 기온역전은 침강성 역전이다.
32 런던스모그사건은 환원반응에 의한 것으로 습도는 90% 이상의 조건에서 발생하였다.

정답 | 26.③ 27.① 28.② 29.③ 30.① 31.③ 32.②

33 다음 역사적 대기오염사건 중 주로 자동차 배출가스의 광화학반응으로 생긴 사건은?
① 런던사건   ② 도노라사건
③ 보팔사건   ④ 로스앤젤레스사건

34 대기오염사건 관련 기상조건에 대한 설명 중 틀린 것은?
① 로스앤젤레스 스모그는 침강역전과 광화학 스모그에 의한 산화형 스모그이다.
② 런던스모그는 자동차 배출가스 중의 질소산화물과 올레핀계 탄화수소류에 의한 것이다.
③ 방사역전은 지표에 접한 공기가 상공의 공기보다 빠르게 냉각됨으로써 생기는 현상이다.
④ 침강역전은 고기압 중심부의 공기층이 침강하면서 온도가 단열적으로 승온되어 발생된다.

35 Los Angeles형 스모그와 London형 스모그를 비교할 때 London형 스모그의 특징으로 틀린 것은?
① 산화형 스모그이다.
② 습도가 85% 이상으로 높았다.
③ 복사역전이 발생되었다.
④ 가시거리 100m 이하의 농무형 스모그이다.

36 대기오염사건 중 MIC(Methyl Isocyanate)가 주된 오염원인 것은?
① London 사건   ② Seveso 사건
③ Bhopal 사건   ④ Poza Rica 사건

37 런던스모그사건에 대한 내용과 거리가 먼 것은?
① 대기는 무풍, 복사역전 상태이었다.
② 대기는 매우 안정하고, 습도는 높았다.
③ 주요 배출원은 공장 및 가정의 난방이었다.
④ 열적 산화반응을 통해 스모그가 형성되었다.

31 대기오염사건에 대한 설명으로 틀린 것은 어느 것인가?
① 로스앤젤레스 스모그사건은 광화학스모그에 의한 침강성 역전이다.
② 런던스모그사건은 주로 자동차 배출가스 중의 질소산화물과 탄화수소에 의한 것이다.
③ 복사역전은 지표에 접한 공기가 그보다 상공의 공기에 비해 더 차가워져서 생기는 현상이다.
④ 침강역전은 고기압 중심부분에서 기층(氣層)이 서서히 침강하면서 기온이 단열압축으로 승온(昇溫)되어 발생하는 현상이다.

39 다음의 역사적 대기오염사건에 대한 설명 중 옳은 것은?
① Krakatau섬 사건 – 황산공장의 폭발로 발생
② Poza Rica 사건 – 멕시코 공업지대 황화수소 누출
③ Bhopal 사건 – 인도 보팔시 아연정련소의 황산미스트 유출로 발생
④ Meuse Valley 사건 – 미국 펜실베니아주 피츠버그시의 남쪽에 위치한 공업지대에서 발생

> **해설**

34 자동차 배출가스 중의 질소산화물과 올레핀계 탄화수소류에 의한 스모그는 LA 스모그이다.
35 London형 스모그는 열적 환원반응에 의한 스모그이다.
36 1984년에 발생한 인도의 보팔(Bhopal)사건은 MIC(Methyl Isocyanate) 누출사고이다.
37 런던형 스모그는 환원형 스모그이다.
38 런던스모그는 공장배기가스, 가정난방에 의한 석탄연소과정에서 발생된 SO_2와 매연 등이 주원인이었다.
39 포자리카(Poza Rica) 사건은 H_2S 누출사고이다.

정답 ┃ 33.④ 34.② 35.① 36.③ 37.④ 38.② 39.②

40 대기오염사건과 원인 오염물질을 연결한 것이다. 틀린 것은?

① Poza Rica 사건 – H_2S
② Meuse Valley 사건 – MIC
③ Donora 사건 – SO_2, 황산 Mist
④ London Smog 사건 – SO_2, 매연

41 다음 대기오염사건 중 주오염물질이 H_2S인 것은?

① 포자리카사건 ② 보팔사건
③ 뮤즈계곡사건 ④ 도노라사건

42 대기오염사건과 주 원인이 되는 오염물질을 연결한 것으로 틀린 것은?

① 뮤즈계곡사건 – Cl_2
② 포자리카사건 – H_2S
③ 런던스모그 – SO_2, 먼지
④ 도노라사건 – SO_2, 황산 Mist

43 1984년 인도의 보팔(Bhopal)시에서 발생한 대기오염사건의 원인물질은?

① 황화수소(H_2S)
② 아황산가스(SO_2)
③ 다이옥신(PCDDs)
④ 메틸이소시아네이트(CH_3CNO)

44 다음 물질 중 보통 자동차 운행 때와 비교하여 감속할 경우 특징적으로 가장 크게 증가하는 것은?

① NO_x ② CO_2
③ H_2O ④ HC

45 대기오염 재해지역과 원인물질의 연결로 틀린 것은?

① 보팔 – SO_2
② 포자리카 – H_2S
③ 세베소 – 다이옥신
④ 체르노빌 – 방사능 물질

46 대기오염현상에 대한 설명으로 옳지 않은 것은?

① 환경대기 중 미세먼지는 황산화물과 공존하면 더 큰 피해를 준다.
② 멕시코의 포자리카사건은 산업시설물에서 누출된 MIC에 의해 발생한 것이다.
③ SO_2는 무색이고, 자극성 냄새를 가지고 있는 가스상 오염물질로 비중이 약 2.2이다.
④ 카르보닐황은 대류권에서 매우 안정하기 때문에 화학적인 반응을 거의 하지 않고, 서서히 성층권으로 유입된다.

47 런던형 스모그와 로스앤젤레스형 스모그에 대한 다음 설명 중 틀린 것은?

① 런던형 스모그는 방사성 역전에 해당된다.
② 로스앤젤레스형 스모그는 일사량이 많은 여름철에 주로 발생하였다.
③ 로스앤젤레스형 스모그는 주로 자동차의 배출가스가 주 오염원으로 작용하였다.
④ 로스앤젤레스형 스모그는 환원형 스모그로 인체 및 식물 및 재산에 미치는 피해가 비교적 직접적이다.

> **해설**

40 뮤즈계곡사건 – SO_2, 먼지이다. MIC는 보팔사건이다.
41 포자리카(Poza Rica) 사건은 H_2S 누출사고이다.
42 뮤즈계곡사건 – SO_2, 먼지이다. Cl_2는 세베소사건이다.
43 인도의 보팔(Bhopal)사건은 MIC 누출사고이다.
44 탄화수소가 가장 많이 배출되는 엔진의 작동상태는 감속상태이다.
45 보팔사건은 MIC 누출에 의해 발생한 사건이다.
47 로스앤젤레스형 스모그는 산화형 스모그이고, 피해양상은 비교적 간접적이다.

정답 ┃ 40.② 41.① 42.① 43.④ 44.④ 45.① 46.② 47.④

48 CO를 가장 적게 배출하는 운전조건(Mode)은?(단, 가솔린 자동차)
① 감속　　② 정속
③ 공전　　④ 가속

49 다음 중 자동차의 크랭크 케이스에서 가장 많이 배출되는 Blow by가스 성분은?
① HC　　② PM
③ CO　　④ NO_x

50 가솔린기관의 특성으로 거리가 먼 것은?
① 작동 압축비가 0.5~2.0 정도로 낮고 연비가 디젤기관에 비해 높다.
② 흡입되는 연소 혼합기는 시간적·공간적으로 거의 일정한 공연비를 갖는다.
③ 정지가동 시는 CO 농도가 높고 가속 및 감속 시에는 HC 농도가 높은 편이다.
④ 연료를 공기와 혼합시켜 실린더에 흡입, 압축시킨 후 점화플러그에 의해 강제로 연소 폭발시키는 스파크 점화방식을 채용하고 있다.

51 디젤기관이 가솔린기관에 비해 보다 문제시 되는 것은?
① HC, CO　　② HC, NO_x
③ 매연, NO_x　　④ 매연, HC

52 자동차에서 사용되는 삼원촉매장치 환원촉매는?
① 백금　　② 로듐
③ 팔라듐　　④ 오산화바나듐

53 가솔린엔진과 디젤엔진에 대한 설명 중 옳지 않은 것은?
① 일반적인 연소개념으로 보며, 가솔린은 예혼합연소, 디젤은 확산연소에 가깝다.
② 디젤엔진은 공급공기가 많기 때문에 배기가스의 온도가 낮아 엔진 내구성에 유리하다.
③ 가솔린엔진은 공연비 제어가 용이하고, 삼원촉매를 적용할 수 있어 배출가스 제어에 유리하다.
④ 디젤엔진의 연소는 화염전파속도의 변화폭이 크지 않기 때문에 고속엔진 회전속도에서도 화염면이 벽면까지 충분하게 전파되어 연소를 원활히 마치기 위해서는 연소실의 크기에 제한(실린더 직경 160mm 이하)이 있다.

54 디젤엔진에 대한 다음 설명 중 틀린 것은 어느 것인가?
① 열효율이 낮아 연비가 낮다.
② 정지 가동 시 배출가스 중 CO 농도가 낮다.
③ 압축비가 높아(15~20) 소음·진동이 크다.
④ 고속 주행 시 배출가스 중 질소산화물의 농도가 높고 매연이 많이 배출된다.

55 가솔린 기관의 작동원리 중 4행정 사이클의 기본동작에 해당되지 않는 것은?
① 흡입행정　　② 압축행정
③ 폭발행정　　④ 누출행정

▶ 해설

48 CO를 가장 적게 배출하는 운전조건(Mode)은 정속상태이다.
49 블로바이(Blow by) 가스는 탄화수소(HC)가 80~85%를 차지한다.
50 가솔린기관의 압축비는 5~8정도로 낮고 연비가 디젤기관에 비해 낮다.
52 삼원촉매전환장치(TCCS ; Three-Way Catalytic Conversion System)의 환원촉매로 사용하는 것은 로듐(Rh)이다.
53 가솔린엔진은 노킹방지를 위해 실린더 직경 160mm 이하로 하지만 디젤엔진은 제한을 두지 않는다.
55 자동차의 4행정은 흡입, 압축, 폭발(연소), 배기 행정을 1사이클이라 한다.

정답 ┃ 48.② 49.① 50.① 51.③ 52.② 53.④ 54.① 55.④

56 DME(Dimethyl Ether)에 대한 설명으로 옳지 않은 것은?

① 점도가 경유에 비해 높으며, 금속의 부식성이 문제가 된다.
② 산소 함유율이 34.8% 정도로 높아 연소 시 매연이 적은 편이다.
③ 물성이 LPG와 유사한 특성이 있으며, 발열량은 경유에 비해 낮은 편이다.
④ 고무류와 반응하므로 재질에 주의해야 하며, 세탄가가 55 이상 높아 경유를 대체할 수 있다.

57 휘발유를 사용하는 가솔린 기관에서 배출되는 오염물질에 대한 설명 중 옳지 않은 것은?(단, 중량 AFR 기준)

① AFR을 16 이상으로 올리면 HC 농도는 감소함
② AFR을 10에서 14로 증가하면 CO 농도는 감소함
③ AFR이 18 이상 높은 영역은 일반 연소기관에 적용하기는 곤란함
④ CO와 HC는 불완전연소 시에 배출 비율이 높고, NO_x는 이론 AFR 부근에서 농도가 높음

58 다음 (   ) 안에 알맞은 것은?

> 레일리(Rayleigh) 산란은 산란을 일으키는 입자의 크기가 전자파 파장보다 훨씬 (Ⓐ) 경우에 일어난다. 산란강도는 파장의 (Ⓑ) 한다.

① Ⓐ 큰, Ⓑ 4승에 비례
② Ⓐ 큰, Ⓑ 4승에 반비례
③ Ⓐ 작은, Ⓑ 4승에 비례
④ Ⓐ 작은, Ⓑ 4승에 반비례

59 다음 대체연료 자동차의 설명으로 옳지 않은 것은?

① 메탄올자동차 – 금속이나 플라스틱 재료의 침식가능성이 존재한다.
② 천연가스자동차 – 반응성 탄화수소 및 일산화탄소의 배출량이 매우 적다.
③ 전기자동차 – 충전시간이 짧으며, 1회 충전당 주행거리가 휘발유차의 10배 이상으로 길다.
④ 수소자동차 – 생산된 단위에너지당의 연료의 무게가 적고, 연소에 의해 발생하는 가스상 오염물질의 양이 적다.

60 그림은 가솔린 자동차의 과잉공기율에 따른 HC, CO, CO_2, O_2의 발생량을 나타낸 것이다. Ⓐ-Ⓑ-Ⓒ-Ⓓ의 항목을 차례로 옳게 나타낸 것은?

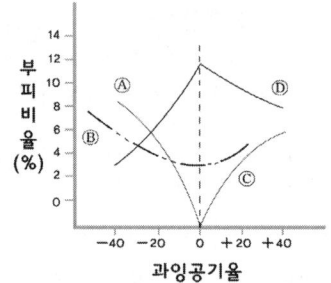

① CO-HC-O_2-CO_2 ② HC-O_2-CO_2-CO
③ CO_2-CO-HC-O_2 ④ O_2-CO_2-CO-HC

61 우리나라에서 산성비의 기준이 되는 pH는 얼마인가?

① 4 이하   ② 4.5 이하
③ 5.6 이하   ④ 6.5 이하

▶ **해설**

56 DME(Dimethyl Ether)의 점도는 경유보다 낮다. 금속의 부식성이 문제되지 않는다.
57 AFR 16까지는 HC의 농도가 감소하나 16이 지나면 HC 농도는 다시 증가한다.
58 레일리 산란은 빛의 파장의 4제곱에 반비례한다. 즉, 파장이 길수록 산란되는 빛은 감소된다.
59 전기자동차 – 충전시간이 오래 걸리며, 휘발유차량에 비해 1회 충전당 주행거리가 짧은 단점이 있다.
61 우리나라에서 산성비의 기준이 되는 pH는 5.6 이하이다.

정답 ┃ 56.① 57.① 58.② 59.③ 60.① 61.③

62 공기역학적 직경(Aerodynamic Diameter)에 대한 설명으로 옳은 것은 어느 것인가?

① 원래의 먼지와 밀도 및 침강속도가 동일한 구형 입자의 직경이다.
② 원래의 먼지와 밀도 및 침강속도가 동일한 선형 입자의 직경이다.
③ 원래의 먼지와 침강속도가 동일하며, 밀도가 $1g/cm^3$인 구형 입자의 직경이다.
④ 원래의 먼지와 침강속도가 동일하며, 밀도가 $1kg/cm^3$인 구형 입자의 직경이다.

63 파장 5,210Å인 빛 속에서 밀도가 $1.25g/cm^3$이고, 직경 $0.3\mu m$인 기름방울의 분산면적비 4.0, 농도는 $0.4mg/m^3$이었다. 가시거리(m)는?

① 609m ② 997m
③ 1,000m ④ 1,230m

64 입자상 물질의 농도가 $0.02mg/m^3$인 지역의 가시거리는?(단, 상대습도는 70%이며, 상수 A는 1.2이다.)

① 84km ② 9km
③ 22km ④ 60m

65 상대습도가 70%이고, 상수를 1.2로 정의할 때, 가시거리가 10km일 경우 대기 중 먼지농도는 얼마인가?

① $50\mu g/m^3$ ② $120\mu g/m^3$
③ $220\mu g/m^3$ ④ $280\mu g/m^3$

66 다음 오염물질 중 강우에 가장 잘 제거되는 것은?

① NO ② CO
③ NH_3 ④ H_2S

> **해설**

62 공기역학적 직경은 원래의 먼지와 침강속도가 동일하며, 밀도가 $1g/cm^3$인 구형 입자의 직경을 말한다.

63 제시된 분산면적비($K=4.0$)를 이용한 가시거리 계산식을 이용한다. 계산식 단위적용에 특히 유의하도록!

$$L_m = \frac{5.2\rho r}{KC} \quad \begin{cases} \rho\,(밀도) = 1.25\,g/cm^3 \\ C\,(농도) = 0.4\,mg/m^3 = 0.4\times10^{-3}\,g/m^3 \\ K\,(분산면적비) = 4.0 \\ r\,(입자의\ 반지름) = d_p/2 = 0.3/2 = 0.15\,\mu m \end{cases}$$

$$\therefore L_m = \frac{5.2\times1.25\times0.15}{4\times0.4\times10^{-3}} = 609.38\,m$$

64 상대습도는 70% 조건의 가시거리 계산식을 이용하여 산출한다. 농도단위 적용에 유의할 것!

$$L_k = \frac{A\times10^3}{G} \quad \begin{cases} G\,(농도) = 0.02\,mg/m^3 = 20\,\mu g/m^3 \\ A\,(상수) = 1.2 \end{cases}$$

$$\therefore L_k = \frac{1.2\times10^3}{20} = 60\,km$$

65 전상대습도는 70% 조건의 가시거리 계산식을 이용한다.

$$L_k = \frac{A\times10^3}{G} \quad \begin{cases} A\,(상수) = 1.2 \\ L_k\,(가시거리) = 10\,km \end{cases}$$

$$\Rightarrow 10\,km = \frac{1.2\times10^3}{G}$$

$$\therefore G(농도) = 120\,\mu g/m^3$$

66 용해도의 크기는 $HCl > HF > NH_3 > SO_2 > Cl_2 > H_2S > CO_2 > O_2 > CO$의 순서이다.

정답 ┃ 62.③ 63.① 64.④ 65.② 66.③

67 다음 파장이 5,240 Å 인 빛 속에서 밀도가 0.85g/cm³이고, 지름이 0.8μm인 기름방울의 분산면적비가 4.1일 때 가시거리가 2,414m이었다. 대기 중 분진의 농도는?

① $1.23 \times 10^{-4} g/m^3$ ② $1.44 \times 10^{-4} g/m^3$
③ $1.62 \times 10^{-4} g/m^3$ ④ $1.79 \times 10^{-4} g/m^3$

68 공업지역의 먼지농도 측정을 위해 여과지를 이용하여 0.45m/sec 속도로 3시간 여과시킨 결과 깨끗한 여과지에 비해 사용한 여과지의 빛전달률이 66%이었다면 1,000m당 Coh는?

① 2.2 ② 3.1
③ 3.7 ④ 4.3

69 다음 대기오염물질 중 대기 내의 평균체류시간이 1~4일 정도로 짧고, 산성비와 같은 국지적인 환경오염에 기여가 큰 것은?

① SO_2 ② O_3
③ CO_2 ④ N_2O

70 입자에 의한 빛산란에 대한 설명이다. ( ) 안에 알맞은 것은?

(Ⓐ)의 결과는 모든 입경에 대하여 적용되나, (Ⓑ)의 결과는 입사 빛의 파장에 대하여 입자가 대단히 작은 경우에만 적용된다.

① Ⓐ Mie, Ⓑ Rayleigh
② Ⓐ Rayleigh, Ⓑ Mie
③ Ⓐ Maxwell, Ⓑ tyndall
④ Ⓐ tyndall, Ⓑ Maxwell

71 다음 중 일반적으로 대도시의 산성 강우 속에 가장 미량(mg/L)으로 존재할 것으로 예상되는 것은?(단, 산성비 pH 5.6)

① Cl^- ② OH^-
③ SO_4^{2-} ④ NO_3^-

> **해설**

67 분산면적비를 이용한 가시거리 계산은 다음 식에 따른다.

□ $L_m = \dfrac{5.2 \rho r}{KC} \;\Rightarrow\; 2,414\,\text{m} = \dfrac{5.2 \times 0.85 \times 0.4}{4.1 \times C}$

∴ $C = 1.79 \times 10^{-4}\,\text{g/m}^3$

68 1,000m당 Coh는 다음 식으로 계산된다.

□ $Coh_{1,000} = \dfrac{\log(1/t) \div 0.01}{L} \times 1,000$

- t(빛전달률) = 0.66
- L(여과지 이동거리) = V(속도) × θ(시간)
  = 0.45 m/sec × 3hr × 3,600sec/hr = 4,860 m

∴ $Coh_{1,000} = \dfrac{\log(1/0.66) \div 0.01}{4,860} \times 1,000 = 3.71$

69 강우의 산성화에 큰 영향을 미치는 것은 SO_2이며, 대기 내 평균체류시간은 1~4일이다.

70 Mie 산란의 결과는 모든 입경에 대하여 적용되나, Rayleigh 산란의 결과는 입사 빛의 파장에 대하여 입자가 대단히 작은 경우에만 적용된다.

71 산성비 내의 음이온의 함량 순서는 SO_4^{2-}(약 51%) > NO_3^-(약 20%) > Cl^-(약 12%) > 기타 17%이다. 보기의 항목 중에서 산성비에 가장 미량(mg/L)으로 존재하는 음이온은 OH^-이다.

정답 | 67.④ 68.③ 69.① 70.① 71.②

72 공기 중에서 직경 $2\mu m$의 구형 매연입자가 스토크스 법칙을 만족하며, 침강할 때 종말침강속도는?(단, 매연입자의 밀도는 $2.5g/cm^3$, 공기의 밀도는 무시하며, 공기점도는 $1.81\times 10^{-4}g/cm\cdot sec$)

① 0.015cm/sec ② 0.03cm/sec
③ 0.055cm/sec ④ 0.075cm/sec

73 산성비가 토양에 미치는 영향에 대한 설명으로 틀린 것은?

① Al^{3+}은 뿌리의 세로분열이나 Ca 또는 P의 흡수나 흐름을 저해한다.
② 교환성 알루미늄(Al)은 산성의 토양에만 존재하는데 교환성 수소(H)와 함께 토양 산성화의 주요한 요인이 된다.
③ 토양의 양이온교환기는 강산적 성격을 갖는 부분과 약산적 성격을 갖는 부분으로 나뉘는데, 결정도가 낮은 점토광물은 강산적이다.
④ 산성비가 토양에 가해지면 산적 성격이 약한 교환기부터 순서적으로 Ca^{2+}, Mg^{2+}, Na^+, K^+ 등의 교환성 염기를 방출하고 대신 그 교환자리에 H^+이 흡착되어 치환된다.

74 대기 중 먼지농도를 측정하기 위해 여과지를 통하여 0.3m/sec의 속도로 6시간 동안 여과시킨 결과 깨끗한 여과지에 비하여 사용된 여과지의 빛전달률이 60%이었을 때, 1,000m당 Coh(Coefficient of Haze)값과 대기오염의 정도를 알맞게 짝지은 것은?

① 3.42 – 심하다. ② 5.14 – 심하다.
③ 5.14 – 보통이다. ④ 3.42 – 보통이다.

75 산성비와 관련된 토양의 성질에 대한 설명 중 틀린 것은?

① 토양의 양이온 중 양적으로 많은 것은 Ca^{2+}, Mg^{2+}, Na^+, K^+, Al^{3+}, H^+ 등 6종이다.
② 토양의 성질 중 결정성의 점토광물은 강산적이고 결정도가 낮은 점토광물은 약산적이다.
③ 토양입자는 일반적으로 ⊖하전으로 대전되어 각종 양이온을 정전기적으로 흡착하고 있다.
④ Ca^{2+}과 Mg^{2+} 이외의 양이온을 교환성 염기라 하며, 토양의 pH는 흡착되어 있는 교환성 음이온에 의해 결정된다.

> **해설**

72 Stokes 법칙에 따르는 종말속도 계산식을 이용하며, CGS단위를 MKS단위로 전환하여 계산식에 대입한다.

□ $V_g = \dfrac{d_p^2 \rho_p g}{18\mu}$

- ρ_p(입자밀도) $= 2.5\,g/cm^3 = 2.5\times 10^3\,kg/m^3$
- μ(기체점도) $= 1.81\times 10^{-4}\,g/cm\cdot sec = 1.81\times 10^{-4}\times 10^{-1}\,kg/m\cdot sec$

∴ $V_g = \dfrac{(2\times 10^{-6})^2 \times 2,500 \times 9.8}{18\times 1.81\times 10^{-5}} = 3\times 10^{-4}\,m/sec = 0.03\,cm/sec$

73 결정도가 낮은 점토광물은 약산적(弱酸的)이다.

74 $Coh_{1,000}$을 산출하여 평가한다.

□ $Coh_{1,000} = \dfrac{\log(1/t)/0.01}{L} \times 1,000$

$\begin{cases} t : 빛전달률 = 0.6 \\ L : 빛투과길이 = V\times\theta \\ \quad\quad\quad\quad\quad\;\; = 0.3\,m/sec \times 6hr \times 3,600 = 6,480\,m \\ \theta : 여과시간,\; V : 공기의 여과속도 \end{cases}$

∴ $Coh_{1,000} = \dfrac{\log(1/0.6)/0.01}{6,480} \times 1,000 = 3.42$

∴ $Coh_{1,000}$의 값이 3.3~6.5이면 공기질에 대한 평가는 "보통" 상태이다.

75 Al^{3+}과 H^+ 이외의 양이온을 교환성 염기라 하며, 토양 pH는 흡착되어 있는 교환성 양이온에 의해 결정된다.

정답 | 72.② 73.③ 74.④ 75.④

업그레이드 ▶ 종합 예상문제

01 상온에서 무색하고, 순수한 경우에는 냄새가 거의 없지만 일반적으로 불쾌한 자극성 냄새를 가진 액체로 불안정하지만 부식성은 비교적 약하며, 그 증기는 공기보다 약 2.64배 정도 무거운 오염물질은?

① HCl ② Cl_2
③ SO_2 ④ CS_2

▎해설 공기에 대한 비중이 2.64이면 오염물질의 분자량은 29×2.64=76.56, 적합한 것은 CS_2이다.

02 다음 중 무색 기체로 CO와 같이 혈액 중의 Hb와 결합하여 산소운반능력을 감소시키는 기체는?

① HC ② PAN
③ NO ④ 알데하이드

▎해설 NO는 CO에 비해 헤모글로빈(Hb)과의 친화력이 수백 배 정도 더 강하다.

03 다음 대기오염물질 중 공기에 대한 비중이 1.6 정도이며, 질식성이 있고 적갈색을 나타내며, 자극성을 가진 가스는?

① NO ② SO_2
③ Cl_2 ④ NO_2

▎해설 대기오염물질 중 질식성이 있고 적갈색인 것은 NO_2이다.

04 오존에 대한 다음 설명 중 가장 관계가 적은 것은?

① 대기 중 오존의 배경농도는 0.01~0.02ppm 정도이다.
② 대류권에서 오존의 생성률은 과산화기의 농도와 관계가 깊다.
③ 대기 중 오존농도는 NO_2의 광해리에 의해 생성될 때보다 높은 경우가 있는데 이는 오존을 소모하지 않고 NO가 NO_2로 산화되기 때문이다.
④ 청정지역의 오존의 일변화는 도시보다 매우 크므로 대기 중 NO, NO_2 농도변화에 따른 오존의 광화학적 생성과 소멸을 밝히기에 유리하다.

▎해설 청정지역의 오존농도의 일변화는 도시지역보다 크지 않으므로 도시지역에 비해 대기 중 NO, NO_2 농도변화에 따른 오존의 광화학적 생성과 소멸을 밝히기 어렵다.

정답 1.④ 2.③ 3.④ 4.④

05 다음은 대기오염물질이 인체에 미치는 영향을 설명한 것이다. 옳지 않은 것은?

① 베릴륨화합물은 흡입, 섭취 혹은 피부접촉으로는 거의 흡수되지 않는다.
② 석면폐증의 용혈작용은 석면 내의 Mn에 의해서 발생되며, 적혈구의 급격한 감소 증상이다.
③ 금속 수은의 수은증기를 호흡기로 흡입하면 대부분 흡수되나 경구섭취는 소구를 형성하므로 위장관으로 잘 흡수되지 않는다.
④ 염소, 포스겐 및 질소산화물 등의 상기도 자극 증상은 경미한 반면, 수 시간 경과 후 오히려 폐포를 포함한 하기도의 자극 증상은 현저하게 나타나는 편이다.

❚해설 석면폐증의 용혈작용은 석면 내의 Mg에 의해서 발생되며, 적혈구를 증가시킨다.

06 흡연 시의 일산화탄소농도가 250ppm일 때, 혈액 속의 HbCO의 평형농도는?(단, 혈액 속의 HbCO과 HbO₂의 평형농도가 다음의 관계식을 가지며, P_{CO} 및 P_{O_2}는 흡기 중 CO와 O_2의 분압, 폐 속에 있는 가스의 산소함유량은 대기의 조성과 동일함)

$$[HbCO]/[HbO_2] = 210[P_{CO}/P_{O_2}]$$

① 15% ② 20%
③ 30% ④ 35%

❚해설 공기 중 산소농도는 21%이므로 이를 ppm농도로 환산하면 210,000ppm이 된다. 이를 관계식에 대입하여 다음과 같이 HbCO의 평형농도를 산출한다.

$$\square \quad \frac{HbCO}{HbO_2} = 210 \times \frac{P_{CO}}{P_{O_2}} \quad \begin{cases} \frac{HbCO}{HbO_2} = 210 \times \frac{250}{210,000} = 0.25 \\ HbCO + HbO_2 = 1.0 \end{cases}$$

$$\therefore HbCO = \frac{0.25}{1+0.25} \times 100 = 20\%$$

07 다음 ( ) 안에 들어갈 유해오염물질은?

• ( )은(는) 단단하면 부서지기 쉬운 회색금속으로 여러 형태의 화합물로 존재하며, 그 독성은 원자상태에 따라 달라진다.
• ( )은(는) 생체에 필수적인 금속으로서 결핍 시는 인슐린의 저하로 인한 것과 같은 탄수화물의 대사장애를 일으킨다.

① Cr   ② Co
③ As   ④ V

❚해설 생체에 필수금속으로 결핍 시 인슐린 저하의 대사장애를 일으키는 물질은 크롬(Cr)이다.

08 다핵방향족탄화수소(PAH)에 대한 다음 설명 중 틀린 것은?

① 대부분 공기역학적 직경이 2.5μm 미만인 입자상 물질이다.
② 대부분 PAH는 물에 잘 용해되며, 산성비의 주요 원인물질로 작용한다.
③ 석탄, 기름, 가스, 쓰레기, 각종 유기물질의 불완전연소에 의해 발생된다.
④ 고리형태를 갖고 있는 방향족탄화수소로서 미량으로도 암 및 돌연변이를 일으킬 수 있다.

해설 대부분의 PAH(다핵방향족탄화수소)는 물에 잘 용해되지 않고 공기 중에 쉽게 휘발하는 성질을 가지고 있다.

09 포스겐에 대한 설명으로 가장 적합한 것은?

① 물에 쉽게 용해되는 기체이며, 인체에 대한 유독성은 약한 편이다.
② 분자량은 98.9 정도, 비등점은 8.2℃ 정도이며, 수분 존재 시 금속을 부식시킨다.
③ 비점은 120℃, 융점은 -58℃ 정도로서 공기 중에 쉽게 가수분해 되는 성질을 가진다.
④ 시안의 수용성 기체로 인체에 대한 급성 중독은 과혈당과 소화기관 및 중추신경계의 이상 등이 있다.

해설 $COCl_2$(포스겐)은 분자량 98.9, 융점(녹는점) -128℃, 비점(끓는점) 8.2℃, 비중 1.435(측정온도 0℃)이다. 난용성으로 자극성의 풀 냄새가 나는 무색의 맹독성 기체로 시판용품은 황녹색이다. 건조상태에서는 부식성이 없으나, 수분이 존재하면 염산과 이산화탄소로 가수분해되어 금속을 부식시킨다. 물에는 서서히 작용하여 염산과 이산화탄소로 가수분해되고, 유독성 무색의 기체, 흡입하면 상부 기도를 통과해서 폐포점막에 도달하여, HCl을 형성함으로써 폐포막 파괴에 의해 폐수종을 일으킨다. 중증에서는 전 혈장의 30~50%가 폐로 침출하여, 사망하게 된다.

10 다음에서 설명하는 오염물질로 가장 적합한 것은?

> 석유, 알루미늄, 플라스틱, 염료 등의 산업공정에서 촉매제로 이용되며, 비점은 19℃ 정도이고, 코를 찌르는 자극성 취기를 내며, 온도에 따라 액체나 기체로 존재하는 무색의 부식성 독성물질이다.

① Copper
② Cytochrome
③ Ozone
④ Hydrogen Fluoride

해설 불화수소(Hydrogen Fluoride, HF)는 상온에서 무색의 기체로 강한 자극성 냄새를 풍기며, 냉각시키면 액체가 되고 더욱 냉각시키면 고체로 된다. 플라스틱, 불소화합물, 크리스탈 및 에나멜 세척, 세라믹의 다공성을 증가시키는 공정 등에 이용된다.

11 다음 중 아황산가스에 대한 저항력이 가장 강한 식물은?

① 연초
② 장미
③ 옥수수
④ 쥐똥나무

해설 제시된 식물 중 아황산가스(SO_2)에 가장 강한 것은 쥐똥나무, 까치밥나무, 협죽도 등이다.

12 다음에 해당하는 대기오염물질은?

> • 엽맥(葉脈)을 따라 형성되는 백화현상이나 네크로시스가 대표적이다.
> • 자주개나리, 목화, 보리 등이 상대적으로 민감하며, 까치밤나무, 쥐똥나무 등은 저항성이 있다.

① O_3　　　　　　　　　　　② CO
③ SO_2　　　　　　　　　　　④ NO_2

해설 엽맥을 따라 형성되는 백화현상이나 네크로시스는 아황산가스의 대표적인 피해증상이다.

13 아황산가스를 배출하는 오염지역 주위에 심어도 비교적 잘 자랄 수 있는 식물은?

① 육송　　　　　　　　　　　② 담배
③ 알팔파　　　　　　　　　　④ 양배추

해설 양배추는 아황산가스에 비교적 강한 식물이다.

14 대기오염물질과 각 지표식물과 옳은 연결은?

① O_3 – 목화　　　　　　　　② SO_2 – 장미
③ HF – 목화　　　　　　　　④ NH_3 – 토마토

해설 ④항만 올바르다. 암모니아에 민감한 식물은 토마토이다. 대표적인 지표식물은 O_3 – 담배, SO_2 – 알팔파(자주개나리), HF – 글라디올러스이다.

15 다음과 같은 피해를 유발하는 대기오염물질은?

> • 매우 낮은 농도에서 피해를 받을 수 있으며, 주된 증상으로 상편생장, 전두운동의 저해, 황화현상과 빠른 낙엽 등이 있음
> • 0.1ppm 정도의 저농도에서도 스위트피와 토마토에 상편생장을 일으킴

① 아황산가스　　　　　　　　② 오존
③ 불소화합물　　　　　　　　④ 에틸렌

해설 에틸렌의 피해증상과 특징을 설명하고 있다. 에틸렌은 상편생장, 전두운동의 저해, 이상낙엽, 새 나뭇가지의 성장저해 및 생장억제를 일으킨다.

16 SO_2에 의한 대기오염 피해사건과 거리가 먼 것은?

① Donora 사건　　　　　　② Poza Rica 사건
③ London Smog 사건　　　④ Meuse Valley 사건

해설 포자리카(Poza Rica) 사건은 H_2S 누출사고이다.

정답 12.③　13.④　14.④　15.④　16.②

17 다음 설명 중 틀린 것은?

① CO_2 독성은 10ppm 정도에서 인체·식물에 해롭다.
② SO_2는 0.1~1ppm에서도 단시간 내에 고등식물에게 피해를 줄 수 있다.
③ CO는 100ppm까지는 1~3주간 노출되어도 고등식물에 대한 피해는 약한 편이다.
④ HCl은 SO_2보다 식물에 미치는 영향이 훨씬 적고 한계농도는 10ppm에서 수 시간 정도이다.

▎해설 CO_2 독성은 10% 정도에서 인체와 식물에 해롭다.

18 다음 설명과 가장 관련이 깊은 대기오염물질은?

- 이 물질은 반응성이 풍부하므로 단분자로는 거의 존재하지 않는다.
- 주로 어린잎에 민감하며, 잎의 끝 또는 가장자리가 탄다.
- 이 오염물질에 강한 식물로는 담배, 목화, 고추 등이다.

① 일산화탄소 ② 염소 및 그 화합물
③ 오존 및 옥시던트 ④ 불소 및 그 화합물

▎해설 불소는 반응성이 풍부하여 모든 원소와 직접적으로 반응할 수 있는 물질로 단분자로는 거의 존재하지 않는다. 식물에 미치는 영향은 주로 어린잎에 민감하며, 잎의 끝 또는 가장자리가 변색된다.

19 대기오염물질이 식물에 미치는 영향에 대한 설명으로 옳은 것은?

① 불화수소는 식물 잎을 갈색으로 변화시킨다.
② 황산화물은 식물의 성장에 영향을 주지만 잎을 변색시키지 않는다.
③ 옥시던트는 인체에는 영향을 주지만 식물에 대한 영향은 거의 없다.
④ 아세틸렌은 식물에 미치는 영향은 약한 편이고 100ppm 정도에서 어린잎에 영향을 준다.

▎해설 ①항만 올바르다.

20 대기 중에 존재하는 1~2μm 이하의 미세입자는 세정(Rain Out) 효과가 낮다. 그 이유로 옳은 것은?

① 응축효과가 크기 때문에 ② 휘산효과가 크기 때문에
③ 브라운 운동을 하기 때문에 ④ 부정형의 입자가 많기 때문에

▎해설 1~2μm 이하의 미세입자는 활발한 브라운 운동을 하기 때문에 쉽게 침적(沈積)되지 않고 장시간 대기 내에 존재하게 된다.

21 오토엔진과 디젤엔진의 성능을 비교한 것 중 틀린 것은?

구 분	성 능	오토엔진	디젤엔진
ⓐ	점화방식	스파크점화	자동점화
ⓑ	사이클	정적사이클	정압사이클
ⓒ	연료	휘발유	경유
ⓓ	압축온도	506℃	280℃

① ⓐ ② ⓑ
③ ⓒ ④ ⓓ

▎해설 오토엔진의 압축온도는 280℃, 디젤엔진의 압축온도는 506℃ 정도이다.

22 가솔린엔진과 디젤엔진의 일반적인 특성을 비교한 것 중 틀린 것은?

구 분	비교항목	가솔린엔진 (오토엔진)	디젤엔진
Ⓐ	연료공급방식	압축 전 연료와 공기혼합	공기압축 후 연료공급
Ⓑ	점화방식	압축점화	불꽃점화
Ⓒ	소음·진동	작다	크다
Ⓓ	연료실 크기(실린더 직경)	제한적(노킹 때문에 160mm 이하)	제한 없음

① Ⓐ ② Ⓑ
③ Ⓒ ④ Ⓓ

▎해설 가솔린엔진은 불꽃점화, 디젤엔진은 압축점화방식을 사용한다.

23 일반적인 가솔린 자동차 배기가스의 구성면에서 볼 때 다음 중 가장 많은 부피를 차지하는 물질은?(단, 가속상태기준)

① 탄화수소 ② 질소산화물
③ 일산화탄소 ④ 이산화탄소

▎해설 자동차 배기가스의 구성 중 가장 많은 부피를 차지하는 물질은 CO_2이다. 오염물질의 배출 특성을 묻고 있는 것이 아니므로 주의를 요하는 문제이다. 오염물질로서 가장 많은 부피를 차지하는 물질을 묻는다면 CO가 정답이 된다.

24 삼원촉매장치에 대한 설명으로 옳지 않은 것은?

① 백금은 CO, HC를 저감시키는 산화촉매로 쓴다.
② 최근에는 백금, 로듐에 팔라듐을 포함하여 사용하는 추세이다.
③ CO, HC와 NO_x까지 동시에 3가지 오염물질을 80% 이상 저감시킬 수 있다.
④ 삼원촉매의 전환효율이 유지되는 공연비 폭은 상당히 넓어 14~19 정도의 범위이다.

▎해설 삼원촉매의 전환효율이 유지되는 공연비 폭은 상당히 좁으며, 14.48~14.62 범위로 적용한다.

정답 21.④ 22.② 23.④ 24.④

25 먼지입자의 크기에 대한 설명 중 틀린 것은 어느 것인가?

① 스토크스 직경은 층류영역에서 임의의 입자상 물질과 같은 밀도 및 침강속도를 갖는 입자상 물질의 직경을 말한다.
② 공기역학적 직경은 입자상 물질의 호흡기 침착이나 공기정화기의 성능평가 등 입자의 특성파악의 척도로 이용된다.
③ 대기 중에 존재하는 입자상 물질의 밀도가 $1g/cm^3$보다 클 경우 입자의 공기역학적 직경은 입자의 실제 직경보다 크다.
④ 공기역학적 직경은 대상 입자상 물질의 밀도를 고려하지만, 스토크스 직경은 단위밀도($1g/cm^3$)를 갖는 구형 입자로 가정하는 것이 서로 다르다.

■해설 ④항은 반대로 설명하고 있다. 공기역학적 직경(Aerodynamic diameter)은 원래의 입자상 물질과 침강속도는 동일하고, 단위밀도($\rho_a=1g/cm^3$)를 갖는 구형직경을 말한다.

26 다음 각종 환경관련 국제협약에 관한 주요 내용으로 옳지 않은 것은?

① 람사협약 : 습지 보전협약
② 바젤협약 : 폐기물의 해양투기 방지협약
③ CITES : 야생동식물의 보호를 위한 협약
④ 몬트리올 의정서 : 오존층 파괴물질 규제협약

■해설 바젤협약은 유해 폐기물 국제이동 규제협약이다.

27 다음 입자상 오염물질에 대한 설명 중 옳지 않은 것은?

① 조대입자(Coarse Particle)는 자연적 발생원에 의한 것이 대부분이다.
② 훈연(Smoking)은 승화, 증류 및 화학적 반응과정에서 응축될 때 주로 생성되는 고체입자이다.
③ PM_{10}은 공기역학적 직경을 기준으로 $10\mu m$ 이하의 입자상 물질을 말하며, 호흡성 먼지량의 척도를 나타낸다고 할 수 있다.
④ 마틴직경(Martin Diameter)은 입자상 물질의 그림자를 4개의 등면적으로 나눈 선의 길이를 직경으로 결정하며, 관찰방향에 상관없이 항상 동일한 값을 나타낸다.

■해설 마틴직경은 평면에 투영된 입자의 그림자 면적과 기준선이 평형하게 이등분하는 선의 길이를 말한다.

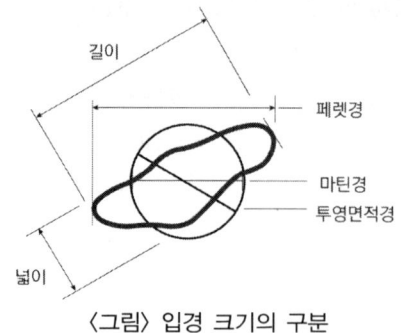

〈그림〉 입경 크기의 구분

28 산성비에 대한 다음 설명 중 ( ) 안에 적당한 말은?

산성비는 일반적으로 pH ( ) 이하를 말하며, 대기 중의 ( )가 강우에 포화되어 이러한 산도(酸度)를 지니게 된다.

① 6.5, CO_2
② 6.5, NO_2
③ 5.6, CO_2
④ 5.6, NO_2

▮해설 산성비는 일반적으로 pH 5.6 이하를 말하며, 대기 중 CO_2가 강우에 포화되어 이러한 산도를 지니게 된다.

29 산성비와 관련된 다음 설명 중 가장 거리가 먼 것은?

① 산성비방지를 위한 국제적인 노력으로 장거리 이동 대기오염조약인 몬트리올 의정서가 채택되었다.
② 산성비는 인위적으로 배출된 SO_x 및 NO_x 화합물질이 대기 중에서 황산 및 질산으로 변환되어 발생한다.
③ 산성비란 보통 빗물의 pH가 5.6보다 낮게 되는 경우를 말하는데, 이는 자연상태에 존재하는 CO_2가 빗방울에 흡수되었을 때의 pH를 기준으로 한 것이다.
④ 산성비가 토양에 내리면 토양은 산적 성격이 약한 교환기부터 순서적으로 Ca^{2+}, Mg^{2+}, Na^+, K^+ 등의 교환성 염기를 방출하고, 그 교환자리에 H^+가 흡착되어 치환된다.

▮해설 몬트리올 의정서는 오존층 파괴를 방지하기 위한 협약이다. 산성비와 관련된 국제협약은 제네바협약, 헬싱키 의정서, 소피아 의정서이다.

🎯 더 풀어보기 예상문제

01 안료·색소·의약품·농약 등 제조공업에 이용되며, 피부암, 비중격 천공, 안검부종, 비카타르(비염)를 유발하는 물질은?

① 비소   ② 납
③ 구리   ④ 카드뮴

02 조혈기능의 장애를 일으키는 물질로 가장 대표적인 것은?

① 벤젠   ② 황
③ 크롬   ④ 인

정답 1.① 2.①

더 풀어보기 예상문제 해설

01 농약 등 제조공업에서 배출되고, 피부암, 비중격 천공, 안검부종, 비카타르(비염)을 유발하는 것은 비소(As)이다.

02 벤젠(C_6H_6)은 인체에는 조혈기능 장애를 일으키며, 방향족탄화수소로서 발암성을 갖는다.

더 풀어보기 예상문제

01 황산화물이 인체에 미치는 영향으로 관계가 적은 것은?
① 흡입된 SO_2의 95% 이상은 하기도에서 흡수되며, 잔여량이 비강 또는 인후에 흡수된다.
② SO_2가 인체에 미치는 피해는 농도와 노출시간이 문제가 되며, 주로 호흡기계통의 질환을 일으킨다.
③ SO_3는 호흡기계통에서 분비되는 점막에 흡착되어 H_2SO_4가 된 후 조직에 작용하여 궤양을 일으킨다.
④ 단독으로 흡입할 때보다 먼지나 액적 등과 동시에 흡입 시 황산미스트가 되어 SO_2보다 독성이 10배 정도로 증가한다.

02 다음 중 대기오염물질에 대한 지표식물과 거리가 먼 것은?
① H_2S - 사과   ③ 에틸렌 - 스위트피
② SO_2 - 알팔파   ④ HF - 글라디올러스

03 대기오염물질과 그 지표식물을 잘못 짝 지은 것은?
① O_3 - 담배   ② SO_2 - 담배
③ CO - 강낭콩   ④ HF - 글라디올러스

04 대기오염물질이 금속구조물에 미치는 영향에 관한 설명으로 거리가 먼 것은 어느 것인가?
① 아연은 SO_2와 수증기가 공존할 때 표면에 피막을 형성해서 보호막 역할을 한다.
② 알루미늄은 산화되어 Al_2O_3를 표면에 형성하여 대기오염을 방지하는 보호막 역할을 한다.
③ 니켈은 촉매역할을 하여 대기 중 SO_3를 SO_2로 환원시키며, 황산박층을 만든 후 아황산니켈이 된다.
④ 철은 대기오염물질의 농도, 습도와 온도가 높을수록 부식속도는 빠르지만 일정한 시간에 흐르면 보호막이 생김으로써 부식속도는 떨어진다.

05 암모니아(대기오염물질)의 지표식물과 거리가 먼 것은?
① 메밀   ② 알팔파
③ 토마토   ④ 해바라기

06 에틸렌(C_2H_4)에 대한 식물의 저항성이 큰 것은?
① 완두   ② 토마토
③ 양배추   ④ 스위트피

정답 1.① 2.① 3.③ 4.③ 5.② 6.③

더 풀어보기 예상문제 해설

01 흡입된 SO_2의 대부분은 상기도에서 흡수되며, 잔여량이 하기도에 침입한다.
02 H_2S에 약한 식물은 메밀, 콩, 토마토, 담배, 무, 클로버, 코스모스 등이다.
03 강낭콩은 PAN의 대표적인 지표식물이다.
04 니켈은 촉매역할을 하여 대기 중 SO_2를 SO_3로 산화시킨다.
05 NH_3에 약한 식물은 해바라기, 토마토, 메밀, 겨자 등이다.
06 보기의 항목 중 에틸렌가스(C_2H_4)에 대한 식물의 저항성이 큰 것은 양배추이다.

더 풀어보기 예상문제

01 대기오염물질이 인체에 미치는 영향으로 옳지 못한 것은?
① 삼염화에틸렌은 중추신경계를 억제하는데 간과 신장에 미치는 독성은 사염화탄소에 비해 현저하게 낮다.
② 염화비닐에 장기간 폭로되면 간조직세포의 증식과 섬유화가 일어나고, 문맥압이 상승하여 식도정맥류 및 식도출혈을 일으킬 수 있다.
③ 이황화탄소는 대부분 상기도를 통해 체내 흡수되며, 중추신경계에 대한 특징적인 독성 작용으로는 급성 혹은 아급성 뇌병증을 유발한다.
④ 아크릴아마이드는 지용성으로 인체 내 호흡기를 통해 주로 흡수되며, 이 물질에 폭로된 산업현장 근로자들은 비교적 긴 기간(10년 정도) 후에 중독증상을 보인다.

02 대기오염물질과 그 영향에 대한 설명 중 옳지 않은 것은?
① HC : 올레핀계탄화수소는 광화학적 스모그에 적극 반응하는 물질이다.
② NO : 무색의 기체로 혈액 내 Hb과의 결합력이 CO보다 수백 배 더 강하다.
③ O_3 및 기타 광화학적 옥시던트 : DNA, RNA에도 작용하여 유전인자에 변화를 일으킨다.
④ CO : 혈액 내 Hb(헤모글로빈)과의 친화력이 산소의 약 21배에 달해 산소운반능력을 저하시킨다.

03 대기오염물질이 인체에 미치는 영향에 대한 설명으로 옳은 것은?
① 오존에 반복 노출될 경우 가슴통증, 기관지염, 심장질환, 천식 등을 일으킨다.
② 황화수소는 고농도에 노출될 경우 주로 다발성신경염, 이타이이타이병 등을 일으킨다.
③ 석면, Ni, Cr, As화합물은 인체에 영향을 미치는 형태로 분류할 때 발열물질에 해당한다.
④ 일산화탄소는 피부조직에 수분이 존재하면 산으로 작용하며, 100ppm에 10분 정도의 노출도 인체에 격렬한 두통을 유발한다.

04 NO_2가 식물에 미치는 영향으로 옳은 것은?
① 저항성이 약한 식물로는 담배, 해바라기, 진달래 등이다.
② 질소산화물에 대하여 지표식물로 알려져 있는 것은 아스파라거스, 명아주 등이다.
③ 잎의 가장자리에 엽록반점을 형성하고, 인체독성보다 식물에 미치는 영향이 큰 편이다.
④ 스위트피가 NO_2의 지표식물이며, 인체독성보다 식물의 고엽, 성숙한 잎에 민감한 편이며, 0.2ppb 정도에서 큰 영향을 미친다.

정답 1.④ 2.④ 3.① 4.①

더 풀어보기 예상문제 해설

01 아크릴아마이드(Acrylamide)는 수용성으로 주로 피부를 통해 흡수되며, 다발성 신경염을 일으킨다.
02 CO : 혈액 내 Hb(헤모글로빈)과의 친화력이 산소의 약 210배 이상에 달해 산소운반능력을 저하시킨다.
03 ①항만 올바르다.
04 ①항만 올바르다. NO_2에 민감한 식물은 담배, 해바라기, 진달래 등이다.

더 풀어보기 예상문제

01 황화수소가 식물에 미치는 영향에 대한 설명으로 틀린 것은?
① 1ppm 이하에서도 강한 독성을 보인다.
② 복숭아, 딸기, 사과 등은 강한 식물이다.
③ 주로 어린잎이나 새싹에 예민하게 작용한다.
④ 코스모스, 오이, 토마토, 담배가 민감한 식물이다.

02 오염물질이 식물에 미치는 영향으로 틀린 설명은?
① 에틸렌은 이상낙엽, 새 나뭇가지의 성장저해 및 생장억제를 일으킨다.
② 불화수소는 어린잎에 현저하며, 지표식물로는 글라디올러스, 메밀 등이 있다.
③ 황화수소는 일반적으로 독성은 약하나 어린잎과 새싹에 피해가 많은 편이며, 지표식물로는 코스모스, 클로버 등이 있다.
④ 일산화탄소의 중독증상으로 엽록체를 파괴시키고 잎 전체를 갈변시키며, 토마토, 해바라기, 메밀 등은 25ppm 정도에서 1시간 접촉 시 현저한 피해증상을 보인다.

03 대기오염물질이 식물에 미치는 영향으로 틀린 것은?
① SO_2는 보통 백화현상에 의하여 맥간반점을 형성한다.
② H_2S는 어린잎과 새싹에 피해가 많으며, 지표식물은 코스모스, 무, 클로버 등이다.
③ HF는 낮은 농도에서도 피해를 주며, 어린잎에 현저하며, 지표식물은 글라디올러스, 메밀 등이다.
④ CO는 이상낙엽과 새 나뭇가지의 성장저해 및 생장억제를 유발하며, 스위트피는 CO에 가장 민감한 식물로서 보통 0.1ppm에서 그 피해가 인정된다.

04 오존(O_3)에 관한 설명으로 옳지 않은 것은?
① 오존에 약한 식물로는 담배, 자주개나리 등이 있다.
② 인체의 DNA와 RNA에 작용하여 유전인자에 변화를 일으킬 수 있다.
③ 폐수종과 폐충혈 등을 유발시키며, 섬모운동의 기능장애를 일으킨다.
④ 식물의 경우 주로 어린잎에 피해를 일으키며, 오존에 강한 식물로는 시금치, 파 등이 있다.

정답 1.① 2.④ 3.④ 4.④

더 풀어보기 예상문제 해설

01 H_2S에 민감한 식물의 경우 약 20~40ppm 농도에서 5시간 접촉될 경우 경미한 피해를 보인다. 1ppm 이하에서도 강한 독성을 보이는 것은 에틸렌이다.

02 일산화탄소(CO)는 식물에 대한 생리독성이 아주 미미하다. 일산화탄소는 100ppm에서 1개월 이상 노출될 경우 식물의 질소 고정능력에 영향을 미치는 것으로 알려져 있다. 토마토, 해바라기, 메밀 등의 농작물에 25ppm 정도의 농도에서 1시간 접촉하여 피해를 줄 수 있는 대기오염물질은 암모니아로 볼 수 있다.

03 ④항은 에틸렌(C_2H_4)의 영향에 대한 설명이다.

04 오존은 오래된 잎에 피해를 미치며, 특히 잎의 윗부분에 피해 징후가 나타난다. 오존에 강한 식물로는 양파, 해바라기, 국화, 아카시아 등이 있다.

더 풀어보기 예상문제

01 다음 대기조성물질의 월별 농도변화 양상 중 약간의 불규칙성을 제외하고서는 광화학반응에 의해 대도시에서 뚜렷하게 하고동저(夏高冬低)형의 분포를 나타내는 것은?

① O_3 ② SO_2
③ NO_2 ④ CO_2

02 다음 오염물질 중 특히 타이어와 같은 고무제품의 균열 및 노화를 일으키며, 착색된 섬유를 탈색시키는 것은?

① 불화수소 ② 오존
③ 일산화탄소 ④ 아황산가스

03 다음 식물 중 오존에 대해 가장 예민하고 피해가 커서 지표식물로도 이용되는 것은?

① 목화 ② 상추
③ 담배 ④ 블루그래스

04 납 성분을 함유한 도료는 황화수소와 반응하여 PbS로 된다. 이때 PbS는 어떤 색상을 띠는가?

① 붉은색 ② 노란색
③ 푸른색 ④ 검은색

05 오염물질의 피해에 관한 설명 중 [보기]에 가장 적합한 것은?

- 섬유의 인장강도를 아주 크게 떨어뜨리는 물질로 알려져 있다.
- 이 물질의 미세한 액적이 나일론 섬유에 침적하여 섬유의 강도를 약화시킨다.
- 셀룰로오스 섬유, 면(cotton), 레이온 등에 피해를 입힌다.

① 라돈 ② 오존
③ 황산화물 ④ 이산화질소

06 대기오염사건 중 가장 먼저 발생한 사건은?

① 도노라사건 ② 뮤즈계곡사건
③ 런던스모그사건 ④ 포자리카사건

07 London형 스모그사건과 비교한 Los Angeles형 스모그사건에 대한 설명으로 옳은 것은?

① 침강성 역전이다.
② 주로 아침에 발생하고, 환원반응이다.
③ 주 오염원은 공장 및 가정난방 배연이다.
④ 주요 오염물질은 SO_2, Smoke, H_2SO_4, Mist 등이다.

정답 1.① 2.② 3.③ 4.④ 5.③ 6.② 7.①

더 풀어보기 예상문제 해설

01 오존은 광화학반응에 의해 대도시에서 광화학반응에 의해 생성되며, 일사량이 강한 여름에 농도가 높고 겨울철에 농도가 낮은 하고동저(夏高冬低) 특성을 보인다.

02 오존(O_3)은 염소를 함유하는 타이어와 같은 고무제품에 접촉하면 균열 및 노화를 일으킨다.

03 오존의 대표적인 지표식물은 담배이다.

04 납 성분을 함유한 도료는 황화수소와 반응하여 PbS로 되는데 이때 PbS는 검은색을 띤다.

05 황산화물은 양모, 면, 나일론 등의 탈색과 인장력을 감소시킨다.

06 제시된 항목 중 가장 먼저 발생한 사건은 1930년 12월에 발생한 뮤즈계곡사건이다.

07 ①항만 Los Angeles형 스모그사건에 대한 설명이다. 나머지 항목은 London형 스모그사건과 관련된다.

더 풀어보기 예상문제

01 로스앤젤레스 스모그사건의 설명으로 옳은 것은?
① 겨울철에 발생되었다.
② 주 오염물질은 아황산가스이다.
③ 주 오염원은 공장 및 가정 난방이다.
④ 햇빛이 강하게 쬐이는 낮에 발생하였다.

02 대기오염의 역사적 사건에 대한 설명으로 옳지 않은 것은?
① 보팔시사건 - 인도에서 일어난 사건으로 비료공장 저장탱크에 MIC 가스가 유출되어 발생한 사건이다.
② 포자리카사건 - 멕시코 공업지역에서 발생한 오염사건으로 H_2S가 대량으로 인근 마을로 누출되어 기온역전으로 피해를 일으켰다.
③ 크라카타우사건 - 인도네시아에서 발생한 산화티타늄공장에서 발생한 질산미스트 및 황산미스트에 의한 사건으로 이 지역에 주둔하던 미군과 가족들에게 큰 피해를 준 사건이다.
④ 뮤즈계곡사건 - 벨기에 뮤즈계곡에서 발생한 사건으로 금속, 유리, 아연, 제철, 황산공장 및 비료공장 등에서 배출되는 SO_2, H_2SO_4 등이 계곡에서 무풍상태로 기온역전 조건에서 발생했다.

03 대기오염과 관련된 설명으로 옳지 않은 것은?
① 멕시코의 포자리카사건은 H_2S의 누출에 의해 발생한 것이다.
② 환경대기 중 미세먼지는 황산화물과 공존하면 더 큰 피해를 준다.
③ 도노라사건은 포자리카사건 이후에 발생하였으며, 1차 오염물질에 의한 사건이다.
④ 카르보닐황은 대류권에서 안정하기 때문에 거의 화학적인 반응을 하지 않고, 성층권으로 유입된다.

04 대기오염물질의 누출사고로 많은 사상자가 발생했던 도시와 그 누출오염물질의 연결로 거리가 먼 것은?
① 보팔(Bhopal) : PCB
② 세베소(Seveso) : Dioxins
③ 포자리카(Poza Rica) : H_2S
④ 체르노빌(Chernobyl) : 방사능

05 벨기에의 뮤즈계곡사건, 미국의 도노라사건 및 런던 대기오염사건의 공통적인 주요 대기오염물질은?
① SO_2 ② O_3
③ CS_2 ④ NO_2

정답 1.④ 2.③ 3.③ 4.① 5.①

더 풀어보기 예상문제 해설

02 크라카타우(Krakatau)사건은 1883년 인도네시아의 크라카타우 섬의 화산폭발에 의한 대기오염 사건이다.
03 도노라사건은 포자리카사건 이전에 발생하였다.
04 보팔 → MIC(Methyl Isocyanate) 누출사고
05 벨기에의 뮤즈계곡사건, 미국의 도노라사건 및 런던 대기오염사건의 공통적인 주요 대기오염 원인물질은 아황산가스(SO_2)이다.

더 풀어보기 예상문제

01 대기오염의 역사적 사건에 대한 주 오염물질의 연결로 옳은 것은?
① 포자리카사건 : H_2S
② 체르노빌사건 : PCBs
③ 보팔시사건 : SO_2, H_2SO_4 Mist
④ 뮤즈계곡사건 : Methyl Isocyanate

02 질소산화물이 가장 많이 발생되는 자동차 엔진작동상태는?
① 공전   ② 운행
③ 가속   ④ 감속

03 일산화탄소가 가장 많이 발생되는 자동차의 가동상태는?
① 가속   ② 공전
③ 감속   ④ 정속주행

04 경유를 사용하는 디젤자동차에 대한 설명으로 틀린 것은?
① NO_x와 매연이 문제가 된다.
② 압축비가 높아 소음과 진동이 큰 편이다.
③ 기계식 분사 또는 전자제어 분사방식으로 연료를 공급한다.
④ 압축비가 높아 최대효율이 가솔린자동차에 비해 1.5배 정도이며, 연비는 가솔린기관에 비해 낮은 편이다.

05 스토크스 법칙이 적용되는 입자의 침강속도와 관련이 없는 것은?
① 입자밀도   ② 침강길이
③ 유체점도   ④ 입자직경

06 오토엔진과 디젤엔진을 비교할 때, 디젤엔진의 특성으로 옳은 것은?
① 소음·진동이 적다.
② 압축비가 8~9 정도로 낮다.
③ 디젤엔진은 정체가 심한 도심주행에 있어서는 연료소비가 적은 편이다.
④ 연료를 공기와 혼합시켜 실린더에 흡입·압축시킨 후 점화플러그에 의해 강제연소시킨다.

07 삼원촉매 시스템에 대한 설명으로 옳지 않은 것은?
① 촉매는 주로 백금과 로듐의 비가 5 : 1 정도로 사용된다.
② Rh은 NO 환원반응을, Pt은 주로 CO와 HC를 저감시키는 산화반응을 촉진한다.
③ 3성분을 동시에 저감시키기 위해서 엔진에 공급되는 공기연료비가 이론공연비로 공급되어야 한다.
④ 실제 이론공연비를 중심으로 삼원촉매의 전환효율이 유지되는 공연비 폭(Window)이 있으며, 이 폭은 과잉공기율(λ)로 1.5 (λ=1.0±0.25) 정도이며, A/F비로는 약 1.0(14.05~15.05) 정도이다.

08 PM_{10}의 의미는?
① 스토크스 직경으로 10μm 이상인 분진
② 스토크스 직경으로 10μm 미만인 분진
③ 공기역학적 직경으로 10μm 이상인 분진
④ 공기역학적 직경으로 10μm 미만인 분진

정답 1.① 2.③ 3.② 4.④ 5.② 6.③ 7.④ 8.④

더 풀어보기 예상문제 해설

07 삼원촉매장치에 적절한 공연비 폭(Window)은 공기과잉률(λ)로는 0.01(λ=1.0±0.005)이며, A/F로 약 0.14(A/F=14.7±0.14) 범위이다.

더 풀어보기 예상문제

01 대체연료 자동차 중 메탄올 자동차에 대한 설명으로 가장 거리가 먼 것은?

① 옥탄가가 무연휘발유가 보다 높기 때문에 압축비가 높고, 출력을 향상시킬 수 있다.
② 윤활기능이 휘발유에 비해 매우 약하므로 금속이나 플라스틱 재료 모두를 쉽게 침식시킬 수 있다.
③ 메탄올의 연소 시 발생하는 발암성 폼알데하이드와 개미산의 생성에 따른 엔진부품의 부식 및 마모 등이 문제가 되기도 한다.
④ 가격이 싸고, 발열량이 휘발유의 약 5배 정도이므로 연료탱크의 크기가 보통 휘발유 자동차의 1/5 수준으로 1회 충전당 항속거리를 월등하게 길게 유지할 수 있다.

02 입자상 오염물질 측정방법을 중량농도법과 개수농도법으로 분류할 때, 다음 중 개수농도법에 해당하는 것은?

① Piezobalane
② 정전식 분급법
③ β-ray 흡수법
④ 다단식 충돌판 측정법

03 자동차에서 배출되는 배기가스에 대한 설명으로 가장 거리가 먼 것은?

① 일반적으로 자동차의 주요 배출 유해가스는 CO, NO_x, HC 등이다.
② 디젤 자동차의 경우, CO 및 HC가 휘발유 자동차에 비해서 상대적으로 적게 배출된다.
③ 휘발유 자동차의 경우, CO는 가속 시, HC는 정속 시, NO_x는 감속 시에 상대적으로 많이 발생한다.
④ CO는 연료량에 비하여 공기량이 부족할 경우에 발생하고 NO_x는 높은 연소 온도에서 많이 발생하며, 매연은 연료가 미연소하여 발생한다.

04 입자크기 측정법 중 현미경을 이용하는 방법으로 투영된 입자의 모양이 원형이 아닐 때 입자의 최장 또는 최단 크기로 정의하거나 여러 방향으로 나누어 크기를 측정하여 산술평균한 값으로 정의하기도 하는 직경은?

① Stokes Diameter
② Optical Diameter
③ Equivalent Diameter
④ Aerodynamic Diameter

정답 1.④ 2.② 3.③ 4.②

더 풀어보기 예상문제 해설

01 메탄올(Methanol)은 가격이 싸고, 발열량이 휘발유의 약 1/2 정도로 작기 때문에 동일거리 주행 시 2배의 연료탱크 용량을 필요로 하고, 1회 충전당 항속거리가 짧은 단점이 있다.

02 ②항만 개수농도 측정법이고, 나머지는 중량농도 측정법에 해당한다. 정전식 분급법은 입자의 전기적 특성을 이용하여 입경을 측정하는 방법으로 미분형정전분급기(DMA)를 사용하여 대전입자의 쿨롱력에 의해 분리한다.

03 휘발유 자동차의 경우, CO는 정지 시, HC는 감속 시, NO_x는 가속 시에 상대적으로 많이 발생한다.

04 문제의 내용은 광학직경(Optical Diameter)에 대한 설명이다.

① Stokes Diameter → 침전직경(스토크스 직경)
③ Equivalent Diameter → 등가직경
④ Aerodynamic Diameter → 공기역학적 직경

더 풀어보기 예상문제

01 입자상 물질 측정방법에 대한 설명이다. ( ) 안에 알맞은 것은?

> ( )은(는) 석영 결정소자의 진동수가 질량에 비례하는 특성을 이용하여 입자상 물질의 중량농도를 측정하는 것이다.

① 다단충돌법 ② 정전분급법
③ Piezobalance ④ 응축계수법

02 입자상 물질에 관한 설명으로 옳지 않은 것은?

① 안개(fog)는 분산질이 액체인 눈에 보이는 입자상 물질을 주로 뜻하며, 통상 응축에 의해 생긴다.
② 헤이즈(haze)는 박무라고도 하며, 아주 작은 다수의 건조입자(습도 70% 이하)가 대기 중에 떠 있는 현상으로 색깔로써 안개와 구별한다.
③ 미스트(mist)는 핵 주위에 증기가 응축하여 생기는 경우와 큰 물체로부터 분산하여 생기기도 하는 입자로서 입경범위는 $0.01 \sim 10 \mu m$ 정도이다.
④ 훈연(fume)은 일반적으로 직경이 $10 \mu m$ 이하의 것으로, 그 크기가 비균질성을 가지며, 활발한 브라운 운동에 의해 상호충돌하여 응집하기도 하고, 응집 후 재분리가 용이한 편이다.

03 다음 중 레일리 산란(Rayleigh Scattering)이 뚜렷이 나타나는 조건은?

① 입자의 반경이 입사광선의 파장보다 훨씬 큰 경우
② 입자의 반경이 입사광선의 파장보다 훨씬 작은 경우
③ 입자의 반경과 입사광선의 파장이 비슷한 크기인 경우
④ 입자의 반경과 입사광선 파장의 크기가 정확히 일치하는 경우

04 인체의 폐 속으로 쉽게 침투되고, 빛의 산란에 따른 가시도 감소에 큰 영향을 주는 먼지의 입경범위는?

① $10 \sim 50 \mu m$ ② $0.1 \sim 1.0 \mu m$
③ $0.01 \sim 0.1 \mu m$ ④ $0.001 \sim 0.01 \mu m$

05 Coh(Coefficient of haze)를 나타낸 식은?(단, t : 빛전달률)

① $\log\left(\dfrac{1}{t}\right) \times 0.01$ ② $\log\left(\dfrac{1}{t}\right) / 0.01$
③ $\log\left(\dfrac{1}{t}\right) \times 0.001$ ④ $\log\left(\dfrac{1}{t}\right) / 0.001$

06 공기에 대한 비중이 1.6 정도이며, 질식성이 있고 적갈색을 나타내며, 자극성을 가진 가스는?

① 이산화황 ② 염소가스
③ 이산화질소 ④ 일산화질소

정답 1.③ 2.④ 3.② 4.② 5.② 6.③

더 풀어보기 예상문제 해설

03 레일리 산란(Rayleigh Scattering)은 입사 빛의 파장에 대하여 입자가 대단히 작은 경우에 나타난다.

04 입경이 $0.1 \sim 1 \mu m$ 범위의 입자상 물질이 폐의 침투도가 높고 가시도 감소에 큰 영향을 미친다.

05 Coh는 광화학적 밀도가 0.01이 되는 고형물의 양을 말하며, 빛전달률의 역수($1/t$)의 log값에 비례하므로 ②항이 옳다.

06 기체의 비중이 1.6이면 분자량은 $1.6 \times 29 = 46.4$ 정도인 물질이다.(29는 공기분자량)

더 풀어보기 예상문제

01 Coh(Coefficient of haze)에 관련된 설명으로 틀린 것은?

① Coh는 광학적 밀도를 0.01로 나눈 값이다.
② Coh 산출식에서 광학적 밀도는 불투명도의 log값으로 정의된다.
③ Coh값이 0이면 깨끗한 것이며, 빛전달률이 0.794이면 Coh값은 1이 된다.
④ Coh 산출식에서 불투명도란 오탁한 여과지를 통과한 빛전달률의 역수로 정의된다.

02 가시도(Visibility)에 대한 설명으로 옳지 않은 것은?

① 빛의 흡수와 분산으로 가시도가 감소한다.
② 가시거리는 습도에 의하여 영향을 받는다.
③ Coh(Coefficient of haze)는 빛전달률의 감소를 측정함으로써 결정된다.
④ 강도가 I인 빛으로 L 거리에서 조명하여 dL 거리를 통과하는 동안 흡수와 분산으로 빛의 강도가 ΔI 만큼 감소할 때 $\Delta I = \sigma(I)^2/(dL)^2$이다. ($\sigma$: 소광계수)

03 먼지의 이화학적 특성에 대한 다음 설명 중 옳은 것은?

① 입경이 클수록 응집성이 높다.
② 입경이 클수록 비표면적이 크다.
③ 진비중이 클수록 침강속도가 크다.
④ 비표면적이 작을수록 부착력이 크다.

04 질소산화물에 의한 피해 및 영향으로 가장 거리가 먼 것은?

① NO_2는 습도가 높은 경우 질산이 되어 금속을 부식시키며, 산성비의 원인이 된다.
② NO_2는 가시광선을 흡수하므로 0.25ppm 정도의 농도에서 가시거리를 상당히 감소시킨다.
③ 인체에 미치는 영향분석 시 동물을 사용한 연구결과에 의하면 NO_2는 주로 위장장애현상을 초래한다.
④ NO_2의 광화학적 분해작용으로 대기 중의 O_3 농도가 증가하고 HC가 존재하는 경우에는 Smog를 생성시킨다.

05 대기오염물질이 인체·동물에 미치는 영향으로 틀린 것은?

① NO는 NO_2보다 독성이 강하고, 대기농도 수준에서 인체에 큰 영향을 미친다.
② SO_2는 물에 대한 용해도가 높기 때문에 흡입된 대부분의 가스는 상기도의 점막에서 흡수된다.
③ 납(Pb)은 혈액 헤모글로빈의 기본요소인 포르피린 고리의 형성을 방해함으로써 헤모글로빈의 형성을 억제한다.
④ Be(베릴륨)은 독성이 강하고, 폐포에 축적되어 베릴리오시스를 생성, 쥐에게서는 심각한 병과 더불어 발암성이 나타난다.

정답 1.③ 2.④ 3.③ 4.② 5.①

더 풀어보기 예상문제 해설

01 Coh값이 0이면 깨끗한 것이며, 1Coh는 0.977의 투과도(透過度)를 갖는다.

02 강도가 I인 빛으로 L 거리에서 조명하여 dL 거리를 통과하는 동안 흡수와 분산으로 빛의 강도가 ΔI 만큼 감소할 때 $\Delta I = -\sigma I dL$이다. (σ : 소광계수)

03 ③항만 올바르다. 먼지는 입경이 작을수록 응집성이 높으며, 입경이 클수록 비표면적이 작아진다. 또한 비표면적이 클수록 부착력이 증가하게 된다.

05 NO는 NO_2보다 독성이 약하다.

더 풀어보기 예상문제

01 대기오염물질과 그 영향에 대한 연결로 가장 관계가 적은 것은?
① Oxidant – 눈을 자극
② CO – 혈액의 O_3 운반기능 저해
③ HF – 고농도시 호흡기점막 자극
④ Pb화합물 – 헤모글로빈의 형성 억제

02 각 오염물질의 대사 및 작용으로 틀린 것은?
① Al화합물은 소장에서 P(인)과 결합하여 P결핍과 골연화증을 유발한다.
② NH_3와 SO_2는 물에 대한 용해도가 높기 때문에 대부분 상기도 점막에 자극증상을 유발한다.
③ CS_2는 중추신경계에 대한 특징적인 독성작용으로 심한 급성 또는 아급성 뇌병증을 유발한다.
④ 삼염화에틸렌은 다발성 신경염을 유발하고, 중추신경계를 억제하는데 간과 신경에 미치는 독성이 사염화탄소에 비해 현저하게 높다.

03 감지농도가 약 0.047ppm인 의약품 냄새가 나는 악취물질은?
① 페놀 ② 벤젠
③ 톨루엔 ④ 에탄올

04 다음 오염물질 중 혈액의 헤모글로빈과 결합하여 카르복시헤모글로빈을 형성함으로써 인체의 대사기능에 영향을 미치는 오염물질은?
① CO ② SO_2
③ NO ④ PAN

05 각 오염물질의 특성에 대한 설명으로 옳지 않은 것은?
① 염소는 암모니아에 비해서 훨씬 수용성이 약하므로 호흡기계 전체에 영향을 미친다.
② 브롬화합물은 부식성이 강하며, 고농도에서는 일정 기간이 지나면 폐부종을 유발한다.
③ HF는 수용액과 에테르 등의 유기용매에 매우 잘 녹으며, 무수불화수소는 약산성이다.
④ 포스겐은 자극성이 경미하나 수중에서 염산으로 분해되어 거의 급성 전구증상이 없이 치사량을 흡입할 수 있으므로 매우 위험하다.

06 다이옥신을 광분해할 경우 가장 효과적인 파장범위는?
① 100~150nm ② 250~340nm
③ 500~800nm ④ 1,200~1,500nm

정답 1.② 2.④ 3.① 4.① 5.③ 6.②

더 풀어보기 예상문제 해설

01 CO는 오존(O_3) 운반기능이 아니라 혈액의 O_2 운반기능을 저해한다.
02 삼염화에틸렌은 간과 신경에 미치는 독성이 사염화탄소에 비해 낮다.
03 의약품 냄새가 나는 물질은 페놀이다.
04 카르복시헤모글로빈(Carboxyhemoglobin)을 형성하는 오염물질은 일산화탄소(CO)이다. 체내 헤모글로빈은 O_2와는 가역적으로 결합하지만 CO와는 비가역적으로 결합하여 CO-Hb을 형성하여 저산소증, 중추신경계 장애를 유발한다.
05 불화수소(HF)는 에테르를 제외한 대부분의 유기용제에 잘 녹으며, 무수불화수소는 산성이 극히 강한 물질이다.
06 PCDDs의 광분해 파장은 250~340nm이다.

더 풀어보기 예상문제

01 일산화탄소와 관련된 설명으로 옳지 않은 것은?
① 탄소 및 유기물의 불완전연소에 의해서 발생한다.
② 인체에 대한 독성은 농도와 흡입시간과 관계가 있다.
③ 일산화탄소에 노출될 때, 인체에 아주 강한 영향을 받는 장기는 심장이다.
④ 일산화탄소의 비중은 공기의 약 1.4배에 해당하여 일반적으로 낮은 곳에 체류한다.

02 다음은 각 대기오염물질의 특성에 대한 것이다. 틀린 것은?
① O_3는 타이어나 고무절연제 등 고무제품에 균열을 일으키기도 한다.
② 포스겐($COCl_2$)은 화학반응성, 인화성, 폭발성 및 부식성이 강한 청록색의 기체이다.
③ 포스겐($COCl_2$)은 수분이 있으면 가수분해하여 염산이 생기므로 금속을 부식시킨다.
④ HCN은 무색투명한 액체로 복숭아씨 냄새 비슷한 자극취를 내며, 비중이 약 0.7 정도이다.

03 오존(O_3)의 특성 및 영향에 대한 설명 중 틀린 것은?
① 오존의 대기 중 배경농도는 0.01~0.02ppb으로 알려져 있다.
② 대류권의 오존은 2차 오염물질이며, 온실효과를 유발하는 온실가스이다.
③ 오존은 산화력이 강한 옥시던트로 인체의 눈을 자극하고 폐수종 등을 유발시킨다.
④ 오존은 유전인자에 변화유발, 염색체 이상, 적혈구 노화를 초래하는 것으로 알려져 있다.

04 작업장에서 436ppm 수준의 일산화탄소에 노출되어 있는 근로자가 있다. 이 근로자의 혈중 카르복실헤모글로빈(Carboxy Hemoglobin)의 농도가 10%에 이르게 되는 시간(hr)은?(단, 혈중 카르복실헤모글로빈과 [CO]ppm의 관계는 다음 식에 따르고, $\beta = 0.15\%/ppm \cdot CO$, $\sigma = 0.402hr^{-1}$)

$$COHb(\%) = \beta(1-e^{-\sigma t}) \times [CO]$$

① 0.21 ② 0.41
③ 0.61 ④ 0.81

정답 1.④ 2.② 3.① 4.②

더 풀어보기 예상문제 해설

01 CO(Carbon Monoxide)의 분자량은 28로서 공기(분자량 29)보다 밀도가 작기(28/29 = 0.97배) 때문에 공간 대기 중 높은 곳에 체류하게 된다.

02 포스겐은 화학적 안정성이 있으며, 불연성이고 비폭발성이며, 부식성이 갖는 자극성의 풀 냄새를 풍긴다.

03 오존의 배경농도는 0.01~0.02ppm이다. 오염도가 높은 도시의 한낮에는 0.1ppm를 초과하기도 한다.

04 제시된 관계식을 이용하여 문제를 푼다.
□ $COHb(\%) = \beta(1-e^{-\sigma t}) \times [CO]$
- COHb(혈중 카르복실헤모글로빈) = 10%
- $\sigma = 0.402hr^{-1}$
- $\beta = 0.15\%/ppm$
- [CO] = 436ppm

∴ $10 = 0.15(1-e^{-0.402 \times t}) \times 436$, $t = 0.41$ hr

더 풀어보기 예상문제

01 벤젠에 대한 설명으로 틀린 것은?
① 만성장애로서 조혈기능 장애를 유발한다.
② 체내 흡수는 대부분 호흡기를 통하여 이루어진다.
③ 인체 내에서 마뇨산으로 대사하여 소변으로 배설된다.
④ 체내에 흡수된 벤젠은 지방이 풍부한 피하조직과 골수에 고농도로 축적되므로 오래 잔존할 수 있다.

02 벤젠의 특성으로 틀린 것은?
① 벤젠의 폭로에 의해 발생되는 백혈병은 주로 급성 골수아성이다.
② 체내에서 마뇨산(Hippuric Acid)으로 대사하여 소변으로 배설된다.
③ 비점은 약 80℃ 정도이고, 체내 흡수는 대부분 호흡기를 통하여 이루어진다.
④ 체내 흡수된 벤젠은 지방이 풍부한 피하조직과 골수에 축적되므로 오래 잔존할 수 있다.

03 오염물질 중 손·발바닥에 나타나는 각화증, 각막궤양, 비중격 천공, Mee's Line, 탈모 등이 있는 것은?
① V   ② Hg
③ Be   ④ As

04 다음 특징을 지닌 대기오염물질은?

- 무색, 투명하며 향긋한 냄새를 지닌 휘발성 액체로 비점은 80℃ 정도이다.
- 체내 흡수는 대부분 호흡기를 통하여 이루어진다.
- 인체 내로 흡수된 이 물질은 지방이 풍부한 피하조직과 골수에서 고농도로 오래 잔존 가능하여 혈중농도보다 20배나 더 높은 농도를 유지하기도 한다.

① Phenol   ② Toluene
③ Benzene   ④ Carbon Disulfide

05 일산화탄소의 영향에 대한 설명으로 틀린 것은?
① 혈중 헤모글로빈과의 친화력이 HbO_2보다 10배 정도 강하다.
② 혈액 중 Hb과 결합한 HbCO의 포화율이 보통 1% 미만에서는 인체영향이 거의 없다.
③ 개인에 따라 차이가 있지만 적혈구 수 및 혈색소량에 이상이 있는 사람은 감수성이 높다.
④ 만성적인 영향으로는 만성 호흡기질환(폐렴, 기관지염, 발작성 천식 등), 심장비대 등이 있다.

정답 1.③ 2.② 3.④ 4.③ 5.①

더 풀어보기 예상문제 해설

01 체내에서 마뇨산(馬尿酸, Hippuric Acid)으로 대사된 후 소변으로 배설되는 것은 톨루엔이다.
02 벤젠은 체내에서 페놀(Phenol)로 대사되어 소변으로 배설된다.
03 피부암, 간암, 신장암, 폐암, 손발바닥의 각화증, 비중격 천공, 손톱의 횡초백선(Mee's line) 등을 유발하는 것은 비소이다.
04 벤젠(Benzene)은 상온에서 무색~옅은 노란색의 액체로 향료 냄새를 풍기며, 재생불량성 빈혈, 급성 백혈병, 다발성 골수종 및 임파종을 유발한다.
05 혈중 헤모글로빈과의 친화력이 HbO_2보다 200~300배 정도 강하다.

더 풀어보기 예상문제

01 다이옥신에 대한 다음 설명 중 옳지 않은 것은?

① 다이옥신은 산소원자가 2개인 PCDD와 산소원자가 1개인 PCDF를 통칭하는 용어이다.
② 증기압과 수용성은 낮으나, 벤젠 등에는 용해되는 지용성으로 토양 등에 흡수될 수 있다.
③ 다이옥신은 전구물질의 연소뿐만 아니라 유기화합물과 염소화합물이 고온연소하여도 생성된다.
④ PCDDs는 2,3,7,9-PCDD의 독성잠재력을 1로 보고, 다른 이성질체에 대해서는 상대적인 독성 등가인자를 사용하여 주로 표시한다.

02 다이옥신에 대한 다음 설명 중 옳지 않은 것은?

① PCB의 부분산화 또는 불완전연소로 발생한다.
② 살충제, 제초제 등의 농업 및 산업 화학물질의 부산물 등에서 발생할 수 있다.
③ 고온에서 연소시켜 제거할 수 있고, 재생성의 위험은 없으나 처리비용이 과다하다.
④ 두 개의 산소 교량으로 2개의 벤젠고리가 연결된 일련의 다염소화된 유기염화물이다.

03 납(Pb)의 인체 중독 및 특성에 대한 설명으로 거리가 먼 것은?

① 납의 중독증상은 일반적으로 Hunter-Russel 증후군으로 일컬어지고 있다.
② 만성 납중독 현상은 혈액 증상, 신경 증상, 위장관 증상 등으로 나눌 수 있다.
③ 세포 내에서 납은 SH기와 반응하여 헴(heme) 합성에 관여하는 효소를 포함한 여러 세포의 효소작용을 방해한다.
④ 특징적인 5대 만성중독 증상으로는 연창백(鉛蒼白), 연연(鉛緣), 코프로폴피린뇨, 호기성 점적혈구, 신근마비 등을 들 수 있다.

04 대기오염물질이 인체에 미치는 영향으로 틀린 것은?

① Al 독성작용으로 인간에게서 입증된 2개의 주요 조직은 뼈와 뇌이다.
② 셀레늄의 만성기 중 폭로 시 주로 설태가 끼며, 혈장 콜레스테롤치가 저하한다.
③ 셀레늄은 폐, 위장관, 손상된 피부를 통해 흡수, 간에서 유기셀레늄의 형태로 대사된다.
④ Al 화합물은 불소의 흡수를 억제하고, 칼슘과 Fe 화합물의 흡수를 감소시키며, 소장에서 P와 결합하여 P결핍과 골연화증을 유발한다.

정답 1.④ 2.③ 3.① 4.②

더 풀어보기 예상문제 해설

01 PCDDs는 2,3,7,8-TCDD의 독성잠재력을 1로 보고 다른 이성질체에 대해서는 상대적인 독성 등가인자를 사용하여 주로 표시한다.
02 다이옥신(PCDDs)은 열적 안정성이 높고 난분해성으로 재생성의 위험이 있다.
03 수은 중독증상이 Hunter-Russel 증후군이다.
04 혈장 콜레스테롤치를 저하시키고 설태가 끼는 증상을 유발하는 것은 바나듐(V)이다.

더 풀어보기 예상문제

01 각 오염물질이 인체에 미치는 영향으로 틀린 것은?
① 바나듐(V)에 폭로된 사람들에게서는 혈장 콜레스테롤치가 저하된다.
② 알루미늄(Al)은 알루미늄-펙틴화합물의 형성으로 콜레스테롤의 흡수를 방해한다.
③ 셀레늄(Se)의 만성적인 기중 폭로 시 결막염을 일으키는데 이것을 "Rose Eye"라고 부른다.
④ 탈륨(Tl, Thallium)의 수용성 염은 위장관, 피부, 호흡기를 통해 쉽게 흡수되고, 배설은 장관과 신장을 통해 비교적 느리게 일어난다.

02 대기오염물질이 인체에 미치는 영향으로 거리가 먼 것은?
① 베릴륨화합물은 흡입, 섭취 혹은 피부접촉으로 대부분 흡수된다.
② 금속수은은 수은증기를 흡입하면 대부분 흡수되나 경구섭취 시에는 소구를 형성하므로 위장관으로는 잘 흡수되지 않는다.
③ 만성 연(Pb) 중독 증상의 특징적인 5대 증상으로는 연창백, 연연, 코프로폴피린뇨, 호염기성 점적혈구, 심근마비 등을 들 수 있다.
④ 염소, 포스겐 및 질소산화물 등의 상기도 자극 증상은 경미한 반면, 수시간 경과 후 오히려 폐포를 포함한 하기도의 잘림은 현저하게 나타나는 편이다.

03 다음의 오염물질은?

> 이 물질은 불소의 흡수를 억제하고 칼슘과 철화합물의 흡수를 감소시키며, 소장에서는 인과 결합하여 인 결핍과 골연화증을 유발한다.

① 불화수소 ② 니켈
③ 알루미늄 ④ 자일렌

04 대기오염물질이 인체에 미치는 영향으로 옳지 않은 것은?
① 카드뮴화합물이 만성 폭로되어 발생하는 흔한 증상으로 단백뇨가 있다.
② 체내에 흡수된 크롬은 간장, 신장, 폐 및 골수에 축적되며, 대부분은 대변을 통해 배설된다.
③ 알킬수은화합물의 탄소-수은 결합은 약하므로 중추신경계의 축적보다는 변을 통해 쉽게 배출된다.
④ 니켈은 위장관으로 거의 흡수되지 않으며, 가용성 니켈염과 니켈카보닐은 호흡기를 통해 쉽게 흡수된다.

05 다음 중 대기오염물질과 관련이 적은 사건은?
① 포자리카사건 ② 카네미유사건
③ 요코하마사건 ④ 뮤즈계곡사건

정답 1.② 2.① 3.③ 4.③ 5.②

더 풀어보기 예상문제 해설

01 알루미늄에 의한 생체독성은 뼈와 뇌조직의 독성 유발, 결막염, 습진, 상기도 자극 등이다.
02 베릴륨은 구강섭취 혹은 피부접촉으로는 거의 흡수되지 않으며, 주된 유입경로는 호흡기이다. 경구로 유입된 베릴륨의 흡수와 축적은 1% 미만이다.
03 알루미늄의 특성과 영향에 대한 설명이다.
04 알킬수은화합물은 주로 중추신경계에 축적하여 신경쇠약증을 일으킨다.
05 카네미유사건은 PCB 오염사건(식품사고)이다.

더 풀어보기 예상문제

01 다음 [보기]에서 설명하는 오염물질에 해당하는 것은?

> • 급성·만성 중독으로는 용혈을 일으켜 빈혈 또는 과빌리루 빈혈증 등이 생긴다.
> • 급성 중독될 경우 치료방법으로 활성탄과 하제를 투여하고, 구토를 유발시킨다.
> • 쇼크의 치료에는 강력한 정맥수액제와 혈압상승제를 사용한다.

① As   ② Mn
③ Hg   ④ Cr

02 석면폐증에 대한 설명 중 틀린 것은?

① 석면폐증의 특징은 폐의 비후화를 들 수 있으며, 흉막의 섬유화와 밀접한 관련이 있다.
② 석면폐증은 폐의 하엽에 주로 나타나며, 흉막을 따라 폐의 중엽이나 설엽으로 퍼져나간다.
③ 석면폐증은 비가역적이며, 노출이 중단된 후에도 증상이 악화되는 경우도 있는 특징이 있다.
④ 석면폐증이 발병하면 폐조직의 신축성이 떨어지고, 가스교환능력이 저하됨으로써 혈액을 통한 산소공급이 불충분하게 된다.

03 휘발유 자동차에서 HC를 가장 많이 배출하는 계통은?

① 기화기 증발   ② 배기가스
③ 블로바이가스   ④ 연료탱크

04 대기오염물질의 인체에 대한 영향으로 관계가 적은 것은?

① 바나듐에 폭로된 사람들에게는 혈장 콜레스테롤 수치가 저하하고, 만성 폭로 시 설태가 낄 수 있다.
② 가용성 니켈화합물에 폭로된 경우 가장 흔한 증상으로는 피부증상이며, 니켈은 위장관으로는 거의 흡수되지 않는다.
③ 탈륨의 수용성 염은 위장관, 피부, 호흡기를 통해 거의 흡수되지 않으나, 배설은 장관과 신장을 통해 비교적 빨리 일어난다.
④ 베릴륨화합물은 흡입, 섭취 혹은 피부 접촉으로는 거의 흡수되지 않으며, 폐에 잔존할 수 있고 뼈, 간, 비장에 침착될 수 있다.

05 중금속 대기오염물질에 대한 설명으로 옳지 않은 것은?

① 크롬(Cr)은 피혁공업, 염색공업, 시멘트 제조업 등에서 발생되며, 호흡기·피부를 통해 체내로 유입된다.
② 납(Pb)은 주로 대기 중에 미세입자로 존재하고 석유정제, 석탄건류, 형광물질의 원료 제조공정에서 주로 배출된다.
③ 카드뮴(Cd)은 주로 산화카드뮴이나 황산카드뮴으로 존재하고 아연정련, 카드뮴축전기, 전기도금공장 등에서 주로 배출된다.
④ 수은(Hg)은 증기 또는 먼지의 형태로 대기 중에 배출되고 미량으로도 인체에 영향을 미치며, 만성중독으로 미나마타병이 널리 알려져 있다.

정답 1.① 2.① 3.③ 4.③ 5.②

더 풀어보기 예상문제 해설

01 용혈을 일으켜 빈혈 또는 과빌리루 빈혈증을 유발하는 것은 비소이다.
02 석면폐증은 폐의 석면폐증에 의한 섬유화이며, 흉막의 비후화와 밀접한 관련이 있다.
04 탈륨(Tl ; Thallium)의 수용성 염은 위장관, 피부, 호흡기를 통해 쉽게 흡수된다.
05 납은 주로 대기 중에 무기납 형태로 존재하고, 가솔린자동차 배기가스, 건전지, 도장공업 등에서 배출된다.

더 풀어보기 예상문제

01 SO_2가 식물에 미치는 영향으로 옳지 않은 것은?
① 일반적으로 백화현상에 의한 맥간반점을 형성한다.
② SO_2에 강한 식물은 시금치, 보리, 참깨, 목화 등이다.
③ SO_2에 접촉된 식물은 잎의 배면 세포에서부터 피해 증후가 나타난다.
④ 늙은 잎이나 오래된 잎보다 성숙한 잎이 피해를 많이 받으며, 습도가 높을수록 피해가 크다.

02 아황산가스가 식물에 미치는 영향으로 틀린 것은?
① 낮보다는 야간에 피해를 많이 받는다.
② 피해 잎은 황갈색 내지 회백색으로 퇴색된다.
③ 잎 뒤쪽 표피 밑의 세포(Parenchyma)가 피해를 입기 시작한다.
④ 생활력이 왕성한 잎이 피해를 많이 입으며, 고구마, 시금치 등이 약한 식물로 알려져 있다.

03 대기오염에 의한 재해적 사건과 발생 국가의 연결로 틀린 것은?
① Bhopal 사건 – 인도
② Donora 사건 – 미국
③ Meuse Valley – 영국
④ Poza Rica 사건 – 멕시코

04 대기오염이 식물에 미치는 영향에 대한 설명으로 틀린 것은?
① SO_2는 회백색 반점을 생성하며, 피해부분은 엽육세포이다.
② NO_2는 불규칙 흰색 또는 갈색으로 변화되며, 피해부분은 엽육세포이다.
③ PAN은 유리화, 은백색 광택을 나타내며, 주로 해면 연조직에 피해를 준다.
④ HF는 SO_2와 같이 잎 안쪽부분에 반점을 나타내기 시작하며, 늙은 잎에 특히 민감하며, 밤에 피해가 현저하다.

05 오염물질이 식물에 미치는 피해에 대한 설명으로 거리가 먼 것은?
① 아황산가스의 지표식물로는 자주개나리, 보리 등이 있다.
② 불화수소는 어린잎에 피해가 현저한 편이며, 강한 식물로는 담배, 목화 등이 있다.
③ 암모니아는 잎 전체에 영향을 주는 것이 특징이며, 암모니아에 접촉하여 수 시간이 지나면 잎 전체가 갈색이 된다.
④ 황화수소는 특히 고엽에 피해가 크며, 지표식물은 복숭아, 딸기, 사과 등이며, 강한 식물은 코스모스, 토마토, 오이 등이다.

정답 1.② 2.① 3.③ 4.④ 5.④

더 풀어보기 예상문제 해설

01 보리, 참깨, 콩 등은 SO_2에 약한 식물로 분류된다.
03 뮤즈계곡사건은 1930년 12월 벨기에(Belgium)의 뮤즈계곡에서 발생한 대기오염사건이다.
04 HF는 SO_2 피해 증상처럼 잎의 끝(선단)이나 주변이 상아색이나 갈색으로 퇴화되며, 어린잎 또는 성숙한 잎에 피해를 준다.
05 H_2S는 어린잎과 새싹에 피해가 많으며, 지표식물은 코스모스, 무, 클로버 등이다.

더 풀어보기 예상문제

01 PAN에 대한 설명으로 가장 관계가 적은 것은?
① 산화제 역할을 한다.
② 대기 중 탄화수소로부터의 광화학반응으로 생성된다.
③ 황산화물의 일종으로 빛을 흡수시켜 가시거리를 단축시킨다.
④ 사람의 눈에 통증을 일으키며, 생활력이 왕성한 초엽에 피해가 크다.

02 NO_x에 의한 피해 및 영향으로 틀린 것은?
① NO_2가 인체에 미치는 영향은 주로 위장 장애현상이다.
② NO_2는 습도가 높은 경우 질산이 되어 금속을 부식시키며, 산성비의 원인이 된다.
③ NO_2는 가시광선을 흡수하므로 0.25ppm 정도의 농도에서 가시거리를 상당히 감소시킨다.
④ NO_2는 광화학적으로 분해되어 O_3농도가 증가시키고 HC가 존재하는 경우에는 Smog를 유발한다.

03 용융된 물질이 휘발한 기체가 응축으로 발생되는 고체입자로 상호 충돌·결합하는 특징이 있는 것은?
① 훈연   ② 먼지
③ 연무   ④ 검댕

04 다음 중 대기오염물질의 재산에 대한 피해로 가장 관계가 적은 것은?
① 오존은 착색된 각종 섬유를 탈색시킨다.
② 오존은 고무류를 산화시켜 균열 및 노화를 촉진한다.
③ 납 성분을 함유한 도료는 황화수소(H_2S)와 반응하면 쉽게 황색(Pb_2SO_4)으로 변한다.
④ 양모, 면, 나일론 등의 섬유는 황산화물에 의해 섬유 색깔이 탈색 및 퇴색되며, 인장력이 감소한다.

05 역사적 대기오염사건에 대한 설명으로 옳은 것은?
① 포자리카사건은 MIC에 의한 피해이다.
② 런던스모그사건은 복사역전 형태이었다.
③ 도쿄 요꼬하마사건은 PCB에 의한 피해이다.
④ 뮤즈계곡사건은 PAN이 주된 오염물질로 작용한 사건이었다.

06 디젤엔진 노킹의 방지방법으로 옳은 것은?
① 분사된 연료를 한꺼번에 발화시킨다.
② 연료의 분사 개시 때 분사량을 증가시킨다.
③ 세탄가가 10 정도로 낮은 연료를 사용한다.
④ 기관의 압축비를 높여 압축압력을 높게 한다.

정답 1.③ 2.① 3.① 4.③ 5.② 6.④

더 풀어보기 예상문제 해설

01 PAN(Peroxyacetyl Nitrate)은 질소산화물의 일종으로 빛을 흡수시켜 가시거리를 단축시킨다.
02 NO_2가 인체에 미치는 영향은 주로 호흡기계 장애현상이다.
04 황화수소(H_2S)는 검은색의 피막을 형성한다.
05 ②항만 올바르다. 포자리카사건은 → H_2S 누출사고, 도쿄 요꼬하마사건은 → 황산화물과 먼지, 뮤즈계곡사건은 → 황산화물과 먼지가 주된 오염물질로 작용하였다.
06 ④항만 옳다. 나머지는 반대로 설명하고 있다.

더 풀어보기 예상문제

01 로스앤젤레스형 스모그의 특성과 가장 거리가 먼 것은?
① 2차성 오염물질인 스모그를 형성하였다.
② 습도가 70% 이하의 상태에서 발생하였다.
③ 화학반응은 산화반응이고, 역전의 종류는 침강성 역전에 해당한다.
④ 대기오염물질과 적외선에 의해 발생한 PAN, H_2O_2 등 광화학적 산화물에 의한 사건이다.

02 역사적인 대기오염사건을 먼저 발생한 사건부터 옳게 배열된 것은?
① 포자리카사건-도쿄 요코하마사건-LA스모그사건-런던스모그사건
② 도쿄 요코하마사건-포자리카사건-런던스모그사건-LA스모그사건
③ 포자리카사건-도쿄 요코하마사건-런던스모그사건-LA스모그사건
④ 도쿄 요코하마사건-포자리카사건-LA스모그사건-런던스모그사건

03 디젤노킹(Diesel Knocking) 방지방법으로 적합하지 않은 것은?
① 회전속도를 증가시킨다.
② 흡기(급기)의 온도를 증가시킨다.
③ 압축비를 크게 하여 압축압력을 높게 한다.
④ 착화지연기간 및 급격연소시간의 분사량을 감소시킨다.

04 옥탄가에 대한 설명이다. ( ) 안에 알맞은 것은?

> 옥탄가는 안티노킹(Anti-Knocking)성이 우수하여 좋은 연소특성을 갖는 (Ⓐ)의 안티노킹성을 100으로 하고, 상대적으로 쉽게 노킹하는 (Ⓑ)의 안티노킹성을 0으로 하여 부피비로 나타낸다.

① Ⓐ iso-Octane, Ⓑ n-Octane
② Ⓐ n-Heptane, Ⓑ n-Octane
③ Ⓐ n-Octane, Ⓑ iso-Octane
④ Ⓐ iso-Octane, Ⓑ n-Heptane

05 자동차에서 배출되는 오염물질에 대한 설명으로 가장 거리가 먼 것은?
① NO_x는 공회전 작동에 비해 가속할 때 배출농도(ppm)가 높다.
② CO(%)와 HC(ppm)농도는 공연비가 낮으면 높고 이론공연비보다 높으면 낮다.
③ 공연비(AFR)가 15에서 20으로 커질 때 질소산화물의 농도는 대수적으로 증가한다.
④ 배기가스의 조성은 차의 노후 정도, 주행속도, 외기온도, 습도 등에 따라 차이가 있다.

정답 1.④ 2.② 3.① 4.④ 5.③

더 풀어보기 예상문제 해설

01 LA형 스모그는 대기오염물질과 태양광선 중 자외선에 의해 발생한 PAN, H_2O_2 등 광화학적 산화물에 의한 사건이다.
03 회전속도를 감소시키는 것이 디젤 기관의 노크방지에 유리하다.
04 옥탄가(Octane Number)는 안티노킹(Anti-Knocking)성이 우수하여 좋은 연소특성을 갖는 이소옥탄(iso Octane, C_8H_{18})의 안티노킹성을 100으로 하고 상대적으로 쉽게 노킹하는 n-헵탄(Heptane, C_7H_{16})의 안티노킹성을 0으로 하여 부피비로 나타낸다.
05 공연비(AFR)가 15에서 20으로 커질 때 질소산화물(Nitrogen Oxides)의 농도는 급격히 감소한다.

더 풀어보기 예상문제

01 자동차의 불꽃점화기관에서 발생되는 노킹(Knocking)현상을 방지하기 위한 방법으로 옳지 않은 것은?

① 화염속도를 빠르게 한다.
② 말단가스의 온도, 압력을 내린다.
③ 혼합기의 자기착화온도를 높게 하여 용이하게 잘 발화하지 않도록 한다.
④ 불꽃진행거리를 길게 하여 말단가스가 고온·고압에 노출되는 시간을 길게 한다.

02 삼원촉매장치에 대한 설명으로 틀린 것은?

① 최근에는 Pt, Rh, Pd의 Trimetal System이 사용되는 추세이다.
② 백금은 주로 CO, HC를 저감시키는 산화반응을 촉진시키고 로듐은 NO 반응을 촉진시킨다.
③ 삼원촉매장치로 CO, HC, NO_x 성분을 동시에 저감시키기 위해서는 엔진에 공급되는 공기연료비가 이론공연비로 공급되어야 한다.
④ 직접 가스와 반응하는 촉매물질을 가장 안쪽에 도포하고 촉매는 세라믹이나 금속으로 만들어진 본체인 담체와 귀금속 촉매의 반응도를 높이기 위해 Cr_2O_3 Washcoat 입힌다.

03 삼원촉매장치에 대한 설명이다. 틀린 것은?

① NO의 정화는 공연비가 낮을수록 잘 된다.
② CO 및 HC의 정화는 공연비가 높을수록 잘 된다.
③ 일산화탄소와 탄화수소는 촉매에 의하여 탄산가스와 물로 정화된다.
④ 질소산화물은 촉매에 접촉시켜 질산으로 산화시키고 수증기에 의해 흡수·제거한다.

04 응집에 대한 설명으로 틀린 것은?

① 브라운 운동이 대기의 온도와 관련될 때 일어나는 응집을 "열응집"이라 한다.
② "중력응집"은 침전속도 차에 의해 일어나는 응집으로 강우에 큰 영향을 미친다.
③ 응집(Coagulation)은 먼지입자들이 서로 접촉하여 달라붙거나 합체하는 현상을 의미한다.
④ 큰 입자와 작은 입자 간의 응집현상은 쉽게 응집되지 않으므로 장기간에 걸쳐 진행되고, 바람이 부는 날 구름 속의 입자는 맑은 날보다 더 응집이 어렵다.

정답 1.④ 2.④ 3.④ 4.④

더 풀어보기 예상문제 해설

01 자동차의 노킹현상을 방지하기 위해서는 불꽃진행거리를 짧게 하여 말단가스가 고온·고압에 노출되는 시간을 짧게 하여야 한다. 나머지 항목은 모두 옳은 설명이다.

02 직접 가스와 반응하는 촉매물질을 가장 바깥쪽에 도포하고 촉매는 세라믹이나 금속으로 만들어진 본체인 담체와 귀금속 촉매의 반응도를 높이기 위해 담체와 촉매사이에 중간매체인 Al_2O_3 Washcoat를 입힌 것을 사용한다.

03 질소산화물은 환원제(CO, HC 등)와 환원촉매(Rh)에 의해 N_2로 환원된다.

04 큰 입자와 작은 입자 간의 응집현상은 쉽게 응집되므로 단기간에 걸쳐 진행되고, 바람이 부는 날의 구름 속의 입자는 맑은 날보다 응집이 잘 된다.

더 풀어보기 예상문제

01 다음 (   ) 안에 알맞은 것은?

> 가솔린 자동차의 부속장치 중에서 (   )의 역할은 광범위한 상태 하에서 엔진이 만족스럽게 작동할 수 있는 혼합비로 연료증기와 공기의 균질혼합물을 제공하는 것이다.

① ABS　　　　　② Charger
③ Carburetor　　④ Wankel Engine

02 불꽃점화기관에서의 연소과정 중 생기는 노킹현상을 효과적으로 방지하기 위한 기관 구조에 대한 설명과 가장 거리가 먼 것은?

① 삼원촉매 시스템을 사용한다.
② 연소실을 구형(Circular Type)으로 한다.
③ 점화 플러그는 연소실 중심에 부착시킨다.
④ 난류를 증가시키기 위해 난류생성 Pot를 부착시킨다.

03 비구형 입자의 크기를 역학적으로 산출하는 방법 중의 하나로 본래의 입자와 밀도 및 침강속도가 동일하다고 가정한 구형 입자의 직경은?

① 종말 직경　　② 종단 직경
③ 공기역학적 직경　④ 스토크스 직경

04 연료연소 시 공연비(Air/Fuel Ratio)가 이론량보다 작을 때 나타나는 현상으로 가장 옳은 것은?

① 연소실벽에 미연탄화물 부착이 줄어든다.
② 배출가스 중 일산화탄소의 양이 많아진다.
③ 완전연소로 연소실 내의 열손실이 작아진다.
④ 연소효율이 증가하여 배출가스의 온도가 불규칙하게 증가 및 감소를 반복한다.

05 산란에 대한 설명으로 옳지 않은 것은?

① Rayleigh는 "맑은 하늘 또는 저녁노을은 공기분자에 의한 빛의 산란에 의한 것"이라는 것을 발견하였다.
② 빛을 입자가 들어있는 어두운 상자 안으로 도입시킬 때 산란광이 나타나며, 이것을 틴달빛(光)이라고 한다.
③ Mie 산란의 결과 입사 빛의 파장에 대하여 입자가 대단히 작은 경우에만 적용되는 반면, Rayleigh의 결과는 모든 입경에 대하여 적용된다.
④ 입자에 빛이 조사될 때 산란의 경우, 동일한 파장의 빛이 여러 방향으로 다른 강도로 산란되는 반면, 흡수의 경우는 빛에너지가 열, 화학반응의 에너지로 변환된다.

정답 1.③ 2.① 3.④ 4.② 5.③

더 풀어보기 예상문제 해설

01 기화기(Carburetor)는 불꽃점화기관에 있어서 가솔린 등의 액체연료를 기화(氣化)하고 공기와의 혼합기를 만드는 장치이다.
02 삼원촉매장치는 노킹방지와 무관하다.
03 본래의 입자와 밀도 및 침강속도가 동일하다고 가정한 구형 입자의 직경을 스토크스경이라 한다.
04 ②항만 올바르다. 공연비(Air/Fuel Ratio)가 이론량보다 작을 경우 배출가스 중 일산화탄소의 양이 많아진다.
05 Rayleigh 산란은 입사 빛의 파장에 대하여 입자가 대단히 작은 경우에 나타난다.

더 풀어보기 예상문제

01 다음 중 스토크스경의 정의로 가장 적합한 것은?

① 구형이 아닌 입자와 같은 종속도와 밀도를 가진 구형 입자의 직경
② 구형이 아닌 입자와 종속도는 같으나 밀도가 $1g/cm^3$인 구형 입자의 직경
③ 구형이 아닌 입자와 종속도는 같으나 밀도가 $10g/cm^3$인 구형 입자의 직경
④ 구형이 아닌 입자와 밀도는 같으나 종속도가 $1cm/sec$인 구형 입자의 직경

02 다음 ( ) 안에 가장 적합한 것은?

( )은/는 입자의 관성력을 이용하여 입자를 크기별로 측정, Cascade Impactor로 크기별로 중량농도를 측정하는 방법이다.

① 여지포집법
② 정전식 분급법
③ 다단식 충돌법
④ Piezo Balance

03 다음 설명 중 옳은 것은?

① 액적(Mist)은 시정거리가 2km 이하로 안개보다 불투명한 것이 특징이다.
② 안개(Fog)는 습도 90% 이상으로 증기의 응축에 의해 생성되는 액체입자이다.
③ 훈연(Fume)은 입경이 $1\mu m$ 이하이며, 브라운 운동으로 상호응집이 용이하지 않다.
④ 연무(Haze)는 습도 70% 이상으로 증기의 응축 또는 화학반응에 의해 생성되는 액체입자이다.

04 시정거리에 대한 설명으로 거리가 먼 것은?

① 시정거리는 대기 중 입자의 밀도에 비례한다.
② 시정거리는 대기 중 입자의 직경에 비례한다.
③ 시정거리는 대기 중 입자의 산란계수에 비례한다.
④ 시정거리는 대기 중 입자의 농도에 반비례한다.

05 다음 중 안개(Fog)에 대한 설명으로 거리가 먼 것은?

① 수평시정거리가 1km 미만이다.
② 습도는 100%에 가깝고 눈에 보이는 입자상 물질이다.
③ 대기오염물질과 수분이 반응하여 산성을 띤 산성안개를 형성할 수 있다.
④ 분산질이 기체이고, 직경이 $1\mu m$ 이상인 입자를 말하며, 브라운 운동에 의해 이동한다.

06 빛의 소멸계수 $0.45km^{-1}$인 대기에서, 시정거리의 한계를 빛의 강도가 초기강도의 95%가 감소했을 때의 거리라고 정의할 때, 시정거리 한계는?(단, 광도는 Lambert-Beer 법칙을 따르며, 자연대수로 적용)

① 약 6.7km
② 약 0.1km
③ 약 12.4km
④ 약 8.7km

정답 1.① 2.③ 3.② 4.③ 5.④ 6.①

더 풀어보기 예상문제 해설

02 관성력을 이용, 입자의 크기별 중량농도를 측정하는 방법은 다단식 충돌법(Cascade Impactor)이다.

04 시정거리(가시거리)는 대기 중 입자의 산란계수에 반비례한다.

05 안개(Fog)는 분산질이 액체이다.

06 자연대수 사용 Lambert-Beer 법칙을 적용한다.

$$I_t = I_o \times e^{-\sigma L} \begin{cases} I_t : \text{투과광의 강도} = 1 - 0.95 = 0.05 \\ I_o : \text{입사광의 강도} = 100\% = 1 \\ \sigma : \text{빛의 소멸계수} = 0.45 km^{-1} \end{cases} \quad \therefore \ 0.05 = e^{-0.45 \times L}, \ L = 6.66km$$

Chapter 04 기후변화의 대응

출제기준	Chapter 4. 기후변화의 대응		적용기간 : 2020.1.1~2024.12.31
세부출제 기준항목	기사		산업기사
	• 지구온난화 • 오존층 파괴		• 지구온난화 • 오존층 파괴

1 지구온난화(Global Warming)

❀ 정의 · 메커니즘
- **정의** : 인간의 생활 · 생산 · 가공 등 인위적 활동과정에서 부생된 **온실기체**(GHG, Green House Gas : CO_2, CH_4, SF_6 등)가 대기 중으로 배출 · 축적됨으로써 지구의 **온도균형 파괴**(알베도의 감소)가 일어나고 그로 인하여 지구의 온도가 비정상적으로 증가되는 현상을 지구온난화라 함
- **메커니즘** : **태양**으로부터 지구로 유입되는 가시부(可視部)의 **단파복사**는 대기를 통과하여 지면에 도달하는 반면 **지구에서 외계로 방출**되는 **장파복사**의 일부는 대기를 통과하지 못하고 흡수된 후 지표로 재복사 됨. 대기 중 온실기체의 증가는 이러한 **지구 복사의 차단**과 **흡수 · 재복사**를 **증가**시킴으로써 지구의 온도균형 파괴 · 지구온난화를 일으키게 됨

❀ 온실기체의 종류 · 기여도
- **온실기체의 종류** : 교토의정서는 다음의 6종을 온실가스로 규정하고 있음
  - 이산화탄소(CO_2)
  - 메탄(CH_4)
  - 아산화질소(N_2O)
  - 수소불화탄소(HFCs)
  - 과불화탄소(PFCs)
  - 육불화황(SF_6)

☐ 온실효과의 기여도
  - **건조대기 기준 기여도** : 탄산가스(CO_2) **54%**, 메탄가스(CH_4) 18%, SF_6과 CFC 및 HFC·PFC, trop.O_3 22%, N_2O 약 6%로 알려져 있음
  - **수증기 포함 기여도** : H_2O 약 **60%**, CO_2 약 25%, CH_4 및 기타 15%로 알려져 있음
☐ 온난화지수(GWP, Global Warming Potential)
  - **개념** : GWP는 지구온난화의 잠재력 지표로서 CO_2 1kg과 다른 온실가스 1kg이 지구온난화에 미치는 영향을 비교하기 위하여 만들어진 가중치로서 무차원(**단위질량당 온난화 효과를 지수화한 것**)임
  - GWP의 상대적 크기

CO_2	CH_4	N_2O	HFCs	PFCs	SF_6
1.0	21	310	1,300	7,000	23,900

지구온난화의 영향

☐ **빙하 감소** : 북극의 대기온도가 빠른 속도로 증가하고 있음(지구표면의 평균온도 상승 폭보다 5배나 빠른 속도) → 빙하 감소, 극지방 호수의 피빙(皮氷)기간 감소 등
☐ **홍수** : 전 지구적 집중호우와 폭풍우에 의한 홍수 빈발
☐ **생태계 변화** : 지상의 식생 및 동식물의 서식환경 변화, 생물 다양성 감소, 연안지역의 백화현상 발생
☐ **가뭄 및 사막화**
  - 아프리카 지역의 연평균 강수량의 현격한 감소와 사막화 현상 가속
  - 엘니뇨 현상의 크기나 발생빈도 및 지속성 증가
☐ **해수면 상승**
  - 해수의 열팽창 등으로 매년 해수면이 약 1.8mm씩 상승하고 있음
  - 해수면 상승에 따른 침수, 재산피해 및 농경지 훼손, 수질오염 유발 등
☐ **사회적 변화, 전염성 질환 증가**
  - 이상기후에 따른 인간의 생활형태 및 인문학적 변화
  - 쯔쯔가무시증·말라리아·세균성이질·콜레라·뇌염·신증후군출혈열 증가
  - 장티푸스·결핵·레지오넬라증 등 일부 질환은 오히려 감소

알베도(Albedo)의 변화

☐ **의의** : 태양으로부터 지구로 입사(入射)되는 에너지에 대하여 지구에서 외계를 향하여 반사(反射)되는 에너지의 비(比)를 말함
☐ **지구의 평균 알베도** : 약 **31% 정도**임(지구로 입사되는 태양에너지를 100으로 할 때 지구에서 반사되는 에너지, 즉 지구의 평균 알베도는 약 31% 정도임)
  - **대기 흡수**(20%) : 대기권을 향하여 입사되는 태양복사선 중 단파장 영역은 대기 중의 오존이나 산소에 의하여 거의 흡수되고 파장이 $1\mu m$ 이상인 복사선은 구름이나 물 입자, 먼지 등에 의하여 흡수됨

- **분산·반사**(31%) : 태양복사선 중 약 8.8%는 대기에 의해 분산되거나 반사되고 구름이나 지표면에 의하여 반사되는 복사선은 약 22.5%에 달함
- **지표면 흡수**(49%) : 태양복사선은 대기권의 대기, 구름, 지면에 의해 흡수되거나 반사되어 실질적으로 지표면에 도달하는 태양복사선의 양은 전체 복사선의 약 49% 정도 됨
  - 알베도의 변화 : 알베도는 태양의 고도가 높아질수록 작아지며, 사막과 산림 등과 같은 지물이나 지형에 따라서도 차이가 있으며, 얼음 등과 같이 빛을 반사하는 것일수록 알베도는 높아짐

태양복사·지구복사&태양상수

■ **태양복사의 파장영역** : 태양복사의 파장이 **0.17~4.0μm범위**(최대 파장 0.47μm), 지구복사는 4.0~80μm 범위이고, 그 에너지의 대부분은 4.0~30μm 사이에 있음
  - 태양복사의 특징
    - 태양복사는 단파(短波)복사로서 지구복사에 비해 투과력이 우수함
    - 태양복사의 산란은 모든 파장에서 연속적으로 일어나는 데 비해 태양복사의 흡수는 특정 파장 또는 어느 파장구역에서 선택적으로 일어남
    - 기체분자에 의한 산란은 레일리 산란이라고 불리며, **짧은 파장일수록 더 많이 산란됨**
  - 지구복사의 특징
    - 지구복사는 장파(長波)복사로서 태양복사에 비해 투과력이 약함
    - **태양복사**가 주로 **초록색**의 빛이 강한 데 비하여 **지구복사**는 주로 **적외선**임(지표면의 온도가 태양보다 훨씬 저온이기 때문)
■ **태양상수**(Solar Constant) : 대기권 밖에서 햇빛에 수직인 1cm²의 면적에 1분 동안에 들어오는 태양복사 에너지의 양을 말하며, 그 값은 약 **2cal/cm² · min**임

❋ **복사관련 법칙**
  - **스테판-볼츠만의 법칙**(Stefan-Boltzman's Law) : 흑체의 단위표면적에서 방출되는 모든 파장의 빛에너지 총합(E)는, 흑체의 **절대온도**(T)의 **4제곱에 비례**한다는 법칙임

    ■ $E = \sigma T^4$ $\begin{cases} E : 에너지 \\ \sigma : 상수 \\ T : 절대온도(K) \end{cases}$

  - **빈의 변위 법칙**(Wien's displacement Law) : 최대에너지 파장(λ_m)과 흑체표면의 절대온도는 **반비례**한다는 법칙임

    ■ $\lambda_m = \dfrac{2,897}{T}$ $\begin{cases} \lambda_m : 최대에너지 파장 \\ T : 절대온도(K) \end{cases}$

- **플랑크의 법칙**(Planck's Law) : 파장에 따른 복사에너지 분포를 나타낸 법칙으로 온도가 증가할수록 복사선의 파장이 **짧아지는 쪽**으로 그 중심이 이동한다는 이론임

■ $E_\lambda = C_1 \lambda^{-5} [\exp(C_2/\lambda T) - 1]^{-1}$

$\begin{cases} E_\lambda : \text{파장에 따른 복사에너지} \\ C_1, C_2 : \text{상수} \\ \lambda : \text{파장} \\ T : \text{절대온도(K)} \end{cases}$

온난화에 대응하는 국제적 동향

- **기후변화협약** : 1992년 리우(Rio)회의에서 채택되어 1994년 발효되었다. 지구온난화를 발생시키는 온실가스에는 여러 가지 물질이 있지만 CO_2의 인위적인 배출이 가장 많이 이루어지기 때문에 CO_2 배출량을 규제하는 것에 중점을 두고 있음. 대표적인 기후변화협약은 **교토의정서**(Kyoto protocol)와 **발리로드맵**(Bali roadmap)임
  - **교토의정서** : 1997년 일본 교토에서 열린 기후변화협약 제3차 당사국 총회에서 채택된 의정서로 6가지 온실가스(CO_2, CH_4, N_2O, PFCs, HFCs, SF_6)의 배출량을 줄이기 위한 국제협약임
  - **발리로드맵** : 2007년 인도네시아 발리에서 2012년에 만료되는 교토 의정서 이후 각국의 온실가스 감축량을 정하는 규칙으로 2013년부터 모든 나라는 온실가스 감축 의무를 부여하고, 대상국은 자국의 실정에 맞게 측정과 검증 가능한 방법으로 온실가스를 줄이도록 하는 협상 규칙임
- **교토메커니즘** : 온실가스 감축의무 이행의 신축적인 운영과 효율적으로 감축목표를 달성하기 위해 도입한 제도로서 배출권 거래제, 공동이행제, 청정개발체제로 구성되어 있음
  - **배출권 거래제**(Emission Trading) : 의정서상 설정된 할당량을 부속서 I의 국가 간에 거래할 수 있도록 한 조치로 할당량을 초과 배출한 국가는 타국의 잉여분을 배출권으로 구입하여 자국의 할당목표를 달성할 수 있도록 하는 제도임
  - **공동이행제**(Joint Implementation) : 본격적인 배출권 거래의 전단계로 A국이 B국의 온실가스 배출 저감노력을 지원한 후 저감된 B국 배출량의 일부를 A국의 배출저감량(credit)으로 인정하는 제도임
  - **청정개발체제**(Clean Development Mechanism) : 개도국의 지속가능한 개발지원과 선진국의 감축 의무 이행을 용이하게 하기 위해 당사국 총회의 관장 하에 청정개발체제 설치에 합의하였음. 이는 선진국과 개도국 간에 저감량(credit)이 있는 공동이행사업을 허용하고 수익금의 일부를 CDM의 경비 및 개도국 지원에 사용하도록 보장하는 제도임

도시 열섬효과(Heat Island Effect)와 먼지지붕

▌**열섬효과** : 도시화와 열방출률 증대, 건물 및 인구밀집, 교통밀도 증가 등으로 도심 지역이 주변보다 온도가 3~4℃ 높은 현상을 말함. 열섬현상은 여름보다 겨울철, 낮보다 밤에 확연하게 나타나고, **직경 10km 이상의 대규모 도시**에서 잘 나타남

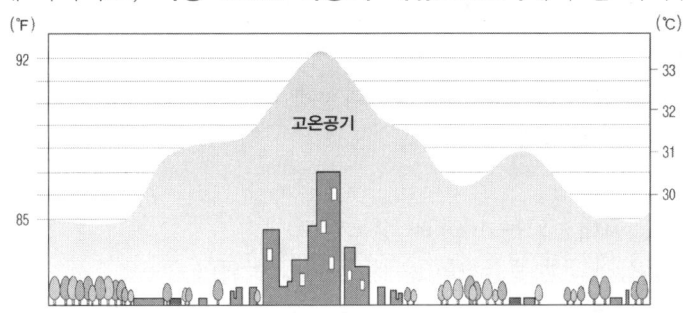

〈그림〉 열섬효과(열섬현상)

□ **원인**
- 도시의 대기는 인근의 전원지역 · 시골의 대기와는 상이한 조성을 가지게 됨
- 입체적으로 조성된 대형건물들이 불규칙한 지표면을 형성함으로써 자연적 환기기능을 저하시킴
- 건축재료 및 도로의 포장재료가 비열이 높은 것으로 구성되어 있어 태양에너지의 흡수열을 많이 보유하는 한편 열배출량도 시골지역보다 많기 때문에 대기의 온도는 시골지역보다 높아지게 됨

□ **영향**
- 도시의 대기는 인근의 전원지역이나 시골의 대기와는 상이한 조성을 가짐
- 안개와 강수량은 증가하고 습도, 일사량, 풍속은 감소함
- 도시 상공의 먼지지붕 형성 · 확산저해 · 오염심화
- 대기오염물질이 응결핵으로 작용하여 운량과 **강우량의 증가현상**이 나타남
- 대기의 대류현상 감소, 대기오염 심화, 도시지역의 열대야 현상 발생빈도 증가
- 온도상승에 따른 탈진이나 쇼크와 같은 건강 피해유발
- 광화학스모그 및 오존주의보 발령 빈도 증가에 따른 대기질 악화
- 냉방전력 다량 사용에 따른 에너지 소비량 증가

▌**먼지지붕 효과**(Dust Dome Effect) : 열섬현상으로 인하여 전원풍(도심을 향하는 약한 상승기류)이 발달하고, 이와 함께 상승한 도시 오염물질이 상공에 축적되어 하늘을 뒤덮는 먼지지붕을 형성하게 되는데, 먼지지붕은 구름과 안개가 자주 생기게 하며, 스모그의 원인이 되고 있음

2 오존층 파괴(Ozone Depletion)

❋ 성층권과 오존층
- **개요**
    - **성층권**(지상 11~50km)은 전체 오존량의 90% 이상 존재하고 있으며 나머지 10%는 도시나 공장 지역 근처의 대류권에 존재함
    - 특히 지상 **20~25km의 고도**에 가장 높은 농도로 밀집되어 있어 이 층(層)을 소위 **오존층**(Ozone sphere)이라고 함
    - 오존층까지의 고도는 위도(緯度)나 계절에 따라 차이가 있으나 적도보다는 **극지방이 낮고**, 겨울~봄 사이에 낮아짐
- **오존의 농도**
    - 성층권의 O_3 최대농도는 10ppm 정도임
    - 대류권의 통상적인 농도는 0.01~0.04ppm 범위임
- **오존층의 두께** : **돕슨 단위**(DU, Dobson Unit)를 이용하여 표현하는데 1DU는 1기압, 0℃ 하에서의 **0.01mm 두께**의 오존층에 해당함
    - **평상시** : 극지방(400돕슨) > 중간 위도(350돕슨) > 적도(200돕슨)
    - **오존홀**(Ozonehole) 발생 시 남극 상공(봄철)은 100DU 이하로 낮아짐

❋ 오존층 파괴물질 : 현재 96종
- CFCs(프레온류), 할론(Halon)류, 사염화탄소(CCl_4), HCFC(수소염화불화탄소)
- 메틸클로로폼(1.1.1-TCE), HBFC, CH_3Br(메틸브로마이드), N_2O
    - ▍**CFCs의 명명** : CFC-[ ][ ][ ] → [C−1][H+1][F]
    - ▍**할론류의 명명** : 할론-[ ][ ][ ] → [C][F][Cl][Br]

❋ 파괴 메커니즘
- CCl_3F(프레온 11) $\xrightarrow[(180 \sim 220\text{nm})]{h_\nu}$ $Cl\cdot + CCl_2$

    $Cl\cdot + O_3 \rightarrow ClO + O_2$

- CF_3Br(할론 1301) $\xrightarrow[(180 \sim 220\text{nm})]{h_\nu}$ $Br\cdot + CF_3$

    $Br\cdot + O_3 \rightarrow BrO + O_2$

❋ 오존 소모능력(ODP, Ozone Depletion Potential)
- **개념** : ODP는 오존의 소모능력을 나타내는 척도로 **프레온 11**(CCl_3F)을 1.0으로 한 다른 기체의 단위질량당 총 오존의 변화(소모능력의 상대적 크기)를 나타냄(클수록 오존의 소모능력이 큼)

- ODP의 크기 : 할론(Halon) 1301(12)>2402(7.0)>1211(5.1), 프레온류 CFC-11(1.0), CFC-12 및 CFC-13(0.82), HCFC-22(0.034), 사염화탄소(CCl_4 1.2)>메틸클로로폼 ($C_2H_3Cl_3$ 0.11)

※ 성층권의 오존 감소(오존층 파괴)에 따른 영향
  - 기후에 미치는 영향
    - 태양복사량 증가 → 지구온도 증가 → 수분·습도 증가 → 강수량 변화
    - 성층권의 온도 감소 → 대기 대순환의 흐름 변경 → 기후패턴 변화
  - 생태계에 미치는 영향
    - 동물의 피부암과 백내장 유발, 면역기능 저하
    - 육상식물의 광합성 저해 → 생장 장해
    - 수중 플랑크톤의 광합성 작용억제 → 생태계 먹이사슬 파괴
  - 재산에 미치는 영향
    - 건축물과 차량 등의 색상 변화, 광택 감소
    - PVC 등 플라스틱 제품의 직접적인 손상

※ 국제적 동향
  - **비엔나협약** : 1974년 미국의 셔우드 롤런드(F. Sherwood Rowland) 박사에 의해 오존층 파괴문제가 제기된 후 1985년 오스트리아의 비엔나에서 채택된 협약으로 오존층 파괴물질의 규제에 대한 것이며, 몬트리올 의정서에서 그 내용이 구체화되었음
  - **몬트리올 의정서**(Montreal Protocol, 1987년) : 1989년 1월부터 발효되었으며, 1999년까지 CFC 사용량의 50%를 감축하기로 하였음
  - **런던회의**(1990년) : 오존층 파괴 대상물질의 감축시기를 앞당겨 2,000년까지 CFC와 대부분의 할론가스 및 사염화탄소를 제거하기 위한 새로운 계획표를 작성하였음
  - **코펜하겐회의**(1992년) : CFCs의 전면 중지 시기를 4년 앞당긴 1996년으로 하고 규제물질을 75종 추가하여 총 95종을 규제하기로 합의하였음

엄선 예상문제

01 지구온난화를 일으키는 온실가스와 가장 거리가 먼 것은?
① CO_2 ② CO
③ CH_4 ④ N_2O

02 다음의 온실가스 중 온실효과에 대한 기여도가 가장 낮은 것은?
① CH_4 ② $CFCS$
③ NO_2 ④ CO_2

03 지구온난화의 주 원인물질로 가장 적합하게 짝지어진 것은?
① CH_4-CO_2 ② SO_2-NH_3
③ CO_2-HF ④ NH_3-HF

04 330DU의 오존 전량을 두께로 표시한 것으로 옳은 것은?
① 3.3mm ② 3.3cm
③ 330mm ④ 330cm

05 다음 중 온실효과에 영향을 미치는 기여도(%)가 가장 큰 물질은?
① CH_4 ② $CFCs$
③ O_3 ④ CO_2

06 지구온난화에 영향을 미치는 물질 중 영향이 가장 작은 것은?
① CO_2 ② H_2O
③ $CFCs$ ④ SO_2

07 다음 물질에 대하여 지구온난화지수(GWP)를 크기 순으로 옳게 배열한 것은?(단, 큰 순서>작은 순서)
① $N_2O > CH_4 > CO_2 > SF_6$
② $CO_2 > SF_6 > N_2O > CH_4$
③ $SF_6 > N_2O > CH_4 > CO_2$
④ $CH_4 > CO_2 > SF_6 > N_2O$

해설

01 온실가스는 CO_2, CH_4, CFC, N_2O, SF_6 등이다.

02 온실효과 기여도는 탄산가스(CO_2) 54%, 메탄가스(CH_4) 18%, SF_6과 CFC 및 HFC · PFC, trop.O_3 22%, N_2O 약 6%로 알려져 있다.

03 교토의정서에 규정된 온실가스는 이산화탄소(CO_2), 메탄(CH_4), 아산화질소(N_2O), 수소불화탄소(HFCs), 과불화탄소(PFCs), 육불화황(SF_6)이다.

04 1DU는 0.01mm 두께에 해당하므로 330DU는 3.3mm에 해당한다.

05 온실효과 기여도는 탄산가스(CO_2) 54%, 메탄가스(CH_4) 18%, SF_6과 CFC 및 HFC · PFC, trop.O_3 22%, N_2O 약 6%로 알려져 있다.

06 온실효과 기여도는 탄산가스(CO_2) 54%, 메탄가스(CH_4) 18%, SF_6과 CFC 및 HFC · PFC, trop.O_3 22%, N_2O 약 6%로 알려져 있다.

07 지구온난화지수(GWP, Global Warming Potential)의 크기는 CO_2를 기준(1.0)으로 할 때 SF_6(23,900)>PFCs(7,000)>HFCs(1,300)>N_2O(310)>CH_4(21)이다.

정답 | 1.② 2.③ 3.① 4.① 5.④ 6.④ 7.③

08 다음 ( ) 안에 알맞은 것은?

> 지난 30여 년간의 미국 하와이에서 측정한 대기 중 CO_2의 농도변화 경향을 살펴보면 일반적으로 봄~여름철에는 (Ⓐ)하고, 겨울철에는 (Ⓑ)하는 계절의 편차를 보인다. 이는 봄~여름철의 경우 식물이 (Ⓒ)작용으로 인해 CO_2를 (Ⓓ)하기 때문인 것으로 해석된다.

① Ⓐ 감소, Ⓑ 증가, Ⓒ 광합성, Ⓓ 흡수
② Ⓐ 감소, Ⓑ 증가, Ⓒ 호흡, Ⓓ 흡수
③ Ⓐ 증가, Ⓑ 감소, Ⓒ 광합성, Ⓓ 방출
④ Ⓐ 증가, Ⓑ 감소, Ⓒ 호흡, Ⓓ 방출

09 CO_2에 대한 다음 설명 중 옳지 않은 것은?

① 대류권 내에서는 화학적으로 극히 안정한 편이다.
② 대기 중의 CO_2 농도는 봄~여름에 증가하고, 겨울에 감소하는 경향이 있다.
③ 옥외 CO_2는 온실가스로 작용하며, 실내에서는 실내 공기오염의 척도로 이용되고 있다.
④ 자연적 발생은 미생물의 분해작용, 인위적 발생은 화석연료의 연소 및 산림파괴에 의하여 대기 중 농도가 증대되고 있다.

10 도시 열섬효과를 가져오는 원인과 가장 거리가 먼 것은?

① 기온역전
② 지표면의 열적 성질 차이
③ 인구집중에 따른 인공열 발생 증가
④ 건물 등 구조물에 의한 거칠기 길이의 변화

11 온실효과(Green House Effect)에 대한 설명으로 옳은 것은?

① 온실효과에 대한 기여도는 H_2O>CFC11 & 12>CH_4>CO_2 순이다.
② 오슬로협약은 기후변화협약에 따른 온실가스 감축목표와 관련한 국제협약이다.
③ 온실가스들은 각각 적외선 흡수대가 있으며, CO_2의 주요 흡수대는 파장 13~17μm 정도이다.
④ CO_2 농도는 일정주기로 증감이 되풀이되는데 1년 주기로 봄부터 여름까지는 증가하고, 가을부터 겨울까지는 감소한다.

12 대기 중 CO_2에 대한 설명으로 가장 거리가 먼 것은?

① 수증기와 함께 지구온난화에 중요하게 기여하고 있는 기체이다.
② CO_2 계절별 농도는 1년을 주기로 봄과 여름에 감소하는 경향을 나타낸다.
③ 전 지구적인 배출량은 자연적인 배출량보다 인위적인 배출량이 훨씬 많다.
④ 고층 대기에서 광화학적인 분해반응을 일으키는 경우를 제외하면 대류권 내에서는 화학적으로 극히 안정한 편이다.

13 지표의 반사율을 나타내는 지표는?

① 유효율 ② 알베도
③ 복사도 ④ 일사도

▶ 해설

08 일반적으로 봄~여름철에는 감소하고, 겨울철에는 증가하는 계절의 편차를 보인다. 봄~여름철의 경우 식물이 광합성작용으로 인해 CO_2를 흡수하기 때문으로 해석되고 있다.
09 대기 중의 CO_2는 봄~여름에 걸쳐 감소하고, 겨울에 증가하는 주기적인 변동을 보인다.
10 기온역전은 인위적 요소에 의한 도시 열섬효과(Heat Island Effect)의 직접적인 인자로 볼 수 없다.
11 ③항만 올바르다. 온실가스들은 각각 적외선 흡수대가 있으며, CO_2의 주요 흡수대는 파장 13~17μm 정도이다.
12 지구의 CO_2 발생 총량에서 인위적 발생량이 차지하는 비율이 6% 미만으로 아주 적다.
13 알베도(Albedo)는 입사 태양복사에너지에 대응하여 반사되는 지구복사에너지의 비율 또는 일사에 대한 지표의 반사율이라고도 한다.

정답 ┃ 8.① 9.② 10.① 11.③ 12.③ 13.②

14 다음 ( ) 안에 알맞은 것은?

( )이란 적도 무역풍이 평년보다 강해지며, 서태평양의 해수면과 수온이 평년보다 상승하게 되고, 찬 해수의 용승현상 때문에 적도 동태평양에서 저수온현상이 강화되어 나타나는 현상으로, 해수면의 온도가 6개월 이상 0.5℃ 이상 낮은 현상이 지속되는 것을 말한다.

① 엘니뇨현상 ② 사헬현상
③ 라니냐현상 ④ 헤들리셀현상

15 열섬효과에 대한 설명으로 알맞지 않은 것은?

① 여름부터 초가을에 많이 발생한다.
② 도시기온이 시골보다 높은 현상을 말한다.
③ 직경 10km 이상의 도시에서 잘 나타난다.
④ 구름이 많고 바람이 없는 주간에 발생한다.

16 다음 설명과 관련된 복사 법칙으로 가장 적합한 것은?

흑체표면의 단위면적으로부터 단위시간에 방출되는 전파장의 복사에너지의 양(E)은 흑체의 절대온도 4승에 비례한다.

① 빈의 법칙 ② 알베도의 법칙
③ 플랑크의 법칙 ④ 스테판-볼츠만 법칙

17 대도시에서는 열방출량이 많은데 비해 외부로 확산이 잘 안 되기 때문에 시내온도가 주변온도보다 높게 되며, 비가 많이 오고 안개가 자주 생기는 현상이 발생된다. 이 현상을 무엇이라 하는가?

① Heat Dome 현상
② Down Wash 현상
③ Heat Island 현상
④ Down Draught 현상

18 다음 계산식 중 비인의 변위 법칙과 관련된 식은? (단, λ_m : 최대에너지파장, T : 흑체 표면온도, E : 단위표면적당 복사에너지, σ : 상수, I_o 및 I : 입사 전·후의 빛의 복사속밀도, K : 감쇠상수, ρ : 매질의 밀도, L : 빛의 통과거리, R : 순복사량, K_o : 지표면의 도달 일사량, α : 지표의 반사율, L_o : 지표로부터 방출되는 장파복사)

① $E = \sigma T^4$
② $\lambda_m = 2,897/T$
③ $I = I_o \exp(-K\rho L)$
④ $R = K_o(1-\alpha) - L_o$

19 다음 물질 중 오존층의 오존파괴지수가 가장 낮은 것은?

① CFC-115 ② 사염화탄소
③ Halon-2402 ④ Halon-1301

> **해설**

14 라니냐(La Niña)는 무역풍이 평년보다 강해지면서 태평양의 온도와 수위가 평년보다 상승하게 되고, 적도 동태평양지역에서는 강한 무역풍의 영향으로 차가운 해수의 용승현상이 강해져 평년보다 해수면 온도가 낮은 저수온현상이 나타난다.

15 열섬효과는 구름이 적고 바람이 없는 야간에 많이 발생한다.

16 스테판-볼츠만 법칙은 흑체표면의 단위면적으로부터 단위시간에 방출되는 전파장의 복사에너지의 양은 흑체의 절대온도 4승에 비례($E = \sigma \times T^4$)한다는 법칙이다.

17 대도시에서는 열방출량이 많은 데 비해 외부로 확산이 잘 안 되기 때문에 시내온도가 주변온도보다 높게 되며, 비가 많이 오고 안개가 자주 생기는 현상이 발생한다. 이 현상을 열섬현상(Heat Island)이라고 한다.

18 비인의 변위 법칙을 나타내는 것은 ②항이다.

19 ODP가 가장 낮은 것은 ①항(ODP=0.6)이다.

정답 | 14.③ 15.④ 16.④ 17.③ 18.② 19.①

20 도시지역의 지상온도가 255K일 때 대기오염으로 인하여 시골지역보다 태양복사열량이 10% 감소하였다. 시골지역의 지상온도(K)는? (단, 스테판-볼츠만 법칙 적용)

① 약 262K ② 약 269K
③ 약 275K ④ 약 297K

21 최대에너지의 파장과 흑체 표면의 절대온도는 반비례함을 나타내는 법칙은?

① 플랑크 법칙
② 알베도의 법칙
③ 비인의 변위 법칙
④ 스테판-볼츠만의 법칙

22 다음에서 설명하는 복사 법칙으로 가장 적합한 것은?

> 열역학 평형상태에서는 어떤 주어진 온도에서 매질의 방출계수와 흡수계수의 비는 매질의 종류에 관계없이 온도에 의해서만 결정된다는 법칙

① 비인의 법칙
② 플랑크의 법칙
③ 키르히호프의 법칙
④ 스테판-볼츠만의 법칙

23 흑체에서 복사되는 에너지 중 파장 λ와 $\lambda + \Delta\lambda$ 사이에 들어있는 에너지량(E_λ)을 다음 식으로 표현한 법칙은?(단, T는 절대온도, C_1, C_2는 상수)

$$E_\lambda = C_1 \lambda^{-5}[\exp(C_2/\lambda T) - 1]^{-1}$$

① 플랑크의 법칙
② 비인의 변위 법칙
③ 베버-페히너의 법칙
④ 스테판-볼츠만의 법칙

24 오존층의 두께를 표시하는 단위인 돕슨(Dobson)에 대한 설명으로 적절한 것은?

① 지구대기 중의 오존 총량을 표준상태에서 두께로 환산했을 때 1m를 100돕슨으로 정한다.
② 지구대기 중의 오존 총량을 표준상태에서 두께로 환산했을 때 1cm를 100돕슨으로 정한다.
③ 지구대기 중의 오존 총량을 표준상태에서 두께로 환산했을 때 10m를 100돕슨으로 정한다.
④ 지구대기 중의 오존 총량을 표준상태에서 두께로 환산했을 때 1mm를 100돕슨으로 정한다.

> **해설**

20 스테판-볼츠만 법칙의 관계식을 이용한다.

□ $E = \sigma \times T^4$ $\begin{cases} \text{도시지역} = 5.67 \times 10^{-8} \times 255^4 = 239.74 \, \text{W/m}^2 \\ \text{시골지역} = 239.742 \times 1.1 = 263.70 \, \text{W/m}^2 \end{cases}$

∴ $263.70 = 5.67 \times 10^{-8} \times T^4$, $T = 261.14 \, \text{K}$

21 최대에너지의 파장과 흑체 표면의 절대온도는 반비례함을 나타내는 법칙은 비인의 변위 법칙 $\left(\lambda_m = \dfrac{2,897}{T}\right)$이다.

22 어떤 주어진 온도에서 매질의 방출계수와 흡수계수의 비는 매질의 종류에 상관없이 온도에 의해서만 결정된다는 법칙은 키르히호프의 법칙이다.

23 플랑크의 법칙(Planck's Law)은 파장에 따른 복사에너지 분포를 나타낸 법칙으로 온도가 증가할수록 복사선의 파장이 짧아지는 쪽으로 그 중심이 이동한다는 이론이다.

24 1Dobson은 지구대기 중 오존의 총량을 0℃, 1기압의 표준상태에서 두께로 환산하였을 때 0.01mm에 상당하는 양이다. 1mm=100돕슨(Dobson)

정답 ┃ 20.① 21.③ 22.③ 23.① 24.④

25 다음 설명 중 틀린 것은?

① 몬트리올 의정서는 오존층 파괴물질의 규제와 관련한 국제협약이다.
② 지구의 평균오존 전량은 약 300Dobson이지만, 지리적·계절적으로 그 평균값의 ±50% 정도까지 변화하고 있다.
③ 오존량은 Dobson 단위로 나타내는데, 1DU는 지구대기 중 오존의 총량을 0℃, 1기압의 표준상태에서 두께로 환산하였을 때 0.01cm에 상당하는 양이다.
④ 오존의 생성 및 분해반응에 의해 자연상태의 성층권 영역에는 일정수준의 오존량이 평형을 이루게 되고, 다른 대기권역에 비해 오존의 농도가 높은 오존층이 생긴다.

26 오존층에 대한 설명 중 틀린 것은?

① 오존농도의 고도분포는 지상 약 35km에서 평균적으로 약 10ppb의 최대농도를 나타낸다.
② 지구 전체의 평균오존량은 약 300Dobson 전후이지만 평균치의 ±50% 정도까지 변화한다.
③ 290nm 이하의 단파장인 UV-C는 대기 중의 산소와 오존분자 등에 의해 대부분이 흡수된다.
④ 오존의 생성 및 분해반응에 의해 자연상태의 성층권 영역에서는 일정한 수준의 오존량이 평형을 이루고 있다.

27 오존층 파괴물질인 CFC-111의 화학식은?

① CF_2Cl_2　　② $C_2F_3Cl_3$
③ C_2FCl_5　　④ C_2F4Cl_2

28 오존층과 관련된 설명으로 가장 거리가 먼 것은?

① 오존층은 지상 약 20~30km 구간을 말한다.
② 오존층에서는 오존의 생성과 소멸이 계속적으로 일어나면서 오존의 농도를 유지한다.
③ 지구 전체의 평균오존량은 약 300Dobson 정도이고, 지리적 또는 계절적으로 평균치의 ±50% 정도까지 변화한다.
④ CFC는 독성과 활성이 강한 물질로서 대기 중으로 배출될 경우 빠르게 오존층에 도달하며, 비엔나협약을 통해 생산·소비량을 줄이기로 결의하였다.

29 오존에 대한 설명으로 옳지 않은 것은? (단, 대류권 내 오존기준)

① 보통 지표 오존의 배경농도는 1~2ppm 범위이다.
② 국지적인 광화학스모그로 생성된 Oxidant의 지표물질이다.
③ 오존농도에 영향을 주는 것은 태양빛의 강도, NO_2/NO의 비, 반응성 탄화수소농도 등이다.
④ 오존은 태양빛, 자동차 배출원인 질소산화물과 휘발성 유기화합물 등에 의해 일어나는 복잡한 광화학반응으로 생성된다.

30 다음 중 CFC-12의 분자식으로 옳은 것은 어느 것인가?

① CF_3Cl　　② CF_3Br
③ $CHFCl_2$　　④ CF_2Cl_2

> **해설**

25 오존량 1DU는 1기압, 0℃ 하에서의 0.01mm 두께의 오존층에 해당한다.
26 오존층(25~30km)에서 최대 10ppm 정도가 된다.
27 CFC-[][][] → [탄소수-1][수소수+1][불소수]이므로 CFC-111의 화학식은 C_2FCl_5이다.
28 CFC는 비가연성, 비활성, 비부식성, 무독성이며, 비엔나협약(1985년)을 통하여 생산과 소비량을 줄이기로 결의하였다.
29 보통 지표 오존의 배경농도는 0.01~0.04ppm 범위이다.
30 CFC-[][][] → [탄소수-1][수소수+1][불소수]이므로 CFC-12의 분자식은 CF_2Cl_2이 된다.

정답 | 25.③　26.①　27.③　28.④　29.①　30.④

31 다음 오존층 관련 설명 중 틀린 것은?

① 오존농도의 고도분포는 지상 약 35km에서 평균적으로 약 10ppb의 최대농도를 나타낸다.
② 오존층 보호를 위한 국제협약은 비엔나협약, 몬트리올의정서, 런던회의, 코펜하겐회의가 있다.
③ 290nm 이하의 단파장인 UV-C는 대기 중의 산소와 오존분자 등의 가스성분에 의해 그 대부분이 흡수되어 지표면에 거의 도달하지 않는다.
④ 오존층 파괴물질인 CFC는 비가연성, 비활성, 비부식성, 무독성이며, 비엔나협약을 통하여 생산과 소비량을 줄이기로 결의하였다.

32 오존의 생성원에 대한 설명 중 ( ) 안에 알맞은 것은?

지표부근에서 자연적으로 생성되는 오존은 대기 중의 질소산화물과 식물에서 방출된 휘발성 유기화합물의 광화학반응에 기인한다. 식물로부터 배출되는 휘발성 유기화합물(탄화수소)의 한 예로서 (   )는(은) 소나무에서 생기며, 소나무향을 가진다.

① PAH ② 테르펜
③ 이소프린 ④ 사이토카닌

33 다음 중 특정물질과 그 화학식의 연결이 잘못된 것은?

① CFC-214 : $C_3F_4Cl_4$
② Halon-2402 : CF_2BrCl
③ HCFC-133 : $C_2H_2F_3Cl$
④ HCFC-222 : $C_3HF_2Cl_5$

34 다음 중 CFC-114의 분자식으로 옳은 것은 어느 것인가?

① CCl_3F ② $CClF_2CClF_2$
③ CCl_2FCClF_2 ④ CCl_2FCCl_2F

35 다음 특정물질의 종류와 그 화학식의 연결로 옳지 않은 것은?

① CFC-214 : $C_3F_4Cl_4$
② Halon-2402 : $C_2F_4Br_2$
③ HCFC-133 : CH_3F_3Cl
④ HCFC-222 : $C_3HF_2Cl_5$

36 오존층의 오존파괴지수(ODP)가 가장 큰 것은?

① CCl_4 ② Halon-1301
③ Halon-1211 ④ Halon-2402

37 오존층의 오존파괴지수가 가장 큰 것은?

① Halon-1211 ② Halon-2401
③ HCFC-1211 ④ Halon-1301

> **해설**

31 오존농도는 지상 25~30km(Ozonosphere)에서 최대농도 10,000ppb(10ppm)를 나타낸다.

32 대류권에서 자연적 오존은 질소산화물과 식물에서 방출된 탄화수소의 광화학반응으로 생성된다. 식물로부터 배출되는 탄화수소의 한 예로서 테르펜$[(C_5H_8)_n(n≥2)]$은 소나무에서 생기며, 소나무향을 가지는데 방향성을 가지는 것은 주로 모노테르펜이다.

33 할론-□□□ → [탄소수][불소수][염소수][브롬수]를 나타내므로 Halon-2402의 분자식은 $C_2F_4Br_2$이다.

34 CFC-114의 화학식은 $CClF_2 \cdot CClF_2$가 된다.

35 HCFC-133의 화학식은 $C_2H_2F_3Cl$이다.

36 제시된 항목 중 오존파괴지수(ODP)가 가장 큰 것은 Halon-1301(CF_3Br=12)이다. CCl_4(1.2), Halon-1211(5.1), Halon-2402(7.0)

37 제시된 물질 중 ODP는 Halon-1301(CF_3Br=12)이 가장 높다.

정답 ┃ 31.① 32.② 33.② 34.② 35.③ 36.② 37.④

업그레이드 종합 예상문제

01 온실가스별 지구온난화지수(GWP)가 옳게 짝지어진 것은?
① CH_4 : 21
② SF_6 : 2,390
③ N_2O : 1,300
④ PFCs : 15,250

■해설 ①항만 올바르다. N_2O 310, PFCs 7,000, SF_6 23,900이다.

02 온실효과 및 지구온난화에 대한 다음 설명 중 옳은 것은?
① 온실효과에 대한 기여도는 N_2O>CFCs이다.
② 지구온난화지수(GWP)는 SF_6가 HFCs에 비해 크다.
③ 대기의 온실효과는 실제 온실에서의 보온작용과 같은 원리이다.
④ 북반구에서 계절별 CO_2 농도의 경향은 봄~여름이 가을~겨울철보다 높은 편이다.

■해설 ②항만 올바르다. 온실효과에 대한 기여도는 N_2O<CFCs이고, 대기의 온실효과는 실제 온실에서의 보온작용과는 원리가 다르다. 온실은 유리창이 태양에너지를 투과시켜 가열된 따뜻한 공기를 찬 외기와 격리시키는 작용을 함으로써 보온효과를 나타내지만 지구대기는 가시광선은 통과시키고, 적외선을 흡수하여 열의 방출을 억제, 보온작용을 하는 특성이 강한 기체를 온실기체라 하는데 온실기체는 저층 대기권 내에서 공기온도를 덥게 하는 열담요(Heat Blanket) 역할을 하므로 대류권의 기온을 상승시키게 된다. CO_2 농도는 일정주기로 증감이 되풀이되는데 1년 주기로 봄부터 여름까지는 감소하고, 가을부터 겨울까지는 증가한다.

03 이산화탄소(CO_2)의 현재 대기 중 농도로서 옳은 것은?
① 약 170ppm
② 약 380ppm
③ 약 570ppm
④ 약 770ppm

■해설 이산화탄소(CO_2)의 현재 대기 중 농도는 약 380ppm이다.

04 대기 중 CO_2의 가장 큰 흡수원은?
① 토양
② 해수
③ 식물
④ 미생물

■해설 CO_2는 해수에 상당량 용해되기 때문에 바다는 대기가 함유하는 탄산가스의 약 60배를 흡수할 수 있다. 이 양은 식물에 의한 흡수량보다 훨씬 많다.

05 CO_2에 대한 다음 설명 중 틀린 것은 어느 것인가?

① 현재의 대기 중 CO_2의 농도 증가는 주로 인위적인 방출에 의한 것이다.
② 대기 중의 CO_2 농도는 여름에 감소하고 겨울에 증가하며, 북반구에서 CO_2 농도가 높다.
③ 대기로 배출된 CO_2의 약 50% 이상은 해수에 흡수되고, 그 과정과 흡수능력은 널리 알려져 있다.
④ 대기 중의 CO_2는 해양이나 식물에 흡수되어 대기 중에서 제거되며, 추정 체류시간은 2~4년으로 알려져 있다.

해설 인위적 CO_2 배출량의 약 30%는 해수에 흡수되고, 그 과정과 흡수능력은 잘 알려져 있지 않다.

06 온실가스와 가장 거리가 먼 것은?

① N_2O　　② CH_4
③ CFC　　④ NO_2

해설 교토의정서에서 규정하고 있는 온실가스는 이산화탄소(CO_2), 메탄(CH_4), 아산화질소(N_2O), 수소불화탄소(HFCs), 과불화탄소(PFCs), 육불화황(SF_6)이다.

07 온실기체에 대한 설명이다. (　) 안에 알맞은 것은?

> (Ⓐ)는 지표부근 대기 중 농도가 약 1.7ppm 정도이고 주로 미생물의 유기물 분해작용에 의해 발생하며, (Ⓑ)의 특수파장을 흡수하여 온실기체로 작용한다.

① Ⓐ CO_2, Ⓑ 적외선　　② Ⓐ CO_2, Ⓑ 자외선
③ Ⓐ CH_4, Ⓑ 적외선　　④ Ⓐ CH_4, Ⓑ 자외선

해설 CH_4는 지표부근 대기 중 농도가 약 1.7ppm 정도이고, 적외선을 흡수하여 온실기체로 작용한다.

08 열섬현상에 대한 설명으로 가장 거리가 먼 것은?

① 태양의 복사열에 의해 도시에 축적된 열이 주변지역에 비해 크기 때문에 형성된다.
② Dust Dome Effect라고도 하여, 직경 10km 이상의 도시에서 잘 나타나는 현상이다.
③ 도시지역 표면의 열적 성질의 차이 및 지표면에서의 증발잠열의 차이 등으로 발생된다.
④ 대도시에서 발생하는 기후현상으로 주변보다 비가 적게 오며, 건조해져 코·기관지 염증의 원인이 된다.

해설 대도시에서 발생하는 기후현상으로 주변지역보다 비나 눈이 자주 오는 기후변화를 유발한다.

정답　5.③　6.④　7.③　8.④

09 온실효과에 대한 다음 설명 중 옳은 것은?

① 실제 온실에서의 보온작용과 같은 원리이다.
② CO의 기여도가 가장 큰 것으로 알려져 있다.
③ 소화기 등에 주로 사용되는 N_2O는 온실효과에 대한 기여도가 CH_4 다음으로 크다.
④ 온실효과가스가 증가하면 대류권에서 적외선 흡수량이 많아져서 온실효과가 증대된다.

▮해설 온실효과가스가 증가하면 대류권에서 적외선 흡수량이 많아져서 온실효과가 증대된다.

10 엘니뇨(El Niño)현상에 대한 설명으로 거리가 먼 것은?

① 엘니뇨로 인한 피해가 주요 농산물 생산지역인 태평양 연안국에 집중되고 있다.
② 열대 태평양 남미해안으로부터 중태평양에 이르는 해수면의 온도가 높을 때 발생한다.
③ 스페인어로 여자아이(The Girl)라는 뜻으로, 엘니뇨가 발생하면 동남아시아, 호주 북부 등에서는 홍수가 주로 발생한다.
④ 엘니뇨가 발생하는 이유는 태평양 적도 부근에서 동태평양의 따뜻한 바닷물을 서쪽으로 밀어내는 무역풍이 불지 않거나 불어도 약하게 불기 때문이다.

▮해설 여자아이(The Girl)라는 뜻으로 불리는 것은 라니냐(La Niña)이다. 엘니뇨는 스페인어로 남자아이 또는 아기 예수를 의미하는데, 적도 동태평양 해역의 월평균 해수면 온도가 6개월 이상 지속적으로 평년보다 0.5℃ 이상 높은 상태가 됨으로써 무역풍과 용승(湧昇)현상이 약해지고 바닷물의 온도가 올라가면서 그 흐름의 방향도 바뀌는 이상현상을 말한다.

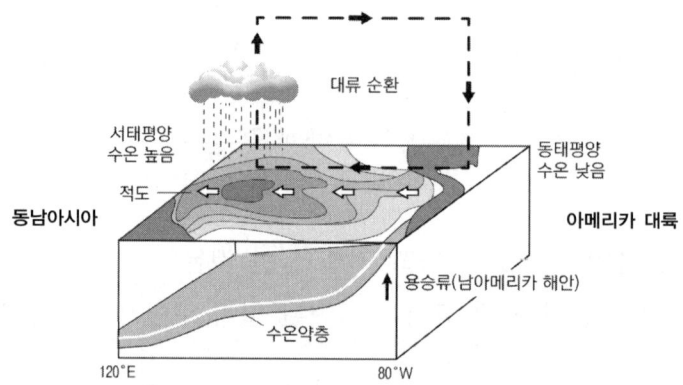

11 다음 중 태양상수 값으로 옳은 것은?

① $10cal/cm^2 \cdot min$
② $0.1cal/cm^2 \cdot min$
③ $1.0cal/cm^2 \cdot min$
④ $2.0cal/cm^2 \cdot min$

▮해설 태양상수(太陽常數, Solar Constant) 값은 약 $2.0cal/cm^2 \cdot min$이다.

12 대기와 해양의 상호작용에 해당되는 엘니뇨와 라니냐에 대한 설명으로 옳지 않은 것은?

① 엘니뇨 시기에는 서태평양의 기압이 높아지고, 남태평양의 기압이 내려가는 남방진동이 나타난다.
② 엘니뇨와 상대적인 현상으로 라니냐는 무역풍이 상대적으로 약화되어 서태평양의 온도가 감소된다.
③ 엘니뇨와 라니냐는 서로 독립적인 현상이 아니라 반대 위상을 가지는 자연계의 진동현상이라 할 수 있다.
④ 대기와 해양의 상호작용으로 열대 동태평양에서 중태평양에 걸친 광범위한 구역에서 해수면의 온도 상승을 엘니뇨라 한다.

▎해설 라니냐(La Niña)는 무역풍이 평년보다 강해지면서 태평양의 온도와 수위가 평년보다 상승하게 되고, 적도 동태평양지역에서는 강한 무역풍의 영향으로 차가운 해수의 용승현상이 강해져 평년보다 해수면 온도가 낮은 저수온현상이 나타난다.

13 스테판 볼츠만의 법칙에 의하면 표면온도가 2,000K인 흑체에서 복사되는 에너지는 표면온도가 1,000K인 흑체에서 복사되는 에너지의 몇 배인가?

① 2배
② 4배
③ 8배
④ 16배

▎해설 스테판–볼츠만의 방사 법칙을 적용하여 계산한다.

$E = \sigma T^4 \begin{cases} E_2 = \sigma \times 2{,}000^4 \\ E_1 = \sigma \times 1{,}000^4 \end{cases}$

$\therefore \dfrac{E_2}{E_1} = \dfrac{\sigma(2{,}000)^4}{\sigma(1{,}000)^4} = 16$ 배

14 태양상수를 이용하여 지구표면의 단위면적이 1분 동안에 받는 평균 태양에너지를 구한 값은?

① $0.5\text{cal/cm}^2 \cdot \text{min}$
② $1.0\text{cal/cm}^2 \cdot \text{min}$
③ $2.0\text{cal/cm}^2 \cdot \text{min}$
④ $0.25\text{cal/cm}^2 \cdot \text{min}$

▎해설 태양상수는 대기권 밖에서 햇빛에 수직인 1cm^2의 면적에 1분 동안 들어오는 태양복사에너지의 양을 말하며, 그 값은 약 $2\text{cal/cm}^2 \cdot \text{min}$이다. 따라서 지구표면의 단위면적이 1분 동안에 받는 평균 태양에너지의 양은 태양상수($2.0\text{cal/cm}^2 \cdot \text{min}$) 값의 1/4인 $0.5\text{cal/cm}^2 \cdot \text{min}$이 된다.

15 지표에 도달하는 일사량의 변화에 영향을 주는 요소와 거리가 먼 것은?

① 계절
② 대기의 두께
③ 지표면 상태
④ 태양의 입사각

▎해설 일사량에 미치는 요소는 태양의 입사각의 변화, 계절, 대기의 두께, 대기의 구성, 하루 중 시간 등이다.

정답 12.② 13.④ 14.① 15.③

16 복사에 대한 설명 중 거리가 먼 것은?

① 복사는 진공상태에서도 열을 전달할 수 있다.
② 대기복사는 보통 0.1~100μm 파장영역에 속한다.
③ 복사는 전자기장의 진동에 의한 파동 형태의 에너지 전달이다.
④ 복사파장영역 중 인간이 느낄 수 있는 가시광선은 붉은색인 0.36μm~보라색인 0.75μm까지이다.

■해설 대기·복사파장 영역 중 인간이 느낄 수 있는 가시광선은 보라색 0.36μm~붉은색 0.75μm까지이다.

17 대류권의 오존(O_3)에 대한 설명으로 옳지 않은 것은?

① 대류권의 오존 자신은 온실가스로도 작용한다.
② 오염된 대기 중의 오존은 로스앤젤레스 스모그 사건에서 처음 확인되었다.
③ 대류권의 오존은 국지적인 광화학스모그로 생성된 옥시던트의 지표물질이다.
④ 대류권에서 광화학반응으로 생성된 오존은 대기 중에서 소멸되지 않고 축적된다.

■해설 대류권에서 광화학반응으로 생성된 오존은 대기 중에서 소멸과 생성을 반복한다.

18 다음은 오존량 표현에 대한 설명이다. (   ) 안에 알맞은 것은?

> 돕슨단위(DU)는 지구대기 중 오존의 총량을 0℃, 1기압의 표준상태에서 두께로 환산했을 때 (   )mm에 상당하는 양을 말한다. 지구 전체의 평균오존량은 약 (   )Dobson이지만 지리적 또는 계절적으로 평균치의 ±50% 정도까지 변화한다.

① 0.1, 3,000
② 0.1, 300
③ 0.01, 3,000
④ 0.01, 300

■해설 오존량은 일반적으로 돕슨단위(DU ; Dobson Unit)를 이용하여 표현하는데 1DU는 1기압, 0℃ 하에서의 0.01mm 두께의 오존층에 해당한다.

19 오존층에 대한 설명 중 틀린 것은?

① 돕슨(Dobson)은 표준상태에서 두께로 환산했을 때 1mm를 100돕슨으로 정하고 있다.
② 오존층이란 성층권에서도 오존이 더욱 밀집해 분포하는 지상 40~60km 구간을 말한다.
③ 오존 총량은 적도상에서 약 200돕슨, 극지방에서 약 400돕슨 정도인 것으로 알려져 있다.
④ 성층권에서는 대기 중의 산소분자가 주로 240nm 이하의 자외선에 의해 광분해되어 생성된다.

■해설 오존층은 지상 25~30km 구간을 말한다.

20 오존층에 대한 설명 중 틀린 것은?
① 오존층의 두께 단위는 돕슨(Dobson)이다.
② 오존층은 극지방보다 적도지방이 두껍다.
③ 태양으로부터 오는 자외선은 성층권의 오존층에 의해서 대부분이 흡수된다.
④ 오존층이란 성층권에서도 오존이 더욱 밀집해 분포하는 지상 25~30km 구간을 말한다.

∎해설 오존층 두께는 극지방보다 적도지방이 얇다.

21 다음 물질 중 오존층의 오존파괴지수가 가장 큰 것은?
① CF_2BrCl
② $C_3H_3F_3Cl_2$
③ C_3HF_6Cl
④ $CHFClCF_3$

∎해설 ODP가 가장 큰 것은 ①항(CF_2BrCl, Halon-1211=5.1)이다. 이외 항목은 ODP<1.0이다.

더 풀어보기 예상문제

01 ( ) 안에 들어갈 말로 알맞은 것은?

지구의 평균 지상기온은 지구가 태양으로부터 받고 있는 태양에너지와 지구가 (Ⓐ) 형태로 우주로 방출하고 있는 에너지의 균형으로부터 결정된다. 이 균형은 대기 중의 (Ⓑ), 수증기 등의 (Ⓐ)을(를) 흡수하는 기체가 큰 역할을 하고 있다.

① Ⓐ 자외선, Ⓑ CO
② Ⓐ 적외선, Ⓑ CO
③ Ⓐ 자외선, Ⓑ CO_2
④ Ⓐ 적외선, Ⓑ CO_2

02 다음 중 온실효과에 관한 설명으로 옳지 않은 것은?

① 온실효과에 대한 기여도는 CO_2>CH_4이다.
② 교토의정서는 기후변화협약에 따른 온실가스감축과 관련한 국제협약이다.
③ 온실가스들은 각각 적외선 흡수대가 있으며, O_3의 주요 흡수대는 파장 13~17μm 정도이다.
④ 온실가스들은 각각 적외선 흡수대가 있으며, CH_4와 N_2O의 주요 흡수대는 파장 7~8μm 정도이다.

정답 1.④ 2.③

더 풀어보기 예상문제 해설

01 지구의 평균 지상기온은 지구가 태양으로부터 받고 있는 태양에너지와 지구가 적외선 형태로 우주로 방출하고 있는 에너지의 균형으로부터 결정된다. 이 균형은 대기 중의 CO_2, 수증기 등의 적외선을 흡수하는 기체가 큰 역할을 하고 있다.

02 온실가스들은 각각 적외선 흡수대가 있으며, O_3의 주요 흡수대는 파장 9μm 전후이다. CO_2의 주요 흡수대는 파장이 13~17μm 정도이다.

정답 20.② 21.①

더 풀어보기 예상문제

01 다음 지표면 중 일반적으로 알베도(%)가 가장 큰 것은?
① 삼림   ② 사막
③ 수   ④ 얼음

02 다음의 복사의 법칙은?

> • 열역학 평형상태 하에서는 어떤 주어진 온도에서 매질의 방출계수와 흡수계수의 비는 매질의 종류에 상관없이 온도에 의해서만 결정된다는 법칙이다.
> • 이 법칙은 국소적 열역학 평형에 대해서도 확장된다.

① 빈의 법칙
② 플랑크 법칙
③ 키르히호프 법칙
④ 스테판-볼츠만 법칙

03 ODP가 가장 높은 것은?
① $CHFBr_2$ ② CH_2FBr
③ $C_2H_2FCl_3$ ④ $C_2H_2F_3Cl$

04 다음 특정물질 중 오존파괴지수가 가장 낮은 것은?
① CCl_4 ② $C_2H_3Cl_3$
③ C_2F_5Cl ④ CF_2BrCl

05 다음 물질 중 오존층의 오존파괴지수가 가장 낮은 것은?
① CCl_4 ② $C_2F_4Br_2$
③ $CHFBr_2$ ④ $C_2H_3F_2Cl$

06 다음 물질 중 오존층의 오존파괴지수가 가장 낮은 것은?
① CCl_4 ② CF_2Cl_2
③ C_2F_5Cl ④ CF_2BrCl

07 특정물질의 화학식과 오존층 오존파괴지수의 연결로 틀린 것은?

종류	화학식	ODP
Ⓐ	CFC-217	C_3F_7Cl	1.0
Ⓑ	HCFC-21	$CHFCl_2$	0.04
Ⓒ	CFC-115	C_2F_5Cl	0.6
Ⓓ	CFC-113	$C_2F_3Cl_3$	0.4

① Ⓐ   ② Ⓑ
③ Ⓒ   ④ Ⓓ

08 다음 오존파괴물질 중 평균수명(년)이 가장 긴 것은?
① CFC-123   ② CFC-124
③ CFC-11   ④ CFC-115

정답 1.④ 2.③ 3.③ 4.② 5.④ 6.③ 7.④ 8.④

더 풀어보기 예상문제 해설

01 제시된 항목의 알베도를 살펴보면 삼림 5~10%, 사막 25~45%, 수면 3~5%, 얼음 70~80% 정도이다.

02 어떤 주어진 온도에서 매질의 방출계수와 흡수계수의 비는 매질의 종류에 상관없이 온도에 의해서만 결정된다는 법칙은 키르히호프 법칙이다.

04 제시된 물질 중 $C_2H_3Cl_3$가 ODP 0.14으로 가장 낮다. ① CCl_4(1.1) ③ C_2F_5Cl(0.6) ④ CF_2BrCl(3.0)

05 $C_2H_3F_2Cl$(HCFC-142=0.043)이 가장 ODP가 낮다.

06 제시된 물질 중 ODP는 CFC-115(C_2F_5Cl=0.6)가 가장 낮다. CF_2Cl_2(CFC-12=1.0), CCl_4(1.2), CF_2BrCl(Halon-1211=5.1)이다.

07 CFC-113($C_2F_3Cl_3$)의 ODP는 0.9이다.

08 CFC-115의 대기 중 수명은 550년 정도로 보기의 항목 중 가장 길다.

더 풀어보기 예상문제

01 오존층의 O_3은 어느 파장의 태양빛을 흡수하여 지상의 생명체들을 보호하는가?
① 360~440nm
② 290~350nm
③ 200~290nm
④ 파장<100nm

02 다음 물질 중 오존층의 오존파괴지수가 가장 큰 것은?
① $CFCl_3$
② C_3HF_6Cl
③ $CHFClCF_3$
④ CH_3CFCl_2

03 다음 물질 중 오존층의 오존파괴지수가 가장 높은 것은?
① CCl_4
② C_2F_5Cl
③ $C_2H_3Cl_3$
④ CH_3CFCl_2

04 오존층의 오존파괴지수를 크기 순으로 옳게 배열한 것은?
① $C_2F_3Cl_3 < CF_2BrCl < CHFClCF_3 < CCl_4$
② $CCl_4 < CF_2BrCl < CHFClCF_3 < C_2F_3Cl_3$
③ $CHFClCF_3 < C_2F_3Cl_3 < CCl_4 < CF_2BrCl$
④ $C_2F_3Cl_3 < CCl_4 < CF_2BrCl < CHFClCF_3$

05 성층권 오존 감소에 따른 영향과 가장 거리가 먼 것은?
① 백내장 등의 질환이 발생될 확률이 높아진다.
② 해양에서 광합성 플랑크톤에 피해를 주어 먹이사슬에 악영향을 일으킨다.
③ 피부균인 디프테리아 등의 살균력 저하로 피부암에 걸릴 확률이 증가한다.
④ 광합성작용과 수분 이용의 효율 감소로 농작물의 잎이 파괴되어 생산량을 감소시킨다.

06 다음 중 오존층 보호를 위한 국제환경협약으로만 옳게 연결된 것은?
① 바젤협약 – 비엔나협약
② 오슬로협약 – 비엔나협약
③ 비엔나협약 – 몬트리올의정서
④ 몬트리올의정서 – 람사협약

07 다음 중 오존층 보호와 가장 거리가 먼 것은?
① 헬싱키의정서
② 런던회의
③ 비엔나협약
④ 코펜하겐회의

정답 1.③ 2.① 3.① 4.③ 5.③ 6.③ 7.①

더 풀어보기 예상문제 해설

02 ①항은 CFC-11로서 ODP=1.0이고, 나머지는 모두 HCFC로서 ODP<0.12 이하이다.

03 제시된 물질 중 ODP는 사염화탄소(CCl_4=1.2)가 가장 높다.
CH_3CFCl_2(HCFC-141b=0.043), $C_2H_3Cl_3$(트리클로로에탄=0.11), C_2F_5Cl(CFC-115=0.6)이다.

04 CF_2BrCl(Halon-1211=5.1)>CCl_4(1.2)이다.

05 디프테리아균은 호흡기 전염성 세균으로 피부암과 무관하다. 태양광선 스펙트럼의 280~320nm 사이의 자외선에 과도하게 노출될 경우 눈의 백내장, 인체 면역력 억제, 피부 노화와 피부암 등의 질환을 유발하는 것으로 보고되고 있다.

06 오존층 보호를 위한 국제환경협약은 비엔나협약, 몬트리올의정서, 런던회의, 코펜하겐회의가 있다.

07 오존층 보호를 위한 국제협약은 비엔나협약(1985), 몬트리올의정서(1987), 런던회의(1990), 코펜하겐회의(1992)이다. 산성비와 관련된 국제협약에 제네바협약, 헬싱키의정서, 소피아의정서가 있다.

Chapter 05 대기의 확산 및 오염예측

출제기준	Chapter 5. 대기의 확산 및 오염예측	적용기간 : 2020.1.1~2024.12.31
세부출제 기준항목	기사	산업기사
	• 대기의 성질 및 확산 개요 • 대기확산방정식 및 확산모델 • 대기안정도 및 혼합고 • 오염물질의 확산 • 기상인자 및 영향	• 대기안정도의 분류 및 판정 • 안정도에 따른 오염물질의 확산 및 예측 • 대기확산이론 • 바람, 체감률, 역전현상 • 열섬효과 등

※ 산업기사의 출제기준은 『대기오염 개론』 중 기상영향, 기상인자에 대한 세세항목에 대한 것임

1 대기의 성질 및 확산 개요

(1) 대류권(행성경계층) 대기의 성질

❀ **대류권**(Troposphere)
- 대류권의 높이는 지상 약 10~15km 사이(평균 12km 정도)로 계절과 위도에 따라 변함
- 극지방에서는 낮고(약 8km) 적도 지방에서 높으며(약 15km), 같은 장소에서도 여름철에 높고 겨울철에 낮은 현상(**하고동저**)이 나타남
- 대류권의 높이 변화요인은 **중력**과 **원심력**의 영향도 있으나 **온도변화**와 이에 따른 **밀도변화**가 더 큰 요인으로 작용함

❀ **행성경계층**(Planetary Boundary Layer) : 대기경계층(Atmospheric Boundary Layer) 이라고도 하며, 열적·기계적 난류와 마찰의 영향을 받는 지표상의 대기층을 말함
- 난류가 없는 상태에서는 지면의 순 영향력은 지상 2m 정도밖에 미치지 못하지만, 난류의 영이 작용하면 작게는 수백 m에서 크게는 수 km 높이까지 영향을 미치게 됨
- 지면에 접근할수록 난류의 강도는 증가하고, 마찰력은 커지게 됨

❀ **온도변화** : 대류권에서는 지표면에서 발생하여 방출된 열로 인해 고도가 낮은 곳은 온도가 높고 높아질수록 기온은 내려감
- 대류권의 공기는 수증기를 포함하고 있어 비와 구름, 눈 등 기상현상이 일어나고 대기가 불안정하여 대류운동이 매우 활발하게 일어남

- 대류권은 높이에 따라 평균 약 6.5℃/km의 비율로 온도가 감소하고, 풍속은 고도가 높아질수록 증가함

※ **밀도변화**
- 지표 부근의 대기(공기)는 주로 질소와 산소로 이루어져 있으며 그 외에 아르곤, 이산화탄소, 헬륨 등이 함유되어 있으며, 수증기를 제외한 공기성분은 약 80km까지 거의 일정함
- 공기의 조성은 N_2(78.08%), O_2(20.95%), Ar(0.93%), CO_2(0.038%), 기타 성분으로 구성되어 있으며, 표준상태 기준의 공기밀도는 1.293kg/Sm^3임
- 공기의 밀도는 온도가 높을수록 작아지고, 압력이 높을수록 증가하게 됨

(2) 공기에 작용하는 힘

공기에 작용하는 힘은 경도력, 마찰력, 전향력, 원심력, 중력, 구심력 등이지만 그 중에서 가장 중요한 힘은 경도력과 전향력 및 마찰력임

※ **경도력**(Gradient Force) : 기압차에 의해 생기는 힘으로 고기압에서 저기압 방향으로 작용함

$$G = -\frac{1}{\rho} \times \frac{\Delta P}{\Delta n} \quad \begin{cases} G : 경도력 \\ \rho : 공기의\ 밀도 \\ \Delta P : 압력차 \\ \Delta n : 등압선\ 간격 \end{cases}$$

- **바람의 근본 원인**이 되는 힘으로 작용함
- 경도력은 **등압선에 직각**으로 작용함
- 기압경도가 강할수록 기압경도력은 커지고, 공기밀도가 클수록 기압경도력은 작아짐
- 기압경도력은 기압경도에 따라 작용하나 그 방향은 고기압에서 저기압으로 향하므로 음의 부호를 붙임

※ **전향력**(Coriolis Force) : 지구의 자전(自轉)에 의해 발생하는 힘으로 위도와 풍속의 영향을 크게 받음

$$C = 2\omega \sin\theta\ U \quad \begin{cases} C : 전향력 \\ \omega : 각속도 \\ \theta : 위도 \\ U : 풍속 \end{cases}$$

- 전향력은 **수평방향**으로 작용하는 가상적인 힘으로 물체의 운동방향을 바꿈
- 전향력은 **극지방에서 최대**, 적도에서 최소가 됨
- 북반구에서 전향력 방향은 풍향의 오른쪽으로 작용함(남반구는 반대)
- 전향력은 바람의 방향만 변화시키며 풍속에는 영향을 미치지 않음

※ **마찰력**(Frictional Force) : **바람과 지표면** 사이에서 발생하는 **저항력**의 크기를 나타내며, 마찰력의 크기는 지표면의 조도(거칠기)와 풍속에 비례함
- 마찰력으로 인한 항력은 통상 **경도력의 반대방향**으로 작용함

- 마찰의 영향이 미치는 대기층을 마찰층(**에크만층**)이라 하며, 마찰력이 0인 대기층을 **자유대기층**이라 함
- 마찰력은 **지표면으로 접근할수록** 커지며 고도가 증가할수록 감소함
- 마찰력이 클수록 풍속은 감소하고, 풍향의 변화는 커짐

❋ **원심력**(Centrifugal Force) : 원심력은 지구의 자전과 구심력이 있기 때문에 존재할 수 있는 **가상의 힘**(관성력과 마찬가지로 실제 존재하는 힘은 아님)을 의미하며, 원심력은 만유인력보다 상당히 작음

■ $C_r = \omega^2 R \cos\theta \begin{cases} C_r : 원심력 \\ \omega : 각속도 \\ R : 지구반경(회전축과의 거리) \\ \theta : 위도 \end{cases}$

- 원심력은 **적도에서 최대**, 극지방에서는 0(회전축과 거리=0)이 됨
- 원심력은 **구심력과 크기는 같지만 작용하는 방향은 반대**임

❋ **중력**(Gravity) : 공기에 작용하는 중력은 **만유인력과 원심력을 합산한 값**으로 위도 및 고도에 따라 그 크기는 달라짐
- 극지방에서는 약 $9.82 m/sec^2$, 적도에서는 약 $9.78 m/sec^2$임
- 고도가 증가하면 감소함(지면은 약 $9.80 m/sec^2$, 300hPa 고도에서는 약 $9.77 m/sec^2$)

(3) 바람(Wind)

바람은 공기를 이루는 기체의 흐름을 말함. 대기환경에서 우리가 학습해야 할 바람의 영역은 지상 대기오염물질 확산과 밀접한 연관성이 있는 미기상학 영역 중 **종관규모 바람**(synoptic winds)인 **지균풍, 경도풍**과 **지형적 특이성에 의한 부등가열**로 발생되는 **국지풍**(局地風, local winds) 등임

바람의 방향

■ **바위스-발롯의 법칙**(Buys-Ballot's Law)(경험 법칙)
- 북반구에서 관측자가 바람을 등지고 서 있다면, 기압은 관측자의 오른편보다 왼편에서 더 낮다.
- 바람이 고기압 영역이나 저기압 영역을 향하여 불지 않고 이 영역들 주위를 돌듯이 부는 이유는 바로 지구의 자전 때문(전향력의 효과)이다.

■ **고기압 중심부**에서는 **아래로 침강**하면서 **시계바늘 진행방향의 접선 밖**(외향)으로 바람이 불어나간다.

■ **저기압 중심부**에서는 **위쪽으로 상승**하면서 **시계바늘 반대방향의 접선 안쪽**으로 불어 들어가(내향)는 바람이 분다.

- ❂ **지균풍**(地均風, geostrophic wind) : 경도력=전향력 ⇝ 직선풍
  - **직선상의 등압선**에서 **등압선과 평행**하게 부는 바람
  - 마찰층 위의 **자유대기**에서 부는 바람임
  - 바람이 지균풍이 되기 위해서는 등압선이 평행하여야 하고 직선이어야 하며, 시간에 따라 기압변화가 없어야 함(이 조건들을 만족하지 않으면 가속도가 존재하게 됨)
  - 지균풍의 풍속은 기압경도력의 크기에 비례하며, 대기의 밀도와 전향력에 반비례함
  - 풍향은 북반구에서 저기압을 중심으로 반시계방향, 고기압을 중심으로 시계방향으로 붊
  - 지구 자전효과가 낮은 저위도나 소규모 기상 현상에서는 잘 나타나지 않음

- ❂ **경도풍**(傾度風, Gradient Wind) : 원심력+전향력=경도력 ⇝ 곡선풍(등압선이 곡선일 때)
  - 주요 힘은 **구심력**이며, 마찰층 위의 **자유대기**에서 부는 바람임
  - 지균풍처럼 경도풍에는 등압선을 횡단하는 흐름이 없고 마찰력도 없음
  - 직선상의 등압선에서 부는 지균풍과는 달리, **등압선이 곡률을 가질 때**, 원형 등압선에 나란히 부는 바람임
  - 지균풍처럼 전향력과 경도력이 같지 않으며, 이 두 가지 힘 중에 한 힘이 나머지 힘보다 커지게 되면, 그 차이가 구심력의 역할을 하여 바람이 원운동을 하게 됨
  - 풍속과 풍향은 **기압경도력, 전향력** 및 **마찰력** 사이의 3자 균형을 유지하기 위하여 풍속은 느려지고 **저기압을 향하여 편향**하게 됨

- ❂ **지상풍**(地上風, Surface Wind)
  - 지면의 마찰력이 존재하는 **고도 1km 이내**에서 부는 바람
  - 지상풍은 자유대기에서 부는 바람과는 달리 **등압선을 가로질러서 부는 특징**이 있음
  - 지상풍은 경도력과 전향력, 구심력 외에 마찰력이 풍속과 풍향에 영향을 미침
  - 풍향과 등압선이 이루는 각을 경각(傾角, inclination)이라고 하는데, 이 **경각의 크기는 마찰력이 클수록 커짐**
  - 지상풍이 등압선과 이루는 각은 해상에서 10~20°, 산악 지방에서는 20~45° 정도임

- ❂ **국지풍**(局地風, local winds) : 지형·기압 등의 영향으로 특정 지역에서 국지적으로 발달하는 바람을 말함
  - ▌**해륙풍**(Land and Sea Breeze) : 해륙풍은 **바다와 육지의 비열차** 또는 **비열용량차**에 의해 발달함
    - 해륙풍은 임해지역의 국지환류로 **낮에는 해풍, 밤에는 육풍**이 발달함
    - 해풍은 내륙으로 8~15km까지 영향을 미침(해풍의 풍속은 4~7m/sec)
    - 육풍은 바다 쪽으로 5~6km까지 영향을 미침(육풍의 풍속은 2~3m/sec)
  - ▌**산곡풍**(Mountain and Valley Winds) : 산곡풍은 **산 정상과 골짜기 사이의 온도 차**이에 의한 **기압 차이**로 인하여 국지적으로 발달하는 바람임
    - 산곡풍은 평지와 계곡 및 분지지역(盆地地域)의 일사량 차로 인하여 발달
    - **곡풍**(谷風)은 활승풍이라고도 하며, 적운형 구름을 발달시킬 수 있음

- 곡풍은 중력의 반대방향으로 작용하고, **산풍**(山風)은 **활강풍**이라고도 하며, 중력에 의해 가속됨
- 산풍이 곡풍보다 풍속이 큼
- 해안의 경우, 해륙풍과 연결되어 보다 큰 순환계를 형성하기도 함

▌**푄풍**(Föhn Winds) : 다습한 대기가 높은 산을 넘을 경우, 풍하측 사면을 따라 불어 내리는 고온 건조해진 바람으로 일명 높새바람이라고도 함
- **산맥을 경계로 기압차**가 있을 때 잘 발달함
- 풍상측의 공기는 고도가 높아지면서 단열상승 팽창에 의해 온도가 내려가고 건조해지며 산을 넘은 풍하측 공기는 건조단열 압축에 의해 온도가 상승하고 건조한 바람이 됨

▌**전원풍**(田園風, Country Breeze) : 대도시와 그 주변지역의 **열방출량 및 열보유 특성차**에 의해 발달되는 국지환류임
- 여름보다 겨울에, 낮보다는 밤에 현저하게 발생함
- 도시 대기의 수평확산을 크게 저해하고, 도시오염의 원인이 됨
- 도시 상공의 먼지지붕을 형성함
- 대기 환경용량을 제한함

※ **풍향, 풍속의 측정**
- **측정위치** : 주변의 건물이나 지형의 영향을 받지 않는 곳으로서 **지상 10m 위치**에서 연속적으로 측정함(연속 측정이 불가능한 경우는 시료채취 시간 동안 **10분 간격으로 같은 지점에서 3회 이상 측정**)
- **측정기구** : 풍향계(anemoscope)와 풍속계(anemometer)를 사용

(4) 난류의 발달과 풍속·풍향의 변화

※ **난류**(亂流, Turbulence)
- **정의** : 불규칙하게 움직이는 **저공층의 공기흐름**으로 **주파수 2 cycle/hr 이상**의 요동수를 갖는 것을 말하며, 특히 $1 \sim 0.01$ cycle/sec 범위는 난류확산의 중요한 구실을 함
- **발생**
  - **기계적 난류** : 지면 위를 부는 **바람**(풍속)과 **지표면 요철**의 마찰에 의해 발생
  - **열적 난류**(열적 대류) : 태양 복사에너지에 의해 가열된 지표 부근의 공기가 **불안정할 때** 공기의 수직적 교란에 의해 일어나는 난류로서 밤보다 낮에 더욱 강하게 발달함
- **영향인자**
  - 난류의 크기를 풍속으로 나눈 것을 난류강도라 함
  - 난류 크기는 바람이 강할수록, 지면의 요철이 많을수록, 지면에 근접할수록 증가함
  - 열적난류는 일사량이 클수록, 대기가 불안정할수록, 지표 온도가 높을수록 강하며, 낮 또는 여름철에 강하고, 겨울철이나 야간에는 그 반대가 됨

- **풍속과 풍향의 변화** : 기단(氣團)의 움직임은 지면과 가까울수록 지면과의 마찰로 인하여 풍속이 느려지고, 이 공기층은 바로 위의 공기층에 차례로 영향을 미쳐 난류(亂流)가 점차 발달하게 됨
  - **지표면의 거칠기** : 지표면의 거칠기는 풍속의 연직분포를 크게 변화시킴
    - 평탄한 평원은 거칠기가 작으며, 마찰력이 지표 부근에만 영향을 미침
    - 산악지형과 같이 거칠기가 큰 지역은 마찰력이 고공 깊숙하게 영향을 미치게 됨
  - **기계적 난류** : 마찰력이 클수록 난류강도는 커지고, 풍속은 느려짐
    - 지표 부근은 마찰력에 의해 풍속이 거의 0에 가깝지만, 고도를 증가할수록 마찰력의 영향은 점차 낮아지고, 풍속은 서서히 증가함
    - **마찰력이 큰 지형**(예 산악)은 마찰력이 고공 깊숙하게 영향을 미치기 때문에 풍속의 **종단면 분포는 완만**하게 변하고, **마찰력이 작은 지형**(예 해상)은 마찰력이 지면 부근에 국한되기 때문에 풍속의 **종단면 분포는 가파르게** 변하게 됨
  - **열적 난류** : 낮에는 밤보다 열적 난류에 의한 마찰력이 크고, 혼합고가 높으므로 마찰력이 고공 깊숙하게 영향을 미치게 됨
    - 불안정한 정도가 높은 **낮에는** 풍속 종단면 분포가 **야간보다 완만한 경사**를 이룸
    - **밤에는** 낮보다 지면 부근의 온도가 낮고, 대기가 안정한 상태로 되기 때문에 풍속 종단면 분포가 **낮보다 가파른 경사**를 이룸
    - 지면의 거칠기가 동일한 지역이라도 대기의 안정도에 따라 풍속의 연직분포는 달라짐

■ **풍속의 지수 법칙**(Deacon 식) : 고도를 증가할수록 풍속은 지수적으로 증가하고, 대기가 안정할수록 풍속의 증가속도는 증가함

- $U = U_o = \left(\dfrac{Z}{Z_o}\right)^p$
  $\begin{cases} U_o : \text{기준고도 } Z_o \text{에서 풍속} \\ U : \text{임의의 고도 } Z \text{에서 풍속} \\ Z_o : \text{기준고도} \\ Z : \text{임의의 고도} \end{cases}$

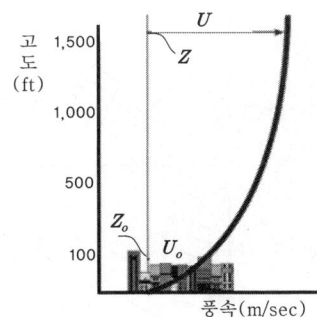

■ **풍향의 변화**(바람쏠림) : 지표와 경도풍 고도 사이에는 고도를 증가하면서 약 15~40° 가량 **시계바늘 진행방향**으로 바람쏠림이 일어남
  - 고도를 증가할수록 그 변화량은 감소함
  - 마찰력이 작은 해상에서는 10~20° 정도로 쏠림이 발생하고, 마찰력이 큰 산악 지방에서는 20~45° 정도임

▌**에크만 나선**(Ekman spiral) : 고도별 풍향·풍속 변화를 한 눈에 파악할 수 있도록 간단히 나타낸 부채살 모양의 그림을 말함
- 바탕고도(자유대기, 지상 1,000m)의 풍속(가로 바탕선의 길이)
- 마찰층 내의 임의 고도에서 풍향(각도)과 풍속(길이)
- 표준고도(지상 10m)에서 풍향(각도)과 풍속(길이)

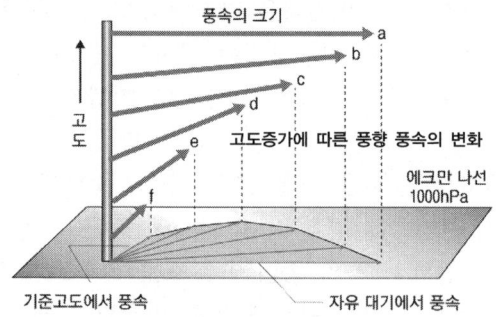

▌**바람장미**(Wind Rose) : 풍향(16방위 또는 36방위)과 풍속에 관한 자료를 그림으로 나타낸다고 하여 풍화(風花) 또는 풍배도(風配圖) 또는 바람의 지속도표(持續圖表)라 함
- 주풍(Prevail Wind) : 풍배도에서 가장 빈번히 관측된 풍향
- 풍향 : 중앙에서 바람이 불어오는 쪽을 막대모양으로 표시
- 방향량(Vecter) : 풍배도의 막대 표시부분으로 관측된 풍향별 횟수를 백분율로 나타냄
- 무풍률(정온 발생빈도) : 풍배도상의 중앙부분으로 바람이 없는 상태를 백분율로 표시하며, 풍속이 0.2m/sec 이하는 무풍(정온)으로 함

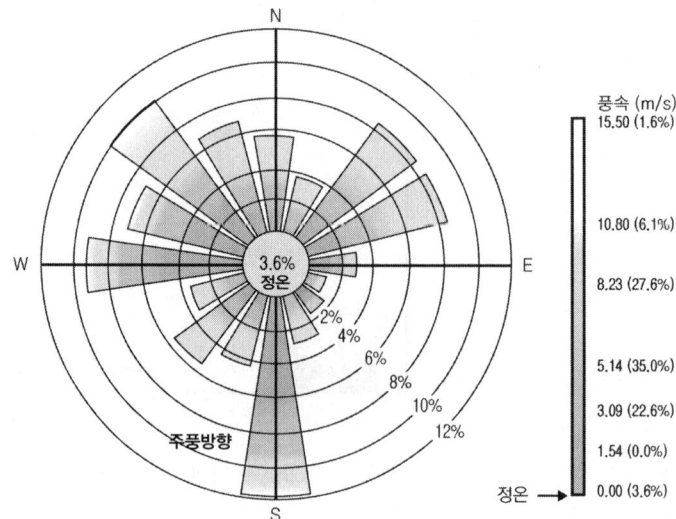

〈그림〉 풍배도(Wind Rose)의 개념도

※ **자료 인용** : 「대기환경기술사」 수험서, 이승원(저)

2 대기 확산방정식 및 확산 모델

(1) 대기 확산방정식

※ **픽스 법칙**(Fick's Law) : 단위시간에 단위면(單位面)을 이동하는 물질의 양(Flux)은 그 면의 법선방향(法線方向)의 농도경사(구배)에 비례한다는 법칙임

- x방향 난류확산 : $\dfrac{\partial C}{\partial t} = \dfrac{\partial}{\partial_x} K_x S_x = \dfrac{\partial}{\partial_x}\left(K_x \dfrac{\partial C}{\partial_x}\right) = K_x\left(\dfrac{\partial^2 C}{\partial_x^2}\right)$

  $\begin{cases} C : \text{농도의 시간평균} \\ x : \text{바람방향 거리} \\ K_x : x\text{방향 난류확산계수} \\ S_x : x\text{방향 농도경사} \Rightarrow (\partial C/\partial_x) \end{cases}$

- x방향 이류확산 : $\dfrac{\partial C}{\partial t} = U_x S_x = U_x \dfrac{\partial C}{\partial_x}$

  $\begin{cases} C : \text{농도의 시간평균} \\ x : \text{바람방향 거리} \\ U_x : x\text{방향 이류확산계수} \\ S_x : x\text{방향 농도경사} \Rightarrow (\partial C/\partial_x) \end{cases}$

Fick 확산식의 일반적 가정조건
- 오염물은 점오염원으로부터 연속적으로 방출된다.
- 시간에 따른 농도변화가 없는 정상상태 분포로 가정하고, 과정은 안정상태를 가정한다. 즉 $dC/dt = 0$
- 바람에 의한 오염물의 주 이동방향은 x 축이며, 풍속은 x, y, z 모든 지점에서 일정하다.
- 풍하측(x 축)의 확산은 이류에 의한 이동량에 비하여 무시할 수 있을 정도로 적다.

※ **0차원 방정식** : 0차원 방정식은 대기오염물질의 농도가 시간에 따라서만 변하는 것을 가정한 방정식으로 이것의 대표적인 대기오염 모델이 상자(Box) 모델임

- **상자 모델의 특징**
  - 상자 모델은 오염물질의 질량보존 법칙에 기본을 둔 모델임
  - 하단부는 지면과 접해 있고 위로는 혼합층의 상한까지이며, 측면으로는 한 도시를 면배출원(面排出原)으로 함
  - 상자 내부의 오염물질 배출량, 외부로부터의 유입, 화학반응에 의한 물질의 생성 및 감쇄를 고려함
  - 비교적 간단하면서도 기상조건과 배출량의 시간적 변화를 고려할 수 있음
  - 비교적 규모가 적고 대류현상이 활발한 실내 및 지하공간 즉, 면오염원에 적합함
  - 배출량이 증가하면 농도가 증가하며, 수평·수직 확산이 고려되지 않아 적용에 제한적임

- **적용 가정조건**
  - 상자 내의 농도는 균일하며, 배출원은 지면 전역에 균일하게 분포되어 있음
  - 배출된 오염물질은 즉시 공간 내에 균일하게 혼합됨

- 바람은 상자의 측면에서 수직단면에 직각방향으로 불며, 그 속도는 일정함
- 상자 내의 풍향, 풍속 분포도는 균일함
- 오염물질의 분해가 있는 경우는 1차 반응으로 취급함

□ **관계식** : 오염물질 변화량=유입량-유출량±반응량

$$\underbrace{\forall \frac{dC}{dt}}_{\text{변화량}} = \underbrace{Q_A WL}_{\text{바닥 배출량}} + \underbrace{C_i UHW}_{\text{측면 유입량}} + \underbrace{WL\frac{dH}{dt}(C_u - C_o)}_{\text{상부 유입량}} - \underbrace{C_o UHW}_{\text{측면 유출량}} - \underbrace{V_d C_o WL}_{\text{바닥 침적량}} \pm \underbrace{KC_o \forall}_{\text{반응량}}$$

$\begin{cases} Q_A : \text{바닥 배출원의 오염물질 배출률}(g/m^2 \cdot sec) \\ H, W, L, \forall : \text{높이, 폭, 길이, 부피}(m^3) \\ U, V_d, UHW : \text{측면풍속, 침적속도, 환기유량}(m^3/sec) \\ K : \text{반응상수} \\ C_i, C_o, C_u : \text{유입농도, 유출농도(상자 내 농도), 상부유입농도}(g/m^3) \end{cases}$

▌변수₩의 간략화와 가정조건 고려

- 정상상태(steady state)를 가정하면 → $\forall \frac{dC}{dt} = 0$

  ⇨ $Q_A WL + C_i UHW + WL\frac{dH}{dt}(C_u - C_o) = C_o UHW - V_d C_o WL \pm KC_o \forall$

- 화학적 반응이 없고, 상부 유입과 바닥 침적을 고려하지 않으면
  ⇨ $Q_A WL + C_i UHW = C_o UHW$

- 각 항을 UHW으로 나누면 ⇨ $\boxed{C_o = C_i + \frac{Q_A L}{UH}}$

⚛ **다차원 방정식** : 대기 중에서 물질의 확산이 x, y, z 전체 방향으로 동시에 일어난다면 난류확산과 이류확산을 조합하여 다음 식으로 나타낼 수 있음

$$\frac{\partial C}{\partial t} = K_x \frac{\partial^2 C}{\partial x^2} + K_y \frac{\partial^2 C}{\partial y^2} + K_z \frac{\partial^2 C}{\partial z^2} - \left(U_x \frac{\partial C}{\partial x} + U_y \frac{\partial C}{\partial y} + U_z \frac{\partial C}{\partial z}\right)$$

▌변수의 간략화와 가정조건 고려

- 정상상태(Steady state)를 가정하면 → $\frac{dC}{dt} = 0$
- 바람에 의한 y, z방향으로의 이류확산은 x방향(풍하방향)의 이류확산에 비해 무시할 정도로 작은 것으로 가정하면 → $U_y, U_z = 0$
- x방향으로의 확산은 이류확산≫분자확산으로 보면 → $K_x = 0$

$$U_x \frac{\partial C}{\partial x} = K_y \frac{\partial^2 C}{\partial y^2} + K_z \frac{\partial^2 C}{\partial z^2}$$

▌경계조건 적용

- 배출원에서 무한히 떨어지면 오염농도는 0이다. → $x = \infty$이면 $C = 0$
- 배출원에서 오염물질의 농도는 무한이다. → $x = 0$이면 $C = \infty$

- 풍하측으로 이동하는 오염물질의 양은 일정하며, 점배출원에서 오염배출률 Q와 같다.
  $x > C$인 경우 $\int_0^{INF} \int_{-INF}^{INF} UC(x, y, z) d_y d_z = Q$
- 플룸(plume)의 축에 직각인 단면에서의 농도분포는 정규분포(가우시안분포)를 이룬다.
  ※ 확률밀도 함수 → $f(x) = f(x_o, \sigma_x)$

▌방정식의 해(2차 편미분방정식의 일반해) : $C = K^{-1} \exp\left[-\dfrac{U}{4x}\left(\dfrac{y^2}{K_y} + \dfrac{z^2}{K_z}\right)\right]$

▌확산식 만들기 : 2차 편미분방정식의 일반해에 평균풍속에 대한 수직인 단면에서 오염물질의 농도분포는 정규분포(gaussian distribution)로 간주하여 난류확산계수(K)와 표준편차(확산폭, σ)를 연관지어 수식화함

① $C = K^{-1} \exp\left[-\dfrac{U}{4x}\left(\dfrac{y^2}{K_y} + \dfrac{z^2}{K_z}\right)\right]$

  ▶ 지표면상의 점오염원일 경우 : $K = \dfrac{Q}{2\pi (K_y K_z)^{(1/2)}}$

  $\Rightarrow C(x, y, z) = \dfrac{Q}{2\pi x (K_y K_z)^{(1/2)}} \exp\left[-\dfrac{U}{4x}\left(\dfrac{y^2}{K_y} + \dfrac{z^2}{K_z}\right)\right]$

  ▶ 확산계수와 확산폭의 관계식을 적용 : $\sigma_y^2 \equiv \dfrac{2K_y x}{U}$, $\sigma_z^2 \equiv \dfrac{2K_z x}{U}$

  $\Rightarrow C(x, y, z) = \dfrac{Q}{\pi \sigma_y \sigma_z U} \exp\left[-\left(\dfrac{y^2}{2\sigma_y^2} + \dfrac{z^2}{2\sigma_z^2}\right)\right]$

② 지면으로부터 고도 H_e에 위치하는 점원일 때(무반사) : $K = \dfrac{Q}{4\pi (K_y K_z)^{(1/2)}}$

  $\Rightarrow C(x, y, z\,;\,H_e) = \dfrac{Q}{2\pi \sigma_y \sigma_z U} \exp\left[-\left(\dfrac{1}{2}\dfrac{y^2}{\sigma_y^2} + \dfrac{1}{2}\dfrac{(z-H_e)^2}{\sigma_z^2}\right)\right]$

③ 반사를 고려하는 경우

  $\Rightarrow C(x, y, z\,;\,H_e) = \dfrac{Q}{2\pi \sigma_y \sigma_z U} \exp\left[-\dfrac{1}{2}\left(\dfrac{y}{\sigma_y}\right)^2\right]$
  $\times \left[\exp\left\{-\dfrac{1}{2}\left(\dfrac{z-H_e}{\sigma_z}\right)^2\right\} + \exp\left\{-\dfrac{1}{2}\left(\dfrac{z+H_e}{\sigma_z}\right)^2\right\}\right]$

(2) 확산 모델 개요

❂ 확산 모델의 유형

- **결정론적 모델**(Deterministic Model) : 모델의 계산 결과가 어떤 정해진 값으로 규정되는 모델들을 결정론적 모델이라고 함
  - 여러 배출원으로부터 배출된 오염물질이 대기 중에서 수송, 확산 및 변질되는 과정에 관련되는 물리, 화학적 방정식을 사용하여 환경대기 중의 농도를 계산하는 컴퓨터 모델임
  - 일반적으로 사용되고 있는 대기오염 확산 모델은 대체로 결정론적 모델을 말함

- 가우시안 모델, 퍼프 모델 등은 국내 **대기질 평가 모델**로 광범위하게 사용되고 있음
- **통계 모델**(Statistical Empirical Model) : 과거의 통계적, 경험적 관측에 의한 모델임
  - 이 모델은 현상이 과학적으로 충분히 규명되지 않았거나 가우시안 혹은 수치 모델을 적용하기 위한 데이터가 확보되지 않은 상황에서 자주 활용됨
  - 회귀분석법, 다변량 해석법, 신경망 모델 등의 방법을 이용하며, **대기오염 경보제** 등의 대기오염농도의 **단기간 예측**에 유용하게 이용되고 있음
- **물리 모델**(모형 모델, Physical Model) : 모형 모델은 실험실에서 모형을 사용하여 실제상황과 유사하게 구성한 모델임
  - 복잡한 유동현상, 곧 빌딩, 지형, 연돌에 의한 세류, 연기충돌 외에도 도시지역이나 지형이 복잡한 지역에서의 대기확산을 연구하기에 적합한 모델임
  - 모형 모델은 여러 모델링 기법 중에서 **가장 정확한 결과**를 낼 수 있음
  - 풍동 등의 고가의 실험장비와 실험자의 전문성이 요구됨
- **수치 모델**(Numerical Model) : 오염물질의 확산에 관여하는 기상현상, 대기흐름의 국지적 변화 및 오염물질의 확산운동 등을 지배하는 보다 근본적이고 정확한 방정식을 이용하여 대기오염현상을 예측할 수 있는 모델임
  - 가우시안 모델이 **특정 지역에서 행한 실험결과**를 바탕으로 개발된 데 반하여, 수치 모델은 **물질의 이류확산 및 화학변화**를 지배하는 보다 근본적인 자연 법칙에 근간을 두기 때문에 가우시안 모델에 비해 그 적용범위가 훨씬 넓음
  - 면오염원 특성이 두드러진 도시지역의 반응성 물질에 적합한 정교하고 복잡한 모델임
  - **정확한 기상자료**를 요구하고, 비용이 많이 들어 많이 활용되지는 않고 있음

※ **확산 모델의 이용** : 국토의 장기 계발계획, 환경영향평가, 도시, 공업단지의 대기질 개선대책, 대기오염 예보제, 대기오염 피해파악, 배출허용기준 설정, 유해물질 누출 시 사고대책, 지역 간·국가 간 오염물질의 입출을 이용한 모델링 등에 이용됨

※ 자료 인용 :「대기환경기술사」수험서, 이승원(저)

(3) 주요 확산 모델(분산 모델)

※ **가우시안 모델**(Gaussian Model) : 오염원으로부터 배출된 오염물질이 대기 중에서 수송(輸送), 확산(擴散) 및 변질되는 과정에 관련되는 물리, 화학적 변수들을 방정식(확산식)에 대입하여 대기 중의 농도를 예측하는 **대표적인 결정론적 모델**임

- **가정조건**

• 바람에 의한 오염물의 주 이동방향은 x축 • 풍속(U)은 일정 • 정상상태 가정 • 대기안정도와 확산계수는 불변	• x축의 확산은 이류 이동이 지배적 • 점배출원으로부터 연속적으로 방출 • 오염물질은 Plume 내에서 소멸(消滅)되거나 생성되지 않음

- **분산 모델의 입력자료**
  - 오염물질의 정보 및 배출속도
  - 굴뚝의 직경 및 재질

- 굴뚝의 높이 및 배출가스의 온도차
- 오염원의 가동시간 및 방지장치의 효율
- 혼합고, 풍향, 풍속, 일사량, 기온, 습도 등의 기상정보
- 오염원 및 수용체 위치의 지형정보 등

□ 가우시안 확산식(EPA 표준 Model)

$$C = \frac{Q}{2\pi \sigma_y \sigma_z U} \exp\left[-\frac{1}{2}\left(\frac{y}{\sigma_y}\right)^2\right] \times \left[\exp\left\{-\frac{1}{2}\left(\frac{z-H_e}{\sigma_z}\right)^2\right\} + \exp\left\{-\frac{1}{2}\left(\frac{z+H_e}{\sigma_z}\right)^2\right\}\right]$$

여기서,
- C : 좌표(x, y, z)에서의 농도
- Q : 오염물질의 배출률
- U : 굴뚝높이의 풍속
- σ_y : 수평방향의 확산폭
- σ_z : 수직방향의 확산폭
- H_e : 유효굴뚝높이
- x : 풍하방향거리
- y : 풍향에 직각인 수평거리
- z : 지면으로부터의 높이

■ 표준편차(σ_y, a_z)의 설정조건과 제한성
- σ_y, σ_z값은 **평탄한 지형**에 기준을 두고 있다.
- σ_y, σ_z값의 성립조건으로 **시료채취시간은 약 10분**이다.
- σ_y, σ_z값은 대기의 안정상태와 **풍하거리 x의 함수**이다.
- σ_y, σ_z값은 고도에 따라 변하므로 고도는 대기 중에서 **하부 수백 m**에 국한된다.

■ 변수에 따른 확산식의 간략화
- 유효굴뚝고(H_e)만 고려한 경우(고려항목 → 유효굴뚝고, H_e)

  ⇨ $C(x,y,z;H_e) = \dfrac{Q}{2\pi \sigma_y \sigma_z U}\exp\left[-\dfrac{1}{2}\left\{\left(\dfrac{y}{\sigma_y}\right)^2 + \left(\dfrac{z-H_e}{\sigma_z}\right)^2\right\}\right]$

- 지표에서의 농도를 산정할 때(고려항목 → $z=0$)

  ⇨ $C(x,y,0;H_e) = \dfrac{Q}{\pi \sigma_y \sigma_z U}\exp\left[-\dfrac{1}{2}\left\{\left(\dfrac{y}{\sigma_y}\right)^2 + \left(\dfrac{H_e}{\sigma_z}\right)^2\right\}\right]$

- 지표의 중심축상 농도를 산정할 때(고려항목 → $z=0$, $y=0$)

  ⇨ $C(x,0,0;H_e) = \dfrac{Q}{\pi \sigma_y \sigma_z U}\exp\left[-\dfrac{1}{2}\left(\dfrac{H_e}{\sigma_z}\right)^2\right]$

- 지상 점배출원에 의한 중심축상 농도를 산정할 때(고려항목→ $H_e=0$, $z=0$, $y=0$)

  ⇨ $C(x,0,0;0) = \dfrac{Q}{\pi \sigma_y \sigma_z U}$ ← ※ 악취 model로 적용될 수 있음

■ 단시간 농도 산정(Gaussian 모델과 Turner의 확산계수 이용)

⇨ $C_2 = C_1 \times \left(\dfrac{t_1}{t_2}\right)^q$
- C_2 : 임의의 시간 t_2에서 농도
- C_1 : 기준시간 t_1(10분), 기준환경에서의 농도
- q : 안정도에 따른 상수

■ **역전층이 존재할 때** : 공중역전층에 의한 반사효과를 고려하는 경우

$$\Rightarrow C(>2x_L, y, z) = \frac{Q}{\sqrt{2\pi}\ \sigma_y LU}\exp\left(-\frac{y^2}{2\sigma_y^2}\right) \quad \begin{cases} x_L : \text{풍하거리} \\ L : \text{지면} \sim \text{역전층까지의 높이} \end{cases}$$

■ **선(線) 오염원에 의한 지면농도**

$$\Rightarrow C(x, 0) = \frac{2Q}{\sqrt{2\pi}\ \sigma_z U}\exp\left(-\frac{H_e^2}{2\sigma_z^2}\right)$$

⚛ **서톤(Sutton)의 확산식 도출과 최대착지농도 산정**

① EPA 표준 Model을 Sutton식으로 전환

$$C = \frac{Q}{2\pi\ \sigma_y\sigma_z U}\exp\left[-\frac{1}{2}\left(\frac{y}{\sigma_y}\right)^2\right] \times \left[\exp\left\{-\frac{1}{2}\left(\frac{z-H_e}{\sigma_z}\right)^2\right\} + \exp\left\{-\frac{1}{2}\left(\frac{z+H_e}{\sigma_z}\right)^2\right\}\right]$$

▶ 수평확산폭을 확산계수로 변경 → $\sigma_y = \frac{1}{\sqrt{2}}K_y X^{\frac{2-n}{2}}$ $\quad \begin{cases} K_y : y \text{ 방향 확산계수} \\ H_e : \text{유효굴뚝고} \\ X : \text{굴뚝풍하거리} \end{cases}$

▶ 수직확산폭을 확산계수로 변경 → $\sigma_z = \frac{1}{\sqrt{2}}K_z X^{\frac{2-n}{2}}$ $\quad \begin{cases} K_z : z \text{ 방향 확산계수} \\ n : \text{안정도계수} \\ \circ \text{매우 불안정} : n = 0.2 \\ \circ \text{중립} : n = 0.25 \\ \circ \text{약한 안정} : n = 0.33 \\ \circ \text{강한 안정} : n = 0.5 \end{cases}$

$$C = \frac{Q}{\pi K_y K_z UX^{2-n}}\exp\left(-\frac{y^2}{K_y^2 X^{2-n}}\right)\left[\exp\left(-\frac{(z-H_e)^2}{K_z^2 X^{2-n}}\right) + \exp\left(-\frac{(z+H_e)^2}{K_z^2 X^{2-n}}\right)\right]$$

② 지상농도를 구하기 위한 변수의 정리

▶ 지표상의 농도를 구하기 위해 $z = 0$으로 놓으면

$$C = \frac{2Q}{\pi K_y K_z UX^{2-n}}\exp\left[-\frac{1}{X^{2-n}}\times\left(\frac{y^2}{K_y^2}+\frac{H_e^2}{K_z^2}\right)\right]$$

▶ 중심축의 농도를 구하기 위해 $y = 0$으로 하면

$$C = \frac{2Q}{\pi K_y K_z UX^{2-n}}\exp\left(-\frac{H_e^2}{K_z^2 X^{2-n}}\right)$$

▶ $dC/d_x = 0$으로 할 때의 착지거리($X_{\max}$) ···→ $X = \left(\frac{H_e^2}{K_z}\right)^{\frac{2}{2-n}}$

$$\boxed{C_{\max} = \frac{2Q}{\pi e\ UH_e^2}\frac{K_z}{K_y} = \frac{2Q}{\pi e\ UH_e^2}\frac{\sigma_z}{\sigma_y} \quad \cdots\cdots \text{최대착지농도}(C_{\max})}$$

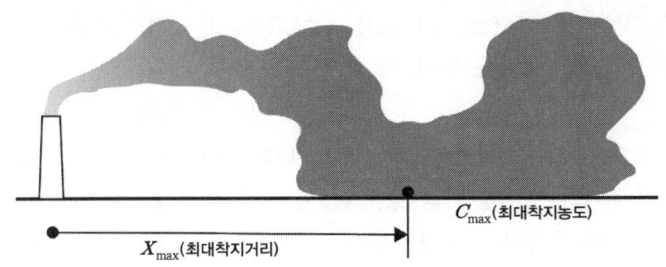

〈그림〉 최대착지거리와 최대착지농도의 개념도

▎최대착지농도 산정의 간편식

① $\sigma_y = \sigma_z$으로 가정하면 : $C_{max} = \dfrac{2Q}{\pi e\, UH_e^2} = 0.234\dfrac{Q}{UH_e^2}$

② 터너(Turner)의 도해법에서 $H_e^2 = 2\sigma_z^2$의 조건이면 : $C_{max} = \dfrac{0.1171Q}{\sigma_y \sigma_z U}$

※ 자료 인용 : 「대기환경기술사」 수험서, 이승원(저)

❇ **ISC 모델**(Industrial Source Complex dispersion model) : 현재 환경영향평가의 대기질 예측 시 일반적으로 사용되는 권장 모델로 **비반응성 물질**을 대상으로 하는 대표적인 가우시안 대기확산 모델임

▎$C(x,y) = \dfrac{QKVD}{2\pi\, \sigma_y \sigma_z U}\exp\left[-\left(\dfrac{y^2}{2\sigma_y^2}\right)\right]$ $\begin{cases} C(x,y) : \text{좌표}(x,y)\text{에서의 농도값} \\ Q : \text{점배출원의 오염물질 배출률(g/sec)} \\ K : \text{농도단위의 변환계수} \\ V : \text{연직확산항(침착, 침강, 지형 등 고려)} \\ D : \text{반감기를 고려하기 위한 감쇄항} \\ \sigma_y : \text{수평방향의 확산폭(m)} \\ \sigma_z : \text{수직방향의 확산폭(m)} \\ U : \text{굴뚝높이의 풍속(m/sec)} \\ y : \text{연기중심선에서의 수평거리(m)} \end{cases}$

□ **특징**
- 기상조건과 배출량의 변화가 없다고 가정하는 정상상태 모델임
- SO_x, PM_{10}, TSP 등 비반응성 오염물질의 농도 예측
- 공장과 산업단지 등의 오염원으로 인한 인근 지역의 대기오염농도 계산
- 점·면·선 오염원을 포함한 다양한 배출원에 적용할 수 있음

□ **기능적 특징**
- 입체오염원과 지표의 석탄광산, 채석장 등에도 취급할 수 있음
- 건성침적과 20μm 이상의 입자상 물질에 대한 중력침강을 고려함
- 모델링 대상 지역이 구릉과 같은 준 복합지형에도 적용 가능함
- 건물에 의한 세류효과를 고려할 수 있음
- 굴뚝 끝에서 발생하는 다운워시 효과를 고려할 수 있음
- 다양한 형태의 결과를 출력할 수 있음
- 오염물질의 지수적 감쇄를 고려할 수 있음

- **AERMOD**(AES/EPA Regulatory Model) : AERMOD는 정상상태 플룸 모델로 부상된 대기 오염물질뿐만 아니라 표면오염에 대해서도 다룰 수 있음
  - 특징
    - 최신의 물리학을 이용하여 대기 배출을 통한 이동 및 분산을 정확하게 다루고 있으므로 지표면에서의 오염농도의 정확한 예측이 가능함
    - 대류와 안정적인 경계층을 위한 분산 알고리즘을 포함하고 있으며, 역전층으로 연기가 통과하는 것을 허용함
    - 바람, 난류, 온도를 위한 수직적 프로파일을 모사하며, 습식 침적 또는 건식 침적을 고려하지 않는 것이 특징임
    - 대기상태가 공간적으로 균일하다는 가정을 보완한 대기확산 모델로 시간별 배출량 변화와 기상상태를 상세히 고려한 대기질 예측 모델임
  - 적용
    - 공장 및 산업단지 등의 오염원에서 발생하는 **비반응성 물질**의 농도 계산
    - 입자상 물질 및 납 등의 비반응성 물질과 오존, 유기휘발성 물질, 일산화탄소, 이산화질소, 이산화황 등의 **반응성 물질**도 측정할 수 있음

- **퍼프 모델**(Gaussian puff model) : 가우시안 모델이 평균화 시간 동안 일정한 풍향 및 풍속을 가정하는 데 반해 puff model은 매시간 오염원에서 배출되는 오염물질을 특정 단위로 구별하여 그 각각을 독립된 덩어리로 간주하여 추적함으로써 가우시안 모델을 적용할 수 없는 무풍 시에도 적용할 수 있게 한 모델임. 지면반사를 고려하는 경우 1개의 퍼프에 대한 농도분포를 계산하는 식은 다음과 같음

$$C(x,y,z) = \frac{M}{(2\pi)^{3/2} \sigma_x \sigma_y \sigma_z} \exp\left[-\frac{1}{2}\left(\frac{x}{\sigma_x}\right)^2\right] \exp\left[-\frac{1}{2}\left(\frac{y}{\sigma_y}\right)^2\right]$$

$$\left\{\exp\left[-\frac{1}{2}\left(\frac{z+h}{\sigma_x}\right)^2\right] + \exp\left[-\frac{1}{2}\left(\frac{z-h}{\sigma_z}\right)^2\right]\right\}$$

여기서,
- C : 농도
- x : 퍼프의 중심에서 주풍방향으로의 거리(m)
- y : 퍼프의 중심에서 부터 주풍의 직각방향으로의 거리(m)
- z : 퍼프중심으로부터의 고도(m)
- h : 퍼프중심의 고도(m)
- M : 퍼프 1개의 질량(g)
- U : 풍속(m/sec)
- σ_x : 대기의 난류에 의해 풍하방향으로 확산되어 퍼지는 거리(m)
- σ_y : 대기의 난류에 의해 직각방향으로 확산되어 퍼지는 거리(m)
- σ_z : 대기의 난류에 의해 연직방향으로 확산되어 퍼지는 거리(m)

- 특징
  - 가우시안 모델처럼 단순하면서도 풍향, 풍속의 변화를 보다 실제적으로 고려할 수 있음
  - 모델대상 영역은 수 km에서 수천 km에 이르며, 러시아의 체르노빌 핵발전소의 방사능 물질의 확산과 걸프전쟁시 쿠웨이트 유전화재에 의한 매연확산에 적용한 사례가 있음

- 굴뚝에서 연속적으로 배출되는 연기를 작게 잘라서 각각의 연기덩어리(puff)를 이동·확산시켜 농도를 계산한 후 모든 연기덩어리의 농도를 종합하여 대상 지역의 농도분포와 시간변화를 계산함

□ **기능적 특징**
- 시간에 따른 풍향, 풍속의 변화와 풍향, 풍속의 지역 차이를 고려할 수 있으며, 시간에 따른 퍼프의 배출량 변화도 고려할 수 있음
- 비정상상태 모델로서 해륙풍 순환과 같은 풍향변화를 나타내는 지역에 유용한 모델임
- 점오염원을 대상으로 하지만 초기의 수평확산을 넓게 지정함으로써 면오염원도 취급할 수 있으며, 부력에 의한 확산, 건성 및 습성 침착 등에 의한 영향도 고려할 수 있음
- 대기 중의 화학반응을 고려하지 못하므로 오존 등 반응성 물질에는 적용하지 못함

※ **오일러리안 모델**(Eulerian Models) : 공기와 같이 이동하는 오염물질을 3차원 고정좌표계상의 농도를 계산하는 모델로서 격자 모델이라고도 함. 이 모델은 3차원 모델로서 대기오염물질의 **바람에 의한 이동, 난류에 의한 확산, 화학반응, 제거과정** 등을 다음과 같이 묘사할 수 있음

$$\frac{\partial C}{\partial t} = K_x \frac{\partial^2 C}{\partial x^2} + K_y \frac{\partial^2 C}{\partial y^2} + K_z \frac{\partial^2 C}{\partial z^2} - \left(U_x \frac{\partial C}{\partial x} + U_y \frac{\partial C}{\partial y} + U_z \frac{\partial C}{\partial z} \right) + R + D + S$$

여기서,
- C : 시간평균농도
- x : 바람방향거리
- y : 바람의 직각방향거리
- z : 굴뚝높이 방향거리
- K_x, K_y, K_z : x, y, z 방향 확산계수
- U_x, U_y, U_z : x, y, z 방향 풍속
- R : 대기 중 화학반응
- D : 침적에 의한 농도변화
- S : 배출에 의한 오염물질 유입

▌**대표적인 반응 모델**

□ UAM(Urban Airshed Model)
- 단기 모델이며, 수평거리 100km 이내의 도시지역 광화학반응에 의해 오존 등을 계산하는 데 사용됨
- 대표적인 광화학 격자 모델임
- 반응성 오염물질(NO_x, O_3, CO, SO_x, VOC 등)이 지표의 식물 등에 건성 침착되어 제거되는 양을 계산할 수 있음

■ 1차 반응식 : $\ln\left(\dfrac{C_t}{C_o}\right) = -K \times t$
- C_o : 초기 농도
- C_t : t시간 후 잔류농도
- K : 반응속도상수
- t : 반응시간

■ 2차 반응식 : $\dfrac{1}{C_o} - \dfrac{1}{C_t} = -K \times t$

□ ROM(Regional Oxidant Model)
- UAM보다 넓은 지역을 대상으로 하며, 도시와 인근지역의 오존생성 및 확산과 수송을 계산하는 모델임
- 수평거리 1000km 이상의 장거리 이동과 산성비, 오존의 생성 및 확산과 수송을 계산하는 데 대표적으로 사용됨

□ STM2(Sulfer Transport Model Version 2)
- 수평거리 수천 km 규모의 지역을 대상으로 함
- 건성 및 습성 화학반응에 의하여 산성물질의 반응과 광화학 오염물질의 생성 등을 계산하여 산성비의 습성 침착을 주로 계산하는 모델임

□ RADM(Regional Acid Deposition Model)
- 미국 EPA에서 개발한 산성강화물 모델로 오일러리안 격자 모델임
- 수평거리 수천 km 정도의 넓은 지역에 걸친 대기오염물질의 이동과 변질을 계산하는데 적합하며, 산성비 이외에 도시광화학 물질에도 적용할 수 있음
- 국내의 대기질에 미치는 중국 대기오염물질의 영향을 조사하는데 적용한 사례가 있음

■ **선오염원 모델** : 도로와 같은 선오염원 특성이 강한 경우에 대한 다양한 모델이 개발되어 현재 사용되고 있는데, 대표적인 선오염원 모델은 HIWAY와 CALINE을 꼽을 수 있음

□ HIWAY
- 단기 모델로 고속도로 주변지역에 대기질에 미치는 영향을 평가하는데 적합함
- 고속도로로부터 수십 또는 수백미터 떨어진 풍하거리에 위치한 수용점(receptor)에서 비반응성 대기오염물질인 TSP 및 CO의 단기농도를 추정하는데 활용됨

□ CALINE
- 장기 모델로 미시규모의 지역(굴곡형 도로)에 적합함
- 배출강도, 기상조건, 지형조건 및 지형특성의 입력자료에서 도로로부터 150m 이내의 예측점에 대해 신뢰성 있는 오염농도를 예측할 수 있음
- CO나 입자상 물질과 같은 비반응성 오염물질을 예측할 수 있음

■ **오염원(점·면·선)에 따른 적용 모델**

적용	모델명	특징
점·면·선	AERMOD	**미국**에서 개발된 범용적인 **정상상태 플룸 모델**(Steady-State Plume Model) (ISC 3(Industrial Source Complex) 모델보다 더 효과적인 분산 특성 분석을 수행)
	ISC-LT	미국에서 개발된 범용적인 모델(**장기농도** 예측에 사용)
	ISC-ST	미국에서 개발(ISC-LT와 같은 구조로서 주로 **단기농도** 예측에 사용)
	ADMS	**영국**에서 개발(도시 지역에서 오염물질의 이동을 계산하는 데 사용)
	AUSPLUME	**호주**에서 개발(미국의 ISC-ST와 ISC-LT 모델을 개조하여 만든 모델)

적용	모델명	특징
점·면	CTDMPLUS	• 미국에서 개발(**복잡한 지형**에 대해 오염물질의 이동 예측에 사용)
	CMAQ	• 미국에서 개발(국지규모에서 지역규모까지 다양한 모델링이 가능)
	OCD	• 미국에서 개발(주로 **해안**에서의 오염물질의 이동예측에 사용)
	TCM	• 미국에서 개발된 **장기 모델**(우리나라에서 많이 사용)
선	CALINE	• 미국에서 개발된 **장기 모델**(도로에서 차량에 의한 오염물질의 이동예측)
	HIWAY	• 미국에서 개발된 **단기 모델**(도로에서 차량에 의한 오염물질의 이동예측)
바람장	MM 5	• 미국에서 개발된 중규모 **3차원 기상 모델**
	RAM	• 미국에서 개발(**바람장 모델**로 기상예측에 주로 사용)
	RAMS	• 미국에서 개발(**바람장과 오염물질의 분산**(점/면)을 동시에 계산)
	ENVI-Met	• 미세규모(도시규모) 바람장 분석에 활용되는 모델(가스상, 입자상 오염물질의 확산과 침적량을 동시에 계산)
반응물 관련 모델	ROM	• UAM보다 **넓은 지역**을 대상으로 함(수평거리 1,000km 이상의 장거리 이동과 **산성비, 오존**의 생성 및 확산과 수송 계산)
	UAM	• 미국에서 개발된 **광화학 모델**(도시 지역에서 광화학반응을 고려하여 오염물질의 이동을 계산하는 데 사용)
	STEM 2	• **건성 및 습성 화학반응**에 의하여 산성물질의 반응과 광화학 오염물질의 생성 계산(수평거리 수 천km 규모의 지역을 대상)
	RADM	• 미국에서 개발한 **산성강화물 모델**(STEM 2와 유사한 기능, **산성비** 이외에 **도시 광화학물질에도 적용**)
	SMOGSTOP	• **벨기에**에서 개발한 **오존오염** 단기예측 모델

※ 자료 인용 : 「대기환경기술사」 수험서, 이승원(저)

(4) 수용 모델(Receptor Model)

- **개요** : 수용체에서 공기 중의 시료를 채집한 후 각종 물리·화학적 실험을 통하여 정보로 얻고 이들 정보를 입력자료화하여 모델링을 수행함으로써 채집된 시료성분이 그 지역에 어느 정도 영향을 끼쳤는지 여부 즉, 오염원의 정량적인 파악 및 기여도를 산출하는 데 이용되는 모델임. 수용 모델은 **질량보존의 법칙과 질량수지 개념**에 바탕을 둔 것임

- **요구정보 및 분석방법**
  - **이화학적 분석자료** : 수용 모델을 적용하기 위해서는 오염물질 배출원에 대한 배출원 구성물질 성분비(source fingerprint)가 필수적으로 필요함
    - **가스상 물질분석** : 가시선/자외선 분광법, 가스크로마토그래피, 화학발광법, 적외선 흡수법, 형광분석법 등
    - **입자상 물질분석** : 현미경분석법, 원자흡광광도법, 유도결합플라즈마발광분석법 등
  - **응용통계학적 분석** : 신경망분석법, 농축계수법, 시계열분석법, 화학질량수지법 등

▎현미경분석법

- **방법** : 광학현미경법, 전자현미경법, 자동 전자현미경법 등
- **특징**
  - 분진을 입자단위로 분석하는 방법임

- 분진의 크기, 모양, 형상, 입경분포, 화학적 조성까지도 분석이 가능하므로 오염원의 확인 및 검증에 주로 이용됨
- 수많은 오염원을 쉽게 확인할 수 있으나 정량적인 분석에는 어려움이 있음

▌ 화학분석법

- **방법** : 농축계수법, 화학질량수지법, 시계열분석법, 공간계열분석법, 다변량분석법 등
- **특징**
  - 각종 실험장비를 이용, 물리·화학적 정보를 얻고 이를 토대로 응용통계학을 이용하여 오염원의 정량적 기여도를 얻는 데 이용됨
  - 정량적 분석이 가능하지만 극히 한정된 오염원의 수에 의존하는 결점이 있음

※ 대표적인 수용 모델

- **CMB**(Chemical Mass Balance, 화학적 질량수지법) **모델** : 수용체에서의 농도와 오염원에서 배출되는 화학종 특성간의 상관을 이용하여 오염원으로부터 기여도를 산정하는 방법
  - 단 한 개의 측정자료를 가지더라도 오염원 기여도를 산출할 수 있음
  - 수용체에 영향을 미치는 미세입자의 주요 오염원을 찾아낼 수 있음
  - 각 오염배출원별 기여도를 정량화 할 수 있음
  - 동종 대표 오염원에 대한 세부오염원에 대한 오염원까지 분류표를 개발하여야 함
  - 특정오염원의 기여도가 과대 또는 과소 평가될 수 있음
- **PMF**(Positive Matrix Factorization) **모델** : 통계적 모형을 구축하고 기본 골격을 형성하는 소수의 인자를 유도하여 변수들 간의 공분산 또는 상관관계를 파악하는 통계기법인 인자분석기법을 보완한 방법임
  - 진보된 오염원의 정성적 분류가 가능함
  - 고도의 전문성이 요구되어 사용하기가 어렵고 분석시간이 오래 소요됨

※ 확산 모델(분산 모델)과 수용 모델의 비교

구분	확산 모델	수용 모델
장점	• 미래의 대기질 예측 가능 • 대기오염 정책입안에 도움을 줌 • 2차 오염원의 확인 가능 • 오염원의 운영 및 설계요인의 효과를 예측할 수 있음 • 점·선·면 오염원의 영향평가 가능	• 새로운 오염원이 있을 때마다 재평가할 필요가 없음 • 지형·기상정보가 없어도 사용 가능함 • 오염원의 조업 및 운영상태에 대한 정보가 없어도 사용 가능함 • 새로운 오염원과 불확실한 오염원, 불법 배출오염원에 대한 정량적인 확인평가가 가능함 • 수용체 입장에서 영향평가가 현실적으로 이루어질 수 있음 • 현재나 과거에 일어났던 일을 추정할 수 있으며, 미래를 위한 전략은 세울 수 있음

구분	확산 모델	수용 모델
단점	• 새로운 오염원이 있을 때마다 재평가할 필요가 있음 • 기상의 불확실성과 오염원이 미확인될 때 많은 문제점을 가짐 • 오염물의 단기간 분석 시 문제가 됨 • 지형, 오염원의 조업조건에 따라 영향을 받음	• 미래의 대기질 예측이 불가능함 • 특정자료를 입력자료로 사용하므로 시나리오 작성이 곤란함

※ 자료 인용 : 「대기환경기술사」 수험서, 이승원(저)

3 대기안정도 및 혼합고

(1) 대기안정도와 기온역전

❀ **정의** : 대기안정도(atmospheric stability)란 기단(氣團)의 조건이 난류운동을 강화하거나 억제하려는 경향의 크기 정도를 의미함

❀ **안정도의 분류**

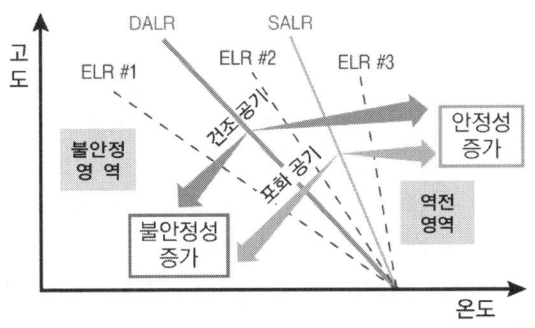

- □ **건조단열감률**(DALR, Dry Adiabatic Lapse Rate) : 기단(氣團)이 외부와 열교환 없이 수증기의 응결을 일으키지 않은 상태에서 팽창할 때에 나타나는 온도변화의 비율을 말함
  - 건조단열감률은 **고도 100m를 상승할 때 0.98℃의 온도가 감소**됨
  - DALR은 $\gamma_d = -0.98℃/100m$의 값을 가짐(※ 그림의 굵은 실선)
- □ **환경감률** or **실측감률**(ELR, Environmental Lapse Rate)
  - 고도를 증가하면서 온도를 직접 측정할 수 있는 라디오존데(Radiosonde) 등을 이용하여 대기층의 실제 수직기온분포를 측정하여 이를 토대로 작성한 실측감률을 말함
  - ELR(그림의 점선)은 실측된 값이므로 ELR#1, ELR#2, ELR#3 등 다양하게 나타날 수 있음
- □ **습윤단열감률**(SALR, Saturated Adiabatic Lapse Rate) : 구름을 형성한 습윤공기가 팽창할 때에 나타나는 온도변화의 비율을 말함

- 일반적으로 평균 -0.5℃/100m의 값을 사용하지만 공기의 구성성분과 기압, 온도에 따라서 -0.3~-0.9℃/100m의 범위로 변함
- SALR은 $\gamma_w = -0.5$ ℃/100m의 값을 인용함

□ **표준감률** : 국제 표준체감률은 온대지방의 해면상의 온도 15℃(표준기압 1기압)를 기준할 때 지표에서 대류권 권계면(10.8km)까지의 체감률을 $\gamma_s = -0.66$℃/100m로 함

❀ 안정도의 판정
- 정적 안정도 { ◦ 건조단열감률 기준 판정
               ◦ 온위에 의한 판정
- 동적 안정도 : 리차드선 수의 크기에 의한 판정
- 기타 : 파스킬의 안정도 등

■ 건조단열감률(DALR = γ_d)기준 안정도

[안정도 판정]
- ELR #1일 때($\gamma > \gamma_d$) : 절대 불안정 조건(과단열 조건)
- DALR = ELR 일 때($\gamma = \gamma_d$) : 중립조건
- ELR #2일 때($\gamma_d > \gamma > \gamma_w$) : 조건부 불안정 상태(미단열 조건)
- ELR #3일 때($\gamma_w > \gamma$) : 습윤한 공기의 안정상태

■ 온위기준 안정도

$$\theta = T\left(\frac{P_o}{P}\right)^{R/C} = T\left(\frac{1{,}000}{P}\right)^{0.288}$$

$\begin{cases} P : \text{임의 고도에서 압력(mb)} \\ P_o : \text{표준고도에서 압력(1,000mb)} \\ \theta : \text{온위(K)} \\ T : \text{임의 고도에서 온도(K)} \\ R : C\text{-1}, \ C : \text{비열비} \end{cases}$

[안정도 판정]
- **온위가 증가(+)하면** → 대기의 상태는 **"정역학적 안정"**
- **온위가 감소(-)하면** → 대기의 상태는 **"불안정"**
- **온위가 고도에 관계없이 일정**하면 → 대기의 상태는 **"중립"**

■ 리차드슨 수(R_i)기준 안정도 : Richardson's Number는 대류 난류를 기계적인 난류로 전환시키는 율을 나타냄. 리차드슨 수를 구하기 위해서는 보통 지표에서 수 m와 10m 내외의 고도에서 기온과 풍속을 동시에 측정하여야 하며, 특히 정확한 풍속측정이 중요함

$$R_i = \frac{g}{T_m} \times \left[\frac{\Delta t/\Delta Z}{(\Delta U/\Delta Z)^2}\right]$$

$\begin{cases} \Delta t : \text{온도차} \\ \Delta U : \text{풍속차} \\ \Delta Z : \text{고도차} \\ g : 9.8 \\ T_m : \text{평균절대온도(K)} \end{cases}$

- R_i는 무차원수임
- R_i를 통해 기계적 난류와 대류 난류 중 어느 것이 지배적인가를 추정할 수 있음
- R_i가 0에 접근하면 분산이 감소하고, 기계적 난류만 존재하는 중립상태가 됨
- R_i가 큰 음의 값을 가지면 대류가 지배적이어서 강한 수직운동이 일어남

[안정도 판정]
- $-0.04 > R_i$: 자유대류>기계적 대류인 상태, 자유대류가 혼합 주도
- $-0.03 < R_i < 0$: 강제대류와 자유대류가 혼재, 강제대류(기계적 난류)가 혼합 주도
- $R_i = 0$: 기계적 난류만 존재함
- $0 < R_i < 0.25$: 기계적 난류가 성층에 의해 약화됨
- $R_i > 0.25$: 수직방향의 혼합이 억제됨, 수평상의 소용돌이만 존재

▌**파스킬(Pasquill)의 대기안정도** : 낮에는 태양복사량(일사량), 지상 10m의 풍속을 이용하고, 낮에는 일사량, 밤에는 구름의 양(운량분포)과 풍속으로부터 동적 대기안정도를 **6단계**(A~F등급)로 구분함

[안정도 판정]
- A등급 : 강한 불안정 → 일사량 50cal/cm^2·hr 이상, 바람이 약한 날(2m/sec 이하)
- B등급 : 보통 불안정 → 일사량 25~49cal/cm^2·hr, 미풍(2~5m/sec)이 있는 날
- C등급 : 약한 불안정 → 일사량 25~49cal/cm^2·hr, 부분적으로 맑은 날
- D등급 : 중립 → 구름이 덮여 있는 날, 맑은 날로서 풍속이 보통~강한 날
- E등급 : 약한 안정 → 대부분 구름이 덮여 있음, 약한 바람이 부는 날의 밤
- F등급 : 강한 안정 → 부분적으로 구름이 덮여 있음, 맑고, 약한 바람이 부는 밤

⚛ 대기안정도에 따른 오염물질의 확산 특성

□ 절대 불안정(과단열)조건
- 기단의 난류운동을 더욱 촉진하는 대기조건임
- **과단열적**(super adiabatic) 대기상태 또는 **순전상태**라고도 함
- 지표 부근 공기와 상층 공기의 연직혼합이 매우 왕성하게 일어나는 상태임
- 예를 들면, 쾌청한 한낮에 지표복사열을 많이 받는 조건이나 한랭한 공기가 가열된 지표면 위로 이동할 때 지면 부근의 대기에서 열적난류가 강하게 발생할 때 관찰됨
- 지표 부근의 대기오염물질이 대기공간으로 빠르게 확산됨

□ 중립조건
- 실측된 환경체감률과 건조단열체감률의 온도경사가 같은 대기조건임
- 예를 들면, 쾌청한 한낮에 강한 풍속을 동반함으로써 기계적 난류가 지배적인 대기환경 또는 하루 중 일사량이 약해지는 오후에 관찰됨
- 지표의 오염물질은 규모가 큰 난류를 따라 천천히 분산되는 특징을 보임

□ 조건부 불안정상태(미단열조건)
- 기단의 난류운동을 다소 약하게 억제하는 대기조건임
- **미단열적**(subadiabatic) 대기상태 또는 약한 안정상태로 볼 수 있는 조건임
- 공기 중 습도의 대소에 따라 안정도가 달라질 수 있음
- 중립상태보다 약한 안정상태를 형성하기 때문에 대기 중 오염물질은 매우 천천히 분산되고, 열적난류는 잘 발달하지 않음

□ 안정상태 또는 기온역전
- 기단의 난류운동을 강하게 억제하는 대기조건임
- 안정상태(역전상태)에 놓인 공기는 상·하 혼합이 이루어지지 않음
- 지표 부근에서 발생 된 대기오염물질은 상층으로 확산되지 못하고 지면 부근에 축적되는 경향이 있음

기온역전(Temperature Inversion)

□ 정의 : 대류권 내에서 특정한 환경조건에 의해 기온이 고도와 함께 높아지는 현상을 말함

□ 구분
- 접지역전(Ground Inversion) : 기온 역전층의 저부가 지표에 접한 역전을 말함 → 복사역전(방사역전), 이류역전 등이 이에 속함
- 공중역전(Midair Inversion) : 지표로부터 어느 상공까지는 불안정상태의 대기를 형성하고, 그 불안정상태의 대기층(혼합층) 위에 뚜껑을 씌운 격으로 존재하는 역전을 말함 → 침강역전, 전선역전 등이 이에 속함

▌복사역전(輻射逆轉, Radiation inversion)

□ 발생 : 야간복사에 의해 **지표면 부근의 공기층**이 상층보다 빠르게 **냉각되기 때문에** 발생됨

□ 특징
- 대기오염물질이 집적되는 지표층에서 생기므로 접지역전(지표역전)으로 분류됨
- 무풍이거나 바람이 약하고 맑으며, 습도가 낮은 야간~새벽 사이에 잘 발달됨
- 겨울철에 발생빈도가 높음
- 일출 이후 지표 부근의 하층부터 역전층이 해소됨
- 도시 지역보다는 시골 지역에서 잘 발생함
- 복사역전층에서는 안개가 발생하기 쉽고, 매연이 잘 소산되지 않아 지표의 오염농도를 증가시키게 됨

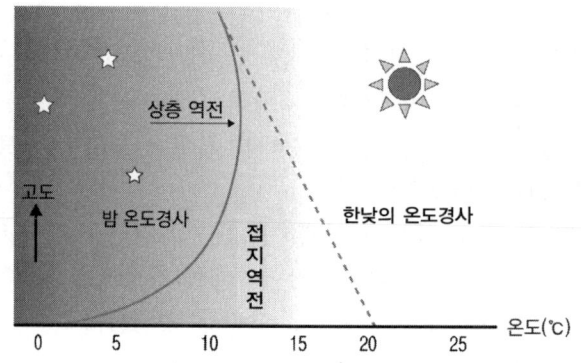

〈그림〉 접지역전의 예(복사역전)

이류역전(移流逆轉, Advectional inversion)
- **발생** : **따뜻한 공기**가 차가운 지표면이나 수면 위를 불어갈 때, 따뜻한 공기의 하층이 찬 지표면, 수면에 의해 **냉각되기 때문**에 발생됨
- **특징**
  - 접지역전(지표역전)으로 분류됨
  - 내륙 쪽으로 갈수록 지표 부근의 역전층 깊이가 증가되는 특징이 있음
  - 일반 국지풍인 해륙풍에 의해서는 잘 일어나지 않음

침강역전(沈降逆轉, Subsidence inversion)
- **발생** : 정체성 고기압이 체류하는 지역의 상층 공기가 하강하면서 기단이 단열적으로 압축되면서 승온(昇溫)된 공기가 지표면 가까이 유입될 때 발생하는 역전임
- **특징**
  - 공중역전으로 분류됨
  - 침강공기의 단열압축에 따른 승온(昇溫)에 의해 일어남
  - 낮과 밤의 출현비율이 동일함
  - 시간에 무관하며, 정체성 고기압이 장기간 머무는 지역에 주로 발생함
  - 침강역전은 배출원의 상부에서 발생하며, 장기간 지속될 경우 오염물질을 높은 농도로 축적하는데 기여할 수 있음
  - 침강역전 형성고도는 통상 1,000~2,000m 내외이며, 넓은 지역에 걸쳐서 발생함

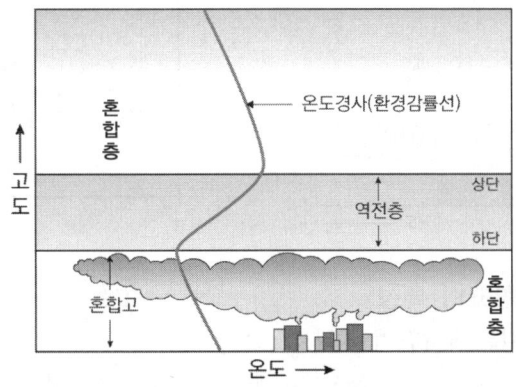

〈그림〉 공중역전의 예(침강역전)

전선역전(前線逆轉, Frontal inversion)
- **발생** : 더운 공기가 차가운 지표면 위로 전선을 이루면서 바람이 불 때 발생함. 이러한 역전은 차가운 기단(氣團) 위에 난기단이 존재할 때, 그 경계면에서 발생하는데, 이때 형성되는 경계면을 전선면이라 함. 냉각된 차가운 공기는 전선면을 따라 차츰 아래로 침강하여 하층에는 차가운 공기, 그리고 그 위층에 따뜻한 공기가 존재함으로써 지표부근에 혼합층(mixed layer)이 발달하여 공중역전층을 형성하게 됨

□ **특징**
- 공중역전으로 분류됨
- 바람과 난류가 크고 강우를 동반하는 경우가 많음
- 다른 역전현상에 비하여 지표 부근의 오염도에 미치는 영향이 적음

▎**기타** : 해상의 찬공기가 더운 육지로 불어 들어올 때 발생하는 **해풍역전**과 다습한 공기가 큰 산맥을 넘어 산골짜기 사이로 통과할 때 발생하는 **지형성 역전**도 있는데, 이 역전층은 산골짜기, 분지 등으로 냉기가 모아질 경우에 발생함. 이 외에도 다양한 형태의 국지적인 역전이 일어나고 있음

(2) 혼합고

❀ **개념** : 지표 상공에 존재하는 역전층의 저부(底部)와 지표 사이의 온위가 고도에 따라 감소(불안정 조건)할 때, 이 대기층은 상하 수직혼합(연직대류)이 가능하므로 이 층을 혼합층(混合層)이라 하며, 이때 대류가 발달하는 깊이를 **혼합고**(Mixing Height)라 하고, 지표로부터 가열된 공기덩어리는 주위의 공기와 중립적(中立的) 평형에 도달할 때까지 상승하여 대류 혼합층의 한계에 도달하게 되는데 이때 열부상 효과에 의해 대류가 유발되는 혼합층의 깊이를 **최대혼합고**(MMD, Maximum Mixing Depth)라고 함

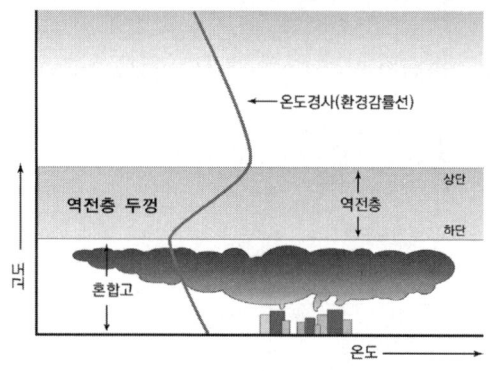 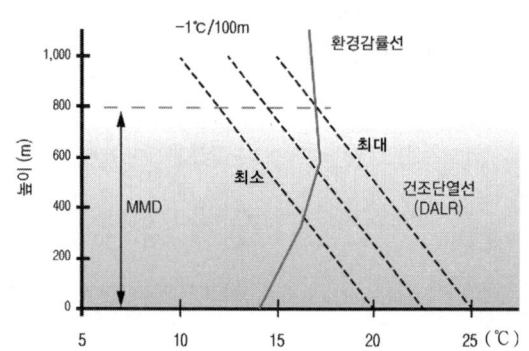

□ **혼합고 및 최대혼합고의 특성**
- 혼합고가 낮을수록 대기환기량은 감소함
- 지표 부근 오염물 농도는 혼합고 비(比)의 3승에 반비례함
- 일반적으로 혼합고는 오후 2시를 전후해서 일중 최대치를 나타냄
- 실제 최대혼합고(MMD)는 지표위 수 km까지의 실제 공기의 온도종단도를 작성(건조단열감률선과 환경감률선이 만나는 점까지의 높이)함으로써 결정됨
- MMD는 통상 밤에 낮고, 한낮에 최대(1km 이상)가 됨
- 야간의 극심한 역전상태에서는 MMD가 0이 될 수도 있음
- MMD는 여름이 높고, 겨울이 낮음

❀ **혼합고와 대기오염도의 관계** : 혼합고가 높을수록 대기환경용량은 증가되어 오염도는 낮아진다. 따라서 대기오염물질의 농도는 대체로 **혼합고의 3승에 반비례**관계가 성립함

- $C_2 = C_1 \times \left(\dfrac{H_1}{H_2}\right)^3$ $\begin{cases} C_1 : 혼합고\ H_1일\ 때\ 공간\ 내\ 오염물질농도 \\ C_2 : 혼합고\ H_2일\ 때\ 공간\ 내\ 오염물질농도 \\ H_1, H_2 : 각각의\ 혼합고(m) \end{cases}$

  ▫ 역전층 내의 공기는 안정된 상태이므로 혼합층 내의 공기는 역전층 상단으로 확산되지 못하게 뚜껑을 씌운격이라 하여 일명 **역전층 뚜껑**이라고도 함
  ▫ 혼합고의 변화 또는 역전층의 형성으로 대기환경용량이 제한될 때 지표 대기의 오염물농도를 예측하는 경험식 또는 확산식은 다음과 같음

- $C = K \times H^{-m}$ $\begin{cases} C : 오염물질의\ 농도 \\ H : 혼합고(m) \\ K : 비례상수 \\ m : 계절에\ 따른\ 상수(10 \sim 3월 : 0.372,\ 12 \sim 1월 : 0.488) \end{cases}$

- $C(>2X_L, y, z) = \dfrac{Q}{\sqrt{2\pi}\,\sigma_y LU}\exp\left(-\dfrac{1}{2}\dfrac{y^2}{\sigma_y^2}\right)$ $\begin{cases} C : 오염물질의\ 농도 \\ X_L : 풍하거리(m) \\ L : 역전층까지\ 높이(m) \\ U : 풍속(m/sec) \\ Q : 오염물질\ 배출률 \\ \sigma_y : 수평확산계수 \\ y : 수평거리 \\ \pi : 3.14 \end{cases}$

4 오염물질의 확산

(1) 대기안정도에 따른 오염물질의 확산 특성

⚛ 안정도와 오염물질 확산 특성
▫ 불안정한 대기상태 : 기단의 난류운동을 더욱 촉진하는 대기조건이므로 지표 부근 공기와 상층 공기의 연직혼합이 매우 왕성하게 일어나는 상태가 됨
▫ 중립조건의 대기상태 : 구름이 많고, 일사량이 약한 날, 기계적 난류가 지배적인 대기상태 또는 하루 중 통상 오후에 나타남
▫ 미단열의 대기상태 : 약한 불안정 또는 안정상태의 대기조건이므로 대기 중 오염물질은 매우 천천히 분산되고, 열적난류는 잘 발달하지 않음
▫ 안정상태 또는 기온역전의 대기상태 : 기단의 난류운동을 강하게 억제하는 대기조건이므로 대기오염물질은 상층으로 확산되지 못하고 공간 내에 축적되는 경향이 있음

⚛ 안정도에 따른 연기의 확산형태
▫ **환상형**(Looping)
  • **대기환경** : 대기가 매우 불안정하고, 일사량이 강하며, 바람이 어느 정도 강할 때
  • **발생시간** : 한낮(청명한 날)
  • **확산 특성**
    ▸ 연기(Plume)의 확산이 양호함
    ▸ 연기의 수직·수평 확산폭이 가장 큼
    ▸ 연원(煙原)에 의한 최대착지농도가 높음

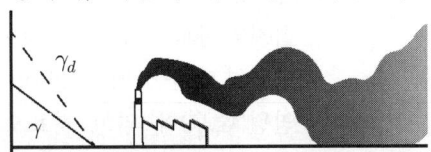

□ **추형**(Coning)
  - **대기환경** : 대기가 미단열적 중립상태이고, 날씨가 흐리고, 바람이 비교적 강할 때
  - **발생시간** : 일몰 전 오후 또는 한낮 이전
  - **확산 특성**
    ▸ 바람이 다소 강하고, 흐린 날
    ▸ 일사량이 약하고 부분적으로 흐린 날
    ▸ 농도분포는 가우시안 분포를 이룸

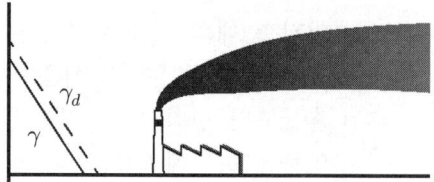

□ **부채형**(Fanning)
  - **대기환경** : 대기가 매우안정(역전상태)이고, 바람이 약할 때
  - **발생시간** : 밤~일출 전(접지역전층 내)
  - **확산 특성**
    ▸ 기온역전상태일 때 관찰됨
    ▸ 대기오염이 심할 때 관찰됨
    ▸ 연기의 수직 및 수평 확산폭이 가장 작음
    ▸ 최대착지거리가 큼

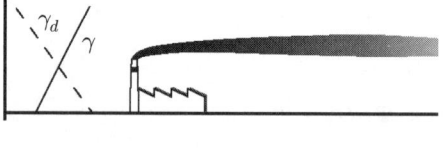

□ **지붕형**(Lofting)
  - **대기환경** : 하층은 역전상태, 상층이 불안정할 때, 일사량과 풍속은 비교적 약한 상태
  - **발생시간** : 일몰 후(지표역전층 형성시기)
  - **확산 특성**
    ▸ 비교적 지속시간이 짧음
    ▸ 연원(煙原)에 의한 지표오염도가 낮음

□ **훈증형**(Fumigation)
  - **대기환경** : 하층은 불안정, 상층은 안정(역전상태)일 때, 풍속은 비교적 약한 상태
  - **발생시간** : 일출 후(접지역전 해소시기)
  - **확산 특성**
    ▸ 비교적 지속시간이 짧음
    ▸ 배출오염물질이 지표방향으로만 확산
    ▸ 연원에 의한 지표오염도가 가장 높음

□ **구속형**(Trapping)
  - **대기환경** : 하층은 접지역전, 상층은 공중역전이 겹쳐서 발생할 때, 풍속은 비교적 약함
  - **발생시간** : 밤~새벽 사이
  - **확산 특성**
    ▸ 접지역전과 공중역전 사이로 확산됨
    ▸ 빈번하게 관찰되는 Plume이 아님
    ▸ 연원(煙原)에 의한 지표오염도가 낮음

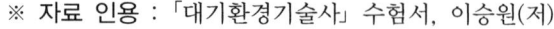

※ 자료 인용 : 「대기환경기술사」 수험서, 이승원(저)

(2) 확산에 따른 오염도 예측

※ **확산 영향인자** : 풍향, 풍속, 대기안정도

※ **오염도**
- **풍향** : 오염물질의 확산방향을 결정하는 중요한 요소이며, 풍향의 변화가 클수록 수평확산폭(측면 확산폭)이 증가하게 됨
- **풍속** : 오염물질의 농도에 직접적인 영향을 주는 요소로서 **선상농도**는 풍속에 반비례하여 감소하고, **면상농도**는 풍속의 제곱에 반비례, **공간농도**는 풍속의 세제곱에 반비례하여 감소하게 됨
- **대기안정도** : 대기가 불안정할수록 기류의 수직·수평 방향의 움직임이 왕성(난류강도 증가)하게 일어나므로 대기오염물질의 공기 중 확산은 보다 양호하게 됨
- ▌**최대착지농도** : 굴뚝에서 배출된 오염물질이 지표면에 도달하는 착지농도 계산은 일반적으로 다음의 Sutton식이 이용되고 있음

  ▐ $C_{max} = \dfrac{2Q}{\pi e\, UH_e^2} \times \dfrac{K_z}{K_y}$ $\begin{cases} Q : \text{오염물질의 배출률(농도×유량)} \\ K_y,\ K_z : \text{수평 및 수직 방향 확산계수} \\ H_e : \text{유효굴뚝높이} \\ U : H_e \text{ 고도에서 평균풍속} \end{cases}$

- ▌**최대착지거리** : 굴뚝으로부터 풍하측의 최대지상농도를 나타내는 지점까지의 거리를 말하며 다음의 관계식으로 산정됨

  ▐ $X_{max} = \left(\dfrac{H_e}{K_z}\right)^{\frac{2}{2-n}}$ $\begin{cases} H_e : \text{유효굴뚝높이} \\ K_z : \text{수직 방향 확산계수} \\ n : \text{안정도계수} \end{cases}$

(3) 굴뚝설계

※ **굴뚝설계 기본 순서**
- **첫째** : 주변 기상자료(풍속, 풍향, 안정도, 혼합고 등)를 검토한다.
- **둘째** : 배출원의 자료(배출률, 농도 등)와 기상학에 기초한 예비 유해평가를 한다.
- **셋째** : 굴뚝의 조건(높이, 직경, 열배출률 등)과 연기상승 모델, 굴뚝위치 등을 최악의 기상상태로 가정하여 시험한다.
- **넷째** : 고려되어야 할 하류지점의 거리 및 국지지형의 영향과 최대허용농도를 고려한다.
- **다섯째** : 현실적 타당성을 재검토한다.

※ **설계 시 고려사항**
- **다운워시**(down wash) 현상을 방지하기 위하여 굴뚝상단의 지름을 작게 하여 토출속도를 증가시킬 것 → **굴뚝 상단풍속의 2배 이상**
- 다운워시 현상을 방지하기 위해 기계적 장치(평면원판, 회전날개 등)를 부착할 것
- 굴뚝높이를 주변의 **건물(지형)높이보다 최소 2.5배** 이상 높게 하여 **다운드래프트**(down draft) 현상을 방지하도록 할 것

⚛ 유효굴뚝높이
유효굴뚝높이는 두 가지 요소로 구성된다. 실제굴뚝높이(H)에 연기의 상승높이(ΔH)를 합산한 높이를 말함

■ $H_e = H + \Delta H = H + (H_m + H_t)$

$\begin{cases} H_e : \text{유효굴뚝높이}(m) \\ H : \text{실제굴뚝높이}(m) \\ H_m : \text{운동량에 의한 연기의 상승높이}(m) \\ H_t : \text{부력에 의한 연기의 상승높이}(m) \\ \Delta H : \text{연기의 유효상승고}(m) \end{cases}$

□ 연기의 유효상승고 (연기의 상승높이)
- 연도 배기가스의 열배출률이 클수록 증가함
- 외기의 온도차가 클수록 증가함
- 굴뚝의 통풍력이 클수록 증가함
- 배기가스의 유속이 빠를수록 증가함
- 풍속이 작을수록 증가함
- 다른 조건이 동일하면 대기가 불안정할수록 증가함

□ 연기의 상승인자
- 운동량 플럭스(Momentum flux) : $F_m = V_s^2 \left(\dfrac{D}{2}\right)^2 \left(\dfrac{T_s}{T_a}\right) (m^4/sec^2)$

- 부력 플럭스(Buoyancy flux) : $F = g \cdot V_s \cdot \left(\dfrac{D}{2}\right)^2 \cdot \left(\dfrac{T_s - T_a}{T_a}\right) (m^4/sec^3)$

- 안정도 파라미터 : $S = \dfrac{g}{T_a}\left(\dfrac{dt}{dz} + \gamma_d\right)$

- 열방출률 : $Q = G \cdot C_p \cdot \Delta t \, (kcal/sec)$

$= \dfrac{\pi D^2}{4} \times V_s \times \dfrac{273 + t_a}{273 + t_s} \times C_p(kcal/m^3 \cdot ℃) \times (t_s - t_a)$

여기서, $\begin{cases} V_s : \text{배출가스 토출속도}(m/sec) \\ D : \text{굴뚝의 내경}(m) \\ U : \text{풍속}(m/sec) \\ T_s : \text{굴뚝배기가스의 온도}(K) \\ T_a : \text{외기(대기)의 온도}(K) \\ dt/dz : \text{기온체감률(환경감률)} \\ \gamma_d : \text{건조단열체감률}(-0.97℃/100m) \\ C_p : \text{가스비열}(kcal/m^3℃) \\ t_s : \text{가스온도}(℃) \\ t : \text{외기온도}(℃) \end{cases}$

▌연돌의 자연통풍력 계산

■ $Z(mmH_2O) = 273H \times \left[\dfrac{\gamma_a}{273 + t_a} - \dfrac{\gamma_g}{273 + t_g}\right]$

■ $Z(mmH_2O) = 355H \times \left[\dfrac{1}{273 + t_a} - \dfrac{1}{273 + t_g}\right]$

$\begin{cases} Z : \text{통풍력} \\ H : \text{굴뚝높이}(m) \\ \gamma_a : \text{외기 비중량}(kg_f/Sm^3) \\ \gamma_g : \text{가스 비중량}(kg_f/Sm^3) \\ t_a : \text{외기온도}(℃) \\ t_g : \text{가스온도}(℃) \end{cases}$

연기의 유효상승고 산정

- TVA 모델 : $\Delta H = \dfrac{173\,(F)^{1/3}}{U \cdot \exp(0.64\Delta\theta/\Delta z)}$ $\begin{cases} \Delta H : \text{유효상승고} \\ \Delta\theta/\Delta z : \text{온위}(K/100m) \\ U : \text{풍속}(m/sec) \\ F : \text{부력}(m^4/sec^3) \end{cases}$

- Briggs식 : $\Delta H = \dfrac{114\,C(F)^{1/3}}{U}$

  $\Delta H = 1.89\left(\dfrac{R}{1+3/R}\right)^{\frac{1}{3}} \times \left(\dfrac{X}{D}\right)^{\frac{1}{3}} \times D$ $\begin{cases} R : \text{속도비} = V_s/U \\ V_s : \text{가스 토출속도}(m/sec) \\ U : \text{풍속}(m/sec) \\ X : \text{풍하거리}(m) \\ C : \text{계수} \end{cases}$

- Smith식 : $\Delta H = D\left(\dfrac{V_s}{U}\right)^{1.4}$

- Holland식 : $\Delta H = \dfrac{V_s \cdot D}{U}\left[1.5 + 2.68 \times 10^{-3}\,P_m \cdot D\left(\dfrac{T_s - T_a}{T_s}\right)\right]$

  $\Delta H(m) = \dfrac{V_s \cdot D}{U}\left[1.5 + 0.0096\dfrac{(Q_h)^{1/2}}{V_s D}\right]$ $\begin{cases} P_m : \text{기압}(mb) \\ T_s : \text{배기가스온도}(K) \\ T_a : \text{외기온도}(K) \\ Q_h : \text{열방출률}(kJ/sec) \end{cases}$

- Carson & Moses식 : $\Delta H = -0.029\dfrac{V_s \cdot D}{U} + 2.62\dfrac{(Q_h)^{1/2}}{U}$

- Wark and Warner식 : $\Delta H = 1.5\dfrac{V_s \cdot D}{U} + \dfrac{9.6Q_h}{U}$

- Turner, Carson식 : $\Delta H = \dfrac{(C_1 \cdot V_s \cdot D + C_2 \cdot Q^{1/2})}{U}$ $\begin{cases} C_1, C_2 : \text{안정도계수} \\ \quad \circ \text{불안정} : C_1\ 3.47,\ C_2\ 10.53 \\ \quad \circ \text{중립} : C_1\ 0.35,\ C_2\ 5.41 \\ \quad \circ \text{안정} : C_1\ -1.04,\ C_2\ 4.58 \\ Q : \text{열방출률}(kcal/sec) \end{cases}$

(4) 굴뚝오염물질의 확산

다운워시(Downwash) 또는 스택 다운워시(Stack Downwash)

- **개요** : 다운워시란 배출구의 풍하방향(風下方向)에 연기가 휘말려 떨어지는 현상을 말함. 굴뚝 출구부를 통과한 연기가 공기흐름(풍속 및 풍향의 영향)을 따라 재순환 영역 안으로 유입되면서 갑자기 연기가 지면으로 떨어지는 세류(Downwash or creep) 현상이 발생하는데 이를 다운워시라 함

- **방지대책**
  - 배출구의 가스유속(V_s)을 풍속(U)보다 2배 이상 높게($V_s/U > 2$) 유지함
  - 굴뚝의 높이를 높여 통풍력을 증대시킴
  - 배연의 온도를 증가시킴

다운드래프트(Downdraft) 또는 빌딩 다운워시(Building Downwash) 현상

- **개요** : 다운드래프트(Downdraft) 혹은 빌딩 다운워시는 건물 및 지형의 풍하방향(風下方向)에 연기가 휘말려 떨어지는 현상을 말함
- **방지대책**
  - 연돌의 높이를 건물의 높이보다 2.5배 이상으로 유지($H_e/Z > 2.5$)함
  - 배연의 토출속도를 증가시킴
  - 유효연돌높이를 증가시킴
  - 연돌의 상부에 정류판(整流板)을 설치함
  - 배기가스의 온도를 높여 부력과 운동력을 증대시킴
  - 연돌의 위치와 건물과의 상대위치를 변화시킴
  - 건물의 상부 형상을 변화시켜 바람에 대한 저항을 최소화함

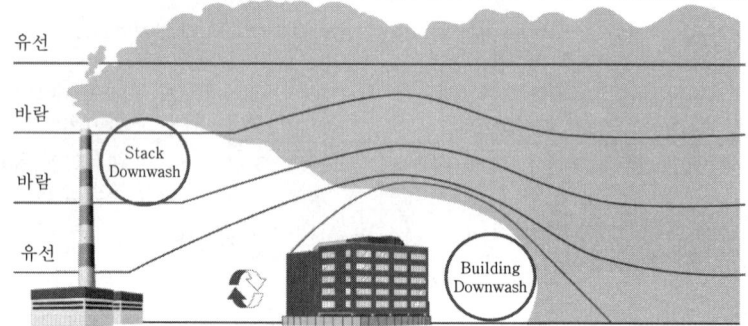

CBT 형식 출제대비 엄선 예상문제

01 침강역전과 상대적으로 비교한 복사역전에 대한 설명으로 틀린 것은?

① 복사역전은 지표 가까이에 형성되므로 지표역전이라고도 한다.
② 복사역전은 대기오염물질 배출원이 위치하는 대기층에서 발생된다.
③ 복사역전은 일출 직전에 하늘이 맑고, 바람이 없는 경우에 강하게 생성된다.
④ 복사역전은 장기간 지속되어 단기적인 문제보다는 주로 대기오염물의 장기 축적에 기여한다.

02 복사역전(방사역전, Radiation Inversion)이 가장 발생되기 쉬운 기상조건으로 옳은 것은?

① 하늘이 맑고 바람이 강하며, 습도가 높을 때
② 하늘이 맑고 바람이 약하며, 습도가 낮을 때
③ 하늘이 흐리고 바람이 약하며, 습도가 낮을 때
④ 하늘이 흐리고 바람이 강하며, 습도가 높을 때

03 다음 중 침강역전에 대한 설명으로 옳은 것은 어느 것인가?

① 주로 일출 직전에 하늘이 맑고, 바람이 적을 때 강하게 형성된다.
② 일몰 후 지표면 냉각이 시작될 때, 지표면 근처 공기가 빠르게 냉각되면서 발생한다.
③ 침강하는 공기의 온도상승에 의해 생성되므로 접지역전(Sur-face Inversion)이라고도 한다.
④ 침강역전은 고기압 중심부근의 높은 고도(보통 1,000~2,000m)에서 발생하며, 오염물질의 장기 축적에 기여할 수 있다.

04 다음 역전의 형태에서 공중역전에 해당하는 것은?

① 복사역전   ② 접지역전
③ 이류역전   ④ 침강역전

> **해설**

01 복사역전(방사역전)은 밤~새벽 사이에 발생되므로 장기적인 문제보다는 대기오염물의 단기 축적에 기여한다.
02 복사역전(방사역전, Radiation Inversion)은 하늘이 맑고 바람이 약하며, 습도가 낮을 때 잘 발생한다.
03 ④항만 올바르다. ①항은 지표역전(접지역전)의 형태인 복사역전에 대한 설명이고, ②항은 지표역전(접지역전)의 형태인 복사역전의 형성과정을 설명하고 있다. ③항은 침강역전은 접지역전과 구별되고, 생성 메커니즘도 다르므로 틀린 설명이다.
04 침강역전은 공중역전으로 분류된다.

정답 ┃ 1.④ 2.② 3.④ 4.④

05 역전에 대한 설명으로 가장 거리가 먼 것은 어느 것인가?

① 복사역전은 지면에 접해 있기 때문에 접지역전이라고도 한다.
② 난류역전은 지표역전에 해당하며, 다른 역전에 비해 대기오염이 심각한 편이다.
③ 침강역전은 고기압 중심부분에서 기층이 서서히 침강하면서 기온이 단열변화로 승온되어 발생하는 현상이다.
④ 전선역전은 따뜻한 공기와 차가운 공기가 부딪쳐 따뜻한 공기는 찬 공기 위를 타고 상승하면서 전선을 이루는 것으로 공중역전에 해당한다.

06 고도 2,000m에서 대기압력(최초기압)이 860mbar, 온도 5℃, 비열비 C가 1.4일 때 온위(Potential Temperature)는?(단, 표준 압력은 1,000mbar)

① 약 284K   ② 약 290K
③ 약 294K   ④ 약 309K

07 온위(θ, Potential Temperature)를 표시한 식으로 옳은 것은?(단, R 및 C는 상수, T(K)는 기온, P_o는 기준이 되는 고도에서의 기압, P는 기온측정 고도에서의 기압을 나타냄)

① $\theta = T\left(\dfrac{P_o}{P}\right)^{R/C}$ ② $\theta = \dfrac{1}{T}\left(\dfrac{P}{P_o}\right)^{R/C}$

③ $\theta = \left(\dfrac{P}{P_o}\right)^{C/T \times R}$ ④ $\theta = \left(\dfrac{P_o}{P}\right)^{R/T \times C}$

08 Richardson Number(R_i)에 대한 다음 설명으로 틀린 것은?

① R_i는 무차원 수이다.
② R_i가 0에 근접하면 분산은 줄어든다.
③ R_i가 큰 음의 값을 가지면 기계적 난류가 지배적이다.
④ R_i를 통해 기계적 난류와 대류 난류 중 어느 것이 우세한가를 추정할 수 있다.

> **해설**

05 난류역전은 안정된 대기가 지형이 복잡한 곳을 지나면서 하층부분이 기계적 난류에 의해 흩어져서 혼합될 때, 그곳 대기는 연직온도분포가 단열감률에 가까워지지만 상층은 그대로이므로 그 하부와 난류층 윗면과의 사이에 기온역전이 발생하게 된다. 따라서 난류역전은 공중역전으로 분류되며, 다른 역전에 비해 대기오염에 심각한 영향을 미치지 않는 특징이 있다.

06 온위 계산식을 이용한다.

□ $\theta = T\left(\dfrac{1,000}{P}\right)^{R/C}$ $\begin{cases} P\,(2,000\text{m 고도에서 압력}) = 860\text{mb} \\ P_o\,(\text{표준고도에서 압력}) = 1,000\text{mb} \\ T\,(2,000\text{m 고도에서 온도}) = 273+5 = 278\text{K} \\ C\,(\text{비열비}) = 1.4 \\ R\,(\text{계수}) = 1.4-1 = 0.4 \end{cases}$

∴ $\theta = 278 \times \left(\dfrac{1,000}{860}\right)^{0.4/1.4} = 290.24\text{K}$

07 온위(溫位)는 공기를 표준고도인 1,000mb(hPa)인 표준고도까지 이동(하강/상승)시켰을 때, 기단(氣團)이 나타내는 온도를 말한다.

□ $\theta = T\left(\dfrac{P_o}{P}\right)^{R/C} = T\left(\dfrac{1,000}{P}\right)^{0.288}$

08 R_i가 큰 음의 값을 가지면 열적대류가 지배적이다.

정답 | 5.② 6.② 7.① 8.③

09 대기의 안정도를 나타내는 매개변수(Parameter)인 리차드슨 수(R_i)를 나타낸 식으로 옳은 것은?

① $R_i = \dfrac{(g/T_m)(\Delta U/\Delta Z)^2}{(\Delta t/\Delta Z)}$

② $R_i = \dfrac{(T_m/g)(\Delta U/\Delta Z)^2}{(\Delta t/\Delta Z)}$

③ $R_i = \dfrac{(g/T_m)(\Delta t/\Delta Z)}{(\Delta U/\Delta Z)^2}$

④ $R_i = \dfrac{(T_m/g)(\Delta t/\Delta Z)}{(\Delta U/\Delta Z)^2}$

10 리차드슨 수(Richardson Number)의 크기와 대기혼합 간의 관계로 옳지 않은 것은 어느 것인가?

① $0.25 < R_i$: 수직방향의 혼합은 없다.
② $R_i = 0$: 기계적 난류가 존재하지 않는다.
③ $R_i < -0.04$: 대류에 의한 혼합이 기계적 혼합을 지배한다.
④ $-0.03 < R_i < 0$: 기계적 난류와 대류가 존재하나 기계적 난류가 주로 혼합을 일으킨다.

11 다음은 리차드슨 수에 대한 설명이다. (　) 안에 알맞은 내용은?

> 리차드슨 수를 구하기 위해서는 보통 지표에서 수 m와 10m 내외의 고도에서 (Ⓐ)와 (Ⓑ)를 동시에 측정하여야 하며, 특히 정확한 (Ⓒ)측정이 중요하다.

　　　Ⓐ　　Ⓑ　　Ⓒ　　　　Ⓐ　　Ⓑ　　Ⓒ
① 기압-기온-기압　② 기압-기온-기온
③ 기온-풍속-풍속　④ 기온-풍속-기온

12 지상으로부터 800m까지의 평균기온감률은 1.2℃/100m이다. 100m 고도의 기온이 17℃라 하면 고도 500m에서의 기온은?

① 10.6℃　② 11.8℃
③ 12.2℃　④ 13.4℃

13 다음 중 바람쏠림(Wind Shear)이 가장 현저한 고도(m)는?

① 0~50m　② 100~500m
③ 500~1,000m　④ 1,000~1,500m

> **해설**

09 리차드슨 수(Richardson's Number)는 역학적 대류(강제대류, $\Delta U/\Delta Z$)와 열적 대류(자유대류, $\Delta t/\Delta Z$)의 상대적인 크기를 비교하여 동적안정도를 나타내는 척도로 사용되며, 다음 관계식으로 정의된다. 제시되는 기호는 약간씩 다를 수 있으므로 주의를 요한다.

□ $R_i = \dfrac{g}{T_m} \times \left[\dfrac{\Delta t/\Delta Z}{(\Delta U/\Delta Z)^2} \right]$

$\begin{cases} T_m : \text{평균온도(K, 평균절대온도)} \\ \Delta t : \text{온도차(℃, 상층고도온도 - 하층고도온도)} \\ \Delta U : \text{풍속차(상층고도풍속 - 하층고도풍속)} \\ \Delta Z : \text{고도차(상층고도 - 하층고도)} \end{cases}$

10 $R_i = 0$: 기계적 난류만 존재하는 대기상태이다.

11 리차드슨 수를 구하기 위해서는 보통 지표에서 수 m와 10m 내외의 고도에서 기온과 풍속을 동시에 측정하여야 하며, 특히 정확한 풍속 측정이 중요하다.

12 다음의 관계식을 적용하여 온도를 계산한다.

□ $t(℃) = t_1 - \gamma \times \Delta Z$

$\begin{cases} t_1 : \text{고도 100m에서의 온도} = 17℃ \\ \gamma : \text{기온감률(환경감률)} = 1.2℃/100\text{m} \\ \Delta Z : \text{고도차} = 500 - 100 = 400\text{m} \end{cases}$

∴ $t(℃) = 17 - \dfrac{1.2}{100} \times (500 - 100) = 12.2℃$

13 바람쏠림은 지표 가까이 접근할수록 현저하게 나타난다.

정답 ┃ 9.③　10.②　11.③　12.③　13.①

14 Richardson Number에 대한 설명으로 옳지 않은 것은?
① 무차원 수이다.
② 0에 접근하면 분산이 증가한다.
③ 기계적 난류와 대류난류 중 어느 것이 지배적인가를 추정할 수 있다.
④ 큰 음의 값을 가지면 대류가 지배적이어서 바람이 약하게 되어 강한 수직운동이 일어난다.

15 최대혼합고(MMD)에 관한 설명으로 옳지 않은 것은?
① 오후 2시를 전·후해서 일중 최대치를 나타낸다.
② 최대혼합고가 높으면 높을수록 오염물질이 넓게 퍼져서 더 많은 피해를 입는다.
③ 실제 최대혼합고는 지표위 수 km까지의 실제 공기의 온도종단도를 작성함으로써 결정된다.
④ 과단열감률이 생기면 필히 대류현상이 있게 되고, 이때 대류가 이루어지는 고도를 최대혼합고라 한다.

16 최대혼합고에 대한 설명으로 옳지 않은 것은?
① 낮 동안에는 통상 20~30m의 값을 나타낸다.
② 야간 극심한 역전상태에서는 0이 될 수도 있다.
③ 통상적으로 밤에 가장 낮으며, 낮시간 동안 증가한다.
④ 실제 MMD는 지표의 수 km까지 실제 공기의 온도종단도를 작성하므로 결정된다.

17 바람에 대한 설명으로 옳지 않은 것은?
① 마찰력의 크기는 지표의 조도와 풍속에 비례한다.
② 전향력은 지구의 자전에 의해 운동하는 물체에 작용하는 힘이다.
③ 지균풍은 마찰력, 기압경도력, 전향력에 의해 등압선을 가로지르는 바람이다.
④ 해륙풍은 임해 지역의 바다와 육지의 비열차 또는 비열용량차에 의해 발달한다.

18 바람에 관여하는 힘 중 전향력에 대한 설명으로 옳지 않은 것은?
① 작용방향은 경도력의 반대방향이다.
② 극지방에서 최소, 적도지방에서 최대가 된다.
③ 지구의 자전현상에 의해서 운동하는 물체에 작용한다.
④ 북반구에서는 바람방향의 우측 직각방향으로 작용한다.

19 바람을 일으키는 힘 중 전향력(코리올리 힘)에 대한 설명으로 틀린 것은?
① 극지방에서 최대, 적도지방에서 최소가 된다.
② 전향력은 지구의 자전에 의해 생기는 힘이다.
③ 전향력의 크기는 위도, 지구자전각속도, 풍속의 함수로 나타낸다.
④ 북반구에서는 항상 움직이는 물체의 운동방향의 왼쪽 90° 방향으로 작용한다.

해설

14 R_i가 0에 접근하면 분산이 감소하고, 기계적 난류만 존재한다.
15 최대혼합고가 높으면 높을수록 오염물질이 넓게 퍼져서 공간 내 오염물질의 농도는 낮아진다. 일반적으로 대기오염물질의 농도는 혼합고 변화의 3승에 반비례한다.
16 낮 동안의 최대혼합고는 통상 1km 이상(2~3km)이다.
17 지균풍은 기압경도력과 전향력이 평형을 이루면서 등압선에 평행하게 부는 바람이다.
18 극지방에서 최대, 적도지방에서 최소가 된다.
  □ $C = 2\omega\sin\theta\, U$
19 북반구에서는 항상 움직이는 물체의 운동방향의 오른쪽 90° 방향으로 작용한다.

정답 ┃ 14.② 15.② 16.① 17.③ 18.② 19.④

20 코리올리 힘(C, 전향력)의 크기를 옳게 나타낸 것은?(단, ω : 지구자전 각속도, θ : 위도, U : 물체의 속도)

① $2\omega\cos\theta U$
② $2\omega\sin\theta U$
③ $2\omega\tan\theta U$
④ $2\omega\cotan\theta U$

21 코리올리 힘에 대한 설명으로 옳지 못한 것은 어느 것인가?

① 바람의 근본 원인이 되는 힘이다.
② 극지방에서 최대, 적도지방에서 최소가 된다.
③ 바람의 방향만을 변화시킬 뿐 속도에는 영향을 미치지 않는다.
④ 지구의 자전현상에 의해서 생기는 수평방향으로 작용하는 가상적인 힘을 말한다.

22 등압면이 곡선일 때 이 지역에서 부는 경도풍에 작용하는 3가지 힘은?

① 마찰력, 전향력, 원심력
② 기압경도력, 전향력, 원심력
③ 기압경도력, 마찰력, 원심력
④ 기압경도력, 전향력, 마찰력

23 해륙풍에 대한 설명 중 옳지 않은 것은?

① 낮에는 해풍, 밤에는 육풍이 발달한다.
② 해풍은 대규모 바람이 약한 맑은 여름날에 발달하기 쉽다.
③ 육풍은 해풍보다 풍속이 크고, 수직·수평적인 영향범위가 넓은 편이다.
④ 해풍의 전면에서는 해풍이 급격히 약해져서 수렴구역이 생기는데 이 수렴구역을 해풍전선이라 한다.

24 바람과 관련한 설명으로 옳은 것은?

① 전향력은 속력만 변화시킬 뿐, 운동방향에는 아무런 영향을 미치지 않는다.
② 해륙풍 중 육풍은 주로 여름에 빈발하고, 내륙 쪽으로 보통 15~20km까지 영향을 미친다.
③ 곡풍은 경사면 → 계곡 → 주계곡으로 수렴하면서 풍속이 가속되므로 산풍보다 풍속이 더 강하다.
④ 푄풍은 육지의 경사면을 따라 하강하는 바람의 일종으로 록키산맥의 동쪽 경사면을 따라 흐르는 것을 치누크(Chinook)라 한다.

> **해설**

20 전향력의 크기는 위도, 지구자전 각속도, 풍속의 함수로 나타낸다.

$C = 2\omega\sin\theta U$
- 전향력(C)은 지구자전 각속도(ω)에 비례
- 전향력(C)은 위도(θ)에 비례(극지방에서 최대)
- 전향력(C)은 풍속(U)에 비례

21 바람의 근본 원인이 되는 힘은 기압경도력이다.

22 등압면이 곡선인 경우 경도풍(Gradient Wind)에 작용하는 3가지 힘은 원심력+전향력=기압경도력이다.

23 육풍은 해풍에 비해 풍속이 작고, 수직·수평적인 영향범위가 좁은 편이다.

24 ④항만 올바르다. 치누크(Chinook)는 로키산맥의 동쪽 경사면을 따라 흐르는 푄풍을 말한다. 한편, 전향력은 풍속의 크기에 따라 달라지며, 바람의 운동방향에 영향을 미친다. 그리고 육풍은 주로 겨울에 빈발하고, 내륙쪽으로 보통 5~6km까지 영향을 미친다. 산풍은 경사면 → 계곡 → 주 계곡으로 수렴하면서 풍속이 가속되기 때문에 낮에 산 위쪽으로 부는 곡풍보다 일반적으로 더 강하다.

정답 | 20.② 21.① 22.② 23.③ 24.④

25 지상 25m에서의 풍속이 10m/sec일 때 지상 50m에서의 풍속은?(단, Deacon식 이용, 풍속지수는 0.2 적용)
① 16.8m/sec ② 13.2m/sec
③ 11.5m/sec ④ 10.8m/sec

26 지표상 고도 44m에서 풍속이 7.5m/sec일 때, 지상 11m 높이에서의 풍속(m/sec)은 얼마인가?(단, Deacon식 적용, 풍속지수 p 는 0.25)
① 2.8 ② 3.5
③ 4.2 ④ 5.3

27 고도 10m에서의 풍속이 4m/sec일 때 풍속이 6m/sec가 되는 위치의 높이(m)는? (단, p 는 0.28)
① 22.82 ② 32.53
③ 42.55 ④ 52.87

28 굴뚝 상층에서 역전이 발생하여 굴뚝에서 배출되는 연기가 아래쪽으로만 확산되는 형태로서 보통 30분 이상 지속되지 않는 것은?
① Looping ② Lofting
③ Fumigation ④ Fanning

29 굴뚝연기의 분산형태 중 환상형(Looping)을 옳게 설명한 것은?
① 바람이 약하고 대기가 중립일 때 생긴다.
② 풍속이 매우 강하여 상하층 혼합이 크게 일어날 때 발생한다.
③ 복사역전이 발달하는 초저녁부터 이른 아침 사이에 많이 발생한다.
④ 상층에는 침강역전, 하층에는 복사역전이 형성되었을 때 발생한다.

> **해설**

25 Deacon의 지수식을 사용하고, 풍속지수(p)는 0.2를 적용한다.

□ $U = U_o \times \left(\dfrac{Z}{Z_o}\right)^p$ $\begin{cases} U : 임의의\ 고도\ 50\text{m에서}\ 풍속 \\ U_o\ (기준고도\ Z_o = 10\text{m에서}\ 풍속) = 10\text{m/sec} \\ p\ (풍속지수) = 0.2 \end{cases}$

∴ $U = 10 \times \left(\dfrac{50}{25}\right)^{0.2} = 11.49\,\text{m/sec}$

26 Deacon 풍속 지수 법칙을 이용한다.

□ $U = U_o \times \left(\dfrac{Z}{Z_o}\right)^p$

∴ $U = 7.5 \times \left(\dfrac{11}{44}\right)^{0.25} = 5.3\,\text{m/sec}$

27 Deacon의 풍속 지수 법칙을 이용한다.

□ $U = U_o \times \left(\dfrac{Z}{Z_o}\right)^p$ ⇨ $6 = 4 \times \left(\dfrac{Z}{10}\right)^{0.28}$

∴ $Z = 42.55\,\text{m}$

28 훈증형(Fumigation)은 일출 후 접지역전층이 해소되는 시기에 발생하며, 평상 시 Plume의 지속시간이 짧다. 굴뚝에서 배출오염물질이 지표방향으로만 확산되는 것이 특징이다.

29 ②항의 기상조건에서 환상형(Looping)이 발생한다. 한편, ①항의 경우 추형, ③항의 경우는 부채형, ④항의 경우는 구속형이 발생된다.

정답 ┃ 25.③ 26.④ 27.③ 28.③ 29.②

30 연기형태에 대한 설명으로 틀린 것은?
① Lofting형은 주로 고기압지역에서 하늘이 맑고 바람이 약한 경우에 초저녁으로부터 아침에 걸쳐 발생하기 쉽다.
② Looping형은 맑은 날 오후에 발생하기 쉽고, 풍속이 매우 강하여 상하층간에 혼합이 크게 일어날 때 발생하게 된다.
③ Coning형은 대기가 중립조건일 때 발생하며, 이 연기 내에서는 오염의 단면분포가 전형적인 가우시안 분포를 이루고 있다.
④ Fumigation형은 보통 고기압지역에서 상공이 침강역전층이 있고, 지표 부근에 복사역전이 있는 경우 역전층 사이에서 오염물질이 배출될 때 발생한다.

31 다음 환경상태에서 연기의 형태는?

> 굴뚝의 높이보다 낮게 지표 가까이에 역전층이 이루어져 있고, 그 상공에는 대기가 불안정한 상태일 때 주로 발생하여, 고기압지역에서 하늘이 맑고 바람이 약한 늦은 오후나 이른 밤에 주로 발생하기 쉽다.

① Looping   ② Lofting
③ Fanning   ④ Coning

32 다음 중 연기 내에서 오염의 단면 분포가 전형적인 가우시안 분포를 보이는 것은?
① Coning   ② Lofting
③ Fanning   ④ Fumigation

33 연기형태 중 대기가 불안정하여 난류가 심할 때 발생하고, 오염물질의 연직확산이 커서 굴뚝 부근의 지표면에서는 국지적, 일시적인 고농도 현상이 발생되기도 하는 형태는?
① Coning형   ② Looping형
③ Fanning형   ④ Trapping형

34 굴뚝에서 배출되는 연기의 형태가 지붕형(Lofting)일 때의 대기상태는?
① 불안정
② 약안정(중립)
③ 상 : 안정, 하 : 불안정(굴뚝높이 기준)
④ 상 : 불안정, 하 : 안정(굴뚝높이 기준)

35 굴풍배도(바람장미)에 대한 설명 중 ( ) 안에 알맞은 것은?

> 풍배도(바람장미)에서 주풍은 막대의 (Ⓐ) 표시하며, 풍속의 크기는 (Ⓑ)(으)로 표시한다. 풍속이 (Ⓒ)일 때를 정온(Calm) 상태로 본다.

① Ⓐ 길이를 가장 길게, Ⓑ 막대의 굵기, Ⓒ 0.2m/sec
② Ⓐ 길이를 가장 짧게, Ⓑ 막대의 길이, Ⓒ 0.2m/sec
③ Ⓐ 길이를 가장 길게, Ⓑ 막대의 길이, Ⓒ 0.5m/sec
④ Ⓐ 길이를 가장 굵게, Ⓑ 막대의 길이, Ⓒ 0.5m/sec

> **해설**
>
> **30** 훈증형(Fumigation)은 일출 후 지표 부근의 역전층이 해소되면서 plume이 지면을 향해 확산되는 형태이다.
> **32** 전형적인 가우시안 분포를 보이는 것은 추형이다.
> **33** 매우 불안정할 때는 환상형(Looping)이 발생한다.
> **34** 연기의 모형이 지붕형(Lofting)을 보일 때는 하층은 안정, 상층은 불안정할 때이다.
> **35** ①항이 올바르다. 풍배도(Wind Rose)는 바람의 풍향(16방위 또는 36방위)별 관측횟수를 한눈에 볼 수 있게 그린 것으로 보통 출현빈도의 백분율(%)을 풍향에 대응해서 방사선의 길이로 표시한다.

정답 | 30.④ 31.② 32.① 33.② 34.④ 35.①

36 다음 그림은 풍향과 풍속의 빈도분포를 나타낸 바람장미(Wind Rose)도이다. 주풍향은?

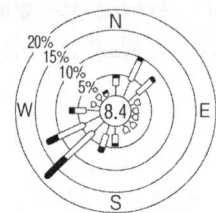

① 동풍 ② 동남풍
③ 북서풍 ④ 남서풍

37 다음 (   )에 적합한 것은?

> 특정지역의 풍향별로 관측된 바람의 발생빈도와 (   )을 동심원상에 그린 것을 (   )이라고 한다. 이때 풍향에서 가장 빈도수가 많은 것을 (   )이라고 한다.

① 난류도-플룸-지역풍
② 풍속-바람장미-주풍
③ 풍향-바람분포도-지균풍
④ 건조단열선-환경감률-정온율

38 배출구에서 연속적으로 배출되는 대기오염물질이 바람에 의해서 직접 희석되는 경우 옳은 것은?

① 풍속이 2배가 되면 공간농도는 항상 같다.
② 풍속이 2배가 되면 공간농도는 4배가 된다.
③ 풍속이 2배가 되면 공간농도는 1/8배가 된다.
④ 풍속이 2배가 되면 공간농도는 1/4배가 된다.

39 유효굴뚝높이 100m인 연돌에서 배출되는 가스량은 10m³/sec, SO_2의 농도가 1,500ppm일 때 Sutton식에 의한 최대지표농도는?(단, $K_y = K_z = 0.05$, 평균풍속 10m/sec)

① 약 0.009ppm ② 약 0.035ppm
③ 약 0.069ppm ④ 약 0.023ppm

40 굴뚝의 유효고도가 40m이다. 일반적인 조건이 같을 때 최대지표농도를 절반으로 감소시키려면 유효고도를 얼마만큼 증가시켜야 하는가?

① 약 12.7m ② 약 16.6m
③ 약 18.6m ④ 약 24.6m

> **해설**

36 주풍(Prevail Wind)은 풍배도에서 가장 빈번히 관측된 풍향을 말하므로 막대의 길이가 가장 긴 남서풍이 된다.

37 특정지역의 풍향별로 관측된 바람의 발생빈도와 풍속을 동심원상에 그린 것을 바람장미(풍배도)라고 한다. 이때 풍향에서 가장 빈도수가 많은 것을 주풍이라 한다.

38 풍속과 오염물질의 농도와의 관계에서 공간농도는 3승에 반비례하고 면상농도는 제곱에 반비례하며, 선상농도는 풍속에 반비례한다.

39 Sutton 확산식을 이용하여 최대착지농도(C_{max})를 산출한다.

□ $C_{max} = \dfrac{2Q}{\pi e U H_e^2}\left(\dfrac{K_z}{K_y}\right)$ $\begin{cases} Q : \text{배출률(농도×유량)} \rightarrow 1{,}500\text{ppm} \times 10\text{m}^3/\text{sec} \\ U : \text{풍속} = 10\text{m/sec} \\ H_e : \text{유효고} = 100\text{m} \end{cases}$

∴ $C_{max} = \dfrac{2 \times 1{,}500 \times 10}{3.14 \times 2.718 \times 10 \times 100^2} \times \left(\dfrac{0.05}{0.05}\right) = 0.035\text{ppm}$

40 최대착지농도 관계식을 이용한다.

□ $C_{max} = \dfrac{2Q}{\pi e U H_e^2} \times \dfrac{K_z}{K_y}$ → $C_{max} = K \times \dfrac{1}{H_e^2}$ $\left\{ H_{e(2)} = H_{e(1)} \times \left[\dfrac{C_{max(1)}}{C_{max(2)}}\right]^{1/2} \right.$

⇨ $H_{e(2)} = 40\text{m} \times (2)^{1/2} = 56.57\text{m}$

∴ $\Delta H_e = 56.57 - 40 = 16.57\text{m}$

정답 ┃ 36.④ 37.② 38.③ 39.② 40.②

41 유효굴뚝높이가 75m에서 100m로 증가한다면 굴뚝의 풍하측 중심축상 지상 최대오염농도는 75m일 때의 것과 비교하면 몇 %가 되겠는가?(단, Sutton의 확산 관련식을 이용)

① 약 25% ② 약 56%
③ 약 75% ④ 약 88%

42 굴뚝의 현재 유효고가 55m일 때, 최대지표농도를 절반으로 감소시키기 위해서는 유효고도(m)를 얼마만큼 더 증가시켜야 하는가?(단, Sutton식을 적용하고, 기타 조건은 동일하다고 가정)

① 77.8m ② 32.0m
③ 22.8m ④ 11.4m

43 굴뚝 주변의 환경조건이 동일하다고 할 때, 유효굴뚝높이가 1/3로 감소한다면 풍하측 중심선상의 최대지표농도는 어떻게 변화하는가?(단, Sutton 확산식 이용)

① 9배 ② 18배
③ 1/3배 ④ 1/8배

44 유효굴뚝높이 120m 굴뚝으로부터 배출되는 SO_2가 지상 최대의 농도를 나타내는 지점(m)은?(단, Sutton식을 적용하며, 수평 및 수직 확산계수는 0.05, 안정도계수(n)는 0.25)

① 7,296m ② 6,855m
③ 5,630m ④ 4,370m

> **해설**

41 2가지의 유효굴뚝높이(H_e 75m, 100m)에 대한 최대착지농도($C_{\max}$)를 고려하여 계산한다.

□ $C_{\max} = \dfrac{2Q}{\pi e U H_e^2}\left(\dfrac{K_z}{K_y}\right) \rightarrow C_{\max} = K \times \dfrac{1}{H_e^2}$ $\begin{cases} C_{\max(75)} = K \times \dfrac{1}{75^2} \\ C_{\max(100)} = K \times \dfrac{1}{100^2} \end{cases}$

∴ $R_p = \dfrac{C_{\max(100)}}{C_{\max(75)}} \times 100 = \left(\dfrac{75^2}{100^2}\right) \times 100 = 56.25\%$

42 최대착지농도 관계식을 이용한다.

□ $C_{\max} = \dfrac{2Q}{\pi e U H_e^2} \times \dfrac{K_z}{K_y} \rightarrow C_{\max} = K \times \dfrac{1}{H_e^2}$

⇨ $\dfrac{C_{\max(2)}}{C_{\max(1)}} = \dfrac{(55)^2}{(H_e)^2} = \dfrac{1}{2}$, $H_e = 77.78\,\text{m}$

∴ $\Delta H_e = 77.78 - 55 = 22.78\,\text{m}$

43 최대착지농도 관계식을 이용한다.

□ $C_{\max} = \dfrac{2Q}{\pi e U H_e^2} \times \dfrac{K_z}{K_y} \rightarrow C_{\max} = K \times \dfrac{1}{H_e^2}$

∴ $\dfrac{C_{\max(2)}}{C_{\max(1)}} = \dfrac{H_e^2}{[(1/3)H_e]^2} = 9$배로 증가

44 서튼(Sutton)의 최대착지거리 계산식을 이용한다.

□ $X_{\max} = \left(\dfrac{H_e}{K_z}\right)^{\frac{2}{2-n}}$ $\begin{cases} H_e : \text{유효굴뚝높이} = 120\,\text{m} \\ n : \text{안정도계수} = 0.12 \\ K_z : \text{수직확산계수} = 0.05 \end{cases}$

∴ $X_{\max} = \left(\dfrac{120}{0.05}\right)^{2/(2-0.25)} = 7,296.2\,\text{m}$

정답 | 41.② 42.③ 43.① 44.①

45 SO_2의 착지농도를 감소시키기 위한 방법으로 옳지 않은 것은?

① 저유황유를 사용한다.
② 굴뚝높이를 높게 한다.
③ 배출가스온도를 가능한 한 낮춘다.
④ 굴뚝배출가스의 배출속도를 높인다.

46 굴뚝높이 120m에서 배출가스의 토출속도 20m/sec, 굴뚝높이에서의 풍속은 5m/sec이다. 굴뚝의 유효고도를 150m로 유지하기 위해 필요한 굴뚝의 직경은?

$$\Delta H = \frac{(1.5 \times V_s) \cdot d}{U}$$

① 3.5m ② 5m
③ 15.8m ④ 22.3m

47 상자 모델의 가정조건으로 거리가 먼 것은?

① 오염물의 분해는 1차 반응에 의함
② 수직단면의 직각방향 풍속은 일정함
③ 오염물은 한 지점에서 일정하게 배출
④ 고려된 공간에서 오염물의 농도는 균일함

48 굴뚝 내경 2m, 풍속 3m/sec일 때 ΔH를 4m 증가시키려고 한다면 배출가스의 분출속도(m/sec)는 얼마로 하여야 하겠는가?

$$\Delta H = d(V_s/U)^{1.4}$$

① 5   ② 8
③ 11 ④ 14

49 굴뚝 직경이 3m, 연기의 배출속도 7m/sec, 평균풍속 3.5m/sec일 때, 다음 식을 이용하여 플룸(plume)의 유효상승고(m)를 계산한 값으로 옳은 것은?

$$\Delta H = d(V_s/U) \times 1.5$$

① 11 ② 9
③ 6   ④ 4

50 연돌의 높이 60m, 가스의 평균온도가 250℃, 대기온도 25℃일 때, 이 굴뚝의 통풍력은? (단, 배기가스와 공기의 비중량은 1.3kg/Sm³)

① 30.7 mmH₂O ② 22.2 mmH₂O
③ 19.6 mmH₂O ④ 16.8 mmH₂O

> **해설**

45 배출가스온도를 가능한 한 높게 하여 유효굴뚝높이를 증가시켜야 한다.

46 제시된 관계식을 이용하여 굴뚝의 직경(d)을 구한다.

$$\Delta H = \frac{1.5 \cdot V_s \cdot d}{U} \quad \begin{cases} \Delta H : \text{연기의 유효상승고} = 150 - 120 = 30\,\text{m} \\ V_s : \text{배기가스 토출속도} = 20\,\text{m/sec} \\ U : \text{풍속} = 5\,\text{m/sec} \end{cases} \Rightarrow 30 = \frac{1.5 \times 20 \times d}{5}$$

$\therefore d = 5\,\text{m}$

47 배출원은 지면 전역(全域)에 균일하게 분포되어 있으며, 지면 전역에서 일정하게 배출된다.

48 제시된 관계식을 이용한다.

$\Delta H = d(V_s/U)^{1.4} \Rightarrow 4\text{m} = 2 \times \left(\frac{V_s}{3}\right)^{1.4} \qquad \therefore V_s = 4.92\,\text{m/sec}$

49 제시된 식을 이용한다.

$\Delta H = d\left(\frac{V_s}{U}\right) \times 1.5 \qquad \therefore \Delta H = 3 \times \left(\frac{7}{3.5}\right) \times 1.5 = 9\,\text{m}$

50 자연통풍력 계산식을 이용한다.

$Z = 273 \times 60 \times \left[\frac{1.3}{273+25} - \frac{1.3}{273+250}\right] = 30.7\,\text{mmH}_2\text{O}$

정답 | 45.③ 46.② 47.③ 48.① 49.② 50.①

51 높이가 40m인 굴뚝으로부터 20m/sec로 연기가 배출되고 있다. 굴뚝 반지름은 2m, 굴뚝 배출구 주변의 풍속은 4m/sec, 가스의 열배출률이 4,000kJ/sec일 때, 유효굴뚝높이(m)는?(단, 다음의 Holland식 이용)

$$\Delta H = \frac{V_s \cdot d}{U} \times \left(1.5 + 0.0096 \times \frac{Q_h}{V_s \cdot d}\right)$$

① 약 25m ② 약 40m
③ 약 65m ④ 약 80m

52 배기가스의 온도 325℃, 대기온도 25℃일 때 통풍력은 40mmH₂O이었다. 연돌의 높이(m)는?(단, 연소배기가스와 공기의 밀도는 1.3kg/Sm³)

① 97m ② 73m
③ 70m ④ 67m

53 굴뚝의 내경 2m, 연기의 배출속도 5m/sec, 배출가스의 온도 400K, 대기(외기)온도 300K, 풍속 3m/sec일 때, 이 플룸(plume)의 ΔH (m)는 얼마인가?(단, ΔH 계산은 제시된 식을 사용, C=1.58)

$$\Delta H = \frac{114\,CF^{1/3}}{U}$$

$$F = \frac{g(D/2)^2 \times V_s(T_s - T_a)}{T_a}$$

① 142.58 ② 152.32
③ 168.47 ④ 198.23

54 미국에서 개발된 바람장 모델로서 바람장과 오염물질 분산을 동시에 계산할 수 있는 것은?

① ADMS ② OCD
③ RAMS ④ AUSPLUME

▶ 해설

51 제시된 관계식을 이용하여 연기의 유효상승고(ΔH)를 먼저 구한 다음 실제굴뚝높이(H)를 합산하여 유효굴뚝높이(H_e)를 구한다.

□ $\Delta H = \dfrac{V_s d}{U} \times \left(1.5 + 0.0096 \times \dfrac{Q_h}{V_s \times d}\right)$ $\begin{cases} V_s : \text{연기의 배출속도} = 20\,\text{m/sec} \\ d : \text{굴뚝의 직경} = 2\,\text{m} \\ U : \text{풍속} = 4\,\text{m/sec} \\ Q_h : \text{열배출률} = 4,000\,\text{kJ/sec} \end{cases}$

⇨ $\Delta H = \dfrac{20 \times 4}{4} \times \left(1.5 + 0.0096 \times \dfrac{4,000}{20 \times 4}\right) = 39.6\,\text{m}$

∴ $H_e = H + \Delta H = 40 + 39.6 = 79.6\,\text{m}$

52 자연통풍력 계산식을 이용한다.

□ $40 = 273 \times H \times \left[\dfrac{1.3}{273+25} - \dfrac{1.3}{273+325}\right]$ ∴ $H = 66.95\,\text{m}$

53 제시된 관계식을 이용하여 유효상승고를 구한다.

□ $\Delta H = \dfrac{114\,CF^{1/3}}{U}$ $\begin{cases} U : \text{풍속} = 3\,\text{m/sec} \\ F : \text{부력} = g(D/2)^2 \times V_s(T_s - T_a)/T_a \\ V_s : \text{연기의 배출속도} = 5\,\text{m/sec} \\ D : \text{굴뚝의 직경} = 2\,\text{m} \\ T_s : \text{가스온도} = 400\,\text{K} \\ T_a : \text{외기온도} = 300\,\text{K} \end{cases}$

⇨ $F = 9.8 \times \left(\dfrac{2}{2}\right)^2 \times 5 \times \left(\dfrac{400-300}{300}\right) = 16.33\,\text{m}^4/\text{sec}^3$

∴ $\Delta H = \dfrac{114 \times 1.58 \times (16.33)^{1/3}}{3} = 152.32\,\text{m}$

54 RAMS는 미국에서 개발된 바람장 모델로서 바람장과 오염물질 분산을 동시에 계산할 수 있다.

정답 | 51.④ 52.④ 53.② 54.③

55 굴뚝 높이 50m, 배기가스 평균온도는 120℃일 때, 굴뚝의 자연통풍력은 15.5mmH₂O이었다. 배기가스온도를 200℃로 증가시킬 경우 이 시설의 통풍력은?(단, 외기온도는 20℃이고, 대기 비중량과 가스의 비중량은 표준상태에서 1.3kg$_f$/m³)

① 12mmH$_2$O ② 18mmH$_2$O
③ 23mmH$_2$O ④ 29mmH$_2$O

56 다음 중 유효굴뚝높이를 상승시키는 방법으로 가장 적합한 것은?

① 배출가스의 온도를 높인다.
② 배출가스의 양을 감소시킨다.
③ 굴뚝배출구의 직경을 확대한다.
④ 배출가스의 토출속도를 감소시킨다.

57 굴뚝 설계 시 풍하방향의 건물높이가 50m라고 할 때 건물에 연기가 휘말려 떨어지는 현상을 방지하기 위한 굴뚝의 높이는 최소 몇 m 이상 되어야 하는가?

① 22m ② 97m
③ 100m ④ 125m

58 굴뚝의 통풍력에 대한 다음 설명 중 옳지 않은 것은?

① 외기 유입이 없을수록 통풍력이 커진다.
② 굴뚝 내의 굴곡이 없을수록 통풍력이 커진다.
③ 굴뚝높이가 높을수록, 단면적이 클수록 통풍력은 커진다.
④ 배출가스의 온도가 높을수록, 계절별로는 여름보다는 겨울이 통풍력이 작아진다.

> **해설**

55 굴뚝의 자연통풍력(Z, mmH$_2$O) 계산식을 사용한다.

$$Z = 355H \times \left[\frac{1}{273+t_a} - \frac{1}{273+t_g}\right]$$

$$\Rightarrow 15.5 = 355H \times \left[\frac{1}{273+20} - \frac{1}{273+120}\right], \quad H = 50.28 \text{ m}$$

$$\therefore Z^* = 355 \times 50.28 \times \left[\frac{1}{273+20} - \frac{1}{273+200}\right] = 23.18 \text{ mmH}_2\text{O}$$

56 ①항만 올바르다.

▶ 바르게 고쳐보기 ◀
② 배출가스의 양을 증대시킨다.
③ 굴뚝배출구의 직경을 작게 한다.
④ 배출가스의 토출속도를 증가시킨다.

57 다운드래프트(Down Draft)는 굴뚝의 풍하측에 위치하는 건물 및 지형의 영향을 받아 연기가 풍하방향으로 휘말려 떨어지는 현상을 말한다. 이를 방지하기 위해서는 연돌의 높이를 주변 지물높이보다 2.5배 이상으로 유지하여야 한다.

58 배출가스의 온도가 높을수록, 계절별로는 여름보다는 겨울이 통풍력이 증가한다.

정답 ┃ 55.③ 56.① 57.④ 58.④

59 Sutton의 최대착지농도에 대한 설명으로 옳지 않은 것은?

① 평균풍속에 비례한다.
② 오염물질 배출률(량)에 비례한다.
③ 유효굴뚝높이의 제곱에 반비례한다.
④ 수평 및 수직방향 확산계수와 관계가 있다.

60 가우시안(Gaussian) 분산 모델에 있어서 수평 및 수직방향의 표준편차 σ_y와 σ_z에 대한 가정(설명)으로 가장 거리가 먼 것은?

① 지표는 평탄하다고 간주한다.
② 시료채취시간은 약 10분으로 간주한다.
③ 고도에 따라 변하는 값으로 고도는 대기 중에서 하부 수백 m에 국한하여 사용한다.
④ 대기의 안정상태와는 관계있지만 연돌로부터의 풍하거리(distance downwind)와는 무관하다.

61 경도 모델(또는 K-이론 모델)을 적용하기 위한 가정이 아닌 것은?

① 배출원에서 오염물질의 농도는 무한하다.
② 오염물질은 지표를 침투하지 못하고 반사한다.
③ 연기의 축에 직각인 단면에서 오염의 농도 분포는 가우스분포(정규분포)이다.
④ 배출원에서 배출된 오염물질은 그 후 소멸하고, 확산계수는 시간에 따라 변한다.

62 다음은 바람과 대기오염과의 관계에 대한 설명이다. ( ) 안에 알맞은 것은?

> 연기가 굴뚝 아래로 오염물질이 흩날리어 연기의 토출구 바로 밑 부분에 오염물질의 농도가 높아지는 현상을 (Ⓐ)(이)라고 하며, 이러한 현상을 없애려면 (Ⓑ)이 되도록 한다. (단, U는 굴뚝높이에서의 풍속, V_s는 오염물질의 토출속도)

① Ⓐ Down Wash Ⓑ $V_s > 2U$
② Ⓐ Down Wash Ⓑ $U > 2V_s$
③ Ⓐ Down Draft Ⓑ $V_s > 2U$
④ Ⓐ Down Draft Ⓑ $U > 2V_s$

63 다음은 가우시안 확산 모델에 대한 설명이다. 옳지 않은 것은?

$$C(x, y, z) = \frac{Q}{2\pi U \sigma_y \sigma_z}\left[\exp\left(-\frac{y^2}{2\sigma_y^2}\right)\right]\left[\exp\left\{-\frac{(z-H)^2}{2\sigma_z^2}\right\} + \exp\left\{-\frac{(z+H)^2}{2\sigma_z^2}\right\}\right]$$

① H는 유효굴뚝높이이다.
② U는 굴뚝높이의 풍속을 말한다.
③ Q는 오염원의 배출량으로서 단위는 질량/시간이다.
④ z는 농도를 구하려는 지점의 굴뚝으로부터의 풍하방향의 수평거리를 말한다.

> **해설**
>
> **59** 굴뚝에서 배출되는 배기가스의 지표 최대착지농도는 평균풍속에 반비례한다.
> **60** 수평 및 수직방향의 표준편차 σ_y와 σ_z는 대기의 안정상태와 풍하거리 x의 함수이다.
> **61** 배출원에서 배출된 오염물질은 소멸되거나 생성되지 않으며, 확산계수는 시간에 따라 변하지 않는다. 또한 ①, ②, ③ 가정조건 외에 풍하측으로 지표면은 평평하고 균등하다고 가정한다.
> **62** 연기가 굴뚝 아래로 오염물질이 흩날리어 연기의 토출구 바로 밑 부분에 오염물질의 농도가 높아지는 현상을 Down Wash(다운워시)라고 하며, 이러한 현상을 없애려면 토출속도(V_s)를 풍속(U)의 2 이상 유지해야 한다.
> **63** z는 농도를 구하려는 지점의 굴뚝으로부터의 연직방향의 높이를 말한다.

정답 | 59.① 60.④ 61.④ 62.① 63.④

64 유효높이가 60m인 굴뚝으로부터 SO_2가 160 g/sec의 질량속도로 배출되고 있다. 굴뚝높이에서의 풍속 6m/sec, 풍하거리 500m에서 대기안정도에 따른 편차는 σ_y 28m, σ_z 18.5m이었다. 가우시안 모델에서 지표반사를 고려할 때, 이 굴뚝으로부터 풍하거리 500m의 중심선상의 지표농도는?

① $34\,\mu g/m^3$ ② $66\,\mu g/m^3$
③ $85\,\mu g/m^3$ ④ $101\,\mu g/m^3$

65 다음 대기분산 모델 중 미국에서 개발되었으며, 바람장 모델로 주로 바람장을 계산 기상예측에 사용된 것은?

① ADMS   ② AUSPLUME
③ MM5   ④ SMOGSTOP

66 가우시안의 확산방정식을 적용할 때, 지표면에 있는 점오염원으로부터 바람이 부는 방향으로 250m 떨어진 연기의 중심선상 지상 오염농도(mg/m^3)는?(단, 오염물질의 배출량 4g/sec, 풍속 5m/sec, σ_y는 22.5m, σ_z = 12m)

① 0.26   ② 0.36
③ 0.94   ④ 1.83

67 미국에서 개발된 분산 모델로 도시지역의 광화학반응을 고려하여 오염물질의 이동을 계산하는 것은?

① ADMS   ② UAM
③ SMOGSTOP ④ CTDMPLUS

> **해설**

64 가우시안의 확산방정식을 이용하여 연기의 중심선상 지표농도를 다음과 같이 산출한다.

$$C = \frac{Q}{2\pi\sigma_y\sigma_z U}\left[\exp\left\{-\frac{1}{2}\left(\frac{y}{\sigma_y}\right)^2\right\}\right] \times \left[\exp\left\{-\frac{1}{2}\left(\frac{z-H}{\sigma_z}\right)^2\right\} + \exp\left\{-\frac{1}{2}\left(\frac{z+H}{\sigma_z}\right)^2\right\}\right]$$

- 지표 오염농도를 구하므로 → $z=0$
- 중심축상의 오염농도를 구하므로 → $y=0$
- → 위의 조건을 적용하여 정리하면 다음 식과 같이 간략하게 됨

$$\Rightarrow C = \frac{Q}{\pi\sigma_y\sigma_z U}\exp\left[-\frac{1}{2}\left(\frac{H}{\sigma_z}\right)^2\right]$$

$\begin{cases} Q : \text{배출률} = 160\,g/sec \times 10^6\,\mu g/g = 160\times 10^6\,\mu g/sec \\ \sigma_y,\ \sigma_z = 28m,\ 18.5m \\ U : \text{풍속} = 6\,m/sec \\ H : \text{유효굴뚝높이} = 60\,m \end{cases}$

$$\therefore C = \frac{160\times 10^6}{3.14\times 28\times 18.5\times 6}\exp\left[-\frac{1}{2}\left(\frac{60}{18.5}\right)^2\right] = 85.24\,\mu g/m^3$$

65 MM5는 미국에서 개발된 중규모 3차원 기상 모델이다.

66 가우시안의 확산방정식을 이용하여 연기의 중심선상 지표농도를 다음과 같이 산출한다.

$$C = \frac{Q}{2\pi\sigma_y\sigma_z U}\left[\exp\left\{-\frac{1}{2}\left(\frac{y}{\sigma_y}\right)^2\right\}\right] \times \left[\exp\left\{-\frac{1}{2}\left(\frac{z-H}{\sigma_z}\right)^2\right\} + \exp\left\{-\frac{1}{2}\left(\frac{z+H}{\sigma_z}\right)^2\right\}\right]$$

- 지상(지표) 오염농도를 구하므로 → $z=0$
- 중심축상의 오염농도를 구하므로 → $y=0$
- 지면상에 있는 배출원이므로 → $H=0$
- → 위의 조건을 적용하여 정리하면 다음 식과 같이 간략하게 됨

$$\Rightarrow C = \frac{Q}{\pi\sigma_y\sigma_z U}$$

$\begin{cases} Q : \text{오염물질 배출률} = 4\,g/sec = 4{,}000\,mg/sec \\ \sigma_y,\ \sigma_z : \text{수평 및 수직방향 확산편차} = 22.5m,\ 12m \\ U : \text{풍속} = 5\,m/sec \end{cases}$

$$\therefore C = \frac{4{,}000\,mg/sec}{3.14\times 22.5m\times 12m\times 5m/sec} = 0.94\,mg/m^3$$

67 UAM은 미국에서 개발된 분산 모델로 도시지역의 광화학반응을 고려하여 오염물질의 이동을 계산하는 데 이용된다.

정답 | 64.③ 65.③ 66.③ 67.②

68 상자 모델의 이론적 가정조건에 해당되지 않는 것은?

① 오염물의 분해는 1차 반응에 의한다.
② 대상공간 내에서의 오염물농도는 균일하다.
③ 오염물은 원점으로부터 지속적으로 방출된다.
④ 오염물질은 지면 전역에 균등히 분포되어 있다.

69 상자 모델(Box Model)의 가정조건으로 옳지 않은 것은?

① 대상공간에서 오염물의 농도는 균일하다.
② 오염물질의 분해는 2차 반응으로 해석한다.
③ 오염원은 방출과 동시에 균등하게 혼합된다.
④ 오염원이 지면 전역에 균등하게 분포되어 있다.

70 상자 모델의 이론적 가정조건이 아닌 것은?

① 오염물질의 분해는 1차 반응에 의한다.
② 방출오염물의 주 이동방향은 수평축이다.
③ 고려된 공간에서 오염물의 농도는 균일하다.
④ 배출원은 지면 전역에 균등히 분포되어 있다.

71 수용 모델의 특징이 아닌 것은?

① 2차 오염원의 확인이 가능하다.
② 지형, 기상학적 정보 없이도 사용 가능하다.
③ 불법 배출오염원을 정량적으로 확인할 수 있다.
④ 미래를 위한 전략을 세울 수 있으나 미래예측은 어렵다.

72 오염원 영향평가방법 중 분산 모델에 대한 설명으로 옳지 않은 것은?

① 2차 오염원의 확인이 가능하다.
② 점, 선, 면 오염원의 영향을 평가할 수 있다.
③ 지형 및 오염원의 조업조건에 영향을 받지 않는다.
④ 새로운 오염원이 지역 내에 신설될 때 매번 재평가하여야 한다.

73 수용 모델의 특징이 아닌 것은?

① 지형 및 기상학적 정보 없이도 사용 가능하다.
② 측정자료를 입력자료로 사용하므로 시나리오 작성이 용이하다.
③ 새로운 오염원, 불확실한 오염원과 불법 배출오염원을 정량적으로 확인·평가할 수 있다.
④ 현재나 과거에 일어났던 일을 추정하여 미래를 위한 계획을 세울 수 있으나 미래예측은 어렵다.

74 분산 모델의 입력자료에 해당되지 않는 것은?

① 오염물질의 배출속도
② 굴뚝의 직경 및 재질
③ 오염물질 배출 측정망 설치시기
④ 오염원의 가동시간 및 방지시설의 효율

> **해설**

68 배출원은 지면 전역에 균등히 분포되어 있고 배출오염물질은 즉시 공간 내에 균일하게 혼합된다.
69 오염물질의 분해가 있는 경우 1차 반응으로 해석한다.
70 상자 모델은 수직·수평 확산을 고려하지 않으며, 배출된 오염물질은 즉시 공간에 균일하게 혼합된다.
71 2차 오염원의 확인 가능한 것은 분산 모델이다.
72 지형 및 오염원의 조업조건에 영향을 받지 않는 것은 수용 모델이다.
73 수용 모델은 측정자료를 입력자료로 사용하므로 시나리오 작성이 곤란하다.
74 분산 모델의 입력자료는 오염물질의 정보 및 배출속도, 굴뚝의 직경 및 재질, 굴뚝의 높이 및 배출가스의 온도차, 오염원의 가동시간 및 방지장치의 효율, 혼합고, 풍향, 풍속, 일사량, 기온, 습도 등의 기상정보, 오염원 및 수용체 위치의 지형정보 등이다.

정답 ┃ 68.③ 69.② 70.② 71.① 72.③ 73.② 74.③

75 분산 모델에 대한 다음 설명 중 틀린 것은 어느 것인가?

① CMAQ는 가우시안 모델로서 일본에서 개발됐다.
② RAMS는 바람장 모델로 바람장과 오염물질 분산을 동시에 계산할 수 있다.
③ ADMS는 도시지역 오염물질의 이동을 계산하는 것으로 영국에서 많이 사용했던 모델이다.
④ AUSPLUME는 미국의 ISC-ST와 ISC-LT 모델을 개조하여 만든 모델로 호주에서 주로 사용되었다.

76 실제굴뚝높이가 50m, 굴뚝내경 5m, 배출가스의 분출속도가 12m/sec, 굴뚝주위의 풍속이 4m/sec라고 할 때, 유효굴뚝의 높이 (m)는? [단, $\Delta H = 1.5 \times D \times (V_s/U)$ 이다.]

① 22.5
② 27.5
③ 72.5
④ 82.5

77 유효굴뚝높이 30m, 이황화탄소 배출률 $50 \times 10^6 \mu g/sec$, 굴뚝 상단의 풍속 5m/sec일 때 풍하방향 1,000m 하류지점에서의 배연의 중심선상 지표농도(ppm)와 냄새의 감지 여부를 옳게 예측한 것은?(단, σ_y, σ_z은 각각 160m, 120m, CS_2의 최저감지농도는 0.21 ppm)

① 0.047 ppm, 감지 불능
② 0.069 ppm, 감지 불능
③ 0.24 ppm, 감지 가능
④ 0.53 ppm, 감지 가능

78 어떤 굴뚝의 배출가스 중 SO_2 농도가 240ppm이었다. SO_2의 배출허용기준이 400 mg/m³ 이하라면 기준 준수를 위하여 이 배출시설에서 줄여야 할 아황산가스의 최소농도는 약 몇 mg/m³인가? (단, 표준상태 기준)

① 286
② 325
③ 452
④ 571

> **해설**

75 CMAQ는 점오염, 면오염원에 적용되는 모델로 미국에서 개발되었으며, 국지규모에서 지역규모까지 다양한 모델링이 가능하다.

76 $H_e = H + \Delta H$의 관계식을 적용한다.

　□ $\Delta H = 1.5 \times D \times \left(\dfrac{V_s}{U}\right) = 1.5 \times 5 \times \left(\dfrac{12}{4}\right) = 22.5\text{m}$

　∴ $H_e = 50 + 22.5 = 72.5\text{m}$

77 $z = 0$, $y = 0$, $H = 30\text{m}$를 적용한다.

　□ $C = \dfrac{Q}{\pi \sigma_y \sigma_z U} \exp\left[-\dfrac{1}{2}\left(\dfrac{H}{\sigma_z}\right)^2\right]$

　⇨ $C = \dfrac{50}{3.14 \times 160 \times 120 \times 5} \exp\left(-\dfrac{30^2}{2 \times 120^2}\right) = 1.61 \times 10^{-4} \mu g/m^3$

　• $C^* = \dfrac{1.61 \times 10^{-4} \mu g}{m^3} \times \dfrac{10^{-3} mg}{\mu g} \times \dfrac{22.4 mL}{76 mg} = 0.047\text{ppm}$

　∴ CS_2 농도가 0.21ppm 이하이므로 감지 불능

78 $\Delta C =$ 발생농도 − 배출허용농도로 산출한다.

　□ 발생농도 $= \dfrac{240\text{mL}}{m^3} \left| \dfrac{64\text{mg}}{22.4\text{mL}} \right. = 685.71\text{mg/m}^3$

　∴ $\Delta C = 685.71 - 400 = 285.71\text{mg/m}^3$

정답 | 75.① 76.③ 77.① 78.①

업그레이드 종합 예상문제

01 역전현상에 대한 설명으로 옳지 않은 것은?
① 침강역전과 전선역전은 공중역전에 속한다.
② 기온역전은 접지역전과 공중역전으로 구분된다.
③ 복사역전은 주로 밤부터 이른 아침 사이에 잘 발생한다.
④ 굴뚝의 높이 상하에서 각각 침강역전과 복사역전이 동시에 발생하는 경우 플룸(Plume)의 형태는 훈증형(Fumigation)으로 된다.

■해설 굴뚝의 높이 상하에서 각각 침강역전과 복사역전이 동시에 발생하는 경우 플룸(Plume)의 형태는 구속형(Trapping)으로 된다.

02 역전에 대한 다음 설명 중 옳지 않은 것은?
① 복사역전층에서는 안개가 발생하기 쉽고, 매연이 잘 소산되지 않아 지표의 오염농도를 증가시킨다.
② 전선역전이나 해풍역전은 모두 이동성이지만 그 상하에서 바람과 난류가 작아서 지표 부근의 오염물질들을 오랫동안 정체시킨다.
③ 복사역전은 하늘이 맑고, 바람이 약한 자정 이후와 새벽에 걸쳐 잘 생기며, 낮이 되면 일사에 의해 지면이 가열되면 곧 소멸된다.
④ 산을 넘는 푄기류가 산골짜기 사이로 통과할 때 발생하는 지형성 역전도 있으며, 이 역전층은 산골짜기, 분지 등으로 냉기가 모일 경우 발생한다.

■해설 전선역전이나 해풍역전은 바람과 난류가 크기 때문에 다른 역전현상에 비하여 지표 부근의 오염도에 기여하는 바가 작다.

03 최대혼합고에 대한 설명이다. ( ) 안에 가장 알맞은 것은?

> 최대혼합고 값은 통상적으로 (Ⓐ)에 가장 낮으며, (Ⓑ)시간 동안 증가한다. (Ⓑ) 시간 동안에는 통상 (Ⓒ) 값을 나타내기도 한다.

① Ⓐ 밤, Ⓑ 낮, Ⓒ 20~30km
② Ⓐ 밤, Ⓑ 낮, Ⓒ 2,000~3,000m
③ Ⓐ 낮, Ⓑ 밤, Ⓒ 20~30km
④ Ⓐ 낮, Ⓑ 밤, Ⓒ 2,000~3,000m

■해설 최대혼합고 값은 통상적으로 밤에 가장 낮으며, 낮시간 동안 증가한다. 낮시간 동안에는 통상 2~3km 값을 나타내기도 한다.

정답 1.④ 2.② 3.②

04 따뜻한 공기가 차가운 지면 위를 지나갈 때 지표와 접하는 공기의 하층부가 접촉냉각에 의해 발생하는 역전은?

① 복사역전
② 이류역전
③ 침강역전
④ 해풍역전

■해설 따뜻한 공기가 차가운 지면 위를 지나갈 때 지표와 접하는 공기의 하층부가 접촉냉각에 의해 발생하는 역전은 이류역전이다.

05 기온역전의 발생기구에 대하여 옳게 설명한 것은?

① 이류역전 : 더운 공기가 차가운 지표면 위로 불 때 발생
② 침강역전 : 저기압 중심부에서 공기의 침강으로 인하여 발생
③ 해풍역전 : 해상의 더워진 바람이 차가운 육지로 불어들어올 때 발생
④ 전선역전 : 차가운 공기가 따뜻한 지표면 위로 전선을 이루면서 바람이 불 때 발생

■해설 이류역전에 대한 설명항목만 올바르다. 침강역전은 고기압 중심부에서 공기의 침강으로 인하여 발생하고, 해풍역전은 해상의 찬 공기가 더운 육지로 불어들어올 때 발생하며, 전선역전은 더운 공기가 차가운 지표면 위로 전선을 이루면서 바람이 불 때 발생한다.

06 고도 증가에 따라 온위가 변하지 않고 일정한 대기의 안정도는?

① 안정
② 미단열
③ 중립
④ 불안정

■해설 고도가 증가하더라도 온위(溫位)가 변하지 않을 경우 대기의 안정도는 중립이다.

07 리차드슨(Richardson) 수에 대한 설명으로 틀린 것은?

① 0인 경우는 기계적 난류만 존재한다.
② 0.25보다 크게 되면 수직혼합만 남는다.
③ 큰 음의 값을 가지면 대류가 지배적이어서 바람이 약하게 된다.
④ 무차원 수로서 근본적으로 대류난류를 기계적인 난류로 전환시키는 율을 측정한 것이다.

■해설 $0.25 < R_i$은 수직방향의 혼합이 거의 없는 상태이다.

08 Richardson 수의 크기가 $0 < R_i < 0.25$ 범위일 때 대기의 혼합 상태는?

① 수직방향의 혼합이 없다.
② 대류에 의한 혼합이 기계적 혼합을 지배한다.
③ 성층(Stratification)에 의해서 약화된 기계적 난류가 존재한다.
④ 기계적 난류와 대류가 존재하나 기계적 난류가 혼합을 주로 일으킨다.

▌해설 $0 < R_i < 0.25$ 범위일 때는 약한 안정 또는 성층(Stratification)에 의해서 약화된 기계적 난류가 존재하는 상태이다.

09 최대혼합고(MMD)를 350m로 예상하여 오염농도를 3.5ppm으로 수정하였는데 실제 관측된 최대혼합고는 175m이었다. 이때 실제 나타날 오염농도는?

① 16ppm ② 28ppm
③ 32ppm ④ 48ppm

▌해설 오염물질의 농도(C)와 최대혼합고(MMD ; Maximum Mixing Depth)와의 관계는 3승에 반비례한다.

□ $C_2 = C_1 \times \left(\dfrac{\mathrm{MMD}_1}{\mathrm{MMD}_2}\right)^3$ $\begin{cases} C_2 : \text{혼합고 } 175\,\mathrm{m}\text{일 때 지면 부근의 공간농도(ppm)} \\ C_1 : \text{혼합고 } 350\mathrm{m}\text{일 때 지면 부근의 공간농도} = 3.5\,\mathrm{ppm} \end{cases}$

∴ $C_2 = 3.5 \times \left(\dfrac{350}{175}\right)^3 = 28\,\mathrm{ppm}$

10 최대혼합고에 대한 다음 설명 중 틀린 것은 어느 것인가?
① 통상적으로 최대혼합고는 밤에 가장 높으며, 낮시간에는 감소한다.
② 열부력효과에 의해 결정된 대류 혼합층의 높이를 최대혼합고라 한다.
③ 일반적으로 안정된 대기에서의 최대혼합고는 불안정한 대기에서보다 낮다.
④ 통상적으로 최대혼합고가 1,500m 이하인 경우에 대도시 대기오염이 심화된다는 보고가 있다.

▌해설 통상적으로 최대혼합고는 밤에 가장 낮으며, 낮시간에는 증가한다.

11 최대혼합깊이(MMD)에 대한 설명으로 옳지 않은 것은?
① 계절적으로는 이른 여름철에 가장 크다.
② 열부상효과에 의하여 대류에 의한 혼합층의 깊이가 결정되는데 이를 MMD라 한다.
③ 최대혼합고는 지표위 수 km까지의 실제공기의 온도종단도를 작성함으로 결정된다.
④ 야간의 접지역전이 심할 경우에는 점차 증가하여 그 값이 5,000m 이상 될 수도 있다.

▌해설 야간의 접지역전이 심할 경우에는 점차 감소하여 그 값이 0m가 될 수도 있다.

12 Pasquill에 의한 대기안정도 분류에서 사용되는 항목으로 가장 거리가 먼 것은 어느 것인가?
① 상대습도 ② 운량분포
③ 태양복사량 ④ 지상 10m의 풍속

■해설 파스킬(Pasquill)에 의한 대기안정도 분류방법은 낮에는 태양복사량, 풍속(지상 10m), 밤에는 구름의 양(운량분포)과 풍속으로부터 동적 대기안정도를 6단계(A~F등급)로 구분하는 방법이다.

13 등압선이 곡선인 경우, 원심력, 기압경도력, 전향력의 세 힘이 평형을 이루는 상태에서 등압선을 따라 부는 바람을 무엇이라 하는가?

① Coriolis Wind
② Gradient Wind
③ Friction Wind
④ Geostrophic Wind

■해설 "등압선이 곡선"인 경우 원심력+전향력=기압경도력으로 세 힘이 평형을 이루는 상태에서 등압선을 따라 부는 바람을 경도풍(Gradient Wind)이라 한다. 한편, 지균풍(Geostrophic Wind)은 지구의 자전으로 인한 전향력과 기압경도력이 균형을 이루면서 등압선에 평행하게 부는 바람을 말한다.

14 지균풍에 대한 설명으로 옳지 않은 것은?

① 고층풍(高層風)이므로 마찰력의 영향이 미치지 않는다.
② 자유대기층(1km 이상 상공)에서 등압선이 직선일 때 등압선과 평행하게 부는 바람이다.
③ 바람에 영향을 미치는 기압경도력과 전향력은 크기가 같으나 상호 반대방향으로 작용한다.
④ 등압선이 평행인 경우 북반구에서는 관측자가 지구를 향하여 내려다보는 경우 저기압 지역이 풍향의 오른쪽에 위치한다.

■해설 등압선이 평행인 경우 북반구에서는 관측자가 지구를 향하여 내려다보는 경우 저기압 지역이 풍향의 왼쪽에 위치한다.

15 바람에 대한 다음 설명 중 옳지 않은 것은?

① 해풍은 낮 동안 바다에서 육지로 8~15km 정도까지 바람이 분다.
② 저기압에서는 시계바늘 반대방향으로 회전하면서 상승하는 바람이 분다.
③ 곡풍은 경사면 → 계곡 → 주계곡으로 수렴하면서 풍속이 가속되므로 산풍보다 풍속이 더 강하다.
④ 마찰층 내 바람은 높이에 따라 시계방향으로 각 천이가 생겨나며, 위로 올라갈수록 실제 풍향은 점점 지균풍과 가까워진다.

■해설 산풍은 경사면 → 계곡 → 주계곡으로 수렴하면서 풍속이 가속된다.

16 연기의 확산형태 중 역전층이 존재할 때 플룸(plume)의 형태로만 된 것은?

① Coning, Looping, Fanning
② Fanning, Lofting, Trapping
③ Fumigation, Coning, Lofting
④ Looping, Fanning, Fumigation

■해설 Fanning은 접지역전층 내에 연원이 존재할 때, Lofting은 연원의 하층이 역전일 때, Trapping은 연원은 불안정층이나 하층과 상층이 역전층일 때 나타나는 연기모형이다.

17 연기형태에 대한 다음 설명 중 틀린 것은 어느 것인가?

① 환상형 : 과단열감률 조건일 때, 즉 대기가 불안정할 때 발생한다.
② 지붕형 : 하층에 비하여 상층이 안정한 대기상태를 유지할 때 발생한다.
③ 원추형 : 오염의 단면분포가 전형적인 가우시안분포를 이루며, 중립조건일 때 잘 발생한다.
④ 부채형 : 연기가 배출되는 지점에서 상당한 고도까지도 매우 안정한 대기상태가 유지될 경우 연직운동이 억제되어 발생한다.

■해설 지붕형 : 하층에 비하여 상층이 불안정한 대기상태를 유지할 때 발생한다.

18 바람장미에 대한 다음 설명 중 옳지 않은 것은?

① 풍속이 0.2m/sec 이하일 때를 정온상태로 본다.
② 방향량(Vector)은 관측된 풍향별 횟수를 백분율로 나타낸 값이다.
③ 주풍은 가장 빈번히 관측된 풍향을 말하며, 막대의 길이가 가장 길게 표시된다.
④ 대기오염물질의 확산방향은 주풍(主風)과 같은 방향이며, 풍속은 막대길이로 표시한다.

■해설 대기오염물질의 확산방향은 주풍(主風)과 반대방향이다.

19 연도의 배출가스 15m³/sec, HCl의 농도 802ppm, 풍속 20m/sec, K_y = 0.07, K_z = 0.08인 중립 대기조건에서 중심축상 최대지표농도가 1.61×10^{-2}ppm인 경우 굴뚝의 유효높이(m)는?(단, Sutton의 확산식을 이용할 것)

① 약 45m
② 약 56m
③ 약 78m
④ 약 100m

■해설 Sutton 확산식을 이용하여 최대착지농도(C_{max})와 유효굴뚝높이(H_e)의 관계식을 이용한다.

□ $C_{max} = \dfrac{2Q}{\pi e U H_e^2}\left(\dfrac{K_z}{K_y}\right)$
$\begin{cases} C_{max} : \text{최대착지농도} = 1.61 \times 10^{-2}\text{ppm} \\ Q : \text{배출률} = 15 \times 802 = 12,030\text{ppm} \cdot \text{m}^3/\text{sec} \\ U : \text{풍속} = 20\text{m/sec} \end{cases}$

⇨ $1.61 \times 10^{-2} = \dfrac{2 \times 12,030}{3.14 \times 2.718 \times 20 \times H_e^2} \times \left(\dfrac{0.08}{0.07}\right)$

∴ $H_e = 100\text{m}$

20 유효굴뚝높이 100m, SO₂의 배출량 115g/sec인 화력발전소가 있다. 배출구 주변 풍속이 5m/sec일 때, 최대착지농도($\mu g/m^3$)는?(단, 착지농도 관계식은 다음과 같고, σ_y : 250 m, σ_z : 140m)

$$C_{\max} = \frac{0.1171\,Q}{U\sigma_y\sigma_z}$$

① $62\mu g/m^3$ ② $77\mu g/m^3$
③ $98\mu g/m^3$ ④ $113\mu g/m^3$

해설 제시된 관계식을 이용한다.

□ $C_{\max} = \frac{0.1171\,Q}{U\sigma_y\sigma_z}$ $\left\{ Q = \frac{115\text{g}}{\text{sec}} \times \frac{10^6 \mu\text{g}}{\text{g}} = 115 \times 10^6\,\mu\text{g/sec} \right.$

∴ $C_{\max} = \frac{0.1171 \times 115 \times 10^6}{5 \times 250 \times 140} = 76.95\,\mu g/m^3$

21 불안정한 조건에서 가스속도가 10m/sec, 굴뚝의 안지름이 5m, 가스온도가 173℃, 기온이 23℃, 풍속이 36km/hr일 때 연기의 상승높이는 몇 m인가?(단, F는 부력임)

$$\Delta H = 150\frac{F}{U^3}$$

① 32m   ② 41m   ③ 49m   ④ 58m

해설 제시된 관계식을 이용하여 굴뚝의 직경을 구한다.

□ $\Delta H = 150\frac{F}{U^3}$

$\begin{cases} U : 풍속 = 36\,\text{km/hr} = 10\,\text{m/sec} \\ F : 부력 = g \cdot V_s \left(\frac{D}{2}\right)^2 \left(\frac{T_s - T_a}{T_a}\right) = 9.8 \times 10 \times \left(\frac{5}{2}\right)^2 \times \left(\frac{446 - 296}{296}\right) = 329.48\,\text{m}^4/\text{sec}^3 \end{cases}$

∴ $\Delta H = 150 \times \frac{329.48}{10^3} = 49.42\,\text{m}$

22 배출가스의 부력과 관계가 큰 다음 식을 이용하면 유효굴뚝높이는 몇 m인가?(단, 조건은 굴뚝높이 : 100m, 굴뚝 내경 : 3m, 배기가스 토출속도 : 10m/sec, 가스의 온도 : 150℃, 기온 : 10℃, 환경감률 : −0.5℃/100m, 굴뚝높이에서 풍속 : 5m/sec이다.)

$$\Delta H = 2.3 \left(\frac{F}{US}\right)^{\frac{1}{3}}$$
$$F = g \cdot \left(\frac{d}{2}\right)^2 \cdot V_s \times \frac{T_s - T_a}{T_a}$$
$$S = \frac{g}{T_a}\left(\frac{dt}{dz} + \gamma_d\right)$$

① 120m   ② 160m   ③ 180m   ④ 220m

■해설 제시된 계산식을 이용한다.

□ $\Delta H = 2.3(F/US)^{\frac{1}{3}}$ $\begin{cases} F : 부력 = g(d/2)^2 \times V_s(T_s - T_a)/T_a \\ U : 풍속 = 5\,\mathrm{m/sec} \\ V_s : 연기의\ 배출속도 = 10\,\mathrm{m/sec} \\ d : 굴뚝의\ 직경 = 3\,\mathrm{m} \\ T_s : 가스온도 = 273 + 150 = 423\,\mathrm{K} \\ T_a : 외기온도 = 273 + 10 = 283\,\mathrm{K} \end{cases}$

⇨ $F = 9.8 \times \left(\dfrac{3}{2}\right)^2 \times 10 \times \left(\dfrac{423-283}{283}\right) = 109.08\ \mathrm{m^4/sec^3}$

⇨ $S(안정도\ 파라미터) = \dfrac{g}{T_a}\left(\dfrac{dt}{dz} + \gamma_d\right)$ $\begin{cases} dt/dz : 환경감률 = -0.5\,℃/100\,\mathrm{m} \\ \gamma_d : 건조단열체감률 = -1.0\,℃/100\,\mathrm{m} \end{cases}$

$= \dfrac{9.8}{283} \times \left(\dfrac{0.5+1}{100}\right) = 5.19 \times 10^{-4}$

⇨ $\Delta H = 2.3 \times \left(\dfrac{109.08}{5 \times 5.19 \times 10^{-4}}\right)^{\frac{1}{3}} = 79.97\,\mathrm{m}$

∴ $H_e = 100 + 79.97 = 179.97\,\mathrm{m}$

23 내경이 4m인 굴뚝에서 연기가 10m/sec의 속도로 풍속이 5m/sec인 대기로 방출된다. 대기는 27℃의 온도를 가지며, 중립상태이다. 연기의 온도가 167℃일 때 TVA 모델에 의한 연기의 상승고는 얼마인가?

$$\Delta H = \dfrac{173 F^{1/3}}{U\exp(0.64\Delta\theta/\Delta Z)}$$
• $F = [g \times V_s \times d^2(T_s - T_a)]/4T_a$

① 134m ② 152m ③ 175m ④ 197m

■해설 제시된 계산식을 이용한다.

□ $\Delta H = \dfrac{173 F^{1/3}}{U\exp(0.64\Delta\theta/\Delta Z)}$

• $F = [g\,V_s \times d^2(T_s - T_a)]/4T_a = 9.8 \times 10 \times 4^2 \times \dfrac{(440-300)}{4 \times 300} = 182.93\ \mathrm{m^4/sec^3}$

• $\Delta\theta/\Delta Z(온위) = 0\ (\because 중립상태\ 대기조건)$

∴ $\Delta H = \dfrac{173 \times 182.93^{1/3}}{5 \times \exp(0.64 \times 0)} = 196.4\,\mathrm{m}$

24 굴뚝높이 50m, 굴뚝직경 2m, 배출가스속도 15m/sec, 가스온도 127℃로 배출되는 굴뚝이 있다. 대기온도가 27℃일 때 유효굴뚝높이는?(단, 1기압 기준, 풍속 5m/sec, 대기안정도가 중립조건에서 다음에 제시된 Holland 식 적용)

$$\Delta H = \dfrac{V_s \times d}{U}\left(1.5 + 2.68 \times 10^{-3} P \dfrac{T_s - T_a}{T_s} d\right)$$

① 67m ② 78m ③ 84m ④ 92m

■해설 제시된 관계식을 이용하여 연기의 유효상승고를 먼저 구한 다음 실제굴뚝높이를 합산한다.

$$\Delta H = \frac{V_s \cdot d}{U}\left(1.5 + 2.68 \times 10^{-3} P \frac{T_s - T_a}{T_s} d\right) \begin{cases} V_s : \text{연기의 배출속도} = 15\,\text{m/sec} \\ d : \text{굴뚝의 직경} = 2\,\text{m} \\ U : \text{풍속} = 4\,\text{m/sec} \\ P : \text{압력} = 1\text{기압} = 1,013.25\,\text{mb} \\ T_s : \text{가스의 절대온도} = 273 + 127 = 400\text{K} \\ T_a : \text{외기의 절대온도} = 273 + 27 = 300\text{K} \end{cases}$$

$$\Rightarrow \Delta H = \frac{15 \times 2}{5}\left(1.5 + 2.68 \times 10^{-3} \times 1{,}013 \times \frac{(400-300)}{400} \times 2\right) = 17.14\,\text{m}$$

$$\therefore H_e = 50 + 17.14 = 67.14\,\text{m}$$

25 굴뚝높이 60m, 대기온도 27℃, 배기가스온도 137℃일 때, 자연통풍력을 1.5배 증가시키기 위한 배기가스의 온도는?(단, 외기 및 배기가스의 밀도는 1.3kg/Sm³)

① 230℃
② 280℃
③ 320℃
④ 370℃

■해설 자연통풍력 계산식을 이용한다.

$$Z_1 = 273 \times 60 \times \left[\frac{1.3}{273+27} - \frac{1.3}{273+137}\right] = 19.04\,\text{mmH}_2\text{O}$$

$$Z_2 = 1.5 Z_1 = 1.5 \times 19.04 = 273 \times 60 \times \left[\frac{1.3}{273+27} - \frac{1.3}{273+t_g}\right]$$

$$\therefore t_g = 229.05\,\text{℃}$$

26 다음의 Fick의 확산방정식을 실제 환경대기에 적용하기 위하여 일반적으로 추가하는 가정과 가장 거리가 먼 것은?

$$\frac{dC}{dt} = K_x \frac{\partial^2 C}{\partial x^2} + K_y \frac{\partial^2 C}{\partial y^2} + K_z \frac{\partial^2 C}{\partial z^2}$$

① 과정은 안정상태를 가정한다. 즉 $dC/dt = 0$
② 확산에 의한 오염물의 주 이동방향은 x 축이다.
③ 오염물은 점오염원으로부터 연속적으로 방출된다.
④ 풍속은 x, y, z 좌표시스템 내의 어느 점에서든 일정하다.

■해설 Fick의 확산방정식에서 바람(이류)에 의한 오염물의 주 이동방향은 x 축으로 가정한다.

27 가우시안 모델의 표준편차에 대한 설명으로 틀린 것은?

① 시료채취기간은 약 10분이다.
② 평탄한 지형에 기준을 두고 있다.
③ 고도와 관계없이 일정한 값을 갖는다.
④ 대기의 안정상태와 풍하거리 x의 함수이다.

■해설 표준편차 값은 고도에 따라 변하므로 고도는 대기 중에서 하부 수백 m에 국한한다.

정답 25.① 26.② 27.③

28 상자 모델(Box Model)의 가정조건으로 옳지 않은 것은?

① 대상공간에서의 오염물농도는 균일하다.
② 오염원은 방출과 동시에 균등하게 혼합된다.
③ 오염물 방출원이 지면에 균등하게 분포되어 있다.
④ 오염물농도가 균일하기 때문에 오염물질의 분해는 0차 반응으로 해석한다.

▎해설 오염물질의 분해는 1차 반응으로 해석한다.

29 다음 중 수용 모델의 특성에 해당하는 것은?

① 단기간 분석 시 문제가 된다.
② 점, 선, 면 오염원의 영향을 평가할 수 있다.
③ 지형 및 오염원의 조업조건에 영향을 받는다.
④ 현재나 과거에 일어났던 일을 추정, 미래를 위한 전략은 세울 수 있으나 미래 예측은 어렵다.

▎해설 ④항만 수용 모델에 해당하는 설명이다. 수용 모델은 현재나 과거에 일어났던 일을 추정, 미래를 위한 전략은 세울 수 있으나 미래예측은 어렵다. 나머지 ①, ②, ③항은 분산 모델에 대한 설명이다.

30 분산 모델에 대한 설명으로 가장 거리가 먼 것은?

① 오염물의 단기간 분석 시 문제가 된다.
② 지형 및 오염원의 조업조건에 영향을 받는다.
③ 측정자료를 입력자료로 사용하므로 시나리오 작성이 어렵다.
④ 분진의 영향평가는 기상의 불확실성과 오염원이 미확인인 경우에 문제점을 가진다.

▎해설 측정자료를 입력자료로 사용하므로 시나리오 작성이 어려운 것은 수용 모델이다.

31 가우시안 확산 모델의 가정조건과 거리가 먼 것은?

① 풍속은 고도에 따라서 증가하는 것으로 가정
② 연기의 확산은 정상상태(Steady State)로 가정
③ 바람에 의한 오염물질의 주 이동방향은 x축으로 가정
④ 오염물은 점배출원으로부터 연속으로 방출되는 것으로 가정

▎해설 풍속은 고도에 따라 증가하지 않고 일정하다.

32 대기분산 모델에 대한 설명으로 옳지 않은 것은?

① RAMS는 바람장 모델로서 바람장과 오염물질의 분산을 동시에 계산한다.
② ISC-LT는 미국에서 널리 사용되는 가우시안 모델로 장기농도 계산에 유용하다.
③ ADMS는 미국에서 개발된 광화학 모델로서 복잡한 지형의 오염물질의 이동을 계산한다.
④ AUSPLUME는 가우시안 모델로서 미국의 ISC-ST와 ISC-LT 모델을 개조하여 만든 것이다.

■해설 ADMS는 가우시안 모델을 골격으로 영국에서 개발된 모델이며, 도시지역 오염물질의 이동 계산(점, 선, 면)에 이용된다.

더 풀어보기 예상문제

01 기온역전에 대한 다음 설명 중 틀린 것은 어느 것인가?
① 역전은 접지역전과 공중역전으로 나눈다.
② 복사역전은 밤에서 새벽 사이에 일어난다.
③ 침강역전과 전선역전은 접지역전에 속한다.
④ 침강역전과 복사역전이 동시에 발생될 때 연기의 확산형태는 구속형(Trapping)으로 된다.

02 바람발생에 관여하는 다양한 요소 중에서 근본원인이 되는 것은?
① 전향력 ② 원심력
③ 마찰력 ④ 기압경도력

03 일반적으로 가을~봄철 사이에 날씨가 좋고, 바람이 약하며, 습도가 낮을 때 새벽부터 이른 아침까지 잘 발생하고, 낮이 되면 일사로 인해 지면(地面)이 가열되면 곧 소멸되는 역전의 형태는?
① Coning Inversion
② Lofting Inversion
③ Radiative Inversion
④ Subsidence Inversion

04 바람장미(Wind Rose)에 기록되는 내용과 가장 거리가 먼 것은?
① 풍향 ② 풍속
③ 풍압 ④ 정온빈도

정답 1.③ 2.④ 3.③ 4.③

더 풀어보기 예상문제 해설

01 침강역전과 전선역전은 공중역전에 속한다.
02 바람의 근본원인이 되는 힘은 기압경도력이다.
03 복사역전(Radiative Inversion)은 바람이 약하고, 맑은 날 밤~새벽 사이에 잘 발생하고, 일출 후 아침이 되면 지표 부근부터 역전층이 해소된다.
04 바람장미(Wind Rose)에 기록되는 내용은 풍향, 풍속, 정온빈도, 주풍방향이다.

정답 32.③

더 풀어보기 예상문제

01 대기의 특성과 관련된 설명으로 옳지 않은 것은?

① 공기의 절대습도란 이론적으로 함유된 수증기 또는 물의 함량을 말하며, 단위는 %이다.
② 대기안정도와 난류는 대기경계층 내에서 오염물질의 확산정도를 결정하는 중요한 인자이다.
③ 공기는 물에 비해 탄성이 약하며, 약 0~50℃의 온도범위 내에서 공기는 보통 이상기체의 법칙을 따른다.
④ 행성경계층(PBL)보다 높은 고도에서 기압경도력과 전향력의 평형에 의하여 이루어지는 바람을 지균풍이라고 한다.

02 대기의 환경감률을 측정한 결과 −2.5℃/km이었다. 대기의 상태는?

① 중립상태 ② 미단열조건
③ 과단열조건 ④ 기온역전상태

03 대기안정도 또는 혼합층에 대한 설명으로 옳지 않은 것은 어느 것인가?(단, R_i : 리차드슨 수)

① 최대혼합깊이 자료는 통상 1개월간의 평균치로서 가용한다.
② 최대혼합깊이는 통상 밤에 가장 낮고, 한낮으로 갈수록 점차 증가한다.
③ 수직분포가 대수적 분포를 보이는 때의 R_i의 범위는 $-0.01 < R_i < 0.01$ 정도이다.
④ 환경체감률이 건조단열체감률보다 적다면 대기는 과단열적(Super Adiabatic)이라 한다.

04 바람장미를 나타낸 것은?

① 바람의 선회빈도와 크기
② 바람의 생성빈도와 소멸
③ 바람의 가속빈도와 온열
④ 바람의 풍향별 발생빈도와 풍속

정답 1.① 2.② 3.④ 4.④

더 풀어보기 예상문제 해설

01 공기의 절대습도(Absolute Humidity)란 공기 1m³ 속에 포함되는 수증기의 g수로 나타낸다. 반면에 상대습도는 포화습도와 현재 공기 중 1m³에 함유된 수증기량(절대습도)과의 백분율(%)로 표시된다.

02 대기의 건조단열감률은 약 −10℃/km이다. 측정한 환경감률이 −2.5℃/km(−0.25℃/100m)로서 건조단열감률보다 작은 상태이지만 온위가 증가하는 상태는 아니므로 미단열조건의 대기상태로 평가된다.
- DALR(γ_d) < γ(ELR) : 절대불안정(과단열조건)
- DALR(γ_d) = γ(ELR) : 중립조건
- DALR(γ_d) > γ(ELR) > 기온역전 : 미단열조건

03 환경체감률이 건조단열체감률보다 크다면 대기는 과단열적(Super Adiabatic)이라 한다.

04 ④항이 올바르다. 바람장미(Wind Rose)는 바람의 풍향별 발생빈도와 풍속을 나타낸다.

더 풀어보기 예상문제

01 다음 중 Richardson Number에 대한 설명으로 가장 적합한 것은?
① R_i가 0에 접근할수록 분산이 커진다.
② R_i가 0.25보다 크면 수직방향 혼합이 커진다.
③ R_i가 큰 음의 값을 가지면 대기는 안정한 상태이며, 수직방향의 혼합은 없다.
④ R_i는 무차원수로서 대류난류를 기계적인 난류로 전환시키는 율을 측정한 것이다.

02 라디오존데(Radiosonde) 기구는 어디에 사용되는 측정 장비인가?
① 고도에서의 주파수를 측정하는 장비
② 고도에서의 입자상 물질을 측정하는 장비
③ 고도에서의 가스상 물질을 측정하는 장비
④ 고도에서의 온도, 기압, 습도를 측정하는 장비

03 환상형에 대한 다음 설명 중 옳지 않은 것은 어느 것인가?
① 과단열감률 환경조건에서 발생한다.
② 굴뚝 인근의 지표농도가 높게 될 수 있다.
③ 바람이 강하고, 구름이 많은 날에 주로 관찰된다.
④ 상·하층 공기의 혼합이 왕성하여 오염물질을 잘 확산시킨다.

04 다음 그림에서 "가"쪽으로 부는 바람은?

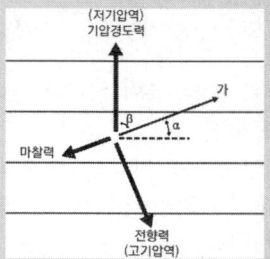

① Föhn Winds ② surface wind
③ gradient wind ④ geostrophic wind

05 바람에 대한 설명 중 옳지 않은 것은?
① 육지와 바다는 다른 열적 성질 때문에 주간에는 바다로부터, 야간에는 육지로부터 바람이 분다.
② 산악지형의 경우 일출이 시작되면 산 정상에서의 가열이 더 크므로 기류는 산의 사면(斜面)을 따라 상승하는 곡풍(谷風)이 생긴다.
③ 자유대기층에서는 코리올리 힘(Coriolis Force)과 기압경도력의 두 힘만으로 평형을 이루고 있을 때 부는 수평바람을 지균풍이라고 한다.
④ 마찰층 내의 바람은 높이에 따라 시계방향으로 각 천이(遷移)가 생겨 위로 올라갈수록 변하는 양이 증가하여 실제 풍향은 경도풍에 가까워진다.

정답 1.④ 2.④ 3.③ 4.② 5.④

더 풀어보기 예상문제 해설

01 리차드슨 넘버(R_i)는 무차원수로서 대류난류를 기계적인 난류로 전환시키는 율을 측정한 것이다.
02 라디오존데는 가스를 넣은 기구에 매달아 띄워 올려 기압, 기온, 습도의 3요소를 측정하는 장비이다.
03 환상형은 대기가 매우 불안정한 시기(한낮, 쾌청하고 일사량이 강한 날, 바람이 적당히 부는 날)에 관찰된다.
04 등압선에 평행하게 부는 바람(점선)이 α각도 만큼 방향을 전환하는 것은 마찰력이 작용하기 때문이다. 따라서 (가)의 바람은 지상풍(surface wind)이다.
05 마찰층 내의 바람은 위로 올라갈수록 변하는 양이 증가하여 실제 풍향은 지균풍에 가까워진다.

더 풀어보기 예상문제

01 국지풍에 대한 설명 중 옳지 않은 것은 어느 것인가?
① 바람장미를 이용하여 특정지역 오염물질의 대체적인 확산 패턴을 예측할 수 있다.
② 육지와 바다는 서로 다른 열적 성질 때문에 주간에는 바다로부터, 야간에는 육지로부터 바람이 부는 해륙풍이 생겨난다.
③ 산악지형인 경우, 야간에는 사면 상부에서부터 장파복사 냉각이 시작되어 중력에 의한 하강기류가 생기는데 이를 곡풍이라 한다.
④ 해륙풍이 장기간 지속될 경우 폐쇄된 국지순환의 결과로 해안가에 산업도시가 있는 지역에서는 대기오염물질의 축적이 일어날 수 있다.

02 다음 기온분포도 중 Plume의 상하 확산폭이 가장 적어 최대착지거리가 큰 것은?

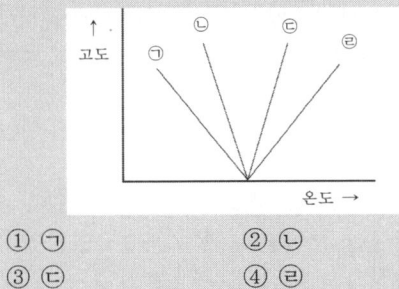

① ㉠ ② ㉡
③ ㉢ ④ ㉣

03 대기오염물질의 확산에 대한 설명으로 옳은 것은?
① 유효굴뚝높이는 굴뚝높이에 연기의 수직상승높이를 더한 것이다.
② 굴뚝연기의 배출속도가 바람의 속도보다 크면 다운드래프트 현상을 일으킨다.
③ 굴뚝높이를 주변의 건물보다 1.5배 높게 하여 다운드래프트 현상을 방지한다.
④ 다운드래프트 현상을 방지하기 위해서는 배출가스의 온도를 낮추어 부력을 감소시켜야 한다.

04 대기오염물질의 확산에 관한 설명으로 옳은 것은?
① 유효굴뚝높이는 굴뚝높이에 연기의 수직상승높이를 뺀 것이다.
② 굴뚝높이를 주변의 건물보다 1.5배 높게 하여 다운드래프트 현상을 방지한다.
③ 굴뚝에서 연기가 나올 때 굴뚝연기 배출속도가 바람의 속도보다 크면 다운드래프트 현상을 일으킨다.
④ 다운워시 현상을 없애려면 굴뚝에서의 수직 배출속도를 굴뚝높이 풍속의 2배 이상이 되도록 토출속도를 높인다.

정답 1.③ 2.④ 3.① 4.④

더 풀어보기 예상문제 해설

01 산악지형인 경우, 야간에는 사면 정상부에서부터 냉각이 시작되어 중력에 의한 하강기류가 생기는데 이를 산풍(활강풍)이라 한다.
02 기온역전 상태가 심화될수록 연기의 확산폭이 작아지고, 최대착지거리는 길어지게 된다.
03 ①항만 올바르다. 유효굴뚝높이는 굴뚝의 실제높이에 연기의 수직상승높이(연기의 유효상승고)를 더한 것이다. 다운드래프트 방지를 위해서는 건물보다 굴뚝높이가 2.5배 이상이어야 하고, 굴뚝의 배출가스속도를 크게, 배기가스의 온도를 높게 유지하여야 한다.
04 Down Wash현상을 없애려면 굴뚝에서의 가스 배출속도를 풍속의 2배 이상이 되도록 높여야 한다.

더 풀어보기 예상문제

01 실제굴뚝높이 100m, 안지름이 1.2m인 굴뚝에서 연기가 12m/sec의 속도로 배출되고 있다. 배출가스 중 아황산가스의 농도가 3,000ppm일 때, 유효굴뚝높이는? (단, 풍속은 2m/sec, 수직 및 수평 확산계수는 모두 0.1)

$$\Delta H = D(V_s/U)^{1.4}$$

① 약 15m   ② 약 55m
③ 약 115m ④ 약 155m

02 바람에 대한 설명으로 옳지 않은 것은?
① 전원풍은 열섬효과 때문에 도시의 중심부에서 하강기류가 발생하여 부는 바람이다.
② 해륙풍 중 육풍은 육지에서 바다로 향해 5~6km까지 영향을 미치며 겨울철에 빈발한다.
③ 푄풍은 산맥의 정상을 기준으로 풍상쪽 경사면을 따라 공기가 상승하면서 건조단열 변화를 하기 때문에 평지에서보다 기온이 약 1℃/100m의 율로 하강하게 된다.
④ 산곡풍 중 산풍은 밤에 경사면이 빨리 냉각되어 경사면 위의 공기온도가 같은 고도의 경사면에서 떨어져 있는 공기의 온도보다 차가워져 경사면 위의 공기가 아래로 침강하게 되어 부는 바람이다.

03 바람에 대한 설명 중 옳지 않은 것은?
① 산악지방에서 야간에 산의 정상 부근에서부터 불어내려오는 바람을 산풍이라 한다.
② 저기압 주변에서 바람에 작용하는 원심력과 코리올리 힘과 합쳐져서, 기압경도력과 평형을 이루며 부는 바람을 경도풍이라 한다.
③ 육풍은 해안에서 멀리 떨어진 내륙쪽 8~15km 정도까지 영향을 미치며, 해풍에 비해 풍속이 크고, 수직·수평적인 영향범위가 넓다.
④ 지표면으로부터의 마찰효과가 무시될 수 있는 층(1km 이상)에서, 기압경도력과 전향력이 평형을 이루면서 부는 바람을 지균풍이라 한다.

04 분산 모델 및 수용 모델의 특성에 대한 설명으로 옳지 않은 것은?
① 분산 모델은 단기간 분석 시 문제가 된다.
② 분산 모델은 오염원의 조업조건에 영향을 받는다.
③ 수용 모델을 통해 미래 대기질을 예측할 수 있다.
④ 수용 모델을 통하여 새로운 오염원, 불확실한 오염원과 불법 배출오염원을 정량적으로 확인 평가할 수 있다.

정답 1.③ 2.① 3.③ 4.③

더 풀어보기 예상문제 해설

01 유효굴뚝높이는 다음과 같이 계산한다.

□ $H_e = H + \Delta H \rightarrow \Delta H = 1.2\text{m} \times \left(\dfrac{12}{2}\right)^{1.4} = 14.74\text{ m}$

∴ $H_e = 100\text{m} + 14.74\text{m} = 114.74\text{m}$

02 전원풍은 열섬효과 때문에 도시의 중심부에서 상승기류가 발생하여 부는 바람이다.

03 육풍은 해풍에 비해 풍속이 작고, 수직·수평적인 영향범위가 좁다.
- 지균풍 : 경도력 = 전향력(평형)
- 경도풍 : (원심력 + 전향력) = 경도력(평형)

더 풀어보기 예상문제

01 평균풍속 4m/sec인 노천에서 소각 오염물의 배출량이 109.9g/sec이라고 할 때, 풍하측 2km 떨어진 연기의 중심선상 지면의 PM_{10} 농도($\mu g/m^3$)는?(단, 가우시안식 적용 σ_y, σ_z는 각각 250m, 350m, PM_{10}의 배출 비율은 40%)

① $12\mu g/m^3$
② $25\mu g/m^3$
③ $33\mu g/m^3$
④ $40\mu g/m^3$

02 수용 모델의 특징은?

① 2차·오염원의 확인이 가능하다.
② 점·선·면 오염원의 영향을 평가할 수 있다.
③ 지형 및 오염원의 조업조건에 영향을 받는다.
④ 오염원의 조업 및 운영상태에 대한 정보 없이도 사용 가능하다.

03 대기예측 모델과 거리가 먼 것은?

① Box 모델
② Gaussian 모델
③ Lagrangian 모델
④ Vollenweider 모델

04 다음 대기분산 모델 중 벨기에에서 개발되었으며, 통계 모델로서 도시지역의 오존농도를 계산하는데 이용했던 것은?

① RAMS(Regional Atmospheric ozone Model System)
② ADMS(Atmospheric Dispersion ozon Model System)
③ OCD(Offshore and Coastal ozone Dispersion model)
④ SMOGSTOP(Statistical Models Of Groundlevel Short Term Ozone Pollution)

05 소용돌이 확산 모델(Eddy diffusion model)의 기본방정식으로 적합한 것은?

① Fick의 방정식
② Hook의 방정식
③ Plank의 방정식
④ Kelvin의 방정식

06 기온역전(Temperature Inversion)의 종류와 거리가 먼 것은?

① 이류역전
② 난류역전
③ 해풍역전
④ 단층역전

정답 1.④ 2.④ 3.④ 4.④ 5.① 6.④

더 풀어보기 예상문제 해설

01 가우시안 확산방정식을 이용하여 연기의 중심선상 지표농도를 다음과 같이 산출한다.

$$C = \frac{Q}{2\pi\sigma_y\sigma_z U}\left[\exp\left\{-\frac{1}{2}\left(\frac{y}{\sigma_y}\right)^2\right\}\right] \times \left[\exp\left\{-\frac{1}{2}\left(\frac{z-H}{\sigma_z}\right)^2\right\} + \exp\left\{-\frac{1}{2}\left(\frac{z+H}{\sigma_z}\right)^2\right\}\right]$$

- 지면(지표) 오염농도를 구하므로 → $z=0$
  중심선상의 오염농도를 구하므로 → $y=0$
  지면상에 있는 노천 소각장이므로 → $H=0$

$$\therefore C = \frac{Q}{\pi\sigma_y\sigma_z U} = \frac{109.9\times10^6\,\mu g/\sec\times(40/100)}{3.14\times250\times350\times4\,m^3/\sec} = 40\,\mu g/m^3$$

04 벨기에에서 개발된 도시지역의 오존농도를 계산하는데 이용했던 모델은 SMOGSTOP이다.

05 Fick's law는 분산 모델의 가장 기초가 되는 법칙이다.

06 단층역전으로 분류되는 기온역전은 없다.

더 풀어보기 예상문제

01 역전에 대한 다음 설명 중 옳지 않은 것은 어느 것인가?

① 복사역전은 침강역전과는 달리 대기오염물질이 위치하는 대기층에서 생긴다.
② 복사역전은 하루 중 일출 후 구름이 낀 흐림상태에서 자주 일어나고, 겨울철보다는 여름철에 잘 발생한다.
③ 침강역전이 형성되는 일반적인 고도는 통상 1,000~2,000m 내외이며, 넓은 지역에 걸쳐서 발생하기도 한다.
④ 침강역전은 배출원의 상부에서 발생하며, 장기간 지속될 경우 오염물질을 높은 농도로 축적하는데 기여할 수 있다.

02 온위(Potential Temperature)에 대한 설명으로 옳지 않은 것은?

① 밀도는 온위에 비례한다.
② 높이에 따라 온위가 감소하면 대기는 불안정하고, 증가하면 대기는 안정하다.
③ 온위는 온도와 압력의 특수한 대기조합이 연관된 건조단열을 정의하는 한 방법이다.
④ 온위 $\theta = T(1,000/P)^{0.29}$로 나타내며, 여기서 P는 Millibar, T는 K(켈빈)단위로 표시된다.

03 Richardson 수(R_i)에 대한 설명으로 옳지 않은 것은?

$$R_i = \frac{g}{T_m} \frac{(\Delta t/\Delta Z)}{(\Delta U/\Delta Z)^2}$$

① $R_i = 0$일 때는 기계적 난류만 존재한다.
② $R_i > 0.25$일 때는 수직방향의 혼합이 없다.
③ $\Delta t/\Delta Z$는 강제대류의 크기, $\Delta U/\Delta Z$는 자유대류의 크기를 나타낸다.
④ R_i값이 큰 음의 값을 가지면 대류가 지배적이어서 바람이 약하게 되어 강한 수직운동이 일어나며, 굴뚝의 연기는 수직 및 수평방향으로 빨리 분산한다.

04 파스킬(Pasquill)의 대기안정도에 대한 설명으로 옳지 않은 것은?

① 안정도는 A~F까지 6단계로 구분하며, A는 가장 불안정한 상태, F는 가장 안정한 상태를 뜻한다.
② 낮에는 일사량과 풍속(지상 10m)으로 야간에는 운량, 운고와 풍속 등으로부터 안정도를 구분한다.
③ 낮에는 풍속이 약할수록(2m/sec 이하), 일사량은 강할수록 대기안정도 등급은 안정한 상태를 나타낸다.
④ 지표가 거칠고, 열섬효과가 있는 도시나 지면의 성질이 균일하지 않은 곳에서는 오차가 크게 나타날 수 있다.

정답 1.② 2.① 3.③ 4.③

더 풀어보기 예상문제 해설

01 복사역전은 맑은 날 일몰 후에 잘 일어나고 여름보다는 겨울철에 잘 발생한다.
02 온위가 증가하면 밀도는 감소하므로 밀도는 온위에 반비례한다.
03 Richardson 수는 $R_i = \frac{g}{T_m} \frac{\Delta t/\Delta Z}{(\Delta U/\Delta Z)^2}$로 표시되며, $\Delta t/\Delta Z$는 자유대류의 크기, $\Delta U/\Delta Z$는 강제대류의 크기를 나타낸다.
04 낮에는 풍속이 약할수록, 일사량은 강할수록 대기안정도 등급은 불안정한 상태를 나타낸다.

더 풀어보기 예상문제

01 대기오염물의 분산과정에서 최대혼합깊이(Maximum Mixing Depth)를 가장 적합하게 표현한 것은?
① 풍향에 의한 대류혼합층의 높이
② 화학반응에 의한 대류혼합층의 높이
③ 기압의 변화에 의한 대류혼합층의 높이
④ 열부상 효과에 의한 대류혼합층의 높이

02 혼합층의 설명으로 옳은 것은?
① 낮에 가장 적고, 밤시간을 통하여 점차 증가한다.
② 야간에 역전이 극심한 경우 최대혼합깊이는 5,000m 정도까지 증가한다.
③ 환기량은 혼합층의 온도와 혼합층 내의 평균풍속을 곱한 값으로 정의된다.
④ 계절적으로 최대혼합깊이는 주로 겨울에 최소가 되고 이른 여름에 최대값을 나타낸다.

03 최대혼합고(MMD)의 설명으로 옳지 않은 것은?
① 이른 여름에 최대가 되고, 겨울에 최소가 된다.
② MMD가 높은 날은 대기오염이 심하고, 낮은 날에는 대기오염이 적음을 나타낸다.
③ MMD는 지상에서 수 km 상공까지의 실제 공기의 온도종단도로 작성하여 결정된다.
④ 일반적으로 대단히 안정된 대기에서의 MMD는 불안정한 대기에서보다 MMD가 작다.

04 낮과 밤의 기온 연직분포 특성에 대한 설명으로 거리가 먼 것은?
① 현열은 낮에는 공기 중에서 지표로 밤에는 지표에서 공기 중으로 향하게 된다.
② 고도에 따른 온도의 기울기는 지표면 부근에서 가장 크고, 고도(깊이)에 따라 감소한다.
③ 지표에 가까울수록 낮에 기온이 더 높고 밤에 기온은 더 낮으므로 기온의 일교차는 지표면 부근에서 가장 크다.
④ 낮에는 고도(지중에서는 깊이)에 따라 온도가 감소하므로 기온감률(dT/dz)은 음의 값이 되며, 이러한 상태를 체감상태라 한다.

05 대기의 안정도 조건에 대한 설명으로 옳지 않은 것은?
① 과단열조건은 환경감률이 건조단열감률보다 클 때를 말한다.
② 중립적 조건은 환경감률과 건조단열감률이 같을 때를 말한다.
③ 미단열적 조건은 건조단열감률이 환경감률보다 작을 때를 말하며, 대기는 아주 안정하다.
④ 등온조건은 기온감률이 없는 대기상태이므로 공기의 상·하 혼합이 잘 이루어지지 않는다.

정답 1.④ 2.④ 3.② 4.① 5.③

더 풀어보기 예상문제 해설

03 MMD가 낮은 날은 대기오염이 심하고, 높은 날에는 대기오염이 적음을 나타낸다.
04 현열은 낮에는 지표에서 공기 중으로 밤에는 공기 중에서 지표로 향하게 된다.
05 미단열적 조건은 건조단열감률이 환경감률보다 클 때를 말하며, 대기는 약한 불안정이다.

더 풀어보기 예상문제

01 다음 그림에서 침강역전층에 해당하는 위치는?

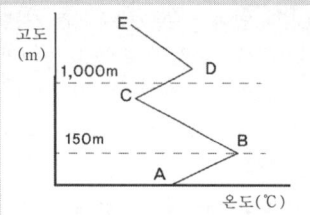

① AB 구간 ② BC 구간
③ CD 구간 ④ DE 구간

02 다음 그림은 고도에 따른 기온의 환경 감률선을 나타낸 것이다. 대기가 가장 안정한 상태를 나타내는 것은?(단, 점선은 건조단열감률선이다.)

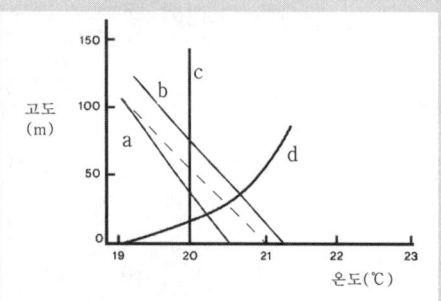

① a ② b
③ c ④ d

03 전향력에 대한 다음 설명 중 옳지 않은 것은 어느 것인가?

① 전향력은 극지에서 최대, 적도에서 0이다.
② 전향력은 전향인자를 선속도로 나눈 값으로 정의된다.
③ 북반구에서 작용하는 전향력은 물체의 이동방향에 대해 오른쪽 직각방향으로 작용한다.
④ 전향인자는 $2\omega\sin\theta$로 나타내며, θ는 위도, ω는 지구자전 각속도로서 7.27×10^{-5} rad·s^{-1}이다.

04 바람을 일으키는 힘 중 기압경도력에 대한 설명으로 가장 적합한 것은?

① 극지방에서 최소가 되며, 적도지방에서 최대가 된다.
② 지구의 자전운동에 의해서 생기는 가속도에 의한 힘을 말한다.
③ 수평 기압경도력은 등압선의 간격이 좁으면 강해지고, 반대로 간격이 넓으면 약해진다.
④ Gradient Wind라고도 하며, 대기의 운동방향과 반대의 힘인 마찰력으로 인하여 발생한다.

정답 1.③ 2.④ 3.② 4.③

더 풀어보기 예상문제 해설

01 침강역전층이 형성되어 있는 위치는 CD 구간이다.
02 고도가 증가할수록 온도가 높아지는 "d"의 상태가 가장 안정한 상태를 나타내는 환경감률선이다.
03 전향력은 전향인자를 선속도로 곱한 값이다.
04 ③항이 올바르다. 수평 기압경도력은 등압선의 간격이 좁으면 강해지고, 반대로 간격이 넓으면 약해진다.

$$G = -\frac{1}{\rho} \times \frac{\Delta P}{\Delta n} \begin{cases} \text{밀도}(\rho)\text{에 반비례} \\ \text{압력경도}(\Delta P)\text{에 비례} \\ \text{등압선간격}(\Delta n)\text{에 반비례} \end{cases}$$

더 풀어보기 예상문제

01 코리올리 힘(Coriolis Force)에 대한 설명으로 적합한 것은?
① 극지방에서 최소, 적도지방에서 최대가 된다.
② 속력에만 영향을 미칠 뿐 운동방향은 변화시키지 않는다.
③ 지구의 자전운동에 의해서 생기는 각속도에 의한 힘을 말한다.
④ 경도풍(Gradient Wind)에서 바람의 운동방향과 반대의 힘인 마찰력으로 인하여 발생된다.

02 바람에 대한 설명 중 옳지 않은 것은?
① 경도풍은 기압경도력과 전향력, 원심력이 평형을 이루어 부는 바람이다.
② 지균풍은 자유대기에서 기압경도력과 전향력이 평형을 이루어 등압선에 평행하게 부는 바람이다.
③ 마찰층 내의 바람은 높이에 따라 시계방향으로 각 천이가 생겨나며, 위로 올라갈수록 변하는 각도가 줄어든다.
④ 해륙풍 중 육풍은 낮에 햇빛으로 더워지기 쉬운 육지 쪽이 저기압으로 되어 바다로부터 육지 쪽으로 10~15km까지 분다.

03 바람에 대한 설명 중 옳지 않은 것은?
① 산악지형에서 발생하는 산곡풍 중 낮에는 산의 사면을 따라 하강류가 발생한다.
② 기압경도력, 전향력 및 원심력의 3가지 힘이 평형으로 나타나는 바람을 경도풍이라고 한다.
③ 지표면으로부터의 마찰효과가 무시될 수 있는 층에서 기압경도력과 전향력이 평형을 이루면서 부는 바람을 지균풍이라고 한다.
④ 지구자전에 의한 전향력 때문에 북반구에서는 풍향의 오른쪽 방향으로, 남반구에서는 풍향의 왼쪽방향으로 바람의 방향이 변한다.

04 바람에 관한 설명으로 옳지 않은 것은?
① 산풍은 보통 곡풍보다 더 강하다.
② 낮에 바다에서 육지로 부는 해풍은 밤에 육지에서 바다로 부는 육풍보다 보통 강하다.
③ 북반구의 경도풍은 저기압에서는 시계바늘 진행방향으로 회전하면서 아래로 침강하면서 분다.
④ 푄풍은 산맥의 정상을 기준으로 풍상쪽 경사면을 따라 공기가 상승하면서 건조단열변화를 하기 때문에 평지에서보다 기온이 약 1℃/100m의 율로 하강한다.

정답 1.③ 2.④ 3.① 4.③

더 풀어보기 예상문제 해설

02 해륙풍 중 육풍(陸風)은 밤에 부는 바람이다.
03 산악지형에서 발생하는 산곡풍은 낮에는 산의 사면을 따라 상승하는 곡풍이 분다. 산의 사면을 따라 하강류가 발생하는 때는 밤이다.
04 북반구의 경도풍은 저기압에서는 시계바늘 반대방향으로 회전하면서 위쪽으로 상승하면서 분다.

더 풀어보기 예상문제

01 마찰층(Friction Layer) 내의 바람에 대한 특징으로 틀린 것은?
① 위로 올라갈수록 풍향 변화량이 감소한다.
② 위로 올라갈수록 서서히 지균풍에 가까워진다.
③ 마찰층 이상 고도에서 바람의 고도변화는 근본적으로 기온분포에 의존한다.
④ 마찰층 내의 바람은 높이에 따라 항상 반시계방향으로 각 천이(Angular Shift)가 생긴다.

02 지상 10m에서의 풍속은 3.0m/sec이다. 지상고도 100m에서 기상상태가 매우 불안정할 때와 안정할 때의 풍속 비율은?(단, Deacon의 Power Law를 적용하고, 대기 안정도에 따른 풍속지수 값은 매우 불안정할 때는 0.15, 안정할 때는 0.60 적용)
① 0.36 ② 0.54
③ 0.68 ④ 0.83

03 맑은 여름날 해가 뜬 후부터 오후 최고 기온이 나타나는 시간까지의 연기의 분산형을 순서대로 적합하게 나타낸 것은?
① fanning → looping → coning → lofting
② fanning → trapping → looping → coning
③ fanning → looping → fumigation → lofting
④ fanning → fumigation → coning → looping

04 유효굴뚝높이를 3배 증가시키면 지상 최대오염도는 어떻게 변화되는가? (단, Sutton 식에 의함)
① 기존의 2배 ② 기존의 1/3
③ 기존의 6배 ④ 기존의 1/9

정답 1.④ 2.① 3.④ 4.④

더 풀어보기 예상문제 해설

01 마찰층 내에는 시계방향으로 각 천이가 생긴다.

02 Deacon 풍속 지수 법칙을 이용한다.

$$U = U_o \times \left(\frac{Z}{Z_o}\right)^p$$

대기가 매우 불안정상태 → $U = 3 \times \left(\frac{100}{10}\right)^{0.15} = 4.238 \text{m/sec}$

대기가 안정상태일 때 → $U = 3 \times \left(\frac{100}{10}\right)^{0.6} = 11.94 \text{m/sec}$

∴ 풍속 비율 = $\frac{4.238}{11.94}$ = 0.355

03 맑은 여름날 해가 뜨기 전에는 부채형(fanning)을 이루고 있다가 일출 후 지표역전이 해소되면서 훈증형(fumigation)으로 전환된다. 이후 대기안정도가 중립조건에서 불안정한 상태로 변하면서 추형(coning) → 한낮에는 환상형(looping)을 나타낸다.

04 최대착지농도 관계식을 이용한다.

$$C_{\max} = \frac{2Q}{\pi e U H_e^2} \times \frac{K_z}{K_y} \rightarrow C_{\max} = K \times \frac{1}{H_e^2}$$

∴ $\frac{C_{\max(2)}}{C_{\max(1)}} = \frac{(H_e)^2}{(3H_e)^2} = \frac{1}{9}$ 배로 감소

더 풀어보기 예상문제

01 미국에서 개발된 분산 모델로 점·면 오염원과 복잡한 지형에 대해 오염물질의 이동을 계산하는 모델은?
① CMAQ   ② RAMS
③ ADMS   ④ CTDMPLUS

02 Downwash 현상에 대한 설명은?
① 원심력집진장치에서 처리가스량의 5~10% 정도를 흡인하여 주는 방법이다.
② 굴뚝의 높이가 건물보다 높을 경우 건물 뒤편에 공동현상이 생기는 현상이다.
③ 일출 후 지면으로부터 열을 받아 지표면 부근부터 역전층이 해소되는 현상이다.
④ 오염물질의 토출속도보다 굴뚝높이의 풍속이 크면 연기가 굴뚝 아래로 휘말려 떨어지는 현상이다.

03 가우시안 모델에 대한 설명 중 가장 거리가 먼 것은?
① 간단한 화학반응을 묘사할 수 있다.
② 장기·단기 대기오염 예측에 사용이 용이하다.
③ 점오염원에서는 모든 방향으로 확산되는 Plume은 동일하다고 가정하여 유도한다.
④ 평탄지역에 적용하도록 개발되어 왔으나 최근 복잡지형에도 적용이 가능하도록 개발되고 있다.

04 가우시안 모델에서의 표준편차(σ_y, σ_z)에 대한 설명으로 옳지 않은 것은?
① 시료채취시간은 약 5분으로 간주한다.
② σ_y, σ_z는 평탄한 지형에 기준을 두고 있다.
③ σ_y, σ_z값은 안정도와 풍하거리 x의 함수이다.
④ σ_y, σ_z는 고도에 따라 변하므로 고도는 대기 중에서 하부 수백 m에 국한한다.

05 가우시안(Gaussian) 분산 모델에 대한 설명과 거리가 먼 것은?
① 혼합심(Mixing Length) 개념을 이용한 모델이다.
② 마찰에 의해 고도에 따라 풍향이 변한다는 것을 고려하지 않았다.
③ 연기가 지면에 도달할 때 흡수되거나 침전하는 것을 고려하지 않았다.
④ 확산방정식은 질량 확산과 bulk 운동에 의한 순수한 변화율이 미소체적 내의 질량변화율과 같다는 물리적 의미를 갖고 있다.

06 미국에서 개발된 가우시안 모델로 점·선·면 오염원에 대한 범용적인 장기농도 계산에 적용하는 모델은?
① RAMS   ② ISC-LT
③ UAM   ④ AUSPLUME

정답 1.④ 2.④ 3.③ 4.① 5.① 6.②

더 풀어보기 예상문제 해설

01 CTDMPLUS는 미국에서 개발된 분산 모델로 점·면 오염원과 복잡한 지형에 대해 오염물질의 이동을 계산하는 모델이다.

02 Downwash 현상은 오염물질의 토출속도보다 굴뚝높이의 풍속이 크면 연기가 굴뚝 아래로 휘말려 떨어지는 현상이다.

03 점오염원에서 풍하방향으로 확산되는 Plume은 정규분포한다고 가정한다.

04 시료채취시간은 약 10분으로 간주한다.

05 혼합심 개념을 이용한 것은 파프 모델이다.

06 ISC-LT은 미국에서 개발된 범용적인 모델로서 점·선·면 오염원에 대한 장기농도 예측에 사용된다.

더 풀어보기 예상문제

01 1시간에 10,000대의 차량이 고속도로 위에서 평균시속 80km로 주행하며, 각 차량의 평균탄화수소 배출률은 0.02g/sec이다. 바람이 고속도로와 측면 수직방향으로 5m/sec로 불고 있다면 도로지반과 같은 높이의 평탄한 지형의 풍하 500m 지점에서의 지상오염농도(μg/m³)는?(단, 대기는 중립상태이며, 풍하 500m에서의 σ_z = 15m이다.)

$$C(x,\ y,\ 0) = \frac{2Q}{(2\pi)^{\frac{1}{2}}\sigma_z U} \exp\left[-\frac{1}{2}\left(\frac{H}{\sigma_z}\right)^2\right]$$

① $26.6\mu g/m^3$ ② $34.1\mu g/m^3$
③ $42.4\mu g/m^3$ ④ $51.2\mu g/m^3$

02 정규(Gaussian) 확산 모델과 Turner의 확산계수(10분 기준)를 이용해서 대기가 약간 불안정할 때 하나의 굴뚝에서 배출되는 SO_2의 풍하 1km 지점에서의 지상농도가 0.2ppm인 것으로 예측되었을 때, 굴뚝 풍하지역에 영향을 미치는 SO_2의 1시간 평균농도(ppm)는?(단, 관계식은 다음을 이용, q = 0.17)

$$C_2 = C_1 \times \left(\frac{t_1}{t_2}\right)^q$$

① 약 0.26ppm   ② 약 0.22ppm
③ 약 0.18ppm   ④ 약 0.15ppm

정답 1.① 2.④

더 풀어보기 예상문제 해설

01 제시된 식을 이용한다.

$$C(x,\ y,\ 0) = \frac{2Q}{(2\pi)^{\frac{1}{2}}\sigma_z U} \exp\left[-\frac{1}{2}\left(\frac{H}{\sigma_z}\right)^2\right]$$

$\begin{cases} H : \text{배출원 높이} = \text{도로} = 0\text{m} \\ \sigma_z : \text{수직 확산편차} = 15\text{m} \\ U : \text{풍속} = 5\text{m/sec} \\ Q : \text{배출률} = (\text{대당 배출량} \times \text{차량수}) / \text{속도} \end{cases}$

- $\begin{cases} \text{도로지반과 같은 높이의 지상} \\ \rightarrow H = 0(\text{이 조건을 적용하면}\cdots \end{cases} \rightarrow C(x,\ y,\ 0) = \frac{2Q}{(2\pi)^{\frac{1}{2}}\sigma_z U}$

- $\left\{Q = \frac{0.02\text{g}}{\text{대}\cdot\text{sec}} \times \frac{10,000\text{대}}{\text{hr}} \times \frac{\text{hr}}{80\text{km}} \times \frac{\text{km}}{1,000\text{m}} = 2.5 \times 10^{-3}\text{g/m}\cdot\text{sec}\right.$

$\Rightarrow C(x,\ y,\ 0) = \frac{2Q}{(2\pi)^{\frac{1}{2}}\sigma_z U}$

$\therefore C = \frac{2 \times 2.5 \times 10^{-3}}{(2 \times 3.14)^{\frac{1}{2}} \times 15 \times 5} \times 1 = 2.66 \times 10^{-5}\text{g/m}^3 = 26.59\mu\text{g/m}^3$

02 제시된 계산식을 이용한다.

- $C_2 = C_1 \times \left(\frac{t_1}{t_2}\right)^q$ $\begin{cases} C_2(\text{임의의 시간에서 농도}) \\ C_1(\text{기준시간 10분, 기준환경에서의 농도}) = 0.2\text{ppm} \\ q(\text{상수}) = 0.17 \end{cases}$

$\therefore C_2 = 0.2 \times \left(\frac{10}{60}\right)^{0.17} = 0.15\text{ ppm}$

더 풀어보기 예상문제

01 Fick의 확산방정식을 실제 대기에 적용시키기 위한 가정조건에 해당되지 않는 것은?
① 과정은 불안정상태로 가정한다.
② 오염물의 주 이동방향은 x축이다.
③ 풍속은 x, y, z 모든 점에서 일정하다.
④ 오염물질은 점오염원으로부터 연속적으로 방출된다.

02 다음 중 대기분산 모델에 대한 설명으로 가장 거리가 먼 것은?
① TCM은 장기 모델로 국내에서 많이 사용되었다.
② ISC-ST는 ISC-LT와 같은 구조로서 주로 단기농도 예측에 사용된다.
③ ADM은 기상관측에 사용되는 바람장 모델로 일본에서 많이 사용되었다.
④ ISC-LT는 미국에서 널리 이용되는 범용적인 모델로 장기농도 계산용의 모델이다.

03 Fick의 확산방정식을 실제 대기에 적용시키기 위한 가정조건과 거리가 먼 것은?
① 과정은 안정상태를 가정한다.
② 오염물의 주 이동방향은 x축이다.
③ 시간에 따른 농도변화는 1차 반응에 따른다.
④ 풍속은 x, y, z 좌표시스템 내의 어느 점에서든 일정하다.

04 다음 중 소각장을 건설하려 할 경우 굴뚝의 높이를 결정해야 하는데, 이때 고려되어야 할 사항으로 가장 거리가 먼 것은?
① 최대허용기준농도(C)
② 먼지의 침강속도(V_g)와 점성계수(μ)
③ 연소배기가스를 통한 방출 대기오염물질의 양(Q)
④ 고려되어야 할 하류지점까지의 거리(X)와 풍속(U)

05 가우시안 모델을 적용하기 위한 가정으로 가장 적합하지 않은 것은?
① 고도변화에 따른 풍속변화는 무시한다.
② 수평방향의 난류확산보다 대류에 의한 확산이 지배적이다.
③ 배출된 오염물질은 흘러가는 동안 없어지거나 다른 물질로 바뀌지 않는다.
④ 이류방향으로의 오염물질 확산을 무시하고 풍하방향으로의 확산만을 고려한다.

정답 1.① 2.③ 3.③ 4.② 5.④

더 풀어보기 예상문제 해설

01 Fick의 확산방정식에서 과정은 안정상태를 가정한다.
02 ADM은 바람장 모델이 아니라 점·면·선 오염원에 적용하는 분산 모델로 영국에서 개발되었으며, 도시지역에서 오염물질의 이동을 계산하는데 사용된다.
03 Fick의 확산방정식은 시간에 따른 농도변화가 없는 정상상태 분포로 가정하고, 과정은 안정상태를 가정한다.
04 먼지의 침강속도(V_g)와 점성계수(μ)는 굴뚝의 높이를 결정하기 위한 배출원의 조건에 포함되지 않는다.
05 바람이 부는 방향(x축)의 확산은 이류에 의한 이동량에 비하여 무시할 수 있을 정도로 적은 것으로 가정한다.

더 풀어보기 예상문제

01 수용 모델의 특징에 대한 설명으로 옳지 않은 것은?
① 지형·기상정보가 없는 경우도 사용 가능하다.
② 수용체 입장에서 영향평가가 현실적으로 이루어질 수 있다.
③ 입자상 및 가스상 물질, 가시도 문제 등 환경 전반에 응용할 수 있다.
④ 측정자료를 입력자료로 사용하므로 시나리오 작성이 용이하여 미래예측이 쉽다.

02 분산 모델의 특징에 대한 다음 설명 중 틀린 것은?
① 오염물의 단기간 분석 시 문제가 된다.
② 시나리오 작성곤란, 미래예측이 어렵다.
③ 신설되는 오염원이 있을 때 재평가해야 한다.
④ 기상의 불확실성과 오염원이 미확인될 때 많은 문제점을 보인다.

03 화력발전소에서 10km 떨어지고, 평균 풍속이 1m/sec인 주거지역이 있다. 화력발전소의 SO_2 배출농도는 0.05ppm이었다. SO_2의 화학반응(1차 반응)을 고려한다면 주거지역의 SO_2 농도는 얼마인가? (단, SO_2의 대기 중 반응속도상수는 $4.8 \times 10^{-5} sec^{-1}$이고, 1차 반응 적용)
① 0.01ppm ② 0.02ppm
③ 0.03ppm ④ 0.04ppm

04 Gaussian 연기 확산 모델에 관한 설명으로 가장 거리가 먼 것은?
① 간단한 화학반응을 묘사할 수 있다.
② 장·단기적인 대기오염도 예측에 사용이 용이하다.
③ 선오염원에서 풍하방향으로 확산되어가는 Plume이 정규분포를 한다고 가정한다.
④ 주로 평탄지역에 적용이 가능하도록 개발되어 왔으나 최근 복잡지형에도 적용이 가능토록 개발되고 있다.

정답 1.④ 2.② 3.③ 4.③

더 풀어보기 예상문제 해설

01 수용 모델은 측정자료를 입력자료로 사용하므로 시나리오 작성이 곤란하다.

02 시나리오 작성곤란, 미래예측이 어려운 것은 수용 모델이다.

03 1차 반응식을 적용한다.

$$\ln\left(\frac{C_t}{C_o}\right) = -K \times t$$

C_o(초기농도) = 0.05 ppm
K(반응속도상수) = $4.8 \times 10^{-5} sec^{-1}$
t(반응시간) = $\frac{거리}{풍속} = \frac{10km}{1m/sec} \times \frac{1,000m}{km} = 10,000 sec$

$\therefore C_t = C_o \times e^{-K \times t} = 0.05 \times 2.718^{-(4.8 \times 10^{-5} \times 10,000)} = 0.031 ppm$

04 점오염원에서 풍하방향으로 확산되어가는 Plume이 정규분포를 한다고 가정한다.

더 풀어보기 예상문제

01 부피가 3,500m³이고 환기가 되지 않은 작업장에서 화학반응을 일으키지 않는 오염물질이 분당 60mg씩 배출되고 있다. 작업을 시작하기 전에 측정한 이 물질의 평균농도가 10mg/m³이라면 1시간 이후의 작업장의 평균농도는 얼마인가?

① 11.0mg/m³ ② 13.6mg/m³
③ 18.1mg/m³ ④ 19.9mg/m³

02 대기오염 예측의 기본이 되는 난류확산 방정식은 시간에 따른 오염물 농도의 변화를 선형화한 여러 항으로 구성된다. 다음 중 방정식을 선형화하고자 할 때 고려해야 할 항이 아닌 것은?

① 분자확산에 의한 항
② 난류에 의한 분산항
③ 바람에 의한 수평방향 이류항
④ 화학(연소)반응에 의해 반응항

03 수용 모델의 분석법에 관한 설명으로 옳지 않은 것은?

① 전자주사현미경은 광학현미경보다 작은 입자를 측정할 수 있고, 정성적으로 먼지의 오염원을 확인할 수 있다.
② 공간계열법은 시료채취기간 중 오염배출속도 및 기상학 등에 크게 의존하여 분산 모델과 큰 연관성을 갖는다.
③ 광학현미경법으로는 입경이 0.01μm보다 큰 입자만을 대상으로 먼지의 형상, 모양 및 색깔별로 오염원을 구별할 수 있고, 미숙련 경험자도 쉽게 분석가능하다.
④ 시계열분석법은 대기오염제어의 기능을 평가하고 특정 오염원의 경향을 추적할 수 있으며, 타 방법을 통해 제시된 오염원을 확인하는 데 매우 유용한 정성적 분석법이다.

정답 1.① 2.④ 3.③

더 풀어보기 예상문제 해설

01 작업장의 평균농도는 작업시작 전 농도와 작업 발생농도를 합산하여 산출한다.
  □ 농도 = 작업 전 농도 + 발생농도

$$\begin{cases} \text{작업시작 전 농도} = 10\,\text{mg/m}^3 \\ \text{작업 발생농도} = \dfrac{60\,\text{mg}}{\text{min}} \times 1\,\text{hr} \times \dfrac{60\,\text{min}}{\text{hr}} \times \dfrac{1}{3,500\,\text{m}^3} = 1.03\,\text{mg/m}^3 \end{cases}$$

∴ 작업장 농도 = 10 + 1.03 = 11.03mg/m³

02 확산방정식은 농도경사에 따른 분자확산과 난류에 따른 분산항, 바람에 의한 이류항으로 구분된다. 오일러리안 모델(Eulerian Models)을 예를 들면, 대기오염물질의 바람에 의한 이동, 난류에 의한 확산, 화학반응, 제거과정 등이 잘 묘사되어 있다.

□ $\dfrac{\partial C}{\partial t} = K_x \dfrac{\partial^2 C}{\partial_x^2} + K_y \dfrac{\partial^2 C}{\partial_y^2} + K_z \dfrac{\partial^2 C}{\partial_z^2} - \left(U_x \dfrac{\partial C}{\partial_x} + U_y \dfrac{\partial C}{\partial_y} + U_z \dfrac{\partial C}{\partial_z} \right) \pm R \pm D \pm S$

여기서, $\begin{cases} R : \text{대기 중에서의 화학반응항} \\ D : \text{침적에 의한 농도 변화항} \\ S : \text{배출에 의한 오염물질 공급항} \end{cases}$

03 광학현미경법은 가장 경제적으로 오염원을 확인할 수 있는 방법으로 특정오염원 확인에 널리 사용되며, 입경이 약 1.0μm보다 큰 입자만 분석할 수 있다.

🎯 더 풀어보기 예상문제

01 다음 조건에서 가우시안 확산 모델을 적용하여 오염물질농도를 예측하고자 할 경우 지표농도의 산출식은?

- 지표면에서 오염물질의 반사를 고려
- 중심선상 지표 오염농도 예측
- 유효굴뚝높이(H) 고려

① $C = \dfrac{Q}{\pi \sigma_y \sigma_z U} \exp\left(-\dfrac{H^2}{2\sigma_z^2}\right)$

② $C = \dfrac{Q}{2\pi \sigma_z U} \exp\left[-\dfrac{1}{2}\left(\dfrac{H}{\sigma_y}\right)^2\right]$

③ $C = \dfrac{2Q}{\pi \sigma_y \sigma_z U} \exp\left[-\dfrac{1}{2}\left(\dfrac{y^2}{\sigma_y^2} + \dfrac{z^2}{\sigma_z^2}\right)\right]$

④ $C = \dfrac{Q}{2\pi \sigma_y \sigma_z U} \exp\left[-\dfrac{y^2}{2\sigma_y^2} + \dfrac{(z+1)^2}{\sigma_z^2}\right]$

02 20℃, 750mmHg에서 측정한 NO의 농도가 0.5ppm이다. 이때 NO의 농도(μg/Sm³)는?

① 약 463 ② 약 524
③ 약 553 ④ 약 616

03 높은 연돌에서 배출되는 점오염원에서 풍하방향으로 확산되는 Plume이 정규분포를 한다고 가정한 Gaussian 분산식에 대한 다음 설명 중 옳은 것은?

$$C(x, y, z) = \dfrac{Q}{2\pi U \sigma_y \sigma_z} \left[\exp-\left(\dfrac{y^2}{2\sigma_y^2}\right)\right] \left[\exp\left(-\dfrac{(z-H)^2}{2\sigma_z^2}\right) + \exp\left(-\dfrac{(z+H)^2}{2\sigma_z^2}\right)\right]$$

① 지표면으로부터 고도 H에 위치하는 점원 - 지면으로부터 반사가 있는 경우에 사용한다.
② 공중역전이 존재할 경우 역전층의 오염물질의 상향확산에 의한 일정 고도상에서의 중심축상 선오염원의 농도를 산출하는 경우에 사용한다.
③ 비정상상태에서 불연속적으로 배출하는 면오염원으로부터 바람방향이 배출면에 수평인 경우 풍하측의 지면농도를 산출하는 경우에 사용한다.
④ 연속적으로 배출하는 무한의 선오염원으로부터 바람의 방향이 배출선에 수직인 경우 플룸 내에서 소멸되는 풍하측의 지면농도를 산출하는 경우에 사용한다.

정답 1.① 2.④ 3.①

더 풀어보기 예상문제 해설

01 가우시안 확산식에서 연기의 중심선상 지표 오염농도를 구하므로 $z=0$, $y=0$, 유효굴뚝높이(H)를 고려하므로 다음과 같이 정리된다.

□ $C = \dfrac{Q}{\pi \sigma_y \sigma_z U} \exp\left[-\dfrac{1}{2}\left(\dfrac{H}{\sigma_z}\right)^2\right]$

02 ppm과 질량농도(μg/Sm³) 환산식을 적용한다.

□ $C_m = C_p \times \dfrac{M_w}{22.4}$

∴ $C_m = \dfrac{0.5\text{mL}}{\text{m}^3} \left|\dfrac{30\text{mg}}{22.4\text{mL}}\right| \dfrac{273}{273+20} \left|\dfrac{750}{760}\right| \dfrac{1\mu\text{g}}{10^{-3}\text{mg}} = 615.72\mu\text{g/Sm}^3$

03 제시된 식은 지표면으로부터 고도 H에 위치하는 점원 - 지면으로부터 반사가 있는 경우에 사용한다.

PART 02 연소공학

1. 연소(연소공학)

2. 연소계산(연소공학)

3. 연소설비(연소공학)

Chapter 01 연소(연소공학)

출제기준

세부출제 기준항목

Chapter 1. 연소공학-연소   적용기간 : 2020.1.1~2024.12.31

기사	산업기사
• 연소이론 • 연료의 종류 및 특성	• 연소이론 • 연료의 종류 및 특성

※ 산업기사의 출제기준은 『대기오염방지기술』중 연소이론에 대한 **세부항목**을 포함한 것임

1 연소이론

(1) 연소 정의 · 연소 요소

⚛ **연소의 정의** : 연소는 산화반응의 일종으로 가연물질이 공기 중의 산소 또는 산화제와 반응하여 열과 빛을 발생하면서 산화하는 현상을 말함

⚛ **연소의 요소 · 연료 구비조건**
　□ **연소의 요소**

- 3요소 $\begin{cases} 가연물(연료, Fuel) \\ 산소(산화제, Oxygen) \\ 점화원/열(온도, Heat) \end{cases}$
- 4요소 $\begin{cases} 가연물(연료, Fuel) \\ 산소(산화제, Oxygen) \\ 점화원/열(온도, Heat) \\ 화학적 연쇄반응 \end{cases}$

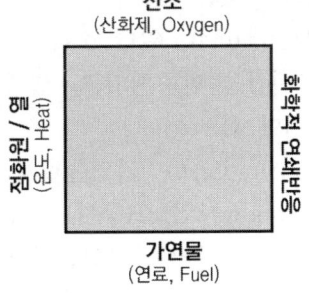

　□ **연료의 구비조건**
　　• 연소가 가능한 물질(가연물)일 것

- 단위량(중량, 용적)당 발열량이 높고, 구입이 용이하며, 가격이 저렴할 것
- 저장 및 취급이 용이하고, 점화 및 소화가 용이할 것
- 대기오염을 유발하는 물질이 발생되지 않을 것
- 산소와 친화력이 좋고, 부하변동에 따른 연소조절이 용이할 것
- **열의 축적이 용이**하고, **열전도의 값이 적을 것**
- 비표면적이 크고, 연쇄반응을 일으킬 수 있을 것

□ **가연물이 될 수 없는 물질**
- **반응이 완결된 물질**: 물(H_2O), 이산화탄소(CO_2), 이산화황(SO_2), 오산화인(P_2O_5) 등 산소와 반응이 완결된 물질은 더 이상 산소와 결합하지 않으므로 가연물이 될 수 없음
- **흡열반응을 하는 물질**: 산소와 화합하여 산화물을 생성하나 발열반응을 하지 않고, 흡열반응을 하는 물질인 질소 및 그 산화물(N_2, NO 등)은 물질의 에너지가 상대적으로 작고, 생성물질의 에너지가 크기 때문에 반응이 진행될수록 주변의 온도가 낮아지게 되므로 가연물질이 될 수 없음
- **비활성 기체**: 주기율표 0족(18족) 원소인 비활성 기체 헬륨(He), 네온(Ne), 아르곤(Ar) 등은 최외각 전자수가 모두 채워진 안정한 상태를 이루기 때문에 다른 원소들과 쉽게 결합하지 못하므로 가연물이 될 수 없음

□ **연소용 공기**(산소)
- **공기 중 산소**: 일반적으로 공기 중 함유되어 있는 산소(O_2)의 양은 용량(부피)으로 21%(Vt)이며, 무게로는 23%(Wt)로 존재함
- **연소용 공기 중 산소**: 산소의 농도가 높을수록 연소가 용이하며, 산소농도 15% 이하에서는 일반 가연물질의 연소가 곤란함

완전연소 · 불완전연소

□ **완전연소 조건**: 완전연소 조건인 3TO는 연소성능 결정인자로 작용함
- **연소온도**(Temperature): 일반 소각시설에서 연소실의 2차 연소실을 기준으로 제시된 850℃는 대부분의 불완전연소 물질이 짧은 시간 안에 분해되거나 산소에 의해 산화될 수 있는 온도임
- **체류시간**(Time): 일반 소각시설에서는 설계범위의 체류시간에 대해 2초 이상의 평균체류시간을 만족시키고, 설계 최적화를 통해 실제의 체류시간이 고르게 분포되도록 하여야 함
- **혼합**(Turbulence): 가연물질과 공기의 혼합을 위한 적절한 교란이 필요함
- **산소**(Oxygen): 산소(공기)는 연소과정에서 조연성분으로 필수요소이다. 적절한 양의 공기가 공급되어 가연물질과 잘 혼합·접촉되도록 설계·운용하여야 함

□ **완전연소**(完全燃燒): 적절한 양의 공기(산소)를 연료와 잘 혼합해 주고, 적당한 고온과 연소시간을 제공함으로써 연료 중의 가연물질이 연소·산화되어 더 이상 산화되지 않는 물질(CO_2, SO_2, H_2O 등)로 전환되는 것을 의미함

- **불완전연소**(不完全燃燒) : **완전연소**의 요구조건인 3TO(온도, 혼합, 체류시간, 산소)를 충족하지 못했을 경우 불완전연소에 의해 가연물질의 일부가 CO나 유리탄소(매연 및 그을음)로 발생되는 연소를 말함

(2) 연소의 형태와 분류

⚛ 증발연소
- 개요 : **액체** 또는 **고체가 증발하여 생긴 가연성 증기**가 타는 연소형태를 말함
- 특징
  - 알코올, 석유류(BC유 제외) 등 대부분의 액체연료와 에테르, 이황화탄소는 증발연소를 함
  - 증발온도가 분해온도보다 낮을 때 생기며, 주로 파라핀계의 고급탄화수소계가 이런 종류의 연소특성을 가지고 있음
  - 중유는 액체연료이지만 분해연소를 하는 특성이 있으며, 양초(파라핀)는 고체이지만 증발연소를 함

⚛ 표면연소
- 개요 : 공기 중의 산소가 접촉되는 **고체표면**이나 **내부의 빈 공간**에 확산되어 표면반응을 하는 연소로서 불균일연소라고도 함
- 특징
  - 분해연소가 끝난 연료 중의 **고정탄소**가 **연소**하는 형태임
  - 적열만 있으며, **불꽃은 발생하지 않음**
  - 휘발분을 거의 포함하지 않은 **목탄**(charcoal), **코크스**(cokes), **숯**(char) 등의 고체 표면에서 연소하는 현상이 이에 해당함

⚛ 분해연소
- 개요 : 가열에 의하여 **석탄**이나 **나무** 같은 물체가 분해되어 그 결과로 생긴 **가연성의 기체 또는 증기가 연소**되는 것으로 이 과정에서 불꽃이 일어남
- 특징
  - 분해연소는 증발온도보다도 분해온도가 낮은 경우에 일어남
  - 열분해 된 휘발하기 쉬운 성분이 표면으로부터 떨어진 곳에서 연소함
  - 대부분 고체연료(목재, 석탄 등)는 이와 같은 분해연소를 함
  - 중유나 아스팔트 등 휘발분이 적은 일부 액체 가연물질도 분해연소를 함

⚛ 혼합기연소
- 개요 : **가연성 기체**와 공기(산소)가 적정범위로 혼합되어 연소하는 것으로 가연성 기체는 모두 이와 같은 연소형태를 보임
- 특징
  - 기체연료의 연소반응에서 **공기가 이미 혼합된 예혼합기**(豫混合氣)를 연소시키는 형태를 **예혼합연소**라 함

- 기체연료와 연소반응에 필요한 공기(산소)를 각각 분출시켜 양자의 계면에서 연소를 일으키는 형태를 확산연소라 함
- 연소용 공기의 일부는 미리 기체연료와 혼합하고, 나머지의 기체연료와 공기는 연소실 내에서 혼합하여 확산연소시키는 형태를 부분예혼합연소라 함

❃ 자기연소
- **개요** : 니트로셀룰로오스나 화약처럼 연소에 필요한 산소의 전부 또는 일부를 자기분자 속에 포함하고 있는 물체의 연소(내부연소)를 말함
- **특징**
  - 자기반응성 물질은 분자 내에 가연물과 산소를 충분히 함유하고 있기 때문에 외부로부터 별도의 산소공급을 요하지 않는 물질임 → 예를 들면, 니트로글리세린, 셀룰로이드, TNT 등이 이에 속함
  - 자기반응성 물질은 연소속도가 매우 빨라 폭발성이 강함

산화제 및 산소공급 물질

- **과산화칼륨**(K_2O_2) : 물과 접촉하거나 가열하면 산소를 발생시킴
  - $2K_2O_2 + 4H_2O \rightarrow 4KOH + 2H_2O + O_2 \uparrow$
  - $2K_2O_2 \xrightarrow{가열} 2K_2O + O_2 \uparrow$

- **과산화나트륨**(Na_2O_2) : 수용액은 30~40℃의 열을 가하면 산소를 발생시킴
  - $2Na_2O_2 \xrightarrow{가열} 2NaO + O_2 \uparrow$

- **질산나트륨**($NaNO_3$) : 조해성이 있어 열을 가하면 아질산나트륨과 산소가 발생함
  - $2NaNO_3 \xrightarrow{가열} 2NaNO_2 + O_2 \uparrow$

---

(3) 연소속도 · 폭발 · 폭굉

❃ 연소속도(Burning Velocity)
- **정의** : 가연물과 산소와의 반응속도(분자 간의 충돌속도)를 말하며, "선연소속도(線燃燒速度)" 또는 "정상불꽃속도"라고도 함. 또한 연소속도는 가연물이 산화반응을 일으켜 발열하기 때문에 산화속도(酸化速度)와 동일어로 사용되기도 함
- **단위** : cm/sec or mm/min(단, 고체연료의 표면연소 연소속도 → $kg/m^2 \cdot sec$)
- **특징**
  - 연소 중인 물질의 반응열과 반응속도가 클수록 연소속도는 빨라짐

- 연소속도가 그 매질에서의 음속(340m/sec) 이상이면 폭발현상이 발생함
- 일반연소의 연소속도는 그 매질에서의 음속 이하(10~30cm/sec)임

연소속도의 영향인자

- 산소의 농도 및 공기 중 산소의 확산속도
- 분무기의 확산 및 산소와의 혼합
- 반응계의 온도 및 농도(또는 압력)
- 촉매(정촉매)
- 활성화 에너지

▫ **연소속도의 비례영향요소** : 가연물질이 산화되기 쉬울수록, 발열량이 높을수록, 비표면적이 클수록(미세입자) 연소속도가 빠르며, 가연물질의 농도에는 거듭제곱에 비례하여 연소속도가 증가함

▫ **연소속도의 반비례영향요소** : 열전도율이 낮을수록, 활성화에너지가 낮을수록 연소속도는 빨라짐

❀ 연소와 폭발의 차이점

▫ **연소**(Combustion) : 일반연소는 폭발(爆發) 및 폭굉(爆轟)과는 달리 아음속(亞音速)의 연소파(燃燒波)가 생기는 현상이며, 이때 연소면의 진행속도는 가스 농도, 온도, 압력에 따라 다소 달라지나 대략 0.1~10m/sec에 이르며, 이러한 연소면의 진행을 연소파라 함

▫ **폭발**(Explosion) : 급격한 화학반응이나 기계적 팽창으로 급격히 이동하는 압력파(壓力波)나 충격파(衝擊波)를 만들어 냄으로써 용기의 파열이나 급격한 기체의 팽창으로 폭발음이나 파괴작용을 수반하는 현상이 일어남

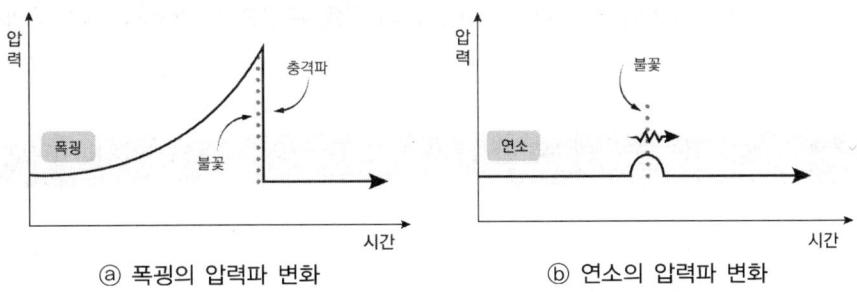

ⓐ 폭굉의 압력파 변화   ⓑ 연소의 압력파 변화

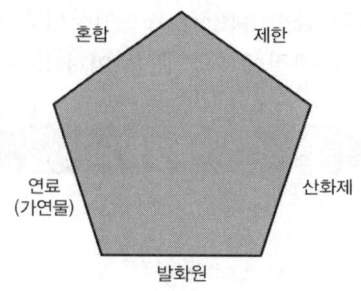

〈그림〉 폭발 오각형

❀ 폭연과 폭굉의 차이점

- 폭연(爆燃, Deflagration)
  - **개요** : 급격한 연소현상으로 화염전파속도가 음속보다 느린 것(아음속)을 말함
  - **특징**
    - 파면 선단에 정압(7~8atm)만 형성될 뿐 충격파(압력파)는 형성하지 않음
    - 반응 또는 화염면의 전파가 분자량이나 난류확산에 영향을 받음
    - 에너지 방출속도가 물질전달속도에 영향을 받음
- 폭굉(爆轟, Detonation)
  - **개요** : 충격파의 전파속도가 음속(330m/sec)보다 약 5~9배 정도 빠른 것을 말함
  - **특징**
    - 초음속의 연소파가 생겨서 파면 뒤에서 압력상승과 밀도의 증대를 가져옴
    - 충격파(압력 약 1,000atm)는 화학반응의 에너지에 의해 유지되며, 화학반응은 충격압축에 의해 촉발됨
- **폭굉의 성립요소** : 밀폐공간, 점화원, 폭발범위(연소범위)
- **폭굉의 형성과정** : 최초의 압축파가 주위에 전달 → 압축파 내부에서 단열압축 → 온도상승 → 속도증가(압축파 후단부 전파속도 > 전단부 전파속도) → 후방의 압축파가 전방으로 추격 → 강성충격파 생성(충격파는 음속을 초과함)
- **폭굉유도거리** : 최초의 완만한 연소에서 격렬한 폭굉으로 발전할 때까지의 전파거리를 말함

폭굉유도거리(DID)가 짧아지는 조건

- 정상의 연소속도가 큰 혼합가스인 경우
- 점화원의 에너지가 큰 경우
- 압력이 높은 경우
- 관경이 작은 경우
- 관 속에 이물질이나 방해물이 있는 경우

(4) 인화점(인화온도)·착화점(착화온도)

⚛ **용어 정의**
- **인화점** : 가연물을 외부로부터 직접 점화하여 가열하였을 때 불꽃에 의해 연소되는 최저온도를 말함
- **착화점**(발화점)
  - 가연성 물질을 가열함으로써 **스스로 연소되는 최저온도**를 말함
  - 외부의 직접적인 **점화원이 없이** 가열된 열의 축적에 의해 발화가 되고, 연소가 되는 최저의 온도를 말함
  - 착화온도는 고체연료에 주로 사용되고, 액체 및 기체 연료에서는 발화온도 또는 점화온도라고 하는 경우가 많음
  - 착화온도의 크기는 인화점<착화점임

⚛ **착화온도에 영향을 미치는 요소** : 착화온도는 가연성 가스와 공기의 조성비, 가연물의 재질과 크기 및 모양 등에 따라 달라지며, 발화를 일으키는 공간의 형태와 규모, 가열방식, 가열속도, 가열시간 등에 따라 달라짐
- **클수록 착화온도가 낮아지는 요소** : 산소와의 친화력, 분자량, 분자구조의 복잡성, 발열량, 가연물의 압력·화학적 활성도, 화학반응성, 공기 중 산소농도 및 압력, 비표면적
  - 분자의 구조가 복잡할수록, 분자량이 클수록 착화온도가 낮아짐
  - 발열량이 높을 수록 착화온도는 낮아짐
  - 가연물의 증발량이 많을수록, 압력·비표면적이 클수록 착화온도는 낮아짐
  - 공기의 산소농도 및 압력이 높을수록 착화온도는 낮아짐
  - 산소와의 친화성이 클수록, 화학결합의 활성도가 클수록 낮아짐
- **작을수록 착화온도가 낮아지는 요소** : 열전도율, 습도, 활성화에너지, 탄화도
  - 열전도율과 습도가 낮을수록, 활성화에너지가 낮을수록 착화온도는 낮아짐
  - 탄화도가 작을수록 착화온도는 낮아짐

⚛ **착화온도의 크기**
- **기체연료** : CH_4(약 650℃)>C_2H_6(약 510℃)>C_3H_8(약 470℃)>C_4H_{10}(약 360℃)
- **액체연료** : 휘발유(약 500℃)>알코올(약 450℃)>등유(약 400℃)>경유(약 380℃)>중유(약 350℃)
- **고체연료** : 목재, 갈탄(260~300℃)<역청탄(300~400℃)<무연탄(400~500℃)

(5) 가연성 가스의 연소범위와 위험도

⚛ **가연성 가스** : 가연성 가스란 폭발한계농도의 하한(LEL)이 10% 이상 또는 상·하한의 차가 20% 이상인 가스로서 수소, 아세틸렌, 에틸렌, 메탄, 프로판, 부탄 등을 비롯하여 15℃, 1atm에서 기체상태의 가연성 상태의 가스가 이에 해당함

연소범위(폭발범위)

- **하한계**(LEL)와 **상한계**(UEL) : 연소범위는 가연성 혼합기의 연소하한계(LEL, Lower Explosive Limit)와 연소상한계(UEL, Upper Explosive Limit) 사이를 말하며, 혼합기의 발화에 필요한 조성범위로서 점화원에 의해 폭발을 일으킬 수 있는 혼합가스 중의 가연성 가스의 부피 %로 표시함
- **가연성 가스의 연소범위** : 하한이 낮을수록 폭발위험이 높음, 하한이 높을수록 피해범위가 넓음

가스명	연소범위(용량%)		가스명	연소범위(용량%)	
	하한	상한		하한	상한
프로판	2.1	9.5	메탄	5	15
부탄	1.8	8.4	일산화탄소	12.5	74
수소	4	75	황화수소	4.3	45
아세틸렌	2.5	81	시안화수소	6	41
암모니아	15	28	산화에틸렌	3.0	80

※ 자료 인용 : 「대기환경기술사」 수험서, 이승원(저)

LEL과 UEL의 관계식 및 위험도

- **연소(폭발)범위 산정** : 2종류 이상으로 혼합된 가연성 가스의 연소하한(LEL)과 연소상한(UEL)은 르 샤틀리에(Le Chatelier) 식을 적용함

  ※ $\dfrac{100}{\text{LEL}} = \dfrac{V_1}{L_1} + \dfrac{V_2}{L_2} + \cdots + \dfrac{V_n}{L_n}$ $\begin{cases} V : \text{각 성분가스의 체적}(\%) \\ L : \text{각 성분가스의 폭발 하한계}(\text{LEL}) \\ U : \text{각 성분가스의 폭발 상한계}(\text{UEL}) \end{cases}$

  ※ $\dfrac{100}{\text{UEL}} = \dfrac{V_1}{U_1} + \dfrac{V_2}{U_2} + \cdots + \dfrac{V_n}{U_n}$

- **위험도** : 폭발 가능성을 표시한 수치로 상한과 하한의 차이가 클수록 위험도가 높음

  ※ $H = \dfrac{U - L}{L}$ $\begin{cases} U : \text{폭발(연소) 상한값}(\text{vol}\%) \\ L : \text{폭발(연소) 하한값}(\text{vol}\%) \end{cases}$

  - 증기압이 높을수록, 주변의 온도가 높을수록 위험성은 증가함
  - 물질의 인화점, 발화점, 연소점이 낮을수록 위험성이 큼
  - 융점 및 비점이 낮을수록, 폭발한계가 넓을수록 위험성이 큼

- **연소범위(폭발범위)에 영향을 미치는 요소**
  - 온도가 높아지면 → 연소범위는 넓어짐
  - 압력이 높아지면 → 연소범위의 하한값은 크게 변화되지 않으나 상한값은 넓어짐(고온, 고압의 경우 연소범위는 넓어짐). 이때 연소범위는 압력이 상압(1기압)보다 높아질 때 변화가 큼. 다만, 일산화탄소는 연소범위가 좁아지며, 수소는 10atm까지는 좁아지나 그 이상의 압력에서는 점차 넓어짐
  - 공기 중보다 산소 중에서 → 연소범위는 넓어짐(넓어지는 정도 → 산소 > 염소 > 공기)
  - 불활성 가스의 혼합비율이 증가하면 → 연소범위는 좁아짐
  - 일산화탄소-질소-공기 시스템 → 압력이 증가하면 폭발범위가 좁아짐

2 연료의 종류 및 특성

(1) 연료 일반

⚛ **연료의 성상별 분류** : 연료는 그 성상에 따라서 크게 대별하면 고체연료, 액체연료, 기체연료로 나눌 수 있음

⚛ **연료의 조성**

┃각종 연료의 조성┃

연료의 종류	탄소(%)	수소(%)	산소 및 기타(%)	C/H 비
고체연료	95~50	6~3	44~22	15~20
액체연료	87~85	15~13	2~0	5~10
기체연료	75~0	75~0	57~0	1~12

(2) 고체연료의 종류 및 특성

⚛ **종류와 장·단점**
- **종류** : 석탄, 목탄, 연탄, 고형연료(RDF, WDF), 코크스(cokes) 등
- **특징**

  ┃**장점**┃
  - 구입이 용이하며, 가격이 저렴함
  - 저장 및 취급이 편리함
  - 간단한 연소장치로 연소시킬 수 있음

  ┃**단점**┃
  - 발열량이 5,000~8,000kcal/kg으로 낮고, 품질이 일정하지 못함
  - 회분 함량이 높고, 비산재의 발생량이 많음
  - 연소효율이 낮고 매연발생량이 높음
  - 황분 함량이 높아 SO_x 발생량이 많고, NO_x 배출량이 많음
  - 점화 및 소화가 용이하지 못하고, 부하변동에 따른 연소조절이 용이하지 않음
  - 연료 중 미량 함유된 바나듐(V) 등의 금속산화물에 의해 연소장치에 고온부식 등의 장해를 일으킴

⚛ **석탄**(Coal)
- **종류** : 지하에 매립된 식물의 탄화(炭化)로 인하여 속성 탄화작용(이탄·갈탄·아역청탄) → 변성 탄화작용(역청탄 → 무연탄 → 변성무연탄)을 거침

분류	무연탄	역청탄	갈탄
연료비	7 이상	7~1.0	1 이하

- **연료비**(燃料比, fuel ratio) : 석탄의 공업분석결과 중에서 고정탄소(%)를 휘발분(%)으로 나눈 값으로 석탄의 분류 및 특성을 나타내는 하나의 지표임

☀ 연료비 = $\dfrac{고정탄소}{휘발분}$

- **고정탄소**(%) = 100 − (휘발분% + 수분% + 회분%)
- **수분** = 부착수분(표면수분) + 고유수분(건조감량수분) + 화합수분(내부수분)
- **회분** = 산성 성분(SiO_2, Al_2O_3, TiO_2 등) + 염기성 성분(Fe_2O_3, CaO, MgO, NaO, K_2O 등) ※ 용융온도 → MgO(2852℃) > CaO > Al_2O_3 > TiO_2 > SiO_2 > NaO(1132℃)

☀ 석탄회를 구성하는 **산성 무기물**인 SiO_2, Al_2O_3 등의 함량이 Fe_2O_3, Al_2O_3에 비해 많을수록 융점은 높아지고 **염기성 무기물**인 Na_2O, K_2O, CaO, MgO 등이 많을수록 융점은 저하되는 경향을 보인다. 회분은 통상 800℃에서 석탄시료를 회화시켜 회의 함량을 측정하는데, 회분의 용융점은 조성 및 연소실 내 분위기에 따라 다르나 일반적으로 1,000~1,500℃ 범위임

▫ **탄화도에 따른 특성변화**
- **탄화도의 크기**(연료비의 크기) : 무연탄 > 역청탄 > 갈탄 > 이탄
- **탄화도가 증가하면 증가하는 것** : 고정탄소, 발열량, 연료비, 착화온도
- **탄화도가 증가하면 감소하는 것** : 휘발분, 매연발생률, 비열, 산소농도, 연소속도

▫ **무연탄의 오염물질 배출률(g/kg)** : 황산화물(19.5S), 질소산화물(5.83), 먼지(5A)

※ **코크스**(Cokes)
  ▫ **제조** : 석탄(점결탄, 역청탄)을 분해 증류하여 만든 고체연료(2차 연료)로 불순물을 거의 포함하지 않은 고순도 탄소로 구성되어 있음
  ▫ **특징**
    - 고정탄소(85%)를 주성분으로 하며, 발열량은 통상 7,500kcal/kg 정도임
    - 원료탄(역청탄) 보다 회분 함량이 많음(10~15%)
    - 착화가 곤란한 반면, 휘발분이 거의 함유되어 있지 않아(1~4%) 매연이 발생하지 않음

※ **고형화 연료**(RDF 등)
  ▫ **개요** : 폐기물로부터 회수된 종이, 플라스틱 기타 연소가능한 유기물질(有機物質)을 이용하여 수분량과 불순물(不純物), 입자의 크기, 재의 함량 등을 조절한 후 생산되는 연료를 말함
  ▫ **제조공정** : 가연성 폐기물 → 1차 파쇄 ⇨ 자석 선별 ⇨ 트롬멜 스크린 ⇨ 건조 ⇨ 풍력 선별 ⇨ 2차 파쇄 ⇨ 성형 → RDF 생산
    - **RDF**(Refuse Derived Fuel) : 불연물, 유기물, PVC 등을 제거하고 가연물질로 만든 고형화 연료를 총칭함
    - **RPF**(Refuse Plastic Fuel) : 폐플라스틱을 60% 이상 사용하여 만든 연료
    - **TDF**(Tire Derived Fuel) : 폐타이어를 사용하여 만든 연료
    - **WCF**(Wood Chip Fuel) : 폐목재(1등급, 2등급)를 사용하여 만든 연료
    - **SRF**(Solid Refuse Fuel) : 폐기물 유래 고형연료를 통합한 명칭

□ 입경에 따른 구분

Fluff RDF	• 폐기물로부터 불연성 폐기물(금속 및 유리 등)을 제거한 후 연료화한 것으로 일반적인 **수분 함량**은 15~20%임
Pellet RDF	• 보관, 운반이 용이하고, 단위무게당 열량을 향상시키기 위하여 Fluff RDF를 압밀 성형한 것으로 **수분 함량**은 12~18%임
Powder RDF	• Fluff RDF를 2차 분쇄과정을 통하여 **2mm 이하**의 분말 형태로 만든 것으로 **수분 함량**은 4% 이하임

※ 자료 인용 : 「대기환경기술사」 수험서, 이승원(저)

□ 고형화 연료의 특징
- 열량은 통상 1,400~4,200kcal/kg 정도(연료의 크기와 수분 및 재의 함량에 따라 차이가 있음)
- 재의 함량을 감소시키기 위해서는 폐기물을 분쇄하여 자력선별과 공기선별을 거쳐 금속류 및 큰 입자를 제거하고, 셀룰로오스 함량을 첨가하여 조절한 후 건조하여 손가락 크기의 연료(pellet)로 하거나 분쇄하여 분말상태의 연료로 만듦

□ 소각로 이용 시 고려하여야 할 점
- 기존의 고체연료 연소시설에 사용 가능하여야 함
- 부패하기 쉬운 유기물질이므로 수분 함량을 15% 이하로 유지하여야 함
- RDF 내의 염소(Cl) 함량이 문제가 되므로 PVC 함량을 감소시켜야 함
- 연소 시 부식과 폭발사고의 위험이 따름
- NO_x, SO_x는 별로 문제 안되나 분진과 냄새가 문제됨
- 연료공급의 신뢰성에 문제가 있을 수 있음
- 시설비가 고가이고, 숙련된 기술이 필요함

□ RDF의 구비조건 : 폐기물로부터 만들어진 고체연료(RDF)가 대량으로 사용되기 위해서는 다음 조건이 구비되어야 함
- 칼로리가 높을 것(열량 3,000kcal/kg 이상)
- 함수율이 낮을 것(15% 이하)
- 재의 함량이 적을 것(회분 20% 이하)
- 대기오염 유발정도가 낮을 것
- 가능한 RDF의 조성이 균일할 것
- 저장 및 운반하기 쉬울 것
- 기존의 고체연료 연소시설에 사용이 가능할 것

(3) 액체연료의 종류 및 특성

종류와 장·단점

□ 종류 : 주된 것은 석유류로서 가솔린(휘발유), 등유, 경유 등이 여기에 속함

□ 특징

▌장점
- 고체연료보다 매연 발생량이 적음

- 고체연료에 비해 발열량이 높고, 품질이 대체로 일정하여 저장 및 계량 그리고 운반이 용이함
- 고체연료보다 회분 함량이 낮아 비산재의 발생이 적음
- 고체연료보다 연소성이나 온도조절성이 우수함
- 고체연료보다 적은 과잉공기를 사용하여 완전연소시킬 수 있음
- 고체연료보다 점화 및 소화가 용이하고, 부하변동에 따른 연소조절이 용이함

▍단점
- 중질유의 경우는 황분을 함유하므로 SO_x 발생량이 많고, 기체연료보다 NO_x 배출량이 많음
- 고체연료보다 화재, 폭발위험성이 높음
- 고체연소장치보다 가동부가 많고, 소음이 발생되며, 동력소비량이 높음
- 기체연료보다 연소효율이 낮고, 매연이 발생할 우려가 높음

❀ 휘발유(가솔린, Gasoline)
- □ 성분 : 주성분 C_8H_{18}(옥탄), 헵탄(C_7H_{16})~운데칸($C_{11}H_{24}$)까지 동족체의 탄화수소
- □ 주요 물성 : 무색투명
  - 비중(0.72~0.8), 비점(30~200℃), 착화온도(500℃), 발열량(8,500kcal/L)
- □ 특징
  - 석유제품 중 비점범위가 가장 낮은 경질유임
  - 내연기관(가솔린차) 연료로 노킹(Knocking)을 일으키기 어려운 성질 요구함
  - 일반적으로 요구되는 옥탄가(Octane Number)는 83 이상임

❀ 등유(케러신, Kerosene)
- □ 성분 : 데칸($C_{10}H_{22}$)~헥사데칸($C_{18}H_{34}$)까지 동족체의 탄화수소
- □ 주요 물성 : 무색투명
  - 비중(0.78~0.82), 비점(150~300℃), 착화온도(400℃), 발열량(8,800kcal/L)

❀ 경유(라이트오일, Light Oil)
- □ 성분 : 주성분 $C_{16}H_{34}$(세탄), 도데칸($C_{12}H_{26}$)~펜타데칸($C_{15}H_{32}$)까지의 탄화수소
- □ 주요 물성 : 담갈색 또는 적갈색
  - 비중(0.80~0.85), 비점(200~320℃), 착화온도(350℃), 발열량(9,050kcal/L)
  - 오염물질 배출률(g/L)은 황산화물(17S), 질소산화물(2.4), 먼지(0.24)
- □ 특징
  - 내연기관 연료로 착화성이 좋은 성질(척도=세탄가)을 요구함
  - 일반적으로 요구되는 세탄가(Cetane Number)는 40 이상을 요구함

❀ 중유(헤비오일, Heavy Oil)
- □ 성분 : 원유로부터 LPG · 가솔린 · 등유 · 경유 등을 증류하고 남은 점성유임

- □ 주요 물성 : 흑갈색, 암갈색
  - 비중(0.86~0.97), 비점(250~350℃), 착화온도(350℃), 발열량(9,700kcal/L)
  - 인화점(60~70℃), 동점도(cST, 50℃ → A중유 20↓, B중유 50↓, C중유 540↓)
  - 오염물질 배출률(g/L)은 황산화물(14.3S), 질소산화물(6.64), 먼지(1.1S+0.39)
- □ 특징
  - 점도가 높고, 황(S)분이 높음(A중유 2%↓, B중유 3%↓, C중유 4%↓)
  - 점도(粘度)의 크기에 따라 A중유<B중유<C중유로 구분됨
  - 중유는 유동점이 높아 상온에서 굳기 쉬우므로 저장 및 사용 시 약 50℃로 예열하여 연료가 잘 흐를 수 있도록 해야 함

(4) 기체연료의 종류 및 특성

※ 종류와 장 · 단점
- □ 종류 : 천연가스(LNG, CNG), 액화석유가스(LPG), 코크스(cokes)로 가스, 고로가스, 발생로가스 등이 있음
- □ 특징

  ▌장점
  - 적은 과잉공기를 사용하여 완전연소시킬 수 있음
  - 연소효율이 높고, 매연이 거의 발생하지 않음
  - 회분이 거의 없으므로 분진 발생률이 낮음
  - 황의 함량이 낮으므로 연소 후 SO_2 생성량이 극히 적고, NO_x 배출률이 낮음
  - 부하의 변동범위(턴 다운비 ; turn down ratio)가 넓고, 연소조절이 쉬움

  ▌단점
  - 수송에 불편함이 따르고, 시설비용이 많이 듦
  - 저장 및 취급이 용이하지 못함
  - 폭발 및 화재위험성이 높음
  - 가격이 비쌈

- □ 성분별 발열량과 폭발한계

가연성분	총발열량	저위발열량	착화온도	폭발한계 (Vt%)	
				상한	하한
수소(H_2)	3,050kcal/Sm^3	2,570kcal/Sm^3	550℃	4.15	75
일산화탄소(CO)	3,020kcal/Sm^3	3,020kcal/Sm^3	609℃	12.5	74.2
메탄(CH_4)	9,520kcal/Sm^3	8,550kcal/Sm^3	650℃	4.9	15.4
에탄(C_2H_6)	16,820kcal/Sm^3	15,370kcal/Sm^3	515℃	2.5	15
프로판(C_3H_8)	24,320kcal/Sm^3	22,350kcal/Sm^3	470℃	2.2	7.3
부탄(C_4H_{10})	32,010kcal/Sm^3	29,510kcal/Sm^3	365℃	1.9	8.5

※ 자료 인용 : 「대기환경기술사」 수험서, 이승원(저)

※ **도시가스**(액화천연가스, LNG)
- **성분** : 도시가스는 메탄(CH_4)이 주성분(≒91%)이고, C_2H_6 5.6%, C_3H_8 2%, N_2 0.2%, 기타 약 1%로 구성되어 있음
- **원료** : 도시가스는 천연가스를 이용하거나 LPG 및 석탄, 코크스, 나프타(naphtha), 원유 정제 등의 부산물을 정제하여 얻음. 액화(液化)는 46atm 이상의 압력에서 −83℃ 이하로 냉각함
- **주요 물성** : 비중 0.62, 밀도 0.8kg/m^3
  - 연소속도 44.3cm/sec(LNG), CH_4의 착화온도 650℃, 이론공기량 10.4m^3/m^3
  - 오염물질 배출률(g/m^3)은 황산화물(0.01), 질소산화물(3.7), 먼지(0.03)
  - 액화천연가스(LNG)를 주체로 한 도시가스의 발열량은 10,400kcal/Sm^3 정도임
- **LNG의 특성**
  - 발열량이 높음(9,000~12,000kcal/Sm^3)
  - 액화과정에서 재처리공정을 거치기 때문에 다른 기체연료에 비해 순도가 높음
  - 공기보다 가벼워 LPG에 비해 폭발위험성이 적음
  - 황산화물이나 입자상 물질 등 대기오염질 배출률이 낮음

※ **액화석유가스**(LPG, Liquefied Petroleum Gas)
- **성분** : 프로판(C_3H_8, 95.5%)을 주성분으로 하며, 프로필렌(C_3H_6, 2.2%), 부탄(C_4H_{10}, 1.14%), 에탄(C_2H_6, 1.23%) 등이 함유되어 있음
- **원료** : 천연가스에서 회수되기도 하고, 나프타(naphtha)의 분해에 의해서 얻어지기도 하지만 대부분은 석유정제 시 부산물로 얻어지는데 시판되는 LPG는 프로판(C_3H_8)을 주성분으로 하며, 이외에 메탄(CH_4), 부탄(C_4H_{10}) 등을 함유한다.
- **주요 물성** : 비중 1.52, 밀도 2.01kg/m^3
  - LPG의 연소속도 48.2cm/sec, 착화온도(C_3H_8 470℃, C_4H_{10} 365℃, C_2H_6 515℃), 이론공기량 23.8m^3/m^3, 총발열량 12,000kcal/kg
  - 오염물질 배출률(g/m^3)은 황산화물(0.01), 질소산화물(2.3), 먼지(0.07)
- **LPG의 특성**
  - 발열량이 높음(12,000kcal/kg, 약 15,000kcal/Sm^3)
  - 상온에서 약간의 압력(10~20atm)을 가해도 쉽게 액화시킬 수 있음
  - 완전연소가 용이하고, 황산화물이나 입자상 물질 등 대기오염질 배출률이 낮음
  - 중유보다 비용이 약 30~50%가 비쌈
  - 저장설비 구비에 부대비용이 소요됨
  - 비중(比重)이 공기보다 무거워 인화·폭발 위험성이 높음
  - 액체에서 기체로 될 때, 증발열(약 90~100kcal/kg)이 있음
  - 유지 등을 잘 녹이기 때문에 고무패킹 등으로 누출을 막는 것은 위험함

- **압축천연가스**(CNG, Compressed Natural Gas)
  - **성분** : 천연가스를 200~250kg/cm²의 높은 압력으로 압축한 것으로 성분 구성은 통상 CH_4를 주성분(80%)으로 하여 에탄 15%, 프로판 및 부탄 5% 정도의 혼합되어 있음
  - **CNG의 특성**
  - ▌장점
    - 열효율이 높으며, 지구적 매장량이 풍부함
    - CO, HC의 생성량이 적고, 자동차에 의한 2차 오염물질의 생성을 줄일 수 있음
    - 휘발유 차량에 비하여 온실가스 배출량이 낮음(약 19% 정도)
    - 총탄화수소(THC) 발생량은 가솔린보다 월등히 높지만, 대부분이 메탄이므로 비메탄계탄화수소(NMHC, Non-Methane HC)의 배출은 가솔린보다 현저히 적음
    - 옥탄가가 120~130으로 높아 내연기관 연료에 적합함
  - ▌단점
    - 단위무게당 발열량이 가솔린의 1/4수준으로 작아 연료탱크 용량이 커야 함
    - CNG의 자발화 온도가 높음
    - 알데히드가 폼알데하이드 형태로 배출되므로 촉매장치 부착을 필요로 함
    - 엔진출력이 낮으며, NO_x는 배출률이 높음
    - 충전시간이 다소 많이 소요됨

- **합성천연가스**(SNG, Synthetic Natural Gas)
  - **성분** : 석탄을 가스화한 후 정제 및 메탄합성공정을 거쳐 일반 천연가스와 비슷한 성상을 갖는 가스로 전환한 가스를 말함. 주성분은 메탄(CH_4)임
  - **생산 · 공정**
    - 원료는 석유계 나프타(naphtha), LPG, 원유, 중질잔사유(重質殘渣油) 및 석탄이 사용되며 탄수소(C/H)비를 메탄에 가깝게 하기 위해 수소를 첨가함
    - 제조공정은「석탄 → 고압 하에서 O_2와 수증기를 주입 석탄을 기체화 → 탈황 → 수소첨가 → 메탄올을 많이 함유한 가스 → 탈탄산 → SNG 생산」

- **기타 부산물 가스**
  - **발생로 가스** : 가열된 석탄 또는 코크스에 공기와 수증기를 연속적으로 주입하여 부분적으로 산화반응을 시켜 얻음
    - 주성분 : 불연성의 N_2(다량), 가연성의 CO 및 H_2(이외에 약간의 메탄)
    - 발열량 : 1,200~1,600kcal/m³
    - 제조과정에서 공기공급에 따른 다량의 N_2를 함유하고 있음
  - **코크스로 가스** : 석탄을 코크스로에서 건류할 때 발생하는 가스
    - 주성분 : H_2 및 CH_4
    - 발열량 : 약 5,000kcal/m³

- **고로가스** : 용광로의 부산물로 생기는 가스
  - 주성분 : CO
  - 발열량 : 900~1,000kcal/m³
  - 다량의 N_2(55~60%)를 함유하고 있음
- **수성가스** : 고온으로 가열한 코크스에 수증기를 작용시켜 얻음
  - 주성분 : H_2, CH_4, CO
  - 발열량 : 약 2,800kcal/m³
- **가타 부생가스**
  - **오일가스**(Oil Gas) : 석유 원유를 약 600℃로 열분해하여 얻는 기체연료로 주성분은 CH_4·C_2H_4(에틸렌)임
  - **전로(電爐)가스** : 선철을 제강과정에서 강철로 만드는 과정에서 발생하는 가스로서 주성분은 CO임

(5) 기타 특수 조제연료

❀ **종류** : 석탄을 잘게 부순 미분탄(微粉炭)을 기계버너로 분출시켜 연소시키거나 오일셸을 건류하여 얻어지는 셸오일과 석탄을 잘게 부수어 중유와 혼합시킨 유혼합연료(COM, Coal Oil Mixture) 및 미분탄을 물과 혼합시킨 수혼합연료(CWM, Coal Water Mixture) 등이 사용되고 있음

❀ **유형별 특징**
- **미분탄**(微粉炭) : 석탄을 잘게 부순 분말석탄(200mesh 이하, 0.05~0.07mm)을 기계버너로 분출시켜 연소시킴
  - 최초의 분해연소 시에 다량의 가연가스를 방출하고, 곧 이어서 고정탄소의 표면연소가 시작됨
  - 명료한 화염이 형성되지 않고, 화염이 국부적으로 형성되지 않음
  - 비표면적이 증대되므로 화격자연소보다 적은 과잉공기비로도 연소시킬 수 있음
  - 비교적 서품질의 석탄도 용이하게 연소가능하고, 연소효율을 높일 수 있음
  - 부대설치비용 및 유지비용이 많이 들고, 비산분진의 배출이 많음
  - 발전소 등 대형시설에 적용되고, 소용량 설비에는 부적합함
  - 부하변동에 대한 응답성이 우수한 편임
- **COM**(Coal Oil Mixture, 유혼합 미분탄) : 분탄에 50~60Wt%의 중유와 휘발분을 추가하여 조제됨
  - 연소방식은 분무연소에 가깝고, 연소 시 화염의 길이는 미분탄연소에 가까운 반면, 화염의 안정성은 중유 연소에 가까운 특징이 있음
  - 점도가 높고, 유동성이 낮으므로 항상 가열하여 사용하여야 함
- **CWM**(Coal Water Mixture, 수혼합 미분탄) : 미분탄에 15~25Wt% 정도의 물을 혼합하여 조제함

- 초기착화가 어렵고, 분해 연소단계에서 화염의 안정성이 좋지 못하며, 착화지점이 연소실의 후류(後流) 측으로 이동되는 경향이 있음
- 연료의 가열이 불필요하고, 상온에서 사용할 수 있음
- COM보다 연소실 및 연소용 공기를 고온으로 예열할 필요가 있음
- COM보다 수송관 및 분무노즐(버너 팁)의 마모가 심함

▫ **WOM**(Water Oil Mixture, 수혼합 오일) : 경유 등 석유계 연료에 20~40Wt% 정도의 물을 가하여 조제함
- 물에 의한 수성가스 반응 및 미세폭발 반응으로 완전연소를 촉진하게 됨
- 화염온도를 저하에 따른 질소산화물 발생량을 저감할 수 있음
- 열효율이 낮으며, 부식문제가 발생할 수 있음

엄선 예상문제

※ 산업기사 득점포인트는 『대기오염방지기술』 중 "연소부분"에 해당하는 포인트임

01 연소에 대한 설명 중 알맞지 않은 것은?
① 발열반응이다.
② 급격한 산화반응이다.
③ 연소 시 생성물은 온도가 상승한다.
④ 적외(赤外)범위에 달하면 빛을 발생한다.

02 전형적인 자기연소를 하는 가연물은 어느 것인가?
① 나프타(Naphtha)
② 이소옥탄(Isooctane)
③ 나프탈렌(Naphthalene)
④ 니트로글리세린(Nitroglycerine)

03 니트로글리세린과 같은 물질의 연소형태로써 공기 중의 산소공급 없이 연소하는 것은?
① 자기연소   ② 분해연소
③ 증발연소   ④ 표면연소

04 착화온도에 대한 설명으로 옳지 않은 것은?
① 대체로 석탄의 탄화도가 작을수록 착화온도는 낮아진다.
② 가연물의 화학결합 활성도가 클수록 착화온도는 낮아진다.
③ 공기의 산소농도 및 압력이 높을수록 착화온도는 낮아진다.
④ 대체로 탄화수소의 착화온도는 분자량이 작을수록 낮아진다.

05 착화온도에 대한 설명 중 틀린 것은 어느 것인가?
① 활성화에너지가 클수록 낮아진다.
② 산소와의 친화성이 클수록 낮아진다.
③ 화합결합의 활성도가 클수록 낮아진다.
④ 가연물의 증발량이 많을수록 낮아진다.

해설

01 연소는 이용가능한 열과 빛을 수반하는 산화 현상의 총칭이다. 급격한 산화반응은 폭발이라 한다.
02 자기반응성 물질은 분자 내에 가연물과 산소를 충분히 함유하고 있기 때문에 외부로부터 별도의 산소공급을 요하지 않는 물질을 말한다. 예를 들면, 니트로글리세린, 셀룰로이드, TNT 등이 이에 속한다.
03 외부 산소를 필요로 하지 않고, 화합물 자체에 함유된 산소에 의해 스스로 연소하는 형태를 자기연소라 한다.
04 대체로 탄화수소의 착화온도는 분자량이 클수록 낮아진다.
05 활성화에너지가 낮을수록 착화온도는 낮아진다.

정답 ┃ 1.② 2.④ 3.① 4.④ 5.①

06 착화온도가 가장 높은 것은?
① 역청탄   ② 목재
③ 갈탄(건조)   ④ 무연탄

07 다음 연료 중 착화온도가 가장 낮은 것은 어느 것인가?
① 중유   ② 역청탄
③ 탄소   ④ 무연탄

08 다음 연료 중 착화온도가 가장 높은 것은?
① 역청탄   ② 중유
③ 갈탄(건조)   ④ 메탄

09 다음 석탄의 특성에 대한 설명으로 옳은 것은?
① 회분이 많은 연료는 발열량이 높다.
② 탄화도가 높을수록 착화온도는 낮아진다.
③ 고정탄소의 함량이 큰 연료는 발열량이 높다.
④ 휘발분의 함량이 큰 연료는 매연을 적게 발생시킨다.

10 다음 중 탄화도가 가장 작은 것은?
① 갈탄   ② 이탄
③ 역청탄   ④ 무연탄

> **해설**

06 제시된 연료 중 무연탄의 착화온도(약 400℃)가 가장 높다.

07 제시된 연료 중 역청탄의 착화온도(약 300℃)가 가장 낮다.

08 제시된 연료 중 메탄의 착화온도(약 650℃)가 가장 높다.

▶ 착화온도 비교하기 ◀
㉠ 기체연료 : CH_4(약 650℃) > C_2H_6(약 510℃) > C_3H_8(약 470℃) > C_4H_{10}(약 360℃)
㉡ 액체연료 : 휘발유(약 500℃) > 등유(약 400℃) > 경유(380℃) > 중유(350℃)
㉢ 고체연료 : 목재, 갈탄(260~300℃) < 역청탄(300~400℃) < 무연탄(400~500℃) < 탄소(800℃)

▶ 인화온도 비교하기 ◀
인화점은 상온에서 가스화하여 인화되기 쉬운 가스로부터 휘발유(-43℃ 이상), 등유(30~60℃), 경유(50~90℃), 중유(60~150℃), 윤활유(130~350℃), 아스팔트(200~300℃) 등 종류에 따라 각각 다르다.

09 ③항만 올바르다. 고정탄소의 함량이 많은 연료가 발열량이 높다.

▶ 바르게 고쳐보기 ◀
① 회분이 많은 연료는 발열량이 낮아진다.
② 탄화도가 높을수록 착화온도는 높아진다.
④ 휘발분의 함량이 높은 연료는 매연이 발생하기 쉽다.

10 석탄의 탄화과정은 식물 → 스펀지상의 갈색 유기물질 → 이탄(Peat) → 아탄, 갈탄(Lignite) → 아역청탄(Sub-Bituminous) → 역청탄(Bituminous) → 무연탄(Anthracite) → 흑연(Graphite)으로 이행되는데 석탄화도에 의한 석탄은 일반적으로 이탄, 아탄, 갈탄, 역청탄, 무연탄 및 흑연 등으로 세분류되고 있으나, 탄화도가 극히 작은 이탄과 거의 완전히 탄화된 흑연은 통상 제외되며, 아탄과 갈탄은 동질의 탄으로 간주된다. 따라서 석탄의 탄화도의 크기는 무연탄(연료비 7 이상) > 역청탄(연료비 1~7) > 갈탄(연료비 1) 순서이다.

정답 | 6.④ 7.② 8.④ 9.③ 10.②

11 연료비(고정탄소/휘발분)가 가장 높은 석탄은 어느 것인가?
① 갈탄　　② 아탄
③ 무연탄　　④ 역청탄

12 탄화도가 가장 큰 것은?
① 이탄　　② 갈탄
③ 역청탄　　④ 무연탄

13 석탄을 공업분석하여 다음 수치를 얻었다. 이 석탄의 연료비는 얼마인가?

분석치	수분	1.5%
	회분	16.4%
	휘발분	39.0%

① 0.8　　② 1.1
③ 2.2　　④ 12.3

14 석탄 탄화도가 증가하면 감소하는 것은?
① 고정탄소　　② 발열량
③ 매연발생률　　④ 착화온도

15 탄화도의 증가에 따라 감소하는 것은?
① 비열　　② 발열량
③ 착화온도　　④ 고정탄소

16 다음 중 석탄의 탄화도가 클수록 증가하지 않는 것은?
① 연료비　　② 휘발분
③ 착화온도　　④ 고정탄소

17 석탄의 탄화도 증가에 따른 특성으로 틀린 것은?
① 비열이 감소한다.
② 착화점이 낮아진다.
③ 연료비가 증가한다.
④ 발열량이 증가한다.

18 석탄의 탄화도 증가에 따른 변화로서 옳지 않은 것은?
① 발열량이 높아진다.
② 착화온도가 증가한다.
③ 매연발생률이 증가한다.
④ 고정탄소 함량이 증가한다.

> **해설**

11 석탄 중 연료비가 가장 큰 것은 무연탄이다.
12 탄화도의 크기는 무연탄(연료비 7 이상) > 역청탄(연료비 1~7) > 갈탄(연료비 1) 순서이다.
13 석탄의 연료비는 고정탄소/휘발분으로 산출한다.

□ 연료비 = $\dfrac{\text{고정탄소}}{\text{휘발분}}$

∴ 연료비 = $\dfrac{100-(1.5+16.4+39)}{39} = 1.1$

14 탄화도가 증가하면 고정탄소의 함량은 증가하고, 휘발분은 감소하므로 매연발생률은 낮아진다.
▶ 탄화도와 석탄의 특성변화 ◀
㉠ 석탄의 탄화도가 증가하면 증가하는 것 : 연료비, 고정탄소, 발열량, 착화온도
㉡ 석탄의 탄화도가 증가하면 감소하는 것 : 휘발분, 매연발생률, 비열, 산소농도, 연소속도

15 탄화도가 증가하면 비열, 산소농도, 연소속도, 휘발분, 매연발생률은 낮아진다.
16 석탄의 탄화도가 증가하면 증가하는 것은 고정탄소, 발열량, 착화온도이다.
17 석탄의 탄화도가 증가하면 착화온도는 증가한다.
18 석탄의 탄화도가 증가하면 휘발분이 낮아지므로 매연발생률은 저감된다.

정답 | 11.③ 12.④ 13.② 14.③ 15.① 16.② 17.② 18.③

19 석탄의 탄화도가 증가할수록 나타나는 성질로 옳지 않은 것은?
① 수분 및 휘발분이 감소한다.
② 고정탄소 및 산소 함량이 증가한다.
③ 연료비(고정탄소 / 휘발분)가 증가한다.
④ 발열량이 증가하고, 착화온도가 높아진다.

20 미분탄연소의 장점으로 거리가 먼 것은?
① 비산분진의 배출량이 적다.
② 연소량의 조절이 용이하다.
③ 과잉공기에 의한 열손실이 적다.
④ 연료의 비표면적이 크므로 적은 공기비로 연소가 가능하다.

21 고체연료에 대한 설명으로 옳지 않은 것은?
① 코크스는 석탄에 비해 화력이 약하고 매연이 잘 생기는 결점이 있다.
② 역청탄을 저온건류하여 얻어지는 반성 코크스는 휘발분이 많고 착화성도 좋다.
③ 갈탄은 휘발분이 많기 때문에 착화성이 좋고 착화온도도 520~720K 정도로 비교적 낮은 편이다.
④ 아탄은 발열량이 낮을 뿐만 아니라 다량의 수분을 포함하고 있기 때문에 유효하게 이용할 수 있는 열량이 적다는 결점이 있다.

22 다음 연료 중 검댕발생이 가장 적은 것은 어느 것인가?
① 중유 ② 코크스
③ 저휘발탄 역청탄 ④ 고휘발분 역청탄

23 미분탄연소의 장점이 아닌 것은?
① 열손실을 최소화할 수 있어 보일러의 효율을 높일 수 있다.
② 연소조절이 용이하므로 부하의 급격한 변동에 대응할 수 있다.
③ 설비비와 유지비가 비싸지만 비산하는 재가 적고, 폭발위험이 적다.
④ 공기와의 접촉면적이 증가하므로 적은 과잉공기를 사용하여 완전연소시킬 수 있다.

24 에멀션연료에 대한 설명으로 거리가 먼 것은?
① 열효율이 낮고 연소장치의 부식문제가 있다.
② 물의 증발잠열에 의해 화염온도를 낮출 수 있으므로 SO_x 발생을 억제시킨다.
③ 분무연료의 미립자화가 촉진되기 때문에 저산소연소 시에도 먼지발생을 억제할 수 있다.
④ 에멀션이란 액체 내에 다른 액체의 작은 물방울이 균일하게 분산하고 있는 상태를 의미한다.

▶ **해설**

19 석탄의 탄화도가 증가하면 고정탄소 함량은 증가하고, 산소 함량은 감소한다.
20 미분탄연소방식은 다른 고체연료의 연소방식에 비해 비산분진의 배출량이 많다.
21 코크스는 연소할 때 붉은 색의 짧은 불꽃을 내면서 연소하며, 휘발성분이 없는 고체연료이므로 석탄에 비해 매연이 잘 생기지 않는다.
22 코크스는 휘발분이 거의 함유되어 있지 않기 때문에 매연이 발생하지 않는다. 그러나 착화온도가 높아 착화가 곤란하다.
23 미분탄연소는 설비비와 유지비가 비싸고 비산하는 재가 많으며, 일반 석탄연소에 비해 폭발위험이 높다.
24 에멀션연료는 석유계 연료와 물을 혼합한 연료로 물의 증발잠열에 의해 화염온도를 낮출 수 있으므로 NO_x 발생을 억제시킨다. 에멀션연료는 경유 등 석유계 연료에 20~40Wt% 정도의 물을 가하여 조제한 연료로 물에 의한 수성 가스반응 및 미세폭발반응을 유발한다.

정답 ▎ 19.② 20.① 21.① 22.② 23.③ 24.②

25 다음 액체연료의 C/H비의 순서로 옳은 것은?

① 중유>등유>경유>휘발유
② 중유>경유>등유>휘발유
③ 휘발유>등유>경유>중유
④ 휘발유>경유>등유>중유

26 탄화수소류의 C/H비의 크기 순으로 옳은 것은?

① 올레핀계>나프텐계>프로필렌>프로판>메탄
② 나프텐계>올레핀계>프로판>프로필렌>메탄
③ 올레핀계>프로필렌>나프텐계>프로판>메탄
④ 나프텐계>올레핀계>프로판>프로필렌>메탄

27 탄수소비(C/H비)에 대한 다음 설명 중 틀린 것은?

① 중질연료일수록 C/H비는 크다.
② C/H비가 클수록 이론공연비는 감소된다.
③ C/H비가 클수록 휘도가 높고, 방사율이 크다.
④ C/H비는 휘발유>등유>경유>중유 순으로 감소한다.

28 착화성이 좋은 경유의 세탄값의 범위는?

① 0.1~1   ② 1~5
③ 5~10   ④ 40~60

29 연료 중 황(S) 함량이 적은 순서는?(단, 적음 → 많음)

① 휘발유-경유-등유-LPG-중유-석탄
② LPG-휘발유-경유-등유-중유-석탄
③ LPG-휘발유-등유-경유-중유-석탄
④ 휘발유-경유-등유-중유-LPG-석탄

30 다음은 연료에 대한 설명이다. 잘못 설명하고 있는 것은?

① 액체연료는 대체로 저장과 운반이 용이하다.
② 기체연료는 연소효율이 높고 검댕발생이 적다.
③ 고체연료는 천연적으로 생산되는 것과 가공에 의한 것이 있다.
④ 액체연료는 회분이 거의 없으며, 재 속의 금속산화물에 의한 장해를 미연에 방지할 수 있다.

31 액체연료 중 경유에 대한 설명으로 알맞지 않은 것은?

① 경유의 착화성을 나타내는 척도로는 옥탄가가 사용된다.
② 디젤엔진에 사용되는 경유는 쉽게 자기착화가 되어야 한다.
③ 자동차나 산업시설 등의 소형 고속디젤기관용으로 사용된다.
④ 가솔린보다 약간 무거운 증류성분으로 끓는점의 범위가 180~350℃로 중유의 중간에서 유출된다.

> **해설**

25 액체연료 C/H비는 중유>경유>등유>휘발유 순서로 낮아진다.

26 C/H비의 크기는 올레핀계>나프텐계>메탄이다. 동일 종류의 탄화수소에서는 분자량이 작을수록 C/H비는 낮아진다.

27 C/H비는 휘발유<등유<경유<중유 순으로 감소한다.

28 경유(Light Oil)는 내연기관 연료로 사용될 때 착화성이 좋은 성질(척도=세탄가)을 요하는데 일반적으로 요구되는 경유의 세탄가(Cetane Number)는 40 이상이다.

29 황(S) 함량은 석탄>중유>경유>등유>휘발유>LPG의 순서로 낮아진다.

30 액체연료는 재(灰) 중에 금속산화물이 장해원인이 될 수 있다.

31 경유의 착화성 척도는 세탄가(Cetane Number)가 사용된다. 세탄가가 클수록 착화성이 좋다. 옥탄가가 사용되는 것은 휘발유(가솔린)이다.

정답 | 25.② 26.① 27.④ 28.④ 29.③ 30.④ 31.①

32 연료에 대한 다음 설명 중 가장 거리가 먼 것은?

① 중유는 인화점을 기준으로 하여 주로 A, B, C 중유로 분류된다.
② 인화점이 낮을수록 연소는 잘 되나 위험하며, C 중유는 보통 70℃ 이상이다.
③ 4℃ 물에 대한 15℃ 중유의 중량비를 비중이라고 하며, 중유 비중은 0.92~0.97 정도이다.
④ 기체연료는 연소 시 공급연료 및 공기량을 밸브를 이용하여 간단하게 임의로 조절할 수 있어 부하변동 범위가 넓다.

33 다음은 액체연료의 특징을 기술한 것이다. 틀린 것은?

① 저장, 운반이 용이하다.
② 고유황 연료는 대기오염을 유발할 수 있다.
③ 중량당 발열량이 높아 대용량 설비에 적당하다.
④ 연소효율이 가장 높고, 적은 과잉공기로 완전연소되며, 분진과 검댕발생이 없다.

34 다음 중 DME(Dimethyl Ether) 연료의 특징으로 거리가 먼 것은?

① 점도가 경유에 비해 낮다.
② 산소 함유율이 34.8% 정도로 높다.
③ 고무와 반응하지 않으나 금속의 부식성이 문제된다.
④ 상온·상압에서 무색투명한 기체이며, LPG와 유사한 기압에서 액화된다.

35 중유의 성질에 대한 설명으로 가장 거리가 먼 것은?

① 중유의 잔류탄소 함량은 7~16% 정도이다.
② 인화점은 보통 그 예열온도보다 약 5℃ 이상 높은 것이 좋다.
③ 인화점이 낮은 경우에는 역화의 위험성이 있고 높을 경우(140℃ 이상)에는 착화가 어렵다.
④ 점도가 낮은 쪽이 사용상 유리하고, 용적당 발열량도 크고, 유동성이 커 가격도 싼 편이다.

해설

32 중유(헤비오일, Heavy Oil)는 점도를 기준으로 하여 A<B<C로 분류된다.

33 ④항은 기체연료의 특징을 기술한 것이다.

34 DME(다이메틸에테르, Dimethyl Ether)는 상온에서 탄성이 현저한 고분자물질, 천연고무 또는 합성고무 등을 팽창시키거나 용해하는 성질이 있다.

DME(다이메틸에테르)는 산소(O)를 중심으로 CH_3가 2개 연결된 구조를 갖는 것으로 산소 함유율(34.8Wt%)이 높고, 다른 에테르에 비해 물에 잘 녹으며, 공기 중에 오랫동안 노출되어도 과산화물 형태로 생성되지 않는 안정한 화합물이다.

DME은 상온·상압 하에서는 가스상으로 투명하며, 5atm 정도로 가압하면 액체가 되며, 세탄가가 높고(≒60 정도), 점도는 경유보다 낮으며(μ=0.15kg/m·sec), 저위발열량(LHV, 28.8 MJ/kg)은 경유의 70% 정도이지만 건강에 대한 악영향이 없으며, 탄성계수가 경유보다 작고, 압축성이 높으며, 부식성이 없는 특성이 있다. 따라서 상온에서 탄성이 현저한 고분자물질, 천연고무 또는 합성고무 등을 팽창시키며, NO_x, PM 발생률은 낮으나 CO 및 HC의 배출량은 오히려 많을 수 있다.

35 점도가 낮은 쪽이 사용상 유리하고, 유동성이 좋지만 가격은 비싼 편이다.

정답 | 32.① 33.④ 34.③ 35.④

36 액화석유가스(LPG)에 대한 설명으로 틀린 것은?

① 액체에서 기체로 될 때 증발열이 있다.
② 비중은 공기의 1.5~2.0배 정도로 누출 시 인화의 위험성이 크다.
③ 천연가스의 회수공정, 나프타 분해, 석유정제 시 부산물 등으로부터 얻어진다.
④ 메탄, 프로판이 주성분이며, 1atm에서 -168℃ 정도로 냉각하면 쉽게 액체상태로 된다.

37 다음 중 LPG의 주성분으로 연결된 것은 어느 것인가?

① CH_4, C_3H_6
② CH_4, C_2H_6
③ C_3H_8, C_4H_{10}
④ C_2H_6, C_3H_6

38 전형적인 자동차 배기가스를 구성하는 다음 물질 중 가장 많은 양(부피%)을 차지하고 있는 것은?(단, 공전상태 기준)

① HC
② CO
③ NO_x
④ SO_x

39 시판 액화석유가스의 구성으로 가장 적합한 것은?

① Methane 10%, Propane 90%의 혼합물
② Methane 70%, Propane 30%의 혼합물
③ Propane 10%, Methane 90%의 혼합물
④ Propane 70%, Methane 30%의 혼합물

40 액화석유가스에 대한 설명으로 옳지 않은 것은?

① 황분이 적고 독성이 없다.
② 발열량은 15,000kcal/m³ 이상으로 높다.
③ 비중이 공기보다 가볍고 누출될 경우 인화·폭발위험이 높다.
④ 유지 등을 잘 녹이기 때문에 고무패킹이나 유지 도포제로 누출을 막는 것은 곤란하다.

41 기체연료에 대한 설명으로 거리가 먼 것은?

① 발열량은 LPG보다 LNG가 높다.
② LPG의 대부분은 석유정제 시 부산물로 얻어진다.
③ LNG는 천연가스를 1기압 하에서 -168℃ 정도로 냉각하여 액화시킨 연료이다.
④ LPG는 상온에서 적은 압력을 주면 용이하게 액화되는 석유계탄화수소를 말한다.

42 다음 중 액화석유가스(LPG)에 대한 설명으로 옳지 않은 것은?

① 천연가스에서 회수되기도 하지만 대부분은 석유 정제 시 부산물로 얻어진다.
② 보통 LNG보다 발열량이 낮으며, 착화온도는 200~250℃이다.
③ 비중이 공기보다 무거워 누출될 경우, 인화·폭발성의 위험이 있다.
④ 액체에서 기체로 될 때, 증발열이 있으므로 사용하는데 유의할 필요가 있다.

> **해설**

36 액화석유가스(LPG)는 프로판(C_3H_8)을 주성분으로 하며, 상온에서 약간의 가압(10~20atm)에도 쉽게 액화시킬 수 있다.
37 액화석유가스(LPG)는 프로판(C_3H_8)을 주성분으로 하며, 메탄(CH_4), 부탄(C_4H_{10}) 등을 함유한다.
38 공전상태의 자동차 배기가스 중 가장 많은 부피를 차지하는 것은 CO이다.
39 액화석유가스(LPG)는 프로판(C_3H_8)을 주성분으로 하며, 메탄(CH_4), 부탄(C_4H_{10}) 등을 함유한다.
40 LPG는 프로판(C_3H_8, 분자량 44)이 주성분이므로 공기(분자량 29)보다 무겁다.
41 발열량은 LNG보다 LPG가 높다. LNG 발열량은 10,500kcal/m³, LPG 발열량은 15,000kcal/m³이다.
42 LPG는 일반적으로 LNG보다 발열량이 높으며, 착화온도는 400~500℃이다.

정답 | 36.④ 37.③ 38.② 39.④ 40.③ 41.① 42.②

43 기체연료에 대한 설명이다. ( ) 안에 가장 적합한 것은?

( )는 가열된 석탄 또는 코크스에 공기와 수증기를 연속적으로 주입하여 부분적으로 산화반응시킴으로써 얻어지는 기체연료로서 가연성분은 CO(25~30%), 수소(10~15%) 및 약간의 메탄이다. 또한 이 가스는 제조상 공기 공급에 의해 다량의 질소를 함유하고 있다.

① 도시가스 ② 수성가스
③ 발생로가스 ④ 합성천연가스

44 기체연료의 특징을 나열한 것이다. 옳지 않은 것은?

① 연소조절이 용이하고 점화, 소화가 간단하다.
② 연소효율이 높고 적은 과잉공기로 완전연소가 가능하다.
③ 재(灰) 중에 금속산화물이 장해원인이 될 수 있고 저장운반이 어렵다.
④ 연료 중에 황을 포함하지 않는 것이 많으며, 배기가스 중 SO_2가 생성되지 않는다.

45 기체연료에 대한 다음 설명 중 틀린 것은 어느 것인가?

① 고로(高爐)가스는 용광로에서 선철을 제조할 때 발생한다.
② 오일가스는 석탄의 건류 및 가스화에 의하여 발생된 가스로서 주성분은 메탄 및 프로판이다.
③ 전로(電爐)가스는 선철을 제강과정에서 강철로 만드는 과정에서 발생하는 가스로서 주성분은 일산화탄소이다.
④ 발생로(發生爐)가스는 가열된 석탄 또는 코크스에 공기와 수증기를 연속적으로 공급하여 부분적으로 산화반응시킴으로써 얻어진다.

46 기체연료의 특징으로 가장 옳은 것은 어느 것인가?

① 저장이 용이하다.
② 연료 속에 황이 포함되지 않은 것이 많다.
③ 완전연소를 위한 많은 과잉공기가 필요하다.
④ 연소의 조절, 점화 및 소화 과정이 복잡하다.

> **해설**
>
> **43** 발생로가스의 주성분은 CO와 H_2이고, N_2가 다량 함유되어 있다.
> **44** 재(灰) 중에 금속산화물이 장해원인이 되는 것은 액체연료이다.
> **45** 오일가스(Oil Gas)는 석유 원유를 약 600℃로 열분해하여 얻는 기체연료로 주성분은 메탄·에틸렌이다.
> **46** ②항만 올바르다.
> ▶바르게 고쳐보기◀
> ① 저장 및 수송이 용이하지 못하다.
> ③ 연소효율이 높고 과잉공기량이 적게 소요된다.
> ④ 연소의 조절 및 점화·소화가 용이하다.

정답 ┃ 43.③ 44.③ 45.② 46.②

업그레이드 종합 예상문제

01 연소속도에 대한 설명으로 맞지 않는 것은 어느 것인가?
① 연소속도가 급격할 때를 폭발이라 한다.
② 가연물과 산소와의 반응속도. 즉, 분자간의 충돌속도를 말한다.
③ 연소속도에 미치는 인자는 연소용 공기 중 산소의 농도, 반응계의 농도, 분무기의 확산 및 산소와의 혼합 등이다.
④ 외부의 열원을 접촉하지 않은 상태에서도 일정온도가 되면 연소가 일어날 때의 연소되는 속도를 말한다.

■해설 연소속도(燃燒速度, Burning Velocity)는 가연물과 산소와의 반응속도(분자 간의 충돌속도)를 말하며, 선연소속도(線燃燒速度) 또는 정상불꽃속도라고도 한다. 또한 연소속도는 가연물이 산화반응을 일으켜 발열하기 때문에 산화속도(酸化速度)와 동일어로 사용되기도 한다.

02 다음 중 기체의 연소속도를 지배하는 주요인자와 거리가 먼 것은?
① 촉매
② 발열량
③ 산소농도
④ 산소와의 혼합비

■해설 연소속도를 지배하는 주요인자는 산소의 농도 및 공기 중 산소의 확산속도, 분무기의 확산 및 산소와의 혼합, 반응계의 온도 및 농도(또는 압력), 촉매(정촉매), 활성화 에너지이다.

03 연소 시 가연물의 구비조건으로 옳지 않은 것은?
① 반응열이 클 것
② 표면적이 클 것
③ 활성화 에너지가 클 것
④ 화학적으로 활성이 강할 것

■해설 가연물질의 활성화 에너지가 작을수록 연소에 유리하다.

04 다음 연소 중 코크스나 목탄 등이 고온으로 될 때 빨간 짧은 불꽃을 내면서 연소하는 것으로 휘발성분이 없는 고체연료의 연소형태인 것은?
① 자기연소
② 확산연소
③ 표면연소
④ 분해연소

■해설 코크스나 숯, 흑연은 표면연소를 하는 대표적인 가연물질이다.

정답 1.④ 2.② 3.③ 4.③

05 기체연료의 연소형태에 해당하지 않는 것은 어느 것인가?

① 확산연소 ② 분해연소
③ 예혼합연소 ④ 부분 예혼합연소

해설 분해연소는 고체 및 액체연료의 연소형태이다.

06 휘발유, 등유, 알코올, 벤젠 등의 주 연소형태는?

① 자기연소 ② 분해연소
③ 증발연소 ④ 확산연소

해설 액체(휘발유, 등유, 알코올, 벤젠 등) 또는 고체(양초 등)가 증발하여 생긴 가연성 증기가 타는 연소형태를 증발연소라고 한다. 탄소성분이 많은 C 중유와 같은 중질유의 경우, 연소 초기에는 증발연소를 하고, 그 열에 의해 연료성분이 분해되면서 분해연소를 하기도 한다.

07 착화점이 높아지는 조건에 대한 설명으로 옳은 것은?

① 발열량이 낮을수록 ② 화학반응성이 클수록
③ 산소의 농도가 클수록 ④ 분자구조가 복잡할수록

해설 이화학적 특성값이 클수록 착화온도가 낮아지는 요소는 산소와의 친화력, 분자량, 분자의 구조의 복잡성, 발열량, 가연물의 압력·화학적 활성도, 화학반응성, 공기 중의 산소농도 및 압력, 비표면적이고. 이화학적 특성값이 작을수록 착화온도가 낮아지는 요소는 열전도율, 습도, 활성화에너지, 탄화도이다.

08 착화온도에 대한 설명 중 옳지 않은 것은 어느 것인가?

① 활성화 에너지가 클수록 낮아진다.
② 화학결합의 활성도가 클수록 낮아진다.
③ 탄화수소의 분자량이 클수록 낮아진다.
④ 동질성 물질에서 발열량이 클수록 낮아진다.

해설 활성화 에너지가 작을수록 착화온도는 낮아진다.

09 착화온도에 대한 다음 설명 중 틀린 것은?

① 화학반응성이 클수록 착화온도는 낮다.
② 화학적 발열량이 클수록 착화온도는 낮다.
③ 가연물의 화학결합의 활성도가 작을수록 착화온도는 낮다.
④ 점화원 없이 자신의 연소열에 의해 스스로 연소하는 최저온도이다.

해설 가연물의 화학결합의 활성도가 클수록 착화온도는 낮다.

정답 5.② 6.③ 7.① 8.① 9.③

10 착화온도가 낮아지는 조건으로 옳지 않은 것은?

① 화학반응성이 클수록
② 활성화 에너지가 낮을수록
③ 비표면적은 작고, 발열량은 낮을수록
④ 공기 중의 산소농도 및 압력이 높을수록

해설 이화학적 특성값이 클수록 착화온도가 낮아지는 요소는 산소와의 친화력, 분자량, 분자의 구조의 복잡성, 발열량, 가연물의 압력·화학적 활성도, 화학반응성, 공기 중의 산소농도 및 압력, 비표면적이다.

11 연료의 조성에 따른 연소특성으로 틀린 것은?

① 휘발분 : 매연발생이 감소한다.
② 고정탄소 : 발열량이 높고 연소성을 좋게 한다.
③ 회분 : 발열량이 낮고 연소성이 양호하지 않다.
④ 수분 : 열손실을 초래하고 착화를 불량하게 한다.

해설 휘발분의 함량이 높을수록 매연발생량은 증가한다.

12 다음은 어떤 고체연료에 대한 설명인가?

- 흑색 고체이며, 비점결성에서 강점결성까지 다양한 범주의 성질을 가진다.
- 탄소 함유율은 75~90%, 휘발분은 20~45% 정도 함유한다.
- 착화온도가 330~450℃이며, 연소 시 황색화염을 수반하며, 건류하여 코크스, 석탄 타르, 석탄가스 등을 생산하는데 많이 사용한다.
- 산업용으로 아주 다양하게 사용되며, 발전용, 보일러용으로 사용된다.

① 갈탄
② 이탄
③ 무연탄
④ 역청탄

해설 고정탄소/휘발분 즉, 연료비를 산출하면 대체로 연료비 7 미만, 1 이상의 범위에 속하므로 이 석탄은 역청탄으로 분류된다.

□ 연료비 $= \dfrac{\text{고정탄소}}{\text{휘발분}}$ ⇨ $\dfrac{75}{20} \sim \dfrac{90}{45} = 3.75 \sim 2.0$

13 석탄의 성상에 대한 설명으로 틀린 것은?

① 석탄의 휘발분은 매연발생의 요인이 된다.
② 점결성은 석탄에서 코크스를 생산할 때의 중요한 성질이다.
③ 석탄회분의 용융 시 SiO_2, Al_2O_3 등의 염기성 산화물량이 많으면 회분의 용융점이 낮아진다.
④ 연소에 미치는 영향은 수분의 경우 착화불량과 열손실을, 회분은 발열량 저하 및 연소불량을 초래한다.

정답 10.③ 11.① 12.④ 13.③

■해설 석탄회를 구성하는 산성 무기물인 SiO_2, Al_2O_3 등의 함량이 Fe_2O_3, Al_2O_3에 비해 많을수록 융점은 높아지고 염기성 무기물인 Na_2O, K_2O, CaO, MgO 등이 많을수록 융점은 저하되는 경향을 보인다. 회분은 통상 800℃에서 석탄시료를 회화시켜 회의 함량을 측정하는데 회분의 융점은 조성 및 연소실 내 분위기에 따라 다르나 일반적으로 1,000~1,500℃ 범위이다.

14 일반적인 고체연료의 원소조정에 대한 설명으로 틀린 것은?

① 고체연료의 C/H비는 15~20 범위이다.
② 고체연료의 분자량은 평균적으로 250 전후 정도이다.
③ 고체연료는 액체연료에 비하여 수소함량이 적다.
④ 고체연료는 액체연료에 비하여 산소함량이 많다.

■해설 석탄이란 지질시대의 육생식물이나 수생식물이 퇴적되어 매몰된 후 가열과 가압작용을 받아 변화되어 화석으로 된 흑색 또는 갈색의 가연성 고체물질로서 여러 가지 식물이 치밀하게 경화되어 탄소분이 중량비의 50% 이상, 용적비 7% 이상인 가용성 토탄질의 퇴적물로서 고분자 화합물이다. 참고로 아스팔트는 평균분자량이 500~2,000 정도이다.

15 코크스에 대한 설명으로 틀린 것은?

① 코크스의 발열량은 약 8,000kcal/kg 정도이다.
② 주 성분이 탄소이고, 원료보다 회분 함량이 높다.
③ 휘발분이 거의 함유되어 있지 않아 연소 시에 매연이 많이 발생한다.
④ 코크스는 원료탄을 건류하여 얻어지는 2차 연료로서 코크스로에서 제조된다.

■해설 코크스는 휘발분이 거의 함유되어 있지 않아 연소 시에 매연이 많이 발생하지 않는다.

16 미분탄에 대한 설명으로 가장 관계가 적은 것은?

① 비산재의 배출량이 많고, 고효율의 집진장치가 필요하다.
② 점화 및 소화 과정에서 열손실이 적고, 부하의 변동에 쉽게 대응할 수 있다.
③ 연소반응속도에 영향을 주는 요인들이 많으나 연소에 요하는 시간은 대략 입자지름의 제곱에 반비례한다.
④ 일반적인 석탄에 비해 비표면적이 증대되고, 공기와의 접촉 및 열전달도 좋아지므로 작은 공기비로 완전연소가 된다.

■해설 연소반응속도는 입자가 미세할수록 증가된다. 따라서 연소시간은 입자지름의 제곱에 비례한다.

17 액체연료의 장점으로 틀린 것은?

① 점화 및 소화, 연소조절이 용이하다.
② 연소온도가 높아 국부적 가열이 용이하다.
③ 회분이 함유되지 않아 재처리가 불필요하다.
④ 발열량과 연소효율이 높고 성분이 균일하다.

■해설 국부적으로 과열에 따른 장애를 유발하는 것은 액체연료의 단점이다. 액체연료는 화재, 역화 등의 위험이 있고 연소온도가 높기 때문에 국부가열의 위험성이 존재한다.

18 미분탄연소의 특징으로 옳지 않은 것은?

① 연소제어 용이, 점화·소화 손실이 적다.
② 점결탄이나 저발열량탄 등과 같은 연료도 용이하게 연소시킬 수 있다.
③ 부하변동에 용이하게 대응할 수 없으며, 대형과 대용량 설비에는 적합치 않다.
④ 분쇄기 및 이송배관 내에서 폭발이 일어날 우려가 있고, 집진장치가 필요하다.

■해설 미분탄연소장치는 부하변동에 쉽게 대응할 수 있으며, 대형·대용량 설비에 적합하다.

19 미분탄연소에 대한 설명으로 가장 거리가 먼 것은?

① 재의 비산이 많고, 집진장치가 필요하다.
② 점화 및 소화 시 열손실은 크지만 부하의 변동에는 쉽게 대응할 수 있다.
③ 동일한 양의 석탄에 비해 비표면적이 커지고, 공기와의 접촉 및 열전달도 좋아지므로 적은 과잉공기로 완전연소가 된다.
④ 반응속도는 탄의 성질, 공기량 등에 따라 변하지만 연소에 요하는 시간은 대체적으로 미분탄의 입자지름의 제곱에 비례한다.

■해설 미분탄연소는 일반 석탄연소에 비해 점화 및 소화 시 열손실이 적다.

20 COM에 대한 설명으로 옳은 것은?

① 별도의 중유 전용 연소시설을 이용하지 않는 것이 큰 장점이다.
② 중유에 거의 동일한 질량의 미분탄을 혼합하여 고체화시킨 연료이다.
③ 열량비로는 COM 중의 석탄의 비율은 5% 정도로 석유비율이 큰 편이다.
④ 유해성분을 포함하고 있으므로 재와 매연처리, 연소가스의 연소실 내 체류시간을 미분탄 정도로 고려할 필요가 있다.

■해설 ④항만 올바르다.
▶바르게 고쳐보기◀
① 중유 전용 보일러에 사용하기 위해서는 별도의 시설 개조가 필요하다.
② 중유에 거의 동일한 질량의 미분탄을 혼합하여 슬러리화시킨 연료이다.
③ COM 중의 석탄의 비율은 30~40% 정도로 석유의 비율이 큰 편이다.

21 다음의 특성을 가지는 액체연료는?

- 비등점 : 30~200℃
- 고발열량 : 11,000~11,500kcal/kg
- 비중 : 0.7~0.8

① Light Oil
② Gasoline
③ Heavy Oil
④ Kerosene

정답 18.③ 19.② 20.④ 21.②

■해설 비점(비등점) 30~200℃범위의 유류는 Gasoline(휘발유)이다. Light Oil(경유)의 비점은 200~320℃, Heavy Oil(중유)은 증류 후 잔류하는 유류(비점 약 350℃)이며, Kerosene(등유)의 비점은 150~300℃이다.

22 석유류의 연소특성에 대한 설명 중 틀린 것은?

① 연소라 함은 열과 빛을 수반하는 산화현상의 총칭이다.
② 휘발유, 등유, 경유, 중유 중 비점이 가장 높은 연료는 휘발유이다.
③ 그을림연소는 불꽃을 동반하지 않는 열분해와 표면연소의 복합형태라 볼 수 있다.
④ 탄소성분이 많은 중질유의 연소특성은 초기에는 증발연소를 하고, 그 열에 의해 연료성분이 분해되면서 연소한다.

■해설 휘발유, 등유, 경유, 중유 중 비점이 가장 낮은 연료는 휘발유이다.

23 경유, 중유 등 석유류의 물성에 따른 이화학적 성질에 대한 설명이다. 틀린 것은?

① 석유류의 비중이 커지면 탄수소비(C/H)는 대체로 증가한다.
② 일반적으로 경질유로 분류된 유류는 방향족계화합물을 10% 미만 함유하고 있다.
③ 석유류는 동점도가 감소하면 끓는점과 인화점이 높아지고, 연소가 잘 되는 특성이 있다.
④ 점도가 낮을수록 유동점이 낮아지므로 일반적으로 저점도의 중유는 고점도의 중유보다 유동점이 낮다.

■해설 석유의 동점도(점도/밀도)가 감소하면 끓는점과 인화점이 높아지고 연소특성이 나빠진다. 점도는 유체가 운동할 때 나타나는 마찰의 정도를 나타내고 동점도는 점도를 유체의 밀도로 나눈 것이다.

24 석유류의 비중이 커질 때의 특성으로 거리가 먼 것은?

① 발열량은 감소한다.
② 착화점이 높아진다.
③ 화염의 휘도가 작아진다.
④ 탄수소비(C/H)가 커진다.

■해설 석유류의 비중이 커지면 화염의 휘도는 높아진다.

25 석유의 물리적 성질에 대한 설명으로 옳지 않은 것은?

① 점도가 낮으면 인화점이 낮고 연소가 잘 된다.
② 증기압이 높으면 인화점이 높아져서 연소효율이 저하된다.
③ 비중이 커지면 화염의 휘도가 높아지며, 점도도 증가한다.
④ 유동점(pour point)은 통상 응고점보다 2.5℃ 높은 온도를 말한다.

■해설 석유류의 증기압은 통상 40℃에서의 압력(kg/cm^2)으로 나타내며, 증기압이 높은 것은 인화점 및 착화점이 낮고 연소성이 좋으나 폭발 및 화재위험성이 높아진다.

정답 22.② 23.③ 24.③ 25.②

26 석유의 물리적 성질에 대한 다음 설명 중 옳지 않은 것은?

① 인화점은 화기에 대한 위험도를 나타내며, 인화점이 낮을수록 연소는 잘 되나 위험하다.
② 점도는 유체가 운동할 때 나타나는 마찰의 정도를 나타내고 동점도는 점도를 유체의 밀도로 나눈 것이다.
③ 석유의 비중이 커지면 탄수소비(C/H) 및 발열량이 커지고, 점도는 감소하여 인화점 및 착화점이 높아진다.
④ 석유의 증기압은 40℃에서의 압력(kg/cm^2)으로 나타내며, 증기압이 큰 것은 인화점 및 착화점이 낮아서 위험하다.

■해설 석유의 비중이 커지면 탄수소비(C/H)는 증가하고 발열량은 낮아지며, 점도는 증가한다.

27 중유에 대한 설명 중 옳지 않은 것은?

① 점도가 낮을수록 유동점이 낮아진다.
② 중유는 점도에 따라 A, B, C 중유로 대별된다.
③ 비중이 클수록 발열량이 낮고 연소성이 나쁘다.
④ 비중이 클수록 유동점과 점도는 감소하고, 잔류탄소 등이 증가한다.

■해설 중유의 비중이 클수록 유동점, 점도가 증가하고, 잔류탄소의 함량이 높다.

28 기체연료의 일반적 특징으로 가장 거리가 먼 것은?

① 저장이 곤란하고 시설비가 많이 든다.
② 연료 속에 황이 포함되지 않은 것이 많고 연소조절이 용이하다.
③ 저발열량의 것으로 고온을 얻을 수 있고 전열효율을 높일 수 있다.
④ 연소효율이 높고 검댕이 거의 발생하지 않으나, 많은 과잉공기가 소모된다.

■해설 연소 시 다량의 과잉공기가 필요한 것은 석탄이다.

29 다음 액화석유가스(LPG)에 대한 설명으로 거리가 먼 것은?

① 발열량이 높은 편이며, 황분이 적다.
② 대부분 석유정제 시 부산물로 얻어진다.
③ 비중이 공기보다 무거워 누출 시 인화·폭발의 위험성이 높은 편이다.
④ 액체에서 기체로 기화할 때 증발열이 5~10kcal/kg으로 적어 취급이 용이하다.

■해설 액화석유가스(LPG)의 기화 증발열은 90kcal/kg 이상이다.

30 LPG에 대한 설명으로 가장 타당하지 않은 것은?

① 발열량이 LNG에 비해 높고, 비중은 공기의 1.5배 정도이다.
② 액화석유가스의 생성률은 원료의 처리량에서 보면 상압증류의 제품이 대부분이다.
③ 메탄, 프로판을 주성분으로 하는 혼합물로 10atm 이상으로 가압하면 액체상태로 된다.
④ 공급원료는 원유, 천연가스를 채취할 때의 부산물 또는 상압증류, 접촉분해에 의한 석유의 정제공정에서 생성된 것 등이다.

▍해설 LPG(Liquified Petroleum Gas)는 프로판을 주성분으로 메탄과 부탄 등이 함유된 혼합물로 10atm 이상으로 가압하면 액체로 전환된다.

31 기체연료에 대한 다음 설명 중 옳은 것은?

① 석탄가스의 주성분은 CO, CO_2이고, 산업시설의 동력용으로 많이 사용된다.
② 부생가스 중 코크스로가스는 CO, N_2가, 고로가스는 CH_4, H_2가 주성분이다.
③ 발생로가스는 코크스나 석탄을 불완전연소시켜 얻는 가스이고 주성분은 CO와 N_2이다.
④ 고로가스는 발생로가스와 유사하지만 H_2, O_2가 많고 발열량은 3,000kcal/m^3 정도이다.

▍해설 ③항만 올바르다. 발생로가스는 코크스나 석탄을 불완전연소해서 얻는 가스이고 주성분은 CO와 N_2이다.
　▶ 바르게 고쳐보기 ◀
① 석탄가스(Coal Gas)의 주성분은 H_2, CH_4이다.
② 코크스로가스의 주성분은 H_2, CH_4이다.
④ 고로가스의 주성분은 CO이고 N_2 성분이 많다.

32 연료의 종류에 따른 연소특성으로 틀린 것은?

① 액체연료는 기체연료에 비해 적은 과잉공기로 완전연소가 가능하다.
② 기체연료는 저발열량의 것으로 고온을 얻을 수 있고, 전열효율을 높일 수 있다.
③ 액체연료의 경우 회분은 아주 적지만, 재 속의 금속산화물이 장해원인이 될 수 있다.
④ 액체연료는 화재, 역화 등의 위험이 크며, 연소온도가 높아 국부가열을 일으키기 쉽다.

▍해설 액체연료는 기체연료에 비해 많은 양의 과잉공기를 사용하여 완전연소가 가능하다. 반면에 저발열량의 것으로 고온을 얻을 수 있고 전열효율을 높일 수 있으나 시설비가 많이 들며, 연료비가 높고 누출될 경우 화재 및 폭발위험이 높으며, 연료밀도가 낮아 수송효율이 낮고, 강화된 저장시설이 필요한 단점이 있다.

정답 30.③ 31.③ 32.①

33 삼원촉매기술과 관련된 오염물질과 거리가 먼 것은?

① CO
② HC
③ SO_x
④ NO_x

■해설 삼원촉매장치 CO, HC, NO_x를 동시에 처리한다.

34 가솔린엔진의 노킹현상을 방지하기 위한 대책으로 거리가 먼 것은?

① 3원 촉매시스템을 사용한다.
② 난류생성 Pot를 부착시킨다.
③ 연소실을 구형(Circular Type)으로 한다.
④ 점화플러그는 연소실 중심에 부착시킨다.

■해설 3원 촉매시스템은 노킹방지 시스템이 아니다.

35 다음 중 디젤노킹(Diesel Knocking)의 방지법으로 가장 거리가 먼 것은?

① 급기온도를 높인다.
② 기관의 압축비를 낮게 한다.
③ 세탄가가 높은 연료를 사용한다.
④ 분사 개시 때 분사량을 감소시킨다.

■해설 디젤노킹(Diesel Knocking)을 방지하기 위해서는 기관의 압축비를 높게 하여야 한다.

▶ 디젤노킹 방지방법 ◀
• 높여야 할 요소 : 착화성(세탄가), 압축비, 압축압력, 압축온도, 엔진온도, 흡입(급기)온도
• 낮추어야 할 요소 : 분사 개시 시기의 분사량, 착화지연, 회전속도

36 CNG(Compressed Natural Gas)를 가솔린엔진에 적용했을 때에 대한 설명으로 가장 거리가 먼 것은?

① 옥탄가가 130 정도로 높기 때문에 엔진압축비를 높일 수 있다.
② CO, HC는 30~50%, CO_2는 20~30% 이상 감소하는 것으로 알려져 있다.
③ 가솔린엔진에 비해 출력이 20% 정도 증가(동일 배기량 기준)하며, 1회 충전거리가 길다.
④ 엔진 내부와 연료공급계통에 퇴적물이 적어 윤활유나 엔진오일, 필터의 교환주기가 연장된다.

■해설 CNG는 가솔린엔진보다 출력이 낮으며, 1회 충전거리가 짧고 충전시간이 2~3배 많이 소요된다.

37 가연성 혼합가스의 조성이 CH_4 : 30%, C_2H_6 : 30%, C_3H_8 : 40%인 혼합가스의 폭발범위로 가장 적합한 것은?(단, CH_4 폭발범위 : 5~15%, C_2H_6 폭발범위 : 3~12.5%, C_3H_8 폭발범위 : 2.1~9.5%, 르 샤틀리에의 식 적용)

① 약 2.9~11.6%
② 약 3.4~12.8%
③ 약 4.2~13.6%
④ 약 5.8~15.4%

■해설 혼합가스의 연소하한(LEL)과 연소상한(UEL)의 관계식(Le Chatelier 식)을 적용한다.

- $\dfrac{100}{\text{LEL}} = \dfrac{V_1}{L_1} + \dfrac{V_2}{L_2} + \dfrac{V_3}{L_3}$ → ∴ $\dfrac{100}{\text{LEL}} = \dfrac{30}{5} + \dfrac{30}{3} + \dfrac{40}{2.1}$, LEL = 2.85%

- $\dfrac{100}{\text{UEL}} = \dfrac{V_1}{U_1} + \dfrac{V_2}{U_2} + \dfrac{V_3}{U_3}$ → ∴ $\dfrac{100}{\text{UEL}} = \dfrac{30}{15} + \dfrac{30}{12.5} + \dfrac{40}{9.5}$, UEL = 11.61%

38 가연성 가스의 폭발범위에 따른 위험도 증가요인으로 옳은 것은?

① 폭발하한농도가 낮을수록 위험도가 증가하며, 폭발상한과 폭발하한의 차이가 클수록 위험도가 커진다.
② 폭발하한농도가 높을수록 위험도가 증가하며, 폭발상한과 폭발하한의 차이가 클수록 위험도가 커진다.
③ 폭발하한농도가 높을수록 위험도가 증가하며, 폭발상한과 폭발하한의 차이가 작을수록 위험도가 커진다.
④ 폭발하한농도가 낮을수록 위험도가 증가하며, 폭발상한과 폭발하한의 차이가 작을수록 위험도가 커진다.

■해설 ①항이 올바르다. 폭발하한농도가 낮을수록, 상한과 하한의 차이가 클수록 위험도가 커진다.

39 폭발범위 및 위험도에 대한 설명으로 옳지 않은 것은?

① 폭발하한농도(LEL)가 높을수록 위험도(H)는 증가한다.
② 가스의 온도가 높아지면 폭발범위는 일반적으로 넓어진다.
③ 폭발한계농도 이하에서는 폭발성 혼합가스를 생성하기 어렵다.
④ 가스압이 높아지면 폭발하한값(LEL)은 크게 변화되지 않으나 상한값(UEL)이 높아진다.

■해설 하한농도가 낮을수록 폭발위험이 높아진다.

40 다음 중 폭발성 혼합가스의 연소범위(L)를 구하는 식으로 옳은 것은?[단, n : 각 성분의 연소한계(상한 또는 하한), X : 각 성분가스의 체적(%)]

① $L = \dfrac{100}{\dfrac{n_1}{X_1} + \dfrac{n_2}{X_2} + \cdots}$

② $L = \dfrac{100}{\dfrac{X_1}{n_1} + \dfrac{X_2}{n_2} + \cdots}$

③ $L = \dfrac{n_1}{X_1} + \dfrac{n_2}{X_2} + \cdots$

④ $L = \dfrac{X_1}{n_1} + \dfrac{X_2}{n_1} + \cdots$

■해설 폭발성 혼합가스의 연소범위를 구하는 방법은 전체 100%에 대한 각 성분가스의 체적분율(%)을 각 성분의 연소한계(상한 또는 하한)로 각각 나누어 합산한 값으로 나누어 산정한다.

- $\dfrac{100}{\text{LEL}} = \dfrac{V_1}{L_1} + \dfrac{V_2}{L_2} + \cdots + \dfrac{V_n}{L_n}$
- $\dfrac{100}{\text{UEL}} = \dfrac{V_1}{U_1} + \dfrac{V_2}{U_2} + \cdots + \dfrac{V_n}{U_n}$

41 가연성 가스의 폭발범위에 대한 다음 설명 중 틀린 것은?

① 압력이 대기압(1기압)보다 낮아질 때 폭발범위의 변화가 크다.
② 폭발한계농도 이하에서는 폭발성 혼합가스를 생성하기 어렵다.
③ 가연성 가스의 온도가 높아지면 일반적으로 폭발범위는 넓어진다.
④ 가스압력이 높아지면 하한값이 크게 변화되지 않으나 상한값은 높아진다.

▪해설 연소범위는 압력이 상압(1기압)보다 높아질 때 변화가 크다.

42 다음의 조성을 가진 혼합기체의 하한연소범위(%)는?

성 분	조성(%)	하한범위(%)
메탄	80	5.0
에탄	15	3.0
프로판	4	2.1
부탄	1	1.5

① 2.96
② 4.24
③ 4.55
④ 5.05

▪해설 혼합가스에 대한 Le Chatelier 식을 적용한다.

$$\frac{100}{\text{LEL}} = \frac{V_1}{L_1} + \frac{V_2}{L_2} + \frac{V_3}{L_3} + \frac{V_4}{L_4} \Rightarrow \frac{100}{\text{LEL}} = \frac{80}{5} + \frac{15}{3} + \frac{4}{2.1} + \frac{1}{1.5}$$

∴ LEL = 4.24%

더 풀어보기 예상문제

01 폭굉에 대한 설명 중 옳지 않은 것은?

① 정상의 연소속도가 큰 혼합가스일 경우 폭굉의 유도거리는 짧아진다.
② 관 속에 방해물이 없거나 관의 내경이 클수록 폭굉의 유도거리는 길어진다.
③ 폭굉의 온도는 보통 연소온도보다 3~5배 정도 높고, 압력은 15~20배에 달한다.
④ 연소파의 전파속도가 음속을 초월하는 것으로 연소파의 진행에 앞서 충격파가 진행되어 심한 파괴작용을 동반한다.

02 석탄의 탄화도 증가에 따른 연료특성으로 옳지 않은 것은?

① 발열량이 증가한다.
② 연소속도가 커진다.
③ 산소의 양이 줄어든다.
④ 수분 및 휘발분이 감소한다.

정답 1.③ 2.②

더 풀어보기 예상문제 해설

01 폭굉의 온도는 보통 연소온도보다 수배~수백 배 정도 높고, 압력은 15~50배에 달한다.
02 석탄의 탄화도가 증가할수록 휘발분의 함량이 낮고, 고정탄소 함량이 높으므로 연소속도는 낮다.

더 풀어보기 예상문제

01 기체연료와 공기를 혼합하여 연소할 경우 다음 중 연소속도가 가장 큰 것은? (단, 대기압, 25℃ 기준)
① 메탄　　② 수소
③ 프로판　④ 아세틸렌

02 고체연료의 연소속도에 대한 정의로 옳은 것은?
① 연료단위 무게당 공기량
② 연료단위 표면적당 연료량
③ 연료단위 무게당 단위시간당 공기량
④ 연료단위 표면적당 단위시간당 연료량

03 폭굉유도거리가 짧아지는 요건이 아닌 것은 어느 것인가?
① 압력이 높을수록
② 점화원의 에너지가 강할수록
③ 정상의 연소속도가 작은 단일가스인 경우
④ 관 속에 방해물이 있거나 관 내경이 작을수록

04 공기 중 연소범위(vol%)가 가장 넓은 것은?
① 메탄　　② 톨루엔
③ 벤젠　　④ 아세틸렌

05 다음 (　) 안에 알맞은 것은?

연소 초기에 열분해에 의해 가연성 가스가 생성되고, 긴 화염을 발생시키면서 연소하게 되는데 이러한 연소를 (　)라 한다.

① 표면연소　② 분해연소
③ 자기연소　④ 확산연소

06 쓰레기 재생연료(RDF)에 관한 설명으로 가장 거리가 먼 것은?
① 쓰레기 재생연료는 고정탄소가 석탄에 비해 적은 반면 휘발분이 많다.
② fluff RDF는 겉보기밀도가 낮고, 비교적 수분 함량이 높아서 저장·수송하기가 어려운 단점이 있다.
③ RDF를 연소시키는 데는 회전롤러식이 사슬상화격자 연소기보다 효율이 좋으며, 도시쓰레기의 소각에 비해 제어가 용이하지 않은 단점이 있다.
④ RDF 소각에서 연료의 체재시간이 높은 온도에서 충분히 길지 않고(800~850℃에서 2초 이상) 시스템이 제대로 가동 못할 시에는 염소를 포함하는 플라스틱이 잔존하여 다이옥신 등의 배출이 문제될 수 있다.

정답 1.② 2.④ 3.③ 4.④ 5.② 6.③

더 풀어보기 예상문제 해설

01 수소의 연소속도(282cm/sec)가 가장 빠르다.

02 고체연료의 연소속도는 단위 표면적당 단위시간당 연료량($kg/m^2 \cdot sec$)으로 나타낸다.

03 폭굉유도거리는 최초의 완만한 연소에서 격렬한 폭굉으로 발전할 때까지의 전파거리를 말하는데 단일가스보다 정상의 연소속도가 큰 혼합가스일 때 폭굉 유도거리가 더 짧아진다.

04 아세틸렌은 LEL 2.5%~UEL 81%로 보기의 항목 중 가장 넓다. 메탄은 LEL 5%~UEL 15%, 벤젠은 LEL 1.2%~UEL 7.8%, 톨루엔은 LEL 1.1%~UEL 7.1%이다.

05 석탄, 목재 등의 고체연료는 연소 초기에 열분해에 의해 휘발분의 가연성 가스가 생성되고, 긴 화염을 발생시키면서 연소하게 되는데 이러한 연소를 분해연소라 한다.

06 회전 롤러식은 6단의 롤러(Roller)에 의해 폐기물이 단순하게 하부로 이동되고 반전설비가 없어 교반이 잘 안되기 때문에 연소효율이 낮고, 로울러에 의해 연소되므로 세심한 주의를 요하며 운전조작이 복잡하다.

종합 예상문제

01 옥탄가(Octane Number)에 대한 설명으로 옳지 않은 것은?

① n-Paraffin에서는 탄소수가 증가할수록 옥탄가가 저하하여 C_7에서 옥탄가는 0이다.
② iso-Paraffin에서는 Methyl 측쇄가 많을수록, 중앙부에 집중할수록 옥탄가는 증가한다.
③ 방향족 HC의 경우 벤젠고리의 측쇄가 C_3까지는 옥탄가가 증가하고 그 이상에서는 감소한다.
④ iso-Octane과 n-Octane, neo-Octane의 혼합표준연료의 노킹 정도와 비교하여 공급 가솔린과 동등한 노킹 정도를 나타내는 혼합표준연료 중의 iso-Octane(%)를 말한다.

해설 옥탄가(Octane Number)는 노킹(Knocking)이 잘 일어나는 노말헵탄(n-Heptane)을 옥탄가 "0"으로 하고, 노킹이 잘 일어나지 않는 이소옥탄(iso-Octane)을 옥탄가 "100"으로 하여 기준 시료인 노말헵탄/이소옥탄 혼합물 중 이소옥탄의 함유 %로 나타낸다.

▶ 옥탄가 산정 및 특성 ◀

㉠ 옥탄가 산정 : $\text{Octane Number}(\%) = \dfrac{C_8H_{18}(mL)}{C_8H_{18}(mL) + C_7H_{16}(mL)} \times 100$

㉡ 옥탄가 특성
 • 자동차용 가솔린의 경우 리서치법이 모터법 옥탄가보다 높은 경우가 많음
 • 옥탄가 크기는 노말 파라핀계(최소)<나프텐계, 측쇄(곁사슬)가 많은 iso 파라핀<방향족계(최대) 순서임
 • n-Paraffin에서는 탄소수가 증가할수록 옥탄가가 저하하여 C_7에서 옥탄가는 0이 됨
 • iso-Paraffin에서는 Methyl 측쇄가 많을수록, 중앙부에 집중할수록 옥탄가는 증가함
 • 방향족탄화수소의 경우 벤젠고리의 측쇄가 C_3까지는 옥탄가가 증가하지만 그 이상이면 감소함

02 다음 설명에 해당하는 기체연료는?

> 고온으로 가열된 무연탄이나 코크스 등에 수증기를 반응시켜 얻은 기체연료이다.
> $C + H_2O \rightarrow CO + H_2 + Q$
> $C + 2H_2O \rightarrow CO_2 + 2H_2 + Q$

① 수성가스 ② 고로가스
③ 오일가스 ④ 발생로가스

정답 1.④ 2.①

▎해설 수성가스는 고온으로 가열한 코크스에 수증기를 작용시켜 얻는 기체연료로 주성분은 H_2와 CO이다. 한편, 오일가스(Oil Gas)는 석유 원유를 약 600℃로 열분해하여 얻는 기체연료로 주성분은 $CH_4 \cdot C_2H_4$(에틸렌)이며, 고로가스는 용광로의 부산물로 생기는 가스로 주성분은 CO이다. 발생로가스는 가열된 석탄 또는 코크스에 공기와 수증기를 연속적으로 주입하여 부분적으로 산화반응을 시켜 얻는 것으로 주성분은 N_2, CO 및 H_2이다.

03 LPG와 LNG에 대한 설명으로 옳지 않은 것은?
① LNG는 천연가스를 −168℃ 정도로 냉각하여 액화시킨 것으로 액화천연가스이다.
② LNG의 주성분은 대부분이 메탄이고, 그 외에 에탄, 프로판, 부탄 등으로 구성되어 있다.
③ LPG는 나프타의 열분해에 의해 제조된 것으로 자동차용은 프로판, 가정용에는 부탄이 주로 사용된다.
④ LPG는 밀도가 공기보다 커서 누출 시 건물의 바닥에 모이게 되고, LNG는 공기보다 가벼워 건물의 천장에 모이는 경향이 있다.

▎해설 우리나라에서 생산되는 LPG(액화프로판가스)는 석유를 정제할 때 나오는 가스나 석유화학 공장에서 나프타(Naphtha)를 분해할 때 나오는 가스에 함유되어 있는 프로판, 프로필렌, 부탄, 부틸렌 등을 냉각 또는 고압(7~10기압)으로 액화하여 생산하는데 부탄(C_4H_{10})은 주로 자동차 연료, 난방, 이동용 버너 등의 연료로 사용되고 프로판(C_3H_8)은 주로 가정 취사용, 아파트 및 건물의 난방, 산업체의 공업용 등으로 사용된다.

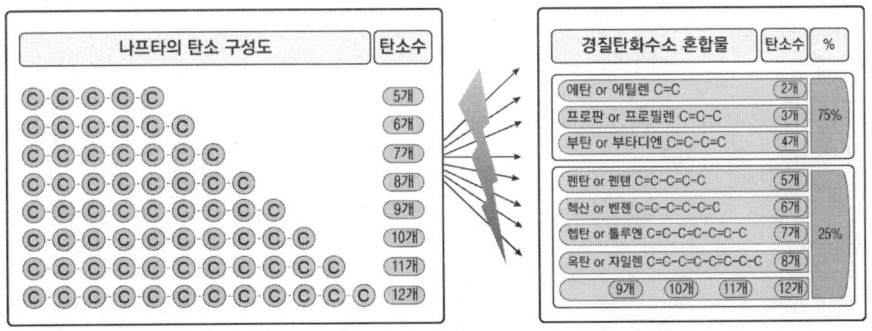

04 다음 기체연료에 대한 설명으로 옳은 것은?
① 액화천연가스의 주성분은 부탄과 프로판이다.
② 액화석유가스는 대부분 천연가스에서 회수하여 얻어진다.
③ 천연가스인 유전가스 중 건성가스는 대부분 메탄이 주성분이다.
④ 석탄가스의 주요 가연성분은 프로판 및 부탄으로서 주로 대규모 난방용 연료로 사용한다.

▎해설 ③항만 올바르다. 천연가스는 대부분 메탄이 주성분이다.
▶ 바르게 고쳐보기 ◀
① 액화천연가스(LNG)의 주성분은 메탄(CH_4)이다.
② 액화석유가스(LPG)의 대부분은 석유정제 시 부산물로 얻어진다.
④ 석탄가스의 주요 가연성분은 일산화탄소, 수소, 메탄이다.

정답 3.③ 4.③

05 석유류의 특성에 대한 다음 설명 중 옳지 않은 것은?

① 인화점이 낮은 경우에는 역화의 위험성이 있다.
② 일반적으로 API가 10° 미만이면 경질유, 40° 이상이면 중질유로 분류된다.
③ 인화점은 보통 그 예열온도보다 약 5℃ 이상 높은 것이 좋다.
④ 대체로 중질유에는 방향족화합물을 30% 이상, 경질유에는 10% 미만 함유되어 있다.

해설 일반적으로 API가 30도 이하를 중질유(重質油), 33도 이상을 경질유(輕質油)로 분류한다. API(American Petroleum Institute)는 미국석유협회가 제정한 화학적 석유 비중표시 방법으로 다음과 같이 산정된다.

- API 비중 = $\dfrac{141.5}{\text{원유 비중}} - 131.5$

API(American Petroleum Institute)도가 30도 이하이면 중질유(重質油), 30~33도 범위이면 중질유(中質油), 33도 이상이면 경질유(輕質油)로 분류하고 있다.

🎯 더 풀어보기 예상문제

01 장작, 석탄, 중유 등이 열분해하여 발생한 증기와 함께 연소 초기에 불꽃을 내면서 연소하는 것은?

① 발연연소　　② 표면연소
③ 증발연소　　④ 분해연소

02 고체연료인 목탄의 주 연소형태로 가장 옳은 것은 어느 것인가?

① 등심연소　　② 증발연소
③ 분무연소　　④ 표면연소

03 표면연소의 설명으로 가장 옳은 것은?

① 기름의 표면에서 기화하는 증기의 연소
② 화염표면에서 산소와의 결합으로 일어나는 연소
③ 고체연료가 직접 열분해되어 화염을 내면서 일어나는 연소
④ 적열 코크스나 숯의 표면에 산소가 접촉하여 일어나는 연소

정답 1.④　2.④　3.④

더 풀어보기 예상문제 해설

01 장작, 석탄, 중유 등이 열분해하여 발생한 가연성의 기체 또는 증기가 연소되는 것을 분해연소라 한다. 분해연소는 증발온도보다도 분해온도가 낮은 경우에 일어나며 대부분 고체연료(목재, 석탄 등)는 이와 같은 분해연소를 한다.

02 휘발분을 거의 포함하지 않은 목탄(charcoal), 코크스(cokes), 숯(char) 등은 고체표면에서 연소하는 형태의 표면연소가 일어난다.

03 표면연소는 공기 중의 산소가 접촉되는 고체표면이나 내부의 빈 공간에 확산되어 표면반응을 하는 연소로서 불균일연소라고도 한다. 적열만 있고, 불꽃은 발생하지 않는 것이 특징이다.

정답 5.②

더 풀어보기 예상문제

01 착화온도(℃)가 가장 낮은 연료는?
① 코크스   ② 메탄
③ 일산화탄소   ④ 이탄(자연건류)

02 비열(Heat Capacity)에 대한 설명으로 틀린 것은?
① 비열은 상태함수가 아니고 경로에 따라 달라지는 양이다.
② 비열은 단열화염온도를 이론적으로 산출하기 위해 알아야 하는 열역학적 성질 중의 하나이다.
③ 비열은 물질 1g을 1℃ 상승시키는데 필요한 열량을 말하며, 순수한 물의 비열은 1cal/g·℃로서 다른 물질에 비해 큰 편이다.
④ 비열은 반응조건에 관계없이 동일한 값을 가지므로 연소반응에서 항상 상수로 취급하고, 일반적으로 이상기체의 경우 정압비열과 정적비열값은 동일하다.

03 다음 중 연료의 착화온도 범위가 잘못된 것은 어느 것인가?
① 목탄 : 320~370℃
② 중유 : 430~480℃
③ 수소 : 580~600℃
④ 메탄 : 650~750℃

04 연료 중 착화온도가 가장 높은 것은?
① 수소   ② 무연탄
③ 역청탄   ④ 발생로가스

05 착화온도가 낮은 것은?
① 황린   ② 황
③ 적린   ④ 파라핀왁스

06 연소반응에서 가연성 물질을 산화시키는 물질로 가장 거리가 먼 것은?
① 산소   ② 산화질소
③ 유황   ④ 할로겐계 물질

정답 1.④ 2.④ 3.② 4.④ 5.① 6.③

더 풀어보기 예상문제 해설

01 이탄, 갈탄, 목재, 종이의 착화온도는 대체로 260~300℃ 범위이다.

02 비열은 물질 1g을 1℃ 상승시키는데 필요한 열량을 말하며, 비열은 상태함수가 아니고 경로에 따라 달라지는 양이다. 따라서 반응조건에 따라 달라지며, 이상기체의 경우 정압비열(C_p)은 항상 정적비열(C_v)보다 크다.

03 중유의 착화온도는 약 350℃ 정도이다.

04 발생로가스의 착화온도는 700~800℃ 범위로 제시된 항목 중 가장 높다. 발생로가스는 코크스나 석탄을 불완전연소시켜 얻는 가스이고, 주성분은 CO와 N_2이다.

05 황린의 착화온도 40℃ 범위로 제시된 항목 중 가장 낮다.

06 유황(S)은 가연성분이다. 연소반응에서 가연성 물질을 산화시키는 물질들은 산화제 또는 조연성분이라 한다.

더 풀어보기 예상문제

01 착화온도에 대한 설명 중 틀린 것은?
 ① 탄화수소의 분자량이 클수록 낮아진다.
 ② 석탄의 탄화도가 증가할수록 낮아진다.
 ③ 화학결합의 활성도가 클수록 낮아진다.
 ④ 산소농도 및 압력이 높을수록 낮아진다.

02 발화온도(착화온도)에 대한 설명으로 틀린 것은?
 ① 분자구조가 복잡할수록 발화온도는 낮아진다.
 ② 화학결합의 활성도가 큰 물질일수록 발화온도가 낮아진다.
 ③ 발열량이 크고, 반응성이 큰 물질일수록 발화온도가 낮아진다.
 ④ 가연물을 외부 점화원으로 가열하였을 때 불꽃에 의해 연소되는 최저온도를 말한다.

03 재(灰)의 성분 중 그 함량이 많을수록 융점이 높아지는 것은?
 ① CaO   ② SiO_2
 ③ MgO   ④ K_2O

04 다음 석탄의 특성에 대한 설명으로 틀린 것은?
 ① 고정탄소와 휘발분의 비를 연료비라 한다.
 ② 고정탄소는 수분과 이산화탄소의 합을 100에서 제외한 값이다.
 ③ 석탄의 탄화도가 낮은 것은 수분과 이산화탄소가 높기 때문에 발열량은 낮아진다.
 ④ 휘발분이 많은 고도 역청탄에서는 탄화수소가스 및 타르 성분이 많아 발열량이 높다.

05 석탄에 함유된 3가지의 수분형태와 거리가 먼 것은?
 ① 유효수분
 ② 부착수분
 ③ 고유수분
 ④ 결합수분(화합수분)

정답 1.② 2.④ 3.② 4.② 5.①

더 풀어보기 예상문제 해설

01 석탄의 탄화도가 증가할수록 착화온도는 높아진다.

02 ④항은 인화점에 대하여 설명한 것이다.

03 재의 성분 중 SiO_2, Al_2O_3, TiO_2와 같은 산성 성분이 많을수록 재의 융점이 높아진다.

04 고정탄소는 휘발분, 수분, 회분의 합을 100에서 제외한 값이다. 석탄휘발분은 925±20℃에서 7분간 건류시켜 측정장비를 이용하여 측정하고, 회분은 800℃에서 석탄시료를 회화시켜 그 함량을 구하며, 수분은 107±2℃에서 1시간 건조시켜 무게 감량으로부터 산출된다. 수분+회분+휘발분+고정탄소=100으로 가정하므로 수분과 회분, 휘발분의 분석결과를 이 식에 대입하여 고정탄소 함량을 구할 수 있다.
일반적으로 회분량이 많아지면 휘발분과 고정탄소의 양이 감소하게 되며 그에 따라 발열량이 떨어지는 것을 알 수 있으며, 회분량이 적으면 그 반대현상이 일어난다.

05 유효수분은 일반적으로 토양 내의 수분 중 식물이 흡수 이용가능한 수분을 말하는 것이므로 석탄에 함유된 수분의 형태와는 거리가 멀다.

더 풀어보기 예상문제

01 다음 설명 중 틀린 것은?
① 석탄의 휘발분은 매연발생의 주원인이 된다.
② 건조한 석탄은 탄화도가 높을수록 착화온도는 낮아진다.
③ 점결성은 석탄에서 코크스를 생산할 때 중요한 성질이다.
④ 석탄 연소 시 잔류물인 회분 중 가장 많이 함유된 것은 SiO_2이다.

02 고체연료의 연소성에 대한 장점이라 볼 수 없는 것은?
① 연소 시 분무 등으로 인한 소음이 없다.
② 타 연료에 비하여 연소실의 규모를 작게 설계할 수 있다.
③ 연소 시 발생된 슬래그를 용융시켜 방사열을 이용할 수 있다.
④ 연료의 누설로 인한 역화 또는 폭발 등의 사고가 발생하지 않는다.

03 연료의 표면적을 넓게 하여 연소반응이 원활하게 이루어지도록 하는 연소형태와 가장 거리가 먼 것은?
① 분사연소
② 층류연소
③ 미분탄연소
④ COM(Coal Oil Mixture)연소

04 석탄에 대한 다음 설명 중 가장 거리가 먼 것은?
① 자연발화를 피하기 위해 저장은 건조한 곳을 택하고, 퇴적은 가능한 한 낮게 한다.
② 석탄을 대기 중에 방치하면 점차로 환원되어 표면광택이 저하되고, 연료비가 증가한다.
③ 자연발화 가능성이 높은 갈탄 및 아탄은 정기적으로 탄층 내부의 온도를 측정할 필요가 있다.
④ 석탄의 저장법이 나쁘면 완만하게 발생하는 열이 내부에 축적되어 온도상승에 의한 발화가 촉진될 수 있는데 이를 자연발화라 한다.

05 미분탄연소에 대한 설명으로 옳지 않은 것은?
① 재비산이 많고 집진장치가 필요하게 된다.
② 배관 폭발의 우려나 수송관의 마모 우려가 없다.
③ 사용연료의 범위가 넓고, 적은 공기비로 완전연소가 가능하다.
④ 스토커연소에 적합하지 않은 점결탄과 저발열량탄도 사용가능하다.

정답 1.② 2.② 3.② 4.② 5.②

더 풀어보기 예상문제 해설

01 석탄의 탄화도가 높을수록 착화온도는 높아진다.
02 고체연료는 타 연료에 비하여 연소실 규모가 크다.
03 연소반응이 원활하게 이루어지도록 하기 위해서는 층류연소보다는 적절한 교란. 즉, 난류연소 형식의 연소형태를 필요로 한다.
04 석탄을 대기 중에 방치하면 점차로 산화되어 표면광택이 저하된다.
05 미분탄연소는 배관 중 폭발의 우려나 수송관의 마모 우려가 많다.

더 풀어보기 예상문제

01 석탄슬러리연소에 대한 설명으로 틀린 것은?
① 석탄슬러리연료는 석탄분말에 기름을 혼합한 COM과 물을 혼합한 CWM으로 대별된다.
② COM 연소의 경우 표면연소 시기에서는 연소온도가 높아진 만큼 표면연소가 가속된다고 볼 수 있다.
③ COM 연소의 경우 분해연소 시기에서는 50Wt% 중유에 휘발분이 추가되는 형태가 되기 때문에 미분탄연소보다 분무연소에 더 가깝다.
④ CWM 연소의 경우 분해연소 시기에서는 15Wt%의 물이 증발하여 증발열을 빼앗음과 동시에 휘발분과 산소를 희석시키기 때문에 화염의 안정성이 좋다.

02 COM에 대한 설명 중 틀린 것은?
① Coal Oil Mixture을 말한다.
② 미분탄의 침강방지에 계면활성제를 사용한다.
③ 중유 전용 보일러를 개조 없이 활용할 수 있어 이용범위가 넓다.
④ 볼밀(Ball Mill) 등을 사용하여 기름 중에서 석탄을 분쇄·혼합하여 제조한다.

03 석유류의 비중이 커질 때의 특성으로 거리가 먼 것은?
① 착화점이 높아진다.
② 발열량이 증가한다.
③ 화염의 휘도가 커진다.
④ 탄화수소비(C/H)가 커진다.

04 액체연료에 대한 설명 중 가장 거리가 먼 것은?
① 화재, 역화 등의 위험이 있고 연소온도가 높기 때문에 국부가열의 위험성이 존재한다.
② 기체연료에 비해 밀도가 커 저장에 큰 장소를 필요로 하지 않고 연료의 수송도 간편한 편이다.
③ 연소 시 다량의 과잉공기가 필요하므로 연소장치가 대형화되는 단점이 있으며, 소화가 용이하지 않다.
④ 국내자원이 적고 수입에의 의존비율이 높으며 회분은 거의 없으나 재 속의 금속산화물이 장해원인이 될 수 있다.

05 다음의 기체연료 중 발열량이 가장 큰 것은?(단, 발열량 단위 : kcal/m³)
① 발생로가스   ② 고로가스
③ 수성가스   ④ 아세틸렌

정답 1.④ 2.③ 3.② 4.③ 5.④

더 풀어보기 예상문제 해설

01 분해연소 시기에서는 CWM 내의 혼합된 물이 증발하면서 증발열을 빼앗음과 동시에 휘발분과 산소를 희석시키기 때문에 화염의 안정성이 좋지 못하다.
02 COM 연료를 중유 전용 보일러에 사용하기 위해서는 별도의 시설 개조가 필요하다.
03 석유류의 경우 비중이 클수록 발열량은 낮아지는 경향이 있다.
04 연소 시 다량의 과잉공기가 필요한 것은 석탄이다.
05 아세틸렌의 발열량이 11,800kcal/Sm³으로 가장 높다. 나머지는 5,000kcal/Sm³ 이하로 낮다.

더 풀어보기 예상문제

01 석유의 물성치에 대한 설명으로 틀린 것은 어느 것인가?

① 증기압이 큰 것은 착화점이 낮아 위험성이 높다.
② 동점도가 감소하면 끓는점이 낮아지고, 유동성이 향상된다.
③ 석유류의 비중이 커지면 탄수소비(C/H)가 낮아지고 발열량이 저하된다.
④ 석유류의 인화점은 통상 휘발유 −50~0℃, 등유 30~70℃, 중유 90~120℃ 정도이다.

02 중유의 성상에 대한 기술 중 틀린 것은?

① 잔류탄소는 일반적으로 7~16% 정도이다.
② 비중이 클수록 유동점, 점도가 증가한다.
③ 점도가 낮은 것은 일반적으로 낮은 비점의 탄화소수를 함유한다.
④ 중유는 인화점이 150℃ 이상이며, 이 온도 이하에서는 인화의 위험이 적다.

03 그을음이 잘 발생되는 연료의 순서로 옳은 것은?

① 타르>중유>석탄가스>LPG
② 중유>타르>LPG>석탄가스
③ 중유>LPG>석탄가스>타르
④ 석탄가스>LPG>타르>중유

04 다음 설명하는 액체연료에 해당하는 것은?

- 비점 : 200~320℃ 정도
- 비중 : 0.8~0.9 정도
- 정제한 것은 무색에 가깝고, 착화성 적부는 Cetane값으로 표시된다.

① Naphtha ② Kerosene
③ Light Oil ④ Heavy Oil

05 다음은 어떤 석유대체연료에 관한 설명인가?

케로켄(kerogen)이라 불리우는 유기질물질이 스며들어 있는 혈암 같은 암반을 말하는 것으로, 이 물질은 원래 식물이 수백만년 동안 석유로 토화되어 유기물질에 흡수된 것이다. 이것이 압력을 받아 성층화가 이루어져 이 물질을 만들게 된다.

① 오일세일(oil shale)
② 타르샌드(tar sand)
③ 오일샌드(oil sand)
④ 오리멀견(orimulsion)

정답 1.③ 2.④ 3.① 4.③ 5.①

더 풀어보기 예상문제 해설

01 석유의 비중이 커지면 탄수소비(C/H)가 증가한다.
02 중유의 인화점(Flash Point)은 75~130℃이다.
03 그을음이 잘 발생하기 쉬운 연료 순서는 타르>중유>석탄가스>LPG이다.
04 착화성의 적부를 세탄(Cetane) 값으로 표시되는 것은 경유(라이트 오일, Light Oil)이다.
05 오일세일(oil shale)은 케로켄(kerogen)이라 불리우는 유기질물질이 스며들어 있는 혈암 같은 암반을 말하는 것으로 석탄·석유가 산출되는 지역에 널리 분포하는 검은 회색 또는 갈색의 수성암이다. 탄소·수소·질소·황 등으로 구성된 고분자 유기 화합물을 함유하며, 이것을 부순 다음 건류하면 석유를 얻을 수 있다.

더 풀어보기 예상문제

01 다음 중 옥탄가가 가장 낮은 물질은?
① 노말 파라핀류　② 이소 올레핀류
③ 이소 파라핀류　④ 방향족탄화수소

02 다음 중 옥탄가에 대한 설명으로 가장 거리가 먼 것은?
① n-Paraffin에서는 탄소수가 증가할수록 옥탄가가 저하하여 C_7에서 옥탄가는 0이다.
② Naphthene계는 방향족탄화수소보다는 옥탄가가 작지만 n-Paraffin계보다는 큰 옥탄가를 가진다.
③ 방향족탄화수소의 경우 벤젠고리의 측쇄가 C_3까지는 옥탄가가 증가하지만 그 이상이면 감소한다.
④ iso-Paraffin에서는 Methyl 측쇄가 작을수록, 특히 중앙집중보다는 분산될수록 옥탄가가 증가한다.

03 기체연료에 대한 설명으로 가장 적합한 것은 어느 것인가?
① 저장 및 수송이 용이하다.
② 연소율의 가연범위가 넓다.
③ 연료수분 제거장치가 필요하다.
④ 회분 및 유해물질의 배출량이 많다.

04 기체연료의 특징 및 종류에 대한 설명으로 옳지 않은 것은?
① 부하변동범위가 넓고 연소조절이 용이한 편이다.
② 천연가스는 화염전파속도가 크며, 폭발범위가 크므로 1차 공기를 적게 혼합하는 편이 유리하다.
③ 액화석유가스는 액체에서 기체로 될 때 증발열(90~100kcal/kg)이 있으므로 사용하는데 유의할 필요가 있다.
④ LNG는 메탄을 주성분으로 하는 천연가스를 1기압 하에서 -160℃ 정도에서 냉각, 액화시켜 대량수송 및 저장을 가능하게 한 것이다.

05 다음 설명 중 옳은 것은?
① 프로판의 고위발열량은 메탄보다 높다.
② LNG의 주성분은 프로판과 프로필렌이다.
③ LPG의 고발열량은 10,000kcal/m^3 정도이다.
④ 발생로가스의 주성분은 CO_2, H_2이며, 발열량은 23,000kcal/m^3 정도이다.

정답 1.① 2.④ 3.② 4.② 5.①

더 풀어보기 예상문제 해설

01 노말 파라핀계(Nomal paraffins)가 옥탄가가 가장 낮다.

02 iso-Paraffin에서는 Methyl 측쇄가 많을수록, 특히 중앙부에 집중할수록 옥탄가는 증가한다.

03 기체연료는 연소율의 가연범위가 넓기 때문에 부하변동에 대응한 연소조절이 용이하다.

04 천연가스는 화염전파속도가 느린 반면 폭발범위가 크고, 자기착화온도가 다른 연료보다 높은 특성을 가지고 있다.

05 ①항만 올바르다.
▶ 바르게 고쳐보기 ◀
② LNG의 주성분은 메탄이다.
③ LPG의 고발열량은 15,000kcal/m^3 정도이다.
④ 발생로가스의 주성분은 CO, H_2이다.

더 풀어보기 예상문제

01 다음 중 기체연료의 일반적인 특징으로 가장 거리가 먼 것은?
① 부하변동의 범위가 좁다.
② 회분이 거의 없어 먼지발생량이 적다.
③ 연소조절, 점화 및 소화가 용이한 편이다.
④ 예열이 쉽고, 저질연료로도 고온을 얻을 수 있다.

02 다음 설명 중 틀린 것은?
① 고로가스의 주성분은 CO_2, H_2이다.
② 발생로가스는 코크스나 석탄을 불완전연소해서 얻는 가스이다.
③ 코크스로가스는 CH_4 및 H_2가 주성분이고, 발열량이 고로가스에 비해 크다.
④ 천연가스를 수분 기타의 잔류물을 제거하여 200기압 정도로 압축하여 자동차의 연료로 사용하면 옥탄가가 높기 때문에 유리하다.

03 코크스나 석탄, 목재 등을 적열상태로 가열하여 공기 혹은 산소를 보내어 불완전연소시킨 기체연료는?
① 오일가스   ② 분해가스
③ 발생로가스 ④ 수성가스

04 다음 기체연료의 일반적인 특징으로 거리가 먼 것은?
① 회분이 거의 없어 먼지 발생량이 적다.
② 연소조절, 점화 및 소화가 용이한 편이다.
③ 취급 시 위험성이 적고 설비비가 적게 든다.
④ 연료의 예열이 쉽고 저질연료도 고온을 얻을 수 있다.

05 다음 탄화수소의 분류 중 알카인(Alkyne)계의 일반식은?
① C_nH_{2n} ② C_nH_{2n+2}
③ C_nH_{2n-2} ④ C_nH_{2n-6}

06 다음에서 설명하는 연료는?

( )은(는) 역청이라고도 부르며, 천연적으로 나는 탄화수소류 또는 그 비금속 유도체 등의 혼합물의 총칭으로서 원유나 아스팔트, 피치, 석탄 등을 말한다.

① 베이시스(Bases)
② 비츄멘(Bitumen)
③ 브리넬링(Brinelling)
④ 브라이트 스톡(Bright Stock)

정답 1.① 2.① 3.③ 4.③ 5.③ 6.②

더 풀어보기 예상문제 해설

01 기체연료는 부하변동의 범위가 넓다.

02 고로가스의 주성분은 CO이다.

03 발생로가스는 가열된 석탄 또는 코크스에 공기와 수증기를 연속적으로 주입하여 부분적으로 산화반응을 시켜 얻는다.

04 기체연료는 화재, 역화 등의 위험이 크며, 저장 및 수송에 불편함이 따르고 시설비가 많이 든다.

05 예전에는 "알킨"이라고 하였으나 현재는 국제명인 "알카인(Alkyne)"으로 부르고 있다. 알카인계 탄화수소는 분자 내에 탄소의 삼중결합을 가지는 불포화탄화수소로 일반식은 $C_nH_{2n-2}(n>2)$로 표시된다.

05 비츄멘(Bitumen)은 역청(瀝靑)이라고도 하며, 천연으로 혹은 가열해서 얻어지는 탄화수소류 또는 비금속 유도체로 가용성인 것을 총칭한다.

Chapter 02 연소계산(연소공학)

출제기준	Chapter 2. 연소공학-연소계산	적용기간 : 2020.1.1~2024.12.31
세부출제 기준항목	**기사** • 연소 열역학 및 열수지 • 이론공기량 • 연소가스 분석 및 농도산출 • 발열량과 연소온도	**산업기사** – 대기오염방지기술 출제기준 내용 – • 공기량 • 연소가스 분석 및 농도산출 • 발열량과 연소온도

※ 산업기사의 출제기준은 『**대기오염방지기술**』 중 연소이론에 대한 **세부항목**을 포함한 것임

1 연소 열역학 및 열수지

(1) 화학적 반응속도론 기초

❀ **반응속도와 반응속도식**

▫ **반응속도**(Reaction Rate) : 반응물 또는 생성물 농도의 시간에 따른 변화율로 양(陽)의 값을 갖도록 나타내며, 반응속도의 단위는 (mol/L)·time^{-1}으로 표시됨

$$H_2(g) + 2ICl(g) \rightarrow I_2(g) + 2HCl(g)$$

- 1mol의 H_2와 2mol의 ICl이 소모될 때마다 1mol의 I_2와 2mol의 HCl이 생성됨
- H_2 몰수의 소모속도는 ICl 소모속도의 1/2이 됨

☀ 반응속도 = $\left(\begin{array}{c}[H_2]의\\감소속도\end{array}\right) = \frac{1}{2}\left(\begin{array}{c}[ICl]의\\감소속도\end{array}\right) = \left(\begin{array}{c}[I_2]의\\증가속도\end{array}\right) = \frac{1}{2}\left(\begin{array}{c}[HCl]의\\증가속도\end{array}\right)$

☀ 반응속도 = $\left(\frac{\Delta[H_2]}{\Delta t}\right) = \frac{1}{2}\left(\frac{\Delta[ICl]}{\Delta t}\right) = \left(\frac{\Delta[I_2]}{\Delta t}\right) = \frac{1}{2}\left(\frac{\Delta[HCl]}{\Delta t}\right)$

▫ **반응속도식** : 반응속도와 반응물질의 농도와의 관계를 나타낸 식을 말하며, 반응속도는 반응물질의 농도에 따라 달라지므로 반응물질의 농도 함수로 나타냄
- 반응속도는 반응물질의 농도(반응물질 입자의 충돌수)에 비례함
- 반응속도식은 화학반응식으로 판단할 수는 없으며, 실험에서 얻은 결과를 바탕으로 결정됨

$$aA + bB \rightarrow cC + dD$$

- ■ **반응속도식** : $v = k[A]^m [B]^n$ $\begin{cases} v : \text{반응속도} \\ k : \text{반응속도상수} \\ a, b, c, d : \text{반응식의 계수} \\ m, n : \text{각 반응차수(반응식 계수와 무관)} \\ m+n : \text{전체 반응차수} \end{cases}$

  ▶ **반응차수** : 실험을 통해서 구함
  ▶ **반응속도상수**
   - ■ 단위 : 1차 반응(1/초), 2차 반응(L/mol · 초), 3차 반응(L^2/mol^2 · 초)
     ○ k 값은 반응물 및 생성물의 농도에 따라서는 달라지지 않는 값임
     ○ k 값은 시간에 따라 달라지지 않음
     ○ k 값은 온도, 활성화 에너지, 촉매의 존재에 따라 달라짐
     ○ 반응속도상수는 반응에 따라 다른 값을 가짐
     ○ 상수의 단위는 전체 반응차수에 따라 달라짐
   - ■ 결정요소 : 분자 간의 충돌, 에너지를 갖는 분자생성, 온도(10℃ 증가 → 속도 2배)

  ■ Arrhenius(아레니우스)식 : $K = A \times e^{-\frac{E}{RT}}$
  ■ Arrhenius 변형식 : $\ln\left(\dfrac{K_2}{K_1}\right) = \dfrac{E(T_2 - T_1)}{R T_1 T_2}$

  여기서, $\begin{cases} K : \text{속도상수} \\ A : \text{진동인자} \\ T : \text{절대온도} \\ E : \text{활성화 에너지} \\ R : \text{기체상수}(= 8.314 J/mol \cdot K) \\ K_2 : \text{임의의 온도}(T_2)\text{에서 반응속도상수} \\ K_1 : \text{기준온도}(T_1)\text{에서 반응속도상수} \end{cases}$

⚛ 반응속도에 영향을 미치는 인자
- □ **반응물의 성질**
  - 이온화 에너지가 낮을수록 반응속도는 빨라짐
  - 공유결합 물질보다 **비공유결합 물질**의 반응속도가 빠름
- □ **성상 및 표면적**
  - 반응물이 고체보다는 기체나 수용액 상태일 때 반응속도가 빠름
  - 비표면적이 클수록 반응속도는 증가함
- □ **충돌방향** : 반응하는 입자들이 적합한 방향으로 충돌할 때 반응이 일어나며, 반응속도도 빨라짐
- □ **농도**(concentration) : 반응물의 농도가 높을수록 단위부피당 입자수가 증가하여 입자 간의 충돌횟수가 증가하므로 반응속도는 빨라짐

- **온도**(Temperature) : 온도가 높아지면 분자들의 평균운동에너지가 증가하게 되고, 활성화 에너지보다 큰 에너지를 갖는 분자수가 증가하기 때문에 반응속도는 빨라짐
- **압력**(Pressure)
  - 기체반응에 국한되는 인자임
  - 기체의 압력이 증가하면 단위부피당 기체 분자수가 증가하고, 입자 간의 충돌횟수가 증가하므로 반응속도는 빨라짐
- **촉매**(觸媒, Catalyst)
  - **정촉매**를 사용할 경우 활성화 에너지를 감소시켜 반응속도상수를 **크게** 하고, 반응할 수 있는 분자수를 증대시키므로 반응속도가 빨라짐
  - **부촉매**를 사용할 경우 활성화 에너지를 증가시켜 반응속도상수를 **작게** 하고, 반응할 수 있는 분자수가 감소되므로 반응속도가 느려짐

촉매의 작용과 특징

- **촉매의 작용**
  - **정촉매**(正觸媒) : 활성화 에너지 감소 ➡ 반응속도 증가
  - **부촉매**(負觸媒) : 활성화 에너지 증가 ➡ 반응속도 감소
- **촉매의 특징**
  - 자신은 소모되지 않으면서 반응속도를 변하게 함
  - 활성화 에너지의 크기를 변화시키고, 반응경로를 변화시킴
  - 반응물과 생성물의 에너지에는 영향을 미치지 않음 → 엔탈피 불변
  - 평형상수에 영향을 미치지 않음 → 생성물의 양(量) 불변

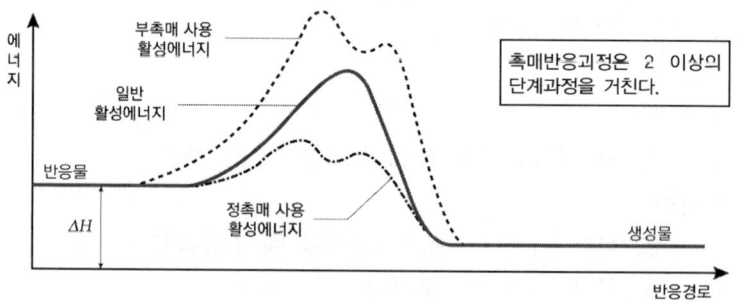

〈그림〉 촉매 사용에 따른 활성에너지의 변화

※ 반응실험과 반응요소 산정방법

구 분	반응물이 하나일 때	반응물이 여럿일 때
반응	$A \rightarrow$ 생성물	$aA + bB \rightarrow$ 생성물
반응속도식	• $v = k[A]^m$	• $v = k[A]^m[B]^n$
반응속도 비	• $\dfrac{v_2}{v_1} = \dfrac{[A]_2^m}{[A]_1^m} = \left(\dfrac{[A]_2}{[A]_1}\right)^m$	• $\dfrac{v_2}{v_1} = \dfrac{[A]_2^m[B]^n}{[A]_1^m[B]^n} = \left(\dfrac{[A]_2}{[A]_1}\right)^m$
반응차수	• $m = \dfrac{\ln(v_2/v_1)}{\ln([A]_2/[A]_1)}$	• $m = \dfrac{\ln(v_2/v_1)}{\ln([A]_2/[A]_1)}$
반응속도상수	• $k = \dfrac{v}{[A]^m}$	• $k = \dfrac{v}{[A]^m[B]^n}$

(2) 반응속도 법칙

※ **속도 법칙의 종류** : 화학반응의 속도 법칙은 미분속도 법칙과 적분속도 법칙으로 대별되는데, 이 두 법칙이 서로 다른 것이 아니라, 둘 중 하나만 파악하면 자동적으로 다른 하나의 속도 법칙을 알 수 있음. 일반 계산에서는 **적분속도 법칙을 많이 사용**하는 편임

□ **미분속도 법칙** : 반응속도가 **농도** 의존성일 때 많이 사용됨

■ $v = -\dfrac{d[A]}{dt} = k[A]^m$ $\begin{cases} v : 반응속도 \\ d[A] : A물질의\ mol\ 농도\ 변화 \\ dt : 반응시간의\ 변화 \\ k : 반응속도상수 \\ [A] : A물질의\ mol\ 농도 \\ m : 반응차수 \end{cases}$

□ **적분속도 법칙** : 반응속도가 **시간**에 따른 **농도** 의존성일 때 많이 사용됨

■ $\ln \dfrac{[A_t]}{[A_o]} = -kt$ (※ 단, 1차 반응) $\begin{cases} [A_o] : 초기\ mol\ 농도 \\ [A_t] : t시간\ 반응\ 후\ 잔류\ mol\ 농도 \\ k : 반응속도상수 \\ t : 반응시간 \end{cases}$

※ **적분속도식과 반감기** : 농도와 시간을 관련시키는 식을 적분속도식이라고 하며, 이 적분속도식은 반응물의 반감기(半減期)를 산정하는 데 주로 많이 이용되고 있음

□ **0차 반응** : $aA \rightarrow C + D$ ➡ $v = k[A]^0$ (※ A에 대해 0차, 전체 0차일 경우)

적분 0차 속도식	반응시간	반감기
$[A]_o - [A] = akt$	$t = \dfrac{[A]_o - [A]}{ak}$	$t_{0.5} = \dfrac{[A]_o}{2ak}$

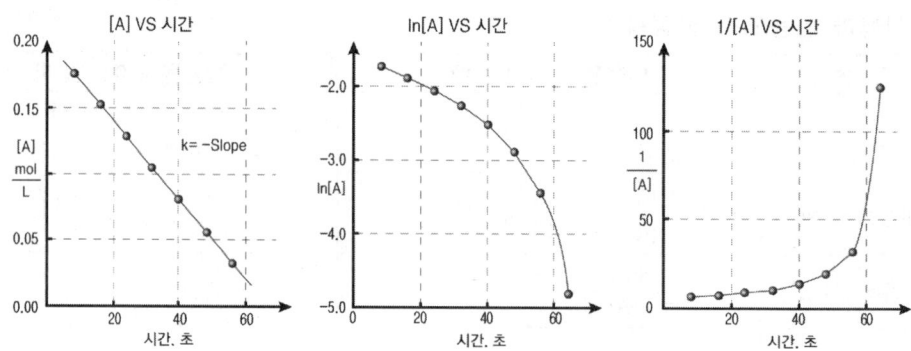

〈그림〉 0차 반응의 (농도-시간) 그래프

□ **1차 반응** : $aA \rightarrow B + C$ ➡ $v = k[A]^1$

적분 1차 속도식	반응시간	반감기
$\ln\dfrac{[A]_o}{[A]} = akt$	$t = \dfrac{1}{ak} \times \ln\left(\dfrac{[A]_o}{[A]}\right)$	$t_{0.5} = \dfrac{1}{ak} \times 0.693$

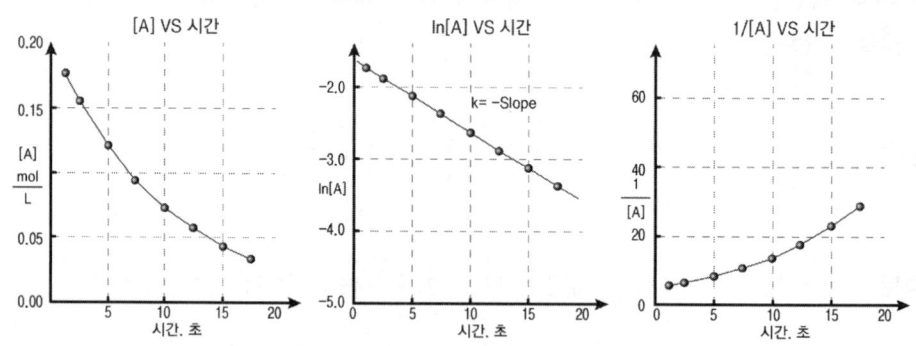

〈그림〉 1차 반응의 (농도-시간) 그래프

□ **2차 반응** : $aA + bB \rightarrow C + D$ ➡ $v = k[A]^2$ (A에 대해 2차, B는 과량, 전체 2차)

적분 2차 속도식	반응시간	반감기
$\dfrac{1}{[A]} - \dfrac{1}{[A]_o} = akt$	$t = \dfrac{1/[A] - 1/[A]_o}{ak}$	$t_{0.5} = \dfrac{1}{ak[A]_o}$

〈그림〉 2차 반응의 (농도-시간) 그래프

적분속도식의 관계요소 산정

$$[A] + [B] \rightarrow [C] + [D]$$

- 반응속도$(v) = k[A]^x[B]^y$
- 전체 반응차수$(m) = x + y$
- 반응속도상수$(k) = \dfrac{v}{[A]^x[B]^y}$

□ **반응차수**(m) **산정** : 반응속도 비(比)로부터 산정함(아래 참조)
- 반응차수는 **반응물의 농도로** 결정되며, **생성물의 농도와는 무관함**
- 반응차수는 균형 반응식의 화학양론적 계수를 이용하는 것이 **아니라** 반드시 **반응속도 실험**을 통해서 결정되어야 함

■ 반응속도비 $= \dfrac{v_2}{v_1} = [농도비]^m$

□ **반응속도상수**(k) : k값은 특정한 온도에서의 함수이고, k값의 크기는 촉매의 존재 유무에 따라 변하며, 그 단위는 반응의 전체반응차수(m)에 의존함

■ $k = \dfrac{v}{[A]^x[B]^y}$

▎반응 유형에 따른(반응속도-시간), (농도-반응속도), (농도-반응시간)의 관계

반응	0차 반응	1차 반응	
농도에 따른 반응속도 변화 & 시간에 따른 농도 감소 변화	반응속도가 농도에 관계없이 일정함	반응속도가 농도에 비례하여 증가함	0차 반응
	농도가 일정하게 감소하여 기울기가 일정하므로 반응속도도 일정함	농도가 감소할수록 시간에 따른 농도 감소속도가 줄어듦	1차 반응
			2차 반응

(3) 반응 메커니즘(반응단계)에 따른 속도 법칙

❀ **개요** : 반응 메커니즘(reaction mechanism)은 일련의 반응단계나 반응경로를 분자 수준에서 나타낸 것을 말하며, 이때 **반응속도식**과 **반응차수**는 **반응 메커니즘에 의존함**. 반응 메커니즘은 단일 단계반응과 다단계반응으로 대별되는데 일반 균형 맞춘 반응식만으로는 그 반응이 몇 단계의 반응으로 이루어져 있는지 알 수 없으며, 실험적으로 결정됨

단일 단계반응

- **단일 단계반응의 개념**: 반응과정에서 중간체가 생성되지 않는 반응이거나 기본적인 몇 가지 반응으로 분해되고 최종적으로는 2분자 충돌에 의한 반응과 같은 반응이 되는 것을 단일 단계반응이라 함
- **단일 단계반응에서 속도 법칙**: 반응속도(v)는 속도상수(k)와 각 반응분자의 농도를 곱해준 값과 같음

  [예]
  - **단분자반응**: A → B + C → 반응속도 = k [A]
  - **이분자반응**: A + B → C + D → 반응속도 = k [A][B]
  - **삼분자반응**: A + B + C → D + E → 반응속도 = k [A][B][C]

- **특징**
  - 단일 단계반응의 반응차수는 그 단계에서 반응하는 반응물의 계수와 같음
  - 2분자 충돌, 광흡수 등, 그 이상 분해할 수 없는 물리과정은 단일 단계에 해당함

다단계반응

- **다단계반응의 개념**: 반응과정에서 1개 이상의 중간체가 생성되는 반응으로, 여러 개의 단일 단계반응으로 구성되는 반응으로 여러 단계의 반응 중에서 특정 단일 단계의 반응속도가 천천히 일어날 수 있는데 여러 개의 단일 단계반응 중에서 가장 느린 반응속도가 전체의 반응속도를 좌우하게 되므로 이 단계를 속도결정단계라 함
- **다단계반응의 속도 법칙**: 전체반응속도(v)는 가장 느린 단계반응속도와 같음

  [예]
  - 1단계반응: A → B → 반응속도 = [빠름]
  - 2단계반응: B → C → 반응속도 = [느림] ➡ 2단계반응속도가 전체반응속도와 근사적으로 같음
  - 3단계반응: C → D → 반응속도 = [빠름]

- **특징**
  - 전체반응속도는 가장 느린 단계반응속도를 초과할 수 없음
  - 가장 느린 단계반응이 가장 큰 활성화 에너지를 가짐
  - 반응속도식은 실험적으로 결정되는 것이므로 중간체의 농도 항은 반드시 소거되어야 함
  - 속도결정단계 이후에 일어나는 단계들은 반응의 속도 법칙에 영향을 미치지 않음

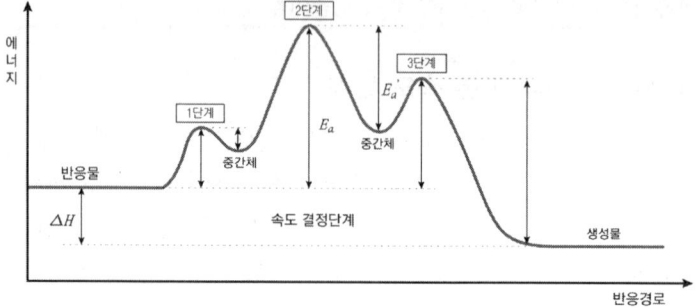

〈그림〉 다단계반응의 에너지-반응경로 그래프

(4) 연소 열역학

⚛ **일반적인 기본 법칙**

- **질량보존의 법칙** : 화학적 반응이나 물리적 변화가 일어나는 동안 물질의 양(질량)의 변화는 일어나지 않는다.

  [예] 마그네슘(Mg) + 산소$\left(\frac{1}{2}O_2\right)$ → MgO + 에너지

      24.3g   + 16g   → 40.3g

- **에너지보존의 법칙** : 화학적 반응이나 물리적 변화가 일어나는 과정에서 에너지는 생성되거나 소멸될 수 없으며, 에너지의 총량(E_T)은 일정하다. 다만, 에너지의 형태(열, 전기, 빛 등)만 바뀔 뿐이다.

  [예] 반응물(E_T) $\xrightarrow{\text{반응 및 변화}}$ $\begin{cases} \text{운동 Ⓐ} \\ \text{위치변화 Ⓑ} \\ \text{상태변화 Ⓒ} \\ \text{기타 Ⓓ} \end{cases}$ ∴ Ⓐ+Ⓑ+Ⓒ+Ⓓ = E_T

⚛ **열역학 제1법칙** : 우주의 전체에너지량은 일정하다. "에너지는 한 형태에서 다른 형태로 변환은 되지만 창조되거나 소멸되지 않는다."라는 에너지보존의 법칙에 근거를 두고 있음

- **에너지의 변화** : $\Delta E = E_f - E_o$

  $\phantom{\text{에너지의 변화 : }\Delta E} = E_\text{생성물} - E_\text{반응물}$

  $\phantom{\text{에너지의 변화 : }\Delta E} = 열(q) + 일(w)$

  $\phantom{\text{에너지의 변화 : }\Delta E} = \Delta H - \Delta(PV)$

  $\xrightarrow[PV=nRT]{\text{이상기체일 때}} = \Delta H - \Delta(nRT)$

  $\phantom{\text{에너지의 변화 : }\Delta E} = \Delta H - RT\Delta n$

  $\begin{cases} \Delta E : \text{내부에너지의 변화} \\ E_f : \text{최종상태에너지} \\ E_o : \text{최초상태에너지} \\ 일(w) = 힘(F) \times 거리(d) \\ = -\text{압력}(P) \times \text{부피변화}(\Delta V) \cdots \text{기체에 적용} \\ P : \text{압력(atm)} \\ V : \text{부피} \\ n : \text{몰수} \\ R : \text{기체상수} \\ T : \text{절대온도} \\ \Delta n = n_\text{생성계 몰수} - n_\text{반응계 몰수} \end{cases}$

  ※ 압축 시 w값의 부호는 → (+), 팽창 시 w값의 부호는 → (-)

- **열의 양** : 열량(q) = 열용량($m \cdot C_p$) × 온도차(Δt) $\begin{cases} q : 열량(cal) \\ m : \text{물질의 양} \\ C_p : 비열(cal/g \cdot ℃) \\ \Delta t(온도차, ℃) = t_\text{최종} - t_\text{최초} \end{cases}$

- **엔탈피의 변화** : $\Delta H = H_\text{생성물} - H_\text{반응물}$

  $\phantom{\text{엔탈피의 변화 : }\Delta H} = \Delta E + \Delta(PV)$

  $\xrightarrow{\text{압력이 일정할 때}} = \Delta E + P\Delta V$

  ※ **부피가 일정할 때** $\xrightarrow[\Delta E = 열(q) + 일(w)\text{에서}]{\Delta V = 0}$ $\Delta E = 열(q) + 0$ ∴ $\Delta E = 열(q)$

▎**응용** → 엔탈피의 변화와 발열 및 흡열 반응 예측 $\begin{cases} \bullet \Delta H > 0 : 흡열반응 \\ \bullet \Delta H < 0 : 발열반응 \end{cases}$

⚛ **열역학 제2법칙** : 엔트로피와 반응의 자발성 사이의 관계를 나타낸다. 우주의 **엔트로피는 자발적 과정에서 증가**하며, 평형과정에서는 변화지 않는다.

□ 엔트로피의 변화 $\begin{cases} \cdot \text{자발적 과정} \rightarrow \Delta S_{우주} = \Delta S_{계} + \Delta S_{주위} > 0 \\ \cdot \text{평형과정} \rightarrow \Delta S_{우주} = \Delta S_{계} + \Delta S_{주위} = 0 \end{cases}$

□ 표준반응 엔트로피 : $\Delta S^o_{표준} = \sum nS^o_{(생성계)} - \sum mS^o_{(반응계)}$

[예] $aA + bB \rightarrow cC + dD$ $\begin{cases} \cdot \sum nS^o = cS^o(C) + dS^o(D) \\ \cdot \sum mS^o = aS^o(A) + bS^o(B) \end{cases}$

▎응용 → 엔트로피 변화와 반응의 자발성 예측 $\begin{cases} \cdot \Delta S_{우주} > 0 : 자발성 \\ \cdot \Delta S_{우주} < 0 : 비자발성 \end{cases}$

❀ **열역학 제3법칙** : 순수하고, 완전한(완벽하게 정렬된) 결정물질의 엔트로피는 **절대영도(0K)**에서 **0(zero)**이다.

■ $\Delta S_{298K} = \Delta S_{최종} - \Delta S_{초기}$

▎응용 → 물질의 **절대엔트로피값**을 정할 수 있다.

❀ **헤스의 법칙(Hess' law)** : 화학반응에서 발생 또는 흡수되는 열량은 "그 반응 전의 물질의 종류와 상태 및 반응 후의 물질의 종류와 상태가 결정되면 그 도중의 **경로에 관계없이** 반응열의 **총합은 항상 일정**하다."는 **열합산 법칙**이다.

■ $\Delta H^o_{rxn} = \Delta H^o_1 + \Delta H^o_2 + \cdots + \Delta H^o_n$ $\begin{cases} \Delta H^o_{rxn} : 반응 엔탈피변화 \\ \Delta H^o_1 \cdots \Delta H^o_n : 각 반응에서의 엔탈피변화 \end{cases}$

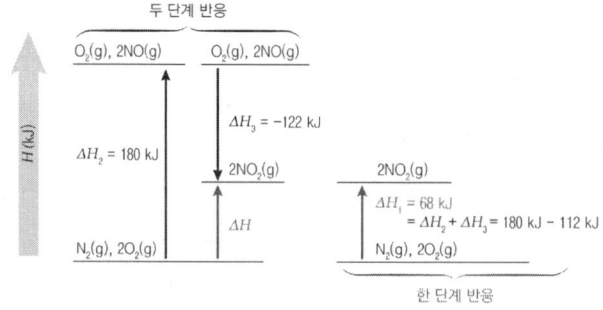

□ 질소와 산소가 반응하여 이산화질소를 형성할 때, 반응이 1단계로 일어나든 2단계로 일어나든 관계없이 동일한 엔탈피 변화가 일어난다.

▎주의
- 반응이 역으로 진행되면 ΔH의 부호는 반대로 되어야 함
- ΔH의 크기는 반응에 참여하는 반응물과 생성물의 양에 비례함
- 반응식의 계수를 정수배 한 경우는 ΔH값에도 동일한 정수배를 곱해 주어야 함

(5) 열수지

❀ **반응에너지의 유형**

□ **생성열** : 안정된 홑원소 물질로부터 어떤 물질 1mol을 발생시킬 때 필요로 하는 방출 또는 흡수열량(25℃, 1기압)을 말하는데, 가장 안정한 홑원소 물질의 경우 표준 생성열은 0kJ/mol임

[예] $N_2(g) + O_2(g) \rightarrow 2NO(g)$ $\Delta H = 180.4 \text{kJ}$
∴ NO의 생성열(ΔH_f) = 90.2kJ

- **표준 몰 생성엔탈피**(ΔH_f^o) : 표준상태의 원소로부터 특정상태의 물질 1mol이 생성되는 반응엔탈피를 의미함. "표준 몰 생성열" 또는 "생성열"이라 표현하기도 함
- **반응엔탈피**(ΔH) : 생성물의 엔탈피와 반응물의 엔탈피 차를 말함
  [예] $\Delta H = H_{생성물} - H_{반응물}$
- **분해열** : 어떤 물질 1mol을 안정된 홑원소 물질로 분해시킬 때 필요로 하는 반응열을 말함. **생성열**(生成熱)과 **분해열**(分解熱)은 절대값의 크기는 같고, **부호만 반대임**
  [예] $NO(g) \rightarrow 0.5N_2(g) + 0.5O_2(g)$ $\Delta H = -90.3 \text{kJ}$
- **연소열** : 가연물질 1mol을 연소시킬 경우 안정된 물질로 전환되면서 방출하는 열량(熱量)을 말함. 연소반응은 발열반응이므로 엔탈피변화(ΔH)는 **항상 0보다 작음**
  [예] $C(s) + O_2(g) \rightarrow CO_2(g)$ $\Delta H = -394 \text{kJ}$
- **중화열** : 산(H^+)과 염기(OH^-)가 중화반응을 할 때 발생되는 열량임. 중화열은 반응하는 산(酸)과 염기(鹽基)의 종류에 관계없이 **일정함**
  [예] $H^+(aq) + OH^-(aq) \rightarrow H_2O(l)$ $\Delta H = -58.0 \text{kJ}$

발열반응의 엔탈피변화와 계산

- **발열반응** : 열을 방출하는 화학반응으로 연소반응, 중화반응, 상온에서의 반응 대부분이 포함됨
- **엔탈피변화의 표시** : $\Delta H < 0$이므로 음(-)의 값으로 나타냄
- **엔탈피변화 계산식**
  - $\Delta H_f = \Delta H_{생성물} - \Delta H_{반응물}$
- **발열반응의 열량계산 방법**
  - Q(발생열량) $= m$(질량) $\times C_p$(비열) $\times \Delta t$(온도차)
  - Q(발생열량) $= mC_p$(열용량) $\times \Delta t$(온도차)
  - Q(발생열량) $= Hl$(발열량) $\times G_f$(가연물질의 양)

발열반응의 특징

- 엔탈피변화(ΔH) : 항상 0보다 작은 음(-)의 값을 가짐 → $\Delta H < 0$
- 항상 자발적으로 일어나는 경우
  ▶ 엔트로피변화(ΔS)가 0보다 클 때 → $\Delta S > 0$
  ▶ 모든 온도에서 깁스 자유에너지변화(ΔG)가 0보다 작을 때 → $\Delta G < 0$

깁스 자유에너지변화

□ **깁스 자유에너지변화** : 깁스 자유에너지(G)는 일정한 온도와 압력에서 계가할 수 있는 일의 양을 표시하는 열역학적 상태함수이며, 깁스 자유에너지변화량(ΔG)은 화학반응의 평형상태를 설명할 때 사용되는 열역학변수 중의 하나로 반응의 엔트로피변화와 엔탈피변화를 절충한 함수임

□ **관계식** : $\Delta G = \Delta H - T\Delta S$
$\Delta G = -RT \ln K$

- ΔG : Gibbs 자유에너지변화량(kcal/mol)
- ΔH : 엔탈피의 변화량
- ΔS : 엔트로피의 변화량
- T : 열역학적 절대온도(K)
- R : 기체상수
- K : 평형상수

- $\Delta G < 0$이면 ➡ **자발적 반응**에서 Gibbs 에너지는 **감소**함. 일정온도와 일정압력 하에서 일어나는 반응은 자발적이고, 부수적인 생성물이 형성될 수 없음
- $\Delta G > 0$이면 ➡ **비자발적 반응**에서 Gibbs 에너지는 **증가**함. 일정온도와 일정압력 하에서 일어나는 반응은 비자발적이고, 에너지의 주입없이는 부수적인 생성물이 생성될 수 없음
- $\Delta G = 0$이면 ➡ 일정온도와 일정압력 하에서 일어나는 반응은 평형상태에 있으며, 더 이상 변화가 일어나지 않음

⚛ 흡열반응의 엔탈피변화와 계산

□ **흡열반응** : 주위에서 열을 흡수함으로써 진행되는 화학반응으로 발열반응의 반대 개념임
□ **엔탈피변화의 표시** : $\Delta H > 0$이므로 양(+)의 값으로 나타냄
□ **엔탈피변화 계산식**

■ $\Delta H_f = \Delta H_{생성물} - \Delta H_{반응물}$

□ **흡열반응의 열량계산 방법** : 발열반응의 열량계산 참조

▌**흡열반응의 특징**

- **엔탈피변화(ΔH)** : 항상 0보다 큰 양(+)의 값을 가짐 → $\Delta H > 0$
- **항상 자발적으로 일어나는 경우**
  ▶ 엔트로피변화(ΔS)가 0보다 작을 때 → $\Delta S < 0$
  ▶ 모든 온도에서 깁스 자유에너지변화(ΔG)가 0보다 클 때 → $\Delta G > 0$

⚛ 화학적 평형과 반응의 자발성 지표

□ **개념** : 화학평형(Chemical Equilibrium)이란 반응물과 생성물 관계에서 지속적인 반응이 일어나고 있지만 정반응속도와 역반응의 속도가 같아져서 외관상 반응이 정지된 것처럼 보이는 동적인 상태를 말함

□ **평형이동 요소** : 르 샤틀리에(Le Chatelier)의 원리에 따르면 가역반응이 평형상태에 있을 때 반응조건(온도, 압력, 농도)을 변화시키면 변화된 조건을 없애고자 하는 방향으로 반응이 진행되어 새로운 평형에 도달함

요소	높게 할 경우	낮출 경우
온도	흡열방향으로 평형이동	발열방향으로 평형이동
농도	증가된 농도가 감소하는 방향으로 평형이동	감소된 농도가 증가하는 방향으로 평형이동
압력	분자수가 감소하는 방향으로 평형이동	분자수가 증가하는 방향으로 평형이동

□ **반응의 화학적 평형상태**
- 반응물의 농도와 생성물의 농도가 일정하게 유지되는 상태
- 정반응속도(v_f)와 역반응속도(v_r)가 동일하게 되는 상태
- 깁스 자유에너지(G)가 0인 상태
- 평형상수(K)와 반응지수(Q)가 같은 상태

□ **반응의 자발성 지표** $\begin{cases} \Delta G^o : \text{깁스 자유에너지변화} \\ \Delta H^o : \text{엔탈피변화} \\ \Delta S^o : \text{엔트로피변화} \end{cases}$

■ $\Delta G^o = \Delta H^o - T\Delta S^o = -RT\ln(K)$ $\begin{cases} \Delta S^o(\text{엔트로피}) = \Sigma \Delta S^o_{f(\text{생성})} - \Sigma \Delta S^o_{f(\text{반응})} \\ \Delta H^o(\text{엔탈피}) = \Sigma \Delta H^o_{f(\text{생성})} - \Sigma \Delta H^o_{f(\text{반응})} \end{cases}$

☀ 직선 방정식화$(y) = mx + b$ ➡ $\ln K = -\dfrac{\Delta H^o}{R}\left(\dfrac{1}{T}\right) + \dfrac{\Delta S^o}{R}$

■ **자발성의 판단**

엔탈피변화	엔트로피변화	자유에너지변화	자발성 여부
발열반응 $\Delta H < 0$	$\Delta S > 0$	모든 온도에서 $\Delta G < 0$	항상 자발적
	$\Delta S < 0$	낮은 온도에서 $|\Delta H| > |T\Delta S|$ ➡ $\Delta G < 0$	자발적
		높은 온도에서 $|\Delta H| < |T\Delta S|$ ➡ $\Delta G > 0$	비자발적
	정반응의 활성화 에너지가 낮음 → $\Delta H < 0$인 경우 ➡ $E_a < E_a^*$		
흡열반응 $\Delta H > 0$	$\Delta S > 0$	낮은 온도에서 $|\Delta H| > |T\Delta S|$ ➡ $\Delta G > 0$	비자발적
		높은 온도에서 $|\Delta H| < |T\Delta S|$ ➡ $\Delta G < 0$	자발적
	$\Delta S < 0$	모든 온도에서 $\Delta G > 0$	항상 자발적
	정반응의 활성화 에너지가 높음 → $\Delta H > 0$인 경우 ➡ $E_a > E_a^*$		

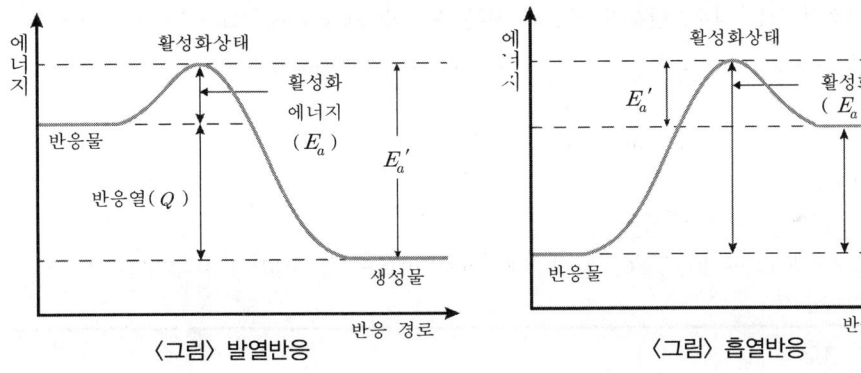

〈그림〉 발열반응   〈그림〉 흡열반응

CBT 형식 출제대비 엄선 예상문제

※ 산업기사 득점포인트는 『대기오염방지기술』 중 "연소부분"에 해당하는 포인트임

01 1,000초 동안 반응물의 1/2이 분해되었다면 반응물이 1/10이 남을 때까지는 얼마의 시간(sec)이 필요한가?(단, 1차 반응기준)
① 1,087 ② 2,154
③ 3,226 ④ 3,322

02 다음의 기체-공기 혼합가스 중 연소속도가 가장 빠른 것은?(단, 대기압 하에서 25℃를 기준)

구 분	가연기체	농도 Vol%(당량비)
Ⓐ	메탄	10(1.1)
Ⓑ	수소	43(1.8)
Ⓒ	일산화탄소	52(2.6)
Ⓓ	프로판	4.6(1.1)

① Ⓐ ② Ⓑ
③ Ⓒ ④ Ⓓ

03 가연물질을 10분 동안 연소시킨 결과 1/2이 소실되었다고 한다면, 이 가연물질의 80%가 소실되는데 소요되는 시간은?(단, 반응은 2차 반응)
① 25분 ② 40분
③ 55분 ④ 100분

04 0차 반응을 하는 어떤 물질의 반감기를 측정한 결과 40분이었다. 이 물질의 90%가 반응하는데 소요되는 시간(min)은?
① 8min ② 72min
③ 97min ④ 112min

> **해설**

01 적분 속도식의 1차 반응을 이용한다.

□ $\ln \dfrac{C_t}{C_o} = -K \times t$ $\begin{cases} C_o (\text{초기농도}) = 1 \\ C_t (\text{반응시간 1,000초일 때의 잔류농도}) = 1 - 0.5 = 0.5 \\ \ln[0.5C_o/C_o] = -K \times 1,000 \rightarrow \text{여기서, } K = 6.931 \times 10^{-4} \sec^{-1} \end{cases}$

⇨ $\ln \dfrac{0.1 C_o}{C_o} = -6.931 \times 10^{-4} \times t$

∴ $t = 3,322.15 \sec$

02 수소의 연소속도(282cm/sec)가 가장 빠르다.

03 별도의 지정이 없는 경우, 단분자 반응의 적분 속도식(Integrated Rate Law)을 이용한다.

□ $\dfrac{1}{C_t} - \dfrac{1}{C_o} = K \times t$ ⇨ $\dfrac{1}{(100-50)} - \dfrac{1}{100} = K \times 10 \rightarrow K = 1 \times 10^{-3} \min^{-1}$

⇨ $\dfrac{1}{(100-80)} - \dfrac{1}{100} = 1 \times 10^{-3} \times t^*$

∴ $t^* = 40 \min$

04 적분 속도식의 0차 반응을 이용한다.

□ $C_t - C_o = -K \times t$ ⇨ $0.5 C_o - C_o = -K \times 40$, $K = 0.0125$ ⇨ $(1-0.9) - 1 = -0.0125 \times t^*$

∴ $t^* = 72 \min$

정답 | 1.④ 2.② 3.② 4.②

업그레이드 종합 예상문제

01 1차 반응을 하는 어떤 물질의 반감기를 측정한 결과 100sec이었다. 이 물질이 반응을 개시하여 1/10이 잔류할 때까지 소요되는 반응시간은?

① 195sec ② 332sec
③ 369sec ④ 997sec

해설 적분 속도식의 1차 반응식을 이용한다.

$\ln\dfrac{0.5C_o}{C_o} = -K \times 100$, $K = 6.93 \times 10^{-3}$/sec $\Rightarrow \ln\dfrac{0.1C_o}{C_o} = -6.93 \times 10^{-3} \times t$

$\therefore t = \dfrac{\ln(0.1)}{-6.93 \times 10^{-3}} = 332.19$ sec

02 어떤 반응에서 화학반응상수가 17℃일 때에 비하여 26℃일 때 2배가 되었다면 이 화학반응의 활성화 에너지(cal/mol)는?(단, $R = 8.314$ J/K·mol)

① 29,978 ② 22,250
③ 14,360 ④ 13,260

해설 Arrhenius 변형식을 이용한다.

$\ln\left(\dfrac{K_2}{K_1}\right) = \dfrac{E(T_2 - T_1)}{R T_1 T_2} \begin{cases} R = 8.314\,\text{J/K·mol} \\ T_1 = (273+17)\text{K} \\ T_2 = (273+26)\text{K} \end{cases}$

$\Rightarrow \ln(2) = \dfrac{E[(273+26)-(273+17)]}{8.314 \times (273+17) \times (273+26)} \rightarrow E = 55,522.84$ J/mol

$\therefore E = \dfrac{55,522.84\,\text{J}}{\text{mol}} \times \dfrac{1\,\text{cal}}{4.187\,\text{J}} = 13,260.77$ cal/mol

03 A→B+C의 연소반응식에 있어서 반응 개시 후 3분이 경과하였을 때의 A의 농도는 몇 mol/L인가?(단, 연소반응은 1차 반응, 속도상수는 3.5×10^{-1} min^{-1}, A의 초기농도는 12 mol/L)

① 3.7 ② 4.2
③ 5.9 ④ 7.2

해설 적분 속도식의 1차 반응 관계식을 이용한다.

$\ln\dfrac{C_t}{C_o} = -Kt$

$\therefore C_t = C_o \times e^{-Kt} = 12 \times e^{-3.5 \times 10^{-1} \times 3} = 4.20$ mol/L

정답 1.② 2.④ 3.②

04 어떤 반응에서 화학반응상수가 27℃일 때에 비하여 77℃일 때 3배가 되었다면 이 화학반응의 활성화 에너지는?(단, 아레니우스(Arrhenius)식 적용)

① 2.3kcal/mol ② 4.6kcal/mol
③ 6.9kcal/mol ④ 13.2kcal/mol

해설 Arrhenius(아레니우스) 변형식을 이용한다.

□ $\ln\left(\dfrac{K_2}{K_1}\right) = \dfrac{E(T_2-T_1)}{RT_1T_2}$ $\begin{cases} R : 8.314\,\text{J/K·mol} \\ T_1 : 300\text{K} \\ T_2 : 350\text{K} \end{cases}$

$\Rightarrow \ln(3) = \dfrac{E \times (350-300)}{8.314 \times 300 \times 350}$ $\Rightarrow E = 19{,}181.11\,\text{J/mol} = 19.18\,\text{kJ/mol}$

$\therefore E = \dfrac{19.18\,\text{kJ}}{\text{mol}} \times \dfrac{1\,\text{kcal}}{4.18\,\text{kJ}} = 4.6\,\text{kcal/mol}$

05 A+B ⇌ C+D 반응에서 A와 B의 반응물질이 각각 1mol/L이고, C와 D의 생성물질이 각각 0.5mol/L일 때, 평형상수값을 구하면 얼마인가?

① 0.25 ② 0.5
③ 0.75 ④ 1.0

해설 화학반응의 평형상수는 반응물과 생성물의 농도로부터 다음과 같이 산출된다.

□ $aA + bB \rightleftharpoons cC + dD$ $\begin{cases} \gamma_1(\text{정반응속도}) = K_1[A]^a[B]^b \\ \gamma_2(\text{역반응속도}) = K_2[C]^c[D]^d \end{cases}$

$\Rightarrow K = \dfrac{K_1}{K_2} = \dfrac{[C]^c[D]^d}{[A]^a[B]^b}$ → 평형상태에서 $\gamma_1 = \gamma_2$이므로

$\therefore K = \dfrac{[C]^{0.5}[D]^{0.5}}{[A]^{0.5}[B]^{0.5}} = 1.0$

06 "반응물(g) → 생성물"의 반응에서 그 반감기가 $0.693/K$인 반응은?(단, K는 속도상수)

① 0차 반응 ② 1차 반응
③ 1.5차 반응 ④ 2차 반응

해설 반감기(Half-Life)는 반응물의 초기농도가 1/2로 감소되는데 소요되는 시간을 말한다. 적분 속도식을 적용하여 이를 규명하면 1차 반응임을 알 수 있다.

□ 0차 : $0.5 \times 1 - 1 = -K \times t$ $\Rightarrow t = \dfrac{0.5}{K}$

□ 1차 : $\ln\left(\dfrac{0.5}{1}\right) = -K \times t$ $\Rightarrow t = \dfrac{0.693}{K}$

□ 2차 : $\dfrac{1}{1} - \dfrac{1}{0.5} = -K \times t$ $\Rightarrow t = \dfrac{1}{K}$

07 반응속도상수(K)를 다음 식으로 나타낸 것은?

$$K = K_o \times e^{-E/RT}$$

① 헨리의 법칙
② 아레니우스의 법칙
③ 보일-샤를의 법칙
④ 반 데르 발스의 법칙

해설 반응속도상수(K)를 온도의 함수로 나타낸 것은 아레니우스식(Arrhenius Equation)이다.

08 화학반응에 대한 다음 설명 중 옳지 못한 것은?

① 반응속도상수는 온도에 영향을 받는다.
② 1차 반응에서 반응속도상수의 단위는 sec^{-1}이다.
③ 반응물의 농도가 증가할지라도 반응속도에는 영향을 미치지 않는 반응을 0차 반응이라 한다.
④ 화학반응속도론에서 반응속도상수 결정에 활성화에너지가 가장 주요한 영향인자로 작용하며, 넓은 온도 범위에 걸쳐 유효하게 적용된다.

해설 화학반응속도론에서 반응속도상수 결정에 온도가 가장 주요한 영향인자로 작용한다.
- 온도가 증가하면 입자에너지가 증대되어 운동속도가 빨라지고, 충돌횟수 증가 → 반응속도 증가
- 온도가 증가하면 활성화 에너지(E) 이상의 에너지를 가진 분자수 증가 → 반응속도 증가

09 화학반응속도론에 대한 다음 설명 중 가장 관계가 적은 것은?

① 화학반응에서 반응속도상수는 반응물 농도와 관련된다.
② 0차 반응은 반응속도가 반응물의 농도에 영향을 받지 않는 반응을 말한다.
③ 일련의 연쇄반응에서 반응속도가 가장 늦은 반응단계를 속도결정단계라 한다.
④ 화학반응속도는 반응물이 화학반응을 통하여 생성물을 형성할 때 단위시간당 반응물이나 생성물의 농도변화를 의미한다.

해설 화학반응에서 반응속도상수는 반응물 농도와 무관하고 온도의 함수이다.

10 NH_3를 제조하는 작업장(10m×100m×10m)에서 NH_3 10kg이 누출되어 전체작업장 내로 확산되었다면 송풍능력 100m³/min인 송풍기를 사용하여 허용농도 이하로 환기시키는데 소요되는 시간(hr)은?(단, NH_3의 허용농도 25ppm)

$$dC/dt = -KC$$

① 약 4시간
② 약 7시간
③ 약 10시간
④ 약 12시간

■해설 제시된 관계식($dC/dt = -KC$)은 1차 반응이므로 다음의 관계식을 적용한다.

□ $\ln \dfrac{C_t}{C_o} = -Kt$ $\begin{cases} K = \dfrac{Q}{\forall} = \dfrac{100\,\mathrm{m^3}}{\min} \times \dfrac{1}{10 \times 100 \times 10\,\mathrm{m^3}} = 0.01\,\mathrm{min^{-1}} \\ C_o = 10\,\mathrm{kg} \times \dfrac{1}{10 \times 100 \times 10\,\mathrm{m^3}} \times \dfrac{22.4\,\mathrm{m^3}}{17\,\mathrm{kg}} \times \dfrac{10^6\,\mathrm{mL}}{\mathrm{m^3}} = 1{,}317.7\,\mathrm{ppm} \end{cases}$

⇨ $\ln \dfrac{25}{1{,}317.7} = -0.01(\mathrm{min^{-1}}) \times t(\min)$

∴ $t = 396.48\,\min = 6.6\,\mathrm{hr}$

11 실내 벽지에서 하루 $18{,}000\,\mu\mathrm{g/m^2}$의 HCHO가 방출된다. 벽지면적은 $90\,\mathrm{m^2}$이고, 방출된 HCHO는 1차 반응속도로 산화되어 CO_2로 전환되는데 이때의 반응속도상수는 $0.4\,\mathrm{hr^{-1}}$이다. 방의 규격은 길이 10m, 폭 7m, 높이 3m, 실내 평균환기량(교환횟수)은 1.5 air changes/hr, 외기는 전혀 오염되지 않은 신선한 상태일 때, 실내의 HCHO의 최대농도($\mathrm{mg/m^3}$)는?

$$C_t = \dfrac{qC_{\mathrm{in}} + S/\forall}{q + K}$$

① 0.169 ② 0.214
③ 0.373 ④ 0.461

■해설 제시된 관계식을 이용한다.

□ $C_{\mathrm{in}} = \dfrac{qC_{\mathrm{in}} + S/\forall}{q + K}$

• $\begin{cases} C_{\mathrm{in}} : \text{유입농도} = 0\,(\because \text{외기는 전혀 오염되지 않은 신선한 상태이므로 } \cdots) \\ S : \text{오염물질 배출률} = \dfrac{18{,}000\,\mu\mathrm{g}}{\mathrm{m^2 \cdot day}} \times \dfrac{1\,\mathrm{mg}}{1{,}000\,\mu\mathrm{g}} \times 90\,\mathrm{m^2} \times \dfrac{1\,\mathrm{day}}{24\,\mathrm{hr}} = 67.5\,\mathrm{mg/hr} \\ q : \text{시간당 교환횟수}(\text{air changes/hr}) = 1.5\,\text{air changes/hr} \end{cases}$

∴ $C_t = \dfrac{1.5 \times 0 + 67.5/210}{1.5 + 0.4} = 0.169\,\mathrm{mg/m^3}$

12 Gibbs 자유에너지의 설명과 거리가 먼 것은?

① 평형상태에서는 $\Delta G = 0$이다.
② $\Delta G < 0$이면 반응은 비자발적이다.
③ 엔트로피가 증가할수록 깁스에너지는 감소한다.
④ 혼합물의 경우 ΔG는 반응물과 생성물의 농도에 관계한다.

■해설 $\Delta G < 0$일 때 자발적이다.

13 평형상태에 있는 물질계의 온도, 압력을 변화시키면 그 변화를 감소시키는 방향으로 반응이 진행되어 새로운 평형에 도달한다는 것은?

① 헤스의 원리 ② 라울의 원리
③ 반트호프의 원리 ④ 르 샤틀리에의 원리

■해설 Le Chatelier(르 샤틀리에)의 원리는 가역반응이 평형상태에 있을 때 반응조건(온도, 압력, 농도)을 변화시키면 변화된 조건을 없애고자 하는 방향으로 반응이 진행되어 새로운 평형에 도달한다는 원리이다.

14 다음 반응에 따를 때 $C_2H_4(g) \to C_2H_6(g)$로 되는 반응엔탈피는?

$$2C + 2H_2(g) \to C_2H_4(g) + 52.3kJ$$
$$2C + 3H_2(g) \to C_2H_6(g) - 84.7kJ$$

① −137.0kJ ② −32.4kJ
③ 32.4kJ   ④ 137.0kJ

■해설 반응에 관여한 열량변화의 합은 같다.
□ 반응 엔탈피 = $H_{2f} - H_{1f}$ $\begin{cases} H_{2f}(생성물\ 표준생성\ 엔탈피) = -84.7kJ \\ H_{1f}(반응물\ 표준생성\ 엔탈피) = 52.3kJ \end{cases}$
∴ 반응 엔탈피 = −84.7 − 52.3 = −137kJ

15 벤젠의 연소반응이 다음과 같을 때, 벤젠의 연소열(kJ/mol)은 얼마인가?(단, 표준상태(25℃, 1atm)에서의 표준생성열)

$$C_6H_6(g) + 7.5O_2(g) \to 6CO_2(g) + 3H_2O(g)$$

생성열 $\triangle H_f$(kJ/mol)	$C_6H_6(g)$	$O_2(g)$	$CO_2(g)$	$H_2O(g)$
	83	0	−394	−286

① −3,127kJ/mol ② −3,252kJ/mol
③ −3,305kJ/mol ④ −3,514kJ/mol

■해설 연소열은 다음과 같이 계산한다.
□ 연소열 = 생성물질 − 반응물질
∴ $H = (6 \times -394 + 3 \times -286) - 83 = -3,305 kJ/mol$

16 초기 입자농도가 10^7(Particles/cm³)인 함진 배기가스가 다음의 속도식에 의해 입자의 응집(Coagulation)이 일어난다. 이 함진 배기가스의 입자농도가 초기 입자농도의 절반이 되기까지의 소요시간은?(단, 응집반응의 속도상수는 2×10^{-10}cm³/sec)

$$\frac{dN}{dt} = -KN^2$$

① 5.33분 ② 6.33분
③ 7.33분 ④ 8.33분

해설 제시된 식은 2차 반응식이므로 이를 적용한다.

$$\frac{1}{C_o} - \frac{1}{C_t} = -Kt \quad \begin{cases} C_o(\text{초기농도}) = 10^7 \\ C_t(\text{반감기 농도}) = 10^7 \times \frac{1}{2} = 5{,}000{,}000 \end{cases}$$

$$\Rightarrow \frac{1}{10^7} - \frac{1}{5{,}000{,}000} = -2 \times 10^{-10} \times t$$

$$\therefore t = 500\,\text{sec} = 8.33\,\text{min}$$

17 1,000 K에서 다음 반응식 ⓐ, ⓑ의 평형상수는 각각 K_{p_1}, K_{p_2}이다. 이를 토대로 ⓒ $CO_2(g) \rightleftarrows CO(g) + 1/2O_2(g)$의 1,000K에서의 평형상수는?

> ⓐ $H_2O \rightleftarrows H_2 + 1/2O_2$, $K_{p1} = 8.73 \times 10^{-11}$
>
> ⓑ $CO_2 + H_2 \rightleftarrows H_2O + CO$, $K_{p2} = 7.29 \times 10^{-1}$

① 6.36×10^{-11}
② 1.20×10^{-11}
③ 6.36×10^{-10}
④ 1.20×10^{-10}

해설 제시된 ⓒ반응은 반응 ⓐ와 반응 ⓑ를 합산한 총괄반응이므로 K_{p1}과 K_{p2}의 곱으로서 산출할 수 있다.

$$K_c = K_{p1} \times K_{p2}$$

$$\therefore K_c = 8.73 \times 10^{-11} \times 7.29 \times 10^{-1} = 6.36 \times 10^{-11}$$

18 다음 현열에 대한 용어설명으로 가장 적합한 것은?

① 물질에 의하여 흡수 또는 방출된 열이 물질의 모든 변화로 나타나는 열을 말한다.
② 물질에 의하여 흡수 또는 방출된 열이 온도변화로 나타나고 물질의 상태변화에는 사용되지 않는 열을 말한다.
③ 물질에 의하여 흡수 또는 방출된 열이 온도변화로 나타나지 않고 물질의 상태변화에만 사용되는 열을 말한다.
④ 물질에 의하여 흡수 또는 방출된 열이 계의 열용량에만 관계하고 물질의 상태변화 또는 온도변화에는 사용되지 않는 열을 말한다.

해설 현열(Sensible Heat)은 흡수 또는 방출된 열이 온도변화로 나타나고 물질의 상태변화에는 사용되지 않는 열을 말한다. 온도변화가 없이 상태변화에 사용되는 열은 잠열(숨은열, Latent Heat)이라고 한다.

더 풀어보기 예상문제

01 어떤 반응에서 0°C에서의 반응속도상수가 0.001sec^{-1}이고, 100°C의 반응속도상수가 0.05sec^{-1}일 때, 활성화 에너지(kJ/mol)는?(단, Arrhenius식 적용)

① 25　　② 33
③ 41　　④ 50

02 어떤 화학반응에서 반응물질이 25% 분해하는데 41.3분이 걸린다. 이 반응이 1차일 때 속도상수 K는?

① 1.437×10^{-4} sec^{-1}
② 1.232×10^{-4} sec^{-1}
③ 1.161×10^{-4} sec^{-1}
④ 1.022×10^{-4} sec^{-1}

03 640°C에서 벤젠을 연소하여 제거할 경우 99% 제거되는데 소요되는 시간(sec)은? (단, 640°C에서의 속도상수 $K=0.2$/sec이고, 1차 반응기준)

① 23　　② 28
③ 33　　④ 38

04 오산화이질소(N_2O_5)의 분해는 다음과 같이 45°C에서 속도상수 5.1×10^{-4}sec^{-1}인 1차 반응이다. N_2O_5의 농도가 0.25M에서 0.15M로 감소되는 데는 약 얼마의 시간이 걸리는가?

$$2N_2O_5(g) \rightarrow 4NO_2(g) + O_2(g)$$

① 5min　　② 9min
③ 12min　　④ 17min

정답 1.② 2.③ 3.① 4.④

더 풀어보기 예상문제 해설

01 Arrhenius(아레니우스) 변형식을 이용한다.

$\square \ln\left(\dfrac{K_2}{K_1}\right) = \dfrac{E(T_2 - T_1)}{RT_1T_2}$ $\begin{cases} R : 8.314 \text{J/K·mol} \\ T_1 : 273\text{K} \\ T_2 : 373\text{K} \end{cases}$

$\Rightarrow \ln\left(\dfrac{0.05}{0.001}\right) = \dfrac{E \times (373 - 273)}{8.314 \times 273 \times 373}$ $\Rightarrow 3.91 = E \times 1.181 \times 10^{-4}$

∴ $E = 33,107.54$ J/mol $= 33.11$ kJ/mol

02 적분 속도식의 1차 반응 관계식을 이용한다.

$\square \ln\dfrac{C_t}{C_o} = -Kt$ $\Rightarrow \ln\dfrac{75}{100} = -K \times 41.3 \times 60$

∴ $K = 1.161 \times 10^{-4}$ sec^{-1}

03 적분 속도식의 1차 반응 관계식을 이용한다.

$\square \ln\dfrac{C_t}{C_o} = -Kt$ $\Rightarrow \ln\dfrac{1}{100} = -0.2 \times t$

∴ $t = 23.03$ sec

04 1차 반응식을 이용한다.

$\square \ln\dfrac{C_t}{C_o} = -Kt$ $\begin{cases} C_o(\text{초기농도}) = 0.25\text{M} \\ C_t(\text{잔류농도}) = 0.15\text{M} \\ K(\text{반응속도상수}) = 5.1 \times 10^{-4} \text{sec}^{-1} \end{cases}$ $\Rightarrow \ln\dfrac{0.15}{0.25} = -5.1 \times 10^{-4} \times t$

∴ $t = 1,001.62$ sec $= 16.69$ min

더 풀어보기 예상문제

01 엔탈피에 대한 설명으로 옳지 않은 것은?

① 엔탈피는 반응경로와 무관하다.
② 엔탈피는 물질의 양에 비례한다.
③ 흡열반응은 반응계의 엔탈피가 감소한다.
④ 반응물이 생성물보다 에너지상태가 높으면 발열반응이다.

02 생성 엔탈피(ΔH_f = kJ/mole)에 대한 설명으로 가장 거리가 먼 것은?

① 표준압력(1atm)에서 측정한다.
② 발열반응일 때 음수(-)값을 갖는다.
③ C, H_2, O_2의 생성 엔탈피는 반응형태(흡열 또는 발열)에 따라 다르다.
④ 화합물의 생성열은 화합물의 구성원소로부터 화합물로 형성될 때 발생 및 흡수하는 열의 양을 의미한다.

03 연소반응에서의 반응속도에 대한 설명으로 틀린 것은?

① 비례상수(K)는 반응물 농도의 함수이다.
② 비가역 단분자형 1차 반응의 반응속도는 반응물의 농도에 정비례한다.
③ 비가역 단분자형 0차 반응의 반응속도는 반응물의 농도에 관계가 없다.
④ 화학반응을 통한 반응물이 사라지는 율이나 생성되는 율의 항으로 표현된다.

04 연소반응에서의 평형상수를 설명한 것으로서 옳지 않은 것은?

① 화학평형인 상태에서 연소가스 성분들의 양을 예측할 수 있다.
② 평형상수는 정방향 반응속도상수와 역방향 반응속도상수의 비이다.
③ 화학평형인 상태에서는 Gibb's Free Energy의 변화가 없기 때문에 그 값은 1이 된다.
④ 연소반응이 가장 잘 진행되도록 연소공기의 비가 1이 되도록 하였을 때의 상태를 나타내는 수치이다.

05 연소열을 정성적 및 정량적으로 표현한 설명으로 옳지 않은 것은?

① 엔탈피는 어떤 계가 가지고 있는 열함량을 말한다.
② 엔탈피 변화란 정압에서의 반응열의 변화를 말한다.
③ 비열은 물 1g을 1℃ 상승시키는 데 필요한 열량으로 정의된다.
④ 잠열이란 물질에 의하여 흡수 또는 방출된 열이상 또는 상태변화에만 사용되고, 온도상승의 효과를 나타내지 않는 열이다.

정답 1.③ 2.③ 3.① 4.③ 5.③

더 풀어보기 예상문제 해설

01 흡열반응은 반응계의 엔탈피가 증가한다.

02 흡열 또는 발열에 관계없이 산소의 생성 엔탈피는 항상 0이다. 참고로 화합물의 생성열은 홑원소 물질 또는 단체로부터 화합물 1mol이 생성 시 방출 혹은 흡수하는 열량을 말하는데 일반적으로 반응의 반응열은 생성계화합물이 가진 생성열의 총합에서 원계화합물이 가진 생성열의 총합을 뺌으로써 산정된다. 가연물질은 발열반응을 하며, 표준생성 엔탈피는 음수(-)값을 가진다. 특히 표준상태(압력 1atm)에서의 값을 표준생성 엔탈피라고 한다.

03 비례상수(K)는 온도에 따라 결정된다.

04 화학평형인 상태에서는 깁스 자유에너지의 변화가 없으므로 그 값은 0이 된다.

05 비열(比熱, Specific Heat)은 일정량의 순수한 물의 온도를 1℃ 상승시키는데 필요한 열량과 같은 양의 대상물질을 1℃ 상승시키는데 필요한 열량의 비율을 비열이라고 하며, 단위는 cal/g · ℃로 나타낸다.

2 공기량 · 공연비 · 공기비

(1) 이론산소량 계산

■ 이론산소량 = $\sum$반응산소량 − 연료 중 산소량

⚛ 고체 및 액체상 연료
- 연료조성 : C, H, O, S, N, W(수분) … 무게비, kg/kg
- 가연성분 : C, H, S
- 연소반응 :
  - $C + O_2 \rightarrow CO_2$
  - $2H + 1/2O_2 \rightarrow H_2O$
  - $S + O_2 \rightarrow SO_2$

□ 연료 kg당 산소부피 … (m^3/kg)

→ $O_o = \dfrac{22.4}{12}C + \dfrac{11.2}{2}\left(H - \dfrac{O}{8}\right) + \dfrac{22.4}{32}S$

→ $O_o = 1.867C + 5.6H + 0.7S - 0.7O$

□ 연료 kg당 산소무게 … (kg/kg)

→ $O_{om} = \dfrac{32}{12}C + \dfrac{16}{2}\left(H - \dfrac{O}{8}\right) + \dfrac{32}{32}S$

→ $O_{om} = 2.667C + 8H + S - O$

⚛ 기체상 연료
- 연료조성 : CO, H_2, C_mH_n, N_2, W(수분) … 부피비, m^3/m^3
- 가연성분 : CO, H_2, C_mH_n …
- 연소반응 :
  - $CO + 1/2O_2 \rightarrow CO_2$
  - $H_2 + 1/2O_2 \rightarrow H_2O$
  - $C_mH_n + \left(m + \dfrac{n}{4}\right)O_2 = mCO_2 + \dfrac{n}{2}H_2O$

□ 연료 m^3당 산소부피 … $(m^3/m^3) = (kmol/kmol)$

→ $O_o = 0.5CO + 0.5H_2 + \left(m + \dfrac{n}{4}\right)C_mH_n - O_2$

□ 연료 m^3당 산소무게 … (kg/m^3)

→ $O_{om} = O_o \times \dfrac{32}{22.4}$

(2) 이론공기량 계산

■ 이론공기량 = 이론산소량 × $\dfrac{1}{\text{공기 중 산소의 함}}$
- 산소 부피비(통상) : 0.21
- 산소 무게비(통상) : 0.232

⚛ 고체 및 액체상 연료

□ 공기부피(m^3/kg) : $A_o = O_o \times \dfrac{1}{0.21} = \dfrac{1}{0.21}[1.867C + 5.6H + 0.7S - 0.7O]$

□ 공기무게(kg/kg) : $A_{om} = O_{om} \times \dfrac{1}{0.232} = \dfrac{1}{0.232}[2.667C + 8H + S - O]$

⚛ 기체 및 기타 탄수화물

□ 공기부피(m^3/m^3) : $A_o = O_o \times \dfrac{1}{0.21}$

□ 공기무게(kg/m^3) : $A_{om} = O_{om} \times \dfrac{1}{0.232}$

(3) 공기비(과잉공기계수) · 과잉공기율(A_p) · 공연비(AFR) 계산

❀ **산소농도 측정**
- 자동측정법 – 전기화학식(주시험법) { 전극방식 / 질코니아방식 }
- 화학분석법 – 오르자트분석법
- 자동측정법 – 자기식 { 자기풍 / 자기력 { 덤벨형 / 압력검출형 } }

- **전극방식** : 가스투과성 격막을 통하여 전해조 중에 확산흡수된 산소가 고체 전극표면 위에서 환원될 때 생기는 잔해전류를 검출함
- **질코니아방식** : 고온으로 가열된 질코니아 소자의 양 끝에 전극을 설치하고 그 한쪽에 시료가스, 다른 쪽에 공기를 통하여 산소농도 차를 주어 양극 사이에 생기는 기전력을 검출하여 산소농도를 구함
- **자기식** : 상자성체인 산소분자가 자계 내에서 자기화될 때 생기는 흡입력을 이용하여 산소농도를 연속적으로 구하거나 자계 내에서 흡입된 산소분자의 일부가 가열되어 자기성을 잃는 것에 의하여 생기는 자기풍의 세기를 열선소자에 의하여 검출함
- **오르자트 분석법** : 시료를 흡수액에 통하여 산소를 흡수시켜 **시료의 부피 감소량**으로부터 시료 중의 산소농도를 구하는 방법으로 흡수액은 시료 중의 탄산가스도 흡수하기 때문에 각각의 흡수액을 사용하여 탄산가스(CO_2) → 산소(O_2)의 순서로 흡수함
  - **탄산가스 흡수액** : 수산화포타슘(KOH) 용액
  - **산소 흡수액** : KOH 용액과 피로가롤 용액을 혼합한 용액
  - **봉액** : 포화식염수

  ■ 산소농도(부피분율, %) = $b - a$ { a : 탄산가스 흡수 후 가스뷰렛 눈금값 / b : 산소 흡수 후 가스뷰렛 눈금값 }

❀ **공기비**(m) → $m = \dfrac{A(\text{실제 연소공기량})}{A_o(\text{이론공기량})}$

- **완전연소**(배기가스 중 CO = 0%일 때)

  ■ $m = \dfrac{21}{21 - (O_2)}$, $m = \dfrac{N_2}{N_2 - 3.76 \times (O_2)}$, $m = \dfrac{CO_{2(\max)}}{(CO_2)}$

- **불완전연소**(배기가스 중 CO ≠ 0%일 때)

  ■ $m = \dfrac{N_2}{N_2 - 3.76(O_2 - 0.5CO)}$

❀ **과잉공기량**(A_G) · **과잉공기율**(A_p)

- $A_G = A - A_o = (m-1)A_o$ { A : 실제공기량 / A_o : 이론공기량 / m : 공기비(과잉공기계수) }

- $A_p(\%) = \dfrac{A - A_o}{A_o} \times 100 = (m-1) \times 100$

⚛ **공연비**(AFR, Air Fuel Ratio) : 연료와 공기의 혼합비율을 말하며, 단위시간당 연소장치에 공급되는 공기와 연료의 비로 표시되며, 질량비, 부피비, mol비로 각각 산출할 수 있는데, 부피비의 값은 mol비의 값과 동일함

☀ **부피비 AFR** : $AFR_v = \dfrac{\text{공기 mol 수} \times 22.4}{\text{연료 mol 수} \times 22.4} = \dfrac{m_a \times 22.4}{m_f \times 22.4} = \dfrac{m_a}{m_f}$

☀ **무게비 AFR** : $AFR_m = \dfrac{\text{공기 mol 수} \times \text{공기분자량}}{\text{연료 mol 수} \times \text{연료분자량}} = \dfrac{m_a \times M_a}{m_f \times M_f}$

⚛ **당량비**(Φ, Equivalent ratio) : 이론공연비에 대한 공급공연비의 비(比)로서 정의되며, 일명 등가비라고도 한다. 당량비(Φ)는 공기비(m)와 역수의 관계를 갖는데, 당량비가 1 이상이면 공기가 부족하게 공급되는 연소상태, 즉 연료가 과잉으로 공급되는 상태로서 혼합기(混合氣)가 이론적인 공연비에 비하여 농후(濃厚)하게 공급된다는 의미를 가짐

☀ $\Phi = \dfrac{(AFR)_{\text{이론}}}{(AFR)_{\text{공급}}}$ or $\dfrac{(FAR)_{\text{공급}}}{(FAR)_{\text{이론}}}$ $\begin{cases} AFR : \text{공연비} \\ FAR : \text{연공비} \\ \text{첨자}_{\text{이론}} : \text{이론공연비 또는 이론연공비} \\ \text{첨자}_{\text{공급}} : \text{실제공연비 또는 실제연공비} \end{cases}$

공기비	연료 및 공기의 공급상태	등가비	연소상태
$m > 1$	• 공기가 과잉으로 공급되는 상태 • 연료가 부족하게 공급되는 상태	$\phi < 1$	• SO_x, NO_x 발생량 증가와 부식 촉진 • 연소실 내 온도 저하 • 배출가스에 의한 열손실의 증가 • 오염물질의 희석효과 증대
$m = 1$	• 이론적 정상연소상태 • 연료와 산화제의 혼합이 이상적임	$\phi = 1$	• 배출가스 중 NO_x량 최대 • 연소실 온도 최대
$m < 1$	• 공기가 부족하게 공급되는 상태 • 연료가 과잉으로 공급되는 상태	$\phi > 1$	• 가스폭발 위험 증가, 매연의 증가 • CO 및 HC 증가 • 불완전연소에 의한 연료손실 증가

(4) 연소에 소요되는 공기량

⚛ **연료단위당 소요공기량**(A) → $A = m A_o$ $\begin{cases} A : \text{실제 연소공기량} \\ m : \text{공기비} \\ A_o : \text{이론공기량} \end{cases}$

⚛ **시간당 소요공기량**(A_h) → $A_h = A \times G_f$ $\begin{cases} A : \text{실제 연소공기량} \\ G_f : \text{시간당 연소되는 연료량} \end{cases}$

CBT 형식 출제대비 엄선 예상문제

※ 산업기사 득점포인트는 『대기오염방지기술』 중 "연소부분"에 해당하는 포인트임

01 연료의 완전연소반응식으로 틀린 것은?

① 수소 : $2H_2 + O_2 \rightarrow 2H_2O$
② 메탄 : $CH_4 + O_2 \rightarrow CO_2 + 2H_2$
③ 일산화탄소 : $2CO + O_2 \rightarrow 2CO_2$
④ 프로판 : $C_3H_8 + 5O_2 \rightarrow 3CO_2 + 4H_2O$

02 Butane $2m^3$ 연소 시 이론산소량(부피)은?

① $6.5Sm^3$
② $13.0Sm^3$
③ $31.0Sm^3$
④ $61.9Sm^3$

03 수소가스 $6m^3$의 연소 시 이론공기량(m^3)은?

① 28.6
② 7.9
③ 14.3
④ 15.8

04 다음의 기체연료 $1m^3$를 이론적으로 완전연소시키는 데 가장 많은 이론산소량(m^3)을 필요로 하는 것은?

① Methane
② Hydrogen
③ Ethane
④ Acetylene

▶ 해설

01 탄화수소(C_mH_n)의 연소반응식을 적용한다.

- 연소반응 : $C_mH_n + \left(m + \dfrac{n}{2}\right)O_2 \rightarrow mCO_2 + \dfrac{n}{2}H_2O$

∴ ①항의 메탄의 연소반응식이 옳지 못하다는 것을 알 수 있다. → $CH_4 + 2O_2 \rightarrow CO_2 + 2H_2O$

02 Butane(C_4H_{10})의 연소반응식(부피 : 부피)을 이용하여 이론산소량의 부피(O_o)를 산출한다.

- $C_mH_n + \left(m + \dfrac{n}{2}\right)O_2 \rightarrow mCO_2 + \dfrac{n}{2}H_2O \leftarrow \begin{pmatrix} \text{부탄의 분자식} : C_4H_{10} \\ m : \text{탄소수} = 4 \\ n : \text{수소수} = 10 \end{pmatrix}$

  ⇨ 연소반응식에 대입 : $C_4H_{10} + \left(4 + \dfrac{10}{4}\right)O_2 \rightarrow 4CO_2 + \dfrac{10}{2}H_2O$
  $1m^3$: $6.5m^3$

∴ $O_o = 6.5m^3/m^3 \times 2m^3 = 13m^3$

03 연소반응식(부피 : 부피)을 이용하여 이론산소량(O_o)을 먼저 산출한 후 이론공기량 부피(A_o)를 구한다.

- $A_o = O_o \times \dfrac{1}{0.21} \leftarrow H_2 + 0.5O_2 \rightarrow H_2O$
  $1m^3$: $0.5m^3$

∴ $A_o = (0.5 \times 6) \times \dfrac{1}{0.21} = 14.29m^3$

04 제시된 기체연료의 분자식은 ①항 메탄(CH_4), ②항 수소(H_2), ③항 에탄(C_2H_6), ④항 아세틸렌(C_2H_2)이다. 따라서 탄화수소(C_mH_n)의 연소반응식(부피 : 부피)을 이용하여 산소량의 대소를 비교한다.

- 연소반응 : $C_mH_n + \left(m + \dfrac{n}{2}\right)O_2 \rightarrow mCO_2 + \dfrac{n}{2}H_2O$

  ⇨ 이론산소량의 크기는 $\left(m + \dfrac{n}{4}\right)$의 값에 비례함

∴ 항목 중에서는 가장 큰 것은 에탄($C_2H_6 \rightarrow 3.5$)이다.

정답 ┃ 1.② 2.② 3.③ 4.③

05 탄화수소(C_mH_n) $1m^3$를 연소할 때 이론산소량(m^3)은?

① $\left(m+\dfrac{n}{4}\right)$ ② $\dfrac{1}{0.21}\left(m+\dfrac{n}{4}\right)$

③ $\dfrac{1}{0.21}\left(2m+\dfrac{n}{4}\right)$ ④ $\dfrac{1}{0.23}\left(m+\dfrac{n}{4}\right)$

06 CH_4 80%, O_2 3%, CO 7%, H_2 10%의 조성으로 된 가스 $1Sm^3$를 완전연소할 때 이론공기량(Sm^3)은?

① 4.76 ② 5.65
③ 7.88 ④ 9.26

07 부탄 1kg을 완전연소시키는데 필요한 이론산소의 양(kg)은?

① 1 ② 2.8
③ 3.6 ④ 5.4

08 다음 기체를 각각 $1m^3$씩 연소하기 위하여 필요한 이론공기량(m^3)이 많은 순서부터 차례로 나열된 것은?

① $C_3H_4 > C_2H_6 > C_4H_6 > C_3H_6$
② $C_4H_6 > C_3H_6 > C_3H_4 > C_2H_6$
③ $C_4H_6 > C_3H_4 > C_2H_6 > C_3H_6$
④ $C_3H_6 > C_3H_4 > C_4H_6 > C_2H_6$

> **해설**

05 탄화수소(C_mH_n)의 연소반응식을 이용한다.

□ $C_mH_n + \left(m+\dfrac{n}{4}\right)O_2 \rightarrow mCO_2 + \dfrac{n}{2}H_2O$

∴ $O_o = \left(m+\dfrac{n}{4}\right) m^3/m^3$

06 기체연료의 연소반응(부피 : 부피비)을 적용하고, 이론산소량 부피를 먼저 산출한 후 공기량을 구한다.

□ $A_o = O_o \times \dfrac{1}{0.21}$ ← $CH_4 + 2O_2 \rightarrow CO_2 + 2H_2O$
$CO + 0.5O_2 \rightarrow CO_2$
$H_2 + 0.5O_2 \rightarrow H_2O$

• $O_o = (2CH_4 + 0.5CO + 0.5H_2) - O_2$
$= (2\times0.8 + 0.5\times0.07 + 0.5\times0.1) - 0.03 = 1.655\,m^3/m^3$

∴ $A_o = 1.655 \times \dfrac{1}{0.21} = 7.88\,Sm^3/Sm^3$

07 C_4H_{10}의 연소반응식(무게 : 무게비)을 이용한다.

□ $C_4H_{10} + \left(4+\dfrac{10}{4}\right)O_2 \rightarrow 4CO_2 + \dfrac{10}{2}H_2O$
  58kg : 6.5×32kg

∴ $O_{om} = \dfrac{6.5\times32\,kg}{58\,kg} \times 1\,kg = 3.59\,kg$

08 탄화수소(C_mH_n)의 연소반응(부피 : 부피비)을 이용한다. 간단하게 판단할 수 있는 방법은 기체연료의 경우, C/H비 즉, 탄수소비가 큰 연료일수록 이론공기량의 소모량이 많다.

□ $A_o = O_o \times \dfrac{1}{0.21}$ ← $C_mH_n + \left(m+\dfrac{n}{4}\right)O_2 \rightarrow mCO_2 + \dfrac{n}{2}H_2O$
  $1m^3 : (m+n/4)\,m^3$

∴ $A_o = \left(m+\dfrac{n}{4}\right) \times \dfrac{1}{0.21} = 4.76m + 1.19n$ $\begin{cases} m : 탄소수 \\ n : 수소수 \end{cases}$

정답 | 5.① 6.③ 7.③ 8.②

09 탄화수소가스(C_mH_n) $1m^3$를 완전연소할 때 이론공기량(m^3)의 계산값은?

① $m+(n/4)$ ② $8.89m+4.76n$
③ $4.76m+1.19n$ ④ $3.89m+4.54n$

10 메탄(CH_4) $4m^3$를 완전연소시키는데 요구되는 산소의 무게는?

① 5.60kg ② 11.4kg
③ 29.6kg ④ 38.5kg

11 메탄올 5kg 연소 시 이론공기량(m^3)은?

① $11Sm^3$ ② $16Sm^3$
③ $21Sm^3$ ④ $25Sm^3$

12 탄소 50kg과 수소 50kg을 완전연소시키는데 필요한 이론적인 산소의 양(kg)은?

① 321kg ② 386kg
③ 432kg ④ 533kg

13 석탄의 원소구성이 무게비로 C : 70%, H : 10%, O : 15%, S : 5%이었다. 석탄 1kg을 완전연소시킬 때 필요한 이론산소량(kg)은?

① 1.47 ② 2.57
③ 3.91 ④ 4.68

▶ 해설

09 탄화수소(C_mH_n)의 연소반응식을 이용한다.

$$A_o = O_o \times \frac{1}{0.21} \leftarrow C_mH_n + \left(m+\frac{n}{4}\right)O_2 \rightarrow mCO_2 + \frac{n}{2}H_2O$$

$$1m^3 : (m+n/4)m^3$$

$$\therefore A_o = \left(m+\frac{n}{4}\right) \times \frac{1}{0.21} = 4.76m+1.19n$$

10 메탄의 연소반응(부피 : 무게비)을 이용한다.

$$CH_4 + \left(1+\frac{4}{4}\right)O_2 \rightarrow CO_2 + \frac{4}{2}H_2O$$

$$22.4m^3 : 2\times32kg$$

$$\therefore O_{om} = \frac{2\times32kg}{22.4m^3} \times 4m^3 = 11.43kg$$

11 메탄올(CH_3OH)의 연소반응(무게 : 부피비)을 적용하고, 이론산소량 부피를 먼저 산출한 후 공기량을 구한다.

$$A_o = O_o \times \frac{1}{0.21} \leftarrow CH_3OH + 1.5O_2 \rightarrow CO_2 + 2H_2O \Rightarrow O_o = \frac{1.5\times22.4m^3}{32kg} \times 5kg = 5.25m^3$$

$$32kg : 1.5\times22.4m^3$$

$$\therefore A_o = 5.25m^3 \times \frac{1}{0.21} = 25m^3$$

12 탄소(C)와 수소(H)에 대한 이론산소량 무게(O_{om})를 산출한다.

$$C + O_2 \rightarrow CO_2 \quad H_2 + 0.5O_2 \rightarrow H_2O$$
$$12kg : 32kg \qquad 2kg : 0.5\times32kg$$

$$O_{om} = \frac{32}{12}C + \frac{0.5\times32}{2}H = 2.667C + 8H$$

$$\therefore O_{om} = 2.667C + 8H = 2.667\times50 + 8\times50 = 533.3kg$$

13 고체연료의 이론산소량 무게(kg) 계산식을 적용한다.

$$O_{om} = \frac{32}{12}C + \frac{0.5\times32}{2}H + \frac{32}{32}S - O = 2.667C + 8H + S - O$$

$$\therefore O_{om} = 2.667\times0.7 + 8\times0.1 + 0.05 - 0.15 = 2.57kg$$

정답 | 9.③ 10.② 11.④ 12.④ 13.②

14 탄소 85%, 수소 14%, 황 1% 조성을 가진 중유 2.5kg을 완전연소 시 필요한 이론공기량은?
① 약 $11.3Sm^3$ ② 약 $22.6Sm^3$
③ 약 $28.3Sm^3$ ④ 약 $32.4Sm^3$

15 황화수소 $1Sm^3$의 이론연소공기량(Sm^3)은?
① 1.5 ② 3.2
③ 7.1 ④ 14.2

16 에틸알코올(C_2H_5OH) 1kg이 연소하는데 필요한 이론공기량(Sm^3)은?
① 1.5 ② 3.2
③ 7.0 ④ 14.0

17 천연가스 이론공기량(m^3)의 근사치로 옳은 것은?
① 8.0~9.5 ② 4.5~5.5
③ 2.1~4.5 ④ 0.9~1.2

> **해설**

14 고체연료의 이론공기량 부피(m^3) 계산식을 적용한다. 이론산소량의 부피를 산출하여 공기량으로 전환한다.

□ $A_o = O_o \times \dfrac{1}{0.21}$ ← $O_o = \dfrac{22.4}{12}C + \dfrac{11.2}{2}H + \dfrac{22.4}{32}S = 1.867C + 5.6H + 0.7S$

- $O_o = 1.867C + 5.6H + 0.7S = 1.867 \times 0.85 + 5.6 \times 0.14 + 0.7 \times 0.01 = 2.38\,m^3/m^3$

∴ $A_o = 2.38 \times \dfrac{1}{0.21} \times 2.5 = 28.31\,m^3$

15 황화수소의 연소반응(부피:부피비)을 이용한다.

□ $A_o = O_o \times \dfrac{1}{0.21}$ ← $H_2S + 1.5O_2 \rightarrow SO_2 + H_2O$
　　　　　　　　　　　$1m^3 : 1.5m^3$

- $O_o = 1.5\,m^3/m^3$

∴ $A_o = 1.5 \times \dfrac{1}{0.21} = 7.14\,m^3/m^3$

16 에틸알코올의 연소반응(무게:부피비)을 이용한다.

□ $A_o = O_o \times \dfrac{1}{0.21}$ ← $C_2H_5OH + 3O_2 \rightarrow 2CO_2 + 3H_2O$
　　　　　　　　　　　　　$46kg : 3 \times 22.4m^3$

- $O_o = 3 \times 22.4/46 = 1.46\,m^3/kg$

∴ $A_o = 1.46 \times \dfrac{1}{0.21} = 6.96\,m^3/kg$

17 천연가스(메탄)의 연소식(부피비)을 이용한다.

□ $A_o = O_o \times \dfrac{1}{0.21}$ ← $CH_4 + 2O_2 \rightarrow CO_2 + 2H_2O$
　　　　　　　　　　　$1m^3 : 2m^3$

∴ $A_o = 2 \times \dfrac{1}{0.21} = 9.52\,m^3/m^3$

정답 ┃ 14.③ 15.③ 16.③ 17.①

18 액체연료 1kg을 완전연소하는데 필요한 이론 공기량 A_o (Sm^3/kg)의 계산식으로 옳은 것은? (단, C, H, O, S는 각 성분원소의 중량 분율)

① $A_o = \dfrac{1}{0.21}\left[\dfrac{22.4}{12}C + \dfrac{11.2}{2}\left(H - \dfrac{O}{8}\right) + \dfrac{22.4}{32}S\right]$

② $A_o = 0.21 \times \left[\dfrac{22.4}{12}C + \dfrac{22.4}{2}\left(H - \dfrac{O}{8}\right) + \dfrac{22.4}{32}S\right]$

③ $A_o = \dfrac{1}{0.21}\left[\dfrac{22.4}{12}C + \dfrac{22.4}{2}\left(H - \dfrac{O}{8}\right) + \dfrac{22.4}{32}S\right]$

④ $A_o = 0.21 \times \left[\dfrac{22.4}{12}C + \dfrac{11.2}{2}\left(H - \dfrac{O}{8}\right) + \dfrac{22.4}{32}S\right]$

19 프로필렌(C_3H_6) 20kg을 완전연소하기 위해 필요한 공기량(m^3)은?

① 150 ② 210
③ 229 ④ 314

20 C 85%, H 10%, S 2%, O 3%인 중유 100kg을 완전연소시키는데 필요한 이론공기량(m^3)은?

① 222 ② 535
③ 1,019 ④ 1,619

21 Octane을 이론적으로 완전연소시킬 때 부피 및 무게에 의한 공기연료비(AFR)로 옳은 것은?

① 부피 : 39.5, 무게 : 13.1
② 부피 : 49.5, 무게 : 14.1
③ 부피 : 59.5, 무게 : 15.1
④ 부피 : 69.5, 무게 : 16.1

해설

18 C, H, S 원소에 대한 이론산소량의 부피(O_o)를 이론공기량(A_o)으로 전환한다.

□ $A_o = O_o \times \dfrac{1}{0.21} \leftarrow O_o = \dfrac{22.4}{12}C + \dfrac{11.2}{2}H + \dfrac{22.4}{32}S - O\dfrac{22.4}{32}$

∴ $A_o = \left[\dfrac{22.4}{12}C + \dfrac{11.2}{2}\left(H - \dfrac{O}{8}\right) + \dfrac{22.4}{32}S\right] \times \dfrac{1}{0.21}$

19 프로필렌의 연소반응(무게 : 부피비)을 이용한다.

□ $A_o = O_o \times \dfrac{1}{0.21} \leftarrow C_3H_6 + 4.5O_2 \rightarrow 3CO_2 + 3H_2O$
$\qquad\qquad\qquad\qquad\quad 42\,kg : 4.5 \times 22.4\,m^3$

∴ $A_o = 2.4 \times \dfrac{1}{0.21} = 11.43\,m^3/kg$

∴ $A_o^* = 11.43 \times 20 = 228.57\,m^3$

20 이론공기량(부피) 계산식을 이용한다.

□ $A_o = O_o \times \dfrac{1}{0.21} \leftarrow O_o = 1.867C + 5.6H + 0.7S - 0.7O$

- $O_o = 1.867 \times 0.85 + 5.6 \times 0.1 + 0.7 \times 0.02 - 0.7 \times 0.03 = 2.14\,m^3/kg$

∴ $A_o = 2.14 \times \dfrac{1}{0.21} \times 100 = 1,019.02\,m^3$

21 옥탄(Octane, C_8H_{18})의 연소반응식을 이용하여 부피공연비(AFR_v) 및 무게공연비(AFR_m)를 각각 구한다.

□ $AFR_v(부피) = \dfrac{m_a \cdot 22.4}{m_f \cdot 22.4}$, $AFR_m(무게) = \dfrac{m_a M_a}{m_f M_f} \leftarrow C_8H_{18} + 12.5O_2 \rightarrow 8CO_2 + 9H_2O$
$\qquad\qquad\qquad\qquad\qquad\qquad\qquad\qquad\qquad\qquad\quad 1\,mol : 12.5\,mol$

- m_a : 공기의 mol수 $\rightarrow m_a = O_o \times \dfrac{1}{0.21} = 12.5 \times \dfrac{1}{0.21} = 59.52$
- m_f : 연료의 mol수 $\rightarrow 1$, M_f : 연료의 분자량 $\rightarrow 114$, M_a : 공기의 분자량 $\rightarrow 29$

∴ $AFR_v = \dfrac{59.52}{1} = 59.52$, ∴ $AFR_m = \dfrac{59.52 \times 29}{1 \times 114} = 15.14$

정답 | 18.① 19.③ 20.③ 21.③

22 탄소 85%, 수소 13%, 황 2%인 중유의 연소에 필요한 이론공기량(Sm^3/kg)은?

① 2.3　　② 4.6
③ 8.8　　④ 11.1

23 탄소 89%, 수소 11%인 조성의 액체연료를 187kg/hr 연소할 때 연소배기가스를 분석한 결과 CO_2 12.5%, O_2 3.5%, N_2 84%이었다. 이 연소시설에서 2시간 동안 연소에 소요된 실제공기량(m^3)은 얼마인가?

① 4,833m^3　　② 5,862m^3
③ 6,327m^3　　④ 9,278m^3

24 어느 액체연료를 연소시켜 그 배기가스를 Orsat 분석장치로 분석한 결과 CO_2 13%, O_2 3%, N_2 84%의 결과를 얻었다. 이때 공기비는 얼마인가?

① 약 1.2　　② 약 1.6
③ 약 1.9　　④ 약 2.2

25 Methane 1mol이 공기비 1.2로 연소하고 있을 때 부피기준의 공연비(Air Fuel Ratio)는?

① 9.5　　② 11.4
③ 17.1　　④ 22.8

> **해설**

22 이론공기량(부피) 계산식을 이용한다.

- $A_o = O_o \times \dfrac{1}{0.21}$ ← $O_o = 1.867C + 5.6H + 0.7S$

- $O_o = 1.867 \times 0.85 + 5.6 \times 0.13 + 0.7 \times 0.02 = 2.33\,m^3/kg$

∴ $A_o = 2.33 \times \dfrac{1}{0.21} = 11.1\,m^3/kg$

23 액체 및 고체 연료의 공기량(부피) 계산식을 이용한다.

- 2시간 실제 소요공기량 $= mA_o \times G_f$(시간당 연소되는 연료량) $\times$ 2시간

- $A_o = \dfrac{1}{0.21}(1.867C + 5.6H)$, $m = \dfrac{N_2}{N_2 - 3.76O_2}$

- $A_o = \dfrac{1}{0.21}(1.867 \times 0.89 + 5.6 \times 0.11) = 10.86\,m^3/kg$

- $m = 1.19$

∴ $A_o^* = 1.19 \times 10.86 \times 187 \times 2 = 4,833.4\,m^3$

24 연소배기가스 분석치를 이용한 공기비 계산식(CO가 없으므로 완전연소기준)을 이용한다.

- $m = \dfrac{21}{21-(O_2)}$ or $m = \dfrac{N_2}{N_2 - 3.76(O_2)}$

∴ $m = \dfrac{21}{21-3} = 1.17$

25 메탄(Methane, CH_4)의 연소반응을 이용한다.

- AFR_v(부피) $= \dfrac{m_a \cdot 22.4}{m_f \cdot 22.4}$ ← $CH_4 + 2O_2 \rightarrow CO_2 + 2H_2O$
  　　　　　　　　　　　　　　　1mol : 2mol

∴ $AFR_v = \dfrac{1.2 \times 9.52}{1} = 11.4$

정답 | 22.④　23.①　24.①　25.②

26 Methane과 Propane이 용적비 1 : 1의 비율로 조성된 혼합가스 1Sm³당 연소용 공기 20Sm³(실제공기)가 사용되었다면 공기비는?

① 1.05　　② 1.20
③ 1.34　　④ 1.46

27 CH_4 85%, CO_2 11%, O_2 1%, N_2 3%인 기체연료 1m³를 11.3m³의 공기를 사용하여 연소하였을 때의 공기비는?

① 1.1　　② 1.2
③ 1.4　　④ 1.6

28 어느 기체연료의 부피조성이 H_2 10%, CO 20%, CH_4 55%, CO_2 5%, O_2 5%, N_2 5%이었다. 이 기체연료를 과잉공기율 40%로 연소시킬 경우 연료 1m³당 요구되는 공기량(m³)은?

① 5.3　　② 7.4
③ 8.0　　④ 8.9

29 메탄올 5kg을 완전연소시키는데 필요한 실제공기량(Sm³)은?(단, 과잉공기계수 $m=1.3$)

① 22.5Sm³　　② 25.0Sm³
③ 32.5Sm³　　④ 37.5Sm³

▶ 해설

26 혼합가스($CH_4+C_3H_8$)의 연소반응(부피 : 부피)을 이용하여 이론공기량을 산출한 다음 공기비를 구한다.

▫ $m = \dfrac{A}{A_o}$ ← $CH_4 + 2O_2 = CO_2 + 2H_2O$,　$C_3H_8 + 5O_2 = 3CO_2 + 4H_2O$
　　　　　　　　　1m³ : 2m³ ⇨ 0.5m³ : 1m³　　1m³ : 5m³ ⇨ 0.5m³ : 2.5m³

• $A_o = (1+2.5) \times \dfrac{1}{0.21} = 16.67 \, m^3/m^3$

∴ $m = \dfrac{20}{16.67} = 1.20$

27 혼합가스($CH_4+C_3H_8$)의 연소반응을 이용하여 이론공기량(A_o)을 산출한 다음 공기비를 구한다.

▫ $m = \dfrac{A}{A_o}$ ← $CH_4 + 2O_2 = CO_2 + 2H_2O$
　　　　　　　　　1m³ : 2m³ ⇨ 0.85m³ : 1.7m³

• $\begin{cases} A = 11.3 \, m^3 \\ A_o = O_o \times \dfrac{1}{0.21} = (1.7-0.01) \times \dfrac{1}{0.21} = 8.05 \, m^3/m^3 \end{cases}$

∴ $m = \dfrac{11.3}{8.05} = 1.40$

28 기체연료의 연소반응과 이론공기량 부피 산출식을 이용한다.

▫ $A = mA_o$ ← $H_2 + 0.5O_2 = H_2O$,　$CO + 0.5O_2 = CO_2$,　$CH_4 + 2O_2 = CO_2 + 2H_2O$
　　　　　　　　1m³ : 0.5m³　　　　1m³ : 0.5m³　　　　1m³ : 2m³

• 산소량(O_o) = [0.5×0.1 + 0.5×0.2 + 2×0.55] − 0.05 = 1.2 m³

• $m = 1.4$,　$A_o = O_o \times \dfrac{1}{0.21} = 1.2 \times \dfrac{1}{0.21} = 5.71 \, m^3$

∴ $A = 1.4 \times 5.71 = 8 \, m^3/m^3$

29 메탄올의 연소반응(무게 : 부피비)을 이용하여 이론산소량과 이론공기량 및 실제공기량을 산출한다.

▫ $A = mA_o$ ← $CH_3OH + 1.5O_2 = CO_2 + 2H_2O$
　　　　　　　　　32kg : 1.5×22.4m³

• $O_o = \dfrac{1.5 \times 22.4}{32} = 1.05 \, m^3/kg$

• $m = 1.3$

∴ $A = 1.3 \times 1.05 \times \dfrac{1}{0.21} \times 5 = 32.5 \, m^3$

정답 ┃ 26.②　27.③　28.③　29.③

30 탄소, 수소의 중량조성이 각각 90%, 10%인 액체연료가 매 시 20kg 연소되고, 공기비는 1.2라면 매 시 필요한 공기량(Sm³/hr)은?

① 약 215 ② 약 256
③ 약 278 ④ 약 292

31 C 82%, H 15%, S 3%의 조성을 가진 액체연료를 2kg/min으로 연소시켜 배기가스를 분석하였더니 CO_2 12.0%, O_2 5%, N_2 83% 이었다면 이때 실제공급된 연소용 공기량(Sm³/hr)은?

① 1,172 ② 1,326
③ 1,638 ④ 1,761

32 공기비가 1.4일 때 등가비(ϕ)는?

① 0.71 ② 2.1
③ 2.7   ④ 71

33 과잉공기가 지나칠 때 나타나는 현상이 아닌 것은?

① 연소실 내 온도 저하
② 배기온도 및 매연 증가
③ 배출가스 중 NO_x 발생량 증가
④ 배출가스에 의한 열손실의 증가

34 등가비(ϕ, Equivalent Ratio)와 연소상태와의 관계를 설명한 것 중 틀린 것은?

① $\phi > 1$인 경우는 연료가 과잉상태이다.
② $\phi > 1$인 경우는 불완전연소가 발생한다.
③ $\phi < 1$인 경우는 공기가 부족하며, 불완전연소가 발생한다.
④ $\phi = 1$인 경우는 완전연소로 연료와 산화제의 혼합이 이상적이다.

> **해설**

30 액체연료의 연소계산(공기량의 부피계산)을 이용하여 시간당 실제공급공기량을 산출한다.

- $A = m A_o$, $A_o = O_o \times \dfrac{1}{0.21}$
- $O_o = 1.867C + 5.6H = 1.867 \times 0.9 + 5.6 \times 0.1 = 2.24 \, \text{m}^3/\text{kg}$
- $m = 1.2$

$\therefore A = 1.2 \times 2.24 \times \dfrac{1}{0.21} \times 20 \, \text{kg/hr} = 256.08 \, \text{m}^3/\text{hr}$

31 실제공기량(A)은 과잉공기비(m)와 이론공기량(A_o)의 곱으로 산출한다.

- $A = m A_o$, $A_o = O_o \times \dfrac{1}{0.21}$, $m = \dfrac{N_2}{N_2 - 3.76 O_2}$
- $O_o = 1.867 \times 0.82 + 5.6 \times 0.15 + 0.7 \times 0.03 = 2.39 \, \text{m}^3/\text{kg}$
- $m = \dfrac{83}{83 - 3.76 \times 5} = 1.29$

$\therefore A = 1.29 \times 2.39 \times \dfrac{1}{0.21} \, (\text{m}^3/\text{kg}) \times \dfrac{2\text{kg}}{\text{min}} \times \dfrac{60\text{min}}{\text{hr}} = 1,761 \, \text{m}^3/\text{hr}$

32 등가비(ϕ)는 공기비(m)의 역수이다.

$\therefore \phi = \dfrac{1}{1.4} = 0.71$

33 과잉공기가 지나치게 클 경우 배출가스의 온도가 낮아지고 연소상태가 불안정하게 된다.

34 $\phi < 1$인 경우는 공기가 과잉으로 공급되며, CO와 HC는 최소가 된다. 공기비(m)와 등가비(ϕ)의 관계는 상호 역수 관계이다.

- 등가비(ϕ) = $\dfrac{1}{\text{공기비}(m)}$

정답 | 30.② 31.④ 32.① 33.② 34.③

대기환경기사/산업기사

35 공기비가 클 경우($m>1$) 나타나는 현상으로 거리가 먼 것은?

① 저온부식이 촉진된다.
② 가스폭발 위험과 매연발생이 크다.
③ 연소실 내의 연소온도가 낮아진다.
④ 배기가스에 의한 열손실이 증가한다.

36 등가비(ϕ)의 설명 중 틀린 것은?

① $\phi>1$일 경우는 불완전연소가 된다.
② $\phi<1$일 경우는 공기가 과잉인 경우이다.
③ $\phi>1$일 경우는 연료과잉인 경우로 질소산화물이 증가한다.
④ ϕ =(실제연료량/산화제)÷(완전연소를 위한 이상적 연료량/산화제)

> **해설**
>
> **35** 공기비가 작을 경우($m<1$) 가스폭발 위험과 매연발생이 증가한다.
> **36** $\phi>1$일 경우는 공기가 부족한 연소상태로 $m<1$인 상태이다. 과잉공기계수(m)와 등가비(ϕ)는 상호 역수 관계임을 잘 정리해 두어야 한다.

정답 | 35.② 36.③

업그레이드 종합 예상문제

01 1mol의 프로판이 완전연소할 때의 AFR(부피기준)은?

① 9.5　　　　　　　　② 19.5
③ 23.8　　　　　　　　④ 33.8

■해설 프로판(Propane, C_3H_8)의 연소반응을 이용한다.

$$AFR_v(\text{부피}) = \frac{m_a \cdot 22.4}{m_f \cdot 22.4} \leftarrow C_3H_8 + 5O_2 \rightarrow 3CO_2 + 4H_2O$$
$$\text{1mol} : \text{5mol}$$

- $m_a = 5 \times \dfrac{1}{0.21} = 23.81$, $m_f = 1$

∴ $AFR_v = \dfrac{23.81}{1} = 23.81$

※ AFR 계산에 아세틸렌(C_2H_2) 등 다양한 가연물이 제시되고 있다.

02 분자식 C_mH_n인 탄화수소 $1m^3$를 완전연소시킬 때 이론공기량이 $19m^3$인 것은 어느 것인가?

① C_2H_4　　　　　　　② C_2H_2
③ C_3H_8　　　　　　　④ C_3H_4

■해설 C_mH_n의 연소반응(부피 : 부피비)과 이론공기량 부피(A_o) 계산식을 이용한다.

$$A_o = O_o \times \frac{1}{0.21} \leftarrow C_mH_n + \left(m + \frac{n}{4}\right)O_2 \rightarrow m\,CO_2 + \frac{n}{2}H_2O$$
$$1m^3 : (m+n/4)\,m^3$$

$\Rightarrow A_o = O_o \times \dfrac{1}{0.21} \Rightarrow 19\,m^3 = \left(m + \dfrac{n}{4}\right) \times \dfrac{1}{0.21}$

∴ $\left(m + \dfrac{n}{4}\right) = 3.39 ≒ 4.0 \rightarrow$ 보기의 항목 중에서 프로핀(C_3H_4)이 4.0이다.

03 다음 중 과잉산소량을 옳게 표시한 것은?(단, A : 실제공기량, A_o : 이론공기량, m : 공기과잉계수($m > 1$), 부피기준임)

① $mA_o \times 0.21$　　　　　　② $(m-1)A_o \times 0.21$
③ $(m+1)A_o \times 0.21$　　　　④ $(m-0.21)A \times 0.21$

■해설 과잉산소량은 과잉공기량의 21%이다.

- 과잉산소량(부피) = $(mA_o - A_o) \times 0.21 = (m-1)A_o \times 0.21$

정답 1.③　2.④　3.②

04 C_8H_{18} 4kg을 완전연소시킬 때 소요되는 이론적인 공기량(kg)은?(단, 공기의 분자량은 28.95이다.)

① 약 60kg ② 약 75kg
③ 약 80kg ④ 약 95kg

해설 C_8H_{18}의 연소반응(무게 : 무게비)으로부터 이론산소량 무게(O_{om})를 먼저 산출한 후 이론공기량을 산출한다.

$$A_{om} = O_{om} \times \frac{1}{0.232} \quad \leftarrow 0.232 = 32 \times 0.21/28.95 \quad \Leftarrow \quad C_8H_{18} + 12.5O_2 \rightarrow 8CO_2 + 9H_2O$$
$$114\text{kg} : 12.5 \times 32\text{kg}$$

- $O_{om} = \dfrac{12.5 \times 32\text{kg}}{114\text{kg}} \times 4\text{kg} = 14.04\text{kg}$

$\therefore A_{om} = 14.04 \times \dfrac{1}{0.232} = 60.5\text{ kg}$

05 혼합가스에 포함된 기체의 조성이 부피기준으로 메탄이 10%, 프로판이 30%, 부탄이 60%인 기체연료가 있다. 이 기체연료 0.67L를 완전연소하는데 필요한 이론공기량(L)은?

① 17.9L ② 19.6L
③ 22.2L ④ 26.7L

해설 탄화수소의 연소반응(부피 : 부피비)으로부터 이론산소량 부피를 산출하여 이론공기량 부피를 구한다.

$$A_o = O_o \times \frac{1}{0.21} \quad \leftarrow \quad \begin{cases} CH_4 + 2O_2 \rightarrow CO_2 + 2H_2O \\ C_3H_8 + 5O_2 \rightarrow 3CO_2 + 4H_2O \\ C_4H_{10} + 6.5O_2 \rightarrow 4CO_2 + 5H_2O \end{cases}$$

- $O_o = 2CH_4 + 5C_3H_8 + 6.5C_4H_{10} = 2 \times 0.1 + 5 \times 0.3 + 6.5 \times 0.6 = 5.6\text{L/L}$

$\therefore A_o = (5.6 \times 0.67) \times \dfrac{1}{0.21} = 17.87\text{ L}$

06 기체연료의 이론공기량(Sm^3/Sm^3)을 구하는 식으로 옳은 것은?(단, H_2, CO, C_mH_n, O_2는 연료 중의 수소, 일산화탄소, 탄화수소의 체적비를 의미함)

① $A_o = 0.21 \left[\dfrac{1}{2}H_2 + \dfrac{1}{2}CO + \left(m + \dfrac{n}{4}\right)C_mH_n - O_2 \right]$

② $A_o = \dfrac{1}{0.21} \left[\dfrac{1}{2}H_2 + \dfrac{1}{2}CO + \left(m + \dfrac{n}{4}\right)C_mH_n - O_2 \right]$

③ $A_o = 0.21 \left[\dfrac{1}{2}H_2 + \dfrac{1}{2}CO + \left(m + \dfrac{n}{4}\right)C_mH_n + O_2 \right]$

④ $A_o = \dfrac{1}{0.21} \left[\dfrac{1}{2}H_2 + \dfrac{1}{2}CO + \left(m + \dfrac{n}{4}\right)C_mH_n + O_2 \right]$

해설 탄화수소의 이론산소량 부피(O_o)으로부터 이론공기량 부피(A_o)를 산출할 수 있다.

$A_o = O_o \times \dfrac{1}{0.21} \quad \leftarrow \quad O_o = 0.5CO + 0.5H_2 + \left(m + \dfrac{n}{4}\right)C_mH_n - O_2$

$\therefore A_o = \dfrac{1}{0.21} \left[\dfrac{1}{2}H_2 + \dfrac{1}{2}CO + \left(m + \dfrac{n}{4}\right)C_mH_n - O_2 \right]$

정답 4.① 5.① 6.②

07 부탄(C_4H_{10}) 몇 kg을 연소하면 이론적 필요한 공기량이 500kg-Air가 되겠는가?

① 약 32kg
② 약 42kg
③ 약 52kg
④ 약 62kg

해설 부탄의 연소반응(무게 : 무게비)과 이론공기량 무게(A_{om}) 계산식을 이용한다.

- $A_{om} = O_{om} \times \dfrac{1}{0.232}$ ← $C_4H_{10} + 6.5O_2 \rightarrow 4CO_2 + 5H_2O$
  $\phantom{A_{om} = O_{om} \times \dfrac{1}{0.232} \leftarrow \;}$ 58kg : 6.5×32kg
- $O_{om} = \dfrac{6.5 \times 32\,\text{kg}}{58\,\text{kg}} = 3.59\,\text{kg/kg}$

∴ $500\,\text{kg} = 3.59\,\text{kg/kg} \times \dfrac{1}{0.232} \times G_f$

∴ $G_f = 32.35\,\text{kg}$ (부탄)

08 3,915kg의 석탄이 완전연소하는 데 이론적으로 소요되는 공기량(kg)은?(단, 석탄은 모두 탄소로 구성되어 있다고 가정)

① 25,000kg
② 35,000kg
③ 45,000kg
④ 65,000kg

해설 탄소의 연소반응(무게 : 무게비)을 이용하여 이론산소량의 무게를 산출한 다음 공기량으로 전환한다.

- $A_{om} = O_{om} \times \dfrac{1}{0.232}$ ← $C + O_2 = CO_2 \Leftrightarrow O_o = \dfrac{32}{12} \times 3,915 = 10,441.31\,\text{kg}$
  $\phantom{A_{om} = O_{om} \times \dfrac{1}{0.232} \leftarrow\;}$ 12kg : 32kg

∴ $A_{om} = 10,441.31 \times \dfrac{1}{0.232} = 45,005.6\,\text{kg}$

09 다음 중 공기비($m>1$)에 대한 식으로 옳지 않은 것은?[단, 실제공기량 : A, 이론공기량 : A_o, 배출가스 중 질소량 : N_2(%), 배출가스 중 산소량 : O_2(%)]

① $m = A/A_o$
② $m = 21/(21-O_2)$
③ $m = N_2/(N_2 - 4.76O_2)$
④ $m = 1 +$ (과잉공기량$/A_o$)

해설 배기가스 중 질소와 산소의 농도를 이용한 공기비 계산식은 $m = N_2/(N_2 - 3.76O_2)$이다.

10 공기비가 1.6일 때 배출가스 중의 산소량은?(단, 완전연소기준)

① 7.9%
② 9.53%
③ 12.5%
④ 15.8%

해설 연소배기가스 분석치를 이용한 공기비 계산식(CO가 없는 완전연소기준)을 이용한다.

- $m = \dfrac{21}{21 - O_2} \rightarrow 1.6 = \dfrac{21}{21 - O_2}$

∴ $O_2 = 7.88\%$

더 풀어보기 예상문제

01 Nonane의 완전연소 시 이론적 공연비 (무게기준)는?
① 10.5 ② 12.9
③ 14.0 ④ 15.1

02 등유($C_{10}H_{20}$) 3kg을 완전연소시킬 때 필요한 이론공기량(m^3)은?
① 22.8Sm³ ② 28.5Sm³
③ 34.3Sm³ ④ 39.2Sm³

03 다음 각종 연료의 이론공기량의 개략치 값(m^3/kg)으로 거리가 먼 것은?
① 코크스 : 0.8~1.2
② 가솔린 : 11.3~11.5
③ 고로가스 : 0.7~0.9
④ 발생로가스 : 0.9~1.2

04 헥산(C_6H_{14})의 부피기준 공연비(AFR)는?
① 45.2 ② 32.9
③ 24.0 ④ 15.1

정답 1.④ 2.③ 3.① 4.①

더 풀어보기 예상문제 해설

01 노난(Nonane, C_9H_{20}) 연소반응식을 이용한다.

□ $AFR_m (무게) = \dfrac{m_a M_a}{m_f M_f}$ ← $C_9H_{20} + 14O_2 \rightarrow 9CO_2 + 10H_2O$
   1mol : 14mol

• $m_a = 14 \times \dfrac{1}{0.21} = 66.67$, $M_f = 128$

∴ $AFR_m = \dfrac{66.67 \times 29}{1 \times 128} = 15.1$

02 등유의 연소반응(무게 : 부피비)을 이용하여 이론산소량 부피(O_o)를 산출, 공기량(A_o)으로 전환한다.

□ $A_o = O_o \times \dfrac{1}{0.21}$ ← $C_{10}H_{20} + 15O_2 = 10CO_2 + 10H_2O$
   140kg : 15×22.4m³

• $O_o = \dfrac{15 \times 22.4}{140} = 2.4 m^3/kg$

∴ $A_o = 2.4 \times \dfrac{1}{0.21} \times 3 = 34.2\, m^3$

03 코크스의 이론공기량은 7.5~8.0m³/kg 범위이다.

04 헥산(Hexane, C_6H_{14}) 연소반응식을 이용한다.

□ $AFR_v (부피) = \dfrac{m_a \cdot 22.4}{m_f \cdot 22.4}$ ← $C_6H_{14} + 9.5O_2 \rightarrow 6CO_2 + 7H_2O$
   1mol : 9.5mol

• $m_a = 9.5 \times \dfrac{1}{0.21} = 45.24$, $m_f = 1$

∴ $AFR_m = \dfrac{45.24}{1} = 45.24$

더 풀어보기 예상문제

01 부탄 $1m^3$을 $m=1.2$로 연소시킬 때 실제공기량(kg)은?
① 22.5kg ② 25.0kg
③ 32.5kg ④ 48.0kg

02 탄소, 수소만으로 되어 있는 탄화수소를 이론산소량으로 연소시킬 때의 연소반응식으로서 옳은 것은?(단, λ = 과잉공기율)
① $C_mH_n + \left(m+\dfrac{n}{4}\right)O_2 = mCO_2 + \dfrac{n}{2}H_2O$
② $C_mH_n + \lambda\left(m+\dfrac{n}{4}\right)O_2 = \lambda mCO_2 + \lambda\dfrac{n}{2}H_2O$
③ $C_mH_n + \lambda O_2 = \lambda mCO_2 + \lambda\dfrac{n}{2}H_2O$
④ $C_mH_n + \left(m+\dfrac{n}{2}\right)O_2 = mCO_2 + \dfrac{n}{2}H_2O$

03 석탄을 연소하는 가열로의 배기가스를 분석한 결과 CO_2 14.5%, O_2 6%, N_2 79%, CO 0.5%이었다. 이 경우의 공기비는?
① 1.13 ② 1.38
③ 1.62 ④ 1.83

04 중유의 조성은 탄소 82%, 수소 11%, 황 3%, 산소 1.5%, 기타 2.5%이다. 이 중유의 완전연소 시 시간당 이론공기량(부피)은 얼마인가?(단, 연료사용량 : 100L/hr, 연료의 비중 : 0.95)
① $384m^3/hr$ ② $562m^3/hr$
③ $627m^3/hr$ ④ $978m^3/hr$

정답 1.④ 2.① 3.② 4.④

더 풀어보기 예상문제 해설

01 부탄의 연소반응(부피 : 무게비)을 이용한다.
$$A_m = mA_{om},\ A_{om} = O_{om} \times \dfrac{1}{0.232} \leftarrow \begin{array}{l} C_4H_{10} + 6.5O_2 = 4CO_2 + 5H_2O \\ 22.4m^3 : 6.5 \times 32kg \end{array}$$
- $O_o = \dfrac{6.5 \times 32}{22.4} = 9.29\ kg/m^3$
- $m = 1.2$
∴ $A_m = 1.2 \times 9.29 \times \dfrac{1}{0.232} = 48.05\ kg$

02 탄화수소를 이론산소량으로 연소시킬 때에는 연소반응식에서 과잉공기율 사용이 불필요하다. 그러므로 ①항이 옳다.

03 CO가 있으므로 불완전연소 기준을 적용한다.
$$m = \dfrac{N_2}{N_2 - 3.76(O_2 - 0.5CO)}$$
∴ $m = \dfrac{79}{79 - 3.76(6 - 0.5 \times 0.5)} = 1.38$

04 연료가 액체인 중유이므로 액체 및 고체연료의 이론공기량(부피) 계산식을 이용한다.
$$A_{oh} = A_o \times G_f (\text{시간당 연소되는 연료량})$$
- $A_o = O_o \times \dfrac{1}{0.21} = \dfrac{1}{0.21}(1.867 \times 0.82 + 5.6 \times 0.11 + 0.7 \times 0.03 - 0.7 \times 0.015) = 2.16 \times \dfrac{1}{0.21}$
   $= 10.29\ m^3/kg$
- $G_f = \dfrac{100L}{hr} \times \dfrac{0.95kg}{L} = 95\ kg/hr$
∴ $A_{oh} = 10.29 \times 95 = 977.6\ m^3/hr$

3 연소가스 분석 및 농도산출

(1) 이론가스량

■ 이론가스량=이론공기 중 질소량(N_{2Air})+$\sum$연소생성물

❀ 고체 및 액체상 연료
- 연소성분
  - $C + O_2 \rightarrow CO_2(g)$
  - $2H + 1/2O_2 \rightarrow H_2O(g)$
  - $S + O_2 \rightarrow SO_2(g)$
- 불연성분
  - 연료 중 질소(2N) $\rightarrow N_2(g)$
  - 연료 중 수분(W) $\rightarrow H_2O(g)$

□ 이론건조가스량의 부피(m^3/kg)

☀ $G_{od} = N_{2Air} + \dfrac{22.4}{12}C + \dfrac{22.4}{32}S + \dfrac{22.4}{28}N = (1-0.21)A_o + 1.867C + 0.7S + 0.8N$

□ 이론습가스량의 부피(m^3/kg)

☀ $G_{ow} = N_{2Air} + \dfrac{22.4}{12}C + \dfrac{22.4}{32}S + \dfrac{22.4}{28}N + \dfrac{22.4}{2}H + \dfrac{22.4}{18}W$
$= (1-0.21)A_o + 1.867C + 0.7S + 0.8N + 11.2H + 1.244W$

❀ 기체상 연료
- 연소성분
  - $CO + 1/2O_2 \rightarrow CO_2$
  - $H_2 + 1/2O_2 \rightarrow H_2O$
  - $C_mH_n + \left(m + \dfrac{n}{4}\right)O_2 = mCO_2 + \dfrac{n}{2}H_2O$
- 불연성분
  - $CO_2 \rightarrow CO_2$
  - $N_2 \rightarrow N_2$

□ 이론건조가스량의 부피(m^3/m^3)

☀ $G_{od} = N_{2Air} + \dfrac{22.4}{22.4}CO + \dfrac{m \times 22.4}{22.4}C_mH_n + CO_2 + N_2$
$= (1-0.21)A_o + \sum(CO_2 + N_2 \cdots 수분은 제외)$

□ 이론습가스량의 부피(m^3/m^3)

☀ $G_{ow} = N_{2Air} + \dfrac{22.4}{22.4}CO + \dfrac{m \times 22.4}{22.4}C_mH_n + CO_2 + N_2 + \sum H_2O$
$= (1-0.21)A_o + \sum(CO_2 + N_2 + H_2O \cdots)$

❀ 저위발열량(Hl)을 이용한 이론공기량(A_o) 및 이론가스량(G_o) 산정(Rosin식)

□ 고체연료 : $A_o = 1.01 \times \dfrac{Hl}{1,000} + 0.5$, $G_o = 0.89 \times \dfrac{Hl}{1,000} + 1.65 \cdots m^3/kg$

□ 기체연료 : $A_o = 0.85 \times \dfrac{Hl}{1,000} + 2$, $G_o = 1.11 \times \dfrac{Hl}{1,000} \cdots m^3/kg$

(2) 실제가스량

■ 실제가스량=이론가스량+과잉공기량

❀ 고체 및 액체상 연료

□ 실제건조가스량의 부피(m^3/kg)

☀ $G_d = G_{od} + (m-1)A_o = (m-0.21)A_o + 1.867C + 0.7S + 0.8N$

- 이론습가스량의 부피(m^3/kg)
  - ☀ $G_w = G_{ow} + (m-1)A_o = (m-0.21)A_o + 1.867C + 0.7S + 0.8N + 11.2H + 1.244W$

기체 및 탄수화물

- 실제건조가스량의 부피(m^3/m^3)
  - ☀ $G_d = G_{od} + (m-1)A_o = (m-0.21)A_o + \sum(CO_2 + N_2 \cdots$ 수분은 제외$)$
- 실제습가스량의 부피(m^3/m^3)
  - ☀ $G_w = G_{ow} + (m-1)A_o = (m-0.21)A_o + \sum(CO_2 + N_2 + H_2O \cdots)$

(3) 오염물질의 농도계산

최대탄산가스율 : 이론건조가스량을 기준한 탄산가스의 부피백분율로 정의됨

- 연료의 조성에 따른 산출 : $(CO_2)_{max}(\%) = \dfrac{CO_2(m^3)}{G_{od}(m^3)} \times 100$
  - ☀ 고체 · 액체연료 : $(CO_2)_{max} = \dfrac{1.867C}{(1-0.21)A_o + 1.867C + 0.7S} \times 100$
  - ☀ 기체연료 : $(CO_2)_{max} = \dfrac{\sum CO_2}{(1-0.21)A_o + \sum(CO_2 + SO_2)} \times 100$

- 배기가스 분석에 따른 산출
  - ☀ 완전연소 : $(CO_2)_{max} = \dfrac{21}{21-(O_2)} \times (CO_2)$ $\begin{cases}(O_2) : \text{가스 중 산소}(\%) \\ (CO) : \text{가스 중 CO}(\%) \\ (CO_2) : \text{가스 중 }CO_2(\%)\end{cases}$
  - ☀ 불완전연소 : $(CO_2)_{max} = \dfrac{21[(CO_2)+(CO)]}{21-(O_2)+0.395(CO)}$

기타 연소가스의 농도계산 : 건조가스량 및 습가스량을 기준으로 하는 오염물질(아황산가스, 분진 등)의 농도 및 배기가스 중의 산소(O_2) 등 다양한 성분들의 함량을 전제조건에 맞게 양론적 계산을 통해 다양한 단위(%, ppm, mg/m^3 등)로 산출해 낼 수 있음

- 산소농도 : $C_{O_2}(\%) = \dfrac{O_2(m^3)}{\text{가스량}(m^3)} \times 100 = \dfrac{(m-1)A_o \times 0.21}{G} \times 100$
- SO_2 농도 : $C_{SO_2}(ppm) = \dfrac{SO_2(m^3)}{\text{가스량}(m^3)} \times 10^6 = \dfrac{0.7S}{G} \times 10^6 \cdots$ (액체 · 고체연료)
- SO_2 농도 : $C_{SO_2}(ppm) = \dfrac{SO_2(m^3)}{\text{가스량}(m^3)} \times 10^6 = \dfrac{SO_2}{G} \times 10^6 \cdots$ (기체연료)
- 먼지농도 : $C_m(mg/m^3) = \dfrac{\text{먼지}(mg/kg)}{\text{가스량}(m^3/kg)} \cdots$ (액체 · 고체연료)

※ **오염물질의 배출량 산정** : 오염물질의 배출량은 가스 중의 농도와 연소배기가스량을 곱하여 산출함

- SO₂ 배출량(m³/hr) : $Q_{SO_2} = C_{SO_2}(\text{ppm}) \times \dfrac{\text{mL/m}^3}{\text{ppm}} \times G\left(\dfrac{\text{m}^3}{\text{kg}}\right) \times G_f\left(\dfrac{\text{kg}}{\text{hr}}\right) \times 10^6 \left(\dfrac{\text{m}^3}{\text{mL}}\right)$

- SO₂ 배출량(kg/hr) : $m_{SO_2} = Q_{SO_2}\left(\dfrac{\text{m}^3}{\text{hr}}\right) \times \dfrac{64\,\text{kg}}{22.4\,\text{m}^3}$

- 먼지배출량(kg/hr) : $m_{\text{dust}} = C_m\left(\dfrac{\text{mg}}{\text{m}^3}\right) \times G\left(\dfrac{\text{m}^3}{\text{kg}}\right) \times G_f\left(\dfrac{\text{kg}}{\text{hr}}\right) \times 10^6 \left(\dfrac{\text{kg}}{\text{mg}}\right)$

 **엄선 예상문제**

※ 산업기사 득점포인트는 『대기오염방지기술』 중 "연소부분"에 해당하는 포인트임

01 중유를 완전연소한 결과 실제연소가스량은 15.4m³/kg이었다. 이론공기량이 11.5m³/kg이고, 이론가스량이 13.1m³/kg일 경우 과잉공기비는?

① 1.2 ② 1.3
③ 1.4 ④ 1.5

02 Propane Gas 1Sm³를 공기비 1.21로 완전연소할 때 생성되는 건조연소가스량(m³)은?

① 26.8m³ ② 24.2m³
③ 22.3m³ ④ 21.8m³

03 C_3H_8 0.5m³, C_2H_6 0.5m³를 공기비 1.3으로 연소시킬 경우 실제습연소가스량(m³)은?

① 25.8 ② 28.6
③ 32.1 ④ 35.3

> 해설

01 실제가스량(G)과 이론가스량(G_o)의 관계식을 이용한다.

□ $G = G_o + (m-1)A_o$
- $A_o = 11.5\,\text{m}^3/\text{kg}$, $G_o = 13.1\,\text{m}^3/\text{kg}$ ⇨ $15.4 = 13.1 + (m-1) \times 11.5$

∴ $m = 1.2$

02 C_3H_8의 연소반응(부피 : 부피)과 실제건조연소가스량(부피) 계산식을 적용한다.

□ $G_d = (m - 0.21)A_o + CO_2$ ← $\begin{cases} C_3H_8 + 5O_2 = 3CO_2 + 4H_2O \\ 1\text{m}^3 : 5\text{m}^3 : 3\text{m}^3 \end{cases}$

- $\begin{cases} O_o = 5\,\text{m}^3/\text{m}^3 \\ A_o = \dfrac{1}{0.21} \times 5 = 23.81\,\text{m}^3/\text{m}^3 \\ CO_2 = 3\,\text{m}^3/\text{m}^3 \end{cases}$

∴ $G_d = (1.21 - 0.21) \times 23.81 + 3 = 26.81\,\text{m}^3/\text{m}^3$

03 C_3H_8 및 C_2H_6의 연소반응(부피 : 부피)과 습연소가스량(부피) 계산식을 이용한다.

□ $G_w = (m - 0.21)A_o + CO_2 + H_2O$

- $A_o = O_o \times \dfrac{1}{0.21} = 4.25 \times \dfrac{1}{0.21} = 20.24$
- $m = 1.3$

∴ $G_w = (1.3 - 0.21) \times 20.24 + (1.5 + 1) + (2.0 + 1.5) = 28.06\,\text{m}^3/\text{m}^3$

▶ 빠른 연소반응식 세우기 ◀

※ 프로판연소 : $C_3H_8 + 5O_2 = 3CO_2 + 4H_2O$
  부피비 → 1 : 5 : 3 : 4 = 0.5 : 2.5 : 1.5 : 2.0
※ 에탄연소 : $C_2H_6 + 3.5O_2 = 2CO_2 + 3H_2O$
  부피비 → 1 : 3.5 : 2 : 3 = 0.5 : 1.75 : 1 : 1.5

▶ O_o(이론산소량) = 2.5 + 1.75 = 4.25 m³/m³

정답 | 1.① 2.① 3.②

대기환경기사/산업기사

04 황(S)함량이 1.6%인 중유를 시간당 100톤 연소시킬 때 SO_2의 배출량(m^3/hr)은?(단, 황의 5%는 SO_3로서 배출되며, 나머지는 SO_2로 배출된다.)
① 930
② 1,064
③ 1,260
④ 1,490

05 탄소 87%, 수소 13%의 연료를 완전연소 시 배기가스를 분석한 결과 O_2는 5%이었다. 이때 과잉공기량은?
① 1.3Sm^3/kg
② 3.5Sm^3/kg
③ 4.6Sm^3/kg
④ 6.9Sm^3/kg

06 Propane 2.5m^3를 완전연소시킬 때 이론 건조연소가스량(m^3)은?
① 32.8
② 54.5
③ 65.4
④ 73.1

07 연료 중 황함량이 무게비로 1.6%인 중유를 2kL/hr로 연소할 때 굴뚝으로 배출되는 SO_2의 양(kg/hr)은?(단, 중유 비중은 0.98)
① 38.4
② 56.2
③ 62.7
④ 73.2

> **해설**

04 황의 연소반응(무게 : 부피비)을 이용한다. 단, 문제의 조건에 따라 연소되는 황의 5%는 SO_3로서 배출되는 것을 고려하여야 한다.

□ SO_2량 = 황의 연소량 × $\dfrac{22.4m^3}{32kg}$

• S + O_2 = SO_2
  32kg : 22.4m^3

∴ SO_2량 = $\dfrac{100톤}{hr} \times \dfrac{1.6}{100} \times \dfrac{10^3 kg}{톤} \times (1-0.05) \times \dfrac{22.4m^3}{32kg} = 1,064\,m^3/hr$

05 과잉공기량은 다음과 같이 계산한다.

□ $A_G = (m-1) \times A_o$

• $m = \dfrac{21}{21-O_2} = \dfrac{21}{21-5} = 1.31$

• $A_o = \dfrac{1}{0.21}(1.867C + 5.6H + 0.7S) = \dfrac{1}{0.21}(1.867 \times 0.87 + 5.6 \times 0.13) = 11.20\,Sm^3/kg$

∴ $A_G = (1.31-1) \times 11.20 = 3.47\,Sm^3/kg$

06 프로판(C_3H_8)의 연소반응(부피 : 부피비)을 이용하고, 이론건조가스량(부피)은 계산식을 적용한다.

□ $G_{od} = (1-0.21)A_o + CO_2$ ← $\begin{cases} C_3H_8 + 5O_2 = 3CO_2 + 4H_2O \\ 1m^3 : 5m^3 : 3m^3 \Rightarrow 2.5m^3 : 12.5m^3 : 7.5m^3 \end{cases}$

• $A_o = O_o \times \dfrac{1}{0.21} = 12.5 \times \dfrac{1}{0.21} = 59.52\,m^3/m^3$

• $CO_2 = 7.5\,m^3/m^3$

∴ $G_{od} = (1-0.21) \times 59.52 + 7.5 = 54.52\,m^3$

07 황의 연소반응(무게 : 무게비)을 이용한다.

□ SO_2량 = 황의 연소량 × $\dfrac{64kg}{32kg}$

• S + O_2 = SO_2
  32kg : 64kg

∴ SO_2량 = $\dfrac{1.6}{100} \times \dfrac{2kL}{hr} \times \dfrac{10^3 L}{kL} \times \dfrac{0.98kg}{L} \times \dfrac{64kg}{32kg} = 62.72\,kg/hr$

정답 | 4.② 5.② 6.② 7.③

08 프로판과 부탄의 조성비가 1:1인 혼합가스를 연소시킨 결과 건조연소가스 중의 CO_2 농도가 10%이었다. 이 연료 $3m^3$를 연소할 때 생성되는 건조연소가스량(Sm^3)은?

① 195　　② 175
③ 125　　④ 105

09 Propane $1m^3$을 공기비 1.2로 완전연소시킬 때 습연소가스 중 CO_2 농도(%)는?

① 7.2　　② 9.8
③ 12.9　　④ 17.2

10 다음 연소가스 중 CO_2 15%, O_2 7.5%일 때 $(CO_2)_{max}$(%)는?

① 15.8　　② 23.3
③ 28.6　　④ 32.4

11 부탄과 에탄이 혼합된 연료 $1Sm^3$를 완전연소시킨 결과 배기가스 중 탄산가스의 생성량이 $3.3Sm^3$이었다면 연료 중의 부탄과 에탄의 mol비(에탄/부탄)는?

① 2.19　　② 1.86
③ 0.54　　④ 0.46

> **해설**

08 프로판과 부탄의 연소반응에서 실제건조가스량(G_d)과 탄산가스의 농도(X_{CO_2})의 관계식을 이용한다.

□ $X_{CO_2}(\%) = \dfrac{CO_2\,(m^3)}{G_d\,(m^3)} \times 100$

・ $CO_2 = 3.5\,m^3/m^3$

⇨ $10\% = \dfrac{3.5}{G_d} \times 100$,　$G_d = 35\,m^3/m^3$

∴ $G_d^* = 35 \times 3 = 105\,m^3$

□ 프로판연소 : $C_3H_8 \rightarrow 3CO_2$
　부피비 → 　1 : 3 = (1/2) : 3×0.5
□ 부탄연소 : $C_4H_{10} \rightarrow 4CO_2$
　부피비 → 　1 : 4 = (1/2) : 4×0.5
・ $CO_2 = 3 \times 0.5 + 4 \times 0.5 = 3.5\,m^3/m^3$

09 실제습연소가스 중 CO_2의 농도를 산출한다.

□ $CO_2(\%) = \dfrac{CO_2}{(m-0.21)A_o + CO_2 + H_2O} \times 100$ ← $\begin{cases} C_3H_8 + 5O_2 \rightarrow 3CO_2 + 4H_2O \\ 1m^3 : 5m^3 : 3m^3 : 4m^3 \end{cases}$

∴ $CO_2(\%) = \dfrac{3}{(1.2-0.21) \times 23.81 + 3 + 4} \times 100 = 9.81\%$

10 완전연소 시 최대탄산가스율 계산식을 이용한다.

□ $(CO_2)_{max}(\%) = \dfrac{21}{21-(O_2)} \times (CO_2)$

∴ $(CO_2)_{max} = \dfrac{21}{21-(7.5)} \times (15) = 23.3\%$

11 부탄(C_4H_{10})과 에탄(C_2H_6)의 연소반응식을 이용한다.

□ $C_4H_{10} + 6.5O_2 \rightarrow 4CO_2 + 5H_2O$,　$C_2H_6 + 3.5O_2 \rightarrow 2CO_2 + 3H_2O$
　$22.4m^3$: $4 \times 22.4m^3$　　$22.4m^3$: $2 \times 22.4m^3$

・ $\begin{cases} 혼합연료 = 1m^3 = C_4H_{10} + C_2H_6 = x + (1-x) \\ CO_2 = 3.3m^3 = 4x + 2(1-x) \\ x(= C_4H_{10}) = 0.65,\ (1-x)(= C_2H_6) = 0.35 \end{cases}$

∴ $R = \dfrac{C_2H_6}{C_4H_{10}} = \dfrac{0.35}{0.65} = 0.538$

정답 ┃ 8.④　9.②　10.②　11.③

12 탄소 85%, 수소 15%의 구성비를 갖는 중유를 연소할 때 $CO_{2max}(\%)$는 얼마인가?(단, 공기비는 1.1이다.)

① 10.8% ② 12.6%
③ 14.8% ④ 18.5%

13 공기를 사용하여 CO를 완전연소시킬 때 연소가스 중의 CO_2 농도의 최대치는?

① 34.7% ② 29.3%
③ 19.9% ④ 12.3%

14 Propane의 CO_2 최대농도(%)는?

① 5.9   ② 13.8
③ 15.2 ④ 22.3

15 중유 중의 황분이 중량비 S(%)인 중유를 매시간 W(L) 사용하는 연소로에서 배출되는 황산화물은 얼마인가?

① 21.4SW   ② 1.24SW
③ 0.0063SW ④ 0.789SW

> **해설**

12 연료의 구성 성분을 이용한 최대탄산가스율$(CO_2)_{max}$은 이론건조연소가스량(G_{od})를 기준한 CO_2의 백분율(%)로 계산한다.

□ $(CO_2)_{max}(\%) = \dfrac{CO_2(m^3)}{G_{od}(m^3)} \times 100$ $\begin{cases} G_{od} = (1-0.21)A_o + CO_2 \\ A_o = \dfrac{1}{0.21}(1.867C + 5.6H) \end{cases}$

• $\begin{cases} A_o = \dfrac{1}{0.21}(1.867 \times 0.85 + 5.6 \times 0.15) = 11.56\,m^3/kg \\ CO_2 = \dfrac{22.4}{12} \times C = 1.867 \times 0.85 = 1.59\,m^3/kg \end{cases}$

∴ $(CO_2)_{max}(\%) = \dfrac{1.59}{(1-0.21) \times 11.56 + 1.59} \times 100 = 14.8\%$

13 최대탄산가스율 계산식을 이용한다.

□ $(CO_2)_{max}(\%) = \dfrac{CO_2(m^3)}{G_{od}(m^3)} \times 100$ ← $\begin{cases} CO + 0.5O_2 \to CO_2 \\ 1m^3 : 0.5m^3 : 1m^3 \end{cases}$

• $A_o = 0.5 \times \dfrac{1}{0.21} = 2.38\,m^3/m^3$, $G_{od} = (1-0.21) \times 2.38 + 1$

∴ $(CO_2)_{max} = \dfrac{1}{(1-0.21) \times 2.38 + 1} \times 100 = 34.7\%$

14 이론건조연소가스량에 대한 비율(%)을 산출한다.

□ $(CO_2)_{max}(\%) = \dfrac{CO_2(m^3)}{G_{od}(m^3)} \times 100$ ← $\begin{cases} C_3H_8 + 5O_2 \to 3CO_2 + 4H_2O \\ 1m^3 : 5m^3 : 3m^3 \end{cases}$

• $A_o = 5 \times \dfrac{1}{0.21} = 23.81\,m^3/m^3$, $G_{od} = (1-0.21)A_o + CO_2$

∴ $(CO_2)_{max} = \dfrac{3}{(1-0.21) \times 23.81 + 3} \times 100 = 13.8\%$

15 황(S)의 연소반응을 이용한다.

□ $SO_2 = $ 연소되는 황$(kg) \times \dfrac{22.4\,m^3}{32\,kg}$ $\begin{cases} S + 1.5O_2 = SO_2 \\ 32kg : 22.4\,m^3 \end{cases}$

∴ $SO_2 = W\left(\dfrac{L}{hr}\right) \times \dfrac{0.9\,kg}{L} \times \dfrac{S}{100} \times \dfrac{22.4\,m^3}{32\,kg} = 0.0063\,WS\,(m^3/hr)$

정답 | 12.③ 13.① 14.② 15.③

16 C 85%, H 13%, S 2%인 중유를 공기비 1.4로 연소시킬 때 건조연소배기가스 중의 SO_2 부피 백분율(%)은?

① 약 0.09   ② 약 0.16
③ 약 0.32   ④ 약 0.53

17 중유를 연소하는 배출시설에서 배기가스 중 SO_2 농도가 표준상태에서 1,120ppm으로 측정되었다면 같은 조건에서는 몇 mg/m^3인가?

① 1,392   ② 1,689
③ 3,200   ④ 3,870

18 중유의 조성은 C 87%, H 11% S 2%이고, 이를 연소시킨 결과 연소배기의 조성은 (CO_2 +SO_2) 13%, O_2 3%, CO 0%이었다. 실제 습연소가스 중 SO_2의 농도(ppm)는?

① 836   ② 1,022
③ 1,065 ④ 1,125

19 프로판 660kg을 기화시켜 $4Sm^3/hr$로 태운다면 몇 시간 사용할 수 있는가?

① 48시간   ② 56시간
③ 64시간   ④ 84시간

> **해설**

16 실제건조연소가스(G_d, 부피) 중의 SO_2 부피백분율(X_{SO_2})은 다음 식에 따라 계산한다.

$$X_{SO_2}(\%) = \frac{SO_2(m^3)}{G_d(m^3)} \times 100 \quad \leftarrow \begin{cases} CO_2 = \frac{22.4}{12} \times C = 1.867 \times 0.85 = 1.59\,m^3/kg \\ SO_2 = \frac{22.4}{32} \times S = 0.7 \times 0.02 \end{cases}$$

- 건조가스량(G_d) = $(m-0.21)A_o + CO_2 + SO_2$
- $A_o = \frac{1}{0.21}(1.867C + 5.6H + 0.7S) = \frac{1}{0.21}(1.867 \times 0.85 + 5.6 \times 0.13 + 0.7 \times 0.02) = 11.1\,m^3/kg$

$$\therefore X_{SO_2} = \frac{0.7 \times 0.02}{(1.4-0.21) \times 11.1 + 1.59 + 0.7 \times 0.02} \times 100 = 0.095\%$$

17 기체상태 오염물질인 SO_2의 ppm 농도단위를 mg/m^3의 단위로 전환하는 식을 적용한다.

$$C_m(mg/m^3) = C_p(ppm) \times \frac{M_w}{22.4} \quad \leftarrow \text{ppm(백만분율)의 단위 : } mL/m^3$$

$$\therefore X_{SO_2} = \frac{1,120\,mL}{m^3} \times \frac{64\,mg}{22.4\,mL} = 3,200\,mg/m^3$$

18 실제연소가스(G, 부피) 중의 SO_2 부피 ppm(X_{SO_2})은 다음 식에 따라 계산한다.

$$X_{SO_2}(ppm) = \frac{SO_2}{G_w} \times 10^6$$

- $A_o = \frac{1}{0.21}(1.867C + 5.6H + 0.7S) \rightarrow A_o = 2.25 \times \frac{1}{0.21} = 10.71\,m^3/kg$
- $m = \frac{21}{21-O_2} = \frac{21}{21-3} = 1.17$
- $G_w = A + 5.6H = (1.17-0.21) \times 1.867 \times 0.87 + 11.2 \times 0.11 + 0.7 \times 0.02 = 13.15\,m^3/kg$

$$\therefore X_{SO_2} = \frac{0.7 \times 0.02}{13.15} \times 10^6 = 1,064.6\,ppm$$

19 프로판(C_3H_8)의 1kmol=44kg=$22.4m^3$ 관계를 이용한다.

$$t = \frac{\text{총 부피}(Q)}{\text{시간당 연소되는 부피}(q_h)}$$

$$\therefore t = 660kg \times \frac{22.4\,m^3}{44\,kg} \times \frac{hr}{4\,m^3} = 84\,hr$$

정답 | 16.① 17.③ 18.③ 19.④

20 용적비로 Propane : Butane=3 : 1로 혼합된 가스 1Sm³를 이론적으로 완전연소할 경우 발생되는 CO_2의 양(Sm^3)은?

① 2.75　　② 3.25
③ 3.50　　④ 3.75

23 탄소 85%, 수소 15%로 되는 경유(1kg)를 공기비 1.2로 연소하는 경우 탄소의 2%가 검댕이 된다고 하면 실제건조연소가스 중 검댕의 농도(g/Sm^3)는?

① 약 1.3　　② 약 1.1
③ 약 0.8　　④ 약 0.6

22 공연비와 유해가스 발생농도와의 일반적인 관계를 옳게 설명한 것은?

① 공연비를 이론치보다 높이면 NO_x, CO, HC 모두 증가한다.
② 공연비를 이론치보다 낮추면 NO_x, CO, HC 모두 감소한다.
③ 공연비를 이론치보다 낮추면 NO_x는 감소하고 CO, HC는 증가한다.
④ 공연비를 이론치보다 높이면 NO_x는 감소하고, CO, HC는 증가한다.

21 연소가스 중 수분을 측정하였더니 건조가스 1Sm^3당 100g이었다. 건조가스에 대한 수증기의 용적비율(%)은?

① 12.4%　　② 18.5%
③ 20.4%　　④ 22.4%

> **해설**

20 프로판(C_3H_8)과 부탄(C_4H_{10})의 연소반응을 이용한다.

$$CO_2 = 3C_3H_8 + 4C_4H_{10} \leftarrow \begin{cases} 혼합연료 = 1m^3 = C_3H_8 + C_4H_{10} = \dfrac{3}{4} + \dfrac{1}{4} \\ C_3H_8 = 0.75, \ C_4H_{10} = 0.25 \end{cases}$$

- $C_3H_8 + 5O_2 = 3CO_2 + 4H_2O$
  $22.4m^3 \ : \ 3 \times 22.4m^3$
- $C_4H_{10} + 6.5O_2 = 4CO_2 + 5H_2O$
  $22.4m^3 \ : \ 4 \times 22.4m^3$

∴ $CO_2 = 3C_3H_8 + 4C_4H_{10} = 3 \times 0.75 + 4 \times 0.25 = 3.25\,m^3$

21 건조가스(G_d)에 대한 검댕의 농도(X_{du})는 다음 관계식으로 산출한다.

$$X_{du}\,(g/m^3) = \dfrac{m_d\,(g)}{G_d\,(m^3)} \begin{cases} m_d(검댕) = 1kg \times \dfrac{85}{100} \times \dfrac{2}{100} \times \dfrac{1{,}000g}{kg} = 17g \\ G_d = (m - 0.21)A_o + 1.867C^* \\ \quad = (1.2 - 0.21) \times 11.57 + 1.867 \times 0.85 \times (1 - 0.02) = 13\,m^3 \end{cases}$$

∴ $X_{du} = \dfrac{17}{13} = 1.3\,g/m^3$

22 ③항이 올바르다. 공연비(AFR)는 공기량/연료량의 비를 말한다.

▶ 바르게 고쳐보기 ◀
① 공연비를 이론치보다 높이면 NO_x는 증가, CO, HC는 감소한다.
② 공연비를 이론치보다 낮추면 NO_x는 감소, CO, HC는 증가한다.
④ 공연비를 이론치보다 높이면 NO_x는 증가, CO, HC는 감소한다.

23 건조가스(G_d)에 대한 수분의 부피백분율(X_w)은 다음 관계식으로 산출한다.

$$X_w\,(\%) = \dfrac{H_2O\,(m^3)}{G_d\,(m^3)} \times 100$$

∴ $X_w = \dfrac{100g}{m^3} \times \dfrac{22.4L}{18g} \times \dfrac{m^3}{1{,}000L} \times 100 = 12.44\%$

정답 ┃ 20.② 　21.① 　22.③ 　23.①

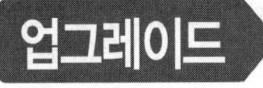

종합 예상문제

01 중유의 조성이 탄소 87%, 수소 11%, 황 2%이었다면 이 중유연소에 필요한 이론습연소가스량(Sm³/kg)은?

① 9.63
② 11.35
③ 12.96
④ 13.62

해설 이론습연소가스량(부피, G_{ow})은 이론공기량 부피(A_o)를 이용하여 계산한다.

□ $G_{ow} = (1-0.21)A_o + CO_2 + H_2O + SO_2$

- $\begin{cases} A_o = O_o \times \dfrac{1}{0.21} = \dfrac{1}{0.21}(1.867C + 5.6H + 0.7S) \\ \quad = \dfrac{1}{0.21}(1.867 \times 0.87 + 5.6 \times 0.11 + 0.7 \times 0.02) = 10.735\,m^3/kg \\ CO_2 = \dfrac{22.4}{12} \times 0.87,\ H_2O = \dfrac{22.4}{2} \times 0.11,\ SO_2 = \dfrac{22.4}{32} \times 0.02 \end{cases}$

∴ $G_{ow} = (1-0.21) \times 10.735 + 1.624 + 1.232 + 0.014 = 11.35\,m^3/kg$

02 메탄가스 1m³를 연소시킬 때 발생하는 이론건조연소가스량(m³)은?

① 6
② 8.5
③ 12
④ 16

해설 메탄(CH_4)의 연소반응(부피 : 부피비)을 이용한다.

□ $G_{od} = (1-0.21)A_o + CO_2 \longleftarrow \begin{cases} CH_4 + 2O_2 \rightarrow CO_2 + 2H_2O \\ 1m^3 : 2m^3 : 1m^3 \end{cases}$

- $A_o = 2 \times \dfrac{1}{0.21} = 9.52\,m^3/m^3$
- $CO_2 = 1\,m^3/m^3$

∴ $G_{od} = (1-0.21) \times 9.52 + 1 = 8.52\,m^3/m^3$

03 연소과정에서 공기비가 낮을 경우 생기는 현상으로 옳은 것은?

① 배기 중 CO와 매연이 증가한다.
② 배출가스에 의한 열손실이 증가한다.
③ 배기 중 SO_x, NO_x의 발생량이 증가한다.
④ 배기의 온도 저하로 저온부식이 가속화된다.

해설 과잉공기비가 낮을 경우 배기 중 CO와 매연이 증가한다.

정답 1.② 2.② 3.①

04 메탄가스 3.0Sm³을 연소시킬 때 발생되는 이론 습연소가스량(Sm³)은?

① 6.0
② 8.5
③ 12
④ 32

해설 메탄(CH_4)의 연소반응(부피 : 부피비)을 이용한다.

$$G_{ow} = (1-0.21)A_o + CO_2 + H_2O \leftarrow \begin{cases} CH_4 + 2O_2 \rightarrow CO_2 + 2H_2O \\ 1m^3 : 2m^3 : 1m^3 : 2m^3 \end{cases}$$

- $A_o = 2 \times \dfrac{1}{0.21} = 9.52 \, m^3/m^3$
- $CO_2 = 1 \, m^3/m^3$, $H_2O = 2 \, m^3/m^3$

∴ $G_{ow} = [(1-0.21) \times 9.52 + 1 + 2] \times 3.0 = 31.57 \, m^3$

05 이론건조가스량(G_{od})과 이론공기량(A_o)의 관계로 옳은 것은?

① $G_{od} = A_o - 8.2H$
② $G_{od} = A_o - 5.6H$
③ $G_{od} = A_o - 4.5H$
④ $G_{od} = A_o - 3.7H$

해설 ②항이 올바르다.

▶ 가스량과 공기량의 관계(부피계산에 한함) ◀
- $G_{od} = A_o - 5.6H + 0.7O + 0.8N$
- $G_d = mA_o - 5.6H + 0.7O + 0.8N$
- $G_{ow} = A_o + 5.6H + 0.7O + 0.8N + 1.244W$
- $G_w = mA_o + 5.6H + 0.7O + 0.8N + 1.244W$

06 연소 시에 과잉공기의 비율을 높임으로써 생기는 현상으로 가장 관계가 적은 것은 어느 것인가?

① 에너지손실이 커진다.
② 오염물질의 희석효과가 높아진다.
③ CH_4, CO 및 C 등 농도가 감소된다.
④ 화염의 크기가 커지고 불완전연소된다.

해설 과잉공기의 비율(공기비의 크기)을 적절한 범위에서 높일 경우 화염의 크기가 작아지고, 불완전연소 물질의 농도가 감소한다.

07 과잉공기비가 클 경우 일어나는 현상이 아닌 것은?

① 연소실 내 연소온도의 감소
② 가스폭발 위험과 매연의 증가
③ 배기가스 증가에 의한 열손실 증대
④ SO_x, NO_x의 발생량 증가와 부식 촉진

해설 가스폭발의 위험과 매연 발생이 증가할 때는 과잉공기비가 작을 경우이다.

08 연소에서 공기비가 작을 경우($m<1$) 발생되는 현상으로 옳은 것은?

① 완전연소에 의해 NO_x가 증가한다.
② 연소배기가스 중의 CO가 증대된다.
③ 과잉공기의 과량투입으로 배기가스에 의한 열손실이 크다.
④ 배기가스 중 황산화물과 질소산화물의 함량이 증대하여 연소장치의 부식을 가중시킨다.

해설 공기비가 작을 경우($m<1$) 불완전연소로 인한 연소배기가스 중의 CO가 증대된다.

09 프로판 2kg을 과잉공기계수 1.31로 완전연소시킬 때 발생하는 습연소가스량(kg)은?

① 24kg ② 32kg
③ 38kg ④ 43kg

해설 C_3H_8의 연소반응(무게 : 무게비)과 실제건조연소가스량(무게) 계산식을 이용한다.

□ $G_d^* = (m-0.232)A_{om} + CO_2^*$ ← $\begin{cases} C_3H_8 + 5O_2 = 3CO_2 + 4H_2O \\ 44kg : 5 \times 32kg : 3 \times 44kg : 4 \times 18kg \end{cases}$

• $\begin{cases} O_{om} = \dfrac{5 \times 32kg}{44kg} \times 2kg = 7.27kg \\ A_{om} = \dfrac{1}{0.232} \times 7.27 = 31.34kg \\ CO_2 = 6\,kg, \quad H_2O = 3.27\,kg \end{cases}$

∴ $G_w^* = (1.31 - 0.232) \times 31.34 + 6 + 3.27 = 43.05\,kg/kg$

10 메탄 $1m^3$를 공기과잉계수 1.4로 연소시킬 경우 습연소가스량(Sm^3)은?

① $14.3 Sm^3$ ② $24.2 Sm^3$
③ $22.3 Sm^3$ ④ $21.8 Sm^3$

해설 메탄(CH_4)의 연소반응(부피 : 부피)과 습연소가스량(부피) 계산식을 이용한다.

□ $G_w = (m-0.21)A_o + CO_2 + H_2O$

• $A_o = O_o \times \dfrac{1}{0.21} = 2 \times \dfrac{1}{0.21} = 9.52$

• $m = 1.4$

∴ $G_w = (1.4 - 0.21) \times 9.52 + 1 + 2 = 14.3\,m^3/m^3$

11 중유의 조성이 C 82%, H 14%, S 3%, N 1%이다. 이 중유를 $12m^3/kg$(공기/중유)로 완전연소했을 때 습연소가스 중 SO_2농도(용량 ppm)는?(단, 가스량의 계산은 다음 식을 사용)

$$G_w = A + 5.6\,H + 0.8N$$

① 937 ② 1,642
③ 2,132 ④ 2,353

정답 8.② 9.④ 10.① 11.②

■해설 실제연소가스(G, 부피) 중의 SO_2 부피 ppm(X_{SO_2})은 다음 식에 따라 계산한다.

- $X_{SO_2}(\text{ppm}) = \dfrac{SO_2}{G_w} \times 10^6$
  - $A = 12\,\text{m}^3/\text{kg}$
  - $G_w = A + 5.6\,H + 0.8N \rightarrow G_w = 12 + 5.6 \times 0.14 + 0.8 \times 0.01 = 12.79\,\text{m}^3/\text{kg}$

∴ $X_{SO_2} = \dfrac{0.7 \times 0.03}{12.79} \times 10^6 = 1,641.9\,\text{ppm}$

12 프로판 1Sm³을 공기비 1.4로 완전연소시킬 때 발생하는 실제습연소가스량(Sm³)은?

① 25.8   ② 28.8
③ 32.1   ④ 35.3

■해설 프로판(C_3H_8)의 연소반응(부피:부피비)과 실제습연소가스량(부피) 계산식을 이용한다.

- $G_w = (m - 0.21)A_o + CO_2 + H_2O$
  - $A_o = O_o \times \dfrac{1}{0.21} = 5 \times \dfrac{1}{0.21} = 23.81$
  - $m = 1.4$

∴ $G_w = (1.4 - 0.21) \times 23.81 + 3 + 4 = 35.3\,\text{m}^3/\text{m}^3$

13 (CO_2)$_{max}$ 18.4%, CO_2 14.2%, CO 4%일 때 연소가스 중 O_2(%)는?

① 1.43   ② 1.68
③ 1.81   ④ 1.95

■해설 불완전연소의 최대탄산가스율 계산식을 적용한다.

- $(CO_2)_{max} = \dfrac{21[(CO_2) + (CO)]}{21 - (O_2) + 0.395(CO)} \Rightarrow 18.4\% = \dfrac{21[(14.2) + (4)]}{21 - (O_2) + 0.395(4)}$

∴ $O_2 = 1.81\%$

14 프로판 1m³을 실제 연소한 결과 건조연소배기가스 중 CO_2 농도가 10(V/V%)이었다면 이 연소장치의 과잉공기계수는?

① 1.35   ② 1.42
③ 1.47   ④ 1.53

■해설 프로판의 연소반응에서 실제건조가스량(G_d)과 탄산가스의 농도의 관계식을 이용한다.

- $(CO_2)(\%) = \dfrac{CO_2}{(m - 0.21)A_o + CO_2} \times 100 \leftarrow \begin{cases} C_3H_8 + 5O_2 \rightarrow 3CO_2 + 4H_2O \\ 1\,\text{m}^3 : 5\,\text{m}^3 : 3\,\text{m}^3 \end{cases}$

⇒ $10\% = \dfrac{3}{(m - 0.21) \times 23.81 + 3} \times 100$

∴ $m = 1.34$

15 C 84%, H 13%, S 2%, N 1%의 조성을 가진 중유를 15.4m³/kg의 공기로 연소시켰을 경우 실제습배기가스 중 SO_2의 농도(ppm, V/V)는?

① 2,013ppm   ② 867ppm
③ 1,120ppm   ④ 1,860ppm

해설 실제습연소가스(G_w, 부피) 중 SO_2의 용량 백만분율(ppm)을 산출한다.

□ $X_{SO_2}(\text{ppm}) = \dfrac{SO_2(\text{m}^3)}{G_w(\text{m}^3)} \times 10^6$ ← $\begin{cases} CO_2 = \dfrac{22.4}{12} \times C = 1.867 \times 0.84 = 1.568 \\ SO_2 = \dfrac{22.4}{32} \times S = 0.7 \times 0.02 = 0.014 \\ N_2 = \dfrac{22.4}{28} \times N = 0.8 \times 0.01 = 8 \times 10^{-3} \\ H_2O = \dfrac{22.4}{2} \times H = 11.2 \times 0.13 = 1.456 \end{cases}$

- $G_w = (m - 0.21)A_o + CO_2 + SO_2 + N_2 + H_2O$
- $A_o = \dfrac{1}{0.21}(1.867C + 5.6H + 0.7S) = \dfrac{1}{0.21}(1.867 \times 0.84 + 5.6 \times 0.13 + 0.7 \times 0.02) = 11\,\text{m}^3/\text{kg}$
- $m = \dfrac{A}{A_o} = \dfrac{15.4}{11} = 1.4$

∴ $X_{SO_2} = \dfrac{0.014}{(1.4 - 0.21) \times 11 + 1.568 + 0.014 + 8 \times 10^{-3} + 1.456} \times 10^6 = 867.63\,\text{ppm}$

16 용적 294m³되는 방에서 문을 닫고 91%의 탄소를 가진 숯을 최소 몇 kg 이상을 태우면 해로운 상태가 되겠는가?(단, 표준상태를 기준으로 하며, 공기 중에 탄산가스의 부피가 5.8% 이상일 때 인체에 해롭다고 한다.)

① 약 10   ② 약 12
③ 약 14   ④ 약 16

해설 탄소(C)의 연소반응을 이용한다.

□ $X_{CO_2}(\%) = \dfrac{CO_2(\text{m}^3)}{\text{실내용적}(\text{m}^3)} \times 100$

- $5.8(\%) = \dfrac{CO_2(\text{m}^3)}{294(\text{m}^3)} \times 100$, $CO_2 = 17.05\,\text{m}^3$

□ C + O_2 → CO_2
  12kg : 22.4m³

∴ 숯의 연소량 = CO_2량$(\text{m}^3) \times \dfrac{12\,\text{kg}}{22.4\,\text{m}^3} \times \dfrac{1}{\text{농도}} = 17.05\,\text{m}^3 \times \dfrac{12\,\text{kg}}{22.4\,\text{m}^3} \times \dfrac{1}{0.91} = 10.04\,\text{kg}$

17 내용적 160m³의 밀폐된 실내에서 부탄 2.23kg을 완전연소시켰을 때 실내의 산소 농도(V/V%)는?(단, 공기 중 용적산소 비율은 21%)

① 15.6%   ② 17.5%
③ 19.4%   ④ 20.8%

정답 15.② 16.① 17.②

▌해설 부탄(C_4H_{10})의 연소반응을 이용한다.

□ 산소농도(%) = $\dfrac{\text{연소 후 실내잔류산소량}}{\text{실내용적}} \times 100$ $\begin{cases} C_4H_{10} + 6.5O_2 = 4CO_2 + 5H_2O \\ 58\text{kg} : 6.5 \times 22.4\text{m}^3 \end{cases}$

- 부탄연소 시 소모되는 산소량 = $2.23\text{kg} \times \dfrac{6.5 \times 22.4\text{m}^3}{58\text{kg}} = 5.6\text{m}^3$
- 부탄연소 전 실내산소량 = $160\text{m}^3 \times \dfrac{21}{100} = 33.6\text{m}^3$
- 부탄연소 후 실내잔류산소량 = $33.6\text{m}^3 - 5.6\text{m}^3 = 28\text{m}^3$

∴ $XO_2(\%) = \dfrac{28}{160} \times 100 = 17.5\%$

18 어느 액체연료의 조성이 무게비로 탄소 84.0%, 수소 11.0%, 황 2%, 산소 3%이었다. 이 연료 100kg을 연소시킬 때 생성되는 이산화탄소의 양(kg)은?

① 29kg ② 83kg
③ 151kg ④ 308kg

▌해설 탄소의 연소반응을 이용한다.

□ CO_2 = 연소되는 탄소(kg) × $\dfrac{44\text{kg}}{12\text{kg}}$ ← $\begin{cases} C + O_2 = CO_2 \\ 12\text{kg} : 44\text{kg} \end{cases}$

∴ $CO_2 = \dfrac{84}{100} \times 100\text{kg} \times \dfrac{44\text{kg}}{12\text{kg}} = 308\text{kg}$

19 황(S)함량 3%의 중유 200kL를 연소시키는 보일러에 황(S)함량 1%인 중유를 50% 섞어서 사용할 경우 SO_2의 배출량은 몇 % 감소하겠는가?(단, 기타 연소조건은 동일하며, 중유의 비중은 0.95)

① 약 26% ② 약 33%
③ 약 44% ④ 약 48%

▌해설 황의 연소반응을 이용하여 계산한다.

□ SO_2 감소율(%) = $\dfrac{\text{감소되는 } SO_2 \text{의 양}}{\text{저유황유 혼합 전의 } SO_2 \text{ 배출량}} \times 100$ ← $\begin{cases} S + O_2 \rightarrow SO_2 \\ 32\text{kg} : 22.4\text{m}^3 \end{cases}$

- 황함량 3% → 200kL 연소

$SO_2 = \dfrac{3}{100} \times 200\text{kL} \times \dfrac{10^3\text{L}}{\text{kL}} \times \dfrac{0.95\text{kg}}{\text{L}} \times \dfrac{22.4\text{m}^3}{32\text{kg}} = 3,990\text{m}^3$

- 황함량 1%, 50% 혼소 → 200kL 연소

$SO_2 = \left(\dfrac{3}{100} \times 0.5 + \dfrac{1}{100} \times 0.5\right) \times 200\text{kL} \times \dfrac{10^3\text{L}}{\text{kL}} \times \dfrac{0.95\text{kg}}{\text{L}} \times \dfrac{22.4\text{m}^3}{32\text{kg}} = 2,660\text{m}^3$

∴ 감소율(%) = $\dfrac{3,990 - 2,660}{3,990} \times 100 = 33.33\%$

20 다음 연료의 $(CO_2)_{max}$(%) 값으로 옳지 않은 것은?

① 탄소 : 21% ② 고로 가스 : 15~16%
③ 갈탄 : 19.0~19.5% ④ 코크스 : 20.0~20.5%

■해설 고로 가스의 최대탄산가스율. 즉, $(CO_2)_{max}$은 약 20~25% 정도이다.

▶연료의 조성과 최대탄산가스율$(CO_2)_{max}$(%)◀

연 료	연료조성(계략치)	$(CO_2)_{max}$(%)
고로 가스	• CO 29%, N_2 60%, CO_2 10%, H_2 1%	20~25%
코크스로 가스	• H_2 50%, CH_4 30%, CO 10%, CO_2 5%, N_2 5%	10~15%
발생로 가스	• CO 25%, N_2 55%, H_2 15%, CH_4 5%	12~17%
탄소	• C 100%	21%
코크스	• C 90%, H 1.5%, N 0.5%, O 0.5%, S 0.5%, A 7%	20.0~20.5%
석탄(무연탄<역청탄<갈탄)	• C 90%, H 2%, N 0.5%, O 2%, S 1%, A 4.5%	17~19.5%
석유	• C 85%, H 11%, N 0.5%, O 3%, S 0.5%	13~17%

21 다음 연료의 $(CO_2)_{max}$(%) 값으로 옳지 않은 것은?

① 탄소 : 21%
② 고로 가스 : 20~25%
③ 갈탄 : 19.0~19.5%
④ 코크스로 가스 : 20.0~20.5%

■해설 코크스로 가스의 최대탄산가스율. 즉, $(CO_2)_{max}$은 약 10~15% 정도이다.

22 다음 연소장치 중 일반적으로 가장 큰 공기비를 필요로 하는 것은?

① 오일버너
② 가스버너
③ 미분탄버너
④ 수평수동화격자

■해설 화격자 연소방식이 과잉공기비(m)는 1.6~2.5로서 가장 높은 편이다.

23 매연발생에 대한 설명으로 틀린 것은 어느 것인가?

① 연료 C/H 비율이 높을수록 매연이 생기기 쉽다.
② 분해가 쉽거나 산화하기 쉬운 탄화수소는 매연발생이 적다.
③ 탈수소, 중합반응이 일어나기 어려운 탄화수소일수록 매연발생이 쉽다.
④ -C-C-의 탄소결합을 절단하기보다 탈수소가 쉬운 쪽이 매연이 생기기 쉽다.

■해설 탈수소 및 중합반응이 일어나기 쉬운 탄화수소일수록 매연이 발생하기 쉽다.

24 다음 중 매연발생의 원인으로 가장 거리가 먼 것은?

① 통풍력이 부족할 때
② 무리하게 연소시킬 때
③ 연소실의 체적이 적을 때
④ 석탄 중에 황분이 많을 때

■해설 황분은 매연발생과 직접적인 연관성이 낮다.

25 C : 85%, H : 10%, O : 2%, S : 2%, N : 1%로 구성된 중유 1kg을 완전연소시킨 후 오르자트 분석결과 연소가스 중의 CO_2 13%, O_2 5.0%이었다. 건조연소가스량 (Sm^3/kg)은?

① 8.9
② 10.9
③ 12.9
④ 15.9

▮해설 건조연소가스량 계산식(G_d)을 사용한다. 이때 공기비 계산(m)은 연소배기가스 분석치에서 CO가 없으므로 완전연소기준 산정식을 적용한다.

□ $G_d = (m-0.21)A_o + CO_2 + SO_2 + N_2$ ← $\begin{cases} A_o = \dfrac{1}{0.21}(1.867C + 5.6H + 0.7S - 0.7O) \\ m = \dfrac{21}{21-O_2} = \dfrac{21}{21-5} = 1.31 \end{cases}$

• $\begin{cases} A_o = \dfrac{1}{0.21}(1.867 \times 0.85 + 5.6 \times 0.1 + 0.7 \times 0.02 - 0.7 \times 0.02) = 10.22 \, m^3/kg \\ CO_2 = \dfrac{22.4}{12} \times C = 1.867 \times 0.85 = 1.59 \, m^3/kg \\ SO_2 = \dfrac{22.4}{32} \times S = 0.7 \times 0.02 = 0.014 \, m^3/kg \\ N_2 = \dfrac{22.4}{28} \times N = 0.8 \times 0.01 = 8 \times 10^{-3} \, m^3/kg \end{cases}$

∴ $G_d = (1.31 - 0.21) \times 10.22 + 1.59 + 0.014 + 8 \times 10^{-3} = 12.85 \, m^3/kg$

26 중유를 시간당 1,000kg씩 연소시키는 배출시설이 있다. 연돌의 단면적이 $3m^2$일 때 배출가스의 유속(m/sec)은?(단, 이 중유의 표준상태에서의 원소조성 및 배출가스의 분석치는 다음과 같으며, 배기가스의 온도는 270℃)

- 중유의 조성 : 탄소 86.0%, 수소 13.0%, 황분 1.0%
- 배기가스의 분석결과 : $(CO_2)+(SO_2)=13.0\%$, $O_2=2.0\%$, $CO=0.1\%$

① 약 1.2m/sec
② 약 2.4m/sec
③ 약 3.9m/sec
④ 약 4.6m/sec

▮해설 배출가스의 유속(m/sec)은 다음과 같이 계산된다.

□ $V(유속) = \dfrac{Q(유량)}{A(단면적)}$ $\begin{cases} Q(유량) = G_w \times G_f \\ G_w = (m-0.21)A_o + CO_2 + H_2O + SO_2 \\ G_f = 1,000 \, kg/hr = 0.278 \, kg/sec \end{cases}$

• $\begin{cases} m = \dfrac{N_2}{N_2 - 3.76(O_2 - 0.5CO)} = \dfrac{84.9}{84.9 - 3.76(2 - 0.5 \times 0.1)} = 1.09 \\ A_o = \dfrac{1}{0.21}(1.867 \times 0.86 + 5.6 \times 0.13 + 0.7 \times 0.01) = 11.14 \, m^3/kg \\ G_w = (1.09 - 0.21) \times 11.14 + 1.867 \times 0.86 + 11.2 \times 0.13 + 0.7 \times 0.01 = 12.93 \, m^3/kg \end{cases}$

∴ 유속(V) = $\dfrac{12.93 \times 0.278 \, m^3/sec}{3 \, m^2} \times \dfrac{273 + 270}{273} = 2.38 \, m/sec$

더 풀어보기 예상문제

01 등가비(ϕ)와 공기비(m)의 관계로 옳은 것은 어느 것인가?

① $\phi = 2m$
② $\phi = \dfrac{m}{2}$
③ $\phi m = 1$
④ $\phi = (1 - m)$

02 연소 시 매연발생량이 가장 적은 탄화수소는?

① 나프텐계
② 올레핀계
③ 방향족계
④ 파라핀계

03 다음 중 공기비(m)가 연소에 미치는 영향에 대한 설명으로 가장 거리가 먼 것은?

① 공기비가 너무 큰 경우 배가스 중 NO_x 량이 감소한다.
② 공기비가 너무 적을 경우 불완전연소로 매연이 발생한다.
③ 공기비가 너무 큰 경우 배가스에 의한 열손실이 증가한다.
④ 공기비가 너무 적을 경우 불완전연소로 연소효율이 저하된다.

04 액체연료의 탄수소비(C/H)에 대한 설명 중 옳지 않은 것은?

① 중질연료일수록 C/H비가 크다.
② C/H비가 클수록 방사율이 크다.
③ C/H비가 클수록 이론공연비가 증가한다.
④ C/H비가 크면 비교적 비점이 높은 연료이며, 매연이 발생되기 쉽다.

05 다음 중 연소과정에서 등가비(ϕ)가 1보다 큰 경우는?

① 공급연료가 과잉인 경우
② 공급공기가 과잉인 경우
③ 공급연료의 가연성분이 불완전한 경우
④ 배출가스 중 질소산화물이 증가하고 일산화탄소가 최소가 되는 경우

06 연료연소 시 매연이 잘 생기는 순서로 옳은 것은?

① 타르>중유>경유>LPG
② 경유>타르>중유>LPG
③ 중유>타르>경유>LPG
④ 타르>경유>중유>LPG

정답 1.③ 2.④ 3.① 4.③ 5.① 6.①

더 풀어보기 예상문제 해설

01 등가비(ϕ)와 공기비(m)는 상호 반비례관계가 있으므로 ③항이 올바르다.

02 파라핀계탄화수소가 매연발생량이 가장 적다. 특히 메탄이 C/H비가 작고, 매연발생이 적다.

03 공기비가 큰 경우 배기가스 중 SO_x와 NO_x량은 증가하고, 배출가스 온도 저하로 저온부식을 촉진한다.

04 C/H비가 클수록 이론공연비(AFR)는 감소한다.

□ $AFR_m = \dfrac{34.21 + 11.48\,(C/H)}{1 + (C/H)}$

05 등가비(ϕ)와 공기비(m)는 상호 반비례관계가 있으므로 등가비가 1보다 클 경우 공기비는 1보다 작아지므로 ①항이 올바르다.

06 매연이 잘 생기는 순서는 타르>중유>경유>LPG이다. 탄수소비가 높을수록, 비점이 높을수록, 비중이 클수록 매연이 잘 생성된다.

더 풀어보기 예상문제

01 어느 액체연료의 연료조성(1kg 기준)은 C 85%, H 10%, O 2%, N 1%, S 2%이었다. 공기비 1.3일 때 실제습배기가스량 (Sm^3/kg)은?

① 8.6   ② 9.8
③ 10.4   ④ 13.9

02 연료의 이론공기량의 근사치 범위 A_o (Sm^3)로 틀린 것은?

① 코크스 : 8.0~9.0
② 역청탄 : 7.5~8.5
③ 천연가스 : 8.0~9.5
④ 발생로 가스 : 5.0~8.0

03 어느 기체연료 $2m^3$의 조성은 C_3H_8 $1.7m^3$, CO $0.15m^3$, H_2 $0.14m^3$, O_2 $0.01m^3$이었다. 이 연료의 이론습연소가스량(Sm^3/Sm^3)은?

① 22.4   ② 44.7
③ 52.2   ④ 56.4

04 다음 중 $(CO_2)_{max}$값(%)이 가장 큰 것은 어느 것인가?

① 갈탄   ② 역청탄
③ 고로 가스   ④ 코크스로 가스

정답 1.④ 2.④ 3.① 4.③

더 풀어보기 예상문제 해설

01 실제습연소가스량(부피) 계산식을 적용한다. 이때 연료조성이 C, H, O, S, N이므로 배기가스의 계산항목에는 CO_2, H_2O, SO_2, N_2가 포함되도록 한다.

□ 실제습연소가스량(G_w) = $(m - 0.21)A_o + CO_2 + H_2O + SO_2 + N_2^*$

- $\begin{cases} A_o = \dfrac{1}{0.21}(1.867 \times 0.85 + 5.6 \times 0.1 + 0.7 \times 0.02 - 0.7 \times 0.02) = 10.238 \, m^3/kg \\ CO_2 = \dfrac{22.4}{12} \times C = 1.867 \times 0.85, \quad H_2O = \dfrac{22.4}{2} \times H = 11.2 \times 0.1 \\ SO_2 = \dfrac{22.4}{32} \times S = 0.7 \times 0.02, \quad N_2^* = \dfrac{22.4}{28} \times N = 0.8 \times 0.01 \end{cases}$

∴ $G_w = (1.3 - 0.21) \times 10.238 + 1.867 \times 0.85 + 11.2 \times 0.1 + 0.7 \times 0.02 + 0.8 \times 0.01 = 13.89 \, m^3/kg$

02 발생로 가스의 주 성분은 일산화탄소(30% 미만)와 수소(15% 미만)이고 그 외의 대부분은 질소로 구성되어 있다. 따라서 이론공기량이 $1m^3/m^3$ 미만으로 작은 편이다.

03 혼합 기체의 연소반응을 이용하여 이론습연소가스량(부피)을 계산한다.

□ $G_{ow} = (1 - 0.21)A_o + CO_2 + H_2O$

$C_3H_8 + 5O_2 = 3CO_2 + 4H_2O, \quad CO + 0.5O_2 = CO, \quad H_2 + 0.5O_2 = H_2O$
$1m^3 : 5m^3 : 3m^3 : 4m^3 \quad 1m^3 : 0.5m^3 : 1m^3 \quad 1m^3 : 0.5m^3 : 1m^3$

- $\begin{cases} 산소량(O_o) = [5 \times 1.7 + 0.5 \times 0.15 + 0.5 \times 0.14] - 0.01 = 8.635 \, m^3 \\ CO_2량 = 3 \times 1.7 + 1 \times 0.15 = 5.25 \, m^3 \\ H_2O량 = 4 \times 1.7 + 0.14 = 6.94 \, m^3 \end{cases}$

- $A_o = O_o \times \dfrac{1}{0.21} = 8.635 \times \dfrac{1}{0.21} = 41.12 \, m^3$
- $CO_2 = 5.1 + 0.15 = 5.25 \, m^3, \quad H_2O = 6.8 + 0.14 = 6.94 \, m^3$

∴ $G_{ow} = [(1 - 0.21) \times 41.12 + 5.25 + 6.94] \div 2 = 22.35 \, m^3/m^3$

04 고로 가스는 개략적으로 CO 29%, N_2 60%, CO_2 10%, H_2 1%로 조성되어 있으며 $(CO_2)_{max}$값(%)은 20~25%로 석탄이나 석유류 및 다른 부생가스에 비해 높다.

더 풀어보기 예상문제

01 중유의 조성은 탄소 82%, 수소 11%, 황 3%, 산소 1.5%, 기타 2.5%이다. 이 중유의 완전연소 시 시간당 이론공기량(부피)은 얼마인가?(단, 연료사용량 : 100L/hr, 연료의 비중 : 0.95)

① 384m³/hr　　② 562m³/hr
③ 627m³/hr　　④ 978m³/hr

02 다음의 알코올 중 에테르, 아세톤, 벤젠 등 많은 유기물질을 용해하며, 무색의 독특한 냄새를 가지고, 모두 8종의 이성체가 존재하는 것은?

① 부탄올(C_4H_9OH)
② 펜탄올($C_5H_{11}OH$)
③ 에탄올(C_2H_5OH)
④ 프로판올(C_3H_7OH)

정답 1.④　2.②

더 풀어보기 예상문제 해설

01 연료가 액체인 중유이므로 액체 및 고체연료의 이론공기량(부피) 계산식을 이용한다.

$A_{oh} = A_o \times G_f$ (시간당 연소되는 연료량)

- $A_o = O_o \times \dfrac{1}{0.21}$

   $= \dfrac{1}{0.21}(1.867 \times 0.82 + 5.6 \times 0.11 + 0.7 \times 0.03 - 0.7 \times 0.015)$

   $= 2.16 \times \dfrac{1}{0.21} = 10.29 \, \text{m}^3/\text{kg}$

- $G_f = \dfrac{100\text{L}}{\text{hr}} \times \dfrac{0.95\text{kg}}{\text{L}} = 95\text{kg/hr}$

∴ $A_{oh} = 10.29 \times 95 = 977.6 \, \text{m}^3/\text{hr}$

02 알코올류 중 8종의 이성체가 존재하는 것은 펜탄올(아밀알코올)이다.

▶알코올류의 특성◀

에탄올	• 탄소수 2개인 지방족 포화알코올(주정) • 무색·투명한 휘발성 액체로서 물에 쉽게 녹음
프로판올	• 탄소수 3개인 지방족 포화알코올 • 특유한 냄새를 가지며, 실온에서 물과 임의의 비율로 혼합할 수 있음 • 2가지 이성질체가 존재함
부탄올	• 탄소수 4개인 지방족 포화알코올 • 4가지 이성질체가 존재함
펜탄올	• 탄소수 5개인 지방족 포화알코올 • 특유의 불쾌한 냄새가 나며, 에테르, 아세톤, 벤젠 등의 유기물질을 용해함 • 8가지 이성질체가 존재함

더 풀어보기 예상문제

01 고로 가스의 조성은 CO 20%, CO_2 20%, N_2 60%이다. 고로 가스의 이론건조연소가스량(m^3/m^3)은?

① 0.9　　　② 1.4
③ 1.8　　　④ 2.8

02 다음 에탄을 연소할 때 이론건조연소가스량(Sm^3/Sm^3)은?

① 6.3　　　② 8.5
③ 12　　　　④ 15.2

03 프로판을 공기비 1.4로 연소할 때 건조 연소가스 중의 CO_2(%)는?

① 9.6　　　② 13.8
③ 15.8　　　④ 23.3

04 유황 함유량이 1.6%(W/W)인 중유를 매시 100톤 연소시킬 때 굴뚝으로부터의 SO_3 배출량(Sm^3/hr)은?(단, 유황은 전량이 반응하고 이 중 5%는 SO_3로서 배출되며, 나머지는 SO_2로 배출된다.)

① 136　　　② 56
③ 1,120　　④ 1,064

정답 1.② 2.④ 3.① 4.②

더 풀어보기 예상문제 해설

01 혼합기체(고로 가스)의 연소반응을 이용한다.

- $G_{od} = (1-0.21)A_o + CO_2 + CO_2^* + N_2$
  - $CO + 0.5O_2 \rightarrow CO_2$
    $1m^3 : 0.5m^3 : 1m^3 = 0.2m^3 : 0.1m^3 : 0.2m^3$
  - $(CO_2 + N_2) \rightarrow (CO_2 + N_2)$
    $1m^3 \quad : \quad 1m^3 = (0.2+0.6)m^3$

∴ $G_{od} = (1-0.21) \times 0.48 + 0.2 + 0.8 = 1.38 m^3/m^3$

02 에탄(C_2H_6)의 연소반응을 이용한다.

- $G_{od} = (1-0.21)A_o + CO_2$
  - $C_2H_6 + 3.5O_2 \rightarrow 2CO_2 + 3H_2O$
    $1m^3 : 3.5m^3 : 2m^3 : 3m^3$

∴ $G_{od} = (1-0.21) \times 16.67 + 2 = 15.2 m^3/m^3$

03 $(CO_2)_{max}$이 아닌 실제건조연소가스량(G_d)를 기준한 CO_2의 백분율(%)을 산출하여야 한다.

- $(CO_2)\% = \dfrac{CO_2(m^3)}{G_d(m^3)} \times 100 \leftarrow \begin{cases} C_3H_8 + 5O_2 \rightarrow 3CO_2 + 4H_2O \\ 1m^3 : 5m^3 : 3m^3 \end{cases}$

- $A_o = O_o \times \dfrac{1}{0.21} = 5 \times \dfrac{1}{0.21} = 23.81$, $G_d = (m-0.21)A_o + CO_2$

∴ $CO_2(\%) = \dfrac{3}{(1.4-0.21) \times 23.81 + 3} \times 100 = 9.57\%$

04 황(S)의 연소반응을 이용한다.

- SO_3량 $= SO_3$로 전환되는 황(kg) $\times \dfrac{22.4m^3}{32kg} \leftarrow \begin{cases} S + 1.5O_2 = SO_3 \\ 32kg : 22.4m^3 \end{cases}$

∴ $SO_3 = \dfrac{1.6kg}{100kg \cdot 중유} \times \dfrac{100 ton \cdot 중유}{hr} \times \dfrac{5}{100} \times \dfrac{1,000kg}{1 ton} \times \dfrac{22.4m^3}{32kg} = 56 Sm^3/hr$

더 풀어보기 예상문제

01 어느 보일러에서 시간당 1톤의 중유를 연소할 경우 연소가스 중 SO_2 배출량은 $10m^3/hr$이었다. 중유의 S함량(%)은?
① 1.43%   ② 1.56%
③ 2.31%   ④ 3.36%

02 최대탄산가스율에 대한 설명 중 옳지 않은 것은?
① 공기비에 CO_2 농도를 곱하여 산출할 수 있다.
② 연료를 과잉공기량으로 충분히 연소시켰을 때 배출되는 탄산가스의 양이다.
③ 최대탄산가스율은 연료의 조성에 따라 정해지며, 연료에 따라 서로 다른 값을 갖는다.
④ 최대탄산가스율 산출은 연료의 조성을 이용하는 방법과 배기가스의 조성을 이용하는 방법이 있다.

03 H_2 50%, CH_4 25%, CO_2 18%, O_2 7%로 조성된 기체연료를 이론공기량으로 완전연소시켰다. 습배출가스 중 CO_2의 농도(%)는?
① 10.8%   ② 15.4%
③ 18.2%   ④ 21.6%

04 연소에 대한 설명 중 옳지 못한 것은?
① 이론공기량은 연료의 화학적 조성에 따라 다르다.
② 연소장치에서 완전연소 여부는 배출가스의 분석결과로 판정할 수 있다.
③ 최대탄산가스량(%)이란 연료를 실제공기량으로 연소 시 실제연소가스 중의 최고 CO_2량을 뜻한다.
④ 연소용 공기 중의 수분은 연료 중의 수분이나 연소 시 생성되는 수분량에 비해 매우 적으므로 보통 무시할 수 있다.

정답 1.①   2.②   3.①   4.③

더 풀어보기 예상문제 해설

01 황의 연소반응을 이용한다.

$SO_2 = $ 연소되는 황$(kg) \times \dfrac{22.4m^3}{32kg}$ ← $\begin{cases} S + 1.5O_2 = SO_2 \\ 32kg : 22.4m^3 \end{cases}$

$\Rightarrow 10m^3/hr = \dfrac{1톤}{hr} \times \dfrac{1,000kg}{톤} \times \dfrac{S}{100} \times \dfrac{22.4m^3}{32kg}$

∴ $S = 1.43\%$

02 연료를 이론공기량으로 완전연소시켰을 때 배출되는 탄산가스의 부피백분율이다.

03 이론습연소가스 중의 CO_2 농도 계산식을 이용한다.

$CO_2(\%) = \dfrac{CO_2(부피)}{(1-0.21)A_o + CO_2 + H_2O} \times 100$

- $H_2 + 0.5O_2 = H_2O$, $CH_4 + 2O_2 = CO_2 + 2H_2O$
  $0.5m^3 : 0.25m^3 : 0.5m^3$ $0.25m^3 : 0.5m^3 : 0.25m^3 : 0.5m^3$

- $\begin{cases} A_o = [(0.25+0.5) - 0.07] \times \dfrac{1}{0.21} = 3.24m^3 \\ CO_2 + H_2O = 0.5 + 0.25 + 0.5 + 0.18 = 1.43m^3 \end{cases}$

∴ $CO_2 = \dfrac{(0.25+0.18)}{(1-0.21) \times 3.24 + 1.43} \times 100 = 10.78\%$

04 최대탄산가스량(%)이란 연료를 이론공기량으로 연소 시 건조연소가스 중의 최고 CO_2량(%)을 뜻한다.

더 풀어보기 예상문제

01 탄소 87%, 수소 13%의 경유 1kg을 공기비 1.3으로 완전연소시켰을 때, 실제건조연소가스 중 CO_2 농도(%)는?

① 10.1%   ② 11.7%
③ 12.9%   ④ 13.8%

02 연료연소 시 공연비(Air/Fuel Ratio)가 이론량보다 작을 때 나타나는 현상으로 가장 적합한 것은?

① 배출가스 중 CO의 양이 많아진다.
② 연소실벽에 미연탄화물 부착이 줄어든다.
③ 완전연소로 연소실 내의 열손실이 작아진다.
④ 연소효율이 증가하여 배출가스의 온도가 불규칙하게 증가 및 감소를 반복한다.

03 메탄을 이론공기량으로 완전연소시켰을 때 생성되는 연소가스 중 총 생성가스에 대한 탄산가스의 몰분율은?

① 약 0.295   ② 약 0.135
③ 약 0.095   ④ 약 0.039

04 연료의 연소과정에서 공기비가 낮을 경우 예상되는 문제점으로 가장 적합한 것은?

① 배출가스에 의한 열손실이 증가한다.
② 배출가스 중 CO와 매연이 증가한다.
③ 배출가스 중 SO_x와 NO_x 발생량이 증가한다.
④ 배출가스의 온도 저하로 저온부식이 가속화된다.

정답 1.② 2.① 3.③ 4.②

더 풀어보기 예상문제 해설

01 액체연료의 이론공기량 계산식을 이용한다.

$$X_{CO_2} = \frac{CO_2(m^3)}{G_d(m^3)} \times 100 \leftarrow \begin{cases} G_d = (m-0.21)A_o + CO_2 \\ A_o = \frac{1}{0.21}(1.867 \times 0.87 + 5.6 \times 0.13) = 11.2 \, m^3/kg \\ CO_2 = \frac{22.4}{12} \times 0.87 = 1.867 \times 0.87 = 1.624 \, m^3/kg \end{cases}$$

$$\therefore X_{CO_2} = \frac{1.867 \times 0.87}{(1.3-0.21) \times 11.2 + 1.623} \times 100 = 11.74\%$$

02 연료연소 시 공연비(Air/Fuel Ratio)가 이론량보다 작을 때는 불완전연소로 인한 연소실 내의 열손실이 증가하고, 배출가스 중 CO 및 매연이 증가하며, 연소실벽에 미연탄화물 부착이 늘어난다.

03 메탄(CH_4)의 연소반응을 이용한다.

$$CO_2 \text{ 몰분율} = \frac{CO_2}{G_o} \quad \begin{cases} CH_4 + 2O_2 \rightarrow CO_2 + 2H_2O \\ 1mol : 2mol : 1mol : 2mol \end{cases}$$

$$\begin{cases} O_o = 2 \, mol/mol \\ A_o = \frac{1}{0.21} \times 2 = 9.52 \, mol/mol \\ CO_2 + H_2O = 1 + 2 = 3 \, mol/mol \end{cases}$$

- 이론가스량(G_{ow}) = $(1-0.21)A_o + CO_2 + H_2O$

$$\therefore CO_2 \text{ 몰분율} = \frac{1}{(1-0.21) \times 9.52 + 3} = 0.095 \, mol/mol$$

04 연료의 연소과정에서 공기비가 낮을 경우 불완전연소로 인한 연소실 내의 열손실이 증가하고, 배출가스 중 CO 및 매연이 증가하며, 연소실벽에 미연탄화물 부착이 늘어난다.

🎯 더 풀어보기 예상문제

01 어느 기체연료의 조성이 Ethylene 20%, Ethane 40%, Propane 40%이다. 이 혼합기체연료 4kmol의 질량(kg)은?

① 140.8kg ② 152.2kg
③ 162.8kg ④ 215.6kg

02 CO_2 50kg을 표준상태에서의 부피(m^3)로 나타내면 얼마인가?(단, CO_2는 이상기체이고 표준상태로 간주)

① 12.73 ② 22.40
③ 25.45 ④ 44.80

정답 1.① 2.③

더 풀어보기 예상문제 해설

01 혼합기체의 평균질량(M_m)은 각 분자량(M)에 혼합비율(X)을 곱하여 산출한다.

□ $M_m = M_1X_1 + M_2X_2 + \cdots + M_nX_n$ ← $\begin{cases} \text{Ethylene(에틸렌} = C_2H_4, \text{ 분자량 28}) : 0.2 \\ \text{Ethane(에탄} = C_2H_6, \text{ 분자량 30}) : 0.4 \\ \text{Propane(프로판} = C_3H_8, \text{ 분자량 44}) : 0.4 \end{cases}$

∴ $M_m = (28 \times 0.2 + 30 \times 0.4 + 44 \times 0.4) \times 4 = 140.8$ kg

02 CO_2 1kmol = 44kg = 22.4m^3이므로 부피계산은 다음과 같이 한다.

□ $CO_2(m^3) = m(kg) \times \dfrac{22.4m^3}{M_w(kg)}$

∴ $CO_2(m^3) = 50kg \times \dfrac{22.4m^3}{44(kg)} = 25.45m^3$

4 발열량과 연소온도 등

(1) 발열량

❂ **정의** : 단위 질량 또는 부피의 연료가 완전연소했을 때 발생하는 열량(연소열)을 말함

❂ **종류** : 발열량은 연소로 생긴 수증기의 숨은 열을 포함하는 고위발열량(high calorie, 총발열량)과 수증기의 숨은 열을 제외한 저위발열량(low calorie, 진발열량)으로 구분됨
- 고위발열량(총발열량)(Hh) = 열량계의 측정열량(수분의 증발잠열 포함)
- 저위발열량(저발열량, 진발열량)(Hl) = 고위(총)발열량 − 수분의 증발잠열

❂ **발열량 계산**

- **고체 및 액체상 연료**
  - 연소성분
    - $C + O_2 \rightarrow CO_2 + E$
    - $2H + 1/2O_2 \rightarrow H_2O + E$
    - $S + O_2 \rightarrow SO_2 + E$
  - 유효수소 : $\left(H - \dfrac{O}{8}\right)$

  ☀ **고위발열량** : $Hh\,(\text{kcal/kg}) = 8{,}100C + 34{,}000\left(H - \dfrac{O}{8}\right) + 2{,}500S$ … 듀롱식

  ☀ **저위발열량** : $Hl\,(\text{kcal/kg}) = Hh - 600(9H + W)$

- **기체상 연료**
  - 연소성분
    - $CO + 1/2O_2 \rightarrow CO_2,\ 3015\,\text{kcal/m}^3$
    - $H_2 + 1/2O_2 \rightarrow H_2O(l),\ 3072\,\text{kcal/m}^3$
    - $CH_4 + 2O_2 \rightarrow CO_2 + H_2O\,(l),\ 9439\,\text{kcal/m}^3$

  ☀ **고위발열량** : $Hh\,(\text{kcal/m}^3) = 3{,}015CO + 3{,}072H_2 + 9{,}493CH_4 + \cdots$

  ☀ **저위발열량** : $Hl\,(\text{kcal/m}^3) = Hh - 480 \times \sum n_i\,H_2O$

(2) 연소실 열발생률 및 연소온도 계산 등

❂ **연소실 열발생률** : 연소실의 단위부피, 단위시간당 발생열량을 말함

☀ $Q_v\,(\text{kcal/m}^3\cdot\text{hr}) = \dfrac{Hl \cdot G_f}{V}$
  - Q_v : 연소실 열발생률(kcal/m³·hr)
  - G_f : 연소되는 연료의 양(kg/hr, m³/hr)
  - Hl : 연료의 저위발열량(kcal/kg, kcal/m³)
  - V : 연소실의 용적(m³)

❂ **화격자 부하율**(화격자 연료부하) : 연소실의 단위면적, 단위시간당 연소되는 연료량을 말함

☀ $G_A\,(\text{kg/m}^2\cdot\text{hr}) = \dfrac{G_f}{A_s}$
  - G_A : 화격자 부하율(kg/m²·hr)
  - G_f : 시간당 연소는 연료량(kg/hr)
  - A_s : 화격자의 면적(m²)

❂ **이론연소온도** : 연료를 이론공기량으로 완전연소하고, 손실열이 없는 것으로 가정할 때 연소가스가 연소실 내에서 보유할 수 있는 이론적인 불꽃온도를 말함

☀ $t_o\,(\text{℃}) = \dfrac{Hl}{G \cdot C_p} + t$
  - t_o : 연소온도(℃)
  - G : 연소가스량(m³/kg, m³/m³)
  - Hl : 연료의 저위발열량(kcal/kg, kcal/m³)
  - C_p : 연소가스의 비열(kcal/m³·℃)
  - t : 기준온도(℃)

CBT 형식 출제대비 엄선 예상문제

※ 산업기사 득점포인트는 『대기오염방지기술』 중 "연소부분"에 해당하는 포인트임

01 중유의 고위발열량이 10,500kcal/kg일 때 이 연료의 저위발열량은?(단, 연료 중의 수소 함량은 12%, 수분함량은 0.3%이다.)
① 9,850kcal/kg ② 9,350kcal/kg
③ 9,160kcal/kg ④ 9,010kcal/kg

02 황 2kg을 공기 중에서 이론적으로 완전연소시켰을 경우 발생되는 열량은?(단, 황은 모두 SO_2로 전환되는 것으로 가정한다.)
① 1,250kcal ② 2,500kcal
③ 5,000kcal ④ 80,000kcal

03 탄소(C)와 수소(H)의 발열량이 각각 28,000 kcal/kg, 30,500kcal/kg이다. 부탄 1kg을 연소시켰을 경우 발생되는 발열량(kcal)은?
① 20,634 ② 28,430
③ 31,763 ④ 33,215

04 다음 메탄을 연소시킨 후 고위발열량을 측정한 결과 9,900kcal/Sm³이었다. 메탄의 저위발열량(kcal/Sm³)은?
① 8,540 ② 8,620
③ 8,790 ④ 8,940

▶ 해설

01 제시된 고위발열량(Hh)으로부터 수분의 증발잠열[600(9H+W)]을 보정하여 저위발열량을 산출한다.

□ $Hl = Hh - 600(9H+W)$ $\begin{cases} Hh : \text{고위발열량} = 10{,}500\,\text{kcal/kg}\cdot\text{연료} \\ H : \text{수소함량} = 0.12\,\text{kg/kg}\cdot\text{연료} \\ W : \text{수분함량} = 0.003\,\text{kg/kg}\cdot\text{연료} \end{cases}$

∴ $Hl = 10{,}500 - 600\times(9\times0.12+0.003) = 9{,}850.2\,\text{kcal/kg}$

02 황(S)의 일반적인 단위무게당 열량을 2,500kcal/kg 또는 2,250kcal/kg으로 적용한다.

□ $H = H_i X$ $\begin{cases} H_i : \text{열량가(황의 연소열)} = 2{,}500\,\text{kcal/kg} \\ X : \text{연소량} = 2\,\text{kg} \end{cases}$

∴ $H = 2{,}500\,\text{kcal/kg}\times2\,\text{kg} = 5{,}000\,\text{kcal}$

03 탄소(C)와 수소(H)의 열량이 중량당 열량(H_C, H_H kcal/kg)으로 각각 제시되어 있으므로 이를 토대로 열량을 산출하여 합산한다.

□ $Hh = H_C X_c + H_H X_h$ $\begin{cases} \text{C(탄소함량)} = \dfrac{12\times4}{58} = 0.828\,\text{kg/kg} \to X_c \\ \text{H(수소함량)} = \dfrac{1\times10}{58} = 0.172\,\text{kg/kg} \to X_h \end{cases}$

∴ $Hh = 28{,}000\times0.828 + 30{,}500\times0.172 = 28{,}430\,\text{kcal/kg}$

04 기체연료의 저위발열량은 다음과 같이 계산한다.

□ $Hl = Hh - 480\times\sum n_i\,H_2O$ $\begin{cases} Hh = 9{,}900\,\text{kcal/m}^3 \\ \sum n_i\,H_2O = 2\,\text{m}^3/\text{m}^3 \end{cases}$

∴ $Hl = 9{,}900 - 480\times2 = 8{,}940\,\text{kcal/m}^3$

정답 | 1.① 2.③ 3.② 4.④

05 다음 중 발열량(kcal/m³)이 가장 높은 것은?
① 메탄가스 ② 수소
③ 수성가스 ④ 프로판가스

06 연소실에서 아세틸렌가스 1kg을 연소시킨다. 이때 연료의 80%(질량기준)가 완전연소되고, 나머지는 불완전연소되었을 때, 발생되는 열량(kcal)은?(단, 연소반응식은 다음 식에 근거하여 계산)

- $C + O_2 \rightarrow CO_2$ $\triangle H = 97,200\,kcal/kmol$
- $C + \dfrac{1}{2}O_2 \rightarrow CO$ $\triangle H = 29,200\,kcal/kmol$
- $H_2 + \dfrac{1}{2}O_2 \rightarrow H_2O$ $\triangle H = 57,200\,kcal/kmol$

① 9,730 ② 8,630
③ 39,130 ④ 10,530

07 중유의 저위발열량 10,000kcal/kg, 이론공기량 11m³/kg, 이론연소가스량 11.5m³/kg이다. 이 중유를 공기비 1.4로 연소할 경우 연소가스의 온도는?(단, 공기 및 중유의 온도는 20℃, 연소가스의 비열은 0.4kcal/m³·℃이다.)

① 1,592℃ ② 1,617℃
③ 1,787℃ ④ 1,845℃

08 연소실의 규격이 1.4m×2.0m×2.0m인 연소장치에 저위발열량이 10,000kcal/kg인 중유를 1.5시간에 150kg씩 연소시키고 있다. 이 연소장치의 연소실 열발생률(kcal/m³·hr)은 얼마인가?

① 1.8×10^5 ② 2.5×10^5
③ 6.2×10^5 ④ 7.3×10^5

> **해설**

05 제시된 연료 중 발열량이 가장 높은 것은 프로판가스(약 23,000kcal/m³)이다. 기체연료의 체적당 발열량은 대체로 탄수소비(C/H)가 클수록, 분자량이 클수록 높다.

06 kmol당 열량(kcal/kmol)으로 각각 제시되어 있으므로 아세틸렌(C_2H_2)에 대한 탄소 및 수소의 함량 비율을 별도로 산출하여 열량을 합산한다. 이때 연료의 일부(20%)가 CO로 변환되는 것을 보정하여야 한다.

$$Hh = H_c X_c + H_c^* X_{co} + H_h X_h \begin{cases} \text{아세틸렌}(C_2H_2)\text{의 구성} \rightarrow C, H \\ C(\text{탄소함량}) = \dfrac{12 \times 2}{26} = 0.923\,kg/kg \rightarrow X_c \\ H(\text{수소함량}) = \dfrac{1 \times 2}{26} = 0.077\,kg/kg \rightarrow X_h \end{cases}$$

$$\therefore Hh = \dfrac{97,200}{12} \times 0.923 \times 0.8 + \dfrac{29,200}{12} \times 0.923 \times 0.2 + \dfrac{57,200}{2} \times 0.077 = 8,630.17\,kcal/kg$$

07 연소가스의 온도(t_o) 계산식을 사용한다. 공기비가 제시되어 있으므로 실제가스량(G)을 적용한다.

$$t_o = \dfrac{Hl}{G_o C_p} + t \begin{cases} G : \text{가스량} = \text{이론가스량} + \text{과잉공기량} \\ \quad = G_o + (m-1)A_o = 11.5 + (1.4-1) \times 11 = 15.9\,m^3/kg \\ C_p : \text{비열} = 0.4\,kcal/m^3 \cdot ℃ \\ Hl : \text{저위발열량} = 10,000\,kcal/kg \\ t : \text{기준온도} = 20℃ \end{cases}$$

$$\therefore t_o = \dfrac{10,000}{15.9 \times 0.4} + 20 = 1,592.33\,℃$$

08 연소실 열발생률(θ_v)은 연소실의 용적당 단위시간에 발생하는 열량으로 연소실의 시간당 열발생량($G_f \cdot Hl$)을 연소실의 부피($\forall$)로 나누어 산출한다.

$$\theta_v = \dfrac{G_f \cdot Hl}{\forall} \begin{cases} \forall : \text{연소실 용적} = \text{단면적} \times \text{길이} = 1.4 \times 2 \times 2 = 5.6\,m^3 \\ G_f : \text{시간당 연소되는 연료량} = 150/1.5 = 100\,kg/hr \\ Hl : \text{저위발열량} = 10,000\,kcal/kg \end{cases}$$

$$\therefore \theta_v = \dfrac{100 \times 10,000}{5.6} = 178,571.4\,kcal/m^3 \cdot hr$$

정답 | 5.④ 6.② 7.① 8.①

09 다음 조건으로 연료를 완전연소시켰을 때 이론연소온도(℃)는?

- 저위발열량 : 8,000kcal/m³
- 연소가스량 : 10m³/m³
- 가스의 정압비열 : 0.35kcal/m³ · ℃
- 기준온도 : 20℃

① 2,306 ℃ ② 2,708 ℃
③ 3,306 ℃ ④ 3,708 ℃

> **해설**

09 연소가스온도(t_o) 계산식을 사용한다.

$$t_o = \frac{Hl}{G\,C_p} + t$$

$$\therefore t_o = \frac{8,000}{10 \times 0.35} + 20 = 2,305.7℃$$

정답 | 9.①

종합 예상문제

01 연료의 발열량에 대한 다음 설명 중 옳지 않은 것은?
① 측정위치에 따라 고위발열량과 저위발열량으로 구분된다.
② 발열량의 표시는 액체연료의 경우 kcal/kg, 기체연료의 경우 kcal/m³로 나타낸다.
③ 단위질량의 연료를 완전연소시킨 후 처음의 온도까지 냉각될 때 측정된 열량을 말한다.
④ 일반적으로 수증기의 증발잠열은 이용할 수 없는 열량이므로 저위발열량이 주로 사용된다.

▌해설 수증기의 증발잠열의 포함 여부에 따라 고위발열량과 저위발열량으로 구분된다.

02 액체연료의 성분 분석결과 탄소 79%, 수소 14%, 황 3.5%, 산소 2.2%, 수분 1.3%이었다면 저위발열량은?(단, Dulong 식 적용)
① 9,110kcal/kg
② 9,820kcal/kg
③ 10,400kcal/kg
④ 11,200kcal/kg

▌해설 Dulong 식을 적용하여 산출한다.

□ Hl (저위) $= Hh - 600(9H+W)$
$\begin{cases} Hh(\text{고위}) = 8,100C + 34,000\left(H - \dfrac{O}{8}\right) + 2,500S \\ C : 탄소함량 = 0.97 \text{kg/kg연료} \\ H : 수소함량 = 0.14 \text{kg/kg연료} \\ S : 황의 함량 = 0.035 \text{kg/kg연료} \\ O : 산소함량 = 0.022 \text{kg/kg연료} \\ W : 수분함량 = 0.013 \text{kg/kg연료} \end{cases}$

• $Hh = 8,100 \times 0.79 + 34,000 \times \left(0.14 - \dfrac{0.022}{8}\right) + 2,500 \times 0.035 = 11,153 \text{kcal/kg}$

∴ $Hl = 11,153 - 600 \times (9 \times 0.14 + 0.013) = 10,389.2 \text{kcal/kg}$

▶참조◀
Dulong 식을 적용할 때 수소의 열량가(熱量價)는 34,000 대신 34,250, 황의 경우는 2,500 대신 2,250을 사용하기도 함. 이 경우 ⇨ $Hh = 11,178.56 \text{kcal/kg}$, $Hl = 10,414.76 \text{kcal/kg}$

03 다음 프로판(Propane) 연료의 고위발열량이 23,000kcal/m³일 때 연료의 저위발열량(kcal/m³)은?(단, 물의 증발잠열은 600kcal/kg)
① 약 20,010
② 약 21,080
③ 약 22,600
④ 약 23,030

해설 기체연료의 저위발열량은 다음과 같이 계산한다.

$$Hl = Hh - 600 \times \frac{18}{22.4} \times \sum n_i\, H_2O \quad \begin{cases} Hh = 23{,}000\, \text{kcal/m}^3 \\ \sum n_i\, H_2O = 4\, \text{m}^3/\text{m}^3 \end{cases}$$

$$\therefore Hl = 23{,}000 - \left(600 \times \frac{18}{22.4} \times 4\right) = 21{,}071.4\, \text{kcal/m}^3$$

04 기체연료 중 연소하여 수분을 생성하는 H_2와 C_mH_n 연소반응의 발열량 산출식에서 다음 480이 의미하는 것은?

$$Hl = Hh - 480\left(H_2 + \sum \frac{n}{2} C_mH_n\right) \cdots (\text{kcal/m}^3)$$

① H_2O 1kg의 증발잠열
② H_2 1kg의 증발잠열
③ H_2O $1Sm^3$의 증발잠열
④ H_2 $1Sm^3$의 증발잠열

해설 480은 H_2O $1Sm^3$의 증발잠열이다.

05 다음 중 고위발열량($kcal/m^3$)의 크기 순서로 옳은 것은?

① 일산화탄소＞메탄＞프로판＞부탄
② 메탄＞일산화탄소＞프로판＞부탄
③ 부탄＞프로판＞메탄＞일산화탄소
④ 부탄＞일산화탄소＞프로판＞메탄

해설 기체연료의 체적당 발열량은 대체로 탄수소비(C/H)가 클수록, 분자량이 클수록 높다. 단위부피당 개략적 고위발열량은 부탄(C_4H_{10}) : $32{,}000\,\text{kcal/m}^3$, 프로판($C_3H_8$) : $23{,}000\,\text{kcal/m}^3$, 에탄($C_2H_6$) : $16{,}000\,\text{kcal/m}^3$, 메탄($CH_4$) : $9{,}500\,\text{kcal/m}^3$, 수소 : $2{,}600\,\text{kcal/m}^3$, CO : $3{,}000\,\text{kcal/m}^3$ 정도이다.

06 다음 기체연료 중 고위발열량이 가장 큰 연료는?

① 수성 가스
② 고로 가스
③ 발생로 가스
④ 코크스로 가스

해설 부피물로 얻어지는 기체연료의 발열량은 고로 가스 : $1{,}000\,\text{kcal/m}^3$, 발생로 가스 : $1{,}500\,\text{kcal/m}^3$, 수성가스 : $2{,}800\,\text{kcal/m}^3$, 코크스로 가스 : $5{,}100\,\text{kcal/m}^3$ 정도이다.

07 메탄의 이론연소온도는?(단, 메탄 및 공기는 50℃에서 공급되는 것으로 하며, 메탄 저위발열량 $8{,}600\,\text{kcal/m}^3$, CO_2, H_2O, N_2의 평균정압 몰비열은 각각 13.1, 10.5, 8.0(kcal/kmol·℃)로 한다.)

① 2,093℃
② 2,316℃
③ 2,521℃
④ 2,764℃

정답 4.③ 5.③ 6.④ 7.①

■해설 문제에서 연소생성물에 대한 정압 몰비열을 제시하고 있으므로 이를 적용하여 계산한다.

$$t_o = \frac{Hl}{GC_p} + t \quad \left\{ CH_4 + 2O_2 + 2 \times \frac{79}{21}N_2 = CO_2 + 2H_2O + 2 \times \frac{79}{21}N_2 \right.$$

- $GC_p = \frac{1\text{kmol}}{22.4\text{m}^3} \times \frac{13.1\text{kcal}}{\text{kmol}\cdot℃} + \frac{2\text{kmol}}{22.4\text{m}^3} \times \frac{10.5\text{kcal}}{\text{kmol}\cdot℃} + \frac{7.52\text{kmol}}{22.4\text{m}^3} \times \frac{8.0\text{kcal}}{\text{kmol}\cdot℃}$

$= 4.21\text{kcal/m}^3\cdot℃$

$\therefore t_o = \frac{8,600}{4.21} + 50 = 2,092.76\,℃$

08 저위발열량 11,500kcal/kg인 중유를 완전연소시키는 데 필요한 이론습연소가스량(m^3/kg)은?(단, 표준상태기준, Rosin 식 적용)

① $11.8m^3/kg$
② $12.8m^3/kg$
③ $14.5m^3/kg$
④ $22.3m^3/kg$

■해설 Rosin 식을 이용하여 이론가스량(G_o)을 구한다.

Rosin 식 : $G_o = \frac{1.11 \times Hl}{1,000}$

$\therefore G_o = \frac{1.11 \times 11,500}{1,000} = 12.77\,m^3/kg$

09 다음 연소온도(t_o) 산출식에서 각각의 물리적 변수에 대한 설명으로 옳지 않은 것은?

$$t_o = \frac{Hl}{G_o\,C_p} + t$$

① t는 배출가스의 연소온도를 의미하며, 단위는 ℃이다.
② C_p는 연소가스의 평균정압비열을 의미하며, 단위는 $kcal/m^3 \cdot ℃$이다.
③ G_o는 이론습연소가스량을 의미하며, 단위는 m^3/kg 또는 m^3/m^3이다.
④ Hl은 연료의 저위발열량을 의미하며, 단위는 $kcal/kg$ 또는 $kcal/m^3$이다.

■해설 t는 기준온도 또는 예열공기의 온도를 의미하며, 단위는 ℃이다.

10 가로 3m, 세로 1m, 높이 1.5m의 연소실에서 연소실 열부하(열발생률)를 2.5×10^5 kcal/$m^3 \cdot$hr로 유지하려면 1시간에 중유를 몇 kg 연소시켜야 하는가?(단, 저위발열량 11,000kcal/kg)

① 52
② 103
③ 206
④ 212

■해설 연소실 열발생률 계산식을 이용한다.

$\theta_v = \frac{G_f \cdot Hl}{\forall} \quad \begin{cases} \theta_v : \text{연소실 열발생률} = 2.5 \times 10^5 \text{kcal/m}^3\cdot\text{hr} \\ Hl : \text{저위발열량} = 11,000\,\text{kcal/kg} \\ \forall : \text{연소실 용적} = 3 \times 1 \times 1.5 = 4.5\,m^3 \end{cases} \Rightarrow 2.5 \times 10^5 = \frac{G_f \times 11,000}{4.5}$

$\therefore G_f = 102.27\,kg/hr$

11 연소(화염)온도에 대한 설명으로 가장 적합한 것은?

① 단열연소온도는 이론단열연소온도와 같다.
② 공기비를 크게 할수록 연소온도는 높아진다.
③ 이론단열연소온도는 실제연소온도보다 높다.
④ 실제연소온도는 연소로의 열손실에는 거의 영향을 받지 않는다.

해설 이론연소온도＞실제연소온도이다.

더 풀어보기 예상문제

01 메탄과 프로판이 1：2로 혼합된 연료의 고위발열량이 19,400kcal/m³이다. 이 기체연료의 저위발열량(kcal/Sm³)은?

① 11,500　② 13,600
③ 15,300　④ 17,800

02 다음 기체연료 중 발열량(kcal/m³)이 가장 큰 것은?

① Propane　② Ethylene
③ Acetylene　④ Propylene

03 저위발열량 11,500kcal/kg인 중유를 연소시키는데 필요한 이론공기량은?(단, Rosin 식 이용)

① 10.3m³/kg　② 11.8m³/kg
③ 12.8m³/kg　④ 17.8m³/kg

04 다음 중 고위발열량(kJ/mol)이 가장 큰 것은?

① Ethane
② Methane
③ n-Pentane
④ Carbon Monoxide

정답 1.④　2.①　3.②　4.③

더 풀어보기 예상문제 해설

01 기체연료의 저위발열량은 다음과 같이 계산한다.

$$Hl = Hh - 480 \times \sum n_i \, H_2O \begin{cases} CH_4 + 2O_2 \rightarrow 2H_2O + CO_2 \\ 1m^3 \quad : \quad 2m^3 \rightarrow (1/3)m^3 : 2(1/3)m^3 \\ C_3H_8 + 5O_2 \rightarrow 4H_2O + 3CO_2 \\ 1m^3 \quad : \quad 4m^3 \rightarrow (2/3)m^3 : 4(2/3)m^3 \end{cases}$$

∴ $Hl = 19,400 - 480 \times [2 \times (1/3) + 4 \times (2/3)] = 17,800 \, kcal/m^3$

02 제시된 연료 중 발열량이 가장 높은 것은 프로판가스(약 23,000kcal/m³)이다. 기체연료의 체적당 발열량은 대체로 탄수소비(C/H)가 클수록, 분자량이 클수록 높다.

03 Rosin 식을 이용하여 이론공기량(A_o)을 구한다.

▫ Rosin 식 : $A_o = \dfrac{0.85 Hl}{1,000} + 2.0$

∴ $A_o = \dfrac{0.85 \times 11,500}{1,000} + 2.0 = 11.78 \, m^3/kg$

04 제시된 항목 중 n-Pentane(C_5H_{12})이 C/H비가 가장 크므로 이에 따라 발열량도 가장 크다.

정답 11.③

더 풀어보기 예상문제

01 이론산소량 산출 및 발열량 산출에 적용되는 (H−O/8)의 의미는?
① 결합수소　② 이론수소
③ 과잉수소　④ 유효수소

02 수소 12%, 수분 1%를 함유한 중유 1kg의 발열량을 열량계로 측정하였더니 고위발열량이 10,000kcal/kg이었다. 비정상적인 보일러의 운전으로 인해 불완전연소에 의해 손실열량이 1,400kcal/kg이 발생하였다면 연소효율은?
① 82%　② 85%
③ 87%　④ 90%

03 저위발열량이 9,000kcal/m³인 기체연료를 15℃의 공기로 연소하고 있다. 이론연소가스량은 25m³/m³이고, 이론연소온도는 2,500℃일 때, 연소가스의 평균정압비열(kcal/m³·℃)은 얼마인가?
① 0.145　② 0.192
③ 0.248　④ 0.375

04 이론연소온도를 상승시키기 위한 방법과 거리가 먼 것은?
① 연소효율을 높게 유지시킨다.
② 연료 또는 공기를 예열시킨다.
③ 과잉공기량을 높게 유지시킨다.
④ 발열량이 높은 연료를 사용한다.

정답　1.④　2.②　3.①　4.③

더 풀어보기 예상문제 해설

01 이론산소량 산출이나 발열량을 계산할 때 계산식에 사용하는 (H−O/8)는 유효수소를 의미한다.

02 연소시설의 연소효율은 다음과 같이 계산한다.

$$\eta(\%) = \frac{\text{발생열량} - \text{손실열량}}{\text{발생열량}} \times 100$$

$$\begin{cases} \text{발생열량}(100\%) = \text{저위발열량}(Hl) \\ \quad = Hh - 600(9H+W) \\ \quad = 10,000 - 600(9 \times 0.12 + 0.01) \\ \quad = 9,346 \, \text{kcal/kg} \\ \text{손실열량} = 1,400 \, \text{kcal/kg} \end{cases}$$

∴ 연소효율(%) $= \dfrac{9,346 - 1,400}{9,346} \times 100 = 85.02\%$

03 이론연소온도(t_o) 계산식에서 가스의 정압비열(C_p)과 관련인자의 상호관계를 이용한다.

$$t_o = \frac{Hl}{G_o \cdot C_p} + t \quad \begin{cases} t_o : \text{이론연소온도} = 2,500℃ \\ Hl : \text{저위발열량} = 9,000 \, \text{kcal/m}^3 \\ G_o : \text{연소가스량} = 25 \, \text{m}^3/\text{m}^3 \\ t : \text{기준온도} = 15℃ \end{cases}$$

⇒ $2,500℃ = \dfrac{9,000}{25 \times C_p} + 15℃$

∴ $C_p = 0.145 \, \text{kcal/m}^3 \cdot ℃$

04 이론연소온도를 상승시키기 위해서는 과잉공기량을 최소로 유지시켜야 한다.

더 풀어보기 예상문제

01 다음 아세틸렌의 연소반응식에서 반응열이 갖는 의미로 옳은 것은?

$$2C_2H_2(g) + 5O_2(g) \rightarrow 4CO_2(g) + 2H_2O(l) + 14,080\,kcal$$

① 비열
② 흡수열
③ 저발열량
④ 고발열량

02 어떤 연소장치의 연소실에서 저위발열량이 9,800kcal/kg인 중유를 90kg/hr로 연소할 때 연소실의 열발생률이 5×10⁵ kcal/m³·hr이었다. 동일한 연소장치에서 중유를 대신하여 저위발열량이 18,000 kcal/m³인 가스연료로 대체할 경우 연소실 열발생률 3.5×10⁵kcal/m³·hr로 유지하기 위한 시간당 소비해야 할 가스연료량(m³/hr)은?

① 30.3
② 34.3
③ 38.3
④ 42.3

정답 1.④ 2.②

더 풀어보기 예상문제 해설

01 H₂O가 액체(Liquid)로 존재하는 것으로 표현하였으므로 발생된 열량은 고위발열량이 된다.

02 연소실 열발생률 계산식을 이용한다.

$\square$ $\theta_v = \dfrac{G_f \cdot Hl}{\forall}$ $\begin{cases} \theta_v : \text{연소실 열발생률} = 5 \times 10^5\,kcal/m^3 \cdot hr \\ Hl : \text{저위발열량} = 9,800\,kcal/kg \\ G_f : \text{중유의 시간당 연소량} = 90\,kg/hr \end{cases}$

$\Rightarrow$ $5 \times 10^5 = \dfrac{90 \times 9,800}{\forall}$, $\forall (= \text{연소실 용적}) = 1.76\,m^3$

$\Rightarrow$ $3.5 \times 10^5\,kcal/m^3 \cdot hr = \dfrac{G_f \times 18,000}{1.76}$

$\therefore\ G_f(=\text{가스연료 시간당 연소량}) = 34.3\,m^3/hr$

Chapter 03 연소설비(연소공학)

출제기준

세부출제 기준항목

Chapter 3. 연소공학-연소설비

적용기간 : 2020.1.1~2024.12.31

기사	산업기사
• 연소장치 및 연소방법 • 연소기관 및 오염물 • 연소배출오염물질 제어	– 대기오염방지기술 출제기준 내용 • 연소설비 • 연소기관의 분류 및 구조 • 연소기관별 특징 및 배출오염물질

※ 산업기사의 출제기준은 『대기오염방지기술』 중 연소이론에 대한 **세부항목**을 포함한 것임

1 연소장치·연소방법·연소기관의 구조

(1) 고체연료 연소장치

❀ **화격자** : 화격자식의 형식은 고정화격자(수평/경사), Stoker식 화격자(계단식, 반전식, 병렬계단식, 역동식, 이상식, 롤러식 등) 등이 있음

▮장점
- 전처리시설이 필요치 않으며 대량 소각 가능
- 유동층 소각로보다 비산분진 배출량이 적음
- 유동층 소각로보다 노 내 제어가 용이함
- 유동층 소각로보다 내구연한이 긴 편임
- 수분이 많거나 발열량이 낮은 것도 처리 가능

▮단점
- 플라스틱, 슬러지 연소에 부적합함
- 과잉공기비(m)가 1.6~2.5로서 높은 편임
- 노(爐) 내 온도가 높을 경우 검댕이 발생할 수 있음

∥ Stoker식 화격자(가동화격자)의 종류와 특징 ∥

종류	특징
계단식	• 가동화격자와 고정화격자가 서로 계단식으로 배열되어 있음 • 가동화격자가 전후 방향으로 왕복운동함으로써 폐기물을 이송, 교반, 반전시킴
병렬 요동식	• 고정화격자와 가동화격자를 **종렬로 교대**로 조합되어 설치됨 • 가동화격자가 위쪽과 아래쪽으로 왕복운동하면서 쓰레기의 이송, 교반, 반전시킴 • 비교적 **강한 교반력과 이송력**이 있으며, 화격자의 메워짐이 적지만 낙진량이 많고 냉각기능이 부족한 편임
역동식	• **폐기물을 밑에서 위로** 밀어올리면서 이송, 교반, 반전시킴 • 교반 및 연소조건이 양호하고, 소각률이 높으나 **화격자의 마모가 많은 것**이 결점임
회전 로울러식	• 1.5m의 원통으로 된 회전화격자가 약 30°의 각도로 6~7기가 병렬로 배치됨 • 회전화격자의 회전으로 위에서 아래쪽으로 이송, 교반, 반전을 수행함 • **반전설비가 없어** 교반이 잘 안되기 때문에 연소효율이 낮은 편임 • 양질의 피소각물질에 적합함
이상식 (移床式)	• **무한궤도형**의 가동화격자를 두어 피소각물을 **건조 → 연소 → 후연소** 단계로 이송시킴 • **이송화격자만으로 구성**되어 있으므로 교반, 반전시키는 별도의 기능이 없음 • 화격자의 내구성이 좋음
반전식	• 여러 개의 **부채형 화격자**를 로(爐)폭 방향으로 병렬로 조합하여 배치함 • 부채형 화격자가 수평에서 수직방향으로 교대로 왕복하여 다음 계단으로 폐기물을 이송, 교반, 반전시킴 • **교반력이 우수**하여 **질이 낮은 쓰레기**의 소각에 적합함

⚛ **로타리 킬른**(Rotary Kiln) : 2~5° 경사를 이루는 회전하는 원통형의 연소로에 연료 및 폐기물을 투입하여 연소시킴. 통상 전처리용으로 많이 이용됨

∥장점
- 파쇄 등 전처리 조작이 필요치 않음
- 슬러지 소각이 가능하고, 건조효과가 좋음
- 안정적 가동이 가능하며, 가동률도 비교적 높음

∥단점
- 열효율이 35~40% 정도로 낮음
- 고무류 등 점착성 폐기물 소각에 부적합함
- 2차 연소실이 필요함
- 내화재 손상이 심하고, 미연분진 발생이 많음
- 로타리 킬른의 클링커 발생을 방지하기 위한 설계 필요

⚛ **유동층**(유동상) **소각로**(Fluidized Incinerator)

∥장점
- 전열면적이 적게 들고 화염층을 작게 할 수 있음
- 연소속도가 빠르고, 소각시간이 짧으므로 컴팩트화 할 수 있음
- 석회 등의 주입으로 탈황기능 및 NO_x의 생성 억제효과 있음
- 클링커 생성에 따른 장해가 없음

- 과잉공기가 적게 들고, 연소효율이 높음
- 연소실 부하가 다른 형식에 비하여 큼
- 기계적 구동부분이 없어 유지관리가 용이함
- 유동사의 축열량이 많아 일시정지 후 정상가동까지의 시간이 짧음

단점
- 일정 크기 이상은 전처리(파쇄)를 요함
- 연소조절이 어렵고, 부하변동에 쉽게 대응할 수 없음
- 유동매체의 비산 또는 미연분진의 비산량이 많음
- 유동사의 손실이 많고, 보충을 요함
- 압력손실이 높고, 동력비가 많이 듦

❀ **다단식 소각로**(다단로, Multi-Stage Incinerator) : 회전축을 중심으로 평판상의 연소상과 교반팔(rabble arms)로 구성되어 있으며, 투입된 연료가 상부에서 하부로 이동하면서 연소되어 최종 연소재로 방출되는 구조로 되어 있음

장점
- 국부연소를 방지할 수 있음
- 클링커 생성에 따른 장해를 방지할 수 있음
- 열효율이 비교적 높음
- 하수 슬러지, 타르 등의 고상, 액상, 기상 가연성 폐기물의 연소에도 사용할 수 있음

단점
- 980℃ 이상의 고온으로 운전하기 어려움
- 기계적 가동부가 많음(송풍기, 회전축, 교반날개 등)
- 비산먼지 배출량이 많음

❀ **미분탄연소**(Pulverized Coal Firing) : 석탄을 0.05mm 정도로 잘게 분쇄한 후 기계식 버너를 통해 1차 공기와 함께 노(爐)로 송입하여 2차 공기와 혼합, 연소시키는 장치로서 수평식, 수직식, 전면식, 양면식, 접선시으로 구분됨

장점
- 적은 과잉공기로 연소 가능함
- 대형화할 경우 설비비용의 상승률을 낮출 수 있음
- 가열로(加熱爐)나 대형·대용량 보일러 설비에 적합함
- 화격자(火格子) 연소에 비해서 연료의 연소조절이 쉬움

단점
- 부대시설이 많고, 설비비 및 유지비가 많이 듦
- 비산분진이 배출량이 많고, 고효율 집진기를 요함
- 소형·소용량 시설에 적용할 수 없음

(2) 액체연료 연소장치

※ 연소방식의 분류

- **분무화방식** : 분무용 버너 또는 충돌원리 등 적용하여 연료를 무화(미립화)시켜 연소하는 방식
  - 분무방식은 중질유 연소에 사용 가능함(건타입버너, 유압버너, 회전식 버너, 저압·고압 공기식 버너, 충돌무화식 등)
  - 분무화방식 중 충돌무화식은 분무화 입경을 작게 하기 위해서는 연료를 85±5℃ 정도로 예열해야 함
- **기화방식** : 증발되는 가연성 증기를 연소시키는 방법 → 경질유 연소에 사용(포트식, 심지식, 증발식)

※ 액체연소장치의 구조와 특징

▌건타입(Gun Type) 버너

버너구조	특 징
(콘트롤박스, 모터, 노즐, 보염기, 공기조절, 오일펌프, 연료안전밸브)	• 유압식과 공기분무식을 조합한 버너임 • 적용 유압은 7kg/cm² 이상 • **소형 보일러** 등에 많이 사용 • 연소가 양호하고, **자동연소**가 용이함

▌유압식 버너

버너구조	특 징
(연료주입, 점화버너, 분사노즐, 와류부)	• 고압의 연료유를 노즐로부터 분출시켜 무화 • 적용 유압 : 5~30kg/cm²(높음) • **유량조절비 : 1 : 3**(작음) • **분무각도 : 40~90°**(넓음) • **연소량** : 15~2,000 L/hr(대형) • 구조가 간단하고, 유지보수가 용이 • 부하변동에 대응하기 어려움 • 점도가 높은 유류에는 적용하기 어려움

▌회전식 버너

버너구조	특 징
(모터, 환풍기, 분무컵, 1차 공기 조절장치, 연료주입, 공기흡입)	• 분무컵을 고속으로 선회시켜 유체를 무화 • 회전수 : 3,500~10,000 rpm(직결식 > 벨트식) • 유압 : 0.5kg/cm² 전후 • 유량조절비 : 1 : 5(중간) • 분무각도 : 40~80°(중간) • **연소량**(L/hr) : **1,000**(직결식)~**2,700**(벨트식) • 구조가 간단하고, 유지보수가 용이 • **중소형** 시설에 많이 사용 • 유압식에 비해 **무화입경이 큼**

저압공기식 버너

버너구조	특 징
(그림)	• 공기를 노즐로 토출시켜 액적을 분산·미립화 • 공기압 : 0.05~0.2kg/cm² (낮음) • 분무각도 : 30~60° (좁음) • 연소량 : 2~200L/hr (소형) • 무화용 공기량은 **이론공기량의 30~50%** • **소형 가열**로 등에 사용

고압공기식 버너

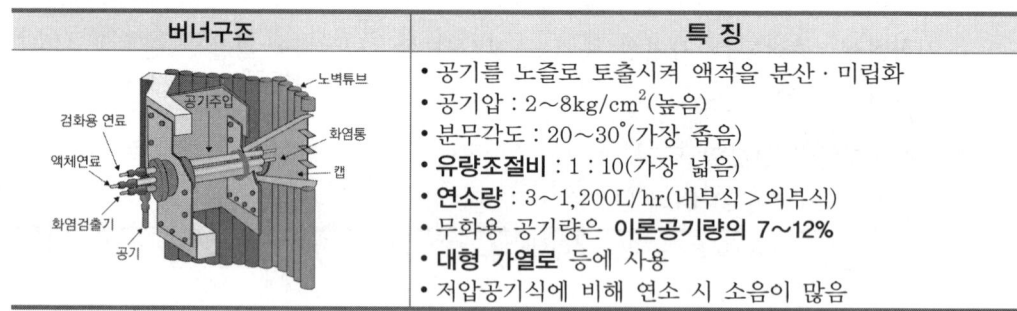

버너구조	특 징
(그림)	• 공기를 노즐로 토출시켜 액적을 분산·미립화 • 공기압 : 2~8kg/cm² (높음) • 분무각도 : 20~30° (가장 좁음) • **유량조절비** : 1 : 10 (가장 넓음) • **연소량** : 3~1,200L/hr (내부식 > 외부식) • 무화용 공기량은 **이론공기량의 7~12%** • **대형 가열로** 등에 사용 • 저압공기식에 비해 연소 시 소음이 많음

(3) 기체연료 연소장치

연소방식의 분류

- **확산연소식** : 버너노즐에서 연료가스를 분사하고, 연료와 공기를 일정속도로 혼합하여 연소시킴 → 포트형(탄화수소 함량이 낮은 연료), 버너형(선회식-저발열량 연료, 방사식-고발열량 연료) 등
- **예혼합연소식** : 연소용 공기의 전부를 미리 연료와 혼합하여 버너로 분출시켜 연소시킴 → 고압버너(2atm 이상), 저압버너(0.2atm 이하), 송풍버너 등
- **부분예혼합연소식** : 예혼합형과 확산형의 절충식 연소방식임

기체연소장치의 종류와 특징

분 류	세부 종류		특 징
확산연소	포트형		• 발생로 가스, 고로 가스 등 탄화수소가 적은 연료 연소 • 기체연료와 공기를 다 같이 **고온으로 예열**할 수 있음 • **버너가 노벽과 함께 내화벽돌로 조립**되어 있음 • 가스의 분출속도가 낮음
	버너형	선회식	• 고로 가스 등 **저발열량** 기체연료를 연소시킬 때 사용
		방사식	• 천연가스 등 **고발열량** 기체연료를 연소시킬 때 사용
예혼합연소	고압버너		• 연소실 내 양압(정압) 유지 • 연료가스 공급압력 1,500mmH₂O(2.0kg$_f$/cm²) 이상 • 소형 가열로(도시가스, LPG, 부탄가스 등을 연소)
	저압버너		• 연소실 내 음압(부압) 유지 • 연료가스 공급압력 160mmH₂O(0.2kg$_f$/cm²) 이하 • 1차 공기량은 이론공기량의 약 60% 정도 흡입

분류	세부 종류	특징
예혼합연소	송풍버너	• 공기를 압축시켜 가압 연소 • 연소실 내 양압(정압) 유지
부분예혼합연소	확산+예혼합방식	• 연소용 공기의 **일부를 미리 연료와 혼합**하고 나머지 공기는 연소실 내에서 혼합하여 확산연소시키는 연소방식 • 소형 또는 중형 버너에 채용

2 연소배출 오염물질 제어

(1) 연료 대체
- 화석연료에너지를 태양열, 풍력, 조력 등의 청정에너지로의 전환
- 자동차의 동력원의 전환(전기, 태양열, 연료전지 등)
- 연료탈질 등을 통한 연료의 질소함량 감축
- 황분 및 질소함량이 낮은 연료로의 대체(연료대체)

(2) 연료의 조성에 따른 연소특성

※ **4성분 구성과 연소특성**
- 수분함량이 많을 경우 착화가 불량하고 열손실을 초래함
- 회분함량이 높을 경우 발열량이 낮고 연소효과가 나빠지며, 먼지 발생량이 증가함
- 휘발분이 많은 연료일수록 불꽃의 길이가 긴 장염(長炎)으로 붉은 염을 만들며 매연 발생량이 증가함
- 고정탄소가 많을 경우 발열량이 높고 연소성이 좋아짐

※ **탄수소비(C/H)와 연소특성**
- 중질연료일수록 C/H비는 증가하게 됨
  - 액체연료의 경우 중유 > 경유 > 등유 > 휘발유 순으로 C/H비는 감소함
  - 기체연료(탄화수소)의 경우 올레핀계 > 나프텐계 > 아세틸렌 > 프로필렌 > 프로판 > 메탄 순으로 감소함
- C/H비가 클수록 이론공연비는 낮아짐

  ☀ $\mathrm{AFR}_m = \dfrac{34.21 + 11.48\,(C/H)}{1 + (C/H)}$

- C/H비가 클수록 비교적 비점이 높으며, 매연이 발생하기 쉬움
  - ☀ **매연 생성도** : 방향족 > 올레핀계 > 나프텐계 > 파라핀계(메탄계)(i > n)
- C/H비가 클수록 휘도가 높고 방사율이 크며, 장염이 됨

※ **그을음과 매연 발생**
- 탈수소가 용이한 연료는 그을음을 발생하기 쉬움
- C/H 비가 큰 연료일수록 그을음을 발생하기 쉬움
- 분해나 산화되기 어려운 탄화수소일수록 그을음을 발생하기 쉬움

- 방향족 생성반응이 일어나기 쉬운 탄화수소일수록 그을음을 발생하기 쉬움
- 탈수소 및 중합반응이 일어나기 쉬운 탄화수소일수록 매연이 발생하기 쉬움

(3) NO_x 제어를 위한 연소제어 및 장치 개선

※ NO_x 생성인자, 억제기술 원리

□ NO_x의 생성기원
- **연료 NO_x**(Fuel NO_x) : 연료 중의 유기질소[피리딘(C_5H_5N), 크리닌($C_{16}H_{17}O_3N$), 인돌(C_8H_7N), 아미드류 및 그 유도체 등]가 연소과정을 거쳐 질소산화물로 산화되어 배출됨
- **온도 NO_x**(Thermal NO_x) : 열적(열생성) NO_x, 고온 NO_x라고도 하며, 연소용 공기 중의 질소가 연소과정을 거치면서 질소산화물로 전환되어 배출됨
- **프롬프트 NO_x**(Prompt NO_x) : 연소반응이 왕성한 화염면이나 그 근접부에서 급속히 생성되는 질소산화물을 말함

┃ NO_x 생성 관련학설 ┃

온도(Thermal) NO	연료 NO_x(fuel NO)	Prompt NO_x
Zeldovich 학설 □ $O_2+M=2O\cdot+M$ □ $N_2+O\cdot=NO+N$ □ $N+O_2=NO+O\cdot$ □ $N+OH=NO+H$	Martin의 학설 (NO 전환율 20~50%) □ 유기N → NH_3, CN, HCN □ NH_3, CN, HCN → N· □ $N\cdot+O_2=NO+O\cdot$	C.P. Fenimore □ N_2+CH, C → HCN, CN □ HCN, CN+(OH·, O_2) → NCO □ NCO+O → NO+CO

□ NO_x의 생성인자
- 고온연소영역에서 산소농도가 높을 때 NO_x의 생성률이 증가함
- 고온에서 체류시간이 길수록 NO_x의 생성량은 증가함
- 과잉공기율이 이상적으로 공급될 때, NO_x 농도는 최대로 됨
- 일반적으로 동일 발열량을 기준으로 NO_x 배출량은 석탄＞오일＞가스 순임

□ NO_x 생성억제의 기본원리
- 유기질소화합물을 함유하지 않은 연료를 사용할 것
- 연소영역에서 산소의 농도를 낮게 할 것
- 고온영역에서 연소가스의 체류시간을 짧게 할 것
- 연소온도를 낮게, 국소적 고온영역을 없게 할 것

※ 억제법의 구분 { • 운전조건의 변경
• 연소장치의 개선

□ **운전조건 변경** : 저공기비 연소, 연소실부하 감소, 공기예열온도의 저하

□ **연소장치 개선**
- 단계연소(2단 연소, 3단 연소, 농담연소 등)
- 배기가스 재순환, 물 또는 증기분사, 저 NOx 버너연소 등

- 기타
    - **접선연소, 유동층 연소**, COM(Coal Oil Mixture)연소 등을 채용
    - 희박예혼합연소를 적용, **당량비를 낮추어** 화염온도를 1,800K 이하로 억제
    - 물의 증발잠열과 수증기의 현열상승으로 화염열을 빼앗아 온도상승을 억제
    - 화염의 최고온도를 저하시키기 위해 **화염을 분할**시키기도 함

⊛ 생성 원인별 NO_x 제어원리
- Thermal NO_x 억제효과 : 연소장치 개선, 연소실 형식 변경
- Fuel NO_x 억제효과 : 단계연소(2단 연소, 농담연소 등), 유동층 연소
- Thermal NO_x + Fuel NO_x 억제효과 : 단계연소, 유동층 연소, 저 NO_x 버너연소

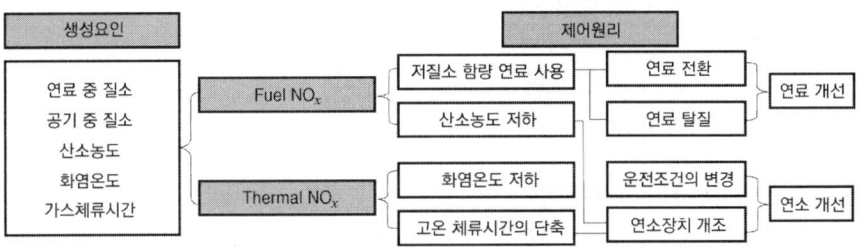

〈그림〉 질소산화물의 생성과 제어원리

(4) 다이옥신 제어를 위한 연소제어

⊛ 다이옥신의 특성·발생
- 다이옥신의 특성
    - 상온에서 무색의 결정성 고체
    - 열화학적으로 안정, 난분해성
    - 물에 난용성, 벤젠 등에는 잘 용해되는 지용성
    - 생물체의 지방조직에 잘 축적됨
    - 증기압이 낮고, 비점이 높음 → 열적 안정성이 좋음
    - 700℃ 이상에서 열분해 개시 → 1,000~1,200℃의 고온에서 최소화됨
    - 300℃ 범위의 저온에서는 재생성을 가짐
    - 비산재와 같은 입자상 물질의 촉매작용을 받을 경우 저온 재생성이 증가됨
    - 입자상 물질에 강하게 침착(沈着)되는 경향이 있음 → 토양오염 유발
- 연소과정에서 다이옥신의 생성경로
    - **미반응 생성** : 소각 대상물질 중에 미량 함유되어 있던 다이옥신류가 열분해 또는 산화분해되지 않고, 미반응 상태로 유출됨
    - **염소화된 전구물질에 의한 생성** : 염소 치환형의 벤젠핵을 가지고 있는 클로벤젠, 클로로페놀, PCB와 같은 전구물질이 열분해과정에서 다이옥신으로 전환됨
    - **고온·열화학 반응에 의한 생성** : PVC 등 유기화합물이 고온에서 다이옥신 전구물질을 형성한 후 염소원과 반응하여 다이옥신으로 전환됨

- De-NOVA 합성 : 300℃ 범위의 저온에서 비산재 등에 의한 비균질 촉매반응에 의하여 다이옥신 전구물질과 염소주게(chlorine donner)와의 반응으로 재생됨

※ 다이옥신의 연소제어
- 생성억제
  - 원인물질 유입방지 : PVC, NaCl 및 클로로페놀, 클로로벤젠과 같은 전구물질의 유입차단
  - 온도 및 체류시간 확보 : 850℃ 이상에서 2초 이상 체류
  - 난류 개선 : 연소실에 2차 공기주입
  - 과잉공기 삭감 및 완전연소 : O_2 7% 이하, CO 20ppm 이하 유지
  - 기타 : 연소가스 중 수분함량 삭감 및 비산재 발생 최소화
- 재합성 억제
  - 전열면 및 열교환기의 먼지퇴적 억제 및 방지
  - 연소실 출구배기온도 급랭(250℃ 이하)

(5) 연소배기가스의 냉각과 폐열회수

■ 구성 : 연소실 → 과열기 → 재열기 → 절탄기 → 공기예열기 → 굴뚝

※ 과열기(Superheater)
- 목적 : 포화증기의 수분을 제거하고, 엔탈피가 높은 과열증기를 생산하기 위해 사용
- 설치위치
  - 방사식(放射式)은 화실 상단에 설치 → 일반적으로 보일러의 부하가 높아질수록 방사과열기에 의한 과열온도는 낮아짐
  - 대류식(對流式)은 후속 연도에 설치 → 일반적으로 보일러의 부하가 높아질수록 대류과열기에 의한 과열온도는 상승함

※ 재열기(Reheater)
- 목적 : 증기터빈을 경유한 후 포화증기로 변한 과열증기를 재가열하기 위해 사용
- 설치위치
  - 복사식(輻射式) 재열기 → 노실(爐室)에 설치
  - 대류식(對流式) 재열기 → 연도(煙道)에 설치

※ 절탄기(Economizer)
- 목적 : 연도로 배출되는 배기가스의 폐열을 회수하여 급수를 예열하는 장치
- 효과 · 문제점
  - 열효율 증가, 연료소비량 절약, 열응력 경감, 관벽 스케일 발생 감소
  - 접촉부의 저온부식 증대, 통풍저항 증가

※ **공기예열기**(Air Preheater)
- **목적** : 배기가스의 폐열을 회수하여 연소용 공기를 예열하는 장치
- **효과 · 문제점**
  - 연소효율과 열효율 증대
  - 미분탄연소의 경우 150~250℃까지 예열됨
  - 연소온도 증가에 따른 질소산화물 생성 증가

엄선 예상문제

01 연료 연소 중에 생성되는 NO_x를 저감시키기 위한 대책으로 가장 거리가 먼 것은?

① 연소온도를 낮게 한다.
② 질소함량이 적은 연료를 사용한다.
③ 연소영역에서의 산소의 농도를 높게 한다.
④ 연소영역에서 연소가스의 체류시간을 짧게 한다.

02 연소조절에 의해 질소산화물 발생을 억제시키는 방법으로 가장 적합한 것은?

① 이온화연소법 ② 수증기분무
③ 고온연소법   ④ 고산소연소법

03 NO_x의 억제방법으로 가장 거리가 먼 것은 어느 것인가?

① 저산소 연소
② 배기가스 재순환
③ 연소실 내 물 또는 수증기 분사
④ 불꽃연소를 통한 화염온도 증가 및 예열연소

04 액체연료의 연소방식에 대한 다음 설명 중 ( ) 안에 알맞은 것은?

( )는 기름을 접시모양의 용기에 넣어 점화하면 연소열로 인해 액면이 가열되어 발생되는 증기가 외부에서 공급되는 공기와 혼합연소하는 방식으로 휘발성이 좋은 경질유의 연소에 효과적이다.

① 포트식 연소
② 부분예혼합연소
③ 증기분무식 연소
④ 이류체 분무화식 연소

05 액체연료의 연소방식인 기화연소방식과 분무화연소방식에 대한 설명으로 옳지 않은 것은?

① 증발식은 경질유의 연소에 적합하다.
② 심지식, 증발식은 기화연소방식에 해당한다.
③ 충돌분무화식에서 분무화 입경은 연료의 점도와 표면장력이 클수록 커진다.
④ 충돌분무화식에서 분무화 입경을 작게 하기 위한 연료예열온도는 35±5℃ 정도이다.

▶ 해설

01 연소영역에서의 산소의 농도를 낮게(저산소)한다.

02 수증기 분무연소방식은 연소과정에서 질소산화물의 생성을 억제하는데 효과적인 연소법이다.

03 화염의 온도가 높을수록 예열연소에 의한 연소온도가 높을수록 질소산화물 생성량은 증가된다. 따라서 NO_x의 생성을 억제하기 위해서는 화염온도를 낮추고, 예열연소를 피한다.

04 액면이 가열되어 발생되는 증기를 연소시키는 방식은 기화식 연소방식이라 하며 여기에 해당하는 연소방식은 포트식, 심지식, 증발식 등이다. 이 중에서 포트식(Port Type)은 증발접시의 액체의 표면에서 증발되는 연료증기를 연소시키는 방법이다.

05 충돌분무화식에서 분무화 입경은 연료의 점도와 표면장력이 클수록 커지므로 분무화 입경을 작게 하기 위해서는 연료를 85±5℃ 정도로 예열해야 한다.

정답 | 1.③ 2.② 3.④ 4.① 5.④

06 유류버너의 유량조절범위의 크기 순서는?
① 고압공기식 > 회전식 > 유압식
② 저압공기식 > 고압공기식 > 회전식
③ 유압식 > 고압공기식 > 저압공기식
④ 회전식 > 저압공기식 > 고압공기식

07 다음의 액체 연료연소장치 중 대용량 버너 제작이 용이하고, 유량조절범위가 좁아(환류식 1 : 3, 비환류식 1 : 2 정도) 부하변동에 적응하기 어려우며, 연료분사범위가 15~2,000L/hr 정도인 것은?
① 회전식 버너 ② 건타입 버너
③ 유압식 버너 ④ 고압기류식 버너

08 유압분무식 버너에 대한 설명으로 옳지 않은 것은?
① 분무각도가 40~90° 정도로 크다.
② 연료분사범위는 15~2,000kL/hr 정도이다.
③ 구조가 간단하여 유지 및 보수가 용이하다.
④ 유량조절범위가 좁아 부하변동에 응하기 어렵다.

09 유압분무식 버너에 대한 다음 설명 중 틀린 것은?
① 분무각도가 40~90°로 크다.
② 대용량 버너제작이 용이하다.
③ 유량조절범위가 1 : 10으로 넓다.
④ 구조가 간단하여 유지 및 보수가 용이하다.

10 건타입(Gun Type) 버너에 대한 설명으로 틀린 것은?
① 유압은 보통 $7kg/cm^2$ 이상이다.
② 유압식과 공기분무식을 조합한 형식이다.
③ 유량조절범위가 넓어, 대용량에 적합하다.
④ 연소가 양호하고, 전자동연소가 가능하다.

11 유류연소버너 중 저압공기 분무식 버너에 대한 설명으로 알맞지 않은 것은?
① 비교적 좁은 각도의 짧은 화염을 나타낸다.
② 버너입구의 공기압력은 보통 400~1,500 mmH_2O이다.
③ 분무에 사용하는 1차 공기량은 전 연소용 공기량의 50%에 이른다.
④ 주로 대용량에 사용하며, 가격이 저렴하고 분무되는 상태가 양호하다.

▶ 해설

06 유류버너의 유량조절범위의 크기 순서는 고압공기(기류)식(1 : 10) > 회전식(1 : 5) > 유압식(1 : 3)이다.
07 액체 연료연소장치 중 유량조절범위가 1 : 3 이하인 것은 유압식 버너이다.

▶액체연료 분무버너의 종류와 운영특성◀

종류	압력(유압/공기압)	유량조절비	연소용량	분무각도	적용시설
건타입 버너	$7kg/cm^2$ 이상	1 : 3	2~10L/hr	40~60°	소형/자동
유압식 버너	$5~30kg/cm^2$	1 : 3	15~2,000 L/hr	40~90°	대형
회전식 버너	$0.5kg/cm^2$ 전후	1 : 5	1,000L/hr 전후	40~80°	중소형
저압공기식 버너	$0.05~0.2kg/cm^2$	1 : 5	2~200L/hr	30~60°	소형 가열로
고압공기식 버너	$2~8kg/cm^2$	1 : 10	3~1,200L/hr	20~30°	대형 가열로

08 유압분무식 버너의 연료분사범위는 15~2,000L/hr 정도이다.
09 유압분무식 버너의 유량조절범위가 1 : 3으로 좁다.
　유량조절범위가 1 : 10으로 넓은 것은 고압공기식 버너이다.
10 건타입(Gun Type) 버너는 유량조절범위가 좁고, 소용량·자동화에 적합하다.
11 저압공기 분무식은 주로 소용량(소형 가열로 등)에 사용된다.

〈그림〉 건타입 버너

정답 | 6.① 7.③ 8.② 9.③ 10.③ 11.④

12 다음 유압식 Burner의 특징으로 옳은 것은?

① 분무각도는 40~90° 정도이다.
② 연소용량은 2~5L/hr 정도이다.
③ 유량조절범위는 1 : 10 정도이다.
④ 소형 가열로의 열처리용으로 주로 쓰인다.

13 상입식(상부투입식) 화격자연소장치에서 (1)-(2)-(3)-(4) 각각에 해당되는 물질은?(단, 그림은 상입식 연소장치의 하부층에서부터 상부층까지의 성분가스의 체적분율(%)이다.)

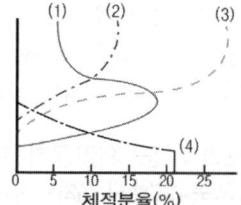

① $CO - (H_2+CH_4) - O_2 - CO_2$
② $CO_2 - CO - (H_2+CH_4) - O_2$
③ $(H_2+CH_4) - O_2 - CO_2 - CO$
④ $O_2 - CO_2 - CO - (H_2+CH_4)$

14 유압식과 공기분무식을 조합한 것으로 가해지는 유압은 보통 $7kg/cm^2$ 이상이며, 연소가 양호하고 소형이며, 자동연소가 가능한 액체연료의 연소장치는?

① 송풍버너
② 선회버너
③ 저압분무식 버너
④ 건(Gun)타입버너

15 다음 중 기체연료의 연소장치로서 천연가스와 같은 고발열량 연료를 연소시키는데 가장 적합한 것은?

① 선회형 버너
② 방사형 버너
③ 고압식 버너
④ 건타입 버너

16 탄수소비(C/H비)에 대한 설명으로 옳지 않은 것은?

① C/H비가 클수록 휘도는 높다.
② C/H비는 공기량, 발열량 등에 큰 영향을 미친다.
③ 액체연료의 경우 중유>경유>등유>휘발유 순이다.
④ C/H비가 작을수록 비점이 높은 연료이며, 매연이 발생되기 쉽다.

17 기체연료의 확산연소에 대한 설명으로 틀린 것은?

① 확산연소는 화염의 길이가 길고, 그을음이 발생하기 쉽다.
② 역화의 위험이 있으며, 가스와 공기를 예열할 수 없는 단점이 있다.
③ 확산연소 시 연료와 연소용 공기의 경계에서 확산과 혼합이 왕성하게 일어난다.
④ 연소가능한 혼합비(연료/공기)가 먼저 형성된 곳부터 연소가 시작되므로 연소형태는 연소기의 위치에 따라 달라진다.

> **해설**

12 ①항만 올바르다.
  ▶ 바르게 고쳐보기 ◀
  ② 연소용량은 15~2,000 L/hrr 정도이다.
  ③ 유량조절범위는 1 : 3 정도이다. ④ 대형 보일러용으로 주로 쓰인다.

13 상부투입방식은 상부로부터 석탄층, 건조층, 건류층, 환원층, 산화층, 회층으로 구성된다. 산소농도는 연료가 연소되는 하단부에 소비된다(4). 미연성분은 연소층에서 불완전연소로 인해 발생된 후 회층을 통과하므로 상부에서 농도가 높아진다(2).

14 유압이 $7kg/cm^2$ 이상이고 소형, 자동연소가 용이한 것은 건(Gun)타입버너이다.

15 천연가스와 같은 고발열량 연료를 연소시키는데 적합한 것은 방사형 버너이다.

16 C/H비가 작을수록 비점이 낮은 연료이고, 매연이 잘 발생되지 않는다.

17 확산연소는 역화의 위험이 낮으며, 가스와 공기를 예열할 수 있는 장점이 있다.

정답 ┃ 12.① 13.② 14.④ 15.② 16.④ 17.②

18 그을음에 대한 다음 설명 중 틀린 것은?

① 탈수소가 용이한 연료가 발생하기 쉽다.
② 연료 중의 C/H 비가 클수록 발생하기 쉽다.
③ 분해나 산화되기 쉬운 탄화수소일수록 발생하기 쉽다.
④ 방향족 생성반응이 일어나기 쉬운 탄화수소일수록 발생하기 쉽다.

19 다음 액체연료 C/H비의 순서로 옳은 것은 어느 것인가?

① 휘발유＞경유＞등유＞중유
② 중유＞경유＞등유＞휘발유
③ 휘발유＞등유＞경유＞중유
④ 중유＞등유＞경유＞휘발유

20 소각시설에서 배출되는 다이옥신의 생성량을 줄이기 위한 방법 중 적당하지 않은 것은?

① 소각로의 연소온도를 850℃ 이상으로 올린다.
② 연소실에 2차 공기를 주입하여 난류개선을 유도한다.
③ 산소와 일산화탄소 농도측정을 통해 연소조건을 조정한다.
④ 연소실에서의 체류시간을 0.5초 정도로 되도록 짧게 한다.

21 C/H의 크기 순으로 옳게 배열된 것은 어느 것인가?

① 올레핀계＞나프텐＞아세틸렌＞프로필렌＞프로판
② 올레핀계＞나프텐＞프로필렌＞프로판＞아세틸렌
③ 나프텐＞올레핀계＞아세틸렌＞프로판＞프로필렌
④ 나프텐＞아세틸렌＞올레핀계＞프로판＞프로필렌

22 회분을 0.1% 함유한 중유를 연소시키고 있다. 중유 1kg당 건조 연소가스량은 15Sm³, 건조가스 중의 분진농도는 0.2g/Sm³이다. 분진 중의 미연분(%)은?(단, 회분과 미연분은 전량 분진으로 배출된다.)

① 32%   ② 45%
③ 53%   ④ 67%

23 굴뚝의 입구온도가 320℃, 출구온도가 152℃이면 굴뚝의 평균가스온도는?

① 약 204℃   ② 약 219℃
③ 약 226℃   ④ 약 242℃

> **해설**

18 분해나 산화되기 어려운 탄화수소일수록 그을음이 발생하기 쉽다.
19 액체연료의 C/H비 크기는 중유＞경유＞등유＞휘발유 순서로 작아진다.
20 다이옥신의 생성량을 줄이기 위해서는 연소실에서의 체류시간을 2초 정도로 되도록 길게 운영한다.
21 C/H의 크기는 방향족＞올레핀계＞나프텐계＞아세틸렌＞프로필렌＞파라핀계(메탄, 프로판 등)이다.
　• 방향족계(C_nH_{2n-6})　• 올레핀계(C_nH_{2n})　• 나프텐계(C_nH_{2n})　• 파라핀계(C_nH_{2n+2})
22 분진＝회분＋미연분의 관계를 이용한다.

□ 미연분(%) = $\dfrac{\text{미연분의 양}}{\text{분진량}} \times 100$ $\begin{cases} \text{분진량} = 0.2\,g/m^3 \times 15\,m^3/kg = 3\,g/kg \\ \text{회분량} = 0.001\,kg/kg \times 10^3\,g/kg = 1\,g/kg \end{cases}$

∴ 미연분(%) = $\dfrac{3-1}{3} \times 100 = 66.67\%$

23 배기가스의 대수평균온도(t_m)는 다음과 같이 계산한다.

□ $t_m = \dfrac{t_1 - t_2}{\ln(t_1/t_2)}$ $\begin{cases} t_m : \text{대수평균온도} \\ t_1 : \text{연돌입구온도} \\ t_2 : \text{연돌출구온도} \end{cases}$

∴ $t_m = \dfrac{320-152}{\ln(320/152)} = 225.67℃$

정답 | 18.③　19.②　20.④　21.①　22.④　23.③

업그레이드 종합 예상문제

01 질소산화물(NO_x) 생성 특성에 대한 설명으로 틀린 것은?
① 일반적으로 동일 발열량을 기준으로 NO_x 배출량은 석탄>오일>가스 순이다.
② 연료 NO_x는 주로 질소성분을 함유하는 연료의 연소과정에서 생성된다.
③ 천연가스에는 질소성분이 거의 없으므로 연료의 NO_x 생성은 무시할 수 있다.
④ 고정오염원에서 배출되는 질소산화물은 주로 NO_2이며, 소량의 NO를 함유한다.

▎해설 고정오염원에서 배출되는 질소산화물은 주로 NO이며, 소량의 NO_2를 함유한다.

02 열생성 NO_x(Thermal NO_x) 억제방법으로 틀린 것은?
① 화염형상의 변경 : 화염을 분할하거나 막상으로 얇게 늘려서 열손실을 증대시킨다.
② 완만혼합 : 연료와 공기의 혼합을 완만하게 하여 장염으로 하여 화염온도의 상승을 억제한다.
③ 배기재순환 : 팬을 사용, 굴뚝가스를 로의 상부로 주입(피드백)시켜 최고화염온도와 산소농도로 억제한다.
④ 희박예혼합연소 : 당량비를 높여 NO_x 발생온도를 2,000K 이하로 현저히 낮춤으로써 Prompt NO_x로의 전환을 유도한다.

▎해설 희박예혼합연소는 당량비를 낮추어 온도 NO_x를 저감하는 방법이다.

03 연소 시 발생되는 NO_x는 원인과 생성기전에 따라 3가지로 분류하는데, 분류항목에 속하지 않는 것은?
① Fuel NO_x
② Noxious NO_x
③ Prompt NO_x
④ Thermal NO_x

▎해설 연소 시 발생되는 NO_x는 원인과 생성기전에 따라 Fuel NO_x, Thermal NO_x, Prompt NO_x 3가지로 분류된다.

04 Thermal NO_x를 대상으로 한 저NO_x 연소법으로 거리가 먼 것은?
① 연료대체
② 희박예혼합연소
③ 배기가스 재순환
④ 물분사 및 수증기분사

▎해설 연료대체는 Thermal NO_x가 아닌 Fuel NO_x 억제효과가 있다.

05 가솔린엔진과 디젤엔진의 상대적인 특성을 비교한 내용으로 틀린 것은?

① 가솔린엔진은 연소실 크기에 제한을 받는 편이다.
② 가솔린엔진은 예혼합연소, 디젤엔진은 확산연소에 가깝다.
③ 디젤엔진은 공급공기가 많기 때문에 배기가스온도가 낮아 엔진 내구성에 유리하다.
④ 디젤엔진은 가솔린에 비해 자기착화온도가 높아 검댕, CO, HC의 배출농도 및 배출량이 많다.

▌해설 디젤은 가솔린에 비하여 인화온도가 높기 때문에 검댕 및 입자상 물질의 배출량이 많다.

▶ 디젤엔진과 가솔린엔진의 특성비교 ◀

비교항목	가솔린엔진	디젤엔진
연료	가솔린	경유
점화방식	스파크 점화	자동점화
적용 점화기관	고속압축 점화기관	저속압축 점화기관
사이클	정적 사이클	정압 사이클
흡입	연료 및 공기의 혼합기체	공기
연소형태	예혼합연소	확산연소
연소실 크기	제한을 받음(피스톤 최대 160mm)	제한을 적게 받음(피스톤 최대 230mm)
엔진 내구성	낮음	높음
오염물 배출	• CO, HC, NO_x가 많이 배출 • Pb 배출	• CO, HC의 배출 적음 • NO_x, 매연 및 PM 배출량이 많음

06 고체연료의 하급식 연소방식으로 연소과정이 미착화연료 → 산화층 → 환원층 → 회층으로 전환됨으로써 연료층을 항상 균일하게 제어할 수 있고, 저품질 연료도 유효하게 연소시킬 수 있는 화격자연소장치는?

① 포트식 스토커   ② 체인 스토커
③ 로타리 킬른   ④ 산포식 스토커

▌해설 제시된 항목 중 하급식 연소방식으로 채용 가능한 것은 체인 스토커(Chain Stoker)이다.

▶ 하급식 체인 스토커 ◀

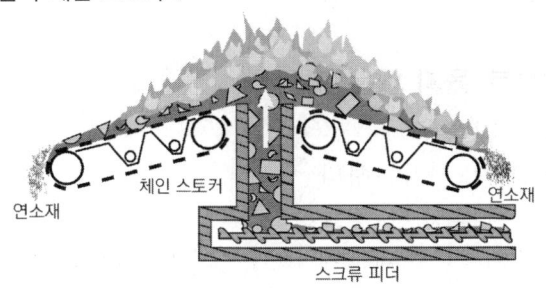

〈그림〉 하급식 체인 스토커(Chain Stoker)의 개념도

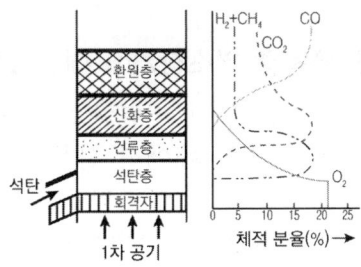

〈그림〉 하급식의 층위와 연소가스 분포

07 화격자식 소각로에 대한 설명으로 옳지 않은 것은?

① 하향식 연소는 상향식 연소에 비해 소각물의 양은 절반 정도로 감소한다.
② 화격자식은 체류시간이 길고, 교반력이 약한 편이어서 국부가열이 발생할 염려가 있다.
③ 경사 스토커방식의 경우 수분이 많은 것이나 발열량이 낮은 것도 어느 정도 소각이 가능하다.
④ 휘발성분이 많고, 열분해되기 쉬운 물질을 소각할 경우에는 공기를 아래쪽에서 위쪽으로 통과시키는 상향연소방식을 사용하는 것이 효과적이다.

▮해설 휘발성분이 많고, 열분해되기 쉬운 물질을 소각할 경우에는 공기를 위쪽에서 아래쪽으로 통과시키는 하향연소방식을 사용하는 것이 효과적이다.

08 다음은 본 롤(Von Roll) 시스템 화격자에 대한 내용이다. ( ) 안에 들어갈 내용과 무관한 것은?

> 본 롤 시스템(Von Roll System)은 일련의 왕복식 화격자들을 사용하여 폐기물을 소각로 내에서 이동시키면서 연소시킨다. 화격자는 ( ), ( ), ( )의 세 부분으로 구성되어 있다.

① 건조화격자
② 회전화격자
③ 연소화격자
④ 후연소화격자

▮해설 본 롤 시스템(Von Roll System)은 일련의 왕복식 화격자들을 사용하여 폐기물을 소각로 내에서 이동시키면서 연소시킨다. 화격자는 건조화격자 → 연소화격자 → 후연소화격자의 세 부분으로 구성되어 있다.

09 유동층 연소방식에 대한 설명으로 틀린 것은 어느 것인가?

① 미분탄장치가 불필요하다.
② 화염층을 작게 할 수 있다.
③ 부하변동에 쉽게 응힐 수 없다.
④ 긴설비와 전열면적이 많이 든다.

▮해설 유동층 연소방식은 건설비와 전열면적이 적게 든다.

10 유동층 연소장치에 대한 설명으로 옳지 않은 것은?

① 비산재나 미연탄소의 배출이 많다.
② 연소로 내에서 산성가스의 제거가 가능하다.
③ 조대한 고형물의 경우 투입 전 파쇄가 필요하다.
④ 연소온도가 미분탄연소에 비해 높기 때문에 NO_x 생성억제에 불리하다.

▮해설 유동층 연소는 NO_x 생성억제에 유리하다.

11 유동층 연소에 대한 설명과 거리가 먼 것은?

① 부하변동에 따른 대응성이 낮은 편이다.
② 분탄을 미분쇄 투입하여 석탄 입자의 체류시간을 짧게 유지한다.
③ 주방쓰레기, 슬러지 등 수분함량이 높은 폐기물을 건조와 동시에 연소시킬 수 있다.
④ 유동층 내에서는 화염전파는 무의미하고, 온도를 유지할 만큼의 발열만 있으면 된다.

해설 분탄을 미분쇄 투입하여 석탄 입자의 체류시간을 짧게 유지하는 것은 미분탄연소장치이다.

12 연소장치의 특성에 대한 설명으로 옳지 않은 것은?

① 산포식 스토커, 계단식 스토커에 의한 연소방식은 화격자연소장치에 속한다.
② 미분탄연소는 사용연료의 범위가 넓고, 스토커연소에 적합하지 않은 점결탄과 저발열량탄 등도 사용할 수가 있다.
③ 유동층 연소는 다른 연소법에 비해 NO_x 생성억제가 잘 되고, 화염층을 작게 할 수 있으므로 장치의 규모를 작게 할 수 있다.
④ 미분탄을 사용하는 연소시설에서는 화염의 전파속도는 기체연료에 비해 작으며, 만일 버너로부터 분출속도가 클 경우에는 역화의 우려가 발생할 수 있다.

해설 미분탄을 사용하는 연소시설에서는 분출속도가 작을 때 역화현상의 위험이 따른다.

13 유류연소버너의 구비조건에 해당되지 않는 것은?

① 소음발생이 적을 것
② 재를 제거하기 위한 장치가 있을 것
③ 높은 점도를 가진 유류도 적은 동력비로서 미립화가 가능할 것
④ 부하범위에 대응하여 유량조절이 가능하고, 기름의 미립화가 가능할 것

해설 재를 제거하기 위한 장치가 아니라 막힘 및 폐쇄를 예방할 수 있는 기능이 추가되어야 한다.

14 다음의 특성을 가지는 유류연소버너의 종류는?

- 유량조절범위 : 약 1 : 10 정도
- 용도 : 유리용해로 등의 대형 가열로에 사용

① 유압식 버너
② 회전식 버너
③ 고압공기식 버너
④ 저압공기식 버너

해설 유량조절범위가 1 : 10 정도로 넓고, 대형 가열로에 사용되는 것은 고압공기식 버너이다.

15 연소방식 및 장치에 대한 다음 설명 중 틀린 것은?

① 고압기류분무버너의 분무각도는 30° 정도이다.
② 기화연소방식과 분무화 연소방식은 액체연료의 연소방식에 해당한다.
③ 회전식 버너는 유압식 버너에 비해 연료의 분무화 입경이 작은 편이다.
④ 충돌분무화식에서 분무화 입경은 연료의 점도와 표면장력이 클수록 커진다.

해설 회전식 버너는 유압식보다 분무화 입경이 크다.

16 다음의 특성을 가지는 유류연소버너의 종류는 어느 것인가?

- 용도 : 중소형 보일러에 주로 사용
- 유압 : 0.5kg/cm^2 전후
- 분무각도 : 약 40~80°

① 회전식
② 유압식
③ 고압공기식
④ 건타입식

해설 분무각도가 약 40~80°이고 중소형 보일러에 주로 사용되며, 유압이 0.5kg/cm^2 전후인 것은 회전식이다.

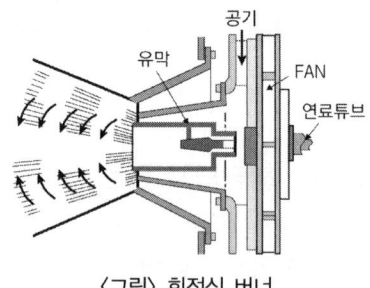

〈그림〉 회전식 버너

17 유류버너의 종류에 대한 다음 설명 중 틀린 것은?

① 유압식 버너에서 연료유의 분무각도는 압력, 점도 등으로 약간 달라지지만 40~90° 정도이다.
② 회전식 버너의 유량조절범위는 1 : 5 정도이고, 유압식 버너에 비해 연료유의 분무화 입경은 크다.
③ 고압공기식 버너는 고점도 사용에도 가능하며, 분무각도가 20~30° 정도이며, 장염이나 연소 시 소음이 발생한다.
④ 저압공기식 버너는 구조가 간단하고, 유압조절범위는 1 : 10 정도이며, 무화상태가 좋아서 대형 가열로에 주로 사용한다.

해설 저압공기식 버너의 유압조절범위는 1 : 5 정도이며, 무화상태가 나빠서 소형 가열로에 주로 사용한다.

18 액체연료를 분무연소할 때 미립화에 영향을 미치는 요인이 아닌 것은?

① 연료의 분사압력　　　② 연료의 점도
③ 연료의 분사속도　　　④ 연료의 발열량

┃해설┃ 연료의 발열량은 미립화에 영향을 미치는 요소가 아니다. 미립화에 영향을 미치는 요소는 ①, ②, ③항목 외에 연료의 분무유량, 무화입경, 무화거리 등이다.

19 기체연료의 연소에 대한 다음 설명 중 옳은 것은?

① 예혼합연소를 행할 수 있으므로 고부하연소가 가능하다.
② 기체연료는 연소조절이 용이하지 못하고, 자동제어연소에 부적합하다.
③ 기체연료는 예열을 필요로 하며, 액체연료연소보다 과잉공기의 소요량이 많다.
④ 이론공기량을 투입하여 연소할 경우 일반적으로 공기량의 부족으로 불완전연소를 일으킨다.

┃해설┃ ①항만 올바르다.
▶ 바르게 고쳐보기 ◀
② 기체연료는 연소조절이 용이하고, 자동제어연소에 적합하다.
③ 기체연료는 예열을 필요로 하지 않으며, 액체연료연소보다 과잉공기의 소요량이 적다.
④ 이론공기량을 투입하여 연소할 경우 일반적으로 공기량의 부족으로 불완전연소를 일으킬 우려가 타 연료에 비해 상대적으로 낮다.

20 기체연료의 연소방식 중 역화 위험이 가장 큰 것은?

① 확산연소　　　② 부유연소
③ 층류연소　　　④ 예혼합연소

┃해설┃ 기체연료의 연소방식 중 역화 위험이 가장 큰 것은 예혼합연소이다.

21 기체연료의 연소장치 및 연소방식에 대한 설명으로 틀린 것은?

① 확산연소에 사용되는 버너 중 포트형은 기체연료와 공기를 다 같이 고온으로 예열할 수 있다.
② 예혼합연소는 화염온도가 높아 연소부하가 큰 경우에 사용되고, 화염길이가 길고, 그을음이 많다.
③ 확산연소는 주로 탄화수소가 적은 발생로 가스, 고로 가스에 적용되는 연소방식이고, 천연가스에도 사용될 수 있다.
④ 예혼합연소에 사용되는 고압버너는 기체연료의 압력을 $2kg/cm^2$ 이상으로 공급하므로 연소실 내의 압력은 정압이다.

┃해설┃ 예혼합연소는 화염온도가 높아 국부가열의 염려가 있고, 높은 연소부하가 요구될 경우 사용되며, 화염의 길이는 짧다.

22 연소용 공기의 일부를 미리 연료와 혼합하고, 나머지 공기는 연소실 내에서 혼합하여 확산연소시키는 연소방식으로 소형 또는 중형 버너로 널리 사용되는 기체연료의 연소방식은?

① 부분연소
② 간헐연소
③ 연속연소
④ 부분예혼합연소

해설 연소용 공기의 일부를 미리 연료와 혼합하고, 나머지 공기는 연소실 내에서 혼합하여 확산연소시키는 연소방식은 부분예혼합연소방식이다.

23 화염이 길고, 그을음이 발생하기 쉬운 반면 역화(Back Fire)의 위험이 없으며, 공기와 가스를 예열할 수 있는 기체연료의 연소방식은?

① 확산연소
② 예혼합연소
③ 회전식연소
④ 스토커식연소

해설 역화(Back Fire)의 위험이 없으며, 공기와 가스를 예열할 수 있는 연소방식은 확산연소이다.

24 기체연료의 연소방법에 대한 설명으로 옳지 않은 것은?

① 예혼합연소에는 포트형과 버너형이 있다.
② 확산연소는 장염이고, 그을음이 발생하기 쉽다.
③ 예혼합연소는 혼합기의 분출속도가 느릴 경우 역화의 위험이 있다.
④ 예혼합연소는 화염온도가 높아 연소부하가 큰 경우에 사용이 가능하다.

해설 확산연소에는 포트형과 버너형이 있다.

25 기체연료의 연소방식에 대한 설명으로 틀린 것은?

① 확산연소는 장염이고, 그을음이 발생하기 쉽다.
② 확산연소는 역화의 위험이 없으며, 가스와 공기를 예열할 수 있는 장점이 있다.
③ 확산연소는 기체연료와 연소용 공기를 버너 내에서 혼합하여 공급하는 방식이다.
④ 예혼합연소는 연소가 내부에서 연료와 공기의 혼합비가 변하지 않고, 균일하게 연소된다.

해설 확산연소는 버너 내에서 공기와 혼합시키지 않고, 버너노즐에서 연료가스를 분사하고, 연료와 공기를 일정속도로 혼합하여 연소시킨다. 버너 내에서 혼합하여 공급하는 방식은 예혼합연소이다.

더 풀어보기 예상문제

01 Zeldovich Mechanism에 의해 질소산화물이 생성되는 기구는?
① 연료 NO_x(Fuel NO_x)
② 고온 NO_x(Thermal NO_x)
③ 프롬프트 NO_x(Prompt NO_x)
④ 순환 NO_x(Circulation NO_x)

02 연료를 연소하는 과정에서 질소산화물(NO_x)이 발생하게 된다. 다음 반응 중 질소산화물(NO_x) 생성과정에서 발생하는 Prompt NO_x의 주된 반응식으로 가장 적합한 것은 어느 것인가?
① $N+N \rightarrow N_2$
② $CH+N_2 \rightarrow HCN+N$
③ $N+NH_3 \rightarrow N_2+1.5H_2$
④ $N_2+O_5 \rightarrow 2NO+1.5O_2$

03 액체연료의 연소방식에서 기화연소방식에 해당하지 않는 것은?
① 심지식 ② 반전식
③ 포트식 ④ 증발식

04 기체연료의 연소장치에 해당하지 않는 것은?
① 송풍버너   ② 선회버너
③ 방사형 버너 ④ 로터리버너

05 열적 NO_x(thermal NO_x)의 생성억제 방안과 가장 거리가 먼 것은?
① 화염의 최고온도를 저하시키기 위해서 화염을 분할시키기도 한다.
② 희박예혼합연소를 적용, 최고화염온도를 1,800K 이하로 억제한다.
③ 물의 증발잠열과 수증기의 현열상승으로 화염열을 빼앗아 온도상승을 억제한다.
④ 연료유와 배기가스에 암모니아를 투입하고, 400~600℃에서 촉매와 접촉시켜 제어한다.

06 다음 설명하는 오염물질 제어기법에 해당하는 것은?

> 화염온도를 낮추기 위해 채택된 연소기법으로 1차적으로 이론공기량의 85~95% 정도를 버너를 통해 공급하고, 상부의 공기구멍에서 10~15%의 공기를 더 공급하여 연소시킨다.

① SO_2 제거를 위한 연소구역 냉각법
② NO_x 생성억제를 위한 2단 연소법
③ NO_x 제거를 위한 연소구역 냉각법
④ 매연 제거를 위한 저과잉공기 연소법

정답 1.② 2.② 3.② 4.④ 5.④ 6.②

더 풀어보기 예상문제 해설

01 Zeldovich Mechanism에 의해 질소산화물이 생성되는 기구는 고온 NO_x(Thermal NO_x)이다.

02 Prompt NO_x는 질소가 탄화수소 및 탄소의 공격을 받아 HCN 또는 CN이 생성되고 HCN과 CN은 OH 및 O_2 등과 결합하여 NCO 등과 같은 중간 생성물질들을 거쳐 질소산화물로 전환된다는 학설이다.

03 액체연료의 기화연소방식은 포트식, 심지식, 증발식 3가지이다.

04 기체연료의 연소장치는 확산연소방식에 포트형, 버너형(선회식, 방사식)이 있고, 예혼합연소방식에는 고압버너, 저압버너, 송풍버너 등이 있다.

05 ④항은 생성억제방안이 아니라 질소산화물의 처리방안이다.

06 문제의 설명은 2단 연소법(Two-Stage Combustion Method)에 대한 것이다.

더 풀어보기 예상문제

01 다음 중 화력발전소나 시멘트 소성로와 같은 대형 대용량 연소시설에서 석탄으로 연소시키고자 할 때 가장 적합한 연소방식은?

① 화격자연소　② 미분탄연소
③ 유동층연소　④ 다단로연소

02 미분탄연소에 사용되는 버너(Burner) 중 접선기울형 버너에 대한 설명으로 관계가 적은 것은 어느 것인가?

① 화염을 상하로 이동시켜서 과열을 방지할 수 있도록 되어 있다.
② 사각연소로인 경우 각 모퉁이에 3~5개의 버너 높이가 다르게 설치되어 있다.
③ 1차 공기 및 석탄 주입관 끝은 10~30° 정도의 각도범위에서 조정할 수 있도록 되어 있다.
④ 선회흐름을 보일러에 활용한 것으로 선회버너라고도 하며, 연소로 외벽 쪽으로 화염을 분산한다.

03 가동식 화격자 중 화격자 위에서 건조 → 연소 → 후연소가 이루어지며 쓰레기의 교반 및 연소조건이 양호하고, 소각효율이 매우 높으나 화격자의 마모가 많은 것은?

① 역동식　② 계단식
③ 반전식　④ 회전 로울러식

04 액체연료의 연소방식에 대한 다음 설명 중 틀린 것은?

① 이류체분무화식은 증기 또는 공기의 분무화 매체를 사용하여 분무화시키는 방식이다.
② 포트식 연소는 분무화연소방식에 해당하며, 휘발성이 좋지 않은 중질유연소에 효과적이다.
③ 심지식 연소는 기화연소방식에 속하며, 주로 등유연소장치에서 심지의 모세관 현상에 의해 증발연소시키는 방식이다.
④ 충돌분무화식에서 분무 입경은 연료의 점도와 표면장력이 클수록 커지므로 분무화 입경을 작게 하기 위해서는 연료를 85±5℃ 정도로 예열해야 한다.

05 액체연료의 연소장치에 대한 각 설명 중 옳지 않은 것은?

① 회전식 버너는 분무각도가 40~80° 정도이다.
② 저압기류분무식 버너의 연료분사범위는 200L/hr이다.
③ 증기분무식 버너는 설비가 비교적 간단하고, 연료분사범위는 10~1,200L/hr이다.
④ 고압기류분무식 버너는 연료유의 점도가 커도 분무화가 용이하나 연소 시 소음이 크다.

정답 1.② 2.④ 3.① 4.② 5.③

더 풀어보기 예상문제 해설

01 미분탄연소방식은 화력발전소나 시멘트 소성로와 같은 대형 대용량 연소시설에 채용된다.
02 접선기울형 버너는 연소로의 중앙 쪽으로 화염이 분산·형성된다.
03 가동식 화격자 중 화격자 위에서 건조 → 연소 → 후연소가 이루어지며 쓰레기의 교반 및 연소조건이 양호하고, 소각효율이 매우 높으나 화격자의 마모가 많은 것은 역동식이다.
04 포트식 연소는 기화연소방식에 해당하며, 휘발성이 좋은 경질유연소에 효과적이다.
05 증기분무식 버너는 설치가 복잡하다.

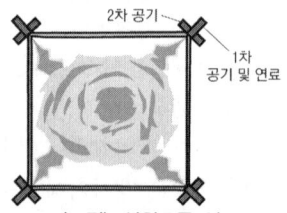

〈그림〉 선회흐름 연소

더 풀어보기 예상문제

01 유동층 연소에 대한 설명으로 거리가 먼 것은?
① 유동매체에 석회석 등의 탈황제를 사용하여 노(爐) 내 탈황도 가능하다.
② 연료의 층 내 체류시간이 길어 저발열량의 석탄도 완전연소가 가능하다.
③ 유동화가 행해지는 공기유속의 범위는 한정되어 있고, 통상 0.3~4m/sec 정도이다.
④ 비교적 고온에서 연소가 행해지므로 열생성 NO_x가 많고, 전열관의 부식이 문제된다.

02 유동층 연소로에 사용되는 유동사의 구비조건으로 옳지 않은 것은?
① 활성이 클 것
② 융점이 높을 것
③ 비중이 작을 것
④ 입도분포가 균일할 것

03 다음 중 기체연료의 연소방식에 해당되는 것은?
① 예혼합연소   ② 유동층 연소
③ 화격자연소   ④ Rotary Burner

04 유동층 연소에서 부하변동에 대한 적응성이 좋지 않은 단점을 보완하기 위한 방법이 아닌 것은 어느 것인가?
① 유동층의 높이를 변화시킨다.
② 유동층 내의 연료비율을 고정시킨다.
③ 공기분산판을 분할하여 유동층을 부분적으로 유동시킨다.
④ 유동층을 몇 개의 셀로 분할하여 부하변동에 따라 작동시키는 셀 수를 변화시킨다.

05 유동층 연소의 특징에 대한 다음 설명 중 옳지 않은 것은?
① 유동매체는 불활성이고, 열충격에 강하며, 융점은 높으며 미세하여야 한다.
② 유동매체의 열용량이 커서 액상·기상 및 고형 폐기물의 소각처리가 가능하다.
③ 연료의 투입이나 유동화를 위한 파쇄가 불필요하고, 과잉공기가 많이 소요된다.
④ 일반 소각로에서 소각이 어려운 난연성 폐기물 소각에 적용할 수 있고, 특히 폐유·폐윤활유 등의 소각에 유용하게 사용된다.

정답 1.④ 2.① 3.① 4.② 5.③

더 풀어보기 예상문제 해설

01 유동층 연소는 다른 연소법에 비해 NO_x 생성억제가 잘 되고, 화염층을 작게 할 수 있으므로 장치의 규모를 작게 할 수 있다.

02 유동매체(유동사)는 불활성이어야 한다.
▶ 유동사의 요구조건 ◀
- 불활성(不活性)일 것
- 열충격에 강할 것
- 융점(融點)이 높을 것
- 내마모성이 있을 것
- 비중이 작을 것
- 공급이 안정되고, 값이 저렴할 것
- 미세하고, 입도분포가 균일할 것

03 기체연료의 연소방식에 해당되는 것은 예혼합연소, 확산연소, 부분예혼합연소이다.

04 유동층 연소에서 부하변동에 대한 적응성이 좋지 않은 단점을 보완하기 위해서는 유동층 내의 연료비율을 고정시키는 것이 아니라 유동층 내의 연료비율을 변경할 수 있게 하여야 한다.

05 유동층 연소는 연료의 투입이나 유동화를 위한 파쇄가 필요하고, 과잉공기가 적게 소요된다.

더 풀어보기 예상문제

01 유동층 소각로에 대한 설명으로 옳지 않은 것은?
① 대형의 고형 폐기물은 연소실 내로 투입하기 전에 파쇄하여야 한다.
② 매체를 유동시키기 위한 과잉공기(50~80%)가 다량 소비되어 연소배출 가스량이 많다.
③ 연소효율이 높아 미연분의 생성량이 적어 소각재의 매립으로 인한 2차 공해가 감소한다.
④ 유동매체의 열용량이 커서 액상물질과 고형물질 등 여러 가지 종류의 혼합연소가 가능하다.

02 유동층 연소시설의 특성으로 옳지 않은 것은 어느 것인가?
① NO_x 생성억제에 효과가 있다.
② 별도의 배연탈황설비가 불필요하다.
③ 유동매체는 모래와 같은 내열성 분립체로 비중이 클수록 좋다.
④ 재나 미연탄소의 방출이 많고, 부하변동에 따른 적응이 어렵다.

03 기체연료의 투입압력이 $2kg_f/cm^2$ 이상이고, 연소실 내의 압력이 정압으로 유지되며, 소형 가열로 등에 채용되는 가스버너는?
① 고압버너 ② 저압버너
③ 송풍버너 ④ 선회버너

04 다음 중 기체연료의 확산연소에 사용되는 버너 형태로 가장 적합한 것은?
① 심지식 버너 ② 포트형 버너
③ 회전식 버너 ④ 공기분무식 버너

05 각 화격자연소장치에 대한 설명으로 틀린 것은?
① 부채형 반전식 화격자는 교반력이 커서 저질쓰레기의 소각에 적당하다.
② 역동식 화격자는 교반 및 연소조건이 양호하고, 소각효율이 높으나 화격자의 마모가 많다.
③ 병렬요동식 화격자는 비교적 강한 이송력을 갖고 있고, 화격자 눈의 메워짐이 별로 없어 낙진량이 많고, 냉각작용이 부족하다.
④ 이상식 화격자는 건조, 연소, 후연소의 각 화격자를 수평으로 일직선상으로 배치한 것으로 내구성과 이송효율은 좋으나 혼합률이 낮다.

06 모닥불이나 화재 등도 이 연소의 일종이며, 고정된 연료층을 연소용 공기가 통과하면서 연소가 일어나는 것으로 금속격자 위에 연료를 깔고 아래에서 공기를 불어넣어 연소시키는 형태는?
① 확산연소 ② 표면연소
③ 화격자연소 ④ 분무화연소

정답 1.② 2.③ 3.① 4.② 5.④ 6.③

더 풀어보기 예상문제 해설

01 유동매체의 유동화는 2,000~3,500mmH₂O의 압축공기를 사용하며, 소각에 투입되는 과잉공기량은 30% 이하로 다른 연소장치에 비해 연소배출 가스량이 적다.

02 유동매체는 모래와 같은 내열성을 가진 것으로 비중이 작을수록 좋다. 유동매체(遊動砂)는 불활성이고 열충격에 강하며, 융점은 높으며, 미세한 것이 좋다.

03 기체연료의 투입압력이 $2kg_f/cm^2$ 이상인 것은 고압버너이다.

04 기체연료의 확산연소에 사용되는 버너 형태는 포트형과 버너형(선회식, 방사식)이다.

05 이상식(異床式) 화격자는 무한궤도형의 가동화격자의 높이를 달리하여 배치한 것으로 혼합률이 낮다.

06 화격자연소는 금속격자 위에 연료를 깔고 아래에서 공기를 불어넣어 연소시키는 방식이다.

더 풀어보기 예상문제

01 화격자연소에 대한 설명 중 틀린 것은?
① 상부투입식은 분상의 석탄은 그대로 사용하기에 곤란하다.
② 상부투입식은 투입되는 연료와 공기의 방향이 향류로 교차되는 형태이다.
③ 상부투입식은 상부로부터 석탄층, 건조층, 건류층, 환원층, 산화층, 회층으로 구성된다.
④ 하부투입식에서는 저융점의 회분을 많이 포함한 연료의 연소에 적당하며, 착화성이 나쁜 연료도 유용하게 사용 가능하다.

02 유류 연소버너 중 유압식 버너에 대한 설명으로 옳지 않은 것은?
① 부하변동에 응하기 어렵다.
② 대용량 버너 제작이 용이하다.
③ 유압은 보통 50~90kg/cm² 정도이다.
④ 연료유의 분무각도는 40~90° 정도이다.

03 쓰레기 이송방식에 따라 가동화격자(Moving Stoker)를 분류한 것이다. ( ) 안에 적합한 것은?

> ( ) 화격자는 고정화격자와 가동화격자를 횡방향으로 나란히 배치하고, 가동화격자를 전후로 왕복운동시킨다. 비교적 강한 교반력과 이송력을 가지고 있으며, 화격자의 눈이 메워짐이 별로 없다는 이점이 있으나, 낙진량이 많고 냉각작용이 부족하다.

① 역동식 ② 병렬요동식
③ 계단식 ④ 부채반전식

04 액체 연료버너 중 유압식 버너의 설명으로 옳지 않은 것은?
① 구조가 다소 복잡하다.
② 용도는 대용량 보일러에 사용한다.
③ 가해지는 유압은 5~30kg/cm² 정도이다.
④ 분무각도는 40~90° 정도의 넓은 각도로 할 수 있다.

정답 1.④ 2.③ 3.② 4.①

더 풀어보기 예상문제 해설

01 하부투입식에서는 저융점의 회분을 많이 포함한 연료의 연소에 부적당하며, 착화성이 나쁜 연료도 적용하기 곤란하다.

▶화격자의 연소가스의 흐름과 연소방식◀
□ 상향연소식=향류식=역류연소식
  ◦ 수분이 많은 폐기물 소각에 적합
  ◦ 저위발열량이 낮은 물질의 소각에 적합
□ 하향연소식=병류식(Co-Current)
  ◦ 수분이 적은 연료의 소각에 적합
  ◦ 휘발분 함량이 많은 폐기물
  ◦ 착화성이 좋은 폐기물
  ◦ 발열량이 높은 폐기물 소각에 적합

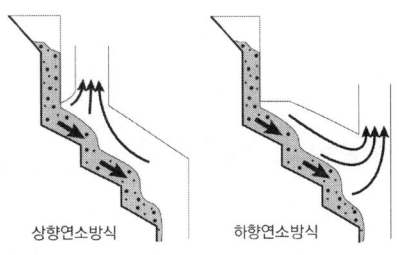
상향연소방식 하향연소방식

02 유압은 보통 5~30kg/cm² 정도이다.
03 문제의 특징을 지닌 가동화격자는 병렬요동식이다.
04 유압식은 구조가 간단하다.

더 풀어보기 예상문제

01 액체연료의 연소장치에 대한 설명으로 틀린 것은?
① 유압식 버너는 대용량 버너 제작이 용이하다.
② 고압기류식 버너는 연소 시 소음이 큰 편이다.
③ 회전식 버너는 유압식 버너에 비해 기름의 무화된 입경이 작은 편이다.
④ 저압기류식 버너에서 분무에 필요한 공기량은 이론연소공기량의 30~50% 정도이다.

02 액체연료의 연소장치에 대한 설명 중 틀린 것은?
① 건타입버너는 소형이며, 전자동연소가 가능하다.
② 저압기류분무식은 분무에 필요한 공기량은 이론연소공기량의 30~50% 정도이다.
③ 고압기류분무식 버너의 분무에 필요한 1차 공기량은 이론연소공기량의 7~12% 정도이다.
④ 회전식 버너는 유압식 버너에 비해 연료유의 입경이 작으며, 직결식은 분무컵의 회전수가 전동기의 회전수보다 빠른 방식이다.

03 분무연소기에서 그을음 생성방지방법으로 옳지 않은 것은?
① 주위 공기유속을 증대시켜 화염을 예혼합 화염에 가깝게 한다.
② 후류염(Wake Flame) 형성을 조장하여 예혼합 화염에 가깝게 한다.
③ 큰 입경의 분무액적이 생기지 않게 연료분사밸브를 사용하여 연소를 균질하게 한다.
④ 배기가스 재순환 등에 의해서 연소용 공기의 O_2 농도를 증가시켜 포위염(Envelope Flame) 형성을 조장한다.

04 확산형 가스버너 중 포트형에 대한 설명으로 옳지 않은 것은?
① 가스와 공기를 함께 가열할 수 있다.
② 구조상 가스와 공기압을 높이지 못한 경우에 사용한다.
③ 포트형은 버너가 노(爐) 벽에 의해 분리되어 내화벽돌로 조립된 것으로 가스 분출속도가 높다.
④ 가스 및 공기의 온도와 밀도를 고려하여 밀도가 큰 공기출구는 상부에, 밀도가 작은 가스출구는 하부에 배치되도록 설계한다.

정답 1.③ 2.④ 3.④ 4.③

더 풀어보기 예상문제 해설

01 회전식 버너는 유압식 버너에 비해 연료의 무화입경이 큰 편이다.
02 회전식 버너는 분무입자가 크고, 직결식은 분무컵의 회전수가 전동기의 회전수보다 느리다.
03 배기가스 재순환을 할 경우 연소용 공기의 O_2 농도는 감소된다. 또한 포위염(Envelope Flame) 형성을 조장할 경우 그을음 생성이 증대된다.
04 포트형(port type) 확산버너는 버너가 노벽과 함께 내화벽돌로 조립되어 있으며, 분출속도가 낮다.

더 풀어보기 예상문제

01 다음 중 분무각도가 40~90° 정도로 크며, 유량조절범위가 작아 부하변동에 적응하기 어렵고, 대용량 버너 제작이 용이한 유류버너는?
① 회전식 버너 ② 고압공기식 버너
③ 저압공기식 버너 ④ 유압분무식 버너

02 확산연소 가스버너 중 포트형에 대한 설명이다. 옳지 않은 것은?
① 구조상 가스·공기압력이 높은 경우에 사용한다.
② 밀도가 큰 공기출구는 상부에 밀도가 작은 가스출구는 하부에 배치되도록 한다.
③ 버너 자체가 노(爐) 벽과 함께 내화벽돌로 조립되어 노 내부에 개구된 것이며, 가스와 공기를 함께 가열할 수 있는 이점이 있다.
④ 고발열량 탄화수소를 사용할 경우에는 가스압력을 이용하여 노즐로부터 고속으로 분출하게 하여 그 힘으로 공기를 흡인하는 방식을 취한다.

03 기체연료를 버너에서 연소시키는 방법의 분류로 옳은 것은?
① 확산연소법-예혼합연소법
② 예혼합연소법-회전연소법
③ 압력주입연소법-직접연소법
④ 공기주입연소법-기류흡입연소법

04 확산형 가스버너인 포트형 설계 시 주의사항으로 옳지 않은 것은?
① 포트 입구가 작으면 슬래그가 부착해서 막힐 우려가 있다.
② 노 내부에서 연소가 완료되도록 가스와 공기의 유속을 결정한다.
③ 밀도가 큰 가스출구는 하부에, 밀도가 작은 공기출구는 상부에 배치되도록 하여 양쪽의 밀도차에 의한 혼합이 잘 되도록 한다.
④ 고발열량 탄화수소를 사용할 경우는 가스압력을 이용하여 노즐로부터 고속으로 분출케 하여 그 힘으로 공기를 흡인하는 방식을 취한다.

05 기체연료의 연소장치에 대한 설명으로 틀린 것은?
① 예혼합연소에 사용되는 버너에는 저압버너, 고압버너, 송풍버너 등이 있다.
② 확산연소는 주로 탄화수소가 적은 발생로 가스, 고로 가스 등에 적용되는 연소방식이다.
③ 예혼합연소는 화염온도가 낮아 국부가열의 염려가 없고, 연소부하가 작은 경우 사용이 가능하며, 화염의 길이가 길다.
④ 저압버너는 역화방지를 위해 1차 공기량을 이론공기량의 약 60% 정도만 흡입하고, 2차 공기는 연소실 내의 압력을 부압으로 하여 공기를 흡인한다.

정답 1.④ 2.① 3.① 4.③ 5.③

더 풀어보기 예상문제 해설

01 유량조절범위가 작고 대용량 버너 제작이 용이한 것은 유압분무식 버너이다.

02 가스버너 중 포트형은 구조상 가스와 공기압력이 낮은 경우에 사용한다.

03 기체연료의 연소방법은 확산연소법, 예혼합연소법, 부분예혼합연소법으로 대별된다.

04 포트형은 밀도가 큰 공기출구는 상부에, 밀도가 작은 가스출구는 하부에 배치되도록 한다. 이렇게 할 경우 양쪽의 밀도차에 의한 혼합이 잘 되게 된다.

05 ③항은 확산연소에 대한 설명이다. 확산연소는 화염온도가 낮아 국부가열의 염려가 없고, 연소부하가 작은 경우 사용이 가능하며, 화염의 길이가 길다. 예혼합연소는 화염온도가 높아 연소부하가 큰 경우에 사용되고 화염길이가 짧으며, 그을음 생성이 적다.

더 풀어보기 예상문제

01 예혼합연소에 사용되는 버너 중 역화방지를 위해 1차 공기량을 이론공기량의 약 60% 정도만 흡입하고, 2차 공기는 노 내의 압력을 부압(−)으로 하여 공기를 흡인하는 방식으로 가정용 및 소형 공업용으로 많이 사용되는 것은?

① 고압버너 ② 선회버너
③ 송풍버너 ④ 저압버너

02 기체연료의 확산연소에 대한 다음 설명 중 옳지 않은 것은?

① 화염의 길이가 길다.
② 역화의 위험이 높다.
③ 연료분출속도가 클 경우 그을음이 발생하기 쉽다.
④ 기체연료와 연소용 공기를 버너 내에서 혼합시키지 않는다.

03 기체연료 연소방식 중 예혼합연소에 대한 설명으로 틀린 것은?

① 연소조절이 쉽고, 화염길이가 짧다.
② 역화의 위험이 없으며, 공기를 예열할 수 있다.
③ 화염온도가 높아 연소부하가 큰 경우에 사용이 가능하다.
④ 연소기 내부에서 연료와 공기의 혼합비가 변하지 않고 균일하게 연소된다.

04 예혼합연소에 관한 설명으로 옳은 것은 어느 것인가?

① 연소조절이 어렵고, 화염길이가 길다.
② 예혼합연소에 사용되는 버너로 선회버너, 방사버너가 있다.
③ 화염온도가 낮아 연소부하가 적을 경우에 효과적으로 사용가능하다.
④ 혼합기의 분출속도가 느릴 경우 역화의 위험이 있으므로 역화방지기를 부착해야 한다.

05 석탄의 유동층 연소방식에 대한 설명과 가장 거리가 먼 것은?

① 전열면적이 적게 든다.
② 부하변동에 쉽게 응할 수 없다.
③ 미분탄장치가 필요하며, 화염층을 작게 할 수 없다.
④ 다른 연소방식에 비해 비산재와 미연탄소의 방출이 많다.

06 폐타이어를 연료화하는 주된 방식과 가장 거리가 먼 것은?

① 직접 화염연소방식
② 가압분해 증류방식
③ 열분해에 의한 오일추출방식
④ 액화법에 의한 연료추출방식

정답 1.④ 2.② 3.② 4.④ 5.③ 6.②

더 풀어보기 예상문제 해설

01 1차 공기량을 이론공기량의 약 60% 정도만 흡입하고, 2차 공기는 노 내의 압력을 부압(−)으로 유지하는 가스버너는 저압버너이다.

02 확산연소는 역화의 위험이 낮다.

03 ②항의 경우, 예혼합연소는 역화위험이 있으며 공기를 예열할 수 없다. 기체연료와 공기를 다 같이 고온으로 예열할 수 있는 것은 확산연소이다.

04 예혼합연소는 역화의 위험이 높다.

05 유동층 연소는 미분탄장치가 불필요하며(다만, 전처리 파쇄장치는 필요함), 화염층을 작게 할 수 있다.

06 가압분해 증류방식은 주로 플라스틱 쓰레기의 연료화에 이용된다.

더 풀어보기 예상문제

01 액체연료의 고압공기 분무식 버너에 대한 설명으로 틀린 것은?

① 분무에 소요되는 1차 공기량은 이론연소공기량의 7~12% 정도이다.
② 분무각도는 작지만 유량조절범위가 넓기 때문에 부하변동에 쉽게 대응할 수 있다.
③ 연료유의 점도가 큰 경우도 분무화가 용이하나 연소과정에서 발생하는 소음이 크다.
④ 연료분사범위는 외부 혼합식이 500~1,000 L/hr, 내부 혼합식이 300~500L/hr 정도이다.

02 확산연소에서 분류속도 변화에 따라 변화하는 분류확산화염의 특징에 대한 다음 설명 중 옳지 않은 것은?

① 층류화염에서 난류화염으로의 전이는 분류 레이놀드 수에 의존한다.
② 전이화염에서 유속을 더 증가시키면 화염이 난류가 되고, 전체화염의 길이는 크게 변화하지 않는다.
③ 층류화염에서 난류화염으로 전이하는 높이는 유속이 증가함에 따라 급속히 아래쪽으로 이동하여 층류화염의 길이가 감소된다.
④ 분류속도가 작은 영역에서는 화염의 표면이 매끈한 층류화염을 형성하고, 이 층류화염의 길이는 분류속도의 제곱에 비례하여 증가한다.

03 고압기류 분무식 버너의 특징으로 거리가 먼 것은?

① 연료유의 점도가 커도 분무화가 용이한 편이다.
② 분무에 필요한 1차 공기량은 이론연소 공기량의 7~12% 정도이면 된다.
③ 2~8kg/cm² 정도의 고압공기를 사용하여 연료유를 무화시키는 방식이다.
④ 분무각도는 60° 정도로 크고, 유량조절 범위는 1 : 3 정도로 부하변동에 대한 적응이 어렵다.

04 다음 중 연소방식 및 연소장치에 대한 설명으로 틀린 것은?

① 확산연소는 화염이 길고, 그을음이 발생하기 쉽다.
② 예혼합연소는 혼합기의 분출속도가 느릴 경우 역화의 위험이 있다.
③ 유동층 연소는 저열량연료, 점착성 연료에 부적합하고, 탈황설비를 별도로 설치하여야 한다.
④ 기화연소는 연료를 고온의 물체에 접촉 또는 충돌시켜 액체를 가연성 증기로 변환 후 연소시키는 방식이다.

정답 1.④ 2.④ 3.④ 4.③

더 풀어보기 예상문제 해설

01 연료분사범위는 외부 혼합식이 3~500 L/hr, 내부 혼합식이 10~1,200 L/hr 범위이다.
02 층류화염의 길이는 분류속도에 비례하여 증가한다.
03 고압기류 분무식 버너의 분무각도는 20~30° 정도이고, 유량조절범위는 1 : 10 정도로 크다.
04 유동층 연소는 저열량연료, 점착성 연료에 적용이 가능하고 탈황설비를 별도로 설치할 필요가 없다.

더 풀어보기 예상문제

01 로터리 킬른의 특징으로 가장 거리가 먼 것은?
① 전처리가 크게 요구되지 않는다.
② 고체 또는 액체, 슬러지 등을 동시에 소각할 수 있다.
③ 소각재 배출 시 열손실이 적고, 별도의 후연소기가 불필요하다.
④ 소각과정에서 공기와의 접촉이 좋은 편이고, 자연스럽게 효과적인 난류가 생성된다.

02 기체연료 및 그 연소에 대한 설명 중 옳은 것은?
① 예혼합연소 버너의 종류에는 저압버너, 고압버너, 송풍버너 등이 있다.
② LPG는 석유정제과정에서 주로 생기며, 기화잠열이 20kcal/kg 정도로 작아 열손실이 작다.
③ LPG는 상온·상압 하에서 액체이지만 가압 및 냉각하면 쉽게 기화되므로 수송이 간단하다.
④ 코크스로 가스(석탄가스)는 코크스를 용광로에 넣어 선철을 제조할 때 발생하는 기체연료로서 고위발열량은 900kcal/Sm³ 정도이다.

03 미분탄연소에 관한 설명으로 가장 거리가 먼 것은?
① 화격자 연소보다 낮은 공기비로써 높은 연소효율을 얻을 수 있다.
② 명료한 화염면이 형성되고, 화염이 연소실에 국부적으로 형성된다.
③ 부하변동에 대한 응답성이 우수한 편이어서 대용량의 연소로 적합하다.
④ 최초의 분해연소 시에 다량의 가연가스를 방출하고, 곧 이어서 고정탄소의 표면연소가 시작된다.

04 연소시설의 화염유지를 위한 보염기의 설명과 거리가 먼 것은?
① 축류형 보염기는 축의 전방에 생기는 소용돌이에 의하여 주로 보염작용을 행한다.
② 공기유동에 대해 소용돌이를 발생시켜 화염의 순환영역을 만들어 화염의 안정화를 꾀한다.
③ 공기유동에 대해 연료를 역방향으로 분사하여 국부공기유속을 화염전파속도보다 작게 한다.
④ 원추형 보염기는 원추의 가장자리에서 말려드는 소용돌이에 의하여 주로 보염작용을 행한다.

정답 1.③ 2.① 3.② 4.①

더 풀어보기 예상문제 해설

01 소각재 배출 시 열손실이 많고, 별도의 후연소기가 필요하다.
02 ①항만 올바르다. 예혼합버너에는 고압버너, 저압버너, 송풍버너 등이 있다.
  ▶ 바르게 고쳐보기 ◀
  ② LPG는 주로 석유정제과정에서 부산물로 얻어지는데 액체에서 기체로 될 때, 증발열이 약 90~100kcal/kg으로 크다.
  ③ LPG는 상온·상압 하에서 기체이지만 약간의 압력(10~20atm)을 가해도 쉽게 액화시킬 수 있다.
  ④ 코크스로 가스(석탄가스)는 석탄을 코크스로에서 건류할 때 발생하는 기체연료로서 고위발열량은 5,000kcal/m³ 정도이다.
03 미분탄 연소는 명료한 화염면이 형성되지 않고, 화염이 연소실 전체에 골고루 분산된다.
04 축류형 보염기는 축의 후방에 생기는 소용돌이에 의하여 주로 보염작용을 행한다.

더 풀어보기 예상문제

01 다음과 관계되는 무차원 수는?(단, 연소학에 이용됨)

- 정의 : $\dfrac{\mu}{\rho D}$
  (μ : 점성계수, ρ : 밀도, D : 확산계수)
- 의미 : 운동량의 확산속도/물질의 확산속도

① Nusselt Number
② Grashof Number
③ Schmidt Number
④ Karlovitz Number

02 Propane의 최소산소농도(MOC)는?(단, Propane의 폭발하한계는 2.1vol%)

① 5.8vol% ② 10.5vol%
③ 13.7vol% ④ 22.6vol%

03 연소학에 사용되는 "Nusselt Number"의 의미로 가장 적합한 것은?

① 화염신장률
② 온도확산속도에 대한 운동량확산속도의 비
③ 전도열 이동속도에 대한 대류열 이동속도의 비
④ 난류확산의 특성시간에 대한 화학반응의 특성시간의 비

04 저온부식의 원인과 대책에 대한 설명으로 옳지 않은 것은?

① 예열공기를 사용하거나 보온시공을 한다.
② 저온부식이 일어날 수 있는 금속표면은 피복을 한다.
③ 연소가스온도를 산노점 온도보다 높게 유지해야 한다.
④ 250℃ 이상의 전열면에 응축하는 황산, 질산 등에 의하여 발생된다.

정답 1.③ 2.② 3.③ 4.④

더 풀어보기 예상문제 해설

01 슈미트 수(Schmidt Number)는 물질이동에서 농도 경계층과 속도 경계층의 상대적 크기에 관계되는 무차원 수로서 물질이동에 관계되는 중요한 물성상수(20℃ 공기는 약 0.75)이다.

02 최소산소농도(MOC ; Minimum Oxygen Concentration)는 이론적 연소반응에서 산소의 양론계수(부피비)에 연소하한값의 곱으로 산출한다.

- MOC = LEL × $\dfrac{산소부피}{연료부피}$ ← $C_3H_8 + 5O_2 \rightarrow 3CO_2 + 4H_2O$
  $\qquad\qquad\qquad\qquad\qquad\quad 1m^3 \ : \ 5m^3$

∴ MOC = 2.1% × $\dfrac{5}{1}$ = 10.5%

03 넛셀 수(Nusselt number)는 전도열 이동속도에 대한 대류열 이동속도의 비를 나타내는 무차원 수로서 열전도속도에 분자의 운동이 미치는 영향을 평가하는데 이용된다. 넛셀 수가 클수록 열전도속도에 분자의 운동이 미치는 영향이 작다.

- $N = \dfrac{대류열\ 이동속도}{전도열\ 이동속도} = \dfrac{QL}{KA_s(T_o - T_1)} = \dfrac{hL}{K}$

  $(T_o - T_1)$: 온도차
  K : 유체의 열전도율
  A_s : 열전도 표면적
  Q : 단위시간의 교환열량
  L : 대표적인 길이
  h : 대류열전달계수

04 저온부식은 150℃ 이하의 전열면에 응축하는 황산, 질산 등에 의하여 발생된다.

더 풀어보기 예상문제

01 다음 그림은 탄소를 연소시킬 경우에 공급한 산소의 확산속도 및 산화반응속도(열의 발생속도)와 온도와의 관계를 나타낸 것이다. K점 이상에서의 온도에서 이루어지는 현상으로 옳은 것은?

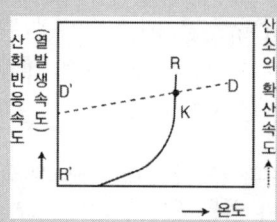

① 산화반응이 억제되고, 열발생속도가 KR에 따른다.
② 산화반응이 억제되고, 열발생속도가 KD에 따른다.
③ 산화반응이 증대되고, 열발생속도가 KR에 따른다.
④ 산화반응이 증대되고, 열발생속도가 KD에 따른다.

02 보일러에서 저온부식을 방지하기 위한 방법으로 옳지 않은 것은?

① 과잉공기를 삭감하여 연소한다.
② 장치표면을 내식성 재료로 피복한다.
③ 연료를 전처리하여 황분을 제거한다.
④ 가스온도를 산노점 이하로 낮추어 조업한다.

03 다음 중 폐열회수장치가 설치된 소각로의 특성으로 옳지 않은 것은?(단, 폐열회수를 안 하는 경우와 비교)

① 열 회수로 연소가스의 온도와 부피를 줄일 수 있다.
② 소각로의 수증기 생산설비로 인해 조작이 복잡하다.
③ 소각로 온도조절을 위해 과잉공기량이 많이 요구된다.
④ 연소가스 배출부분과 수증기 보일러관에서 부식이 발생할 수 있다.

정답 1.② 2.④ 3.③

더 풀어보기 예상문제 해설

01 K점 이상의 온도에서는 가연물의 온도가 발화온도에 도달하게 되므로 연료가 발화된 이후부터는 산화반응이 억제되면서 열발생속도는 KD 선상으로 완만하게 변화된다.
02 저온부식을 방지하기 위해서는 가스온도가 산노점 이상이 되도록 조업한다.
03 소각로 온도조절을 위해 과잉공기량을 줄일 수 있다.

PART 03 대기오염 방지기술

1. 입자 및 집진의 기초
2. 집진기술
3. 유해가스 및 처리
4. 유체역학·환기 및 통풍

Chapter 01 입자 및 집진의 기초

출제기준	Chapter 1. 입자 및 집진의 기초	적용기간 : 2020.1.1~2024.12.31
세부출제 기준항목	기사	산업기사
	• 입자동력학 • 입경과 입경분포 • 먼지의 발생 및 배출원 • 집진원리	• 입자동력학 • 입경과 입경분포 • 먼지의 발생 및 배출원 • 집진원리

1 입자동력학

(1) 입자에 작용하는 힘

⊛ **개요** : 힘(force)은 물체를 움직이고, 움직이는 물체의 속도나 운동방향, 형태를 변형시키는 작용을 하는 물리량으로 그 크기단위(SI 단위)는 뉴턴($N = 1kg \times 1m/sec^2$)으로 나타냄

$$F = m \times a \quad \begin{cases} F : 힘 \\ m : 질량 \\ a : 가속도 \end{cases}$$

⊛ **입자에 작용하는 힘의 종류** : 중력, 부력, 점성저항력, 외력(원심력, 관성력, 전기력, 확산력, 음파력, 열력 등)

- **점성저항력**(층류영역) : $F_D = C_D A_p \dfrac{\rho V^2}{2} = 3\pi \mu d_p V$

- **중력** : $F_g = ma \xrightarrow{\substack{구형의\ 분진입자\ 가정,\ 가속도\ =\ g \\ m(질량)\ =\ 부피 \times 밀도}} F_g = \dfrac{\pi d_p^3}{6} \times \rho_p g$

- **부력** : $F_b = m^* a \xrightarrow{\substack{구형의\ 분진입자\ 가정,\ 가속도\ =\ g \\ m^*(질량)\ =\ 부피 \times 밀도}} F_b = \dfrac{\pi d_p^3}{6} \times \rho g$

- **원심력** : $F_r = ma \xrightarrow{\substack{구형의\ 분진입자\ 가정,\ 원심가속도\ =\ V^2/R \\ m(질량)\ =\ 부피 \times 밀도}} F_r = \dfrac{\pi d_p^3}{6} \times \rho_p \dfrac{V^2}{R}$

- **관성력** : $F_m = ma \xrightarrow{\substack{구형의\ 분진입자\ 가정,\ 가속도\ =\ V^2/R \\ m(질량)\ =\ 부피 \times 밀도}} F_m = d\dfrac{\pi d_p^3}{6} \times \rho_p \dfrac{V^2}{R}$

□ 전기력 : $F_e = Q_o E_c$ $\xrightarrow{\text{전하량}(Q_o) = \varepsilon_o P 3\pi d_p^2 E_p \text{이고}}_{P = 3\varepsilon_p/(\varepsilon_p+2) \text{이면}}$ $F_e = \varepsilon_o \dfrac{3\varepsilon_p}{(\varepsilon_p+2)} \pi d_p^2 E_p E_c$

여기서, $\begin{cases} C_D : \text{저항계수} \\ A_p : \text{투영면적} \\ \rho : \text{가스밀도} \\ \rho_p : \text{입자밀도} \\ \mu : \text{가스점도} \\ d_p : \text{입자직경} \\ V : \text{속도} \\ m : \text{입자질량} \\ m^* : \text{가스질량} \end{cases}$ $\begin{cases} Q_o : \text{포화전하량}(C)(\text{MKS 단위}) \\ d_p : \text{분진입자 직경} \\ \varepsilon_o : \text{진공 중의 유전율} \\ \varepsilon_p : \text{분진입자의 비유전율} \\ P : \text{입자의 유전율계수}(1.5\sim 2.4) \\ E_c : \text{하전공간의 전계강도} \\ E_p : \text{집진공간의 전계강도} \\ F_e : \text{쿨롱력}(kg \cdot m/sec^2) \end{cases}$

(2) 입자의 종말침강속도 산정 등

❀ **입자에 작용하는 힘의 관계식**

■ 입자에 작용하는 힘(질량×가속도)=외력−부력−항력

▷ $m\dfrac{dV}{dt} = F_e - F_b - F_D$

$= ma - ma\dfrac{\rho}{\rho_p} - \dfrac{C_D A_p \rho V^2}{2}$

$= ma\left(1 - \dfrac{\rho}{\rho_p}\right) - \dfrac{C_D A_p \rho V^2}{2}$

▶ 위의 식에서 $a \to g$로 하고, 각 항을 질량(m)으로 나누면

⇨ $\dfrac{dV}{dt} = g \times \left(\dfrac{\rho_p - \rho}{\rho_p}\right) - \dfrac{C_D A_p \rho V^2}{2m}$ $\begin{cases} m : \text{분진의 질량} \\ dV/dt : \text{낙하속도변화/시간변화} \\ \rho : \text{가스밀도} \\ \rho_p : \text{분진밀도} \\ C_D : \text{항력계수} \\ A_p : \text{분진의 투영면적} \\ V : \text{중력낙하속도} \end{cases}$

❀ **힘의 평형관계 적용** : 종말속도(Terminal Velocity)는 입자속도가 시간에 따라 변하지 않는 상태(정상상태)로 $dV/dt = 0$일 때의 입자속도를 말하므로 다음의 관계식을 만들 수 있음

■ $\dfrac{dV}{dt} = g \times \left(\dfrac{\rho_p - \rho}{\rho_p}\right) - \dfrac{C_D A_p \rho V^2}{2m}$

▶ 위의 식에서 정상상태를 가정하면 $dV/dt = 0$이므로

⇨ $g \times \left(\dfrac{\rho_p - \rho}{\rho_p}\right) = \dfrac{C_D A_p \rho V^2}{2m}$ ⇨ $\therefore V(=V_g) = \left[\dfrac{2mg(\rho_p - \rho)}{C_D A_p \rho \rho_p}\right]^{1/2}$

❀ **유체의 흐름상태를 고려한 종말침강속도 산정** : 유체의 흐름상태에 따라 기체의 점성저항이 달라지므로 이를 고려하여 입자의 종말침강속도 산정하면 다음과 같게 됨

■ **층류영역의 경우** : $V_g = \left[\dfrac{2mg(\rho_p - \rho)}{C_D A_p \rho \rho_p}\right]^{1/2}$

□ $\begin{cases} \leftarrow \text{층류상태의 저항계수 } C_D = 24/R_{ep}\text{를 적용} \\ \leftarrow \text{입자 레이놀드수 } R_{ep} = d_p V \rho/\mu\text{를 적용} \\ \leftarrow \text{투영면적 } A_p = \pi d_p^2/4\text{를 적용} \\ \leftarrow \text{입자의 질량 } m = (\pi d_p^3/6) \times \rho_p\text{를 적용} \end{cases}$

∴ $V_g = \dfrac{d_p^2(\rho_p - \rho)g}{18\mu}$ ··· (m/sec)

■ **난류영역의 경우** : $V_g = \left[\dfrac{2mg(\rho_p - \rho)}{C_D A_p \rho \rho_p}\right]^{1/2}$

□ $\begin{cases} \leftarrow \text{난류상태의 저항계수 } C_D = 0.44\text{를 적용} \\ \leftarrow \text{투영면적 } A_p = \pi d_p^2/4\text{를 적용} \\ \leftarrow \text{입자의 질량 } m = (\pi d_p^3/6) \times \rho_p\text{를 적용} \end{cases}$

∴ $V_g = 1.75\sqrt{\dfrac{g d_p(\rho_p - \rho)}{\rho}}$ ··· (m/sec)

■ **전이영역의 경우** : $V_g = \left[\dfrac{2mg(\rho_p - \rho)}{C_D A_p \rho \rho_p}\right]^{1/2}$

□ $\begin{cases} \leftarrow \text{전이영역의 저항계수 } C_D = \dfrac{24}{R_{ep}} + \dfrac{3}{\sqrt{R_{ep}}} + 0.34\text{를 적용} \\ \leftarrow \text{투영면적 } A_p = \pi d_p^2/4\text{를 적용} \\ \leftarrow \text{입자의 질량 } m = (\pi d_p^3/6) \times \rho_p\text{를 적용} \end{cases}$

∴ $V_g = \left(\dfrac{4}{225}\dfrac{g^2(\rho_p - \rho)}{\rho}\right)^{1/3} d_p$ ··· (m/sec)

2 입경과 입경분포 · 먼지의 발생 · 배출원

(1) 입경의 정의 및 분류

❀ **입자의 직경분류** → 광학직경, 역학적 직경

□ 광학직경 $\begin{cases} \circ \text{마틴경} \\ \circ \text{페레트경} \\ \circ \text{헤이후드경} \end{cases}$

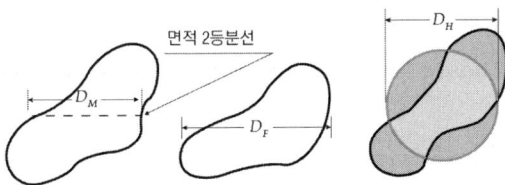

- D_M(마틴경, Martin's diameter, 정방향면적등분경) : 입자의 투영면적을 2등분하는 선의 거리에 상당하는 직경을 말함. 과소평가될 가능성이 있는 직경임

Chapter 1 입자 및 집진의 기초 ▶ **395**

- D_F(페렛경, Feret's diameter, 정방향경) : 입자의 한쪽 끝 가장자리와 다른 쪽 가장자리 사이의 거리에 상당하는 직경을 말함. 과대평가될 가능성이 있는 직경임
- D_H(헤이후드경, Heyhood diameter, 등면적경) : 입자의 투영상과 같은 투영면적을 갖는 원의 직경임. 가장 정확한 직경으로 인정됨

□ **역학적 직경** { ∘ 공기역학적 직경 ∘ 스토크경 }

- **공기역학적 직경**(Aerodynamic diameter) : 원래의 입자상 물질과 침강속도는 동일하고, 단위밀도($\rho_a=1g/cm^3$)를 갖는 구형 직경을 말함
  - ∘ 광학적 입자의 물리적인 크기를 의미하는 것이 아니라 역학적 특성(침강속도·종단속도)에 의해 측정되는 먼지의 크기를 말함
  - ∘ 환경기준 설정 등 환경분야에 많이 사용하고 있음
  - ∘ 스토크스 법칙에 의하여 밀도비를 보정하여 입경을 결정할 수 있음
- **스토크스경**(Stokes diameter) : 대상밀도를 갖는 본래의 분진과 동일한 침강속도를 갖는 입자의 직경(입경)을 말함
  - ∘ 구형이 아닌 입자와 같은 침강속도(종속도)와 밀도를 갖는 구형의 입자 직경임
  - ∘ 스토크스경은 대상입자의 밀도를 고려한다는 점이 공기역학적 직경과 다름

(2) 입경의 측정
- 직접측정법 : { 현미경법, 사별법(체걸름법, 표준체 측정법) }
- 간접측정법 : { 관성충돌법(Cascade Impactor), 액상침강법(Stoke's Law), 공기투과법, 광산란법 }

⚛ **직접측정법**

□ **현미경법**(Microscopic Method) : 광학현미경 또는 전자현미경, 주사전자현미경(SEM) 등을 이용하여 직접 측정하는 방법
- 형질을 변형하지 않고 부정형 입자의 길이나 면적을 구할 수 있음
- 측정입경은 개수기준의 입도로서 표시됨
- 입자의 성분 및 조성은 측정할 수 없으나 기하학적 입경을 측정할 수 있음
- 측정입경범위는 전자현미경 0.001~11μm, 광학현미경 0.5~100μm 범위임
- 입자의 측정위치에 따라 투영면적(投影面積)이 달라지기 때문에 그 크기를 산출하는 데 어려움이 많음

□ **표준체 측정법**(Standard Sieving Analysis) : 표준체(Sieve)를 사용하여 입경을 측정하는 방법임
- 측정된 입도는 체눈금(Sieve Screen) 크기임
- 측정입경의 범위는 44μm 이상으로 입경별 중량농도를 얻을 수 있음
- 미세한 입자를 분리하는 데 한계가 있음

간접측정법

- **관성충돌법**(Cascade Impactor Method) : 캐스케이드 임팩터는 입자의 관성충돌(inertiel impaction)을 이용하여 입경을 간접적으로 측정하는 방법으로 **직경분립충돌식**이라고도 함. 입경측정에 일반적으로 가장 많이 사용하고 있음
  - 입자상 물질을 함유한 공기를 흡인한 후 90° 각도로 그 흐름을 변경시키면 분진의 크기에 따른 관성력에 의해 미처 진로를 변경하지 못하고 판과 충돌하여 분리되는 충돌이론을 응용한 장치임(통상 9단으로 조립)
  - 입경분석 범위는 0.2~20μm 범위임
  - 충돌이론은 **스토크스 수**(Stokes Number)와 관계되어 있음

  $$S_N = \frac{C_s \rho_p d_p^2 V}{18 \mu d_f} \begin{cases} S_N : \text{스토크스 수} \\ C_s : \text{커닝햄 보정계수} \\ \rho_p : \text{입자의 밀도} \\ V : \text{유속} \\ \mu : \text{가스점도} \\ d_f : \text{포집여재의 직경} \end{cases}$$

  - 충돌이론에 의하여 포집효율 곡선의 모양을 예측할 수 있음
  - 충돌이론에 의하여 차단점 직경(Cutpoint Diameter)을 예측할 수 있음
  - 장·단점

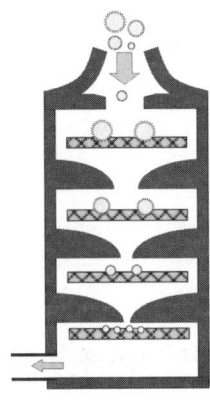

  〈장점〉
  - 입자의 크기별 질량분포를 얻을 수 있음
  - 입자크기의 자료를 추정할 수 있음
  - 입자의 크기별 분포와 농도 계산에 이용할 수 있음

  〈단점〉
  - **되튐효과**(Recoil Effect)로 인한 시료 손실이 일어날 수 있음
  - 채취준비에 **시간이 많이 소요**됨
  - 공기유입을 차단하기 위해 철저한 조립과 장착이 필요함
  - 비용이 많이 듦

- **사이클론**(Cyclone, 원심분리식) : 입자의 원심분리력을 이용하여 입도를 구하는 방법으로 바코(Bacho) 원심기체 침강식이라고도 함
  - 입자의 체상적산분포치를 구할 수 있으나 분진입경이 개별적으로 분리되지는 않음
  - 통상 **나일론 사이클론**이 가장 많이 사용됨
  - 장·단점

  〈장점〉
  - 직경분립충돌기에 비해 사용이 **간편하고 경제적**임
  - 되튐효과에 의한 시료의 손실이 일어나지 않음
  - 매체의 코팅과 같은 별도의 특별한 처리가 필요 없음
  - 크기가 작아 휴대용에 편리함

〈단점〉
- 포집된 입자는 **적산치**이며, 입자의 크기별로 분리되지는 않음
- 재질에 따라서는 정전기로 인한 부작용이 발생할 수 있음

▫ **침강법**(Sedimentation Method) : 공기나 물과 같은 유체 속에 분산시킨 입자가 침강하는 최종종말속도의 크기를 이용하여 입경을 구하는 방법으로 Stokes 법칙의 원리에 근거를 두고 있음
- 측정된 입경은 구형(球形)으로 간주한 입경이므로 이를 Stokes경이라고 함
- 측정입경범위는 1~100μm 범위임

$$d_p = \sqrt{\frac{18 \cdot \mu \cdot V_g}{(\rho_p - \rho)g}}$$

d_p : 분진의 입경
ρ_p : 분진밀도
ρ : 매체(물 또는 공기) 밀도
μ : 매체의 점도
g : 중력가속도
V_g : 침강속도

▫ **공기투과법** : 분말충전층에 일정한 압력을 가할 때 공기가 통과하는 시간과 압력차를 이용하여 분진입자의 비표면적(比表面的)을 구하고, 이를 토대로 입경을 구함
- 비표면적은 단위체적당 또는 단위중량당 표면적으로 나타낼 수 있음
- 비표면적경(Specific Surface Diameter)과 입경의 관계식은 다음과 같음

$$S_v (\text{m}^2/\text{m}^3) = \frac{A_p}{V_p} = \frac{\pi d_p^2}{\pi d_p^3/6}$$

$$\therefore \ d_p = \frac{6}{S_v}$$

d_p : 입자 직경(비표면적경)
V_p : 입자부피
A_p : 입자표면적
ρ_p : 입자의 밀도
S_v : 입자의 비표면적

$$S_v^* (\text{m}^2/\text{kg}) = \frac{A_p}{m_p} = \frac{\pi d_p^2}{\rho_p \times \pi d_p^3/6}$$

$$\therefore \ d_p = \frac{6}{\rho_p S_v}$$

▫ **광산란법** : 광원으로 매우 안정된 레이저광을 분체가 존재하는 시료에 조사(照射)시켜 그 산란광의 세기로부터 입도를 측정하는 방법임
- 주로 대기 중 분진측정에 많이 이용, 연도 배출구에는 잘 사용하지 않음
- 분석에 소요되는 시간을 단축시킬 수 있으며 취급공정을 자동화할 수 있음
- 측정범위는 0.1~10μm 범위임

(3) 입경분포의 해석

❀ **입도분포의 표시**

▫ **빈도분포**(Frequency Distribution) : 분진의 입경분포를 적당한 입경 간격마다 개수 또는 질량비율로 나타내는 방법임

$$f = \left| \frac{\Delta R}{\Delta d_p} \right| \ \cdots \ [\text{Wt\%}/\mu\text{m}]$$

- □ **적산체상분포**(Residue Cumulative Oversize Distribution) : 임의의 입경보다 큰 입자가 차지하는 비율을 중량백분율로 표시하며, 일명 잔류율이라고도 함
  - ■ $R = \sum_{d_p}^{d_p \max} \left| \dfrac{\Delta R}{\Delta d_p} \right| \Delta d_p \cdots [\text{Wt\%}]$
- □ **적산체하분포**(Residue Cumulative Undersize Distribution) : 어느 입경 d_p보다 작은 분진이 전체 분진 중에서 차지하는 질량 또는 개수비율을 『체하분포』라고 하고, 기호를 『D』로 표시하면 체상분포 『R』와는 다음의 관계가 성립됨
  - ■ $D = 100 - R \cdots [\%]$

⚛ **입도분포의 자료해석** : 입경분포를 나타내는 방법 중 적산분포에는 정규분포, 대수정규분포, Rosin Rammler 분포 등이 있지만 일반적으로 산업활동과정에서 발생하는 입도분포에는 로진-레믈러 분포(Rosin-Rammler Distribution, **R-R 분포**)를 주로 사용함. 대수정규분포는 미세한 입자의 특성과는 잘 일치되지 않는 문제점이 있으므로 거의 이용하지 않음

- □ **로진-레믈러 분포**(Rosin-Rammler distribution) : 로진-레믈러 분포(R-R 분포)는 일반적으로 산업활동과정에서 발생하는 입도분포에 잘 적용되는데, 임의의 입경 d_p보다 큰 입자가 차지하는 체상중량백분율 R(Wt %)는 다음 식으로 나타냄
  - ■ $R(\text{Wt \%}) = 100 \exp[-\beta d_p^{\,n}] = 100 \times e^{-\beta d_p^n}$
  - ■ $R(\text{Wt \%}) = 100 \times 10^{-\beta_o d_p^{\,n}} \cdots$ **직선화** $\cdots \rightarrow \log(2 - \log R) = n \log d_p + \log \beta_o$
  - ■ $R(\text{Wt \%}) = 100 \exp\left[\left(\dfrac{d_p}{d_{p50}}\right) \times 0.693\right]$

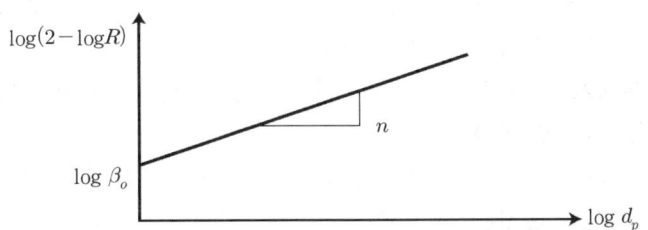

▌비고▐
- β 및 β_o : 입도 특성계수이며, 이 값이 클수록 직선의 절편이 증가됨 → 체하비율이 증가됨. 즉, 먼지입자가 미세한 먼지로 구성되어 있음을 의미하고, 작을 경우 절편이 감소됨 → 체하비율이 감소됨 즉, 먼지입자가 입경분포는 굵은 입경으로 구성되어 있음을 의미함
- n : 먼지의 종류에 따라서 정해지는 실험적 정수로서 분포지수 또는 균등수라고 함. $X-Y$ 좌표계에서 기울기에 영향을 미치는 요소이므로 n이 클수록 입경분포 간격은 좁아짐. 즉 밀집도(누적도수분포율)가 높아짐

□ **측정자료의 대푯값** : 측정된 입경자료를 대표하는 특정 값으로 다음과 같은 다양한 대푯값이 사용될 수 있음
  - 평균(mean, 산술평균·가중평균·조화평균 등)
  - 중앙값(median, 중위수, 기하평균)
  - 최빈값(mode)
  □ **입경크기** : 산술평균입경 > 중위경 > 최빈도경

산술평균

- 산술평균(AM ; Arithmetic Mean)은 모든 측정값을 합산하여 이 값을 전체자료의 수로 나누어 준 입경의 크기를 나타냄
- **대수정규분포**에서 평균입경을 가장 잘 나타내는 대푯값은 산술평균입경임

■ $AM = \dfrac{X_1 + X_2 + \cdots + X_n}{N}$ $\begin{cases} AM : 산술평균 \\ X : 입자의 직경 \\ N : 입경 Date(총 개수 또는 총 시료의 수) \end{cases}$

중앙값

- 중앙값(ME ; Median, 중위수)은 측정자료를 크기 순으로 나열했을 때 한가운데에 위치하는 입경의 크기를 의미함

■ $ME = \dfrac{(N+1)}{2}$ 번째 값

최빈도경   최빈수(MO ; Mode)에 해당하는 입경

기하평균

- 기하평균(GM ; Geometric Mean)은 여러 개의 수를 연속으로 곱해 그 개수의 거듭 제곱근으로 구한 입경의 크기를 나타냄
- **대수정규확률지**에 나타낸 입경분포가 직선을 나타낼 때 **누적도수 50%**에 해당하는 입경의 크기(X_{50})를 말함
- 기하평균이 대수정규분포에서 산술평균보다 작기 때문에 기하평균을 사용하는 것은 평균입경이 과소 측정될 수 있음

■ $GM = 10^M = 10^{\frac{\Sigma \log X}{N}}$ $\begin{cases} GM : 기하평균 \\ M : 대수값의 평균 \\ X : 입자의 직경 \\ N : 입경 Date(총 개수 또는 총 시료의 수) \end{cases}$
■ $GM = \sqrt[N]{X_1 \times X_2 \times \cdots \times X_n}$
■ $GM = X_{50}$

표준편차

- 표준편차(Standard Deviation)는 통계집단의 분배정도를 나타내는 수치로서 자료가 평균을 중심으로 얼마나 퍼져 있는지를 나타내는 값임

■ $SD = \left[\dfrac{\Sigma(X-X_o)^2}{(N)-1}\right]^{1/2}$ $\begin{cases} X_o : 산술평균 입경(AM) \\ X : 입자의 직경 \\ N : 입경 Date(총 개수 또는 총 시료의 수) \end{cases}$

┃기하표준편차┃
- 기하표준편차는 대수정규확률지에 나타낸 입경분포가 직선일 때 누적도수 84.13%에 해당하는 값과 50%에 해당하는 값 또는 15.87%에 해당하는 값의 비를 말함
- 음·양의 분포에 따라 공식 적용 유의할 것

$$GSD = \frac{X_{84.1}}{X_{50}} \text{ or } GSD = \frac{X_{50}}{X_{15.9}}$$

$\begin{cases} GSD : \text{대수정규분포의 기하표준편차} \\ X_{50} : \text{누적도수 50\% 해당 입경} \\ X_{84.1} : \text{누적도수 84.1\% 해당 입경} \\ X_{15.9} : \text{누적도수 15.9\% 해당 입경} \end{cases}$

(4) 먼지의 발생 및 배출원

- **점배출원** : 대형 연소시설(중유(B-C유)사용 발전소 및 산업장 보일러, 도시 생활폐기물 소각로, 유연탄 사용 발전소 및 산업시설, 경유 연소시설, 제철업, 비철금속업 등
- **면배출원** : 소형 연료연소(상업 및 공공시설, 주거용 시설, 제조업 연소시설), 소형 생산공정, 소형 소각시설, 농업시설 등
- **선배출원** : 도로의 비산먼지, 자동차, 철도차량, 항공기, 선박, 농기계, 건설장비 등

3 집진원리

(1) 집진의 기초이론

- **집진장치에 이용되는 집진력** : 집진에 이용되는 집진력은 **중력, 관성력, 원심력, 전기력**, 브라운 운동에 의한 **확산력**, 온도경사에 따른 **열력**(熱力), **음파력, 빛의 세기경사** 등이 집진력으로 이용됨

집진장치 형식	중 력	관성력	원심력	전기력	확산력	열 력
중력집진	○					
관성력집진	△	○	△			
원심력집진	△	△	○			※
세정집진	△	○		※	○	※
여과집진	△	○		※	○	
전기집진	△	△		○	△	

[비고] ○ : 주된 집진력, △ : 약한 효과　　　※ 응집효과가 있을 경우 작용하는 집진력

- **분진입경**
  □ **이화학특성 변화** : 입경의 크기에 따라 먼지의 이화학적 특성이 달라짐
    - 발생원의 물리적 요인보다 **화학적 요인**에 의해 생성된 입자가 입경이 작아짐
    - 거의 모든 집진장치에 공통적으로 작용하는 집진력인 **중력**은 입경크기의 세제곱에 비례하여 증가하므로 입경이 클수록 용이하게 집진할 수 있음
    - 분진입자의 크기가 작을수록 표면에 존재하는 원자와 내부에 존재하는 원자와의 비가 **크게 되어** 상호응집하거나 이물질에 쉽게 부착하는 특성이 있음

- 입자가 미세할수록 표면에너지가 높기 때문에 입자 간의 부착 및 응집이 증대됨
- 입자의 크기가 작을수록 비표면적이 증가하여 **응집성**이 증대함
- 입자의 크기가 작을수록 **가연성** 및 **폭발성**은 증가함
- 분진의 **발화온도**는 분진의 입경, 상태에 따라 다른데, 부유상태의 분진의 경우에는 열의 손실이 많아 퇴적상태보다 발화온도가 높아짐

□ 집진특성
- $0.01\mu m$ 이하의 물질은 가스상 물질과 거동이 유사하므로 집진·제거하기 어려움
- 미세입자를 제거할 수 있는 집진장치는 전기집진장치($0.05\mu m$), 여과집진장치($0.1\mu m$), 세정집진장치($0.1\mu m$)임
- 미세입자 제거에 부적합한 집진장치는 중력집진장치($20\mu m$ 이상), 관성력집진장치($10\mu m$ 이상), 원심력집진장치($3\mu m$ 이상) 등임
- 집진장치의 처리입경과 집진효율 및 설치비용의 관계는 대체로 반비례함

❀ 분진의 비중

□ **정의** : 입자상 물질인 분진의 비중은 다음의 관계식으로 정의됨

$$\text{분진비중}(S) = \frac{\text{분진의 밀도}}{4℃ \text{ 물의 밀도}} = \frac{\text{분진의 밀도}}{1\,g/cm^3}$$

□ **비중의 영향** : 분진의 비중은 집진장치의 성능에 크게 영향을 줌
- 분진의 비중이 작을수록 가벼운 입자, 미세한 입자이므로 함진(含塵) 가스로부터 입자를 분리·포집하기 어렵고, 포집하더라도 재비산(再飛散) 현상을 일으키기 쉬움
- **재비산 현상**이란 포집된 분진이 다시 비산하여 집진장치 밖으로 날아가는 현상을 말하는데, 이러한 현상이 발생되게 되면 집진효율은 현저히 저하되고 외기로 배출시 대기오염을 가중시키게 됨
- 비중에 민감하게 영향을 받는 집진장치는 중력집진·원심력집진·관성력집진장치 등이다. 따라서 이들 집진장치는 먼지의 비중이 클수록 분리효율이 좋아짐
- **진비중/겉보기비중**(S/S_B)의 **비율이 높을수록** 전기집진장치의 경우 **재비산 현상**이 유발될 가능성이 높음
- S/S_B의 크기는 **카본블랙**(76) > 제지용 흑액로 분진(25) > 황동용 전기로 분진(15) > 중유보일러 분진(9.8) > 시멘트 킬른 분진(5.0) > 미분탄 분진(4.0)의 순서임

❀ 분진의 밀도

□ **개념** : 분진의 겉보기밀도(용적밀도, Bulk Density)는 입자간의 기체공간을 포함한 체적을 기준하여 산정되므로 기체의 질량은 고체에 비해 아주 작아 일반적으로 무시될 수 있으므로 사실상 고체입자의 질량으로서 구한 밀도와 거의 동일한 값을 가짐

□ **공극률과의 관계** : 입자간에 생긴 간극의 공간체적과 입자를 포함한 전체 체적과의 비를 공간율(void) 또는 공극률(porosity)이라고 말하는데, 겉보기밀도와 진밀도 사이에는 다음의 관계식이 성립됨

- 겉보기밀도(kg/m³) : $\rho_p = (1-\varepsilon)\rho_s$
  - ρ_p : 분진의 겉보기밀도(g/cm³ or kg/m³)
  - ρ_s : 분진의 진밀도(g/cm³ or kg/m³)
  - ε : 공간율

- 공극률 : $\varepsilon = 1 - \dfrac{m_d}{\rho_p \cdot A_v \cdot L_d} = 1 - \dfrac{1}{A_v \cdot L_d}$
  - ρ_p : 분진의 겉보기밀도
  - m_d : 포집분진의 질량
  - A_v : 분진의 표면적
  - L_d : 분진층의 두께

분진의 농도

- **개념** : 분진의 농도는 단위 함진가스 중에 함유된 분진의 질량(mg/m³, g/m³)을 의미하며, 벤투리스크러버, 백필터, 전기집진장치 등은 입구 분진농도가 높아지면 집진성능이 낮아지는 경향이 있음

- **농도의 영향과 제어**
  - 벤투리스크러버, 제트스크러버와 같은 세정집진장치는 교축(목)부분의 **마모나 노즐의 폐쇄현상을 방지**하기 위하여 함진농도를 **10g/Sm³ 이하**로 하는 것이 바람직함
  - **전기집진**에서는 통상 함진농도를 **30g/Sm³ 이하**에서 사용되는 것이 바람직함
  - 중력, 원심력, 관성력 집진장치에서는 함진농도가 높을수록 집진율은 증가함. 그러나 출구의 농도도 절대치로 증가하므로 고농도의 효과가 절대적이라 할 수는 없음
  - 여과집진에서는 함진농도가 낮을수록 전체적인 기능이 우수함
    - **대량가스**로서 **고농도의 분진처리**는 **연속식 탈리방식**이 좋음
    - **소량가스**로서 **고효율**을 요구할 때는 **간헐식 탈리방식**이 유리함
  - 음파집진에서는 먼지의 응집현상 때문에 함진농도를 1~5 g/Sm³ 범위로 유지하는 것이 바람직하며, 함진농도가 낮을 때는 응집보조제를 분무주입하여 함진농도를 높이기도 함

CBT 형식 출제대비 엄선 예상문제

01 입자의 입경측정방법 중 간접측정방법이 아닌 것은?
① 침강법　　② 광산란법
③ 관성충돌법　④ 표준체 측정법

02 공기역학직경(Aerodynamic Diameter)에 대한 설명으로 옳은 것은?
① 원래의 먼지와 밀도 및 침강속도가 동일한 선형입자의 직경
② 원래의 먼지와 밀도 및 침강속도가 동일한 구형입자의 직경
③ 원래의 먼지와 침강속도가 동일하며, 밀도가 $1g/cm^3$인 구형입자의 직경
④ 원래의 먼지와 침강속도가 동일하며, 밀도가 $1kg/cm^3$인 구형입자의 직경

03 동일한 화학적 조성을 갖는 먼지가 입경이 작아질 때 변하는 입자의 특성에 대한 설명으로 가장 적합한 것은?
① 입자의 원심력은 커진다.
② 입자의 비표면적은 커진다.
③ 중력집진장치에서 집진효율과는 무관하다.
④ Stokes 식에 따른 입자의 침강속도는 커진다.

04 먼지의 입경을 Rosin-Rammler 분포로 나타낼 때 $\beta = 0.063$, $n = 1.0$의 조건에서 입경 $35\mu m$ 이하의 먼지입자비율(%)은?
① 11%　　② 21%
③ 79%　　④ 89%

> 해설

01 표준체 측정법(사별법)은 직접측정법이다. 간접측정법은 관성충돌 · 침강 · 공기투과 · 광산란법 등이다.

02 ③항이 올바르다. 공기역학적 직경(Aerodynamic Diameter)은 현미경으로 측정할 수 있는 입자의 물리직인 크기를 의미하는 것이 아니라 역학적 특성(Dynamic Property)에 의해 측정되는 먼지의 크기를 말하며, 원래의 입자상 물질과 침강속도는 동일하고, 단위밀도($\rho_a = 1\,g/cm^3$)를 갖는 구형입자의 직경을 말한다.

03 ②항만 올바르다. 입자의 비표면적은 증가한다. 먼지입경과 비표면적은 반비례관계이다.
▶ 바르게 고쳐보기 ◀
① 입자의 원심력은 감소한다.
③ 중력집진장치에서 입자직경과 집진효율과는 비례관계이다.
④ Stokes 식에 따른 입자의 침강속도는 감소한다. 침강속도는 입자직경의 제곱에 비례한다.

04 Rosin-Rammler 식을 이용한다.
　$D(\%) = 100 - R(\%)$ $\begin{cases} R(\%) = 100\exp(-\beta d_p^n) \\ \therefore R = 100\exp[-0.063 \times 35^1] = 11.03\% \end{cases}$
　$\therefore D = 100 - 11.03 = 88.97\%$

정답 ┃ 1.④　2.③　3.②　4.④

05 직경 10μm인 분진입자의 중력침강속도는 0.5cm/sec이었다. 동일한 조건에서 30μm의 침강속도(cm/sec)는?

① 3　　② 2
③ 1.5　　④ 4.5

06 입자의 비표면적에 대한 설명 중 옳은 것은 어느 것인가?

① 입경에 반비례하여 비표면적은 증가한다.
② 입자의 비표면적이 작으면 원심력집진장치의 경우 내통을 폐색시킨다.
③ 입자의 비표면적이 커지면 이에 반비례하여 응집성과 흡착력은 작아진다.
④ 입자의 비표면적이 작으면 전기집진장치에서는 역전리현상이 일어나기 쉽다.

07 Stokes의 침강속도식에 대한 설명으로 옳지 않은 것은?

① 중력가속도에 비례한다.
② 공기의 점도에 반비례한다.
③ 입자직경의 제곱에 비례한다.
④ 입자밀도와 공기밀도의 차에 반비례한다.

08 장방형 굴뚝에서 가로 길이가 a, 세로 길이가 b일 경우 상당직경의 표현식으로 옳은 것은?

① $\dfrac{2ab}{a+b}$　　② $\dfrac{a+b}{2ab}$
③ $\sqrt{a \times b}$　　④ $\dfrac{a+b}{2}$

> **해설**

05 Stoke's 법칙에 따르는 입자의 침강속도는 다음과 같이 계산된다.

□ $V_g = \dfrac{d_p^2(\rho_p - \rho)g}{18\mu}$　$\xrightarrow[\text{다른 조건이 일정하면}]{\text{입경을 제외한}}$　$V_g = K(\text{상수}) \times d_p^2$

∴ $V_{g\,30} = V_{g\,10} \times \dfrac{30^2}{10^2} = 0.5\,\text{cm/sec} \times \dfrac{30^2}{10^2} = 4.5\,\text{cm/sec}$

06 ①항만 올바르다.

▶ 바르게 고쳐보기 ◀
② 입자의 비표면적이 클 때 원심력집진장치의 내통이 폐색되기 쉽다.
③ 비표면적이 클 때 응집성과 흡착력이 증가한다.
④ 입자의 비표면적이 클 때 재비산현상이 일어난다.

07 Stokes의 침강속도식에서 침강속도(V_g)는 입자밀도와 공기밀도의 차($\rho_p - \rho$)에 비례한다.

□ $V_g = \dfrac{d_p^2(\rho_p - \rho)g}{18\mu}$ $\begin{cases} d_p : \text{분진입자의 직경} \\ \rho_p - \rho : \text{입자밀도} - \text{기체밀도} \\ \mu : \text{기체점도} \end{cases}$

08 사각형의 장방형 관로(가로 a, 세로 b)에서 상당직경(相當直徑, equivalent diameter)이란 유체가 흐르고 있는 관로의 단면적($A = ab$)과 관로와 유체가 접촉하고 있는 접촉면의 길이(P, 윤변)를 나눈 값(동수반경)의 4배에 상당하는 직경을 말한다.

□ $D_o = \dfrac{A}{P} \times 4$

∴ $D_o = \dfrac{ab}{2(a+b)} \times 4 = \dfrac{2ab}{a+b}$

정답 ┃ 5.④　6.①　7.④　8.①

09 다음 발생먼지 종류 중 일반적으로 S/S_B 가 가장 큰 것은?(단, S는 진비중, S_B는 겉보기비중)

① 카본블랙　② 시멘트 킬른
③ 미분탄보일러　④ 골재드라이어

10 배출가스 내 먼지의 입경분포를 대수확률방안지에 나타낸 결과 직선이 되었다. 50% 입경과 84.13% 입경이 각각 7.8 μm와 4.6 μm 이었다면 기하평균입경(μm)은 얼마인가?

① 1.7　② 4.6
③ 6.2　④ 7.8

11 커닝햄 보정계수에 대한 다음 설명 중 옳은 것은?

① 미세한 입자일수록 가스의 점성저항이 커지므로 커닝햄 보정계수가 커진다.
② 미세한 입자일수록 가스의 점성저항이 작아지므로 커닝햄 보정계수가 커진다.
③ 미세한 입자일수록 가스의 점성저항이 커지므로 커닝햄 보정계수가 작아진다.
④ 미세한 입자일수록 가스의 점성저항이 작아지므로 커닝햄 보정계수가 작아진다.

> **해설**

09 카본블랙(Carbon Black)은 흑색의 미세한 탄소분말로 진비중(S)과 겉보기비중(S_B)의 비가 가장 큰 물질이다.

10 기하평균입경(GM, μm)은 대수정규확률지에 나타낸 입경분포가 직선을 나타낼 때, 누적도수 50%에 해당하는 입경(X_{50})의 크기를 말하므로 50% 입경인 7.8μm가 기하평균입경이 된다.
- GM = X_{50}

11 미세한 입자일수록 가스의 점성저항이 작아지므로 커닝햄 보정계수가 커진다.
▶커닝햄 보정계수(미끄럼 보정상수)◀
- 보정계수의 의의 : 기체분자의 평균자유행로에 비해 입경의 크기가 작을 경우 입자가 하나의 기체분자처럼 움직이므로 기체분자가 입자표면에 거의 충돌하지 않는 미끄럼(slip)현상이 발생하게 되고, 이로 인하여 스토크스 법칙에 의한 저항력의 크기는 작아지기 때문에 이를 보정하기 위해 미끄러짐 보정계수(Silp Correction)를 사용하게 되는데 이때 사용되는 보정계수를 커닝햄 보정계수(Cunningham Correction Factor) 또는 미끄럼 보정상수라고 함

■ 관계식 : $K_c = 1 + \dfrac{2}{Pd_p}[6.32 + 2.01\exp(-0.1095Pd_p)]$ 　$\begin{cases} P : \text{절대압력(cmHg)} \\ d_p : \text{입자의 직경}(\mu m) \end{cases}$

입경(μm)	0.01	0.05	0.1	1	5	10	50	100
보정계수(K_c)	22.45	5.02	2.88	1.34	1.033	1.026	1.003	1.001

- 적용 특성
  - 입경이 미세할수록 가스의 점성저항은 작아지므로 커닝햄 보정계수는 증가함
  - 압력이 낮을수록, 온도가 높을수록 커닝햄 보정계수는 증가함
  - 기체분자의 평균자유행로(λ)는 온도 25℃, 1기압에서 0.067μm임
  - 분진입경이 3μm 이상일 때, 통상 커닝햄(Cunningham) 보정계수는 1.0을 적용함

정답 | 9.① 10.④ 11.②

더 풀어보기 예상문제

01 유체 내를 입자가 자유낙하할 때 입자의 종말침강속도(terminal settling velocity) 계산 시 관계되는 힘과 가장 거리가 먼 것은?
① 항력　② 중력
③ 부력　④ 관성력

02 입경측정방법 중 Cascade impactor 법에 대한 설명으로 가장 거리가 먼 것은 어느 것인가?
① 액상침강법과 함께 직접측정법에 해당한다.
② 널리 이용되는 방법으로 관성충돌을 이용하여 입경을 측정하는 방법이다.
③ Cascade impactor의 단수는 임의로 설계, 제작할 수 있으나 보통 9단이 많이 사용된다.
④ 측정된 입경은 Stokes경을 의미하며, 입자의 밀도를 보정, 공기동력학경으로 나타낼 수도 있다.

03 입자의 직경이 $10\mu m$인 구형입자의 밀도가 $1,200kg/m^3$이라면 이 입자의 단위질량당 표면적(m^2/kg)은?
① 500　② 600
③ 900　④ 1,200

04 비구형인 입자의 크기를 표현할 때 등가직경을 사용하는데 이때 공기역학적 직경(Aerodynamic Diameter)의 경우 비구형입자의 어떠한 특성이 같은 구형입자의 직경을 의미하는가?
① 투영면적　② 원심력
③ 침강속도　④ 비표면적

05 입자의 직경이 $50\mu m$인 어떤 입자의 비표면적(cm^{-1})은?(단, 구형입자)
① 120　② 220
③ 660　④ 1,200

정답 1.④　2.①　3.①　4.③　5.④

더 풀어보기 예상문제 해설

01 종말침강속도(terminal settling velocity) 계산 시 입자에 작용하는 힘은 부력, 중력, 항력(점성저항력)이다. 정상상태의 힘의 평형관계는 "항력=중력−부력"으로 작용한다.

02 캐스케이드 임팩터는 입자의 관성충돌(inertial impaction)을 이용하여 입경을 간접적으로 측정하는 방법이다. 공기투과법, 액상침강법도 간접측정법이다.

03 입자의 단위질량당 표면적(m^2/kg)은 다음과 같이 산출한다.

$S_v^* = \dfrac{6}{\rho_p d_p}$ 　$\begin{cases} d_p : \text{입자의 직경} = 10\mu m = 10\times 10^{-6}\,m \\ \rho_p : \text{입자의 밀도} = 1,200\,kg/m^3 \end{cases}$

$\therefore S_v^* = \dfrac{6}{1,200\times 10\times 10^{-6}} = 500\,m^2/kg$

04 공기역학적 직경은 비구형입자(非球形粒子)와 동일한 속도로 낙하하는 단위밀도($1g/cm^3$)의 구형입자(球形粒子)의 직경을 말하므로 입자의 형상이나 밀도가 서로 다르더라도 침강속도만 같다면 동일한 직경을 갖는다는 것을 의미한다. 따라서, 공기역학적 직경은 Stokes경과 달리 입자밀도를 $1g/cm^3$로 가정함으로써 보다 쉽게 입경을 나타낼 수 있다.

05 구형입자의 비표면적은 $S_v = d_p/6$로 나타낸다.

$S_v = \dfrac{6}{d_p}$ ← d_p : 입자의 직경 = $50\mu m = 50\times 10^{-4}\,cm$

$\therefore S_v = \dfrac{6}{50\times 10^{-4}\,cm} = 1,200\,cm^{-1}$

더 풀어보기 예상문제

01 Rosin–Rammler 곡선을 이용하는 것으로 가장 옳은 것은?
① 처리가스의 산노점 분석
② 전기집진 시 최적조건 선택
③ 먼지의 비중에 따른 후드압력손실 계산
④ 입자지름분포에 따른 먼지의 제거방법 선택

02 공기의 점성계수가 표준상태에서 1.64×10^{-5} kg/m·sec일 경우 이 공기의 동점성계수(m^2/sec)는?
① 1.27×10^{-5}
② 1.31×10^{-5}
③ 1.34×10^{-5}
④ 1.41×10^{-5}

03 층류의 항력을 구할 때 입경(d_p)에 따른 커닝햄계수(C_f)의 적용으로 옳은 것은?
① $d_p < 3\mu m$인 경우 $C_f = 1$
② $d_p > 3\mu m$인 경우 $C_f = 1$
③ $d_p = 1\mu m$인 경우 $C_f = 1$
④ $1\mu m < d_p < 3\mu m$인 경우 $C_f = 1$

04 입경분포(R-R 분포식)에 대한 설명이다. 옳지 않은 것은?

$$R(\%) = 100 \exp(-\beta d_p^{\ n})$$

① n이 클수록 입경분포폭은 넓어진다.
② $R(\%)$은 체상 누적백분율(%)을 나타낸다.
③ 위의 R-R 분포식을 Rosin Rammler식이라 한다.
④ β가 증가하면 누적분포를 갖는 입경(d_p)은 작아지므로 미세한 분진이 많다는 것을 의미한다.

05 먼지(Dust)에 대한 다음 설명 중 틀린 것은 어느 것인가?
① 입경이 작을수록 비표면적은 작다.
② 진밀도가 작을수록 침강속도가 느려진다.
③ 입경이 클수록 입자 간에 부착력이 작아진다.
④ 직경 $10\mu m$ 이하의 미세한 부유입자상 물질은 비교적 대기 중에 체류하는 시간이 길다.

정답 1.④ 2.① 3.② 4.① 5.①

더 풀어보기 예상문제 해설

01 배출시설의 분진에 대한 Rosin–Rammler 곡선의 주된 이용목적은 분진입자의 입경분포에 따른 먼지의 제거방법 및 집진장치를 선정하기 위한 기초자료로 활용하기 위함이다.

02 표준상태 공기밀도(1.293kg/m^3 ≒ 1.3kg/m^3)를 적용하여 동점도(ν)를 산출한다.

- ν(동점도) $= \dfrac{\mu(\text{점도})}{\rho(\text{밀도})}$

$\therefore \nu = \dfrac{1.64 \times 10^{-5} \text{ kg/m·sec}}{1.3 \text{ kg/}m^3} = 1.27 \times 10^{-5} \text{ m}^2/\text{sec}$

03 분진입경이 $3\mu m$ 이상일 때 커닝햄(Cunningham) 보정계수는 1.0을 적용한다.

04 n값이 클수록 입경분포폭은 좁아진다.

- 관계식 : $R(\%) = 100 \times \exp(-\beta d_p^{\ n})$ ⇨ $\log(2 - \log R) = n \log d_p + \log \beta$

05 입경(d_p)이 작을수록 비표면적(S_v)은 증가한다.

- 비표면적(S_v) $= \dfrac{6}{d_p}$

더 풀어보기 예상문제

01 함진가스 중의 먼지입경분포를 측정하여 대수확률지에 그렸더니 직선이 되었다. 50% 입경과 84.13% 입경이 각각 12.0μm와 4.0μm이었다. 대수정규분포의 기하표준편차는?
   ① 1.5   ② 3
   ③ 4.2   ④ 8

02 정지 대기 중에 존재하는 먼지입자의 종말침강속도 산출에 관계되는 힘과 거리가 먼 것은 어느 것인가?
   ① 항력   ② 중력
   ③ 부력   ④ 관성력

03 용적 $1m^3$의 밀폐용기에 밀도 $2g/cm^3$인 구형의 분진입자가 10^4개 고르게 분포되어 있다. 분진입자 총 무게가 0.01g일 때 분진입자의 반경(μm)은?
   ① 4.9   ② 49
   ③ 9.8   ④ 98

04 전기집진장치의 분리속도(이동속도)는 커닝햄 보정계수(K_m)에 비례한다. 다음 조건 중 K_m이 커지는 조건으로 알맞게 짝지은 것은?(단, $K_m \geq 1$)
   ① 먼지입자가 작을수록, 가스압력이 낮을수록
   ② 먼지입자가 작을수록, 가스압력이 높을수록
   ③ 먼지의 입자가 클수록, 가스압력이 낮을수록
   ④ 먼지의 입자가 클수록, 가스압력이 높을수록

05 다음 중 프루드 수(Froude Number)에 해당하는 것은? (단, g는 중력가속도, V는 속도, L은 길이이다.)
   ① $\dfrac{\sqrt{gL}}{V}$ ② $\dfrac{V^2}{\sqrt{gL}}$
   ③ $\dfrac{V}{\sqrt{gL}}$ ④ $\dfrac{\sqrt{gL}}{V^2}$

정답 1.② 2.④ 3.② 4.① 5.③

더 풀어보기 예상문제 해설

01 표준편차(GSD)는 다음 식으로 산출된다.
   □ $GSD = \dfrac{X_{50}}{X_{84.13}}$ ∴ $GSD = \dfrac{12}{4} = 3.0$

02 종말침강속도 산출에 관계되는 3가지 힘은 점성항력, 부력, 중력이다.

03 분진입자의 총 질량(m_T)은 1개의 질량(m_i)에 개수(N_d)를 곱한 수치이다.
   □ $m_T = m_i \times N_d \begin{cases} m_T = 0.01\,g \\ m_i = \dfrac{\pi d_p^3}{6} \times \rho_p = \dfrac{\pi(2R)^3}{6} \times \rho_p = \dfrac{3.14 \times (2R \times 10^{-4})^3}{6} \times 2\,g/cm^3 \end{cases}$

   ⇒ $0.01\,g = \dfrac{\pi(2R \times 10^{-4})^3}{6} \times 10^4$

   ∴ $R = 49.2\,\mu m$

04 커닝햄 보정계수는 가스의 온도가 높을수록, 분진이 미세할수록, 가스분자의 직경이 작을수록, 가스압력이 낮을수록 증가하게 된다.

05 프루드 수(Froude Number)는 ③항과 같이 나타낸다. 프루드 수는 유체의 이동을 모델화하고 특징짓는 단위가 없는 지수로서 "관성력/중력"의 비로 정의된다.

업그레이드 종합 예상문제

01 입자상 물질의 크기를 결정할 때 입자의 투영면적을 2등분하는 선분의 길이에 상당하는 입경은?
① Martin 직경
② 등면적경
③ Heyhood 직경
④ Feret 직경

■해설 마틴직경(Martin's Diameter)은 입자의 투영면적을 2등분하는 선분의 길이에 상당하는 직경이다.

02 입경측정방법 중 관성충돌법에 대한 설명으로 옳지 않은 것은?
① 입자의 질량크기 분포를 알 수 있다.
② 되튐으로 인한 시료의 손실이 일어날 수 있다.
③ 관성충돌을 이용하여 입경을 간접적으로 측정하는 방법이다.
④ 시료채취가 용이하고, 채취준비에 시간이 걸리지 않는 장점이 있다.

■해설 시료채취가 용이하지 못하고, 채취준비에 시간이 많이 걸리는 단점이 있다.

03 다음 직경이 d_p인 구형입자의 비표면적(S_v, m²/m³)에 대한 설명으로 옳지 않은 것은?(단, ρ_p는 입자밀도)
① $S_v = 3\rho_p / d_p$으로 나타낸다.
② 입자가 미세할수록 부착성은 증가한다.
③ 먼지의 입경과 비표면적은 반비례 관계이다.
④ 비표면적이 클 경우 원심력집진장치의 내통을 폐색시킬 수 있다.

■해설 구형입자의 비표면적은 $S_v = 6/d_p$으로 나타낸다.

04 분진입경의 분포(누적분포)를 나타내는 식은?
① Rayleigh 분포식
② Freundlich 분포식
③ Cunningham 분포식
④ Rosin-Rammler 분포식

■해설 분진입경 분포(누적분포)식은 일반적으로 로진-람라(Rosin-Rammler) 분포식이 사용된다.
$$R(\%) = 100\exp(-\beta d_p^n) \begin{cases} R : d_p\text{보다 큰 입자의 중량누적분포}(\%) \\ \beta : \text{입도 특성계수} \\ n : \text{입경지수} \\ d_p : \text{임의의 분진입경} \end{cases}$$

정답 1.① 2.④ 3.① 4.④

05 공기역학적 직경에 대한 설명과 가장 거리가 먼 것은?
① 입자의 밀도를 1g/cm³으로 가정함으로써 보다 쉽게 입경을 나타낼 수 있다.
② 입자모양이 구형이 아니더라도 동일한 침강속도와 단위밀도를 갖는 구형입자로 가정한다.
③ 입경의 크기에 따라 밀도, 점도 등이 다르기 때문에 입자에 대한 특성을 고려하여야 하는 문제점이 있다.
④ 공기역학적 직경을 알고 있다면 입자의 밀도, 광학적 크기, 형상계수 등의 물리적 변수는 중요하지 않게 된다.

해설 입경의 크기에 따라 밀도, 점도 등이 다르기 때문에 입자에 대한 특성을 고려하여야 하는 문제점이 있는 것은 스토크스경(Stokes Diameter)이다.

06 입경분포에 대한 자료의 대표값들을 크기 순서로 나열한 것으로 옳은 것은?(단, 산술평균 d_m, 최빈값 d_{mo}, 중앙값 d_{me})
① $d_m > d_{mo} > d_{me}$
② $d_{me} > d_m > d_{mo}$
③ $d_m > d_{me} > d_{mo}$
④ $d_{me} > d_{mo} > d_m$

해설 입자의 크기는 산술평균(Mean) > 중위경(Median) > 최빈도경(Mode)의 순서이다.

07 점성계수 1.8×10^{-4} g/cm·sec, 밀도 1.2kg/m³인 공기 중에서 직경 50μm, 밀도 1.8g/cm³인 분진의 종말침강속도(cm/sec)는?
① 0.53
② 5.2
③ 10.4
④ 13.6

해설 스토크스(Stokes) 식을 이용한다.

$V_g = \dfrac{d_p^2(\rho_p - \rho)g}{18\mu}$ $\begin{cases} \rho_p : \text{입자의 밀도} = 1.8\,\text{g/cm}^3 = 1,800\,\text{kg/m}^3 \\ \mu : \text{가스의 점도} = 1.8 \times 10^{-4}\,\text{g/cm·sec} = 1.8 \times 10^{-5}\,\text{kg/m·sec} \end{cases}$

$\therefore V_g = \dfrac{(50 \times 10^{-6})^2 \times (1,800 - 1.2) \times 9.8}{18 \times 1.8 \times 10^{-5}} = 0.136\,\text{m/sec} = 13.6\,\text{cm/sec}$

08 운동하는 입자에 작용하는 항력(Drag Force)에 대한 설명 중 틀린 것은?
① 입자의 투영면적이 클수록 증가한다.
② 항력계수가 커질수록 항력은 증가한다.
③ 상대속도의 제곱에 비례하여 증가한다.
④ 입자레이놀드 수에 비례하여 항력계수는 증가한다.

해설 Stokes 법칙의 성립조건에서 항력계수는 입자레이놀드 수(Re_p)에 반비례하여 감소한다.

항력계수 = $\dfrac{24}{\text{입자레이놀드 수}}$

09 1Centi Poise의 값을 가지는 점도단위를 kg/m·sec로 환산하면 얼마인가?

① 0.01
② 0.1
③ 0.0001
④ 0.001

▎해설 1Centi Poise(cP)=1mg/mm·sec이므로 이를 kg/m·sec의 단위로 전환한다.

$$\therefore \mu = \frac{1\,\text{mg}}{\text{mm}\cdot\text{sec}} \times \frac{10^{-6}\,\text{kg}}{\text{mg}} \times \frac{10^{3}\,\text{mm}}{\text{m}} = 1 \times 10^{-3}\,\text{kg/m}\cdot\text{sec}$$

🎯 더 풀어보기 예상문제

01 광학현미경을 이용하여 입경을 측정하는 방법에서 입자의 투영면적을 이용하여 측정한 입경 중 입자의 투영면적 가장자리에 접하는 가장 긴 선의 길이로 나타내는 것은?

① 등면적 직경
② Feret 직경
③ Martin 직경
④ Heyhood 직경

02 먼지의 입경분포에 대한 다음 설명 중 틀린 것은?

① 입경분포가 0이면 $R=100\%$이다.
② 대수정규분포는 미세입자의 특성과 잘 일치한다.
③ 빈도분포는 먼지의 입경분포를 적당한 입경간격의 개수 또는 질량의 비율로 나타낸 것이다.
④ 입경분포를 나타내는 방법 중 적산분포에는 정규분포, 대수정규분포, Rosin Rammler 분포가 있다.

03 Stokes 법칙을 만족하는 가정에 부합되지 않는 것은?

① 구형입자는 강체이다.
② $Re_p \le 1.0$의 조건이다.
③ 입자는 일정한 속도로 운동한다.
④ 전이영역흐름(Intermediate Flow)이다.

04 Rosin-Rammler 입경분포식에서 체상분포비율 $R(\%)=100\exp(-\beta d_p^n)$으로 표시된다. 이 식에서 입경($d_p$)과 적산분포($R$)을 얻은 실험데이터로부터 어떤 먼지의 입경지수(n) 값을 얻으려고 한다. 입경분석자료부터 직선그래프 X축 대 Y축을 어떻게 그려야 하는가?

① $\log d_p$ 대 $\log R$
② $\log \beta$ 대 $\log d_p$
③ $\log d_p$ 대 $\log(2-\log R)$
④ $\log(2-\log \beta)$ 대 $\log d_p$

정답 1.② 2.② 3.④ 4.③

더 풀어보기 예상문제 해설

01 Feret경(정방향경 d_F)은 입자의 투영면적 가장자리에 접하는 가장 긴 선의 거리에 상당하는 직경을 말한다.

02 대수정규분포는 미세한 입자의 특성과는 잘 일치되지 않는 문제점이 있으므로 이용에 제한적이다.

03 Stokes 법칙을 만족하는 조건은 층류영역흐름(Laminar Flow)이다.

04 로진-람라(Rosin-Rammler) 입경분포식을 직선방정식으로 전환하면 다음과 같이 된다.

□ $R(\%)=100\times\exp(-\beta d_p^n)$ → $\log(2-\log R)=n\log d_p+\log\beta$

더 풀어보기 예상문제

01 입경분포(R-R 분포)에서 체상비율(R)의 특성에 대한 설명으로 옳은 것은?
① β값이 클수록 먼지의 입경이 크고, n이 클수록 입경분포범위가 좁다.
② β값이 클수록 먼지의 입경이 크고, n이 클수록 입경분포범위가 넓다.
③ β값이 클수록 먼지의 입경이 미세하고, n이 클수록 입경분포범위가 좁다.
④ β값이 클수록 먼지의 입경이 미세하고, n이 클수록 입경분포범위가 넓다.

02 동일한 밀도를 가진 먼지입자(A, B)가 있다. B먼지 입자의 지름이 A먼지 입자의 지름보다 100배가 더 크다고 하면, B먼지 입자의 질량은 A먼지 입자의 질량보다 몇 배나 더 크겠는가?
① 100 ② 10,000
③ 1,000,000 ④ 100,000,000

03 다음의 입자크기 분포에 대하여 기하평균입경(μm)을 구하면 얼마인가?

입경(μm)	개 수
1	3
3	5
5	2
8	1

① 1.27 ② 2.67
③ 3.17 ④ 4.37

04 다음의 입경분포에 대하여 평균부피를 나타내는 입경(μm)은?

입경(μm)	개 수
11	10
13	15
14	14
17	11

① 11.6 ② 12.7
③ 14.1 ④ 16.9

정답 1.③ 2.③ 3.② 4.③

더 풀어보기 예상문제 해설

01 입경분포(R-R 분포)에서 체상비율(R)의 특성은 β값이 클수록 먼지의 입경이 미세하고, n이 클수록 입경분포범위가 좁다. 따라서 ③항만 올바르게 설명하고 있다.

02 질량(m)은 밀도(ρ)와 부피(V)의 곱으로 산정할 수 있다.

$$m = V\rho_p \leftarrow V : 구형입자의 부피 = \frac{\pi d_p^3}{6}$$

$$\therefore \frac{m_B}{m_A} = \frac{[\pi(100d_p)^3/6] \times \rho_p}{(\pi d_p^3/6) \times \rho_p} = 100^3 = 1,000,000배$$

03 대수변환에 의한 기하평균(GM*)을 산출한다.

$$GM^* = 10^M \begin{cases} M(입경\ 대수값의\ 산술평균) = \frac{\Sigma \log X}{N} \\ \therefore M = \frac{3 \times \log 1 + 5 \times \log 3 + 2 \times \log 5 + 1 \times \log 8}{3+5+2+1} = 0.426 \end{cases}$$

$$\therefore GM^* = 10^{0.426} = 2.667\ \mu m$$

04 자료를 토대로 평균부피를 갖는 입경을 산출한다.

$$d_m^3 = \frac{\Sigma n d_p^3}{N} \rightarrow d_m^3 = \frac{11^3 \times 10 + 13^3 \times 15 + 14^3 \times 14 + 17^3 \times 11}{10+15+14+11} = 2,774.48$$

$$\therefore d_m = 14.05\mu m$$

더 풀어보기 예상문제

01 다음의 입경분포에 대하여 평균개수를 갖는 입경(μm)은?

입경(μm)	개 수
1	30
3	50
5	20
8	1

① 2.9   ② 3.3
③ 4.2   ④ 5.1

02 다음 중 유체의 점도를 나타내는 단위 표현이 아닌 것은?

① Pa · sec   ② Poise
③ g/cm · sec   ④ liter · atm

03 면적 250km^{2}인 A도시에서 지표면 근처의 분진농도가 100μg/m^{3}일 때 하루 동안 침전하는 분진은 몇 ton인가?(단, 분진의 침강속도는 0.1cm/sec)

① 1.68   ② 2.16
③ 3.66   ④ 4.12

04 중력집진장치에서 입자의 제거성능을 결정하는 중요 매개변수는 먼지의 침강속도이다. 다음 중 침강속도 결정요소와 가장 관계가 깊은 것은?

① 대기의 분압   ② 입자의 밀도
③ 입자의 유해성   ④ 입자의 온도

정답 1.① 2.④ 3.② 4.②

더 풀어보기 예상문제 해설

01 자료를 토대로 산술평균입경(AM)을 산출한다.

$$AM = \frac{X_1 + X_2 + \cdots + X_n}{N}$$

$$\therefore AM = \frac{30 \times 1 + 50 \times 3 + 20 \times 5 + 1 \times 8}{30 + 50 + 20 + 1} = 2.85 \mu m$$

02 점도(粘度, Viscosity)의 단위로 나타내는 것은 국제단위계에서 Pa · sec=N · sec/m=kg/m · sec, CGS 단위계에서는 Poise=dyne · sec/cm=g/cm · sec를 사용한다.(Poise의 100분의 1인 Centi Poise도 사용되고 있음)

03 침전분진의 양은 농도, 면적, 시간에 비례한다.

$$D_w = C A V_g t \quad \begin{cases} C : \text{농도} = 100\mu g/m^3 = 100 \times 10^{-12} \text{톤}/m^3 \\ A : \text{침전면적} = 250 km^2 = 250 \times (1{,}000)^2 m^2 \\ V_g : \text{침강속도} = 0.1 cm/sec = 1 \times 10^{-3} m/sec \\ t : \text{시간} = 1 day = 24 hr = 24 \times 3{,}600 sec \end{cases}$$

$$\therefore D_w = 100 \times 10^{-12} \times 250 \times (1{,}000)^2 \times 1 \times 10^{-3} \times 24 \times 3{,}600 = 2.16 \text{톤}$$

04 먼지의 침강속도(V_g)는 입자상 물질의 밀도와 그 주변기체의 밀도의 차, 즉 ($\rho_p - \rho$)에 비례한다.

$$V_g = \frac{d_p^2(\rho_p - \rho)g}{18\mu} \quad \begin{cases} d_p : \text{분진입자의 직경} \\ (\rho_p - \rho) : \text{입자밀도} - \text{기체밀도} \\ \mu : \text{기체점도} \end{cases}$$

더 풀어보기 예상문제

01 유체의 점성에 대한 설명으로 옳지 않은 것은?
① 액체의 점성계수는 주로 분자응집력에 의하므로 온도의 상승에 따라 낮아진다.
② 점성계수는 온도에 의해 영향을 받지만 압력과 습도에는 거의 영향을 받지 않는다.
③ Hagen의 점성 법칙은 점성의 결과로 생기는 전단응력은 유체의 속도구배에 반비례한다.
④ 점성은 유체분자 상호간에 작용하는 분자응집력과 인접 유체층 간의 분자운동에 의하여 생기는 운동량 수송에 기인한다.

02 밀도 0.8g/cm³인 유체의 동점도가 3Stoke's일 때 점도는?
① 2.4Poise
② 2.4Centi Poise
③ 2,400Poise
④ 2,400Centi Poise

03 다음 집진장치 중 관성충돌, 직접차단, 확산, 정전기적 인력, 중력 등이 주된 집진원리인 것은?
① 여과집진장치
② 중력집진장치
③ 전기집진장치
④ 원심력집진장치

04 확산력과 관성력을 주 집진력으로 이용하는 집진장치는?
① 중력집진장치
② 전기집진장치
③ 원심력집진장치
④ 세정집진장치

05 관성력, 전기력, 확산력을 주 집진력으로 이용하는 집진장치는?
① 중력집진장치
② 전기집진장치
③ 원심력집진장치
④ 세정집진장치

06 입자의 중력침강속도에 대한 내용으로 틀린 것은?
① 커닝햄 보정계수는 입자가 미세할수록 증가한다.
② 기체의 항력계수는 유체의 흐름을 결정하는 레이놀드 수에 의하여 값이 결정된다.
③ 커닝햄 보정계수에 적용되는 평균자유거리(λ)는 온도 25℃, 1기압에서 $5\mu m$ 이상이다.
④ 작은 입경의 침강속도는 스토크스 침강속도 식에 커닝햄 보정계수를 곱하여 구할 수 있다.

정답 1.③ 2.① 3.① 4.④ 5.② 6.③

더 풀어보기 예상문제 해설

01 하겐(Hagen)의 점성 법칙에 따르면 전단응력(τ)은 유체의 속도구배(dV/dy)에 비례한다.

02 동점도는 밀도 1m³당 1,000kg일 때의 점성률 1P(포아즈)의 유체를 1St(스톡스, Stokes)라 한다. 1St=1cm²/sec=10^{-4}m²/sec이고, Poise=g/cm·sec이므로 점도(μ)를 밀도(ρ)로 나누어 동점도를 산출한다.

$$\text{동점도}(\nu) = \frac{\text{점도}(\mu)}{\text{밀도}(\rho)} \Rightarrow 3\times 10^{-4}\,\text{m}^2/\text{sec} = \mu \frac{\text{g}}{\text{cm·sec}} \times \frac{\text{cm}^3}{0.8\text{g}} \times \frac{\text{m}^2}{100^2\,\text{cm}^2}$$

∴ $\mu = 2.4$ g/cm·sec(Posise)

03 관성충돌, 직접차단, 확산이 주된 집진력인 것은 여과집진장치이다.

04 확산력과 관성력을 주 집진력으로 이용하는 집진장치는 세정집진장치이다.

05 관성력, 전기력, 확산력을 주 집진력으로 이용하는 집진장치는 전기집진장치이다.

06 커닝햄 보정계수에 적용되는 평균자유거리(λ)는 온도 25℃, 1기압에서 $0.067\mu m$이다.

Chapter 02 집진기술

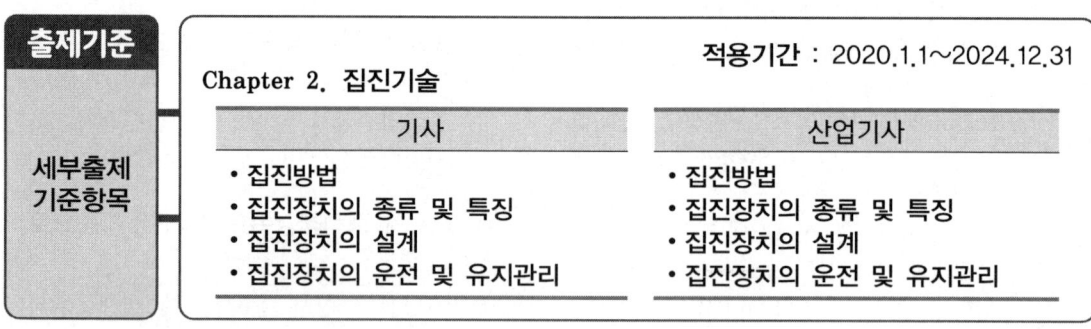

1 집진방법

(1) 직렬 및 병렬연결

* **시스템의 구성** : 일반적으로 집진장치는 배기가스나 분진의 성상에 따라 연결되는 각 집진장치의 특성을 살려서 선택하겠지만 이것만으로는 모든 문제점이 해결된다고 볼 수 없으므로 형식이 다른 집진장치를 직렬이나 병렬로 연결하여 사용하는 경우가 많음

  □ 전처리 → 주처리 직렬연결

  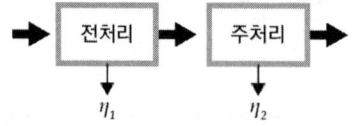

  ☀ **총효율**$(\eta_T) = \eta_1 + \eta_2(1-\eta_1)$

  □ 농축조 → 집진기 순환연결

  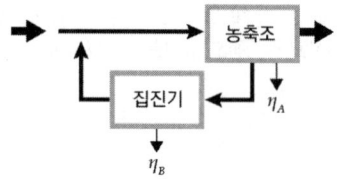

  ☀ **총효율**$(\eta_T) = 1 - \dfrac{1-\eta_A}{1-\eta_A(1-\eta_B)}$

  □ 직렬+병렬 조합연결

  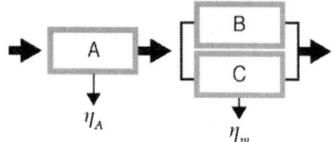

  ☀ **총효율**$(\eta_T) = \eta_A + \eta_m(1-\eta_A)$

- **전처리** : 중력·관성력집진장치가 주로 사용되고, 처리분진의 농도가 현저히 높을 때는 사이클론 등을 사용하여 1차 집진을 하기도 하며, $10\mu m$ 이상의 굵은 입자제거와 냉각이 필요할 때는 세정식 분무탑을 1차 집진에 사용할 수 있음
- **주처리** : 벤투리스크러버, 백필터, 전기집진장치 등을 사용하여 미세한 입자를 고효율로 집진함

※ 시스템의 기능과 효과

□ 1차 집진기의 역할
  - 큰 입자의 선별 포집
  - 응집기의 역할
  - 선별기의 기능
  - 냉각에 따른 화재예방 기능

□ 직렬연결의 효과
  - 단일 집진장치를 사용할 때 보다 목표집진율을 용이하게 달성할 수 있음
  - 2차 집진장치의 분진부하를 감소시켜 그 기능을 향상시킬 수 있음
  - 2차 집진장치의 용량을 축소할 수 있어 2차 집진장치의 설치비용 절감

□ 병렬연결의 효과
  - 대용량가스를 일시에 처리할 수 있음
  - 응집 및 냉각효과를 반영하면서 대용량가스를 효과적으로 처리할 수 있음
  - 예비처리시설을 효과적으로 운용할 수 있음

※ 집진효율(η)과 통과율(P) 계산

□ 농도 및 분진부하율에 의한 집진효율 계산
  - $Q_i = Q_o$ 일 때
    ☀ $\eta(\%) = \left(1 - \dfrac{C_o}{C_i}\right) \times 100$
  - $Q_i \neq Q_o$ 일 때
    ☀ $\eta(\%) = \left(1 - \dfrac{C_o\, Q_o}{C_i\, Q_i}\right) \times 100 = \left(1 - \dfrac{L_o}{L_i}\right) \times 100$

  $\begin{cases} Q_i : \text{입구측 유량} \\ Q_o : \text{출구측 유량} \\ C_i : \text{입구측 농도} \\ C_o : \text{출구측 농도} \\ R_i : \text{입구측 입경분포} \\ R_o : \text{출구측 입경분포} \\ L_i : \text{입구측 분진부하} \\ L_o : \text{출구측 분진부하} \end{cases}$

□ 통과율 계산 : $P(\%) = 100 - \eta$

□ 입경분포에 따른 부분집진율 계산 : $\eta_d(\%) = \left(1 - \dfrac{C_o R_o}{C_i R_i}\right) \times 100$

(2) 건식집진과 습식집진 등

※ **개요** : 습식집진의 배기가스온도는 통상 산노점(酸露店) 이하가 되기 쉽기 때문에 배연의 확산효과가 저하되고, 백연발생(白煙發生), 미스트강하, 세정수의 처리문제가 있음 그러므로 공해대책을 주목적으로 하는 경우는 가능한 한 건식집진(乾式集塵)이 바람직함. 습식집진(濕式集塵)을 고찰하는 경우는 처리가스량이 적고 배수처리가 비교적 용이한 경

우 또는 유해가스를 동시에 처리할 경우에 채용되며, 미세한 카본블랙(carbon black) 또는 중질 타르(tar)를 포집하는 경우에 고려될 수 있음
- 건식 : 중력집진, 관성력집진, 원심력집진, 여과집진, 전기집진(건식)
- 습식 : 세정집진(벤투리스크러버, 사이클론스크러버, 분무탑 등), 전기집진(습식)

⚛ 건식과 습식의 특징

- **건식**(乾式)
  - 분진을 건조한 상태에서 포집 처리할 수 있음
  - 폐수생성, 슬러지 및 백연문제 등이 발생하지 않음
  - 습식에 비하여 장치의 규모가 큼
  - 재비산현상에 대한 대응이 곤란함
- **습식**(濕式)
  - 건식보다 처리속도가 빠르고 장치의 규모를 작게 할 수 있음
  - 단일장치에서 가스흡수와 분진, 미스트(mist)의 포집이 동시에 가능함
  - 비산분진 및 재비산분진이 발생하지 않고, 가연성, 폭발성 먼지를 처리할 수 있음
  - 고온가스를 냉각시킬 수 있음
  - 소수성(疏水性)의 분진입자에 대한 처리효율이 낮음
  - 폐수 및 슬러지가 생성되고, 배기가스 냉각으로 인한 대기확산이 저해될 수 있음

CBT 형식 출제대비 엄선 예상문제

01 여과집진장치의 유입구 및 출구 지점에서 함진먼지농도를 측정한 결과 각각 11mg/Sm³와 0.2×10⁻³g/m³이었다. 여과집진장치의 집진율(%)은?

① 96.2%　　② 97.2%
③ 98.2%　　④ 99.4%

02 백필터의 집진효율이 98%이고, 배출먼지농도가 0.25g/m³일 때, 백필터로 유입되는 먼지농도(g/m³)는?

① 4.3　　② 6.25
③ 12.5　　④ 25.0

03 전기로에 설치된 백필터의 입구 및 출구 가스량과 먼지농도가 다음과 같을 때 먼지의 통과율(%)은?

- 입구가스량 : 11,400Sm³/hr
- 출구가스량 : 270Sm³/min
- 입구먼지농도 : 12,630mg/Sm³
- 출구먼지농도 : 1.11g/Sm³

① 10.5%　　② 11.1%
③ 12.5%　　④ 13.1%

▶ 해설

01 입구 및 출구의 먼지농도를 이용하여 집진효율을 구한다.

$$\eta(\%) = \left(1 - \frac{C_o}{C_i}\right) \times 100 \quad \begin{cases} C_i : \text{입구측 농도} = 11\text{mg/m}^3 = 11 \times 10^{-3}\text{g/m}^3 \\ C_o : \text{출구측 농도} = 0.2 \times 10^{-3}\text{g/m}^3 \end{cases}$$

$$\therefore \eta = \left(1 - \frac{0.2 \times 10^{-3}}{11 \times 10^{-3}}\right) \times 100 = 98.2\%$$

02 입구 및 출구 먼지농도와 효율 관계식을 이용한다.

$$\eta = 1 - \frac{C_o}{C_i} \rightarrow 1 - \eta = \frac{C_o}{C_i} \Rightarrow (1 - 0.98) = \frac{0.25}{C_i}$$

$$\therefore C_i = 12.5\,\text{g/m}^3$$

03 문제에서 제시된 집진장치의 입구 및 출구 먼지농도와 유량을 각각 이용하여 통과율을 구한다.

$$P(\text{통과율}, \%) = \left(\frac{C_o Q_o}{C_i Q_i}\right) \times 100 \quad \begin{cases} C_i : \text{입구농도} = 12,630\,\text{mg/m}^3 \\ Q_i : \text{입구유량} = 11,400\,\text{m}^3/\text{hr} = 190\,\text{m}^3/\text{min} \\ C_o : \text{출구농도} = 1.11\,\text{g/m}^3 = 1.11 \times 10^3\,\text{mg/m}^3 \\ Q_o : \text{출구유량} = 270\,\text{m}^3/\text{hr} \end{cases}$$

$$\therefore P = \frac{1,110 \times 270}{12,630 \times 190} \times 100 = 12.49\%$$

정답 | 1.③　2.③　3.③

04 집진장치의 입구농도 6,000mg/m³, 입구 유입가스량 10m³이며, 출구농도 0.3g/m³, 출구 배출가스량이 11m³일 때 집진효율은?

① 94.5%   ② 93.7%
③ 92.4%   ④ 91.7%

05 사이클론집진장치의 성능이 외기의 유입이 없는 정상운전조건에서 집진효율을 측정한 결과 88%이었다면 외부로부터 유입유량의 10%에 상당하는 외기가 유입될 경우의 집진율(%)은?(단, 외기 유입 시 통과율은 외기 유입이 없는 경우의 3배에 해당)

① 54%   ② 64%
③ 75%   ④ 83%

06 배기가스 중에 함유된 먼지량이 A인 배출시설에서 먼지량을 C만큼 제거시키고 B만큼 통과시킨다고 가정할 때, 집진장치의 집진효율을 유추할 수 없는 산식은?

① $\dfrac{C}{A}$ ② $\dfrac{C}{(B+C)}$
③ $\dfrac{B}{A}$ ④ $\dfrac{(A-B)}{A}$

07 전기집진장치에서 정상적인 운전상태의 집진효율은 99.5%이었으나 장치의 성능 저하로 인하여 현재의 집진효율은 98%로 저하되었다면 현재 먼지의 배출농도는 처음 배출농도의 몇 배로 되겠는가?

① 1.5배   ② 2배
③ 3배   ④ 4배

해설

04 문제에 제시된 집진장치의 입구 및 출구 먼지농도와 유량을 이용하여 집진효율을 구한다.

$$\eta(\%) = \left(1 - \dfrac{C_o Q_o}{C_i Q_i}\right) \times 100 \quad \begin{cases} C_i : \text{입구농도} = 6,000\,\text{mg/m}^3 \\ Q_i : \text{입구유량} = 10\,\text{m}^3 \\ C_o : \text{출구농도} = 0.3\,\text{g/m}^3 = 300\,\text{mg/m}^3 \\ Q_o : \text{출구유량} = 11\,\text{m}^3 \end{cases}$$

$$\therefore \eta = \left(1 - \dfrac{300 \times 11}{6,000 \times 10}\right) \times 100 = 94.5\%$$

05 집진효율(η)과 통과율(P)의 관계식을 이용한다.

$$\eta_o(\%) = 100 - P_o(\%) \quad \begin{cases} P : \text{정상운전조건에서 통과율} = 100 - \eta = 100 - 88 = 12\% \\ P_o : \text{외기 유입 시 통과율} = P \times 3 = 12\% \times 3 = 36\% \end{cases}$$

$\therefore \eta_o$(외기 유입 시 집진효율) $= 100 - 36 = 64\%$

06 집진장치 유입 먼지량 "A", 통과 먼지량 "B", 제거 먼지량 "C"이므로 집진효율은 다음과 같이 산출할 수 있다.

$$\eta = \dfrac{C}{A} = \dfrac{A-B}{A} = \left(1 - \dfrac{B}{A}\right) = \left(\dfrac{C}{B+C}\right)$$

07 배출되는 먼지농도(C_o)는 통과율(P)에 비례하므로 다음과 같이 계산한다.

$$\dfrac{C_{o2}\,(\text{성능저하 시 출구농도})}{C_{o1}\,(\text{정상운전 시 출구농도})} = \dfrac{P_2}{P_1} \quad \begin{cases} P_1 = 100 - \eta_1 = 100 - 99.5 = 0.5\% \\ P_2 = 100 - \eta_2 = 100 - 98 = 2\% \end{cases}$$

$$\therefore \dfrac{C_{o2}}{C_{o1}} = \dfrac{2}{0.5} = 4\text{배 증가}$$

정답 ▮ 4.① 5.② 6.③ 7.④

08 다음 함진 분진농도가 8.5g/m³인 배기가스를 300m³/min으로 처리하는 집진장치가 있다. 포집된 분진량이 138kg/hr일 때 집진효율(%)은 얼마인가?

① 78　　② 82
③ 90　　④ 96

09 분진농도 3g/m³인 배기가스를 2,000m³/min으로 처리하는 집진장치가 있다. 분진제거율이 95%일 때 하루에 포집되는 분진의 양은 얼마인가?

① 6,830kg/day　　② 8,208kg/day
③ 9,340kg/day　　④ 16,416kg/day

10 분진의 농도가 10g/m³, 배기가스의 온도 150℃, 압력 500mmHg인 연소배기가스를 3,600m³/hr로 처리하는 집진장치가 있다. 출구의 분진농도를 0.2g/Sm³로 유지하기 위한 장치의 요구집진효율(%)은?

① 67.82%　　② 92.43%
③ 98.15%　　④ 99.15%

11 다음 분진농도 22.5g/m³인 함진 배기가스를 2,500m³/hr로 처리하는 집진장치가 있다. 시간당 포집분진의 양이 55kg일 때 출구의 배출 먼지농도(g/m³)는?

① 0.3　　② 0.5
③ 1.0　　④ 2.2

> **해설**

08 집진장치 입구 먼지농도와 유량 및 포집먼지량(S_c)을 이용하여 집진효율(η)을 구한다.

□ $S_c = C_i Q_i \times \eta$ $\begin{cases} C_i = \dfrac{8.5\,\text{g}}{\text{m}^3} \times \dfrac{\text{kg}}{1,000\,\text{g}} = 8.5 \times 10^{-3}\,\text{kg/m}^3 \\ Q_i = \dfrac{300\,\text{m}^3}{\text{min}} \times \dfrac{60\,\text{min}}{\text{hr}} = 18,000\,\text{m}^3/\text{hr} \end{cases}$

⇨ $138 = 8.5 \times 10^{-3} \times 18,000 \times \eta$

∴ $\eta = 0.902 = 90.2\%$

09 집진장치 입구 먼지농도와 유량 및 집진효율(η)을 이용하여 포집먼지량(S_c)을 구한다.

□ $S_c = C_i Q_i \times \eta$ $\begin{cases} C_i = \dfrac{3\,\text{g}}{\text{m}^3} \times \dfrac{\text{kg}}{1,000\,\text{g}} = 3 \times 10^{-3}\,\text{kg/m}^3 \\ Q_i = \dfrac{2,000\,\text{m}^3}{\text{min}} \times \dfrac{60\,\text{min}}{\text{hr}} \times \dfrac{24\,\text{hr}}{\text{day}} = 2,880,000\,\text{m}^3/\text{day} \end{cases}$

∴ $S_c = 3 \times 10^{-3} \times 2,880,000 \times 0.95 = 8,208\,\text{kg/day}$

10 문제에서 제시된 집진장치의 입구 및 출구 먼지농도와 유량을 각각 이용하여 집진효율을 구한다.

□ $\eta = \left(1 - \dfrac{C_o Q_o}{C_i Q_i}\right) \times 100 = \left(1 - \dfrac{L_o}{L_i}\right) \times 100$ $\begin{cases} L_i = \dfrac{10\,\text{g}}{\text{m}^3} \times \dfrac{3,600\,\text{m}^3}{\text{hr}} = 36,000\,\text{g/hr} \\ L_o = \dfrac{0.2\,\text{g}}{\text{Sm}^3} \times \dfrac{3,600\,\text{m}^3}{\text{hr}} \times \dfrac{273}{273+150} \times \dfrac{500}{760} \\ \quad = 305.71\,\text{g/hr} \end{cases}$

∴ $\eta = \left(1 - \dfrac{305.71}{36,000}\right) \times 100 = 99.15\%$

11 집진장치 출구 먼지농도(C_o)는 입구 먼지농도(C_i)에 집진효율(η)을 보정하여 산출한다.

□ $C_o = C_i \times (1 - \eta)$ $\begin{cases} \eta = 1 - \dfrac{C_o Q_o}{C_i Q_i} = \dfrac{S_c}{L_i} = \dfrac{55}{22.5 \times 10^{-3} \times 2,500} = 0.978 \end{cases}$

∴ $C_o = 22.5 \times (1 - 0.978) = 0.495\,\text{g/m}^3$

정답 ┃ 8.③　9.②　10.④　11.②

12 3개의 집진장치를 직렬로 연결한 집진시스템에서 설계 총 집진효율은 99%이었다. 1차 집진장치의 집진효율이 70%, 2차 집진장치의 집진효율이 80%일 때 3차 집진장치의 요구되는 집진효율은?

① 99.5% ② 99.0%
③ 83.3% ④ 80.9%

13 먼지농도가 2.0g/m³인 함진가스를 집진효율 70%인 사이클론집진장치와 집진효율 95%인 전기집진장치를 차례로 연결하여 집진하고 있다. 이 집진시스템의 총집진효율은 얼마인가?

① 85.5% ② 91.5%
③ 98.5% ④ 99.7%

14 집진장치의 유·출입 먼지농도를 측정한 결과 입구측 농도 15g/Sm³, 출구측 농도 150mg/Sm³이었고, 먼지시료 중에 포함된 0~5μm의 입경분포의 중량백분율이 입구측에서는 10%, 출구측에서는 60%이었다면 이 집진장치의 0~5μm의 입경범위에 대한 부분집진율(%)은 얼마인가?

① 94% ② 96%
③ 97% ④ 98%

15 시간당 10,000Sm³의 배기가스를 처리하는 집진장치에서 집진효율 50%로 처리할 경우 24시간 가동할 때 배출되는 분진량(kg)은?(단, 입구농도는 0.5g/Sm³)

① 60kg ② 80kg
③ 120kg ④ 160kg

> **해설**

12 집진시스템이 직렬연결방식을 고려하여 계산한다.

□ $1-\eta_T = (1-\eta_1)\times(1-\eta_2)\times(1-\eta_3)$ $\begin{cases} \eta_T : \text{총집진효율} = 99\% = 0.99 \\ \eta_1 : 1\text{차 집진장치의 효율} = 70\% = 0.7 \\ \eta_2 : 2\text{차 집진장치의 효율} = 80\% = 0.8 \end{cases}$

⇨ $1-0.99 = (1-0.7)\times(1-0.8)\times(1-\eta_3)$

∴ $\eta_3 = 0.833 = 83.33\%$

13 집진시스템이 직렬연결방식이므로 총집진효율(η_T)은 다음과 같이 계산한다.

□ $\eta_T = \eta_1 + \eta_2(1-\eta_1)$ $\begin{cases} \eta_1(1\text{차측 집진효율}) = 70\% = 0.7 \\ \eta_2(2\text{차측 집진효율}) = 95\% = 0.95 \end{cases}$

∴ $\eta_T = 0.7 + 0.95\times(1-0.7) = 0.985 = 98.5\%$

14 집진장치로 유입되는 먼지농도(C_i)와 유출되는 먼지농도(C_o)를 토대로 0~5μm의 입경분포에 대한 입구측의 비율(R_i) 및 출구측의 비율(R_o)를 각각 보정하여 다음과 같이 부분집진율을 산출한다.

□ $\eta_d(\%) = \left(1-\dfrac{C_o \cdot R_o}{C_i \cdot R_i}\right)\times 100$ $\begin{cases} R_i(\text{입구입경분포}) = 10\% = 0.1 \\ R_o(\text{출구입경분포}) = 60\% = 0.6 \end{cases}$

∴ $\eta_d = \left(1-\dfrac{150\times 0.6}{15\times 10^3 \times 0.1}\right)\times 100 = 94\%$

15 문제에서 제시된 유량(Q_i) 및 농도(C_i)와 집진효율(η)을 이용하여 배출먼지량(L_o)을 산출한다.

□ $L_o = C_i Q_i (1-\eta)\times t$ $\begin{cases} C_i : \text{입구측 분진농도} = 0.5\,\text{g/m}^3 \\ Q_i : \text{입구측 유입유량} = 10{,}000\,\text{m}^3/\text{hr} \\ \eta : \text{진진효율} = 50\% \\ t : \text{가동시간} = 1\text{일} = 24\text{hr} \end{cases}$

∴ $L_o = \dfrac{0.5\,\text{g}}{\text{m}^3}\times\dfrac{10{,}000\,\text{m}^3}{\text{hr}}\times 24\text{hr}\times(1-0.5)\times\dfrac{\text{kg}}{10^3\text{g}} = 60\,\text{kg}$

정답 | 12.③ 13.③ 14.① 15.①

16 89%의 총집진효율을 얻기 위해 30% 효율을 가진 1차 전처리설비를 이미 설치하였다. 2차 처리장치의 집진효율을 몇 %로 유지하여야 하는가?

① 80.9% ② 84.3%
③ 92.9% ④ 96.9%

17 사이클론과 전기집진장치를 직렬로 연결한 어느 집진장치에서 사이클론에 포집되는 먼지량은 300kg/hr, 전기집진장치에 포집되는 먼지량은 197.5kg/hr, 최종배출구의 유출먼지량은 2.5kg/hr이었다. 이 집진시스템의 총 집진효율(%)은 얼마인가?

① 98.5% ② 99.0%
③ 99.5% ④ 99.9%

18 먼지농도가 10g/Sm³인 배기가스를 집진효율 80%인 1차 집진장치로 처리하고 다시 2차 집진장치로 처리한 결과 최종출구가스 중 분진농도가 0.2g/Sm³일 경우 2차 집진장치의 집진효율(%)은 얼마인가?

① 70% ② 80%
③ 85% ④ 90%

19 형식이 서로 다른 2개의 집진장치를 직렬로 연결하였다. 1차 집진장치 입구 먼지농도는 13g/m³, 최종 출구 먼지농도는 0.4g/m³이다. 2차 집진장치의 처리효율이 90%일 때 1차 집진장치의 집진효율(%)은 얼마인가?

① 80.9% ② 69%
③ 60% ④ 56%

> **해설**

16 직렬연결방식이므로 총집진효율(η_T)은 다음과 같이 계산한다.

- $\eta_T = \eta_1 + \eta_2(1-\eta_1)$ $\begin{cases} \eta_T : \text{총집진효율} = 89\% = 0.89 \\ \eta_1 : \text{1차 집진장치의 효율} = 30\% = 0.3 \end{cases}$

  ⇒ $0.89 = 0.3 + \eta_2 \times (1-0.3)$

∴ $\eta_2 = 1 - \dfrac{1-0.89}{1-0.3} = 0.843 = 84.3\%$

17 직렬다단 총집진효율(η_T) 계산식을 이용한다.

- $\eta_T = \eta_1 + \eta_2(1-\eta_1)$ $\begin{cases} \eta_1 = \dfrac{L_c}{L_i} = \dfrac{300}{300+197.5+2.5} = 0.6 \\ \eta_2 = \dfrac{L_c^*}{L_i^*} = \dfrac{197.5}{197.5+2.5} = 0.9875 \end{cases}$

∴ $\eta_T = 0.6 + 0.9875 \times (1-0.6) = 0.995 = 99.5\%$

18 직렬연결방식을 고려하여 계산한다.

- $\eta_2 = \left(1 - \dfrac{C_{o2}}{C_{i2}}\right) \times 100$ $\begin{cases} C_{i2} = C_i \times (1-\eta_1) = 10\,\text{g/m}^3 \times (1-0.8) = 2\,\text{g/m}^3 \\ C_{o2} = 0.2\,\text{g/m}^3 \end{cases}$

∴ $\eta_2 = \left(1 - \dfrac{0.2}{2}\right) \times 100 = 90\%$

19 직렬다단 총집진효율(η_T) 계산식을 이용한다.

- $\eta_T = \eta_1 + \eta_2(1-\eta_1)$ $\begin{cases} \eta_T \,(\text{총집진효율}) = 1 - \dfrac{C_o}{C_i} = 1 - \dfrac{0.4}{13} = 0.969 \\ \eta_2 \,(\text{2차측 집진효율}) = 0.9 \end{cases}$

  ⇒ $0.969 = \eta_1 + 0.9 \times (1-\eta_1)$

∴ $\eta_1 = 1 - \dfrac{1-0.969}{1-0.9} = 0.69 = 69\%$

정답 ▎ 16.② 17.③ 18.④ 19.②

20 유입가스 중 염소(Cl_2)의 농도가 80,000 ppm인 것을 흡수효율이 80%인 흡수탑 3개를 직렬로 연결하였다. 최종배출구의 염소농도(ppm)는?

① 160　　　　② 320
③ 520　　　　④ 640

21 먼지농도 2,200mg/Sm^3인 함진가스를 처리하기 위해 집진효율 50%인 중력집진기, 75%인 원심력집진기, 80%인 세정집진기를 직렬로 연결하였다. 이 집진시스템에 집진효율 80%인 여과집진기를 추가로 연결할 때 Ⓐ 총집진효율과 Ⓑ 출구의 먼지농도를 예측한 것으로 옳은 것은?

① Ⓐ 99.5% Ⓑ 11mg/m^3
② Ⓐ 99.0% Ⓑ 22mg/m^3
③ Ⓐ 98.0% Ⓑ 44mg/m^3
④ Ⓐ 96.0% Ⓑ 88mg/m^3

> **해설**

20 직렬연결방식이므로 다음의 관계식으로 계산한다.

$$\frac{C_o}{C_i} = [(1-\eta_1)(1-\eta_2)(1-\eta_3)] \quad \begin{cases} C_i = 80{,}000\,\text{ppm} \\ \eta_1 = \eta_2 = \eta_3 = 80\% = 0.8 \end{cases}$$

$$\Rightarrow \frac{C_o}{80{,}000} = (1-0.8)^3$$

$$\therefore C_o = 80{,}000 \times (1-0.8)^3 = 640\,\text{ppm}$$

21 직렬연결방식이므로 다음의 관계식으로 계산한다.

$$\frac{C_o}{C_i} = [(1-\eta_1)(1-\eta_2)(1-\eta_3)] \quad \begin{cases} C_i = 2{,}200\,\text{mg/m}^3 \\ \eta_1 = 50\% = 0.5 \\ \eta_2 = 75\% = 0.75 \\ \eta_3 = 80\% = 0.8 \end{cases} \Rightarrow \frac{C_o}{2{,}200} = 0.005$$

$$\Rightarrow \frac{C_o}{2{,}200} = [(1-0.5)(1-0.75)(1-0.8)(1-0.8)]$$

$$\therefore \eta_T = 1 - 0.005 = 0.995 = 99.5\%, \quad C_o = 2{,}200 \times 0.005 = 11\,\text{mg/m}^3$$

정답 ┃ 20.④　21.①

2 집진장치의 종류 및 특징

(1) 중력집진장치의 원리 및 특징

⚛ **원리** : 입자가 지닌 중력에 의하여 배기 중의 입자를 자연침강에 의하여 포집함

⚛ **특징**
- 처리입자 : 50μm 이상
- 압력손실 : 10~15mmH₂O
- 유속 : 1~2m/sec
- 집진효율 : 40~60%
- 장·단점

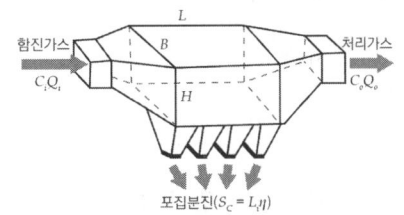

장 점	단 점
• 압력손실이 낮음 • 전처리장치(1차 집진장치)로 많이 이용 • 구조 간단, 유지비(운전비) 및 설치비용 저렴 • 부하가 높은 가스 및 고온가스 처리 가능함	• 시설의 규모가 큼 • 집진효율이 낮음 • 미세한 입자의 포집성능이 떨어짐 • 먼지부하 및 유량변동에 적응성이 낮음

(2) 관성력집진장치의 원리 및 특징

⚛ **원리** : 함진배기를 방해판에 충돌시키거나 급격한 기류의 방향전환을 일으켜 분진입자에 작용하는 관성력(inertial force)을 이용하여 가스로부터 분진을 분리·포집함

⚛ **특징**
- 처리입자 : 10μm 이상
- 압력손실 : 10~150 mmH₂O
- 유속 : 5~10m/sec
- 집진효율 : 50~70%
- 장·단점

장 점	단 점
• 압력손실이 비교적 낮음 • 전처리장치(1차 집진장치)로 많이 이용 • 구조 간단, 유지비(운전비) 및 설치비용 저렴 • 부하가 높은 가스 및 고온가스 처리 가능함	• 집진효율이 낮음 • 미세한 입자의 포집성능이 떨어짐 • 먼지부하 및 유량변동에 적응성이 낮음

(3) 원심력집진장치의 원리 및 특징

⚛ **원리** : 함진가스에 선회운동을 부여함으로써 입자에 작용하는 원심력 및 관성력에 의하여 무거운 입자들을 분리·포집함

⚛ **특징**
- 처리입자 : 3~100μm
- 압력손실 : 80~150 mmH₂O

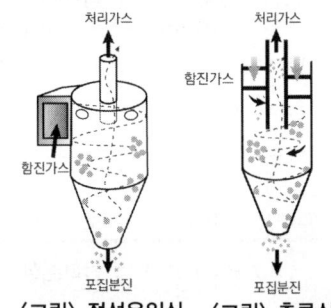

〈그림〉 접선유입식   〈그림〉 축류식

□ 유속 : 7~15m/sec(축류식 10m/sec)
□ 집진효율 : 80~90%
□ 장·단점

장 점	단 점
• 구조가 간단하고, 가동부가 적음 • 고온에서 운전 가능함 • 유지·보수 비용이 적게 듦 • 사용범위가 광범위하게 넓음 • 단독처리 또는 전처리장치로 활용 가능함	• 분리한계 입경이 큰 편임(통상 3μm 이상) • 미세입자에 대한 집진효율이 낮음 • 압력손실이 비교적 높음 • 먼지부하, 유량변동에 민감함 • 점화성, 점착성, 마모성 분진처리에 부적합

(4) 세정식집진장치의 원리 및 특징

❁ **원리** : 세정집진장치는 액적, 액막·기포 등을 이용하여 함진가스를 세정시킴으로써 입자의 부착, 상호 응집을 촉진시켜 먼지를 분리·포집하는 장치이다. 입자의 분리·포집에 작용하는 주요 집진력은 관성력, 확산력, 중력이며, 응집효과를 고려하는 경우 열력, 전기력도 집진력에 포함될 수 있음

❁ **형식**
- 가압수식 : 벤투리스크러버/사이클론스크러버/제트스크러버/분무탑 등
- 유수식 : S임펠러형/로터형/선회형/분출형 등
- 회전식 : 타이젠워셔/임펄스스크러버/로터스크러버 등

❁ **특징**

□ 처리입자 : 가압수식(0.1~100μm), 유수식(1~100μm)
□ 집진효율 : 80~95%
□ 장·단점

장 점	단 점
• 유해가스 및 분진을 동시제거 가능함 • 고온가스 냉각, 부식성 가스 및 먼지의 중화가 가능함 • 조해성 먼지제거 용이, 재비산이 거의 없음 • 구조가 간단함 • 소요설치면적이 적게 듦	• 먼지부하 및 가스유동에 민감함 • 폐수발생, 압력손실이 크며, 동력 소비량이 큼 • 가스냉각, 백연, 확산성 저하, 저온부식의 잠재성이 있음 • 소수성 분진에 대한 집진효율이 낮음 • 친수성, 부착성이 강한 분진에 의한 폐색장해가 일어날 수 있음

□ 각종 세정기의 압력손실-유속-액가스비, 50% 분리한계입경

구 분	벤투리 스크러버	사이클론 스크러버	제트 스크러버	오리피스 스크러버	충전탑	분무탑	타이젠 워셔	임펄스 스크러버
ΔP	300~800	120~150	0~-150	50~250	100~200	10~50	-50~-150	30~100
V	60~90 (목부유속)	1~2	10~20	15.5 이상	0.5~1.0	1.0~2.0	350~750rpm	-
L	0.3~1.5	0.5~1.5	10~50	0.1~5	2~3	0.5~1.5	0.7~2	0.3~0.6
d_{p50}	0.1	1.0	0.2	1.0	1.0	3.0	0.2	1.0

※ ΔP(mmH$_2$O) : 압력손실, V(m/sec) : 유속, L(L/m^3) : 액가스비, d_{p50}(μm) : 50% 분리한계입경

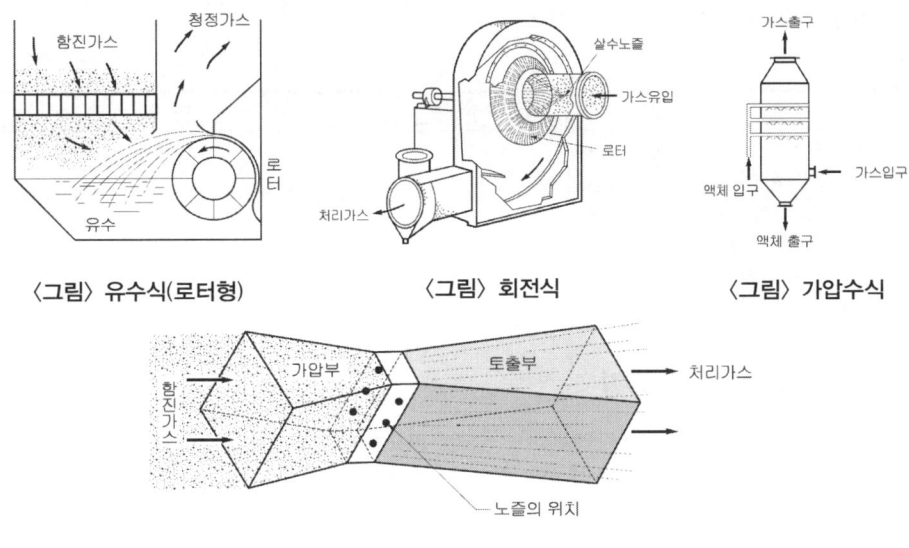

〈그림〉 유수식(로터형)　　〈그림〉 회전식　　〈그림〉 가압수식

〈그림〉 가압수식(벤투리스크러버)

(5) 여과집진장치의 원리 및 특징

- **원리** : 함진가스를 여과재에 통과시켜 입자를 관성충돌, 차단, 확산, 중력작용, 부착 분진층의 체거름효과(Sieve Effect)에 의해 포집제거됨. 입자의 직경이 $0.1\mu m$ 전후로 미세한 경우에는 확산작용이 지배적인 집진력이 되고, 입자가 비교적 조대(粗大)한 경우는 관성충돌작용, 차단작용, 중력작용이 유효한 집진력으로 작용함

- **형식**
  - 내면여과방식 : 분진을 여과층의 내면에서 분리·포집하는 방식
  - 표면여과방식 : 분진을 여과층의 외면에서 분리·포집하는 방식

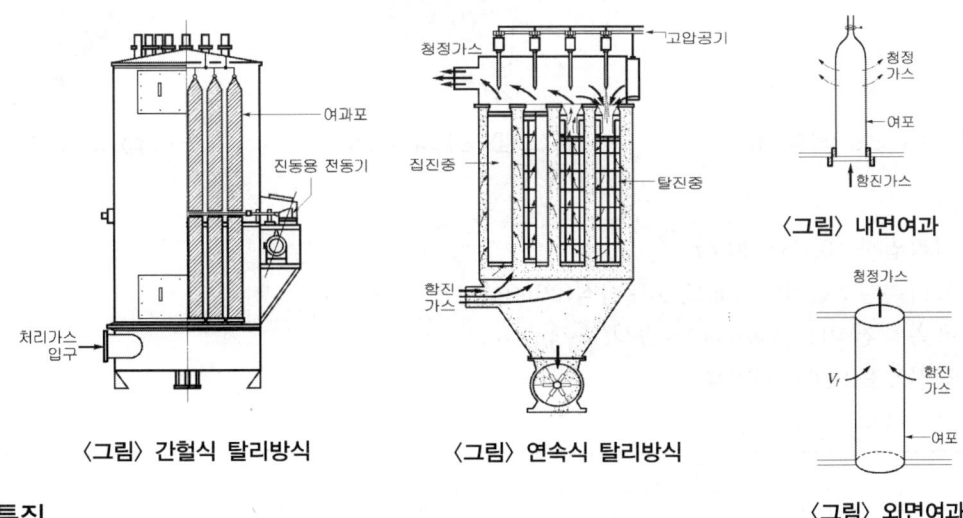

〈그림〉 간헐식 탈리방식　　〈그림〉 연속식 탈리방식　　〈그림〉 내면여과

〈그림〉 외면여과

- **특징**
  - 처리입자 : $0.1 \sim 20\mu m$ (50% 분리한계입경 $0.1\mu m$)
  - 압력손실 : $100 \sim 200 \text{ mmH}_2\text{O}$
  - 유속 : $0.2 \sim 10 \text{cm/sec}$ (역기류형 $0.2 \sim 2 \text{cm/sec}$, 연속식 $3 \sim 10 \text{cm/sec}$)

□ 집진효율 : 90~99%

□ 장 · 단점

장 점	단 점
• 미세입자에 대한 집진효율이 높음 • 여러 가지 형태의 분진을 포집할 수 있음 • 다양한 용량을 처리할 수 있음 • 유가물질 회수가 용이함 • 가스량 · 밀도변화에 따른 영향을 받지 않음 • 먼지부하변동에 대한 대응성이 비교적 좋음	• 폭발성, 점착성, 흡습성 분진제거가 곤란함 • 가스온도에 따른 여재의 선택에 제한이 있음 • 수분, 여과속도에 대한 적응성이 낮음 • 넓은 설치공간이 소요됨 • 저온, 고온에 대한 적응성이 낮음

(6) 전기집진장치의 원리 및 특징

❀ **원리** : 전기집진장치(EP, Electrostatic Precipitator)의 기본적이 개념은 입자에 전기적인 부하(전하)를 제공하여 전계(電界)를 형성시키고, 하전(荷電)된 입자를 집진극상으로 포집되도록 유도함으로써 분진을 제거하게 됨

❀ **형식**
- 하전형식에 따라
  - 1단식 : 하전부와 집진부가 동일전계에서 이행
  - 2단식 : 하전부와 집진부가 독립전계에서 이행
- 탈진방식에 따라
  - 건식 : 추타방식
  - 습식 : 수막에 의한 탈리

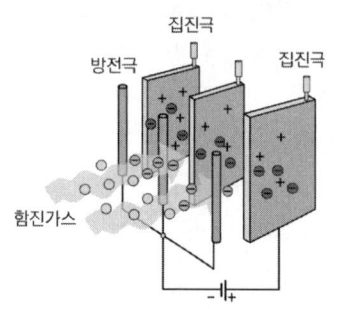

〈그림〉 건식 판형 EP의 개념

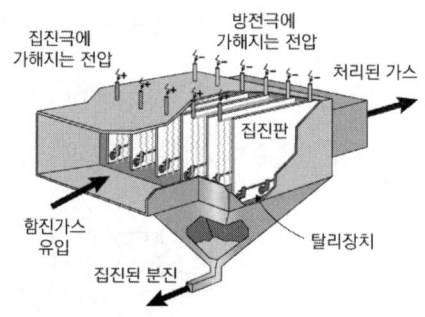

〈그림〉 판형의 구조도

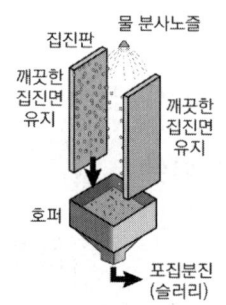

〈그림〉 습식 EP의 개념

❀ **특징**

□ 처리입자 : $0.05 \sim 20\mu m$

□ 압력손실 : 건식($10mmH_2O$)~습식($20mmH_2O$)

□ 유속 : 건식(1~2m/sec)~습식(2~4m/sec)

□ 집진효율 : 90~99.9%

□ 장 · 단점

장 점	단 점
• 집진효율이 높음 • 낮은 압력손실로 대량가스 처리가 가능함 • 광범위한 온도범위(고온)에서 설계가 가능함 • 배기가스의 온도강하가 적음 • 유지관리가 용이, 유지비 · 운전비가 적게 듦	• 설치비용이 많이 듦 • 가연성 입자의 처리에 부적합함 • 운전조건의 변화에 따른 유연성이 낮음 • 넓은 설치면적이 요구됨 • 비저항이 큰 분진 제거에 불리함

(7) 기타 집진장치의 원리 및 특징

- **역세정형 정전 백필터** : 정전여과방식은 정전기력에 의해 분진입자의 포집효율을 증가시키는 것 외에 압력손실을 경감시키는 효과를 가짐. 이 방법은 백(bag)에 번갈아 가면서 전압을 가할 수 있으며, 여과속도를 종래의 1.5배로 운전하여 운전비용을 30% 정도 절감할 수 있는 것으로 알려져 있음
  - 분진포집기구
    - 기존 백필터의 전단에 방전극(-)과 집진극(+)을 설치하고 통과하는 분진입자에 순간전하를 부여하여 응집·조대화시킴
    - 분진입자는 후단의 여과포에 빠른 속도로 포집되어 1차 부착층을 형성함
    - 후속분진은 1차 부착층의 정전반발을 받으면서 여과포에 포집됨
  - 집진성능
    - 기존에 비하여 1차 부착층이 형성되기 이전의 출구농도가 현격히 줄어듦
    - 1차 부착층의 형성속도가 빠르고, 높은 집진율을 얻을 수 있음
    - 하전(荷電)에 의한 정전반발로 인하여 공극률이 높아지므로 기존 백필터에 비하여 약 30% 정도 압력손실이 낮아짐
    - 분진층의 공극률이 높아 기존 여과방식보다 수 배까지 탈진주기를 늦출 수 있음

- **EPA의 정전 백필터**
  - 분진포집기구
    - 백필터의 지지대에 양극과 음극을 반복하여 통전(通電)하고 여과포 표면에 전계(電界)를 형성시킴
    - 표면에 형성된 전계에 의해 분진을 효율적으로 포집하여 분진층을 형성함
  - 집진성능
    - 기존 여과방식보다 집진효율이 높고 입경에 따른 집진율의 변동폭이 99.5~99.8%로 좁음
    - 하전(荷電)에 의한 정전반발로 인하여 공극률이 높아지기 때문에 기존의 백필터에 비하여 압력손실이 낮음
    - 탈진주기는 기존 백필터와 거의 유사하게 이루어짐

- **건식세정기와 여과집진의 조합방식**
  - **기능** : 이 방식은 도시쓰레기 소각로의 배기가스에는 염화수소, 황산화물, 질소산화물, 수은, 유기성가스 등이 함유되어 있어 전기집진장치나 습식세정기를 이용한 처리에 나타나는 문제를 개선하기 위하여 개발된 방법임
  - **특징** : 이 방식은 건식세정기에 여과집진장치를 결합시키거나 여과포 표면에 소석회나 반응조제를 코팅하여 함진가스를 처리하는 방법으로 입자의 포집효율과 유해가스의 처리효율을 동시에 증대시키고, 탈진에도 효과가 있음

01 다음 세정집진장치 중 기본유속이 가장 빠른 것은?
① Jet Scrubber
② Theisen Washer
③ Venturi Scrubber
④ Cyclone Scrubber

02 집진장치 중 점착성이 강한 미스트(Mist)의 제거에 적합한 것은?
① 전기집진장치   ② 사이클론
③ 여과집진장치   ④ 벤투리스크러버

03 분진입자 간에 부착하거나 응집이 이루어지는 현상이 생기게 하는 결합력과 거리가 먼 것은 어느 것인가?
① 정전기적 인력
② 분자 간의 인력
③ 입자에 작용하는 항력
④ 브라운 운동에 의한 확산력

04 집진장치 중 일반적으로 압력손실이 가장 적은 것은?
① 충전탑   ② 사이클론
③ 중력집진장치   ④ 여과집진장치

해설

01 세정집진장치 중 입구유속(기본유속)이 가장 빠른 것은 Venturi Scrubber(60~90m/sec)이다.
  ▶ 집진장치의 설계유속과 압력손실 ◀
  ㉮ 유속
    ▶ 처리유속이 가장 빠른 것 → 세정집진장치 중 벤투리스크러버(60~90m/sec)
    ▶ 처리유속이 가장 느린 것 → 백필터(여과집진장치, 0.3~10cm/sec)
  ㉯ 압력손실(mmH$_2$O)
    ▶ ΔP가 가장 큰 것 → 벤투리스크러버(300~800) > 여과집진장치(100~200)
    ▶ ΔP가 가장 작은 것 → 중력집진장치(15 이하), 전기집진장치(20 이하)
  ▶ 분진 및 가스의 성상에 대한 대응성 ◀
    • 입자상 물질인 분진과 SO$_x$, VOC 등 유해가스를 동시에 제거할 수 있는 것 → 세정집진장치
    • 공정부하(조건변동) 및 주어진 조건에 따른 변동이 어려운 것(민감한 것) → 중력집진기, 전기집진장치
    • 분진부하 등 운전조건의 변동에 비교적 대응성이 좋은 것 → 여과집진장치
    • 건식과 습식으로 처리방식을 다양화 할 수 있는 것 → 전기집진장치
    • 고온가스, 부식성 가스처리에 적용될 수 있는 것 → 세정집진장치, 전기집진장치
    • 고온가스 및 폭발성, 점착성 및 흡습성 먼지처리에 적용하기 곤란한 것 → 여과집진장치
    • 고온가스 및 폭발성, 점착성 및 흡습성 먼지처리에 유리한 것 → 세정집진장치

02 점착성이 강한 미스트(Mist)의 제거에 적합한 것은 벤투리스크러버이다.

03 항력은 반작용의 힘으로 작용한다.

04 집진장치 중 일반적으로 압력손실이 적은 것은 중력집진장치와 전기집진장치이다.

정답 ┃ 1.③ 2.④ 3.③ 4.③

05 처리용량이 크며, 처리 분진입경이 0.1~0.9μm인 것에 대해서도 높은 집진효율을 가지며, 습식 또는 건식으로도 집진할 수 있고, 압력손실이 낮으며, 유지비도 적게 소요될 뿐 아니라 고온가스도 처리가능한 집진장치는?

① 전기집진장치 ② 사이클론
③ 세정집진장치 ④ 여과집진장치

06 집진장치에 대한 다음 설명 중 옳지 않은 것은?

① Bag Filter는 1μm 이하의 미세한 입자도 포집성능이 우수하다.
② 음파집진장치는 함진가스 중의 입자에 음파진동을 부여하여 입자를 응집·집진한다.
③ 중력집진장치는 50μm 이상의 큰 입자의 포집에 사용되며, 압력손실은 5~10mmH$_2$O이다.
④ Venturi Scrubber에서의 액가스비(L/m^3)는 분진의 입경이 미세하고, 친수성이 아닐수록 낮아진다.

07 유해가스 처리장치 중 압력손실이 가장 큰 것은?

① 충전탑 ② 다공판탑
③ 벤투리스크러버 ④ 사이클론스크러버

08 중력집진장치에 대한 다음 설명 중 옳지 않은 것은?

① 중력집진장치는 조대한 입자를 제거하는 전처리시설로 많이 이용된다.
② 유지비는 적게 드나 시설의 규모가 커 설치비가 많이 들며, 신뢰도가 다소 낮다.
③ 입자의 밀도가 높은 경우를 제외하면 대체로 50μm 이상의 입자를 제거하는데 적당하다.
④ 대상 입경의 분진을 효율적으로 제거하기 위해서는 장치의 길이를 길게, 높이를 낮게 한다.

09 접선유입식 원심력집진장치의 특징을 옳게 설명한 것은?

① 장치의 압력손실은 500mmH$_2$O이다.
② 장치의 입구가스 유속은 18~20cm/sec이다.
③ 입구모양에 따라 나선형과 와류형으로 분류된다.
④ 접선유입식을 도익선회식이라고도 하며, 반전형과 직진형으로 분류된다.

10 다음 집진장치 중 압력손실이 가장 낮은 것은 어느 것인가?

① 전기집진장치 ② 사이클론
③ 세정집진장치 ④ 벤투리스크러버

> 해설

05 설명에 부합되는 집진장치는 전기집진장치이다.
06 벤투리스크러버의 액가스비는 일반적으로 분진입경이 미세하고, 친수성이 아닐수록 증가한다.
07 벤투리스크러버의 압력손실은 300~800mmH$_2$O으로 가장 높다.
08 중력집진장치는 유지비와 설치비는 적게 드나 시설의 규모가 커 설치면적이 많이 들며, 신뢰도가 다소 낮다.
09 ③항만 올바르다. 접선유입식은 입구모양에 따라 나선형과 와류형으로 분류된다.
　　▶ 바르게 고쳐보기 ◀
　　① 장치의 압력손실은 150mmH$_2$O 전·후이다.
　　② 장치의 입구가스 유속은 7~15m/sec이다.
　　④ 도익선회식은 접선유입식이 아닌 축류식이다.
10 제시된 항목 중 전기집진장치가 가장 압력손실이 낮다(10~20mmH$_2$O). 압력손실이 높은 집진장치는 벤투리스크러버 > 여과집진장치이다.

정답 | 5.① 6.④ 7.③ 8.② 9.③ 10.①

11 중력집진장치에 대한 설명으로 가장 거리가 먼 것은?

① 압력손실이 10~15mmH₂O 정도로 적다.
② 함진가스의 온도변화에 의한 영향을 거의 받지 않는다.
③ 침강실의 높이는 작게, 길이는 가급적 크게 하는 편이 집진율이 향상된다.
④ 장치의 성능에 대한 신뢰도가 낮으며, 함진가스의 먼지부하나 유량변동에 영향을 거의 받지 않아 적응성이 높다.

12 다음은 어느 집진장치의 개략도를 나타낸 것이다. 어느 집진장치의 구조를 나타낸 것인가?

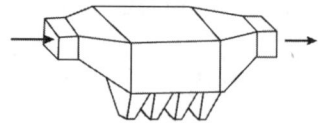

① 여과집진장치 ② 중력집진장치
③ 관성력집진장치 ④ 원심력집진장치

13 다음 중 각 집진장치의 유속과 집진특성에 대한 설명으로 옳지 않은 것은?

① 건식 전기집진장치는 재비산한계 내에서 기본 유속을 정한다.
② 벤투리스크러버와 제트스크러버는 기본유속이 느릴수록 집진효율이 높다.
③ 중력집진장치와 여과집진장치는 기본 유속이 느릴수록 미세한 입자를 포집한다.
④ 원심력집진장치는 적정한계 내에서는 입구 유속이 빠를수록 집진효율이 높아지는 반면 압력손실도 증가한다.

14 입자상 물질의 특성에 대한 다음 설명 중 가장 거리가 먼 것은?

① 입자의 크기가 작을수록 다른 물질과 쉽게 반응하여 폭발성을 지니게 될 경우가 많다.
② 보통 0.01μm 이하는 가스분자와 같이 브라운 운동을 하기 때문에 가스상 물질로 취급한다.
③ 입자의 크기는 발생원에 따라 달라지나 일반적으로 화학적 요인보다 물리적 요인에 의해 생성된 입자상 물질의 입경이 작게 된다.
④ 입자의 크기가 작을수록 표면에 존재하는 원자와 내부에 존재하는 원자와의 비가 크게 되어 상호응집하거나 이물질에 쉽게 부착한다.

15 사이클론의 종류에 대한 다음 설명 중 가장 거리가 먼 것은?

① 접선유입식 사이클론은 집진효율의 변화가 비교적 적은 편이다.
② 접선유입식 사이클론의 일반적인 입구가스 속도는 7~15m/sec 정도이다.
③ 축류식 사이클론은 반전형과 직진형으로 구분되며, 반전형은 입구가스 속도가 보통 25m/sec 전후이다.
④ 축류식 사이클론 중 반전형의 압력손실은 80~100mmH₂O이며, 집진효율은 일반적으로 접선유입식과 큰 차이는 없는 편이다.

> **해설**

11 중력집진장치는 함진가스의 먼지부하나 유량변동에 대한 대응성이 낮다.
12 제시된 구조를 가지는 집진장치는 중력집진장치이다.
13 벤투리스크러버와 제트스크러버는 기본유속이 빠를수록 집진효율이 높다.
14 입자의 크기는 일반적으로 물리적 요인보다 화학적 요인에 의해 생성된 입자상 물질의 입경이 작게 된다.
15 축류식 사이클론은 반전형과 직진형으로 구분되며, 반전형은 가스속도는 보통 10m/sec 전후이다.

정답 ┃ 11.④ 12.② 13.② 14.③ 15.③

16 원심력집진장치의 종류와 특징에 대한 다음 설명 중 틀린 것은?

① 접선유입식 : 유속은 7~15m/sec 정도이다.
② 접선유입식 : 집진효율의 변화가 비교적 적다.
③ 축류식 : 압력손실이 200mmH$_2$O 전·후로 비교적 높은 편이다.
④ 축류식 : 반전형과 직선형으로 구분되며, 반전형이 많이 사용되고 있다.

17 사이클론집진장치의 특징으로 옳지 않은 것은 어느 것인가?

① 미세입자에 대한 집진효율이 낮다.
② 먼지량이 많아도 처리가 가능하다.
③ 설치비와 유지비가 많이 요구되지 않는다.
④ 압력손실(10~30mmH$_2$O)이 낮아 동력소비량이 작은 편이다.

18 세정집진장치의 특성으로 거리가 먼 것은 어느 것인가?

① 부식성 가스와 먼지를 중화시킬 수 있다.
② 가연성, 폭발성 먼지를 처리할 수 있다.
③ 가스제거와 먼지포집이 동시에 가능하다.
④ 백연발생방지 등을 위해 별도의 재가열이 불필요하고, 집진된 먼지의 회수가 용이하다.

19 세정집진장치의 단점으로 거리가 먼 것은 어느 것인가?

① 소수성 입자나 가스의 집진효과는 낮다.
② 세정수가 다량 필요하며, 한냉기에는 동결방지에 유의해야 한다.
③ 처리가스의 확산이 어렵고, 굴뚝으로 최종배출되기 전에 기액분리기를 사용해 제거해 주어야 한다.
④ 다른 고효율집진장치에 비해 설비비가 비싸고, 전기집진장치 및 여과집진장치보다 설치면적이 큰 편이다.

20 벤투리 스크러버(Venturi Scrubber)에 대한 설명으로 가장 적합한 것은?

① 먼지부하 및 가스유동에 민감하다.
② 액가스비가 커서 소량의 세정액이 요구된다.
③ 점착성, 조해성 먼지처리 시 노즐 막힘현상이 현저하여 처리가 어렵다.
④ 가압수식 중 압력손실은 매우 큰 반면, 집진효율이 낮고 설치 소요면적이 크다.

> **해설**

16 축류식의 압력손실은 80mmH$_2$O 이하로 낮다.
17 압력손실(100~150mmH$_2$O)이 비교적 높아 동력소비량이 많은 편이다.
18 세정집진장치는 백연발생방지 등을 위해 별도의 재가열(再加熱)이 필요하고, 집진된 먼지의 회수가 용이하지 못하다.
19 세정집진장치는 설비비가 적게 들고, 전기집진장치 및 여과집진장치보다 소요 설치면적이 적게 든다.
20 ①항만 올바르다.
   ▶ 바르게 고쳐보기 ◀
   ② 벤투리스크러버는 액가스비가 커서 많은 양의 세정액이 요구된다.
   ③ 벤투리스크러버는 점착성, 조해성을 갖는 먼지처리가 용이하다.
   ④ 벤투리스크러버는 가압수식 중 압력손실은 매우 큰 반면, 집진효율이 높고 설치 소요면적이 적다.

정답 ┃ 16.③ 17.④ 18.④ 19.④ 20.①

21 세정집진장치의 특성과 가장 거리가 먼 것은?
① 처리 후 가스의 확산이 어렵다.
② 소수성(疏水性) 먼지의 집진효과가 높다.
③ 한번 포집된 분진은 처리가스 속으로 재비산되지 않는다.
④ 미립자 제거가 가능하고, 가스와 입자를 동시에 제거할 수 있다.

22 세정집진장치의 장점으로 볼 수 없는 것은 어느 것인가?
① 포집된 먼지의 재비산 염려가 없다.
② 연소성 및 폭발성 가스의 처리가 가능하다.
③ 입자상 물질과 가스의 동시 제거가 가능하다.
④ 친수성, 부착성이 높은 먼지에 의한 폐색될 염려가 없다.

23 세정집진장치에 대한 설명으로 옳지 않은 것은?
① 소수성 입자의 집진효율이 낮다.
② 점착성 및 조해성 먼지의 처리가 가능하다.
③ 고온가스, 연소성·폭발성 가스처리가 가능하다.
④ 입자상 물질과 가스의 동시 제거는 불가능하나 타 집진장치와 비교할 때 장기운전이나 휴식 후의 운전 재개 시 장애는 거의 없다.

24 벤투리 스크러버에 대한 설명으로 옳지 않은 것은?
① 먼지부하 및 가스 유동에 민감하다.
② 집진효율이 매우 높아 광범위하게 사용된다.
③ 액가스비는 일반적으로 먼지의 입경이 작고, 친수성이 아닐수록 작아진다.
④ 먼지와 가스의 동시 제거가 가능하고, 점착성 먼지 제거가 용이하나 압력손실이 크다.

25 세정집진장치의 장점은?
① 폐수처리 설비가 필요치 않다.
② 소수성 먼지에 대한 집진효율이 높다.
③ 가동부가 작고, 조해성 먼지 제거가 용이하다.
④ 친수성이고 부착성이 높은 먼지에 의한 폐색 등의 장해가 일어나지 않는다.

26 Venturi Scrubber에 대한 설명으로 옳지 않은 것은?
① 압력손실은 300~800mmH$_2$O 정도이다.
② 목부의 가스 유속은 60~90m/sec 정도이다.
③ 액가스비는 10~50L/m^3 정도로 높은 편이다.
④ 세정액을 슬로트부 주변에 있는 분사노즐을 통하여 가스 중으로 분무하는 방식이다.

> **해설**

21 세정집진장치는 소수성(疏水性, 물과 반발하는 성질을 갖는) 먼지의 집진효과가 낮다.
22 세정집진장치는 친수성이 있는 강한 부착성 먼지에 의해 폐색될 염려가 있다.
23 세정집진장치는 입자상과 가스상 물질을 동시 제거할 수 있으나 휴식 후의 운전 재개 시 장애가 있다.
24 벤투리스크러버의 액가스비는 먼지의 입경이 작고, 친수성이 아닐수록 증가한다.
  • 친수성 입자 또는 굵은 먼지입자 : 0.3~0.5 L/m^3
  • 소수성 입자 또는 미세입자 : 0.5~1.5 L/m^3 범위
25 ③항만 올바르다. 세정집진장치는 가동부가 작고, 조해성 먼지의 제거가 용이하다.
26 액가스비가 10~50L/m^3 정도로 다른 가압수식에 비해 큰 것은 제트스크러버(Jet Scrubber)이다.

정답 ┃ 21.② 22.④ 23.④ 24.③ 25.③ 26.③

27 Venturi Scrubber에 대한 설명으로 옳지 않은 것은?

① 먼지부하 및 가스 유동에 민감하다.
② 입자의 친수성이 적을 때 액가스비는 커진다.
③ 처리가스 속도는 보통 20~30m/sec 정도이다.
④ 액가스비는 10μm 이하 미립자 또는 친수성이 아닌 입자의 경우 1.5L/m³ 정도를 필요로 한다.

28 세정집진장치의 특성으로 관계가 적은 것은 어느 것인가?

① 처리된 가스의 확산이 용이하다.
② 소수성 입자의 집진효율이 낮은 편이다.
③ 연소성 및 폭발성 가스의 처리가 가능하다.
④ 점착성 및 조해성 분진의 처리가 가능하다.

29 사이클론 스크러버에 대한 설명으로 알맞지 않은 것은?

① 액가스비는 0.5~4L/m³ 범위이다.
② 압력손실은 100~200mmH$_2$O 범위이다.
③ 비교적 구조가 복잡하고, 소용량의 가스 처리에 적합하다.
④ 원심력집진, 가압수식 그리고 유수식 집진을 동시에 거치기 때문에 효율이 높다.

30 여과집진장치의 특성에 대한 설명 중 틀린 것은?

① 압력손실은 100~200mmH$_2$O 정도이다.
② 여과속도는 1~10m/sec 정도로 설계된다.
③ 여과재의 교환으로 유지비가 많이 든다.
④ 다양한 여재를 사용함으로써 설계 및 운영에 융통성이 있다.

해설

27 목부의 가스속도는 보통 60~90m/sec 정도이다.

28 처리된 가스의 확산이 용이하지 못하다.

29 사이클론 스크러버는 비교적 구조가 간단하고, 대용량의 가스처리에 적합하다.

▶사이클론 스크러버(Cyclone Scrubber)◀

- **처리과정** : 재래식의 건식(乾式) 사이클론 내에 환상(環狀)으로 세정수를 분무하는 노즐(Nozzle)들을 설치한 형태이다. 하부의 유입구로부터 원통벽을 따라 상승하는 소용돌이(Vortex)를 향해 세정수를 분무하여 분진을 제거한다. 포집된 분진은 젖은 사이클론 내벽으로 밀려 벽을 따라 바닥으로 흘러내리게 된다.
- **장치의 장·단점**

장 점	단 점
• 집진효율 우수(원심력집진, 가압수식, 유수식집진의 3단계를 경유) • 대용량 가스 처리가능 • 이용성 가스에 효과적이며, 구조가 간단함 • 액적 또는 수용성 분진포집에 매우 적합함 • 벤투리 스크러버의 기액분리기로 널리 이용됨	• 사이클론의 직경을 크게 하면 효율이 저하됨 • 분무 노즐이 막힐 염려가 있음 • 높은 수압을 요하므로 동력요구량이 많음

30 여과속도는 0.5~10cm/sec 정도로 설계된다.

정답 | 27.③ 28.① 29.③ 30.②

31 세정집진장치의 장·단점을 기술한 것으로 틀린 것은?

① 집진된 먼지가 재비산 될 염려가 없다.
② 구조와 조작이 간단하지만 압력손실과 동력소비량이 크고, 많은 물이 필요하다.
③ 고온가스의 냉각용으로도 사용되나 폭발성 및 연소성 가스의 처리에는 부적당하다.
④ 입자상 물질 및 기체상 물질을 동시에 제거가 가능하지만 소수성 먼지의 집진효과는 낮다.

32 벤투리 스크러버에 대한 설명으로 옳지 않은 것은?

① 소형으로 대용량의 가스처리가 가능하다.
② 먼지와 가스의 동시 제거가 가능하나 압력손실이 크다.
③ 가압수식 중에서 집진효율이 가장 높아 광범위하게 사용된다.
④ 먼지부하 및 가스 유동에 민감하지 않으나 반면에 대량의 세정액이 요구된다.

33 전기집진장치의 집진에 작용하는 전기력의 종류와 거리가 먼 것은?

① 전기풍에 의한 힘
② 전계경도에 의한 힘
③ 브라운 운동에 의한 확산력
④ 대전입자의 하전에 의한 쿨롱력

34 여과집진장치의 특성으로 가장 거리가 먼 것은?

① $1\mu m$ 이상의 미세입자의 제거가 용이하다.
② 수분이나 여과속도에 대한 적응성은 낮다.
③ 폭발성, 점착성, 흡습성 먼지의 제거가 용이하다.
④ 벤투리 스크러버보다 압력손실과 동력소모가 적은 편이다.

35 여과집진장치에 대한 설명으로 옳지 않은 것은?

① 여과재의 교환으로 유지비가 많이 든다.
② 수분이나 여과속도에 대한 적응성이 높다.
③ 폭발성 및 점착성 먼지의 처리에 적합하지 않다.
④ 가스의 온도에 따라 여과재 선택에 제한을 받는다.

36 다음은 전기집진장치의 특성에 대한 설명이다. 옳지 않은 것은?

① 처리가스 속도는 7~15m/sec를 유지한다.
② 전압변동과 같은 조건변동에 쉽게 응하기 어렵다.
③ 대량가스 및 고온(350℃ 정도)가스의 처리도 가능하다.
④ 비슷한 성능을 가진 다른 집진장치에 비해 압력손실이 낮아 동력소모량이 적은 편이다.

> **해설**

31 고온가스의 냉각용으로 사용될 수 있고, 폭발성 및 연소성 가스의 처리에도 적합하다.
32 먼지부하 및 가스 유동에 민감하지 않으나 반면에 대량의 세정액이 요구되는 것은 제트 스크러버이다.
33 전기집진에 작용하는 전기력의 종류는 쿨롱력, 전계경도력, 전기풍에 의한 힘, 입자간의 인력 등이다.
34 여과집진장치는 폭발성, 점착성 및 흡습성을 갖는 먼지 제거가 용이하지 못하다.
35 여과집진장치는 수분이나 여과속도에 대한 적응성이 낮다.
36 전기집진장치의 처리가스 속도는 건식 1~2m/sec, 습식 2~4m/sec 정도로 유지한다.

정답 ┃ 31.③ 32.④ 33.③ 34.③ 35.② 36.①

37 전기집진장치의 특징으로 틀린 것은?
① 비저항이 큰 분진 제거에 적합하다.
② 운전조건의 변화에 따른 유연성이 적다.
③ 압력손실이 적어 송풍기의 동력비가 적게 든다.
④ 광범위한 온도와 대용량 범위에서 운전이 가능하다.

38 전기집진장치의 특성으로 가장 거리가 먼 것은?
① 약 450℃ 전후의 고온가스 처리가 가능하다.
② 주어진 조건에 따라 부하변동 적응이 곤란하다.
③ 압력손실이 적어 송풍기의 동력비가 적게 든다.
④ 소요 설치면적이 적고, 전처리 시설이 불필요하다.

39 전기집진장치의 특성으로 가장 관계가 적은 것은?
① 초기 설치비용이 높다.
② 압력손실이 적은 편이다.
③ 대량가스의 처리가 가능하다.
④ VOC의 제거효율이 높으며, 전압변동에 따른 조건변동에 유리하다.

40 전기집진장치의 특성으로 옳지 않은 것은?
① 350℃의 고온에서도 처리가 가능하다.
② 운전조건에 따른 부하변동 적응이 용이하다.
③ 부식성 가스가 함유된 먼지도 처리 가능하다.
④ 처리가스가 적은 경우 다른 고성능집진장치에 비해 건설비가 비싸다.

41 전기집진장치의 특징으로 옳지 않은 것은 어느 것인가?
① 동력소비가 적게 든다.
② 압력손실이 높은 편이다.
③ 고온가스를 처리할 수 있다.
④ 부식성 가스가 함유된 먼지도 처리 가능하다.

42 전기집진장치의 단점을 기술한 것이다. 가장 거리가 먼 것은?
① 초기 설치비가 많이 든다.
② 설치면적이 크게 소요된다.
③ 주어진 조건에 따라 변동이 어렵다.
④ 대량의 함진가스를 처리하기 어렵다.

43 전기집진장치에 대한 다음 설명 중 옳지 않은 것은?
① 주어진 조건에 따른 변동이 어렵다.
② 부식성 가스의 영향을 적게 받는 편이다.
③ 소요동력이 적고, 유지관리비가 적게 든다.
④ 전기집진장치에서 방전극은 굵고, 짧을수록 Corona방전을 일으키기가 쉽다.

> **해설**

37 전기집진장치는 비저항이 큰 분진 제거에 부적합하다.
38 전기집진장치는 소요 설치면적이 많이 들고, 전처리 시설이 필요하다.
39 전기집진장치는 VOC의 제거효율이 낮으며, 전압변동에 따른 조건변동에 불리하다.
40 전기집진장치는 부하변동에 따른 적응이 용이하지 못한 결점이 있다.
41 전기집진장치는 압력손실이 20mmH$_2$O 이하로 낮다.
42 대량의 함진가스를 처리하는 데 적합하다.
43 방전극은 가늘고, 뾰쪽할수록 Corona방전을 일으키기가 쉽다.

정답 ┃ 37.① 38.④ 39.④ 40.② 41.② 42.④ 43.④

3 집진장치의 설계

(1) 각종 집진장치의 기본 및 실시 설계 시 고려인자

❊ **집진장치 선정 · 설계 시 고려인자**

□ **분진특성**
- 분진의 입경분포, 분진의 농도, 발생공정
- 분진의 종류 및 물리적 · 화학적 조성과 특성 : 비중, 조성, 연소 · 폭발성, 반응성, 독성, 부식성, 전기저항, 부착성, 응집성 등

□ **가스특성**
- 가스량, 온도, 점도, 밀도
- 기타 가스의 물리적 · 화학적 조성과 특성 : 수분함량, 연소 · 폭발성, 반응성, 독성, 부식성 가스의 압력, 산노점 등

□ **기타 특성**
- 집진효율, 오염물질배출 총량, 처리 후 배출허용기준 적합 여부
- 경제성 및 처리비용(소요동력, 운전비, 폐기물처리 및 비용, 용수, 소요면적 등)

❊ **집진장치의 집진성능에 영향을 미치는 인자**

□ **입경분포**
- 집진장치의 집진성능을 지배하는 가장 중요한 인자이므로 집진장치의 선정 시 최우선으로 고려해야 할 사항임
- 산정된 입경분포를 토대로 비교적 굵은 분진에 대해서는 중력집진장치나 원심력집진장치를 채용하고, 미세한 분진의 입도분포가 높은 경우는 세정, 여과, 전기집진장치 중에서 계획조건에 가장 합당한 장치를 선정하여야 함

□ **비중**
- 분진의 비중이 적을수록 가벼운 입자이고, 미세한 입자가 되므로 가스로부터 입자를 분리포집하기 어렵고, 포집하더라도 재비산 현상을 일으키기 쉬움
- 진비중/겉보기비중(S/S_B)의 비율이 높을수록 전기집진장치에서 가동 중 재비산 현상이 유발될 수 있음
- 진비중/겉보기비중(S/S_B)의 크기는 카본블랙(76) > 제지용 흑액로 분진(25) > 황동용 전기로 분진(15) > 중유보일러 분진(9.8) > 시멘트 킬른 분진(5.0) > 미분탄 보일러 분진(4.0)의 순서임
- 비중에 민감하게 영향을 받는 집진장치는 중력집진, 원심력집진, 관성력집진장치 등이며, 이들 집진장치는 먼지의 비중이 클수록 분리효율이 좋음

□ **농도**
- 벤투리 스크러버, 제트 스크러버와 같은 세정집진장치에서 교축(목)부분의 마모나 노즐의 폐쇄현상을 방지하기 위하여 분진농도는 $10g/m^3$ 이하가 적합함

- 음파집진에서는 먼지의 응집현상 때문에 분진농도를 1~5g/m³ 범위로 하며, 농도가 낮을 때는 응집보조제를 분무주입하여 함진농도를 높여야 함
- 전기집진에서는 일반적으로 분진농도 30g/m³ 이하에서 사용됨
- 중력, 원심력, 관성력집진장치에서는 함진농도가 높을수록 집진율은 증가함. 그러나 출구의 먼지 총량도 증가하므로 절대적이라 할 수 없음
- 여과집진에서는 함진농도가 낮을수록 전체적인 기능이 우수함. 대량가스로서 고농도의 경우는 연속탈리방식이 좋으며, 소량가스로서 고효율을 요구할 때는 간헐식 탈리방식이 유리함

□ **분진의 부착성 · 응집성**
- 부착성에 영향을 미치는 것은 비표면적(S_V)으로 먼지입경이 작을수록 부착성이 강하고, 집진하기 곤란함
- 입자의 크기가 작을수록 비표면적이 증가하여 응집성이 높음
- 입자가 미세할수록 표면에너지가 높기 때문에 입자간의 부착 및 응집이 증대됨
- 입자의 크기가 작을수록 표면에 존재하는 원자와 내부에 존재하는 원자와의 비가 크게 되어 상호응집하거나 이물질에 쉽게 부착하는 특성이 있음

□ **먼지의 비저항**(겉보기 전기저항)
- 전기집진장치를 설계할 때 가장 중요하게 고려해야 하는 사항임
- 통상 분진의 겉보기 전기저항은 $10^4 \sim 10^{11} \Omega \cdot cm$ 범위 내에서 정상적 집진이 행해지며, 집진율이 가장 우수함
- $10^4 \Omega \cdot cm$ 이하일 경우는 재비산 현상(포집된 먼지가 다시 날아가는 현상)이 생김
- 전기저항이 너무 클 경우($10^{12} \Omega \cdot cm$ 이상)는 역전리 현상을 유발하여 집진성능을 저하시킴
- 겉보기 전기저항은 처리가스 온도가 100~200℃ 사이에서 최대로 되며 수증기, 트리에틸아민, SO_3 등을 주입하면 낮아짐

□ **폭발성** : Ti, Al, Mg 등의 금속성 분진이나 황, 석탄, 플라스틱류와 가스상 CO, H_2, NH_3, HCN, HC 등은 폭발성이 있으므로 특히 유의해야 함

□ **처리가스 온도**
- 배기 중 황산화물이 함유할 경우 배기가스의 온도 저하로 인한 저온부식에 유의하여야 함
- 세정집진의 경우는 배기가스 온도가 낮을수록 수증기 등의 응축으로 인한 응집을 촉진시켜 집진효율을 높일 수가 있음
- 여과집진의 경우 여과재의 사용온도 범위를 고려하여 여과재의 내열온도 이하로 처리가스의 온도를 낮추어야 하며, 또한 산노점 이상으로 각 부의 온도를 유지하여 응집성분에 의한 틈새 막힘에 의한 기능 저하에 유의하여야 함

□ **처리가스 유량 · 유속**
- 처리가스량은 집진장치의 용량을 결정하는 중요 요소이며, 소요 설치면적과 장치의 규모에 직접 관계됨

- 처리유속을 60~90m/sec로 설계되는 벤투리 스크러버의 경우 소형으로 대용량 가스를 처리할 수 있음
- 처리가스 유속을 1~2m/sec를 유지하여야 하는 건식 전기집진장치의 경우 장치가 대형으로 되고, 소요 설치면적이 증가되는 결점이 있음

(2) 각종 집진장치의 처리성능과 특성·집진장치의 효율산정

■ **분진입자에 작용하는 힘** : 중력, 부력, 점성저항력, 외력(원심력, 관성력, 전기력, 확산력, 음파력, 열력 등)

□ **점성항력**(층류영역) : $F_D = C_D A_p \dfrac{\rho V^2}{2} = 3\pi\mu d_p V$

□ **중력** : $F_g = ma$ $\xrightarrow{\text{구형의 분진입자 가정, 가속도}=g}_{m(\text{질량})=\text{부피}\times\text{밀도}}$ $F_g = \dfrac{\pi d_p^3}{6} \times \rho_p g$

□ **부력** : $F_b = m^* a$ $\xrightarrow{\text{구형의 분진입자 가정, 가속도}=g}_{m^*(\text{질량})=\text{부피}\times\text{밀도}}$ $F_b = \dfrac{\pi d_p^3}{6} \times \rho g$

□ **원심력** : $F_r = ma$ $\xrightarrow{\text{구형의 분진입자 가정, 원심가속도}=V^2/R}_{m(\text{질량})=\text{부피}\times\text{밀도}}$ $F_r = \dfrac{\pi d_p^3}{6} \times \rho_p \dfrac{V^2}{R}$

□ **관성력** : $F_m = ma$ $\xrightarrow{\text{구형의 분진입자 가정, 가속도}=V^2/R}_{m(\text{질량})=\text{부피}\times\text{밀도}}$ $F_m = \dfrac{\pi d_p^3}{6} \times \rho_p \dfrac{V^2}{R}$

□ **전기력** : $F_e = Q_o E_c$ $\xrightarrow{\text{전하량}(Q_o) = \varepsilon_o P 3\pi d_p^2 E_p \text{이고}}_{P = 3\varepsilon_p/(\varepsilon_p+2)\text{이면}}$ $F_e = \varepsilon_o \dfrac{3\varepsilon_p}{(\varepsilon_p+2)} \pi d_p^2 E_p E_c$

여기서, $\begin{cases} C_D : \text{저항계수} \\ A_p : \text{투영면적} \\ \rho : \text{가스밀도} \\ \rho_p : \text{입자밀도} \\ \mu : \text{가스점도} \\ d_p : \text{입자직경} \\ V : \text{속도} \\ m : \text{입자질량} \\ m^* : \text{가스질량} \end{cases}$ $\begin{cases} Q_o : \text{포화전하량}(C)(\text{MKS 단위}) \\ d_p : \text{분진입자 직경} \\ \varepsilon_o : \text{진공 중의 유전율} \\ \varepsilon_p : \text{분진입자의 비유전율} \\ P : \text{입자의 유전율계수}(1.5\sim2.4) \\ E_c : \text{하전공간의 전계강도} \\ E_p : \text{집진공간의 전계강도} \\ F_e : \text{쿨롱력}(kg\cdot m/sec^2) \end{cases}$

■ **중력집진장치**

❀ **중력분리속도**(중력침강속도) : 정상상태(|침강력|=|저항력|)를 가정할 때, 입자의 침강속도(종말속도)에 대한 계산식을 도출하면 다음과 같이 됨

■ $\dfrac{\pi d_p^3}{6}(\rho_p - \rho)g = 3\pi\mu d_p V_g$ $\begin{cases} d_p : \text{분진입경}(m) \\ \rho_p : \text{분진밀도}(kg/m^3) \\ \rho : \text{가스 밀도}(kg/m^3) \\ \mu : \text{가스 점도}(kg/m\cdot sec) \\ g : \text{중력가속도}(m/sec^2) \\ V_g : \text{중력침강속도}(m/sec) \end{cases}$

☀ $V_g = \dfrac{d_p^2 \cdot (\rho_p - \rho)g}{18\mu}$

☀ $V_g(\text{cm/sec}) = 0.003\, S_p\, d_\mu^2$ ⋯ 리프만(Lippmann)식

효율산정과 영향인자

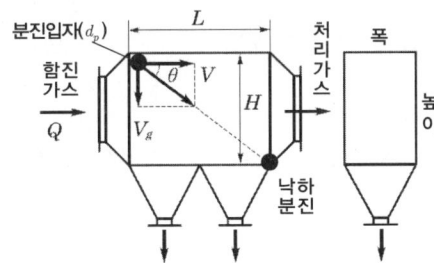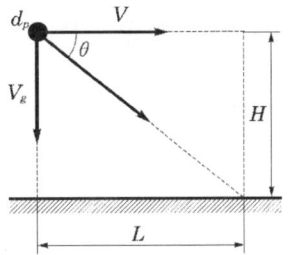

$\tan\theta = \dfrac{V_g}{V} = \dfrac{H}{L}$ → $\tan\theta = \dfrac{d_p^2 \cdot (\rho_p - \rho) g}{18\mu V} = \dfrac{H}{L}$

$\begin{cases} V : \text{수평유속(m/sec)} \\ V_g : \text{중력침강속도(m/sec)} \\ H : \text{높이(m)} \\ L : \text{길이(m)} \end{cases}$

이론효율 (층류영역, $Re \leq 2{,}300$)

☀ $\eta_d(\%) = \dfrac{V_g}{V} \times \dfrac{L}{H} \times 100 = \dfrac{d_p^2 (\rho_p - \rho) g L}{18\mu V H} \times 100$ … (단일형)

☀ $\eta_d(\%) = \dfrac{V_g L n}{V \Delta H} \times 100 = \dfrac{d_p^2 (\rho_p - \rho) g L n}{18\mu V \Delta H} \times 100$ … (다단형)

난류효율 (난류영역, $Re \geq 4{,}000$)

☀ $\eta_d = 1 - e^{-\frac{V_g}{V} \times \frac{L}{H}} = 1 - \exp\left[\dfrac{d_p^2 (\rho_p - \rho) g L}{18\mu V H}\right]$ … (단일형)

☀ $\eta_d = 1 - \exp\left[\dfrac{V_g L n}{V \Delta H}\right] = 1 - \exp\left[\dfrac{d_p^2 (\rho_p - \rho) g L n}{18\mu V \Delta H}\right]$ … (다단형)

집진효율(기능) 향상조건

- 침강실 내의 가스 흐름을 균일하게 유지함
- 침강실의 수평유속을 작게 할수록 미립자를 포집할 수 있음
- 침강실의 입구폭을 크게 할수록 유속은 낮아지며, 미세한 분진을 포집할 수 있음
- 침강실의 높이가 낮고, 장치의 길이가 길수록 집진효율은 높아짐
- 다단일 경우에는 단수가 증가할수록 집진효율이 증가함(압력손실도 증가)

주요 설계요소

입자의 이론적 침강시간 : $t = \dfrac{L}{V} = \dfrac{H}{V_g}$

장치의 규모 (규격, 층류흐름)

☀ 길이 : $L = \dfrac{Q}{V_g W n} \times \eta$

☀ 높이 : $H = \dfrac{V_g L n}{V} \times \dfrac{1}{\eta}$

☀ 폭 : $W = \dfrac{Q}{V_g L n} \times \eta$

$\begin{cases} t : \text{분진제거에 요하는 시간(sec)} \\ V : \text{수평가스 유속(m/sec)} \\ L : \text{침전실 길이(m)} \\ H : \text{침전실 높이(깊이)(m)} \\ W : \text{침전실 폭(m)} \\ V_g : \text{중력침강속도(m/sec)} \\ Q : \text{처리가스량}(\text{m}^3/\text{sec}) \\ n : \text{수평단수} \\ \eta : \text{이론효율} \end{cases}$

☀ 단수 : $n = \dfrac{Q}{V_g WL} \times \eta$

☀ 레이놀드 수 산정 : $Re = \dfrac{2Q}{n\nu(W+\Delta H)} = \dfrac{2Q}{\nu(nW+H)}$

■ 원심력집진장치

❁ **원심분리속도** : 정상상태(|원심분리력|=|저항력|)를 가정할 때, 입자의 원심분리속도 계산식을 도출하면 다음과 같이 됨

$$\dfrac{\pi d_p^3}{6}(\rho_p - \rho)\dfrac{V_c^2}{R} = 3\pi\mu d_p V_r \quad \begin{cases} V_c^2/R : \text{원심가속도}(\text{m/sec}^2) \\ V_c : \text{선회유속}[\fallingdotseq \text{입구유속}(V_i),\ \text{m/sec}] \\ R : \text{선회반경}(\text{m}) \\ V_r : \text{원심분리속도}(\text{m/sec}) \end{cases}$$

☀ $V_r = \dfrac{d_p^2 \cdot (\rho_p - \rho)}{18\mu}\dfrac{V_c^2}{R}$

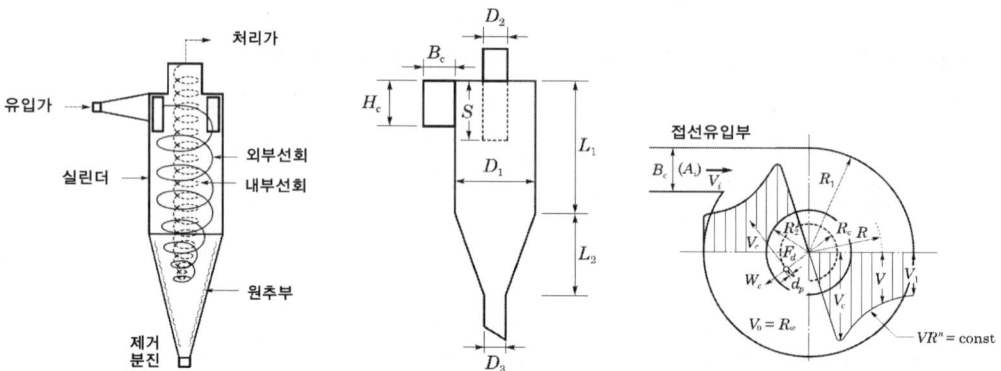

❁ **효율산정과 영향인자**

$$\eta_d = \dfrac{R_1 - R_c}{R_1 - R_2} \quad \begin{cases} R_1 - R_2 : \text{최초에 유입되는 반경거리}(\text{m}) \\ R_1 - R_c : \text{선회후 } R_c\text{에 도달하기까지 분진입자가 이동한 수평거리} \end{cases}$$

- $R_1 - R_2 = B_c$

- $R_1 - R_c = V_r \times \Delta t = \dfrac{d_p^2(\rho_p - \rho)V_c^2}{18\mu R} \times \dfrac{2\pi R N_e}{V} = \dfrac{d_p^2(\rho_p - \rho)\pi N_e V_c}{9\mu}$

여기서, $\begin{cases} \eta_d : \text{부분집진효율} \\ R_1 : \text{외통반경}(\text{m}) \\ R_2 : \text{내통반경}(\text{m}) \\ B_c : \text{입구폭}(\text{m}) \\ R_c : \text{원추하단(분진포집 한계점)에서 선회반경}(\text{m}) \\ V_r : \text{원심분리속도}(\text{m/sec}) \\ \Delta t : \text{소요시간}(\text{sec}) \\ N_e : \text{선회 와류수(회전수)} \end{cases}$

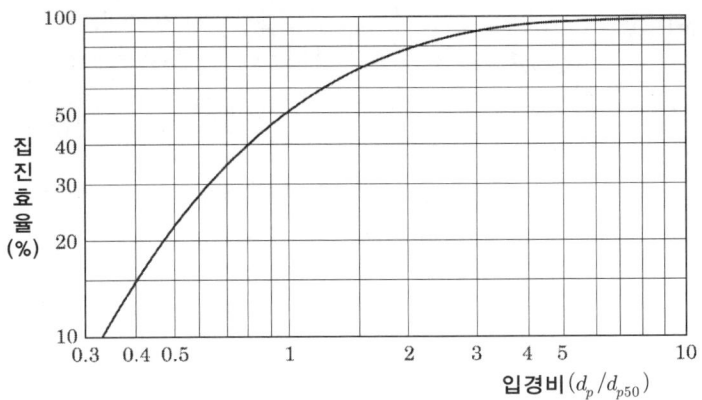

〈그림〉 Lapple의 효율 예측곡선

□ 효율 계산

☀ 이론적 부분집진율 : $\eta_d(\%) = \dfrac{d_p^2(\rho_p-\rho)\pi N_e V_c}{9\mu B_c} \times 100$

☀ 경험식(Theodore & Depaola) : $\eta_d(\%) = \dfrac{1}{1+(d_{p50}/d_p)^2} \times 100$

☀ 총효율 : $\eta_T = \sum_{i=1}^{n} \eta_d \times f_w$ $\begin{cases} \eta_d : \text{부분집진효율} \\ f_w : \text{분진의 입경분포(중량분포)} \end{cases}$

□ 집진효율(기능) 향상조건
- 배기관경이 작을수록 집진효율은 증가하고 압력손실은 높아짐
- 입구유속이 적절히 빠를수록 유효원심력이 증가하여 효율은 증가함
- 블로다운방식을 사용함으로써 효율 증대에 기여할 수 있음
- 침강분진 및 미세한 분진의 재비산을 막기 위해 스키머(skimmer), 회전깃(turning vane), 살수설비 등을 부설함
- 프라그 효과(에디 현상에 의함)를 방지하기 위해 돌출핀 및 스키머를 부착함
- 분진박스와 모양은 적당한 크기와 형상을 갖추어야 함

※ 주요 설계요소

□ 분리계수 : $S = \dfrac{원심력}{중력} = \dfrac{V_c^2}{R \cdot g}$

□ 한계입경산정

☀ 임계입경(100% 분리입경) : $d_p(\mu m) = \left[\dfrac{9\mu B_c}{(\rho_p-\rho)\pi N_e V_c}\right]^{1/2} \times 10^6$

☀ 절단입경(50% 분리입경) : $d_{p50}(\mu m) = \left[\dfrac{9\mu B_c}{2(\rho_p-\rho)\pi N_e V_c}\right]^{1/2} \times 10^6$

□ 압력손실산정

☀ $\Delta P(\text{mmH}_2\text{O}) = F \times \dfrac{\gamma V^2}{2g}$

☀ $\Delta P(\text{mmH}_2\text{O}) = \dfrac{0.7 \cdot Q^2}{K \cdot D_2^2 \cdot B_c \cdot H_c \cdot \left(\dfrac{L_1}{D_1}\right)^{\frac{1}{3}} \left(\dfrac{L_2}{D_1}\right)^{\frac{1}{3}}}$

❂ 블로다운(blow-down)방식

- **개념** : 사이클론 하부의 분진박스(dust box)에서 유입유량의 일부(5~15%)에 상당하는 함진가스를 추출시켜 주는 방식(단, 축류식은 blow down이 필요치 않음)
- **효과**
  - 유효원심력 증대
  - 분진의 재비산방지
  - 집진효율 증대
  - 원추 하부 또는 출구의 분진퇴적방지
  - 내통의 분진 폐색방지

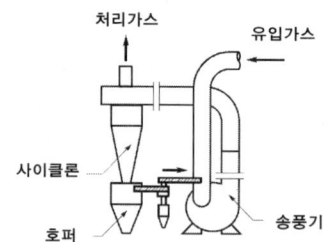

■ 관성력집진장치

❂ 관성분리속도
정상상태(|입자의 관성력(반경원심력 − 부력)| = |저항력|)를 가정할 때 입자의 관성분리속도 계산식을 도출하면 다음과 같이 됨

■ $\dfrac{\pi d_p^3}{6}(\rho_p - \rho)\dfrac{V_\theta^2}{R_2} = 3\pi \mu d_p V_c$
$\begin{cases} V_\theta^2/R_2 : \text{반경 원심가속도}(\text{m/sec}^2) \\ V_\theta : \text{원주선회속도}(\text{m/sec}) \\ R_2 : \text{선회반경}(\text{m}) \\ V_c : \text{관성분리속도}(\text{m/sec}) \end{cases}$

☀ $V_c = \dfrac{d_p^2 \cdot (\rho_p - \rho)}{18\mu} \dfrac{V_\theta^2}{R_2}$

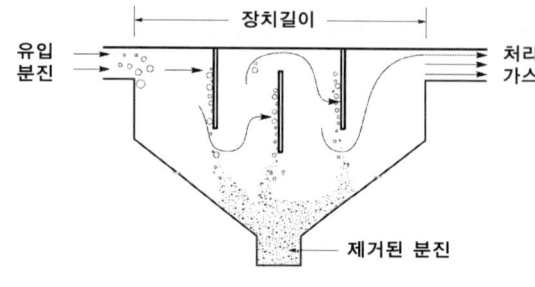 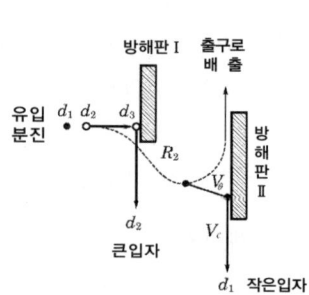

❂ 효율산정과 영향인자

- **관성 파라미터** : Stokes 영역의 구형 입자에 대한 운동방정식에서 가속도계수를 무차원화 한 값을 관성 파라미터라고 하는데, 관성 파라미터 값이 클수록 관성력집진장치에서의 효율은 증가하게 됨

☀ $\phi = \dfrac{d_p^2 \rho_p V_o}{18\mu L}$
$\begin{cases} \phi : \text{관성충돌 파라미터(분리수)} \\ d_p : \text{분진입자의 직경}(\text{m}) \\ \rho_p : \text{입자의 밀도}(\text{kg/m}^3) \\ V_o : \text{방해판에 충돌하는 입자의 상대속도}(\text{m/sec}) \\ L : \text{입자가 충돌하는 방해판면의 길이}(\text{m}) \end{cases}$

□ **집진효율**(기능) **향상조건**
- 함진배기가스가 방해판에 충돌 직전 및 방향전환 직전의 가스속도가 적당히 빠를수록(2~30m/sec) 미세한 입자가 제거 가능함
- 기류의 방향전환각도(R_2)가 작고, 전환횟수가 많을수록 집진효율은 증가함
- 방해판이 많을수록 집진효율은 증가함
- 출구가스 속도가 적당히 느릴수록 미세한 입자가 제거됨
- 더스트 박스(먼지 포집상자)는 적당한 크기와 형상을 가져야 함
- ※ 방해판을 많게 할수록, 기류의 방향전환각도(R_2)를 작게 할수록, 방향전환횟수를 많게 할수록 압력손실은 증가하게 됨

엄선 예상문제

01 집진장치를 설계할 때 필요한 기초자료로서 고려하여야 할 분진입자 특성과 거리가 먼 것은?
① 발화온도 ② 입경분포
③ 분진의 농도 ④ 분진의 진밀도

02 중력집진장치에서 집진효율 향상조건으로 옳지 않은 것은?
① 침강실의 입구폭을 작게 한다.
② 침강실 내의 가스 흐름을 균일하게 한다.
③ 침강실의 높이는 낮게 하고, 길이는 길게 한다.
④ 침강실 내의 처리가스의 수평유속을 느리게 한다.

03 중력집진장치의 집진효율 향상조건과 거리가 먼 것은?
① 침강실의 입구폭을 크게 한다.
② 침강실의 수평유속을 작게 한다.
③ 침강실의 높이는 낮게, 길이는 길게 한다.
④ 침강실의 Blow Down 효과를 이용하여 난류현상을 억제한다.

04 중력집진장치에서 수평이동속도 V, 침강실 폭 B, 침강실 수평길이 L, 침강실 높이 H, 중력침강속도를 V_g 라면 임의의 분진입자에 대한 부분집진효율 산정식으로 옳은 것은?(단, 층류흐름기준)
① $\dfrac{VB}{V_g H}$ ② $\dfrac{V_g H}{VB}$
③ $\dfrac{V_g L}{VH}$ ④ $\dfrac{VH}{V_g L}$

05 중력집진장치에 대한 다음 설명 중 틀린 것은 어느 것인가?
① 침강실 내의 처리가스 속도가 작을수록 미립자가 포집된다.
② 침강실의 높이가 낮고, 길이가 길수록 집진효율은 높아진다.
③ 침강실의 입구 폭이 클수록 유속이 느려지며 미세한 입자가 포집된다.
④ 침강실이 다단일 경우 단수가 증가될수록 집진효율은 감소하나 압력손실은 작아진다.

▶ 해설

01 집진장치 설계 시 고려하여야 할 인자는 입경분포, 처리가스 유량, 분진의 농도, 배기가스의 온도, 진비중 및 밀도, 점착성, 부식성, 전기저항, 요구되는 집진효율, 기타 입자 및 가스의 이화학적 특성 등이다.
02 침강실의 입구폭(B)을 넓게 한다.
  ▫ 효율과 비례인자 : 입경(d_p), 침강속도(V_g), 장치길이(L), 장치폭(B), 밀도차($\rho_p - \rho$)
  ▫ 효율과 반비례인자 : 수평유속(V), 장치높이(H), 유량(Q), 가스의 점도(μ)
03 침강실의 Blow Down 효과를 채용하는 것은 사이클론(원심력집진장치)이다.
04 중력집진장치의 집진효율 계산식은 ③항이 올바르다.
05 단수가 증가할수록 집진효율은 증가하지만 압력손실도 함께 증가한다.

정답 ┃ 1.① 2.① 3.④ 4.③ 5.④

06 중력집진장치의 집진효율 향상조건이 아닌 것은?

① 침강실의 수평유속을 작게 할수록 미립자를 포집할 수 있다.
② 침강실의 높이가 높고, 장치의 길이가 짧을수록 집진효율은 높아진다.
③ 침강실의 입구폭을 크게 할수록 유속은 낮아지며, 미세한 분진을 포집할 수 있다.
④ 다단일 경우에는 단수가 증가할수록 집진효율은 증가하지만 압력손실도 함께 증가한다.

07 원심력집진장치에서 사용하는 "Cut Size Diameter"의 의미로 가장 적합한 것은?

① 집진효율이 50%인 입경
② 집진효율이 100%인 입경
③ 블로다운 효과 적용 최소입경
④ Deutsch Anderson식 적용 입경

08 관성력집진의 효율 향상조건으로 틀린 것은?

① 적당한 모양과 크기의 Dust Box가 필요하다.
② 기류의 방향전환 곡률반경이 작을수록 미립자의 포집이 가능하다.
③ 충돌 직전의 처리가스의 속도는 작고, 처리 후 출구가스 속도는 클수록 미립자의 제거가 쉽다.
④ 기류의 방향전환각도가 작고, 방향전환횟수가 많을수록 압력손실은 커지지만 집진효율은 증가한다.

09 중력집진장치의 길이 5m, 높이 3m, 함진 분진의 밀도는 2g/cm³, 가스의 점도는 2.0×10^{-4} g/cm·sec, 침강실의 수평유속은 0.75m/sec이다. 이 집진장치에서 제거할 수 있는 분진의 최소입자의 크기(μm)는?

① 67 ② 74
③ 83 ④ 91

> 해설

06 높이가 낮고, 길이가 길수록 집진효율은 높아진다.
07 절단입경(Cut Size Diameter)은 부분집진율이 50%에 상당하는 분진입경을 의미한다.
08 충돌 직전의 처리가스의 속도는 빠르고, 처리 후 출구가스 속도는 느릴수록 미립자의 제거가 쉽다.
09 중력집진장치의 집진효율(η_d) 계산식을 응용하여 문제를 풀어내거나 최소제거입경($d_{p_{min}}$) 계산식을 적용해도 좋다. 최소제거 분진입경은 집진효율이 100%일 때, 제거할 수 있는 입자의 직경이다.

- η_d(집진율) $= \dfrac{V_g}{V} \dfrac{L}{H} n = \dfrac{d_p^2(\rho_p - \rho)gLn}{18\mu VH}$ □ $d_{p_{min}} = \sqrt{\dfrac{18\mu VH}{(\rho_p - \rho)gL}} \times 10^6$

- $\begin{cases} \eta_d : \text{중력집진효율} = 100\% = 1.0 \\ \rho_p : \text{입자 밀도} = 2\text{g/cm}^3 = 2{,}000\text{kg/m}^3 \\ \rho : \text{가스 밀도} = \text{무시(직·간접적으로 제시되지 않으면 무시함)} \\ \mu : \text{가스 점도} = 2 \times 10^{-4}\text{g/cm·sec} = 2 \times 10^{-5}\text{kg/m}^3\text{·sec} \\ L : \text{장치의 길이} = 5\text{m} \\ V : \text{수평가스 유속} = 0.75\text{m/sec} \\ H : \text{장치높이} = 3\text{m} \\ g : \text{중력가속도}(9.8\text{m/sec}^2) \\ n : \text{수평단수} = 1 \end{cases}$

$\therefore d_{p_{min}} = \sqrt{\dfrac{18 \times 2 \times 10^{-5} \times 0.75 \times 3}{2{,}000 \times 9.8 \times 5}} \times 10^6 = 90.91 \mu\text{m}$

정답 | 6.② 7.① 8.③ 9.④

10 분진입자의 직경 50μm, 밀도 1.8g/cm³의 구형입자가 점도 $1.8×10^{-4}$g/cm·sec, 밀도 $1.2×10^{-3}$g/cm³인 대기에서 중력침강하는 속도는?

① 0.272cm/sec ② 27.22cm/sec
③ 0.136cm/sec ④ 13.6cm/sec

11 비중 1.6의 염산 액적을 포함하는 배기가스(공기)를 중력침강기로 처리하고 있다. 처리유량은 1.5m³/sec, 장치의 폭 9m, 높이 7m, 길이 10m일 때 이 침강제거기에서 포집할 수 있는 최소입경(μm)은 얼마인가?(단, 배기가스의 온도는 25℃, 25℃의 가스점도는 $1.85×10^{-5}$kg/m·sec)

① 12.3 ② 18.9
③ 25.3 ④ 33.6

12 Cyclone 집진장치에서 집진효율이 50%인 입경을 의미하는 것은?

① Stoke's Diameter
② Critical Diameter
③ Cut Size Diameter
④ Aerodynamic Diameter

13 분리계수에 대한 설명으로 옳은 것은 어느 것인가?

① 분리계수는 중력가속도에 비례한다.
② 분리계수가 클수록 집진효율이 낮아진다.
③ 분리계수는 원추 하부의 반경에 비례한다.
④ 분리계수는 사이클론 내의 함진가스 접선속도의 제곱에 비례한다.

> **해설**

10 중력침강속도 계산식을 이용한다. 이러한 유형의 문제는 특히 단위환산에 유의해야 한다.

□ $V_g = \dfrac{d_p^2(\rho_p - \rho)g}{18\mu}$ $\begin{cases} \rho_p \text{(밀도)} = \dfrac{1.8\text{g}}{\text{cm}^3} × \dfrac{\text{kg}}{10^3\text{g}} × \dfrac{100^3\text{cm}^3}{\text{m}^3} = 1,800 \text{kg/m}^3 \\ \mu \text{(점도)} = \dfrac{1.8×10^{-4}\text{g}}{\text{cm·sec}} × \dfrac{10^{-3}\text{kg}}{\text{g}} × \dfrac{100\text{cm}}{\text{m}} = 1.8×10^{-5} \text{kg/m·sec} \end{cases}$

∴ $V_g = \dfrac{(50×10^{-6})^2 ×(1,800-1.2)×9.8}{18×1.8×10^{-5}} = 0.136$ m/sec $= 13.6$ cm/sec

11 최소제거입경($d_{p_{min}}$)의 산출식을 이용한다.

□ $d_{p_{min}} = \sqrt{\dfrac{18\mu VH}{(\rho_p - \rho)gL}} ×10^6$ ← $\eta_d = \dfrac{d_p^2(\rho_p - \rho)gLn}{18\mu VH} = \dfrac{d_p^2(\rho_p - \rho)gBLn}{18\mu Q}$

• $\begin{cases} \rho : \text{가스밀도} = \dfrac{1.3\text{kg}}{\text{Sm}^3} × \dfrac{273}{273+25} = 1.19 \text{kg/m}^3 \\ \rho_p : \text{입자밀도} = \dfrac{1.6\text{g}}{\text{cm}^3} × \dfrac{\text{kg}}{10^3\text{g}} × \dfrac{100^3\text{cm}^3}{\text{m}^3} = 1,600 \text{kg/m}^3 \\ V : \text{유속} = \dfrac{Q}{BH} = \dfrac{1.5}{9×7} = 0.024 \text{ m/sec} \\ \mu : \text{가스점도} = 1.85×10^{-5} \text{kg/m}^3\text{·sec} \\ L : \text{장치의 길이} = 10\text{m} \\ H : \text{장치의 높이} = 7\text{m} \\ g : \text{중력가속도}(9.8\text{m/sec}^2) \end{cases}$

∴ $d_{p_{min}} = \sqrt{\dfrac{18×1.85×10^{-5}×0.024×7}{(1,600-1.19)×9.8×10}} ×10^6 = 18.9 \mu\text{m}$

12 Cyclone에서 50% 처리효율로 제거되는 입경을 절단입경(Cut Diameter or Cut Size)이라 한다.

13 ④항이 올바르다. 분리계수는 사이클론 내의 함진가스 접선속도의 제곱에 비례한다.

정답 | 10.④ 11.② 12.③ 13.④

14 사이클론집진장치의 입구폭은 90cm, 유효 회전수는 5회로 설계되어 있다. 입구가스 속도는 12.5m/sec, 유입분진의 농도는 7g/m³, 분진입자의 밀도 2,900kg/m³, 처리가스의 점도가 2×10⁻⁴Poise, 가스밀도 1.2kg/m³일 때 Cut Size Diameter(μm)는?

① 6 ② 8
③ 12 ④ 13

15 입경 50μm인 분진입자의 중력침강속도는 16cm/sec, 함진가스의 수평유속은 2m/sec이다. 높이 1.5m인 중력집진장치로 이를 완전히 포집하려고 할 때 요구되는 집진장치의 길이는?

① 18.8m ② 16.5m
③ 12.7m ④ 9.4m

16 원추하부 지름이 20cm인 Cyclone에서 가스접선속도가 5m/sec이면 분리계수는 얼마인가?

① 25.5 ② 9.7
③ 12.8 ④ 18.5

17 관성력집진장치에 대한 다음 설명 중 옳지 않은 것은?

① 곡관형, Louver형, Pocket형, Multi-Baffle형 등은 반전식에 해당한다.
② 압력손실은 30~70mmH₂O 정도이고, 굴뚝 또는 배관에 설치될 때가 있다.
③ 반전식의 경우 가스의 곡률반경이 작을수록 미세한 먼지를 분리·포집할 수 있다.
④ 가스의 방향전환각도가 크고, 방향전환횟수가 적을수록 압력손실이 커지나 효율은 높아진다.

> **해설**

14 사이클론집진장치의 절단입경(Cut Size Diameter) 계산식을 이용한다.

$$d_{p50}(\mu m) = \left[\frac{9\mu B_c}{2(\rho_p-\rho)\pi N_e V}\right]^{1/2} \times 10^6$$

$\begin{cases} \mu(\text{점도}) = 2\times10^{-4}\,\text{Poise} = 2.0\times10^{-5}\,\text{kg/m·sec} \\ (\rho_p - \rho) = (2,900 - 1.2)\,\text{kg/m}^3 \\ B_c(\text{입구폭}) = 0.9\,\text{m} \\ N_e(\text{선회 와류수}) = 5 \end{cases}$

$$\therefore d_{p50} = \left[\frac{9\times2\times10^{-5}\times0.9}{2\times(2,900-1.2)\times3.14\times12.5\times5}\right]^{1/2} \times 10^6 = 11.93\,\mu m$$

15 중력집진장치의 이론효율 관계식을 이용한다. 완전히 포집(효율 100%) 조건이다.

$$\eta_d = \frac{V_g}{V}\frac{L}{H}$$

$\begin{cases} V_g : \text{중력침강속도} = 16\,\text{cm/sec} = 0.16\,\text{m/sec} \\ L : \text{장치의 길이} \\ V : \text{수평유속} = 2\,\text{m/sec} \\ H : \text{장치의 높이} = 1.5\,\text{m} \end{cases}$ ⇒ $1.0 = \frac{0.16}{2}\times\frac{L}{1.5}$

$\therefore L = 18.75\,\text{m}$

16 분리계수(S) 계산식을 사용한다.

$$S = \frac{V^2}{R\cdot g}$$

$\begin{cases} R : \text{선회류의 회전반경} = \text{지름}/2 = 20\,\text{cm}/2 = 0.1\,\text{m} \\ V : \text{선회유속} = 5\,\text{m/sec} \\ g : \text{중력가속도} = 9.8\,\text{m/sec}^2 \end{cases}$

$$\therefore S = \frac{5^2}{0.1\times9.8} = 25.5$$

17 함진가스의 방향전환각도가 작고 방향전환횟수가 많을수록 압력손실은 커지나 집진효율은 높아진다.

정답 ┃ 14.③ 15.① 16.① 17.④

18 관성력집진장치의 집진효율 향상조건이 아닌 것은?

① 적당한 Dust Box의 형상과 크기가 필요하다.
② 기류의 방향전환횟수가 많을수록 압력손실은 커지지만 집진효율은 높아진다.
③ 충돌 직전의 처리가스 속도가 높고, 처리 후 출구가스 속도가 낮을수록 집진효율은 높아진다.
④ 함진가스의 충돌 또는 기류의 방향전환 직전의 가스속도가 작고, 방향전환 시 곡률반경이 클수록 미세입자 포집이 용이하다.

19 다음 중 원심력집진장치에서 선회기류의 흐트러짐을 방지하고 집진된 먼지의 재비산 방지를 위한 운전방법은?

① 블로다운(Blow Down)
② 세류현상(Down Wash)
③ 펄스 제트(Pulse Jet)
④ 공기역류(Reverse Air)

20 원심력집진장치에 채용하는 "블로다운"방식을 설명한 내용 중 틀린 것은?

① 유효원심력을 증가시킨다.
② 원추 하부 또는 출구에 분진이 퇴적되는 것을 방지한다.
③ 사이클론의 원추 하부에 가교현상을 촉진시켜 재비산을 방지한다.
④ 더스트 박스에서 유입유량의 5~10%에 상당하는 가스를 추출시켜 집진장치의 기능을 향상시킨다.

> **해설**

18 기류의 방향전환 직전의 가스속도가 크고, 방향전환 곡률반경이 작을수록 미세입자 포집이 용이하다.
19 블로다운(Blow Down)은 사이클론 하부의 더스트 박스(Dust Box)에서 유입유량의 일부(5~15%)에 상당하는 함진가스를 추출시켜 주는 방식을 말한다.
20 사이클론의 원추 하부에 가교현상을 억제시켜 재비산을 방지한다.

정답 | 18.④ 19.① 20.③

업그레이드 종합 예상문제

01 폭 5m, 높이 0.2m, 길이 10m인 중력집진장치를 사용하여 0.4m³/sec의 배기가스를 처리하고 있다. 분진입경 10μm에 대한 부분집진효율은?(단, 분진밀도 1.10g/cm³, 배출가스 밀도 1.2kg/m³, 가스점도 1.84×10⁻⁴g/cm·sec, 층류흐름으로 가정)

① 40.6% ② 53.7%
③ 66.7% ④ 74.8%

해설 중력집진장치의 이론적 부분집진효율(층류영역) 계산식을 이용한다.

$$\eta_d = \frac{V_g}{V}\frac{L}{H} = \frac{d_p^2(\rho_p - \rho)gL}{18\mu VH} \quad \begin{cases} V(유속) = \frac{Q}{A} = \frac{0.4}{5 \times 0.2} = 0.4\,\text{m/sec} \\ \rho_p = 1.10\,\text{g/cm}^3 = 1.1 \times 10^3\,\text{kg/m}^3 \\ \mu = 1.84 \times 10^{-5}\,\text{kg/m·sec} \end{cases}$$

$$\therefore \eta = \frac{(10 \times 10^{-6})^2 \times (1.1 \times 10^3 - 1.2) \times 9.8 \times 10}{18 \times 1.84 \times 10^{-5} \times 0.2 \times 0.4} = 0.4064 = 40.64\%$$

02 침강실 길이 5m인 중력집진장치를 사용할 때 먼지의 최소입경은 140μm이었다. 길이만 2배로 변경할 경우 최소제거입경(μm)은?

① 68 ② 91
③ 99 ④ 132

해설 최소제거입경($d_{p_{min}}$)의 산출식을 이용한다.

$$d_{p_{min}} = \sqrt{\frac{18\mu VH}{(\rho_p - \rho)gL}} \times 10^6 \xrightarrow{\text{장치의 길이를 제외한 조건이 동일하면}} d_{p_{min}} = K\sqrt{\frac{1}{L}}$$

$$\Rightarrow 140^2 : \frac{1}{5} = d_p^2 : \frac{1}{2 \times 5}$$

$$\therefore d_p = \sqrt{\frac{140^2 \times 5}{2 \times 5}} = 98.99\,\mu\text{m}$$

03 사이클론(Cyclone)에서 유입가스 유속을 3배 증가시키고 유입구의 폭을 2배로 증가시키면 Lapple의 절단입경(Cut Size Diameter)인 d_{p50}은 처음 값에 비해 어떻게 변화되는가?

① $1.38d_p$ ② $1.23d_p$
③ $0.82d_p$ ④ $0.72d_p$

정답 1.① 2.③ 3.③

■해설 절단입경(Cut Size Diameter) 계산식을 이용한다.

$d_{p50} = \sqrt{\dfrac{9\mu B_c}{2\pi N_e V(\rho_p - \rho)}}$ 유속(V)과 입구 폭(B_c)를 제외한 다른 조건이 동일하면 → $d_{p50} = K\sqrt{\dfrac{B_c}{V}}$

- $\begin{cases} B_c : \text{처음의 입구폭} \\ 2B_c : 2\text{배 증가시킨 입구폭} \\ V : \text{처음의 가스유속} \\ 3V : 3\text{배 증가시킨 가스유속} \end{cases}$

∴ $d_{p50(2)} = d_{p50(1)} \times \sqrt{2/3} = 0.82 d_{p50(1)}$

04 사이클론의 유입구 높이가 18.75cm, 원통부의 길이가 1.0m, 원추부의 길이가 1.0m일 때 선회류 회전수는?

① 2　　　　　　　　　　　　② 4
③ 6　　　　　　　　　　　　④ 8

■해설 사이클론의 선회류 회전수 계산식을 적용한다.

$N_e = \dfrac{L_1 + (L_2/2)}{H_c}$　　$\begin{cases} H_c = 0.1875\,\text{m} \\ L_1 = 1\,\text{m} \\ L_2 = 1\,\text{m} \end{cases}$

∴ $N_e = \dfrac{1 + (1/2)}{0.1875} = 8$

🎯 더 풀어보기 예상문제

01 중력집진장치에 대한 다음 설명 중 옳지 않은 것은?

① 침강실의 기류는 와류상태일 때 집진이 잘 된다.
② 침강실의 높이가 낮고, 길이가 길수록 집진효율은 높아진다.
③ 입자가 미세할수록 침강속도가 작아지고 집진효율은 떨어진다.
④ 수평가스 속도를 낮게 유지할수록 미세한 입자를 포집할 수 있다.

02 중력집진장치의 길이 및 높이를 각각 L 및 H, 가스의 수평유속이 V인 경우 100% 제거되는 최소제거입경(d_p)을 산정하는 식으로 옳은 것은 어느 것인가?

① $d_p = \left[\dfrac{18\mu VH}{\rho_p gL}\right]^{\frac{1}{2}}$　　② $d_p = \left[\dfrac{gL\rho_p}{18\mu HV}\right]^{\frac{1}{2}}$

③ $d_p = \left[\dfrac{gLHV}{18\mu \rho_p}\right]^{\frac{1}{2}}$　　④ $d_p = \left[\dfrac{18\mu HLV}{g\rho_p}\right]^{\frac{1}{2}}$

정답　1.①　2.①

더 풀어보기 예상문제 해설

01 침강실의 기류는 교란이 없는 층류상태일 때 집진이 잘 된다.
02 최소제거입경($d_{p_{min}}$)의 산출식은 다음과 같다.

$d_{p_{min}} = \sqrt{\dfrac{18\mu VH}{(\rho_p - \rho)gL}} \times 10^6$

더 풀어보기 예상문제

01 중력 및 관성력 집진장치에 대한 설명 중 틀린 것은?
① 중력집진장치는 침강실의 높이가 낮고, 수평길이가 길수록 고효율집진이 가능하다.
② 중력집진장치는 침강실 내 처리가스의 속도를 낮게 할수록 미세한 입자를 포집할 수 있다.
③ 관성력집진장치는 기류의 방향전환횟수가 적고, 방향전환각도가 클수록 압력손실은 커지나 집진은 잘 된다.
④ 관성력집진장치는 일반적으로 충돌 직전의 처리가스 속도가 크고, 처리 후의 출구가스 속도는 작을수록 미립자의 제거가 쉽다.

02 분진입자의 직경이 100μm일 때, 이 분진을 100% 제거하기 위해 요구되는 중력침강실의 높이는?(단, 침강실의 길이는 10m, 배출가스의 수평유속은 5m/sec이고, 종말침강속도는 0.8m/sec, 층류흐름 가정)
① 0.25m   ② 1.6m
③ 10.6m   ④ 16m

03 관성력집진장치에 대한 설명 중 옳지 않은 것은?
① 충돌식과 반전식이 있으며, 고온가스의 처리가 가능하다.
② 관성력에 의한 분리속도는 회전기류반경에 비례하고, 입경의 제곱에 반비례한다.
③ 기류의 방향전환각도가 작고, 방향전환횟수가 많을수록 압력손실은 커지나 집진은 잘 된다.
④ 집진 가능한 입자는 주로 10μm 이상의 굵은 입자이며, 일반적인 집진효율은 50~70% 정도로 낮은 편이다.

04 입경 160μm의 먼지를 제거하기 위해 길이 4m의 중력집진장치가 설치되어 있다. 입경 40μm인 먼지까지 제거하기 위해서는 장치의 길이는 몇 m로 하여야 하는가?(단, 층류기준)
① 128   ② 64
③ 32   ④ 16

정답 1.③ 2.② 3.② 4.②

더 풀어보기 예상문제 해설

01 관성력집진장치는 기류의 방향전환횟수가 많고, 방향전환각도가 작을수록 압력손실은 커지나 집진은 잘 된다.

02 중력집진장치의 이론효율 관계식을 이용한다.

□ $\eta_d = \dfrac{V_g}{V}\dfrac{L}{H}$ $\begin{cases} V_g : 중력침강속도 = 0.8\text{m/sec} \\ L : 장치의 길이 = 10\text{m} \\ V : 수평유속 = 5\text{m/sec} \\ H : 장치의 높이 \end{cases}$ → $1.0 = \dfrac{0.8}{5} \times \dfrac{10}{H}$

∴ $H = 1.6\text{ m}$

03 관성력에 의한 분리속도는 회전기류반경에 반비례하고, 입경의 제곱에 비례한다.

04 중력집진장치의 이론효율 관계식을 이용한다.

□ $\eta_d = \dfrac{V_g}{V}\dfrac{L}{H} = \dfrac{d_p^2(\rho_p - \rho)gL}{18\mu VH}$ $\xrightarrow{\text{입경 이외 조건이 동일하면}}_{\text{효율}(\eta)\text{은 }100\%}$ $\eta_d = K \times d_p^2 L$

⇒ $160^2 \times 4 = 40^2 \times L$

∴ $L = 64\text{ m}$

더 풀어보기 예상문제

01 관성력집진장치에 대한 다음 설명 중 옳지 않은 것은?
① Poket형, Channel형과 같은 미로형에서는 먼지가 장치에 누적되기 쉽다.
② Mist의 포집에 사용되는 Multi Baffle형은 $1\mu m$ 전후의 미스트를 제거할 수 있다.
③ 일반적으로 고온가스의 처리가 불가능하므로 굴뚝이나 배관 등은 적용하기 어렵다.
④ 함진가스의 충돌 또는 기류의 방향전환 직전의 가스속도가 빠르고, 방향전환시의 곡률반경이 작을수록 미세입자의 포집이 가능하다.

02 원심력집진장치 중 멀티사이클론에 적용할 수 있는 형식은?
① 충돌식 – 나선형 ② 충돌식 – 와류형
③ 축류식 – 반전형 ④ 축류식 – 직진형

03 높이 2.5m, 폭 4.0m인 중력식집진장치의 침강실에 바닥을 포함하여 20개의 평행판을 설치하였다. 이 침강실에 점도가 $2.078 \times 10^{-5} kg/m \cdot sec$인 함진가스를 $2.0 m^3/sec$ 유량으로 유입시킬 때 밀도가 $1,200 kg/m^3$이고, 입경이 $40 \mu m$인 먼지 입자를 완전히 처리하는데 필요한 침강실의 길이는?(단, 침강실의 흐름은 층류)
① 0.5m ② 1.0m
③ 1.5m ④ 2.0m

04 원심력집진장치에 대한 설명으로 옳지 않은 것은?
① 분리계수가 클수록 집진효율은 증가한다.
② 분리계수는 입자에 작용하는 원심력을 관성력으로 나눈 값이다.
③ 임계입경(Critical Diameter)은 100% 분리한계입경이라고도 한다.
④ 입자의 분리속도는 함진가스의 선회속도에는 비례하는 반면, 원통부 반경에는 반비례한다.

정답 1.③ 2.③ 3.① 4.②

더 풀어보기 예상문제 해설

02 멀티사이클론(Multi-Cyclone)에는 축류식 반전형이 일반적으로 사용된다.

03 중력집진장치의 이론적 계산식을 이용한다.

□ $V_g = \dfrac{d_p^2 (\rho_p - \rho) g}{18\mu}$ $\begin{cases} d_p(입자직경) = 40\mu m = 40 \times 10^{-6} m \\ (\rho_p - \rho) = 1,200 kg/m \cdot sec \\ \mu(가스 점도) = 2.078 \times 10^{-5} kg/m \cdot sec \end{cases}$

⇨ $V_g = \dfrac{(40 \times 10^{-6})^2 \times 1,200 \times 9.8}{18 \times 2.078 \times 10^{-5}} = 0.05 m/sec$

□ $\dfrac{V_g}{V} = \dfrac{H}{nL}$ (층류기준) $\begin{cases} V_g(침강속도) = 0.05 m/sec \\ V(유속) = Q/A = 2/(2.5 \times 4) = 0.2 m/sec \\ H(장치높이) = 2.5 m \\ n(바닥포함 단수) = 20 \end{cases}$

∴ $L = \dfrac{VH}{V_g n} = \dfrac{0.2 \times 2.5}{0.05 \times 20} = 0.5 m$

04 분리계수(Separation Factor)는 입자에 작용하는 원심력을 중력으로 나눈 값으로 정의된다.

더 풀어보기 예상문제

01 직경 40cm인 Cyclone의 분리계수가 12일 때 가스 접선속도는?
① 9.47   ② 10.6
③ 15.3   ④ 25.1

02 축류식 반전형 사이클론에 대한 설명 중 틀린 것은?
① 입구가스 속도를 30m/sec 전·후로 한다.
② 가스의 균일한 분배가 용이한 이점이 있다.
③ 접선유입식에 비해 압력손실이 적은 편이다.
④ 함진가스 입구의 안내익에 따라 집진효율이 달라진다.

03 사이클론의 집진효율에 대한 설명으로 틀린 것은?
① Blow Down 효과를 적용한다.
② 원통의 직경이 클수록 효율은 증가한다.
③ 입경과 밀도가 클수록 효율은 증가한다.
④ 입구유속이 빠를수록 효율이 높은 반면에 압력손실도 높아진다.

04 사이클론에 대한 다음 설명 중 옳지 않은 것은?
① 접선유입식 사이클론의 입구유속은 2~5m/sec 범위로 유지한다.
② 멀티사이클론은 처리가스량이 많고 높은 집진효율을 필요로 하는 경우에 사용한다.
③ 축류식 반전형은 입구유속이 10m/sec 전후이며, 접선유입식에 비해 압력손실이 적다.
④ 축류식 반전형은 Blow Down이 필요 없고, 유입구의 안내익에 따라 집진효율이 달라진다.

05 사이클론에서 입자의 분리속도와 반비례하는 영향인자는?
① 입자의 직경
② 입자의 밀도
③ 원통부의 반경
④ 함진가스의 선회속도

정답 1.③ 2.① 3.② 4.① 5.③

더 풀어보기 예상문제 해설

01 분리계수(Centrifugal Effect) 계산식을 이용한다. 계산식에는 반경(R)으로 환산하여 대입해야 한다.

□ $S = \dfrac{V^2}{R \cdot g}$ → $120 = \dfrac{V^2}{0.2 \times 9.8}$

∴ $V = 15.34 \, \text{m/sec}$

02 축류식 반전형 사이클론의 입구가스 속도는 10m/sec 전·후로 한다.

03 원통의 직경이 작을수록 효율은 증가한다.

04 접선유입식 사이클론의 입구유속은 7~15m/sec 범위이다.

05 제시된 항목 중 입자의 분리속도는 원통부의 반경만 반비례한다.

더 풀어보기 예상문제

01 사이클론 집진성능에 대한 설명으로 틀린 것은?

① 분진입경이 클수록 분리속도는 커진다.
② 외통경이 클수록 집진효율은 높아진다.
③ 입자의 밀도가 클수록 집진효율은 높아진다.
④ 선회속도가 클수록 입자분리속도는 커진다.

02 원심력집진장치의 성능인자에 대한 설명으로 틀린 것은?

① 블로다운(Blow-Down) 효과를 적용하면 효율이 높아진다.
② 한계(입구)유속 내에서는 유속이 빠를수록 효율이 감소한다.
③ 내경(배출관)이 작을수록 입경이 작은 먼지를 제거할 수 있다.
④ 고농도는 병렬로 연결하고, 응집성이 강한 먼지는 직렬연결(단수 3단)하여 주로 사용한다.

03 사이클론의 임계입경에 대한 설명으로 알맞지 않은 것은?

① 임계입경보다 큰 입경은 모두 집진된다.
② 임계입경이 증가할수록 효율은 높아진다.
③ 가스 유입속도의 제곱근에 반비례한다.
④ 임계입경은 사이클론의 100% 집진입경이다.

04 원심력집진기에 대한 내용으로 알맞지 않은 것은?

① Blow Down 효과는 Cyclone의 집진효율을 높이는 한 방법이다.
② 배기 관경(내경)이 작을수록 입경이 작은 분진을 제거할 수 있다.
③ 사이클론을 병렬로 사용하는 경우 먼지에 응집성이 있으면 집진효율이 높아진다.
④ 일반적으로 축류식 직진형, 소구경 Multi Cyclone에서는 Blow Down 효과가 일어날 수 있다.

05 사이클론의 운전조건과 치수가 집진율에 미치는 영향으로 옳지 않은 것은?

① 원통의 직경이 클수록 집진율이 증가한다.
② 입구의 크기가 작아지면 처리가스의 유입속도가 빨라져 집진율과 압력손실은 증가한다.
③ 함진가스의 온도가 높아지면 가스의 점도가 커져 집진율은 저하되나 그 영향은 크지 않은 편이다.
④ 출구의 직경이 작을수록 집진율은 증가하지만 동시에 압력손실도 증가하고 함진가스의 처리능력도 떨어진다.

정답 1.② 2.② 3.② 4.③ 5.①

더 풀어보기 예상문제 해설

01 외통경이 작을수록 집진효율은 높아진다.
02 한계(입구)유속 내에서는 유속이 빠를수록 효율이 증가한다.
03 임계입경이 증가할수록 효율은 낮아진다.
04 사이클론을 직렬로 사용하는 경우 먼지에 응집성이 있으면 집진효율이 높아진다.
05 원통의 직경이 작을수록 효율은 증가한다.

더 풀어보기 예상문제

01 원심력집진기에서 한계(임계분리)입경이란 무엇을 말하는가?
① 50% 포집되는 입자의 직경
② 100% 포집되는 입자의 최소 직경
③ 블로다운 효과에 의해 제거되는 최소입경
④ 분리계수를 적용할 때 제거되는 입자의 직경

02 몸통 직경(D_1)이 1.0m인 사이클론을 이용하여 200m³/min의 배기가스를 처리한다. 사이클론의 규격이 다음과 같을 때 선회류의 유효회전수(N_e)는 얼마인가?

유입구높이(H_c/D_1)	0.5
유입구폭(B_c/D_1)	0.25
가스 출구직경(D_2/D_1)	0.5
선회류 출구길이(S/D_1)	0.625
원통부의 길이(L_1/D_1)	2.0
원추부의 길이(L_2/D_1)	2.0

① 2   ② 4
③ 6   ④ 8

03 Cyclone 집진장치의 유입구 폭 30cm, 유효회전수 6회, 입구의 유입속도 8m/sec 분진밀도 1.6g/cm³, 가스점도 1.75×10⁻⁴ g/cm·sec이다. 분진입경 10μm의 부분집진효율은 몇 %인가?(단, 가스밀도는 고려하지 않음)

① 45   ② 51
③ 68   ④ 73

04 사이클론의 효율에 관계되는 요소를 잘못 설명하고 있는 것은?
① 고농도인 경우 직렬로 연결하여 사용한다.
② Blow down방식 적용은 효율을 증대시킨다.
③ 호퍼의 모양과 크기도 효율에 영향을 미친다.
④ 입구유속이 빠를수록 효율이 높은 반면, 압력손실은 높아진다.

정답 1.② 2.③ 3.② 4.①

더 풀어보기 예상문제 해설

01 임계입경(Critical Diameter)은 100% 분리되는 입자의 최소입경을 말한다.

02 유효회전수 계산식을 이용한다.

□ $N_e = \dfrac{L_1 + (L_2/2)}{H_c}$ $\begin{cases} H_c(\text{유입구 높이}) = D_1 \times 0.5 = 1.0 \times 0.5 = 0.5\text{m} \\ L_1(\text{원통부 길이}) = D_1 \times 2 = 1.0\text{m} \times 2 = 2\text{m} \\ L_2(\text{원추부 길이}) = D_1 \times 2 = 1.0\text{m} \times 2 = 2\text{m} \end{cases}$

∴ $N_e = \dfrac{2 + (2/2)}{0.5} = 6$회

03 사이클론의 부분집진효율 계산식을 이용한다.

□ $\eta_d = \dfrac{d_p^2(\rho_p - \rho)\pi N_e V}{9\mu B_c}$ $\begin{cases} d_p : \text{분진입경} = 10\mu\text{m} = 10\times10^{-6}\text{m} \\ (\rho_p - \rho) : \text{밀도차} = 1.6\text{g/cm}^3 = 1,600\text{kg/m}^3 \text{ (공기밀도 무시)} \\ B_c : \text{입구 폭} = 0.3\text{m} \\ N_e : \text{와류회전수} = 6 \\ V : \text{입구유속} = 8\text{m/sec} \\ \mu : \text{점도} = 1.75\times10^{-4}\text{g/cm·sec} = 1.75\times10^{-5}\text{kg/m·sec} \end{cases}$

∴ $\eta_d = \dfrac{(10\times10^{-6})^2 \times 1,600 \times 3.14 \times 8 \times 6}{9 \times 1.75\times10^{-5} \times 0.3} = 0.5104 = 51.04\%$

04 고농도인 경우 병렬로 연결하여 사용한다.

더 풀어보기 예상문제

01 사이클론에서 제거가능한 한계입경 중 절단입경을 산정에서 N_e는 무엇을 뜻하는가?

$$d_{p50} = \left[\frac{9\mu B_c}{2(\rho_p - \rho)\pi N_e V}\right]^{1/2} \times 10^6$$

① Cyclone의 적정 멀티 개수
② Cyclone 내의 가스 회전수
③ Cyclone의 제거입자 특성지수
④ Cyclone의 평균제거입자 크기

02 원심력집진에서 입자에 작용하는 원심력을 나타내는 식으로 옳은 것은 어느 것인가?(단, F_c : 원심력, d_p : 입경, ρ_p : 입자밀도, V_θ : R_c점에서 선회류의 접선속도, R_c : 원추하부 반경)

① $F_c = \dfrac{\pi d_p^2 \rho_p V_\theta}{4R_c}$ ② $F_c = \dfrac{\pi d_p^2 \rho_p V_\theta^2}{4R_c}$

③ $F_c = \dfrac{\pi d_p^3 \rho_p V_\theta}{6R_c}$ ④ $F_c = \dfrac{\pi d_p^3 \rho_p V_\theta^2}{6R_c}$

03 사이클론의 외통경이 1.5×10^2cm, 선회 회전수 5, 유입유속 10m/sec, 입자밀도 1.5g/cm³일 때 입경 24μm의 이론적 포집효율(%)은?[단, d_{p50} : 절단입경(μm), 배출가스의 점도 : 2×10^{-5}kg/m·sec, 가스밀도 : 1.3×10^{-3}g/cm³, 유입구의 폭 : $(1/4) \times$외통경]

[Lapple의 입경비에 대한 이론적 제거효율]

d_p/d_{p50}	이론적 제거효율(%)
1.0	50
1.5	70
2.0	80
2.5	85

① 50% ② 70%
③ 80% ④ 85%

정답 1.② 2.④ 3.③

더 풀어보기 예상문제 해설

01 제시된 절단입경(d_{p50}) 산정식에서 N_e는 Cyclone 내의 함진가스 회전수이다.

02 분진입자에 가해지는 원심력은 질량$[(\pi d_p^3/6) \times \rho_p] \times$가속도$(V_\theta^2/R_c)$로 나타낼 수 있다.

03 제시된 Lapple의 입경비 조건을 이용하여 절단입경(d_{p50})을 산출한 후 [표]에서 입경 24μm에 대한 입경비(d_p/d_{p50})를 토대로 집진효율을 추정한다.

$$\Box \; d_{p50_p} = \left[\frac{9\mu B_c}{2(\rho_p - \rho)\pi V N_e}\right]^{1/2} \begin{cases} (\rho_p - \rho) = (1.5 - 1.3 \times 10^{-3}) = 1.4987 \text{g/cm}^3 = 1,498.7\text{kg/m}^3 \\ B_c = D_1 \times (1/4) = 1.5 \times 10^2 \text{cm} \times (1/4) = 37.5 \text{cm} = 0.375\text{m} \\ V = 10 \text{ m/sec} \\ \mu = 2 \times 10^{-5} \text{kg/m·sec} \\ N_e = 5 \end{cases}$$

$$\Rightarrow d_{p50_p} = \left[\frac{9 \times 2 \times 10^{-5} \times 0.375}{2 \times 1,498.7 \times 3.14 \times 10 \times 5}\right]^{1/2} \times 10^6 = 11.98 \mu\text{m}$$

$$\therefore \text{입경비}\left(\frac{d_p}{d_{p50}}\right) = \frac{24}{11.98} = 2.0 \;\rightarrow\; \eta_d(\text{부분집진효율}) = 80\%$$

더 풀어보기 예상문제

01 원심력집진장치에서 가스의 점도가 0.09 kg/m·hr일 때 집진효율은 50%이었다. 가스의 점도가 0.0748kg/m·hr일 경우 집진효율(%)은?(단, 다른 조건은 동일)

① 35.3　　② 48.2
③ 54.4　　④ 60.1

02 유량 2,000m³/hr인 함진가스를 사이클론을 이용하여 처리할 때, 집진효율은 80%이다. 처리유량을 2,500m³/hr로 증가할 경우 집진효율(%)은?

① 58%　　② 67%
③ 82%　　④ 86%

정답　1.③　2.③

더 풀어보기 예상문제 해설

01 사이클론의 부분집진효율은 점도에 반비례한다. 따라서 가스의 점도가 0.09kg/m·hr → 0.0748kg/m·hr으로 감소되었으므로 집진효율은 현재의 50%보다는 높아진다.

- $\eta_d = \dfrac{d_p^2(\rho_p - \rho)\pi N_e V}{9\mu B_c}$ 점도를 제외한 다른 조건이 동일하면 점도변화의 0.5승에 반비례함 → $\dfrac{1-\eta_2}{1-\eta_1} = \left(\dfrac{\mu_2}{\mu_1}\right)^{0.5}$

- $\begin{cases} \eta_1 : 점도\ \mu_1 = 0.09\text{kg/m·hr일 때 집진효율} = 50\% \\ \eta_2 : 점도\ \mu_2 = 0.0748\text{kg/m·hr일 때 집진효율} \end{cases}$

⇒ $\dfrac{100-\eta_2}{100-50} = \left(\dfrac{0.0748}{0.09}\right)^{0.5}$

∴ $\eta_2 = 54.4\%$

■ 운전변수에 따른 사이클론의 집진효율 변화 ■

운전변수	집진효율 변화	관계식
가스점도(μ)	반비례 감소	$\dfrac{1-\eta_2}{1-\eta_1} = \left(\dfrac{\mu_2}{\mu_1}\right)^{0.5}$
유량(Q)	비례 증가	$\dfrac{1-\eta_2}{1-\eta_1} = \left(\dfrac{Q_1}{Q_2}\right)^{0.5}$
입자밀도(ρ_p)	비례 증가	$\dfrac{1-\eta_2}{1-\eta_1} = \left[\dfrac{(\rho_p-\rho)_1}{(\rho_p-\rho)_2}\right]^{0.5}$
분진농도(C)	비례 증가	$\dfrac{1-\eta_2}{1-\eta_1} = \left(\dfrac{C_1}{C_2}\right)^{0.18}$

02 사이클론의 부분집진효율은 유량에 비례한다. 따라서 가스의 유량이 2,000m³/hr → 2,500m³/hr으로 증가되었으므로 집진효율은 현재의 80%보다는 높아진다.

- $\dfrac{1-\eta_1}{1-\eta_2} = \left(\dfrac{Q_2}{Q_1}\right)^{0.5}$　$\begin{cases} \eta_1 : 유량\ Q_1 = 2,000\text{m}^3/\text{hr일 때 집진효율} = 80\% \\ \eta_2 : 유량\ Q_2 = 2,500\text{m}^3/\text{hr일 때 집진효율} \end{cases}$

⇒ $\dfrac{100-80}{100-\eta_2} = \left(\dfrac{2,500}{2,000}\right)^{0.5}$

∴ $\eta_2 = 82.11\%$

▌ 세정집진장치

❀ 관성충돌수
관성충돌수는 정상상태(|관성충돌력|=|저항력|)에서 Stokes 입경범위(3~100μm, 구형입자)에 있는 분진의 정지거리(x_s)(입자가 장치 내에 유입된 후 액적에 포집될 때까지 이동한 거리)와 수적경(d_w)의 비(比)로 정의되는 무차원수임

▎ $\dfrac{\pi d_p^3}{6} \times \rho_p \times \alpha = 3\pi \mu d_p V_o$
 $\begin{cases} d_p : \text{분진입자의 직경} \\ \rho_p : \text{입자의 밀도} \\ \alpha : \text{가속도} \\ V_o : \text{처리가스와 액적의 상대속도} \\ \mu : \text{가스의 점성계수} \end{cases}$

☀ $\phi = \dfrac{x_s}{d_w} = \dfrac{d_p^2 \rho_p V_o}{18 \mu d_w}$
 $\begin{cases} \phi : \text{관성충돌 파라미터(분리수)} \\ x_s : \text{입자가 액적에 포집될 때까지 이동한 거리(m)} \\ d_w : \text{수적경(m)} \end{cases}$

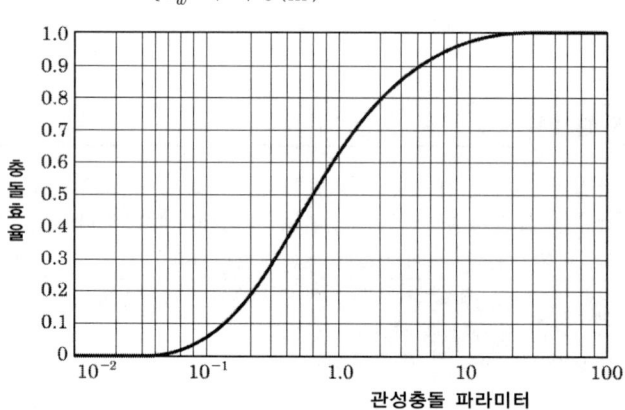

〈그림〉 관성충돌수에 따른 충돌효율

❀ 효율산정과 영향인자

▎ $\eta_T = 1-(1-\eta_t)(1-\eta_c)(1-\eta_d)$
 $\begin{cases} \eta_T : \text{총효율} \\ \eta_t : \text{충돌효율}(1\mu m \text{ 이상 입자에 유효}) \\ \eta_c : \text{차단효율}(0.1 \sim 1\mu m \text{ 범위 입자에 유효}) \\ \eta_d : \text{확산효율}(0.1\mu m \text{ 미만 입자에 유효}) \end{cases}$

▎ $\eta_T = 1 - \exp\left[-\dfrac{1.5 X L \eta_n \times 10^{-3}}{d_w}\right]$
 $\begin{cases} L : \text{액기스비}(L/m^3) \\ d_w : \text{액적의 직경}(m) \\ \eta_n : \text{액적의 충돌효율} \\ X : \text{세정액의 충돌이동거리} \end{cases}$

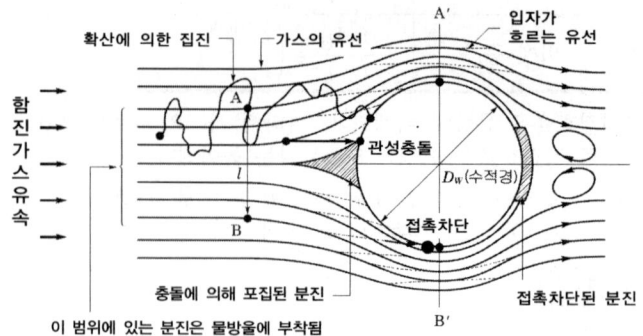

- $\eta_t = 1 - \exp[-K_o L \sqrt{\phi}]$ $\begin{cases} K_o : \text{장치계수} \\ L : \text{액가스비}(L/m^3) \end{cases}$

- $\eta_c = f\left(\dfrac{d_p}{d_w}\right)$ $\begin{cases} d_p : \text{입자직경} \\ d_w : \text{수적경(물방울 직경)} \end{cases}$

- $\eta_d = f\left(\dfrac{1}{P_e}\right)$ $\begin{cases} P_e : \text{페클릿수(Peclet number)} \\ \phi : \text{충돌수(분리수)} \end{cases}$

□ **집진효율(기능) 향상조건**
  ☀ **공통사항** : 집진효율은 동력사용 정도에 비례하며, 최종 처리장치인 기액분리기의 성능이 좋을수록, 가스의 온도가 낮을수록 효율은 증가함
  ☀ **유수식** : 세정액이 미립화되는 부분의 성능이 우수할수록 효율이 증가됨
  ☀ **가압수식**
   - 목부(슬롯부)의 유속을 증가시키고 액가스비(주수율)를 적절히 조절해야 함
   - 분무액의 압력이 높을수록, 액량이 많을수록 세정효과가 커지며, 액적·액막 등의 표면적이 클수록 집진효율이 증가됨. 다만, 가압수식 중 충전탑, 분무탑의 경우 세정액과 향류 접촉시키는 방식에서는 유입가스의 속도를 높게 할수록 집진효율은 낮아지는 경향이 있음
  ☀ **충전탑**
   - 충전밀도가 높고 표면적이 클수록 집진효율이 증대함
   - 액의 hold up을 가능한 한 낮게 유지하고, 처리가스의 온도는 낮게 유지하여 미세한 입자의 비산을 방지해야 함
   - 공탑 내의 가스속도가 낮을수록 체류시간이 길어지므로 효율이 증대함
  ☀ **회전식** : 원주속도가 클수록 세정액은 미립화되어 집진효율은 증가함

⚛ **주요 설계요소**
  □ **물방울 직경 산정** : 수적경(물방울 직경)과 분진의 최적 직경비는 1 : 150 정도가 가장 좋으며, 이보다 크거나 작아도 충돌효율이 낮아지게 됨

  ☀ **벤투리 스크러버** : $d_w = \dfrac{4{,}980}{V_t} + 28.8 L^{1.5}$ $\begin{cases} d_w : \text{수적경(물방울 직경, } \mu m) \\ L : \text{액가스비}(L/m^3) \\ V_t : \text{목부의 가스속도(m/sec)} \end{cases}$

  ☀ **회전식** : $d_w = \dfrac{200}{N\sqrt{R}} \times 10^4$ $\begin{cases} d_w : \text{물방울 직경}(\mu m) \\ N : \text{회전판의 분당회전수(rpm)} \\ R : \text{회전판의 회전반경(cm)} \end{cases}$

  □ **목부의 유속과 액가스비 및 수압의 관계** : 벤투리 스크러버의 경우 목(throat)부 유속에 따라 형성되는 수적경도 달라지는데 일반적으로 목부의 직경이 작을수록, 가스속도는 증가하며, 가스속도가 클수록 액가스비가 낮을수록 생성되는 수적경은 작아짐

  ☀ $n\left(\dfrac{d_n}{D_t}\right)^2 = \dfrac{V_t \cdot L}{100\sqrt{P}}$ $\begin{cases} n : \text{노즐 개수} \\ d_n : \text{노즐 직경(m)} \\ D_t : \text{슬롯(throat)부의 직경(m)} \\ P : \text{수압}(mmH_2O) \\ V_t : \text{슬롯(throat)부 유속(m/sec)} \\ L : \text{액가스비}(L/m^3) \end{cases}$

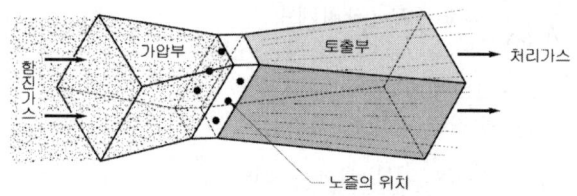

□ **압력손실 산정**

☀ $\Delta P = F \times \dfrac{\gamma V_t^2}{2g}$ $\begin{cases} \Delta P : 압력손실(\mathrm{mmH_2O}\ \text{or}\ \mathrm{kg_f/m^2}) \\ F : 압력손실계수 : 속도압(동압)(\mathrm{mmH_2O}) \\ \gamma : 가스의\ 비중량(\mathrm{kg_f/m^3}) \\ V_t : 스로트(\text{throat})부\ 유속(\mathrm{m/sec}) \end{cases}$

☀ 벤투리관 : $\Delta P = (a + bL) \times \dfrac{\gamma V_t^2}{2g}$ $\begin{cases} L : 액가스비(\mathrm{L/m^3}) \\ a,\ b : 벤투리관\ 내의\ 거칠기에\ 따른\ 계수 \end{cases}$

☀ $\Delta P = \left[\dfrac{0.033}{R_{Ht}^{0.5}} + 3.0(R_{Ht})^{0.3} \cdot L\right] \times \dfrac{\gamma V_t^2}{2g}$ $\begin{cases} L : 액가스비(\mathrm{L/m^3}) \\ R_{Ht} : 동수반경(\mathrm{m}) \end{cases}$

☀ $\Delta P_c = 1.03 \times 10^{-6} V_{tc} L$ $\begin{cases} \Delta P_c : 압력손실(\mathrm{cmH_2O}) \\ V_{tc} : 목부의\ 가스속도(\mathrm{cm/sec}) \\ L : 액가스비(\mathrm{L/m^3}) \end{cases}$

여과집진장치

⚛ **포집원리** : 여과집진의 입자포집원리는 세정집진장치와 유사하게 관성충돌-직접차단-확산이 중요하게 작용하지만 이외에 부착 분진층의 체거름 효과(Sieve Effect)에 의해 포집되는 특수한 메커니즘이 추가로 작용하게 됨

⚛ **효율산정과 영향인자**

▌$\eta_T = 1 - (1-\eta_t)(1-\eta_c)(1-\eta_d)(1-\eta_g)$ $\begin{cases} \eta_T : 총효율 \\ \eta_t : 충돌효율 \\ \eta_c : 차단효율 \\ \eta_d : 확산효율 \\ \eta_g : 중력효율 \end{cases}$

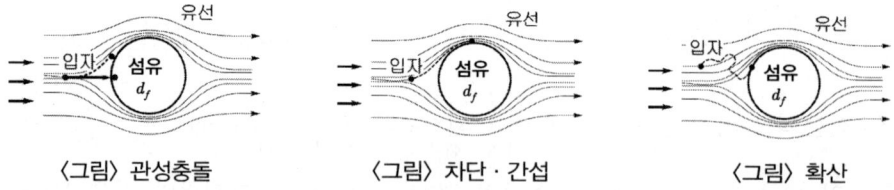

〈그림〉 관성충돌　　　〈그림〉 차단·간섭　　　〈그림〉 확산

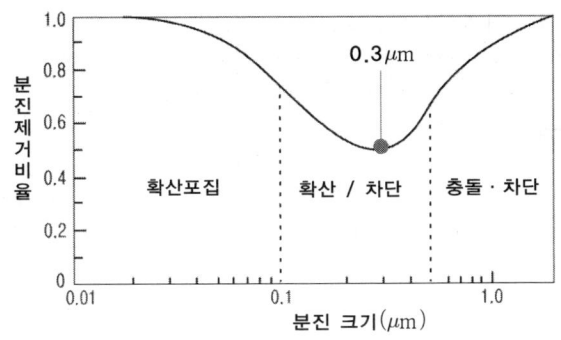

- $\eta_t(충돌효율) = f\left(\dfrac{L_f}{d_f}\right)^2 \quad \begin{cases} d_f : 섬유직경 \\ L_f : 섬유에 직접충돌하는 평행류의 길이 \end{cases}$

- $\eta_c(차단효율) = f\left(\dfrac{d_p}{d_f}\right) \quad \begin{cases} d_p : 입자직경 \\ d_f : 섬유직경 \end{cases}$

- $\eta_d(확산효율) = f(D) = f\left(≒ \dfrac{K_B T}{3\pi \mu d_p}\right) \quad \begin{cases} D : 확산계수(\mathrm{L}^2\mathrm{T}^{-1}) \\ K_B : 볼츠만상수 \\ T : 가스온도(\mathrm{K}) \\ \mu : 가스의 점성계수 \end{cases}$

- $\eta_g(중력효율) = f\left(\dfrac{V_g}{V_o}\right) = f\left(\dfrac{d_p^2 \rho_p g}{18\mu V_o}\right) \quad \begin{cases} V_g : 침강속도 \\ V_o : 접근유속 \\ \rho_p : 입자밀도 \end{cases}$

주요 설계요소

- **공기여재비 산정** : 여재비(A/C, Air to Cloth ratio)는 여과집진장치의 설계·운전에 매우 중요한 요소이며, 탈진방법, 산업공정에 따라 그 적용을 달리하는데 충격기류식 탈리방식은 3~10 정도, 진동식 탈리방식은 2~3, 역기류식은 0.2~2.0 정도로 설계됨

☀ $A/C = \dfrac{Q_f}{A_f} \quad \begin{cases} A/C : 공기여재비(여재비)(\mathrm{cm}^3/\mathrm{cm}^2 \cdot \sec) \\ Q_f : 처리가스량(\mathrm{cm}^3/\sec) \\ A_f : 여과면적(\mathrm{cm}^2) \end{cases}$

┃ 공기여재비의 영향 ┃

과소할 경우	과다할 경우
• 여과집진기의 규모가 비대하게 됨 • 소요설치면적이 많이 듦	• 처리부하 가스량이 증가함 • 여과재의 마모손상 또는 포집 분진층이 보다 치밀하게 됨 • 압력손실이 과도하게 증가함 • 탈진 시 블라인딩 현상(blinding effect)이 발생할 수 있음 • 집진효율 및 장치의 성능이 저하됨

- **여과속도**(filteration velocity) : 여과집진장치의 성능에 **가장 큰 영향을 주는 설계요소**이며, 여과속도는 매연의 성상, 분진의 입경, 요구집진율, 여과방식에 따라 다르지만 일반적으로 역기류 탈진방식의 경우는 0.5~1.5cm/sec, 진동식 탈진방식의 경우는 1~3cm/sec범위로 설계됨

☀ $V_f = \dfrac{Q_f}{A_f}$ $\begin{cases} V_f : \text{여과속도(m/sec)} \\ Q_f : \text{처리가스량(m}^3\text{/sec)} \\ A_f : \text{집진면적(여과면적)(m}^2\text{)} \end{cases}$

▫ **여과포의 소요 개수**

☀ $n = \dfrac{Q_f}{Q_i}$ 원통형 여과포인 경우 $Q_i = \pi D L \times V_f$ → $n = \dfrac{Q_f}{\pi D L V_f}$ $\begin{cases} n : \text{여과포의 개수} \\ Q_f : \text{처리가스량(m}^3\text{/sec)} \\ Q_i : \text{1개당 처리유량(m}^3\text{/sec)} \\ D : \text{여과포의 직경(m)} \\ L : \text{여과포의 길이(m)} \\ V_f : \text{여과속도(m/sec)} \end{cases}$

▫ **분진부하 산정** : 분진부하(dust loading)는 여과포의 단위면적당 포집된 분진량으로 정의되며, 운전시간이 경과될수록 증가함

☀ $L_d = \dfrac{m_d}{A_f} = L_d = C_i V_f \eta \cdot t$ $\begin{cases} L_d : \text{분진부하량(g/cm}^2\text{)} \\ m_d : \text{여과포에 포집된 분진량(g)} \\ C_i : \text{유입농도(g/cm}^3\text{)} \\ \eta : \text{분진제거효율} \\ t : \text{가동시간(sec)} \end{cases}$

▫ **압력손실 산정** : 여과집진장치의 압력손실은 여과재 자체에 대한 압력손실과 포집된 분진층에 의한 압력손실 및 마찰손실의 총합으로 다음과 같이 계산됨

☀ $\Delta P = K_1 V_f + K_2 V_f^2 C_i \eta \cdot t$ $\begin{cases} \Delta P : \text{압력손실(mmH}_2\text{O)} \\ K_1 : \text{여과재의 저항계수} \\ K_2 : \text{분진층의 저항계수} \\ C_i : \text{유입분진농도(kg/m}^3\text{)} \end{cases}$

⚛ **분진의 탈리(탈진)방식** : 여과집진에서 탈리방식은 분진부하량, 분진의 물리·화학적 성상, 소요설치면적, 분진제거효율 등 제반조건을 고려하여 형식을 결정하되 여과 대 탈진 시간의 비는 10 : 1 보다 크게 유지하도록 하여야 함

▫ **간헐식** : **진동형, 역기류형, 조합식**(진동형+역기류형, 역기류+진동형)
  - 집진실이 3~4실로 구획되어 있으며, 압력손실이 규정치(150~200mmH₂O)에 달하면 해당 실(室)의 댐퍼를 닫은 후 포집된 분진을 탈리하는 구조임
  - 진동형은 **중앙진동, 상하진동, 수평진동, 음파진동** 방식이 있음
  - 역기류형(revers type)은 진동형에 비하여 탈진효율이 좋고, 탈리가 용이한 먼지 또는 대용량가스에 적합함
  - 간헐식은 저농도 소량가스를 고효율로 집진할 때 적합함
  - 연속식에 비하여 탈리 시 분진의 재비산이 적고 여과포의 수명을 연장할 수 있음

▫ **연속식** : **역기류 제트분사식**(reverse jet type), **충격기류 제트분사식**(pulse jet type)
  - 처리가스 흐름을 차단하지 않고, 집진과 탈진을 동시에 행하는 방식임
  - 직포(織布) 보다는 부직포(不織布)가 유리하게 사용됨
  - 여과속도를 3~10cm/sec 범위로 높게 유지할 수 있음
  - 고농도, 대용량가스 처리에 적합함
  - 간헐식에 비하여 탈리 시 재비산 분진량이 많고, 집진효율이 낮음

▮ 전기집진장치

❀ 겉보기이동속도(입자의 이론적 집진속도)
함진가스 중의 분진입자가 분리되어 집진극 상으로 이동하는 속도는 쿨롱력(Coulomb force, 전기력)과 가스의 점성저항력의 균형 즉, $|F_c| = |F_d|$ 가 평형을 이루는(정상상태 가정) 입자의 겉보기 이동속도 W_e 는 다음 같이 산정됨

- 전기력 : $F_e = Q_o E_c$ $\xrightarrow[P = 3\varepsilon_p/(\varepsilon_p+2)\text{이면}]{\text{전하량}(Q_o) = \varepsilon_o P 3\pi d_p^2 E_p \text{이고}}$ $F_e = \varepsilon_o \dfrac{3\varepsilon_p}{(\varepsilon_p+2)} \pi d_p^2 E_p E_c$

- 저항력 : $F_d = 3\pi \mu d_p W_e$

☀ $W_e = \dfrac{2.947 \times 10^{-14} \cdot P \cdot E_p \cdot E_c \cdot d_p}{\mu}$

$\begin{cases} W_e : \text{입자의 겉보기이동속도(m/sec)} \\ \mu : \text{가스의 점도(kg/m·sec)} \\ Q_o : \text{포화전하량(C)(MKS 단위)} \\ d_p : \text{분진입자 직경(m)} \\ \varepsilon_o : \text{진공 중의 유전율} \\ \varepsilon_p : \text{분진입자의 비유전율} \\ P : \text{입자의 유전율계수 (1.5~2.4)} \\ E_c : \text{하전공간의 전계강도(V/m)} \\ E_p : \text{집진공간의 전계강도(V/m)} \\ F_e : \text{쿨롱력(kg·m/sec}^2) \end{cases}$

❀ 효율산정과 영향인자

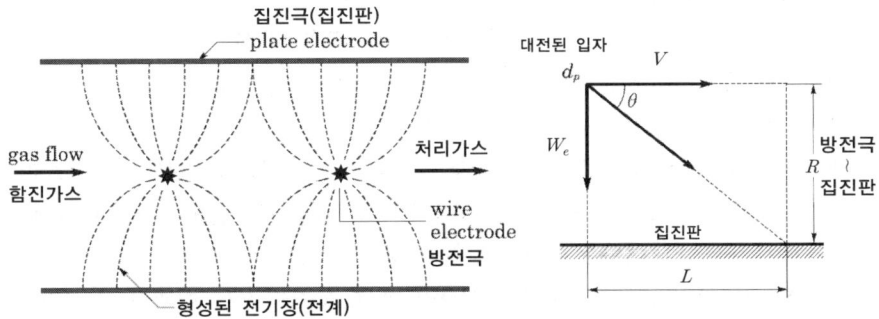

- $\tan\theta = \dfrac{W_e}{V} = \dfrac{R}{L}$ $\begin{cases} V : \text{수평유속(m/sec)} \\ W_e : \text{입자의 겉보기이동속도(m/sec)} \\ R : \text{반경거리(m)} \\ L : \text{길이(m)} \end{cases}$

- **이론효율** : $\eta = \dfrac{W_e}{V} \times \dfrac{L}{R} = \dfrac{AW_e}{Q}$

- **실제효율** : $\eta = 1 - e^{-K\frac{AW_e}{Q}}$ ···(Deutsch식)
  $= 1 - e^{-KfW_e}$

$\begin{cases} A : \text{집진면적(m}^2) \\ W_e : \text{겉보기이동속도(m/sec)} \\ V : \text{가스유속(m/sec)} \\ Q : \text{처리가스량(m}^3\text{/sec)} \\ L : \text{집진판의 길이(m)} \\ R : \text{집진판과 방전극 간 거리(m)} \\ K : \text{형상, 판수 등 관련 보정계수} \\ f : \text{비집진면적(m}^2 \cdot \text{sec/m}^3) \end{cases}$

▶도이치(Deutsch)식 가정조건◀
- 집진된 분진은 재비산되지 않음
- 가스 및 입자는 모든 위치에서 균등하게 분포됨
- 가스와 분진은 수직혼합없이 일정한 속도로 이동함
- 대전장(charging field) 및 집진장(collecting field)의 세기는 일정함

주요 설계요소

- **겉보기전기저항**(비저항) : 전기흐름에 대한 저항을 전기저항이라 하며, 저항의 크기 단위는 Ω(ohm)임. 전기저항(R)은 도선의 길이(L)에 비례하고, 면적(A)에 반비례하는데 이때 **물질에 따른 비례상수**를 비저항(Resistivity, Ω·cm)이라고 하고, 포집된 분진층의 전류에 대한 전기저항을 나타냄

  ☀ $R = \rho_d \dfrac{L}{A}$

  ☀ $\rho_d = \dfrac{E_d}{I_\rho}$

  $\begin{cases} R : \text{전기저항} \\ \rho_d : \text{겉보기전기저항률}(\Omega \cdot cm) \\ E_d : \text{분진층의 전계강도}(V/cm) \\ I_\rho : \text{전류밀도}(A/cm^2) \end{cases}$

- **비저항의 영향인자** : 분진·가스의 조성, 가스온도, 수분함량, 입자형상 등
- **비저항이 집진성능에 미치는 영향**
  - 저비저항(Low Resistivity, 비저항 $10^4 \Omega \cdot cm$ 이하) : 카본블랙(Carbon Black), 흑연, 금속 훈연(Fume) 등이 대체로 낮은 비저항을 가짐
    - 재비산(점핑, Jumping)현상 발생
    - 출구 분진농도 증가 → 집진효율 저하
  - 고비저항(Hight Resistivity), 비저항 $10^{11} \Omega \cdot cm$ 이상) : 미분탄 Fly Ash 등
    - 비저항 $10^{11} \Omega \cdot cm$ 전후는 연면방전이 개시(Spark 빈도 과도)되면서 전계공간의 전하밀도 급격히 저하 → 집진효율 저하
    - 비저항 $10^{12} \Omega \cdot cm$ 이상에서는 불꽃방전이 정지되면서 형광을 띈 양(+)코로나 발생량이 증가되는 역전리(Back Corona) 발생 → 집진효율 급격히 저하

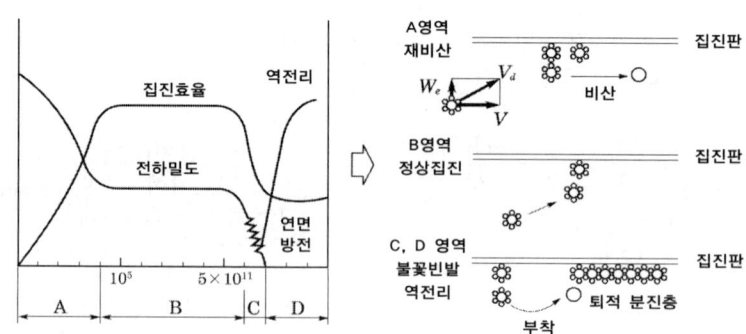

▫ **이론적 포집시간 · 길이**

☀ 시간 : $t = \dfrac{L}{V} = \dfrac{W_e}{R}$

☀ 길이 : $L = \dfrac{VR}{W_e}$

$\begin{cases} L : \text{집진극(집진판)의 길이} \\ R : \text{집진극과 방전극 사이의 거리} \\ V : \text{함진가스의 유속} \\ W_e : \text{입자의 겉보기이동속도} \\ n : \text{집진극(집진판)의 수} \\ A_i : \text{집진극 1개의 유효집진면적} \end{cases}$

▫ **관형**(파이프형)

☀ **효율** : $\eta = 1 - e^{-\dfrac{2LW_e}{RV}} = 1 - e^{-\dfrac{nA_iW_e}{Q}}$

☀ **집진판수** : $n = \ln(1-\eta) \times \left(-\dfrac{Q}{A_iW_e}\right)$

▫ **판형**(평판형)

☀ **효율** : $\eta = 1 - e^{-\dfrac{LW_e}{RV}} = 1 - e^{-\dfrac{2(n-1)A_iW_e}{Q}}$

☀ **집진판수** : $n = \left[\ln(1-\eta) \times \left(-\dfrac{Q}{2A_iW_e}\right)\right] + 1$

엄선 예상문제

01 세정집진장치의 특성으로 옳지 않은 것은 어느 것인가?

① 소수성 입자의 집진효과가 크다.
② 연소, 폭발성 가스의 처리가 가능하다.
③ 조해성, 점착성의 먼지 제거가 가능하다.
④ 한번 제거된 입자는 보통 처리가스 속으로 재비산되지 않는다.

02 세정집진장치에서 회전원판의 반경이 4cm, 회전수가 3,600rpm일 때 물방울의 직경은?

① 123.5 μm ② 222.2 μm
③ 277.8 μm ④ 398.6 μm

03 세정집진장치 중 액가스비가 10~50L/m³ 정도로 매우 높아 다량의 세정액이 사용되어 유지비가 고가이기 때문에 처리가스량이 많지 않을 때 주로 사용하는 것은?

① Jet Scrubber
② Theisen Washer
③ Venturi Scrubber
④ Impulse Scrubber

04 세정집진장치의 집진원리에 대한 설명으로 틀린 것은?

① 액적에 입자가 충돌하여 부착한다.
② 가스의 증습에 의하여 입자가 서로 응집한다.
③ 입자를 핵으로 한 증기의 응결에 따라 응집성을 감소시킨다.
④ 미립자의 브라운 운동에 따른 확산에 의하여 액적과의 접촉을 쉽게 한다.

05 벤투리 스크러버에 대한 다음 설명 중 옳지 않은 것은?

① 효율이 좋고 광범위하게 사용된다.
② 액가스비는 일반적으로 분진의 입경이 작고, 친수성이 아닐수록 커진다.
③ 10 μm 이하의 미립자이거나 소수성의 입자일 경우는 액가스비가 0.3L/m³ 정도이다.
④ 함진가스를 벤투리관의 목(Throat)부에 유속 60~90m/sec로 빠르게 공급하여 목부 주변의 노즐로부터 세정액이 흡인 분사되게 함으로써 포집하는 방식이다.

▶ 해설

01 세정집진장치에서 소수성을 갖는 분진입자는 집진효과가 낮다.
02 회전식 세정집진장치의 수적경 계산식을 이용한다.

$$d_w = \frac{200}{N\sqrt{R}} \times 10^4$$

$$\therefore d_w = \frac{200}{3,600\sqrt{4}} \times 10^4 = 277.8 \, \mu m$$

03 액가스비가 10~50L/m³ 정도로 높은 것은 제트 스크러버(Jet Scrubber)이다.
04 입자와 증기의 응결은 응집성을 증대시킨다.
05 10 μm 이하의 미립자이거나 소수성의 입자일 경우는 액가스비가 1.5 L/m³ 정도이다.

정답 ❘ 1.① 2.③ 3.① 4.③ 5.③

06 Venturi Scrubber의 액가스비 범위로 옳은 것은?
 ① 0.3~1.5L/m³   ② 3.0~4.5L/m³
 ③ 5.3~10.0L/m³ ④ 10.0~20.0L/m³

07 다음의 세정집진장치에 해당하는 것은?

- 고정 및 회전날개로 구성된 다익형의 날개차를 350~750rpm 정도로 고속선회하여 함진가스와 세정수를 교반시켜 먼지를 제거한다.
- 미세 먼지도 99% 정도까지 제거 가능하다.
- 별도의 송풍기는 필요 없으나 동력비는 많이 든다.
- 액가스비는 0.5~2L/m³ 정도이다.

 ① Jet Scrubber
 ② Theisen Washer
 ③ Venturi Scrubber
 ④ Impulse Scrubber

08 여과집진에서 직경이 0.1μm 이하인 미세입자의 주요 여과 메커니즘은?
 ① 확산(Diffusion)
 ② 중력침강(Sedimentation)
 ③ 관성충돌(Inertial Impaction)
 ④ 접촉차단(Direct Interception)

09 세정집진장치에서 관성충돌계수(효과)를 크게 하기 위한 입자배출원의 특성 및 운전조건으로 거리가 먼 것은?
 ① 먼지의 입경이 커야 한다.
 ② 액적의 직경이 작아야 한다.
 ③ 처리가스의 점도가 낮아야 한다.
 ④ 처리가스의 온도가 높아야 한다.

10 다음 여과재료 중 고온에 제일 강한 것은 어느 것인가?
 ① 양모   ② Glass Fiber
 ③ PVC계 섬유   ④ Polyester계 섬유

11 여과집진에 사용되는 여과포에 대한 설명 중 옳지 않은 것은?
 ① 목면은 내산성은 불량하나 가격이 저렴하다.
 ② 여포의 형상은 원통형, 평판형 등이 있으나 주로 원통형을 사용한다.
 ③ 여포는 내열성이 약하므로 가스온도 250℃를 넘지 않도록 주의한다.
 ④ 고온가스를 냉각시킬 때에는 산노점 이하로 유지하여 여과포의 눈막힘을 방지한다.

12 다음의 전기집진 메커니즘 중에서 가장 먼저 일어나는 것은?
 ① 대전   ② 이동
 ③ 전기적 중화   ④ 이온화

> 해설

06 벤투리 스크러버의 액가스비는 0.3~1.5L/m³이다.
07 문제의 설명에 해당하는 세정집진장치는 타이젠 와셔(Theisen Washer)이다.
08 0.1μm 이하의 미세입자에 대한 주요 포집 메커니즘은 확산(Diffusion)이다.
09 처리가스의 온도를 낮게 하여야 관성충돌계수(효과)를 크게 유지할 수 있다.

□ 충돌수$(\phi) = \dfrac{d_p^2 \rho_p V_o}{18 \mu d_w}$ $\begin{cases} d_p : 입자직경 \quad \rho_p : 입자밀도 \\ V_o : 상대속도 \quad d_w : 수적경 \\ \mu : 가스점도 \end{cases}$

10 여과재료 중 고온에 제일 강한 것은 글라스 화이버이다. 글라스 화이버의 사용온도는 250℃이다.
11 고온가스를 냉각시킬 때에는 산노점 이상으로 유지하여 여과포의 저온부식과 눈막힘을 방지한다.
12 전기집진장치에서 분진입자가 집진이 완료되는 순서는 코로나(corona) 방전 → 가스의 이온화 → 전계 형성과 전하부여(분진입자의 대전) → 전기적 인력에 의한 집진극으로 분진이동 → 부착포집 → 전기적 중화 및 탈리

정답 ┃ 6.① 7.② 8.① 9.④ 10.② 11.④ 12.④

13 여과집진장치 중 간헐식에 대한 설명으로 옳지 않은 것은?

① 진동형의 경우 여과속도는 1~2cm/sec 정도이다.
② 연속식에 비해 대량의 가스처리에는 부적합한 편이다.
③ 먼지를 탈리할 때 재비산이 적고, 높은 집진효율을 얻을 수 있다.
④ 역기류형은 그 역기류가 강할 경우에는 초자섬유(Glass Fiber) 등의 여과재가 효과적으로 사용된다.

14 여과집진장치에 대한 다음 설명 중 거리가 먼 것은?

① 내면여과는 여과속도가 15m/sec, 압력손실은 보통 150mmH$_2$O 정도이다.
② Package형 Filter, 방사성 먼지용 Air Filter 등은 내면여과방식에 해당된다.
③ 내면여과는 일반적으로 건식으로서 사용되지만 점착성 기름을 여재에 바른 습식도 있다.
④ 여포는 내열성이 약하므로 가스온도가 250℃를 넘지 않도록 주의하고, 고온가스 냉각 시에는 산노점 이상으로 유지하여야 한다.

15 유량 200m^3/min인 함진가스를 여과속도 2cm/sec으로 여과하는 백필터가 있다. 소요 여과면적(m^2)은?

① 167 ② 178
③ 183 ④ 294

16 먼지농도 15g/m^{3}인 배기가스를 2,000m^3/min로 배출하는 시설에 여과집진장치를 설치하였다. 평균여과속도는 1.8cm/sec, 직경 350mm, 유효높이 10m의 여과백을 사용한다면 필요한 여과백의 수는?

① 530개 ② 303개
③ 169개 ④ 120개

17 전기집진장치에서 입자의 비저항이 10^{4}Ω·cm 이하인 경우에 대한 다음 설명 중 옳지 않은 것은?

① 역전리 현상이 일어난다.
② 포집된 먼지의 재비산이 일어난다.
③ NH$_3$를 주입하여 비저항을 조절한다.
④ 포집된 대전입자의 중화속도가 빠르다.

▶ 해설

13 역기류형은 그 역기류가 강할 경우에는 초자섬유(Glass Fiber)보다는 강도가 평균 이상인 폴리아미드계, 폴리에스테르계의 나일론, 오론, 테프론이나 부직포 섬유 등을 사용하는 것이 좋다.

14 내면여과방식의 여과속도는 1cm/sec 전후로 낮게 유지한다. 반면에 표면여과방식(백필터방식)의 경우는 2cm/sec 전후로 한다.

15 여과포의 소요면적(A_f) 계산식을 이용한다.

$$A_f = \frac{Q_f}{V_f} \quad \begin{cases} Q_f : \text{처리가스 유량} = 200\,\text{m}^3/\text{min} \\ V_f : \text{여과유속} = 0.02\,\text{m/sec} \end{cases}$$

$$\therefore A_f = \frac{200}{0.02 \times 60} = 166.67\,\text{m}^2$$

16 여과포의 소요 개수(n) 계산식을 이용한다.

$$n = \frac{Q_f}{Q_i} = \frac{Q_f}{\pi D L V_f} \quad \begin{cases} V_f = 1.8\,\text{cm/sec} = 1.08\,\text{m/min} \\ D = 350\,\text{mm} = 0.35\,\text{m} \end{cases}$$

$$\therefore n = \frac{2,000}{3.14 \times 0.35 \times 10 \times 1.08} = 168.5 = 169\,\text{개}$$

17 역전리는 10^{12}Ω·cm 이상의 고비저항에서 일어난다.

정답 | 13.④ 14.① 15.① 16.③ 17.①

18 여과집진장치에 대한 설명으로 옳지 않은 것은?

① 수분이나 여과속도에 대한 적응성이 낮다.
② 간헐식인 경우 먼지의 재비산이 작고 높은 집진율을 얻을 수 있다.
③ 여과자루의 길이/직경(L/D)=50 이상으로 설계하고, 여과자루간의 최소간격은 20cm 이상이 되어야 한다.
④ 여과재는 재질보전을 위해서 최고사용온도를 넘지 않도록 주의해야 하며, 특히 고온가스를 냉각시킬 때에는 산노점 이상으로 유지해야 한다.

19 반지름 245mm, 길이 3.5m인 백필터를 사용하여 함진가스 22m³/sec를 처리할 때 여과속도를 14cm/sec로 유지하고 있다. bag의 개수는?

① 16　　　　　② 30
③ 60　　　　　④ 94

20 여과집진장치에서 필터의 먼지부하가 420 g/m²에 달할 때 탈락시키고자 한다. 이때 탈락시간 간격은?(단, 유입 분진농도 10g/m³, 여과속도 7,200cm/hr)

① 23분　　　　② 31분
③ 35분　　　　④ 43분

21 여과집진장치에서 필터의 먼지부하가 360 g/m²일 때마다 부착먼지를 간헐적으로 탈리시킨다. 유입부의 분진농도 10g/m³, 여과속도 1cm/sec일 때 부착먼지의 탈락시간(hr) 간격은?(단, 집진율 80%)

① 0.83hr　　　② 1.25hr
③ 2.43hr　　　④ 3.16hr

22 전기집진장치의 방전극의 재질로 사용되지 않는 것은?

① 폴로늄　　　② 스테인리스강
③ 고탄소강　　④ 동·티타늄 합금

▶ **해설**

18 여과자루의 길이/직경(L/D)=20 이하로 설계한다.

19 여과포의 개수(n) 계산식을 이용한다.

$$n = \frac{Q_f}{Q_i} = \frac{Q_f}{\pi D L V_f} \begin{cases} Q_f : 유량 = 22\,\text{m}^3/\text{sec} \\ V_f : 유속 = 0.14\,\text{m/sec} \\ D : 직경 = 2 \times 0.245\,\text{m} \\ L : 길이(높이) = 3.5\,\text{m} \end{cases}$$

$$\therefore n = \frac{22}{3.14 \times 0.49 \times 3.5 \times 0.14} = 30$$

20 분진부하(L_d)와 여과시간(t)의 관계식을 이용한다.

$$L_d = C_i V_f \eta t \begin{cases} L_d : 먼지부하 = 420\,\text{g/m}^2 \\ C_i : 유입 먼지농도 = 10\,\text{g/m}^3 \\ V_f : 여과속도 = 72\,\text{m/hr} \\ \eta : 효율(조건이 없으면 100\%) \end{cases}$$

$$\therefore t = \frac{L_d}{C_i V_f \eta} = \frac{420\,\text{g}}{\text{m}^2} \times \frac{\text{m}^3}{10\,\text{g}} \times \frac{\text{hr}}{7,200\,\text{cm}} \times \frac{100\,\text{cm}}{\text{m}} \times \frac{60\,\text{min}}{\text{hr}} = 35\,\text{min}$$

21 분진부하(L_d)와 여과시간(t)의 관계식을 이용한다.

$$L_d = C_i V_f \eta t \begin{cases} L_d : 먼지부하 = 360\,\text{g/m}^2 \\ C_i : 유입 먼지농도 = 10\,\text{g/m}^3 \\ V_f : 여과속도 = 0.011\,\text{m/sec} \\ \eta : 효율 = 80\% = 0.8 \end{cases}$$

$$\therefore t = \frac{L_d}{C_i V_f \eta} = \frac{360\,\text{g}}{\text{m}^2} \times \frac{\text{m}^3}{10\,\text{g}} \times \frac{\text{sec}}{0.01\,\text{m}} \times \frac{1}{0.8} \times \frac{\text{hr}}{3,600\,\text{sec}} = 1.25\,\text{hr}$$

22 방전극은 스테인리스강 및 합금을 가장 많이 사용한다. 이외에 고탄소강, 동·티타늄 합금, 알루미늄 등을 혼합한 강선들이 사용된다.

정답 ┃ 18.③　19.②　20.③　21.②　22.①

23 백필터(Bag Filter)를 통과한 처리가스 중의 분진농도가 0.004g/m³이고, 먼지 통과율이 2.6%일 때 이 집진장치에 유입분진농도(mg/m³)는?

① 126　　② 154
③ 189　　④ 213

24 전기집진장치에서 처리가스의 기본 유속범위로 운전하는 주된 이유는?

① 층류영역으로 운전하기 위하여
② 충분한 체류시간을 제공하기 위하여
③ 집진된 분진의 재비산을 방지하기 위하여
④ 집진실 내부를 부압상태로 유지하기 위하여

25 다음 중 전기집진장치에서 전기집진이 가장 잘 이루어질 수 있는 먼지의 비저항 영역으로 가장 적합한 것은?

① $10^2 \sim 10^4 \Omega \cdot cm$　② $10^7 \sim 10^{10} \Omega \cdot cm$
③ $10^{12} \sim 10^{13} \Omega \cdot cm$　④ $10^{14} \sim 10^{18} \Omega \cdot cm$

26 직경 10cm, 길이 1m인 파이프형(원통) 집진극으로 구성된 전기집진장치에서 처리가스의 유속 1.5m/sec, 분진입자의 분리속도(겉보기이동속도) 15cm/sec일 때 분진제거효율(%)은?

① 99.5　　② 98
③ 96.5　　④ 95

27 Bag Filler의 입구 및 출구에서의 가스량과 먼지농도가 다음과 같을 때 먼지의 통과율(%)은?

- 입구가스량 : 11,400Sm³/hr
- 출구가스량 : 15,200Sm³/hr
- 입구먼지농도 : 15.6g/Sm³
- 출구먼지농도 : 0.8g/Sm³

① 5.36%　　② 6.84%
③ 9.23%　　④ 11.3%

> **해설**

23 유입구의 먼지농도(C_i)는 출구농도(C_o)에 통과율(P)을 나누어 산출한다.

□ $C_i = C_o \times \dfrac{1}{P}$　$\begin{cases} C_o\,(백필터\ 출구측\ 농도) = 0.004g/m^3 = 4mg/m^3 \\ P\,(통과율) = 2.6\% = 0.026 \end{cases}$

∴ $C_i = 4mg/m^3 \times \dfrac{1}{0.026} = 153.85\,mg/m^3$

24 전기집진장치에서 처리가스의 기본 유속범위로 운전하는 주된 이유는 집진성능의 적정성 유지와 집진된 분진의 재비산을 방지하기 위함이다.

25 전기집진이 정상적으로 이루어질 수 있는 먼지의 비저항은 $10^4 \sim 10^{11} \Omega \cdot cm$ 범위이다.

26 파이프형(관형) 전기집진장치의 실제 집진효율 계산식을 적용한다.

□ $\eta = 1 - e^{-\frac{AW_e}{Q}}\ \dfrac{집진면적(A) = 2\pi RL}{유량(Q) = \pi R^2 V}$ 를 적용하면　$\eta = 1 - e^{-\frac{2LW_e}{RV}}$

・$\begin{cases} R\ :\ 반지름 = 10/2 = 5\,cm = 0.05\,m \\ W_e\ :\ 겉보기이동속도 = 15\,cm/sec = 0.15\,m/sec \\ L\ :\ 길이 = 1\,m \\ V\ :\ 유속 = 1.5\,m/sec \end{cases}$

∴ $\eta = 1 - e^{-\frac{2 \times 1 \times 0.15}{0.05 \times 1.5}} = 0.9817 = 98.17\%$

27 제시된 입구농도 및 유량, 출구농도 및 유량을 이용하여 통과율(P)을 산출한다.

□ $P(\%) = \dfrac{C_o Q_o}{C_i Q_i} \times 100$　$\begin{cases} C_i\ :\ 입구측\ 분진농도 = 15.6g/m^3 \\ C_o\ :\ 출구측\ 분진농도 = 0.8g/m^3 \\ Q_i\ :\ 입구측\ 배기가스\ 유량 = 11,400\,m^3/hr \\ Q_o\ :\ 출구측\ 배기가스\ 유량 = 15,200\,m^3/hr \end{cases}$

∴ $P = \dfrac{0.8 \times 15,200}{15.6 \times 11,400} \times 100 = 6.84\%$

정답 ∥ 23.② 24.③ 25.② 26.② 27.②

28 전기집진장치의 입구측 먼지농도 10g/m³이고, 출구측 먼지농도 0.5g/m³이다. 출구측 먼지농도를 100mg/m³로 유지하기 위해서는 집진면적을 몇 배로 증가시켜야 하는가?

① 1.54배   ② 2.53배
③ 3.53배   ④ 4.53배

29 높이 3.3m, 폭 2.4m인 두 집진판 사이에 2m³/sec로 함진가스가 통과할 때 집진효율은 90%이었다. 입자의 겉보기이동속도(m/sec)는?

① 0.07   ② 0.13
③ 0.25   ④ 0.29

30 다음 전기집진장치의 먼지 겉보기이동속도 0.1m/sec, 6m×3m의 집진판 182매를 설치하여 함진가스 10,000m³/min를 처리할 경우 집진효율은?

① 98.0%   ② 98.9%
③ 99.3%   ④ 99.8%

31 전기집진장치에서 현재의 집진효율이 90%이다. 이 전기집진장치의 집진면적을 두 배로 늘리면 효율은 얼마가 되는가?(단, Deutsch-Anderson식 적용)

① 93%   ② 95%
③ 97%   ④ 99%

> **해설**

28 제시된 집진장치의 입·출구 농도와 일반적인 전기집진장치의 효율 계산 "일반식"을 조합하여 계산한다.

$$1 - \frac{C_o}{C_i} = 1 - e^{-\frac{AW_e}{Q}} \xrightarrow{\text{집진면적}(A)\text{를 제외한 다른 조건이 일정}(K_o)\text{하면}} \frac{C_o}{C_i} = e^{-K_o A} \begin{cases} \frac{0.5}{10} = e^{-K_o A_1} \\ \frac{0.1}{10} = e^{-K_o A_2} \end{cases}$$

$$\therefore \ \frac{\ln(0.1/10)}{\ln(0.5/10)} = \frac{A_2}{A_1} = 1.54$$

29 평판형 전기집진장치의 효율 계산식을 적용한다.

$$\eta = 1 - e^{-\frac{2(n-1)A_i W_e}{Q}}$$

- $Q = 2\text{m}^3/\text{sec}$
- $2(n-1)A_i = 2 \times (2-1) \times 3.3 \times 2.4 = 15.84 \text{ m}^2$

$$\therefore \ 0.9 = 1 - e^{-\frac{15.84 \times W_e}{2}}$$

$$\therefore \ W_e = \frac{\ln(1-0.9)}{-(15.84/2)} = 0.291 \text{m/sec}$$

30 평판형 전기집진장치의 효율 계산식을 적용한다.

$$\eta = 1 - e^{-\frac{2(n-1)A_i W_e}{Q}} \begin{cases} Q = 10,000\text{m}^3/\text{min} = 166.667\text{m}^3/\text{sec} \\ 2(n-1)A_i = 2 \times (182-1) \times 6 \times 3 = 6,516\text{m}^2 \end{cases}$$

$$\therefore \ \eta = 1 - e^{-\frac{6,516 \times 0.1}{166.667}} = 0.9799 = 98.0\%$$

31 전기집진장치의 실제효율 계산의 일반식을 적용한다.

$$\eta = 1 - e^{-\frac{AW_e}{Q}} \begin{cases} \eta = 90\% = 0.9 \\ -A(W_e/Q) = \ln(1-0.9) = 2.3026 \end{cases}$$

$$\therefore \ \eta^* = 1 - e^{-\frac{2AW_e}{Q}} = 1 - e^{-2 \times 2.3026} = 0.99 = 99\%$$

정답 | 28.① 29.④ 30.① 31.④

32 화력발전소에서 발생하는 연소가스 120 m³/min를 전기집진장치로 처리하고 있다. 분진입자의 겉보기이동속도 15cm/sec일 때 집진효율은 99.6%이었다면 집진면적(m²)은 얼마인가?

① 147.2m² ② 89.3m²
③ 73.6m²   ④ 36.8m²

33 전기집진장치에서 입구 먼지농도 16g/m³, 출구 먼지농도 0.1g/m³이었다. 출구 먼지농도를 0.03g/m³으로 하기 위해서는 집진극의 면적을 약 몇 % 넓게 하면 되는가?(단, 다른 조건은 무시한다.)

① 32% ② 8%
③ 16% ④ 24%

34 평판형 전기집진장치에서 방전극과 집진극과의 간격 6cm, 배출가스의 유속 1.5m/sec, 입자의 겉보기이동속도 8cm/sec일 때 이 입자를 완전히 제거하기 위한 집진장치의 이론적 길이(m)는?

① 0.5625m ② 0.925m
③ 1.125m   ④ 1.850m

> **해설**

32 Deutsch-Anderson의 실제 집진효율 계산식(일반식)을 적용한다.

□ $\eta = 1 - e^{-\frac{AW_e}{Q}}$ $\begin{cases} \eta : \text{집진효율} = 99.6\% = 0.996 \\ W_e : \text{분진의 겉보기이동속도} = 0.15\text{m/sec} \\ Q : \text{처리가스량} = 120\text{m}^3/\text{min} = 2\text{m}^3/\text{sec} \end{cases}$

⇨ $0.996 = 1 - e^{-\frac{A \times 0.15}{2}}$

∴ $A = 73.62\,\text{m}^2$

33 Deutsch-Anderson의 실제 집진효율 계산식을 적용한다.

□ $\eta = 1 - e^{-\frac{AW_e}{Q}}$ $\xrightarrow[\text{출구농도를 } C_o \text{로 하여 적용하면}]{\text{입구농도를 } C_i}$ $\eta = 1 - \frac{C_o}{C_i}$

• $\frac{0.1}{16} = e^{-A_1 \times K(\text{비례상수})}$ → $A_1 = \frac{\ln(0.1/16)}{-K} = 5.075/K$

• $\frac{0.03}{16} = e^{-A_2 \times K(\text{비례상수})}$ → $A_2 = \frac{\ln(0.03/16)}{-K} = 6.279/K$

∴ 증가율 $= \frac{A_2 - A_1}{A_1} \times 100 = \frac{6.279 - 5.075}{5.075} \times 100 = 23.8\%$

34 전기집진장치에서 대상 분진입자를 완전제거(집진효율 100%)하기 위한 관계식은 집진효율 계산 이론식을 적용하여 산정한다.

□ $\frac{A}{Q} = \frac{1}{W_e}$ $\xrightarrow[\text{유량} = 2RHV \text{를 적용하면}]{\text{집진면적} = 2HL}$ $\frac{L}{RV} = \frac{1}{W_e}$

• $\begin{cases} R : \text{집진판과 방전극 간의 거리} = 6\,\text{cm} \\ W_e : \text{분진의 겉보기이동속도} = 8\,\text{cm/sec} \\ V : \text{유속} = 1.5\,\text{m/sec} = 150\,\text{cm/sec} \end{cases}$ ⇨ $\frac{L}{6 \times 150} = \frac{1}{8}$

∴ $L = 112.5\,\text{cm} = 1.125\,\text{m}$

정답 | 32.③ 33.④ 34.③

업그레이드 종합 예상문제

01 세정식 집진장치에서 입자가 포집되는 원리로 거리가 먼 것은?
① 액적 등에 입자가 관성충돌하여 부착하는 원리
② 가스의 선회운동으로 입자를 분리·포집하는 원리
③ 가스의 증습에 의하여 입자가 서로 응집하는 원리
④ 미립자의 확산에 의하여 액적과의 접촉을 양호하게 하는 원리

해설 ②항은 원심력집진기의 포집원리에 해당한다.

02 벤투리 스크러버의 액가스비를 크게 하는 요인이 아닌 것은?
① 먼지의 친수성이 클 때
② 먼지의 입경이 작을 때
③ 먼지의 농도가 높을 때
④ 처리가스의 온도가 높을 때

해설 벤투리 스크러버는 먼지의 친수성이 클 때 운영 액가스비는 낮아진다.

03 다음 중 가압수식 세정집진장치가 아닌 것은?
① Packed Tower
② Jet Scrubber
③ Venturi Scrubber
④ Impulse Scrubber

해설 임펄스 스크러버(Impulse Scrubber)는 회전식이다.

04 세정집진장치 중 가스의 압력손실이 낮은 반면에 세정액의 분무를 위한 상당한 동력이 요구되며, 압력손실은 2~20mmH$_2$O, 가스의 겉보기속도는 0.2~1m/sec 범위인 것은?
① Spray Tower
② Packed Tower
③ Venturi Scrubber
④ Cyclone Scrubber

해설 가스의 압력손실이 낮은 반면 세정액의 분무에 상당한 동력이 요구되는 것은 분무탑(Spray Tower)이다.

05 가스의 처리속도는 0.2~1m/sec, 액가스비 0.1~1L/m^3, 압력손실은 2~20mmH$_2$O 정도로 대용량의 가스처리가 가능하며, 미스트 발생이 적은 것은?
① 분무탑
② 제트 스크러버
③ 사이클론 스크러버
④ 벤투리 스크러버

정답 1.② 2.① 3.④ 4.① 5.①

■해설 가스의 처리속도는 0.2~1m/sec, 액가스비 0.1~1L/m³, 압력손실은 2~20mmH₂O 정도인 것은 분무탑이다.

06 Venturi Scrubber에서 액가스비가 0.6L/m³, 압력손실이 330mmH₂O일 때 목부의 가스속도(m/sec)는?(단, 가스의 비중량은 1.2kg$_f$/m³)

$$\Delta P = (0.5 + L) \times \left(\frac{\gamma V^2}{2g}\right)$$

① 60
② 70
③ 80
④ 90

■해설 제시된 압력손실(ΔP) 관계식을 이용한다.

- $\Delta P = (0.5 + L) \times \left(\dfrac{\gamma V^2}{2g}\right)$ $\begin{cases} \Delta P : 압력손실 = 330\,\mathrm{mmH_2O} \\ L : 액가스비 = 0.6\,\mathrm{L/m^3} \\ \gamma : 가스의\ 비중량(밀도사용\ 가능) = 1.2\,\mathrm{kg}_f/\mathrm{m^3} \end{cases}$

$\Rightarrow 330 = (0.5 + 0.6) \times \left(\dfrac{1.2 \times V^2}{2 \times 9.8}\right)$

∴ $V = 70.02\,\mathrm{m/sec}$

07 벤투리 스크러버에서 220m³/min의 함진가스를 처리하려고 한다. 목부(Throat)의 지름 30cm, 수압 1.8atm, 직경 4mm인 노즐 8개를 사용할 때 필요한 물의 양(L/sec)은?

$$n\left(\frac{d}{D_t}\right)^2 = \frac{V_t L}{100\sqrt{P}}$$

① 3.28L/sec
② 2.26L/sec
③ 1.37L/sec
④ 0.85L/sec

■해설 문제에서 제시된 관계식을 이용한다.

- $n\left(\dfrac{d_n}{D_t}\right)^2 = \dfrac{V_t L}{100\sqrt{P}}$ $\begin{cases} V_t = \dfrac{Q}{A_t} = \dfrac{Q}{\pi D_t^2/4} = \dfrac{220/60\,(\mathrm{m^3/sec})}{3.14 \times 0.3^2/4\,(\mathrm{m^2})} = 51.90\,\mathrm{m/sec} \\ P = 1.8\,\mathrm{atm} \times \dfrac{10{,}332\,\mathrm{mmH_2O}}{\mathrm{atm}} = 18{,}597.6\,\mathrm{mmH_2O} \end{cases}$

$\Rightarrow 8 \times \left(\dfrac{4 \times 10^{-3}}{0.3}\right)^2 = \dfrac{51.9 \times L}{100\sqrt{18{,}597.6}}$ → L(현재 운영 액가스비) = $0.374\,\mathrm{L/m^3}$

∴ 세정수량 = $\dfrac{0.374\,\mathrm{L}}{\mathrm{m^3}} \times \dfrac{220\,\mathrm{m^3}}{\mathrm{min}} \times \dfrac{\mathrm{min}}{60\,\mathrm{sec}} = 1.37\,\mathrm{L/sec}$

08 유효높이 5m, 직경 15cm인 20개의 백필터로 구성된 집진장치에 120m³/min으로 함진 배기가스를 처리할 때 여과속도(cm/sec)는?

① 1.16
② 2.25
③ 3.16
④ 4.25

정답 6.② 7.③ 8.④

■해설 여과포의 유속(V_f) 계산식을 이용한다.

$$V_f = \frac{Q_f}{A_f} = \frac{Q_f}{\pi D L n} \quad \begin{cases} Q_f : 유량 = 120\text{m}^3/\text{min} \\ \pi : 3.14 \\ D : 직경 = 0.15\text{m} \\ L : 길이(높이) = 5\text{m} \\ n : 여과포 개수 = 20 \end{cases}$$

$$\therefore V_f = \frac{120}{3.14 \times 0.15 \times 5 \times 20} = 2.55\text{m/min} = 4.25\text{cm/sec}$$

09 벤투리 스크러버에 대한 다음 설명 중 옳지 않은 것은?

① 소형으로 대용량의 가스처리가 된다.
② 입자의 주된 접촉 메커니즘은 충돌이다.
③ 가스 압력손실이 크므로 동력비가 크다.
④ 최적 수적경은 분진입경의 10~15배이다.

■해설 최적 수적경은 분진입경의 150배 정도이다.

10 여과집진장치에 사용되는 여과포 재료의 특성을 연결한 것이다. 옳지 않은 것은? (단, 여과포 재료 – 산에 대한 저항성 – 최고사용온도 순서임)

① 목면 – 양호 – 150℃
② 비닐론 – 양호 – 100℃
③ 오론 – 양호 – 150℃
④ 글라스화이버 – 양호 – 250℃

■해설 목면(木綿)은 산성에 취약하고, 최고사용온도가 낮다. 따라서 목면 – 불량 – 80℃이어야 한다.

■ 여과포의 종류와 주요 특성 ■

여과포 재료	사용온도(℃)	내산성	내알칼리성	흡습성(%)
목면(Cotton)	80	×	△	8
양모(Wool)	80	△	×	1.6
염화비닐+염화비닐리덴 혼합(사란)	80	△	×	0
염화비닐계 섬유(데비론)	95	○	○	0.04
폴리비닐계 섬유(비닐론)	100	○	○	5
폴리아크릴계 섬유(카네카론)	100	○	○	0.5
폴리아미드계 섬유(나일론, Ester)	110	△	○	4
폴리아크릴+나일론 혼합(오론, Orlon)	150	○	×	0.4
폴리에스테르계 섬유(데크론)	150	○	×	0.4
폴리불화에틸렌계 섬유(테프론)	150	○	×	0.4
유리섬유(글라스화이버)	250	○	×	0

11 다음 여과포 재질 중 내산성 및 내알칼리성이 모두 양호한 것은?

① 비닐론 ② 사란
③ 테프론 ④ 목면

▎해설 여과재 중 내산성, 내알칼리성이 모두 양호한 것은 염화비닐계 섬유(데비론), 폴리비닐계 섬유(비닐론), 폴리아크릴계 섬유(카네카론)이다.

12 여과재의 재질 중 내산성 여과재로 적합하지 않은 것은?

① 목면 ② 비닐론
③ 카네카론 ④ 글라스화이버

▎해설 목면은 산성에 취약하다.

13 사용온도가 약 80℃이고, 내산성이 나쁘고, 내알칼리성인 여과재는?

① Cotton ② Teflon
③ Orlon ④ Glass Fiber

▎해설 여과재 중 사용온도가 80℃ 미만이고, SO_2, HCl 등 산성가스에 취약한 것은 목면(Cotton)이다.

14 다음은 어떤 여과집진장치에 대한 설명인가?

- 함진가스는 외부여과하고, 먼지는 여포 외부에 걸리므로 여포에 Casing이 필요하며, 여포의 상부에는 각각 Venturi관과 Nozzle이 붙어 있어 압축공기를 분사 Nozzle에서 일정시간마다 분사하여 부착한 먼지를 털어내야 한다.
- 형상은 원통형으로 소형화가 가능하고, 여포를 부직포로 하면 직포의 2~3배, 여과속도 2~5m/min에서 처리할 수 있다.

① 역기류형 ② 진동형
③ Pulse Jet형 ④ Reblower형

▎해설 문제의 특징을 가지는 탈진방식은 Pulse Jet형이다. Pulse Jet형의 특징은 함진가스는 외부여과하고, 먼지는 여포 외부에 걸리므로 여포에 Casing이 필요하다는 것이다.

15 다음 중 직물여과기 여과직물을 청소하는 방법과 거리가 먼 것은?

① 기계적 진동
② 펄스 제트(Pulse Jet)
③ 공기 역류(Reverse Air)
④ 임팩트 제트(Impact Jet)

▎해설 제트(Jet) 방식은 펄스 제트방식과 역류 제트방식, 소닉 제트방식이 있다.

정답 11.① 12.① 13.① 14.③ 15.④

16 여과집진장치의 탈진방식에 대한 설명으로 틀린 것은?

① 간헐식은 먼지의 재비산이 적고 높은 집진효율을 얻을 수 있다.
② 연속식은 간헐식에 비해 집진효율이 낮고 여과자루의 수명이 짧은 편이다.
③ 연속식은 집진과 탈진이 동시에 이루어지므로 압력손실의 변동이 크다. 따라서 저농도, 저용량의 가스처리에 효율적이다.
④ 여과포의 수명은 간헐식이 연속식에 비해 긴 편이고, 점성이 있는 조대먼지를 탈진할 경우 연속식은 여포손상의 가능성이 있다.

▮해설 연속식은 압력손실의 변동이 적다. 따라서 고농도, 대용량의 가스처리에 효율적이다.

17 여과집진장치 입구 먼지농도 $12g/m^3$, 유량이 $300m^3/min$인 함진가스를 여재비 $3m^3/m^2 \cdot min$으로 집진한 결과 집진효율은 98%이었다. 압력손실이 $200mmH_2O$에서 집진한다면 탈진주기(min)는?[단, $K_1=59.8mmH_2O/(m/min)$, $K_2=127mmH_2O/(kg/m \cdot min)$]

① 1.53
② 2.86
③ 5.33
④ 7.33

▮해설 압력손실(ΔP) 관계식을 이용한다.

□ $\Delta P = K_1 V_f + K_2 C_i V_f^2 \eta t$ $\begin{cases} \Delta P : \text{압력손실} = 200mmH_2O \\ K_1, K_2 : \text{저항계수} = 59.8, 127 \\ V_f : \text{여과속도} = 3 m^3/m^2 min = 3 m/min \\ \eta : \text{집진효율} = 98\% = 0.98 \end{cases}$

∴ $t = \dfrac{\Delta P - K_1 V_f}{K_2 V_f^2 C_i \eta} = \dfrac{(200-59.8 \times 3)}{127 \times 3^2 \times 12 \times 10^{-3} \times 0.98} = 1.53 min$

18 여과면적 $1m^2$인 여과집진장치로 분진농도 $1g/m^3$인 배기가스 $100m^3/min$를 처리하고 있다. 집진된 분진층의 밀도가 $1g/cm^3$일 때 1시간 후의 여과된 분진층의 두께(mm)는 얼마인가?(단, 집진효율은 100%)

① 3mm
② 6mm
③ 12mm
④ 24mm

▮해설 분진층 두께(L)는 여과포에 포집된 분진부하(L_d)를 분진밀도(ρ_p)로 나누어 산출한다.

□ $L = \dfrac{L_d}{\rho_p}$

$\begin{cases} L_d : \text{분진부하} = \dfrac{C_i Q_i \eta t}{A_f} = \dfrac{1g}{m^3} \times \dfrac{100m^3}{min} \times 1hr \times \dfrac{60min}{hr} \times \dfrac{1}{1m^2} = 6,000 g/m^2 \\ \rho_p : \text{분진밀도} = \dfrac{1g}{cm^3} \times \dfrac{100^3 cm^3}{1^3 m^3} = 1,000,000 g/m^3 \end{cases}$

∴ $L = \dfrac{6,000}{1,000,000} = 6 \times 10^{-3} m = 6 mm$

19 입구의 먼지농도가 25g/Sm³, 집진율이 98%인 여과집진장치에 10개의 백필터(Bag Filter)를 사용하고 있다. 가동 중 1개의 Bag에 구멍이 뚫려 전체 처리가스량의 1/5이 그대로 통과하였다면 출구의 먼지농도(g/m³)는?

① $3.4g/m^3$
② $4.2g/m^3$
③ $4.8g/m^3$
④ $5.4g/m^3$

▌해설 여과집진장치의 출구농도(C_o)는 정상적으로 집진이 된 후 통과되는 분진농도(C_{o1})와 구멍이 뚫린 부위로 집진이 되지 않고 그대로 통과하는 분진농도(C_{o2})를 합산한 농도로 산출할 수 있다.

□ $C_o = C_{o1} + C_{o2}$
$\begin{cases} C_{o1} = C_i(1-\eta) = 25g/m^3 \times \frac{4}{5} \times (1-0.98) = 0.4 g/m^3 \\ C_{o2} = C_i \times \frac{1}{5} = 25g/m^3 \times \frac{1}{5} = 5 g/m^3 \end{cases}$

∴ $C_o = 0.4 + 5 = 5.4 g/m^3$

20 다음 중 전기집진장치에서 코로나 방전 시 부(-)코로나 방전을 이용하는 이유로 가장 적합한 것은? (단, 정(+)코로나 방전 시와 비교)

① 불꽃 방전개시 전압이 낮기 때문에
② 코로나 방전개시 전압이 낮기 때문에
③ 낮은 전계강도를 얻을 수 있기 때문에
④ 적은 양의 코로나 전류를 흘릴 수 있기 때문에

▌해설 전기집진장치에서 코로나 방전 시 이용되는 부(-)코로나 방전은 코로나 방전개시 전압이 낮고 불꽃 방전개시 전압이 높으며, 높은 전계강도를 얻을 수 있다.

21 습식 전기집진장치의 특징에 대한 설명으로 가장 거리가 먼 것은?

① 먼지의 저항이 높기 때문에 역전리가 잘 발생된다.
② 처리가스 속도를 건식보다 2배 정도 높일 수 있다.
③ 집진극면이 청결하게 유지되며, 강전계를 얻을 수 있다.
④ 낮은 전기저항 때문에 생기는 재비산을 방지할 수 있다.

▌해설 습식 전기집진장치는 역전리현상과 재비산현상에 대하여 용이하게 대응할 수 있다.

22 전기집진장치의 장해현상 중 역전리(Back Corona) 현상의 원인으로 가장 관계가 적은 것은?

① 미분탄연소 시
② 입구의 유속이 클 때
③ 배출가스의 점성이 클 때
④ 먼지의 비저항이 너무 클 때

▌해설 유속이 클 때는 재비산현상이 발생된다. 역전리현상은 먼지의 비저항이 $10^{11}\Omega \cdot cm$ 이상으로 큰 분진을 처리할 때 나타나는 장해현상으로 포집분진의 전기적인 중화속도가 느리고, 집진판에 부착된 분진층이 두껍게 쌓이는 현상이 나타나면서 역코로나 발생에 따른 집진기능이 현저히 저하되는 현상이다.

정답 19.④ 20.② 21.① 22.②

23 가로 5m, 세로 8m인 두 집진판이 평행하게 설치되어 있고, 두 판 사이 중간에 원형철심 방전극이 위치하고 있는 전기집진장치에 굴뚝가스가 120m³/min로 통과하고, 입자이동속도가 0.12m/sec일 때의 집진효율은?(단, Deutsch-Anderson 식 적용)

① 98.2%　　　　　　　　　　② 98.7%
③ 99.2%　　　　　　　　　　④ 99.7%

해설 평판형 전기집진장치의 Deutsch-Anderson의 실제 집진효율 계산식을 적용한다.

- $\eta = 1 - e^{-\frac{AW_e}{Q}}$ $\xrightarrow{\text{집진판 1개의 1면을 } A_i \text{라고 할 때}}_{\text{유효집진면적}(A) = 2(n-1)A_i \text{를 적용하면}}$ $\eta = 1 - e^{-\frac{2(n-1)A_i W_e}{Q}}$

- $\begin{cases} Q : 처리가스량 = 120\text{m}^3/\text{min} = 2\text{m}^3/\text{sec} \\ 2(n-1)A_i : 유효집진면적 = 2 \times (2-1) \times 5 \times 8 = 80\text{ m}^2 \\ \text{※ 위에서 } -1\text{은 집진판 외곽의 양면을 제외하기 위한 것임} \end{cases}$

∴ $\eta = 1 - e^{-\frac{80 \times 0.12}{2}} = 0.9917 = 99.17\%$

24 전기집진장치에서 집진판 규격은 가로 4m, 세로 5m이고, 가스의 처리유량 90m³/min, 분진의 겉보기이동속도 0.09m/sec일 때, 집진효율은 얼마인가?

① 90.9%　　　　　　　　　　② 92.9%
③ 96.3%　　　　　　　　　　④ 99.2%

해설 평판형 전기집진장치의 효율 계산식을 적용한다.

- $\eta = 1 - e^{-\frac{2(n-1)A_i W_e}{Q}}$ $\begin{cases} Q = 90\text{m}^3/\text{min} = 1.5\text{m}^3/\text{sec} \\ 2(n-1)A_i = 2 \times (2-1) \times 4 \times 5 = 40\text{m}^2 \end{cases}$

∴ $\eta = 1 - e^{-\frac{40 \times 0.09}{1.5}} = 0.9093 = 90.93\%$

25 전기집진기의 먼지제거효율을 91.8%에서 99%로 증가시켰을 때 집진극 면적의 변화는?

① 집진극 면적은 1.24배 증가　　② 집진극 면적은 1.54배 증가
③ 집진극 면적은 1.84배 증가　　④ 집진극 면적은 2.14배 증가

해설 전기집진장치의 효율 계산 일반식을 적용한다.

- $\eta = 1 - e^{-\frac{AW_e}{Q}}$ $\xrightarrow{\text{집진면적}(A)\text{를 제외한}}_{\text{다른 조건이 일정}(K_o)\text{하면}}$ $\eta = 1 - e^{-K_o A}$ $\begin{cases} 1 - 0.918 = e^{-K_o A_1} \\ 1 - 0.99 = e^{-K_o A_2} \end{cases}$

∴ $\frac{\ln(1-0.99)}{\ln(1-0.918)} = \frac{A_2}{A_1} = 1.84$

더 풀어보기 예상문제

01 벤투리 스크러버의 액가스비를 크게 하는 요인이 아닌 것은?
① 점착성이 클 때
② 친수성이 적을 때
③ 분진입경이 클 때
④ 가스온도가 높을 때

02 세정집진장치 중 액가스비가 가장 크고, 수량이 많은 것은?
① Jet Scrubber
② Packed Tower
③ Cyclone Scrubber
④ Venturi Scrubber

03 유수식 세정집진장치의 종류와 거리가 먼 것은?
① 로터형
② 스크루형
③ 임펠러형
④ 가스 분수형

04 세정집진장치의 원리에 대한 다음 설명 중 옳지 않은 것은?
① 액적에 입자가 충돌하여 부착된다.
② 배기가스를 증습하면 응집성이 낮아진다.
③ 액막과 기포에 입자가 접촉하여 부착된다.
④ 미립자의 확산은 액적과의 접촉이 증가된다.

05 세정집진장치 중 분무탑에 대한 설명으로 옳지 않은 것은?
① 액가스비는 10~50 L/m^{3}이다.
② 구조가 간단하고 보수가 용이하다.
③ 충전물을 쓰지 않기 때문에 압력손실이 낮다.
④ 탑 내에 몇 개의 살수노즐을 사용하여 함진가스의 향류를 접촉시켜 분진을 제거한다.

06 세정집진장치에 대한 다음 설명 중 틀린 것은?
① 타이젠 와셔는 회전식에 해당한다.
② 충전탑, 분무탑은 가압수식에 해당한다.
③ 벤투리 스크러버에서 물방울 입경과 먼지 입경의 비는 5:1 정도가 좋다.
④ 로터형, 가스 분수형 등은 유수식에 속하며, 유수식은 보충액량이 적게 드는 것이 특징이다.

07 여과집진장치에서 먼지의 포집 메커니즘과 거리가 먼 것은?
① 확산(Diffusion)
② 무화(Atomization)
③ 관성충돌(Inertial Impaction)
④ 접촉차단(Direct Interception)

정답 1.③ 2.① 3.② 4.② 5.① 6.③ 7.②

더 풀어보기 예상문제 해설

01 벤투리 스크러버에서 분진입경이 클 때는 액가스비가 작아진다.
02 액가스비가 가장 크고, 수량이 많은 것은 Jet Scrubber이다.
03 유수식에 속하는 것은 S 임펠러형, 로터형, 가스 선회형, 가스 분출(분수)형 등이다.
04 배기가스를 증습하면 입자의 응집성이 증대된다.
05 액가스비 10~50 L/m^{3}인 것은 제트 스크러버이다.
06 벤투리 스크러버에서 물방울 입경과 먼지 입경의 비는 150:1 정도가 좋다.
07 여과집진장치의 주요 분진포집 메커니즘은 관성충돌, 접촉차단, 확산 등이다.

더 풀어보기 예상문제

01 여과집진장치의 탈진에 대한 설명으로 옳지 않은 것은?
① 간헐식 집진은 탈진 시 대량의 가스처리에는 부적합하다.
② 간헐식 집진 중 진동형 탈진방식은 점착성 먼지의 집진에는 사용할 수 없다.
③ 연속식 집진은 탈진 시 먼지의 재비산이 일어나 간헐식보다 집진율이 낮고 여과자루의 수명이 짧다.
④ 연속식 집진 중 충격제트기류 분사형 탈진방식은 집진장치 내 구동장치가 많아 탈진주기에 비해 소요되는 시간이 길다.

02 세정집진장치의 효율향상에 대한 다음 설명 중 옳지 않은 것은?
① 회전식에서는 회전속도를 크게 해 준다.
② 충전탑은 탑 내 처리가스 속도를 크게 해 준다.
③ 분무수의 압력은 높게, 액적, 액막 등의 표면적은 크게 해 준다.
④ 벤투리 스크러버에서는 Throat부의 배기가스 속도를 크게 해 준다.

03 고체 벽으로 입자를 흐르게 하여 입자를 응집시켜 포집하는 집진장치들은 유사한 설계식을 사용하여 입자를 포집한다. 이것과 가장 관계가 먼 것은?
① 사이클론　② 백필터
③ 전기집진장치　④ 중력침강실

04 백필터에서 가장 중요하게 작용되는 집진원리로만 구성된 것은?
① 원심력-직접차단-확산-정전기
② 관성충돌-원심력-확산-중력침강
③ 관성충돌-직접차단-확산-정전기
④ 관성충돌-직접차단-확산-중력침강

05 총여과면적이 371m²일 때 직경 10cm, 길이 5m인 여과백을 사용하면 몇 개의 여과백이 소요되는가?
① 26　② 48
③ 237　④ 474

06 여과집진에 사용되는 여과재 중 내산성, 내알칼리성이 모두 양호한 것은?
① 사란　② 양모
③ 유리섬유　④ 데비론

정답 1.④　2.②　3.②　4.④　5.③　6.④

더 풀어보기 예상문제 해설

01 연속식 집진 중 리버스(역기류) 분사형 탈진방식은 집진장치 내 운동장치가 많아 탈진주기에 비해 소요되는 시간이 길다.

02 충전탑은 탑 내의 처리가스 속도를 적정범위 내에서 낮게 할 때 효율이 높아진다.

03 여과집진장치(백필터)는 다른 집진기구와 달리 고체 벽에 함진가스를 직접 통과시켜 입자를 제거하기 때문에 다른 집진장치와는 설계에 적용하는 식이 다르다.

04 여과집진에서 가장 중요하게 작용되는 집진원리는 관성충돌-직접차단-확산이다.

05 여과포의 소요 개수(n) 계산식을 이용한다.

$$n = \frac{Q_f}{Q_i} = \frac{A_f}{A_i} \quad \begin{cases} A_f : \text{총여과면적} = 371\,\text{m}^2 \\ A_i : \text{1개 여과포의 면적} = \pi DL = 3.14 \times 0.1 \times 5 = 1.57\,\text{m}^2 \end{cases}$$

$$\therefore n = \frac{371}{1.57} = 236.3 = 237$$

06 여과재 중 내산성, 내알칼리성이 모두 양호한 것은 염화비닐계 섬유(데비론), 폴리비닐계 섬유(비닐론), 폴리아크릴계 섬유(카네카론)이다.

더 풀어보기 예상문제

01 함진가스 150m³/min를 직경 20cm인 원통형 백필터로 처리하고 있다. 여과포의 개수 40개, 여과속도 1.5cm/sec일 때 백필터의 높이(m)는 얼마인가?
① 3.67 ② 4.28
③ 6.63 ④ 9.41

02 여과포에 사용되는 다음 재료 중 가장 고온에 견디는 것은?
① 오론
② 비닐론
③ 글라스화이버
④ 폴리아미드계 나일론

03 여과집진에 사용되는 여과재료 중에서 SO_2, HCl 등을 함유한 200℃ 정도의 고온 배출가스 처리에 적합한 것은?
① 목면(Cotton) ② 양모(Wool)
③ 나일론(Ester) ④ Glass Fiber

04 여과집진장치에 사용하는 여과포 중 내알칼리성이 가장 약한 것은?
① 양모 ② 목면
③ 아크릴 ④ 폴리프로필렌

05 여과집진장치의 탈진방법과 거리가 먼 것은?
① 역기류(Reverse Air)
② 펄스 제트(Pulse Jet)
③ 블로다운(Blow Down)
④ 기계적 진동(Mechanical Shaking)

06 여과집진에서 여과포에 부착된 먼지의 탈진방법과 거리가 먼 것은?
① 진동형
② 승온형
③ 역기류형
④ 충격기류 제트분사

정답 1.③ 2.③ 3.④ 4.① 5.③ 6.②

더 풀어보기 예상문제 해설

01 여과포의 개수(n) 계산식을 이용한다.

$$n = \frac{Q_f}{Q_i} = \frac{Q_f}{\pi D L V_f} \quad \begin{cases} Q_f : 유량 = 150\,\text{m}^3/\text{min} \\ V_f : 유속 = 0.015\,\text{m/sec} \\ D : 직경 = 0.2\,\text{m} \\ n : 개수 = 40 \end{cases} \Rightarrow 40 = \frac{150/60}{3.14 \times 0.2 \times L \times 0.015}$$

∴ $L = 6.63$

02 여과포에 사용되는 다음 재료 중 가장 고온에 견디는 것은 글라스화이버이다. 글라스화이버의 사용온도는 250℃이다.

03 여과재 중 SO_2, HCl 등을 산성가스를 함유한 200℃ 정도의 고온 배출가스 처리에 적합한 것은 Glass Fiber이다.

04 여과포 중 내알칼리성이 가장 약한 것은 양모이다.

05 블로다운(Blow Down)은 사이클론 집진장치에 원추 하부의 난류생성을 방지하기 위해 적용되는 비산분진 억제기법이다.

06 승온형 탈진방법은 존재하지 않는다.

더 풀어보기 예상문제

01 여과집진장치에 대한 설명으로 옳지 않은 것은?
① 폭발 및 점착성의 먼지제거가 힘들다.
② 진동형, 역기류형, 역기류 진동형 등은 간헐식에 해당한다.
③ 유지비용이 많이 드는 단점이 있으며, 수분과 여과속도에 대한 적응성이 낮은 편이다.
④ 간헐식은 하나의 방에서 처리가스를 차단하는 방법으로 연속식에 비하여 집진효율은 높으나 재비산의 우려가 크다.

02 여과집진장치의 탈진방식 중 간헐식에 대한 설명으로 옳지 않은 것은?
① 연속식에 비하여 먼지의 재비산이 적고, 높은 집진효율을 얻을 수 있다.
② 대량의 가스 처리에 적합하며, 점성이 있는 조대먼지의 탈진에 효과적이다.
③ 간헐식 중 진동형은 음파진동, 횡진동, 상하진동에 의해 포집된 먼지층을 털어내는 방식이다.
④ 집진실을 여러 개의 방으로 구분하고 방 하나씩 처리가스의 흐름을 차단하여 순차적으로 탈진하는 방식이며, 여포의 수명은 연속식에 비해 길다.

03 여과집진장치의 탈진방식 중 연속식에 대한 설명으로 틀린 것은?
① 고농도, 대용량의 가스를 처리할 수 있다.
② 역기류 제트형과 충격기류 제트형이 있다.
③ 집진과 탈진이 동시에 이루어지므로 압력손실이 거의 일정하다.
④ 탈진과정에서 재비산 먼지의 발생이 적어 간헐식에 비해 집진효율이 높다.

04 여과집진장치 설계 시 고려사항으로 옳지 않은 것은?
① 여과섬유 중 Teflon은 여과율이 $1\sim2m/min$ 정도이며, 연속 유지성이 Cotton 및 Nylon에 비해 우수하며, 경제적이다.
② 제거된 먼지의 자동 연속적 작동방식은 소제를 위해 주기적인 가동 중단이 요구되지 않거나 불가능한 경우에 주로 채택된다.
③ 여포는 가스온도가 가급적 250℃를 넘지 않도록 주의해야 하고, 특히 고온가스의 냉각 시에는 산노점(酸露點) 이상으로 유지해야 한다.
④ 여과주머니의 직경에 대한 길이의 비 (L/D)를 너무 크게 하면 주머니들끼리 마찰할 위험이 있고, 먼지제거가 곤란하므로 통상 20 이하로 한다.

정답 1.④ 2.② 3.④ 4.①

더 풀어보기 예상문제 해설

01 간헐식은 집진실을 여러 개로 구획하고 하나씩 처리가스의 흐름을 차단하여 순차적으로 탈진하는 방식으로 먼지를 탈리할 때 재비산이 적고, 높은 집진효율을 얻을 수 있다.

02 ②항은 연속식에 대한 설명이다.

03 연속식은 탈진 시 먼지의 재비산 발생이 많아 간헐식에 비해 집진효율이 낮다.

04 여과섬유 중 Teflon은 여과율이 $1m/min$ 정도이며, 연속 유지성이 목면(Cotton) 및 나일론(Nylon)에 비해 우수하지만 높은 가격으로 경제성이 낮다. 여과포 재료의 상대비용의 크기는 테프론 25 > 노맥스 8 > 유리섬유 6 > 나일론 2.5 > 폴리프로필렌 1.5의 순서이다. 테프론(Teflon)은 폴리불화에틸렌계 합성섬유(PTFE섬유)의 상품명으로 내약품성(내산성, 내알칼리성)이 뛰어나고 넓은 온도범위(-50~260℃)에서도 특성이 변화하지 않는다. 테프론(Teflon)은 불연성, 내후성, 비점착성으로 마찰계수가 작고, 전기특성도 양호한 장점이 있으나 가격이 고가이며, 인장강도가 낮고 마모에 약한 결점이 있다.

더 풀어보기 예상문제

01 함진가스 1,995m³/min를 처리하는 전기집진장치의 집진판 규격은 높이 4m, 길이 3m이고, 집진효율은 96%이다. 이 집진장치에 장착된 집진판의 수는?(단, 입자의 겉보기 분리속도는 4m/min)

① 34개 ② 52개
③ 63개 ④ 68개

02 여과집진장치의 탈진방식에 대한 다음 설명 중 옳지 않은 것은?

① 연속식에는 역기류 제트 분사형과 충격기류 제트 분사형 등이 있다.
② 연속식은 압력손실이 거의 일정하고 고농도, 대용량의 가스를 처리할 수 있다.
③ 간헐식은 재비산이 적고, 높은 집진효율을 얻을 수 있으며, 여과포의 수명이 길다.
④ 충격기류 제트 분사형은 여과자루에 상하로 이동하는 블로어에 몇 개의 슬로트를 설치하고, 여과자루를 위아래로 이동하면서 탈진하는 방식으로 내면여과이다.

03 여과집진장치의 특성으로 거리가 먼 것은?

① 방사성 먼지용 Air Filter는 내면여과방식이다.
② 내면여과방식은 습식도 있지만 일반적으로 건식으로 사용된다.
③ 표면여과방식에서 눈막힘을 방지하기 위해 처리가스의 온도를 산노점 이상으로 유지한다.
④ Package형 Filter는 표면여과방식이며, 여과속도는 크지만 여재의 압력손실이 낮아 많이 사용된다.

04 전기집진장치의 비집진면적(A/Q)가 20 m²/1,000m³·hr일 때 집진효율은 90%이었다. 이 전기집진장치의 비집진면적을 40m²/1,000m³·hr으로 할 때 예상되는 집진효율은 얼마인가?

① 약 92% ② 약 94%
③ 약 97% ④ 약 99%

정답 1.④ 2.④ 3.④ 4.④

더 풀어보기 예상문제 해설

01 평판형 전기집진장치의 효율 계산식을 적용한다.

$$\eta = 1 - e^{-\frac{2(n-1)A_i W_e}{Q}} \quad \begin{cases} Q = 1,995\,\mathrm{m^3/min} \\ 2(n-1)A_i = 2\times(n-1)\times 4\times 3 \end{cases} \Rightarrow 0.96 = 1 - e^{-\frac{2(n-1)\times 4\times 3\times 4}{1,995}}$$

$$\therefore n = \frac{\ln(1-0.96)}{-(2\times 4\times 3\times 4/1,995)} + 1 = 67.89$$

02 ④항은 Reverse jet형에 대한 설명이다.

03 Package형 Filter는 내면여과방식에 해당한다. 여과속도가 느리며, 여재의 압력손실이 높아 저농도·소용량 배기가스 처리에 제한적으로 사용된다.

04 전기집진장치의 실제 집진효율계산 일반식을 적용한다.

$$\eta = 1 - e^{-\frac{AW_e}{Q}} \xrightarrow{\substack{A/Q\ \text{이외} \\ \text{조건이 일정하다면}}} \eta = 1 - e^{-K_o \frac{A}{Q}} \quad \begin{cases} 0.90 = 1 - e^{-K_o \times \frac{20}{1,000}} \\ K_o = \frac{\ln(1-0.9)}{-(20/1,000)} = 115.13 \end{cases}$$

$$\therefore \eta = 1 - e^{-115.13 \times \frac{40}{1,000}} = 0.99 = 99\%$$

더 풀어보기 예상문제

01 여과집진장치에서 최대여과속도가 가장 큰 입자상 물질은?
① 합성세제 ② 밀가루
③ 금속훈연 ④ 산화아연

02 여과집진장치의 탈진방식 중 간헐식에 대한 설명으로 틀린 것은?
① 연속식에 비하여 먼지의 재비산이 적고, 높은 집진효율을 얻을 수 있다.
② 진동형은 음파진동, 횡진동, 상하진동으로 대별되며, 점착성 먼지의 집진에는 사용할 수 없다.
③ 간헐식 중 역기류형의 여과속도는 3~5 cm/sec이고, Glass Fiber는 역기류형 중 가장 저항력이 강하다.
④ 집진실을 여러 개로 구획하고 하나씩 처리가스의 흐름을 차단하여 순차적으로 탈진하는 방식이며, 여포의 수명은 연속식에 비해 길다.

03 여과집진장치의 간헐식 탈진방식에 대한 설명으로 틀린 것은?
① 분진의 재비산이 적다.
② 높은 집진효율을 얻을 수 있다.
③ 고농도, 대용량의 처리가 용이하다.
④ 진동형과 역기류형, 역기류 진동형이 있다.

04 여과집진장치에 대한 설명 중 옳지 않은 것은 어느 것인가?
① 내면여과방식에는 Package형 Filter, 방사성 먼지용 Air Filter 등이 해당된다.
② 연속식 탈진방법은 Reverse Jet, Pulse Jet형이 있으며, 압력손실이 거의 일정하다.
③ 간헐식 탈진방법은 대량가스의 처리는 부적합하나 여포의 수명은 연속식에 비해 길다.
④ $1\mu m$ 이하의 미세먼지 포집을 위해서는 여과속도를 보통 7~15m/sec 정도로 하는 것이 좋다.

05 여과집진장치의 특성에 대한 설명으로 옳지 않은 것은?
① Reverse Jet형과 Pulse Jet형은 연속식 탈진방식에 속한다.
② 연속식 탈진방식은 포집과 탈진이 동시에 이루어지므로 압력손실이 거의 일정하다.
③ 간헐식 탈진방식은 분진의 재비산이 적고, 높은 집진효율을 얻을 수 있으며, 여포수명은 연속식에 비해 길다.
④ 점성이 있는 입경이 큰 분진을 탈진할 경우 간헐식의 진동형은 여과포 손상이 적고, 연속식에 비해 대량의 가스처리에 적합한 방식이다.

정답 1.② 2.③ 3.③ 4.④ 5.④

더 풀어보기 예상문제 해설

01 제시된 항목 중 밀가루, 곡물류의 먼지의 최대여과속도는 3.66~4.28m/min으로 가장 크다.
- 여과속도를 빠르게(3.66~4.28m/min) 유지하는 대상먼지 : 밀가루, 곡물류
- 여과속도를 느리게(1.5~1.8m/min) 유지하는 대상먼지 : 합성세제, 금속훈연, 산화아연

02 간헐식 역기류형의 여과속도는 0.5~1.5cm/sec이고, Glass Fiber는 역기류형 중 저항력이 약하다.

03 여과집진장치에서 고농도, 대용량의 처리가 용이한 것은 연속식 탈진방식이다.

04 $1\mu m$ 이하의 미세먼지 포집을 위해서는 여과속도를 보통 5cm/sec 정도로 하는 것이 좋다.

05 점성이 있는 입경이 큰 분진을 탈진할 경우 간헐식의 진동형은 여과포 손상이 많고, 연속식에 비해 대량의 가스처리에 불리한 방식이다.

더 풀어보기 예상문제

01 여과집진의 여과방식 중 내면여과에 대한 설명으로 틀린 것은?

① 습식은 일정량 이상의 입자가 부착되면 새로운 여재로 교환해야 한다.
② 내면여과방식은 주로 고농도의 함진가스의 오염공기를 처리할 때 사용된다.
③ Package형 Filter, 방사성 먼지용 Air Filter 등이 이 여과방식에 속하며, 여과속도가 느리고, 압력손실은 보통 30mmH₂O 이하이다.
④ 여재를 비교적 엉성하게 틀 속에 충전하여 이것을 여과층으로 하여 함진가스 중의 먼지입자를 포집하는 방식으로 여재 내면에서 포집된다.

02 여과집진장치의 설치 초기에는 99%의 집진효율을 보였으나 6개월 후에는 집진효율이 95%로 떨어졌다. 6개월 후 이 집진장치를 통과하여 배출되는 먼지의 농도는 설치 초기에 비해 얼마나 증가하였는가?(단, 기타 조건은 일정)

① 2배   ② 3배
③ 4배   ④ 5배

03 여과집진의 간헐식 탈진방법에 대한 다음 설명 중 틀린 것은?

① 연속식에 비하여 분진의 재비산이 적고 높은 집진효율을 얻을 수 있다.
② 여러 개의 집진실로 구분하고 가스흐름을 차단하여 순차적으로 탈진하는 방식이다.
③ 간헐식 중 진동형은 음파진동, 횡진동, 상하진동에 의해 포집된 분진층을 털어내는 방식으로 점착성 분진의 집진에는 사용할 수 없다.
④ 고압의 충격 제트기류를 분진층에 분사하고 압력에 의해 분진층을 털어내는 방식으로 최근 사용이 늘어나고 있다.

04 3개의 집진실로 구획된 여과집진시스템에서 총여과시간 70min, 단위집진실의 탈진시간 5min일 때 단위집진실의 운전시간(min)은 얼마인가?

① 15min   ② 20min
③ 30min   ④ 45min

정답 1.② 2.④ 3.④ 4.②

더 풀어보기 예상문제 해설

01 내면여과방식은 주로 저농도의 함진가스의 오염공기를 처리할 때 사용된다.

02 집진효율(η)과 배출 먼지농도(C_o)는 반비례한다. 따라서 다음과 같이 계산한다.

□ $C_o = C_i P = C_i(1-\eta)$ $\begin{cases} C_o : \text{출구측 분진농도} \\ C_i : \text{입구측 분진농도} \\ P : \text{통과율} \\ \eta : \text{집진효율} \end{cases}$

$\therefore \dfrac{C_{o2}}{C_{o1}} = \dfrac{C_i(1-\eta_2)}{C_i(1-\eta_1)} = \dfrac{C_i(1-0.95)}{C_i(1-0.99)} = 5$

03 고압의 충격 제트기류를 분진층에 분사하는 방식은 연속식이다.

04 단위집진실의 운전시간(t_f)은 다음 관계식으로 산출한다.

□ $t_f = \left(\dfrac{T+t_c}{N}\right) - t_c$ $\begin{cases} T : \text{총여과시간} = 70\min \\ t_c : \text{단위집진실의 탈진시간} = 5\min \\ N : \text{집진실 수} = 3 \end{cases}$

$\therefore t_f = \left[\dfrac{70+5}{3}\right] - 5 = 20\min$

더 풀어보기 예상문제

01 습식 전기집진장치에 대한 내용 중 옳지 않은 것은?
① 압력손실은 건식에 비해 낮은 편이다.
② 처리가스 속도를 건식보다 2배정도 빠르게 할 수 있다.
③ 폐수가 발생되고 부가적인 수질오염 처리시설을 필요로 한다.
④ 집진극면이 항상 청결하게 유지할 수 있고, 강한 전계를 얻을 수 있다.

02 하전식 전기집진장치에 대한 설명으로 틀린 것은?
① 1단식은 보통 산업용으로 많이 쓰인다.
② 2단식은 비교적 분진농도가 낮은 가스 처리에 유용하다.
③ 2단식은 1단식에 비해 오존의 생성을 감소시킬 수 있다.
④ 1단식은 역전리 억제에는 효과적이지만 재비산 현상의 방지에 불리하다.

03 전기집진장치에서 집진효율과 관계되는 설계변수의 관계식으로 옳은 것은? (단, η : 집진율, W_e : 입자의 겉보기유속, A : 집진면적, Q : 가스유량)
① $\eta = 1 - e^{-\frac{AW_e}{Q}}$
② $\eta = 1 - e^{-\frac{QA}{W_e}}$
③ $\eta = 1 - e^{-\frac{QW_e}{A}}$
④ $\eta = 1 + e^{-\frac{QW_e}{A}}$

04 여과집진장치에 대한 설명으로 옳지 않은 것은?
① 진동형, 역기류형, 역기류 진동형은 간헐식 탈진방법에 해당한다.
② 진동형은 점성이 있는 조대먼지 탈진 시에는 여포손상을 일으킨다.
③ 연속식 탈진방법은 간헐식에 비해 집진효율이 낮은 편이며, 탈진 시 먼지의 재비산이 일어난다.
④ 송풍기의 위치에 따른 분류로 가압식은 여과집진장치에 부(−)압이 작용하며, 송풍기 부식의 염려는 거의 없다.

05 여과집진장치에 대한 설명으로 옳지 않은 것은?
① 간헐식 중 진동형은 점착성인 먼지집진에는 사용할 수 없다.
② 간헐식의 경우는 먼지의 재비산이 적고, 여포수명이 연속식에 비해 길다.
③ 여과자루 모양에 따라 원통형, 평판형, 봉투형으로 분류되며, 주로 원통형을 사용한다.
④ 여과포의 직경에 대한 길이의 비(L/D)= 50 이상으로 많이 설계하고, 여과자루 간의 최소간격은 1.5m 이상 되어야 한다.

정답 1.① 2.④ 3.① 4.④ 5.④

더 풀어보기 예상문제 해설

01 습식 전기집진장치의 압력손실은 건식에 비해 높은 편이다.
02 1단식은 재비산 현상방지에는 효과적이나 역전리 현상을 방지하는 데는 불리하다.
03 전기집진장치의 집진효율 계산에는 일반적으로 도이치(Deutsch) 식이 사용되고 있다.

$$\eta = 1 - e^{-\frac{AW_e}{Q}} = 1 - e^{-fW_e}$$

η : 전기집진장치의 집진효율
A : 집진면적
W_e : 분진입자의 겉보기이동속도
Q : 처리가스 유량
f : 비집진면적 = A/Q

04 전가압식은 여과집진장치에 정(+)압이 작용한다.
05 여과포의 직경에 대한 길이의 비(L/D)는 20 이하로 설계·시공된다.

4 집진장치의 운전 및 유지관리

(1) 공통사항

⚛ 가동전
- 안전장치, 냉각장치, 온도계, 압력계 등 계측기의 정상작동·성능 확인
- 연도·덕트에 가연성·폭발성 가스의 잔류 여부 확인
- 연도 또는 덕트의 접속부, 호퍼 및 재 취출장치 부분의 기밀 여부 점검, 가스의 누설이나 외부공기의 유입 여부를 점검·확인
- 점검완료 후 송풍기가 과부하로 운전되지 않도록 댐퍼(Damper)를 줄여서 기동(起動)한 다음 서서히 댐퍼를 열어 집진실 내로 규정유량을 보내어 처리함

⚛ 운전
- 운전개시 초기에는 배출가스 밀도가 높아 과부하가 될 우려가 있으므로 댐퍼를 작게 열어 가동하고 점차로 확대 개방함
- 배출가스의 온도 및 압력손실, 습식일 경우는 사용수량, 배수의 pH, 백연발생 등에 주의하면서 운전
- 가스가 연소성·폭발성을 가질 경우는 폭발한계를 넘지 않도록 유의하여 운전
- 연료를 교체하거나 혼소하는 경우는 집진율의 변화에 유의하고, 가스의 온도, 압력손실, 소요시간 등을 기록해 둠

⚛ 정지
- 조업정지 및 가동 후에도 10~15분간은 빈부하(무부하)로 송풍기를 가동하여 장치 및 연도 내에 부착된 먼지를 제거하고, 깨끗한 공기로 충분히 치환한 후 정지
- 송풍기에 부착된 각종 전동기 등의 접속·접지상태 등을 확인하고 집진장치, 연도, 송풍기, 분진배출장치 등에 먼지가 고착되지 않도록 주기적으로 청소하여 청결 유지
- 안전장치, 냉각장치, 전기설비 등에 대한 작동점검·보수, 압력계·온도계 및 기타 계측기에 대한 정기적인 정도검사 및 교정 실시
- 접속부위의 기밀상태를 점검하고, 이상이 있는 패킹(packing)재료 등은 다음 가동 때까지 교체해 둠

(2) 원심력집진장치 운전 및 유지관리

⚛ 운전관리 : 공통사항 참조

⚛ 유지관리
□ **분진폐색**(粉塵閉塞, dust plugging) **관리**

원 인	방지대책
• 분진입자의 원심력이 아주 크거나 너무 미세하여 부착력이 증가되는 경우 • 점착성이 있는 분진에 있는 경우 • 소형일수록 분진 폐색이 생기기 쉬움	• 집진효율에 영향을 주지 않는 범위 이내에서 가능한 한 규격(치수)이 큰 사이클론을 사용함

□ 백플로(back flow) 및 단락류 관리

원 인	방지대책
• 각 사이클론 내부에 흐르는 유량이나 분진의 농도가 서로 다른 경우 • 각 사이클론 하부에서 압력이 다르거나 유량이 서로 다른 경우	• 멀티사이클론의 입구실·출구실의 크기 또는 호퍼(hopper)의 크기를 적정하게 함 • 각 실의 정압(靜壓)이 균일하게 되도록 함

□ 재비산 현상관리

원 인	방지대책
• 과대한 선회와류(유속)에 의해 발생 • 호퍼의 기밀유지 불량 • 외통의 구멍 뚫림 등 외부공기 유입 • 원추하부의 강한 음압(−) 형성	• 원추 하부에 분진이 모이지 않도록 고안 • 유속조절, 기밀유지, 외부공기 유입방지 • 분진 방출시설(회전밸브, 슬라이드 게이트, 자동 플랩밸브, 스크루 피더) 설치 • 블로다운방식 적용 검토

□ 압력손실 감소 – 배연색 악화

원 인	방지대책
• 내통의 구멍 뚫림 • 외통의 마모로 인한 구멍 뚫림 • 내통의 기밀 불량 • 안내깃의 마멸	• 마모성이 강한 큰 입자를 전처리 • 마모나 부식에 의해 발생된 천공의 보수 • 내마모성 라이닝 설치, 마모 안내깃 교체 • 적정 범위 내에서 선회유속 저감

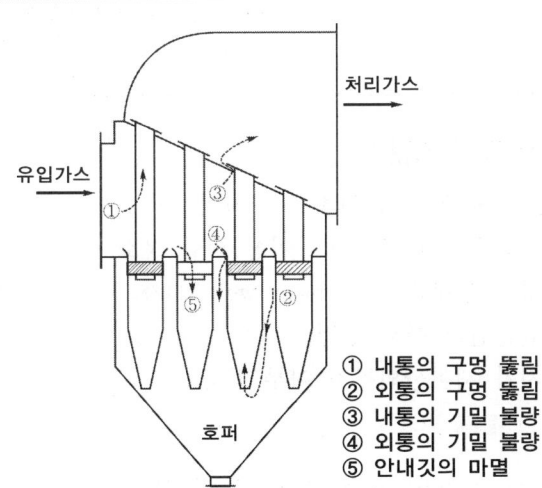

① 내통의 구멍 뚫림
② 외통의 구멍 뚫림
③ 내통의 기밀 불량
④ 외통의 기밀 불량
⑤ 안내깃의 마멸

(3) 여과집진장치의 운전 및 유지관리

❀ 운전관리 : 공통사항 참조

❀ 유지관리

□ 마멸에 의한 장해관리

원 인	방지대책
• 과도한 진동 • 진동폭이 과도하게 클 경우 • 압축공기의 토출속도가 과대한 경우	• 진동강도 및 진동폭 조절 • 압축공기의 토출압력을 적절하게 조절

□ **내열성 피해관리**

원 인	방지대책
• 가스온도가 여과포의 내열온도 이상으로 높게 유입되는 경우	• 근본적인 대책은 함진가스의 온도에 따라 적절한 여과포를 선정하는 것임 • 고온가스 냉각

□ **부식성 가스 피해관리**

원 인	방지대책
• SO_x, HCl, Cl_2 등	• 여과재 선정 시 부식에 강한 재료를 선택 • 여과포에 특수 분말 코팅·전처리 • 가동 중 여과집진장치의 내부온도가 여과포의 내열온도 이하~산노점 +20℃ 이상이 되도록 유지

□ **화학적 피해관리**

원 인	방지대책
• 가연성·폭발성의 분진 및 가스 • 부착성·점착성 또는 부식성 가스	• 공통 운전관리 규정 준수 • CO가 높은 경우 연소실 출구에 공기를 투입하여 CO를 CO_2로 산화시킴 • 부식성이 있는 경우 암석분(巖石粉)이나 $CaCO_3$ 및 규조토 등과 같은 불활성 물질을 첨가하여 수분을 제거함 • 대전방지 및 분진농도 감소 등의 조치 강구 • 백열상태의 분진은 유입 전 전처리함 • 산소농도를 낮게 운전

(4) 전기집진장치의 운전 및 유지관리

❈ **운전관리** : 공통사항 이외에 다음 사항을 추가함
- 집진판에 집진된 분진두께가 약 6mm 이상 되면 청소 실시
- 방전극의 고정대 및 끝부분의 추(hanger weight)가 정위치에 있는지 점검
- 추타기의 작동이 원활한지 여부 점검
- 호퍼의 포집된 먼지가 재비산되는지 여부 점검

❈ **유지관리**

□ **전기저항의 조절**(gas conditioning, 비저항 조절)

$10^{11}\Omega\cdot cm$ 이상일 때	$10^4\Omega\cdot cm$ 이하일 때
• SO_3(10~20 ppm 정도) 주입 • 습도 및 온도 조절 • 황(S) 함량이 높은 연료와 혼합하여 연소 • 트리메틸아민 주입 • 타격빈도 증가, 조습수량 증가 • 개선제(황산, 기름, 소다회, NaCl 등) 주입 • 설계 시 습식 집진장치를 적용	• NH_3 주입 • 습도 및 온도 조절 • 설계 시 습식 집진장치를 적용

□ **전기집진장치의 주요 장애현상과 그 대책**

2차 전류의 주기적 불안정	• 방전극과 집진극의 간격 이완 • 스파크빈도 과도	• 방전극과 집진극 간격 점검 • 1차 전압을 안정할 때까지 낮춤 • 부착분진의 충분한 탈리
2차 전압의 방전전류 증대	• 먼지농도가 너무 낮을 때 • 방전극이 너무 가늘 때 • 가스의 이온 이동도가 클 때	• 방전극 교체 • 고압부 절연회로 점검
1차 전압저하 및 과대전류	• 고압회로 절연불량 • 고압부 근처에 쇠붙이가 있을 때	• 고압부 절연회로 점검

업그레이드 종합 예상문제

01 Cyclone의 운전 중 압력손실이 감소하고 집진효율이 저하되는 원인과 거리가 먼 것은?
① Vane의 마모
② 외부공기의 유입
③ 외통의 구멍 뚫림
④ 내통벽면의 Dust 부착

02 다음 사항 중 그 값이 커지면 원심력집진장치에서 집진효율이 감소되는 요소는?
① 내통경의 크기
② 유입 분진농도
③ 가스의 유입속도
④ 사이클론 내에서의 가스의 회전수

03 원심력집진장치에서 압력손실의 감소원인이 아닌 것은?
① 장치 내 처리가스가 선회되는 경우
② 호퍼의 하단부에서 외기가 유입될 경우
③ 외통 접합부의 불량으로 가스가 누출될 경우
④ 내통에 구멍이 생겨 함진가스가 By Pass될 경우

04 Cyclone의 집진효율 향상조건에 대한 설명 중 옳지 않은 것은?
① 배기관경(내관)이 클수록 입경이 작은 먼지를 제거할 수 있다.
② 먼지폐색(Dust Plugging) 효과를 방지하기 위해 축류집진장치를 사용한다.
③ 미세먼지의 재비산을 방지하기 위해 Skimmer와 Turning Vane 등을 설치한다.
④ 고용량가스를 비교적 높은 효율로 처리해야 할 경우 소구경 Cyclone을 여러 개 조합시킨 Multi Cyclone을 사용한다.

05 공정 중 배출가스의 온도를 냉각시키는 방법으로 공기희석, 살수, 열교환법 등이 있다. 다음 중 열교환법의 특성으로 가장 거리가 먼 것은?
① 열에너지를 회수할 수 있다.
② 운전비 및 유지비가 많이 든다.
③ 최종공기부피가 공기희석, 살수에 비해 매우 크다.
④ 온도 감소로 인해 상대습도는 증가하지만 가스 중 수분량에는 거의 변화가 없다.

▶ 해설

01 내통벽면에 Dust가 부착될 경우는 압력손실이 증가하면서 집진효율이 저하되는 장해현상이 생긴다.
02 내통경의 크기가 클수록 집진효율은 낮아진다.
03 장치 내 처리가스가 선회되는 경우는 압력손실이 증가하면서 효율이 저하되는 장해현상이 일어난다.
04 배기관경(내관)이 작을수록 입경이 작은 먼지를 제거할 수 있다.
05 열교환법에 의한 냉각은 최종공기부피가 공기희석, 살수에 비해 작다.
　　▶ 배기가스의 냉각방법 ◀
　• 증발냉각법 : 고온가스에 물을 증발시켜 냉각시키는 방법
　• 공기희석법 : 고온가스에 저온공기를 혼합하여 냉각시키는 방법
　• 복사냉각법 : 방열관을 이용하여 냉각시키는 방법
　• 강제 통풍냉각법 : 방열판에 송풍기로 저온공기를 송풍시켜 냉각시키는 방법

정답 ┃ 1.④　2.①　3.①　4.①　5.③

06 전기집진장치의 유지관리에 대한 사항으로 옳지 않은 것은?

① 수분량이 높으면 먼지 비저항은 감소한다.
② 분진의 비저항이 높으면 역전리현상이 발생하므로 집진효율은 감소한다.
③ 비저항이 높은 경우에는 건식집진장치를 사용하거나 NH_3 가스를 주입한다.
④ 분진의 비저항이 낮으면 분진입자의 반발로 인해 포집분진이 재비산할 수 있다.

07 전기집진장치의 특성에 대한 설명으로 틀린 것은?

① 방전극은 가늘수록 코로나(Corona)가 발생하기 쉽다.
② 집진극의 형식 중 관형, 원통형, 격자형은 주로 수평으로 가스를 흐르게 한다.
③ 방전극은 코로나방전을 잘 형성하도록 뾰족한 에지(Edge)로 이루어져야 한다.
④ 집진극은 습식인 경우에는 세정수가 일정하게 흐르고 전극면이 깨끗하게 되어야 한다.

08 전기집진장치에서 먼지의 비저항이 비정상적으로 높은 경우 투입하는 물질과 거리가 먼 것은?

① NaCl
② NH_3
③ H_2SO_3
④ Soda Lime

09 전기집진장치에서 전류밀도가 먼지층 표면부근의 이온전류밀도와 동일할 때 양호한 집진작용이 이루어지는 값은 $2\times10^{-8} A/cm^2$이다. 또한 먼지층의 절연파괴 전계강도는 $5\times10^4 V/cm$이었다. 이러한 운영조건에서 Ⓐ 먼지층의 겉보기전기저항(비저항)과 Ⓑ 이 장치의 문제점을 평가한 것으로 옳은 것은?

① Ⓐ $1\times10^4 \Omega \cdot cm$, Ⓑ 재비산 현상
② Ⓐ $4\times10^{12} \Omega \cdot cm$, Ⓑ 역전리 현상
③ Ⓐ $1\times10^{-4} \Omega \cdot cm$, Ⓑ 재비산 현상
④ Ⓐ $2.5\times10^{12} \Omega \cdot cm$, Ⓑ 역전리 현상

10 전기집진장치를 구성하는 요소에 대한 설명으로 거리가 먼 것은?

① 집진전극은 중량이 가벼울 것
② 방전극은 진동 혹은 요동을 일으키지 아니하는 구조일 것
③ 방전극은 코로나방전을 일으키기 쉽도록 가늘고 긴, 뾰족한 edge를 가질 것
④ 집진전극 중 건식의 경우에는 취타에 의해 먼지 비산이 많이 생기도록 하는 구조일 것

11 전기집진장치의 전기저항이 높거나 낮을 때 주입하는 물질로 거리가 먼 것은?

① NH_3
② 물
③ Silica Gel
④ 트리에틸아민

> **해설**

06 비저항이 높은 경우에는 습식집진장치를 사용하거나 SO_3를 주입한다.

07 집진극의 형식 중 관형, 원통형, 격자형은 수직류로 처리한다. 평판형(平板形)은 함진가스를 수평 및 수직류로 처리, 관형(管形)·원통형(圓筒形)·격자형(格子形)은 수직류로 처리한다.

08 NH_3는 전기저항이 낮을 경우($10^4 \Omega \cdot cm$ 이하일 때)에 주입하는 약품이다.

09 먼지의 겉보기전기저항률(ρ_d, $\Omega \cdot cm$)은 분진층의 전계강도(E_d, V/cm)와 전류밀도(I_ρ, A/cm^2)로부터 다음과 같이 산출한다.

□ ρ_d(비저항) $= \dfrac{E_d}{I_\rho}$ $\begin{cases} E_d : \text{분진층의 절연파괴 전계강도} = 5\times10^4 V/cm \\ I_\rho : \text{정상운영 시 전류밀도} = 2\times10^{-8} A/cm^2 \end{cases}$

∴ 비저항 $= \dfrac{5\times10^4 V/cm}{2\times10^{-8} A/cm^2} = 2.5\times10^{12} \Omega \cdot cm$ → ∴ 역전리 현상 유발 가능

10 집진전극 중 건식의 경우에는 취타에 의해 먼지 비산이 생기지 않도록 하는 구조가 바람직하다.

11 전기저항이 높을 경우는 SO_3, 물, 트리메틸아민 등을 조절제로 사용하고, 전기저항이 낮을 경우는 NH_3, 물 등을 조절제로 사용한다.

정답 ┃ 6.③ 7.② 8.② 9.④ 10.④ 11.③

12 전기집진장치의 전기저항이 $10^4 \Omega \cdot cm$ 이하에서 집진극에 포집된 먼지의 재비산을 방지하기 위한 대책으로 옳은 것은?

① 암모니아수를 투입한다.
② 체류시간을 연장시킨다.
③ 압력강하를 크게 유지한다.
④ 전압의 차를 크게 유지한다.

13 전기집진장치의 집진효율 향상과 관련한 설명 중 옳지 않은 것은?

① 비저항이 낮은 경우 NH_3 가스를 주입한다.
② 비저항이 $10^5 \sim 10^{10} \Omega \cdot cm$의 범위이면 정상적인 집진이 가능하다.
③ 고비저항의 분진은 수증기를 분사하거나 물을 뿌려 비저항을 낮출 수 있다.
④ 온도조절 시 장치의 부식을 방지하기 위해서는 노점온도 이하로 유지해야 한다.

14 전기집진장치에서 먼지의 비저항조절에 관한 설명으로 옳지 않은 것은?

① 석탄 중의 황함유량이 높을수록 비저항은 증가한다.
② 처리가스의 온도를 조절하면 비저항조절이 가능하다.
③ 비저항이 낮은 경우 암모니아가스를 주입하면 비저항을 높일 수 있다.
④ 비저항이 높은 경우 처리가스의 습도를 높이면 비저항을 낮출 수 있다.

15 전기집진장치에서 입자의 저항이 $10^{12} \sim 10^{13} \Omega \cdot cm$ 범위에서 일어나는 현상으로 옳은 것은?

① 스파크 발생은 없어지고 절연파괴가 일어난다.
② 대전입자의 중화속도가 빠르고 재비산이 된다.
③ 음(−)코로나가 발생하게 되고, 집진효율이 떨어진다.
④ 포집먼지의 중화가 적당한 속도로 일어나 포집효율이 현저히 높아진다.

16 전기집진장치에서 먼지의 비저항이 높을 경우 발생하는 현상과 가장 거리가 먼 것은?

① 역코로나 현상이 발생한다.
② 전하가 쉽게 집진판으로 전달되지 않는다.
③ 먼지입자의 이온화와 이동현상을 감소시킨다.
④ 먼지와 집진판의 결합력이 낮아 먼지가 가스 중으로 재비산된다.

17 전기집진장치의 장해현상 중 먼지의 비저항이 비정상적으로 높아 2차 전류가 현저하게 떨어질 때의 대책으로 옳은 것은?

① Baffle을 설치한다.
② 방전극을 교체한다.
③ 바나듐을 투입한다.
④ 스파크 횟수를 늘린다.

> **해설**

12 전기집진장치의 전기저항이 $10^4 \Omega \cdot cm$ 이하에서 집진극에 포집된 먼지의 재비산을 방지하기 위해 암모니아수를 투입한다.
13 온도조절 시 장치의 부식을 방지하기 위해서는 노점온도 이상으로 유지해야 한다.
14 석탄 중의 황함유량이 높을수록 비저항은 낮아진다.
15 전기집진장치에서 입자의 저항이 $10^{11} \Omega \cdot cm$ 이상이 되면 스파크 발생은 없어지고 절연파괴에 의한 역전리현상이 일어난다.
16 전기집진장치에서 재비산현상은 먼지의 비저항이 낮을 경우 발생하는 현상이다.
17 먼지의 비저항이 비정상적으로 높아 2차 전류가 현저하게 떨어질 때는 조습용 스프레이 수량을 증가시키거나 스파크 횟수를 증가시키는 조치를 취해야 한다.

정답 ▌ 12.① 13.④ 14.① 15.① 16.④ 17.④

18 전기집진장치에서 2차 전류가 많이 흐르는 장해현상이 발생되었다. 그 원인이 아닌 것은 어느 것인가?

① 방전극이 너무 가늘 때
② 공기부하시험을 행할 때
③ 분진의 농도가 너무 낮을 때
④ 이온 이동도가 작은 가스를 처리할 때

19 전기집진장치의 운전 중 장해와 그 대책으로 옳지 않은 것은?

① 재비산현상이 발생할 경우 처리가스의 속도를 낮추어주는 조치를 취한다.
② 역전리현상은 집진극의 타격을 강하게 하거나 탈리빈도를 증가시키는 조치를 취한다.
③ 먼지의 비저항이 높아 2차 전류가 현격히 낮아질 경우는 스파크 횟수를 늘리는 것이 좋다.
④ 먼지의 비저항이 비정상적으로 높아 2차 전류가 현저히 떨어질 때에는 조습용 스프레이의 수량을 줄이는 것이 좋다.

20 전기집진장치의 장해현상 중 2차 전류가 현저하게 떨어질 때의 그 원인과 대책으로 옳지 않은 것은?

① 분진농도가 높을 때 발생한다.
② 조습용 스프레이의 수량을 늘린다.
③ 분진의 비저항이 낮을 때 발생한다.
④ 스파크의 횟수를 늘리는 대책을 강구한다.

21 전기집진기의 유지관리에 대한 설명으로 틀린 것은?

① 시동 시에는 고전압회로의 절연저항이 100MΩ 이상이 되어야 한다.
② 정지 시에는 접지저항을 적어도 연 1회 이상 점검하고, 10Ω 이하로 유지한다.
③ 시동 시에는 배출가스를 도입하기 최소 1시간 전에 애관용 히터를 가열하여 애자관 표면에 수분이나 먼지의 부착을 방지한다.
④ 운전 시에 2차 전류가 매우 적을 때에는 먼지농도가 높거나 먼지의 겉보기저항이 이상적으로 높은 경우이므로 조습용 스프레이의 수량을 늘려 겉보기저항을 낮추어야 한다.

> **해설**

18 2차 전류가 많이 흐르는 장해현상은 이온의 이동도가 큰 가스를 처리할 때 발생한다.
19 ④항 → 조습용 스프레이의 수량을 증가시킨다.
20 전기집진장치에서 2차 전류가 현저하게 떨어지는 경우는 먼지의 비저항이 높을 때 발생한다.
21 시동 시에는 배출가스를 도입하기 최소 6시간 전에 애관용 히터를 가열하여 애자관 표면에 수분이나 먼지의 부착을 방지한다.

정답 | 18.④ 19.④ 20.③ 21.③

22 전기집진장치에서 2차 전류가 주기적으로 변하거나 불규칙적으로 흐르는 장해현상이 발생할 때의 대책으로 가장 관계가 적은 것은 어느 것인가?

① 충분하게 분진을 탈리시킨다.
② 방전극과 집진극을 점검한다.
③ 조습용 스프레이의 수량을 늘린다.
④ 1차 전압을 스파크가 안정되고 전류의 흐름이 안정될 때까지 낮추어 준다.

23 전기집진장치의 유지관리에 대한 다음 사항 중 틀린 것은?

① 시동 시 고전압회로의 절연저항이 1MΩ 이상되어야 한다.
② 정지 시 접지저항은 적어도 연 1회 이상 점검하고 10Ω 이하로 유지한다.
③ 운전 시 2차 전류가 주기적으로 변동하는 것은 방전극에 의한 영향이 크다.
④ 시동 시 배출가스를 도입하기 최소 6시간 전에 애관용 히터를 가열하여 애자관 표면에 수분이나 먼지의 부착을 방지한다.

24 전기집진장치의 유지관리에 대한 다음 사항 중 옳지 않은 것은?

① 정지 시에는 접지저항을 연 1회 이상 점검하고, 10Ω 이하로 유지한다.
② 1차 전압이 낮은데도 과도한 2차 전류가 흐를 때는 고압회로의 절연상태가 불량인 경우가 많다.
③ 운전 시에 2차 전류가 매우 적을 때는 조습용 스프레이의 수량을 줄여 겉보기 전기저항을 높여야 한다.
④ 시동 시에는 배출가스를 도입하기 최소 6시간 전에 애관용 히터를 가열하여 애자관 표면에 수분이나 먼지의 부착을 방지한다.

25 다음 중 전기집진장치의 집진실을 독립된 하전설비를 가진 단위집진실로 전기적 구획을 하는 주된 이유로 가장 적합한 것은?

① 집진실 청소를 효과적으로 하기 위함이다.
② 집진효율을 높이고, 효율적으로 전력을 사용하기 위함이다.
③ 순간 정전을 대비하고, 전기안전사고를 예방하기 위함이다.
④ 처리가스의 유량분포를 균일하게 하고, 먼지입자의 충분한 체류시간을 확보하게 하기 위함이다.

> **해설**

22 조습용 스프레이의 수량을 상황에 맞추어 조절하여야 한다.
23 시동 시 고전압회로의 절연저항이 100MΩ 이상 되어야 한다.
24 운전 시에 2차 전류가 매우 낮을 때는 조습용 스프레이의 수량을 증가시킨다.
25 전기집진장치의 집진실을 독립된 하전설비를 가진 단위집진실로 전기적 구획을 하는 주된 이유는 집진효율을 높이고, 효율적으로 전력을 사용하기 위함이다.

정답 | 22.③ 23.① 24.③ 25.②

Chapter 03 유해가스 및 처리

출제기준

Chapter 3. 유해가스 및 처리   적용기간 : 2020.1.1~2024.12.31

세부출제 기준항목

기사	산업기사
• 유해가스의 특성 • 유해가스의 처리이론(흡수/흡착) • 유해가스 처리설비 • 유해가스의 발생 및 처리 • 연소기관 배출가스 처리	• 유해가스의 특성 • 유해가스의 처리이론(흡수/흡착) • 유해가스 처리설비 • 유해가스의 발생 및 처리 • 연소기관 배출가스 처리

1 유해가스의 특성

◈ 아황산가스(SO_2)

□ **이화학적 특성**
- 황과 산소의 화합물로서 황이 연소할 때에 발생하는 기체로서 아황산가스·아황산 무수물이라고도 함
- 무색의 달걀 썩는 자극성 냄새가 나며, 독성이 강하여 공기 속에 0.003% 이상이 되면 식물이 죽고, 0.012% 이상이 되면 인체에 치명적인 피해를 입힘
- SO_2의 용해도는 94g/L로 **비교적 물에 잘 용해**($HCl > HF > NH_3 > SO_2$)됨

□ **영향**
- **환경** : 환원성 스모그의 원인, 시정 감소, 산성비 유발, 호수와 늪의 산성화
- **인체** : 급성피해(자극성 냄새, 생리적 장애, 압박감 등), 만성피해(폐렴, 기관지염, 천식, 폐포의 확대로 폐가 부푸는 폐기종 등) 유발하며, 인체의 점막과 작용하여 황산을 형성하고, 염증을 일으켜 세균의 2차 감염에도 영향을 줌

◈ 질소산화물(NO_x)

□ **이화학적 특성**
- NO, NO_2, N_2O, N_2O_3, N_2O_4, N_2O_5와 같이 질소와 산소로 이루어진 화합물 또는 이들의 혼합물들을 총칭함
- 연소에 의하여 발생하는 것은 주로 일산화질소(NO)인데, 이것이 대기 중에 방출되면 산화되어 이산화질소(NO_2)가 됨

- 상온에서 무색의 자극성 기체임(NO_2는 적갈색을 띠는 자극성 기체)
- NO는 난용성이며, 용해도는 0.0098g/100mL(0℃), 0.0056g/100mL(20℃)임

□ **영향**
- **환경** : 일산화질소와 이산화질소는 대류권에 있는 오존의 형성과 파괴에 있어서 중요한 역할을 함. 질소산화물은 물과 반응하여 질산(HNO_3)을 만드는데 이는 산성비의 주요원인이 됨. 특히 여름에 햇빛의 존재 하에 NO_x는 휘발성 유기화합물(VOCs)와 반응하여 광화학 스모그를 형성시키기도 함
- **인체** : 고농도에서 폐기종, 기관지염 등 호흡기 질환의 원인이 됨. NO_2는 폐포까지 깊이 도달하여 헤모글로빈의 산소운반능력을 저하시키고, 수 시간 내에 호흡곤란을 수반한 폐수종 염증을 유발할 수 있음

염화수소(HCl)

□ **이화학적 특성**
- 염화수소(HCl)는 자극적인 냄새가 나는 무색의 기체로 불연성, 부식성을 가짐
- 기체는 물에 매우 잘 녹음(20℃에서 같은 부피의 물에 477배 녹음)
- 용해도는 823g/L(0℃), 720g/L(20℃)로 매우 큼(기체상태의 염화수소는 습한 공기 중에서 연기를 내면서 반응함)

□ **영향**
- 불연성으로 폭발성은 없지만 부식성이 강하고, 수분이 존재하면 금속과 반응하여 수소를 발생하기 때문에 이것이 공기와 혼합하여 폭발을 일으킬 수 있음
- 심한 자극취로 호흡기 및 눈 점막을 강하게 자극하고, 피부를 손상시킴

염소(Cl_2)

□ **이화학적 특성**
- 염소분자(Cl_2)는 황록색의 독성을 가지고 있는 기체로 심한 자극적 냄새가 남
- 유리된 염소원자는 기체상태에서 염화수소를 이루며 존재하고, 바닷물이나 생물체 내에서는 이온상태로 존재함
- 냉각하면 황색 용액을 거쳐 황백색 고체가 됨
- 용해도는 7.16g/L(20℃)으로 SO_2보다 작고, NO 및 CO보다는 큼

□ **영향**
- 인체에는 점막을 상하게 하여 질식시키거나 신경을 통해 자극을 전달시킬 때 영향을 주며, 혈장과 위액의 구성 성분이 됨
- 생물체 내에서 주로 1가 음이온으로 존재하며, 포타슘이나 소듐 등과 함께 삼투압을 조절하는 등 생물의 물질대사에 반드시 필요한 무기물질임
- 소금에 주로 함유되어 있고, 결핍 시에는 구토, 설사 및 부신피질에 질환이 생기며 과잉섭취했을 때는 탈수, 고혈압, 위산과다, 위궤양 등의 질환이 생길 수 있음

- ❀ **불화수소**(HF)
    - ▫ **이화학적 특성**
        - 불화수소는 공기보다 가볍고(비중 약 0.69), 공기와 접촉하면 백연을 발생시킴
        - 불연성으로 폭발성은 없지만 금속과 반응하여 수소를 발생하고 이것이 폭발의 원인이 되는 경우가 있음
        - 다른 할로겐화수소들은 물에서 제한된 용해도를 나타내는 데 비해, 플루오린화수소(HF)는 어떤 비율로든 완전히 혼합됨(물에 대한 용해도 높음)
    - ▫ **영향**
        - 불화수소는 체내의 수분과 접촉하면 부식성이 높고 독성이 강한 플루오린화수소산이 생성됨
        - 눈 및 코의 점막에 닿으면 격심한 통증을 유발하며, 각막을 빠르게 파괴하여 실명을 유발할 수 있음
        - 고농도의 플루오린화수소를 들이마시거나 피부 접촉과 함께 플루오린화수소를 들이마시면 불규칙한 심장 박동이나 폐에 액체가 축적되어 질식됨

- ❀ **시안화수소**(HCN)
    - ▫ **이화학적 특성**
        - HCN은 무색의 휘발성 액체이며, 특유한 냄새가 나고, 수용액은 약한 산성을 보이는데, 약산성인 수용액을 시안화수소산 또는 청산이라고 함
        - 가연성으로 점화하면 아름다운 핑크색 불꽃을 내면서 연소됨
        - 물에 대한 용해도는 비교적 높으며(96% 용해), 에탄올·에테르 등과도 임의의 비율로 혼합됨
    - ▫ **영향** : 호흡기 자극, 눈물, 화상, 어지럼증, 심장 두근거림, 호흡곤란, 빈혈 등 발생

2 유해가스의 처리이론(흡수/흡착)

(1) 흡수이론

- ❀ **흡수법의 의의와 장·단점**
    - ▫ **의의** : 대기오염방지기술에 적용되는 흡수법(absorption)은 기체상태의 오염물질을 흡수액 또는 세정액을 사용하여 처리하는 방법이며, **세정처리**라고도 함
    - ▫ **장·단점**
        - 장점
            - 처리 코스트(cost)가 저렴함
            - 집진이나 가스의 냉각 등 다른 조작을 겸할 수 있음
        - 단점
            - 100%에 가까운 제거효율을 얻을 수 없음

- 부대적인 배수처리시설이 필요함
- 가스의 증습에 의한 배연확산이 나쁨

▫ **영향인자**
- 세정장치를 이용한 흡수처리의 효율은 액가스비가 클수록, 가스의 용해도가 클수록, 헨리상수가 작을수록 증가함
- 헨리상수는 용해도와 반비례 관계가 있으므로 헨리정수가 클수록 용해도는 낮아지기 때문에 기체의 흡수효율은 저하됨

❇ **헨리 법칙**(Henry's Law) : 용해되는 난용성 기체의 농도(C_s)는 그 액체와 마주하여 접촉되는 기체분압(P_i)에 비례한다는 법칙임

☀ $C_s = P_i \times H$ $\begin{cases} C_s : 기체의\ 용해도 \\ P_i : 기체의\ 분압 \\ H : 헨리상수(용해도에\ 반비례) \end{cases}$

▫ **적용대상** : 헨리의 법칙이 가장 잘 적용되는 기체는 물에 잘 녹지 않는 기체이다. 물에 잘 녹지 않는 기체는 H_2, O_2, N_2, CO, CO_2, NO 등임

▫ **헨리상수의 크기** : 헨리상수는 용해도에 반비례하고, 온도가 높을수록 증가하는데 용해도가 높은 가스는 헨리정수($H < 3$)가 작고, 용해도가 낮은 가스는 헨리정수($H \geq 3000$)가 큼

대상기체	헨리상수(30℃)	대상기체	헨리상수(30℃)
N_2	9.24×10^4	공기	7.71×10^4
H_2	7.20×10^4	CO	6.20×10^4
O_2	4.75×10^4	CH_4	4.49×10^4
NO	3.10×10^4	CO_2	1.86×10^3
H_2S	6.09×10^2	SO_2	1.60×10^1
HF	3.00×10^{-3}	HCl	2.00×10^{-5}

※ 자료 인용 : 「대기환경기술사」 수험서, 이승원(저)

▫ **대상가스의 용해도에 따른 흡수장치의 신징**
- **용해도가 높은 가스** : 물질이동에 대한 전체저항은 가스측 저항이 지배적이 됨 ➡ 이때는 **액분산형 흡수장치**인 충전탑(Packed Tower), 분무탑(Spray Tower), 벤투리스크러버, 사이클론스크러버 등으로 처리하는 것이 바람직함
- **용해도가 낮은 가스** : 물질이동에 대한 전체저항은 액체측 저항이 지배적이 됨 ➡ 이때는 **가스분산형 흡수장치**인 단탑류(다공판탑, 포종탑 등)와 기포탑(氣泡塔)으로 처리하는 것이 바람직함

❇ **이중경막설**(二重境膜說, double film theory) : 가스측 경막에서 흡수대상 기체의 mol 속도와 액체측 경막에서 흡수대상 기체의 mol 속도는 다음과 같이 나타냄

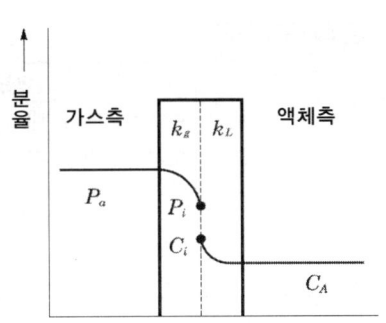

※ $\dfrac{N}{A} = k_g(P_a - P_i) = k_L(C_i - C_A)$ 　$\begin{cases} N : \text{물질전이(이동)속도}(\text{kmol/hr}) \\ A : \text{접촉경막의 면적}(\text{m}^2) \\ k_g : \text{가스측 물질이동계수}(\text{kmol/hr}\cdot\text{atm}\cdot\text{m}^2) \\ k_L : \text{액체측 물질이동계수}(\text{m/hr}) \\ (P_a - P_i) : \text{분압차}(\text{atm}) \\ (C_i - C_A) : \text{농도차}(\text{kmol/m}^3) \end{cases}$

k_g 및 k_L 값은 용질확산계수 및 경막의 유효두께가 관계되므로 통상 이를 고려한 **총괄 물질이동계수**(K_G, K_L)를 사용하게 됨

※ $\dfrac{N}{A} = K_G(P_a - P_i) = K_L(C_i - C_A)$

⊛ **흡수탑의 충전층 높이 산정** : 기상기준 충전층의 높이(h)는 흡수탑의 입구측과 출구측의 농도비(추진력)의 대수값을 취한 물질이동단위높이(HTU, Height of Transfer Unit)와 물질이동단위수(NTU, Number of Transfer Unit)의 곱으로 산정됨

※ $h = \text{HTU} \times \text{NTU}$
$= \dfrac{G_M}{K_{Ga}\pi} \times \displaystyle\int_{y_2}^{y_1} \dfrac{dy}{y - y_e}$
$= H_{OG} \times \ln \dfrac{1}{(1 - E/100)}$
$\begin{cases} h : \text{충전층 높이}(\text{m}) \\ E : \text{흡수효율} \\ N_{OG} : \text{총괄이동단위수}(\text{NTU}) \\ H_{OG} : \text{총괄이동단위높이}(\text{HTU}) \\ G_M : \text{가스의 몰유량}(\text{kmol/m}^2\cdot\text{hr}) \\ K_{Ga} : \text{용량계수}(\text{kmol/m}^3\cdot\text{atm}\cdot\text{hr}) = K_G \times (A/V) \\ \pi : \text{전압}(全壓)(\text{atm}) \\ y_1 : \text{입구측 오염물질 mol분율}(\text{mol/mol}) \\ y_2 : \text{출구측 오염물질 mol분율}(\text{mol/mol}) \end{cases}$

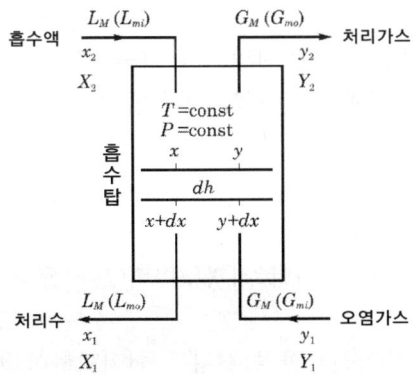

$L_M(x_1 - x_2) = G_M(y_1 - y_2)$

□ 흡수액의 구비조건과 충전물의 구비조건

흡수액의 구비조건	충전물의 구비조건
• 용해도가 크고, 빙점이 낮을 것 • 휘발성이 없을 것 • 부식성과 독성이 없을 것 • 점성이 작고, 화학적으로 안정될 것 • 가격이 저렴할 것 • 용매의 화학적 성질과 비슷할 것	• 단위용적에 대하여 표면적이 클 것 • 공극률이 크고, 충전물 간격의 단면적이 클 것 • 압력손실이 작고, 충전밀도가 클 것 • 액가스 분포를 균일하게 유지할 수 있을 것 • 내식성과 내열성이 크고, 가벼울 것 • 기계적 강도와 내구성이 있고, 저렴할 것

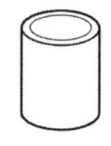    

(raschig ring)　(pall ring)　(berl saddle)　(intalox saddle)　(sprial rings)

〈그림〉 다양한 충전물

※ **흡수탑의 압력손실과 편류발생** : 흡수액을 통과시키지 않을 때 충전탑 내의 유량속도에 대한 압력손실은 $a \sim b$와 같이 직선적으로 변하지만 흡수액을 통과시키면서 유량속도를 증가시킬 경우 충전층 내의 **유효하지 않은 액보유량**이 증가하는데 이것을 **홀드업**(Hold Up)이라 함

홀드업(Hold-Up)은 충전층 공극과 가스의 유입부 등에 존재하는 **데드볼륨**(Dead volume)**의 합**으로 일명 홀드업 체적이라고도 함

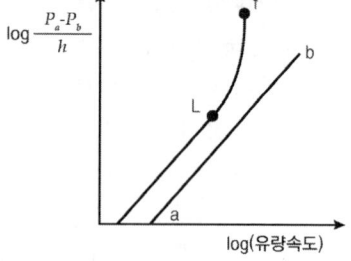

유속을 지속하여 증가시킬 경우 액의 Hold Up이 현저히 증가하게 되어 첫번째 Break Point가 나타나는데 이 점을 부하점(**로딩점**, Loading Point, L점)이라 함

부하점(Loading Point)을 초과하여 계속 유속을 증가시키면 Hold Up이 급격히 증가하는 두번째 Break point가 나타나는데 이 점을 **범람점**(Flooding Point, f점)이라 함

범람점 이후에는 유해가스가 액중으로 분산·범람하게 되므로 충전탑의 가스 유속은 이 **Flooding 속도의 40~70% 범위**에서 **설계**됨

□ 편류발생의 원인과 대책
- **원인** : 충진물의 일부에서 공극이 폐쇄되거나 충전밀도가 다를 때, 충전탑의 충전높이가 탑 직경의 약 6배 이상으로 과도할 때 흡수액의 편류가 발생함
- **대책**
  ◦ 흡수액의 분배를 균일하게 할 수 있도록 충전층 상부에 분배기를 설치함
  ◦ 탑의 단위면적(ft^2)당 액의 주입구를 5개 이상 설치함
  ◦ 탑의 직경(D)과 충전물(Raschig Ring 기준)의 직경(d) 비(D/d)를 8~10 범위 이내로 설계함
  ◦ 충전물의 충전밀도를 균일하게 하고, 결석유발 반응물을 전처리하여 제거함

(2) 흡착이론

❈ 흡착법의 의의와 장·단점
- **의의** : 흡착법(adsorption)은 기체의 분자 및 원자가 고체표면에 달라붙는 성질을 이용하여 오염된 기체를 제거하는 방법으로 유해가스 및 VOC, 악취 또는 회수가치가 있는 가스의 처리조작 등에 많이 이용됨
- **적용**
  - 오염물질이 비연소성이거나 연소시키기 어려운 경우
  - 오염물질을 회수할 가치가 충분히 있는 경우
  - 배기가스 내의 오염물 농도가 매우 낮은 경우
- **장·단점**
  - **장점**
    - 처리가스의 농도변화에 대응할 수 있음
    - 거의 100%의 제거율을 얻을 수 있음
    - 조작 및 장치가 간단함
    - 농도가 1ppm 이하로 낮으면서 처리가스 용량이 클 때 유리함
  - **단점**
    - 처리 코스트(cost)가 약간 높음(단, 저농도의 경우는 저렴)
    - 분진 및 미스트(mist)를 함유하는 가스는 예비처리시설이 필요함
    - 고온가스를 처리하려면 부대적인 냉각장치가 필요함

❈ 흡착의 형태
- **물리적 흡착**(physical adsorption) : 고체분자와 흡착되는 물질(흡착질) 사이의 분자간 인력이 작용하여 부착되는 흡착으로 일명「반 데르 발스(Van der Waals) 흡착」이라고도 함
  - 온도나 압력변화로 피흡착물질을 흡착제로부터 분리가능한 흡착임
  - **가역적, 다분자 흡착**임
  - 온도가 낮을수록 흡착량은 증가함
  - 흡착물질은 임계온도 이상에서는 흡착되지 않음
  - 흡착제에 대한 용질의 분압(分壓)이 높을수록 흡착량은 증가함
  - 기체분자량이 클수록 잘 흡착됨
  - 2성분 이상 혼합되어 흡착 자리경쟁을 할 경우 흡착성이 강한 성분이 보다 강하게 흡착됨. 이때 각 단일 성분의 흡착량은 혼합가스와 동일한 분압에서 단독으로 흡착시켰을 때보다는 적음
- **화학적 흡착**(chemisorption) : 흡착제인 고체와 흡착되는 물질(흡착질)이 화학적인 반응을 하는 흡착으로 일명「활성흡착」이라고도 함
  - 온도나 압력변화로 피흡착물질을 흡착제로부터 분리되지 않음
  - **비가역적, 단분자 흡착**임

- 온도에 의한 영향을 거의 받지 않음
- 물리적 흡착보다 흡착력이 매우 강하고, 흡착열이 높음(20~100kcal/mol)

흡착제의 종류와 구비조건
- **종류** : 활성탄, 실리카겔(silicagel), 활성 알루미나(activated alumina), 합성 제올라이트(synthetic zeolite), 보크사이트(bouxite), 마그네시아(magnecia) 등이 사용됨
- **구비조건**
  - 기체의 흐름에 대한 압력손실이 적을 것
  - 안전성, 안정성, 내마모성 및 강도와 경도를 가질 것
  - 흡착효율이 우수하고, 흡착제의 재생이 용이할 것
  - 흡착물질의 회수가 용이하고, 온도와 가스의 조성에 적응성이 좋을 것

물리적 흡착에 영향을 미치는 인자
- **압력** : 주어진 온도에서 가스 내 피흡착물질의 압력이 증가되면 흡착되는 피흡착제의 양을 증가시킬 수 있음
- **온도** : 주어진 압력에서 처리온도를 증가시키면 흡착량은 감소한다. 따라서 고온가스를 처리하기 위해서는 부대적인 냉각장치가 필요함
- **분자량** : 피흡착제의 분자량이 증가할수록 흡착량은 증가함. 예를 들어 동일한 분압과 온도에서 벤젠이 아세톤보다 잘 흡착된다는 것은 이를 증명함
- **선택성** : 알코올류, 초산, 벤젠류 등은 비교적 잘 흡착되지만 에틸렌, 일산화질소 등은 흡착효과가 거의 없음(활성탄은 유기성 가스의 분자량은 45 이상 되어야 제거할 수 있고, 비극성 물질을 흡착하며, 대부분의 경우 유기용제 증기를 제거하는데 탁월함)
- **분진 및 mist 함유** : 분진 및 미스트를 함유하는 가스는 예비처리시설이 필요함
- **농도와 유량** : 피흡착가스의 농도를 가능하면 일정하게 유지하는 것이 중요하며, 유량변동은 크지 않아야 함
- **상의 길이** : 돌파(파과)가 일어나기 전에 상(床)을 통과하는 가스의 양이 충분하도록 길이를 결정하여야 함
- **충전높이와 밀도** : 가능한 한 75~80%가 포화되기 전에 돌파(파과)가 일어나지 않도록 충전층의 높이를 설정하고, 충전밀도 및 배기가스 흐름을 균등하게 편류(偏流)가 생기지 않도록 하여야 함

등온흡착선 · 등온흡착식
- **개요** : 일반적으로 흡착평형은 일정한 온도에서 흡착량(X/M)과 평형상태의 농도(C) 사이의 관계를 온도함수로 표시한 것을 등온흡착선(adsorption isotherm)이라 하고, 등온흡착선을 나타내는 식을 등온흡착식이라 함
- **유형** : 프로인들리히(Freundlich)형, 랭뮤어(Langmuir)형, B.E.T(Brunauer, Emmett, Teller)형 등이 있음

구 분	관계식	직선방정식
프로인들리히 식 (Freundlich)	$\dfrac{X}{M} = KC^{\frac{1}{n}}$	log[X/M] vs log[C], 기울기 $\dfrac{1}{n}$, 절편 log[K]
랭뮤어 식 (Langmuir)	$\dfrac{X}{M} = \dfrac{abC}{1+aC}$	1/(X/M) vs 1/C, 기울기 $\dfrac{1}{ab}$, 절편 $\dfrac{1}{b}$

여기서, M : 흡착제의 중량, X : 흡착된 용질량, K, n : 상수
C : 흡착평형상태에서 배기가스 내에 잔류하는 피흡착물질의 농도
a : 최대흡착량에 대한 상수, b : 흡착에너지에 대한 상수

□ **Langmuir형 등온흡착식의 가정조건**
  • 흡착에너지는 일정하고, 표면적에 의존하지 않음
  • 흡착은 일정 표면적에서 일어나고, 흡착된 분자들 사이의 상호작용은 없음
  • 가능한 최대의 흡착은 완전한 **단분자층**을 이룸

※ **파과점과 파과곡선**
  □ **파과점**(破過點, Break-Through Point) : 고정된 흡착제에 처리대상가스를 통과시켜 흡착질을 흡착시키면 통기 초기에는 청정한 처리가스를 배출할 수 있으나 시간이 경과함에 따라 처리가스 중 피흡착물질의 농도가 점차 증가하여 허용치(許容値)에 달하게 되는데 이때를 파과점이라 함
  □ **종말점**(終末點) : 파과점을 초과하여 통기를 계속하면 처리가스 중 피흡착물질의 농도가 급속히 증가하여 유입가스의 농도와 같아지게 되는데 이때 그 종료 농도를 종말점이라 함
  □ **파과시간의 영향인자**
    • 흡착층의 높이가 낮을수록 파과시간은 단축됨
    • 흡착제의 입도(粒度)가 클수록 파과시간은 단축됨
    • 피처리가스의 유속을 크게 할수록 파과시간은 단축됨
    • 피흡착물질의 초기농도가 높을수록 파과시간은 단축됨

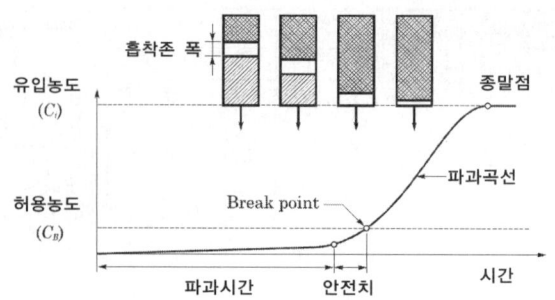

※ 자료 인용 : 「대기환경기술사」 수험서, 이승원(저)

흡착단계와 흡착제의 재생방법

흡착단계
- 1단계 : 용액에서 유기물질이 고액 경계면까지 이동하는 단계
- 2단계 : 경계막을 통한 용질의 확산단계 → (경막 확산, film diffusion)
- 3단계 : 공극을 통한 내부 확산단계 → (공극 확산, pore diffusion)
- 4단계 : 입자의 미세공극의 표면 위에 흡착되는 단계(4단계의 반응은 그 반응속도가 매우 빨라 흡착은 1단계, 2단계, 3단계의 반응에 의해 결정됨)

흡착제의 재생방법(탈착법)
- 가열탈착법(가열공기 탈착법)
- 수세 탈착법
- 수증기 송입 탈착방법
- 감압 진공탈착법
- 고온 불활성가스에 의한 탈착방법

엄선 예상문제

01 다음 특성을 갖는 것은?

- 인화성, 폭발성, 연소 시 유독가스 발생
- 물, 알코올, 에테르 등과 임의의 비율로 혼합되며, 그 수용액은 극히 약한 산성을 나타내며, 물에 대한 용해도가 높음

① 벤젠 ② 염소
③ 시안화수소 ④ 아세트산

02 다음에서 설명하는 실내 오염물질은?

VOC의 한 종류이며 가장 일반적인 오염물질 중 하나이고, 건물 내부에서 발견되는 오염물질 중 가장 심각한 오염물질이다. 각종 광택제와 풀, 발포성 단열재, 카펫, 합판 틀, 파티클보드 선반 및 가구 등의 새 자재에서 주로 방출된다.

① HCHO
② Styrene
③ Trimethylbenzene
④ Carbon Tetrachloride

03 다음 기체 중 물에 대한 헨리상수가 가장 큰 물질은?

① HF ② HCl
③ H_2S ④ SO_2

04 흡수에 대한 설명으로 옳지 않은 것은?

① 용해도가 낮은 기체의 경우에만 헨리의 법칙이 성립한다.
② SiF_4, HCHO 등은 물에 대한 용해도가 크지만 NO, NO_2 등은 용해도가 작은 편이다.
③ 헨리상수(atm · m^3/kmol)의 값은 온도에 따라 변하며, 온도가 높을수록 그 값이 커진다.
④ 습식 세정장치에서 흡수효율은 세정수량이 클수록, 가스의 용해도가 클수록 헨리정수가 클수록 커진다.

> **해설**

01 인화성, 폭발성, 연소 시 유독가스가 발생하고, 수용액은 극히 약한 산성을 나타내며, 물에 대한 용해도가 높은 것은 시안화수소이다.
02 실내 공기오염물질 중 포름알데히드에 대한 특징이다.
03 헨리상수(H)는 물에 대한 기체의 용해도(C)에 반비례한다. 기체 용해도의 크기는 HCl > HF > NH_3 > SO_2 > Cl_2 > H_2S > CO_2 > O_2 > CO이다.
04 습식 세정장치에서 흡수효율은 액가스비가 클수록, 가스의 용해도가 클수록, 헨리상수가 작을수록 커진다. 헨리상수는 용해도와 반비례 관계가 있으므로 헨리상수가 클수록 용해도는 낮아지기 때문에 기체의 흡수효율은 저하된다.

정답 | 1.③ 2.① 3.② 4.④

05 다음 가스분압이 58mmHg, 유해가스의 농도 3.5kmol/m³, 전압 1atm일 때 헨리상수 (atm·m³/kmol)는?

① 0.01　　② 0.02
③ 0.03　　④ 0.04

06 헨리의 법칙을 따르는 유해가스가 물속에 2.0kmol/m³만큼 용해되어 있을 때, 분압이 258.4mmH₂O이었다면, 이 유해가스의 분압이 38mmHg로 될 때의 물에 대한 유해가스의 용해도는?

① 12.5kmol/m³　　② 8.3kmol/m³
③ 6.2kmol/m³　　④ 4.0kmol/m³

07 흡수법에 대한 다음 설명 중 옳지 않은 것은 어느 것인가?

① 흡수제는 휘발성이 커야 한다.
② 충전탑은 액분산형 흡수장치에 해당한다.
③ 흡수제의 빙점은 낮고, 비점은 높아야 한다.
④ 재생가치가 있는 물질이나 흡수제의 재사용은 탈착이나 Stripping을 통해 회수 또는 재생한다.

08 가스 흡수탑에 사용되는 흡수액이 갖추어야 할 요건으로 옳은 것은?

① 용해도가 높아야 한다.
② 휘발성이 높아야 한다.
③ 흡수액의 점성은 비교적 높아야 한다.
④ 화학적으로 활성이 크며, 인화성이 없고 응고점이 높아야 한다.

09 충전물이 갖추어야 할 조건과 가장 거리가 먼 것은?

① 충전밀도가 작을 것
② 단위부피당 표면적이 클 것
③ 가스 및 액체에 대하여 내식성이 있을 것
④ 가스와 액체가 전체에 균일하게 분포될 것

10 충전물의 일반적인 요구사항으로 옳지 않은 것은?

① 최소의 무게
② 높은 액체 잔류성
③ 충분한 화학적 저항
④ 단위체적당 넓은 표면적

> **해설**

05 헨리의 법칙(Henrys law)을 적용한다.

$$\therefore H = \frac{P}{C} = \frac{58\,\text{mmHg}}{3.5\,\text{kmol/m}^3} \times \frac{1\,\text{atm}}{760\,\text{mmHg}} = 0.02\,\text{atm}\cdot\text{m}^3/\text{kmol}$$

06 헨리의 법칙(Henrys Law)을 적용한다.

$$C = \frac{P}{H} \quad \begin{cases} H : \text{헨리상수} \\ C : \text{용해도} \\ P : \text{용해 대상기체의 부분압력} \end{cases}$$

- $H(\text{헨리상수}) = \frac{P}{C} = \frac{258.4\,\text{mmH}_2\text{O}}{2\,\text{kmol/m}^3} \times \frac{1\,\text{atm}}{10,332\,\text{mmH}_2\text{O}} = 0.0125\,\text{atm}\cdot\text{m}^3/\text{kmol}$

$$\therefore C = 38\,\text{mmHg} \times \frac{1\,\text{atm}}{760\,\text{mmHg}} \times \frac{\text{kmol}}{0.0125\,\text{atm}\cdot\text{m}^3} = 4.0\,\text{kmol/m}^3$$

07 흡수처리에 사용되는 흡수제는 휘발성이 낮아야 한다.

08 ① 항만 올바르다.
　▶바르게 고쳐보기◀
　② 휘발성이 낮아야 한다.
　③ 흡수액의 점성은 비교적 낮아야 한다.
　④ 화학적으로 활성이 적으며, 인화성이 없고 응고점이 낮아야 한다.

09 충전물은 압력손실이 작고 충전밀도가 커야 한다.

10 충전물은 낮은 액체 잔류성(낮은 홀드업)을 가져야 한다.

정답 ┃ 5.② 6.④ 7.① 8.① 9.① 10.②

11 흡착에 대한 다음 설명 중 옳은 것은?

① 물리적 흡착은 가역성이 낮다.
② 물리적 흡착은 온도가 상승하면 흡착량이 감소한다.
③ 물리적 흡착은 흡착과정의 발열량이 화학적 흡착보다 많다.
④ 화학흡착은 흡착과정이 가역적이므로 흡착제의 재생이나 오염가스의 회수에 매우 편리하다.

12 다음은 물리적 흡착과 화학적 흡착의 일반적인 특성을 비교한 것이다. 옳지 않은 것은?

	비교항목	물리적 흡착	화학적 흡착
Ⓐ	활성온도	낮은 온도	대체로 높은 온도
Ⓑ	반응 방향성	가역적	비가역적
Ⓒ	흡착제의 재생	재생 가능	재생 불가능
Ⓓ	흡착층	단분자층	다층

① Ⓐ ② Ⓑ
③ Ⓒ ④ Ⓓ

13 다음 중 활성탄 흡착법을 이용하여 악취를 제거하고자 할 때 거의 효과가 없는 것은?

① 페놀(Phenol)
② 스티렌(Styrene)
③ 암모니아(Ammonia)
④ 에틸멜캅탄(Ethyl Mercaptan)

14 흡착에 대한 다음 설명 중 옳지 않은 것은 어느 것인가?

① 흡착제는 기체흐름에 대한 압력손실이 커야 한다.
② 물리적 흡착량은 보통 가용한 흡착제의 표면적에 비례한다.
③ 화학적 흡착은 분자간의 결합력이 강하고 흡착과정에서 발열량도 많다.
④ 점토나 이온교환수지 등의 흡착제는 탈색에도 이용되고 Ag, Cu, Zn 등의 무기첨가제를 포함한 특수한 탄소는 가스마스크 등에도 이용된다.

15 다음 중 활성탄으로 흡착 시 가장 효과가 적은 것은?

① 아세트산   ② 담배연기
③ 일산화질소 ④ 알코올류

16 파과점(Break Point, 돌파현상)을 가장 잘 설명한 것은?

① 처리가스 중 오염물질이 최대가 되는 점
② 흡착탑 출구에서 오염물질 농도가 급격히 증가되기 시작하는 점
③ 흡착탑 출구에서 오염물질 농도가 급격히 감소되기 시작하는 점
④ 일정한 온도와 압력조건에서 흡착제가 가장 많은 양의 흡착질을 흡착하는 점

> **해설**

11 ②항만 올바르다. 물리적 흡착은 온도가 상승하면 흡착량이 감소한다.
12 물리적 흡착은 다층흡착, 화학적 흡착은 단분자층(단층)흡착이다.
13 활성탄에 대한 흡착특성이 낮은 오염물질은 정상상태에 있는 공기량보다 분자량이 작은 암모니아이다.
14 흡착제는 기체의 흐름에 대한 압력손실이 적은 것이 바람직하다.
15 Tuck와 Bownes에 의하면 물리적 흡착방법으로 제거할 수 있는 물질의 분자량은 정상상태에 있는 공기량보다 커야 하고, 실제적으로 가스 증기의 제거는 분자량이 45 이상일 때 가능한 것으로 알려지고 있다. 따라서 NH_3, CH_4, CO, NO 등에 대한 흡착효과는 현저히 떨어진다.
16 흡착탑 출구에서 오염물질 농도가 급격히 증가되기 시작하는 점을 파과점(Break Point)이라 한다.

정답 ┃ 11.② 12.④ 13.③ 14.① 15.③ 16.②

대기환경기사/산업기사

17 다음의 흡착제 중 표면적이 200m²/g 정도이고, 주로 휘발유 및 용제정제 등으로 사용되는 것은?

① 본 차(Bone Char)
② 알루미나(Alumina)
③ 실리카겔(Silica Gel)
④ 마그네시아(Magnesia)

18 다음 중 Freundlich 등온흡착식은?(단, X 흡착된 용질량 : $C_i - C_o$, M 흡착제량, C_o 출구농도, C_i 입구농도, K, n = 상수)

① $\dfrac{X}{M} = KC_o^{\frac{1}{n}}$ ② $\dfrac{X}{M} = (KC_o)^{\frac{1}{n}}$

③ $\dfrac{M}{X} = KC_o^{\frac{1}{n}}$ ④ $\dfrac{M}{X} = (KC_o)^{\frac{1}{n}}$

> **해설**

17 마그네시아(Magnesia)는 휘발유 및 용제정제, 지방 왁스의 제거에 이용된다.

▶흡착제의 종류와 그 주용도◀

- 활성탄(Active Carbon) : 악취 및 VOC처리, 비극성 유기용제 제거, 유증기 제거, 용제회수
- 실리카겔(Silica Gel) : 가성소오다(NaOH) 용액 중 불순물 제거, 황분 제거
- 본 차(Bone Char) : 설탕의 탈색
- 활성 알루미나(Alumina) : 가스, 공기 및 액체의 건조, 탈수
- 마그네시아(Magnesia) : 휘발유 및 용제정제, 지방 왁스의 정제
- 탈색 카본(Decoloring Carbon) : 음료수 탈색, 기름, 색소, 유분 및 왁스성분 제거
- 보크사이트(Bauxite) : 석유류의 유분 제거, 가스 및 용액의 건조, 탈수
- 황산스트론튬(Strontium Sulfate) : 가스의 건조 및 정제, 가성소오다 용액 내의 철분 제거

18 프로인들리히(Freundlich) 등온흡착식은 다음 관계식으로 표현된다.

□ $\dfrac{X}{M} = KC_o^{\frac{1}{n}}$ $\begin{cases} X : \text{흡착량}(C_i - C_o) \\ M : \text{흡착제 사용량} \\ K : \text{실험상수} \\ C_o : \text{출구농도} \\ n : \text{상수} \end{cases}$

정답 ┃ 17.④ 18.①

업그레이드 종합 예상문제

01 가스의 흡수이론에 대한 설명으로 옳지 않은 것은?
① 흡수조작에 사용되는 흡수제는 물 또는 수용액을 주로 사용한다.
② 용해에 따른 복잡한 화학반응이 일어날 경우에는 성립하지 않는다.
③ 배출가스의 용매에 대한 용해도가 큰 기체인 경우에 헨리의 법칙이 적용될 수 있다.
④ 흡수는 기체상 오염물질 흡수액을 사용하여 흡수 제거시키는 것으로 세정이라고도 한다.

▌해설 배출가스의 용매에 대한 용해도가 낮은 기체인 경우에 헨리의 법칙이 적용될 수 있다.

02 가스흡수에서는 기-액의 접촉면적을 크게 하는 것이 필요한데 실제 유효접촉면적 $a(m^2/m^3)$의 참값을 구하기가 쉽지 않기 때문에 액상 총괄물질이동계수 K_L과의 곱인 $K_L \cdot a$를 계수로 사용한다. 이 계수를 무엇이라 하는가?
① 액체전달계수
② 액체분배계수
③ 액체용량계수
④ 액체유효면적계수

▌해설 액상 총괄물질이동계수 × 실제 유효접촉면적, 즉 $K_L \cdot a$를 액체용량계수라고 한다.
▶용량계수(容量係數)◀
• 용량계수(Coefficient of Capacity)는 물질이동계수와 비표면적의 곱으로 정의됨
• 용량계수는 기체와 액체의 접촉계면을 통하여 물질이 흡수되는 과정에서 단위용적, 단위시간당 두 상의 계면을 이동하는 물질량이 이들의 추진력에 비례한다고 할 때 그 비례계수를 말함
• 용량계수는 두 상 간의 유효접촉면적의 추정이 곤란한 경우에 유용하게 이용되고 있음

03 헨리의 법칙(Henrys Law)에 대한 다음 설명 중 옳지 않은 것은?
① 헨리상수의 단위는 $atm/m^3 \cdot kmol$이다.
② 비교적 용해도가 낮은 기체에 적용된다.
③ 일정온도에서 특정유해가스의 분압은 용해가스의 액중 농도에 비례한다는 법칙이다.
④ 헨리상수는 온도에 따라 변하는데 온도가 높을수록 증가하며, 용해도가 적을수록 커진다.

▌해설 헨리상수의 단위는 $atm \cdot m^3/kmol$이다. 여건에 따라 $L \cdot atm/mol$으로 표시하기도 하므로 주의를 요한다.

정답 1.③ 2.③ 3.①

04 헨리 법칙(Henry's Law)을 적용하여 유도된 총괄물질이동계수와 개별물질이동계수와의 관계를 옳게 나타낸 식은?(단, K_G : 기상 총괄물질이동계수, k_l : 액상물질이동계수, k_g : 기상물질이동계수, H : 헨리정수)

① $\dfrac{1}{K_G} = \dfrac{1}{k_g} + \dfrac{H}{k_l}$ ② $\dfrac{1}{K_G} = \dfrac{H}{k_g} + \dfrac{k_g}{k_l}$

③ $\dfrac{1}{K_G} = \dfrac{1}{k_l} + \dfrac{H}{k_g}$ ④ $\dfrac{1}{K_G} = \dfrac{1}{k_l} + \dfrac{k_g}{H}$

▎해설 총괄물질이동계수와 개별물질이동계수와의 관계를 옳게 나타낸 식은 ①항이다. 기상 총괄물질이동계수의 역수는 총괄저항을 나타낸다.

05 충전탑에 사용되는 충전물의 구비조건이라 할 수 없는 것은?

① 공극률이 클 것
② 압력손실과 충전밀도가 작을 것
③ 단위용적에 대한 표면적이 클 것
④ 액가스 분포를 균일하게 유지할 수 있을 것

▎해설 충전물은 압력손실은 낮고, 충전밀도는 큰 것이 좋다.

06 충전물의 구비조건으로 옳지 않은 것은 어느 것인가?

① 공극률이 작을 것
② 단위용적에 대한 표면적이 클 것
③ 압력손실이 작고 충전밀도가 클 것
④ 액가스 분포를 균일하게 유지할 수 있을 것

▎해설 충전물은 공극률이 커야 한다.

07 흡착과정에 대한 설명으로 틀린 것은 어느 것인가?

① 파과곡선의 형태는 흡착탑의 경우에 따라서 비교적 기울기가 큰 것이 바람직하다.
② 포화점(Saturation Point)에서는 주어진 온도와 압력조건에서 흡착제가 가장 많은 양의 흡착질을 흡착하는 점이다.
③ 실제의 흡착은 비정상상태에서 진행되므로 흡착의 초기에는 흡착이 천천히 진행되다가 어느 정도 흡착이 진행되면 빠르게 흡착이 이루어진다.
④ 흡착제의 층 전체가 포화되어 배출가스 중에 오염가스 일부가 남게 되는 점을 파과점(Break Point)이라 하고, 이 점 이후부터는 오염가스의 농도가 급격히 증가한다.

▎해설 실제의 흡착은 비정상상태에서 진행되므로 흡착의 초기에는 흡착이 빠르게 진행되다가 어느 정도 흡착이 진행되면 느린속도로 흡착된다.

08 흡착제의 종류와 용도와의 연결로 옳지 않은 것은?

① 활성탄-용제회수, 가스정화
② 실리카겔-NaOH 용액 중 불순물 제거
③ 마그네시아-가스, 공기 및 액체의 건조
④ 보크사이트-석유 중 유분 제거, 가스 건조

해설 마그네시아(Magnesia)-기름(휘발유 등)·용제 정제에 사용된다.

09 흡착제 종류와 사용용도의 연결이 바람직하지 않은 것은?

① 활성탄-용제회수, 가스 정제
② 실리카겔-가스 건조, 황분 제거
③ 활성 알루미나-휘발유 및 용제 정제
④ 보크사이트-석유 분류물 처리, 가스 건조

해설 활성 알루미나(Alumina)는 가스, 공기 및 액체의 건조, 탈수 등에 이용된다.

10 흡착은 유체로부터 기체(액체) 성분을 어떤 고체상 물질에 의해 선택적으로 제거할 수 있는 분리공정이다. 다음 중 흡착법에 의한 처리가 부적합한 경우는?

① 오염물질의 회수가치가 있는 경우
② 배기가스 내 오염물 농도가 낮은 경우
③ 분자량이 큰 고분자입자로서 용해도가 높은 경우
④ 기체상 오염물질이 비연소성이거나 태우기 어려운 경우

해설 분자량이 큰 고분자입자로서 용해도가 낮은 경우에 흡착법이 유용하게 적용된다.

11 다음은 활성탄의 고온 활성화 재생방법으로 적용될 수 있는 다단로(multi-hearth furnace)와 회전로(rotary kiln)의 비교 표이다. 옳지 않은 것은?

	구 분	다단로	회전로
Ⓐ	온도유지	• 여러 개의 버너로 구분된 반응영역에서 온도분포 조절이 가능하고 열효율이 높음	• 단 1개의 버너로 열공급 영역별 온도 유지가 불가능하고 열효율이 낮음
Ⓑ	수증기 공급	• 반응영역에서 일정하게 분사가능	• 입구에서만 공급하므로 일정치 않음
Ⓒ	입도분포	• 입도에 비례하여 큰 입자가 빨리 배출됨	• 입도분포에 관계없이 체류시간을 동일하게 유지할 수 있음
Ⓓ	품질	• 고품질 입상 재생설비로 적합함	• 고품질 입상 재생설비로 부적합함

① Ⓐ　　　　② Ⓑ
③ Ⓒ　　　　④ Ⓓ

해설 ③항은 좌 ↔ 우 상반된 특성을 기술하고 있다.

12 다음 중 틀린 것은?

① 고정층은 흡착탑 2개를 병렬로 연결한다.
② 유동층 흡착장치는 가스유속을 크게 유지할 수 있고, 고체와 기체의 접촉을 좋게 할 수 있다.
③ 고정층의 재생은 흡착된 오염물질의 탈착, 활성탄 냉각 및 재사용의 3단계로 구분할 수 있다.
④ 고정층에서 소량가스는 수평형, 실린더형이 유용하지만, 대량가스는 수직형이 더 유리하다.

해설 고정층에서 소량가스는 수직형이 유용하지만 대량가스는 수평형 또는 실린더형이 유리하다.

13 HF를 함유하는 배기가스를 기상 총괄이동단위높이(H_{OG}) 0.44m인 흡수탑(충전탑)을 이용하여 흡수효율 92.5%로 처리하려고 한다. 충전층의 높이는?

① 1.01m
② 1.14m
③ 1.3m
④ 1.5m

해설 충전층 높이(h)는 기상 총괄이동단위높이(H_{OG})와 기상 총괄이동단위수(N_{OG})의 곱으로 산출된다.

$$h = H_{OG} \times N_{OG} \quad \left\{ N_{OG} = \ln\frac{1}{(1-E/100)} = \ln\frac{1}{(1-92.5/100)} = 2.59 \right.$$

$$\therefore h = 0.44 \times 2.95 = 1.14\,\text{m}$$

14 충전탑을 사용하여 배기가스 중 HF를 NaOH 용액과 향류 접촉시켜 90% 흡수·제거하고 있다. 흡수효율을 99.9%로 증가시키려고 할 때 충전층의 높이는 어떻게 하여야 하는가?(단, HF의 평형분압은 0)

① 9배 증가시킨다.
② 3배 감소시킨다.
③ 9배 감소시킨다.
④ 3배 증가시킨다.

해설 충전층 높이(h) 계산식을 이용한다.

$$h = H_{OG} \times N_{OG} = H_{OG} \times \ln\frac{1}{(1-E/100)}$$

$$\cdot N_{OG} = \ln\frac{1}{(1-E/100)} \quad \begin{cases} N_{OG1} = \ln\frac{1}{1-0.9} \\ N_{OG2} = \ln\frac{1}{1-0.99} \end{cases}$$

$$\therefore \frac{h_2}{h_1} = \frac{H_{OG} \times \ln\frac{1}{(1-0.999)}}{H_{OG} \times \ln\frac{1}{(1-0.90)}} = \frac{6.91\,H_{OG}}{2.3\,H_{OG}} = 3.0\text{배 증가}$$

15 배기가스 처리용량이 5,000m³/hr인 흡수탑에서 흡수탑 내 가스의 처리속도를 0.34m/sec로 유지하려고 할 경우 흡수탑의 직경(m)은?

① 1.9m ② 2.3m
③ 2.8m ④ 3.5m

해설 유량(Q)은 흡수탑의 단면적($A = \pi D^2/4$)과 유속(V)의 곱으로 산출된다.

- $Q = A \times V = \dfrac{\pi D^2}{4} \times V$ $\begin{cases} \pi : 3.14 \\ D : 직경 \\ V : 유속 = 0.34\,\mathrm{m/sec} = 유량(Q)/단면적(A) \end{cases}$

- $Q = \dfrac{5{,}000\,\mathrm{m}^3}{\mathrm{hr}} \times \dfrac{\mathrm{hr}}{3{,}600\,\mathrm{sec}} = 1.389\,\mathrm{m}^3/\mathrm{sec}$ ⇨ $\dfrac{3.14 \times D^2}{4} = \dfrac{1.389}{0.34}$

∴ $D = 2.28\,\mathrm{m}$

16 배기가스 중의 HCl을 충전탑에서 흡수액과 향류 접촉시켜 제거하고 있다. 충전층 높이가 2.5m일 경우 90%의 흡수효율을 얻었다고 할 때 충전층 높이를 4m로 증가하면 흡수효율(%)은?

① 80.3% ② 90.5%
③ 95.3% ④ 97.5%

해설 충전층 높이(h) 계산식을 이용한다.

- $h = H_{OG} \times N_{OG} = H_{OG} \times \ln \dfrac{1}{(1 - E/100)}$

- $\begin{cases} 2.5\,\mathrm{m} = H_{OG} \times \ln \dfrac{1}{(1 - 90/100)},\ H_{OG} = 1.086 \\ 4\,\mathrm{m} = 1.086 \times \ln \dfrac{1}{(1 - E/100)} \end{cases}$

∴ $E = 1 - \dfrac{1}{e^{\frac{4}{1.086}}} = 0.9749 = 97.49\,\%$

17 20℃, 1기압에서 충전탑으로 혼합가스 중의 암모니아를 제거하려고 한다. Stripping factor가 0.8이고, 평행선의 기울기가 0.8일 경우 흡수액의 양(kg·mol/hr)은? (단, 흡수액은 암모니아를 포함하지 않고, 재순환되지 않으며, 등온상태라 가정, 혼합가스량은 20℃, 1기압에서 40kg·mol/hr)

① 약 28 ② 약 40
③ 약 57 ④ 약 89

해설 흡수장치의 흡수액의 양은 다음 식으로 산출한다.

- $L_m = G_m \times \dfrac{m}{s_f}$ $\begin{cases} L_m\,(흡수액의\ 양) \\ G_m\,(처리가스량) = 40\,\mathrm{kg \cdot mol/hr} \\ m\,(평행선의\ 기울기) = 0.8 \\ s_f\,(\mathrm{Stripping\ factor}) = 0.8 \end{cases}$

∴ $L_m = 40 \times \dfrac{0.8}{0.8} = 40\,\mathrm{kg \cdot mol/hr}$

정답 15.② 16.④ 17.②

18 배기가스 중 염소농도가 80mL/m³이다. 이 염소농도를 20mg/Sm³로 저감시키기 위하여 제거해야 할 염소농도(mL/m³)는?

① 54mL/Sm³   ② 64mL/Sm³
③ 74mL/Sm³   ④ 84mL/Sm³

▎해설 제거해야 할 염소농도(ΔC)는 배출농도(C_i)−기준농도(C_o)로 산출한다. 단위통일에 유의해야 한다.

- $\Delta C = C_i - C_o \quad \left\{ C_o = \dfrac{20\,\mathrm{mg}}{\mathrm{m}^3} \times \dfrac{22.4\,\mathrm{mL}}{71\,\mathrm{mg}} = 6.3\,\mathrm{mL/m^3\,(ppm)} \right.$

∴ $\Delta C = 80 - 6.3 = 73.7\,\mathrm{mL/m^3}$

19 다음 배출가스 중의 염화수소(HCl)의 농도가 150ppm이고, 배출허용기준이 40mg/Sm³이라면, 배출허용기준치로 유지하기 위하여 제거해야 할 HCl은 현재 값의 몇 %인가?

① 72%   ② 76%
③ 80%   ④ 84%

▎해설 현재 값을 기준으로 하는 제거비율을 산출한다.

- 삭감률 = $\dfrac{\text{제거(삭감) 농도}}{\text{현재농도}} \times 100$ $\left\{ \begin{array}{l} \text{현재농도} = 150\,\mathrm{ppm} \times \dfrac{36.5}{22.4} = 244.42\,\mathrm{mg/m^3} \\ \text{제거농도} = \text{현재농도} - \text{허용기준} \\ \qquad\qquad = 244.42 - 40 = 204.42\,\mathrm{mg/m^3} \end{array} \right.$

∴ 삭감비율 = $\dfrac{204.42}{244.42} \times 100 = 83.63\%$

20 배출가스 중 염화수소(HCl)의 농도가 300ppm이다. 배출허용기준이 150mg/Sm³일 때, 최소한 몇 %를 제거해야 배출허용기준을 만족시킬 수 있는가?(단, 표준상태기준)

① 31.6%   ② 45.2%
③ 55.3%   ④ 69.4%

▎해설 배출허용기준을 만족하기 위한 제거해야 할 염화수소의 백분율을 산출한다.

- 제거율(%) = $\left[1 - \dfrac{C_o(\text{출구}=\text{기준치})}{C_i(\text{입구})} \right] \times 100$ $\left\{ \begin{array}{l} C_i = 300\,\mathrm{ppm}\,(\mathrm{mL/m^3}) \\ C_o = \dfrac{150\,\mathrm{mg}}{\mathrm{m}^3} \times \dfrac{22.4\,\mathrm{mL}}{36.5\,\mathrm{mg}} = 92.05\,\mathrm{mL/m^3} \end{array} \right.$

∴ 제거율 = $\left(1 - \dfrac{92.05}{300} \right) \times 100 = 69.32\%$

21 흡수탑으로 유입되는 폐가스 중 염소가스의 농도가 80,000ppm이고, 흡수탑의 염소가스 제거효율은 80%이다. 이 흡수탑 3개를 직렬로 연결했을 때 유출공기 중 염소가스의 농도는?

① 330ppm   ② 430ppm
③ 640ppm   ④ 730ppm

정답 18.③ 19.④ 20.④ 21.③

■해설 동일한 성능을 가진 흡수탑이 직렬로 연결되어 있으므로 다음과 같이 계산한다.
- $C_o = C_i \times (1-\eta_1)(1-\eta_2)(1-\eta_3) \to \eta_1 = \eta_2 = \eta_3 = 0.8$
∴ $C_o = 80{,}000 \times (1-0.8)^3 = 640\,\text{ppm}$

22 배출가스 중 염화수소의 농도가 250ppm이었다. 염화수소의 배출허용기준을 80 mg/m³로 할 때 염화수소의 농도를 현재 값의 몇 % 이하로 하여야 하는가?(단, 표준상태)

① 10.8% 이하
② 19.6% 이하
③ 32.1% 이하
④ 42.3% 이하

■해설 현재 값(250ppm)을 기준한 백분율을 산출한다.
- $C_m(\text{mg/m}^3) = C_p(\text{ppm}) \times \dfrac{M_w}{22.4}$
- 비율 $= \dfrac{\text{기준농도}}{\text{현재농도}} \times 100$ $\begin{cases} C_i(\text{현재}) = 250\,\text{ppm} \\ C_o(\text{기준}) = \dfrac{80\,\text{mg}}{\text{m}^3} \times \dfrac{22.4}{36.5} = 49.1\,\text{mL/m}^3 \end{cases}$

∴ 비율 $= \dfrac{49.1}{250} \times 100 = 19.64\%$

더 풀어보기 예상문제

01 헨리의 법칙이 가장 잘 적용되는 기체는 어느 것인가?
① Cl_2
② O_2
③ NH_3
④ HF

02 다음 중 헨리의 법칙을 적용하기에 가장 적절치 못한 가스는?
① Cl_2
② O_2
③ CO_2
④ NO

03 다음 중 헨리의 법칙이 가장 잘 적용되는 기체는?
① NH_3
② N_2
③ SO_2
④ HCl

정답 1.② 2.① 3.②

더 풀어보기 예상문제 해설

01 헨리의 법칙이 잘 성립되는 기체는 물에 잘 용해되지 않는 난용성인 기체(CO, CO_2, O_2, N_2, NO, NO_2, H_2S)이다.
02 헨리의 법칙을 적용하기에 가장 적절치 못한 가스는 용해도가 높은 가스이다.
03 헨리의 법칙이 가장 잘 적용되는 기체는 난용성 기체이다.

정답 22.②

더 풀어보기 예상문제

01 다음 중 헨리의 법칙이 가장 잘 적용되는 기체는?
① O_2 ② Cl_2
③ HCl ④ NH_3

02 유해가스 제거를 위한 충전탑에 대한 설명과 가장 거리가 먼 것은?
① 포말성 흡수액에도 적응성이 좋다.
② 침전물이 생기는 경우에 적합하다.
③ 처리가스의 압력손실이 그다지 크지 않다.
④ 유속이 지나치게 크면 플로딩상태가 된다.

03 유해가스 흡수에 사용되는 흡수액의 구비요건으로 옳은 것은?
① 용해도가 낮아야 한다.
② 휘발성이 높아야 한다.
③ 용매의 화학적 성질과 비슷해야 한다.
④ 흡수액의 점도는 비교적 높아야 한다.

04 흡수액의 구비요건과 거리가 먼 것은?
① 점도가 낮아야 한다.
② 용해도가 커야 한다.
③ 휘발성이 낮아야 한다.
④ 어는점이 높아야 한다.

05 유해가스를 처리하는 흡수제의 요구조건으로 옳은 것은?
① 점성이 높을 것
② 휘발성이 낮을 것
③ 용해도가 낮을 것
④ 응고점이 높을 것

06 유해가스 제거를 위한 흡수제의 구비조건으로 틀린 것은?
① 휘발성이 적어야 한다.
② 용해도가 크고, 무독성이어야 한다.
③ 액가스비가 작으며, 점성은 커야 한다.
④ 착화성이 없으며, 비점은 높아야 한다.

07 다음 중 물리흡착에 대한 설명으로 옳지 않은 것은?
① 기체분자량이 클수록 잘 흡착한다.
② 흡착제 표면에 다층흡착이 일어날 수 있다.
③ 흡착열은 반응엔탈피와 비슷하고 그 크기는 20~400kJ/mol 정도이다.
④ 압력을 낮추거나 온도를 높임으로써 흡착 물질을 흡착제로부터 탈착시킬 수 있다.

정답 1.① 2.② 3.③ 4.④ 5.② 6.③ 7.③

더 풀어보기 예상문제 해설

01 물에 대한 용해도가 낮은 기체가 헨리의 법칙에 적용을 받는다.
02 침전물이 생기는 경우에 부적합하다.
03 ③항만 올바르다. 흡수액은 용해도가 높아야 하고 휘발성은 낮아야 하며, 흡수액의 점도는 가능한 한 낮은 것이 유리하다.
04 흡수액은 어는점이 낮아야 한다.
05 ②항만 올바르다. 흡수제는 휘발성과 점성이 낮아야 하고, 용해도와 빙점 및 응고점은 낮아야 한다.
06 흡수제는 액가스비가 작으며, 점성이 낮아야 한다.
07 ③항은 화학적 흡착에 대한 설명이다. 물리적 흡착의 경우 흡착열은 피흡착물의 증발열보다는 약간 높으며, 대체로 40kJ/mol 이하로 낮다.

더 풀어보기 예상문제

01 유해가스의 물리적 흡착에 대한 설명으로 틀린 것은?
① 분자량이 작을수록 잘 흡착된다.
② 처리가스의 온도가 낮을수록 잘 흡착한다.
③ 가역성이 높고 여러 층의 흡착이 가능하다.
④ 흡착제에 대한 용질의 분압이 높을수록 흡착량이 증가한다.

02 다음 그림의 충전물 명칭은?

① Pall Ring
② Tellerette
③ Raschig Ring
④ Intalox Saddle

03 물리흡착에 대한 설명으로 옳지 않은 것은 어느 것인가?
① Van der Waals힘으로 결합된다.
② 결합에너지는 분자 간의 인력과 비슷하다.
③ 흡착열은 보통 피흡착물의 증발열보다 낮다.
④ 온도를 증가시키면 평형 흡착량은 감소한다.

04 물리적 흡착에 대한 설명으로 옳지 않은 것은 어느 것인가?
① 흡착과정은 비가역적이다.
② 온도가 낮을수록 흡착량은 많다.
③ 흡착제 재생이나 오염가스 회수가 편리하다.
④ 기체와 흡착제가 분자간의 인력에 의해 서로 달라붙는다.

05 물리적 흡착공정에 대한 설명으로 옳지 않은 것은?
① 가역적 흡착이다.
② 임계온도 이상일 때 흡착성은 증가한다.
③ 반 데르 발스 힘으로 약하게 결합되어 있다.
④ 가스에서의 분자 간 상호 인력보다 고체 표면과의 인력이 커지는 때에 일어난다.

06 화학적 흡착과 비교한 물리적 흡착의 특성에 대한 설명으로 옳지 않은 것은?
① 온도가 낮을수록 흡착량이 증가된다.
② 흡착제 재생, 오염가스의 회수에 유리하다.
③ 표면에 단분자층을 형성하며, 발열량이 높다.
④ 압력을 감소시키면 흡착물질이 흡착제로부터 분리되는 가역적 흡착이다.

정답 1.① 2.① 3.③ 4.① 5.② 6.③

더 풀어보기 예상문제 해설

01 분자량이 클수록 잘 흡착된다.
02 제시된 충전물은 폴링(Pall Ring)이다.
03 흡착열은 보통 피흡착물의 증발열보다 높다.
04 흡착과정은 가역적이다.
05 임계온도 이상에서 흡착성이 저하된다.
06 물리적 흡착은 다층흡착을 하며, 발열량이 낮다.

더 풀어보기 예상문제

01 화학적 흡착에 대한 설명으로 가장 거리가 먼 것은?
① 흡착제의 재생성이 낮다.
② 다층의 흡착층이 가능하다.
③ 대부분의 흡착제가 고체이다.
④ 흡착열이 물리적 흡착에 비하여 높다.

02 흡착제 종류와 사용용도의 연결이 바람직하지 않은 것은?
① 활성탄 – 용제회수, 가스 정제
② 실리카겔 – 석유 분류물 처리
③ 활성알루미나 – 습한 가스의 건조
④ 분자체 – 탄화수소로부터 오염물질 제거

03 흡착법에서 사용되는 흡착제에 대한 설명으로 옳지 않은 것은?
① 비표면적과 친화력이 크면 클수록 흡착효과는 커진다.
② 표면적이라 함은 흡착제 내부의 기공에서의 면적을 말한다.
③ 보크사이트는 가성소다 용액 중의 불순물 제거에 주로 사용된다.
④ 활성탄은 유기용제회수, 악취 제거, 가스정화 등에 주로 사용된다.

04 흡착제 중 방향족 및 할로겐화지방족 유기용제, 알코올 등 비극성 유기용제의 흡착제로 적합한 것은?
① 활성탄 ② 실리카겔
③ 활성백토 ④ 활성 알루미나

05 다음 처리가스 중 수증기가 존재할 때, 유기증기 오염물을 가장 효율적으로 처리할 수 있는 흡착제는?
① 알루미나(Alumina)
② 보크사이트(Bauxite)
③ 실리카겔(Silica Gel)
④ 활성탄(Active Carbon)

06 흡착제에 대한 설명으로 가장 거리가 먼 것은?
① 활성탄은 혼합가스 내의 유기성 가스의 흡착에 주로 사용된다.
② 알루미나(Alumina)와 보크사이트(Bauxite)는 주로 탈수에 사용된다.
③ 마그네시아는 표면적이 $200m^2/g$ 정도로 휘발유 및 용제 정제 등에 사용된다.
④ 활성탄은 극성 물질을 잘 흡착하며, 실리카겔의 표면적은 $600 \sim 1,400m^2/g$ 정도이다.

정답 1.② 2.② 3.③ 4.① 5.④ 6.④

더 풀어보기 예상문제 해설

01 화학적 흡착은 단층(단분자층) 흡착이다.
02 실리카겔(Silica Gel)은 NaOH 용액 중 불순물 제거, 황분 제거 등에 이용된다. 석유 분류물 처리에는 보크사이트가 주로 이용된다.
03 보크사이트는 석유 분류물 처리 또는 가스 및 용액의 건조, 탈수 등에 이용된다.
04 방향족 및 할로겐화지방족 유기용제, 알코올 등 비극성 유기용제의 흡착제로 적합한 것은 활성탄이다.
05 수증기가 존재할 때, 유기증기 오염물을 가장 효율적으로 처리할 수 있는 흡착제는 활성탄이다.
06 활성탄은 비극성 물질을 잘 흡착하며, 실리카겔의 표면적은 $300 \sim 400m^2/g$ 정도이다.

더 풀어보기 예상문제

01 흡착제에 대한 설명으로 틀린 것은?
① 활성탄은 분자모세관 응축현상에 의해 흡착된다.
② 활성탄은 유기용제 회수, 악취 제거, 가스정화 등에 사용된다.
③ 활성알루미나는 물과 유기물을 잘 흡착하여 175~325℃로 가열하여 재생시킬 수 있다.
④ 실리카겔은 350℃ 이상에서 유기물을 잘 흡착하며, 황산 용액 중 불순물 제거에 주로 이용된다.

02 흡착제에 대한 설명 중 옳지 않은 것은 어느 것인가?
① 활성탄은 유기용제, 악취 제거에 사용된다.
② 실리카겔은 수분과 같은 극성 물질에 대한 흡착력이 약하다.
③ 합성 제올라이트는 특정한 물질을 선택적으로 흡착시키는데 이용할 수 있다.
④ 흡착제의 비표면적과 흡착물질에 대한 친화력이 크면 클수록 흡착효과는 커진다.

03 친수성 흡착제에 해당하지 않는 것은?
① 활성탄
② 실리카겔
③ 활성 알루미나
④ 합성 제올라이트

04 흡착, 흡착제 및 흡착선택성에 대한 설명으로 옳지 않은 것은?
① 알코올류, 초산, 벤젠류 등은 잘 흡착되는 것에 해당한다.
② Silica gel은 250℃ 이하에서 물 및 유기물을 잘 흡착한다.
③ 에틸렌, 일산화질소 등은 흡착효과가 거의 없는 것에 해당한다.
④ 화학흡착은 흡착과정에서 발열량이 적고, 흡착제의 재생이 용이하다.

05 흡착능에 대한 설명으로 옳지 않은 것은?
① 보전력은 탈착되지 않고 흡착제에 남아 있는 가스의 무게를 흡착제의 무게로 나눈 값을 의미한다.
② 여러 가지 유기증기가 혼합되어 있는 배출가스를 흡착할 때 흡착률은 균일하지 않으며, 이것은 이들 증기의 휘발성에 반비례한다.
③ 흡착질의 농도가 낮을 경우는 발열이 흡착률에 미치는 영향이 크지 않지만 고농도일 경우는 흡착률이 저하되므로 냉각을 해 주어야 한다.
④ 활성탄 흡착상에 유기혼합 증기가 통과되면 최초엔 비점이 높은 물질의 흡착량이 많아지지만 시간경과에 따라 증기의 종류에 관계없이 같은 양의 증기가 흡착된다.

정답 1.④ 2.② 3.① 4.④ 5.④

더 풀어보기 예상문제 해설

01 실리카겔은 250℃ 이하에서 유기물을 잘 흡착한다.
02 실리카겔은 극성을 가지고 있으므로 수분과 같은 극성 물질을 잘 흡착한다.
03 활성탄(Activated Carbon)은 소수성(무극성)이다.
04 화학흡착은 흡착과정에서 발열량이 많고, 흡착제의 재생이 용이하지 못하다.
05 활성탄 흡착상에 유기혼합 증기가 통과되면 최초엔 증기의 종류에 관계없이 같은 양의 증기가 흡착되지만 시간경과에 따라 비점이 높은 물질의 흡착량이 많아지는 반면 저비점(低沸點) 휘발성 유기증기의 흡착량은 현저히 감소된다.

더 풀어보기 예상문제

01 다음 중 흡착제의 흡착능과 가장 관련이 먼 것은?

① 포화(Saturation)
② 보전력(Retentivity)
③ 파과점(Break Point)
④ 유전력(Dielectric Force)

02 유해가스 흡착에 사용되는 흡착제에 대한 설명으로 틀린 것은?

① 실리카겔은 250℃ 이하에서 물과 유기물을 잘 흡착한다.
② 활성 알루미나는 물과 유기물을 잘 흡착하며, 175~325℃로 가열하여 재생시킬 수 있다.
③ 합성 제올라이트는 극성이 다른 물질이나 포화 정도가 다른 탄화수소의 분리가 가능하다.
④ 활성탄이 많이 사용되며, 주로 극성 물질에 유효한 반면, 유기용제의 증기 제거기능은 낮다.

03 다음 흡착제의 재생방법으로 가장 거리가 먼 것은?

① 물로 세척한다.
② 수증기를 불어넣는다.
③ 고온의 불활성 기체를 가한다.
④ 압력을 가하여 피흡착질을 탈착시킨다.

04 고체상태 흡착제의 특성과 관계없는 것은 어느 것인가?

① 단위무게당 유효표면적이 커야 한다.
② 어느 정도의 강도나 경도를 가져야 한다.
③ 기체의 압력손실이 최소가 되면서 최대의 액체표면을 제공하여야 한다.
④ 활성탄은 탄화수소화합물, 실리카겔은 수증기를 잘 제거하는 고유의 화학적 특성을 지녀야 한다.

05 유해가스 처리를 위한 흡수에 대한 설명으로 옳지 않은 것은?

① 주어진 온도, 압력에서 평형상태가 되면 물질의 이동은 정지한다.
② 확산을 일으키는 추진력은 두 상(phase)에서의 확산물질의 농도차, 분압차가 주원인이다.
③ 두 상(phase)이 접할 때 두 상이 접한 경계면의 양측에 경막이 존재한다는 가정을 Lewis-Whitman의 이중경막설이라 한다.
④ 액상으로의 가스흡수는 기-액 두 상의 본체에서 확산물질의 농도 기울기는 큰 반면, 기-액의 각 경막 내에서는 농도 기울기가 거의 없다.

정답 1.④ 2.④ 3.④ 4.③ 5.④

더 풀어보기 예상문제 해설

01 유전력은 전기집진장치에 관련된 용어로서 전계경도에 의한 힘을 말한다.

02 활성탄이 많이 사용되며, 주로 비극성 물질에 유효하며, 유기용제의 증기 제거기능이 우수하다.

03 흡착제의 재생방법에서 압력을 감압하여 피흡착질을 탈착시킨다.

04 고체상태 흡착제는 최대의 고체표면을 제공하여야 한다.

05 액상으로의 가스흡수는 기-액 두 상(phase)의 본체에서 확산물질의 농도 기울기는 거의 없으나 기-액의 각 경막 내에서는 농도 기울기가 발생하는데 이것은 두 상의 경계면에서 효과적인 평형을 이루기 위함이다.

더 풀어보기 예상문제

01 다음은 흡착제에 대한 설명이다. ( ) 안에 가장 적합한 것은?

> 현재 분자체로 알려진 ( )이/가 흡착제로 많이 쓰이는데, 이것은 제조과정에서 그 결정구조를 조절하여 특정한 물질을 선택적으로 흡착시키거나 흡착속도를 다르게 할 수 있는 장점이 있으며, 극성이 다른 물질이나 포화정도가 다른 탄화수소의 분리가 가능하다.

① Silica Gel
② Activated carbon
③ Synthetic Zeolite
④ Activated Alumina

02 어떤 유해가스의 흡착실험을 수행한 결과 흡착제의 단위질량당 흡착된 용질량(x/m)과 출구 가스농도 C_o 데이터를 얻었다. 이 실험데이터로부터 $\log(C_o)$ 대 $\log(x/m)$에 대하여 플로트 하였더니 다음과 같은 직선을 얻었다. 흡착은 Freundlich 등온흡착식 $x/m = KC_o^{1/n}$을 만족할 때 등온상수 n과 K는?

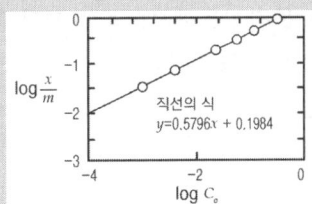

① $n = 1.725$, $K = 0.198$
② $n = 0.580$, $K = 0.198$
③ $n = 1.725$, $K = 1.579$
④ $n = 1.725$, $K = 5.040$

정답 1.③ 2.③

더 풀어보기 예상문제 해설

01 합성 제올라이트(Synthetic Zeolite)는 결정구조를 조절하여 특정한 물질을 선택적으로 흡착시킬 수 있다.

02 Freundlich 등온흡착식을 이용한다.

- $\dfrac{X}{M} = KC^{\frac{1}{n}}$

- $\log\left(\dfrac{X}{M}\right) = \log KC^{\frac{1}{n}} \Rightarrow \log\left(\dfrac{X}{M}\right) = \dfrac{1}{n}\log C + \log K$

- $\log\left(\dfrac{X}{M}\right) = \dfrac{1}{n}\log C + \log K = 0.5796X + 0.1984$

∴ $n = \dfrac{1}{0.5796} = 1.725$, $K = 10^{0.1984} = 1.579$

3 유해가스 처리장치

(1) 흡수장치

※ 흡수장치의 분류·종류

- **액분산형**
  - **종류** : 충전탑, 분무탑, 젖은 벽탑, 벤투리 스크러버, 사이클론 스크러버, 제트 스크러버 등이 이에 속함
  - **적용**
    - 용해도가 큰 가스를 처리할 때 적합함
    - 물질이동에 대한 저항이 가스측에 지배적일 때 채용됨
- **가스분산형**
  - **종류** : 다공판탑, 포종탑(tray tower) 등의 단탑(段塔)이나 기포탑(bubble column), 십자류 접촉장치, 하이드로휠터 등이 이에 속함
  - **적용**
    - 용해도가 낮은 가스를 처리할 때 적합함
    - 물질이동에 대한 저항이 액측에 지배적일 때 채용됨

┃ 흡수장치의 종류별 운영특성 ┃

구 분	벤투리 스크러버	사이클론 스크러버	제트 스크러버	충전탑	분무탑	다공판탑	포종탑	기포탑
압력손실 (mmH₂O)	300~800	120~150	0~-150	100~200	10~50	100~250 (段)	100~250 (段)	200~1,500
유속 (m/sec)	60~90	1~3	10~20	0.3~1.0	1.0~2.0	1~1.5	0.3~1	0.01~0.3
액가스비 (L/m³)	0.3~1.5	0.5~1.5	10~50	2~3	0.5~1.5	0.3~5	0.3~5	—

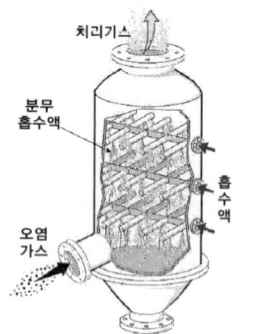

〈그림〉 분무탑(Spray Tower)

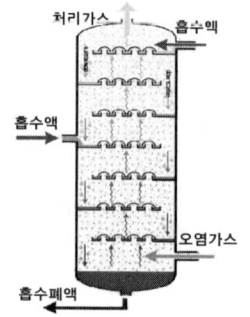

〈그림〉 포종탑(Tray Tower)

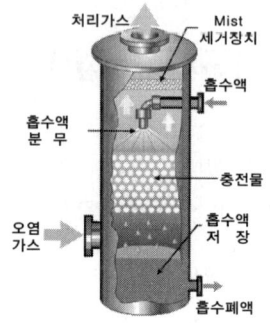

〈그림〉 충전탑(Packed Tower)

주요 흡수장치의 특징

- 분무탑(噴霧塔, spray tower)
  - 가동 특성
    - 유속 : 1~2m/sec(공탑속도)
    - 액가스비 : 0.5~1.5L/m^3
    - 압력손실 : 10~50mmH_2O
  - 장점
    - 구조가 단순하고, 압력손실이 낮으며, 설비비·유지비가 적게 듦
    - 침전고형물이 발생될 때 사용할 수 있음
  - 단점
    - 비말동반이 있으며, 효율이 낮음
    - 분무 노즐막힘이 있고, 분무에 동력이 많이 소요됨
- 충전탑(充塡塔, packed tower, packed column)
  - 가동 특성
    - 유속 : 0.3~1.0m/sec(공탑속도)
    - 액가스비 : 2~3L/m^3
    - 압력손실 : 100~200mmH_2O(충전층 m당)
  - 장점
    - 포종탑류에 비해 제작비용이 적게 듦
    - 가스분산형인 포종탑에 비해 압력손실이 작음
    - 포말성 흡수액에 적응성이 좋음
    - 흡수액의 hold up이 포종탑에 비하여 낮음
    - 모든 조건이 동일할 경우(탑직경 2ft 이하) 충전탑이 경제적임
  - 단점
    - 흡수액 내 부유물에 의해 충전층의 공극이 폐쇄되기 쉬움
    - 온도의 변화가 큰 곳에는 적응성이 낮음
    - 희석열이 심한 곳에는 부적합함
    - 충전물이 고가이므로 초기설치비가 많이 듦
    - 가스유속이 과대할 경우 flooding 상태가 되어 조작이 불가능하게 됨
- 포종탑(泡鍾塔, tray tower or bubble cap tray tower)
  - 가동 특성
    - 유속 : 0.3~1.0m/sec(공탑속도)
    - 액가스비 : 0.3~5L/m^3
    - 압력손실 : 100~250mmH_2O(1단)
  - 장점
    - 흡수액 내 부유물이 있을 때는 충전탑에 비해 적응성이 좋음

- 온도변화가 큰 곳에 사용하기가 좋음
- 희석열이 심하게 발생하는 곳에는 충전탑에 비해 유리함
- **단점**
  - 제작비용이 많이 들고, 압력손실이 크며, 효율이 낮은 편임
  - 흡수액의 hold up이 큼

□ **다공판탑**(多孔板塔, sieve plate tower, 직경 3~12mm, 개공률 5~15%)
- **가동 특성**
  - 유속 : 1~1.5m/sec(공탑속도)
  - 액가스비 : 0.3~5L/m³
  - 압력손실 : 100~200mmH$_2$O(1단)
- **장점**
  - 설치비용이 포종탑에 비하여 저렴함
  - 구조가 간단하고, 대형화로 경제적 처리가 가능함
  - 판수가 많으면 고농도 가스도 쉽게 처리가 가능함
  - 동일조건에서 포종탑에 비해 다량의 가스를 처리할 수 있음
  - 청소가 용이하고, 부유물을 함유하는 가스를 쉽게 처리할 수 있음
  - 흡수열이 큰 경우 냉각관을 설치하기 쉬움
- **단점**
  - 충전탑보다 압력손실이 큼
  - 흡수액의 hold up이 충전탑에 비해 큼
  - 모든 조건이 동일한 경우 충전탑에 비해 경제성이 낮음

(2) 흡착장치

❀ **흡착장치의 분류** : 접촉여과방식, 고정층방식, 이동층방식, 유동층방식으로 대별됨

- 흡착조작에 따라
  - 회분식 { 접촉여과 / 고정층 흡착
  - 연속식 { 이동층 흡착 / 유동층 흡착

❀ **장치방식의 특성**

□ **회분식**
- 접촉여과방식 : 주로 액상흡착에 이용되는 방식으로 흡착제와 원료액을 교반조에서 혼합하고 평형에 도달하면 흡착제를 여과조에서 여과·분리하는 방법임
- 고정층흡착 : 입상흡착제를 충전한 흡착층에 기체나 액체를 통과시켜 흡착시키는 방법으로 상향흐름(up flow)보다는 하향흐름(down flow)으로 처리하는 것이 바람직함

□ **이동층흡착**
- 피흡착 기체를 흡착탑으로 유입시켜 연속적으로 흐르는 흡착제와 접촉시켜 피흡착물질을 제거함(흡착량이 적은 기체성분의 분리에 유리)

- 흡착제는 이동하여 스트리퍼(stripper)에 의해 가열되고 피흡착물질과 흡착제는 수증기에 의해 탈착 · 분리 · 흡착제의 재생이 연속적으로 이루어지는 구조임

▫ **유동층흡착**
- 유동화된 흡착층 내로 피흡착가스를 유입시켜 연속적으로 처리하는 방식
- 유체의 유속이 크므로 작은 탑의 지름이라도 처리가능하며, 가스의 경우 물질이동계수가 크므로 층높이를 낮게 하여 압력손실을 저감할 수 있는 이점이 있음

구 분	처리공정		특 징
고정층 방식		장점	• 흡착률이 높음 • 흡착제의 유동수송에 의한 마모가 적음 • 조업 중 주어진 조건에 변동이 용이함 • 흡착제의 사용량이 가장 적음
		단점	• 흡착탑이 2기 이상(흡착-탈착-냉각)이 필요함 • 흡착층이 포화되기 이전에 탈착층은 탈착을 완료하여야 하고, 탈착된 흡착제는 흡착조업온도까지 냉각되어 있어야 함 • 처리용량(소형)에 제한이 있음
이동층 방식		장점	• 항상 포화된 흡착제를 탈착부로 이동시킴 • 흡착제의 사용량이 비교적 적게 소요됨 • 탈착에 필요한 열량을 절약할 수 있음
		단점	• 흡착제의 마모손실이 비교적 많음 • 유동층에 비해 가스유속을 크게 유지할 수 없음 • 처리용량(중 · 소형)에 제한이 있음
유동층 방식		장점	• 고체와 기체의 접촉이 좋음 • 가스의 유속을 크게 유지할 수 있음 • 유동층을 이용하여 가스와 흡착제를 향류 접촉시킬 수 있어 짧은 시간에 대용량 처리가 가능함
		단점	• 흡착제의 유동수송에 의한 마모가 큼 • 흡착제의 사용량이 많음 • 조업 중 주어진 조건에 변동이 어려움 • 효율이 낮음

엄선 예상문제

01 다음 중 물에 대한 물질이동량이 액체측 저항에 의하여 지배되는 가스는?
① CO   ② HF
③ SO_2 ④ NH_3

02 흡수장치의 특징에 대한 설명 중 옳지 않은 것은?
① Venturi Scrubber는 압력손실이 높으며, 소형으로 대용량의 가스처리가 가능하고, Mist의 발생이 적고, 흡수효율도 낮은 편이다.
② Spray Tower는 가스의 흐름을 균일하게 유지하기 어렵고, 분무액과 가스의 접촉이 양호하지 못하여 효율이 비교적 낮은 편이다.
③ Jet Scrubber는 가스의 저항이 적지만 액가스비가 높기 때문에 동력비가 많이 소요되며, 처리가스량이 많을 때에는 경제성이 떨어진다.
④ Packed Tower는 포말성이 있는 흡수액도 비교적 잘 수용하는 편이지만 부유물에 의해 충전층의 공극이 폐쇄되기 쉬우며, 희석열이 심한 곳에는 적용하기 곤란하다.

03 충전탑의 설계요소에 대한 다음 설명 중 옳지 않은 것은?
① 충전제는 화학적으로 불활성인 것을 사용하여야 한다.
② 편류현상은 "탑의 직경/충전제 직경"의 비가 8~10 범위일 때 최소가 된다.
③ 가스유속은 부하점(Loading Point) 유속의 70~80% 범위에서 운영되도록 설계된다.
④ 충전제를 규칙적으로 충전하면 불규칙적으로 충전하는 방법에 비하여 압력손실이 적어진다.

04 흡수장치 중 액가스비가 가장 크고, 수량이 많아 동력비가 많이 들며, 가스량이 많을 때 불리한 것은?
① 충전탑   ② 스프레이탑
③ 제트 스크러버   ④ 벤투리 스크러버

05 다음 중 액측 저항이 클 경우에 이용되는 가스 분산형 흡수장치에 해당하는 것은 어느 것인가?
① Spray Tower   ② Plate Tower
③ Packed Tower   ④ Venturi Scrubber

▶ 해설

01 액상측 저항이 지배적인 것은 헨리상수 값이 큰 것, 즉 난용성 기체가 이에 해당한다.
02 벤투리 스크러버는 압력손실이 높으며, 소형으로 대용량의 가스처리가 가능하고, 흡수효율도 높은 편이지만 Mist의 발생과 동력소모량이 많은 결점이 있다.
03 보통 가스유속은 범람점(Flooding Point) 유속의 40~70% 범위에서 운영되도록 설계된다.
04 액가스비가 크고, 수량이 많아 동력비가 많이 드는 것은 제트 스크러버이다.
05 단탑(Plate Tower=다공판탑, 포종탑)은 가스분산형 흡수장치이다. ①, ③, ④항은 액분산형 흡수장치이다.

정답 | 1.① 2.① 3.③ 4.③ 5.②

06 충전탑에 대한 다음 설명 중 틀린 것은 어느 것인가?
① 기체분산형 흡수장치이다.
② 탑의 직경/충전제 직경=8~10일 때 편류현상이 최소가 된다.
③ 충전제를 불규칙적으로 충전하는 방법은 접촉면적은 크나 압력손실이 크다.
④ 범람점에서의 가스속도는 충전제를 불규칙하게 충전할 때보다 규칙적으로 충전할 때 더 크다.

07 충전탑에 대한 설명 중 ( ) 안에 적합한 것은?

> 충전탑은 가스의 속도를 (Ⓐ)의 속도로 처리하는 것이 보통이며, 액가스비는 (Ⓑ)를 사용하며 압력손실은 100~250mmH₂O 정도이다.

① Ⓐ 5~10m/sec, Ⓑ 2~3L/m³
② Ⓐ 0.5~1.5m/sec, Ⓑ 2~3L/m³
③ Ⓐ 5~10m/sec, Ⓑ 0.05~0.1L/m³
④ Ⓐ 0.5~1.5m/sec, Ⓑ 0.05~0.1L/m³

08 분무탑에 대한 설명 중 틀린 것은?
① 구조가 간단하고 압력손실이 적은 편이다.
② 흡수액-가스 접촉이 균일하여 효율이 우수하다.
③ 분무에 상당한 동력이 필요하고, 가스의 유출 시 비말동반이 많다.
④ 침전물이 생기는 경우에 적합하며, 충전탑에 비해 설비비 및 유지비가 적게 드는 장점이 있다.

09 흡수장치 중 다공판탑에 대한 설명으로 옳지 않은 것은?
① 구조 간단, 대형화로 경제적 처리가 가능하다.
② 판수가 증가하면 고농도가스도 일시 처리가 가능하다.
③ 판간격은 보통 40cm이고, 액가스비는 0.3~5L/m³ 정도이다.
④ 효율은 높지만 고체부유물을 생성하는 경우에는 부적합하다.

10 충전탑에서 편류현상을 최소화하기 위한 충전탑 직경(D)과 충전제 직경(d) 비로 적절한 것은?
① 2~4   ② 4~6
③ 6~8   ④ 8~10

11 충전탑(Packed Tower)의 특징에 대한 다음 설명 중 옳지 않은 것은?
① 충전탑에서 Hold-Up이라는 것은 탑의 단위면적당 충전제의 양을 의미한다.
② 흡수액에 고형물이 함유되어 있는 경우에는 침전물이 발생되는 흡수를 방해한다.
③ 충전탑은 액분산형 흡수장치이며, 충전물의 충전방식을 불규칙적으로 했을 때 접촉면적은 크지만 압력손실이 증가하게 된다.
④ 흡수액을 유해가스와 향류접촉시킬 때 압력손실은 가스속도의 대수 값에 비례하며, 가스속도를 증가할 때 나타나는 첫번째 파괴점을 Loading Point라고 한다.

▶ 해설

06 충전탑은 액분산형 흡수장치이다.
07 충전탑의 처리가스 유속은 0.5~1.5m/sec, 액가스비는 2~3L/m³ 정도로 운영된다.
08 흡수액과 가스의 접촉이 불균일하여 효율이 낮다.
09 다공판탑은 분무탑에 효율이 높고, 잘 흡수되지 않는 오염물질이나 고체부유물을 생성하는 경우에 분무탑에 비해 불리하나 충전탑보다는 유리하다.
10 충전탑의 경우 편류를 억제하기 위해서 탑의 직경/충전제 직경 비를 8~10으로 한다.
11 충전탑의 홀드업(Hold-up)이란 충전층 내에서 흐르지 못하고 정체되는 액의 보유량을 의미한다.

정답 | 6.① 7.② 8.② 9.④ 10.④ 11.①

더 풀어보기 예상문제

01 흡착장치 중 가스의 유속을 크게 할 수 있고, 고체와 기체의 접촉을 크게 할 수 있으며, 가스와 흡착제를 향류로 접촉할 수 있으나 주어진 조업조건에 따른 조건 변동이 어려운 것은?
① 유동층 흡착   ② 이동층 흡착
③ 고정층 흡착   ④ 원통형 흡착

02 유동층 흡착장치에 대한 다음 설명 중 옳지 않은 것은?
① 흡착제의 마모가 적다.
② 가스의 유속을 크게 할 수 있다.
③ 주어진 조업조건의 변동이 어렵다.
④ 가스와 흡착제를 향류접촉시킬 수 있다.

03 다음 흡수장치 중 가스분산형 흡수장치에 해당하는 것은?
① 분무탑   ② 기포탑
③ 젖은 벽탑   ④ 벤투리 스크러버

04 다음 중 액분산형 흡수장치는?
① 포종탑   ② 충전탑
③ 단탑   ④ 기포탑

05 액분산형 흡수장치가 아닌 것은?
① 단탑   ② 충전탑
③ 분무탑   ④ 벤투리 스크러버

06 SiF_4 제거에 적합하지 않은 것은?
① Spray Tower
② Jet Scrubber
③ Packed Tower
④ Venturi Scrubber

07 충전탑의 가스 겉보기속도(공탑속도) 범위로 가장 옳은 것은?
① 0.3~1m/sec   ② 10~30m/sec
③ 0.1~1cm/sec   ④ 0.01~0.1m/sec

08 압력손실이 100~200mmH₂O 정도이고, 가스량 변동에도 비교적 적응성이 좋지만 흡수공정에서 침전물이 생기는 경우에 적합하지 않은 흡수장치는?
① 다공판탑   ② 제트 스크러버
③ 충전탑   ④ 벤투리 스크러버

정답 1.① 2.① 3.② 4.② 5.① 6.③ 7.① 8.③

더 풀어보기 예상문제 해설

01 가스와 흡착제를 향류로 접촉하는 것은 유동층 흡착장치이다.

02 유동층방식은 흡착제의 마모가 많다.

03 가스분산형 흡수장치에 속하는 것은 다공판탑, 포종탑(tray tower) 등의 단탑이나 기포탑, 십자류 접촉장치, 하이드로휠터 등이다.

04 충전탑은 액분산형 흡수장치로 분류된다.

05 단탑은 가스분산형 흡수장치로 분류된다.

06 SiF_4 제거 시 충전탑을 사용하면 흡수액에 반응 잔류 고형성분이 함유될 수 있고, 침전물이 생겨 성능을 저하시키고, 공극을 폐쇄시키는 문제가 발생할 수 있다.

07 충전탑의 가스 겉보기속도(공탑속도) 범위는 0.5~1.5m/sec이다.

08 충전탑의 특징을 설명하고 있다.

더 풀어보기 예상문제

01 유해가스 흡수장치 중 충전탑에 대한 설명으로 틀린 것은?
① 온도의 변화가 큰 곳에는 적응성이 낮고, 희석열이 심한 곳에는 부적합하다.
② 액분산형 가스흡수장치에 속하며, 효율 증대를 위해서는 가스의 용해도를 증가시키고, 액가스비를 증가시켜야 한다.
③ 흡수액을 통과시키면서 유량속도를 증가시킬 때 충전층 내의 액보유량이 증가하는 점을 편류점(Channelling Point)이라 한다.
④ 충전탑의 원리는 충전물질의 표면을 흡수액으로 도포하여 흡수액의 엷은 층을 형성시킨 후 가스와 흡수액을 접촉시켜 흡수시킨다.

02 충전탑에 대한 다음 설명 중 틀린 것은?
① 충전탑은 Flooding Point의 40~70%에서 보통 설계된다.
② Flooding Point에서의 유속은 충전제를 불규칙하게 쌓았을 때보다 규칙적으로 쌓았을 때가 더 크다.
③ 유속을 증가시키면 2군데에서 Break Point가 나타나는데, 1번째 Break Point가 Loading Point이다.
④ 일정한 양의 흡수액과 유해가스를 향류 접촉시킬 때 유해가스의 압력손실은 가스속도의 대수 값에 반비례한다.

03 Packed Tower에 대한 다음 설명 중 틀린 것은?
① 충전제는 액의 홀드업(Hold-Up)이 커야 한다.
② 충전제는 내식성이 크고, 플라스틱과 같이 가벼운 물질이어야 한다.
③ 1~5μm 크기의 mist를 제거하려고 할 경우 장치 내의 처리가스의 유속은 25cm/sec 이하가 되어야 한다.
④ 원통형의 탑 내에 충전제를 넣고, 오염가스(가스 유입속도 1m/sec 이하)를 세정액과 향류로 접촉시켜 제거하는 세정장치이다.

04 충전탑과 단탑을 비교 설명한 것으로 가장 거리가 먼 것은?
① 포말성 흡수액일 경우 충전탑이 유리하다.
② 흡수액에 부유물이 포함되어 있을 경우 단탑을 사용하는 것이 더 효율적이다.
③ 운전 시 용해열을 제거해야 할 경우 냉각코일을 설치하기 쉬운 충전탑이 유리하다.
④ 온도변화에 따른 팽창·수축이 우려될 경우에는 충전제 손상이 예상되므로 단탑이 유리하다.

정답 1.③ 2.④ 3.① 4.③

더 풀어보기 예상문제 해설

01 흡수액을 통과시키면서 유량속도를 증가시키면 충전층의 액보유량이 증가하는 점을 부하점(Loading Point)이라 한다.
02 일정량의 흡수액과 유해가스를 향류 접촉시킬 때 유해가스의 압력손실은 가스속도의 대수 값에 비례한다.
03 충전제는 액의 홀드업(Hold-Up)이 작아야 한다.
04 용해열을 제거해야 할 경우 냉각코일을 설치하기 쉬운 것은 단탑(段塔, tray tower)이다.

더 풀어보기 예상문제

01 다공판탑에 대한 설명이다. 옳지 않은 것은?
① 고체 부유물질의 생성에 대응성이 좋다.
② 가스량의 변동이 격심할 때는 운영할 수 없다.
③ 비교적 대량의 흡수액이 소요되고, 가스 겉보기속도는 10~20m/sec 정도이다.
④ 운영 액가스비는 0.3~5L/m³ 범위이고, 압력손실은 100~250mmH$_2$O 정도이다.

02 다공판탑에 대한 설명으로 가장 거리가 먼 것은?
① 가스속도는 0.3~1m/sec 정도이다.
② 판수를 증가시키면 고농도가스도 일시 처리가 가능하다.
③ 판간격은 보통 40cm이고, 액가스비는 0.3~5L/m³ 정도이다.
④ 압력손실이 20mmH$_2$O 정도이고, 가스량의 변동이 심한 경우에도 용이하게 조업할 수 있다.

03 분무탑(Spray Tower)에 대한 다음 설명 중 옳지 않은 것은?
① 액분산형 흡수장치에 속한다.
② 충전탑에 비해 압력손실이 크다.
③ 충전탑보다 설비비 및 유지비가 적게 든다.
④ 유해가스 속도가 느릴 경우를 제외하고는 비말동반의 위험이 있다.

04 흡수장치에 대한 설명으로 가장 거리가 먼 것은?
① 가스분산형은 포종탑, 다공판탑 등이 있다.
② 가스측 저항이 큰 경우는 가스분산형 흡수장치를 쓰는 것이 유리하다.
③ 충전탑의 경우 편류를 억제하기 위해서 탑의 직경/충전제 직경 비를 8~10으로 한다.
④ 분무탑의 경우 가스의 압력손실은 적은 반면, 세정액 분무를 위해서는 높은 동력이 필요하다.

05 충전탑에 대한 설명으로 옳지 않은 것은 어느 것인가?
① 급수량이 적절하면 효과가 좋다.
② 가스유량의 변화에도 비교적 적응성이 있다.
③ 흡수액에 고형성분이 함유되면 침전물이 생겨 성능이 저하될 수 있다.
④ 액가스비는 0.05~0.1L/m³ 정도이며, 포종탑류에 비해 압력손실이 크다.

정답 1.③ 2.④ 3.② 4.② 5.④

더 풀어보기 예상문제 해설

01 다공판탑의 가스 겉보기속도는 1~1.5m/sec이다.
02 다공판탑의 압력손실은 100~250mmH$_2$O로 비교적 높은 편이다.
03 충전탑에 비해 압력손실이 낮다. 반면에 편류 현상을 방지하기 어렵고 분무액과 가스의 균일한 접촉이 용이하지 못하다.
04 기체흡수에서 가스측 저항이 큰 경우는 액분산형 흡수장치를 사용하는 것이 유리하다.
05 액가스비는 2~3L/m³ 정도이며, 포종탑류에 비해 압력손실이 낮다.

4 유해가스 발생 및 처리

(1) 아황산가스(SO_2) 처리

- 처리법 분류
  - 흡수
    - 건식 : 석회석주입, 활성산화망간
    - 습식 : NaOH 및 Na_2SO_3 흡수, 암모니아, 산화흡수
    - 반건식 : 석회석·소석회·마그네슘 슬러리
  - 흡착(adsorption) : 활성탄흡착법
  - 기타 : 촉매접촉산화법, 전자선 조사법

❈ 흡수법

- **건식 석회석 주입법** : 연소실에 석회석($CaCO_3$)을 주입하여 소성에 의해 생성된 생석회(CaO)와 SO_2를 약 900~1,000℃에서 반응시켜 황산칼슘($CaSO_4$)으로 제거함
  - ☀ $CaCO_3 + SO_2 + 1/2 O_2 \rightarrow CaSO_4 + CO_2$ ··· **탈황률이 40% 정도로 낮음**

- **활성산화망간법** : 분말상의 흡수제(10~100μm)를 기류수송방식의 흡수탑에서 SO_2와 반응시켜 황산망간($MnSO_4$)으로 탈황함
  - ☀ $MnO_x \cdot iH_2O + SO_2 + \left(1 - \frac{x}{2}\right) O_2 \rightarrow MnSO_4 + iH_2O$ ··· **탈황률 90%로 높음**

- **수산화나트륨법** : 수용액상의 가성소다(NaOH) 또는 Na_2SO_3를 흡수탑으로 주입시켜 가스 중의 SO_2를 흡수·제거함
  - ☀ $2NaOH + SO_2 + 1/2 O_2 \rightarrow Na_2SO_4 + H_2O$
  - ☀ $Na_2SO_3 + H_2O + SO_2 \rightarrow 2NaHSO_3$

- **암모니아법** : 암모니아수를 사용하여 SO_2를 흡수시킨 후 아황산암모늄으로 한 다음 산화탑에서 가압된 공기를 불어넣어 황산암모늄으로 처리함
  - ☀ $2NH_4OH + SO_2 + 1/2 O_2 \rightarrow (NH_4)_2SO_4 + H_2O$

- **산화흡수법** : 배출가스 중의 SO_2를 금속(M_e=Fe, Cu, Mn, Zn 등) 산화물과 접촉시켜 황산으로 회수함
  - ☀ $2SO_2 + M_e O_2 \cdot 2H_2O \rightarrow 2H_2SO_4 + M_e \downarrow$

- **슬러리흡수법**(Slurry scrubbing) : 석회석·소석회 슬러리 또는 마그네슘 슬러리를 분무하여 황산화물을 액적에 흡수시켜 안정된 황산염으로 고정하는 방법
  - ☀ $CaO \cdot 2H_2O + SO_2 + 1/2 O_2 \rightarrow CaSO_4 \cdot 2H_2O$
  - ☀ $Mg(OH)_2 \cdot 5H_2O + SO_2 \rightarrow MgSO_3 \cdot 6H_2O$

❈ 흡착처리 및 기타 배기가스 탈황방법

- **흡착법** : 아황산가스를 함유한 배기가스를 약 100℃에서 활성탄층에 통과시키면 아황산가스와 산소가 활성탄에 흡착되고, 흡착된 아황산가스는 산소와 반응하여 무수황산(SO_3)으로 산화된 후 수증기와 반응하여 황산으로 고정(固定)됨
  - ☀ $SO_2 + $ 활성탄 $+ 1/2 O_2 + H_2O \rightarrow H_2SO_4$

- **촉매접촉산화법(촉매산화법)** : 아황산가스를 촉매(M ; V_2O_5, K_2SO_4 등)의 존재 하에서 SO_3로 산화처리한 다음 흡수탑에서 물로 세정하여 황산(H_2SO_4)으로 회수하거나 산

화된 SO_3를 암모니아수(NH_4OH)와 반응시켜 황산암모늄으로 고정함

☀ $SO_2 + 1/2O_2(+M) + H_2O \rightarrow H_2SO_4$

☀ $SO_3 + 2NH_4OH \rightarrow (NH_4)_2SO_4 + H_2O$

▫ **전자선 조사법**(EBI, Electron Beam Irradiation) : 전자선을 배기가스에 조사(照射)하여 황산 음이온 및 질산 음이온으로 한 다음 주입되는 암모니아에 의해 황산암모늄 및 질산암모늄의 미세한 입자로 전환하여 집진장치(여과 및 전기)로 포집하여 제거함

☀ $SO_2 \xrightarrow[R(OH\cdot,\ HO_2\cdot,\ O\cdot\ \cdots)]{\text{전자빔}(1\sim\text{수 초})} SO_4^{2-},\ (SO_4^{2-}+\text{수 분})+2NH_3 \rightarrow (NH_4)_2SO_4(s)$

☀ $NO \xrightarrow[R(OH\cdot,\ HO_2\cdot,\ O\cdot\ \cdots)]{\text{전자빔}(1\sim\text{수 초})} NO_3^-,\ (NO_3^-+\text{수 분})+NH_3 \rightarrow NH_4NO_3(s)$

(2) 질소산화물(NO_x) 처리

▫ **처리법 분류**
- 흡수법
  - 알칼리흡수법, 산흡수법
  - 산화흡수법(오존, 과망간산칼륨 등)
  - 착염생성흡수법
- 환원법
  - 촉매환원법(선택적, 비선택적)
  - 무촉매환원법
- 촉매분해법(접촉분해법)
- 활성탄흡착법
- 기타 : 전자선 조사법

❀ **환원법**

▫ **선택적 촉매환원법**(SCR, Selective Catalytic Reduction) : 귀금속, 금속산화물 또는 제올라이트로 구성된 촉매가 내장된 촉매반응기를 200~500℃의 온도범위가 유지되는 공기예열기 후단 또는 전단에 설치하고, 선택적 환원제(NH_3 등)를 주입하여 NO_x를 H_2O와 N_2로 환원시키는 방법

☀ $4NO + 4NH_3 + O_2 + M_t \rightarrow 4N_2 + 6H_2O + M_t$ ⋯ 350℃ 부근에서 우선함

☀ $6NO + 4NH_3 + M_t \rightarrow 5N_2 + 6H_2O + M_t$

☀ $6NO_2 + 8NH_3 + M_t \rightarrow 7N_2 + 12H_2O + M_t$

▫ **비선택적 촉매환원법**(NCR, Non-Selective Catalytic Reduction) : 귀금속이나 Co, Ni, Cu, Cr, W 등의 비금속산화물의 촉매가 내장된 촉매반응기에 환원제(CH_4, CO, H_2 등)를 주입하여 NO_x를 H_2O와 N_2로 환원시키는 방법(초산제조공정 등에 적용)

☀ $4NO + CH_4 + M_t \rightarrow 2N_2 + 2H_2O + CO_2 + M_t$ ⋯ 발열 시 온도제어 문제유발

☀ $4NO_2 + CH_4 + M_t \rightarrow 4NO + 2H_2O + CO_2 + M_t$ ⋯ 반응속도 느림

☀ $2NO + 2CO + M_t \rightarrow N_2 + 2CO_2 + M_t$ ⋯ 환원제의 산화반응이 선행함

☀ $2NO + 2H_2 + M_t \rightarrow N_2 + 2H_2O + M_t$ ⋯ 환원제의 산화반응이 선행함

▫ **선택적 무촉매환원법**(SNR or SNCR, Selective Non-Catalytic Reduction) : 촉매를 사용하지 않고, 온도가 850~950℃인 연소로 또는 연소로 후단의 2차 연소실(과열기-재열기 사이)에 직접환원제(암모니아, 암모니아수, 요소 수용액 등)를 분사(다단주입)하여 NO_x를 H_2O와 N_2로 환원(산소 공존 필수)시키는 방법

- ☀ $4NO + 4NH_3 + O_2 \rightarrow 4N_2 + 6H_2O$ … 환원제 첨가비(NH_3/NO) 2 이상 요함
- ☀ $4NO + 2(NH_2)_2CO + O_2 \rightarrow 4N_2 + 4H_2O + 2CO_2$

⚛ 흡수법
- □ **착염생성흡수법** : 질소산화물(NO)을 황산제1철($FeSO_4$) 용액에 흡수시켜 착염(錯鹽)으로 고정(pH 5.5 이하로 유지)시키는 방법임. 철염 대신 Na_2SO_3, CH_3COONa 등을 사용하기도 함
  - ☀ $NO + FeSO_4 \rightarrow Fe(NO)SO_4$
- □ **알칼리흡수법** : NO는 알칼리용액에 거의 흡수되지 않기 때문에 NO_2 또는 N_2O_3로 산화시킨 후 알칼리용액으로 흡수 제거하는데 이 방법은 NO_2 비율이 매우 낮은 연소배기가스 배연탈질에는 부적합하며, NO_2의 비율이 높은 비연소 가스에 대한 탈질에 주로 이용됨
  - ☀ $NO + NO_2 + Mg(OH)_2 \rightarrow Mg(NO_2)_2 + H_2O$
  - ☀ $2NO_2 + 2MOH \rightarrow MNO_3 + MNO_2 + H_2O$ (M = Na, K 등)
  - ☀ $N_2O_3 + 2MOH \rightarrow 2MNO_2 + H_2O$ (M = Na, K 등)
- □ **산흡수법** : 황산 및 과산화수소와 반응시켜 제거하는 방법임
  - ☀ $NO + H_2SO_4 \rightarrow H_2SO_4NO$
  - ☀ $2NO_2 + H_2O_2 \rightarrow 2HNO_3$
- □ **산화흡수법** : NO를 O_3 등의 산화제로 산화(N_2O_5)한 다음 일부는 수세처리하여 질산으로 회수하고, 일부 아질산은 아황산과 반응시켜 질소(N_2)로 환원시킴과 동시에 황산(H_2SO_4)을 회수하는 방법임
  - ☀ $N_2O_5 + H_2O \rightarrow 2HNO_3$
  - ☀ $2HNO_2 + 3H_2SO_3 \rightarrow N_2 + H_2SO_4 + H_2O$ … 흡수속도가 느림, 큰 흡수탑 필요

⚛ 촉매분해법
촉매를 사용하여 NO를 N_2와 O_2로 직접분해시키는 방법으로 분해반응이 느리며, 아직 실용단계에 이르지 못함

⚛ 흡착법
NO를 활성탄, 실리카겔, 알루미나 등의 흡착제를 사용하여 흡착하거나 NO_2로 접촉산화한 후 흡착하는 방법인데 흡착효율이 현저히 낮고, 연소배기가스 중에 함유된 수증기나 SO_2에 의해 현저한 방해를 받기 때문에 NO_x에 대한 직접흡착법은 잘 적용하지 않음

⚛ 전자선 조사법 : 배연탈황법 참조

(3) 염소 및 염화수소 처리
- □ 처리법 분류
  - 흡수법
    - 알칼리흡수법
    - 착염흡수법
  - 치환염소화반응
  - 흡착법

※ **알칼리흡수법** : 소석회[$Ca(OH)_2$]나 NaOH 흡수액을 사용하는 알칼리흡수법은 배출가스량이 많고 염소농도가 낮을 경우에 사용되며, 흡수 부산물은 표백분인 차아염소산염이나 염화물로 회수됨
  - ☀ $2HCl + Ca(OH)_2 \rightarrow CaCl_2 + 2H_2O$
  - ☀ $2HCl + 2NaOH \rightarrow 2NaCl + 2H_2O$
  - ☀ $Cl_2 + Ca(OH)_2 \rightarrow CaOCl_2 + H_2O$
  - ☀ $Cl_2 + 2NaOH \rightarrow NaCl + NaOCl + H_2O$

※ **착염흡수법** : 황산제1철과 염소를 반응시켜 화학적 안정성이 높은 착염($FeClSO_4$)을 형성시켜 제거하는 방법
  - ☀ $Cl_2 + 2FeSO_4 \rightarrow 2FeClSO_4$

※ **치환염소화반응** : 염소를 메탄과 반응시켜 테트라클로로메탄(사염화탄소) 또는 테트라클로로에틸렌, HCl 등을 부산물로 회수하는 방법
  - ☀ $6Cl_2 + 2CH_4 \rightarrow C_2Cl_4 + 8HCl$
  - ☀ $4Cl_2 + CH_4 \rightarrow CCl_4 + 4HCl$

※ **흡착법** : 활성탄, 규조토, 실리카겔 등의 흡착제를 이용하여 처리하는 방법으로 일반 활성탄 보다는 규조토, 실리카겔(silica gel), 섬유계 흡착제, 고기능성 첨착 활성탄이 사용되고 있음

(4) 불화수소 및 황화수소 처리

□ 처리법 분류
  - 흡수법
    - 물 세정법
    - 알칼리흡수법
    - 염화칼슘 흡수법
    - 황산나트륨흡수법
  - 기타 : 아민법, 탄산염법, 인산칼륨법 등

※ **물 세정법** : 불소화합물은 물에 대한 용해도가 크고, 물질이동은 가스측 저항이 지배적이므로 액분산형 흡수장치로 흡수처리 할 수 있지만 불소화합물은 물과 격렬하게 반응하는 성질이 있고, 폭발위험성이 높으므로 물에 의한 흡수처리 보다는 **알칼리흡수**를 시키는 것이 바람직함. 그리고 SiF_4의 경우, 물과 반응하면서 생성되는 **규산**(SiO_2)이 수면에 고체막을 형성하여 충전물의 공극을 폐쇄하고 흡수를 저해하는 등의 문제가 발생하므로 액분산형 흡수장치 중에서 충전탑의 사용은 바람직하지 않고, **분무탑**(spray tower)을 사용하는 것이 유리함
  - ☀ $SiF_4 + 2H_2O \rightarrow SiO_2 + 4HF$
  - ☀ $2HF + SiF_4 \rightarrow H_2SiF_6$ (규불화수소산)

※ **흡수법** : 수산화칼슘 또는 NaOH 용액(5~10%), Na_2SO_3 등을 흡수제로 사용하여 흡수처리하는 방법

- ☀ $2HF + Ca(OH)_2 \rightarrow CaF_2 + H_2O$
- ☀ $OF_2 + 2NaOH \rightarrow 2NaF + H_2O + O_2$
- ☀ $NaF + CaCl_2 \rightarrow 2NaCl + CaF_2$
- ☀ $H_2S + 2NaOH \rightarrow Na_2S + 2H_2O$
- ☀ $H_2S + Na_2SO_3 \rightarrow NaHS + NaHSO_3$

(5) 휘발성 유기화합물(VOCs) 발생 및 처리

- **배출원** : VOCs는 다양한 배출원에서 배출되는데, 유기용제 사용분야가 전배출량의 51.8%를 차지하여 가장 큰 배출원이 되고 있으며, 자동차 등 도로·비도로 이동오염원에서 발생하는 비율이 그 뒤를 이어 19.5%를 차지하고 있음

- **처리방법**
  - 소각(직접화염소각법, 열소각법, 촉매소각법 등)
  - 증기회수(흡착법, 응축·재압축법, 화학적산화 + 액체흡수법 등)
  - 기타 화학적흡수
  - 생물여과, 막공법
  - UV산화법

- **VOCs 처리효율**

제어효율	VOCs의 처리기술
90%까지 제어	생물여과, 응축(0℃ 이상)
95%까지 제어	열 또는 촉매산화, 냉각응축
98%까지 제어	흡수, 흡착, 촉매산화, 막분리
98%까지 제어	화염소각, 저온응축, 재생식(열회수식) 열소각, 축열식(회복식) 열소각

- **VOCs 처리기술의 특징**

처리기술	특 징
열회수식(재생식) 소각로	초기투자비는 많이 들지만 운영비가 적게 듦
직접화염산화(후연소)	초기투자비는 적게 들지만 운영비가 많이 듦
흡착법	건설비 및 운전비가 비교적 많이 듦
막분리	처리된 가스의 단위부피당 소요비용이 많이 듦
생물여과	소규모 시설에 적용하려면 소요공간이 크게 됨

(6) 악취 발생 및 처리

- **배출원**
  - **사업장 악취** : 주로 화학제품 제조업, 섬유제품 제조업, 고무 및 플라스틱제품 제조업 등 일련의 제품 생산공정
  - **생활 악취** : 도축장, 농수산물 도매시장, 세탁업 등(자극성이 강하여 주민생활에 직·간접적으로 영향을 끼치는 대표적 악취 공해물질임)

감지농도와 냄새의 판정

- **최소인지농도**(Recognition Threshold) : 냄새의 질·느낌을 표현할 수 있는 최저농도
- **최소감지농도**(Detection Threshold) : 냄새의 존재를 느끼는 최소농도
- **감지농도의 산정** : 최소감지농도 값(Threshold Odor Value)은 다음 식으로 산정함

  ☀ 최소감지농도(ppm) = $\dfrac{\text{취기물질의 농도}}{\text{취기농도(희석배수)}}$

■ 악취물질의 최소감지농도 ■

- 삼메틸아민 : 0.0001ppm
- 식초(초산) : 0.00057ppm
- 암모니아 : 0.1ppm
- 벤젠 : 2.7ppm
- 페놀 : 0.00028ppm
- 염소 : 0.049ppm
- 이황화탄소 : 0.21ppm
- 아세톤 42ppm
- 황화수소 : 0.0005ppm
- 피리딘 : 0.063ppm
- 포름알데히드 : 0.5ppm

- **냄새의 판정** : 직접관능법에 의한 5점 스케일(five point scale, 6단계)
  - 0도 : 무취(취기를 전혀 감지 못함) none
  - 1도 : 감지취(약간의 취기를 감지) threshold
  - 2도 : 보통취(보통 정도의 취기를 감지) moderate
  - 3도 : 강취(강한 취기를 감지) strong
  - 4도 : 극심취(아주 강한 취기를 감지) very strong
  - 5도 : 참기 어려운 취(견딜 수 없는 취기) over strong

악취물질의 화학적 특성 : 냄새 결정요소는 분자의 구조형태(구성 그룹 배열)임

- 냄새분자를 구성하는 기본원소는 C, H, O, N, S, Cl 등임
- 악취물질은 대체로 **화학반응성이 풍부함**
- 분자 내 수산기(OH)의 수가 증가할수록 **냄새가 약함**
- 분자 내에 S, N, Cl, Br, I, O_3이 존재하면 **냄새가 강하게 됨**
- 락톤 및 케톤 화합물은 환상(環狀)이 크게 되면 **냄새가 강해짐**
- **불포화도**(2중 결합 및 3중 결합의 수)가 높을수록 냄새가 보다 강하게 됨
- **탄소 수가 적은 저분자**일수록 관능기 특유의 냄새가 강하고 자극적임
- **탄소 수 8~13에서 가장 향기가 강함**
- 단일기(單一基) 보다 친유성기와 친수성기의 **양기(兩基)**를 가지는 것이 **냄새가 잘 남**
- 화학적 **구성**이 각기 다른 화합물도 비슷한 냄새를 낼 수 있음
- 몬크리프(Moncrieff)에 따르면 **복합체를 형성**하면 냄새가 감소되거나 파괴됨
- **라만변이**와 냄새는 상호 관련이 있음
- 물리적 자극량과 인간의 감각강도의 관계는 **웨버–페히너**(Weber–Fechner) 법칙 적용

  ☀ Weber-Fechner 법칙 : $I = K \cdot \log C + b$ $\begin{cases} I : \text{냄새의 세기} \\ K : \text{냄새물질에 따른 상수} \\ C : \text{냄새물질의 농도} \\ b : \text{상수(무취농도의 가상 대수치)} \end{cases}$

악취의 냄새특성과 원인물질
- 땀 냄새 : 아세톤, n-부티르산(노말낙산), 젖산, 지방산류
- 분뇨 냄새 : 에틸아민, 암모니아
- 마늘 냄새 : 황화이에틸(이황화에틸)
- 썩은 달걀 냄새 : 황화수소
- 썩은 생선 냄새, 고기 부패 냄새 : 메틸아민, 트리메틸아민
- 양파, 양배추 썩는 냄새 : 메틸멜캅탄, 황화메틸, 황화이메틸(황화디메틸)
- 젖은 구두창 냄새 : 노말발레르산, 이소발레르산
- 가솔린 냄새 : 자일렌(단냄새), 톨루엔, 스티렌 등의 탄화수소류
- 소독실 의약품 냄새 : 페놀
- 곰팡이 냄새 : 아세트알데히드, 이소부틸알데히드(약한 곰팡이 냄새)
- 플라스틱 고무 냄새 : 스티렌
- 자극적인 신나 냄새 : 아세트산에틸 등
- 자극적이며, 새콤하고 타는 듯한 냄새 : 알데히드류

악취 처리방법

구 분	세부기법	
물리적 방법	• 수세법(물 또는 활성탄 현탁액)	
	• 흡착법(활성탄, 합성 제올라이트 등)	
	• BALL 차단법(탈취 볼)	
	• 냉각응축법(수냉, 공냉)	
	• 희석 및 통풍(Ventilation 및 대기확산)-운영비가 가장 적게 듦	
화학적 방법	연소산화법	• 직접화염(불꽃)산화법, 열산화법, 촉매산화법
	약제처리법	• 화학적 산화법, 산·알칼리 세정법 • 액상촉매법, 약액세정법, 중화법, 은폐법
생물화학적 방법	• 바이오필터	
	• 토양 탈취법	
	• 활성오니법(스크러버 등의 가압수방식, 포기조 등의 유수방식)	
	• 부식질 탈취법(퇴비단 등)	

(7) 연소기관 배출가스 처리

- □ 처리법 분류
  - 직접연소
  - 가열연소 { 열회수식(열회복식) / 축열식(열재생식) }
  - 촉매연소 { 열회수식(CTO) / 축열식(RCO) }
  - 기타 생물처리

- □ 처리대상 : 가연성 기체(CO, HC, H_2 등), NH_3 등 악취물질, HCN, VOCs 등

⚛ 직접연소(Direct Oxidation)
- **개요** : 대상오염물질을 **화염(flare)에 직접접촉시켜 연소**(700~800℃, 0.5sec 체류)에서는 방법(After Burner법)
- **특징** : 대상가스는 CO, HC, VOCs 등 가연성 기체 및 NH_3, HCN 등 유독가스 등임
    - 오염물질의 발열량이 연소에 필요한 **전체 열량의 50% 이상**일 때 경제적임
    - 불규칙적인 대량, 고농도의 가연성 가스 처리에 유리
- **장·단점**
    - 특별한 보조연료 불필요
    - 초기투자비가 적게 듦
    - 소음 발생문제, 그을음 발생, 질소산화물 및 CO 발생
    - 열손실이 높고, 할로겐화합물의 처리에 부적합함
    - 운영비가 많이 소요됨

⚛ 농축산화(RCTO, Rotary Concentrated Thermal Oxidizer)
- **개요** : 직접연소의 단점인 보조연료의 주입을 최대한 감소시키기 위해 전단에서 농축기(활성탄이나 제올라이트)를 이용하여 풍량을 감소시키고, 농도를 증대시킨 후 연소시키는 방법
- **특징** : 연료가 직접연소보다 적게 드는 장점이 있음

⚛ 가열연소(TO, Thermal Oxidation)
- **개요** : 오염물질의 **농도가 낮아** 직접연소 처리가 부적합한 경우에 이용되는 방법
- **특징** : 조업의 유동성이 높고, 직접연소에 비해 NO_x 발생이 적은 특징이 있음
    - **열회수식**(열회복식)(RTO, Recuperative Thermal Oxidizer)은 열산화 후 발생된 폐열을 **열교환기**로 회수하여 예열함으로써 대상오염물질의 산화율을 제고(提高)하는 방식임
    - **축열식**(열재생식)(RTO, Regeneration Thermal Oxidizer)은 열회수식의 열교환기 대신 표면적이 넓은 **세라믹**(ceramic)을 이용하여 폐열을 회수·축열된 열을 이용하여 내상오염물질을 열산화하는 방식임
- **장·단점**
    - 저농도 폐가스 처리에 적합하고, 운영비가 적게 듦
    - 질소산화물 발생이 적고, 폐열회수율(70% 이상)이 높음
    - 운전경비 중 연료공급비의 비중이 높음
    - 보조연료 사용 및 보조연료에 의한 2차 오염가능
    - 소규모는 단위시설비가 증가하고, 초기투자비가 많이 들어감
    - 체류시간과 혼합의 영향을 크게 받음

⚛ 촉매연소(Catalytic Oxidizer)
- **개요** : 대상오염물질을 반응기 내에서 **촉매**(백금, 팔라듐, 코발트 등)를 사용하여 보다 낮은 연소온도(300~450℃)에서 산화(저 NO 실현)하는 방법

□ 장·단점
- 저유량, 저농도에 적합함
- 낮은 온도에서 조작가능, 질소산화물 발생에 문제되지 않음
- 연료소요량이 적어 연료비 절감 가능
- 짧은 체류시간(0.01sec)으로 소형화 가능
- 유량조건에 민감, 대용량가스 처리곤란
- 초기비용이 많이 들고, 압력손실 높음
- 분진의 전처리 필요, 촉매독(Fe, Pb, Si, P, S 등) 문제됨
- 폐촉매 처리 및 주기적인 촉매교환문제

■ 처리법의 공정 및 특징 비교 ■

직접연소(DO)	열회수식 – 열회복식	열회수식 – 촉매소각
·운전온도 : 700~850℃ ·대량가스, 고농도에 적합 ·VOC 처리효율 : 98% 이상 ·열회수 : 기능 없음	·운전온도 : 700~850℃ ·고농도에 적합 ·VOC 처리효율 : 95% 이상 ·열회수 : 40~70%	·운전온도 : 300~450℃ ·저농도에 적합 ·VOC 처리효율 : 95~98% ·열회수 : 40~70%

⚛ **생물여과**(Bio-Filtration)
  □ 개요 : 적절한 수분과 VOCs를 함유한 가스를 여과베드(Filter Bed) 또는 충전베드(Packed Bed)로 주입하여 기질 또는 충전물(Bark, Peat, 퇴비, 토양, 폴리스티렌 등)에 부착된 미생물에 의하여 VOCs를 산화시켜 이산화탄소, H_2O 및 무기물로 전환하는 방법
  □ 특징
    - 환경친화적이고, 매우 넓은 범위의 저농도 대용량가스($250,000m^3$/hr 이상)를 처리할 수 있는 이점이 있음
    - 처리속도가 느리고, 제거효율이 낮으며, 할로겐족탄화수소 등 특정성분에 대한 적용 제한성이 있음
    - 소규모 시설에 적용하려면 소요공간이 크기 때문에 경제성이 낮은 문제점이 있음
  □ 미생물 증식환경 조성요건
    - pH : 중성 또는 약알칼리성
    - 수분 : 40~60%
    - 산소 : 호기성균의 활동에 필요함
    - 이산화탄소 : 세균의 증식에 일정량의 CO_2가 필요함

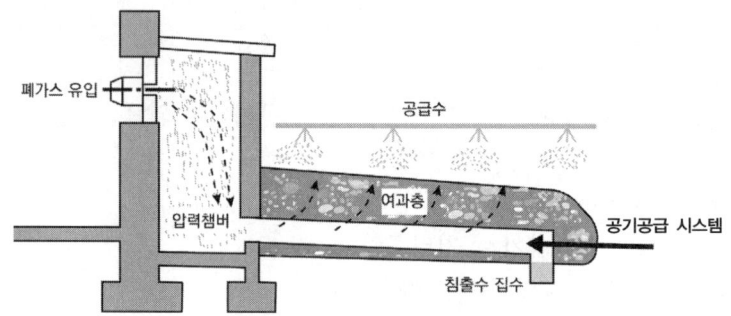

〈그림〉 생물여과(Bio-filtration)의 개념도

□ 장·단점

장 점	단 점
• 설치 간단, 유지관리 용이, 유지비 저렴 • 2차 오염물질이 거의 발생하지 않음 • 500ppm 이하의 저농도 VOCs 처리에 적합 • 수용성 화합물, 함산소 물질처리에 유리 • 메탄올, 페놀, CS_2, 톨루엔 등의 처리에 적합	• 제거효율이 낮음 • 소규모 시설에 적용하기 어려움 • 생체량의 증가로 장치가 막힐 수 있음 • 대상물질 제한(비수용성, 생물분해 불가) • 고온가스, 분진함유 가스는 전처리 요함

※ **광촉매산화**(Photocatalyst Oxidation)
- □ 개요 : 300~400nm 파장영역의 자외선을 이산화티탄(TiO_2) 등의 금속촉매로 코팅된 물체의 표면에 조사하여 산화·환원반응을 촉진함으로써 유기물, VOCs, 세균, 악취 등을 소각·분해시키는 방법
- □ 특징
    - 저농도, 저유속의 폐가스를 상온 대기압 하에서 처리할 수 있음
    - 반응결과에 대한 모니터링이 신속하고, 반응 메커니즘을 바로 파악할 수 있음
    - 태양에너지를 이용할 수 있음
    - 대기 중 분해효율은 수용액일 경우에 비해 10배 정도 높음

※ **막분리**(Membrane Separation)
- □ 개요 : 폐가스로부터 VOCs를 분리하거나 순수하게 하기 위하여 반투과성 막을 사용하는 방법으로 VOCs를 제어하기 위한 막기술의 주요 설계인자로 가장 중요한 것은 침투속도임
- □ 특징
    - 높은 효율로 용제를 회수할 수 있음
    - 할로겐화합물이 존재할 때 재생카본 흡착 대신 사용할 수 있음
    - VOCs 회수를 위하여 증기에 의한 스트리핑(stripping)이 필요 없음
    - VOCs로부터 물이나 가수분해된 부산물이 생성되지 않음
    - 압축기를 사용하므로 동력비가 많이 듦
    - 처리된 가스의 단위부피당 소요비용이 많이 듦
    - 입자상물질을 전처리 제거하여야 함

CBT 형식 출제대비 엄선 예상문제

01 Co-Ni-Mo을 수소첨가 촉매로 하여 250~450℃에서 30~150kg/cm²의 압력을 가하여 H_2S, S, SO_2 형태로 제거하는 중유탈황법은?

① 직접탈황법　② 흡착탈황법
③ 활성탈황법　④ 산화탈황법

02 중유의 탈황법 중 현재 가장 많이 사용되고 있는 방법은?

① 접촉수소화탈황
② 방사선 화학적 탈황
③ 금속산화물에 의한 흡착탈황
④ 미생물에 의한 생화학적 탈황

03 중유탈황에서 연료 중에 함유되어 있는 황분을 제거하는 방법이 아닌 것은?

① 암모니아환원
② 접촉수소화탈황
③ 방사선 화학적 탈황
④ 미생물에 의한 생화학적 탈황

04 다음은 중유의 탈황방법을 설명한 것이다. 해당하는 탈황법은?

( )은 상압잔유를 감압증류에 의하여 증류하고 얻어진 감압경유를 수소화탈황에 의해 탈황화하며, 이 탈황된 경유와 감압잔유를 혼합하여 황이 적은 제품을 생산하는 방법이다.

① 직접탈황법　② 간접탈황법
③ 중간탈황법　④ 다단탈황법

05 배연탈황법에서 건식법과 습식법을 상대적으로 비교하였을 때 그 특징에 대한 다음 설명 중 옳지 않은 것은?

① 습식법은 연돌에서의 확산이 나쁘다.
② 습식법의 경우 반응효율은 높으나 수질오염의 문제가 있다.
③ 건식법에는 석회석 주입법, 활성탄 흡착법, 산화법 등이 있다.
④ 건식법은 장치의 규모는 작으나 배출가스의 온도 저하가 큰 편이다.

▶ 해설

01 Co-Ni-Mo를 수소첨가 촉매로 하여 250~450℃에서 30~150kg/cm²의 압력을 가해 H_2S, S, SO_2 형태로 제거하는 중유탈황법은 접촉수소화탈황법 중 직접탈황하는 방법이다.

▶중유탈황(연료탈황)법◀
- 접촉수소화탈황
- 금속산화물에 의한 흡착
- 미생물에 의한 생화학적 탈황
- 방사선 화학적 탈황

02 중유의 탈황법 중 현재 가장 많이 사용되고 있는 방법은 접촉수소화탈황이다.

03 연료탈황법은 접촉수소화탈황, 금속산화물에 의한 흡착, 미생물에 의한 생화학적 탈황, 방사선 화학적 탈황 등이 있다.

04 간접탈황법은 상압잔유(殘油)를 일단 감압증류하여 촉매독이 적은 경유분을 탈황시키고 감압잔유와 재혼합하는 방법이다.

05 건식법은 장치의 규모는 크지만 배출가스의 온도 저하가 적은 편이다.

정답 ┃ 1.① 2.① 3.① 4.② 5.④

06 황산화물 배출제어방법 중 재생식 공정으로 가장 적절한 것은?
① 석회석법　　② 웰만-로드법
③ Chlyoda법　　④ 석회석 주입법

07 석회석을 사용하는 배연탈황법의 특성으로 가장 거리가 먼 것은?
① 석회석을 분말로 만들어 연소로에 직접 주입하는 방법으로 초기설치비가 적게 든다.
② 소규모 보일러나 노후된 보일러에 추가로 설치할 때 용이하게 적용할 수 있다.
③ 아주 짧은 시간에 아황산가스와 반응해야 하므로 흡수효율은 낮으며, 연소로 내에서 scale을 생성한다.
④ 이 반응은 pH의 영향을 많이 받으므로 흡수액의 pH는 9 이상으로 유지할 때 SO_3의 산화는 pH 10 이상에서 진행한다.

08 배연탈황법 중 V_2O_5, K_2SO_4 등을 사용하여 배기 중의 아황산가스를 진한 황산으로 회수할 수 있는 방법은?
① 흡착법　　② 환원법
③ 접촉산화법　　④ 알칼리법

09 황산화물을 흡수처리하여 80% 정도의 진한 황산으로 회수하는 배연탈황방법은?
① 흡착법　　② 석회석법
③ 접촉산화법　　④ 산화망간법

10 연소 중에 생성되는 NO_x 저감대책으로 옳지 않은 것은?
① 연소온도를 낮게 한다.
② 질소함량이 적은 연료를 사용한다.
③ 연소영역에서의 산소의 농도를 높게 한다.
④ 고온영역의 연소가스 체류시간을 짧게 한다.

> **해설**

06 배연탈황에서 재생식 공법(Regenerative Process)으로는 웰만-로드(Wellman-Lord)법, 활성산화망간 흡수법, 산화마그네슘 흡수법, 아황산칼륨법, 암모니아 흡수법, 활성탄 흡착법 등이 있다.
▶웰만-로드(Wellman-Lord)법◀
• 개요 : 수용액상의 가성소다(NaOH)를 흡수법의 일종으로 아황산나트륨(Na_2SO_3)을 흡수제로 이용하고, 생성된 아황산수소나트륨($NaHSO_3$)을 증발·분리하여 석출된 흡수제를 재생하여 순환시키는 시스템임
• 흡수반응 : $Na_2SO_3 + SO_2 = 2NaHSO_3$ → $NaHSO_3 \xrightarrow[\text{흡수제의 석출}]{\text{수분 및 } SO_2 \text{를 증발시켜}} Na_2SO_3$

07 석회석을 사용하는 배연탈황법 중 건식 석회석 흡수법은 pH의 영향을 받지 않는다.

08 배기 중의 아황산가스를 진한 황산으로 회수할 수 있는 방법은 접촉산화법(촉매산화법)이다. 접촉산화법(촉매산화법)은 SO_x를 함유한 배기가스를 촉매전환장치(V_2O_5, K_2SO_4)로 유입시켜 산화시킨 후 산화된 SO_3를 흡수탑으로 유입시켜 황산(H_2SO_4)으로 전환하여 회수하거나 SO_3를 암모니아수와 반응시켜 황산암모늄으로 고정할 수 있다.

09 황산화물을 흡수처리하여 80% 정도의 진한 황산으로 회수하는 배연탈황방법은 접촉산화법이다. 황산회수반응은 $SO_2 \xrightarrow[\text{산화}]{\text{촉매}(V_2O_5 \text{ 등})} SO_3 \xrightarrow[H_2O]{\text{흡수탑}} H_2O_4$(황산회수)으로 된다.

10 연소영역에서의 산소의 농도를 낮게 하여야 NO_x의 생성량을 줄일 수 있다.

정답 | 6.② 7.④ 8.③ 9.③ 10.③

11 건식 탈황·탈질 방법 중 하나인 전자선 조사법의 프로세스 특징으로 가장 거리가 먼 것은?

① 부산물은 황산암모늄, 질산암모늄이다.
② NO_x 및 SO_x 제거율 70% 이상을 달성할 수 있는 건식 제거프로세스이다.
③ 구성이 복잡하므로 장치 내의 압력손실이 높고, 배기가스의 변동 등에 대처하기 어렵다.
④ 연소배기가스에 암모니아 등을 첨가해 $\alpha \cdot \beta \cdot \gamma$선, 전리방사선 등을 조사(照射)하여 배기가스 중 NO_x, SO_x 화합물을 고체상 입자로 동시에 처리하는 방법이다.

12 선택적 촉매환원법(SCR)에 대한 설명으로 옳지 않은 것은?

① 환원제로는 NH_3가 사용된다.
② 질소산화물이 촉매에 의하여 선택적으로 환원되어 질소분자와 물로 전환된다.
③ 촉매선택성에 의해 NO의 환원반응만 있고, 기타 산화반응 등의 부반응은 없다.
④ 질소산화물 전환율은 반응온도에 따라 종(鐘) 모양(Bell – Shape)을 나타낸다.

13 연소조절에 의한 NO_x의 저감대책으로 관계가 적은 것은?

① 과잉공기량을 크게 한다.
② 배출가스를 재순환시킨다.
③ 2단계 연소법을 적용한다.
④ 연소용 공기의 예열온도를 낮춘다.

14 연소방식을 변환시켜 NO_x의 생성을 저감시키는 방안이 아닌 것은?

① 물 주입법   ② 접촉산화법
③ 저공기비 연소법   ④ 배기가스 재순환법

15 선택적 촉매환원법에 대한 설명으로 옳지 않은 것은?

① 환원제로는 NH_3가 사용된다.
② 질소산화물 전환율은 반응온도에 따라 종(鐘)모양(Bell – Shape)을 나타낸다.
③ 질소산화물이 촉매에 의하여 선택적으로 환원되어 질소분자와 물로 전환된다.
④ 촉매선택성에 의해 NO의 환원반응만 있고, 기타 산화반응 등의 부반응은 없다.

16 다음 중 황산화물 처리방법과 거리가 먼 것은?

① 석회세정법   ② 산화구리법
③ 활성탄흡착법   ④ 저산소연소법

17 SO_x와 NO_x의 동시 처리기술이 아닌 것은?

① CuO 공정   ② NO_xSO 공정
③ 활성탄 흡착공정   ④ Filter Cage 공정

18 불화규소(SiF_4) 제거를 위한 세정탑의 형식으로 적합하지 않은 것은?

① Spray Tower   ② Jet Scrubber
③ Packed Tower   ④ Venturi Scrubber

> **해설**

11 전자선 조사법은 프로세스의 구성이 간단하므로 장치 내의 압력손실이 낮고, 배기가스의 변동 등에 대처하기 용이하다.
12 선택적 촉매환원법(SCR)은 촉매선택성에 의해 NO의 환원반응과 더불어 산화반응 등의 부반응이 동시에 일어난다.
13 연소조절에 의한 저감대책은 과잉공기량을 작게 해야 한다.
14 접촉산화법은 배기가스 처리기술이다.
15 SCR은 촉매선택성에 의해 NO의 환원반응과 더불어 산화반응 등의 부반응이 동시에 일어난다.
16 저산소연소법은 연소과정에서 질소산화물의 생성을 억제하는 방법이다.
17 Filter Cage 공정은 입자상 물질 처리공정이다.
18 충전탑(Packed Tower)은 불소화합물에서 석출되는 고형물(SiO_2)에 의해 충전층이 폐쇄될 수 있다.

정답 ┃ 11.③ 12.③ 13.① 14.② 15.④ 16.④ 17.④ 18.③

19 무촉매환원법(NCR)에 대한 다음 설명 중 옳지 않은 것은?

① NO_x 제거율이 비교적 높아 95% 이상이다.
② NO의 암모니아에 의한 환원에는 보통 산소의 공존이 필요하다.
③ 반응기 등의 설비가 필요치 않고, 특히 혼합가스 중 NO_x의 제거에 적합하다.
④ 통상 1,000℃ 정도의 고온을 요하며, NH_3/NO가 2 이상의 암모니아의 첨가가 필요하다.

20 다이옥신의 처리대책을 설명한 것 중 옳지 않은 것은?

① 광분해법 : 자외선파장(250~340nm)이 가장 효과적인 것으로 알려져 있다.
② 촉매분해법 : 사용되는 분해촉매로는 금속산화물(V_2O_5, TiO_2 등), 귀금속(Pt, Pd)이다.
③ 열분해법 : 산소가 적은 환원성 분위기에서 탈염소화, 수소첨가반응 등에 의해 분해시킨다.
④ 오존분해법 : 수중 분해 시 순수의 경우는 산성일수록, 온도는 20℃ 전후에서 분해속도가 커지는 것으로 알려져 있다.

21 유해가스 종류별 처리제 및 그 생성물과의 연결로 틀린 것은?

[유해가스]   [처리제]   [생성물]
① Cl_2 ········ $Ca(OH)_2$ ······ $Ca(ClO_3)_2$
② F_2 ········· NaOH ·········· NaF
③ HF ·········· $Ca(OH)_2$ ······ CaF_2
④ SiF_4 ······· H_2O ··········· SiO_2

22 다음 중 유해가스 처리방법으로 틀린 것은?

① 벤젠 – 촉매연소
② 시안화수소 – 물에 의한 세정
③ 비소 – 알칼리액에 의한 세정
④ 아크롤레인 – 염산용액에 의한 흡수 제거

23 유해가스 방지 및 처리공정이 잘못 짝지어진 것은?

① 염화수소 – 수세법
② 불화수소(HF) – 산화철침전법
③ 불소(F_2) – 가성소다에 의한 흡수법
④ 황화수소 – 중화법 및 산화법(알칼리흡수법)

24 염소를 함유한 폐가스를 소석회와 반응시켰을 때 생성되는 물질은?

① 표백분   ② 실리카겔
③ 포스겐   ④ 차아염소산나트륨

25 화학산화법으로 악취를 처리할 때 산화제로 적합하지 않은 것은?

① O_3 ② NaOCl
③ ClO_2 ④ CH_3SO_3H

26 화합물별 냄새의 특징과 원인물질이 잘못 짝지어진 것은?

① 질소산화물 – 분뇨 냄새 – 암모니아
② 탄화수소류 – 가솔린 냄새 – 자일렌
③ 지방산류 – 생선 썩는 냄새 – 에틸아민
④ 황화합물 – 양배추 썩는 냄새 – 메틸멜캅탄

> **해설**

19 무촉매환원법(NCR)의 NO_x 제거율은 60% 이하로 낮다.
20 다이옥신의 처리대책에서 오존분해법은 알칼리성일수록 분해가 잘 된다.
21 $Cl_2 + Ca(OH)_2 = CaOCl_2 + H_2O$
22 아크롤레인 – NaClO 등의 산화제를 혼입한 가성소다용액으로 흡수처리한다.
23 HF – 알칼리용액(NaOH, $Ca(OH)_2$)으로 흡수·처리한다.
24 염소와 소석회의 반응은 $Cl_2 + Ca(OH)_2 = CaOCl_2 + H_2O$으로 차아염소산칼슘(표백분)이 생성된다.
25 냄새처리에 사용되는 화학적 산화제는 O_3, $KMnO_4$, NaOCl, Cl_2, ClO_2 등의 산화제이다.
26 지방산류 – 땀 냄새 – 부티르산

정답 ┃ 19.① 20.④ 21.① 22.④ 23.② 24.④ 25.④ 26.③

27 공기 중에서 최소감지농도가 가장 낮은 것은 어느 것인가?
① 벤젠   ② 페놀
③ 이황화탄소 ④ 피리딘

28 배기가스 중 케톤류를 처리할 때 제어효율이 가장 낮은 방법은?
① 흡수법   ② 응축법
③ 흡착법   ④ 직접소각법

29 유해가스의 연소처리법에 대한 설명으로 옳지 않은 것은?
① 촉매연소법은 500~800℃에서 조업하므로 직접연소법에 비해 NO_x 발생량이 많다.
② 촉매연소법에서는 촉매의 노화를 방지하기 위해 촉매량을 증가시키고, 예열온도를 높인다.
③ 가열연소법은 황화수소, 멜캅탄, 가솔린 등을 연소하는데 사용하며 비교적 농도가 낮은 오염물의 제거에 적합하다.
④ 직접연소법은 대체적으로 오염물의 발열량이 연소에 필요한 전체 열량의 약 50% 이상일 때 경제적으로 타당하다.

30 공기 중에서 최소감지농도가 가장 높은 것은 어느 것인가?
① 식초   ② 아세톤
③ 페놀   ④ 포름알데히드

31 유해가스로 오염된 가연성 물질을 처리하는 방법 중 반응속도가 빠르고 연료소비량이 적은 편이며, 산화온도가 비교적 낮기 때문에 NO_x의 발생이 가장 적은 처리방법은?
① 직접연소법   ② 고온산화법
③ 촉매산화법   ④ 산·알칼리 세정법

32 폐가스 소각과 관련된 다음 설명 중 옳지 않은 것은?
① 촉매소각법은 열소각법에 비해 반응온도가 낮은 편이다.
② 직접화염 재연소법은 가연성 폐가스의 배출량이 많은 경우에 유용하다.
③ 직접화염 재연소기의 설계 시 반응시간은 1~3초 정도로 하고, 이 방법은 다른 방법에 비해 NO_x 발생이 적다.
④ 촉매소각은 저농도의 가연물질과 공기를 함유하는 기체 폐기물에 대하여 유용하게 적용되며, 보통 백금 및 팔라듐이 촉매로 쓰인다.

33 악취처리방법에 대한 다음 설명 중 옳지 않은 것은?
① 촉매독 유발원소는 납, 비소, 수은 등이다.
② 황화수소는 촉매연소로 처리가 불가능하다.
③ 직접연소법은 700~800℃에서 0.5초 정도가 일반적이다.
④ 촉매연소법은 약 300~400℃의 온도에서 산화분해시킨다.

> **해설**

27 제시된 항목 중 공기 중에서 최소감지농도가 가장 낮은 것은 페놀이다. 벤젠 : 2.7ppm, 페놀 : 0.00028ppm, 이황화탄소 : 0.21ppm, 피리딘 : 0.063ppm

28 제시된 방법 중 흡착법이 제어효율이 가장 낮은 편이다. 특히 케톤(Ketone)류의 경우는 비극성 물질이지만 활성탄 표면의 물을 포함하는 중합반응이 일어나면서 흡착제의 미세공을 폐쇄하거나 재생과정에서 용이하게 제거되지 않는 등 처리에 문제점이 다수 발생된다.

29 촉매연소법은 300~400℃에서 처리하므로 직접연소법에 비해 NO_x 발생량이 적다.

30 공기 중에서 최소감지농도가 가장 높은 것은 아세톤이다. 아세톤 42ppm, 식초(초산) : 0.00057ppm, 포름알데히드 : 0.5ppm, 페놀 : 0.00028ppm

31 문제의 특성을 지닌 유해가스 처리방법은 촉매산화법이다.

32 직접화염 재연소기의 설계 시 반응시간은 0.2~0.7초 정도로 하고, 이 방법은 다른 방법에 비해 NO_x 발생이 많다.

33 H_2S는 촉매연소로 처리 가능하다.

정답 | 27.② 28.③ 29.① 30.② 31.③ 32.③ 33.②

34 냄새물질에 대한 다음 설명 중 옳지 않은 것은?
① 라만변이와 냄새는 서로 관련이 있다.
② 냄새 유발물질은 적외선을 강하게 흡수한다.
③ Moncrieff에 따르면 복합체를 형성하면 냄새가 더 강해진다고 주장했다.
④ 냄새는 화학적 구성보다는 구성 그룹 배열에 의해 나타나는 물리적 차이에 의해 결정된다는 견해가 지배적이다.

35 탈취방법별 특징으로 틀린 것은?
① 염소주입법 : 페놀이 다량 함유될 경우 클로로페놀을 형성하여 2차 오염문제를 발생시킨다.
② 액상촉매법 : 악취의 완전분해가 가능하므로 2차 오염대책이 거의 불필요하며, 촉매의 수명이 길다.
③ BALL 차단법 : 밀폐형 구조물을 설치할 필요가 없고 크기와 색상이 다양하며, 미관이 수려한 편이다.
④ 약액세정법 : 산성 또는 염기성 가스를 별도 처리할 필요가 없고 조작이 어려우며, 일부 악취물질에만 적용이 가능하다.

36 다음 중 VOCs 처리방법으로 거리가 먼 것은?
① 흡착 ② 응축
③ 연소 ④ 마스킹

37 악취에 대한 설명으로 가장 거리가 먼 것은?
① 악취의 공기 중에서 최소감지농도(ppm)는 아세톤이 염소보다 더 높다.
② 화학적 산화법은 주로 알데히드, 케톤, 페놀, 스티렌 등의 유기물 제거에 이용된다.
③ 불꽃소각법의 경우 보조연료가 필요 없으며, 연소온도는 보통 850~1,100℃ 정도이다.
④ 응축법은 유기용매 증기를 고농도($200g/Sm^3$ 이상)로 함유하고 있는 배출가스에 주로 적용한다.

38 악취처리방법에 대한 다음 설명 중 옳지 않은 것은?
① 흡착법에서 활성탄으로 효과적으로 제거 가능한 것은 암모니아, 메탄올, 메탄 등이다.
② 촉매연소법에서 촉매에 바람직하지 않은 원소로서는 할로겐원소, 납, 아연, 수은 등이다.
③ 직접연소법은 고온(600~800℃)에서 산화·분해하여 탄산가스와 물(수증기)로 변화시킨다.
④ 산·알칼리·약세정법에 의해 제거 가능한 대표적인 성분으로서는 무기산(염산, 황산)의 희박수용액에 의한 아민류 등의 염기성 성분이다.

> **해설**

34 복합체를 형성하면 약해지거나 파괴된다.
35 약액세정법은 산성 또는 염기성 가스를 별도 처리할 필요가 있다.
36 마스킹(Masking)법은 향료 같은 것을 사용하여 냄새를 위장하는 방법으로 간혹 악취처리법으로 이용되고 있는데 엄밀하게 구분하면 농도를 저감하는 처리법과는 거리가 멀다.
37 불꽃소각법은 보조연료가 필요하며, 연소온도는 700~800℃에서 악취물질을 직접연소산화시킨다.
38 흡착법에서 활성탄으로 효과적으로 제거 가능한 것은 지방산류, 탄화수소류(지방족 및 방향족) 등이고 암모니아, 메탄올, 메탄 등은 잘 제거되지 않는다.

정답 ┃ 34.③ 35.④ 36.④ 37.③ 38.①

01 황분 2.5%의 중유를 4ton/hr로 연소하고 있는 연소시설에서 발생되는 SO_2를 탄산칼슘으로 완전히 탈황할 경우 필요한 이론적 탄산칼슘의 양은?(단, 중유 중 황은 모두 SO_2로 된다고 가정한다.)

① 5.2kg/min ② 3.6kg/min
③ 2.4kg/min ④ 1.5kg/min

■해설 아황산가스(SO_2)와 탄산칼슘($CaCO_3$, 분자량 100)의 흡수반응을 이용한다.

□ 탄산칼슘량 = 제거되는 $SO_2 \times \dfrac{100}{64}$ $\begin{cases} \circ\ S + O_2 = SO_2 \\ \quad 32kg\ :\ 64kg \\ \circ\ SO_2 + CaCO_3 + 0.5O_2 = CaSO_4 + CO_2 \\ \quad 64kg\ :\ 100kg \end{cases}$

• SO_2량 $= \dfrac{2.5}{100} \times \dfrac{4톤}{hr} \times \dfrac{1,000kg}{톤} \times \dfrac{64kg}{32kg} \times \dfrac{hr}{60min} = 3.33\,kg/min$

∴ $CaCO_3$량(kg) = SO_2량(kg) $\times \dfrac{100kg}{64kg} = 3.33\,kg/min \times \dfrac{100kg}{64kg} = 5.21\,kg/min$

02 S성분 3%를 함유한 석탄을 10ton/hr를 연소하는 화력발전소가 있다. 연소를 통해 배출되는 SO_2를 NaOH 수용액으로 세정하여 S성분을 Na_2SO_3로 회수할 경우에 이론적으로 필요한 NaOH의 양은?(단, S성분은 100% SO_2로 되고, NaOH의 순도는 80%)

① 365kg/hr ② 489kg/hr
③ 823kg/hr ④ 938kg/hr

■해설 SO_2와 가성소다(NaOH, 분자량 40)의 흡수반응을 이용한다. 만약, 탈황률(예 95%)이 제시될 경우는 계산식에서 "600kg/hr×0.95"으로 보정하여 계산해야 한다.

□ NaOH량 = 제거되는 $SO_2 \times \dfrac{2 \times 40}{64}$ $\begin{cases} \circ\ S + O_2 = SO_2 \\ \quad 32kg\ :\ 64kg \\ \circ\ SO_2 + 2NaOH = Na_2SO_3 + H_2O \\ \quad 64kg\ :\ 2 \times 40kg \end{cases}$

• SO_2량 $= \dfrac{3}{100} \times \dfrac{10톤}{hr} \times \dfrac{1,000kg}{톤} \times \dfrac{64kg}{32kg} = 600\,kg/hr$

∴ NaOH량 $= 600\,kg/hr \times \dfrac{2 \times 40kg}{64kg} \times \dfrac{1}{0.8} = 937.5\,kg/hr$

정답 1.① 2.④

03 다음 2,500ppm의 SO_2를 함유하는 배기가스 250m³/hr를 탄산칼슘으로 탈황할 경우 소요되는 탄산칼슘의 양(kg/hr)은?

① 30
② 3.0
③ 0.3
④ 300

해설 SO_2와 $CaCO_3$(분자량 100)의 반응식을 이용한다.

- 탄산칼슘량 = 제거되는 $SO_2 \times \dfrac{100}{64}$ $\begin{cases} \circ\ SO_2 + CaCO_3 + 0.5O_2 = CaSO_4 + CO_2 \\ \quad 64kg\ :\ 100kg \end{cases}$

$\therefore\ CaCO_3$량 $= \dfrac{2,500\,mL}{m^3} \times \dfrac{250\,m^3}{hr} \times \dfrac{10^{-6}\,m^3}{mL} \times \dfrac{64\,kg}{22.4\,m^3} \times \dfrac{100\,kg}{64\,kg} = 2.98\,kg/hr$

04 유황의 함량이 2.5%인 중유를 시간당 20ton 연소하고 있다. 배연탈황률이 90%일 때 생성되는 석고($CaSO_4$)의 이론량(ton/hr)은?

① 1.2
② 1.9
③ 2.3
④ 2.8

해설 SO_2와 탄산칼슘의 흡수반응식을 이용한다.

- $SO_2 + CaCO_3 + 0.5O_2 = CaSO_4 + CO_2$
  64kg : 136kg

$\therefore\ CaSO_4$량 $= \dfrac{2.5}{100} \times \dfrac{64\,kg}{32\,kg} \times \dfrac{20톤}{hr} \times \dfrac{90}{100} \times \dfrac{136\,kg}{64\,kg} = 1.91$ 톤/hr

05 가스 1m³당 50g의 아황산가스를 포함하는 어떤 폐가스를 흡수처리하기 위하여 가스 1m³에 대하여 순수한 물 2,000kg의 비율로 연속 향류접촉시켰더니 폐가스 내 아황산가스의 농도가 1/10로 감소하였다. 물 1,000kg에 흡수된 아황산가스의 양(g)은?

① 11.5
② 22.5
③ 33.5
④ 44.5

해설 흡수된 아황산가스의 양(g)은 처리가스량과 제거된 아황산가스 농도의 곱으로 산출한다.

- 흡수량 $= C_i \times \eta \times Q_L$ $\begin{cases} C_i : 유입농도 = 50g/m^3 \\ \eta : 흡수율 = 1 - \dfrac{50g/m^3 \times 0.1}{50g/m^3} = 0.9 \\ Q_L : 유량 = 1,000kg \times \dfrac{1\,m^3}{2,000\,kg} = 0.5\,m^3 \end{cases}$

$\therefore$ 흡수량 $= \dfrac{50\,g}{m^3} \times 0.9 \times \dfrac{1\,m^3}{2,000\,kg} \times 1,000\,kg = 22.5\,g$

06 NO의 농도가 280ppm인 배기가스 200,000m³/hr를 암모니아에 의한 선택적 촉매환원법(산소 공존 없음)으로 처리하고 있다. 암모니아의 이론소요량(kg/hr)은?

① 28.33
② 38.26
③ 43.54
④ 48.16

■해설 산소가 공존하지 않은 상태의 NO와 암모니아(NH_3, 분자량 17)의 환원반응을 이용한다.
    □ $6NO + 4NH_3 = 5N_2 + 6H_2O$
       $6 \times 22.4 m^3 : 4 \times 17 kg$
    ∴ NH_3량(kg) = 제거되는 $NO(m^3) \times \dfrac{4 \times 17 kg}{6 \times 22.4 m^3}$
    = $\dfrac{280 mL}{m^3} \times \dfrac{200,000 m^3}{hr} \times \dfrac{10^{-6} m^3}{mL} \times \dfrac{4 \times 17 kg}{6 \times 22.4 m^3} = 28.33 kg/hr$

07 NO 600ppm을 함유하는 배기가스 500,000m³/hr를 암모니아 선택적 접촉환원법으로 제거할 때 요구되는 암모니아의 양(m³/hr)은?(단, O_2 공존)

① 800 ② 600
③ 300 ④ 150

■해설 산소 공존 있는 NO의 환원반응을 이용하여 NH_3의 필요량을 산출한다.
    □ $4NO + 4NH_3 + O_2 = 4N_2 + 6H_2O$
       $4 \times 22.4 m^3 : 4 \times 22.4 m^3$
    ∴ $NH_3(m^3) = NO(m^3) \times \dfrac{4 \times 22.4 m^3}{4 \times 22.4 m^3} = \dfrac{600 mL}{m^3} \times \dfrac{500,000 m^3}{hr} \times \dfrac{10^{-6} m^3}{mL} \times \dfrac{4}{4}$
    = $300 m^3/hr$

08 NO 농도가 150ppm인 연소배기가스 100,000m³/hr를 CO로 비선택적 접촉환원법으로 처리하여 무해화시키고 있다. CO의 시간당 소요량(m³)은?

① 5   ② 10
③ 15 ④ 20

■해설 NO와 CO의 환원반응을 이용한다.
    □ $NO + CO = 0.5N_2 + CO_2$
       $22.4 m^3 : 22.4 m^3$
    ∴ $CO(m^3)$ = 제거되는 $NO(m^3) \times \dfrac{22.4 m^3}{22.4 m^3} = \dfrac{150 mL}{m^3} \times \dfrac{100,000 m^3}{hr} \times \dfrac{10^{-6} m^3}{mL}$
    = $15 m^3/hr$

09 NO_2 100ppm인 배기가스 100,000m³를 CO에 의한 비선택적 접촉환원법으로 처리하여 NO와 CO_2로 전환하고 있다. 소요되는 CO의 양(m³)은?

① 10 ② 20
③ 30 ④ 40

■해설 NO_2와 CO의 환원반응을 이용한다.
    □ $NO_2 + CO = NO + CO_2$
       $22.4 m^3 : 22.4 m^3$
    ∴ $CO(m^3)$ = 제거되는 $NO_2(m^3) \times \dfrac{22.4 m^3}{22.4 m^3} = \dfrac{100 mL}{m^3} \times 100,000 m^3 \times \dfrac{10^{-6} m^3}{mL} = 10 m^3$

10 불화수소 0.5%(V/V)를 포함하는 배출가스 6,660m³/hr를 Ca(OH)₂ 현탁액으로 처리할 때 이론적으로 필요한 시간당 Ca(OH)₂의 양(kg/hr)은?

① 55kg/hr　　　　　　　　　② 45kg/hr
③ 35kg/hr　　　　　　　　　④ 25kg/hr

해설 불화수소(HF)와 Ca(OH)₂(분자량 74)의 흡수반응식을 이용한다.

□ Ca(OH)₂의 양(kg) = 제거 HF량(m³) × $\dfrac{74\,kg}{2 \times 22.4\,m^3}$

• 2HF + Ca(OH)₂ = CaF₂ + 2H₂O
　2×22.4m³ : 74kg

∴ Ca(OH)₂ = $\dfrac{6,660\,m^3}{hr} \times \dfrac{0.5}{100} \times \dfrac{74\,kg}{2 \times 22.4\,m^3}$
　　　　　= 55 kg/hr

11 염소농도가 0.2%인 배기가스 3,000m³/hr를 수산화칼슘 용액을 이용하여 처리하고 있다. 필요한 시간당 수산화칼슘의 양은?

① 16.7kg　　　　　　　　　② 18.2kg
③ 19.8kg　　　　　　　　　④ 23.1kg

해설 염소(Cl₂)와 수산화칼슘[Ca(OH)₂, 분자량 74]의 흡수반응을 이용한다.

□ Ca(OH)₂의 양(kg) = 제거 Cl₂의 양(m³) × $\dfrac{74\,kg}{22.4\,m^3}$

• Cl₂ + Ca(OH)₂ = CaOCl₂ + H₂O
　22.4m³ : 74kg

∴ 수산화칼슘의 양 = $\dfrac{3,000\,m^3}{hr} \times \dfrac{0.2}{100} \times \dfrac{74\,kg}{22.4\,m^3}$
　　　　　　　　= 19.8 kg/hr

12 HF 3,000ppm, SiF₄ 1,500ppm 함유한 배기가스 22,400m³/hr를 물에 흡수시켜 규불산을 회수하고 있다. 이론적으로 회수할 수 있는 규불산의 양으로 옳은 것은? (단, 흡수율은 100%)

① 67.2m³/hr　　　　　　　② 1.5kmol/hr
③ 3.0kmol/hr　　　　　　④ 22.4m³/hr

해설 불화수소(HF)와 사불화규소(SiF₄)의 흡수반응식을 이용한다.

□ 규불산의 양 = HF의 양(kmol/hr) × $\dfrac{1\,kmol}{2\,kmol}$

• 2HF + SiF₄ = H₂SiF₆
　2kmol : 1kmol

∴ 규불산의 양 = $\dfrac{3,000\,mL}{m^3} \times \dfrac{22,400\,m^3}{hr} \times \dfrac{10^{-6}\,m^3}{mL} \times \dfrac{kmol}{22.4\,m^3} \times \dfrac{1\,kmol}{2\,kmol}$
　　　　　　= 1.5 kmol/hr

13 배기가스 중 HCl의 농도 600ppm, 가스량 100m³/hr를 1m³의 세정수(물)에 2시간 흡수시켰을 경우 수용액의 pH는?(단, HCl의 흡수율은 70%)

① 2.63　　　　　　　　　　② 2.43
③ 2.23　　　　　　　　　　④ 2.03

해설 pH 계산식을 적용한다.

□ $pH = \log \dfrac{1}{[H^+]}$ $\begin{cases} [H^+](mol/L) = HCl의\ N(eq/L) \\ N(eq/L) = \dfrac{흡수\ HCl의\ 양\,(eq)}{수용액(물)(L)} \end{cases}$

• $N = \dfrac{600\,mL}{m^3} \times \dfrac{100\,m^3}{hr} \times \dfrac{36.5\,mg}{22.4\,mL} \times \dfrac{10^{-3}g}{mg} \times \dfrac{1\,eq}{36.5\,g} \times \dfrac{70}{100} \times \dfrac{2\,hr}{1 \times 10^3\,L}$

$= 3.75 \times 10^{-3}\,eq/L$

∴ $pH = \log \dfrac{1}{3.75 \times 10^{-3}} = 2.43$

14 다음 400ppm의 HCl을 함유하는 배기가스 400Sm³/hr를 액가스비 2L/m³인 충전탑으로 처리하였다. 처리 후 발생되는 폐수를 중화하는데 필요한 0.5N-NaOH 용액의 시간당 소요량(L)은?

① 9.2　　　　　　　　　　② 11.4
③ 14.2　　　　　　　　　　④ 18.8

해설 중화적정 공식을 적용한다.

□ $NV = N'V'$ $\begin{cases} NV = \dfrac{400\,mL}{m^3} \times \dfrac{36.5\,mg}{22.4\,mL} \times \dfrac{10^{-3}g}{mg} \times \dfrac{eq}{36.5\,g} \times \dfrac{400\,m^3}{hr} = 7.14\,eq/hr \\ N' = 0.5\,eq/L \end{cases}$

⇨ $7.14 = 0.5 \times V'$

∴ $V' = 14.2\,L/hr$

15 황산화물을 함유하는 배기가스를 물을 순환 사용하는 충전탑으로 세정처리하였다. 순환수 중의 황산 함량이 0.049g/L이었다면 이 순환수의 pH는?

① 1　　　　　　　　　　　② 2
③ 2.7　　　　　　　　　　④ 3

해설 수소이온농도(mol/L)와 pH의 관계식을 적용한다.

□ $pH = \log \dfrac{1}{[H^+]}$ $\begin{cases} [H^+](mol/L) = H_2SO_4의\ N(eq/L) \\ N(eq/L) = \dfrac{흡수\ H_2SO_4의\ 양\,(eq)}{수용액(물)(L)} \end{cases}$

• $N = \dfrac{0.049\,g}{L} \times \dfrac{1\,eq}{(98/2)g} = 1 \times 10^{-3}\,eq/L$

∴ $pH = \log \dfrac{1}{1 \times 10^{-3}} = 3.0$

정답　13.②　14.③　15.④

16 다음 HF 농도가 500mL/m³인 배기가스 2,000m³/hr를 50m³의 물로 24hr 동안 세정순환시켰을 때 이 순환수의 pH는?(단, HF는 100% 전리)

① 2.6　　　　　　　　　② 2.1
③ 1.7　　　　　　　　　④ 1.3

해설 pH의 계산식을 사용한다.

$$pH = \log \frac{1}{[H^+]} \quad \begin{cases} [H^+](mol/L) = HF의\ N(eq/L) \\ N(eq/L) = \dfrac{흡수\ HF의\ 양(eq)}{수용액(물)(L)} \end{cases}$$

- $N = \dfrac{500\,mL}{m^3} \times \dfrac{2{,}000\,m^3}{hr} \times \dfrac{20\,mg}{22.4\,mL} \times \dfrac{10^{-3}g}{mg} \times \dfrac{eq}{20g} \times \dfrac{24\,hr}{50 \times 10^3\,L} = 0.0214\ eq/L$

∴ $pH = \log \dfrac{1}{0.0214} = 1.67$

17 NO 250ppm, NO₂ 25ppm을 함유하는 배기가스 100,000m³/hr를 NH₃에 의한 촉매환원법으로 처리할 경우 NH₃의 이론량(kg/hr)은?(단, 산소 공존 없음)

① 15.2　　　　　　　　② 24.3
③ 35.6　　　　　　　　④ 43.8

해설 산소가 존재하지 않는 상태의 NO와 NO₂의 NH₃ 환원반응을 이용한다.

- $6NO + 4NH_3 = 5N_2 + 6H_2O$
  $6 \times 22.4\,m^3 : 4 \times 17\,kg$
- $6NO_2 + 8NH_3 = 7N_2 + 12H_2O$
  $6 \times 22.4\,m^3 : 8 \times 17\,kg$

∴ $NH_3 = NO량 \times \dfrac{4 \times 17}{6 \times 22.4} + NO_2량 \times \dfrac{8 \times 17}{6 \times 22.4}$

∴ $NH_3 = \dfrac{250\,mL}{m^3} \times \dfrac{100{,}000\,m^3}{hr} \times \dfrac{10^{-6}\,m^3}{mL} \times \dfrac{4 \times 17\,kg}{6 \times 22.4\,m^3}$
$+ \dfrac{25\,mL}{m^3} \times \dfrac{100{,}000\,m^3}{hr} \times \dfrac{10^{-6}\,m^3}{mL} \times \dfrac{8 \times 17\,kg}{6 \times 22.4\,m^3}$
$= 15.18\,kg/hr$

18 유해가스의 연소처리에 대한 설명으로 옳지 않은 것은?

① 가열연소법에서 연소로 내의 체류시간은 0.2~0.8초 정도이다.
② 직접연소법은 After Burner법이라고도 하며, HC, H₂, NH₃, HCN 및 유독가스 제거법으로 사용된다.
③ 직접연소법은 경우에 따라 보조연료나 보조공기가 필요하며, 대체로 오염물질의 발열량이 연소에 필요한 전체 열량의 50% 이상일 때 경제적으로 타당하다.
④ 가열연소법은 배기가스 중 가연성 오염물질의 농도가 매우 높아 직접연소법으로 처리하기에 부적합할 경우에 주로 사용되고, 조업의 유동성이 적어 NO_x 발생이 많다.

정답　16.③　17.①　18.④

■해설 가열연소법은 배기가스 중 가연성 오염물질의 농도가 낮아 직접연소법으로 처리하기에 부적합할 경우에 주로 사용되고 조업의 유동성이 높고, 직접연소에 비해 NO_x 발생이 적은 특징이 있다.

19 냄새물질의 화학구조에 대한 설명으로 틀린 것은?

① 분자(分子) 내 수산기의 수가 증가할수록 냄새가 강하다.
② 락톤 및 케톤 화합물은 환상(環狀)이 크게 되면 냄새가 강해진다.
③ 불포화도(2중 결합 및 3중 결합의 수)가 높으면 냄새가 보다 강하게 난다.
④ 탄소 수는 저분자일수록 관능기 특유의 냄새가 강하고 자극적이나 8~13에서 가장 향기가 강하다.

■해설 분자 내의 수산기(水酸基, OH^-)가 1개일 때 냄새가 가장 강하고, 그 수가 증가하면 감소한다.

20 냄새물질의 특성에 대한 설명 중 옳지 않은 것은?

① 냄새물질은 화학반응성이 풍부하다.
② 냄새의 기본원소는 C, H, O, N, S, Cl 등이다.
③ 화학물질이 냄새물질로 되기 위해서는 친유성기와 친수성기의 양기를 가져야 한다.
④ 냄새물질로 분자량이 가장 작은 것은 암모니아이며, 분자량이 큰 물질은 냄새 강도가 분자량에 비례하여 강해지는 경향이 있다.

■해설 저분자인 것이 휘발성이 높고, 냄새가 더 강하다.

21 다음 악취물질 중 공기 중의 최소감지농도가 가장 낮은 것은?

① 암모니아　　　　　　　　② 염소
③ 황화수소　　　　　　　　④ 이황화탄소

■해설 제시된 물질 중 최소감지농도(Threshold)가 가장 낮은 것은 황화수소(0.0005ppm)이다. 암모니아 : 0.1ppm, 염소 : 0.049ppm, 이황화탄소 : 0.21ppm

22 악취의 처리방법에 대한 다음 설명 중 옳지 않은 것은?

① Ventilation : 높은 굴뚝을 통해 방출시켜 대기 중에 분산 희석시키는 방법이다.
② Adsorption : 적은 유량의 경우 활성탄 등 흡착제를 이용하여 냄새를 제거하는 방식이다.
③ Catalytic Oxidation : 촉매를 이용하여 250~450℃ 정도의 온도에서 산화시키는 방법이다.
④ Condensation : 냄새를 가진 가스를 냉각 응축시키는 것으로 유기용제가 저농도($20g/m^3$ 이하)로 함유한 배기가스에 유용하게 사용된다.

■해설 응축법(Condensation)은 유기용제가 비교적 고농도로 함유한 배기가스에 적용된다.

23. 악취물질의 성질과 발생원에 대한 설명 중 틀린 것은?

① 아크로레인(CH_2CHCHO)은 자극취 물질로 석유화학, 약품제조 시에 발생한다.
② 에틸아민($C_2H_5NH_2$)은 마늘취를 내는 물질로 석유정제, 인쇄작업장에서 발생한다.
③ 황화수소(H_2S)는 썩은 계란취를 내는 물질로 석유정제나 약품제조 시에 발생한다.
④ 메틸멜캅탄(CH_3SH)은 부패 양파취를 내는 물질로 석유정제, 약품제조 시 발생한다.

해설 에틸아민은 분뇨 냄새를 풍긴다.

24. 다음 중 다른 VOC 방지장치와 상대 비교한 생물여과장치의 특성으로 가장 거리가 먼 것은?

① 습도 제어에 각별한 주의가 필요하다.
② 생체량의 증가로 장치가 막힐 수 있다.
③ CO 및 NO_x 등 2차 오염물질의 생성이 없거나 적다.
④ 고농도 오염물질의 처리에 적합하고, 설치가 복잡한 편이다.

해설 생물여과장치(Bio-Filtration)는 500ppm 이하의 저농도 오염물질의 처리에 적합하다.

25. VOC를 98% 이상 제어하기 위한 처리기술과 거리가 먼 것은?

① 후연소처리
② 촉매산화처리
③ 회복(Recuperative) 열산화처리
④ 저온(Cryogenic) 응축

해설 촉매산화처리의 VOC 제거효율은 95% 정도이다.

26. VOC(휘발성 유기화합물) 중 지방족 HC를 제어하기 위한 처리기술의 선정에서 가장 적합하지 않은 처리기술은?

① 흡수
② 생물막
③ 촉매소각
④ UV 산화

해설 흡수법은 온도, 습도, 가스 접촉에 의한 영향은 적지만 VOC를 근본적으로 처리하기 위한 방법이 아니다.

27. $(CH_3)_2CHCH_2CHO$의 냄새 특성은?

① 땀 냄새
② 분뇨 냄새
③ 양파, 양배추 썩는 냄새
④ 자극적이며, 새콤하고 타는 듯한 냄새

해설 제시된 분자식[$(CH_3)_2CHCH_2CHO$]을 갖는 것은 이소발레르알데히드이다. 알데하이드류의 냄새 특징은 자극적이며, 새콤하고 타는 듯한 냄새를 풍긴다.

정답 23.② 24.④ 25.② 26.① 27.④

더 풀어보기 예상문제

01 중유의 탈황법 중 접촉수소화탈황의 반응온도의 범위는?
① 150~200℃ ② 200~330℃
③ 350~420℃ ④ 450~550℃

02 석회석을 연소로에 주입하여 SO_2를 제거하는 건식 탈황방법의 특징을 나열한 것이다. 틀린 것은?
① 석회석을 재생하여 쓸 필요가 없어 부대시설이 거의 필요없다.
② 연소로 내에서의 화학반응은 주로 소성, 흡수, 산화의 3가지로 나눌 수 있다.
③ 석회석과 배출가스 중 연소재가 반응하여 연소로 내에 달라붙어 열전달을 낮춘다.
④ 연소로 내에서 긴 접촉시간과 아황산가스가 석회분말의 표면 안으로 쉽게 침투되므로 아황산가스의 제거효율이 비교적 높다.

03 배연탈황기술과 거리가 먼 것은?
① 석회석주입법 ② 암모니아법
③ 활성산화망간법 ④ 수소화탈황법

04 황산화물 처리방법 중 건식 석회석법에 대한 설명으로 틀린 것은?
① 배기가스의 온도가 잘 떨어지지 않는다.
② 부대시설은 많이 필요하나 아황산가스의 제거효율은 높은 편이다.
③ 연소로 내에서의 화학반응은 소성, 흡수, 산화의 3가지로 구분할 수 있다.
④ 초기투자비용이 적게 들어 소규모 보일러나 노후 보일러용으로 많이 사용되었다.

05 다음 중 석회석주입에 의한 황산화물의 제거방법으로 틀린 것은?
① 대형 보일러에 주로 사용되며, 배기가스의 온도가 떨어지는 단점이 있다.
② 배기가스 중 연소재와 석회석이 반응하여 연소로 내에 달라붙어 압력손실을 증가시키고, 열전달을 낮춘다.
③ 연소로 내에서 아주 짧은 접촉시간과 아황산가스가 석회분말의 표면 안으로 침투되기 어려우므로 아황산가스 제거효율이 낮은 편이다.
④ 석회석의 구입비용이 저렴하므로 재생하여 쓸 필요가 없고 석회석의 분쇄와 주입에 필요한 장비 외에 별도의 부대시설이 크게 필요없다.

정답 1.③ 2.④ 3.④ 4.② 5.①

더 풀어보기 예상문제 해설

01 접촉수소화탈황법은 원유를 촉매(Co-Ni-Mo)의 존재 하에 고온(350~420℃)·고압(50~220kg/cm²)에서 수소와 유기황화합물을 반응시켜 S 또는 H_2S로 탈황한다.

02 석회석을 사용하는 배연탈황법은 연소로 내에서 짧은 접촉시간과 아황산가스가 석회분말의 표면 안으로 쉽게 침투되지 못하므로 아황산가스의 제거효율이 40% 정도로 낮은 편이다.

03 수소화탈황법은 배연탈황기술이 아닌 중유탈황기술이다.

04 석회석주입법은 다른 흡수방법에 비해 부대설비가 많이 소요되지 않으나 아황산가스의 제거효율은 낮은 편이다.

05 석회석주입에 의한 탈황방식은 소형 보일러에도 사용될 수 있으며, 배기가스의 온도가 떨어지지 않는 장점이 있다.

더 풀어보기 예상문제

01 배연탈황법 중 건식 석회석주입법에 대한 설명으로 옳지 않은 것은?
① 배기가스 온도가 떨어지지 않는 장점이 있다.
② 석회석 재생을 필요로 하고, 부대설비가 많이 소요된다.
③ 소규모 보일러 및 노후된 보일러에 많이 사용되어 왔다.
④ 연소로 내에서 짧은 접촉시간을 가지며, 아황산가스가 석회분말의 표면 안으로 침투가 어렵다.

02 촉매산화법에 배연탈황과 관련된 반응에서 ( ) 안에 적합한 촉매는?

$$SO_2 + (\ ) \rightarrow SO_3$$
$$SO_3 + 2NH_4OH \rightarrow (NH_4)_2SO_4 + H_2O$$

① Fe　　　② CaO
③ MnO_2　　　④ V_2O_5

03 배기가스 탈황법 중 습식 방법이라 볼 수 없는 것은?
① 석회법　　　② 산화망간법
③ 암모니아법　　　④ 아황산소다법

04 습식 배연탈황법의 하나인 석회-석고법은 흡수탑 및 흡수탑 이후의 배관에서 스케일링(Scaling)을 유발한다. 스케일링 방지방법으로 틀린 것은?
① 순환액 pH값 변동을 작게 한다.
② 흡수탑 내에 부속물을 가능한 한 설치하지 않는다.
③ 흡수액량을 작게 하여 탑 내에서의 결착을 촉진시킨다.
④ 흡수탑 순환액에 산화탑에서 생성된 석고를 반송하고 흡수액 슬러리 중의 석고농도를 5% 이상으로 유지하여 석고의 결정화를 촉진한다.

05 습식 석회-석고 탈황법에서 스케일링(Scaling) 방지방안으로 옳지 않은 것은?
① 순환액의 pH 변동을 적게 한다.
② 탑 내에 부속물을 가능한 한 설치하지 않는다.
③ 흡수액량을 많게 하여 탑 내에서의 결착을 방지한다.
④ 흡수액 슬러리 중 석고농도를 낮게 유지하여 석고의 결정화를 방지한다.

정답 1.② 2.④ 3.② 4.③ 5.④

더 풀어보기 예상문제 해설

01 석회석주입법은 폐기공법이며, 다른 흡수방법에 비해 부대설비가 많이 소요되지 않는다.
02 촉매산화법은 SO_x를 함유한 배기가스를 촉매(V_2O_5, K_2SO_4 등)하에서 산화시킨 후 그 산화물을 암모니아수와 반응시켜 황산암모늄으로 고정하는 방법이다.
03 탈황법 중 산화망간법은 건식법이다.
04 흡수액량을 크게 하여 탑 내에서의 결착을 방지한다. 흡수액량을 작게 운영할 때 흡수탑 이후의 배관에서 스케일링(Scaling)이 유발될 가능성이 높아진다.
05 습식 석회-석고 탈황법은 흡수액 슬러리 중의 석고농도를 높게 유지하여 석고의 결정화를 촉진하게 된다.

더 풀어보기 예상문제

01 NO_x와 SO_x의 동시 제어기술에 대한 설명으로 옳지 않은 것은?
① SO_xNO 공정은 알루미나 담체의 표면에 Na를 첨가하여 SO_x와 NO_x를 동시에 흡착시킨다.
② 활성탄공정은 S, H_2SO_4 및 액상 SO_2 등의 부산물이 생성되며, 공정 중 재가열이 없으므로 경제적이다.
③ CuO 공정에서 온도는 보통 850~1,000℃ 정도로 조정하며, $CuSO_4$ 형태로 이동된 솔벤트 재생기에서 산소 또는 오존으로 재생된다.
④ CuO 공정은 알루미나 담체에 CuO를 함침시켜 SO_2는 흡착반응하고, NO_x는 선택적 촉매환원되어 제거되는 원리를 이용하는 공정이다.

02 황산화물처리를 위한 화학반응식 중 산화법에 해당하지 않는 것은?
① $SO_3 + H_2O \rightarrow H_2SO_4$
② $SO_2 \xrightarrow[\text{촉매 접촉}]{V_2O_5} SO_3$
③ $H_2SO_4 + 3H_2S \rightarrow 4S + 4H_2O$
④ $SO_3 + 2NH_4OH \rightarrow (NH_4)_2SO_4 + H_2O$

03 NO_x 제거방법으로 가장 관계가 적은 것은 어느 것인가?
① 황산흡수법   ② 석회석주입법
③ 촉매환원법   ④ 무촉매환원법

04 습식 배연탈질법에 대한 설명으로 틀린 것은?
① 조작공정이 복잡하고, 가격이 높다.
② 건식 암모니아환원법에 비해 연구개발이 느리다.
③ 처리액 중 아질산염 및 질산염의 처리가 용이하다.
④ NO는 반응성이 낮고, NO_2 또는 N_2O_5로 산화하기 위한 산화제가 필요하므로 처리비용이 높아진다.

05 연소조절에 의한 질소산화물의 저감방법으로 가장 거리가 먼 것은?
① 연소실 내에 수증기 분무를 시킨다.
② 연소용 과잉공급량을 20~30% 정도로 유지한다.
③ 일부 냉각된 배기가스를 섞어 연소실로 순환한다.
④ 버너부분에 이론공기량의 85~95% 정도로 공급하고, 상부에서 10~15%의 공기를 더 공급한다.

06 다음 촉매의 담체 중 SO_2, SO_3, O_2와 가장 쉽게 반응하여 황산염을 형성하고, 촉매의 활성이 저하되는 것은?
① Al_2O_3 ② Fe_2O_3
③ TiO_2 ④ Pb_2O_3

정답 1.③ 2.③ 3.② 4.③ 5.② 6.①

더 풀어보기 예상문제 해설

01 CuO 공정에서 배기가스의 처리온도가 850℃ 이상일 경우 SO_x 제거능력이 급격히 저하되며, 탈황 후 사용촉매는 수소 또는 메탄으로 재생된다.
02 ③항의 화학반응식은 환원반응이다.
03 석회석주입법은 SO_x 제거방법으로 이용된다.
04 습식 배연탈질법에서 처리액 중의 아질산염 및 질산염의 처리가 용이하지 못하다.
05 연소용 공기의 과잉공급량이 20~30%일 때 NO_x 발생량은 최대로 된다.
06 SCR 촉매에서 담체 중 황산화물과 반응하여 황산염을 형성하는 것은 Al_2O_3이다.

🎯 더 풀어보기 예상문제

01 배가스 탈질기술 중 습식법에 대한 설명으로 가장 거리가 먼 것은?
① 고가의 산화제 및 환원제가 다량 소모된다.
② 질산염 등의 부산물 생성이 적어 2차 처리가 불필요하다.
③ 배가스 중에 있는 먼지의 영향이 적고 SO_2와 동시에 제거할 수 있다.
④ 흡수산화법은 $KMnO_4$, H_2O_2, $NaClO_2$ 등과 같은 산화제를 포함하는 흡수액에 흡수시켜 산화·제거한다.

02 염화수소 흡수제거방법으로 가장 거리가 먼 것은?
① 충전탑이나 스크러버를 사용할 때는 반드시 Mist Catcher를 설치하여 미스트 발산을 방지해야 한다.
② 염화수소 농도가 높은 배기가스 처리에는 충전탑이 사용되고, 농도가 낮을 때는 관외 냉각형을 주로 사용한다.
③ 염산은 부식성이 있으므로 장치는 유리 라이닝, 폴리에틸렌 등을 사용하고, 회전부를 갖는 접촉장치는 재질, 보수상의 문제가 있다.
④ 염화수소는 용해열이 크고, 온도가 상승하면 염화수소 분압이 상승하므로 완전 제거를 목적으로 할 경우 충분한 냉각이 필요하나.

03 배출가스 중의 NO_x 제거법에 대한 설명으로 틀린 것은?
① 비선택인 촉매환원에서는 NO_x뿐만 아니라, O_2까지 소비된다.
② 선택적 촉매환원법의 최적온도 범위는 700~850℃이며, 보통 50% 정도의 NO_x를 저감시킬 수 있다.
③ 촉매환원법은 TiO_2와 V_2O_5를 혼합하여 제조한 촉매에 NH_3, H_2, CO, H_2S 등의 환원가스를 반응시켜 NO_x를 N_2로 환원시킨다.
④ 배출가스 중의 NO_x 제거는 연소조절에 의한 제어법보다 더 높은 NO_x 제거효율이 요구되는 경우나 연소방식을 적용할 수 없는 경우에 사용된다.

04 접촉환원법(NO_x)에 대한 다음 설명 중 옳지 않은 것은?
① 선택적 환원제로는 NH_3, H_2S 등이 있다.
② 비선택적 촉매환원법의 촉매는 Pt뿐만 아니라 Co, Ni, Cu, Cr의 산화물도 이용 가능하다.
③ 선택적 촉매환원법은 과잉의 산소를 먼저 소모한 후 첨가된 반응물인 질소산화물을 선택적으로 환원시킨다.
④ 선택적인 접촉환원법에서 Al_2O_3계의 촉매는 SO_2, SO_3, O_2와 반응하여 황산염이 되기 쉽고, 촉매의 활성이 저하된다.

정답 1.② 2.② 3.② 4.③

더 풀어보기 예상문제 해설

01 습식 탈질법은 질산염 등의 부산물 생성이 많아 2차 처리가 필요하고, 고가의 산화제 및 환원제가 다량 소모된다. 반면에 배가스 중에 있는 먼지의 영향이 적고 SO_2와 동시에 제거할 수 있는 장점이 있다.

02 염화수소 농도가 낮은 배기가스를 처리할 때는 충전탑이 사용되고, 농도가 높을 때는 관외 냉각형이 주로 사용된다.

03 선택적 촉매환원법의 최적온도 범위는 300℃ 정도이며, 보통 80% 정도의 NO_x를 저감시킬 수 있다.

04 비선택적 촉매환원법은 과잉의 산소를 먼저 소모한 후 잔류환원제가 질소산화물을 환원시킨다.

더 풀어보기 예상문제

01 NO_x 처리법 중 건식법에 대한 설명으로 옳지 않은 것은?

① 촉매환원법(CR)에서 사용되는 환원제는 대부분의 경우 NH_3가스를 사용한다.
② 선택적 무촉매환원법(SNCR)의 단점으로는 배출가스가 고온이어야 하고, 온도가 낮은 경우 미반응된 NH_3가 유출될 수 있다.
③ 촉매환원법(CR) 중 선택적 촉매환원법(SCR)은 TiO_2와 V_2O_5를 혼합하여 제조한 촉매에 환원가스를 작용시켜 NO_x를 N_2로 환원시킨다.
④ 흡착법은 흡착제로서 활성탄, 알루미나, 실리카겔 등이 사용되며, NO는 흡착되지만 NO_2는 흡착되지 않으므로 환원상태에서 흡착한다.

02 오염물질에 따른 처리방법의 연결로 틀린 것은?

① 시안화수소 – 수세처리법
② 다이옥신 – 적외선광분해법
③ 이황화탄소 – 암모니아주입법
④ 일산화탄소 – 촉매산화처리법

03 다음 중 염화수소 제거에 가장 적합한 것은?

① 흡착법　　　② 수세흡수법
③ 연소법　　　④ 촉매연소법

04 다이옥신 제어방법과 거리가 먼 것은?

① 집진장치의 온도는 200℃ 이하로 내리는 것이 바람직하다.
② 오존분해법은 염기성 조건일수록, 온도가 높을수록 분해속도가 커진다.
③ 촉매분해법은 촉매로 V_2O_5 등의 금속산화물, Pt, Pd 등의 귀금속을 사용한다.
④ 열분해법은 산소가 충분한 상태에서 염소첨가반응, 탈수소화반응 등에 의해 제거시키는 방법이다.

05 물속에서 오존을 이용하여 다이옥신을 산화·분해할 때 일반적으로 분해속도가 커지는 조건은?

① 산성 조건일수록, 온도가 낮을수록
② 산성 조건일수록, 온도가 높을수록
③ 염기성 조건일수록, 온도가 낮을수록
④ 염기성 조건일수록, 온도가 높을수록

정답 1.④ 2.② 3.② 4.④ 5.④

더 풀어보기 예상문제 해설

01 흡착법(Adsorption)은 흡착제로서 활성탄이 주로 사용되며, NO는 거의 흡착되지 않는다. 탈질 공정은 주로 유동상 활성탄흡착탑에 암모니아를 주입하여 탈질을 하는데 사용한 활성탄은 400℃에서 질소로 재생 처리하게 된다. 탈질효율은 40~80% 정도이며, 설치 및 운영비용이 비싸기 때문에 제한적으로 적용한다.

02 다이옥신 – 자외선(파장 250~340nm)에 의해 광분해 된다.

03 염화수소는 용해도가 높으므로 물을 사용하는 수세흡수법으로 처리하는 것이 효과적이다.

04 열분해법은 무산소 환원성상태에서 탈염소화, 수소첨가반응에 의해 다이옥신을 분해시킨다.

05 물속에서 오존을 이용하여 다이옥신을 산화·분해할 때 일반적으로 염기성 조건일수록, 온도가 높을수록 분해속도가 커진다.

더 풀어보기 예상문제

01 다이옥신의 처리대책으로 옳지 않은 것은 어느 것인가?
① 초임계유체분해 : 유체의 극대 용해도를 이용
② 광분해법 : 고온의 적외선을 배기가스에 조사
③ 오존산화법 : 수중에 함유된 다이옥신을 처리
④ 촉매분해법 : 금속산화물, 귀금속 촉매를 사용

02 다음 중 다이옥신의 광분해에 가장 효과적인 파장범위는?
① 150~220nm ② 250~340nm
③ 360~540nm ④ 600~850nm

03 다음 중 배기가스 중 HCl 제거에 가장 적합한 방법은?
① 흡착법   ② 흡수법
③ 연소법   ④ 촉매연소법

04 벤젠을 함유한 유해가스의 가장 일반적인 처리방법은?
① 흡수법   ② 촉매연소법
③ 건식산화법 ④ 접촉산화법

05 가스상 오염물질과 처리방법의 연결로 적절치 않은 것은?
① CO - 촉매연소법
② NO_x - 촉매환원법
③ SO_2 - 석회수세정법
④ HCl - $CaCO_3$에 의한 흡수법

06 유해물질의 처리방법으로 옳지 않은 것은?
① 이황화탄소는 암모니아를 불어넣는 방법이 이용된다.
② 이산화셀렌은 코트렐 집진기로 포집하는 방법이 이용된다.
③ 일산화탄소는 증기회수법으로 회수 후 산소를 주입하여 오존형태로 제거한다.
④ 아크로레인은 NaClO 등의 산화제를 혼입한 가성소다용액으로 흡수시켜 제거한다.

07 유해물질과 그 처리방법을 연결한 것 중 적합하지 않은 것은?
① Cl_2 - 흡수법(충전탑)
② SO_2 - 흡수법(충전탑)
③ SiF_4 - 활성탄흡착법
④ Dust Gas - 사이클론스크러버

정답 1.② 2.② 3.② 4.② 5.④ 6.③ 7.③

더 풀어보기 예상문제 해설

01 다이옥신의 광분해법은 자외선파장(250~340nm)을 사용한다.
02 다이옥신의 광분해법은 자외선파장(250~340nm)을 사용한다.
03 배기가스 중 HCl은 수세흡수법 또는 $Ca(OH)_2$, NaOH에 의한 흡수법으로 처리된다.
04 벤젠을 함유한 유해가스의 가장 일반적인 처리방법은 촉매연소법이다.
05 HCl - 수세흡수법 또는 $Ca(OH)_2$, NaOH에 의한 흡수법으로 처리된다.
06 일산화탄소(CO)는 연소산화 또는 촉매산화처리를 이용하여 CO_2로 산화처리한다.
07 SiF_4 - 제트스크러버 등 세정처리(충전탑 제외)가 바람직하다.

더 풀어보기 예상문제

01 소각시설에서 배출되는 다이옥신의 생성량을 줄이기 위한 방법 중 적당하지 않은 것은 어느 것인가?

① 연소온도를 850℃ 이상으로 올린다.
② 연소실에 2차 공기를 주입, 난류개선을 한다.
③ 연소실에서의 체류시간을 0.5초 정도로 되도록 짧게 한다.
④ 산소와 일산화탄소 농도 측정을 통해 연소조건을 조정한다.

02 유해오염물질과 그 처리방법에 대한 설명으로 옳지 않은 것은?

① 벤젠은 촉매연소법이나 활성탄흡착법으로 제거한다.
② 비소는 염산용액으로 포집 후 $Ca(OH)_2$에 대한 피흡착력을 이용하여 제거한다.
③ 염화인은 충전물을 채운 흡수탑을 이용하여 알칼리성 용액에 흡수시켜 제거한다.
④ 크롬산 미스트는 비교적 입자 크기가 크고, 친수성이므로 수세법으로 제거한다.

03 유해물질 처리에 대한 설명 중 옳지 않은 것은?

① 브롬은 가성소다수용액에 의한 선정법이 이용된다.
② 이황화탄소를 처리 시 암모니아를 불어넣는 방법이 이용된다.
③ 시안화수소는 물에 거의 녹지 않으므로 촉매연소법으로 처리한다.
④ 수은은 온도차에 따른 공기 중 수은 포화량의 차이를 이용하여 제거한다.

04 다음 불소화합물 처리에 대한 설명이다. ( ) 안에 알맞은 화학식은?

사불화규소는 물과 반응하여 콜로이드상태의 규산과 ( )이/가 생성된다.

① CaF_2 ② $NaHF_2$
③ $NaSiF_6$ ④ H_2SiF_6

05 배출가스 중의 질소산화물의 처리방법인 촉매환원법에 적용하고 있는 일반적인 환원가스가 아닌 것은?

① H_2S ② NH_3
③ CO_2 ④ CH_4

정답 1.③ 2.② 3.③ 4.④ 5.③

더 풀어보기 예상문제 해설

01 소각시설에서 배출되는 다이옥신의 생성량을 줄이기 위해서는 연소실에서의 체류시간을 되도록 길게 하여야 한다.

02 비소는 알칼리액에 의한 세정처리 또는 활성 알루미나를 이용하여 흡착한다.

03 시안화수소는 물에 대한 용해도가 높은 물질이므로 수세법으로 처리한다.

04 사불화규소(SiF_4)는 물(H_2O)과 반응하여 규산(SiO_2)을 발생시켜 수면에 고체막을 형성하기 때문에 충전탑으로 처리할 때 충전제의 공극을 폐쇄하고 흡수능력을 저감시키는 원인이 된다.

□ $SiF_4 + 2H_2O = SiO_2 + 4HF$
□ $SiF_4 + HF = H_2SiF_6$

05 질소산화물의 촉매환원 처리법에 사용되는 환원가스는 NH_3, H_2S, CO, H_2, CH_4 등이다.

더 풀어보기 예상문제

01 석유 정제 시 배출되는 H_2S의 제거에 사용될 수 있는 세정제는?

① 암모니아수　② 사염화탄소
③ 디에탄올아민용액　④ 수산화칼슘용액

02 유해가스별 처리시설의 선정으로 적당하지 않은 것은?

① 분무도장 분진 : 수세처리 또는 여과처리
② 질소산화물 : 충전탑을 사용한 가스세정장치
③ 황화수소 : 알칼리를 사용한 충전탑 흡수장치
④ 불소화합물 : 충전탑 또는 충전탑과 분무탑의 병용방식

03 유해가스 종류별 처리제 및 그 생성물과의 연결로 옳지 않은 것은?

	[유해가스]	[처리제]	[생성물]
①	SiF_4	H_2O	SiO_2
②	F_2	NaOH	NaF
③	HF	$Ca(OH)_2$	CaF_2
④	Cl_2	$Ca(OH)_2$	$Ca(ClO_3)_2$

04 불소화합물의 흡수처리에 대한 설명 중 틀린 것은?

① 세정장치 중 충전탑이 가장 적합하다.
② 처리 중 고형물을 생성하는 경우가 많다.
③ 물에 대한 용해도가 비교적 크므로 수세에 의한 처리가 적당하다.
④ 스프레이탑을 사용할 때에 흡수액 분무 노즐의 막힘이 없도록 유지관리에 유의하여야 한다.

05 배기가스 내의 질소산화물을 제거하기 위한 촉매환원법에 사용되는 환원제에 대한 설명으로 틀린 것은?

① NH_3를 환원제로 사용하는 경우에는 온도를 통제하여야 한다.
② CH_4을 환원제로 사용하는 경우에는 충분한 공기를 공급하여야 한다.
③ CO를 환원제로 사용하는 경우 반응에 소모되지 않고 남는 것은 대기오염을 일으킬 수 있다.
④ H_2를 사용하는 경우 촉매에 따라 연소 반응에서 생기는 CO에 의해서 효력이 줄어들 수 있다.

정답 1.③　2.④　3.④　4.①　5.②

더 풀어보기 예상문제 해설

01 H_2S 제거용 세정제는 디에탄올아민용액이다.

02 불소화합물은 물(H_2O)과 반응하여 규산(SiO_2)을 발생시켜 수면에 고체막을 형성하기 때문에 충전탑으로 처리할 때 충전제의 공극을 폐쇄하고 흡수능력을 저감시키는 원인이 된다.

03 Cl_2를 수산화칼슘[$Ca(OH)_2$]으로 흡수처리할 경우 생성되는 물질은 $CaOCl_2$이다.

　□ $Cl_2 + Ca(OH)_2 \rightarrow CaOCl_2 + H_2O$

04 불소화합물의 흡수처리에는 세정장치 중 충전탑은 피하고 분무탑, 벤투리 스크러버, 제트 스크러버 등을 사용하는 것이 바람직하다.

05 CH_4을 환원제로 사용하는 경우에는 가능한 한 과잉공기의 공급을 억제하여야 환원반응이 촉진된다.

더 풀어보기 예상문제

01 배가스 탈황·탈질 공정에 관한 설명이다. ( ) 안에 가장 적합한 것은?

> ( )은 덴마크의 Haldor Topsoe사가 개발한 것으로, 305MW 규모의 발전소에 시험되었으며, 탈황과 탈질이 별도의 반응기에서 독립적으로 일어난다. 먼저 배가스에 있는 분진을 완전히 제거한 다음 배가스에 암모니아를 주입시킨 후 SCR 촉매반응기를 통과시키며, 이 공정은 SO_2와 NO_x를 95% 이상 제거할 수 있으며, 부산물로 판매가능한 황산을 얻을 수 있고, 폐기물이 배출되지 않는 장점이 있다.

① 전자빔 공정 ② 산화구리 공정
③ DESONOX 공정 ④ WSA-SNOX 공정

02 유해가스 제거공정인 촉매산화법에 대한 설명으로 틀린 것은?

① 체류시간이 연소법보다 훨씬 짧다.
② 연소법에 비해 낮은 온도에서 처리된다.
③ 촉매는 백금, 팔라듐 등이 널리 사용된다.
④ 철, 실리카 등은 촉매를 활성화시켜 촉매의 수명을 연장시킨다.

03 휘발성 유기화합물(VOCs) 제어기술로 거리가 먼 것은?

① 흡수(Absorption)
② 응축(Condensation)
③ 수은환원(Mercury reduction)
④ 활성탄흡착(Activated carbon adsorption)

04 유해가스와 처리방법을 연결한 것 중 적당하지 않은 것은?

① SO_2 - 석회석 주입
② CO - 촉매산화처리
③ VOCs - 물 세정처리
④ NH_3가스 - 물 세정처리

05 악취물질을 직접 불꽃소각방식에 의해 제거할 경우 적합한 연소온도 범위는?

① 100~200℃ ② 200~300℃
③ 300~450℃ ④ 600~800℃

06 시안화수소(HCN)의 처리법으로 가장 일반적인 것은?

① 흡착법, 세정법 ② 세정법, 연소법
③ 산화법, 흡착법 ④ 흡수법, 중화법

정답 1.④ 2.④ 3.③ 4.③ 5.④ 6.②

더 풀어보기 예상문제 해설

01 WSA-SNOX 공정에 대한 설명이다. 전처리로 분진을 제거한 후 SCR 촉매반응기를 통과시켜 환원 탈질을 하고, 다음은 촉매반응기와 흡수탑을 통과시켜 황산화물을 황산으로 회수하는 공법이다.

02 철, 실리카 등은 촉매의 활성을 저해시켜 촉매의 수명을 단축시킨다. 촉매독으로 작용하는 물질이다.

03 휘발성 유기화합물(VOCs)의 처리방법은 소각(직접화염소각법, 열소각법, 촉매소각법 등), 증기회수(흡착법, 응축·재압축법, 화학적 산화를 겸한 액체흡수법 등), 기타 화학적 흡수, 생물여과, UV 산화법 등이 사용된다.

04 VOCs - 소각법, 증기회수법으로 처리하는 것이 바람직하다.

05 불꽃소각의 연소온도는 600~800℃ 정도이다.

06 시안화수소(HCN)의 처리법으로 가장 일반적인 것은 세정법과 연소법이다.

더 풀어보기 예상문제

01 일산화탄소를 백금계의 촉매를 사용하여 처리할 때 촉매독으로 작용하는 물질이 아닌 것은 어느 것인가?
① Pt   ② P
③ Hg   ④ Zn

02 특정대기오염물질에 의한 사고가 발생하였을 때, 취할 수 있는 조치로 가장 거리가 먼 것은?
① 용해도가 큰 클로로술폰산(HSO_3Cl)은 보통 많은 양의 물을 사용하여 희석한다.
② HCN, PH_3, $COCl_2$ 등 맹독성 가스에 대해서는 위험표시와 출입금지 표시를 설치한다.
③ Cl_2의 흡수제로는 소석회 이외에 차아염소산소다 220, 탄산소다 175, 물 100 정도의 비율로 섞은 것을 사용한다.
④ 상온에서는 액상인 물질이나 비점이 상온에 가까운 물질의 증기는 활성탄으로 흡착하는 방법도 효과적이다.

03 악취물질을 직접연소법에 의해 제거할 경우 적합한 연소온도 범위는?
① 100~200℃   ② 200~300℃
③ 300~450℃   ④ 700~800℃

04 다음 유해가스 처리에 대한 설명 중 가장 거리가 먼 것은?
① 아크롤레인은 NaClO 등의 산화제를 혼입한 가성소다용액으로 흡수·제거한다.
② 시안화수소는 물에 대한 용해도가 매우 크므로 가스를 물로 세정하여 처리한다.
③ 염화인(PCl_3)은 물에 대한 용해도가 낮기 때문에 병류식 충전탑에 암모니아를 불어넣어 흡수·처리한다.
④ 이산화셀렌은 전기집진기로 포집하거나 물에 잘 용해되는 성질을 이용해 벤투리 스크러버 등에 의해 세정하는 방법이 이용된다.

05 유해가스의 연소 및 산화에 대한 설명으로 틀린 것은?
① 주용도는 악취물질이나 매연의 제거이다.
② 가스유량이 많고, 유해가스의 농도가 낮은 경우에 주로 사용한다.
③ 가열연소법은 배출가스 내 가연성 물질의 농도가 매우 낮아 직접연소가 어려울 경우에 주로 사용한다.
④ 촉매산화법은 낮은 온도에서 반응이 가능하며, 분자량이 작은 탄화수소가 큰 탄화수소보다 쉽게 산화된다.

정답 1.① 2.① 3.④ 4.③ 5.④

더 풀어보기 예상문제 해설

01 촉매산화법에서 촉매독을 유발하는 물질은 Fe, Pb, Si, As, P, S 등이다.
02 클로로술폰산(HSO_3Cl)은 물과 폭발적으로 반응하여 자극성이 강한 염산이나 황산을 형성하므로 물을 가해서는 안 된다.
03 직접연소법은 연소온도 700~800℃에서 악취물질을 직접 연소산화시킨다.
04 염화인(PCl_3)은 물에 대한 용해도가 높기 때문에 물 세정 처리가 바람직하다.
05 촉매산화법은 낮은 온도에서 반응이 가능하며, 분자량이 큰 탄화수소가 분자량이 작은 탄화수소보다 쉽게 산화된다.

더 풀어보기 예상문제

01 폐가스 소각에 대한 설명 중 옳지 않은 것은?
① 촉매산화법은 고온연소법에 비해 반응온도가 낮은 편이다.
② 직접화염 재연소기의 반응시간은 0.2~0.7초 정도로 하고, 이 방법은 연소온도가 높아 NO_x가 발생된다.
③ 촉매산화법은 저농도의 가연물질과 공기를 함유하는 기체 폐기물에 대하여 적용되며, 보통 백금 및 팔라듐이 촉매로 쓰인다.
④ 직접화염 재연소법은 가연성 폐가스의 배출량이 적은 경우에 유용하며, 공기를 가하지 않고 폐가스 자체가 가연성 혼합물질로 되어 있는 경우에는 사용할 수 없다.

02 유해가스를 촉매연소법으로 처리할 때 촉매에 바람직하지 않은 물질과 가장 거리가 먼 것은?
① 납(Pb) ② 수은(Hg)
③ 황(S)   ④ 일산화탄소(CO)

03 촉매연소법에 대한 설명으로 옳지 않은 것은?
① 일반적으로 VOC의 함유량이 적은 가스에 사용된다.
② 일반적으로 구리, 금, 은, 아연, 카드뮴 등은 촉매를 활성화시키며, 촉매수명을 연장시킨다.
③ 배출가스 중의 가연성 오염물질을 연소로 내에서 팔라듐, 코발트 등의 촉매를 사용하여 주로 연소한다.
④ 대부분의 촉매는 800~900℃ 이하에서 촉매의 활성이 활발하므로 촉매연소에서의 온도 상승은 50~100℃ 정도로 유지하는 것이 좋다.

04 배출가스 중의 일산화탄소를 백금계의 촉매를 사용하여 연소시켜 처리하고자 할 때, 촉매독으로 작용하는 물질로 가장 관계가 적은 것은 어느 것인가?
① Ni ② S
③ As ④ Zn

정답 1.④ 2.④ 3.② 4.①

더 풀어보기 예상문제 해설

01 직접화염 재연소법은 가연성 폐가스의 배출량이 많은 경우에 유용하다.
02 촉매산화법에서 촉매독으로 작용하는 물질은 Hg, Sn, Zn, As, S, Fe, P, 할로젠족화합물(F, Cl, Br), 분진, 실리카(Si) 등이다. 이외에 중금속류인 납, 구리, 금, 은, 카드뮴 등도 촉매의 수명을 단축시킨다.
03 일반적으로 중금속류는 촉매독으로 작용하여 촉매의 활성을 크게 저하시키며 촉매수명을 감소시킨다. 할로젠계 이외 유기성 가스는 대부분 촉매연소법이 적용될 수 있다. 촉매의 활성을 저하시키는 중금속(구리, 납, 비소, 수은, 금, 은, 아연, 카드뮴 등), 산화철, 황, 할로젠, 고분자 탄화수소, 입자상 물질 등은 촉매 위에 흡착되어 피막을 형성하여 촉매의 수명을 단축시킬 수 있으므로 적절한 대책수립이 필요하다.
04 촉매산화법에서 촉매독을 유발하는 물질은 Fe, Pb, Zn, Si, As, P, S 등이다.

더 풀어보기 예상문제

01 유해가스를 촉매연소법으로 처리할 때 촉매의 수명을 단축시키거나 효율을 감소시키는 물질과 거리가 먼 것은?
① P ② Si
③ Fe ④ Pd

02 촉매연소법에 대한 설명으로 거리가 먼 것은 어느 것인가?
① 열소각법에 비해 체류시간이 훨씬 짧다.
② 열소각법보다 NO_x 생성량을 감소시킬 수 있다.
③ 팔라듐, 알루미나 등은 촉매에 바람직하지 않은 원소이다.
④ 열소각법에 비해 점화온도를 낮춤으로써 전체 비용을 절감할 수 있다.

03 공기 중에서 최소감지농도(ppm)가 가장 낮은 것은?
① 아닐린 ② 피리딘
③ 삼메틸아민 ④ 암모니아

04 메틸아민 냄새의 특징은?
① 양파 썩는 냄새
② 생선 썩는 냄새
③ 자극적인 땀 냄새
④ 새콤하고 타는 듯한 냄새

05 촉매연소법에 대한 설명 중 틀린 것은 어느 것인가?
① 일반적으로 구리, 금, 은, 아연, 카드뮴 등은 촉매의 수명을 단축시킨다.
② 배출가스 중의 가연성 오염물질을 연소로 내에서 팔라듐, 코발트 등의 촉매가 사용된다.
③ 주로 오염물질 양이 많을 때 및 고농도의 VOC, 열용량이 높은 물질을 함유한 가스에 효과적으로 적용된다.
④ 대부분의 촉매는 800~900℃ 이하에서 촉매역할이 활발하므로 촉매연소에서의 온도 상승은 50~100℃ 정도로 유지하는 것이 좋다.

06 다음 악취처리방법 중 운영비(Operational Cost)가 가장 적게 드는 방법은?
① Adsorption
② Ventilation
③ Chemical oxidation
④ Chemical Absorption

07 VOCs의 처리법이 아닌 것은?
① 생물여과법 ② 촉매환원법
③ 직접 연소산화 ④ 활성탄흡착

정답 1.④ 2.③ 3.③ 4.② 5.③ 6.② 7.②

더 풀어보기 예상문제 해설

01 촉매산화법에서 촉매독을 유발하는 물질은 Fe, Pb, Si, As, P, S 등이다.

02 촉매산화법에서 촉매독으로 작용하는 물질은 Hg, Sn, Zn, As, S, Fe, P, 할로겐족화합물(F, Cl, Br), 분진, 실리카(Si) 등이다.

03 제시된 물질 중 최소감지농도는 삼메틸아민(Trimethylamine) : 0.0001ppm, 피리딘(Pyridine) : 0.063ppm, 암모니아(Ammonia) : 0.1ppm이며, 아닐린은 별도의 최소감지농도가 없다.

05 ③항은 직접 화염소각법에 대한 설명이다.

06 제시된 악취처리방법 중 환기 및 통풍방식(Ventilation)이 운영비가 가장 적게 든다.

07 촉매환원법은 VOCs 처리방법으로 적용되지 않는다.

더 풀어보기 예상문제

01 다음은 직접화염 재연소기에 대한 설명이다. ( )에 적합한 것은?

> 직접화염 재연소기(직접연소법)을 설계할 때 반응시간은 (Ⓐ), 반응온도는 (Ⓑ), 혼합은 연료 및 산소 오염물질이 잘 혼합되도록 하고, 배기가스의 적정온도 유지를 위해 혼합연료의 양과 연소가스량 및 체류시간 등을 잘 조절하여야 한다.

① Ⓐ 0.2~0.7초, Ⓑ 650~870℃
② Ⓐ 1.5~2.0초, Ⓑ 300~450℃
③ Ⓐ 15~30초, Ⓑ 600~800℃
④ Ⓐ 0.2~0.7초, Ⓑ 250~350℃

02 냄새물질의 특성에 대한 설명으로 옳지 않은 것은?

① 냄새물질이 비교적 저분자인 것은 휘발성이 높은 것을 의미한다.
② 화학물질이 냄새물질로 되기 위한 조건으로 친유성기와 친수성기의 양기를 가져야 한다.
③ 분자 내 수산기의 수는 1개일 때 가장 강하고 그 수가 증가하면 약해져서 무취에 이른다.
④ 냄새물질의 골격이 되는 탄소 수는 고분자일수록 관능기 특유의 냄새가 강하고 자극적이며 20~25에서 가장 향기가 강하다.

03 악취의 물리적 특성에 대한 다음 설명 중 틀린 것은?

① 라만변이와 냄새는 서로 관련이 있다.
② 증기압이 높은 물질일수록 일반적으로 악취는 더 강하다.
③ Paraffin과 CS_2와 같은 악취물질은 적외선을 강하게 흡수한다.
④ 활성탄 같은 흡착제는 악취를 일으키는 물질을 대량으로 흡착할 수 있다.

04 악취처리 기술에 대한 설명으로 틀린 것은?

① 흡수처리 시 단탑(段塔, Tray Tower)은 충전탑에서 가스액의 분리가 문제될 때 유용하다.
② 통풍 및 희석에 의한 방법을 사용할 경우 가스 토출속도는 50cm/sec 정도로 하고, 그 이하가 되면 다운워시(Down Wash) 현상을 일으킨다.
③ 흡수에 의한 처리방법을 사용할 경우 흡수에 의해 제거되는 가스상 오염물질은 세정액에 대해 가용성이어야 하고, H_2S의 경우는 에탄올과 아민 등에 흡수된다.
④ 흡착제를 이용한 방법을 사용할 경우 흡착제를 재생하려면 증기를 사용하여 충전층을 340℃ 정도로 가열하거나 용질을 제거할 때에는 역방향으로 충전층 내부로 서서히 유입시킨다.

정답 1.① 2.④ 3.③ 4.②

더 풀어보기 예상문제 해설

01 직접화염 재연소기(직접연소법)을 설계할 때 반응시간은 0.2~0.7초, 반응온도는 650~870℃, 혼합은 연료 및 산소 오염물질이 잘 혼합되도록 하고, 배기가스의 적정온도 유지를 위해 혼합연료의 양과 연소가스량 및 체류시간 등을 잘 조절하여야 한다.

02 냄새물질은 골격이 되는 탄소 수는 고분자일수록 관능기 특유의 냄새가 강하고 자극적이며 8~16에서 가장 향기가 강하다.

03 파라핀과 CS_2는 냄새가 강한 물질이기는 하지만 예외로 적외선에 투명한 특성을 가지고 있다.

04 통풍 및 희석에 의한 방법을 사용할 경우 가스 토출속도는 18m/sec 이상으로 하고, 그 이하가 되면 다운워시 현상을 일으키게 된다.

더 풀어보기 예상문제

01 악취의 세기와 악취물질농도 사이에는 다음과 같은 관계식이 성립한다. 이와 관련된 법칙은 어느 것인가?

$$I = KC \cdot \log C + b$$
$$\begin{cases} I : \text{냄새의 세기} \\ K : \text{냄새물질에 따른 상수} \\ C : \text{냄새물질의 농도} \\ b : \text{상수(무취농도의 가상 대수치)} \end{cases}$$

① Albedo 법칙
② Kirchhoff 법칙
③ Weber-Fechner 법칙
④ Stefan-Bolzmann 법칙

02 냄새물질에 대한 다음 설명 중 옳지 않은 것은?

① 불포화도가 높으면 냄새가 보다 강하게 난다.
② 물리화학적 자극량과 인간의 감각강도 관계는 Ranney 법칙과 잘 맞다.
③ 분자 내 수산기의 수는 1개일 때 가장 강하고 수가 증가하면 약해져서 무취에 이른다.
④ 골격이 되는 탄소 수는 저분자일수록 관능기 특유의 냄새가 강하고 자극적이나 8~13에서 가장 향기가 강하다.

03 악취물질의 성질과 발생원에 대한 설명으로 옳지 않은 것은?

① 황화수소(H_2S)는 썩은 계란취 물질로 석유정제, 약품제조 시에 발생한다.
② 아크로레인(CH_2CHCHO)은 생선취 물질로 하수처리장, 축산업에서 발생한다.
③ 에틸아민($C_2H_5NH_2$)은 암모니아취 물질로 수산가공, 약품 제조 시에 발생한다.
④ 메틸머캡탄(CH_3SH)은 부패양파취 물질로 석유정제, 가스제조, 약품제조 시에 발생한다.

04 주요 화합물과 냄새특징을 연결한 것으로 틀린 것은?

	화합물	원인물질	냄새특징
Ⓐ	황화합물	황화메틸	양파 썩는 냄새
Ⓑ	질소화합물	암모니아	분뇨 냄새
Ⓒ	지방산류	에틸아민	새콤한 냄새
Ⓓ	탄화수소류	톨루엔	가솔린 냄새

① Ⓐ ② Ⓑ
③ Ⓒ ④ Ⓓ

정답 1.③ 2.② 3.② 4.③

더 풀어보기 예상문제 해설

01 악취의 세기와 공기 중의 악취물질농도 사이에는 대체로 다음과 같은 대수관계가 성립하는데 이를 웨버 페히너(Weber-Fechner) 법칙이라고 한다.
  $I = K \log C + b$

02 물리적 자극량과 인간의 감각강도의 관계는 웨버-페히너(Weber-Fechner) 법칙에 따른다. 웨버-페히너 법칙에 따르면 악취물질의 농도가 감소하여도 악취의 세기는 농도의 대수에 비례하기 때문에 농도 감소에 상응하는 만큼의 세기로 악취강도가 감소하지 않음을 알 수 있다. 또한 K값은 악취물질에 따라 다르기 때문에 동일한 농도에서도 악취물질별로 체감되는 악취의 세기는 달라질 수 있음을 의미한다.

03 아크로레인(CH_2CHCHO)은 자극취 물질로 타는 듯한 냄새를 내며, 석유화학, 약품제조 시에 발생한다.

04 지방산류-부티르산-땀 냄새

더 풀어보기 예상문제

01 다음 설명 중 틀린 것은?
① 연소법을 적용할 경우 가연성 오염물질을 거의 완전히 제거할 수 있다.
② 배기가스의 양이 비교적 많고, 오염가스 농도가 높을 때는 직접연소법을 선정한다.
③ 가연성 오염물질의 농도가 낮아 직접연소가 곤란할 때에는 가열연소법을 선정할 수 있다.
④ 촉매연소의 경우 촉매의 노화를 방지하기 위해서 촉매량을 가능하면 감소시키고, 접촉온도는 500℃ 이상으로 높게 유지하는 것이 좋다.

02 다음 설명 중 옳은 것은?
① 아세톤의 최소감지농도는 0.1ppm 정도이다.
② 직접연소법에서 연소온도는 700~800℃ 정도가 적당하다.
③ 흡수법으로 악취물질을 제거할 경우 사용되는 흡수액은 주로 HF 용액이다.
④ 촉매연소법의 연소온도는 500~700℃가 적당하며, 보조연료를 사용하여 배출가스를 연소온도까지 가열한다.

03 직접연소법으로 유해가스를 처리할 때 오염물의 발열량이 연소에 필요한 전체 열량의 어느 정도가 될 때 경제적인가?
① 15% ② 20%
③ 30% ④ 50%

04 유해가스의 직접 화염소각법에 대한 설명으로 틀린 것은?
① 보통 연소실 내의 온도는 1,200~1,500℃, 체류시간은 5~10초 정도로 설계하고 있다.
② After Burner법이라고도 하며, Hydro-carbons, H_2, NH_3, HCN 등의 제거에 유용하다.
③ 그을음은 연료 중의 C/H비가 3 이상일 때 주로 발생되므로 수증기의 주입으로 C/H비를 낮추어 해결하기도 한다.
④ 오염기체의 농도가 낮을 경우 보조연료가 필요하며, 보통 오염가스의 열량이 연소에 필요한 열량의 50% 이상일 때 적합하다.

정답 1.④ 2.② 3.④ 4.①

더 풀어보기 예상문제 해설

01 촉매연소의 경우 촉매의 노화를 방지하기 위해서 촉매량을 가능하면 증가시키고, 접촉온도는 500℃ 미만으로 낮게 유지하는 것이 좋다.

02 ②항만 올바르다. 아세톤의 최소감지농도는 42ppm 정도이고, 흡수법의 흡수액은 대상가스의 성상에 따라 물, 산(酸), 알칼리 등을 선택하여 사용한다. 촉매연소법의 연소온도는 300~400℃가 적당하다.

03 직접연소법을 적용할 때 오염기체의 농도가 낮을 경우 보조연료가 필요하며, 보통 오염가스의 열량이 연소에 필요한 열량의 50% 이상일 때 적합하다.

04 직접연소법에서 설계 연소온도는 700~800℃ 정도이다.

더 풀어보기 예상문제

01 냄새에 대한 다음 설명 중 ( ) 안에 가장 알맞은 것은?

냄새의 존재를 느끼는 최소농도를 (Ⓐ)라고 정의하고, 냄새의 질이나 느낌을 표현할 수 있는 최저농도를 (Ⓑ)라고 한다.

① Ⓐ 최소감지농도(detection threshold)
Ⓑ 최소포착농도(capture threshold)
② Ⓐ 최소인지농도(recognition threshold)
Ⓑ 최소자각농도(awareness threshold)
③ Ⓐ 최소인지농도(recognition threshold)
Ⓑ 최소포착농도(capture threshold)
④ Ⓐ 최소감지농도(detection threshold)
Ⓑ 최소인지농도(recognition threshold)

02 폐가스를 연소장치에서 소각처리하고 있다. 유입 폐가스 중의 탄화수소 1,400ppm, 일산화탄소 100ppm일 때, 이를 연소처리한 결과 배기가스 중의 탄화수소와 일산화탄소가 각각 90ppm 및 300ppm이었다면 HC 및 CO를 고려한 소각장치의 처리효율은?(단, 처리효율은 Los Angeles Country Rule 66에 의한 다음 식을 적용)

$$E = \frac{HC_{in} - [HC_{out} + (CO_{out} - CO_{in})]}{HC_{in}} \times 100$$

① 79.3% ② 70.2%
③ 62.2% ④ 53.5%

03 VOC의 제거방법에 대한 다음 설명 중 옳지 않은 것은?

① 생물막법은 미생물을 사용하여 VOC를 CO_2, 물, 광물염으로 전환시키는 일련의 공정이다.
② 흡수(세정)법에서 분사실은 VOC 흡수를 위해 충전물을 사용하고, 주로 소용량으로 적용하기 쉬우며 VOC 제거효율이 가장 높다.
③ 촉매소각에서 촉매의 수명은 한정되어 있는데 이는 저해물질이나 먼지에 의한 막힘, 열노화 등에 의해 촉매활성이 떨어지기 때문이다.
④ 흡수(세정)법에서 흡수장치는 Co-Current나 Cross형태로 가스상과 액상에 흐르는 경우도 있으나, 대부분은 Counter Current 형태가 일반적이다.

04 VOCs를 제어하기 위한 막기술의 주요 설계인자로 가장 중요한 것은?

① 연소온도
② 침투속도
③ 수화물질 제어속도
④ 고체평형 제어속도

정답 1.④ 2.① 3.② 4.②

더 풀어보기 예상문제 해설

01 ④항이 올바르다. 냄새의 존재를 느끼는 최소농도를 최소감지농도라고 정의하고, 냄새의 질이나 느낌을 표현할 수 있는 최저농도를 최소인지농도라고 한다.

02 제시된 계산식을 이용하여 구한다.

□ $E = \frac{1,400 - [90 + (300 - 100)]}{1,400} \times 100 = 79.3\%$

03 흡수(세정)법에서 분사실은 VOC 흡수를 위해 충전물을 사용하지는 않는다.

04 VOCs를 제어하기 위한 막기술의 주요 설계인자로 가장 중요한 것은 침투속도이다.

Chapter 04 유체역학·환기 및 통풍

출제기준

세부출제기준항목

적용기간 : 2020.1.1~2024.12.31

Chapter 4. 유체역학·환기 및 통풍

기사	산업기사
• 유체의 특성(유체역학) • 환기(전체환기/국소환기) • 통풍	• 유체의 특성(유체역학) • 환기(전체환기/국소환기) • 통풍

1 유체의 특성

(1) 유체의 흐름

❀ **유체와 그 특성**

▫ **유체**(流體, Fluid) : 유체란 자유롭게 흐를 수 있는 물질을 총칭함
  - 액체상 및 기체상으로 흐르는 성질을 가짐
  - 변형이 쉽고, 형상이 정해져 있지 않음
  - 전단응력(shear stress) 또는 외부의 힘(external force)에 의해 계속 변형되는 물질을 유체라 함
  - 유체는 액체, 기체와 플라즈마 등을 포함하는 물질의 상태를 총칭함

▫ **압축성과 비압축성** : 통상 기체는 압축성, 물과 같은 액체는 비압축성 유체로 취급하지만, 경우에 따라 수격작용(水擊作用)을 받는 파이프 내의 물 흐름, 파이프 내를 80m/sec 이상의 고속으로 이동하는 기류의 흐름에서는 압축성 유체로 취급되기도 함
  - **압축성 유체**
    ◦ 압력이나 유속이 변할 때 부피가 변화(밀도, 온도 변화)가 있는 유체
    ◦ 공기 등 기체상 물질
  - **비압축성 유체**
    ◦ 압축률이 0으로 압축성이 전혀 없는 유체
    ◦ 압력이나 유속이 변해도 부피 변화(밀도, 온도 변화)가 없는 유체
    ◦ 물 등 액체상 물질

- 뉴톤 유체와 비뉴톤 유체
  - **뉴톤 유체** : 물, 공기, 기름 등 뉴턴의 점성의 법칙을 따르는 유체를 말함. 전단응력(τ)과 속도구배(dU/dy)가 선형적인 관계, 즉 점성계수(μ)가 속도구배에 관계없이 일정한 값을 갖는 유체로 점성유체라고도 함
  - **비뉴톤 유체** : 전단응력(τ)과 속도구배(dU/dy)의 관계가 선형적이지 못한 유체, 즉 응력과 변형률이 비례하지 않는 유체를 말하며, 비점성 유체라고도 함

❀ **유체의 흐름과 거동** : 유체흐름의 성질을 나타내는 물성은 밀도, 압력, 온도, 속도(유속) 등이며, 유동의 질서 여부에 따라 층류와 난류로 구분되는데 그 척도가 되는 것은 레이놀드 수(Reynold Number, Re)임

☀ $Re = \dfrac{관성력}{점성력} = \dfrac{DV\rho}{\mu} = \dfrac{DV}{\nu}$
$\begin{cases} \mu : 점도(kg/m \cdot sec) \\ \nu : 동점도(m^2/sec) \\ \rho : 밀도(kg/m^3) \\ D : 관의 직경(m) \\ V : 유속(m/sec) \end{cases}$

※ 흐름을 가지는 유체에 존재하는 점성력은 층류를 촉진하는데 기여하나 관성력은 난류를 조장하는데 기여하는 힘이 됨

- 층류(Laminar Flow)
  - 질서정연한 흐름상태로 규칙적인 흐름을 가짐
  - $Re < 2,000$(임계치 2,300)이면 층류흐름으로 간주함
- 난류(Turbulent Flow)
  - 무질서한 흐름상태로 불규칙적인 흐름을 가짐
  - $Re > 4,000$이면 난류흐름으로 간주함

(2) 유체역학 방정식

❀ **베르누이방정식(Bernoulli's Equation)** : 유체역학은 유체의 운동에 관련된 공학적 학문이며, 이것의 대표적인 방정식이 베르누이방정식임

베르누이방정식은 이상유체(理想流體)에 대하여 유체의 속도와 압력, 위치에너지 사이의 관계(흐르는 유체에서 유선상의 모든 형태의 에너지의 합은 항상 일정)를 나타내는 식임

- 적용조건
  - 압력수두, 속도수두, 위치수두의 합은 항상 일정
  - **비압축성 유체로 유선을 따라 흐르는 흐름**에 적용
  - 압력이 변하는 경우라도 밀도는 변하지 않음
  - 유선이 **경계층을 통과하여서는 안 됨**
  - 점성력이 존재하지 않음
  - 마찰이 없는 흐름으로 가정
  - 정상상태(Steady State) 흐름으로 가정함
  - 기체는 그 **유동속도가 매우 낮아** 유선에 따른 기체의 밀도변화가 무시할 만큼 작은 경우에 적용됨

■ 관계식 : $\dfrac{P_s}{\rho} + \dfrac{V^2}{2} + gh =$ Constant → 정압 P_s + 동압 $\dfrac{\rho V^2}{2}$ + $\underbrace{\rho gh}_{\text{무시 : 유선(Streamline)상의 유동에서는 0}}$ = 전압 P_t

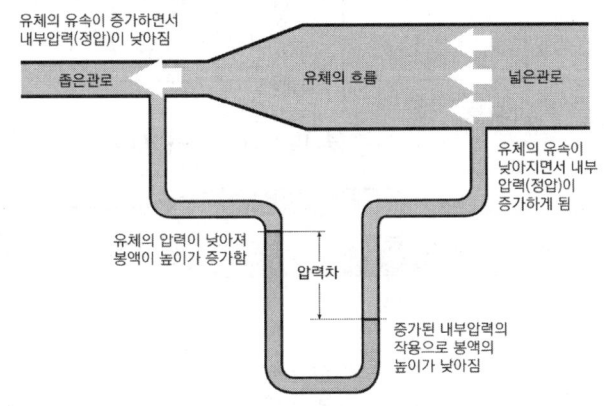

□ **전압**(全壓, Total Pressure) : 시설 내의 필요한 총에너지를 압력단위로 표현한 값

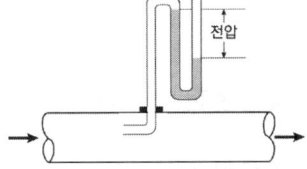

- **특성**
  - 전압은 유체가 흐르는 방향(단면적)으로 작용하는 동압력과 흐름에 직각방향으로 작용하는 정압력을 합산한 압력임
- **관계** : 전압(P_t)=동압(P_v)+정압(P_s)=**K**(일정)

□ **정압**(靜壓, Static Pressure) : 흐름과 직각방향으로 작용하는 압력을 나타낸 값

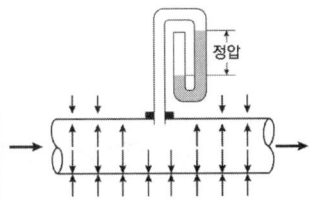

- **특성**
  - 시설 내의 저항의 잠재에너지(potential)로 표시됨
  - 정지된 공기에 초기속도를 부여함
  - 유체를 압축시키거나 팽창시키려 함
  - 유체흐름에 직각으로 작용, 관 벽면에서 측정할 수 있음
- **관계** : 정압(P_s)=전압(P_t)−동압(P_v)

□ **동압**(動壓, Dynamic Pressure) : 유체의 운동에너지를 압력으로 환산하여 나타낸 값으로 유체의 운동을 막았을 때, 그 압력의 크기를 알 수 있음(동압을 일명 속도압이라고도 함) $P_v = \gamma V^2/2g$, $P_v' = \rho V^2/2$, $P_v^* = V^2/2g$

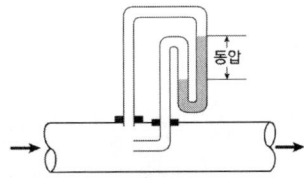

- **특성**
  - 유체가 갖는 운동에너지를 압력으로 환산한 값임
  - 유동방향으로 작용, 유체를 가속시키는 작용을 함
  - 운동에너지에 비례하여 항상 양(+)인 값을 가짐
  - 동압은 유속의 제곱근에 비례하여 증가함
- **관계** : 동압(P_v)=전압(P_t)−정압(P_s)

여기서, $\begin{cases} P_v : 동압(\text{mmH}_2\text{O},\ \text{kg}_f/\text{m}^2) & P_v' : 동압(\text{N}/\text{m}^2) \\ P_v^* : 속도수두(\text{mH}_2\text{O}) & \gamma : 유체의\ 비중량(\text{kg}_f/\text{m}^3) \\ \rho : 유체의\ 밀도(\text{kg}/\text{m}^3) & V : 유속(\text{m}/\text{sec}) \end{cases}$

❈ 질량보존 법칙의 적용과 연속방정식

▎**관계식** : $A_1 V_1 \rho_1 = A_2 V_2 \rho_2 = A_3 V_3 \rho_3$ $\begin{cases} A : 단면적(\text{m}^2) \\ V : 유속(\text{m/sec}) \\ Q : 유량(\text{m}^3/\text{sec}) \\ \rho : 밀도(\text{kg}/\text{m}^3) \end{cases}$

$\xrightarrow{\text{밀도}(\rho)\text{가 불변이면}}$ $A_1 V_1 = A_2 V_2 = A_3 V_3$ → $Q_1 = Q_2 = Q_3$

❈ 유속과 유량산정

▎**유속** : $V(\text{m/sec}) = \dfrac{Q}{A} = C\sqrt{\dfrac{2gP_v}{\gamma}}$ $\begin{cases} Q : 유량(\text{m}^3/\text{sec}) \\ A : 단면적(\text{m}^2) \\ C : 계수 \\ P_v : 동압(\text{mmH}_2\text{O}) \\ \gamma : 비중량(\text{kg}_f/\text{m}^3) \end{cases}$

▎**단면적** : $A(\text{m}^2) = \dfrac{Q}{V}$ $\begin{cases} \cdot\ 원형관로(\bigcirc) : A = \dfrac{\pi D^2}{4} \\ \cdot\ 사각관로(\square) : A = WH \end{cases}$

▎**유량** : $Q(\text{m}^3/\text{sec}) = A(\text{m}^2) \times V(\text{m/sec})$

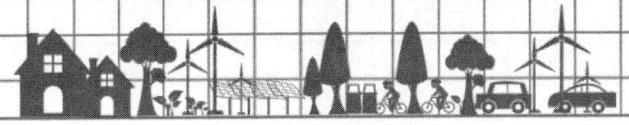

CBT 형식 출제대비 엄선 예상문제

01 유체의 유동을 결정하는 점도(Viscosity)에 대한 설명으로 옳은 것은?
① 온도가 증가하면 액체의 점도는 증가한다.
② 온도가 감소하면 기체의 점도는 증가한다.
③ 액체의 점도는 기체에 비해 아주 크며, 일반적으로 분자량이 클수록 증가한다.
④ 온도변화에 따른 액체의 운동점도(Kinematic Viscosity)의 변화폭은 절대점도의 경우보다 넓은 것이 일반적이다.

02 반경이 15cm인 Duct에 1기압, 동점성계수 $2.0 \times 10^{-5} m^2/sec$, 밀도 $1.7 g/cm^3$인 유체가 300m/min의 속도로 흐를 때 Reynold 수는?
① 37,500 ② 42,500
③ 63,750 ④ 75,000

03 베르누이 정리에 적용되는 조건이 아닌 것은?

$$\frac{P}{\rho g} + \frac{V^2}{2g} + Z = C(\text{constant})$$

① 정상상태의 흐름이다.
② 마찰이 없는 흐름이다.
③ 직선관에서만의 흐름이다.
④ 같은 유선상에 있는 흐름이다.

04 레이놀드 수(Reynold Number)에 대한 다음 설명 중 옳지 않은 것은?(단, 유체흐름기준)
① "관성력/점성력"으로 정의된다.
② "점도/밀도"로 나타낼 수 있다.
③ 유체의 흐름과 관련된 성질을 판단하는 무차원수이다.
④ "(유체밀도×유속×관로직경)/점도"로 산출할 수 있다.

> **해설**

01 ③항만 올바르다. 액체의 점도는 기체에 비해 아주 크며, 대체로 점도는 분자량이 증가하면 증가한다.

▶ 바르게 고쳐보기 ◀
① 온도가 증가하면 액체의 점도는 감소한다.
② 온도가 감소하면 기체의 점도는 감소한다.
④ 온도에 따른 액체의 운동점도(Kinematic Viscosity)의 변화폭은 절대점도의 경우보다 일반적으로 좁다.

02 레이놀드 수(Reynold Number) 계산식을 이용한다.

$$Re = \frac{DV\rho}{\mu} = \frac{DV}{\nu} \begin{cases} D : 직경 = 반경 \times 2 = 15cm \times 2 = 30cm = 0.3m \\ V : 유속 = 300m/min = 5m/sec \\ \nu : 동점도 = \frac{점도(\mu)}{밀도(\rho)} = 2 \times 10^{-5} m^2/sec \end{cases}$$

$$\therefore Re = \frac{0.3 \times 5}{2.0 \times 10^{-5}} = 75,000$$

03 관로의 형식에 구애받지 않는다. 비압축성 유체로 유선을 따라 흐르는 흐름에 모두 적용한다.

04 레이놀드 수(Reynold Number)는 관성력/점성력으로 정의되는 무차원수이다.

정답 | 1.③ 2.④ 3.③ 4.②

05 다음 폭 40cm, 높이 60cm의 장방형 덕트에 200m³/hr로 배기가스를 이송한다. 가스의 점도 1.84×10^{-5} kg/m·sec, 가스밀도 1.3 kg/m³일 때, 레이놀드 수는?

① 1,452 ② 2,232
③ 6,716 ④ 7,850

06 직경 10μm인 구형입자가 층류영역의 대기에서 낙하하고 있다. Ⓐ입자의 종말침강속도와 Ⓑ입자 레이놀드 수는 얼마인가?(단, 20℃의 입자밀도 1,800kg/m³, 공기밀도 1.2kg/m³, 점도 1.8×10^{-5} kg/m·sec)

① Ⓐ 5.44×10^{-3} m/sec, Ⓑ 5.44
② Ⓐ 3.63×10^{-3} m/sec, Ⓑ 0.0036
③ Ⓐ 5.44×10^{-3} m/sec, Ⓑ 0.0036
④ Ⓐ 3.63×10^{-3} m/sec, Ⓑ 2.44×10^{-5}

07 직경 50mm Duct 내를 이동하는 공기의 풍속은?

- 이송유체 : 20℃, 1기압의 공기
- 공기의 운동점성계수 : 1.5×10^{-5} m²/sec
- 레이놀드 수 : 3.5×10^4

① 2.8   ② 6.3
③ 8.7   ④ 10.5

08 직경 50cm Duct 내를 4m/sec으로 이동하는 공기의 레이놀드 수와 흐름상태는?(단, 점도 1.5cP, 밀도 1.3kg/m³)

① Ⓐ 173   Ⓑ 층류
② Ⓐ 1,730   Ⓑ 층류
③ Ⓐ 17,300   Ⓑ 난류
④ Ⓐ 173,300 Ⓑ 난류

> **해설**

05 레이놀드 수 계산식을 이용한다.

$$Re = \frac{DV\rho}{\mu} \quad \begin{cases} D = \frac{2ab}{a+b} = \frac{2 \times 0.6 \times 0.4}{0.6 + 0.4} = 0.48\text{m} \\ V = \frac{Q}{A} = \frac{200/3,600}{0.4 \times 0.6} = 0.231\text{m/sec} \end{cases}$$

$$\therefore Re = \frac{0.48 \times 0.231 \times 1.3}{1.84 \times 10^{-5}} = 7,850.2$$

06 침강속도(V_g) 계산식과 입자 레이놀드 수(Re_p) 계산식을 각각 이용한다.

$$V_g = \frac{d_p^2(\rho_p - \rho)g}{18\mu} \rightarrow V_g = \frac{(10 \times 10^{-6})^2 \times (1,800 - 1.2) \times 9.8}{18 \times 1.8 \times 10^{-5}} = 5.44 \times 10^{-3}\text{m/sec}$$

$$\therefore Re_p = \frac{d_p V_g \rho}{\mu} \rightarrow Re_p = \frac{(10 \times 10^{-6}) \times 5.44 \times 10^{-3} \times 1.2}{1.8 \times 10^{-5}} = 3.63 \times 10^{-3}$$

07 레이놀드 수 계산식을 이용한다.

$$Re = \frac{DV\rho}{\mu} = \frac{DV}{\nu} \rightarrow 3.5 \times 10^4 = \frac{50 \times 10^{-3} \times V}{1.5 \times 10^{-5}}$$

$$\therefore V = 10.5\text{m/sec}$$

08 레이놀드 수 계산식을 이용한다.

$$Re = \frac{DV\rho}{\mu} \quad \begin{cases} \mu : \text{점도} = 1.5 \times 10^{-3}\text{kg/m·sec} \\ \rho : \text{밀도} = 1.3\text{kg/m}^3 \end{cases}$$

$$\therefore Re = \frac{0.5 \times 4 \times 1.3}{1.5 \times 10^{-3}} = 1,733\text{ (층류)}$$

정답 | 5.④ 6.③ 7.④ 8.②

09 35℃, 1기압의 공기를 50cm Duct로 이송하고 있다. 공기의 유속이 15m/sec일 때 Duct 내의 질량유량(kg/sec)은 얼마인가?(단, 0℃, 1기압의 공기밀도는 1.29kg/m³)

① 3.36 ② 6.3
③ 10.5 ④ 8.7

10 상온에서 동 파이프 내를 흐르는 물의 유속을 측정한 결과 6m/min이었다. 동 파이프의 단면적이 0.005m²일 때, 흐르는 유체의 질량유량(g/sec)은?(단, 물의 밀도는 1g/cm³)

① 300 ② 800
③ 500 ④ 1,200

11 환기장치의 요소로서 덕트 내의 동압에 대한 설명으로 옳은 것은?

① 속도압과 관계 없다.
② 공기밀도에 비례한다.
③ 공기유속의 제곱에 반비례한다.
④ 액체의 높이로 표시할 수 없다.

12 760mmHg, 25℃인 배기가스를 15m/sec의 속도로 Duct 내를 이송할 때 속도압(mmH₂O)의 크기는?(단, 표준상태의 가스비중량은 1.3kg$_f$/Sm³)

① 8.52 ② 12.19
③ 13.67 ④ 15.83

> **해설**

09 질량유량은 부피유량(Q)×밀도(ρ)로 산출한다.

□ $Q_m = Q \times \rho$ $\begin{cases} Q = AV = \dfrac{3.14 \times (50 \times 10^{-2})^2}{4} \times \dfrac{15\,\text{m}}{\text{sec}} = 2.943\,\text{m}^3/\text{sec} \\ \rho = \dfrac{1.29\,\text{kg}}{\text{m}^3} \times \dfrac{273}{(273+35)} = 1.143\,\text{kg}/\text{m}^3 \end{cases}$

∴ $Q_m = \dfrac{2.943\,\text{m}^3}{\text{sec}} \times \dfrac{1.143\,\text{kg}}{\text{m}^3} = 3.36\,\text{kg/sec}$

10 질량유량(Q_m)은 부피유량(Q)×밀도(ρ)로 산출한다.

□ $Q_m = Q \times \rho$ $\begin{cases} Q = AV = 0.005\,\text{m}^2 \times \dfrac{6\,\text{m}}{\text{min}} \times \dfrac{100^3\,\text{cm}^3}{\text{m}^3} \times \dfrac{\text{min}}{60\,\text{sec}} = 500\,\text{cm}^3/\text{sec} \\ \rho = 1\,\text{g/cm}^3 \end{cases}$

∴ $Q_m = \dfrac{500\,\text{cm}^3}{\text{sec}} \times \dfrac{1\,\text{g}}{\text{cm}^3} = 500\,\text{g/sec}$

11 ②항만 올바르다. 동압(動壓)은 공기의 밀도(비중량)에 비례한다.

□ $P_v(\text{동압}) = \dfrac{\gamma V^2}{2g}$ $\begin{cases} P_v(\text{동압, 속도압}) \,(\text{mmH}_2\text{O or kg}_f/\text{m}^2) \\ \gamma(\text{공기밀도, 공기비중량})(\text{kg}_f/\text{m}^3) \\ V(\text{유속})\,(\text{m/sec}) \\ g(\text{중력가속도}) = 9.8\,\text{m/sec}^2 \end{cases}$

12 속도압(P_v) 계산식을 이용한다.

□ $P_v = \dfrac{\gamma V^2}{2g}$ $\begin{cases} P_v : \text{동압, 속도압 (mmH}_2\text{O or kg}_f/\text{m}^2) \\ \gamma : \text{공기밀도, 공기비중량 (kg}_f/\text{m}^3) \\ V : \text{유속} = 15\,\text{m/sec} \\ g : \text{중력가속도} = 9.8\,\text{m/sec}^2 \end{cases}$

• $\gamma = \dfrac{1.3\,\text{kg}_f}{\text{Sm}^3} \times \dfrac{273}{273+25} = 1.191\,\text{kg}_f/\text{m}^3$

∴ $P_v = \dfrac{1.191 \times 15^2}{2 \times 9.8} = 13.67\,\text{mmH}_2\text{O}$

정답 | 9.① 10.③ 11.② 12.③

13 Pitot관과 비중 0.85의 톨루엔을 봉액으로 하는 확대율 5배의 경사관 압력계로 동압을 측정한 결과 경사관의 액주기준 80mm를 얻었다. 덕트 내 가스유속은?(단, 가스밀도는 1.2kg/m³)

① 5.20m/sec ② 7.8m/sec
③ 14.9m/sec ④ 29.8m/sec

14 배기가스가 흐르는 Duct의 직경을 2배로 할 경우 유속은 초기유속의 몇 배로 되는가?

① 0.1 ② 1.2
③ 0.5 ④ 0.25

해설

13 피토관(Pitot Tube)의 가스유속 계산식을 이용한다.

$$V(\text{m/sec}) = \sqrt{\frac{2gP_v}{\gamma}}$$

- $P_v = 80\,\text{mm} \cdot \text{toluene} \times \dfrac{0.85\,\text{mmH}_2\text{O}}{1\,\text{mm} \cdot \text{toluene}} \times \dfrac{1\text{배}}{5\text{배}} = 13.6\,\text{mmH}_2\text{O}$

$$\therefore V = \sqrt{\frac{2 \times 9.8 \times 13.6}{1.2}} = 14.9\,\text{m/sec}$$

14 관로(管路) 내를 흐르는 유체에 대하여 질량의 보존 법칙을 적용한 연속방정식을 사용한다.

$$A_1 V_1 \rho_1 = A_2 V_2 \rho_2 \quad \begin{cases} A : \text{단면적} \\ V : \text{유속} \\ \rho : \text{가스밀도} \end{cases}$$

- $\dfrac{\pi D_1^2}{4} V_1 \rho = \dfrac{\pi D_2^2}{4} V_2 \rho$, $\dfrac{\pi D_2^2}{4} V_2 \rho = \dfrac{\pi (2D_1)^2}{4} V_2 \rho$

$$\therefore \frac{V_2}{V_1} = \frac{\rho \pi D_1^2}{\rho \pi (2D_1)^2} = 0.25$$

정답 | 13.③ 14.④

더 풀어보기 예상문제

01 직경 50mm Duct 내를 1m/sec으로 이동하는 공기의 밀도(kg/m³)는?

- 공기의 점성계수 : 0.0184cP
- 레이놀드 수 : 1,850

① 1.2 ② 0.68
③ 0.87 ④ 0.58

02 베르누이(Bernoulli) 방정식에 대한 설명으로 틀린 것은?

① 이상유체의 정상상태의 흐름이다.
② 압력수두, 속도수두, 위치수두의 합은 일정하다.
③ 비압축성 유체로 유선을 따라 흐르는 흐름에 적용된다.
④ 액체 및 속도가 높은 기체의 경우에만 비교적 잘 맞는다.

03 온도 20℃, 압력 120kPa의 공기가 내경 400mm인 관로 내를 질량유속 1.2kg/sec으로 흐를 때 관내 유체의 평균유속은?(단, 오염공기의 평균분자량은 29.96이고, 이상기체로 취급, 1atm=1.013×10⁵Pa)

① 6.45m/sec ② 7.52m/sec
③ 8.23m/sec ④ 9.76m/sec

04 유량측정에 사용되는 가스 유속측정장치 중 작동원리로 Bernoulli 식이 적용되지 않는 것은?

① 로터미터(Rotameter)
② 벤투리장치(Venturi Meter)
③ 오리피스장치(Orifice Meter)
④ 건조가스장치(Dry Gas Meter)

정답 1.② 2.④ 3.① 4.④

더 풀어보기 예상문제 해설

01 레이놀드 수 계산식을 이용한다.

$$Re = \frac{DV\rho}{\mu} = \frac{DV}{\nu} \rightarrow 1,850 = \frac{50 \times 10^{-3} \times 1 \times \rho}{1.84 \times 10^{-5}}$$

$$\therefore \rho = 0.68 \text{kg/m}^3$$

02 베르누이의 방정식은 비압축성 유동(Incompressible Flow)에 대해서만 유효하며, 액체 및 속도가 매우 낮은 기체의 경우만 비교적 잘 맞는다.

▶이상유체(理想流體, Ideal Fluid)◀
점성(粘性)이나 압축성이 없는 이상적 완전유체를 뜻함 → 따라서 압축이 되지 않기 때문에(비압축성) 유체가 흘러가면서 유체의 부피와 밀도가 변하지 않고, 유체가 흐를 때 점성이 작용하지 않기 때문에 마찰이 작용하지 않는 유체(가상적 유체)를 이상유체라 한다.

03 유량(Q)과 유속(V)의 관계식을 이용한다.

$$Q(\text{m}^3/\text{sec}) = A \times V \begin{cases} Q = \dfrac{1.2\text{kg}}{\text{sec}} \times \dfrac{22.4\text{Sm}^3}{29.96\text{kg}} \times \dfrac{273+20}{273} \times \dfrac{1.013 \times 10^5\text{Pa}}{120 \times 10^3\text{Pa}} = 0.813\,\text{m}^3/\text{sec} \\ A = \dfrac{\pi D^2}{4} = \dfrac{3.14 \times 0.4^2}{4} = 0.126\,\text{m}^2 \end{cases}$$

$$\therefore V = \frac{Q}{A} = \frac{0.813}{0.126} = 6.45\,\text{m/sec}$$

04 건조가스장치(Dry Gas Meter)는 베르누이(Bernoulli) 식이 적용되지 않는다.

더 풀어보기 예상문제

01 관성충돌계수(효과)를 크게 하기 위한 입자배출원의 특성 또는 운전조건으로 옳지 않은 것은?

① 입자의 직경이 커야 한다.
② 먼지의 밀도가 커야 한다.
③ 처리가스의 점도가 낮아야 한다.
④ 처리가스와 액적의 상대속도가 커야 한다.

02 입경 $0.1\mu m$의 구형(球形) 물입자(Water Droplet) 하나에 포함되어 있는 물분자수는 몇 개인가?

① 약 1.75×10^7개 ② 약 3.50×10^7개
③ 약 1.93×10^7개 ④ 약 3.86×10^7개

03 500mL의 공간 내에 있는 구형의 분진입자 총질량은 20mg이다. 분진입자의 평균직경 $0.4\mu m$, 분진밀도 $1g/cm^3$일 때 이 공간에 포함되어 있는 입자의 개수는?

① 5.97×10^9 ② 5.97×10^{10}
③ 5.97×10^{11} ④ 5.97×10^{12}

정답 1.① 2.① 3.③

더 풀어보기 예상문제 해설

01 입자의 직경이 작을수록 관성충돌계수(ϕ)는 커진다.

□ 관계식 : $\phi = \dfrac{d_p^2 \rho_p V_o}{18 \mu d_w}$ $\begin{cases} d_p : \text{입자직경} & \rho_p : \text{입자밀도} \\ V_o : \text{상대속도} & d_w : \text{수적경} \\ \mu : \text{가스점도} \end{cases}$

02 물(H_2O) $1mol = 18g = 6.02 \times 10^{23}$개이므로 이들의 관계를 이용, 입경 $0.1\mu m$인 물입자의 질량을 토대로 아보가드로 수를 산출한다.

□ 아보가드로 수 = 물의 질량 $\times \dfrac{6.02 \times 10^{23}}{18g}$ $\begin{cases} H_2O \ 1mol = 18g = 6.02 \times 10^{23} \\ \text{질량}(m) = V(\text{부피}) \times \rho(\text{밀도}) \\ \text{부피}(V) = \dfrac{\pi d_p^3}{6} \end{cases}$

$\therefore N = \dfrac{\pi \times (0.1 \times 10^{-4})^3}{6} \times 1 \ g/cm^3 \times \dfrac{6.02 \times 10^{23}}{18g} = 1.75 \times 10^7$개

03 분진입자의 총질량(m_T)은 1개의 질량(m_i)에 개수(N_d)를 곱한 수치이다.

□ $m_T = m_i \times N_d$ $\begin{cases} m_T = 20mg = 20 \times 10^{-3} g \\ m_i = \dfrac{\pi d_p^3}{6} \times \rho_p = \dfrac{\pi \times (0.4 \times 10^{-4})^3}{6} \times 1 = 3.34 \times 10^{-14} g \end{cases}$

⇨ $20 \times 10^{-3} g = 3.34 \times 10^{-14} \times N_d$

$\therefore N_d = 5.97 \times 10^{11}$

2 환기(換氣, Ventilation)

(1) 환기방식의 분류와 적용

※ 환기방식의 분류 :

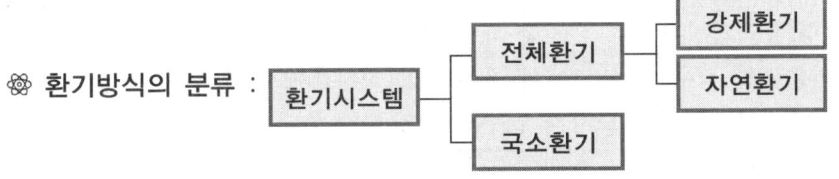

※ 환기방식의 특성과 적용

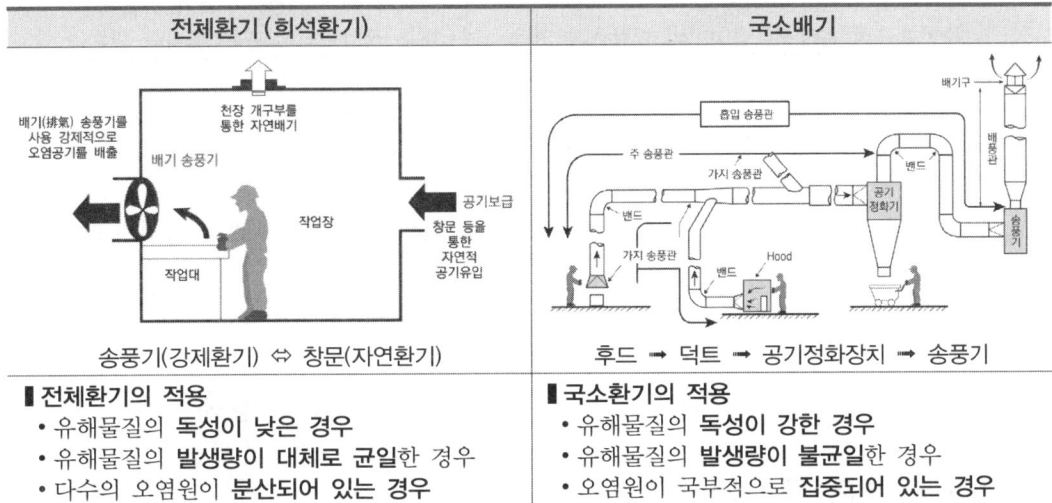

전체환기(희석환기)	국소배기
송풍기(강제환기) ⇔ 창문(자연환기)	후드 ➡ 덕트 ➡ 공기정화장치 ➡ 송풍기
▎전체환기의 적용 • 유해물질의 **독성이 낮은** 경우 • 유해물질의 **발생량이 대체로 균일**한 경우 • 다수의 오염원이 **분산되어 있는** 경우 • 오염원이 **이동성**인 경우 • 유해물질의 농도가 **TLV 이하로 낮은** 경우 • 유해물질의 발생량이 적은 경우 • 국소환기가 불가능한 경우	▎국소환기의 적용 • 유해물질의 **독성이 강한** 경우 • 유해물질의 **발생량이 불균일**한 경우 • 오염원이 국부적으로 **집중되어 있는** 경우 • 오염원이 **고정성**인 경우 • 유해물질의 농도가 **TLV 이상으로 높은** 경우 • 유해물질의 발생량이 많은 경우 • 법적으로 반드시 설치하여야 하는 경우

※ 자료 인용 : 「대기환경기술사」 수험서, 이승원(저)

(2) 전체환기

※ **장치구성** : 작업장의 개구부(창문, 환기구 등) ➡ 자연적 방법(자연환기) 또는 기계적 방법(강제환기)에 의해 ➡ 바람·작업장 내외의 온도차·압력차 ➡ 대류작용 ➡ 작업장의 공기를 치환하는 환기시스템임

※ **전체환기의 개념과 목적**
  ▫ **개념** : 전체환기는 유해물질을 오염원에서 제거하는 방법이 아닌 유해물질의 농도를 희석하여 낮게 하는 방법임
  ▫ **목적**(효과)
    • 유해물질을 외부의 청정공기로 희석(유해물질 농도 감소), 건강유지 증진
    • 화재 및 폭발 예방

- 실내의 온도 및 습도 조절

❋ 전체환기의 장·단점 및 설계원칙

□ 자연환기
- 개구부를 주풍향의 직각방향으로 설치할 때 환기량이 증대됨
- 실내온도<실외온도일 경우, 상부측에서 공기유입, 하부측에서 유출됨
- 실내기류가 없거나 실내외의 온도차가 클수록 환기량은 증대됨

장 점	단 점
• 설치비와 운영비가 적게 소요됨 • 보수가 용이하고, 소음 발생문제가 없음 • 동력이 소요되지 않음 • 효율적 운영 시 냉방비의 절감효과 있음	• 외기변화에 따라 환기량이 일정치 않음 • 작업환경 개선의 효율성이 낮음 • 환기량 예측자료를 구하기 힘듦 • 내부 작업조건에 따른 환기량 변화가 큼

□ 강제환기(기계환기)
- 제1종 환기(병용식, 평형식) : 외부공기를 송풍기로 실내로 유입시키고, 배풍기를 사용하여 실내공기를 외부로 배출하는 환기방식
- 제2종 환기(압입식) : 송풍기를 사용하여 외부공기를 실내로 유입시키고, 배기구·개구부를 통해 실내공기를 자연적으로 배출되게 하는 방식
- 제3종 환기(흡인식) : 배풍기로 실내공기를 개구부를 통해 배출하고, 급기구를 통하여 외부공기를 자연적으로 유입되게 하는 환기방식

장 점	단 점
• 환기량을 일정 목표 수준으로 유지 가능 • 작업환경 개선의 효율성이 높음 • 기상조건에 영향을 받지 않음 • 내부조건에 따른 환기량 변화가 적음	• 설치비 및 운영비가 많이 소요됨 • 소음이 발생하고, 동력을 요함 • 급기 및 배기가 균형을 이루지 못할 경우 급격한 환기효율 저하를 초래할 수 있음

□ 전체환기의 설계원칙
- 희석에 필요한 환기량은 오염물질 사용량, 문헌·경험자료 등으로 부터 확보할 것
- 오염물질 **배출구**(배기구)는 가능한 한 **오염원으로부터 가까운 곳**에 설치하여 **점환기** 효과를 얻을 수 있게 할 것
- 급기구와 배기구는 급기된 공기가 **작업자를 먼저 통과**한 다음 오염영역을 통과하도록 할 것
- 오염원 주위에 **다른 작업공정**이 **존재**하면 **배기량을 급기량보다 많게** 하여 **음압**을 유지할 것
- 오염원 주위에 **다른 작업공정**이 **없으면** 급기량을 배기량보다 많게 하여 **양압**을 유지할 것
- 보충용 공기는 외부의 청정공기를 공급하고, 필요에 따라 가온하거나 냉각하여 공급할 것
- **배기구**는 창문 등의 **개구부로부터 멀리**하여 재유입을 방지할 것

(3) 국소환기(국소배기)

※ **국소환기의 구성요소와 특징**
- **구성요소** : Hood → Duct → 공기정화장치 → 송풍기 및 배기구
- **특징**
  - 국소환기는 유해물질을 오염원(발생원)에서 직접·제거하는 시스템임
  - 오염물이 실내에 확산되기 이전에 효율적으로 고농도로 포집하여 제거할 수 있음
  - 크기가 비교적 큰 침강성 먼지도 제거 가능(청소비·청소인력을 절약할 수 있음)
  - 소량의 공기에 오염물이 고농도로 포함되어 있으므로 송풍량을 줄일 수 있음
  - 전체환기방식보다 제어되는 공기량이 적고, 보충공기량을 적게 할 수 있음
- **환기의 유체역학적 전제조건**
  - 공기는 건조상태로 가정, 공기의 압축·팽창 무시, 환기시설 내외 열교환 무시
  - 공기에 포함된 유해물질의 무게와 용량 무시
  - 별도의 지정이 없는 한 **산업환기의 표준공기는 상온(21℃), 1기압**으로 함

※ **온도와 압력보정**
- ☀ 유량의 온도 및 압력보정 : $Q_2 = Q_1 \times \dfrac{T_2}{T_1} \dfrac{P_1}{P_2}$ $\begin{cases} Q : 부피유량 \\ T : 온도(K = 273 + t(℃)) \\ P : 압력 \end{cases}$

- ☀ 밀도 및 비중량의 온도·압력보정 : $\rho_2 = \rho_1 \times \dfrac{T_1}{T_2} \dfrac{P_2}{P_1}$ $\begin{cases} \rho : 밀도(kg/m^3) \\ T : 온도(K = 273 + t(℃)) \\ P : 압력 \end{cases}$

- ☀ 유효비중 $(S_m) = \dfrac{S_1 Q_1 + \cdots + S_n Q_n}{Q_1 + \cdots + Q_n}$ $\begin{cases} S_1, \cdots, S_n : 각 기체의 비중(공기비중 1.0) \\ Q_1, \cdots, Q_n : 각 기체의 부피 또는 부피비율 \end{cases}$

※ **후드(Hood)의 종류**(형식)
- 형식 분류 $\begin{cases} 포위식 후드 \\ 외부식 후드 \\ 레시버식 후드(수형 후드) \end{cases}$

외부식 후드	포위식 후드
외부식 후드	포위식 후드
• 유해물질의 발생원을 포위하지 않고 발생원 가까운 위치에 설치하는 후드	• 유해물질의 발생원을 전부 또는 부분적으로 포위하는 후드
▫ 슬롯형(Slot hood) ▫ 루버형(Louver hood) ▫ 그리드형(Grid hood) ▫ 푸시-풀형(Push pull hood)	▫ 포위형(Enclosing type) ▫ 부스형(Booth hood) ▫ 장갑부착상자형(Glove box hood) ▫ 드래프트 챔버형(Draft chamber hood)

〈그림〉 외부식과 포위식의 개념 비교

□ **포위식 후드**(Enclosures Hood) : 유해물질 발생원을 완전히 덮어 오염물질의 누설을 방지하기 위한 후드
- **이용** : 유독물질의 처리공정(예 방사성 물질, 발암성 물질, 병원성 물질의 취급공정, 전로 등)
- **종류** : 커버형, 글로브 박스형, 부스형, 드래프트 챔버형 등이 있음
- **특징**
  ◦ 발생 오염물질을 고농도로 흡인 가능, 작업장의 완전한 오염방지 가능
  ◦ 맹독성 물질을 제어하는데 가장 적합, 잉여공기량이 가장 적음
  ◦ 주변의 난기류의 영향을 가장 적게 받음

□ **외부식 후드**(Capture Hood, 포집형) : 오염원이 후드 외부에 있고, 흡인공기의 유입을 통해 오염물질을 통제하는 후드
- **이용** : 발생원을 덮을 수 없는 곳에 사용됨
- **종류** : 후드 개구면 모양에 따라 슬롯형, 루버형, 그리드형 등이 있음
- **특징**
  ◦ 다른 후드에 비하여 작업자의 작업영역을 크게 방해하지 않는 이점이 있음
  ◦ 충분한 제어속도를 만들기 위해서는 많은 환기량이 필요한 단점이 있음
  ◦ 포위식 후드보다 일반적으로 필요송풍량이 많은 단점이 있음
  ◦ 작업장 내 횡단기류가 후드의 제어효율을 크게 저하시킬 수 있음
  ◦ 포위식에 비해 작업장의 완전한 오염방지 기능이 떨어짐

(a) 외부식-루버형 후드   (b) 외부식-그리드형 후드   (c) 천개형(캐노피형) 후드
〈그림〉 외부식과 레시버식 천개형의 개념 비교

□ **레시버식 후드**(receiving hood, 수형 후드) : 오염물질 또는 발생원에서 일정한 방향으로 작용하는 열상승력 또는 관성력을 이용하여 포집하는 후드
- **이용** : 비교적 유해성이 적은 오염물 및 톱밥, 철가루 등의 포집에 이용
- **종류**
  ◦ 고열에 의한 상승기류의 **열부력을 이용하는 천개형**(canopy type)
  ◦ 입자상 물질의 관성력을 이용하여 포집하는 **그라인더형**(grinder cover type)
  ◦ 유해물질과 공기의 비중차 등을 이용하여 비산하는 유해물질의 확산방향에서 포집하는 **자립형**(Free Standing type)

- **특징**
  - 잉여공기량이 다소 많음
  - 유해성이 높은 오염물질의 처리에 부적당

※ 후드의 제어유량(흡인유량, 통제유량)

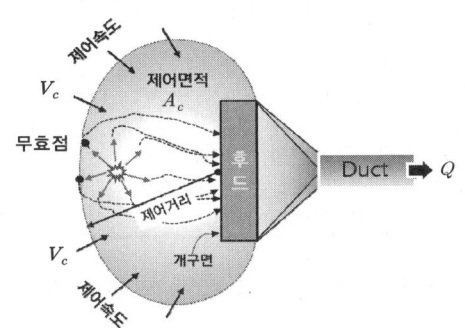

> ■ **무효점**(null point) : 발생원에서 방출된 오염물질이 운동에너지를 상실하여 비산속도가 0이 되는 평형점으로 일명 비산한계점, 정지점(停止点)이라고도 함

- **흡인유량**(Suction Discharge) : 후드 내로 유입되는 유량을 말하며, 필요환기량 또는 후드가 제어할 수 있는 유량, 또는 제어유량(Q_c, Control Discharge)이라고도 함
- **반송유량**(이송유량)**과 흡인유량의 관계** : 반송유량(Q)은 덕트(duct) 내의 관로유량으로 이송유량이라고도 하며, 제어유량(Q_c)과 동일한 값을 가짐
- ☀ $Q_c(\mathrm{m^3/sec}) = A_c(\mathrm{m^2}) \times V_c(\mathrm{m/sec})$
- ☀ $Q(\mathrm{m^3/sec}) = A(\mathrm{m^2}) \times V(\mathrm{m/sec})$
- **제어면적**(A_c, Control Surface) : 제어면적(통제면적)은 통제유속이 미치는 범위의 공기 겉표면적을 말함
- **제어거리**(X, Control Space) : 제어거리(통제거리)는 후드의 개구면에서 후드의 흡인력이 미치는 발생원까지의 거리를 말함
- **제어속도**(V_c, Control Velocity)는 발생원의 오염물질을 후드(Hood) 내로 유입시키기 위해 필요한 공기의 최소흡인속도를 말하며, 일명 통제속도, 포착속도라고도 함

┃ 제어속도 설계값 ┃

오염물질의 방출조건	관련공정	제어속도
◦ 오염원 : 비산속도가 없이 발생 ◦ 주변 : 고요한 공기	◦ 개방조로부터의 증발 ◦ 액면에서 발생하는 가스, 증기, 흄	0.25~0.5m/sec
◦ 오염원 : 약한 방출속도를 가짐 ◦ 주변 : 약간의 공기교란	◦ 분무도장, 저속 컨베이어 이송 ◦ 용접, 도금공정, 산세(酸洗)	0.5~1.0m/sec
◦ 오염원 : 비교적 빠른 방출속도를 가짐 ◦ 주변 : 빠른 기류흐름	◦ 컨베이어 적재 ◦ 분쇄기, 분무 도장	1.0~2.5m/sec
◦ 오염원 : 급속한 방출속도를 가짐 ◦ 주변 : 고속 기류흐름	◦ 그라인딩 ◦ 석재연마, 회전연마, 블라스트	2.5~10m/sec

- **반송속도**(이송속도, Transportation Velocity) : 덕트(Duct)를 통하여 이동하는 유해물질이 덕트 내에서 퇴적이 일어나지 않는 상태로 이동시키기 위하여 필요한 **최소속도**를 말함

오염물질의 발생형태	유해물질의 종류	반송속도 (m/sec)
증기, 가스, 연기	모든 증기, 가스 및 연기	5~10
흄	아연흄, 용접흄, 산화알루미늄흄	10~12.5
미세하고 가벼운 분진	미세 면분진, 목재분진, 종이분진	12.5~15
건조한 분진, 분말	고무분진, 면분진, 가죽분진, 동물 털분진	15~20
공업 및 산업분진	그라인딩분진, 주물분진, 금속분말, 석면분진	17.5~20
무거운 분진	납분진, 젖은 톱밥, 샌드블라스트 분진, 주조분진	20~22.5
무겁고 습한 분진	석면 덩이, 요업분진, 습한 시멘트 분진	25 이상

※ **보충용 공기**(Make-up Air) : 작업장 내에서 국소배기시설을 통해 외부로 방출된 양 만큼의 공기를 작업장 내로 공급하는 공기를 말함
- **공기의 공급량** : 배기된 공기량의 약 10% 정도를 과잉으로 공급
- **공기공급시스템의 기능**
  - 작업장의 환기 및 희석
  - 작업장의 압력조절
  - 국소배기장치의 효율유지 및 배출공기의 보충
  - 건물이나 공정의 온도조절 및 연료절약
  - 근로자에게 영향을 미치는 냉각기류 제거
  - 정화되지 않은 실외공기의 건물 내로 유입되는 것을 방지
  - 작업장의 안전사고 예방
  - 청정공간의 확보 및 제품보호
- **보충용 공기가 부족할 경우 나타나는 현상**
  - 국소배기장치의 성능 저하
  - 작업장의 음압발생과 횡단기류 발생
  - 연소장치의 역류현상 및 불완전 연소

※ **일반형**(장방형/원형) **외부식 후드의 흡입유량 산정**
- **기본식** : 통제거리(X)가 덕트직경(D)의 1.5배 이내일 때 다음 관계식을 적용함

  ☀ $\dfrac{Y}{100-Y} = \dfrac{0.1\,A}{X^2}$ ··· Della valle/Homeon의 식 $\begin{cases} A : \text{후드 개구면적}(m^2) \\ Y : \text{속도율}(\%) = (V_c/V) \times 100 \\ X : \text{제어거리}(m) \end{cases}$

  ☀ 일반형(사각형/원형) : $Q_c = (10X^2 + A) \times V_c$ $\begin{cases} Q_c : \text{환기량(흡인유량)}(m^3/sec) \\ V_c : \text{제어유속}(m/sec) \\ A : \text{후드 개구면적}(m^2) \end{cases}$

- **한 변이 작업대에 경계된 일반형의 경우** : 거울효과를 고려(수정 Homeon의 식)

  ☀ $Q_c = \dfrac{(10X^2 + 2A)}{2} \times V_c = 0.5\,(10X^2 + 2A) \times V_c$

- 한 변이 작업대에 경계된 플랜지 부착형
  - ☀ $Q_c = 0.5(10X^2 + A) \times V_c$
- 자유공간형의 후드 형태에 따른 유량산정

후드의 형태		W/L	설계흡인유량(필요환기량) (m³/sec)
외부식 장방형		0.2 이상 또는 원형	$Q_c = (10X^2 + A)V_c$
외부식 플랜지부착 장방형		0.2 이상 또는 원형	$Q_c = 0.75(10X^2 + A)V_c$ ※ 플랜지 부착 시 약 **25%의 환기량 절약** ※ **플랜지의 폭**은 후드 개구면적의 제곱근 $\sqrt{A}$ 이상으로 하여야 함

⚛ 슬롯형(Solt type) 외부식 후드의 흡입유량 산정

- 기본식 : $Q_c = CXLV_c$ $\begin{cases} Q : 유량(m^3/sec) \\ X : 제어거리(m) \\ L : 후드의 길이(m) \\ C : 상수(통제구면에 따른 상수) \end{cases}$

- 후드의 형태에 따른 유량산정

후드의 형태		W/L	설계흡인유량(필요환기량)(m³/sec)
외부식 슬롯형 (공간형)		0.2 이하	자유공간형 : $Q_c = 3.7XLV_c$
외부식 플랜지부착 슬롯형		0.2 이하	플랜지 부착형 : $Q_c = 2.6XLV_c$ ※ 플랜지 부착 시 약 30%의 환기량 절약
외부식 다단 슬롯형		0.2 이상	자유공간형 : $Q_c = (10X^2 + A)V_c$ ※ 폭/길이 비율이 0.2 이상이 될 경우 장방형 후드의 특성이 강함
외부식 플랜지부착 다단 슬롯형		0.2 이상	플랜지 부착형 : $Q_c = 0.75(10X^2 + A)V_c$ ※ 폭/길이 비율이 0.2 이상이 될 경우 장방형 후드의 특성이 강함

※ 자료 인용 : 「대기환경기술사」 수험서, 이승원(저)

❀ 천개형(Canopy type) 외부식 후드의 흡입유량 산정

❋ 난기류가 없을 때 : $Q_c = Q_1 + Q_2 = Q_1 \times (1+K_L)$ $\begin{cases} Q_c : \text{후드 흡인유량}(m^3/min) \\ K_L : \text{누입한계유량비}(Q_2/Q_1) \\ Q_1 : \text{열상승기류량}(m^3/min) \\ Q_2 : \text{유도기류량}(m^3/min) \end{cases}$

❋ 난기류가 있을 때 : $Q_c = Q_1 \times [1+(mK_L)]$ $\begin{cases} Q_c : \text{후드 흡인유량}(m^3/min) \\ m : \text{누출안전계수} \end{cases}$

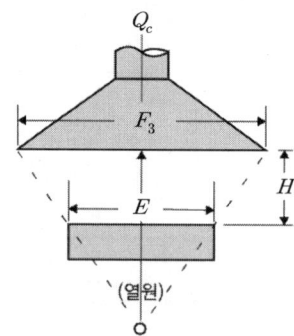

〈그림〉 열상승기류를 고려한 흡인유량(난기류가 없는 경우)

▫ **배출원과의 거리** : 배출원의 크기(E)에 대한 후드면과 배출원 간의 거리(H)의 비 (H/E)는 0.7 이하로 하는 것이 좋음
▫ **후드의 폭(직경)** : 다음의 관계식을 적용하여 후드폭을 설정함

❋ $F_3 = E + 0.8H$ $\begin{cases} F_3 : \text{후드의 폭}(m) \\ H : \text{열원까지의 거리}(m) \\ E : \text{열원의 폭}(m) \end{cases}$

∥ 캐노피의 통제범위에 따른 흡입유량 산정 ∥

후드의 형태		적용	흡입유량(m^3/sec)
사방통제 캐노피형	(캐노피 Hood, 발생원)	$H/L \leq 0.3$ 장방형	• $Q_c = 1.4 PHV_c$ $\begin{cases} P : \text{주변길이} = 2(L+W) \\ W : \text{폭}(m), \quad L : \text{길이}(m) \end{cases}$
		$0.3 < H/W \leq 0.75$ 장방형, 원형	• $Q_c = 14.5H^{1.8}W^{0.2} \times V_c$
3측면 통제 캐노피형	(캐노피 Hood, 발생원)	$0.3 < H/W \leq 0.75$ 장방형, 원형	• $Q_c = 8.5H^{1.8}W^{0.2} \times V_c$ $\begin{cases} V_c : \text{제어속도}(m/sec) \\ H : \text{개구면} - \text{배출원 높이}(m) \\ W : \text{캐노피 직경(장변)}(m) \end{cases}$

(4) 환기량 계산

❀ CO_2 제거를 위한 필요환기량 : $Q = \dfrac{G}{C_s - C_o} \times 100$
$\begin{cases} Q : \text{필요환기량} \\ G : \text{실내 } CO_2 \text{의 발생량} \\ C_s : \text{기준농도(\%)} \\ C_o : \text{배경(외기) } CO_2 \text{ 농도(\%)} \end{cases}$

❀ **시간당 공기교환횟수**(ACH, Air Change per Hour)
  ▫ 공급공기 중 대상오염물질의 농도를 무시할 때

  ☀ $ACH = \dfrac{Q}{\forall}$, $Q = ACH \times \forall \times K$
  $\begin{cases} ACH : \text{시간당 공기교환횟수} \\ Q : \text{환기량} \\ \forall : \text{실내용적} \\ K : \text{안전계수} \end{cases}$

  ▫ 공급공기 중 대상오염물질의 농도를 고려할 때

  ☀ $ACH = \dfrac{\ln(C_o - C_i) - \ln(C_t - C_i)}{t}$
  $\begin{cases} ACH : \text{시간당 공기교환횟수} \\ t : \text{환기시간} \\ C_o : \text{초기농도} \\ C_t : t\text{시간 환기 후 농도} \\ C_i : \text{공급공기 중 오염물질의 농도} \end{cases}$

  ☀ $Q = \dfrac{\forall}{ACH} \ln(C_o - C_i) - \ln(C_t - C_i)$

  ▫ 평형상태(정상상태)를 가정한 전체환기량

  ☀ $Q = \dfrac{K \cdot G \cdot S \times 24.1 \times 10^6}{MW \times TLV}$
  $\begin{cases} Q : \text{환기량} \\ K : \text{안전계수} \\ G : \text{유해물질 발생률(부피, L)} \\ W : \text{유해물질 발생률(질량, kg)} \\ S : \text{비중(밀도)} \\ MW : \text{분자량} \\ TLV : \text{허용농도} \end{cases}$

  ☀ $Q = \dfrac{K \cdot W \times 24.1 \times 10^6}{MW \times TLV}$

  ☀ 상가작용의 환기량$(Q) = Q_1 + \cdots + Q_n$

  〈단위관계〉 $Q(\text{m}^3/\text{hr}) = K \left| \dfrac{G(L)}{hr} \right| \dfrac{S(kg)}{L} \left| \dfrac{1}{TLV \text{ ppm}} \right| \dfrac{22.4 \text{ (mL)}}{MW \text{ (mg)}} \left| \dfrac{273+21}{273} \right| \dfrac{10^6 \text{mg}}{kg}$

❀ **배출원에 따른 환기량과 농도계산**
  ㈜ 21℃ 적용 → 공식에서 24.1, 25℃ 적용 → 공식에서 24.45 사용
  ▫ **연속 배출원** ➡ 배출량 > 환기량

  ☀ 농도 C에 도달시간 : $t = \dfrac{\forall}{Q'} \ln\left(\dfrac{G - Q'C}{G} \right)$
  $\begin{cases} Q' : \text{유효환기량} = Q/K \\ K : \text{안전계수} \\ \forall : \text{작업장의 용적} \\ C : \text{농도(용량단위)} \\ C_p : \text{시간 } t \text{에서 유해물질농도(ppm)} \\ G : \text{유해물질 발생률(부피, L)} \\ t : \text{환기시간} \end{cases}$

  ☀ t시간의 농도(C) : $C_p \times 10^{-6} = \dfrac{G(1 - e^{-\frac{Q'}{\forall} \times t})}{Q'}$
  $\begin{cases} Q : \text{유효환기량} = Q/K \\ \forall : \text{작업장의 용적} \\ C : \text{농도(용량단위)} \\ C_p : \text{시간 } t \text{의 농도(ppm)} \\ G : \text{발생률(부피, L)} \\ t : \text{환기시간} \end{cases}$

□ **비연속 배출원**(일시 배출원)

☀ 농도 C에 도달하는 시간 : $t = \dfrac{\forall}{Q'} \ln\left(\dfrac{C_1}{C_2}\right)$ $\begin{cases} S : \text{비중(밀도)} \\ MW : \text{분자량} \\ LEL : \text{폭발하한농도(\%)} \\ C : \text{온도보정상수} \\ B : \text{온도에 따른 LEL 보정계수} \\ \quad \bullet \ 120℃ \text{까지} = 1.0 \\ \quad \bullet \ 120℃ \text{ 이상} = 0.7 \\ 100 : \text{단위환산계수} \end{cases}$

☀ t시간의 후 농도(C_2) : $C_2 = C_1 \times e^{-\dfrac{Q'}{\forall} \times t}$

⚛ 폭발방지를 위한 환기량 : $Q = \dfrac{K \cdot G \cdot S \times 24.1 \times 10^2 \times C}{MW \times LEL \times B}$

⟨단위관계⟩ $Q(\mathrm{m^3/hr}) = \dfrac{G(\mathrm{L})}{\mathrm{hr}} \left| \dfrac{S(\mathrm{kg})}{\mathrm{L}} \right| \dfrac{100}{\mathrm{LEL}(\%)} \left| \dfrac{22.4\ (\mathrm{m^3})}{\mathrm{MW\ (kg)}} \right| \dfrac{273+21}{273} \left| \dfrac{K}{B} \right.$

CBT 형식 출제대비 엄선 예상문제

01 환기장치의 공기공급 시스템에 적용되는 보충용 공기에 대한 설명으로 옳지 않은 것은?
① 보충용 공기는 환기시설에 의해 작업장 내에서 배기된 만큼의 공기를 작업장 외부에서 작업장 내로 공급하는 공기를 말한다.
② 보충용 공기는 실내에서 배기되는 공기보다 약 10~15% 정도 과잉으로 공급하여 실내를 약한 양압(陽壓)으로 유지하는 것이 좋다.
③ 여름에는 통상 외부공기를 그대로 공급을 하지만 공정 내의 열부하가 클 경우 실내 온도를 제어할 목적으로 보충용 공기를 냉각하여 공급하기도 한다.
④ 보충용 공기의 유입구는 작업장이나 다른 건물의 배기구에서 나온 유해물질의 유입을 유도할 수 있는 위치로서 바닥에서 1~1.5m 정도에서 유입되도록 한다.

02 다음 중 후드의 형식에 해당하지 않는 것은?
① Booth Type   ② Receiving Type
③ Diffusion Type   ④ Enclosure Type

03 다음 중 외부식 후드에 해당하지 않는 것은?
① 슬로트(Slot)형   ② 루버(Louver)형
③ 그리드(Grid)형   ④ 캐노피(Canopy)형

04 후드의 종류에 해당되지 않는 사항은?
① 확산형   ② 포위형
③ 슬로트형   ④ 천개형

05 다음 수형 후드(Receiving Hoods)에 해당하는 것은?
① Booth Type   ② Canopy Type
③ Cover type   ④ Glove Box Type

▶ 해설

01 보충용 공기의 유입구는 작업장이나 다른 건물의 배기구에서 나온 유해물질의 유입을 차단할 수 있는 위치로서 바닥에서 1~1.5m 정도에서 유입되도록 한다.
▶보충용 공기가 부족할 경우◀
- 국소배기장치의 성능 저하
- 작업장의 음압발생과 횡단기류 발생
- 역류현상 및 불완전연소

02 확산형(Diffusion Type)의 후드 형식은 존재하지 않는다. 후드의 형식은 포위형(밀폐형-Enclosing Type), 외부형(포착형-Exterior Type), 레시버식(수형-Receiver Type)으로 분류된다. Booth Type(부스형)은 포위형의 부분 밀폐형식이다.

03 캐노피형(Canopy Type)은 레시버(Receiver)형(수형) 후드로 분류된다.

05 ②항만 수형이다. ①, ③, ④항은 포위형이다.

정답 | 1.④ 2.③ 3.④ 4.① 5.②

06 작업을 위한 하나의 개구면을 제외하고 발생원 주위를 전부 에워싼 형태의 후드는?

① 부스(Booth)형 후드
② 슬로트(Slot)형 후드
③ 수(Receiving)형 후드
④ 캐노피(Canopy)형 후드

07 환기 및 후드에 대한 설명으로 틀린 것은?

① 폭이 넓은 오염원 탱크에서는 주로 푸시-풀방식의 환기공정이 요구된다.
② 후드는 개구면적을 좁게 하여 흡인속도를 크게 하고, 필요 시 에어커튼을 이용한다.
③ 폭이 좁고 긴 직사각형의 슬로트 후드는 전기도금공정과 같은 상부 개방형 탱크에서 방출되는 유해물질을 포집하는데 효율적으로 이용된다.
④ 천개형 후드는 포착형보다 유입공기의 속도가 빠를 때 사용되며, 주로 저온의 오염공기를 배출하고 과잉습도를 제거할 때 제한적으로 사용된다.

08 국소배기장치에서 오염물질의 포착점에서의 적정한 흡인속도를 무엇이라 하는가?

① 반송속도   ② 확산속도
③ 비산속도   ④ 제어속도

09 가열된 상부 개방 오염원에서 배출되는 오염물질을 포집하는데 일반적으로 사용되며, 주로 고온의 오염공기를 배출할 때 사용되는 후드의 형식은?

① 방사형 후드(Radiat Hood)
② 천개형 후드(Canopy Hood)
③ 포착형 후드(Capturing Hood)
④ 포위형 후드(Enclosure Hood)

10 외부식 후드의 특징을 설명한 것 중 틀린 것은?

① 포위식보다 일반적으로 필요송풍량이 많다.
② 외부에서 작용하는 난기류의 영향으로 흡인효과가 떨어질 수 있다.
③ 다른 형식의 후드에 비해 근로자가 방해를 많이 받지 않고 작업할 수 있다.
④ 천개형 후드, 그라인더용 후드 등이 여기에 해당하며, 기류속도가 후드 주변에서 매우 느리다.

11 그림의 후드 형식은?

① 부스형
② 커버형
③ 캐노피형
④ 슬로트형

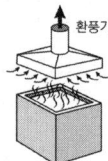

> **해설**

06 작업을 위한 하나의 개구면을 제외하고 발생원 주위를 전부 에워싼 형태의 후드는 부스(Booth)형 후드이다.

07 천개형 후드는 포착형보다 유입공기의 속도가 느릴 때 사용되며, 주로 고온의 오염공기를 처리할 때 사용된다.

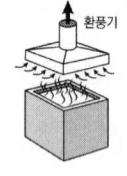
천개형(Canopy)

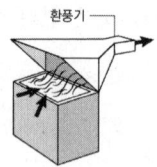
포착형(Capture)

포착형-Grid형

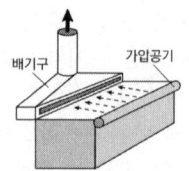
푸시-풀형

08 국소배기장치에서 오염물질의 포착점에서의 적정한 흡인속도를 제어속도 또는 포착속도라고 한다.

09 가열된 상부 개방의 오염원에서 배출되는 오염물질을 포집하는 데는 Canopy Hood가 적합하다.

10 천개형 후드, 그라인더용 후드 등은 레시버형 후드(수형 후드)에 속한다.

11 그림의 후드 형식은 천개형(Canopy Type) 후드이다.

정답 | 6.① 7.④ 8.④ 9.② 10.④ 11.③

12 작업의 성질상 포위식이나 booth type으로 할 수 없을 때 부득이 발생원에서 격리시켜 설치하는 형태로 도금세척, 분무도장 등에서 이용되며 외부의 난기류에 의해 그 효과가 많이 감소되는 단점이 있는 외부식 후드 형식은?

① Slot Type   ② Canopy Type
③ Cover Type ④ Glove Box Type

13 후드(Hood)의 형식과 선정방법에 대한 설명으로 옳지 않은 것은?

① 작업 또는 공정상 발생원을 포위할 수 없는 경우에는 부스식(Booth Type)을 선택한다.
② 유독한 오염물질의 발생원을 포위할 수 있는 경우에는 포위식(Enclosure Type)을 선택한다.
③ 후드 개구의 바깥주변에 플랜지를 부착하면 오염물질의 제어에 필요하지 않은 후드 뒤쪽의 공기유입을 억제할 수 있으므로 포착속도가 커지는 이점이 있다.
④ 고열을 내는 발생원에서 열부력 상승기류 또는 회전체에 의한 관성기류와 같이 일정한 방향으로 오염류가 발생하는 경우에는 레시버식(Receiving Type)을 선택한다.

14 국소환기에 있어서 후드를 설계할 때 고려사항에 대한 설명으로 가장 거리가 먼 것은?

① 충분한 제어속도를 유지한다.
② 후드의 개구면적을 가능한 작게 한다.
③ 후드는 가급적 발생원에 가까이 설치한다.
④ 후드는 난기류의 영향을 고려하여 외부식으로 한다.

15 후드의 형식 및 설치위치의 결정에 대한 설명 중 틀린 것은?

① 작업 또는 공정상 발생원을 포위할 수 없는 경우 외부식을 선택한다.
② 가능한 한 발생원을 모두 포위할 수 있는 포위식 또는 부스식을 선택한다.
③ 후드개구의 바깥 주변에 플랜지를 부착하면 후드 뒤쪽의 공기흡입을 유도할 수 있고, 그 결과 포착속도를 높일 수 있다.
④ 오염물질의 발생상태를 조사한 결과 오염기류가 공정 또는 작업 자체에 의해 일정한 방향성을 가지고 발생할 경우 레시버식을 선택한다.

16 다음 중 후드(Hood)를 사용하여 가스를 포획하는 방법에 대한 설명으로 가장 거리가 먼 것은?

① 국부적인 흡인방식으로 한다.
② 후드는 발생원에 접근할수록 유리하다.
③ 개구면적을 좁게 하여 흡인속도를 크게 한다.
④ 통제속도는 후드가 취급할 공기량을 최대로 하고, 최소의 먼지부하를 얻도록 결정한다.

17 후드의 일반적인 흡인방법과 설치요령에 대한 내용으로 알맞지 않은 것은?

① 충분한 포착속도를 유지한다.
② 국부적인 흡인방식을 적용한다.
③ 후드의 개구면적은 가능한 크게 한다.
④ 후드를 가능하면 발생원에 접근시킨다.

> **해설**

12 발생원에서 격리시켜 설치하는 형태로 도금세척, 분무도장 등에서 이용되는 후드는 슬로트형(Slot type) 후드이다. ②항은 리시버형 후드이고, ③, ④항은 포위식 후드이다.
13 작업 또는 공정상 발생원을 포위할 수 없는 경우에는 외부식(Exterior Type)을 선택한다.
14 외부식 후드는 난기류의 영향을 많이 받는 형식이다.
15 후드개구의 바깥 주변에 플랜지를 부착하면 후드 뒤쪽의 공기흡입을 방지할 수 있고, 그 결과 포착속도를 높일 수 있다.
16 통제속도는 후드가 취급할 공기량을 최소로 하고, 최대의 먼지부하를 얻도록 결정한다.
17 후드의 개구면적은 가능한 작게 하여야 한다.

정답 ┃ 12.① 13.① 14.④ 15.③ 16.④ 17.③

18 후드의 제어속도에 관하여 옳게 설명한 것은?
① 확산조건, 오염원의 주변 기류에는 영향이 크지 않다.
② 오염물질을 후드 내로 흡인하는데 필요한 최소의 기류속도를 말한다.
③ 발생조건의 빠른 공기의 움직임이 있는 곳의 제어속도 범위는 15~25m/sec 정도이다.
④ 발생조건이 조용한 대기에서 속도가 없는 곳의 제어속도 범위는 1.5~2.5m/sec 정도이다.

19 대기오염물은 발생점에서 상당한 속도를 가지고 주위의 대기로 방출되는데 보통 질량이 대단히 적으므로 관성이 곧 줄어들고 후드에 의해서 쉽게 포획된다. 입자의 속도가 대략 0으로 줄어드는 위치를 무엇이라 하는가?
① Dew Point   ② Null Point
③ Bubble Point   ④ Adsorption Point

20 송풍관(Duct)에서 흄(Fume) 및 가벼운 건조 먼지(나무 등의 미세한 먼지, 산화아연, 산화알루미늄 등의 흄)의 반송속도는?
① 2m/sec   ② 10m/sec
③ 25m/sec   ④ 50m/sec

21 후드 개구에 플랜지(Flange)를 부착한 효과로 볼 수 없는 것은?
① 포착속도가 커진다.
② 후드 뒤쪽의 공기유입을 방지한다.
③ 동일 조건에서 송풍량이 증가한다.
④ 동일 조건에서 압력손실이 감소한다.

22 스프레이 도장, 용접, 도금, 저속 컨베이어의 운반 등 약간의 공기 움직임이 있고 낮은 속도로 배출되는 작업조건에서의 제어속도 범위는?
① 1.0~5.0m/sec   ② 0.5~1.0m/sec
③ 0.15~0.5m/sec   ④ 5.0~10.0m/sec

> 해설

18 ②항만 올바르다. 후드의 제어속도(통제속도·포착속도, Control Velocity)란 오염물이 주위로 분산되는 것을 방지할 수 있는 공기유속에 적당한 안전치를 고려한 통제표면에서의 공기의 유속을 말한다.

19 무효점(null point)은 발생원에서 배출된 오염물질의 운동량이 소실되어 속도가 0에 다다른 점을 말하며, 정지점이라고도 한다.

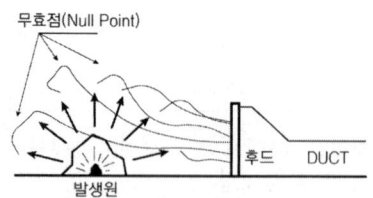

〈그림〉 무효점(Null Point)의 개념

20 아연 흄, 산화알루미늄 흄, 미세 면분진, 목재분진, 종이분진의 반송속도는 10~15m/sec범위로 한다.

21 플랜지(Flange)를 부착하면 동일 조건에서 송풍량을 감소시킬 수 있다.

22 약간의 공기 움직임이 있고 낮은 속도로 배출되는 스프레이 도장, 용접, 도금, 저속 컨베이어 운반과정에서 발생하는 오염물질의 제어속도 범위는 0.5~1.0m/sec으로 한다.

정답 | 18.② 19.② 20.② 21.③ 22.②

23 Della Valle 유도한 공식으로 외부식 후드의 필요환기량을 산출할 때, 가장 큰 영향을 주는 인자는?

① 후드 모양
② 후드의 재질
③ 후드의 개구면적
④ 후드로부터의 오염원까지의 거리

24 전자부품을 납땜하는 공정에 외부식 국소배기장치를 설치하려 한다. 후드의 규격은 가로, 세로 각각 400mm이고, 제어거리는 20cm, 제어속도 0.5m/sec, 반송속도를 1,200m/min으로 유지하고자 할 때 필요소요풍량(m^3/min)은 약 얼마인가?(단, 플랜지는 없으며 공간에 설치한다.)

① 13.2 ② 15.6
③ 16.8 ④ 18.4

25 외부식 후드에서 플랜지가 붙고 공간에서 설치된 후드와 플랜지가 붙고 면에 고정 설치된 후드의 필요공기량을 비교할 때 플랜지가 붙고 면에 고정 설치된 후드는 플랜지가 붙고 공간에 설치된 후드에 비하여 필요공기량을 약 몇 % 절감할 수 있는가?(단, 후드는 장방형 기준)

① 12% ② 20%
③ 25% ④ 33%

26 외부식 후드의 경우, 필요송풍량을 가장 적게 할 수 있는 모양은?

① 플랜지가 있고 면에 고정된 모양
② 플랜지가 없고 면에 고정된 모양
③ 플랜지가 있고 적절한 공간이 있는 모양
④ 플랜지가 없고 적절한 공간이 있는 모양

> **해설**

23 델라 벨리(Della valle)의 경험식은 다음과 같다. 이 식에서 Y는 속도비율(%)로서 후드의 개구면 속도(V)에 대한 후드의 통제유속(V_c)의 백분율이며, X는 안전치를 고려한 후드 개구면에서 오염원까지의 거리(통제거리)이다. 여기서, 외부식 후드의 필요환기량을 산출할 때 가장 큰 영향을 주는 인자는 후드로부터의 오염원까지의 거리(X)가 되는 것을 알 수 있다.

〈관계〉 $\dfrac{Y}{100-Y} = \dfrac{0.1\,A}{X^2}$ ➡ $Q = (10X^2 + A) \times V_c$

24 자유공간에 존재하는 사각형 후드(일반형 후드)의 흡인유량 계산식 $Q_c = (10X^2 + A)V_c$을 적용한다.

- $Q_c = (10X^2 + A)V_c$ $\begin{cases} A = WH = 0.4 \times 0.4 = 0.16\,m^2 \\ V_c = 0.5\,m/sec \end{cases}$

∴ $Q_c = (10 \times 0.2^2 + 0.16) \times 0.5 \times 60 = 16.8\,m^3/min$

25 외부식 후드에서 플랜지가 붙은 후드와 플랜지가 붙고 면에 고정 설치된 후드의 필요환기량을 비교하면 플랜지가 붙고 면에 고정 설치된 후드의 흡인유량이 약 33% 절약된다. 환기량의 산출 계산식을 토대로 이를 살펴보면 다음과 같다.

- 개구면적의 제곱근 이상의 플랜지를 부착한 장방형 후드 : $Q_c = 0.75(10X^2 + A) \times V_c$
- 한 변이 작업대에 경계된 플랜지 부착한 장방형 후드 : $Q_c^* = 0.5(10X^2 + A) \times V_c$

∴ 감소량 $= \left(\dfrac{Q_c - Q_c^*}{Q_c}\right) \times 100 = \left(\dfrac{0.75 - 0.5}{0.75}\right) \times 100 = 33\%$

26 플랜지가 있는 후드는 플랜지가 없는 후드에 비해서 동일한 조건에서 동일한 풍속을 얻는데 필요한 공기량을 약 25%까지 절감할 수 있다.

정답 | 23.④ 24.③ 25.④ 26.①

27 테이블에 붙여서 설치한 사각형 후드의 필요환기량(m^3/min)을 구하는 식으로 적절한 것은?(단, 플랜지는 부착되지 않았고, $A(m^2)$는 개구면적, $X(m)$는 개구부와 오염원 사이의 거리, V_c(m/sec)는 제어속도이다.)

① $Q_c = V_c \times (5X^2 + A)$
② $Q_c = V_c \times (7X^2 + A)$
③ $Q_c = 60V_c \times (5X^2 + A)$
④ $Q_c = 60V_c \times (7X^2 + A)$

28 실내에서 발생하는 CO_2량이 0.3m^3/hr일 때 CO_2의 허용농도 0.1%를 유지하기 위한 필요환기량(m^3/hr)은 얼마인가?(단, 외기의 CO_2 농도는 0.03%임)

① 428.6m^3/hr ② 323.5m^3/hr
③ 219.3m^3/hr ④ 185.2m^3/hr

29 폭이 10cm이고, 길이가 1m인 1/4원주형 슬롯 후드가 있다. 제어거리가 30cm이고, 제어속도가 0.4m/sec라면 필요송풍량은 약 얼마인가?

① 8.6m^3/min ② 11.5m^3/min
③ 20.1m^3/min ④ 32.5m^3/min

30 전자부품을 납땜하는 공정에 외부식 국소배기장치를 설치하고자 한다. 후드의 규격은 400mm×400mm, 제어거리를 20cm, 제어속도를 0.5m/sec, 그리고 반송속도를 1,200 m/min으로 하고자 할 때 덕트의 직경은 약 몇 m로 해야 하는가?

① 0.13m ② 0.26m
③ 0.33m ④ 1.34m

> **해설**

27 한 변이 작업대에 경계된 일반형 후드의 경우, 거울효과를 고려하여 다음과 같이 필요환기량을 산정한다.

$$Q_c = \frac{(10X^2 + 2A)}{2} \times V_c \times 60 = 0.5(10X^2 + 2A) \times V_c \times 60 = 60V_c \times (5X^2 + A)$$

28 실내에서 CO_2가 연속적으로 발생하고 있으므로 다음 식에 의해 환기량을 산출한다.

$$Q = \frac{G}{C_{TLV} - C_o} \times 100 \quad \begin{cases} G : \text{오염물질 발생량} = 0.3m^3/hr \\ C_{TLV} : \text{허용농도} = 0.1\% \\ C_o : \text{배경농도(외기농도)} = 0.03\% \end{cases}$$

$$\therefore Q = \frac{0.3}{0.1 - 0.03} \times 100 = 428.6 m^3/hr$$

29 슬롯형 후드로서 1/4원주형으로 제시하고 흡인유량 산출에 필요한 상수(C)를 별도로 제시하지 않은 경우, 1/4원주형 슬롯은 1.6을 적용한다.

$$Q_c = CXLV_c \quad \begin{cases} C : \text{상수} = 1.6 \\ X : \text{제어거리} = 0.3m \\ L : \text{후드의 길이} = 1m \\ V_c : \text{제어속도(통제유속)} = 0.4m/sec \end{cases}$$

$$\therefore Q_c = 1.6 \times 0.3 \times 1 \times 0.4 = 0.192 m^3/sec = 11.52 m^3/min$$

30 별도의 조건이 없으므로 일반형 사각형 후드의 흡인유량 계산식 $Q_c = (10X^2 + A)V_c$을 적용한다.

$Q_c = (10X^2 + A)V_c = A \times V$

• $Q_c = (10 \times 0.2^2 + 0.16) \times 0.5 = 0.28 \, m^3/sec \Rightarrow Q_c = Q = \frac{\pi D^2}{4} \times V \rightarrow 0.28 = \frac{3.14 \times D^2}{4} \times \frac{1,200}{60}$

$\therefore D = 0.13m$

정답 | 27.③ 28.① 29.② 30.①

31 그림과 같이 작업대 위에 용접흄을 제거하기 위해 작업면 위에 플랜지가 붙은 외부식 후드를 설치했다. 개구면에서 제어점까지의 거리는 0.3m, 제어속도는 0.5m/sec, 후드 개구의 면적이 0.6m²일 때 Della Valle식을 이용한 필요송풍량(m³/min)은 약 얼마인가? (단, 후드 개구의 높이/폭은 0.2보다 크다.)

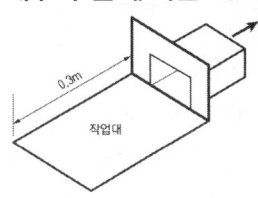

① 18　　② 23
③ 34　　④ 45

32 용적이 4,040m³인 실내에서 암모니아 농도를 측정한 결과 215ppm(용적비)이었다. 이를 송풍량 111m³/min인 송풍기로 환기하여 암모니아 농도를 11ppm으로 저감시키고자 한다. 이에 소요되는 시간은 몇 분(min)인가?

① 118.3min　　② 108.2min
③ 98.5min　　④ 72.6min

33 실내 규격이 길이 10m, 폭 7m, 높이 3m인 사무실에 벽지를 새로 부착하였다. 벽지면적은 90m²이고, 부착된 벽지에서 하루 18,000 $\mu g/m^2$의 속도로 HCHO가 방출되고 있다. HCHO는 1차 반응에 따라 CO_2로 전환된다고 할 때 이 실내의 HCHO의 최대농도(mg/m³)는 얼마인가?(단, 1차 반응속도상수는 $0.4hr^{-1}$이고, 실내의 평균환기량은 1.5Air Changes/hr, 외기는 전혀 오염되지 않은 신선한 상태임)

$$C_i = \frac{AC_o + S/V}{A + K}$$

$\begin{cases} C_i : \text{실내농도}(mg/m^3) \\ V : \text{실내용적}(m^3) \\ A : \text{시간당 공기변화량}(Air\ Changes/hr) \\ C_o : \text{외기오염물질의 농도}(mg/m^3) \\ S : \text{오염물질의 배출량}(mg/hr) \\ K : \text{반응속도상수} \end{cases}$

① 0.169　　② 0.214
③ 0.373　　④ 0.461

> **해설**

31 후드 개구의 높이/폭이 0.2보다 큰 후드이므로 슬롯형이 아닌 일반형 후드이다. 따라서 한 변이 작업대에 경계된 플랜지 부착형의 흡인유량 계산식을 적용한다.
   $Q_c = 0.5(10X^2 + A) \times V_c$
   ∴ $Q_c = 0.5 \times (10 \times 0.3^2 + 0.6) \times 0.5 \times 60 = 22.5\,m^3/min$

32 오염원의 발생량이 제시되지 않았으므로 비연속 배출원(일시 배출원)의 환기량 계산식을 적용한다.
   $C_2 = C_1 \times e^{-\frac{Q_o}{\forall} \times t}$ $\begin{cases} C_2 : t\text{시간 환기 후 농도} = 11ppm \\ C_1 : \text{환기 전 농도} = 215ppm \\ \forall : \text{실내 용적} = 4,040\,m^3 \\ Q_o : \text{환기량} = 111\,m^3/min \end{cases}$
   ∴ $t = -\frac{4,040}{111} \times \ln\left(\frac{11}{215}\right) = 108.2\,min$

33 문제에서 제시된 관계식을 이용한다.
   $C_i = \frac{AC_o + S/V}{A + K}$ $\begin{cases} A : \text{공기변화량(환기횟수)} = 1.5\,Air\ Changes/hr \\ V : \text{실내용적} = 10 \times 7 \times 3 = 210\,m^3 \\ S : \text{배출량} = \frac{18,000\mu g}{m^2 \cdot day} \times \frac{mg}{1,000\mu g} \times 90\,m^2 \times \frac{day}{24hr} = 67.5\,mg/hr \end{cases}$
   ∴ $C_i = \frac{1.5 \times 0 + 67.5/210}{1.5 + 0.4} = 0.169\,mg/m^3$

정답 | 31.② 32.② 33.①

3 통풍(通風, ventilation)

(1) 통풍 및 통풍장치

❀ **시스템의 구성** : 통풍장치(Draft Equipment)에 적정한 통풍력을 유지하기 위하여 사용되는 전반적인 장치로서 덕트·댐퍼, 연돌, 송풍기 등으로 구성되어 있음

❀ **통풍방식의 구분과 특징**
- 자연통풍
- 인공통풍(강제통풍)
  - 가압통풍(압입통풍)
  - 흡입통풍
  - 평형통풍(변용식)

□ **자연통풍**(Natural Draft) : 작업장·연소실·실내 기체의 밀도와 외기의 밀도차 또는 자연현상(바람, 풍속, 일사량) 및 수직 Duct·연돌의 높이에 의존하는 통풍방식으로 밀도차가 클수록, 외기의 온도가 낮을수록, 수직 Duct·연돌의 높이가 높을수록, 굴곡이 없을수록 통풍력은 증가하게 됨

- 장·단점

장 점	• 설비가 간단함 • 송풍기를 필요로 하지 않으며, 동력이 소모되지 않음 • 소음이 적고, 유지비용이 적게 듦
단 점	• 연소실인 경우 압력이 부압(負壓)으로 유지되므로 외기의 침입이 많음 • 연소장치의 경우, 통풍력이 낮아 대용량 시설에 적용하기 어려움 • 통풍력이 외기의 온도, 습도 등의 영향을 받음

- 연돌의 자연통풍력 산정

☀ $Z(\text{mmH}_2\text{O}) = H(\gamma_a' - \gamma_g')$

H : 연돌의 높이(m)
γ_a' : 실측상태 외기 비중량(kg_f/am^3)
γ_g' : 실측상태 가스 비중량(kg_f/am^3)

☀ $Z = 273 H \times \left[\dfrac{\gamma_a}{273 + t_a} - \dfrac{\gamma_g}{273 + t_g} \right]$

t_a : 외기온도(℃)
t_g : 가스온도(℃)
γ_a : 외기 비중량(kg_f/Sm^3)
γ_g : 가스 비중량(kg_f/Sm^3)

☀ $Z = 355 H \times \left[\dfrac{1}{273 + t_a} - \dfrac{1}{273 + t_g} \right]$

□ **가압(압입)통풍**(Forced Draft) : 작업장·연소실·실내 유입부에 가압통풍기(송풍기)와 댐퍼를 설치하고, 수직연도(연돌)를 높게 하여 통풍하는 방식으로 작업장·연소실·실내의 압력을 대기압보다 약간 양압(+)으로 유지시키는 통풍방식임

- **장 · 단점**

장 점	• 실내의 압력이 정압(양압)으로 됨(연소실의 경우 연소효율을 증대시킬 수 있음) • 다른 강제통풍방식에 비해 송풍기의 고장이 적고, 점검 및 보수가 용이함 • 흡인 통풍방식(배풍 통풍방식)에 비해 소모동력이 적음 • 연소실의 경우 연소용 공기를 예열하는데 적합함
단 점	• 연소실 통풍의 경우, 내압이 양압(+)으로 유지되기 때문에 고온의 연소가스가 누출될 우려가 있음 • 밀폐된(기밀한) 연소실 · 작업장 · 실내를 요하고, 기밀접속된 Duct와 연도를 요함 • 연소장치의 경우 역화의 위험성이 있음 • 연소실의 경우 노벽이 손상될 우려가 있음

▫ **흡인통풍**(배풍통풍, Induced Draft) : 작업장 · 연소실 · 실내 배출부에 흡입통풍기(배풍기)와 댐퍼를 설치하고, 수직연도(연돌)를 높게 하여 통풍하는 방식임

- **장 · 단점**

장 점	• 연소실의 경우 연소실 내의 압력이 부압(−)으로 유지됨 • 연소장치의 경우 역화의 위험성이 낮음 • 통풍력이 높아 시스템의 통풍저항이 큰 경우에 적합함 • 이젝터(ejector)를 사용할 경우 동력을 사용하지 않아도 됨
단 점	• 연소실 내압이 부압이므로 외기의 침입이 발생될 수 있음 • 송풍기의 소요동력이 큼 • 점검 및 보수가 용이하지 못함 • 연소용 공기를 예열하는데 적합하지 않음

▫ **평형통풍**(병용통풍) : 작업장 · 연소실 · 실내 입구는 가압송풍기와 댐퍼, 배출부에는 흡입통풍기(배풍기)와 댐퍼를 각각 설치하여 작업장 · 연소실 · 실내의 압력을 양압(+) 또는 부압(−)으로 조절이 가능한 가장 합리적인 통풍방식임

- **장 · 단점**

장 점	• 연소시설의 경우, 대형 연소시설에 적용할 수 있음 • 통풍 및 실내의 압력을 양압 또는 부압으로 조절할 수 있음 • 외부로 누설되거나 반대로 외기의 침입을 억제할 수 있음 • 연소장치의 경우 통풍력이 강하여 통풍손실이 큰 연소시설에 이용됨
단 점	• 시설비 및 유지비용이 많이 듦 • 소모동력이 많이 듦 • 소음이 발생 문제될 수 있음

(2) 덕트의 설계 · 시공 및 압력손실 산정

※ **덕트의 설계 · 시공**(Duct 및 분지관 등의 연결)

▫ **후드 뒷면 연결** : 후드 뒷면에서 주덕트 접속부까지의 지덕트 길이는 가능한 한 지덕트 3배 이상이 되도록 할 것(지덕트가 장방형덕트인 경우에는 원형덕트의 상당지름을 이용)

▫ **송풍기 연결** : 최소덕트직경의 6배 정도를 직선구간으로 할 것

□ **분지관의 연결**
  - 주덕트와 지덕트의 접속은 30° 이내가 되도록 할 것
  - 분지관이 연결되는 주관의 확대각은 15° 이내로 할 것
  - 지덕트가 2개 이상을 연결할 경우, 저항이 최소화되는 구조로 하고, 2개 이상의 지덕트를 확대관 또는 축소관의 동일한 부위에 접속하지 않도록 할 것
  - 연결점에서 압력손실의 차가 5% 이내가 되도록 압력평형을 유지할 것
  - 반바지 모양의 원형 브리칭(breeching)의 합류각은 30~60° 범위로 할 것

□ **확대/축소관의 연결** : 확대 또는 축소되는 덕트의 관은 경사각을 15° 이하로 하거나, 확대 또는 축소 전후의 덕트지름 차이가 5배 이상 되도록 할 것

□ **곡관의 연결** : 곡관의 곡률반경을 크게 할수록 압력손실이 낮아지며, 반경비가 2.5인 곡관의 경우는 작은 직경을 갖는 덕트에 유리함
  - 덕트의 직경이 150mm 미만일 경우는 새우등 3개 이상, 덕트직경이 150mm 이상일 경우는 새우등 5개 이상을 사용하여 곡관부위를 부드럽게 연결할 것
  - 곡관의 곡률반경은 최소덕트직경의 1.5 이상으로 할 것(주로 2.0을 사용)

⚛ Duct 합류점의 정압평형

□ **저항조절 평형법**(댐퍼조절 평형법) : 덕트에 댐퍼를 부착하여 압력을 조정하여 평형을 유지하는 방법
  - 압력손실 계산은 저항이 제일 큰 지관(支管)의 기준으로 산출됨
  - 분지관의 수가 많고 덕트의 압력손실이 클 때 많이 사용됨

장 점	단 점
• **설계 계산이 간편함** • 고도의 지식을 요하지 않음 • **설치 후** 송풍량 조절이 비교적 용이함 • 변경이나 확장에 대한 **유연성이 높음** • 최소설계송풍량으로 평형유지 가능	• 댐퍼 오류 시 평형상태가 파괴될 수 있음 • 침식, 부식, 분진 퇴적문제 있음 • 정상 환기기능을 저해할 수 있음 • 작업이 복잡하고 어려움

□ **정압조절 평형법**(유속조절 평형법) : 저항이 큰 쪽의 Duct 직경을 약간 크게 하여 저항을 줄이거나 저항이 작은 쪽의 Duct 직경을 감소시켜 저항을 증가시키는 방법
  - 분지관 수가 적고, 고독성 물질, 폭발성 및 방사성 분진제어에 주로 사용됨
  - 높은 쪽 정압과 낮은 쪽 정압의 비가 1.2 이하일 경우에 다음 식을 적용함

☀ **관계식** : $Q_c = Q_d \sqrt{\dfrac{P_{sL}}{P_{ss}}}$ $\begin{cases} Q_c : 보정유량(m^3/min) \\ Q_d : 설계유량(m^3/min) \\ P_{sL} : 압력손실이 큰 관의 정압(mmH_2O) \\ P_{ss} : 압력손실이 작은 관의 정압(mmH_2O) \end{cases}$

장 점	단 점
• 덕트의 폐쇄가 잘 일어나지 않음 • 잘못 설계된 분지관을 쉽게 발견 가능 • 설계가 정확할 때 효율이 가장 높음	• 근로자나 운전자가 쉽게 조절할 수 없음 • 설치 후 변경, 확장에 대한 유연성이 낮음 • 송풍량 선택이 부정확한 편임 • 설계가 어렵고 시간이 많이 소요됨

압력손실 산정

□ 후드의 유입압력손실과 후드정압

☀ 유입손실 : $\Delta P_h = F_i \times P_v$ $\begin{cases} \Delta P_h : \text{후드의 유입손실(압력손실)} \\ F_i : \text{유입손실계수} \\ P_v : \text{속도압(동압)} \end{cases}$

☀ 후드정압 : $|P_s| = (1+F_i)P_v$

☀ 유입손실계수$(F_i) = \dfrac{1-C_e^2}{C_e^2}$, $C_e^2 = \dfrac{1}{1+F_i}$ $\begin{cases} F_i : \text{유입손실계수} \\ C_e : \text{유입계수} \end{cases}$

□ 관로 및 DUCT의 압력손실
관로 및 Duct의 압력손실은 마찰손실+굴곡손실+합류손실+단면의 확대·축소 손실+배기구(토출)손실+기타 손실의 합산으로 산정됨

☀ 직관 마찰손실 $\begin{cases} \text{원형관} : \Delta P_f = \lambda \dfrac{L}{D} \times \dfrac{\gamma V^2}{2g} \\ \text{사각형} : \Delta P_f = \lambda \dfrac{L}{D_o} \times \dfrac{\gamma V^2}{2g} \end{cases}$

☀ 굴곡손실 $\begin{cases} \Delta P_c = f_c \times P_v \\ \Delta P_c = f_c \times \dfrac{\gamma V^2}{2g} \\ \Delta P_c = \left(f_c \times \dfrac{\theta}{90}\right)P_v \end{cases}$

☀ 합류손실 $\begin{cases} \Delta P_d = \Delta P_1 + \Delta P_2 \\ \Delta P_d = f_{d_1} \times P_{v_1} + f_{d_2} \times P_{v_2} \end{cases}$

☀ 확대/축소 손실 $\begin{cases} \Delta P_s = \zeta \times \Delta P_v \\ \Delta P_s = |\Delta P_v| + |\Delta P_s| \end{cases}$

$\begin{cases} \Delta P_f : \text{마찰손실(mmH}_2\text{O)} \\ h_f : \text{마찰손실계수} \\ P_v : \text{속도압(mmH}_2\text{O)} \\ V : \text{유속(m/sec)} \\ \gamma : \text{유체 비중량} \\ L : \text{관로 길이(m)} \\ a, b : \text{폭, 높이(m)} \\ \lambda : \text{다르시계수} \\ f : \text{패닝계수} = \lambda/4 \\ D_o : \text{상당경} = 2ab/a+b \\ \Delta P_c : \text{곡관손실} \\ f_c : \text{곡관손실계수} \\ \Delta P_{90} : 90° \text{ 곡관 압력손실} \\ \theta : \text{굴곡각(°)} \\ \Delta P_d : \text{합류손실} \\ f_d : \text{합류손실계수} \\ \Delta P_s : \text{확대/축소 손실} \\ \zeta : \text{확대/축소 손실계수} \end{cases}$

(3) 송풍기의 종류 · 특성, 동력계산

☀ **원심송풍기** : 다익팬, 레이디얼(평판형)팬, 터보팬, 익형팬 등이 있음

유 형	형 태	효율 (%)	풍량 (m³/min)	정압 (mmH₂O)	특 징
전향날개형 (다익형)		40 ~ 60	10 ~ 10,000	10 ~ 150	• 전체환기나 공기조화용, 저속덕트 공조용, 공조 급·배기용, 저압난방 및 환기에 이용됨 • 제한된 장소나 **저압에서 대풍량을 요하는 곳** • 동일 풍량·풍압에 비해 임펠러의 회전속도가 낮기 때문에 소음문제가 거의 발생하지 않음 • 소형, 경량이고, 저렴하고, 저가에 제작가능 • **높은 압력손실에서 송풍량이 급격히 떨어짐** • 구조상 고속회전이 어렵고, 효율에 비해 큰 동력을 요하므로 고온·고압·고속에는 부적합함

유형	형태	효율(%)	풍량(m³/min)	정압(mmH₂O)	특징
후향날개형 (터보형)		60~80	60~900	50~2,000	• 송풍량이 증가해도 동력이 증가하지 않는 장점이 있어 **한계부하 송풍기**라고도 함 • 압력변동이 있어도 풍량의 변화가 비교적 작음 • 시설저항/운전상태가 변해도 과부하가 걸리지 않음 • **고온·고압의 대용량**에 적합함(압입통풍기에 적합) • **압입통풍기**로 주로 사용(보일러 급기용) • **효율이 높음**(방사형과 전향에 비해 효율이 높음) • 고농도 분진 함유 공기를 이송시킬 경우 회전날개 뒷면에 분진이 퇴적되어 효율이 떨어질 수 있음 • 소음이 비교적 낮으나 **구조가 가장 큼**
방사날개형 (평판형) (레이디얼형)		40~70	20~1,000	30~300	• 깃의 구조가 분진을 자체 정화할 수 있도록 되어 있어 **자기청소**(self cleaning) 특성이 있음 • 고농도 공기나 부식성이 강한 공기를 이송시키는 데 사용(흡입통풍기에 적합) • 환기용, **물질의 이송취급**(시멘트, 사료, **톱밥이송**), 산업용의 고압장치에 이용됨 • 대형으로 중량이 무거움, 설치장소의 제약을 받음 • 가격이 비싸고 **효율이 낮음** • 소음면에서는 다른 송풍기에 비해 좋지 못함
비행기 날개형 (익형)		75~85	60~1,500	40~250	• **후향날개형(터보형)을 정밀하게 변형**시킨 것 • 고속회전이 가능하고, 소음이 적음 • 원심력송풍기 중 **효율이 가장 좋음** • 입자상 물질이 퇴적하기 쉬우며 부식에 약함

※ **축류송풍기**: 프로펠러팬, 송풍관 붙이 축류팬, 정익 붙이 축류팬 등으로 분류된다. **다량의 풍량**이 요구될 때 적합하며, 소음이 있고, **규정풍량 이외**에서는 **효율이 갑자기 떨어지는 단점**이 있음

유형	형태	효율(%)	풍량(m³/min)	정압(mmH₂O)	특징
프로펠러형 (평판형)		10~50	10~400	0~15	• 축차에 2개 이상의 두꺼운 날개를 부착하고 있음 • 구조가 가장 간단하고, 적은 비용으로 많은 양의 공기를 이송시킬 수 있음 • **효율이 낮으며 저압 공기운송에 이용** • 덕트가 없는 벽에 부착되어 공간 내 공기의 순환에 응용됨

유형	형태	효율 (%)	풍량 (m³/min)	정압 (mmH₂O)	특 징
원통축류형 (튜브형)		55 ~ 65	500 ~ 10,000	5 ~ 15	• 많은 날개를 가지며, 효율과 압력상승에 효과를 높이기 위해 드럼 또는 원통으로 감싼 형태임 • 압력손실이 낮은 **대형 냉각탑, 대풍량에 적합** • 건조오븐, 페인트, 분무실, 훈연배기장치로 사용
고정날개 축류형 (베인형)		75 ~ 85	40 ~ 1,000	10 ~ 80	• 축류형 중 **효율이 높고**, 중·고압을 얻을 수 있음 • 공기의 분포가 양호하여 **국소통풍용, 터널환기용** 등으로 사용됨 • 효율과 압력상승효과를 얻기 위해 직선형 고정날개를 주로 사용함

⚛ 송풍기의 동력 계산

☀ $P(\text{kW}) = \dfrac{\Delta P \cdot Q}{102 \, \eta_m \, \eta_s} \times \alpha = P_a \, \alpha = \dfrac{P_o}{\eta \, \eta_m} \alpha$

$\begin{cases} Q : \text{유량}(\text{m}^3/\text{sec}) \\ \Delta P : \text{유효전압(압력손실)} \\ \alpha : \text{여유율(안전율)} \\ \eta : \text{송풍기 효율} \\ \eta_m : \text{모터효율} \\ P : \text{소요동력} \\ P_a : \text{축동력} \\ P_o : \text{이론동력} \\ 1\text{HP(마력)} = 0.746\text{kW} \end{cases}$

⚛ 송풍기의 상사 법칙·차원해석

☀ 유량 : $Q = kD^3 N^1 \Rightarrow Q_2 = Q_1 \times \left(\dfrac{N_2}{N_1}\right)$

☀ 풍압(손실) : $\Delta P = kD^2 N^2 \rho \Rightarrow P_{s2} = P_{s1} \times \left(\dfrac{N_2}{N_1}\right)^2$

☀ 동력 : $P = kD^5 N^3 \rho \Rightarrow P_2 = P_1 \times \left(\dfrac{N_2}{N_1}\right)^3$

$\begin{cases} Q : \text{유량(풍량)} \\ P_s : \text{풍압(압력손실)} \\ \Delta P : \text{압력손실} \\ P : \text{동력} \\ D : \text{날개 직경} \\ N : \text{회전수(rpm)} \\ k : \text{비례상수} \\ \rho : \text{공기밀도} \end{cases}$

⚛ 송풍기의 특성곡선
송풍기는 고유의 특성이 있으며, 이러한 특성을 하나의 선도로 나타낸 것을 송풍기의 특성곡선이라 한다. 송풍기 특성곡선은 일정한 회전수에서 가로축을 풍량(Q)(m³/min), 세로축을 정압 P_s 및 전압 P_t(mmAq), 효율 η(%), 동력 L(kW)로 놓고 풍량에 따라 이들의 압력 및 효율의 변화과정을 나타낸다.

▫ **동작점**(운전점) : 송풍기의 동작점은 성능곡선과 시스템 특성곡선이 만나는 점. 압력손실이 증가하면 운전점은 정압이 높은 쪽으로 이동하게 되고, 송풍량은 감소함

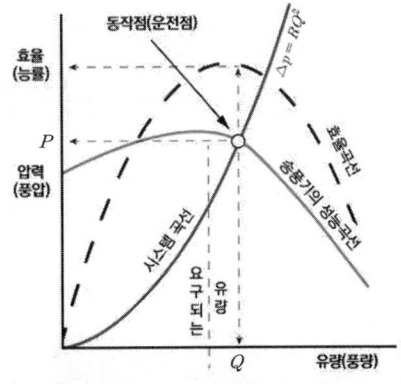

〈그림〉 송풍기 특성곡선과 운전점

▫ **압력손실의 변화에 따른 동작점의 변화** : 송풍기 성능곡선과 시스템 요구곡선이 만나는 송풍기 동작점은 설계과정에서 압력손실의 산정결함이나 시간경과에 따른 송풍기의 장력감소, 임펠러의 이물질 부착 등에 의한 효율감소 등의 요인에 따라 여러 형태로 변할 수 있다.

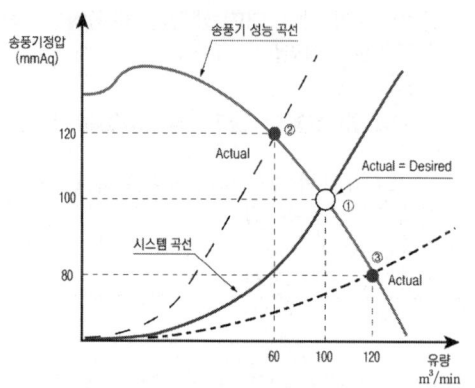

①의 운전점 : 송풍기의 선정이 적절하여 원했던 송풍량이 나오는 경우임
②의 운전점 : 운전상의 압력손실이 예측한 압력손실보다 높게 나타남으로써 실제풍량이 예상풍량보다 부족한 경우의 운전점이 됨
③의 운전점 : 운전상의 압력손실이 예측한 압력손실보다 낮게 나타남으로써 실제풍량이 예상풍량보다 많은 경우의 운전점이 됨

※ **송풍기의 풍량조절방법**
  ▫ **송풍기의 성능곡선의 모양과 위치변경** : 회전수 변환법, 안내깃 조절법, 흡입구 틈새 조절법, 가변피치 조절법, 흡입댐퍼 조절법 등
  ▫ **시스템 곡선변경** : 토출댐퍼 조절법

CBT 형식 출제대비 엄선 예상문제

01 통풍방식 중 압입통풍에 대한 설명으로 틀린 것은?

① 연소용 공기를 예열할 수 있다.
② 고장이 적고, 점검 및 보수가 용이하다.
③ 흡인통풍식보다 송풍기의 동력소모가 적다.
④ 노 내압이 부(−)압으로 역화의 우려가 없다.

02 통풍방식 중 흡인통풍에 대한 설명으로 거리가 먼 것은?

① 연소용 공기를 예열할 수 있다.
② 송풍기의 점검 및 보수가 어렵다.
③ 굴뚝의 통풍저항이 큰 경우에 적합하다.
④ 노 내압이 부압으로 냉기침입의 우려가 있다.

03 다음의 특성을 갖는 통풍방식은?

- 통풍 및 노 내압의 조절이 용이하다.
- 가스의 누설 및 냉기의 침입이 없다.
- 통풍손실이 큰 연소설비에 사용된다.

① 자연통풍 ② 평형통풍
③ 압입통풍 ④ 흡인통풍

04 덕트 설계에 대한 주요 원칙과 거리가 먼 것은?

① 밴드는 가능하면 90°가 되도록 한다.
② 밴드 수는 가능한 한 적게 하도록 한다.
③ 덕트는 가능한 한 짧게 배치되도록 한다.
④ 공기가 아래로 흐르도록 하향구배를 만든다.

해설

01 압입통풍은 연소실 내의 압력을 대기압보다 정압(+)으로 유지하기 때문에 역화의 위험성이 있다.

02 흡인통풍방식은 공기를 예열하는데 부적합하다.

┃ 흡인통풍의 장·단점 ┃

장 점	단 점
• 연소실 내 압력을 부압으로 유지하므로 역화 위험성 없음 • 통풍력 높아 통풍저항이 큰 시설에 적합 • 이젝터(ejector) 방식 적용이 가능함	• 송풍기 소요동력이 큼 • 송풍기의 점검 및 보수가 용이하지 못함 • 냉기침입이 용이함 • 연소용 공기를 예열하는데 부적합

03 연소실(연소로) 내압의 조절이 양압/부압으로 조절 가능한 통풍은 평형통풍이다.

┃ 평형통풍의 장·단점 ┃

장 점	단 점
• 대용량에 적합함 • 노 내압을 양압/부압으로 조절할 수 있음 • 가스의 누설방지 및 외기침입 억제가능	• 소요동력이 많이 듦 • 소음발생 • 시설비 및 유지관리비가 많이 듦

04 밴드는 가능하면 90°가 되는 것을 피하고, 30° 이내가 되도록 접합한다.

정답 ┃ 1.④ 2.① 3.② 4.①

05 유입계수 0.84, 속도압이 45mmH₂O일 때 후드의 압력손실은?

① 11.6mmH₂O   ② 18.8mmH₂O
③ 25.4mmH₂O   ④ 34.2mmH₂O

06 형식 분류상 일반형인 후드가 설치되어 있다. 후드의 유입계수가 0.88이고, 속도압이 30 mmH₂O일 때 후드의 정압손실(mmH₂O)은?

① 38.7mmH₂O   ② 8.7mmH₂O
③ 0.29mmH₂O   ④ 46.5mmH₂O

07 후드의 압력손실이 12mmH₂O이고, 동압이 20mmH₂O일 경우 유입계수는 얼마인가?

① 0.82   ② 0.79
③ 0.67   ④ 0.60

08 가스가 송풍관 내를 통과할 때 발생하는 압력손실에 대한 설명으로 틀린 것은?

① 가스밀도에 비례
② 관의 내경에 비례
③ 가스유속의 제곱에 비례
④ 곡관이 많을수록 압력손실은 증가한다.

> 해설

05 제시된 유입계수(C_e)를 이용하여 압력손실계수(F_i)를 먼저 구한 후 압력손실(ΔP)을 산출한다.

▫ $\Delta P = F_i \times P_v$ $\left\{ F_i(\text{유입손실계수}) = \dfrac{1-C_e^2}{C_e^2} = \dfrac{1-0.84^2}{0.84^2} = 0.417 \right.$

∴ $\Delta P = 0.417 \times 45 = 18.77 \text{mmH}_2\text{O}$

06 다음 관계식을 이용하여 후드정압(P_s, mmH₂O)을 산출한다.

▫ $|P_s| = (1+F_i)\,P_v$ $\begin{cases} P_s : \text{후드의 정압손실} \\ F_i : \text{유입손실계수} \\ P_v : \text{속도압(동압)} = 30\text{mmH}_2\text{O} \end{cases}$

• $F_i(\text{유입손실계수}) = \dfrac{1-C_e^2}{C_e^2} = \dfrac{1-0.88^2}{0.88^2} = 0.291$

∴ $|P_s| = (1+0.291) \times 30 = 38.74 \text{mmH}_2\text{O}$

07 후드의 압력손실은 유입손실계수와 속도압(동압)의 곱으로 계산되며, 이를 이용하여 "유입손실계수(F_i)"를 산출한 다음 이를 이용하여 "유입계수(C_e)"를 구한다.

▫ $\Delta P_h = F_i \times P_v$ $\begin{cases} \Delta P_h : \text{후드의 압력손실} = 12\text{mmH}_2\text{O} \\ F_i : \text{유입손실계수} \\ P_v : \text{속도압(동압)} = 20\text{mmH}_2\text{O} \end{cases}$ ⇨ $12 = F_i \times 20,\ F_i = 0.6$ ⇨ $F_i = \dfrac{1-C_e^2}{C_e^2}$

∴ $C_e = \sqrt{\dfrac{1}{1+F_i}} = \sqrt{\dfrac{1}{1+0.6}} = 0.79$

▶ 유입계수(C_e, entry coefficient) ◀

▫ 정의 : 실제유량(Q)과 이상적 최대유량(Q_{max})의 비를 말함
▫ 적용
  • 유입계수(C_e)는 후드의 유입효율의 척도로 이용됨
  • 유입계수(C_e)가 1.0에 가까울수록 압력손실이 작은 후드를 의미함
  • 유입손실계수(F_i)가 0이면 유입계수(C_e)는 1.0이 됨

▫ 관계식 : $C_e^2 = \dfrac{1}{1+F_i}$ or $F_i = \dfrac{1-C_e^2}{C_e^2}$

08 마찰압력손실은 관의 직경(내경)에 반비례한다.

정답 | 5.② 6.① 7.② 8.②

09 원형 덕트에서 길이 L, 마찰계수 f, 직경 D, 유속 V일 때 압력손실(ΔP)의 비례관계 표현으로 옳은 것은?(단, g : 중력가속도)

① $\Delta P \propto f \dfrac{DLV^2}{g}$ ② $\Delta P \propto f \dfrac{gLV^2}{D}$

③ $\Delta P \propto f \dfrac{LV^2}{gD}$ ④ $\Delta P \propto f \dfrac{DV^2}{gL}$

10 원형 직선 Duct에서 발생하는 기류의 압력손실에 대한 설명으로 옳은 것은?
① 관의 직경에 비례한다.
② 관의 길이에 반비례한다.
③ 기체의 유속에 반비례한다.
④ 기체의 밀도(비중량)에 비례한다.

11 직경이 1m, 길이 100m인 가스 이송 Duct에 260℃, 1atm의 배기가스가 12,000m³/hr로 반송되고 있다. Duct의 마찰손실(mmH₂O)은?(단, 마찰계수는 $\lambda = 0.06$, STP상태의 공기밀도는 1.3kg/m³)

① 0.92mmH₂O   ② 1.85mmH₂O
③ 3.70mmH₂O   ④ 7.41mmH₂O

12 원형 덕트에서 Duct의 직경을 1/2로 줄일 경우 직관부분의 압력손실은 몇 배가 되는가?
① 4배   ② 8배
③ 16배   ④ 32배

> **해설**

09 원형 덕트에서의 압력손실은 마찰계수, 관의 길이, 유속에 비례하고 관의 직경, 중력가속도에 반비례한다.

□ $\Delta P_f = 4f\dfrac{L}{D} \times \dfrac{\gamma V^2}{2g}$ $\begin{cases} \Delta P_f : \text{마찰손실(mmH}_2\text{O)} \\ L : \text{직선 덕트의 길이(m)} \\ P_v : \text{속도압(mmH}_2\text{O)} \\ f : \text{패닝의 마찰계수}(\lambda/4) \end{cases}$ $\begin{array}{l} V : \text{관내 유속(m/sec)} \\ D : \text{원형 Duct의 직경(m)} \\ \gamma : \text{가스의 비중량(kg}_f/\text{m}^3) \end{array}$

10 ④항만 올바르다. 원형 직선 Duct에서 발생하는 기류의 압력손실은 관의 직경에 반비례하고, 관의 길이에 비례하며, 기체의 유속의 제곱에 비례한다.

11 원형 덕트(Duct)의 마찰손실 계산식을 적용한다.

□ $\Delta P = 4f \times \dfrac{L}{D} \times \dfrac{\gamma V^2}{2g}$ $\begin{cases} 4f = \lambda = 0.06 \\ \gamma = \dfrac{1.3\,\text{kg}_f}{\text{Sm}^3} \times \dfrac{273}{273+260} = 0.67\,\text{kg}_f/\text{m}^3 \\ V = \dfrac{Q}{A} = \dfrac{Q}{\pi D^2/4} = \dfrac{12{,}000}{3.14 \times 1^2/4} = 15{,}286.62\,\text{m/hr} = 4.25\,\text{m/sec} \end{cases}$

∴ $\Delta P = 0.06 \times \dfrac{100}{1} \times \dfrac{0.67 \times 4.25^2}{2 \times 9.8} = 3.7\,\text{mmH}_2\text{O}$

12 원형 덕트(Duct)의 직관(直管)에 대한 마찰손실(마찰압력손실) 계산식을 적용한다.

□ $\Delta P = 4f \times \dfrac{L}{D} \times \dfrac{\gamma V^2}{2g} \rightarrow \Delta P = K\dfrac{V^2}{D}$

- $\dfrac{\pi D_1^2}{4}V_1\rho_1 = \dfrac{\pi(0.5D_1)^2}{4}V_2\rho_2 \xrightarrow{\text{밀도}(\rho)\text{가}\,\text{일정하면}} V_2 = V_1 \times \dfrac{D_1^2}{(0.5D_1)^2}$

- $V_2 = 2^2 V_1 = 4V_1$ (유속은 4배)

∴ $\dfrac{\Delta P_2}{\Delta P_1} = \dfrac{(4V_1)^2/(1/2 D_1)}{V_1^2/D_1} = 32$배

정답 | 9.③ 10.④ 11.③ 12.④

13 덕트의 마찰에 의한 압력손실에 영향을 미치는 인자에 대한 설명 중 옳지 않은 것은?

① Duct의 길이에 비례한다.
② Duct의 직경에 반비례한다.
③ 유해가스 밀도(비중량)에 비례한다.
④ 유해가스 이송속도에 비례한다.

14 90° 곡관의 반경비가 2.25일 때 압력손실계수는 0.26이다. 속도압이 30mmH₂O일 경우 곡관의 압력손실은?

① 2.8mmH₂O   ② 5.4mmH₂O
③ 7.8mmH₂O   ④ 12.3mmH₂O

15 다음 중 축류형 송풍기로 분류되는 것은?

① 프로펠러형   ② 방사날개형
③ 비행기날개형 ④ 전향날개형

16 형상비가 3.0이고, 반경비가 2.0인 장방형 곡관의 속도압 백분율은 10%이다. 속도압이 20 mmH₂O이라면 이 관의 압력손실(mmH₂O)은?

① 2   ② 10
③ 20   ④ 30

17 90° 곡관에서 유입부(A지점)의 21℃ 공기 유속은 1,550m/min이고, 출구부(B지점)의 유속은 1,350m/min이었다. 이 곡관의 압력손실(mmH₂O)은?

① 4.6   ② 9.9
③ 14.6   ④ 18.9

18 송풍기를 운전할 때 필요유량에 과부족을 일으켰을 때 송풍기의 유량조절방법에 해당하지 않는 것은?

① 회전수 조절법   ② 안내익 조절법
③ Damper 부착법   ④ 체걸름 조절법

▶ 해설

13 유해가스 이송속도(V)의 제곱에 비례한다.

14 제시된 압력손실계수(f_c)와 속도압(P_v)을 이용하여 후드의 압력손실을 산출한다.

□ $\Delta P_c = f_c \times P_v \times \dfrac{\theta}{90}$ $\begin{cases} \Delta P_c : \text{곡관의 압력손실(mmH}_2\text{O)} \\ f_c : \text{곡관의 압력손실계수} = 0.26 \\ P_v : \text{속도압} = 30 \text{ mmH}_2\text{O} \\ \theta : \text{곡관의 전환각도} = 90° \end{cases}$

∴ $\Delta P_c = 0.26 \times 30 \times \dfrac{90}{90} = 7.8 \text{mmH}_2\text{O}$

15 프로펠러형 송풍기는 축류형으로 분류된다.

16 장방형 Duct에서 압력손실계수는 0.1이므로 다음과 같이 압력손실을 산출한다.

□ $\Delta P_c = f_c \times P_v$ $\begin{cases} \Delta P_c : \text{곡관의 압력손실(mmH}_2\text{O)} \\ f_c : \text{곡관의 압력손실계수} = 0.1 \text{(형상비 3, 반경비 2일 때)} \\ P_v : \text{속도압} = 20 \text{ mmH}_2\text{O} \end{cases}$

∴ $\Delta P = 0.1 \times 20 = 2 \text{ mmH}_2\text{O}$

17 압력손실(ΔP)은 동일한 조건에서 유속(V)의 제곱에 비례함을 이용한다.(단, K는 비례인자상수)

□ $\Delta P = f_c \times P_v = f_c \times \dfrac{\gamma V^2}{2g} = K\left(\dfrac{V_m}{242.2}\right)^2$

∴ $\Delta P_A - \Delta P_B = \left(\dfrac{1,550}{242.2}\right)^2 - \left(\dfrac{1,350}{242.2}\right)^2 = 9.89 \text{mmH}_2\text{O}$

18 체걸름 조절법은 분진입자의 입경분포 측정법이며, 유량조절방법과 무관하다.

정답 ┃ 13.④ 14.③ 15.① 16.① 17.② 18.④

19 다음 설명에 해당하는 축류송풍기의 형식은?

> 두 개 이상의 축차에 두꺼운 날개를 틀 속에 가지고 있고 효율이 낮으며, 저압용에 사용된다. 덕트가 없는 벽에 부착되어 공간 내 공기의 순환에 응용되고, 대용량 공기운송에 이용된다.

① 후향날개형 ② 방사경사형
③ 프로펠러형 ④ 고정날개축류형

20 다음의 설명에 해당하는 송풍기의 형식은?

> 동일한 회전속도에서 가장 높은 풍압을 발생시키지만 효율이 40~70% 범위로 낮고, 제한된 장소나 저압에서 대풍량을 요하는 시설에 이용된다.

① 다익형 송풍기 ② 레디얼송풍기
③ 평판형 송풍기 ④ 터보형 송풍기

21 소음이 비교적 크지만 구조가 간단하여 설치장소의 제약이 작고, 고온·고압의 대용량에 적합하며, 압입통풍기로 주로 사용되는 것으로 효율이 좋은 것은?

① 터보형 ② 다익형
③ 평판형 ④ 프로펠러형

22 다음 설명 중 ( ) 안에 적합한 축류형 송풍기는?

> ( )는 축류형 중 가장 효율이 높으며, 일반적으로 직선류 및 아담한 공간이 요구되는 HVAC 설비에 응용된다. 공기의 분포가 양호하여 많은 산업장에서 응용되고 있다.

① 원통축류형 송풍기
② 방사날개형 송풍기
③ 프로펠러형 송풍기
④ 고정날개 축류형 송풍기

23 다음은 원심력송풍기의 유형 중 어떤 유형에 관한 설명인가?

> 축차의 날개는 작고 회전축차의 회전방향 쪽으로 굽어 있다. 이 송풍기는 비교적 느린속도로 가동되며, 이 축차는 때로 "다람쥐축차"라고도 불린다. 주로 가정용 화로, 중앙난방장치 및 에어컨과 같이 저압난방 및 환기 등에 이용된다.

① 방사날개형 ② 전향날개형
③ 방사경사형 ④ 프로펠러형

> ▶ **해설**

19 효율이 낮고 저압용이며, 두 개 이상의 축차를 가지고 있는 축류식 송풍기는 프로펠러형이다.

20 효율이 40~70% 범위로 낮고, 제한된 장소나 저압에서 대풍량을 요하는 시설에 이용되는 송풍기는 다익형이다.

21 원심력 송풍기 중 효율이 가장 좋은 것은 비행기날개형(Airfoil Blade)이다. 효율의 크기는 원심식의 비행기날개형(익형) > 터보형(후향날개형) > 방사형(레디얼형) 순서이다.

22 축류형 중 가장 효율이 높은 것은 고정날개 축류형 송풍기이다.

23 저압에서 대풍량을 요하는 시설에 사용되는 것은 다익송풍기(전향날개형 송풍기)이다.

정답 ❘ 19.③ 20.① 21.① 22.④ 23.②

24 덕트의 이송가스량 15,000m³/hr, 압력손실 250mmH₂O, 효율 75%일 때 송풍기 축동력(kW)은?

① 5.2kW ② 8.7kW
③ 10.8kW ④ 13.6kW

25 유해가스의 발생원으로부터 공기정화장치 및 송풍기를 포함한 국소배기장치의 전압력손실이 250mmH₂O일 때 송풍기의 처리가스량은 35,000m³/hr이었다. 이 시스템의 송풍기의 소요동력(kW)은?(단, 송풍기효율 75%, 여유율 1.4)

① 25kW ② 34kW
③ 45kW ④ 56kW

26 흡입관의 정압과 속도압이 각각 −30.5 mmH₂O, 7.2mmH₂O이고, 배출관의 정압과 속도압이 각각 23.0mmH₂O, 15mmH₂O이면, 송풍기의 유효정압(mmH₂O)은?

① 26.1 ② 33.2
③ 46.3 ④ 58.4

27 송풍기의 크기와 유체의 밀도가 일정할 때 송풍기 회전속도를 2배로 증가시킬 경우 다음 중 옳게 설명한 것은?

① 유량은 2배 증가한다.
② 동력은 6배 증가한다.
③ 정압은 2배 증가한다.
④ 배출속도는 4배 증가한다.

> **해설**

24 송풍기의 축동력(kW) 계산식을 이용한다.

- P_a (축동력, kW) $= \dfrac{\Delta P\, Q}{102\eta}$ $\begin{cases} \Delta P : \text{전압력손실} = 250\,\text{mmH}_2\text{O} \\ Q : \text{처리가스량} = 15{,}000\,\text{m}^3/\text{hr} = 4.17\,\text{m}^3/\text{sec} \end{cases}$

$\therefore P_a = \dfrac{250 \times 4.17}{102 \times 0.75} = 13.62\,\text{kW}$

25 송풍기의 소요동력(kW) 계산식을 이용한다.

- P (소요동력, kW) $= \dfrac{\Delta P\, Q}{102\eta} \times \alpha$ $\begin{cases} \Delta P : \text{전압력손실} = 250\,\text{mmH}_2\text{O} \\ Q : \text{처리가스량} = 35{,}000\,\text{m}^3/\text{hr} = 9.72\,\text{m}^3/\text{sec} \\ \alpha : \text{여유율} = 40\% = 1.4 \end{cases}$

$\therefore P = \dfrac{250 \times 9.72}{102 \times 0.75} \times 1.4 = 44.48\,\text{kW}$

26 송풍기의 유효정압은 입·출구의 정압의 합과 입구속도압의 차로부터 계산할 수 있다.

- $P_{sf} = |P_{so}| + |P_{si}| - P_{vi}$ $\begin{cases} \text{출구정압} = 23\,\text{mmH}_2\text{O} \\ \text{입구정압} = -30.5\,\text{mmH}_2\text{O} \\ \text{입구속도압} = 7.2\,\text{mmH}_2\text{O} \end{cases}$

$\therefore P_{sf} = (23 + 30.5) - 7.2 = 46.3\,\text{mmH}_2\text{O}$

27 ①항만 올바르다. 송풍기의 유량은 송풍기의 회전속도에 비례한다.

- $Q_2 = Q_1 \times \left(\dfrac{N_2}{N_1}\right)$ $\begin{cases} Q_2 : \text{회전수 } N_2 \text{일 때의 유량} \\ Q_1 : \text{회전수 } N_1 \text{일 때의 유량} \end{cases}$

▶ 바르게 고쳐보기 ◀

② 동력 : 송풍기 회전속도의 3승에 비례한다. ⇨ $P_2 = P_1 \times \left(\dfrac{N_2}{N_1}\right)^3$ → 8배 증가

③ 풍압 : 송풍기 회전속도의 2승에 비례한다. ⇨ $P_{s2} = P_{s1} \times \left(\dfrac{N_2}{N_1}\right)^2$ → 4배 증가

④ 유속 : 송풍기 회전속도에 비례한다. ⇨ $V_2 = V_1 \times \left(\dfrac{N_2}{N_1}\right)$ → 2배 증가

정답 | 24.④ 25.③ 26.③ 27.①

업그레이드 종합 예상문제

01 자연통풍에 대한 설명으로 가장 적합한 것은?
① 굴뚝의 통풍저항이 큰 경우에 적합하다.
② 내압이 정압(+)으로 외기의 침입이 적다.
③ 송풍기의 고장이 적고 점검 및 보수가 용이하다.
④ 배출가스의 유속은 3~4m/sec, 통풍력은 15mmH₂O 정도이다.

▌해설 ④항만 올바르다. 자연통풍에 의한 배출가스의 유속은 3~4m/sec, 통풍력은 15mmH₂O 정도이다.

02 두 분지관이 동일 합류점에서 만나 합류관을 이루도록 설계되어 있다. 한쪽 분지관의 송풍량은 200m³/min, 합류점에서의 이 관의 정압은 −34mmH₂O이며, 다른 쪽 분지관의 송풍량은 160m³/min, 합류점에서의 이 관의 정압은 −30mmH₂O이다. 합류점에서 유량의 균형을 유지하기 위해서는 압력손실이 더 적은 관을 통해 흐르는 송풍량(m³/min)을 얼마로 해야 하는가?
① 165　　② 170
③ 175　　④ 180

▌해설 정압조절 평형법의 관계식을 이용한다.

□ Q_c(보정유량) $= Q_d$(설계유량)$\times \sqrt{\dfrac{P_{sL}}{P_{ss}}}$

∴ $Q_c = 160\text{m}^3/\min \times \sqrt{\dfrac{-34}{-30}} = 170.33 \text{ m}^3/\min$

03 1.2kW의 동력으로 20m³/min의 유해가스를 이송하는 송풍기가 있다. 유해가스의 송풍량을 30m³/min으로 증가할 경우 이때 필요한 송풍기의 소요동력(kW)은? (단, 송풍기 크기, 가스밀도는 일정)
① 1.3　　② 1.8
③ 2.6　　④ 5.2

▌해설 송풍기의 소요동력(kW) 계산식을 이용한다. (단, 식에서 K는 비례상수)

□ $P(\text{kW}) = \dfrac{\Delta P Q}{102\eta} \times \alpha$ ⇨ 유량을 제외한 조건이 일정할 경우 → $P = KQ$

∴ $P_2 = P_1 \times \left(\dfrac{Q_2}{Q_1}\right) = 1.2 \times \left(\dfrac{30}{20}\right) = 1.8 \text{kW}$

정답　1.④　2.②　3.②

04 가로 300mm, 세로 450mm의 장방형 덕트에 100m³/min의 배기가스를 반송하고 있다. 길이 10m당 압력손실(mmH₂O)은 얼마인가?(단, 마찰계수 $f=0.03$)

① 7.8mmH₂O
② 15.6mmH₂O
③ 31.1mmH₂O
④ 62.3mmH₂O

해설 장방형 덕트의 마찰손실 계산식을 적용한다.

$$\Delta P = f \times \frac{L}{D_o} \times \frac{\gamma V^2}{2g} \quad \begin{cases} f : 마찰계수 & D_o : 등가직경(상당경) \\ L : 길이 & \gamma : 가스의 비중량 \\ V : 유속 & g : 중력가속도 \end{cases}$$

- $D_o = \dfrac{2ab}{(a+b)} = \dfrac{2 \times 0.3 \times 0.45}{0.3+0.45} = 0.36\,\text{m}$
- $V = \dfrac{Q}{A} = \dfrac{Q}{ab} = \dfrac{100}{0.3 \times 0.45} = 740.74\,\text{m/min} = 12.35\,\text{m/sec}$

$$\therefore \Delta P = 0.03 \times \frac{10}{0.36} \times \frac{1.2 \times 12.35^2}{2 \times 9.8} = 7.8\,\text{mmH}_2\text{O}$$

05 다음 송풍량 40m³/min일 때 압력손실은 20mmH₂O이었다. 시스템의 압력손실이 15mmH₂O일 때 송풍량(m³/min)은?

① 15.8m³/min
② 28.2m³/min
③ 30.3m³/min
④ 34.6m³/min

해설 압력손실은 유량의 제곱에 비례한다.

$$\Delta P_2 = \Delta P_1 \times \left(\frac{Q_2}{Q_1}\right)^2 \rightarrow 15 = 20 \times \left(\frac{Q_2}{40}\right)^2$$

$$\therefore Q_2 = 34.64\,\text{m}^3/\text{min}$$

06 회전수 1,000rpm일 때 송풍유량은 20m³/min이었다. 유량을 30m³/min으로 증가시키기 위한 요구회전수(rpm)는?

① 1,500
② 2,000
③ 2,500
④ 3,000

해설 유량은 회전속도에 비례관계이다.

$$Q_2 = Q_1 \times \left(\frac{N_2}{N_1}\right)$$

$$\therefore N_2 = 1,000 \times \left(\frac{30}{20}\right) = 1,500\,\text{rpm}$$

더 풀어보기 예상문제

01 환기를 위한 통풍방식 중 흡인통풍에 대한 내용이 아닌 것은?
① 송풍기의 점검 및 보수가 용이하다.
② 굴뚝의 통풍저항이 큰 경우에 적합하다.
③ 노 내압이 부압으로 역화의 우려가 없다.
④ 이젝터를 사용할 경우 동력이 불필요하다.

02 총압력손실 계산법 중 정압조절 평형법의 단점에 해당하지 않는 것은?
① 설계가 복잡하고, 시간이 걸린다.
② 설계 시 잘못된 유량을 수정하기가 어렵다.
③ 최대저항경로의 선정이 잘못되었을 경우 설계 시 발견이 어렵다.
④ 설계유량 산정이 잘못되었을 경우, 수정은 덕트 크기의 변경을 필요로 한다.

03 송풍기의 Duct가 토출관은 있고 흡입관이 없는 경우 송풍기 정압(kg/m^2)을 구하는 식으로 옳은 것은?(단, 토출구 정압 P_{so}, 흡입구 정압 P_{si}, 토출구 동압 P_{vo}, 흡입구 동압 P_{si})
① P_{so}
② $-P_{si}+P_{vi}$
③ $P_{so}+P_{vo}$
④ $(P_{so}+P_{si})-P_{vi}$

04 원형 Duct에서 기류의 압력손실에 가장 큰 영향을 미치는 요소는?
① 관의 직경
② 관의 길이
③ 이송유속
④ 기체의 밀도(비중량)

05 반경비가 2.0인 45° 곡관의 압력손실계수 0.27, 속도압은 15mmH₂O이다. 이 곡관의 압력손실은 얼마인가?
① 1.5mmH₂O
② 2.0mmH₂O
③ 3.5mmH₂O
④ 4.0mmH₂O

06 정압조절 평형법에 대한 설명으로 틀린 것은?
① 설계가 어렵고, 시간이 많이 걸린다.
② 설계가 정확할 때는 가장 효율적인 시설이 된다.
③ 송풍량은 근로자나 운전자의 의도대로 쉽게 변경된다.
④ 유속의 범위가 적절히 선택되면 덕트의 폐쇄가 일어나지 않는다.

정답 1.① 2.③ 3.① 4.③ 5.② 6.③

더 풀어보기 예상문제 해설

01 흡인통풍방식은 송풍기의 점검 및 보수가 용이하지 못하다.
02 최대저항경로의 선정이 잘못되었을 경우 설계 시 발견이 어려운 것은 저항조절 평형법이다. 저항조절 평형법은 비정상적으로 가동되지 않는 한 저항이 가장 큰 분지관을 쉽게 찾을 수 없다.
03 토출관(배출관)은 있고 흡입관은 없이 대기에 개방되어 있기 때문에 정압(靜壓)은 출구정압과 같게 된다.
04 기류의 압력손실에 가장 큰 영향을 미치는 요소는 유속이다.
05 제시된 압력손실계수(f_c)와 속도압(P_v)을 이용하여 후드의 압력손실을 산출한다.

$$\Delta P = f_c \times P_v \times \frac{\theta}{90}$$

$$\therefore \Delta P = 0.27 \times 15 \times \frac{45}{90} = 2.03 \text{ mmH}_2\text{O}$$

06 정압조절 평형법은 근로자나 운전자가 쉽게 조절할 수 없는 단점이 있다.

더 풀어보기 예상문제

01 평판날개형보다 비교적 고속에서 가동되고, 후향날개형을 정밀하게 변형시킨 것으로서 원심력송풍기 중 효율이 가장 좋아 대형 냉난방 공기조화장치, 산업용 공기청정장치 등에 주로 이용되며, 에너지 절감 효과가 뛰어난 송풍기는 어느 것인가?

① 프로펠러형(Propeller)
② 방사날개형(Radial Blade)
③ 비행기날개형(Airfoil Blade)
④ 전향날개형(Forward Curved)

02 원심송풍기에 대한 설명이다. ( ) 안에 알맞은 것은?

( )은 익현길이가 짧고 깃 폭이 넓은 36~64매나 되는 다수의 전경 깃이 강철판의 회전차에 붙여지고, 용접해서 만들어진 케이싱 속에 삽입된 형태의 팬으로서 시로코팬이라고도 널리 알려져 있다.

① 익형팬   ② 터보팬
③ 다익팬   ④ 레이디얼팬

03 송풍량이 증가해도 동력이 증가하지 않는 장점이 있어 한계부하 송풍기라고도 하는 원심력 송풍기는?

① 프로펠러 송풍기
② 전향날개형 송풍기
③ 후향날개형 송풍기
④ 방사날개형 송풍기

04 터보(Turbo) 송풍기에 관한 설명으로 틀린 것은?

① 후향날개형 송풍기라고도 한다.
② 방사날개형이나 전향날개형 송풍기에 비해 효율이 떨어진다.
③ 송풍기의 깃이 회전방향 반대편으로 경사지게 설계되어 있다.
④ 고농도 분진함유 공기를 이송시킬 경우, 집진기 후단에 설치하여 사용해야 한다.

정답 1.③ 2.③ 3.③ 4.②

더 풀어보기 예상문제 해설

01 평판날개형보다 비교적 고속에서 가동되고, 후향날개형을 정밀하게 변형시킨 것으로서 원심력 송풍기 중 효율이 가장 좋은 것은 비행기날개형(익형)이다.

02 송풍기 중 익현길이가 짧고 깃 폭이 넓은 것으로 시로코팬이라고도 하는 것은 전향날개형(다익형)이다.

03 후향날개형(터보형) 송풍기는 송풍량이 증가해도 동력이 증가하지 않는 장점이 있어 한계부하 송풍기라고도 하며, 소음이 크나 구조가 간단하여 설치장소의 제약이 작고, 고온·고압의 대용량에 적합한 송풍기이다.

04 방사날개형(평판형, 레이디얼형) 송풍기는 효율 및 소음 측면에서는 다른 송풍기에 비해 좋지 못하다. 후향날개형(터보형) 송풍기는 장치가 견고하고 가격이 저렴하며 효율이 높은 장점이 있다. 송풍기 효율의 크기 순서는 비행기날개형(익형)>후향날개형(터보형)>방사날개형(평판형, 레이디얼형)>전향날개형(다익형)이다.

더 풀어보기 예상문제

01 흡입관의 정압과 속도압이 각각 −30.5 mmH₂O, 7.2mmH₂O이고, 배출관의 정압과 속도압이 각각 20.0mmH₂O, 15mmH₂O 이면, 송풍기의 유효전압(mmH₂O)은?

① 58.3　　② 64.2
③ 72.3　　④ 81.1

02 다음 중 깃의 구조가 분진을 자체 정화할 수 있도록 되어 있어 고농도 공기나 부식성이 강한 공기를 이송시키는데 많이 사용되는 송풍기는?

① 축류형 송풍기
② 다익팬형 원심송풍기
③ 터보 블로어형 송풍기
④ 레이디얼형 원심송풍기

03 송풍기 입구전압이 280mmH₂O이고 송풍기 출구전압이 100mmH₂O이다. 송풍기 출구 속도압이 200mmH₂O일 때, 전압(mmH₂O)은?

① 20　　② 40
③ 80　　④ 180

04 유효전압이 120mmH₂O, 송풍량이 306 m³/min인 송풍기의 축동력이 7.5kW일 때, 이 송풍기의 전압효율은?(단, 기타 조건은 고려하지 않음)

① 65%　　② 70%
③ 75%　　④ 80%

정답　1.①　2.④　3.①　4.④

더 풀어보기 예상문제 해설

01 송풍기의 유효전압은 입·출구의 전압차로부터 계산할 수 있다.

$P_{tf} = P_{to} - P_{ti}$ $\begin{cases} \circ \text{출구전압} = P_{so} + P_{vo} = 15 + 20 = 35\,\text{mmH}_2\text{O} \\ \circ \text{입구전압} = P_{si} + P_{vi} = 7.2 + (-30.5) = -23.23\,\text{mmH}_2\text{O} \end{cases}$

∴ $P_{tf} = 35 - (-23.23) = 58.3\,\text{mmH}_2\text{O}$

02 방사날개형(평판형, 레이디얼형) 송풍기는 깃의 구조가 분진을 자체 정화할 수 있도록 되어 있어 자기청소(selt cleaning) 특성이 있는 것이 특징이며, 물질의 이송취급(시멘트, 사료, 톱밥 이송) 및 산업용으로는 고압장치에 이용되며, 특히 고농도 공기나 부식성이 강한 공기를 이송시키는데 적합한 송풍기이다.

03 송풍기의 유효전압은 입·출구의 전압차로부터 계산할 수 있다.

$P_{tf} = P_{to} - P_{ti}$ $\begin{cases} \circ \text{출구전압} = P_{so} + P_{vo} = 100 + 200 = 300\,\text{mmH}_2\text{O} \\ \circ \text{입구전압} = P_{si} + P_{vi} = 280\,\text{mmH}_2\text{O} \end{cases}$

∴ $P_{tf} = 300 - 280 = 20\,\text{mmH}_2\text{O}$

04 송풍기 축동력 계산식을 이용하여 산출한다.

$P_a = \dfrac{\Delta P \cdot Q}{102 \times \eta}$ ⇨ $7.5\,\text{kW} = \dfrac{120 \times (306/60)}{102 \times \eta}$

∴ $\eta = 0.8 = 80\%$

더 풀어보기 예상문제

01 송풍기 설계 시 주의사항으로 적합하지 아니한 것은?
① 송풍관의 중량을 송풍기에 가중시키지 않는다.
② 송풍기와 배관 간에 Flexible bypass를 설치하여 송풍압력의 변동을 감소시킨다.
③ 송풍배기의 입자농도와 그 마모성을 참작하여 송풍기의 형식과 내마모구조를 고려한다.
④ 송풍량과 송풍압력을 완전히 만족시켜 예상되는 풍량의 변동범위 내에서 과부하하지 않고 완전한 운전이 되도록 한다.

02 원심력 송풍기인 방사날개형 송풍기에 관한 설명으로 옳지 않은 것은?
① 플레이트 송풍기 또는 평판형 송풍기라고도 한다.
② 견고하고 가격이 저렴하며, 효율이 높은 장점이 있다.
③ 깃의 구조가 분진을 자체 정화할 수 있도록 되어 있다.
④ 깃이 평판으로 되어 있고 강도가 매우 높게 설계되어 있다.

03 원심력 송풍기의 종류 중에서 전향날개형 송풍기에 관한 설명으로 옳지 않은 것은?
① 다익형 송풍기라고도 한다.
② 큰 압력손실에도 송풍량의 변동이 적은 장점이 있다.
③ 송풍기의 임펠러가 다람쥐 쳇바퀴 모양이며, 송풍기 깃이 회전방향과 동일한 방향으로 설계되어 있다.
④ 동일 송풍량을 발생시키기 위한 임펠러 회전속도가 상대적으로 낮아 소음문제가 거의 발생하지 않는다.

04 회전차 외경이 600mm인 레이디얼 송풍기의 풍량은 300m³/min, 송풍기 풍압은 60mmH₂O, 축동력은 0.7kW이다. 회전차 외경이 1,200mm인 상사인 레이디얼 송풍기가 같은 회전수로 운전된다면 이 송풍기의 풍량은?(단, 모두 표준공기를 취급한다.)
① 600m³/min   ② 800m³/min
③ 1,600m³/min   ④ 2,400m³/min

정답 1.② 2.② 3.② 4.④

더 풀어보기 예상문제 해설

01 Flexible은 송풍기와 덕트 사이에 설치하여 진동을 감소시키는 데 사용된다.

02 방사날개형(평판형, 레이디얼형) 송풍기는 효율 및 소음 측면에서는 다른 송풍기에 비해 좋지 못하고, 대형으로 중량이 무거우며, 설치장소의 제약을 받는다. 장치가 견고하고 가격이 저렴하며, 효율이 높은 장점이 있는 송풍기는 후향날개형(터보형) 송풍기이다.

03 전향날개형 송풍기는 높은 압력손실에서는 송풍량이 급격하게 떨어지는 결점이 있다.

04 송풍기의 크기 D와 회전수 N 및 가스밀도 ρ와의 관계로부터 송풍기의 풍량 Q를 산출한다.

$Q = kD^3 N^1$

$$\therefore Q_2 = Q_1 \times \left(\frac{D_2}{D_1}\right)^3 = 300 \times \left(\frac{1,200}{600}\right)^3 = 2,400 \, m^3/min$$

더 풀어보기 예상문제

01 송풍기에 연결된 환기시스템에서 송풍량에 따른 압력손실 요구량을 나타내는 $Q-P$ 특성곡선 중 Q와 P의 관계는? (단, Q는 풍량, P는 풍압이며, 유동조건은 난류형태이다.)

① $P \propto Q$ ② $P^2 \propto Q$
③ $P \propto Q^2$ ④ $P^2 \propto Q^3$

02 흡인유량을 320m³/min에서 200m³/min으로 감소시킬 경우 소요동력은 몇 % 감소하는가?

① 14.4   ② 18.4
③ 20.4   ④ 24.4

03 회전수 1,000rpm의 송풍기로 가스밀도가 1.2kg/m³인 폐가스 10m³/sec을 반송할 때 송풍기의 필요정압은 900N/m²이었다. 가스밀도 1.0kg/m³일 때 정압(N/m²)은?

① 750   ② 830
③ 1,080   ④ 1,120

04 유량이 300m³/min이고 rpm이 500인 송풍기에 필요한 동력이 6HP이다. 이 송풍기의 rpm을 700으로 증가시켰을 때의 동력은?

① 10.4HP   ② 11.8HP
③ 14.4HP   ④ 16.5HP

정답 1.③ 2.④ 3.① 4.④

더 풀어보기 예상문제 해설

01 환기시스템에서 송풍량에 따른 압력손실 요구량은 $P \propto Q^2$의 관계이다. 동력은 (유량비)²에 비례하고, (회전수비)³에 비례한다. 또한 풍압은 (유량비)에 비례하고 (회전수비)²에 비례한다. 또한 유량은 (회전수비)에 비례하고, 풍압은 (회전수비)²에 비례하며, 동력은 (회전수비)³에 비례한다. 이 3가지의 소위 송풍기 상사 법칙은 시험에 빈번히 출제된다.!!

02 송풍기의 동력은 유량변화의 3승에 비례한다.

$$P_2 = P_1 \times \left(\frac{Q_2}{Q_1}\right)^3 \rightarrow P_2 = P_1 \times \left(\frac{200}{320}\right)^3 = 0.244 P_1$$

$$\therefore \Delta P = \frac{0.244 P_1}{P_1} \times 100 = 24.4\%$$

03 송풍기 정압은 밀도변화에 비례한다.

$$P_{s2} = P_{s1} \times \left(\frac{\rho_2}{\rho_1}\right)$$

$$\therefore P_{s2} = 900 \times \left(\frac{1}{1.2}\right) = 750 \text{ N/m}^2$$

04 송풍기의 크기 D와 회전수 N 및 가스밀도 ρ와의 관계로부터 산출한다.

$$P = kD^5 N^3 \rho$$

$$\therefore P_2 = P_1 \times \left(\frac{N_2}{N_1}\right)^3 = 6 \times \left(\frac{700}{500}\right)^3 = 16.46 \text{HP}$$

더 풀어보기 예상문제

01 송풍기 상사 법칙을 나타낸 것 중 옳지 않은 것은?(단, Q : 풍량, N : 회전수, P : 동력, V : 배출속도, ΔP : 정압)

① $Q_1/N_1 = Q_2/N_2$
② $P_1/N_1^3 = P_2/N_2^3$
③ $V_1/N_1^3 = V_2/N_2^3$
④ $\Delta P_1 N_1 = \Delta P_2 N_2^2$

02 어떤 팬(fan)이 1,650rpm으로 회전할 때 전압은 150mmAq, 송풍량은 220m³/min이다. 이것과 상사인 팬을 만들어 1,450rpm에서 전압을 195mmAq로 할 때 송풍량(m³/min)은?(단, 다음의 관계식을 적용할 것)

$$N_1 \frac{Q_1^{1/2}}{(P_1/\gamma_1)^{3/4}} = N_2 \frac{Q_2^{1/2}}{(P_2/\gamma_2)^{3/4}}$$

① 228m³/min
② 354m³/min
③ 422m³/min
④ 626m³/min

03 다음 그림은 송풍기의 성능곡선과 시스템곡선이 만나는 송풍기 동작점을 나타낸 것이다. Ⓐ와 Ⓑ에 들어갈 용어로 옳은 것은?

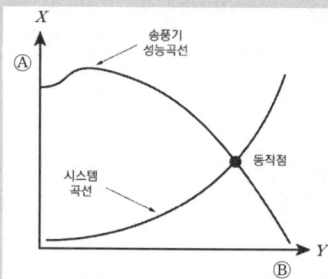

① Ⓐ 송풍기 정압, Ⓑ 송풍량
② Ⓐ 덕트 유속, Ⓑ 송풍기 동압
③ Ⓐ 송풍기 동압, Ⓑ 덕트 유속
④ Ⓐ 송풍기 정압, Ⓑ 송풍기 동압

정답 1.③ 2.③ 3.①

더 풀어보기 예상문제 해설

01 유속과 회전수는 비례관계($V_1/N_1 = V_2/N_2$)이다.

02 제시된 관계식을 이용하여 송풍량(Q)을 산출한다.

$$Q_2^{0.5} = Q_1^{0.5} \times \frac{(P_2/\gamma_2)^{3/4}}{(P_1/\gamma_1)^{3/4}} \times \frac{N_1}{N_2} \begin{cases} P_1, P_2 : \text{전압의 변화} = 150\text{mmAq에서} \rightarrow 195\text{mmAq} \\ \gamma_1, \gamma_2 : \text{비중량(밀도)의 변화} = 1.2\text{에서} \rightarrow 1.2 \\ N_1, N_2 : \text{회전수의 변화} = 1650\text{rpm에서} \rightarrow 1450\text{rpm} \end{cases}$$

$$\therefore Q_2 = \left[(220)^{0.5} \times \frac{(195/1.2)^{3/4}}{(150/1.2)^{3/4}} \times \frac{1,650}{1,450}\right]^2 = 422.25 \text{m}^3/\text{min}$$

03 송풍기 특성곡선은 일정한 회전수에서 가로축(Y)을 풍량 Q(m³/min), 세로축(X)을 정압 P_s 및 전압 P_t(mmAq), 효율 η(%). 동력 L(kW)로 놓고, 풍량에 따라 이들의 압력 및 효율의 변화과정을 나타낸다.

더 풀어보기 예상문제

01 송풍기의 크기와 유체의 밀도가 일정(상사 제1법칙)할 때 풍압과 회전속도의 관계에 대하여 옳게 설명한 것은?

① 풍압은 송풍기의 회전속도에 반비례한다.
② 풍압은 송풍기의 회전속도에 정비례한다.
③ 풍압은 송풍기의 회전속도의 2승에 비례한다.
④ 풍압은 송풍기의 회전속도의 3승에 비례한다.

02 다음 중 송풍기를 직렬로 연결하여 사용하는 경우로 가장 적절한 것은?

① 24시간 생산체제로 운전할 때
② 1대의 대형 송풍기를 사용할 수 없어 분할이 필요한 경우
③ 송풍기 정압이 1대의 송풍기로 얻을 수 있는 정압보다 더 필요한 경우
④ 송풍기가 고장이 나더라도 어느 정도의 송풍량을 확보할 필요가 있는 경우

정답 1.③ 2.③

더 풀어보기 예상문제 해설

01 ③항만 올바르다. 상사 법칙에서 풍압은 송풍기의 회전속도의 2승에 비례한다.

$$P_{s2} = P_{s1} \times \left(\frac{N_2}{N_1}\right)^2 \quad \begin{cases} P_{s2} : \text{회전수 } N_2 \text{일 때의 풍압} \\ P_{s1} : \text{회전수 } N_1 \text{일 때의 풍압} \end{cases}$$

02 ③항만 송풍기를 직렬로 연결하여 사용하는 경우에 부합된다. 이외 항목은 병렬로 연결하여 사용하는 경우에 해당된다.

MEMO

PART 04 대기오염 공정시험기준

1. 일반분석
2. 시료채취
3. 측정방법

Chapter 01 일반분석

출제기준	Chapter 1. 일반분석	적용기간 : 2020.1.1~2024.12.31
세부출제 기준항목	기사	산업기사
	• 분석의 기초(총칙 등)·용어 • 단위 및 농도 계산 등(기초양론) • 유속·유량(압력 및 온도 포함) 측정 • 기기분석	• 분석의 기초(총칙 등)·용어 • 단위 및 농도 계산 등(기초양론) • 유속·유량(압력 및 온도 포함) 측정 • 기기분석

1 분석의 기초

(1) 총칙

❀ **농도 표시**
- 중량백분율 → % 기호를 사용
- 액체 100mL 중 성분질량(g) 또는 기체 100mL 중 성분질량(g) → W/V%
- 액체 100mL 중 성분용량(mL) 또는 기체 100mL 중 성분용량(mL) → V/V%
- 액체 1,000mL 중 성분질량(g) 또는 기체 1,000mL 중 성분질량(g) → g/L
- 백만분율(Parts Per Million)의 표시 → ppm 기호 사용 또는 μmol/mol
- 기체의 ppm 농도 → 용량 대 용량(V/V), 액체의 ppm 농도 → 중량 대 중량(W/W)
- 1억분율(Parts Per Hundred Million)의 표시 → pphm
- 10억분율(Parts Per Billion)의 표시 → ppb 또는 nmol/mol
- 기체 중의 농도를 mg/m^{3}로 표시했을 때 → m^{3}은 표준상태(0℃, 1기압)의 기체용적을 뜻하고 Sm^{3}로 표시한 것과 같음
- am^{3}로 표시한 것 → 실측상태(온도·압력)의 기체용적을 뜻함
- μmol/mol(parts per million volume) : 100만분의 1을 나타내는 단위이며, μmol/mol은 부피가 1일 경우, 이 속에 100만분의 1만큼의 부피의 오염물질이 포함된 것을 말함
- nmol/mol(parts per billion volume) : 10억분의 1을 나타내는 단위이며, nmol/mol은 부피가 1일 경우, 이 속에 10억분의 1만큼의 부피의 오염물질이 포함된 것을 말함
- nmol/molC(parts per billion Carbon) : 해당 화합물의 nmol/mol 농도를 그 해당 화합물이 가지고 있는 탄소수를 곱해서 구함(예 벤젠의 농도가 1nmol/mol일 경우 1nmol/mol×6(벤젠의 탄소수)=6nmol/molC가 됨).

- SCCM(Standard Cubic Centimeter per Minute) : 1sccm이란 $1cm^3$/min을 말하며, 0℃, 1기압에서 1분 동안 방출되는 기체의 양이 $1cm^3$임을 의미함. 기체(또는 액체를 포함한 압축성 유체)의 경우는 온도와 압력에 따라 같은 양의 분자를 포함하더라도 부피가 달라지므로 온도와 압력을 표준상태로 고정하여 환산한 값을 사용함
- ppmC : 탄소 원자수를 기준으로 하여 표시한 ppm 값을 나타냄

❀ 압력·동점도 표시
- **절대압력** : 절대 제로(zero) 압력에 대해 측정된 압력(대기압과 반대)을 말하며, 일반적으로 kPa, mmHg, PSI로 표현함(예 1기압=1atm=760mmHg=101.325kPa=10,332mmH₂O=1.0332kg_f/m^2=14.7PSI)
- **게이지압력** : 환경 대기압상에서 측정된 압력(절대압력과 반대)을 말하며 제로 게이지 압력은 대기환경(기압계) 압력과 동일함
- cSt(centistokes) : 동점도를 나타내는 단위임. 1stokes=$1cm^2$/sec, 1centistokes=0.01stokes임

❀ 온도 표시 : 아라비아 숫자의 오른쪽에 ℃를 붙임
- 절대온도는 K로 표시하고 절대온도 0K는 -273℃로 함
- 표준온도는 0℃, 상온은 15~25℃, 실온은 1~35℃로 하고, 찬 곳은 따로 규정이 없는 한 0~15℃의 곳을 뜻함
- 냉수는 15℃ 이하, 온수는 60~70℃, 열수는 약 100℃를 말함
- 수욕상 또는 수욕 중에서 가열 → 수온 100℃에서 가열함을 뜻하고 약 100℃ 부근의 증기욕을 대응할 수 있음
- 냉후(식힌 후) → 보온 또는 가열 후 실온까지 냉각된 상태
- 각 조의 시험 → 따로 규정이 없는 한 상온에서 조작

❀ 물 : 시험에 사용하는 물은 따로 규정이 없는 한 정제수 또는 이온교환수지로 정제한 탈염수를 사용함

❀ 액의 농도
- 단순히 용액이라 기재하고, 그 용액의 이름을 밝히지 않은 것 → 수용액
- 혼액(1+2), (1+5), (1+5+10) 등으로 표시한 것 → 액체상의 성분을 각각 1용량 대 2용량, 1용량 대 5용량 또는 1용량 대 5용량 대 10용량의 비율로 혼합한 것을 뜻하며, (1:2), (1:5), (1:5:10) 등으로 표시할 수도 있음
- 황산(1+2) 또는 황산(1:2)라 표시한 것 → 황산 1용량에 물 2용량을 혼합한 것
- 액의 농도를 (1→2), (1→5) 등으로 표시한 것 → 용질의 성분이 고체일 때는 1g을, 액체일 때는 1mL를 용매에 녹여 전량을 각각 2mL 또는 5mL로 하는 비율을 뜻함

❀ 시약, 시액, 표준물질
- 시험에 사용하는 시약은 따로 규정이 없는 한 특급 또는 1급 이상 또는 이와 동등한 규격의 것을 사용하여야 함

- 시험에 사용하는 표준품은 원칙적으로 특급 시약을 사용하며 표준액을 조제하기 위한 표준용 시약은 따로 규정이 없는 한 데시케이터에 보존된 것을 사용함
- 표준품을 채취할 때 표준액이 정수로 기재되어 있어도 실험자가 환산하여 기재수치에 "약"자를 붙여 사용할 수 있음
- "약"이란 그 무게 또는 부피에 대하여 ±10% 이상의 차가 있어서는 안 됨

❀ **방울수** : 방울수라 함은 20℃에서 정제수 20방울을 떨어뜨릴 때, 그 부피가 약 1mL되는 것을 뜻함

❀ **기구**
- 공정시험기준에서 사용하는 모든 유리기구는 KS L 2302(이화학용 유리기구의 형상 및 치수)에 적합한 것 또는 이와 동등 이상의 규격에 적합한 것으로 국가 또는 국가에서 지정하는 기관에서 검정을 필한 것을 사용해야 함
- 부피플라스크, 피펫, 뷰렛, 눈금실린더, 비커 등 화학분석용 유리 기구는 국가검정을 필한 것을 사용해야 함
- 여과용 기구 및 기기를 기재하지 아니하고 "여과한다"라고 하는 것은 KS M 7602 거름종이 5종 또는 이와 동등한 여과지를 사용하여 여과함을 말함

❀ **용기** : 시험용액 또는 시험에 관계된 물질을 보존, 운반 또는 조작하기 위하여 넣어두는 것으로 시험에 지장을 주지 않도록 깨끗한 것을 뜻함
- **밀폐용기** → 물질을 취급 또는 보관하는 동안에 이물이 들어가거나 내용물이 손실되지 않도록 보호하는 용기를 뜻함
- **기밀용기** → 물질을 취급 또는 보관하는 동안에 외부로부터의 공기 또는 다른 가스가 침입하지 않도록 내용물을 보호하는 용기를 뜻함
- **밀봉용기** → 물질을 취급 또는 보관하는 동안에 기체 또는 미생물이 침입하지 않도록 내용물을 보호하는 용기를 뜻함
- **차광용기** → 광선을 투과하지 않은 용기 또는 투과하지 않게 포장을 한 용기로서 취급 또는 보관하는 동안에 내용물의 광화학적 변화를 방지할 수 있는 용기를 뜻함

❀ **분석용 저울 및 분동** : 이 시험에서 사용하는 분석용 저울은 적어도 0.1mg까지 달수 있는 것이어야 하며 분석용 저울 및 분동은 국가검정을 필한 것을 사용하여야 함

(2) 용어 · 시험결과의 표시

❀ **관련 용어의 정의**
- **정확히 단다** → 규정한 양의 검체를 취해 분석용 저울로 0.1mg까지 다는 것을 뜻함
- **액체성분의 양을 정확히 취한다** → 홀피펫, 부피플라스크 또는 이와 동등 이상의 정도를 갖는 용량계를 사용하여 조작하는 것을 뜻함
- **항량이 될 때까지 건조 · 강열한다** → 따로 규정이 없는 한 보통의 건조방법으로 1시간 더 건조 또는 강열할 때 전후 무게의 차가 매 g당 0.3mg 이하일 때를 뜻함

- 시험조작 중 '**즉시**'란 → 30초 이내에 표시된 조작을 하는 것을 뜻함
- **감압 또는 진공** → 따로 규정이 없는 한 15mmHg 이하를 뜻함
- 이상, 초과, 이하, 미만이라고 기재하였을 때 → 이자가 쓰인 쪽은 어느 것이나 기산점 또는 기준점인 숫자를 포함하며, 미만 또는 초과는 기산점 또는 기준점의 숫자는 포함하지 않는다. 또 a~b라 표시한 것은 a 이상 b 이하임을 뜻함
- **바탕시험을 하여 보정한다** → 시료에 대한 처리 및 측정을 할 때 시료를 사용하지 않고 같은 방법으로 조작한 측정치를 빼는 것을 뜻함
- 시료의 시험, 바탕시험 및 표준액에 대한 시험을 일련의 동일 시험으로 행할 때 → 사용하는 시약 또는 시액은 동일 로트(lot)로 조제된 것을 사용하여야 함
- **정량적으로 씻는다** → 어떤 조작으로부터 다음 조작으로 넘어갈 때 사용한 비커, 플라스크 등의 용기 및 여과막 등에 부착한 정량 대상 성분을 사용한 용매로 씻어 그 세액을 합하고 먼저 사용한 같은 용매를 채워 일정 용량으로 하는 것을 뜻함
- **용액의 액성** → 따로 규정이 없는 한 유리전극법에 의한 pH미터로 측정한 것을 뜻함

시험결과의 표시 및 검토
- 시험결과의 표시단위는 따로 규정이 없는 한 가스상 성분은 ppm 또는 ppb로 입자상 성분은 mg/m^3, $\mu g/Sm^3$ 또는 ng/Sm^3으로 표시함
- 시험성적 수치는 마지막 유효숫자의 다음 단위까지 계산하여 한국공업규격 KS Q 5002(데이터의 통계적 해석 방법)의 수치 맺음법에 따라 기록함
- 방법검출한계 미만의 시험결과 값은 검출되지 않은 것으로 간주하고 불검출로 표시함

(3) 시약의 농도 · 검출한계 · 정밀도 등

시약의 농도

명 칭	화학식	농도(%)	비 중
염산	HCl	35.0~37.0	1.18
질산	HNO_3	60.0~62.0	1.38
황산	H_2SO_4	95% 이상	1.84
아세트산(초산)	CH_3COOH	99.0% 이상	1.05
인산	H_3PO_4	85.0% 이상	1.69
암모니아수	NH_4OH	28.0~30.0(NH_3로서)	0.90
과산화수소	H_2O_2	30.0~35.0	1.11
플루오린화수소산	HF	46.0~48.0	1.14
아이오딘화수소산	HI	55.0~58.0	1.70
브로민화수소산	HBr	47.0~49.0	1.48
과염소산	$HClO_4$	60.0~62.0	1.54

검출한계(Detection Limit)
- **정의** : 측정항목이 포함된 시료에 대하여 통계적으로 정의된 신뢰수준(통상적으로 99%의 신뢰수준)으로 검출할 수 있는 최소농도를 말함

- **목적** : 검출한계를 계산하는 목적은 표준작업절차서(SOP)의 유효성을 검증하거나 정도보증/관리 계획에 따라서 주기적으로 측정결과의 정도보증을 실시하기 위함임
- **구분**
  - 기기검출한계
  - 방법검출한계
  - 정량한계

- **기기검출한계** : 기기가 분석대상을 검출할 수 있는 최소한의 농도를 말함(방법 바탕시료 수준의 시료를 분석대상 시료의 분석조건에서 15회 반복 측정하여 결과를 얻고, 표준편차(바탕 세기의 잡음, s)를 구하여 3배 한 값으로서, 계산된 기기검출한계의 신뢰수준은 99%임)

  ■ 기기검출한계 $= 2.624 \times s$ $\begin{cases} 2.624 : \text{자유도} \\ s : \text{표준편차} \end{cases}$

- **방법검출한계** : 방법바탕시료를 이용하여 예측된 방법검출한계 농도의 3~5배 농도를 포함하도록 제조된 7개의 매질첨가시료를 준비하여 반복 측정하여 얻은 결과의 표준편차(s)에 3.14를 곱한 값임

  ■ 방법검출한계 $= 3.14 \times s$

- **정량한계** : 정량한계는 시험항목을 측정분석하는 데 있어 측정가능한 검정농도와 측정신호를 완전히 확인가능한 분석 시스템의 최소수준으로 표준편차(s)를 10배 한 값임

  ■ 정량한계 $= 10 \times s$

정밀도(Precision)
- **정의** : 연속적으로 반복하여 시험분석한 결과들의 상호간 근접 정도
- **적용 목적** : 시험분석 결과들 사이에 상호 근접한 정도의 척도를 확인하기 위하여 적용. 특히, 전처리를 포함한 모든 과정의 시험절차가 독립적으로 처리된 시료에 대하여 측정결과들을 이용함

정확도(Accuracy)
- **정의** : 시험분석 결과가 참값에 근접하는 정도
- **적용 목적** : 시료의 매질이 복잡한 경우, 측정결과에 매질효과가 보정되었는지를 확인하기 위하여 적용

2 단위 및 농도 · 농도계산 · 환산

(1) 농도 및 유량보정

- **농도보정** : 대기환경보전법의 배출허용기준 중 표준산소농도를 적용받는 항목에 대하여는 다음 식을 적용하여 오염물질의 농도를 보정한다.

$$C = C_a \times \frac{21 - O_s}{21 - O_a} \quad \begin{cases} C : \text{오염물질농도}(\text{mg/Sm}^3 \text{ 또는 ppm}) \\ O_s : \text{표준산소농도}(\%) \\ C_a : \text{실측 오염물질농도}(\text{mg/Sm}^3 \text{ 또는 ppm}) \\ O_a : \text{실측 산소농도}(\%) \end{cases}$$

❀ **유량보정** : 대기환경보전법의 배출허용기준 중 표준산소농도를 적용받는 항목에 대하여는 다음 식을 적용하여 배출가스량을 보정한다.

$$Q = Q_a \div \frac{21 - O_s}{21 - O_a} \quad \begin{cases} Q : \text{배출가스 유량}(\text{Sm}^3/\text{일}) \\ O_s : \text{표준산소농도}(\%) \\ Q_a : \text{실측 배출가스 유량}(\text{Sm}^3/\text{일}) \\ O_a : \text{실측 산소농도}(\%) \end{cases}$$

(2) 농도계산(%, ppm, M 농도, N 농도)

❀ **%**(백분율, Parts Per Hundred)

계산식 : $C(\%) = \dfrac{\text{대상기체}}{\text{혼합기체}} \times 100 \rightarrow$ 표시 및 적용 $\begin{cases} \circ \text{V/V \%} \\ \circ \text{W/W \%} \\ \circ \text{W/V \%} \end{cases}$

❀ **ppm**(백만분율, Parts Per Million)

계산식 : $C_p(\text{ppm}) = \dfrac{\text{대상기체}}{\text{혼합기체}} \times 10^6 \rightarrow$ 표시 및 적용 $\begin{cases} \circ \text{V/V ppm} \\ \circ \text{W/W ppm} \end{cases}$

"ppm" 단위와 "mg/m³" 상호 관계식 (※ M_w : 분자량)

mg/Sm³를 ppm으로 환산할 때	ppm을 mg/Sm³으로 환산할 때
$C_p(\text{ppm}) = C_m(\text{mg/m}^3) \times \dfrac{22.4}{M_w}$	$C_m(\text{mg/m}^3) = C_p(\text{ppm}) \times \dfrac{M_w}{22.4}$

❀ **ppb**(10억분율, Parts Per Billion)

계산식 : $C_b(\text{ppb}) = \dfrac{\text{대상기체}}{\text{혼합기체}} \times 10^9 \rightarrow$ 표시 및 적용 $\begin{cases} \circ \text{V/V ppb} \\ \circ \text{W/W ppb} \end{cases}$

❀ **M 농도**(몰농도-용액 Molarity) ← M = N : 가수

계산식 : $\text{M}(\text{mol/L}) = \dfrac{\text{용질}(\text{mol})}{\text{용매} + \text{용질}(\text{L})}$ $\begin{cases} \circ \text{용질 mol 수} = \dfrac{\text{질량}}{\text{분자량}} \\ \circ \text{질량} = \text{부피} \times \text{밀도} \\ \circ \text{분자량} = \sum \text{원자량} \end{cases}$

❀ **N 농도**(규정농도-용액 Normality) ← N = M × 가수

계산식 : $\text{N}(eq/\text{L}) = \dfrac{\text{용질}(eq)}{\text{용매} + \text{용질}(\text{L})}$ $\begin{cases} \circ \text{당량}(eq) \text{ 수} = \dfrac{\text{질량}}{\text{분자·이온량/가수}} \\ \circ \text{질량} = \text{부피} \times \text{밀도} \\ \circ \text{가수} \begin{cases} \circ \text{산} : [\text{H}^+]\text{수} \\ \circ \text{염기} : [\text{OH}^-]\text{수} \end{cases} \end{cases}$

❀ **몰랄농도**(용액 Molality)

▪ 계산식 : $m(\text{mol/kg}) = \dfrac{\text{용질(mol)}}{\text{용매(kg)}}$ $\begin{cases} \circ \text{용질 mol 수} = \dfrac{\text{질량}}{\text{분자량}} \\ \circ \text{질량} = \text{부피} \times \text{밀도} \end{cases}$

3 중화 · 희석 · 혼합 · pH 계산

(1) 중화 · 희석 · 혼합 계산

❀ **중화**(산-염기반응)

▪ 완전중화 : $NV = N'V'$
▪ 불완전중화 : $N_o(V+V') = (NV - N'V')$

$\begin{cases} N : \text{산의 규정농도} \\ N' : \text{염기의 규정농도} \\ V : \text{산의 용량} \\ V' : \text{염기의 용량} \\ N_o : \text{과량액(산/염기)의 규정농도} \end{cases}$

❀ **희석**(용액)

▪ 전 · 후 당량 불변일 때 : $NV = N'V'$
▪ 전 · 후 mole 불변일 때 : $MV = M'V'$
▪ 전 · 후 질량 불변일 때 : $VS = V'S'$

(2) 혼합농도 · pH 계산

❀ **혼합농도**(용액, 기체)

▪ $C_m = \dfrac{C_1 Q_1 + \cdots + C_n Q_n}{Q_1 + \cdots + Q_n}$ $\begin{cases} C_{1,2,\cdots,n} : \text{각 물질의 농도} \\ Q_{1,2,\cdots,n} : \text{각 유량(또는 용적)} \end{cases}$

❀ **pH 계산**(용액)

▪ $pH = \log \dfrac{1}{[H^+]} = 14 - pOH$
▪ $pOH = \log \dfrac{1}{[OH^-]} = 14 - pH$

$\begin{cases} \circ [H^+] : \text{수소이온의 농도(mol/L)} \\ \circ [OH^-] : \text{수산화이온의 농도(mol/L)} \end{cases}$

4 유속 · 유량 · 압력 · 온도 · 수분량 측정

(1) 유속 측정

▪ 계산식 : $V = C\sqrt{\dfrac{2gP_v}{\gamma}}$ $\begin{cases} C : \text{계수} \\ P_v : \text{동압(mmH}_2\text{O)} \\ \gamma : \text{비중량(kg}_f/\text{am}^3) \end{cases}$

▫ **동압**(속도압)(P_v ; mmH$_2$O) ← 직접측정

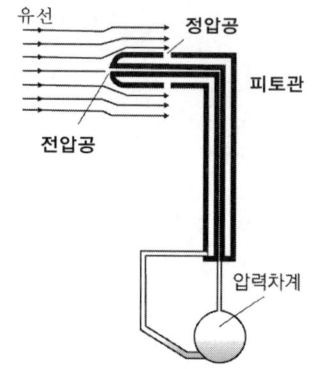
〈그림〉 피토관-U자형 마노미터에 의한 동압측정

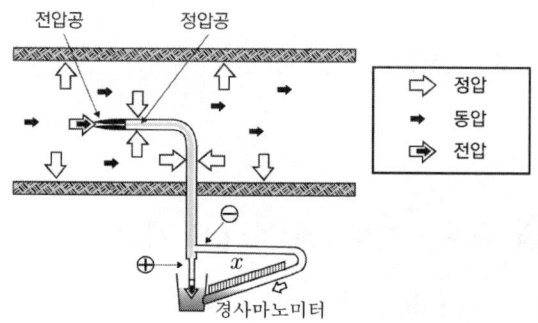
〈그림〉 피토관-경사마노미터에 의한 동압측정

- $P_v = P_t - P_s$
- $P_v = \sin\theta\, x$

$\begin{cases} P_v : 동압(\mathrm{mmH_2O}),\ P_t : 전압(\mathrm{mm_2O}),\ P_s : 정압(\mathrm{mmH_2O}) \\ \theta : 경사각 \\ x : 액주 길이(\mathrm{mm}) \end{cases}$

□ **비중량**(밀도)$(\gamma\,;\,\mathrm{kg_f/am^3})$

- $\gamma(\mathrm{kg_f/am^3}) = \gamma_s(\mathrm{kg_f/Sm^3}) \times \dfrac{273}{273+t} \times \dfrac{P}{760}$
- $\gamma_s(\mathrm{kg_f/Sm^3}) = \dfrac{M_1 X_1 + \cdots + M_n X_n}{22.4}$

$\begin{cases} \gamma : 실측\ 비중량(\mathrm{kg_f/m^3}) \\ \gamma_s : 표준\ 비중량(\mathrm{kg_f/m^3}) \\ t : 가스온도(℃) \\ P : 가스압력(\mathrm{mmHg}) \\ M : 기체\ mol\ 질량 \\ X : 기체분율 \end{cases}$

(2) 유량 측정

■ **관계식** : $Q(\mathrm{am^3/sec}) = A \times V$

$\begin{cases} Q : 유량 \\ A : 단면적(\mathrm{m^2}) \\ V : 유속(\mathrm{m/sec}) \end{cases}$

□ **단면적 산정** $\begin{cases} 사각형관(□) : A = 가로 \times 세로 = ab \\ 원형관(○) : A = \dfrac{\pi D^2}{4} \end{cases}$

□ **표준상태 유량**$(\mathrm{Sm^3/sec})$ **계산**

- $Q(\mathrm{Sm^3/sec}) = Q(\mathrm{am^3/sec}) \times \dfrac{273+t}{273} \times \dfrac{760}{P}$

□ **평균 유량계산**

- $Q_m(\mathrm{m^3/sec}) = \dfrac{Q_1 A_1 + \cdots + Q_n A_n}{A_1 + \cdots + A_n}$

(3) 온도·수분량 측정

❀ **온도 측정**

- **측정기구** : 유리온도계, 전기식온도계, 열전대온도계 등을 사용함
- **측정방법** : 측정기구를 측정공에 끼워 넣고 측정점에서 온도를 측정함. 다만, 적외선 온도계(복사온도계)의 경우에는 측정기구를 넣지 않고도 측정할 수 있음

- ❀ **수분량 측정**
  - **측정점** : 굴뚝 중심에 가까운 곳을 선정
  - **측정방법** : 별도의 흡습관을 이용하는 방법, 임핀저를 이용하는 방법, 수분응축기를 사용하는 방법, 계산에 의한 방법 등이 있음

- **(4) 연속자동 유량 측정** { • 유량표시 : 건조가스량(Sm^3, 5분 적산치)으로 나타냄
  • 측정방법 : 피토관, 열선, 와류, 초음파

- ❀ **피토관**
  - 관내 유체의 전압과 정압과의 차인 동압을 측정하여 유속을 구하고 유량을 산출함
  - 피토관 흡인관은 수분응축방지를 위해 시료가스 온도를 120±14℃로 유지할 수 있는 가열기를 갖춘 보로실리게이트, 스테인리스강 또는 석영 유리관을 사용함
  - 유량계와 온도계는 동일한 위치에 설치하고, 온도계는 열전대식 온도계 등을 사용하며, 시료채취관과 온도계의 앞부분은 동일한 선상에 설치함

- ❀ **열선유속계**
  - 흐르고 있는 유체 내에 가열된 물체를 놓으면 유체와 열선(가열된 물체) 사이에 열교환이 이루어짐에 따라 가열된 물체가 냉각되는데 이때 열선의 열손실은 유속의 함수가 되기 때문에 이 열량을 측정하여 유속을 구하고 유량을 산정함
  - 시료채취부의 열선은 직경 2~10μm, 길이 약 1mm의 텅스텐이나 백금선 사용

- ❀ **와류유속계**
  - 유동하고 있는 유체 내에 고형물체(소용돌이 발생체)를 설치하면 이 물체의 하류에는 유속에 비례하는 주파수의 소용돌이가 발생하므로 이것을 측정하여 유속을 구하고 유량을 산출함
  - 압력계 및 온도계는 유량계 하류측에 설치함

- ❀ **초음파유속계**
  - 굴뚝 내에서 초음파를 발사하면 유체흐름과 같은 방향으로 발사된 초음파와 그 반대의 방향으로 발사된 초음파가 같은 거리를 통과하는데 걸리는 시간차가 생기게 되며, 이 시간차를 직접시간차 측정, 위상차 측정, 주파수차 측정방법을 이용하여 유속을 구하고 유량을 산정함
  - 사용 주파수 : 400~2MHz

5 기기분석(機器分析, Instrumental Analysis)

(1) 기체크로마토그래피법(가스크로마토그래피법)

- ❀ **원리 및 적용** : 기체시료 또는 기화시킨 액체나 고체시료를 운반가스(Carrier Gas)와 함께 분리관 내로 전개시키면 시료 중의 각 성분은 충전물에 대한 **흡착성 또는 용해성의 차이**에 따라 분리관 내에서 이동속도가 달라지므로 분리관 출구의 검출기를 통과하면서

서로 다른 크로마토그래피 적을 형성하는 원리를 이용하여 무기물 또는 유기물질에 대한 정성·정량 분석을 함

- **기체-고체 크로마토그래피법** : 충전물로서 흡착성 고체분말을 사용함
- **기체-액체 크로마토그래피법** : 적당한 담체(Solid Support)에 고정상 액체를 함침시킨 것을 사용함

✿ **분석 대상가스-검출기-정량범위-방법검출한계**

- **CS_2**(FPD 검출기)
  - 정량범위 : 0.5ppm 이상
  - 방법검출한계 : 0.1ppm
  - GC-FPD의 경우에는 10ppm 농도 이하의 범위에서 측정하여야 함
- **벤젠**(FID 검출기)
  - 정량범위 : 0.1~2,500ppm
  - 방법검출한계 : 0.03ppm
- **페놀**(FID 검출기)
  - 정량범위 : 0.2~300ppm(시료 10L 기준)
  - 방법검출한계 : 0.07~0.09ppm
- **CO**(TCD, FID 검출기)
  - 열전도도검출기(TCD) : 0.1% 이상인 시료에 적용
  - 불꽃이온화검출기(FID) : 0~2,000ppm 범위에 적용
- **사염화탄소, 클로로폼, 염화비닐**(FID, ECD 검출기)
  - 정량범위 : 0.1ppm 이상
  - 방법검출한계 : 0.03ppm
    ▶ 흡착관법 사용 농도범위 : 0.1~1ppm[흡착관 농축-GC/FID(혹은 MS)]
    ▶ 테들러 백 방법의 사용 농도범위 : 0.1~500ppm
    ※ 테들러 백-GC/ECD법 : 0.1~1ppm 농도에서 사용
    ※ 테들러 백-GC/FID법 : 1.0ppm 이상의 농도에서 사용

✿ **장치의 구성** : 장치는 가스유로계 → 시료도입부 → 분리관 → 검출기 → 기록계로 구성되어 있으며, 여기에 이동상인 운반가스를 공급해 주는 가스공급장치 및 데이터 처리시스템이 결합되어 있음

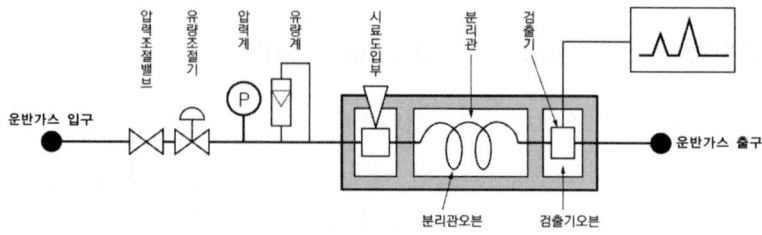

〈그림〉 기체크로마토그래피의 기본구성

❈ 가스유로계의 조건·특성

▌운반가스 유로 : 구성 { ◦ 유량조절부
◦ 분리관유로

- □ 유량조절부 : 압력조절밸브, 유량조절기로 구성됨
  - 압력조절밸브는 분리관 입구의 압력을 일정하게 유지해 줌
  - 유량조절기는 분리관 내를 흐르는 가스의 유량을 일정하게 유지해 줌
  - 유량조절기를 갖는 장치는 유량조절기의 1차측 압력을 일정하게 유지해 주어야 하며 배관의 재료는 내면이 깨끗한 금속이어야 함
- □ 분리관 유로
  - 시료도입부, 분리관, 검출기기 배관으로 구성됨
  - 배관의 재료는 스테인리스강(Stainless Steel)이나 유리 등 부식에 대한 저항이 큰 것이어야 함

▌연소용 가스, 기타 가스의 유로 : 이온화검출기가 다른 검출기를 사용할 때 필요한 연소용 가스 청소가스, 기타 필요한 가스의 유로는 각각 전용 조절기구가 갖추어져야 하고 필요에 따라 압력계 또는 유량계가 첨부되어야 함

❈ 시료도입부 : 구분 { ◦ 주사기 사용 도입부
◦ 가스 도입부

- □ 주사기 사용 시료 도입부는 분리관 온도와 동일하거나 또는 그 이상의 온도를 유지할 수 있는 가열기구가 갖추어져야 함(필요하면 온도조절기구, 온도측정기구 등이 있어야 함)
- □ 가스 시료도입부는 가스계량관(통상 0.5~5mL)과 유로 변환기구로 구성되어 있음

❈ 가열오븐 : 구분 { ◦ 분리관 오븐
◦ 검출기 오븐

- □ 분리관 오븐(Column Oven)
  - 내부용적이 분석에 필요한 길이의 분리관을 수용할 수 있는 크기일 것
  - 임의의 일정 온도를 유지할 수 있는 가열기구, 온도조절기구, 온도측정기구 등을 갖출 것
  - 온도조절 정밀도는 ±0.5℃의 범위 이내, 전원·전압 변동 10%에 대하여 온도변화 ±0.5℃ 범위 이내(오븐온도가 150℃ 부근일 때)일 것
  - 승온 가스크로마토그래피에서는 승온기구 및 냉각기구를 갖출 것
  - 정온 가스크로마토그래피에서는 분리관 오븐에 검출기를 장착해도 무방함
- □ 검출기 오븐(Detector Oven)
  - 검출기를 한 개 또는 여러 개 수용할 수 있을 것
  - 분리관 오븐과 동일하거나 그 이상의 온도를 유지할 수 있는 가열기구, 온도조절기구 및 온도측정기구를 갖출 것
  - 방사성 동위원소를 사용하는 검출기를 수용하는 검출기 오븐은 온도조절기구와 별도로 독립작용할 수 있는 과열방지기구를 설치할 것

- 가스를 연소시키는 검출기를 갖춘 오븐은 가스가 오븐 내에 오래 체류하지 않도록 된 구조로 할 것

⚛ 검출기 : 종류 { ◦ 열전도도검출기(TCD), 불꽃이온화검출기(FID)
◦ 전자포획검출기(ECD), 불꽃광도검출기(FPD) 등 }

□ **열전도도검출기**(TCD, Thermal Conductivity Detector) : 4개의 금속필라멘트와 안정된 직류전기를 공급하는 전원회로, 전류조절부, 신호검출 전기회로, 신호감쇄부 등으로 구성됨
- 필라멘트에 전류를 흘려주면 필라멘트가 가열됨
- 2개의 필라멘트는 운반기체인 헬륨에 노출시킴
- 2개의 필라멘트는 운반기체에 의해 이동하는 시료에 노출시킴
※ 둘 사이의 열전도도 차이를 측정함으로써 시료를 검출하여 분석함

[특징]
▶ CO, CO_2 등의 무기물 분석에 많이 이용됨
▶ 모든 화합물을 검출할 수 있어 분석대상에 제한이 없음
▶ 값이 싸며, 시료를 파괴하지 않는 장점이 있음
▶ 다른 검출기에 비해 감도(Sensitivity)가 낮음

□ **불꽃이온화검출기**(FID, Flame Ionization Detector) : **수소염이온화검출기**라고도 하며, 수소연소 노즐, 이온수집기와 함께 대극(對極) 및 배기구로 구성되는데 크로마토그래프의 절반 이상이 FID를 가지고 있음
- 유기화합물이 수소와 공기의 연소불꽃에서 전하를 띤 이온을 생성함
- 생성된 이온에 의한 전류의 변화를 측정하여 분석함
※ **FID에 응답하지 않는 물질** : CO, CO_2, CS_2, H_2S, NH_3, N_2O, NO, NO_2, SO_2, SiF_4 및 $SiCl_4$, O_2, N_2, H_2O, 기타 비활성기체 등
※ **감도가 다소 떨어지는 시료** : 할로겐, 아민, 히드록시기 등의 치환기를 갖는 시료 (치환기가 증가함에 따라 감도는 더욱 감소함)

[특징]
▶ 수소-공기 불꽃에서 이온화되는 유기화합물 분석, 석유계 총탄화수소 분석에 이용
▶ 대부분 화합물에 대하여 열전도도 검출기보다 약 1,000배 높은 감도를 나타냄
▶ 대부분의 유기화합물 검출이 가능하며, 탄소수가 많은 유기물은 10pg까지 검출할 수 있어 미량의 유기물을 분석에 유용함

□ **전자포획형검출기**(ECD, Electron Capture Detector) : 전자포획형검출기는 방사선 동위원소(^{63}Ni, ^3H 등)로부터 방출되는 β선이 운반가스를 전리하여 미소전류를 흘려보낼 때 시료 중의 할로겐이나 산소와 같이 전자포획력이 강한 화합물에 의하여 전자가 포획되어 전류가 감소하는 것을 이용하는 검출기임
- β선이 운반기체를 전리함
- 전자포획검출기 셀(cell)에 전자구름이 생성되어 일정 전류가 흐르게 됨

- 전자친화력이 큰 화합물이 셀에 들어오면 셀에 있던 전자가 포획됨
- 전자의 포획으로 전류가 감소됨 → 그 전류의 변화를 측정하여 분석함

※ **감도가 낮은 물질** : 탄화수소, 알코올, 케톤 등

※ 운반기체는 고순도(99.9995%)를 사용하여야 하고 반드시 수분트랩과 산소트랩을 연결하여 수분과 산소를 제거할 필요가 있음

[특징]
- 유기염소계의 농약, 유기 할로겐화합물, PCB(Polychlorinated Biphenyls), 니트로화합물, 유기 금속화합물 등의 환경오염 시료의 분석에 많이 사용됨
- 전자친화력이 큰 원소는 ppt의 매우 낮은 농도까지 선택적으로 검출할 수 있음
- 운반기체에 수분이나 산소 등의 오염물이 함유되는 경우는 감도의 저하나 검정곡선의 직선성을 잃을 수도 있음

☐ **불꽃광도검출기**(FPD, Flame Photometric Detector) : **불꽃광전자검출기**라고도 하며, 시료가 검출기 내부에 형성된 불꽃을 통과할 때 연소하는 과정에서 화합물들이 에너지가 높은 상태로 들뜨게 되고, 다시 바닥상태로 돌아올 때 특정한 빛을 내놓는 불꽃 발광현상을 이용함

- 황이나 인을 포함한 탄화수소화합물이 불꽃이온화검출기 형태의 불꽃에서 연소될 때 화학적인 발광을 일으키는 성분을 생성함
- 시료의 특성에 따라 황화합물은 393nm, 인화합물은 525nm의 특정 파장의 빛을 발산함
- 광학필터를 거친 후 광전증 배관에서 증배된 전자신호를 측정하여 분석함

[특징]
- 유기인, 황화합물 분석 등 P, S를 포함한 화합물을 선택적으로 검출할 수 있음
- 황 또는 인 화합물의 감도는 일반 탄화수소화합물에 비해 100,000배 높음
- H_2S나 SO_2와 같은 황화합물은 약 200ppb까지, 인화합물은 약 10ppb까지 검출 가능함

☐ **질소인검출기**(NPD, Nitrogen Phosphorous Detector) : 불꽃이온화검출기(FID)와 유사한 구성에 알칼리 금속염의 튜브를 부착한 것임

- 가열된 알칼리 금속염의 촉매작용을 받은 질소나 인화합물이 이온화됨
- 유기질소 및 유기인 화합물을 선택적으로 검출함

[특징]
- 질소 또는 인화합물에 대한 선택성이 좋음
- 유기질소 및 유기인 화합물에 대한 감도는 일반 탄화수소화합물에 대한 감도의 약 100,000배로 높음
- 살충제나 제초제의 분석에 사용됨

☐ **불꽃열이온검출기**(FTD, Flame Thermoionic Detector) : 질소인검출기와 같은 검출기임

- **광이온화검출기**(PID, Photo Ionization Detector) : 자외선(UV)을 조사하여 방향족 화합물이나 H_2S, 헥산, 에틸알코올 등을 이온화시켜 이들을 선택적으로 검출함
  - 벤젠이나 톨루엔과 같은 대부분의 방향족화합물을 분석할 수 있음
  - 이온화 에너지가 10.6eV 이하인 H_2S, 헥산, 에틸알코올을 검출할 수 있음

  [특징]
  - 이온화 에너지가 10.6eV보다 큰 메탄올이나 물 등은 검출할 수 없음
  - 매우 민감하고, 잡음(noise)이 적음
  - 직선성이 탁월하고 시료를 파괴하지 않는 장점이 있음

- **펄스방전검출기**(PDD, Pulsed Discharge Detector) : 헬륨 펄스방전으로 시료를 이온화시켰을 때 생성된 전자를 전극으로 모아 그 전류의 변화를 측정하여 분석함
  - 전자포획 모드 : 전자친화성이 큰 원소를 함유한 화합물인 프레온, 염소성 살충제 등의 할로겐 함유 화합물을 선택적으로 검출할 수 있음
  - 헬륨 광이온화 모드 : 대부분 무기물 및 유기물을 검출할 수 있음

  [특징]
  - 전자포획 모드는 전자포획형검출기(ECD)와 달리 방사성 물질을 사용하지 않아 안전하고 검출기온도를 400℃까지 사용할 수 있음
  - 헬륨 광이온화 모드는 기존의 불꽃이온화검출기(FID)의 사용에 따른 불꽃이나 수소 가스 사용이 문제가 되는 곳에서 FID를 대체하여 사용할 수 있음

- **원자방출검출기**(AED, Atomic Emission Detector) : 시료를 플라즈마 마이크로파로 가열할 때 화합물의 원자들은 원자화되어 들뜨게 하여 원자방출을 검출하여 분석함

- **전해질전도도검출기**(ELCD, Electrolytic Conductivity Detector) : 시료를 전도도 용매가 들어있는 셀에 주입하고 기준전극과 분석전극 사이의 전도도 차이를 측정함으로써 성분의 농도를 측정함

- **질량분석검출기**(MSD, Mass Spectrometric Detector) : GC에 질량분석기(MS)를 부착한 검출기임

운반가스(Carrier Gas)

- **구비조건**
  - 충전물이나 시료에 대하여 불활성일 것
  - 사용하는 검출기의 작동에 적합할 것

- **종류 및 순도** : 일반적으로 열전도도형검출기(TCD)에서는 **순도 99.8% 이상의 수소**나 **헬륨**을, 불꽃이온화검출기(FID)에서는 **순도 99.8% 이상의 질소** 또는 **헬륨**을 사용하며, 기타 검출기에서는 각각 규정하는 가스를 사용함

분리관 · 충전물질 · 충전방법

- **분리관**(Column)
  - 내경 : 2~7mm(모세관식 분리관을 사용할 수도 있음)

- **재료** : 시료에 대하여 불활성금속, 유리 또는 합성수지관으로 각 분석방법에서 규정하는 것을 사용함
- ☐ **충전물질** : 종류
  - ○ 흡착형 충전물
  - ○ 분배형 충전물
  - ○ 다공성 고분자형 충전물
- **흡착형 충전물** : 기체-고체 크로마토그래피법에 적용
  - ○ **충전물** : 입도가 고른 흡착성 고체분말
  - ○ **흡착성 고체분말의 종류** : 실리카겔, 활성탄, 알루미나, 합성제올라이트 등
- **분배형 충전물** : 기체-액체 크로마토그래피법에 적용
  - ○ **충전물** : 적당한 담체에 고정상 액체를 함침시킨 것을 충전물로 사용
  - ○ **담체의 종류** : 시료 및 고정상 액체에 대하여 불활성인 것으로 **규조토, 내화벽돌, 유리, 석영, 합성수지** 등 전처리(산처리, 알칼리처리, 실란처리)하여 사용(여기서, **내화벽돌**은 일반적인 내화점토를 사용한 것이 아니고 **규조토**를 주성분으로 한 내화온도 1,100℃ 정도의 단열벽돌을 뜻함)
  - ○ **고정상 액체** : 탄화수소(헥사데칸, 스쿠아란, 고진공 그리이스 등), 실리콘, 폴리글리콜, 폴리에스테르, 폴리아미드, 에테르계 등을 사용

  【구비조건】
  - ▸ 분석대상 성분을 완전히 분리할 수 있는 것일 것
  - ▸ 사용온도에서 증기압이 낮고, 점성이 작은 것일 것
  - ▸ 화학적으로 안정된 것일 것
  - ▸ 화학적 성분이 일정한 것일 것
- **다공성 고분자형 충전물** : 다이바이닐벤젠을 가교제로 스티렌계 단량체를 중합시킨 것과 같이 고분자 물질을 단독 또는 고정상 액체로 표면처리하여 사용
- ☐ **충전방법** → 순서
  - ○ 분리관 건조
  - ○ 한쪽을 막음
  - ○ 진동을 주어 감압흡인
- 감압흡인하면서 충전물을 고르고 **빽빽하게** 채운 다음 남은 한쪽 끝을 유리솜으로 가볍게 막음
- 충전물질의 최고사용온도 부근에서 적어도 수 시간 동안 헬륨 또는 질소를 통하여 건조함
- 건조로 인하여 감소 되는 만큼의 충전물을 보충하여 채우고 더이상 감소하지 않을 때까지 이 조작을 되풀이함
- ☐ **분리관의 분해능**(인접한 두 피크가 다르다고 인식하는 능력) : 두 물질의 분배계수 값 차이가 클수록 분리가 잘 된다는 것을 의미하고, 분배계수가 크다는 것은 분리관에 머무르는 시간이 길다는 것임
- ☐ **분해능**(분리도)**을 높이기 위한 방법**
  - 분리도는 칼럼 길이의 제곱근에 비례하고, 분석시간은 칼럼의 길이에 비례함
  - 분리관의 **길이를 길게**(무작정 길게 하는 것은 비효율적임)

- 시료의 양을 적게
- 고정상의 양을 적게
- 고체 지지체의 **입자 크기를 작게**
- 일반적으로 **저온**에서 좋은 분해능을 보임

※ GC의 설치조건
- **설치장소**
  - 진동이 없을 것
  - 분석에 사용하는 유해물질을 안전하게 처리할 수 있을 것
  - 부식가스나 먼지가 적고 실온 5~35℃, 상대습도 85% 이하로 직사광선이 쪼이지 않는 곳일 것
- **전기조건**
  - 공급전원은 지정된 전력 및 주파수일 것
  - 전원변동은 지정전압의 10% 이내이고 주파수 변동이 없을 것
  - 대형변압기 고주파 가열로와 같은 것으로부터 전자기유도를 받지 않는 곳일 것

GC 조작·분리의 평가

※ 시료의 도입
- **기체시료** : 통상 기체시료 도입장치를 사용함. 때에 따라 주사기(0.5~5mL)를 사용하여 주입할 수 있음
- **액체시료** : 시료주입량에 따라 적당한 부피의 미량주사기(1~100μL)를 사용하여 시료 도입구로부터 빠르게 주입함
- **고체시료** : 용매에 용해시켜 액체시료와 같은 방법으로 주입함

※ **크로마토그램** : 검출기에서 검출된 전기신호를 토대로 각 성분에 대응하는 일련의 곡선 피크(Peak)를 크로마토그램(Chromatogram)이라 함

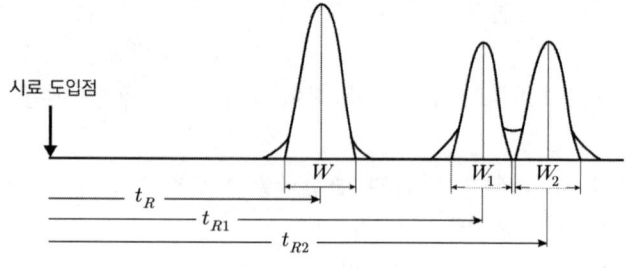

〈그림〉 크로마토그램

- **보유시간(Retention Time)** : 시료를 분리관에 도입시킨 후 그 중의 어떤 성분이 검출되어 기록지상에 봉우리(Peak)로 나타날 때까지의 시간 – 이 값은 어떤 특정한 실험조건 하에서는 그 성분물질마다 고유한 값을 나타냄 → 정성분석

- 보유용량(Retention Volume) : 보유시간에 운반가스의 유량을 곱한 것-기록지의 곡선의 넓이 또는 봉우리의 높이는 시료성분량과 일정한 관계가 있음 → 정량분석
- 유령 피크(Ghost Peak) : 시료를 주입하지 않은 상태에서 나타나는 피크를 말함

  ▎발생원인
  - 시스템이나 칼럼이 오염된 경우
  - 칼럼이 충분하게 묵힘 되지 않아서 칼럼에 남아 있던 성분들이 배출되는 경우
  - 주입부에 잔류하던 오염물질이 배출되는 경우
  - 주입부에 사용하는 격막(Septum)에서 오염물질이 방출되는 경우

  ▎대책
  - 칼럼의 교체 및 충분한 세척
  - 이동상 불순물의 유입 차단
  - 주입부 및 격막(septum)의 오염물질 방출 차단
  - 액체시료의 경우 공기방울 처치

분리의 평가

- **분리관 효율** : 이론단수 또는 1이론단에 해당하는 분리관의 길이 HETP로 표시함

  ■ $HETP = \dfrac{L}{n}$ $\quad \begin{cases} L : 분리관의\ 길이(mm) \\ n : 이론단수 \end{cases}$

- **이론단수**(n)

  ■ $n = 16 \times \left(\dfrac{t_R}{W}\right)^2$ $\quad \begin{cases} t_R : 시료도입점으로부터\ 피크\ 최고점까지의\ 길이(보유시간) \\ W : 피크\ 변곡점에서\ 접선이\ 자르는\ 바탕선의\ 길이(mm) \\ L : 분리관의\ 길이(mm) \end{cases}$

- **분리능** $\begin{cases} \circ 분리계수(d) \\ \circ 분리도(R) \end{cases}$

  ■ $d = \dfrac{t_{R2}}{t_{R1}}$

  ■ $R = \dfrac{2(t_{R2} - t_{R1})}{W_1 + W_2}$

  $\begin{cases} t_{R_1} : 시료도입점으로부터\ 피크\ 1의\ 최고점까지의\ 길이 \\ t_{R_2} : 시료도입점으로부터\ 피크\ 2의\ 최고점까지의\ 길이 \\ W_1 : 피크\ 1의\ 좌우\ 변곡점에서\ 접선이\ 자르는\ 바탕선의\ 길이 \\ W_2 : 피크\ 2의\ 좌우\ 변곡점에서\ 접선이\ 자르는\ 바탕선의\ 길이 \end{cases}$

정량분석
정량분석은 크로마토그램의 재현성, 시료분석량, 봉우리의 면적 또는 높이와의 관계를 검토하여 분석하고, 측정된 넓이 또는 높이와 성분량과의 관계를 구하고 검정곡선 작성 후 연속하여 시료를 측정하여 결과를 산출함

방법 ▶
- 절대검정곡선법
- 넓이백분율법
- 보정넓이백분율법
- 상대검정곡선법
- 표준물첨가법

- **절대검정곡선법** : 봉우리 넓이 또는 봉우리 높이를 종축(세로축)에 두고 성분량을 횡축(가로축)에 취하여 작성함

- 일반적으로 정량하려는 성분으로 된 순물질을 단계적으로 취해 여러 점의 검정곡선을 작성하여 정량함
- 기지량에 대한 1점만을 취하고 이 점과 원점을 이은 직선을 그려 검정곡선으로 하여 정량을 할 수도 있음. 단, **1점 절대법**에서는 직선상의 확인이 필요함

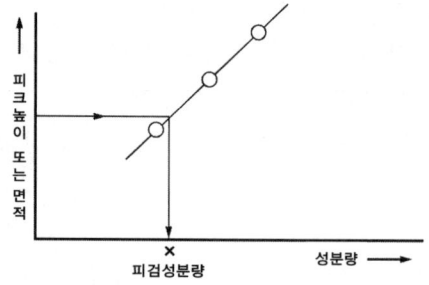

□ **넓이 백분율법** : 크로마토그램으로부터 얻은 시료 각 성분의 봉우리 면적을 측정하고 그들의 합을 100으로 하여 이에 대한 각각의 봉우리 넓이 비를 각 성분의 함유율로 함

■ $X_i(\%) = \dfrac{A_i}{\sum_{i=1}^{n} A_i} \times 100$ $\begin{cases} A_i : i\text{성분의 봉우리 넓이} \\ n : \text{전체 봉우리 수} \end{cases}$

□ **보정넓이 백분율법** : 도입한 시료의 전(全)성분이 용출되며 또한 용출전(溶出前) 성분의 상대감도가 구해진 경우는 다음 식에 의하여 정확한 함유율을 구할 수 있음

■ $X_i(\%) = \dfrac{(A_i/f_i)}{\sum_{n=1}^{n} A_i/f_i} \times 100$ $\begin{cases} A_i : i\text{성분의 봉우리 넓이} \\ n : \text{전체 봉우리 수} \\ f_i : i\text{성분의 상대감도} \end{cases}$

□ **상대검정곡선법** : 횡축(가로축)에 정량하려는 성분량(M_x)과 내부표준물질량(M_s)의 비(M_x/M_s)를 취하고 종축(세로축)에 분석시료의 크로마토그램에서 측정한 정량할 성분의 봉우리 넓이(A_x)와 표준물질 봉우리 넓이(A_s)의 비(A_x/A_s)를 취하여 검정곡선을 작성함

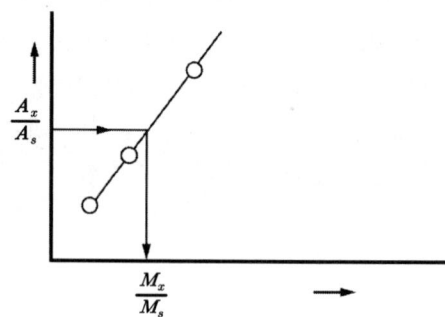

- 내부표준물질은 봉우리가 정량하려는 성분 봉우리의 위치에 가능한 한 가깝고, 시료 중의 다른 성분 봉우리와도 완전하게 분리되는 안전한 물질을 선택함
- 봉우리 넓이 대신에 봉우리 높이를 사용하여도 좋음. 이 방법을 적용하면 시료의 조성을 구할 수가 있음

- **표준물첨가법** : 시료의 크로마토그램으로부터 피검성분 A 및 다른 임의의 성분 B의 봉우리 넓이 a_1 및 b_1을 구한 다음 시료의 일정량 W에 성분 A의 기지량 ΔW_A을 가하여(a_2/b_2의 값이 $1.2 \sim 2.0$의 사이에 있도록 가할 것) 다시 크로마토그램을 기록하여 성분 A 및 B의 봉우리 넓이 a_2 및 b_2를 구하면 K의 정수로 하는 다음 식이 성립함

$$\frac{W_A}{W_B} = K\frac{a_1}{b_1}, \quad \frac{W_A + \Delta W_A}{W_B} = K\frac{a_2}{b_2}$$

위의 식으로부터 성분 A의 부피 또는 무게 함유율 $X(\%)$를 다음 식으로 구함

■ $X(\%) = \dfrac{\Delta W_A}{\left[\left(\dfrac{a_2}{b_2}\right)\times\left(\dfrac{b_1}{a_1}\right)-1\right]\times W} \times 100$ $\begin{cases} W_A \text{ 및 } W_B : \text{시료 중 } A \text{ 및 } B \text{ 성분량} \\ K : \text{비례상수} \\ X : \text{성분 } A \text{의 부피·무게 함유율}(\%) \end{cases}$

❀ **정량치의 표시** : 정량치는 중량, 부피, 몰, ppm 등으로 표시함

(2) 자외선/가시선 분광법(흡광광도법, 분광광도법)

❀ **원리 및 적용** : 시료물질이나 시료물질의 용액 또는 여기에 적당한 시약을 넣어 발색시킨 용액의 흡광도를 측정하여 시료 중의 목적성분을 정량하는 방법으로 파장 $200 \sim 1,200\text{nm}$에서의 액체의 흡광도를 측정함으로써 대기 중이나 굴뚝배출가스 중의 오염물질 분석에 적용함

❀ **적용되는 법칙** : 시료셀의 입사광의 강도(I_o)와 투사광의 강도(I_t) 사이에는 **램버트 비어**(Lambert-Beer)**의 법칙**에 의하여 다음의 관계식이 성립함

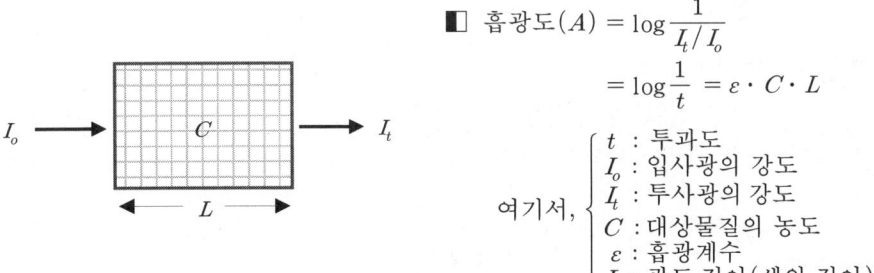

■ 흡광도$(A) = \log\dfrac{1}{I_t/I_o}$
$= \log\dfrac{1}{t} = \varepsilon \cdot C \cdot L$

여기서, $\begin{cases} t : \text{투과도} \\ I_o : \text{입사광의 강도} \\ I_t : \text{투사광의 강도} \\ C : \text{대상물질의 농도} \\ \varepsilon : \text{흡광계수} \\ L : \text{광도 길이(셀의 길이)} \end{cases}$

❀ **분석대상**(굴뚝배출가스) $\begin{cases} \circ \text{무기물질} \\ \circ \text{휘발성 유기화합물(VOCs)} \\ \circ \text{중금속류} \end{cases}$

┃무기물질

- **암모니아**(인도페놀법) $\begin{cases} \circ \text{측정파장} : 640\text{nm} \\ \circ \text{분석범위} : 1 \sim 10\text{ppm} \end{cases}$

- **염소**(오르토톨리딘법) $\begin{cases} \circ \text{측정파장} : 435\text{nm} \\ \circ \text{분석범위} : 02 \sim 10\text{ppm} \end{cases}$

- **질소산화물** $\{\circ \text{아연환원 나프틸에틸렌다이아민법}$

  ▶ 아연환원 나프틸에틸렌다이아민법 $\begin{cases} \circ \text{측정파장} : 545\text{nm} \\ \circ \text{분석범위} : 10 \sim 1000\text{ppm} \end{cases}$

- **이황화탄소**
  - 측정파장: 435nm
  - 분석범위: 1ppm 이상 (3 ~ 60ppm / 시료 10L)
  - 방법검출한계: 0.2ppm 이하

- **황화수소**(메틸렌블루법)
  - 측정파장: 670nm
  - 분석범위: 5 ~ 1,000ppm

- **불소화합물**(알리자린콤플렉손법)
  - 측정파장: 620nm
  - 분석범위: HF로서 0.05 ~ 1,200ppm
  - 방법검출한계: 0.015ppm

- **시안화수소**(피리딘피라졸론법)
  - 측정파장: 620nm
  - 분석범위: HF로서 0.05 ~ 100ppm
  - 방법검출한계: 0.016ppm

휘발성 유기화합물

- **알데하이드**
  - 크로모트로핀산 자외선/가시선분광법
  - 아세틸아세톤 자외선/가시선분광법

  ▶ 크로모트로핀산 자외선/가시선분광법
  - 측정파장: 570nm
  - 분석범위: 0.01 ~ 0.2ppm
  - 방법검출한계: 0.003ppm

  ▶ 아세틸아세톤 자외선/가시선분광법
  - 측정파장: 420nm
  - 분석범위: 0.02 ~ 0.4ppm
  - 방법검출한계: 0.007ppm

- **브롬화합물**
  - 측정파장: 460nm
  - 분석범위: HBr 0.2 ~ 35ppm, Br_2 0.1 ~ 18ppm

- **페놀류**
  - 측정파장: 510nm
  - 분석범위: 0.3 ~ 20ppm
  - 방법검출한계: 0.1ppm

중금속류 → As, Cr, Ni

- **비소화합물**
  - 측정파장: 510nm
  - 정량범위: 0.007 ~ 0.01ppm
  - 방법검출한계: 0.0023ppm
  - 정밀도: 10% 이하

- **크롬화합물**
  - 측정파장: 540nm
  - 정량범위: 0.002 ~ 0.05 mg/m^3
  - 방법검출한계: 0.0006 mg/m^3
  - 정밀도: 10% 이하

- **니켈화합물**
  - 측정파장: 450nm
  - 정량범위: 0.002 ~ 0.05 mg/m^3
  - 방법검출한계: 0.0006 mg/m^3
  - 정밀도: 10% 이하

※ **자외선/가시선분광광도계**(흡광광도계)**의 장치 구성** : 일반적으로 사용하는 흡광광도계는 광원부 → 파장선택부 → 시료부 → 측광부로 구성되어 있음

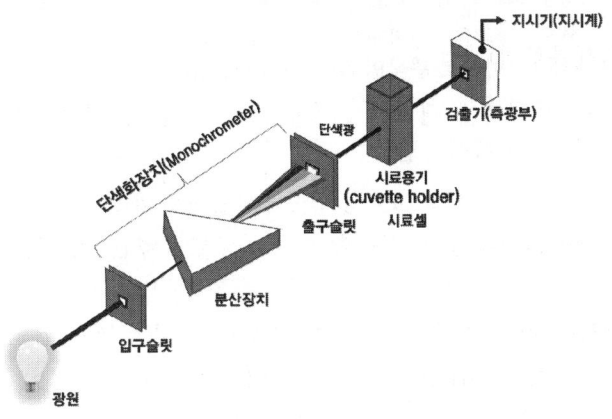

■ 기기분석법의 장치구성 상호비교 ■

자외선/가시선분광법	광원부 → 파장선택부 → 시료부 → 측광부
원자흡수분광광도법	광원부 → 시료원자화부 → 단색화부 → 측광부
ICP(유도결합플라스마)	시료도입 → 플라스마 토치 → 파장분리 → 검출기 → 연산처리 → 기록부
기체크로마토그래피법	가스유로계 → 시료도입부 → 분리관 → 검출기 → 기록계
이온크로마토그래피법	전개부(용리액조 + 펌프) → 분리부 → 검출부(서프레서 + 검출기) → 지시부

※ 자료 인용 : 「대기환경기술사」 수험서, 이승원(저)

□ **광원부** : 광원부의 광원에는 텅스텐램프 중수소방전관 등을 사용하며 점등을 위하여 전원부나 렌즈와 같은 광학계를 부속시킴
  - 가시부와 근적 외부의 광원 : **텅스텐** 사용
  - 자외부의 광원 : **중수소방전관**(수소등) 사용
□ **파장선택부** : 단색화장치(Monochrometer) 또는 필터(filter)를 사용
  - 단색장치 : 프리즘, 회절격자 또는 이 두 가지를 조합시킨 것을 사용
  - 필터 : 색유리 필터, 젤라틴 필터, 간접필터 등 사용
  - 파장교정 : 자동기록식 광전분광광도계의 파장교정은 **홀뮴유리**의 흡수스펙트럼을 이용
  - 파장눈금의 교정 : 수소방전관, 중수소방전관, 석영 저압수은, 방전관 사용
□ **측광부** : 광전측광에는 광전관, 광전자증배관, 광전도셀 또는 광전지 등을 사용
  - 자외선~가시파장 범위 : 광전관, 광전자증배관 사용
  - 근적외파장 범위 : 광전도셀 사용
  - 가시파장 범위 : 광전지 사용

- **광전분광광도계** : 파장선택부에 단색화장치를 사용한 장치임
  - 구조에 따라 단광속형과 복광속형이 있고 복광속형에는 흡수스펙트럼을 자동기록할 수 있는 것도 있음
  - 광전분광광도계에는 미분측광, 2파장측광, 시차측광이 가능한 것도 있음
- **광전광도계** : 파장선택부에 필터를 사용한 장치로 **단광속형**이 많고 비교적 구조가 간단하여 작업분석용에 적당함
- **흡수셀** : 흡수셀은 일반적으로 4각형 또는 시험관형의 것을 사용하며, 흡수셀의 재질은 유리, 석영, 플라스틱 등을 사용함(따로 규정이 없는 한 원시료를 **셀의 8부 정도**까지 채워 측정함)
  - 유리제 : 주로 가시(可視) 및 근적외부(近赤外部) 파장범위를 측정할 때 사용함
  - 석영제 : 자외부 파장범위를 측정할 때 사용함
  - 플라스틱제 : 근적외부 파장범위를 측정할 때 사용함

※ **흡광도 측정·눈금보정 등** : 흡광광도법은 빛이 시료용액 중에 통과할 때 흡수·산란 등에 의하여 강도가 변화하는 것을 이용하며, 적용되는 법칙은 램버트 비어(Lambert-Beer)의 법칙임
- **파장범위** : 흡광도법의 측정파장 범위는 200~900nm, **측정파장**은 원칙적으로 **최고의 흡광도**가 얻어질 수 있는 **최대흡수파장**을 선택함
- **흡광도 설정범위** : 흡광도는 가능한 한 0.2~0.8의 범위에 들도록 시험용액의 농도 및 흡수셀의 길이를 선정함
- **흡광계수** : $C=1mol$, $L=10mm$일 때의 ε값을 몰흡광계수라 하고 K로 표시함
- **눈금보정** : 110℃에서 3시간 이상 건조한 중크롬산칼륨(1급 이상)을 N/20 수산화포타슘(KOH) 용액에 녹인 다이크롬산포타슘($K_2Cr_2O_7$) 용액을 사용함
- **미광의 유무조사** : 컷트필터(Cut Filter)가 사용됨

※ **장치의 설치**
- 전원의 전압 및 주파수의 변동이 적을 것
- 직사광선을 받지 않을 것
- 습도가 높지 않고 온도변화가 적을 것
- 부식성 가스나 먼지가 없을 것
- 진동이 없을 것

※ **시료셀의 세척**
- **일반세척**
  - 탄산소듐(Na_2CO_3) 용액(2W/V %)에 소량의 음이온계면활성제(액상)를 가한 용액에 흡수셀을 담가 놓고 필요하면 40~50℃로 약 10분간 가열
  - 흡수셀을 꺼내 물로 씻은 후 질산(1+5)에 소량의 과산화수소를 가한 용액에 약 30분간 담가 놓았다가 꺼내어 물로 세척

- 깨끗한 가제나 흡수지 위에 거꾸로 놓아 물기를 제거하고 실리카겔을 넣은 데시게이터 중에서 건조하여 보존

□ 급히 사용하고자 할 때
- 물기를 제거한 후 에틸알코올로 세척
- 다시 에틸에테르로 씻은 다음 드라이어(dryer)로 건조

□ 빈번하게 사용할 때
- 물로 잘 씻은 다음 증류수를 넣은 용기에 담가 둠
- 일반세척에 사용되는 질산과 과산화수소의 혼액 대신 새로 만든 크롬산과 황산용액에 약 1시간 담근 다음 흡수셀을 꺼내어 물로 충분히 씻어냄

흡광광도 측정

측정준비
- 측정파장에 따라 필요한 광원과 광전측광 검출기 선정
- 전원을 넣고 잠시 방치하여 장치를 안정시킨 후 감도와 영점(Zero) 조절
- 단색화장치나 필터를 이용하여 지정된 측정파장 선택

흡광도 측정 순서
- 눈금판의 지시가 안정되어 있는지 확인
- 대조셀을 광로에 넣고 광원으로 부터의 광속을 차단하고 영점을 맞춤. 영점을 맞춘다는 것은 투과율 눈금으로 눈금판의 지시가 영이 되도록 맞추는 것임
- 광원으로부터 광속을 통하여 눈금 100에 맞춤
- 시료셀을 광로에 넣고 눈금판의 지시치를 흡광도 또는 투과율로 읽음
- 필요하면 대조셀을 광로에 바꿔 넣고 영점과 100에 변화가 없는가를 확인

흡수곡선 측정
- 필요한 파장범위에 대해서 10nm마다의 흡광도를 측정하여 횡측(가로)에 파장을, 종축(세로)에 흡광도를 표시하고 그래프용지에 양자의 관계곡선을 작성하여 흡수곡선을 만듦
- 이때 흡수 최대치(peak) 부근에서는 파장간격을 1~5nm까지 좁게 하여 흡광도를 측정하는 것이 좋음

정량방법

측정조건의 검토
- 측정파장은 원칙적으로 최고의 흡광도가 얻어질 수 있는 최대흡수파장을 선정함. 단, 방해성분의 영향, 재현성 및 안정성 등을 고려하여 차선의 측정파장 또는 필터를 선정하는 수도 있음
- 대조액은 용매, 바탕시험액 기타 적당한 용액을 선정함
- 측정된 흡광도는 되도록 0.2~0.8의 범위에 들도록 시험용액의 농도 및 흡수셀의 길이를 선정함
- 부득이하게 흡광도를 0.1 미만에서 측정할 때는 눈금 확대기를 사용하는 것이 좋음

※ **흡광도의 재현성 검토**
- 흡광광도분석방법으로 정량분석을 하려면 이미 흡광도와 시료성분의 농도와의 비례와 같은 시료에 대한 흡광도의 재현성을 검토하여야 함
- 일반정량분석에는 검정곡선을 미리 작성해 놓는 방법을 이용하며 경우에 따라서는 ε의 값(몰 흡광계수)을 미리 구해 놓는 방법도 이용함

※ **검정곡선 작성**
- 검정곡선은 표준용액의 여러가지 농도에 대하여 적당한 대조액을 사용
- 흡광도를 측정하고 표준용액의 농도를 횡측, 흡광도를 종축에 취하여 양자의 관계선을 구하여 작성
- 검정곡선은 거의 직선을 나타내는 범위 내에서 사용함
- 시약이 바뀌거나 시험자가 바뀔 때는 검정곡선을 재작성
- 투과율을 측정하여 흡광도로 환산하지 않고 검정곡선을 작성할 때는 편대수 그래프용지를 사용(대수축에 투과율)

□ **표준용액**
- 분석하려는 성분의 순물질 또는 일정 농도의 표준용액을 단계적으로 취하여 규정된 방법에 따라 표준용액 계열을 만듦
- 표준용액 농도는 시험용액 중의 분석하려는 성분의 추정농도와 거의 같은 농도범위로 함

□ **대조액** : 통상 용매를 사용하며 분석하려는 성분이 들어있지 않은 같은 종류의 시료를 사용하여 규정된 방법에 따라 제조함

※ **정량조작 순서**
- 피검액을 부피플라스크 같은 용기에 달아 넣는다.
- 발색시약, 산, 알칼리, 완충액, 마스킹제, 안정제 등 각각 규정된 순서에 따라 가한다.
- 충분한 발색이 되도록 필요하면 가열 또는 방치한다.
- 용매를 가하여 일정 용적으로 희석한다.
- 광도계의 측정파장 또는 필터, 슬릿의 폭, 흡수셀 등을 규정한 방법에 따라 조절 또는 준비한다.
- 발색액의 일부를 흡수셀에 넣어 흡광도를 측정한다.
- 측정한 흡광도를 작성한 검정곡선과 비교하여 목적하는 성분의 농도를 구한다.
- 시료 중의 목적성분 농도가 낮을 때는 발색액에 잘 녹지 않는 피검성분을 다시 잘 녹는 용매로 추출하여 흡광도를 측정하고 농도를 구해도 무방하다.

(3) **원자흡수분광광도법(원자흡광광도법)**

※ **원리 및 적용** : 원자흡수분광광도법(원자흡광광도법)은 분석대상 원소가 포함된 시료를 **불꽃**이나 **전기열**에 의해 **바닥상태의 원자로 해리**시키고, 이 원자의 증기층에 특정파장의 빛을 투과시키면 **바닥상태**의 분석대상 원자가 그 파장의 빛을 흡수하여 **들뜬 상태의 원자**로 되는데, 이때 흡수하는 빛의 세기를 측정하는 분석기기를 이용하여 대기 또는 배출 가스중의 유해 중금속, 기타 원소의 분석을 함

※ **분석대상** : 중금속류(구리, 납, 아연, 카드뮴, 크로뮴, 6가 크로뮴, 니켈, 철, 등)

항목	측정파장 (nm)	정량범위 (mg/m³)	방법검출한계 (mg/m³)	정밀도 (%)
Cu	324.8	0.012~5	0.004	~10
Pb	217.0/283.3	0.05~6.25	0.015	~10
Ni	232.0	0.01~5	0.003	~10
Zn	213.8	0.003~5	0.001	~10
Fe	248.3	0.125~12.5	0.037	~10
Cd	228.8	0.01~0.38	0.003	~10
Cr	357.9	0.1~5	0.03	~10
Be	234.9	0.01~0.5	0.003	~10

※ **용어의 정의**
- **역화**(flame back) : 불꽃의 연소속도가 크고 혼합기체의 분출속도가 작을 때 연소현상이 내부로 옮겨지는 것
- **공명선** : 원자가 외부로부터 빛을 흡수했다가 다시 먼저 상태로 돌아갈 때 방사하는 스펙트럼선
- **근접선** : 목적하는 스펙트럼에 가까운 파장을 갖는 다른 스펙트럼선
- **중공음극램프**(속빈음극램프) : 원자흡수분광 분석의 광원이 되는 것으로 목적원소를 함유하는 중공음극 한 개 또는 그 이상을 저압의 네온과 함께 채운 방전관
- **다음극 중공음극램프** : 두 개 이상의 중공음극을 갖는 중공음극램프(속빈음극램프)
- **다원소 중공음극램프** : 한 개의 중공음극에 두 종류 이상의 목적원소를 함유하는 중공음극램프
- **소연료 불꽃** : 가연성 가스와 조연성 가스의 비를 적게 한 불꽃
- **다연료 불꽃** : 가연성 가스/조연성 가스의 값을 크게 한 불꽃
- **멀티패스** : 불꽃 중에서 광로를 길게 하고 흡수를 증대시키기 위해 반사를 이용하여 불꽃 중에 빛을 여러 번 투과시키는 것을 말함
- **슬롯버너** : 가스의 분출구가 세극상으로 된 버너
- **전체분무버너** : 시료 용액 직접 불꽃 중으로 분무하여 원자증기화하는 방식의 버너
- **예혼합버너** : 가연성 가스, 조연성 가스, 시료를 분무실에서 혼합시켜 불꽃 중에 넣어주는 방식
- **선프로파일** : 파장에 대한 스펙트럼선의 강도를 나타내는 곡선

❈ **장치의 구성** : 분석장치의 구성은 광원부 → 시료원자화부 → 단색화부 → 측광부로 구성됨

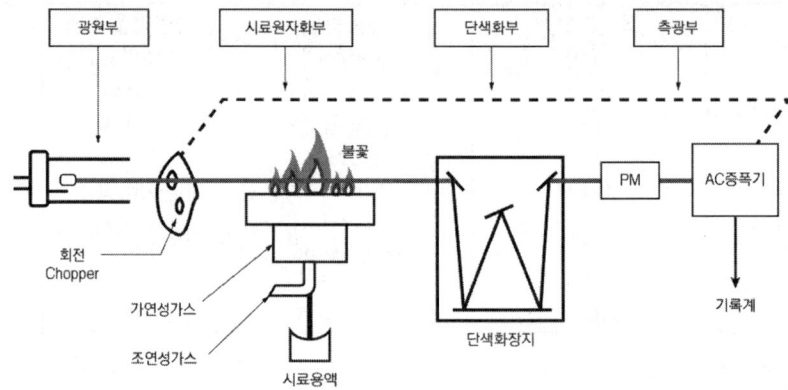

〈그림〉 원자흡수분광광도계의 기본구성

❈ **적용되는 법칙** : 램버트-비어(Lambert-Beer) 법칙

■ 흡광도$(A) = \log \dfrac{1}{I_t/I_o} = \log \dfrac{1}{t} = E_A \cdot C \cdot L$ $\begin{cases} t : 투과도 \\ I_o : 입사광의 강도 \\ I_t : 투사광의 강도 \\ C : 목적원소의 농도 \\ E_A : 원자흡광률 \\ L : 불꽃 중 광도길이 \end{cases}$

❈ **장치구성별 요구특성**

▫ **광원부**

- **기능** : 분석하고자 하는 목적 원소에 맞는 빛을 발생하는 램프임
- **사용**
  ◦ **중공음극램프**(속빈음극램프) : 광원은 분석하고자 하는 금속의 흡수파장의 **복사선을 방출**하여야 하며, 주로 **중공음극램프**(속빈음극램프)가 사용됨. 중공음극램프는 양극(+)과 중공원통상의 음극(-)을 저압의 희유가스 원소와 함께 유리 또는 석영재의 창판을 갖는 유리관 중에 봉입한 것으로 음극은 분석하려고 하는 목적의 단일원소 목적원소를 함유하는 합금 또는 소결합금으로 만들어져 있음
  ◦ **기타 램프** : 나트륨(Na), 칼륨(K), 칼슘(Ca), 루비듐(Rb), 세슘(Cs), 카드뮴(Cd), 수은(Hg), 탈륨(Tl)과 같이 비점이 낮은 원소에서는 열음극이나 방전램프를 사용할 수도 있고, 금속의 할로겐화물을 봉입하여 고주파 방전에 의하여 점등하는 방식의 방전램프를 사용할 수도 있음

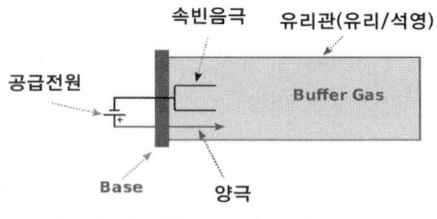

〈그림〉 속빈음극램프(중공음극램프)

- **시료원자화부** ⇨ 구성 { ◦ 시료원자화장치 / ◦ 광학계 }
- **기능** : 열에너지를 가함으로써 해당 검체를 원자 형태로 만듦

▌**시료원자화방법** { ◦ 불꽃방식 / ◦ 비불꽃방식 / ◦ 증기발생방식 }

  ◦ 불꽃방식 : 용액상태로 만든 시료를 불꽃 중에 분무하는 방법
  ◦ 비불꽃방식 : 플라스마 제트(Plasma Jet), 방전(Spark)을 이용하는 방법, 음극 스퍼터(Sputtering)에 의한 원자화 방법
  ◦ 증기발생방식 : 환원제를 사용, 기화된 냉증기를 발생시켜 분석하는 방법으로 기화휘발성이 강한 성분 Hg, As, Se의 측정에 제한적으로 사용됨

- **버너**
  ◦ 전분무버너 : 시료용액을 직접 불꽃 중으로 분무하여 원자화하는 방식
  ◦ 예혼합버너 : 시료용액을 일단 분무실 내에 불어넣고 미세한 입자만을 불꽃 중에 보내어 원자화하는 방식

- **불꽃** : 가연성 가스와 조연성 가스의 조합 { ◦ 수소–공기 / ◦ 아세틸렌–공기 / ◦ 아세틸렌–아산화질소 / ◦ 프로판–공기 }

  ◦ 원자흡광분석에 사용되는 불꽃을 만들기 위한 조합은 수소-공기, 수소-공기-아르곤, 수소-산소, 아세틸렌-공기, 아세틸렌-산소, 아세틸렌-아산화질소, 프로판-공기, 석탄가스-공기 등이 있음
  ◦ 수소-공기, 아세틸렌-공기 : 거의 대부분의 원소분석에 유효하게 사용
  ◦ 수소-공기 : **원자 외 영역**에서 분석선을 갖는 원소의 분석에 적합
  ◦ 아세틸렌-아산화질소 : **내화성산화물**(Refractory Oxide)을 만들기 쉬운 원소의 분석에 적당
  ◦ 프로판-공기 : 불꽃온도가 낮고 일부 원소에 대하여 높은 감도를 나타냄

▌**광학계**
- **기능** : 반사, 굴절 등의 현상을 이용하여 분석의 감도를 높여주고 안정한 측정치를 얻을 수 있게 함
- **사용**
  ◦ 광학계는 빛이 투과하는 불꽃 중에서의 유효길이를 되도록 길게 하여야 함
  ◦ 가늘고 긴 세극을 갖는 슬롯버너를 사용할 때는 빛이 투과하는 불꽃의 길이를 10cm 정도까지 길게 할 수 있음
  ◦ 유효불꽃 길이를 증대시키기 위해서 멀티패스(Multi Path) 방식을 사용함
  ◦ 불꽃으로부터 빛이 벗어나지 않도록 해야 함

- **단색화부 · 분광기**
  - **기능** : 단색화장치는 특정 파장만 분리하여 검출기로 보내는 역할을 함

- **사용**
  - 분광기는 일반적으로 회절격자나 프리즘을 이용한 분광기가 사용됨
  - 필터는 알칼리나 알칼리토류 원소와 같이 광원의 스펙트럼 분포가 단순한 것에서는 분광기 대신 간섭필터를 사용하기도 함
  - 연속광원을 사용할 때는 매우 높은 분해능을 갖는 분광기가 필요하기 때문에 에탈론(Ethalon) 간섭분광기가 사용됨

□ **측광부** ⇨ 구성 { 검출기, 증폭기, 지시계기 }

- **기능** : 원자화된 시료에 의하여 흡수된 빛의 흡수강도를 측정하는 역할
- **검출기** : 사용 분석선의 파장에 따라 적당한 분광감도 특성을 갖는 것을 사용함
  - 광전자 증배관(원자외 영역~근적외 영역)
  - 광전관 광전도 셀(Cell)
  - 광전지
- **증폭기**
  - 직류증폭기와 교류증폭기가 사용됨
  - 교류방식은 불꽃의 빛이나 시료의 발광 등에 대한 영향이 적음
- **지시계기** : 증폭기에서 나오는 신호를 흡광도 흡광률(%) 또는 투과율(%) 등으로 눈금을 읽기 위한 계기임
  - 직독식 미터
  - 보상식 전위차계(Potentiometer)
  - 기록계 디지털 표시기

⚛ 시료제조 · 재료 선정 시 고려사항

□ **표준시료**
- **개념** : 물질을 정량할 때 기준이 되는 시료로 목적으로 하는 성분의 함량, 순도 등을 명확히 하여 조제된 규준품(規準品)으로 이를 기준으로 하여 목적성분을 정량하거나 분석결과를 비교할 수 있게 하기 위한 시료임
- **제조 시 고려사항**
  - 순도가 높은 표준용 시약을 정확히 달아 목적원소의 농도를 단계적으로 나타나도록 용해 희석하여 여러 개의 표준용액을 만듦
  - 시약은 적어도 1급 이상의 것을 사용하여야 함
  - 시약은 풍화, 조해, 화학변화 등에 의한 농도의 변화가 없는 것이어야 함
  - 용매로서의 물이나 유기화합물은 정제한 것을 사용하고 바탕시험 값은 되도록 작은 값이 되도록 하여야 함
  - 표준시료 용액은 **분석시료 용액**과 **물리적 화학적 성질**이 **되도록 비슷**하고 특히 공존물질의 조성이나 존재량이 **같도록 제조**하여 간섭을 피하도록 하여야 함

- □ **분석시료**
  - **개념** : 분석의 대상이 되는 물질을 함유한 시료를 말함
  - **제조 시 고려사항**
    - ◦ 용해 · 용액 상태에서 희석하여 제조할 것
      - ▶ 고체나 고체와 비슷한 상태의 시료는 물에 녹여 희석한 다음에 분석하는 것을 원칙으로 함
      - ▶ 물에 녹지 않는 시료는 다음 중 하나로 처리하여 녹이거나 추출할 것
        - – 산 · 알칼리 처리
        - – 유기용매 용해
        - – 알칼리 용융 처리
        - – 불화수소산처리
        - – 강산화제에 의한 분해
        - – 가열회화
        - – 기타 적절한 방법
      - ▶ 불용성 물질은 다시 적당한 방법으로 따로 재용해시켜야 함
      - ▶ 액체시료는 직접 물로 희석하여 분석하는 일이 많으나 유지성 시료와 물질은 유기용매를 사용하여 용해 · 희석함
      - ▶ 필요하면 여과 원심분리 또는 화학적 처리를 함
    - ◦ 분석용 시료의 농도는 적절히 묽게 제조할 것 : 불필요하게 농도를 높게 하는 것보다 오히려 묽은 용액의 상태로 하는 것이 측광정밀도가 높은 분석결과를 얻을 수 있음
    - ◦ 간섭물질에 대한 대응을 고려할 것 : 시료용액에 특정 공존물질이 존재함으로써 미량의 목적 원소분석이 간섭을 받을 우려가 있는 경우는 다음 중 하나의 방법으로 조치를 할 것
      - ▶ 표준시료 용액에 동일 공존물질을 등량첨가하여 분석
      - ▶ 특수한 유기시약이나 유기용매로 목적 원소만을 추출하여 분석
      - ▶ 일정한 시약을 첨가하여 간섭 억제 · 차단
    - ◦ 제조시료의 취급 · 관리문제
      - ▶ 제조한 시료용액을 장시간 방치하면 가수분해, 산화 · 환원 등의 화학변화가 일어날 수 있음
      - ▶ 특히 용기에 뚜껑이 없이 노출되는 경우에는 먼지 등에 의한 오염이나 용매의 증발에 의한 농도변화가 일어나기 쉬우므로 제조 후에는 되도록 신속하게 분석할 것
- □ **순수한 물과 유기용매**
  - **중요성** : 시료의 용액 희석 또는 먼저 행한 분석시료에 의한 오염을 세척 · 제거하기위해서는 아주 순수한 물이 필요함

- **물용매 사용 시 유의사항** → 물은 증류(蒸溜)와 이온교환수지로 처리하여 사용
  ◦ 물은 일반적으로 양·음 이온교환수지층을 통과시켜 얻은 탈염수나 재증류수를 사용함
  ◦ 이온교환수지로서는 용존하는 콜로이드성 물질이나 용존가스 등을 제거할 수 없으므로 증류와 이온교환 처리를 같이 병용하는 것이 좋음
  ◦ 용존가스는 증류해도 완전히 제거되지 않으므로 수돗물 중의 염소 이외에 CO_2, SO_2 또는 그 밖에 예상할 수 있는 가스가 있을 경우 적당한 제거조작으로 제거함

- **유기용매 등 사용 시 유의사항**
  ◦ 유기용매는 직접증류에 의해 정제되지 않으므로 다음의 하나로 증류함
    ▶ 유기용매는 다른 시약을 첨가하여 증류
    ▶ 분액깔때기를 사용하여 씻어 낸 다음 증류
  ◦ 시료용액에 **유기용매**를 가하면 흡광도가 **높아지는 경우**가 있음
  ◦ 특히 유기용매로써 목적원소를 킬레이트로 추출하면 미량원소의 정량 및 간섭물질의 제거에 유효함. 그러나 이 경우 불꽃이 불안정하게 되거나 불꽃자체에 의한 흡광이 증대되지 않는 용매를 선택할 필요가 있음
  ◦ **강한 산성** 또는 **강한 알칼리성** 용액의 경우(특히 강한 알칼리성 용액의 경우에 현저함) 용액의 점성이 증가하는 등에 의해 **흡광도가 저하**될 수 있음
  ◦ **특정 음이온**(PO_4^{3-}, SO_4^{2-} 등)을 함유하는 용매는 목적원소와 간섭을 일으켜 **흡광도가 저하**될 수 있음

❀ 가연성 가스·조연성 가스 사용 시 고려사항
- 가연성 가스는 순도가 높은 것을 사용하여야 함
- 조연성 가스로 사용하는 공기는 일반적으로 공기압축기에 의하여 공급되는 것이 일반적이며, 먼지를 충분히 제거하여야 함

▋ 간섭 { ◦ 분광학적 간섭
◦ 물리적 간섭
◦ 화학적 간섭 }

❀ 분광학적 간섭
- **원인** : 장치나 불꽃의 성질에 기인하는 간섭
- **원인별 대책**
  - 분석에 사용하는 스펙트럼선이 다른 인접선과 완전히 분리되지 않는 경우 → 다른 분석선을 사용하여 재분석하는 것이 좋음
  - 분석에 사용하는 스펙트럼의 불꽃 중에서 생성되는 목적원소의 원자증기 이외의 물질에 의하여 흡수되는 경우 → 표준시료와 분석시료의 조성을 더욱 비슷하게 하여 간섭의 영향을 줄임

- ❀ 물리적 간섭
    - □ 원인 : 시료용액의 점성이나 표면장력 등 물리적 조건의 영향에 의하여 일어남
    - □ 대책 : 표준시료와 분석시료의 조성을 거의 같게 하여 간섭을 피함
- ❀ 화학적 간섭
    - □ 원인 : 원소나 시료에 기인하는 간섭
    - □ 원인별 대책
        - 불꽃 중에서 원자가 이온화하는 경우(**이온화 전압이 낮은** 알칼리 및 알칼리토류 금속원소의 경우에 많고 특히 **고온불꽃**을 사용한 경우에 두드러짐) → 이 경우에는 **이온화 전압이 더 낮은 원소** 등을 첨가하여 목적원소의 이온화를 방지함
        - 공존물질과 작용하여 **해리하기 어려운 화합물**이 생성되어 흡광에 관계하는 기저상태의 **원자수가 감소**하는 경우(일반적으로 **음이온** 쪽의 영향이 큼) → 다음의 방법으로 간섭을 방지함
            - ▸ 이온교환이나 용매추출 등으로 방해물질 제거
            - ▸ 과량의 간섭원소의 첨가
            - ▸ 간섭을 피하는 **양이온**(란타늄, 스트론튬, 알칼리원소 등) 음이온 또는 은폐제, 킬레이트제 등의 첨가
            - ▸ 목적원소의 용매추출
            - ▸ 표준물첨가법의 이용

▌ 조작 · 측정 · 정량방법

- ❀ 측정조건의 검토
    - **분석선의 선택** : 감도가 가장 높은 스펙트럼선을 분석선으로 하는 것이 일반적이지만 시료 농도가 높을 때는 비교적 감도가 낮은 스펙트럼선을 선택하는 경우도 있음
    - **램프 전류값의 설정** : 일반적으로 광원램프의 **전류값이 높으면** 램프의 감도가 떨어지고 수명이 감소하므로 광원램프는 장치의 성능이 허락하는 범위 내에서 **되도록 낮은 전류값**에서 동작시키는 것이 좋음
    - **분광기 슬릿폭의 설정** : 양호한 SN비를 얻기 위하여 분광기의 슬릿폭을 목적으로 하는 분석선을 분리할 수 있는 범위 내에서 **되도록 넓게** 하여야 함
    - **가연성 가스 및 조연성 가스의 유량과 압력조절** : 시료의 성질, 목적원소의 감도 안정성 등을 고려하여 유량과 압력을 가장 적당한 값으로 설정하여야 함
- ❀ 검정곡선의 작성과 정량방법
    - □ 검정곡선의 직선영역
        - 원자흡광분석에서 검정곡선은 일반적으로 **저농도 영역**에서는 양호한 **직선성**을 나타내지만 **고농도 영역**에서는 여러가지 원인에 의하여 **휘어짐**
        - 정량할 때 직선성이 좋은 농도 또는 흡광도의 영역을 사용하여야 함

□ **검정곡선의 작성** ⇨ 방법 { ◦ 절대검정곡선법
◦ 표준물첨가법
◦ 상대검정곡선법 }

- **절대검정곡선법**
  ◦ 검정곡선은 적어도 **3종류 이상**의 농도의 표준시료 용액에 대하여 흡광도를 측정
  ◦ **표준물질의 농도**를 **가로**대에, 목적성분의 **흡광도비**를 **세로**대에 취하여 그래프를 그려서 작성
  ◦ 분석시료에 대하여 흡광도를 측정하고 검정곡선의 직선영역을 취하여 목적성분의 농도를 구함

- **표준물첨가법**
  ◦ 같은 양의 분석시료를 여러개 취하고 여기에 **표준물질이 각각 다른 농도**로 함유되도록 표준용액을 첨가하여 용액열을 만듦
  ◦ 각각의 용액에 대한 흡광도를 측정하여 **가로**대에 용액영역 중의 **표준물질 농도**를, **세로**대에는 **흡광도**를 취하여 검정곡선을 작성
  ◦ 목적성분의 농도는 검정곡선이 가로대와 교차하는 점으로부터 첨가표준물질의 농도가 0인 점까지의 거리로써 구함

- **상대검정곡선법**
  ◦ 분석시료 중에 다량으로 함유된 공존원소 또는 새로 분석시료 중에 가한 내부표준원소(**목적원소와 물리적 화학적 성질이 아주 유사한 것**)와 목적원소와의 흡광도 비를 구하는 동시 측정을 행함
  ◦ **목적원소**에 의한 **흡광도** A_S와 **표준원소**에 의한 **흡광도** A_R와의 비를 구하고 A_S/A_R 값과 표준물질 농도와의 관계를 그래프로 작성하여 검정곡선을 만듦
  ◦ 이 방법에 따라 정량하면 측정치가 흩어져 상쇄하기 쉬우므로 분석값의 재현성이 높고, 정밀도가 향상됨

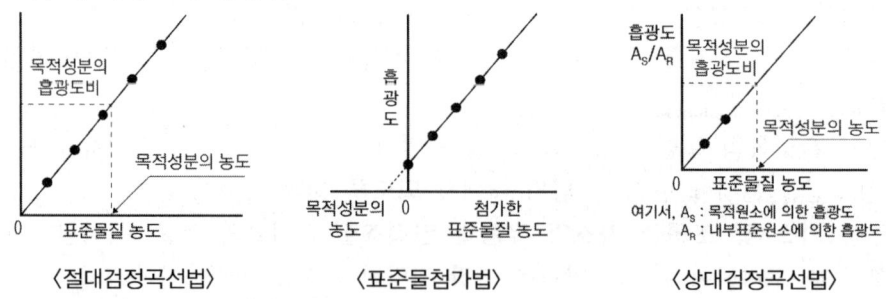

〈절대검정곡선법〉 〈표준물첨가법〉 〈상대검정곡선법〉

□ **시료농도의 산출** : 검정곡선에 의하여 얻어진 목적성분 농도로부터 W/W%, W/V%, ppm 등의 단위에 의하여 시료농도를 산출함

※ **분석오차의 원인**
- 표준시료의 선택 부적당 및 제조 잘못
- 분석시료의 처리방법과 희석의 부적당

- 표준시료와 분석시료의 조성이나 물리적 화학적 성질의 차이
- 공존물질에 의한 간섭
- 광원램프의 드리프트(Drift) 열화
- 광원부 및 파장선택부의 광학계 조정 불량
- 측광부의 불안정 또는 조절 불량
- 분무기 또는 버너의 오염이나 폐색
- 가연성 가스 및 조연성 가스의 유량이나 압력 변동
- 불꽃을 투과하는 광속의 위치조정 불량
- 검정곡선 작성 잘못
- 계산의 잘못

(4) 유도결합플라스마 원자발광분광법(환경대기 중 중금속화합물 포함)

※ **개요** : 유도결합플라스마분광광도계(ICP, Inductively Coupled Plasma)는 **유도자기장**을 이용하여 아르곤 기체를 플라스마화시킨 후, **액상의 시료**를 작은 입자상태(Aerosol)로 분무시켜 **플라스마 내에 주입**시키면 시료 내에 함유되어 있는 금속들이 고온(6,000~8,000K)으로 인하여 원자화 또는 이온화되고, 이때 각 원소들은 **특정 파장의 빛을 방출**하게 되는데, 이 빛의 세기를 측정함으로써 함유된 원소의 종류와 함량을 알아내는 분석기임

※ **적용** : 각 중금속 성분(Cd, Pb, Cu, Ni, Zn, Fe 등 중금속화합물)의 농도를 산출함

항 목	측정파장(nm)	정량범위(mg/m³)	방법검출한계(mg/m³)	정밀도(%)
Cu	324.75	0.010~5.000	0.003	~10
Pb	220.35	0.025~0.500	0.008	~10
Ni	231.60/221.65	0.010~5.000	0.003	~10
Zn	206.19	0.100~5.000	0.030	~10
Fe	259.94	0.025~12.5	0.009	~10
Cd	226.50	0.004~0.500	0.001	~10
Cr	357.87/206.15/267.72	0.002~1.000	0.001	~10
As	193.696	(0.003~0.130)ppm	0.001ppm	~10

□ **방법 검출한계** : 유도결합플라스마분광법에 의한 동시 분석법에서 방법검출한계는 Cd 0.0013mg/L, Pb 0.032mg/L, Cu 0.010mg/L, Ni 0.014mg/L, Zn 0.120mg/L, Fe 0.034mg/L, Cr 0.001mg/m³(굴뚝배출)임

□ **상대표준편차 및 정확도** : 상대표준편차 10% 이내, 정확도 75~125% 이내

※ **용어의 정의**
- **검정곡선** : 표준용액의 흡수도, 방출세기 또는 다른 측정된 특성에 바탕을 두고 시료용액의 흡수도를 농도값으로 환산하기 위하여 작성된 검정곡선을 말함
- **감도** : 각 원소성분에 대하여 **입사광의 1%**(0.0044 흡수도)를 흡수할 수 있는 시료의 농도를 말함
- **검출한계**
  ○ 지정된 공정시험방법에 따라 시험하였을 때 바탕용액 농도의 오차범위와 통계적으로 다르게 나타나는 **최소의 측정 가능한 농도**를 의미함

- 보통 **신호 대 잡음비**(S/N)가 2가 되는 시료의 농도를 의미함
- 실제로는 바탕용액의 농도를 여러 번 측정하여 이 값의 **표준편차의 3을 곱한 농도**로 산출함

- **정확도** : 측정값이 참값 또는 인증값에 근접하는 정도를 나타내며 절대오차 또는 상대오차로 표시됨
- **정밀도** : 동일시료에 대해 동일한 방법으로 여러 번 측정을 반복했을 때 측정값 사이의 근접 정도를 나타냄 → 데이터의 정밀도는 표준편차, 상대표준편차, 분산, 변동계수(CV) 등에 의해 나타남
- **표준원액** : 정확한 농도를 알고 있는 비교적 고농도의 용액으로 일반적으로 **1,000mg/kg** 농도에서 소급성이 명시된 인증표준물질을 구입하여 사용함
- **표준용액**
  - 검정곡선 작성에 사용되며, 용도에 따라 표준원액을 적당한 농도범위로 묽혀 조제함
  - 표준용액은 가능한 한 시료의 **매질과 동일한 조성**을 갖도록 조제해야 함
  - 표준물질의 함량은 **1% 이내**의 함량 정밀도를 가져야 함
- **바탕시험** : 바탕시험용 여과지를 사용하여 시료 여과지와 동일한 전처리과정을 거치고 시료와 동일한 분석 조작 절차를 거치는 방법
- **바탕시험용액** : 분석 대상물질을 제외한 나머지 성분들의 조성이 시료 용액과 동일한 용액, 시료 용액 분석 시 용액의 매질 보정을 위하여 사용(대조시험용액)
- **바탕시료** : 측정항목이 포함되지 않은 기준시료를 의미하며, 측정분석의 오염확인과 이상유무를 확인하기 위해 사용됨
- **매질효과** : 시료용액의 점도, 표면장력, 휘발성 등과 같은 물리적 특성이나 화학적 조성의 차이에 의해 **원자화율이 달라지면서** 정량성이 저하되는 효과(**물리적 방해**)
- **발광세기** : 에너지 준위가 높은 들뜬 상태의 금속원자가 에너지준위가 낮은 상태인 바닥상태로 전자가 되돌아가는 과정에서, 각 궤도 간의 에너지 차이가 빛으로 방사될 때 그 빛에너지의 세기를 말함

※ **장치의 구성** : 시료도입부, 고주파전원부, 광원부, 분광부, 검출부, 연산처리부 및 기록부로 구성됨

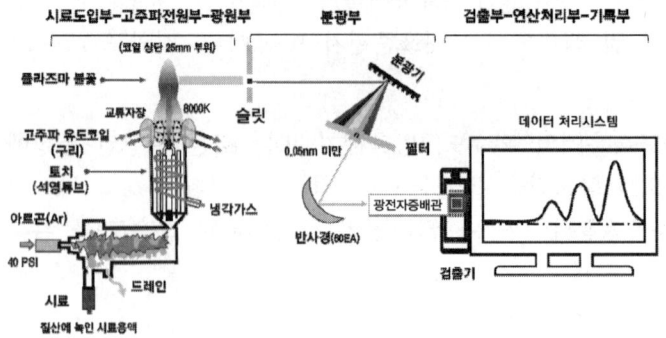

〈그림〉 유도결합플라스마분광계의 기본구성

※ **자료 인용** : 「대기환경기술사」 수험서, 이승원(저)

❀ 기구 및 장치별 요구조건

- **마이크로파산분해장치** : 고압에서 200℃ 이상까지 온도를 상승시킬 수 있고 1,200W 이상 세기의 마이크로파 조사가 가능할 것
- **테플론 분해용기** : 산(酸)에 안전한 60~120mL 용량의 PFA 또는 PTFE 용기 120psi 이상의 압력에 견딜 수 있을 것
- **여기원(플라스마)** : 아르곤 플라스마(플라스마가스는 액체 또는 압축 아르곤가스로 순도 99.99%(V/V%) 이상의 것을 사용)
- **불꽃의 형태**
  - 토치 위에 불꽃형태로 생성(직경 12~15mm, 높이 약 30mm)됨
  - 전자밀도가 가장 높은 영역은 중심축보다 약간 바깥쪽(2~4mm)에 위치함
- **플라스마발광부 관측높이** : 유도코일 상단으로부터 15~18mm의 범위에 측정하는 것이 보통이나 알칼리원소의 경우는 20~25mm의 범위에서 측정함
- **고주파발생기 출력** : 고주파발생기로 27.13MHz와 1~3kW 범위의 출력이 사용됨
- **운반가스 · 보조가스 · 냉각가스**
  - 제일 안쪽 → 운반가스(아르곤, 0.4~2L/min)가 흐름
  - 가운데 → 보조가스(아르곤, 플라스마가스, 0.5~2 L/min)가 흐름
  - 제일 바깥쪽 → 냉각가스(아르곤, 10~20L/min)가 흐름
- **회절격자**
  - 플라스마광원으로부터 발광하는 스펙트럼선을 선택적으로 분리하기 위해서는 분해능이 우수한 회절격자가 사용됨
  - 평면상에 같은 간격으로 300~4000lines/mm의 평행선이 그어져 있음

■ **측정방법** { ○ 절대검정곡선법
○ 상대검정곡선법 }

■ **농도 계산** : 대기환경 중의 중금속 성분(Cd, Pb, Cu, Ni, Zn, Fe) 농도는 0℃, 760mmHg 로 환산한 공기 $1m^3$ 중 μg 수로 나타내며, 다음 식에 따라 계산함

■ 농도$(C) = \dfrac{m}{V_s} \times 10^3$ $\begin{cases} C : 중금속\ 성분의\ 농도(\mu g/m^3) \\ m : 시료\ 중\ 중금속\ 성분의\ 양(\mu g) \\ V_s : 건조\ 시료가스량(L)(0℃,\ 760mmHg) \end{cases}$

■ **간섭물질**
- **금속원소**
  - **대상** : 시료용액 중에 나트륨, 칼륨, 마그네슘, 칼슘 등의 농도가 높고, 중금속 성분의 농도가 낮은 경우
  - **대책** : **용매추출법**을 이용하여 정량할 수 있음
- **염(鹽, salt)**
  - **대상** : 염의 농도가 높은 시료용액
  - **대책** : 절대검정곡선법이 적용되지 않을 때는 표준물첨가법을 사용하는 것이 좋음. 이때 시료용액의 종류에 따라 바탕보정을 할 필요가 있음

(5) 비분산적외선분광법(NDIR, Non Dispersive Infrared Photometer Analysis)

❋ **원리 및 적용** : 선택성 검출기를 이용하여 시료 중의 특정 성분에 의한 **적외선의 흡수량 변화를 측정**하여 시료 중에 들어있는 특정 성분의 농도를 구하는 방법으로 대기 및 굴뚝 배출기체 중의 오염물질의 농도 분석에 적용됨

❋ **분석대상**
- 배출가스 중 CO(정량범위 : 0~1,000ppm)
- 배출가스 중 질소산화물(정량범위 : 0~1,000ppm)
- 굴뚝 총탄화수소

❋ **용어의 정의**
- **비분산** : 빛을 프리즘이나 회절격자와 같은 분산소자에 의해 **분산하지 않는 것**
- **정필터형** : 측정성분이 흡수되는 적외선을 **그 흡수파장**에서 측정하는 방식
- **반복성** : 동일한 분석계를 이용하여 **동일한 측정대상**을 **동일한 방법**과 조건으로 비교적 단시간에 반복적으로 측정하는 경우로서 각각의 측정치가 일치하는 정도
- **비교가스** : 시료 셀에서 적외선 흡수를 측정하는 경우 대조가스로 사용하는 것으로 **적외선을 흡수하지 않는** 가스
- **시료 셀** : 시료가스를 넣는 용기
- **비교 셀** : 비교(Reference) 가스를 넣는 용기
- **시료 광속** : 시료 셀을 통과하는 빛
- **비교 광속** : 비교 셀을 통과하는 빛
- **제로가스** : 분석계의 **최저 눈금값**을 교정하기 위하여 사용하는 가스
- **스팬가스** : 분석계의 **최고 눈금값**을 교정하기 위하여 사용하는 가스
- **제로 드리프트** : 측정기의 최저눈금에 대한 지시치의 일정 기간 내의 변동
- **교정범위** : 측정기 최대측정범위의 80~90% 범위에 해당하는 교정값을 말함
- **스팬 드리프트** : 측정기의 교정범위 눈금에 대한 지시값의 일정 기간 내의 변동

❋ **비분산적외선분석계**
- 고정형
- 이동형
  - 복광속비분산분석계
  - 단광속비분산분석계
  - 가스필터 상관분석계

구 분	장치구성 비교
복광속비분산분석계	광원→회전섹터→광학필터→{시료셀/비교셀}→검출기→(증폭기→지시계)
단광속비분산분석계	광원→회전섹터→광학필터→시료셀→검출기→(증폭기→지시계)
가스필터 상관분석계	광원→{측정가스 필터/가스 상관 필터/비교가스 필터}→회전섹터→광학필터→시료셀→검출기→(上同)

▫ **시료도입·채취부** : 시료를 분석계에 연속적으로 도입하기 위하여 시료채취장치를 사용함
- 일반적으로 **유량**은 0.2~2.0L/min, 허용온도범위는 정해진 유량으로 가스를 도입할 때 원칙적으로 **0~50℃ 사이**로 함

- 채취장치는 분석을 방해하는 각종 고형 부유물이나 액체 부유물 등이 충분히 제거되어, 분석계에 정해진 성능을 유지할 수 있도록 만들어져야 함
- 굴뚝 시료가스 채취장치는 150℃ 정도까지 가열이 가능한 펌프와 유량계측시스템을 구비한 장비를 이용함
- 흡인펌프는 20~30L/min의 수준으로 시료를 채취할 수 있는 용량으로 하고, 유속을 측정할 수 있는 가스미터를 장착할 것

□ **광원** : 광원은 원칙적으로 흑체발광으로 **니크롬선** 또는 **탄화규소**의 저항체에 전류를 흘려 가열한 것을 사용함
- 광원의 온도가 올라갈수록 발광되는 적외선의 세기가 커지지만 온도가 지나치게 높아지면 불필요한 가시광선의 발광이 심해져서 적외선 광학계의 산란광으로 작용하여 광학계를 교란시킬 우려가 있음
- 적외선 및 가시광선의 발광량을 고려하여 광원의 온도를 정해야 하는데 **1,000~1,300K 정도**로 사용함

□ **회전섹터** : 시료광속과 **비교광속을 일정 주기로 단속**시켜 광학적으로 변조시키는 것으로 회전섹터의 단속방식에는 **1~20Hz의 교호단속방식과 동시단속방식**이 있음

□ **광학필터** : 시료가스 중에 **간섭 물질가스의 흡수파장역의 적외선을 흡수제거**하기 위하여 사용하며, **가스필터와 고체필터**가 있는데 이것은 단독 또는 적절히 조합하여 사용함

□ **가스필터** : 가스필터는 일정 속도로 회전하며, 기준 맥동과 측정 맥동을 발생시키는데 **측정셀**에는 질소가스가 충전되고, **기준셀**에는 기준가스가 충전되어 있음

□ **시료셀** : 시료가스가 흐르는 상태에서 양단의 창을 통해 시료광속이 통과하는 구조를 가짐

□ **비교셀** : 시료셀과 동일한 모양을 가지며, **아르곤** 또는 **질소** 같은 불활성 기체를 봉입하여 사용함

□ **셀 투과창**(Cell window) : 1.5~5.8μm 적외선 파장영역에서 우수한 투과특성을 갖는 재료를 사용(**대표적인 창 재료** : NaCl, CaF$_2$, sapphire 등)

□ **검출기**
- 광속을 받아들여 시료가스 중 측정성분 농도에 대응하는 신호를 발생시키는 **선택적 검출기** 혹은 **광학필터와 비선택적 검출기**를 조합하여 사용함
- 적외선 검출기의 **적외선 흡수파장영역 1~5.2μm** 대역에서 검출성능이 좋은 PbSe 센서 등이 사용되며, 감응 특성을 좋게 유지하기 위해 냉각장치를 사용, 온도를 -25℃로 일정하게 유지하여야 함
- 비분산적외선분석계의 검출한계는 분석광학계의 적외선 복사선이 시료 중을 통과하는 거리에 따라 다르며, **복사선 통과거리가 10~16m**일 때, 분석기의 **검출한계를 0.5μmol/mol까지 낮출 수 있음**

□ **교정용 가스**
  - 교정용 가스로는 제로가스(zero gas)와 스팬가스(span gas)가 필요하고, 교정용 가스는 성분 농도가 안정되어 있으며, 교정치의 정확도가 좋고 신뢰성이 있는 것이어야 함
  - 고압용기에 저장되어 있는 것은 용기 내 가스압력이 $15kg_f/cm^2(35℃)$ 이하로 될 때는 유효기간 이내라 하더라도 농도변화가 있을 수 있으므로 사용하지 않음
  - 목적성분 가스의 농도가 0.1% 이하일 때는 용기 표면의 가스흡착에 따른 영향을 최소화 할 수 있는 방안을 강구해야 함

□ **먼지필터**
  - 먼지필터는 유리섬유, 셀룰로오즈 섬유 또는 합성수지제 거름종이 등을 사용함
  - 먼지필터는 먼지부착량이 많아지면 성분가스 채취 손실, 시료 흡인유량의 감소 원인이 되므로 정기적으로 교환하여야 함

■ 간섭물질
- 입자상 물질
- 수분

❀ 입자상 물질
  □ **영향** : 먼지 등 입자상 물질은 측정에 영향을 줄 미침
  □ **대책** : 시료채취부 전단에 여과지($0.3\mu m$)를 부착함. 여과지의 재질은 유리섬유, 셀룰로오즈 섬유 또는 합성수지제 거름종이 등을 사용함

❀ 수분
  □ **영향** : 시료 측정에 영향을 주는 인자로 시료 중 수분 함량이 매우 중요함
  □ **대책** : 시료가스 중 수분 함량을 구하고 필요한 경우 보정해 주어야 함

■ 측정기기의 성능조건

❀ **재현성** : 동일 측정조건에서 제로가스와 스팬가스를 번갈아 3회 도입하여 각각의 측정값의 평균으로부터 편차를 구했을 때 이 편차는 전체 눈금의 ±2% 이내이어야 함

❀ **감도** : 최대눈금 범위의 ±1% 이하에 해당하는 농도변화를 검출할 수 있어야 함

❀ **제로 드리프트** : 동일조건에서 제로가스를 연속적으로 도입했을 때, 다음의 조건을 충족시킬 수 있을 것
  - 고정형은 24시간 연속 측정하는 동안 전체눈금의 ±2% 이상 지시변화가 없을 것
  - 이동형은 4시간 연속 측정하는 동안 전체눈금의 ±2% 이상 지시변화가 없을 것

❀ **스팬 드리프트** : 동일조건에서 제로가스를 흘려 보내면서 때로 스팬가스를 도입할 때 제로 드리프트를 뺀 드리프트를 측정(측정간격 ; **고정형**은 4시간 이상, **이동형**은 40분 이상)하였을 때, 다음의 조건을 충족시킬 수 있을 것
  - **고정형**은 24시간 동안에 전체눈금값의 ±2% 이상 되어서는 안됨
  - **이동형**은 4시간 동안에 전체눈금값의 ±2% 이상 되어서는 안됨

- **응답시간** : 제로 조정용 가스를 도입하여 안정된 후 유로를 스팬가스로 바꾸어 기준유량으로 분석계에 도입하여 그 농도를 눈금 범위 내의 어느 일정한 값으로부터 다른 일정한 값으로 갑자기 변화시켰을 때 다음 조건을 충족할 수 있을 것
  - 스텝(step) 응답에 대한 소비시간이 1초 이내일 것
  - 최종지시값에 대한 90%의 응답을 나타내는 시간은 40초 이내일 것

- **유량변화** : 측정가스의 유량이 표시한 기준유량에 대하여 ±2% 이내에서 변동하여도 성능에 지장이 있지 않을 것

- **전압변동** : 전압이 설정전압의 ±10% 이내로 변화하였을 때, 지시값 변화는 전체눈금의 ±1% 이내이고, 주파수가 설정주파수의 ±2%에서 변동해도 성능에 지장이 없을 것

■ 측정 및 농도 표시

측정
- 비분산적외선분석법은 적외선 흡수에너지를 검출함으로써 기체의 농도를 측정하는 방법으로 보통 사용되는 파장범위는 1~12μm 영역임
- 기체농도에 따른 적외선 흡수 정도는 램버트-비어의 법칙을 만족하며, 농도와 적외선 통과거리의 곱 및 그 기체 고유의 흡수계수에 의해 결정되고, 지수 함수적으로 변화하므로 다음과 같은 관계식에 따름

$$I_t = I_o \times e^{-\varepsilon \cdot C \cdot L} \begin{cases} I_t : \text{측정시료를 통과한 적외선 세기} \\ I_o : \text{기준시료를 통과한 적외선 세기} \\ \varepsilon : \text{기체의 흡수계수} \\ L : \text{광속통과거리} \\ C : \text{농도} \end{cases}$$

결과표시
- 측정량은 표준상태(0℃, 1기압)로 환산된 대기 시료 중의 측정 성분가스 농도이며, 측정단위는 국제단위계인 μmol/mol을 사용함
- 측정값은 소수점 둘째 자리까지 유효자리수를 표기하고, 결과표시는 소수점 첫째 자리까지 함

(6) 이온크로마토그래피(Ion Chromatography)

- **원리 및 적용** : 이 방법은 이동상으로 액체, 그리고 고정상으로 이온교환수지를 사용하여 이동상에 녹는 혼합물을 고분리능 고정상이 충전된 분리관 내로 통과시켜 시료성분의 용출상태를 전도도검출기 또는 광학검출기로 검출하여 그 농도를 정량하는 방법임

- **분석대상**
  - 강수(비, 눈, 우박 등), 대기먼지, 하천수 중의 이온성분
  - HCl (정량범위 : 0.4~80ppm, 방법검출한계 : 0.13ppm)

- **분석과정**
  - 고성능 이온크로마토그래피에서는 저용량의 이온교환체가 충진되어 있는 분리관 중에서 강전해질의 용리액을 이용하여 용리액과 함께 목적 이온성분을 순차적으로 이동시켜 분리 용출

- 이를 서프레서(Suppressor)에 통과시켜 용리액에 포함된 강전해질을 제거
- 강전해질이 제거된 용리액과 함께 목적 이온성분을 전기전도도셀에 도입
- 각각의 머무름시간에 해당하는 전기전도도를 검출 → 이온성분의 농도 측정

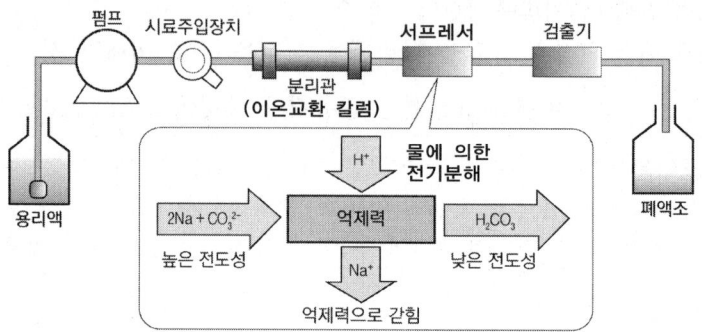

〈그림〉 이온크로마토그래피의 장치구성과 서프레서(Suppressor)의 기능

■ 장치의 구성별 요구조건

※ **장치구성** : 이온크로마토그래피는 용리액조, 송액펌프, 시료주입장치, 분리관, 서프레서, 검출기 및 기록계로 구성됨

※ **구성별 기능과 요구조건**
- **용리액조** : 이온성분이 용출되지 않는 재질로써 용리액을 직접공기와 접촉시키지 않는 **밀폐된 것**을 선택함. 일반적으로 폴리에틸렌이나 경질유리제를 사용
- **송액펌프** : 송액펌프의 구비조건은 다음과 같음
  - 맥동이 적은 것
  - 필요한 압력을 얻을 수 있는 것
  - 유량조절이 가능할 것
  - 용리액 교환이 가능할 것
- **시료주입장치**
  - 루프주입방식(일반적) – 밸브조작에 의해 주입
  - 셉텀(Septum)방법
  - 셉텀리스(Septumless)방식
- **분리관** → 구분
  - 이온교환체 구조면 구분
    - 표층피복형
    - 표층박막형
    - 전다공성미립자형
  - 기본재질면 구분
    - 폴리스틸렌계
    - 폴리아크릴레이트계
    - 실리카계
- 양이온교환체는 표면에 **술폰산기**($-SO_3H$)를 보유함
- 재질은 내압성, 내부식성으로 용리액 및 시료액과 **반응성이 적은 것**을 선택하여야 하며 에폭시수지관 또는 유리관이 사용됨
- 스테인리스관은 금속이온 분리용으로는 좋지 않음

- 서프레서 : 분리관 뒤에 **직렬로 접속**시킴
  - 역할 : **전해질을 물 또는 저전도의 용매로 바꿔줌**(용리액에 사용되는 전해질성분을 제거)으로써 전기전도도셀에서 목적 이온성분의 전기전도도만을 **고감도로 검출**할 수 있게 해주는 역할을 함
  - 형식 { 관형 / 이온교환막형
    - **관형 음이온**에는 스티롤계 **강산형**(H^+) 수지가 충전된 것을 사용
    - **관형 양이온**에는 스티롤계 **강염기형**(OH^-) 수지가 충전된 것을 사용
- 검출기 → 종류 { 전기전도도검출기(많이 사용) / 자외선흡수검출기(UV) / 가시선흡수검출기(VIS) / 전기화학적검출기 }
  - 전기전도도검출기 : 용출되는 각 이온종을 전기전도도계 셀 내의 고정된 전극 사이에 도입시키고 이때 흐르는 전류를 측정
  - 자외선흡수검출기 : 고성능 액체크로마토그래피 분야에서 가장 널리 사용
  - 가시선흡수검출기 : 전이금속 성분의 발색반응을 이용하는 경우에 사용
  - 전기화학적검출기 : 정전위 전극반응을 이용하는 검출기로 감도가 높고 선택성이 있어 분석화학 분야에 널리 이용됨

※ **장치의 설치환경**
- 실험실 온도 15~25℃, 상대습도 30~85% 범위로 급격한 온도변화가 없을 것
- 공급전원은 전압변동의 10% 이하이고, 급격한 주파수 변동이 없을 것

Ⅱ 정량법 { 절대검정곡선법 / 넓이백분율법 / 보정넓이백분율법 / 내부표준법 / 피검성분추가법 }
- 크로마토그램으로부터 봉우리 면적 또는 봉우리 높이와 성분량의 관계를 구함
- 방법은 기체크로마토그래피에 따름

(7) 흡광차분광법(DOAS, Differential Optical Absorption Spectroscopy)

※ **개요** : 빛을 조사하는 발광부와 50~1,000m 정도 떨어진 곳에 설치되는 수광부 또는 발·수광부와 반사경 사이에 형성되는 빛의 이동경로를 통과하는 가스의 흡광 스펙트럼을 얻어 대기 중의 오염농도를 측정함. 지금까지는 1개 파장(nm)에 따른 1개의 흡수율(흡광도)만을 구해 농도를 구했으나 흡광차분광법은 일정 파장 간격범위의 연속 흡수 스펙트럼 곡선을 통해 농도를 구하는데 일반 **흡광광도법**은 **미분적**(일시적)이라면, **흡광차분광법**은 **적분적**(연속적)이란 차이점이 있음

※ **분석대상** → 대기 중 오염물 { 아황산가스 / 질소산화물 / 오존 등 }

⚛ **장치의 구성** : 흡광차분광법의 분석장치는 크게 분석기와 광원부로 나누어지며, 분석기 내부는 분광기, 샘플 채취부, 검지부, 분석부, 통신부 등으로 구성됨

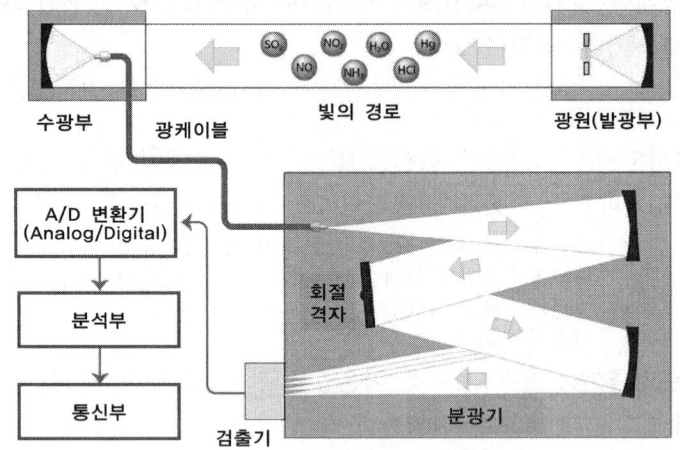

〈그림〉 흡광차분광계의 구성

※ 자료 인용 : 「대기환경기술사」 수험서, 이승원(저)

- □ **광원부**
  - 발광부는 광원으로 제논 램프를 사용하며 점등을 위하여 시동전압이 매우 큰 전원 공급장치를 필요로 함
  - 제논 램프는 180~2,850nm의 파장대역을 가짐
- □ **광케이블** : 채취된 빛을 분석기 내의 분광기에 전달하는 역할을 함
- □ **분광기**
  - 체르니-터너(Czerny-Turner)방식이나 홀로그래픽(Holographic)방식 등을 채택하고 있음
  - 측정가스가 가지는 최대흡수파장 대역으로 샘플을 분광시켜주는 역할을 함
- □ **분석기**
  - 대상가스를 측정 분석 및 데이터를 저장함
  - 진동이나 기계적인 방해요소에 의해서 측정에 방해받지 않아야 함

⚛ **측정원리** : 흡광차분광법은 흡광광도법의 기본원리인 Beer-Lambert 법칙을 응용하며 각 가스에 대한 빛의 투과율(I_t/I_o)과 흡광계수, 빛의 투사거리를 알면 가스의 농도를 구할 수 있음

■ $I_t = I_o \times 10^{-\varepsilon CL}$ $\begin{cases} I_t : 투사광의~세기 \\ I_o : 입사광의~세기 \\ \varepsilon : 기체의~흡광계수 \\ L : 빛의~투사거리 \\ C : 농도 \end{cases}$

▌▌ 간섭물질 $\begin{cases} \circ~O_3 \\ \circ~수분 \\ \circ~톨루엔 \end{cases}$

※ SO₂에 대한 O₃의 영향
  □ 영향 산정방법
    • 0.2μmol/mol 정도의 오존가스를 이용하여 제로가스 및 스팬가스에 첨가하여 지시값이 안정된 후에 지시값을 읽어 취함
    • 같은 방식으로 하여 첨가하지 않았을 때의 지시값을 읽고 취하여, 오존의 영향을 산출함
  □ 영향 산출

  $$R_t = \frac{(A-B)}{C} \times 100 \quad \begin{cases} R_t : \text{오존의 영향(\%)} \\ A : \text{오존을 첨가했을 경우의 지시값}(\mu\text{mol/mol}) \\ B : \text{오존을 첨가하지 않은 경우의 지시값}(\mu\text{mol/mol}) \\ C : \text{최대눈금값}(\mu\text{mol/mol}) \end{cases}$$

※ O₃에 대한 수분의 영향
  □ 영향 산정방법
    • 가습기를 이용하여 제로가스 및 스팬가스에 상대습도 70% 이상이 되도록 수분을 첨가하고 측정기에 도입하여 지시가 안정된 후에 지시값을 읽어 취함
    • 같은 방식으로 하여 첨가하지 않았을 때의 지시값을 읽고 취하여 다음 식에 따라서 수분의 영향을 산출함
  □ 영향 산출

  $$R_t = \frac{(A-B)}{C} \times 100 \quad \begin{cases} R_t : \text{수분의 영향(\%)} \\ A : \text{수분을 첨가했을 경우의 지시값}(\mu\text{mol/mol}) \\ B : \text{수분을 첨가하지 않은 경우의 지시값}(\mu\text{mol/mol}) \\ C : \text{최대눈금값}(\mu\text{mol/mol}) \end{cases}$$

※ O₃에 대한 톨루엔의 영향
  □ 영향 산정방법
    • 100μmol/mol 정도의 톨루엔 표준가스를 이용하여 제로가스 및 스팬가스에 희석농도가 약 1μmol/mol으로 되도록 톨루엔을 첨가하여 지시값이 안정된 후에 지시값을 읽어 취함
    • 같은 방식으로 하여 첨가하지 않았을 때의 지시값을 읽고 취하여 다음 식에 따라서 톨루엔의 영향을 산출함
  □ 영향 산출

  $$R_t = \frac{(A-B)}{C} \times 100 \quad \begin{cases} R_t : \text{톨루엔의 영향(\%)} \\ A : \text{톨루엔을 첨가했을 경우의 지시값}(\mu\text{mol/mol}) \\ B : \text{톨루엔을 첨가하지 않은 경우의 지시값}(\mu\text{mol/mol}) \\ C : \text{최대눈금값}(\mu\text{mol/mol}) \end{cases}$$

측정분석
• 설치상의 문제점 유무 점검
• 측정가스의 측정거리 및 측정주기 지정이 적정한지 점검
• 측정을 시작하여 최소 2일 동안 측정 데이터 안정화 유무 점검

- 측정 데이터가 안정된 경우 검·교정을 수행하고 사용

※ 유지·보수를 위해 측정기의 전원을 차단할 때 반드시 차단모드에서 실행하여야 함

(8) 고성능 액체크로마토그래피(HPLC, High Performance Liquid Chromatography)

- **개요** : 고성능 액체크로마토그래프는 칼럼에 고정상의 충진물(2~10μm 입자 크기)을 채우고 시료를 고압으로 통과시켜 크로마트그램을 얻어 오염물질을 정성·정량 분석함

- **분석대상**
  - 굴뚝가스 중 폼알데하이드
  - 대기 중 알데하이드

- **장치의 구성** : 고성능 액체크로마토그래피의 장치구성은 용매저장기, 펌프, 시료주입기, 분리관, 검출기, 기록계로 구성되어 있음

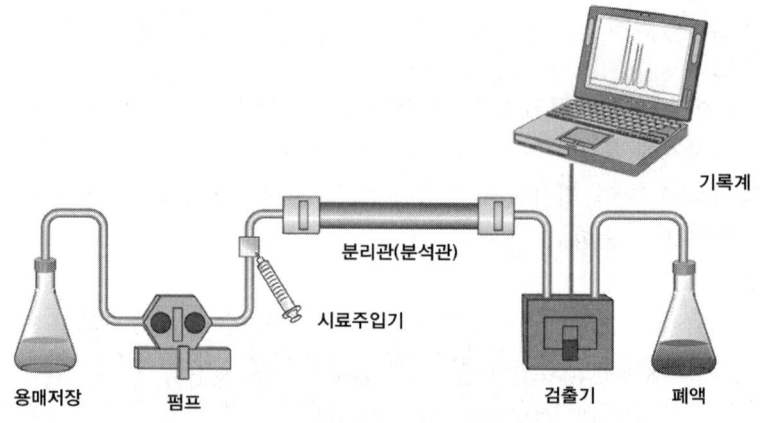

〈그림〉 고성능 액체크로마토그래피(HPLC)의 구성

- □ **용매 저장기** : 유리 또는 스테인리스강으로 만든 용매 저장용기(200~1,000mL)
- □ **펌프** → 종류
  - 왕복식 펌프(532,000mmHg까지 사용)
  - 치환(혹은 주사기형) 펌프
  - 기압식(혹은 일정압력) 펌프(130기압(mmHg) 이하)
  - 약 152,000mmHg까지의 압력발생 가능할 것
  - 맥동충격이 없는 출력을 가질 것
  - 흐름속도 0.1~10mL/min를 유지할 수 있을 것
  - 흐름속도 조절 및 흐름속도 재현성의 상대오차가 0.5% 이하일 것
- □ **시료주입기**
  - 주사기주입법
  - 흐름정지식 주입법
  - 시료고리를 이용하는 방법
  - 주입하는 시료의 부피는 가급적 작아야 하며, 십분의 수 μL에서 약 500μL까지 허용되며, 기기 시스템의 압력을 낮추지 않고 시료를 주입할 수 있도록 하여야 함
  - 주사기주입법은 가장 간단하게 시료를 주입하는 방법임(탄성 격막(septum)을 통해 주입, 76,000mmHg의 압력에서도 견딜 수 있도록 만든 마이크로 주사기를 사용)

- 흐름정지식 주입법(stop flow injection)은 용매의 흐름을 잠시 멈추고 분리관 입구에 있는 주입구를 열고 분리관 충전물의 머리부분에 직접 시료를 주입
- 시료고리(sampling loop)를 이용하는 방법은 시료주입과정의 재현성이 높은 장점이 있음

□ **분리관**
- 일반적으로 사용되는 분리관은 길이 10~30cm, 내부지름 약 4~10mm, 충전물의 입자 크기는 5~10μm, 40,000~60,000plate/m(plate : 이론단수)를 가짐
- 마이크로관은 길이 3~7.5cm, 내부지름 1~4.6mm, 충전물 입경 3~5μm, 100,000 plate/m(plate : 이론단수)를 가짐(속도가 빠르고, 용매의 소비가 적은 장점 있음)
- 분리관 충전물은 실리카, 알루미나, 폴리스티렌-디비닐벤젠 합성수지(이온교환수지) 등이 사용됨

□ **분리관 항온장치** : 실온에서부터 100~150℃까지의 온도영역까지 온도를 조절할 수 있는 관(管) 가열장치가 부착되어야 함

□ **검출기** → 종류
- UV흡광도검출기
- 형광검출기
- 굴절률검출기
- 증발광산란검출기
- 전기화학검출기
- 질량분석검출기

- UV흡광도검출기 : 가장 일반적으로 쓰이는 것은 수은을 광원으로 하는 필터 광도계이며 수은에서 나오는 254nm의 자외선을 필터로 분리하여 사용함
- 형광검출기 : 형광검출기는 자외선이나 가시광선의 들뜸 빛살을 쪼여 주고 형광 물질에서 나오는 형광을 들뜸 빛살에 대하여 90° 방향에 놓여있는 광전검출기로 측정함(가장 간단한 검출기는 수은 들뜸 광원을 사용). 대부분의 흡광도방법보다 10배 이상 감도가 높음
- 굴절률검출기 : 순수한 용매가 검출기 셀의 한 쪽방을 통해 지나가고, 분리관을 통과한 용리액은 셀의 다른 쪽 방을 통해 지나가도록 고안된 검출기임
- 증발광산란검출기 : 분리관에서 용리된 용출액이 분무기를 통과하면서 미세한 물방울로 변하고 이동상은 증발이 되고 남은 미세입자의 광산란 특성을 이용하는 검출기임. 검출한계가 0.2ng/mL 정도로 굴절률검출기보다 감도가 매우 좋음
- 전기화학검출기 : 전류법, 전압전류법, 전기량법 및 전도도법에 기초를 두고 있는 검출기로 감도가 높고 간단하며, 편리하여 널리 응용할 수 있는 이점이 있음
- 질량분석검출기 : 액체크로마토그래프를 질량분석검출기와 연결함으로써 분리관에서 분리되어 나오는 각각의 화학종을 정성, 정량 분석할 수 있음. 검출기를 액체크로마토그래프에 연결하는 방법은 다음 4가지가 있음
  ▶ 분리관에서 나오는 용리액 중 일부만 검출기에 직접 주입하는 방법
  ▶ 유량 10~50μL/min 미세관과 연결하여 사용하는 방법
  ▶ 열분무(thermospray) 방법(2mL/min의 흐름속도 유지)

▶ 용출액을 가열시켜 용매를 증발시킨 후 잔유물(분석물)을 이온화 영역에서 탈착-이온화시키는 방법

▫ **기록계**
- 스트립 차트(strip chart)식 자동평형 기록계를 사용
- 스팬(span) 전압 1mV, 펜 응답시간(pen response time) 2초 이내, 기록지 이동속도 10mm/min을 포함한 다단변속이 가능한 것이어야 함
- 적분기를 사용하거나 크로마토그램을 기록하고 저장할 때는 각 성분의 봉우리가 충분히 분리되어 봉우리 면적을 구하는 데 어려움이 없어야 함

※ **분리관 정지상에 따른 액체크로마토그래프의 종류**
- 분배방식
- 흡착방식
- 크기별 배제방식
- 이온교환방식

(9) X선 형광분석법

※ **개요** : 산소의 원자번호보다 **큰 원자번호**를 가지는 원소를 정성적으로 확인하기 위해 가장 널리 사용되는 분석법 중의 하나이며 원소의 반정량 또는 정량분석에 이용됨
- 이 방법의 특별한 장점은 시료를 파괴하지 않는다는 데 있음
- 필터에서 채취한 먼지시료의 원소분석(정성, 정량분석)에 유용하게 사용되기도 함

※ **장치구성** : 광원, 파장 선택기, 검출기 및 신호 처리장치로 이루어져 있음

▫ **광원**
- X-선관
- 방사성 동위원소
- 이차 형광광원

▫ **파장 선택기**
- X-선 필터
- 단색화장치(monochromator)

▫ **검출기**
- 기체-충전검출기
- 섬광계수기
- 반도체검출기

▫ **신호 처리장치**
- X-선 분광계의 예비증폭기부터 나오는 신호는 증폭률을 10,000배까지 증가시킬 수 있는 **빠른 선형 감응증폭기**로 공급됨
- 증폭기에서는 10V 정도의 크기를 갖는 전압맥동이 만들어짐

※ **조작방법**
- 스피너 컵(spinner cup)에 시료를 담음(필터에 채취된 대기입자 시료일 경우에는 입자가 아래쪽으로 가도록 놓음)
- 시료가 든 스피너 컵을 트레이(tray)에 장착하여 스펙트럼을 얻음
- 원소마다 감도를 최대화하기 위해서는 여러 번의 서로 다른 에너지 들뜸조건을 설정하여 측정
- 스펙트럼의 에너지값은 Cu 표준물질을 이용하여 분석할 때마다 보정함

엄선 예상문제

01 대기오염공정시험기준의 화학분석 일반사항에 대한 용어의 정의로 옳지 않은 것은?
① 10억분율은 pphm, 1억분율은 ppb로 표시
② 실온은 1~35℃로 하고, 찬곳은 0~15℃의 곳
③ 냉후(식힌 후) → 보온 또는 가열 후 실온까지 냉각된 상태
④ 황산(1+2) 또는 황산(1 : 2)라 표시한 것은 황산 1용량에 물 2용량을 혼합한 것이다.

02 아황산가스(SO_2) 12.8g을 포함하는 2L 용액의 몰농도(M)는?
① 0.1M ② 0.08M
③ 0.01M ④ 0.22M

03 다음 비중 1.84인 95Wt% H_2SO_4의 몰농도(mol/L)는?
① 8.6 ② 17.8
③ 22.2 ④ 32.8

04 대기오염공정시험기준의 "항량(恒量)이 될 때까지 건조한다"라는 용어의 정의에서 "항량"의 범위를 벗어나지 않는 것은?
① 검체 1g을 1시간 더 건조하여 무게를 달아 본 결과 0.999g이었다.
② 검체 4g을 1시간 더 건조하여 무게를 달아 본 결과 3.9989g이었다.
③ 검체 8g을 1시간 더 건조하여 무게를 달아 본 결과 7.9975g이었다.
④ 검체 100mg을 1시간 더 건조하여 무게를 달아 본 결과 99.9mg이었다.

05 대기오염공정시험기준상 시험에 사용하는 시약이 따로 규정이 없이 단순히 보기와 같이 표시되었을 때 다음 중 그 규정한 농도(%)가 일반적으로 가장 높은 값을 나타내는 것은?
① HF ② HCl
③ HNO_3 ④ CH_3COOH

해설

01 10억분율은 ppb, 1억분율은 pphm으로 표시한다.

02 아황산가스(SO_2)의 분자량은 64, 1mol=64g이다.
$$M = \frac{SO_2(mol)}{용액(L)} \begin{cases} SO_2 = 12.8g \times \frac{1mol}{64g} = 0.2mol \\ 용액 = 2L \end{cases}$$
$$\therefore M = \frac{0.2}{2} = 0.1 mol/L$$

03 황산(H_2SO_4)의 분자량은 98, 1mol=98g이다.
$$M = \frac{H_2SO_4(mol)}{용액(L)}$$
$$\therefore M = \frac{1.84g}{mL} \times \frac{1mol}{98g} \times \frac{95}{100} \times \frac{1,000mL}{L} = 17.8 mol/L$$

04 "항량(恒量)이 될 때까지 건조한다. 또는 강열한다"라 함은 따로 규정이 없는 한 보통의 건조방법으로 1시간 더 건조 또는 강열할 때 전후 무게의 차가 매 g당 0.3mg 이하일 때를 뜻한다.

05 아세트산(CH_3COOH)은 농도 99.0% 이상, 비중은 1.05이다.

정답 ┃ 1.① 2.① 3.② 4.② 5.④

06 농도 표시에 대한 다음 설명 중 옳은 것은 어느 것인가?

① 부피백분율로 표시할 때는 %의 기호를 사용한다.
② 100만분율은 ppb로 표시하며, 액체일 때는 중량 대 중량을 뜻한다.
③ 10억분율은 pphm으로 표시하며, 기체일 때는 용량 대 용량을 뜻한다.
④ 기체 중의 농도를 mg/m^3로 표시했을 때의 m^3는 표준상태의 기체용적을 뜻한다.

07 기체 중의 농도를 mg/m^3로 표시했을 때 m^3의 의미는?

① 절대온도, 절대압력 하에서의 $1m^3$ 기체용적
② 표준상태의 온도, 압력 하에서의 $1m^3$ 기체용적
③ 상온상태의 온도, 압력 하에서의 $1m^3$ 기체용적
④ 실측상태의 온도, 압력 하에서의 $1m^3$ 기체용적

08 대기오염공정시험기준에 사용되는 용어 중 물질을 취급 또는 보관하는 동안에 기체 또는 미생물이 침입하지 않도록 내용물을 보호하는 용기는?

① 밀폐용기　② 기밀용기
③ 밀봉용기　④ 차광용기

09 공정시험기준상의 용어에 대한 설명으로 옳은 것은?

① 시험조작 중 "즉시"란 10초 이내에 표시된 조작을 하는 것을 뜻한다.
② "정확히 단다"라 함은 규정한 양의 검체를 취하여 분석용 저울로 1mg까지 다는 것을 뜻한다.
③ "이상", "이하"라고 기재하였을 때 이(以)자가 쓰여진 쪽은 어느 것이나 기산점 또는 기준점인 숫자를 포함하지 않는다.
④ "정량적으로 씻는다"라 함은 어떤 조작으로부터 다음 조작으로 넘어갈 때 사용한 비이커, 플라스크 등의 용기 및 여과막 등에 부착한 정량대상 성분을 사용한 용매로 씻어 그 세액을 합하고, 먼저 사용한 같은 용매를 채워 일정 용량으로 하는 것을 뜻한다.

10 비중 1.84, 농도 78%(Wt)의 황산의 규정농도는?

① 6.8N　② 22.2N
③ 29.3N　④ 36.2N

11 SO_2 1pphm을 ppm 단위와 ppb 단위로 변환한 것으로 옳은 것은?

① 100ppm, 10^3ppb　② 0.01ppm, 100ppb
③ 0.01ppm, 10ppb　④ 1,000ppm, 10^6ppb

▶ 해설

06 1억분율은 pphm, 10억분율은 ppb로 표시한다.

07 m^3은 표준상태(0℃, 1기압)의 기체용적을 뜻하고, Sm^3로 표시한 것과 같다.

08 밀봉용기(密封容器)라 함은 물질을 취급 또는 보관하는 동안에 기체 또는 미생물이 침입하지 않도록 내용물을 보호하는 용기를 뜻한다.

09 ④항만 올바르다. 즉시 → 30초 이내, 정확히 단다. → 0.1mg까지 다는 것, 이상·이하라고 기재하였을 때 → 이(以)자가 쓰여진 쪽은 어느 것이나 기산점 또는 기준점인 숫자를 포함한다.

10 황산(H_2SO_4)의 분자량은 98, 2가의 산(酸)이므로 $1eq$(당량)$=98/2g$이다.

$$N = \frac{H_2SO_4(eq)}{용액(L)}$$

$$\therefore N = \frac{1.84g}{mL} \times \frac{1eq}{(98/2)g} \times \frac{78}{100} \times \frac{1,000mL}{L} = 29.29 eq/L$$

11 pphm은 1억분율(Parts Per Hundred Million), ppm은 백만분율(Parts Per Million), ppb는 10억분율(Partts Per Billion)이므로 1pphm=0.01ppm=10ppb이다.

정답 ┃ 6.④　7.②　8.③　9.④　10.③　11.③

12 대기오염시험기준상 화학분석 일반사항에 대한 규정 중 옳은 것은?

① "약"이란 그 무게 또는 부피에 대하여 ±1% 이상의 차가 있어서는 안 된다.
② 상온은 15~25℃, 실온은 1~35℃, 찬곳은 따로 규정이 없는 한 0~15℃의 곳을 뜻한다.
③ 방울수라 함은 20℃에서 정제수 10방울을 떨어뜨릴 때 그 부피가 약 1mL되는 것을 뜻한다.
④ 10억분율은 pphm으로 표시하고, 따로 표시가 없는 한 기체일 때는 용량 대 용량(V/V), 액체일 때는 중량 대 중량(W/W)을 표시한 것을 뜻한다.

13 다음 중 따로 규정이 없는 한 각 시약별 사용하는 규정시약으로 적합하지 않은 것은?

① HI : 농도 55.0~58%, 비중(약) 1.70
② HNO_3 : 농도 28~30%, 비중(약) 1.28
③ H_3PO_4 : 농도 85% 이상, 비중(약) 1.69
④ $HClO_4$: 농도 60.0~62.0%, 비중(약) 1.54

14 NaOH 20g을 물에 용해시켜 800mL로 하였다. 이 용액은 몇 N인가?

① 2.25   ② 62.5
③ 0.0625   ④ 0.625

15 다음 용어의 규정 중 잘못된 것은?

① 냉수는 4℃ 이하, 온수는 60~70℃, 열수는 100℃를 말한다.
② 시험에 사용하는 표준품은 원칙적으로 특급시약을 사용한다.
③ 기체부피 표시 중 am^3로 표시한 것은 실측상태(온도, 압력)의 기체용적을 뜻한다.
④ ppm의 기호는 따로 표시가 없는 한 기체일 때는 용량 대 용량, 액체일 때는 중량 대 중량의 비를 뜻한다.

16 용액의 농도에 대한 설명 중 틀린 것은 어느 것인가?

① 보통용액이라 기재하며, 그 용액의 이름을 밝히지 않은 것은 수용액을 뜻한다.
② 혼합용액 (1+2)는 액체상 성분을 각각 1용량 대 2용량으로 혼합한 것을 뜻한다.
③ 혼합용액 (1 : 2)로 표시한 것은 용질성분 1용량을 용매에 녹여 최종적으로 2용량으로 된다는 뜻이다.
④ 액의 농도 (1→2)로 표시한 것은 그 용질의 성분이 고체일 때는 1g을 액체일 때는 1mL를 용매에 녹여 전량을 2mL가 되도록 하는 비율을 뜻한다.

> **해설**

12 ②항만 올바르다. "약"이란 → ±10% 이내, 방울수는 → 정제수 20방울 1mL, 10억분율은 ppb로 표시한다.

13 HNO_3 : 농도 60~62%, 비중 1.38이다.

14 수산화소듐(NaOH)의 분자량은 40, 1가의 알칼리이므로 $1eq$(당량)=(40/1)g이다.

□ $N = \dfrac{NaOH(eq)}{용액(L)}$ $\begin{cases} NaOH = 20g = 20/40 = 0.5eq \\ 용액 = 800mL = 0.8L \end{cases}$

∴ $N = \dfrac{20g}{800mL} \times \dfrac{1eq}{40g} \times \dfrac{1,000mL}{L} = 0.625 eq/L$

15 냉수 : 15℃ 이하, 온수 : 60~70℃, 열수 : 100℃를 말한다.

16 혼합용액 (1 : 2)로 표시한 것은 용질성분 1용량과 용매(물) 2용량으로 혼합한 것을 뜻하므로 최종적으로는 3용량이 된다.

정답 ┃ 12.② 13.② 14.④ 15.① 16.③

17 다음 용어에 대한 설명으로 옳지 않은 것은 어느 것인가?

① "약"이란 그 무게 또는 부피에 대하여 ±10% 이상의 차가 있어서는 안 된다.
② "정확히 단다"라 함은 규정한 양의 검체를 취하여 분석용 저울로 0.1mg까지 다는 것을 뜻한다.
③ 항량 건조는 따로 규정이 없는 한 보통의 건조방법으로 1시간 더 건조 또는 강열할 때 전후 무게의 차가 0.3mg 이하일 때를 뜻한다.
④ 액체성분의 양을 "정확히 취한다"라 함은 홀피펫, 메스플라스크 또는 이와 동등 이상의 정도를 갖는 용량계를 사용하여 조작하는 것을 뜻한다.

18 10W/V% 용액에 대한 공정시험기준상의 정의로 옳은 것은?

① 용질 10g을 물 90mL에 녹인 것이다.
② 용질 10g을 물에 녹여 100mL로 한 것이다.
③ 용질 10mL를 물에 녹여 100mL로 한 것이다.
④ 용질 10g을 물 또는 알코올에 녹여 110mL로 한 것이다.

19 0.25N H_2SO_4 용액 500mL을 조제하기 위해서는 농도 95%, 황산(비중 1.84) 몇 mL을 취하여 전체를 1L로 하여야 하는가?

① 2.2mL ② 3.5mL
③ 5.6mL ④ 7.0mL

20 다음의 용어를 정의함에 있어 잘못된 것은 어느 것인가?

① "정확히 단다"라 함은 0.1mg까지 다는 것을 뜻한다.
② "진공"이라 함은 따로 규정이 없는 한 15mmHg 이하를 말한다.
③ "용액"이라 하고, 따로 그 용제를 밝히지 않을 때는 수용액을 말한다.
④ 액의 농도를 표시함에 있어 (1 : 10)이라 함은 고체 1g 또는 액체성분 1mL를 녹여 전량을 10mL로 하는 것을 말한다.

21 굴뚝에서 배출되는 건조배출가스의 유량을 연속적으로 자동측정하는 방법에 대한 설명으로 옳지 않은 것은?

① 유량의 측정방법에는 피토관, 열선유속계, 와류유속계를 이용하는 방법이 있다.
② 열선식 유속계의 열선은 직경 2~10μm, 길이 약 1mm의 텅스텐이나 백금선 등이 쓰인다.
③ 건조배출가스 유량은 배출되는 표준상태의 건조배출가스량(Sm^3, 5분 적산치)으로 나타낸다.
④ 와류유속계를 사용할 때에는 압력계 및 온도계는 유량계 상류측에 설치하고, 온도계는 글로브식을, 압력계는 부르돈관식을 사용한다.

> **해설**

17 항량 건조는 보통의 건조방법으로 1시간 더 건조 또는 강열할 때 전후 무게의 차가 매 g당 0.3mg 이하일 때를 뜻한다.

18 10W/V% 용액은 용질 10g을 물에 녹여 100mL로 한 것이다.

19 희석 전·후의 당량(eq)은 불변이므로 희석식을 이용한다.

$$NV = N'V' \begin{cases} NV = \dfrac{0.25\,eq}{L} \times 500\,mL \times \dfrac{L}{1{,}000\,mL} = 0.125\,eq \\ N'V' = x\,(mL) \times \dfrac{1.84\,g}{mL} \times \dfrac{1\,eq}{49\,g} \times \dfrac{95}{100} = 0.0357x\,(eq) \end{cases} \Rightarrow 0.125\,eq = 0.0357x\,(eq)$$

$\therefore x(=V') = 3.5\,mL$

20 액의 농도를 (1 : 10)으로 표시한 것은 고체 1g 또는 액체성분 1mL과 물 10mL을 혼합한 것을 말한다.

21 와류유속계를 사용할 때에는 압력계 및 온도계는 유량계 하류측에 설치해야 한다.

정답 ┃ 17.③ 18.② 19.② 20.④ 21.④

22 시험조작 중 '즉시'란 (Ⓐ) 이내에 표시된 조작을 하는 것을 뜻하며, '감압 또는 진공'은 따로 규정이 없는 한 (Ⓑ) 이하를 뜻한다. 여기서, ( ) 안에 알맞은 것은?

① Ⓐ 10초, Ⓑ 15mmH₂O
② Ⓐ 10초, Ⓑ 15mmHg
③ Ⓐ 30초, Ⓑ 15mmH₂O
④ Ⓐ 30초, Ⓑ 15mmHg

23 시험에 사용하는 시약의 농도는 따로 규정이 없는 한 별도 규정된 농도의 것을 사용한다. 다음 중 이에 대한 사항으로 옳지 않은 것은?

	명 칭	화학식	농 도	비 중
①	불화수소산	HF	46.0~48.0	1.14
②	브로민화수소산	HBr	47.0~49.0	1.48
③	과염소산	HClO₄	60.0~62.0	1.54
④	아이오딘화수소산	HI	42.0~44.0	1.46

24 황산 35mL을 물로 희석하여 전량이 1L되도록 조제하였다. 희석 후 황산용액의 규정농도는?(단, 황산농도 95%, 황산의 비중 1.84)

① 0.35N
② 0.63N
③ 0.91N
④ 1.25N

25 다음 조건에 따를 경우 기체크로마토그래피에서 분리관의 HETP는?

- 보유시간 : 5min
- 분리관의 길이 : 2m
- 기록지 이동속도 : 5cm/min
- 피크 좌우의 변곡점에서 접선이 자르는 바탕선의 길이 : 5cm

① 0.5cm
② 0.25cm
③ 0.125cm
④ 0.65cm

26 자외선/가시선 분광법에 대한 설명으로 틀린 것은 어느 것인가?

① 측광부에서 광전지는 주로 가시파장 범위 내에서의 광선측광에 사용된다.
② 광전광도계는 파장선택부에 단색화장치를 사용한 것으로 복광속형이 많다.
③ 측광부의 광전측광에는 광전관, 광전자증배관, 광전도셀 또는 광전지를 사용한다.
④ 광원부의 광원에는 텅스텐램프, 중수소방전광 등을 사용하며, 자외부의 광원으로는 중수소방전관을 주로 사용한다.

> **해설**

22 시험조작 중 "즉시"란 30초 이내에 표시된 조작을 하는 것을 뜻하며, "감압 또는 진공"이라 함은 따로 규정이 없는 한 15mmHg 이하를 뜻한다.

23 아이오딘화수소산 → 농도 55.0~58.0%, 비중 1.70이다.

24 황산(H₂SO₄)의 분자량은 98이며, 2가의 산(酸)이므로 1eq(당량)= (98/2)g이다.

□ $N = \dfrac{H_2SO_4(eq)}{용액(L)}$ $\begin{cases} \circ \text{용액}= 1L \\ \circ H_2SO_4 = \dfrac{1.84g}{mL} \times \dfrac{eq}{49g} \times \dfrac{95}{100} \times 35mL = 1.249\,eq \end{cases}$

∴ $N = \dfrac{1.249\,eq}{L} = 1.249\,eq/L$

25 HETP(Height Equivalent to a Theoretical Plate)는 다음 관계식으로부터 산출된다.

□ $HETP = \dfrac{L}{n}$ $\begin{cases} \circ n(\text{이론단수}) = 16 \times \left(\dfrac{t_R}{W}\right)^2 = 16 \times \left(\dfrac{5\min \times 5\,cm/\min}{5\,cm}\right)^2 = 400 \\ \circ L(\text{분리관의 길이}) = 2m = 200\,cm \end{cases}$

∴ $HETP = \dfrac{200}{400} = 0.5\,cm$

26 광전광도계는 파장선택부에 단색화장치를 사용한 것으로 단광속형이 많다.

정답 ▮ 22.④ 23.④ 24.④ 25.① 26.②

27 기체크로마토그래피의 용어 설명에서 틀린 것은?

① 5~30분 정도에서 측정하는 피크의 보유시간은 반복시험을 할 때 ±3% 오차범위 이내이어야 한다.
② 분리관 오븐의 온도조절 정밀도는 ±0.5℃ 범위 이내 전원전압변동 10%에 대하여 온도변화 ±0.5℃ 범위 이내(오븐의 온도가 150℃ 부근일 때)이어야 한다.
③ 기록계는 스트립차트식 자동평형 기록계로 스팬전압 10mV, 펜 응답시간 5초 이내, 기록지 이동속도는 10mm/min을 포함한 다단변속이 가능한 것이어야 한다.
④ 주사기를 사용하는 시료도입부는 실리콘 고무와 같은 내열성 탄성체격막이 있는 시료 기화실로서 분리관온도와 동일하거나 또는 그 이상의 온도를 유지할 수 있는 가열기구가 갖추어져야 한다.

28 압력단위를 환산한 것으로 틀린 것은?

① 1atm=760mmHg
② 1mmAq=14.7PSI
③ 1mmH$_2$O=1kg$_f$/m^2
④ 1mmHg=13.6mmH$_2$O

29 기체크로마토그래피의 충진물에서 고정상 액체(Stationary Liquid)의 구비조건에 대한 설명으로 옳지 않은 것은?

① 화학적으로 안정된 것이어야 한다.
② 화학적 성분이 일정한 것이어야 한다.
③ 사용온도에서 증기압이 높은 것이어야 한다.
④ 분석대상 성분을 완전히 분리할 수 있는 것이어야 한다.

30 0.05M의 황산용액 60mL를 중화하는데 요구되는 N/10 수산화소듐용액의 양은 몇 mL인가?

① 11mL   ② 22mL
③ 43mL   ④ 60mL

31 자외선/가시선 분광법(흡광광도법)에서 자동기록식 광전분광광도계의 파장교정에 이용되는 것은?

① 커트필터의 미광
② 간섭필터의 흡광도
③ 홀뮴유리의 흡수스펙트럼
④ 다이크롬산포타슘용액의 흡광도

> **해설**

27 공정시험기준에서 기록계(Recorder)는 스트립차트(Strip Chart)식 자동평형 기록계로 스팬(Span)전압 1mV, 펜 응답시간 2초 이내, 기록지 이동속도(Chart Speed)는 10mm/min을 포함한 다단변속이 가능한 것이어야 한다.

28 압력(壓力, Pressure)의 단위환산인자를 이용한다.
  □ 1기압(atm)=760mmHg(Torr)=10,332mmH$_2$O(Aq)=1.0332kg$_f$/cm^2=10,332kg$_f$/m^2
       =1,013.25mb=1.013bar=14.7(lb$_f$/in^2)=101.357kPa

29 고정상 액체는 사용온도에서 증기압이 낮고, 점성이 작은 것이어야 한다.

30 황산(H$_2$SO$_4$)은 2가의 산(酸)이고, 수산화소듐(NaOH)은 1가의 알칼리이므로 산과 알칼리의 중화식을 이용한다.

□ NV=N′V′ $\begin{cases} \circ\ NV = \dfrac{0.05\,mole}{L} \times \dfrac{2eq}{1mole} \times 60mL \times \dfrac{L}{1,000mL} = 6 \times 10^{-3}eq \\ \circ\ N'V' = x\ (mL) \times \dfrac{0.1eq}{L} \times \dfrac{L}{1,000mL} = 1 \times 10^{-4}x(eq) \end{cases}$ ⇒ $6 \times 10^{-3} = 1 \times 10^{-4}x$

∴ $x(=V')=60\,mL$

31 자동기록식 광전분광광도계의 파장교정은 홀뮴유리의 흡수 스펙트럼을 이용한다.

정답 ┃ 27.③ 28.② 29.③ 30.④ 31.③

32 어느 Duct로 이송되는 배기가스의 동압은 13mmH₂O, 유속은 20m/sec이었다. 이 덕트의 밸브를 전부 개방한 상태에서 측정한 동압이 26mmH₂O일 경우 이때의 유속(m/sec)은?(단, 기타 조건은 동일)

① 22.2　　② 24.5
③ 25.3　　④ 28.3

33 굴뚝 내를 흐르는 배출가스 평균유속을 피토관으로 동압을 측정하여 유속을 산정한 결과 12.8m/sec이었다. 이때 측정된 동압은? (단, 피토관계수는 1.0, 굴뚝 내의 습윤한 배출가스 밀도는 1.2kg/m³이다.)

① 8mmH₂O　　② 10mmH₂O
③ 12mmH₂O　　④ 22mmH₂O

34 배기가스 유속을 구하기 위해 피토관으로 동압을 측정한 결과 8.5mmH₂O이었다. 배기가스 유속(m/sec)은?(단, 배기가스 온도 273℃, 1.2기압, 피토관계수 0.85, 공기밀도 1.3kg/Sm³)

① 8.7　　② 12.4
③ 16.0　　④ 22.2

35 다음 피토관으로 연도에서 측정된 동압이 2.2mmHg, 측정점 온도 250℃일 때 배기가스 유속(m/sec)은?(단, 가스밀도 1.3kg/Sm³, 피토관계수는 1.2)

① 8.6　　② 16.9
③ 22.2　　④ 35.3

> **해설**

32 피토관(Pitot Tube)의 유속 계산식을 이용한다.

$$V = C\sqrt{\frac{2gP_v}{\gamma}} \rightarrow P_v = \frac{\gamma V^2}{2g} \xrightarrow{\text{유속}(V)\text{을 제외한 조건이 일정하면}} P_v = KV^2$$

$$\therefore V_2 = \left(V_1^2 \times \frac{P_{v2}}{P_{v1}}\right)^{1/2} = \left(20^2 \times \frac{26}{13}\right)^{1/2} = 28.28 \text{m/sec}$$

33 유속(V)과 동압(P_v)의 관계식을 이용한다.

$$P_v = \frac{\gamma V^2}{2g} \quad \begin{cases} \circ\ \gamma\ (\text{가스 비중량 or 밀도}) = 1.2\text{kg}_f/\text{m}^3 \\ \circ\ V\ (\text{유속}) = 12.8\text{m/sec} \end{cases}$$

$$\therefore P_v = \frac{1.2 \times 12.8^2}{2 \times 9.8} = 10.03 \text{mmH}_2\text{O}$$

34 피토관(Pitot Tube)의 유속 계산식을 이용한다.

$$V = C\sqrt{\frac{2gP_v}{\gamma}} \quad \begin{cases} C : \text{피토관계수} = 0.85 \\ P_v : \text{동압} = 8.5\text{mmH}_2\text{O} \\ \gamma : \text{실측 비중량} = \frac{1.3\text{kg}_f}{\text{Sm}^3} \times \frac{273}{273+273} \times \frac{1.2\text{atm}}{1\text{atm}} = 0.78\text{kg}_f/\text{m}^3 \end{cases}$$

$$\therefore V = 0.85 \times \sqrt{\frac{2 \times 9.8 \times 8.5}{0.78}} = 16 \text{m/sec}$$

35 피토관(Pitot Tube)의 유속 계산식을 이용한다.

$$V = C\sqrt{\frac{2gP_v}{\gamma}} \quad \begin{cases} C : \text{피토관계수} = 1.2 \\ P_v : \text{동압} = 2.2\text{mmHg} \times \frac{10,332\text{mmH}_2\text{O}}{760\text{mmHg}} = 29.91 \text{mmH}_2\text{O} \\ \gamma : \text{실측 비중량} = \frac{1.3\text{kg}}{\text{Sm}^3} \times \frac{273}{273+250} = 0.679 \text{kg/am}^3 \end{cases}$$

$$\therefore V = 1.2 \times \sqrt{\frac{2 \times 9.8 \times 29.91}{0.679}} = 35.26 \text{m/sec}$$

정답 | 32.④　33.②　34.③　35.④

36 기체-액체 크로마토그래피에서 사용되는 고정상 액체의 종류 중 실리콘계에 해당하는 것은?

① 불화규소
② 고진공 그리스
③ 다이메틸술포란
④ 인산트리크레실

37 피토관과 경사마노미터를 사용하여 굴뚝 배기가스의 유속을 측정하고 있다. 경사마노미터의 확대율 10배, 마노미터 봉액은 톨루엔(비중 0.85)을 사용하였으며, 측정된 동압은 경사관의 액주길이 기준으로 70mm이었다. 측정점의 배기가스 유속은?(단, 가스의 비중량은 1.3kg$_f$/m³)

① 9.5m/sec
② 11.5m/sec
③ 13.5m/sec
④ 22.2m/sec

38 연돌 내부의 단면규격이 가로 2m, 세로 1.5m일 때, 이 굴뚝의 상당직경(환산직경)은 얼마인가? (단, 사각형 연돌의 상하 단면적은 동일)

① 1.4m
② 1.7m
③ 2.2m
④ 2.8m

39 기체-액체 크로마토그래피에서 사용하는 고정상 액체의 분류 중 탄화수소계에 해당하는 것은?

① 불화규소
② 스쿠알란
③ 인산트리크레실
④ 다이에틸폼아마이드

> **해설**

36 실리콘계에 속하는 고정상 액체는 메틸실리콘, 페닐실리콘, 시아노실리콘, 불화규소이다.

37 피토관(Pitot Tube)의 유속 계산식을 이용한다.

$$V = C\sqrt{\frac{2gP_v}{\gamma}} \quad \begin{cases} C : \text{피토관계수} = 1.0 \\ P_v : \text{동압(mmH}_2\text{O)} = 70\text{mm} \times \frac{1}{10} \times \frac{0.85\,\text{mmH}_2\text{O}}{\text{mm}\cdot\text{Toluene}} = 5.95\,\text{mmH}_2\text{O} \\ \gamma : \text{가스 비중량} = 1.3 \end{cases}$$

$$\therefore V = 1.0 \times \sqrt{\frac{2 \times 9.8 \times 5.95}{1.3}} = 9.47\,\text{m/sec}$$

38 상당직경(환산직경) 계산식을 이용한다.

$$D_o = \frac{2ab}{a+b} \quad \begin{cases} a : \text{가로} = 2\,\text{m} \\ b : \text{세로} = 1.5\,\text{m} \end{cases}$$

$$\therefore D_o = \frac{2 \times 1.5 \times 2}{1.5 + 2} = 1.71\,\text{m}$$

39 탄화수소계는 헥사데칸, 스쿠알란(Squalane), 고진공 그리스 등이다. 『12년도 산업기사』 시험만 탄화수소계에 대해서 묻는 문제로 출제되었고, 나머지는 실리콘계 아닌 것을 묻는 문제 유형으로 출제되었음

■ 일반적으로 사용하는 고정상 액체의 종류

종류	물질명
탄화수소계	• 헥사데칸, 스쿠알란(Squalane), 고진공 그리스
실리콘계	• 메틸실리콘, 페닐실리콘, 시아노실리콘, 불화규소
폴리글리콜계	• 폴리에틸렌글리콜, 메톡시폴리에틸렌글리콜
에스테르계	• 이염기산디에스테르
폴리에스테르계	• 이염기산폴리글리콜디에스테르
폴리아마이드계	• 폴리아마이드수지
에테르계	• 폴리페닐에테르
기타	• 인산트리크레실, 다이에틸폼아마이드, 다이메틸술포란

정답 | 36.① 37.① 38.② 39.②

40 염화수소의 배출허용기준이 30ppm인 소각시설에서 연소배기가스를 분석하여 다음과 같은 결과를 얻었다. 표준산소농도를 보정한 HCl의 농도는?

- HCl의 실측농도 : 20ppm
- O_2 실측농도 : 9.1%
- O_2 표준농도 : 4%

① 10.7ppm ② 22ppm
③ 28.6ppm ④ 42.9ppm

41 다음 중 기체크로마토그래피에서 사용되는 용어가 아닌 것은?

① Column Oven, Peak
② Pen Response, Chart Speed
③ Monochromoter, Line Spectrum
④ Stationary Liquid, Dead Volume

42 표준산소농도 적용을 받는 A성분의 실측농도가 200mg/Sm³, 실측산소농도 3.5%이다. 보정한 A성분의 농도는?(단, 표준산소농도는 3.25%이다.)

① 197mg/Sm³   ② 203mg/Sm³
③ 212mg/Sm³   ④ 222mg/Sm³

43 배출허용기준 중 표준산소농도를 적용받는 항목에 대한 배출가스 유량 보정식으로 옳은 것은?

① 배출유량 = 이론유량 ÷ $\dfrac{21 - 표준산소농도}{이론산소농도}$

② 배출유량 = 실측유량 ÷ $\dfrac{21 - 표준산소농도}{21 - 실측산소농도}$

③ 배출유량 = 이론유량 ÷ $\dfrac{이론산소농도}{21 - 표준산소농도}$

④ 배출유량 = 실측유량 ÷ $\dfrac{21 - 실측산소농도}{21 - 표준산소농도}$

> **해설**

40 오염물질의 농도에 대한 표준산소농도를 보정할 때는 다음의 관계식을 적용한다.

$$C_s = C_a \times \frac{21 - O_s}{21 - O_a} \quad \begin{cases} C_a : 실측오염물질의\ 농도 = 20\,\text{ppm} \\ O_a : 실측산소농도 = 9.1\% \\ O_s : 표준산소농도 = 4\% \end{cases}$$

$$\therefore\ C_s = 20 \times \frac{21 - 4}{21 - 9.1} = 28.6\,\text{ppm}$$

41 ③항 → 단색화장치(Monochromoter)는 자외선/가시선 분광법의 장치이다.

42 표준산소농도로 보정한 오염물질의 농도는 다음 식으로 산출한다.

$$C_s = C_a \times \frac{21 - O_s}{21 - O_a} \quad \begin{cases} C_a : 실측농도 = 200\,\text{mg/Sm}^3 \\ O_s : 표준산소농도 = 3.25\% \\ O_a : 실측산소농도 = 3.5\% \end{cases}$$

$$\therefore\ C_s = 200 \times \frac{21 - 3.25}{21 - 3.5} = 202.9\,\text{mg/Sm}^3$$

43 배출허용기준 중 표준산소농도를 적용받는 항목에 대하여는 다음 식을 적용하여 배출가스량을 보정한다.

$$Q = Q_a \div \frac{21 - O_s}{21 - O_a} \quad \begin{cases} Q : 배출가스\ 유량(\text{Sm}^3/일) \\ O_s : 표준산소농도(\%) \\ Q_a : 실측배출가스\ 유량(\text{Sm}^3/일) \\ O_a : 실측산소농도(\%) \end{cases}$$

정답 | 40.③ 41.③ 42.② 43.②

44 대기오염물질 배출허용기준 중 일산화탄소의 표준산소농도는 12%를 적용한다. A공장 굴뚝에서 측정한 실측산소농도가 14%일 때, 일산화탄소의 보정농도(C_s)는?[단, C_a : 일산화탄소의 실측농도(ppm)]

① $C_s = C_a \times \dfrac{9}{7}$ ② $C_s = C_a \times \dfrac{7}{9}$
③ $C_s = C_a \times \dfrac{12}{14}$ ④ $C_s = C_a \times \dfrac{14}{12}$

45 중화적정법에 의한 배기가스 중의 황산화물을 분석하기 위하여 술파민산 표준시약 2.1g을 물에 녹여 250mL로 하고, 그 중 25mL를 분취하여 N/10-NaOH 용액으로 중화적정한 결과 21.6mL를 소요하였다. 이 N/10-NaOH 용액의 Factor는 얼마인가? (단, NH_3SO_3H의 분자량은 97.1)

① 0.943 ② 1.13
③ 1.002 ④ 0.971

46 N/10 질산은용액을 다음과 같이 표정하였다. 이 용액의 Factor는 얼마인가?(단, NaCl의 분자량 58.5)

> 표준시약인 NaCl 0.15g을 정확히 달아 물 50mL에 녹이고, 크롬산포타슘용액 1mL를 가한 후 N/10 질산은용액으로 적정하여 담갈색이 없어지지 않는 점에서 적정액량은 25.1mL이었다.

① 0.94 ② 0.97
③ 1.02 ④ 1.13

47 다음 중 램버트 비어의 법칙에 따른 흡광도 식으로 옳은 것은? (단, I_o : 입사광의 강도, I_t : 투사광의 강도, $t = I_t/I_o$)

① 10^t ② $\log t$
③ $t \times 10$ ④ $\log(1/t)$

해설

44 표준산소농도로 보정한 오염물질의 농도는 다음 식으로 산출한다.

$$C_s = C_a \times \dfrac{21-O_s}{21-O_a} \quad \begin{cases} C_a : \text{실측농도} \\ O_s : \text{표준산소농도} = 12\% \\ O_a : \text{실측산소농도} = 14\% \end{cases}$$

$$\therefore C_s = C_a \times \dfrac{21-12}{21-14} = C_a \times \dfrac{9}{7}$$

45 술파민산(아마이드황산, NH_2SO_3H)과 NaOH의 중화반응을 이용한다.

$$NVf = N'V'f' \begin{cases} NVf = \dfrac{2.1g}{250mL} \times \dfrac{1eq}{97.1g} \times 25mL \times 1.00 = 2.165 \times 10^{-3} \\ N'V'f' = \dfrac{0.1eq}{L} \times 21.6mL \times \dfrac{L}{1,000mL} \times f' = 2.16 \times 10^{-3}f' \end{cases}$$

$$\therefore f' = \dfrac{2.165 \times 10^{-3}}{2.16 \times 10^{-3}} = 1.002$$

46 질산은과 NaCl의 중화반응을 이용한다.

$$NVf = N'V' \begin{cases} NVf = \dfrac{0.1eq}{L} \times 25.1mL \times \dfrac{L}{1,000mL} \times f = 2.51 \times 10^{-3}f \\ N'V' = \dfrac{0.15g}{50mL} \times 50mL \times \dfrac{eq}{58.5g} = 2.615 \times 10^{-3} \end{cases}$$

$$\therefore f = \dfrac{2.56 \times 10^{-3}}{2.51 \times 10^{-3}} = 1.020$$

47 흡광도의 관계식은 다음과 같다.

$$A(\text{흡광도}) = \log \dfrac{1}{t} = \log \dfrac{1}{I_t/I_o}$$

정답 | 44.① 45.③ 46.③ 47.④

48 연소배기가스 중의 아황산가스 농도가 860mg/Sm³이다. 이를 35℃, 780mmHg 상태의 ppm 농도로는 얼마인가?

① 301ppm　　② 602ppm
③ 1,204ppm　④ 2,457ppm

49 표준상태에서 물 4g에 해당되는 수증기의 용적은?

① 4.02L　　② 4.98L
③ 8.04L　　④ 9.96L

50 연소배기가스 중의 수분량을 측정한 결과 건조가스 1m³당 80g이었다. 건조가스에 대한 수분의 용량비(%)는?

① 4.98%　　② 9.05%
③ 9.96%　　④ 18.1%

51 이론단수가 1,600인 분리관이 있다. 보유 시간이 20분인 피크(Peak)의 좌우 변곡점에서 접선이 자르는 바탕선(Base Line)의 길이는? (단, 기록지 이동속도는 5mm/min, 이론단수는 모든 성분에 대하여 동일)

① 1mm　　② 2mm
③ 5mm　　④ 10mm

> **해설**

48 농도단위 "mg/m³"를 "ppm" 단위로 전환하는 관계식을 이용한다. (단, SO_2 분자량은 64를 적용)

□ $C_p(\text{ppm}) = C_m(\text{mg/m}^3) \times \dfrac{22.4}{M_w}$

∴ $C_p = 860 \times \dfrac{22.4}{64} = 301\,\text{ppm}$

〈단위관계 살펴보기〉

$C_p = \dfrac{860\,\text{mg}}{\text{Sm}^3} \left| \dfrac{22.4\,\text{mL}}{64\,\text{mg}} \right| \dfrac{273+35}{273} \left| \dfrac{760}{780} \right| \dfrac{273}{273+35} \left| \dfrac{780}{760} \right|$

49 물(H_2O)의 분자량은 18, 표준상태 1mol의 체적은 22.4L이므로 다음과 같이 계산한다.

□ $V(\text{L}) = m \times \dfrac{1}{\rho}$　$\begin{cases} V: \text{용적(부피)} \\ m: \text{질량} \\ \rho: \text{밀도} \end{cases}$

∴ $V = 4\text{g} \times \dfrac{22.4\text{L}}{18\text{g}} = 4.98\text{L}$

50 건조가스에 대한 수분의 용량(부피) 백분율은 다음과 같이 계산한다. 수분(H_2O)의 분자량은 18이다.

□ $X_w(\%) = \dfrac{\text{수분량(L)}}{\text{건조가스(L)}} \times 100$　$\begin{cases} \text{수분량} = 80\text{g} \times \dfrac{22.4\text{L}}{18\text{g}} = 99.56\text{L} \\ \text{건조가스량} = 1\text{m}^3 \times \dfrac{1,000\text{L}}{\text{m}^3} = 1,000\text{L} \end{cases}$

∴ $X_w = \dfrac{99.56}{1,000} \times 100 = 9.96\%$

51 이론단수(n) 계산식을 이용한다.

□ $n = 16 \times \left(\dfrac{t_R}{W}\right)^2$　$\begin{cases} t_R: \text{도입점으로부터 피크 최고점까지 길이} = 20 \times 5 = 100\text{mm} \\ W: \text{피크의 좌우 변곡점에서 접선이 자르는 바탕선 길이(mm)} \end{cases}$

⇒ $1,600 = 16 \times \left(\dfrac{100}{W}\right)^2$

∴ $W = 10\text{mm}$

정답 ┃ 48.① 49.② 50.③ 51.④

52 기체-액체 크로마토그래피에서 분배형 충전물질로 사용되는 담체인 내화벽돌에 대한 설명으로 가장 알맞은 것은?

① 규조토를 주성분으로 한 내화온도 1,700℃ 정도의 단열벽돌을 뜻한다.
② 내화점토를 사용한 것으로 내화온도 1,100℃ 정도의 단열벽돌을 뜻한다.
③ 내화점토를 사용한 것으로 내화온도 1,700℃ 정도의 단열벽돌을 뜻한다.
④ 일반적인 내화점토를 사용한 것이 아니고, 규조토를 주성분으로 한 내화온도 1,100℃ 정도의 단열벽돌을 뜻한다.

53 기체크로마토그래피에서 분리관 내경 4mm 일 경우 사용되는 흡착제 및 담체의 입경범위는?

① 110~125μm　② 149~177μm
③ 177~250μm　④ 280~350μm

54 다음의 특성을 갖는 검출기는?

> (　　)는 금속 필라멘트 또는 전기저항체를 검출소자로 하여 금속판 안에 들어 있는 본체와 여기에 안정된 직류전기를 공급하는 전원회로, 전류조절부, 신호검출 전기회로, 신호감쇠부 등으로 구성된다.

① Flame Ionization Detector
② Electron Capture Detector
③ Flame Photometric Detector
④ Thermal Conductivity Detector

55 흡광도법에 대한 설명 중 틀린 것은? (단, I_o : 입사광 강도, I_t : 투과광 강도)

① I_t/I_o를 투과도(t)라 한다.
② 투과도(t)의 상용대수를 흡광도라 한다.
③ 흡광도법은 램버트 비어의 법칙에 따른다.
④ 투과도(t)를 백분율로 표시한 것을 투과 퍼센트라 한다.

> **해설**

52 흡착형 고체분말은 실리카겔, 활성탄, 알루미나, 합성 제올라이트(Zeolite)이다.

흡착형 고체분말 종류	담체의 종류
• 실리카겔 • 활성탄 • 알루미나 • 합성 제올라이트	• 규조토 • 내화벽돌 • 유리 • 석영 • 합성수지

53 흡착제 및 담체의 입경범위는 다음 [표]를 참조한다.

분리관 내경(mm)	흡착제 및 담체의 입경범위(μm)
3	149~177(100~80mesh)
4	177~250(80~60mesh)
5~6	250~590(60~28mesh)

54 제시된 특성을 갖는 것은 열전도도검출기(Thermal Conductivity Detector, TCD)이다. 열전도도검출기(TCD)는 4개의 금속 필라멘트와 안정된 직류전기를 공급하는 전원회로, 전류조절부, 신호검출 전기회로, 신호감쇠부 등으로 구성되어 있다.

55 투과도(t) 역수의 상용대수를 흡광도라 한다.

□ $A(흡광도) = \log\dfrac{1}{t} = \log\dfrac{1}{I_t/I_o}$

정답 ┃ 52.④　53.③　54.④　55.②

56 기체크로마토그래피의 정량분석방법 중 도입한 시료의 모든 성분이 용출하며, 또한 모든 용출성분의 상대감도를 구하여 역수를 취한 후 각 성분의 피크 넓이에 곱하여 각 성분을 정량하는 방법은?

① 표준물첨가법　② 넓이 백분율법
③ 절대검정곡선법　④ 보정넓이 백분율법

57 램버트 비어(Lambert-Beer)의 법칙을 나타낸 식은?(단, I_o : 입사광 강도, I_t : 투사광 강도, C : 농도, L : 빛 투사거리, ε : 흡광계수)

① $I_o = I_t \cdot 10^{-\varepsilon CL}$　② $I_o = I_t \cdot 100^{-\varepsilon CL}$
③ $I_t = I_o \cdot 10^{-\varepsilon CL}$　④ $I_t = I_o \cdot 100^{-\varepsilon CL}$

58 램버트 비어 법칙에 의한 흡광도를 구하는 식으로 옳은 것은?(단, 입사광 강도 I_o, 투사광 강도 I_t)

① $A = \log\left(\dfrac{I_t}{I_o}\right)$　② $A = \log\left(\dfrac{I_o}{I_t}\right)$
③ $A = \left(\dfrac{I_t}{I_o}\right) \times 100$　④ $A = \left(\dfrac{I_o}{I_t}\right) \times 100$

59 흡광광도측정에서 최초광의 75%가 흡수되었을 때, 흡광도는?

① 0.25　② 0.34
③ 0.60　④ 0.90

> **해설**

56 보정넓이 백분율법에 대한 설명이다. 기체크로마토그래피의 정량분석방법은 절대검정곡선법, 넓이 백분율법, 보정넓이 백분율법, 상대검정곡선법, 표준물첨가법이 있는데 보정넓이 백분율법은 용출전(溶出前) 성분의 상대감도가 구해진 경우에 적용되는데 다음 식에 의해 함유율을 구한다.

$$C_i = \dfrac{(A_i/f_i)}{\sum_{i=1}^{n}(A_i/f_i)} \times 100 \quad \begin{cases} A_i : i성분의\ 피크\ 넓이 \\ n : 전\ 피크\ 수 \\ f_i : i성분의\ 상대감도 \end{cases}$$

57 램버트 비어(Lambert-Beer)의 법칙에 따른 흡광도의 관계식은 다음과 같다.

$$I_t = I_o \cdot 10^{-\varepsilon CL} \quad \begin{cases} I_o : 입사광의\ 강도 & I_t : 투사광의\ 강도 \\ C : 농도 & L : 빛의\ 투과길이 \\ \varepsilon : 흡광계수 \end{cases}$$

58 램버트 비어(Lambert-Beer)의 법칙에 따른 흡광도(A)의 관계식은 다음과 같다.

$$A(흡광도) = \log\dfrac{1}{t}$$

$$\therefore A = \log\left(\dfrac{1}{t}\right) = \log\dfrac{1}{I_t/I_o} = \log\left(\dfrac{I_o}{I_t}\right)$$

59 램버트 비어(Lambert-Beer)의 법칙에 따른 흡광도(A)의 관계식을 이용한다.

$$A(흡광도) = \log\dfrac{1}{t}$$

$$\Rightarrow A = \log\left(\dfrac{1}{t}\right) = \log\dfrac{1}{I_t/I_o} = \log\left(\dfrac{I_o}{I_t}\right) \quad \{t\ (투과도) = (1-0.75) = 0.25\}$$

$$\therefore A = \log\dfrac{1}{0.25} = 0.60$$

정답 ┃ 56.④　57.③　58.②　59.③

60 비색법에 의해 어떤 물질을 정량할 때, 5mm의 셀(Cell)을 사용한 경우, 시료의 흡광도가 0.1이라면 같은 시료를 10mm셀을 사용하여 측정한 흡광도는?

① 0.1
② 0.2
③ 0.01
④ 0.05

61 자외선/가시선 분광법(흡광광도법)에 대한 설명으로 옳은 것은?

① 흡광도 눈금의 보정에 사용되는 것은 과망간산포타슘용액이다.
② 광원부에서 자외부광원으로는 주로 중수소 방전관을 사용한다.
③ 흡광광도분석장치는 광원부, 시료원자화부, 단색화부 등으로 구성되어 있다.
④ 광전광도계는 단색화부의 필터를 사용한 장치로, 복광속형이 많고 구조가 복잡하다.

62 자외선/가시선 분광법에서 흡광도의 눈금 보정을 위한 시약의 조제법으로 가장 적합한 것은?

① 110℃에서 3시간 이상 건조한 1급 이상의 과망간산포타슘($KMnO_4$) 0.303g을 N/20 수산화소듐용액에 녹여 1L가 되게 한다.
② 110℃에서 3시간 이상 건조한 1급 이상의 중크롬산포타슘($K_2Cr_2O_7$) 0.0303g을 N/20 수산화소듐용액에 녹여 1L가 되게 한다.
③ 110℃에서 3시간 이상 건조한 1급 이상의 과망간산포타슘($KMnO_4$) 0.0303g을 N/20 수산화소듐용액에 녹여 1L가 되게 한다.
④ 110℃에서 3시간 이상 건조한 1급 이상의 중크롬산포타슘($K_2Cr_2O_7$) 0.303g을 N/20 수산화소듐용액에 녹여 1L가 되게 한다.

63 소각시설에서 배출되는 입자상 및 가스상 수은을 디티존법으로 분석할 때의 측정파장은?

① 490nm
② 358nm
③ 325nm
④ 287nm

> 해설

60 흡광도(A) 계산식을 이용한다.

$$A = \varepsilon \cdot C \cdot L \quad \begin{cases} A : \text{흡광도} \\ \varepsilon : \text{흡광계수} \\ C : \text{농도} \\ L : \text{셀의 길이(빛의 투과길이)} \end{cases} \Rightarrow 0.1 : 5 = A^* : 10$$

$\therefore A^* = 0.2$

61 ②항만 올바르다.
  ▶바르게 고쳐보기◀
  ① 흡광도 눈금의 보정에 사용되는 것은 중크롬산포타슘($K_2Cr_2O_7$)이다.
  ③ 흡광광도분석장치는 광원부, 파장선택부, 시료부 및 측광부로 구성된다.
  ④ 광전광도계는 파장선택부에 필터를 사용한 장치로는 단광속형이 많고 비교적 구조가 간단하다.

62 흡광도 눈금보정을 위한 중크롬산포타슘(1급 이상) 용액의 조제방법은 ②항이 적합하다.

63 수은의 자외선/가시선분광법(디티존법)은 시료를 질산과 과망간산포타슘으로 산화시킨 다음 과망간산포타슘을 염산하이드록실아민으로 환원하고 암모니아수로 중화하여 일정량의 황산을 넣고 디티존·클로로폼으로 수은을 추출한 다음 염산으로 역추출한 후 중화하여 다시 디티존·클로로폼으로 수은을 추출하여 흡광도 490nm에서 측정하는 방법이다.

정답 | 60.② 61.② 62.② 63.①

64 약한 암모니아 액성에서 재차 다이메틸글리옥심과 반응시켜 파장 450nm 부근에서 흡광도를 측정하는 것은?
① 니켈화합물 ② 비소화합물
③ 염소화합물 ④ 카드뮴화합물

65 원자흡수분광광도법(원자흡광광도법)에 적용되는 용어의 정의로 틀린 것은?
① 다연료불꽃(Fuel-Rich Flame) : 가연성/조연성 가스의 값을 크게 한 불꽃
② 충전가스(Filler Gas) : 속빈 음극램프에 채우는 가스
③ 슬롯버너(Slot Burner) : 가스의 분출구가 세극상으로 된 버너
④ 선프로파일(Line Profile) : 스펙트럼선의 파장의 크기를 나타내는 곡선

66 원자흡수분광광도법(원자흡광광도법)에서 사용되는 가연성 가스와 조연성 가스의 조합으로 옳지 않은 것은?
① 수소-공기
② 헬륨-산소
③ 아세틸렌-공기
④ 아세틸렌-아산화질소

67 원자흡수분광광도법에서 사용하는 용어의 정의로 옳지 않은 것은?
① 선프로파일 : 파장에 대한 스펙트럼선의 강도를 나타내는 곡선
② 공명선 : 목적하는 스펙트럼선에 가까운 파장을 갖는 다른 스펙트럼선
③ 예혼합버너 : 가연성 가스, 조연성 가스 및 시료를 분무실에서 혼합시켜 불꽃 중에 넣어주는 방식
④ 분무실 : 분무기와 병용하여 분무된 시료 용액의 미립자를 더욱 미세하게 해주는 한편 큰 입자와 분리시키는 작용을 갖는 장치

68 원자흡수분광광도법(원자흡광광도법)에서 불꽃을 만들기 위한 조연성 가스와 가연성 가스의 조합 중 원자 외 영역에서의 불꽃 자체에 의한 흡수가 적기 때문에 이 파장영역에서 분석선을 갖는 원소의 분석에 적당한 것은?
① 수소-공기
② 프로판-공기
③ 아세틸렌-공기
④ 아세틸렌-아산화질소

> **해설**

64 니켈의 자외선/가시선 분광법은 니켈이온을 약한 암모니아 액성에서 다이메틸글리옥심과 반응시켜, 생성하는 니켈착화합물을 클로로폼으로 추출하고, 이것을 묽은 염산으로 역추출한다. 이 용액에 브롬수를 가하고 암모니아수로 탈색하여, 약한 암모니아 액성에서 재차 다이메틸글리옥심과 반응시켜 생성하는 적갈색의 니켈화합물을 파장 450nm 부근에서 흡수도를 측정하여 정량한다.

65 선프로파일은 파장에 대한 스펙트럼선의 강도를 나타내는 곡선을 말한다.

66 헬륨-산소는 사용되지 않는 불꽃조합이다. 불꽃형성에 사용되는 것은 수소-공기, 수소-공기-아르곤, 수소-산소, 아세틸렌-공기, 아세틸렌-산소, 아세틸렌-아산화질소, 프로판-공기, 석탄가스-공기이다.

67 공명선은 원자가 외부로부터 빛을 흡수했다가 다시 먼저 상태로 돌아갈 때 방사하는 스펙트럼선을 말한다. 목적하는 스펙트럼에 가까운 파장을 갖는 다른 스펙트럼선은 근접선이라 한다.

68 원자 외 영역에서의 불꽃 자체에 의한 흡수가 적기 때문에 이 파장영역에서 분석선을 갖는 원소의 분석에 적당한 것은 수소-공기 불꽃이다.

정답 ┃ 64.① 65.④ 66.② 67.② 68.①

69 다음은 원자흡수분광광도법(원자흡광광도법)에서 검량선 작성과 정량방법에 대한 설명이다. ( ) 안에 적합한 것은?

> ( )은 목적원소에 의한 흡광도 A_S와 표준원소에 의한 흡광도 A_R과의 비를 구하고 A_S/A_R 값과 표준물질 농도와의 관계를 그래프에 작성하여 검량선을 만드는 방법으로 이 방법은 측정치가 흩어져 상쇄하기 쉬우므로 분석값의 재현성이 높아지고, 정밀도가 향상된다.

① 검정곡선법 ② 외부표준법
③ 표준첨가법 ④ 내부표준물질법

70 원자흡수분광광도법(원자흡광광도법)에서 사용되는 가연성 가스와 조연성 가스의 연결로 옳지 않은 것은?

① 수소-공기
② 메탄-아르곤
③ 아세틸렌-공기
④ 아세틸렌-아산화질소

71 오염공정시험기준에서 원자흡수분광광도법(원자흡광광도법)과 자외선/가시선 분광법(흡광광도법)을 동시에 적용할 수 없는 것은?

① 비소화합물 ② 니켈화합물
③ 페놀화합물 ④ 구리화합물

72 흡광광도계에 사용되는 흡수셀의 세척방법이다. ( ) 안에 가장 알맞은 것은?

> 2W/V% ( )용액에 소량의 음이온 계면활성제를 가한 용액에 흡수셀을 담가 놓고 필요하면 40~50℃로 약 10분간 가열한다.

① KI ② NaOH
③ Na_2CO_3 ④ Na_2Cu_3ON

73 이온크로마토그래피의 주요장치 구성이 아닌 것은?

① 회전섹터 ② 송액펌프
③ 서프레서 ④ 용리액조

74 다음의 각 기기분석법에 대한 장치의 구성으로 옳은 것은?

① 자외선/가시선 분광법 : 시료도입부→광원부→파장선택부→측광부
② 기체크로마토그래피 : 시료도입부→분리관→가스유로계→검출기→기록계
③ 이온크로마토그래피 : 용리액조→서프레서→시료이온화부→분리관→검출기→기록계
④ 비분산적외선분광분석법 : 광원→회전섹터→광학필터→시료셀(비교셀)→검출기→증폭기→지시계

해설

69 원자흡수분광광도법에서 검량선을 작성하는 방법 중 세로축에 목적원소에 의한 흡광도 A_S와 표준원소에 의한 흡광도 A_R와의 비를 구한 A_S/A_R 값을 취하고, 가로축에 표준물질 농도를 두어 작성하는 작성방법은 내부표준물질법이다.

70 메탄-아르곤은 원자흡수분광광도법의 불꽃조합으로 사용되지 않는다.

71 중금속류가 아닌 것은 원자흡수분광광도법(원자흡광광도법)과 자외선/가시선 분광법(흡광광도법)을 동시에 적용할 수 없다.

72 흡수셀은 탄산소듐용액(2W/V%)에 소량의 음이온 계면활성제(보기 : 액상 합성세제)를 가한 용액에 흡수셀을 담가 놓고, 필요하면 40~50℃로 약 10분간 가열한다.

73 회전섹터는 비분산적외선분광분석법의 구성장치이다. 이온크로마토그래피는 용리액조, 송액펌프, 시료주입장치, 분리관, 서프레서, 검출기 및 기록계로 구성된다.

74 비분산적외선분석계만 올바르다. 시료셀에서 비교셀이 추가되는 것은 적외선분석계 중의 복광속분석계이다. 자외선/가시선 분광광도계는 광원부→파장선택부→시료부→측광부로 구성되고, 기체크로마토그래피는 가스유로계→시료도입부→분리관→검출기→기록계로 구성되며, 이온크로마토그래피는 용리액조→펌프→시료주입장치→분리관→서프레서→검출기로 구성되어 있다.

정답 | 69.④ 70.② 71.③ 72.③ 73.① 74.④

75 이온크로마토그래피장치의 구성 순서로 옳은 것은?

① 펌프 → 시료주입장치 → 용리액조 → 분리관 → 검출기 → 서프레서
② 용리액조 → 펌프 → 시료주입장치 → 분리관 → 서프레서 → 검출기
③ 시료주입장치 → 펌프 → 용리액조 → 서프레서 → 분리관 → 검출기
④ 분리관 → 시료주입장치 → 펌프 → 용리액조 → 검출기 → 서프레서

76 다음은 이온크로마토그래피의 무엇에 대한 설명인가?

> 이온크로마토그래피에서 전해질을 물 또는 저전도의 용매로 바꿔줌으로써 전기전도도셀에서 목적 이온성분의 전기전도도만을 고감도로 검출할 수 있게 해주는 장치이다.

① 용리액조
② 전도도분리관
③ 전기화학적 검출기
④ 서프레서(Suppressor)

77 흡광차분광법에서 측정에 필요한 광원으로 적절한 것은?

① 200~900nm 파장을 갖는 제논램프
② 180~2,850nm 파장을 갖는 제논램프
③ 200~900nm 파장을 갖는 중공음극램프
④ 180~2,850nm 파장을 갖는 중공음극램프

78 이온크로마토그래피의 분리관에 대한 설명으로 옳지 않은 것은?

① 금속이온 분리용 분리관의 재질로 스테인리스관이 사용된다.
② 분리관 내에 충전된 양이온교환체는 표면에 술폰산기를 보유하고 있다.
③ 이온교환체의 구조면에서는 표층피복형, 표층박막형, 전다공성 미립자형이 있다.
④ 분리관 재질로 용리액 및 시료액과 반응성이 적은 것을 선택하며, 에폭시 수지관이 사용된다.

79 이온크로마토그래피에 대한 설명으로 옳지 않은 것은?

① 공급전원은 전압변동 5% 이하, 주파수변동 10% 이하로 변동이 작아야 한다.
② 가시선흡수검출기(VIS)는 전이금속성분의 발색반응을 이용하는 경우에 사용된다.
③ 일반적으로 강수물, 대기먼지, 하천수 중의 이온성분을 정량·정성 분석하는 데 이용한다.
④ 서프레서는 관형과 이온교환막형이 있으며, 관형에서 음이온은 스티롤계 강산형(H^+) 수지가, 양이온은 스티롤계 강염기형(OH^-) 수지가 충전된 것을 사용한다.

> **해설**
>
> **75** 이온크로마토그래피는 용리액조 → 펌프 → 시료주입장치 → 분리관 → 서프레서 → 검출기로 구성된다.
>
> **76** 이온크로마토그래피에서 전해질을 물 또는 저전도의 용매로 바꿔줌(용리액에 사용되는 전해질성분을 제거)으로써 전기전도도셀에서 목적 이온성분의 전기전도도만을 고감도로 검출할 수 있게 해주는 장치는 서프레서이다.
>
> **77** 흡광차분광법의 광원은 180~2,850nm 파장을 갖는 제논(Xenon) 램프를 사용한다.
>
> **78** 금속이온 분리용 분리관 재질에는 스테인리스관이 적합하지 않다.
>
> **79** 이온크로마토그래피 설치장소는 공급전원의 전압변동은 10% 이하이고, 급격한 주파수 변동이 없어야 한다.

정답 ┃ 75.② 76.④ 77.② 78.① 79.①

80 비분산적외선분광분석법에 대한 설명으로 틀린 것은?

① 광학필터에는 가스필터와 고체필터가 있다.
② 회전섹터의 단속방식에는 1~20Hz의 교호 단속방식과 동시단속방식이 있다.
③ 광원은 원칙적으로 니크롬선 또는 탄화규소의 저항체에 전류를 흘려 가열한 것을 사용한다.
④ 비분산검출기를 이용하여 적외선의 분산 변화량을 측정하여 시료 중 목적성분을 구하는 방법이다.

81 비분산적외선분광분석법에 관련된 용어 중 틀린 것은?

① 스팬가스 : 분석계의 최고눈금값을 교정하기 위하여 사용하는 가스
② 정필터형 : 측정성분이 흡수되는 적외선을 그 흡수파장에서 측정하는 방식
③ 비분산 : 빛을 프리즘이나 회절격자와 같은 분산소자에 의해 분산하지 않는 것
④ 비교가스 : 시료셀에서 대조가스로 사용하는 것으로 적외선 흡수가 가능한 가스

82 비분산적외선분광분석법에 대한 다음 내용 중 옳지 않은 것은?

① 적외선가스 분석계는 고정형 분석계와 이동형 분석계로 분류한다.
② 광학필터는 액체필터와 복합형 필터가 있는데 이를 적절히 조합하여 사용한다.
③ 회전섹터는 시료광속과 비교광속을 일정 주기로 단속시켜 광학적으로 변조시키는 것이다.
④ 광원은 원칙적으로 니크롬선 또는 탄화규소의 저항체에 전류를 흘려 가열한 것을 사용한다.

83 비분산적외선 가스분석계의 구성에 대한 설명으로 옳지 않은 것은?

① 비교셀은 아르곤과 같은 불활성 기체를 봉입하여 사용한다.
② 광학필터에는 가스필터와 고체필터가 있으며, 단독 또는 적절히 조합하여 사용한다.
③ 광원은 원칙적으로 니크롬선 또는 탄화규소의 저항체에 전류를 흘려 가열한 것을 사용한다.
④ 회전섹터는 시료가스 중에 포함되어 있는 간섭성분 가스의 흡수 파장역의 적외선을 흡수 제거하기 위하여 사용한다.

> **해설**

80 비분산검출기를 이용하는 것이 아니라 선택적 검출기 혹은 광학필터와 비선택적 검출기를 조합한 검출기를 이용, 시료 중의 특정성분에 의한 적외선의 흡수량 변화를 측정한다.
81 비교가스 : 시료셀에서 적외선 흡수를 측정하는 경우 대조가스로 사용하는 것으로 적외선을 흡수하지 않는 가스
82 광학필터는 가스필터와 고체필터가 있는데, 이를 단독 또는 적절히 조합하여 사용한다. 출제되는 경향은 회전섹터와 광학필터의 기능에 대하여 교차 출제되고 있다.
83 시료가스 중에 포함되어 있는 간섭성분 가스의 흡수 파장영역의 적외선을 흡수 제거하기 위하여 사용되는 것은 광학필터이다.

정답 ┃ 80.④ 81.④ 82.② 83.④

84 비분산적외선분광분석법에서 응답시간에 대한 설명이다. ( ) 안에 알맞은 것은?

> 응답시간은 제로 조정용 가스를 도입하여 안정된 후 유로(流路)를 스팬가스로 바꾸어 기준유량으로 분석계에 도입하여 그 농도를 눈금 범위 내의 어느 일정한 값으로부터 다른 일정한 값으로 갑자기 변화시켰을 때 스텝(Step) 응답에 대한 소비시간이 (Ⓐ) 이내이어야 한다. 또 이때 최종지시치에 대한 90% 응답을 나타내는 시간은 (Ⓑ) 이내이어야 한다.

① Ⓐ 1초 Ⓑ 1분   ② Ⓐ 1초 Ⓑ 40초
③ Ⓐ 10초 Ⓑ 1분 ④ Ⓐ 10초 Ⓑ 40초

85 비분산적외선분광분석법에서 사용되는 분석계의 성능기준으로 옳은 것은?

① 감도는 전체눈금의 ±2% 이하에 해당하는 농도변화를 검출할 수 있는 것이어야 한다.
② 제로가스와 스팬가스를 번갈아 3회 도입하였을 때, 편차는 전체눈금의 ±5% 이내이어야 한다.
③ 전원전압이 설정전압의 ±10% 이내로 변화하였을 때 지시치 변화는 전체눈금의 ±5% 이내이어야 한다.
④ 측정가스의 유량이 표시한 기준유량에 대하여 ±2% 이내에서 변동하여도 성능에 지장이 있어서는 안 된다.

86 비분산적외선분석계의 성능 유지기준으로 틀린 것은?

① 감도 : 전체눈금의 ±1% 이하에 해당하는 농도변화를 검출할 수 있는 것이어야 한다.
② 유량변화에 대한 안정성 : 측정가스의 유량이 표시한 기준유량에 대하여 ±2% 이내에서 변동하여도 성능에 지장이 있어서는 안 된다.
③ 재현성 : 동일 측정조건에서 제로가스와 스팬가스를 번갈아 10회 도입하여 각각의 측정값의 평균으로부터 편차를 구하며, 이 편차는 전체눈금의 ±1% 이내이어야 한다.
④ 전원변동에 대한 안정성 : 전원전압이 설정전압의 ±10% 이내로 변화하였을 때 지시치 변화는 전체눈금의 ±1% 이내여야 하고, 주파수가 설정 주파수의 ±2%에서 변동해도 성능에 지장이 있어서는 안 된다.

87 다음 ( ) 안에 알맞은 숫자 범위는?

> 흡광차분광법은 일반적으로 빛을 조사하는 발광부와 ( )정도 떨어진 곳에 설치되는 수광부 사이에 형성되는 빛의 이동경로를 통과하는 가스를 실시간으로 분석한다.

① 5~50m   ② 0.5~5m
③ 0.05~0.5m   ④ 50~1,000m

> **해설**

84 스텝(Step) 응답에 대한 소비시간이 1초 이내이어야 한다. 또 이때 최종 지시치에 대한 90%의 응답을 나타내는 시간은 40초 이내이어야 한다.

85 ④항만 올바르다. 기준유량에 대하여 ±2% 이내에서 변동하여도 성능에 지장이 있어서는 안 된다.

86 비분산적외선분석계의 재현성은 동일 측정조건에서 제로가스와 스팬가스를 번갈아 3회 도입하여 각각의 측정값의 평균으로부터 편차를 구한다. 이 편차는 전체눈금의 ±2% 이내이어야 함

87 흡광차분광법은 일반적으로 빛을 조사하는 발광부와 50~1,000m 정도 떨어진 곳에 설치되는 수광부(또는 발·수광부와 반사경) 사이에 형성되는 빛의 이동경로(Path)를 통과하는 가스를 실시간으로 분석한다.

정답 | 84.② 85.④ 86.③ 87.④

업그레이드 종합 예상문제

01 화학분석의 일반사항 중 농도 표시에 대한 설명으로 틀린 것은?
① 중량백분율 표시는 %의 기호 사용
② 1억분율은 pphm, 100억분율은 ppb로 표시
③ 기체 100mL 중의 성분질량(g)을 표시할 때에는 W/V%의 기호를 사용한다.
④ ppm의 경우 따로 표시가 없는 한 기체일 때는 용량 대 용량(V/V)으로 표시한다.

■해설 1억분율은 pphm, 10억분율은 ppb로 표시한다.

02 화학분석 일반사항에 대한 설명으로 틀린 것은?
① 냉수(冷水)는 15℃ 이하, 온수(溫水)는 60~70℃를 말한다.
② 황산(1 : 2)라 표시한 것은 황산 1용량에 물 2용량을 혼합한 것이다.
③ 각 조의 시험은 따로 규정이 없는 한 상온에서 조작하고, 조작 직후 그 결과를 관찰한다.
④ 10억분율은 pphm로 표시하고 따로 표시가 없는 한 기체일 때는 용량 대 용량 (V/V), 액체일 때는 중량 대 중량(W/W)을 표시한 것을 뜻한다.

■해설 10억분율(Parts Per Billion)은 ppb로 표시하고, 따로 표시가 없는 한 기체일 때는 용량 대 용량(V/V), 액체일 때는 중량 대 중량(W/W)을 표시한 것을 뜻한다.

03 다음 중 대기오염공정시험기준상 분석시험에 있어 기재 및 용어에 대한 설명으로 옳은 것은?
① 시험조작 중 즉시란 10초 이내에 표시된 조작을 하는 것을 뜻한다.
② 감압 또는 진공이라 함은 따로 규정이 없는 한 10mmHg 이하를 뜻한다.
③ 용액의 액성표시는 따로 규정이 없는 한 유리전극법에 의한 pH 미터로 측정한 것을 뜻한다.
④ 정확히 단다라 함은 규정한 양의 검체를 취하여 분석용 저울로 0.3mg까지 다는 것을 뜻한다.

■해설 ③항이 올바르다.
▶바르게 고쳐보기◀
① 시험조작 중 즉시란 30초 이내에 표시된 조작을 하는 것을 뜻한다.
② 감압 또는 진공이라 함은 따로 규정이 없는 한 15mmHg 이하를 뜻한다.
④ 정확히 단다라 함은 규정한 양의 검체를 취하여 분석용 저울로 0.1mg까지 다는 것을 뜻한다.

04 "물질을 취급 또는 보관하는 동안에 이물(異物)이 들어가거나 내용물이 손실되지 않도록 보호하는 용기"로 정의되는 것은?

① 차광용기 ② 밀폐용기
③ 기밀용기 ④ 밀봉용기

▍해설 밀폐용기(密閉容器)라 함은 물질을 취급 또는 보관하는 동안에 이물(異物)이 들어가거나 내용물이 손실되지 않도록 보호하는 용기를 뜻한다.

05 화학분석 일반사항에 대한 규정으로 옳은 것은?

① 시험조작 중 "즉시"란 10초 이내에 표시된 조작을 하는 것을 뜻한다.
② 감압 또는 진공이라 함은 따로 규정이 없는 한 15mmHg 이하를 뜻한다.
③ 방울수라 함은 20℃에서 정제수 20방울을 떨어뜨릴 때 그 부피가 약 10mL되는 것을 뜻한다.
④ 기밀용기(機密容器)라 함은 물질을 취급 또는 보관하는 동안에 기체 또는 미생물이 침입하지 않도록 내용물을 보호하는 용기를 뜻한다.

▍해설 ②항만 올바르다.
▶바르게 고쳐보기◀
① 시험조작 중 "즉시"란 30초 이내에 표시된 조작을 하는 것
③ 방울수라 함은 20℃에서 정제수 20방울을 떨어뜨릴 때 그 부피가 약 1mL되는 것
④ 기밀용기(機密容器)는 외부로부터의 공기 또는 다른 가스가 침입하지 않도록 내용물을 보호하는 용기

06 공정시험기준에서 규정한 사항으로 옳지 않은 것은?

① 약이란 그 무게 또는 부피에 대하여 ±10% 이상의 차가 있어서는 안 된다.
② 냉후(식힌 후)라 표시되어 있을 때는 보온 또는 가열 후 실온까지 냉각된 상태를 뜻한다.
③ 방울수라 함은 10℃에서 정제수 10방울을 떨어뜨릴 때 그 부피가 약 10mL되는 것을 뜻한다.
④ 액의 농도를 (1 → 2), (1 → 5) 등으로 표시한 것은 그 용질의 성분이 고체일 때는 1g을, 액체일 때는 1mL를 용매에 녹여 전량을 각각 2mL 또는 5mL로 하는 비율을 뜻한다.

▍해설 방울수라 함은 20℃에서 정제수 20방울을 떨어뜨릴 때 그 부피가 약 1mL되는 것을 뜻한다.

07 먼지 실측농도가 210mg/Sm^{3}이고, 실측산소농도는 3.5%이다. 표준산소농도 4%로 보정한 먼지농도(mg/Sm^3)는?

① 222 ② 212
③ 208 ④ 204

정답 4.② 5.② 6.③ 7.④

┃해설 표준산소농도 보정식을 적용한다.

□ $C_s = C_a \times \dfrac{21 - O_s}{21 - O_a}$

∴ $C_s = 210 \times \dfrac{21 - 4}{21 - 3.5} = 204\,\text{mg/m}^3$

08 온도의 표시에 대한 설명으로 옳지 않은 것은 어느 것인가?

① 냉수는 15℃ 이하이다.
② 찬곳은 4℃ 이하를 뜻한다.
③ 온수는 60~70℃, 열수는 약 100℃를 말한다.
④ 냉후(식힌 후)라 표시되어 있을 때는 보온 또는 가열 후 실온까지 냉각된 상태를 말한다.

┃해설 찬곳은 0~15℃의 곳을 말한다.

09 다음은 화학분석 일반사항에 대한 규정이다. 옳지 않은 것은?

① 약이란 그 무게 또는 부피에 대하여 ±10% 이상의 차가 있어서는 안 된다.
② 냉수(冷水)는 15℃ 이하, 온수(溫水)는 60~70℃, 열수(熱水)는 약 100℃를 말한다.
③ 방울수라 함은 10℃에서 정제수 10방울을 떨어뜨릴 때 그 부피가 약 1mL되는 것을 뜻한다.
④ 밀봉용기(密封容器)라 함은 물질을 취급 또는 보관하는 동안에 기체 또는 미생물이 침입하지 않도록 내용물을 보호하는 용기를 뜻한다.

┃해설 방울수라 함은 20℃에서 정제수 20방울을 떨어뜨릴 때 그 부피가 약 1mL되는 것을 뜻한다.

10 대기오염시험기준상에 규정된 다음 설명으로 옳은 것은?

① 상온은 1~15℃, 실온은 15~25℃이다.
② 감압은 따로 규정이 없는 한 15mmH₂O 이하를 뜻한다.
③ 냉후라 표시되어 있을 때는 보온 또는 가열 후 상온까지 냉각된 상태를 뜻한다.
④ 표준품을 채취할 때 표준액이 정수(整數)로 기재되어 있어도 실험자가 환산하여 기재수치에 약자를 붙여 사용할 수 있다.

┃해설 ④항만 옳게 설명되어 있다.
▶바르게 고쳐보기◀
① 상온은 15~25℃, 실온은 1~35℃이다.
② 감압은 따로 규정이 없는 한 15mmHg 이하를 뜻한다.
③ 냉후(식힌 후) → 보온 또는 가열 후 실온까지 냉각된 상태를 뜻한다.

11 액의 농도에 대한 설명으로 틀린 것은 어느 것인가?

① 단순히 용액이라 기재하고, 그 용액의 이름을 밝히지 않은 것은 수용액을 뜻한다.
② 혼액(1+2)은 액체상의 성분을 각각 1용량 대 2용량의 비율로 혼합한 것을 뜻한다.
③ 황산(1 : 7)은 용질이 액체일 때 1mL를 용매에 녹여 전량을 7mL로 하는 것을 뜻한다.
④ 액의 농도를 (1→5)로 표시한 것은 그 용질의 성분이 고체일 때는 1g을 용매에 녹여 전량을 5mL로 하는 비율을 말한다.

해설 황산(1 : 7)은 황산(용질) 1용량에 물(용매) 7용량을 혼합한 것을 뜻한다.

12 배출허용기준 중 표준산소농도를 적용받는 어떤 오염물질의 보정된 배출가스 유량이 50Sm³/day이었다. 배출가스 중 실측산소농도는 5%, 표준산소농도는 3%일 때 측정되어진 실측가스의 유량(Sm³/day)은?

① 46.3　　　　　　　　　② 51.3
③ 56.3　　　　　　　　　④ 99.7

해설 표준산소농도 보정식을 적용한다.

$$Q_s = Q_a \times \frac{21 - O_s}{21 - O_a}$$

$$\therefore Q_s = 50 \times \frac{21 - 3}{21 - 5} = 56.3 \, \text{m}^3/\text{day}$$

13 N/100 아세트산바륨을 새로 조제하여 다음과 같이 표정하였을 때 N/100 아세트산바륨의 Factor는?

- N/250 H$_2$SO$_4$ 사용량 : 10mL
- N/250 H$_2$SO$_4$ Factor : 1.000
- 적정의 소비 N/100 아세트산바륨량 : 4.1mL

① 0.976　　　　　　　　　② 0.998
③ 1.021　　　　　　　　　④ 1.131

해설 황산과 아세트산바륨의 중화반응을 이용한다.

$$NVf = N'V'f' \begin{cases} NVf = \dfrac{(1/250)eq}{L} \times 10\,\text{mL} \times \dfrac{L}{10^3\,\text{mL}} \times 10^3 = 4 \times 10^{-5} \\ N'V'f' = \dfrac{0.01eq}{L} \times 4.1\,\text{mL} \times \dfrac{L}{10^3\,\text{mL}} \times f' = 4 \times 10^{-5} \end{cases}$$

$$\therefore f' = \frac{4 \times 10^{-5}}{4.1 \times 10^{-5}} = 0.976$$

14 연도 내를 흐르는 연소가스의 온도는 133℃이고, 정압은 15mmHg, 대기압은 745mmHg이었다. 연도 내를 흐르는 연소가스의 밀도(kg/m^3)는 얼마인가?(단, 표준상태의 가스밀도는 $1.3kg/Sm^3$)

① $0.643 kg/m^3$
② $0.874 kg/m^3$
③ $0.932 kg/m^3$
④ $0.983 kg/m^3$

■ **해설** 표준상태 가스밀도(γ_o)에서 온도보정과 압력보정을 하여 실측상태(γ)의 밀도로 전환한다.

□ $\gamma(kg/am^3) = \gamma_o(kg/Sm^3) \times \dfrac{273}{273+t} \times \dfrac{P_a + P_s}{760}$

∴ $\gamma = 1.3 kg/Sm^3 \times \dfrac{273}{273+133} \times \dfrac{745+15}{760} = 0.874 kg/m^3$

15 기체크로마토그래피에서 정량분석방법과 가장 거리가 먼 것은?

① 내부첨가법
② 표준물첨가법
③ 넓이백분율법
④ 절대검정곡선법

■ **해설** 기체크로마토그래피(Gas Chromatography)에서 정량분석방법은 상대검정곡선법, 표준물첨가법, 보정넓이백분율법, 넓이백분율법, 절대검정곡선법이 있다.

16 다음과 같은 기체크로마토그램에서 분리계수(d)와 분리도(R)를 구하는 식으로 옳은 것은?

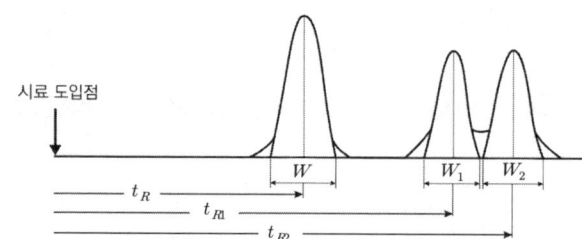

① $d = \dfrac{t_{R_2}}{t_{R_1}}$, $R = \dfrac{2(t_{R_2} - t_{R_1})}{W_1 + W_2}$
② $d = t_{R_2} - t_{R_1}$, $R = \dfrac{t_{R_2} - t_{R_1}}{W_1 + W_2}$
③ $d = \dfrac{t_{R_2} - t_{R_1}}{W_1 + W_2}$, $R = t_{R_2} - t_{R_1}$
④ $d = \dfrac{t_{R_1} - t_{R_2}}{2}$, $R = 100 \times d$

■ **해설** 이론단수 $n = 16 \times (t_R/W)^2$, 분리도 $R = 2(t_{R2} - t_{R1})/(W_1 + W_2)$으로 산정된다.

17 기체크로마토그래피의 분리관 효율은 이론단수 또는 단위 이론단에 해당하는 분리관의 길이(HETP)로 표시한다. 어느 분리관의 보유시간(t_R)이 10분, 피크의 좌우 변곡점에서 접선이 자르는 바탕선이 길이(W) 10mm, 기록지 이동속도 5mm/min 이었다면 이론단수는?

① 400
② 600
③ 800
④ 1,600

■해설 GC의 분리관 이론단수(n) 계산식을 사용한다.

□ $n = 16 \times \left(\dfrac{t_R}{W}\right)^2$ $\begin{cases} t_R = 10\min \times 5\mathrm{mm/min} = 50\mathrm{mm} \\ W = 10\mathrm{mm} \end{cases}$

∴ $n = 16 \times \left(\dfrac{50}{10}\right)^2 = 400$

18 다음의 조건을 적용하여 기체크로마토그램에서 산출된 보유시간(min)은 얼마인가?

- 이론단수 : 1,600
- 기록지 이동속도 : 5mm/min
- 피크의 좌우 변곡점에서 접선이 자르는 바탕선 길이 : 10mm

① 5 ② 10
③ 15 ④ 20

■해설 GC의 분리관 이론단수(n) 계산식을 사용한다.

□ $n = 16 \times \left(\dfrac{t_R}{W}\right)^2$ $\begin{cases} t_R = t(\min) \times 5\mathrm{mm/min} \\ W = 10\mathrm{mm} \end{cases}$ ⇨ $1,600 = 16 \times \left(\dfrac{t \times 5}{10}\right)^2$

∴ $t = 20\min$

19 다음과 같은 검량선을 가지면서 동일조건 하에 시료를 도입하여 크로마토그램을 기록하고 피크 넓이로부터 검량선에 따라 분석하며, 전체 측정조작을 엄밀하게 일정 조건 하에서 할 필요가 있을 때 사용하는 크로마토그램 분석방법은?

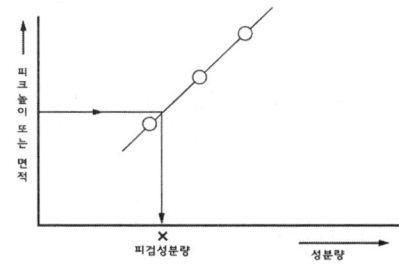

① 넓이백분율법
② 표준물첨가법
③ 절대검정곡선법
④ 내부표준검량선법

■해설 피크의 넓이 또는 높이를 종축에 취하여 검량선을 작성하는 방법은 절대검정곡선법이다.

20 흡광광법의 검량선 작성 시 투과 퍼센트가 50%인 경우의 흡광도는?

① 0.3 ② 0.4
③ 0.5 ④ 0.7

■해설 흡광도(A) 계산식을 이용한다.

□ $A = \log \dfrac{1}{t}$ $\begin{cases} A : \text{흡광도} \\ t : \text{투과도} = \text{투과 퍼센트}/100 \end{cases}$

∴ $A = \log \dfrac{1}{50/100} = 0.3$

21 기체크로마토그래피에 의한 정량분석에서 이용되는 정량법에 해당되지 않는 것은?

① 표준첨가법
② 넓이백분율법
③ 표준물첨가법
④ 보정넓이백분율법

■해설 GC의 정량법은 절대검정곡선법, 넓이백분율법, 보정넓이백분율법, 상대검정곡선법, 표준물첨가법이 있다.

22 기체크로마토그래피에 대한 설명으로 옳지 않은 것은?

① 운반가스는 시료도입부로부터 분리관 내를 흘러서 검출기를 통해 외부로 방출된다.
② 기체는 그대로, 액체나 고체는 가열기화 되어 운반가스에 의하여 분리관 내로 송입된다.
③ 대기의 무기물 또는 유기물을 포함하고 있는 오염물질에 대한 정성·정량 분석에 이용된다.
④ 기체시료 또는 기화한 액체나 고체시료를 운반가스에 의하여 분리, 관내에 전개, 응축시켜 액체상태로 각 성분을 분리 분석한다.

■해설 기체크로마토그래피는 충전물에 대한 흡착성 또는 용해성의 차이에 따라 분리관 내에서 이동속도가 달라지므로 분리관 출구의 검출기를 통과하면서 서로 다른 크로마토그래피 적을 형성하는 원리를 이용하여 무기물 또는 유기물질에 대한 정성·정량 분석을 한다.

23 다음 기체크로마토그래피의 장치구성 중 가열장치가 필요한 부분과 그 이유로 옳게 연결된 것은?

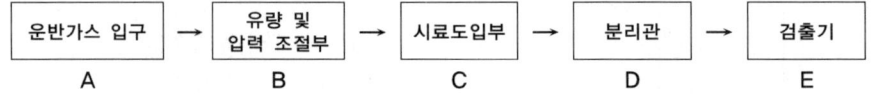

① B, C, D – 운반가스 유량의 적절한 조절
② A, C, D – 운반가스 응축방지, 시료의 기화
③ C, D, E – 시료의 기화, 기화시료의 응축방지
④ A, B, C – 운반가스, 시료의 응축방지를 위해

■해설 시료도입부(C)는 시료기화실로서 분리관 온도와 동일하거나 또는 그 이상의 온도를 유지할 수 있는 가열기구가 갖추어져야 한다. 분리관 오븐(D)은 임의의 일정 온도를 유지할 수 있는 가열기구가 필요하며, 오븐(E)은 분리관 오븐과 동일하거나 그 이상의 온도를 유지할 수 있는 가열기구가 필요하다.

24 자외선/가시선 분광법(흡광광도법)에서 미광(Stray Light)의 유무조사에 사용되는 것은?

① Cut Filter
② Holmium Glass
③ Cell Holder
④ Monochrometer

정답 21.① 22.④ 23.③ 24.①

■해설 자외선/가시선 분광법(흡광광도법)에서 미광의 유무조사는 투과특성을 갖는 커트필터(Cut Filter)를 사용한다. 한편, 자동기록식 광전분광광도계의 파장교정은 홀뮴(Holmium) 유리의 흡수 스펙트럼을 이용한다는 것도 알아두도록!!

25 기체크로마토그래피에 대한 설명으로 가장 적합한 것은?

① 열전도도형 검출기에서 운반가스는 일반적으로 순도 99% 이상의 N_2나 He를 사용한다.
② 일반적으로 5~30분 정도에서 측정하는 피크의 보유시간은 반복시험을 할 때 ±5% 오차범위 이내이어야 한다.
③ 검출한계는 각 분석방법에서 규정하는 조건에서 출력신호를 기록할 때 잡음신호의 3배의 신호를 검출한계로 한다.
④ 분리관 오븐의 온도조절 정밀도는 ±0.5℃의 범위 이내 전원전압변동 10%에 대하여 온도변화 ±0.5℃ 범위 이내이어야 한다. (온도 150℃ 부근)

■해설 보유시간을 측정할 때 일반적으로 5~30분 정도에서 측정하는 피크의 보유시간은 반복시험을 할 때 ±3% 오차범위 이내이어야 한다.

26 자외선/가시선 분광법(흡광광도법)에 대한 다음 설명 중 옳지 않은 것은?

① 흡광도 눈금보정은 중크롬산포타슘용액으로 한다.
② 가시부, 근적외부의 광원으로는 주로 텅스텐램프를 자외부의 광원으로는 중수소방전관을 사용한다.
③ 흡수셀의 유리제는 주로 자외부 파장범위를, 플라스틱제는 근자외부 및 가시광선 파장범위를 측정할 때 사용한다.
④ 광전관, 광전자증배관은 주로 자외 내지 가시 파장범위에서, 광전도셀은 근적외 파장범위에서의 광전측광에 사용한다.

■해설 흡수셀의 유리제는 주로 가시 및 근적외부 파장범위, 석영제는 자외부 파장범위, 플라스틱제는 근적외부 파장범위를 측정할 때 사용한다.

27 원자흡수분광광도계에서 발생하는 간섭 중 스펙트럼의 불꽃 중에서 생성되는 목적원소의 원자증기 이외의 물질에 의하여 흡수되는 경우에 발생되는 것은?

① 이온화 간섭 ② 화학적 간섭
③ 물리적 간섭 ④ 분광학적 간섭

■해설 분광학적 간섭은 장치나 불꽃의 성질에 기인하는 간섭이다.
  ▫ 분광학적 간섭 : 장치나 불꽃의 성질에 기인하는 간섭
  ▫ 물리적 간섭 : 시료용액의 점성, 표면장력 등 물리적 조건에 의한 간섭
  ▫ 화학적 간섭 : 원소나 시료에 기인하는 간섭

28 자외선/가시선 분광법(흡광광도법)의 흡수셀 재질에 대한 설명 중 옳은 것은?

① 유리제는 근적외부 파장범위
② 플라스틱제는 가시부 파장범위
③ 플라스틱제는 자외부 파장범위
④ 석영제는 가시부 및 근적외부 파장범위

■해설 자외선/가시선 분광법(흡광광도법)의 흡수셀 재질 중 유리제는 가시 및 근적 외부 파장범위에 사용된다.

29 자외선/가시선 분광법(흡광광도법)에서 흡광도를 측정하기 위한 순서로 원칙적으로 제일 먼저 행하여야 할 행위로 옳은 것은?

① 눈금판의 지시 안정 여부를 확인한다.
② 광로를 차단 후 대조셀로 영점을 맞춘다.
③ 광원으로부터 광속을 통하여 눈금 100에 맞춘다.
④ 시료셀과 대조셀을 넣고, 눈금판의 지시치 차이를 확인한다.

■해설 흡광도를 측정할 때 가장 먼저 눈금판의 지시가 안정되어 있나 확인하여야 한다.
▶흡광도의 측정 순서◀
① 눈금판의 지시가 안정되어 있나 확인한다.
② 대조셀을 광로(光路)에 넣고 광원으로 부터의 광속(光速)을 차단하고 영점을 맞춘다. 영점을 맞춘다는 것은 투과율 눈금으로 눈금판의 지시가 영이 되도록 맞추는 것이다.
③ 광원으로부터 광속을 통하여 눈금 100에 맞춘다.
④ 시료셀을 광로(光路)에 넣고, 눈금판의 지시치(指示値)를 흡광도 또는 투과율로 읽는다. 투과율로 읽을 때는 나중에 흡광도로 환산해 주어야 한다.
⑤ 필요하면 대조셀을 광로에 바꿔 넣고, 영점과 100에 변화가 없는가를 확인한다.
⑥ 위 ②,③,④의 조작 대신에 농도를 알고 있는 표준액 계열을 사용하여 각 눈금에 맞추는 방법도 무방하다.

30 굴뚝배출가스 중의 시안화수소를 피리딘 피라졸론법에 의해 정량 시 흡광도 측정 파장은?

① 217nm
② 358nm
③ 620nm
④ 710nm

■해설 시안화수소의 피리딘 피라졸론법 흡광도 측정파장은 620nm이다.

31 굴뚝배출가스 내의 이황화탄소 분석방법 중 자외선/가시선 분광법의 측정파장으로 옳은 것은?

① 435nm
② 560nm
③ 620nm
④ 670nm

■해설 이황화탄소의 자외선/가시선 분광법의 측정파장은 435nm이다.

32. 원자흡수분광광도법(원자흡광광도법)의 검량선 작성법에 대한 다음 설명 중 옳지 않은 것은?

① 검량선은 저농도영역에서 양호한 직선을 나타내므로 저농도영역에서 작성하는 것이 좋다.
② 검정곡선법의 경우는 3종류 이상의 농도의 표준시료용액에 대하여 흡광도를 측정하여 작성한다.
③ 표준첨가법은 여러 개의 같은 양의 분석시료에 각각 다른 농도의 표준물질을 가하여 흡광도를 구하여 작성한다.
④ 내부표준물질법에 가하는 표준원소는 목적원소와 화학적, 물리적으로 다른 성질의 원소로서 목적원소와 흡광도비를 구하는 동시 측정을 행한다.

해설 내부표준물질법에 가하는 내부표준원소는 목적원소와 물리적 화학적 성질이 아주 유사한 것으로서 목적원소와의 흡광도비를 구하는 동시 측정을 행한다.

33. 그림에 해당하는 원자흡수분광광도법(원자흡광광도법)의 검량선 작성과 정량방법은?

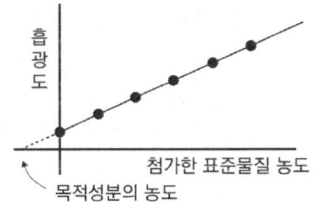

① 절대검정곡선법
② 상대검정곡선법
③ 표준물첨가법
④ 절대검량선법

해설 원자흡수분광광도법에서 세로축에 흡광도를 취하고, 가로축에 표준물질의 농도를 취하여 작성하는 검량선법은 표준첨가법이다.

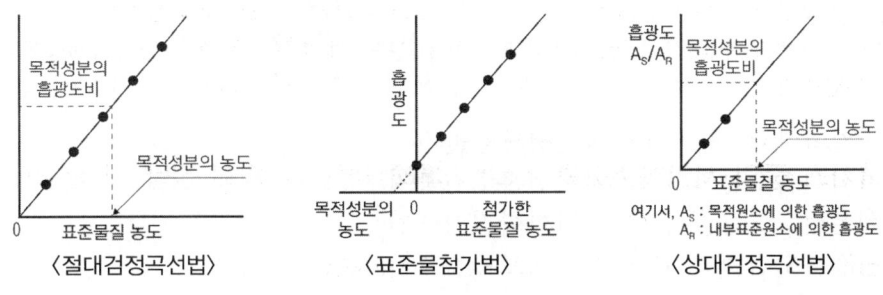

〈절대검정곡선법〉　〈표준물첨가법〉　〈상대검정곡선법〉

34. 원자흡광분석에 사용되는 불꽃의 조연성 가스와 가연성 가스 조합 중 해리하기 어려운 내화성 산화물을 만들기 쉬운 원소분석에 적당한 것은?

① 수소-공기
② 프로판-공기
③ 수소-아세틸렌
④ 아세틸렌-아산화질소

해설 내화성 산화물을 만들기 쉬운 원소분석에 적당한 것은 아세틸렌-아산화질소 불꽃이다.

대기환경기사/산업기사

35 비분산적외선분석계의 장치구성에서 ( ) 안에 들어갈 명칭은?(단, 복광속 분석계인 경우)

> 광원 → (Ⓐ) → (Ⓑ) → 시료셀 → 검출기 → 증폭기 → 지시계

① Ⓐ 광학섹터 Ⓑ 회전필터
② Ⓐ 회전섹터 Ⓑ 광학섹터
③ Ⓐ 광학필터 Ⓑ 회전필터
④ Ⓐ 회전섹터 Ⓑ 광학필터

┃해설 비분산적외선분석계(복광속)의 구성(순서)은 광원→회전섹터→광학필터→{시료셀/비교셀}→검출기→(증폭기→지시계)로 되어 있다.

36 이온크로마토그래피의 장치 중 서프레서에 대한 설명으로 가장 거리가 먼 것은 어느 것인가?

① 장치의 구성상 서프레서 앞에 분리관이 위치한다.
② 용리액에 사용되는 전해질 성분을 제거하기 위한 것이다.
③ 관형 서프레서에 사용하는 충전물은 스티롤계 강산형 및 강염기성 수지이다.
④ 목적성분의 전기전도도를 낮추어 이온성분을 고감도로 검출할 수 있게 해 준다.

┃해설 서프레서(Suppressor)는 전해질을 물 또는 저전도도의 용매로 바꿔줌(용리액에 사용되는 전해질 성분을 제거)으로써 전기전도도셀에서 목적 이온성분의 전기전도도만을 고감도로 검출할 수 있게 해주는 역할을 한다.

37 이온크로마토그래피의 검출기에서 ( ) 안에 적합한 것은?

> (Ⓐ)는 고성능 액체크로마토그래피 분야에서 가장 널리 사용되는 검출기이며, 최근에는 이온크로마토그래피에서도 전기전도도검출기와 병행하여 사용되기도 한다. 또한 (Ⓑ)는 전이금속 성분의 발색반응을 이용하는 경우에 사용된다.

① Ⓐ 전기화학적검출기 Ⓑ 불꽃광도검출기
② Ⓐ 자외선흡수검출기 Ⓑ 가시선흡수검출기
③ Ⓐ 이온전도도검출기 Ⓑ 전기화학적검출기
④ Ⓐ 광전흡수검출기 Ⓑ 암페로메트릭검출기

┃해설 자외선흡수검출기(UV 검출기)는 고성능 액체크로마토그래피 분야에서 가장 널리 사용되는 검출기이며, 최근에는 이온크로마토그래피에서도 전기전도도검출기와 병행하여 사용되기도 한다. 또한 가시선흡수검출기(VIS 검출기)는 전이금속 성분의 발색반응을 이용하는 경우에 사용된다.

38 비분산적외선분광분석법에서 측정성분이 흡수되는 적외선을 그 흡수파장에서 측정하는 방식은?

① 정필터형
② 적외선흡광형
③ 회절격자형
④ 복광필터형

┃해설 정필터형은 측정성분이 흡수되는 적외선을 그 흡수파장에서 측정하는 방식이다.

정답 35.④ 36.④ 37.② 38.①

39 비분산적외선분광분석법의 관련 용어의 의미로 틀린 것은?

① 정필터형 : 측정성분이 흡수되는 적외선을 그 흡수파장에서 측정하는 방식
② 스팬가스(Span Gas) : 분석계의 최저눈금값을 교정하기 위하여 사용하는 가스
③ 스팬 드리프트(Span Drift) : 계기의 눈금 스팬에 대응하는 지시치의 일정 기간 내의 변동
④ 비교가스 : 시료셀에서 적외선 흡수를 측정하는 경우 대조가스로 사용하는 것으로 적외선을 흡수하지 않는 가스

▮해설 스팬가스 : 분석계의 최고눈금값을 교정하기 위하여 사용하는 가스이다. 분석계의 최저눈금 값을 교정하기 위하여 사용하는 가스는 제로가스이다.

40 이온크로마토그래피의 설치조건으로 틀린 것은?

① 진동이 없으며, 직사광선을 패해야 한다.
② 대형변압기, 고주파가열 등으로부터 전자유도를 받지 않아야 한다.
③ 실온 10~25℃, 상대습도 30~85% 범위로 급격한 온도변화가 없어야 한다.
④ 공급전원은 기기의 사양에 지정된 전압전기용량 및 주파수로 전압변동은 30% 이하이고, 급격한 주파수 변동이 없어야 한다.

▮해설 이온크로마토그래피는 지정된 전압전기용량 및 주파수로 공급전원의 전압변동은 10% 이하이어야 한다.

41 비분산적외선분광분석법의 장치구성에 대한 설명으로 틀린 것은?

① 회전섹터의 단속방식에는 1~100Hz의 원추단속방식과 혼합단속방식이 있다.
② 검출기는 선택적검출기 혹은 광학필터와 비선택적검출기를 조합하여 사용한다.
③ 광원은 원칙적으로 니크롬선 또는 탄화규소의 저항체에 전류를 흘려 가열한 것을 사용한다.
④ 광학필터는 시료가스 중에 포함되어 있는 간섭성분 가스의 흡수파장역의 적외선을 흡수 제거하기 위하여 사용한다.

▮해설 회전섹터의 단속방식에는 1~20Hz의 교호단속방식과 동시단속방식이 있다.

42 다음 (　) 안에 가장 알맞는 내용은?

이온크로마토그래피의 이동상으로는 (Ⓐ)를(을) 그리고 고정상으로는 (Ⓑ)를 사용하여 이동상에 녹는 혼합물을 고분리능 고정상이 충전된 분리관 내로 통과시켜 시료성분의 용출상태를 검출기로 검출하여 그 농도를 정량하는 방법이다.

① Ⓐ 액체　Ⓑ 고체
② Ⓐ 전해질　Ⓑ 액체
③ Ⓐ 전해질　Ⓑ 고체
④ Ⓐ 액체　Ⓑ 이온교환수지

■ 해설 이온크로마토그래피의 이동상으로는 (액체)를, 그리고 고정상으로는 (이온교환수지)를 사용한다. 이동상에 녹는 혼합물을 고분리능 고정상이 충전된 분리관 내로 통과시켜 시료성분의 용출상태를 검출기로 검출하여 그 농도를 정량하는 방법이다.

43 흡광차분광법에 대한 설명으로 옳지 않은 것은?

① 광원부는 발·수광부 및 광케이블로 구성되며, 외부환경에 영향이 없는 구조로 구성된다.
② 발광부의 광원은 제논램프를 사용하며, 제논램프는 180~2,850nm의 파장대역을 갖는다.
③ 흡광차분광법의 분석장치는 분석기와 광원부로 나누어지며, 분석기 내부는 분광기, 샘플채취부, 검지부, 분석부, 통신부 등으로 구성된다.
④ 일반적으로 빛을 조사하는 발광부와 5~10m 정도 떨어진 곳에 설치되는 수광부 사이에 형성되는 빛의 이동경로를 통과하는 가스를 실시간으로 분석한다.

■ 해설 일반적으로 빛을 조사하는 발광부와 50~1,000m 정도 떨어진 곳에 설치되는 수광부(또는 발·수광부와 반사경) 사이에 형성되는 빛의 이동경로(Path)를 통과하는 가스를 실시간으로 분석한다.

44 비분산적외선분광분석법의 용어 및 장치구성에 대한 다음 설명 중 옳지 않은 것은 어느 것인가?

① 광원은 원칙적으로 니크롬선 또는 탄화규소의 저항체에 전류를 흘려 가열한 것을 사용한다.
② 시료셀은 시료가스가 흐르는 상태에서 양단의 창을 통해 시료광속이 통과하는 구조를 갖는다.
③ 제로 드리프트(Zero Drift)는 계기의 눈금스팬에 대응하는 지시치의 일정 기간 내의 변동을 말한다.
④ 비교가스는 시료셀에서 적외선 흡수를 측정하는 경우 대조가스로 사용하는 것으로 적외선을 흡수하지 않는 가스를 말한다.

■ 해설 제로 드리프트(Zero Drift)는 계기의 최저눈금에 대한 지시치의 일정 기간 내의 변동을 말한다.

45 기체크로마토그래피의 구성 및 설치조건으로 옳지 않은 것은?

① 가스 시료도입부는 가스계량관(통상 0.5~5mL)과 유로 변환기구로 구성된다.
② 전원변동은 지정전압의 10% 이내로서 주파수의 변동이 없는 것이어야 하고, 접지저항 100Ω 이하의 접지점이 있는 것이어야 한다.
③ 기록계는 스트립차트식 자동평형 기록계로 스팬전압 1mV, 펜 응답시간 2초 이내, 기록지 이동속도는 10mm/분을 포함한 다단변속이 가능한 것이어야 한다.
④ 분리관 오븐의 온도조절 정밀도는 ±0.5℃의 범위 이내 전원·전압 변동 10%에 대하여 온도변화 ±0.5℃ 범위 이내(오븐의 온도가 150℃ 부근일 때)이어야 한다.

정답 43.④ 44.③ 45.②

■해설 공급전원은 지정된 전력용량 및 주파수이어야 하고, 전원변동은 지정전압의 10% 이내로서 주파수의 변동이 없는 것이어야 하며, 접지점(接地點)은 접지저항 10Ω 이하의 접지점이 있는 것이어야 한다.

더 풀어보기 예상문제

01 기체 100mL 중의 성분용량을 옳게 표시한 것은?
① W/W% ② V/V%
③ V/W% ④ W/V%

02 백만분율(Parts Per Million)을 표시할 때 기체일 때에 농도 표시는?
① V/W ② W/V
③ V/V ④ W/W

03 분석시험에 대한 기재 및 용어 설명으로 옳은 것은?
① 시험조작 중 "즉시"란 10초 이내에 표시된 조작을 하는 것을 뜻한다.
② "감압 또는 진공"이라 함은 따로 규정이 없는 한 1.5mmHg 이하를 뜻한다.
③ 용액의 액성 표시는 따로 규정이 없는 한 유리전극법에 의한 pH 미터로 측정한 것을 뜻한다.
④ "정확히 단다"라 함은 규정한 양의 전체를 취하여 분석용 저울로 1mg까지 다는 것을 뜻한다.

04 대기오염공정시험기준상에서 농도 85% 이상, 비중 1.69에 해당하는 시약은?
① HI ② HNO₃
③ HCl ④ H₃PO₄

05 대기오염공정시험기준상 따로 규정 없이 단순히 염산(HCl)이라 표시된 경우의 농도는?(단, 비중은 1.18)
① 95% 이상 ② 98% 이상
③ 35.0~37.0% ④ 55.0~58.0%

06 대기오염시험기준상에서 기밀용기에 대한 설명으로 옳은 것은?
① 내용물이 광화학적 변화를 일으키지 않도록 보호하는 용기
② 이물이 들어가거나 내용물이 손실되지 않도록 보호하는 용기
③ 기체 또는 미생물이 침입하지 않도록 내용물을 보호하는 용기
④ 외부로부터의 공기 또는 다른 가스가 침입하지 않도록 내용물을 보호하는 용기

정답 1.② 2.③ 3.③ 4.④ 5.③ 6.④

더 풀어보기 예상문제 해설

01 기체 100mL 중의 성분용량은 V/V%로 표시한다.
02 백만분율(Parts Per Million)은 기체일 때는 용량 대 용량(V/V)으로 표시한 것을 뜻한다.
03 ③항만 올바르다. 용액의 액성 표시는 따로 규정이 없는 한 유리전극법에 의한 pH미터로 측정한 것을 뜻한다. 즉시 → 30초 이내, 감압 또는 진공 → 15mmHg 이하, 정확히 단다 → 분석용 저울로 0.1mg까지 다는 것을 뜻한다.
04 인산(H₃PO₄)의 농도는 85.0% 이상, 비중은 1.69이다.
05 염산(HCl)의 농도는 35.0~37.0%, 비중은 1.18이다.
06 기밀용기는 물질을 취급 또는 보관하는 동안에 외부로부터의 공기 또는 다른 가스가 침입하지 않도록 내용물을 보호하는 용기를 뜻한다.

더 풀어보기 예상문제

01 굴뚝배출 가스량이 125m³/hr이고, HCl 농도가 200ppm일 때 5,000L 물에 2시간 흡수시켰다. 이때 이 수용액의 pOH는?(단, 흡수율은 60%이다.)

① 8.5 ② 9.3
③ 10.4 ④ 13.3

02 화학분석의 일반사항 내용 중 틀린 것은 어느 것인가?

① 표준품은 원칙적으로 1급 시약을 사용한다.
② 황산(1 : 2)라 표시한 것은 황산 1용량에 물 2용량을 혼합한 것이다.
③ 방울수라 함은 20℃에서 정제수 20방울을 떨어뜨릴 때 부피 약 1mL가 되는 것을 뜻한다.
④ 농도(1→2)로 표시된 것은 용질 1g 또는 1mL를 용매에 녹여 전량을 2mL로 하는 비율이다.

03 액의 농도(1→10)을 옳게 나타낸 것은 어느 것인가?

① 액체 1g을 용매 10mL에 녹인 농도
② 고체 1mg을 용매 10mL에 녹인 농도
③ 액체 1용량에 물 10용량을 혼합한 것
④ 고체 1g을 용매에 녹여 전량 10mL로 하는 비율

04 굴뚝배출가스 중의 유량, 유속 측정방법에 사용되는 피토관에 대한 설명으로 옳지 않은 것은 어느 것인가?

① 스테인리스와 같은 재질의 금속관이 사용된다.
② 피토관의 각 분기관 사이의 거리는 같아야 한다.
③ 관의 바깥지름의 범위는 50~100mm 정도이어야 한다.
④ 각 분기관과 오리피스 평면과의 거리는 바깥지름의 1.05~1.50배 사이에 있어야 한다.

정답 1.③ 2.① 3.④ 4.③

더 풀어보기 예상문제 해설

01 pOH 계산식을 이용한다. 이때, HCl의 M농도=N농도=[H⁺] mol/L의 관계를 적용한다.

$$pOH = \log \frac{1}{[OH^-]} = 14 - \log \frac{1}{[H^+]}$$

$$N = \frac{HCl\,(eq)}{용액(L)} \xrightarrow{HCl은\ 1가의\ 산이므로} [H^+]\,mol/L$$
$$N = M$$

⇨ HCl의 $N = \frac{200mL}{m^3} \times \frac{36.5mg}{22.4mL} \times \frac{10^{-3}g}{mg} \times \frac{eq}{36.5g} \times \frac{125m^3}{hr} \times 2hr \times \frac{60}{100} \times \frac{1}{5,000L} = 2.68 \times 10^{-4}\,eq/L$

⇨ $[H^+]\,(mol/L) = N\,(eq/L) = 2.68 \times 10^{-4}\,mol/L$

∴ $pOH = 14 - \log \frac{1}{2.68 \times 10^{-4}} = 10.43$

02 시험에 사용하는 표준품은 원칙적으로 특급 시약을 사용하며 표준액을 조제하기 위한 표준용 시약은 따로 규정이 없는 한 데시게이터에 보존된 것을 사용하여야 한다.

03 액의 농도를 (1→10)로 표시한 것은 고체 1g을 용매에 녹여 전량을 10mL로 하는 비율을 의미한다.

04 피토관은 스테인리스와 같은 재질의 금속관으로 관의 바깥지름의 범위는 4~10mm 정도이어야 한다.

더 풀어보기 예상문제

01 대기오염공정시험기준상 따로 규정이 없는 한 시험에 사용되는 Ⓐ 시약명칭, Ⓑ 화학식, Ⓒ 농도(%), Ⓓ 비중(약) 기준으로 옳은 것은?

① Ⓐ 아이오딘화수소산, Ⓑ HI, Ⓒ 46.0~48.0, Ⓓ 1.25
② Ⓐ 브로민화수소산, Ⓑ HBr, Ⓒ 47.0~49.0, Ⓓ 1.48
③ Ⓐ 과염소산, Ⓑ H_2ClO_3, Ⓒ 60.0~62.0, Ⓓ 1.34
④ Ⓐ 암모니아수, Ⓑ NH_4OH, Ⓒ 30.0~34.0(NH_3로서), Ⓓ 1.05

02 공정시험기준에서 따로 규정이 없는 경우 사용해야 하는 시약의 규격으로 옳지 않은 것은?

	명 칭	농도(%)	비중(약)
①	암모니아수	32.0~38.02	1.38
②	불화수소산	46.0~48.0	1.14
③	브로민화수소산	47.0~49.0	1.48
④	과염소산	60.0~62.0	1.54

03 다음 설명은 대기오염공정시험기준 총칙의 설명이다. ( ) 안에 들어갈 단어로 가장 적합하게 나열된 것은?

> 이 시험기준의 각 항에 표시한 검출한계는 (Ⓐ), (Ⓑ) 등을 고려하여 해당되는 각 조의 조건으로 시험하였을 때 얻을 수 있는 (Ⓒ)을 참고하도록 표시한 것이므로 실제 측정할 때는 그 목적에 따라 적당히 조정할 수도 있다.

	Ⓐ	Ⓑ	Ⓒ
①	반복성	정밀성	바탕치
②	재현성	안전성	한계치
③	회복성	정량성	오차
④	재생성	정확성	바탕치

04 자외선/가시선 분광법에 의한 분석방법이 아닌 것은?

① 피리딘피라졸론법
② 4-아미노안티피린법
③ 질산토륨네오트린법
④ 란탄-알리자린콤플렉손법

정답 1.② 2.① 3.② 4.③

더 풀어보기 예상문제 해설

01 ②항만 옳다. 브로민화수소산(HBr)은 농도 47.0~49.0, 비중은 1.48이다.
▶바르게 고쳐보기◀
① Ⓐ 아이오딘화수소산, Ⓑ HI, Ⓒ 55.0~58, Ⓓ 1.7
③ Ⓐ 과염소산, Ⓑ $HClO_4$, Ⓒ 60.0~62, Ⓓ 1.54
④ Ⓐ 암모니아수, Ⓑ NH_4OH, Ⓒ 28.0~30.0(NH_3로서), Ⓓ 0.9

02 암모니아수(NH_4OH) : 농도 28.0~30%(NH_3로서), 비중 0.9이다.

03 이 시험방법 중 각 항에 표시한 검출한계는 재현성, 안전성 등을 고려하여 해당되는 각 조의 조건으로 시험하였을 때 얻을 수 있는 한계치를 참고하도록 표시한 것이므로 실제 측정할 때는 그 목적에 따라 적당히 조정할 수도 있다.

04 질산토륨네오트린법은 자외선/가시선 분광법이 아닌 불소화합물의 용량법이다.

더 풀어보기 예상문제

01 굴뚝 배출가스 내의 유량 및 유속 측정 방법 중 기구 및 장치에 대한 설명으로 옳지 않은 것은?

① 차압계로는 최소 0.3mmH$_2$O 눈금을 읽을 수 있는 마노미터를 사용한다.
② 피토관계수는 고유번호가 부여되고, 이 번호는 지워지지 않도록 관 몸체에 새겨야 한다.
③ 피토관의 각 분기관 사이의 거리는 같아야 하며, 각 분기관과 오리피스 평면과의 거리는 안지름의 2~3배 사이에 있어야 한다.
④ 기압계는 2.54mmHg(35.54mmH$_2$O) 대기압력을 측정할 수 있는 수은, 아네로이드 등 기압계로 1회/연 이상 교정검사를 한 것을 사용한다.

02 기체크로마토그래피에서 사용되는 용어가 아닌 것은?

① Tailing Peak, Micro Syringe
② Stationary Liquid, Dead Volume
③ Pen Response Time, Chart Speed
④ Photo Multiplier Tube, Photo Diode Array

03 기체크로마토그래피의 정량분석에 대하여 (   ) 안에 알맞은 것은?

> 검출한계는 각 분석방법에서 규정하는 조건에서 출력신호를 기록할 때, (   )를 검출한계로 한다.

① 잡음신호(Noise)의 2배의 신호
② 잡음신호(Noise)의 3배의 신호
③ 잡음신호(Noise)의 5배의 신호
④ 잡음신호(Noise)의 10배의 신호

04 자외선/가시선 분광법에서 흡수셀의 세척 방법에 대한 설명 중 가장 거리가 먼 것은?

① 빈번하게 사용할 때는 물로 잘 씻은 다음 식염수(9%)에 담가 두고 사용한다.
② 흡수셀을 새로 만든 크롬산과 황산용액에 약 1시간 담근 다음 물로 씻어낸다.
③ 흡수셀을 물로 씻은 후 질산(1+5)에 소량의 과산화수소를 가한 용액에 약 30분간 담가 둔다.
④ 탄산소듐용액(20 W/V%)에 소량의 음이온 계면활성제를 가한 용액에 흡수셀을 담가 놓고, 40~50℃로 약 10분간 가열한다.

정답 1.③ 2.④ 3.② 4.①

더 풀어보기 예상문제 해설

01 피토관의 각 분기관 사이의 거리는 같아야 하며, 각 분기관과 오리피스 평면과의 거리는 바깥지름의 1.05~1.50배 사이에 있어야 한다.

02 광전자증배관(Photo Multiplier Tube), 광다이오드 어레이(Photo Diode Array)는 흡광차분광법의 장치이다.

03 기기검출한계는 기기가 분석대상을 검출할 수 있는 최소한의 농도로서 방법 바탕시료 수준의 시료를 분석대상 시료의 분석조건에서 15회 반복 측정하여 결과를 얻고, 표준편차(바탕세기의 잡음, Noise)를 구하여 3배 한 값으로서 계산된 기기검출한계의 신뢰수준은 99%이다.

04 빈번하게 사용할 때는 물로 잘 씻은 다음 증류수를 넣은 용기에 담가 두거나 일반세척에 사용되는 질산과 과산화수소의 혼액 대신 새로 만든 크롬산과 황산용액에 약 1시간 담근 다음 흡수셀을 꺼내어 물로 충분히 씻어낸다.

더 풀어보기 예상문제

01 굴뚝 배출가스 내의 페놀류의 분석방법 중 기체크로마토그래피의 충전제로 아피에존 L을 사용할 때의 조건으로 옳지 않은 것은?

① 운반가스 유량은 40~60mL/분이다.
② 분리관 규격은 10mm, 길이 5~7m이다.
③ 검출기는 불꽃이온화검출기를 사용한다.
④ 분리관 재질은 유리 또는 스테인리스강을 사용한다.

02 기체-액체 크로마토그래피에서 일반적으로 사용되는 고정상 액체의 종류 중 실리콘계에 해당되는 것은?

① 불화규소 ② 인산트리크레실
③ 다이메틸술포란 ④ 폴리페닐에테르

03 기체-고체 크로마토그래피에서 사용하는 흡착형 충전물이 아닌 것은?

① 담체 ② 활성탄
③ 알루미나 ④ 실리카겔

04 자외선/가시선 분광법의 측광부에 사용되는 광전지의 사용파장 범위는?

① 가시파장 ② 자외파장
③ 근적외파장 ④ 근자외파장

05 기체-액체 크로마토그래피에서 사용되는 담체와 거리가 먼 것은?

① 석영 ② 합성수지
③ 내화벽돌 ④ 알루미나

06 기체크로마토그래피의 장치구성으로 옳지 않은 것은?

① 분리관 유로의 배관재료는 스테인리스강이나 유리 등 부식에 대한 저항이 큰 것이어야 한다.
② 주사기 사용 시료 도입부는 분리관 온도와 동일하거나 또는 그 이상의 온도를 유지할 수 있는 가열기구가 갖추어져야 한다.
③ 운반가스는 일반적으로 열전도도검출기(TCD)에서는 순도 99.8% 이상의 아르곤이나 질소를, 불꽃이온화검출기(FID)에서는 순도 99.8% 이상의 수소를 사용한다.
④ 기록계는 스트립 차트(Strip Chart)식 자동평형 기록계로 스팬전압 1mV, 펜 응답시간 2초 이내, 기록지 이동속도는 10mm/분을 포함한 다단변속이 가능한 것이어야 한다.

정답 1.② 2.① 3.① 4.① 5.④ 6.③

더 풀어보기 예상문제 해설

01 아피에존 L을 사용할 경우 분리관 규격은 내경 3mm, 길이 2~4m를 사용한다. 이때 분리관의 온도는 150℃가 적당하다.

02 고정상 액체의 종류 중 실리콘계는 메틸실리콘, 페닐실리콘, 시아노실리콘, 불화규소이다.

03 흡착형 고체분말은 실리카겔, 활성탄, 알루미나, 합성 제올라이트(Zeolite)이다.

흡착형 고체분말	담 체
• 실리카겔, 활성탄, 알루미나 • 합성 제올라이트	• 규조토, 내화벽돌, 유리 • 석영, 합성수지

04 자외선~가시파장 범위 : 광전관·광전자증배관, 근적외파장 범위 : 광전도셀. 가시파장 범위 : 광전지를 사용한다.

05 기체크로마토그래피에서 사용되는 담체는 규조토, 내화벽돌, 유리, 석영, 합성수지이다.

06 운반가스는 일반적으로 열전도도검출기(TCD)에서는 순도 99.8% 이상의 수소나 헬륨을, 불꽃이온화검출기(FID)에서는 순도 99.8% 이상의 질소 또는 헬륨을 사용한다.

더 풀어보기 예상문제

01 기체크로마토그래피에서 분리관 내경이 3mm일 경우 사용되는 흡착제 및 담체의 입경범위(μm)는?

① 120~149μm ② 149~177μm
③ 177~250μm ④ 250~590μm

02 기체크로마토그래피의 장치구성에 대한 설명으로 틀린 것은?

① 검출기오븐은 가열기구, 온도조절기구 및 온도측정기구를 갖추어야 한다.
② 일반적으로 TCD에서 운반가스는 순도 99.8% 이상의 질소나 아르곤을 사용한다.
③ 일반적으로 FID에서 운반가스는 순도 99.8% 이상의 질소 또는 헬륨을 사용한다.
④ 분리관오븐(Column Oven)의 온도조절 정밀도는 ±0.5℃의 범위 이내이어야 한다.

03 다음은 기체크로마토그래피에 사용되는 충전물질에 관한 설명이다. ( ) 안에 가장 적합한 것은?

> (   )은 디비닐벤젠(Divinyl Benzene)을 가교제(Bridge Intermediate)로 스티렌계 단량체(Styrene)를 중합시킨 것과 같이 고분자 물질을 단독 또는 고정상 액체로 표면처리하여 사용한다.

① 흡착형 충전물질
② 분배형 충전물질
③ 이온교환막형 충전물질
④ 다공성 고분자형 충전물질

04 흡광도를 측정할 때, 파장 1,200nm 부근 측광부의 광전측광에 사용되는 장치로 옳은 것은 어느 것인가?

① 광전관   ② 광전지
③ 광전도셀 ④ 광전자증배관

정답 1.② 2.② 3.④ 4.③

더 풀어보기 예상문제 해설

01 흡착제 및 담체의 입경범위는 다음 [표] 참조

분리관 내경(mm)	흡착제 및 담체의 입경범위(μm)
3	149~177(100~80mesh)
4	177~250(80~60mesh)
5~6	250~590(60~28mesh)

02 일반적으로 열전도도형 검출기(TCD)에서는 순도 99.8% 이상의 수소나 헬륨을, 불꽃이온화검출기(FID)에서는 순도 99.8% 이상의 질소 또는 헬륨을 사용하며, 기타 검출기에서는 각각 규정하는 가스를 사용한다.

03 다공성 고분자형 충전물질에 대한 설명이다. 다공성 고분자형 충전물질은 디비닐벤젠(Divinyl Benzene)을 가교제로 스티렌계 단량체(Styrene)를 중합시킨 것과 같이 고분자 물질을 단독 또는 고정상 액체로 표면처리하여 사용한다.

04 광전측광에는 광전관, 광전자증배관, 광전도셀 또는 광전지 등을 사용하는데 자외선~가시파장 범위는 광전관, 광전자증배관을 사용하고, 가시파장 범위는 광전지, 근적외파장 범위는 광전도셀을 사용한다. 근적외선은 적외선(800nm~1mm) 중 가시광선(400~800nm)의 상한에 근접한 파장 800~1400nm범위의 파장을 가진다.

더 풀어보기 예상문제

01 자외선/가시선 분광법에 대한 다음 설명 중 옳지 않은 것은?
① 전원부에는 광원의 강도를 안정시키기 위한 장치를 사용할 때도 있다.
② 일반적으로 사용하는 흡광광도분석장치는 광원부, 파장선택부, 시료부 및 측광부로 구성된다.
③ 광원부의 광원에는 텅스텐램프, 중수소방전관 등을 사용하며, 점등을 위하여 전원부나 렌즈와 같은 광학계를 부속시킨다.
④ 광전관, 광전자증배관은 가시파장 범위에서, 광전도셀은 자외~가시파장 범위, 광전지는 근적외파장 범위 내에서의 광전측광에 주로 사용된다.

02 다음 중 원자흡수분광광도법(원자흡광광도법)에서 사용되는 용어와 거리가 먼 것은?
① 제로가스(Zero Gas)
② 멀티패스(Multi-Path)
③ 공명선(Resonance Line)
④ 중공음극램프(Hollow Cathode Lamp)

03 자외선/가시선 분광법(흡광광도법)의 장치에 대한 설명으로 거리가 먼 것은?
① 광전광도계는 파장선택부에 단색화장치를 사용한 장치로 복광속형이 많다.
② 단색화장치로는 프리즘, 회절격자 또는 이 두 가지를 조합시킨 것을 사용한다.
③ 측광부에서 광전관, 광전자증배관은 주로 자외 내지 가시파장 범위에서 사용된다.
④ 자외부의 광원으로는 주로 중수소방전관을 사용하고, 가시부와 근적외부의 광원으로는 주로 텅스텐램프를 사용한다.

04 원자흡수분광광도법(원자흡광광도법)에서 3종류 이상의 농도의 표준시료용액에 대하여 흡광도를 측정한 후 가로대에 표준물질의 농도를, 세로대에 흡광도를 취하여 그래프를 그린 후 시료용액의 흡광도 결과를 대입하여 시료의 농도를 구하는 방법은?
① 검정곡선법
② 표준첨가법
③ 내부표준물질법
④ 외부표준물질법

정답 1.④ 2.① 3.① 4.①

더 풀어보기 예상문제 해설

01 자외선~가시파장 범위 : 광전관·광전자증배관, 근적외파장 범위 : 광전도셀, 가시파장 범위 : 광전지를 사용한다.

02 제로가스(Zero Gas)는 비분산적외선분광분석법, 화학발광법 등과 관련된 용어이다.

03 광전광도계는 파장선택부에 필터를 사용한 장치로 단광속형이 많고, 비교적 구조가 간단하여 작업분석용에 적당하다.

04 3종류 이상의 농도의 표준시료용액에 대하여 흡광도를 측정한 후 가로대에 표준물질의 농도를, 세로대에 흡광도를 취하여 그래프를 그린 후 시료용액의 흡광도 결과를 대입하여 시료의 농도를 구하는 방법은 검정곡선법이다.

더 풀어보기 예상문제

01 원자흡수분광광도법(원자흡광광도법)에서 시료 중의 분석원소 농도를 구하는 정량법이 아닌 것은?
① 검정곡선법 ② 넓이백분율
③ 표준첨가법 ④ 내부표준법

02 자외선/가시선 분광법(흡광광도법)에 대한 설명으로 옳지 않은 것은?
① 광전광도계는 파장선택부에 필터를 사용한 장치로 단광속형이 많고, 비교적 구조가 간단하여 작업분석용에 적당하다.
② 광원부에서 가시부와 근적외부의 광원으로는 주로 중수소방전관을 사용하고, 자외부의 광원으로는 주로 텅스텐램프를 사용한다.
③ 파장선택부에서 단색장치로는 프리즘, 회절격자 또는 이 두 가지를 조합시킨 것을 사용하며 단색광을 내기 위하여 슬릿(Slit)을 부속시킨다.
④ 측광부에서 광전관, 광전자증배관은 주로 자외 내지 가시파장 범위에서 광전도셀은 근적외 파장범위에서, 광전지는 주로 가시파장 범위 내에서의 광전측광에 사용된다.

03 다음은 자외선/가시선 분광법에서 측광부에 대한 설명이다. ( ) 안에 가장 알맞은 것은?

> 자외선/가시선 분광법에서 측광부의 광전측광에는 광전관, 광전자증배관, 광전도셀 또는 광전지 등을 사용. 광전관, 광전자증배관은 주로 (Ⓐ)파장 범위에서 광전도셀은 (Ⓑ)파장 범위에서, 광전지는 주로 (Ⓒ)파장 범위 내에서의 광전측광에 사용된다.

① Ⓐ 근적외 Ⓑ 자외 Ⓒ 가시
② Ⓐ 가시 Ⓑ 근자외~가시 Ⓒ 적외
③ Ⓐ 자외~가시 Ⓑ 근적외 Ⓒ 가시
④ Ⓐ 근적외 Ⓑ 근자외 Ⓒ 가시~근적외

04 원자흡수분광광도법(원자흡광광도법)에서 화학적 간섭을 피하는 방법이 아닌 것은?
① 표준첨가법을 이용한다.
② 과량의 간섭원소를 첨가한다.
③ 이온화 전압이 높은 원소를 첨가한다.
④ 란타늄, 스트론튬 등 양이온을 첨가한다.

정답 1.② 2.② 3.③ 4.③

더 풀어보기 예상문제 해설

01 원자흡수분광광도법에서 시료 중의 분석원소 농도를 구하는 정량법은 검정곡선법, 표준첨가법, 내부표준물질법이 있다.

02 가시부와 근적외부의 광원은 텅스텐램프, 자외부의 광원으로는 주로 중수소방전관을 사용한다.

03 측광부에서 광전관, 광전자증배관은 주로 자외 내지 가시파장 범위에서, 광전도셀은 근적외 파장범위에서, 광전지는 주로 가시파장 범위 내에서 사용된다.

04 원자흡수분광광도법에서 화학적 간섭은 원소나 시료에 기인하는 간섭으로 불꽃 중에서 원자가 이온화하는 경우는 이온화 전압이 더 낮은 원소 등을 첨가하여 목적원소의 이온화를 방지하여야 한다.

더 풀어보기 예상문제

01 원자흡수분광광도법(원자흡광광도법)에 대한 설명으로 옳지 않은 것은?

① 프로판-공기 불꽃은 불꽃온도가 낮고, 일부 원소에 대하여 높은 감도를 나타낸다.
② 소듐(Na), 포타슘(K), 칼슘(Ca)과 같이 비점이 낮은 원소에서는 광원램프로 열음극이나 방전램프를 사용할 수도 있다.
③ 아세틸렌-아산화질소 불꽃은 불꽃의 온도가 높기 때문에 불꽃 중에서 해리하기 어려운 내화성 산화물을 만들기 쉬운 원소의 분석에 적당하다.
④ 불꽃 중에서의 광로를 짧게 하고, 흡수를 증대시키기 위하여 반사를 이용하여 불꽃 중에 빛을 여러 번 투과시키는 것을 선프로파일이라고 한다.

02 원자흡수분광법에서 화학적 간섭을 피하기 위한 방법이 아닌 것은?

① 과량의 간섭원소를 첨가한다.
② 목적원소를 내부표준물질로 첨가한다.
③ 이온교환, 용매추출로 방해물질을 제거한다.
④ 간섭을 피하는 양이온, 음이온 또는 은폐제, 킬레이트제 등을 첨가한다.

03 다음 원자흡광률(EAA ; Atomic Extinction Coefficient)을 나타낸 식으로 옳은 것은?(단, 어떤 진동수가 ν인 빛이 목적원자가 들어 있지 않은 불꽃을 투과했을 때의 강도를 $I_{o\nu}$, 목적원자가 들어 있는 불꽃을 투과했을 때의 강도를 I_ν라 하고 불꽃 중의 목적원자 농도를 C, 불꽃 중 광도의 길이를 L이라 한다.)

① $E_{AA} = \dfrac{\log(I_{o\nu}/I_\nu)}{C \cdot L}$

② $E_{AA} = \dfrac{\log(I_\nu/I_{o\nu})}{C \cdot L}$

③ $E_{AA} = \dfrac{C \cdot L}{\log(I_{o\nu}/I_\nu)}$

④ $E_{AA} = \dfrac{C \cdot L}{\log(I_\nu/I_{o\nu})}$

04 비분산적외선분석계(단광속)의 구성(순서)으로 옳은 것은?

① 광원 → 광학필터 → 회전섹터 → 시료셀 → 검출기
② 광원 → 회전섹터 → 시료셀 → 광학필터 → 검출기
③ 광원 → 광학필터 → 회전섹터 → 시료셀 → 검출기
④ 광원 → 회전섹터 → 광학필터 → 시료셀 → 검출기

정답 1.④ 2.② 3.① 4.④

더 풀어보기 예상문제 해설

01 불꽃 중에서의 광로(光路)를 길게 하고, 흡수를 증대시키기 위하여 반사를 이용하여 불꽃 중에 빛(光束)을 여러 번 투과시키는 것을 멀티패스라고 한다. 선프로파일은 파장에 대한 스펙트럼선의 강도를 나타내는 곡선을 말한다.

02 원자흡수분광법에서 화학적 간섭을 피하기 위해서는 목적원소를 용매추출하거나 표준첨가법을 이용한다.

03 원자흡광률(E_{AA})을 나타내는 식은 ①항이다.

04 비분산적외선분석계(단광속)의 구성(순서)은 광원 → 회전섹터 → 광학필터 → 시료셀 → 검출기 → 증폭기 → 지시계로 되어 있다.

더 풀어보기 예상문제

01 다음 중 원자흡수분광광도법의 분석방법으로 옳지 않은 것은?

① 수소-공기는 원자외 영역에서의 불꽃 자체에 의한 흡수가 작다.
② 프로판-공기 불꽃은 불꽃온도가 낮고, 일부 원소에 대하여 높은 감도를 나타낸다.
③ 불꽃 중에 빛을 투과시킬 때 빛이 투과하는 불꽃 중에서의 유효길이를 되도록 짧게 한다.
④ 아세틸렌-아산화질소 불꽃은 불꽃 중에서 해리하기 어려운 내화성 산화물을 만들기 쉬운 원소의 분석에 적당하다.

02 원자흡수분광광도법에서 화학적 간섭을 방지하는 방법으로 거리가 먼 것은?

① 은폐제의 첨가
② 표준첨가법의 이용
③ 미량의 간섭원소의 첨가
④ 이온교환에 의한 방해물질 제거

03 이온크로마토그래피에서 사용하는 검출기 중 정전위 전극반응을 이용하는 것으로 검출강도가 높고, 선택성이 있는 것은?

① 불꽃광도형 검출기
② 전기화학적 검출기
③ 전기전도도검출기
④ 전기자외선 흡수검출기

04 원자흡수분광광도법(원자흡광광도법)에서 측정조건 결정방법으로 틀린 것은?

① 감도가 가장 높은 스펙트럼선을 분석선으로 하는 것이 일반적이다.
② 불꽃 중에서 시료의 원자밀도 분포와 원소불꽃의 상태 등에 따라 다르므로 불꽃의 최적위치에서 빛(光速)이 투과하도록 버너의 위치를 조절한다.
③ 양호한 SN비를 얻기 위하여 분광기의 슬릿 폭은 목적으로 하는 분석선을 분리할 수 있는 범위 내에서 되도록 넓게 한다. (이웃의 스펙트럼선과 겹치지 않는 범위 내에서)
④ 일반적으로 광원램프의 전류값이 낮으면 램프의 감도가 떨어지는 등 수명이 감소하므로 광원램프는 장치의 성능이 허락하는 범위 내에서 되도록 높은 전류값에서 동작시킨다.

05 이온크로마토그래피에서 사용되는 검출기 중 정전위 전극반응을 이용하고, 검출감도가 높고, 선택성이 있어 분석화학 분야에 널리 이용되는 검출기는?

① 정전위검출기
② 전기전도도검출기
③ 전기화학적 검출기
④ 가시선 흡수검출기

정답 1.③ 2.③ 3.② 4.④ 5.③

더 풀어보기 예상문제 해설

01 불꽃 중에 빛을 투과시킬 때 빛이 투과하는 불꽃 중에서의 유효길이를 되도록 길게 하여야 한다.
02 과량의 간섭원소를 첨가하여야 한다.
03 정전위 전극반응을 이용하는 검출기는 전기화학적 검출기이다.
04 일반적으로 광원램프의 전류값이 높으면 램프의 감도가 떨어지고 수명이 감소하므로 광원램프는 장치의 성능이 허락하는 범위 내에서 되도록 낮은 전류값에서 동작시켜야 한다.
05 전기화학적 검출기는 정전위 전극반응을 이용하는 검출기로 감도가 높고 선택성이 있어 분석화학 분야에 널리 이용된다.

더 풀어보기 예상문제

01 원자흡수분광광도법의 분석장치에 대한 설명으로 가장 거리가 먼 것은?
① 램프점등장치 중 직류점등방식은 단속기는 필요하지 않다.
② 전분무버너는 가연가스와 조연가스가 버너 선단부에서 혼합되어 불꽃을 형성한다.
③ 원자흡광분석용 광원은 원자흡광 스펙트럼선의 선폭보다 좁은 선폭을 갖고, 휘도가 높은 스펙트럼을 방사하는 중공음극램프가 많이 사용된다.
④ 시료를 원자화하는 일반적인 방법은 용액상태로 만든 시료를 불꽃 중에 분무하는 방법이며 플라즈마 제트불꽃 또는 방전을 이용하는 방법도 있다.

02 이온크로마토그래피에서 사용되는 서프레서에 대한 설명으로 틀린 것은?
① 관형과 이온교환막형이 있다.
② 관형 서프레서 중 음이온에는 스티롤계 강산형(H^+) 수지가 충전된 것을 사용한다.
③ 용리액으로 사용되는 전해질 성분을 분리 검출하기 위하여 분리관 앞에 병렬로 접속시킨다.
④ 전해질을 물 또는 저전도도의 용매로 바꿔줌으로써 전기전도도셀에서 목적 이온성분과 전도도만을 고감도로 검출할 수 있게 해 준다.

03 굴뚝 배출가스 중 금속화합물을 유도결합플라즈마 원자발광분광법으로 분석 시 간섭현상에 대한 설명으로 옳지 않은 것은?
① 광학적 간섭은 측정파장의 스펙트럼이 넓어질 때, 이온과 원자의 재결합으로 연속 발광할 때 또는 분자띠 발광 시에 발생할 수 있다.
② 소듐, 칼슘, 마그네슘 등과 같은 염의 농도가 높은 시료에서, 절대검정곡선법을 적용할 수 없는 경우에는 표준물질첨가법을 사용한다.
③ 이온화로 인한 간섭은 분석대상 원소보다 이온화전압이 더 높은 원소를 첨가하여 간섭효과를 줄이고, 해리하기 어려운 화합물을 생성하는 경우에는 용매첨가법을 사용한다.
④ 물리적 간섭은 시료의 분무 시 시료의 점도와 표면장력의 변화 등에 매질효과에 의해 발생하며, 이 경우 시료를 희석하거나, 표준물질첨가법을 사용하여 간섭효과를 줄일 수 있다.

04 다음 중 이온크로마토그래피의 주요 구성요소가 아닌 것은?
① 용리액조
② 송액펌프
③ 서프레서
④ 파장선택부

정답 1.① 2.③ 3.③ 4.④

더 풀어보기 예상문제 해설

01 직류점등방식이 아닌 교류점등방식일 경우만 광원의 빛 자체가 변조되어 있기 때문에 빛의 단속기(Chopper)는 필요하지 않다.
02 서프레서는 분리관 뒤에 직렬로 접속시킨다.
03 이온화로 인한 간섭은 분석대상 원소보다 이온화 전압이 더 낮은 원소를 첨가하여 측정원소의 이온화를 방지할 수 있고, 해리하기 어려운 화합물을 생성하는 경우에는 용매추출법을 사용한다.
04 이온크로마토그래피는 용리액조, 송액펌프, 시료주입장치, 분리관, 서프레서, 검출기 및 기록계로 구성된다. 파장선택부는 자외선/가시선 분광광도계의 구성요소이다.

더 풀어보기 예상문제

01 굴뚝배출 금속화합물을 유도결합플라즈마–원자발광분광법으로 분석에 대한 용어의 설명으로 옳지 않은 것은?

① 감도는 각 원소성분에 대해 입사광의 1%(0.0044 흡광도)를 흡수할 수 있는 시료의 농도를 말한다.
② 표준용액은 가능한 한 시료의 매질과 동일한 조성을 갖도록 조제해야 하며, 표준물질의 함량은 1% 이내의 함량 정밀도를 가져야 한다.
③ 표준원액은 정확한 농도를 알고 있는 비교적 고농도의 용액으로 일반적으로 1,000mg/kg 농도에서 1% 이내의 불확도를 나타내야 한다.
④ 시료용액의 점도, 표면장력, 휘발성 등과 같은 물리적 특성이나 화학적 조성의 차이에 의해 원자화율이 달라지면서 정량성이 저하되는 효과를 매질효과라 한다.

02 비분산적외선분석계의 최저 눈금값을 교정하기 위한 가스는?

① 혼합가스 ② 제로가스
③ 스팬가스 ④ 비교가스

03 이온크로마토그래피의 구성요소 중 분리관에 대한 설명이 잘못된 것은?

① 분리관은 에폭시수지관, 유리관이 사용된다.
② 양이온 교환체는 표면 술폰산기를 보유한다.
③ 분리관 재질은 용리액 및 시료액과 반응성이 큰 것을 선택한다.
④ 이온교환체의 구조면에서는 표층피복형, 표층박막형, 전다공성 미립자형이 있다.

04 이온크로마토그래피에 사용되는 장치에 대한 설명으로 틀린 것은?

① 시료주입장치는 루프주입방식이 일반적이다.
② 송액펌프는 맥동(脈動)이 적은 것을 선택한다.
③ 검출기는 일반적으로 전도도검출기를 많이 사용한다.
④ 용리액조는 이온성분이 용출되지 않는 재질로써 용리액이 공기와 원활한 접촉이 가능한 개방형을 선택한다.

정답 1.③ 2.② 3.③ 4.④

더 풀어보기 예상문제 해설

01 표준원액은 정확한 농도를 알고 있는 비교적 고농도의 용액으로 일반적으로 1,000mg/kg 농도에서 0.3% 이내의 불확도를 나타내야 한다. 한편, 표준용액의 표준물질 함량은 1% 이내의 함량 정밀도를 가져야 한다.

02 비분산적외선분석계의 최저 눈금값을 교정하기 위한 가스는 제로가스이다.

03 이온크로마토그래피의 분리관 재질은 내압성, 내부식성으로 용리액 및 시료액과 반응성이 적은 것을 선택하며 에폭시수지관 또는 유리관이 사용된다. 스테인리스관은 금속이온 분리용으로는 좋지 않다.

04 용리액조는 이온성분이 용출되지 않는 재질로, 용리액을 공기와 접촉시키지 않는 밀폐된 것을 쓴다.

더 풀어보기 예상문제

01 다음은 이온크로마토그래피에 사용되는 보유치에 대한 설명이다. ( ) 안에 가장 적합한 것은?

> 보유치의 종류로는 머무름 시간(Retention Time), 머무름 부피(Retention Volume, 비보유용량, 보유비, 보유지표 등이 있으며, 머무름 시간을 측정할 때는 (Ⓐ)회 측정하여 그 평균치를 구한다. 일반적으로 (Ⓑ)분 정도에서 측정하는 피크의 머무름 시간은 반복시험 할 때 (Ⓒ)% 오차범위 이내이어야 한다.

① Ⓐ 10 Ⓑ 30~60 Ⓒ ±10
② Ⓐ 10 Ⓑ 30~60 Ⓒ ±3
③ Ⓐ 3 Ⓑ 5~30 Ⓒ ±10
④ Ⓐ 3 Ⓑ 5~30 Ⓒ ±3

02 흡광차분광법의 분석계 시스템의 구성 순서로 옳은 것은?

① 분광기 → 채취부 → 분석부 → 통신부 → 검지부
② 분광기 → 채취부 → 검지부 → 분석부 → 통신부
③ 채취부 → 분광기 → 분석부 → 통신부 → 검지부
④ 채취부 → 통신부 → 검지부 → 분광기 → 분석부

03 비분산적외선분광분석법에 적용되는 용어의 정의로 옳지 않은 것은?

① 정필터형 : 측정성분이 흡수되는 적외선을 그 흡수파장에서 측정하는 방식
② 비분산 : 빛을 프리즘이나 회절격자와 같은 분산소자에 의해 분산하지 않는 것
③ 비교가스 : 시료셀에서 적외선 흡수를 측정하는 경우 대조가스로 사용하는 것으로 적외선을 흡수하지 않는 가스
④ 반복성 : 동일한 분석계를 이용하여 다른 측정대상을 동일한 방법과 조건으로 비교적 장시간에 반복적으로 측정하는 경우에 측정치의 일치 정도

04 비분산적외선분광분석법의 용어에 대한 설명으로 알맞지 않은 것은?

① 스팬 드리프트 : 계기의 일정 기간 내의 눈금 변동 교정 정도
② 정필터형 : 측정성분이 흡수되는 적외선을 그 흡수파장에서 측정하는 방식
③ 비분산 : 빛을 프리즘이나 회절격자와 같은 분산소자에 의해 분산하지 않는 것
④ 반복성 : 비교적 단시간에 반복적으로 측정하는 경우로서 개개의 측정치가 일치하는 정도

정답 1.④ 2.② 3.④ 4.①

더 풀어보기 예상문제 해설

01 이온크로마토그래피에서 머무름 시간을 측정할 때는 3회 측정하여 그 평균치를 구한다. 일반적으로 5~30분 정도에서 측정하는 피크의 머무름 시간을 반복시험 할 때, ±3% 오차범위 이내이어야 한다.

02 흡광차분광법의 분석장치는 크게 분석기와 광원부로 나누어지며, 분석기 내부는 분광기, 샘플 채취부, 검지부, 분석부, 통신부 등으로 구성된다.

03 반복성 : 동일한 분석계를 이용하여 동일한 측정대상을 동일한 방법과 조건으로 비교적 단시간에 반복적으로 측정하는 경우, 각각의 측정치가 일치하는 정도

04 스팬 드리프트(Span Drift) : 계기의 눈금 스팬에 대응하는 지시치의 일정 기간 내의 변동

더 풀어보기 예상문제

01 비분산적외선분석계의 성능기준으로 옳지 않은 것은?
① 응답시간(response time)은 스텝(step) 응답에 대한 소비시간이 1초 이내이어야 한다.
② 강도는 전체 눈금의 ±1% 이하에 해당하는 농도변화를 검출할 수 있는 것이어야 한다.
③ 재현성은 동일 측정조건에서 제로가스와 스팬가스를 번갈아 3회 도입하여 각각의 측정값의 평균으로부터 편차를 구하고, 이 편차는 전체 눈금의 ±2 이내이어야 한다.
④ 제로 드리프트(zero drift)는 동일조건에서 제로가스를 연속적으로 도입하여 고정형은 8시간, 이동형은 4시간 연속 측정하는 동안에 전체 눈금의 ±1% 이상의 지시변화가 없어야 한다.

02 흡광차분광법의 분석기 내부의 구성이 아닌 것은?
① 분광기   ② 검지부
③ 서프레서 ④ 샘플채취부

03 흡광차분광법에 대한 설명으로 틀린 것은 어느 것인가?
① 광원부는 발·수광부 및 광케이블로 구성된다.
② 측정에 필요한 광원은 180~2,850nm 파장을 갖는 제논 램프를 사용한다.
③ 일반 자외선/가시선 분광법은 적분적이며, 흡광차분광법은 미분적이라는 차이가 있다.
④ 분석장치는 분석기와 광원부로 나누어지며 분석기 내부는 분광기, 샘플채취부, 검지부, 분석부, 통신부 등으로 구성된다.

04 비분산 정필터형 적외선가스분석계의 장치구성에 대한 설명으로 옳지 않은 것은 어느 것인가?
① 회전섹터는 1~20Hz의 교호단속방식과 동시단속방식이 있다.
② 광원은 원칙적으로 중수소방전관 또는 저압수은등을 사용한다.
③ 비교셀(시료셀)은 아르곤 또는 질소와 같은 불활성 기체를 봉입하여 사용한다.
④ 광학필터는 가스필터와 고체필터가 있는데 이것은 단독 또는 적절히 조합하여 사용한다.

정답 1.④ 2.③ 3.③ 4.②

더 풀어보기 예상문제 해설

01 제로 드리프트(zero drift)는 동일조건에서 제로가스를 연속적으로 도입하여 고정형은 24시간, 이동형은 4시간 연속 측정하는 동안에 전체 눈금의 ±2% 이상의 지시변화가 없어야 한다.
02 서프레서는 이온크로마토그래피에 구성되는 장치이다.
03 일반 자외선/가시선 분광법은 미분적(일시적)이며, 흡광차분광법(DOAS)은 적분적(연속적)이란 차이점이 있다.
04 비분산 정필터형 적외선가스분석계의 광원은 원칙적으로 니크롬선 또는 탄화규소의 저항체에 전류를 흘려 가열한 것을 사용한다.

더 풀어보기 예상문제

01 비분산적외선분광분석법에서 사용하는 용어의 의미로 틀린 것은?
① 스팬가스 : 분석계의 최고 눈금값을 교정하기 위하여 사용하는 가스
② 정분산형 : 측정성분을 흡수하는 적외선을 그 흡수파장에서 측정하는 방식
③ 스팬 드리프트 : 계기의 눈금 스팬에 대응하는 지시치의 일정 기간 내의 변동
④ 비분산 : 빛을 프리즘이나 회절격자와 같은 분산소자에 의하여 분산하지 않는 것

02 비분산적외선분광분석법에 대한 설명으로 틀린 것은?
① 광원은 원칙적으로 니크롬선 또는 탄화규소의 저항체에 전류를 흘려 가열한 것을 사용한다.
② 시료셀은 시료가스가 흐르는 상태에서 양단의 창을 통해 시료광속이 통과하는 구조를 갖는다.
③ 비교셀은 시료셀과 동일한 모양을 가지며, 일정 농도의 시료성분의 기체를 봉입하여 시료가스와 비교하는 데 사용한다.
④ 비교가스는 시료셀에서 적외선 흡수를 측정하는 경우 대조가스로 사용하는 것으로 적외선을 흡수하지 않는 가스를 말한다.

03 비분산적외선분광분석법에 대한 설명으로 틀린 것은?
① 분석계의 최저 눈금값을 고정하기 위하여 제로가스를 사용한다.
② 적외선 가스분석계는 교호단속 분석계와 동시단속 분석계로 분류한다.
③ 선택성 검출기를 이용하여 시료 중의 특정성분에 대한 적외선 흡수량 변화를 측정한다.
④ 광원은 원칙적으로 니크롬선 또는 탄화규소의 저항체에 전류를 흘려 가열한 것을 사용한다.

04 흡광차분광법의 검출방식에 대한 다음 설명 중 옳지 않은 것은?
① 측정된 스펙트럼데이터는 A/D 변환기에서 디지털신호로 변환분석장치에 입력된다.
② 검출기 앞에서 검출창(Detection Window)이 있어 특정범위의 스펙트럼만을 통과시킨다.
③ 분광방식은 루프 주입방식이 일반적이며, 셉텀(Septum)방식, 셉텀레스(Septumless)방식이 이용되기도 한다.
④ 분광된 빛은 반사경을 통해 광전자증배관(Photo Multiplier Tube) 검출기나 PDA(Photo Diode Array) 검출기로 들어간다.

정답 1.② 2.③ 3.② 4.③

더 풀어보기 예상문제 해설

01 측정성분이 흡수되는 적외선을 그 흡수파장에서 측정하는 방식을 정필터형이라 한다.
02 비교셀은 시료셀과 동일한 모양을 가지며 아르곤 또는 질소 같은 불활성 기체를 봉입하여 사용한다.
03 가스분석계는 고정형 분석계와 이동형 분석계로 분류한다. 교호단속방식과 동시단속방식으로 분류되는 것은 회전섹터이다.
04 분광기는 체르니-터너(Czerny-Turner) 방식이나 홀로그래픽(Holographic) 방식 등을 채택하고 있으며 측정가스가 가지는 최대 흡수파장 대역으로 샘플을 분광시켜주는 역할을 한다. 셉텀(Septum)방식, 셉텀레스(Septumless)방식은 이온크로마토그래프의 시료주입방식이다.

더 풀어보기 예상문제

01 비분산적외선분광분석법에 사용되는 가스분석계의 성능기준이다. ( ) 안에 가장 알맞은 것은?

> 스팬 드리프트(Span Drift)는 동일조건에서 제로가스를 흘려보내면서 때때로 스팬가스를 도입할 때 제로 드리프트를 뺀 드리프트가 이동형은 (Ⓐ)에 전체 눈금의 (Ⓑ)이 되어서는 안 되며, 측정시간 간격은 이동형은 40분 이상이 되도록 한다.

① Ⓐ 6시간 동안 Ⓑ ±2% 이상
② Ⓐ 4시간 동안 Ⓑ ±2% 이상
③ Ⓐ 6시간 동안 Ⓑ ±5% 이상
④ Ⓐ 4시간 동안 Ⓑ ±5% 이상

정답 1.②

더 풀어보기 예상문제 해설

01 스팬 드리프트(Span Drift)는 동일조건에서 제로가스를 흘려보내면서 때때로 스팬가스를 도입할 때 제로 드리프트를 뺀 드리프트가 고정형은 24시간, 이동형은 4시간 동안에 전체 눈금의 ±2% 이상이 되어서는 안 된다. 측정시간 간격은 고정형은 4시간 이상, 이동형은 40분 이상이 되도록 한다.

Chapter 02 시료채취

출제기준	Chapter 2. 시료채취	적용기간 : 2020.1.1~2024.12.31
세부출제 기준항목	**기사** • 시료채취 위치 · 방법 • 가스상 물질 시료채취 • 입자상 물질 시료채취	**산업기사** • 시료채취 위치 · 방법 • 가스상 물질 시료채취 • 입자상 물질 시료채취

1 시료채취 위치 · 방법

(1) **시료채취 위치 · 채취지점** → 구분 ┌ 굴뚝을 통해 배출되는 오염물질
　　　　　　　　　　　　　　　　├ 환경대기 중 오염물질
　　　　　　　　　　　　　　　　└ 비산먼지(사업장)

■ 굴뚝을 통해 배출되는 오염물질

❀ **적용** : 굴뚝, 덕트 등(이하 **굴뚝**)을 통하여 대기 중으로 배출되는 **가스상 물질** 및 **입자상 물질**, 배출가스 중 **미세먼지**(PM_{10} 및 $PM_{2.5}$), 배출가스 중 **휘발성 유기화합물**(VOCs)을 분석하기 위한 시료에 적용함

❀ **위치선정** : 원칙적으로 굴뚝의 굴곡부분이나 단면모양이 급격히 변하는 부분을 피하여 배출가스 흐름이 안정되며, 측정작업이 쉽고, 안전한 곳을 선정할 것
- **수직굴뚝 하부** 끝단으로부터 **위를 향하여** 그곳의 굴뚝 **내경의 8배** 이상(사각형의 경우는 환산직경)
- **상부** 끝단으로부터 **아래를 향하여** 그곳의 굴뚝 **내경의 2배** 이상이 되는 지점에 측정공 위치를 선정하는 것을 원칙으로 함

　■ 환산직경 : $D_o = \dfrac{2(가로 \times 세로)}{가로 + 세로}$

[비고]
- 위의 기준에 적합한 측정공 설치가 곤란하거나 측정 **작업의 불편**, **측정자의 안전성** 등이 문제 될 때는 **하부 내경의 2배** 이상과 **상부 내경의 1/2배** 이상 되는 지점에 측정공 위치를 선정할 수 있음(단, 수직굴뚝에 측정공을 설치하기가 곤란하여 부득이 수평굴뚝에 측정공이 설치되어 있는 경우는 수평굴뚝에서도 측정할 수 있으나 측정공의 위치가 수직굴뚝의 측정위치 선정기준에 준하여 선정된 곳이어야 함)

- **수평굴뚝**에서 배출가스 시료채취를 하는 경우에 외부공기가 새어들지 않고 굴뚝에 요철부분이 없는 곳으로서 굴뚝의 방향이 바뀌는 지점으로부터 **굴뚝 내경의 2배** 이상 떨어진 곳을 측정 위치로 선정할 수 있음

⚛ 측정공 및 측정작업대
- **측정공** : 굴뚝의 측정위치에는 측정작업을 위한 측정공이 설치되어야 함
  - 굴뚝 벽면에 **내경 100~150mm** 정도로 설치
  - 측정 시 이외에는 마개를 막아 밀폐하고 측정 시에도 흡입관 삽입 이외의 공간은 공기가 새지 않도록 밀폐되어야 함
- **측정작업대** : 측정자의 안전을 위한 작업대가 설치되어야 함
  - 크기는 측정장비를 설치하고, 2~3인의 측정 작업자가 충분히 작업할 수 있는 공간과 지지력이 마련되어야 함
  - 측정작업대까지 오르기 위한 적당한 **계단·승강시설** 등을 굴뚝에 견고히 설치하여 측정자의 안전을 보호하고, 장비의 운반 및 측정을 위한 **도르래, 전기** 등의 시설을 설치하여야 함

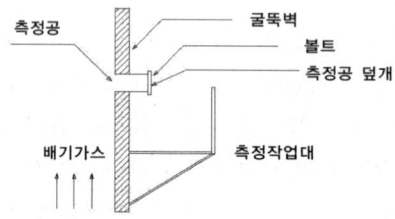

⚛ 측정점의 선정
- **1점을 측정점으로 선정할 수 있는 경우**
  - 보일러 굴뚝과 같이 배출가스의 농도가 균일하다고 인정되는 경우
  - 굴뚝의 단면적이 $0.25m^2$ 이하로 소규모일 경우(중심의 1점을 측정점으로 함)
- **원형굴뚝** → 최대 : 20개
  - 단면에서 서로 직교하는 직경선상에 측정점으로 선정함
  - 측정점수는 굴뚝직경이 **4.5m를 초과**할 때는 **20점**까지로 함

굴뚝직경(m)	반경구분수	측정점수
1m 이하	1	4
1~2m 이하	2	8
2~4m 이하	3	12
4~4.5m 이하	4	16
4.5m 초과	5	20

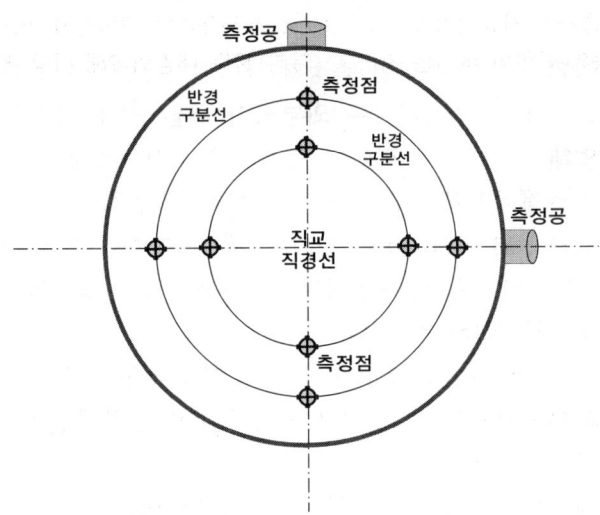

〈그림〉 원형굴뚝 단면의 반경구분 및 측정점 배열

- **사각형굴뚝** → 최대 : 20개
  - 굴뚝 단면적의 크기에 따라 측정점을 달리함
    - $1m^2$ 이하 : 등단면적 4개(한변 0.5m) → 측정점≒4개
    - $2 \sim 4m^2$: 등단면적 4~8개(한변 0.667m) → 측정점≒4~8개
    - $5 \sim 20m^2$: 등단면적 6~20개(한변 1m) → 측정점≒6~20개
  - 단면적이 $20m^2$를 초과하는 경우는 측정점수는 최대 20점까지로 함

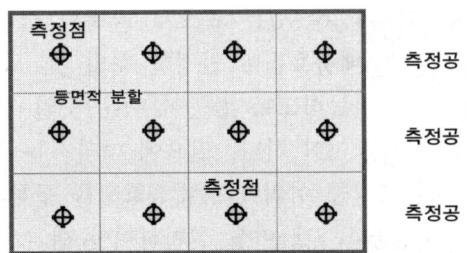

〈그림〉 사각형굴뚝 단면의 등면적구분 및 측정점 배열

- 측정 단면에서 흐름이 비대칭인 경우는 비대칭 방향으로 구분한 한 변의 길이는 그것과 수직방향의 한변 길이보다도 짧게 취하여 측정점의 개수를 각각 증가시킴
- 측정 단면에서 유속의 분포가 비교적 대칭을 이룰 경우에 **수평 덕트**는 수직 대칭축에 대하여 반측면 만을 취하고, **수직굴뚝**은 1/4의 단면을 취하며, 측정점의 수를 각각 1/2, 1/4로 줄일 수 있음
- **측정공이 수평굴뚝**에 위치할 때는 **모든 측정점**에서 측정을 해야 함

굴뚝연속자동측정기기

❂ 굴뚝 유형별 설치방법
굴뚝 유형별 측정기기의 설치방법은 다음과 같으며, 불가피하게 외부공기가 유입되는 경우, 측정기기는 **외부공기 유입 전**에 설치하여야 하고, 표준산소농도를 적용받는 시설의 가스상 오염물질 측정기기는 산소측정기기의 측정시료와 동일한 시료로 측정할 수 있도록 하여야 함

- **병합 굴뚝** : 2개 이상의 배출시설이 1개의 굴뚝을 통하여 오염물질을 배출하는 경우
  - 배출허용기준이 같은 경우 : 측정기기 및 유량계를 오염물질이 합류된 후 지점 또는 합류되기 전 지점 설치
  - 배출허용기준이 다른 경우 : 합류되기 전 각각의 지점에 설치
- **분산 굴뚝** : 1개 배출시설에서 2개 이상의 굴뚝으로 오염물질이 나뉘어서 배출
  - 오염물질이 분지(分枝)하기 전(나뉘기 전) 본류 굴뚝에 설치
  - 오염물질이 분지한 후(나뉜 후) 분지 된 각각의 굴뚝에 설치
- **우회 굴뚝** : 우회연돌(Bypass 연돌)이 설치된 경우
  - 우회하기 이전의 지점이나 우회한 후 합류된 지점에 설치
  - 설치환경 부적합 또는 기타 이유로 굴뚝 배출가스가 우회되는 경우 Bypass 연돌에 설치하되 대표성이 있는 시료가 채취되어 측정될 수 있어야 함
  - 단, Bypass 연돌에 먼지측정기기를 설치할 경우 다른 항목의 측정기는 Bypass 되기 이전의 연돌에 설치해야 함

❂ 측정 및 측정공 위치

- **공통사항**
  - 오염물질 농도를 대표할 수 있는 곳으로 굴뚝의 굴곡부분이나 단면 모양이 급격히 변하는 부분을 피하여 배출흐름이 안정한 곳일 것
  - 측정이나 유지보수가 가능하도록 접근이 쉬운 곳일 것
  - 모든 방지시설의 후단이어야 하나, 필요에 따라서는 전단에 설치할 수도 있음
  - 측정기기가 부착된 측정공 이외에 상대정확도를 구하기 위하여 같은 높이(또는 수직선상)로 여분의 측정공을 2개 이상 설치하여야 함
  - 응축된 수증기가 존재하지 않는 곳에 설치할 것
- **먼지 측정기** : 난류의 영향을 고려하여 수직굴뚝에 설치하는 것이 원칙이지만, 불가피한 경우에는 수평굴뚝에도 측정공을 설치할 수 있음
  - **수직굴뚝**
    - 배출가스 중 먼지측정 규정에 따라 선정함
    - 광투과법과 같이 경로를 이용한 측정기의 측정위치가 직경의 4배 이하인 경우는 굴곡부의 난류영향을 피할 수 있는 위치로 함
  - **수평굴뚝**(덕트 등)
    - 측정위치는 하부 직경의 4배 이상인 곳으로 하고, 시료를 채취하는 측정기기의 취지점은 굴뚝바닥으로부터 굴뚝 내경의 1/3과 1/2 사이의 단면 위에 위치시킴

- 다만, 경로를 이용한 측정기기는 하부 직경의 4배 이하인 지점에 설치할 수 있으며, 측정위치는 상향흐름인 경우는 굴뚝 바닥으로부터 굴뚝 내경의 1/2과 2/3 사이의 단면 위에 위치하여야 하고, 하향흐름인 경우에는 굴뚝 바닥으로부터 굴뚝 내경의 1/3과 1/2 사이의 단면 위에 위치하여야 함
- □ 가스상 물질 측정기 : 먼지-가스상 물질을 동시 측정하는 경우 먼지측정 위치 따름
  - 수직굴뚝 : 측정위치는 굴뚝하부 끝에서 위를 향하여 굴뚝 내경의 2배 이상이 되고, 상부 끝단으로부터 아래를 향하여 굴뚝 상부 내경의 1/2배 이상이 되는 지점으로 함
  - 수평굴뚝 : 측정위치는 외부공기가 새어들지 않고 굴뚝에 요철부분이 없는 곳으로서 굴뚝의 방향이 바뀌는 지점으로부터 굴뚝 내경의 2배 이상 떨어진 곳을 선정

〈그림〉 굴뚝의 자동측정기에 의한 측정 위치

❀ 조립 및 취급방법

- □ 채취관
  - 채취구는 측정기기까지의 도관길이가 가급적 짧게 되는 위치에, 또한 채취관이 배출가스의 흐름에 대해서 수직이 되도록 연결함
  - 채취구에는 굴뚝 외벽으로부터의 길이가 100~200mm, 바깥지름 22~60mm 정도의 보통 강철관 또는 스테인리스강관 등을 써서 굴뚝 외벽에 설치함
- □ 도관(연결관)
  - 가능한 짧은 것이 좋으나 부득이 길게 해서 쓰는 경우에는 이음매가 없는 배관을 써서 접속부분을 적게 하고 받침기구로 고정함
  - 냉각도관은 될 수 있는 대로 수직으로 연결한다. 부득이 구부러진 관을 쓰는 경우에는 응축수가 빨리 흘러나오기 쉽도록 경사지게 하고 시료가스는 아래로 흐르도록 해야 함
  - 냉각도관에는 반드시 기체-액체 분리관과 그 아래쪽에 응축수 트랩을 연결함
  - 기체-액체 분리관은 도관의 부착위치 중 가장 낮은 부분 또는 최저온도의 부분에 부착하여 응축수를 급속히 냉각시키고 배관계의 밖으로 빨리 방출시킴
  - 응축수의 배출에 쓰는 펌프는 충분히 내구성이 있는 것을 사용해야 함. 이 때 응축수 트랩은 사용하지 않아도 좋음
- □ 기체-액체 분리 : 냉각으로 습기를 제거하는 경우는 시료가스에서 응축수를 분리하기 위해 반드시 기체-액체 분리관을 냉각도관과 응축수 트랩 사이에 놓아야 함

▮▮ 환경대기 중 오염물질

❀ **적용** : 환경기준 설정항목 및 기타 **대기 중의 오염물질** 분석을 위한 **입자상 물질** 및 **가스상 물질**을 분석하기 위한 시료에 적용함

❀ **시료 채취장소의 결정** → 방법 { ○ 중심점에 의한 동심원을 이용하는 방법
○ TM 좌표에 의한 방법
○ 기타 방법

□ **중심점에 의한 동심원을 이용하는 방법**
- 측정하려고 하는 대상지역을 대표할 수 있다고 생각되는 한 지점을 선정
- 지도 위에 그 지점을 중심점으로 **0.3~2km의 간격**으로 동심원을 그림
- 중심점에서 각 방향(**8방향 이상**)으로 직선을 그어 각각 동심원과 만나는 점을 측정점으로 함

□ **TM 좌표에 의한 방법**
- 전국 지도의 TM 좌표에 따라 해당 지역의 **1 : 25,000 이상**의 지도 위에 **2~3km 간격**으로 바둑판 모양의 구획을 만듦
- 구획마다 측정점을 선정

□ **기타 방법**
- 과거의 경험이나 전례에 의한 선정
- 이전부터 측정을 계속하고 있는 측정점에 대하여는 이미 선정되어 있는 지점을 측정점으로 할 수 있음

❀ **위치선정** : 시료채취 위치는 그 지역의 주위환경 및 기상조건을 고려하여 다음과 같이 선정하여야 함
- 시료채취 위치는 원칙적으로 주위에 건물이나 수목 등의 장애물이 없고, 그 지역의 오염도를 대표할 수 있다고 생각되는 곳일 것
- 주위에 건물이나 수목 등의 장애물이 있을 경우는 채취위치로부터 장애물까지의 거리가 그 **장애물 높이의 2배 이상** 또는 채취점과 **장애물 상단을 연결하는 직선**이 수평선과 이루는 **각도가 30° 이하** 되는 곳을 선정할 것(아래 그림)

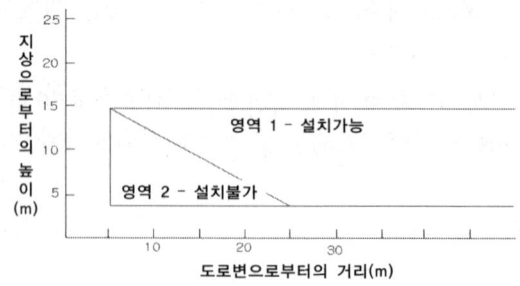

〈그림〉 부유먼지 측정기의 도로로부터의 거리와 시료 채취높이

- 주위에 건물 등이 밀집되거나 접근되어 있을 경우에는 건물 바깥벽으로부터 적어도 **1.5m 이상 떨어진 곳**에 채취점을 선정할 것

- **시료채취의 높이**는 그 부근의 **평균오염도를 나타낼 수 있는 곳**으로서 가능한 한 1.5~30m 범위로 할 것

⚛ **시료채취 지점 수의 결정** → 방법 { ◦ 인구비례에 의한 방법
◦ 오염정도에 따라 공식을 이용하는 방법

- □ **인구비례에 의한 방법** : 측정하려고 하는 대상지역의 인구분포 및 인구밀도를 고려하여 다음의 2가지 방법으로 채취지점 수를 결정
  - 인구밀도가 5,000명/km² 이상일 때 → **도표에 의한 방법**을 적용
  - 인구밀도가 5,000명/km² 미만일 때 → 그 지역의 가주지면적(그 지역 총면적에서 전답, 임야, 호수, 하천 등의 면적을 뺀 면적)으로부터 다음 식에 의하여 측정점의 수를 결정함

    ▇ 측정점 수 $= \dfrac{\text{그 지역 가주지 면적}}{25\,\text{km}^2} \times \dfrac{\text{그 지역 평균인구밀도}}{\text{전국인구밀도}}$

- □ **대상지역의 오염 정도에 따라 공식을 이용하는 방법** : 측정하고자 하는 대상지역의 오염정도에 따라서 다음 공식을 이용하여 측정점 수를 결정

  ▇ $N = N_x + N_y + N_z$

  - $N_x = (0.095) \cdot \left(\dfrac{C_n - C_s}{C_s} \right) \cdot (x)$
  - $N_y = (0.0096) \cdot \left(\dfrac{C_s - C_b}{C_s} \right) \cdot (y)$
  - $N_z = (0.0004) \cdot (z)$

  $\begin{cases} N : \text{채취지점수} \\ C_n : \text{최대농도} \\ C_s : \text{환경기준(행정기준)} \\ C_b : \text{최저농도(자연상태)} \\ x : \text{환경기준보다 농도가 높은 지역}(\text{km}^2) \\ y : \text{환경기준 미만 자연농도 이상지역}(\text{km}^2) \\ z : \text{자연상태의 농도와 같은 지역}(\text{km}^2) \end{cases}$

▋ 비산먼지(사업장)

⚛ **적용** : 시멘트 공장, 전기아크로를 사용하는 철강공장, 연탄공장, 석탄야적장, 도정공장, 골재공장 등 특정 발생원에서 일정한 굴뚝을 거치지 않고 외부로 비산되거나 물질의 파쇄, 선별, 기타 기계적 처리로 인해 비산 배출되는 먼지의 농도를 측정하기 위한 시료에 적용함

⚛ **위치선정** : 시료채취 장소는 원칙적으로 측정하려고 하는 발생원의 부지 경계선상에 선정하며 풍향을 고려(풍하방향)하여 정함
- 시료채취 위치는 부근에 장애물이 없고 바람에 의하여 지상의 흙모래가 날리지 않아야 함
- 기타, 다른 원인에 의하여 영향을 받지 않고 그 지점에서의 비산먼지농도를 대표할 수 있는 위치를 선정함
- 별도로 발생원의 위(upstream, 풍상방향)인 바람의 방향을 따라 대상 발생원의 영향이 없을 것으로 추측되는 곳에 대조위치를 선정함

⚛ **채취 지점수** : 발생원의 비산먼지 농도가 가장 높을 것으로 예상되는 지점 3개소 이상을 선정함

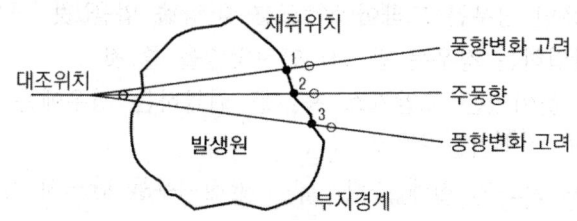

〈그림〉 비산분진 시료채취 장소의 선정

❇ 용어정의
- **비산먼지** : 대기 중에 부유하는 고체 및 액체의 입자상 물질로서 굴뚝을 거치지 않고 외부로 비산(飛散)되는 입자를 말하며, 입자의 크기는 공기역학직경으로 표시됨
- **공기역학직경** : 입자의 침강속도에 따른 것으로 일반적으로 구형을 가진 입자의 기하학적 입자 지름으로 **비중 1인 구의 지름**으로 입경이 변경하여 환산 정리되고 측정 대상물 입자는 상대적으로 밀도와 입자모양에 대하여 **구상입자의 침강속도와 같은 역학적 운동**을 하는 입자의 직경을 의미함
- **총부유먼지** : 환경 대기 중에 부유하고 있는 총 먼지를 말함. 국제적으로 정확한 총 부유먼지의 크기에 대한 명확한 규명은 없으나 통상 총부유먼지는 **0.01~100μm 이하**인 먼지를 의미함
- **먼지의 분류** : 먼지(PM, Particulate Matter)는 PM_{10}(10μm 이하), $PM_{2.5}$(2.5μm 이하)로 분류되어 관리되고 있음
- **질량농도** : 기체의 단위용적 중에 함유된 물질의 질량을 말함
- **입자농도** : 공기 또는 다른 기체의 단위체적당 입자수로 표현된 농도를 말함

❇ 시료채취
: 시료채취는 **1회 1시간 이상** 연속채취함. 다음과 같은 경우에는 원칙적으로 시료채취를 하지 않음
- 대상발생원의 조업이 중단되었을 때
- 비나 눈이 올 때
- 바람이 거의 없을 때(풍속이 0.5m/sec 미만일 때)
- 바람이 너무 강하게 불 때(풍속이 10m/sec 이상일 때)

▌시료채취의 일반사항 및 주의사항
❇ 일반사항
- 채취에 종사하는 사람은 **2인 이상을 1조**로 할 것
- 굴뚝 배출가스의 조성, 온도 및 압력과 작업환경 등을 잘 알아둘 것
- 옥외에서 작업하는 경우에는 바람의 방향을 확인하여 **바람이 부는 쪽**에서 작업하는 것이 좋음
- 위험방지를 위하여 다음의 사항들에 충분히 주의해야 함
  ◦ 피부를 노출하지 않는 복장을 하고, 안전화를 착용할 것

- 작업환경이 고온인 경우는 드라이아이스 자켓 등을 입을 것
- 높은 곳에서 작업하는 경우는 반드시 안전밧줄을 쓸 것
- 교정용 가스가 들어있는 고압가스 용기를 취급하는 경우에는 안전하고 쉽게 운반, 설치를 할 수 있는 방법을 쓸 것
- 측정 작업대까지 오르기 전에 승강시설의 안전여부를 반드시 점검할 것

채취위치 결정 시 주의사항
- 위험한 장소는 피할 것
- 채취위치의 주변에는 적당한 높이와 측정작업에 충분한 넓이의 안전한 작업대를 만들고, 안전하고 쉽게 오를 수 있는 설비를 갖출 것
- 채취위치의 주변에는 **배전 및 급수 설비**를 갖출 것

채취구에서 주의사항
- 수직굴뚝의 경우에는 채취구를 **같은 높이에 3개 이상** 설치하는 것이 좋음
- 배출가스 중의 먼지측정용 채취구(바깥지름 115mm 정도)를 이용하는 경우는 지름이 다른 관 또는 플랜지 등을 사용하여 가스가 새는 일이 없도록 접속해서 배출가스용 채취구로 할 것
- 굴뚝 내의 압력이 **매우 큰 부압**(-300mmH$_2$O 정도 이하)인 경우는 **시료채취용 굴뚝을 부설**하여 부피가 큰 펌프를 써서 시료가스를 흡입하고 그 부설한 굴뚝에 채취구를 만들 것
- 굴뚝 내의 압력이 정압(+)인 경우에는 채취구를 열었을 때 유해가스가 분출될 염려가 있으므로 충분한 주의가 필요함

시료채취장치 취급 시 주의사항
- 흡수병은 각 분석법에 공용할 수가 있는 것도 있으나 대상 성분마다 **전용으로 하는 것이 좋음**(만일 공용으로 할 때는 대상 성분이 달라질 때마다 묽은 산 또는 알칼리 용액과 물로 깨끗이 씻은 다음 다시 흡수액으로 3회 정도 씻은 후 사용할 것)
- 습식 가스미터를 이동 또는 운반할 때에는 **반드시 물을 뺄 것**. 또 오랫동안 쓰지 않을 때도 그와 같이 배수할 것
- **가스미터는 100mmH$_2$O 이내**에서 사용할 것
- 습식 가스미터를 장시간 사용하는 경우에는 배출가스의 성상에 따라서 수위의 변화가 일어날 수 있으므로 필요한 수위를 유지하도록 주의할 것
- 가스미터는 정밀도 유지를 위해 필요에 따라 오차를 측정해 둘 것
- 시료가스의 양을 재기 위하여 쓰는 채취병은 미리 **0℃ 때의 참부피**를 구해둘 것
- 주사통에 의한 시료가스의 계량에 있어서 계량 오차가 크다고 생각되는 경우는 흡입펌프 및 가스미터에 의한 채취방법을 이용하는 것이 좋음
- 시료채취장치를 조립할 때 채취부의 조작이 쉽도록 흡수병, 마노미터, 흡입펌프 및 가스미터는 가까운 곳에 놓을 것

- 습식 가스미터는 정확하게 수평을 유지할 수 있는 곳에 놓을 것
- 배출가스 중에 수분과 미스트(mist)가 대단히 많을 때는 채취부와 흡입펌프, 전기배선, 접속부 등에 물방울이나 미스트(mist)가 부착되지 않도록 할 것

⚛ 기타 유의사항
- 시료를 채취할 때에는 조업상태를 충분히 고려해서 채취시간을 정할 것
- 측정자는 긴밀한 연락으로 채취 시의 조업상태를 확인하여 둘 것. 또한, 측정값을 보고할 때 그 조업상태를 기록하여 두는 것이 바람직함
- 방지시설에서 가스상 물질의 **저감효율을 측정**하는 경우, 방지시설 **전단**과 **후단**에 채취구를 설치하여 **동시에 시료를 채취**해야 함

CBT 형식 출제대비 엄선 예상문제

01 굴뚝 먼지측정위치 기준에 대한 내용이다. ( ) 안에 적절한 내용은?

> 수직 굴뚝 하부 끝단으로부터 위를 향하여 그곳의 굴뚝 내경의 (Ⓐ) 이상이 되고 상부 끝단으로부터 아래를 향하여 그곳의 굴뚝 내경의 (Ⓑ) 이상이 되는 지점에 측정공 위치를 선정함을 원칙으로 한다.

① Ⓐ 2배, Ⓑ 4배
② Ⓐ 2배, Ⓑ 8배
③ Ⓐ 8배, Ⓑ 2배
④ Ⓐ 1/4배, Ⓑ 1/2배

02 연돌 내부의 단면규격이 가로 2m, 세로 1.5m 일 때 이 굴뚝의 상당직경(환산직경)은 얼마인가?(단, 사각형 연돌의 상하 단면적은 동일)

① 1.4m   ② 1.7m
③ 2.2m   ④ 2.8m

03 반지름 2.5m인 원형 굴뚝에서 먼지시료를 채취하기 위한 적절한 측정점 수는 몇 개인가?

① 8   ② 16
③ 20   ④ 24

04 원형 굴뚝의 반경이 1.3m일 때 측정점 수는 몇 개인가?

① 4   ② 8
③ 12   ④ 20

05 직경이 4.3m인 원형 굴뚝에서 먼지를 채취할 때 반경구분 및 측정점 수는?

① 반경구분 수 3, 측정점 수 12
② 반경구분 수 4, 측정점 수 12
③ 반경구분 수 3, 측정점 수 16
④ 반경구분 수 4, 측정점 수 16

해설

01 먼지의 측정위치는 원칙적으로 굴뚝의 굴곡부분이나 단면모양이 급격히 변하는 부분을 피하여 배출가스 흐름이 안정되고, 측정작업이 쉽고, 안전한 곳을 선정한다. 즉, 수직굴뚝 하부 끝단으로부터 위를 향하여 그곳의 굴뚝 내경의 8배 이상이 되고, 상부 끝단으로부터 아래를 향하여 그곳의 굴뚝 내경의 2배 이상이 되는 지점에 측정공 위치를 선정하는 것을 원칙으로 한다.

02 상당직경(환산직경) 계산식을 이용한다.

$$D_o = \frac{2ab}{a+b} \quad \begin{cases} D_o : 환산직경(상당경) \\ a : 가로 \\ b : 세로 \end{cases}$$

$$\therefore D_o = \frac{2 \times 1.5 \times 2}{1.5 + 2} = 1.71\,\text{m}$$

03 반지름 2.5m일 경우, 직경은 4.5m를 초과하는 굴뚝의 크기이므로 측정점 수는 20개이다.

04 굴뚝반경이 1.3m이므로 직경은 2.6m이다. 따라서 직경 2~4m범위의 측정점 수는 12개이다.

05 굴뚝직경이 4~4.5m 이하이면 반경구분 수는 4이고, 측정점 수는 16개이다. 한편, 직경이 4.5m를 초과하면 반경구분 수는 5이고, 측정점 수는 20개가 된다.

정답 ┃ 1.③ 2.② 3.③ 4.③ 5.④

06 사각형 굴뚝의 단면적이 28m²일 때 먼지 측정점의 수는?
① 16 ② 18
③ 20 ④ 24

07 원형 굴뚝단면의 반경이 2.2m인 경우 측정점 수는?
① 8 ② 12
③ 16 ④ 20

08 굴뚝단면이 원형일 경우 먼지측정을 위한 측정점 수에 대한 설명이다. 이 중 맞지 않는 것은?
① 직경이 1.5m인 경우에 반경구분 수는 2이다.
② 직경이 2.5m인 경우에 측정점 수는 12이다.
③ 측정점 수는 굴뚝직경이 4.5m를 초과할 때는 20점까지로 한다.
④ 굴뚝 단면적이 1m² 이하로 소규모일 경우에는 그 굴뚝단면의 중심을 대표점으로 하여 1점만 측정한다.

09 원형 굴뚝의 단면적이 13~15m²인 경우 배출되는 먼지측정을 위한 Ⓐ 반경구분 수와 Ⓑ 측정지점 수로 옳은 것은?
① Ⓐ 2, Ⓑ 8 ② Ⓐ 3, Ⓑ 12
③ Ⓐ 4, Ⓑ 16 ④ Ⓐ 5, Ⓑ 20

10 환경기준 시험을 위한 시료채취 지점수의 결정방법이 아닌 것은?
① TM 좌표에 의한 방법
② 인구비례에 의한 방법
③ 중심점에 의한 동심원을 이용하는 방법
④ 대기오염 배출계수 분포를 이용하는 방법

11 어느 도시의 면적이 150 km², 인구밀도는 4,000명/km², 전국 평균인구밀도 800명/km²일 때, 이 도시에 환경기준 시험을 위한 시료채취 측정점 수(채취점 수)는?(단, 도시면적은 주거가 가능한 면적)
① 15개 ② 25개
③ 30개 ④ 35개

> **해설**

06 사각형 굴뚝의 단면적이 20m²를 초과하는 경우는 측정점 수는 최대 20개이다.

07 원형 굴뚝반경이 2.2m이므로 직경은 4.4m이다. 따라서 직경 4~4.5범위일 경우 측정점 수는 16개이다.

08 굴뚝 단면적이 0.25m² 이하로 소규모일 경우는 그 굴뚝단면의 중심을 대표점으로 하여 1점만 측정할 수 있다.

09 단면적(A)이 13m²일 경우 다음 관계식으로 직경을 산출한 다음, 이에 따라 측정점 수를 결정한다.

□ $A = \dfrac{\pi D^2}{4} \rightarrow 13\,m^2 = \dfrac{3.14 \times D^2}{4}$, $D = 4.07m$

∴ 직경 4m 이상~4.5m 미만이므로 반경구분 수는 4, 측정점 수는 16개가 적당하다.

10 시료채취 지점수의 결정방법은 ①, ②, ③항 이외에 대상지역의 오염 정도에 따라 공식을 이용하는 방법과 기타 과거의 경험이나 전례에 의한 방법 등이 사용된다.

11 인구밀도가 5,000명/km² 미만이므로 다음 식을 이용하여 측정지점 수를 산정한다.

□ 측정점 수 $= \dfrac{\text{거주지면적}}{25\,km^2} \times \dfrac{\text{지역인구밀도}}{\text{전국인구밀도}}$

∴ 측정점 수 $= \dfrac{150}{25} \times \dfrac{4,000}{800} = 30$개

정답 ┃ 6.③ 7.③ 8.④ 9.③ 10.④ 11.③

12 다음 ( ) 안에 알맞은 것은?

> 대기 중의 오염물질 시료채취 위치는 주위에 건물이나 수목 등의 장애물이 있을 경우에는 채취위치로부터 장애물까지의 거리가 그 장애물 높이의 (Ⓐ) 또는 채취점과 장애물 상단을 연결하는 직선이 수평선과 이루는 각도가 (Ⓑ) 되는 곳을 선정한다.

① Ⓐ 2배 이상, Ⓑ 30° 이하
② Ⓐ 2배 이상, Ⓑ 60° 이하
③ Ⓐ 1.5배 이상, Ⓑ 30° 이하
④ Ⓐ 1.5배 이상, Ⓑ 60° 이하

13 환경 대기 중 시료채취 위치 선정방법으로 옳지 않은 것은?

① 건물 등이 밀집되어 있을 경우에는 건물 바깥벽으로부터 1.5m 이상 떨어진 곳을 선정한다.
② 시료채취 높이는 그 부근의 최고오염도를 나타낼 수 있는 곳으로서 3~5m 범위 이내로 한다.
③ 주위에 장애물이 있을 경우에는 채취점과 장애물 상단을 연결하는 직선이 수평선과 이루는 각도가 30° 이하 되는 곳을 선정한다.
④ 주위에 건물이나 수목 등의 장애물이 있을 경우에는 채취위치로부터 장애물까지의 거리가 그 장애물 높이의 2배 이상 되는 곳을 선정한다.

14 공사장에서 발생되는 비산먼지를 고용량 공기포집기를 이용하여 측정하고자 한다. 이때 측정을 위한 대조 지점이 1개소일 때 원칙적으로 농도가 높을 것으로 예상되는 측정지점 몇 개소 이상을 선정하여야 하는가?

① 1
② 2
③ 3
④ 4

15 특정 발생원에서 일정한 굴뚝을 거치지 않고 외부로 비산 배출되는 먼지의 측정방법에 대한 설명으로 옳지 않은 것은?

① 풍속이 0.5m/sec 미만 또는 10m/sec 이상 되는 시간이 총채취시간의 50% 미만일 때 풍속보정계수는 1.0이다.
② 시료채취 장소 및 위치는 따로 풍상(風上) 방향에 대상 발생원의 영향이 없을 것으로 추측되는 곳에 대조위치를 선정한다.
③ 시료채취 장소는 원칙적으로 측정하려고 하는 발생원의 부지경계선상에서 풍향을 고려하여 그 발생원의 비산먼지 농도가 가장 높을 것으로 예상되는 지점 3개소 이상을 선정한다.
④ 그 지역을 대표할 수 있는 지점에 풍향풍속계를 설치하여 전 채취시간 동안 측정하고, 연속기록장치가 없을 경우에는 30분 간격으로 여러 지점에서 3회 이상, 풍향풍속을 측정하여 기록한다.

> **해설**
>
> 12 장애물 높이의 2배 이상 또는 채취점과 장애물 상단을 연결하는 직선이 수평선과 이루는 각도가 30° 이하 되는 곳을 선정한다.
> 13 시료채취 높이는 그 부근의 평균오염도를 나타낼 수 있는 곳으로서 가능한 한 1.5~30m 범위로 하여야 한다.
> 14 발생원의 비산먼지 농도가 가장 높을 것으로 예상되는 지점 3개소 이상을 선정한다.
> 15 그 지역을 대표할 수 있는 지점에 풍향풍속계를 설치하여 전 채취시간 동안의 풍향풍속을 기록한다. 단, 연속기록장치가 없을 경우는 적어도 10분 간격으로 같은 지점에서의 3회 이상 풍향풍속을 측정하여 기록한다.

정답 ┃ 12.① 13.② 14.③ 15.④

16 가스상 물질 시료채취 시 주의사항으로 옳지 않은 것은?

① 수직굴뚝의 경우 채취구를 같은 높이에 3개 이상 설치하는 것이 좋다.
② 습식미터를 이동 또는 운반할 때는 반드시 물을 빼고, 가스미터는 300mmH$_2$O 이내에서 사용한다.
③ 굴뚝 내 압력이 매우 큰 부압(-300mmH$_2$O 정도 이하)인 경우에는 시료채취용 굴뚝을 부설하여 펌프를 써서 시료가스를 흡인한다.
④ 흡수병을 공용으로 할 때는 대상성분이 달라질 때마다 묽은 산 또는 알칼리용액과 물로 깨끗이 씻은 다음 흡수액으로 3회 정도 씻은 후 사용한다.

> **해설**

16 습식 가스미터를 이동 또는 운반할 때에는 반드시 물을 빼고, 오랫동안 쓰지 않을 때도 그와 같이 배수해야 하며, 가스미터는 100mmH$_2$O 이내에서 사용해야 한다.

정답 | 16.②

업그레이드 종합 예상문제

01 굴뚝 먼지측정위치 기준에 대한 설명으로 옳지 않은 것은?
① 원칙적으로 굴뚝의 굴곡부분을 피하여 배출가스 흐름이 안정된 곳을 선정한다.
② 수평굴뚝에서도 측정할 수 있으나 측정공의 위치가 수직굴뚝의 측정위치 선정 기준에 준하여 선정된 곳이어야 한다.
③ 기준에 적합한 측정공 설치가 곤란할 경우에는 굴뚝 상부 내경의 1.5배 이상과 하부 내경의 1/4배 이상 되는 지점에 측정공 위치를 선정할 수 있다.
④ 수직굴뚝 하부 끝단으로부터 위를 향하여 그 곳의 굴뚝 내경의 8배 이상이 되고, 상부 끝단으로부터 아래를 향하여 그 곳의 굴뚝 내경의 2배 이상이 되는 지점에 측정공 위치를 선정하는 것을 원칙으로 한다.

∥해설 기준에 적합한 측정공 설치가 곤란하거나 측정작업의 불편, 측정자의 안전성 등이 문제될 때에는 하부 내경의 2배 이상과 상부 내경의 1/2배 이상 되는 지점에 측정공 위치를 선정할 수 있다.

02 원형 굴뚝의 환산하부직경을 계산하는 방식으로 옳은 것은?(단, 굴뚝단면이 서서히 변하는 경우)
① (하부직경+선정된 측정공 위치의 직경)/2
② (하부직경+선정된 측정공 위치의 직경)/5
③ (하부직경+선정된 측정공 위치의 직경)/4
④ (하부직경+선정된 측정공 위치의 직경)/3

∥해설 굴뚝단면이 서서히 변하는 경우, 원형 굴뚝의 환산하부직경은 다음 식으로 산정된다. 이때 두 직경의 산술평균을 취하게 되므로 "÷2"가 되는 것이 옳다.

$$환산하부경 = \frac{하부직경 + 선정위치의\ 직경}{2}$$

03 다음은 TM 좌표에 의한 채취지점수 결정방법을 설명한 것이다. ( ) 안에 알맞은 것은?

> 지도의 TM 좌표에 따라 해당 지역의 (Ⓐ)의 지도 위에 (Ⓑ) 간격으로 바둑판 모양의 구획을 만들고, 그 구획마다 측정점을 선정한다.

① Ⓐ 1 : 5,000 이상, Ⓑ 2~3km
② Ⓐ 1 : 25,000 이상, Ⓑ 2~3km
③ Ⓐ 1 : 8,000 이상, Ⓑ 200~500m
④ Ⓐ 1 : 25,000 이상, Ⓑ 200~300m

∥해설 TM 좌표법의 축척은 1 : 25,000, 간격은 2~3km이다.

정답 1.③ 2.① 3.②

04 먼지측정을 위한 측정공 내경의 크기로 가장 적절한 것은?(단, 측정위치로 선정된 굴뚝 벽면에 설치함)

① 80mm
② 90mm
③ 120mm
④ 250mm

해설 측정공은 측정위치로 선정된 굴뚝 벽면에 내경 100~150mm 정도로 설치한다.

05 환경 대기 중 시료채취 위치선정 기준으로 옳지 않은 것은?

① 건물 바깥벽으로부터 적어도 1.5m 이상 떨어진 곳에 채취점을 선정한다.
② 시료의 채취높이는 평균오염도를 나타낼 수 있는 곳으로서 가능한 1.5~10m 범위로 한다.
③ 주위에 장애물이 있을 경우에는 채취위치로부터 장애물까지의 거리가 그 장애물 높이의 1.5배 이상이 되도록 한다.
④ 주위에 장애물이 있을 경우에는 채취점과 장애물 상단을 연결하는 직선이 수평선과 이루는 각도가 30° 이하 되는 곳을 선정한다.

해설 주위에 건물이나 수목 등의 장애물이 있을 경우는 채취위치로부터 장애물까지의 거리가 그 장애물 높이의 2배 이상 또는 채취점과 장애물 상단을 연결하는 직선이 수평선과 이루는 각도가 30° 이하 되는 곳을 선정하여야 한다.

🎯 더 풀어보기 예상문제

01 굴뚝 연속자동측정기 측정방법 중 연결관의 부착방법으로 옳지 않은 것은?

① 냉각연결관은 수직으로 연결한다.
② 연결관은 가능한 짧은 것이 좋다.
③ 기체·액체 분리관은 연결관의 부착위치 중 가장 높은 부분 또는 최고온도의 부분에 부착한다.
④ 응축수 배출펌프는 충분히 내구성이 있는 것을 쓰고, 이때 응축수 트랩은 사용하지 않아도 좋다.

02 굴뚝 연속자동측정기의 설치방법 중 연결관 부착방법으로 틀린 것은?

① 냉각연결관은 가능한 수평으로 연결한다.
② 기체·액체 분리관은 연결관의 부착위치 중 가장 낮은 부분에 부착한다.
③ 냉각연결관 부분에는 반드시 기체·액체 분리관과 아래쪽에 응축수 트랩을 연결한다.
④ 응축수 배출펌프는 내구성이 있는 것을 쓰며, 이때 응축수 트랩은 사용하지 않아도 좋다.

정답 1.③ 2.①

더 풀어보기 예상문제 해설

01 굴뚝 연속자동측정기 측정방법에서 기체·액체 분리관은 연결관의 부착위치 중 가장 낮은 부분 또는 최저온도의 부분에 부착한다.
02 굴뚝 연속자동측정기 측정방법에서 냉각연결관은 될 수 있는 대로 수직으로 연결하여야 한다.

더 풀어보기 예상문제

01 비산먼지 측정(하이볼륨 에어 샘플러법)에 대한 설명으로 틀린 것은?

① 따로 풍상방향에 대상 발생원의 영향이 없을 것으로 추측되는 곳에 대조위치를 선정한다.
② 시료채취는 1회 10분 이상 연속채취하며, 풍속이 1m/sec 미만으로 바람이 거의 없을 때는 시료채취를 하지 않는다.
③ 풍향·풍속의 측정 시 연속기록장치가 없을 경우에는 적어도 10분 간격으로 같은 지점에서의 3회 이상 풍향풍속을 측정하여 기록한다.
④ 시료채취장소는 원칙적으로 측정하려고 하는 발생원의 부지경계선상에 선정하며, 풍향을 고려하여 발생원의 비산먼지 농도가 가장 높을 것으로 예상되는 지점 3개소 이상을 선정한다.

02 굴뚝 배출가스 중 먼지의 농도를 측정하고자 한다. 굴뚝 단면적(m^2)이 1 초과 4 이하인 사각형 굴뚝단면인 경우 측정점 수 산정을 위해 구분된 1변의 길이 L(m) 기준으로 가장 적합한 것은 어느 것인가?

① $L \leq 0.1$ ② $L \leq 1$
③ $L \leq 0.667$ ④ $L \leq 0.5$

03 굴뚝 배출가스 중 오염물질 연속자동측정기기의 설치위치 및 방법으로 옳지 않은 것은?

① 불가피하게 외부공기가 유입되는 경우에 측정기기는 외부공기 유입 후에 설치하여야 한다.
② 분산굴뚝에서 측정기기는 나뉘기 전 굴뚝에 설치하거나, 나뉜 각각의 굴뚝에 설치하여야 한다.
③ 병합굴뚝에서 배출허용기준이 다른 경우에는 측정기기 및 유량계를 합쳐지기 전 각각의 지점에 설치하여야 한다.
④ 병합굴뚝에서 배출허용기준이 같은 경우에는 측정기기 및 유량계를 오염물질이 합쳐진 후 지점 또는 합쳐지기 전 지점에 설치하여야 한다.

정답 1.② 2.③ 3.①

더 풀어보기 예상문제 해설

01 풍속이 0.5m/sec 미만으로 바람이 거의 없을 때는 시료채취를 하지 않는다.

02 굴뚝단면이 사각형일 경우에는 다음과 같이 단면적에 따라 등단면적의 사각형으로 구분하고 구분된 각 등단면적의 중심에 측정점 수를 [표]와 같이 선정한다.

구분된 1변의 길이 L(m)	굴뚝 단면적(m^2)	측정점 수
$L \leq 0.5$	1 이하	4개
$L \leq 0.667$	1 초과 4 이하	12개
$L \leq 1$	4 초과 20 이하	16개

03 ①항 → 불가피하게 외부공기가 유입되는 경우에 측정기기는 외부공기 유입 전에 설치하여야 하고, 표준산소 농도를 적용받는 시설의 가스상 오염물질 측정기기는 산소측정기기의 측정시료와 동일한 시료로 측정할 수 있도록 하여야 한다.

대기환경기사/산업기사

🎯 더 풀어보기 예상문제

01 굴뚝 연속자동측정기 설치방법으로 틀린 것은 어느 것인가?

① 먼지와 가스상 물질을 모두 측정하는 경우 측정위치는 먼지를 따른다.
② 수직굴뚝에서 가스상 물질의 측정위치는 굴뚝하부 끝에서 위를 향하여 굴뚝 내경의 1/2배 이상이 되는 지점으로 한다.
③ 수평굴뚝에서 가스상 물질의 측정위치는 굴뚝방향이 바뀌는 지점으로부터 굴뚝 내경의 2배 이상 떨어진 곳을 선정한다.
④ 수직굴뚝에서 가스상 물질의 측정위치는 굴뚝상부 끝단으로부터 아래를 향하여 굴뚝상부 내경의 1/2배 이상이 되는 지점으로 한다.

02 굴뚝 배출가스상 물질을 분석하기 위한 시료채취에 대한 주의사항 중 옳지 않은 것은?

① 가스미터는 500mmH$_2$O 이내에서 사용한다.
② 습식 가스미터를 이동 또는 운반할 때에는 반드시 물을 빼고, 오랫동안 쓰지 않을 때에도 그와 같이 배수한다.
③ 흡수병을 공용으로 할 때에는 대상성분이 달라질 때마다 묽은 산 또는 알칼리 용액과 물로 깨끗이 씻은 다음 다시 흡수액으로 3회 정도 씻은 후 사용한다.
④ 굴뚝 내의 압력이 매우 큰 부압(-300 mmH$_2$O 정도 이하)인 경우에는 시료채취용 굴뚝을 부설하여 용량이 큰 펌프를 써서 시료가스를 흡입하고, 그 부설한 굴뚝에 채취구를 만든다.

정답 1.② 2.①

더 풀어보기 예상문제 해설

01 수직굴뚝에서 가스상 물질의 경우 측정위치는 굴뚝하부 끝에서 위를 향하여 굴뚝 내경의 2배 이상이 되고, 상부 끝단으로부터 아래를 향하여 굴뚝 상부 내경의 1/2배 이상이 되는 지점으로 한다.

02 굴뚝 배출가스상 물질 분석에서 가스미터는 100mmH$_2$O 이내에서 사용, 수은 마노미터는 대기와 압력차가 100mmHg 이상인 것을 사용하여야 한다.

2 가스상 물질 시료채취 ⇨ 구분 { • 굴뚝배출 가스상 오염물질 / • 환경대기 중 가스상 오염물질 }

(1) 굴뚝을 통해 배출되는 가스상 오염물질 { ○ 흡수병 사용 / ○ 포집병 사용 }

▍연결 및 기구의 부착

▫ **흡수병을 연결하여 사용할 때**

채취관 → 여과재 → 연결관 → 채취부(3방콕) {[○ 바이패스용 세척병 / 흡수병]} (3방콕) → 건조제(건조탑) → 흡입펌프 → 가스미터

▫ **포집병을 연결하여 사용할 때**

채취관 → 여과재 → { 3방콕 / 채취병 } → 진공 마노미터 → 세척병(건조제) → 흡입펌프

▍채취관

▫ **재질** : 채취관, 충전 및 여과재의 재질은 배출가스의 조성, 온도 등을 고려해서 다음의 조건을 만족시키는 것을 선택하여야 함
 • 화학반응이나 흡착작용 등으로 배출가스의 분석결과에 영향을 주지 않는 것
 • 배출가스 중의 부식성 성분에 의하여 잘 부식되지 않는 것
 • 배출가스의 온도, 유속 등에 견딜 수 있는 충분한 기계적 강도를 갖는 것

▍ 분석 대상가스별 채취관-연결관의 재질과 여과재의 재료 ▍

분석 대상가스	채취관·연결관의 재질	여과재	범 례
암모니아	①②③④⑤⑥	ⓐ ⓑ ⓒ	① 경질유리
일산화탄소	①②③④⑤⑥⑦	ⓐ ⓑ ⓒ	② 석영
염화수소	①② ⑤⑥⑦	ⓐ ⓑ ⓒ	③ 보통강철
염소	①② ⑤⑥⑦	ⓐ ⓑ ⓒ	④ 스테인리스강
황산화물	①② ④⑤⑥⑦	ⓐ ⓑ ⓒ	⑤ 세라믹
질소산화물	①② ④⑤⑥	ⓐ ⓑ ⓒ	⑥ 플루오린수지
이황화탄소	①② ⑥	ⓐ ⓑ	⑦ 염화비닐수지
폼알데하이드	①② ⑥	ⓐ ⓑ	⑧ 실리콘수지
황화수소	①② ④⑤⑥⑦	ⓐ ⓑ ⓒ	⑨ 네오프렌
플루오르화합물	④ ⑥	ⓒ	
HCN	①② ④⑤⑥⑦	ⓐ ⓑ ⓒ	
브로민(브롬)	①② ⑥	ⓐ ⓑ	ⓐ 알칼리성분이 없는 유리솜 또는
벤젠	①② ⑥	ⓐ ⓑ	실리카솜
페놀	①② ④ ⑥	ⓐ ⓑ	ⓑ 소결유리
비소	①② ④⑤⑥⑦	ⓐ ⓑ ⓒ	ⓒ 카보런덤

▫ **규격**
 • **직경** : 안지름 6~25mm 정도
 • **길이** : 채취점까지 끼워 넣을 수 있는 것
 • **채취관 앞 끝의 모양** : 먼지가 섞여 들어오는 것을 줄이기 위해서 채취관의 **앞 끝의 모양**은 직접 먼지가 들어오기 어려운 구조로 해야 함

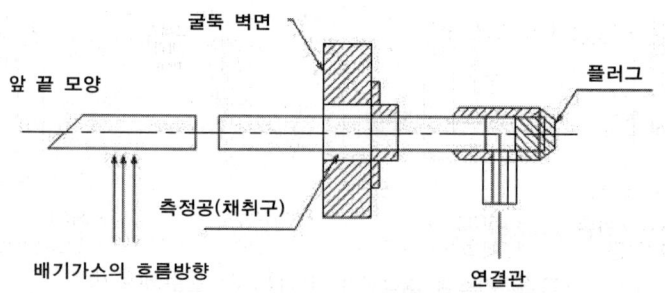

〈그림〉 가스상 오염물질 시료채취관 구조

▎여과재
- **용도** : 시료 중에 먼지 등이 섞여 들어오는 것을 막기 위함임
- **요구조건**
  - 먼지 제거율이 좋고, 압력손실이 적을 것
  - 흡착, 분해 작용 등이 일어나지 않고, 끼우는 부분은 교환이 쉬운 구조일 것

▎연결관
- **재질** : 연결관의 재질은 사용하는 채취관의 종류에 따라 적당한 것을 사용해야 함
  - 분석물질, 공존가스, 사용온도 등에 따라 다르게 사용함[앞 (표) 참조]
  - 플루오린수지 연결관(녹는점 260℃)은 **250℃ 이상**에서는 사용할 수 없음
- **규격**
  - **직경** : 지름 4~25mm
  - **길이** : 연결관의 길이는 **되도록 짧게** 하고, 부득이 길게 해서 쓰는 경우는 이음매가 없는 배관을 써서 접속부분을 적게 하고, 받침기구로 고정해서 사용해야 함
  - **여러 개 연결** : 하나의 연결관으로 여러 개의 측정기를 사용할 경우 **각 측정기 앞에서** 연결관을 **병렬로 연결**하여 사용함

▎**채취부** { ○ 흡수병 · 채취병
　　　　　　○ 바이패스용 세척병
　　　　　　○ 펌프
　　　　　　○ 가스미터 }

- **접속** : 접속에는 갈아맞춤(직접접속), 실리콘 고무, 플루오르 고무 또는 연질 염화비닐관을 사용함
  - 연결관은 가능한 한 **수직으로 연결**해야 함
  - 부득이 구부러진 관을 쓸 경우는 응축수가 흘러나오기 쉽도록 **경사지게(5° 이상)**하고 **시료가스는 아래로 향하게** 하여야 함
  - 연결관은 새지 않는 구조이어야 하며, 분석계에서의 배출가스 및 바이패스 배출가스의 연결관은 배후 압력의 변동이 적은 장소에 설치함
- **흡수병** : 유리로 만든 것으로 분석대상 가스에 따라서 적절한 것을 사용함

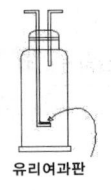  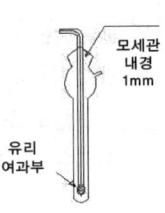 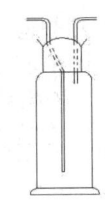

- NH₃/HCl/비소   • HCl/SOₓ/HF   • Cl₂/페놀   • HCl
- CS₂/HF 등   • 페놀/비소 등   • HCHO   • 브로민(브롬)

〈그림〉 가스상 물질채취 시 이용되는 흡수병(보기)

□ **흡수액** : 분석대상 가스와 분석방법에 따라 규정된 흡수액을 주입함
  - 암모니아 { ㅇ 인도페놀법 → 흡수액 : 붕산 용액(질량분율 0.5g/L)
  - 염화수소 { ㅇ 이온크로마토그래피법
ㅇ 싸이오시안산제2수은법 } → 흡수액 { ㅇ 정제수
ㅇ NaOH용액(0.1M)
  - 염소 { ㅇ 오르토톨리딘법
ㅇ 4피리딘-카복실산-피라졸론법
    → 흡수액 : { ㅇ 오르토톨리딘염산염 용액(0.1g/L)
ㅇ p-톨루엔설폰아마이드용액(1g/L)
  - 황산화물 { ㅇ 침전적정법 → 흡수액 : 과산화수소수 용액(1+9)
  - 질소산화물 { ㅇ 아연환원나프틸에틸렌디아민법 → 흡수액 { ㅇ 황산용액(0.005M)
  - 이황화탄소 { ㅇ 자외선/가시선분광법
ㅇ 기체크로마토그래피 } → 흡수액 : 다이에틸아민구리용액
  - 폼알데하이드 { ㅇ 크로모트로핀산법
ㅇ 아세틸아세톤법 } → 흡수액 { ㅇ 크로모트로핀산+황산
ㅇ 아세틸아세톤함유액
  - 황화수소 { ㅇ 자외선/가시선분광법(메틸렌블루법) → 흡수액 : 아연아민착염
  - 플루오르화합물 { ㅇ 자외선/가시선분광법
ㅇ 적정법
ㅇ 이온선택전극법 } → 흡수액 : NaOH 용액(0.1M)
  - HCN { ㅇ 자외선/가시선분광법(피리딘피라졸론법) → 흡수액 : NaOH 용액(0.5M)
  - Br화합물 { ㅇ 자외선/가시선분광법
ㅇ 적정법(싸이오시안산제2수은법) } → 흡수액 : NaOH 용액(0.1M)
  - 페놀 { ㅇ 자외선/가시선분광법
ㅇ 기체크로마토그래피 } → 흡수액 : NaOH 용액(질량분율 0.1M)
  - 비소 { ㅇ 자외선/가시선분광법
ㅇ 원자흡수분광도법
ㅇ 유도결합플라스마 분광법 } → 흡수액 : NaOH 용액(질량분율 0.1M)

□ **수은마노미터** : 대기와 압력차가 **100mmHg 이상**인 것을 씀
□ **가스건조탑**
  - **용도·재질** : 펌프를 보호하기 위해서 사용되며, **유리**로 만든 것을 사용함
  - **건조제** : **입자상태의 실리카겔, 염화칼슘** 등을 사용함
□ **펌프** : 배기능력 0.5~5L/min인 **밀폐형**을 사용해야 함
□ **가스미터** : **일회전** 1L의 습식 또는 건식 가스미터를 사용함

- 바이패스용 세척병 : 채취병을 사용할 때만 부착됨
  - 위치 : 세척병의 사용은 펌프를 보호하기 위한 것이므로 흡입 펌프 **앞에** 놓이게 함
  - 용액 : 시료가 산성일 때는 **수산화소듐용액**(NaOH, 20%)을, 시료가 알칼리성일 때에는 **황산**(H_2SO_4, 질량분율 25%)을 각각 50mL 넣음

조립 시 유의사항과 누출확인

조립 시 유의사항

- 흡수병 조립
  - 채취관에서 흡수병에 이르는 사이는 **직선이 되게 조립**해야 함
  - 직선으로 조립할 수 없는 경우, L자형 연결관 등을 써서 조작이 쉽도록 조립함
  - 연결배관은 연질염화비닐관, 고무관 등을 사용함
  - 분석대상 가스에 따라서 채취구에서 흡수병에 이르는 사이를 가열함. 이때 가열하는 채취관 및 연결관에는 얇은 석면 테이프를 감아줌
- 채취병 조립
  - 채취병의 접속에는 구면 접속기구 또는 실리콘 고무관을 씀
  - 채취병은 가급적 채취위치 가까이에 접속함

흡수병 조립 시 누출확인 시험

- 시험 순서
  - 소정의 흡입유량에 있어서 장치의 부압(대기압과 압차)을 수은 마노미터로 측정
  - 채취관 쪽 3방 콕을 닫고 펌프 쪽의 3방 콕을 개방
  - 펌프의 유량조절 콕을 조작하여 분석용 흡수병을 부압(장치안 부압의 2배 정도)으로 하고 펌프 바로 앞의 콕을 닫음
- 판단
  - 흡수병에 거품이 생기면 그 앞의 부분에 공기가 새는 것으로 봄
  - 펌프의 3방 콕을 닫았을 때의 수은 마노미터의 압차가 적어지면, 펌프 바로 앞부분까지 새는 곳이 있는 것으로 봄
- 조치
  - 새는 부분은 장치를 다시 조립해서 새는 곳이 없는지 다시 확인
  - 흡수병의 갈아맞춤 부분에 약간의 먼지가 붙어 있을 때는 깨끗이 닦고, 갈아맞춤부분을 물 1~2방울로 적셔서 차폐함
  - 공기가 새는 것을 막고, 필요한 때는 실리콘 윤활유 등을 발라서 새는 것을 막음

채취병 조립 시 누출확인 시험

- 주사통
  - 주사통은 내부를 물로 적신 다음 눈금의 1/4 정도까지 공기를 넣고 콕을 닫음
  - 주사통의 안통을 잡아당겼다 놓았다 하는 조작을 수회 반복함
  - 안통이 매회 먼저 위치에 되돌아가면 새지 않는 것으로 봄

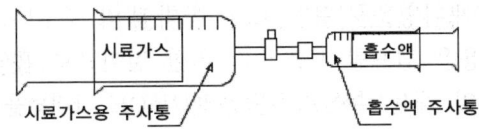

〈그림〉 주사통 채취병(NH_3, HCl, SO_x, NO_x, CS_2 등 소량채취에 이용)

□ **감압 채취병**
- 채취병에 진공 마노미터를 접속한 다음 절대압력 10mmHg 정도까지 감압함
- 1시간 방치하여 내압의 증가가 20mmHg 이내이면 새지 않는 것으로 봄

〈그림〉 감압 채취병(HCl, SOx, NOx, HF, 페놀, 비소 등 소량채취에 이용)

■ 시료가스 채취량

❀ 흡수병 사용할 때

□ **흡수병 채취부의 취급법**
- 흡수병에 시료를 보내기 전에 바이패스 등을 써서 배관속을 시료로 바꾸어 놓음
- 시료의 흡입유량은 최고 2L/min 정도로 할 것
  ▶ 염화수소 등과 같이 완전히 흡수되는 것이 확실한 경우에는 4L/min로 함
  ▶ 채취하는 시료량은 시료 중의 분석대상 성분의 농도에 따라서 증감함
- 시료를 채취할 때는 시료의 부피를 측정하는 위치에서 동시에 가스미터상의 온도, 압력 및 대기압을 측정해 둠

□ **건조시료가스 채취량(L) 환산**
- 습식 가스미터를 사용하는 경우

  ■ $V_s = V \times \dfrac{273}{273+t} \times \dfrac{P_a+P_m-P_v}{760}$

- 건식 가스미터를 사용하는 경우

  ■ $V_s = V \times \dfrac{273}{273+t} \times \dfrac{P_a+P_m}{760}$

$\begin{cases} V : \text{가스미터로 측정한 흡입가스량(L)} \\ V_s : \text{건조시료 가스채취량(L)} \\ t : \text{가스미터의 온도(℃)} \\ P_a : \text{대기압(mmHg)} \\ P_m : \text{가스미터의 게이지압(mmHg)} \\ P_v : t_o\text{℃에서의 포화수증기압(mmHg)} \end{cases}$

❀ 채취병 사용할 때

□ **채취병 채취부의 취급법**
- 새는 곳을 시험하기 전에 채취관의 뒤끝에 콕을, 세척병의 앞 또는 뒤에 수은 마노미터를 접속함

- 유량 1~5L/min으로 가스를 흡입하고, 장치 내의 부압(대기압과의 압차)을 수은 마노미터로 측정함
- 시료를 채취할 때에는 채취병의 주위에서 온도와 대기압을 측정해 둘 것

□ **건조시료가스 채취량(L) 환산**
- 주사통을 사용하는 경우

$$V_s = V_a \times \frac{273}{273 + T_f} \times \frac{P_a + P_{nf}}{760}$$

- 감압병을 사용하는 경우

$$V_s = V_a \times \frac{273}{760} \left(\frac{P_f - P_{nf}}{273 + T_f} - \frac{P_i - P_{ni}}{273 + T_i} \right)$$

V_a : 채취병의 부피(L)
P_a : 대기압(mmHg)
P_i : 시료채취 전 채취병 압력(mmHg)
P_f : 시료채취 후 채취병 압력(mmHg)
P_{ni} : T_i℃의 포화수증기압(mmHg)
P_{nf} : T_f℃의 포화수증기압(mmHg)
T_i : P_i 측정 시 온도(℃)
T_f : P_f 측정 시 온도(℃)

(2) 환경대기 중의 가스상 오염물질 시료채취

- 직접채취법
- 용기채취법
- 용매채취법
- 고체흡착법
- 저온농축법
- 채취용 여과지에 의한 방법

▌직접채취법

※ **장치구성** : 이 방법은 시료를 측정기에 직접 도입하여 분석하는 방법으로 **채취관 → 분석장치 → 흡입펌프**로 구성됨

※ **성능요건**

□ **채취관**
- 재질 : 4불화에틸렌수지(teflon), 경질유리, 스테인리스강제 등
- 길이 : 5m 이내로 되도록 짧은 것이 좋음
- 끝모양 : ∩자형으로 빗물이나 곤충 기타 이물질이 들어가지 않도록 된 구조

□ **분석장치** : 분석장치는 측정하려는 기체 성분에 따라 각 항에서 규정하는 것을 사용

□ **흡입펌프** : 사용 목적에 맞는 용량의 회전펌프 또는 격막펌프(Diaphragm Pump)를 사용하며 전기용 또는 전지(Battery)용이 있음

▌용기채취법

※ **장치구성** : 이 방법은 시료를 일단 일정한 용기에 채취한 다음 분석에 이용하는 방법으로 채취관 → 용기 또는 채취관 → 유량조절기 → 흡입펌프 → 용기로 구성됨

※ **성능요건**

□ **채취관** : 직접채취법에 따름
□ **용기**
- 진공병
- 공기주머니(airbag)

- **진공병을 사용할 경우**
  - **구조** : 내부용적이 일정한 경질 유리병에 진공마개와 시료 인출용 마개가 부착되고 수 mmHg 정도까지 감압할 수 있는 것을 사용

- 마개 : 마개의 재질은 고무, 실리콘 고무 또는 합성수지제 고무 등을 사용하며 필요하면 윤활유(grease)를 얇게 발라 공기가 새지 않도록 함
- 용량 : 진공병의 용량은 물을 가득 채웠을 때의 물의 용량을 계산하여 구함

• 공기주머니를 사용할 경우
- 이용
  ▸ 측정기기를 측정장소까지 가지고 갈 수가 없을 때
  ▸ 소수의 측정기로 다수의 지점에서 동시에 시료를 측정할 경우
- 재질
  ▸ 테플론(Teflon), 테들러(Tedlar), 폴리에스테르(Polyester) 등이나 이보다 대기오염물질 흡착성이 낮은 것으로서 용기 부피가 3~20L 정도의 것으로 함
  ▸ 실리콘이나 천연고무 같은 재질은 접합부에서도 사용되어서는 안됨
- 흡입기구 : 대기환경 중 시료를 채취하기 위하여 일반 펌프를 쓰게 되면 여러 가지 문제가 발생됨
  ▸ 휴대용 폐시료채취기(Lung Sampler)를 이용한 채취(가장 안전함)
  ▸ 격막펌프(흡입유량 1~10L/min) 이용
- 주머니의 세척
  ▸ 고순도 질소기체를 사용하여 3회 이상 세척 후 고순도 질소기체를 채워 오븐온도 80℃에서 3시간 이상 가열
  ▸ 실온에서 5분간 안정화 시킨 후 다시 고순도 질소로 3회 이상 세척하여 사용
  ▸ 경우에 따라서 주머니 외부를 적외선 램프로 가열하면서 건조하고 깨끗한 공기를 통과시켜 세척하기도 함

▌ 용매채취법

⚛ **장치구성** : 이 방법은 측정대상 기체와 선택적으로 흡수 또는 반응하는 용매에 시료가스를 일정 유량으로 통과시켜 채취하는 방법으로 **채취관 → 여과재 → 채취부 → 흡입펌프 → 유량계**(가스미터)로 구성됨

⚛ **성능요건**
- 여과재 : 석영섬유제, 4불화에틸렌제 멤브레인 필터, 셀룰로오스, 나일론제품
- 채취부 : 흡수병(흡수관)과 세척병(공병)으로 구성됨
- 유량계
  - 적산유량계 { 습식 가스미터 / 건식 가스미터 }
  - 순간유량계
    - 면적식 유량계 { 부자식 / 피스톤식 / 게이트식 }
    - 기타 유량계 { 오리피스(Orifice) / 벤투리(Venturi) / 노즐(Flownozzle)식 }
- 채취관 등 기타 장치성능 : 직접채취법에 따름

채취조작
- 흡수관 → 트랩 → 흡입펌프 → 유량계의 순으로 장치를 배열함
- 흡수관에 일정량의 흡수액 10~20mL를 주입함
- 시료흡입 유량 0.5~2.0 L/min으로 흡입조작 진행
- 흡입시간은 보통 30분~2시간 정도로 함
- 동시에 기온, 기압과 필요하면 풍향, 풍속 등 다른 기상조건을 측정함

▌고체흡착법
장치구성
: 이 방법은 고체분말 표면에 기체가 흡착되는 것을 이용하는 방법으로 시료채취장치는 **흡착관 → 유량계 및 흡입펌프**로 구성됨

성능요건
- **흡착관 · 흡착제**
  - **흡착관** : 스테인리스강, 파이렉스(Pyrex) 유리관
  - **흡착제** : 측정대상 성분에 따라 흡착제 선택(200mg 정도 충전)
  - 사용상 유의사항
    - 흡착제는 반드시 지정된 최고온도 범위와 기체유량을 고려하여 사용할 것
    - 흡착관은 사용하기 전에 반드시 컨디셔닝(Conditioning)을 할 것
    - 컨디셔닝은 온도 350℃, 순도 99.99% 이상의 헬륨기체 또는 질소기체를 50~100mL/min의 유속으로 적어도 2시간 동안 흘려줌(시판 제품은 최소 30분)
    - 컨디셔닝 후에 테플론 마개나 테플론 관접합부를 사용하여 양 끝을 막을 것
    - 24시간 이내에 사용하지 않을 때는 4℃의 냉암소에 보관함
    - 흡착관은 반드시 시료채취 방향을 표시해 주고 고유번호를 적도록 할 것
- **흡입펌프**
  - 반드시 진공펌프이어야 함
  - 사용 목적에 맞는 용량의 펌프를 사용함을 원칙으로 함
  - 유량 인정성은 시료채취 시간 동안 5% 이내이어야 함

▌저온농축법
장치구성
: **탄산기체 및 수분제거관 → 냉각농축관 → 흡입펌프 → 유량계**로 구성되며, 이 방법은 탄화수소와 같은 기체성분을 냉각제로 냉각응축시켜 공기로부터 분리채취하는 방법으로 주로 GC나 GC/MS 분석기에 이용됨

성능요건
- **냉각제** : 액체산소(-183℃), 드라이아이스(Dry ice) 등 사용
- **탄산기체 및 수분제거관** : 사용하는 탄산기체 및 수분제거관은 길이 17cm, 내경 3cm 정도의 유리관에 무수탄산칼륨과 소다석회를 각각 30g씩 넣은 것을 사용
- **냉각농축관** : 농축관의 길이는 30cm, 내경 2cm 정도의 U자형 유리관에 20~50mesh **규조토 내화벽돌 가루**를 충전함

※ 채취조작
- 탄산기체 및 수분제거관 → 냉각농축관 → 흡입펌프 → 유량계의 순으로 연결함
- 흡입유량 10L/min, 흡입시간 **10분** 정도로 채취함
- 먼저 농축관 부분을 냉각제로 냉각시키고 마개를 열어 시료가 도입되도록 한 다음 펌프를 작동시킴

채취용 여과지에 의한 방법

※ 장치구성 : 채취장치는 **여과지홀더 → 흡입펌프 → 유량계**로 구성되며, 이 방법은 여과지를 적당한 시약에 담갔다가 건조시키고 시료를 통과시켜 목적하는 기체성분을 채취하는 방법으로 주로 플루오르화합물, 암모니아, 트리메틸아민 등의 기체를 채취하는 데 이용됨

※ 여과지 요건 · 채취조작
- 여과지
  - **불화수소용** 여과지는 1% **탄산나트륨**용액에 담구었다가 꺼낸 후 건조시킨 것을 사용함
  - **암모니아** 또는 **트리메틸아민용** 여과지는 유리섬유 여과지를 20% **황산**에 담구었다가 꺼낸 후 건조시킨 것을 사용함
- 채취조작
  - 채취용 여과지를 여과지 홀더에 장착하고 일정 시간 흡입하여 시료를 채취함
  - 채취한 기체 성분은 물 또는 적당한 용매로 추출하여 분석에 사용함

※ 시료채취 일반사항
- 되도록 측정하려는 기체 또는 입자의 손실이 없도록 한다.
- 바람이나 눈, 비로부터 보호하기 위하여 **측정기기는 실내에 설치**하고 채취구는 밖으로 연결할 경우에는 채취관 벽과의 반응, 흡착, 흡수 등에 의한 영향을 최소한도로 줄일 수 있는 재질과 방법을 선택한다.
- 채취관을 장기간 사용하여 관내에 분진이 퇴적하거나 퇴적할 분진이 기체와 반응 또는 흡착하는 것을 막기 위하여 채취관은 항상 깨끗한 상태로 보존한다.
- 미리 측정하려고 하는 성분과 이외의 성분에 대한 물리적, 화학적 성질을 조사하여 방해 성분의 영향이 적은 방법을 선택한다.
- **악취물질**의 채취는 **되도록 짧은 시간** 내에 끝낸다.
- 환경기준이 설정되어 있는 물질의 채취시간은 원칙적으로 법에 정해져 있는 시간을 기준으로 한다.
- 시료채취 유량은 각 항에서 규정하는 범위 내에서는 **되도록 많이 채취**하는 것을 원칙으로 한다. 또 사용 유량계는 그 성능을 잘 파악하여 사용하고 채취유량은 반드시 온도와 압력을 기록하여 **표준상태로 환산**한다.

⚛ **시료의 보존 및 운송방법** : 시료의 분석은 원칙적으로 시료채취 후 **24시간 이내**에 한다. 그러나 시료채취 후 분석하기 전까지 보관이 필요한 경우에는 수분의 증발 또는 수분의 흡수, 공기에 의한 산화, 휘발에 의한 손실, 보존 중 성분의 변화 또는 변질을 최소화하기 위하여 다음과 같은 조치를 취한다.

- 모든 시료는 분석 전까지 **냉장보관**하도록 한다.
- 습기에 민감한 고체시료는 고체 건조제를 용기의 밑에 넣고 뚜껑을 닫아 밀봉한다.
- **채취된 여과지**는 채취면을 **위로** 하여 **플라스틱 시료채취주머니**에 넣어 밀봉한다.
- **수용성 액체시료**는 햇빛에 민감한 경우 **갈색병**에 담아서 보관한다.
- **액체시료**의 보관 시에는 유리용기보다는 가능한 **폴리에틸렌병**을 사용하도록 한다.
- 시료의 운송 중에는 시료에 충격을 최소화하기 위한 충전(packing)을 하고, 시료의 변질을 막기 위하여 충전 시에 냉장팩 등을 사용한다.
- 액체시료의 경우에는 운송 전·후에 시료용액이 담긴 용기의 바깥쪽에 높이를 표시하여 운송 시에 손실이 없음을 확인한다.
- 시료가 캐니스터(canister)에 담겨있을 때는 운송 전후에 캐니스터의 압력을 기록하여 시료의 손실이 없음을 확인한다.

CBT 형식 출제대비 엄선 예상문제

01 가스상 물질 시료채취 연결관에 대한 설명으로 옳지 않은 것은?
① 연결관의 안지름은 4~25mm로 한다.
② 연결관의 길이는 되도록 짧게 하고, 76m를 넘지 않도록 한다.
③ 연결관으로 부득이 구부러진 관을 쓸 경우에는 응축수가 흘러나오기 쉽도록 경사지게(5° 이상) 하고, 시료가스는 아래로 향하게 한다.
④ 연결관은 되도록 수평으로 연결해야 하고, 하나의 연결관으로 여러 개의 측정기를 사용할 경우 각 측정기 앞에서 연결관을 직렬로 연결하여 사용한다.

02 다음 중 배출가스 중에 함유된 브로민(브롬)화합물의 측정방법은?
① 아르세나조법
② 페놀디설폰산법
③ 아세틸아세톤법
④ 사이오시안산제2수은법

03 굴뚝 배출가스상 물질의 시료채취장치 중 채취부에 사용되는 수은 마노미터의 규격기준으로 옳은 것은?
① 대기와 압력차가 500mmHg 이하인 것을 사용
② 대기와 압력차가 100mmHg 이상인 것을 사용
③ 대기와 압력차가 100mmHg 이하인 것을 사용
④ 대기와 압력차가 500mmHg 이상인 것을 사용

04 질소화합물의 아연환원나프틸에틸렌다이아민법의 흡수액은?
① 증류수
② NaOH 용액
③ 암모니아수
④ 황산+과산화수소

05 중화적정법으로 황산화물을 측정할 때 쓰이는 흡수액은?
① 에틸알코올
② 과산화수소수
③ 에틸아민동용액
④ 수산화소듐용액

▶ 해설

01 연결관은 가능한 한 수직으로 연결해야 하고, 하나의 연결관으로 여러 개의 측정기를 사용할 경우 각 측정기 앞에서 연결관을 병렬로 연결하여 사용한다.
　　※ 연결관의 길이에 대해서도 출제되고 있으므로 잘 대비해 두어야 한다.
02 브로민(브롬)화합물의 측정방법은 자외선/가시선분광법과 적정법(사이오시안산제2수은법)이다.
03 수은 마노미터는 대기와 압력차가 100mmHg 이상인 것을 사용한다.
04 질소화합물의 아연환원나프틸에틸렌다이아민법의 흡수액은 증류수이다.
05 황산화물의 중화적정법에 사용되는 흡수액은 과산화수소수이다.

정답 ┃ 1.④ 2.④ 3.② 4.① 5.②

06 굴뚝 배출가스상 물질의 시료채취방법 중 채취부에 대한 시험기준으로 옳은 것은?
① 펌프는 배기능력 10~20 L/분인 개방형을 쓴다.
② 가스미터는 일회전 1 L의 습식 또는 건식 가스미터를 쓴다.
③ 수은 마노미터는 대기와 압력차가 50mmHg 이상인 것을 쓴다.
④ 펌프를 보호하기 위해 실리콘 재질의 가스 건조탑을 쓰며, 건조제는 활성알루미나를 쓴다.

07 다음 중 크로모트로핀산법은 어떤 오염물질의 분석방법인가?
① 벤젠
② 사염화탄소 및 클로로포름
③ 폼알데하이드 및 케톤화합물
④ 브로민(브롬) 및 브로민화수소

08 다음 중 굴뚝 배출 분석 대상가스와 그 분석방법의 연결로 옳은 것은?
① 페놀 – 페놀디설폰산법
② 질소산화물 – 크로모트로핀산법
③ 폼알데하이드 – 오르토톨리딘법
④ HCN – 피리딘카복실산 – 피라졸론법

09 굴뚝 배출 폼알데하이드를 정량할 때 사용되는 흡수액은?
① 질산암모늄+황산(1+5)
② 아세틸아세톤함유 흡수액
③ 아연아민착염함유 흡수액
④ 수산화소듐용액(0.4W/V%)

10 굴뚝 배출가스 중 브로민(브롬)화합물 분석에 사용되는 흡수액으로 옳은 것은?
① 붕산용액(0.5W/V%)
② 다이에틸아민구리용액
③ 황산+과산화수소+증류수
④ 수산화소듐용액(0.4W/V%)

11 NaOH 용액을 흡수액으로 사용하는 분석 대상가스가 아닌 것은?
① 비소
② 페놀
③ HCN
④ 이황화탄소

12 자외선/가시선 분광법에 의한 브로민(브롬) 정량 시 사용되는 흡수액은?
① NaOH
② 염산용액
③ NH_3 수용액
④ 과산화수소수

> 해설

06 ②항만 옳다.
▶바르게 고쳐보기◀
① 펌프는 배기능력 0.5~5L/min인 밀폐형을 사용한다.
③ 수은 마노미터는 대기와 압력차가 100mmHg 이상인 것을 사용한다.
④ 건조제는 입자상태의 실리카겔, 염화칼슘 등을 사용한다.

07 크로모트로핀산법은 폼알데하이드 분석법이다.

08 ④항만 올바르다.
▶바르게 고쳐보기◀
① 페놀 – 흡수분광법, 기체크로마토그래피
② 질소산화물 – 나프틸에틸렌다이아민법
③ 염소 – 오르토톨리딘법

09 굴뚝 배출 폼알데하이드의 아세틸아세톤법의 흡수액은 아세틸아세톤 함유액이다.

10 브로민(브롬)화합물 분석에 사용되는 흡수액은 수산화소듐(NaOH)용액(0.4W/V%)이다.

11 NaOH 용액을 흡수액으로 사용하는 분석 대상가스는 염화수소(사이오시안산제2수은법), 플루오르화합물, HCN, 브로민(브롬)화합물, 페놀, 비소이다. CS_2의 흡수액은 다이에틸아민동용액이다.

12 자외선/가시선 분광법에 의한 브로민(브롬) 정량 시 사용되는 흡수액은 NaOH 용액이다.

정답 ┃ 6.② 7.③ 8.④ 9.② 10.④ 11.④ 12.①

13 배출가스 중 CS₂를 자외선/가시선 분광법으로 분석하고자 할 때 흡수액은?

① 붕산용액
② 질산암모늄용액
③ 수산화소듐용액
④ 다이에틸아민구리용액

14 다음 중 분석 대상가스와 흡수액의 연결로 옳지 않은 것은?

① 황화수소-질산암모늄용액
② 황산화물-과산화수소수용액(3%)
③ 염화수소-수산화소듐용액(0.1N)
④ 플루오르화합물-수산화소듐용액(0.1N)

15 분석 대상가스가 암모니아일 때, 사용할 수 있는 채취관, 연결관의 재질로 가장 거리가 먼 것은?

① 석영   ② 보통강철
③ 경질유리   ④ 염화비닐수지

16 플루오르화합물 시료채취에 적합한 여과재의 재질은?

① 유리솜   ② 실리카솜
③ 소결유리   ④ 카보런덤

17 굴뚝에서 배출되는 가스상 물질을 채취할 때 Ⓐ 분석 대상가스별 Ⓑ 사용채취관 및 연결관의 재질 Ⓒ 여과재 재질의 연결로 가장 적합한 것은 어느 것인가?

① Ⓐ 벤젠-Ⓑ 세라믹-Ⓒ 카보런덤
② Ⓐ 암모니아-Ⓑ 염화비닐수지-Ⓒ 소결유리
③ Ⓐ 플루오르화합물-Ⓑ 스테인리스강-Ⓒ 카보런덤
④ Ⓐ 황산화물-Ⓑ 보통강철-Ⓒ 알칼리성분이 없는 유리솜

18 벤젠 분석 시 채취관이나 연결관의 재질로 적합하지 않은 것은?

① 석영   ② 보통강철
③ 경질유리   ④ 플루오린수지

19 환경대기 중의 기체상 오염물질 분석을 위한 시료채취에서 채취관-여과재-포집부-흡인펌프-유량계(가스미터)의 순으로 장치가 구성된 채취법은?

① 용기포집법   ② 용매포집법
③ 직접포집법   ④ 여지포집법

> **해설**

13 CS₂의 자외선/가시선 분광법을 적용할 때 흡수액은 다이에틸아민구리용액이다.
14 황화수소의 흡수액은 아연아민착염용액이다.
15 암모니아 시료채취에 사용할 수 있는 채취관, 연결관의 재질은 경질유리, 석영, 보통강철, 스테인리스강, 세라믹, 플루오린수지이다. 한편, 암모니아 시료채취에 사용할 수 없는 것은 염화비닐수지, 실리콘수지, 네오프렌이다.
16 플루오르화합물은 여과재로 "카보런덤"만 사용할 수 있다.
17 ③항만 적합하다.
　　▶참고하기◀
　　① Ⓐ 벤젠-Ⓑ 보통강철, 스테인리스강, 세라믹 사용불가-Ⓒ 카보런덤 사용불가
　　② Ⓐ 암모니아-Ⓑ 염화비닐수지, 실리콘수지, 네오프렌 사용불가-Ⓒ 소결유리
　　④ Ⓐ 황산화물-Ⓑ 보통강철 사용불가-Ⓒ 알칼리성분이 없는 유리솜
18 벤젠은 채취관이나 연결관으로 보통강철, 스테인리스강, 세라믹을 사용할 수 없다.
19 문제의 특징을 가지는 포집방법은 용매포집법이다.

정답 ┃ 13.④　14.①　15.③　16.④　17.③　18.②　19.②

20 다음의 환경대기 중 시료채취방법은?

> • 대상가스를 선택적으로 포집할 수 있다.
> • 구성은 채취관-여과재-포집부-흡입펌프-유량계(가스미터)로 되어 있다.
> • 포집부는 주로 흡수병(흡수관)과 세척병(공병)으로 구성된다.

① 용기포집법　　② 여지포집법
③ 고체포집법　　④ 용매포집법

21 환경대기 중의 시료채취에 대한 일반적인 주의사항으로 거리가 먼 것은?

① 시료채취 유량은 각 규정하는 범위 내에서는 되도록 많이 채취하는 것을 원칙으로 한다.
② 악취물질의 채취는 되도록 짧은 시간 내에 끝내고, 입자상 물질 중의 금속성분이나 발암성 물질 등은 되도록 장시간 채취한다.
③ 입자상 물질을 채취할 경우에는 채취관 벽에 분진이 부착 또는 퇴적하는 것을 피하고 특히, 채취관은 수평방향으로 연결할 경우는 되도록 관의 길이를 길게 하고 곡률 반경은 작게 한다.
④ 바람이나 눈, 비로부터 보호하기 위하여 측정기기는 실내에 설치하고, 채취구를 밖으로 연결할 경우에는 채취관 벽과의 반응, 흡착, 흡수 등에 의한 영향을 최소한도로 줄일 수 있는 재질과 방법을 선택한다.

22 환경대기 중 시료채취에 대한 다음 설명 중 옳지 않은 것은?

① 시료채취 유량은 규정하는 범위 내에서는 되도록 적은 양을 채취하는 것을 원칙으로 한다.
② 시료채취의 높이는 그 부근의 평균오염도를 나타낼 수 있는 곳으로서 1.5~10m 범위로 한다.
③ 장애물이 있을 경우에는 채취위치로부터 장애물까지의 거리가 그 장애물 높이의 2배 이상되는 곳을 선정한다.
④ 주위에 건물 등이 밀집되어 있을 때는 건물 바깥벽으로부터 적어도 1.5m 이상 떨어진 곳을 채취점으로 선정한다.

23 환경대기 시료채취 중 공기주머니(Air bag)를 사용한 용기포집법에 대한 설명으로 옳지 않은 것은?

① 비닐주머니는 입자상 물질 채취 이외는 사용해서는 안 된다.
② 공기주머니의 재질은 연질염화비닐, 4불화비닐, 4불화에틸렌 등을 사용한다.
③ 한번 사용한 주머니는 주머니의 외부를 적외선램프로 가열하면서 건조하고, 깨끗한 공기를 통과시켜 세척한다.
④ 측정기기를 측정장소까지 가지고 갈 수 없거나 소수의 측정기로서 다수의 지점에서 동시에 시료를 측정할 경우에 이용한다.

> **해설**
>
> **20** 문제의 특징을 가지는 포집방법은 용매포집법이다.
> **21** 입자상 물질을 채취할 경우에는 채취관 벽에 분진이 부착 또는 퇴적하는 것을 피하고, 특히 채취관은 수평방향으로 연결할 경우는 되도록 관의 길이를 짧게 하고, 곡률변경은 크게 할 것
> **22** 시료채취 유량은 각 규정하는 범위 내에서는 되도록 많이 채취하는 것을 원칙으로 한다.
> **23** 용기포집법에서 비닐주머니는 일산화탄소의 채취 이외는 사용해서는 안 된다.

정답 | 20.④　21.③　22.①　23.①

업그레이드 종합 예상문제

01 굴뚝 배출가스상 물질의 시료채취방법에 대한 설명으로 옳지 않은 것은?

① 연결관의 안지름은 4~25mm로 한다.
② 채취관은 안지름 6~25mm 정도의 것을 쓴다.
③ 채취부의 펌프는 배기능력 5L/분 이상의 개방형인 것을 쓴다.
④ 수은마노미터는 대기와 압력차가 100mmHg 이상인 것을 쓴다.

해설 채취부의 펌프는 배기능력 0.5~5L/분인 밀폐형인 것을 쓴다.

02 분석 대상가스의 종류별, 채취관 및 연결관 재질의 연결로 옳지 않은 것은?

① 일산화탄소 – 석영
② 이황화탄소 – 보통강철
③ 암모니아 – 스테인리스강
④ 질소산화물 – 스테인리스강

해설 이황화탄소 시료채취용 취관 및 연결관은 보통강철, 스테인리스강, 세라믹은 사용할 수 없다.

03 폼알데하이드를 분석할 때 채취관, 연결관의 재질로 적합하지 않은 것은?

① 석영
② 경질유리
③ 보통강철
④ 플루오린수지

해설 폼알데하이드를 분석할 때 채취관, 연결관의 재질로 부적합한 것은 보통강철, 스테인리스강, 세라믹, 염화비닐수지이다.

04 채취관, 연결관의 재질로서 보통 강철을 사용할 수 있는 분석가스는?

① 비소, 페놀
② 질소산화물, HCN
③ 암모니아, 일산화탄소
④ 폼알데하이드, 브로민(브롬)

해설 채취관, 연결관의 재질로서 보통강철을 사용할 수 있는 분석가스는 암모니아와 일산화탄소이다. 이외 분석가스는 보통 강철을 사용할 수 없다.

정답 1.③ 2.② 3.③ 4.③

더 풀어보기 예상문제

01 분석 대상가스와 흡수액의 연결로 틀린 것은 어느 것인가?

① 염화수소 – 수산화소듐용액
② 황산화물 – 아세트산바륨용액
③ 황화수소 – 아연아민착염용액
④ 플루오르화합물 – 수산화소듐용액

02 다음 중 분석 대상가스와 흡수액의 연결로 옳지 않은 것은?

① 비소 – 수산화소듐용액
② 황화수소 – 아세틸아세톤용액
③ 브롬화합물 – 수산화소듐용액
④ 플루오르화합물 – 수산화소듐용액

03 굴뚝 배출가스 중의 황화수소를 측정할 수 있는 시험방법은?

① 인도페놀법   ② 메틸렌블루법
③ 질산은적정법   ④ 오르토톨리딘법

04 아연아민착염용액을 흡수액으로 사용하는 것은?

① 황화수소   ② 질소산화물
③ 브롬화합물   ④ 폼알데하이드

05 굴뚝 배출 분석가스와 그 흡수액의 연결이 잘못된 것은?

① Br화합물 – 수산화소듐
② 황화수소 – 아연아민착염용액
③ HCN – 아세틸아세톤함유 흡수액
④ 페놀 – 수산화소듐용액(0.4W/V%)

06 염소가스를 시료채취할 때 사용되는 흡수액은?

① 오르토톨리딘인산염 용액
② 오르토톨리딘황산염 용액
③ 오르토톨리딘질산염 용액
④ 오르토톨리딘염산염 용액

07 굴뚝 배출가스상 물질의 분석방법 및 흡수액의 연결로 옳지 않은 것은?

① 질소산화물 : 살츠만법 – 설파닌산소듐용액
② 페놀 : 자외선/가시선 분광법 – 수산화소듐용액
③ 황화수소 : 자외선/가시선 분광법 – 아연아민착염용액
④ 브로민(브롬)화합물 : 자외선/가시선 분광법 – 수산화소듐용액

정답 1.② 2.② 3.② 4.① 5.③ 6.④ 7.①

더 풀어보기 예상문제 해설

01 황산화물의 흡수액은 과산화수소수이다.

02 황화수소의 자외선/가시선 분광법(메틸렌블루법) 흡수액은 아연아민착염용액이다.

03 황화수소를 측정할 수 있는 시험법은 자외선/가시선 분광법(메틸렌블루법)이다.

04 아연아민착염용액에 흡수하는 분석대상 오염물질은 황화수소(H_2S)이다.

05 HCN의 자외선/가시선 분광법 – 피리딘피라졸론법(4-피리딘카복실산-피라졸론법)의 흡수액은 수산화소듐(NaOH)용액이다.

06 염소가스의 흡수액은 오르토톨리딘염산염 용액이다.

07 수동 살츠만법은 NO_2를 포함한 시료공기를 흡수 발색액(나프틸에틸렌다이아민이염산염, 술파닐산 및 아세트산 혼합액)에 통과시키면 NO_2량에 비례하여 등적색의 아조(azo) 염료가 생기는데 이때 발색된 용액의 흡광도를 측정하여 NO_2 농도를 구하는 방법이다.

더 풀어보기 예상문제

01 굴뚝 배출가스 내의 염화수소 분석방법 중 자외선/가시선 분광광도법에 해당하는 것은?
① 질산은법
② 4-아미노안티피린법
③ 사이오시안산제이수은법
④ 란탄-알리자린컴플렉손법

02 굴뚝 배출 자외선/가시선 분광법에 적용되는 분석 대상가스와 흡수액의 연결로 틀린 것은?

	분석가스	흡수액
Ⓐ	황화수소	아연아민착염용액
Ⓑ	페놀	수산화소듐용액
Ⓒ	비소	수산화포타슘용액
Ⓓ	불소화합물	수산화소듐용액

① Ⓐ ② Ⓑ ③ Ⓒ ④ Ⓓ

03 분석 대상가스가 이황화탄소(CS_2)인 경우 다음 보기에서 사용되는 채취관, 연결관의 재질로 가장 적합한 것은?
① 보통강철 ② 석영
③ 염화비닐수지 ④ 네오프렌

04 굴뚝 배출가스 중 염화수소를 분석하기 위해 사용되는 시료채취관의 재질과 흡수액이 옳게 연결된 것은?
① 경질유리-붕산용액
② 석영-수산화소듐용액
③ 보통강철-과산화수소수용액
④ 스테인리스강-다이에틸아민구리용액

05 페놀 분석에 적합하지 않은 채취관 및 연결관의 재질은?
① 석영 ② 스테인리스강
③ 실리콘수지 ④ 플루오린수지

06 굴뚝 배출가스상 물질의 시료채취방법으로 틀린 것은?
① 여과재를 끼우는 부분은 교환이 쉬운 구조의 것으로 한다.
② 일반적으로 사용되는 플루오린수지 연결관은 150℃ 이상에서는 사용할 수 없다.
③ 채취관은 흡입가스의 유량, 채취관의 기계적 강도, 청소의 용이성 등을 고려해서 안지름 6~25mm 정도의 것을 쓴다.
④ 연결관의 안지름은 연결관의 길이, 흡인가스의 유량, 응축수에 의한 막힘 또는 흡인펌프의 능력 등을 고려해서 4~25mm로 한다.

정답 1.③ 2.③ 3.② 4.② 5.③ 6.②

더 풀어보기 예상문제 해설

01 염화수소의 분석방법 중 사이오시안산제이수은법은 자외선/가시선 분광법이다.

02 비소의 흡수액은 수산화소듐용액이다.

03 이황화탄소(CS_2) 시료채취관 및 연결관의 재질은 경질유리, 석영, 플루오린수지, 플루오르 고무가 적합하다.

04 ②항이 옳다. 염화수소 시료채취관의 재질은 경질유리, 석영, 세라믹, 플루오린수지, 염화비닐수지를 사용하고, 수산화소듐용액에 흡수시킨다.

05 페놀의 채취관이나 연결관으로 적합한 것은 경질유리, 석영, 스테인리스강, 플루오린수지, 세라믹, 알칼리성분이 없는 유리솜 또는 실리카솜, 소결유리 등이다.

06 일반적으로 사용되는 플루오린수지 연결관은 250℃ 이상에서는 사용할 수 없다.

더 풀어보기 예상문제

01 환경대기 중 가스상 물질을 용매포집법으로 포집할 때 사용하는 순간유량계 중 면적식 유량계는?

① 노즐식 유량계
② 게이트식 유량계
③ 오리피스 유량계
④ 미스트식 가스미터

02 굴뚝 배출가스상 물질의 시료채취장치에 대한 시험기준으로 틀린 것은?

① 가스미터는 100mmH₂O 이내에서 사용한다.
② 습식 가스미터를 운반할 때는 반드시 물을 뺀다.
③ 가스미터는 정밀도를 유지하기 위하여 기차(器差)를 측정해 둘 필요가 있다.
④ 시료가스량 측정을 위하여 쓰는 채취병은 미리 20℃ 때의 참부피를 구해둔다.

03 자외선/가시선 분광법으로 이황화탄소 측정 시 흡수액은 어느 것인가?

① 황산
② 수산화소듐
③ 다이페닐카바지드
④ 다이에틸아민구리

04 다음 중 황화수소 시료채취관의 재질로 가장 거리가 먼 것은?

① 석영관
② 경질유리관
③ 보통강철관
④ 플루오린수지관

05 다음 분석 대상가스 중 여과재로 "카보런덤"을 사용하는 것은?

① 비소
② 이황화탄소
③ 벤젠
④ 브로민(브롬)

06 환경대기 중 가스상 물질의 시료채취방법이 아닌 것은?

① 용매포집법
② 용기포집법
③ 고체흡착법
④ 고온흡수법

정답 1.② 2.④ 3.④ 4.③ 5.① 6.④

더 풀어보기 예상문제 해설

01 환경대기 중 가스상 물질의 용매포집법에 사용되는 순간유량계 중 면적식 유량계는 게이트식, 부자식, 피스톤식 유량계이다.

02 시료가스량 측정을 위하여 쓰는 채취병은 미리 0℃ 때의 참부피를 구해둔다.

03 이황화탄소(자외선/가시선 분광법)의 흡수액은 다이에틸아민구리용액이다.

04 황화수소 시료채취관의 재질로 보통강철은 부적당하다.

05 카보런덤을 사용할 수 있는 분석 대상가스는 NH_3, CO, HCl, Cl_2, 황산화물, 질소산화물 등이다.

06 환경대기 중 가스상 물질의 시료채취방법은 직접채취법, 용기채취법, 용매채취법, 고체흡착법, 저온농축법, 채취용 여과지에 의한 방법이 있다.

3 입자상 물질 시료채취 ⇨ 구분
- 굴뚝배출 입자상 물질
- 배출가스 중 미세먼지(PM_{10}, $PM_{2.5}$)
- 환경대기 중 입자상 물질

(1) 굴뚝을 통해 배출되는 입자상 물질
- 반자동 시료채취
- 수동식 시료채취
- 자동식 시료채취

▌용어정의 · 간섭물질

❀ 용어의 정의
- **배출가스(Flue gas)** : 연료, 기타의 것의 연소, 합성, 분해, 열원으로서의 전기의 사용 및 기계적 처리 등에 따라 발생하는 고체입자를 함유하는 가스를 말함
  - 수분을 함유하지 않는 가스는 **건조배출가스**라고 함
  - 수분을 함유하는 가스를 **습윤배출가스**라고 함
- **등속흡입(Isokinetic Sampling)** : 먼지시료를 채취하기 위해 흡입노즐을 이용하여 배출가스를 흡입할 때, 흡입노즐을 배출가스의 흐름방향으로 **배출가스와 같은 유속으로** 가스를 흡입하는 것을 말함
- **먼지농도** : 표준상태(0℃, 760mmHg)의 건조배출가스 $1m^3$ 중에 함유된 먼지의 무게 단위를 말함

❀ 간섭물질
- **습도**
  - **영향** : 채취시료의 습도에 의한 영향은 피할 수 없으나, **여과지 평형화** 과정은 여과지 매질의 습도 효과를 최소화 할 수 있으며 **적은 습도조건**은 먼지 간의 정전력을 증가시킬 수 있음
  - **대책** : 질량측정의 정확성을 향상시키기 위하여 여과지는 **습도 50% 이상**인 질량측정실험실에서 **2분 이상** 노출되어서는 안 됨
    ▶ 습도에 의한 오차를 줄이기 위해 먼지의 질량을 측정하기 전 여과지 홀더 또는 여과지를 데시게이터에서 일반 대기압 하에서 20±5.6℃로 적어도 **24시간 이상** 건조시키며, **6시간의 간격**을 두고 먼지 질량의 차이가 **0.1mg일 때까지 측정**
    ▶ 여과지 홀더 또는 여과지를 105℃에서 2시간 이상 충분히 건조함
- **부산물에 의한 오차** { 가스상 물질들의 반응 / 이산화황과 질산
  - 시료채취 여과지 위에서 가스상 물질들의 반응 등에 의해 먼지의 질량농도 측정량이 증가 또는 감소되는 오차가 일어날 수 있음
  - 시료채취과정에서 이산화황과 질산이 여과지 위에 머무르면 황산염과 질산염으로 **산화되는 화학반응**을 통하여 생성되므로 **질량농도 증가**와 시료 중에 생성된 염류가 성장과 이동과정에서 기압과 대기온도에 따라 **해리과정**을 거쳐 다시 가스상으로 변환되어 **질량농도가 감소**될 수 있음

- 기타 { 먼지의 무게측정 / 먼지측정 시간 / 흡입유량 및 흡인속도

  - 측정대상이 되는 배출가스 중 먼지의 질량농도는 먼지의 질량, 측정시간, 그리고 유량에 의해서 결정되므로 보정된 정교한 저울을 사용하여야 함
  - 등속흡입과 누출공기 확인을 통해 정확한 유속과 유량 측정이 필요함

▌연결 및 기구의 부착

- 반자동식

  흡입노즐 → 흡입관 → 피토관 → 여과지 홀더 { 원통형 / 원형 } → 가열장치 →

  임핀저 트레인 → { 가스흡입부 / 유량측정부 } — 진공게이지 / 진공펌프 / 온도계 / 건식 가스미터

- 수동식

  먼지채취부 { 흡입노즐 – 여과지 홀더 / 고정쇠 / 드레인 채취기 – 연결관 } → 가스흡입부 { SO_2 흡수병 / 미스트 제거병 } →

  흡입유량 측정부 { 적산유량계(가스미터) / 로터미터 – 차압유량계 등 순간유량계 }

- 자동식

  평형형 흡입노즐 → { 흡입관 / 피토관 / 차압게이지 } → 여과지 홀더 → 임핀저 트레인 →

  자동제어부 { 자동등속 흡입제어부 / 유량자동 제어밸브 / 산소농도계 / 온도측정부 } → 측정데이터 기록부

▌흡입노즐

- **재질** : 스테인리스강, 경질유리, 석영유리제
- **구비조건**
  - 흡입노즐의 안과 밖의 가스흐름이 흐트러지지 않도록 흡입노즐 내경(d)는 **3mm 이상**으로 함. 흡입노즐의 내경은 정확히 측정하여 **0.1mm** 단위까지 구하여 둘 것
  - 흡입노즐의 **꼭지점은 30° 이하의 예각**이 되도록 하고 매끈한 반구모양으로 함
  - 흡입노즐 내외면은 매끄럽게 되어야 하며 흡입노즐에서 먼지채취부까지의 흡입관은 내부면이 매끄럽고 급격한 단면의 변화와 굴곡이 없어야 함

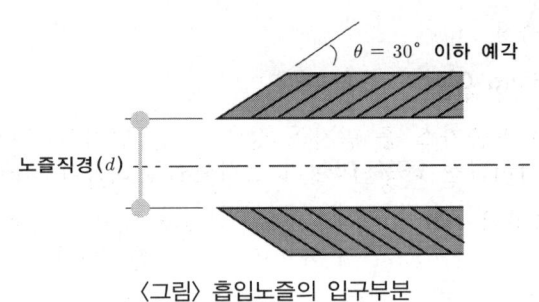

〈그림〉 흡입노즐의 입구부분

▌평형형 흡입노즐
- **적용** : 자동식 시료채취기에 적용됨
- **기능** : 측정점에서 배출가스 유속을 측정하지 않고, 그 유속과 흡입가스의 유속이 일치되도록 한 것임
  - 평형형 노즐은 측정점의 정압 또는 동압과 흡입노즐 내의 정압 또는 동압과 일치하도록 가스를 흡입할 경우에 측정점의 배출가스 유속과 가스의 흡입속도가 같게 되도록 한 구조와 기능을 갖는 것임
  - 동압은 흡입가스의 유속을 측정하기 위한 조임기구를 사용할 때는 조임 전후의 평균 차압으로 함

▌흡입관
- **재질** : 보로실리케이트(Borosilicate), 스테인리스강, 석영유리관
- **구비조건** : 수분응축방지를 위해 시료가스 온도를 120±14℃로 유지할 수 있는 가열기를 갖춘 것을 사용

▌피토관
- **형식** : 피토관 계수가 정해진 **L형 피토관**(C : 1.0 전후), **S형**(웨스턴형 C : 0.84)
- **부착위치** : 배출가스 유속의 계속적인 측정을 위해 흡입관에 부착하여 사용

▌차압게이지
- **형식** : 2개의 경사마노미터 또는 이와 동등의 것을 사용
- **용도** : 하나는 배출가스 동압측정을 다른 하나는 오리피스압차 측정을 위한 것임

▌여과지 홀더
- **기능** : 여과지 홀더는 원통형 또는 원형의 먼지채취 여과지를 지지해 주는 기능을 함
- **구비조건**
  - 유리제 또는 스테인리스강 재질 등으로 만들어진 것으로 내식성이 강하고 여과지 탈착이 쉬울 것
  - 여과지를 끼운 곳에서 공기가 새지 않을 것

원통형 여과지
- **직경** : 유효직경 25mm 이상의 것을 사용
- **요구조건**
  - 실리카 섬유제 여과지로서 **99% 이상**의 먼지채취율($0.3\mu m$ **디옥틸프탈레이트** 매연 입자에 의한 먼지 통과시험)을 나타내는 것이어야 함
  - 사용상태에서 화학변화를 일으키지 않아야 하며, 화학변화로 인하여 측정치의 오차가 나타날 경우는 적절한 처리를 하여 사용하여야 함

원형 여과지
- **직경** : 유효직경이 63.5mm 이상의 것을 사용
- **요구조건** : 실리카 섬유제 여과지로서 **99% 이상의 먼지채취율**($0.3\mu m$ 디옥틸프탈레이트 매연입자에 의한 먼지 통과시험)을 나타내는 것이어야 함

여과부 가열장치
- **기능** : 시료채취 시 여과지 홀더 주위를 일정 온도로 유지하기 위해(단, 2형 시료채취장치를 이용할 경우만 사용)
  ※ 2형은 여과지 홀더가 굴뚝벽 외부에 존재하는 형태임
- **요건**
  - 여과지 홀더 주위온도를 120±14℃로 유지할 수 있을 것
  - 주위온도를 3℃ 이내까지 측정할 수 있는 온도계를 모니터 할 수 있을 것

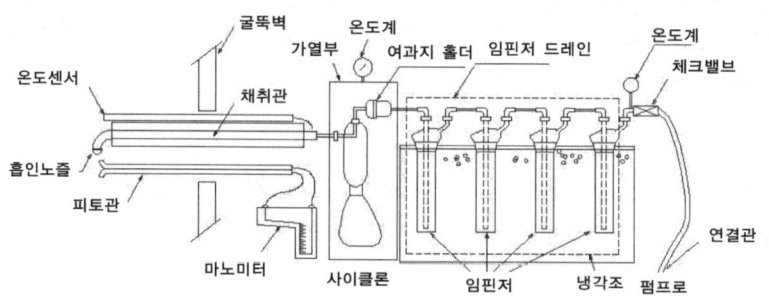

〈그림〉 반자동식 먼지시료 채취장치(2형)

임핀저 트레인 및 냉각상자
- **기능** : 임핀저에는 유해가스 흡수액을 넣고 시료채취 시 배출가스가 통과할 때 유해가스를 흡수시켜 수분 및 유해가스로부터 기기를 보호함
- **연결** : 4개의 임핀저를 일렬로 연결하며, 접속부는 가스누출이 없도록 갈아맞춤 또는 실리콘관으로 연결함
  - 첫 번째, 세 번째 및 네 번째 임핀저는 변형 그린버그 스미드형(임핀저 헤드가 직선관임)으로서 팁을 플라스크 바닥에서 1.3cm(1/2inch) 되는 지점까지 이르는 내경 1.3cm(1/2inch)의 유리관으로 대체한 것을 사용함
  - 두 번째 임핀저는 표준팁이 그린버그 스미드형을 사용함

▌가스흡입 및 유량측정부

- **구성**
  - 진공게이지
  - 진공펌프
  - 온도계
  - 건식 가스미터
- **기능** : 등속흡입유량을 유지하고 흡입가스량을 측정할 수 있게 함
- **자동식일 경우**
  - **차압게이지** : 차압게이지는 최소단위 **0.1~0.5mmH₂O까지 측정**하여 출력신호를 발생할 수 있는 정밀 전자 마노미터를 사용함
  - **자동 등속흡입 제어부** : 배출가스 유속, 흡입노즐의 내경, 가스미터 및 배출가스 온도, 수증기 부피 백분율 등을 측정 및 압력을 받아 전용 프로세서로 계산하여 등속흡입유량 신호로 유량자동밸브를 제어함
  - **산소농도계** : 공기비 계수를 자동 보정하기 위하여 영점 및 교정편차가 **0.4%** 이내의 것을 사용함
  - **온도측정부** : 배출가스 온도 및 가스미터 온도를 **0.1℃**까지 측정 및 출력할 수 있는 열전도 온도계 등을 사용함
  - **측정데이터 기록부** : 측정일시, 측정번호, 피토관계수, 기온, 기압, 수분량, 흡입노즐 직경, 배출가스 정압, 시료채취시간, 배출가스 온도, 산소농도, 굴뚝직경 등을 자동 저장 및 기록할 수 있어야 하며, **20회분** 이상의 측정자료를 자동보관하여 필요할 때 출력할 수 있도록 하여야 함

▌▌수분량 측정과 등속흡입 · 등속흡입계수

❀ 수분량 측정
- **측정점** : 굴뚝 중심에 가까운 곳
- **측정방법**
  - 흡습관을 이용하는 방법
  - 임핀저를 이용하는 방법
  - 계산에 의한 방법

▌흡습관을 이용하는 방법

- **시료채취장치 연결(1형)** : 여과재(흡입관)→ ▌→ 흡습관(냉각조) → 임핀저 → 펌프 → 가스미터
  - **흡입관 · 여과재**
    - 재질 : **스테인리스강** 재질 또는 **석영제 유리관**
    - 여과 : 먼지의 혼입을 방지하기 위하여 흡입관의 선단에 유리섬유 등의 여과재를 넣음
  - **흡습관 · 흡습제**
    - U자관 또는 흡습관에 **무수염화칼슘**(입자상) 등의 **흡습제**를 넣음
    - 흡습제의 비산을 방지하기 위하여 유리섬유로 채워 막음
    - 원칙적으로 **2개의 흡습관**을 사용함

- 흡습관에 흡습제를 채운 후 그 **무게를 달아** m_{a1}이라 함
- **가열 · 보온 및 냉각**
  - **흡입관**은 내부에서 수분이 응축하지 않도록 **보온 및 가열**함
  - **흡습관**은 냉각조를 사용하여 **냉각**하여야 함
- **임핀저**
  - 첫 번째와 두 번째 임핀저에 100g의 **물**을 넣음
  - 세 번째 임핀저는 비워둠
  - 네 번째 임핀저에 200~300g의 **실리카겔**을 넣음
- **시료가스 흡입 · 흡입유량**
  - 배출가스 흡입유량을 **1개의 흡습관 내의 흡습제 1g당 0.1L/min 이하**가 되도록 흡입유량 조절밸브로 조절함
  - 흡입가스량은 **흡습된 수분이 0.1~1g** 되도록 함
  - 흡입가스량은 적산유량계로서 **0.1L 단위까지 읽음**
  - 가스흡입 중에 가스온도, 압력 및 유량을 측정함
  - 흡습관 표면의 수분 및 부착물을 잘 닦은 후 무게를 달고 그 **무게를** m_{a2}로 함
  - 이때 간이용 저울은 10mg 차이까지 읽을 수 있는 것을 사용함
- □ **수분량 계산** : 수분량은 **습한 가스 중의 수증기의 부피백분율**로 표시하고 다음 식에 의해 구함

$$X_w = \frac{\frac{22.4}{18}m_a}{V_m \times \frac{273}{273+\theta_m} \times \frac{P_a+P_m}{760} + \frac{22.4}{18}m_a} \times 100$$

$\begin{cases} X_w : \text{수증기 백분율}(\%) \\ m_a : \text{수분}(m_{a2}-m_{a1})(g) \\ V_m : \text{흡입건조가스량}(L) \\ \theta_m : \text{가스미터온도}(℃) \\ P_a : \text{대기압}(mmHg) \\ P_m : \text{가스미터압}(mmHg) \end{cases}$

임핀저를 이용하는 방법

- □ **시료채취장치 연결(2형)** : 흡입노즐 → ■ → 채취관 → 사이클론 · 여과부 → 임핀저 → 펌프 → 가스미터
- **흡입노즐** : **스테인리스강** 재질, 경질유리 또는 **석영제 유리관**
- **임핀저** : 임핀저 주위에 얼음 조각을 채워넣고 각 연결부를 연결함
  - 첫 번째와 두 번째 임핀저에 100g의 **물**을 넣고, 네 번째 임핀저에 200±0.5g의 **실리카겔**을 넣고, 정확히 달아 넣음
  - 총무게를 m_{a1}이라고 함
- **가열 · 보온** : 사이클론 및 여과부를 120±14℃가 되도록 가열한 후 흡입함
- **온도 · 압력 · 유량측정** : 가스흡입 중에 배출가스 온도, 압력 및 유량을 측정함
- **수분 칭량** : 임핀저 트레인을 분리하여 첫 번째 임핀저와 두 번째 임핀저에 들어 있는 물을 ±1mL까지 측정하거나 혹은 저울을 이용해 ±0.5g 이내까지 정확히 측정하고 네 번째 들어 있는 실리카겔을 10mg까지 정확히 달아 총무게를 m_{a2}라고 함

□ 수분량 계산

$$X_w = \frac{\frac{22.4}{18}m_a}{V_m \times \frac{273}{273+\theta_m} \times \frac{P_a+P_m}{760} + \frac{22.4}{18}m_a} \times 100$$

$\begin{cases} X_w : 수증기 백분율(\%) \\ m_a : 수분(m_{a2}-m_{a1})(g) \\ V_m : 흡입건조가스량(L) \\ \theta_m : 가스미터온도(℃) \\ P_a : 대기압(mmHg) \\ P_m : 가스미터압(mmHg) \end{cases}$

계산에 의한 방법

□ 산출방법 : 사용연료의 양과 조성 및 불어넣은 공기량, 습도 등으로부터 다음 식에 의하여 계산됨

$$X_w = \frac{W_g}{G_w} \times \frac{22.4}{18} \times 100$$

$\begin{cases} X_w : 습한 배출가스 중 수증기 부피백분율(\%) \\ W_g : 연료당 가스 중 수분량(kg/kg, kg/Sm^3) \\ G_w : 연료당 습한 배출가스량(Sm^3/kg, Sm^3/Sm^3) \end{cases}$

□ 연료 단위량당 발생가스 중의 수분량(W_g) 산정
- 고체 또는 액체연료일 때 : $W_g = 1.3 A_v K + (9h + W)$
- 기체연료일 때 : $W_g = 1.3 A_v K + \frac{18}{22.4} V_{H_2O}$

$\begin{cases} W_g : 수분량(g) \\ 1.3 : 공기밀도 \\ A_v : 건조공기량(부피) \\ K : 절대습도 \\ h : 연료 중 수소함량 \\ W : 연료 중 수분함량 \\ V_{H_2O} : 가스 중 수분부피 \end{cases}$

- 절대습도 : $K = \frac{0.622 \phi P_v}{100 P_a - \phi P_v}$

$\begin{cases} \phi : 상대습도(\%) \\ P_v : 물의 포화증기압(mmHg) \\ P_a : 대기압(mmHg) \end{cases}$

□ 연료 단위량당 습한 배출가스량(G_w) 산정
- 고체 또는 액체연료일 때 : $G_w = G_d + 1.244 W_g$
  ▶ $G_d = (m-0.21)A_o + 1.867c + 11.2h + 0.7s + 0.8n$
  ▶ $G_d = \frac{1.867c + 0.7s}{(CO_2)+(CO)}$
  ▶ $m = \frac{(N_2)}{(N_2) - 3.76(O_2) - 0.5(CO)}$
  ▶ $A_o = \frac{1}{0.21}(1.867c + 5.6h + 0.7s)$

$\begin{cases} G_d : 건조가스량 \\ m : 공기비 \\ h : 수소 \\ c : 탄소 \\ s : 유황 \\ n : 연료 중 질소 \\ A_o : 이론공기량 \\ (N_2) : 가스 중 질소(\%) \\ (O_2) : 가스 중 산소(\%) \\ (CO) : 가스 중 CO(\%) \\ (CO_2) : 가스 중 CO_2(\%) \end{cases}$

- 기체연료일 때 : $G_w = G_d + \sum V_{H_2O}$
  ▶ $G_d = (m-0.21)A_o + \sum V_{CO_2}$
  ▶ $G_d = \frac{(CO + CO_2 + CH_4 + 2C_2H_4 + \cdots)}{(CO_2)+(CO)}$
  ▶ $A_o = O_o \times \frac{1}{0.21}$

$\begin{cases} G_d : 건조가스량 \\ m : 공기비 \\ A_o : 이론공기량 \\ O_o : 이론산소량 \\ (N_2) : 가스 중 질소(\%) \\ (O_2) : 가스 중 산소(\%) \\ (CO) : 가스 중 CO(\%) \\ (CO_2) : 가스 중 CO_2(\%) \\ \sum V_{CO_2} : 가스 중 CO_2합 \\ \sum V_{H_2O} : 가스 중 H_2O합 \\ CH_4 : 연료 중 메탄 \\ C_2H_4 : 연료 중 에틸렌 \end{cases}$

스크러버 출구 등 배출가스 중에 물방울이 공존할 때
- 배출가스 온도의 포화수증기압을 사용함
- 다음 식에 의해 수분량을 계산함(단, 100℃ 이하일 때 적용됨)

$$X_w = \frac{P_v}{P_a + P_s} \times 100$$

- X_w : 배출가스 중 수증기 부피백분율(%)
- P_v : 배출가스 온도의 포화수증기압(mmHg)
- P_a : 대기압(mmHg)
- P_s : 배출가스의 정압(mmHg)

⚛ 등속흡입 · 등속흡입계수
- **등속흡입**(Isokinetic Sampling) : 굴뚝에서 배출되는 먼지시료를 배출가스의 유속과 같은 속도로 시료가스를 흡입하는 채취조작을 말함
- **등속흡입 유량산정** : 반자동식 · 수동식 시료채취법에서는 등속흡입유량을 산정하여 시료가스를 등속흡입하여야 함(자동식은 자연적으로 등속흡입이 됨). 보통형(1형) 흡입노즐을 사용할 때 등속흡입을 위한 흡입량은 다음 식에 의하여 구함

$$q_m(\text{L/min}) = \frac{\pi d^2}{4} V_s \left(1 - \frac{X_w}{100}\right) \frac{273 + \theta_m}{273 + \theta_s} \times \frac{P_a + P_s}{P_a + P_m - P_v} \times 60 \times 10^{-3}$$

여기서,
- q_m : 가스미터에 있어서의 등속흡입유량(L/min)
- d : 흡입노즐의 내경(mm)
- V_s : 배출가스 유속(m/sec)
- X_w : 배출가스중의 수증기 부피백분율(%)
- θ_m : 가스미터의 흡입가스 온도(℃)
- θ_s : 배출가스 온도(℃)
- P_a : 대기압(mmHg)
- P_s : 측정점에서 정압(mmHg)
- P_m : 가스미터 흡입가스 게이지압(mmHg)
- P_v : θ_m의 포화수증기압(mmHg)

※ 단, **건식 가스미터**를 사용하거나 **수분을 제거하는 장치**를 사용할 때는 계산식에서 P_v를 제외한다.

- **등속흡입 계수산정** : 등속흡입 정도를 보기 위해 다음 식 또는 계산기에 의해서 등속흡입계수를 구하고 그 값이 90~110% 범위 내에 들지 않는 경우는 다시 시료채취를 해야 함

$$I(\%) = \frac{T_s[0.00346 V_{ic} + V_m/T_m(P_a + \Delta H/13.6)]}{P_s \times t \times V_s \times A_n} \times (1.667 \times 10^4)$$

여기서,
- I : 등속흡입계수(%)
- P_s : 배출가스 압력(mmHg : $760 + P_s'$)
- P_s' : 배출가스 정압(mmHg)
- T_s : 배출가스 평균절대온도[K : $273 + \theta_s(℃)$]
- V_{ic} : 임핀저와 실리카겔에 채취된 물의 총량(mL)
- V_m : 건식 가스미터에서 읽은 가스시료 채취량(m³)
- T_m : 건식 가스미터의 평균절대온도[K : $273 + \theta_m(℃)$]

□ 등속흡입계수 간이식

■ $I(\%) = \dfrac{V_m'}{q_m \times t} \times 100$ $\begin{cases} I : 등속흡입계수(\%) \\ V_m' : 흡입가스량(습식 가스미터에서 읽은값)(L) \\ q_m : 가스미터에 있어서 등속흡입유량(L/min) \\ t : 가스 흡입시간(min) \end{cases}$

▊ 시료채취 · 방법

⚛ **반자동식 · 수동식 · 자동식 시료채취** $\begin{cases} \circ 직접채취법 \\ \circ 이동채취법 \\ \circ 대표점 채취법 \end{cases}$

- □ **직접채취법** : 측정점마다 1개의 먼지채취기를 사용하여 시료를 채취함
- □ **이동채취법** : **1개의 먼지채취기**를 사용하여 측정점을 **이동**하면서 각각 같은 흡입시간으로 먼지시료를 채취함
- □ **대표점 채취법** : 정해진 대표점에서 1개 또는 수 개의 먼지채취기를 사용하여 먼지시료를 채취함

▊ 시료채취 절차

- 측정점 수 선정 → 배출가스 온도측정 → 배출가스의 정압과 평균동압 측정
  - ◦ 동압은 원칙적으로 0.1mmH$_2$O의 단위까지 읽음
  - ◦ 피토관의 배출가스 흐름방향에 대한 **편차를 10° 이하**가 되어야 함
- 배출가스의 수분량을 측정
  - ◦ 흡입노즐이 배출가스가 흐르는 역방향을 향하도록 흡입노즐을 측정점까지 넣음
  - ◦ 흡입시작 시 배출가스가 흐름방향에 직면하도록 돌려 편차를 10° 이하로 함
- 한 채취점에서의 채취시간을 최소 2분 이상으로 하고 모든 채취점에서 채취시간을 동일하게 함
- 배출가스의 흡입은 흡입노즐로부터 흡입되는 가스의 유속과 측정점의 배출가스 유속이 일치하도록 **등속흡입**을 행함
- 등속흡입 정도를 보기 위해 등속흡입계수를 구하고 그 값이 **90~110% 범위** 내에 들지 않는 경우는 다시 시료채취를 행함

▊ 채취량 · 흡인가스량

- **원형 여과지**일 때는 채취량이 채취면적 **1cm^{2}당** 1mg 정도로 함
- **원통형 여과지**일 때는 전체 채취량이 **5mg 이상** 되도록 함
- 다만, 동 채취량을 얻기 곤란한 경우에는 흡입유량을 400L 이상 또는 흡입시간을 40분 이상으로 함

▊ 채취 · 계산방법

- 굴뚝에서 배출되는 먼지시료를 반자동식 채취기를 이용 배출가스의 유속과 같은 속도로 시료가스를 흡입(등속흡입)하여 일정온도로 유지되는 실리카 섬유제 여과지에 먼지를 채취함

- 먼지가 채취된 여과지를 110±5℃에서 충분히 **1~3시간** 건조시켜 부착수분을 제거한 후 먼지의 질량농도를 계산함. 다만, **배연탈황시설**과 **황산미스트**에 의해서 먼지농도가 영향을 받은 경우에는 여과지를 **160℃ 이상에서 4시간 이상** 건조시킨 후 먼지농도를 계산함

(2) 배출가스 중 미세먼지(PM_{10} 및 $PM_{2.5}$)

개요

목적 · 적용범위 · 적용제한

- **목적** : 이 시험기준은 연소시설, 폐기물소각시설 및 기타 산업공정의 배출시설을 대상으로 굴뚝 배출가스의 입자상 물질 중 공기역학적 직경이 $10\mu m$와 $2.5\mu m$ 이하인 미세먼지에 대한 측정에 관하여 규정함
- **적용범위**
  - 이 방법은 **응축성 먼지**는 고려하지 않고, **여과성 먼지**(필터 또는 사이클론/필터 조합을 통과하지 못하는 물질) 측정에만 적용됨
  - 단, 굴뚝(덕트) 내 **가스온도가 30℃ 이상**일 경우 **여과성 및 응축성 먼지를 고려**하여야 하며, 응축성 먼지를 측정하고자 할 경우 Condenser를 비롯한 별도의 장비를 조합하여야 함
- **농도표시** : 농도표시는 **표준상태**(0℃, 760mmHg)의 건조배출가스 $1Sm^3$ 중에 함유된 먼지의 중량으로 표시함
- **적용조건 및 적용제한**
  - 배출가스 온도가 **260℃를 초과**할 경우 적합하지 않을 수 있음. 배출가스 온도가 260℃ 이상의 경우 사이클론 재질의 변형으로 미세먼지 회수율 저감 등의 문제가 발생할 수 있음
  - 시료채취장치(사이클론 및 여과지 홀더)의 길이(450mm)와 장치에 의한 가스흐름의 영향을 최소화하기 위하여 610mm 이상의 굴뚝(덕트) 내경이 필요함
  - 457.2~609.6mm(18~24인치) 사이의 직경을 가진 덕트에서 노즐과 사이클론에 관여하는 방해요소의 영향은 3~6% 수준임
  - **측정공의 직경**은 **160mm 이상**이어야 함
  - 습식 방지시설을 사용하는 경우 배출가스가 포화수증기 상태에서는 수분의 영향으로 측정오차가 클 수 있으므로 적합하지 않음

측정방법의 구분
- 반자동식 채취기에 의한 방법
- 수동식(조립) 채취기에 의한 방법
- 자동식 채취기에 의한 방법

■ 채취장치의 연결 및 기구의 부착

□ 반자동식 채취기

흡입노즐 → 사이클론 결합장치 → 여과지 홀더 → {피토관, 흡입관, 가열장치} → 온도센서 →

임핀저 트레인 → {흡입펌프, 건식 가스미터, 오리피스, 마노미터}

□ 수동식 : 굴뚝 먼지채취와 동일
□ 자동식 : 굴뚝 먼지채취와 동일

■ 흡입노즐

□ 재질 : 스테인리스강, 플루오린수지로 코팅된 스테인리스강
□ 구비조건
- 흡입노즐의 내경은 0.1mm 단위까지의 수준으로 함
  - PM_{10}용 내경 : 3.18~9.90mm
  - $PM_{2.5}$용 내경 : 3.18~5.08mm
- 흡입노즐 끝은 뾰족하고 점점 가늘어지는 노즐이어야 하며, 꼭짓점은 30° 이하의 예각이 되도록 하고, 매끈한 반구(半球)모양으로 하여야 함
- 흡입노즐 내외면은 매끄럽게 되어야 하며, 흡입노즐은 급격한 단면의 변화와 굴곡이 없어야 함

■ 사이클론 결합장치 { PM_{10} 사이클론 : 연결부 : $PM_{2.5}$ 사이클론 }

□ 재질 : 스테인리스강, 내부 O-ring { 불소수지 : 205℃ 미만, 스테인리스강 : 205℃ 초과 }

□ 사이클론 절단직경 - 측정장비 구성

- **PM_{10} 사이클론**
  - 최소절단직경 : 9μm
  - 최대절단직경 : 11μm
  - 장비구성 : PM_{10} 사이클론 → 여과지 홀더

- **$PM_{2.5}$ 사이클론**
  - 최소절단직경 : 2.25μm
  - 최대절단직경 : 2.75μm
  - 장비구성 : PM_{10} 사이클론 → 연결부 → $PM_{2.5}$ 사이클론 → 여과지 홀더

■ 피토관(Pitot tube)

□ 재질 : 반드시 내열성이 있는 스테인리스강 재질을 사용해야 함

□ **형식** : 계수가 정해진 L형 피토관(C : 1.0 전후), S형 피토관(C : 0.85 전후)

▌원형 여과지
□ **재질** : 석영, 플루오린수지, 유리섬유
□ **성능 · 조건**
- **채취효율 99.95% 이상**(기준물질 $0.3\mu m$ **다이옥틸프탈레이트**로 실험하여 **0.05% 이상** 침투되지 않아야 함)
- 압력손실, 반응성이 낮고 흡습성이 적을 것
- 취급하기 쉽고 충분한 강도를 가지며 분석에 방해되는 물질을 함유하지 않을 것
- 중량농도 및 중금속을 분석할 경우 폴리테트라플루오로에틸렌(PTFE, 테플론) 재질의 여과지를 사용하며, 석영여과지는 OC/EC 분석에 사용됨

▌측정준비 · 시료채취
※ 측정준비
□ **여과지 전처리 건조**
- 테플론 여과지 : 온도 20±5℃, 습도 35±5%, 일반 대기압 하의 데시게이터에서 적어도 24시간 이상 건조시키며 6시간의 간격을 두고 질량의 차이가 0.1mg일 때까지 정밀하게 칭량함
- 석영여과지 : 110±5℃의 건조기에서 2~3시간 건조시킨 후, 2시간 이상 데시게이터에서 실온까지 냉각한 후 1분 간격으로 3회, 0.1mg까지 정밀하게 달아 그 평균값을 여과지의 무게로 함

□ **여과지 장착** : 여과지의 무게를 칭량하는 동안 정확성을 향상시키기 위하여 여과지는 습도가 50% 이상인 질량 측정 실험실 환경에 2분 이상 노출되지 않도록 하고, 전처리가 완료된 여과지는 채취면의 방향을 확인한 후 여과지 홀더에 끼움

□ **임핀저 트레인 준비** : 임핀저 트레인을 통과하는 배출가스의 온도가 높을 경우는 임핀저 주위에 잘게 부순 얼음을 채워 넣음
- **첫 번째**와 **두 번째**에는 각각 100mg의 **물(또는 과산화수소)**을 재움
- **세 번째** 임핀저는 **빈병**으로 둠
- **네 번째** 임핀저는 미리 무게를 단 **200~300g의 실리카겔**을 넣음

※ 시료채취
□ 측정점 수 선정 : 배출가스 중 입자상 물질 시료채취법에 따름
□ 배출가스의 온도, 배출가스의 조성 조사
□ 사전에 시료채취관 예열(**배출가스 온도±10℃**)
□ 배출가스의 수분량 측정 : 배출가스 중 입자상 물질 시료채취법에 따름
□ 채취점마다 배출가스의 정압과 동압을 각각 측정
- 피토관을 측정공에서 굴뚝 내의 측정점까지 삽입하여 전압공을 배출가스 흐름방향에 바로 직면시킨 후 압력계(경사마노미터)로 동압을 측정

- 동압은 원칙적으로 0.1mmH₂O의 단위까지 읽음
- 피토관은 배출가스 흐름방향에 대한 편차를 10° 이하가 되어야 함

▫ 흡인펌프의 흡인능력을 감안하여 최적의 노즐을 선정하고, 필요유량 확보를 위한 시간을 결정함
▫ 배출가스의 흡인은 노즐로부터 흡인되는 가스의 유속과 측정점의 배출가스 유속이 일치하도록 등속흡인을 행하여 시료를 채취함(단, 자동식은 자연 등속흡인 가능)
▫ 등속흡입계수를 구하고 그 값이 **90~110% 범위** 내에 들지 않는 경우는 시료를 다시 채취함

(3) 대기 중 입자상 물질 시료채취 { ◦ 고용량 공기시료 채취법 / ◦ 저용량 공기시료 채취법 }

❋ **적용** : 대기 중에 부유하고 있는 먼지, 흄(fume), 미스트(mist)와 같은 입자상 물질의 시료채취에 적용함

❋ **시료채취 일반사항**
- 되도록 측정하려는 기체 또는 입자의 손실이 없도록 한다.
- 바람이나 눈, 비로부터 보호하기 위하여 **측정기기는 실내에 설치**하고 채취구는 밖으로 연결할 경우는 채취관 벽과의 반응, 흡착, 흡수 등에 의한 영향을 최소한도로 줄일 수 있는 재질과 방법을 선택한다.
- 시료채취 시간을 정할 때 입자상 물질 중의 **금속성분**이나 **발암성 물질** 등은 되도록 **장시간 채취**한다.
- 입자상 물질을 채취할 경우는 채취관 벽에 분진이 부착 또는 퇴적하는 것을 피하고 특히 채취관은 **수평방향으로 연결할 경우**는 되도록 관의 길이를 **짧게** 하고 **곡률반경은 크게** 한다.
- 입자상 물질을 채취할 때에는 기체의 흡착, 유기성분의 증발, 기화 또는 변화하지 않도록 주의한다.

❋ **대기 중 입자상 물질 시료채취기구의 부착**
▫ 고용량 공기시료채취(High Volume Air Sampler)

여과지 홀더 → 공기흡입부 { 원심터빈형 송풍기 / 부자식 유량계 } → 유량측정부(지시유량계)

▫ 저용량 공기시료채취(Low Volume Air Sampler)

분립장치 → 여과지 홀더 → 유량측정부 { 마노미터 / 유량계 } → (바이패스밸브) → 흡입펌프

▌채취입경 · 흡입유량 · 채취시간
- **고용량**(High Volume) **채취기**
  - **적용입경** : 일반적으로 **0.1~100μm 범위**이지만 입경별 분리장치를 장착할 경우는 PM_{10}이나 $PM_{2.5}$ 시료의 채취에 사용할 수 있음
  - **흡입유량** : $1.2~1.7 m^3/min$
  - **채취시간** : 원칙적으로 24시간으로 함. 단, 특정원소의 분석을 목적으로 할 경우는 분석 감도에 따라 적당히 조정할 수 있음
- **저용량**(Low Volume) **채취기**
  - **적용입경** : **10μm 이하**의 입자상 물질
  - **흡입유량** : 20L/min
  - **채취시간** : 원칙적으로 24시간 또는 2~7일간 연속채취함. 단, 질량농도만 측정하거나 특정원소의 분석을 목적으로 할 경우는 분석감도에 따라 적당히 조정할 수 있음

▌채취용 여과지(Filter)(공통)
- **재질** : 여과지의 재질은 일반적으로 유리섬유, 석영섬유, 폴리스틸렌, 니트로셀룰로스, 플루오린수지가 사용되며, 분석에 사용한 여과지의 종류와 재질을 기록해 놓아야 함
- **성능** : $0.3μm$ 되는 입자를 **99% 이상 포집 · 채취**할 수 있을 것
- **요구조건**
  - $0.3μm$의 입자상 물질에 대하여 99% 이상의 초기채취율을 가질 것
  - 압력손실이 낮을 것
  - 가스상 물질의 흡착이 적고, 흡습성 및 대전성이 적을 것
  - 취급하기 쉽고 충분한 강도를 가질 것
  - 분석에 방해되는 물질을 함유하지 않을 것

▌여과지 홀더(Filter Holder)
- **고용량**(High Volume) **채취기**
  - **여과지 크기** : 15×22cm 또는 20×25cm
  - **홀더 프레임** : 외부 24×29cm 또는 18×26cm, 내부 18×23cm 또는 13×20cm
- **저용량**(Low Volume) **채취기**
  - **여과지 크기** : 직경 110mm 또는 47mm
  - **홀더 프레임** : 여과지 채취 유효직경을 100mm 또는 42mm로 할 수 있는 것

▌분립장치(Filter Holder)
- **적용** : **저용량 채취기**(Low Volume Air Sampler)**에만 부착**됨
- **기능** : **10μm 이상** 되는 입자를 흡입부 이전에서 **전처리 · 제거**하는 기능을 함
- **형식** : **사이클론방식**(Cyclone 방식, 원심분리방식 포함)과 **다단형 방식**이 사용됨

▌흡입부 · 흡입펌프
- **고용량**(High Volume) **채취** : 흡입부에 연결된 2단 원심 터빈형 송풍기는 무부하일 때의 흡입유량이 약 2m³/min이고, **24시간 이상** 연속 측정할 수 있는 것을 사용함
- **저용량**(Low Volume) **채취** : 흡입펌프는 연속해서 **30일 이상** 사용할 수 있어야 함

▌유량측정부
- **고용량**(High Volume) **채취**
  - **유량계** : 부자식 유량계
  - **유량측정 능력** : 공기흡입부에 붙어 있는 지시유량계는 상대 유량단위로서 1.0~2.0 m³/min의 범위를 0.05m³/min까지 측정할 수 있도록 눈금이 새겨진 것을 사용
- **저용량**(Low Volume) **채취**
  - **유량계** : 부자식 유량계(부자식 면적유량계)
  - **유량측정 능력** : 유량계는 채취용 여과지 홀더와 흡입펌프 사이에 설치되는데 유량계에 새겨진 눈금은 20℃, 1기압에서 10~30L/min 범위를 0.5L/min까지 측정할 수 있는 것을 사용하여야 함

▌시료채취 조작 → 흡입유량 산정 → 여과지 무게 재기
⚛ 고용량(High Volume)법의 시료채취 조작
- **채취조작 순서**
  - 시료채취기가 정상적으로 작동하는가를 확인함
  - 여과지를 여과지 홀더에 **입자 채취면이 위를 향하도록** 고정시킴
  - 유량계 연결꼭지에 고무관을 사용하여 유량계를 연결함
  - 전원 스위치를 넣고 시료채취 시작시간을 기록함
  - 시료채취 시작 5분 후에 유량계의 눈금을 읽어(유량계의 눈금은 유량계 **부자의 중앙부를 읽음**) 유량을 기록하고 유량계는 떼어 놓음
  - 이때의 유량은 보통 1.2~1.7m³/min 정도 되도록 함
  - 채취가 종료되기 직전에 다시 유량계를 연결하고 유량을 읽어 아래와 같이 흡입공기량을 산출함

- **흡입공기량 산정**
  - ■ 흡입공기량 $= \dfrac{Q_s + Q_e}{2} \times t$ $\begin{cases} Q_s : 시료채취\ 개시\ 직후의\ 유량(m^3/분) \\ Q_e : 시료채취\ 종료\ 직전의\ 유량(m^3/분) \\ t : 시료채취\ 시간(분) \end{cases}$

- **유량 보정식**(20℃, 1기압)
  - ■ $Q' = Q \times \dfrac{293}{273+t} \times \dfrac{P}{760}$ $\begin{cases} Q' : 유량의\ 참값(眞流量) \\ Q : 표준유량계에\ 의한\ 유량 \\ t : 측정\ 시의\ 온도(℃) \\ P : 측정\ 시의\ 압력(mmHg) \end{cases}$

❀ 저용량(Low Volume)법의 시료채취 조작
□ **채취조작 순서**
- 분립장치를 확인하고, 시료채취기 정상작동 확인
- 여과지를 여과지 홀더에 고정시킴. 이때 금속류의 성분분석을 목적으로 할 때는 여과지가 직접 금속망에 접촉되지 않도록 나일론제 또는 압력손실이 적은 플루오린수지제를 사용함
- 전원 스위치를 넣고 채취 개시시간 기록
- 유량계의 부자를 20L/min 되도록 조정
- 흡입 개시 10분 후에 진공계 또는 마노미터로 차압을 측정하여 흡입유량을 보정하고, 정확히 20L/min 흡입되는 위치의 눈금에 부자를 맞춤
- 흡입유량은 적어도 하루에 **한번 이상 점검**하고, 차압을 측정하여 정확히 20L/min씩 흡입되도록 조절
- 채취 종료시간을 기록하고 흡입공기량을 구함

□ **1기압으로 보정한 유량**
- $Q_o = C_p \times Q_r$ $\begin{cases} Q_r : \text{유량계의 눈금값} \\ C_p : \text{압력보정계수} \end{cases}$

- C_p 산정 $\begin{cases} \circ\ C_p = \sqrt{\dfrac{P}{P_o}} \\ \circ\ C_p = \sqrt{\dfrac{760-\Delta P}{760}} \end{cases}$ $\begin{cases} P_o : \text{설정조건 압력}(\simeq 760\text{mmHg}) \\ P : \text{사용조건에서 유량계 내 압력} \\ \Delta P : \text{유량계 내 압력손실}(\text{mmHg}) \\ 20 : \text{기준유량}(20\text{L/min}) \end{cases}$

- Q_r 산정 : $Q_r = 20\sqrt{\dfrac{760}{760-\triangle P}}$

❀ 여과지 무게 재기
□ **시료채취 전 여과지 무게 재기**
- 채취된 여과지를 미리 **온도 20℃, 상대습도 50%**에서 일정한 무게가 될 때까지 보관하였다가 **0.01mg의 감도**를 갖는 분석용 저울로 **0.1mg까지** 정확히 칭량함
- 이때, 항온·항습 장치가 없는 경우 상온에서 질량분율 50% 염화칼슘용액을 제습제로 한 데시게이터 내에서 일정한 무게가 될 때까지 보관한 다음 무게를 잼

□ **시료채취 후 여과지 무게 재기** : 시료채취 후의 여과지는 입자 채취면이 안쪽으로 향하도록 접어 여과지의 파손이 없도록 주의를 기울여 온도 20℃, 상대습도 50%에서 일정한 무게가 될 때까지 24시간 방치 후 무게를 잼

□ **기록** : 시료채취가 끝나면 매 시료마다 채취장소, 채취연월일, 여과지번호, 채취시작시간, 종료시간, 기타 성적에 참고가 될 만한 기상요소(일기, 온도, 습도, 풍향, 풍속 등) 및 시료채취자의 성명을 기록해 놓아야 함

▮ 시료채취 시 주의사항
❀ 고용량(High Volume)법
- 채취 시의 유량이나 채취 후의 중량농도에 이상한 값이 인정될 경우는 다음 사항을 점검한다.

- 유량계 이상 여부
- 시료채취기 공기누설 여부
- 전원 전압변동 여부
- 이상 현상이 채취 종료 시에 확인되었을 경우는 이상이 생기지 않도록 충분히 조치한 다음 채취조작을 다시 하고 먼저 채취된 시료는 기록을 정확히 하여 따로 보존한다.
- 가동 중인 시료채취기의 전원에 다른 기기를 가동시키면 전압의 변화가 생겨 시료채취기의 유량을 일정하게 유지시키기 어려우므로 가동 중인 시료채취기의 전원에 다른 기기를 가동시켜서는 안 됨
- 흡입장치의 **모우터 브러쉬**는 **400~500시간**(24시간 연속 사용횟수 17~20회) 사용 후 교환하고 유량을 교정함
- 고용량 공기시료 채취기에 부속한 유량계의 상단에 있는 유량조절나사는 고정해 놓고 조금이라도 움직였을 경우는 다시 유량을 교정함
- 고용량 공기시료 채취기에 부속한 유량계의 상단 좁은 부분에 분진 등 이물질이 묻어 있을 때는 눈금값을 기록하도록 함
- 흡입장치의 부품교환, 수리, 채취조작 중 유량에 이상이 보일 때는 **오리피스에 의하여 유량을 교정**함
- 고용량 공기시료 채취기 측정 시 다음 사항에 대하여 주의하여야 함
  - 시료채취기는 되도록 **콘크리트** 또는 **아스팔트 바닥 위**에 설치함
  - 시료채취기의 보호상자는 밑부분을 단단히 고정시켜야 함
  - 시료채취기 설치 시 소음진동의 문제가 생기지 않도록 주의해야 함

❀ 저용량(Low Volume)법

- 흡입펌프는 약 **1년간**(8,000시간) 사용 후에는 **날개를 교환**해야 함
- 유량계의 설계온도는 20℃가 많으므로 온도보정의 영향은 적지만 **±10℃ 차**에 대하여 **오차범위 ±2% 이하**이어야 함
- 저용량 공기시료 채취기의 세척은 다음에 따름

세척부위	세척횟수	세척방법
분립장치	채취 때마다	중성세제 또는 초음파 세척
팩킹	채취 때마다	중성세제 또는 초음파 세척
망	채취 때마다	중성세제 또는 초음파 세척
유량계	연 1회	알코올 또는 중성세제로 세척
펌프 사일렌서	연 1회	펠트(felt)모양의 필터 교환

- 유량변화는 온도 및 입자상 물질 채취량의 증가에 따라 달라지기 때문에 강우 등 기상 조건이 변화할 때는 반드시 유량을 확인해야 함
- 고용량 공기시료 채취기와 같은 장소에 동시에 설치할 때는 고용량 공기시료 채취기의 배기영향을 받지 않도록 충분한 거리를 띄어 놓아야 함

엄선 예상문제

01 보통형 흡인노즐을 이용하여 굴뚝 배출가스를 등속흡인할 경우 등속흡인을 위한 흡인유량(L/min)은?

- 흡인노즐의 내경 : 6mm
- 배출가스의 유속 : 7.5m/sec
- 대기압 : 765mmHg
- 건식 가스미터의 게이지압 : 1mmHg
- 측정점에서의 정압 : -1.5mmHg
- 건식 가스미터의 흡인온도 : 20℃
- 배출가스 온도 : 125℃
- 배출가스 중 수증기의 부피백분율 : 10%

① 14.8　　② 9.9
③ 11.6　　④ 8.4

02 특정 발생원에서 일정한 굴뚝을 거치지 않고, 외부로 비산(飛散)되거나 물질의 파쇄, 선별, 기타 기계적 처리에 의하여 비산 배출되는 먼지의 측정방법에 대한 다음 설명 중 옳지 않은 것은?

① 전 시료채취기간 중 주 풍향의 변동이 없을 때(45° 미만)는 풍향보정계수는 1.5로 한다.
② 풍속이 0.5m/sec 미만 또는 10m/sec 이상되는 시간이 총채취시간의 50% 이상일 때는 풍속보정계수는 1.2로 한다.
③ 각 측정지점의 포집 먼지량과 풍향풍속의 측정결과로부터 비산먼지 농도를 구할 때 대조위치를 선정할 수 없는 경우에는 0.15mg/m³를 대조위치의 먼지농도로 한다.
④ 시료채취장소는 원칙적으로 측정하려고 하는 발생원의 부지경계선상에 선정하며 풍향을 고려하여 발생원의 비산먼지 농도가 가장 높을 것으로 예상되는 지점 3개소 이상을 선정한다.

해설

01 보통형(1형) 흡인노즐을 사용할 때, 굴뚝 배출가스를 등속흡인을 하기 위한 흡인량(Q_m)은 다음 식에 의하여 구한다.

$$Q_m(\text{L/min}) = \frac{\pi d_n^2}{4} \times V \times \left(1 - \frac{X_w}{100}\right) \frac{273 + t_m}{273 + t_s} \times \frac{P_a + P_s}{P_a + P_m - P_v} \times 60 \times 10^{-3}$$

- d_n : 흡인노즐의 내경 = 6mm
- t_s : 배출가스 온도 = 125℃
- P_v : 포화증기압(건식미터이므로 배제)
- t_m : 가스미터의 흡인가스 온도 = 20℃
- P_m : 가스미터의 게이지압 = 1mmHg
- X_w : 수증기의 부피백분율 = 10%
- P_s : 측정점의 정압 = -1.5mmHg
- V : 배출가스 유속 = 7/5m/sec
- P_a : 대기압 = 765mmHg

$$\therefore Q_m = \frac{3.14 \times 6^2}{4} \times 7.5 \times \left(1 - \frac{10}{100}\right) \frac{273 + 20}{273 + 125} \times \frac{765 + (-1.5)}{765 + 1} \times 60 \times 10^{-3} = 8.398\text{L/min}$$

02 전 시료채취기간 중 주 풍향(主風向)의 풍향변동이 없거나 45° 미만일 때 보정계수는 1.0으로 한다.

정답 │ 1.④　2.①

03 굴뚝 배출가스 중 먼지를 수동식 시료채취기를 사용하여 측정 시 시료채취의 등속흡인 정도를 보기 위해 등속흡인계수를 구할 때 다시 시료채취를 하지 않고, 인정될 수 있는 등속계수 $I(\%)$ 값의 범위기준은?

$$등속계수\ I(\%) = \frac{V_m}{Q_m \times t} \times 100$$

① 90~105% ② 90~115%
③ 95~115% ④ 95~110%

04 연도의 배출가스 10L를 흡인하여 유입시킨 결과 흡습관의 중량 증가는 0.82g이었다. 이 때 가스흡인은 건식 가스미터를 사용하였고, 가스미터의 압력 4mmH$_2$O, 온도 27℃, 대기압은 760mmHg일 때, 배출가스 중의 수분량(%)은 얼마인가?

① 13% ② 12%
③ 11% ④ 10%

05 Low Volume Air Sampler법으로 환경대기 중에 부유하고 있는 입자상 물질을 포집하기 위한 장치의 기본구성 중 흡입펌프 조건으로 옳지 않은 것은?

① 유량이 큰 것
② 운반이 용이할 것
③ 진공도가 높을 것
④ 맥동이 있고 고르게 작동할 것

06 굴뚝 배출가스 내의 먼지측정방법 중 반자동식 채취기에 의한 시료채취방법으로 가장 거리가 먼 것은?

① 동압은 0.1mmH$_2$O의 단위까지 읽는다.
② 피토관의 배출가스 흐름방향에 대한 편차는 30° 이하이어야 한다.
③ 1개 채취점에서의 채취시간을 최소 2분 이상, 모든 채취점에서 채취시간을 동일하게 한다.
④ 피토관을 측정공에서 굴뚝 내의 측정점까지 삽입하여 전압공을 배출가스 흐름방향에 바로 직면시켜 압력계에 의하여 동압을 측정한다.

> **해설**

03 굴뚝 먼지 시료채취를 할 때, 문제에서 제시된 계산식에 따라 구한 등속계수값이 95~110% 범위이어야 한다.

04 건식 가스미터의 수분량 계산식을 이용한다.

□ $X_w(\%) = \dfrac{1.244 m_a}{V_{ms} + 1.244 m_a} \times 100$ $\begin{cases} P_m = 4 \times \dfrac{760\,\mathrm{mmHg}}{10,332\,\mathrm{mmH_2O}} = 0.29\ \mathrm{mmHg} \\ V_{ms} = 10 \times \dfrac{273}{273+27} \times \dfrac{760+0.29}{760} = 9.1\,\mathrm{L} \end{cases}$

∴ $X_w = \dfrac{1.244 \times 0.82}{9.1 + 1.244 \times 0.82} \times 100 = 10.08\,\%$

05 흡입펌프는 맥동이 없이 고르게 작동되어야 한다.

06 피토관의 배출가스 흐름방향에 대한 편차는 10° 이하가 되도록 하여야 한다.

정답 | 3.④ 4.④ 5.④ 6.②

07 하이볼륨 에어 샘플러법의 장치구성에 대한 설명으로 옳지 않은 것은?

① 여과지는 1μm 되는 입자를 95% 이상 포집할 수 있는 것이어야 한다.
② 금속망(Net)의 크기는 사용하는 여과지의 크기와 일치하여야 하며, 공기가 통하지 않는 부분에는 플루오린수지제 테이프를 감는다.
③ 유량측정부의 지시유량계는 상대 유량단위로서 $1.0 \sim 2.0 m^3/min$의 범위를 $0.05 m^3/min$까지 측정할 수 있도록 눈금이 새겨진 것을 사용한다.
④ 공기흡인부는 직권정류자 모터에 2단 원심 터빈형 송풍기가 직접연결된 것으로 무부하일 때의 흡인유량이 약 $2m^3/min$이고, 24시간 이상 연속측정할 수 있는 것이어야 한다.

08 연도로 배출되는 배기가스의 수분량을 측정(흡습관법)한 결과, 건조가스 흡인량은 20L(표준상태), 흡습관의 측정 전 무게 96.35g, 측정 후의 무게 97.83g이었다면 이 배기가스의 습윤배출가스 중 수증기의 부피백분율은 얼마인가?

① 9.38 %
② 8.43 %
③ 7.12 %
④ 5.19 %

09 로볼륨 에어 샘플러법에 대한 설명 중 옳지 않은 것은?

① 흡인유량은 $1.2 \sim 1.7 L/min$ 범위로 한다.
② 분립장치는 사이클론 및 다단형 방식이 있다.
③ 10μm 이상의 먼지는 분립장치에 의해 제거된다.
④ 포집용 여과지는 가스상 물질의 흡착이 적고 흡습성과 대전성이 적어야 한다.

10 비산먼지의 하이볼륨 에어 샘플러법에 대한 시료채취 기준에 대한 설명으로 가장 거리가 먼 것은?

① 풍속이 0.5 m/sec 미만으로 바람이 거의 없을 때는 원칙적으로 시료채취를 하지 않는다.
② 발생원의 비산먼지 농도가 가장 높을 것으로 예상되는 지점 3개소 이상을 측정점으로 한다.
③ 시료채취 위치는 부근에 장애물이 없고, 바람에 의하여 지상의 흙모래가 날리지 않아야 한다.
④ 시료채취는 1회 2시간 이상 연속채취하며, 풍하방향에 대상 발생원의 영향이 없을 것으로 추측되는 곳에 대조위치를 선정한다.

▶ 해설

07 입자상 물질의 포집에 사용하는 여과지는 0.3μm 되는 입자를 99% 이상 포집할 수 있어야 한다.

08 습윤배출가스 중 수증기 백분율은 다음 식으로 산출한다.

$$X_w(\%) = \frac{1.244 m_a}{V_{ms} + 1.244 m_a} \times 100 \quad \begin{cases} m_a : \text{포집 수분량} = 97.83 - 96.35 = 1.48g \\ V_{ms} : \text{표준상태 건조가스량} = 20L \end{cases}$$

$$\therefore X_w = \frac{1.244 \times 1.48}{20 + 1.244 \times 1.48} \times 100 = 8.43\%$$

09 저용량 공기포집법의 유량은 20L/min이다.

10 시료채취는 1회 1시간 이상 연속채취하며, 풍상방향에 대상 발생원의 영향이 없을 것으로 추측되는 곳에 대조위치를 선정한다.

정답 | 7.① 8.② 9.① 10.④

11 환경대기 중 먼지농도를 측정하는 주 시험방법은?

① 수동-베타선법, 자동-Low Volume Air Sampler법
② 수동-광산란법, 자동-High Volume Air Sampler법
③ 수동-High Volume Air Sampler법, 자동-베타선법
④ 수동-Low Volume Air Sampler법, 자동-광산란법

12 Low Volume Air Sampler의 장치구성에 대한 설명 중 옳지 않은 것은?

① 여과지 홀더 내의 패킹(Packing)은 플루오린수지로 만들어진 것을 사용한다.
② 흡인펌프는 연속해서 10일 이상 사용할 수 있고, 진공도가 낮은 것을 사용한다.
③ 부자식 면적유량계에 새겨진 눈금은 20℃, 1기압에서 10~30L/min범위를 0.5L/min까지 측정할 수 있도록 되어 있는 것을 사용한다.
④ 입자상 물질 포집용 여과지는 통상 유리섬유제 여과지의 구멍 크기가 1~3μm가 되는 니트로셀룰로오스제 멤브레인 필터 또는 석영섬유제 여과지 등을 사용한다.

> **해설**
>
> **11** 환경대기 중의 먼지농도 측정은 하이볼륨 에어 샘플러법(수동) 및 베타선법(자동)을 주 시험방법으로 한다.
> **12** 흡입펌프는 연속해서 30일 이상 사용할 수 있는 것을 사용하여야 하고, 진공도가 높은 것이어야 한다.

정답 ┃ 11.③ 12.②

업그레이드 종합 예상문제

01 보통형(I형) 흡인노즐을 사용한 굴뚝 배출가스 흡인 시 10분간 채취한 흡인가스량(습식 가스미터)이 60L이었다. 이 때 등속흡인이 행하여지기 위한 가스미터에 있어서의 등속흡인유량의 범위는?(단, $I(\%) = (V_m/q_m) \times t \times 100$)

① 3.3~5.3L/분
② 5.5~6.3L/분
③ 6.5~7.3L/분
④ 7.5~8.3L/분

■해설 제시된 식을 사용하여 등속흡인유량의 범위는 등속계수를 산출한 값이 95~110% 범위 이내에 속하도록 한다.

□ $I(\%) = \dfrac{V_m}{q_m \times t} \times 100$ $\begin{cases} I : \text{등속계수} = 95 \sim 110\% \\ V_m : \text{가스미터에서 읽은 값} = 60L \\ t : \text{가스 흡인시간} = 10\min \end{cases}$

⇨ $95\% = \dfrac{60}{q_m \times 10} \times 100$ ∴ $q_m = 6.31 \text{L/min}$

⇨ $110\% = \dfrac{60}{q_m \times 10} \times 100$ ∴ $q_m = 5.45 \text{L/min}$

02 굴뚝 배출가스를 습식 가스미터를 사용하여 흡습관법으로 습윤가스의 수증기 백분율을 측정한 결과, 체적 백분율로 14.45%이었다. 이때 흡수된 수분의 질량은? (단, 습윤가스의 온도는 70℃, 시료채취량은 10L, 대기압, 가스미터 게이지압, 가스미터 온도 70℃에서의 수증기 포화압은 각각 0.6기압, 25mmHg, 270mmHg이다.)

① 약 0.15g
② 약 0.2g
③ 약 0.25g
④ 약 0.3g

■해설 수분량(X_w, %) 계산식을 이용한다.

□ $X_w(\%) = \dfrac{1.244 m_a}{V_{ms} + 1.244 m_a} \times 100$ $\begin{cases} X_w : \text{수분의 용량백분율} = 14.45\% \\ P_a : \text{대기압} = 0.6\text{기압} = 0.6 \times 760 \text{mmHg} = 456\text{mmHg} \\ P_m : \text{가스미터 게이지압} = 25\text{mmHg} \\ P_v : \text{포화증기압} = 270\text{mmHg} \end{cases}$

- V_{ms} : 표준상태 시료채취량 $= V_m \times \dfrac{273}{273 + t_m} \times \dfrac{P_a + P_s - P_v}{760}$

⇨ $14.45\% = \dfrac{1.244 m_a}{10 \times \dfrac{273}{273 + 70} \times \dfrac{456 + 25 - 270}{760} + 1.244 m_a} \times 100$

∴ $m_a = 0.3 \text{g}$

03 굴뚝 먼지시료 측정을 위해 반자동식 채취기를 사용할 때, 채취장치 구성 중 흡인 노즐에 대한 설명으로 틀린 것은?

① 흡인노즐의 꼭지점은 30° 이하의 예각으로 한다.
② 여과지 홀더장치는 플라스틱제로써 여과지 탈착(脫着)이 되지 않아야 한다.
③ 흡인노즐의 안과 밖의 가스흐름이 흐트러지지 않도록 흡인노즐의 내경은 4mm 이상으로 한다.
④ 흡인노즐에서 먼지 포집부까지의 흡입관은 내부면이 매끄럽고, 급격한 단면의 변화와 굴곡이 없어야 한다.

▌해설 스테인리스강, 경질유리 또는 석영유리제로 만들어진 것을 사용한다.

04 하이볼륨 에어 샘플러법에 대한 설명이다. 틀린 것은?

① 흡인유량은 5~10m³/min 범위로 한다.
② 포집입자의 입경은 0.1~100μm 범위이다.
③ 공기흡인부, 여과지 홀더, 유량측정부, 보호상자로 구성된다.
④ 여과지는 0.3μm 되는 입자를 99% 이상 포집할 수 있는 것을 사용한다.

▌해설 고용량(High Volume) 채취법의 흡입유량은 1.2~1.7m³/min 범위이다.

더 풀어보기 예상문제

01 굴뚝 배출가스 중 먼지를 반자동식 채취기에 의해 측정하고자 할 때, 채취장치의 구성에 대한 설명으로 옳지 않은 것은?

① S형 피토관을 사용한다.
② 흡인노즐 내경은 4mm 이상으로 한다.
③ 차압계로 경사마노미터는 사용할 수 없다.
④ 흡입관은 수분응축방지를 위한 가열기를 갖춘 것이어야 한다.

02 대기 중 10μm 이하의 부유입자상 물질의 질량농도를 구하거나 금속 등의 성분 분석에 이용되며, 흡인펌프, 분립장치, 여과지 홀더 등으로 구성된 분석법은?

① 광투과법
② 광산란법
③ 하이볼륨 에어 샘플러법
④ 로볼륨 에어 샘플러법

정답 1.③ 2.④

더 풀어보기 예상문제 해설

01 먼지를 반자동식 채취기에 의해 측정할 때 차압게이지는 2개의 경사마노미터를 사용한다.
02 저용량 공기시료 채취(Low Volume Air Sampler) 장치는 분립장치 → 여과지 홀더 → 유량측정부 (마노미터/유량계) → (바이패스밸브) → 흡입펌프로 구성된다.

정답 3.② 4.①

더 풀어보기 예상문제

01 굴뚝 배출가스 중 먼지농도를 반자동식 시료채취기에 의해 분석하는 경우 채취장치 구성에 대한 설명으로 옳지 않은 것은?

① 흡인노즐의 꼭지점은 60° 이하의 예각이 되도록 하고, 주위장치에 고정시킬 수 있도록 충분한 각(가급적 수직)이 확보되도록 한다.
② 흡인노즐의 안과 밖의 가스흐름이 흐트러지지 않도록 흡인노즐 내경(d) 4mm 이상으로 하고, d는 정확히 측정하여 0.1mm 단위까지 구하여 둔다.
③ 흡인관은 수분응축방지를 위해 시료가스 온도를 120±14℃로 유지할 수 있는 가열기를 갖춘 보로실리게이트, 스테인리스강 또는 석영유리관을 사용한다.
④ 피토관은 피토관계수가 정해진 L형 피토관(C : 1.0 전후) 또는 S형(웨스턴형 C : 0.85 전후) 피토관으로서 배출가스 유속의 계속적인 측정을 위해 흡인관에 부착하여 사용한다.

02 먼지측정을 위한 흡인노즐 내경의 크기로 가장 적절한 것은?

① 4mm　② 6mm
③ 10mm　④ 20mm

03 굴뚝의 먼지측정 시료채취방법에 대한 사항으로 옳지 않은 것은?

① 한 채취점에서의 채취시간을 30초 이상으로 하고, 모든 채취점에서 채취시간을 동일하게 한다.
② 등속흡인 식에 따라 등속계수를 구한 결과 그 값이 95~110% 범위 내에 들지 않는 경우에는 시료채취 조작을 다시 행한다.
③ 동압은 원칙적으로 0.1mmH$_2$O의 단위까지 읽고, 피토관의 배출가스 흐름방향에 대한 편차는 10° 이하가 되도록 하여야 한다.
④ 피토관을 측정공에서 굴뚝 내의 측정점까지 삽입하여 전압공을 배출가스 흐름방향에 바로 직면시켜 압력계에 의하여 동압을 측정한다.

04 하이볼륨 에어 샘플러법에 대한 다음 설명 중 틀린 것은?

① 포집입경은 일반적으로 0.1~100μm 범위이다.
② 공기흡인부, 여과지홀더, 유량측정부 및 보호상자로 구성된다.
③ 공기흡인부는 무부하(無負荷)일 때의 흡인유량은 보통 0.5m^3/hr 범위 정도로 한다.
④ 포집용 여과지는 보통 0.3μm 되는 입자를 99% 이상 포집할 수 있는 것을 사용한다.

정답 1.① 2.① 3.① 4.③

더 풀어보기 예상문제 해설

01 흡인노즐의 꼭지점은 30℃ 이하의 예각(銳角)이 되도록 하고, 매끈한 반구모양으로 한다.
02 흡인노즐의 내경은 4mm 이상으로 한다.
03 먼지측정 시 한 채취점에서의 채취시간을 최소 2분 이상으로 하고, 모든 채취점에서 채취시간을 동일하게 하여야 한다.
04 공기흡인부는 무부하(無負荷)일 때의 흡인유량은 보통 2m^3/min 정도로 한다.

더 풀어보기 예상문제

01 로볼륨 에어 샘플러법을 이용하여 대기 중 부유하고 있는 입자상 물질을 포집할 때 일반적인 포집입자의 입경기준은?

① $1\mu m$ 이하　② $5\mu m$ 이하
③ $10\mu m$ 이하　④ $50\mu m$ 이하

02 비산먼지 측정방법에 대한 사항으로 옳지 않은 것은?

① 시료채취장소는 비산먼지 농도가 가장 높을 것으로 예상되는 3개 지점 이상을 선정한다.
② 피토관계수는 사전에 확인되어야 하며, 고유번호가 지워지지 않도록 관 몸체에 새겨야 한다.
③ 따로 풍상(風上)방향에 대상 발생원의 영향이 없을 것으로 추측되는 곳에 대조위치를 선정한다.
④ 풍향·풍속 측정 시 연속기록장치가 없을 경우에는 적어도 10분 간격으로 같은 지점에서 3회 이상 풍향·풍속을 측정하여 기록한다.

03 다음은 굴뚝에서 배출되는 먼지측정방법에 대한 설명이다. ( ) 안에 알맞은 말이나 숫자를 바르게 나타낸 것은?

> 수동식 채취기를 사용하여 굴뚝에서 배출되는 기체 중의 먼지를 측정할 때 흡인가스량은 원칙적으로 (Ⓐ) 여과지 사용 시 포집면적 $1cm^2$당 (Ⓑ)mg 정도이고, (Ⓒ) 여과지 사용 시 전체 먼지포집량이 (Ⓓ)mg 이상이 되도록 한다.

① Ⓐ 원통형, Ⓑ 1, Ⓒ 원형, Ⓓ 5
② Ⓐ 원형, Ⓑ 1, Ⓒ 원통형, Ⓓ 5
③ Ⓐ 원통형, Ⓑ 0.5, Ⓒ 원형, Ⓓ 1
④ Ⓐ 원형, Ⓑ 0.5, Ⓒ 원통형, Ⓓ 1

04 하이볼륨 에어 샘플러의 포집개시 직후의 측정된 유량은 $1.6m^3/min$, 25시간 포집한 후 포집종료 직전의 유량이 $1.4m^3/min$일 경우 흡인공기량은?

① $1,125m^3$　② $2,250m^3$
③ $3,210m^3$　④ $4,400m^3$

정답 1.③　2.②　3.②　4.②

더 풀어보기 예상문제 해설

01 로볼륨 에어 샘플러법은 $10\mu m$ 이하, 하이볼륨 에어 샘플러법은 $0.1 \sim 100\mu m$이다.

02 비산먼지 측정에는 피토관이 사용되지 않는다.

03 수동식 채취기를 사용할 때 흡인가스량은 원칙적으로 포집량이 원형 여과지일 때 포집면적 $1cm^2$당 1mg 정도, 원통형 여과지일 때는 5mg 이상 되도록 한다. 다만, 동 포집량을 얻기 곤란한 경우는 흡인유량을 400L 이상으로 한다.

04 산술평균 흡인량을 산출한다.

$$Q = \frac{Q_1 + Q_2}{2} \times t \quad \begin{cases} Q_1(\text{포집개시 직후 유량}) = 1.6m^3/min \\ Q_2(\text{포집종료 직전 유량}) = 1.4m^3/min \end{cases}$$

$$\therefore Q = \frac{1.6 + 1.4}{2} \times 60 \times 25 = 2,250m^3$$

더 풀어보기 예상문제

01 로하이볼륨 에어 샘플러법의 장치구성에 대한 설명으로 옳은 것은?

① 유량측정부 : 공기흡인부에 붙어있고, 장착 및 탈착이 쉬운 부자식 유량계를 사용
② 여과지 홀더 : 구성요소 중 패킹은 연성 플라스틱으로 만들어진 것으로 크기는 프레임보다 커야 함
③ 공기흡인부 : 2단 원심터빈형 송풍기로서 무부하일 때 흡인유량이 약 $0.2m^3/min$ 이고, 48시간 이상 연속측정 가능
④ 포집용 여과지 : $0.1\mu m$되는 입자를 99% 이상 포집할 수 있으며 압력손실이 적고 흡수성이 좋아야 하며, 네오프렌수지가 사용됨

02 다음 중 외부로 비산되는 먼지의 측정방법으로만 옳게 나열된 것은?

① 산화환원법, 로볼륨 에어 샘플러법
② 기체크로마토그래피, 흡광차분광법
③ 하이볼륨 에어 샘플러법, 불투명도법
④ 자외선/가시선 분광법, 로볼륨 에어 샘플러법

03 환경대기 중 입자상 물질을 로볼륨 에어 샘플러로 분당 20L씩 채취할 경우, 유량계의 눈금자 Q_r(L/min)을 나타내는 식으로 옳은 것은?(단, 1기압에서 기준이며, ΔP(mmHg)는 마노미터로 측정한 유량계 내의 압력손실이다.)

① $Q_r = 760\sqrt{\dfrac{760}{20/\Delta P}}$

② $Q_r = 20\sqrt{\dfrac{760}{760-\Delta P}}$

③ $Q_r = 760\sqrt{\dfrac{20/\Delta P}{760}}$

④ $Q_r = 20\sqrt{\dfrac{760-\Delta P}{760}}$

정답 1.① 2.③ 3.②

더 풀어보기 예상문제 해설

01 ①항만 올바르다.

▶바르게 고쳐보기◀

② 여과지홀더 : 패킹은 독립기포로 발포시킨 합성고무로 만들어진 것으로 그 크기는 프레임에 합치시킨다.
③ 공기흡인부 : 2단 원심터빈형 송풍기로서 무부하일 때의 흡인유량이 약 $2m^3/min$이고 24시간 이상 연속측정할 수 있는 것이어야 한다.
④ 포집용 여과지 : 여과지는 $0.3\mu m$ 되는 입자를 99% 이상 포집할 수 있으며 압력손실과 흡수성이 적고, 가스상 물질의 흡착이 적은 것이어야 한다.

02 외부로 비산 배출되는 먼지의 측정방법은 하이볼륨 에어 샘플러(High Volume Air Sampler)법과 불투명도법으로 측정한다.

03 로볼륨 에어 샘플러에서 유량계의 눈금자를 나타내는 식으로 올바른 것은 ②항이다. 여기서, Q_r은 유량계의 읽음 값(L/min), ΔP 는 압력손실(mmHg)이다.

Chapter 03 측정방법

출제기준	Chapter 3. 측정방법	적용기간 : 2020.1.1~2024.12.31	
세부출제 기준항목		기사	산업기사
		• 가스상 오염물질 측정 • 입자상 오염물질 측정 • 중금속 오염물질 측정 • 광화학스모그 관련 오염물 측정 • 기타 오염인자의 측정	• 가스상 오염물질 측정 • 입자상 오염물질 측정 • 중금속 오염물질 측정 • 광화학스모그 관련 오염물 측정 • 기타 오염인자의 측정

※ 출제기준 중 중복되는 항목이 있어 상기 체계로 저자가 세분하여 편재함

1 가스상 오염물질 측정

(1) 황산화물(SO_x)

※ 측정방법 구분

◐ 굴뚝배출 – 황산화물 측정 { • 침전적정법
• 중화적정법

분석방법	적용범위(ppm)	방법검출한계	상대표준편차	정밀도(%)
침전적정법	140~700 (광도적정법일 경우) 50~700	44ppm 15.7ppm	10% 이내 –	–

□ 굴뚝배출 – 황산화물 자동측정법 { • 전기화학식(정전위전해법)
• 용액전도율법
• 적외선흡수법
• 자외선흡수법
• 불꽃광도법

※ 측정범위 : 0~1000ppm

◐ 아황산가스 – 굴뚝연속 자동측정 { ◦ 용액전도율법
◦ 적외선흡수법
◦ 자외선흡수법
◦ 정전위전해법
◦ 불꽃광도법

※ 검출한계 : 5ppm 이하

※ 배출가스 중 황산미스트(SO_3 포함)의 분율이 전 황산화물의 10%를 넘는 시설에 대해서 주시험법으로 분석할 때, 환경부장관이 인정하는 방법으로 시료를 채취하여야 함

◐ 환경대기 중 – 아황산가스 측정 { ○ 자외선형광법(주시험법)
○ 파라로자닐린법
○ 산정량수동법

분석방법	정량범위	방법검출한계	정밀도(%)
자외선형광법	0.01~0.4μmol/mol	0.01μmol/mol	4.6
파라로자닐린법	0.01~0.4μmol/mol	0.01μmol/mol	4.6
산정량수동법	≥0.38μmol/mol	0.02μmol/mol	1.6

※ 자외선형광법이 주시험방법임

☐ 환경대기 중 SO_2 자동측정 { • 자외선형광법
• 용액전도율법
• 불꽃광도법
• 흡광차분광법

⚛ 굴뚝 배출 SO_x 분석방법 각론

▌ 굴뚝가스 – 침전적정법(아르세나조 Ⅲ법)

☐ **개요** : 시료가스를 **과산화수소수**에 흡수시켜 황산화물을 황산으로 만든 후 아이소프로필알코올과 아세트산을 가하고 **아르세나조 Ⅲ**(4~6방울)을 **지시약**으로 하여 0.005mol/L **아세트산바륨**용액으로 적정(종말점 : 액의 색이 **청색으로 되어 1분간 지속**되는 점)하여 황산화물의 농도를 구함(600nm 파장 부근의 광도적정법으로 하면 종말점을 정확히 결정할 수 있음)

☐ **적용범위** : 전 황산화물의 농도가 약 50~700ppm의 시료에 적용됨

☐ **간섭물질** : 별도 사항 없음

☐ **분석조작 유의사항**
  • **흡입속도** : 시료가스의 흡입속도는 약 1L/min으로 하고, 채취하는 시료가스의 양은 약 20L로 함
  • **가열** : 배관은 될 수 있는 한 짧게 하고, 수분이 응축될 우려가 있는 경우에는 채취관에서 삼방 콕 사이를 160℃ 정도로 가열해야 함
  • **상대표준편차 및 정확도** : 상대표준편차는 10% 이내, 정확도는 75~125% 이내이어야 함

☐ **농도계산** : 시료가스 중의 황산화물 농도는 다음 식으로 산출(소수점 둘째 자리)함

▎ $C = \dfrac{0.112(a-b)f \times \dfrac{250}{10}}{V_s} \times 10^3$

C : 황산화물 농도(ppm)
a : 적정소비 0.005M 아세트산바륨의 용액 부피(mL)
b : 바탕시험의 0.005M 아세트산바륨 용액 부피(mL)
f : 0.005M 아세트산바륨 역가
V_s : 표준상태 건조가스 시료채취량(L)
0.112 : 0.005M 아세트산바륨 용액 1mL에 상당하는 황산화물(mL)

☐ **역가계산** : 0.01N 아세트산바륨용액의 역가는 다음 식으로 산출함

▎ $f = \dfrac{10 \times f'}{V'} \times \dfrac{100}{250}$

f : 0.005M 아세트산바륨 용액의 역가
f' : 0.002M 황산의 역가
V' : 적정에 사용한 아세트산바륨용액(0.005M)의 양(mL)

굴뚝가스 - 자동측정방법

- **전기화학식**(정전위전해법) : 정전위전해 분석계를 사용하여 시료를 가스 투과성 격막을 통하여 전해조에 도입시켜 전해액 중에 확산 흡수되는 이산화황을 규정된 산화전위로 정전위전해(황산이온으로 산화)할 때, 전해전류를 측정하는 방법
  - ▶ 간섭물질 : 황화수소, 이산화질소
- **용액 전도율법** : 시료를 과산화수소에 흡수시켜 용액의 전기전도율의 변화(전도율의 증가는 시료가스 중의 아황산가스의 농도에 비례)를 용액전도율 분석계(백금전극 사용)로 측정하는 방법
  - ▶ 간섭물질 : 염화수소, 암모니아, 이산화질소
- **적외선흡수법** : 시료가스를 셀에 취하여 7,300nm 부근에서 적외선 가스분석계를 사용하여 이산화황의 광흡수를 측정하는 방법
  - ▶ 간섭물질 : 수분, 이산화탄소
- **자외선흡수법** : 자외선흡수 분석계를 사용하여 280~320nm에서 시료 중 이산화황의 광흡수(파장 287nm)를 측정하는 방법
  - ▶ 간섭물질 : 이산화질소
- **불꽃광도법** : 시료를 공기 또는 질소로 묽힌 다음 수소불꽃 중에 도입할 때에 394nm 부근에서 관측되는 발광광도를 불꽃광도검출분석계로 측정하는 방법
  - ▶ 간섭물질 : 황화수소

◐ 주요 구비조건

- **반복성** : 교정가스 농도의 ±2% 이하이어야 함
- **드리프트** : 제로 드리프트 및 스팬 드리프트는 교정가스 농도의 ±2% 이하이어야 함
- **응답시간** : 5분 이하이어야 함
- **수분에 의한 영향 제어** : 수분에 의한 영향을 최소화하기 위해 시료채취관을 가열하거나, 응축기 및 응축수 트랩을 연결하여 사용함

◐ 용어의 정의

- **교정가스** : **최대눈금치**의 **약 50%와 90%**에 해당하는 농도를 가짐(90% 교정가스를 스팬가스라고 함)
- **제로가스** : 순도가 높고 분석결과에 영향을 주지 않는 측정기용 제로가스를 사용하여야 함(제로가스는 **정제된 공기나 순수한 질소**를 사용하며, 공인기관에 의해 **아황산가스 농도가 1ppm 미만**으로 보증된 표준가스를 사용하여야 함)
- **응답시간** : 시료채취부를 통하지 않고 제로가스를 측정기의 분석부에 흘려주다가 갑자기 스팬가스로 바꿔서 흘려준 후, 기록계에 표시된 지시치가 스팬가스 보정치의 **95%에 해당하는 지시치**를 나타낼 때까지 걸리는 시간을 말함
- **응축기 및 응축수 트랩** : 테플론 또는 유리재질이어야 하며, 응축기는 기체가 앞쪽 흡착관을 통과하기 전 기체를 20℃ 이하로 낮출 수 있는 부피이어야 함

- 점(Point) 측정시스템 : 굴뚝 또는 덕트 **단면직경의 10% 이하**의 경로 또는 단일점에서 오염물질 농도를 측정하는 배출가스 연속자동 측정시스템
- 경로(Path) 측정시스템 : 굴뚝 또는 덕트 **단면직경의 10% 이상**의 경로를 따라 오염물질 농도를 측정하는 배출가스 연속자동 측정시스템
- 검출한계 : 제로 드리프트의 2배에 해당하는 지시치가 갖는 SO_2의 농도를 말함
- 교정오차 : 교정가스를 연속자동측정기에 주입하여 측정한 분석치가 보정치와 얼마나 잘 일치하는가 하는 정도로서 그 수치가 작을수록 잘 일치하는 것임
- 상대정확도 : 굴뚝에서 연속자동측정기를 이용하여 구한 아황산가스의 분석치가 황산화물 시험방법(주시험법)으로 구한 분석치와 얼마나 잘 일치하는가 하는 정도로서 그 수치가 작을수록 잘 일치하는 것임
- 보정 : 보다 참에 가까운 값을 구하기 위하여 판독값 또는 계산값에 어떤 값을 가감하는 것 또는 그 값
- 편향(Bias) : 계통오차, 측정결과에 치우침을 주는 원인에 의해서 생기는 오차
- 시료채취 시스템 편기 : 농도를 알고 있는 교정가스를 시료채취관의 출구에서 주입하였을 때와 측정기에 바로 주입하였을 때 측정기 시스템에 의해 나타나는 가스 농도의 차이
- 퍼지(Purge) : 시료채취관에 축적된 입자상 물질을 제거하기 위하여 압축된 공기가 시료채취관의 안에서 밖으로 불어 방출하는 동안 몇몇 시료채취형 시스템에 의해 주기적으로 수행되는 절차
- 직선성 : 입력신호의 농도변화에 따른 측정기 출력신호의 직선관계에서 벗어나는 정도

⚛ 환경대기 중 SO_2 분석방법 각론
- 자외선형광법(주시험법)
- 용액전도율법
- 불꽃광도법
- 흡광차분광법

▌자외선형광법
- 개요 : 단파장 영역인 200~230nm의 자외선 빛이 대기 시료가스 중의 SO_2 분자와 반응하면 SO_2 분자가 빛을 흡수하며, **들뜬상태**의 SO_2^* 분자가 생성되고 다시 **안정상태**로 **회귀**하면서 **2차 형광을 발생**하게 되는데, 이때 발생되는 형광복사선의 세기가 SO_2의 농도와 비례한다는 것을 이용하여 아황산가스 농도를 구함
- 간섭물질
  - 방향족탄화수소
  - 황화수소
  - 수분

  - 방향족탄화수소 : 방향족탄화수소 계열의 기체성분은 자외선과 반응하여 형광을 발생시킴 → 시료채취 도입부에 탄화수소 제거장치를 설치함
  - 황화수소 : 고농도 황화수소의 존재가 예상되는 경우 → 황화수소를 선택적으로 세정할 수 있는 장치가 사용되어야 함

- 수분 : 수분이 공기 중에 25% 함유할 경우 SO_2 출력값을 2%까지 직선적으로 감소시키게 됨 → 1차적으로 수분을 제거하거나 수분에 대한 기기보정을 필요로 함
- 기타 공존가스 : 대기 중에 아황산가스의 농도 정도로 공존하는 기체 성분에는 특별한 큰 영향이 없음. CS_2, NO, CO 및 CO_2 등은 자외선 영역에서 약하게 형광이 일어나지만, 이들 형광세기는 SO_2의 5×10^{-2}, 4×10^{-3}배 정도에 불과함
- 측정결과 표시 : 측정값은 소수점 둘째 자리까지 유효자리수를 표기하고 결과표시는 소수점 첫째 자리까지 함

파라로자닐린법

- 개요 : **사염화수은칼륨**용액에 아황산가스를 **흡수**시켜 안전한 이염화아황산수은염 착화합물을 형성시키고 이 착화합물과 **파라로자닐린**(유효기간 9개월) 및 **폼알데하이드**를 반응시켜 진하게 **발색**되는 파라로자닐린 메틸설폰산을 형성시켜 비색계 또는 분광광도계를 사용하여 흡광도를 측정, 아황산가스 농도를 구함
- 간섭물질 $\begin{cases} \text{질소산화물}(NO_x), \text{오존}(O_3) \\ \text{망간}(Mn), \text{철}(Fe), \text{크롬}(Cr), \text{바나듐}(V) \end{cases}$
  - 암모니아, 황화물(Sulfides), 알데하이드는 방해되지 않음
  - 흡수액 10mL 중에 철 $60\mu g$, 망간 $10\mu g$, 3가 크로뮴 $10\mu g$, 바나듐 $22\mu g$ 이하는 아황산가스 측정에 방해를 주지 않음
  - 질소산화물 → 설퍼민산(NH_3SO_3)을 사용함으로써 제거할 수 있음
  - 오존 → 측정기간을 늦춤으로써 제거할 수 있음
  - 망간, 철, 크로뮴 등 → 에틸렌디아민테트라아세트산(EDTA) 및 인산은(Ag_3PO_4)을 가하여 금속성분들의 방해를 방지할 수 있음
- 분석 시 유의사항
  - 시료채취 후 흡수액에 침전이 보일 때는 원심분리하여 제거하여야 함
  - 분취한 시험용액은 오존이 분해될 때까지 20분간 기다림
  - 설퍼민산을 주입한 후 질소산화물로부터 생성된 아질산염을 파괴하기 위해 10분간 방치해야 함
  - 발색된 용액은 흡수셀에 오래 두면 엷은 물감의 막이 형성될 수 있으므로 흡광도측정 후 바로 버리고 알코올로 깨끗이 씻어두어야 함
  - 분석시료를 1일 이상 보관하여야 할 때는 냉장고에서 5℃ 혹은 그 이하에서 보관하여야 함
  - 시료용액의 흡광도가 1.0~2.0이면 시료용액과 바탕시험 용액을 1:1로 희석하고 수분 이내에 측정하여야 함
  - 검정곡선은 직선관계가 성립되어야 하고 y절편(표준용액 0의 흡광도)은 0.03 이내이어야 하고, 표준용액 0의 흡광도가 0.03 이상이면 검정곡선을 다시 작성해야 함

▫ **검정곡선용 표준용액 중의 SO_2 농도** : 다음 식으로 산출함

$$SO_2(\mu g/mL) = \frac{(A-B)N \times 32{,}000}{25} \times 0.02$$

- A : 바탕시험 $Na_2S_2O_3$(mL)
- B : 소비된 $Na_2S_2O_3$(mL)
- N : $Na_2S_2O_3$의 규정도(eq/L)
- 32,000 : SO_2 밀리당량(meq)
- 0.02 : 희석배수
- 25 : 표준 아황산염용액량(mL)

▫ **농도계산** : 분석할 때 표준용액의 사용에 따라 시료 중의 아황산가스 농도를 다음과 같이 계산함

- **아황산염 표준용액을 사용할 때**

$$SO_2(\mu g/m^3) = \frac{(A-A_o)B_g \times 10^3}{V_r} \times D$$

- A : 시료용 흡광도
- A_o : 바탕시험 흡광도
- 10^3 : L → m^3 환산인자
- V_r : 25℃, 1기압 시료량(L)
- B_g : 검량계수(μg/abs)
- D : 희석률
  30분 및 1시간 채취 시 $D=1$
  24시간 채취 시 $D=10$

- **아황산가스 표준가스를 사용할 때**

$$SO_2(\mu g/m^3) = (A-A_o)B_g$$

- A : 시료용 흡광도
- A_o : 바탕시험 흡광도
- B_g : 검량계수(μg/abs)

산정량 수동법

▫ **개요** : 시료 중의 아황산가스를 묽은 **과산화수소**용액(H_2O_2)이 들어있는 드레셀병에 흡수시켜 황산(H_2SO_4)하고 이때 발생한 황산의 양을 표준알칼리액(0.01N)으로 적정(**종말점** pH 4.5)하여 아황산가스 농도를 구하는 방법임

▫ **적용범위**
- 높은 유속으로 채취하는 방법(5분~4시간 채취) : SO_2 농도 $0.38\mu mol/mol$ 이상의 시료에 사용
- 낮은 유속으로 채취하는 방법(4~72시간 채취) : SO_2 농도 $15\mu g/m^3$ 이상의 시료에 사용

▫ **간섭물질**
  산, 알칼리가스, 증기 방향족탄화수소
  염산(HCl), 질산(HNO_3), 아세트산(CH_3COOH)
  탄산가스(CO_2)

- 산 또는 알칼리가스 및 증기 : 아황산가스를 산화시킨 다음 산도를 측정하게 되므로 산 또는 알칼리가스 및 증기가 방해함
- 정상적인 도시의 대기에는 실질적으로 방해를 줄 수 있는 산의 증기는 없고, 단지 공장 등에서 배출되는 HCl, HNO_3 또는 아세트산이 확산된 지역에서는 이 방법을 사용하기 곤란함
- 도시 대기 중에 존재하는 탄산가스(CO_2)의 방해는 흡수액의 pH를 4.5로 조절하므로 영향을 차단할 수 있음

- **암모니아의 보정** : 암모니아에 의한 영향은 따로 측정하여 농도측정에서 보정함. (50mL 흡수액 속에 아황산가스가 10μg 이하로 함유되어 있을 때는 검출되지 않음)
  - 시료용액에 **지시약**을 가한 후 **청색**으로 변하면 **암모니아**가스가 **아황산가스의 화학당량 이상**으로 존재하는 것임 → 이 경우, 용액을 0.01N 황산으로 **회색 종말점**에 도달할 때까지 적정하고, 그 값을 산출하여 보정함
  - 혼합지시약은 브로민크레졸그린+메틸레드를 메틸알코올에 용해한 것으로 pH 4.5에서 회색, 산성에서는 오렌지-적색이고, 알칼리성에서는 청색을 나타냄
  - $SO_2(\mu g/m^3) = S + 1.88y$ $\begin{cases} S : SO_2의\ 농도(\mu g/m^3) \\ y : NH_3의\ 농도(\mu g/m^3) \end{cases}$
- **농도계산** : 분석할 때 표준용액의 사용에 따라 시료 중의 아황산가스 농도를 다음과 같이 계산함
  - $SO_2(\mu g/m^3) = \dfrac{N \times v \times 32{,}000}{V_s}$ $\begin{cases} SO_2 : 아황산가스의\ 농도(\mu g/m^3) \\ N : 알칼리의\ 규정도(0.01N) \\ v : 적정에\ 사용한\ 알칼리의\ 양(mL) \\ V_s : 시료가스\ 채취량(m^3) \end{cases}$

산정량 반자동법

- **개요** : 시료 중의 아황산가스를 묽은 **과산화수소용액**(H_2O_2)이 들어있는 드레셀병(Drechsel Bottle)에 흡수시켜 황산(H_2SO_4)으로 산화시켜 이 용액을 표준 알칼리용액으로 적정하여 아황산가스 농도를 3시간 또는 24시간마다 연속적으로 측정하는 방법
- **적용범위** : 앞의 산정량 수동법 참조
- **간섭물질** : 앞의 산정량 수동법 참조
- **농도계산** : 앞의 산정량 수동법 참조

용액전도율법

- **개요** : 시료기체를 **황산산성 과산화수소수** 흡수액에 도입하면 아황산가스는 과산화수소수에 의해 황산으로 산화되어 흡수된다. 이때 황산의 생성으로 인하여 흡수액의 전도율이 증가하게 되는데, 이 **전도율의 증가**가 시료기체 중의 아황산가스의 농도에 비례하는 원리를 이용하는 방법
- **적용범위**
  - 측정범위 : 아황산가스 0~0.01μmol/mol에서 0~1.0μmol/mol
  - 최소검출농도 : 0.01μmol/mol
- **간섭물질** $\begin{cases} 전해질을\ 형성하는\ 모든\ 수용성\ 가스,\ 할로겐화수소 \\ 암모니아,\ 석회입자 \\ 염화나트륨(NaCl),\ 황산(H_2SO_4) \end{cases}$
  - ※ H_2S : 약산성으로 용해도가 낮으며, 전도도가 나쁘므로 방해되지 않음
  - ※ CO_2 : CO_2는 흡수액이 알칼리성이 아닌 한 방해되지 않음
  - 전해질 형성 수용성 가스 : 용액에 녹아 전해질을 형성하는 모든 수용성 가스는 방해요인이 되며, 모든 할로겐화수소는 정량적으로 측정됨

- 암모니아 : 알칼리성 기체로 산을 중화시켜 전도도에 영향을 미침
- 석회가루 : 알칼리성을 나타내는 입자상 물질은 전도도에 영향을 미침
- 염화나트륨(NaCl) 및 황산입자 : 중성 및 산성 에어로졸은 전도도를 높게 하므로 제거하여야 하고, 특히 황산은 쉽게 흡수제를 통과하므로 유의하여야 함

불꽃광도법

□ **개요** : **환원성 수소불꽃** 안에 도입된 아황산가스가 불꽃 속에서 환원될 때 발생하는 빛 중 394nm 부근의 파장영역에서 발광의 세기를 측정하여 시료기체 중의 아황산가스 농도를 연속적으로 측정하는 방법

□ **적용범위**
- 측정범위 : 아황산가스 0~0.01μmol/mol에서 0~1.0μmol/mol
- 검출한계 : 측정범위 최대눈금의 1% 이하

□ **간섭물질** { 황화수소, 이황화탄소 / 소광작용이 있는 기체(탄화수소, 이산화탄소 등) / 기타 황화합물

- 황화수소, 이황화탄소 등 : 아황산가스와 발광 스펙트럼이 겹치므로 간섭하게 됨
- 탄화수소, 이산화탄소 등 : 소광작용이 있으므로 간섭하게 됨
- 황화합물 : 황화합물의 농도가 아황산가스 농도의 5% 이하일 때는 영향이 적으나 그 이상일 때는 적당한 전처리를 하여 방해물질을 제거한 후에 측정해야 함

흡광차분광법

□ **개요** : Beer-Lambert 법칙에 따라 농도에 비례한 빛의 흡수를 이용한 것으로 자외선 영역에서의 아황산가스 기체분자에 의한 흡수 스펙트럼을 측정하여 시료기체 중의 아황산가스 농도를 흡광차분광법에 의하여 연속적으로 측정하는 방법

□ **적용범위**
- 측정범위 : 아황산가스 0~0.01μmol/mol에서 0~1.0μmol/mol
- 검출한계 : 측정범위 최내눈금의 1% 이하

□ **간섭물질** { 오존 / 질소산화물

- 시료기체 중 공존하는 아황산가스와 흡수 스펙트럼이 겹치는 기체의 간섭을 받음
- 흡수 스펙트럼 신호의 처리과정에서 간섭물질의 영향을 제거할 수 있음

□ **장치의 구성 및 분석조건** : "기기분석법"의 흡광차분광법 참조

CBT 형식 출제대비 엄선 예상문제

01 굴뚝 배출가스 중 황산화물분석방법인 중화적정법에서 종말점의 색깔 변화로 옳은 것은?
① 적색 점 ② 녹색 점
③ 청색 점 ④ 자주색 점

02 배출가스 중 황산화물을 아르세나조 Ⅲ법으로 분석하고자 할 때 적정액과 종말점 색은?
① N/10 수산화소듐용액 – 녹색
② N/100 수산화소듐용액 – 청색
③ N/10 아세트산바륨용액 – 녹색
④ N/100 아세트산바륨용액 – 청색

03 굴뚝 배출가스 중의 황산화물을 아르세나조 Ⅲ법으로 측정하여 다음과 같은 결과를 얻었다. 황산화물의 농도(ppm)는?

- 건조 시료가스 채취량 : 20L(30℃)
- 분석용 시료용액 전량 : 250 mL
- 분석용 시료용액 분취량 : 10 mL
- 적정에 소요된 N/100 아세트산바륨량 4.2mL
- 공시험에 소비된 N/100 아세트산바륨량 : 0.2mL
- N/100 아세트산바륨 Factor : 1.00

① 621.4ppm ② 615.5ppm
③ 584.4ppm ④ 572.5ppm

해설

01 황산화물의 중화적정법의 종말점은 자주색에서 녹색으로 변하는 점으로 한다.
▶ 적정법의 적정액과 종말점 색깔 ◀
- 암모니아(중화적정법) → N/10 황산(청 → 황)
- 황산화물 → 중화적정법[N/10 수산화소듐(자주 → 녹)
  → 침전적정법[N/100 아세트산바륨용액(청 → 1분)]
- 황화수소(용량법) → N/20 사이오황산소듐(무색)
- HCN(질산은 적정법) → N/10 사이오시안암모늄용액(엷은 적색) ※ 참고
- 플루오르(용량법, 질산토륨-네오트린법) → 질산(N/10)(황색)
- Br(적정법, 하이포아염소산염법) → N/100 사이오황산소듐용액(청 → 소실)
- HCN(질산은 적정법) → N/100 질산은용액(황 → 적) ※ 참고

02 황산화물의 아르세나조 Ⅲ법에서 적정액은 N/100 아세트산바륨용액, 종말점은 청색으로 되어 1분간 지속되는 점이다.

03 아르세나조 Ⅲ법의 농도 계산식을 이용한다.

$$C = \frac{0.112(a-b)f \times (250/\nu)}{V_s} \times 10^3 \quad \begin{cases} a-b : (4.2-0.2)\,\mathrm{mL} \\ f(\text{N/100 초산바륨의 Factor}) = 1.00 \\ \nu(\text{분석용 시료용액의 채취량}) = 10\,\mathrm{mL} \\ V_s(\text{건조 시료가스량}) = 20 \times \dfrac{273}{273+t} \end{cases}$$

$$\therefore C = \frac{0.112 \times (4.2-0.2) \times 1 \times (250/10)}{20 \times \dfrac{273}{273+30}} \times 1{,}000 = 621.5\,\mathrm{ppm}$$

정답 | 1.② 2.④ 3.①

04 굴뚝 배출가스 내의 황산화물 측정방법 중 중화적정법에 대한 설명으로 옳지 않은 것은?

① 이산화탄소의 방해가 현저하다.
② 수산화소듐용액으로 적정한다.
③ 시료를 과산화수소에 흡수시켜 황산화물을 황산으로 만든다.
④ 시료 20L를 흡수액에 통과시키고, 이 액을 250mL로 묽게 하여 분석용 시료용액으로 할 때 황산화물 전체 농도가 250ppm 이상이고, 다른 산성가스 영향을 무시할 때 적용한다.

05 굴뚝 배출가스 중의 황산화물을 중화적정법으로 측정하여 다음과 같은 결과를 얻었다. 황산화물농도(ppm)는?

- 건조 시료가스 채취량 : 25L(0℃)
- 분석용 시료용액 전량 : 250mL
- 분석용 시료용액 분취량 : 50mL
- 적정에 소요된 N/10 NaOH량 : 2.2mL
- 공시험에 소비된 N/10 NaOH량 : 0.2mL
- N/10 NaOH Factor : 1.00

① 326　　② 448
③ 560　　④ 747

06 굴뚝 배출가스 중 SO_2의 연속자동측정방법이 아닌 것은?

① 불꽃광도법　　② 광전도전위법
③ 자외선흡수법　　④ 용액전도율법

07 환경대기 중 아황산가스 측정을 위한 파라로자닐린법의 장치구성에 대한 설명으로 옳지 않은 것은?

① 여과기는 $0.8 \sim 2.0 \mu m$의 다공질막 또는 유리솜 여과기를 사용한다.
② 흡인펌프는 유량조절기와 펌프 사이에 적어도 0.7기압의 압력 차이를 유지하여야 한다.
③ 흡광광도계는 376nm에서 흡광도를 측정할 수 있어야 하고, 측정에 사용되는 스펙트럼폭은 50nm이어야 한다.
④ 시료분산기는 외경 8mm이고, 내경 6mm, 길이 152mm의 유리관으로서 끝은 외경 0.3~0.8mm로 가늘게 만든 것을 사용한다.

08 환경대기 중 SO_2를 측정함에 있어 파라로자닐린법에서 주요 방해물질로 알려진 물질이 아닌 것은?

① Cr　　② O_3
③ NO_x　　④ NH_3

> **해설**

04 황산화물의 중화적정법은 다른 산성가스의 영향을 무시할 때 적용된다. CO_2의 공존은 무방하다.

05 중화적정법의 농도 계산식을 이용한다.

$$C = \frac{1.12(a-b)f \times (250/\nu)}{V_s} \times 10^3 \quad \begin{cases} a-b : (2.2-0.2) \text{mL} \\ f(\text{N/10 NaOH의 Factor}) = 1.00 \\ \nu(\text{분석용 시료용액의 채취량}) = 50\text{mL} \\ V_s(\text{건조 시료가스량}) = 25\text{L} \end{cases}$$

$$\therefore C = \frac{1.12 \times (2.2-0.2) \times (250/50)}{25} \times 10^3 = 448\text{ppm}$$

06 SO_2의 연속자동측정방법은 용액전도율법, 적외선흡수법, 자외선흡수법, 정전위전해법, 불꽃광도법이다.

07 흡광광도계는 548nm에서 흡광도를 측정할 수 있어야 하고, 측정에 사용되는 스펙트럼폭은 15nm이어야 한다.

08 파라로자닐린법의 방해물질은 질소산화물(NO_x), 오존(O_3), 망간(Mn), 철(Fe), 크로뮴(Cr) 등이다.

정답 ┃ 4.① 5.② 6.② 7.③ 8.④

09 환경대기 중 SO₂를 산정량수동법으로 측정하는 방법이다. ( ) 안에 알맞은 것은?

> 시료용액에 지시용액 2방울을 가하고, 0.01N 알칼리용액으로 적정하여 ( )이 될 때를 종말점으로 한다.

① 적색 ② 황색
③ 녹색 ④ 회색

10 환경대기 중 아황산가스 농도측정을 위한 주시험방법인 것은?
① 불꽃광도법 ② 자외선형광법
③ 산정량수동법 ④ 파라로자닐린법

11 환경대기 중의 SO₂에 대하여 자동연속측정방법이 아닌 것은?
① 불꽃광도법 ② 용액전도율법
③ 적외선형광법 ④ 흡광차분광법

12 환경대기 중 SO₂를 자동연속측정하는 방법 중 주시험법은?
① 용액전도율법 ② 화학발광법
③ 자외선형광법 ④ 불꽃광도법

13 환경대기 중에 있는 아황산가스 농도를 자동연속측정법으로 분석하고자 한다. 이에 해당하지 않는 것은?
① 적외선형광법 ② 불꽃광도법
③ 흡광차분광법 ④ 용액전도율법

> 해설

09 시료용액에 지시용액 2방울을 가하고 0.01N 알칼리용액으로 적정하여 회색이 될 때 종말점으로 한다.

10 환경대기 중 아황산가스 농도측정을 위한 주시험방법은 자외선형광법이다.
▶ 환경대기 측정법 중 주시험법(모음 정리) ◀
• 아황산가스 : 자외선형광법(자동)
• 질소산화물 : 화학발광법(자동)
• 일산화탄소 : 비분산적외선분광분석법(자동)
• 탄화수소 : 비메탄탄화수소측정법
• 옥시던트 : 자외선광도법(자동)
• 유해 휘발성유기화합물(VOCs) : 고체흡착법, 캐니스터법
• 먼지 : 하이볼륨 에어 샘플러법(수동) 및 베타선법(자동)
• 벤조(a)피렌 : 기체크로마토그래피
• 환경대기 중의 금속류(Cu, Ni, Cd, Cr 등) : 원자흡수분광광도법(원자흡광광도법)

11 환경대기 중 SO₂의 자동연속측정법은 자외선형광법, 용액전도율법, 불꽃광도법, 흡광차분광법이다. 이 중에서 자외선형광법이 주시험법이다.

12 환경대기 중 SO₂를 자동연속측정방법 중 주시험법은 자외선형광법이다.

13 환경대기 중에 있는 아황산가스 농도의 자동연속측정법은 ②, ③, ④항 이외에 자외선형광법이 있다.

정답 ┃ 9.④ 10.② 11.③ 12.③ 13.①

업그레이드 종합 예상문제

01 아황산가스의 자동연속측정방법에서 사용하는 용어의 의미로 옳은 것은?

① 제로가스 : 제로가스는 정제된 공기나 순수한 질소를 사용한다.
② 점 측정시스템 : 단면직경의 50% 이하의 경로에서 오염물질농도를 측정하는 시스템이다.
③ 검출한계 : 제로 드리프트의 3배에 해당하는 지시치가 갖는 아황산가스의 농도를 말한다.
④ 교정가스 : 공인기관의 보정치가 제시되어 있는 표준가스로 연속자동측정기 최대눈금치의 약 10%와 90%에 해당하는 농도를 갖는다.

▌해설 ①항만 올바르다. 제로가스는 정제된 공기나 순수한 질소를 사용해야 하며, 공인기관에 의해 아황산가스 농도가 1ppm 미만으로 보증된 표준가스를 사용한다.
　　▶바르게 고쳐보기◀
② 점 측정시스템 : 굴뚝 또는 덕트 단면직경의 10% 이하의 경로 또는 단일점에서 오염물질 농도를 측정하는 배출가스 연속자동측정시스템
③ 검출한계 : 제로 드리프트의 2배에 해당하는 지시치가 갖는 SO_2의 농도를 말함
④ 교정가스 : 최대눈금치의 약 50%와 90%에 해당하는 농도를 가짐(90% 교정가스를 스팬가스라고 함)

02 다음은 굴뚝 배출가스 아황산가스를 연속적으로 자동측정하는 방법에 사용되는 용어에 관한 설명이다. ( ) 안에 알맞은 것은?

> • 교정가스 : 공인기관의 보정치가 제시되어 있는 표준가스로 연속자동측정기 최대눈금치의 약 (㉠)에 해당하는 농도를 갖는다.(90% 교정가스를 스팬가스라고 한다.)
> • 제로가스 : 공인기관에 의해 아황산가스 농도가 (㉡)으로 보증된 표준가스를 말한다.

① ㉠ 30%와 60%　㉡ 1ppm 미만
② ㉠ 50%와 90%　㉡ 1ppm 미만
③ ㉠ 10%와 30%　㉡ 0.1ppm 미만
④ ㉠ 10%와 60%　㉡ 0.1ppm 미만

▌해설 교정가스는 최대눈금치의 약 50%와 90%에 해당하는 농도를 갖는다. 제로가스는 공인기관에 의해 아황산가스 농도가 1ppm 미만으로 보증된 표준가스를 말한다.

03 굴뚝 배출가스 중 아황산가스의 자동연속측정방법에서 사용하는 용어의 의미로 옳지 않은 것은?

① 검출한계 : 제로 드리프트의 3배에 해당하는 지시치가 갖는 아황산가스의 농도를 말한다.
② 응답시간 : 스팬가스 보정치의 95%에 해당하는 지시치를 나타낼 때까지 걸리는 시간을 말한다.
③ 제로가스 : 제로가스는 공인기관에 의해 아황산가스 농도가 1ppm 미만으로 보증된 표준가스를 말한다.
④ 경로(Path) 측정시스템 : 굴뚝 또는 덕트 단면직경의 10% 이상의 경로를 따라 오염물질 농도를 측정하는 연속자동 측정시스템을 말한다.

해설 검출한계 : 제로 드리프트의 2배에 해당하는 지시치가 갖는 아황산가스의 농도를 말한다.

04 대기 중 아황산가스 농도측정을 위한 파라로자닐린법에 대한 설명 중 ( ) 안에 알맞은 것은?

> 이 시험방법은 (Ⓐ)용액에 대기 중의 SO_2를 흡수시켜 안전한 (Ⓑ) 착화합물을 형성시키고, 이 착화합물과 파라로자닐린 및 HCHO를 반응시켜 진하게 발색되는 파라로자닐린메틸술폰산을 형성시키는 것이다.

① Ⓐ 이염화수은소듐, Ⓑ 사염화아황산수은염
② Ⓐ 사염화수은소듐, Ⓑ 이염화아황산수은염
③ Ⓐ 사염화수은포타슘, Ⓑ 이염화아황산수은염
④ Ⓐ 이염화수은포타슘, Ⓑ 사염화아황산수은염

해설 파라로자닐린법은 사염화수은포타슘용액에 대기 중의 아황산가스를 흡수시켜 안전한 이염화아황산수은염 착화합물을 형성시키고, 이 착화합물과 파라로자닐린 및 폼알데하이드를 반응시켜 진하게 발색되는 파라로자닐린메틸술폰산을 형성시키는 것이다. 발색된 용액은 비색계 또는 흡광광도계를 사용하여 흡광도를 측정하고, 검량선에 의해 시료 대기 중의 아황산가스 농도를 구한다.

05 환경대기 중 아황산가스를 파라로자닐린법으로 분석할 때 방해물질 제거에 대한 설명으로 옳은 것은?

① NO_x : 측정기간을 늦춘다.
② NH_3 : pH를 4.5 이하로 조절한다.
③ O_3 : 술파민산(NH_2SO_3H)을 주입한다.
④ Mn, Fe, Cr : EDTA 및 인산을 사용한다.

해설 ④항만 올바르다. 금속성분(Mn, Fe, Cr 등)의 방해를 방지하기 위해서는 EDTA 및 인산을 주입한다.

06 환경대기 중 아황산가스 농도 측정을 위한 불꽃광도법(FPD)에 대한 설명으로 가장 거리가 먼 것은?

① 측정범위는 0.005~1.0ppm이다.
② 순도 99.8% 이상의 수소를 사용한다.
③ 재현성은 최대눈금값의 ±2% 이내이어야 한다.
④ 이 방법은 황화합물의 농도가 아황산가스 농도의 0.5% 이상일 때는 적당한 전처리를 하여 방해물질을 제거한 후에 측정하여야 한다.

■해설 불꽃광도법은 황화합물의 농도가 아황산가스 농도의 5% 이하일 때는 영향이 적으나 그 이상일 때는 적당한 전처리를 하여 방해물질을 제거한 후에 측정하여야 한다.

07 대기 중 SO_2 측정을 위한 불꽃광도법에 대한 설명으로 틀린 것은?

① 측정범위는 0.005~1.0ppm이다.
② 순도 99.8% 이상의 수소를 사용한다.
③ 재현성은 최대눈금의 ±5% 이내이어야 한다.
④ 황화합물의 농도가 아황산가스 농도의 5% 이상일 때는 전처리를 요한다.

■해설 불꽃광도법의 재현성은 각 측정 단계마다 최대눈금값의 ±2% 이내이어야 한다.

더 풀어보기 예상문제

01 아르세나조 Ⅲ법에 의하여 굴뚝에서 배출되는 배출가스 중 황산화물을 측정 시 사용되는 시약이 아닌 것은?

① 아세트산바륨
② 과산화수소
③ 수산화소듐
④ 아이소프로필알코올

02 환경대기 중의 아황산가스 측정을 위한 시험방법이 아닌 것은?

① 흡광차분광법
② 용액전도율법
③ 파라로자닐린법
④ 아연환원나프틸에틸렌다이아민법

정답 1.③ 2.④

더 풀어보기 예상문제 해설

01 아르세나조 Ⅲ법은 시료가스를 과산화수소수(3%)에 흡수시켜 황산화물을 황산으로 만든 후 아이소프로필알코올과 아세트산을 가하고 아르세나조 Ⅲ(4~6방울)을 지시약으로 하여 N/100 아세트산바륨용액으로 적정하여 황산화물의 농도를 구한다.
02 아연환원나프틸에틸렌다이아민법은 질소산화물 측정방법이다.

더 풀어보기 예상문제

01 굴뚝 배출가스의 황산화물 분석방법의 흐름도를 옳게 나타낸 것은?(단, 침전적정법, AS Ⅲ : 아르세나조 Ⅲ 지시약, MR/MB : 메틸레드-메틸렌블루)

① 시료 $\xrightarrow{흡수}$ 황산 $\xrightarrow{AS Ⅲ}$ NaOH 용액 적정
② 시료 $\xrightarrow{흡수}$ 황산 $\xrightarrow{AS Ⅲ}$ 아세트산바륨용액 적정
③ 시료 $\xrightarrow{흡수}$ 황산 $\xrightarrow{MR/MB}$ 아세트산바륨용액 적정
④ 시료 $\xrightarrow{흡수}$ 황산 $\xrightarrow{MR/MB}$ 아세트산바륨용액 적정

02 환경대기 중 아황산가스의 농도를 측정하고자 산정량수동법으로 측정하여 다음과 같은 결과를 얻었다. 이때 아황산가스의 농도는?

- 적정에 사용한 0.01N-알칼리용액의 소비량 0.2mL
- 시료가스 채취량 1.5m³

① 21μg/m³   ② 43μg/m³
③ 61μg/m³   ④ 85μg/m³

03 환경대기 중 아황산가스 측정방법 중 자동연속측정법이 아닌 것은?

① 흡광차분광법   ② 산정량법
③ 용액전도율법   ④ 자외선형광법

04 굴뚝 배출가스 중 아황산가스를 연속적으로 분석하기 위한 시험방법에 사용되는 정전위 전해분석계의 구성에 대한 설명으로 옳지 않은 것은?

① 정전위전원은 직류전원으로 수은전지가 이용된다.
② 전해액은 투과성 격막을 통과한 가스를 흡수하기 위한 용액으로 약 0.5M 황산용액으로 사용한다.
③ 가스투과성 격막은 전해셀 안에 들어 있는 전해질의 유출이나 증발을 막고 가스투과성 성질을 이용하여 간섭성분의 영향을 저감시킬 목적으로 사용하는 폴리에틸렌 고분자격막이다.
④ 작업전극은 전해셀 안에서 산화전극과 한 쌍으로 전기회로를 이루며 아황산가스를 정전위전해 하는데 필요한 산화전극을 대전극에 가할 때 기준으로 삼는 전극으로서 백금전극, 니켈 또는 니켈화합물 전극, 납 또는 납화합물 전극 등이 사용된다.

정답 1.② 2.② 3.② 4.④

더 풀어보기 예상문제 해설

01 아르세나조 Ⅲ법은 시료가스를 과산화수소수(3%)에 흡수시켜 황산화물을 황산으로 만든 후 아이소프로필알코올과 아세트산을 가하고 아르세나조 Ⅲ(4~6방울)을 지시약으로 하여 N/100 아세트산바륨용액으로 적정하여 황산화물의 농도를 구한다.

02 산정량수동법에 의한 농도 계산식을 이용한다.

$$C(\mu g/m^3) = \frac{32,000 \times N \times v}{V_s} \quad \begin{cases} N : 알칼리용액의 규정도 = 0.01 \\ v : 적정에 사용한 알칼리의 양 = 0.2\text{mL} \\ V : 시료가스 채취량 = 1.5\text{m}^3 \end{cases}$$

$$\therefore C = \frac{32,000 \times 0.01 \times 0.2}{1.5} = 42.67 \, \mu g/m^3$$

03 산정량법은 수동법과 반자동법이 있으며, SO₂의 자동연속측정법에 해당하지 않는다.

04 작업전극은 전해질 안으로 확산흡수된 아황산가스가 전기에너지에 의해 산화될 때 그 농도에 대응하는 전해전류가 발생하는 전극으로 백금전극, 금전극, 팔라듐전극 또는 인듐전극 등이 사용된다.

더 풀어보기 예상문제

01 파라로자닐린법으로 분석할 수 있는 환경대기 중의 오염물질은?
① 옥시던트 ② 일산화탄소
③ 질소산화물 ④ 아황산가스

02 황산화물의 시료채취에 대한 설명으로 옳지 않은 것은?
① 시료 중의 황산화물과 수분이 응축되지 않도록 시료채취관과 흡수병 사이를 가열한다.
② 가열부분에 있어서의 배관의 접속은 채취관과 같은 재질, 혹은 보통 고무관을 사용한다.
③ 먼지가 섞여 들어가는 것을 방지하기 위하여 채취관의 앞 끝에 적당한 여과재를 넣는다.
④ 시료채취관은 배출가스 중의 황산화물에 의해 부식되지 않는 재질, 예를 들면 유리관, 석영관, 스테인리스강관 등을 사용한다.

03 황배출가스 중의 황산화물 분석방법 중 화학반응이 아이소프로필알코올용액 중에서 이루어지는 것은?
① 질산은법 ② 중화적정법
③ 아르세나조 Ⅲ법 ④ 오르토톨리딘법

04 굴뚝 배출가스 중 황산화물의 침전적정법(아르세나조 Ⅲ법)에 대한 설명으로 옳지 않은 것은?
① 수산화소듐용액으로 적정한다.
② 시료를 과산화수소수에 흡수시켜, 황산화물을 황산으로 만든다.
③ 아이소프로필알코올과 아세트산을 가하고, 아르세나조 Ⅲ를 지시약으로 한다.
④ 시료를 20L를 흡수액에 통과시키고, 이 액을 250mL로 묽게 하여 분석용 시료 용액으로 할 때 전 황산화물의 농도가 약 50~700ppm의 시료에 적용된다.

05 굴뚝 배출가스 중 아황산가스의 자동연속측정방법 중 자외선 흡수분석계에 대한 설명으로 옳지 않은 것은?
① 광원 : 저압수소방전관 또는 저압수은등이 사용된다.
② 분광기 : 자외선영역 또는 가시광선영역의 단색광을 얻는데 사용된다.
③ 검출기 : 자외선 및 가시광선에 감도가 좋은 광전자증배관 또는 광전관이 이용된다.
④ 시료셀 : 시료셀은 200~500mm의 길이로 시료가스가 연속적으로 통과할 수 있는 구조이다.

정답 1.④ 2.② 3.③ 4.① 5.①

더 풀어보기 예상문제 해설

01 파라로자닐린법으로 분석할 수 있는 환경대기 중의 오염물질은 아황산가스이다.

02 채취관과 어댑터, 삼방 콕 등 가열하는 접속부분은 갈아맞춤 또는 실리콘 고무관을 사용하고, 보통 고무관을 사용하면 안 된다.

03 침전적정법(아르세나조 Ⅲ법)은 시료가스를 과산화수소수(3%)에 흡수시켜 황산화물을 황산으로 만든 후 아이소프로필알코올과 아세트산을 가하고 아르세나조 Ⅲ(4~6방울)을 지시약으로 하여 N/100 아세트산바륨용액으로 적정(종말점 : 액의 색이 청색으로 되어 1분간 지속되는 점)하여 황산화물의 농도를 구한다.

04 황산화물의 침전적정법(아르세나조 Ⅲ법)은 N/100 아세트산바륨용액으로 적정한다.

05 아황산가스의 자동연속측정방법 중 자외선 흡수분석계의 광원은 중수소방전관 또는 중압수은등이 사용된다.

더 풀어보기 예상문제

01 굴뚝배출 황산화물의 중화적정법에 대한 설명 중 틀린 것은?
① 이산화탄소의 공존 시 영향이 없다.
② 메틸레드-메틸렌블루 혼합지시약의 변색점은 pH 5.4이다.
③ 적정 시 용액의 색이 녹색에서 연한 자주색으로 변한 점을 종말점으로 한다.
④ 과산화수소수에 흡수시켜 황산화물을 황산으로 만든 후 수산화소듐용액으로 적정한다.

02 아황산가스의 자동연속측정방법에서 사용되는 용어로 옳지 않은 것은?
① 검출한계 : 제로 드리프트의 2배에 해당하는 지시치가 갖는 아황산가스의 농도를 말한다.
② 응답시간 : 스팬가스 보정치의 95%에 해당하는 지시치를 나타낼 때까지 걸리는 시간을 말한다.
③ 제로가스 : 제로가스는 공인기관에 의해 아황산가스 농도가 1ppm 미만으로 보증된 표준가스를 말한다.
④ 경로(Path) 측정시스템 : 단면직경의 5% 이상의 경로를 따라 오염물질농도를 측정하는 배출가스 연속자동측정시스템을 말한다.

정답 1.③ 2.④

더 풀어보기 예상문제 해설

01 황산화물의 중화적정법은 시료가스를 과산화수소수(3%)에 흡수시켜 황산화물을 황산으로 만든 후 메틸레드-메틸렌블루 혼합지시약(3~5방울)을 가하여 0.1N 수산화소듐용액으로 적정, 용액의 색이 자주색에서 녹색으로 변한 점을 종말점으로 하여 황산화물의 농도를 구한다.

02 경로(Path) 측정시스템 : 10% 이상의 경로를 따라 오염물질농도를 측정하는 연속자동측정시스템을 말한다.

(2) 질소산화물(NO_x)

❂ 측정방법 구분

◐ 굴뚝 배출 – 질소산화물 측정

분석방법	적용범위(ppm)	방법검출한계(ppm)
• 자외선/가시선분광법 – 아연환원나프틸에틸렌다이아민법	6.7~230	2.1

※ 배출가스 중 질소산화물 – 자동측정법이 주 시험방법임
※ 아연환원 나프틸에틸렌다이아민법의 정밀도는 10% 이내, 정확도는 75~125% 이내 이어야 함
※ 아연환원 나프틸에틸렌다이아민법의 상대표준편차는 10% 이내, 회수율 70~130% 이내이어야 함

◐ 질소산화물 – 굴뚝연속 자동측정
- 화학발광법
- 적외선흡수법
- 자외선흡수법
- 전기화학식(정전위전해법)

※ 검출한계 : 5ppm 이하
※ 측정범위 : 0~1,000ppm

◐ 환경대기 중 – 질소산화물 측정
- 화학발광법(주시험법)
- 수동살츠만법
- 야콥스호흐하이저법
- 공동감쇠분광법

분석방법	정량범위	방법검출한계	정밀도(%)
화학발광법	0~10 μmol/mol	최대눈금의 1% 이하	5
수동살츠만법	0.005~5 μmol/mol	0.005 μmol/mol	5
야콥스호흐하이저법	0.01~0.4 μmol/mol	0.01 μmol/mol	14.4~21.5
공동감쇠분광법	0.001~1.0 μmol/mol	최대눈금의 1% 이하	–

※ 화학발광법이 주 시험방법임

▫ 환경대기 중 질소산화물 자동측정
- 화학발광법
- 흡광광도법(살츠만법)
- 흡광차분광법

❂ 굴뚝 배출 NO_x 분석방법 각론

▮ 굴뚝가스 – 자외선/가시선분광법(아연환원나프틸에틸렌다이아민법)

▫ **개요** : 시료 중의 질소산화물을 **오존 존재**하에서 **물에 흡수**시켜 질산이온으로 만들고 **분말 금속아연**을 사용하여 **아질산이온으로 환원**한 후 설파닐아마이드 및 나프틸에틸렌다이아민을 반응시켜 얻어진 착색의 흡광도(**파장 545nm** 부근)로부터 질소산화물을 정량하는 방법으로서 배출가스 중의 질소산화물을 **이산화질소**로 하여 계산함

▫ **적용범위** : 2,000ppm 이하의 **아황산가스**는 방해하지 않고, **염소이온** 및 **암모늄이온**의 공존도 방해하지 않음

▫ **간섭물질** : 별도 사항 없음

- **분석조작 유의사항**
  - **채취관** : 경질유리관, 석영관을 사용함. 염소가스가 공존하지 않을 때는 스테인리스강 재질을 사용할 수 있음
  - **여과재** : **석영솜** 등을 **사용**하고, 이산화질소와 반응할 수 있는 셀룰로오스제 여과재 또는 알칼리성분을 함유한 유리제 용기는 **사용해서는 안 됨**
  - **시료흡입** : 1~1.5L/min의 속도로 흡입하고, 시료채취용 주사통에 시료 약 50mL를 1회에 채취함. 흡입은 1회에 행하고 배출 또는 재흡입을 해서는 안 됨
  - **시료채취장치가 부압일 때** : 플루오린수지제 격막펌프를 가스채취용 주사통의 **앞에** 끼우고 **정압으로서 가스를 채취**하여야 함
  - **오존발생장치** : 오존함유량은 **부피분량 1% 이상**이어야 함. 오존발생장치가 없을 경우는 **공기** 또는 **산소**를 사용해도 무방함(공기를 흡입할 때에는 3시간, 산소를 흡입할 때에는 2시간 동안 시료를 방치해야 함)
- **농도계산** : 시료가스 중 질소산화물 농도를 다음 식으로 산출함

$$C = \frac{n \times (a-b)}{V_s} \times 10^3$$

C : 질소산화물 농도(ppm 또는 $\mu mol/mol$)
n : 분석용 시료용액의 분취량 보정값
a : 시료가스의 이산화질소 부피(μL)
b : 바탕시험 이산화질소 부피(μL)
V_s : 표준상태의 건조 시료가스 채취량(mL)

※ 시료 중의 질소산화물의 농도를 이산화질소로 하여 유효숫자 둘째 자리까지 산출

▌굴뚝가스 – 자동측정방법

- **전기화학식**(정전위전해법) : 가스투과성 격막을 통하여 전해질용액(전해액 : 0.5M 황산용액)에 시료가스 중의 질소산화물을 확산·흡수시키고 일정한 전위의 전기에너지를 부가하면 질산이온으로 산화시켜서 생성되는 전해전류로 시료가스 중 질소산화물의 농도를 측정함
  - ▶ 간섭물질 : 없음
- **화학발광법** : 일산화질소와 **오존**이 반응하여 이산화질소가 될 때 발생하는 발광강도를 **590~875nm 부근의 근적외선** 영역에서 측정하여 시료 중의 일산화질소의 농도를 측정하는 방법. 이산화질소는 일산화질소로 환원시킨 후 측정함
  - ▶ 간섭물질 : CO_2
- **적외선 흡수법** : 5,300nm의 **비분산적외선 영역**에서 일산화질소의 광흡수를 이용하여 시료 중의 NO 농도를 비분산형 적외선분석계로 측정하는 방법. 이산화질소는 일산화질소로 환원시킨 후 측정함
  - ▶ 간섭물질 : 수분, CO_2
- **자외선 흡수법** : 일산화질소는 195~230nm, 이산화질소는 350~450nm 부근에서 자외선의 흡수량 변화를 측정(시료셀 길이 : 200~500mm)하여 시료 중의 일산화질소 또는 이산화질소의 농도를 측정하는 방법. 광원은 중수소방전관 또는 중압수은등을 이용하고, **검출기**는 자외선 및 가스광선에 대하여 감도가 좋은 **광전자증배관** 또는 **광전관**이 이용됨
  - ▶ 간섭물질 : SO_2

◐ **주요 구비조건**
- **반복성** : 교정가스 농도의 ±2% 이하이어야 함
- **드리프트** : 제로 드리프트 및 스팬 드리프트는 교정가스 농도의 ±2% 이하이어야 함
- **응답시간** : 5분 이하이어야 함
- **수분에 의한 영향 제어** : 수분에 의한 영향을 최소화하기 위해 시료채취관을 가열하거나, 응축기 및 응축수 트랩을 연결하여 사용함

❀ **환경대기 중 분석방법 각론** $\begin{cases} \text{• 화학발광법} \\ \text{• 수동살츠만법} \\ \text{• 야콥스호흐하이저법} \end{cases}$ 자동 $\begin{cases} \text{• 화학발광법} \\ \text{• 살츠만법} \\ \text{• 흡광차분광법} \end{cases}$

▌화학발광법

- **개요** : 시료 중의 NO를 O_3과 반응시켰을 때 NO_2가 생성되는데 이때 생성되는 NO_2는 광화학적으로 들뜬상태에 있다. 이 이산화질소 분자는 바닥상태로 돌아가면서 근적외선 영역의 중심파장을 갖는 빛을 발생시킨다. 이 빛의 세기는 일산화질소 함량에 비례하게 되고 이를 이용하여 대기 중에 포함된 질소산화물($NO+NO_2$)를 연속 측정함
  - 측정범위 : 일산화질소로서 0~0.01 μmol/mol에서 0~10.0 μmol/mol 범위
  - 검출한계 : 측정범위 최대눈금의 1% 이하

- **간섭물질** $\begin{cases} CO_2 \\ NH_3 \end{cases}$
  - CO_2 : 이산화탄소는 특히 수증기의 존재 하에서 **화학발광을 억제**하기 때문에 영향을 줄 수 있음 → 시료가스에 유사한 양의 이산화탄소를 함유한 가스를 이용하여 교정하거나 보정 곡선용 표준물질을 이용하여 측정결과를 보정하여야 함
  - NH_3 : 시료가스 중의 암모니아가 영향을 줄 수 있음 → 시료가스와 유사한 양의 암모니아를 함유한 표준가스를 이용하여 그 영향을 보정하여야 함

- **NO_2/NO 변환기**
  - 시료가스 중의 **이산화질소를 일산화질소로** 변환시키는 것으로서 정온가열로와 탄소, 몰리브데넘 등의 촉매로 구성됨
  - 400℃를 초과하지 않는 온도에서 **이산화질소를 일산화질소로 95% 이상**의 효율로 변환시키는 것을 사용함

- **분석계의 구성** : 유량제어부, 반응조, 검출기, 오존발생기 등으로 구성
  - **유량제어부** : 시료가스 유량제어부와 오존가스 유량제어부가 있으며 이들은 각각 저항관, 압력조절기, 니들밸브, 면적유량계, 압력계 등으로 구성되어 있음
  - **반응조** : 시료가스와 오존가스를 도입하여 반응시키기 위한 용기로서 이 반응에 의해 화학발광이 일어나게 되는데 내부압력조건에 따라 감압형과 상압형이 있음
  - **검출기** : 화학발광을 선택적으로 투과시킬 수 있는 광학필터가 부착되어 있는 것으로 발광도를 전기신호로 변환시키는 역할을 함
  - **오존발생기** : 산소가스를 오존으로 변환시키는 역할을 하며, 에너지원으로써 무성방전관 또는 자외선 발생기를 사용함

- 사용되는 표준가스
  - 제로가스(zero gas) : 측정기의 최소눈금을 교정하기 위한 공기로서 일산화질소의 농도가 0.01nmol/mol 이하인 것
  - 스팬가스(span gas) : 계측기 최대눈금값을 교정하기 위한 것으로서 공기에 일산화질소가 각 측정범위의 80~100% 수준 함유되도록 제조된 표준가스
  - 중간점 표준가스 : NO 농도가 계측기 각 측정범위의 약 40~60% 수준인 표준가스
  - 제로시험용 가스 : NO 농도가 **0.01nmol/mol 이하인 공기**로서 표준가스에 의해 그 농도가 확인된 것을 사용
  - 스팬시험용 가스 : NO 농도가 계측기 각 측정범위의 80~100% 수준인 가스로서 표준가스에 의해 그 농도가 확인된 것을 사용
  - 간섭물질 시험용 암모니아 표준가스 : 암모니아에 의한 간섭물질의 영향을 시험하기 위한 것으로 암모니아가 **약 1μmol/mol이 함유**되도록 공기에 희석된 표준가스
  - 산소 : **순도 99.9% 이상**(동일한 순도의 공기를 사용하여도 됨)

수동 살츠만법

- 개요 : NO_2를 포함한 시료공기를 흡수 발색액(나프틸에틸렌다이아민이염산염, 술파닐산 및 아세트산 혼합액)에 통과시키면 NO_2량에 비례하여 등적색의 아조(azo) 염료가 생기는데 이때 발색된 용액의 흡광도를 측정하여 NO_2 농도를 구하는 방법임
  - 적용범위 : 유리솜 여과기가 붙어 있는 흡수관을 사용할 때는 0.005~5μmol/mol까지 NO_2 농도를 측정할 수 있음
- 간섭물질 { 오존, 과산화아크릴질산염(PAN), 아질산염, 질산은 }

  ※ NO, SO_2, H_2S, HCl, HF : 일반적으로 대기 중에 존재하는 농도는 이산화질소의 질량농도 측정에 어떤 영향도 미치지 않음

  ※ PAN : NO_2와 같은 몰농도에서 약 15~35%의 반응을 나타낼 수 있음 → 그러나 대기 중 통상 존재하는 농도는 너무 낮으므로 유의 있는 오차를 일으키지 않음

  - O_3 : 농도 0.2mg/m^{3}보다 큰 경우 오존은 기기의 지시값을 증가시켜 측정을 약간 간섭함 → 면 여과기(표백되고, 무광인 것)를 사용하면 피할 수 있음
  - 아질산염, 질산은 : NO_2처럼 분홍색을 나타내어 지시 값을 증가시킴

야곱스호흐하이저법

- 개요 : 이산화질소를 함유하는 대기 중 공기를 **NaOH 용액에 흡수**시키면 NO_2는 아질산나트륨($NaNO_2$) 용액으로 변화되는데, 이때 생성된 아질산이온(NO_2^-)을 **인산설퍼닐아마이드** 및 **나프틸에틸렌다이아민이염산염**으로 **발색**시켜 비색법으로 측정하는 방법임
- 간섭물질 { SO_2 → 아황산가스의 방해는 분석 전에 H_2O_2로 SO_2를 황산(H_2SO_4)으로 제거함

□ **농도계산** : 시료가스 중 NO_2 농도를 다음 식으로 산출함

$$C = \frac{NO_2^-(\mu g/mL)}{V_s} \times 143 \begin{cases} C : NO_2 \text{ 농도}(\mu g/m^3) \\ V_s : \text{시료가스 채취량}(m^3) \\ 143 : \text{흡수액량}(50)/\text{효율}(0.35) \end{cases}$$

흡광광도법(살츠만법)

□ **개요** : 흡수발색액 N-1-나프틸에틸렌다이아민이염산염, 설파닐산 및 아세트산의 혼합용액 일정량에 일정유량의 시료가스를 일정기간 통과시켜서 NO_2를 흡수시킨 후, 흡수 발색액의 흡광도를 측정해서 시료가스 중에 포함되고 있는 이산화질소농도를 연속적으로 측정함. 이때 일산화질소(NO)는 흡수발색액과 반응하지 않으므로 산화액(황산과 과망가니즈산칼륨 혼합액)으로 이산화질소로 산화시켜 이산화질소와 같은 방법으로 측정함
  - 측정범위 : 일산화질소로서 0~0.01μmol/mol에서 0~1.0μmol/mol 범위
  - 최소검출한계 : 측정범위 최대눈금의 1% 이하임

□ **간섭물질** : 시료기체 중에 다량의 일산화질소가 공존하면 영향을 받을 수 있음 → 이 방법은 이러한 영향을 무시할 수 있거나 제거할 수 있는 경우에 적용됨

흡광차분광법

□ **개요** : 흡광차분광법에 의하여 대기시료 중에 포함되어 있는 질소산화물의 농도를 연속 측정하는 방법으로 특정한 원거리 내에 존재하는 농도를 측정함
  - 측정범위 : 질소산화물로서 0~0.01μmol/mol에서 0~1.0μmol/mol 범위
  - 최소검출한계 : 측정범위 최대눈금의 1% 이하임

□ **간섭물질** $\begin{cases} \text{오존} \\ SO_2 \end{cases}$
  - 오존, 아황산가스 등 : 질소산화물과 흡수 스펙트럼이 겹침 → 흡수 스펙트럼 신호의 처리과정에서 간섭물질의 영향을 제거 할 수 있음

공동 감쇠분석법

□ **개요** : 광학흡수분광법으로 질소산화물 기체가 가시광선 영역인 450nm(전자기 스펙트럼의 파란색 영역)의 중심파장에서 비어-램버트(Beer-Lambert) 법칙에 따라 농도에 비례한 빛의 흡수량을 가지는데, 이 빛의 세기는 질소산화물 함량에 비례하게 되고 이를 이용하여 시료대기 중에 포함되는 질소산화물 농도를 연속적으로 측정하는 방법임
  - 측정범위 : 0.001~1.0μmol/mol
  - 최소검출한계 : 측정범위 최대눈금의 1% 이하임

□ **간섭물질** $\{$ 수분
  - 질소산화물과 흡수 스펙트럼이 겹치는 기체(수증기)의 간섭영향을 받을 수 있으나 시료기체를 건조 튜브를 통과시켜 수분을 제거함으로서 간섭영향을 제거할 수 있음

01 굴뚝 질소산화물(아연환원나프틸에틸렌다이아민법)의 흡수액으로 옳은 것은?

① 증류수
② 크로모트로핀산+황산
③ 질산암모늄+황산(1→5)
④ 황산+과산화수소+증류수

02 아연환원나프틸에틸렌다이아민법에 의해 배출가스 중의 NO_x를 분석할 경우 질소이온의 환원에 사용되는 시약은?

① 황산아연
② 분말금속아연
③ 설파닐아마이드용액
④ 나프틸에틸렌다이아민용액

03 환경대기 중 질소산화물 측정방법 중 주시험방법은?

① 살츠만법(자동)
② 화학발광법(자동)
③ 파라로자닐린법(수동)
④ 야콥스호흐하이저법(수동)

04 굴뚝에서 배출되는 질소산화물 분석방법인 아연환원나프틸에틸렌다이아민법의 분석 조작 순서로 올바른 것은?

① 시료채취 → 나프틸에틸렌다이아민과 반응 → 아연분말로 환원 → 오존산화 → 흡광도 측정
② 시료채취 → 아연분말로 환원 → 나프틸에틸렌다이아민과 반응 → 오존산화 → 흡광도 측정
③ 시료채취 → 오존산화 → 아연분말로 환원 → 나프틸에틸렌다이아민과 반응 → 흡광도 측정
④ 시료채취 → 아연분말로 환원 → 오존산화 → 나프틸에틸렌다이아민과 반응 → 흡광도 측정

05 환경대기 중의 질소화합물농도 측정방법으로 거리가 먼 것은?

① 화학발광법
② 흡광차분광법
③ 자외선형광법
④ 야콥스호흐하이저법

> 해설

01 굴뚝 배출 NO_x의 아연환원나프틸에틸렌다이아민법의 흡수액은 오존 존재 하에서 증류수에 흡수시킨다.
02 아연환원나프틸에틸렌다이아민법에서 분말금속아연은 질산이온을 아질산이온으로 환원하는 역할을 한다.
03 환경대기 중 질소산화물 측정방법 중 주시험방법은 화학발광법(자동)이다.
04 질소산화물(아연환원나프틸에틸렌다이아민법)의 분석 조작 순서는 ③항이 올바르다.
05 환경대기 중 질소산화물 측정방법에서 수동측정방법은 화학발광법, 수동살츠만법, 야콥스호흐하이저법이 있고, 자동측정방법은 화학발광법, 살츠만법, 흡광차분광법이 있다. 자외선형광법은 환경대기 중 이황산가스 측정법이다.

정답 ┃ 1.① 2.② 3.② 4.③ 5.③

06 굴뚝가스의 NO_x 측정(자외선/가시선분광 광도법)에 대한 설명으로 틀린 것은?

① 흡수액은 오존 존재하의 증류수이다.
② 염화이온 및 암모늄이온의 공존은 방해하지 않는다.
③ 질소산화물농도가 약 10~200ppm(V/V)인 것의 분석에 적당하다.
④ NO_x를 설파닐아마이드 및 나프틸에틸렌다이아민을 반응시켜 얻어진 착색의 흡광도로부터 질소산화물을 정량한다.

07 굴뚝배출 NO_x 측정(자외선/가시선분광광도법)에서 농도 C(V/Vppm)의 계산식으로 옳은 것은?[단, a : 시료가스에서 구한 이산화질소의 부피(μL), b : 바탕시험에서 구한 이산화질소의 부피(μL), V_s : 시료가스 채취량(mL, 0℃, 760mmHg), n : 분석용 시료용액의 분취량 보정값]

① $C = \dfrac{10^3 v}{n V_s}$
② $C = \dfrac{(a-b) \times 10^6}{n V_s}$
③ $C = \dfrac{10^6 n(a-b)}{V_s}$
④ $C = \dfrac{n \times (a-b)}{V_s} \times 10^3$

08 환경대기 중의 질소산화물 농도를 측정하기 위한 야콥스호흐하이저법에 대한 설명으로 가장 거리가 먼 것은?

① 포집시료는 적어도 6주간은 안전하다.
② $0.04\mu gNO_2^-$/mL의 농도는 1cm셀을 사용했을 때 0.02의 흡광도에 해당된다.
③ 방해물인 아황산가스는 분석 전에 과산화수소를 첨가하여 황산으로 변화시키는 데 따라 제거된다.
④ 수산화포타슘용액에 시료대기를 흡수시키면 대기 중의 NO_2가 아질산포타슘용액으로 변화될 때 생성된 아질산이온을 발색시켜 740nm에서 측정된다.

09 환경대기 중 질소산화물 측정방법에서 수동측정방법으로만 사용할 수 있는 것은?

① 살츠만법
② 화학발광법
③ 흡광차분광법
④ 야콥스호흐하이저(Jacobs-Hochheiser)법

> **해설**

06 굴뚝배출 질소산화물의 자외선/가시선분광광도법의 적용범위는 5~250ppm이다.

07 질소산화물(페놀디설폰산법)의 농도 계산식은 ④항이다. 질소산화물의 페놀디설폰산법은 현재 제외된 항목이다. 참고로 준비해 두기 바람!!.

□ $C = \dfrac{n \times (a-b)}{V_s} \times 10^3$

08 야콥스호흐하이저(Jacobs Hochheiser)법은 이산화질소를 함유하는 대기 중 공기를 NaOH 용액에 흡수시키면 NO_2는 아질산나트륨($NaNO_2$) 용액으로 변화되는데, 이때 생성된 아질산이온(NO_2^-)을 인산설퍼닐아마이드 및 나프틸렌다이아민이염산염으로 발색시켜 비색법으로 측정하는 방법이다.

09 환경대기 중 질소산화물 측정방법에서 수동측정방법은 화학발광법, 수동살츠만법, 야콥스호흐하이저법이 있고, 자동측정방법은 화학발광법, 살츠만법, 흡광차분광법이 있다.

정답 | 6.③ 7.④ 8.④ 9.④

업그레이드 종합 예상문제

01 다음 중 배출가스 중의 질소산화물을 정량하는 방법은?
① 아르세나조 Ⅲ법
② 하이포아염소산염법
③ 아세틸아세톤법
④ 나프틸에틸렌다이아민법

■해설 배출가스 중의 질소산화물은 자외선/가시선분광법-아연환원나프틸에틸렌다이아민법으로 정량한다.

02 굴뚝 배출가스 중 아연환원나프틸에틸렌다이아민법으로 분석하는 물질은?
① 페놀
② 이황화탄소
③ 브롬화합물
④ 질소산화물

■해설 굴뚝 배출 질소산화물의 아연환원나프틸에틸렌다이아민법은 질소산화물을 오존 존재 하에서 물에 흡수시켜 질산이온으로 만들고 분말금속아연을 사용하여 아질산이온으로 환원한 후 설파닐아마이드 및 나프틸에틸렌다이아민을 반응시켜 얻어진 착색의 흡광도로부터 질소산화물을 정량하는 방법으로서 배출가스 중의 질소산화물을 이산화질소로 하여 계산한다.

03 굴뚝 배출가스 중 질소산화물을 연속적으로 자동측정하는 방법 중 자외선 흡수분석계의 구성에 대한 설명으로 옳지 않은 것은?
① 광원 : 중수소방전관 또는 중압수은등을 사용한다.
② 합산증폭기 : 이황산가스의 간섭을 보정하는 기능을 가지고 있다.
③ 검출기 : 가시광선 및 근자외부에서 감도가 좋은 비분산자외선 광배전관이 이용된다.
④ 시료셀 : 시료가스가 연속적으로 흘러갈 수 있는 구조로 되어 있으며, 그 길이 200~500mm이고, 셀의 창은 석영판과 같이 자외선 및 가시광선이 투과할 수 있는 재질이어야 한다.

■해설 검출기 : 자외선 및 가시광선에 감도가 좋은 광전자증배관 또는 광전관이 이용된다.

04 질소산화물을 굴뚝 연속자동측정하는 방법이 아닌 것은?
① 용액전도율법
② 화학발광법
③ 적외선흡수법
④ 자외선흡수법

■해설 질소산화물의 굴뚝 연속자동측정방법은 화학발광법, 적외선흡수법, 자외선흡수법, 정전위전해법이 있다. 용액전도율법은 SO_2의 연속자동측정방법이다.

정답 1.④ 2.④ 3.③ 4.①

05 굴뚝 배출가스 중의 질소산화물농도를 연속자동측정기기가 아닌 휴대용 측정기기를 사용하여 현장에서 측정할 결과치의 산출기준으로 옳은 것은?

① 5분 간격으로 3회 이상 측정한 결과의 평균값
② 5분 간격으로 3회 이상 측정한 결과의 최대값
③ 10분 간격으로 3회 이상 측정한 결과의 평균값
④ 10분 간격으로 3회 이상 측정한 결과의 최대값

▎해설 휴대용 측정기기를 사용 NO_x 측정 시 10분 간격, 3회 이상 측정한 결과의 평균값을 취한다.

더 풀어보기 예상문제

01 굴뚝 배출가스의 NO_x 측정(아연환원나프틸에틸렌다이아민법)에 관한 설명으로 가장 거리가 먼 것은?

① 시료 중 NO_x를 오존 존재-물에 흡수시켜 질산이온으로 한다.
② 질산이온을 분말금속아연을 사용하여 아질산이온으로 환원시킨다.
③ 시료 중 질소산화물농도가 10~1,000V/Vppm의 것을 분석하는데 적당하다.
④ 1,000V/Vppm 이상의 아황산가스, 염소이온, 암모늄이온의 공존에 방해를 받는다.

02 굴뚝으로 배출되는 질소산화물을 자외선/가시선분광광도법으로 측정하고자 할 때 사용되는 시약이 아닌 것은?

① 암모니아수
② 과산화수소수
③ 질산포타슘
④ 아이소프로필알코올

03 굴뚝 배출가스 중 질소산화물을 연속적으로 자동측정방법 중 화학발광분석계의 구성에 대한 설명으로 거리가 먼 것은?

① 반응조는 시료가스와 오존가스를 도입하여 반응시키기 위한 용기로서, 내부압력 조건에 따라 감압형과 상압형이 있다.
② 오존발생기는 산소가스를 오존으로 변환시키는 역할을 하며, 에너지원으로서 무성방전관 또는 자외선 발생기를 사용한다.
③ 검출기에는 화학발광을 선택적으로 투과시킬 수 있는 발광필터가 부착되어 있으며, 전기신호를 발광도로 변환시키는 역할을 한다.
④ 유량제어부는 시료가스 유량제어부와 오존가스 유량제어부가 있으며, 이들은 각각 저항관, 압력조절기, 니들밸브, 면적유량계, 압력계 등으로 구성되어 있다.

정답 1.④ 2.④ 3.③

더 풀어보기 예상문제 해설

01 아연환원나프틸에틸렌다이아민법은 2,000ppm 이하의 아황산가스는 방해하지 않고, 염소이온 및 암모늄이온의 공존도 방해하지 않는다.

02 아이소프로필알코올은 황산화물 침전적정법에 사용되는 시약이다. 아연환원나프틸에틸렌다이아민법의 시약은 흡수액인 과산화수소수, 설파닐아마이드 혼합용액, 환원제인 아연분말, 염산 (1+1), 나프틸에틸렌다이아민용액, 질산이온 표준용액 조제 시약인 질산포타슘 등이다.

03 검출기는 화학발광을 선택적으로 투과시킬 수 있는 광학필터가 부착되어 있으며, 발광도를 전기신호로 변환시키는 역할을 한다.

더 풀어보기 예상문제

01 굴뚝 배출가스의 NO_x 분석방법 중 아연환원나프틸에틸렌다이아민법에 의한 농도 계산식으로 옳은 것은?[단, V_s : 시료가스 채취량(mL, 표준상태), n : 분석용 시료용액의 희석배수, v : 검정곡선에서 구한 NO_x (μL)]

① $C = \dfrac{10^3 nv}{V_s}$ ② $C = \dfrac{10^4 nv}{V_s}$

③ $C = \dfrac{10^5 nv}{V_s}$ ④ $C = \dfrac{10^6 nv}{V_s}$

02 질소산화물의 연속자동측정하는 방법(화학발광분석계)의 원리에 대한 설명이다. (　) 안에 알맞은 것은?

> 일산화질소와 오존이 반응하면 이산화질소가 생성되는데 이때 (　)에 이르는 폭을 가진 빛이 발생한다. 이 발광강도를 측정하여 시료가스 중 일산화질소농도를 연속적으로 측정한다.

① 250~310nm   ② 320~455nm
③ 460~545nm   ④ 590~875nm

정답 1.① 2.④

더 풀어보기 예상문제 해설

01 질소산화물의 아연환원나프틸에틸렌다이아민법에 의한 농도 계산식은 ①항이다.

$C = \dfrac{nv}{V_s} \times 10^3$　$\begin{cases} C : \text{질소산화물 농도(ppm)} \\ v : \text{검정곡선에서 구한 이산화질소의 부피}(\mu L) \\ V_s : \text{표준상태의 건조 시료가스 채취량(mL)} \\ n : \text{분석용 시료용액의 희석배수} \end{cases}$

02 화학발광분석계에 의한 질소산화물의 연속자동측정방법은 일산화질소와 오존이 반응하여 이산화질소가 될 때 발생하는 발광강도를 590~875nm 부근의 근적외선 영역에서 측정하여 시료 중의 일산화질소의 농도를 측정하는 방법이다.

(3) 일산화탄소(CO)

❀ 측정방법 구분

❶ 굴뚝 배출 – 일산화탄소 측정

분석방법	정량범위(ppm)	방법검출한계
비분산형 적외선분석법	0~1,000	–
전기화학식(정전위전해법)	0~1,000	–
기체크로마토그래피	TCD : 1,000ppm 이상 FID : 1~2,000ppm	314ppm 0.3ppm

※ 비분산형 적외선분석법이 주 시험방법임

❶ 환경대기 중 – 일산화탄소 측정

분석방법	정량범위	방법검출한계	정밀도(%)
비분산 적외선분석법	0.5~100μmol/mol	0.05μmol/mol	4
기체크로마토그래피법	0~22μmol/mol	0.04μmol/mol	5

※ 비분산 적외선분석법이 주 시험방법임
※ 상대표준편차는 10% 이내, 회수율은 80~120% 이내이어야 함
ㅁ 자동측정방법 : { · 비분산 적외선분석법

❀ 굴뚝 배출 CO 분석방법 각론

▌굴뚝가스 – 비분산형 적외선분광분석법

ㅁ **개요** : 선택성 검출기를 이용하여 시료 중의 특정 성분에 의한 적외선의 흡수량 변화를 측정하여 시료 중에 들어있는 특정 성분의 농도를 구하는 방법임
  - **비분산** : 빛을 프리즘이나 회절격자와 같은 분산소자에 의해 분산하지 않는 것
  - **정필터형** : 측정성분이 흡수되는 적외선을 그 흡수파장에서 측정하는 방식
  - **비교가스** : 적외선을 흡수하지 않는 가스를 말함
  - **제로가스** : 분석계를 교정하기 위하여 사용하는 순도가 높고 분석결과에 영향을 주지 않는 가스로서, 0.1ppm 이하 또는 스팬값의 0.1% 이하인 고순도 공기를 말함
  - **스팬가스** : 분석계를 교정하기 위하여 사용하는 가스로서 측정범위의 70~90%의 표준가스를 말함

ㅁ **적용범위** : 대기 및 굴뚝 배출가스 중의 오염물질을 연속적으로 측정하는 비분산 정필터형 적외선가스 분석계에 대하여 적용함

ㅁ **간섭물질** : 별도 사항 없음

ㅁ **시료채취**
  - **연속분석방법 구성** : 채취관 → 전처리부 → 분석부 → 지시·외부출력부 → 교정부
    ◦ 채취부는 굴뚝 등에서 배출되는 가스를 쉽게 채취할 수 있는 구조로써 채취부의 길이는 최소 30cm 이상이어야 함. 다만 필요에 따라 연장관을 쓸 수 있음
    ◦ 전처리부는 분석결과에 영향을 주는 방해성분 및 수분을 충분히 제거할 수 있어야 함

- 분석부는 광원부, 수광부 및 검출부 등을 갖추고 있으며, 배출가스 중의 오염물질 성분을 분석할 수 있는 장치여야 함
- 지시·외부 출력부는 측정값을 질량농도(mg/m^3) 또는 부피농도(ppm) 단위로 나타낼 수 있어야 하며, 외부출력장치를 갖추고 측정값의 등가 신호를 출력할 수 있어야 함
- 교정부는 굴뚝 등 대기로 배출되는 가스의 농도를 정확하게 측정하기 위하여 교정용 가스로 교정할 수 있어야 함

□ **정도보증/정도관리(QA/QC)**
- **교정방법** : 기기 설명서의 교정방법에 따라 제로가스 및 스팬가스 교정을 수행하며, 교정주기는 원칙적으로 주 1회 이상으로 함
- **내부정도관리 주기** : 내부정도관리 주기는 연 1회 이상 측정하는 것을 원칙으로 하며, 측정조건의 변화(장비 수리, 장비 부품 교체, 기기조건 변화, 측정자의 변경 등) 시에는 수시로 실시함
- **반복성** : 측정기를 충분히 안정화시킨 후 제로가스를 도입하여 지시값을 기록하고 스팬가스(측정범위의 70~90% 범위의 표준가스)를 도입하여 지시값을 기록함. 이 과정을 5회 이상 반복하여 제로 및 스팬가스에 대한 반복성 표준편차를 구하여 큰 값으로 하며, 반복성은 측정범위의 ±2.0% 이하이어야 함

□ **응답시간** : 제로가스를 도입하여 측정값이 안정된 후 스팬가스를 도입하여 최종 지시값의 90%에 도달하기까지의 시간을 측정하고, 최종 지시값이 안정된 후 제로가스를 도입하여 최종 지시값의 10%에 도달하기까지의 시간을 측정하여 큰 값의 응답시간으로 함. 응답시간은 5분 이하이어야 함

□ **측정방법** : 측정기를 사용하여 현장에서 CO농도를 측정하는 경우, 배출시설의 가동상황을 고려하여 5분 이상 측정한 5분 평균값을 계산하고, 이를 3회 이상 연속 측정하여 3개의 5분 평균값을 평균하여 최종 결과값으로 함

▎굴뚝가스 – 전기화학식(정전위전해법)

□ **개요** : 가스 투과성 격막을 통해서 전해조 중의 전해질에 확산 흡수된 일산화탄소를 정전위전해법에 의해서 산화시키고, 이때 생기는 전해전류를 이용하여 시료 중에 포함된 일산화탄소의 농도를 연속적으로 측정하는 방법으로 측정기기가 **소형 경량**으로써 **이동측정에 적합**함

▷ $CO + H_2O \rightarrow CO_2 + 2H^+ + 2e^-$

- **측정범위** : 0~1,000ppm
- **반복성** : 교정가스 농도의 **±2% 이하**이어야 함
- **드리프트** : 제로 드리프트 및 스팬 드리프트는 교정가스 농도의 **±2% 이하**이어야 함
- **응답시간** : **5분 이하**이어야 함

□ **측정방법** : 측정기를 사용하여 현장에서 일산화탄소 농도를 측정하는 경우에는 **5분 간격으로 3회 이상 연속측정**한 결과의 **평균값**을 측정 결과값으로 함

굴뚝가스 - 기체크로마토그래피

- **개요** : 시료채취용 공기주머니를 GC의 기체시료 주입부에 접속하고, 시료가스의 일정량 1~3L을 계량관으로 채취한 후 분리관에 주입, **열전도도검출기**(TCD) 또는 메테인화 반응장치 및 **불꽃이온화검출기**(FID)를 구비한 기체크로마토그래프를 이용하여 **절대 검정곡선법**에 의해 일산화탄소 농도를 구함

- **요구조건**
  - 분리관 오븐온도 : 40~50℃
  - 운반가스 유량 : 25~50mL/min
  - 운반가스, 연료가스 및 조연가스 : 부피분율이 99.9% 이상의 헬륨, 질소 또는 수소를 사용

❂ 환경대기 중 분석방법 각론 $\begin{cases} \text{• 비분산적외선분석법} \\ \text{• 기체크로마토그래피법} \end{cases}$ 자동{비분산적외선분석법

비분산적외선분석법

- **개요** : 일산화탄소에 의한 적외선 흡수량의 변화(파장 4.7μm 부근)를 선택성 검출기로 측정하여 환경대기 중에 함유되어 있는 일산화탄소의 농도를 연속측정하는 방법
  - 측정범위 : 일산화탄소로서 0~5μmol/mol에서 0~100μmol/mol 범위
  - 최소검출한계 : 측정범위 최대눈금의 1% 이하임

- **간섭물질** : 수분 → 시료기체에 유사한 양의 이산화탄소 또는 수분을 함유한 가스를 이용하여 교정하거나 보정곡선용 표준물질에 의해 측정결과를 보정하여야 함

- **사용되는 표준가스**
  - 제로가스 : 계측기 각 측정범위의 0%인 가스
  - 스팬가스 : 계측기 각 측정범위의 80~100% 수준인 표준가스
  - 중간점 표준가스 : 계측기 각 측정범위의 약 50% 수준인 표준가스
  - 제로시험용 가스 : 계측기 각 측정범위의 0%인 가스로서 표준가스에 의해 그 농도가 확인된 가스
  - 스팬시험용 가스 : 계측기 각 측정범위의 80~95% 수준인 가스로서 표준가스에 의해 그 농도가 확인된 가스
  - 이산화탄소 영향시험용 표준가스(CO_2/N_2) : 이산화탄소에 의한 간섭성분의 영향을 시험하기 위한 것으로서 이산화탄소 1,000μmol/mol이 함유되도록 질소에 희석된 표준가스
  - 수분 영향시험용 가스 : 수분이 약 2.5% 함유된 가스로서 수분시험용 가스

자동-비분산형 적외선분석법

- **개요** : 일산화탄소에 의한 적외선 흡수량의 변화를 비분산형 적외선분석기(**비분산 정필터형 적외선 기체분석계**)를 이용하여 환경대기 중의 일산화탄소의 농도를 측정함
- **측정범위**
  - 원칙적으로 0~5μmol/mol 또는 0~100μmol/mol 사이의 상한, 하한 사이의 적당한 범위를 선정함

- 공존하는 이산화탄소의 영향을 무시할 수 있는 경우 또는 영향을 제거할 수 있는 경우에 적용하며, 최소검출한계는 최대눈금값의 1% 이하임
- 간섭물질 $\begin{cases} \text{수증기} \\ \text{trop. 이산화탄소} \\ \text{trop. 탄화수소} \end{cases}$
- 수증기 : 수증기에 의한 간섭정도는 시료가스 안의 수증기 용량의 함수이다. 보정을 하지 않는다면 10μmol/mol까지 오차가 발생될 수 있음
- 이산화탄소 : 대기에 통상 존재하는 농도의 이산화탄소는 그다지 큰 방해를 일으키지 않지만 340μmol/mol의 이산화탄소는 0.2μmol/mol에 해당하는 영향을 미침
- 탄화수소 : 대기 중에 통상 존재하는 정도의 탄화수소 농도는 방해되지 않지만 500μmol/mol의 메탄은 0.5μmol/mol과 동일한 값을 제공함
- 계측기의 성능조건
    - 반복성 : 최대눈금값의 ±2%
    - 제로 드리프트(zero drift) : 최대눈금값의 ±2%
    - 스팬 드리프트(span drift) : 최대눈금값의 ±2%
    - 지시오차 : 최대눈금값의 ±4%
    - 최소검출한계 : 최대눈금값의 1% 이하
    - 응답시간 : 2분 30초 이하
    - 간섭성분의 영향 : 최대눈금값의 ±5%
    - 시료가스 유량의 변화에 대한 지시값의 안정성 : 최대눈금값의 ±2%

▌ GC – 불꽃이온화검출기법

- 개요 : 시료가스의 일정량을 채취하여 이것을 **열전도형 검출기**와 **불꽃이온화검출기**가 부착된 기체크로마토그래피에 도입하여 얻어지는 크로마토그램의 봉우리의 높이로서 일산화탄소 농도를 구하는 방법임
- 불꽃이온화 검출기의 원리
    - 시료공기를 분자체가 채워진 분리관을 통과시키면 분리된 일산화탄소는 니켈촉매에 의해서 메탄으로 환원되는데 불꽃이온화검출기로 정량됨
    - 운반가스는 수소를 사용함

    $$CO + 3H_2 \xrightarrow[\text{촉매}]{Ni} CH_4 + H_2O$$

    - 니켈촉매의 수명을 연장시키기 위해 산화토륨 또는 루테늄과 같은 물질들을 첨가할 수 있음
- 간섭물질 : 별도 사항 없음
- 장치·기구의 주요 요건
    - 분리관 온도 : 실온
    - 환원관 온도 : 가열온도 260℃
    - 가스유량 : 수소 40~50mL/min, 질소 40~50mL/min, 공기 0.8~1.0L/min

- 환원관의 충전물과 규격 : 라이니(raney) 니켈분말과 크로모조브(chromosorb W) 60~80메시와 같은 중량의 혼합물을 내경 3~4mm의 분리관에 10cm 채우고 분자체가 채워진 분리관 뒤에 접속함

□ **농도계산**

$$C = C_s \frac{L}{L_s} \begin{cases} C : \text{일산화탄소 농도}(\mu\text{mol/mol}) \\ C_s : \text{교정용 가스 중의 일산화탄소 농도}(\mu\text{mol/mol}) \\ L : \text{시료공기 중의 일산화탄소의 피크높이(mm)} \\ L_s : \text{교정용 가스 중의 일산화탄소 피크높이(mm)} \end{cases}$$

(4) 염화수소(HCl)

❀ **측정방법 구분**

◐ 굴뚝 배출 – 염화수소

분석방법	정량범위(ppm)	방법검출한계	정밀도(%)
이온크로마토그래피법	0.4~7.9	0.13ppm	10
	6.3~160	2.0ppm	10
싸이오시안산제이수은 자외선/가시선 분광법	2.0~80	0.6ppm	10

※ 이온크로마토그래피법이 주 시험방법임(정도관리 목표 정확도 25%)
※ 정량범위 : 0.4~7.9ppm(시료채취량 20L, 분석용 시료용액 100mL인 경우), 6.3~160ppm(시료채취량 20L, 분석용 시료용액 250mL인 경우)
※ 자외선/가시선분광법의 목표, 정확도(상대표준 불확도) 25%임

◐ 염화수소 – 굴뚝연속자동측정 $\begin{cases} \text{이온전극법} \\ \text{비분산적외선분석법} \end{cases}$

※ 검출한계 : 10ppm 이하
※ 측정범위 : 0~25ppm, 0~50ppm, 0~100ppm, 0~200ppm, 0~500ppm, 0~1,000ppm, 0~2,000ppm

❀ **굴뚝 배출 HCl 분석방법 각론**

■ 굴뚝가스 – 이온크로마토그래피법

□ **개요** : 배출가스에 포함된 가스상의 염화수소를 **증류수**로 흡수시킨 후 **전기전도도검출기·전기화학검출기**가 부착된 이온크로마토그래피에 주입하여 얻은 크로마토그램을 이용하여 HCl 농도를 산정함

□ **적용범위** : 이 시험법은 환원성 황화합물의 영향이 무시되는 경우에 적합함

□ **간섭물질** $\begin{cases} \text{염화소듐(NaCl)} \\ \text{염화암모늄(NH}_4\text{Cl)} \\ \text{환원성 황화합물} \end{cases}$

- 염화소듐(NaCl), 염화암모늄(NH_4Cl) 등 채취시약에 녹아 염소이온을 발생시킬 수 있는 입자상 물질들이 측정에 영향을 줄 수 있음 → 이들 물질의 영향이 의심될 경우 시료채취관 전단에 여과지를 사용하여 영향을 최소화함
- 이온크로마토그래피법은 환원성 황화물 등의 영향이 무시되는 경우에 적합함

- 분석조작 유의사항
  - **바탕시료 중 목적성분의 농도** : 바탕시료의 목적성분은 분석방법상 검출한계 미만으로 존재해야 함. 검출한계 5% 또는 시료 중 측정농도 5% 이상 되어서는 안 됨
  - **가열** : 흡입노즐, 흡입관, 여과지 홀더를 150℃까지 가열가능하여야 함
  - **흡수액** : 증류와 이온교환수지를 통과시켜 전도도가 $1\mu\Omega$ 이하인 증류수를 사용
  - **시료보존** : 흡수액에 채취된 염소이온은 상온에서 3주 이상 보관해서는 안 됨
  - **분석오차방지** : 염화수소 분석에서 가장 큰 오차요인인 수분농축, 시료기체의 누출이므로 이를 방지하여야 함
- 농도계산 : 시료가스 중의 HCl 농도를 다음 식으로 산출(소수점 셋째 자리까지)함

$$C = \frac{0.632\,(a-b) \times 100}{V_s} \times 10^3$$

- C : HCl 농도(ppm)
- a : 검정곡선의 염소이온 농도($mgCl^-/mL$)
- b : 바탕시험의 염소이온 농도($mgCl^-/mL$)
- V_s : 표준상태 시료가스 채취량(L)
- 0.632 : Cl^- 1mg에 상당하는 HCl 체적(mL)

▌굴뚝가스 – 자외선/가시선분광법(사이오시안산제이수은법)

- **개요** : 배출가스에 포함된 가스상의 염화수소를 흡수액(**0.1mol/L의 수산화소듐용액**)에 흡수시켜 40L 정도의 시료를 채취한 다음 **사이오시안산제이수은**용액과 **황산철(Ⅱ) 암모늄용액**을 가하여 발색된 파장 460nm의 흡광도를 측정함
- **적용범위** : 이 시험법은 이산화황, 기타 할로겐화물, 시안화물 및 황화합물의 영향이 무시되는 경우 적용할 수 있음
- 간섭물질
  - 염화소듐(NaCl)
  - 염화암모늄(NH_4Cl)
  - 이산화황, 기타 할로겐화물, 시안화물 및 황화합물
- 염화소듐(NaCl), 염화암모늄(NH_4Cl) 등 채취시약에 녹아 염소이온을 발생시킬 수 있는 입자상 물질들이 측정에 영향을 줄 수 있음 → 이들 물질의 영향이 의심될 경우 시료채취관 전단에 여과지를 사용하여 영향을 최소화함
- 시안화물의 경우 → pH 5로 조정하면 10^{-5}mol/L 정도까지 간섭을 피할 수 있음
- 황화합물의 경우 → 같은 양의 과망간산포타슘을 첨가하여 피할 수 있음
- 배출가스 중에 염화수소와 염소가 공존하는 경우 → 삼산화비소(1g/L)를 가한 수산화소듐용액(0.1mol/L)을 흡수액으로 흡수시킨 후 오르토톨리딘법으로 염소이온 농도를 정량한 뒤 이를 보정(a-b)함
- 분석조작 유의사항
  - **바탕시료 중 목적성분의 농도** : 바탕 시료의 목적성분은 분석방법상 검출한계 미만으로 존재해야 함. **검출한계 5%** 또는 시료 중 **측정농도 5%** 이상 되어서는 안 됨
  - **가열** : 흡입노즐, 흡입관, 여과지 홀더를 **150℃까지 가열** 가능하여야 함
  - **펌프·가스미터** : 유량계와 연결하여 **1~2L/min의 수준**으로 시료를 채취할 수 있는 흡입펌프를 사용하고, 해당 유량범위에서 유속을 측정할 수 있는 습식 가스미터가 필요함

- 시료를 채취할 때 흡입펌프를 작동시켜 시료기체를 흡수병으로 흘려보낼 때 유량 조절용 콕을 조절하여, **유량을 1L/min 정도**로 함. 이때 염화수소가 흡수액에 완전히 흡수되는 것이 확실한 경우에는 유량을 4L/min까지 증가시켜도 됨
- 시료기체를 약 40L을 채취(증감 가능)한 후, 흡입펌프 정지 및 삼방 콕을 닫고 가스미터의 지시값을 **0.01L의 자리수**까지 읽고, 온도와 게이지압을 측정함
- **분광광도계** : 10mm 이상의 흡수셀을 장착하고 광원이나 광전측광검출기가 460nm 파장역을 측정할 수 있는 것을 사용
- **시료보존** : 흡수액에 채취된 염소이온은 **상온에서 3주** 이상 보관해서는 안 됨
- **분석오차방지** : 염화수소 분석에서 가장 큰 오차요인인 수분농축, 시료기체의 누출이므로 이를 방지하여야 함
- **농도계산** : 시료가스 중 HCl 농도를 다음 식으로 산출(소수점 셋째 자리까지)함

■ $C = A \times \dfrac{v}{V_s}$ $\begin{cases} C : \text{HCl 농도(ppm)} \\ A : \text{검정곡선으로부터 구한 HCl 농도[mL(g)/mL(L)]} \\ v : \text{분석용 시료용액의 양(mL)} \\ V_s : \text{표준상태의 건조 시료가스 채취량(L)} \end{cases}$

■ **굴뚝연속자동측정** { 이온전극법 / 비분산적외선분석법

- **이온전극법** : 시료가스 중 염화수소는 배관을 통하여 분석계의 비교부에 도입된 후 그안에 들어있던 흡수액와 접촉하여 염소이온으로 전환 후 시료부로 옮겨지고 이용액과 비교부에 새로 도입된 흡수액 중의 염소이온 농도차를 염소이온 전극으로 측정함. 두 값의 차는 시료가스 중의 염화수소 농도에 비례함
- **비분산적외선분석법** : 시료가스를 3.55μm의 중심파장으로 하는 비분산적외선분석기의 시료셀을 통과시킨 전자투과광의 강도와 표준가스의 전자투과광의 강도를 검출하여 작성한 검량선으로부터 염화수소가스의 농도를 구하는 방법

(5) 플루오린화합물(불소화합물)

※ 측정방법 구분

◐ 굴뚝배출 – 플루오린화합물 측정

분석방법	정량범위(ppm)	방법검출한계
자외선/가시선분광법 (란탄 알리자린콤플렉손법)	0.05~7.37 (시료채취량 : 80L, 분석용 시료용액 : 250mL)	0.02ppm
적정법(질산토륨법)	0.6~4,200(HF로서) (시료채취량 : 40L, 분석용 시료용액 : 250mL)	0.2ppm
이온선택전극법	7.37~737(F-로서) (시료채취량 : 40L, 분석용 시료용액 : 250mL)	2.31ppm

※ 자외선/가시선분광법이 주 시험방법임
※ 정확도는 80~120% 이내, 정밀도는 10% 이내이어야 함

- **적용범위** : 연료 및 기타 물질의 연소, 금속의 제련과 가공, 이화학적 처리 등에 의해 굴뚝, 덕트 등으로부터 배출되는 기체 중의 플루오린화합물을 분석하는 데 사용됨
- **HF – 굴뚝 연속자동측정** → {이온전극법
  - ※ 검출한계 : 0.1ppm 이하
  - ※ 측정범위 : 0~10ppm, 0~20ppm, 0~50ppm, 0~100ppm

굴뚝 배출 HF 분석방법 각론

굴뚝가스 – 자외선/가시선 분광법(란탄 알리자린콤플렉손법)

- **개요** : 시료가스를 NaOH(0.1M)에 흡수시킨 분석용 시료용액 30mL 이하(분석용 시료에는 플루오르이온으로서 약 0.004~0.05mg을 포함하여야 함)를 취한 다음, 완충액(아세트산 또는 암모니아수)을 가하여 pH를 조절(pH 4.7)하고 **란탄과 알리자린콤플렉손**을 가하여 생성되는 생성물을 **620nm에서 흡광도를 측정**하여 플루오린화합물이온의 농도(mgF^-/L)를 계산함
- **간섭물질** {중금속이온(알루미늄(III), 철(II), 구리(II), 아연(II) 등)
   인산이온, 황산염, 질산이온 등
  - 중금속이온이나 인산이온이 존재하면 방해효과를 나타냄 → 적절한 **증류방법**을 통해 **플루오린화합물을 분리**한 후 정량하여야 함
  - **증류방법**은 킬달플라스크 또는 증류플라스크에 이산화규소 약 1g, 인산 1mL 및 과염소산 40mL를 가한 후 가열 → 약 140℃ 정도가 되면 수증기를 통과 → **증류온도 145±5℃, 유출속도 3~5mL/min**으로 조절하고, 증류용액 약 220mL가 될 때까지 증류를 계속함
  - 성분별 허용량(mg)

성 분	SO_4^{2-}	SO_3^{2-}	NO_3^-	PO_4^{3-}	Ca^{2+}	Mg^{2+}	Ni^{2+}	Co^{2+}	Fe^{3+}	Al^{3+}
허용량	1,250	125	125	125	600	600	125	12	1.2	12

- **용어의 정의**
  - **감도** : 입사광의 1%(흡광도 0.0044)를 흡수할 수 있는 시료의 농도
  - **표준원액** : 정확한 농도를 알고 있는 비교적 고농도의 용액으로 일반적으로 1,000 mg/kg 농도에서 0.3% 이내의 불확도를 나타낼 것
  - **표준용액** : 검정곡선 작성에 사용, 표준원액을 적당한 농도로 묽혀 조제하며, 가능한 한 시료의 **매질과 동일한 조성**을 갖도록 조제해야 하고, 표준물질의 함량은 1% 이내의 함량 정밀도를 가져야 함
- **분석조작 유의사항**
  - **채취관** : 시료채취관은 배출가스 중의 무기플루오린화합물에 의하여 부식되지 않는 **재질(플루오린수지관, 스테인리스강관, 구리관)**을 사용하여야 함
  - **접속부** : 가열부분에 있는 접속부는 갈아맞춘 것으로 하고 경질 유리관이나 스테인리스강관, 사불화에틸렌수지관, 플루오르린 고무관, 실리콘 고무관 등으로 해야 하며, **일반 고무관은 사용할 수 없음**

- 여과재 : 사불화에틸렌제 등의 플루오린화합물과 반응하지 않는 재질을 씀
- 가열 : 시료채취관 및 시료채취관에서부터 흡수병까지의 사이를 **140℃로 가열**하여야 함
- 시료의 흡입속도 : 1~2L/min 정도로 함
- 내부정도 관리주기 : 방법검출한계, 정밀도와 정확도의 측정은 연 1회 이상 측정하는 것을 원칙으로 함. 검정곡선의 검증 및 방법 바탕시료의 측정은 시료군당 1회 실시하여야 함

□ **농도계산** : 시료가스 중의 플루오린화합물 농도는 다음 식으로 산출함

$$C = \dfrac{(a-b) \times \dfrac{250}{v}}{V_s} \times \dfrac{22.4}{19} \times 10^3$$

$\begin{cases} C : \text{HF의 농도(ppm)} \\ a : \text{분석용 시료용액의 HF}^- \text{ 질량(mg)} \\ b : \text{바탕 시료용액의 HF}^- \text{ 질량(mg)} \\ V_s : \text{표준상태 건조가스 시료채취량(L)} \\ v : \text{분석용 시료 채취량(mL)} \\ 250 : \text{분석용 시료 총량(mL)} \end{cases}$

※ 측정결과는 ppm 단위로 소수점 넷째 자리까지 유효자리수를 계산하고, 결과 표시는 소수점 셋째 자리로 표기함. 방법검출한계 미만의 값은 불검출로 표시

▌굴뚝가스 – 적정법(질산토륨법)

□ **개요** : 시료가스를 NaOH(0.1M)에 흡수시킨 분석용 시료용액 중 적정량을 분취(분석용 시료에는 플루오르로서 약 0.5~4.0mg을 포함하여야 함)한 후 알리자린술폰산용액(2~3방울)을 가한 다음 **0.1M 질산**으로 황색이 될 때까지 정확히 **중화**하고, 여기에 네오트린용액 및 완충액(**포름산**, 2mL)을 가하여 **0.025M 질산토륨용액**으로 **적정(적정속도 2mL/min)**, 용액의 색이 **핑크에서 지속성 자주색**으로 변하는 점을 **종말점**으로 하여 플루오린화합물 농도를 계산함

□ **간섭물질** $\begin{cases} \text{중금속이온(알루미늄(III), 철(II), 구리(II), 아연(II) 등)} \\ \text{인산이온, 황산염, 잔류염소 등} \end{cases}$

- 중금속이온이나 인산이온이 존재하면 방해효과를 나타냄 → 적절한 증류방법을 통해 플루오린화합물을 분리한 후 정량하여야 함
- 황산염, 아황산염 존재 시 → 전처리과정 중 30% H_2O_2에 의해 제거할 수 있음
- 잔류염소 존재 시 → 염산하이드록실아민용액을 첨가하여 제거함

□ **농도계산** : 시료가스 중의 플루오린화합물 농도는 다음 식으로 산출함

$$C = \dfrac{(a-b)f \times \dfrac{250}{v}}{V_s} \times \dfrac{19}{20} \times 10^3$$

$\begin{cases} C : \text{플루오린화합물의 농도(ppm)} \\ a : \text{적정소비 0.025M 질산토륨의 양(mL)} \\ b : \text{바탕시험의 0.025M 질산토륨 소비량(mL)} \\ f : \text{0.025M 질산토륨 1mL에 상당하는 HF(mL)} \\ V_s : \text{건조 시료가스량(L)} \\ v : \text{분석용 시료채취량(mL)} \\ 250 : \text{분석용 시료용액 전체부피(mL)} \end{cases}$

※ 측정결과는 ppm 단위로 소수점 셋째 자리까지 유효자리수를 계산하고, 결과 표시는 소수점 둘째 자리로 표기함. 방법검출한계 미만의 값은 불검출로 표시

굴뚝가스 - 이온선택전극법

- **개요** : 굴뚝 시료가스를 NaOH(0.1M)에 흡수시킨 분석용 시료용액을 분취하여 **시료+이온세기 완충용액(I)**(NaCl 58g+시트르산소듐 1g+아세트산 10mL+5N NaOH+증류수 → pH5.2)과 **시료+이온세기 완충용액(II)**(NaCl 58g+시트르산소듐 10g+아세트산 50mL+5N NaOH+증류수 → pH 5.2)에 **플루오르 전극**과 **기준전극**을 삽입하여 용액의 온도 ±0.5℃ 이내에서 전기전도도를 측정하여 플루오르 농도를 구하는 방법
- **간섭물질** : 별도 사항 없음
- **농도계산** : 시료가스 중의 플루오린화합물 농도는 다음 식으로 산출함

  [증류하지 않은 경우]

  $$C = \frac{250(a-a_o)}{V_s} \times \frac{22.4}{19} \times 10^3$$

  $\begin{cases} C : \text{불소화합물 농도}(ppm, F) \\ a : \text{검정곡선 농도}(mgF^-/L) \\ a_o : \text{바탕시험의 불소농도}(mg/L) \\ V_s : \text{건조 시료가스량}(L) \end{cases}$

  [증류한 경우]

  $$C = \frac{250(a-a_o) \times \frac{250}{100}}{V_s} \times \frac{22.4}{19} \times 10^3$$

  $\begin{cases} C : \text{불소화합물 농도}(ppm, F) \\ a : \text{검정곡선 농도}(mgF^-/L) \\ a_o : \text{바탕시험의 불소농도}(mg/L) \\ V_s : \text{건조 시료가스량}(L) \end{cases}$

굴뚝연속자동측정 - 이온전극법

- **개요** : 시료가스 중 불화수소는 배관을 통하여 가스흡수관에 도입된 후 그 안에 들어있던 흡수액와 접촉하여 플루오르이온으로 변한다. 이어서 이 시료용액은 측정부로 옮겨지고 이 용액과 기준부에 새로 도입된 흡수액 중의 플루오르이온 농도차를 플루오르이온 전극으로 측정한다. 두 값의 차가 시료가스 중의 불화수소 농도에 비례함
- **장치구성** : 시료채취부, 분석계 및 데이터 처리부로 구성됨

엄선 예상문제

01 굴뚝 배출가스 중 CO의 분석방법이 아닌 것은?

① 정전위전해법
② 기체크로마토그래피
③ 이온크로마토그래피
④ 비분산적외선분광분석법

02 굴뚝 배출가스 중의 일산화탄소를 분석하는 방법과 그 정량범위를 나타낸 것으로 옳지 않은 것은?

① 정전위전해법 : 0~1,000ppm
② 기체크로마토그래피(TCD) : 0.1% 이상
③ 비분산적외선법 : 0~50ppm부터 0.5%
④ 기체크로마토그래피(FID) : 0~2,000ppm

03 대기오염공정시험기준상 굴뚝 배출가스 중 HCl 측정방법인 것은?

① 이온전극법
② 이온교환법
③ 가스크로마토그래피
④ 사이오시안산제이수은 자외선/가시선 분광법

04 굴뚝 배출가스 중 일산화탄소의 정전위전해법으로 옳지 않은 것은?

① 90%의 응답시간은 1분 이내로 한다.
② 유량변화에 따른 안정성은 최대눈금값의 ±2% 이내로 한다.
③ 정전위전해법을 이용한 계측기는 소형 경량으로서 이동측정에 적합하다.
④ 제로가스는 공인기관에 의해 일산화탄소 농도가 1ppm 미만으로 보증된 표준가스를 말한다.

05 굴뚝 배출가스 중 플루오린화합물을 자외선/가시선 분광법(란탄-알리자린콤플렉손법)에 의하여 분석할 때 사용되는 시약으로 옳게 구성된 것은?

① 네오트린용액, 란탄용액
② 아세톤, 아세트산암모늄용액
③ 아이오드용액, 염화제이철용액
④ 메틸렌블루용액, 아이오드용액

▶ 해설

01 굴뚝 배출가스 중 CO의 분석방법은 비분산형적외선분석법, 전기화학식(정전위전해법), 기체크로마토그래피이다.

02 CO의 분석방법 중 비분산형적외선분석법의 정량범위는 0~1,000ppm이다.

03 굴뚝 배출가스 중 HCl 측정방법은 이온크로마토그래피법, 사이오시안산제이수은 자외선/가시선 분광법이다.

04 굴뚝가스-일산화탄소의 정전위전해법에서 응답시간은 5분 이하이어야 한다.

05 자외선/가시선 분광법(란탄-알리자린콤플렉손법)은 시료에 완충액을 가하여 pH를 조절하고 란탄과 알리자린콤플렉손을 가하여 생성되는 생성물의 흡광도를 분광광도계로 측정하는 방법이다. 이 때 알리자린콤플렉손용액은 알리자린콤플렉손을 암모니아수와 아세트산암모늄용액에 녹여 조제하고, 란탄-알리자린콤플렉손용액은 알리자린콤플렉손용액에 아세톤을 혼합하여 조제한다.

정답 | 1.③ 2.③ 3.④ 4.① 5.②

06 굴뚝 배출가스 중의 플루오린화합물을 용량법으로 분석하는 방법이다. ( ) 안에 알맞은 것은?

> 이 방법은 플루오르이온을 방해이온과 분리한 다음 완충액을 가하여 pH를 조절하고 (   )

① 네오트린을 가한 다음 질산소듐용액으로 적정한다.
② 네오트린을 가한 다음 황산소듐용액으로 적정한다.
③ 란탄과 알리자린콤플렉손을 가한 다음 질산소듐으로 적정한다.
④ 란탄과 알리자린콤플렉손을 가한 다음 황산소듐으로 적정한다.

07 플루오린화합물 측정(자외선/가시선 분광법)에서 발색 시약으로 사용되는 것은?

① 토린 ② 메틸렌블루
③ 네오트린 ④ 알리자린콤플렉손

08 굴뚝 배출가스 중 플루오린화합물의 분석방법으로 옳지 않은 것은?

① 란탄-알리자린콤플렉손법의 정량범위는 HF로서 0.05~1,200ppm이다.
② 적정법은 pH를 조절하고, 네오트린을 가한 다음 수산화소듐용액으로 적정한다.
③ 란탄-알리자린콤플렉손법은 145±5℃에서 유출속도 3~5mL/min으로 조절하여 받는 그릇의 액량이 약 220mL가 될 때까지 증류를 계속한다.
④ 란탄-알리자린콤플렉손법은 시료가스 중의 미량의 알루미늄(Ⅲ), 철(Ⅱ), 구리(Ⅱ) 등의 중금속이온이나 인산이온 등이 공존하면 영향을 미치므로 증류에 의해 분리한 후 정량한다.

> 해설

06 플루오린화합물의 용량법(질산토륨-네오트린법)은 플루오르이온을 방해이온과 분리 → 완충액을 가하여 pH를 조절 → 네오트린을 가한 다음 → 질산소듐용액으로 적정한다.
07 오린화합물 측정(자외선/가시선 분광법)은 란탄과 알리자린콤플렉손을 가하여 생성되는 생성물을 620nm에서 흡광도를 측정하여 플루오린화합물이온의 농도(mgF⁻/L)를 정량한다.
08 오린화합물의 적정법은 0.1N 질산토륨용액으로 적정한다. 용액의 색이 핑크에서 지속성 자주색으로 변하는 점을 종말점으로 하여 플루오린화합물 농도를 정량한다.

정답 ┃ 6.① 7.④ 8.②

업그레이드 종합 예상문제

01 환경대기 내의 일산화탄소 측정방법 중 불꽃이온화검출기법이다. ( ) 안에 알맞은 것은?

> 운반가스는 수소를 사용하며, 시료공기를 몰리큘러시브(Molecular Sieve)가 채워진 분리관을 통과시키면 분리된 일산화탄소는 (Ⓐ)에 의해서 (Ⓑ)(으)로 환원되는데 불꽃이온화검출기로 정량된다.
>
> $$CO + 3H_2 \xrightarrow{(\quad)촉매} CH_4 + H_2O$$

① Ⓐ 니켈촉매, Ⓑ 메탄　　② Ⓐ 아이오드, Ⓑ 메탄
③ Ⓐ 니켈촉매, Ⓑ 탄소　　④ Ⓐ 아이오드, Ⓑ 탄소

해설 일산화탄소 측정법인 불꽃이온화검출기법(기체크로마토그래피)는 운반가스로 수소를 사용하며 시료공기를 몰리큘러시브(Molecular Sieve)가 채워진 분리관을 통과시키면 분리된 일산화탄소는 니켈촉매에 의해서 메탄으로 환원되는데 불꽃이온화검출기(FID)로 정량된다.

02 사이오시안산제2수은법으로 염화수소를 분석할 때 필요한 시약이 아닌 것은?
① 질산은용액　　② 메틸알코올용액
③ 황산제이철암모늄용액　　④ 사이오시안산제이수은용액

해설 배출가스 중 염화수소의 사이오시안산제이수은 자외선/가시선분광법은 수산화소듐용액에 시료를 흡수하여 제조한 분석용 시료용액에 황산제이철암모늄용액, 사이오시안산제이수은용액, 메틸알코올을 가하여 발색된 흡광도를 파장 460nm 부근에서 측정 · 정량한다.

03 자외선/가시선 분광법(플루오린화합물)에 대한 설명으로 옳지 않은 것은?
① 정량범위는 HF로서 0.05~1,200ppm이다.
② 0.1N 수산화소듐용액을 흡수액으로 사용한다.
③ 란탄과 알리자린콤플렉손을 가하여 이때 생기는 색의 흡광도를 측정한다.
④ 플루오르이온을 방해이온과 분리한 다음 묽은 황산으로 pH 5~6으로 조절한다.

해설 플루오린화합물 측정법 중 자외선/가시선 분광법(란탄-알리자린콤플렉손법)은 시료흡수액을 일정량으로 묽게 한 다음 → 완충액을 가하여 pH 조절(pH 4.7) → 란탄과 알리자린콤플렉손을 가함 → 이때 생기는 색의 흡광도(620nm 부근)를 측정한다.

정답 1.① 2.① 3.④

04 굴뚝배출 플루오린화합물 분석법에 대한 설명으로 옳지 않은 것은?

① 시료채취관은 플루오린수지관, 구리관 등을 사용한다.
② 시료채취관 및 시료채취관에서부터 흡수병까지 사이를 100℃ 이상으로 가열해 준다.
③ 시료채취관의 적당한 곳에 사불화에틸렌제 등 플루오린화합물의 영향을 받지 않는 여과재를 넣는다.
④ 시료채취관에서부터 흡수병까지는 경질유리관이나 스테인리스관, 사불화에틸렌수지관, 플루오린 고무관, 실리콘 고무관 등으로 한다.

해설 시료채취관 및 시료채취관에서부터 흡수병까지의 사이를 140℃ 이상으로 가열해 준다.

05 굴뚝의 연속자동측정방법에서 측정항목과 측정방법의 연결이 틀린 것은?

① 염화수소 - 이온전극법
② 아황산가스 - 불꽃광도법
③ 플루오르 - 자외선흡수법
④ 질소산화물 - 적외선흡수법

해설 HF의 굴뚝 연속자동측정방법은 이온전극법이다.

🎯 더 풀어보기 예상문제

01 환경대기 중 일산화탄소를 비분산적외선분광분석법(자동연속)으로 분석할 경우 측정기의 성능기준으로 옳지 않은 것은?

① 응답시간은 3분 이하이어야 한다.
② 시료가스 유량의 변화에 대한 지시값의 안정성은 최대눈금값의 ±2%이어야 한다.
③ 스팬가스를 흘려보냈을 때 정상적인 지시 변동범위는 최대눈금치의 ±2% 이내이어야 한다.
④ 측정범위는 0~5μmol/mol 또는 0~100 μmol/mol 사이의 상한, 하한 사이의 적당한 범위이다.

02 연소시설로부터 배출되는 굴뚝 배출가스 중 일산화탄소를 전기화학식(정전위전해법)으로 분석하고자 할 때, 주요 성능기준으로 옳지 않은 것은?

① 측정범위는 최고 3%로 한다.
② 응답시간은 5분 이하이어야 한다.
③ 반복성은 교정가스 농도의 ±2% 이하이어야 한다.
④ 제로가스는 일산화탄소 농도가 1ppm 미만으로 보증된 표준가스를 사용한다.

정답 1.① 2.①

더 풀어보기 예상문제 해설

01 환경대기 중 CO-비분산적외선분광분석법(자동연속)의 응답시간은 2분 30초 이하이어야 한다.
02 CO의 전기화학식(정전위전해법)의 정량범위는 0~1,000ppm이다.

정답 4.② 5.③

더 풀어보기 예상문제

01 환경대기 중 CO를 불꽃이온화검출기법으로 측정한 결과가 다음과 같을 때 일산화탄소의 농도는?

- 교정용 가스 중의 CO 농도 30ppm
- 시료공기 중의 CO 피크높이 10mm
- 교정용 가스 중의 CO 피크높이 20mm

① 15ppm ② 35ppm
③ 40ppm ④ 60ppm

02 배출가스 중의 염화수소를 분석하는 방법 중 이온크로마토그래피에 사용되는 흡수액으로 옳은 것은?

① H_2O ② KNO_3 용액
③ $NaOH$ 용액 ④ CH_3COONa 용액

03 굴뚝의 연속자동측정방법에서 측정항목과 측정방법의 연결이 잘못된 것은?

① 불화수소 – 이온전극법
② 염화수소 – 용액전도율법
③ 질소산화물 – 정전위전해법
④ 아황산가스 – 적외선흡수법

04 굴뚝가스-자외선/가시선분광법(사이오시안산제이수은법)의 시료채취 조작으로 옳지 않은 것은?

① 사이오시안산제이수은법의 경우는 용량 250mL의 흡수병에 흡수액 50mL를 넣는다.
② 흡인펌프를 작동시켜 시료가스를 흡수병으로 흘려보낼 때 유량조절용 콕을 조절하여 유량을 1L/min 정도로 한다.
③ 흡인펌프를 정지시킨 후 삼방 콕을 흡수병 반대방향으로 돌리고, 가스미터의 지시값을 0.1L 자리수까지 읽어 취한다.
④ 삼방 콕을 바이패스용 세척병 방향으로 돌린 후, 흡인펌프를 작동시켜 시료가스 채취관으로부터 콕까지를 시료가스로 치환한다.

05 굴뚝 배출가스 중의 HCl 분석방법 중 이온크로마토그래피의 간섭물질이 아닌 것은?

① 염화소듐($NaCl$)
② 환원성 황화합물
③ 오존, 이산화질소
④ 염화암모늄(NH_4Cl)

정답 1.① 2.① 3.② 4.③ 5.③

더 풀어보기 예상문제 해설

01 불꽃이온화검출기법에 의한 CO 농도 계산은 다음 식으로 산출한다.

$$C = C_s \times \frac{L}{L_s} \quad \begin{cases} C_s : \text{교정용 가스 중의 CO 농도} = 30\text{ppm} \\ L : \text{시료공기 중의 CO 피크높이} = 10\text{mm} \\ L_s : \text{교정용 가스 중의 CO 피크높이} = 20\text{mm} \end{cases}$$

$$\therefore C = 30\text{ppm} \times \frac{10}{20} = 15\text{ppm}$$

02 굴뚝가스 - 이온크로마토그래피법은 배출가스에 포함된 가스상의 염화수소를 증류수로 흡수시킨 후 전기전도도검출기 · 전기화학검출기가 부착된 이온크로마토그래피에 주입하여 얻은 크로마토그램을 이용하여 HCl 농도를 산정한다.

03 HCl의 굴뚝 연속자동측정방법은 이온전극법, 비분산적외선분석법이 있다.

04 시료기체를 채취한 후, 흡입펌프 정지 및 삼방 콕을 닫고 가스미터의 지시값을 0.01L의 자리수까지 읽고, 온도와 게이지압을 측정한다.

05 염화수소를 측정할 때 염화소듐($NaCl$), 염화암모늄(NH_4Cl) 등 채취시약에 녹아 염소이온을 발생시킬 수 있는 입자상 물질과 환원성 황화합물이 측정에 영향을 줄 수 있다.

더 풀어보기 예상문제

01 배출가스 중의 염화수소를 자외선/가시선분광법(사이오시안산제이수은법)으로 측정하는 방법을 설명한 것이다. 틀린 것은 어느 것인가?
① 흡수액은 수산화소듐용액을 사용한다.
② 사이오시안산소듐용액을 적정액으로 사용한다.
③ 시료채취관은 유리관, 석영관, 플루오린수지관 등을 사용한다.
④ 이산화황, 기타 할로겐화물, 시안화물 및 황화합물의 영향이 무시되는 경우 적용할 수 있다.

02 굴뚝 배출가스 중의 플루오린화합물 측정(자외선/가시선 분광법)에 대한 설명 중 틀린 것은?
① 흡수액은 0.1 N 수산화소듐용액이다.
② 발색제로는 알리자린콤플렉손과 질산란타늄을 사용한다.
③ 알루미늄 방해물을 분류하려면 수증기 증류법을 사용한다.
④ 시료가스 채취관은 스테인리스 강제는 사용할 수 없고 유리제, 구리관을 사용한다.

03 환경대기 중 일산화탄소를 비분산형적외선분석법의 연속분석방법에 관한 설명으로 옳은 것은?
① 응답시간 : 60초 이하
② 간섭성분의 영향 : 최대눈금값의 ±3%
③ 최소검출한계 : 최대눈금값의 2% 이하
④ 시료가스 유량의 변화에 대한 지시값의 안정성 : 최대눈금값의 ±2%

04 굴뚝 배출−플루오린화합물 측정방법에 대한 설명으로 옳지 않은 것은?
① 적정법의 정량범위는 HF로서 0.6~4,200 ppm이다.
② 자외선/가시선 분광법의 정량범위는 0.05~1,200ppm이다.
③ 시료채취관은 배출가스 중의 무기플루오린화합물에 의하여 부식을 쉽게 유발하는 재질의 관, 예를 들면 플루오린수지관, 구리관 등은 사용을 피한다.
④ 시료 중 무기플루오린화합물과 수분이 응축하는 것을 막기 위하여 시료채취관 및 시료채취관에서부터 흡수병까지의 사이를 140℃ 이상으로 가열해 준다.

정답 1.② 2.④ 3.④ 4.③

더 풀어보기 예상문제 해설

01 채취된 시료에 사이오시안산제이수은용액과 황산철(Ⅱ)암모늄용액을 가하여 발색된 파장 460nm의 흡광도를 측정한다. 따라서 사이오시안산소듐용액은 발색액이다.

02 플루오린화합물 측정 시 시료채취관은 플루오린수지관, 스테인리스강관, 구리관 등을 사용한다.

03 ④항만 올바르다.
▶바르게 고쳐보기◀
① 응답시간 : 2분 30초 이하
② 간섭성분의 영향 : 최대눈금값의 ±5%
③ 최소검출한계 : 최대눈금값의 1% 이하

04 플루오린화합물을 측정할 때, 시료채취관은 무기플루오린화합물에 의해 부식되지 않는 플루오린수지관, 구리관 등을 사용하여야 한다.

더 풀어보기 예상문제

01 환경대기 중 CO에 대한 불꽃이온화검출기법의 측정원리로 옳은 것은?

① 시료를 산화시켜 탄산가스로 전환하여 적외선분석법에 의해 측정한다.
② 시료를 수소불꽃 중에서 연소시켜 발생되는 탄화수소를 FID법으로 측정한다.
③ 시료를 수소불꽃 중에서 연소시켜 수산화포타슘 정제칼럼을 통과한 후 그 농도를 측정한다.
④ 시료를 운반가스인 수소와 함께 니켈촉매가 채워진 분리관을 통과시키면 메탄이 생성되며, 이를 FID법으로 측정한다.

02 굴뚝가스의 HF 분석에 대한 설명으로 틀린 것은?

① 배출가스 중의 무기플루오린화합물을 플루오르이온으로 하여 분석한다.
② 시료채취관은 플루오르에 부식되지 않는 재질(스테인리스강관 등)을 사용한다.
③ 자외선/가시선 분광법은 시료가스를 NaOH에 흡수시킨 분석용 시료용액을 네오트린용액을 가하여 흡광도를 측정한다.
④ 란탄-알리자린콤플렉손법에서는 흡수액을 희석하여 pH를 조절한 다음 란탄과 알리자린콤플렉손을 가하여 흡광도를 측정한다.

정답 1.④ 2.③

더 풀어보기 예상문제 해설

01 ④항이 불꽃이온화검출기법에 대하여 올바르게 설명하고 있다.
▶ 바르게 고쳐보기 ◀
① CO를 메탄으로 환원시켜 불꽃이온화검출기(FID)로 정량한다.
② 일산화탄소를 니켈촉매로 환원시켜 메탄으로 전환하여 불꽃이온화검출기로 정량한다.
③ 시료공기를 분자체가 채워진 분리관에 통과시켜 일산화탄소를 분리한다.

02 자외선/가시선 분광법(흡광광도법)은 란탄 알리자린콤플렉손법이다. 한편, 적정법(질산토륨법)은 알리자린술폰산용액을 가한 다음 0.1M 질산으로 황색이 될 때까지 정확히 중화하고, 여기에 네오트린용액 및 완충액을 가하여 0.1N 질산토륨용액으로 적정하여 용액의 색이 핑크에서 지속성 자주색으로 변하는 점을 종말점으로 하여 플루오린화합물 농도를 계산한다.

(6) 암모니아(NH₃)

❂ 측정방법 구분

◐ 굴뚝 배출 – 암모니아

분석방법	정량범위	방법검출한계	정밀도(%)
자외선/가시선분광법-인도페놀법	1.2~12.5	0.4ppm	10% 이내

※ 정량범위 : 시료채취량 20L, 분석용 시료용액 250mL인 경우
※ 방법검출한계 : 얻어진 측정값들의 표준편차에 3.14를 곱한 값
※ 정량한계 : 얻어진 측정값들의 표준편차에 10을 곱한 값

❂ 굴뚝 배출 NH₃ 분석방법 각론

▮ 굴뚝가스 – 자외선/가시선분광법(인도페놀법)

- 개요 : 흡수액(**붕산용액, 5g/L**)으로 흡수한 분석용 시료용액에 페놀-나이트로프루시드소듐용액과 하이포아염소산소듐용액을 가하고, 암모늄이온과 반응하여 생성하는 **인도페놀류**의 흡광도를 **640nm 부근**의 파장에서 측정하여 암모니아를 정량함

- 적용범위
  - 시료채취량 20L인 경우, 시료 중의 암모니아의 농도가 약 1.2~12.5ppm인 것의 분석에 적합함
  - 이산화질소가 100배 이상, 아민류가 몇십 배 이상, 이산화황이 10배 이상 또는 황화수소가 같은 양 이상 각각 공존하지 않을 때 적용되며 검출한계는 0.4ppm임

- 간섭물질 : 별도 사항 없음

- 농도계산 : 시료가스 중의 암모니아 농도를 다음 식으로 산출(소수 둘째 자리)함

$$C = \frac{(a-b) \times 25}{V_s} \quad \begin{cases} C : 암모니아 \ 농도(\text{ppm}) \\ a : 분석용 \ 시료용액의 \ 암모니아 \ 부피(\mu L) \\ b : 바탕 \ 시료용액의 \ 암모니아 \ 부피(L) \\ V_s : 표준상태의 \ 건조가스 \ 시료채취량(L) \end{cases}$$

- 역가(factor)계산 : 0.05N 싸이오황산소듐(Na₂S₂O₃)의 역가는 다음 식으로 산출함

$$f = \frac{m \times \frac{25}{250}}{a \times 0.001783} \quad \begin{cases} f : 0.05\text{N} \ 싸이오황산소듐(M_w \ 158)용액의 \ 역가 \\ m : 아이오딘산포타슘의 \ 채취량(g) \\ a : 0.05\text{N} \ 싸이오황산소듐용액의 \ 적정량(\text{mL}) \\ 0.001783 : 0.05\text{N} - \text{Na}_2\text{S}_2\text{O}_3 \ 1\text{mL}에 \ 상당하는 \ \text{KIO}_3(214)의 \ 질량 \end{cases}$$

- 분석조작 유의사항
  - 장치를 연결할 때
    - 시료채취관은 유리관, 스테인리스강 재질, 석영관 및 플루오린수지관을 쓸 것
    - 시료채취관으로부터 흡수병에 이르는 사이를 120℃ 이상 가열할 것
  - 시료를 흡수할 때
    - 산성가스가 없는 경우 : 흡수병에 붕산용액(부피분율 5g/L) 50mL를 넣고 시료가스를 1~2L/min 정도로 흡입속도를 유지함
    - 산성가스가 있는 경우 : 흡수병에 흡수액으로 과산화수소(1+9)를 50mL를 넣고

흡수시킴 → 이를 암모니아 추출장치에 접속하여 유량 2L/min 정도로 암모니아를 제거시킨 공기를 흡입함 → 3방콕을 사용하여 수산화소듐용액(8N)을 가하여 pH13 이상으로 암모니아가스를 붕산용액에 흡수함. 추출시간은 약 100분임

■ **굴뚝연속자동측정** { 용액전도율법 / 적외선 흡수분석법

- **용액전도율법** : 시료가스와 흡수액을 일정한 비율로 접촉시켜서 시료가스가 포함된 암모니아가스를 흡수액에 흡수시킨 다음 흡수 전·후의 전도율 변화를 측정한다. 이 전도율의 차는 시료가스 중 암모니아 농도에 비례함
- **적외선 흡수분석법** : 기기분석의 비분산적외선분석법에 따름

(7) 염소(Cl_2)

※ 측정방법 구분

◐ 굴뚝 배출 – 염소

분석방법	정량범위(ppm)	방법검출한계(ppm)	정밀도(%)
자외선/가시선분광법 – 4-피리딘카복실산-피라졸론법	0.08 이상	0.03	10% 이내
자외선/가시선분광법 – 오르토톨리딘법	0.2~5.0	0.1	10% 이내

※ 자외선/가시선분광법 – 4-피리딘카복실산-피라졸론법이 주 시험방법임
※ 상대 표준편차는 10% 이내, 회수율은 80~120% 이내이어야 함

※ 분석방법 각론

■ **자외선/가시선분광법 – 4-피리딘카복실산-피라졸론법**

- **개요** : 배출가스 중 염소를 P-톨루엔설폰아마이드 용액으로 흡수하여 클로라민-T로 전환시키고 사이안화포타슘 용액을 첨가하여 염화사이안으로 전환시킨 후, 완충용액 및 4-피리딘카복실산-피라졸론 용액을 첨가하여 발색시키고 흡광도(파장 638nm 부근)를 측정하여 염소를 정량하는 방법임
- **적용범위** : 이 방법은 방해물질인 브로민(Br), 아이오드, 이산화염소 등의 산화성 가스나 황화수소, 이산화황 등의 환원성 가스의 영향을 무시하거나 제거할 수 있는 경우에 적용함(**단, 이산화질소의 영향은 받지 않는다.**)
- **간섭물질** : 별도 사항 없음
- **분석조작 유의사항**
  - 시료채취관 : 유리관, 석영관, 스테인리스강 및 폴리테트라플루오르에틸렌(PTFE) 등을 사용함
  - 시료흡입속도 : 1L/min으로 하여 약 20L를 채취한 후 가스미터의 지시 값을 0.01L 까지 확인(시료를 채취하는 동안 흡수액의 온도가 **5℃를 초과할 경우** 흡수병을 냉각조에 넣어 채취함)

- 사용시약 : 흡수액, 시안화포타슘 용액(10g/L), 인산이수소포타슘 용액(200g/L), 인산염 완충 용액(pH 7.2), 4-피리딘카복실산-피라졸론 용액, 아세트산(1+1), 녹말 용액(5g/L), 싸이오황산소듐 용액(0.05mol/L)
- 흡수액 : P-톨루엔설폰아마이드 0.1g과 90mL의 정제수를 50~60℃에 녹여 실온으로 냉각한 후 정제수로 표선까지 맞추어 사용
- 농도계산 : 배출가스 중 염소 농도를 다음 식으로 산출함

$$C = \frac{(a-b) \times 5}{V_s} \times \frac{22.4}{70.906}$$

C : 염소 농도(ppm)
a : 분석용 시료용액의 염소 질량(μg)
b : 현장바탕 시료용액의 염소 질량(μg)
V_s : 표준상태의 건조 시료가스 채취량(L)
5 : 분석용 시료용액의 전체 부피(50mL)/분석용 시료용액 중 정량에 사용한 부피(10mL)

※ 측정결과는 ppm 단위의 소수점 둘째 자리까지 계산하고, 소수점 첫째 자리로 표기함

- 역가 계산 : 0.05M 싸이오황산소듐 용액(M_w 248.2) 역가는 다음 식으로 산출함

$$f = \frac{m \times \frac{25}{250}}{a \times 0.001783}$$

f : 싸이오황산소듐 용액(0.05mol/L)의 역가
m : 아이오딘산포타슘을 취한 질량(g)
a : 싸이오황산소듐 용액(0.05mol/L)의 적정량(mL)
0.001783 : 싸이오황산소듐 용액(0.05mol/L) 1mL에 해당하는 아이오딘산 포타슘의 질량(g)

자외선/가시선분광법 - 오르토톨리딘법

- 개요 : 오르토톨리딘을 함유하는 흡수액에 시료를 통과시켜 얻어지는 발색액의 흡광도(파장 435nm 부근)를 측정하여 염소를 정량하는 방법임
- 적용범위 : 이 방법은 방해물질인 브로민(Br), 아이오드, 오존, 이산화질소 및 이산화염소 등의 산화성 가스나 황화수소, 이산화황 등의 환원성 가스의 영향을 무시할 수 있는 경우에 적용함
- 간섭물질 : 별도 사항 없음
- 분석조작 유의사항
  - 시료채취관 : 유리관, 석영관, 스테인리스강 및 폴리테트라플루오르에틸렌(PTFE) 등을 사용함
  - 시료흡입속도 : 0.5L/min으로 하여 약 2.5L를 채취한 후 가스미터의 지시 값을 0.01L까지 확인(시료를 채취하는 동안 흡수액의 온도가 **5℃를 초과할 경우** 흡수병을 냉각조에 넣어 채취함)
  - 흡수액의 착색 : 흡수액이 적색으로 나타나거나 적색침전을 생성하면 채취한 흡수액은 폐기하고 채취량을 줄여 다시 채취하여야 함
  - 오르토톨리딘 염산 용액 : 갈색병에 보관하며 보관 **가능기간은 약 6개월**임
- 농도계산 : 배출가스 중 염소 농도를 다음 식으로 산출함

$$C = \frac{(a-b) \times 50}{V_s} \times \frac{22.4}{70.906}$$

C : 염소 농도(ppm)
a : 분석용 시료용액의 염소 농도(μg/mL)
b : 현장바탕 시료용액의 염소 농도(μg/mL)
V_s : 표준상태의 건조 시료가스 채취량(L)
50 : 분석용 시료용액의 전체 부피(mL)

※ 측정결과는 ppm 단위의 소수점 둘째 자리까지 계산하고, 소수점 첫째 자리로 표기함
▫ **역가 계산** : 0.05M 싸이오황산소듐 용액(M_w 248.2) 역가는 다음 식으로 산출함

$$f = \frac{m \times \frac{25}{250}}{a \times 0.001783}$$

- f : 싸이오황산소듐 용액(0.05mol/L)의 역가
- m : 아이오딘산포타슘을 취한 질량(g)
- a : 싸이오황산소듐 용액(0.05mol/L)의 적정량(mL)
- 0.001783 : 싸이오황산소듐 용액(0.05mol/L) 1mL에 해당하는 아이오딘산 포타슘의 질량(g)

(8) 시안화수소(사이안화수소, HCN)

※ 측정방법 구분

◐ 굴뚝 배출 – HCN 측정

분석방법	정량범위(ppm)	방법검출한계(ppm)	정밀도
자외선/가시선분광법 – 4-피리딘카복실산-피라졸론법	0.05~8.61	0.02	10% 이내
연속흐름법	0.11 이상	0.03	10% 이내

※ 자외선/가시선분광법-4-피리딘카복실산-피라졸론법이 주 시험방법임
※ 정확도는 75~125% 이내, 정밀도는 10% 이내이어야 함

▫ **적용범위** : 이 방법은 배출가스 중 염소 등의 산화성가스 또는 알데하이드류, 황화수소, 이산화황 등의 환원성가스가 공존하면 영향을 받으므로 그 영향을 무시하거나 제거할 수 있는 경우에 적용함

※ 굴뚝 배출가스 분석방법 각론

▌ 굴뚝가스 – 자외선/가시선분광법(피리딘피라졸론법)

▫ **개요** : 시료가스를 NaOH(20g/L) 용액에 흡수시킨 후 분석용 시료용액 25mL를 취하여 인산염 완충액과 클로라민-T 용액을 가한 후 피리딘피라졸론 용액(10mL)을 혼합하여 발색시키고, 이 액의 흡광도를 파장 638nm 부근 측정하여 HCN을 정량함

▫ **간섭물질** { 알데하이드류
염소등의 산화성 가스

- 알데하이드류 → 100mL 흡수액에 에틸렌다이아민 용액(35g/L) 2mL를 첨가하여 채취함
- 염소등의 산화성 가스 → 100mL 흡수액에 삼산화비소 용액 0.1mL를 첨가하여 채취함

▫ **분석조작 유의사항**
- 가열 : 연결관의 길이는 가능한 짧게 하고 수분의 응축을 막기 위하여 흡수병 사이를 약 120℃ 이상 가열함. 각 연결부위는 실리콘 고무, PTFE 수지 등을 사용함
- 여과재 : 채취관의 적당한 곳에 배출가스 성분과 화학반응 등을 일으키지 않는 재질의 여과재(무알칼리 유리섬유, 석영 섬유)를 넣어 먼지가 혼합되는 것을 방지함
- 채취관 : 부식성 가스에 영향을 받지 않는 재질, 예를 들면 유리관, 석영관, 폴리테트라플루오르에틸렌(PTFE) 수지 또는 스테인리스강 재질을 씀

▫ **농도계산** : 시료가스 중의 HCN 농도는 다음 식으로 산출함

$$C = \frac{(a-b) \times 10}{V_s} \times \frac{22.4}{26.017}$$

$\begin{cases} C : \text{HCN 농도(ppm)} \\ a : \text{분석용 시료용액의 HCN 이온 질량}(\mu g) \\ b : \text{현장바탕 시료용액의 HCN 이온 질량}(\mu g) \\ V_s : \text{표준상태의 건조 시료가스 채취량(L)} \\ 10 : \text{분석용 시료용액의 전체부피(250mL)} \\ \quad / \text{분석용 시료용액 중 정량에 사용한 부피(25mL)} \end{cases}$

※ 측정결과는 ppm 단위의 소수점 셋째 자리까지 계산하고 소수점 둘째 자리로 표기함

▌굴뚝가스 – 연속흐름법

- **개요** : 시료가스를 NaOH(20g/L) 용액에 흡수시킨 후 분석용 시료용액 50mL를 취하여 4℃ 이하의 냉암소에 보관 후 **인산염 완충액**과 **클로라민-T** 용액을 첨가하여 염화사이안으로 전환시킨 후 발색용액을 첨가하여 발색시키고, 이 액의 흡광도를 **분석기기 설명서에서 요구하는 파장 부근**을 측정하여 HCN을 정량함

- **간섭물질** $\begin{cases} \text{알데하이드류} \\ \text{염소등의 산화성 가스} \end{cases}$

  - 알데하이드류 → 100mL 흡수액에 에틸렌다이아민 용액(35g/L) 2mL를 첨가하여 채취함
  - 염소등의 산화성 가스 → 100mL 흡수액에 삼산화비소 용액 0.1mL를 첨가하여 채취함

- **분석조작 유의사항**
  - 가열 : 연결관의 길이는 가능한 짧게 하고 수분의 응축을 막기 위하여 흡수병 사이를 약 120℃ 이상 가열함. 각 연결부위는 실리콘 고무, PTFE 수지 등을 사용함
  - 여과재 : 채취관의 적당한 곳에 배출가스 성분과 화학반응 등을 일으키지 않는 재질의 여과재(무알칼리 유리섬유, 석영 섬유)를 넣어 먼지가 혼합되는 것을 방지함.
  - 채취관 : 부식성 가스에 영향을 받지 않는 재질, 예를 들면 유리관, 석영관, 폴리테트라플루오르에틸렌(PTFE) 수지 또는 스테인리스강 재질을 씀
  - 전처리 : 분석용 시료용액 전처리 시 HCN이온과 납(Pb)이 공존하면 싸이오시안산으로 전환될 수 있으므로 주의해야 함

- **농도계산** : 시료가스 중의 HCN 농도는 다음 식으로 산출함

$$C = \frac{(a-b) \times 250}{V_s} \times \frac{22.4}{26.017}$$

$\begin{cases} C : \text{HCN 농도(ppm)} \\ a : \text{분석용 시료용액의 HCN 이온 질량}(\mu g) \\ b : \text{현장바탕 시료용액의 HCN 이온 질량}(\mu g) \\ V_s : \text{표준상태의 건조 시료가스 채취량(L)} \\ 250 : \text{분석용 시료용액의 전체부피(mL)} \end{cases}$

※ 측정결과는 ppm 단위의 소수점 셋째 자리까지 계산하고 소수점 둘째 자리로 표기함

- **역가계산** : 0.1N 질산은 용액의 역가는 다음 식으로 산출함

$$f = \frac{20}{v}$$

$\begin{cases} f : \text{0.1M 질산은 용액의 역가} \\ v : \text{0.1M 질산은 용액의 적정량(mL)} \end{cases}$

(9) 황화수소

❇ 측정방법 구분

◐ 굴뚝 배출 – 황화수소 측정

분석방법	정량범위(ppm)	방법검출한계	정밀도
자외선/가시선분광법-메틸렌블루법	1.7~140	0.5ppm	10% 이내
기체크로마토그래피법	0.5 이상	0.2ppm	10% 이내

※ 자외선/가시선분광법이 주 시험방법임
※ 정확도는 80~120% 이내, 정밀도는 10% 이내이어야 함

❇ 굴뚝 배출가스 분석방법 각론

▌굴뚝가스 – 자외선/가시선분광법(메틸렌블루법)

- **개요** : 배출가스 중의 황화수소를 **아연아민착염용액**에 흡수시켜 p-아미노다이메틸아닐린용액과 염화철(Ⅲ) 용액을 가하여 생성되는 **메틸렌블루의 흡광도(파장 670nm 부근)**를 측정하여 황화수소를 정량함
- **간섭물질** : 별도 사항 없음
- **장치구성** : 광원부, 파장선택부, 시료부 및 측광부로 구성됨
- **분석조작 유의사항**
  - 채취관 : 황화수소에 의하여 부식되지 않는 재질, 예를 들면 유리관, 석영관, 플루오린수지관 또는 스테인리스강 재질을 씀
  - 가열 : 시료채취관·시료채취관~흡수병까지의 사이를 **120℃로 가열**하여야 함
  - 여과재 : 시료채취관의 적당한 곳에 유리솜이나 유리섬유 여과재를 넣음
  - 농도에 따른 시료채취량 및 흡입속도

구 분	황화수소 농도	
	100ppm 미만	100~2,000ppm
시료채취량	1~20L	0.1~1.0L
흡입속도	0.1~0.5L/min	약 0.1L/min

- **농도계산** : 시료가스 중의 황화수소 농도는 다음 식으로 산출함

$$C = \frac{0.698 \times (a-b) \times \frac{V}{20}}{V_s} \times 10^3$$

- C : 황화수소 농도(ppm)
- a : 분석용 시료용액의 황화 이온(S^{2-}) 질량(mg)
- b : 현장바탕 시료용액의 황화 이온(S^{2-}) 질량(mg)
- V : 분석용 시료용액의 전체 부피(200mL 또는 20mL)
- V_s : 건조 시료가스량(L)
- 20 : 분석용 시료용액 중 정량에 사용한 부피(mL)
- 0.698 : 황화이온 1mg에 상당하는 황화수소의 부피(mL)

※ 측정결과는 ppm 단위의 소수점 둘째 자리까지 계산하고 소수점 첫째 자리로 표기함

▌굴뚝가스 – 기체크로마토그래피

- **개요** : 배출가스 중의 황화수소를 시료채취 주머니에 채취하여 충분한 분리능을 가질

수 있는 분리관(column)으로 분리하고 불꽃광도검출기(FPD) 또는 동등 이상의 성능을 갖는 검출기를 구비한 기체크로마토그래프로 황화수소를 정량한다.

- ▫ 간섭물질 $\begin{cases} 이산화황 \\ 카보닐황화물(carbonyl\ sulfide) \end{cases}$
    - 이산화황 → 시트르산 완충용액을 통과시킨 배출가스를 채취함
    - 카보닐황화물 : 황화수소 머무름 시간과 이산화황 및 카보닐황화물 머무름 시간을 비교하여 충분한 분리능을 가질 수 있는 확인해야 함
- ▫ **측정방법** : 시료주입방법(밸브법, 주사기법), 시료희석방법
    - 밸브법 : 시료가스를 전자식 질량유량조절기(mass flow controller)로 흘려보내 계량관에 채취 후 분리관에 주입. 밸브장치는 회전식 가스밸브(rotary gas valve) 등을 구비한 것으로 **스테인레스강, 풀르오르 수지 등의 불활성 재질**이며 가열 가능한 것을 사용함
    - 주사기법 : 시료가스를 일정 용량의 가스용 **유리 주사기**에 채취, 주입구에 주입함
    - 시료희석방법 : 전자식 질량유량조절기를 구비한 것으로 스테인레스강, 플루오르 수지 등의 불활성 재질의 가스희석장치를 사용하여 자동으로 희석함(시료채취 주머니 및 가스용 유리 주사기를 사용하여 희석 가능)
- ▫ **분석조작 유의사항**
    - 채취관 : 부식성 가스에 영향을 받지 않는 재질. 예를 들면 스테인리스강, 유리, 석영, 폴리테트라플루오르에틸렌(PTFE) 수지 등을 사용함
    - 가열 : 시료채취관·시료채취관~흡수병까지의 사이를 **120℃로 가열**하여야 함
    - 여과재 : 시료채취관의 적당한 곳에 무알칼리 유리솜이나 석영섬유 여과재를 넣음
    - 진공 흡입상자 : 10L 시료채취 주머니를 담을 수 있어야 하며, 내부가 완전 진공이 되도록 밀폐된 구조의 것을 사용
    - 시료채취 주머니 : 플루오르 수지, 폴리에스터 수지 등의 불활성 재질로 **오염되지 않은 것을 사용**한다.
- ▫ **농도계산** : 시료가스 중의 황화수소 농도는 다음 식으로 산출함

    ■ $C = a - b$ $\begin{cases} C : 황화수소\ 농도(ppm) \\ a : 분석용\ 시료가스의\ 황화수소\ 농도(ppm) \\ b : 현장바탕\ 시료가스의\ 황화수소\ 농도(ppm) \end{cases}$

    ※ 측정결과는 ppm 단위의 소수점 둘째 자리까지 계산하고 소수점 첫째 자리로 표기함

(10) 이황화탄소

※ 측정방법 구분

◐ 굴뚝 배출 – 이황화탄소 측정

분석방법	정량범위(ppm)	방법검출한계	정밀도
기체크로마토그래피	0.5~10	0.1ppm	10% 이내
자외선/가시선분광법(다이에틸아민구리법)	4.0~60	1.3ppm	10% 이내

※ 기체크로마토그래피가 주 시험방법임

※ 자외선/가시선 분광법의 정량범위 : 시료채취량 10L, 시료액량 : 200mL의 경우임

❀ 굴뚝 배출가스 분석방법 각론

▌굴뚝가스 – 기체크로마토그래피

- **개요**: 배출가스 시료를 **불꽃광도검출기**(FPD) 혹은 **펄스 불꽃광도검출기**(PFPD) 이와 동등 이상의 성능을 갖는 황화물 선택성 검출기나 질량분석 검출기를 구비한 기체크로마토그래프를 사용하여 정량함
  - **운반기체**는 순도 99.999% 이상의 질소 또는 순도 99.999% 이상의 헬륨을 사용
  - **연료기체**인 수소와 산소는 99.999% 이상의 순도를 가져야 하고, 이황화탄소를 포함하지 않아야 함

- **적용범위**
  - 이 시험기준은 이황화탄소농도 0.5ppm 이상의 배출분석에 적합함
  - 배출가스 중에 포함된 황화합물의 **대부분이 이황화탄소**이어서 전(total) 황화물로 측정해도 지장이 없는 경우에는 **분리관을 생략한 불꽃광도검출방식** 연속분석계를 사용해도 좋음

- **간섭물질** { 수분 / CO, CO_2 / SO_2, 황원소 / 알칼리미스트
  - 수분 → 채취관, 연결부위 등을 가열하여 제거(sample line을 가열하여 제거)
  - CO, CO_2 → GC/FPD 분석 시 CS_2가 CO와 CO_2로부터 완전히 분리된 조건에서 분석이 되어야 함. 분리가 어려운 경우에는 GC/MS로서 MS의 선택적 검출에 의해서 CS_2를 분석하여야 함
  - SO_2 : 아황산가스는 **특정 간섭물질이 아니나** 다른 화합물에 비해 많은 영향을 미치므로 스크러버를 사용하여 제거한 후 GC/FPD 분석하거나 기체크로마토그래피 칼럼에서 SO_2와 CS_2가 충분히 분리된 조건에서 분석하여야 함. 분리가 어려운 경우에는 기체크로마토그래프/질량분석검출기로서 선택적 검출에 의해 이황화탄소를 분석하여야 함
  - CS_2 농도의 10배 이상의 SO_2가 존재할 때는 SO_2 스크러버를 설치할 것
  - 황원소 → 응축으로 인하여 여과재가 막힐 수 있으므로, 여과재를 주기적으로 관리하고 적시에 교체하여야 함
  - 알칼리미스트(alkali mist) → 아황산가스 스크러버에서 pH 상승을 유발하여 낮은 시료 회수율을 초래함. 분석마다 아황산가스 스크러버를 교체하여 영향을 줄임

- **농도계산** : 검정곡선으로부터 시료의 농도를 계산함
  ※ 측정결과는 ppm 단위의 소수점 2자리까지 유효자리수를 표기하고 결과 표시는 소수점 첫째 자리로 표기함

▌굴뚝가스 – 자외선/가시선분광법

- **개요** : 배출가스 중의 이황화탄소를 다이에틸아민구리용액에 흡수시켜 생성된 다이에틸 다이사이오카밤산구리(섞은 후 5분 이상 지나면 용액의 발색도는 안정해짐)의 흡광도를 435nm의 파장에서 측정하여 이황화탄소를 정량함

- 간섭물질 : 황화수소
  - 황화수소는 아세트산카드뮴용액을 사용하여 제거할 수 있음(단, 고농도의 이황화탄소 배출시료에만 사용함)
- 분석조작 유의사항
  - 채취관 : 채취관은 테플론이나 테플론으로 내부가 처리된 스테인리스강관을 사용함 (**매우 높은 온도**의 굴뚝에서는 테플론 재질의 채취관 대신 유리나 석영으로 코팅된 채취관을 사용하여야 함)
  - 연결관 : 시료채취 연결관은 직경 13mm를 넘지 않는 테플론 재질을 사용
  - 다이에틸다이사이오카밤산소듐용액 : 제조 후 **1개월 이상** 경과한 것은 사용해서는 안 됨
- 농도계산 : 시료가스 중의 이황화탄소 농도는 다음 식으로 산출함

$$C = \frac{(a-b)200}{V_s} \times 10^3 \begin{cases} C : 이황화탄소\ 농도(\mu mol/mol) \\ a : 분석용\ 시료용액의\ 이황화탄소\ 농도(mL/mL) \\ b : 바탕\ 시료용액의\ 이황화탄소\ 농도(mL/mL) \\ 200 : 분석용\ 시료용액의\ 전체부피(mL) \\ V_s : 건조\ 시료가스량(L) \end{cases}$$

※ 측정결과는 ppm 단위의 소수점 둘째 자리까지 유효자리수를 표기하고 결과 표시는 소수점 첫째 자리로 표기함

(11) 폼알데하이드 및 알데하이드류

◎ 측정방법 구분

◐ 굴뚝 배출 – 폼알데하이드 및 알데하이드류

분석방법	정량범위(ppm)	방법검출한계
고성능 액체크로마토그래피법	0.01~100	0.005ppm
크로모트로핀산 자외선/가시선분광법	0.01~0.2	0.003ppm
아세틸아세톤 자외선/가시선분광법	0.02~0.4	0.007ppm

※ 고성능 액체크로마토그래피법이 주 시험방법임

◐ 환경대기 – 알데하이드류

분석방법	정량범위(ppm)	방법검출한계
고성능 액체크로마토그래피법	0.01~100	0.005ppm

◎ 굴뚝 배출가스 분석방법 각론

▌굴뚝가스 – 고성능액체크로마토그래피(HPLC)

- 개요 : 배출가스 중의 알데하이드류를 흡수액 2,4-다이나이트로페닐하이드라진에 흡수시켜 실험실로 옮김 → 분액깔때기로 옮겨 클로로폼+아세토나이트릴을 넣은 후 차례로 HPLC에 주입하여 분석·정량함. 하이드라존은 UV 영역, 특히 350~380nm에서 최대 흡광도를 나타냄
  - ▸ 칼럼온도 : 20℃
  - ▸ 검출기 : 자외선검출기(검출파장 360nm)

- 이동상 용매 유속 : 1.3mL/min
- 시료 주입량 : 10μL

※ 당일 분석하지 않을 경우 시료를 유리병에 옮긴 후 마개를 하여 4℃ 이하의 냉장고에 냉장보관하여야 하며, 이 냉장시료는 30일 이내에 분석하여야 함

- **간섭물질** : 별도 사항 없음
- **농도계산** : 시료가스 중의 알데하이드류 농도는 다음 식으로 산출함

$$C = \frac{A_a - A_b}{V_m \times \frac{P_a}{760} \times \frac{273}{273 + T_a}} \times \frac{22.4}{분자량}$$

- C : 알데하이드류 농도(ppm)
- A_a : 시료 중 알데하이드량(μg)
- A_b : 바탕시료 알데하이드량(μg)
- V_m : 시료채취량(L)
- P_a : 평균대기압력(mmHg)
- T_a : 평균 대기온도(℃)

※ 측정결과는 ppm 단위로 소수점 넷째 자리까지 유효자리수를 계산하고, 결과 표시는 소수점 셋째 자리로 표기함. 방법검출한계 미만의 값은 불검출로 표시함

굴뚝가스 – 자외선/가시선분광법(크로모트로핀산법)

- **개요** : 폼알데하이드를 포함하고 있는 배출가스를 **크로모트로핀산**을 함유하는 **흡수발색액**에 채취하고 가온(95℃ 항온조에서 10분간)하여 발색시켜 얻은 **자색** 발색액의 흡광도(파장 570nm 부근)에서 측정하여 폼알데하이드 농도를 구함

- **적용범위·간섭물질**
  - **폼알데하이드에만 적용**되며, 다른 알데하이드에는 적용되지 않음
  - 다른 폼알데하이드의 영향은 0.01% 정도, 불포화알데하이드의 영향은 **수%** 정도임

- **분석조작 유의사항**
  - 가열 : 흡수병에서 시료채취관의 끝까지의 경로에 대략 120℃로 가열함
  - 연결관 : 형광경관이나 실리콘 고무관, 유리관으로 연결
  - 흡인속도 : 1.0L/min의 유량으로 배출가스를 채취하여 분석용 시료로 함. 만약 폼알데하이드가 흡수액에 완벽하게 흡수될 수 있음이 확인이 된다면 1.5L/min으로 유량을 증가시켜도 됨
  - 시료채취량 : 통상 약 20L 정도로 하지만 폼알데하이드의 농도에 따라서 적합하게 감소나 증가할 수 있으며, 최대는 90L 정도임

- **농도계산** : 시료가스 중의 폼알데하이드 농도는 다음 식으로 산출함

$$C = A \times \frac{v}{V_s} \times 10^3$$

- C : 폼알데하이드 농도(ppm)
- A : 검정곡선에서 구한 농도[mL(G)/mL(L)]
- V_s : 건조 시료가스량(L)
- v : 분석용 시료용액량(mL)

※ 측정결과는 ppm 단위로 소수점 넷째 자리까지 유효자리수를 계산하고, 결과 표시는 소수점 셋째 자리로 표기함. 방법검출한계 미만의 값은 불검출로 표시함

굴뚝가스 – 자외선/가시선분광법(아세틸아세톤법)

- **개요** : 폼알데하이드를 포함하고 있는 배출가스를 **아세틸아세톤**을 함유하는 **흡수 발**

색액에 채취하고 가온(95℃ 항온조에서 10분간)하여 발색시켜 얻은 **황색** 발색액의 흡광도(파장 420nm 부근)에서 측정하여 폼알데하이드 농도를 구함

- □ 적용범위 · 간섭물질
  - **폼알데하이드에만 적용**되며, 다른 알데하이드에는 적용되지 않음
  - **아황산기체**가 공존하면 영향을 받음 → 흡수 발색액에 **염화제이수은**과 **염화소듐**을 넣음. 다른 알데하이드에 의한 영향은 없음
- □ 농도계산 : 시료가스 중의 폼알데하이드 농도는 다음 식으로 산출함

$$C = A \times \frac{v}{V_s} \times 10^3$$

C : 폼알데하이드 농도(ppm)
A : 검정곡선에서 구한 농도[mL(g)/mL(L)]
V_s : 건조 시료가스량(L)
v : 분석용 시료용액량(mL)

※ 측정결과는 ppm 단위로 소수점 넷째 자리까지 유효자리수를 계산하고, 결과 표시는 소수점 셋째 자리로 표기함. 방법검출한계 미만의 값은 불검출로 표시함

- ❀ 환경대기 중 분석방법 각론{ · 고성능 액체크로마토그래피법(HPLC/UV 분석법)
- ■ DNPH 유도체화 액체크로마토그래피(HPLC/UV) 분석법
  - □ 개요 : 카보닐화합물과 DNPH가 반응하여 형성된 DNPH 유도체를 아세토나이트릴(acetonitrile) 용매로 추출하여 고성능 액체크로마토그래피(HPLC)를 이용하여 **자외선(UV)검출기의 360nm 파장**에서 분석함
  - □ 장치구성 : 시료주입장치, 펌프, 칼럼 및 검출기(자외선검출기)로 구성됨
  - □ 시료채취 : 현장에서 DNPH 카트리지로 시료공기 유속 1~2L/min으로 채취함
  - □ 시료추출 : 유리기구를 아세토나이트릴로 세척한 후 60℃ 이상에서 건조한 후 아세토나이트릴용매로 약 1분 동안 DNPH 유도체를 추출함
  - □ 시료분석 : DNPH 유도체는 자외선 영역에서 흡광성이 있으며, 350~380nm에서 최대의 감도를 가지므로 자외선검출기의 파장을 360nm에 고정시켜 분석함
  - □ 농도계산 : 시료가스 중의 알데하이드 농도는 다음 식으로 산출함

$$C = \frac{A_a - A_b}{V_m \times \frac{P_a}{760} \times \frac{298}{273+t_a}}$$

C : 알데하이드 농도($\mu g/m^3$)
A_a : 시료 중 알데하이드량(ng)
A_b : 공시료 중 알데하이드량(ng)
V_m : 실측 총 공기시료 부피(L)
P_a : 평균대기압력(mmHg)
t_a : 평균대기온도(℃)

(12) 브로민(Br)화합물

- ❀ 측정방법 구분
  - ◐ 굴뚝 배출 – 브로민(Br)화합물

분석방법	정량범위(ppm)	방법검출한계	정밀도
자외선/가시선분광법	1.8~17HBr	0.6ppm	3~10%
적정법	1.2~59HBr	0.4ppm	3~10%

※ 자외선/가시선분광법이 주 시험방법임
※ 상대표준편차는 10% 이내, 회수율은 80~120% 이내이어야 함

- **적용범위** : 연료 및 기타 물질의 연소, 금속의 제련과 가공, 이화학적 처리 등에 의해 굴뚝, 덕트 등으로부터 배출되는 가스 중의 브로민(Br)화합물을 분석하는 데 적용

⚛ 굴뚝 배출가스 분석방법 각론

▌굴뚝가스 - 자외선/가시선분광법

- **개요** : 배출가스 중 브로민(Br)화합물을 **수산화소듐**용액에 **흡수**시킨 후 일부를 분취해서 **산성**(황산 1+1 첨가)으로 하여 **과망간산포타슘**(KMnO₄)용액으로 **브로민(Br)으로 산화**시킨 후 **클로로폼으로 추출**함. 클로로폼층에 물과 **황산제이철암모늄**용액 및 **사이오시안산제이수은**용액을 가하여 **발색**한 물층의 흡광도(파장 460nm)를 측정, 브로민(Br)을 정량하는 방법임
  - ▸ 발색된 액의 색은 발색 후 **2시간**까지는 안정함
  - ▸ 온도의 영향은 약간 있으므로 흡광도를 측정할 때 온도는 검정곡선을 작성했을 때 온도와 **5℃ 이상** 차이나지 않아야 함

- **시약조제**
  - ▸ 흡수액 NaOH(4g/L) : NaOH 0.4g+물 → 100mL
  - ▸ 요오드화칼륨(아이오딘화포타슘)용액(1.3g/L) : 요오드화칼륨(아이오딘화포타슘)(KI) 0.33g+물 → 250mL
  - ▸ 과망간산포타슘용액(3.2g/L) : 과망간산포타슘(KMnO₄) 0.79g+물 → 250mL
  - ▸ 사이오사이안제이수은 : 질산제이수은 5g+질산 8mL+정제수 → 200mL
  - ▸ 사이오사이안제이수은 메틸알코올용액 : 사이오사이안산제이수은 0.3g+메틸알코올 → 100mL
  - ▸ 황산제이철암모늄용액 : 황산제이철암모늄 6g+질산(1+1) 100mL → 갈색병에 넣어 보관

- **간섭물질** $\begin{cases} HCl \\ Cl_2 \\ SO_2 \end{cases}$

  - 배출가스 중의 염화수소 100ppm, 염소 10ppm, 아황산가스 **50ppm까지**는 포함되어 있어도 **영향이 없음**
  - 배출가스 중에 아황산가스가 50μmol/mol 이상 공존하면 10μmol/mol 증가할 때마다 **과망간산포타슘**(KMnO₄)용액 0.1mL를 가함

- **농도계산** : 시료가스 중의 브로민(Br)화합물 농도는 다음 식으로 산출함

$$C = a \times \frac{250}{10} \times \frac{0.280 \times 1{,}000}{V_s}$$

$\begin{cases} C : \text{총브로민(HBr)의 농도(ppm 또는 } \mu\text{mol/mol)} \\ a : \text{검정곡선에서 구한 브로민이온 질량(mg)} \\ 250 : \text{분석용 시료용액의 총량(mL)} \\ 10 : \text{분석 시료량(mL)} \\ 0.280 : \text{브로민이온 질량의 부피 환산계수} \\ V_s : \text{건조시료가스량(L)} \end{cases}$

※ 시료 중의 브로민(Br)화합물 농도는 소수점 넷째자리까지 계산을 하고, 측정결과는 소수점 셋째자리까지 표시함

■ **굴뚝가스 – 적정법**(사이오시안산제2수은법)
- **개요** : 배출가스 중 브로민(Br)화합물을 **수산화소듐**(NaOH)용액에 **흡수**시킨 다음 브로민(Br)을 **하이포아염소산소듐**(NaOCl)용액을 사용하여 브로민산이온으로 산화시키고, **과잉의 하이포아염소산염**(M*ClO)을 폼산소듐(HCOONa)으로 환원시킨 후, 요오드화칼륨(아이오딘화포타슘)(KI)용액과 염산을 넣고 가열하여 유리된 아이오딘(I^-)을 **0.01M 사이오황산소듐**($Na_2S_2O_3 \cdot 5H_2O$)용액으로 **적정**하여 용액의 색이 **담황색**이 되면 **녹말** 3mL를 가하고 계속 적정하여 용액의 **청색이 소실될 때, 종말점**으로 하여 브로민(Br)화합물을 정량하는 방법임
- **간섭물질** : 시료용액 중에 아이오드가 공존하면 방해되므로 보정에 의해 그 영향을 제거함(염산과 폼산소듐용액을 가하여 끓인 후 사이오황산소듐용액으로 적정하여 보정함)
- **농도계산** : 시료가스 중의 브로민(Br)화합물 농도는 다음 식으로 산출함

$$C = \frac{0.133 \times (a-b)}{V_s} \times 0.280 \times \frac{250}{20} \times 10^3 \begin{cases} C : \text{HBr의 농도(ppm)} \\ a : \text{적정소비 } Na_2S_2O_3 \text{ 용액(mL)} \\ b : \text{바탕소비 } Na_2S_2O_3 \text{ 용액(mL)} \\ V_s : \text{건조시료가스량(L)} \end{cases}$$

※ 시료 중의 브로민(Br)화합물 농도는 소수점 넷째자리까지 계산을 하고, 측정결과는 소수점 셋째 자리까지 표시함

(13) 페놀화합물

⊛ **측정방법 구분**
- **굴뚝 배출 – 페놀화합물**

분석방법	정량범위(ppm)	방법검출한계
기체크로마토그래피	0.2~300	0.07ppm
4-아미노안티피린 자외선/가시선분광법	1~20	0.3ppm

※ 기체크로마토그래피가 주 시험방법임
- **적용범위** : 굴뚝 등에서 배출하는 배출가스 중의 **페놀, 크레졸, 클로로페놀, 2,4-다이클로로페놀, 2,4,6-트라이클로로페놀** 및 **펜타클로로페놀** 등의 페놀류의 분석방법에 적용함

⊛ **굴뚝 배출가스 분석방법 각론**

■ **굴뚝가스 – 기체크로마토그래피**
- **개요** : 배출가스를 **수산화소듐**(NaOH)용액에 **흡수**시켜 이 용액을 산성(염산 1+1)으로 한 후 **아세트산에틸**($CH_3COOC_2H_5$)로 **추출**한 다음 시험용액 1~5μL를 취하여 기체크로마토그래프/불꽃이온화검출기(GC/FID)에 주입하여 얻은 크로마토그램으로부터 페놀류를 정량함
  - ▶ 정확도와 정밀도 : 정확도는 75~125% 이내, 정밀도는 20% 이내이어야 함

- ▶ 채취관 재질 : 유리관, 석영관, 스테인리스강관, 4불화메틸렌수지관
- ▶ 칼럼 : 내경 0.20~0.53mm, 길이 15~100m, 페닐메틸실리콘으로 충진된 분리관
- ▶ 운반기체 : 99.999% 이상의 헬륨 또는 질소
- ▶ 유량 : 0.5~5mL/min
- ▶ 온도 : 시료주입부 290℃, 오븐 40℃(초기)~300℃(최종)
- ▶ 질량분석기 : 전자충격법을 사용하며 이온화에너지는 35~70eV를 사용

□ **간섭물질**
- 채취병법 : 캐니스터 또는 유리병을 제작하여 병 안에 기체를 채취하는 방법은 기체시료 중의 페놀 성분이 수증기에 용해되어 채취 후 바로 채취용기의 기벽에 물방울이 응축하므로 적합하지 않음
- 시약, 용매 : 고순도(99.8%)를 사용하면 방해물질을 최소화할 수 있음
- 다량의 유기물, 염기성 유기물 : 알칼리성에서 추출하여 정제하여 적용할 수 있으나 이때 페놀이나 2,4-다이메틸페놀의 회수율이 줄어들 수 있음

□ **검정곡선 작성** { 절대검정곡선법 / 내부표준물질법

□ **농도계산**
- 절대검정곡선법-용매흡수법의 경우

$$C = \frac{k\,a\,v_1}{V_s\,S_L} \times 10^3$$

$\begin{cases} C : \text{시료 중 페놀류 농도(ppm)} \\ k : \text{부피환산계수} \\ a : \text{검정곡선에서 구한 페놀류의 양}(\mu g) \\ v_1 : \text{분석용 시료량(mL, 여기서는 5mL)} \\ S_L : \text{정량에 사용한 시료량}(\mu L) \\ V_s : \text{건조시료가스량(L, 여기서는 10L)} \end{cases}$

- 절대검정곡선법-채취병법의 경우

$$C = \frac{k\,a}{S_G} \times 10^3$$

$\begin{cases} C : \text{시료 중 페놀류 농도(ppm)} \\ k : \text{부피환산계수} \\ a : \text{검정곡선에서 구한 페놀류의 양}(\mu g) \\ S_G : \text{정량에 사용한 시료량(mL)} \end{cases}$

- 내부표준물질법

$$C = \frac{k\,a\,v_1}{V_s\,S_L} \times 10^3$$

$\begin{cases} C : \text{시료 중 페놀류 농도(ppm)} \\ k : \text{부피환산계수} \\ a : \text{검정곡선에서 구한 페놀류의 양}(\mu g) \\ v_1 : \text{분석용 시료량(mL, 여기서는 5mL)} \\ S_L : \text{정량에 사용한 시료량}(\mu L) \\ V_s : \text{건조시료가스량(L, 여기서는 10L)} \end{cases}$

※ 측정결과는 ppm 단위로 소수점 셋째 자리까지 유효자리수를 계산하고, 결과 표시는 소수점 둘째 자리로 표기함. 방법검출한계 미만의 값은 불검출로 표시함

굴뚝가스 – 자외선/가시선분광법(4-아미노안티피린법)

□ **개요** : 배출가스를 **수산화소듐**(NaOH)용액에 **흡수**시켜 이 용액의 **pH를 10±0.2**로 조절(수산화암모늄용액 6M)한 후 여기에 **4-아미노안티피린**용액과 **헥사사이아노철(Ⅲ)**

산포타슘용액을 순서대로 가하여 얻어진 **적색**액을 510nm의 파장에서 흡광도를 측정 (클로로폼층을 분리하여 측정할 경우는 파장 460nm의 흡광도를 측정)하여 페놀류의 농도를 계산함

- ▶ 정확도와 정밀도 : 정확도는 75~125% 이내, 정밀도는 20% 이내이어야 함
- ▶ 시료에 다량의 오염물질이 함유되어 있으면 클로로폼으로 추출하여 적용할 수 있음
- ▶ 시료의 흡입유량은 0.5~1.0L/min 범위로 함
- □ **간섭물질** { 염소, 브롬 등 산화성 기체 / 황화수소, 아황산기체 등 환원성 기체 / 불순물에 의한 착색
  - 염소, 브로민(Br) 등의 산화성기체 및 황화수소, 아황산기체 등의 환원성기체가 공존하면 음의 오차를 나타냄
  - 분석용 시료용액 중에 불순물을 함유하여 착색되었을 경우는 분석조작에 의해 생성한 페놀류의 안티피린 색소를 클로로폼으로 추출하여 간섭을 제거할 수 있음
- □ **농도계산** : 시료가스 중의 페놀류의 농도는 다음 식으로 산출함

$$C = A \times \frac{v_1}{V_s} \times \frac{22.4}{94.11}$$

C : 페놀류 농도(ppm)
A : 검정곡선에서 구한 농도(μg/mL)
V_s : 건조시료가스량(L)
v : 분석용 시료용액량(mL, 여기서는 200mL)

※ 측정결과는 ppm 단위로 소수점 둘째 자리까지 유효자리수를 계산하고, 결과 표시는 소수점 첫째 자리로 표기함. 방법검출한계 미만의 값은 불검출로 표시함

(14) 벤젠류

❀ 측정방법 구분

◐ 굴뚝 배출 – 벤젠

분석방법	정량범위(ppm)	방법검출한계
기체크로마토그래피	0.1~2,500	0.03ppm

※ 기체크로마토그래피가 주 시험방법임

- □ **적용범위** : 용제의 증발 또는 화학반응에 의해 굴뚝 등에서 배출되는 배출가스 중의 벤젠농도 측정에 적용함

❀ 굴뚝 배출가스 분석방법 각론

▮ 굴뚝가스 – 기체크로마토그래피

- □ **개요** : 배출가스를 흡착관을 이용하거나 테들러백을 이용한 방법으로 채취하여 열탈 착장치를 통해 기체크로마토그래피에 주입하여 벤젠을 분석함
  - ▶ 시료흡입속도 : 100~250mL/min(시료채취량 1~5L)
  - ▶ GC 칼럼 : 석영 재질로 된 분리관의 내벽에 비극성 고정상이 결합된 것을 사용하며, 내경 0.25~0.53mm, 길이 50~60m인 것을 사용
  - ▶ 검출기 : **불꽃이온화검출기**(FID), **질량분석기**(MS) 사용

- ▶ **운반기체** : 순도 99.999% 이상의 **질소** 혹은 **헬륨**
- ▶ **시료의 탈착** : 흡착관을 시료채취 반대방향으로 헬륨기체 30~50mL/min으로 퍼지하여 탈착함(250~325℃ 가열)
- ▶ **파과부피** : 시료채취 시 분석 대상물질이 흡착관에 채취되지 않고 흡착관을 통과하는 부피, 즉 흡착관에 충전된 흡착제의 **최대흡착부피**를 말하며, 두 개의 흡착관을 직렬로 연결할 경우 후단의 흡착관에 채취된 양이 **전체의 5% 이상**을 차지할 경우의 부피를 말함
- □ **간섭물질** : **상대습도가 높은 경우**는 시료의 수분을 제거하여야 함 → 저온농축관 전단부에 수분 제거장치를 사용하여 시료 중의 수분이 제거될 수 있게 함
- □ **시료주입** : 열탈착장치와 GC의 연결관은 가능한 한 짧게 유지하며, 약 150℃ 이상을 유지할 수 있어야 함
  - • **고체흡착-열탈착법**
    - ◦ 시료를 채취한 흡착관을 열탈착장치에 연결함
    - ◦ 흡착관에 채취된 시료는 열탈착장치에 의해 1단계로 탈착시킴
    - ◦ −10℃ 이하의 저온으로 유지되는 저온농축부로 보냄
    - ◦ 저온농축부에서 농축된 시료는 다시 열탈착되어 GC의 칼럼으로 주입함
  - • **시료채취 주머니-열탈착법**
    - ◦ 시료채취 주머니(테들러 백) 내의 시료 일정량을 흡인함
    - ◦ 저온농축관(−10℃ 이하)에 농축시킴
    - ◦ 저온농축관에 농축된 시료는 열탈착되어 GC의 분석 칼럼으로 주입함
- □ **농도계산** : 시료가스 중의 벤젠의 농도는 다음 식으로 산출함
  - • 흡착관법의 경우

$$C = \frac{m}{V_s} \times \frac{22.4}{M}$$

C : 벤젠 농도(ppm)
m : 검정곡선에서 구한 벤젠량(μg)
V_s : 건조시료가스량(L)
M : 벤젠분자량(g/mol)

  - • 시료채취 주머니(테들러 백)법의 경우

$$C = C_a \times \frac{V_{std}}{V_a}$$

C : 벤젠 농도(ppm)
C_a : 검정곡선에서 구한 벤젠농도(ppm)
V_{std} : 열탈착장치에 주입한 표준가스의 양(mL)
V_a : 열탈착장치에 주입한 시료가스의 양(mL)

※ 측정결과는 ppm 단위로 소수점 셋째 자리까지 유효자리수를 계산하고, 결과 표시는 소수점 둘째 자리로 표기함. 방법검출한계 미만의 값은 불검출로 표시함

CBT 형식 출제대비 엄선 예상문제

01 굴뚝 배출가스 중의 암모니아를 중화적정법으로 측정하고자 한다. 시료가스 채취량이 40L일 때 시료가스 중 암모니아농도의 범위는?

① 1ppm 이상 ② 20ppm 이상
③ 50ppm 이상 ④ 100ppm 이상

02 굴뚝 배출가스 중 암모니아를 측정하기 위한 중화적정법에 대한 설명이다. 옳게 설명된 것은?

① 시료채취량이 40L일 때 암모니아농도 100ppm 이하인 경우에 적용한다.
② 지시약은 페놀프탈레인용액과 메틸레드용액을 1 : 2 부피비로 섞어 사용한다.
③ 시료가스를 산성조건에서 지시약을 넣고, N/10 NaOH로 적정하는 방법이다.
④ 시료가스를 붕산용액에 흡수시킨 후 지시약을 넣고, N/10 황산으로 적정하는 방법이다.

03 Ortho Toluidine법에 의한 Cl_2 가스 정량 시 온도는?

① 약 20℃ ② 약 28℃
③ 약 32℃ ④ 약 43℃

04 굴뚝 배출가스 중 HCN을 질산은적정법으로 분석하는 방법에 대한 설명으로 옳지 않은 것은?

① 적정은 5mL의 갈색 마이크로 뷰렛을 사용하여 행한다.
② 시료채취량 50L인 경우 시료 중의 HCN의 정량범위는 5~100ppm이다.
③ N/100 질산은용액으로 적정하여 용액의 색이 황색에서 적색이 되는 점을 종말점으로 한다.
④ 염화물이 공존하는 경우에는 탄산납을 가하여 염화납으로서 침전시켜 거르고, 황화물이 공존하는 경우에는 암모니아수(28%) 1mL를 가하고, 그 후 각각 pH를 조절한다.

▶ 해설

01 암모니아 중화적정법은 시료채취량 40L인 경우, 시료 중의 암모니아의 농도가 약 100ppm 이상인 것의 분석에 적합하고, 다른 염기성 가스나 산성 가스의 영향을 무시할 수 있는 경우에 적합하다.

02 ④항만 올바르다. 암모니아 중화적정법은 시료가스를 흡수액(붕산용액, 0.5%)으로 흡수한 분석용 시료용액 50~100mL를 비커에 분취하고 혼합지시약(메틸레드 : 메틸렌블루=2 : 1) 몇 방울을 가한 다음 0.1N 황산으로 약간의 적자색이 될 때까지 적정하여 암모니아를 정량한다.

03 Ortho Toluidine법에 의한 Cl_2 가스 정량 시 검정곡선의 작성은 약 20℃에서 제조한 염소 표준 착색용액을 5~20min 사이에 10mm 셀에 취해 파장 435nm 부근에서 흡광도를 측정하여 검정곡선을 작성한다.

04 HCN의 질산은적정법은 현재(2021년) 제외된 항목이다. 참고로 준비해 두기 바람!!. 질산은적정법은 할로겐 등의 산화성 가스의 영향을 무시할 수 있는 경우에 적용하므로 염화물이 공존하는 시료는 원칙적으로 이 방법을 사용하지 않는다. 다만, 시료 중 황화물이 공존하는 경우에는 탄산납을 가하여 황화납으로서 침전시켜 거르고, 염화물이 공존하는 경우에는 암모니아수(28%) 1mL를 가하고, 그 후 각각 pH를 조절한다.

정답 | 1.④ 2.④ 3.① 4.④

05 화학반응 등에 따라 굴뚝 등에서 배출되는 가스 중의 염소를 분석하는 방법 중 오르토톨리딘법에 대한 설명으로 옳지 않은 것은?

① 시료 중의 염소농도가 10~25ppm인 것의 분석에 적당하다.
② 시료채취관은 굴뚝에 직각이고, 끝이 중앙부에 오도록 넣는다.
③ 시료채취관의 재질로는 유리관, 석영관, 플루오린수지관 등을 사용한다.
④ 오르토톨리딘 염산용액은 갈색병에 보관하며, 보관 가능기간은 약 6개월이다.

06 굴뚝 배출가스 중 사이안화수소(HCN)를 피리딘피라졸론법에 의해 분석할 때 다음 중 방해성분으로 작용하는 것은?

① 철 및 동
② 알루미늄 및 철
③ 인산염 및 황산염
④ 할로겐 및 황화수소

07 굴뚝 배출가스의 HCN 측정법 중 자외선/가시선 분광법의 대표적인 시약에 해당하는 것은?

① 아르세나조 Ⅲ
② 아세틸아세톤
③ 피리딘피라졸론
④ 나프틸에틸렌다이아민

08 굴뚝 배출가스 중의 HCN을 피리딘피라졸론법으로 측정하여 다음 결과를 얻었다. HCN의 농도는?

- 건조 시료가스 채취량 : 20L(27℃)
- 흡수액 50mL 중 25mL를 분취하고, 여기에 시료 흡수액 25mL를 가하여 50mL로 한 후 이 용액을 분석용액으로 함
- 검정곡선으로부터 구한 HCN 농도 $0.6\mu L/mL$

① 0.98ppm ② 1.18ppm
③ 1.43ppm ④ 1.65ppm

09 다음의 분석가스별 공정시험기준에서 종말점의 색깔이 틀린 것은?

① 황화수소-중화법-적색
② 황산화물-침전적정법-청색
③ 암모니아-중화적정법-적자색
④ 염화수소-질산은적정법-엷은 적색

10 굴뚝 배출가스 내의 황화수소(H_2S)의 자외선/가시선 분광법(메틸렌블루법)에서의 농도 범위가 100ppm 미만일 때, 시료채취량 범위는?

① 1~10L ② 0.1~1L
③ 10~100mL ④ 50~100L

> **해설**

05 오르토톨리딘법은 염소농도가 0.2~10ppm인 것의 분석에 적당하다.
06 HCN(피리딘피라졸론법) 분석 시 방해물질은 할로겐 등의 산화성 가스와 황화수소이다.
07 자외선/가시선분광법(피리딘피라졸론법)은 시료가스를 NaOH(2%)에 흡수시킨 분석용 시료용액 10mL를 취하여 인산염 완충액과 클로라민-T 용액을 가한 후 피리딘피라졸론용액(5mL)을 혼합하여 발색시키고, 이 액의 흡광도를 파장 620nm 부근 측정하여 HCN을 정량하는 방법이다.
08 HCN의 농도 계산식을 이용한다.

$$C = A \times \frac{v}{V_s} \quad \begin{cases} A : 검정곡선으로부터\ 구한\ HCN\ 농도 = 6 \times 10^{-4} \mu L/mL \\ V_s (건조시료량) = 20 \times \frac{273}{273+27} = 18.2L \end{cases}$$

$$\therefore C = \frac{0.6 \times 50}{18.2} = 1.65 \text{ppm}$$

09 황화수소는 흡광광도법인 자외선/가시선 분광법에 의해 정량되므로 종말점이 없다. HCN의 질산은적정법은 현재 제외된 항목이다. 참고로 준비해 두기 바람!!.
10 자외선/가시선분광법의 농도범위가 5~100ppm일 때 시료채취량 범위는 1~20L이다.

정답 | 5.① 6.④ 7.③ 8.④ 9.① 10.①

11 굴뚝가스 중 페놀류 분석방법으로 옳지 않은 것은?

① 자외선/가시선 분광법에서는 시료 중의 페놀류를 NaOH 용액 0.1M에 흡수시켜 포집한다.
② 기체크로마토그래피에서는 불꽃이온화검출기(FID)를 구비한 기체크로마토그래피로 정량하여 페놀류의 농도를 산출한다.
③ 자외선/가시선 분광법에서는 염소, 브로민 등의 산화성 가스 및 황화수소, 아황산가스 등의 환원성가스가 공존하면 정(正)의 오차를 나타낸다.
④ 자외선/가시선분광법에서는 규정시약을 순서대로 가하여 얻은 적색(赤色)액을 510nm의 가시부에서 흡광도를 측정하여 페놀류의 농도를 산출한다.

12 굴뚝 배출가스 중의 브로민(Br)화합물의 분석방법 중 적정법을 적용할 때 시료가스 채취량이 20L인 경우 측정범위로 적정한 농도기준(HBr로서)은?

① 1.2~59V/Vppm
② 1.8~100V/Vppm
③ 1.0~100V/Vppm
④ 5.0~150V/Vppm

13 이황화탄소의 분석방법에 대한 설명으로 틀린 것은?

① 자외선/가시선 분광법은 이황화탄소농도가 3~60ppm의 분석에 적합하다.
② 다이에틸디사이오카바민산소듐용액은 제조 후 1개월 이상 경과한 것은 사용해서는 안 된다.
③ 기체크로마토그래피는 FPD 검출기를 이용하며, CS_2 농도 0.5ppm 이상의 분석에 적합하다.
④ 자외선/가시선 분광법은 다이에틸아민구리 용액에 시료가스를 흡수시켜 생성된 다이에틸디사이오카바민산구리의 흡광도를 635nm의 파장에서 측정한다.

14 굴뚝 배출가스 중 황화수소의 메틸렌블루 분석방법에서 흡수액 제조에 사용되는 시약이 아닌 것은?

① 황산아연   ② 황산암모늄
③ 수산화포타슘   ④ 수산화소듐

15 4-아미노안티피린용액과 헥사사이아노철(Ⅲ)산포타슘용액을 순서대로 가하여 얻어진 적색액의 흡광를 측정하는 항목은?

① 벤젠   ② 페놀류
③ 퓨란류   ④ 플루오린화합물

> **해설**

11 페놀류의 4-아미노안티피린 자외선/가시선분광법에서 염소, 브롬 등의 산화성 기체 및 황화수소, 아황산기체 등의 환원성기체가 공존하면 음의 오차를 나타낸다.
12 브로민(Br)화합물의 분석방법 중 적정법(하이포아염소산염법)의 측정범위는 HBr로서 1.2~59ppm이다.
13 이황화탄소분석법 중 자외선/가시선 분광법은 다이에틸다이사이오카밤산구리의 흡광도를 435nm의 파장에서 측정하여 이황화탄소를 정량한다.
14 황화수소의 메틸렌블루 분석방법은 배출가스 중의 황화수소를 아연아민착염 용액에 흡수시켜 p-아미노다이메틸아닐린용액과 염화철(Ⅲ) 용액을 가하여 생성되는 메틸렌블루의 흡광도(670nm)를 측정하여 황화수소를 정량하는데, 이때 흡수액 아연아민착염은 황산아연을 정제수에 녹인 다음 수산화소듐을 녹인 용액과 황산암모늄 및 수산화아연을 가하여 조제한다.
15 "4-아미노안티피린=페놀류 분석"임을 꼭 기억해 두어야 한다. 페놀류의 4-아미노안티피린 자외선/가시선분광법은 배출가스를 수산화소듐용액에 흡수시켜 이 용액의 pH를 10±0.2로 조절한 후 여기에 4-아미노안티피린용액과 헥사사이아노철(Ⅲ)산포타슘용액을 순서대로 가하여 얻어진 적색액을 510nm의 파장에서 흡광도를 측정하여 정량한다.

정답 | 11.③ 12.① 13.④ 14.③ 15.②

16 다음은 굴뚝 배출가스 중의 이황화탄소 분석방법에 대한 설명이다. ( ) 안에 알맞은 것은?

> 이황화탄소분석법 중 자외선/가시선 분광법은 다이에틸아민구리용액에서 시료가스를 흡수시켜 생성된 다이에틸디사이오카밤산구리의 흡광도를 (Ⓐ)의 파장에서 측정한다. 이 방법은 시료가스 채취량이 10L인 경우 배출가스 중의 이황화탄소농도 (Ⓑ)의 분석에 적합하다.

① Ⓐ 435nm Ⓑ 3~60V/Vppm
② Ⓐ 340nm Ⓑ 3~60V/Vppm
③ Ⓐ 435nm Ⓑ 0.05~1V/Vppm
④ Ⓐ 340nm Ⓑ 0.05~1V/Vppm

17 굴뚝 배출가스 중의 이황화탄소 분석방법에 대한 설명으로 옳지 않은 것은?

① 자외선/가시선 분광법은 흡광도를 435nm에서 측정한다.
② 기체크로마토그래피는 FPD를 구비한 기체크로마토그래피를 사용하여 정량한다.
③ 기체크로마토그래피에서 사용되는 운반가스는 순도 99.99% 이상의 아르곤 또는 순도 99.8% 이상의 질소를 사용한다.
④ 자외선/가시선 분광법은 시료가스 채취량 10L인 경우 배출가스 중의 이황화탄소농도 3~60V/Vppm의 분석에 적합하다.

18 굴뚝 배출가스 중 알데하이드 및 케톤화합물(카르보닐화합물)의 분석방법으로 옳지 않은 것은?

① 아세틸아세톤법은 황색 발색액의 흡광도를 측정한다.
② 액체크로마토그래피로 분석 시 하이드라존은 특히 650~680nm에서 최대흡광치를 나타낸다.
③ 아세틸아세톤법은 아황산가스 공존 시 영향을 받으므로 흡수 발색액에 염화제이수은과 염화소듐을 넣는다.
④ 액체크로마토그래피에서 배출가스 중의 알데하이드류는 흡수액 2,4-DNPH과 반응하여 하이드라존 유도체를 생성하고, 이를 분석한다.

19 다음 ( ) 안에 들어갈 알맞은 말은?

> 굴뚝에서 배출되는 배출가스 중에 포함된 폼알데하이드를 아세틸아세톤을 함유하는 흡수 발색액에 포집하고 가온·발색시켜 얻어진 (Ⓐ) 발색액의 흡광도를 측정하여 폼알데하이드농도를 구한다. 측정범위는 배출가스량 (Ⓑ)L일 때 (Ⓒ)ppm이다.

① Ⓐ 적자색 Ⓑ 40 Ⓒ 0.02~0.4
② Ⓐ 황색   Ⓑ 60 Ⓒ 0.02~0.4
③ Ⓐ 황색   Ⓑ 40 Ⓒ 0.04~0.2
④ Ⓐ 적자색 Ⓑ 60 Ⓒ 0.04~0.2

> **해설**
>
> **16** 이황화탄소분석법 중 자외선/가시선 분광법은 다이에틸아민구리용액에서 시료가스를 흡수시켜 생성된 다이에틸다이사이오카밤산구리의 흡광도를 435nm의 파장에서 측정하여 이황화탄소를 정량하며, 이 시험기준은 시료가스 채취량 10L인 경우 배출가스 중의 이황화탄소농도가 3~60ppm인 것의 분석에 적합하고, 방법검출한계는 0.94ppm이다.
>
> **17** 기체크로마토그래피에서 운반가스는 순도(純度) 99.99% 이상의 질소 또는 순도 99.8% 이상의 헬륨을 사용한다.
>
> **18** 액체크로마토그래피로 분석 시 하이드라존(hydrazone)은 UV영역, 특히 350~380nm에서 최대 흡광치를 나타낸다.
>
> **19** 굴뚝에서 배출되는 배출가스 중에 포함된 폼알데하이드를 아세틸아세톤 자외선/가시선분광법으로 측정할 때 황색 발색액의 흡광도를 측정한다. 정량범위는 시료채취량 60L일 때 측정범위는 0.02~0.4ppm이고, 방법검출한계는 0.007ppm이다.

정답 │ 16.① 17.③ 18.② 19.②

20 폼알데하이드 측정(아세틸아세톤법)에서 아황산가스가 공존하면 영향을 받는다. 이때 가하는 시약은?

① 염화제이수은과 염화소듐
② 수산화소듐, 페놀디설폰산용액
③ 아이오드포타슘용액, 다이에틸아민용액
④ 다이에틸디사이오카바민산소듐, 질산포타슘

21 굴뚝 배출가스 중의 브로민(Br)화합물을 사이오시안산제2수은법으로 분석할 때 사용되는 추출용매는?

① CCl_4
② TCE
③ n-Hexane
④ Ethylbenzene

22 브로민(Br)을 적정법(사이오시안산제2수은법)으로 정량할 때 종말점의 판단을 위한 지시약은?

① 녹말용액
② 염화제2철
③ 아르세나조 Ⅲ
④ 메틸렌블루

23 굴뚝 배출가스 중 벤젠을 기체크로마토그래피로 분석할 때 시료를 채취한 흡착관의 열탈착에 사용되는 기체는?

① 아르곤
② 헬륨
③ 클로로폼
④ 이황화탄소

24 배출시설의 굴뚝 배출가스 중 페놀류를 분석하기 위해 기체크로마토그래피(내표준법)을 적용하였다. 측정결과가 다음과 같다면 페놀류의 농도는?

- 건조시료가스 채취량 : 10L(표준상태)
- 분석용 시료용액의 제조량 : 5mL
- 정량에 사용된 분석용액의 양 : 8μL
- 페놀류의 질량으로부터 부피의 환산계수 : $k = 0.238$
- 검량선으로부터 구한 정량에 사용된 분석용 시료용액 중 페놀류의 양 : 6μg
- 농도 계산식(아래 기준) $C = \dfrac{k\,a\,V_1}{S_L V_S} \times 10^3$

① 89.3V/Vppm
② 158.6V/Vppm
③ 228.4V/Vppm
④ 357.2V/Vppm

> **해설**

20 아세틸아세톤(Acetyl Acetone)법에서 아황산가스가 공존하면 영향을 받으므로 흡수 발색액에 염화제이수은과 염화소듐을 넣는다.

21 브로민(Br)의 자외선/가시선 분광법(사이오시안산제2수은법)은 배출가스 중 브로민(Br)화합물을 수산화소듐용액에 흡수시킨 후 일부를 분취해서 산성으로 하여 과망간산포타슘용액을 사용하여 브로민(Br)으로 산화시켜 4염화탄소(CCl_4)로 추출한다.

22 브로민(Br)의 사이오시안산제2수은법은 배출가스 중 브로민(Br)화합물을 NaOH 용액에 흡수시켜 0.01N 사이오황산소듐용액으로 적정하여 용액의 색이 담황색이 되면 녹말 3mL를 가하고 계속 적정하여 용액의 청색이 소실될 때, 종말점으로 하여 정량한다.

23 시료를 채취한 흡착관을 헬륨기체 30mL/min으로 250~325℃로 가열하여 시료가 완전히 이송될 수 있도록 탈착하고 탈착된 시료는 -10℃ 이하의 저온농축관으로 이송된다. 저온농축관으로 이송된 시료를 다시 가열탈착한 후 시료를 적당히 분할(split)하여 칼럼의 유량을 조정하고 기체크로마토그래프로 이송한다. 시료 탈착효율은 90% 이상 되어야 한다.

24 제시된 계산식을 이용한다.

$$C = \dfrac{k \times a \times V_1}{S_L \times V_S} \times 10^3 \quad \begin{cases} a : \text{분석용 시료용액 중 페놀류의양} = 6\mu g \\ V_1 : \text{분석용 시료용액의 제조량} = 5mL \\ S_L : \text{정량에 사용된 분석용액의 양} = 8\mu L \\ V_s : \text{건조시료가스 채취량} = 10L \end{cases}$$

$$\therefore C = \dfrac{0.238 \times 6 \times 5}{8 \times 10} \times 10^3 = 89.25\text{ppm}$$

정답 ┃ 20.① 21.① 22.① 23.② 24.①

25 다음 중 굴뚝 배출가스 중의 브로민(Br)화합물의 분석방법에서 자외선/가시선 분광법에 대하여 설명한 것은 어느 것인가?

① 브로민(Br) 함유 배출가스를 아세트아세톤을 함유하는 발색액에 포집하고, 가온·발색시킨다.
② 시료에 구연산암모늄-EDTA 용액을 가하여 방해원소를 차단하고, 암모니아수를 가해 pH 9로 조절한 다음 DDTC 용액을 가한다.
③ 브로민(Br)화합물을 NaOH 용액에 흡수시켜 포집한 후 이 용액의 pH를 10±0.2로 조절하여 여기에 4-아미노안티피린용액과 페리시안포타슘용액을 가한다.
④ 시료 중 브로민(Br)화합물을 NaOH 용액에 흡수시킨 후 일부를 분취해서 산성으로 하여 과망간산포타슘용액을 사용하여 브로민(Br)으로 산화시켜 CCl_4로 추출한다.

26 굴뚝 배출가스 중에 포함된 알데하이드 및 케톤화합물의 분석방법으로 거리가 먼 것은?

① 기체크로마토그래피(GC)
② 액체크로마토그래피(HPLC)법
③ 아세틸아세톤(Acetyl Acetone)법
④ 크로모트로핀산(Chromotropic Acid)법

27 굴뚝 배출가스 중의 HCN을 질산은적정법으로 측정하여 다음과 같은 결과를 얻었다. HCN의 농도는?

- 건조시료가스 채취량 : 50L(50℃)
- 분석용 시료용액 전량 : 250mL
- 분석용 시료용액 : 250mL
- 적정에 소요된 N/100 $AgNO_3$량 : 4.0mL
- 공시험에 소비된 N/100 $AgNO_3$량 : 0.1mL
- N/100 $AgNO_3$ Factor : 1.00

① 41ppm ② 48ppm
③ 56ppm ④ 59ppm

28 굴뚝 배출가스 중 벤젠분석방법으로 기체크로마토그래피를 적용할 때 시료주입방법으로 옳은 것은?

① 고체흡착-열탈착법, 용매흡수-열탈착법
② 고체흡착-열탈착법, 고체흡착-용매추출법
③ 고체흡착-열탈착법, 시료채취 주머니-열탈착법
④ 시료채취 주머니-용매추출법, 고체흡착-저온회화법

> **해설**

25 추출조작(~CCl_4로 추출~)에 초점을 맞춘다. 굴뚝 배출가스 중의 브로민(Br)화합물의 자외선/가시선분광법은 배출가스 중 브로민화합물을 수산화소듐용액에 흡수시킨 후 일부를 분취해서 산성으로 하여 과망간산포타슘용액을 사용하여 브로민으로 산화시켜 클로로폼으로 추출한다. 클로로폼층에 물과 황산제이철암모늄 용액 및 사이오사이안산제이수은용액을 가하여 발색한 물층의 흡광도를 측정해서 브로민을 정량하는 방법이다. 흡수파장은 460nm이다.

26 굴뚝 배출가스 중에 포함된 알데하이드 및 케톤화합물의 분석방법은 고성능 액체크로마토그래프법, 크로모트로핀산 자외선/가시선분광법, 아세틸아세톤 자외선/가시선분광법이다.

27 HCN의 질산은적정법은 현재 제외된 항목이다. 참고로 준비해 두기 바람!!. HCN-질산은적정법의 농도 계산식을 이용한다.

$$C = \frac{0.448(a-b)f \times \frac{250}{v}}{V_s} \times 10^3 \begin{cases} C : \text{HCN 농도(ppm)} \\ a : \text{적정소비 0.01N 질산은의 양} = 4\text{mL} \\ b : \text{바탕시험의 0.01N 질산은 소비량} = 0.1\text{mL} \\ f : 0.01\text{N 질산은 역가} = 1.00 \\ V_s : \text{건조시료가스량} = 50\text{L} \times \frac{273}{273+50} = 42.26\text{L} \end{cases}$$

$$\therefore C = \frac{0.448 \times (4-0.1) \times 1 \times (250/250)}{42.26} \times 10^3 = 41.34 \text{ ppm}$$

28 벤젠의 기체크로마토그래피의 시료주입 방법은 고체흡착-열탈착법, 시료채취 주머니-열탈착법이 적용되고 있다.

정답 | 25.④ 26.① 27.① 28.③

업그레이드 종합 예상문제

01 굴뚝 배출가스 중 염소분석방법에 대한 설명으로 옳지 않은 것은?(단, 오르토톨리딘법 기준)
① 시료채취관은 유리관, 석영관 등을 사용한다.
② 이 방법은 산화성 가스나 환원성 가스의 영향을 무시할 수 있는 경우에 적당하다.
③ 시료채취관은 굴뚝에 수평하게 채취하고, 파장 385nm 부근에서 흡광도를 측정한다.
④ 흡수액이 적색으로 나타나면 시료가스 채취조작을 중지하고, 흡수액을 다시 넣어 시료를 채취한다.

■해설 시료채취관은 가스흐름에 직각으로 하여 끝이 중앙부에 오도록 넣고, 흡광도 측정파장은 435nm 부근이다.

02 굴뚝 배출가스 중의 염소를 오르토톨리딘법으로 측정하여 다음과 같은 결과를 얻었다. 염소의 농도는?

- 건조시료가스 채취량 : 300mL(표준상태)
- 시료용액 : 20mL
- 검정곡선에서 구한 염소농도 : $0.036\mu L/mL$

① 1.5ppm ② 2.4ppm
③ 4.2ppm ④ 5.1ppm

■해설 염소-오르토톨리딘법의 농도 계산식을 이용한다.

□ $C = A \times \dfrac{v}{V_s} \times 10^3$ $\begin{cases} A : 검정곡선에서\ 구한\ 염소농도 = 0.036\mu L/mL \\ v : 분석용\ 시료용액의\ 양 = 20mL \\ V_s : 건조시료량 = 300mL \end{cases}$

∴ $C = \dfrac{0.036 \times 20}{300} \times 10^3 = 2.4ppm$

03 질산은적정법으로 HCN을 분석할 때의 필요 시약이 아닌 것은?
① N/100 질산은용액
② 수산화소듐 흡수액
③ 하이포아염소산소듐용액
④ p-다이메틸아미노벤질리덴로다닌

정답 1.③ 2.② 3.③

■해설 HCN의 질산은적정법은 현재 제외된 항목이다. 참고로 준비해 두기 바람!!. HCN 질산은적 정법은 대상가스를 수산화소듐용액에 흡수시켜 분석용 시료로 하고, NaOH 용액 또는 아세트 산을 가하여 pH를 써서 11~12로 조절한 다음 p-다이메틸아미노벤질리덴로다닌의 아세톤용액 을 가한 후 0.01N 질산은용액으로 적정하여 용액의 색이 황색에서 적색이 되는 점을 종말점으 로 하여 시료 중 HCN을 정량한다.

04 굴뚝 배출가스 중의 사이안화수소(HCN) 분석을 위해 KCN 약 2.5g을 물에 녹여 1L로 한 후 표정을 실시할 때, 이 용액 100mL를 정확히 취하여 사용하는 적정액 (Ⓐ)과 종말점의 색깔변화 (Ⓑ)는?

① Ⓐ N/10 AgNO₃용액 Ⓑ 황색 → 적색
② Ⓐ N/10 AgNO₃용액 Ⓑ 황색 → 청색
③ Ⓐ N/10 NaOH용액 Ⓑ 황색 → 청색
④ Ⓐ N/10 NaOH용액 Ⓑ 황색 → 적색

■해설 HCN 분석 시 적정액은 N/10 질산은용액이고, 종말점은 황색에서 적색으로 되는 점이다. HCN의 질산은적정법은 현재 제외된 항목이다. 참고로 준비해 두기 바람!!.

05 굴뚝 배출가스 중의 사이안화수소(HCN)를 측정할 때 질산은적정법에서 아세트산 (10V/V%)을 첨가하는 목적은?

① pH의 조절을 위해
② 방해물질을 제거하기 위해
③ 종말색의 변화를 쉽게 알기 위해
④ 흡수액으로부터 HCN을 쉽게 추출하기 위해

■해설 HCN의 질산은적정법은 현재 제외된 항목이다. 참고로 준비해 두기 바람!!. 사이안화수소 (HCN)를 측정할 때 아세트산(10V/V%)을 첨가하는 목적은 pH를 조절하기 위함이다. 질산은적 정법은 수산화소듐용액(질량분율 2%) 또는 아세트산(부피분율 10%)을 가하고 pH미터를 써서 pH를 11~12로 조절한다.

06 굴뚝 배출가스 중의 황화수소 분석방법에 대한 설명으로 옳은 것은?

① 오르토톨리딘을 함유하는 흡수액에 황화수소를 통과시켜 얻어지는 발색액의 흡광도를 측정한다.
② 다이에틸아민구리용액에 시료를 흡수시켜 생성된 다이에틸디사이오카밤산구리 의 흡광도를 측정한다.
③ 황화수소 흡수액을 일정량으로 묽게 한 다음 완충액을 가하여 pH를 조절하고, 란탄과 알리자린콤플렉손을 가하여 얻어지는 발색액의 흡광도를 측정한다.
④ 시료 중의 황화수소를 아연아민착염용액에 흡수시켜 p-아미노다이메틸아닐린 용액과 염화제이철용액을 가하여 생성되는 메틸렌블루의 흡광도를 측정한다.

정답 4.① 5.① 6.④

■해설 ④항만 올바르다. 황화수소의 자외선/가시선 분광법에서 사용되는 흡수액은 아연아민착염용액이다.

▶핵심 분석시약과 분석항목◀
- 오르토톨리딘-염소의 자외선/가시선 분광법
- 다이에틸아민구리용액-이황화탄소의 자외선/가시선 분광법
- 란탄-알리자린콤플렉손-플루오린화합물 자외선/가시선 분광법
- 아연아민착염용액-황화수소의 메틸렌블루법(자외선/가시선 분광법)

07 기체크로마토그래피 분석에 사용하는 검출기 중 굴뚝 배출가스 중 이황화탄소를 분석(0.5V/Vppm 이상) 하는데 가장 적합한 검출기는?

① ICD
② FPD
③ ECD
④ TCD

■해설 이황화탄소(CS_2)의 기체크로마토그래피법은 불꽃광도검출기(FPD)를 사용하여 정량한다.

08 굴뚝가스 중 이황화탄소 분석방법으로 옳지 않은 것은?

① 자외선/가시선 분광법은 배출가스 중의 이황화탄소농도 3~60V/Vppm의 분석에 적합하다.
② 열전도도검출기(TCD)를 구비한 기체크로마토그래피를 사용하여 정량하며, 이 방법은 이황화탄소농도 0.05V/Vppm 이상의 분석에 적합하다.
③ 자외선/가시선 분광법은 다이에틸아민구리용액에서 시료가스를 흡수시켜 생성된 다이에틸카밤산구리의 흡광도를 435nm의 파장에서 측정한다.
④ 기체크로마토그래피에서 황화합물의 대부분이 이황화탄소이어서 전 황화합물로 측정해도 지장이 없는 경우에는 분리관을 생략한 불꽃광도검출방식 연속분석계를 사용해도 된다.

■해설 이황화탄소 분석법 중 기체크로마토그래피는 불꽃광도검출기(FPD)를 구비한 기체크로마토그래피를 사용하여 정량(0.5V/Vppm 이상)한다.

09 굴뚝 배출가스 중 알데하이드 및 케톤화합물 분석-크로모트로핀산법에 대한 설명으로 옳은 것은?

① 정량범위는 0.02~0.4ppm이다.
② 아황산가스가 공존하면 영향을 받기 때문에 흡수 발색액에 아세틸아세톤을 가한다.
③ 크로모트로핀산법에서 다른 포화알데하이드의 영향은 0.01% 정도, 불포화알데하이드의 영향은 수 % 정도이다.
④ p-아미노다이메틸아닐린용액과 염화제이철용액을 가하여 생성되는 메틸렌블루의 흡광도를 측정하여 폼알데하이드를 정량한다.

■해설 ③항만 올바르다.
▶바르게 고쳐보기◀
① 크로모트로핀산법의 정량범위는 0.01~0.2ppm이다.
② 아황산기체가 공존하면 영향을 받으므로 흡수 발색액에 염화제이수은과 염화소듐을 넣는 것은 → 아세틸아세톤 자외선/가시선분광법이다.
④ p-아미노다이메틸아닐린용액과 염화제이철용액을 가하여 생성되는 메틸렌블루의 흡광도를 측정하는 것은 → 황화수소의 자외선/가시선분광법(메틸렌블루법)이다.

10 굴뚝 배출가스 중의 브로민(Br)화합물의 분석방법 중 자외선/가시선 분광법에 대한 설명으로 옳지 않은 것은 어느 것인가?

① 흡수액은 수산화소듐 0.4g을 물에 녹여 100mL로 한다.
② 브로민(Br)이온 표준원액 1mL는 브로민(Br)이온 1mg을 포함한다.
③ 황산제2철암모늄용액은 황산제2철암모늄 3g을 물 100mL에 녹여 갈색병에 보관한다.
④ 과망간산포타슘 0.32W/V% 용액은 과망간산포타슘 0.79g을 물에 녹여 250mL로 한다.

■해설 황산제이철암모늄용액은 황산제이철암모늄 6g을 질산(1+1) 100mL에 녹여 갈색병에 넣어 보관한다.

11 배출가스 중의 페놀류의 분석방법에 대한 설명으로 틀린 것은?

① 시료채취관은 유리관, 석영관, 스테인리스강관, 4불화메틸렌수지관 등을 사용한다.
② 분석방법으로는 4-아미노안티피린 자외선/가시선분광법과 기체크로마토그래피가 있다.
③ 자외선/가시선분광법은 NaOH 용액에 흡수시켜 포집하고, 이 용액의 pH를 10 ± 0.2로 조절하여 분석한다.
④ 기체크로마토그래피는 시료 중의 페놀류를 수산화소듐용액(0.1M)으로 흡수 포집하여 이 용액을 염기성으로 한 후 아세트산에틸로용매를 추출하여 TCD로 정량한다.

■해설 페놀류의 기체크로마토그래피는 배출가스를 수산화소듐용액에 흡수시켜 이 용액을 산성으로 한 후 아세트산에틸로 추출한 다음 기체크로마토그래프로 정량하여 페놀류의 농도를 산출한다.

더 풀어보기 예상문제

01 오르토톨리딘법에 의해 염소를 측정할 때 방해물질이 아닌 것은?
① 오존
② 암모니아
③ 황화수소
④ 이산화염소

02 굴뚝 배출가스 중 암모니아의 인도페놀 분석방법으로 틀린 것은?
① 광전광도계의 측정파장은 640nm 부근이다.
② 시료채취량 20L인 경우 시료 중의 암모니아농도가 약 1ppm 이상인 것의 분석에 적합하다.
③ 액온 25~30℃에서 1시간 방치한 후 10mL의 셀에 옮겨 광전분광광도계 또는 광전광도계로 분석한다.
④ 분석용 시료용액 10mL를 취하고, 여기에 페놀-나이트로프루시드소듐용액 10mL를 가한 후 하이포아염소산암모늄용액 5mL을 가한 다음 마개를 하고, 조용히 흔들어 섞는다.

03 암모니아 채취 시 가스 내에 산성 가스가 있을 때 흡수병에 넣어주는 시약은?
① 과산화수소수(1+9)
② 0.1N 과염소산용액
③ 0.1N 수산화소듐용액
④ 0.05N 사이오황산소듐용액

04 굴뚝 배출가스 중의 염소를 오르토톨리딘법으로 분석 시 사용되는 시약이라고 볼 수 없는 것은?
① 녹말용액
② 과염소산(1+2)
③ 사이오황산소듐용액
④ 하이포아염소산소듐용액

05 굴뚝 배출가스 중 HCN 측정에서 적정법에 사용되는 적정용액은?
② 0.01N NaOH 용액
④ 0.01N H_2SO_4 용액
③ 0.01N $AgNO_3$ 용액
① 0.01N $KMnO_4$ 용액

정답 1.② 2.④ 3.① 4.② 5.③

더 풀어보기 예상문제 해설

01 염소의 자외선/가시선분광법(오르토톨리딘법)은 방해물질인 브로민(Br), 아이오드, 오존, 이산화질소 및 이산화염소 등의 산화성가스나 황화수소, 이산화황 등의 환원성가스의 영향을 무시할 수 있는 경우에 적용된다.

02 분석용 시료용액과 암모니아 10mL씩을 취하고, 여기에 페놀-나이트로프루시드소듐용액 5mL를 가한 후 하이포아염소산소듐용액 5mL을 가한 다음 마개를 하고, 조용히 흔들어 섞는다.

03 시료 중에 산성 가스가 있는 경우는 흡수병 2개 이상을 준비하여 각각에 흡수액으로 과산화수소(1+9)를 50mL씩 넣고 흡수병은 위로 향한 여과판이 있는 용량 150~250mL의 것을 사용한다. 반면에 산성 가스가 없는 경우는 여과판 또는 여과구가 붙은 흡수병 1개 이상을 준비하고 각각에 흡수병으로 붕산용액(0.5%) 50mL를 넣는다.

04 염소의 오르토톨리딘법에 사용되는 시약은 흡수액인 오르토톨리딘 염산용액, 표정에 사용되는 사이오황산소듐용액, 지시약인 녹말용액, 바탕시험 적정액인 하이포아염소산소듐용액, 염소 표준착색용액인 하이포아염소산소듐용액 등이다.

05 HCN의 질산은적정법의 적정용액은 0.01N 질산은용액이다. HCN의 질산은적정법은 현재 제외된 항목이다. 참고로 준비해 두기 바람!!.

더 풀어보기 예상문제

01 다음 괄호에 알맞은 것으로 짝지어진 것은?

> 굴뚝 배출가스 중 HCN을 피리딘피라졸론법으로 분석할 때에는 ( ), ( ) 등의 영향을 무시할 수 있는 경우에 적용한다.

① 철, 동
② 알루미늄, 철
③ 인산염, 황산염
④ 할로겐, 황화수소

02 굴뚝 배출가스 중 HCN을 질산은적정법으로 분석할 때 필요한 시약으로 거리가 먼 것은?

① 아세트산(10V/V%)
② N/100 질산은용액
③ 메틸레드-메틸렌블루 혼합지시약
④ p-다이메틸아미노벤질리덴로다닌의 아세톤용액

03 굴뚝 배출가스 중의 황화수소(H_2S)를 메틸렌블루법으로 측정하고자 할 때, 시료의 채취량 및 흡인속도로 옳은 것은? (단, 농도는 100~1,000ppm이다.)

① 10~20L, 1~5L/min
② 20~50L, 5~10L/min
③ 50~100L, 10~15L/min
④ 100mL~1L, 100mL/min

04 굴뚝 배출가스 중 알데하이드류를 액체크로마토그래피(HPLC)으로 분석 시 사용하는 흡수액은?

① Acetonitrile
② Tetrahydrofuran
③ p-Dichlorobenzene
④ 2,4 DNPH(Dinitrophenylhydrazine)

정답 1.③ 2.③ 3.④ 4.④

더 풀어보기 예상문제 해설

01 피리딘피라졸론법에 의한 HCN 분석에 영향을 미치는 물질은 할로겐 등의 산화성 가스와 황화수소이다.

02 메틸레드-메틸렌블루 혼합지시약은 황산화물의 침전적정법, 암모니아 중화적정법 등에 사용되는 시약이다. HCN의 질산은적정법은 현재 제외된 항목이다. 참고로 준비해 두기 바람!!.

03 배출가스 중 H_2S(메틸렌블루법)의 농도범위가 100~2,000ppm일 때, 시료채취량 100mL~1L, 흡인속도는 100mL/min이다.

황화수소 농도(ppm)	시료채취량(L)	흡입속도(L/min)
100 미만	1~20	0.1~0.5
100~1,000	0.1~1	약 0.1

04 배출가스 중 폼알데하이드 및 알데하이드류의 고성능 액체크로마토그래피법은 배출가스 중의 알데하이드류를 흡수액 2,4-다이나이트로페닐하이드라진(DNPH)과 반응하여 하이드라존 유도체를 생성하게 되고 이를 액체크로마토그래피로 분석하여 정량한다.

더 풀어보기 예상문제

01 브로민(Br)화합물의 자외선/가시선 분광법에 대한 설명으로 옳지 않은 것은?

① 흡수액 : 수산화소듐 0.4g을 증류수에 녹여 100mL로 한다.
② 황산제2철암모늄용액 : 황산제2철암모늄 6g을 질산(1+1) 100mL에 녹인다.
③ 과망간산포타슘(0.32W/V%)용액 : 과망간산포타슘 0.79g을 물에 녹여 250mL로 한다.
④ 요오드화칼륨(아이오딘화포타슘)용액(0.13W/V%) : 요오드화칼륨(아이오딘화포타슘) 0.13g을 황산(1+5)에 녹여 250mL로 한다.

02 폼알데하이드를 정량할 때 흡광도 측정 발색액으로 옳은 것은?

구분	아세틸아세톤법	크로모트로핀산법
①	황색	자색
②	황색	무색
③	녹색	무색
④	자색	황색

03 CS_2의 자외선/가시선 분광법에 대한 설명으로 옳은 것은?

① 디페닐카바지드의 흡광도를 540nm에서 측정
② 피리딘-피라졸론의 흡광도를 620nm에서 측정
③ 아미노다이메틸아닐린의 흡광도를 670nm에서 측정
④ 다이에틸디사이오카밤산구리의 흡광도를 435nm에서 측정

04 굴뚝 배출가스 중 폼알데하이드를 크로모트로핀산법으로 분석하여 다음의 결과를 얻었다. 이 시설의 폼알데하이드의 농도(ppm)은?

- 검정곡선에서 구한 농도 : 6×10^{-5}mL/mL
- 분석용 시료용액량 : 50mL
- 건조시료가스량 : 60L

① 0.05　② 0.10
③ 0.14　④ 0.28

정답 1.④　2.①　3.④　4.①

더 풀어보기 예상문제 해설

01 요오드화칼륨(아이오딘화포타슘)용액(1.3g/L)은 요오드화칼륨(아이오딘화포타슘)(KI) 0.33g을 물에 녹여 250mL 부피플라스크에 넣고, 정제수로 표선까지 채운다.

02 ①항만 올바르다. 아세틸아세톤 자외선/가시선분광법은 배출가스 중의 폼알데하이드를 아세틸아세톤을 함유하는 흡수 발색액으로부터 얻은 황색 발색액의 흡광도를 측정하고, 크로모트로핀산 자외선/가시선분광법은 폼알데하이드를 포함하고 있는 배출가스를 크로모트로핀산을 함유하는 흡수 발색액으로부터 얻은 자색 발색액의 흡광도를 측정한다.

03 이황화탄소 분석법 중 자외선/가시선 분광법은 다이에틸다이사이오카밤산구리의 흡광도를 435nm의 파장에서 측정하여 이황화탄소를 정량한다.

04 제시된 분석결과를 토대로 폼알데하이드의 농도(ppm)를 산출한다.

$$C = A \times \frac{v}{V_s} \times 10^3 \begin{cases} C : \text{폼알데하이드 농도(ppm)} \\ A : \text{검정곡선에서 구한 농도} = 6 \times 10^{-5} \text{ mL/mL} \\ V_s : \text{건조 시료가스량} = 60\text{L} \\ v : \text{분석용 시료용액량} = 50\text{mL} \end{cases}$$

$$\therefore C = 6 \times 10^{-5} \times \frac{50}{60} \times 10^3 = 0.05 \text{ ppm}$$

더 풀어보기 예상문제

01 굴뚝 배출가스의 연속자동측정방법에서 측정항목과 측정방법의 연결이 잘못된 것은?

① 암모니아 – 이온전극법
② 질소산화물 – 화학발광법
③ 아황산가스 – 용액전도율법
④ 염화수소 – 비분산적외선법

02 환경대기 중의 알데하이드류의 고성능 액체크로마토그래피법에 대한 설명이다. ( ) 안에 알맞은 것은?

> 이 시험방법은 카보닐화합물과 DNPH가 반응하여 형성된 DNPH 유도체를 아세토나이트릴용매로 추출하여 고성능 액체크로마토그래피를 이용하여 ( ) 파장에서 분석한다.

① 이온화학검출기의 520nm
② 전기전도도검출기의 450nm
③ 자외선(UV)검출기의 360nm
④ 가시선흡수검출기(VIS 검출기)의 220nm

03 굴뚝 배출 페놀류의 분석(4-아미노안티피린법)에 대한 설명으로 옳지 않은 것은?

① 흡수액은 붕산용액(0.5W/V%)이다.
② 510nm의 가시부에서의 흡광도를 측정한다.
③ 페놀농도가 1~20V/Vppm 범위의 분석에 적합하다.
④ 흡수액의 pH를 10±0.2로 조절한 후 4-아미노안티피린용액과 헥사사이아노철(Ⅲ)산포타슘용액을 가한다.

04 배출가스 중 연속자동 측정대상물질별 측정방법이 옳게 연결된 것은?

① 먼지 – 광산란적분법
② 염화수소 – 용액전도율법
③ 질소산화물 – 불꽃광도법
④ 아황산가스 – 화학발광법

05 크로모트로핀산법으로 폼알데하이드를 정량할 때 흡수 발색액 제조에 필요한 시약은?

① NaOH   ② H_2SO_4
③ CH_3COOH ④ NH_4OH

정답 1.① 2.③ 3.① 4.① 5.②

더 풀어보기 예상문제 해설

01 암모니아의 연속자동측정방법은 용액전도율법, 적외선가스 분석법이다.

02 알데하이드의 고성능 액체크로마토그래피법은 카보닐화합물과 DNPH가 반응하여 형성된 DNPH 유도체를 아세토나이트릴(acetonitrile)용매로 추출하여 고성능 액체크로마토그래피(HPLC)를 이용하여 자외선(UV)검출기의 360nm 파장에서 분석한다.

03 "붕산용액(질량분율 0.5%)=암모니아 분석"임을 꼭 기억해 두어야 한다. 페놀류의 4-아미노안티피린 자외선/가시선분광법의 흡수액은 0.1mol/L NaOH이다.

04 ①항만 올바르다. 배출가스 중 먼지의 자동측정방법은 광산란적분법, 베타선투과법, 광투과법이다.

▶배출가스 중 연속자동측정◀
② 염화수소 : 이온전극법, 비분산적외선분석법
③ 질소산화물 : 적외선흡수법, 자외선흡수법, 정전위전해법, 화학발광법
④ 아황산가스 : 용액전도율법, 적외선흡수법, 자외선흡수법, 정전위전해법, 불꽃광도법

05 크로모트로핀산법의 흡수 발색액은 크로모트로핀산 1g을 80% 황산에 녹여 조제한다.

2 입자상 오염물질 측정

(1) 입자상 물질(먼지) 측정

❀ 측정방법 구분

- 굴뚝 배출 – 입자상 물질 { 반자동식 측정법, 수동식 측정법, 자동식 측정법 }

- 먼지의 굴뚝연속자동측정 { 광산란적분법, 베타(β)선 흡수법, 광투과법 }

- 굴뚝 배출 – 미세먼지(PM$_{10}$ 및 PM$_{2.5}$) { 반자동식 채취기에 의한 방법, 수동식(조립) 채취기에 의한 방법, 자동식 채취기에 의한 방법 }

- 산업장 비산먼지 { 고용량 공기시료채취법, 저용량 공기시료채취법, 베타선법 }

- 환경대기 중 – 먼지측정
  - 먼지측정법 { ◦ 고용량 공기시료채취기법, ◦ 저용량 공기시료채취기법, ◦ 베타선법 }
  - PM$_{10}$ { ◦ 중량농도법, ◦ 자동측정 : 베타선법 }
  - PM$_{2.5}$ { ◦ 중량농도법, ◦ 자동측정 : 베타선법 }

❀ 굴뚝 배출 – 입자상 물질 측정 각론

■ 반자동식 측정법, 수동식 측정법, 자동식 측정법

- 개요 : 배출가스 중에 함유되어 있는 입자상 물질(액체 또는 고체)을 등속흡입하여 부착 수분을 제거하고 먼지의 질량농도를 표준상태(0℃, 760mmHg)의 건조배출가스 1m^3 중에 함유된 먼지의 질량(mg/Sm^3)으로 표시함

- 시료 분석절차
  - 시료채취장치 1형 사용
    - 시료를 110±5℃로 충분히 건조하고 데시게이터 내에서 실온까지 냉각하여 무게를 0.1mg까지 측정함
    - 바탕시험용 여과지도 시료와 동일한 조건에서 칭량함
    - 포집된 먼지량은 다음과 같이 구함
      - ■ 포집먼지량=포집 전후 여과지 무게차±바탕시험 여과지 무게차
  - 시료채취장치 2형 사용
    - 용기 No.1의 시료를 평량접시에 옮긴 다음, 110±5℃(배출가스 온도가 115℃ 이상일 경우 배출가스 온도와 동일하게 건조)에서 충분히 건조하고 데시게이터 내에서 실온까지 냉각하여 무게를 0.1mg까지 측정)

- 용기 No.2의 세척액을 비커에 옮기고 방치하여 아세톤을 증발시킨 다음, 데시게 이터 내에서 24시간 동안 건조시켜 무게를 0.1mg까지 측정
- 포집된 먼지량은 다음과 같이 구함
  - ■ 포집먼지량=용기 No.1의 먼지시료 무게(포집 전후의 여과지 무게차)+용기 No.2의 먼지시료 무게-바탕시험시의 불순물 무게

[비고]

※ 1. 용기 No.1 : 여과지 홀더 포집먼지
   2. 용기 No.2 : 흡입노즐, 흡입관, 접속부, 여과지 홀더 등의 내부에 붙은 먼지

□ **먼지농도 계산** : 배출가스 중의 먼지농도는 다음 식에 의해 소수점 둘째 자리까지 계산하고 소수점 첫째 자리까지 표기함

$$C_d = \frac{m_d}{V_m' \times \frac{273}{273+\theta_m} \times \frac{P_a + \Delta H/13.6}{760}}$$

- C_d : 먼지농도(mg/Sm³)
- m_d : 포집된 먼지량(mg)
- V_m' : 건식 가스미터 시료채취량(m³)
- θ_m : 건식 가스미터의 온도(℃)
- P_a : 측정공위치의 대기압(mmHg)
- ΔH : 오리피스 압력차(mmH₂O)

■ **먼지의 굴뚝연속자동측정** { 광산란적분법 / 베타(β)선 흡수법 / 광투과법

□ **광산란적분법**
- **개요** : 먼지를 포함하는 **굴뚝 배출가스에 빛을 조사**하면 먼지로부터 산란광이 발생하는데 이때 **산란광의 강도**는 먼지의 성상, 크기, 상대굴절률 등에 따라 변화하지만, 이들 조건이 동일하다면 먼지농도에 비례하므로 굴뚝에서 미리 구한 먼지농도와 산란도의 상관관계식에 측정한 산란도를 대입하여 먼지농도를 구함
- **장치구성** : 시료채취부 → 검출부 → 앰프부(2km까지 전송) → 수신부로 구성됨

□ **베타(β)선 흡수법**
- **개요** : 시료가스를 등속흡인하여 굴뚝 밖에 있는 자동연속측정기 내부의 **여과지 위에 먼지시료를 채취**한 후 이 여과지에 방사선 동위원소로부터 방출된 β선을 조사하고 먼지에 의해 **흡수된 β선량**을 구하여 굴뚝에서 미리 구해 놓은 β선 흡수량과 먼지농도 사이의 관계식에 시료채취 전후의 β선 흡수량의 차를 대입하여 먼지농도를 구함
- **장치구성** : 시료채취부 → 검출부 → 표시 및 기록부 → 수신부로 구성됨

□ **광투과법**
- **개요** : 먼지입자들에 의한 빛의 반사, 흡수, 분산으로 인한 감쇄현상에 기초를 둔 것으로 먼지를 포함하는 **굴뚝 배출가스에 일정한 광량을 투과**하여 얻어진 투과된 광의 **강도변화**를 측정하여 굴뚝에서 미리 구한 먼지농도와 투과도의 상관관계식에 측정한 투과도를 대입하여 먼지의 상대농도를 연속적으로 측정하는 방법임
- **장치구성** : 시료채취부 → 검출 및 분석부 → 농도지시부 → 데이터 처리부 → 교정장치로 구성됨

용어의 뜻

- 먼지농도 : 표준상태(0℃, 760mmHg)의 건조배출가스 $1m^3$ 안에 포함된 먼지의 무게로서 mg/Sm^3의 단위로 표시함
- 교정용 입자 : 실내에서 감도 및 교정오차를 구할 때 사용하는 균일계 단분산 입자로서 기하평균 입경이 **0.3~3μm인 인공입자**로 함
- 균일계 단분산 입자 : 입자의 크기가 모두 같은 것으로 간주할 수 있는 시험용 입자로서 실험실에서 만들어 짐
- 표준교정판(또는 교정용 필름) : 연속자동측정기를 교정할 때 사용하는 일정한 지시치를 나타내는 표준판(필름)을 말함
- 검출한계 : **제로 드리프트의 2배**에 해당하는 지시치가 갖는 교정용 입자의 먼지농도를 말함
- 교정오차 : 실내에서 교정용 입자를 용기 안으로 분사하면서 연속자동측정기로 측정한 먼지농도가 용기 안에서 시료채취법으로 구한 먼지농도와 얼마나 잘 일치하는가 하는 정도로서 그 수치가 작을수록 잘 일치하는 것임
- 상대정확도 : 실측 먼지농도와 얼마나 잘 일치하는가 하는 정도로서, 그 수치가 작을수록 잘 일치하는 것임
- 제로 드리프트 : 정상가동되는 조건 하에서 먼지를 포함하지 않는 공기를 일정시간 동안 측정한 후 발생한 출력신호가 변화하는 정도를 말함
- 교정판 드리프트 : 표준교정판(필름)을 사용하여 일정시간 동안 측정한 후 발생한 출력신호가 변화한 정도를 말함
- 응답시간 : 표준교정판(필름)을 끼우고 측정을 시작했을 때 그 **보정치의 95%**에 해당하는 지시치를 나타낼 때까지 걸린 시간을 말함
- 시험가동시간 : 연속자동측정기를 정상적인 조건에서 운전할 때 예기치 않는 수리, 조정 및 부품교환없이 연속가동할 수 있는 최소시간을 말함

굴뚝 배출 미세먼지(PM10 및 PM2.5) 측정 각론

측정방법
- 반자동식 채취기에 의한 방법
- 수동식(조립) 채취기에 의한 방법
- 자동식 채취기에 의한 방법

먼지농도 계산

□ **미세먼지량** : 채취된 미세먼지량은 다음과 같이 구함

$$m_d = m_1 + m_2 - m_b$$

- m_d : 채취된 미세먼지량(mg)
- m_1 : 보관용기 1의 미세먼지(여과지 무게차)(mg)
- m_2 : 보관용기 2의 미세먼지(mg)
- m_b : 바탕시험 시 불순물 (바탕시험 세척액 무게차)(mg)

※ 1. 보관용기 1 : 여과지 홀더 포집먼지
2. 보관용기 2 : 여과지 홀더의 내부에 붙은 입자상 물질

▫ **농도계산** : 배출가스 중의 PM_{10}, $PM_{2.5}$ 농도는 다음 식에 의해 소수점 둘째 자리까지 계산하고 소수점 첫째 자리까지 표기함

$$C_d = \frac{m_d}{V_m' \times \frac{273}{273+\theta_m} \times \frac{P_a + \Delta H/13.6}{760}}$$

- C_d : 먼지농도(mg/Sm^3)
- m_d : 포집된 먼지량(mg)
- V_m' : 건식가스미터 시료채취량(m^3)
- θ_m : 건식가스미터의 온도(℃)
- P_a : 측정공 위치의 대기압(mmHg)
- ΔH : 오리피스 압력차(mmH_2O)

산업장 비산먼지 농도계산 각론
- 고용량 공기시료채취법
- 저용량 공기시료채취법
- 베타선법

고용량 · 저용량 공기시료채취법

▫ **개요** : 대기 중 부유 입자상 물질을 고용량 · 저용량 공기시료 채취기를 이용하여 여과지상에 채취하는 방법으로 입자상 물질의 질량농도를 측정하며, **고용량법**에 따른 채취입자의 입경은 통상 0.01~100μm 범위, **저용량법**은 **10μm 이하**를 대상으로 함

▫ **간섭물질** : 습도 / SO_2, 질소산화물 등의 가스상 물질에 의한 반응

- **습도** : 채취시료의 대기 습도에 의한 영향은 피할 수 없으나 여과지 평형화 과정은 여과지 매질의 습도 효과를 최소화할 수 있으며, 적은 습도 조건은 먼지 간의 정전력을 증가시킬 수 있음
  - 습도에 의한 오차를 줄이기 위해 먼지의 질량을 측정하기 전 여과지 홀더 또는 여과지를 건조기에서 일반 대기압에서 20±5.6℃로 적어도 24시간 이상 건조시킨 후 6시간의 간격을 두고 먼지질량의 차이가 0.1mg일 때까지 측정함
  - 또 다른 방법으로, 여과지 홀더 또는 여과지를 105℃에 2시간 이상 충분히 건조시킨 후 측정함
  - 질량측정의 정확성을 기하기 위해 여과지는 습도가 50% 이상인 실험실에서 2분 이상 노출시키지 않아야 함

- **부산물에 의한 측정오차**
  - 시료채취 여과지 위에서 가스상 물질들의 반응 등에 의해 먼지의 질량농도 측정량이 증가 또는 감소되는 오차가 발생할 수 있음
  - 시료채취과정에서 이산화황과 질산이 여과지 위에 머무르면 황산염과 질산염으로 산화되는 화학반응을 통하여 생성되므로 질량농도 증가와 시료 중에 생성된 염류가 성장과 이동과정에서 기압과 대기온도에 따라 해리과정을 거쳐 다시 기체상으로 변환되므로 질량농도가 감소 될 수 있음

▫ **농도산정** : 시료채취 전후의 여과지의 질량 차이와 흡입공기량으로부터 다음 식에 의하여 먼지농도를 구함

$$\text{비산먼지 농도}(\mu g/m^3) = \frac{W_e - W_s}{V} \times 10^3$$

- W_e : 채취 후 여과지 질량(mg)
- W_s : 채취 전 여과지 질량(mg)
- V : 총공기흡입량(m^3)

- **실제 비산먼지 배출농도** : 측정지점 및 대조위치의 먼지농도와 풍향·풍속 보정계수를 적용하여 산업장의 실제 비산먼지의 배출농도를 구함

  - 실제 배출농도 : $C = (C_H - C_B) \times W_D \times W_S$

    $\begin{cases} C_H : \text{측정점 최고먼지농도}(mg/m^3) \\ C_B : \text{대조위치 먼지농도}(mg/m^3) \\ W_D : \text{풍향보정계수} \\ W_S : \text{풍속보정계수} \end{cases}$

  ※ 대조위치를 선정할 수 없는 경우에는 C_B는 $0.15 mg/m^3$로 함

  - **풍향보정계수**

풍향변화	보정계수
◦ 전 시료채취기간 중 주 풍향이 90° 이상 변할 때	1.5
◦ 전 시료채취기간 중 주 풍향이 45~90° 변할 때	1.2
◦ 전 시료채취기간 중 주 풍향변동이 없을 때(45° 미만)	1.0

  - **풍속보정계수** : 풍속변화 범위가 [표]를 초과할 때는 원칙적으로 재측정함

풍향변화	보정계수
◦ 풍속이 0.5m/sec 미만 또는 10m/sec 이상 되는 시간이 전 채취시간의 50% 미만일 때	1.0
◦ 풍속이 0.5m/sec 미만 또는 10m/sec 이상 되는 시간이 전 채취시간의 50% 이상일 때	1.2

■ **베타선법**

- **개요** : 산업장에서 비산되어 배출되는 입자상 물질을 일정 시간 여과지 위에 포집하여 베타선을 투과시켜 입자상 물질의 질량농도를 연속적으로 측정하는 방법임
- **농도산정** : 먼지농도는 단위면적당 채취된 먼지의 질량에 의한 베타선의 흡수량으로 결정됨

  - $C = \dfrac{S}{\mu \cdot V \cdot \Delta t} \ln\left(\dfrac{I}{I_o}\right)$

    $\begin{cases} C : \text{먼지농도}(mg/m^3) \\ S : \text{먼지채취 여과지 면적}(m^2) \\ V : \text{흡입된 공기량}(m^3) \\ \Delta t : \text{채취시간}(min) \\ I : \text{여과지 분진을 투과한 베타선 강도} \\ I_o : \text{blank 여과지에 투과된 베타선 강도} \end{cases}$

❈ 환경대기 중 – 먼지측정 각론

■ **중량법의 시료채집 및 칭량 – 공통항목**

- **시료채취** : 입자상 물질 시료채취 부분 참조
  - **고용량 공기시료채취법** : 고용량 펌프(1,133~1,699L/min)를 사용하여 질량농도를 측정하는 방법
  - **저용량 공기시료채취법** : 저용량 펌프(16.7L/min 이하)를 사용하여 질량농도를 측정하는 방법
  - **베타선법** : 여과지 위에 베타선을 투과시켜 질량농도를 측정하는 방법

- **고용량 공기시료채취**(High Volume Air Sampler)
  - **채취 입경범위** : 0.01~100μm
  - **흡입유량** : 채취 시작 5분 후 유량 1.2~1.7m^3/min 정도
  - **여과지**
    - 0.3μm **입자를 99% 이상** 채취할 수 있으며, 압력손실과 흡수성이 적고, 가스상 물질의 흡착이 적은 것
    - 분석에 방해되는 물질을 함유하지 않은 것
    - 여과지의 재질은 일반적으로 유리섬유, 석영섬유, 폴리스틸렌, 니트로셀룰로스, 플루오린수지 등이 사용됨
  - **여과지 칭량**
    - **채취 전 여과지 칭량** : 온도 20℃, 상대습도 50%에서 항량이 될 때까지 보관하였다가 **0.01mg의 감도**를 갖는 분석용 저울로서 **0.1mg**까지 정확히 칭량
    - **채취 후 칭량** : 온도 20℃, 상대습도 50%에서 일정한 값이 될 때까지 보관하였다가 24시간 방치한 후 칭량
  - **간섭물질** { ◦ 습도
    ◦ 부산물에 의한 측정오차 }
    - **습도** : 채취시료의 대기 습도에 의한 영향은 피할 수 없으나 여과지 평형화 과정은 여과지 매질의 습도 효과를 최소화할 수 있으며, 적은 습도 조건은 먼지 간의 정전력을 증가시킬 수 있음
      → 습도에 의한 오차를 줄이기 위해 먼지의 질량을 측정하기 전 여과지 홀더 또는 여과지를 건조기에서 일반 대기압 하에서 20±5.6℃로 적어도 24시간 이상 건조시키며, 6시간의 간격을 두고 먼지질량의 차이가 0.1mg일 때까지 측정
      → 또 다른 방법으로 여과지 홀더 또는 여과지를 105℃에 2시간 이상 충분히 건조시키는 방법을 사용함
      → 질량측정의 정확성을 향상시키기 위하여 여과지는 습도가 50% 이상인 질량 측정 실험실에서 2분 이상 노출되어서는 안 됨
    - **부산물에 의한 측정오차** : 시료채취 여과지 위에서 기체상 물질들의 반응 등에 의해 먼지의 질량농도 측정량이 증가 또는 감소되는 오차가 일어날 수 있음
      → 시료채취과정에서 이산화황과 질산이 여과지 위에 머무르면 황산염과 질산염으로 **산화되는 화학반응**을 통하여 생성되므로 **질량농도가 증가**될 수 있음
      → 시료 중에 생성된 염류가 성장과 이동과정에서 기압과 대기온도에 따라 **해리과정**을 거쳐 다시 기체상으로 변환되므로 **질량농도가 감소**될 수 있음
- **저용량 공기시료채취**(Low Volume Air Sampler)
  - **채취 입경범위** : 총부유먼지와 10μm 이하의 입자상 물질
  - **흡입유량** : 16.7L/min 이하
  - **PM$_{10}$ 분립장치** : 입경 10μm 이상 제거장치 { ◦ 사이클론방식(원심분리방식 포함)
    ◦ 다단형방식(impactor 방식) }

- **중력침강형** : 중력에 의한 침강속도를 적용하여 큰 침강속도를 가지는 입자는 걸러지고 측정하고자 하는 임계직경(한계직경) 이하의 입자만 채취하는 방법
- **관성충돌형** : 관성력에 의한 입자채취방법으로 채취기의 입구에 충돌판을 설치하여 임계직경보다 큰 입자는 관성에 의하여 충돌판에서 걸러지고 측정하고자 하는 입계직경 이하의 입자만 채취하는 방법
- **원심분리형** : 원심력을 이용하여 임계직경보다 큰 입자는 채취기의 벽면을 따라 분립장치의 밑부분에 퇴적하고 측정하고자 하는 임계직경 이하의 입자만 채취하는 방법

- **$PM_{2.5}$ 분립장치** $\begin{cases} \text{1차 분립장치 : } d_{p50}\ 10\mu m \text{ 이상 제거} \rightarrow \text{충돌판방식 사용} \\ \text{2차 분립장치 : } d_{p50}\ 2.5\mu m \text{ 이상 제거} \rightarrow \text{충돌판방식 사용} \end{cases}$

  - 임계입자(한계입자, cutoff diameter)란 50%의 시료채취 효율을 가지는 공기역학 직경을 말함
  - 분립장치에는 채취하고자 하는 입계직경의 크기별 분립장치(총부유먼지, PM_{10}, $PM_{2.5}$, 기타 $PM_{1.0}$ 이외에 원하는 크기별 분립장치)를 사용할 수 있음
- **여과지 칭량** : 고용량법(High Volume Air Sampler) 참조. 다만, 저울은 **0.001mg**의 감도를 갖는 것을 사용함
- **간섭물질** : 고용량법(High Volume Air Sampler) 참조

▎베타선법 - 공통항목

- **먼지 자동측정 베타선법** : 대기 중에 부유하고 있는 입자상 물질을 일정 시간 여과지 위에 채취하여 베타선을 투과시켜 입자상 물질의 질량농도를 연속적으로 측정하는 방법
  - 측정결과는 상온상태(20℃, 1기압)로 환산된 단위부피당 질량농도로 나타내며, 측정 단위는 국제단위계인 $\mu g/m^3$을 사용함
- **미세입자 PM_{10} 자동측정 베타선법** : 환경대기 중에 존재하는 입경이 $10\mu m$ 이하인 입자상 물질(PM_{10})의 질량농도를 베타선법에 의해 측정하는 방법
  - 최소검출한계는 $10\mu g/m^3$ 이하이며, 측정범위는 $0\sim1,000\mu g/m^3$, $0\sim2,000\mu g/m^3$, $0\sim5,000\mu g/m^3$, $0\sim10,000\mu g/m^3$임
- **미세입자 $PM_{2.5}$ 자동측정 베타선법** : 환경대기 중에 존재하는 공기역학적 등가입경이 $2.5\mu m$ 이하인 입자상 물질의 질량농도를 베타선흡수법(베타선법)에 의해 측정하는 방법
  - 최소검출한계는 $5\mu g/m^3$ 이하이며, 측정범위는 $0\sim1,000\mu g/m^3$임
- **간섭물질** $\begin{cases} \text{유속변화} \\ \text{수분} \end{cases}$
  - **유속변화에 의한 영향** : 측정기 동작 중 유속변화는 시료채취 유량변화에 의한 측정 편차를 일으킬 수 있으며, 입경분리장치의 입자크기 분리 특성을 변경시킬 수 있음
  - **시료 중 수분에 의한 영향** : 시료채취 도입부의 입경분리장치는 일정온도로 조절되는 가열장치가 설치되어 대기시료 중의 수분에 의한 응축 현상을 제거할 수 있어야 함

먼지농도 계산

일반측정 먼지농도

■ $C_d = \dfrac{W_e - W_s}{V_s} \times 10^3$

$\begin{cases} C_d : \text{먼지농도}(\mu g/m^3) \\ W_e : \text{채취 후 여과지의 질량(mg)} \\ W_s : \text{채취 전 여과지의 질량(mg)} \\ V : \text{총공기흡입량}(m^3) = Q \times t \\ Q : \text{평균유량}(m^3/min) \\ t : \text{시료채취시간}(min) \end{cases}$

PM_{10}의 질량농도

■ $PM_{10} = \dfrac{W_t - W_i}{V} \times 10^6$

$\begin{cases} PM_{10} : PM_{10} \text{ 질량농도}(\mu g/m^3) \\ W_t : \text{최종 필터의 무게(g)} \\ W_i : \text{초기 필터의 무게(g)} \\ V : \text{총시료채취 부피}(m^3) \\ 10^6 : \text{g을 } \mu g \text{으로 전환인자} \end{cases}$

$PM_{2.5}$의 질량농도

■ $PM_{2.5} = \dfrac{W_f - W_i}{V}$

$\begin{cases} PM_{2.5} : PM_{2.5} \text{ 질량농도}(\mu g/m^3) \\ W_f : \text{시료채취 후 여과지 무게}(\mu g) \\ W_i : \text{시료 채취 전 여과지 무게}(\mu g) \\ V : \text{총시료채취 부피}(m^3) \end{cases}$

베타선 흡수법에 따른 먼지농도

■ $C = \dfrac{S}{\mu \cdot V \cdot \Delta t} \ln\left(\dfrac{I}{I_o}\right)$

$\begin{cases} C : \text{먼지농도}(mg/m^3) \\ S : \text{먼지채취 여과지 면적}(m^2) \\ V : \text{흡입된 공기량}(m^3) \\ \Delta t : \text{채취시간}(min) \\ I : \text{여과지 분진을 투과한 베타선 강도} \\ I_o : \text{blank 여과지에 투과된 베타선 강도} \end{cases}$

CBT 형식 출제대비 엄선 예상문제

01 단면이 4각형인 굴뚝을 4개의 등면적으로 구분하여 각 측정점에서의 유속과 먼지농도를 측정한 결과, 유속은 각각 4.2, 4.5, 4.8, 5.0(m/sec), 먼지농도는 각각 0.5, 0.55, 0.58, 0.60(g/Sm³)이었다. 전체 평균먼지농도(g/Sm³)는?

① 0.56g/Sm³   ② 0.67g/Sm³
③ 0.76g/Sm³   ④ 1.23g/Sm³

02 비산먼지 농도측정(하이볼륨 에어 샘플러법)을 할 때 풍속 범위가 0.5m/sec 미만 또는 10m/sec 이상 되는 시간이 전 채취시간의 50% 이상일 때 풍속에 대한 보정계수는?

① 1.0   ② 1.2
③ 1.4   ④ 1.6

03 어느 배출시설의 굴뚝가스를 분진 포집기로 시료를 채취(원통여지 사용)한 결과 다음과 같았다. 이 배출시설에서 배출되는 먼지농도(mg/Sm³)는?

- 습식 가스미터의 흡인가스량 : 50L
- 가스미터의 가스 게이지압 : 4mmHg
- 대기압 : 765mmHg
- 15℃의 포화수증기압 : 12.67mmHg
- 가스미터의 흡인가스 온도 : 15℃
- 먼지포집 전의 여지무게 : 6.2721g
- 먼지포집 후의 여지무게 : 6.2963g

① 386mg/Sm³   ② 436mg/Sm³
③ 513mg/Sm³   ④ 558mg/Sm³

▶ 해설

01 평균농도 계산식을 이용한다.

$$C_m = \frac{\sum C_i V_i}{\sum V_i}$$

$$\therefore C_m = \frac{0.5 \times 4.2 + 0.55 \times 4.5 + 0.58 \times 4.8 + 0.6 \times 5}{4.2 + 4.5 + 4.8 + 5} = 0.56 \text{g/Sm}^3$$

02 풍속이 0.5m/sec 미만 또는 10m/sec 이상 되는 시간이 전 채취시간의 50% 이상일 때 풍속에 대한 보정계수는 1.2이다.

03 습식 가스미터를 사용하였으므로 포화수증기압(P_v)을 압력보정을 할 때 고려하여 먼지농도를 산출한다.

$$C_d = \frac{m_d}{V_w \times \frac{273}{273 + t_m} \times \frac{P_a + P_m - P_v}{760}} \quad \begin{cases} m_a : \text{포집분진량} = 6.2963\text{g} - 6.2721\text{g} = 0.0242\text{g} \\ V_m : \text{습윤가스량} = 50\text{L} = 0.05\text{m}^3 \end{cases}$$

$$\therefore C_d = \frac{24.2 \text{ mg}}{0.05 \times \frac{273}{273 + 15} \times \frac{765 + 4 - 12.67}{760}} = \frac{24.2}{0.0472} = 513 \text{ mg/Sm}^3$$

정답 | 1.① 2.② 3.③

대기환경기사/산업기사

04 다음 제시된 자료에서 구한 비산먼지의 농도(mg/m³)는?

- 최대먼지농도 : 115mg/m³
- 대조위치 먼지농도 : 0.15mg/m³
- 풍향은 주 풍향이 90° 이상 변함
- 풍속은 0.5m/sec 미만 또는 10m/sec 이상 되는 시간이 전 채취시간의 50% 이상

① 114.9　② 137.8
③ 165.4　④ 206.7

05 다음에 설명하는 먼지측정 시험방법으로 적합한 것은?

대기 중 부유하고 있는 입자상 물질을 일정 시간(1시간 이상) 여과지 위에 포집한 후 빛(파장 : 400nm)을 조사해서 빛의 두 파장을 측정하고, 그 값으로부터 입자상 물질의 농도를 구하는 방법이다. 이 방법에 의한 포집입자의 입경은 0.1~10μm의 범위이다.

① 광산란법　② 광투과법
③ 광흡착법　④ 베타선법

06 굴뚝가스 내의 먼지측정방법 중 반자동식 채취기에 의한 사항이다. ( ) 안에 가장 적합한 것은?

Ⓐ 배출가스 온도가 110±5℃ 이상일 경우 원통형 여과지를 ( ) 건조
Ⓑ 황산미스트에 의해서 먼지농도가 영향을 받은 경우에는 ( ) 건조

　　Ⓐ　　　　　　Ⓑ
① 110±5℃(4시간), 110±5℃(3시간)
② 100±5℃(2시간), 110±5℃(4시간)
③ 배출가스와 동일온도, 160℃ 이상(2시간)
④ 배출가스와 동일온도, 160℃ 이상(4시간)

07 사업장 비산먼지 농도를 계산할 때 시료채취기간 중 주 풍향이 45~90°로 변하는 경우의 풍향보정계수로 옳은 것은?

① 1.0　② 1.2
③ 1.5　④ 1.6

> **해설**

04 비산먼지농도는 다음과 같이 계산한다.

$$C(\text{mg/m}^3) = (C_H - C_B) \times W_D \times W_S \begin{cases} W_D(\text{풍향보정계수}) : 90° \text{ 이상 변함}(1.5) \\ W_S(\text{풍속보정계수}) : 1.2 \end{cases}$$

∴ $C(\text{mg/m}^3) = (115 - 0.15) \times 1.5 \times 1.2 = 206.7 \text{mg/m}^3$

05 광투과법에 대한 설명이다. 이 방법에 의한 포집입자의 입경은 0.1~10μm의 범위이다. 광투과법은 대기 중 부유 입자상 물질을 1시간 이상 여과지 위에 포집한 후 빛을 조사(파장 400nm)하여 빛의 두 파장을 측정하고, 그 값으로부터 입자상 물질의 농도를 구하는 방법이다.

06 배기가스 온도 110±5℃ 이상일 경우는 배출가스 온도와 동일한 온도에서 1~3시간 건조하고, 배연탈황시설과 황산미스트에 의해서 먼지농도가 영향을 받은 경우에는 여과지를 160℃ 이상에서 4시간 이상 건조한다.

07 전 시료채취기간 중 주 풍향이 45~90°로 변할 때 풍향보정계수는 1.2를 적용한다. 90° 이상은 1.5이다.

정답 | 4.④　5.②　6.④　7.②

업그레이드 종합 예상문제

01 굴뚝 배출가스 중의 먼지를 연속적으로 자동측정하는 광산란적분법의 장치구성으로 가장 거리가 먼 것은?

① 앰프부
② 검출부
③ 농도지시부
④ 수신부

▎해설 광산란적분법의 장치구성은 시료채취부 → 검출부 → 앰프부(2km까지 전송) → 수신부로 구성된다.
- 베타(β)선 흡수법 : 시료채취부 → 검출부 → 표시 및 기록부 → 수신부
- 광투과법 : 시료채취부 → 검출 및 분석부 → 농도지시부 → 데이타 처리부 → 교정장치

02 하이볼륨 에어 샘플러를 사용하여 공기 중의 비산먼지를 포집한 결과 다음과 같았을 때 부유먼지의 농도(mg/m³)는?

- 포집개시 직후의 유량 : 1.8m³/min
- 포집개시 직전의 유량 : 1.2m³/min
- 포집 후 여과지의 무게 : 3.828g
- 포집 전 여과지의 무게 : 3.419g
- 포집시간 : 24시간

① 0.12mg/m³
② 0.19mg/m³
③ 0.22mg/m³
④ 0.38mg/m³

▎해설 질량농도 측정 계산식을 이용한다.

$$C_d(\text{mg/m}^3) = \frac{m_d}{Q} \quad \begin{cases} m_d : \text{먼지무게} = 3.828 - 3.419 = 0.409\,\text{g} = 409\,\text{mg} \\ Q : \text{유량} = \dfrac{1.8+1.2}{2} \times 24 \times 60 = 2{,}160\,\text{m}^3 \end{cases}$$

$$\therefore\ C_d = \frac{408}{2{,}160} = 0.19\,\text{mg/m}^3$$

더 풀어보기 예상문제

01 비산먼지를 하이볼륨 에어 샘플러법을 이용하여 원칙적으로 시료채취를 하지 않는 경우로 가장 거리가 먼 것은?
① 비나 눈이 올 때
② 풍속이 5m/sec 이상일 때
③ 풍속이 0.5m/sec 미만일 때
④ 대상발생원의 조업이 중단되었을 때

02 먼지의 연속자동측정방법에 대한 설명으로 틀린 것은?
① 먼지의 농도는 mg/Sm^3의 단위를 사용한다.
② 교정용 입자는 기하평균입경이 $0.3 \sim 3\mu m$의 인공입자로 한다.
③ 검출한계는 제로 드리프트의 2배에 해당하는 지시치를 갖는 교정용 입자의 먼지농도를 말한다.
④ 응답시간은 표준교정판을 끼우고 측정을 시작했을 때 그 보정치의 80% 이상의 지시치를 나타낼 때 걸린 시간을 말한다.

03 환경대기 중의 먼지 측정방법에서 습도, 비, 안개 등의 영향으로 상대습도가 70% 이상이면 측정치의 신뢰도가 낮아지는 측정법은?
① 광투과법
② 광산란법
③ 로볼륨 에어 샘플러법
④ 하이볼륨 에어 샘플러법

04 비산먼지 측정방법 중 불투명도법에 대한 설명으로 옳은 것은?
① 비탁도에 10%를 곱한 값을 불투명도로 한다.
② 비탁도는 최소 0.1도 단위로 측정·기록한다.
③ 입자상 물질이 건물로부터 제일 적게 새어나오는 곳을 대상으로 하여 측정한다.
④ 측정자는 건물로부터 배출가스를 분명하게 관측할 수 있는 1km 이내 거리에 위치해야 한다.

정답 1.② 2.④ 3.② 4.④

더 풀어보기 예상문제 해설

01 풍속이 10m/sec 이상일 때
02 응답시간은 보정치의 95%에 해당하는 지시치를 나타낼 때까지 걸린 시간을 말한다.
03 광산란법은 습도, 비, 안개의 영향을 크게 받게 되므로 상대습도가 70% 이상이 되면 측정치의 신뢰도가 낮아지는 문제점이 있다.
04 불투명도법에 의한 측정거리는 아무리 멀어도 1km를 넘지 않아야 한다.

3 중금속 배출오염물질 측정

(1) 중금속 시료의 전처리 – 공통항목

⚛ **전처리 대상과 방법**

- **대상** : 금속·중금속류 분석시료
- **전처리 방법**
  - 산분해법 { 질산–염산법 / 질산–과산화수소수법 / 질산법 }
  - 마이크로파 산분해법
  - 초음파추출법
  - 회화법(ashing)
  - 저온회화법
  - 용매추출법
- **필요성·목적** : 채취된 시료에는 통상 유기물을 함유하고 있을 뿐만 아니라 목적 성분들이 흡착 또는 화합물로 존재하므로 실험목적에 따라 적당한 방법으로 전처리를 한 다음 실험조작을 해야 함. 특히 금속성분 측정시료는 **유기물의 분해·제거**와 **무기질 시료의 용해**를 위한 전처리 조작이 필수적이며, 전처리에 사용되는 시약은 목적성분을 함유하지 않은 고순도의 것을 사용하여야 함
- **시료의 성상에 따른 전처리방법 선정**

시료의 성상	전처리방법
◦ 타르 기타 소량의 유기물을 함유하는 것	◦ 질산–염산법 ◦ 질산–과산화수소수법 ◦ 마이크로파 산분해법
◦ 유기물을 함유하지 않는 것	◦ 질산법 ◦ 마이크로파 산분해법
◦ 다량의 유기물 유리탄소를 함유하는 것 ◦ 셀룰로오스 섬유제 필터를 사용한 것	◦ 저온회화법

▌**산분해법** : 시료 + { 단일산(질산, 염산 등) / 혼합산 } + 가열 → { 무기질 시료 용해 / 유기물 분해 }

- **사용하는 산** : 염산(HCl), 질산(HNO_3), 플루오르화수소산(HF), 황산(H_2SO_4), 과염소산($HClO_4$) 등 → 염산과 질산을 가장 많이 사용함
- **특징**
  - 다량의 시료를 처리할 수 있고 가까이서 반응과정을 지켜볼 수 있음
  - 분해속도가 느리고 시료가 쉽게 오염될 수 있음
  - 기구부식과 시료 오염문제 있음 → 산의 증기로 인해 열판과 후드 등의 기구 부식, 분해 용기에 의한 시료의 오염을 유발할 수 있음
  - 안전문제 → 질산이나 과염소산의 강한 산화력으로 인한 폭발 등의 안전문제 및 플루오르화수소산의 접촉으로 인한 화상 등을 주의해야 함
- **제한점** : 휘발성 원소들의 손실 가능성이 있으므로 극미량원소의 분석이나 휘발성 원소의 정량분석에는 적합하지 않음

▌마이크로파 산분해 $\begin{cases} 시료 \\ 산 \end{cases} + 마이크로파 \begin{cases} 2,450\,MHz \\ 270℃ \end{cases} \rightarrow \begin{cases} 무기질 시료 용해 \\ 유기물 분해 \end{cases}$

- **이용** : 원자흡수분광광도법, 유도결합플라스마분광법의 전처리 방법으로 주로 이용
- **특징** : 지금까지 알려진 무기물 시료 전처리방법 중 가장 효과적인 방법임
  - 기존의 대기압 하의 산분해방법보다 최고 100배 빠르게 시료를 분해할 수 있음
  - 마이크로파 에너지를 조절할 수 있어 재현성 있는 분석을 할 수 있음
  - 유기물은 0.1~0.2g, 무기물은 2g 정도까지 분해시킬 수 있음
  - 시료의 분해는 닫힌계에서 일어나므로 외부로부터의 오염, 산 증기의 외부 유출, 휘발성원소의 손실이 없음
  - 테플론 용기를 사용하므로 용기에 의한 금속의 오염이 없고, 고압 하에서 분해하므로 질산으로도 대부분의 금속을 산화시킬 수 있음
  - 과염소산과 같은 폭발성이 있는 위험한 산을 사용하지 않아도 되는 장점이 있음
  - 마이크로파 산분해장치의 가격이 가정용 전자레인지에 비해 100배 이상 비싸고, 다량의 시료를 한꺼번에 처리할 수 없다는 단점이 있음

▌초음파 추출 $\begin{cases} 시료 \\ 단일산/혼합산 \end{cases} + 초음파 \begin{cases} 28\,kHz \\ 100℃\ 물 \end{cases} \rightarrow \{2시간\ 동안\ 추출\}$

- **이용** : 단일산이나 혼합산을 사용하여 가열하지 않고 시료 중 분석하고자 하는 성분을 추출하고자 할 때 초음파 추출기를 이용함
- **산** : 질산-염산 혼합액을 주로 이용

▌회화법 $\begin{cases} 시료 \\ 자기도가니 \end{cases} \rightarrow \begin{cases} 전기로 \\ (500℃) \\ 회화 \end{cases} \rightarrow 백금도가니 \rightarrow \begin{cases} 황산 \\ + \\ 불산 \\ (가열) \end{cases} \rightarrow \begin{cases} 용융제 \\ + \\ 온수 \\ (가열추출) \end{cases}$

※ 1. 시료에 유기물과 유리탄소를 거의 함유하지 않는 경우는 500℃ 회화조작은 생략
   2. **용융제** : 탄산나트륨 2g+질산나트륨 0.1g

- **이용** : 유기물 및 동식물 생체시료 중의 회분을 측정하기 위하여 일반적으로 사용하는 전처리 방법임
- **특징**
  - 처리과정이 비교적 단순함
  - 시료의 양에 제한이 없어 유기물에 포함된 미량의 무기물 분석에 적합함
  - 용기에 의한 시료의 오염가능성이 있음
  - 고온회화로 인한 휘발성 원소의 손실이 있을 수 있음
  - 전력 소모가 큼

▌저온회화법 $\begin{cases} 시료 \\ 회화실(200℃) \end{cases} \rightarrow \begin{cases} 염산 \\ 과산화수소수 \end{cases} \rightarrow 물중탕(가열) \rightarrow 여과$

▌용매추출법 $\begin{cases} 시료 \\ 용매 \end{cases} \rightarrow 플라스크 \rightarrow 용매의\ 끓는점\ 이상에서\ 추출 \rightarrow 여과$

※ 용매는 추출하고자 하는 성분에 대한 용해도가 크고 분배계수가 큰 것을 사용

※ **금속별 시료 전처리방법**(비교)
   □ **산분해법**
     • **질산-과산화수소법** : 구리, 납, 니켈, 비소, 아연, 철, 카드뮴, 크로뮴
     • **질산-염산 혼합액-초음파추출법** : 구리, 납, 니켈, 비소, 아연, 철, 카드뮴, 크로뮴
       ※ 1. 휘발성 물질인 비소는 대기 중으로 방출될 우려가 있으므로 다른 전처리방법 사용
          2. 크로뮴의 경우, 삼산화이크로뮴(Cr_2O_3)은 단단한 결정구조를 가지며 산에 강한 저항력을 지니므로 회화법을 사용하는 것이 바람직하며, 회화법으로도 시료의 완전한 용출은 이루어지지 않을 수 있음
     • **마이크로파산 분해법** : 구리, 납, 니켈, 비소, 아연, 철, 카드뮴, 크로뮴, 베릴륨, 코발트
     • **회화법** : 구리, 납, 니켈, 비소, 아연, 철, 카드뮴, 크로뮴
   □ **용매추출법**
     • **1-피롤리딘다이티오카바민산법** : 납, 니켈, 카드뮴
     • **트라이옥틸아민법** : 크로뮴

※ **전처리한 시료의 정제·농축**
   □ **필요성** : 입자들은 칼럼의 수명에 나쁜 영향을 주기 때문에 시료를 주입하기 전에 반드시 여과과정을 거쳐서 시료용액 중에 존재하는 입자를 제거하여야 함
   □ **제거방법** { 여과 / 원심분리 / 침강

※ **입자상 물질의 농도에 따른 전처리 및 여과지 선정** - 공통항목
   □ **농도에 따른 전처리** : 시료 중 카드뮴 농도가 낮은 경우 **용매추출법**을 이용한 전처리가 요구됨
   □ **온도에 따른 여과지 선정** : 굴뚝 배출가스 온도에 따라 여과지의 선정을 달리해야 함

굴뚝 배출가스 온도	사용 여과지
120℃ 이하	셀룰로오스 섬유제 여과지
500℃ 이하	유리섬유제 여과지
1,000℃ 이하	석영섬유제 여과지

※ **여과 채취한 시료**(원자흡수분광광도법, 유도결합플라스마분광법)**에 대한 중금속 물질의 농도계산** : 배출가스 중의 중금속 농도는 건조배출가스 $1m^3$ 중의 중금속 mg 수로 나타내며, 다음 식에 따라 계산함-공통항목

■ $C = \dfrac{m}{V_s} \times 10^3$ { C : 카드뮴 농도(mg/Sm^3) / m : 시료 중 카드뮴량(mg) / V_s : 건조시료가스량(L)

※ 측정결과는 mg/Sm³으로 나타내고, 규정에 따라 소수점 몇째 자리까지 유효자리수를 계산하고, 결과 표시는 소수점 몇째 자리까지 표기하는 규정에 따름. 단, 방법검출한계 미만의 값은 불검출로 표시함

※ **자외선/가시선분광법에 대한 중금속 물질의 농도계산** : 중금속 성분마다 고유한 파장 영역에서 측정한 흡수도(흡광광도)를 토대로 작성한 검정곡선에서 중금속의 양을 구하여 다음과 같이 중금속의 농도를 구함-공통항목

■ $C = \dfrac{m}{V_s} \times 10^3$ $\begin{cases} C : \text{중금속의 농도}(\text{mg/Sm}^3) \\ m : \text{검량선에서 구한 중금속의 양}(\text{mg}) \\ V_s : \text{건조시료가스량}(\text{L}) \end{cases}$

(2) 중금속 항목별 분석방법 구분

비소화합물

◐ 굴뚝 배출 – 비소

분석방법	정량범위	방법검출한계
수소화물 생성 원자흡수분광광도법	0.003~0.13ppm	0.001ppm
흑연로 원자흡수분광광도법(입자상 비소)	0.003~0.013ppm	0.001ppm
유도결합플라스마원자발광분광법(입자상 비소)	0.003~0.130ppm	0.001ppm
자외선/가시선분광법	0.007~0.035ppm	0.002ppm

※ 1. 수소화물 생성 원자흡수분광광도법이 주 시험방법임
  2. **정밀도** 10% 이하, **상대표준편차** 10% 이내, **정확도** 75~125% 이내이어야 함

◐ 환경대기 중 – 비소

분석방법	정량범위	방법검출한계	정밀도(%)
수소화물 발생 원자흡수분광광도법	0.005~0.05mg/L	0.002mg/L	3~10
유도결합플라스마분광법	0.02~0.15mg/L	0.025mg/L	2~10
흑연로 원자흡수분광광도법	0.005~0.05mg/L	0.002mg/L	3~20

※ 1. 수소화물 발생 원자흡수분광광도법이 주 시험방법임
  2. 반복표준편차 : 3~10%
  3. 상대표준편차 10% 이내, 정확도는 75~125% 이내이어야 함

카드뮴화합물

◐ 굴뚝 배출 – 카드뮴

분석방법	정량범위	방법검출한계
원자흡수분광광도법	0.01~0.38mg/m³	0.003mg/m³
유도결합플라스마원자발광분광법	0.004~0.5mg/m³	0.001mg/m³

※ 1. 원자흡수분광광도법이 주 시험방법임
  2. 정밀도는 10% 이내, 정확도는 75~125% 이내이어야 함

◐ 환경대기 중 – 카드뮴

분석방법	정량범위	방법검출한계	정밀도(%)
원자흡수분광광도법	0.04~1.5mg/L	0.012mg/L	2~10
유도결합플라스마분광법	0.008~2mg/L	0.0013mg/L	2~10

※ 1. 원자흡수분광광도법이 주시험방법임
  2. 반복표준편차 : 2~10%
  3. 상대표준편차 10% 이내, 정확도는 75~125% 이내이어야 함

크로뮴화합물

◐ 굴뚝 배출 – 크로뮴

분석방법	정량범위	방법검출한계
원자흡수분광광도법	0.1~5mg/m³	0.03mg/m³
유도결합플라스마원자발광분광법	0.002~1mg/m³	0.001mg/m³
자외선/가시선분광법	0.002~0.05mg/m³	0.001mg/m³

※ 1. 원자흡수분광광도법이 주 시험방법임
  2. 정밀도는 10% 이하, 정확도는 75~125% 이내이어야 함

◐ 환경대기 중 – 크로뮴

분석방법	정량범위	방법검출한계	정밀도(%)
원자흡수분광광도법	2~20mg/L	0.6mg/L	2~10
유도결합플라스마분광법	0.02~4mg/L	0.012mg/L	2~10

※ 1. 원자흡수분광광도법이 주 시험방법임
  2. 반복표준편차 : 2~10%
  3. 상대표준편차 10% 이내, 정확도는 75~125% 이내이어야 함

납화합물

◐ 굴뚝 배출 – 납화합물

분석방법	정량범위	방법검출한계
원자흡수분광광도법	0.05~6.25mg/m³	0.015mg/m³
유도결합플라스마원자발광분광법	0.025~0.5mg/m³	0.008mg/m³

※ 1. 원자흡수분광광도법이 주 시험방법임
  2. 정밀도는 10% 이내, 정확도는 75~125% 이내이어야 함

◐ 환경대기 중 – 납화합물

분석방법	정량범위	방법검출한계	정밀도(%)
원자흡수분광광도법	0.2~25mg/L	0.006mg/L	2~10
유도결합플라스마분광법	0.1~2mg/L	0.032mg/L	2~10
자외선/가시선분광법	0.001~0.04mg/L	–	3~10

※ 1. 원자흡수분광광도법이 주 시험방법임
2. 반복표준편차 : 2~10%
3. 상대표준편차 10% 이내, 정확도는 75~125% 이내이어야 함
4. 자외선/가시선분광법의 경우 여과지의 회수율은 80~120% 이내이어야 함

구리화합물

◐ 굴뚝 배출 - 구리화합물

분석방법	정량범위	방법검출한계
원자흡수분광광도법	0.0125~5mg/m^3	0.004mg/m^3
유도결합플라스마원자발광분광법	0.01~5mg/m^3	0.003mg/m^3

※ 1. 원자흡수분광광도법이 주 시험방법임
2. 정밀도는 10% 이내, 정확도는 75~125% 이내이어야 함

◐ 환경대기 중 - 구리화합물

분석방법	정량범위	방법검출한계	정밀도(%)
원자흡수분광광도법	0.05~20mg/L	0.015mg/L	3~10
유도결합플라스마분광법	0.04~20mg/L	0.01mg/L	3~10

※ 1. 원자흡수분광광도법이 주 시험방법임
2. 반복표준편차 : 3~10%
3. 상대표준편차 10% 이내, 정확도는 75~125% 이내이어야 함

니켈화합물

◐ 굴뚝 배출 - 니켈화합물

분석방법	정량범위	방법검출한계
원자흡수분광광도법	0.01~5mg/m^3	0.003mg/m^3
유도결합플라스마원자발광분광법	0.01~5mg/m^3	0.003mg/m^3
자외선/가시선분광법	0.002~0.05mg/m^3	0.001mg/m^3

※ 1. 원자흡수분광광도법이 주 시험방법임
2. 정밀도는 10% 이내, 정확도는 75~125% 이내이어야 함

◐ 환경대기 중 - 니켈화합물

분석방법	정량범위	방법검출한계	정밀도(%)
원자흡수분광광도법	0.05~20mg/L	0.015mg/L	3~10
유도결합플라스마분광법	0.04~20mg/L	0.01mg/L	3~10

※ 1. 원자흡수분광광도법이 주 시험방법임
2. 반복표준편차 : 2~10%
3. 상대표준편차 10% 이내, 정확도는 75~125% 이내이어야 함

아연화합물

◐ 굴뚝 배출 – 아연화합물

분석방법	정량범위	방법검출한계
원자흡수분광광도법	0.003~5mg/m³	0.001mg/m³
유도결합플라스마원자발광분광법	0.1~5mg/m³	0.03mg/m³

※ 1. 원자흡수분광광도법이 주 시험방법임
   2. 정밀도는 10% 이내, 정확도는 75~125% 이내이어야 함

◐ 환경대기 중 – 아연화합물

분석방법	정량범위	방법검출한계	정밀도(%)
원자흡수분광광도법	0.01~1.5mg/L	0.003mg/L	2~10
유도결합플라스마분광법	0.4~20mg/L	0.12mg/L	3~10

※ 1. 원자흡수분광광도법이 주 시험방법임
   2. 반복표준편차 : 2~10%
   3. 상대표준편차 10% 이내, 정확도는 75~125% 이내이어야 함

베릴륨화합물

◐ 굴뚝 배출 – 베릴륨

분석방법	정량범위	방법검출한계
원자흡수분광광도법	0.01~0.5mg/m³	0.003mg/m³

※ 1. 원자흡수분광광도법이 주 시험방법임
   2. 상대표준편차 10% 이내, 정확도는 75~125% 이내, 변동계수 2~10%임

◐ 환경대기 중 – 베릴륨

분석방법	정량범위	방법검출한계	정밀도(%)
유도결합플라스마분광법	0.02~2.0mg/L	0.002mg/L	2~10

※ 1. 유도결합플라스마분광법이 주 시험방법임
   2. 상대표준편차 10% 이내, 정확도는 75~125% 이내이어야 함

수은화합물

◐ 굴뚝 배출 – 수은

분석방법	정량범위	방법검출한계
냉증기 원자흡수분광광도법	0.0005~0.0075mg/m³	0.00015mg/m³

※ 1. 냉증기 원자흡수분광광도법이 주 시험방법임
   2. 정밀도는 10% 이내, 정확도는 80~120% 이내이어야 함

◐ 환경대기 중 – 수은

- 강우 내 존재하는 총수은 : 냉증기 원자형광광도법(수동)

• 환경대기 중의 기체상 및 입자상 수은 $\begin{cases} \text{냉증기 원자흡수분광법} \\ \text{냉증기 원자형광광도법} \end{cases}$

기타

◐ 환경대기 중 – 철화합물

분석방법	정량범위	방법검출한계	정밀도(%)
원자흡수분광광도법	0.5~50mg/L	0.15mg/L	3~10
유도결합플라스마분광법	0.1~50mg/L	0.034mg/L	3~10

※ 1. 원자흡수분광광도법이 주 시험방법임
   2. 반복표준편차 : 3~10%
   2. 상대표준편차 10% 이내, 정확도는 75~125% 이내이어야 함

◐ 환경대기 중 – 코발트화합물

분석방법	정량범위	방법검출한계	정밀도(%)
유도결합플라스마분광법	0.15~5mg/L	0.015mg/L	2~10

※ 1. 유도결합플라스마분광법이 주 시험방법임
   2. 상대표준편차 10% 이내, 정확도는 75~125% 이내이어야 함

(3) 중금속 항목별 분석 각론

▌비소

① 분석대상
   □ 굴뚝 배출 : 연료 및 기타 물질의 연소, 금속의 제련 및 가공, 요업, 약품제조, 폐기물 처리 등에 수반하여 굴뚝 등에서 배출되는 배출가스 중에서 입자상 비소 및 이들 화합물과 가스상의 수소화비소 분석
   □ 환경대기 : 환경대기 중의 입자상 및 기체상 비소화합물의 농도측정

② 분석방법
   □ 굴뚝 배출 $\begin{cases} \text{수소화물 생성 원자흡수분광법} \\ \text{흑연로 원자흡수분광법(입자상 비소)} \\ \text{유도결합플라스마원자발광분광법(입자상 비소)} \\ \text{자외선/가시선분광법} \end{cases}$

   □ 환경대기 $\begin{cases} \text{수소화물 발생 원자흡수분광법} \\ \text{유도결합플라스마분광법} \\ \text{흑연로 원자흡수분광광도법} \end{cases}$

③ 분석방법 각론

▌굴뚝 배출 – 수소화물 생성 원자흡수분광광도법

   □ 전처리 $\begin{cases} \text{입자상 비소} \begin{cases} \text{산분해법(질산+황산+과염소산)} \\ \text{마이크로산분해법} \end{cases} \\ \text{가스상 비소 : 질산–황산분해} \end{cases}$

- **개요** : 가스상 비소는 **수산화소듐**용액에 흡수시키고, 입자상 비소는 먼지의 **반자동식 채취법**에 따라 채취한 시료를 전처리하여 유기물을 분해하여 분석용 시료용액으로 한 후, 시료용액 중의 비소를 **수소화비소**로 하여 **아르곤-수소** 불꽃 중에 도입하고 비소에 의한 원자흡수를 파장 193.7nm에서 측정하여 비소를 정량함
- **간섭물질** : 비소 및 비소화합물 중 일부 화합물은 **휘발성**이 있어 전처리하는 동안 비소의 손실 가능성이 있으므로 **마이크로파 산분해법**을 권장하고 있음
  - **시료용액 중의 산 매질** : 농도에 따라 감응도에 약간의 차이가 날 수 있음 → 시료와 표준용액을 동일한 방법으로 처리하여 이러한 차이를 줄여야 함
  - **시료용액 중 귀금속** : 수소화비소의 발생에 영향을 줌
    - 은, 금, 백금, 팔라듐 등의 농도가 100μg/L 이상
    - 구리, 납 등의 농도가 1mg/L 이상
    - 수소화물 생성원소(비스무트, 안티몬, 주석, 셀레늄, 텔루륨 등)의 농도가 각각 0.1~1mg/L 이상
    - 철, 니켈, 코발트의 함량이 각각 비소함량의 5배, 10배, 80배 초과하는 경우
  - **전이금속** : 염산농도에 따라 달라짐 → 저농도에서보다 **4~6M에서 낮음**
  - **환원된 산화질소와 아질산염** : 감도를 저하시킬 수 있음
- **농도계산** : 배출가스 중의 입자상 및 가스상 비소 농도를 산출한 후 합하여 총 비소를 구함

$$C = \frac{m}{V_s} \times 10^3 \times \frac{22.41}{74.92} \quad \begin{cases} C : 비소\ 농도(\text{ppm}) \\ m : 검정곡선에서\ 구한\ 비소량(\text{mg}) \\ V_s : 건조\ 시료가스량(\text{L}) \end{cases}$$

※ 측정결과는 mg/Sm³의 소수점 넷째 자리까지 유효자리수를 계산하고, 결과 표시는 소수점 셋째 자리까지 표기함.

환경대기 - 수소화물 생성 원자흡수분광광도법
- **개요** : 수소화 비소 발생장치를 부착하고 **비소 속빈음극램프**를 점등하여 안정화시킨 후 **193.7nm의 파장**에서 원자흡수분광광도법에 따라 조작하여 시료용액의 흡수도 또는 흡수 백분율을 측정하는 방법
- **간섭물질** : 굴뚝배출 비소화합물 측정 참조
- **기타** : 전처리 및 여과지 선정, 농도계산 → 공통항목 참조

굴뚝 배출 - 흑연로 원자흡수분광광도법
- **전처리** : 원자흡수분광광도법의 전처리방법을 따라 전처리함. 다만, 전처리하는 동안 비소의 손실 가능성이 있는 경우 마이크로파 산분해법을 사용할 수 있음
- **개요** : 입자상 비소화합물을 여과장치에 채취(먼지-반자동식 측정법에 따름)하고, 채취된 물질을 산분해(酸分解) 처리하여 용액화한 시료용액 중의 비소를 흑연로 원자흡수분광광도계의 비소 속빈음극램프를 점등하여 안정화시킨 후, 전처리한 시료용액을 흑연로에 주입하고 비소화합물을 원자화시켜 파장 193.7nm에서 원자흡수분광광도법에 따라 조작을 하여 시료용액의 흡수도 또는 흡수 백분율을 측정함

▫ **간섭물질** : 비소 및 비소화합물 중 일부 화합물은 휘발성이 있어 전처리하는 동안 비소의 손실 가능성이 있으므로 마이크로파 산분해법을 권장하고 있음
- **소듐**(나트륨, Na) : 가스상 비소는 흡수용액 중에 함유된 다량의 소듐에 의해 심각한 간섭을 받기 때문에 수소화물 발생 원자흡수분광광도법으로 분석하여 합함
- **건조 및 회화단계** : 건조 및 회화단계에서의 휘발손실을 줄이기 위해 시료주입단계에서 매질 변형제(팔라듐/마그네슘 혼합액 또는 질산니켈용액)를 모든 시료에 첨가해야만 함
- **매질의 영향** : 분석 파장이 낮은(193.7nm) 비소는 원자화 단계에서 매질성분에 의한 심각한 비특이성 흡수 및 산란에 의한 영향을 받을 수 있음 → 영향을 줄이기 위해 바탕시험값의 보정을 실시해야 함
- **알루미늄** : 알루미늄은 특히 연속광원을 이용한 바탕시험값 보정에서 심각한 양(+)의 간섭을 보임 → 지먼(Zeeman) 바탕시험값 보정법이 유용함
- **염화소듐**(NaCl) : 소듐(Na)으로서 1,000mg/L 이하일 경우 매질 변형제를 사용하고 바탕시험값 보정을 실시하여 간섭을 제거할 수 있음

▫ **농도계산** : 입자상 및 가스상 비소 농도를 산출한 후 합하여 총 비소를 구함

$$C = \frac{m}{V_s} \times 10^3 \times \frac{22.41}{74.92} \quad \begin{cases} C : \text{비소 농도(ppm)} \\ m : \text{검정곡선에서 구한 비소량(mg)} \\ V_s : \text{건조 시료가스량(L)} \end{cases}$$

※ 측정결과는 mg/Sm^3의 소수점 넷째 자리까지 유효자리수를 계산하고, 결과 표시는 소수점 셋째 자리까지 표기함.

▎굴뚝 배출 – 유도결합플라스마분광법

▫ **적용** : 배출가스 중의 입자상 비소와 그 화합물
▫ **전처리** : 원자흡수분광광도법의 전처리방법을 따라 전처리함
- 전처리하는 동안 비소의 손실 가능성이 있는 경우 마이크로파 산분해법을 사용할 수 있음
- 마이크로파 산분해는 고압에서 200℃ 이상까지 온도를 상승시킬 수 있고, 1,200W 이상 세기의 마이크로파 조사가 가능함

▫ **개요** : 입자상 비소화합물을 여과장치에 채취(먼지-반자동식 측정법에 의함)하고, 채취된 물질을 산분해처리하여 용액화한 시료용액을 유도결합플라스마분광계(27.1MHz 또는 40.68MHz의 아르곤 플라스마)에 분무주입하여 파장 193.696nm에서 발광세기를 측정하여 비소를 정량함

▫ **간섭물질** : 비소 및 비소화합물 중 일부 화합물은 휘발성이 있어 전처리하는 동안 비소의 손실 가능성이 있으므로 마이크로파 산분해법을 권장하고 있음
- **소듐**(나트륨, Na) : 가스상 비소는 흡수용액 중에 함유된 다량의 소듐에 의해 심각한 간섭을 받기 때문에 수소화물 발생 원자흡수분광광도법으로 분석하여 합함
- **철과 알루미늄** : 시료 중의 철과 알루미늄에 의한 분광학적 간섭이 있을 수 있음 → 시료를 희석하거나 다른 파장을 이용할 수 있으나 검출한계가 높아질 수 있음

- **매질의 영향** : 매질성분 및 농도 차이에 의해 시료의 주입 및 분무 시의 물리적 간섭, 분자화합물 생성 및 이온화효과에 의한 화학적 간섭이 있을 수 있음 → 물리적 간섭 및 화학적 간섭은 시료와 검정곡선 작성용 표준용액의 매질농도를 일치시켜 보정해야 함
- **농도계산** : 입자상 및 가스상 비소 농도를 산출한 후 합하여 총 비소를 구함

$$C = \frac{m}{V_s} \times 10^3 \times \frac{22.41}{74.92} \quad \begin{cases} C : 비소\ 농도(\text{ppm}) \\ m : 검정곡선에서\ 구한\ 비소량(\text{mg}) \\ V_s : 건조\ 시료가스량(\text{L}) \end{cases}$$

※ 측정결과는 mg/Sm^3의 소수점 넷째 자리까지 유효자리수를 계산하고, 결과 표시는 소수점 셋째 자리까지 표기함.

환경대기 – 유도결합플라스마분광법
- **개요** : 전처리한 시료용액을 27.1MHz 또는 40.68MHz의 초고주파장에 의해 생성된 아르곤 플라스마 중에 분무하여 주입하고 파장 193.696nm에서 발광세기를 측정하여 비소를 정량함
- **간섭물질** : 굴뚝 배출 비소화합물 측정 참조
- **기타** : 전처리 및 여과지 선정, 농도계산 → 공통항목 참조

굴뚝 배출 – 자외선/가시선분광법
- **적용** : 배출가스 중의 가스상 비소와 입자상 비소 및 그 화합물
- **전처리** : 원자흡수분광광도법의 전처리방법을 따라 전처리함. 전처리하는 동안 비소의 손실 가능성이 있는 경우 마이크로파 산분해법을 사용할 수 있음
- **개요** : 가스상 비소는 **수산화소듐**용액에 흡수시키고, 입자상 비소는 먼지의 **반자동식 채취법**에 따라 채취한 시료를 전처리하여 유기물을 분해하여 분석용 시료용액으로 한 후, 시료용액 중의 비소를 **수소화비소**로 하여 발생시키고 이를 **다이에틸다이사이오카밤산은**의 **클로로폼**용액에 흡수시킨 다음 생성되는 **적자색** 용액의 흡광도를 510nm에서 측정하여 비소를 정량함
    - **입자상 비소**는 철(Ⅲ)용액과 지시약으로 메타-크레솔퍼플 에틸알코올용액(2~3방울)을 가하여 암모니아수(1+2)로 용액의 색이 자색이 될 때까지 중화하여 침전·농축시킨 후 여과하여 수소화비소 발생장치에 넣음
    - **입자상 비소**의 수산화철(Ⅲ)에 의한 공침은 pH 9~10 범위가 적당함
- **간섭물질** : 비소 및 비소화합물 중 일부 화합물은 휘발성이 있어 전처리하는 동안 비소의 손실 가능성이 있으므로 마이크로파 산분해법을 권장하고 있음
    - **황화수소** : 아세트산납으로 제거할 수 있음
    - **안티몬** : 스티빈(stibine)으로 환원되어 510nm에서 최대흡수를 나타내는 착화합물을 형성케 함으로써 비소 측정에 간섭을 줄 수 있음
    - **메틸비소화합물** : pH 1에서 **메틸수소화비소**(methylarsine)를 생성하여 흡수용액과 착화합물을 형성하고, 총비소 측정에 영향을 줄 수 있음

- **금속물질** : 크로뮴, 코발트, 구리, 수은, 몰리브데넘, 니켈, 백금, 은, 셀렌 등이 수소화비소(AsH_3) 생성에 영향을 줄 수 있으나 → 시료용액 중의 이들 농도는 간섭을 일으킬 정도로 높지는 않음
- **농도계산** : 입자상 및 가스상 비소 농도를 산출한 후 합하여 총비소를 구함

$$C = \frac{m}{V_s} \times 10^3 \times \frac{22.41}{74.92} \quad \begin{cases} C : \text{비소 농도(ppm)} \\ m : \text{검정곡선에서 구한 비소량(mg)} \\ V_s : \text{건조 시료가스량(L)} \end{cases}$$

※ 측정결과는 ppm 단위의 소수점 넷째 자리까지 계산하고, 결과 표시는 소수점 셋째 자리까지 표기함.

▮ 환경대기 - 흑연로 원자흡수분광광도법
- **개요** : 비소 속빈음극램프를 점등하여 안정화시킨 후, 전처리한 시료용액을 흑연로에 주입하고 비소화합물을 원자화시켜 파장 193.7nm에서 원자흡수분광광도법에 따라 조작을 하여 시료용액의 흡수도 또는 흡수 백분율을 측정하는 방법
- **간섭물질** : 굴뚝 배출 비소화합물 측정 참조
- **기타** : 전처리 및 여과지 선정, 농도계산 → 공통항목 참조

▮▮ 카드뮴
① 분석대상
- **굴뚝 배출** : 연료 및 기타 물질의 연소, 금속의 제련과 가공, 이화학적 처리 등에 의해 굴뚝, 덕트 등으로부터 배출되는 입자상 카드뮴 및 카드뮴화합물의 분석
- **환경대기** : 환경대기 중의 입자상 카드뮴화합물 농도측정

② 분석방법
- **굴뚝 배출** { 원자흡수분광광도법 / 유도결합플라스마원자발광분광법
- **환경대기** { 원자흡수분광광도법 / 유도결합플라스마분광법

③ 분석방법 각론

▮ 굴뚝 배출 - 원자흡수분광광도법
- **개요** : 카드뮴을 원자흡수분광광도법으로 정량하는 방법으로, 카드뮴의 속빈음극램프를 점등하여 안정화시킨 후 **228.8nm의 파장**에서 원자흡수분광광도법에 따라 조작하여 시료용액의 흡수도 또는 흡수백분율을 측정하는 방법임
- **간섭물질** { 아연, 구리 / 알칼리금속의 할로겐화물
  - **아연, 구리** : 트라이옥틸아민의 4-메틸-2-펜타논용액으로 추출하여 원자흡수분석을 함
  - **알칼리금속의 할로겐화물** : 분자흡수, 광산란 등에 의해 양(+)의 오차가 발생함 → 미리 카드뮴을 분리하거나 백그라운드 보정장치를 사용함
- **농도계산**(공통항목 참조) : 측정결과는 mg/Sm^3의 소수점 넷째 자리까지 유효자리수

를 계산하고, 결과 표시는 소수점 셋째 자리까지 표기함. 방법검출한계 미만의 값은 불검출로 표시

▌환경대기 – 원자흡수분광광도법
- **개요** : 카드뮴의 속빈음극램프를 점등하여 안정화시킨 후 **228.8nm의 파장**에서 원자흡수분광광도법에 따라 조작하여 시료용액의 흡수도 또는 흡수백분율을 측정하는 방법
- **간섭물질** : 굴뚝 배출 카드뮴화합물 측정 참조
- **기타** : 전처리 및 여과지 선정, 농도계산 → 공통항목 참조

▌굴뚝 배출 – 유도결합플라스마분광법
- **개요** : 카드뮴을 유도결합플라스마분광법으로 정량하는 방법으로 시료용액을 플라스마(Ar, 순도 99.99% 이상)에 분무하여, 파장 226.5nm(또는 214.439nm)에서 발광세기를 측정하여 카드뮴의 농도를 구함
- **간섭물질** { 알칼리토류 / 염(鹽, salt) }
  - **알칼리토류** : 소듐(Na), 포타슘(K), 마그네슘, 칼슘 등의 농도가 높고, 카드뮴의 농도가 낮은 경우 → 용매추출법을 이용하여 정량할 수 있음
  - **염(Salt)** : 염의 농도가 높은 시료용액에서 검정곡선법이 적용되지 않을 때 → 표준물첨가법을 사용하는 것이 좋음. 이때 시료용액의 종류에 따라 바탕보정을 할 필요가 있음
- **전처리 및 여과지 선정** : 공통항목 참조
- **농도계산(공통항목 참조)** : 측정결과는 mg/Sm^3의 소수점 다섯째 자리까지 유효자리수를 계산하고, 결과 표시는 소수점 넷째 자리까지 표기함. 방법검출한계 미만의 값은 불검출로 표시

▌환경대기 – 유도결합플라스마분광법
- **개요** : 시료용액을 플라스마에 분무하여 파장 226.5nm 또는 214.439nm에서 발광세기를 측정하여 카드뮴의 농도를 구함
- **간섭물질** : 별도 사항 없음
- **기타** : 전처리 및 여과지 선정, 농도계산 → 공통항목 참조

▌▌크로뮴
① 분석대상
- **굴뚝 배출** : 연료 및 기타 물질의 연소, 금속의 제련과 가공, 이화학적 처리 등에 의해 굴뚝, 덕트 등으로부터 배출되는 입자상 크로뮴 및 크로뮴화합물의 분석방법에 적용
- **환경대기** : 환경대기 중의 입자상 크로뮴화합물 농도측정

② 분석방법
- **굴뚝 배출** { 원자흡수분광광도법 / 유도결합플라스마원자발광분광법 / 자외선/가시선분광법 }

□ 환경대기 { 원자흡수분광법
유도결합플라스마분광법

③ **분석방법 각론**

굴뚝 배출 – 원자흡수분광광도법
- □ **개요** : 크로뮴의 속빈음극램프를 점등하여 안정화시킨 후 357.9nm의 파장에서 원자흡수분광광도법에 따라 조작을 하여 시료용액의 흡수도 또는 흡수백분율을 측정하는 방법
- □ **간섭물질** { 철
니켈
  - 크로뮴의 **농도가 낮은** 시료용액에서 추출을 **방해하는 물질을 함유하지 않은 경우** → N,N-다이옥틸옥탄아민(트라이옥틸아민)의 **아세트산뷰틸용액**으로 추출한 후 불꽃 중에 분무하여 크로뮴을 정량할 수 있음
  - **아세틸렌-공기** 불꽃에서는 철, 니켈 등에 의한 방해를 받음 → 황산소듐, 이황산포타슘 또는 이플루오르화수소암모늄을 10g/L 정도 가하여 분석하거나, **아세틸렌-산화이질소** 불꽃을 사용하여 방해를 줄일 수 있음
- □ **전처리 및 여과지 선정** : 공통항목 참조
- □ **농도계산**(공통항목 참조) : 측정결과는 mg/Sm³의 소수점 셋째 자리까지 유효자리수를 계산하고, 결과 표시는 소수점 둘째 자리까지 표기함. 방법검출한계 미만의 값은 불검출로 표시

환경대기 – 원자흡수분광광도법
- □ **개요** : 크로뮴의 속빈음극램프를 점등하여 안정화시킨 후 357.9nm의 파장에서 원자흡수분광광도법에 따라 조작을 하여 시료용액의 흡수도 또는 흡수백분율을 측정하는 방법
- □ **간섭물질** : 굴뚝 배출 크로뮴화합물 측정 참조
- □ **기타** : 전처리 및 여과지 선정, 농도계산 → 공통항목 참조

굴뚝 배출 – 유도결합플라스마분광법
- □ **개요** : 크로뮴을 유도결합플라스마분광법으로 정량하는 방법이며, 시료용액을 유도결합플라스마 내에 분무하여 파장 357.87nm 또는 206.149nm의 발광세기를 측정하고, 크로뮴을 정량함
- □ **간섭물질** { 소듐(Na), 포타슘(K)
마그네슘, 칼슘
  - 시료용액 중에 소듐, 포타슘, 마그네슘, 칼슘 등의 **농도가 높고**, 크로뮴의 **농도가 낮은 경우** → N,N-다이옥틸옥탄아민(트라이옥틸아민)의 아세트산뷰틸용액으로 추출 후, 플라스마 토치 중에 분무하여 크로뮴을 정량할 수 있음
- □ **전처리 및 여과지 선정** : 공통항목 참조
- □ **농도계산**(공통항목 참조) : 측정결과는 mg/Sm³ 단위의 소수점 넷째 자리까지 계산하고, 결과 표시는 소수점 셋째 자리까지 표기함

- **환경대기 - 유도결합플라스마분광법**
  - **개요** : 시료용액을 유도결합플라스마 내에 분무하여 파장 357.87nm 또는 206.149nm의 발광세기를 측정하고, 크로뮴을 정량함
  - **간섭물질** : 굴뚝 배출 크로뮴화합물 측정 참조
  - **기타** : 전처리 및 여과지 선정, 농도계산 → 공통항목 참조

- **굴뚝 배출 - 자외선/가시선분광법**
  - **개요** : 시료용액 중의 크로뮴을 **과망간산포타슘**($KMnO_4$)에 의하여 **6가로 산화**하고, **요소**를 가한 다음, **아질산소듐**($NaNO_3$)으로 과량의 과망간산염을 분해한 후 **다이페닐카바자이드**를 가하여 발색시키고, 파장 540nm 부근에서 흡수도를 측정하여 정량하는 방법
  - **간섭물질** $\begin{cases} 철 \\ 몰리브데넘, 수은, 바나듐 \end{cases}$
    - 시료에 철(Fe)을 함유하는 경우 : 철이 증가함에 따라 흡수도가 낮아짐 → **이인산소듐**용액을 가하여 방해를 줄일 수 있음
    - **몰리브데넘**(Mo)은 0.1mg까지는 영향을 주지 않으며, **수은**(Hg)은 **염화물이온 첨가**에 의해 방해를 줄일 수 있고, **바나듐**(V)은 발색 후 10~15분 경과 후 흡수도를 측정하면 방해를 줄일 수 있음
    - 철 외에 방해물질이 많은 경우 → **클로로폼으로 추출** 후 크로뮴을 정량할 수 있음
  - **전처리 및 여과지 선정** : 공통항목 참조
  - **농도계산**(공통항목 참조) : 측정결과는 mg/Sm^3 단위의 소수점 넷째 자리까지 계산하고, 결과 표시는 소수점 셋째 자리까지 표기함

■■ 납화합물

① **분석대상**
  - **굴뚝 배출** : 연료 및 기타 물질의 연소, 금속의 제련과 가공, 이화학적 처리 등에 의해 굴뚝, 덕트 등으로부터 배출되는 입자상 납 및 납화합물의 분석방법에 적용
  - **환경대기** : 환경대기 중의 입자상 납화합물 농도측정

② **분석방법**
  - **굴뚝 배출** $\begin{cases} 원자흡수분광법 \\ 유도결합플라스마원자발광분광법 \end{cases}$
  - **환경대기** $\begin{cases} 원자흡수분광법 \\ 유도결합플라스마분광법 \\ 자외선/가시선분광법 \end{cases}$

③ **분석방법 각론**

- **굴뚝 배출 - 원자흡수분광광도법**
  - **개요** : 납을 원자흡수분광광도법에 따라서 정량하는 방법으로 측정파장은 217.0nm 또는 283.3nm를 이용함

- 간섭물질 $\begin{cases} Ca^{2+} \\ SO_4^{2-} \end{cases}$
  - 시료 내 납의 양이 미량으로 존재하거나 방해물질이 존재할 경우, 용매추출법을 적용하여 정량할 수 있음
  - Ca^{2+}와 고농도 SO_4^{2-} 등이 존재할 경우 용매추출법을 적용하여 정량할 수 있음
- 전처리 및 여과지 선정 : 공통항목 참조
- 농도계산(공통항목 참조) : 측정결과는 mg/Sm^3의 소수점 넷째 자리까지 계산하고, 결과 표시는 소수점 셋째 자리까지 표기함

▌환경대기 – 원자흡수분광광도법
- 개요 : 납을 원자흡수분광광도법에 따라 정량하는 방법으로 측정파장은 217.0nm 또는 283.3nm를 이용함
- 간섭물질 : 시료용액 중의 납 농도가 낮거나 방해물질(Ca^{2+}, 고농도 SO_4^{2-} 등)이 존재할 경우 용매추출법을 적용하여 정량할 수 있음
- 기타 : 전처리 및 여과지 선정, 농도계산 → 공통항목 참조

▌굴뚝 배출 – 유도결합플라스마분광법
- 개요 : 시료용액을 플라스마에 분무하여 파장 220.351nm의 발광세기를 측정하여 납을 정량함
- 간섭물질 : 시료용액 중에 소듐, 포타슘, 마그네슘, 칼슘 등의 농도가 높고, 납의 농도가 낮은 경우는 용매추출법을 이용하여 납을 정량할 수 있음
- 전처리 및 여과지 선정 : 공통항목 참조
- 농도계산(공통항목 참조) : 측정결과는 mg/Sm^3의 소수점 넷째 자리까지 유효자리수를 계산하고, 결과 표시는 소수점 셋째 자리까지 표기함. 방법검출한계 미만의 값은 불검출로 표시

▌환경대기 – 유도결합플라스마분광법
- 개요 : 시료용액을 플라스마에 분무하여 파장 220.351nm의 발광세기를 측정함
- 간섭물질 : 시료용액 중에 Na, K, Mg, Ca 등의 농도가 높고, 납의 농도가 낮은 경우에는 용매추출법을 이용하여 납을 정량할 수 있음
- 기타 : 전처리 및 여과지 선정, 농도계산 → 공통항목 참조

▌환경대기 – 자외선/가시선분광법
- 개요 : 납이온이 시안화칼륨용액 중에서 디티존과 반응하여 생성되는 납디티존착염을 클로로폼으로 추출하고, 과량의 디티존은 시안화칼륨용액으로 씻어내어 납착염의 흡광도를 520nm에서 측정하여 정량하는 방법
- 간섭물질 : 굴뚝 배출가스 분석 참조
- 기타 : 전처리 및 여과지 선정, 농도계산 → 공통항목 참조

구리화합물

① **분석대상**
- **굴뚝 배출** : 연료 및 기타 물질의 연소, 금속의 제련과 가공, 이화학적 처리 등에 의해 굴뚝, 덕트 등으로부터 배출되는 입자상 구리화합물의 분석방법에 적용
- **환경대기** : 환경대기 중의 입자상 구리화합물 농도측정

② **분석방법**
- **굴뚝 배출** { 원자흡수분광법 / 유도결합플라스마원자발광분광법
- **환경대기** { 원자흡수분광법 / 유도결합플라스마분광법

③ **분석방법 각론**

■ **굴뚝 배출 – 원자흡수분광광도법**
- **개요** : 구리의 속빈음극램프를 점등하여 안정화시킨 후 **324.8nm의 파장**에서 원자흡수분광광도법에 따라 조작하여 시료용액의 흡수도 또는 흡수백분율을 측정하는 방법
- **간섭물질** : 별도사항 없음
- **전처리 및 여과지 선정** : 공통항목 참조
- **농도계산**(공통항목 참조) : 측정결과는 mg/Sm^3 단위의 소수점 넷째 자리까지 계산하고, 결과 표시는 소수점 셋째 자리까지 표기함

■ **환경대기 – 원자흡수분광광도법**
- **개요** : 구리 속빈음극램프를 점등하여 안정화시킨 후 324.8nm의 파장에서 원자흡수분광광도법에 따라 조작을 하여 시료용액의 흡수도 또는 흡수백분율을 측정하는 방법
- **기타** : 전처리 및 여과지 선정, 농도계산 → 공통항목 참조

■ **굴뚝 배출 – 유도결합플라스마분광법**
- **개요** : 시료용액을 유도결합플라스마 내에 분무하여 파장 324.75nm에서 발광세기를 측정하고, 구리를 정량함
- **간섭물질** : 별도사항 없음
- **전처리 및 여과지 선정** : 공통항목 참조
- **농도계산**(공통항목 참조) : 측정결과는 mg/Sm^{3}의 소수점 셋째 자리까지 유효자리수를 계산하고, 결과 표시는 소수점 둘째 자리까지 표기함. 방법검출한계 미만의 값은 불검출로 표시

■ **환경대기 – 유도결합플라스마분광법**
- **개요** : 시료용액을 플라스마에 분무하여 파장 324.75nm에서 발광세기를 측정
- **기타** : 전처리 및 여과지 선정, 농도계산 → 공통항목 참조

■ **굴뚝 배출 – 자외선/가시선분광법**
- **개요** : 시료용액에 **시트르산이암모늄**-EDTA 용액을 가하여 **방해원소를 차단**하고, 암

모니아수를 가해 pH 9로 조절한 다음 DDTC 용액을 가하여 **구리착화합물**을 만들고, **사염화탄소로 추출**하여, 측정파장 400nm 부근의 흡수도를 측정하여 정량하는 방법

- 간섭물질 { 빛, 온도 / 비스무트 }
  - 구리착물은 시간이 경과하면 분해되므로, 가능한 빛을 차단하고, **20℃ 이하**에서 조작하며, 장시간 방치하지 않도록 해야 함
  - 클로로폼층은 퇴색하기 쉬우므로 이것을 막기 위하여 20℃ 이하의 암상자 속에 보존하도록 하는 것이 좋음
  - 비교적 **다량의 비스무트**(Bi)가 함유되어 있으면, 시안화포타슘용액으로 세정조작을 반복하더라도 무색이 나타나지 않음 → 이 경우는 별도의 조작으로 구리를 추출한 후 정량함
- 전처리 및 여과지 선정 : 공통항목 참조
- 농도계산(공통항목 참조) : 측정결과는 mg/Sm^{3}의 소수점 셋째 자리까지 유효자리수를 계산하고, 결과 표시는 소수점 둘째 자리까지 표기함. 방법검출한계 미만의 값은 불검출로 표시

∥ 니켈화합물
① 분석대상
- **굴뚝 배출** : 연료 및 기타 물질의 연소, 금속의 제련과 가공, 이화학적 처리 등에 의해 굴뚝, 덕트 등으로부터 배출되는 입자상 니켈화합물의 분석방법에 적용
- **환경대기** : 환경대기 중의 입자상 니켈화합물 농도측정

② 분석방법
- 굴뚝 배출 { 원자흡수분광광도법 / 유도결합플라스마원자발광분광법 / 자외선/가시선분광법 }
- 환경대기 { 원자흡수분광법 / 유도결합플라스마분광법 }

③ 분석방법 각론
▌굴뚝 배출 – 원자흡수분광광도법
- **개요** : 니켈을 원자흡수분광광도법에 의해 정량하는 방법으로 니켈 속빈음극램프를 점등하여 안정화시킨 후 **232nm의 파장**에서 원자흡수분광광도법에 따라 조작을 하여 시료용액의 흡수도 또는 흡수백분율을 측정하는 방법
- 간섭물질 { 다량의 탄소 / 다른 금속이온 }
  - **다량의 탄소**가 포함된 시료의 경우 → 시료를 채취한 필터를 적당한 크기로 잘라서 자기도가니에 넣어 전기로를 사용하여 **800℃에서 30분 이상 가열**한 후 전처리 조작을 해야 함

- 카드뮴, 크로뮴 등을 동시에 분석하는 경우 → **500℃에서 2~3시간 가열**한 후 전처리 조작을 해야 함
- 다른 금속이온이 다량으로 존재하는 경우 → **용매추출법**을 적용하여 정량
- □ **전처리 및 여과지 선정** : 공통항목 참조
- □ **농도계산**(공통항목 참조) : 측정결과는 mg/Sm³의 소수점 넷째 자리까지 유효자리수를 계산하고, 결과 표시는 소수점 셋째 자리까지 표기함. 방법검출한계 미만의 값은 불검출로 표시

▌환경대기 – 원자흡수분광광도법
- □ **개요** : 니켈 속빈음극램프를 점등하여 안정화시킨 후 232nm의 파장에서 원자흡수분광광도법에 따라 조작을 하여 시료용액의 흡수도 또는 흡수백분율을 측정하는 방법
- □ **간섭물질** : 굴뚝 배출–니켈화합물 측정 참조
- □ **기타** : 전처리 및 여과지 선정, 농도계산 → 공통항목 참조

▌굴뚝 배출 – 유도결합플라스마분광법
- □ **개요** : 니켈을 유도결합플라스마분광법으로 정량하는 방법으로 시료용액을 플라스마에 분무하여, 파장 231.60nm 또는 221.647nm의 발광세기를 측정함
- □ **간섭물질** { 다량의 탄소 / 다른 이온(Na, K, Ca, Mg 등)
  - **다량의 탄소**가 포함된 시료의 경우 → 시료를 채취한 필터를 적당한 크기로 잘라서 자기도가니에 넣어 전기로를 사용하여 **800℃에서 30분 이상 가열**한 후 전처리 조작을 해야 함
  - 시료용액 중에 소듐, 포타슘, 마그네슘, 칼슘 등의 농도가 높고, 니켈의 농도가 낮은 경우 → **용매추출법**을 이용하여 정량함
- □ **전처리 및 여과지 선정** : 공통항목 참조
- □ **농도계산**(공통항목 참조) : 측정결과는 mg/Sm³의 소수점 넷째 자리까지 유효자리수를 계산하고, 결과 표시는 소수점 셋째 자리까지 표기함. 방법검출한계 미만의 값은 불검출로 표시

▌환경대기 – 유도결합플라스마분광법
- □ **개요** : 시료용액을 플라스마에 분무하여, 파장 231.60nm 또는 221.647nm의 발광세기를 측정하여 시료 중 니켈을 정량함
- □ **간섭물질** : 굴뚝 배출–니켈화합물 측정 참조
- □ **기타** : 전처리 및 여과지 선정, 농도계산 → 공통항목 참조

▌굴뚝 배출 – 자외선/가시선분광법
- □ **개요** : 니켈이온을 약한 **암모니아 액성**에서 **다이메틸글리옥심**과 반응시켜, 생성하는 니켈착화합물을 **클로로폼으로 추출**하고, 이것을 **묽은 염산으로 역추출**한다. 이 용액에 Br수를 가하고 암모니아수로 탈색하여, 약한 암모니아 액성에서 재차 다이메틸글

리옥심과 반응시켜 생성하는 **적갈색**의 니켈화합물을 파장 450nm 부근에서 흡수도를 측정하여 정량함

- 간섭물질 { 다량의 탄소 / 다른 이온(Cu, Mn, Co, Cr 등) / 추출 pH, 발색시간

  - 다량의 탄소가 포함된 시료의 경우 → 시료를 채취한 필터를 적당한 크기로 잘라서 자기도가니에 넣어 전기로를 사용하여 **800℃에서 30분 이상 가열**한 후 전처리 조작을 해야 함
  - 방해하는 다른 이온이 단독으로 니켈과 공존하면 비교적 영향이 적음 → Cu 10mg, Mn 20mg, Co 2mg, Cr 10mg까지 공존하여도 니켈의 흡광도에 영향을 미치지 않음
  - 니켈-다이메틸글리옥심의 클로로폼에 의한 추출 pH → pH 8~11 사이이며, **가장 적당한 범위의 pH는 8.5~9.5**임
  - 니켈-다이메틸글리옥심 착염의 최대흡수 파장 → 450nm와 540nm이나 시간이 경과함에 따라 파장이 변하며, 약 **20분까지는 안정**함. 따라서 흡수도 측정은 발색 후 20분 이내에 이루어져야 함
- 전처리 및 여과지 선정 : 공통항목 참조
- 농도계산(공통항목 참조) : 측정결과는 mg/Sm^3의 소수점 다섯째 자리까지 유효자리 수를 계산하고, 결과 표시는 소수점 넷째 자리까지 표기함. 방법검출한계 미만의 값은 불검출로 표시

▍ 아연화합물

① 분석대상

- **굴뚝 배출** : 연료 및 기타 물질의 연소, 금속의 제련과 가공, 이화학적 처리 등에 의해 굴뚝, 덕트 등으로부터 배출되는 입자상 아연화합물의 분석방법에 적용
- **환경대기** : 환경대기 중의 입자상 아연화합물 농도측정

② 분석방법

- **굴뚝 배출** { 원자흡수분광법 / 유도결합플라스마원자발광분광법
- **환경대기** { 원자흡수분광법 / 유도결합플라스마분광법

③ 분석방법 각론

▍굴뚝 배출 – 원자흡수분광광도법

- **개요** : 아연을 원자흡수분광광도법으로 정량하는 방법으로 아연 속빈음극램프를 점등하여 안정화시킨 후 213.8nm의 파장에서 원자흡수분광광도법에 따라 조작을 하여 시료용액의 흡수도 또는 흡수백분율을 측정하는 방법
- **간섭물질**
  - 시료용액 중의 아연농도가 낮은 경우 → 용매추출법을 적용

- 213.8nm 측정파장을 이용할 경우 → 불꽃에 의한 흡수 때문에 바탕선이 높아지는 경우가 있음
- □ **전처리 및 여과지 선정** : 공통항목 참조
- □ **농도계산**(공통항목 참조) : 측정결과는 mg/Sm^{3}의 소수점 셋째 자리까지 유효자리수를 계산하고, 결과 표시는 소수점 둘째 자리까지 표기함. 방법검출한계 미만의 값은 불검출로 표시

▌ 환경대기 – 원자흡수분광광도법

- □ **개요** : 아연 속빈음극램프를 점등하여 안정화시킨 후 213.8nm의 파장에서 원자흡수분광광도법에 따라 조작을 하여 시료용액의 흡수도 또는 흡수백분율을 측정하는 방법
- □ **간섭물질** : 굴뚝 배출–아연화합물 측정 참조
- □ **기타** : 전처리 및 여과지 선정, 농도계산 → 공통항목 참조

▌ 굴뚝 배출 – 유도결합플라스마분광법

- □ **개요** : 아연을 유도결합플라스마분광법으로 정량하는 방법이며, 시료용액을 플라스마에 분무하여, 파장 206.19nm의 발광세기를 측정함
- □ **간섭물질** : 별도사항 없음
- □ **전처리 및 여과지 선정** : 공통항목 참조
- □ **농도계산**(공통항목 참조) : 측정결과는 mg/Sm^{3}의 소수점 셋째 자리까지 유효자리수를 계산하고, 결과 표시는 소수점 둘째 자리까지 표기함. 방법검출한계 미만의 값은 불검출로 표시

▌ 환경대기 – 원자흡수분광광도법

- □ **개요** : 시료용액을 플라스마에 분무하여 파장 206.19nm의 발광세기를 측정함
- □ **간섭물질** : 별도사항 없음
- □ **기타** : 전처리 및 여과지 선정, 농도계산 → 공통항목 참조

▌ 굴뚝 배출 – 자외선/가시선분광법

- □ **개요** : 아연이온을 디티존과 반응시켜 생성되는 아연착색물질을 사염화탄소로 추출한 후 그 흡수도를 파장 535nm에서 측정하여 정량하는 방법
- □ **간섭물질** { 다른 이온(Cd, Co, Ni 등) / 변색
  - Cd 5μg, Co 10μg, Ni 30μg 이상 함유되어 있으면 방해현상을 일으킴 → 디티존 발색층 20mL에 대해 0.025% Na$_2$S 40mL를 가하고 흔들어 섞으면 Cd은 200μg까지도 방해하지 않음
  - 디티존은 보관 중에 다이페닐사이오카바다이아존으로 산화되기 쉬움
- □ **전처리 및 여과지 선정** : 공통항목 참조
- □ **농도계산**(공통항목 참조) : 측정결과는 mg/Sm^{3}의 소수점 셋째 자리까지 유효자리수를 계산하고, 결과 표시는 소수점 둘째 자리까지 표기함. 방법검출한계 미만의 값은 불검출로 표시

▌ 베릴륨
① 분석대상
- **굴뚝 배출** : 연료의 연소, 금속의 제련과 가공, 화학반응 등에 의해 굴뚝 등으로 배출되는 배출가스 중의 베릴륨을 분석하는 방법에 적용
- **환경대기** : 환경대기 중의 입자상 베릴륨화합물 농도측정

② 분석방법
- **굴뚝 배출** { 원자흡수분광법 / 몰린형광광도법
- **환경대기** { 유도결합플라스마분광법

③ 분석방법 각론

▎굴뚝 배출 – 원자흡수분광광도법
- **개요** : 베릴륨을 원자흡수분광광도법에 의해 정량하는 방법으로 여과지에 포집한 입자상 베릴륨화합물에 질산을 가하여 가열 분해한 후, 이 액을 증발 건고하고 이를 염산 용해하여 원자흡수분광광도법에 따라 아산화질소-아세틸렌 불꽃을 사용하여 파장 234.9nm에서 베릴륨을 정량함
- **간섭물질** : 별도사항 없음
- **농도계산** : 공통항목 참조

▎환경대기 – 유도결합플라스마분광법
- **개요** : 시료용액을 플라스마에 분무하고 각 성분의 특성파장에서 발광세기를 측정하여 각 성분의 농도를 구함
- **간섭물질** : 기기분석-유도결합플라스마분광법 참조
- **기타** : 전처리 및 여과지 선정, 농도계산 → 공통항목 참조

▌ 수은화합물
① 분석대상
- **굴뚝 배출** : 연소각로, 소각시설 및 그 밖의 배출원에서 배출되는 입자상 및 가스상 수은(Hg)을 측정·분석하는데 적용됨
- **환경대기** : 환경대기 중의 기체상 및 입자상 수은의 채취·분석하는데 적용됨

② 분석방법
- **굴뚝 배출** { 냉증기-원자흡수분광광도법
- **환경대기** { 강우 내 존재하는 총수은 : 냉증기 원자형광광도법(수동) / 환경대기 중의 기체상 및 입자상 수은 { 냉증기 원자흡수분광법 / 냉증기 원자형광광도법

③ 분석방법 각론

▎굴뚝 배출 – 냉증기 원자흡수분광광도법
- **개요** : 배출원에서 등속으로 흡입된 **입자상**과 **가스상 수은**은 흡수액인 **산성**(황산) **과망간산포타슘**($KMnO_4$) 용액에 채취하고, Hg^{2+} **형태**로 채취한 수은을 Hg^0 **형태**로 환

원(환원제 : 염화주석)시켜 광학셀에 있는 용액에서 기화시킨 다음 원자흡수분광광도계로 **파장 253.7nm**에서 측정함
- ☐ **간섭물질** : 시료채취 시 배출가스 중에 존재하는 산화 유기물질은 수은의 채취를 방해할 수 있으며, 분석 시에는 광학셀에 있는 수증기의 응축이 방해요인으로 작용함
- ☐ **분석 시 유의사항**
  - 시료채취관 : 보로실리케이트 혹은 석영 유리관을 사용하고 금속성 연결관을 사용해서는 안 됨
  - 가열 : 시료채취 동안에 수분응축을 방지하기 위하여 시료채취관 출구의 가스온도가 120±14℃로 유지되도록 가열해야 함
  - 유량보정 : 가스실린더 레귤레이터의 출구압력을 최소 500mmHg로 설정하고, 산기관 흡수병을 통과하는 유량이 1.5±0.1L/min이 되도록 유량계 밸브와 거품유량계 또는 습식 가스미터를 사용함
- ☐ **농도계산** : 총수은농도(mg/Sm³)는 다음과 같이 계산함

$$C = \frac{(m_{(HCl)Hg} + m_{(Sol)Hg})}{V_s} \times 10^{-3} \begin{cases} C : \text{수은 농도(mg/Sm}^3) \\ m_{(HCl)Hg} : \text{HCl 세정액 분석시료에 포함된 총수은량}(\mu g) \\ m_{(Sol)Hg} : \text{흡수액 분석시료에 포함된 총수은량}(\mu g) \\ V_s : \text{건조 시료가스량(Sm}^3) \end{cases}$$

※ 측정결과는 mg/m³ 단위의 소수점 셋째 자리까지 유효자리수를 계산하고, 결과 표시는 소수점 둘째 자리까지 표기함. 방법검출한계 미만의 값은 불검출로 표시

▌환경대기 – 냉증기 원자형광광도법(수동)

- ☐ **개요** : 시료는 각각 금아말감방식과 유리섬유 여과지방식으로 채취하여 기체상 시료는 열탈착 후, 수은 전용 분석시스템인 냉증기 원자흡수분광광도법으로 253.7nm의 파장에서 흡광도를 측정하여 수은의 농도를 산출함
- ☐ **주요사항**
  - 검출한계 : 기체상 원소성 수은은 0.05ng/m³, 입자상 수은은 1pg/m³
  - 간섭물질 : 할로겐 라디컬

▌환경대기 – 냉증기 원자형광광도법 : 앞의 냉증기 원자흡수분광광도법과 동일

▌환경대기 – 수은 습성 침적량측정법(냉증기 원자형광광도법)

- ☐ **적용** : 강우 내 존재하는 총수은의 습성 침적량을 측정하기 위한 모니터링방법
- ☐ **개요** : 강우시료 채취 즉시 $+\begin{cases}12\text{N HCl}\\ \text{BrCl}\end{cases}\xrightarrow{\text{수은}}{\text{산화}} \text{Hg}(\text{II}) \begin{cases}\text{NH}_2\text{OH}\cdot\text{HCl}\\ \text{SnCl}_2 \text{ 용액}\end{cases}\xrightarrow{\text{수은}}{\text{환원}}$ 원소성 수은(Hg^0) → 퍼지분리 $\begin{cases}\text{질소, 헬륨}\\ \text{아르곤가스}\end{cases}\xrightarrow{\text{운반가스}}{\text{고순도 아르곤가스}}$ 금아말감튜브(흡착) $\xrightarrow{\text{열탈착}}{500℃}$ 냉증기 원자형광광도기(253.7nm)에 도입 → 광전자 증배관에 의해 감지 $\xrightarrow{\text{전압으로}}{\text{전환}}$ 형광현상(수은 함량분석)

□ 간섭물질 { 아이오딘화물 / 수분

- **아이오드(I)** : 시료 내 아이오딘화물이 30~100ng/L의 농도로 존재할 경우 수은의 회수율이 100%까지 감소될 수 있음
  → 시료 내 아이오딘화물의 농도가 3mg/L를 초과하면 보통 시료보다 더 많은 양의 $SnCl_2$를 첨가하여야 함
  → 시료 내 아이오딘화물의 농도가 30mg/L를 초과하면 분석 후 모든 분석도구 및 시스템을 4N-HCl 용액으로 씻어내야 함
- **수분** : 금아말감 튜브에 수분이 흡착되면 간섭이 일어날 수 있음. 수분이 흡착되면 형광셀에 응결할 수 있고, 이는 분석 시 또다른 피크(peak)를 생성할 수 있음
  → 금아말감 튜브에 수분이 흡착되는 것을 방지하고, 수분이 흡착된 금아말감 튜브는 사용하지 않음

기타 금속화합물

환경대기 중 철 – 원자흡수분광광도법
□ **개요** : 철을 원자흡수분광광도법으로 정량하는 방법으로 철 속빈음극램프를 점등하여 안정화시킨 후 248.3nm의 파장에서 원자흡수분광광도법에 따라 조작을 하여 시료용액의 흡수도 또는 흡수백분율을 측정하는 방법

□ 간섭물질 { 니켈, 코발트 / 규소 / 유기산

- 니켈, 코발트가 다량 존재할 경우 검정용 표준용액의 매질을 일치시키고 아세틸렌/아산화질소 불꽃을 사용하여 분석하거나, 흑연로 원자흡수분광광도법을 이용하여 최소화시킬 수 있음
- 규소를 다량 포함하고 있을 때는 0.2% 염화칼슘용액을 첨가하여 분석할 수 있음
- 유기산(특히 시트르산)이 다량 포함되어 있을 때는 0.5% 인산을 가하여 간섭을 줄일 수 있음

□ **전처리 및 여과지 선정** : 공통항목 참조
□ **농도계산** : 공통항목 참조

환경대기 중 철 – 유도결합플라스마분광법
□ **개요** : 철을 유도결합플라스마분광법으로 정량하는 방법으로 시료용액을 플라스마에 분무하여 파장 259.94nm의 발광세기를 측정함
□ **간섭물질** : 염의 농도가 높은 시료용액에서 검정곡선법이 적용되지 않을 때는 표준물첨가법을 사용하여 정량할 수 있음
□ **기타** : 전처리 및 여과지 선정, 농도계산 → 공통항목 참조

환경대기 중 코발트 – 유도결합플라스마분광법

- **개요** : 시료용액을 플라스마에 분무하고 각 성분의 특성파장에서 발광세기를 측정하여 각 성분의 농도를 구함
- **간섭물질** : 기기분석-유도결합플라스마분광법 참조
- **기타** : 전처리 및 여과지 선정, 농도계산 → 공통항목 참조

CBT 형식 출제대비 엄선 예상문제

01 납 및 카드뮴을 측정하기 위하여 다량의 유기물 또는 유리탄소를 함유하는 시료를 채취하였다. 시료의 처리방법으로 적당한 것은?

① 질산법
② 저온회화법
③ 질산-염산법
④ 질산-과산화수소수법

02 "타르 기타 소량의 유기물을 함유하는 시료"의 전처리방법으로 부적당한 것은?

① 저온회화법
② 질산-염산법
③ 마이크로파 산분해법
④ 질산-과산화수소수법

03 전처리장치인 저온회화법의 회화온도 기준은?

① 회화온도는 약 400℃ 이하이다.
② 회화온도는 약 400℃ 이상이다.
③ 회화온도는 약 200℃ 이하이다.
④ 회화온도는 약 200℃ 이상이다.

04 배출가스 중 금속화합물을 유도결합플라스마 원자발광분광법으로 분석하기 위한 시료 성상에 따른 전처리방법으로 가장 거리가 먼 것은?

	시료의 성상	전처리방법
Ⓐ	타르 기타 소량의 유기물을 함유하는 시료	마이크로파 산분해법
Ⓑ	셀룰로오스 섬유제 여과지를 사용한 시료	저온회화법
Ⓒ	유기물을 함유하지 않는 시료	질산-염산법
Ⓓ	다량의 유기물 유리탄소를 함유하는 시료	저온회화법

① Ⓐ
② Ⓑ
③ Ⓒ
④ Ⓓ

05 입자상 비소 시료채취장치의 채취관 재질로 부적합한 것은?

① 석영
② 보통강철
③ 플루오린수지
④ 염화비닐수지

▶ 해설

01 다량의 유기물 및 유리탄소 함유한 경우 저온회화법으로 전처리한다.

02 저온회화법은 다량의 유기물 및 유리탄소 함유한 경우에 적용된다. 타르 기타 소량의 유기물을 함유하는 것은 질산-염산법, 질산-과산화수소수법, 마이크로파 산분해법으로 처리된다.

03 저온회화법은 시료를 채취한 여과지를 회화실에 넣고 약 200℃ 이하에서 회화한다. 셀룰로오스 섬유제 여과지를 사용했을 때에는 그대로, 유리섬유제 또는 석영섬유제 여과지를 사용했을 때는 적당한 크기로 자르고 염산(1+1) 및 과산화수소수(30%)를 가한 후 물중탕 중에서 약 30분간 가열하여 녹인 다음 여과조작을 한다.

04 유기물을 함유하지 않은 시료는 질산법이나 마이크로파 산분해법에 의해 전처리된다. 마이크로파 산분해방법은 원자흡수분광법(AAS)이나 유도결합플라스마방출분광법(ICP-AES) 등으로 무기물을 분석하기 위한 시료의 전처리방법으로 주로 이용된다.

05 비소분석장치에는 보통강철을 사용할 수 없다. 경질유리, 석영, 스테인리스강, 세라믹, 플루오린수지, 염화비닐수지 등이 사용된다.

정답 | 1.② 2.① 3.③ 4.③ 5.②

06 굴뚝 배출 비소화합물의 분석방법으로 적용될 수 있는 것은?

① 이온전극법
② 원자흡수분광광도법
③ 기체크로마토그래피
④ 비분산적외선분광분석법

07 배출가스 중 비소화합물을 자외선/가시선 분광법으로 분석할 때 간섭물질에 대한 설명으로 옳지 않은 것은?

① 황화수소의 영향은 아세트산납으로 제거가능하다.
② 정량범위는 0.007~0.01ppm, 정밀도는 10% 이하이다.
③ 채취시료를 전처리하는 동안 비소의 손실가능성이 있으므로 전처리방법으로 마이크로파 산분해법이 권장된다.
④ 메틸비소화합물은 pH 10에서 메틸염화비소(methylarsine)를 생성하여 흡수용액과 착물을 형성하고 이의 영향은 아세트산납으로 제거가능하다.

08 배출가스 중의 크로뮴화합물을 자외선/가시선 분광법으로 분석하는 방법에 대한 설명으로 틀린 것은?

① 과망간산포타슘으로 크로뮴을 6가로 산화시킨다.
② 과잉의 과망간산포타슘은 아황산소듐으로 환원시킨다.
③ 정량범위는 크로뮴으로 $0.002\sim1\text{mg/m}^3$이며, 정밀도는 10% 이하이다.
④ 다이페닐카바지드를 가하여 발색시켜 파장 540nm에서 흡광도를 측정한다.

09 크로뮴의 자외선/가시선 분광법으로 측정한 결과가 다음과 같다. 크로뮴의 농도(mg/Sm^3)는?

- 굴뚝배출 건조시료가스 채취량 : 500L(0℃)
- 시험용액 전량 : 100mL
- 시료 1mL에 상당하는 크로뮴의 양 : 0.05μg

① 0.25mg/Sm^3
② 0.01mg/Sm^3
③ 0.02mg/Sm^3
④ 0.015mg/Sm^3

> **해설**

06 굴뚝 배출가스 중의 비소화합물 분석방법은 수소화물 발생 원자흡수분광광도법, 자외선/가시선 분광법, 흑연로 원자흡수분광광도법이 적용된다.

07 메틸비소화합물은 pH 1에서 메틸수소화비소를 생성하여 흡수용액과 착물을 형성하고, 총비소 측정에 영향을 줄 수 있다.

08 크로뮴화합물의 자외선/가시선 분광법은 시료용액 중의 크로뮴을 과망간산포타슘에 의하여 6가로 산화하고, 요소를 가한 다음, 아질산소듐으로 과량의 과망간산염을 분해한 후 다이페닐카바자이드를 가하여 발색시키고, 파장 540nm 부근에서 흡수도를 측정하여 정량하는 방법이다.

09 "농도=크로뮴의 양/건조가스량"으로 산출한다.

□ $C = \dfrac{m}{V_s}$

∴ $C = \dfrac{0.05 \times 100 \mu g}{500L} = 0.01 \mu g/L = 0.01 \text{mg/m}^3$

정답 | 6.② 7.④ 8.② 9.②

10 굴뚝 배출가스 중 카드뮴의 측정을 위한 자외선/가시선 분광법에 대한 설명이다. ( ) 안에 적당한 것은?

> 카드뮴이온을 수산화소듐·시안화포타슘용액 중에서 디티존에 반응시켜, 생성되는 카드뮴착염을 클로로폼으로 추출한다. 추출한 카드뮴착염을 ( )으로 역추출하고, 재차 수산화소듐·시안화포타슘용액 속에서 디티존에 반응시켜 클로로폼으로 추출한 후 그 흡광도를 측정한다.

① 벤젠 ② 타타르산용액
③ 염화주석산용액 ④ 구연산암모늄용액

11 다이에틸디사이오카바민산은을 클로로폼용액에 흡수시켜 생성되는 적자색 용액의 흡광도를 측정하여 정량하는 금속화합물은?

① 납화합물 ② 브롬화합물
③ 크로뮴화합물 ④ 비소화합물

12 다음 중 굴뚝 배출가스 중 베릴륨 분석방법인 것은?

① 용액전도율법 ② 다이에틸아민법
③ 아세틸아세톤법 ④ 원자흡수분광광도법

13 납화합물의 측정방법 중 자외선/가시선 분광법에 대한 설명이다. ( ) 안에 알맞은 것은?

> 자외선/가시선 분광법은 디티존과 반응하여 생성되는 납디티존착염을 클로로폼으로 추출하고, 과량의 디티존은 (Ⓐ)(으)로 씻어내어, 납착염의 흡광도를 (Ⓑ)에서 측정하여 납을 정량하는 방법이다.

① Ⓐ 사염화탄소, Ⓑ 520nm
② Ⓐ 사염화탄소, Ⓑ 400nm
③ Ⓐ 시안화포타슘용액, Ⓑ 520nm
④ Ⓐ 시안화포타슘용액, Ⓑ 400nm

14 굴뚝 배출가스 중 베릴륨(Be) 분석방법에 대한 설명 중 틀린 것은?

① 시료채취는 여과지를 이용한다.
② 분석방법에는 원자흡수분광광도법이 적용되고 있다.
③ 농도 표시는 표준상태(0℃, 760mmHg)의 건조배출가스 $1Sm^3$의 베릴륨량(mg)으로 표시한다.
④ 원자흡수분광광도법에서 공기-아세틸렌 불꽃을 사용, 파장 234.9nm에서 베릴륨을 정량한다.

> **해설**
>
> **10** 현재는 공정시험 기준상 카드뮴의 자외선/가시선 분광법이 삭제되었다. 이 문제는 참고 정도로 정리해 둔다. 카드뮴의 자외선/가시선 분광법은 카드뮴이온을 수산화소듐·시안화포타슘용액 중에서 디티존에 반응시켜, 생성되는 카드뮴착염을 클로로폼으로 추출한다. 추출한 카드뮴착염을 타타르산용액으로 역추출하고, 재차 수산화소듐·시안화포타슘용액 속에서 디티존에 반응시켜 클로로폼으로 추출한 후 그 흡수도를 파장 520nm에서 측정하여 정량하는 방법이다.
>
> **11** 비소화합물의 자외선/가시선 분광법은 시료용액 중의 비소를 수소화비소로 하여 발생시키고 이를 다이에틸다이사이오카밤산은의 클로로폼용액에 흡수시킨 다음 생성되는 적자색 용액의 흡광도를 510nm에서 측정하여 비소를 정량한다.
>
> **12** 굴뚝 배출가스 중 베릴륨은 원자흡수분광광도법으로 측정한다.
>
> **13** 납의 자외선/가시선 분광법은 현행 공정시험기준 항목에서 제외되었다. 참고적으로 정리해 두기 바란다. 납의 자외선/가시선 분광법은 디티존과 반응하여 납이온을 시안화포타슘(KCN) 용액 중에서 디티존에 적용시켜서 생성되는 납디티존착염을 클로로폼으로 추출하고, 과량의 디티존은 시안화포타슘용액으로 씻어내어 납착염의 흡수도를 520nm에서 측정하여 정량하는 방법이다.
>
> **14** 베릴륨의 원자흡수분광광도법은 여과지에 포집한 입자상 베릴륨화합물에 질산을 가하여 가열분해한 후 이 액을 증발 건고하고 이를 염산에 용해하여 원자흡수분광광도법에 따라 아산화질소-아세틸렌 불꽃을 사용하여 파장 234.9nm에서 베릴륨을 정량한다.

정답 ┃ 10.② 11.④ 12.④ 13.③ 14.④

업그레이드 종합 예상문제

01 굴뚝 배출가스 중의 금속성분을 분석할 때 굴뚝 배출가스의 온도가 500~1,000℃일 경우에 사용하는 원통여과지로 가장 적합한 것은?

① 고무섬유제 원통여과지
② 석영섬유제 원통여과지
③ 유리섬유제 원통여과지
④ 셀룰로오스 섬유제 원통여과지

▌해설 1,000℃의 고온도에 사용 가능한 것은 석영섬유제이다. 유리섬유제 여과지는 500℃ 이하에 사용된다.

02 굴뚝 배출가스 중의 카드뮴화합물을 분석하기 위하여 시료를 채취하려고 한다. 굴뚝 배출가스 온도에 따른 사용 여과지와의 연결로 거리가 먼 것은?

① 500℃ 이하 - 유리섬유제 여과지
② 1,000℃ 이하 - 석영섬유제 여과지
③ 120℃ 이하 - 셀룰로오스 섬유제 여과지
④ 250℃ 이하 - 헤미셀룰로오스 섬유제 여과지

▌해설 현행 공정시험 기준상 헤미셀룰로오스 여과지는 사용 여과지 항목에 해당하지 않는다. 다만, 헤미셀룰로오스 섬유제 여과지는 150℃ 이하에서 사용된다.

03 배출가스 중 금속화합물 분석을 위한 시료가 "셀룰로오스 섬유제 여과지를 사용한 것"일 때의 처리방법으로 가장 적합한 것은?

① 질산법
② 마이크로파 산분해법
③ 저온회화법
④ 질산-과산화수소수법

▌해설 셀룰로오스 섬유제 필터를 사용한 것이나 다량의 유기물 유리탄소를 함유하는 것은 저온회화법에 의해 전처리하여야 한다.

04 굴뚝 배출가스로 배출되는 입자상 및 가스상 수은을 냉증기 원자흡수분광광도법으로 분석할 때 사용되는 흡수액은?

① 질산암모늄+황산용액
② 산성 과망간산포타슘용액
③ 염산하이드록실아민용액
④ 시안화포타슘+디티존용액

▌해설 수은화합물의 냉증기 원자흡수분광광도법은 배출원에서 등속으로 흡입된 입자상과 가스상 수은은 흡수액인 산성 과망간산포타슘용액에 채취된다. Hg^{2+} 형태로 채취한 수은을 Hg^0 형태로 환원시켜서, 광학셀에 있는 용액에서 기화시킨 다음 원자흡수분광광도계로 측정한다.

정답 1.② 2.④ 3.③ 4.②

05 다음은 저온회화법에 대한 설명이다. ( ) 안에 알맞은 것은?

> 시료를 채취한 여과지를 회화실에 넣고 약 (Ⓐ)에서 회화한다. 셀룰로오스 섬유제 여과지는 그대로, 유리섬유제, 석영섬유제 여과지는 적당한 크기로 자르고 250mL 원뿔형 비커에 넣은 다음 (Ⓑ)를 가한다.

① Ⓐ 200℃ 이하, Ⓑ 염산(1+1) 70mL 및 과산화수소수(30%) 5mL
② Ⓐ 450℃ 이하, Ⓑ 염산(1+1) 70mL 및 과산화수소수(30%) 5mL
③ Ⓐ 200℃ 이하, Ⓑ 황산(2+1) 70mL 및 과망간산포타슘(0.025N) 5mL
④ Ⓐ 450℃ 이하, Ⓑ 황산(2+1) 70mL 및 과망간산포타슘(0.025N) 5mL

▎해설 저온회화법은 시료를 채취한 여과지를 회화실에 넣고 약 200℃ 이하에서 회화한다. 셀룰로오스 섬유제 여과지를 사용했을 때에는 그대로, 유리섬유제 또는 석영섬유제 여과지를 사용했을 때에는 적당한 크기로 자르고, 250mL짜리 원뿔형 비커에 넣은 다음 염산(1+1) 70mL 및 과산화수소수(30%) 5mL를 가하여 이것을 물중탕 중에서 약 30분간 가열하여 녹인 후 여과조작에 준하여 조작을 한다.

06 굴뚝 배출가스 중 비소화합물의 자외선/가시선분광법에서 분석대상 성분이 입자상 비소인 경우 시료용액 중의 비소를 무엇과 공침시켜 분리 농축하는가?

① 황산명반
② 수산화칼슘
③ 수산화철(Ⅲ)
④ 염화제일주석

▎해설 입자상 비소는 철(Ⅲ)용액과 지시약으로 메타-크레솔퍼플 에틸알코올용액(2~3방울)을 가하여 암모니아수(1+2)로 용액의 색이 자색이 될 때까지 중화하여 침전·농축시킨 후 여과하여 수소화비소 발생장치에 넣는다. 이때 입자상 비소의 수산화철(Ⅲ)에 의한 공침은 pH 9~10 범위가 적당하다.

07 원자흡수분광광도법을 이용하여 각종 금속원소의 원자흡광도를 측정하여 정량분석하고자 할 때, 다음 중 금속원소별 측정파장으로 옳게 짝지어진 것은?

① Pb - 357.9nm
② Cu - 228.8nm
③ Ni - 217.0nm
④ Zn - 213.8nm

▎해설 ④항만 올바르다. 아연의 원자흡수분광광도법의 측정파장은 213.8nm이다.
  ▶바르게 고쳐보기◀
  ① Pb - 217.0nm 또는 283.3nm
  ② Cu - 324.8nm
  ③ Ni - 232nm

더 풀어보기 예상문제

01 중금속류 분석 시 전처리방법으로 옳지 않은 것은?
① 타르를 함유하는 것 → 질산-염산법
② 유기물을 함유하지 않은 것 → 질산법
③ 다량의 유기물 및 유리탄소를 함유하는 것 → 염산법
④ 소량의 유기물을 함유하는 것 → 질산-과산화수소법

02 원자흡수분광광도법(원자흡광광도법)에서 회화법으로 전처리할 경우 사용하는 용융제는?
① $HCl + H_2SO_4$
② $HBr + NH_4OH$
③ $Na_2CO_3 + NaNO_3$
④ $(NH_4)_2SO_4 + HBr$

03 굴뚝 배출가스 중 비소화합물의 자외선/가시선분광법에 대한 다음 설명 중 옳지 않은 것은?
① H_2S 영향은 아세트산납으로 제거할 수 있다.
② 정량범위는 0.007~0.01ppm, 정밀도는 10% 이하이다.
③ 청색 용액의 흡광도를 400nm에서 측정하여 비소를 정량한다.
④ 메틸비소화합물은 pH1에서 메틸수소화비소를 생성하여 흡수용액과 착물을 형성하고, 총비소측정에 영향을 줄 수 있다.

04 굴뚝 배출가스 중 비소화합물(흑연로 원자흡수분광광도법) 측정방법에 대한 설명으로 옳지 않은 것은?
① 정량범위는 0.003~0.013mg/m³, 정밀도는 10% 이하이다.
② 비소화합물의 일부는 휘발성이 있으므로 전처리하는 동안 비소의 손실 가능성이 있다.
③ 비소는 낮은 분석파장(193.7nm)에서 측정하므로 원자화단계에서 매질성분에 의한 심각한 비특이성 흡수 및 산란에 의한 영향을 받을 수 있다.
④ 가스상 비소는 흡수용액 중에 함유되어 있는 소량의 수산화이온(OH^-)에 의해 심각한 간섭을 받으므로 수소화물 발생 원자흡수분광광도법으로 분석한다.

05 배출가스 중 금속화합물을 자외선/가시선 분광법으로 분석할 경우 해당 이온성분을 디티존에 반응시켜 클로로폼에 추출한 후 그 흡광도를 측정하여 정량하는 것으로 옳게 짝지어진 것은?
① 납, 브로민
② 구리, 수은
③ 구리, 니켈
④ 비소, 크로뮴

정답 1.③ 2.③ 3.③ 4.④ 5.①

더 풀어보기 예상문제 해설

01 다량의 유기물 및 유리탄소를 함유한 경우 저온회화법으로 전처리한다.
02 회화법(ashing)에서 용융제로 사용되는 것은 탄산나트륨 2g과 질산나트륨 0.1g이다.
03 비소화합물의 자외선/가시선 분광법은 적자색 용액을 510nm 파장의 흡광도에서 측정하여 정량한다.
04 가스상 비소는 흡수용액 중에 함유되어 있는 다량의 소듐(Na)에 의해 심각한 간섭을 받기 때문에 수소화물 발생 원자흡수분광광도법으로 분석하여 합산해야 한다.
05 분석대상 이온성분을 디티존에 반응시켜 클로로폼에 추출한 후 그 흡광도를 측정하여 정량하는 것은 납과 브로민이다.

더 풀어보기 예상문제

01 굴뚝 배출가스 중 크로뮴화합물의 자외선/가시선 분광분석법에 대한 설명으로 옳지 않은 것은 어느 것인가?
① 파장 460nm를 부근에서 흡광도를 측정한다.
② 시료용액 중의 크로뮴을 과망간산포타슘에 의하여 6가로 산화하고, 요소를 가한다.
③ 철 외에 방해물질이 많은 경우에는 클로로폼으로 추출 후 크로뮴을 정량할 수 있다.
④ 아질산소듐으로 과량의 과망간산염을 분해한 후 다이페닐카바지드를 가하여 발생시킨다.

02 배출가스 중 크로뮴화합물을 자외선/가시선 분광법으로 분석할 때 사용되는 시약으로만 옳게 나열된 것은?
① 디티존, 시안화포타슘
② 다이메틸글리옥심, 클로로메틸
③ 과망간산포타슘, 다이페닐카바지드
④ 구연산암모늄-EDTA, 다이에틸디사이오카바민산

03 크로뮴화합물을 자외선/가시선 분광법으로 측정하는 방법에 대한 다음 설명 중 ( ) 안에 알맞은 것은?

> 크로뮴을 과망간산포타슘에 의하여 6가로 산화하고, 요소를 가한 다음 아질산소듐으로 과량의 과망간산염을 분해한 후 다이페닐카바지드를 가하여 발생시켜 파장 (Ⓐ) nm 부근에서 흡광도를 측정하여 정량하는 방법이다. 정량범위는 크로뮴으로 (Ⓑ) mg/m³이다.

① Ⓐ 460, Ⓑ 0.05~0.2
② Ⓐ 540, Ⓑ 0.05~0.2
③ Ⓐ 460, Ⓑ 0.002~0.05
④ Ⓐ 540, Ⓑ 0.002~0.05

04 굴뚝 배출 중금속의 원자흡수분광광도법에 따른 각 금속별 측정파장 및 정량범위의 연결로 옳지 않은 것은?

	대상금속	측정파장(nm)	정량범위(mg/m³)
Ⓐ	Ni	232.0	0.01~5
Ⓑ	Zn	213.8	0.0025~5
Ⓒ	Cr	228.8	0.04~1.5
Ⓓ	Pb	217.0/283.3	0.05~6.25

① Ⓐ ② Ⓑ
③ Ⓒ ④ Ⓓ

정답 1.① 2.③ 3.④ 4.③

더 풀어보기 예상문제 해설

01 크로뮴화합물(자외선/가시선 분광법)의 흡광도 측정파장은 540nm 부근이다.

02 크로뮴(자외선/가시선 분광법)은 시료용액 중의 크로뮴을 과망간산포타슘에 의하여 6가로 산화하고, 요소를 가한 다음, 아질산소듐으로 과량의 과망간산염을 분해한 후 다이페닐카바지드를 가하여 발색시키고, 파장 540nm 부근에서 흡광도를 측정하여 정량하는 방법이다.

03 크로뮴화합물의 자외선/가시선 분광법은 시료용액 중의 크로뮴을 과망간산포타슘에 의하여 6가로 산화하고, 요소를 가한 다음, 아질산소듐으로 과량의 과망간산염을 분해한 후 다이페닐카바자이드를 가하여 발색시키고, 파장 540nm 부근에서 흡수도를 측정하여 정량하는 방법이다. 정량범위는 0.002~0.05mg/m³이고, 방법검출한계는 0.0006mg/m³이며, 정밀도는 10% 이하이다.

04 Cr(원자흡수분광광도법)의 측정파장은 357.9nm, 정량범위는 0.1~5mg/m³이다.

더 풀어보기 예상문제

01 중금속의 자외선/가시선 분광법에서 흡광도의 파장이 가장 큰 것은?
① Cr   ② 수은
③ 비소   ④ 니켈

02 굴뚝 배출가스 중 입자상, 가스상 수은(Hg)의 측정방법에서 냉증기 원자흡수분광광도법에 대한 설명으로 옳지 않은 것은?
① 정량범위는 0.0001~0.025mg/m³이다.
② Hg^{2+} 형태로 채취한 수은을 Hg^0 형태로 환원시켜서 측정한다.
③ 시료채취 시 배출가스 중에 존재하는 산화 유기물질은 수은의 채취를 방해할 수 있다.
④ 등속으로 흡인된 입자상과 가스상 수은은 흡수액인 산성 과망간산포타슘용액에 채취된다.

03 환경대기 중에 납(Pb)을 분석하기 위한 시험방법 중 주 시험방법은?
① X선 형광법
② 원자흡수분광광도법
③ 이온크로마토그래피
④ 유도결합플라스마분광법

04 환경대기 중금속의 원자흡수분광광도법(원자흡광광도법)으로 옳지 않은 것은 어느 것인가?
① 아연분석 시 213.8nm 측정파장을 이용할 경우에 불꽃에 의한 흡수 때문에 바탕선(Baseline)이 높아지는 경우가 있다.
② 니켈분석 시 다량의 탄소가 포함된 시료의 경우, 전기로를 사용하여 800℃에서 30분 이상 가열한 후 전처리 조작을 행한다.
③ 철분석 시 규소(Si)를 다량 포함하고 있을 때는 0.2% 황산소듐($NaSO_4$) 용액을 첨가하여 분석하고, 유기산이 다량 포함되어 있을 때는 1% 염산을 가하여 간섭을 줄인다.
④ 크로뮴 분석 시 아세틸렌-공기 불꽃에서는 철, 니켈 등에 의한 방해를 받으므로 이 경우 황산소듐, 황산포타슘 또는 이플루오린화수소암모늄을 1% 정도를 가하여 분석하거나 아세틸렌-산화이질소 불꽃을 사용하여 간섭을 차단한다.

정답 1.① 2.① 3.② 4.③

더 풀어보기 예상문제 해설

01 제시된 항목 중 자외선/가시선 분광법으로 정량되는 중금속은 3가지 항목(크로뮴, 니켈, 비소)이고, 이 중에서 크로뮴의 자외선/가시선 분광법 측정파장은 540nm으로 가장 크다.
▶측정파장◀
① Cr – 540nm   ② Ni – 450nm   ③ As – 510nm

02 굴뚝 배출 수은의 냉증기 원자흡수분광광도법의 정량범위는 0.0005~0.0075mg/m³이다. 배출원에서 등속으로 흡입된 입자상과 가스상 수은은 흡수액인 산성 과망간산포타슘용액에 채취된다. Hg^{2+} 형태로 채취한 수은을 Hg^0 형태로 환원시켜서, 광학셀에 있는 용액에서 기화시킨 다음 원자흡수분광광도계로 측정한다. 시료채취 시 배출가스 중에 존재하는 산화 유기물질은 수은의 채취를 방해할 수 있다. 또한 분석 시에는 광학셀에 있는 수증기의 응축이 방해요인으로 작용할 수 있다.

03 환경대기 중 납(Pb)을 분석하기 위한 시험방법 중 주 시험방법은 원자흡수분광광도법이다.

04 환경대기 중 철을 원자흡수분광광도법으로 분석할 때 시료에 규소(Si)가 다량 포함되어 있을 경우는 0.2% 염화칼슘용액을 첨가하여 분석한다.

더 풀어보기 예상문제

01 배출가스 중 금속화합물을 원자흡수분광광도법으로 분석할 때 간섭물질에 대한 설명으로 옳지 않은 것은?

① 아연분석 시 213.8nm 측정파장을 이용할 경우 바탕선(Base line)이 높아지는 경우가 있다.
② 시료 내에 존재하는 납, 카드뮴, 크로뮴이 미량이거나 방해물질이 존재할 경우, 용매추출법을 적용하여 정량할 수 있다.
③ 니켈분석 시 다량의 탄소가 포함된 시료의 경우, 전기로를 사용하여 800℃에서 30분 이상 가열한 후 전처리 조작을 행한다.
④ 크로뮴의 농도가 낮은 시료용액에서 추출을 방해하는 물질을 함유하는 경우에는 N,N-다이옥틸옥탄아민(트라이옥틸아민)의 아세트산뷰틸용액으로 추출한 후 불꽃 중에 분무하여 크로뮴을 정량할 수 있다.

02 굴뚝 배출가스 중 수은의 냉증기 원자흡수분광광도법에 대한 설명으로 틀린 것은?

① 정밀도는 10% 이내이다.
② 측정파장은 253.7nm이다.
③ 정량범위는 0.00015mg/m³이다.
④ 환원기화 원자흡수분광광도법은 Hg^{2+} 형태로 채취한 수은을 Hg^{2-} 형태로 환원시켜 측정한다.

03 굴뚝 배출가스 중 입자상 및 가스상 수은을 측정하는 분석방법은?

① 수소화 원자흡수분광광도법
② 냉증기 원자흡수분광광도법
③ 여과침착 원자흡수분광광도법
④ 산화증기화 원자흡수분광광도법

04 환경대기 중 금속화합물을 원자흡수분광광도법으로 분석하고자 할 때, 화학적 간섭에 대한 사항으로 거리가 먼 것은?

① 아연분석 시 213.8nm 측정파장을 이용할 경우 불꽃에 의한 흡수 때문에 바탕선(Baseline)이 높아지는 경우가 있다.
② 크로뮴분석 시 아세틸렌-공기 불꽃에서는 철, 니켈 등에 의한 방해를 받으므로 황산소듐, 황산포타슘 또는 이플루오린화수소암모늄을 1% 정도 가하여 분석한다.
③ 니켈분석 시 다량의 탄소가 포함된 시료의 경우, 시료를 채취한 여과지를 적당한 크기로 잘라서 전기로 안에서 105~110℃로 30분 이상 건조한 후 전처리 조작을 행한다.
④ 철분석 시 규소(Si)를 다량 포함하고 있을 때는 0.2%의 염화칼슘($CaCl_2$) 용액을 첨가하여 분석하고, 유기산(특히 시트르산)이 다량 포함되어 있을 때는 0.5%의 인산을 가하여 간섭을 줄일 수 있다.

정답 1.④ 2.④ 3.② 4.③

더 풀어보기 예상문제 해설

01 크로뮴의 농도가 낮은 시료용액에서 추출을 방해하는 물질을 함유하지 않은 경우에는 N,N-다이옥틸옥탄아민(트라이옥틸아민)의 아세트산뷰틸용액으로 추출한 후 불꽃 중에 분무하여 크로뮴을 정량할 수 있다.
02 냉증기 원자흡수분광광도법은 Hg^{2+} 형태로 채취한 수은을 Hg^{0} 형태로 환원시켜 측정한다.
03 굴뚝 배출가스 중 수은화합물은 냉증기 원자흡수분광광도법으로 측정된다.
04 환경대기 중 니켈을 원자흡수분광광도법으로 분석할 때, 다량의 탄소가 포함할 경우 800℃의 전기로에서 30분 이상 가열 전처리, 카드뮴, 크로뮴 등을 동시에 분석하는 경우에는 500℃에서 2~3시간 가열처리한다.

4 광화학 스모그 관련 오염물 측정

(1) 광화학 스모그의 전구물질 측정
- 질소산화물
- 휘발성유기화합물
- 탄화수소류

※ 질소산화물 측정방법

■ 측정방법 구분

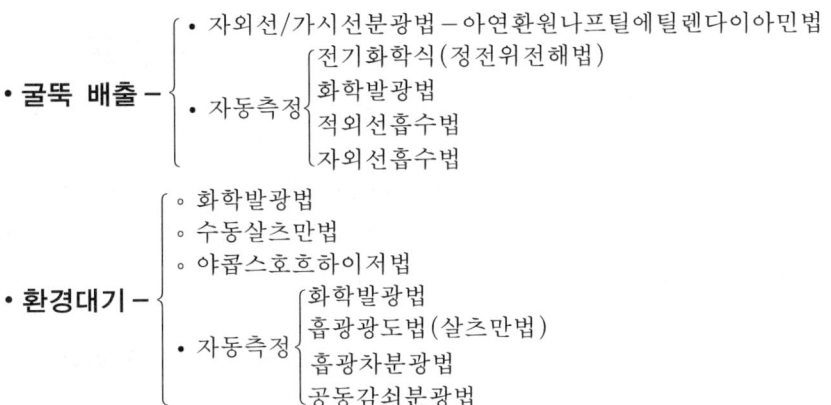

- 굴뚝 배출
  - 자외선/가시선분광법 – 아연환원나프틸에틸렌다이아민법
  - 자동측정
    - 전기화학식(정전위전해법)
    - 화학발광법
    - 적외선흡수법
    - 자외선흡수법
- 환경대기
  - 화학발광법
  - 수동살츠만법
  - 야콥스호흐하이저법
  - 자동측정
    - 화학발광법
    - 흡광광도법(살츠만법)
    - 흡광차분광법
    - 공동감쇠분광법

■ 분석법의 세부내용 : 세부 주요 내용은 전술된 질소산화물 측정법 참조

■ NO_x 의 성질 · 대기오염측면 중요성
- 질소산화물은 NO, NO_2, N_2O, N_2O_3, N_2O_4, N_2O_5와 같이 질소와 산소로 이루어진 화합물, 또는 이들의 혼합물들을 지칭할 때 일반적으로 사용되는 용어임
- 공기 중에 존재하는 질소산화물 중 가장 주요한 형태는 NO와 NO_2이며, 이 둘을 합쳐서 NO_x로 표현하기도 함
- 연소에서 발생하는 것은 주로 NO인데, 대기 중에 방출되면 산화되어 NO_2가 됨
- NO에 고농도로 노출되면 폐기종, 기관지염 등 호흡기 질환의 원인이 됨
- NO와 NO_2는 대류권에 있는 오존의 형성과 파괴에 있어서 중요한 역할을 함
- NO_x는 물과 반응하여 질산(HNO_3)을 만드는데 이는 산성비의 주요원인이 됨
- 여름에 강한 햇빛의 존재 하에 NO_x는 휘발성 유기화합물(VOCs)과 반응하여 대기오염의 중요한 형태인 광화학 스모그를 형성시키기도 함

※ 오존전구물질 – 자동측정법

□ **개요** : 대기환경 중에 존재하는 휘발성 유기화합물(VOCs) 중 지표면 오존생성에 기여하는 56종의 오존 전구물질을 **자동 기체크로마토그래피/불꽃이온화검출기**(GC/FID) 측정시스템을 이용하여 매시간 단위로 시료를 채취하여 2개의 칼럼을 이용하여 분리하고, 분리된 봉우리를 2개의 불꽃이온화검출기로 측정하여 휘발성 유기화합물의 농도를 계산함

□ **적용범위** : 대기환경 중에 존재하는 휘발성 유기화합물 중 지표면 오존생성에 기여하

는 2개의 탄소(C_2)~12개의 탄소(C_{12})를 가지는 영역에 이르기까지 총 56종의 오존 전구물질의 분석방법에 적용
- **농도범위** : 0.1nmol/molC~100nmol/molC
- **검출한계** : 프로판과 벤젠을 기준으로 하여 각각 1nmol/molC
- **농도표시** : 표준상태(0℃, 1atm)로 환산한 양으로 nmol/molC(nmol/molC 농도를 대상물질의 탄소수로 나누어서 nmol/mol 농도)를 사용

☐ 측정대상 VOCs
- **끓는점이 낮은 것** : 에틸렌(-103.7℃), 에탄(-88.6℃), 프로필렌(-47.4℃), 프로판(-42.06℃), 아세틸렌(-28.1℃), 아이소부탄(-11.7℃), 1-부텐(-6.1℃), 노말-부탄(-0.45℃), 트랜스-2-부텐(0.88℃)
- **끓는점이 높은 것** : n-펜텐(36.1℃), n-헥산(69℃), 벤젠(80.1℃), n-헵탄(98.4℃), 톨루엔(110.6℃), n-옥탄(126℃), 에틸벤젠(136.2℃), m-자일렌(138.3℃), o-자일렌(144℃), 스타이렌(145.2℃), n-프로필벤젠(159℃), n-데칸(174.1℃)

☐ **간섭물질** : 수분
- 캐니스터(Canister) 내에 수분이 축적되면 시료 분석과정에서 간섭이 일어날 수 있음 → **고순도 질소**(99.9999%)를 이용하여 캐니스터를 세척할 경우 100℃ 정도로 일정하게 열을 가하여 줌으로써 이러한 수분을 제거할 수 있음
- 시료분석 시 시료의 흐름으로부터 수분을 선택적으로 제거하기 위해 나피온 반투과막 건조기를 사용하여 머무름 시간의 흔들림 등으로 인한 간섭효과를 최소화하여야 함

☐ 필요 환경조건
- 자동측정시스템의 안정적 운영을 위해 **실내온도는 20~25℃** 범위에서 ±1℃를 유지하고, **습도 40~60%**를 유지하여야 함
- 설치장소는 진동이 없고, 분석에 사용되는 유해물질을 안전하게 처리할 수 있으며 부식 기체나 먼지가 적고, 실온 5~35℃, 상대습도 85% 이하로 직사광선이 쬐이지 않는 곳이며, 접지저항 **10Ω 이하의 접지점**이 있어야 함

☐ 기기의 성능조건
- **방법검출한계** : 0.25nmol/mol의 프로판과 벤젠을 각각 7회 연속분석하여 구한 방법검출한계는 각각 **2nmol/molC 이하**일 것
- **상대표준편차** : 상대표준편차는 7회 반복분석 시 자료의 변동크기를 나타내는 변동계수(CV)를 백분율로 표현[**상대표준편차(%)=(표준편차/평균)×100**]하며, 기준치는 **±25% 이내**일 것
- **정확도** : 측정치의 참값에 대한 접근도를 나타낸 것[**정확도(%)=(측정값-참값)/참값×100**]으로 7회 반복분석하여 얻은 값과 참값과의 **오차가 ±20% 이내**일 것
- **기기의 분리능** : 측정시스템은 탄소수가 **2~12개** 사이에 있는 휘발성 유기화합물질(C_2~C_{12})에 대한 충분한 분리능을 갖추어야 하며, 56종의 목표성분 중 **m/p-자일렌**을 제외한 모든 성분을 분리 검출할 수 있을 것

총탄화수소 측정방법

측정방법 구분

- 굴뚝 배출 — { ◦ 불꽃이온화검출기법(주 시험법)
  ◦ 비분산형적외선분석법 }

- 환경대기 — 자동(수소염이온화검출기법) { 총탄화수소 측정법
  비메탄탄화수소 측정법(주 시험)
  활성탄화수소 측정법 }

불꽃이온화검출기법

- **개요** : 시멘트 소성로, 소각로, 연소시설, 도장시설 등에서 배출되는 배출가스 중의 총탄화수소를 분석하는 방법에 적용되며, 연료를 연소하는 배출원에서 채취된 시료를 여과지 등을 이용하여 먼지를 제거한 후 가열채취관을 통하여 불꽃이온화검출기(FID)로 유입한 후 분석함
- **표시** : **알케인류**(alkanes), **알켄류**(alkenes), **방향족**(aromatics) 등이 주 성분인 증기의 총탄화수소를 측정하여 그 결과를 **프로페인** 또는 **탄소등가농도**로 환산하여 표시함
- **간섭물질** { ◦ CO_2, 수분
  ◦ 유기성 입자상 물질 }
  - 배출가스 중 CO_2, 수분이 존재한다면 **양의 오차**를 가져올 수 있음. 단, CO_2, 수분의 퍼센트(%) 농도의 곱이 100을 초과하지 않는다면 간섭은 없는 것으로 간주함
  - 수분트랩 안에 유기성 입자상 물질이 존재한다면 **양의 오차**를 가져올 수 있으므로 반드시 필터를 사용하여 샘플링을 해야 함
- **용어의 정의**
  - **교정가스** : 농도를 알고 있는 공인된 가스를 사용함
  - **제로편차** : 제로가스에 대해 기기가 반응하는 정도의 차이로서, 측정범위의 ±3% 이하인지 확인함. 단, 시료가스 측정기간 동안에는 점검, 수리, 교정 등은 수행하지 않음
  - **교정편차** : 교정편차 점검용 교정가스(측정기기 최대정량 농도의 45~55% 범위의 표준가스)에 대해 기기가 반응하는 정도의 차이로서, 측정범위의 ±3% 이하인지 확인함. 단, 시료가스 측정기간 동안에는 점검, 수리, 교정 등은 수행하지 않음
  - **반응시간** : 오염물질 농도의 단계변화에 따라 최종값의 90%에 도달하는 시간
- **장치 및 시약요건**
  - **기록계** : 최소 4회/min이 되는 기록계를 사용할 것
  - **유량조절밸브** : 0.5~5L/min의 유량제어가 있는 것으로 휘발성 유기화합물의 흡착과 변질이 발생하지 않을 것
  - **펌프** : 오일을 사용하지 않는 것으로 테플론 재질의 코팅이 되어 있거나 그 이상의 재질로 되어 있는 것을 사용할 것
  - **교정 가스** : 공인된 가스를 사용, 공기 또는 질소로 충전된 프로페인가스로 스팬값 범위 내의 농도값을 사용(프로페인 이외의 가스는 반응인자에 대한 보정을 하여 사용)

- **연소 가스** : 불꽃이온화분석기를 사용하는 경우에는 수소(40%)/헬륨(60%), 수소(40%)/질소(60%) 가스, 수소(99.99% 이상) 사용(공기는 고순도 공기를 사용)
- **제로 가스** : 총탄화수소 농도(프로페인 또는 탄소등가 농도)가 0.1ppm 이하 또는 스팬값의 0.1% 이하인 고순도 공기를 사용
- **저농도 교정 가스** : 스팬값의 25~35%의 농도범위의 가스를 사용
- **중간농도 교정 가스** : 스팬값의 45~55%의 농도범위의 가스를 사용
- **고농도 교정 가스** : 스팬값의 80~90%의 농도범위의 가스를 사용

□ 측정시스템 성능기준
- **영점편차** : 스팬값의 ±3% 이하일 것
- **교정편차** : 스팬값의 ±3% 이하일 것
- **교정오차** : 교정가스 농도의 ±5% 이하일 것

□ 농도계산

$$C = K \times C_{측정}$$

$\begin{cases} C : 총탄화수소농도(ppm 탄소) \\ C_{측정} : 측정한 총탄화수소농도(ppm) \\ K : 프로페인 탄소등가 교정계수 \\ \quad (메테인=1, 에테인=2, 프로페인=3, 뷰테인=4) \end{cases}$

비분산적외선분광분석법

□ **개요** : 연료를 연소하는 배출원에서 채취된 시료를 여과지 등을 이용하여 먼지를 제거한 후 가열채취관을 통하여 비분산형적외선분석기로 유입한 후 분석함

□ **표시** : **알케인류(alkanes)가 주 성분인 증기의 총탄화수소**를 측정하는데 적용된다. 결과 농도는 **프로페인** 또는 **탄소등가농도**로 환산하여 표시함

□ **간섭물질** { ○ 유기성 입자상 물질
- 수분트랩 안에 유기성 입자상 물질이 존재한다면 **양의 오차**를 가져올 수 있으므로 반드시 필터를 사용하여 샘플링을 해야 함

□ **장치 및 시약요건** : 불꽃이온화검출기법 참조

□ **측정시스템 성능기준** : 불꽃이온화검출기법 참조

□ **농도계산** : 불꽃이온화검출기법 참조

환경대기 중 탄화수소 측정방법 – 자동연속 수소염이온화검출기법

□ 용어의 정의
- **총탄화수소** : 수소염이온화검출법으로 측정된 **전체 탄화수소화물**
- **비메탄탄화수소** : 총탄화수소로부터 **메탄을 제외**한 것
- **활성탄화수소** : 총탄화수소 가운데 **세정기를 이용해서 제거되는** 올레핀계 탄화수소, 방향족 탄화수소 등의 총칭

□ 측정기기의 성능조건(공통)
- **지시의 변동** : 제로가스 및 스팬가스를 흘려보냈을 때 정상적인 측정치의 변동은 최대눈금치 **±1% 범위** 내일 것

- **응답시간** : 스팬가스를 도입시켜 측정치가 일정한 값으로 급격히 변화되어 스팬가스 농도의 **90% 변화**할 때까지의 시간이 **2분 이하**일 것
- **지시오차** : 메탄 농도에 대한 지시오차는 최대눈금치 **±5% 범위** 내일 것
- **예열시간** : 전원공급 후 정상으로 작동할 때까지의 시간은 **4시간 이하**일 것
- **주위 온도변화에 대한 안정성** : 주위온도가 표시허용온도 범위 내에서 **±5℃ 변동**해도 성능을 만족시킬 수 있을 것
- **시료대기의 유량변화에 대한 안정성** : 펌프 유량 설정치에 대하여 **±10% 변화**되어도 지시치 변화는 최대눈금치 **±1%의 범위** 이내일 것
- **전원전압 변동에 대한 안정성** : 전원전압이 정격전압의 **±10% 이내**로 변동해도 지시변화는 최대눈금치 **±1% 이내**일 것
- **내전압** : 상용전원을 사용하는 측정기에서는 습도 85% 이하에서 전체의 전원단자와 바깥상자 사이에 AC 1,000V를 1분간 가해도 이상이 없을 것
- **절연저항** : 상용전원을 사용하는 측정기에서는 습도 85% 이하에서 전체의 전원단자와 바깥상자 사이에 AC 1,000V를 1분간 가해도 이상이 없을 것
- **전송출력** : 일산화탄소 농도와 직선 비례관계가 있는 직류 0~1V 혹은 1~5V(내부저항 500Ω 이하) 또는 직류 4~20mA일 것

▌**총탄화수소 측정법** : 환경대기를 **수소염이온화검출기**가 부착된 가스크로마토그래피에 도입하여 탄화수소가 **수소염 중에 연소**(도입구 외경 3~6mm 금속관, 배출가스구 내경 9~15mm 염화비닐관)할 때 발생하는 이온에 의한 미소전류를 측정해서 대기 중의 총탄화수소 농도를 연속적으로 측정하는 방법임

- **측정범위** : 0~10ppmC, 0~25ppmC 또는 0~50ppmC로 하여 1~3단계의 변환이 가능할 것
- **연료가스** : 고순도 수소 또는 수소와 불활성 가스와의 혼합가스로 탄화수소 함유량이 1ppmC 이하인 것
- **재현성** : 동일 조건에서 **제로가스**(산소 20.5~20.9%, 탄화수소 함유량이 0.1ppmC 이하의 고순도 공기)와 **스팬가스**(메탄과 고순도 공기)를 번갈아 3회 도입해서 각각의 측정치의 평균치로부터 편차를 구했을 때 최대눈금치 **±1% 범위** 내일 것
- **제로 드리프트** : 동일조건에서 제로가스를 연속적으로 도입했을 때의 변동이 24시간 동안 최대눈금치 **±2% 이내**일 것
- **스팬 드리프트** : 동일조건에서 스팬가스를 연속적으로 도입했을 때의 변동이 24시간 동안 최대눈금치 **±2% 이내**일 것
- **이외 성능조건** : 공통 성능조건 참조

▌**비메탄탄화수소 측정법** : 환경대기를 **수소염이온화검출기**가 부착된 기체크로마토그래피에 도입하여 분리관에 의해 **메탄**과 메탄을 제외한 **비메탄탄화수소**가 **분리**되어 수소염 중에 연소될 때 발생하는 이온에 의한 미소전류를 측정해서 대기 중의 메탄과 메탄 이외의 탄화수소(비메탄탄화수소) 농도를 연속적으로 측정하는 방법임

- **측정범위** : 0~5로부터 50ppm 범위 이내에서 임의로 설정할 수 있을 것
- **재현성** : 동일조건에서 스팬가스를 3회 연속 측정해서 측정치의 평균치로 부터의 편차는 최대눈금치 **±1% 범위** 이내에 일 것
- **제로 드리프트** : 동일조건에서 제로가스를 연속해서 흘려보냈을 경우 지시변동은 24시간에 대하여 최대눈금치 **±1%의 범위** 이내일 것
- **이외 성능조건** : 공통 성능조건 참조

▌**활성탄화수소 측정법** : 환경대기를 **수소염이온화검출기**가 부착된 기체크로마토그래피에 도입하기 직전에 **세정기를 사용**하여 활성탄화수소를 제거한 환경대기를 수소염이온화검출기에 도입해서 얻어진 탄화수소 농도와 세정기를 거치지 않은 환경대기를 수소염이온화검출기에 도입해서 얻어진 총탄화수소 농도의 차로부터 활성탄화수소 농도를 구하는 방법임

- **측정범위** : 0~10ppmC, 0~25ppmC 또는 0~50ppmC로 하여 1~3단계의 변환이 가능할 것
- **세정기에 의한 활성탄화수소 제거성능** : 에틸렌 4ppm(부피비) 및 **톨루엔 1ppm**(부피비)을 포함하는 정제공기 혼합가스를 측정기에 통과시켰을 경우 **제거율은 95% 이상**일 것
- **이외 성능조건** : 공통 성능조건 참조

⚛ **휘발성 유기화합물 측정방법**

▌**측정방법 구분**
- **굴뚝 배출** - 기체크로마토그래프법
- **환경대기** $\begin{cases} 유해\ VOCs - 캐니스터법 \\ 유해\ VOCs - 고체흡착법 \end{cases}$

▌**굴뚝 배출 VOCs - 기체크로마토그래프법**
- **개요** : 배출가스 중의 VOCs 함유 시료를 흡착관 또는 시료채취 주머니에 채취하고, 흡착관은 열탈착장치에 직접연결하거나 흡착제로 **이황화탄소**(CS_2)를 사용하여 **용매추출**한 후 이 액을 기체크로마토그래프에 주입하며, 시료채취 주머니에 채취한 시료는 자동연속 주입시스템으로 전량을 주입하거나 기체용 주사기 또는 시료주입 루프를 통해 일정량을 기체크로마토그래프에 주입하여 분리한 후 **불꽃이온화검출기**(FID), **광이온화검출기**(PID), **전자포획검출기**(ECD) 혹은 **질량분석기**(MS)에 의해 측정함
- **적용범위** : 배출가스 중에 존재하는 0.006ppm 이상 농도의 VOCs 분석에 적용
- **용어의 정의**
  - **파과부피**(BV, Breakthrough Volume) : 일정농도의 VOC가 흡착관에 흡착되는 초기 시점부터 일정 시간이 흐르게 되면 흡착관 내부에 상당량의 VOC가 포화되기 시작하고 전체 **VOC량의 5%가 흡착관을 통과**하게 되는데, 이 시점에서 <u>흡착관 내부로 흘러간 총부피</u>를 파과부피라 함
  - **머무름부피**(RV, Retention Volume) : 짧은 길이로 흡착제가 충전된 흡착관을 통과하면서 분석물질의 증기띠를 이동시키는 데 필요한 **운반기체의 부피**. 즉, 분석물질

의 증기띠가 흡착관를 통과하면서 탈착되는 데 요구되는 양만큼의 부피를 측정하여 알 수 있음. 보통 그 증기띠가 흡착관을 이동하여 돌파(파과)가 나타난 시점에서 측정됨. 튜브 내의 불감부피를 고려하기 위하여 **메테인**(methane)의 머무름부피를 차감함

- **흡착능**(Sorbent Strength) : 분석하는 VOCs 물질에 대한 흡착제의 흡착력을 말함
  - **약한 흡착제** : 표면적이 50m^2/g보다 작은 흡착제
  - **중간 정도의 흡착제** : 표면적이 100~500m^2/g의 범위에 있는 흡착제
  - **강한 흡착제** : 표면적이 대략 1,000m^2/g의 근처에 있는 흡착제
- **열탈착** : 불활성의 운반기체를 이용하여 높은 온도에서 VOC를 탈착한 후, 탈착물질을 기체크로마토그래피(GC)와 같은 분석 시스템으로 운송하는 과정을 말함
- **2단 열탈착** : 흡착제로부터 분석물질을 열탈착하여 저온농축 트랩에 농축한 다음 저온 농축 트랩을 가열하여 농축된 화합물을 기체크로마토그래피로 전달하는 과정을 말함
- **돌연변이물질**(artifact) : 시료채취나 시료보관과정에서 화학반응에 의해서 새로운 물질이 만들어지게 되는데 이러한 물질을 총칭하여 돌연변이물질이라 함. 이러한 물질은 우리가 목적하고자 하는 성분의 농도를 증가시킬 수도 있고 감소시킬 수도 있음

□ **시료채취방법**
  - 흡착관법(흡착제 : Charcoal, Tenax, XAD-2)
  - 시료채취 주머니방법(테들라 백)

- **채취관** : 채취관 재질은 **유리, 석영, 플루오린수지** 등으로 **120℃ 이상**까지 가열이 가능한 것이어야 함
- **밸브** : 플루오린수지, 유리 및 석영재질로 **밀봉 윤활유를 사용하지 않고** 기체의 누출이 없는 구조이어야 함
- **응축기 및 응축수 트랩**
  - **유리재질**이어야 함
  - 응축기는 기체가 앞쪽 흡착관을 **통과하기 전** 기체를 **20℃ 이하**로 낮출 수 있는 부피가 되어야 하고 상단 연결부는 밀봉윤활유(고진공 그리스)를 **사용하지 않고도** 누출이 없도록 연결해야 함
- **흡착관** : 사용 전 350℃에서 99.99% 이상의 He 또는 N$_2$ 50~100mL/min으로 적어도 2시간 동안 안정화시켜야 함(시판된 제품은 최소 30분)
  - Carbotrap(350℃, 100mL/min), Tenax(330℃, 100mL/min), Chromosorb(250℃, 100mL/min)
  - 시료채취 흡착관은 분석 전까지 **4℃ 이하에서 냉장 보관**하고, 가능한 빠른 시일 내에 분석해야 함
- **유량측정부** : 온도 및 압력 측정이 가능해야 하며, 최소 100mL/min의 유량으로 시료채취가 가능해야 함 → 시료흡입속도 100~250mL/min, 시료채취량 1~5L
- **시료채취 연결관**
  - 가능한 **짧게** 함

- 밀봉윤활유(고진공 그리스) 등을 **사용하지 않고도** 누출이 없어야 함
- **플루오린수지 재질**의 것을 사용함
- 시료채취 주머니(테들라 백)
  - **새 것을 사용하는 것을 원칙**으로 함
  - 만일 **재사용 시**에는 제로기체와 동등 이상의 순도를 가진 **질소**나 **헬륨기체**를 채운 후 **24시간** 혹은 그 이상 동안 시료채취 주머니를 놓아둔 후 퍼지(purge)시키는 조작을 반복하고, 시료채취 주머니 내부의 기체를 채취하여 기체크로마토그래프를 이용하여 사용 전에 오염 여부를 확인하고 오염되지 않은 것을 사용해야 함
- **응축기 및 응축수 트랩** : 배출가스의 온도가 100℃ 미만으로 시료채취 주머니 내에 수분응축의 우려가 없는 경우 사용하지 않아도 무방함
- **시료채취 주머니**(테들라 백) **채취량** : 1~10L 시료채취 주머니를 사용하여 1~2L/min 정도로 시료를 흡입함

□ **분석절차**
- 고체흡착 열탈착법 순서
  - 측정기의 각 부분 점검 및 누출여부를 확인하고 순서에 맞추어 전원을 켠다.
  - 연결관과 기체크로마토그래프 연결부분은 누출이 없는지를 확인하고 **연결관은 용융실리카 또는 동등한 재질을 사용**하여 흡착에 의한 손실을 최소화 하여야 한다.
  - 시료를 채취한 흡착관은 불활성 글러브(glove)를 사용하여 테플론 형태의 마개를 제거한 후 열탈착장치에 장착한다.
  - 이때 흡착관 내의 수분 제거가 필요할 경우 흡착관을 시료채취 반대방향으로 **헬륨기체** 5~50mL/min의 유량으로 일정 시간(약 4분) 동안 **퍼지**(purge)한다.
  - 흡착관을 운반기체 10~100mL/min로 250~325℃로 가열하여 탈착하고 열탈착된 시료는 **-30~-150℃의 저온농축관**에 이송시킨다.
  - 저온농축관에서 농축된 시료를 흡착제의 종류에 따라 250~350℃의 온도범위에서 1~15분 이내에 운반기체 1~100mL/min로 탈착시킨다. 시료 **탈착효율은 90% 이상** 되어야 한다.
  - 탈착시료를 칼럼의 유량을 조정하고 기체크로마토그래프로 이송하여 분석한다.
  - 방법 바탕시료는 **고순도 질소**를 사용한다.
- 고체흡착 용매추출법 순서
  - 채취한 시료의 흡착관으로부터 충전제를 2mL 부피의 용기로 옮긴다.
  - 추출용매 1mL를 용기에 넣고 20분 동안 상온에서 정치하여 추출한다.
  - 추출용매는 휘발이 잘 되므로 용기의 뚜껑이 없을 경우 시료의 손실을 막기 위하여 반드시 **셉텀(septum)이 있는 용기를 사용**한다.
- 시료채취 주머니 – 열탈착법
  - 시료채취 주머니를 자동연속 주입시스템에 연결하거나 일정량을 시료주입 루프 또는 기체용 주사기로 주입하여 기체크로마토그래프로 분석한다.
  - 주머니를 직접연결하여 분석할 때 빛에 의한 영향을 받지 않도록 한다.

- 운반기체와 방향족 할로겐화합물의 취급
  - 운반기체 : 기체크로마토그래프의 이동상으로 주입된 시료를 칼럼과 질량분석기로 옮겨주는 역할을 하며, 불활성의 건조하고 99.999% 혹은 그 이상의 고순도를 가진 **질소 혹은 헬륨**을 사용해야 함
  - 방향족 할로겐화합물의 취급 : 분자량이 상대적으로 큰 방향족 할로겐화합물을 취급할 때에는 실온에서 이들 화합물들이 시료채취 주머니에 달라붙는 현상이 있으므로 이 경우는 시료채취 주머니를 사용하지 않고 **동적인 방법**(dynamic flow method)을 사용하도록 함
- 농도계산
  - 고체흡착 열탈착법

    ■ $C = \dfrac{m_s - m_b}{V_s} \times \dfrac{22.4}{M}$
    $\begin{cases} C : \text{농도(ppm 또는 } \mu\text{mol/mol)} \\ m_s : \text{시료 중의 분석물질의 양(ng)} = (A_s - A_b)/s \\ A_s : \text{시료 중의 분석물질에 해당되는 면적값(area)} \\ A_b : \text{검정곡선의 절편에 해당되는 면적값(area)} \\ s : \text{검정곡선의 기울기(area/ng)} \\ m_b : \text{바탕시료 중의 분석물질의 양}(\mu g) \\ V_s : \text{표준상태로 환산한 시료가스의 양(L)} \\ M : \text{분석물질의 분자량(g/mol)} \end{cases}$

  - 고체흡착 용매추출법

    ■ $C = \dfrac{(m_s \times V_s) - (m_b \times V_b)}{V_s} \times \dfrac{22.4}{M}$
    $\begin{cases} m_s : \text{시료 중의 분석물질의 양}(\mu g/mL) \\ V_s : \text{시료 용매추출액(mL)} \\ m_b : \text{바탕시료 중의 분석물질 양}(\mu g/mL) \\ V_b : \text{바탕시료 용매추출액(mL)} \\ V_s : \text{표준상태로 환산한 시료가스의 양(L)} \end{cases}$

  - 시료채취 주머니 - 열탈착법

    ■ $C = C_a \times \dfrac{V_{std}}{V_a}$
    $\begin{cases} C : \text{배출가스 중 휘발성 유기화합물의 농도(ppm 또는 } \mu\text{mol/mol)} \\ C_a : \text{검정곡선에 의해 계산된 물질의 농도(ppm)} \\ V_{std} : \text{열탈착장치에 주입한 표준가스의 양(mL)} \\ V_a : \text{열탈착장치에 주입한 시료가스의 양(mL)} \end{cases}$

⚛ 휘발성 유기화합물 누출확인방법

- 목적·적용 : 이 시험은 휘발성 유기화합물(VOCs)의 누출원에서 VOCs가 누출되는지 확인하는 데 목적이 있으며, 이 방법은 **누출의 확인 여부**로 사용하여야 함. 다만, 누출원의 취급물질의 함량 및 측정기기의 물질별 반응인자를 파악할 수 있는 경우에는 누출원의 물질별 누출량 측정법으로 사용할 수 있음
- 용어의 정의
  - **누출농도** : VOCs가 누출되는 누출원 표면에서의 VOCs 농도로서, 대조화합물을 기초로 한 기기의 측정값임
  - **대조화합물** : 누출농도를 확인하기 위한 기기교정용 VOCs 화합물
    - ▶ **불꽃이온화검출기** : 메테인, 에테인, 프로페인 및 **뷰테인**을 기준으로 함
    - ▶ **광이온화검출기** : 아이소뷰틸렌을 기준으로 함

- **교정가스** : 기지농도로 기기 표시치를 교정하는데 사용되는 VOCs 화합물 → 일반적으로 누출농도와 유사한 농도의 대조화합물을 사용함
- **검출 불가능 누출농도** : 누출원에서 VOCs가 대기 중으로 누출되지 않는다고 판단되는 농도 → 국지적 VOCs **배경농도의 최고농도**(기기 측정값 기준 500ppm)
- **반응인자** : 관련 규정에 명시된 대조화합물로 교정된 기기를 이용하여 측정할 때 관측된 **측정값**과 VOCs 화합물 **기지농도와의 비율**을 말함 → **성능기준** : 측정될 개별화합물에 대한 기기의 **반응인자는 10보다 작을 것**
- **교정 정밀도** : 기지의 농도값과 측정값 간의 평균차이를 상대적인 **퍼센트로 표현**하는 것으로서, 동일한 기지농도의 측정값들의 일치정도를 말함 → **성능기준** : 교정용 가스값의 **10%보다 작거나 같을 것**
- **응답시간** : VOCs가 시료채취장치로 들어가 농도변화를 일으키기 시작하여 기기 계기판의 **최종값이 90%를 나타내는 데 걸리는 시간**을 말함 → **성능기준** : 기기의 응답시간은 **30초보다 작거나 같을 것**

□ **휴대용 VOCs 측정기기의 규격**
- 검출기는 **시료와 반응**하여야 함. 여기에서 촉매산화, 불꽃이온화, 적외선흡수, 광이온화검출기 및 기타 시료와 반응하는 검출기 등이 있음
- 기기는 규정에 표시된 누출농도를 측정할 수 있어야 함
- 기기의 계기눈금은 최소한 표시된 누출농도의 **±5%를 읽을 수 있어야 함**
- 기기는 펌프 시료유량은 0.5~3L/min임
- 기기는 폭발가능한 대기 중에서의 조작을 위하여 근본적으로 안전해야 함
- 기기는 채취관 및 연결관 연결이 가능하여야 함

□ **성능평가 요구사항**
- 반응인자는 대조화합물로부터 혹은 테스트에 의하여 측정된 각 화합물별로 결정되어야 함. 반응인자 테스트는 기기를 사용하기 전에 하여야 함
- 교정정밀도 및 응답시간 테스트는 기기를 사용하기 전에 하여야 함

□ **시약 및 표준용액**
- **연소가스** : **불꽃이온화검출기**를 사용하는 경우에는 수소(40%)/헬륨(60%), 수소(40%)/질소(60%) 가스 또는 수소(99.99% 이상)을 사용하여야 함
- **영점가스** : 휘발성 유기화합물 농도(총탄화수소 기준)가 **10ppm 이하인 공기**를 사용하여야 함
- **교정가스** : 공인기관의 보정치가 제시되어 있는 표준가스로 측정기기 **최대눈금치의 약 90%**에 해당하는 농도의 가스를 사용함

개별 누출원 확인방법

□ **농도에 기초한 누출측정방법** : 누출이 발생되는 장치의 접속부위 표면에 시료채취구를 위치시킴 → 기기의 측정값을 확인하면서 접속부위 주변으로 채취구를 기기의 측정값이 **최고치**를 나타내는 지점까지 천천히 이동시킴 → 이 최고지점에서 **기기반응시간의 두 배 정도 시간동안** 시료채취구를 위치하여 측정함

- 밸브 : 밸브에서의 가장 보편적인 누출원은 축과 몸체 사이의 밀봉부분임
- 플랜지와 다른 연결관 : 용접된 플랜지의 경우는 플랜지 가스켓 접속부의 바깥쪽 가장자리에 시료채취구를 위치시키고, 플랜지의 주변에서 시료를 측정하고, 유사한 교차지점에 다른 종류의 반영구적인 조임부분에서 시료를 측정함
- 펌프와 압축기 : 펌프나 압축기축의 바깥표면 및 밀봉접속부위의 주변측선에서 시료를 측정함(축밀봉접속면의 1cm 이내에 시료채취구를 위치시킴)
- 압력완화장치 : 대부분의 압력완화장치 구성 체계상 밀봉 밑면 접합부에서의 시료 측정이 어려우므로, **뿔이나 봉입확장부**가 장착된 장치들에서는 **대기로의 누출지역 중심**에 시료채취구를 위치시킨 후 측정함
- 공정배출구 : 개방형 공정배출구에는 대기로 개방된 부분의 중심에 시료채취구를 위치시킨 후 측정하고, 폐쇄형 공정배출구에는 커버접합부의 표면에 시료채취구를 위치시키고, 주변측선에서 측정함
- 개방형 도관이나 밸브 : 대기로의 누출 중심에 시료채취구를 위치시킨 후 측정함
- 밀봉시스템 가스제거 배출구와 축압배출구 : 대기로 개방된 누출중심에서 시료채취구를 위치시킨 후 측정함
- 출입문 밀봉장치 : 출입문 밀봉접합부의 표면에 시료채취구를 위치시키고 주변측선에서 측정함
▫ **검출 불가능 누출원에서의 누출측정방법** : 누출원으로부터 **1~2m 떨어진 지점**에서 측정기기의 시료채취구를 **무작위**로 바람 방향 및 바람 반대방향으로 이동시키면서 누출원 주변의 국지적 VOCs 배경농도를 측정함

▌성능평가방법
▫ **교정 정밀도** : 제로가스와 지정된 교정가스를 번갈아 총 3번 측정한 후, 측정값을 기록 → 측정값과 기지값의 평균대수 차이를 계산 → 퍼센트로 교정 정밀도를 얻기 위하여 이 평균 차이를 알려진 교정값으로 나누고 100을 곱함
▫ **응답시간** : 기기 시료채취구로 제로가스를 주입함 → 계기치가 안정될 때 지정된 교정가스로 빠르게 전환시킴 → 최종안정치의 90%가 얻어질 때까지의 시간을 측정함 → 이 테스트를 3번 반복하여 평균응답시간을 계산하고 결과를 기록함

(2) 광화학 스모그의 중간생성물질 측정 { • 옥시던트 • 오존 • 알데하이드

※ 환경대기-옥시던트 측정방법 { 중성 요오드화칼륨(아이오딘화포타슘)법 / 알칼리성 요오드화칼륨(아이오딘화포타슘)법 / 중성 요오드화칼륨(아이오딘화포타슘)법(자동)

분석방법	정량범위	방법검출한계	정밀도(%)
중성 요오드화칼륨(KI)법	0.01~10μmol/mol	–	–
알칼리성 요오드화칼륨(KI)법	0.015~8.16μmol/mol	–	–

□ **옥시던트의 일반적 성질 · 생성 · 영향**
  • **일반적 성질** : 공기 중에 존재하는 질소산화물 중 가장 주요한 형태는 NO와 NO_2이며, 이 둘을 질소산화물과 탄화수소가 빛에너지에 의해 반응하여 생기는 **강산성 물질**로서 자동차 배기가스로 인하여 대기 속에 함유된 **탄화수소, 질소산화물**이 **태양광선**, 특히 자외선의 작용으로 반응을 일으켜 생긴 원자상의 산소, 오존 또한 이들을 매개로 하여 생긴 과산화물 등과 같이 **산화성이 강한 물질**을 뜻함
  • **생성**
    ◦ 옥시던트는 광흡수성이 강한 이산화질소(NO_2)가 420nm 이하의 빛을 흡수하여 일산화질소(NO)와 원자상 산소(O)로 분해하고, 이어서 이 산소가 대기 속의 산소(O_2)와 반응하여 오존(O_3)이 되거나 탄화수소가 빛의 작용에 의해 공기 속의 산소와 반응하여 과산화물로 변화하고, 다시 분해하여 오존이 됨
    ◦ 대기오염의 옥시던트로서 탄화수소로부터 알데하이드를 거쳐 생성됐다고 생각되는 판(PAN, $CH_3COOONO$)도 중요함
  • **부가적 영향** : 대기 중의 옥시던트는 대기 속의 아황산가스와 습기가 반응하여 생기는 아황산을 산화시켜 황산을 만들기 때문에 광화학 스모그, 황산 미스트의 원인이 됨

▌ 중성 요오드화칼륨(아이오딘화포타슘)법
  • **개요** : 대기 중에 존재하는 오존과 다른 옥시던트가 pH 6.8의 **요오드화칼륨**(아이오딘화포타슘)(KI) 용액에 흡수되면 옥시던트 농도에 해당하는 아이오드(I)가 유리되며, 이 유리된 요오드(아이오드)를 파장 352nm에서 흡광도를 측정하여 정량함
    ◦ 상대표준편차는 10% 이내, 회수율은 80~120% 이내
    ◦ 요오드(아이오드)가 유리되는 반응식은 다음과 같음
      ■ $O_3 + 2KI + H_2O \rightarrow O_2 + I_2 + 2KOH$
    ◦ 오존을 포함한 많은 산화성 물질 즉, 이산화질소, 염소, 과산화산류, 과산화수소 및 PAN은 **모두 옥시던트**이며, 이들은 이 방법에서 아이오드를 유리시킴
  • **측정범위** : 오존으로써 0.01~10μmol/mol
  • **적용** : 대기 중에 존재하는 **오존과 다른 옥시던트**(이산화질소, 염화수소, PAN 및 과산화수소)**를 포함**하는 저농도의 전체 옥시던트를 측정하는 데 사용됨
    ◦ 이 방법은 전체 옥시던트를 측정하는 데 적용
    ◦ 이 방법은 시료를 채취한 후 **1시간 이내에 분석**할 수 **있을 때** 사용할 수 있으며, 1시간 내에 측정할 수 없을 때는 **알칼리성 요오드화칼륨**(아이오딘화포타슘)**법**을 사용하여야 함
    ◦ 옥시던트는 화학적으로 정해진 물질이 아니므로 이 방법이나 다른 방법(알칼리성 요오드화칼륨(아이오딘화포타슘)법)으로 분석한 결과가 꼭 **같지는 않음**
    ◦ 만일 다른 방법에 의해서 분석한 결과를 비교해 볼 필요가 있을 때는 같은 시료를 사용하여 동시에 비교 분석하여야 함

- **옥시던트의 구분**
  - **옥시던트** : 전 옥시던트, 광화학 옥시던트, 오존 등의 산화성 물질의 총칭
  - **전 옥시던트** : 중성 KI용액에 의해 **요오드(아이오드)를 유리시키는 물질**의 총칭
  - **광화학 옥시던트** : 전 옥시던트에서 **이산화질소(NO_2)를 제외한 물질**
- **간섭물질** : **아황산가스**(SO_2) 및 **황화수소**(H_2S)가 대표적인 간섭물질이며, 이들은 **부(-)의 영향**을 미침
  - **아황산가스 : 방해가 가장 심함** → 옥시던트 농도의 100배까지의 농도를 갖는 아황산가스는 임핀저의 위쪽 시료채취관에 크로뮴산 종이 흡수제(삼산화크로뮴과황산으로 함침시킨 유리섬유제 여과지)를 설치함으로써 제거할 수 있음
  - **이산화질소** : 오존의 당량, 몰 농도에 대하여 약 10%의 영향을 미친다고 알려져 있는데, 이산화질소의 반응은 용액 중에서 아질산이온의 생성에 의해 유발됨 → 이산화질소가 전체 옥시던트에 미치는 영향은 이산화질소의 동시분석으로 예측할 수 있음
  - **PAN** : 오존의 당량, 몰 농도의 약 50%의 영향을 미침
  - **기타** : 환원성을 갖는 먼지 등도 이 방법에서 영향을 미침
- **농도계산** : 시료대기의 옥시던트 농도는 다음 식으로 구할 수 있음

$$C = A \times \frac{M}{V_s} \quad \begin{cases} C : O_3\text{으로 나타낸 옥시던트 농도}(\mu\text{mol/mol}) \\ A : \text{보정흡광도} \\ V_s : \text{흡수액에 흡수시킨 실측상태 공기량} \\ M : \text{흡광도 1에 상당하는 흡수액 10mL 중 오존 }\mu\text{L수} \end{cases}$$

알칼리성 요오드화칼륨(아이오딘화포타슘)법

- **개요** : 대기 중에 존재하는 미량의 옥시던트를 알칼리성 요오드화칼륨(아이오딘화포타슘)용액에 흡수시키고 CH_3COOH로 **pH 3.8의 산성**으로 하면 산화제의 당량에 해당하는 요오드(아이오드)가 유리된다. 이 유리된 요오드(아이오드)를 파장 352nm에서 흡광도를 측정하여 정량함
  - **검출한계** : 1~16μg
  - 이 방법은 대기 중에 존재하는 **저농도의 옥시던트**(오존)를 측정하는데 적용됨
- **간섭물질** : 다른 산화성 물질이나 환원성 물질이 방해하며, 아황산가스나 이산화질소의 방해는 시료를 채취하는 동안에 제거시킬 수 있음
  - 산화성 물질 또는 환원성 물질은 요오드화칼륨(KI)을 요오드(아이오드)로 산화시키는데 영향을 미침
  - 아황산가스는 흡수액에 과산화수소수를 가하여 흡수시키면 아황산가스가 황산이온으로 산화되며, 여분의 과산화수소수는 초산을 가하기 전에 끓여서 제거함
  - 대기 중의 산소는 흡수액을 감지할 수 있을 정도로 산화시키지 않음
- **농도계산** : 시료대기의 오존농도는 다음 식으로 구할 수 있음

$$C = \frac{B \times 509}{A} \quad \begin{cases} C : O_3\text{으로 나타낸 옥시던트 농도(ppb)} \\ A : \text{채취시료량(실측상태, 25℃, 760 mmH}_2\text{O)(L)} \\ B : \text{검량선에서 구한 오존량}(\mu\text{g}) \end{cases}$$

✲ 환경대기 중 오존 측정방법
- 자외선광도법(주시험법, 기준 시험법)
- 화학발광법
- 흡광차분광법(자동)

▌자외선광도법
- **개요** : 안정된 **저압 수은(Hg) 방전 램프**로부터 방출된 253.7nm의 자외선 흡수량의 변화를 측정하여 Beer-Lambert 법칙에 따라 환경대기 중의 오존을 연속적으로 측정하는 방법임. 본 자외선광도법을 **오존농도 측정의 주 시험법**으로 하며, 측정결과의 일치성 확인하기 위한 **기준 시험법**으로 함
  - **적용범위** : 1nmol/mol(1×10^{-9}mol/mol)~500nmol/mol 범위에 적용
- **장치구성** : 측정기는 시료가스 채취구, 필터, 유량계, 시료가스 흡입펌프, 흡수셀, 광원램프, 검출기, 증폭기 및 지시기록계 등으로 구성됨
- **간섭물질** : 낮은 농도(100nmol/mol 이하)의 다른 오염물질은 간섭받지 않음
  - **농도가 높은 황산화물, 질소산화물** : 500nmol/mol 수준의 질소 및 황산화물은 각각 약 1~4nmol/mol의 간섭이 있을 수 있음
  - **휘발성 유기물** : 광화학반응을 하는 휘발성 유기물도 간섭을 일으킬 수 있음
  - **입자상 물질** : 제거되지 않는 입자상 물질은 시료채취용 배관에 축적되어 무시할 수 없을 정도로 오존을 파괴시키며, 이산화망간을 오존 스크러버로 사용하는 측정 기기에도 간섭 현상이 일어날 수 있음
  - **높은 습도** : 환경대기 중 상대습도가 높으면 간섭 현상이 일어날 수 있음

▌화학발광법
- **개요** : 시료대기 중에 **오존과 에틸렌(Ethylene)가스가 반응**할 때, **400nm의 가시광선 영역**에서 빛을 발생시키는데, 이 빛의 세기가 **오존농도와 비례**하기 때문에 발광도를 측정하여 오존농도를 산정함
  - **적용범위** : 1nmol/mol(1×10^{-9}mol/mol)~500nmol/mol 범위에 적용
- **장치구성** : 시료채취부, 흡입펌프, 검출부, 유량제어부, 배출기체부로 구성됨
  - **시료채취부** : 내경 6~8mm의 채취관을 연결하고, 여과지는 시료대기 중에 포함되어 있는 먼지를 제거하고 유로의 막힘을 방지하기 위해 사용하며, **테플론을 사용**하여 오존이 흡착되는 것을 방지하여 측정오차의 발생을 줄여야 하고, 유량계는 **설정유량의 1~2배**의 최대눈금을 나타내는 것으로 함
  - **흡입펌프** : 여과지의 먼지에 의해 흡입저항이 증가되어도 항상 일정 유량으로 흡입시킬 수 있는 펌프를 사용하여야 함
  - **검출부** : 화학발광량을 광측정부에 전기신호로 변화시켜 측정함
  - **배출기체부** : 배출기체부는 **6~8mm의 염화비닐관**으로 연결되어야 함
- **간섭물질**
  - **습도(수분)** : 약 80% 상대습도, 22℃에서 화학발광과정에서 건조한 공기 중의 오존보다 약 **10% 높게** 측정됨. 하지만 시판 분석기에서는 보상장치가 추가되어 있어 거의 영향을 받지 않게 되어 있음

- 입자상 물질 : 제거되지 않은 입자상 물질은 무시할 수 없을 정도로 **오존을 파괴**시키며, 광학유리에 흡착되어 방출광을 감소시킴
- 질소산화물 : 공기 중의 질소산화물이 **오존과 반응**하여 간섭 현상을 일으키므로 시료채취용 배관에 시료공기가 남아 있는 시간을 최소화해야 함

- 용어정의
  - 바탕가스 : 측정기의 기준 및 영점을 보정하는데 내부적으로 생산하여 이용하는 가스 → **질소를 바탕**으로 한 산소 20.5~20.9%, 오존 함유량이 **1ppb 이하**의 고순도 공기를 사용
  - 제로가스 : 측정기의 영점을 교정하는데 사용하는 교정용 가스 → 자외선 측정의 영향을 일으킬 수 있는 질소 및 황산화물, 탄화수소 및 기타의 간섭물질도 없어야 함
  - 스팬가스 : 측정기의 스팬을 교정하는데 사용하는 교정용 가스
  - 교정용 가스 : 제로가스, 스팬가스, 눈금 교정용 가스 등을 총칭함 → **최대측정 눈금 90%** 수준의 오존을 안정적으로 발생시킬 수 있어야 함
  - 제로 드리프트 : 일정 기간 측정기의 영점에 대한 지시치의 변동
  - 스팬 드리프트 : 일정 기간 측정기의 스팬에 대한 지시치의 변동
  - 설정유량 : 측정기에서 정한 시료기체 및 교정가스 등의 유량
  - 교정용 표준기 : 환경대기 중 오존 측정기의 비교 교정이 가능한 장비로서 오존농도를 정확히 측정하거나, 정확한 농도의 제로가스 및 스팬가스를 발생 또는 측정할 수 있는 장치
  - 운반용 표준기 : 오존 측정기를 교정할 수 있도록 운반이 가능한 장비

흡광차분광법
- 개요 : 흡광차분광법(DOAS)은 **자외선 흡수를 이용한 분석**으로 흡광광도법의 기본원리인 Beer-Lambert 법칙을 근거로 한 분석원리로 환경대기 중의 오존농도에 대한 빛의 투과율, 흡광계수, 투사거리를 계측하여 오존농도를 측정하는 방법임
  - **적용범위** : 1nmol/mol(1×10^{-9}mol/mol)~250nmol/mol 범위에 적용됨
  - **이용** : 특정한 **원거리 내**에 존재하는 **평균오존농도**의 측정에 이용됨
- 장치구성 : 측정기는 분석계와 광원부로 나뉘며, 분석계 내부는 분광기, 샘플채취부, 검지부, 분석부, 통신부 등으로 구성되는데 원리적으로 이 분석장치는 **온도와 압력의 영향**을 받기 때문에 온도 및 압력을 측정하여 **보정하여야 함**
- 간섭물질
  - 유기화합물 : 흡수 스펙트럼이 오존과 겹치므로 간섭 현상을 일으킬 수 있음
  - 수분 : 기기를 건조 오존가스로 교정하는 경우, 환경대기 중 상대습도가 높으면 간섭 현상이 있을 수 있음
- 농도계산 : 시료대기의 오존농도는 다음 식으로 구할 수 있음(원리적으로 수광부와 측광부의 거리가 100m~1km 수준일 때, 1m의 시료셀을 사용하는 경우 10~100μmol/mol 수준의 오존발생 표준기를 사용)

■ $C = -\dfrac{1}{\alpha L} \ln\left(\dfrac{I_t}{I_o}\right)$ $\begin{cases} C: 오존의 농도 \\ I_t/I_o: 오존시료의 투과율 \\ \alpha: 오존 흡수단면적 \\ L: 광로길이 \end{cases}$

※ 환경대기 중 알데하이드류 측정 – 고성능 액체크로마토그래피법

- **개요** : 카보닐화합물과 2,4-다이나이트로페닐하이드라진(DNPH)가 반응하여 형성된 DNPH 유도체를 아세토나이트릴용매로 추출하여 고성능 액체크로마토그래피를 이용하여 자외선(UV)검출기의 360nm 파장에서 분석함
- **농도계산** : 알데하이드 농도는 다음 식을 이용하여 계산한다.(0℃, 1기압 기준)

■ $C = \dfrac{A_a - A_b}{V_m \times \dfrac{P_a}{760} \times \dfrac{298}{273+t_a}}$ $\begin{cases} C: 알데하이드농도(\mu g/m^3) \\ A_a: 시료 중 알데하이드류량(ng) \\ A_b: 공시료 중 알데하이드류량(ng) \\ V_m: 실측 총공기시료 부피(L) \\ P_a: 평균대기압력(mmHg) \\ t_a: 평균대기온도(℃) \end{cases}$

CBT 형식 출제대비 엄선 예상문제

01 굴뚝가스 중 총탄화수소 측정방법에 대한 설명으로 틀린 것은?
① 교정가스는 농도를 알고 있는 희석가스를 쓴다.
② 스팬값으로 측정범위가 없는 경우에는 예상농도의 1.2~3배의 값을 사용한다.
③ 스팬값으로 측정기기의 측정범위는 보통 배출허용기준의 0.5~1.2배를 적용한다.
④ 반응시간은 오염물질농도의 단계변화에 따라 최종값의 90%에 도달하는 시간으로 한다.

02 환경대기 중의 탄화수소 농도를 자동연속(불꽃이온화검출기법)으로 측정하는 방법과 가장 거리가 먼 것은?
① 총탄화수소측정법
② 활성탄화수소측정법
③ 광산란탄화수소측정법
④ 비메탄탄화수소측정법

03 환경대기 내의 탄화수소 농도를 측정하기 위한 시험방법이 아닌 것은?
① 총탄화수소측정법
② 활성탄화수소측정법
③ 용융탄화수소측정법
④ 비메탄탄화수소측정법

04 환경대기 중의 탄화수소 측정방법 중 비메탄탄화수소 측정법의 성능기준으로 옳지 않은 것은?
① 측정주기는 한 시간에 4회 이상의 측정을 할 수 있어야 한다.
② 측정범위는 0~5로부터 50ppm 범위 내에서 임의로 설정할 수 있어야 한다.
③ 재현성은 동일조건에서 스팬가스를 3회 연속측정해서 측정치의 평균오차가 최대 ±3%의 범위 이내에 있어야 한다.
④ 제로 드리프트(Zero Drift)는 동일조건에서 제로가스를 연속해서 흘려보냈을 경우 지시변동은 24시간에 대하여 최대눈금치의 ±1%의 범위 내에 있어야 한다.

05 굴뚝 배출가스 내의 휘발성 유기화합물질(VOCs) 시료채취장치 중 흡착관법에 대한 설명으로 옳지 않은 것은?
① 장치의 연결부위는 밀봉윤활유를 사용한다.
② 응축기, 응축수 트랩은 유리재질이어야 한다.
③ 밸브는 플루오린수지, 유리, 석영재질로 가스의 누출이 없는 구조이어야 한다.
④ 채취관 재질은 유리, 석영, 플루오린수지 등으로 120℃ 이상까지 가열이 가능한 것이어야 한다.

> **해설**
>
> **01** 스팬값으로 측정기의 측정범위는 배출허용기준 이상으로 하며, 보통 기준의 1.2~3배를 적용한다.
>
> **02** 환경대기 중 탄화수소의 측정법은 총탄화수소측정법, 비메탄계 탄화수소측정법, 활성탄화수소측정법으로 구분된다. 이 중에서 비메탄탄화수소측정법을 주 시험법으로 한다.
>
> **03** ③항은 환경대기 중 탄화수소측정법과 무관하다.
>
> **04** 비메탄탄화수소 측정법의 재현성은 동일조건에서 스팬가스를 3회 연속 측정해서 측정치의 평균치로 부터의 편차는 최대눈금치의 ±1%의 범위 이내에 있어야 한다.
>
> **05** 각 장치의 연결부위는 밀봉윤활유(그리스)를 사용하지 않고, 가스의 누출이 없는 구조이어야 한다.

정답 │ 1.③ 2.③ 3.③ 4.③ 5.①

06 굴뚝 배출가스 중 총탄화수소 측정시스템과 교정 및 연소 시에 사용되는 가스에 대한 설명으로 틀린 것은?

① 기록계를 사용하는 경우에는 최고 2회/분이 되는 기록계를 사용한다.
② 시료채취관은 굴뚝 중심부분의 10% 범위 내에 위치할 정도의 길이의 것을 사용한다.
③ 연소가스로는 불꽃이온화분석기를 사용하는 경우에는 수소(40%)/헬륨(60%)가스 또는 수소(40%)/질소(60%)가스를 사용한다.
④ 영점가스는 총탄화수소 농도(프로페인 또는 탄소등가 농도)가 $0.1mL/m^3$ 이하 또는 스팬값의 0.1% 이하인 고순도 공기를 사용한다.

07 환경대기 중 옥시던트의 수동 측정방법 중 중성 요오드화칼륨(아이오딘화포타슘)법의 측정범위(O_3 기준)로 옳은 것은?

① $0.5 \sim 20 \mu mol/mol$
② $0.01 \sim 10 \mu mol/mol$
③ $0.01 \sim 10 \mu mol/mol$
④ $0.05 \sim 20 \mu mol/mol$

08 굴뚝 배출가스 내의 휘발성 유기화합물질(VOCs) 시료채취방법 중 흡착관법에 쓰이는 흡착제의 종류와 거리가 먼 것은?

① Tedlar
② Tenax
③ Charcoal
④ XAD-2

09 굴뚝 배출가스 중 휘발성 유기화합물질(VOC)의 시료채취방법으로 옳지 않은 것은?

① 시료채취 흡착관은 분석 전까지 4℃ 이하에서 냉장보관하여 가능한 빠른 시일 내에 분석한다.
② 흡착관법의 시료흡입은 100~250mL/min의 속도로 하며, 시료채취량은 1~5L 정도가 되도록 한다.
③ 시료채취 주머니 방법에서는 1~10L 규격의 주머니를 사용하여 1~2L/min 정도로 시료를 흡입한다.
④ 시료채취 주머니 방법에서 시료채취 주머니를 재사용할 때에는 제로가스와 동등 이상의 순도를 가진 수소나 아르곤가스를 채운 후 24시간 혹은 그 이상 동안 백을 놓아둔 후 퍼지(Purge)시키는 조작을 반복한다.

10 VOC 누출확인을 위한 휴대용 측정기기의 성능으로 틀린 것은?

① VOC 측정기기의 검출기는 시료와 반응하여서는 안 된다.
② 기기는 규정에 표시된 누출농도를 측정할 수 있어야 한다.
③ 기기의 계기눈금은 최소한 표시된 누출농도의 ±5%를 읽을 수 있어야 한다.
④ 기기는 펌프를 내장하고 있어 연속적으로 시료가 검출기로 제공되어야 한다.

> 해설

06 기록계를 사용하는 경우에는 최소 4회/분이 되는 기록계를 사용한다.
07 옥시던트의 요오드화칼륨(아이오딘화포타슘)법 측정범위는 $0.01 \sim 10 \mu mol/mol$이다.
08 흡착제의 재료는 Charcoal, Tenax, XAD-2이다.
09 시료채취 주머니를 재사용할 때는 N_2나 He를 채운 후 24시간 이상 퍼지(Purge)시키는 조작을 반복한다.
10 VOC 측정기기의 검출기는 시료와 반응하여야 한다. 검출기는 촉매산화, 불꽃이온화, 적외선흡수, 광이온화검출기 및 기타 시료와 반응하는 검출기 등이 있다.

정답 | 6.① 7.② 8.① 9.④ 10.①

11 굴뚝 배출가스 내의 휘발성 유기화합물(VOC)의 시료채취장치 중 흡착관법에 대한 설명으로 가장 거리가 먼 것은?

① 채취관 재질은 유리, 플루오린수지 등으로 120℃까지 가열이 가능한 것이어야 한다.
② 흡착관은 사용하기 전에 반드시 안정화시켜야 하며, 흡착제로 Tenax, XAD-2 등을 사용한다.
③ 유량측정부는 기기의 온도 및 압력 측정이 가능해야 하며, 최소 100mL/분의 유량으로 시료채취가 가능해야 한다.
④ 응축기는 유리재질이어야 하며, 앞쪽 흡착관을 통과한 후에 위치하여 가스를 50℃ 이하로 낮출 수 있는 용량이어야 한다.

12 환경대기 중 휘발성 유기화합물 시험방법에 사용되는 용어에 대한 설명으로 옳지 않은 것은?

① 머무름부피(Retention Volume) : 운반가스의 부피를 측정함으로써 결정된다.
② 열탈착 : 흡착제로부터 VOC를 탈착시켜 기체크로마토그래피로 전달하는 과정이다.
③ 2단 열탈착 : 흡착제로부터 분석물질을 열탈착하여 기체크로마토그래피로 전달하는 과정이다.
④ 흡착관의 안정화(Conditioning) : 흡착관을 사용하기 전에 열탈착기에 의해서 보통 350℃에서 헬륨가스 25mL/min으로 적어도 1시간 동안 안정화시킨 후 사용한다.

13 VOC 누출확인방법에 사용되는 용어의 정의로 옳지 않은 것은?

① 반응인자는 기지의 농도값과 측정값 간의 평균차이를 상대적인 퍼센트로 표현하는 것이다.
② 교정가스는 기지농도로 기기 표시치를 교정하는 데 사용되는 VOC 화합물로서 일반적으로 누출농도와 유사한 농도의 대조 화합물이다.
③ 응답시간은 VOC가 시료채취장치로 들어가 농도변화를 일으키기 시작하여 기기계기판의 최종값이 90%를 나타내는 데 걸리는 시간이다.
④ 검출불가능 누출농도는 누출원에서 VOC가 대기 중으로 누출되지 않는다고 판단되는 농도로서 국지적 VOC 배경농도의 최고농도값이다.

14 다음은 환경대기 중 오존농도 측정을 위한 화학발광법의 측정원리이다. ( ) 안에 알맞은 것은?

> 화학발광법은 오존과 (Ⓐ)가 반응할 때 생기는 발광도가 오존농도와 비례관계가 있다는 것을 이용하여 오존농도를 측정한다. 이 방법의 정량범위는 (Ⓑ)nmol/mol이며, 방해물질로는 수분에 대한 약간 영향을 받는다.

① Ⓐ 메탄가스, Ⓑ 1~0.03nmol/mol
② Ⓐ 에틸렌가스, Ⓑ 1~500nmol/mol
③ Ⓐ 메탄가스, Ⓑ 0.05~30nmol/mol
④ Ⓐ 에틸렌가스, Ⓑ 0.05~500nmol/mol

> **해설**
>
> **11** 응축기는 가스가 앞쪽 흡착관을 통과하기 이전 가스온도를 20℃ 이하로 낮출 수 있는 용량이어야 한다.
>
> **12** 흡착관의 안정화(Conditioning)는 순도 99.99% 이상의 He 또는 N_2가스 50~100mL/min으로 2시간 동안 안정화시킨 후 사용한다.
>
> **13** 반응인자는 관련 규정에 명시된 대조화합물로 교정된 기기를 이용하여 측정할 때 관측된 측정값과 VOC 화합물 기지농도와의 비율이다.
>
> **14** 오존의 화학발광법은 시료대기 중에 오존과 에틸렌(Ethylene)가스가 반응할 때 생기는 발광도가 오존농도와 비례관계가 있다는 것을 이용하여 오존농도를 측정한다. 이 측정방법의 적용범위는 1~500nmol/mol이다.

정답 | 11.④ 12.④ 13.① 14.②

15 환경대기 중 옥시던트 측정방법 중 중성 요오드화칼륨(아이오딘화포타슘)법(수동)에 대한 설명으로 틀린 것은?

① PAN은 오존의 당량, 몰농도의 약 50%의 영향을 미친다.
② 산화성 가스로는 아황산가스 및 황화수소가 있으며 이들은 부(−)의 영향을 미친다.
③ 시료채취 후 1시간 이내에 분석할 수 있을 때 사용할 수 있으며, 1시간 내에 측정할 수 없을 때는 알칼리성 요오드화칼륨(아이오딘화포타슘)법을 사용하여야 한다.
④ 대기 중에 존재하는 오존과 다른 옥시던트가 pH 6.8의 요오드화칼륨(아이오딘화포타슘)용액에 흡수되면 옥시던트 농도에 해당하는 아이오딘이 유리되며, 이 유리된 아이오딘을 파장 217nm에서 흡광도를 측정하여 정량한다.

16 환경대기 중 오존 측정방법 중 화학발광법에 대한 설명으로 거리가 먼 것은?

① 이 방법의 적용범위는 1~500nmol/mol이며, 간섭물질은 수분, 입자상 물질, 질소산화물이다.
② 제로가스(zero gas)는 질소를 바탕으로 한 산소 20.5~20.9%, 오존 함량이 1nmol/mol 이하의 고순도 공기를 사용한다.
③ 시료대기 중에 오존과 아세틸렌가스가 반응할 때 생기는 발광도가 오존농도와 비례관계가 있다는 것을 이용하여 오존농도를 측정한다.
④ 여과지는 시료대기 중에 포함되어 있는 먼지를 제거하고, 유로의 막힘을 방지하기 위해 사용하며 테플론을 사용하여 오존이 흡착되는 것을 방지하여 측정오차의 발생을 줄여야 한다.

> **해설**

15 옥시던트의 중성 요오드화칼륨(아이오딘화포타슘)법은 대기 중에 존재하는 오존과 다른 옥시던트가 pH 6.8의 요오드화칼륨(아이오딘화포타슘)(KI) 용액에 흡수되면 옥시던트 농도에 해당하는 요오드(아이오드)가 유리되며, 이 유리된 아이오드를 파장 352nm에서 흡광도를 측정하여 정량한다.

16 오존의 화학발광법은 오존과 에틸렌(Ethylene)가스가 반응할 때 생기는 발광도가 오존농도와 비례관계가 있다는 것을 이용하여 오존농도를 측정한다.

정답 | 15.④ 16.③

업그레이드 종합 예상문제

01 환경대기 중 유해 휘발성유기화합물(VOCs)의 시험방법인 것은?
① 고체흡착법, 캐니스터법
② 용액흡수법, 용매추출법
③ 자외선흡수법, 열탈착분석법
④ 자외선광도법, 체증기흡수분무법

해설 환경대기 중 유해 휘발성유기화합물(VOCs)의 시험방법은 고체흡착법, 캐니스터법이다.

02 환경대기 중의 각 항목별 분석방법의 연결로 옳지 않은 것은?
① 질소산화물 : 살츠만법
② 아황산가스 : 파라로자닐린법
③ 옥시던트(오존으로서) : 광산란법
④ 일산화탄소 : 불꽃이온화검출기법

해설 중성 요오드화칼륨(아이오딘화포타슘)법, 알칼리성 요오드화칼륨(아이오딘화포타슘)법, 중성 요오드화칼륨(아이오딘화포타슘)법(자동)이 있다.

03 환경 대기 중의 오존 측정법에 대한 설명 중 틀린 것은?
① 측정방법으로 자외선광도법, 화학발광법, 흡광차분광법(자동연속) 등이 있다.
② 옥시던트란 산성 요오드화칼륨(아이오딘화포타슘)용액에 의해 아이오딘을 유리시키는 물질이다.
③ 화학발광법의 적용범위는 1~500nmol/mol이며, 입자상 물질에 의해 영향을 받을 수 있다.
④ 화학발광법은 시료대기 중의 오존과 에틸렌가스가 반응할 때 생기는 발광도가 오존농도와 비례하는 것을 이용하여 오존농도를 측정한다.

해설 옥시던트란 전 옥시던트, 광화학옥시던트, 오존 등의 산화성 물질의 총칭한다. 이 중에서 전 옥시던트는 중성 KI용액에 의해 요오드(아이오드)를 유리시키는 물질의 총칭하고, 광화학 옥시던트는 전 옥시던트에서 이산화질소(NO_2)를 제외한 물질을 말한다.

정답 1.① 2.③ 3.②

더 풀어보기 예상문제

01 대기환경 중에 존재하는 휘발성 유기화합물(VOCs) 중 오존생성 전구물질과 유해 대기오염물질의 농도를 측정하기 위한 시험방법에 대한 설명으로 옳지 않은 것은?

① 기체크로마토그래피와 형광분광광도법이 있으며, 형광분광광도법을 주 시험법으로 한다.
② 흡인펌프는 사용목적에 맞는 용량 펌프를 사용하며, 이 시험방법에서는 저용량 펌프를 사용한다.
③ 흡착관은 스테인리스 스틸 또는 유리재질로 된 관에 측정대상 성분에 따라 흡착제를 선택하여 각 흡착제의 돌파부피를 고려하여 200mg 이상으로 충전한 후 사용한다.
④ 흡착관은 사용하기 전에 반드시 안정화 단계를 거쳐야 하는데, 보통 350℃(흡착제의 종류에 따라 조정가능)에서 헬륨가스 50mL/min으로 적어도 2시간 동안 안정화시킨다.

02 대기오염 공정시험기준에 의거하여 굴뚝배출 휘발성 유기화합물을 기체크로마토그래프법으로 분석할 때, 휘발성 유기화합물질의 추출용매로 가장 적합한 것은?

① CS_2
② n-Hexane
③ PCB
④ Ethyl alcohol

03 환경대기 내의 탄화수소 농도 측정방법 중 총탄화수소 측정법에서의 성능기준으로 옳지 않은 것은?

① 예열시간 : 전원을 넣고 나서 정상으로 작동할 때까지의 시간은 6시간 이하여야 한다.
② 응답시간 : 스팬가스를 도입시켜 측정치가 일정한 값으로 급격히 변화되어 스팬가스 농도의 90% 변화할 때까지의 시간은 2분 이하여야 한다.
③ 지시의 변동 : 제로가스 및 스팬가스를 흘려보냈을 때 정상적인 측정치의 변동은 각 측정단계(Range)마다 최대눈금치의 ±1%의 범위 내에 있어야 한다.
④ 재현성 : 동일조건에서 제로가스와 스팬가스를 번갈아 3회 도입해서 각각의 측정치의 평균치로부터 구한 편차는 각 측정단계(Range)마다 최대눈금치의 ±1%의 범위 내에 있어야 한다.

04 굴뚝 배출가스 내의 염화비닐을 채취한 흡착관에 흡착된 염화비닐을 추출한 후 이 추출액 중 일정량을 기체크로마토그래피에 주입하여 분석할 경우 사용하는 용매는?

① 벤젠(C_6H_6)
② 이황화탄소(CS_2)
③ 톨루엔($C_6H_5CH_3$)
④ 클로로폼($CHCl_3$)

정답 1.① 2.① 3.① 4.②

더 풀어보기 예상문제 해설

01 형광분광광도법은 환경대기 중 벤조(a)피렌 시험방법이다. 대기환경 중 휘발성 유기화합물(VOCs)의 측정법은 고체흡착열탈착법, 고체흡착용매추출법, 자동연속열탈착분석법이 적용된다. 이 중에서 고체흡착열탈착분석법과 자동연속열탈착분석법을 주 시험법으로 한다.

02 배출가스 중의 VOCs 함유 시료를 흡착관 또는 시료채취 주머니에 채취하고, 흡착관은 열탈착 장치에 직접 연결하거나 흡착제로 이황화탄소(CS_2)를 사용하여 용매추출한 후 이 액을 기체크로마토그래프에 주입한다.

03 예열시간 : 전원을 넣고 나서 정상으로 작동할 때까지의 시간은 4시간 이하여야 한다.

04 흡착관에 흡착된 염화비닐을 추출할 때 사용되는 용매는 이황화탄소이다.

더 풀어보기 예상문제

01 총탄화수소 분석에 사용되는 용어의 설명으로 옳은 것은?

① 교정가스 : 미지농도를 희석가스로 사용한다.
② 영점편차 : 운전기간 동안에는 지속적으로 교정상태여야 한다.
③ 반응시간 : 오염물질 농도의 단계변화에 따라 최종값의 90%에 도달하는 시간으로 한다.
④ 스팬값 : 측정기의 측정범위는 배출허용기준 이상으로 하며, 보통 기준의 3~5배를 적용한다.

02 휘발성 유기화합물질(VOC) 누출확인방법에서 사용되는 용어 중 응답시간은 VOC가 시료채취장치로 들어가 농도변화를 일으키기 시작하여 기기계기판의 최종값이 얼마를 나타내는데 걸리는 시간을 의미하는가?

① 80%   ② 85%
③ 90%   ④ 95%

03 굴뚝 배출가스 내의 휘발성 유기화합물질(VOCs)의 기체크로마토그래프법 시료채취에 대한 설명으로 옳지 않은 것은?

① 시료를 흡착관 또는 시료채취 주머니에 채취한다.
② 기체크로마토그래프의 검출기는 불꽃이온화검출기, 광이온화검출기, 전자포획검출기가 사용된다.
③ 흡착관은 열탈착장치에 직접연결하거나 흡착제로 이황화탄소를 사용하여 용매추출한 후 이 액을 기체크로마토그래프에 주입한다.
④ 고체흡착열탈착법의 연결관과 기체크로마토그래프 연결부분은 진공용 그리스를 사용하여 흡착에 의한 손실을 최소화하여야 한다.

04 환경대기 중 옥시던트(O_3)를 중성 요오드화칼륨(아이오딘화포타슘)법(수동)은 시료채취 후 몇 시간 이내에 분석해야 하는가?

① 1시간 이내   ② 4시간 이내
③ 8시간 이내   ④ 24시간 이내

정답 1.③ 2.③ 3.④ 4.①

더 풀어보기 예상문제 해설

01 ③항만 올바르다. 반응시간은 오염물질 농도의 단계변화에 따라 최종값의 90%에 도달하는 시간으로 한다.
▶바르게 고쳐보기◀
① 교정가스 : 농도를 알고 있는 공인된 가스를 사용함
② 영점편차 : 영점가스 주입 전·후에 측정기가 반응하는 정도의 차이로 운전기간 동안에는 점검, 수리 또는 교정이 없는 상태이어야 함
④ 스팬값 : 측정기의 측정범위는 배출허용기준 이상으로 하며, 보통 기준의 1.2~3배를 적용함. 만일 측정범위가 없는 경우에는 예상농도의 1.2~3배의 값을 사용함

02 응답시간은 VOC가 시료채취장치로 들어가 농도변화를 일으키기 시작하여 기기계기판의 최종값이 90%를 나타내는데 걸리는 시간을 말한다.

03 고체흡착열탈착법의 연결관과 기체크로마토그래프 연결부분은 누출이 없는지를 확인하고 연결관은 용융실리카 또는 동등한 재질을 사용하여 흡착에 의한 손실을 최소화 하여야 한다.

04 환경대기 중 옥시던트(O_3)는 중성 요오드화칼륨(아이오딘화포타슘)법(수동)의 경우 1시간 이내에 분석하여야 한다. 알칼리성 요오드화칼륨(아이오딘화포타슘)법은 1시간 내에 측정할 수 없을 때 적용한다.

더 풀어보기 예상문제

01 다음은 환경대기 중 휘발성 유기화합물 (VOCs)의 시험방법에서 사용되는 용어의 정의이다. ( ) 안에 알맞은 것은?

> ( )란 분석대상물질 농도의 검출수준(5%)이 흡착관에 채취되지 않고, 흡착관을 통과하는 일정농도의 분석대상물질을 함유하는 공기의 부피를 말하거나 두 개의 흡착관을 직렬로 연결할 경우 후단의 흡착관에 채집된 양이 전체의 5%를 차지할 경우의 공기의 부피를 말함

① 탈착부피(Desorption Volume)
② 머무름부피(Retention Volume)
③ 안전부피(Safe Sample Volume)
④ 파과부피(Breakthrough Volume)

02 환경대기 중 옥시던트 측정방법에서 자동측정방법인 것은?

① 화학발광법
② 흡광차분광법
③ 자외선광도법
④ 중성 아이오딘화포타슘법

03 VOC 누출확인방법에 대한 설명으로 거리가 먼 것은?

① 휴대용 측정기기를 사용하여 개별 누출원으로부터의 직접적인 누출량을 측정한다.
② 누출농도는 VOC가 누출원 표면에서의 농도로서 대조화합물을 기초로 한 기기의 측정값이다.
③ 검출불가능 누출농도는 누출원에서 VOC가 대기 중으로 누출되지 않는다고 판단되는 농도로서, 국지적 VOC 배경농도의 최고농도값이다.
④ 응답시간은 VOC가 시료채취장치로 들어가 농도변화를 일으키기 시작하여 기기계기판의 최종값이 90%를 나타내는 데 걸리는 시간이다.

04 굴뚝 배출가스 중의 염화비닐 시험방법으로 옳은 것은?

① 몰린형광도법
② 멤브레인필터법
③ 기체크로마토그래피법
④ 원자흡수분광광도법(원자흡광광도법)

정답 1.④ 2.④ 3.① 4.③

더 풀어보기 예상문제 해설

01 파과부피(Breakthrough Volume)는 분석대상물질 농도의 검출수준(5%)이 흡착관에 채취되지 않고, 흡착관을 통과하는 일정농도의 분석대상물질을 함유하는 공기의 부피를 말하거나 2개의 흡착관을 직렬로 연결할 경우 후단의 흡착관에 채집된 양이 전체의 5%를 차지할 경우의 공기의 부피를 말한다.

02 환경대기 중 옥시던트 측정방법은 중성 요오드화칼륨(아이오딘화포타슘)법, 알칼리성 요오드화칼륨(아이오딘화포타슘)법, 중성 요오드화칼륨(아이오딘화포타슘)법(자동)이 있다. 오존 측정법으로는 자외선광도법, 화학발광법, 흡광차분광법(자동)이 있으며, 주 시험법은 자외선광도법이다.

03 휴대용 측정기기는 개별 누출원으로부터 VOC의 직접적인 누출량 측정방법으로 사용할 수 없으며, 누출원에서 VOCs가 누출되는지 확인하는 데 목적이 있으며, 이 방법은 누출의 확인 여부로 사용하여야 한다.

04 산업시설 등에서 덕트 또는 굴뚝으로 배출되는 배출가스 중 사염화탄소, 클로로폼 및 염화비닐의 시료를 흡착관 및 시료채취 주머니(테들러 백)에 채취하여 기체크로마토그래프 시스템에서 분석하는 방법에 관하여 규정한다. 사염화탄소, 클로로폼 및 염화비닐의 정량범위는 0.1ppm 이상이며 방법검출한계는 0.03ppm이다.

더 풀어보기 예상문제

01 VOC 누출확인방법에 사용되는 측정기기의 성능기준 및 성능평가 요구사항으로 옳지 않은 것은?

① 응답시간은 30초보다 작거나 같아야 한다.
② 교정 정밀도는 교정용 가스값의 10%보다 작거나 같아야 한다.
③ 교정 정밀도 및 응답시간 테스트는 기기를 사용하기 전에 하여야 한다.
④ 측정될 개별화합물에 대한 기기의 반응인자(Response Factor)는 30보다 작아야 한다.

정답 1.④

더 풀어보기 예상문제 해설

01 측정될 개별화합물에 대한 기기의 반응인자는 10보다 작아야 한다.

5 기타 오염인자의 측정

(1) 배출가스 중 매연

❀ 측정방법 구분
- 링겔만 매연농도법
- 불투명도법
- 광학기법

❀ 매연측정 각론

◐ 측정위치
- 될 수 있는 한 바람이 불지 않는 날
- 굴뚝배경의 검은 장해물을 피할 것
- 연기의 흐름에 직각인 위치에 태양광선을 측면으로 받는 방향에서 측정
- 농도표를 측정치의 앞 16m에 놓고 200m 이내(가능하면 연도에서 16m)
- 굴뚝배출구에서 30~45cm 떨어진 곳의 농도를 측정자의 눈높이의 수직이 되게 관측 비교

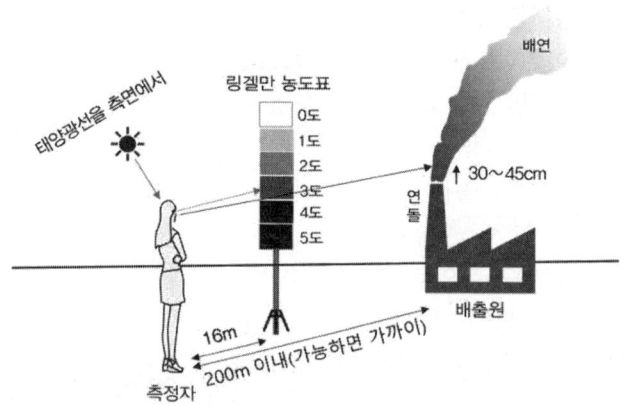

〈그림〉 매연측정 개요도

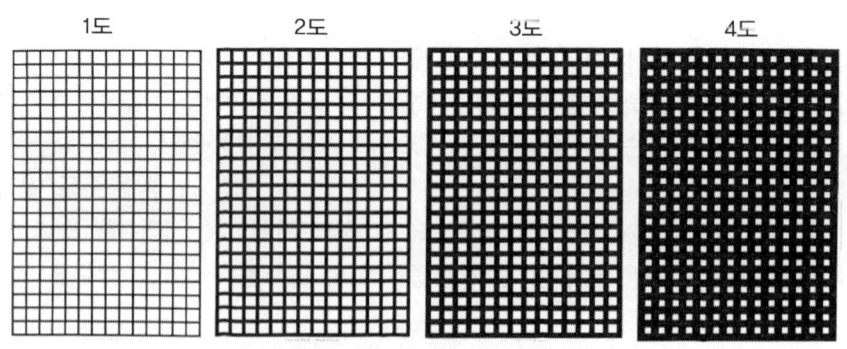

〈그림〉 링겔만 매연농도표(총 6단계, 0~5도)

◐ **링겔만 매연농도법** : 가로 14cm, 세로 20cm의 백상지에 각각 0mm, 1.0mm, 2.3mm, 3.7mm, 5.5mm 전폭의 격자형 흑선을 그려 백상지의 흑선부분이 전체의 0%, 20%,

40%, 60%, 80%, 100%를 차지하도록 하여 이 흑선과 굴뚝에서 배출하는 매연의 검은 정도를 비교하여 각각 **0~5도까지 6종**으로 분류함
- ◐ **불투명도법** : 코크스로, 용광로 등을 사용하는 제철업 및 제강업종에서 입자상 물질이 시설로부터 **제일 많이 새어나오는 곳**을 대상으로 하여 측정함
  - 태양은 측정자의 좌측 또는 우측에 있어야 하고 측정자는 시설로부터 배출가스를 분명하게 관측할 수 있는 거리에 위치해야 함
  - 측정거리는 아무리 멀어도 **1km를 넘지 않을 것**
  - 불투명도 측정은 **링켈만 매연농도표** 또는 **매연측정기**(smoke Scope)를 이용하여 **30초 간격**으로 **비탁도를 측정**한 다음 불투명도 측정용지에 기록함
  - 비탁도는 최소 **0.5도 단위로 측정값을 기록**하며 비탁도에 20%를 곱한 값을 불투명도 값으로 함
- ◐ **광학기법** : 굴뚝 등에서 배출되는 매연을 측정하는 방식으로 광학기법을 이용하여 불투명도를 산정하는 것을 목적으로 하는데, 관찰자는 **15초 간격**으로 **총 12장의 사진**을 촬영 → 촬영이 끝나면 촬영 종료시간 기록 → 불투명도는 연속으로 촬영된 12개의 사진의 **불투명도값에 대한 평균**으로 결정함
  - **불투명도** : 대기 중 배출되는 가스 흐름을 투과해서 물체를 식별하고자 할 때 불명확하게 하는 정도를 말하며, 매연이 배출되는 지점과 배경지점을 카메라로 촬영한 후 비교하여 산정하며, 결과는 0~100% 사이에서 5% 단위로 나타냄
  - **대조 현상** : 매연의 불투명도는 매연의 색과 배경 색과의 명확한 구분이 가능한 지점에서 촬영되어야 함
  - **발광 현상** : 주간 동안에 동일한 밝기(조도)의 태양광이 매연과 배경에 비춰질 수 있도록 촬영해야 함

[시료측정 시 주의사항]
- 바람에 의해 매연이 카메라 쪽으로 불어오는 상황에서는 **촬영할 수 없음**
- 카메라의 각종 필터 사용은 불투명도값에 영향을 주기 때문에 **사용할 수 없음**
- 카메라 뒤로 140° 안에 태양이 위치할 때에만 **촬영할 수 있음**
- 촬영 각도가 수직 상승 매연으로부터 **18° 이상일 경우 보정**이 필요함
- 촬영하고자 하는 매연에 다른 매연이 겹쳐 있는 상황에서는 **촬영할 수 없음**
- **불빛이 없는 새벽시간**이나 **늦은 오후**에는 측정하지 않으며, **비나 눈 또는 안개**가 꼈을 때에도 **측정하지 않음**

(2) 배출가스 중 산소

※ 측정방법 구분
- 자동측정법 – 전기화학식(주 시험법) { 전극방식 / 질코니아방식 }
- 자동측정법 – 자기식 { 자기풍 / 자기력 { 덤벨형 / 압력검출형 } }

분석방법		정량범위	방법검출한계	정밀도(%)
자동측정법-전기화학식		0~25%	0.2ppm	-
자동측정법-자기식	자기풍	0~5%	≥5ppm	-
	자기력	0~10%		-

❂ 산소측정 각론

▍전기화학식

- ▫ 측정범위와 반복성
  - 측정범위 : 0~25% 이하
  - 반복성 : 교정가스 농도의 ±2% 이하
- ▫ 전극방식 : 가스투과성 격막을 통하여 전해조 중에 확산 흡수된 산소가 고체 전극표면 위에서 환원될 때 생기는 잔해전류를 검출함
  - 분석계의 형식 : **정전위 전해형, 폴라로그래프형, 갈바니 전지형**의 세 가지 형식이 있고 가스투과성 격막, 작용전극, 대전극 등을 갖춘 전해조, 정전위 전원, 증폭기 등으로 구성됨
  - 전극방식 : 갈바니(galvani)전지를 구성하는 **갈바니 전지형**과 외부로부터 환원전위를 주는 정전위 전해형 및 **폴라로그래프**(polarography)**형**이 있음
  - 정전위전원 : 갈바니 전지형을 사용할 때는 필요하지 않음
- ▫ 질코니아방식 : 고온으로 가열된 질코니아 소자의 양 끝에 전극을 설치하고 그 한쪽에 시료가스, 다른 쪽에 공기를 통하여 산소농도 차를 주어 양극사이에 생기는 기전력을 검출하여 산소농도를 구함
  - 분석계의 구성 : 고온가열부, 검출기, 증폭기 등으로 구성됨
  - 이 방식은 고온에서 산소와 반응하는 가연성 가스(일산화탄소, 메탄 등) 또는 질코니아 소자를 부식시키는 가스(SO_2 등)의 영향을 무시할 수 있는 경우 또는 그 영향을 제거할 수 있는 경우에 적용됨

▍화학분식법 - 오르자트분석법

- ▫ 개요 : 시료를 흡수액에 통하여 산소를 흡수시켜 **시료의 부피 감소량**으로부터 시료 중의 산소농도를 구하는 방법으로 흡수액은 시료 중의 탄산가스도 흡수하기 때문에 각각의 흡수액을 사용하여 탄산가스(CO_2) → 산소(O_2)의 순서로 흡수함
- ▫ 시약 및 표준용액
  - **탄산가스 흡수액 : 수산화포타슘**(KOH) 용액
  - **산소 흡수액 : KOH 용액과 피로가롤용액**을 혼합한 용액(되도록 공기와의 접촉을 피해야 함)
  - **봉액 : 포화식염수**에 메틸레드를 넣어 액의 색이 **적색**이 될 때까지 **황산**을 가하여 약산성으로 한 용액

□ **최종농도 계산**

■ 산소농도(부피분율, %) $= b - a$ $\begin{cases} a : 탄산가스\ 흡수\ 후\ 가스뷰렛\ 눈금값 \\ b : 산소\ 흡수\ 후\ 가스뷰렛\ 눈금값 \end{cases}$

▌ **자기식** $\begin{cases} 자기풍방식 \\ 자기력방식 \end{cases}$

□ **개요** : **상자성체**인 **산소분자**가 자계 내에서 자기화 될 때 생기는 **흡입력**을 이용하여 산소농도를 연속적으로 구하거나 자계 내에서 흡입된 산소분자의 일부가 **가열**되어 자기성을 잃는 것에 의하여 생기는 **자기풍의 세기**를 열선소자에 의하여 검출함

□ **적용범위** : 체적자화율이 큰 가스 NO의 영향을 무시할 수 있는 경우에 적용함

□ **자기풍 분석계** : 측정셀, 비교셀, 열선소자, 자극 증폭기 등으로 구성됨

□ **자기력 분석계** : 덤벨형과 압력검출형으로 나뉨

• **덤벨(dumb-bell)형** : 시료 중의 산소와의 자기화 강도의 차에 의하여 생기는 덤벨의 편위량을 검출함(장치구성은 측정셀, 덤벨, 자극편, 편위검출부, 증폭기 등)

  ◦ 측정셀 : 시료 유통실로서 자극사이에 배치하여 덤벨 및 불균형 자계발생 자극편을 내장한 것을 말함

  ◦ 덤벨 : 덤벨은 **자기화율이 적은 석영** 등으로 만들어진 중공(中空)의 구체를 막대 양 끝에 부착한 것으로 **질소** 또는 **공기**를 봉입한 것

  ◦ 자극편 : 외부로부터 **영구자석**에 의하여 자기화되어 불균등 자장을 발생하는 것

  ◦ 편위검출부 : 덤벨의 편위를 검출하기 위한 것으로 광원부와 덤벨봉에 달린 거울에서 반사하는 빛을 받는 수광기로 되어 있음

  ◦ 피드백 코일 : 편위량을 없애기 위하여 전류에 의하여 자기를 발생시키는 것으로 일반적으로 **백금선**이 이용됨

• **압력검출형** : 주기적으로 단속하는 자계 내에서 산소분자에 작용하는 단속적인 흡입력을 자계 내에 일정유량으로 유입하는 보조가스의 배압변화량으로 검출함(장치의 구성은 측정셀, 자극보조가스용 조리개, 검출소자, 증폭기 등)

  ◦ 측정셀 : 측정셀은 **자기화율이 적은 재질**로 만들어진 시료가스 유통실로 그 일부를 자극사이에 배치함

  ◦ 검출소자 : 시료가스에 작용하는 단속적인 흡입력을 보조가스용 조리개의 배압의 차로서 검출하는 소자임(소자에는 원칙적으로 압력검출형 또는 열식유량계형이 사용됨. 보조가스는 질소, 공기 등을 사용)

(3) 철강공장의 아크로와 연결된 개방형 여과집진시설의 먼지

❀ **개요** : 배출가스 중에 함유되어 있는 액체 또는 고체인 입자상 물질을 흡입하여 측정한 먼지로서 먼지농도 표시는 표준상태(0℃, 760mmHg)의 건조배출가스 $1m^3$ 중에 함유된 먼지의 질량농도를 측정

❀ **분석기기 및 기구 등** : 배출가스 중의 먼지-반자동식 측정법에 따름

시료채취 위치선정 및 측정공

- **시료채취 위치선정** : 개방형 여과집진시설의 먼지 측정위치는 백을 걸어 놓는 지지대와 백하우스 지붕 사이의 공간에서 시료를 채취하며 배출가스가 희석되는 것을 방지하고 그 흐름을 일정하게 유지하기 위하여 보조틀을 설치함
- **측정공** : 측정공은 백하우스 단면을 이등분한 한쪽의 대략적인 중앙부에 보조틀상의 측정공과 수평을 이루도록 설치
- **측정점** : 측정공으로부터 여과집진시설의 반대면을 향하여 1/4 되는 위치에 보조틀을 설치하고 그 중앙부분을 대표점으로 하여 1점만 측정

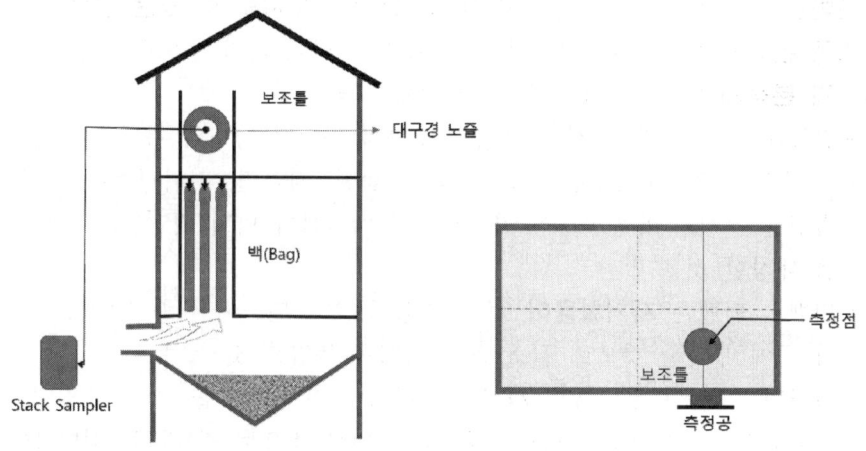

〈그림〉 개방형 여과집진시설의 보조틀   〈그림〉 측정공 및 측정점

시료채취 : 배출가스 중의 먼지-반자동식 측정법을 따름

- 등속흡입 할 필요가 **없고**, 시료채취 시 측정공을 헝겊 등으로 **밀폐할 필요도 없음**
- 채취관은 대구경 흡입노즐(보통 **10mm 정도**)이 연결된 흡입관 측정공을 통하여 측정점까지 밀어넣고 출강에서 다음 출강개시 전까지를 먼지 배출상태 및 공정을 고려하여 적당한 시간 간격으로 나누어 시료를 채취함
- **건옥 백하우스**의 경우는 장입 및 출강 시 20±5L/min, 용해정련기는 10±3L/min의 유속으로 배출가스를 흡입
- **직인 백하우스**의 경우는 장입 및 출강 시 10±3L/min, 용해정련기는 20±5L/min의 유속으로 배출가스를 흡입
- 한 개의 **원통형 여과지**에 포집된 **1회 먼지포집량**은 **2mg 이상 20mg 이하**로 함

간섭물질 { 습도 / 부산물에 의한 측정오차 / 질량농도

- **습도** : 채취시료의 습도에 의한 영향은 피할 수 없으나, 여과지 평형화 과정은 여과지 매질의 습도 영향을 최소화할 수 있으며, 낮은 습도조건은 먼지간의 정전력을 증가시킬 수 있음

- 습도에 의한 오차를 줄이기 위해 먼지의 질량을 측정하기 전 여과지 홀더 또는 여과지를 건조기에서 일반 대기압 하에서 20±5.6℃로 적어도 24시간 이상 건조시키며 6시간의 간격을 두고 먼지질량의 차이가 0.1mg일 때까지 측정
- 또 다른 방법으로 여과지 홀더 또는 여과지를 105℃에 2시간 이상 충분히 건조시키는 방법이 있음
- 질량측정의 정확성을 향상시키기 위하여 여과지는 습도가 50% 이상인 질량측정 실험실에서 2분 이상 노출되어서는 안 됨
- □ 부산물 : 시료채취 여과지 위에서 가스상 물질들의 반응 등에 의해 먼지의 질량농도 측정량이 증가 또는 감소되는 오차가 일어날 수 있음
  - 시료채취과정에서 이산화황과 질산이 여과지 위에 머무르면 황산염과 질산염으로 산화되는 화학반응을 통하여 생성되므로 질량농도가 증가됨
  - 시료 중에 생성된 염류가 성장과 이동과정에서 기압과 대기온도에 따라 해리과정을 거쳐 다시 가스상으로 변환되므로 질량농도가 감소되는 경우가 있음
- □ 질량농도 : 측정대상이 되는 배출가스 중 먼지의 질량농도는 먼지의 질량, 측정시간 그리고 유량에 의해서 결정됨
  - 등속흡입과 누출공기 확인을 통해 정확한 유속과 유량측정이 필요함
  - 보정된 정교한 저울을 사용하여 최대한의 오차를 줄여 실제값에 가까운 무게농도를 측정하여야 함

(4) 유류 중의 황함유량 분석방법

- ⊛ **측정방법 구분**
  - 연소관식 공기법(중화적정법)
  - 방사선식 여기법(기기분석법)

분석방법	적용범위	방법검출한계	적용 유류
연속관식 공기법	0~25%	0.003%	원유 · 경유 · 중유 등
방사선식 여기법	0.03~5%	0.009%	

- ⊛ **황함량 분석 각론**

▌**연소관식 공기법**

- □ **개요** : 950~1,100℃로 가열한 석영 재질 연소관 중에 공기를 불어넣어 시료를 연소시킨 후 생성된 황산화물을 과산화수소 3%에 흡수시켜 황산으로 만든 다음 수산화소듐 표준액으로 중화적정하여 황함유량을 구함
- □ **간섭물질** : 첨가제, 다음 물질을 포함한 첨가제가 든 시료에는 **적용할 수 없음**
  - 불용상 황산염을 만드는 금속 : Ba, Ca 등
  - 연소되어 산을 발생시키는 원소 : P, N, Cl 등
- □ **시약 및 장치요건**
  - **표준원액** : 정확한 농도를 알고 있는 비교적 고농도의 용액으로 **고순도 1차 표준물질 시약을 이용**하여 정확하게 조제하거나, 소급성이 명시된 인증표준물질을 구입하여 사용함

- **표준용액** : 검정곡선 작성에 사용되며. 용도에 따라 표준원액을 적당한 농도 범위로 묽혀 조제함. 표준용액은 가능한 한 시료의 매질과 동일한 조성을 갖도록 조제해야 함
- **전기로** : 고정로(고정형)는 950~1,200℃의 온도를 유지할 수 있는 것으로 하고, 이동로(이동형)는 대략 500~600℃(최고 800~900℃)의 온도를 유지할 수 있어야 함 (이동로 대신 가스버너를 사용해도 무방함)
- **온도계** : 열전온도계를 사용하며, 1,200℃ 이상의 온도를 측정할 수 있어야 함
- **유량계** : 2,300~3,000mL/min 범위의 공기유량 측정이 가능한 것이어야 함

▌방사선 여기법
- **개요** : 시료에 방사선을 조사하고, 여기(勵起)된 황의 원자에서 발생하는 **형광 X 선**의 강도를 측정한 후 표준시료에 의해 작성된 검정곡선으로부터 황함량을 구함
- **간섭물질** : 중금속 첨가물(알킬납, 윤활유 첨가제 등)을 포함한 시료에는 적용할 수 없음
- **시약 및 시료관리**
  - **표준원액 · 표준용액** : 연소관식 공기법 참조
  - **휘발성 시료** : 시료는 항상 밀폐하여 냉암소에 두고, 시료가 들어있는 용기의 뚜껑을 열 경우는 미리 그 내용물을 충분히 냉각시켜 두어야 함
  - **감광성 시료** : 감광성 시료(예 가연 가솔린)를 색 · 알킬납 함유량 · 첨가제 함유량 · 슬러지생성 특성 · 산화안정성 · 중화가 · 옥탄가 등의 시험에 쓸 경우는 채취 후 즉시 광선을 차폐하고, 암소에 보존하여야 함
- **정밀도** : 황함유량 질량분율 0.1% 미만의 시료에는 적용하지 않음
  - 반복성(질량분율 %) : $0.017(S+0.8)$
  - 재현성(질량분율 %) : $0.055(S+0.8)$
- **분석절차**
  - 시험준비 : 분석계의 전원 스위치를 넣고, **1시간 이상 안정화**시킴
  - 표준시료 준비 : 다이뷰틸다이설파이드를 이용하여 조제한 것으로 황함유량이 확인된 것을 사용함
  - 시료셀 : 표준시료에 대해 깨끗하고 건조한 2개의 시료셀을 준비함
  - 표준시료 채취 : 시료층 두께가 5~20mm가 되도록 넣음
  - 표준시료의 X선 강도 측정 : 계측시간 100초 이상, 3회 병행 측정
    - 강도차(최대-최소)가 평균치의 1% 이내인 경우 → 평균치를 강도로 함
    - 강도차가 평균치의 2% 초과하는 경우 → 시료셀의 창재를 교환하여 재측정

(5) 다이옥신(PCDDs), 다환방향족탄화수소류(PAHs) 및 벤조(a)피렌

❂ 배출가스 중 다이옥신 및 퓨란류 – 기체크로마토그래피
▌시료채취방법
- **등속흡인** : 배출가스 시료는 먼지시료의 채취방법과 같이 **등속흡인**(측정점 흡인가스 유속에 대해 **상대오차 ±5% 범위**)을 함

- **흡인가스량** : 시료채취 시 흡인가스량은 4시간 평균 3Sm³ 이상으로 함
  - 시간당 처리능력이 200kg 미만의 소각시설로서 일괄 투입식 연소방식에 한하여 1회 소각시간이 4시간 미만 2시간 이상의 경우 시료채취 시 흡인가스량을 2시간, 평균 1.5Sm³ 이상으로 할 수 있음
  - 소각시간이 2시간 미만인 경우는 2회 이상 가동하여 2시간, 평균 1.5Sm³ 이상으로 할 수 있음
- **먼지포집부 및 흡수병 온도**
  - 먼지포집부가 **120℃ 초과**하는 경우 → 적절한 방법을 사용, 120℃ 이하로 유지하여야 함
  - 가스온도가 **500℃ 이상** 높을 경우 → 냉각장치 등을 사용, 먼지포집부 온도를 120℃ 이하로 유지하여야 함
  - 각 흡수병은 얼음 등으로 냉각시키고, XAD-2수지 포집관부는 30℃ 이하로 유지하여야 함
- **실린지 내부표준물질**
  - $^{13}C_{12}-1,2,3,4-T_4CDD$
  - $^{13}C_{12}-1,2,3,7,8,9-H_6CDD$

▌시료채취 시 유의사항

- 시료채취과정에서 과도한 수분으로 여과지의 교체가 필요한 경우, 흡인펌프의 작동을 중지하고, 여과지를 교체한 후 시료채취를 시작하여야 함. 이를 대비하여 여과지는 1회 시료채취 시 2~3개를 준비함
- 배출가스 시료채취 다음에는 시료채취계의 흡인장치 및 연결관, 흡수병 등을 메탄올, 톨루엔 등으로 세정함

▌독성 등가환산농도의 계산방법 : 환산농도에 환산계수를 곱하여 배출가스 중의 독성 등가환산농도(ng/Sm³ as 2,3,7,8-T₄CDD)를 구함

다이옥신 및 퓨란	독성 등가환산계수
$2,3,7,8-T_4CDD$	1
$1,2,3,7,8-P_5CDD$	0.5
2, 3, 7, 8-치환H_6CDD	0.1
$1,2,3,4,6,7,8-H_7CDD$	0.01
O_8CDD	0.001
$2,3,7,8-T_4CDF$	0.1
$1,2,3,7,8-P_5CDF$	0.05
$2,3,4,7,8-P_5CDF$	0.5
2,3,7,8-치환H_6CDF	0.1
2,3,7,8-치환H_7CDF	0.01
O_8CDF	0.001

다환방향족탄화수소류(PAHs)

분석방법 구분
- 굴뚝 배출 – 기체크로마토그래피/질량분석
- 대기환경 – 기체크로마토그래피/질량분석

굴뚝 배출 – 기체크로마토그래피/질량분석
- **개요** : 폐기물 소각시설, 연소시설, 기타 산업공정의 배출시설에서 배출되는 가스상 및 입자상의 다환방향족탄화수소류(PAHs, **증기압 10^{-8} kPa 이상**)를 채취한 여과지, 흡착제, 흡수액 등을 이용하여 채취한 후 기체크로마토그래프/질량분석기를 이용하여 분석함
- **정량한계** : PAHs 개별 화학종의 정량한계는 10~50ng/Sm³ 범위임
- **시료채취 · 시약**
  - **입자상 PAHs** : 원통형 여과지 중 **유리섬유재질**의 것을 사용하여 포집함 → 사용 전에 850℃에서 2시간 강열시킨 후, 아세톤 및 톨루엔으로 각각 **30분간 초음파** 세정하고, 진공건조시킴
    - ▶ **먼지채취부**는 흡입관 여과지 홀더 냉각장치로 구성됨
  - **가스상 PAHs** : 앰버라이트(amberlite) **XAD-2 수지**를 전처리하여 사용함 → 사용 전에 아세톤+증류수(1+1), 아세톤(2회), 헥세인(2회)을 이용하여 각각 순서대로 각각 **30분씩 초음파 세정**하고, 30℃ 이하의 진공건조기에서 건조함
    - ▶ **가스흡수부**는 가스흡수부(1, 여과지 홀더 다음에 설치-3개의 임핀저로 구성), 가스흡수부(2, 흡착관 다음에 설치-2개의 임핀저로 구성)
    - ▶ **가스흡착부**는 XAD-2 수지를 충전한 흡착관을 가스흡수부 1과 2 사이에 위치
  - **증류수** : 노말헥세인으로 세정한 증류수를 사용
  - **시약** : 노말헥세인, 아세톤, 메탄올, 톨루엔, 디클로로메탄 등은 **잔류농약 분석급** 이상의 것을 사용하고, 황산은 **유해중금속 분석급** 이상의 것을 사용함
  - **대체표준물질** : 분석하고자 하는 물질과 화학조성, 추출방법, 크로마토그래피 분리조건이 **유사한 유기화합물**이며, 화학적으로 **반응성이 없는 물질**로 일반 환경에서 통상적으로 검출되는 물질이 아님
  - **내부표준물질** : 시료를 분석하기 직전에 바탕시료, 검정곡선용 표준물질, 시료 또는 시료추출물에 첨가되는 **농도를 알고 있는** 화합물로서 대상 분석물질의 특성과 유사한 크로마토그래피 특성을 가져야 함

대기환경 – 기체크로마토그래피/질량분석
- **개요** : 비휘발성은 필터에 포집하고 증기상태는 Tenax, XAD-2, PUF(Polyurethane Foam)을 사용하여 채취한 후 기체크로마토그래프/질량분석기를 이용하여 분석함
- **정량범위** : 일반대기 중의 PAHs 0.01~1ng 범위에 적용됨
- **간섭물질** : 채취 및 측정과정 중에 실제대기 중의 불순물, 용매, 시약, 초자류, 시료 채취 기기의 오염에 따라 오차가 발생하며 측정 및 분석과정 중의 동일한 분석절차의 공시료 점검을 통하여 불순물에 대한 확인이 필요함

- □ 시료채취지점
  - 배출지점의 영향을 받지 않는 곳에서 측정하고, 대기흐름의 방해물로부터 적어도 2m 이상 떨어져 시료채취기를 설치함
  - 배기관은 시료도입부로 공기의 재순환을 막기 위하여 하향류 방향으로 함
- □ 농도계산

$$C(\text{ng/m}^3) = \frac{A_x V_t D}{V_i V_s} \begin{cases} A_x : \text{시료의 분석된 반응(areacount)} \\ V_t : \text{총시료의 양}(\mu L) \\ D : \text{희석배수} \\ V_i : \text{시료주입량}(\mu L) \\ V_s : \text{표준상태로 환산된 총채취유량}(0℃, 760\text{mmHg}) \end{cases}$$

⚛ 벤조(a)피렌

▌**측정방법** ◦ 대기환경 − $\begin{cases} \text{형광분광광도법} \\ \text{가스크로마토그래피법(주 시험법)} \end{cases}$

▌**대기환경 − 형광광도법**
- □ **개요** : 먼지를 포함한 대기시료를 추출기에 넣고 **염화메틸렌용제**로 추출하며, 추출액은 유리섬유 여과지로 여과시켜 입자상 물질을 제거한 후 추출여액을 질소기류 중에서 건조시켜 감압 하에서 건조시키고, **박층크로마토그라프법**을 사용하여 추출건고물 중의 **벤조(a)피렌을 분리**한 다음 표준물질과 시료의 진한 황산용액을 무형광셀에 넣고, **여기광파장을 470nm**에 설정하여 **540nm의 형광강도**를 구해 형광광도 검량선으로부터 벤조(a)피렌 농도를 구함
- □ **정량범위** : 1mL의 액량당 3∼200ng 또는 10∼300ng의 벤조(a)피렌 분석 가능

▌**대기환경 − 가스크로마토그래피법**
- □ **개요** : PTFE 멤브레인 필터(Pore Size 2μm, 직경 37mm)를 카세트 필터홀더에 장착시킬 수 있는 샘플러(2L/min, 시료채취량 200∼1,000L)를 사용하여 환경대기 중에서 포집한 시료필터를 첫 번째는 아세토니트릴로 추출하고, 두번째는 벤젠, 세번째는 사이크로핵산, 네번째는 메치렌크로라이트로 추출한 것을 헬륨(He)을 운반가스로 하는 기체크로마토그래피에 도입(FID 검출기)하여 벤조(a)피렌의 농도를 구하는 방법
- □ 농도계산

$$C(\text{ng/m}^3) = \frac{W - B + W_f + W_b + B_f - B_b \times 10^3}{V} \begin{cases} W : \text{시료필터 PAH}(\mu g) \\ W_f : \text{앞면흡착 PAH}(\mu g) \\ W_b : \text{뒷면흡착 PAH}(\mu g) \\ B : \text{공필터 PAH}(\mu g) \\ B_f : \text{앞면흡착제 PAH}(\mu g) \\ B_b : \text{뒷면흡착제 PAH}(\mu g) \\ V : \text{실제 채취된 공기량(L)} \end{cases}$$

(6) 석면 측정

⚛ **분석법** ◦ 대기환경 − $\begin{cases} \text{위상차현미경}(0.2\sim5\mu m) \\ \text{주사전자현미경}(1.0\text{nm 이하}) \\ \text{투과전자현미경}(1.0\text{nm 이상}) \end{cases}$

※ 대기환경 중 석면분석을 위한 시료는 일반적으로 적절한 방법으로 **위상차현미경법**을 **주 시험법**으로 하고, 석면판독이 불가능한 경우에는 주사전자현미경법 또는 투과전자현미경법으로 결정한다.

[참고] 전자현미경
- 광학현미경 – 가시광선 사용
- 원자간력현미경 – 시료의 표면형태를 분자단위에서 관찰
- 주사전자현미경 – 전자선 조사
- 투과전자현미경 – 전자선 투과

분석방법 각론

위상차현미경법

- **개요** : 대기 중 석면은 강제흡인장치를 통해 여과장치에 채취한 후 위상차현미경으로 계수하여 석면농도를 산출함
  - **위상차현미경** : 굴절률 또는 두께가 부분적으로 다른 **무색투명**한 물체의 각 부분의 투과광 사이에 생기는 **위상차를 화상면에서 명암의 차**로 바꾸어, 구조를 보기 쉽도록 한 현미경임. 위상차현미경을 사용하여 섬유상으로 보이는 입자를 계수하고 같은 입자를 보통의 생물현미경으로 바꾸어 계수하여 그 계수치들의 차를 구하면 **굴절률이 거의 1.5인 섬유상의 입자** 즉, 석면이라고 추정할 수 있는 입자를 계수할 수가 있게 됨
  - **멤브레인필터** : 셀룰로오스 에스테르를 원료로 한 얇은 다공성의 막으로 구멍의 지름은 **평균 0.01~10μm 범위**임. 이 멤브레인필터의 특징은 입자상 물질의 포집률이 매우 높고, 특히 필터의 표면에서 먼지의 포집이 이루어지기 때문에, 포집한 입자를 광학현미경으로 계수하기에 편리함
  - **위상차현미경 표본** : 위상차현미경법(PCM)을 이용한 현미경 표본은 아세톤-트리아세틴법, 디메틸프탈레이트-디에틸옥살레이트법으로 제작함
  - **검출한계** : 1/10~1/1,000λ
  - **농도표시** : 석면먼지의 농도표시는 20℃, **1기압 상태**의 기체 1mL 중에 함유된 석면섬유의 개수(**개/mL**)로 표시함

- **간섭물질**
  - **간섭성 빛** : 위상차가 일정해서 간섭을 일으킬 수 있는 빛은 간섭으로 작용함. 파장과 주기가 모두 짧아서 간섭성을 띠려면 하나의 광원에서 갈라진 두 갈래의 빛일 경우에만 가능함
  - **물리적 간섭** : 후광(halo)이나 차광(shading)은 관찰을 방해하기도 함. 초점이 정확하지 않고 콘트라스트가 역전되는 경우도 있음

- **시료채취**
  - **위치** : 인접지역에 직접적인 발생원이 없고, 대상시설의 내벽, 천장에서 **1m 이상** 떨어진 곳을 선정하며, 바닥면으로부터 1.2~1.5m 위치에서 측정함
  - **시료흡입** : 20L/min로 공기를 흡입할 수 있는 로터리 펌프 또는 다이아프램 펌프를 사용하여 흡입함
  - **시료채취** : 주간 시간대(오전 8시 ~ 오후 7시), 10L/min으로 1시간 채취

- **계수** : 포집한 먼지 중에 **길이 5μm 이상**이고, **길이와 폭의 비가 3 : 1 이상**인 섬유를 석면섬유로 계수함
  - **단섬유인 경우**
    - 길이 5μm 이상인 섬유는 1개로 판정한다.
    - 구부러져 있는 섬유는 곡선에 따라 전체길이를 재어서 판정한다.
    - 길이와 폭의 비가 3 : 1 이상인 섬유는 1개로 판정한다.
    - 1개의 섬유로부터 벌어져 있는 경우에는 1개의 단섬유로 인정한다.
  - **헝클어져 다발을 이루고 있는 경우**
    - 여러 개의 섬유가 교차하고 있는 경우는 교차하고 있는 각각의 섬유를 단섬유로 인정한다.
    - 섬유가 헝클어져 정확한 수를 헤아리기 힘들 때는 0개로 판정한다.
  - **입자가 부착하고 있는 경우** : 입자의 폭이 3μm를 넘는 것은 0개로 판정한다.
  - **섬유가 그래티큘 시야의 경계선에 물린 경우**
    - 그래티큘 시야 안으로 완전히 5μm 이상 들어와 있는 섬유는 1개로 인정한다.
    - 그래티큘 시야 안으로 한쪽 끝만 들어와 있는 섬유는 1/2개로 인정한다.
    - 그래티큘 시야의 경계선에 한꺼번에 많이 몰려 있는 경우에는 0개로 판정한다.
    - 상기에 열거한 방법들에 따라 판정하기가 힘든 경우는 해당 시야에서의 판정을 포기하고, 다른 시야로 바꾸어서 다시 식별하도록 한다.
    - 다발을 이루고 있는 섬유가 그래티큘 시야의 1/6 이상일 때는 해당 시야에서의 판정을 포기하고, 다른 시야로 바꾸어서 재식별하도록 한다.
- **농도계산**

  ■ 섬유수(개/mL) = $\dfrac{A \times (N_1 - N_2)}{a \times V \times n} \times \dfrac{1}{1,000}$

  $\begin{cases} A : \text{유효 포집면적}(cm^2) \\ N_1 : \text{위상차현미경 계측 섬유수(개)} \\ N_2 : \text{광학현미경 계측 섬유수(개)} \\ a : \text{현미경 1시야의 면적}(cm^2) \\ V : \text{채취공기량(L)} \\ n : \text{계수한 시야의 총수(개)} \end{cases}$

주사현미경법

- **개요** : 주사전자현미경은 **10^{-3}Pa 이상의 진공** 중에 놓여진 시료 표면을 1~100nm 정도의 미세한 전자선으로 **2차원방향으로 주사**하여 시료 표면에서 발생하는 2차 전자, 반사전자, 투과전자, 가시광선, 적외선, 엑스선, 내부기전력 등의 신호를 검출하여 음극선관(브라운관) 화면상에 확대화상을 표시하거나 기록하여 시료의 형태, 미세구조의 관찰이나 구성원소의 분포, 정성, 정량 등의 분석을 행하는 장치임
- **특징**
  - 주사전자현미경(SEM)은 투과전자현미경과는 다르게 <u>전자가 표본을 통과하는 것이 아니라</u> 초점이 잘 맞추어진 전자빔을 표본의 표면에 주사하고, 주사된 전자선이 표본의 한 점에 집중되면 1차 전자만 굴절되고 표면에서 발생된 2차 전자가 검파기에 의해 수집됨

- 주사전자현미경은 집광렌즈와 대물렌즈를 가지고 있으나, 광학현미경이나 투과전자현미경처럼 빛의 법칙에 따라서 화면을 **형성하지 않음**
- 주사전자현미경은 전자기렌즈가 전기가 통하는 시편의 표면에 초점을 형성한 **전자빔 탐침(spot)을 형성**하고 이 탐침이 관찰하고자 하는 시편부위를 스캔하여 영상을 형성함
- 주사전자현미경에서는 시편의 가장 표면에 가까운 영역에서 발생하는 **2차 전자**를 이용하여 적당한 신호처리과정을 통하여 영상을 나타나게 함
- 주사전자현미경은 **초점이 높은 심도**를 이용해서 비교적 큰 표본을 입체적으로 관찰할 수 있음
- 광학현미경과 비교하여 얻을 수 있는 화상의 초점심도가 2배 이상 깊으며, 동시에 2배 이상의 높은 분해능을 얻을 수 있음
- 석면 한 개의 원소분석이 가능하며, 통상 1μg정도까지 검출할 수 있음

▫ 필터 및 흡인량 · 채취조건
- 멤브레인필터(평균기공크기 0.8μm)에는 뉴클레포어(nuclepore) 필터가 이용됨
- 흡인유량(속도)는 광학현미경과 같으나 채기량은 다소 많음(약 10~100L)
- 채취지점에서의 **실내기류**는 원칙적으로 **0.3m/sec 이내**가 되도록 하며, 다만, 지하역사 승강장 등 불가피하게 기류가 발생하는 곳에서는 실제조건 하에서 측정함
- 기본적으로 시설을 이용하는 사람이 **많은 곳**을 선정함
- 인접지역에 직접적인 발생원이 없고, 대상시설의 내벽, 천장에서 **1m 이상** 떨어진 곳을 선정하며, 바닥면으로부터 1.2~1.5m 위치에서 측정함
- 대상시설의 측정지점은 **2개소 이상**을 원칙으로 하며, 건물의 규모와 용도에 따라 불가피할 경우는 측정지점을 추가할 수 있음
- 시료채취 및 측정시간은 **주간 시간대**(오전 8시~오후 7시)에 10L/min으로 **1시간** 측정함

▌투과전자현미경법

▫ 개요 : 시료를 투과한 전자선으로부터 명암대비 이미지를 얻는 것으로 그 분해능은 가속전압으로 결정되는데 가속전압이 높을수록 전자선의 파장은 짧아지고 분해능은 높아짐

▫ 특징
- 투과전자현미경(TEM)의 이론적 분해능(해상력)은 약 0.001nm이나 생물학적 표본에서 사용되는 분해능은 약 0.2nm(side entry), 0.14nm(top entry)임
- 투과전자현미경은 분해능이 300kV 투과전자현미경에서도 0.18nm 이하로 상당히 높기 때문에 물질의 분자, 원자수준의 미세구조를 관찰할 수 있고, 전자회절형상을 이용하여 물질의 결정구조를 분석할 수가 있음

▫ **간섭물질**
- 분석시료의 원자번호 : 원자번호가 클수록 더 많은 전자들을 흡수하거나 차단시켜 상호작용하는 부피가 작음
- 가속전압 : 전압이 높을수록 입사전자들의 에너지가 크기 때문에 시료 내로 더 깊숙이 침투하여 상호작용하는 부피가 큼
- 전자빔의 입사각도 : 각도가 클수록 상호작용하는 부피가 작음

엄선 예상문제

01 다음은 링겔만 매연농도법에 대한 설명이다. ( ) 안에 알맞은 것은?

> 보통 가로 14cm, 세로 20cm의 백상지에 각각 ( ) 전폭의 격자형 흑선을 그려 백상지의 흑선부분이 전체의 0%, 20%, 40%, 60%, 80%, 100%를 차지하도록 하여 이 흑선과 굴뚝에서 배출하는 매연의 검은 정도를 비교하여 각각 0에서 5도까지 6종으로 분류한다.

① 0, 2, 4, 6, 8(mm)
② 0, 1.0, 2.3, 3.7, 5.5(mm)
③ 0, 1.5, 3.2, 6.8, 8.6(mm)
④ 0, 1.8, 3.6, 5.4, 7.2(mm)

02 링겔만 농도표로 매연을 측정할 때 굴뚝의 매연측정에 대한 설명으로 옳은 것은?

① 눈높이의 수직이 되게 하여 관측한다.
② 측정자 눈보다 30cm 높이, 45° 각도로 관측한다.
③ 측정자 눈보다 40cm 높이, 60° 각도로 관측한다.
④ 측정자 눈보다 20cm 높이, 30° 각도로 관측한다.

03 다음은 배출가스 중 매연측정의 불투명도법에 대한 설명이다. ( ) 안에 알맞은 것은?

> 전기아크로의 출강에서 다음 출강 개시 전까지를 링겔만 매연농도표 또는 매연측정기를 이용하여 30초 간격으로 비탁도를 측정한 다음 불투명도 측정용지에 기록한다. 비탁도는 최소 (Ⓐ)단위로 측정값을 기록하며, 비탁도에 (Ⓑ)을 불투명도값으로 한다.

① Ⓐ 1°, Ⓑ 20%를 곱한 값
② Ⓐ 1°, Ⓑ 100%를 곱한 값
③ Ⓐ 0.5°, Ⓑ 20%를 곱한 값
④ Ⓐ 0.5°, Ⓑ 100%를 곱한 값

04 산소측정법 중 자동측정기에 의한 방법에 대한 설명이다. 틀린 것은?

① 자기풍방식에는 덤벨형과 압력검출형이 있다.
② 자동측정법은 자기식-전기화학식으로 대별된다.
③ 전기화학식은 질코니아방식과 전극방식으로 나눌 수 있다.
④ 자기식 방법은 체적자화율이 큰 가스의 영향을 무시할 수 있는 경우에 적용된다.

▶ 해설

01 링겔만 매연농도(Ringelmenn Smoke Chart)는 보통 가로 14cm, 세로 20cm의 백상지에 각각 0, 1.0, 2.3, 3.7, 5.5(mm) 전폭의 격자형 흑선(黑線)을 그려 백상지의 흑선부분이 전체의 0%, 20%, 40%, 60%, 80%, 100%를 차지하도록 하여 이 흑선과 굴뚝에서 배출하는 매연의 검은 정도를 비교하여 각각 0에서 5도까지 6종으로 분류한다.

02 매연농도를 측정할 때 측정자의 눈높이에 수직이 되도록 하여 관측한다.

03 비산먼지의 불투명도 측정은 링겔만 매연농도표 또는 매연측정기(smoke Scope)를 이용하여 30초 간격으로 비탁도를 측정한 다음 불투명도 측정용지에 기록한다. 비탁도는 최소 0.5° 단위로 측정값을 기록하며 비탁도에 20%를 곱한 값을 불투명도 값으로 한다.

04 덤벨형과 압력검출형은 자기력방식에 속한다. 자기식은 자기풍방식과 자기력방식으로 대별되고, 자기력방식에는 덤벨형과 압력검출형이 있다.

정답 | 1.② 2.① 3.③ 4.①

05 전기아크로를 사용하는 철강공장에서 외부로 비산되는 먼지의 불투명도 측정방법에 대한 설명으로 옳은 것은?

① 측정자는 건물로부터 배출가스를 분명하게 관측할 수 있는 최대 3km 이내에 있어야 한다.
② 비탁도는 최소 0.5도 단위로 기록하며, 비탁도에 20%를 곱한 값을 불투명도값으로 한다.
③ 전기아크로의 출강에서 다음 출강 개시 전까지 매연측정기를 이용, 5분 간격으로 측정한다.
④ 비산먼지가 건물로부터 제일 많이 새어나오는 곳에서 측정자가 태양과 일직선상에서 있어야 한다.

06 폐기물 소각로 등에서 배출되는 PAH 및 다이옥신류의 측정 및 분석에 사용되는 증류수를 세정할 때 사용하는 시약은?

① 아세톤 ② 톨루엔
③ 노말헥세인 ④ 디클로로메탄

07 링겔만 농도표를 사용한 매연의 측정결과이다. 매연농도(%)는?

> 5도 : 18회, 3도 : 85회, 0도 : 145회

① 8.9 ② 10.9
③ 27.8 ④ 43.6

08 산소측정법 중 덤벨형 자기력분석계에 대한 설명 중 틀린 것은?

① 자극편은 외부로부터 영구자석에 의하여 자기화되어 불균등 자장을 발생하는 것이다.
② 측정셀은 시료 유통실로서 자극 사이에 배치하여 덤벨 및 불균형 자계발생 자극편을 내장한 것이다.
③ 피드백 코일은 편위량을 없애기 위하여 전류에 의해 자기를 발생시키는 것으로 일반적으로 백금선이 이용된다.
④ 덤벨은 자기화율이 큰 석영 등으로 만들어진 중공의 구체를 막대 양 끝에 부착한 것으로 아르곤을 봉입한 것이다.

> **해설**

05 ②항만 올바르다. 최대관측거리는 1km, 측정위치는 측정자가 태양과 일직선상이 아닌 곳에서 30초 간격으로 비탁도를 측정하여야 한다.

〈그림〉 링겔만 스모크차트

06 증류수는 노말헥세인으로 세정한 증류수를 사용한다.

07 매연농도(%)는 평균도수에 20을 곱하여 계산한다.

$$C = \frac{\Sigma nC \cdot V}{\Sigma n} \times 20$$

$$\therefore C = \frac{(5 \times 18) + (3 \times 85) + (0 \times 154)}{248} \times 20 = 27.8\%$$

08 덤벨(dumb-bell)은 자기화율이 적은 석영 등으로 만들어진 중공(中空)의 구체를 막대 양 끝에 부착한 것으로 질소 또는 공기를 봉입한 것이다.

정답 | 5.② 6.③ 7.③ 8.④

09 굴뚝 배출가스 중 산소 측정분석에 사용되는 화학분석법(오르자트분석법)에 대한 설명으로 옳지 않은 것은?

① 흡수의 순서는 CO_2, O_2이다.
② CO_2의 흡수액은 수산화포타슘용액을 사용한다.
③ 산소 흡수액은 되도록 공기와의 접촉을 피한다.
④ 산소 흡수액은 물과 수산화소듐을 녹인 용액에 피로갈롤을 녹인 용액으로 한다.

10 철강공장의 아크로와 연결된 개방형 여과집진시설에서 배출되는 먼지채취방법에 대한 규정으로 옳지 않은 것은?

① 배출상태를 고려하여 적당한 시간간격으로 나누어 시료를 채취한다.
② 건옥 백하우스의 경우 배출가스의 흡인속도는 20±5L/min의 유속으로 한다.
③ 1개의 원통형 여과지에 포집된 1회 포집량은 20mg 이상 50mg 이하로 함을 원칙으로 한다.
④ 등속흡인할 필요가 없으며, 채취관은 대구경 흡인노즐(보통 10mm 정도)이 연결된 흡인관을 사용한다.

11 연료용 유류 중의 황함유량을 측정하기 위한 분석방법 중 연소관식 공기법에 대한 설명이다. ( ) 안에 알맞은 것은?

> 950~1,100℃로 가열한 석영재질 연소관 중에서 시료를 연소시킨다. 생성된 황산화물을 (Ⓐ)에 흡수시켜 황산으로 만든 다음, (Ⓑ) 용액으로 중화·적정하여 황함유량을 구한다.

① Ⓐ 수산화포타슘, Ⓑ 붕산
② Ⓐ 과산화수소, Ⓑ 수산화소듐
③ Ⓐ 중크로뮴산칼슘, Ⓑ 수산화소듐
④ Ⓐ 과망간산포타슘, Ⓑ 사이오황산소듐

12 연료용 유류 중의 황함유량을 측정하기 위한 분석방법 중 연소관식 공기법에 대한 설명으로 옳지 않은 것은?

① 불용성 황산염을 만드는 금속(Ba, Ca 등) 등의 분석에 유효하다.
② 950~1,100℃로 가열한 석영재질 연소관 중에 공기를 불어넣어 시료를 연소시킨다.
③ 연소되어 산을 발생시키는 원소(P, N, Cl 등)가 들어 있는 시료에는 사용할 수 없다.
④ 생성된 황산화물을 과산화수소(3%)에 흡수시켜 황산으로 만든 다음 NaOH 표준액으로 중화적정한다.

> **해설**
>
> **09** 산소 흡수액은 물 100mL에 수산화포타슘 60g을 녹인 용액과 물 100mL에 피로갈롤(Pyrogallool) 12g을 녹인 용액을 혼합한 용액을 혼합하여 사용한다. 이 흡수액은 산소를 흡수하기 때문에 흡수액을 조제할 때는 되도록 공기와의 접촉을 피해야 된다.
>
> **10** 한 개의 원통형 여과지에 포집된 1회 먼지포집량은 2~20mg 이하로 한다.
>
> **11** 연소관식 공기법에 의한 유류 중의 황함유량 분석방법은 950~1,100℃로 가열한 석영재질 연소관 중에 공기를 불어넣어 시료를 연소시켜 생성된 황산화물을 과산화수소(3%)에 흡수시켜 황산으로 만든 다음, 수산화소듐 표준액으로 중화적정하여 황함유량을 구한다.
>
> **12** 연소관식 공기법은 다음을 포함한 첨가제가 든 시료에는 적용할 수 없다.
> - 불용성 황산염을 만드는 금속 : Ba, Ca 등
> - 연소되어 산을 발생시키는 원소 : P, N, Cl 등

정답 ┃ 9.④ 10.③ 11.② 12.①

13 연료용 유류 중의 황함유량을 측정하기 위한 방법인 것은?

① 광투과법
② 광산란법
③ 적외선형광법
④ 방사선식 여기법

14 다음 연료용 유류 중의 황함유량 측정방법 중 방사선식 여기법에 대한 설명으로 옳지 않은 것은?

① 여기법 분석계의 전원스위치를 넣고, 1시간 이상 안정화시킨다.
② 시료에 방사선을 조사하고, 여기된 황의 원자에서 발생하는 γ선의 강도를 측정한다.
③ 표준시료는 다이뷰틸다이설파이드를 이용하여 조제한 것으로 황함유량이 확인된 것을 사용한다.
④ 시료를 충분히 교반한 후 준비된 시료셀에 기포가 들어가지 않도록 주의하여 액층의 두께가 5~20mm가 되도록 시료를 넣는다.

15 다음은 환경대기 중의 석면농도를 측정하기 위해 위상차현미경을 사용한 계수방법에 대한 사항이다. ( ) 안에 알맞은 것은?

> 시료는 원칙적으로 채취지점의 지상 1.5m 되는 위치에서 (Ⓐ)의 흡인유량으로 4시간 이상 채취하고, 유량계의 부자는 (Ⓑ) 되게 조정한다.

① Ⓐ 1L/min, Ⓑ 1L/min
② Ⓐ 10L/min, Ⓑ 1L/min
③ Ⓐ 1L/min, Ⓑ 10L/min
④ Ⓐ 10L/min, Ⓑ 10L/min

16 환경대기 중 석면농도 측정에 대한 설명으로 틀린 것은?

① 석면포집에 사용하는 필터는 셀룰로오스 에스테르계 재질의 멤브레인 필터이다.
② 채취점의 지상 1.2~1.5m 위치에서 10L/min의 흡인유량으로 1시간 이상 채취한다.
③ 흡인펌프는 20L/min로 공기를 흡인할 수 있는 로터리 펌프 또는 다이아프램 펌프를 사용한다.
④ 석면먼지 농도 표시는 25℃, 760mmHg의 기체 1mL 중에 함유된 석면섬유의 개수(개/mL)로 표시한다.

> **해설**

13 함유량을 측정하기 위한 시험방법은 연소관식 공기법과 방사선식 여기법이 있다.

분석방법	황함유량	적용 유류
연소관식 공기법	0.01% 이상	원유·경유·중유
방사선식 여기법		

14 유류 중의 황함유량 측정방법 중 방사선조사법은 시료에 방사선을 조사하고, 여기된 황의 원자에서 발생하는 형광 X선의 강도를 측정한다.

15 석면농도를 측정하기 위한 시료채취는 원칙적으로 채취지점의 지상 1.5m되는 위치에서 10L/min의 흡인유량으로 4시간 이상 채취한다. 이때 시료채취 유량계의 부자를 10L/min으로 조정한다.

16 환경대기 중 석면먼지의 농도는 20℃, 1기압 상태의 기체 1mL 중에 함유된 석면섬유의 개수(개/mL)로 표시한다.

정답 ┃ 13.④ 14.② 15.④ 16.④

업그레이드 종합 예상문제

01 다음은 환경대기 중 다환방향족탄화수소류 – 기체크로마토그래피 질량분석법과 관련된 용어이다. ( ) 안에 알맞은 것은?

> (　　　)은 추출과 분석 전에 각 시료, 바탕시료, 매체시료(Matrix-Spiked)에 더해지는 화학적으로 반응성이 없는 환경시료 중에 없는 물질을 말한다.

① 대체표준물질(Surrogate)
② 속슬렛(Soxhlet) 추출물질
③ 외부표준물질(ES, Extend Standard)
④ 내부표준물질(IS, Internal Standard)

■해설 시료채취용, 정제용 대체표준물질(Surrogate)은 시료채취와 추출, 분석 전에 각 시료, 바탕시료, 매체시료에 더해지는 화학적으로 반응성이 없는 물질로서 시료 매질이나 일반 환경 중에서는 발견되지 않은 유기화합물을 말한다.

02 공정시험기준에서 정하는 지하공간 및 환경대기 중의 벤조(a)피렌 농도를 측정하기 위한 시험방법은?

① 이온크로마토그래피
② 흡광차분광법
③ 비분산적외선분광분석법
④ 형광분광광도법

■해설 환경대기 중 벤조(a)피렌 분석방법은 기체크로마토그래피(주 시험법), 형광분광광도법이 있다.

03 환경대기 중 석면시험방법으로 옳지 않은 것은?

① 석면먼지의 농도 표시는 20℃, 1기압 상태의 기체 1mL 중에 함유된 석면섬유의 개수로 표시한다.
② 멤브레인 필터는 셀룰로오스에스테르를 원료로 한 얇은 다공성의 막으로 구멍의 지름은 평균 0.01~10μm 범위이다.
③ 위상차현미경이란 두께가 동일한 무색·투명한 물체의 각 부분의 입사광 사이에 생기는 명암차를 화상면에서 위상차로 바꾸어, 구조를 보기 쉽도록 한 현미경이다.
④ 위상차현미경을 사용하여 섬유상으로 보이는 입자를 계수하고, 같은 입자를 보통의 생물현미경으로 바꾸어 계수하여 그 계수치들의 차(差)를 구하면 굴절률이 거의 1.5인 섬유상의 입자를 계수할 수 있다.

■해설 위상차현미경은 굴절률 또는 두께가 부분적으로 다른 무색투명한 물체의 각 부분의 투과광 사이에 생기는 위상차를 화상면에서 명암의 차로 바꾸어, 구조를 보기 쉽도록 한 현미경이다.

04 환경대기 중 석면먼지의 농도 표시방법은?

① 0℃, 760mmHg의 기체 1L 중에 함유된 석면섬유의 개수(개/mL)
② 20℃, 760mmHg의 기체 1L 중에 함유된 석면섬유의 무게(mg/L)
③ 0℃, 760mmHg의 기체 1mL 중에 함유된 석면섬유의 개수(개/mL)
④ 20℃, 760mmHg의 기체 1mL 중에 함유된 석면섬유의 개수(개/mL)

■해설 환경대기 중 석면먼지의 농도는 20℃, 1기압 상태의 기체 1mL 중에 함유된 석면섬유의 개수(개/mL)로 표시한다.

05 환경대기 중의 석면시험방법에 대한 설명으로 옳지 않은 것은?

① 멤브레인 필터의 광굴절률은 약 2.5이다.
② 채취점의 지상 1.5m 되는 위치에서 10L/min의 흡인유량으로 1시간 채취한다.
③ 길이 5μm 이상이고, 길이와 폭의 비가 3 : 1 이상인 섬유를 석면섬유로서 계수한다.
④ 석면의 농도 표시는 표준상태의 기체 1mL 중에 함유된 석면섬유의 개수로 표시한다.

■해설 멤브레인 필터의 광굴절률은 약 1.5이다.

🎯 더 풀어보기 예상문제

01 지하공간 및 환경대기 중의 벤조(a)피렌 농도 측정을 위한 형광분광광도법이다. ( ) 안에 알맞은 것은?

표준물질과 시료의 진한 황산용액을 무형광셀에 넣고 여기광 파장을 (㉠)nm에 설정하여 (㉡)nm의 형광강도를 구한다.

① ㉠ 340 ㉡ 450 ② ㉠ 470 ㉡ 540
③ ㉠ 560 ㉡ 620 ④ ㉠ 650 ㉡ 710

정답 1.②

더 풀어보기 예상문제 해설

01 대기환경 중 벤조(a)피렌의 형광광도법은 포집한 먼지 중의 벤조(a)피렌 분석에 적용하며, 먼지를 포함한 대기시료를 추출기에 넣고 염화메틸렌용제로 추출하며 추출액은 유리섬유 여과지로 여과시켜 입자상 물질을 제거한 후 추출여액을 질소기류 중에서 건조시켜 감압 하에서 건조시키고, 박층크로마토그래프법을 사용하여 추출건조물 중의 벤조(a)피렌을 분리한 다음 표준물질과 시료의 진한 황산용액을 무형광셀에 넣고, 여기광파장을 470nm에 설정하여 540nm의 형광강도를 구해 형광광도 검량선으로부터 벤조(a)피렌 농도를 구한다.

더 풀어보기 예상문제

01 환경대기 중 석면시험방법에서 계수 대상물의 정의로 옳은 것은?

① 포집한 먼지 중 길이 $1\mu m$ 이상, 길이와 폭의 비가 10 : 1 이상인 섬유를 석면섬유로 계수한다.
② 포집한 먼지 중 길이 $1\mu m$ 이상, 길이와 폭의 비가 2 : 1 이상인 섬유를 석면섬유로 계수한다.
③ 포집한 먼지 중 길이 $5\mu m$ 이상, 길이와 폭의 비가 3 : 1 이상인 섬유를 석면섬유로 계수한다.
④ 포집한 먼지 중 길이 $10\mu m$ 이상, 길이와 폭의 비가 10 : 1 이상인 섬유를 석면섬유로 계수한다.

02 배출가스 중의 산소를 자동측정하는 방법으로 원리측면에서 자기식과 전기화학식으로 분류할 수 있다. 다음 중 전기화학식 방식에 해당하는 것은?

① 덤벨식   ② 자기풍식
③ 질코니아방식   ④ 정전위전해식

03 환경대기 중의 석면농도를 측정하기 위해 멤브레인 필터에 포집한 대기 부유먼지 중의 석면섬유를 위상차현미경을 사용하여 계수하는 방법에 대한 설명으로 옳지 않은 것은?

① 석면섬유의 광굴절률은 보통 2.0 이상이어서 위상차현미경으로 식별하기 용이하다.
② 필터를 광굴절률 1.5 전·후의 불휘발성 용액에 담그면 투명해지며 입자를 계수하기 쉽다.
③ 석면농도는 20℃, 760mmHg의 기체 1mL 중에 함유된 석면섬유의 개수(개/mL)로 표시한다.
④ 멤브레인 필터는 셀룰로오스에스테르를 원료로 한 얇은 다공성의 막으로 구멍의 지름은 평균 $0.01 \sim 10\mu m$의 것까지 있다.

정답 1.③ 2.④ 3.①

더 풀어보기 예상문제 해설

01 환경대기 중 석면시험방법에서 계수 대상물은 포집한 먼지 중에 길이 $5\mu m$ 이상이고, 길이와 폭의 비가 3 : 1 이상인 섬유를 석면섬유로 계수한다.

02 전기화학식에는 질코니아방식과 전극방식이 있다.

03 석면의 광굴절률은 1.54~1.7범위이다. 위상차현미경을 사용하면 광굴절률이 거의 1.5인 섬유상의 입자 즉 석면이라고 추정할 수 있는 입자를 계수할 수가 있다.

더 풀어보기 예상문제

01 환경대기 중의 석면 측정분석방법의 설명 중 옳지 않은 것은?
① 필터의 광굴절률은 약 1.5이다.
② 멤브레인 필터는 얇은 다공성 막으로 구멍의 지름이 0.01㎛ 미만인 것을 주로 사용한다.
③ 멤브레인 필터에 포집한 대기 부유먼지 중의 석면섬유를 위상차현미경을 사용하여 계수한다.
④ 석면먼지 농도 표시는 20℃, 1기압 상태의 기체 1mL 중에 함유된 석면섬유(개/mL)로 표시한다.

02 환경대기 중의 벤조(a)피렌 측정을 위한 주 시험방법은?
① 이온전극법
② 열탈착분광법
③ 형광분광광도법
④ 기체크로마토그래피

03 PAH 및 다이옥신 및 퓨란류 시료채취 방법으로 옳지 않은 것은?
① 측정공에서 흡인노즐의 방향을 배출가스의 흐름과 역방향으로 해서 측정점까지 삽입한다.
② 배출가스 온도가 500℃ 이상으로 높을 경우는 냉각장치를 사용하여 먼지포집부 온도를 120℃ 이하로 유지하여야 한다.
③ 시료채취 전에 반드시 채취장비의 누출시험을 실시하여야 하며, 여과지 홀더 및 흡착관은 알루미늄 호일 등으로 미리 차광시켜 둔다.
④ 흡입노즐에서 흡입하는 가스의 유속은 측정 전의 배출가스 유속에 대해 상대오차 -10~+10%의 범위 내로 하며, 지속적으로 흡인유량을 조사해서 등속흡인이 되도록 조절한다.

정답 1.② 2.④ 3.④

더 풀어보기 예상문제 해설

01 멤브레인 필터는 셀룰로오스에스테르를 원료로 한 얇은 다공성의 막으로 구멍의 지름은 평균 0.01~10㎛ 범위임. 이 멤브레인 필터의 특징은 입자상 물질의 포집률이 매우 높고, 특히 필터의 표면에서 먼지의 포집이 이루어지기 때문에, 포집한 입자를 광학현미경으로 계수하기에 편리하다.

02 환경대기 중의 벤조(a)피렌 측정 주 시험방법은 기체크로마토그래피이다.

03 흡입노즐에서 흡입하는 가스의 유속은 측정점의 배출가스 유속에 대해 상대오차 ±5%의 범위 내로 한다. 처음에는 등속흡입 되어도 나중에는 먼지채취에 의한 여과지의 저항이 늘어나 흡입유량이 저하되므로, 5분 단위로 흡입유량을 조사하여 등속흡입이 되도록 조절한다.

더 풀어보기 예상문제

01 다음은 폐기물 소각로 등에서 배출되는 가스 중 가스상 및 입자상의 PAH 및 다이옥신의 분석방법 중 원통형 여지 준비에 관한 사항이다. ( ) 안에 가장 적합한 것은?

> 원통형 여지는 대기오염공정시험 기준에서 규정하고 있는 원통형 여지 중 유리섬유 재질의 것을 사용한다. 사용에 앞서 (   ), 아세톤 및 톨루엔으로 각각 30분간 초음파 세정을 한 다음 진공·건조시킨다.

① 850℃에서 2시간 강열시킨 후
② 650℃에서 2시간 강열시킨 후
③ 550℃에서 충분하게 강열시킨 후
④ 750℃에서 충분하게 강열시킨 후

02 환경대기 중의 석면 시험방법 중 계수 대상물의 식별방법에 대한 설명으로 옳지 않은 것은?

① 단섬유인 경우 구부러져 있는 섬유는 곡선에 따라 전체길이를 재어서 판정한다.
② 섬유에 입자가 부착하고 있는 경우 입자의 폭이 $3\mu m$를 넘는 것은 1개로 판정한다.
③ 헝클어져 다발을 이루고 있는 경우로서 섬유가 헝클어져 정확한 수를 헤아리기 힘들 때에는 0개로 판정한다.
④ 섬유가 그래티클 시야의 경계선에 물린 경우 그래티클 시야 안으로 한쪽 끝만 들어와 있는 섬유는 1/2개로 인정한다.

03 철강공장의 아크로와 연결된 개방형 여과집진시설에서 배출되는 먼지농도 측정방법에 대한 설명이다. 틀린 것은?

① 먼지측정은 규정에 따라 등속흡인하고, 측정공은 반드시 헝겊 등으로 밀폐하여야 한다.
② 한 개의 원통형 여과지에 포집된 1회 먼지포집량은 2mg 이상 20mg 이하로 함을 원칙으로 한다.
③ 배출가스를 흡인유속은 직인 백하우스의 경우는 10±3L/min, 용해정련기는 20±5L/min으로 한다.
④ 배출가스를 흡인유속은 건옥 백하우스의 경우는 20±5L/min, 용해정련기는 10±3L/min으로 한다.

정답 1.① 2.② 3.①

더 풀어보기 예상문제 해설

01 원통형 여지는 유리섬유 재질의 것을 사용한다. 사용에 앞서 850℃에서 2시간 강열시킨 후, 아세톤 및 톨루엔으로 각각 30분간 초음파 세정을 한 다음 진공·건조시킨다.

02 입자가 부착하고 있는 경우, 입자의 폭이 $3\mu m$를 넘는 것은 0개로 판정한다.

03 개방형 여과집진시설에서 배출되는 먼지농도를 측정할 때는 배출가스 중의 먼지측정의 반자동식 측정법을 따르지만 등속흡입할 필요가 없으며, 측정공을 헝겊 등으로 밀폐할 필요도 없다.

PART 05 대기환경 관계법규

1. 총칙(환경정책기본법 포함)
2. 사업장 등의 대기오염물질 배출규제
3. 생활환경상 오염물질 배출규제
4. 자동차·선박 등 배출가스의 규제
5. 보칙·기타 대기환경관계법규

Chapter 01 총칙(환경정책기본법 포함)

출제기준

Chapter 1. 총칙(환경정책기본법 포함)   적용기간 : 2020.1.1~2024.12.31

세부출제 기준항목

기사	산업기사
1. 총칙(목적·용어·환경기준·계획 등) 2. 사업장 오염물질 배출규제 3. 생활환경상 오염물질 배출규제 4. 자동차·선박 등 배출가스의 규제 5. 보칙, 기타 대기환경관계법규	1. 총칙(목적·용어·환경기준·계획 등) 2. 사업장 오염물질 배출규제 3. 생활환경상 오염물질 배출규제 4. 자동차·선박 등 배출가스의 규제 5. 보칙, 기타 대기환경관계법규

1 환경정책기본법·대기환경기준

(1) 국민의 권리와 의무·책임원칙

❀ **국민의 권리와 의무**(정책기본법 제6조)
  ① 모든 국민은 건강하고 쾌적한 환경에서 생활할 권리를 가진다.
  ② 모든 국민은 국가 및 지방자치단체의 환경보전시책에 협력하여야 한다.
  ③ 모든 국민은 일상생활에서 발생하는 환경오염과 환경훼손을 줄이고, 국토 및 자연환경의 보전을 위하여 노력하여야 한다.

❀ **오염원인자 책임원칙**(정책기본법 제7조) : 자기의 행위 또는 사업활동으로 환경오염 또는 환경훼손의 **원인을 발생시킨 자**는 그 오염·훼손을 방지하고 오염·훼손된 환경을 회복·복원할 책임을 지며, 환경오염 또는 환경훼손으로 인한 피해의 구제에 드는 비용을 부담함을 원칙으로 한다.

❀ **수익자 부담원칙**(정책기본법 제7조의2) : 국가 및 지방자치단체는 국가 또는 지방자치단체 이외의 자가 환경보전을 위한 사업으로 현저한 이익을 얻는 경우 이익을 얻는 자에게 그 이익의 범위에서 해당 환경보전을 위한 사업 비용의 전부 또는 일부를 부담하게 할 수 있다.

(2) 환경기준의 설정·평가·유지

❀ **환경기준의 설정**(정책기본법 제12조)
  ① 국가는 생태계 또는 인간의 건강에 미치는 영향 등을 고려하여 환경기준을 설정하여야 하며, 환경여건의 변화에 따라 그 적정성이 유지되도록 하여야 한다.

② 환경기준은 **대통령령으로 정한다.**
③ **특별시·광역시·특별자치시·도·특별자치도**(시·도)는 해당 지역의 환경적 특수성을 고려하여 필요하다고 인정할 때에는 해당 **시·도의 조례**로 보다 **확대·강화된 별도의 환경기준**(지역환경기준)을 설정 또는 변경할 수 있다.
④ 특별시장·광역시장·특별자치시장·도지사·특별자치도지사(시·도지사)는 지역환경기준을 설정하거나 변경한 경우에는 이를 지체 없이 **환경부장관에게 통보**하여야 한다.

※ **환경기준의 평가**(정책기본법 제12조3)
- 환경부장관은 환경기준의 적정성 유지를 위하여 **5년의 범위**에서 환경기준에 대한 평가를 실시하여야 한다.
- 환경기준의 평가 등에 필요한 사항은 대통령령으로 정한다.

※ **환경기준의 유지**(정책기본법 제13조) : 국가 및 지방자치단체는 환경에 관계되는 법령을 제정 또는 개정하거나 행정계획의 수립 또는 사업의 집행을 할 때에는 환경기준이 적절히 유지되도록 다음 사항을 고려하여야 한다.
- 환경 악화의 예방 및 그 요인의 제거
- 환경오염지역의 원상회복
- 새로운 과학기술의 사용으로 인한 환경오염 및 환경훼손의 예방
- 환경오염방지를 위한 재원(財源)의 적정 배분

(2) 대기환경 관련 협회

※ **환경보존협회**(정책기본법 제59조) : 환경보전에 관한 조사연구, 기술개발 및 교육·홍보, 생태복원 등을 위하여 환경보전협회를 설립한다.
- 협회는 법인으로 한다.
- 협회의 회원이 될 수 있는 자는 환경오염물질을 배출하는 시설의 설치허가를 받은 자 및 대통령령으로 정하는 자로 한다.
- 협회에 관하여 이 법에 규정되지 아니한 사항은 민법 중 사단법인에 관한 규정을 준용한다.

※ **한국자동차환경협회**(보전법 제78조)
① 자동차 배출가스로 인하여 인체 및 환경에 발생하는 위해를 줄이기 위하여 한국자동차환경협회를 설립할 수 있다.
② 한국자동차환경협회는 법인으로 한다.
③ 한국자동차환경협회를 설립하기 위하여는 환경부장관에게 허가를 받아야 한다.
④ 한국자동차환경협회에 대하여 이 법에 특별한 규정이 있는 것 외에는 민법 중 사단법인에 관한 규정을 준용한다.
⑤ 한국자동차환경협회는 정관으로 정하는 바에 따라 다음의 업무를 행한다.
  - 운행차 저공해화 기술개발 및 배출가스 저감장치의 보급

- 자동차 배출가스 저감사업의 지원과 사후관리에 관한 사항
- 운행차 배출가스 검사와 정비기술의 연구·개발사업
- 환경부장관 또는 시·도지사로부터 위탁받은 업무
- 그 밖에 자동차 배출가스를 줄이기 위하여 필요한 사항

굴뚝자동측정기기협회(보전법 제80조2)
① 굴뚝에서 배출되는 대기오염물질을 측정하는 측정기기에 관한 기술개발 및 관련 산업의 육성 등을 위한 다음의 사업을 수행하기 위하여 굴뚝자동측정기기협회를 설립할 수 있다.
- 굴뚝자동측정기기 관련 기술개발 및 보급
- 굴뚝자동측정기기 관련 교육 및 교육교재 개발·보급
- 굴뚝자동측정기기를 운영·관리하는 자에 대한 교육 및 기술 지원
- 환경부장관 또는 지방자치단체의 장이 위탁하는 사업

② 굴뚝자동측정기기협회는 법인으로 한다.
③ 굴뚝자동측정기기협회를 설립하기 위하여는 환경부장관에게 허가를 받아야 한다.
④ 굴뚝자동측정기기 및 그 부속품을 수입·제조·판매하는 자 등은 굴뚝자동측정기기협회의 정관으로 정하는 바에 따라 굴뚝자동측정기기협회의 회원이 될 수 있다.
⑤ 굴뚝자동측정기기협회에 대하여 이 법에 특별한 규정이 있는 것을 제외하고는 민법 중 사단법인에 관한 규정을 준용한다.

(4) 특별종합대책·영향권별 환경관리·환경영향평가

특별종합대책수립(정책기본법 제38조)
- 환경부장관은 **환경오염·환경훼손** 또는 **자연생태계의 변화가 현저하거나 현저하게 될 우려가 있는 지역**과 **환경기준을 자주 초과하는 지역**을 관계 중앙행정기관의 장 및 시·도지사와 협의하여 환경보전을 위한 **특별대책지역으로 지정·고시**하고, 해당 지역의 환경보전을 위한 특별종합대책을 수립하여 관할 시·도지사에게 이를 시행하게 할 수 있다.
- 환경부장관은 특별대책지역의 환경개선을 위하여 특히 필요한 경우에는 대통령령으로 정하는 바에 따라 그 지역에서 **토지 이용과 시설 설치를 제한**할 수 있다.

영향권별 환경관리(정책기본법 제39조)
- 환경부장관은 환경오염의 상황을 파악하고 그 방지대책을 마련하기 위하여 대기오염의 영향권별 지역, 수질오염의 수계별 지역 및 생태계 권역 등에 대한 환경의 영향권별 관리를 하여야 한다.
- 지방자치단체의 장은 관할 구역의 대기오염, 수질오염 또는 생태계를 효과적으로 관리하기 위하여 지역의 실정에 따라 환경의 영향권별 관리를 할 수 있다.

❀ 환경영향평가(정책기본법 제41조)

- 국가는 환경기준의 적정성을 유지하고 자연환경을 보전하기 위하여 환경에 영향을 미치는 계획 및 개발사업이 환경적으로 지속가능하게 수립·시행될 수 있도록 전략환경영향평가, 환경영향평가, 소규모 환경영향평가를 실시하여야 한다.
- 전략환경영향평가, 환경영향평가 및 소규모 환경영향평가의 대상, 절차 및 방법 등에 관한 사항은 따로 법률로 정한다.

대기환경기준

항 목	기 준
아황산가스(SO_2)	• 연간 평균치 0.02ppm 이하 • 24시간 평균치 0.05ppm 이하 • 1시간 평균치 0.15ppm 이하
일산화탄소(CO)	• 8시간 평균치 9ppm 이하 • 1시간 평균치 25ppm 이하
이산화질소(NO_2)	• 연간 평균치 0.03ppm 이하 • 24시간 평균치 0.06ppm 이하 • 1시간 평균치 0.10ppm 이하
미세먼지(PM-10)	• 연간 평균치 50$\mu g/m^3$ 이하 • 24시간 평균치 100$\mu g/m^3$ 이하
초미세먼지(PM-2.5)	• 연간 평균치 15$\mu g/m^3$ 이하 • 24시간 평균치 35$\mu g/m^3$ 이하
오존(O_3)	• 8시간 평균치 0.06ppm 이하 • 1시간 평균치 0.1ppm 이하
납(Pb)	• 연간 평균치 0.5$\mu g/m^3$ 이하
벤젠	• 연간 평균치 5$\mu g/m^3$ 이하

[비고]
1. 1시간 평균치는 999천분위수(千分位數)의 값이 그 기준을 초과해서는 안 되고, 8시간 및 24시간 평균치는 99백분위수의 값이 그 기준을 초과해서는 안 된다.
2. 미세먼지(PM-10)는 입자의 크기가 10μm 이하인 먼지를 말한다.
3. 초미세먼지(PM-2.5)는 입자의 크기가 2.5μm 이하인 먼지를 말한다.

CBT 형식 출제대비 엄선 예상문제

01 환경정책기본법령상 우리나라 대기환경기준으로 설정된 항목에 해당하지 않는 것은?
① 납
② 일산화탄소
③ 벤젠
④ 이산화탄소

02 환경정책기본법상 대기환경기준이 설정되어 있지 않은 항목은?
① 벤젠
② 아황산가스
③ 일산화탄소
④ 탄화수소(HC)

03 환경정책기본법상 대기환경기준으로 옳지 않은 것은?
① 오존 : 1시간 평균치 0.1ppm 이하
② PM-10 : 연간 평균치 50mg/m³ 이하
③ 일산화탄소 : 1시간 평균치 25ppm 이하
④ 아황산가스 : 연간 평균치 0.02ppm 이하

04 환경정책기본법령상 벤젠의 대기환경기준(μg/m³)은?(단, 연평균)
① 0.1 이하
② 5 이하
③ 0.5 이하
④ 0.15 이하

05 환경정책기본법상 SO_2의 대기환경기준(ppm)으로 옳은 것은?(단, Ⓐ 연간, Ⓑ 24시간, Ⓒ 1시간 평균치)
① Ⓐ 0.05 이하, Ⓑ 0.10 이하, Ⓒ 0.12 이하
② Ⓐ 0.06 이하, Ⓑ 0.10 이하, Ⓒ 0.12 이하
③ Ⓐ 0.02 이하, Ⓑ 0.05 이하, Ⓒ 0.15 이하
④ Ⓐ 0.03 이하, Ⓑ 0.06 이하, Ⓒ 0.10 이하

06 환경정책기본법상 NO_2의 대기환경기준으로 옳은 것은?

- 연간 평균치 : (Ⓐ) ppm 이하
- 24시간 평균치 : (Ⓑ) ppm 이하
- 1시간 평균치 : (Ⓒ) ppm 이하

① Ⓐ 0.02, Ⓑ 0.05, Ⓒ 0.15
② Ⓐ 0.03, Ⓑ 0.06, Ⓒ 0.10
③ Ⓐ 0.06, Ⓑ 0.10, Ⓒ 0.15
④ Ⓐ 0.10, Ⓑ 0.12, Ⓒ 0.30

해설

01 대기환경기준으로 설정된 항목은 아황산가스(SO_2), 일산화탄소(CO), 이산화질소(NO_2), 미세먼지(PM-10), 초미세먼지(PM-2.5), 오존(O_3), 납(Pb), 벤젠이다.

02 대기환경기준으로 설정된 항목은 아황산가스(SO_2), 일산화탄소(CO), 이산화질소(NO_2), 미세먼지(PM-10), 초미세먼지(PM-2.5), 오존(O_3), 납(Pb), 벤젠이다.

03 PM-10의 연간 대기환경기준은 50μg/m³이고, 24시간 평균치는 100μg/m³ 이하이다.

04 벤젠의 대기환경기준은 연간 평균치 5μg/m³ 이하이다.

05 SO_2의 대기환경기준은 연간 평균치 0.02ppm 이하, 24시간 평균치 0.05ppm 이하, 1시간 평균치 0.15ppm 이하이다.

06 NO_2의 대기환경기준은 연간 평균치 0.03ppm 이하, 24시간 평균치 0.06ppm 이하, 1시간 평균치 0.10ppm 이하이다.

정답 | 1.④ 2.④ 3.② 4.② 5.③ 6.②

07 다음 중 오존(O_3)의 환경기준으로 옳게 연결된 것은?

- 8시간 평균치 : (Ⓐ)ppm 이하
- 1시간 평균치 : (Ⓑ)ppm 이하

① Ⓐ 0.03, Ⓑ 0.06
② Ⓐ 0.05, Ⓑ 0.10
③ Ⓐ 0.06, Ⓑ 0.10
④ Ⓐ 0.08, Ⓑ 0.12

08 환경정책기본법상 이산화질소의 대기환경기준은?(단, 연간평균)

① 0.02ppm 이하　② 0.03ppm 이하
③ 0.05ppm 이하　④ 0.10ppm 이하

09 환경정책기본법상 각 항목에 대한 대기환경기준으로 옳지 않은 것은?(단, 연간 평균치 기준)

① 오존 : 0.1ppm 이하
② 벤젠 : $5\mu g/m^3$ 이하
③ 납 : $0.5\mu g/m^3$ 이하
④ PM-10 : $50\mu g/m^3$ 이하

10 납(Pb)의 대기환경기준은?(단, 연간기준)

① $5\mu g/m^3$ 이하　② $50\mu g/m^3$ 이하
③ $100\mu g/m^3$ 이하　④ $0.5\mu g/m^3$ 이하

11 다음 항목별 대기환경기준치 및 측정방법으로 틀린 것은?(단, 1시간기준)

① NO_2 : 0.10ppm 이하, 화학발광법
② O_3 : 0.06ppm 이하, 자외선광도법
③ SO_2 : 0.15ppm 이하, 자외선형광법
④ CO : 25ppm 이하, 비분산적외선분석법

12 환경정책기본법상 일산화탄소의 대기환경기준으로 옳은 것은?

① 연간 평균 9ppm 이하
② 1시간 평균 25ppm 이하
③ 8시간 평균 25ppm 이하
④ 24시간 평균 9ppm 이하

13 환경정책기본법상 PM-10의 대기환경기준은?(단, 연간기준)

① $5\mu g/m^3$ 이하　② $25\mu g/m^3$ 이하
③ $50\mu g/m^3$ 이하　④ $100\mu g/m^3$ 이하

14 대기환경기준 항목과 측정방법이 옳게 짝지어진 것은?

① 오존 : 자외선광도법
② 아황산가스 : 원자흡수분광광도법
③ 일산화탄소 : 비분산자외선분석법
④ 미세먼지(PM-10) : 기체크로마토그래피법

> **해설**

07 오존의 대기환경기준은 8시간 평균치 0.06ppm 이하, 1시간 평균치 0.1ppm 이하이다.
08 이산화질소의 연간평균 대기환경기준은 0.03ppm 이하이다.
09 오존의 대기환경기준은 8시간 평균치 0.06ppm 이하, 1시간 평균치 0.1ppm 이하이다. 오존(O_3)과 일산화탄소(CO)는 연간 기준치가 설정되어 있지 않다.
10 납의 연간 평균치 $0.5\mu g/m^3$ 이하이다.
11 오존의 대기환경기준은 8시간 평균치 0.06ppm 이하, 1시간 평균치 0.1ppm 이하이다.
12 일산화탄소의 대기환경기준은 8시간 평균치 9ppm 이하, 1시간 평균치 25ppm 이하이다.
13 PM-10의 대기환경기준은 연간 평균 $50\mu g/m^3$ 이하, 24시간 평균 $100\mu g/m^3$ 이하이다.
14 아황산가스(SO_2)=자외선형광법, 일산화탄소(CO)=비분산적외선분석법, 이산화질소(NO_2)=화학발광법, 미세먼지(PM-10)=베타선흡수법, 미세먼지(PM-2.5)=중량농도법 또는 이에 준하는 자동측정법, 오존(O_3)=자외선광도법, 납(Pb)=원자흡수분광광도법, 벤젠=기체크로마토그래피로 측정된다.

정답 ┃ 7.③　8.②　9.①　10.④　11.②　12.②　13.③　14.①

2 총칙 · 용어정의(환경정책기본법 포함)

(1) 법의 제정목적

- **환경정책기본법** : 환경보전에 관한 국민의 권리·의무와 국가의 책무를 명확히 하고 환경정책의 기본사항을 정하여 환경오염과 환경훼손을 예방하고 환경을 적정하고 지속가능하게 관리·보전함으로써 모든 국민이 건강하고 쾌적한 삶을 누릴 수 있도록 함을 목적으로 한다.

- **대기환경보전법** : 대기오염으로 인한 국민건강이나 환경에 관한 위해(危害)를 예방하고 대기환경을 적정하고 지속가능하게 관리·보전하여 모든 국민이 건강하고 쾌적한 환경에서 생활할 수 있게 하는 것을 목적으로 한다.

(2) 용어의 정의

- **환경정책기본법**(정책기본법 제3조) : 이 법에서 사용하는 용어의 뜻은 다음과 같다.
  - **환경**이란 자연환경과 생활환경을 말한다.
  - **자연환경**이란 지하·지표(해양 포함) 및 지상의 모든 생물과 이들을 둘러싸고 있는 비생물적인 것을 포함한 자연의 상태(생태계 및 자연경관을 포함)를 말한다.
  - **생활환경**이란 대기, 물, 토양, 폐기물, 소음·진동, 악취, 일조(日照), 인공조명, 화학물질 등 사람의 일상생활과 관계되는 환경을 말한다.
  - **환경오염**이란 사업활동 및 그 밖의 사람의 활동에 의하여 발생하는 대기오염, 수질오염, 토양오염, 해양오염, 방사능오염, 소음·진동, 악취, 일조 방해, 인공조명에 의한 빛공해 등으로서 사람의 건강이나 환경에 피해를 주는 상태를 말한다.
  - **환경훼손**이란 야생동식물의 남획 및 그 서식지의 파괴, 생태계질서의 교란, 자연경관의 훼손, 표토의 유실 등으로 자연환경의 본래적 기능에 중대한 손상을 주는 상태를 말한다.
  - **환경보전**이란 환경오염 및 환경훼손으로부터 환경을 보호하고 오염되거나 훼손된 환경을 개선함과 동시에 쾌적한 환경상태를 유지·조성하기 위한 행위를 말한다.
  - **환경용량**이란 일정한 지역에서 환경오염 또는 환경훼손에 대하여 환경이 스스로 수용, 정화 및 복원하여 환경의 질을 유지할 수 있는 한계를 말한다.
  - **환경기준**이란 국민의 건강을 보호하고 쾌적한 환경을 조성하기 위하여 국가가 달성하고 유지하는 것이 바람직한 환경상의 조건 또는 질적인 수준을 말한다.

- **대기환경보전법**(법 제2조) : 이 법에서 사용하는 용어의 뜻은 다음과 같다.(2020.12.29.)
  - **대기오염물질**이란 대기 중에 존재하는 물질 중 규정에 따른 심사·평가 결과 대기오염의 원인으로 인정된 가스·입자상물질로서 환경부령으로 정하는 것[규칙 2조]을 말한다.
  - **유해성대기감시물질**이란 대기오염물질 중 규정에 따른 심사·평가 결과 사람의 건강이나 동식물의 생육(生育)에 위해를 끼칠 수 있어 지속적인 측정이나 감시·관찰 등이 필요하다고 인정된 물질로서 환경부령으로 정하는 것[규칙 제2조2]을 말한다.

- **기후·생태계 변화유발물질**이란 지구온난화 등으로 생태계의 변화를 가져올 수 있는 기체상물질(氣體狀物質)로서 **온실가스와 환경부령으로 정하는 것**(＝염화불화탄소와 수소염화불화탄소)을 말한다.
- **온실가스**란 적외선 복사열을 흡수하거나 다시 방출하여 온실효과를 유발하는 대기 중의 가스상태 물질로서 **이산화탄소, 메탄, 아산화질소, 수소불화탄소, 과불화탄소, 육불화황**을 말한다.
- **가스**란 물질이 연소·합성·분해될 때에 발생하거나 물리적 성질로 인하여 발생하는 기체상물질을 말한다.
- **입자상물질**(粒子狀物質)이란 물질이 파쇄·선별·퇴적·이적(移積)될 때, 그 밖에 기계적으로 처리되거나 연소·합성·분해될 때에 발생하는 고체상(固體狀) 또는 액체상(液體狀)의 미세한 물질을 말한다.
- **먼지**란 대기 중에 떠다니거나 흩날려 내려오는 입자상물질을 말한다.
- **매연**이란 연소할 때에 생기는 유리(遊離) 탄소가 주가 되는 미세한 입자상물질을 말한다.
- **검댕**이란 연소할 때에 생기는 유리(遊離) 탄소가 응결하여 입자의 지름이 1미크론 이상이 되는 입자상물질을 말한다.
- **특정대기유해물질**이란 유해성대기감시물질 중 규정에 따른 심사·평가 결과 저농도에서도 장기적인 섭취나 노출에 의하여 사람의 건강이나 동식물의 생육에 직접 또는 간접으로 위해를 끼칠 수 있어 대기배출에 대한 관리가 필요하다고 인정된 물질로서 환경부령으로 정하는 것[규칙 제4조]을 말한다.
- **휘발성 유기화합물**이란 탄화수소류 중 석유화학제품, 유기용제, 그 밖의 물질로서 환경부장관이 관계 중앙행정기관의 장과 협의하여 고시하는 것을 말한다.
- **대기오염물질배출시설**이란 대기오염물질을 대기에 배출하는 시설물, 기계, 기구, 그 밖의 물체로서 환경부령으로 정하는 것[규칙 별표 3 참조]과 같다.을 말한다.
- **대기오염방지시설**이란 대기오염물질배출시설로부터 나오는 대기오염물질을 연소조절에 의한 방법 등으로 없애거나 줄이는 시설로서 환경부령으로 정하는 것[규칙 제6조]을 말한다.
- **자동차**란 다음에 해당하는 것을 말한다.
  ◦ 자동차관리법에 규정된 자동차 중 환경부령으로 정하는 것
  ◦ 건설기계관리법에 따른 건설기계 중 환경부령으로 정하는 것
- **원동기**란 다음에 해당하는 것을 말한다.
  ◦ 건설기계관리법에 따른 건설기계 중 환경부령으로 정하는 건설기계에 사용되는 동력을 발생시키는 장치
  ◦ 농림용 또는 해상용으로 사용되는 기계로서 환경부령으로 정하는 기계에 사용되는 동력을 발생시키는 장치
  ◦ 철도산업발전기본법에 따른 철도차량 중 동력차에 사용되는 동력을 발생시키는 장치
- **선박**이란 해양환경관리법에 따른 선박을 말한다.

- **첨가제**란 자동차의 성능을 향상시키거나 배출가스를 줄이기 위하여 자동차의 연료에 첨가하는 탄소와 수소만으로 구성된 물질을 제외한 화학물질로서 다음의 요건을 모두 충족하는 것을 말한다.
  - 자동차의 연료에 부피 기준(액체첨가제의 경우만 해당) 또는 무게 기준(고체첨가제의 경우만 해당)으로 **1퍼센트 미만**의 비율로 첨가하는 물질. 다만, 석유 및 석유대체연료사업법에 따른 석유정제업자 및 석유수출입업자가 자동차연료인 석유제품을 제조하거나 품질을 보정(補正)하는 과정에 첨가하는 물질의 경우에는 그 첨가비율의 제한을 받지 아니한다.
  - 석유 및 석유대체연료사업법에 따른 가짜석유제품 또는 석유대체연료에 해당하지 아니하는 물질
- **촉매제**란 배출가스를 줄이는 효과를 높이기 위하여 배출가스 저감장치에 사용되는 화학물질로서 **환경부령으로 정하는 것**(=경유를 연료로 사용하는 자동차에서 배출되는 **질소산화물**을 **저감**하기 위하여 사용되는 화학물질)을 말한다.
- **저공해자동차**란 다음의 자동차로서 대통령령으로 정하는 것을 말한다.
  - 대기오염물질의 배출이 없는 자동차
  - 제작차의 배출허용기준보다 오염물질을 적게 배출하는 자동차
- **배출가스 저감장치**란 자동차에서 배출되는 대기오염물질을 줄이기 위하여 자동차에 부착 또는 교체하는 장치로서 환경부령으로 정하는 저감효율에 적합한 장치를 말한다.
- **저공해엔진**이란 자동차에서 배출되는 대기오염물질을 줄이기 위한 엔진(엔진 개조에 사용하는 부품 포함)으로서 환경부령으로 정하는 배출허용기준에 맞는 엔진을 말한다.
- **공회전제한장치**란 자동차에서 배출되는 대기오염물질을 줄이고 연료를 절약하기 위하여 자동차에 부착하는 장치로서 환경부령으로 정하는 기준에 적합한 장치를 말한다.
- **온실가스 배출량**이란 자동차에서 단위주행거리당 배출되는 이산화탄소(CO_2) 배출량(g/km)을 말한다.
- **온실가스 평균배출량**이란 자동차제작자가 판매한 자동차 중 환경부령으로 정하는 자동차의 온실가스 배출량의 합계를 해당 자동차 총 대수로 나누어 산출한 평균값(g/km)을 말한다.
- **장거리이동대기오염물질**이란 황사, 먼지 등 발생 후 장거리 이동을 통하여 국가 간에 영향을 미치는 대기오염물질로서 환경부령으로 정하는 것을 말한다.
- **냉매**(冷媒)란 기후·생태계 변화유발물질 중 열전달을 통한 냉난방, 냉동·냉장 등의 효과를 목적으로 사용되는 물질로서 환경부령으로 정하는 것을 말한다.

▍대기오염물질 – 규칙 제2조 [별표 1]-현 64종
- 입자상물질, 석면, 다이옥신, 다환방향족탄화수소류
- 브롬·알루미늄·바나듐·망간·철·아연·셀렌·안티몬·주석·텔루륨·바륨·카드뮴·납·크롬·비소·수은·구리·니켈·베릴륨

- 일산화탄소, 암모니아, 질소산화물, 황산화물, 황화수소, 황화메틸, 이황화메틸, 메르캅탄류, 아민류, 사염화탄소, 이황화탄소, 탄화수소, 시안화물, 염소, 불소화물, 클로로포름, 포름알데히드, 아세트알데히드, 염화비닐, 아세트산비닐, 디클로로메탄, 트리클로로에틸렌, 테트라클로로에틸렌
- 인, 붕소, 아닐린, 벤젠, 에틸벤젠, 페놀, 스틸렌, 아크롤레인, 프로필렌옥사이드, 폴리염화비페닐, 벤지딘, 1,3-부타디엔, 에틸렌옥사이드, 1,2-디클로로에탄, 아크릴로니트릴, 히드라진, 비스(2-에틸헥실)프탈레이트, 디메틸포름아미드

▌특정대기유해물질 - 규칙 제4조 [별표 2] - 현 35종
- 석면, 수은, 카드뮴, 크롬, 납, 니켈, 비소, 베릴륨, 다환방향족탄화수소류, 다이옥신
- 불소화물, 염소 및 염화수소, 시안화수소, 포름알데히드, 아세트알데히드, 페놀, 벤젠, 에틸벤젠, 벤지딘, 사염화탄소, 클로로포름, 디클로로메탄, 트리클로로에틸렌, 테트라클로로에틸렌, 1,2-디클로로에탄, 염화비닐
- 스틸렌, 아닐린, 아크릴로니트릴, 이황화메틸, 에틸렌옥사이드, 폴리염화비페닐, 프로필렌옥사이드, 1,3-부타디엔, 히드라진

▌유해성감시대상물질 - 규칙 제2조2 [별표 1의2] - 현 43종
- 석면, 카드뮴, 납, 크롬, 비소, 수은, 구리, 니켈, 베릴륨, 알루미늄, 망간
- 일산화탄소, 암모니아, 사염화탄소, 염소 및 염화수소, 불소화물, 시안화수소, 페놀, 벤젠, 에틸벤젠, 클로로포름, 포름알데히드, 아세트알데히드, 디클로로메탄, 테트라클로로에틸렌, 트리클로로에틸렌, 다환방향족탄화수소류
- 폴리염화비페닐, 프로필렌옥사이드, 염화비닐, 다이옥신, 이황화메틸, 아닐린, 벤지딘, 1,3-부타디엔, 에틸렌옥사이드, 스틸렌, 1,2-디클로로에탄, 아크릴로니트릴, 히드라진, 아세트산비닐, 비스(2-에틸헥실)프탈레이트, 디메틸포름아미드

▌대기오염방지시설 - 규칙 제6조 [별표 4]
- **입자상 물질 처리시설** : 중력집진시설, 관성력집진시설, 원심력집진시설, 세정집진시설, 여과집진시설, 전기집진시설, 음파집진시설
- **가스상 물질 처리시설** : 흡수에 의한 시설, 흡착에 의한 시설, 직접연소에 의한 시설, 촉매반응을 이용하는 시설, 응축에 의한 시설, 산화·환원에 의한 시설, 미생물을 이용한 처리시설, 연소조절에 의한 시설
- **기타** : 위의 시설과 같은 방지효율 또는 그 이상의 방지효율을 가진 시설로서 환경부장관이 인정하는 시설

[**비고**] : 방지시설에는 대기오염물질을 포집하기 위한 장치(**후드**), 오염물질이 통과하는 관로(**덕트**), 오염물질을 이송하기 위한 **송풍기** 및 각종 **펌프** 등 방지시설에 딸린 **기계·기구류**(예비용을 포함) 등을 포함한다.

3 환경계획

(1) 국가환경종합계획

❀ **국가환경종합계획의 수립**(정책기본법 제14조)
  ① **환경부장관**은 관계 중앙행정기관의 장과 협의하여 국가 차원의 환경보전을 위한 종합계획(국가환경종합계획)을 **20년마다 수립**하여야 한다.
  ② 환경부장관은 국가환경종합계획을 수립하거나 변경하려면 그 초안을 마련하여 공청회 등을 열어 국민, 관계 전문가 등의 의견을 수렴한 후 국무회의의 심의를 거쳐 확정한다.
  ③ 국가환경종합계획 중 대통령령으로 정하는 경미한 사항을 변경하려는 경우에는 제2항에 따른 절차를 생략할 수 있다.

❀ **국가환경종합계획의 내용**(정책기본법 제15조) : 국가환경종합계획에는 다음의 사항이 포함되어야 한다.
  ① 인구·산업·경제·토지 및 해양의 이용 등 환경변화 여건에 관한 사항
  ② 환경오염원·환경오염도 및 오염물질 배출량의 예측과 환경오염 및 환경훼손으로 인한 환경의 질(質)의 변화 전망
  ③ 환경의 현황 및 전망
  ④ 환경정의 실현을 위한 목표설정과 이의 달성을 위한 대책
  ⑤ 환경보전 목표의 설정과 이의 달성을 위한 다음의 사항에 관한 단계별 대책 및 사업계획
     • 생물다양성·생태계·생태축·경관 등 자연환경의 보전에 관한 사항
     • 토양환경 및 지하수 수질의 보전에 관한 사항
     • 해양환경의 보전에 관한 사항
     • 국토환경의 보전에 관한 사항
     • 대기환경의 보전에 관한 사항
     • 물환경의 보전에 관한 사항
     • 수자원의 효율적인 이용 및 관리에 관한 사항
     • 상하수도의 보급에 관한 사항
     • 폐기물의 관리 및 재활용에 관한 사항
     • 화학물질의 관리에 관한 사항
     • 방사능오염물질의 관리에 관한 사항
     • 기후변화에 관한 사항
     • 그 밖에 환경의 관리에 관한 사항
  ⑥ 사업의 시행에 드는 비용의 산정 및 재원조달방법
  ⑦ 직전 종합계획에 대한 평가

❀ **국가환경종합계획의 시행**(정책기본법 제16조)
① 환경부장관은 수립 또는 변경된 국가환경종합계획을 지체없이 관계 중앙행정기관의 장에게 통보하여야 한다.
② 관계 중앙행정기관의 장은 국가환경종합계획의 시행에 필요한 조치를 하여야 한다.

❀ **시·도의 환경보전계획의 수립**(정책기본법 제18조)
① 시·도지사는 국가환경종합계획 및 중기계획에 따라 관할 구역의 지역적 특성을 고려하여 해당 시·도의 환경보전계획을 수립·시행하여야 한다.
② 시·도지사는 시·도 환경계획을 수립·변경할 때에 활용할 수 있도록 대통령령으로 정하는 바에 따라 물, 대기, 자연생태 등 분야별 환경현황에 대한 공간환경정보를 관리하여야 한다.
③ 시·도 환경계획의 수립기준, 작성방법 등에 관하여 필요한 사항은 환경부령으로 정한다.

❀ **시·군·구의 환경보전계획의 수립**(정책기본법 제19조)
① 시장·군수·구청장은 국가환경종합계획 및 시·도 환경계획에 따라 관할 구역의 지역적 특성을 고려하여 해당 시·군·구의 환경계획을 수립·시행하여야 한다.
② 시장·군수·구청장은 시·군·구 환경계획을 수립하거나 변경하려면 그 초안을 마련하여 공청회 등을 열어 주민, 관계 전문가 등의 의견을 수렴하여야 한다. 다만, 대통령령으로 정하는 경미한 사항을 변경하려는 경우에는 그러하지 아니하다.
③ 시장 또는 군수는 해당 시·군의 환경계획을 수립·변경할 때에 활용할 수 있도록 대통령령으로 정하는 바에 따라 물, 대기, 자연생태 등 분야별 환경현황에 대한 공간환경정보를 관리하여야 한다.
④ 시·군·구 환경계획의 수립기준 및 작성방법 등에 관하여 필요한 사항은 환경부령으로 정한다.

(2) 대기환경개선 종합계획

❀ **대기환경개선 종합계획의 수립**(법 제11조)
① **환경부장관**은 **대기오염물질과 온실가스**를 줄여 대기환경을 개선하기 위하여 대기환경개선 종합계획을 **10년마다 수립**하여 시행하여야 한다.
② 종합계획에는 다음의 사항이 포함되어야 한다.
- 대기오염물질의 배출현황 및 전망
- 대기 중 온실가스의 농도변화 현황 및 전망
- 대기오염물질을 줄이기 위한 목표설정과 이의 달성을 위한 분야별·단계별 대책
- 국민 건강에 미치는 위해정도와 이를 개선하기 위한 위해수준의 설정에 관한 사항
- 유해성대기감시물질의 측정 및 감시·관찰에 관한 사항
- 특정대기유해물질을 줄이기 위한 목표설정 및 달성을 위한 분야별·단계별 대책
- 온실가스 배출을 줄이기 위한 목표설정과 이의 달성을 위한 분야별·단계별 대책

- 기후변화로 인한 영향평가와 적응대책에 관한 사항
- 대기오염물질과 온실가스를 연계한 통합대기환경 관리체계의 구축
- 기후변화 관련 국제적 조화와 협력에 관한 사항
- 그 밖에 대기환경을 개선하기 위하여 필요한 사항

③ 환경부장관은 종합계획이 **수립된 날부터 5년**이 지나거나 종합계획의 변경이 필요하다고 인정되면 그 타당성을 검토하여 변경할 수 있다. 이 경우 미리 관계 중앙행정기관의 장과 협의하여야 한다.

장거리이동대기오염물질피해방지 종합대책 수립(법 제13조)

① 환경부장관은 장거리이동대기오염물질피해방지를 위하여 5년마다 관계 중앙행정기관의 장과 협의하고 시·도지사의 의견을 들은 후 장거리이동대기오염물질대책위원회의 심의를 거쳐 장거리이동대기오염물질피해방지 종합대책을 수립하여야 한다. 종합대책 중 대통령령으로 정하는 중요사항을 변경하려는 경우에도 또한 같다.

② 종합대책에는 다음의 사항이 포함되어야 한다.
- 장거리이동대기오염물질 발생현황 및 전망
- 종합대책 추진실적 및 그 평가
- 장거리이동대기오염물질피해방지를 위한 국내 대책
- 장거리이동대기오염물질발생 감소를 위한 국제협력
- 그 밖에 장거리이동대기오염물질피해방지를 위하여 필요한 사항

장거리이동대기오염물질대책위원회(법 제14조) : 장거리이동대기오염물질피해방지에 관한 다음 사항을 심의·조정하기 위하여 환경부에 장거리이동대기오염물질대책위원회를 둔다.

1. 종합대책의 수립과 변경에 관한 사항
2. 장거리이동대기오염물질피해방지와 관련된 분야별 정책에 관한 사항
3. 종합대책 추진상황과 민관 협력방안에 관한 사항
4. 그 밖에 장거리이동대기오염물질피해방지를 위하여 위원장이 필요하다고 인정하는 사항

장거리이동대기오염물질피해방지 등을 위한 국제협력(법 제15조) : 정부는 장거리이동대기오염물질로 인한 피해방지를 위하여 다음의 사항을 관련 국가와 협력하여 추진하도록 노력하여야 한다.

1. 국제회의·학술회의 등 각종 행사의 개최·지원 및 참가
2. 관련 국가 간 또는 국제기구와의 기술·인력 교류 및 협력
3. 장거리이동대기오염물질연구의 지원 및 연구결과의 보급
4. 국제사회에서의 장거리이동대기오염물질에 대한 교육·홍보 활동
5. 장거리이동대기오염물질로 인한 피해방지를 위한 재원의 조성
6. 동북아 대기오염감시체계 구축 및 환경협력보전사업
7. 그 밖에 국제협력을 위하여 필요한 사항

4 상시측정 · 측정망계획 · 대기오염경보 · 기타 대기질관리

(1) 상시측정 · 측정망계획

❇ **상시측정**(법 제3조)
① **환경부장관**은 전국적인 대기오염 및 기후·생태계 변화유발물질의 실태를 파악하기 위하여 환경부령으로 정하는 바에 따라 측정망을 설치[규칙 제11조]하고 대기오염도를 상시측정하여야 한다.
② **특별시장·광역시장·특별자치시장·도지사** 또는 **특별자치도지사**(시·도지사)는 해당 관할 구역 안의 대기오염실태를 파악하기 위하여 환경부령으로 정하는 바[규칙 제11조]에 따라 측정망을 설치하여 대기오염도를 상시측정하고, 그 측정결과를 **환경부장관에게** 보고하여야 한다.

■ **측정망의 종류 및 측정결과보고**(규칙 제11조)
① **수도권대기환경청장, 국립환경과학원장** 또는 **한국환경공단**이 설치하는 대기오염측정망의 종류는 다음과 같다.
  1. 대기오염물질의 지역배경농도를 측정하기 위한 교외대기측정망
  2. 대기오염물질의 국가배경농도와 장거리이동 현황을 파악하기 위한 국가배경농도측정망
  3. 도시지역 또는 산업단지 인근지역의 특정대기유해물질(중금속 제외)의 오염도를 측정하기 위한 유해대기물질측정망
  4. 도시지역의 휘발성 유기화합물 등의 농도를 측정하기 위한 광화학대기오염물질측정망
  5. 산성 대기오염물질의 건성 및 습성 침착량을 측정하기 위한 산성강하물측정망
  6. 기후·생태계 변화유발물질의 농도를 측정하기 위한 지구대기측정망
  7. 장거리이동대기오염물질의 성분을 집중 측정하기 위한 대기오염집중측정망
  8. 초미세먼지(PM-2.5)의 성분 및 농도를 측정하기 위한 미세먼지성분측정망
② 특별시장·광역시장·특별자치시장·도지사 또는 특별자치도지사(시·도지사)가 설치하는 대기오염측정망의 종류는 다음과 같다.
  1. 도시지역의 대기오염물질 농도를 측정하기 위한 도시대기측정망
  2. 도로변의 대기오염물질 농도를 측정하기 위한 도로변대기측정망
  3. 대기 중의 중금속 농도를 측정하기 위한 대기중금속측정망
③ 시·도지사는 상시 측정한 대기오염도를 측정망을 통하여 국립환경과학원장에게 전송하고, 연도별로 이를 취합·분석·평가하여 그 결과를 다음 해 1월말까지 국립환경과학원장에게 제출하여야 한다.

❇ **환경위성 관측망의 구축·운영**(법 제3조2)
① 환경부장관은 대기환경 및 기후·생태계 변화유발물질의 감시와 기후변화에 따른 환경영향을 파악하기 위하여 환경위성 관측망을 구축·운영하고, 관측된 정보를 수집·활용할 수 있다.

② 관측망 구축·운영 및 정보의 수집·활용에 필요한 사항은 대통령령[시행령 제1조3]으로 정한다.

■ **환경위성 관측망의 구축·운영**(시행령 제1조3) : 환경부장관은 환경위성 관측망의 효율적인 구축·운영 및 정보의 수집·활용을 위하여 다음의 업무를 수행할 수 있다.
1. 환경위성의 개발
2. 환경위성 지상국의 구축·운영
3. 환경위성 관측자료의 수집·생산, 분석 및 배포
4. 환경위성 관측자료의 정확도 향상을 위한 자료검증 및 개선사업
5. 환경위성 관측망의 구축·운영 및 정보의 수집·활용을 위한 연구개발
6. 관련 기관 또는 단체와의 협력
7. 그 밖에 필요한 사항

⚛ **측정망설치계획의 결정**(법 제4조)
① 환경부장관은 측정망의 위치와 구역 등을 구체적으로 밝힌 측정망설치계획을 결정하여 환경부령으로 정하는 바에 따라 고시[규칙 제12조]하고 그 도면을 누구든지 열람할 수 있게 하여야 한다. 이를 변경한 경우에도 또한 같다.
② 시·도지사가 측정망을 설치하는 경우에는 ①항을 준용한다.
③ 국가는 ②항에 따라 시·도지사가 결정·고시한 측정망설치계획이 목표기간에 달성될 수 있도록 필요한 재정적·기술적 지원을 할 수 있다.

⚛ **토지 등의 수용 및 사용**(법 제5조) : 환경부장관 또는 시·도지사는 고시된 측정망설치계획에 따라 측정망설치에 필요한 토지·건축물 또는 그 토지에 정착된 물건을 수용하거나 사용할 수 있다.

■ **측정망설치계획의 고시**(규칙 제12조) : 유역환경청장, 지방환경청장, 수도권대기환경청장 및 시·도지사는 다음의 사항이 포함된 측정망설치계획을 결정하고 최초로 측정소를 설치하는 날부터 **3개월 이전**에 고시하여야 한다.
1. 측정망설치시기
2. 측정망배치도
3. 측정소를 설치할 토지 또는 건축물의 위치 및 면적

(2) 대기오염물질에 대한 심사·평가, 대기오염도 예측·발표

⚛ **대기오염물질에 대한 심사·평가**(법 제7조)
① 환경부장관은 대기 중 물질의 위해성을 다음 기준에 따라 심사·평가할 수 있다.
1. 독성
2. 생태계에 미치는 영향
3. 배출량
4. 환경기준에 대비한 오염도

② 심사·평가의 구체적인 방법과 절차는 환경부령[규칙 제12조2]으로 정한다.

▌**대기오염물질 심사·평가의 방법과 절차**(규칙 제12조2) : 환경부장관은 매년 기존에 지정된 대기오염물질 중 일부와 신규로 지정하려는 물질의 위해성을 대기오염물질 심사·평가위원회의 심의를 거쳐 심사·평가한다.

❈ **대기오염도 예측·발표**(법 제7조2)
  ① 환경부장관은 대기오염이 국민의 건강·재산이나 동식물의 생육 및 산업활동에 미치는 영향을 최소화하기 위하여 대기예측 모형 등을 활용하여 대기오염도를 예측하고 그 결과를 발표하여야 한다.
  ② 대기오염도 예측·발표의 대상 지역, 대상오염물질, 예측·발표의 기준 및 내용 등 대기오염도의 예측·발표에 필요한 사항은 대통령령[시행령 제1조4]으로 정한다.

▌**대기오염도 예측·발표 대상**(시행령 제1조4)
  ① **대기오염도 예측·발표의 대상 지역**은 다음 사항을 **고려**하여 환경부장관이 정하여 고시한다.
    1. 대기오염의 정도
    2. 인구
    3. 지형 및 기상 특성
  ② **대기오염도 예측·발표의 대상 오염물질**은 환경기준이 설정된 오염물질 중 다음의 오염물질로 한다.
    1. 미세먼지(PM-10)
    2. 초미세먼지(PM-2.5)
    3. 오존(O_3)
  ③ 대기오염도 예측·발표의 기준과 내용은 오염의 정도 및 오염물질의 인체 위해정도 등을 고려하여 환경부장관이 정하여 고시한다.

❈ **국가 대기질통합관리센터의 지정·위임**(법 제7조3)
  ① **환경부장관**은 대기오염도를 과학적으로 예측·발표하고 대기질 통합관리 및 대기환경개선정책을 체계적으로 추진하기 위하여 **통합관리센터를 운영**할 수 있으며, 국공립연구기관 등 **대통령령으로 정하는 전문기관**[시행령 제1조5]을 통합관리센터로 지정·위임할 수 있다.
  ② **통합관리센터**는 다음의 **업무**를 수행한다.
    1. 대기오염예보 및 대기 중 유해물질 정보의 제공
    2. 대기오염 관련자료의 수집 및 분석·평가
    3. 대기환경개선을 위한 정책수립의 지원
    4. 그 밖에 대기질통합관리를 위하여 대통령령으로 정하는 업무
  ③ 통합관리센터의 지정 및 지정취소의 기준, 기간, 절차 등에 필요한 사항은 대통령령으로 정한다.

▌**국가 대기질통합관리센터의 지정 대상기관**(시행령 제1조5) : 국공립연구기관 등 대통령령으로 정하는 전문기관이란 다음의 기관으로서 대기환경 분야에 전문성 있는 기관을 말한다.
  1. 국공립연구기관
  2. 정부출연연구기관

(3) 대기오염 경보 및 기후ㆍ생태계 변화유발물질 배출 억제

❈ **대기오염에 대한 경보**(법 제8조)
  ① **시ㆍ도지사**는 대기오염도가 대기환경기준을 초과하여 주민의 건강ㆍ재산이나 동식물의 생육에 심각한 위해를 끼칠 우려가 있다고 인정되면 그 지역에 **대기오염경보를 발령**할 수 있다. 대기오염경보의 발령 사유가 없어진 경우 시ㆍ도지사는 대기오염경보를 즉시 해제하여야 한다.
  ② **시ㆍ도지사**는 대기오염경보가 발령된 지역의 대기오염을 긴급하게 줄일 필요가 있다고 인정하면 기간을 정하여 그 지역에서 자동차의 운행을 제한하거나 사업장의 조업단축을 명하거나, 그 밖에 필요한 조치를 할 수 있다.
  ③ 자동차의 운행제한이나 사업장의 조업단축 등을 명령받은 자는 정당한 사유가 없으면 따라야 한다.
  ④ 대기오염경보의 대상지역, 대상오염물질, 발령기준, 경보단계 및 경보단계별 조치 등에 필요한 사항은 **대통령령**[시행령 제2조]으로 정한다.
  ▶ 벌칙 : ③항에 따른 명령을 정당한 사유없이 위반한 자 ⇨ **300만 원 이하의 벌금**

▌**대기오염경보의 대상지역**(시행령 제2조)
  ① 대기오염경보의 대상지역은 특별시장ㆍ광역시장ㆍ특별자치시장ㆍ도지사 또는 특별자치도지사(시ㆍ도지사)가 필요하다고 인정하여 지정하는 지역으로 한다.
  ② **대기오염경보의 대상오염물질**은 환경기준이 설정된 오염물질 중 다음의 오염물질로 한다.
    1. **미세먼지**(PM-10)
    2. **초미세먼지**(PM-2.5)
    3. **오존**(O_3)
  ③ **대기오염경보 단계**는 대기오염경보 대상오염물질의 농도에 따라 다음과 같이 구분하되, 대기오염경보 단계별 오염물질의 농도기준은 환경부령[규칙 제14조]으로 정한다.
    1. 미세먼지(PM-10) : 주의보, 경보
    2. 초미세먼지(PM-2.5) : 주의보, 경보
    3. 오존(O_3) : 주의보, 경보, 중대경보
  ④ **경보단계별 조치**에는 다음의 구분에 따른 사항이 포함되도록 하여야 한다. 다만, 지역의 대기오염 발생 특성 등을 고려하여 특별시ㆍ광역시ㆍ특별자치시ㆍ도ㆍ특별자치도의 조례로 경보단계별 조치사항을 일부 조정할 수 있다.

1. **주의보 발령** : 주민의 실외활동 및 자동차 사용의 자제요청 등
2. **경보 발령** : 주민의 실외활동 제한요청, 자동차 사용의 제한 및 사업장의 연료사용량 감축 권고 등
3. **중대경보 발령** : 주민의 실외활동 금지요청, 자동차의 통행금지 및 사업장의 조업시간 단축명령 등

▌대기오염경보 단계별 대기오염물질의 농도기준(규칙 제14조) [별표 7]

물 질	단계	발령기준	해제기준
미세먼지 (PM-10)	주의보	대기자동 측정소 PM-10 **시간당** 평균농도가 150$\mu g/m^3$ 이상 **2시간 이상** 지속인 때	PM-10 시간당 평균농도가 100$\mu g/m^3$ 미만인 때
	경보	대기자동 측정소 PM-10 **시간당** 평균농도가 300$\mu g/m^3$ 이상 **2시간 이상** 지속인 때	PM-10 시간당 평균농도가 150$\mu g/m^3$ 미만인 때는 주의보로 전환
초미세먼지 (PM-2.5)	주의보	대기자동 측정소 PM-2.5 **시간당** 평균농도가 75$\mu g/m^3$ 이상 **2시간 이상** 지속인 때	PM-2.5 시간당 평균농도가 35$\mu g/m^3$ 미만인 때
	경보	PM-2.5 **시간당** 평균농도가 150$\mu g/m^3$ 이상 **2시간 이상** 지속인 때	PM-2.5 시간당 평균농도가 75$\mu g/m^3$ 미만인 때는 주의보로 전환
오존	주의보	대기자동 측정소 오존농도가 0.12ppm 이상인 때	오존농도가 0.12ppm 미만인 때
	경보	대기자동 측정소 오존농도가 0.3ppm 이상인 때	오존농도가 0.12ppm 이상 0.3ppm 미만인 때는 주의보로 전환
	중대경보	대기자동 측정소 오존농도가 0.5ppm 이상인 때	오존농도가 0.3ppm 이상 0.5ppm 미만인 때는 경보로 전환

[비고]
1. 해당 지역의 대기자동 측정소 PM-10 또는 PM-2.5의 권역별 평균농도가 경보단계별 발령기준을 초과하면 해당 경보를 발령할 수 있다.
2. **오존농도는 1시간당 평균농도**를 기준으로 하며, 해당 지역의 대기자동 측정소 오존 농도가 1개소라도 경보단계별 발령기준을 초과하면 해당 경보를 발령할 수 있다.

❂ 기후 · 생태계 변화유발물질 배출억제(법 제9조)

① 정부는 기후 · 생태계 변화유발물질의 배출을 줄이기 위하여 국가 간에 환경정보와 기술을 교류하는 등 국제적인 노력에 적극 참여하여야 한다.
② 환경부장관은 기후 · 생태계 변화유발물질의 배출을 줄이기 위하여 다음의 사업을 추진하여야 한다.
   1. 기후 · 생태계 변화유발물질 배출저감을 위한 연구 및 변화유발물질의 회수 · 재사용 · 대체물질 개발에 관한 사업
   2. 기후 · 생태계 변화유발물질 배출에 관한 조사 및 관련 통계의 구축에 관한 사업
   3. 기후 · 생태계 변화유발물질 배출저감 및 탄소시장 활용에 관한 사업
   4. 기후변화 관련 대국민 인식확산 및 실천지원에 관한 사업
   5. 기후변화 관련 전문인력 육성 및 지원에 관한 사업

✺ 국가 기후변화 적응센터 지정 및 평가(법 제9조2)

① **환경부장관**은 저탄소 녹색성장기본법에 따른 국가 기후변화 적응대책의 수립·시행을 위하여 **국가 기후변화 적응센터를 지정**할 수 있다.
② 국가 기후변화 적응센터는 국가 기후변화 적응대책 추진을 위한 조사·연구 등 기후변화 적응 관련 사업으로서 대통령령으로 정하는 사업[시행령 제2조2]을 수행한다.
③ 환경부장관은 국가 기후변화 적응센터에 대하여 수행실적 등을 평가[시행령 제2조3]할 수 있다.
④ 환경부장관은 국가 기후변화 적응센터에 대하여 예산의 범위에서 대통령령으로 정하는 사업[시행령 제2조2]을 수행하는 데 필요한 비용의 전부 또는 일부를 지원할 수 있다.

✺ 대기순환 장애의 방지(법 제10조)
관계 중앙행정기관의 장, 지방자치단체의 장 및 사업자는 각종 개발계획을 수립·이행할 때에는 계획지역 및 주변지역의 지형, 풍향·풍속, 건축물의 배치·간격 및 바람의 통로 등을 고려하여 대기오염물질의 순환에 장애가 발생하지 아니하도록 하여야 한다.

▎국가 기후변화 적응센터의 지정·운영(시행령 제2조2)

① 환경부장관은 다음의 기관 또는 단체를 국가 기후변화 적응센터로 지정하여 운영하게 할 수 있다. 이 경우 **지정기간은 3년**으로 한다.
  1. 국공립 연구기관
  2. 정부출연 연구기관
  3. 한국환경공단
  4. 환경부장관의 허가를 받아 설립된 법인
  5. 그 밖에 환경부령으로 정하는 기관 또는 단체
② **대통령령으로 정하는 사업**이란 다음의 사업을 말한다.
  1. 국가 기후변화 적응대책 추진을 위한 조사·연구
  2. 기후변화 적응대책 지원 및 협력을 위한 사업
  3. 기후변화 적응 관련 교육·홍보사업
  4. 기후변화 적응을 위한 국제교류
  5. 위의 사업과 관련하여 국가, 지방자치단체 또는 공공기관으로부터 위탁받은 사업
  6. 그 밖에 환경부장관이 인정하는 기후변화 적응 관련 사업

▎국가 기후변화 적응센터의 평가(시행령 제2조3)

① 환경부장관은 평가를 하는 경우 다음의 구분에 따른다.
  1. **정기평가** : 매년 국가 기후변화 적응센터의 전년도 사업실적 등을 평가
  2. **종합평가** : 3년마다 국가 기후변화 적응센터의 운영 전반을 평가
② 환경부장관은 국가 기후변화 적응센터를 평가하기 위하여 필요하다고 인정하는 경우에는 관계 전문가로 구성된 국가 기후변화 적응센터 평가단을 구성·운영할 수 있다.
③ 평가단의 구성·운영에 필요한 사항은 환경부령으로 정한다.

 엄선 예상문제

01 환경정책기본법에서 "일정한 지역에서 환경오염 또는 환경훼손에 대하여 환경이 스스로 수용, 정화 및 복원하여 환경의 질을 유지할 수 있는 한계"를 의미하는 것은?
① 환경기준 ② 환경한계
③ 환경용량 ④ 환경표준

02 다음은 환경정책기본법상 용어의 정의이다. ( ) 안에 알맞은 것은?

> (　　)이라 함은 환경오염 및 환경훼손으로부터 환경을 보호하고 오염되거나 훼손된 환경을 개선함과 동시에 쾌적한 환경의 상태를 유지·조성하기 위한 행위를 말한다.

① 환경복원 ② 환경보전
③ 환경개선 ④ 환경정화

03 대기환경보전법상 온실가스가 아닌 것은?
① 육불화황 ② 이산화탄소
③ 이산화질소 ④ 수소불화탄소

04 대기환경보전법상 "대기오염물질"의 정의로서 가장 적합한 것은?
① 대기오염의 원인이 되는 가스·입자상 물질로서 환경부령으로 정하는 것
② 연소 시에 발생하는 유리탄소를 주로 하는 미세한 입자상 물질로서 환경부령이 정하는 것
③ 물질의 연소·합성·분해 시에 발생하는 고체상·액체상의 물질로서 환경부령이 정하는 것
④ 연소 시에 발생하는 유리탄소가 응결하여 입자의 지름이 1미크론 이상이 되는 물질로서 환경부령이 정하는 것

05 대기오염물질로 규정되어 있지 않은 항목은?
① 이산화탄소 ② 일산화탄소
③ 사염화탄소 ④ 이황화탄소

> **해설**

01 환경용량이란 일정한 지역에서 환경오염 또는 환경훼손에 대하여 환경이 스스로 수용, 정화 및 복원하여 환경의 질을 유지할 수 있는 한계를 말한다.
02 환경보전이란 환경오염 및 환경훼손으로부터 환경을 보호하고 오염되거나 훼손된 환경을 개선함과 동시에 쾌적한 환경상태를 유지·조성하기 위한 행위를 말한다.
03 온실가스란 적외선 복사열을 흡수하거나 다시 방출하여 온실효과를 유발하는 대기 중의 가스상 태 물질로서 이산화탄소, 메탄, 아산화질소, 수소불화탄소, 과불화탄소, 육불화황을 말한다.
04 오염물질이란 대기 중에 존재하는 물질 중 규정에 따른 심사·평가 결과 대기오염의 원인으로 인정된 가스·입자상 물질로서 환경부령으로 정하는 것을 말한다.
05 이산화탄소는 대기오염물질에 포함되지 않는다. 현재 대기오염물질로 규정되어 있는 항목은 일산화탄소, 암모니아 등 가스상 물질과 입자상 물질, 석면 등 총 64종이다.

정답 | 1.③ 2.② 3.③ 4.① 5.①

06 대기환경보전법상 규정된 "가스"의 용어정의로 적합한 것은?

① 연료가 연소·합성·증발될 때에 발생하거나 화학적 성질로 인하여 발생하는 기체상 물질
② 물질이 연소·합성·증발될 때에 발생하거나 물리적 성질로 인하여 발생하는 기체상 물질
③ 물질이 연소·합성·증발될 때에 발생하거나 화학적 성질로 인하여 발생하는 기체상 물질
④ 연료가 연소·합성·증발될 때에 발생하거나 물리적 성질로 인하여 발생하는 기체상 물질

07 대기환경보전법상 기후·생태계 변화유발 물질로만 나열된 것은?

① 메탄, 이산화질소
② 과불화탄소, 육불화황
③ 이산화탄소, 일산화탄소
④ 수소불화탄소, 아황산가스

08 대기환경보전법상 기후·생태계 변화유발 물질 중 "환경부령으로 정하는 것"에 해당하는 것은?

① 불화염화수소와 불화수소화탄소
② 불화염화수소와 불화염소화수소
③ 염화불화산소와 수소염화불화산소
④ 염화불화탄소와 수소염화불화탄소

09 대기환경보전법상 용어의 뜻으로 옳지 않은 것은?

① "검댕"이란 연소할 때에 생기는 유리탄소가 주가 되는 미세한 입자상 물질로 지름이 10미크론 이상이 되는 입자상 물질을 말한다.
② "휘발성 유기화합물"이란 탄화수소류 중 석유화학제품, 유기용제, 그 밖의 물질로서 환경부장관이 관계 중앙행정기관의 장과 협의하여 고시하는 것을 말한다.
③ "배출가스 저감장치"란 자동차에서 배출되는 대기오염물질을 줄이기 위하여 자동차에 부착 또는 교체하는 장치로서 환경부령으로 정하는 저감효율에 적합한 장치를 말한다.
④ "온실가스"란 적외선 복사열을 흡수하거나 다시 방출하여 온실효과를 유발하는 대기 중의 가스상태 물질로서 이산화탄소, 메탄, 아산화질소, 수소불화탄소, 과불화탄소, 육불화황을 말한다.

10 대기환경보전법상 석회로시설 및 가열시설의 대기오염물질 배출시설 기준으로 옳은 것은?

① 연료사용량이 시간당 25kg 이상
② 연료사용량이 시간당 30kg 이상
③ 연료사용량이 시간당 50kg 이상
④ 연료사용량이 시간당 100kg 이상

> 해설

06 가스란 물질이 연소·합성·분해될 때에 발생하거나 물리적 성질로 인하여 발생하는 기체상 물질을 말한다.
07 기후·생태계 변화유발물질이란 지구온난화 등으로 생태계의 변화를 가져올 수 있는 기체상 물질(氣體狀物質)로서 온실가스와 환경부령으로 정하는 것을 말한다. 온실가스란 적외선 복사열을 흡수하거나 다시 방출하여 온실효과를 유발하는 대기 중의 가스상태 물질로서 이산화탄소, 메탄, 아산화질소, 수소불화탄소, 과불화탄소, 육불화황을 말한다.
08 환경부령으로 정하는 것이란 염화불화탄소와 수소염화불화탄소를 말한다.
09 검댕이라 함은 연소 시에 발생하는 유리탄소가 응결하여 지름이 $1\mu m$ 이상이 되는 입자상 물질을 말한다.
10 석회로시설, 가열시설로서 연료사용량이 30kg/hr 이상인 시설이 대기오염배출시설에 해당한다.

정답 | 6.② 7.② 8.④ 9.① 10.②

11 대기환경보전법상 용어의 뜻으로 틀린 것은?

① "검댕"이란 유리탄소가 응결하여 입자의 지름이 1미크론 이상이 되는 입자상 물질을 말한다.
② "온실가스"란 자외선 복사열을 흡수하거나 다시 방출하여 온실효과를 유발하는 대기 중의 가스상태 물질을 말한다.
③ "저공해엔진"이란 자동차에서 배출되는 대기오염물질을 줄이기 위한 엔진으로서 환경부령으로 정하는 배출허용기준에 맞는 엔진을 말한다.
④ "휘발성 유기화합물"이란 탄화수소류 중 석유화학제품, 유기용제, 그 밖의 물질로서 환경부장관이 관계 중앙행정기관의 장과 협의하여 고시하는 것을 말한다.

12 대기환경보전법상 특정대기유해물질이 아닌 것은?

① 질소산화물 ② 이황화메틸
③ 아크릴로니트릴 ④ 염소 및 염화수소

13 대기환경보전법규상 특정대기유해물질이 아닌 것은?

① 황화메틸 ② 베릴륨
③ 에틸벤젠 ④ 벤지딘

14 대기보전법상 용어의 뜻으로 옳지 않은 것은?

① "먼지"란 대기 중에 떠다니거나 흩날려 내려오는 입자상 물질을 말한다.
② "매연"이란 연소할 때에 생기는 유리탄소가 주가 되는 미세한 입자상 물질을 말한다.
③ "가스"란 물질이 연소·합성·분해될 때 발생하거나 물리적 성질로 인하여 발생하는 기체상 물질을 말한다.
④ "휘발성 유기화합물"이란 탄화산소류 중 석유화학제품 유기용제 그 밖의 물질로서 중앙행정기관의 장이 환경부장관과 협의하여 고시하는 것을 말한다.

15 다음 (　) 안에 알맞은 것은?

(　　)(이)란 연소할 때 생기는 유리탄소가 응결하여 입자의 지름이 1미크론 이상이 되는 입자상 물질을 말한다.

① 검댕 ② 안개
③ 스모그 ④ 먼지

16 대기환경보전법상 특정대기유해물질에 해당되지 않는 것은?

① 바나듐 ② 베릴륨
③ 이황화메틸 ④ 1,3-부타디엔

> **해설**

11 온실가스란 적외선 복사열을 흡수하거나 다시 방출하여 온실효과를 유발하는 대기 중의 가스상태 물질로서 이산화탄소, 메탄, 아산화질소, 수소불화탄소, 과불화탄소, 육불화황을 말한다.

12 특정대기유해물질에 속하지 않는 것을 고르는 유형의 문제에서 정답으로 잘 나오는 것은 → 브롬, 구리, 망간, 붕소, 셀렌, 아크롤레인, 황화수소, 인화합물, 탄화수소 등과 같은 일반 대기오염물질을 지문항목에 섞어두는 경우가 많다.

13 황화메틸은 특정유해물질이 아닌 일반 대기오염물질이다. 참고로 이황화메틸은 특정대기유해물질이다.

14 휘발성 유기화합물이란 탄화수소류 중 석유화학제품, 유기용제, 그 밖의 물질로서 환경부장관이 관계 중앙행정기관의 장과 협의하여 고시하는 것을 말한다.

15 먼지란 대기 중에 떠다니거나 흩날려 내려오는 입자상 물질을 말한다. 연소할 때에 생기는 유리탄소가 응결하여 입자의 지름이 1미크론 이상이 되는 입자상 물질을 검댕이라 한다.

16 특정대기유해물질은 베릴륨, 이황화메틸. 1,3-부타디엔, 히드라진 등 현재 35종이다.

정답 ┃ 11.② 12.① 13.① 14.④ 15.① 16.①

17 대기환경보전법에서 사용되는 용어의 정의로 틀린 것은?

① "매연"이란 연소할 때에 생기는 유리탄소가 주가 되는 미세한 입자상 물질을 말한다.
② "먼지"란 연소할 때에 생기는 유리(遊離)탄소가 응결하여 입자의 지름이 1미크론 이상 되는 입자상 물질을 말한다.
③ "대기오염물질배출시설"이라 함은 대기오염물질을 대기에 배출하는 시설물·기계·기구 기타 물체로서 환경부령으로 정하는 것을 말한다.
④ "휘발성 유기화합물"이라 함은 탄화수소류 중 석유화학제품, 유기용제 그 밖의 물질로서 환경부장관이 관계 중앙행정기관의 장과 협의하여 고시하는 것을 말한다.

18 대기환경보전법상 특정대기유해물질로만 짝지어진 것은?

① 석면, 붕소화합물
② 망간화합물, 시안화수소
③ 크롬화합물, 인 및 그 화합물
④ 히드라진, 카드뮴 및 그 화합물

19 대기환경보전법에서 사용하는 용어의 뜻으로 옳지 않은 것은?

① "매연"이란 연소할 때에 생기는 유리탄소가 주가 되는 미세한 입자상 물질을 말한다.
② "저공해엔진"이란 자동차에서 배출되는 대기오염물질을 줄이기 위한 엔진으로서 환경부령으로 정하는 배출허용기준에 맞는 엔진을 말한다.
③ "첨가제"란 자동차의 성능을 향상시키거나 배출가스를 줄이기 위하여 자동차의 연료에 첨가하는 탄소, 수소만으로 구성된 화학물질을 말한다.
④ "휘발성 유기화합물"이란 탄화수소류 중 석유화학제품, 유기용제, 그 밖의 물질로서 환경부장관이 관계 중앙행정기관의 장과 협의하여 고시하는 것을 말한다.

20 대기환경보전법상 특정대기유해물질이 아닌 것은?

① 니켈
② 망간
③ 다이옥신
④ 이황화메틸

> **해설**

17 먼지란 대기 중에 떠다니거나 흩날려 내려오는 입자상 물질을 말한다. 유리(遊離)탄소가 응결하여 입자의 지름이 1미크론 이상 되는 입자상 물질은 검댕이라 한다.

18 대기환경보전법상 특정대기유해물질은 석면, 수은, 카드뮴, 크롬, 납, 니켈, 비소, 베릴륨, 다환방향족탄화수소류, 다이옥신, 불소화합물, 염소 및 염화수소, 시안화수소, 포름알데히드, 아세트알데히드, 페놀, 벤젠, 에틸벤젠, 벤지딘, 사염화탄소, 클로로포름, 디클로로메탄, 트리클로로에틸렌, 테트라클로로에틸렌, 1,2-디클로로에탄, 염화비닐, 스틸렌, 아닐린, 아크릴로니트릴, 이황화메틸, 에틸렌옥사이드, 폴리염화비페닐, 프로필렌 옥사이드, 1,3-부타디엔, 히드라진으로 현재 35종이다.

19 첨가제란 자동차의 성능을 향상시키거나 배출가스를 줄이기 위하여 자동차의 연료에 첨가하는 탄소와 수소만으로 구성된 물질을 제외한 화학물질을 말한다.

20 특정대기유해물질은 석면, 수은, 카드뮴, 크롬, 납, 니켈, 비소를 비롯하여 불소화합물, 염소 및 염화수소, 다이옥신, 이황화메틸 등 현재 35종이다.

정답 ∥ 17.② 18.④ 19.③ 20.②

21 대기환경보전법상 특정대기유해물질에 해당하지 않는 것은?

① 브롬
② 벤지딘
③ 클로로포름
④ 포름알데히드

22 대기환경보전법상 용어의 뜻으로 옳지 않은 것은?

① "검댕"이란 유리(遊離) 탄소가 응결하여 입자의 지름이 1미크론 이상이 되는 입자상 물질을 말한다.
② "저공해엔진"이란 자동차에서 배출되는 대기오염물질을 줄이기 위한 엔진(엔진 개조에 사용하는 부품은 제외한다)을 말한다.
③ "공회전제한장치"란 자동차에서 배출되는 대기오염물질을 줄이고 연료를 절약하기 위하여 자동차에 부착하는 장치로서 환경부령으로 정하는 기준에 적합한 장치를 말한다.
④ "특정대기유해물질"이란 유해성대기감시물질 중 규정에 따른 심사·평가 결과 저농도에서도 장기적인 섭취나 노출에 의하여 사람의 건강이나 동식물의 생육에 직접 또는 간접으로 위해를 끼칠 수 있어 대기배출에 대한 관리가 필요하다고 인정된 물질로서 환경부령으로 정하는 것을 말한다.

23 대기환경보전법에서 사용하는 용어의 뜻으로 옳지 않은 것은?

① "검댕"이란 유리탄소가 응결하여 입자의 지름이 1미크론 이상이 되는 입자상 물질을 말한다.
② "촉매제"란 연료절감을 위해 엔진구동부에 사용되는 화학물질로서 부피비율 1% 미만의 비율로 첨가하는 물질을 말한다.
③ "저공해엔진"이란 자동차에서 배출되는 대기오염물질을 줄이기 위한 엔진으로서 환경부령으로 정하는 배출허용기준에 맞는 엔진을 말한다.
④ "온실가스"란 적외선 복사열을 흡수하거나 다시 방출하여 온실효과를 유발하는 대기 중의 가스상태 물질로서 이산화탄소, 메탄, 아산화질소, 수소불화탄소, 과불화탄소, 육불화황을 말한다.

24 대기오염경보가 발령된 지역에서 자동차 운행제한이나 사업장 조업단축의 명령을 위반한 자에 대한 벌칙기준은?

① 300만 원 이하의 벌금
② 500만 원 이하의 벌금
③ 1년 이하의 징역이나 1천만 원 이하의 벌금
④ 1년 이하의 징역이나 500만 원 이하의 벌금

> **해설**

21 특정대기유해물질은 석면, 수은, 카드뮴, 크롬을 비롯하여 불소화물, 염소 및 염화수소, 벤지딘, 클로로포름, 포름알데히드 등 현재 35종이다.

22 저공해엔진이란 자동차에서 배출되는 대기오염물질을 줄이기 위한 엔진(엔진 개조에 사용하는 부품을 포함한다)으로서 환경부령으로 정하는 배출허용기준에 맞는 엔진을 말한다.

23 촉매제란 배출가스를 줄이는 효과를 높이기 위하여 배출가스 저감장치에 사용되는 화학물질로서 환경부령으로 정하는 것(=경유를 연료로 사용하는 자동차에서 배출되는 질소산화물을 저감하기 위하여 사용되는 화학물질)을 말한다. 자동차의 연료에 부피기준(액체첨가제의 경우만 해당) 또는 무게기준(고체첨가제의 경우만 해당)으로 1퍼센트 미만의 비율로 첨가하는 물질은 첨가제이다.

24 대기오염경보가 발령된 지역에서 자동차 운행제한이나 사업장 조업단축의 명령을 위반한 자는 300만 원 이하의 벌금에 처하게 된다.

정답 | 21.① 22.② 23.② 24.①

25 대기환경보전법상 금속의 용융·제련 또는 열처리시설 중 대기오염물질 배출시설기준에 해당하지 않는 것은?

① 노상면적이 4.5m² 이상인 반사로
② 풍구(노복)면의 횡단면적이 0.2m² 이상인 제선로
③ 1회 주입연료 및 원료량의 합계가 0.5톤 이상인 제선로
④ 1회 주입원료량이 0.2톤 이상이거나 연료사용량이 시간당 25킬로그램 이상인 도가니로

26 대기환경보전법상 특정대기유해물질에 해당하지 않는 것은?

① 시안화수소   ② 염소 및 염화수소
③ 셀렌 및 탄화수소 ④ 베릴륨 및 그 화합물

27 대기환경보전법상 대기오염방지시설과 가장 거리가 먼 것은?

① 응축시설   ② 직접연소시설
③ 음파집진시설   ④ 중화에 의한 시설

28 대기환경보전법상 대기오염방지시설과 가장 거리가 먼 것은?

① 부상시설   ② 음파집진시설
③ 직접연소시설   ④ 응축에 의한 시설

29 대기환경보전법상 대기오염배출시설로부터 배출되는 오염물질을 배출허용기준 이하로 배출하기 위하여 설치하는 대기오염방지시설로 가장 적합한 것은?(단, 방지시설에는 오염물질을 포집 및 이송을 위한 부대 기계·기구류 포함)

① 증류시설   ② 포기시설
③ 농축시설   ④ 촉매반응시설

30 대기환경보전법규상 대기오염방지시설과 가장 거리가 먼 것은?

① 이온교환시설
② 응축에 의한 시설
③ 산화·환원에 의한 시설
④ 미생물을 이용한 처리시설

31 대기환경보전법상 제1차 금속제조시설 중 금속의 용융·제련 또는 열처리시설에서의 대기오염물질 배출시설기준으로 옳지 않은 것은?

① 용적이 1m³ 이상인 정련로
② 노상면적이 3.5m² 이상인 반사로
③ 풍구(노복)면의 횡단면적이 0.2m² 이상인 제선로
④ 1회 주입연료 및 원료량의 합계가 0.5톤 이상인 용선로

> **해설**

25 1회 주입원료량이 0.5톤 이상이거나 연료사용량이 시간당 30킬로그램 이상인 도가니로가 대기오염물질 배출시설에 해당한다.

26 특정대기유해물질은 시안화수소, 염소 및 염화수소, 베릴륨 및 그 화합물, 석면, 수은, 카드뮴, 크롬 등 현재 35종이다.

27 이러한 유형의 문제에서 통상 정답으로 잘 나오는 것은 → 중화, 살균, 포기시설, 부상시설, 증류시설, 간접연소시설, 응집, 이온교환 등 수질오염방지시설을 항목에 섞어두는 경우가 많다.

28 부상시설은 대기오염방지시설이 아니다. 수질오염방지시설에 속한다.

29 대기오염방지시설은 입자상 물질 처리시설(중력집진시설, 관성력집진시설, 원심력집진시설, 세정집진시설, 여과집진시설, 전기집진시설, 음파집진시설), 가스상 물질 처리시설(흡수에 의한 시설, 흡착에 의한 시설, 직접연소에 의한 시설, 촉매반응을 이용하는 시설, 응축에 의한 시설, 산화·환원에 의한 시설, 미생물을 이용한 처리시설, 연소조절에 의한 시설), 기타 위의 시설과 같은 방지효율 또는 그 이상의 방지효율을 가진 시설로서 환경부장관이 인정하는 시설이다.

30 이온교환시설은 대기오염방지시설이 아니다. 수질오염방지시설에 속한다.

31 노상면적이 4.5m² 이상인 반사로(反射爐)가 대기오염물질 배출시설에 해당된다.

정답 | 25.④ 26.③ 27.④ 28.① 29.④ 30.① 31.②

32 대기환경보전법상 제1차 금속제조시설 중 금속의 용융·용해 또는 열처리시설에서의 대기오염물질 배출시설기준으로 옳지 않은 것은?

① 노상면적이 4.5제곱미터 이상인 반사로
② 시간당 100kW 이상인 전기아크로(유도로 포함)
③ 1회 주입연료 및 원료량의 합계가 0.5톤 이상인 제선로
④ 1회 주입원료량이 0.5톤 이상이거나 연료 사용량이 시간당 30kg 이상인 도가니로

33 대기환경보전법상 대기오염방지시설과 거리가 먼 것은?

① 흡수에 의한 시설
② 응축에 의한 시설
③ 전기투석에 의한 시설
④ 미생물을 이용한 처리시설

34 대기환경보전법상 대기오염물질 배출시설 중 폐수·폐기물 소각시설기준은 시간당 소각능력이 얼마 이상인가?

① 5kg 이상
② 10kg 이상
③ 20kg 이상
④ 25kg 이상

35 대기환경보전법상 대기오염물질 배출시설 기준이다. ( ) 안에 알맞은 것은?

배출시설	대상배출시설
폐수·폐기물 폐가스 소각시설 (소각보일러 포함)	• 시간당 처리능력이 (Ⓐ)세 제곱미터 이상인 폐수·폐기물 증발시설 및 농축시설 • 용적이 (Ⓑ)세제곱미터 이상인 폐수·폐기물 건조시설 및 정제시설

① Ⓐ 0.3, Ⓑ 0.5
② Ⓐ 0.3, Ⓑ 0.15
③ Ⓐ 0.15, Ⓑ 0.3
④ Ⓐ 0.5, Ⓑ 0.15

> **해설**
>
> **32** 시간당 300kW 이상인 전기아크로(유도로 포함)가 금속의 용융·용해 또는 열처리시설에서의 대기오염물질 배출시설에 해당한다. 시행규칙 [별표 3] 참조
>
> **33** 전기투석, 이온교환시설은 수질오염방지시설에 해당한다. 대기환경보전법상 대기오염방지시설은 입자상 물질 처리시설(중력집진시설, 관성력집진시설, 원심력집진시설, 세정집진시설, 여과집진시설, 전기집진시설, 음파집진시설), 가스상 물질 처리시설(흡수에 의한 시설, 흡착에 의한 시설, 직접연소에 의한 시설, 촉매반응을 이용하는 시설, 응축에 의한 시설, 산화·환원에 의한 시설, 미생물을 이용한 처리시설, 연소조절에 의한 시설), 기타 위의 시설과 같은 방지효율 또는 그 이상의 방지효율을 가진 시설로서 환경부장관이 인정하는 시설이다.
>
> **34** 폐수·폐기물 소각시설로서 소각능력이 25kg/hr 이상인 시설이 대기오염물질 배출시설에 해당한다.
>
> **35** 폐수·폐기물 처리시설로서 시간당 처리능력이 0.5세제곱미터 이상인 폐수·폐기물 증발시설 및 농축시설, 용적이 0.15세제곱미터 이상인 폐수·폐기물 건조시설 및 정제시설이 대기오염물질 배출시설에 적용된다.

정답 | 32.② 33.③ 34.④ 35.④ 36.④

36 대기오염물질 배출시설 중 공통시설 기준으로 틀린 것은?

① 용적 50세제곱미터 이상인 유·무기산 저장시설
② 동력 20마력 이상인 분쇄시설(다만, 습식 및 이동식은 제외)
③ 포장능력이 시간당 100킬로그램 이상인 고체 입자상 물질 포장시설
④ 소각시설 중 연료사용량이 시간당 25킬로그램 이상인 생활폐기물 고형연료제품(RDF) 전용시설

37 대기환경보전법상 환경부장관은 대기오염물질과 온실가스를 줄여 대기환경을 개선하기 위하여 대기환경개선 종합계획을 몇 년마다 수립·시행하는가?

① 1년마다   ② 3년마다
③ 5년마다   ④ 10년마다

38 환경부장관이 대기환경개선 종합계획을 수립할 때 포함되어야 하는 사항으로 가장 거리가 먼 것은?

① 황사발생 감소를 위한 국제협력
② 대기오염물질의 배출현황 및 전망
③ 기후변화로 인한 영향평가와 적응대책
④ 대기 중 온실가스의 농도변화 현황 및 전망

39 대기환경보전법상 환경부장관은 대기오염물질과 온실가스를 줄여 대기환경을 개선하기 위하여 대기환경개선 종합계획을 수립하여야 한다. 이 종합계획에 포함되어야 할 사항으로 거리가 먼 것은?(단, 그 밖의 사항 등은 고려하지 않음)

① 온실가스 배출량 명세서
② 대기오염물질의 배출현황 및 전망
③ 기후변화로 인한 영향평가와 적응대책
④ 기후변화 관련 국제조화와 협력에 관한 사항

40 시·도지사가 설치하는 대기오염 측정망의 종류에 해당하지 않는 것은?

① 대기 중의 중금속 농도를 측정하기 위한 대기중금속 측정망
② 도시지역의 대기오염물질 농도를 측정하기 위한 도시대기 측정망
③ 도로변의 대기오염물질 농도를 측정하기 위한 도로변대기 측정망
④ 도시지역의 휘발성 유기화합물 등의 농도를 측정하기 위한 광화학 대기오염물질 측정망

> **해설**

36 고형연료·기타연료 제품 제조·사용시설 및 관련시설은 고형(固形)연료제품 제조시설로서 일반 고형연료제품(SRF) 제조시설 및 바이오 고형연료제품 제조시설 중 연료사용량이 시간당 30킬로그램 이상이거나 용적이 3세제곱미터 이상이거나 동력이 2.25kW 이상인 선별시설, 건조·가열시설, 파쇄·분쇄시설, 압축·성형시설이 대기오염물질 배출시설에 해당한다.

37 환경부장관은 대기오염물질과 온실가스를 줄여 대기환경을 개선하기 위하여 대기환경개선 종합계획을 10년마다 수립하여 시행하여야 한다.

38 대기환경개선 종합계획은 대기오염물질과 온실가스를 줄여 대기환경을 개선하기 위한 계획이므로 황사발생 감소를 위한 국제협력은 포함되지 않는다.

39 대기환경개선 종합계획은 대기오염물질과 온실가스를 줄여 대기환경을 개선하기 위한 계획이므로 이에 포함되는 사항은 대기오염물질의 배출현황 및 전망, 대기 중 온실가스의 농도변화 현황 및 전망, 목표 설정과 달성을 위한 분야별·단계별 대책 등이 포함된다. 그러므로 계획항목에 온실가스 배출량 명세서는 포함되지 않는다.

40 도시지역의 휘발성유기화합물 등의 농도를 측정하기 위한 광화학 대기오염물질 측정망은 수도권대기환경청장, 국립환경과학원장 또는 한국환경공단이 설치하는 대기오염 측정망이다.

정답 ┃ 36.④   37.④   38.①   39.①   40.④

41 수도권대기환경청장, 국립환경과학원장 또는 한국환경공단이 설치하는 대기오염 측정망에 해당하지 않는 것은?

① 지역배경농도를 측정하기 위한 교외대기 측정망
② 대기 중의 중금속 농도를 측정하기 위한 대기중금속 측정망
③ 기후·생태계변화 유발물질의 농도를 측정하기 위한 지구대기 측정망
④ 도시지역의 휘발성 유기화합물 등의 농도를 측정하기 위한 광화학 대기오염물질 측정망

42 관할 구역의 상시 대기오염을 측정하기 위해 시·도지사가 설치하는 측정망이 아닌 것은?

① 교외 대기측정망
② 도시 대기측정망
③ 도로변 대기측정망
④ 대기 중금속측정망

43 대기측정망 설치계획을 고시할 때 포함할 사항이 아닌 것은?

① 측정망 배치도
② 측정망 설치시기
③ 측정대상 및 기준
④ 측정소 설치 건축물의 위치 및 면적

44 특별시장·광역시장·도지사 또는 특별자치도지사가 설치하는 대기오염 측정망의 종류에 해당하지 않는 것은?

① 대기 중의 중금속 농도를 측정하기 위한 대기중금속 측정망
② 도시지역의 대기오염물질 농도를 측정하기 위한 대기 측정망
③ 도로변의 대기오염물질 농도를 측정하기 위한 도로변대기 측정망
④ 도시지역 또는 산업단지 인근지역의 특정 대기유해물질(중금속을 제외한다)의 오염도를 측정하기 위한 유해대기물질 측정망

45 대기환경보전법상 수도권대기환경청장, 국립환경과학원장 또는 한국환경공단이 설치하는 대기오염 측정망의 종류에 해당하지 않는 것은?

① 대기 중의 중금속 농도를 측정하기 위한 대기중금속 측정망
② 대기오염물질의 지역배경농도를 측정하기 위한 교외대기 측정망
③ 대기오염물질의 국가배경농도와 장거리이동 현황을 파악하기 위한 국가배경농도 측정망
④ 도시지역의 휘발성 유기화합물 등의 농도를 측정하기 위한 광화학 대기오염물질 측정망

> **해설**

41 대기 중의 중금속 농도를 측정하기 위한 대기중금속 측정망은 특별시장·광역시장·특별자치시장·도지사, 특별자치도지사가 설치하는 대기오염 측정망이다. 수도권대기환경청장, 국립환경과학원장 또는 한국환경공단이 설치하는 도시지역 또는 산업단지 인근지역의 대기오염 측정망은 특정대기유해물질(중금속 제외)의 오염도를 측정하기 위한 유해대기물질측정망이다.

42 시·도지사가 설치하는 측정망은 도시지역, 도로변, 대기 중의 중금속 농도를 측정하기 위한 측정망에 국한된다. 대기오염물질의 지역배경농도를 측정하기 위한 교외 대기측정망은 수도권대기환경청장, 국립환경과학원장 또는 한국환경공단이 설치하는 대기오염 측정망이다.

43 유역환경청장, 지방환경청장, 수도권대기환경청장 및 시·도지사는 측정소를 설치하는 날부터 3개월 이전에 측정망 설치시기, 측정망 배치도, 측정소를 설치할 토지 또는 건축물의 위치 및 면적을 고시하여야 한다.

44 도시지역 또는 산업단지 인근지역의 특정대기유해물질(중금속 제외)의 오염도를 측정하기 위한 유해대기물질 측정망은 수도권대기환경청장, 국립환경과학원장 또는 한국환경공단이 설치하는 대기오염 측정망이다.

45 대기 중의 중금속 농도를 측정하기 위한 대기중금속측정망은 시·도지사가 설치하는 대기오염 측정망이다.

정답 | 41.② 42.① 43.③ 44.④ 45.①

46 대기환경보전법상 수도권대기환경청장, 국립환경과학원장 또는 한국환경공단이 설치하는 대기오염 측정망의 종류에 해당하지 않는 것은?

① 도시의 시정장애의 정도를 파악하기 위한 시정거리 측정망
② 기후·생태계변화 유발물질의 농도를 측정하기 위한 지구대기 측정망
③ 산성 대기오염물질의 건성 및 습성 침착량을 측정하기 위한 산성강하물 측정망
④ 도시지역 또는 산업단지 인근지역의 특정 대기유해물질을 측정하기 위한 유해대기물질 측정망

47 다음 중 시·도지사가 설치하는 대기오염 측정망 종류에 해당하는 것은?

① 대기 중의 중금속 농도를 측정하기 위한 대기중금속 측정망
② 대기오염물질의 지역배경농도를 측정하기 위한 교외대기 측정망
③ 산성 대기오염물질의 건성 및 습성 침착량을 측정하기 위한 산성강하물 측정망
④ 도시지역의 휘발성 유기화합물 등의 농도를 측정하기 위한 광화학 대기오염물질 측정망

48 특정 지역이 대기자동 측정소 오존농도가 0.3ppm 이상일 때, 대기오염 발령경보 단계기준으로 옳은 것은?

① 경보   ② 주의보
③ 중대경보 ④ 심각경보

49 대기환경보전법상 수도권대기환경청장, 국립환경과학원장 또는 한국환경공단이 설치하는 대기오염 측정망의 종류에 해당하지 않는 것은?

① 도로변의 대기오염물질 농도를 측정하기 위한 도로변대기 측정망
② 산성 대기오염물질의 건성 및 습성 침착량을 측정하기 위한 산성강하물 측정망
③ 황사 등 장거리이동 대기오염물질의 성분을 집중 측정하기 위한 대기오염집중 측정망
④ 도시지역 또는 산업단지 인근지역의 특정 대기유해물질(중금속을 제외)의 오염도를 측정하기 위한 유해대기물질 측정망

50 다음은 오존오염경보 단계별 해제기준이다. ( ) 안에 알맞은 것은?

> 중대경보가 발령된 지역의 기상조건 등을 검토하여 대기자동 측정소의 오존농도가 (Ⓐ) 피피엠 이상 (Ⓑ)피피엠 미만일 때는 경보로 전환한다.

① Ⓐ 0.3, Ⓑ 0.5   ② Ⓐ 0.5, Ⓑ 1.0
③ Ⓐ 1.0, Ⓑ 1.2   ④ Ⓐ 1.2, Ⓑ 1.5

51 대기오염경보 발령기준이 되는 오존농도의 측정기준 농도는?

① 1시간 평균농도   ② 1시간 최고농도
③ 8시간 평균농도   ④ 8시간 최고농도

▶ 해설

46 도시지역의 대기오염물질 농도를 측정하기 위한 도시대기 측정망은 시·도지사가 설치하는 대기오염 측정망이다.

47 대기 중의 중금속 농도를 측정하기 위한 대기중금속 측정망은 시·도지사가 설치하는 대기오염 측정망이다.

48 대기자동 측정소 오존농도가 0.3ppm 이상인 때, 오존경보를 발령한다.

49 도로변의 대기오염물질 농도를 측정하기 위한 도로변대기 측정망은 시·도지사가 설치하는 대기오염 측정망이다.

50 중대경보는 오존의 농도가 0.5ppm 이상일 때 발령하며, 중대경보가 발령된 지역의 기상조건 등을 검토하여 대기자동 측정소의 오존농도가 0.3ppm 이상 0.5ppm 미만일 때는 경보로 전환한다.

51 오존 농도는 1시간당 평균농도를 기준으로 하며, 해당 지역의 대기자동 측정소 오존농도가 1개 소라도 경보단계별 발령기준을 초과하면 해당 경보를 발령할 수 있다.

정답 | 46.① 47.① 48.① 49.① 50.① 51.①

52 오존경보 단계 중 "경보" 해제기준으로 ( ) 안에 알맞은 것은?

> 경보가 발령된 지역의 기상조건 등을 검토하여 대기자동 측정소의 오존농도가 ( ) 일 때에는 주의보로 전환한다.

① 0.10ppm 이상 0.3ppm 미만
② 0.12ppm 이상 0.3ppm 미만
③ 0.10ppm 이상 0.5ppm 미만
④ 0.12ppm 이상 0.5ppm 미만

53 오존오염경보 해제기준에서 ( ) 안에 알맞은 것은?

> 중대경보가 발령된 지역의 측정소 오존농도가 (Ⓐ)ppm 이상 (Ⓑ)ppm 미만일 때는 경보로 전환한다.

① Ⓐ 0.3, Ⓑ 0.5
② Ⓐ 0.5, Ⓑ 1.0
③ Ⓐ 1.0, Ⓑ 1.2
④ Ⓐ 1.2, Ⓑ 1.5

54 대기오염경보 단계별 조치사항으로 틀린 것은?

① 경보 : 자동차의 사용제한
② 주의보 : 주민의 실외활동 제한요청
③ 경보 : 사업장의 연료사용량 감축권고
④ 중대경보 : 사업장의 조업시간 단축명령

55 대기환경보전법상 대기오염경보 단계 중 "경보"가 발령되었을 때 조치사항으로 틀린 것은?

① 자동차 사용의 제한
② 주민의 실외활동 제한요청
③ 사업장의 조업시간 단축명령
④ 사업장의 연료사용량 감축권고

56 대기오염경보 단계 중 "중대경보 발령" 시 조치사항만으로 나열한 것은?

① 주민의 실외활동 및 자동차 사용의 자제요청
② 자동차 사용 제한, 사업장 연료사용량 감축권고
③ 주민의 실외활동 금지요청, 사업장의 조업시간 단축명령
④ 자동차 사용의 자제요청, 사업장의 연료사용량 감축권고

57 대기오염도가 환경기준을 초과하여 주민의 건강 등에 중대한 위해를 가져올 우려가 있다고 인정되는 때, 대기오염경보를 발령할 수 있는 주체는?

① 시 · 도지사
② 환경부장관
③ 국토교통부장관
④ 국립환경연구원장

> **해설**
>
> **52** 오존농도가 0.12ppm 이상 0.3ppm 미만인 때는 주의보로 전환한다.
>
> **53** 중대경보가 발령된 지역의 측정소 오존농도가 0.3ppm 이상 0.5ppm 미만인 때는 경보로 전환한다.
>
> **54** 주의보 발령 : 주민의 실외활동 및 자동차 사용의 자제요청 등을 한다. 주민의 실외활동 제한요청은 경보 발령 시 조치사항이다.
>
> **55** 경보 발령 시 주민의 실외활동 제한요청, 자동차 사용의 제한 및 사업장의 연료사용량 감축 권고 등의 조치를 취한다. 사업장의 조업시간 단축명령은 중대경보 발령 시 조치사항이다.
>
> **56** 중대경보 발령 시 주민의 실외활동 금지요청, 자동차의 통행금지 및 사업장의 조업시간 단축명령 등의 조치를 취한다.
>
> **57** 시 · 도지사는 대기오염도가 대기환경기준을 초과하여 주민의 건강 · 재산이나 동식물의 생육에 심각한 위해를 끼칠 우려가 있다고 인정되면 그 지역에 대기오염경보를 발령할 수 있다.

정답 ┃ 52.② 53.① 54.② 55.③ 56.③ 57.①

58 대기오염경보 단계별 조치사항에 포함된 사항으로 틀린 것은?

① 주의보 발령 : 자동차 사용제한 명령
② 중대경보 발령 : 주민의 실외활동 금지요청
③ 경보 발령 : 사업장의 연료사용량 감축권고
④ 중대경보 발령 : 사업장의 조업시간 단축명령

59 대기환경보전법령상 대기오염경보에 관한 사항으로 옳지 않은 것은?

① 자동차 사용의 자제요청은 "주의보 발령"시 조치사항에 해당한다.
② 지역의 특성에 따라 특별시·광역시 등의 조례로 경보 단계별 조치사항을 일부 조정할 수 있다.
③ 주민의 실외활동 제한요청, 자동차 사용의 제한 및 사업장의 연료사용량 감축권고 등은 "중대경보 발령"시에 해당되는 조치사항이다.
② 대기오염경보 단계는 대기오염경보 대상 오염물질의 농도에 따라 오존의 경우 주의보, 경보, 중대경보로 구분하되, 대기오염경보 단계별 오염물질의 농도기준은 환경부령으로 정한다.

60 대기환경보전법상 특정대기유해물질에 해당하지 않는 것은?

① 석면   ② 안티몬
③ 시안화수소   ④ 트리클로로에틸렌

61 오존 오염경보의 단계별 대기오염물질의 농도기준으로 옳은 것은?

① 주의보 : 오존농도가 1ppm 이상일 때
   경보 : 오존농도가 3ppm 이상일 때
   중대 경보 : 오존농도가 5ppm 이상일 때
② 주의보 : 오존농도가 0.1ppm 이상일 때
   경보 : 오존농도가 0.3ppm 이상일 때
   중대 경보 : 오존농도가 0.5ppm 이상일 때
③ 주의보 : 오존농도가 0.12ppm 이상일 때
   경보 : 오존농도가 0.3ppm 이상일 때
   중대 경보 : 오존농도가 0.5ppm 이상일 때
④ 주의보 : 오존농도가 1.2ppm 이상일 때
   경보 : 오존농도가 3ppm 이상일 때
   중대 경보 : 오존농도가 5ppm 이상일 때

62 오존 오염주의보의 발령기준으로 옳은 것은?

① 기상조건 등을 검토하여 해당 지역의 대기자동 측정소 오존농도가 1.5ppm 이상일 때
② 기상조건 등을 검토하여 해당 지역의 대기자동 측정소 오존농도가 1.2ppm 이상일 때
③ 기상조건 등을 검토하여 해당 지역의 대기자동 측정소 오존농도가 0.12ppm 이상일 때
④ 기상조건 등을 검토하여 해당 지역의 대기자동 측정소 오존농도가 0.5ppm 이상일 때

> 해설

58 주의보 발령 : 주민의 실외활동 및 자동차 사용의 자제요청 등
59 중대경보 발령 시 주민의 실외활동 금지요청, 자동차의 통행금지 및 사업장의 조업시간 단축명령 등의 조치를 취한다.
60 특정대기유해물질은 석면, 시안화수소, 트리클로로에틸렌, 테트라클로로에틸렌 등 현재 35종이다.
61 주의보 : 0.12ppm 이상, 경보 : 0.3ppm 이상, 중대 경보 : 0.5ppm 이상이다.
62 주의보는 대기자동 측정소 오존농도가 0.12ppm 이상인 때 발령된다.

정답 ┃ 58.① 59.③ 60.② 61.③ 62.③

63 대기오염경보의 발령 사유가 없어진 경우 시·도지사는 대기오염경보를 즉시 해제하여야 한다. 다음 ( ) 안에 들어갈 말로 알맞은 것은?

> 대기오염경보의 대상지역·대상오염물질·발령기준·경보단계 및 경보 단계별 조치사항 등에 관하여 필요한 사항은 ( )으로 정한다.

① 환경부령 ② 국무총리령
③ 대통령령 ④ 시·도지사령

64 대기환경보전법령상 국가 기후변화 적응센터의 평가에 관한 사항이다. ( ) 안에 알맞은 것은?

> 1. 정기평가 : 매년 국가 기후변화 적응센터의 전년도 사업실적 등을 평가
> 2. 종합평가 : ( ) 국가 기후변화 적응센터의 운영 전반을 평가

① 1년마다 ② 3년마다
③ 5년마다 ④ 2년마다

> **해설**
>
> **63** 대기오염경보의 대상지역, 대상오염물질, 발령기준, 경보단계 및 경보 단계별 조치 등에 필요한 사항은 대통령령으로 정한다.
> **64** 종합평가는 3년마다 국가 기후변화 적응센터의 운영 전반을 평가하게 된다.

정답 | 63.③ 64.②

Chapter 02 사업장 등의 대기오염물질 배출규제

출제기준	적용기간 : 2020.1.1~2024.12.31

Chapter 2. 사업장 등의 대기오염물질 배출규제

기사	산업기사
1. 총칙(목적·용어·환경기준·계획 등)	1. 총칙(목적·용어·환경기준·계획 등)
2. 사업장 오염물질 배출규제	2. 사업장 오염물질 배출규제
3. 생활환경상 오염물질 배출규제	3. 생활환경상 오염물질 배출규제
4. 자동차·선박 등 배출가스의 규제	4. 자동차·선박 등 배출가스의 규제
5. 보칙, 기타 대기환경관계법규	5. 보칙, 기타 대기환경관계법규

세부출제 기준항목

1 배출허용기준·총량규제

(1) 배출허용기준(법 제16조)

⊛ **일반 배출허용기준** : 대기오염물질 배출시설에서 나오는 대기오염물질의 <u>배출허용기준</u>은 <u>환경부령</u>으로 정한다. [규칙 제16조] 환경부장관이 배출허용기준을 정하는 경우에는 관계 중앙행정기관의 장과 협의하여야 한다.

▎**배출허용기준**(규칙 제16조) : 대기오염물질의 배출허용기준은 [별표 8]과 같다.

※ 기준항목이 워낙 많고, 복잡하여 **연습문제 중심**으로 핵심적·부분적·해결하도록 하겠습니다.!!!

⊛ **강화된 배출허용기준**
① **적용지역** : 특별시·광역시·특별자치시·도(인구 50만 이상 시는 제외)·특별자치도 (시·도) 또는 특별시·광역시 및 특별자치시를 제외한 인구 50만 이상 시(대도시)
② **대상** : 환경정책기본법에 따른 지역 환경기준의 유지가 곤란하다고 인정되거나 대기 관리권역의 대기질에 대한 개선을 위하여 필요하다고 인정되는 경우
③ **절차 및 내용** : 그 시·도 또는 대도시의 **조례**로 일반 <u>배출허용기준</u>보다 **강화된 배출허용기준**을 정할 수 있음 → 기준항목의 추가, 기준의 적용 시기 포함
④ 조례에 따른 배출허용기준이 적용되는 시·도 또는 대도시에 그 기준이 적용되지 아니하는 지역이 있으면 그 지역에 설치되었거나 설치되는 배출시설에도 조례에 따른 배출허용기준을 적용한다.

- **대기관리권역** : 다음의 지역을 포함하여 대통령령으로 정하는 지역을 말한다.
  - 대기오염이 심각하다고 인정되는 지역
  - 해당지역 배출 대기오염물질이 대기오염에 크게 영향을 미친다고 인정되는 지역

※ **엄격 배출허용기준** : 환경부장관은 **특별대책지역**의 대기오염방지를 위하여 필요하다고 인정하면 그 지역에 **설치된 배출시설**에 대해 일반 배출허용기준보다 **엄격한 배출허용기준**을 정할 수 있다.

※ **특별 배출허용기준** : 환경부장관은 특별대책지역에 **새로 설치되는 배출시설**에 대하여 특별배출허용기준을 정할 수 있다.

(2) 배출량 조사와 총량규제

※ **대기오염물질의 배출원 및 배출량 조사**(법 제17조)
① **환경부장관**은 전국의 대기오염물질 배출원(排出源) 및 배출량을 조사하여야 한다.
② 시·도지사 및 지방 환경관서의 장은 환경부령으로 정하는 바에 따라 관할 구역의 배출시설 등 대기오염물질의 배출원 및 배출량을 조사하여야 한다.
③ 대기오염물질의 배출원과 배출량의 조사방법, 조사절차, 배출량의 산정방법, 검증체계 구축 등에 필요한 사항은 환경부령으로 정한다.

※ **총량규제**(법 제22조) : **환경부장관**은 다음에 해당하는 구역의 경우 사업장에서 배출되는 오염물질을 총량으로 규제할 수 있다.
① 대상
  - 대기오염상태가 환경기준을 초과하여 주민의 건강·재산이나 동식물의 생육에 심각한 위해를 끼칠 우려가 있다고 인정하는 구역
  - 특별대책지역 중 사업장이 밀집되어 있는 구역
② **규제항목, 방법, 필요사항** : 환경부령[규칙 제24조]으로 정한다.

▎**총량규제구역의 지정**(규칙 24조) : 환경부장관은 사업장에서 배출되는 대기오염물질을 총량으로 규제하려는 경우에는 다음 사항을 고시하여야 한다.
  1. 총량규제구역
  2. 총량규제 대기오염물질
  3. 대기오염물질의 저감계획
  4. 그 밖에 총량규제구역의 대기관리를 위하여 필요한 사항

2 배출시설·방지시설 규제

(1) 배출시설의 설치허가 및 신고

⚛ **배출시설의 설치허가 및 신고**(법 제23조)

① 배출시설을 설치하려는 자는 대통령령으로 정하는 바[시행령 제11조]에 따라 **시·도지사의 허가**를 받거나 **시·도지사에게 신고**하여야 한다. 다만, 시·도가 설치하는 배출시설, 관할 시·도가 **다른 둘 이상**의 시·군·구가 **공동**으로 설치하는 배출시설에 대해서는 **환경부장관의 허가**를 받거나 **환경부장관에게 신고**하여야 한다.

② 배출시설의 설치허가를 받은 자가 허가받은 사항 중 대통령령으로 정하는 중요한 사항[시행령 제11조 제④항]을 변경하려면 **변경허가**를 받아야 하고, 그 밖의 사항을 변경하려면 **변경신고**를 하여야 한다.

③ 설치신고를 한 자가 신고한 사항을 변경하려면 환경부령으로 정하는 바[규칙 제27조]에 따라 **변경신고**를 하여야 한다.

④ 공동방지시설을 설치하거나 변경하려는 경우에는 환경부령으로 정하는 **서류[아래]를 제출**하여야 한다.
  1. 배출시설의 기능·공정·사용원료(부원료 포함) 및 연료의 특성에 관한 설명자료
  2. 배출시설에서 배출되는 대기오염물질이 항상 배출허용기준 이하로 배출된다는 것을 증명하는 객관적인 문헌이나 그 밖의 시험분석자료

⑥ **설치허가 또는 변경허가의 기준**은 다음과 같다.
  1. 배출시설에서 배출되는 오염물질을 배출허용기준 이하로 처리할 수 있을 것
  2. 다른 법률에 따른 배출시설 설치제한에 관한 규정을 위반하지 아니할 것

⑦ 다음의 경우는 대통령령으로 정하는 바[시행령 제12조]에 따라 **특정대기유해물질을 배출하는 배출시설의 설치 또는 특별대책지역에서의 배출시설 설치를 제한**할 수 있다.
  1. 환경부장관 또는 시·도지사는 배출시설로부터 나오는 특정대기유해물질이나 특별대책지역의 배출시설로부터 나오는 대기오염물질로 인하여 환경기준의 유지가 곤란할 때
  2. 주민의 건강·재산, 동식물의 생육에 심각한 위해를 끼칠 우려가 있다고 인정될 때

▶ **벌칙** : 허가나 변경허가를 받지 아니하거나 거짓으로 허가나 변경허가를 받아 배출시설을 설치 또는 변경하거나 그 배출시설을 이용하여 조업한 자 ⇨ **7년 이하의 징역 또는 1억 원 이하의 벌금**

▶ **벌칙** : 신고를 하지 아니하거나 거짓으로 신고를 하고 배출시설을 설치 또는 변경하거나 그 배출시설을 이용하여 조업한 자 ⇨ **5년 이하의 징역 또는 5천만 원 이하의 벌금**

▶ **벌칙** : ②항이나 ③항에 따른 변경신고를 하지 아니한 자 ⇨ **100만 원 이하의 과태료**

▌**배출시설의 설치허가 및 신고**(시행령 제11조)

① **설치허가를 받아야 하는 배출시설**은 다음과 같다.
  1. **특정대기유해물질**이 환경부령으로 정하는 **기준 이상**으로 발생되는 배출시설

2. **특별대책지역**에 **설치하는 배출시설**(다만, 특정대기유해물질이 기준 이상으로 배출되지 아니하는 배출시설로서 **제5종 사업장**에 설치하는 배출시설은 **제외**)

② ①항 외의 배출시설을 설치하려는 자는 **배출시설 설치신고**를 하여야 한다.

③ **첨부서류** : 배출시설 설치허가, 설치신고를 하려는 자는 다음 서류를 첨부하여 환경부장관 또는 시·도지사에게 제출해야 한다.

1. 원료(연료를 포함)의 사용량 및 제품 생산량과 오염물질 등의 배출량을 예측한 명세서
2. 배출시설 및 방지시설의 설치명세서
3. 방지시설의 일반도(一般圖)
4. 방지시설의 연간 유지관리 계획서
5. 사용연료의 성분 분석과 황산화물 배출농도 및 배출량 등을 예측한 명세서
6. 배출시설 설치허가증(변경허가를 신청하는 경우에만 해당)

▶ **벌칙** : 측정기기를 부착하지 않거나 측정기기를 가동하지 아니한 자
  ⇨ **1,000만 원 이하의 과태료**

▌**대통령령으로 정하는 중요한 사항**(시행령 제11조 제④항)
1. 설치허가 또는 변경허가를 받거나 변경신고를 한 배출시설 규모의 합계나 누계의 **100분의 50 이상 증설**(특정대기유해물질 배출시설의 경우에는 **100분의 30 이상**)
2. 설치허가 또는 변경허가를 받은 **배출시설의 용도 추가**

▌**대통령령으로 정하는 중요한 사항**(시행령 제11조 제④항) : 설치허가 대상 특정대기유해물질 배출시설의 적용기준은 다음과 같다.

- 0.1ppb(이황화메틸), 0.01ppm(아세트알데히드), 0.03ppm(1,3-부타디엔), 0.05ppm(불소화물, 시안화수소, 에틸렌옥사이드), 0.08ppm(포름알데히드), 0.1ppm(염화비닐, 벤젠, 사염화탄소, 클로로포름), 0.2ppm(페놀), 0.4ppm(염소 및 염화수소), 0.3ppm(트리클로로에틸렌), 0.45ppm(히드라진), 0.5ppm(디클로로메탄)
- 0.001ng/m^3(다이옥신), 1pg/m^3(폴리염화비페닐), 10ng/m^3(다환방향족탄화수소류), 0.0005mg/m^3(수은), 0.003ppm(비소), 0.01mg/m^3(카드뮴, 니켈), 0.05mg/m^3(납, 베릴륨), 0.1mg/m^3(크롬), 0.4mg/m^3(총 VOCs 등)
- 특정대기유해물질 **기준농도가 정해지지 않은 물질의 기준농도** : 0.00

▌**배출시설의 변경신고**(규칙 제27조) : 변경신고를 하여야 하는 경우는 다음과 같다.

1. 같은 배출구에 연결된 배출시설을 증설 또는 교체하거나 폐쇄하는 경우. 다만, 배출시설의 규모를 **10퍼센트 미만으로 증설** 또는 **교체**하거나 **폐쇄**하는 경우로 다음의 모두에 해당하는 경우에는 그러하지 아니하다. → 〈**변경 전에 신고**〉
   ▶ 배출시설의 증설·교체·폐쇄에 따라 변경되는 대기오염물질의 양이 방지시설의 처리용량 범위 내일 것
   ▶ 배출시설의 증설·교체로 다른 법령에 따른 설치제한을 받는 경우가 아닐 것
2. 허가받은 오염물질 외의 새로운 대기오염물질이 배출되는 경우 → 〈**30일 이내 신고**〉

3. 방지시설을 증설·교체하거나 폐쇄하는 경우 → 〈변경 전에 신고〉
4. 사업장의 명칭, 대표자를 변경하는 경우 → 〈변경 후 2개월 이내 신고〉
5. 사용하는 원료나 연료를 변경하는 경우 → 〈변경 전에 신고〉 다만, 새로운 대기오염물질을 배출하지 아니하고 배출량이 증가되지 아니하는 원료로 변경하는 경우 또는 종전의 연료보다 황함유량이 낮은 연료로 변경하는 경우는 제외
6. 배출시설 또는 방지시설을 임대하는 경우 → 〈30일 이내 신고〉
7. 설치허가증에 적힌 허가사항 및 일일조업시간을 변경하는 경우 → 〈변경 전에 신고〉

■ **배출시설 설치제한**(시행령 제12조) : 환경부장관 또는 시·도지사가 배출시설의 설치를 제한할 수 있는 경우는 다음과 같다.
1. 배출시설 설치 지점으로부터 **반경 1km** 안의 **상주인구**가 **2만 명 이상**인 지역으로서 **특정대기유해물질 중 한 가지** 종류의 물질을 **연간 10톤 이상 배출**하거나 **두 가지 이상**의 물질을 **연간 25톤 이상 배출**하는 시설을 설치하는 경우
2. 대기오염물질(**먼지·황산화물** 및 **질소산화물**만 해당)의 발생량 합계가 **연간 10톤 이상**인 배출시설을 특별대책지역(총량규제구역으로 지정된 특별대책지역은 제외)에 설치하는 경우

※ 배출시설의 사업장의 분류(법 제25조)
① 환경부장관은 배출시설의 효율적인 설치 및 관리를 위하여 그 배출시설에서 나오는 오염물질 발생량에 따라 사업장을 **1종부터 5종까지**로 분류하여야 한다.
② 사업장 분류기준은 대통령령[시행령 제13조][별표 1-3]으로 정한다.

■ **사업장 분류기준**(시행령 제13조)[별표 1-3]

종 별	오염물질발생량 구분
1종 사업장	대기오염물질 발생량의 합계가 **연간 80톤 이상**인 사업장
2종 사업장	대기오염물질 발생량의 합계가 **연간 20톤 이상 80톤 미만**인 사업장
3종 사업장	대기오염물질 발생량의 합계가 **연간 10톤 이상 20톤 미만**인 사업장
4종 사업장	대기오염물질 발생량의 합계가 **연간 2톤 이상 10톤 미만**인 사업장
5종 사업장	대기오염물질 발생량의 합계가 **연간 2톤 미만**인 사업장

[비고] 대기오염물질 발생량이란 방지시설을 통과하기 전의 먼지, 황산화물 및 질소산화물의 발생량을 환경부령으로 정하는 방법에 따라 산정한 양을 말한다.

■ **대기오염물질 발생량 산정방법 및 변경신고**(규칙 제42조)
① 대기오염물질 발생량은 예비용 시설을 제외한 사업장의 모든 배출시설별 대기오염물질 발생량을 더하여 산정하되, 배출시설별 대기오염물질 발생량의 산정방법은 다음과 같다.
  ■ **배출시설의 시간당 대기오염물질 발생량×일일조업시간×연간가동일수**
② 유역환경청장, 지방환경청장, 수도권대기환경청장 또는 시·도지사는 사업장에 대한 지도점검 결과 사업장의 대기오염물질 발생량이 변경되어 해당 사업장의 구분(제1종~제5종까지)을 변경해야 하는 경우는 사업자에게 그 사실을 통보해야 한다.
③ 통보를 받은 사업자는 통보일부터 **7일 이내**에 이에 따른 **변경신고**를 하여야 한다.

배출시설의 시간당 대기오염물질 발생량 산정방법-규칙[별표 10]

1. 대기오염물질 배출계수에 의한 방법
   - 시간당 대기오염물질 발생량=대기오염물질 배출계수×시간당 최대연료사용량

   ㉮ 연료별 대기오염물질 배출계수

연료명	먼 지			황산화물			질소산화물		
	난방	산업	발전	난방	산업	발전	난방	산업	발전
등유(황함량 0.001%)	0.05	0.05		17.0S			2.16	2.16	2.16
등유(황함량 0.1%)	0.24	0.24		17.0S			2.40	2.40	2.40
경유(황함량 0.1, 0.05%)	0.24	0.24		17.0S			2.40	2.40	2.40
B-A유	0.84	0.84		5.28			5.99	5.99	5.99
B-B유	1.20	1.20		14.3S			2.47	2.47	2.47
B-C유(황함량 0.3~4.0%)	1.1S+0.39	1.1S$^+$		14.3S			6.64	6.64	6.64
무연탄	5.0A	5.0A		19.5S			5.83	5.83	9.00
유연탄	5.0A	5.0A		19.0S			4.55	5.55	7.50
액화천연가스(LNG)	0.03	0.03		0.01			3.70	3.70	6.04
액화석유가스(LPG)	0.07	0.07		0.01			2.18	2.28	2.28

   ㉯ 환산계수 : 액화천연가스(1kg=1.238m^3), 액화석유가스(1kg=1.97L=0.529m^3)

2. **실측에 의한 방법** : 상기 방법으로 배출시설의 시간당 대기오염물질 발생량을 산정할 수 없는 경우에는 다음의 산정방법에 따라 산정한다.
   - 시간당 대기오염물질 발생량=방지시설 유입 전의 배출농도×가스유량

- 고체연료 환산계수(규칙 제5조-별표 3)

연 료	단 위	환산계수	연 료	단 위	환산계수
무연탄	kg	1.00	유연탄	kg	1.34
코크스	kg	1.32	갈탄	kg	0.90
이탄	kg	0.80	목탄	kg	1.42
목재	kg	0.70	유황	kg	0.46
중유(C)	L	2.00	중유(A, B)	L	1.86
원유	L	1.90	경유	L	1.92
등유	L	1.80	휘발유	L	1.68
나프타	L	1.80	엘피지	kg	2.40
액화천연가스	Sm^3	1.56	석탄타르	kg	1.88
메탄올	kg	1.08	에탄올	kg	1.44
벤젠	kg	2.02	톨루엔	kg	2.06
수소	Sm^3	0.62	메탄	Sm^3	1.86
에탄	Sm^3	3.36	아세틸렌	Sm^3	2.80
일산화탄소	Sm^3	0.62	석탄가스	Sm^3	0.80
발생로가스	Sm^3	0.2	수성가스	Sm^3	0.54
혼성가스	Sm^3	0.60	도시가스	Sm^3	1.42
전기	kW	0.17			

(2) 방지시설 설치, 설계·시공

❈ 방지시설의 설치(법 제26조)
① 배출시설을 설치하거나 변경할 때에는 그 배출시설로부터 나오는 오염물질이 배출허용기준 이하로 나오게 하기 위하여 대기오염방지시설을 설치하여야 한다. 다만, **대통령령으로 정하는 기준에 해당**[시행령 제14조]하는 경우에는 설치하지 아니할 수 있다.
② 위의 단서에 따라 방지시설을 설치하지 아니하고 배출시설을 설치·운영하는 자는 다음 어느 하나에 해당하는 경우에는 방지시설을 설치하여야 한다.
　1. 배출시설의 **공정**을 변경하거나 사용하는 **원료**나 **연료** 등을 **변경**하여 **배출허용기준을 초과할 우려**가 있는 경우
　2. 그 밖에 배출허용기준의 준수 가능성을 고려하여 **환경부령으로 정하는 경우**[규칙 제29조]
③ 환경부장관은 연소조절에 의한 시설 설치를 지원할 수 있으며, 업무의 효율적 추진을 위하여 연소조절에 의한 시설의 설치지원 업무를 관계 전문기관에 위탁할 수 있다.

▶ **벌칙** : 방지시설을 설치하지 아니하고 배출시설을 설치·운영한 자
　⇨ 7년 이하의 징역 또는 1억 원 이하의 벌금

▎**방지시설의 설치면제기준**(시행령 제14조) : 대통령령으로 정하는 기준에 해당하는 경우란 다음의 어느 하나에 해당하는 경우를 말한다.
　1. 배출시설의 기능이나 공정에서 오염물질이 **항상 배출허용기준 이하**로 배출되는 경우
　2. 그 밖에 방지시설의 설치 **외의 방법으로 오염물질의 적정처리**가 가능한 경우

▎**방지시설을 설치하여야 하는 경우**(규칙 제29조) : 환경부령으로 정하는 경우란 다음의 어느 하나에 해당하는 사유로 배출허용기준을 초과할 우려가 있는 경우를 말한다.
　1. 배출허용기준의 강화
　2. 부대설비의 교체·개선
　3. 배출시설의 설치허가·변경허가 또는 설치신고나 변경신고 이후 배출시설에서 새로운 대기오염물질의 배출

❈ 방지시설의 설계와 시공(법 제28조)
ㅁ 방지시설의 설치나 변경은 환경전문공사업자가 설계·시공하여야 한다.
ㅁ 다만, 환경부령으로 정하는 방지시설[규칙 제30조]을 설치하는 경우 및 환경부령으로 정하는 바에 따라 사업자 스스로 방지시설을 설계·시공하는 경우[규칙 제31조]에는 그렇지 않다.

▎**환경부령으로 정하는 방지시설을 설치하는 경우**(규칙 제30조) : 환경부령으로 정하는 방지시설을 설치하는 경우란 방지시설의 공정을 변경하지 아니하는 경우로서 다음의 어느 하나에 해당하는 경우를 말한다.
　1. 방지시설에 딸린 기계류나 기구류를 신설하거나 대체 또는 개선하는 경우

2. 허가를 받거나 신고한 시설의 용량이나 용적의 **100분의 30을 넘지 아니하는 범위**에서 증설하거나 대체 또는 개선하는 경우. 다만, 2회 이상 증설하거나 대체하여 증설하거나 대체 또는 개선한 부분이 최초로 허가를 받거나 신고한 시설의 용량이나 용적보다 100분의 30을 넘는 경우에는 방지시설업자가 설계·시공을 하여야 한다.
3. 연소조절에 의한 시설을 설치하는 경우

■ **자가방지시설의 설계·시공**(규칙 제31조) : 스스로 방지시설을 설계·시공하려는 경우에는 다음의 서류를 유역환경청장, 지방환경청장, 수도권대기환경청장 또는 시·도지사에게 제출해야 한다.
1. 배출시설의 설치명세서
2. 공정도
3. 원료(연료 포함) 사용량, 제품 생산량 및 대기오염물질 등의 배출량을 예측한 명세서
4. 방지시설의 설치명세서와 그 도면
5. 기술능력 현황을 적은 서류

공동방지시설의 설치(법 제29조)

① 산업단지나 그 밖에 사업장이 밀집된 지역의 사업자는 배출시설로부터 나오는 오염물질의 공동처리를 위하여 공동방지시설을 설치할 수 있다. 이 경우 각 사업자는 사업장별로 그 오염물질에 대한 방지시설을 설치한 것으로 본다.
② 사업자는 공동방지시설을 설치·운영할 때에는 그 시설의 운영기구를 설치하고 대표자를 두어야 한다.
③ 공동방지시설의 배출허용기준은 일반 배출허용기준과 다른 기준을 정할 수 있으며, 그 배출허용기준 및 공동방지시설의 설치·운영에 필요한 사항은 환경부령[규칙 제32조]으로 정한다.

■ **공동방지시설의 설치·변경**(규칙 제32조)
① 공동방지시설을 **설치·운영**하려는 경우에는 공동방지시설 운영기구의 대표자가 다음의 서류를 유역환경청장, 지방환경청장, 수도권대기환경청장 또는 시·도지사에게 제출해야 한다.
1. 공동방지시설의 위치도(**축척 2만 5천분의 1**의 지형도)
2. 공동방지시설의 설치명세서 및 그 도면
3. 사업장별 배출시설의 설치명세서 및 대기오염물질 등의 배출량 예측서
4. 사업장별 원료사용량과 제품생산량을 적은 서류와 공정도
5. 사업장에서 공동방지시설에 이르는 연결관의 설치도면 및 명세서
6. 공동방지시설의 운영에 관한 규약
② 사업자 또는 공동방지시설 운영기구의 대표자는 **공동방지시설의 설치내용 중** 다음 사항을 **변경**하려는 경우에는 그 변경내용을 증명하는 서류를 유역환경청장, 지방환경청장, 수도권대기환경청장 또는 시·도지사에게 제출해야 한다.

1. 공동방지시설의 종류 또는 규모
2. 공동방지시설의 위치
3. 공동방지시설의 대기오염물질 처리능력 및 처리방법
4. 각 사업장에서 공동방지시설에 이르는 연결관
5. 공동방지시설의 운영에 관한 규약

(3) 방지시설 가동·운영, 측정기기 부착·운영

※ **배출시설 등의 가동개시 신고(법 제30조)**
① 사업자는 배출시설이나 방지시설의 설치를 완료하거나 배출시설의 변경(변경신고를 하고 변경을 하는 경우에는 대통령령으로 정하는 규모 이상의 변경[시행령 제15조]만 해당)을 완료하여 그 배출시설이나 방지시설을 가동하려면 환경부령으로 정하는 바에 따라[규칙 제34조] 미리 환경부장관 또는 시·도지사에게 가동개시 신고를 하여야 한다.
② 신고한 배출시설이나 방지시설 중에서 발전소의 질소산화물 감소 시설 등 대통령령으로 정하는 시설[시행령 제16조]인 경우에는 환경부령으로 정하는 기간(＝신고한 배출시설 및 방지시설의 가동개시일부터 **30일까지의 기간**)에는 규정을 적용하지 아니한다.

▶ **벌칙** : 배출시설이나 방지시설을 가동신고 하지 아니하고 조업한 자
⇨ **1년 이하의 징역 또는 1천만 원 이하의 벌금**

▎**변경신고에 따른 가동개시 신고의 대상규모**(시행령 제15조) : 대통령령으로 정하는 규모 이상의 변경이란 설치허가 또는 변경허가를 받거나 설치신고 또는 변경신고를 한 배출구별 배출시설 규모의 합계보다 **100분의 20 이상 증설**하는 배출시설의 변경을 말한다.

▎**배출시설의 가동개시 신고**(규칙 제34조) : 사업자가 가동개시 신고를 하려는 경우에는 가동개시 신고서에 배출시설 설치허가증 또는 배출시설 설치신고 증명서를 첨부하여 유역환경청장, 지방환경청장, 수도권대기환경청장 또는 시·도지사에게 제출(정보통신망에 의한 제출을 포함)해야 한다.

▎**시운전을 할 수 있는 시설**(시행령 제16조) : 대통령령으로 정하는 시설이란 다음의 배출시설을 말한다.
- 황산화물 제거시설을 설치한 배출시설
- 질소산화물 제거시설을 설치한 배출시설
- 그 밖에 방지시설을 설치하거나 보수한 후 상당한 기간 시운전이 필요하다고 환경부장관이 인정하여 고시하는 배출시설

※ **배출시설과 방지시설의 운영(법 제31조)**
① 사업자는 배출시설과 방지시설을 운영할 때에는 **다음의 행위를 하여서는 안 된다.**
1. 배출시설을 가동할 때에 방지시설을 가동하지 아니하거나 오염도를 낮추기 위하여 배출시설에서 나오는 오염물질에 공기를 섞어 배출하는 행위 → 다만, **화재나 폭발** 등의 **사고를 예방**할 필요가 있어 환경부장관 또는 시·도지사가 **인정하는 경**

우에는 그러하지 아니하다.
2. 방지시설을 거치지 아니하고 오염물질을 배출할 수 있는 공기조절장치나 가지 배출관 등을 설치하는 행위 ➡ 다만, **화재나 폭발** 등의 **사고를 예방**할 필요가 있어 환경부장관 또는 시·도지사가 **인정**하는 경우에는 그러하지 아니하다.
3. 부식(腐蝕)이나 마모(磨耗)로 인하여 오염물질이 새나가는 배출시설이나 방지시설을 정당한 사유없이 방치하는 행위
4. 방지시설에 딸린 기계와 기구류의 고장이나 훼손을 정당한 사유없이 방치하는 행위
5. 그 밖에 배출시설이나 방지시설을 정당한 사유없이 정상적으로 가동하지 아니하여 배출허용기준을 초과한 오염물질을 배출하는 행위

② 사업자는 조업을 할 때에는 **환경부령**[규칙 제36조]으로 정하는 바에 따라 그 배출시설과 방지시설의 운영에 관한 상황을 사실대로 기록하여 보존[규칙 제36조]하여야 한다.

▶ 벌칙 : ①항 1호와 5호의 행위를 한 자 ⇨ **7년 이하의 징역 또는 1억 원 이하의 벌금**
▶ 벌칙 : ①항 2호의 방지시설을 거치지 아니하고 오염물질을 배출할 수 있는 공기조절장치나 가지 배출관 등을 설치하는 행위를 한 자
⇨ **5년 이하의 징역 또는 5천만 원 이하의 벌금**
▶ 벌칙 : 배출시설 등의 운영상황을 기록·보존하지 아니하거나 거짓으로 기록한 자
⇨ **300만 원 이하의 과태료**
▶ 벌칙 : ①항 3호, 4호 행위를 한 자 ⇨ **200만 원 이하의 과태료**

▎배출시설 및 방지시설의 운영기록 보존(규칙 제36조)

① **1종·2종·3종 사업장**을 설치·운영하는 사업자는 배출시설 및 방지시설의 운영기간 중 다음의 사항을 국립환경과학원장이 정하여 고시하는 전산에 의한 방법으로 기록·보존하여야 한다. 다만, 굴뚝자동측정기기를 부착하여 모든 배출구에 대한 측정결과를 관제센터로 자동전송하는 사업장의 경우에는 해당 자료의 자동전송으로 이를 갈음할 수 있다.
1. 시설의 가동시간
2. 대기오염물질 배출량
3. 자가측정에 관한 사항
4. 시설관리 및 운영자
5. 그 밖에 시설운영에 관한 중요사항

② **4종·5종 사업장**을 설치·운영하는 사업자는 배출시설 및 방지시설의 운영기간 중 다음의 사항을 배출시설 및 방지시설의 운영기록부에 매일 기록하고 최종 기재한 날부터 **1년간 보존**하여야 한다. 다만, 사업자가 원하는 경우는 국립환경과학원장이 정하여 고시하는 전산에 의한 방법으로 기록·보존할 수 있다.
1. 시설의 가동시간
2. 대기오염물질 배출량
3. 자가측정에 관한 사항

4. 시설관리 및 운영자
5. 그 밖에 시설운영에 관한 중요사항

❀ 측정기기의 부착(법 제32조)

① 사업자는 배출시설에서 나오는 오염물질이 배출허용기준에 맞는지를 확인하기 위하여 <u>측정기기를 부착하는 등의 조치</u>를 하여 배출시설과 방지시설이 적정하게 운영되도록 하여야 한다. 다만, 사업자가 중소기업인 경우는 환경부장관 또는 시·도지사가 사업자의 동의를 받아 측정기기를 부착·운영하는 등의 조치를 할 수 있다.
② 조치의 유형과 기준 등에 관하여 필요한 사항은 <u>대통령령[시행령 제17조]</u>으로 정한다.
③ 사업자는 부착된 측정기기에 대하여 다음의 행위를 하여서는 아니 된다.
   1. 배출시설이 가동될 때에 측정기기를 고의로 작동하지 아니하거나 정상적인 측정이 이루어지지 아니하도록 하는 행위
   2. 부식, 마모, 고장 또는 훼손되어 정상적으로 작동하지 아니하는 측정기기를 정당한 사유없이 방치하는 행위
   3. 측정기기를 고의로 훼손하는 행위
   4. 측정기기를 조작하여 측정결과를 빠뜨리거나 거짓으로 측정결과를 작성하는 행위
④ 측정기기를 부착한 환경부장관, 시·도지사 및 사업자는 그 측정기기로 측정한 결과의 신뢰도와 정확도를 지속적으로 유지할 수 있도록 <u>환경부령으로 정하는 측정기기의 운영·관리기준[규칙 제37조][별표 9]</u>를 지켜야 한다.
⑤ 환경부장관 또는 시·도지사는 측정기기의 운영·관리기준을 지키지 아니하는 사업자에게 <u>대통령령으로 정하는 바[시행령 제18조]</u>에 따라 기간을 정하여 측정기기가 기준에 맞게 운영·관리되도록 필요한 조치를 취할 것을 명할 수 있다.
⑥ 환경부장관 또는 시·도지사는 조치명령을 받은 자가 이를 이행하지 아니하면 해당 배출시설의 전부 또는 일부에 대하여 조업정지를 명할 수 있다.
⑦ 측정기기를 부착한 자는 측정기기 관리대행업의 등록을 한 자(측정기기 관리대행업자)에게 측정기기의 관리업무를 대행하게 할 수 있다.

▶ **벌칙** : 측정기기의 부착 등의 조치를 하지 아니한 자
  ⇨ **5년 이하의 징역 또는 5천만 원 이하의 벌금**
▶ **벌칙** : ③항의 1호, 3호, 4호의 행위를 한 자
  ⇨ **5년 이하의 징역 또는 5천만 원 이하의 벌금**
▶ **벌칙** : ⑥항의 조업정지 명령을 위반한 자
  ⇨ **1년 이하의 징역 또는 1천만 원 이하의 벌금**
▶ **벌칙** : ⑤항의 조치명령을 이행하지 아니한 자 ⇨ **300만 원 이하의 벌금**
▶ **벌칙** : ②항 2호의 행위를 한 자 ⇨ **200만 원 이하의 과태료**

▎측정기기의 부착대상 사업장 및 종류(시행령 제17조)

① 배출시설을 운영하는 사업자는 오염물질배출량과 배출허용기준의 준수 여부 및 방지시설의 적정 가동 여부를 확인할 수 있는 다음 측정기기를 부착하여야 한다.

1. 적산전력계(積算電力計)
2. 굴뚝자동측정기기(유량·유속계, 온도측정기 및 자료수집기 포함)

② 적산전력계의 부착대상 시설 및 부착방법은 [시행령 별표 2, 참조]와 같다.
③ 굴뚝자동측정기기를 부착하여야 하는 사업장은 **1종부터 3종까지**의 사업장으로 하며, 굴뚝자동측정기기의 부착대상 배출시설, 측정항목, 부착면제, 부착시기 및 부착유예(猶豫)는 [시행령 별표 3, 참조]와 같다.

■ **굴뚝자동측정기기의 부착면제**(시행령 별표 3, 일부) : 굴뚝자동측정기기 부착대상 배출시설이 다음에 해당하는 경우에는 굴뚝자동측정기기의 부착을 면제한다.
1. 방지시설의 설치를 면제받은 경우
2. 연소가스 또는 화염이 원료 또는 제품과 직접 접촉하지 아니하는 시설로서 청정연료를 사용하는 경우(**발전시설은 제외**)
3. 액체연료만을 사용하는 연소시설로서 황산화물을 제거하는 방지시설이 없는 경우(**발전시설 제외**, 황산화물 측정기기에만 부착을 면제함)
4. 보일러로서 사용연료를 6개월 이내에 **청정연료로 변경**할 계획이 있는 경우
5. 연간 가동일수가 **30일 미만**인 **배출시설**인 경우
6. 연간 가동일수가 **30일 미만**인 **방지시설**인 경우 해당 배출구. 다만, 배출시설 설치허가증 또는 신고 증명서에 연간 가동일수가 30일 미만으로 적힌 방지시설에 한함
7. 부착대상시설이 된 날부터 6개월 이내에 배출시설을 **폐쇄**할 계획이 있는 경우

[비고] 부착면제 사유가 소멸된 경우에는 해당 면제 사유가 소멸된 날부터 6개월 이내에 굴뚝자동측정기기를 부착하고, 관제센터에 측정결과를 정상적으로 전송하여야 한다.

■ **굴뚝 자동측정기기의 부착시기 및 부착유예**(시행령 별표 3, 일부)
1. 굴뚝자동측정기기는 **가동개시 신고일까지 부착**하여야 한다. 다만, 같은 사업장에서 **새로** 굴뚝자동측정기기를 부착하여야 하는 배출구가 **10개 이상**인 경우에는 가동개시일부터 **6개월 이내에 모두 부착**하여야 한다.
2. 상기 규정에도 불구하고 4종이나 5종의 사업장을 1종부터 3종까지의 사업장으로 변경하려는 경우는 변경허가를 받거나 변경신고를 한 날로부터 9개월 이내에 굴뚝자동측정기기를 부착하여야 한다.
3. 상기 규정에도 불구하고 다음 시설은 굴뚝자동측정기기의 부착을 유예한다.
    • 기존 시설로서 사업장 종규모 변경으로 새로 굴뚝자동측정기기 부착대상시설이 된 경우에는 종규모 변경일 이전 **1년 동안 매월 1회 이상** 오염물질 배출량을 측정한 결과 오염물질이 **배출허용기준의 30퍼센트**(기본부과기준) 미만으로 항상 배출되는 경우에는 오염물질이 기본부과기준 이상으로 배출될 때까지 부착을 유예한다. 이 경우 기본부과기준 이상으로 배출되는 날부터 6개월 이내에 굴뚝자동측정기기를 부착하여야 한다.

- 신규 시설은 오염물질이 기본부과기준 이상으로 배출될 때까지 굴뚝자동측정기기의 부착을 유예한다. 이 경우 기본부과기준 이상으로 배출되는 날부터 6개월(가동개시일부터 6개월 내에 기본부과기준 이상으로 배출되는 경우에는 가동개시 후 1년) 이내에 굴뚝자동측정기기를 부착하여야 한다.

▌굴뚝자동측정기기의 부착 시 유의사항(시행령 별표 3, 일부)

1. 부착대상시설의 용량은 방지시설의 용량을 기준으로 배출구별로 산정하되, 같은 배출시설에 2개 이상의 배출구를 설치한 경우에는 배출구별로 방지시설의 용량을 합산한다. 이 경우 방지시설의 용량은 표준상태(0℃, 1기압)로 환산한 값을 적용한다.
2. 같은 사업장에 부착대상 **배출구가 2개 이상**인 경우에는 환경오염공정시험기준에 따른 **중간자료수집기**(FEP)를 부착하여야 한다.
3. 소각시설의 경우에는 배출구의 온도와 최종연소실 출구의 온도를 각각 측정할 수 있도록 온도측정기를 부착하여야 한다.
4. **표준산소농도**가 적용되는 시설에 대해서는 **산소측정기를 부착**하여야 한다.
5. 부착대상 배출시설의 범위는 다음과 같다.
   - 증착식각시설 및 산처리시설의 "**연속식**"이란 연속적으로 작업이 가능한 구조로서 시설의 가동시간이 **1일 8시간 이상**인 시설을 말한다.
   - 주물사처리시설·탈사시설·탈청시설의 "**연속식**"이란 연속적으로 작업이 가능한 구조로서 시설의 가동시간이 **1일 8시간 이상**인 시설을 말한다.
   - 폐가스소각시설 중 **청정연료를 연속**하여 사용하는 소각시설 및 처리대상가스를 **연소원**으로 사용하는 시설은 부착대상 배출시설에서 **제외**한다.
   - 증발시설 중 진공증발시설 및 배출가스를 회수하여 **응축**하는 시설은 부착대상 배출시설에서 **제외**한다.

▌측정기기의 운영·관리기준 – 규칙 제37조[별표 9]

1. 적산전력계의 운영·관리기준
   - 검정을 받은 적산전력계를 부착하여야 한다.
   - 적산전력계를 임의로 조작을 할 수 없도록 봉인을 하여야 한다.
2. 굴뚝자동측정기기의 운영·관리기준
   - 굴뚝자동측정기기의 구조 및 성능이 환경오염공정시험기준에 맞도록 유지하여야 한다.
   - **형식승인**을 받은 굴뚝자동측정기기를 설치하고, **정도검사**를 받아야 하며, 정도검사 결과를 관제센터가 알 수 있도록 조치하여야 한다.
   - 굴뚝자동측정기기에 의한 측정자료를 관제센터에 상시 전송하여야 한다.
   - 굴뚝 배출가스 **온도측정기**를 새로 설치하거나 교체하는 경우에는 **교정**을 받아야 하며, 그 기록을 **3년 이상 보관**하여야 한다.

▌측정기기의 개선기간(시행령 제18조)
① 환경부장관 또는 시·도지사는 조치명령을 하는 경우에는 **6개월 이내**의 개선기간을 정해야 한다.
② 환경부장관 또는 시·도지사는 조치명령을 받은 자가 천재지변이나 그 밖의 부득이한 사유로 개선기간 내에 조치를 마칠 수 없는 경우에는 조치명령을 받은 자의 신청을 받아 **6개월**의 범위에서 개선기간을 **연장**할 수 있다.

❁ 측정기기 관리대행업의 등록(법 제32조2)
① 측정기기 관리대행업을 하려는 자는 **대통령령**으로 정하는 시설·장비 및 기술인력 등의 기준을 갖추어 **환경부장관에게 등록**하여야 한다. 등록한 사항 중 대통령령으로 정하는 중요사항을 변경하려는 경우에도 또한 같다.
② 다음의 어느 하나에 해당하는 자는 측정기기 관리대행업의 등록을 할 수 없다.
  - **피성년후견인** 또는 **피한정후견인**
  - 파산자로서 복권되지 아니한 자
  - 이 법을 위반하여 징역 이상의 실형을 선고받고 **2년**이 지나지 아니한 사람
  - 측정기기 관리대행업의 등록취소된 날부터 **2년**이 지나지 아니한 자
  - 임원 중 위의 어느 하나에 해당하는 사람이 있는 법인
③ 측정기기 관리대행업자는 측정기기로 측정한 결과의 신뢰도와 정확도를 지속적으로 유지할 수 있도록 환경부령으로 정하는 **관리기준**을 지켜야 한다.

▶ 벌칙 : 측정기기 관리대행업의 등록 또는 변경등록을 하지 아니하고 측정기기 관리업무를 대행한 자 ▷ **1년 이하의 징역 또는 1천만 원 이하의 벌금**
▶ 벌칙 : 거짓이나 그 밖의 부정한 방법으로 측정기기 관리대행업의 등록을 한 자측정기기 관리대행업의 등록 또는 변경등록을 하지 아니하고 측정기기 관리업무를 대행한 자 ▷ **1년 이하의 징역 또는 1천만 원 이하의 벌금**
▶ 벌칙 : 다른 자에게 자기의 명의를 사용하여 측정기기 관리업무를 하게 하거나 등록증을 다른 자에게 대여한 자 ▷ **1년 이하의 징역 또는 1천만 원 이하의 벌금**
▶ 벌칙 : ③항을 위반하여 관리기준을 지키지 아니한 자 ▷ **200만 원 이하의 과태료**

❁ 측정기기 관리대행업의 등록취소(법 제32조3)
: 환경부장관은 측정기기 관리대행업자가 다음의 어느 하나에 해당하는 경우에는 **등록을 취소**하거나 **6개월 이내**의 기간을 정하여 **영업정지**(전부 또는 일부)를 명할 수 있다.
1. 거짓이나 그 밖의 부정한 방법으로 등록을 한 경우 → 등록취소
2. 등록 후 **2년 이내**에 영업을 미개시, 계속하여 **2년 이상** 영업실적이 없는 경우
3. 시설·장비 및 기술인력이 기준에 미달하게 된 경우
4. 측정기기 관리대행업의 등록의 결격사유에 해당하는 경우 → 등록취소
5. 다른 자에게 관리업무를 하게 하거나 등록증을 다른 자에게 대여한 경우 → 등록취소
6. 환경부령으로 정하는 관리기준을 위반한 경우
7. 영업정지 기간 중 측정기기 관리 업무를 대행한 경우 → 등록취소

(4) 개선명령 · 조업정지명령

※ **개선명령(법 제33조)** : 환경부장관 또는 시·도지사는 조업 중인 배출시설에서 나오는 오염물질의 정도가 **배출허용기준을 초과**한다고 인정하면 대통령령으로 정하는 바[시행령 제20조]에 따라 기간을 정하여 사업자에게 그 오염물질의 정도가 배출허용기준 이하로 내려가도록 필요한 조치를 취할 것(개선명령)을 명할 수 있다.

※ **조업정지명령(법 제34조)**
① 환경부장관 또는 시·도지사는 **개선명령을 받은 자**가 개선명령을 이행하지 아니하거나 기간 내에 이행은 하였으나 **검사결과 배출허용기준을 계속 초과**하면 해당 배출시설의 전부 또는 일부에 대하여 조업정지를 명할 수 있다.
② 환경부장관 또는 시·도지사는 대기오염으로 **주민의 건강상·환경상의 피해가 급박**하다고 인정하면 환경부령으로 정하는[규칙 제41조]바에 따라 즉시 그 배출시설에 대하여 조업시간의 제한이나 조업정지, 그 밖에 필요한 조치를 명할 수 있다.

▶ **벌칙** : ①항에 따른 조업정지명령을 위반하거나 ②항에 따른 조치명령을 이행하지 아니한 자 ⇨ **7년 이하의 징역 또는 1억 원 이하의 벌금**

┃ **배출시설 및 방지시설의 개선기간**(시행령 제20조)
① 환경부장관 또는 시·도지사는 개선명령을 하는 경우에는 개선에 필요한 조치 및 시설 설치기간 등을 고려하여 **1년 이내의 개선기간**을 정해야 한다.
② 환경부장관 또는 시·도지사는 개선명령을 받은 자가 천재지변이나 그 밖의 부득이한 사유로 개선기간 내에 조치를 마칠 수 없는 경우에는 개선명령을 받은 자의 신청을 받아 **1년의 범위**에서 개선기간을 **연장**할 수 있다.

┃ **조업시간의 제한**(규칙 제41조) : 유역환경청장, 지방환경청장, 수도권대기환경청장 또는 시·도지사는 대기오염이 주민의 건강이나 환경에 급박한 피해를 준다고 **인정**하면 대기오염물질 등의 배출로 예상되는 위해와 피해의 정도에 따라 **사용연료의 대체, 조업시간의 제한** 또는 **변경**, 조업의 일부 또는 전부의 **정지**를 명하되, 위해나 피해를 가장 크게 주는 배출시설부터 **조치**해야 한다.

┃ **개선계획서의 제출**(시행령 제21조)
① 조치명령 또는 개선명령을 받은 사업자는 그 명령을 받은 날부터 **15일 이내**에 다음의 사항을 명시한 개선계획서를 환경부령으로 정하는 바[규칙 제38조]에 따라 환경부장관 또는 시·도지사에게 제출해야 한다.
  1. 측정기기의 부착 조치명령을 받은 경우
    • 굴뚝자동측정기기의 부적정한 운영·관리의 내용
    • 굴뚝자동측정기기의 부적정한 운영·관리에 대한 원인 및 개선계획
    • 굴뚝자동측정기기의 개선기간에 배출되는 오염물질에 대한 자가측정계획
  2. 배출시설 배출허용기준을 초과하여 개선명령을 받은 경우

- 개선기간이 끝나기 전에 개선하려면 그 개선하려는 기간
- 개선기간 중에 배출시설의 가동을 중단하거나 제한하려면 그 기간과 제한의 내용
- 공법(工法) 등의 개선으로 오염물질의 배출을 감소시키려면 그 내용

② 사업자가 개선계획서를 제출하지 아니하거나 제출하였더라도 ①항 각 호의 사항을 명시하지 아니한 경우에는 개선기간 중에 다음의 상태로 오염물질을 배출하면서 배출시설을 계속 가동한 것으로 추정한다.
1. 측정기기의 운영·관리기준을 지키지 아니하는 사업자의 경우 → 굴뚝자동측정기기가 정상가동된 최근 3개월 동안의 배출농도 중 최고농도. 이 경우 배출농도는 **30분 평균치**로 한다.
2. 배출시설 배출허용기준을 초과하여 개선명령을 받은 경우 → 개선명령에서 명시된 오염상태

③ 측정기기의 부착에 따른 조치명령을 **받지 않은** 사업자가 다음의 어느 하나에 해당하면 환경부령으로 정하는 바에 따라 환경부장관 또는 시·도지사에게 개선계획서를 제출하고 개선할 수 있다.
1. 굴뚝자동측정기기를 개선·변경·점검 또는 보수하기 위하여 반드시 필요한 경우
2. 굴뚝자동측정기기 주요장치 등의 돌발적 사고로 굴뚝자동측정기기를 적정하게 운영할 수 없는 경우
3. 천재지변이나 화재, 그 밖의 불가항력적인 사유로 굴뚝자동측정기기를 적정하게 운영할 수 없는 경우

④ 배출허용기준 초과에 따른 개선명령을 받지 않은 사업자는 다음의 어느 하나에 해당하는 경우로서 **배출허용기준을 초과**하여 오염물질을 **배출했거나** 배출할 **우려**가 있는 경우에는 환경부령으로 정하는 바에 따라 환경부장관 또는 시·도지사에게 개선계획서를 제출하고 개선할 수 있다.
1. 배출시설·방지시설을 개선·변경·점검 또는 보수하기 위하여 반드시 필요한 경우
2. 배출시설 또는 방지시설의 주요 기계장치 등의 돌발적 사고로 배출시설이나 방지시설을 적정하게 운영할 수 없는 경우
3. 단전·단수로 배출시설이나 방지시설을 적정하게 운영할 수 없는 경우
4. 천재지변이나 화재, 그 밖의 불가항력적인 사유로 배출시설이나 방지시설을 적정하게 운영할 수 없는 경우

▎**개선계획서의 첨부서류**(규칙 제38조) : 개선계획서에는 다음 구분에 따른 사항이 포함되거나 첨부되어야 한다.
1. **측정기기**의 부착 등에 따른 조치명령을 받은 경우
   - 개선기간·개선내용 및 개선방법
   - 굴뚝자동측정기기의 운영·관리 진단계획
2. 배출허용기준 초과에 따른 개선명령을 받은 경우로서 개선하여야 할 사항이 **배출시설** 또는 **방지시설**인 경우

- 배출시설 또는 방지시설의 개선명세서 및 설계도
- 대기오염물질의 처리방식 및 처리효율
- 공사기간 및 공사비
- 다음의 경우에는 이를 증명할 수 있는 서류
  ◦ 개선기간 중 배출시설의 가동을 중단하거나 제한하여 대기오염물질의 농도나 배출량이 변경되는 경우
  ◦ 개선기간 중 공법 등의 개선으로 대기오염물질의 농도나 배출량이 변경되는 경우
3. 개선명령을 받은 경우로서 개선하여야 할 사항이 배출시설 또는 방지시설의 **운전미숙** 등으로 인한 경우
   - 대기오염물질 발생량 및 방지시설의 처리능력
   - 배출허용기준의 초과사유 및 대책

▎대기오염도 검사기관(규칙 제40조제②항) : 대기오염도 검사기관은 다음과 같다.

1. 국립환경과학원
2. 특별시·광역시·특별자치시·도·특별자치도(시·도)의 보건환경연구원
3. 유역환경청, 지방환경청 또는 수도권대기환경청
4. 한국환경공단
5. 인정시험·검사기관 중 환경부장관이 정하여 고시하는 기관

엄선 예상문제

01 대기환경보전법상 환경부장관이 대기오염물질을 총량으로 규제하고자 할 때 고시해야 하는 사항이 아닌 것은?

① 총량규제구역
② 총량규제 대기오염물질
③ 대기오염물질의 저감계획
④ 총량규제기간 및 총량규제방법

02 다음은 대기환경보전법령상 시·도지사가 배출시설의 설치를 제한할 수 있는 경우이다. ( ) 안에 알맞은 것은?

배출시설 설치지점으로부터 반경 1킬로미터 안의 상주인구가 (Ⓐ)인 지역으로서 특정대기유해물질 중 한 가지 종류의 물질을 연간 (Ⓑ) 배출하거나 두 가지 이상의 물질을 연간 (Ⓒ) 배출하는 시설을 설치하는 경우

① Ⓐ 1만 명 이상 Ⓑ 5톤 이상 Ⓒ 10톤 이상
② Ⓐ 1만 명 이상 Ⓑ 10톤 이상 Ⓒ 20톤 이상
③ Ⓐ 2만 명 이상 Ⓑ 5톤 이상 Ⓒ 10톤 이상
④ Ⓐ 2만 명 이상 Ⓑ 10톤 이상 Ⓒ 25톤 이상

03 총량규제구역의 지정사항 중 ( ) 안에 적합한 것은?

(Ⓐ)은 대기오염물질을 총량으로 규제하려는 경우에는 다음 사항을 고시한다.
1. 총량규제구역
2. 총량규제 대기오염물질
3. (Ⓑ)
4. 그 밖에 총량규제구역의 대기관리를 위하여 필요한 사항

① Ⓐ 대통령, Ⓑ 총량규제 부하량
② Ⓐ 환경부장관, Ⓑ 총량규제 부하량
③ Ⓐ 대통령, Ⓑ 대기오염물질의 저감계획
④ Ⓐ 환경부장관, Ⓑ 대기오염물질의 저감계획

04 대기배출시설 허가신청서 서식에서 요구하는 첨부서류로 거리가 먼 것은?

① 방지시설의 일반도
② 방지시설 운영일지
③ 방지시설의 연간 유지관리 계획서
④ 배출시설 및 방지시설 설치명세서

> **해설**

01 대기오염물질을 총량으로 규제하고자 할 때 고시해야 하는 사항은 ①, ②, ③항 이외에 총량규제구역의 대기관리를 위하여 그 밖에 필요한 사항이다.

02 시·도지사가 배출시설의 설치를 제한할 수 있는 경우는 배출시설 설치지점으로부터 반경 1킬로미터 안의 상주인구가 2만 명 이상인 지역으로서 특정대기유해물질 중 한 가지 종류의 물질을 연간 10톤 이상 배출하거나 두 가지 이상의 물질을 연간 25톤 이상 배출하는 시설을 설치하는 경우 또는 대기오염물질(먼지·황산화물 및 질소산화물만 해당)의 발생량 합계가 연간 10톤 이상인 배출시설을 특별대책지역(총량규제구역으로 지정된 특별대책지역은 제외)에 설치하는 경우이다.

03 환경부장관은 사업장에서 배출되는 대기오염물질을 총량으로 규제하려는 경우에는 총량규제구역, 총량규제 대기오염물질, 대기오염물질의 저감계획, 그 밖에 총량규제구역의 대기관리를 위하여 필요한 사항을 고시하여야 한다.

04 방지시설의 운영일지는 허가신청서 서식에서 요구하는 첨부서류가 아니다.

정답 ┃ 1.④ 2.④ 3.④ 4.②

05 대기환경보전법상 총량규제를 하고자 할 때 고시내용에 반드시 포함될 사항으로 거리가 먼 것은?
① 총량규제구역
② 총량규제 대기오염물질
③ 대기오염물질의 저감계획
④ 총량규제농도 및 환경영향평가

06 대기오염물질을 총량으로 규제하려는 경우 고시할 사항이 아닌 것은?
① 총량규제구역
② 총량규제 대기오염물질
③ 대기오염물질의 저감계획
④ 규제기준 농도 및 대기오염방지 예산서

07 배출시설 설치허가 신청서 또는 배출시설 설치신고서에 첨부하여야 할 서류로 거리가 먼 것은?
① 방지시설의 상세 설계도
② 방지시설의 연간 유지관리 계획서
③ 배출시설 및 방지시설의 설치명세서
④ 원료(연료 포함)의 사용량 및 제품 생산량

08 다음은 대기환경보전법령상 배출시설 설치허가를 받은 자가 허가받은 사항 중 대통령령으로 정하는 중요한 사항의 변경사항이다. ( ) 안에 알맞은 것은?(단, 배출시설 규모의 합계나 누계는 배출구별로 산정)

• 설치허가 또는 변경신고 : 허가 또는 신고한 배출시설 규모의 합계나 누계의 (Ⓐ) 증설
• 특정대기유해물질 배출시설 : 허가 또는 신고한 배출시설 규모의 합계나 누계의 (Ⓑ) 증설

① Ⓐ 100분의 30 이상 Ⓑ 100분의 20 이상
② Ⓐ 100분의 50 이상 Ⓑ 100분의 20 이상
③ Ⓐ 100분의 30 이상 Ⓑ 100분의 30 이상
④ Ⓐ 100분의 50 이상 Ⓑ 100분의 30 이상

09 배출시설 설치신고서에 첨부하여야 하는 서류로 거리가 먼 것은?
① 방지시설의 일반도
② 방지시설의 연간 유지관리 계획서
③ 배출시설 및 방지시설의 설치명세서
④ 원료사용 및 오염물질의 배출계획서

> 해설

05 환경부장관은 사업장에서 배출되는 대기오염물질을 총량으로 규제하려는 경우에는 총량규제구역, 총량규제 대기오염물질, 대기오염물질의 저감계획, 그 밖에 총량규제구역의 대기관리를 위하여 필요한 사항을 고시하여야 한다.

06 환경부장관은 사업장에서 배출되는 대기오염물질을 총량으로 규제하려는 경우에는 총량규제구역, 총량규제 대기오염물질, 대기오염물질의 저감계획, 그 밖에 총량규제구역의 대기관리를 위하여 필요한 사항을 고시하여야 한다.

07 배출시설 설치허가, 설치신고 서류에서 방지시설의 상세 설계도가 아니라 방지시설의 일반도(一般圖)이다.

08 허가 또는 신고한 배출시설 규모의 합계나 누계의 100분의 50 이상 증설하는 경우는 설치허가(변경허가 포함) 또는 변경신고를 해야 한다. 다만, 특정대기유해물질 배출시설의 경우는 허가 또는 신고한 배출시설 규모의 합계나 누계의 100분의 30 이상 증설하는 경우에 설치허가(변경허가 포함) 또는 변경신고를 해야 한다.

09 배출시설 설치신고서에 첨부하여야 하는 서류 중 원료(연료를 포함)의 사용량 및 제품생산량과 오염물질 등의 배출량을 예측한 명세서이다.

정답 | 5.④ 6.④ 7.① 8.④ 9.④

10 대기환경보전법상 사업자가 자가방지시설을 설계·시공할 때 제출해야 하는 서류와 가장 거리가 먼 것은?

① 공정도
② 배출시설의 설치명세서
③ 시공업체명, 공사비 내역, 방지시설 운영규약
④ 원료사용량, 제품생산량 및 대기오염물질 등의 배출량을 예측한 명세서

11 공동방지시설 설치 시 시·도지사에게 제출하여야 하는 서류로서 거리가 먼 것은?

① 방지시설의 처리방법 및 최종배출농도 예측서
② 원료사용량과 제품생산량을 적은 서류와 공정도
③ 방지시설의 위치도(축척 2만 5천분의 1의 지형도)
④ 사업장에서 공동방지시설에 이르는 연결관의 설치도면 및 명세서

12 대기환경보전법규상 배출시설의 변경신고를 하여야 하는 경우로 거리가 먼 것은?

① 방지시설을 폐쇄하는 경우
② 방지시설을 임대하는 경우
③ 황함유량이 낮은 연료로 변경하는 경우
④ 사업장의 명칭이나 대표자를 변경하는 경우

13 대기환경보전법상 공동방지시설을 운영기구 대표자가 공동방지시설을 설치하고자 할 때 제출하여야 하는 공동방지시설의 위치도로 옳은 것은?

① 축척 5천분의 1의 지형도
② 축척 1만분의 1의 지형도
③ 축척 5만분의 1의 지형도
④ 축척 2만 5천분의 1의 지형도

14 배출시설 변경신고에 관한 사항이다. ( ) 안에 알맞은 것은?

> 방지시설을 증설·교체하거나 폐쇄하는 경우 ( ) 배출시설 변경신고서에 규정의 서류를 첨부하여 시·도지사에게 제출하여야 한다.

① 변경 전에
② 그 사유가 발생한 날부터 5일 이내에
③ 그 사유가 발생한 날부터 10일 이내에
④ 그 사유가 발생한 날부터 30일 이내에

15 배출시설의 사업장의 명칭을 변경하는 경우 변경신고 시기는?

① 그 사유가 발생한 날로부터 7일 이내에
② 그 사유가 발생한 날로부터 10일 이내에
③ 그 사유가 발생한 날로부터 15일 이내에
④ 그 사유가 발생한 날로부터 2개월 이내에

> **해설**
>
> **10** 자가방지시설을 설계·시공할 때 제출해야 하는 서류는 배출시설의 설치명세서, 공정도, 원료(연료 포함) 사용량, 제품생산량 및 대기오염물질 등의 배출량을 예측한 명세서, 방지시설의 설치명세서와 그 도면, 기술능력 현황을 적은 서류이다.
>
> **11** 방지시설의 처리방법 및 최종배출농도 예측서가 아니라 공동방지시설의 설치명세서 및 그 도면, 사업장별 배출시설의 설치명세서 및 대기오염물질 등의 배출량 예측서이다.
>
> **12** 종전의 연료보다 황함유량이 낮은 연료로 변경하는 경우와 새로운 대기오염물질을 배출하지 아니하고 배출량이 증가되지 아니하는 원료로 변경하는 경우는 변경신고 대상에서 제외된다.
>
> **13** 공동방지시설을 설치하고자 할 때 제출하여야 하는 공동방지시설의 위치도는 축척 2만 5천분의 1의 지형도이다.
>
> **14** 방지시설을 증설·교체하거나 폐쇄하는 경우는 변경 전에 신고하여야 한다.
>
> **15** 사업장의 명칭, 대표자를 변경하는 경우는 변경 후 2개월 이내 신고하여야 한다.

정답 | 10.③ 11.① 12.③ 13.④ 14.① 15.④

16 대기환경보전법상 대기배출시설 변경신고를 하여야 하는 경우와 거리가 먼 것은?

① 배출시설을 임대하는 경우
② 방지시설을 폐쇄하는 경우
③ 사업장의 명칭이나 대표자를 변경하는 경우
④ 새로운 대기오염물질을 배출하지 아니하고, 배출량이 증가되지 아니하는 원료로 변경하는 경우

17 대기환경보전법상 다음 연료(kg) 중 고체연료 환산계수가 가장 큰 연료는?

① 이탄   ② 목재
③ 무연탄   ④ 목탄

18 다음 중 3종 사업장 기준으로 옳은 것은?

① 대기오염물질 발생량의 합계가 연간 2톤 이상 10톤 미만인 사업장
② 대기오염물질 발생량의 합계가 연간 20톤 이상 5톤 미만인 사업장
③ 대기오염물질 발생량의 합계가 연간 10톤 이상 20톤 미만인 사업장
④ 대기오염물질 발생량의 합계가 연간 20톤 이상 80톤 미만인 사업장

19 대기환경보전법상 대기오염물질 발생량의 합계가 연간 35톤인 경우 사업장 분류기준으로 몇 종 사업장에 해당하는가?

① 1종 사업장   ② 2종 사업장
③ 3종 사업장   ④ 4종 사업장

20 대기환경보전법상 오염물질발생량에 따른 종별 사업장의 연결로 옳은 것은?

① 대기오염물질 발생량 연간 7톤-5종 사업장
② 대기오염물질 발생량 연간 22톤-3종 사업장
③ 대기오염물질 발생량 연간 72톤-1종 사업장
④ 대기오염물질 발생량 연간 42톤-2종 사업장

21 제4종 사업장에 해당하는 것은?

① 대기오염물질 발생량 연간 2톤 이상 10톤 미만
② 대기오염물질 발생량 연간 20톤 이상 80톤 미만
③ 대기오염물질 발생량 연간 10톤 이상 20톤 미만
④ 대기오염물질 발생량 연간 80톤 이상 100톤 미만

> **해설**

16 새로운 대기오염물질을 배출하지 아니하고 배출량이 증가되지 아니하는 원료로 변경하는 경우 또는 종전의 연료보다 황함유량이 낮은 연료로 변경하는 경우는 신고대상에서 제외된다.

17 목탄의 고체연료 환산계수가 1.42로서 보기의 항목 중 가장 크다. 무연탄은 1.0, 목재는 0.7, 이탄은 0.8이다.

18 ③항이 3종 사업장에 해당한다. 3종 사업장은 대기오염물질 발생량의 합계가 연간 10톤 이상 20톤 미만인 사업장이다.

19 대기오염물질 발생량의 합계가 연간 20톤 이상 80톤 미만인 사업장은 2종 사업장이다.

20 ④항만 옳다. 연간 42톤인 사업장은 20톤 이상 80톤 미만인 사업장에 해당하므로 2종에 해당한다.

21 4종 사업장은 대기오염물질 발생량의 연간 합계가 2톤 이상 10톤 미만인 사업장이다.

정답 ┃ 16.④ 17.④ 18.③ 19.② 20.④ 21.①

22 대기오염물질 발생량 합계가 연간 2.2톤인 사업장은?

① 2종 사업장　② 3종 사업장
③ 4종 사업장　④ 5종 사업장

23 대기환경보전법상 대기오염물질 발생량의 합계가 연간 13톤인 사업장은 몇 종 사업장에 해당하는가?

① 2종 사업장　② 3종 사업장
③ 4종 사업장　④ 5종 사업장

24 대기환경보전법상 사업장에 대한 지도점검 결과 사업장의 대기오염물질 발생량이 변경되어 해당 사업장의 구분(1종~5종)을 변경하여야 하는 경우, 시·도지사는 그 사실을 사업자에게 통보해야 하는데, 통보받은 해당 사업자는 통보일로부터 며칠 이내에 변경신고를 하여야 하는가?

① 5일 이내　② 7일 이내
③ 10일 이내　④ 30일 이내

25 대기환경보전법상 대기오염배출시설 및 방지시설의 운영과 관련한 금지행위가 아닌 것은? (단, 예외사항 제외)

① 배출시설을 가동할 때에 방지시설을 가동하지 아니하는 행위
② 배출시설로부터 나오는 오염물질의 공동처리를 위한 공동방지시설을 설치하는 행위
③ 오염도를 낮추기 위하여 배출시설에서 나오는 오염물질에 공기를 섞어 배출하는 행위
④ 방지시설을 거치지 아니하고 오염물질을 배출할 수 있는 공기조절장치를 설치하는 행위

26 배출시설 및 방지시설 운영일지의 운영기록 보존기간은?(단, 4종·5종 사업장)

① 최종기재를 한 날부터 1년간 보존
② 최종기재를 한 날부터 2년간 보존
③ 최종기재를 한 날부터 3개월간 보존
④ 최종기재를 한 날부터 6개월간 보존

> **해설**

22 2톤 이상 10톤 미만 범위에 들어가므로 4종 사업장에 해당한다. 4종 사업장은 대기오염물질 발생량의 합계가 연간 2톤 이상 10톤 미만인 사업장이다.

23 대기오염물질 발생량의 합계가 연간 10톤 이상 20톤 미만인 사업장은 3종 사업장이다.

24 사업자는 통보를 받은 날로부터 7일 이내에 변경신고를 하여야 한다.

25 ②항은 대기오염배출시설 및 방지시설의 운영과 관련한 금지행위에 해당되지 않는다.

26 4종·5종 사업장을 설치·운영하는 사업자는 배출시설 및 방지시설의 운영기간 중 시설의 가동시간, 대기오염물질 배출량, 자가측정에 관한 사항, 시설관리 및 운영자, 그 밖에 시설운영에 관한 중요사항을 운영기록부에 매일 기록하고 최종기재한 날부터 1년간 보존하여야 한다.

▶ 헷갈리기 쉬운 것 정리 ◀

- 배출시설의 자가측정 기록부 보존 : **6개월간 보존**
- 배출시설·방지시설의 운영기록부 보존 : **1년간 보존**
- 굴뚝배출가스 온도측정기 : 교체 및 교정기록을 **3년 이상 보관**
- 냉매의 관리 : 냉매의 관리·회수·처리는 냉매관리 기록부에 작성하여 **3년 동안 보관**
- 자동차 인증시험 대행기관 : 시험결과의 원본자료와 인증시험 대장을 **3년 동안 보관**
- 휘발성 유기화합물 측정 기록부 보존 – 주유시설 : 유증기 회수배관을 설치한 후에는 회수배관 액체막힘검사를 하고, 그 결과를 **5년간 기록·보존**

정답 | 22.③　23.②　24.②　25.②　26.①

27 대기오염물질 발생량의 합계가 연간 20톤 이상 80톤 미만인 사업장은?

① 1종 사업장　② 2종 사업장
③ 3종 사업장　④ 4종 사업장

28 대기환경보전법상 배출시설을 가동할 때에 방지시설을 가동하지 아니하거나 오염도를 낮추기 위하여 배출시설에서 나오는 오염물질에 공기를 섞어 배출하는 행위를 한 자에 대한 벌칙기준은?

① 300만 원 이하의 벌금
② 7년 이하의 징역, 1억 원 이하의 벌금
③ 5년 이하의 징역, 3천만 원 이하의 벌금
④ 1년 이하의 징역, 500만 원 이하의 벌금

29 대기환경보전법상 부식이나 마모로 인하여 오염물질이 새나가는 배출시설이나 방지시설을 정당한 사유 없이 방치하는 행위를 한 자에 대한 과태료 부과기준은?

① 500만 원 이하의 과태료
② 300만 원 이하의 과태료
③ 200만 원 이하의 과태료
④ 100만 원 이하의 과태료

30 대기환경보전법상 측정기기의 운영·관리기준 중 굴뚝배출가스 온도측정기를 교체하는 경우에는 국가표준기본법에 따라 교정을 받아야 하며, 그 기록을 얼마 이상 보관하여야 하는가?

① 6개월 이상　② 1년 이상
③ 2년 이상　　④ 3년 이상

31 대기환경보전법상 굴뚝자동측정기기의 부착을 면제할 수 있는 경우에 해당하지 않는 것은?

① 연간 가동일수가 30일 미만인 배출시설인 경우
② 보일러로서 사용연료를 6개월 이내에 청정연료로 변경할 계획이 있는 경우
③ 부착대상시설이 된 날부터 6개월 이내에 배출시설을 폐쇄할 계획이 있는 경우
④ 발전시설 중 연소가스 또는 화염이 원료 또는 제품과 직접 접촉하지 아니하는 시설로서 청정연료를 사용하는 경우

> **해설**

27 대기오염물질 발생량의 합계가 연간 20톤 이상 80톤 미만인 사업장은 2종 사업장에 해당한다.

28 배출시설을 가동할 때에 방지시설을 가동하지 아니하거나 오염도를 낮추기 위하여 배출시설에서 나오는 오염물질에 공기를 섞어 배출하는 행위, 배출시설이나 방지시설을 정당한 사유 없이 정상적으로 가동하지 아니하여 배출허용기준을 초과한 오염물질을 배출하는 행위를 한 자는 7년 이하의 징역, 1억 원 이하의 벌금에 처하게 된다.

29 부식이나 마모로 인하여 오염물질이 새나가는 배출시설이나 방지시설을 정당한 사유 없이 방치하는 행위를 한 자는 200만 원 이하의 과태료 처분을 받는다.

30 굴뚝배출가스 온도측정기를 새로 설치하거나 교체하는 경우에는 「국가표준기본법」에 따른 교정을 받아야 하며, 그 기록을 3년 이상 보관하여야 한다.

31 굴뚝자동측정기기의 부착을 면제할 수 있는 대상 중에서 연소가스 또는 화염이 원료 또는 제품과 직접 접촉하지 아니하는 시설로서 청정연료를 사용하는 경우(발전시설은 제외)이다. 이외에 ①, ②, ③항과 액체연료만을 사용하는 연소시설로서 황산화물을 제거하는 방지시설이 없는 경우(발전시설 제외, 황산화물 측정기기에만 부착을 면제함)에 굴뚝자동측정기기의 부착을 면제할 수 있다.

정답 | 27.② 28.② 29.③ 30.④ 31.④

32 대기환경보전법상 사업자가 배출시설 및 방지시설 운영기록부에 기록하여야 하는 사항으로 가장 거리가 먼 것은?

① 시설의 가동시간
② 시설관리 및 운영자
③ 대기오염물질 배출량
④ 배출시설 및 방지시설의 형식

33 다음은 대기환경보전법상 변경신고에 따른 가동개시 신고의 대상규모기준에 대한 사항이다. ( ) 안에 알맞은 것은?

> 배출시설에서 "대통령령으로 정하는 규모 이상의 변경"이란 설치허가를 받거나 신고를 한 배출구별 배출시설 규모의 합계보다 ( ) 증설(대기배출시설 증설에 따른 변경신고의 경우에는 증설의 누계를 말한다)하는 배출시설의 변경을 말한다.

① 100분의 10 이상 ② 100분의 20 이상
③ 100분의 25 이상 ④ 100분의 30 이상

34 시·도지사가 측정기기의 운영·관리되도록 조치명령을 하는 경우 얼마 이내의 개선기간을 정하여야 하는가?(단, 연장기간 제외)

① 6개월 이내   ② 12개월 이내
③ 18개월 이내   ④ 24개월 이내

35 대기오염물질 측정기기의 운영·관리 기준을 지키지 않아 조치명령을 받은 사업자가 제출하여야 하는 개선계획서에 포함되거나 첨부되어야 할 사항으로 거리가 먼 것은?

① 개선기간
② 오염물질의 처리방식
③ 개선내용 및 개선방법
④ 굴뚝자동측정기기의 운영·관리 진단계획

36 대기환경보전법상 배출시설 및 방지시설 등의 가동개시 신고 시 환경부령으로 정하는 시운전 기간기준으로 옳은 것은?

① 가동개시일부터 15일까지의 기간을 말한다.
② 가동개시일부터 30일까지의 기간을 말한다.
③ 가동개시일부터 60일까지의 기간을 말한다.
④ 가동개시일부터 90일까지의 기간을 말한다.

37 배출허용기준 초과와 관련한 개선명령을 받은 사업자는 그 명령을 받은 날부터 며칠 이내에 개선계획서를 환경부장관에게 제출하여야 하는가?(단, 연장 제외)

① 즉시   ② 10일 이내
③ 15일 이내 ④ 30일 이내

> **해설**
>
> **32** 사업자가 배출시설 및 방지시설 운영기록부에 기록하여야 하는 사항은 시설의 가동시간, 대기오염물질 배출량, 자가측정에 관한 사항, 시설관리 및 운영자, 그 밖에 시실운영에 관한 중요 사항이다.
>
> **33** 대통령령으로 정하는 규모 이상의 변경이란 설치허가를 받거나 신고를 한 배출구별 배출시설 규모의 합계보다 100분의 20 이상 증설하는 경우이다.
>
> **34** 측정기기의 운영·관리에 대하여 환경부장관 또는 시·도지사는 조치명령을 하는 경우에는 6개월 이내의 개선기간을 정해야 한다.
>
> **35** 측정기기의 부착 등에 따른 조치명령을 받은 경우는 개선기간·개선내용 및 개선방법, 굴뚝자동측정기기의 운영·관리 진단계획을 첨부하여야 한다.
>
> **36** 배출시설 및 방지시설 등의 가동개시 신고 시 환경부령으로 정하는 시운전 기간기준은 신고한 배출시설 및 방지시설의 가동개시일부터 30일까지의 기간을 말한다.
>
> **37** 개선명령을 받은 사업자는 그 명령을 받은 날부터 15일 이내에 개선계획서를 환경부령으로 정하는 바에 따라 환경부장관 또는 시·도지사에게 제출해야 한다.

정답 ┃ 32.④ 33.② 34.① 35.② 36.② 37.③

38 대기환경보전법령상 굴뚝자동측정기기의 부착대상 배출시설, 측정항목, 부착면제, 부착시기 및 부착유예기준으로 옳지 않은 것은?

① 표준산소농도가 적용되는 시설에 대해서는 산소측정기를 부착하지 아니하여도 된다.
② 같은 사업장에 부착대상 배출구가 2개 이상인 경우에는 중간자료수집기(FEP)를 부착하여야 한다.
③ 소각시설의 경우에는 온도측정기를 부착하여야 하지만, 최종연소실 출구의 온도측정기는 폐기물관리법에 따라 온도측정기를 부착한 경우에는 별도로 부착하지 아니하여도 된다.
④ 부착대상시설의 용량은 배출시설 설치허가증 또는 설치 신고증명서의 방지시설의 용량을 기준으로 배출구별로 산정하되, 같은 배출시설에 2개 이상의 배출구를 설치한 경우에는 배출구별로 방지시설의 용량을 합산하는데, 이때 방지시설의 용량은 표준상태(0℃, 1기압)로 환산한 값을 적용한다.

39 대기환경보전법상 배출허용기준 초과와 관련하여 배출시설 및 방지시설의 개선명령을 수행하기 위한 최대개선기간은?(단, 개선기간 연장 포함)

① 1년 이내   ② 3년 이내
③ 2년 이내   ④ 1년 6월 이내

40 굴뚝자동측정기기의 부착시기 및 부착유예에 관한 기준이다. ( ) 안에 알맞은 것은?

> 굴뚝자동측정기기는 가동개시 신고일까지 부착하여야 한다. 다만, 같은 사업장에서 새로 굴뚝자동측정기기를 부착하여야 하는 배출구가 (Ⓐ) 이상인 경우에는 가동개시일부터 (Ⓑ)에 모두 부착하여야 한다.

① Ⓐ 5개   Ⓑ 1년 이내
② Ⓐ 10개 Ⓑ 1년 이내
③ Ⓐ 5개   Ⓑ 6개월 이내
④ Ⓐ 10개 Ⓑ 6개월 이내

41 대기오염물질의 배출허용기준과 관련하여 굴뚝 원격감시체계 관제센터로 측정결과를 자동 전송하는 배출시설에 대한 기준이다. ( ) 안에 알맞은 것은?

> 굴뚝자동측정기기를 부착하여 규정에 따른 굴뚝 원격감시체계 관제센터로 측정결과를 자동 전송하는 사업장의 배출시설에 대한 배출허용기준 초과 여부의 판단은 ( )를 기준으로 한다.

① 매 5분 평균치
② 매 10분 평균치
③ 매 30분 평균치
④ 매 1시간 평균치

> **해설**
>
> **38** 표준산소농도가 적용되는 시설에 대해서는 산소측정기를 부착하여야 한다. 답에 해당하는 부분이 반복 출제될 수 있음. 중요성은 크게 높지 않으나 내용이 방대하여 시행령 [별표 3]을 참고하는 수준으로 정리하기 바람!!
>
> **39** 개선명령을 하는 경우는 1년 이내의 개선기간을 정해야 하고, 천재지변이나 그 밖의 부득이한 사유로 개선기간 내에 조치를 마칠 수 없는 경우에는 1년의 범위에서 개선기간을 연장할 수 있다. 그러므로 최대개선기간=개선기간(1년)+연장(1년)=2년이다.
>
> **40** 굴뚝자동측정기기는 가동개시 신고일까지 부착하여야 한다. 다만, 같은 사업장에서 새로 굴뚝자동측정기기를 부착하여야 하는 배출구가 10개 이상의 경우는 가동개시일부터 6개월 이내에 모두 부착하여야 한다.
>
> **41** 굴뚝자동측정기기를 부착하여 규정에 따른 굴뚝 원격감시체계 관제센터로 측정결과를 자동 전송하는 사업장의 배출시설에 대한 배출허용기준 초과 여부의 판단은 매 30분 평균치를 기준으로 한다.

정답 | 38.① 39.③ 40.④ 41.③

42 대기환경보전법상 배출오염물질의 배출허용기준 준수여부 확인을 위한 오염물질을 자가측정하지 아니하거나 측정결과를 거짓으로 기록하거나 기록을 보존하지 아니한 자의 벌칙기준은?

① 500만 원 이하의 벌금
② 300만 원 이하의 과태료
③ 1년 이하의 징역 또는 1천만 원 이하의 벌금
④ 5년 이하의 징역 또는 5천만 원 이하의 벌금

43 배출시설과 방지시설의 운영상황 기록을 보존하지 아니한 자에 대한 과태료 부과기준은?

① 50만 원 이하
② 100만 원 이하
③ 200만 원 이하
④ 300만 원 이하

44 대기환경보전법상 배출허용기준 초과와 관련하여 개선명령을 받지 아니한 사업자가 시·도지사에게 개선계획서를 제출하고 개선할 수 있는 경우와 거리가 먼 것은?

① 배출시설 또는 방지시설의 보수를 위해 반드시 필요한 경우
② 단전·단수로 배출시설이나 방지시설을 적정하게 운영할 수 없을 경우
③ 배출시설 지도·점검 시 배출허용기준을 초과할 우려가 있다고 판단되는 경우
④ 주요 기계장치의 돌발적 사고로 배출시설이나 방지시설을 적정하게 운영할 수 없을 경우

해설

42 배출오염물질을 측정하지 아니한 자 또는 측정결과를 거짓으로 기록하거나 기록·보존하지 아니한 자는 5년 이하의 징역 또는 5천만 원 이하의 벌금에 처하게 된다.

▶ 오염물질 측정과 관련된 벌칙 포인트 정리◀

- 배출오염물질을 측정하지 아니한 자 또는 측정결과를 거짓으로 기록하거나 기록·보존하지 아니한 자 → 5년 이하의 징역 또는 5천만 원 이하의 벌금
- 사업자 측정대행업자에게 측정할 때 측정결과를 누락하게 하는 행위, 거짓으로 측정결과를 작성하게 하는 행위, 정상적인 측정을 방해하는 행위를 한 자 → 5년 이하의 징역 또는 5천만 원 이하의 벌금
- 배출오염물질 측정결과를 환경부장관 또는 시·도지사에게 제출하여야 하는데 이때 측정결과를 제출하지 아니한 자 → 300만 원 이하의 과태료
- 사업자가 그 배출시설을 운영할 때에는 나오는 오염물질을 자가측정하거나 측정대행업자에게 측정하게 하여 그 결과를 제출하여야 하는데 이를 위반하여 측정한 결과를 제출하지 아니한 자 → 300만 원 이하의 과태료
- 휘발성 유기화합물 검사·측정을 하지 아니한 자 또는 검사·측정 결과를 기록·보존하지 아니하거나 거짓으로 기록·보존한 자 → 200만 원 이하의 과태료

43 배출시설 등의 운영상황을 기록·보존하지 아니하거나 거짓으로 기록한 자는 300만 원 이하의 과태료 처분을 받는다.

44 ③항은 개선계획서를 제출하고 개선할 수 있는 경우에 해당하지 않는다. 개선명령을 받지 아니한 사업자가 시·도지사에게 개선계획서를 제출하고 개선할 수 있는 경우는 ①, ②, ④항 이외에 천재지변이나 화재, 그 밖의 불가항력적인 사유로 배출시설이나 방지시설을 적정하게 운영할 수 없는 경우이다.

정답 | 42.④ 43.④ 44.③

45 대기환경보전법상 배출시설의 개선명령에 대한 설명이다. (   ) 안에 적합한 것은?

> 시·도지사는 개선명령을 받은 자가 개선명령을 이행하지 아니하거나 기간 내에 이행은 하였으나 검사결과 배출허용기준을 계속 초과하면 해당 배출시설의 전부 또는 일부에 대하여 (   )을(를) 명할 수 있다.

① 이전 ② 경고
③ 등록취소 ④ 조업정지

46 배출허용기준 초과에 따른 개선명령을 받은 경우로서 배출시설 또는 방지시설의 개선계획서에 포함되어야 할 첨부서류로 거리가 먼 것은?

① 공사기간 및 공사비
② 측정기기의 운영·관리 진단계획
③ 대기오염물질의 처리방식 및 처리효율
④ 배출시설, 방지시설의 개선명세서 및 설계도

47 대기환경보전법상 배출허용기준 초과에 따른 개선명령을 받은 경우로서 개선하여야 할 사항이 배출시설 또는 방지시설의 운전미숙에 해당될 때, 개선계획서 제출 시 첨부되어야 할 사항으로 거리가 먼 것은?

① 공사기간 및 공사비
② 대기오염물질 발생량
③ 방지시설의 처리능력
④ 배출허용기준 초과사유

48 대기환경보전법상 점검기관에서 배출허용기준 준수여부를 확인하기 위하여 대기오염도 검사를 검사기관에 지시한다. 다음 중 대기오염도 검사기관으로 볼 수 없는 기관은?

① 한국환경공단
② 한국환경산업기술원
③ 수도권대기환경청
④ 도(道)의 보건환경연구원

> **해설**

45 환경부장관 또는 시·도지사는 개선명령을 받은 자가 개선명령을 이행하지 아니하거나 기간 내에 이행은 하였으나 검사결과 배출허용기준을 계속 초과하면 해당 배출시설의 전부 또는 일부에 대하여 조업정지를 명할 수 있다.

46 배출시설 배출허용기준을 초과하여 개선명령을 받은 경우 ①, ③, ④항 외에 다음의 경우에는 이를 증명할 수 있는 서류를 첨부하여야 한다.
- 개선기간 중 배출시설의 가동을 중단하거나 제한하여 대기오염물질의 농도나 배출량이 변경되는 경우
- 개선기간 중 공법 등의 개선으로 대기오염물질의 농도나 배출량이 변경되는 경우

47 개선명령을 받은 경우로서 개선하여야 할 사항이 배출시설 또는 방지시설의 운전미숙 등으로 인한 경우는 대기오염물질 발생량 및 방지시설의 처리능력, 배출허용기준의 초과사유 및 대책이 첨부되어야 한다.

48 한국환경산업기술원, 환경보전협회, 한국화학연구소는 대기오염도 검사기관이 아니다.

정답 ∥ 45.④ 46.② 47.① 48.②

3 배출부과금 · 과징금

(1) 배출부과금

❇ **배출부과금의 부과 · 징수**(법 제35조)

① 환경부장관 또는 시·도지사는 대기오염물질로 인한 대기환경상의 피해를 방지하거나 줄이기 위하여 다음에 해당하는 자에 대하여 배출부과금을 부과·징수한다.
  1. 대기오염물질을 배출하는 사업자(공동방지시설을 설치·운영하는 자 포함)
  2. 허가·변경허가를 받지 아니하거나 신고·변경신고를 하지 아니하고 배출시설을 설치 또는 변경한 자

② 배출부과금은 다음과 같이 구분하여 부과한다.
  1. **기본부과금** : 대기오염물질을 배출하는 사업자가 **배출허용기준 이하로 배출**하는 대기오염물질의 배출량 및 배출농도 등에 따라 부과하는 금액
  2. **초과부과금** : **배출허용기준을 초과하여 배출**하는 경우 대기오염물질의 배출량과 배출농도 등에 따라 부과하는 금액

③ **배출부과금을 부과할 때 고려하여야 할 사항**은 다음과 같다.
  1. 배출허용기준 초과 여부
  2. 배출되는 대기오염물질의 종류
  3. 대기오염물질의 배출기간
  4. 대기오염물질의 배출량
  5. 자가측정(自家測定)을 하였는지 여부
  6. 그 밖에 대기환경의 오염 또는 개선과 관련되는 사항

④ 배출부과금의 산정방법과 산정기준 등 필요한 사항은 **대통령령[시행령 제23~33조]** 으로 정한다. 다만, 초과부과금은 대통령령으로 정하는 바에 따라 본문의 산정기준을 적용한 금액의 **10배의 범위**에서 위반횟수에 따라 가중하며, 이 경우 위반횟수는 사업장의 배출구별로 위반행위 시점 **이전**의 **최근 2년**을 기준으로 산정한다.

▎**배출부과금 부과대상 오염물질**(시행령 제23조)

① **기본부과금 부과대상 오염물질** : 황산화물, 먼지, 질소산화물
② **초과부과금 부과대상 오염물질** : 황산화물, 먼지, 질소산화물, 암모니아, 황화수소, 이황화탄소, 불소화물, 염화수소, 시안화수소

▎**초과부과금 산정방법 및 기준**(시행령 제24조)

① 초과부과금은 다음 구분에 따른 산정방법으로 산출한 금액으로 한다.
  1. **개선계획서를 제출하고 개선하는 경우** : 오염물질 1kg당 부과금액×배출허용기준 초과 오염물질배출량×지역별 부과계수×연도별 부과금산정지수
  2. **상기 외의 경우** : 오염물질 1kg당 부과금액×배출허용기준 초과 오염물질배출량×배출허용기준 초과율별 부과계수×지역별 부과계수×연도별 부과금산정지수×위반횟수별 부과계수

② 초과부과금의 산정에 필요한 오염물질 1kg당 부과금액, 배출허용기준 초과율별 부과계수 및 지역별 부과계수는 다음 [별표 4]와 같다.

구 분 오염물질	오염물질 1kg당 부과금액 (원)	배출허용기준 초과율별 부과계수							지역별 부과계수		
		20% 미만	20 ~ 40%	40 ~ 80%	80 ~ 100%	100 ~ 200%	200 ~ 300%	300 ~ 400%	400% 이상	Ⅰ 지역	Ⅱ 지역	Ⅲ 지역
황산화물	500	1.2	1.56	1.92	2.28	3.0	4.2	4.8	5.4	2	1	1.5
질소산화물	2,130	1.2	1.56	1.92	2.28	3.0	4.2	4.8	5.4	2	1	1.5
먼지	770	1.2	1.56	1.92	2.28	3.0	4.2	4.8	5.4	2	1	1.5
암모니아	1,400	1.2	1.56	1.92	2.28	3.0	4.2	4.8	5.4	2	1	1.5
황화수소	6,000	1.2	1.56	1.92	2.28	3.0	4.2	4.8	5.4	2	1	1.5
이황화탄소	1,600	1.2	1.56	1.92	2.28	3.0	4.2	4.8	5.4	2	1	1.5
특정유해물질 HF	2,300	1.2	1.56	1.92	2.28	3.0	4.2	4.8	5.4	2	1	1.5
특정유해물질 HCl	7,400	1.2	1.56	1.92	2.28	3.0	4.2	4.8	5.4	2	1	1.5
특정유해물질 HCN	7,300	1.2	1.56	1.92	2.28	3.0	4.2	4.8	5.4	2	1	1.5

□ 배출허용기준 초과율(%)=(배출농도-배출허용기준 농도)÷배출허용기준 농도×100
□ 지역구분
  • Ⅰ지역 : 주거지역 · 상업지역, 취락지구, 택지개발지구
  • Ⅱ지역 : 공업지역, 개발진흥지구(관광 · 휴양개발진흥지구 제외), 수산자원보호구역, 국가산업단지 · 일반산업단지 · 도시첨단산업단지, 전원개발사업구역 및 예정구역
  • Ⅲ지역 : 녹지지역 · 관리지역 · 농림지역 및 자연환경보전지역, 관광 · 휴양개발진흥지구

초과부과금의 오염물질배출량 산정(시행령 제25조)

① 초과부과금의 산정에 필요한 배출허용기준 초과 오염물질배출량(기준 초과배출량)은 다음의 구분에 따른 배출기간 중에 **배출허용기준을 초과하여 조업**함으로써 배출되는 오염물질의 양으로 하되, 일일기준 초과배출량에 배출기간의 일수(日數)를 곱하여 산정한다. 다만, 굴뚝자동측정기기를 설치하여 관제센터로 측정결과를 자동 전송하는 사업장의 자동측정자료의 30분 평균치가 배출허용기준을 초과한 경우에는 그 초과한 30분마다 배출허용기준 초과농도(배출허용기준을 초과한 30분 평균치에서 배출허용기준농도를 뺀 값)에 해당 30분 동안의 배출유량을 곱하여 초과배출량을 산정하고, 반기별(半期別)로 이를 합산하여 기준 초과배출량을 산정한다.

1. **개선계획서를 제출하고 개선하는 경우** : 명시된 부적정 운영 개시일부터 개선기간 만료일까지의 기간
2. **개선명령, 조업정지명령, 허가취소, 사용중지명령 또는 폐쇄명령을 받은 경우** : 오염물질이 초과배출되기 시작한 날(초과배출되기 시작한 날을 알 수 없는 경우에는 오염물질 채취일)부터 개선명령, 조업정지명령, 사용중지명령 또는 폐쇄명령의 이행완료 예정일이나 허가취소일까지의 기간
3. **상기 외의 경우** : 배출허용기준 초과 여부 확인을 위한 오염물질 채취일부터 배출허용기준 이내로 확인된 오염물질 채취일까지의 기간

② 일일 기준 초과배출량은 다음의 구분에 따른 날의 오염물질 배출허용기준 초과농도에, 배출농도 측정 시의 배출유량(측정유량)을 기준으로 계산한 배출 총량(일일유량)을 곱하여 산정한 양을 kg단위로 표시한 양으로 한다.
  1. **개선계획서를 제출하고 개선하는 경우** : 환경부령으로 정하는 오염물질 채취일
  2. **개선명령, 조업정지명령, 허가취소, 사용중지명령 또는 폐쇄명령을 받은 경우** : 개선명령, 조업정지명령, 허가취소, 사용중지명령 또는 폐쇄명령의 원인이 되는 오염물질 채취일
  3. **상기 외의 경우** : 배출허용기준 초과 여부 확인을 위한 오염물질 채취일
③ 오염물질 배출량은 배출기간 중에 배출된 가스의 양을 **1천 m³ 단위**로 표시한 것으로 하며, 일일유량에 배출기간의 일수를 곱하여 산정한다.
④ 기본부과금 부과대상 오염물질에 대한 초과배출량을 산정하는 경우로서 배출허용기준을 초과한 날 **이전** 3개월간 평균배출농도가 배출허용기준의 **30퍼센트 미만**인 경우는 초과배출량에서 초과배출량 공제분을 공제한다.

일일기준 초과배출량 산정방법(시행령 별표 5)

① **일일기준 초과배출량 산정방법**

- 일일기준 초과배출량 = 일일유량 × 허용기준 초과농도 × 10^{-6} × $\dfrac{분자량}{22.4}$

※먼지 일일기준 초과배출량 = 일일유량 × 허용기준 초과농도 × 10^{-6}

  1. 배출허용기준 초과농도 = 배출농도 − 배출허용기준농도
  2. **특정대기유해물질**의 배출허용기준 초과 일일오염물질 배출량은 소수점 이하 **넷째 자리**까지 계산하고, **일반오염물질**은 소수점 이하 **첫째 자리**까지 계산한다.
  3. **먼지**의 배출농도 단위는 표준상태(0℃, 1기압)에서의 **세제곱미터당 밀리그램**(mg/Sm^3)으로 하고, **그 밖의 오염물질**의 배출농도 단위는 **피피엠**(ppm)으로 한다.

② **일일유량의 산정방법**

- 일일유량 = 측정유량 × 일일조업시간

  1. 측정유량의 단위는 시간당 세제곱미터(m^3/hr)로 한다.
  2. 일일조업시간은 배출량을 측정하기 전 최근 조업한 30일 동안의 배출시설 조업시간 평균치를 시간으로 표시한다.

연도별 부과금산정지수 및 위반횟수별 부과계수(시행령 제26조)

① 연도별 부과금산정지수는 매년 전년도 부과금 산정지수에 전년도 물가상승률 등을 고려하여 환경부장관이 고시하는 가격변동지수를 곱한 것으로 한다.
② 위반횟수별 부과계수는 다음의 구분에 따른 비율을 곱한 것으로 한다.
  1. **위반이 없는 경우** : 100분의 100
  2. **처음 위반한 경우** : 100분의 105
  3. **2차 이상 위반한 경우** : 위반 직전의 부과계수에 100분의 105를 곱한 것

③ 위반횟수는 배출허용기준을 초과하여 부과금 부과대상 오염물질 등을 배출하여 개선명령, 조업정지명령, 허가취소, 사용중지명령 또는 폐쇄명령을 받은 횟수로 한다. 이 경우 위반횟수는 사업장의 배출구별로 위반행위가 있었던 날 이전의 **최근 2년**을 단위로 산정한다.

④ **자동측정사업장**의 경우에는 **30분 평균치**가 배출허용기준을 초과하는 횟수를 위반횟수로 하되, 30분 평균치가 **24시간 이내에 2회 이상** 배출허용기준을 초과하는 경우에는 위반횟수를 1회로 보고, 개선계획서를 제출하고 배출허용기준을 초과하는 경우에는 개선기간 중의 위반횟수를 1회로 본다. 이 경우 위반횟수는 배출구마다 오염물질별로 **3개월을 단위**로 산정한다.

▌**기본부과금 산정의 방법과 기준**(시행령 제28조)

① 기본부과금은 배출허용기준 이하로 배출하는 오염물질배출량(기준 이내 배출량)에 오염물질 1kg당 부과금액, 연도별 부과금산정지수, 지역별 부과계수 및 농도별 부과계수를 곱한 금액으로 한다.

② 연도별 부과금산정지수는 **최초의 부과연도**를 1.0으로 하고, 그 다음 해부터는 매년 전년도 지수에 전년도 물가상승률 등을 고려하여 환경부장관이 정하여 고시하는 가격변동계수를 곱한 것으로 한다.

▌**기본부과금의 오염물질배출량 산정**(시행령 제29조) : 환경부장관 또는 시·도지사는 기본부과금의 산정에 필요한 기준 이내 배출량을 파악하기 위하여 필요한 경우에는 해당 사업자에게 기본부과금의 부과기간 동안 실제 배출한 기준 이내 배출량(확정배출량)에 관한 자료를 제출[규칙 제45조]하게 할 수 있다. 이 경우 해당 사업자는 확정배출량에 관한 자료를 부과기간 완료일부터 **30일 이내에 제출**해야 한다.

▌**기본부과금 산정을 위한 자료 제출**(규칙 제45조) : 확정배출량에 관한 자료를 제출하려는 자는 확정배출량 명세서에 다음 서류를 첨부하여 유역환경청장, 지방환경청장, 수도권대기환경청장 또는 시·도지사에게 제출해야 한다.
  1. 황함유 분석표 사본(황함유량이 적용되는 배출계수를 이용하는 경우에만 제출하며, 해당 부과기간 동안의 분석표만 제출)
  2. 연료사용량 또는 생산일지 등 배출계수별 단위사용량을 확인할 수 있는 서류 사본(배출계수를 이용하는 경우에만 제출)
  3. 조업일지 등 조업일수를 확인할 수 있는 서류 사본(자가측정결과를 이용하는 경우에만 제출)
  4. 배출구별 자가측정한 기록 사본(자가측정결과를 이용하는 경우에만 제출)

▌**기준 이내 배출량의 조정**(시행령 제30조) : 환경부장관 또는 시·도지사는 해당 사업자가 자료를 제출하지 않거나 제출한 내용이 실제와 다른 경우 또는 거짓으로 작성되었다고 인정하는 경우에는 다음의 구분에 따른 방법으로 기준 이내 배출량을 조정할 수 있다.

1. 사업자가 확정배출량에 관한 자료를 제출하지 않은 경우 : 해당 사업자가 다음의 조건에 모두 해당하는 상태에서 오염물질을 배출한 것으로 추정한 기준 이내 배출량
   - 부과기간에 배출시설별 오염물질의 배출허용기준 농도로 배출했을 것
   - 배출시설 또는 방지시설의 최대시설용량으로 가동했을 것
   - 1일 24시간 조업했을 것
2. 자료심사 및 현지조사 결과, 사업자가 제출한 확정배출량의 내용(사용연료 등에 관한 내용 포함)이 **실제와 다른** 경우 : 자료심사와 현지조사 결과를 근거로 산정한 기준 이내 배출량
3. 사업자가 제출한 확정배출량에 관한 자료가 명백히 **거짓으로 판명**된 경우 : 추정한 배출량의 **100분의 120**에 해당하는 기준 이내 배출량

▌**자료의 제출 및 검사**(시행령 제31조) : 환경부장관 또는 시·도지사는 사업자가 제출한 확정배출량의 내용이 비슷한 규모의 다른 사업장과 현저한 차이가 나거나 사실과 다르다고 인정하여 기준 이내 배출량의 조정 등이 필요한 경우에는 사업자에게 관련 자료를 제출하게 할 수 있다.

▌**기본부과금의 부과계수**

■ **지역별 부과계수**(시행령 제28조 관련)

구 분	지역별 부과계수
Ⅰ지역(주거지역, 상업지역)	1.5
Ⅱ지역(공업지역, 전원개발)	0.5
Ⅲ지역(녹지/자연환경보전)	1.0

■ **측정결과가 없는 시설의 농도별 부과계수**
- 연료를 연소하여 황산화물을 배출하는 시설

구 분	연료의 황함유량(%)		
	0.5% 이하	1.0% 이하	1.0% 초과
농도별 부과계수	0.2	0.4	1.0

- 상기 외의 황산화물을 배출하는 시설, 먼지를 배출하는 시설 및 질소산화물을 배출하는 시설의 농도별 부과계수 → 0.15. 다만, 서류를 통해 해당 배출시설에서 배출되는 오염물질 농도를 추정할 수 있는 경우에는 농도별 부과계수를 적용할 수 있다.

■ **측정결과가 있는 시설의 농도별 부과계수**
- **질소산화물**에 대한 농도별 부과계수
  ▸ 2021년 1월 1일부터 2021년 12월 31일까지

구 분	배출허용기준의 백분율(%)					
	50% 미만	50~60%	60~70%	70~80%	80~90%	90~100%
농도별 부과계수	0	0.35	0.5	0.65	0.8	0.95

▶ 2022년 1월 1일 이후

구 분	배출허용기준의 백분율(%)							
	30% 미만	30~40%	40~50%	50~60%	60~70%	70~80%	80~90%	90~100%
농도별 부과계수	0	0.15	0.25	0.35	0.5	0.65	0.8	0.95

• **상기 외의** 기본부과금 부과대상 오염물질에 대한 농도별 부과계수

구 분	배출허용기준의 백분율(%)							
	30% 미만	30~40%	40~50%	50~60%	60~70%	70~80%	80~90%	90~100%
농도별 부과계수	0	0.15	0.25	0.35	0.5	0.65	0.8	0.95

부과금의 납부통지·납부기간(시행령 제33조)

① **초과부과금**은 초과부과금 부과 **사유가 발생한 때**(자동측정자료의 30분 평균치가 배출허용기준을 초과한 경우에는 매 반기 종료일부터 60일 이내)에, **기본부과금**은 해당 부과기간의 확정배출량 자료제출기간 종료일부터 **60일 이내**에 부과금의 **납부통지**를 하여야 한다. 다만, 배출시설이 폐쇄되거나 소유권이 이전되는 경우에는 즉시 납부통지를 할 수 있다.

② 환경부장관 또는 시·도지사는 부과금을 부과할 때에는 부과대상 오염물질량, 부과금액, 납부기간 및 납부장소, 그 밖에 필요한 사항을 적은 **서면**으로 알려야 한다. 이 경우 부과금의 **납부기간**은 납부통지서를 발급한 날부터 **30일**로 한다.

배출부과금의 감면(법 제35조2)

① 다음 어느 하나에 해당하는 자에게는 대통령령으로 정하는 바[시행령 제32조]에 따라 배출부과금(**기본부과금으로 한정**)을 부과하지 아니한다.
  1. 대통령령으로 정하는 연료를 사용하는 배출시설을 운영하는 사업자
  2. 대통령령으로 정하는 최적(最適)의 방지시설을 설치한 사업자[시행령 제32조제③항]
  3. 대통령령으로 정하는 바에 따라 환경부장관이 국방부장관과 협의하여 정하는 군사시설을 운영하는 자

② 다음에 해당하는 자에게는 대통령령으로 정하는 바에 따라 배출부과금을 감면할 수 있다. 다만, 다른 법률에 따라 대기오염물질의 처리비용을 부담하는 사업자에 대한 배출부과금의 감면은 해당 법률에 따라 부담한 처리비용의 금액 이내로 한다.
  1. 대통령령으로 정하는 배출시설을 운영하는 사업자[시행령 제32조제⑤항]
  2. 다른 법률에 따라 대기오염물질의 처리비용을 부담하는 사업자

기본부과금의 부과면제(시행령 제32조)

① 다음의 연료를 사용하여 배출시설을 운영하는 사업자에 대하여는 황산화물에 대한 기본부과금을 부과하지 아니한다. 다만, 연료를 섞어서 연소시키는 배출시설로서 배출허용기준을 준수할 수 있는 시설에 대하여는 연료사용량에 해당하는 황산화물에 대한 기본부과금을 부과하지 아니한다.

1. 발전시설의 경우에는 황함유량이 0.3% 이하인 액체연료 및 고체연료, 발전시설 외의 배출시설(설비용량이 100MW 미만인 열병합발전시설 포함)의 경우에는 황함유량이 0.5% 이하인 액체연료 또는 황함유량이 0.45% 미만인 고체연료를 사용하는 배출시설로서 배출허용기준을 준수할 수 있는 시설. 이 경우 고체연료의 황함유량은 연소기기에 투입되는 여러 고체연료의 황함유량을 평균한 것으로 한다.
2. 공정상 발생되는 부생(附生)가스로서 황함유량이 0.05% 이하인 부생가스를 사용하는 배출시설로서 배출허용기준을 준수할 수 있는 시설
3. 상기 연료를 섞어서 연소시키는 배출시설로서 배출허용기준을 준수할 수 있는 시설
② 액화천연가스나 액화석유가스를 연료로 사용하는 배출시설을 운영하는 사업자에 대하여는 먼지와 황산화물에 대한 기본부과금을 부과하지 아니한다.
③ 대통령령으로 정하는 최적의 방지시설이란 배출허용기준을 준수할 수 있고 설계된 대기오염물질의 제거효율을 유지할 수 있는 방지시설로서 환경부장관이 관계 중앙행정기관의 장과 협의하여 고시하는 시설을 말한다.
④ 국방부장관은 부과금을 면제받으려는 군사시설의 용도와 면제 사유 등을 환경부장관에게 제출하여야 한다. 다만, 군사시설은 그러하지 아니하다.
⑤ 대통령령으로 정하는 배출시설이란 다음의 어느 하나에 해당하는 시설을 말한다.
1. 측정기기 부착사업장 중 중소기업의 배출시설 및 4종 사업장과 5종 사업장의 배출시설로서 배출허용기준을 준수하는 시설
2. 대기오염물질의 배출을 줄이기 위한 계획과 그 이행 등에 대하여 환경부장관 또는 시·도지사와 협약을 체결한 사업장의 배출시설로서 배출허용기준을 준수하는 시설
⑥ 부과금의 면제 또는 감면의 절차 등에 필요한 사항은 환경부령으로 정한다.

❂ 배출부과금의 조정(법 제35조3)

① 환경부장관 또는 시·도지사는 배출부과금 부과 후 오염물질 등의 배출상태가 처음에 측정할 때와 달라졌다고 인정하여 다시 측정한 결과 오염물질 등의 배출량이 처음에 측정한 배출량과 다른 경우 등 대통령령으로 정하는 사유[시행령 제34조]가 발생한 경우에는 이를 다시 산정·조정하여 그 차액을 부과하거나 환급하여야 한다.
② 조정금액의 산정·조정방법, 환급절차 등 필요한 사항은 대통령령[시행령 제35조]으로 정한다.

▌부과금의 조정(시행령 제34조)

① 대통령령으로 정하는 사유란 다음에 해당하는 경우를 말한다.
1. 개선기간 만료일 또는 명령이행 완료예정일까지 개선명령, 조업정지명령, 사용중지명령 또는 폐쇄명령을 이행하였거나 이행하지 아니하여 초과부과금 산정의 기초가 되는 오염물질 또는 배출물질의 배출기간이 달라진 경우
2. 초과부과금의 부과 후 오염물질 등의 배출상태가 처음에 측정할 때와 달라졌다고 인정하여 다시 측정한 결과, 오염물질 또는 배출물질의 배출량이 처음에 측정한 배출량과 다른 경우

3. 사업자가 고의 또는 과실로 확정배출량을 잘못 산정하여 제출했거나 환경부장관 또는 시·도지사가 조정한 기준 이내 배출량이 잘못 조정된 경우
② 상기 ①항 **제1호의 사유**에 따른 초과부과금의 조정 부과나 환급은 해당 배출시설 또는 방지시설에 대한 개선완료명령, 조업정지명령, 사용중지명령 또는 폐쇄완료명령의 이행 여부를 확인한 날부터 **30일 이내**에 하여야 한다.

▌부과금에 대한 조정신청(시행령 제35조)
① 부과금의 조정신청은 **부과금납부통지서를 받은 날부터 60일 이내**에 하여야 한다.
② 환경부장관 또는 시·도지사는 조정신청을 받으면 30일 이내에 그 처리결과를 신청인에게 알려야 한다.
③ 조정신청은 부과금의 납부기간에 영향을 미치지 아니한다.

❋ 배출부과금의 징수유예·분할납부 및 징수절차(법 제35조4)
① 환경부장관 또는 시·도지사는 배출부과금의 납부의무자가 다음의 어느 하나에 해당하는 사유로 납부기한 전에 배출부과금을 납부할 수 없다고 인정하면 징수를 유예하거나 그 금액을 분할하여 납부하게 할 수 있다.
 1. 천재지변이나 그 밖의 재해로 사업자의 재산에 중대한 손실이 발생한 경우
 2. 사업에 손실을 입어 경영상으로 심각한 위기에 처하게 된 경우
 3. 그 밖에 위에 준하는 사유로 징수유예나 분할납부가 불가피하다고 인정되는 경우
② 배출부과금이 납부의무자의 자본금 또는 출자총액(개인사업자인 경우에는 자산총액)을 **2배 이상 초과하는 경우**로서 징수유예기간 내에도 징수할 수 없다고 인정되면 징수유예기간을 연장하거나 분할납부의 횟수를 늘려 배출부과금을 내도록 할 수 있다.
③ 환경부장관 또는 시·도지사가 징수유예를 하는 경우는 유예금액에 상당하는 담보를 제공하도록 요구할 수 있다.
④ 환경부장관 또는 시·도지사는 징수를 유예받은 납부의무자가 다음에 해당하면 징수유예를 취소하고 징수유예된 배출부과금을 징수할 수 있다.
 1. 징수유예된 부과금을 납부기한까지 내지 아니한 경우
 2. 담보의 변경, 담보의 보전(保全)에 필요한 시·도지사의 명령에 따르지 아니한 경우
 3. 재산상황이나 그 밖의 사정의 변화로 징수유예가 필요없다고 인정되는 경우
⑤ 배출부과금의 징수유예기간 또는 분할납부방법, 징수유예기간 연장 등 필요한 사항은 대통령령[**시행령 제36조**]으로 정한다.

▌부과금의 징수유예·분할납부 및 징수절차(시행령 제36조)
① 부과금의 징수유예를 받거나 분할납부를 하려는 자는 부과금 징수유예신청서와 부과금 분할납부신청서를 환경부장관 또는 시·도지사에게 제출해야 한다.
② 징수유예는 다음의 구분에 따른 징수유예기간과 그 기간 중의 분할납부의 횟수에 따른다.
 1. **기본부과금** : 유예한 날의 다음 날부터 다음 부과기간의 개시일 전일까지, **4회 이내**

2. **초과부과금** : 유예한 날의 다음 날부터 **2년 이내, 12회 이내**
③ **징수유예기간의 연장**은 유예한 날의 다음 날부터 3년 이내로 하며, 분할납부의 횟수는 **18회** 이내로 한다.
④ 부과금의 분할납부 기한 및 금액과 그 밖에 부과금의 부과·징수에 필요한 사항은 환경부장관 또는 시·도지사가 정한다.

⚛ 허가의 취소(법 제36조)

① 환경부장관 또는 시·도지사는 사업자가 다음에 해당하는 경우에는 배출시설의 설치허가 또는 변경허가를 취소하거나 배출시설의 폐쇄를 명하거나 6개월 이내의 기간을 정하여 배출시설 조업정지를 명할 수 있다.
  1. 거짓이나 그 밖의 부정한 방법으로 허가·변경허가를 받은 경우 → 〈허가취소/폐쇄〉
  2. 거짓이나 그 밖의 부정한 방법으로 신고·변경신고를 한 경우 → 〈허가취소/폐쇄〉
  3. 변경허가를 받지 아니하거나 변경신고를 하지 아니한 경우
  4. 방지시설을 설치하지 아니하고 배출시설을 설치·운영한 경우
  5. 가동개시 신고를 하지 아니하고 조업을 한 경우
  6. 부착된 측정기기를 고의로 작동하지 않게 하거나 고의로 훼손하는 행위, 측정기기를 조작하여 측정결과를 빠뜨리거나 거짓으로 측정결과를 작성하는 행위, 정상적으로 작동하지 아니하는 측정기기를 정당한 사유 없이 방치하는 행위를 한 경우
  7. 배출시설 및 방지시설의 운영에 관한 상황을 거짓으로 기록하거나 기록을 보존하지 아니한 경우
  8. 측정기기를 부착하는 등 배출시설 및 방지시설의 적합한 운영에 필요한 조치를 하지 아니한 경우
  9. 조업정지명령을 받고 조업정지명령을 이행하지 아니한 경우 → 〈허가취소/폐쇄〉
  10. 자가측정을 하지 아니하거나 측정방법을 위반하여 측정한 경우
  11. 자가측정결과를 거짓으로 기록하거나 기록을 보존하지 아니한 경우
  12. 측정결과를 누락하게 하는 행위, 거짓으로 측정결과를 작성하게 하는 행위를 한 경우
  13. 환경기술인을 임명하지 아니하거나 자격기준에 못 미치는 환경기술인을 임명한 경우
  14. 환경기술인이 준수사항을 철저히 지키도록 감독하지 않은 사업자
  15. 연료의 공급·판매 또는 사용금지·제한이나 조치명령을 이행하지 아니한 경우
  16. 연료의 제조·공급·판매 또는 사용금지·제한이나 조치명령을 이행하지 아니한 경우
  17. 조업정지 기간 중에 조업을 한 경우 → 〈허가취소/폐쇄〉
  18. 허가를 받거나 신고를 한 후 특별한 사유 없이 5년 이내에 배출시설 또는 방지시설을 설치하지 아니하거나 배출시설의 멸실 또는 폐업이 확인된 경우 → 〈허가취소/폐쇄〉

19. 배출시설을 설치·운영하던 사업자가 사업을 하지 아니하기 위하여 해당 시설을 철거한 경우 → 〈허가취소/폐쇄〉
   ▶ 벌칙 : 배출시설의 폐쇄나 조업정지에 관한 명령을 위반한 자
      ⇨ 7년 이하의 징역 또는 1억 원 이하의 벌금

(2) 과징금 처분 및 위법시설에 대한 폐쇄조치

❁ **과징금 처분**(법 제37조)
   ① 환경부장관 또는 시·도지사는 다음에 해당하는 배출시설을 설치·운영하는 사업자에 대하여 조업정지를 명하여야 하는 경우로서 그 조업정지가 주민의 생활, 대외적인 신용·고용·물가 등 국민경제, 그 밖에 공익에 현저한 지장을 줄 우려가 있다고 인정되는 경우 등 그 밖에 대통령령으로 정하는 경우에는 **조업정지처분을 갈음**하여 **매출액에 100분의 5를 곱한 금액을 초과하지 아니하는 범위에서 과징금을 부과할 수 있다. 다만, 매출액이 없거나 매출액의 산정이 곤란한 경우**로서 대통령령으로 정하는 경우에는 **2억 원**을 초과하지 아니하는 범위에서 과징금을 부과할 수 있다.
      1. 의료기관의 배출시설
      2. 사회복지시설 및 공동주택의 냉·난방시설
      3. 발전소의 발전설비
      4. 집단에너지시설
      5. 학교의 배출시설
      6. 제조업의 배출시설
      7. 그 밖에 대통령령으로 정하는 배출시설
   ② 다음에 해당하는 경우에는 조업정지처분을 갈음하여 **과징금을 부과할 수 없다.**
      1. 방지시설을 설치하지 아니하고 배출시설을 가동한 경우
      2. **30일 이상**의 조업정지처분을 받아야 하는 경우
      3. 개선명령을 이행하지 아니한 경우
      4. 과징금처분을 받은 날부터 **2년이 경과되기 전**에 조업정지처분 대상이 되는 경우
   ③ 과징금을 부과하는 위반행위의 종류·정도 등에 따른 과징금의 금액과 그 밖에 필요한 사항은 **대통령령**으로 정하되, 그 금액의 **2분의 1의 범위**에서 가중(加重)하거나 감경(減輕)할 수 있다.

❁ **위법시설에 대한 폐쇄조치**(법 제38조) : 환경부장관 또는 시·도지사는 규정에 따른 허가를 받지 아니하거나 신고를 하지 아니하고 배출시설을 설치하거나 사용하는 자에게는 그 배출시설의 **사용중지**를 명하여야 한다. 다만, 그 배출시설을 개선하거나 방지시설을 설치·개선하더라도 그 배출시설에서 배출되는 오염물질의 정도가 배출허용기준 이하로 내려갈 가능성이 없다고 인정되는 경우 또는 그 설치장소가 다른 법률에 따라 그 배출시설의 설치가 금지된 경우에는 그 배출시설의 **폐쇄**를 명하여야 한다.
   ▶ 벌칙 : 사용중지명령 또는 폐쇄명령을 이행하지 아니한 자
      ⇨ 7년 이하의 징역 또는 1억 원 이하의 벌금

CBT 형식 출제대비 엄선 예상문제

01 대기환경보전법상 기본부과금의 부과대상이 되는 오염물질은?
① 암모니아 ② 황화수소
③ 황산화물 ④ 불소화합물

02 다음 중 초과배출부과금의 부과대상이 되는 오염물질의 종류로만 짝지어진 것은?
① 불소화합물, 납
② 염소, 다이옥신
③ 일산화탄소, 황산화물
④ 시안화수소, 이황화탄소

03 대기환경보전법상 초과부과금 부과대상 오염물질이 아닌 것은?
① 먼지 ② 불소화합물
③ 질소산화물 ④ 시안화수소

04 초과부과금 부과대상 오염물질에 해당하지 않는 것은?
① 먼지 ② 황산화물
③ 암모니아 ④ 포름알데히드

05 배출부과금을 부과할 때 고려해야 하는 사항으로 가장 거리가 먼 것은?
① 오염물질의 배출량
② 오염물질의 배출기간
③ 배출허용기준 초과 여부
④ 배출되는 오염물질의 유해 여부

06 연료의 황함유량이 1.0% 초과하는 경우 기본부과금의 농도별 부과계수는?
① 0.2 ② 0.4
③ 0.7 ④ 1.0

▶ 해설

01 기본부과금 부과대상 오염물질은 황산화물, 먼지, 질소산화물이다. 반면에 초과배출부과금 부과대상 오염물질은 황산화물, 먼지, 암모니아, 황화수소, 염화수소, 이황화탄소, 염소, 시안화수소, 불소화합물이다.

02 초과배출부과금 부과대상 오염물질은 황산화물, 먼지, NH_3, H_2S, HCl, CS_2, Cl_2, HCN, 불소화합물이다.

03 질소산화물은 기본부과금 부과대상 오염물질이다. 초과배출부과금 부과대상 오염물질은 황산화물, 먼지, 암모니아, 황화수소, 염화수소, 이황화탄소, 염소, 시안화수소, 불소화합물이다.

04 초과배출부과금 부과대상 오염물질은 황산화물, 먼지, 암모니아, 황화수소, 염화수소, 이황화탄소, 염소, 시안화수소, 불소화합물이다.

05 배출부과금을 부과할 때 고려하여야 할 사항은 ①, ②, ③항 이외에 배출되는 대기오염물질의 종류, 자가측정(自家測定)을 하였는지 여부, 그 밖에 대기환경의 오염 또는 개선과 관련되는 사항이다.

06 황함유량이 1% 초과는 부과계수 1.0이다. 1.0% 이하인 경우 부과계수는 0.4, 0.5% 이하는 부과계수 0.2이다.

정답 | 1.③ 2.④ 3.③ 4.④ 5.④ 6.④

07 기본부과금 산정을 위해 확정배출량 명세서에 포함되어 시·도지사에게 제출해야 할 서류목록으로 거리가 먼 것은?

① 조업일지
② 황함유 분석표 사본
③ 방지시설 개선실적표
④ 연료사용량 또는 생산일지

08 시·도지사가 부과금을 부과할 경우 부과대상 오염물질량 등을 적은 사항을 서면으로 알려야 하는데, 이 경우 부과금의 납부기간은 며칠로 하는가?

① 납부통지서를 발급한 날부터 10일로 한다.
② 납부통지서를 발급한 날부터 15일로 한다.
③ 납부통지서를 발급한 날부터 30일로 한다.
④ 납부통지서를 발급한 날부터 60일로 한다.

09 대기환경보전법상 배출허용기준 초과와 관련하여 개선명령을 받지 아니한 사업자가 개선계획서를 제출하고 개선하는 경우, 초과부과금 산정 시 산정(기준)항목에 해당하지 않는 것은?

① 시간별 산정계수
② 지역별 부과계수
③ 오염물질 1킬로그램당 부과금액
④ 배출허용기준 초과 오염물질 배출량

10 대기환경보전법령상 연료의 황함유량이 1.0% 이하인 경우 기본부과금의 농도별 부과계수로 옳은 것은?[단, 연료를 연소하여 황산화물을 배출하는 시설(황산화물의 배출량을 줄이기 위하여 방지시설을 설치한 경우와 생산공정상 황산화물의 배출량이 줄어든다고 인정하는 경우는 제외)]

① 0.2   ② 1.0
③ 0.4   ④ 0.35

11 대기환경보전법령상 대기오염물질기준 이내 배출량 조정 시 사업자가 제출한 확정배출량 자료가 명백히 거짓으로 판명되었을 경우에는 확정배출량을 현지조사하여 산정하되 확정배출량의 얼마에 해당하는 배출량을 기준 이내 배출량으로 산정하는가?

① 100분의 20   ② 100분의 50
③ 100분의 120   ④ 100분의 150

12 대기환경보전법상 황산화물의 초과부과금 산정기준으로 옳지 않은 것은?

① 오염물질 1kg당 부과금액은 770원이다.
② 지역별 부과계수로 Ⅰ지역은 2를 적용한다.
③ 지역별 부과계수로 Ⅲ지역은 1.5를 적용한다.
④ 배출허용기준 초과율이 400% 이상인 경우 부과계수는 5.4를 적용한다.

> **해설**

07 확정배출량 명세서에 포함되어 시·도지사에게 제출해야 할 서류는 ①, ②, ③항 이외에 배출계수별 단위사용량을 확인할 수 있는 서류 사본, 배출구별 자가측정한 기록 사본이다.

08 부과금의 납부기간은 납부통지서를 발급한 날부터 30일이다.

09 개선계획서를 제출하고 개선하는 경우는 오염물질 1kg당 부과금액×배출허용기준 초과 오염물질배출량×지역별 부과계수×연도별 부과금산정지수를 곱하여 산정한 금액을 초과부과금으로 한다.

10 황함유량이 1.0% 이하인 경우 부과계수는 0.4이다. 1% 초과는 부과계수 1.0, 0.5% 이하는 부과계수 0.2이다.

11 사업자가 제출한 확정배출량에 관한 자료가 명백히 거짓으로 판명된 경우는 확정배출량을 현지조사하여 산정하되, 확정배출량의 100분의 120에 해당하는 배출량으로 산정한다.

12 황산화물에 대한 오염물질 1kg당 초과부과금액은 500원이다.

정답 | 7.④ 8.③ 9.① 10.③ 11.③ 12.①

13 연료의 황함유량이 0.5% 이하인 경우 기본부과금의 농도별 부과계수는?

① 0.1　　　② 0.2
③ 0.4　　　④ 1.0

14 대기환경보전법상 Ⅲ지역(녹지지역 및 자연환경보전지역)의 기본부과금의 지역별 부과계수는?

① 0.5　　　② 1.0
③ 1.5　　　④ 2.0

15 초과부과금 산정기준에서 오염물질 1kg당 부과금액이 큰 금액부터 작은 금액 순서대로 옳게 나열된 것은?

① 불소화합물 > H_2S > CS_2 > 황산화물
② H_2S > 불소화합물 > CS_2 > 황산화물
③ H_2S > CS_2 > 불소화합물 > 황산화물
④ 불소화합물 > CS_2 > H_2S > 황산화물

16 대기환경보전법령상 대기오염물질에 대한 초과부과금 산정기준에서 Ⅰ지역(주거지역·상업지역, 취락지구, 택지개발예정지구)의 지역별 부과계수는?

① 1.0　　　② 1.5
③ 2.0　　　④ 2.5

17 초과부과금 산정기준에서 오염물질 1kg당 부과금액이 가장 비싼 것은?

① 황화수소　　② 암모니아
③ 이황화탄소　④ 불소화합물

18 대기환경보전법상 초과부과금 선정기준 중 오염물질 1kg당 부과금액이 다음 중 가장 낮은 항목은?

① 황화수소　　② 질소산화물
③ 암모니아　　④ 시안화수소

> **해설**

13 황함유량이 0.5% 이하는 부과계수 0.2이다. 1% 초과는 부과계수 1.0, 1.0% 이하인 경우 부과계수는 0.4이다.

14 Ⅲ지역(녹지지역 및 자연환경보전지역)의 기본부과금의 지역별 부과계수는 1.0이다.

구 분	지역별 부과계수
Ⅰ지역(주거지역, 상업지역)	1.5
Ⅱ지역(공업지역, 전원개발)	0.5
Ⅲ지역(녹지/자연환경보전)	1.0

[비고] 초과부과금의 지역별 부과계수는 다음과 같다.

구 분	지역별 부과계수
Ⅰ지역(주거지역, 상업지역)	2.0
Ⅱ지역(공업지역, 전원개발)	1.0
Ⅲ지역(녹지/자연환경보전)	1.5

15 부과금액의 단가가 높은 순서는 HCl(7,400) > HCN(7,300) > H_2S(6,000) > HF(2,300) 질소산화물(2,130) > CS_2(1,600) > NH_3(1,400) > 먼지(770) > 황산화물(500)이다.

16 초과부과금 산정기준에서 Ⅰ지역의 지역별 부과계수는 2.0이다.

17 부과금액의 단가가 높은 순서는 HCl(7,400) > HCN(7,300) > H_2S(6,000) > HF(2,300) 질소산화물(2,130) > CS_2(1,600) > NH_3(1,400) > 먼지(770) > 황산화물(500)이다.

18 부과금액의 단가가 높은 순서는 HCl(7,400) > HCN(7,300) > H_2S(6,000) > HF(2,300) 질소산화물(2,130) > CS_2(1,600) > NH_3(1,400) > 먼지(770) > 황산화물(500)이다.

정답 ┃ 13.② 14.② 15.③ 16.③ 17.① 18.②

19 대기환경보전법상 초과부과금 산정기준 중 오염물질별 1kg당 부과금액으로 옳은 것은?

① 황화수소 : 7,400원
② 황산화물 : 1,400원
③ 불소화합물 : 7,300원
④ 이황화탄소 : 1,600원

20 일일 초과배출량 및 일일유량의 산정방법에 관한 설명으로 옳지 않은 것은?

① 배출허용기준 초과농도=배출농도-배출허용기준농도이다.
② 먼지의 오염물질의 배출농도의 단위는 mg/m^3 또는 $\mu g/m^3$으로 나타낸다.
③ 특정유해물질의 배출허용기준 초과 일일오염물질 배출량은 소수점 이하 넷째 자리까지 계산한다.
④ 일반오염물질의 배출허용기준 초과 일일오염물질 배출량은 소수점 이하 첫째자리까지 계산한다.

21 배출허용기준 300(12)ppm에서 (12)의 의미는?

① 해당 배출허용농도(ppm)
② 표준산소농도(O_2의 ppm)
③ 표준산소농도(O_2의 백분율)
④ 해당 배출허용농도(백분율)

22 다음 ( ) 안에 알맞은 것은?

> 위반횟수별 부과계수는 각 비율을 곱한 것으로 한다.
> • 위반이 없는 경우 : (Ⓐ)
> • 처음 위반한 경우 : (Ⓑ)
> • 2차 이상 위반한 경우 : 위반 직전의 부과계수에 (Ⓒ)을(를) 곱한 것

　　　　Ⓐ　　　　　　Ⓑ　　　　　　Ⓒ
① 100분의 100, 100분의 105, 100분의 105
② 100분의 100, 100분의 105, 100분의 110
③ 100분의 105, 100분의 110, 100분의 110
④ 100분의 105, 100분의 110, 100분의 115

23 대기환경보전법상 배출시설별 대기오염물질 발생량 산정방법에 있어 계산항목에 해당하지 않는 것은?

① 연간가동일수
② 일일조업시간
③ 배출허용기준 초과 횟수
④ 배출시설의 시간당 대기오염물질 발생량

24 대기환경보전법상 상업지역(Ⅰ지역)에서의 기본부과금의 지역별 부과계수는?

① 2.0　　② 1.5
③ 1.0　　④ 0.5

> **해설**
>
> **19** 부과금액의 단가가 높은 순서는 HCl(7,400)>HCN(7,300)>H_2S(6,000)>HF(2,300) 질소산화물(2,130)>CS_2(1,600)>NH_3(1,400)>먼지(770)>황산화물(500)이다.
>
> **20** 먼지의 배출농도의 단위는 mg/Sm^3으로 하고, 그 밖의 오염물질의 배출농도의 단위는 ppm으로 한다. 2015년도 이후 산업기사 시험에서는 일일오염물질 배출량의 소수점 이하 정산규정에 대해 출제되기도 한다. → 배출허용기준 초과 일일오염물질 배출량은 소수점 이하 첫째 자리까지, 특정유해물질은 소수점 이하 넷째 자리까지 계산한다.
>
> **21** 배출허용기준에서 ( ) 내의 숫자는 표준산소농도(O_2의 백분율)를 의미한다.
>
> **22** 위반횟수별 부과계수는 위반이 없는 경우 : 100분의 100, 처음 위반한 경우 : 100분의 105, 2차 이상 위반한 경우 : 위반 직전의 부과계수에 100분의 105를 곱한 것으로 한다.
>
> **23** 대기오염물질 발생량=배출시설의 시간당 대기오염물질 발생량×일일조업시간×연간가동일수로 산정된다.
>
> **24** 상업지역(Ⅰ지역)에서의 기본부과금의 지역별 부과계수는 1.5이다.

정답 | 19.④ 20.② 21.③ 22.① 23.③ 24.②

25. 대기환경보전법상 일일 초과배출량 및 일일유량의 산정방법으로 옳지 않은 것은?

① 측정유량의 단위는 매분당 세제곱미터로 한다.
② 먼지의 농도단위는 mg/m³, 그 밖의 오염물질 배출농도의 단위는 ppm으로 한다.
③ 일반오염물질의 배출허용기준 초과 하루배출량은 소수점 이하 첫째자리까지 계산한다.
④ 일일조업시간은 배출량을 측정하기 전 최근 조업한 30일 동안의 배출시설 조업시간 평균치를 시간으로 표시한다.

26. 일일오염물질 배출량 및 일일유량의 산정방법에 관한 내용으로 옳지 않은 것은?

① 먼지의 배출농도의 단위는 세제곱미터당 밀리그램으로 한다.
② 일일유량 산정 시 적용되는 측정유량의 단위는 일일당 세제곱미터로 한다.
③ 일반오염물질의 배출허용기준 초과 일일오염물질 배출량은 소수점 이하 첫째 자리까지 계산한다.
④ 일일유량 산정 시 적용되는 일일조업시간은 측정하기 전 최근 조업한 30일간의 배출시설의 조업시간 평균치로서 시간으로 표시한다.

27. 대기환경보전법령상 시·도지사는 배출부과금 납부의무자가 천재지변 등으로 사업자의 재산에 중대한 손실이 발생한 경우로서 배출부과금을 납부기한 전에 납부할 수 없다고 인정하면 징수유예를 받거나 분할납부를 하게 할 수 있다. 다음 중 기본부과금의 징수유예기간 중의 분할납부 횟수기준으로 옳은 것은?

① 6회 이내
② 4회 이내
③ 24회 이내
④ 12회 이내

28. 대기환경보전법상 천재지변으로 사업자의 재산에 중대한 손실이 발생한 경우로 납부기한 전에 부과금을 납부할 수 없다고 인정될 경우, 초과부과금 징수유예기간과 그 기간 중의 분할납부 횟수기준으로 옳은 것은?

① 유예한 날의 다음날부터 2년 이내, 4회 이내
② 유예한 날의 다음날부터 3년 이내, 4회 이내
③ 유예한 날의 다음날부터 2년 이내, 12회 이내
④ 유예한 날의 다음날부터 3년 이내, 12회 이내

29. 조업정지처분을 갈음하여 과징금을 부과할 때, 조업정지일수에 1일당 부과금액과 사업장 규모별 부과계수를 곱하여 산정한다. 다음 중 4종 사업장의 부과계수는?

① 0.7
② 0.5
③ 0.3
④ 0.1

> **해설**

25 측정유량의 단위는 시간당 세제곱미터(m³/hr)로 한다.
26 측정유량의 단위는 시간당 세제곱미터(m³/hr)로 한다.
27 기본부과금은 유예한 날의 다음날부터 다음 부과기간의 개시일 전일까지, 4회 이내이다. 반면에 초과부과금은 유예한 날의 다음날부터 2년 이내, 12회 이내이다.
28 초과부과금 징수유예기간과 그 기간 중의 분할납부 횟수기준은 유예한 날의 다음날부터 2년 이내, 12회 이내이다.
29 사업장 규모별 부과계수는 1종 사업장에 대하여는 2.0, 2종 사업장에 대하여는 1.5, 3종 사업장에 대하여는 1.0, 4종 사업장에 대하여는 0.7, 5종 사업장에 대하여는 0.4로 한다.

정답 | 25.① 26.② 27.② 28.③ 29.①

30 부과금 납부명령을 받은 사업자가 부과금 조정을 신청할 경우 조정신청기간은 부과금 납부통지서를 받은 날부터 얼마 이내에 하여야 하는가?

① 7일 이내   ② 15일 이내
③ 30일 이내 ④ 60일 이내

31 대기환경보전법상 일일 초과배출량 및 일일유량의 산정방법으로 옳은 것은?

① 먼지의 배출농도의 단위는 세제곱미터당 마이크로그램으로 표시한다.
② 특정대기유해물질의 배출허용기준 초과 일일오염물질 배출량은 소수점 이하 첫째자리까지 계산한다.
③ 먼지 배출허용기준 초과 일일 오염물질배출량은 일일유량×배출허용기준 초과농도×10^{-3}으로 산정한다.
④ 일일조업시간은 배출량을 측정하기 전 최근 조업한 30일 동안의 배출시설 조업시간 평균치를 시간으로 표시한다.

32 배출부과금 납부의무자가 납부기한 전에 납부할 수 없다고 인정되면 징수유예하거나 분할납부 하게 할 수 있는데 이에 관한 사항으로 옳지 않은 것은?

① 초과부과금의 분할납부 횟수기준은 유예한 날의 다음 날부터 2년 이내, 12회 이내로 한다.
② 부과금의 분할납부 기한, 금액, 그 밖의 부과금 징수에 필요한 사항은 시·도지사가 정한다.
③ 기본부과금의 징수유예기간과 그 기간 중 분할납부 횟수기준은 유예한 날의 다음날부터 다음 부과기간의 개시일 전일까지, 4회 이내로 한다.
④ 징수유예기간 내에도 징수할 수 없다고 인정되어 징수유예기간을 연장하거나 분할납부의 횟수를 늘릴 경우, 이에 따른 징수유예기간의 연장은 유예한 날의 다음 날부터 5년 이내로 하며, 분할납부의 횟수는 30회 이내로 한다.

> **해설**

30 부과금 납부명령을 받은 사업자가 부과금 조정을 신청할 경우 조정신청기간은 부과금납부통지서를 받은 날부터 60일 이내에 하여야 한다.

31 ④항만 올바르다. 일일조업시간은 배출량을 측정하기 전 최근 조업한 30일 동안의 배출시설 조업시간 평균치를 시간으로 표시한다.
  ▶바르게 고쳐보기◀
  ① 먼지의 배출농도의 단위는 세제곱미터당 밀리그램으로 표시한다.
  ② 특정대기유해물질의 배출허용기준 초과 일일오염물질 배출량은 소수점 이하 넷째 자리까지 계산한다.
  ③ 먼지 배출허용기준 초과 일일오염물질 배출량은 일일유량×배출허용기준 초과농도×10^{-6}으로 산정한다.

32 초과부과금의 징수유예 및 분할납부는 유예한 날의 다음 날부터 2년 이내, 12회 이내이다. 조정신청은 부과금 납부통지서를 받은 날부터 60일 이내에 하여야 한다. 납부통지 기일은 30일 이내 징수유예기간의 연장은 유예한 날의 다음 날부터 3년 이내, 분할납부의 횟수는 18회 이내로 한다.

정답 | 30.④ 31.④ 32.④

33 대기환경보전법상 배출시설을 설치·운영하는 사업자에 대하여 조업정지를 명하여야 하는 경우로 그 조업정지가 공익에 현저한 지장을 줄 우려가 있다고 인정되는 경우에 환경부장관이 조업정지 처분에 갈음하여 부과할 수 있는 과징금의 최대처분기준은?

① 2억 원
② 3억 원
③ 매출액에 100분의 2
④ 매출액에 100분의 5

34 대기환경보전법상 공익에 현저한 지장을 줄 우려가 있다고 인정되는 경우 등으로 조업정지처분을 갈음하여 행할 수 있는 과징금 처분사항으로 가장 거리가 먼 것은?

① 규정에 따라 징수한 과징금은 환경개선 특별회계의 세입으로 한다.
② 매출액이 없거나 매출액의 산정이 곤란한 경우는 2억 원을 초과하지 아니하는 범위에서 부과한다.
③ 과징금을 부과하는 위반행위의 종류·정도 등에 따른 과징금의 금액과 그 밖에 필요한 사항은 환경부령으로 정한다.
④ 시·도지사는 과징금을 내야 할 자가 납부기한까지 내지 아니하면 「지방세 외 수입금의 징수 등에 관한 법률」에 따라 징수한다.

35 대기환경보전법상 행정처분기준에 따라 발전소의 발전설비 등에 과징금을 부과하고자 할 때, 그 기준에 대한 설명으로 옳은 것은?

① 1일당 부과금액은 500만 원으로 하고, 사업장 규모별 부과계수로서 1종 사업장의 경우는 3.0으로 한다.
② 1일당 부과금액은 500만 원으로 하고, 사업장 규모별 부과계수로서 1종 사업장의 경우는 2.0으로 한다.
③ 1일당 부과금액은 300만 원으로 하고, 사업장 규모별 부과계수로서 1종 사업장의 경우는 3.0으로 한다.
④ 1일당 부과금액은 300만 원으로 하고, 사업장 규모별 부과계수로서 1종 사업장의 경우는 2.0으로 한다.

36 대기배출시설을 설치·운영하는 사업자에 대하여 조업정지를 명하여야 하는 경우로서 그 조업정지가 주민의 생활, 기타 공익에 현저한 지장을 초래할 우려가 있다고 인정되는 경우 조업정지 처분에 갈음하여 과징금을 부과할 수 있다. 이때 과징금의 부과금액 산정 시 적용되지 않는 항목은?

① 조업정지일 수
② 1일당 부과금액
③ 오염물질별 부과금액
④ 사업장 규모별 부과계수

> **해설**

33 조업정지 처분을 갈음하여 매출액에 100분의 5를 곱한 금액을 초과하지 아니하는 범위에서 과징금을 부과할 수 있다.

34 과징금을 부과하는 위반행위의 종류·정도 등에 따른 과징금의 금액과 그 밖에 필요한 사항은 대통령령으로 정한다.

35 ④항이 올바르다. 1일당 부과금액은 300만 원이며, 사업장 규모별 부과계수로서 1종 사업장의 경우는 2.0이다.

36 대기배출시설에 대한 과징금은 행정처분기준에 따라 조업정지 일수에 1일당 부과금액과 사업장 규모별 부과계수를 곱하여 산정한다.

정답 | 33.④ 34.③ 35.④ 36.③

4 비산배출시설 규제 · 자가측정 · 환경기술관리인

(1) 비산배출시설 설치신고 및 자가측정

❈ **비산배출시설의 설치신고**(법 제38조2)
① 대통령령으로 정하는 업종에서 굴뚝 등 환경부령으로 정하는 배출구 없이 대기 중에 대기오염물질을 **직접배출(비산배출)**하는 비산배출시설을 설치·운영하려는 자는 환경부령으로 정하는 바에 따라 **환경부장관**에게 **신고**하여야 한다.
② 신고를 한 자는 신고한 사항 중 환경부령으로 정하는 사항[**규칙 제51조2제③항**]을 변경하는 경우 변경신고를 하여야 한다.
③ 환경부장관은 신고 또는 변경신고를 받은 날부터 **10일 이내**에 신고 또는 변경신고 수리 여부를 신고인에게 통지하여야 한다.
④ 신고 또는 변경신고를 한 자는 시설관리기준의 준수 여부 확인을 위하여 **국립환경과학원, 유역환경청, 지방환경청, 수도권대기환경청** 또는 **한국환경공단** 등으로부터 **정기점검**을 받아야 한다.
⑤ 정기점검의 내용·주기·방법 및 실시기관 등은 환경부령으로 정한다.
⑥ 환경부장관은 시설관리기준을 위반하는 자에게 비산배출되는 대기오염물질을 줄이기 위한 시설의 개선 등 필요한 조치를 명할 수 있다.
⑦ 환경부장관은 신고 또는 변경신고를 한 자 중 중소기업에 해당하는 자에 대하여 예산의 범위에서 정기점검에 필요한 비용의 전부 또는 일부를 지원할 수 있다.

▶ **벌칙** : 제⑥항에 따른 시설개선 등의 조치명령을 이행하지 아니한 자
  ⇨ **5년 이하의 징역 또는 5천만 원 이하의 벌금**
▶ **벌칙** : 제①항에 따른 신고를 하지 아니하고 시설을 설치·운영한 자
  ⇨ **300만 원 이하의 벌금**
▶ **벌칙** : 제④항에 따른 정기점검을 받지 아니한 자 ⇨ **300만 원 이하의 벌금**
▶ **벌칙** : 제②항의 변경신고를 하지 아니한 자 ⇨ **200만 원 이하의 과태료**

▍**환경부령으로 정하는 사항**(규칙 제51조2제③항) : 환경부령으로 정하는 사항이란 다음의 경우를 말한다.
  1. 사업장의 명칭 또는 대표자를 변경하는 경우
  2. 설치·운영 신고를 한 비산배출시설의 규모를 10% 이상 변경하려는 경우
  3. 비산배출시설 관리계획을 변경하는 경우
  4. 오기(誤記), 누락 또는 그 밖에 이에 준하는 사유로서 그 변경 사유가 분명한 경우
  5. 비산배출시설을 임대하는 경우

❈ **자가측정**(법 제39조)
① 사업자가 그 배출시설을 운영할 때에는 나오는 오염물질을 **자가측정**하거나 **측정대행**업자에게 측정하게 하여 그 결과를 사실대로 기록하고, 환경부령으로 정하는 바에 따라 보존[**규칙 제52조제②항**]하여야 한다.

② 사업자는 측정대행업자에게 측정을 하게 하려는 경우의 행위를 하여서는 아니 된다.
  1. 측정결과를 누락하게 하는 행위
  2. 거짓으로 측정결과를 작성하게 하는 행위
  3. 정상적인 측정을 방해하는 행위
③ 사업자는 측정한 결과를 환경부령으로 정하는 바에 따라 환경부장관 또는 시·도지사에게 제출하여야 한다.
④ 측정의 대상, 항목, 방법, 그 밖의 측정에 필요한 사항은 환경부령으로 정한다.

▣ **벌칙** : 제①항의 오염물질을 측정하지 아니한 자 또는 측정결과를 거짓으로 기록하거나 기록·보존하지 아니한 자 ⇨ **5년 이하의 징역 또는 5천만 원 이하의 벌금**

▣ **벌칙** : 제②항의 어느 하나에 해당하는 행위를 한 자
  ⇨ **5년 이하의 징역 또는 5천만 원 이하의 벌금**

▣ **벌칙** : 제③항의 측정결과를 제출하지 아니한 자 ⇨ **300만 원 이하의 과태료**

▮ **자가측정 시 사용한 여과지 및 시료채취기록지의 보존기간**(규칙 제52조제②항) : 자가측정 시 사용한 여과지 및 시료채취기록지의 보존기간은 측정한 날부터 **6개월**로 한다. 자가측정의 대상·항목 및 방법은 [별표 11]과 같다.

▮ **자가측정의 대상·항목 및 방법(규칙 제52조제④항)**[별표 11]
① 관제센터로 측정결과를 **자동전송하지 않는** 사업장의 배출구

구분	배출구별 규모	측정횟수	측정항목
1종	• 먼지·SO_x·NO_x의 연간발생량 합계 → 80톤 이상인 배출구	매주 1회↑	• 배출허용 기준항목 • 비산먼지 제외
2종	• 먼지·SO_x·NO_x의 연간발생량 합계 → 20~80톤 미만인 배출구	매월 2회↑	
3종	• 먼지·SO_x·NO_x의 연간발생량 합계 → 10~20톤 미만인 배출구	2월 1회↑	
4종	• 먼지·SO_x·NO_x의 연간발생량 합계 → 2~10톤 미만인 배출구	반기 1회↑	
5종	• 먼지·SO_x·NO_x의 연간발생량 합계 → 2톤 미만인 배출구	반기 1회↑	

② 관제센터로 측정결과를 **자동전송하는** 사업장 중 굴뚝 **자동측정기기가 미설치**된 배출구(방지시설 후단)

구분	배출구별 규모	측정횟수	측정항목
1종	• 먼지·SO_x·NO_x의 연간발생량 합계 → 80톤 이상인 배출구	2주 1회↑	• 배출허용 기준항목 • 비산먼지 제외
2종	• 먼지·SO_x·NO_x의 연간발생량 합계 → 20~80톤 미만인 배출구	매월 1회↑	
3종	• 먼지·SO_x·NO_x의 연간발생량 합계 → 10~20톤 미만인 배출구	2월 1회↑	
4종	• 먼지·SO_x·NO_x의 연간발생량 합계 → 2~10톤 미만인 배출구	반기 1회↑	
5종	• 먼지·SO_x·NO_x의 연간발생량 합계 → 2톤 미만인 배출구	반기 1회↑	

[비고]
1. 제3종부터 제5종까지의 배출구에서 기준 이상의 **특정대기유해물질**이 배출되는 경우에는 위 표에도 불구하고 **매월 2회 이상** 해당 오염물질에 대하여 자가측정을 하여야 한다.
2. 위 표에도 불구하고 특정대기유해물질 중 **다환방향족탄화수소**에 대해서는 **반기마다 1회 이상** 자가측정을 해야 한다.
3. **방지시설설치면제사업장**은 해당 시설에 대하여 **연 1회 이상** 자가측정을 해야 한다.

4. **황산화물**에 대한 자가측정은 해당 측정대상시설이 중유 등 연료유만을 사용하는 시설인 경우는 연료의 **황함유 분석표**로 갈음할 수 있다.
5. 굴뚝 **자동측정기기를 설치한** 배출구에 대한 자가측정은 자동측정되는 해당 항목에 한정하여 자가측정을 한 것으로 보고, 굴뚝 자동측정기기를 설치하여 먼지항목에 대한 자동측정자료를 전송하는 배출구의 경우는 매연항목에 대해서도 자가측정을 한 것으로 본다.
6. 굴뚝 자동측정기기를 **설치한** 배출구에서 굴뚝 **자동측정기기의 고장** 등으로 배출구별 규모에 따른 측정횟수를 충족하지 못하는 경우에는 **2개월마다 1회** 이상 자가측정을 하여야 한다.
7. **먼지만 배출되는 시설**로서 **여과집진시설**을 설치한 배출시설은 시설의 규모에 관계없이 **반기마다 1회 이상**, 여과집진시설 외의 방지시설을 설치한 사업장 중 **월 2회 이상 측정**하여야 하는 배출시설은 **2개월마다 1회 이상** 측정할 수 있다.
8. 시·도지사가 질소산화물이 항상 배출허용기준 이하로 배출된다는 것을 인정한 배출시설에 방지시설 중 연소조절에 의한 시설(**저녹스 버너**)을 설치한 경우에는 질소산화물에 대하여 자가측정을 생략할 수 있다.

(2) 환경기술인

❀ 환경기술인(법 제40조)

① 사업자는 배출시설과 방지시설의 정상적인 운영·관리를 위하여 환경기술인을 임명하여야 한다.
② 환경기술인은 그 배출시설과 방지시설에 종사하는 자가 이 법 또는 이 법에 따른 명령을 위반하지 아니하도록 지도·감독하고, 배출시설 및 방지시설의 운영결과를 기록·보관하여야 하며, 사업장에 상근하는 등 환경부령으로 정하는 준수사항[**시행령 제54조**]을 지켜야 한다.
③ 사업자는 환경기술인이 준수사항을 철저히 지키도록 감독하여야 한다.
④ 사업자 및 배출시설과 방지시설에 종사하는 자는 배출시설과 방지시설의 정상적인 운영·관리를 위한 환경기술인의 업무를 방해하여서는 아니 되며, 그로부터 업무수행을 위하여 필요한 요청을 받은 경우에 정당한 사유가 없으면 그 요청에 따라야 한다.
⑤ 환경기술인을 두어야 할 사업장의 범위, 환경기술인의 자격기준, 임명(바꾸어 임명하는 것을 포함) 기간은 대통령령으로 정한다.[**시행령 제39조**]

▶ **벌칙** : 환경기술인의 업무를 방해하거나 환경기술인의 요청을 정당한 사유 없이 거부한 자 ⇨ **200만 원 이하의 벌금**

▶ **벌칙** : 환경기술인을 임명하지 아니한 자 ⇨ **300만 원 이하의 과태료**

▎환경기술인의 준수사항 및 관리사항(시행령 제54조)

① **환경기술인의 준수사항**은 다음과 같다.
   1. 배출시설 및 방지시설을 정상가동하여 대기오염물질 등의 배출이 배출허용기준에 맞도록 할 것
   2. 배출시설 및 방지시설의 운영기록을 사실에 기초하여 작성할 것
   3. 자가측정은 정확히 할 것(자가측정 대행하는 경우도 같음)
   4. 자가측정한 결과를 사실대로 기록할 것(자가측정 대행하는 경우도 같음)

5. 자가측정 시에 사용한 여과지는 시료채취기록지와 함께 날짜별로 보관·관리할 것
   6. 환경기술인은 사업장에 상근할 것
② 환경기술인의 관리사항은 다음과 같다.
   1. 배출시설 및 방지시설의 관리 및 개선에 관한 사항
   2. 배출시설 및 방지시설의 운영에 관한 기록부의 기록·보존에 관한 사항
   3. 자가측정 및 자가측정한 결과의 기록·보존에 관한 사항
   4. 그 밖에 환경오염방지를 위하여 유역환경청장, 지방환경청장, 수도권대기환경청장 또는 시·도지사가 지시하는 사항

▶ 벌칙 : 환경기술인의 준수사항을 지키지 아니한 자 ⇨ **100만 원 이하의 과태료**

환경기술인의 자격기준 및 임명기간(시행령 제39조)

① 사업자가 환경기술인을 임명하려는 경우에는 다음의 구분에 따른 기간에 임명하여야 한다.
   1. **최초**로 배출시설을 설치한 경우에는 가동개시 신고를 할 때
   2. 환경기술인을 **바꾸어 임명**하는 경우에는 그 사유가 발생한 날부터 **5일 이내**. 다만, 환경**기사 1급 또는 2급 이상**의 자격이 있는 자를 임명하여야 하는 사업장으로서 **5일 이내**에 채용할 수 없는 부득이한 사정이 있는 경우에는 **30일의 범위**에서 **4종·5종** 사업장의 기준에 준하여 환경기술인을 임명할 수 있다.
② 사업장별로 두어야 하는 환경기술인의 자격기준은 **별표 10**과 같다.

[별표 10] 사업장별 환경기술인의 자격기준

구 분	환경기술인의 자격기준
1종 사업장(80톤 이상)	• 대기환경기사 이상의 기술자격 소지자 1명 이상
2종 사업장(연간 20~80톤 미만)	• 대기환경산업기사 이상의 기술자격 소지자 1명 이상
3종 사업장(연간 10~20톤 미만)	• 대기환경산업기사 이상의 기술자격 소지자, 환경기능사 또는 3년 이상 대기분야 환경관련 업무에 종사한 자 1명 이상
4종 사업장(연간 2~10톤 미만)	• 배출시설 설치허가를 받거나 배출시설 설치신고가 수리된 자 또는 배출시설 설치허가를 받거나 수리된 자가 해당 사업장의 배출시설 및 방지시설 업무에 종사하는 피고용인 중에서 임명하는 자 1명 이상
5종 사업장(1종~4종 사업장 이외)	

[비고]
1. 4종 사업장과 5종 사업장 중 특정대기유해물질이 포함된 오염물질을 배출하는 경우에는 3종 사업장에 해당하는 기술인을 두어야 한다.
2. 1종 사업장과 2종 사업장 중 1개월 동안 실제 작업한 날만을 계산하여 1일 평균 17시간 이상 작업하는 경우에는 해당 사업장의 기술인을 각각 2명 이상 두어야 한다. 이 경우, 1명을 제외한 나머지 인원은 3종 사업장에 해당하는 기술인 또는 환경기능사로 대체할 수 있다.
3. 공동방지시설에서 각 사업장의 대기오염물질 발생량의 합계가 4종 사업장과 5종 사업장의 규모에 해당하는 경우에는 3종 사업장에 해당하는 기술인을 두어야 한다.
4. 전체 배출시설에 대하여 방지시설 설치면제를 받은 사업장과 배출시설에서 배출되는 오염물질 등을 공동방지시설에서 처리하는 사업장은 5종 사업장에 해당하는 기술인을 둘 수 있다.

5. 대기환경기술인이 「수질 및 수생태계 보전에 관한 법률」에 따른 수질환경기술인의 자격을 갖춘 경우에는 수질환경기술인을 겸임할 수 있으며, 대기환경기술인이 「소음·진동관리법」에 따른 소음·진동환경기술인 자격을 갖춘 경우에는 소음·진동환경기술인을 겸임할 수 있다.
6. 배출시설 중 일반보일러만 설치한 사업장과 대기오염물질 중 먼지만 발생하는 사업장은 5종 사업장에 해당하는 기술인을 둘 수 있다.
7. 대기오염물질 발생량이란 방지시설을 통과하기 전의 먼지, 황산화물 및 질소산화물의 발생량을 환경부령으로 정하는 방법에 따라 산정한 양을 말한다.

엄선 예상문제

01 대통령령으로 정하는 업종에서 배출구 없이 대기 중에 대기오염물질을 직접 배출(비산배출)하는 비산배출시설을 설치·운영하는 자는 환경부령으로 정하는 시설관리기준을 지켜야 하는데, 시설관리기준을 위반하여 시설의 개선 등 필요한 조치명령을 지키지 아니한 자에 대한 벌칙기준은?

① 500만 원 이하의 벌금에 처한다.
② 7년 이하 징역-1억 원 이하의 벌금에 처한다.
③ 1년 이하 징역-1천만 원 이하의 벌금에 처한다.
④ 5년 이하 징역-5천만 원 이하의 벌금에 처한다.

02 먼지·황산화물·질소산화물의 연간 발생량 합계가 20톤 이상 80톤 미만인 시설의 경우의 자가측정횟수 기준은?(단, 관제센터로 자동 전송하는 사업장, 굴뚝자동측정기기 미설치)

① 주 1회 이상
② 월 1회 이상
③ 매 2월 1회 이상
④ 매분기 1회 이상

03 대기환경보전법상 먼지·황산화물 및 질소산화물의 연간 발생량 합계가 18톤인 시설의 자가측정횟수 기준은?(단, 특정대기유해물질이 배출되지 않으며, 관제센터로 측정결과를 자동전송하지 않는 사업장)

① 매주 1회 이상
② 분기마다 1회 이상
③ 1개월마다 2회 이상
④ 2개월마다 1회 이상

04 환경기술인의 준수사항과 가장 거리가 먼 것은?

① 배출시설 및 방지시설의 운영기록을 사실에 기초하여 작성해야 한다.
② 자가측정 시 사용한 여과지는 시료채취 기록지와 함께 날짜별로 보관·관리하여야 한다.
③ 배출시설, 방지시설을 정상가동하여 오염물질 배출이 배출허용기준에 맞도록 하여야 한다.
④ 기업활동 규제완화에 대한 특별조치법상 환경기술인을 공동으로 임명한 경우라도 당해 환경기술인은 해당 사업장에 번갈아 근무해서는 안 된다.

▶ 해설

01 비산배출시설의 설치·운영자가 대기오염물질을 줄이기 위한 시설의 개선 등 필요한 조치를 명령을 위반한 경우 5년 이하의 징역 또는 5천만 원 이하의 벌금에 처한다.

02 먼지·황산화물·질소산화물의 연간 발생량 합계가 20톤 이상 80톤 미만인 배출구는 2종 배출구에 해당하며 굴뚝자동측정기기가 미설치된 시설이므로 매월 1회 이상 자가측정하여야 한다.

03 먼지·황산화물 및 질소산화물의 연간 발생량 합계가 18톤인 시설의 경우 3종 시설에 해당하므로 자가측정은 2개월마다 1회 이상 측정하여야 한다.

04 환경기술인의 준수사항은 ①, ②, ③항 이외에 자가측정은 정확히 할 것(자가측정 대행하는 경우도 같음), 자가측정한 결과를 사실대로 기록할 것(자가측정 대행하는 경우도 같음), 환경기술인은 사업장에 상근할 것 등이다.

정답 ┃ 1.④ 2.② 3.④ 4.④

05 제3종 배출구의 측정횟수 기준으로 옳은 것은?(단, 관제센터로 자동전송하지 않으며 특정대기유해물질이 배출되지 않음)
① 매주 1회 이상
② 매월 2회 이상
③ 반기마다 1회 이상
④ 2개월마다 1회 이상

06 먼지·황산화물 및 질소산화물의 연간 발생량의 합계가 80톤 이상인 사업장 배출구의 자가측정횟수 기준은?(단, 관제센터로 측정결과를 자동전송하지 않음)
① 매일 1회 이상
② 매주 1회 이상
③ 매월 2회 이상
④ 2개월마다 1회 이상

07 대기환경보전법상 2개월마다 1회 이하 측정하여야 할 시설 중 특정유해물질이 포함된 대기오염물질을 배출하는 경우의 자가측정횟수 기준으로 옳은 것은?
① 주 1회 이상   ② 월 1회 이상
③ 월 2회 이상   ④ 주 1회~월 1회 이상

08 사업장 배출시설은 자가측정에 관한 기록을 일정기간 동안 보존해야 하는데, 측정 시 사용한 여과지 및 시료채취기록지의 보존기간 기준으로 옳은 것은?
① 측정한 날부터 3개월로 한다.
② 측정한 날부터 6개월로 한다.
③ 측정한 날부터 1년으로 한다.
④ 측정한 날부터 3년으로 한다.

09 사업자가 배출시설을 운영할 때 배출되는 오염물질을 자가측정하거나 측정대행업자로 하여금 측정하게 하고, 그 결과를 사실대로 기록·보존하여야 한다. 자가측정에 대한 다음 설명 중 알맞은 것은?
① 비산먼지는 자가측정대상 오염물질에서 제외된다.
② 방지시설설치면제사업장은 자가측정을 생략할 수 있다.
③ 자가측정 기록은 최종기재일부터 1년 이상 보관하여야 한다.
④ 관제센터로 측정결과를 자동전송하지 않는 사업장의 배출구의 경우 제1종 배출구의 측정횟수 기준은 매월 2회 이상이다.

> **해설**

05 제3종 배출구(먼지·SO_x·NO_x의 연간 발생량 합계 10~20톤 미만인 배출구)로서 관제센터로 자동전송하지 않으며, 특정대기유해물질이 배출되지 않는 경우 2개월마다 1회 이상 자가측정하여야 한다.

06 먼지·황산화물 및 질소산화물의 연간 발생량의 합계가 80톤 이상인 사업장은 1종 배출구에 해당하며 관제센터로 측정결과를 자동전송하지 않는 사업장이므로 매주월 1회 이상 자가측정하여야 한다.

07 2개월마다 1회 이하 측정하여야 할 시설은 3종 배출구에 해당한다. 제3종부터 제5종까지의 배출구에서 기준 이상의 특정대기유해물질이 배출되는 경우에는 매월 2회 이상 해당 오염물질에 대하여 자가측정을 하여야 한다.

08 사업장 배출시설은 자가측정 시 사용한 여과지 및 시료채취기록지의 보존기간은 측정한 날부터 6개월이다.

09 ①항만 올바르다. 비산먼지는 자가측정대상 오염물질에서 제외된다.
　▶바르게 고쳐보기◀
② 방지시설설치면제사업장은 해당 시설에 대하여 연 1회 이상 자가측정을 해야 한다.
③ 자가측정 기록은 최종기재일부터 6개월간 보관하여야 한다.
④ 관제센터로 측정결과를 자동전송하지 않는 사업장의 배출구의 경우 제1종 배출구의 측정횟수기준은 매주 1회 이상이다.

정답 | 5.④ 6.② 7.③ 8.② 9.①

10 대기환경보전법상 굴뚝자동측정기기의 부착대상 배출시설, 측정항목, 부착면제, 부착시기 및 부착유예기준에 관한 설명으로 옳지 않은 것은?

① 표준산소농도가 적용되는 시설에 대해서는 산소측정기를 부착하여야 한다.
② 증발시설 중 진공증발시설 및 배출가스를 회수하여 응축하는 시설은 부착대상 배출시설에서 제외한다.
③ 부착대상 배출시설의 범위 중 증착·식각시설 및 산(酸)처리시설의 "연속식"이란 연속적으로 작업이 가능한 구조로서 시설의 가동시간이 1일 16시간 이상인 시설을 말한다.
④ 같은 배출시설에 2개 이상의 배출구를 설치한 경우에는 배출구별로 방지시설의 용량을 합산하여, 이 경우 방지시설의 용량은 표준상태(0℃, 1기압)로 환산한 값을 적용한다.

11 대기환경보전법상 배출시설과 방지시설의 운영상황에 관한 기록을 보존하지 아니하거나 거짓으로 기록한 자에 대한 과태료 부과기준으로 옳은 것은?

① 100만 원 이하의 과태료를 부과한다.
② 200만 원 이하의 과태료를 부과한다.
③ 300만 원 이하의 과태료를 부과한다.
④ 500만 원 이하의 과태료를 부과한다.

12 대기환경보전법령상 환경기술인의 임명신고에 관한 사항이다. ( ) 안에 가장 적합한 것은?

> 사업자가 환경기술인을 임명하려는 경우에는 다음 각 호의 구분에 따른 기간에 임명신고를 하여야 한다.
> 1. 최초배출시설 설치 시 (Ⓐ)
> 2. 환경기술인을 바꾸어 임명하는 경우에는 그 사유가 발생한 날부터 (Ⓑ). 다만, 환경기사 또는 환경산업기사 이상의 자격이 있는 자를 임명하여야 하는 사업장으로서 (Ⓑ)에 채용할 수 없는 부득이한 사정이 있는 경우에는 (Ⓒ)에서 4종·5종 사업장의 기준에 준하여 환경기술인을 임명할 수 있다.

① Ⓐ 가동개시 신고를 할 때, Ⓑ 5일 이내, Ⓒ 30일의 범위
② Ⓐ 가동개시 신고를 할 때, Ⓑ 10일 이내, Ⓒ 30일의 범위
③ Ⓐ 가동개시 신고 후 5일 이내, Ⓑ 10일 이내, Ⓒ 60일의 범위
④ Ⓐ 가동개시 신고 후 5일 이내, Ⓑ 15일 이내, Ⓒ 60일의 범위

13 자가측정 항목이 아닌 것은?

① 먼지　　② 매연
③ 황산화물　　④ 비산먼지

> **해설**
>
> **10** "연속식"이란 연속적으로 작업이 가능한 구조로서 시설의 가동시간이 1일 8시간 이상인 시설을 말한다.
> **11** 사업자는 조업을 할 때 환경부령으로 정하는 바에 따라 그 배출시설과 방지시설의 운영에 관한 상황을 사실대로 기록하여 보존하여야 한다. 이때 배출시설 등의 운영상황에 관한 기록을 보존하지 아니하거나 거짓으로 기록한 자는 500만 원 이하의 과태료를 부과한다.
> **12** 사업자가 환경기술인을 임명하려는 경우에는 최초로 배출시설을 설치한 경우에는 가동개시 신고를 할 때, 환경기술인을 바꾸어 임명하는 경우에는 그 사유가 발생한 날부터 5일 이내. 다만, 환경기사 1급 또는 2급 이상의 자격이 있는 자를 임명하여야 하는 사업장으로서 5일 이내에 채용할 수 없는 부득이한 사정이 있는 경우에는 30일의 범위에서 4종·5종 사업장의 기준에 준하여 환경기술인을 임명할 수 있다.
> **13** 자가측정 항목은 배출허용기준 항목이며, 비산먼지는 제외된다.

정답 ┃ 10.③　11.④　12.①　13.④

14 대기환경보전법령상 사업장별 환경기술인 자격기준에 관한 설명으로 옳지 않은 것은?

① 대기오염물질 배출시설 중 일반보일러만 설치한 사업장은 5종 사업장에 해당하는 기술인을 둘 수 있다.
② 2종 사업장(대기오염물질 발생량의 합계가 연간 20톤 이상 80톤 미만인 사업장)의 환경기술인 자격기준은 대기환경산업기사 이상의 기술자격 소지자 1명 이상이다.
③ 대기환경기술인이 수질환경기술인의 자격을 갖춘 경우에는 수질환경기술인을 겸임할 수 있으며, 대기환경기술인이 소음·진동환경기술인 자격을 갖춘 경우에는 소음·진동환경기술인을 겸임할 수 있다.
④ 1종 사업장과 2종 사업장 중 1개월 동안 실제 작업한 날만을 계산하여 1일 평균 12시간 이상 작업하는 경우에는 해당 사업장의 기술인을 각각 2명 이상 두어야 한다. 이 경우, 1명을 제외한 나머지 인원은 4종 사업장에 해당하는 기술인으로 대체할 수 있다.

15 환경기술인을 두어야 할 사업장의 범위 및 환경기술인의 자격기준, 임명기간은 무엇으로 정하는가?

① 환경부령   ② 총리령
③ 대통령령   ④ 시·도지사령

16 사업장별 환경기술인의 자격기준에 관하여 ( ) 안에 알맞은 것은?

> 1종~2종 사업장 중 1개월 동안 실제 작업한 날만을 계산하여 (Ⓐ) 작업하는 경우에는 해당 사업장의 기술인을 각각 (Ⓑ) 두어야 한다. 이 경우, 1명을 제외한 나머지 인원은 3종 사업장에 해당하는 기술인 또는 환경기능사로 대체할 수 있다.

① Ⓐ 1일 평균 15시간 이상 Ⓑ 1명씩
② Ⓐ 1일 평균 17시간 이상 Ⓑ 1명씩
③ Ⓐ 1일 평균 15시간 이상 Ⓑ 2명 이상
④ Ⓐ 1일 평균 17시간 이상 Ⓑ 2명 이상

17 환경기술인의 준수사항으로 거리가 먼 것은?

① 사업장에 상근할 것
② 자가측정한 결과를 사실대로 기록할 것
③ 배출시설 및 방지시설을 정상가동하여 대기오염물질 배출이 배출허용기준에 맞도록 할 것
④ 배출시설의 양도·양수, 설치허가(신고), 변경허가(신고) 등에 관한 업무일지를 사실에 기초하여 작성할 것

> **해설**

14 ④항 1종 사업장과 2종 사업장 중 1개월 동안 실제 작업한 날만을 계산하여 1일 평균 17시간 이상 작업하는 경우에는 해당 사업장의 기술인을 각각 2명 이상 두어야 한다. 이 경우, 1명을 제외한 나머지 인원은 3종 사업장에 해당하는 기술인 또는 환경기능사로 대체할 수 있다.

15 환경기술인을 두어야 할 사업장의 범위, 환경기술인의 자격기준, 임명(바꾸어 임명하는 것을 포함) 기간은 대통령령으로 정한다.

16 1종 사업장과 2종 사업장 중 1개월 동안 실제 작업한 날만을 계산하여 1일 평균 17시간 이상 작업하는 경우에는 해당 사업장의 기술인을 각각 2명 이상 두어야 한다. 이 경우, 1명을 제외한 나머지 인원은 3종 사업장에 해당하는 기술인 또는 환경기능사로 대체할 수 있다.

17 환경기술인의 준수사항은 ①, ②, ③항 이외에 배출시설 및 방지시설의 운영기록을 사실에 기초하여 작성할 것, 자가측정은 정확히 할 것(자가측정 대행하는 경우도 같음), 자가측정 시에 사용한 여과지는 시료채취기록지와 함께 날짜별로 보관·관리할 것 등이다.

정답 ┃ 14.④ 15.③ 16.④ 17.④

18 대기환경보전법규상 환경기술인의 준수사항과 가장 거리가 먼 것은?

① 자가측정은 정확히 할 것
② 자가측정한 결과를 사실대로 기록할 것
③ 자가측정기록부를 보관기간 동안 보전할 것
④ 자가측정 시 사용한 여과지는 환경오염공정시험기준에 따라 기록한 시료채취 기록지와 함께 날짜별로 보관·관리할 것

19 대기환경보전법상 환경기술인의 관리사항인 것은?

① 정확한 자가측정
② 배출시설 및 방지시설의 관리 및 개선
③ 배출시설 및 방지시설의 운영에 관한 업무일지를 사실에 기초하여 작성
④ 배출시설 및 방지시설을 정상가동하여 오염물질의 배출이 배출허용기준에 적합하도록 할 것

20 환경기술인을 임명하지 아니한 자에 대한 벌칙기준은?

① 300만 원 이하의 벌금
② 300만 원 이하의 과태료
③ 200만 원 이하의 과태료
④ 100만 원 이하의 과태료

21 대기환경보전법령상 사업장별 환경기술인의 자격기준에 관한 사항으로 가장 적합한 것은?

① 전체 배출시설에 대하여 방지시설 설치면제를 받은 사업장이라도 해당 종별에 해당하는 환경기술인을 두어야 한다.
② 5종 사업장 중 특정대기물질이 포함된 오염물질을 배출하는 경우에는 4종 사업장에 해당하는 환경기술인을 두어야 한다.
③ 대기환경기술인이『수질 및 수생태계 보전에 관한 법률』에 따른 수질환경기술인의 자격을 갖춘 경우에는 수질환경기술인을 겸임할 수 있다.
④ 1종 및 2종 사업장 중 1월 동안 실제 작업한 날만을 계산하여 1일 평균 12시간 이상 작업하는 경우에는 해당 사업장의 환경기술인을 각 2인 이상 두어야 하며, 이 경우, 1인을 제외한 나머지 인원은 4종 사업장에 해당하는 기술인으로 대체할 수 있다.

> **해설**

18 환경기술인의 준수사항은 ①, ②, ④항 이외에 배출시설 및 방지시설을 정상가동하여 대기오염물질 등의 배출이 배출허용기준에 맞도록 할 것, 배출시설 및 방지시설의 운영기록을 사실에 기초하여 작성할 것, 환경기술인은 사업장에 상근할 것 등이다.

19 환경기술인의 관리사항은 ②항이다. 나머지는 준수사항이다.

20 환경기술인을 임명하지 아니한 자는 300만 원 이하의 과태료에 처하게 된다.

21 ③항이 올바르다.

　　▶바르게 고쳐보기◀
　　① 전체 배출시설에 대하여 방지시설 설치면제를 받은 사업장과 배출시설에서 배출되는 오염물질 등을 공동방지시설에서 처리하는 사업장은 5종 사업장에 해당하는 기술인을 둘 수 있다.
　　② 4종 사업장과 5종 사업장 중 특정대기유해물질이 포함된 오염물질을 배출하는 경우에는 3종 사업장에 해당하는 기술인을 두어야 한다.
　　④ 1종 사업장과 2종 사업장 중 1개월 동안 실제 작업한 날만을 계산하여 1일 평균 17시간 이상 작업하는 경우에는 해당 사업장의 기술인을 각각 2명 이상 두어야 한다. 이 경우, 1명을 제외한 나머지 인원은 3종 사업장에 해당하는 기술인 또는 환경기능사로 대체할 수 있다.

정답 ┃ 18.③　19.②　20.②　21.③

22 관계공무원의 오염물질 채취를 위한 출입·검사를 거부·방해 또는 기피한 자에 대한 벌칙기준은?

① 300만 원 이하의 벌금
② 200만 원 이하의 벌금
③ 200만 원 이하의 과태료
④ 1년 이하 징역 1,000만 원 이하의 벌금

23 사업장별 환경기술인의 자격기준에 관한 사항으로 거리가 먼 것은?

① 대기오염물질 발생량이란 방지시설을 통과하기 전의 발생량을 환경부령으로 정하는 방법에 따라 산정한 양을 말한다.
② 4종 및 5종 사업장 중 특정대기유해물질이 포함된 오염물질을 배출하는 경우에는 3종 사업장에 해당하는 기술인을 두어야 한다.
③ 1종 및 2종 사업장 중 1개월 동안 실제 작업한 날만을 계산하여 1일 평균 17시간 이상 작업하는 경우에는 기술인을 각각 2명 이상 두어야 한다.
④ 전체 배출시설에 대하여 방지시설 설치면제를 받는 사업장과 배출시설에서 배출되는 오염물질 등을 공동방지시설에서 처리하는 사업장은 3종 사업장에 해당하는 기술인을 두어야 한다.

24 환경기술인의 자격기준으로 옳지 않은 것은?

① 대기환경기술인이 「소음·진동관리법」에 따른 소음·진동환경기술인자격을 갖춘 경우에는 소음·진동환경기술인을 겸임할 수 있다.
② 배출시설 중 일반보일러만 설치한 사업장과 대기오염물질 중 먼지만 발생하는 사업장은 5종 사업장에 해당하는 기술인을 둘 수 있다.
③ 1종 사업장과 2종 사업장 중 1개월 동안 실제 작업한 날만을 계산하여 1일 평균 17시간 이상 작업하는 경우에는 해당 사업장의 기술인을 각각 2명 이상 두어야 한다.
④ 3종 사업장의 경우에는 배출시설 설치허가를 받은 자가 해당 사업장의 배출시설 및 방지시설 업무에 종사하는 피고용인 중에서 임명하는 자 1명 이상을 환경기술인으로 둔다.

25 4종 및 5종 사업장 중 특정대기유해물질이 포함된 오염물질이 배출되는 경우, 환경기술인의 자격요건은?

① 환경기능사
② 피고용인 중에서 임명하는 자
③ 2년 이상 대기분야 환경관리업무에 종사한 자
④ 1년 이상 대기분야 환경관리업무에 종사한 자

> **해설**

22 환경부장관, 시·도지사 및 시장·군수·구청장은 관계 공무원으로 하여금 해당 시설이나 사업장 등에 출입하여 배출허용기준 준수 여부, 측정기기의 정상운영 여부, 시설관리기준 준수 여부, 냉매 회수 등에서 냉매관리기준 준수 여부를 확인하기 위하여 오염물질을 채취하거나 관계 서류, 시설, 장비 등을 검사하게 할 수 있다. 이때 관계 공무원의 출입·검사를 거부·방해, 기피한 자는 1년 이하의 징역이나 1,000만 원 이하의 벌금에 처하게 된다.

23 전체 배출시설에 대하여 방지시설 설치면제를 받은 사업장과 배출시설에서 배출되는 오염물질 등을 공동방지시설에서 처리하는 사업장은 5종 사업장에 해당하는 기술인을 둘 수 있다.

24 4종, 5종 사업장은 배출시설 설치허가를 받거나 배출시설 설치신고가 수리된 자 또는 배출시설 설치허가를 받거나 수리된 자가 해당 사업장의 배출시설 및 방지시설 업무에 종사하는 피고용인 중에서 임명하는 자 1명 이상을 환경기술인을 두어야 한다.

25 4종 사업장과 5종 사업장 중 특정대기유해물질이 포함된 오염물질을 배출하는 경우에는 3종 사업장에 해당하는 기술인(환경기능사 이상)을 두어야 한다.

정답 | 22.④ 23.④ 24.④ 25.①

26 환경기술인의 준수사항에 해당하지 않는 것은?

① 자가측정은 정확히 할 것
② 배출시설 및 방지시설의 운영기록을 사실에 기초하여 작성할 것
③ 배출시설 및 방지시설의 관리 및 개선에 관한 계획을 수립할 것
④ 자가측정 시에 사용한 여과지는 환경분야 시험·검사 등에 관한 법률에 따른 환경오염공정시험기준에 따라 기록한 시료채취 기록지와 함께 날짜별로 보관·관리할 것

27 대기환경보전법상 환경기술인을 고용한 자는 환경부령으로 정하는 바에 따라 환경부장관 등이 실시하는 교육을 받게 하여야 한다. 다음 중 환경기술인 등의 교육을 받게 하지 아니한 자에 대한 과태료 부과기준은?

① 50만 원 이하의 과태료를 부과한다.
② 800만 원 이하의 과태료를 부과한다.
③ 200만 원 이하의 과태료를 부과한다.
④ 100만 원 이하의 과태료를 부과한다.

> **해설**

26 환경기술인의 준수사항은 ①, ②, ④항 이외에 배출시설 및 방지시설을 정상가동하여 대기오염물질 등의 배출이 배출허용기준에 맞도록 할 것, 자가측정한 결과를 사실대로 기록할 것(자가측정 대행하는 경우도 같음), 환경기술인은 사업장에 상근할 것 등이다.

27 환경기술인 등의 교육을 받게 하지 아니한 자는 100만 원 이하의 과태료 처분을 받게 된다.

정답 | 26.③ 27.④

Chapter 03 생활환경상 오염물질 배출규제

출제기준	적용기간 : 2020.1.1~2024.12.31

Chapter 3. 생활환경상 오염물질 배출규제

기사	산업기사
1. 총칙(목적·용어·환경기준·계획 등) 2. 사업장 오염물질 배출규제 3. 생활환경상 오염물질 배출규제 4. 자동차·선박 등 배출가스의 규제 5. 보칙, 기타 대기환경관계법규	1. 총칙(목적·용어·환경기준·계획 등) 2. 사업장 오염물질 배출규제 3. 생활환경상 오염물질 배출규제 4. 자동차·선박 등 배출가스의 규제 5. 보칙, 기타 대기환경관계법규

(1) 연료규제

❀ **연료용 유류 및 그 밖의 연료의 황함유 기준**(법 제41조)

① **환경부장관**은 연료용 유류 및 그 밖의 연료에 대하여 관계 중앙행정기관의 장과 협의하여 그 종류별로 **황함유 기준** [별표]을 정할 수 있다.

② 환경부장관은 황함유 기준이 정하여진 연료는 대통령령으로 정하는 바에 따라 그 공급지역과 사용시설의 범위를 정하고 관계 중앙행정기관의 장에게 지역별 또는 사용시설별로 필요한 연료의 공급을 요청할 수 있다.

③ 공급지역 또는 사용시설에 연료를 공급·판매하거나 같은 지역 또는 시설에서 연료를 사용하려는 자는 황함유 기준을 초과하는 연료를 공급·판매하거나 사용하여서는 아니 된다. 다만, 황함유 기준을 초과하는 연료를 사용하는 배출시설로서 환경부령으로 정하는[**규칙 제55조**] 바에 따라 배출시설 설치의 허가 또는 변경허가를 받거나 신고 또는 변경신고를 한 경우에는 황함유 기준을 초과하는 연료를 공급·판매하거나 사용할 수 있다.

④ 시·도지사는 공급지역이나 사용시설에 황함유 기준을 초과하는 연료를 공급·판매하거나 사용하는 자에 대하여 대통령령으로 정하는 바[**시행령 제40조**]에 따라 그 연료의 공급·판매 또는 사용을 금지 또는 제한하거나 필요한 조치를 명할 수 있다.

▶ **벌칙** : 제④항에 따른 연료사용 제한조치 등의 명령을 위반한 자
  ⇨ **5년 이하의 징역 또는 5천만 원 이하의 벌금**

▶ **벌칙** : 황함유 기준을 초과하는 연료를 공급·판매한 자
  ⇨ **3년 이하의 징역 또는 3천만 원 이하의 벌금**

▶ **벌칙** : 황함유 기준을 초과하는 연료를 사용한 자
⇨ 1년 이하의 징역 또는 1천만 원 이하의 벌금

연료용 유류 등의 황함유 기준(고시)

구 분		황함유 기준
유류	중유 (벙커-A, 벙커-B, 벙커-C)	0.3% 이하 0.5% 이하 1.0% 이하
	경유	0.1% 이하
	등유	0.01% 이하
	저황왁스유(LSWR)	0.3% 이하
	부생연료유 1호(등유형)	0.1% 이하
	부생연료유 2호(중유형)	0.2% 이하
석탄	유연탄	0.3% 이하
	무연탄	0.5% 이하

저황유 외 연료사용 시 제출서류(규칙 제55조)
시·도지사에게 제출하여야 하는 서류는 다음과 같다. 다만, 배출시설의 설치허가, 변경허가, 설치신고 또는 변경신고 시 제출하여야 하는 서류와 동일한 서류는 제외한다.
1. 사용연료량 및 성분 분석서
2. 연료사용시설 및 방지시설의 설치명세서
3. 저황유 외의 연료를 사용할 때의 황산화물 배출농도 및 배출량 등을 예측한 명세서

저황유의 사용(시행령 제40조)
① 시·도지사는 황함유 기준에 부적합한 유류를 공급하거나 판매하는 자에게는 유류의 공급금지 또는 판매금지와 그 유류의 회수처리를 명하여야 하며, 유류를 사용하는 자에게는 사용금지를 명하여야 한다.
② 유류의 **회수처리명령** 또는 **사용금지명령**을 받은 자는 명령을 받은 날부터 **5일 이내**에 다음의 사항을 구체적으로 밝힌 이행완료보고서를 시·도지사에게 제출하여야 한다.
1. 해당 유류의 공급기간 또는 사용기간과 공급량 또는 사용량
2. 해당 유류의 회수처리량, 회수처리방법 및 회수처리기간
3. 저황유의 공급 또는 사용을 증명할 수 있는 자료 등에 관한 사항

저황유 외의 연료사용(시행령 제41조)
환경부장관 또는 시·도지사는 저황유 공급지역의 사용시설 중 다음의 시설에서는 저황유 외의 연료를 사용하게 할 수 있다.
1. 부생가스 또는 환경부장관이 인정하는 폐열을 사용하는 시설
2. 최적의 방지시설을 설치하여 부과금을 면제받은 시설
3. 그 밖에 저황유 외의 연료를 사용하여 배출되는 황산화물이 해당 시설에서 저황유를 사용할 때 적용되는 배출허용기준 이하로 배출되는 시설로서 배출시설의 설치허가 또는 변경허가를 받거나 설치신고 또는 변경신고를 한 시설

- **연료의 제조와 사용 등의 규제**(법 제42조) : 환경부장관 또는 시·도지사는 연료의 사용으로 인한 대기오염을 방지하기 위하여 특히 필요하다고 인정하면 관계 중앙행정기관의 장과 협의하여 대통령령으로 정하는 바에 따라[**시행령 제42조**] 그 연료를 제조·판매하거나 사용하는 것을 금지 또는 제한하거나 필요한 조치를 명할 수 있다. 다만, 대통령령으로 정하는 바에 따라[**시행령 제43조**] 환경부장관 또는 시·도지사의 **승인**을 받아 그 연료를 사용하는 자에 대하여는 그러하지 아니하다.

  ▶ **벌칙** : 연료사용 제한조치 등의 명령을 위반한 자 ⇨ **300만 원 이하의 벌금**

  ▍**고체연료의 사용금지**(시행령 제42조)
  ① 환경부장관 또는 시·도지사는 연료의 사용으로 인한 대기오염을 방지하기 위하여 고체연료 사용제한지역[**별표 11의 2, 참조**]에 해당하는 지역에 대하여 다음의 고체연료의 사용을 제한할 수 있다. 다만, **땔나무와 숯**의 경우에는 해당 지역 중 그 사용을 특히 금지할 필요가 있는 경우에만 제한할 수 있다.
  1. 석탄류
  2. 코크스(다공질 고체탄소연료)
  3. 땔나무와 숯
  4. 그 밖에 환경부장관이 정하는 폐합성수지 등 가연성 폐기물 또는 이를 가공처리한 연료
  ② 환경부장관 또는 시·도지사는 규제지역에 있는 사업자에게 고체연료의 사용금지를 명하여야 한다. 다만, 다음에 해당하는 시설을 갖춘 사업자의 경우에는 그러하지 아니하다.
  1. 제조공정의 연료용해과정에서 광물성 고체연료가 사용되어야 하는 주물공장·제철공장 등의 용해로 등의 시설
  2. 연소과정에서 발생하는 오염물질이 제품 제조공정 중에 흡수·흡착 등의 방법으로 제거되어 오염물질이 현저하게 감소되는 시멘트·석회석 등의 소성로(燒成爐) 등의 시설
  3. 폐기물처리시설(폐기물 에너지를 이용하는 시설 포함)
  4. 고체연료를 사용하여도 해당 시설에서 배출되는 오염물질이 배출허용기준 이하로 배출되는 시설로서 환경부장관 또는 시·도지사에게 고체연료의 사용을 승인받은 시설 → 환경부령으로 정하는 바에 따라 고체연료 사용승인신청서를 환경부장관 또는 시·도지사에게 제출하여야 함
  ③ 시설의 소유자 또는 점유자가 고체연료를 사용하려면 환경부령으로 정하는 바[**규칙 제56조**]에 따라 고체연료 사용승인신청서를 환경부장관 또는 시·도지사에게 제출하여야 한다.

  ▍**고체연료 사용승인**(규칙 제56조) : 고체연료 사용의 승인을 받으려는 자는 고체연료 사용승인신청서에 다음의 서류를 첨부하여 시·도지사에게 제출(정보통신망을 이용한 제출 포함)하여야 한다.

1. 굴뚝자동측정기기의 설치계획서
2. 고체연료 사용시설의 설치기준에 맞는 시설 설치계획서[**별표 12**]
3. 해당 시설에서 배출되는 대기오염물질이 배출허용기준 이하로 배출된다는 것을 증명할 수 있는 객관적인 문헌이나 시험분석자료

고체연료 사용시설 설치기준 [별표 12]

① 석탄사용시설
1. 배출시설의 굴뚝높이는 **100m 이상**으로 하되, 굴뚝상부 안지름, 배출가스 온도 및 속도 등을 고려한 유효굴뚝높이(굴뚝의 실제 높이에 배출가스의 상승고도를 합산한 높이)가 **440m 이상**인 경우에는 굴뚝높이를 **60m 이상 100m 미만**으로 할 수 있다.
2. 석탄의 수송은 밀폐 이송시설 또는 밀폐통을 이용하여야 한다.
3. 석탄저장은 옥내저장시설(밀폐형 포함) 또는 지하저장시설에 저장하여야 한다.
4. 석탄연소재는 밀폐통을 이용하여 운반하여야 한다.
5. 굴뚝에서 배출되는 아황산가스(SO_2), 질소산화물, 먼지 등의 농도를 확인할 수 있는 기기를 설치하여야 한다.

② 기타 고체연료 사용시설
1. 배출시설의 굴뚝높이는 **20m 이상**이어야 한다.
2. 연료와 그 연소재의 수송은 덮개가 있는 차량을 이용하여야 한다.
3. 연료는 옥내에 저장하여야 한다.
4. 굴뚝에서 배출되는 매연을 측정할 수 있어야 한다.

청정연료의 사용(시행령 제43조)

① 환경부장관 또는 시·도지사는 연료사용에 관한 제한조치에도 불구하고 **청정연료 사용기준**(별표 11의3)에 따른 지역 또는 시설에 대하여는 오염물질이 거의 배출되지 아니하는 **액화천연가스** 및 **액화석유가스** 등 **기체연료**(청정연료) 외의 연료에 대한 사용금지를 명할 수 있다.
② 환경부장관 또는 시·도지사는 석유정제업자 또는 석유판매업자에게 청정연료의 사용대상 시설에 대한 연료용 유류의 공급 또는 판매의 금지를 명하여야 한다.
③ 환경부장관은 연료사용량이 지나치게 많아 청정연료의 수요 및 공급에 미치는 영향이 크거나 에너지 절감으로 인한 대기오염 저감효과가 크다고 인정되는 발전소, 집단에너지 공급시설 및 일정 규모 이하의 열공급시설 등에 대하여는 청정연료 사용기준(별표 11의3)에 따라 청정연료 외의 연료를 사용하게 할 수 있다.

청정연료를 사용하여야 하는 대상시설의 범위-시행령[별표 11의3]

1. 공동주택으로서 동일한 보일러를 이용하여 하나의 단지 또는 여러 개의 단지가 공동으로 열을 이용하는 중앙집중난방방식(지역냉난방방식 포함)으로 열을 공급받고, 단지 내의 모든 세대의 평균 **전용면적이 40.0m² 를 초과**하는 공동주택

2. 지역냉난방사업을 위한 시설. 다만, 지역냉난방사업을 위한 시설 중 발전폐열을 지역냉난방용으로 공급하는 산업용 열병합 발전시설로서 환경부장관이 승인한 시설은 제외한다.
3. 전체 보일러의 시간당 **총증발량이 0.2톤 이상**인 업무용보일러(영업용 및 공공용보일러 포함, 산업용보일러는 제외)
4. 발전시설(산업용 열병합 발전시설 제외)
   ※ 신에너지 및 재생에너지를 사용하는 시설은 제외

(2) 비산먼지 규제

❀ 비산먼지의 규제(법 제43조)

① 비산배출되는 먼지를 발생시키는 사업으로서 대통령령으로 정하는 사업[**시행령 제44조**]을 하려는 자는 환경부령으로 정하는 바[**규칙 제58조**]에 따라 특별자치시장·특별자치도지사·시장·군수·구청장에게 신고하고 비산먼지의 발생을 억제하기 위한 시설을 설치하거나 필요한 조치를 하여야 한다. 이를 변경하려는 경우에도 또한 같다.

② 사업의 **구역이 둘 이상**의 특별자치시·특별자치도·시·군·구에 걸쳐 있는 경우에는 그 사업구역의 **면적이 가장 큰 구역**(사업의 규모를 길이로 신고하는 경우에는 그 **길이**가 가장 긴 구역)을 관할하는 특별자치시장·특별자치도지사·시장·군수·구청장에게 신고하여야 한다.

③ 신고 또는 변경신고를 수리한 특별자치시장·특별자치도지사·시장·군수·구청장은 비산먼지의 발생을 억제하기 위한 시설의 설치 또는 필요한 조치를 하지 아니하거나 그 시설이나 조치가 적합하지 아니하다고 인정하는 경우에는 그 사업을 하는 자에게 필요한 시설의 설치나 조치의 이행 또는 개선을 명할 수 있다.

④ 특별자치시장·특별자치도지사·시장·군수·구청장은 개선명령을 이행하지 아니하는 자에게는 그 **사업을 중지**시키거나 **시설 등의 사용중지** 또는 **제한**하도록 명할 수 있다.

▶ 벌칙 : 제④항에 따른 사용제한 등의 명령을 위반한 자
   ⇨ **1년 이하의 징역 또는 1천만 원 이하의 벌금**

▶ 벌칙 : 제①항 전단에 따른 신고를 하지 아니한 자 ⇨ **300만 원 이하의 벌금**

▶ 벌칙 : 제①항 전단 또는 후단을 위반하여 비산먼지의 발생을 억제하기 위한 시설을 설치하지 아니하거나 필요한 조치를 하지 아니한 자(시멘트·석탄·토사·사료·곡물 및 고철의 분체상 물질을 운송한 자는 제외) ⇨ **300만 원 이하의 벌금**

▶ 벌칙 : 제③항에 따른 비산먼지의 발생을 억제하기 위한 시설의 설치나 조치의 이행 또는 개선명령을 이행하지 아니한 자 ⇨ **300만 원 이하의 벌금**

▶ 벌칙 : 제①항에 따른 비산먼지의 발생억제시설의 설치 및 필요한 조치를 하지 아니하고 시멘트·석탄·토사 등 분체상 물질을 운송한 자 ⇨ **200만 원 이하의 과태료**

▶ 벌칙 : 제①항 후단에 따른 변경신고를 하지 아니한 자 ⇨ **100만 원 이하의 과태료**

▎**비산먼지 발생사업**(시행령 제44조) : 대통령령으로 정하는 사업이란 다음의 사업 중 환경부령으로 정하는 사업을 말한다.
1. 시멘트·석회·플라스터 및 시멘트 관련 제품의 제조업 및 가공업
2. 비금속물질의 채취업, 제조업 및 가공업
3. 제1차 금속 제조업
4. 비료 및 사료제품의 제조업
5. 건설업(지반 조성공사, 건축물 축조공사, 토목공사, 조경공사 및 도장공사로 한정)
6. 시멘트, 석탄, 토사, 사료, 곡물 및 고철의 운송업
7. 운송장비 제조업
8. 저탄시설(貯炭施設)의 설치가 필요한 사업
9. 고철, 곡물, 사료, 목재 및 광석의 하역업 또는 보관업
10. 금속제품의 제조업 및 가공업
11. 폐기물 매립시설 설치·운영 사업

▎**비산먼지 발생사업의 신고**(규칙 제58조)
① 비산먼지 발생사업(시멘트·석탄·토사·사료·곡물·고철의 운송업은 제외)을 하려는 자는 비산먼지 발생사업 신고서를 사업시행 전(건설공사의 경우에는 착공 전)에 특별자치시장·특별자치도지사·시장·군수·구청장에게 제출하여야 하며, 신고한 사항을 변경하려는 경우에는 비산먼지 발생사업 변경신고서를 변경 전에 시장·군수·구청장에게 제출하여야 한다.
② **변경신고를 하여야 하는 경우**는 다음과 같다.
   1. 사업장의 명칭 또는 대표자를 변경하는 경우
   2. 비산먼지 배출공정을 변경하는 경우
   3. 다음에 해당하는 사업 또는 공사의 규모를 늘리거나 그 종류를 추가하는 경우
      • 시멘트제조업(**석회석의 채광·채취 공정**이 포함되는 **경우만** 해당)
      • 시멘트제조 가공업으로 사업의 규모가 신고대상사업 최소 규모의 **10배 이상**인 공사
      • 건설업으로 사업의 규모를 **10퍼센트 이상** 늘리거나 그 종류를 추가하는 경우
   4. 비산먼지 발생억제시설 또는 조치사항을 변경하는 경우
   5. 공사기간을 연장하는 경우(건설공사의 경우에만 해당)
③ 신고를 할 때에 공사지역이 둘 이상의 특별자치시·특별자치도·시·군·구에 걸쳐 있는 건설공사이면 그 공사지역의 면적 또는 길이가 가장 많이 포함되는 지역을 관할하는 시장·군수·구청장에게 신고를 하여야 한다.
④ 비산먼지의 발생을 억제하기 위한 **시설의 설치 및 필요한 조치에 관한 기준**은 시행규칙 제58조-[별표 14 참조]와 같다.
⑤ 시장·군수·구청장은 **다음의 비산먼지 발생사업자**로서 상기 기준(별표 14)을 준수하여도 주민의 건강·재산이나 동식물의 생육에 상당한 위해를 가져올 우려가 있다

고 인정하는 사업자에게는 비산먼지의 발생을 억제하기 위한 시설의 설치 및 필요한 조치에 관한 **엄격한 기준**[별표 15 참조]의 전부 또는 일부 적용할 수 있다.
1. 시멘트 제조업자
2. 콘크리트제품 제조업자
3. 석탄제품 제조업자
4. 건축물 축조공사자
5. 토목공사자

■ 비산먼지 발생을 억제하기 위한 시설의 설치 및 필요한 조치에 관한 기준(별표 14 발췌)

① **수송**(시멘트 · 석탄 · 토사 · 사료 · 곡물 · 고철 운송 등)
  1. 적재함을 최대한 밀폐할 수 있는 덮개를 설치하여 적재물이 외부에서 보이지 아니하고 흘림이 없도록 할 것
  2. 적재함 상단으로부터 5cm 이하까지 적재물을 수평으로 적재할 것
  3. 도로가 비포장 사설도로인 경우 비포장 사설도로로부터 반지름 500m 이내에 10가구 이상의 주거시설이 있을 때는 해당 마을로부터 반지름 1km 이내의 경우에는 포장, 간이포장 또는 살수 등을 할 것
  4. 다음의 어느 하나에 해당하는 시설을 설치할 것
     • 자동식 세륜시설(바퀴 등의 세척시설)
     • 수조를 이용한 세륜시설(넓이 : 수송차량의 1.2배 이상, 깊이 : 20cm 이상, 길이 : 수송차량 2배 이상)
  5. 측면 살수시설을 설치할 것(살수길이 : 수송차량 길이의 1.5배 이상, **살수압** : $3kg/cm^2$ 이상)
  6. 먼지가 흩날리지 아니하도록 공사장 안의 통행차량은 시속 20km 이하로 운행할 것
  7. 통행차량의 운행기간 중 공사장 안의 통행도로에는 1일 1회 이상 살수할 것

② **싣기 및 내리기**(분체상 물질을 싣고 내리는 경우만 해당)
  1. 비산먼지를 제거할 수 있는 이동식 집진시설 또는 분무식 집진시설을 설치할 것(석탄제품제조업, 제철 · 제강업 또는 곡물하역업에만 해당)
  2. 싣거나 내리는 장소 주위에 고정식 또는 이동식 물을 뿌리는 시설(살수반경 5m 이상, **수압 $3kg/cm^2$ 이상**)을 설치 · 운영하여 작업하는 중 다시 흩날리지 아니하도록 할 것(곡물작업장의 경우 제외) → **엄격기준** : 물뿌림반경 7m 이상, **수압 $5kg/cm^2$ 이상**
  3. 풍속이 **평균초속 8m 이상**일 경우에는 작업을 중지할 것
  4. 공장 내에서 싣고 내리기는 최대한 밀폐된 시설에서만 실시하여 비산먼지가 생기지 아니하도록 할 것(시멘트 제조업만 해당)

③ **야외 절단 및 녹제거 작업**
  1. **야외절단**
     • 고철 등의 절단작업은 가급적 옥내에서 실시할 것

- 야외절단 시 비산먼지 저감을 위해 간이 칸막이 등을 설치할 것
- 야외 절단 시 이동식 집진시설을 설치하여 작업할 것. 다만, 이동식 집진시설의 설치가 불가능한 경우는 진공식 청소차량 등을 이용할 것
- 풍속이 **평균초속 8m 이상**(강선건조업과 합성수지선건조업인 경우에는 10m 이상)인 경우는 작업을 중지할 것

2. **야외 녹 제거**
   - 구조물의 길이가 15m 미만인 경우는 옥내작업을 할 것
   - 야외작업 시에는 간이칸막이 등을 설치하여 먼지가 흩날리지 아니하도록 할 것
   - 야외작업 시 이동식 집진시설을 설치할 것. 다만, 이동식 집진시설의 설치가 불가능할 경우 진공식 청소차량 등으로 작업현장에 대한 청소작업을 지속적으로 할 것
   - 풍속이 **평균 초속 8m 이상**(강선건조업과 합성수지선건조업인 경우에는 10m 이상)인 경우는 작업을 중지할 것

(3) 휘발성 유기화합물 규제

❀ 휘발성 유기화합물의 규제(법 제44조)

① 다음에 해당하는 지역에서 휘발성 유기화합물을 배출하는 시설로서 대통령령으로 정하는 시설[**시행령 제45조**]을 설치하려는 자는 환경부령으로 정하는 바[**규칙 제59조2**]에 따라 시·도지사 또는 대도시 시장에게 신고하여야 한다.
  1. 특별대책지역
  2. 대기관리권역
  3. 휘발성 유기화합물 배출규제 추가지역

② 규정에 따라 신고를 한 자가 신고한 사항 중 환경부령으로 정하는 사항을 변경[**규칙 제60조**]하려면 변경신고를 하여야 한다.

③ 시·도지사 또는 대도시 시장은 신고 또는 변경신고를 받은 날부터 **7일 이내**에 신고 또는 변경신고 수리 여부를 신고인에게 **통지**하여야 한다.

④ 휘발성 유기화합물의 배출을 억제·방지하기 위한 시설의 설치 기준 등에 필요한 사항은 환경부령으로 정한다.

⑤ 시·도 또는 대도시는 그 시·도 또는 대도시의 **조례**로 상기 기준보다 강화된 기준을 정할 수 있다.

⑥ 신고를 한 자는 휘발성 유기화합물의 배출을 억제하기 위하여 환경부령으로 정하는 바에 따라 휘발성 유기화합물을 배출하는 시설에 대하여 휘발성 유기화합물의 배출 여부 및 농도 등을 검사·측정하고, 그 결과를 기록·보존하여야 한다.

⑦ 휘발성 유기화합물 배출규제 추가지역의 지정에 필요한 세부적인 기준 및 절차 등에 관한 사항은 환경부령으로 정한다.

▶ **벌칙** : 휘발성 유기화합물을 배출하는 시설 또는 그 배출의 억제·방지를 위한 시설의 개선 등 필요한 조치를 명령을 이행하지 아니한 자
  ⇨ 5년 이하의 징역 또는 5천만 원 이하의 벌금

➡ **벌칙** : 휘발성 유기화합물 배출시설 신고를 하지 아니하고 시설을 설치하거나 운영한 자
⇨ **300만 원 이하의 벌금**

➡ **벌칙** : 휘발성 유기화합물의 배출로 인한 대기환경상의 피해가 없도록 조치하지 않은 자
⇨ **300만 원 이하의 벌금**

➡ **벌칙** : 휘발성 유기화합물 배출시설의 변경신고를 하지 아니한 자
⇨ **200만 원 이하의 과태료**

➡ **벌칙** : 제⑥항의 검사·측정을 하지 아니한 자 또는 검사·측정 결과를 기록·보존하지 아니하거나 거짓으로 기록·보존한 자 ⇨ **200만 원 이하의 과태료**

▎**휘발성 유기화합물의 배출시설 신고**(규칙 제59조2) : 휘발성 유기화합물을 배출하는 시설을 설치하려는 자는 휘발성 유기화합물 배출시설 설치신고서에 휘발성 유기화합물 배출시설 설치명세서와 배출 억제·방지시설 설치명세서를 첨부하여 **시설 설치일 10일 전**까지 시·도지사 또는 대도시 시장에게 제출하여야 한다.

▎**휘발성 유기화합물의 규제**(시행령 제45조제①항) : 대통령령으로 정하는 시설이란 다음의 시설을 말한다.
1. 석유정제를 위한 제조시설, 저장시설 및 출하시설(出荷施設)과 석유화학제품 제조업의 제조시설, 저장시설 및 출하시설
2. 저유소의 저장시설 및 출하시설
3. 주유소의 저장시설 및 주유시설
4. 세탁시설
5. 그 밖에 휘발성 유기화합물을 배출하는 시설로서 환경부장관이 관계 중앙행정기관의 장과 협의하여 고시하는 시설

▎**휘발성 유기화합물 배출시설의 변경신고**(규칙 제60조)
① **변경신고를 하여야 하는 경우**는 다음과 같다.
1. 사업장의 명칭 또는 대표자를 변경하는 경우
2. 설치신고를 한 배출시설 규모의 합계 또는 누계보다 **100분의 50 이상 증설**하는 경우
3. 휘발성 유기화합물의 배출 억제·방지시설을 변경하는 경우
4. 휘발성 유기화합물 배출시설을 폐쇄하는 경우
5. 휘발성 유기화합물 배출시설 또는 배출 억제·방지시설을 임대하는 경우
② 변경신고를 하려는 자는 신고 사유가 발생한 날부터 **30일 이내**에 변경내용을 증명하는 서류와 휘발성 유기화합물 배출시설 설치신고증명서를 첨부하여 시·도지사 또는 대도시 시장에게 제출하여야 한다.

✹ **도료(塗料)의 휘발성 유기화합물 함유기준**(법 제44조2)
① 도료에 대한 휘발성 유기화합물 함유기준은 **환경부령으로 정한다**.[별표 16의2 참조] 이 경우 환경부장관은 관계 중앙행정기관의 장과 협의하여야 한다.

② 다음에 해당하는 자는 휘발성 유기화합물 함유기준을 초과하는 도료를 공급하거나 판매하여서는 아니 된다.
1. 도료를 제조하거나 수입하여 공급하거나 판매하는 자
2. 이 외에 도료를 공급하거나 판매하는 자
③ 환경부장관은 휘발성 유기화합물 함유기준을 초과하는 도료를 공급하거나 판매하는 경우에는 대통령령으로 정하는 바[**시행령 제45조2**]에 따라 그 도료의 공급·판매 중지 또는 회수 등 필요한 조치를 명할 수 있다.
▶ 벌칙 : 휘발성 유기화합물 함유기준을 초과하는 도료를 공급하거나 판매한 자
  ⇨ **1년 이하의 징역 또는 1천만 원 이하의 벌금**
▶ 벌칙 : 휘발성 유기화합물 함유기준을 초과하는 도료에 대한 공급·판매 중지 또는 회수 등의 조치명령을 위반한 자 ⇨ **1년 이하의 징역 또는 1천만 원 이하의 벌금**

▎도료의 휘발성 유기화합물 함유기준 초과 시 조치명령(시행령 제45조의2)
① 환경부장관은 도료의 휘발성 유기화합물 함유기준 초과 시 조치명령을 하는 경우에는 조치명령의 내용 및 **10일 이내**의 이행기간 등을 적은 **서면**으로 하여야 한다.
② 조치명령을 받은 자는 그 이행기간 이내에 다음 사항을 구체적으로 밝힌 이행완료보고서를 **환경부장관에게 제출**하여야 한다.
1. 해당 도료의 공급·판매 기간과 공급량 또는 판매량
2. 해당 도료의 회수처리량, 회수처리 방법 및 기간(제조·수입공급 판매자)
3. 그 밖에 공급·판매 중지 또는 회수 사실을 증명할 수 있는 자료에 관한 사항
※ 해당 도료의 보유량 및 공급·판매 중지 사실을 증명할 수 있는 자료에 관한 사항 (제조·수입공급 이외 판매자)

✿ 기존 휘발성 유기화합물 배출시설에 대한 규제(법 제45조)
① 특별대책지역, 대기관리권역 또는 휘발성 유기화합물 배출규제 추가지역으로 지정·고시될 당시 그 지역에서 휘발성유기화합물을 배출하는 시설을 운영하고 있는 자는 특별대책지역, 대기관리권역 또는 휘발성 유기화합물 배출규제 추가지역으로 **지정·고시된 날부터 3개월 이내에 신고**를 하여야 하며, 특별대책지역, 대기관리권역 또는 휘발성 유기화합물 배출규제 추가지역으로 지정·고시된 날부터 **2년 이내**에 휘발성 유기화합물의 배출을 억제하거나 방지하는 시설을 설치하는 등 조치를 하여야 한다.
② 휘발성 유기화합물이 추가로 고시된 경우 특별대책지역, 대기관리권역 또는 휘발성 유기화합물 배출규제 추가지역에서 그 추가된 휘발성 유기화합물을 배출하는 시설을 운영하고 있는 자는 그 물질이 추가로 고시된 날부터 **3개월 이내에 신고**를 하여야 하며, 그 물질이 추가로 고시된 날부터 **2년 이내**에 휘발성 유기화합물의 배출을 억제하거나 방지하는 시설을 설치하는 등 조치를 하여야 한다.
③ 신고를 한 자가 신고한 사항을 변경하려면 변경신고를 하여야 한다.

④ 조치에 특수한 기술이 필요한 경우 등 대통령령으로 정하는 사유[**시행령 제45조제③항**]에 해당하는 경우에는 시·도지사 또는 대도시 시장의 승인을 받아 **1년의 범위**에서 그 조치기간을 **연장**할 수 있다.

▎대통령령으로 정하는 사유(시행령 제45조제③항) : 대통령령으로 정하는 사유란 다음의 어느 하나에 해당하는 사유를 말한다.
1. 국내에서 확보할 수 없는 특수한 기술이 필요한 경우
2. 천재지변이나 그 밖에 특별시장·광역시장·특별자치시장·도지사(그 관할구역 중 인구 50만 이상의 시는 제외)·특별자치도지사 또는 특별시·광역시 및 특별자치시를 제외한 인구 **50만 이상**의 시장이 부득이하다고 인정하는 경우

❂ 휘발성 유기화합물 배출 억제·방지시설 검사(법 제45조3)
① 휘발성 유기화합물의 배출을 억제하거나 방지하는 시설의 제작자(수입판매자 포함)와 설치자는 환경부령으로 정하는 검사기관[**규칙 제61조4**]으로부터 검사를 받아야 한다.
② 환경부장관은 휘발성 유기화합물의 배출을 억제·방지하기 위하여 검사기관의 검사업무에 필요한 지원을 할 수 있다.
③ 검사대상시설, 검사방법 및 검사기준, 그 밖에 검사업무에 필요한 사항은 환경부령[**규칙 제61조4**]으로 정한다.

▎휘발성 유기화합물 배출 억제·방지시설의 검사(규칙 제61조4)
① 환경부령으로 정하는 검사기관이란 다음의 어느 하나에 해당하는 기관을 말한다.
   1. 한국환경공단
   2. 검사를 실시할 능력이 있다고 환경부장관이 정하여 고시하는 기관
② 검사는 휘발성 유기화합물의 배출 억제·방지시설의 회수효율 및 누설 여부 등을 검사하고, 검사방법은 전수(全數) 또는 표본추출의 방법으로 한다.
③ 검사대상시설은 주유소의 저장시설 및 주유시설에 설치하는 휘발성 유기화합물의 배출 억제·방지시설로 한다.
④ **검사기준**은 다음과 같다.
   1. 주유소의 휘발성 유기화합물 배출 억제·방지시설 설치에 관한 기준을 준수할 것
   2. 그 밖에 휘발성 유기화합물의 배출을 억제·방지하기 위하여 환경부장관이 정하여 고시한 기준을 준수할 것
⑤ 검사기관의 장은 분기별 검사실적을 매분기 마지막 날을 기준으로 다음달 20일까지 환경부장관에게 제출하여야 하고, 검사실적 보고서의 부본(副本) 및 그 밖에 검사와 관련된 서류를 작성일부터 **5년간 보관**하여야 한다.

엄선 예상문제

01 대기환경보전법상 고체연료사용시설 설치기준 중 석탄 사용시설 설치기준으로 옳지 않은 것은?

① 석탄의 수송은 밀폐 이송시설 또는 밀폐통을 이용하여야 한다.
② 유효굴뚝높이가 440m 이상인 경우에는 굴뚝높이를 50m 이상 100m 미만으로 할 수 있다.
③ 굴뚝배출 아황산가스, 질소산화물, 먼지의 농도를 확인할 수 있는 기기를 설치하여야 한다.
④ 석탄저장은 옥내저장 또는 지하저장시설에 저장하고, 석탄연소재는 밀폐통으로 운반하여야 한다.

02 석탄을 제외한 기타 고체연료사용시설의 설치기준이 아닌 것은?

① 연료는 옥내에 저장하여야 한다.
② 굴뚝의 배출 매연을 측정할 수 있어야 한다.
③ 배출시설 굴뚝높이는 100m 이상이어야 한다.
④ 연료와 그 연소재의 수송은 덮개가 있는 차량을 이용하여야 한다.

03 고체연료사용시설 설치기준 중 석탄사용시 설기준이다. ( ) 안에 알맞은 수치는?

> 배출시설의 굴뚝높이는 (Ⓐ)m 이상으로 하되, 굴뚝 상부 안지름, 배출가스 온도 및 속도 등을 고려한 유효굴뚝높이(굴뚝의 실제 높이에 배출가스의 상승고도를 합산한 높이를 말함)가 440m 이상인 경우에는 굴뚝높이를 (Ⓑ)m 미만으로 할 수 있다. 이 경우 유효굴뚝높이 및 굴뚝높이 산정방법 등에 관하여는 국립환경과학원장이 정하여 고시한다.

① Ⓐ 50   Ⓑ 25
② Ⓐ 50   Ⓑ 25 이상 50
③ Ⓐ 100 Ⓑ 25 이상 100
④ Ⓐ 100 Ⓑ 60 이상 100

04 대통령령으로 정하는 휘발성유기화합물 배출시설과 가장 거리가 먼 것은?

① 세탁시설
② 석유정제를 위한 제조시설
③ 저유소의 저장시설 및 출하시설
④ 휘발성 유기화합물 분석을 위한 실험실

▶ 해설

01 유효굴뚝높이가 440m 이상인 경우는 굴뚝높이를 60m 이상 100m 미만으로 할 수 있다.

02 석탄을 제외한 기타 고체연료사용시설은 배출시설의 굴뚝높이는 20m 이상이어야 한다.

03 배출시설의 굴뚝높이는 100m 이상으로 하되, 굴뚝상부 안지름, 배출가스 온도 및 속도 등을 고려한 유효굴뚝높이(굴뚝의 실제 높이에 배출가스의 상승고도를 합산한 높이)가 440m 이상인 경우에는 굴뚝높이를 60m 이상 100m 미만으로 할 수 있다.

04 대통령령으로 정하는 휘발성 유기화합물 배출시설은 석유정제를 위한 제조시설, 저장시설·출하시설, 석유화학제품 제조업의 제조시설, 저장시설 및 출하시설, 저유소의 저장시설 및 출하시설, 주유소의 저장시설 및 주유시설, 세탁시설이다.

정답 | 1.② 2.③ 3.④ 4.④

05 석탄사용시설의 설치기준에서 ( ) 안에 알맞은 것은?

> 배출시설의 굴뚝높이는 100m 이상으로 하되, 유효굴뚝높이가 ( ) 이상인 경우에는 굴뚝높이를 60m 이상 100m 미만으로 할 수 있다.

① 550m ② 440m
③ 330m ④ 220m

06 대기보전법상 황함유 기준을 초과하여 해당 유류 회수처리명령을 받을 자가 시·도지사에게 이행완료보고서를 제출할 때 구체적으로 밝혀야 하는 사항으로 가장 거리가 먼 것은?

① 회수처리량, 회수처리방법 및 회수처리기간
② 유류 제조회사가 실험한 황함유량 검사성적서
③ 공급기간 또는 사용기간과 공급량 또는 사용량
④ 저황유의 공급 또는 사용을 증명할 수 있는 자료 등에 관한 사항

07 비산먼지의 발생을 억제하기 위한 시설의 설치 또는 필요한 조치에 대한 개선명령을 이행하지 아니하는 자에 대한 행정조치로서 거리가 먼 것은?

① 그 사업의 중지   ② 시설의 사용중지
③ 시설의 이전명령 ④ 시설의 사용제한

08 대기환경보전법상 황함유 기준이 정하여진 연료는 대통령령이 정하는 바에 따라 그 공급지역에 연료를 공급·판매할 수 있는데, 다음 중 그 지역에 황함유 기준을 초과하는 연료를 공급·판매한 자에 대한 벌칙기준은?

① 500만 원 이하의 과태료
② 1000만 원 이하의 과태료
③ 1년 이하의 징역 또는 1천만 원 이하의 벌금
④ 3년 이하의 징역 또는 3천만 원 이하의 벌금

09 대기환경보전법상 청정연료를 사용하여야 하는 대상시설의 범위기준으로 옳지 않은 것은 어느 것인가?

① 발전시설(산업용 열병합발전시설은 제외)
② 「집단에너지사업법 시행령」에 따른 지역냉난방사업을 위한 시설
③ 전체 보일러의 시간당 총증발량이 0.2톤 이상인 업무용 보일러(영업용 및 공공용 보일러를 포함하되, 산업용 보일러는 제외)
④ 「건축법 시행령」에 따른 연립주택으로서 동일한 보일러를 이용하여 하나의 단지 또는 여러 개의 단지가 공동으로 열을 이용하는 중앙집중난방방식(지역냉난방방식 제외)으로 열을 공급받고, 단지 내의 모든 세대의 평균 전용면적이 30.0m²를 초과하는 연립주택

해설

05 배출시설의 굴뚝높이는 100m 이상으로 하되, 굴뚝상부 안지름, 배출가스 온도 및 속도 등을 고려한 유효굴뚝높이(굴뚝의 실제 높이에 배출가스의 상승고도를 합산한 높이)가 440m 이상인 경우는 굴뚝높이를 60m 이상 100m 미만으로 할 수 있다.

06 유류의 회수처리명령 또는 사용금지명령을 받은 자는 명령을 받은 날부터 5일 이내에 ①, ③, ④항의 구체적으로 밝힌 이행완료보고서를 시·도지사에게 제출하여야 한다.

07 개선명령을 이행하지 아니하는 자에게는 그 사업을 중지시키거나 시설 등의 사용중지 또는 제한하도록 명할 수 있다.

08 황함유 기준을 초과하는 연료를 공급·판매한 자는 3년 이하의 징역 또는 3천만 원 이하의 벌금을 부과하게 된다. 반면, 황함유 기준을 초과하는 연료를 사용한 자는 1년 이하의 징역 또는 1천만 원 이하의 벌금을 부과하게 된다.

09 공동주택으로서 동일한 보일러를 이용하여 하나의 단지 또는 여러 개의 단지가 공동으로 열을 이용하는 중앙집중난방방식(지역냉난방방식 포함)으로 열을 공급받고, 단지 내의 모든 세대의 평균 전용면적이 40.0m²를 초과하는 공동주택이 적용된다.

정답 | 5.② 6.② 7.③ 8.④ 9.④

10 환경보전법령상 황함유 기준에 부적합한 유류회수 처리명령을 받은 자는 그 명령을 받은 날부터 이행완료보고서를 최대 며칠 이내에 시·도지사에게 제출해야 하는가?

① 5일 이내
② 7일 이내
③ 10일 이내
④ 30일 이내

11 청정연료를 사용하여야 하는 대상시설의 범위기준으로 옳지 않은 것은?

① 발전시설(산업용 열병합 발전시설은 제외)
② 「집단에너지사업법 시행령」에 따른 지역냉난방사업을 위한 시설
③ 전체 보일러의 시간당 총증발량이 0.1톤 이상인 업무용 보일러(공공용 보일러는 제외)
④ 공동주택으로서 공동으로 열을 이용하는 중앙집중난방방식으로 열을 공급받고, 단지 내의 모든 세대의 평균 전용면적이 $40.0m^2$를 초과하는 공동주택

12 대기환경보전법상 비산먼지 발생을 억제하기 위한 시설의 설치 및 필요한 조치에 관한 기준 중 시멘트 수송공정에서 적재물은 적재함 상단으로부터 수평 몇 cm 이하까지만 적재함 측면에 닿도록 적재하여야 하는가?

① 5cm 이하
② 10cm 이하
③ 30cm 이하
④ 60cm 이하

13 비산먼지 발생을 억제하기 위한 시설의 설치 및 필요한 조치에 관한 엄격한 기준이다. ( ) 안에 알맞은 것은?

> 싣기와 내리기 공정에서는 최대한 밀폐된 저장 또는 보관시설 내에서만 분체상 물질을 싣거나 내려야 하며, 싣거나 내리는 장소 주위에 이동식 물뿌림 시설[물뿌림반경 (Ⓐ) 이상, 수압 (Ⓑ) 이상]을 설치할 것

① Ⓐ 5m   Ⓑ $3kg/cm^2$
② Ⓐ 7m   Ⓑ $5kg/cm^2$
③ Ⓐ 7m   Ⓑ $2.5kg/cm^2$
④ Ⓐ 5m   Ⓑ $2.5kg/cm^2$

> **해설**

10 유류의 회수처리명령 또는 사용금지명령을 받은 자는 명령을 받은 날부터 5일 이내에 이행완료보고서를 시·도지사에게 제출하여야 한다.
  ▶정리해두면 한번은 유용하게 쓰일 내용◀
  • 부과금에 대한 조정신청 → 부과금납부통지서를 받은 날부터 60일 이내에 조정신청
  • 개선계획서의 제출 → 개선명령을 받은 날부터 15일
  • 사업장의 구분의 변경통보 → 통보를 받은 후 7일 이내에 변경신고
  • 비산먼지 발생사업의 변경신고 → 7일 이내 신고
  • 유류회수처리명령의 이행완료보고서 → 5일 이내

11 전체 보일러의 시간당 총증발량이 0.2톤 이상인 업무용 보일러(영업용 및 공공용 보일러 포함, 산업용 보일러는 제외)

12 수송공정에서는 적재함을 최대한 밀폐할 수 있는 덮개를 설치하여 적재물이 외부에서 보이지 아니하고 흘림이 없도록 하여야 하고, 적재함 상단으로부터 5cm 이하까지 적재물을 수평으로 적재하여야 한다. 시행규칙 [별표 14] 참조

13 싣거나 내리는 장소 주위에 고정식 또는 이동식 물을 뿌리는 시설(살수반경 5m 이상, 수압 $3kg/cm^2$ 이상)을 설치·운영하여 작업하는 중 다시 흩날리지 아니하도록 하여야 한다(곡물작업장의 경우는 제외). 엄격한 기준은 싣거나 내리는 장소 주위에 고정식 또는 이동식 물뿌림 시설(물뿌림반경 7m 이상, 수압 $5kg/cm^2$ 이상)을 설치하여야 한다.[별표 15 참조]

정답 │ 10.① 11.③ 12.① 13.②

14 환경부령으로 정하는 비산먼지시설의 설치 및 필요한 조치에 관한 기준을 지키지 아니한 자에 대한 벌칙기준은?(단, 운송자 제외)

① 300만 원 이하의 벌금에 처한다.
② 7년 이하의 징역, 1억 원 이하의 벌금에 처한다.
③ 1년 이하의 징역, 500만 원 이하의 벌금에 처한다.
④ 5년 이하의 징역, 3천만 원 이하의 벌금에 처한다.

15 비산먼지의 발생을 억제하기 위한 시설을 설치하지 아니하거나 필요한 조치를 하지 아니한 자 또는 개선명령을 이행하지 아니한 자에 대한 벌칙기준으로 옳은 것은?

① 200만 원 이하의 벌금
② 300만 원 이하의 벌금
③ 1년 이하의 징역, 500만 원 이하의 벌금
④ 5년 이하의 징역, 3천만 원 이하의 벌금

16 대기환경보전법규상 분체상 물질을 싣고 내리는 공정의 경우, 비산먼지 발생을 억제하기 위해 작업을 중지하는 평균풍속(m/sec)의 기준은?

① 2 이상
② 5 이상
③ 7 이상
④ 8 이상

17 비산먼지 발생을 억제하기 위한 시설의 설치 및 필요한 조치에 관한 기준이다. ( ) 안에 알맞은 것은?

> 야적(분체상 물질 야적) 공정에서는 야적물질의 최고저장높이의 (Ⓐ) 이상의 방진벽을 설치하고, 최고저장높이의 (Ⓑ)배 이상의 방진망(막)을 설치해야 한다.

① Ⓐ 1/3 Ⓑ 1
② Ⓐ 1/3 Ⓑ 1.25
③ Ⓐ 1/4 Ⓑ 1
④ Ⓐ 1/4 Ⓑ 1.25

18 대기환경보전법상 비산먼지 발생을 억제하기 위한 시설의 설치 및 필요한 조치에 대한 기준 중 야외 녹 제거·절단공정의 시설의 설치 및 조치에 대한 기준으로 옳지 않은 것은?

① 야외작업 시 이동식 집진시설을 설치할 것
② 녹 제거 구조물의 길이가 15m 미만인 경우는 옥내작업을 할 것
③ 풍속이 평균 초속 3m 이상(강선건조업과 합성수지선건조업인 경우에는 5m 이상)인 경우에는 작업을 중지할 것
④ 야외작업 시에는 간이칸막이 등을 설치하여 먼지가 흩날리지 아니하도록 할 것이며, 작업 후 남은 것이 다시 흩날리지 아니하도록 할 것

해설

14 비산먼지의 발생을 억제하기 위한 시설을 설치하지 아니하거나 필요한 조치를 하지 아니한 자(시멘트·석탄·토사·사료·곡물 및 고철의 분체상 물질을 운송한 자는 제외)는 300만원 이하의 벌금에 처한다.

15 비산먼지의 발생을 억제하기 위한 시설의 설치나 조치의 이행 또는 개선명령을 이행하지 아니한 자는 300만 원 이하의 벌금을 부과한다.

16 분체상 물질을 싣고 내리는 경우 비산먼지 발생을 억제하기 위해 풍속이 평균초속 8m 이상일 경우는 작업을 중지할 것을 규정하고 있다. 시행규칙 [별표 14] 참조

17 ②항이 올바르다. 야적물질의 최고저장높이의 1/3 이상의 방진벽을 설치하고, 최고저장높이의 1.25배 이상의 방진망(막)을 설치하여야 한다. 규칙 제58조-[별표 14] 참조

18 풍속이 평균 초속 8m 이상(강선건조업과 합성수지선건조업인 경우에는 10m 이상)인 경우는 작업을 중지하는 것으로 규정으로 하고 있다. 시행규칙 [별표 14] 참조

정답 ┃ 14.① 15.② 16.④ 17.② 18.③

19 비산먼지 발생을 억제하기 위한 시설의 설치 및 필요한 조치에 관한 기준 중 수송공정의 측면 살수시설 설치 규격기준(살수길이-살수압)은?

① 차량길이의 3배 이상, $1.5kg/cm^2$ 이상
② 차량길이의 3배 이상, $3.0kg/cm^2$ 이상
③ 차량길이의 1.5배 이상, $1.5kg/cm^2$ 이상
④ 차량길이의 1.5배 이상, $3.0kg/cm^2$ 이상

20 대기환경보전법상 대기환경규제지역을 관할하는 시·도지사가 그 지역의 환경기준을 달성·유지하기 위한 계획을 수립하고, 시행하여야 하는 기간으로 옳은 것은?

① 그 지역이 대기환경규제지역으로 지정·고시된 후 3월 이내에
② 그 지역이 대기환경규제지역으로 지정·고시된 후 6월 이내에
③ 그 지역이 대기환경규제지역으로 지정·고시된 후 1년 이내에
④ 그 지역이 대기환경규제지역으로 지정·고시된 후 2년 이내에

21 대기환경보전법령상 휘발성 유기화합물을 배출하는 시설로서 대통령령이 정하는 시설에 해당하지 않는 것은?(단, 그 밖의 시설 등은 고려하지 않음)

① 세탁시설
② 발효시설
③ 석유정제를 위한 제조시설
④ 저유소의 저장시설 및 출하시설

22 대기환경규제지역으로 지정될 경우 기존 휘발성 유기화합물 배출시설을 설치·운영하던 자의 배출시설 설치신고기간은?

① 규제지역으로 지정·고시된 날부터 1년 이내
② 규제지역으로 지정·고시된 날부터 2년 이내
③ 규제지역으로 지정·고시된 날부터 3개월 이내
④ 규제지역으로 지정·고시된 날부터 6개월 이내

> **해설**

19 비산먼지 발생을 억제하기 위한 시설의 설치 및 필요한 조치에 관한 기준 중 수송공정의 측면 살수시설 설치 규격기준은 살수길이는 수송차량 전체길이의 1.5배 이상, 살수압은 $3kg/cm^2$ 이상이어야 한다. 반면에 수조를 이용한 세륜시설은 수조의 넓이 : 수송차량의 1.2배 이상, 수조의 깊이 : 20cm 이상, 수조의 길이 : 수송차량 전체길이의 2배 이상이어야 한다.

20 현재는 법규상 삭제된 내용(2020.4, 규칙 제18조)이지만 출제빈도가 높았던 문제이므로 참조용으로 풀어본다. → 대기환경규제구역을 관할하는 시·도지사는 그 지역이 대기환경규제지역으로 지정·고시된 후 2년 이내에 그 지역의 환경기준을 달성·유지하기 위한 계획(실천계획)을 환경부령으로 정하는 내용과 절차에 따라 수립하고, 환경부장관의 승인을 받아 시행하여야 한다.

21 휘발성 유기화합물을 배출하는 시설로서 대통령령으로 정하는 시설이란 ①, ③, ④항 이외에 석유정제를 위한 제조시설, 저장시설 및 출하시설(出荷施設)과 석유화학제품 제조업의 제조시설, 저장시설 및 출하시설, 주유소의 저장시설 및 주유시설, 그 밖에 휘발성 유기화합물을 배출하는 시설로서 환경부장관이 관계 중앙행정기관의 장과 협의하여 고시하는 시설이다.

22 특별대책지역, 대기관리권역 또는 휘발성 유기화합물 배출규제 추가지역으로 지정·고시될 당시 그 지역에서 휘발성 유기화합물을 배출하는 시설을 운영하고 있는 자는 특별대책지역, 대기관리권역 또는 휘발성 유기화합물 배출규제 추가지역으로 지정·고시된 날부터 3개월 이내에 신고를 하여야 한다.

정답 ┃ 19.④ 20.④ 21.② 22.③

23 휘발성 유기화합물 배출시설의 변경신고를 하여야 하는 경우가 아닌 것은?
① 배출억제 및 방지시설을 임대하는 경우
② 사업장 소속 환경기술인이 변경된 경우
③ 사업장의 명칭 또는 대표자를 변경하는 경우
④ 설치신고를 한 배출시설 규모의 합계보다 100분의 50 이상 증설하는 경우

24 휘발성 유기화합물 배출시설의 변경신고는 설치신고를 한 배출시설 규모의 합계 또는 누계보다 얼마 이상 증설하는 경우에 하여야 하는가?
① 100분의 10 이상 증설하는 경우
② 100분의 20 이상 증설하는 경우
③ 100분의 25 이상 증설하는 경우
④ 100분의 50 이상 증설하는 경우

25 대기환경보전법상 휘발성 유기화합물 함유기준을 초과하는 도료를 공급하거나 판매한 자에 대한 벌칙기준으로 옳은 것은?
① 500만 원 이하의 벌금
② 7년 이하의 징역 또는 1억 원 이하의 벌금
③ 5년 이하의 징역 또는 3천만 원 이하의 벌금
④ 1년 이하의 징역 또는 1천만 원 이하의 벌금

26 대기환경보전법상 휘발성유기화합물 배출억제·방지시설 설치 등에 관한 기준 중 용어 설명으로 옳지 않은 것은?
① 부상지붕이란 액체의 표면과 접촉되지 아니하면서 액체의 높낮이에 따라 움직이는 지붕덮개로서 슬레이트, 콘크리트 등 일체의 구조물을 말한다.
② 압력완화장치란 휘발성 유기화합물의 제조과정에서 배관 안의 압력증가로 정상적인 작업이 곤란하여 이를 완화하기 위하여 설치된 장치를 말한다.
③ 배수장치란 휘발성 유기화합물의 제조·생산과정이나 시설의 보수·수리 등의 과정에서 발생된 각종 폐수를 폐수처리장으로 이송하기 위하여 배출하는 관·밸브·기타시설 등을 말한다.
④ 검사용 시료채취장치란 휘발성 유기화합물의 제조과정에서 제조 중인 물질에 대한 품질검사 등을 목적으로 그 시료를 채취하기 위하여 설치된 관, 밸브, 기구 등 일체의 장치를 말한다.

27 휘발성 유기화합물을 배출하는 시설을 설치하고자 하는 자가 시·도지사에게 신고서를 제출하여야 하는 기간기준?
① 시설설치와 동시 ② 시설설치 5일 전
③ 시설설치 10일 전 ④ 시설설치 30일 전

> **해설**

23 휘발성 유기화합물 배출시설의 변경신고를 하여야 하는 경우는 ①, ③, ④항 이외에 휘발성 유기화합물의 배출 억제·방지시설을 변경하는 경우, 휘발성 유기화합물 배출시설을 폐쇄하는 경우이다.
24 100분의 50 이상 증설하는 경우는 배출시설의 변경신고를 하여야 한다.
25 휘발성 유기화합물 함유기준을 초과하는 도료를 공급하거나 판매한 자에 대한 벌칙기준은 1년 이하의 징역 또는 1천만 원 이하의 벌금에 처한다.
26 부상지붕이란 액체의 표면과 접촉되어 액체의 높낮이에 따라 함께 움직이는 지붕덮개를 말한다. 시행규칙 [별표 16] 참조
27 휘발성 유기화합물을 배출하는 시설을 설치하려는 자는 휘발성 유기화합물 배출시설 설치신고서에 휘발성 유기화합물 배출시설 설치명세서와 배출 억제·방지시설 설치명세서를 첨부하여 시설 설치일 10일 전까지 시·도지사 또는 대도시 시장에게 제출하여야 한다.

정답 | 23.② 24.④ 25.④ 26.① 27.③

28 대기환경보전법규상 석유정제 및 석유화학제품 제조업 제조시설의 휘발성유기화합물 배출억제·방지시설 설치 등에 관한 기준으로 옳지 않은 것은?

① 개방식 밸브나 배관에는 뚜껑, 브라인드프렌지, 마개 또는 이중밸브를 설치하여야 한다.
② 압축기는 휘발성 유기화합물의 누출을 방지하기 위한 가스킷 등 봉인장치를 설치하여야 한다.
③ 중간집수조에서 폐수처리장으로 이어지는 하수구(Sewer Line)는 검사를 위해 대기 중으로 개방되어야 하며, 금·틈새 등이 발견되는 경우에는 30일 이내에 이를 보수하여야 한다.
④ 휘발성 유기화합물을 배출하는 폐수처리장의 집수조는 대기오염공정시험방법(기준)에서 규정하는 검출 불가능 누출농도 이상으로 휘발성유기화합물이 발생하는 경우에는 휘발성유기화합물의 80퍼센트 이상의 효율로 억제·제거할 수 있는 부유지붕이나 상부덮개를 설치·운영하여야 한다.

29 다음은 휘발성유기화합물 배출억제·방지시설 설치 등에 관한 기준 중 석유정제 및 석유화학제품 제조업의 기준이다. ( ) 안에 알맞은 것은?

> 출하시설은 (Ⓐ)방식에 적합한 구조로 하여야 하며, (Ⓐ)방식에 적합하지 아니한 차량이나 주유소의 시설에 대하여는 제품을 출하하여서는 아니 된다. 다만, 자일렌함유 에폭시수지, 초산 등 상온(25℃)에서 점도가 (Ⓑ) 이상으로 물질흐름이 정지되는 특성 때문에 싣는 작업이 불가능한 휘발성유기화합물질의 경우에는 그러하지 아니하다.

① Ⓐ 상부적하(Top Loading)
　Ⓑ 2,000Centipoise
② Ⓐ 상부적하(Top Loading)
　Ⓑ 10,000Centipoise
③ Ⓐ 하부적하(Bottom Loading)
　Ⓑ 2,000Centipoise
④ Ⓐ 하부적하(Bottom Loading)
　Ⓑ 10,000Centipoise

> **해설**

28 중간집수조에서 폐수처리장으로 이어지는 하수구(Sewer Line)가 대기 중으로 개방되어서는 않되며, 금·틈새 등이 발견되는 경우에는 15일 이내에 이를 보수하여야 한다. 시행규칙 [별표 16] 참조

29 ④항이 알맞은 내용이다. 출하시설은 하부적하(Bottom Loading)방식에 적합한 구조로 하여야 하며, 하부적하방식에 적합하지 아니한 차량이나 주유소의 시설에 대하여는 제품을 출하하여서는 아니 된다. 다만, 자일렌함유 에폭시수지, 초산 등 상온(25℃)에서 점도가 10,000센티푸아즈(Centipoise) 이상으로 물질흐름이 정지되는 특성 때문에 하부로 싣는 작업이 불가능한 휘발성유기화합물질의 경우에는 그러하지 아니하다.

정답 ┃ 28.③　29.④

30 대기환경보전법상 휘발성유기화합물 배출억제·방지시설 설치 등에 관한 기준 중 주유소 주유시설에 부착된 유증기 회수설비의 처리효율기준은?

① 25% 이상
② 60% 이상
③ 80% 이상
④ 90% 이상

> **해설**

30 주유소의 회수설비의 유증기 회수율은 90% 이상이여야 한다.

▶정리해두면 한번은 유용하게 쓰일 내용◀
- 주유소 저장시설 회수설비의 유증기 회수율은 90% 이상이어야 한다.
- 주유시설 회수설비의 처리효율은 90% 이상이어야 한다.
- 석유정제 및 석유화학제품 제조업의 출하시설에서 회수처리시설 중 소각시설의 처리효율은 95% 이상이어야 한다.
- 휘발성 유기화합물을 배출하는 폐수처리장의 집수조에서 휘발성 유기화합물이 발생하는 경우에는 휘발성 유기화합물을 80% 이상의 효율로 억제·제거할 수 있는 부유지붕이나 상부덮개를 설치·운영하여야 한다.
- 주유시설은 유증기 회수배관을 설치한 후에는 회수배관 액체막힘검사를 하고 그 결과를 5년간 기록·보존하여야 한다.
- 주유시설은 회수설비의 유증기 회수율(회수량/주유량)이 적정범위(0.88~1.2)에 있는지를 회수설비를 설치한 날부터 1년이 되는 날 또는 직전에 검사한 날부터 1년이 되는 날마다 전후 45일 이내에 검사하고, 그 결과를 5년간 기록·보존하여야 한다.
- 저장시설는 회수설비의 적정가동 여부 등을 확인하기 위한 압력감쇄·누설 등을 2년마다 검사하고, 그 결과를 다음 검사를 완료하는 날까지 기록 및 보존하여야 한다.
- 저장시설에 설치한 대기밸브는 다음의 압력 차이에서 작동되어야 한다.
  - 정압 : 0.6kPa 이상 1.5kPa 이하
  - 부압 : 1.5kPa 이상 3kPa 이하

정답 | 30.④

Chapter 04 자동차·선박 등 배출가스의 규제

출제기준	적용기간 : 2020.1.1~2024.12.31
	Chapter 4. 자동차·선박 등 배출가스의 규제

기사	산업기사
1. 총칙(목적·용어·환경기준·계획 등)	1. 총칙(목적·용어·환경기준·계획 등)
2. 사업장 오염물질 배출규제	2. 사업장 오염물질 배출규제
3. 생활환경상 오염물질 배출규제	3. 생활환경상 오염물질 배출규제
4. 자동차·선박 등 배출가스의 규제	4. 자동차·선박 등 배출가스의 규제
5. 보칙, 기타 대기환경관계법규	5. 보칙, 기타 대기환경관계법규

1 제작차 배출가스 규제·과징금

(1) 제작차 배출허용기준·인증

❂ **제작차의 배출허용기준 등**(법 제46조)

① 자동차(원동기 및 저공해자동차 포함) 제작(수입 포함)하려는 자(자동차제작자)는 그 자동차(제작차)에서 나오는 오염물질(대통령령으로 정하는 오염물질, 배출가스) [**시행령 제46조**]이 환경부령으로 정하는 허용기준(제작차 배출허용기준)[규칙 제62조-별표 17 **참조**]과 같이 맞도록 제작하여야 한다. 다만, 저공해자동차를 제작하려는 자동차제작자는 환경부령으로 정하는 별도의 허용기준(저공해자동차 배출허용기준, 별표 6의2 참조)에 맞도록 제작하여야 한다.

② 자동차제작자는 제작차에서 나오는 배출가스가 환경부령으로 정하는 기간(배출가스 보증기간)[규칙 제63조-별표 18 **참조**] 동안 제작차 배출허용기준에 맞게 성능을 유지하도록 제작하여야 한다.

③ 자동차제작자는 인증받은 내용과 다르게 배출가스 관련 부품의 설계를 고의로 바꾸거나 조작하는 행위를 하여서는 아니 된다.

▎**제작차 배출허용기준 항목**(시행규칙-별표 17 참조, 내용이 방대하여 기준항목만 발췌함)

1. **휘발유, 가스자동차** → 기준항목 : 일산화탄소, 질소산화물, 탄화수소(배기관가스, 블로바이가스, 증발가스), 포름알데히드
2. **경유자동차** → 기준항목 : 일산화탄소, 질소산화물, 탄화수소 및 질소산화물, 입자상물질, 매연

➡ **벌칙** : 제작차 배출허용기준에 맞지 아니하게 자동차를 제작한 자
  ⇨ **7년 이하의 징역 또는 1억 원 이하의 벌금**

자동차의 종류 – 시행규칙 [별표 5]

1. **경자동차** : 엔진배기량이 1,000cc 미만
2. **승용자동차**
   - 소형 : 1,000cc 이상, 총중량 3.5톤 미만, 승차인원 8명 이하
   - 중형 : 1,000cc 이상, 총중량 3.5톤 미만, 승차인원 9명 이상
   - 대형 : 총중량 3.5톤 이상 15톤 미만
   - 초대형 : 총중량 15톤 이상
3. **화물자동차**
   - 소형 : 1,000cc 이상, 총중량 2톤 미만
   - 중형 : 1,000cc 이상, 총중량 2톤 이상 3.5톤 미만
   - 대형 : 총중량 3.5톤 이상, 15톤 미만
   - 초대형 : 총중량 15톤 이상

   ▸ 화물자동차는 엔진배기량이 1,000cc 이상인 밴(VAN)과 덤프트럭·콘크리트믹스트럭 및 콘크리트펌프트럭을 포함한다.
   ▸ 소형화물자동차는 엔진배기량이 800cc 이상인 밴(VAN)과 승용자동차에 해당되지 아니하는 승차인원이 9명 이상인 승합차를 포함한다.

4. **이륜자동차** : 차량 총중량이 **1천 kg을 초과하지 않는 것**, 엔진배기량이 50cc 미만인 이륜자동차는 모페드형[원동기를 장착한 소형 이륜차, 스쿠터형 포함]만 이륜자동차에 포함한다.
5. **전기자동차** : 전기만을 동력으로 사용하는 자동차는 1회 충전주행거리에 따라 다음과 같이 구분한다.

구 분	1회 충전주행거리
제1종	80km 미만
제2종	80km 이상 160km 미만
제3종	160km 이상

6. **수소를 연료로 사용하는 자동차** : 수소연료전지차로 구분한다.
7. **건설기계 및 농업기계**(2015년 1월 1일 이후)
   ▸ 건설기계 : 원동기 **정격출력 560kW 미만**
   ▸ 농업기계(콤바인, 트랙터) : 원동기 **정격출력 560kW 미만**

배출가스의 종류(시행령 제46조) : 대통령령으로 정하는 오염물질이란 다음의 구분에 따른 물질을 말한다.

1. **휘발유, 알코올 또는 가스를 사용하는 자동차** : 일산화탄소, 탄화수소, 질소산화물, 알데히드, 입자상물질(粒子狀物質), 암모니아
2. **경유를 사용하는 자동차** : 일산화탄소, 탄화수소, 질소산화물, 매연, 입자상물질, 암모니아

▌**배출가스 보증기간**(규칙 제63조) : 따른 배출가스 보증기간은 다음 **[별표 18]**과 같다.
※ 2016년 1월 1일 이후 제작자동차 기준

사용연료	자동차의 종류	적용기간	
휘발유	• 경자동차 • 소형 승용·화물자동차 • 중형 승용·화물자동차	15년 또는 240,000km	
	• 대형 승용·화물자동차 • 초대형 승용·화물자동차	2년 또는 160,000km	
	• 이륜자동차	최고속도 130km/h 미만	2년 또는 20,000km
		최고속도 130km/h 이상	2년 또는 35,000km
가스	• 경자동차	10년 또는 192,000km	
	• 소형 승용·화물자동차 • 중형 승용·화물자동차	15년 또는 240,000km	
	• 대형 승용·화물자동차 • 초대형 승용·화물자동차	2년 또는 160,000km	
경유	• 경자동차 • 소형 승용·화물자동차 • 중형 승용·화물자동차 (택시 제외)	10년 또는 160,000km	
	• 경자동차, • 소형 승용·화물자동차 • 중형 승용·화물자동차 (택시에 한정)	10년 또는 192,000km	
	• 대형 승용·화물자동차	6년 또는 300,000km	
	• 초대형 승용·화물자동차	7년 또는 700,000km	
	• 건설기계 원동기 • 농업기계 원동기	37kW 이상	10년 또는 8,000시간
		37kW 미만	7년 또는 5,000시간
		19kW 미만	5년 또는 3,000시간
전기 및 수소연료전지	모든 자동차	자동차배출가스 인증신청서에 적힌 보증기간	

[비고]
1. 배출가스 보증기간의 만료는 **기간** 또는 **주행거리** 중 **먼저 도달하는 것을 기준**으로 한다. 다만, **건설기계**의 경우 가동시간이 **2,000시간**을 초과하는 경우에는 **1년**이 지난 것으로 본다.
2. 보증기간은 자동차소유자가 자동차를 **구입한 일자**를 기준으로 한다.
3. 휘발유와 가스를 **병용**하는 자동차는 **가스사용 자동차**의 보증기간을 적용한다.
4. 경유사용 경자동차, 소형 승용차·화물차, 중형 승용차·화물차의 결함확인검사 대상기간은 위 표의 배출가스 보증기간에도 불구하고 **5년** 또는 100,000km로 한다.(다만, 택시의 경우 10년 또는 192,000km)
5. 건설기계 원동기 및 농업기계 원동기의 결함확인검사 대상기간은 19kW 미만은 4년 또는 2,250시간, 37kW 미만은 5년 또는 3,750시간, 37kW 이상은 7년 또는 6,000시간으로 한다.

⚛ **기술개발 등에 대한 지원**(법 제47조) : 국가는 자동차로 인한 대기오염을 줄이기 위하여 다음에 해당하는 시설 등의 기술개발 또는 제작에 필요한 재정적·기술적 지원을 할 수 있다.
1. 저공해자동차 및 그 자동차에 연료를 공급하기 위한 시설 중 환경부장관이 정하는 시설
2. 배출가스저감장치
3. 저공해 엔진

❀ 제작차에 대한 인증(법 제48조)
① 자동차제작자가 자동차를 제작하려면 미리 환경부장관으로부터 그 자동차의 배출가스가 배출가스 보증기간에 제작차 배출허용기준(저공해자동차 배출허용기준 포함)에 맞게 유지될 수 있다는 인증을 받아야 한다. 다만, 환경부장관은 대통령령으로 정하는 자동차에는 인증을 면제[**시행령 제47조제①항**]하거나 생략[**시행령 제47조제②항**]할 수 있다.
② 자동차제작자가 인증을 받은 자동차의 인증내용 중 환경부령으로 정하는 중요한 사항을 변경[**규칙 제67조**]하려면 변경인증을 받아야 한다.
③ 인증·변경인증을 받은 자동차제작자는 환경부령으로 정하는 바에 따라 인증·변경인증을 받은 자동차에 인증·변경인증의 표시를 하여야 한다.

▶ **벌칙** : 인증을 받지 않고 자동차를 제작한 자
  ⇨ **7년 이하의 징역 또는 1억 원 이하의 벌금**
▶ **벌칙** : 변경인증을 받지 않고 자동차를 제작한 자
  ⇨ **1년 이하의 징역 또는 1천만 원 이하의 벌금**
▶ **벌칙** : 인증·변경인증의 표시를 하지 아니한 자 ⇨ **500만 원 이하의 과태료**

▌인증의 면제·생략 자동차(시행령 제47조)
① **인증을 면제할 수 있는 자동차**는 다음과 같다.
  1. 군용 및 경호업무용 등 국가의 특수한 공용 목적으로 사용하기 위한 자동차와 소방용 자동차
  2. 주한 외국공관 또는 외교관이나 그 밖에 이에 준하는 대우를 받는 자가 공용목적으로 사용하기 위한 자동차로서 외교부장관의 확인을 받은 자동차
  3. 주한 외국군대의 구성원이 공용목적으로 사용하기 위한 자동차
  4. 수출용 자동차와 박람회나 그 밖에 이에 준하는 행사에 참가하는 자가 전시의 목적으로 일시 반입하는 자동차
  5. 여행자 등이 다시 반출할 것을 조건으로 일시 반입하는 자동차
  6. 자동차제작자 및 자동차 관련 연구기관 등이 자동차의 개발 또는 전시 등 주행 외의 목적으로 사용하기 위하여 수입하는 자동차
  7. 외국인 또는 외국에서 **1년 이상 거주**한 내국인이 주거(住居)를 옮기기 위하여 이주물품으로 반입하는 **1대의 자동차**
② **인증을 생략할 수 있는 자동차**는 다음과 같다.
  1. 국가대표 선수용 또는 훈련용 자동차로서 **문화체육관광부장관**의 **확인**을 받은 자동차
  2. 외국에서 국내의 공공기관 또는 비영리단체에 무상으로 기증한 자동차
  3. 외교관 또는 주한 외국군인의 가족이 사용하기 위하여 반입하는 자동차
  4. 항공기 지상 조업용 자동차
  5. 인증을 받지 아니한 자가 그 인증을 받은 자동차의 원동기를 구입하여 제작하는 자동차
  6. 국제협약 등에 따라 인증을 생략할 수 있는 자동차
  7. 그 밖에 환경부장관이 인증을 생략할 필요가 있다고 인정하는 자동차

■ **인증의 변경신청**(규칙 제67조) : 환경부령으로 정하는 중요한 사항이란 다음의 어느 하나를 말한다.
  1. 배기량
  2. 캠축타이밍, 점화타이밍 및 분사타이밍
  3. 차대동력계 시험차량에서 동력전달장치의 변속비·감속비, 공차중량(10퍼센트 이상 증가하는 경우만 해당)
  4. 촉매장치의 성분, 함량, 부착 위치 및 용량
  5. 증발가스 관련 연료탱크의 재질 및 제어장치
  6. 최대출력 또는 최대출력 시 회전수
  7. 흡배기밸브 또는 포트의 위치
  8. 환경부장관이 고시하는 배출가스 관련 부품

❀ **인증시험업무의 대행**(법 제48조2)
  ① 환경부장관은 인증에 필요한 시험(인증시험)업무를 효율적으로 수행하기 위하여 필요한 경우에는 전문기관을 지정하여 인증시험업무를 대행하게 할 수 있다.
  ② 지정을 받은 전문기관(인증시험대행기관)은 지정받은 사항 중 인력·시설 등 환경부령으로 정하는 중요한 사항을 변경한 경우에는 환경부장관에게 신고하여야 한다.
  ③ 인증시험대행기관 및 인증시험업무에 종사하는 자는 다음의 행위를 하여서는 아니 된다.
    1. 다른 사람에게 자신의 명의로 인증시험업무를 하게 하는 행위
    2. 거짓이나 그 밖의 부정한 방법으로 인증시험을 하는 행위
    3. 인증시험과 관련하여 환경부령으로 정하는 준수사항을 위반하는 행위
    4. 인증시험의 방법과 절차를 위반하여 인증시험을 하는 행위
  ④ 인증시험대행기관의 지정기준, 지정절차, 그 밖에 인증업무에 필요한 사항은 환경부령으로 정한다.

  ▶ **벌칙** : 상기 ③-1, 2호에 따른 금지행위를 한 자
    ⇨ 1년 이하의 징역 또는 1천만 원 이하의 벌금

❀ **인증시험대행기관의 지정취소**(법 제48조3) : 환경부장관은 인증시험대행기관이 다음의 어느 하나에 해당하는 경우에는 그 지정을 취소하거나 6개월 이내의 기간을 정하여 업무의 전부 또는 일부의 정지를 명할 수 있다. 다만, 거짓이나 그 밖의 부정한 방법으로 지정을 받은 경우에는 그 지정을 취소하여야 한다.
  1. 거짓이나 그 밖의 부정한 방법으로 지정을 받은 경우
  2. 전술된 법 제48조2제③항의 금지규정을 위반한 경우
  3. 인증시험대행기관의 지정기준을 충족하지 못하게 된 경우

❀ 인증시험 대행기관의 과징금 처분(법 제48조4)
① 환경부장관은 인증시험대행기관의 업무의 정지를 명하려는 경우로서 그 업무의 정지로 인하여 이용자 등에게 심한 불편을 주거나 그 밖에 공익에 현저한 지장을 줄 우려가 있다고 인정하는 경우에는 그 업무의 정지를 갈음하여 **5천만 원 이하**의 과징금을 부과할 수 있다.
② 과징금을 부과하는 위반행위의 종류·정도 등에 따른 과징금의 금액과 그 밖에 필요한 사항은 대통령령으로 정한다.

▌과징금 부과기준(시행령 제47조의2)
① 과징금의 부과기준은 다음과 같다.
　1. 과징금은 행정처분기준에 따라 업무정지일수에 1일당 부과금액을 곱하여 산정할 것
　2. **1일당 부과금액**은 20만 원으로 한다.
② 위반행위 중 **6개월 이상**의 업무정지처분을 받아야 하는 위반행위는 과징금 부과처분 대상에서 **제외**한다.

❀ 제작차 배출허용기준 검사(법 제50조)
① 환경부장관은 인증을 받아 제작한 자동차의 배출가스가 제작차 배출허용기준에 맞는지를 확인하기 위하여 대통령령으로 정하는 바에 따라 검사[**시행령 제48조**]를 하여야 한다.
② 환경부장관은 **자동차제작자**가 환경부령으로 정하는 인력과 장비[규칙 별표 19 **참조**]를 갖추고 환경부장관이 정하는 검사의 방법 및 절차에 따라 검사를 실시한 경우에는 대통령령으로 정하는 바에 따라 제①항에 따른 검사(**정기검사**)를 생략할 수 있다.
③ 환경부장관은 검사결과 불합격된 자동차의 제작자에게 그 자동차와 동일한 조건으로 환경부장관이 정하는 기간에 생산된 것으로 인정되는 같은 종류의 자동차에 대하여는 판매정지 또는 출고정지를 명할 수 있고, 이미 판매된 자동차에 대하여는 배출가스 관련 부품의 교체를 명할 수 있다.
④ 제③항의 명령에도 불구하고 자동차제작자가 배출가스 관련 부품의 교체명령을 이행하지 아니하거나 검사 결과 불합격된 원인을 부품 교체로 시정할 수 없는 경우에는 환경부장관은 자동차제작자에게 대통령령으로 정하는 바에 따라 자동차의 교체, 환불 또는 재매입을 명할 수 있다.
⑤ 검사의 방법·절차 등 검사에 필요한 자세한 사항은 환경부장관이 정하여 고시한다.
▶ **벌칙** : ③항, ④항의 부품 교체 또는 자동차의 교체·환불·재매입 명령을 이행하지 아니한 자 ⇨ 5년 이하의 징역 또는 5천만 원 이하의 벌금

▌제작차배출허용기준 검사의 종류(시행령 제48조) : 환경부장관은 제작차에 대하여 다음의 구분에 따른 검사를 실시하여야 한다.
　1. **수시검사** : 제작 중인 자동차가 제작차 배출허용기준에 맞는지를 수시로 확인하기 위하여 필요한 경우에 실시하는 검사

2. **정기검사** : 제작 중인 자동차가 제작차 배출허용기준에 맞는지를 확인하기 위하여 자동차 종류별로 제작 대수(臺數)를 고려하여 일정 기간마다 실시하는 검사

❀ **자동차의 평균 배출량**(법 제50조2)
① 자동차제작자는 제작하는 자동차에서 나오는 배출가스를 차종별로 평균한 값(평균 배출량)이 환경부령으로 정하는 평균 배출허용기준[규칙 별표 19의2 **참조**]에 적합하도록 자동차를 제작하여야 한다.
② 평균 배출허용기준을 적용받는 자동차를 제작하는 자는 매년 2월 말일까지 환경부령으로 정하는 바에 따라 전년도의 평균 배출량 달성 실적을 작성하여 환경부장관에게 제출하여야 한다.
③ 평균 배출허용기준을 적용받는 자동차 및 자동차제작자의 범위, 평균 배출량의 산정방법 등 필요한 사항은 환경부령[규칙 별표 19의3 **참조**]으로 정한다.
▶ **벌칙** : 평균 배출량 달성 실적을 제출하지 아니한 자 ⇨ **100만 원 이하의 과태료**

❀ **평균 배출허용기준을 초과한 자동차제작자에 대한 상환명령**(법 제50조3)
① 자동차제작자는 해당 연도의 평균 배출량이 평균 배출허용기준 이내인 경우 그 차이분 중 환경부령으로 정하는 연도별 차이분에 대한 인정범위만큼을 다음 연도부터 환경부령으로 정하는 기간 동안 이월하여 사용할 수 있다.
② 환경부장관은 해당 연도의 평균 배출량이 평균 배출허용기준을 초과한 자동차제작자에 대하여 그 초과분이 발생한 연도부터 환경부령으로 정하는 기간 내에 초과분을 상환할 것을 명할 수 있다.
③ 상환명령을 받은 자동차제작자는 같은 항에 따른 초과분을 상환하기 위한 계획서를 작성하여 상환명령을 받은 날부터 2개월 이내에 환경부장관에게 제출하여야 한다.
④ 차이분 및 초과분의 산정방법, 연도별 인정범위, 상환계획서에 포함되어야 할 사항 등 필요한 사항은 환경부령으로 정한다.
▶ **벌칙** : 상환명령을 이행하지 아니하고 자동차를 제작한 자
 ⇨ **7년 이하의 징역 또는 1억 원 이하의 벌금**
▶ **벌칙** : 평균 배출량 달성 실적 및 상환계획서를 거짓으로 작성한 자
 ⇨ **300만 원 이하의 벌금**
▶ **벌칙** : 상환계획서를 제출하지 아니한 자 ⇨ **100만 원 이하의 과태료**

❀ **결함확인검사 및 결함의 시정**(법 제51조)
① 자동차제작자는 배출가스 보증기간 내에 운행 중인 자동차에서 나오는 배출가스가 배출허용기준에 맞는지에 대하여 환경부장관의 검사(결함확인검사)를 받아야 한다.
② 결함확인검사 대상 자동차의 선정기준, 검사방법, 검사절차, 검사기준, 판정방법, 검사수수료 등에 필요한 사항은 환경부령[**규칙 제72조**]으로 정한다.
③ 환경부장관은 결함확인검사에서 검사 대상차가 제작차 배출허용기준에 맞지 아니하다고 판정되고, 그 사유가 자동차제작자에게 있다고 인정되면 그 차종에 대하여 결함을

시정하도록 명하여야 한다. 다만, 자동차제작자가 검사판정 전에 결함사실을 인정하고 스스로 그 결함을 시정하려는 경우에는 결함시정명령을 생략할 수 있다.
④ 환경부장관은 자동차제작자가 따른 결함시정명령을 이행하지 아니하거나 결함을 시정할 수 없는 것으로 보는 경우에는 자동차제작자에게 대통령령으로 정하는 바에 따라 자동차의 교체, 환불 또는 재매입을 명할 수 있다.

▶ **벌칙** : 결함시정명령을 위반한 자 ⇨ **5년 이하의 징역 또는 5천만 원 이하의 벌금**
▶ **벌칙** : 결함시정 결과보고를 하지 아니한 자 ⇨ **200만 원 이하의 과태료**

▍결함확인검사 대상 자동차(규칙 제72조)

① 결함확인검사의 대상이 되는 자동차는 보증기간이 정하여진 자동차로서 다음에 해당되는 자동차로 한다.
  1. 자동차제작자가 정하는 사용안내서 및 정비안내서에 따르거나 그에 준하여 사용하고 정비한 자동차
  2. 원동기의 대분해수리(무상보증수리 **포함**)를 받지 아니한 자동차
  3. 무연휘발유만을 사용한 자동차(**휘발유 사용 자동차만** 해당)
  4. 최초로 구입한 자가 계속 사용하고 있는 자동차
  5. 견인용으로 사용하지 아니한 자동차
  6. 사용상의 부주의 및 천재지변으로 인하여 배출가스 관련부품이 고장을 일으키지 아니한 자동차
  7. 그 밖에 현저하게 비정상적인 방법으로 사용되지 아니한 자동차
② 국립환경과학원장은 결함확인검사를 하려는 경우에는 자동차 중에서 인증(변경인증 포함)별·연식별로, **예비검사**인 경우 **5대**의 자동차를, **본검사**인 경우 **10대**의 자동차를 선정하여야 한다.
③ 결함확인검사 대상 자동차 선정방법·절차 등에 관하여 그 밖에 필요한 사항은 환경부장관이 정하여 고시한다.

❀ **부품의 결함시정**(법 제52조) : 배기가스보증기간 내에 있는 자동차의 소유자 또는 운행자는 환경부장관이 산업통상자원부장관 및 국토교통부장관과 협의하여 환경부령으로 정하는 배출가스 관련부품이 정상적인 성능을 유지하지 아니하는 경우에는 자동차제작자에게 그 결함을 시정할 것을 요구할 수 있다.

▶ **벌칙** : 결함시정명령을 위반한 자 ⇨ **300만 원 이하의 과태료**

❀ **부품의 결함보고 및 시정**(법 제53조)
① 자동차제작자는 부품의 결함시정 요구건수나 비율이 대통령령으로 정하는 요건[**시행령 제50조**]에 해당하는 경우에는 대통령령으로 정하는 바에 따라 배출가스 보증기간 이내에 이루어진 부품의 결함시정 현황 및 결함원인분석 현황을 환경부장관에게 보고하여야 한다.
② 환경부장관은 부품의 결함건수 또는 결함비율이 대통령령으로 정하는 요건에 해당하는 경우에는 해당[**시행령 제50조2**] 자동차제작자에게 환경부령으로 정하는 기간 이

내(=결함원인분석 현황을 보고한 날부터 **60일 이내**)에 그 부품의 결함을 시정하도록 명하여야 한다.
③ 환경부장관은 자동차제작자가 결함시정명령을 이행하지 아니하거나 결함을 시정할 수 없는 것으로 보는 경우에는 자동차제작자에게 대통령령으로 정하는 바에 따라 자동차의 교체, 환불 또는 재매입을 명할 수 있다.

▌부품의 결함시정 현황 및 결함원인분석 현황의 보고(시행령 제50조)
① 자동차제작자는 다음에 해당하는 경우에는 그 분기부터 매 분기가 끝난 후 **30일 이내**에 시정내용 등을 파악하여 환경부장관에게 해당 부품의 **결함시정 현황을 보고**하여야 한다.
  1. 같은 연도에 판매된 같은 차종의 같은 부품에 대한 결함시정 요구건수가 **40건 이상**
  2. 같은 연도에 판매된 같은 차종의 같은 부품에 대한 결함시정 요구건수의 판매 대수에 대한 비율이 **2% 이상**
② 자동차제작자는 다음에 해당하는 경우에는 그 분기부터 매 분기가 끝난 후 **90일 이내**에 환경부장관에게 **결함원인분석 현황을 보고**하여야 한다.
  1. 같은 연도에 판매된 같은 차종의 같은 부품에 대한 결함시정 요구건수가 **50건 이상**
  2. 결함시정 요구율이 **4% 이상**인 경우

▌결함시정 현황보고(시행령 제50조2) : 자동차제작자가 매년 1월 말일까지 결함시정 현황을 환경부장관에게 보고하여야 하는 경우는 다음에 해당하는 경우로 한다.
  1. 같은 연도에 판매된 같은 차종의 같은 부품에 대한 결함시정 요구 건수가 **40건 미만**
  2. 결함시정요구율이 **2% 미만**인 경우

▌부품의 결함시정 명령(시행령 제51조) : 환경부장관은 다음에 해당하는 경우에는 부품의 결함을 시정하도록 명하여야 한다.
  1. 같은 연도에 판매된 같은 차종의 같은 부품에 대한 부품결함 건수(제작결함으로 부품을 조정하거나 교환한 건수를 말한다. 이하 이 항에서 같다)가 **50건 이상**인 경우
  2. 같은 연도에 판매된 같은 차종의 같은 부품에 대한 부품결함 건수가 **판매 대수의 4% 이상**인 경우

※ **인증의 취소**(법 제55조) : 환경부장관은 다음에 해당하는 경우에는 인증을 취소할 수 있다.
1. 거짓이나 그 밖의 부정한 방법으로 인증을 받은 경우 → 〈인증취소〉
2. 제작차에 중대한 결함이 발생되어 개선을 하여도 제작차 배출허용기준을 유지할 수 없는 경우 → 〈인증취소〉
3. 자동차의 판매 또는 출고 정지명령을 위반한 경우
4. 결함시정명령을 이행하지 아니한 경우
  ▶ **벌칙** : 거짓이나 그 밖의 부정한 방법으로 인증을 받은 경우
    ⇨ **7년 이하의 징역 또는 1억 원 이하의 벌금**

▶ **벌칙** : 인증이나 변경인증을 받지 아니하고 배출가스저감장치, 저공해엔진 또는 공회전 제한장치를 제조하거나 공급·판매한 자 ⇨ **7년 이하의 징역 또는 1억 원 이하의 벌금**

❀ **자동차제작자의 과징금처분**(법 제56조) : 환경부장관은 자동차제작자가 다음의 어느 하나에 해당하는 경우에는 그 자동차제작자에 대하여 **매출액에 100분의 5를 곱한 금액을** 초과하지 아니하는 범위에서 과징금을 부과할 수 있다. 이 경우 과징금의 금액은 **500억 원을 초과할 수 없다.**
  1. 인증을 받지 아니하고 자동차를 제작하여 판매한 경우
  2. 거짓이나 그 밖의 부정한 방법으로 인증 또는 변경인증을 받은 경우
  3. 인증받은 내용과 다르게 자동차를 제작하여 판매한 경우

2 운행차 배출가스 규제·과징금

(1) 운행차 배출허용기준·인증

❀ **운행차 배출허용기준**(법 제57조) : 자동차[이륜자동차 포함, 전기이륜자동차 등 환경부령으로 정하는 이륜자동차[**규칙 제78조2**]는 제외]의 소유자는 그 자동차에서 배출되는 배출가스가 환경부령으로 정하는 운행차 배출가스허용기준[규칙 별표 21 **참조**]에 맞게 운행하거나 운행하게 하여야 한다.

▌**운행차 배출가스허용기준 및 배출가스정기검사 제외 이륜자동차**(규칙 제78조2) : 운행차 배출가스허용기준 적용 대상에서 제외되는 이륜자동차 및 운행차 배출가스정기검사 대상에서 제외되는 이륜자동차는 다음에 해당하는 것으로 한다.
  1. 전기이륜자동차
  2. 이륜자동차 사용 신고 대상에서 제외되는 이륜자동차
  3. 배기량이 50cc 미만인 이륜자동차
  4. 배기량이 50cc 이상 260cc 이하로서 2017년 12월 31일 이전에 제작된 이륜자동차

▌**운행차 배출가스허용기준**(규칙 제78조)-[별표 21]
① **일반기준**
  1. **휘발유와 가스를 같이 사용**하는 자동차의 배출가스 측정 및 배출허용기준은 **가스의 기준**을 적용한다.
  2. **알코올만** 사용하는 자동차는 **탄화수소** 기준을 적용하지 아니한다.
  3. 휘발유사용 자동차는 휘발유·알코올 및 가스(천연가스 포함)를 섞어서 사용하는 자동차를 포함하며, 경유사용 자동차는 경유와 가스를 섞어서 사용하거나 같이 사용하는 자동차를 포함한다.
  4. 건설기계 중 덤프트럭, 콘크리트믹서트럭, 콘크리트펌프트럭의 배출허용기준은 화물자동차기준을 적용한다.

5. **희박연소**(Lean Burn)방식을 적용하는 자동차는 공기과잉률 기준을 적용하지 아니한다.
6. **1993년 이후에 제작**된 자동차 중 과급기(Turbo charger)나 중간냉각기(Intercooler)를 부착한 경유사용 자동차의 배출허용기준은 무부하급가속 검사방법의 매연항목에 대한 배출허용기준에 **5%를 더한 농도**를 적용한다.
7. 수입자동차는 최초등록일자를 제작일자로 본다.
8. 원격측정기에 의한 수시점검 결과 배출허용기준을 초과한 차량(휘발유·가스사용 자동차)에 대한 정비·점검 및 확인검사 시 배출허용기준은 정밀검사기준(휘발유·가스사용 자동차)을 적용한다.

② **운행차 배출허용기준**
  ■ **수시점검 및 정기검사**
  1. 휘발유(알코올 포함), 가스자동차 → 항목 : CO, HC, 과잉공기율
  2. 경유자동차 → 항목 : 매연(10% 이하)
  ■ **정밀검사**
  1. 휘발유(알코올 포함) 자동차, 가스자동차 → 항목 : 일산화탄소 탄화수소, 질소산화물
  2. 경유자동차 → 항목 : 매연(8% 이하), 질소산화물(2,000ppm 이하)

❀ **배출가스 관련 부품의 탈거 등 금지**(법 제57조2) : 누구든지 환경부령으로 정하는 자동차의 배출가스 관련부품을 탈거·훼손·해체·변경·임의설정 하거나 촉매제(요소수 등)를 사용하지 아니하거나 적게 사용하여 그 기능이나 성능이 저하되는 행위를 하거나 그 행위를 요구하여서는 아니 된다. 다만, 다음의 어느 하나에 해당하는 경우에는 그러하지 아니하다.
  • 자동차의 점검·정비 또는 튜닝을 하려는 경우
  • 폐차하는 경우
  • 교육·연구의 목적으로 사용하는 등 환경부령으로 정하는 사유에 해당하는 경우
    ▶ **벌칙** : 배출가스 관련부품을 탈거·훼손·해체·변경·임의설정 하거나 촉매제를 사용하지 아니하거나 적게 사용하여 그 기능이나 성능이 저하되는 행위를 한 자 및 그 행위를 요구한 자 ⇨ **1년 이하의 징역 또는 1천만 원 이하의 벌금**

❀ **저공해자동차의 운행**(법 제58조)
  ① 시·도지사 또는 시장·군수는 관할 지역의 대기질 개선 또는 기후·생태계 변화유발물질 배출감소를 위하여 필요하다고 인정하면 그 지역에서 운행하는 자동차 및 건설기계 중 차령과 대기오염물질 또는 기후·생태계 변화유발물질 배출정도 등에 관하여 환경부령으로 정하는 요건을 충족하는 자동차 및 건설기계의 소유자에게 그 시·도 또는 시·군의 조례에 따라 그 자동차 및 건설기계에 대하여 다음의 어느 하나에 해당하는 조치를 하도록 명령하거나 조기에 폐차할 것을 권고할 수 있다.

　　1. 저공해자동차로의 전환 또는 개조
　　2. 배출가스저감장치의 부착 또는 교체 및 배출가스 관련부품의 교체
　　3. 저공해엔진(혼소엔진 **포함**)으로의 개조 또는 교체
② 배출가스보증기간이 지난 자동차의 소유자는 해당 자동차에서 배출되는 배출가스가 운행차배출허용기준에 적합하게 유지되도록 환경부령으로 정하는 바에 따라 배출가스저감장치를 부착 또는 교체하거나 저공해엔진으로 개조 또는 교체할 수 있다.
③ 국가나 지방자치단체는 저공해자동차의 보급, 배출가스저감장치의 부착 또는 교체와 저공해엔진으로의 개조 또는 교체를 촉진하기 위하여 다음의 어느 하나에 해당하는 자에 대하여 예산의 범위에서 필요한 자금을 보조하거나 융자할 수 있다.
　　1. 저공해자동차를 구입하거나 저공해자동차로 개조하는 자
　　2. 저공해자동차에 연료를 공급하기 위한 시설 중 다음의 시설을 설치하는 자
　　　▶ 천연가스를 연료로 사용하는 자동차에 천연가스를 공급하기 위한 시설로서 환경부장관이 정하는 시설
　　　▶ 전기를 연료로 사용하는 자동차(전기자동차)에 전기를 충전하기 위한 시설로서 환경부장관이 정하는 시설
　　　▶ 그 밖에 태양광, 수소연료 등 환경부장관이 정하는 저공해자동차 연료공급시설
　　3. 상기 규정항에 따라 자동차 및 건설기계에 배출가스저감장치를 부착 또는 교체하거나 자동차 및 건설기계의 엔진을 저공해엔진으로 개조 또는 교체하는 자
　　4. 자동차 및 건설기계의 배출가스 관련부품을 교체하는 자
　　5. 조기 폐차 권고를 받고 자동차를 조기에 폐차하는 자
　　6. 그 밖에 배출가스가 매우 적게 배출되는 것으로서 환경부장관이 정하여 고시하는 자동차를 구입하는 자
④ 특별시장·광역시장·특별자치시장·특별자치도지사·시장·군수는 자동차 및 건설기계가 저공해자동차 등에 해당하는지 여부를 검토하여 **표지를 발급**할 수 있고, 저공해자동차의 소유자는 발급받은 표지를 저공해자동차 등에 붙일 수 있다.
▶ **벌칙** : 저공해자동차의 표지를 거짓으로 제작하거나 붙인 자 ⇨ **500만 원 이하의 벌금**
▶ **벌칙** : 저공해자동차로의 전환 또는 개조명령, 배출가스저감장치의 부착·교체명령 또는 배출가스 관련 부품의 교체명령, 저공해엔진(혼소엔진 포함)으로의 개조 또는 교체명령을 이행하지 아니한 자 ⇨ **300만 원 이하의 과태료**

🏵 저공해자동차의 보급(법 제58조2)

① 환경부장관은 자동차를 제작하거나 수입하여 대통령령으로 정하는 수량 이상을 판매(위탁 판매하는 경우 포함)하는 자가 연간 보급하여야 할 저공해자동차에 관한 목표를 매년 산업통상자원부 등 관계 중앙행정기관의 장과 협의하여 정하고 이를 고시하여야 한다.
② 환경부장관은 저공해자동차 중에서 대기오염물질의 배출이 없는 자동차로서 대통령령으로 정하는 자동차(무공해자동차)의 보급 촉진을 위하여 연간 저공해자동차 보급목표를 정할 때 자동차판매자가 연간 보급하여야 할 무공해자동차에 관한 목표를 별도로 정할 수 있다.

③ 자동차판매자는 연간 저공해자동차 보급목표에 따라 매년 저공해자동차 보급계획서를 작성하여 **환경부장관의 승인**을 받아야 한다.
④ 자동차판매자는 승인을 받은 저공해자동차 보급계획서에 따라 저공해자동차를 보급하고 그 실적을 환경부장관에게 제출하여야 한다.

➡ 벌칙 : 저공해자동차 보급계획서의 승인을 받지 아니한 자 ⇨ **500만 원 이하의 벌금**
➡ 벌칙 : 저공해자동차를 보급하고 그 실적을 제출하지 아니한 자
⇨ **500만 원 이하의 과태료**

❀ 공회전의 제한(법 제59조)
① 시·도지사는 자동차의 배출가스로 인한 대기오염 및 연료 손실을 줄이기 위하여 필요하다고 인정하면 그 시·도의 조례로 정하는 바에 따라 터미널, 차고지, 주차장 등의 장소에서 자동차의 원동기를 가동한 상태로 주차하거나 정차하는 행위를 제한할 수 있다.
② 시·도지사는 대중교통용 자동차 등 환경부령으로 정하는 자동차[**규칙 제79조15**]에 대하여 시·도 조례에 따라 공회전제한장치의 부착을 명령할 수 있다.

➡ 벌칙 : 자동차의 원동기 가동제한을 위반한 자동차의 운전자
⇨ **100만 원 이하의 과태료**

▎**공회전제한장치 부착명령 대상 자동차**(규칙 제79조15) : 대중교통용 자동차 등 환경부령으로 정하는 자동차란 다음의 자동차를 말한다.
1. 시내버스운송사업에 사용되는 자동차
2. 일반택시운송사업(군단위를 사업구역으로 하는 운송사업은 제외)에 사용되는 자동차
3. 화물자동차운송사업에 사용되는 최대적재량이 1톤 이하인 밴형 화물자동차로서 택배용으로 사용되는 자동차

❀ 배출가스저감장치 및 공회전제한장치의 인증(법 제60조)
① 배출가스저감장치, 저공해엔진 또는 공회전제한장치를 제조·공급 또는 판매하려는 자는 환경부장관으로부터 그 장치나 엔진이 보증기간 동안 환경부령으로 정하는 저감효율 또는 기준에 맞게 유지될 수 있다는 인증을 받아야 한다. 다만, 제작단계에서 배출가스저감장치, 저공해엔진 또는 공회전제한장치를 부착하여 제작차 인증을 받은 경우에는 인증을 받지 아니할 수 있다.
② 인증을 받은 자가 인증받은 내용을 변경하려면 변경인증을 받아야 한다.

➡ 벌칙 : 인증받은 내용과 다르게 결함이 있는 배출가스저감장치 또는 저공해엔진을 제조·공급 또는 판매하는 자 ⇨ **300만 원 이하의 벌금**

❀ 운행차의 수시점검(법 제61조)
① 환경부장관, 특별시장·광역시장·특별자치시장·특별자치도지사·시장·군수·구청장은 자동차에서 배출되는 배출가스가 운행차배출허용기준에 맞는지 확인하기 위하여 도로나 주차장 등에서 자동차의 배출가스 배출상태를 수시로 점검하여야 한다.

② 자동차 운행자는 수시점검에 협조하여야 하며 이에 따르지 아니하거나 기피 또는 방해하여서는 아니 된다.
③ 점검방법 등에 필요한 사항은 환경부령으로 정한다.
▶ **벌칙** : 제②항의 점검에 따르지 아니하거나 기피 또는 방해한 자
⇨ **200만 원 이하의 과태료**

▌**운행차 수시점검의 면제**(규칙 제84조) : 환경부장관, 특별시장·광역시장·특별자치시장·특별자치도지사 또는 시장·군수·구청장은 다음의 어느 하나에 해당하는 자동차에 대하여는 운행차의 수시점검을 면제할 수 있다.
  1. 환경부장관이 정하는 저공해자동차
  2. 긴급자동차
  3. 군용 및 경호업무용 등 국가의 특수한 공용목적으로 사용되는 자동차

운행차의 배출가스정기검사(법 제62조)
① 자동차에서 나오는 배출가스가 운행차 배출허용기준에 맞는지를 검사하는 운행차 배출가스정기검사를 받아야 한다. 저공해자동차 중 환경부령으로 정하는 자동차[**규칙 제84조2**]와 정밀검사 대상 자동차의 경우에는 해당 연도의 배출가스정기검사 대상에서 제외한다.
② 이륜자동차의 소유자는 이륜자동차에 대하여 환경부령으로 정하는 바에 따라 환경부장관이 일정 기간마다 그 이륜자동차에서 나오는 배출가스가 운행차 배출허용기준에 맞는지를 검사하는 배출가스정기검사를 받아야 한다. 다만, 전기이륜자동차 등 환경부령으로 정하는 이륜자동차[**규칙 제78조2**]의 경우에는 이륜자동차정기검사 대상에서 제외한다.
▶ **벌칙** : 이륜자동차정기검사 명령을 이행하지 아니한 자 ⇨ **300만 원 이하의 벌금**
▶ **벌칙** : 이륜자동차정기검사를 받지 아니한 자 ⇨ **50만 원 이하의 과태료**

▌**저공해자동차**(법 제2조16) : 저공해자동차란 다음의 자동차로서 대통령령으로 정하는 것[**시행령 제1조2**]을 말한다.
  가. 대기오염물질의 배출이 없는 자동차
  나. 제작차의 배출허용기준보다 오염물질을 적게 배출하는 자동차

▌**저공해자동차의 종류**(시행령 제1조2) : 대통령령으로 정하는 것이란 다음의 구분에 따른 자동차를 말한다.
  1. **제1종 저공해자동차** : 자동차에서 배출되는 대기오염물질이 환경부령으로 정하는 배출허용기준에 맞는 자동차로서 전기자동차, 태양광자동차 및 수소전기자동차
  2. **제2종 저공해자동차** : 자동차에서 배출되는 대기오염물질이 환경부령으로 정하는 배출허용기준에 맞는 자동차로서 하이브리드자동차
  3. **제3종 저공해자동차** : 자동차에서 배출되는 대기오염물질이 환경부령으로 정하는 배출허용기준에 맞는 자동차로서 제조기준에 맞는 자동차연료를 사용하는 자동차

■ **운행차의 배출가스정기검사 또는 정밀검사의 면제 대상 저공해자동차**(규칙 제84조2)
: 환경부령으로 정하는 자동차란 제1종 저공해자동차를 말한다.

■ **운행차 배출가스허용기준 및 배출가스정기검사 제외 이륜자동차**(규칙 제78조2) : 운행차 배출가스허용기준 적용 대상에서 제외되는 이륜자동차 및 운행차 배출가스정기검사 대상에서 제외되는 이륜자동차는 다음의 어느 하나에 해당하는 것으로 한다.
 1. 전기이륜자동차
 2. 이륜자동차 사용 신고 대상에서 제외되는 이륜자동차
 3. 배기량이 50cc 미만인 이륜자동차
 4. 배기량이 50cc 이상 260cc 이하로서 2017년 12월 31일 이전에 제작된 이륜자동차

❀ **운행차의 배출가스정밀검사**(법 제63조)
 ① 다음 지역 중 어느 하나에 해당하는 지역에 등록된 자동차의 소유자는 관할 시·도지사가 그 시·도의 조례로 정하는 바에 따라 실시하는 운행차 배출가스정밀검사를 받아야 한다.
  1. 대기관리권역
  2. **인구 50만 명 이상**의 도시지역 중 대통령령으로 정하는 지역[**시행령 제54조**]
 ② 다음의 어느 하나에 해당하는 자동차는 **정밀검사를 면제**한다.
  1. 저공해자동차 중 환경부령으로 정하는 자동차(제1종 저공해자동차)
  2. 대기관리권역의 대기환경개선에 관한 특별법에 따라 검사를 받은 특정경유자동차
  3. 대기관리권역의 대기환경개선에 관한 특별법에 따른 조치를 한 날부터 3년 이내인 특정경유자동차
 ③ 정밀검사 결과(관능 및 기능검사 제외) **2회 이상 부적합 판정**을 받은 자동차의 소유자는 등록한 전문정비사업자에게 정비·점검을 받은 후 전문정비사업자가 발급한 정비·점검 결과표를 지정을 받은 종합검사대행자 또는 종합검사지정정비사업자에게 제출하고 **재검사**를 받아야 한다.
 ④ 정밀검사의 기준 및 방법, 검사항목 등 필요한 사항은 **환경부령으로 정한다.**
 ▶ **벌칙** : 제③항을 위반하여 정비·점검 및 확인검사를 받지 아니한 자
  ⇨ **100만 원 이하의 과태료**

■ **운행차 배출가스정밀검사의 시행지역**(시행령 제54조) : 대통령령으로 정하는 지역이란 다음의 지역을 말한다.
 1. 광주광역시, 대전광역시, 울산광역시
 2. 김해시, 용인시, 전주시, 창원시, 천안시, 청주시, 포항시 및 화성시

■ **정밀검사의 유효기간**(규칙 제96조) [별표 25]

차 종		정밀검사 대상 자동차	검사유효기간
비사업용	승용자동차	차령 4년 경과된 자동차	2년
	기타 자동차	차령 3년 경과된 자동차	1년

차 종		정밀검사 대상 자동차	검사유효기간
사업용	승용자동차	차령 2년 경과된 자동차	1년
	기타 자동차	차령 2년 경과된 자동차	

▌정밀검사방법 – 일반기준(규칙 제97조)

1. 운행차의 정밀검사는 **부하검사방법을 적용**하여 검사를 하여야 한다. 다만, 다음에 해당하는 자동차는 **무부하검사방법**을 적용할 수 있다.
   - 상시 4륜구동 자동차
   - 2행정 원동기 장착자동차
   - 1987년 12월 31일 이전에 제작된 휘발유·가스·알코올 사용 자동차
   - 소방용 자동차(지휘차, 순찰차 및 구급차 포함)
   - 그 밖에 특수한 구조의 자동차로서 검차장의 출입이나 차대동력계에서 배출가스 검사가 곤란한 자동차
2. 배출가스검사는 **관능 및 기능검사를 먼저** 한 후 시행하여야 하며, 측정대상자동차의 상태가 기준에 적합하지 아니하거나 차대동력계상에서 검사 중에 자동차의 결함 발생 또는 엔진출력 부족 등으로 검사모드가 구현되지 아니하여 배출가스검사를 계속할 수 없다고 판단되는 경우에는 검사를 즉시 중단하고 부적합 처리하여 측정대상자동차를 적합하게 정비하도록 한 후 배출가스검사를 실시하여야 한다.
3. 차대동력계상에서 자동차의 운전은 검사기술인력이 **직접 수행**하여야 한다.
4. 특수 용도로 사용하기 위하여 특수장치 또는 엔진성능 제어장치 등을 부착하여 엔진최고회전수 등을 제한하는 자동차인 경우에는 해당 자동차의 측정 엔진최고회전수를 엔진정격회전수로 수정·적용하여 배출가스검사를 시행할 수 있다.
5. 휘발유와 가스를 같이 사용하는 자동차는 **연료를 가스로 전환**한 상태에서 배출가스검사를 실시하여야 한다.

✿ 배출가스 전문정비사업의 등록(법 제68조)

① 자동차의 배출가스 관련 부품 등의 정비·점검 및 확인검사 업무를 하려는 자는 **자동차관리사업의 등록**을 한 후 대통령령으로 정하는 기준에 맞는 시설·장비 및 기술인력을 갖추어 특별자치시장·특별자치도지사·시장·군수·구청장에게 배출가스 전문정비사업의 **등록**을 하여야 한다. 등록한 사항 중 대통령령으로 정하는 중요한 사항을 변경하려는 경우에도 또한 같다.

② 전문정비사업자와 정비업무에 종사하는 기술인력은 다음에 해당하는 행위를 하여서는 아니 된다.
  1. 거짓이나 그 밖의 부정한 방법으로 정비·점검 및 확인검사 결과표를 발급하거나 전산 입력을 하는 행위
  2. 다른 자에게 등록증을 대여하거나 다른 자에게 자신의 명의로 정비·점검 및 확인검사 업무를 하게 하는 행위
  3. 등록된 기술인력 외의 사람에게 정비·점검 및 확인검사를 하게 하는 행위

4. 그 밖에 정비·점검 및 확인검사 업무에 관하여 환경부령으로 정하는 준수사항을 위반하는 행위
- ▶ 벌칙 : 전문정비사업자로 등록하지 아니하고 정비·점검 또는 확인검사 업무를 한 자자
  ⇨ 5년 이하의 징역 또는 5천만 원 이하의 벌금
- ▶ 벌칙 : 변경등록을 하지 아니하고 등록사항을 변경한 자
  ⇨ 1년 이하의 징역 또는 1천만 원 이하의 벌금
- ▶ 벌칙 : 제②항 1호, 2호의 금지행위를 한 자
  ⇨ 1년 이하의 징역 또는 1천만 원 이하의 벌금
- ▶ 벌칙 : 제②항 3호, 4호 행위를 한 자 ⇨ **200만 원 이하의 과태료**

❀ **등록의 취소**(법 제69조) : 특별자치시장·특별자치도지사·시장·군수·구청장은 전문정비사업자가 다음의 어느 하나에 해당하면 6개월 이내의 기간을 정하여 업무의 전부 또는 일부의 정지를 명하거나 그 등록을 취소할 수 있다.
1. 거짓이나 그 밖의 부정한 방법으로 등록을 한 경우 → 〈등록취소〉
2. 전문정비사업의 등록 결격사유에 해당하게 된 경우 → 〈등록취소〉
3. 고의 또는 중대한 과실로 정비·점검 및 확인검사 업무를 부실하게 한 경우
4. 자동차관리사업의 등록이 취소된 경우 → 〈등록취소〉
5. 업무정지기간에 정비·점검 및 확인검사 업무를 한 경우 → 〈등록취소〉
6. 등록기준을 충족하지 못하게 된 경우
7. 변경등록을 하지 아니한 경우
8. 전문정비사업자와 정비업무에 종사하는 기술인력이 규정에 금지되는 행위를 한 경우
- ▶ 벌칙 : 전문정비사업자가 업무정지명령을 받고 이를 위반한 경우
  ⇨ 1년 이하의 징역 또는 1천만 원 이하의 벌금

❀ **등록 결격사유**(법 제69조2) : 다음에 해당하는 자는 전문정비사업의 등록을 할 수 없다.
1. 피성년후견인 또는 피한정후견인
2. 파산선고를 받고 복권되지 아니한 자
3. 이 법을 위반하여 징역 이상의 실형을 선고받고 그 집행이 끝나거나 집행을 받지 아니하기로 확정된 날부터 2년이 지나지 아니한 자
4. 등록이 취소(제1호, 제2호의 등록취소는 제외)된 후 2년이 지나지 아니한 자
5. 임원 중 위의 하나에 해당하는 사람이 있는 법인

❀ **운행차 개선명령**(법 제70조)
① 환경부장관, 특별시장·광역시장·특별자치시장·특별자치도지사·시장·군수·구청장은 운행차에 대한 점검결과 그 배출가스가 운행차 배출허용기준을 초과하는 경우에는 환경부령으로 정하는 바에 따라 자동차 소유자에게 개선을 명할 수 있다.
② 개선명령을 받은 자는 환경부령으로 정하는 기간 이내에 전문정비사업자에게 정비·점검 및 확인검사를 받아야 한다.

③ 배출가스보증기간 이내인 자동차로서 자동차 소유자의 고의 또는 과실이 없는 경우(고의 또는 과실 여부는 자동자제작자가 입증하여야 함)에는 자동차제작자가 비용을 부담하여 정비·점검 및 확인검사를 하여야 한다. 다만, 자동차제작자가 직접 확인검사를 할 수 없는 경우에는 전문정비사업자, 종합검사대행자 또는 종합검사 지정정비사업자에게 확인검사를 위탁할 수 있다.

④ 전문정비사업자 등이나 자동차제작자가 정비·점검 및 확인검사를 한 경우에는 자동차 소유자에게 정비·점검 및 확인검사 결과표를 발급하고 환경부령으로 정하는 바에 따라 특별시장·광역시장·특별자치시장·특별자치도지사·시장·군수·구청장에게 정비·점검 및 확인검사 결과를 보고하여야 한다.

➡ **벌칙** : 제④항을 위반하여 정비·점검 및 확인검사 결과표를 발급하지 아니하거나 정비·점검 및 확인검사 결과를 보고하지 아니한 자 ⇨ **100만 원 이하의 과태료**

자동차의 운행정지(법 제70조2)

① 환경부장관, 특별시장·광역시장·특별자치시장·특별자치도지사·시장·군수·구청장은 개선명령을 받은 자동차 소유자가 확인검사를 환경부령으로 정하는 기간 이내[**규칙 제106조**]에 받지 아니하는 경우에는 **10일 이내**의 기간을 정하여 해당 자동차의 운행정지를 명할 수 있다.

② 운행정지처분의 세부기준은 환경부령[**규칙 제107조**]으로 정한다.

➡ **벌칙** : 운행정지명령을 받고 이에 따르지 아니한 자 ⇨ **300만 원 이하의 벌금**

운행차의 개선명령(규칙 제106조)

① 개선명령을 받은 자는 개선명령일부터 **15일 이내**에 전문정비사업자 또는 자동차제작자에게 개선명령서를 제출하고 정비·점검 및 확인검사를 받아야 한다.

③ 환경부령으로 정하는 기간이란 **정비·점검 및 확인검사를 받은 날부터 3개월**로 한다. 이 경우 세부적인 검사의 면제기준은 환경부장관이 정하여 고시한다.

운행정지 표지(규칙 제107조)
: 자동차의 운행정지를 명하려는 경우에는 해당 자동차 소유자에게 자동차 운행정지명령서를 발급하고, 자동차의 전면유리 우측상단에 운행정지표지를 붙여야 한다.

1. 바탕색 : 노란색
2. 문자 : 검정색
3. 부착위치 : 자동차의 전면유리 우측 상단
4. 표지 기재내용 : 자동차등록번호, 점검당시 누적주행거리(km), 운행정지기간, 운행정지기간 중 주차장소
5. 경고문
   - 이 표는 운행정지기간 내에는 부착위치를 변경하거나 훼손하여서는 아니 됩니다.
   - 이 표는 운행정지기간이 지난 후에 담당공무원이 제거하거나 담당공무원의 확인을 받아 제거하여야 합니다.

- 이 자동차를 운행정지기간 내에 운행하는 경우에는 대기환경보전법에 따라 300만 원 이하의 벌금을 물게 됩니다.

3 자동차연료, 첨가제 · 촉매제 · 선박 배출허용기준

❀ 자동차연료 · 첨가제 또는 촉매제의 검사(법 제74조)
① 자동차연료 · 첨가제 또는 촉매제를 제조(수입 포함)하려는 자는 환경부령으로 정하는 제조기준(제조기준)[규칙 제115조]에 맞도록 제조하여야 한다.
② 자동차연료 · 첨가제 또는 촉매제를 제조하려는 자는 제조기준에 맞는지에 대하여 미리 환경부장관으로부터 검사[규칙 제120조3]를 받아야 한다.
③ 첨가제 또는 촉매제에 대한 **검사의 유효기간**은 제조기준에 맞는지를 확인받은 날부터 **3년**으로 한다.
④ 유효기간이 종료된 후에도 계속하여 첨가제 또는 촉매제를 제조하려는 자는 검사를 다시 받아야 한다.
⑤ 누구든지 다음에 해당하는 것을 자동차연료 · 첨가제 또는 촉매제로 공급 · 판매하거나 사용하여서는 아니 된다. 다만, 학교나 연구기관 등 환경부령으로 정하는 자가 시험 · 연구 목적으로 제조 · 공급하거나 사용하는 경우에는 그러하지 아니하다.
 1. 검사 결과 제조기준에 맞지 않는 것으로 판정된 자동차연료 · 첨가제 또는 촉매제
 2. 검사를 받지 않거나 검사받은 내용과 다르게 제조된 자동차연료 · 첨가제 또는 촉매제
⑥ 환경부장관은 자동차연료 · 첨가제 또는 촉매제로 환경상의 위해가 발생하거나 인체에 매우 유해한 물질이 배출된다고 인정하면 환경부령으로 정하는 바[규칙 제117조]에 따라 그 제조 · 판매 또는 사용을 규제할 수 있다.

▌**자동차연료 · 첨가제 또는 촉매제의 검사절차**(규칙 제120조3) : 자동차연료 · 첨가제 또는 촉매제의 검사를 받으려는 자는 자동차연료 · 첨가제 또는 촉매제 검사신청서에 다음의 시료 및 서류를 첨부하여 국립환경과학원장 또는 지정된 검사기관에 제출하여야 한다.
 1. 검사용 시료
 2. 검사 시료의 화학물질 조성비율을 확인할 수 있는 성분분석서
 3. 최대첨가비율을 확인할 수 있는 자료(첨가제만 해당)
 4. 제품의 공정도(촉매제만 해당)

▶ **벌칙** : 자동차연료 · 첨가제 또는 촉매제를 제조기준에 맞지 아니하게 제조한 자
 ⇨ 7년 이하의 징역 또는 1억 원 이하의 벌금
▶ **벌칙** : 자동차연료 · 첨가제 또는 촉매제의 검사를 받지 아니한 자
 ⇨ 7년 이하의 징역 또는 1억 원 이하의 벌금

- ▶ **벌칙** : 자동차연료·첨가제 또는 촉매제의 검사를 거부·방해 또는 기피한 자
  ⇨ **7년 이하의 징역 또는 1억 원 이하의 벌금**
- ▶ **벌칙** : 제⑤항을 위반하여 자동차연료를 공급하거나 판매한 자
  ⇨ **7년 이하의 징역 또는 1억 원 이하의 벌금**
- ▶ **벌칙** : 제조기준에 맞지 않는 첨가제 또는 촉매제를 공급하거나 판매한 자
  ⇨ **5년 이하의 징역 또는 5천만 원 이하의 벌금**
- ▶ **벌칙** : 자동차연료·첨가제 또는 촉매제로 공급·판매하거나 사용하여서는 안 되는 자동차연료를 사용한 자 ⇨ **1년 이하의 징역 또는 1천만 원 이하의 벌금**
- ▶ **벌칙** : 자동차연료·첨가제 또는 촉매제를 검사를 받은 제품임을 표시하지 아니하거나 거짓으로 표시한 자 ⇨ **1년 이하의 징역 또는 1천만 원 이하의 벌금**
- ▶ **벌칙** : 제조기준에 맞지 아니하는 첨가제 또는 촉매제임을 알면서 사용한 자
  ⇨ **200만 원 이하의 과태료**
- ▶ **벌칙** : 검사를 받지 아니하거나 검사받은 내용과 다르게 제조된 첨가제 또는 촉매제임을 알면서 사용한 자 ⇨ **200만 원 이하의 과태료**

▌자동차연료 제조기준(규칙 제115조) [별표 5]

① **휘발유 제조기준**(2009년 1월 1일부터)

기준항목	제조기준
방향족화합물함량(부피 %)	24(21) 이하
벤젠함량(부피 %)	0.7 이하
납함량(g/L)	0.013 이하
인함량(g/L)	0.0013 이하
산소함량(무게 %)	2.3 이하
올레핀함량(부피 %)	16(19) 이하
황함량(ppm)	10 이하
증기압(kPa, 37.8℃)	60 이하
90% 유출온도(℃)	170 이하

② **경유 제조기준**(2009년 1월 1일부터)

기준항목	제조기준
10% 잔류탄소량(%)	0.15 이하
밀도 @15℃(kg/m³)	815 이상 835 이하
황함량(ppm)	10 이하
다환방향족(무게 %)	5 이하
윤활성(μm)	400 이하
방향족화합물(무게 %)	30 이하
세탄지수(또는 세탄가)	52 이상

③ 천연가스 제조기준

기준항목	제조기준
메탄(부피 %)	88.0 이상
에탄(부피 %)	7.0 이하
C_3 이상의 탄화수소(Vt %)	5.0 이하
C_6 이상의 탄화수소(Vt %)	0.2 이하
황함량(ppm)	40 이하
불활성 가스(CO_2, N_2 등)(Vt %)	4.5 이하

④ LPG 제조기준

기준항목		제조기준
황함량(ppm)		40 이하
증기압(40℃, MPa)		1.27 이하
밀도(15℃, kg/m^3)		500~620
동판부식(40℃, 1시간)		1 이하
100mL 증발잔류물(mL)		0.05 이하
C_3H_8 (mol, %)	11.1~3.31일까지	25~35
	4.1~10.31일까지	10 이하

※ 황함량 : 2015년 1월 1일부터 30ppm 이하

⑤ 바이오디젤(BD 100) 제조기준

기준항목		제조기준
지방산메틸에스테르함량(%)		96.5 이상
잔류탄소분(무게 %)		0.1 이하
동점도(40℃, mm^2/sec)		1.9 이상 5.0 이하
황함량(mg/kg)		10 이하
회분(무게 %)		0.01 이하
밀도@ 15℃(kg/m^3)		860 이상 900 이하
전산가(mg KOH/g)		0.50 이하
모노글리세리드(무게 %)		0.80 이하
디글리세리드(무게 %)		0.20 이하
트리글리세리드(무게 %)		0.20 이하
유리글리세린(무게 %)		0.02 이하
총글리세린(무게 %)		0.24 이하
산화안정도(110℃, hr)		6 이상
메탄올(무게 %)		0.2 이하
알칼리금속(mg/kg)	(Na+K)	5 이하
	(Ca+Mg)	5 이하
인(mg/kg)		10 이하

⑥ 바이오가스 제조기준

기준항목	제조기준
메탄(부피 %)	95.0 이상
수분(mg/Nm^3)	32 이하
황함량(ppm)	10 이하
불활성 가스(CO_2, N_2 등)(부피 %)	5.0 이하

■ **자동차 연료형 첨가제의 종류**(규칙 제8조)
1. 세척제, 청정 분산제, 매연 억제제, 다목적 첨가제, 옥탄가 향상제, 세탄가 향상제, 유동성 향상제, 윤활성 향상제
2. 그 밖에 환경부장관이 자동차의 성능을 향상시키거나 배출가스를 줄이기 위하여 필요하다고 정하여 고시하는 것

■ **첨가제의 제조기준**
1. 첨가제에 혼합된 성분 중 카드뮴(Cd)·구리(Cu)·망간(Mn)·니켈(Ni)·크롬(Cr)·철(Fe)·아연(Zn) 및 알루미늄(Al)의 농도는 각각 **1.0mg/L 이하**이어야 한다.
2. 첨가제 제조자가 제시한 최대의 비율로 첨가제를 자동차의 연료에 주입한 후 시험한 배출가스 측정치가 첨가제를 주입하기 전보다 배출가스 **항목별로 10% 이상** 초과하지 아니하여야 하고, **배출가스 총량**은 첨가제를 주입하기 전보다 **5% 이상 증가**하여서는 아니 된다.

■ **자동차연료·첨가제 또는 촉매제의 규제**(규칙 제117조) : **국립환경과학원장**은 자동차연료·첨가제 또는 촉매제로 환경상의 위해가 발생하거나 인체에 매우 유해한 물질이 배출된다고 인정되면 해당 자동차연료·첨가제 또는 촉매제의 **사용 제한**, 다른 연료로의 **대체** 또는 제작자동차의 단위연료량에 대한 **목표주행거리의 설정** 등 필요한 조치를 할 수 있다.

■ **첨가제·촉매제 제조기준에 맞는 제품의 표시방법**(규칙 제119조)-[별표 34]
1. 표시방법 : 첨가제 또는 촉매제 **용기 앞면** 제품명 밑에 한글로 "「대기환경보전법 시행규칙」 별표 33의 첨가제 또는 촉매제 제조기준에 맞게 제조된 제품임. 국립환경과학원장(또는 검사를 한 검사기관장의 명칭) 제○○호"로 적어 표시하여야 한다.
2. 표시크기 : 첨가제 또는 촉매제 **용기 앞면**의 제품명 밑에 제품명 글자크기의 **100분의 30 이상**에 해당하는 크기로 표시하여야 한다.
3. 표시색상 : 첨가제 또는 촉매제 용기 등의 **도안 색상과 보색관계**에 있는 색상으로 하여 선명하게 표시하여야 한다.

🔬 **검사업무의 대행**(법 제74조2)
① 환경부장관은 검사업무를 효율적으로 수행하기 위하여 필요한 경우에는 전문기관을 지정하여 검사업무를 대행하게 할 수 있다.

② 지정을 받은 전문기관(검사대행기관)은 지정받은 사항 중 시설·장비 등 환경부령으로 정하는 중요한 사항을 변경한 경우에는 환경부장관에게 신고하여야 한다.
③ 검사대행기관 및 검사업무에 종사하는 자는 다음의 행위를 하여서는 아니 된다.
  1. 다른 사람에게 자신의 명의로 검사업무를 하게 하는 행위
  2. 거짓이나 그 밖의 부정한 방법으로 검사업무를 하는 행위
  3. 검사업무와 관련하여 환경부령으로 정하는 준수사항을 위반하는 행위
  4. 검사의 방법 및 절차를 위반하여 검사업무를 하는 행위
④ 지정기준, 지정절차, 그 밖에 검사업무에 필요한 사항은 환경부령으로 정한다.
▶ 벌칙 : ③-1호, 2호의 금지행위를 위반한 자
  ⇨ 1년 이하의 징역 또는 1천만 원 이하의 벌금

▌자동차연료 또는 첨가제 검사기관의 구분(규칙 제121조의2)
① 자동차연료 검사기관은 검사대상 연료의 종류에 따라 다음과 같이 구분한다.
  1. 휘발유·경유 검사기관
  2. 엘피지(LPG) 검사기관
  3. 바이오디젤(BD 100) 검사기관
  4. 천연가스(CNG)·바이오가스 검사기관
② 첨가제 검사기관은 검사대상 첨가제의 종류에 따라 다음과 같이 구분한다.
  1. 휘발유용·경유용 첨가제 검사기관
  2. 엘피지(LPG)용 첨가제 검사기관

※ **검사대행기관의 지정취소**(법 제74조3) : 환경부장관은 검사대행기관이 다음에 해당하는 경우에는 그 지정을 취소하거나 6개월 이내의 기간을 정하여 업무의 전부 또는 일부의 정지를 명할 수 있다.
• 거짓이나 그 밖의 부정한 방법으로 지정을 받은 경우 → 〈지정취소〉
• 검사대행기관 및 검사업무에 종사하는 자가 금지행위를 한 경우
• 검사대행기관 지정기준을 충족하지 못하게 된 경우

※ **자동차연료·첨가제 또는 촉매제의 제조·공급·판매 중지 및 회수**(법 제75조)
① 환경부장관은 공급·판매 또는 사용이 금지되는 자동차연료·첨가제 또는 촉매제를 제조한 자에 대해서는 제조의 중지 및 유통·판매 중인 제품의 회수를 명할 수 있다.
② 환경부장관은 공급·판매 또는 사용이 금지되는 자동차연료·첨가제 또는 촉매제를 공급하거나 판매한 자에 대하여는 공급이나 판매의 중지를 명할 수 있다.
▶ 벌칙 : 자동차연료·첨가제 또는 촉매제 제조의 중지, 제품의 회수 또는 공급·판매의 중지명령을 위반한 자 ⇨ 7년 이하의 징역 또는 1억 원 이하의 벌금

※ **선박의 배출허용기준**(법 제76조) : 선박 소유자는 선박의 디젤기관에서 배출되는 대기오염물질 중 대통령령으로 정하는 대기오염물질(=질소산화물)을 배출할 때 환경부령으로 정하는 허용기준[규칙 제124조]에 맞게 하여야 한다.

선박의 배출허용기준(규칙 제124조)[별표 35]

기관 출력	정격기관속도 (n : 크랭크샤프트의 분당속도)	질소산화물 배출기준(g/kWh)		
		기준 1	기준 2	기준 3
130kW 초과	n 130rpm 미만	17 이하	14.4 이하	3.4 이하
	n 130~2,000rpm	$45.0 \times n^{(-0.2)}$ 이하	$44.0 \times n^{(-0.23)}$ 이하	$9.0 \times n^{(-0.2)}$ 이하
	n 2,000rpm 이상	9.8 이하	7.7 이하	2.0 이하

[비고] 기준 1은 2010년 12월 31일 이전에 건조된 선박에, 기준 2는 2011년 1월 1일 이후에 건조된 선박에, 기준 3은 2016년 1월 1일 이후에 건조된 선박에 설치되는 디젤기관에 각각 적용하되, 기준별 적용대상 및 적용시기 등은 해양수산부령으로 정하는 바에 따른다.

4 자동차 온실가스 배출관리 · 냉매관리

(1) 자동차 온실가스 배출관리

⚛ **자동차 온실가스 배출허용기준**(법 제76조2) : 자동차제작자는 자동차 온실가스 배출허용기준을 택하여 준수하기로 한 경우 환경부령으로 정하는 자동차에 대한 온실가스 평균배출량이 환경부장관이 정하는 허용기준에 적합하도록 자동차를 제작 · 판매하여야 한다.

⚛ **자동차 온실가스 배출량 보고**(법 제76조3)
① 자동차제작자는 환경부령으로 정하는 자동차를 판매하고자 하는 경우 환경부장관이 지정하는 시험기관에서 해당 자동차의 온실가스 배출량을 측정하고 그 측정결과를 환경부장관에게 보고하여야 한다. 다만, 환경부령으로 정하는 장비 및 인력을 보유한 자동차제작자의 경우에는 자체적으로 온실가스 배출량을 측정하여 그 측정결과를 보고할 수 있다.
② 환경부장관은 자동차제작자가 보고한 측정결과에 보완이 필요한 경우 30일 이내에 자동차제작자에게 측정결과의 수정 또는 보완을 요청할 수 있다. 이 경우 자동차제작자는 정당한 사유가 없으면 이에 따라야 한다.
③ 환경부장관은 자동차제작자가 보고한 측정결과에 적합하게 자동차를 제작하였는지를 확인하기 위하여 같은 항에 따라 측정결과를 보고한 자동차에 대하여 환경부령으로 정하는 바에 따라 1년 이내에 사후검사를 실시할 수 있다. 이 경우 측정결과에 대한 사후검사 결과의 허용오차범위는 환경부령으로 정한다.
▶ **벌칙** : 자동차 온실가스 배출량을 보고하지 아니하거나 거짓으로 보고한 자 ⇨ **1년 이하의 징역 또는 1천만 원 이하의 벌금**

⚛ **자동차 온실가스 배출량 표시**(법 제76조4)
① 자동차제작자는 온실가스를 적게 배출하는 자동차의 사용 · 소비가 촉진될 수 있도록 환경부장관에게 보고한 자동차 온실가스 배출량을 해당 자동차에 표시하여야 한다.

② 온실가스 배출량의 표시방법과 그 밖에 필요한 사항은 환경부령으로 정한다.
▶ **벌칙** : 자동차에 온실가스 배출량을 표시하지 아니하거나 거짓으로 표시한 자
⇨ **500만 원 이하의 과태료**

❀ **과징금 처분**(법 제76조6)
① 환경부장관은 온실가스 배출허용기준을 준수하지 못한 자동차제작자에게 초과분에 따라 대통령령으로 정하는 매출액에 100분의 1을 곱한 금액을 초과하지 아니하는 범위에서 과징금을 부과·징수할 수 있다. 다만, 자동차제작자가 초과분을 상환하는 경우에는 그러하지 아니하다.
② 과징금의 산정방법·금액, 징수시기, 그 밖에 필요한 사항은 대통령령으로 정한다. 이 경우 과징금의 금액은 평균 에너지 소비효율기준을 준수하지 못하여 부과하는 과징금 금액과 동일한 수준이 될 수 있도록 정한다.

(2) 냉매관리

❀ **냉매의 관리기준**(법 제76조9)
① 환경부장관은 건축물의 냉난방용, 식품의 냉동·냉장용, 그 밖의 산업용으로 냉매를 사용하는 기기(냉매사용기기)로부터 배출되는 냉매를 줄이기 위하여 다음에 관한 관리기준을 마련하여야 한다. 이 경우 환경부장관은 관계 중앙행정기관의 장과 협의하여야 한다.
  1. 냉매사용기기의 유지 및 보수
  2. 냉매의 회수 및 처리
② 냉매사용기기의 범위와 냉매관리기준은 환경부령으로 정한다.

❀ **냉매회수업의 등록**(법 제76조11)
① 냉매사용기기의 냉매를 회수(회수한 냉매의 보관, 운반 및 환경부령으로 정하는 재사용 **포함**)하는 영업(냉매회수업)을 하려는 자는 대통령령으로 정하는 시설·장비 및 기술인력의 기준을 갖추어 **환경부장관에게 등록**하여야 한다.
② 냉매회수업자는 등록사항 중 대통령령으로 정하는 중요한 사항을 변경하려는 경우에는 변경등록을 하여야 한다.
③ 다음에 해당하는 자는 냉매회수업의 등록을 할 수 없다.
  1. 피성년후견인 또는 피한정후견인
  2. 파산선고를 받고 복권되지 아니한 사람
  3. 이 법을 위반하여 징역 이상의 실형을 선고받고 그 집행이 끝나거나(집행이 끝난 것으로 보는 경우 포함) 집행을 받지 아니하기로 확정된 날부터 2년이 지나지 아니한 사람
  4. 냉매회수업의 등록이 취소 후 2년이 지나지 아니한 자
  5. 임원 중 상기에 해당하는 사람이 있는 법인
▶ **벌칙** : 냉매회수업의 등록을 하지 아니하고 냉매회수업을 한 자
⇨ **1년 이하의 징역 또는 1천만 원 이하의 벌금**

- ➡ **벌칙** : 거짓이나 그 밖의 부정한 방법으로 냉매회수업의 등록을 한 자
  ⇨ **1년 이하의 징역 또는 1천만 원 이하의 벌금**
- ➡ **벌칙** : 냉매회수업의 변경등록을 하지 아니하고 등록사항을 변경한 자
  ⇨ **200만 원 이하의 과태료**

❈ 냉매회수업자의 준수사항(법 제76조12)
① 냉매회수업자는 다른 자에게 자기의 명의를 사용하여 냉매회수업을 하게 하거나 등록증을 다른 자에게 대여하여서는 아니 된다.
② 냉매회수업자는 냉매관리기준을 준수하여 냉매를 회수하여야 하며, 그 내용을 환경부령으로 정하는 바에 따라 기록·보존하고 환경부장관에게 제출하여야 한다.
- ➡ **벌칙** : 다른 자에게 자기의 명의를 사용하여 냉매회수업을 하게 하거나 등록증을 다른 자에게 대여한 자 ⇨ **1년 이하의 징역 또는 1천만 원 이하의 벌금**
- ➡ **벌칙** : 냉매관리기준을 준수하지 아니하거나 냉매의 회수 내용을 기록·보존 또는 제출하지 아니한 자 ⇨ **200만 원 이하의 과태료**

❈ 냉매회수업 등록취소(법 제76조13)
① 환경부장관은 냉매회수업자가 다음에 해당하는 경우에는 등록을 취소하거나 6개월 이내의 기간을 정하여 영업의 전부 또는 일부의 정지를 명할 수 있다.
  1. 거짓이나 그 밖의 부정한 방법으로 등록을 한 경우 → 〈등록취소〉
  2. 등록을 한 날부터 2년 이내에 영업을 개시하지 아니하거나 정당한 사유 없이 계속하여 2년 이상 휴업을 한 경우 → 〈등록취소〉
  3. 영업정지 기간 중에 냉매회수업을 한 경우 → 〈등록취소〉
  4. 냉매회수업 등록기준을 충족하지 못하게 된 경우
  5. 냉매회수업의 등록 결격사유에 해당하는 경우. 다만, 법인의 경우 2개월 이내에 결격사유가 있는 임원을 교체 임명한 경우는 제외한다. → 〈등록취소〉
  6. 다른 자에게 자기의 명의를 사용하여 냉매회수업을 하게 하거나 등록증을 다른 자에게 대여한 경우
  7. 고의 또는 중대한 과실로 회수한 냉매를 대기로 방출한 경우
② 행정처분의 세부기준 및 그 밖에 필요한 사항은 환경부령으로 정한다.

엄선 예상문제

01 대기환경보전법상 자동차의 종류에 관한 사항으로 옳지 않은 것은?(단, 2009년 1월 1일 이후)

① 전기자동차는 1회 충전 주행거리가 160km 이상인 경우 제3종에 해당한다.
② 엔진배기량이 50cc 미만인 이륜자동차는 모페드형(스쿠터형 포함)만 이륜자동차에서 제외한다.
③ 사람·화물을 운송하기 적합하게 제작된 것으로 배기량이 1,000cc 미만인 자동차를 경자동차라 한다.
④ 화물운송에 적합하게 제작된 것으로 차량 총 중량이 15톤 이상인 자동차를 초대형 화물자동차라 한다.

02 자동차의 분류기준으로 옳지 않은 것은?

① 이륜자동차 : 공차 중량이 1톤 미만
② 경자동차 : 엔진배기량이 1,000cc 미만
③ 초대형 화물자동차 : 차량 중량이 15톤 이상
④ 소형 승용자동차 : 엔진배기량 1,000cc 이상, 차량 중량이 3.5톤 미만, 승차인원이 8명 이하

03 대기환경보전법상 자동차의 종류에 관한 사항으로 옳지 않은 것은?

① 전기자동차는 1회 충전주행거리 160km 미만인 것은 제1종으로 분류한다.
② 경자동차는 배기량이 1,000cc 미만으로 사람이나 화물을 운송하기 적합하게 제작된 것이다.
③ 이륜자동차는 공차 중량이 0.5톤 미만으로 1~2명의 사람을 운송하기 적합하게 제작된 것이다.
④ 화물자동차는 배기량이 1,000cc 이상인 밴(VAN)과 덤프트럭·콘크리트믹스트럭 및 콘크리트펌프트럭을 포함한다.

04 대기환경보전법상 자동차연료 중 천연가스의 각 항목의 제조기준으로 옳지 않은 것은?

① 황분(ppm) : 50 이하
② 에탄(부피 %) : 7.0 이하
③ 메탄(부피 %) : 88.0 이상
④ 불활성 가스(CO_2, N_2 등)(부피 %) : 4.5 이하

해설

01 엔진배기량이 50cc 미만인 이륜자동차는 모페드형(스쿠터형을 포함)만 이륜자동차에 포함한다.

02 이륜자동차는 차량 총중량이 1천 kg을 초과하지 않는 것, 엔진배기량이 50cc 미만인 이륜자동차는 모페드형[원동기를 장착한 소형 이륜차, 스쿠터형 포함]만 이륜자동차에 포함한다.

03 전기자동차는 1회 충전 주행거리 80km 미만인 것은 제1종으로 분류한다. 1회 충전 주행거리 80km 이상 160km 미만은 2종이다.

04 천연가스의 황분 기준은 40ppm 이하이다.
▶정리해 두면 한번 쯤 긴요하게 쓸 수 있는 포인트◀
1. 휘발유·경유·바이오디젤·바이오가스의 황분함량=10ppm
2. 천연가스·LPG의 황분함량=40ppm
※ 위 기준에도 불구하고 천연가스의 황분 기준은 2015.1.1부터 30ppm 이하를 적용한다.

정답 | 1.② 2.① 3.① 4.①

05 자동차 종류 중 건설공사에 사용하기 적합하게 제작된 건설기계의 규모기준으로 옳은 것은?

① 원동기 정격출력이 560kW 미만
② 원동기 정격출력이 9.5kW 이상 19kW 미만
③ 원동기 정격출력이 2.5kW 이상 9.5kW 미만
④ 원동기 정격출력이 1.5kW 이상 2.5kW 미만

06 전기만을 동력으로 사용하는 자동차의 1회 충전당 주행거리가 80km 이상 160km 미만인 경우 몇 종에 해당하는가?

① 제1종　　② 제2종
③ 제3종　　④ 제4종

07 대기환경보전법상 대형화물자동차의 규모기준으로 옳은 것은?

① 정격출력이 19kW 이상 560kW 미만
② 차량 총중량이 3.5톤 이상 15톤 미만
③ 배기량이 1,000cc 이상, 차량 총중량이 5톤 이상
④ 배기량이 1,000cc 이상, 차량 총중량이 10톤 이상

08 자동차연료 제조기준 중 휘발유의 90% 유출온도(℃) 기준은?

① 150 이하　　② 160 이하
③ 170 이하　　④ 180 이하

09 대기환경보전법상 자동차연료 제조기준 중 휘발유의 황함량 제조기준(ppm)은?

① 2.3 이하　　② 10 이하
③ 50 이하　　④ 60 이하

10 대기환경보전법상 2009년 1월 1일부터 적용되는 자동차연료 제조기준으로 틀린 것은? (단, 경유)

① 윤활성(μm) : 560 이하
② 다환방향족(무게 %) : 5 이하
③ 10% 잔류탄소량(%) : 0.15 이하
④ 밀도 @15℃(kg/m^3) : 815 이상 835 이하

11 대기환경보전법상 첨가제·촉매제 제조기준에 맞는 제품의 표시크기로 옳은 것은?

① 첨가제 또는 촉매제 용기 앞면의 제품명 위에 제품명 글자크기의 100분의 15 이상에 해당하는 크기로 표시하여야 한다.
② 첨가제 또는 촉매제 용기 앞면의 제품명 위에 제품명 글자크기의 100분의 30 이상에 해당하는 크기로 표시하여야 한다.
③ 첨가제 또는 촉매제 용기 앞면의 제품명 밑에 제품명 글자크기의 100분의 15 이상에 해당하는 글자크기로 표시하여야 한다.
④ 첨가제 또는 촉매제 용기 앞면의 제품명 밑에 제품명 글자크기의 100분의 30 이상에 해당하는 크기로 표시 하여야 한다.

> **해설**

05 건설기계의 규모기준은 2015년 1월 1일 이후 제작기준 원동기 정격출력 560kW 미만이다.
06 1회 충전주행거리 80km 이상 160km 미만은 2종이다.
07 대형화물자동차는 차량 총중량이 3.5톤 이상 12톤 미만이다. 초대형은 차량 총중량이 12톤 이상을 말한다.
08 휘발유의 90% 유출온도 기준은 170℃ 이하이다.
09 자동차연료 제조기준 중 휘발유의 황함량 제조기준은 10ppm 이하이다.
10 경유의 윤활성은 400μm 이하이다.
11 첨가제·촉매제 제조기준에 맞는 제품의 표시는 첨가제 또는 촉매제 용기 앞면의 제품명 밑에 제품명 글자크기의 100분의 30 이상에 해당하는 크기로 표시하여야 한다.

정답 ┃ 5.① 6.② 7.② 8.③ 9.② 10.① 11.④

12 대기환경보전법상 자동차연료 제조기준 중 바이오가스의 항목에 따른 제조기준으로 옳지 않은 것은?

① 황분(ppm) : 10 이하
② 수분(mg/Nm^3) : 32 이하
③ 메탄(부피 %) : 85.0 이상
④ 불활성 가스(CO_2, N_2 등)(부피 %) : 5.0 이하

13 자동차연료 제조기준 중 휘발유 자동차의 벤젠함량(%) 기준은?

① 2.5 이하 ② 1.9 이하
③ 1.0 이하 ④ 0.7 이하

14 자동차연료 제조기준 중 경유의 10% 잔류탄소량(%) 기준은?

① 0.10 이하 ② 0.15 이하
③ 0.20 이하 ④ 0.50 이하

15 자동차연료 및 첨가제의 제조·판매 또는 사용에 대한 규제현황의 보고횟수기준은?

① 연 1회 ② 연 2회
③ 연 4회 ④ 연 12회

16 대기환경보전법상 자동차 연료용 경유의 제조기준으로 옳은 것은?

① 윤활성(μm) : 500 이하
② 세탄가 지수 : 52 이상
③ 다환방향족(무게 %) : 20 이하
④ 10% 잔류탄소량(%) : 0.1 이하

17 대기환경보전법상 자동차연료 제조기준 중 휘발유에서 규정하고 있는 제조기준 항목으로 옳지 않은 것은?

① 윤활성(μm)
② 황함량(ppm)
③ 증기압(kPa, 37.8℃)
④ 방향족화합물함량(부피 %)

18 대기환경보전법상 자동차연료형 첨가제의 종류로 거리가 먼 것은?

① 세척제
② 매연 억제제
③ 세탄가 향상제
④ 엔진진동 억제제

> **해설**

12 바이오가스의 메탄함량은 95.0% 이상이다. 반면 천연가스는 메탄함량이 88% 이상이어야 한다.
13 휘발유 자동차의 벤젠함량 기준은 0.7% 이하이다.
14 경유의 10% 잔류탄소량 기준은 0.15% 이하이다.
15 연료 및 첨가제의 제조·판매 또는 사용에 대한 규제현황은 연 2회 보고하여야 한다. 반면에 자동차연료 제조기준 적합 여부 검사현황은 연 4회 보고하여야 한다. 혼동되기 쉬우므로 잘 대비해 두어야 한다.
16 ②항만 올바르다.
　▶바르게 고쳐보기◀
　① 윤활성(μm) : 400 이하
　③ 다환방향족(무게 %) : 30 이하
　④ 10% 잔류탄소량(%) : 0.15 이하
17 윤활성은 경유 제조기준 항목이다.
18 자동차연료형 첨가제의 종류는 세척제, 청정분산제, 다목적 첨가제, 매연 억제제, 옥탄가 향상제, 세탄가 향상제, 유동성 향상제, 윤활성 향상제, 그 밖에 환경부장관이 정하여 고시하는 것이다. [규칙 제8조]-[별표 6]

정답 ┃ 12.③ 13.④ 14.② 15.② 16.② 17.① 18.④

19 자동차연료인 경유 제조기준 중 황함량(ppm) 기준은?
① 10 이하 ② 80 이하
③ 130 이하 ④ 430 이하

20 LPG 자동차의 자동차연료 제조기준 항목 중 황의 함량 기준은?
① 40ppm 이하 ② 100ppm 이하
③ 125ppm 이하 ④ 150ppm 이하

21 자동차연료 제조기준 중 휘발유의 증기압 (kPa, 37.8℃) 기준으로 옳은 것은?
① 60 이하 ② 80 이하
③ 100 이하 ④ 45 이하

22 대기환경보전법상 자동차연료 검사기관의 구분으로 옳지 않은 것은?
① 셰일가스 검사기관
② 휘발유·경유 검사기관
③ 엘피지(LPG) 검사기관
④ 바이오디젤(BD 100) 검사기관

23 대기환경보전법상 자동차연료·첨가제 또는 촉매제의 규제사항이다. ( ) 안에 알맞은 것은?

> ( )은/는 자동차연료·첨가제 또는 촉매제로 환경상의 위해가 발생하거나 인체에 매우 유해한 물질이 배출된다고 인정되면 해당 자동차연료·첨가제 또는 촉매제의 사용 제한, 다른 연료로의 대체 또는 제작자동차의 단위연료량에 대한 목표 주행거리의 설정 등 필요한 조치를 할 수 있다.

① 시·도지사
② 국립환경기술원장
③ 국립환경과학원장
④ 한국환경공단이사장

24 대기환경보전법상 위임업무 보고사항 중 자동차연료 제조기준 적합 여부 검사현황의 보고횟수기준은?
① 연 4회 ② 수시
③ 연 1회 ④ 연 2회

> **해설**
>
> **19** 경유 제조기준 중 황함량 기준은 10ppm 이하이다.
> **20** LPG 자동차의 자동차연료 제조기준 항목 중 황의 함량 기준은 40ppm 이하이다.
> **21** 휘발유의 증기압 기준은 60(kPa, 37.8℃) 이하이다.
> **22** 자동차연료 검사기관은 ②, ③, ④항 외에 천연가스(CNG)·바이오가스 검사기관으로 구분된다. 반면, 첨가제 검사기관은 휘발유용·경유용 첨가제 검사기관, 엘피지(LPG)용 첨가제 검사기관으로 구분된다.
> **23** 국립환경과학원장은 자동차연료·첨가제 또는 촉매제로 환경상의 위해가 발생하거나 인체에 매우 유해한 물질이 배출된다고 인정되면 해당 자동차연료·첨가제 또는 촉매제의 사용 제한, 다른 연료로의 대체 또는 제작자동차의 단위연료량에 대한 목표주행거리의 설정 등 필요한 조치를 할 수 있다.
> **24** 자동차연료 제조기준 적합여부 검사현황의 보고횟수기준은 연 4회이다.
>
> ▶비교 정리해 두면 한번 쯤 긴요하게 쓸 수 있는 포인트◀
>
> | 보고자 | 위임받은 관련업무 | 보고횟수 | 보고기일 |
> | --- | --- | --- | --- |
> | 유역환경청장 또는 지방환경청장 | 연료 및 첨가제의 제조·판매 또는 사용에 대한 규제현황 | • 연 2회 | • 매반기 종료 후 15일 이내 |
> | 국립환경 과학원장 | 연료 또는 첨가제의 제조기준 적합 여부 검사현황 | • 연료→연 4회
• 첨가제→연 2회 | • 연료→매분기 종료 후 15일 이내
• 첨가제→매반기 종료 후 15일 이내 |

정답 | 19.① 20.① 21.① 22.① 23.③ 24.①

25 다음은 대기환경보전법상 자동차연료 검사기관의 기술능력기준이다. ( ) 안에 알맞은 것은?

> 검사원의 자격은 국가기술자격법 시행규칙상 규정 직무 분야의 기사자격 이상을 취득한 사람이어야 하며, 검사원은 (Ⓐ) 이상이어야 하며, 그 중 (Ⓑ) 이상은 해당 검사업무에 (Ⓒ) 이상 종사한 경험이 있는 사람이어야 한다.

① Ⓐ 3명　Ⓑ 1명　Ⓒ 3년
② Ⓐ 3명　Ⓑ 2명　Ⓒ 5년
③ Ⓐ 4명　Ⓑ 2명　Ⓒ 3년
④ Ⓐ 4명　Ⓑ 2명　Ⓒ 5년

26 자동차연료·첨가제 또는 촉매제 검사기관의 지정기준에 대한 다음 ( ) 안에 해당되지 않는 것은?

> 자동차연료 검사기관의 검사원 자격기준은 국가기술자격법 시행규칙에 의거 ( )직무 분야의 기사자격 이상을 취득한 사람이어야 한다.

① 전기
② 환경
③ 화공 및 세라믹
④ 기계(자동차 분야)

27 첨가제 또는 촉매제 검사기관의 지정기준 중 자동차연료 검사기관의 기술능력 및 검사장비기준으로 옳지 않은 것은?

① 휘발유·경유 검사기관과 LPG 검사기관의 기술능력기준은 같다.
② 검사원은 4명 이상이어야 하며, 그 중 2명은 해당 검사업무에 5년 이상 종사한 경험이 있는 사람이어야 한다.
③ 휘발유·경우·바이오디젤(BD 100) 검사를 위해 1ppm 이하 분석 가능한 황함량 분석기 1식을 갖추어야 한다.
④ 검사원은 국가기술자격법 시행규칙에 의거하여 기계(자동차 분야), 기계(전기 분야), 환경직무 분야의 산업기사 자격 이상을 취득한 사람이어야 한다.

28 대기환경보전법상 인증을 면제할 수 있는 자동차에 해당되는 것은?

① 항공기 지상 조업용 자동차
② 주한 외국군인의 가족이 사용하기 위하여 반입하는 자동차
③ 여행자 등이 다시 반출할 것을 조건으로 일시 반입하는 자동차
④ 국가대표 선수용 자동차로서 문화체육관광부장관의 확인을 받은 자동차

> **해설**

25 자동차연료 검사기관의 기술능력기준에서 검사원의 자격은 국가기술자격법 시행규칙상 기계(자동차 분야), 화공 및 세라믹, 환경 직무 분야의 기사자격 이상을 취득한 사람이어야 하며, 검사원은 4명 이상이어야 하고 그 중 2명 이상은 해당 검사업무에 5년 이상 종사한 경험이 있는 사람이어야 한다.

26 촉매제 검사기관의 기술능력 중 검사원의 자격은 다음 하나에 해당하는 자이어야 한다. ㉮ 환경, 자동차 또는 분석 관련 학과의 학사학위 이상을 취득한 자, ㉯ 자동차·화공·안전관리(가스)·환경 분야의 기사 자격 이상을 취득한 자 ㉰ 환경측정분석사 검사원의 수는 4명 이상이어야 하며 그 중 2명 이상은 해당 검사업무에 5년 이상 종사한 경험이 있는 사람이어야 한다.

27 자동차연료 검사기관의 기술능력기준에서 검사원의 자격은 국가기술자격법 시행규칙상 기계(자동차 분야), 화공 및 세라믹, 환경 직무 분야의 기사자격 이상을 취득한 사람이어야 한다.

28 ①, ②, ④항 인증을 생략할 수 있는 자동차에 해당하고, 인증을 면제할 수 있는 자동차에 해당되는 것은 보기에서 여행자 등이 다시 반출할 것을 조건으로 일시 반입하는 자동차만 해당된다.

정답 ┃ 25.④　26.①　27.④　28.③

29 대기환경보전법상 자동차연료형 첨가제의 종류로 거리가 먼 것은?

① 세척제 ② 기관윤활제
③ 다목적 첨가제 ④ 유동성 향상제

30 대기환경보전법상 자동차연료형 첨가제의 종류가 아닌 것은?(단, 그 밖의 사항 등은 고려하지 않는다.)

① 청정분산제 ② 다목적 첨가제
③ 세탄가 첨가제 ④ 유동성 향상제

31 대기환경보전법상 위임업무 보고사항 중 수입자동차 배출가스 인증 및 검사현황의 보고기일기준은?

① 다음 달 10일까지
② 다음 해 1월 15일까지
③ 매 반기 종료 후 15일 이내
④ 매 분기 종료 후 15일 이내

32 다음은 대기환경보전법상 첨가제 제조기준이다. ( ) 안에 알맞은 것은?

> 첨가제 제조자가 제시한 최대의 비율로 첨가제를 자동차의 연료에 주입한 후 시험한 배출가스 측정치가 첨가제를 주입하기 전보다 배출가스 항목별로 (Ⓐ) 초과하지 아니하여야 하고, 배출가스 총량은 첨가제를 주입하기 전보다 (Ⓑ) 증가하여서는 아니 된다.

① Ⓐ 5% 이상 Ⓑ 5% 이상
② Ⓐ 5% 이상 Ⓑ 3% 이상
③ Ⓐ 5% 이상 Ⓑ 1% 이상
④ Ⓐ 10% 이상 Ⓑ 5% 이상

33 대기환경보전법상 휘발유 사용 자동차의 제작차 배출허용기준이 설정된 오염물질의 종류에 해당되지 않는 것은?

① 일산화탄소 ② 탄화수소
③ 질소산화물 ④ 입자상 물질

> **해설**
>
> **29** 자동차 연료형 첨가제의 종류는 세척제, 청정분산제, 매연 억제제, 다목적 첨가제, 옥탄가 향상제, 세탄가 향상제, 유동성 향상제, 윤활성 향상제, 그 밖에 환경부장관이 자동차의 성능을 향상시키거나 배출가스를 줄이기 위하여 필요하다고 정하여 고시하는 것으로 구분된다.
>
> **30** 자동차 연료형 첨가제의 종류는 세척제, 청정분산제, 매연 억제제, 다목적 첨가제, 옥탄가 향상제, 세탄가 향상제, 유동성 향상제, 윤활성 향상제, 그 밖에 환경부장관이 자동차의 성능을 향상시키거나 배출가스를 줄이기 위하여 필요하다고 정하여 고시하는 것으로 구분된다.
>
> **31** 수입자동차 배출가스 인증 및 검사현황은 연 4회 보고하여야 하고, 보고 기일기준은 매 분기 종료 후 15일 이내이다.
>
> **32** 첨가제의 제조기준은 첨가제에 혼합된 성분 중 카드뮴(Cd)·구리(Cu)·망간(Mn)·니켈(Ni)·크롬(Cr)·철(Fe)·아연(Zn) 및 알루미늄(Al)의 농도는 각각 1.0mg/L 이하이어야 한다. 첨가제 제조자가 제시한 최대의 비율로 첨가제를 자동차의 연료에 주입한 후 시험한 배출가스 측정치가 첨가제를 주입하기 전보다 배출가스 항목별로 10% 이상 초과하지 아니하여야 하고, 배출가스 총량은 첨가제를 주입하기 전보다 5% 이상 증가하여서는 아니 된다.
>
> **33** 제작차의 휘발유 사용 자동차 배출허용기준 설정항목은 일산화탄소, 질소산화물, 탄화수소(배기관가스, 블로바이가스, 증발가스), 포름알데히드이다. 입자상물질은 경유자동차 배출허용기준 설정 항목이다.

정답 | 29.② 30.③ 31.④ 32.④ 33.④

34 휘발유·알코올 또는 가스를 사용하거나 이들 연료를 섞어 사용하는 자동차의 경우 운행차 배출허용기준 적용 항목이 아닌 것은? (단, 무부하 검사방법)

① 매연   ② 일산화탄소
③ 질소산화물   ④ 배기관 탄화수소

35 대기환경보전법상 제작자동차 배출허용기준과 관련하여 대통령령으로 정하는 오염물질이 아닌 것은?(단, 휘발유·알코올 또는 가스를 사용하는 자동차에 한함)

① 매연   ② 알데히드
③ 탄화수소   ④ 일산화탄소

36 대기환경보전법령상 인증을 면제할 수 있는 자동차와 거리가 먼 것은?

① 주한 외국군대의 구성원이 공용목적으로 사용하기 위한 자동차
② 군용 및 경호업무용 등 국가의 특수한 공용목적으로 사용하기 위한 자동차와 소방용 자동차
③ 국가대표 선수용 자동차 또는 훈련용 자동차로서 문화체육관광부장관의 확인을 받은 자동차
④ 수출용 자동차와 박람회나 그 밖에 이에 준하는 행사에 참가하는 자가 전시의 목적으로 일시 반입하는 자동차

37 다음 중 인증을 생략할 수 있는 자동차에 해당하는 것은?

① 여행자 등이 다시 반출할 것을 조건으로 일시 반입하는 자동차
② 주한 외국군대의 구성원이 공용의 목적으로 사용하기 위한 자동차
③ 외국에서 국내의 공공기관 또는 비영리단체에 무상으로 기증한 자동차
④ 군용 및 경호업무용 등 국가의 특수한 공용의 목적으로 사용하기 위한 자동차와 소방용 자동차

38 제작차에 대한 인증대행시험기관의 지정취소기준에 해당하지 않는 것은?

① 거짓이나 부정한 방법으로 지정을 받은 경우
② 매연 단속결과 간헐적으로 배출허용기준을 초과할 경우
③ 다른 사람에게 자신의 명의로 인증시험업무를 하게 하는 행위
④ 환경부령으로 정하는 인증시험의 방법과 절차위반하여 인증시험을 하는 행위

> **해설**

34 매연은 경유자동차 배출허용기준 적용 항목이다.
35 매연은 경유자동차의 배출허용기준 항목이다.
36 ③항은 인증을 생략할 수 있는 자동차에 해당한다. 인증을 면제할 수 있는 자동차는 ①, ②, ④항 이외에 주한 외국공관 또는 외교관이나 그 밖에 이에 준하는 대우를 받는 자가 공용 목적으로 사용하기 위한 자동차로서 외교부장관의 확인을 받은 자동차, 여행자 등이 다시 반출할 것을 조건으로 일시 반입하는 자동차, 자동차제작자 및 자동차 관련 연구기관 등이 자동차의 개발 또는 전시 등 주행 외의 목적으로 사용하기 위하여 수입하는 자동차, 외국인 또는 외국에서 1년 이상 거주한 내국인이 주거(住居)를 옮기기 위하여 이주물품으로 반입하는 1대의 자동차이다.
37 인증을 생략할 수 있는 자동차는 외국에서 국내의 공공기관 또는 비영리단체에 무상으로 기증한 자동차만 해당된다. 나머지 항목은 면제할 수 있는 대상이다.
38 지정취소기준에 해당되는 경우는 ①, ③, ④항 이외에 준수사항을 위반하는 행위, 지정기준을 충족하지 못하게 된 경우 등이다.

정답 ┃ 34.① 35.① 36.③ 37.③ 38.②

39 대기환경보전법규상 자동차연료 검사기관의 기술능력 및 검사장비기준에 있어 LPG, CNG, 바이오가스 검사장비에 해당하지 않는 것은?

① 황함량 분석기 ② 밀도시험기
③ 동판부식시험기 ④ 증류시험기

40 대기환경보전법상 한국환경공단이 환경부장관에게 보고해야 할 위탁업무 보고사항 중 자동차배출가스 인증생략 현황의 Ⓐ 보고횟수 및 Ⓑ 보고 기일기준은?

① Ⓐ 연 1회, Ⓑ 다음 해 1월 15일까지
② Ⓐ 수시, Ⓑ 해당사항 발생 후 15일 이내
③ Ⓐ 연 2회, Ⓑ 매 반기 종료 후 15일 이내
④ Ⓐ 연 4회, Ⓑ 매 분기 종료 후 15일 이내

41 대기환경보전법상 휘발유를 연료로 사용하는 경자동차의 배출가스 보증기간 적용기준으로 옳은 것은?(단, 2013년 1월 1일 이후 제작차)

① 1년 또는 20,000km
② 6년 또는 100,000km
③ 2년 또는 160,000km
④ 10년 또는 192,000km

42 대기환경보전법상 운행차 배출허용기준 중 일반기준으로 옳지 않은 것은?

① 수입자동차는 최초등록일자를 제작일자로 본다.
② 알코올만 사용하는 자동차는 탄화수소기준을 적용하지 아니한다.
③ 휘발유와 가스를 같이 사용하는 자동차의 배출가스 측정 및 배출허용기준은 휘발유 기준을 적용한다.
④ 1993년 이후에 제작된 자동차 중 과급기나 중간냉각기를 부착한 경유사용 자동차의 배출허용기준은 무부하급가속 검사방법의 매연항목에 대한 배출허용기준에 5%를 더한 농도를 적용한다.

43 대기환경보전법상 가스를 연료로 사용하는 초대형 승용차의 배출가스 보증기간 적용기준으로 옳은 것은?(단, 2013년 1월 1일 이후 제작자동차)

① 1년 또는 20,000km
② 2년 또는 160,000km
③ 6년 또는 192,000km
④ 10년 또는 192,000km

> **해설**

39 자동차연료 검사기관의 검사장비기준에서 LPG, CNG, 바이오가스 검사장비는 ①, ②, ③항 외에 증기압시험기, 증발잔류물시험기 등을 구비해야 한다.

40 자동차배출가스 인증생략 현황의 보고횟수는 연 2회, 보고 기일기준은 반기 종료 후 15일 이내이다.

▶비교 정리해 두면 한번 쯤 긴요하게 쓸 수 있는 포인트◀

업무내용	보고횟수	보고기일
• 수입자동차 배출가스 인증 및 검사 현황	연 4회	• 매 분기 종료 후 15일 이내
• 자동차의 인증생략 현황	연 2회	• 매 반기 종료 후 15일 이내
• 자동차 시험검사 현황	연 1회	• 다음 해 1월 15일 까지
• 수시검사, 결함확인검사, 부품결함 보고서류 접수	수시	• 위반사항 적발 시
• 결함확인검사 결과	수시	• 위반사항 적발 시

41 경자동차의 배출가스 보증기간은 10년 또는 192,000km이다. 휘발유 사용 대형은 2년 또는 160,000km이다.

42 휘발유와 가스를 같이 사용하는 자동차의 배출가스 측정 및 배출허용기준은 가스의 기준을 적용한다.

43 가스를 연료로 사용하는 대형 승용·화물자동차, 초대형 승용·화물자동차의 배출가스 보증기간 적용기준은 2년 또는 160,000km이다.

정답 ┃ 39.④ 40.③ 41.④ 42.③ 43.②

44 대기환경보전법상 운행차 배출허용기준에 관한 사항으로 옳지 않은 것은?

① 수입자동차는 최초등록일을 제작일자로 본다.
② 알코올만 사용하는 자동차는 탄화수소기준만 적용한다.
③ 희박연소(Lean Burn)방식을 적용하는 자동차는 공기과잉률 기준을 적용하지 아니한다.
④ 1993년 이후에 제작된 자동차 중 과급기나 중간냉각기(Intercooler)를 부착한 경유사용 자동차의 배출허용기준은 무부하급가속 검사방법의 매연항목에 대한 배출허용기준에 5%를 더한 농도를 적용한다.

45 운행차 배출허용기준에 관한 사항으로 옳지 않은 것은?

① 알코올만 사용하는 자동차는 탄화수소기준을 적용하지 아니한다.
② 희박연소(Lean burn)방식을 적용하는 자동차는 공기과잉률 기준을 적용하지 아니한다.
③ 휘발유 사용 자동차는 휘발유 및 가스(천연가스 제외)를 섞어서 사용하는 자동차를 포함한다.
④ 1993년 이후에 제작된 자동차 중 과급기나 중간냉각기를 부착한 경유사용 자동차의 배출허용기준은 무부하급가속 검사방법의 매연 항목에 대한 배출허용기준에 5%를 더한 농도를 적용한다.

46 휘발유를 연료로 사용하는 대형 승용차의 배출가스 보증기간 적용기간 기준으로 옳은 것은 어느 것인가?

① 8년 또는 10,000km
② 6년 또는 100,000km
③ 2년 또는 160,000km
④ 10년 또는 192,000km

47 대기환경보전법상 가스를 연료로 사용하는 경자동차의 배출가스 보증기간 적용기준으로 옳은 것은?

① 2년 또는 10,000km
② 2년 또는 160,000km
③ 6년 또는 100,000km
④ 10년 또는 192,000km

48 대기환경보전법상 배출가스 보증기간 적용기준에 관한 설명으로 옳지 않은 것은?(단, 2013년 1월 1일 이후 제작자동차)

① 보증기간은 자동차 소유자가 자동차를 구입한 일자를 기준으로 한다.
② 휘발유와 가스를 병용하는 자동차는 휘발유 사용 자동차의 보증기간을 적용한다.
③ 배출가스 보증기간의 만료는 기간, 주행거리, 가동시간 중 먼저 도달하는 것을 기준으로 한다.
④ 건설기계 원동기 및 농업기계 원동기의 결함확인검사 대상기간은 19kW 미만은 4년 또는 2,250시간, 37kW 미만은 5년 또는 3,750시간, 37kW 이상은 7년 또는 6,000시간으로 한다.

> **해설**

44 알코올만 사용하는 자동차는 탄화수소기준을 적용하지 않는다. 또한 희박연소(Lean Burn)방식을 적용하는 자동차는 공기과잉률 기준을 적용하지 않는다.

45 휘발유 사용 자동차는 휘발유·알코올 및 가스(천연가스 포함)를 섞어서 사용하는 자동차를 포함한다.

46 휘발유를 연료로 사용하는 대형 승용·화물자동차, 초대형 승용·화물자동차의 배출가스 보증기간 적용기간은 2년 또는 160,000km이다.

47 가스를 연료로 사용하는 경자동차의 배출가스 보증기간은 10년 또는 192,000km이다.

48 휘발유와 가스를 병용하는 자동차는 가스사용 자동차의 보증기간을 적용한다.

정답 | 44.② 45.③ 46.③ 47.④ 48.②

49 대기환경보전법상 휘발유를 연료로 사용하는 이륜자동차의 배출가스 보증기간 적용기준으로 옳은 것은?(단, 2013년 1월 1일 이후 제작자동차 기준, 최고속도 130km/hr 미만)

① 1년 또는 5,000km
② 2년 또는 20,000km
③ 5년 또는 160,000km
④ 10년 또는 192,000km

50 배출가스 보증기간 적용기준에 관한 사항으로 옳지 않은 것은?

① 보증기간은 자동차 소유자가 자동차를 구입한 일자를 기준으로 한다.
② 휘발유와 가스를 병용하는 자동차는 휘발유 사용 자동차의 보증기간을 적용한다.
③ 배출가스 보증기간의 만료를 기간 또는 주행거리 중 먼저 도달하는 것을 기준으로 한다.
④ 휘발유를 사용하는 이륜자동차(최고속도 130 km/h 이상)의 경우 적용기간은 2년 또는 35000km이다.

51 대기환경보전법상 자동차제작자에게 매출액 산정 및 위반행위 정도에 따른 과징금 부과기준을 적용하고자 할 때, Ⓐ 인증을 받지 아니하고, 제작·판매한 경우와 Ⓑ 인증내용과 다르게 제작·판매한 경우의 가중부과계수로 옳은 것은?

① Ⓐ 2, Ⓑ 1
② Ⓐ 1.5, Ⓑ 1.1
③ Ⓐ 1, Ⓑ 0.5
④ Ⓐ 2.2, Ⓑ 1.5

52 경유사용 건설기계의 배출가스 보증기간 적용기준은?(단, 37kW 미만)

① 7년 또는 5,000시간
② 2년 또는 16,000시간
③ 1년 또는 10,000시간
④ 10년 또는 8,000시간

53 대기환경보전법상 제작자동차의 배출가스 보증기간에 관한 사항 중 ( ) 안에 알맞은 것은?

> 배출가스 보증기간의 만료는 (Ⓐ)을 기준으로 한다. 건설기계는 가동시간이 (Ⓑ)을 초과하는 경우, 1년이 경과한 것으로 본다.

① Ⓐ 기간 또는 주행거리 중 나중 도달하는 것, Ⓑ 1,000시간
② Ⓐ 기간 또는 주행거리 중 나중 도달하는 것, Ⓑ 2,000시간
③ Ⓐ 기간 또는 주행거리 중 먼저 도달하는 것, Ⓑ 1,000시간
④ Ⓐ 기간 또는 주행거리 중 먼저 도달하는 것, Ⓑ 2,000시간

54 자동차 운행정지 표지에 기재되는 사항으로 거리가 먼 것은?

① 자동차등록번호
② 자동차 소유자 성명
③ 점검당시 누적주행거리
④ 운행정지기간 중 주차장소

> **해설**

49 휘발유를 연료로 사용하는 이륜자동차의 배출가스 보증기간은 최고속도 130km/hr 미만은 2년 또는 20,000km, 최고속도 130km/hr 이상은 2년 또는 35,000km이다.

50 휘발유와 가스를 병용하는 자동차는 가스사용 자동차의 보증기간을 적용한다.

51 인증을 받지 아니한 경우는 1.0, 인증내용과 다르게 제작·판매한 경우는 0.5를 적용한다.

52 경유사용 37kW 미만의 건설기계 배출가스 보증기간은 7년 또는 5,000시간이다. 반면에 37kW 이상은 10년 또는 8,000시간, 19kW 미만은 5년 또는 3,000시간이다.

53 배출가스 보증기간의 만료는 기간 또는 주행거리 중 먼저 도달하는 것을 기준으로 한다. 다만, 건설기계의 경우 가동시간이 2,000시간을 초과하는 경우에는 1년이 지난 것으로 본다.

54 자동차 운행정지 표지에 기재되는 사항은 ①, ③, ④항 이외에 운행정지기간이다.

정답 ▮ 49.② 50.② 51.③ 52.① 53.④ 54.②

55 자동차 운행정지표지에서 ( ) 안에 알맞은 것은?

> 표지의 바탕색은 (Ⓐ)으로, 문자는 검정색으로 하며, 이 자동차를 운행정지기간 내에 운행하는 경우에는 대기환경보전법에 따라 (Ⓑ)을 물게 됩니다.

① Ⓐ 흰색, Ⓑ 100만 원 이하의 벌금
② Ⓐ 흰색, Ⓑ 300만 원 이하의 벌금
③ Ⓐ 노란색, Ⓑ 100만 원 이하의 벌금
④ Ⓐ 노란색, Ⓑ 300만 원 이하의 벌금

56 대기환경보전법상 자동차 사용정지 표지에 대한 내용으로 옳지 않은 것은?

① 사용문자는 검정색, 바탕색은 노란색으로 한다.
② 사용정지 표지는 자동차의 전면유리 좌측 하단에 붙인다.
③ 사용정지기간 중 주차장소도 사용정지표지에 기재되어야 한다.
④ 사용정지 표지는 담당공무원이 제거하거나 담당공무원의 확인을 받아 제거하여야 한다.

57 기간 내에 확인검사를 받지 않은 자동차에 대한 운행정지기간?

① 5일 이내
② 7일 이내
③ 10일 이내
④ 15일 이내

58 대기환경보전법상 환경부장관은 인증시험 대행기관의 업무의 정지를 명하려는 경우로서 그 업무정지를 갈음하여 과징금을 부과할 수 있다. 다음 중 옳지 않은 것은?

① 과징금은 5천만 원을 초과할 수 없다.
② 업무정지일수에 1일당 부과금액을 곱한다.
③ 과징금의 금액과 그 밖에 필요한 사항은 대통령령으로 정한다.
④ 1개월 이상의 업무정지처분을 받아야 하는 위반행위는 과징금 부과처분 대상에서 제외한다.

59 대기환경보전법상 정밀검사 대상 자동차 및 정밀검사 유효기간 중 차령 2년이 경과된 사업용 승용자동차의 검사 유효기간기준은? (단, 정밀검사 대상 자동차 및 승용자동차란 「자동차관리법」에 따른 자동차를 말한다.)

① 1년
② 2년
③ 3년
④ 5년

60 차령 4년 경과된 비사업용 기타 자동차의 정밀검사 대상 자동차의 검사유효기간은?

① 1년
② 2년
③ 3년
④ 5년

> **해설**
>
> **55** ④항이 올바르다. 자동차 운행정지표지의 바탕색은 노란색, 문자는 검정색으로 하고, 유의사항에는 이 자동차를 운행 정지기간 내에 운행하는 경우에는 대기환경보전법에 따라 300만원 이하의 벌금을 물게 된다는 문구가 들어간다.
>
> **56** 자동차 사용정지 표지의 부착위치는 자동차의 전면유리 우측상단이다.
>
> **57** 환경부장관, 시·도지사, 군수·구청장은 개선명령을 받은 자동차 소유자가 확인검사를 환경부령으로 정하는 기간 이내에 받지 아니하는 경우에는 10일 이내의 기간을 정하여 해당 자동차의 운행정지를 명할 수 있다.
>
> **58** 위반행위 중 6개월 이상의 업무정지처분을 받아야 하는 위반행위는 과징금 부과처분 대상에서 제외한다.
>
> **59** 차령 2년이 경과된 사업용 승용자동차의 검사 유효기간은 1년이다.
>
> **60** 차령 4년 경과된 비사업용 기타 자동차의 정밀검사 대상 자동차의 검사유효기간은 1년이다.

정답 | 55.④ 56.② 57.③ 58.④ 59.① 60.①

61 대기환경보전법상 운행차의 정밀검사 방법·기준 및 검사대상 항목기준(일반기준)에 관한 설명으로 옳지 않은 것은?

① 관능 및 기능검사는 배출가스검사를 먼저 한 후 시행하여야 한다.
② 휘발유-가스 혼용 자동차는 연료를 가스로 전환한 상태에서 배출가스검사를 실시하여야 한다.
③ 운행차의 정밀검사는 부하검사방법을 적용하여 검사를 하여야 하지만, 상시 4륜구동 자동차에 해당하는 자동차는 무부하 검사방법을 적용할 수 있다.
④ 운행차의 정밀검사는 부하검사방법을 적용하여 검사를 하여야 하지만, 2행정 원동기 장착 자동차에 해당하는 자동차는 무부하 검사방법을 적용할 수 있다.

62 대기환경보전법상 자동차 운행정지를 받은 자동차를 운행정지기간 중에 운행하는 경우 물게 되는 벌금기준은?

① 100만 원 이하의 벌금
② 200만 원 이하의 벌금
③ 300만 원 이하의 벌금
④ 500만 원 이하의 벌금

63 대기환경보전법상 국가가 자동차로 인한 대기오염을 줄이기 위하여 기술개발 또는 제작에 필요한 재정적·기술적 지원을 할 수 있는 시설이 아닌 것은?

① 저공해엔진
② 배출가스 저감장치
③ 다목적자동차 및 황함량이 높은 휘발유자동차
④ 저공해자동차 및 그 자동차에 연료를 공급하기 위한 시설 중 환경부장관이 정하는 시설

64 다음은 운행차정기검사의 방법 및 기준에 관한 사항이다. ( ) 안에 알맞은 것은?

> 수냉식 기관의 경우 계기판 온도가 (Ⓐ) 또는 계기판 눈금이 (Ⓑ)이어야 하며, 원동기가 과열되었을 경우에는 원동기실 덮개를 열고 (Ⓒ) 지난 후 정상상태가 되었을 때 측정한다.

① Ⓐ 25℃ 이상 Ⓑ 1/10 이상 Ⓒ 1분 이상
② Ⓐ 25℃ 이상 Ⓑ 1/10 이상 Ⓒ 5분 이상
③ Ⓐ 40℃ 이상 Ⓑ 1/4 이상 Ⓒ 1분 이상
④ Ⓐ 40℃ 이상 Ⓑ 1/4 이상 Ⓒ 5분 이상

65 자동차의 정밀검사 기준 및 방법, 검사항목 등은 무엇으로 정하는가?

① 대통령령
② 환경부령
③ 국토교통부령
④ 보건복지부령

해설

61 자동차 배출가스검사는 관능 및 기능검사를 먼저 한 후 시행하여야 한다.
62 운행정지명령을 받은 자동차를 운행정지기간 중에 운행한 자는 300만원 이하의 벌금에 처하게 된다.
63 국가는 자동차로 인한 대기오염을 줄이기 위하여 ①, ②, ④항에 해당하는 시설 등의 기술개발 또는 제작에 필요한 재정적·기술적 지원을 할 수 있다.
64 운행차정기검사의 방법에서 수냉식 기관의 경우 계기판 온도가 40℃ 이상 또는 계기판 눈금이 1/4 이상이어야 하며, 원동기가 과열되었을 경우에는 원동기실 덮개를 열고 5분 이상 지난 후 정상상태가 되었을 때 측정하고, 온도계가 없거나 고장인 자동차는 원동기를 시동하여 5분이 지난 후 측정한다. 시행규칙-[별표 22] 참조
65 정밀검사의 기준 및 방법, 검사항목 등 필요한 사항은 환경부령으로 정한다.

정답 | 61.① 62.③ 63.③ 64.④ 65.②

66 대기환경보전법상 자동차제작자는 부품의 결함건수 또는 결함비율이 대통령령으로 정하는 요건에 해당하는 경우 그 분기부터 매분기가 끝난 후 90일 이내에 환경부장관에게 결함원인 분석 현황을 보고하여야 한다. 이와 관련하여 ( ) 안에 가장 적합한 것은?

1. 같은 연도에 판매된 같은 차종의 같은 부품에 대한 결함시정 요구 건수가 ( )건 이상
2. 결함시정 요구율이 ( ) 이상인 경우

① 5건, 4%
② 10건, 10%
③ 45건, 2%
④ 50건, 4%

67 자동차제작자에 위반행위 정도에 따른 과징금 산정방법은?

① 총매출액×(3/100)×가중부과계수
② 총매출액×(5/100)×가중부과계수
③ 총매출액×(10/100)×가중부과계수
④ 총매출액×(15/100)×가중부과계수

68 대기환경보전법상 환경부령으로 정하는 제조기준에 맞지 아니하게 자동차연료·첨가제 또는 촉매제를 제조한 자에 대한 벌칙기준은?

① 300만 원 이하의 벌금
② 7년 이하의 징역이나 1억 원 이하의 벌금
③ 5년 이하의 징역이나 3천만 원 이하의 벌금
④ 1년 이하의 징역이나 500만 원 이하의 벌금

해설

66 결함원인 분석 현황을 보고해야 하는 경우는 같은 연도에 판매된 같은 차종의 같은 부품에 대한 결함시정 요구 건수가 50건 이상, 결함시정 요구율이 4% 이상인 경우이다.
▶제작차 결함관련 사항 정리◀
1. 결함시정 현황보고 : 시정 요구건수 40건 이상, 비율 2% 이상
2. 결함원인 분석 현황보고 : 요구건수 50건 이상, 요구비율 4% 이상
3. 결함시정 현황보고 : 요구건수 40건 미만, 시정 요구율 2% 미만
4. 부품의 결함시정 명령 : 요구건수 50건 이상, 결함건수 4% 이상

67 환경부장관은 자동차제작자가 인증을 받지 아니하고 자동차를 제작하여 판매하는 등 관련규정을 위반한 경우에는 그 자동차제작자에 대하여 매출액에 100분의 5를 곱한 금액을 초과하지 아니하는 범위에서 과징금을 부과할 수 있다. 이 경우 과징금의 금액은 500억 원을 초과할 수 없다.
▶과징금 정리해두기◀
1. 산업장 배출시설 : 영업정지처분을 갈음하여 매출액에 100분의 5를 곱한 금액을 초과하지 아니하는 범위에서 과징금을 부과할 수 있다. 다만, 매출액이 없거나 매출액의 산정이 곤란한 경우로서 대통령령으로 정하는 경우에는 2억 원을 초과하지 아니하는 범위에서 과징금을 부과할 수 있다.
2. 인증시험 대행기관 : 업무의 정지를 갈음하여 5천만 원 이하의 과징금을 부과할 수 있다.
3. 자동차제작자 : 매출액에 100분의 5를 곱한 금액을 초과하지 아니하는 범위에서 과징금을 부과할 수 있다. 이 경우 과징금의 금액은 500억 원을 초과할 수 없다.
4. 온실가스 배출허용기준을 준수하지 못한 자동차제작자 : 매출액에 100분의 1을 곱한 금액을 초과하지 아니하는 범위에서 과징금을 부과·징수할 수 있다.

68 환경부령으로 정하는 제조기준에 맞지 아니하게 자동차연료·첨가제 또는 촉매제를 제조한 자에 대한 벌칙기준은 7년 이하의 징역이나 1억 원 이하의 벌금에 처하게 된다.

정답 | 66.④ 67.② 68.②

69 대기환경보전법상 변경인증을 받지 아니하고 자동차를 제작하거나 제작차 배출허용기준에 맞지 아니하게 자동차를 제작한 자에 대한 벌칙기준은?

① 300만 원 이하의 벌금
② 7년 이하의 징역이나 1억 원 이하의 벌금
③ 5년 이하의 징역이나 3천만 원 이하의 벌금
④ 1년 이하의 징역이나 500만 원 이하의 벌금

70 저공해자동차로의 전환명령, 배출가스 저감장치의 부착 또는 교체명령, 저공해엔진으로의 개조 또는 교체명령을 이행하지 아니한 자에 대한 벌칙기준으로 옳은 것은?

① 300만 원 이하의 과태료를 부과한다.
② 1년 이하 징역-1천만 원 이하의 벌금에 처한다.
③ 1년 이하 징역-5백만 원 이하의 벌금에 처한다.
④ 3년 이하 징역-2천만 원 이하의 벌금에 처한다.

71 터미널, 차고지 등의 장소에서 자동차의 원동기 가동제한을 위반한 자동차 운전자에 대한 행정조치사항(기준)으로 옳은 것은?

① 50만 원 이하의 과태료를 부과한다.
② 100만 원 이하의 과태료를 부과한다.
③ 200만 원 이하의 과태료를 부과한다.
④ 300만 원 이하의 과태료를 부과한다.

72 배출가스 전문정비업자가 고의로 정비업무를 부실하게 하여 받은 업무정지명령을 위반한 자에 대한 벌칙기준은?

① 300만 원 이하의 벌금
② 7년 이하의 징역이나 1억 원 이하의 벌금
③ 1년 이하의 징역이나 1천만 원 이하의 벌금
④ 5년 이하의 징역이나 3천만 원 이하의 벌금

73 대기환경보전법상 제작차에 대한 인증시험 대행기관의 운영 및 관리기준이다. ( ) 안에 알맞은 것은?

> 인증시험 대행기관은 시설장비, 기술인력에 변경이 있으면 변경된 날부터 (Ⓐ) 그 내용을 환경부장관에게 신고하여야 하며, 시험결과 원본자료, 시험대장을 (Ⓑ) 보관하여야 한다.

① Ⓐ 15일 이내에   Ⓑ 1년 동안
② Ⓐ 15일 이내에   Ⓑ 3년 동안
③ Ⓐ 30일 이내에   Ⓑ 1년 동안
④ Ⓐ 30일 이내에   Ⓑ 5년 동안

74 대기환경보전법령상 선박의 디젤기관에서 배출되는 대기오염물질 중 대통령령으로 정하는 대기오염물질에 해당하는 것은?

① 황산화물   ② 일산화탄소
③ 염화수소   ④ 질소산화물

> **해설**
>
> **69** 변경인증을 받지 아니하고 자동차를 제작하거나 제작차 배출허용기준에 맞지 않게 자동차를 제작한 자는 7년 이하의 징역 또는 1억 원 이하의 벌금에 처하게 된다.
>
> **70** 저공해자동차로의 전환 또는 개조명령, 배출가스저감장치의 부착·교체 명령 또는 배출가스 관련 부품의 교체명령, 저공해엔진(혼소엔진을 포함한다)으로의 개조 또는 교체명령을 이행하지 아니한 자는 300만 원 이하의 과태료에 처하게 된다.
>
> **71** 자동차의 원동기 가동제한을 위반한 자동차의 운전자는 100만 원 이하의 과태료에 처하게 된다.
>
> **72** 전문정비사업자가 고의로 정비업무를 부실하게 하여 받은 업무정지명령을 위반 경우 1년 이하의 징역 또는 1천만 원 이하의 벌금에 처하게 된다.
>
> **73** 제작차에 대한 인증시험 대행기관은 시험결과의 원본자료와 인증시험대장을 3년 동안 보관하여야 한다.
>
> **74** 선박의 디젤기관에서 배출되는 대기오염물질 중 대통령령으로 정하는 대기오염물질은 NO_x를 말한다.

정답 ┃ 69.② 70.① 71.② 72.③ 73.② 74.④

75 자동차연료 · 첨가제 또는 촉매제의 검사신청 시 첨부하여야 할 서류로 거리가 먼 것은?

① 검사용 시료
② 제품의 공정도(촉매제만 해당)
③ 최소첨가비율 확인자료 및 제품의 판매계획
④ 검사시료의 화학물질 조성비율을 확인할 수 있는 성분분석서

76 한국환경공단이 환경부장관에게 보고해야 할 위탁업무 보고사항 중 자동차시험 검사현황의 보고횟수기준은?

① 수시   ② 연 1회
③ 연 2회   ④ 연 4회

77 자동차 배출가스 관련 부품 중 연료공급장치와 거리가 먼 것은?

① 전자제어장치   ② 대기압센서
③ 가스분석밸브   ④ 연료압력조절기

78 대기환경보전법상 배출가스 관련부품을 장치별로 구분할 때 다음 중 배출가스 자기진단장치에 해당하는 것은?

① EGR 제어용 서모밸브
② 정화조절밸브(Purge Control Valve)
③ 연료계통 감시장치(Fuel System Monitor)
④ 냉각수온센서(Water Temperature Sensor)

79 다음은 대기환경보전법상 공회전 제한에 관한 사항이다. ( ) 안에 들어갈 장소로 거리가 먼 것은?

> 시 · 도지사는 자동차의 배출가스로 인한 대기오염 및 연료손실을 줄이기 위하여 필요하다고 인정하면 그 시 · 도의 조례가 정하는 바에 따라 ( ) 등의 장소에서 자동차의 원동기를 가동한 상태로 주차하거나 정차하는 행위를 제한할 수 있다.

① 터미널   ② 주차장
③ 정체도로   ④ 차고지

해설

75 자동차연료 · 첨가제 또는 촉매제의 검사신청 시 첨부하여야 할 서류는 ①, ②, ④항 이외에 최대 첨가비율 확인자료(첨가제만 해당)이다.

76 자동차관련 보고횟수는 다음 표와 같다.

위임업무 내용	보고횟수
수입자동차 배출가스 인증검사 현황	연 4회
자동차의 인증생략 현황	연 2회
자동차 시험 검사현황	연 1회
수시검사, 실함확인 검사	수시
결함확인검사 결과	수시

77 자동차 배출가스 관련부품 중 연료공급장치에 관련되는 것은 전자제어장치, 스로틀포지션센서, 대기압센서, 기화기, 혼합기, 연료분사기, 연료압력조절기, 냉각수온센서, 연료분사펌프이다. (규칙 제76조)[별표 20] 참조

78 배출가스 관련부품을 장치별로 구분할 때 다음 중 배출가스 자기진단장치에 해당하는 것은 촉매감시장치, 가열식 촉매감시장치, 증발가스계통 감시장치, 연료계통 감시장치, 배기관 센서 감시장치, 배기가스 재순환계통 감시장치, 블로바이가스 환원계통 감시장치, 서모스탯 감시장치, 저온시동 배출가스 감시장치이다. (규칙 제76조)[별표 20] 참조

79 시 · 도지사는 자동차의 배출가스로 인한 대기오염 및 연료손실을 줄이기 위하여 필요하다고 인정하면, 시 · 도의 조례가 정하는 바에 따라 터미널, 차고지, 주차장 등의 장소에서 자동차의 원동기를 가동한 상태로 주차하거나 정차하는 행위를 제한할 수 있다.

정답 | 75.③ 76.② 77.③ 78.③ 79.③

80 대기환경보전법상 제조기준에 맞지 아니하는 첨가제 또는 촉매제임을 알면서 사용한 자에 대한 과태료 부과기준으로 옳은 것은?

① 1천만 원 이하의 과태료
② 500만 원 이하의 과태료
③ 300만 원 이하의 과태료
④ 200만 원 이하의 과태료

81 다음은 대기환경보전법령상 매출액 산정 및 위반행위 정도에 따른 과징금의 부과기준에 관한 사항이다. ( )에 알맞은 것은?

> 환경부장관 또는 국립환경과학원장으로부터 제작차에 대한 인증을 받지 아니한 경우 가중부과계수는 (㉠)(을)를 적용하고, 과징금 산정방법은 총매출액×(㉡)×가중부과계수이다.

① ㉠ 1 ㉡ 5/100
② ㉠ 0.5 ㉡ 3/100
③ ㉠ 1 ㉡ 0.5/100
④ ㉠ 0.5 ㉡ 3/100

82 자동차 배출가스 관련부품을 장치별로 구분했을 때 연료 증발가스 방지장치에 해당하는 것은?

① 리드밸브
② 정화조절밸브
③ 냉각수온센서
④ 서모스탯 감시장치

83 다음 중 7년 이하의 징역이나 1억원 이하의 벌금에 처하는 것은?

① 연료사용 제한조치 등의 명령을 위반한 자
② 측정기기의 부착 등의 조치를 하지 아니한 자
③ 전문정비사업자로 등록하지 아니하고 정비·점검 또는 확인검사 업무를 한 자
④ 조업정지기간에 조업을 하여 받은 배출시설의 폐쇄나 조업정지에 관한 명령을 위반한 자

해설

80 대기환경보전법상 제조기준에 맞지 아니하는 첨가제 또는 촉매제임을 알면서 사용한 자는 200만 원 이하의 과태료가 부과된다.
▶자동차 관련 주요 벌칙 포인트◀
- 징역 7년 이하 ~ 1억 원 벌금
  - 자동차연료·첨가제 또는 촉매제를 제조기준에 맞지 아니하게 제조한 자
  - 제조관련 규정검사를 받지 않고, 자동차연료·첨가제 또는 촉매제를 제조한 자
  - 자동차연료·첨가제 또는 촉매제의 검사를 거부·방해 또는 기피한 자
- 징역 5년 이하 ~ 3,000만 원 벌금 : 검사를 받지 않은 첨가제 또는 촉매제를 공급하거나 판매한 자
- 징역 1년 이하 ~ 1,000만 원 벌금 : 부당한 자동차연료·첨가제 또는 촉매제를 사용한 자
- 과태료 200만 원 : 제조기준에 맞지 아니하는 첨가제 또는 촉매제임을 알면서 사용한 자

81 제작차에 대한 인증을 받지 아니한 경우 가중부과계수는 0.5를 적용하고, 과징금 산정방법은 총매출액×3/100×가중부과계수이다.

82 자동차 배출가스 관련부품을 장치별로 구분했을 때 연료 증발가스 방지장치와 관련된 것은 정화조절밸브, 증기 저장 캐니스터와 필터이다.(규칙 제76조)[별표 20] 참조

83 배출시설의 폐쇄나 조업정지에 관한 명령을 위반한 자는 7년 이하의 징역이나 1억 원 이하의 벌금에 처하게 된다.
▶살펴보기◀
① 연료사용 제한조치 등의 명령을 위반한 자 → 5년 이하의 징역이나 5천만 원 이하의 벌금
② 측정기기의 부착 등의 조치를 하지 아니한 자 → 5년 이하의 징역이나 5천만 원 이하의 벌금
③ 전문정비사업자로 등록하지 아니하고 정비·점검 또는 확인검사 업무를 한 자 → 5년 이하의 징역이나 5천만 원 이하의 벌금

정답 | 80.④ 81.④ 82.② 83.④

Chapter 05 보칙 · 기타 대기환경관계법규

출제기준

적용기간 : 2020.1.1~2024.12.31

Chapter 5. 보칙 · 기타 대기환경관계법규

세부출제 기준항목

기사	산업기사
1. 총칙(목적 · 용어 · 환경기준 · 계획 등)	1. 총칙(목적 · 용어 · 환경기준 · 계획 등)
2. 사업장 오염물질 배출규제	2. 사업장 오염물질 배출규제
3. 생활환경상 오염물질 배출규제	3. 생활환경상 오염물질 배출규제
4. 자동차 · 선박 등 배출가스의 규제	4. 자동차 · 선박 등 배출가스의 규제
5. 보칙, 기타 대기환경관계법규	5. 보칙, 기타 대기환경관계법규

(1) 보칙

환경기술인 등의 교육(법 제77조)

① 환경기술인을 고용한 자는 환경부령으로 정하는 바[규칙 제125조]에 따라 해당하는 자에게 환경부장관, 시 · 도지사 또는 대도시 시장이 실시하는 교육을 받게 하여야 한다.
② 환경부장관, 시 · 도지사 또는 대도시 시장은 환경부령으로 정하는 바에 따라 교육에 드는 경비를 교육대상자를 고용한 자로부터 징수할 수 있다.
③ 환경부장관, 시 · 도지사 또는 대도시 시장은 교육을 관계 전문기관에 위탁할 수 있다.

▶ **벌칙** : 환경기술인 등의 교육을 받게 하지 아니한 자 ⇨ 100만 원 이하의 과태료

환경기술인의 교육(규칙 제125조)

① 환경기술인은 다음의 구분에 따라 환경보전협회, 환경부장관 또는 시 · 도지사가 교육을 실시할 능력이 있다고 인정하여 위탁하는 기관에서 실시하는 교육을 받아야 한다. 다만, 교육 대상이 된 사람이 그 교육을 받아야 하는 기한의 마지막 날 이전 3년 이내에 동일한 교육을 받았을 경우에는 해당 교육을 받은 것으로 본다.
  1. 신규교육 : 환경기술인으로 임명된 날부터 1년 이내에 1회
  2. 보수교육 : 신규교육을 받은 날을 기준으로 3년마다 1회
② 교육기간은 4일 이내로 한다. 다만, 정보통신매체를 이용하여 원격교육을 하는 경우에는 환경부장관이 인정하는 기간으로 한다.
③ 교육대상자를 고용한 자로부터 징수하는 교육경비는 교육내용 및 교육기간 등을 고려하여 교육기관의 장이 정한다.

❈ 보고와 검사(법 제82조)

① 환경부장관, 시·도지사 및 시장·군수·구청장은 환경부령으로 정하는 경우에는 관련 사업자, 대행업자 등에게 필요한 보고를 명하거나 자료를 제출하게 할 수 있으며, 관계 공무원으로 하여금 해당 시설이나 사업장 등에 출입하여 배출허용기준 준수 여부, 측정기기의 정상운영 여부 등을 확인하기 위하여 오염물질을 채취하거나 관계 서류, 시설, 장비 등을 검사하게 할 수 있다.

② 출입과 검사를 행하는 공무원은 그 권한을 표시하는 증표를 지니고 이를 관계인에게 내보여야 한다.

➡ **벌칙** : 관계 공무원의 출입·검사를 거부·방해 또는 기피한 자 ⇨ 1년 이하의 징역 또는 1천만 원 이하의 벌금

❈ 행정처분기준(법 제84조)

: 이 법 또는 이 법에 따른 명령을 위반한 행위에 대한 행정처분의 기준은 환경부령[시행규칙 제134조] [별표 36]으로 정한다.

▌일반기준(규칙 제134조)

1. 위반행위가 두 가지 이상인 경우에는 각 위반사항에 따라 각각 처분하여야 한다. 다만, 처분기준이 모두 조업정지인 경우에는 무거운 처분기준에 따르되, 각 처분기준을 합산한 기간을 넘지 아니하는 범위에서 무거운 처분기준의 2분의 1의 범위에서 가중할 수 있으며, 운행차의 배출허용기준 위반행위가 두 가지 이상인 경우에는 각 행정처분기준을 합산한다.
2. 위반행위의 횟수에 따른 가중된 행정처분은 최근 1년간 같은 위반행위로 행정처분을 받은 경우에 적용한다. 이 경우 기간의 계산은 위반행위에 대하여 행정처분을 받은 날과 그 처분 후 다시 같은 위반행위를 하여 적발된 날을 기준으로 하며, 배출시설 및 방지시설에 대한 위반횟수는 배출구별로 산정한다.
3. 가중된 행정처분을 하는 경우 가중처분의 적용 차수는 그 위반행위 전 행정처분 차수의 다음 차수로 한다.

▌개별기준

위반사항		행정처분기준			
		1차	2차	3차	4차
배출시설	• 설치허가(변경허가 포함)를 받지 아니하거나 신고를 하지 아니한 배출시설의 설치	중지/폐쇄			
	• 변경신고를 하지 아니한 경우	경고	경고	정지 5일	정지 10일
배출허용기준초과	• 특별대책지역 내의 사업장	개선명령	개선명령	조업정지	허취/폐쇄
	• 특별대책지역 외의 사업장	개선명령	개선명령	개선명령	조업정지
개선명령	• 개선하였으나 배출허용기준을 초과한 경우	개선명령	정지 10일	정지 20일	허취/폐쇄
	• 개선명령을 이행하지 않은 경우	조업정지	허취/폐쇄		

위반사항		행정처분기준			
		1차	2차	3차	4차
환경 기술인	• 환경관리인을 임명하지 아니한 경우	선임명령	경고	정지 5일	정지 10일
	• 환경관리인의 자격기준에 미달한 경우	변경명령	경고	경고	정지 5일
	• 환경관리인의 준수사항 및 관리사항 불이행	경고	경고	경고	정지 5일
방지 시설	• 방지시설을 정상가동하지 아니한 경우 • 대기오염물질에 공기를 섞어 배출하는 행위 • 불법 배출구(공기조절장치·가지배출관 등)를 설치하는 행위	정지 10일	정지 30일	허취/폐쇄	
	• 부식·마모로 인하여 대기오염물질이 누출되는 배출시설, 방지시설을 방치하는 행위	경고	정지 10일	정지 30일	허취/폐쇄
	• 방지시설을 설치하지 아니하고 배출시설을 가동하거나 방지시설을 임의로 철거한 경우	조업정지	허취/폐쇄		
• 가동개시신고를 하지 아니하고, 조업하는 경우		경고	허취/폐쇄		
• 자가측정 규정(자가측정, 횟수, 기록부 보존)을 위반		경고	경고	경고	정지 10일

[비고] 허취 : 허가취소

과태료 부과의 일반기준(시행령 제67조)

1. 위반행위의 횟수에 따른 과태료의 가중된 부과기준은 최근 1년간 같은 위반행위로 과태료 부과처분을 받은 경우에 적용한다. 이 경우 기간의 계산은 위반행위에 대하여 과태료 부과처분을 받은 날과 그 처분 후 다시 같은 위반행위를 하여 적발된 날을 기준으로 한다.
2. 가중된 부과처분을 하는 경우 가중처분의 적용 차수는 그 위반행위 전 부과처분 차수(기간 내에 과태료 부과처분이 2 이상 있었던 경우에는 높은 차수)의 다음 차수로 한다.
3. 부과권자는 다음에 해당하는 경우에는 과태료 금액의 2분의 1 범위에서 그 금액을 줄일 수 있다. 다만, 과태료를 체납하고 있는 위반행위자에 대해서는 그러하지 아니하다.
   • 위반행위자가 질서위반행위규제법 시행령을 위반한 경우
   • 사소한 부주의나 오류 등 과실로 인한 것으로 인정되는 경우
   • 위반행위를 바로 정정하거나 시정하여 해소한 경우
   • 그 밖에 위반행위의 정도, 동기와 그 결과 등을 고려한 경우

청문(법 제85조) : 환경부장관, 시·도지사 또는 시장·군수·구청장은 다음의 어느 하나에 해당하는 처분을 하려면 청문을 하여야 한다.
1. 국가 대기질통합관리센터의 지정의 취소
2. 측정기기 관리대행업 등록의 취소

   3. 배출시설의 설치허가의 취소나 배출시설의 폐쇄명령
   4. 연료용 유류의 공급, 판매 또는 사용을 금지하는 명령
   5. 연료의 제조, 판매 또는 사용을 금지하는 명령
   6. 인증시험대행기관의 지정 취소 및 업무정지명령
   7. 자동차제작자에 대한 결함시정명령
   8. 자동차부품 인증의 취소
   9. 배출가스저감장치 인증의 취소
   10. 이륜자동차정기검사대행자 또는 지정정비사업자 지정의 취소
   11. 자동차 전문정비사업자에 대한 등록의 취소
   12. 자동차 연료·촉매 검사대행기관의 지정 취소 및 업무정지명령
   13. 냉매회수업 등록의 취소
   14. 자전거 이용 우수 기관의 지정 취소

- **양벌규정**(법 제95조) : 법인의 대표자나 법인 또는 개인의 대리인, 사용인, 그 밖의 종업원이 그 법인 또는 개인의 업무에 관하여 벌칙규정(1년 이하의 징역이나 1천만 원 이하의 벌금까지)의 어느 하나에 해당하는 위반행위를 하면 그 행위자를 벌하는 외에 그 법인 또는 개인에게도 해당 조문의 벌금형을 과(科)한다. 다만, 법인 또는 개인이 그 위반행위를 방지하기 위하여 해당 업무에 관하여 상당한 주의와 감독을 게을리하지 아니한 경우에는 그러하지 아니하다.

(2) 실내공기질관리법(일부 발췌)

- **적용대상**(법 제3조)
   ① 이 법의 적용대상이 되는 다중이용시설은 다음의 시설 중 대통령령으로 정하는 규모의 것[시행령 제2조]으로 한다.
   - 지하역사(출입통로·대합실·승강장 및 환승통로와 이에 딸린 시설 포함)
   - 지하도상가(지상건물에 딸린 지하층의 시설 포함)
   - 철도역사의 대합실, 여객자동차터미널의 대합실, 항만시설 중 대합실, 공항시설 중 여객터미널, 도서관, 박물관 및 미술관, 의료기관, 산후조리원, 노인요양시설, 어린이집, 어린이놀이시설 중 실내 어린이놀이시설
   - 대규모점포, 장례식장(지하에 위치한 시설로 한정), 영화상영관(실내 영화상영관으로 한정), 학원, 전시시설(옥내시설로 한정), 인터넷컴퓨터게임시설제공업의 영업시설
   - 실내주차장, 업무시설, 둘 이상의 용도에 사용되는 건축물, 실내공연장, 체육시설 중 실내 체육시설, 목욕장업의 영업시설, 그 밖에 대통령령으로 정하는 시설
   ② 이 법의 적용대상이 되는 공동주택은 → 공동주택으로서 대통령령으로 정하는 규모 이상으로 신축되는 아파트, 연립주택, 기숙사
   ③ 이 법의 적용대상이 되는 대중교통차량은 → 도시철도차량, 철도차량, 여객자동차운송사업에 사용되는 자동차 중 대통령령으로 정하는 자동차

▌**적용대상**(시행령 제2조) : 대통령령으로 정하는 규모의 것이란 다음의 어느 하나에 해당하는 시설을 말한다. 이 경우 둘 이상의 건축물로 이루어진 시설의 연면적은 개별 건축물의 연면적을 모두 합산한 면적으로 한다.
- 모든 지하역사(출입통로·대합실·승강장 및 환승통로와 이에 딸린 시설 포함)
- 항만시설 중 연면적 5천m^2 이상인 대합실, 공항시설 중 연면적 1천5백m^2 이상인 여객터미널, 모든 영화상영관(실내영화상영관으로 한정)
- 연면적 3천m^2 이상인 도서관, 연면적 3천m^2 이상인 박물관 및 미술관, 연면적 3천m^2 이상인 업무시설
- 연면적 2천m^2 이상인 지하도상가(지상건물에 딸린 지하층의 시설 포함), 철도역사의 연면적 2천m^2 이상인 대합실, 여객자동차터미널의 연면적 2천m^2 이상인 대합실, 연면적 2천m^2 이상인 실내주차장(기계식 주차장은 제외), 연면적 2천m^2 이상이거나 병상 수 100개 이상인 의료기관, 연면적 2천m^2 이상인 둘 이상의 용도에 사용되는 건축물, 연면적 2천m^2 이상인 전시시설(옥내시설로 한정)
- 연면적 1천m^2 이상인 목욕장업의 영업시설, 모든 대규모점포, 연면적 1천m^2 이상인 장례식장(지하에 위치한 시설로 한정), 연면적 1천m^2 이상인 학원
- 연면적 500m^2 이상인 산후조리원, 연면적 1천m^2 이상인 노인요양시설
- 연면적 430m^2 이상인 어린이집, 연면적 430m^2 이상인 실내 어린이놀이시설
- 연면적 300m^2 이상인 인터넷컴퓨터게임시설제공업의 영업시설
- 객석 수 1천석 이상인 실내 공연장, 관람석 수 1천석 이상인 실내 체육시설

❀ **실내공기오염물질**(시행규칙 별표 1) : 벤젠, 톨루엔, 에틸벤젠, 자일렌, 스티렌, 미세먼지(PM_{10}), 초미세먼지($PM_{2.5}$), CO_2, CO, NO_2, O_3, 폼알데하이드(HCHO), 총부유세균(TAB), 라돈(Rn), 휘발성유기화합물(VOCs), 석면, 곰팡이

❀ **실내공기질 유지기준**(시행규칙 별표 2)
- **기준항목** : 미세먼지(PM_{10}), 초미세먼지($PM_{2.5}$), CO_2, 일산화탄소(CO), 폼알데하이드(HCHO), 총부유세균(TAB)
- **시설별 유지기준**

오염물질 항목 다중이용시설	PM_{10} ($\mu g/m^3$)	$PM_{2.5}$ ($\mu g/m^3$)	CO_2 (ppm)	HCHO ($\mu g/m^3$)	TBA (CFU/m^3)	CO (ppm)
가. 지하역사, 지하도상가, 철도역사의 대합실, 여객자동차터미널의 대합실, 항만시설 중 대합실, 공항시설 중 여객터미널, 도서관·박물관 및 미술관, 대규모점포, 장례식장, 영화상영관, 학원, 전시시설, 인터넷컴퓨터게임시설제공업의 영업시설, 목욕장업의 영업시설	100 이하	50 이하	1,000 이하	100 이하	-	10 이하

오염물질 항목 다중이용시설	PM$_{10}$ (μg/m³)	PM$_{2.5}$ (μg/m³)	CO$_2$ (ppm)	HCHO (μg/m³)	TBA (CFU/m³)	CO (ppm)
나. 의료기관, 산후조리원, 노인요양시설, 어린이집, 실내어린이놀이시설	75 이하	35 이하	1,000 이하	80 이하	800 이하	10 이하
다. 실내주차장	200 이하	–	–	100 이하	–	25 이하
라. 실내체육시설, 실내공연장, 업무시설, 둘 이상의 용도에 사용되는 건축물	200 이하	–	–	–	–	–

[비고]
1. 도서관, 영화상영관, 학원, 인터넷컴퓨터게임시설제공업 영업시설 중 자연환기가 불가능하여 자연환기설비 또는 기계환기설비를 이용하는 경우에는 이산화탄소의 기준을 1,500ppm 이하로 한다.
2. 실내체육시설, 실내공연장, 업무시설 또는 둘 이상의 용도에 사용되는 건축물로서 실내 미세먼지(PM$_{10}$)의 농도가 200μg/m³에 근접하여 기준을 초과할 우려가 있는 경우에는 실내공기질의 유지를 위하여 다음의 실내공기정화시설(덕트) 및 설비를 교체 또는 청소하여야 한다.
   가. 공기정화기와 이에 연결된 급·배기관(급·배기구를 포함)
   나. 중앙집중식 냉·난방시설의 급·배기구
   다. 실내공기의 단순배기관
   라. 화장실용 배기관
   마. 조리용 배기관

▣ **벌칙** : 공기질 유지기준에 맞게 시설을 관리하지 아니한 자(실내공기질을 측정한 결과가 공기질 유지기준에 맞지 아니한 경우는 제외) ⇨ 1,000만 원 이하의 과태료

⚛ **실내공기질 권고기준**(시행규칙 별표 3)
- **기준항목** : 이산화질소, 라돈, 총휘발성 유기화합물(TVOCs), 곰팡이
- **시설별 유지기준**

오염물질 항목 다중이용시설	NO$_2$ (ppm)	라돈 (Bq/m³)	TVOCs (μg/m³)	곰팡이 (CFU/m³)
가. 지하역사, 지하도상가, 철도역사의 대합실, 여객자동차터미널의 대합실, 항만시설 중 대합실, 공항시설 중 여객터미널, 도서관·박물관 및 미술관, 대규모점포, 장례식장, 영화상영관, 학원, 전시시설, 인터넷컴퓨터게임시설제공업의 영업시설, 목욕장업의 영업시설	0.1 이하	148 이하	500 이하	–
나. 의료기관, 산후조리원, 노인요양시설, 어린이집, 실내어린이놀이시설	0.05 이하		400 이하	500 이하
다. 실내주차장	0.30 이하		1,000 이하	–

⚛ **신축 공동주택의 실내공기질 권고기준**(시행규칙 별표 4-2, 2018.10)
- **기준항목** : 폼알데하이드, 벤젠, 톨루엔, 에틸벤젠, 자일렌, 스티렌, 라돈
- **권고기준**

- 폼알데하이드 $210\mu g/m^3$ 이하
- 벤젠 $30\mu g/m^3$ 이하
- 톨루엔 $1,000\mu g/m^3$ 이하
- 에틸벤젠 $360\mu g/m^3$ 이하
- 자일렌 $700\mu g/m^3$ 이하
- 스티렌 $300\mu g/m^3$ 이하
- 라돈 $148Bq/m^3$ 이하

건축자재의 오염물질 방출기준(시행규칙 별표 5)

구 분	오염물질 종류	폼알데하이드	톨루엔	TVOCs
1. 접착제		0.02 이하	0.08 이하	2.0 이하
2. 페인트		0.02 이하	0.08 이하	2.5 이하
3. 실란트		0.02 이하	0.08 이하	1.5 이하
4. 퍼티		0.02 이하	0.08 이하	20.0 이하
5. 벽지		0.02 이하	0.08 이하	4.0 이하
6. 바닥재		0.02 이하	0.08 이하	4.0 이하
7. 목질판상제품	① 2021년 12월 31일까지	0.12 이하	0.08 이하	0.8 이하
	② 2022년 1월 1일부터	0.05 이하	0.08 이하	0.4 이하

[비고] 위 표에서 오염물질의 종류별 측정단위는 $mg/m^2 \cdot h$로 한다. 다만, 실란트의 측정단위는 $mg/m \cdot h$로 한다.

▶ 벌칙 : 건축자재의 오염물질 방출 여부를 확인받지 아니하거나 거짓으로 확인받고 건축자재를 공급한 자 ⇨ 2,000만 원 이하의 과태료

▶ 벌칙 : 건축자재를 제조하거나 수입하는 자는 해당 건축자재가 방출기준을 초과하지 아니한다고 확인받은 경우 및 다른 법령에 따라 이 법에 준하는 확인을 받은 경우에는 환경부령으로 정하는 바에 따라 이를 증명하는 표지를 붙여야 하는데 이를 위반하여 표지를 붙이지 아니한 자 ⇨ 2,000만 원 이하의 과태료

신축 공동주택의 공기질 측정(규칙 제7조)

① 신축 공동주택의 시공자가 실내공기질을 측정하는 경우에는 환경오염공정시험기준에 따라 하여야 한다.
② 신축 공동주택의 실내공기질 측정항목은 다음과 같다.
  - 라돈, 폼알데하이드
  - 벤젠, 톨루엔, 에틸벤젠, 자일렌, 스티렌
③ 신축 공동주택의 시공자는 실내공기질을 측정한 경우 주택공기질 측정결과보고(공고)를 작성하여 주민 입주 7일 전까지 특별자치시장·특별자치도지사·시장·군수·구청장에게 제출하여야 한다.
④ 신축 공동주택의 시공자는 주택공기질 측정결과보고(공고)를 주민 입주 7일 전부터 60일간 주민들이 잘 볼 수 있도록 공고하여야 한다.

■ **벌칙** : 신축되는 공동주택의 실내공기질 측정결과를 제출·공고하지 아니하거나 거짓으로 제출·공고한 자 ⇨ 500만 원 이하의 과태료

※ **대중교통차량의 실내공기질 측정·기록보존**(법 제9조2)
① 대중교통차량의 운송사업자는 대중교통차량의 실내공기질을 스스로 측정하거나 환경부령으로 정하는 자(=다중이용시설 등의 실내공간오염물질의 측정업무를 대행하는 영업의 등록을 한 자)로 하여금 측정하도록 하고, 그 결과를 기록·보존[규칙 제7조3] 하여야 한다. 다만, 대중교통차량 내부에 실내공기질을 측정할 수 있는 측정기기를 설치한 경우에는 그러하지 아니하다.
② 대중교통차량의 운송사업자는 측정한 결과를 특별자치시장·특별자치도지사·시장·군수·구청장에게 제출하여야 한다.
③ 실내공기질의 측정대상오염물질, 측정대상차량, 측정횟수, 측정결과의 보존기간 및 제출 등에 필요한 사항은 환경부령[규칙 제7조3제②항]으로 정한다.
■ **벌칙** : 대중교통차량의 실내공기질을 측정 또는 그 결과를 제출·기록·보존하지 아니하거나 거짓으로 측정 또는 제출·기록·보존한 자 ⇨ 500만 원 이하의 과태료

※ **지하역사의 실내공기질 관리**(법 제9조5)
① 환경부장관은 지하역사의 실내공기질을 쾌적하게 유지하고 관리하기 위하여 관계 중앙행정기관의 장 및 시·도지사와 협의하여 미세먼지 저감방안 등을 포함한 지하역사 공기질 개선대책을 5년마다 수립·시행하여야 한다.
② 환경부장관은 지하역사의 소유자 등에게 지하역사 공기질 개선대책의 시행을 위해 필요한 기술적·행정적·재정적 지원을 할 수 있다.

▎**대중교통차량의 실내공기질 측정**(규칙 제7조3)
① 대중교통차량의 운송사업자는 다음의 오염물질을 1년에 1회 측정해야 한다.
    1. 초미세먼지(PM-2.5)
    2. 이산화탄소
② 측정대상차량은 다음 구분에 따른다.
    1. 도시철도 및 철도 : 운송사업자가 보유한 전체 편성의 100분의 20(50편성을 초과하는 경우에는 50편성을 말함)
    2. 시외버스 : 운송사업자가 보유한 전체 차량의 100분의 20(50차량을 초과하는 경우에는 50차량을 말함)
③ 대중교통차량의 운송사업자는 실내공기질의 측정결과를 측정한 날부터 30일 이내에 다음의 어느 하나에 해당하는 방법으로 제출 또는 입력해야 한다.
    1. 대중교통차량의 실내공기질 측정결과 보고서의 제출
    2. 실내공기질 관리 종합정보망에의 입력
④ 대중교통차량의 운송사업자는 실내공기질의 측정결과를 10년간 보존해야 한다.
⑤ 대중교통차량의 실내공기질 측정방법에 관하여 필요한 사항은 환경부장관이 정하여 고시한다.

✲ 실내공기질의 측정·기록보존(법 제12조)

① 다중이용시설의 소유자 등은 실내공기질을 스스로 측정하거나 환경부령으로 정하는 자로 하여금 측정하도록 하고 그 결과를 10년 동안 기록·보존하여야 한다. 다만, 다음의 어느 하나에 해당하는 자는 그러하지 아니하다.
   1. 측정망이 설치되어 실내공기질을 상시 측정할 수 있는 다중이용시설의 소유자 등
   2. 측정기기를 부착하고 이를 운영·관리하고 있는 다중이용시설의 소유자 등
   3. 그 밖에 대통령령으로 정하는 자
② 측정을 의뢰하려는 자는 측정대행업자에게 측정값을 조작하게 하는 등 측정·분석 결과에 영향을 미칠 수 있는 지시를 하여서는 아니 된다.
③ 실내공기질의 측정대상오염물질, 측정횟수, 측정시기, 그 밖에 실내공기질의 측정에 관하여 필요한 사항은 환경부령으로 정한다.

▌실내공기질 측정(규칙 제11조)

① 측정항목 : 실내공기오염물질 항목[벤젠, 톨루엔, 에틸벤젠, 자일렌, 스티렌, 미세먼지(PM_{10}), 초미세먼지($PM_{2.5}$), CO_2, CO, NO_2, O_3, 폼알데하이드(HCHO), 총부유세균(TAB), 라돈(Rn), 휘발성유기화합물(VOCs), 석면, 곰팡이]
② 측정횟수 : 다중이용시설의 소유자 등이 자가측정하는 경우는 유기지준 항목 오염물질은 1년에 한 번, 권고기준 항목 오염물질은 2년에 한 번 측정하여야 한다.
③ 기록보존 : 다중이용시설의 소유자 등은 실내공기질 측정결과를 10년간 보존해야 한다. 이 경우 실내공기질 측정결과를 실내공기질 관리 종합정보망에 입력한 경우에는 기록·보존 의무를 이행한 것으로 본다.

✲ 시험기관의 준수사항(법 제11조5)

① 시험기관은 확인시험방법, 검사결과의 기록·보존 등 환경부령으로 정하는 준수사항을 지켜야 한다.
② 환경부장관은 시험기관에 대하여 확인의 시험에 관한 능력을 평가할 수 있다.

▌건축자재 오염물질 방출시험기관의 준수사항(규칙 제10조8)

1. 건축자재 오염물질 방출시험기관은 의뢰받은 분석업무를 다른 시험기관이나 그 밖의 자에게 다시 의뢰하여서는 안 된다.
2. 시료의 채취 및 시험·분석은 시험기관의 기술인력이 직접 실시하여야 한다.
3. 시험기관은 다음의 서류를 작성하여 4년간 보관하여야 한다.
   - 시료채취기록부
   - 시험항목, 시험일자, 분석일자, 시험방법, 계산식, 기초시험자료, 분석기기 조작조건, 측정결과(출력된 기록지 포함), 검정곡선, 전처리사항 등 분석과정과 그 결과를 확인할 수 있는 자료가 포함되어 있는 시험기록부
   - 시약소모대장
   - 시험성적서 발송대장
   - 정도관리 수행기록철

4. 시험기관은 오염물질 방출 여부 확인에 사용된 동일한 건축자재 시료(보관용)를 채취한 날부터 3개월간 보관하여야 한다.

(3) 악취방지법(일부 발췌)

❈ **용어 정의**(법 제2조) : 이 법에서 사용하는 용어의 뜻은 다음과 같다.
1. **악취**란 황화수소, 메르캅탄류, 아민류, 그 밖에 자극성이 있는 물질이 사람의 후각을 자극하여 불쾌감과 혐오감을 주는 냄새를 말한다.
2. **지정악취물질**이란 악취의 원인이 되는 물질로서 환경부령으로 정하는 것[별표 1]을 말한다.
3. **악취배출시설**이란 악취를 유발하는 시설, 기계, 기구, 그 밖의 것으로서 환경부장관이 관계 중앙행정기관의 장과 협의하여 환경부령으로 정하는 것[별표 2 참조]을 말한다.
4. **복합악취**란 두 가지 이상의 악취물질이 함께 작용하여 사람의 후각을 자극하여 불쾌감과 혐오감을 주는 냄새를 말한다.
5. **신고대상시설**이란 다음에 해당하는 시설을 말한다.
   - 악취관리지역의 악취배출시설 설치신고 대상시설
   - 악취관리지역 외의 지역에서의 악취배출시설 신고하여야 하는 악취배출시설

▎**지정악취물질**(규칙 제2조)[별표 1]-22종
- 암모니아, 메틸메르캅탄, 황화수소, 톨루엔, 자일렌, 다이메틸설파이드, 스타이렌
- 다이메틸다이설파이드, 트라이메틸아민, 아세트알데하이드, 프로피온알데하이드
- 프로피온산, 뷰틸알데하이드, n-발레르알데하이드, i-발레르알데하이드, 메틸에틸케톤
- 메틸아이소뷰틸케톤, 뷰틸아세테이트, i-뷰틸알코올, n-뷰틸산, n-발레르산, i-발레르산

■ **지정악취물질과 그 배출허용기준**

구 분	배출허용기준 (ppm)		엄격한 배출허용기준의 범위 (ppm)
	공업지역	기타 지역	공업지역
암모니아	2 이하	1 이하	1~2
메틸메르캅탄	0.004 이하	0.002 이하	0.002~0.004
황화수소	0.06 이하	0.02 이하	0.02~0.06
다이메틸설파이드	0.05 이하	0.01 이하	0.01~0.05
다이메틸다이설파이드	0.03 이하	0.009 이하	0.009~0.03
트라이메틸아민	0.02 이하	0.005 이하	0.005~0.02
아세트알데하이드	0.1 이하	0.05 이하	0.05~0.1
스타이렌	0.8 이하	0.4 이하	0.4~0.8
프로피온알데하이드	0.1 이하	0.05 이하	0.05~0.1
뷰틸알데하이드	0.1 이하	0.029 이하	0.029~0.1

구 분	배출허용기준 (ppm)		엄격한 배출허용기준의 범위 (ppm)
	공업지역	기타 지역	공업지역
n-발레르알데하이드	0.02 이하	0.009 이하	0.009~0.02
i-발레르알데하이드	0.006 이하	0.003 이하	0.003~0.006
톨루엔	30 이하	10 이하	10~30
자일렌	2 이하	1 이하	1~2
메틸에틸케톤	35 이하	13 이하	13~35
메틸아이소뷰틸케톤	3 이하	1 이하	1~3
뷰틸아세테이트	4 이하	1 이하	1~4
프로피온산	0.07 이하	0.03 이하	0.03~0.07
n-뷰틸산	0.002 이하	0.001 이하	0.001~0.002
n-발레르산	0.002 이하	0.0009 이하	0.0009~0.002
i-발레르산	0.004 이하	0.001 이하	0.001~0.004
i-뷰틸알코올	4.0 이하	0.9 이하	0.9~4.0

악취관리지역의 지정(법 제6조)

① 시·도지사, 대도시의 장은 다음에 해당하는 지역을 악취관리지역으로 지정하여야 한다.
  1. 악취와 관련된 민원이 1년 이상 지속되고, 악취배출시설을 운영하는 사업장이 둘 이상 인접(隣接)하여 모여 있는 지역으로서 악취가 배출허용기준을 초과하는 지역
  2. 다음의 지역으로서 악취와 관련된 민원이 집단적으로 발생하는 지역
     • 국가산업단지·일반산업단지·도시첨단산업단지 및 농공단지
     • 공업지역 중 환경부령으로 정하는 지역
② 악취관리지역의 지정기준 등에 관하여 필요한 사항은 환경부령으로 정한다.

악취 배출허용기준(법 제7조)

① 악취배출시설에서 배출되는 악취의 배출허용기준은 환경부장관이 관계 중앙행정기관의 장과 협의하여 환경부령으로 정한다.
② 특별시·광역시·특별자치시·도·특별자치도 또는 인구 50만 이상이 대도시는 배출허용기준으로는 주민의 생활환경을 보전하기 어렵다고 인정하는 경우에는 악취배출시설 중 대통령령으로 정하는 시설에 대하여 환경부령으로 정하는 범위에서 조례로 배출허용기준보다 엄격한 배출허용기준을 정할 수 있다.

배출허용기준(규칙 제8조)

① 악취의 배출허용기준과 악취의 엄격한 배출허용기준의 설정 범위는[별표 3 참조]과 같다.
② 시·도지사 또는 대도시의 장은 엄격한 배출허용기준에 대한 이해관계인의 의견을 들으려면 다음의 사항을 일간신문에 2회 이상 공고하고, 해당 시·도 또는 대도시의 인터넷 홈페이지에 게시하여야 하며, 공고한 날부터 14일 이상 일반인이 그 내용을 열람할 수 있도록 하여야 한다.
  1. 엄격한 배출허용기준 설정 목적

2. 엄격한 배출허용기준 적용대상 시설 및 그 인근 지역의 악취 현황
3. 엄격한 배출허용기준
4. 열람 장소

■ 복합악취 허용기준

구 분	배출허용기준(희석배수)		엄격한 배출허용기준의 범위(희석배수)	
	공업지역	기타 지역	공업지역	기타 지역
배출구	1,000 이하	500 이하	500~1,000	300~500
부지경계선	20 이하	15 이하	15~20	10~15

❀ **개선명령**(법 제10조) : 시·도지사 또는 대도시의 장은 신고대상시설에서 배출되는 악취가 배출허용기준을 초과하는 경우에는 대통령령으로 정하는 바에 따라 기간을 정하여 신고대상시설 운영자에게 그 악취가 배출허용기준 이하로 내려가도록 필요한 조치를 할 것을 명할 수 있다.

❀ **조업정지명령**(법 제11조) : 시·도지사 또는 대도시의 장은 개선명령을 받은 자가 이를 이행하지 아니하거나, 이행은 하였으나 최근 2년 이내에 배출허용기준을 반복하여 초과하는 경우에는 해당 신고대상시설의 전부 또는 일부에 대하여 조업정지를 명할 수 있다.

❀ **과징금처분**(법 제12조)
① 시·도지사 또는 대도시의 장은 신고대상시설로서 다음에 해당하는 시설을 운영하는 자에게 조업정지를 명하여야 하는 경우로서 그 조업정지가 주민의 생활에 심한 불편을 주거나 공익을 해칠 우려가 있다고 인정되는 경우에는 조업정지처분을 대신하여 1억 원 이하의 과징금을 부과할 수 있다.
1. 제조업을 하기 위한 공장
2. 공공하수처리시설 또는 분뇨처리시설
3. 공공처리시설
4. 공공폐수처리시설
5. 폐기물처리시설 중 지방자치단체가 설치하거나 운영하는 시설
6. 그 밖에 대통령령으로 정하는 악취배출시설
② 과징금을 부과하는 위반행위의 종류 및 위반 정도 등에 따른 과징금의 금액 등에 관하여 필요한 사항은 환경부령으로 정한다.

❀ **악취검사기관**(법 제18조) : 채취된 시료의 악취검사를 하는 악취검사기관은 다음의 자 중에서 환경부장관이 지정하는 자로 한다.
1. 국공립연구기관
2. 학교
3. 특별법에 따라 설립된 법인
4. 환경부장관의 설립허가를 받은 환경 관련 비영리법인
5. 인정된 화학 분야의 시험·검사기관

악취검사기관의 준수사항(규칙 제17조)

1. 시료는 기술인력으로 고용된 사람이 채취해야 한다.
2. 검사기관은 국립환경과학원장이 실시하는 정도관리를 받아야 한다.
3. 검사기관은 환경오염공정시험기준에 따라 정확하고 엄정하게 측정·분석을 해야 한다.
4. 검사기관이 법인인 경우 보유차량에 국가기관의 악취검사차량으로 잘못 인식하게 하는 문구를 표시하거나 과대표시를 해서는 안 된다.
5. 검사기관은 다음의 서류를 작성하여 3년간 보존해야 한다.
   - 실험일지 및 검량선(檢量線) 기록지
   - 검사결과 발송대장
   - 정도관리 수행기록철

CBT 형식 출제대비 엄선 예상문제

01 대기환경보전법상 환경기술인의 신규교육 시기와 횟수기준은?

① 임명된 날부터 3년 이내에 1회
② 임명된 날부터 1년 이내에 1회
③ 임명된 날부터 2년 이내에 1회
④ 임명된 날부터 6개월 이내에 1회

02 환경기술인의 보수교육은 신규교육을 받은 날을 기준으로 몇 년마다 받아야 하는가? (단, 규정에 따른 교육기관으로써 정보통신매체를 이용한 원격교육은 제외)

① 1년마다 1회 ② 2년마다 1회
③ 3년마다 1회 ④ 5년마다 1회

03 방지시설을 거치지 아니하고, 대기오염물질을 배출할 수 있는 공기조절장치를 설치할 경우의 1차 행정처분기준으로 옳은 것은?

① 경고 ② 조업정지 5일
③ 조업정지 10일 ④ 허가취소 또는 폐쇄

04 대기환경보전법상 환경기술인의 교육기준으로 옳지 않은 것은?

① 보수교육은 신규교육을 받은 날을 기준으로 3년마다 1회 받는다.
② 정보통신매체를 이용하여 원격교육을 하는 경우를 제외한 환경기술인의 교육기간은 5일 이내로 한다.
③ 교육 대상자가 그 교육을 받아야 하는 기한의 마지막 날 이전 2년 이내에 동일한 교육을 받았을 경우에는 해당 교육을 받은 것으로 본다.
④ 환경기술인은 환경부장관 또는 시·도지사가 교육을 실시할 능력이 있다고 인정하여 위탁하는 기관에서 실시하는 교육을 정기적으로 받아야 한다.

05 부식·마모로 인하여 대기오염물질이 누출되도록 정당한 사유 없이 배출시설을 방치한 경우 3차 행정처분기준은?

① 경고 ② 개선명령
③ 조업정지 10일 ④ 조업정지 30일

▶ 해설

01 환경기술인의 신규교육은 환경기술인으로 임명된 날부터 1년 이내에 1회 받아야 하며, 보수교육은 신규교육을 받은 날을 기준으로 3년마다 1회 받아야 한다. 교육기간은 4일 이내로 한다.

02 보수교육은 신규교육을 받은 날을 기준으로 3년마다 1회, 교육기간은 4일 이내로 한다. 다만, 정보통신매체를 이용하여 원격교육을 하는 경우에는 환경부장관이 인정하는 기간으로 한다.

03 방지시설을 거치지 아니하고, 대기오염물질을 배출할 수 있는 공기조절장치를 설치할 경우의 행정처분기준은 조업정지 10일 → 조업정지 30일 → 허가취소 또는 폐쇄이다.

04 환경기술인의 교육기간은 4일 이내로 한다. 다만, 정보통신매체를 이용하여 원격교육을 하는 경우에는 환경부장관이 인정하는 기간으로 한다.

05 부식·마모로 인하여 대기오염물질이 누출되도록 정당한 사유 없이 배출시설을 방치한 경우의 행정처분은 1차(경고) → 2차(조업정지 10일) → 3차(조업정지 30일) → 4차(허가취소 또는 폐쇄)의 행정처분을 받는다.

정답 | 1.② 2.③ 3.③ 4.② 5.④

06 다중이용시설 등의 실내공기질 관리법상 실내주차장에서의 총휘발성 유기화합물($\mu g/m^3$)의 실내공기질 권고기준은?

① 600 이하
② 800 이하
③ 1,000 이하
④ 1,200 이하

07 대기오염물질 배출시설의 설치가 불가능한 지역에서 배출시설 설치허가 또는 신고를 하지 아니하고, 배출시설을 설치한 경우 1차 행정처분기준으로 옳은 것은?

① 경고
② 개선명령
③ 폐쇄명령
④ 조업정지

08 인터넷컴퓨터게임영업시설의 총휘발성유기화합물($\mu g/m^3$)의 권고기준은?

① 300 이하
② 400 이하
③ 500 이하
④ 1,000 이하

09 방지시설을 거치지 아니하고, 대기오염물질을 배출할 수 있는 공기조절장치·가지배출관 등을 설치한 행위를 한 자에 대한 행정처분기준은?

① (1차) 경고 → (2차) 경고 → (3차) 허가취소
② (1차) 조업정지 → (2차) 경고 → (3차) 허가취소
③ (1차) 조업정지 10일 → (2차) 조업정지 20일 → (3차) 조업정지 30일
④ (1차) 조업정지 10일 → (2차) 조업정지 30일 → (3차) 허가취소 또는 폐쇄

10 다음 중 1차 행정처분기준이 조업정지 10일인 것은?

① 자가측정을 하지 아니한 경우
② 방지시설을 정상가동하지 아니한 경우
③ 배출시설 설치변경신고를 하지 아니한 경우
④ 운영에 관한 관리기록을 거짓으로 기재한 경우

> 해설

06 실내주차장에서의 총휘발성유기화합물의 실내공기질 권고기준은 1,000$\mu g/m^3$ 이하이다. 반면에 의료기관, 산후조리원, 노인요양시설, 어린이집, 실내어린이놀이시설은 400$\mu g/m^3$ 이하, 지하역사, 지하도상가, 철도역사의 대합실, 여객자동차터미널의 대합실, 여객터미널, 도서관·박물관 및 미술관, 대규모점포, 장례식장, 영화상영관, 학원, 전시시설, 인터넷컴퓨터게임시설제공업의 영업시설, 목욕장업의 영업시설은 500$\mu g/m^3$ 이하이다.

07 배출시설 설치허가(변경허가 포함)를 받지 않았거나 신고를 하지 않고 배출시설을 설치한 경우로서 해당 지역이 배출시설의 설치가 가능한 지역인 경우 또는 해당 지역이 배출시설의 설치가 불가능한 지역일 경우는 곧바로 사용중지 명령 또는 폐쇄명령 조치를 하여야 한다.

08 인터넷컴퓨터게임영업시설의 총휘발성 유기화합물의 권고기준은 500$\mu g/m^3$ 이하이다.

09 방지시설을 거치지 아니하고, 대기오염물질을 배출할 수 있는 공기조절장치·가지배출관 등을 설치한 행위를 한 자에 대한 행정처분은 1차(조업정지 10일) → 2차(조업정지 30일) → 3차(허가취소 또는 폐쇄)로 행정조치 된다.

10 1차 행정처분기준이 조업정지 10일 처분을 받는 경우는 방지시설을 정상가동하지 아니한 경우, 대기오염물질에 공기를 섞어 배출하는 행위, 불법 배출구(공기조절장치·가지배출관 등)를 설치하는 행위이다.
▶살펴보기◀
① 자가측정을 하지 아니한 경우 : 경고 → 경고 → 경고 → 정지 10일
③ 배출시설 설치변경신고를 하지 아니한 경우 : 경고 → 경고 → 정지 5일 → 정지 10일
④ 운영에 관한 관리기록을 거짓으로 기재한 경우 : 경고 → 경고 → 경고 → 정지 20일

정답 ▍ 6.③ 7.③ 8.③ 9.④ 10.②

11 사업자가 부착한 굴뚝자동측정기기의 측정자료를 관제센터로 전송하지 아니한 경우 행정처분기준은?

① 개선명령 → 조업정지 30일 → 사용중지 → 허가취소
② 경고 → 조치명령 → 조업정지 10일 → 조업정지 30일
③ 조업정지 10일 → 조업정지 30일 → 경고 → 허가취소
④ 조업정지 10일 → 조업정지 30일 → 조치이행명령 → 사용중지

12 대기환경보전법상 측정기기의 부착, 운영 등과 관련된 행정처분기준 중 굴뚝자동측정기기의 부착이 면제된 보일러(사용연료를 6개월 이내에 청정연료로 변경할 계획이 있는 경우)로서 사용연료를 6개월 이내에 청정연료로 변경하지 아니한 경우의 4차 행정처분기준은?

① 경고
② 조업정지 5일
③ 조업정지 10일
④ 조업정지 30일

13 실내공기질 관리법상 실내공간 오염물질에 해당하지 않는 것은?

① 석면
② 이산화질소
③ 폼알데하이드
④ 일산화질소

14 대기환경보전법상 환경기술인의 준수사항 및 관리사항을 이행하지 아니한 경우 각 위반차수별 행정처분기준(1차~4차)은?

① 경고-경고-경고-조업정지 5일
② 선임명령-경고-경고-조업정지 5일
③ 변경명령-경고-조업정지 5일-조업정지 30일
④ 선임명령-경고-조업정지 5일-조업정지 30일

15 다중이용시설 등의 실내공기질 관리법의 적용대상이 되는 다중이용시설 중 대통령령이 정하는 규모기준으로 옳지 않은 것은?

① 항만시설 중 연면적 5천제곱미터 이상인 대합실
② 연면적 1천제곱미터 이상인 실내주차장 (기계식 주차장을 포함한다.)
③ 연면적 430제곱미터 이상인 국공립어린이집, 법인어린이집, 직장어린이집 및 민간어린이집
④ 연면적 2천제곱미터 이상인 지하도상가 (연속되어 있는 2 이상의 지하도상가의 연면적 합계가 2천제곱미터 이상인 경우를 포함한다.)

> **해설**

11 사업자가 부착한 굴뚝자동측정기기의 측정자료를 관제센터로 전송하지 아니한 경우 행정처분은 1차(경고) → 2차(조치명령) → 3차(조업정지 10일) → 4차(조업정지 30일)이다.

12 측정기기의 부착, 운영 등과 관련된 행정처분기준 중 굴뚝자동측정기기의 부착이 면제된 보일러(사용연료를 6개월 이내에 청정연료로 변경할 계획이 있는 경우)로서 사용연료를 6개월 이내에 청정연료로 변경하지 아니한 경우의 행정처분은 1차(경고) → 2차(경고) → 3차(조업정지 10일) → 4차(조업정지 30일)이다.

13 실내공기질 관리법상 실내공간 오염물질로 규정하고 있는 것은 벤젠, 톨루엔, 에틸벤젠, 자일렌, 스티렌, 미세먼지(PM_{10}), 초미세먼지($PM_{2.5}$), CO_2, CO, NO_2, O_3, 폼알데하이드(HCHO), 총부유세균(TAB), 라돈(Rn), 휘발성유기화합물(VOCs), 석면, 곰팡이이다.

14 환경기술인의 준수사항 및 관리사항을 이행하지 아니한 경우의 행정처분기준은 1차(경고) → 2차(경고) → 3차(경고) → 4차(조업정지 5일)로 행정처분이 단계적으로 강화된다.

15 실내공기질 관리법의 적용대상에서 연면적 2천제곱미터 이상인 실내주차장은 기계식 주차장이 제외된다.

정답 | 11.② 12.④ 13.④ 14.① 15.②

16 다중이용시설에서 실내공기질 유지기준이 1,000ppm 이하인 것은?

① N_2 ② CO
③ CO_2 ④ H_2S

17 항만시설의 대합실에서 총휘발성 유기화합물의 권고기준($\mu g/m^3$)은?

① 400 이하 ② 500 이하
③ 800 이하 ④ 1,000 이하

18 어린이집의 실내공기질 유지기준으로 옳은 것은?

① CO(ppm) : 25 이하
② 미세먼지($\mu g/m^3$) : 150 이하
③ 폼알데하이드($\mu g/m^3$) : 150 이하
④ 총부유세균(CFU/m³) : 800 이하

19 다중이용시설 등의 실내공기질 관리법상 실내주차장의 실내공기질 권고기준으로 옳지 않은 것은?

① 라돈(Bq/m^3) : 148 이하
② 이산화질소(ppm) : 0.30 이하
③ 곰팡이(CFU/m^3) : 설정되어 있지 않음
④ 총휘발성유기화합물($\mu g/m^3$) : 400 이하

20 실내공기질 관리법규상 실내공기질의 측정 사항이다. ( ) 안에 알맞은 것은?

- 대중교통차량의 운송사업자는 다음의 오염물질을 1년에 (ⓐ)회 측정해야 한다.
- 대중교통차량의 운송사업자는 실내공기질의 측정결과를 (ⓑ)간 보존해야 한다.

① ⓐ 1회 ⓑ 1년간
② ⓐ 2회 ⓑ 3년간
③ ⓐ 4회 ⓑ 5년간
④ ⓐ 1회 ⓑ 10년간

> **해설**

16 다중이용시설에서 실내공기질 유지기준이 1,000ppm 이하인 것은 CO_2이다.
  ▶살펴보기◀
  ① N_2 : 설정항목 아님
  ② CO(ppm) : 10 이하
  ④ H_2S : 설정항목 아님

17 항만시설 중 대합실, 지하역사, 지하도상가, 철도역사의 대합실, 여객자동차터미널의 대합실, 공항시설 중 여객터미널, 도서관·박물관 및 미술관, 대규모점포, 장례식장, 영화상영관, 학원, 전시시설, 인터넷컴퓨터게임시설제공업의 영업시설, 목욕장업의 영업시설에 대한 대합실에서 총휘발성 유기화합물의 권고기준은 $500\mu g/m^3$ 이하이다.

18 어린이집, 실내어린이놀이시설의 총부유세균 유지기준은 800CFU/m³ 이하이다. 총부유세균을 제외한 어린이집의 실내공기질 유지기준은 다음과 같다.
  ▶살펴보기◀
  ① CO(ppm) : 10 이하
  ② 미세먼지($\mu g/m^3$) : 75 이하
  ③ 폼알데하이드($\mu g/m^3$) : 80 이하

19 실내공기질 권고기준 항목은 이산화질소, 라돈, 총휘발성유기화합물(TVOCs), 곰팡이이고, 실내주차장에서의 총휘발성 유기화합물의 실내공기질 권고기준은 $1,000\mu g/m^3$ 이하이다.

20 대중교통차량의 운송사업자는 초미세먼지(PM-2.5)와 이산화탄소를 1년에 1회 측정해야 하고, 대중교통차량의 운송사업자는 실내공기질의 측정결과를 10년간 보존해야 한다.

정답 ∥ 16.③ 17.② 18.④ 19.④ 20.④

21 실내공기질 측정에 관한 사항이다. ( ) 안에 알맞은 것은?

> 다중이용시설의 소유자 등이 자가측정하는 경우는 유기지준 항목 오염물질은 1년에 ( )번, 권고기준 항목 오염물질은 2년에 ( )번 측정하여야 한다. 다중이용시설의 소유자 등은 실내공기질 측정결과를 ( )간 보존해야 한다.

① 2, 3, 5년 ② 2, 1, 10년
③ 2, 2, 5년 ④ 1, 1, 10년

22 의료기관의 라돈(Bq/m^3)항목 실내공기질 권고기준은?

① 148 이하 ② 400 이하
③ 500 이하 ④ 1,000 이하

23 다중이용시설 등의 실내공기질 관리법상 공항시설 중 여객터미널의 라돈(Bq/m^3)항목의 실내공기질 권고기준은?

① 0.5 이하 ② 35 이하
③ 148 이하 ④ 300 이하

24 다중이용시설 등의 실내공기질 관리법상 실내공기질 유지기준으로 틀린 것은?(단, 대규모 점포기준)

① CO(ppm) : 10 이하
② CO_2(ppm) : 1,000 이하
③ 미세먼지($\mu g/m^3$) : 150 이하
④ 폼알데하이드($\mu g/m^3$) : 200 이하

25 다중이용시설 등의 실내공기질 관리법규상 실내주차장의 CO(ppm) 실내공기질 유지기준은?

① 20 이하 ② 25 이하
③ 100 이하 ④ 150 이하

26 다중이용시설 등의 실내공기질 관리법상 신축공동주택의 실내공기질 권고기준으로 옳지 않은 것은?

① 스티렌 300$\mu g/m^3$ 이하
② 자일렌 1,000$\mu g/m^3$ 이하
③ 에틸벤젠 360$\mu g/m^3$ 이하
④ 폼알데하이드 210$\mu g/m^3$ 이하

> **해설**

21 다중이용시설의 소유자 등이 자가측정하는 경우는 유기지준 항목 오염물질은 1년에 한 번, 권고기준 항목 오염물질은 2년에 한 번 측정하여야 한다. 다중이용시설의 소유자등은 실내공기질 측정결과를 10년간 보존해야 한다.

22 실내공기질 권고기준 항목은 이산화질소, 라돈, 총휘발성 유기화합물(TVOCs), 곰팡이고, 의료기관뿐만 아니라 실내주차장에 이르는 모든 장소의 라돈 권고기준은 148Bq/m^3 이하이다.

23 실내공기질 권고기준 항목은 이산화질소, 라돈, 총휘발성유기화합물(TVOCs), 곰팡이고, 공항시설 중 여객터미널에서 라돈의 실내공기질 권고기준은 148Bq/m^3 이하이다.

24 실내공기질 유지기준 항목은 미세먼지(PM-10), 초미세먼지(PM-2.5), 이산화탄소, 폼알데하이드, 총부유세균(CFU/m^3), 일산화탄소이고 박물관 및 미술관, 대규모점포, 장례식장, 영화상영관, 학원, 전시시설, 인터넷컴퓨터게임시설 제공업의 영업시설, 목욕장업의 영업시설 등의 유지기준치는 100$\mu g/m^3$ 이하이다.

25 내공기질 관리법규상 실내주차장의 CO(ppm) 실내공기질 유지기준은 25ppm 이하이다. 한편, 지하역사, 지하도상가, 철도역사의 대합실, 여객자동차터미널의 대합실이나 의료기관, 산후조리원, 노인요양시설, 어린이집, 실내 어린이놀이시설의 유지기준은 10ppm 이하이다.

26 신축공동주택의 실내공기질 권고기준 항목은 폼알데하이드, 벤젠, 톨루엔, 에틸벤젠, 자일렌, 스티렌, 라돈이며 자일렌의 권고기준은 700$\mu g/m^3$ 이하이다. 권고기준치가 700$\mu g/m^3$ 이하인 것은 톨루엔이다.

정답 | 21.④ 22.① 23.③ 24.④ 25.② 26.②

27 폼알데하이드의 신축공동주택의 실내공기질 권고기준은?

① 30μg/m³ 이하 ② 210μg/m³ 이하
③ 360μg/m³ 이하 ④ 700μg/m³ 이하

28 다중이용시설 등의 실내공기질 관리법상 벤젠의 신축공동주택의 실내공기질 권고기준은?

① 30μg/m³ 이하 ② 210μg/m³ 이하
③ 300μg/m³ 이하 ④ 360μg/m³ 이하

29 신축공동주택의 실내공기질 권고기준으로 옳은 것은?

① 스티렌 360μg/m³ 이하
② 자일렌 360μg/m³ 이하
③ 에틸벤젠 360μg/m³ 이하
④ 폼알데하이드 360μg/m³ 이하

30 악취방지법상 지정악취물질이 아닌 것은?

① 황화수소, 암모니아
② 이산화황, 염화수소, 벤젠
③ 아세트알데하이드, 뷰틸아세테이트
④ 다이메틸다이설파이드, 메틸메르캅탄

31 과태료 부과기준 중 위반행위의 횟수에 따른 일반기준은 해당 위반행위가 있은 날 이전 최근 얼마간 같은 위반행위로 부과처분을 받은 경우에 적용하는가?

① 3년간 ② 3개월간
③ 1년간 ④ 6개월간

32 건축자재의 오염물질 방출 여부를 확인받지 아니하거나 거짓으로 확인받고 건축자재를 공급한 자에 대한 과태료 부과기준은?

① 1천만 원 이하의 과태료에 처한다.
② 500만 원 이하의 과태료에 처한다.
③ 300만 원 이하의 과태료에 처한다.
④ 100만 원 이하의 과태료에 처한다.

33 악취방지법상 다음 지정악취물질의 배출허용기준(ppm)으로 옳지 않은 것은?(단, 공업지역)

① 톨루엔 : 30 이하
② 프로피온산 : 0.1 이하
③ i-발레르산 : 0.004 이하
④ n-발레르알데하이드 : 0.02 이하

> **해설**

27 신축공동주택의 실내공기질 권고기준 항목은 폼알데하이드, 벤젠, 톨루엔, 에틸벤젠, 자일렌, 스티렌, 라돈이며 폼알데하이드의 권고기준은 210μg/m³ 이하이다.

28 신축공동주택의 실내공기질 권고기준 항목은 폼알데하이드, 벤젠, 톨루엔, 에틸벤젠, 자일렌, 스티렌, 라돈이며 벤젠의 권고기준은 30μg/m³ 이하이다.

29 신축공동주택의 실내공기질 권고기준 항목은 폼알데하이드, 벤젠, 톨루엔, 에틸벤젠, 자일렌, 스티렌, 라돈이며 에틸벤젠의 권고기준은 360μg/m³ 이하이다.

30 이산화황, 염화수소, 벤젠은 지정악취물질이 아니다. 지정악취물질은 암모니아, 메틸메르캅탄, 황화수소, 다이메틸설파이드, 다이메틸다이설파이드, 트라이메틸아민, 아세트알데하이드, 스타이렌, 프로피온알데하이드, 뷰틸알데하이드, n-발레르알데하이드, i-발레르알데하이드, 톨루엔, 자일렌, 메틸에틸케톤, 메틸아이소뷰틸케톤, 뷰틸아세테이트, 프로피온산, n-뷰틸산, n-발레르산, i-발레르산, i-뷰틸알코올 22종이다.

31 위반행위의 횟수에 따른 과태료의 가중된 부과기준은 최근 1년간 같은 위반행위로 과태료 부과처분을 받은 경우에 적용한다. 이 경우 기간의 계산은 위반행위에 대하여 과태료 부과처분을 받은 날과 그 처분 후 다시 같은 위반행위를 하여 적발된 날을 기준으로 한다.

32 건축자재의 오염물질 방출 여부를 확인받지 아니하거나 거짓으로 확인받고 건축자재를 공급한 자 또는 검사·인증표지를 붙이지 아니한 자는 1천만 원 이하의 과태료에 처하게 된다.

33 지정악취물질인 프로피온산의 공업지역 배출허용기준은 0.07ppm 이하이다.

정답 ❘ 27.② 28.① 29.③ 30.② 31.③ 32.① 33.②

34 기기분석법에 의한 악취항목이 아닌 것은?
① 아민류 ② 스타이렌
③ 트라이메틸아민 ④ 아세트알데하이드

35 환경오염사고 발생 및 조치사항의 보고횟수 기준은?
① 연 1회 ② 수시
③ 연 4회 ④ 연 2회

36 다음 지정악취물질의 배출허용기준으로 옳지 않은 것은?

구 분	지정악취물질	배출기준(ppm)	
		공업지역	기타 지역
Ⓐ	톨루엔	30 이하	10 이하
Ⓑ	프로피온산	0.07 이하	0.03 이하
Ⓒ	스타이렌	0.8 이하	0.4 이하
Ⓓ	뷰틸아세테이트	5 이하	1 이하

① Ⓐ ② Ⓑ
③ Ⓒ ④ Ⓓ

37 복합악취의 배출허용기준 및 엄격 배출허용기준에서 ( ) 안에 알맞은 것은?

구 분	배출허용기준(희석배수)	
	공업지역	기타 지역
배출구	1,000 이하	(Ⓐ) 이하
부지경계선	20 이하	(Ⓑ) 이하

① Ⓐ 750 Ⓑ 15 ② Ⓐ 750 Ⓑ 10
③ Ⓐ 500 Ⓑ 15 ④ Ⓐ 500 Ⓑ 10

38 악취방지법상에서 사용하는 용어의 뜻으로 옳지 않은 것은?
① "지정악취물질"이란 악취의 원인이 되는 물질로서 환경부령으로 정하는 것을 말한다.
② "상승악취"란 두 가지 이상의 악취물질이 함께 작용하여 사람의 후각을 자극하여 불쾌감과 혐오감을 주는 냄새를 말한다.
③ "악취"란 황화수소, 메르캅탄류, 아민류, 그밖에 자극성이 있는 기체상태의 물질이 사람의 후각을 자극하여 불쾌감과 혐오감을 주는 냄새를 말한다.
④ "악취배출시설"이란 악취를 유발하는 시설, 기계, 기구, 그 밖의 것으로 환경부장관이 관계 중앙행정기관의 장과 협의하여 환경부령으로 정하는 것을 말한다.

> **해설**

34 지정악취물질만 기기분석법을 적용하여 측정한다. 따라서 아민류는 지정악취물질이 아니므로 (복합악취에 속함) 공기희석관능법을 적용하여 측정한다.

35 위임업무 보고사항 중 환경오염사고 발생 및 조치사항만 수시보고 사항이다.

위임업무 내용	보고횟수
• 환경오염사고 발생 및 조치사항	• 수시
• 수입자동차 배출가스 인증 및 검사현황	• 연 4회
• 자동차연료 · 첨가제 제조 · 판매 또는 사용에 대한 규제현황	• 연 2회
• 자동차연료 또는 첨가제의 제조기준 적합여부 검사현황	• 연료 : 연 4회 • 첨가제 : 연 2회

36 뷰틸아세테이트의 지정악취물질 배출허용기준은 공업지역 4ppm 이하, 기타 지역 1ppm 이하이다.

37 복합악취의 배출허용기준 및 엄격 배출허용기준에서 기타 지역의 배출구 희석배수는 300~500, 부지경계선에서 희석배수는 10~15이다.

38 두 가지 이상의 악취물질이 함께 작용하여 사람의 후각을 자극하여 불쾌감과 혐오감을 주는 냄새를 복합악취라 한다.

정답 | 34.① 35.② 36.④ 37.③ 38.②

대기환경기사/산업기사

39 지정악취물질의 배출허용기준 및 그 범위로 옳지 않은 것은?

구분	지정악취물질	배출허용기준(ppm)	
		공업지역	기타 지역
Ⓐ	암모니아	2 이하	1 이하
Ⓑ	메틸메르캅탄	0.008 이하	0.005 이하
Ⓒ	황화수소	0.06 이하	0.02 이하
Ⓓ	트라이메틸아민	0.02 이하	0.005 이하

① Ⓐ   ② Ⓑ
③ Ⓒ   ④ Ⓓ

40 악취방지법상 악취배출시설 설치자가 환경부령으로 정하는 사항을 변경하려는 경우 변경신고를 해야 하는데, 이 변경신고를 하지 아니한 경우 과태료 부과기준으로 옳은 것은?

① 50만 원 이하   ② 100만 원 이하
③ 200만 원 이하   ④ 500만 원 이하

41 다음은 악취방지법상 악취검사기관의 준수사항이다. ( ) 안에 알맞은 것은?

> 검사기관이 법인인 경우 보유차량에 국가기관의 악취검사차량으로 잘못 인식하게 하는 문구를 표시하거나 과대표시를 해서는 안 되며, 검사기관은 다음의 서류를 작성하여 (   ) 보존하여야 한다.
> 1. 실험일지 및 검량선 기록지
> 2. 검사결과 발송대장
> 3. 정도관리 수행기록철

① 1년간   ② 2년간
③ 3년간   ④ 5년간

42 악취방지법상 위임업무 보고사항 중 악취검사기관의 지도·점검 및 행정처분 실적 보고횟수기준은?

① 수시   ② 연 1회
③ 연 4회   ④ 연 2회

> **해설**
>
> **39** 지정악취물질 중 메틸메르캅탄의 배출허용기준은 공업지역 0.004ppm 이하, 기타 지역 0.002ppm 이하이다.
>
> **40** 악취배출시설 설치자가 환경부령으로 정하는 사항을 변경하려는 경우 변경신고를 해야 하는데, 이 변경신고를 하지 아니하거나 거짓으로 변경신고를 한 자는 200만 원 이하의 과태료처분을 받게 된다.
>
> **41** 검사기관은 실험일지 및 검량선(檢量線) 기록지, 검사결과 발송대장, 정도관리 수행기록철 등을 작성하여 3년간 보존해야 한다.
>
> **42** 악취검사기관의 지도·점검 및 행정처분 실적은 연 1회 다음 해 1월 15일까지 보고한다.
>   ■ 악취물질의 위임업무 보고사항(악취방지법 시행규칙 제21조)
>
> | 업무내용 | 보고횟수 | 보고기일 | 보고자 |
> |---|---|---|---|
> | • 악취검사기관의 지정, 지정사항 변경보고 접수실적 | 연 1회 | 다음 해 1월 15일까지 | 국립환경과학원장 |
> | • 악취검사기관의 지도·점검 및 행정처분 실적 | 연 1회 | 다음 해 1월 15일까지 | |

정답 | 39.② 40.③ 41.③ 42.②

43 배출시설 운영사업자가 자가측정을 하지 아니하거나 자가측정횟수가 적정하지 아니한 경우의 위반횟수별 행정처분기준(1차~4차)으로 옳은 것은?

① 경고 → 경고 → 경고 → 조업정지 10일
② 경고 → 조업정지 10일 → 조업정지 20일 → 허가취소
③ 경고 → 조업정지 15일 → 조업정지 30일 → 허가취소
④ 경고 → 조업정지 30일 → 조업정지 60일 → 허가취소

▶ 해설

43 배출시설 운영사업자가 자가측정을 하지 아니하거나 자가측정횟수가 적정하지 아니한 경우의 위반횟수별 행정처분은 1차(경고) → 2차(경고) → 3차(경고) → 4차(조업정지 10일)로 행정청분을 받는다.

▶살펴보기◀ 행정조치 2차에 허가취소/폐쇄조치 되는 위반사항
1. 배출시설 또는 방지시설을 정상가동하지 아니함으로써 사람 또는 가축에 피해발생 등 중대한 대기오염을 일으킨 경우
2. 방지시설을 설치하지 아니하고 배출시설을 운영하는 경우
3. 가동개시신고를 하지 아니하고 조업하는 경우
4. 방지시설을 설치하지 아니하고 배출시설을 가동하거나 방지시설을 임의로 철거한 경우
5. 개선명령을 받은 자가 개선명령을 이행하지 아니한 경우
6. 조업정지명령을 받은 자가 조업정지일 이후에 조업을 계속한 경우
7. 조작 등으로 자가측정 결과를 거짓으로 기록한 경우
8. 거짓으로 측정결과를 작성하게 하는 행위

▶살펴보기◀ 행정조치 3차에 허가취소/폐쇄조치 되는 위반사항
1. 배출시설 및 방지시설을 정당한 사유 없이 정상적으로 가동하지 아니하여 배출허용기준을 초과한 대기오염물질을 배출하는 행위를 한 경우
2. 배출시설 가동 시에 방지시설을 가동하지 아니하거나 오염도를 낮추기 위하여 배출시설에서 배출되는 대기오염물질에 공기를 섞어 배출하는 행위를 한 경우
3. 방지시설을 거치지 아니하고 대기오염물질을 배출할 수 있는 공기조절장치·가지배출관 등을 설치하는 행위를 한 경우

정답 ┃ 43.①

MEMO

부록 과년도 출제문제

- 대기환경기사·산업기사(2019. 3. 3 시행)
- 대기환경기사·산업기사(2019. 4. 27 시행)
- 대기환경기사·산업기사(2019. 9. 21 시행)
- 대기환경기사·산업기사(2020. 6. 6 시행)
- 대기환경기사·산업기사(2020. 8. 22 시행)
- 대기환경기사(2020. 9. 26 시행)
- 대기환경기사(2021. 3. 7 시행)
- 대기환경기사(2021. 5. 15 시행)
- 대기환경기사(2021. 9. 12 시행)
- 대기환경기사(2022. 3. 5 시행)
- 대기환경기사(2022. 4. 24 시행)

2019 제1회 대기환경기사

2019. 3. 3 시행

[제1과목] 대기오염개론

01 스테판-볼츠만의 법칙에 의하면 표면온도가 1,500K에서 1,800K가 되었다면, 흑체에서 복사되는 에너지는 약 몇 배가 되는가?
① 1.2배 ② 1.4배
③ 2.1배 ④ 3.2배

해설 스테판 볼츠만의 법칙을 적용한다.
〈계산식〉 $E = \sigma T^4$
$$\therefore \frac{E_2}{E_1} = \frac{\sigma(1,800)^4}{\sigma(1,500)^4} = 2.1배$$

02 다음 중 석면의 구성 성분과 거리가 먼 것은?
① K   ② Na
③ Fe ④ Si

해설 석면은 섬유성을 지닌 규산화물로 규소(Si), 수소(H), 마그네슘(Mg), 철(Fe), 산소(O), 칼슘(Ca), 나트륨(Na) 등의 원소로 구성되어 있다.

03 지표 부근 대기의 일반적인 체류시간의 순서로 가장 적합한 것은?
① $O_2 > N_2O > CH_4 > CO$
② $O_2 > CH_4 > CO > N_2O$
③ $CO > O_2 > N_2O > CH_4$
④ $CO > CH_4 > O_2 > N_2O$

해설 대기 내 체류시간의 크기 순서는 $N_2 > O_2 > N_2O > CO_2 > CH_4 > H_2 > CO > SO_2$ 이다.

04 굴뚝 유효높이를 3배로 증가시키면 지상 최대오염도는 어떻게 변화되는가? (단, Sutton 식에 의함)
① 처음의 3배 ② 처음의 1/3
③ 처음의 9배 ④ 처음의 1/9

해설 Sutton의 최대착지농도($C_{\max}$) 확산식을 이용하여 계산한다.
〈계산식〉 $C_{\max} = \frac{2Q}{\pi e U H_e^2} \times \left(\frac{K_z}{K_y}\right)$
• H_e를 제외한 모든 조건이 일정하다면,
$\Rightarrow C_{\max} : K \times \frac{1}{H_e^2}$
• $C_{\max} : \frac{1}{H_e^2} = X : \frac{1}{(3H_e)^2}$
$\therefore X = \frac{1}{3^2} C_{\max}$, 즉 처음의 $\frac{1}{9}$로 변화

05 다음은 지구온난화와 관련된 설명이다. ( ) 안에 알맞은 것은?

(㉠)는 온실기체들의 구조상 또는 열축적 능력에 따라 온실효과를 일으키는 잠재력을 지수로 표현한 것으로, 이 온실기체들은 CH_4, N_2O, HFCs, CO_2, SF_6 등이 있으며, 이 중 (㉠)가 가장 큰 값을 나타내는 물질은 (㉡)이다.

① ㉠ GHG, ㉡ CO_2 ② ㉠ GHG, ㉡ SF_6
③ ㉠ GWP, ㉡ CO_2 ④ ㉠ GWP, ㉡ SF_6

해설 지구온난화지수(Global Warming Potential, GWP)란 온실기체들의 구조상 또는 종류별 열축적 능력에 따라 온실효과를 일으키는 잠재력을 지수로 표현한 것이다. GWP는 이산화탄소를 기준(CO_2=1)으로 할 때 SF_6는 23,900으로 가장 큰 값을 나타낸다.

06 2,000m에서 대기압력(최초 기압)이 860 mbar, 온도가 5℃, 비열비가 1.4일 때, 온위(potential temperature)는? (단, 표준압력은 1,000mbar)
① 약 284K ② 약 290K
③ 약 294K ④ 약 309K

정답 1.③ 2.① 3.① 4.④ 5.④ 6.②

[해설] 온위 계산식을 이용한다.

〈계산식〉 $\theta = T\left(\dfrac{1,000}{P}\right)^{R/C}$

- $\begin{cases} P : \text{임의고도에서 압력} = 860\text{mb} \\ P_o : \text{표준고도에서 압력} = 1,000\text{mb} \\ T : \text{임의 고도의 온도(K)} = 273+5 = 278\text{K} \\ C : \text{비열비} = 1.4 \\ R : \text{비열비}-1 = 0.4 \end{cases}$

∴ $\theta = 278 \times \left(\dfrac{1,000}{860}\right)^{0.4/1.4} = 290.24\text{K}$

07 석면폐증에 관한 설명으로 가장 거리가 먼 것은?

① 석면폐증은 폐의 석면분진 침착에 의한 섬유화이며, 흉막의 섬유화와는 무관하다.
② 석면폐증은 폐상엽에서 주로 발생하며, 전이되지 않는다.
③ 폐의 섬유화는 폐조직의 신축성을 감소시키고, 혈액으로의 산소공급을 불충분하게 한다.
④ 석면폐증은 비가역적이며, 석면노출이 중단된 이후에도 악화되는 경우가 있다.

[해설] 석면폐증은 주로 폐하엽에서 발생하며, 흉막을 따라 폐중엽이나 설엽으로 퍼져나간다.

08 대기오염물의 분산과정에서 최대 혼합깊이(Maximum mixing depth)를 가장 적합하게 표현한 것은?

① 열부상 효과에 의한 대류혼합층의 높이
② 풍향에 의한 대류혼합층의 높이
③ 기압의 변화에 의한 대류혼합층의 높이
④ 오염물간 화학반응에 의한 대류혼합층의 높이

[해설] 열부상 효과에 의해 대류가 유발되는 혼합층의 깊이를 최대혼합고(MMD)라 한다.

09 체적이 100m^3인 복사실의 공간에서 오존 배출량이 분당 0.2mg인 복사기를 연속 사용하고 있다. 복사기 사용 전의 실내 오존의 농도가 0.1ppm이라고 할 때 5시간 사용 후 오존농도는 몇 ppb인가? (단, 0℃, 1기압 기준, 환기는 고려하지 않음)

① 260 ② 380 ③ 420 ④ 520

[해설] ppb(parts per billion)는 10억분율이며, 1ppb(V/V)를 단위로 표현하면 1μL/m^3이다.

〈계산〉 오존 농도=복사기 사용 전 농도+복사기 사용으로 증가된 농도
- 복사기 사용 전 농도 : 0.1ppm = 100ppb
- 복사기 사용으로 증가되는 농도

$\Delta C = \dfrac{0.2\text{mg}}{\text{min}} \left| \dfrac{22.4\text{mL}}{48\text{mg}} \right| \dfrac{300\text{min}}{} \left| \dfrac{1}{100\text{m}^3} \right| \dfrac{10^3 \mu\text{L}}{1\text{mL}}$
$= 280\mu\text{L}/\text{m}^3 \text{(ppb)}$

∴ 오존 농도 = 100ppb+280ppb = 380ppb

10 오존(O_3)의 특성과 광화학반응에 관한 설명으로 가장 거리가 먼 것은?

① 산화력이 강하여 눈을 자극하고 물에 난용성이다.
② 대기 중 지표면 오존의 농도는 NO_2로 산화된 NO량에 비례하여 증가한다.
③ 과산화기가 산소와 반응하여 오존이 생길 수도 있다.
④ 오존의 탄화수소 산화반응률은 원자상태의 산소에 의한 탄화수소의 산화보다 빠르다.

[해설] NO_2의 광분해에 의해 생성된 산소(O)는 각종 탄화수소 특히, 올레핀(Olefin)과 치환된 탄화수소를 공격하여 산화시킨다. 이때 산소원자의 산화속도는 오존에 비하여 약 10^8배나 빠른 것으로 알려져 있다.

11 바람을 일으키는 힘 중 전향력에 관한 설명으로 가장 거리가 먼 것은?

① 전향력은 운동방향은 변화시키지 않지만, 속도에는 영향을 미친다.
② 북반구에서는 항상 움직이는 물체의 운동방향의 오른쪽 직각방향으로 작용한다.
③ 전향력은 극지방에서 최대가 되고 적도 지방에서 최소가 된다.
④ 전향력의 크기는 위도, 지구자전 각속도, 풍속의 함수로 나타낸다.

[해설] 전향력은 물체의 운동방향에 변화를 주고, 풍속(속도)에는 영향을 미치지 않는다.

정답 7.② 8.① 9.② 10.④ 11.①

12 다음 중 오존층 보호를 위한 국제환경협약으로만 옳게 연결된 것은?

① 바젤협약-비엔나협약
② 오슬로협약-비엔나협약
③ 비엔나협약-몬트리올의정서
④ 몬트리올의정서-람사협약

해설 오존층 보호를 위한 국제환경협약은 비엔나협약, 몬트리올의정서, 런던회의, 코펜하겐회의가 있다.

13 파장이 5240Å인 빛 속에서 상대습도가 70% 이하인 경우 밀도가 1,700mg/cm³이고, 직경이 0.4μm인 기름방울의 분산면적비가 4.5일 때, 가시거리가 959m이라면 먼지농도(mg/m³)는?

① 0.21 ② 0.31
③ 0.41 ④ 0.51

해설 상대습도 70% 이하일 경우에 적용되는 가시거리 계산식을 사용한다.

〈계산식〉 $L_v(m) = \dfrac{5.2\rho r}{KC}$

- ρ(밀도) = 1,700mg/cm³ = 1.7g/cm³
- K = 4.5
- r(반경) = $\dfrac{d}{2} = \dfrac{0.4}{2} = 0.2\mu m$

⇨ $959m = \dfrac{5.2 \times 1.7 \times 0.2}{4.5 \times C}$

∴ $C = 4.1 \times 10^{-4}\,g/m^3 = 0.41\,mg/m^3$

14 광화학물질인 PAN에 관한 설명으로 옳지 않은 것은?

① PAN의 분자식은 $C_6H_5COOONO_2$이다.
② 식물의 경우 주로 생활력이 왕성한 초엽에 피해가 크다.
③ 식물의 영향은 잎의 밑부분이 은(백)색 또는 청동색이 되는 경향이 있다.
④ 눈에 통증을 일으키며 빛을 분산시키므로 가시거리를 단축시킨다.

해설 PAN의 분자식은 $CH_3COOONO_2$이다.

15 다음 중 지표부근 대기 중에서 성분 함량이 가장 낮은 것은?

① Ar ② He
③ Xe ④ Kr

해설 대기 내 성분 함량은 N_2(78.08%) > O_2(20.95%) > Ar(0.93%) > CO_2(0.038%) > Ne(18ppm) > He(5ppm) > CH_4(2.0ppm) > Kr(1ppm) > H_2, N_2O(0.5ppm) > Xe(0.09ppm) > CO(0.06ppm) > O_3(0.04ppm) 순서이다.

16 질소산화물(NOx)에 관한 설명으로 옳지 않은 것은?

① NOx의 인위적 배출량 중 거의 대부분이 연소과정에서 발생된다.
② NOx는 그 자체도 인체에 해롭지만 광화학 스모그의 원인물질로도 중요한 역할을 한다.
③ 연소과정에서 초기에 발생되는 NOx는 주로 NO이다.
④ 연소 시 연료 중 질소의 NO 변화율은 대체로 약 2~5% 범위이다.

해설 연소 시 질소가 NO_2로 변화되는 비율은 대체로 5% 미만이다.

17 역사적으로 유명한 대기오염 사건 중 LA smog 사건에 대한 설명으로 옳지 않은 것은?

① 아침, 저녁 환원반응에 의한 발생
② 자동차 등의 석유연료의 소비 증가
③ 침강역전 상태
④ Aldehyde, O_3 등의 옥시던트 발생

해설 LA smog 사건은 산화형 스모그 사건으로 한낮에 일어났다. 열적환원반응에 의한 스모그 사건은 런던 스모그 사건이다.

18 내경 2m, 실제높이가 45m인 연돌에서 15m/sec로 배출되는 배기가스 온도는 127℃, 대기 중의 공기압은 1기압, 기온은 27℃이다. 연돌 배출구에서의 풍속이 5m/sec일 때, 유효연돌높이는? (단, Holland의 연기상승 높이 결정식은 다음과 같다.)

$$\Delta H = \dfrac{V_s \cdot d}{U}\left[1.5 + 2.68 \times 10^{-3} \cdot P\left(\dfrac{T_s - T_a}{T_s}\right) \times d\right]$$

① 74.1m ② 67.1m
③ 65.1m ④ 62.1m

해설 주어진 식을 이용하여 유효굴뚝높이를 계산한다.
〈계산식〉 $H_e = H + \Delta H$

- $\Delta H = \dfrac{V_s \times d}{U}$

  $\left[1.5 + 2.68 \times 10^{-3} \times P\left(\dfrac{T_s - T_a}{T_s}\right) \times d\right]$

- $\begin{cases} H : 실제굴뚝높이 = 45\text{m} \\ V_s : 배출가스 속도 = 15\text{m/sec} \\ U : 풍속 = 5\text{m/sec} \\ P : 기압 = 1\text{atm} = 1{,}013.25\text{mbar} \\ \quad (제시되지 않았을 경우) \\ T_s : 배기가스 온도(K) \\ T_a : 외기(대기) 온도(K) \end{cases}$

⇒ $\Delta H = \dfrac{15 \times 2}{5}$

$\left(1.5 + 2.68 \times 10^{-3} \times \\ 1{,}013\left(\dfrac{(273+127)-(273+27)}{273+127}\right) \times 2\right)$

$= 17.14\text{m}$

∴ $H_e = H + \Delta H = 45 + 17.14 = 62.14\text{m}$

19 암모니아가 식물에 미치는 영향으로 가장 거리가 먼 것은?

① 토마토, 메밀 등은 40ppm 정도의 암모니아가스 농도에서 1시간 지나면 피해증상이 나타난다.
② 최초의 증상은 잎 선단부에 경미한 황화현상으로 나타난다.
③ 잎의 일부분에 영향이 나타나며, 강한 식물로는 겨자, 해바라기 등이 있다.
④ 암모니아의 독성은 HCl과 비슷한 정도이다.

해설 암모니아는 잎 전체에 영향을 주며, 접촉 수 시간 후, 잎 전체가 갈색이 된다.

20 지상에서부터 600m까지의 평균기온감률은 0.88℃/100m이다. 100m 고도에서의 기온이 20℃라면 300m에서의 기온은?

① 15.5℃ ② 16.2℃
③ 17.5℃ ④ 18.2℃

해설 다음의 관계식을 적용하여 온도를 계산한다.
〈계산식〉 $t(℃) = t_1 - \gamma_s \times \Delta Z$

- t_1 : 고도 100m에서의 온도 = 20℃
- γ_s : 기온감률(환경감률) = 0.88℃/100m
- ΔZ : 고도차 = 300 - 100 = 200m

∴ $t(℃) = 20 - \dfrac{0.88}{100} \times (300 - 100)$
$= 18.2℃$

[제2과목] **연소공학**

21 연료연소 시 매연발생에 관한 설명으로 옳지 않은 것은?

① 연료의 C/H 비율이 클수록 매연이 발생하기 쉽다.
② 중합 및 고리화합물 등과 같이 반응이 일어나기 쉬운 탄화수소일수록 매연발생이 적다.
③ 분해하기 쉽거나 산화하기 쉬운 탄화수소는 매연발생이 적다.
④ 탄소결합을 절단하기보다는 탈수소가 쉬운 쪽이 매연이 발생하기 쉽다.

해설 탈수소 및 중합반응이 일어나기 쉬운 탄화수소일수록 매연이 발생하기 쉽다.

22 과잉공기가 지나치게 많을 때 나타나는 현상으로 거리가 먼 것은?

① 연소실 내의 온도가 저하된다.
② 배기가스에 의한 열손실이 증가된다.
③ 배기가스의 온도가 높아지고 매연이 증가한다.
④ 열효율이 감소되고 배기가스 중 NOx가 증가할 가능성이 있다.

해설 과잉공기가 과도할 경우 배기가스의 온도가 낮아지고 화염이 불안정하게 된다.

23 다음 연료 중 착화온도가 가장 높은 것은?

① 천연가스 ② 황
③ 중유 ④ 휘발유

해설 천연가스는 생산되는 지역에 따라 차이가 있으나 주로 메탄(CH_4)이 80~90%를 차지하고 있고, 메탄의 착화온도는 610℃로 보기 중 가장 높다.

24 탄소 85%, 수소 15%의 구성비를 갖는 중유를 연소할 때 $CO_{2max}(\%)$는 얼마인가? (단, 공기비는 1.1이다.)

① 11.6% ② 13.4%
③ 14.8% ④ 16.4%

정답 19.③ 20.④ 21.③ 22.③ 23.① 24.③

해설 최대탄산가스율(%, CO_{2max})은 이론건조연소가스를 기준한 CO_2의 발생 백분율(%)이므로 다음과 같이 산출한다.

〈계산식〉 $(CO_2)_{max(\%)} = \dfrac{CO_2}{G_{od}} \times 100$

- $G_{od} = (1-0.21)A_o + CO_2$
- $A_o = O_o \times \dfrac{1}{0.21} = 2.427 \times \dfrac{1}{0.21} = 11.557 m^3/kg$
- $O_o = 1.867C + 5.6H$
  $= 1.867 \times 0.85 + 5.6 \times 0.15 = 2.427 m^3/kg$
- $CO_2 = 1.867 \times 0.85 = 1.587 m^3/kg$
- $G_{od} = (1-0.21) \times 11.557 + 1.587$
  $= 10.717 m^3/kg$

∴ $(CO_2)_{max} = \dfrac{1.587}{10.717} \times 100 = 14.8\%$

25 분자식 C_mH_n인 탄화수소 $1Sm^3$를 완전연소 시 이론공기량이 $19Sm^3$인 것은?

① C_2H_4 ② C_2H_2
③ C_3H_8 ④ C_3H_4

해설 탄화수소의 이론산소량(부피)으로부터 이론공기량(부피)을 산출할 수 있다.

〈계산식〉 $A_o = O_o \times \dfrac{1}{0.21}$

①항 : $C_2H_4 \to A_o = \left(2 + \dfrac{4}{4}\right) \times \dfrac{1}{0.21} = 14.29 Sm^3$

②항 : $C_2H_2 \to A_o = \left(2 + \dfrac{2}{4}\right) \times \dfrac{1}{0.21} = 11.90 Sm^3$

③항 : $C_3H_8 \to A_o = \left(3 + \dfrac{8}{4}\right) \times \dfrac{1}{0.21} = 23.81 Sm^3$

④항 : $C_3H_4 \to A_o = \left(3 + \dfrac{4}{4}\right) \times \dfrac{1}{0.21} = 19.05 Sm^3$

26 수소 8%, 수분 2%가 포함된 고체연료의 고위발열량이 8,000kcal/kg일 때 이 연료의 저위발열량은?

① 7,984kcal/kg ② 7,779kcal/kg
③ 7,556kcal/kg ④ 6,835kcal/kg

해설 액체, 고체연료의 저위발열량을 구하는 식을 적용하여 계산한다.

〈계산식〉 $Hl = Hh - 600(9H + W)$
$= 8,000 - 600(9 \times 0.08 + 0.02)$
$= 7,556 kcal/kg$

27 기체연료의 일반적 특징으로 가장 거리가 먼 것은?

① 저발열량의 것으로 고온을 얻을 수 있다.
② 연소효율이 높고 검댕이 거의 발생하지 않으나, 많은 과잉공기가 소모된다.
③ 저장이 곤란하고 시설비가 많이 드는 편이다.
④ 연료 속에 황이 포함되지 않은 것이 많고, 연소조절이 용이하다.

해설 기체연료는 적은 과잉공기를 사용하여 완전연소시킬 수 있다.

28 화학반응속도는 일반적으로 Arrhenius 식으로 표현된다. 어떤 반응에서 화학반응상수가 27℃일 때 비하여 77℃일 때, 3배가 되었다면 이 화학반응의 활성화에너지는?

① 2.3kcal/mol ② 4.6kcal/mol
③ 6.9kcal/mol ④ 13.2kcal/mol

해설 반응속도상수와 관계된 아레니우스(Arrhenius) 식을 이용한다.

〈계산식〉 $\ln\dfrac{K_2}{K_1} = \dfrac{E(T_2 - T_1)}{RT_2T_1}$

- $\ln(3) = \dfrac{E[(273+77) - (273+27)]}{8.314 \times (273+77) \times (273+27)}$
  $= 19,181.11 J/mol$

∴ $E = \dfrac{19,181.11 J}{mol} \left| \dfrac{kJ}{1,000J} \right| \dfrac{1kcal}{4.18kJ} = 4.589 kcal/mol$

29 다음 중 연소와 관련된 설명으로 가장 적합한 것은?

① 공연비는 예혼합연소에 있어서의 공기와 연료의 질량비(또는 부피비)이다.
② 등가비가 1보다 큰 경우, 공기가 과잉인 경우로 열손실이 많아진다.
③ 등가비와 공기비는 상호 비례관계가 있다.
④ 최대탄산가스량(%)은 실제건조연소 가스량을 기준한 최대탄산가스의 용적배분율이다.

해설 ①항만 옳다.
② 등가비(ϕ)가 1보다 클 경우 연료가 과잉으로 매연이 발생하거나 연소실 온도가 높아진다.
③ 등가비(ϕ)와 공기비(m)는 반비례 관계에 있다.
$\phi = \dfrac{1}{m}$
④ 최대탄산가스량(%)는 이론건조연소 가스량을 기준한 최대탄산가스의 용적백분율이다.

정답 25.④ 26.③ 27.② 28.② 29.①

30 연소의 종류에 관한 설명으로 옳지 않은 것은?

① 포트액면연소는 액면에서 증발한 연료가스 주위를 흐르는 공기와 혼합하면서 연소하는 것으로 연소속도는 주위 공기의 흐름속도에 거의 비례하여 증가한다.
② 심지연소는 공급공기의 유속이 낮을수록, 공기의 온도가 높을수록 화염의 높이는 높아진다.
③ 증발연소는 일반적으로 가정용 석유스토브, 보일러 등 연료가 경질유이며, 소형인 것에 사용된다.
④ 분무연소는 연소장치를 작게 할 수 있는 장점은 있으나, 고부하의 연소는 불가능하다.

[해설] 분무연소는 연소장치를 작게 할 수 있고, 고압기류식 버너의 경우 고부하의 연소도 가능하다.

31 다음 연료별 이론공기량(A_o, Sm^3/Sm^3)이 가장 큰 것은?

① 석탄가스
② 발생로가스
③ 탄소
④ 고로가스

[해설] 탄소의 이론공기량은 $8.5Sm^3/Sm^3$로서 보기 중 가장 높다.
[참고] 주요 연료의 이론공기량은 다음과 같다.
1. 천연가스 : $8.0 \sim 9.5Sm^3/Sm^3$
2. 고로가스 : $0.7 \sim 0.9Sm^3/Sm^3$
3. 연료유 : $10 \sim 13Sm^3/kg$, 비중 $0.8 \sim 0.97$
4. 역청탄 : $7.5 \sim 8.5Sm^3/kg$, 비중늑1
5. 발생로가스(H_2 27%, 기타 N_2, CO_2 등 불연성분 73%) : $1Sm^3/Sm^3$ 미만
6. 가솔린 : $11.3 \sim 11.5(Sm^3/kg)$

32 다음 조건에서의 메탄의 이론연소온도는?
[단, 메탄, 공기는 25℃에서 공급되며 CO_2, $H_2O(g)$, N_2의 평균정압 몰비열(상온~2,100℃)은 각각 13.1, 10.5, 8.0(kcal/kmol·℃)이고, 메탄의 저위발열량은 8,600kcal/Sm^3]

① 약 1,870℃ ② 약 2,070℃
③ 약 2,470℃ ④ 약 2,870℃

[해설] 메탄(CH_4)의 연소반응과 이론연소온도 산출 관련 식을 활용하여 계산한다.
〈계산식〉 $t_o = \dfrac{Hl}{GC_p} + t$

Hl : 저위발열량, G : 가스량, C_p : 비열

〈연소반응〉 $CH_4 + 2O_2 \rightarrow CO_2 + 2H_2O$
※mol비   1 : 2 : 1 : 2
• O_o(이론산소량) = 2kmol/kmol
• $A_o = O_o \times \dfrac{1}{0.21} = 2 \times \dfrac{1}{0.21} = 9.52$kmol/kmol
• $G \cdot C_p = N_2 \times C_p N_2 + CO_2 \times C_p CO_2 + H_2O \times C_p H_2O$
　　　$= 9.52 \times 0.79 \times 8.0 + 1 \times 13.1 + 2 \times 10.5$
　　　$= 94.27$ kcal/kmol·℃
• $Hl = \dfrac{8,600 \text{kcal}}{Sm^3} \bigg| \dfrac{22.4 Sm^3}{1 \text{kmol}} = 192,640$ kcal/kmol

∴ $t_o = \dfrac{192,640}{94.27} + 25 = 2,069$℃

33 다음 중 저온부식의 원인과 대책에 관한 설명으로 가장 거리가 먼 것은?

① 연소가스 온도를 산노점 온도보다 높게 유지해야 한다.
② 예열공기를 사용하거나 보온시공을 한다.
③ 저온부식이 일어날 수 있는 금속표면은 피복을 한다.
④ 250℃ 이상의 전열면에 응축하는 황산, 질산 등에 의하여 발생된다.

[해설] 저온부식은 약 150℃ 이하의 전열면에 응축하는 산성염(황산, 질산, 염산 등)에 의하여 발생된다.

34 탄소, 수소의 중량 조성이 각각 86%, 14%인 액체연료를 매시 30kg 연소한 경우 배기가스의 분석치가 CO_2 12.5%, O_2 3.5%, N_2 84%라면 매시간 필요한 공기량(Sm^3/hr)은?

① 약 794 ② 약 675
③ 약 591 ④ 약 406

[해설] 시간당 필요공기량은 다음과 같이 계산한다.
〈계산식〉 $A_h = (mA_o) \times G_f$

• $m = \dfrac{N_2}{N_2 - 3.76(O_2)} = \dfrac{84}{84 - 37.6 \times 3.5} = 1.19$
• $O_o = 1.867C + 5.6H = 1.867 \times 0.86 + 5.6 \times 0.14$
　　$= 2.39 m^3/kg$
• $A_o = O_o \times \dfrac{1}{0.21} = 2.39 \times \dfrac{1}{0.21} = 11.38 m^3/kg$

∴ $A_h = (1.19 \times 11.38) \times 30 = 406 Sm^3/hr$

정답 30.④ 31.③ 32.② 33.④ 34.④

35 다음 기체연료 중 고위발열량(kJ/mol)이 가장 큰 것은? (단, 25℃, 1atm을 기준으로 한다.)

① carbon monoxide ② methane
③ ethane   ④ n-pentane

해설 기체연료는 동일한 화학적 성질을 가질 경우 분자량이 증가할수록 발열량이 높다.
〈관계식〉 $Hh = Hl + 480\Sigma iH_2O$
① CO(28), ② CH_4(16), ③ C_2H_6(30), ④ C_5H_{12}(72)

36 탄소 84.0%, 수소 13.0%, 황 2.0%, 질소 1.0%의 조성을 가진 중유 1kg당 15Sm³의 공기로 완전연소할 경우 습배출가스 중 SO_2의 농도(ppm)는? (단, 표준상태 기준, 중유 중의 황성분은 모두 SO_2로 된다.)

① 약 680ppm   ② 약 735ppm
③ 약 800ppm   ④ 약 890ppm

해설 실제 습배기가스 중 SO_2의 농도(ppm)은 다음과 같이 산출한다.

〈계산식〉 $X_{SO_2}(ppm) = \dfrac{SO_2}{G_w} \times 10^6$

• $G_w = (m - 0.21)A_o + CO_2 + H_2O + SO_2 + N_2$
• $O_o = 1.867C + 5.6H + 0.7S$
  $= 1.867 \times 0.84 + 5.6 \times 0.13 + 0.7 \times 0.02$
  $= 2.31\ Sm^3/kg$
• $A_o = O_o \times \dfrac{1}{0.21} = 2.31 \times \dfrac{1}{0.21} = 11\ Sm^3/kg$
• $m = \dfrac{A}{A_o} = \dfrac{15}{11} = 1.364$
⇨ $G_w = (1.364 - 0.21) \times 11 + 1.57 + 1.456 + 0.014 + 0.008$
   $= 15.74\ Sm^3/kg$
∴ $X_{SO_2} = \dfrac{0.7 \times 0.02}{15.74} \times 10^6 = 889.45\ ppm$

37 미분탄 연소장치에 관한 설명으로 옳지 않은 것은?

① 설비비와 유지비가 많이 들고 재의 비산이 많아 집진장치가 필요하다.
② 부하변동의 적응이 어려워 대형과 대용량 설비에는 적합지 않다.
③ 연소제어가 용이하고 점화 및 소화 시 손실이 적다.
④ 스토커 연소에 적합하지 않은 점결탄과 저발열량탄 등도 사용할 수 있다.

해설 미분탄 연소장치는 부하변동에 쉽게 적응할 수 있으므로 대형, 대용량 연소시설에 적합하다.

38 착화온도에 관한 설명으로 옳지 않은 것은?

① 휘발성분이 적고, 고정탄소량이 많을수록 높아진다.
② 반응 활성도가 작을수록 낮아진다.
③ 석탄의 탄화도가 증가하면 높아진다.
④ 공기의 산소농도가 높아지면 낮아진다.

해설 착화온도란 점화원이 없는 상태에서 연료 자신의 연소열에 의하여 연소를 계속하게 되는 온도로써 다음의 특성을 가진다.
1. 일반적으로 산소와의 친화력이 큰 물질일수록 착화점이 낮고, 발화하기 쉽다.
2. 가연물의 증발량이나 공기의 산소 농도 및 압력이 높을수록 낮아진다.
3. 화학결합의 활성도가 클수록 낮아진다.
4. 화학반응성이 클수록 낮아진다.
5. 활성화에너지가 작을수록 낮아진다.
6. 탄화수소의 분자량이 클수록 낮아진다.
7. 열전도율과 습도가 낮을수록, 탄화도가 작을수록 낮아진다.

39 유류버너 중 회전식 버너에 관한 설명으로 옳지 않은 것은?

① 연료유의 점도가 작을수록 분무화 입경이 작아진다.
② 분무는 기계적 원심력과 공기를 이용한다.
③ 유압식버너에 비하여 연료유의 분무화 입경이 1/10 이하로 매우 작다.
④ 분무각도는 40~80° 정도로 크며, 유량조절범위도 1 : 5 정도로 비교적 큰 편이다.

해설 회전식 버너의 유량조절범위는 1 : 5 정도이고, 유압식 버너에 비해 연료유의 분무화 입경은 비교적 크다.

40 액화석유가스(LPG)에 관한 설명으로 옳지 않은 것은?

① 비중이 공기보다 작고, 상온에서 액화가 되지 않는다.
② 액체에서 기체로 될 때 증발열이 발생한다.
③ 프로판, 부탄을 주성분으로 하는 혼합물이다.
④ 발열량이 20,000~30,000kcal/Sm³ 정도로 높다.

해설 액화석유가스(LPG)는 상온에서 약간의 압력(10~20atm)을 가하면 쉽게 액화시킬 수 있다.

[제3과목] 대기오염방지기술

41 유해가스 흡수장치 중 다공판탑에 관한 설명으로 옳지 않은 것은?

① 비교적 대량의 흡수액이 소요되고, 가스 겉보기속도는 10~20m/sec 정도이다.
② 액가스비는 $0.3~5L/m^3$, 압력손실은 100~200mmH$_2$O 정도이다.
③ 고체부유물 생성 시 적합하다.
④ 가스량의 변동이 격심할 때는 조업할 수 없다.

해설 다공판탑에서 가스속도는 0.3~1m/sec 정도이다.

42 중력식 집진장치의 집진율 향상조건에 관한 설명 중 옳지 않은 것은?

① 침강실 내 처리가스의 속도가 작을수록 미립자가 포집된다.
② 침강실 입구폭이 클수록 유속이 느려지며 미세한 입자가 포집된다.
③ 다단일 경우에는 단수가 증가할수록 집진효율은 상승하나, 압력손실도 증가한다.
④ 침강실의 높이가 낮고, 중력장의 길이가 짧을수록 집진율은 높아진다.

해설 침강실의 높이가 낮고, 중력장의 길이가 길수록 집진율은 높아진다.

43 전기집진장치에서 입자가 받는 Coulomb힘 (kg·m/sec^2)을 옳게 나타낸 것은? [단, e_o : 전하(1.602×10^{-19} Coulomb), n : 전하수, E : 하전부의 전계강도(Volt/m), μ : 가스점도(kg/m·sec), d_p : 입자직경(m), V_e : 입자분리속도(m/sec)]

① $ne_o E$
② $2ne_o / E$
③ $3\pi \mu d_p V_e$
④ $6\pi \mu d_p V_e$

해설 Coulomb힘은 작용하는 두 전하의 인력이나 반발력의 세기를 뜻하므로 이에 적용되는 인자는 전하량($n \times e_o$)과 공간 내 존재하는 하전부의 전계강도(E)로 표현된다. 반면 가스의 점성저항력은 $F_d = 3\pi \mu d_p V_e$로 표현된다.

44 배출가스 중의 질소산화물의 처리방법인 비선택적 촉매환원법(NSCR)에서 사용하는 환원제로 거리가 먼 것은?

① CH_4
② NH_3
③ H_2
④ CO

해설 NH_3는 선택적 촉매환원법에서 사용하는 환원제이다.

45 물을 가압(加壓) 공급하여 함진가스를 세정하는 형식의 가압수식 스크러버가 아닌 것은?

① Jet Scrubber
② Impulse Scrubber
③ Spray Tower
④ Venturi Scrubber

해설 임펄스 스크러버(Impulse Scrubber)는 회전식에 해당한다.

46 전기집진장치에서 전류밀도가 먼지층 표면 부근의 이온전류 밀도와 같고 양호한 집진작용이 이루어지는 값이 2×10^{-8} A/cm^{2}이며, 또한 먼지층 중의 절연파괴 전계강도를 5×10^3 V/cm로 한다면, 이때 ⊙ 먼지층의 겉보기 전기저항과 ⓒ 이 장치의 문제점으로 옳은 것은?

① ⊙ 1×10^{-4}(Ω·cm), ⓒ 먼지의 재비산
② ⊙ 1×10^4(Ω·cm), ⓒ 먼지의 재비산
③ ⊙ 2.5×10^{11}(Ω·cm), ⓒ 역전리 현상
④ ⊙ 4×10^{12}(Ω·cm), ⓒ 역전리 현상

해설 먼지층의 전기저항을 나타내는 계산식을 통해 산출한다.

〈계산식〉 $\rho_d = \dfrac{E_d}{i}$

⇒ $\rho_d = \dfrac{5 \times 10^3 \text{V/cm}}{2 \times 10^{-8} \text{A/cm}^2} = 2.5 \times 10^{11}$ Ω·cm

따라서, 먼지층의 전기저항이 1×10^{11}(Ω·cm) 이상이므로 이 장치는 문제점은 역전리 현상이다.

47 공기 중 CO_2 가스의 부피가 5%를 넘으면 인체에 해롭다고 한다면 지금 600m³ 되는 방에서 문을 닫고 80%의 탄소를 가진 숯을 최고 몇 kg을 태우면 해로운 상태로 되겠는가? (단, 기존의 공기 중 CO_2 가스의 부피는 고려하지 않음, 실내에서 완전혼합, 표준상태 기준)

① 약 5kg ② 약 10kg
③ 약 15kg ④ 약 20kg

해설 탄산가스의 허용 배출농도(5%)를 주요 포인트로 하여 문제를 푼다.

〈관계식〉 $5\% = \dfrac{CO_2(m^3)}{600m^3} \times 100$

〈반응식〉 $C + O_2 \rightarrow CO_2$
  12kg : 22.4m³
  0.8X : 600m³ × 0.05

∴ $X = 20.09 m^3$

48 레이놀즈 수(Reynold Number)에 관한 설명으로 옳지 않은 것은? (단, 유체 흐름 기준)

① (관성력/점성력)으로 나타낼 수 있다.
② 무차원의 수이다.
③ [(밀도×유속×관직경)÷유체점도]로 나타낼 수 있다.
④ (점성계수/밀도)로 나타낼 수 있다.

해설 레이놀즈 수(Re, Reynold's Number)는 관성력과 점성력의 비를 취한 무차원의 수로서 이 값이 동일하다면 유체의 유동특성은 유체의 종류나 장소에 관계없이 같음을 의미하게 된다.

〈관계식〉 $Re = \dfrac{DV\rho}{\mu}$

여기서, D : 유로의 관경(직경), V : 유체의 유속
     ρ : 유체의 밀도, μ : 유체의 점도

49 황산화물 처리방법 중 건식 석회석주입법에 관한 설명으로 옳지 않은 것은?

① 초기투자 비용이 적게 들어 소규모 보일러나 노후 보일러용으로 많이 사용되었다.
② 부대시설은 많이 필요하나 아황산가스의 제거효율은 비교적 높은 편이다.
③ 배기가스의 온도가 잘 떨어지지 않는다.
④ 연소로 내에서의 화학반응은 소성, 흡수, 산화의 3가지로 구분할 수 있다.

해설 건식 석회석주입법은 연소실에 석회석을 직접 주입하여 소성에 의해 생성된 생석회(CaO)와 SO_2를 약 900~1,000℃에서 반응시켜 황산칼슘($CaSO_4$) 분말(석고)로 제거시키는 방법으로 부대시설비가 적게 들고, 배기가스 온도를 높게 유지할 수 있으나 탈황효율은 40% 정도로 아주 낮다.

50 후드의 형식 중 외부식 후드에 해당하지 않는 것은?

① 장갑부착 상자형(Glove box형)
② 슬로트형(Slot형)
③ 그리드형(Grid형)
④ 루버형(Louver형)

해설 장갑부착 상자형(Glove box 형)은 포위식 후드에 해당한다.

51 휘발성 유기화합물(VOCs)의 배출량을 줄이도록 요구받을 경우 그 저감방안으로 가장 거리가 먼 것은?

① VOCs 대신 다른 물질로 대체한다.
② 용기에서 VOCs 누출 시 공기와 희석시켜 용기 내 VOCs 농도를 줄인다.
③ VOCs를 연소시켜 인체에 덜 해로운 물질로 만들어 대기 중으로 방출시킨다.
④ 누출되는 VOCs를 고체흡착제를 사용하여 흡착 제거한다.

해설 ②항의 방식은 저감대책(처리대책)이 될 수 없다. 배출 총량을 줄일 수 없기 때문이다. VOCs는 공기 내 질소나 대기 중 질소산화물과 반응하여 2차 오염물질을 부생(광화학 스모그)시킬 수 있기 때문에 공기와 희석하는 것은 옳지 않다.

52 다음 여과재의 재질 중 내산성 여과재로 적합하지 않은 것은?

① 목면
② 카네카론
③ 비닐론
④ 글라스화이버

해설 목면은 산에 취약하다.

53 길이 5m, 높이 2m인 중력침강실이 바닥을 포함하여 8개의 평행판으로 이루어져 있다. 침강실에 유입되는 분진가스의 유속이 0.2m/sec일 때 분진을 완전히 제거할 수 있는 최소입경은 얼마인가? (단, 입자의 밀도는 1,600kg/m³, 분진가스의 점도는 2.1×10⁻⁵kg/m·sec, 밀도는 1.3kg/m³이고 가스의 흐름은 층류로 가정한다.)

① 31.0μm ② 23.2μm
③ 15.5μm ④ 11.6μm

해설 최소입경 계산식을 이용한다.

〈계산식〉 $d_p = \sqrt{\dfrac{18 \cdot V \cdot \mu \cdot H}{(\rho_p - \rho)g \cdot L \cdot n}} \times 10^6$

- d_p : 입자직경(m)
- L : 장치길이 = 5m
- H : 장치높이 = 2m
- n : 집진판 개수 = 8개(바닥 포함)
- V : 유속 = 0.2m/sec
- ρ_p : 입자밀도 = 1,600kg/m³
- ρ : 공기밀도 = 1.3kg/m³
- μ : 분진점도 = 2.1×10⁻⁵kg/m·sec

$\therefore d_p = \sqrt{\dfrac{18 \times (2.1 \times 10^{-5}) \times 0.2 \times 2}{(1,600 - 1.3) \times 9.8 \times 5 \times 8}} \times 10^6 = 15.53 \mu m$

54 NOx와 SOx 동시 제어기술에 관한 설명으로 옳지 않은 것은?

① SOxNO 공정은 감마 알루미나 담체의 표면에 나트륨을 첨가하여 SOx와 NOx를 동시에 흡착시킨다.
② CuO 공정은 알루미나 담체에 CuO를 함침시켜 SO₂는 흡착반응하고 NOx는 선택적 촉매환원되어 제거되는 원리를 이용하는 공정이다.
③ CuO 공정에서 온도는 보통 850~1,000℃ 정도로 조정하며, CuSO₂ 형태로 이동된 솔벤트 재생기에서 산소 또는 오존으로 재생된다.
④ 활성탄 공정은 S, H₂SO₄ 및 액상 SO₂ 등의 부산물이 생성되며, 공정 중 재가열이 없으므로 경제적이다.

해설 CuO 공정에서 배기가스의 처리온도가 850℃ 이상일 경우 SOx 제거능력이 급격히 저하되며, 탈황 후 사용촉매는 수소 또는 메탄으로 재생된다.

55 지름 20cm, 유효높이 3m인 원통형 Bag Filter로 4m³/sec의 함진가스를 처리하고자 한다. 여과속도를 0.04m/sec로 할 경우 필요한 Bag Filter 수는 얼마인가?

① 35개 ② 54개
③ 70개 ④ 120개

해설 백필터의 수는 다음과 같이 계산할 수 있다.

〈계산식〉 $n = \dfrac{Q_f}{Q_i} = \dfrac{Q_f}{\pi D L V_f}$

$\therefore n = \dfrac{4}{3.14 \times 0.2 \times 3 \times 0.04} = 53.08 ≒ 54$개

56 송풍기의 크기와 유체의 밀도가 일정할 때 송풍기의 회전수를 2배로 하면 풍압은 몇 배가 되는가?

① 2배 ② 4배
③ 6배 ④ 8배

해설 송풍기의 풍압은 회전속도 2승에 비례한다.

〈계산식〉 $P_{s2} = P_{s1} \times \left(\dfrac{N_2}{N_1}\right)^2$

$\therefore P_{s2} = P_{s1} \times \left(\dfrac{2}{1}\right)^2$, $P_{s2} = 4P_{s1}$ → 4배 증가

57 충전탑(packed tower) 내 충전물이 갖추어야 할 조건으로 적절하지 않은 것은?

① 단위체적당 넓은 표면적을 가질 것
② 압력손실이 작을 것
③ 충전밀도가 작을 것
④ 공극률이 클 것

해설 충전물의 충전밀도는 커야 한다.

58 전기집진장치에서 먼지의 전기비저항이 높은 경우 전기비저항을 낮추기 위해 주입하는 물질과 거리가 먼 것은?

① 수증기
② NH₃
③ H₂SO₄
④ NaCl

해설 암모니아는 전기비저항이 낮을 때 주입하는 물질이다. 암모니아는 황산화물과 반응 후 생성된 황산암모늄이 전기비저항을 증가시키는 역할을 한다.

59 유해가스와 물이 일정한 온도에서 평형상태에 있다. 기상의 유해가스 분압이 40mmHg일 때 수중가스의 농도가 16.5kmol/m³이다. 이 경우 헨리정수(atm·m³/kmol)는 약 얼마인가?

① 1.5×10^{-3}
② 3.2×10^{-3}
③ 4.3×10^{-2}
④ 5.6×10^{-2}

해설 헨리정수와 농도, 분압과의 관계를 통해 푼다.

〈계산식〉 $P = HC$ 에서 ⇨ $H = \dfrac{P}{C}$

∴ $H = \dfrac{P}{C} = \dfrac{40\text{mmHg}}{} \left| \dfrac{1\text{atm}}{760\text{mmHg}} \right| \dfrac{1}{16.5\text{kmol/m}^3}$

$= 3.19 \times 10^{-3} \text{atm} \cdot \text{m}^3/\text{kmol}$

60 벤투리스크러버의 특성에 관한 설명으로 옳지 않은 것은?

① 유수식 중 집진율이 가장 높고, 목부의 처리 가스유속은 15~30m/sec 정도이다.
② 물방울 입경과 먼지 입경의 비는 150 : 1 전후가 좋다.
③ 액가스비의 경우 일반적으로 친수성은 10μm 이상의 큰 입자가 0.3L/m³ 전후이다.
④ 먼지 및 가스유동에 민감하고 대량의 세정액이 요구된다.

해설 벤투리스크러버의 목부 유속은 60~90m/sec 정도로 운영된다.

[제4과목] 대기오염공정시험기준

61 휘발성 유기화합물 누출확인에 사용되는 휴대용 VOCs 측정기기에 관한 설명으로 옳지 않은 것은?

① 휴대용 VOCs 측정기기의 계기눈금은 최소한 표시된 누출농도의 ±5%를 읽을 수 있어야 한다.
② 휴대용 VOCs 측정기기는 펌프를 내장하고 있어 연속적으로 시료가 검출기로 제공되어야 하며, 일반적으로 시료유량은 0.5~3L/min이다.
③ 휴대용 VOCs 측정기기의 응답시간은 60초보다 작거나 같아야 한다.
④ 측정될 개별 화합물에 대한 기기의 반응인자(response factor)는 10보다 작아야 한다.

해설 휴대용 VOCs 측정기기의 응답시간은 30초보다 작거나 같아야 한다.

62 이온크로마토그래피의 일반적인 장치구성 순서로 옳은 것은?

① 펌프-시료주입장치-용리액조-분리관-검출기-서프레서
② 용리액조-펌프-시료주입장치-분리관-서프레서-검출기
③ 시료주입장치-펌프-용리액조-서프레서-분리관-검출기
④ 분리관-시료주입장치-펌프-용리액조-검출기-서프레서

해설 이온크로마토그래피법의 장치구성 순서는 "용리액조 → 송액펌프 → 시료주입장치 → 분리관 → 서프레서 → 검출기"이다.

63 전자포획검출기(ECD)에 관한 설명으로 옳지 않은 것은?

① 탄화수소, 알코올, 케톤 등에 대해 감도가 우수하다.
② 유기할로겐화합물, 니트로화합물 및 유기금속화합물 등 전자친화력이 큰 원소가 포함된 화합물을 수 ppt의 매우 낮은 농도까지 선택적으로 검출할 수 있다.
③ 방사성 물질이 Ni-63 혹은 삼중수소로부터 방출되는 β선이 운반기체를 전리하여 이로 인해 전자포획검출기 셀(cell)에 전자구름이 생성되어 일정 전류가 흐르게 된다.
④ 고순도(99.9995%)의 운반기체를 사용하여야 하고 반드시 수분 트랩(trap)과 산소트랩을 연결하여 수분과 산소를 제거할 필요가 있다.

해설 전자포획검출기(ECD)는 탄화수소, 알코올, 케톤 등에는 감도가 낮다.

64 환경대기 중의 각 항목별 분석방법의 연결로 옳지 않은 것은?
① 질소산화물 : 살츠만법
② 옥시던트(오존으로서) : 베타선법
③ 일산화탄소 : 불꽃이온화검출기법(기체크로마토그래프법)
④ 아황산가스 : 파라로자닐린법

[해설] 환경대기 중 오존측정법은 자외선광도법, 화학발광법, 흡광차분광법이다.

65 굴뚝 배출가스상 물질의 시료채취방법으로 옳지 않은 것은?
① 채취관은 흡입가스의 유량, 채취관의 기계적강도, 청소의 용이성 등을 고려해서 안지름 6~25mm 정도의 것을 쓴다.
② 채취관의 길이는 선정한 채취점까지 끼워 넣을 수 있는 것이어야 하고, 배출가스의 온도가 높을 때에는 관리 구부러지는 것을 막기 위한 조치를 해두는 것이 필요하다.
③ 여과재를 끼우는 부분은 교환이 쉬운 구조의 것으로 한다.
④ 일반적으로 사용되는 불소수지 도관은 100℃ 이상에서는 사용할 수 없다.

[해설] 일반적으로 사용되는 불소수지 도관은 250℃ 이상에서는 사용할 수 없다.

66 연료용 유류 중의 황함유량을 측정하기 위한 분석방법은?
① 방사선식 여기법
② 자동 연속열탈착분석법
③ 테들라 백-열탈착법
④ 몰린 형광광도법

[해설] 연료용 유류 중 황함유량 분석방법은 연소관식 공기법, 방사선 여기법이다.

67 굴뚝 배출가스 중 암모니아의 중화적정 분석방법에 관한 설명으로 옳은 것은?
① 분석용 시료용액을 황산으로 적정하여 암모니아를 정량한다.
② 시료가스를 산성조건에서 지시약을 넣고 N/100 NaOH로 적정하는 방법이다.
③ 시료가스 채취량이 40L일 때 암모니아 농도 1~5ppm인 경우에 적용한다.
④ 지시약은 페놀프탈레인용액과 메틸레드용액을 1 : 2 부피비로 섞어 사용한다.

[해설] 굴뚝 배출가스 중 암모니아를 중화적정법으로 분석할 경우 분석용 시료용액을 황산으로 적정하여 암모니아를 정량한다. 이 방법은 시료채취량 40L인 경우 시료 중의 암모니아의 농도가 약 100ppm 이상인 것의 분석에 적합하다. 지시약은 메틸레드용액과 메틸렌블루용액을 2 : 1 부피비로 섞어 사용한다.

68 굴뚝 배출가스 중 벤젠을 분석하고자 할 때, 사용하는 채취관이나 도관의 재질로 적절하지 않은 것은?
① 경질유리   ② 석영
③ 불소수지   ④ 보통강철

[해설] 벤젠 및 이황화탄소를 분석하고자 할 때 채취관이나 도관의 재질은 경질유리, 석영, 불소수지 등이다. 보통강철은 일산화탄소와 암모니아 분석에만 사용한다.

69 환경대기 중의 석면농도를 측정하기 위해 멤브레인 필터에 포집한 대기부유먼지 중의 석면섬유를 위상차현미경을 사용하여 계수하는 방법에 관한 설명으로 옳지 않은 것은?
① 석면먼지의 농도표시는 20℃, 1기압 상태의 기체 1mL 중에 함유된 석면섬유의 개수(개/mL)로 표시한다.
② 멤브레인 필터는 셀룰로오스 에스테르를 원료로 한 얇은 다공성의 막으로, 구멍의 지름은 평균 0.01~10μm의 것이 있다.
③ 대기 중 석면은 강제흡인장치를 통해 여과장치에 채취한 후 위상차현미경으로 계수하여 석면 농도를 산출한다.
④ 빛은 간섭성을 띄우기 위해 단일빛을 사용하며, 후광 또는 차광이 발생하더라도 측정에 영향을 미치지 않는다.

[해설] 석면 농도를 측정하기 위한 위상차현미경 법에서 빛은 파장과 주기가 모두 짧아서 간섭성을 띄려면 하나의 광원에서 갈라진 두 갈래의 빛일 경우에만 가능하다. 또한 후광(halo)이나 차광(shading)은 관찰을 방해하기도 한다.

정답 64.② 65.④ 66.① 67.① 68.④ 69.④

70 굴뚝 배출가스 중 브롬화합물 분석에 사용되는 흡수액으로 옳은 것은?

① 황산+과산화수소+증류수
② 붕산용액(질량분율 0.5%)
③ 수산화소듐용액(질량분율 0.4%)
④ 다이에틸아민동용액

[해설] 배출가스 중 브롬화합물을 분석하기 위한 흡수액은 수산화소듐을 사용한다.

71 다음 중 자외선/가시선 분광법에서 흡광도를 측정하기 위한 순서로써 원칙적으로 제일 먼저 행하여야 할 행위는?

① 시료셀을 광로에 넣고 눈금판의 지시치를 흡광도 또는 투과율로 읽는다.
② 광로를 차단 후 대조셀로 영점을 맞춘다.
③ 광원으로부터 광속을 통하여 눈금 100에 맞춘다.
④ 눈금판의 지시가 안정되어 있는지 여부를 확인한다.

[해설] 흡광도의 측정 순서는 다음과 같다.
1. 눈금판의 지시가 안정되어 있나 확인한다.
2. 대조셀을 광로에 넣고 광원으로부터의 광속을 차단하여 영점을 맞춘다.
3. 광원으로부터 광속을 통하여 눈금 100에 맞춘다.
4. 시료셀을 광로에 넣고 눈금판의 지시치를 흡광도 또는 투과율로 읽는다.
5. 필요하면 대조셀을 광로에 교체하여 놓고 영점과 100에 변화가 없는가를 확인한다.
6. 위 2, 3, 4의 조작 대신에 농도를 알고 있는 표준액 계열을 사용하며 각각의 눈금에 맞추는 방법도 무방하다.

72 원자흡수분광광도법에 사용되는 용어 설명으로 옳지 않은 것은?

① 역화(Flame Back) : 불꽃의 연소속도가 크고 혼합기체의 분출속도가 작을 때 연소 현상이 내부로 옮겨지는 것
② 중공음극램프(Hollow Cathode Lamp) : 원자흡광분석의 광원이 되는 것으로 목적원소를 함유하는 중공음극 한 개 또는 그 이상을 고압의 질소와 함께 채운 방전관
③ 멀티패스(Multi-Path) : 불꽃 중에서의 광로를 길게 하고 흡수를 증대시키기 위하여 반사를 이용하여 불꽃 중에 빛을 여러 번 투과시키는 것
④ 공명선(Resonance Line) : 원자가 외부로부터 빛을 흡수했다가 다시 먼저 상태로 돌아갈 때 방사하는 스펙트럼선

[해설] 중공음극램프(Hollow Cathode Lamp)는 원자흡광분석의 광원이 되는 것으로 목적원소를 함유하는 중공음극 한 개 또는 그 이상을 저압의 네온과 함께 채운 방전관이다.

73 자외선/가시선 분광법에서 미광(Stray light)의 유무조사에 사용되는 것은?

① Cell Holder
② Holmium Glass
③ Cut Filter
④ Monochrometer

[해설] 자외선/가시선 분광법에서 미광(迷光, stray light)의 유무조사는 커트필터(Cut Filter)를 사용한다.

74 굴뚝 단면이 원형이고, 굴뚝 직경이 3m인 경우, 배출가스 먼지 측정을 위한 측정점 수는?

① 8
② 12
③ 16
④ 20

[해설] 원형굴뚝 단면의 측정점은 다음과 같다.

굴뚝 직경(m)	반경 구분 수	측정점 수
1 이하	1	4
1 초과 2 이하	2	8
2 초과 4 이하	3	12
4 초과 4.5 이하	4	16
4.5 초과	5	20

굴뚝 직경은 3m이므로 ②항이 옳다.

75 흡광차분광법(Differential Optical Absorption Spectroscopy)에 관한 설명으로 옳지 않은 것은?

① 광원은 180~2,850nm 파장을 갖는 제논 램프를 사용한다.
② 주로 사용되는 검출기는 자외선 및 가시선 흡수검출기이다.
③ 분광계는 Czerny-Turner 방식이나 Holographic 방식을 채택한다.
④ 아황산가스, 질소산화물, 오존 등의 대기오염물질분석에 적용된다.

해설 흡광차분광법에서 주로 사용되는 검출기는 광전자증배관검출기나 PDA검출기이다.

76 다음은 기체크로마토그래피에 사용되는 검출기에 관한 설명이다. ( ) 안에 가장 적합한 것은?

> ( )는 안정된 직류전기를 공급하는 전원회로, 전류조절부, 신호검출 전기회로, 신호 감쇄부 등으로 구성되며, 둘 사이의 열전도도 차이를 측정함으로써 시료를 검출하여 분석한다. 모든 화합물을 검출할 수 있어 분석대상에 제한이 없고, 값이 싸며 시료를 파괴하지 않는 장점이 있으나, 다른 검출기에 비해 감도가 낮다.

① Flame Ionization Detector
② Electron Capture Detector
③ Thermal Conductivity Detector
④ Flame Photometric Detector

해설 문제 설명에 해당하는 검출기는 열전도도검출기(TCD)이다.

77 황성분 1.6% 이하 함유한 액체연료를 사용하는 연소시설에서 배출되는 황산화물(표준산소 농도를 적용받는 항목)의 실측 농도측정 결과 741ppm이었고, 배출가스 중의 실측 산소 농도는 7%, 표준산소 농도는 4%이다. 황산화물의 농도(ppm)는 약 얼마인가?

① 750ppm   ② 800ppm
③ 850ppm   ④ 900ppm

해설 표준산소 농도로 보정한 오염물질의 농도는 다음과 같이 계산한다.

〈계산식〉 $C = C_a \times \dfrac{21 - O_s}{21 - O_a}$

- C_a : 실측오염물질 = 741ppm
- O_s : 표준산소농도 = 4%
- O_a : 실측상태농도 = 7%

$\therefore C = 741 \times \dfrac{21-4}{21-7} = 900\text{ppm}$

78 굴뚝 배출가스 중 먼지를 보통형(1형) 흡입노즐을 이용할 때 등속흡입을 위한 흡입량(L/min)은?

- 대기압 : 765mmHg
- 측정점에서의 정압 : −1.5mmHg
- 건식 가스미터의 흡입가스 게이지압 : 1mmHg
- 흡입노즐의 내경 : 6mm
- 배출가스의 유속 : 7.5m/s
- 배출가스 중 수증기의 부피 백분율 : 10%
- 건식 가스미터의 흡입온도 : 20℃
- 배출가스 온도 : 125℃

① 14.8   ② 11.6
③ 9.9   ④ 8.4

해설 보통형(1형) 흡인노즐을 사용할 때 등속흡인을 위한 흡인량은 다음 식에 의하여 구한다.

〈계산식〉 $q_m = \dfrac{\pi}{4} d^2 V \left(1 - \dfrac{X_w}{100}\right) \times \dfrac{273 + \theta_m}{273 + \theta_s}$
$\times \dfrac{P_a + P_s}{P_a + P_m - P_v} \times 60 \times 10^3$

- d : 흡입노즐의 직경 = 6mm
- V : 배출가스의 유속 = 7.5m/sec
- X_w : 배출가스 중 수증기 = 10%
- θ_m : 건식 가스미터의 흡입온도 = 20℃
- θ_s : 배출가스 온도 = 125℃
- P_a : 대기압 = 760mmHg
- P_s : 정압 = −1.5mmHg
- P_m : 게이지압 = 1mmHg
- P_v : 포화수증기압(건식 가스미터는 고려 안함)

$\therefore q_m = \dfrac{\pi}{4} \times (6)^2 \times 7.5 \times \left(1 - \dfrac{10}{100}\right) \times \dfrac{273+20}{273+125}$
$\times \dfrac{760 + (-1.5)}{760 + 1} \times 60 \times 10^3$
$= 8.4\text{L/min}$

79 굴뚝 배출가스 중 암모니아의 인도페놀 분석방법으로 옳지 않은 것은?

① 시료채취량 20L인 경우 시료 중의 암모니아 농도가 약 1~10ppm 이상인 것의 분석에 적합하다.
② 분석용 시료용액 10mL를 취하고 여기에 페놀−나이트로프루시드소듐용액 10mL를 가한 후 하이포아염소산암모늄용액 10mL를 가한 다음 마개를 하고 조용히 흔들어 섞는다.
③ 액온 25~30℃에서 1시간 방치한 후, 광전분광광도계 또는 광전광도계로 측정한다.
④ 분석을 위한 광전광도계의 측정파장은 640nm 부근이다.

해설 분석용 시료용액과 암모니아 10mL씩을 취하고 여기에 페놀-나이트로프루시드소듐용액 5mL를 가한 후 하이포아염소산암모늄용액 5mL를 가한 다음 마개를 하고 조용히 흔들어 섞는다.

80 굴뚝 배출가스 중 아황산가스의 자동 연속측정방법에서 사용하는 용어의 의미로 가장 적합한 것은?

① 편향(Bias) : 측정결과에 치우침을 주는 원인에 의해서 생기는 우연오차
② 제로드리프트 : 연속 자동측정기가 정상가동 되는 조건하에서 제로가스를 일정시간 흘려 준 후 발생한 출력신호가 변화한 정도
③ 시험가동시간 : 연속자동측정기를 정상적인 조건에 따라 운전할 때 예기치 않는 수리, 조정, 부품교환 없이 연속가동할 수 있는 최대시간
④ 점(Point) 측정시스템 : 굴뚝 단면 직경의 20% 이하의 경로 또는 여러 지점에서 오염물질 농도를 측정하는 연속 자동측정시스템

해설 보기 ②항만 옳다.
≪바르게 고쳐보기≫
① 편향(Bias) : 계통오차, 측정결과에 치우침을 주는 원인에 의해서 생기는 오차
③ 시험가동시간 : 연속자동측정기를 정상적인 조건에 따라 운전할 때 예기치 않는 수리, 조정 및 부품교환 없이 연속가동할 수 있는 최소시간을 말한다.
④ 점(Point) 측정시스템 : 굴뚝 또는 덕트 단면 직경의 10% 이하의 경로 또는 단일점에서 오염물질 농도를 측정하는 배출가스 연속자동측정시스템

[제5과목] **대기환경관계법규**

81 환경정책기본법상 용어의 정의 중 (   ) 안에 가장 적합한 것은?

(   )이란 일정한 지역에서 환경오염 또는 환경훼손에 대하여 환경이 스스로 수용, 정화 및 복원하여 환경의 질을 유지할 수 있는 한계를 말한다.

① 환경기준   ② 환경용량
③ 환경보전   ④ 환경보존

해설 문제의 설명은 [대기환경보전법 제2조] "환경용량"에 대한 정의이다.

82 대기환경보전법규상 휘발유를 연료로 사용하는 "경자동차"의 배출가스 보증기간 적용기준으로 옳은 것은? (단, 2016년 1월 1일 이후 제작자동차)

① 15년 또는 240,000km
② 10년 또는 192,000km
③ 2년 또는 160,000km
④ 1년 또는 20,000km

해설 [시행규칙 별표 18] 휘발유를 연료로 사용하는 "경자동차"의 배출가스 보증기간(2016년 1월 1일 이후 제작자동차)은 15년 또는 240,000km이다.

83 대기환경보전법규상 「의료법」에 따른 의료기관의 배출시설 등에 조업정지 처분을 갈음하여 과징금을 부과하고자 할 때, "2종 사업장"의 규모별 부과계수로 옳은 것은?

① 0.4   ② 0.7
③ 1.0   ④ 1.5

해설 [시행규칙 제51조] 과징금의 부과기준은 다음과 같다.
1. 과징금은 행정처분기준에 따라 조업정지일수에 1일당 부과금액과 사업장 규모별 부과계수를 곱하여 산정할 것
2. 1항에 따른 1일당 부과금액은 300만 원으로 하고, 사업장 규모별 부과계수는 1종 사업장에 대하여는 2.0, 2종 사업장에 대하여는 1.5, 3종 사업장에 대하여는 1.0, 4종 사업장에 대하여는 0.7, 5종 사업장에 대하여는 0.4로 할 것

84 대기환경보전법규상 측정기기의 부착·운영 등과 관련된 행정처분기준 중 굴뚝 자동측정기기의 부착이 면제된 보일러(사용연료를 6개월 이내의 청정연료로 변경할 계획이 있는 경우)로서 사용연료를 6월 이내에 청정연료로 변경하지 아니한 경우의 4차 행정처분기준으로 가장 적합한 것은?

① 조업정지 10일   ② 조업정지 30일
③ 조업정지 5일   ④ 경고

해설 [시행규칙 별표 36] 굴뚝 자동측정기기의 부착이 면제된 보일러로서 사용연료를 6월 이내에 청정연료로 변경하지 아니한 경우 1차-경고, 2차-경고, 3차-조업정지 10일, 4차-조업정지 30일 부과한다.

85 대기환경보전법령상 일일기준 초과배출량 및 일일유량의 산정방법에 관한 설명으로 옳지 않은 것은?

① 일일유량 산정을 위한 측정유량의 단위는 m^3/일로 한다.
② 일일유량 산정을 위한 일일조업시간은 배출량을 측정하기 전 최근 조업한 30일 동안의 배출시설의 조업시간 평균치를 시간으로 표시한다.
③ 먼지 이외의 오염물질의 배출농도의 단위는 ppm으로 한다.
④ 특정대기유해물질의 배출허용기준 초과 일일오염물질 배출량은 소수점 이하 넷째자리까지 계산한다.

해설 [대기환경보전법 시행령 별표 5] 측정유량의 단위는 m^3/hr로 한다.

86 환경정책기본법령상 대기환경기준으로 옳지 않은 것은?

구분	항목	기준	농도
㉠	CO	8시간 평균치	9ppm 이하
㉡	NO_2	24시간 평균치	0.10ppm 이하
㉢	PM-10	연간 평균치	$50\mu g/m^3$ 이하
㉣	벤젠	연간 평균치	$5\mu g/m^3$ 이하

① ㉠ ② ㉡
③ ㉢ ④ ㉣

해설 NO_2의 24시간 평균치 농도는 0.06ppm 이하이다.
[환경정책기본법 시행령 별표 1] 환경기준 : 대기(20년 개정기준)

87 대기환경보전법상 1년 이하의 징역이나 1천만 원 이하의 벌금에 처하는 벌칙기준이 아닌 것은?

① 배출시설의 설치를 완료한 후 신고를 하지 아니하고 조업한 자
② 환경상 위해가 발생하여 그 사용규제를 위반하여 자동차연료·첨가제 또는 촉매제를 제조하거나 판매한 자
③ 측정기기 관리대행업의 등록 또는 변경등록을 하지 아니하고 측정기기 관리업무를 대행한 자
④ 부품결함 시정명령을 위반한 자동차제작자

해설 [보전법 제90조의2] 자동차부품결함 시정명령을 위반한 자는 5년 이하의 징역이나 5천만 원 이하의 벌금에 처한다.

88 대기환경보전법령상 대기배출시설의 설치허가를 받고자 하는 자가 제출해야 할 서류목록에 해당하지 않는 것은?

① 오염물질 배출량을 예측한 명세서
② 배출시설 및 방지시설의 설치명세서
③ 방지시설의 연간 유지관리 계획서
④ 배출시설 및 방지시설의 실시계획도면

해설 [시행령 제11조] 대기배출시설의 설치허가를 받고자 하는 자가 제출해야 할 서류목록은 다음과 같다.
1. 원료(연료를 포함)의 사용량 및 제품 생산량과 오염물질 등의 배출량을 예측한 명세서
2. 배출시설 및 방지시설의 설치명세서
3. 방지시설의 일반도(一般圖)
4. 방지시설의 연간 유지관리 계획서
5. 사용 연료의 성분 분석과 황산화물 배출농도 및 배출량 등을 예측한 명세서
6. 배출시설 설치허가증(변경허가를 신청하는 경우에만 해당)

89 대기환경보전법규상 휘발성 유기화합물 배출 억제·방지시설 설치 및 검사·측정결과의 기록보존에 관한 기준 중 주유소 주유시설 기준으로 옳지 않은 것은?

① 회수설비의 처리효율은 90퍼센트 이상이어야 한다.
② 유증기 회수배관을 설치한 수에는 회수배관 액체막힘 검사를 하고 그 결과를 3년간 기록·보존하여야 한다.
③ 회수설비의 유증기 회수율(회수량/주유량)이 적정범위(0.88~1.2)에 있는지를 회수설비를 설치한 날로부터 1년이 되는 날 또는 직전에 검사한 날부터 1년이 되는 날마다 전후 45일 이내에 검사한다.
④ 주유소에서 차량이 유류를 공급할 때 배출되는 휘발성 유기화합물은 주유시설에 부착된 유증기 회수설비를 이용하여 대기로 직접 배출되지 아니하도록 하여야 한다.

정답 85.① 86.② 87.④ 88.④ 89.②

해설 [시행규칙 별표 16] 유증기 회수배관을 설치한 후에는 회수배관 액체막힘 검사를 하고 그 결과를 5년간 기록·보존하여야 한다.

90 실내공기질 관리법규상 "공동주택의 소유자"에게 권고하는 실내 라돈 농도의 기준으로 옳은 것은?

① 1세제곱미터당 200베크렐 이하
② 1세제곱미터당 300베크렐 이하
③ 1세제곱미터당 500베크렐 이하
④ 1세제곱미터당 800베크렐 이하

해설 [실내공기질 관리법 시행규칙 제10조의12] 실내 라돈 농도의 권고기준에서 2019년 7월 전까지 200Bq/m³, 2019년 7월 이후 148Bq/m³이다.

91 대기환경보전법규상 배출시설 등의 가동개시 신고와 관련하여 환경부령으로 정하는 시운전 기간은?

① 가동개시일부터 7일까지의 기간
② 가동개시일부터 15일까지의 기간
③ 가동개시일부터 30일까지의 기간
④ 가동개시일부터 90일까지의 기간

해설 [시행규칙 제35조] "환경부령으로 정하는 기간"이란 배출시설 및 방지시설의 가동개시일부터 30일까지의 기간을 말한다.

92 실내공기질 관리법규상 폼알데하이드의 신축 공동주택의 실내공기질 권고기준은?

① 30μg/m³ 이하   ② 210μg/m³ 이하
③ 300μg/m³ 이하   ④ 700μg/m³ 이하

해설 폼알데하이드의 권고기준은 210μg/m³ 이하이다.

93 대기환경보전법규상 고체연료 환산계수가 가장 큰 연료(또는 원료명)는? (단, 무연탄 환산계수 : 1.00, 단위 : kg 기준)

① 톨루엔   ② 유연탄
③ 에탄올   ④ 석탄타르

해설 [시행규칙 별표 3] 고체연료 환산계수가 가장 큰 연료(또는 원료명)는 제시된 항목 중 톨루엔이다.
① 톨루엔 : 2.06
② 유연탄 : 1.34
③ 에탄올 : 1.44
④ 석탄타르 : 1.88

94 대기환경보전법상 환경부장관은 대기오염물질과 온실가스를 줄여 대기환경을 개선하기 위한 대기환경개선 종합계획을 얼마마다 수립하여 수행하여야 하는가?

① 매년마다   ② 3년마다
③ 5년마다   ④ 10년마다

해설 [보전법 제11조] 환경부장관은 대기오염물질과 온실가스를 줄여 대기환경을 개선하기 위하여 대기환경개선 종합계획을 10년마다 수립하여 시행하여야 한다.

95 악취방지법규상 악취검사기관의 준수사항 중 실험일지 및 검량선 기록지, 검사결과 발송대장, 정도관리 수행기록철 등의 보존기간으로 옳은 것은?

① 1년간 보존   ② 2년간 보존
③ 3년간 보존   ④ 5년간 보존

해설 [악취방지법 시행규칙 별표 8] 실험일지 및 검량선 기록지, 검사결과 발송대장, 정도관리 수행기록철은 3년간 보존해야 한다.

96 대기환경보전법규상 운행차 배출허용기준 중 일반기준으로 옳지 않은 것은?

① 건설기계 중 덤프트럭, 콘크리트믹서트럭, 콘크리트펌프트럭에 대한 배출허용기준은 화물자동차기준을 적용한다.
② 알코올만 사용하는 자동차는 탄화수소 기준을 적용하지 아니한다.
③ 1993년 이후에 제작된 자동차 중 과급기(Turbo charger)나 중간냉각기(Intercooler)를 부착한 경유사용 자동차의 배출허용기준은 무부하급가속 검사방법의 매연 항목에 대한 배출허용기준에 5%를 더한 농도를 적용한다.
④ 희박연소(Lean Burn)방식을 적용하는 자동차는 공기과잉률 기준을 적용한다.

해설 [시행규칙 별표 21] 희박연소(Lean Burn)방식을 적용하는 자동차는 공기과잉률 기준을 적용하지 아니한다.

97 환경정책기본법령상 아황산가스(SO_2)의 대기환경기준(ppm)으로 옳은 것은? (단, ㉠ 연간, ㉡ 24시간, ㉢ 1시간 평균치 기준)

① ㉠ 0.02 이하, ㉡ 0.05 이하, ㉢ 0.15 이하
② ㉠ 0.03 이하, ㉡ 0.15 이하, ㉢ 0.25 이하
③ ㉠ 0.06 이하, ㉡ 0.10 이하, ㉢ 0.15 이하
④ ㉠ 0.03 이하, ㉡ 0.06 이하, ㉢ 0.10 이하

해설 아황산가스의 대기환경기준은 연간 평균치 : 0.02 ppm 이하, 24시간 평균치 : 0.05ppm 이하, 1시간 평균치 : 0.15ppm 이하이다.

98 대기환경보전법령상 초과부과금 산정기준에서 오염물질 1킬로그램당 부과금액이 가장 낮은 것은?

① 먼지
② 황산화물
③ 암모니아
④ 불소화합물

해설 [시행령 별표 4] 초과부과금 산정기준에서 부과금액이 가장 낮은 것은 황산화물이다.
① 먼지 : 770
② 황산화물 : 500
③ 암모니아 : 1,400
④ 불소화합물 : 2,300

99 악취방지법상 악취로 인한 주민의 건강상 위해 예방 등을 위해 기술진단을 실시하지 아니한 자에 대한 과태료 부과기준으로 옳은 것은?

① 500만 원 이하의 과태료
② 300만 원 이하의 과태료
③ 200만 원 이하의 과태료
④ 100만 원 이하의 과태료

해설 [악취방지법 제30조] 기술진단을 실시하지 아니한 자에게는 200만 원 이하의 과태료를 부과한다.

100 대기환경보전법상 사업자는 조업을 할 때에는 환경부령으로 정하는 바에 따라 배출시설과 방지시설의 운영에 관한 상황을 사실대로 기록하여 보존하여야 하나 이를 위반하여 배출시설 등의 운영상황을 기록·보존하지 아니하거나 거짓으로 기록한 자에 대한 과태료 부과기준으로 옳은 것은?

① 1,000만 원 이하의 과태료
② 500만 원 이하의 과태료
③ 300만 원 이하의 과태료
④ 200만 원 이하의 과태료

해설 [보전법 제94조] 배출시설 등의 운영상황을 기록·보존하지 아니하거나 거짓으로 기록한 자는 300만 원 이하의 과태료를 부과한다.

2019

2019. 3. 3 시행

제1회 대기환경산업기사

[제1과목] **대기오염개론**

01 유해가스상 대기오염물질이 식물에 미치는 영향에 관한 설명으로 가장 거리가 먼 것은?
① 고등식물에 대한 피해를 주는 대기오염물질 중에서 독성성분 순으로 나열하면 $Cl_2 > SO_2 > HF > O_3 > NO_2$ 순이다.
② 아황산가스는 특히 소나무과, 콩과, 맥류 등이 피해를 많이 입는다.
③ 황화수소에 강한식물로는 복숭아, 딸기, 사과 등이다.
④ 일산화탄소는 식물에는 별로 심각한 영향을 주지 않으나 500ppm 정도에서 토마토 잎에 피해를 나타낸다.

해설 고등식물에 대한 독성은 $HF > Cl_2 > SO_2 > NO_2$의 순서이다.

02 어떤 굴뚝의 배출가스 중 SO_2 농도가 240ppm이었다. SO_2의 배출허용기준이 400 mg/m^3 이하라면 기준 준수를 위하여 이 배출시설에서 줄여야 할 아황산가스의 최소농도는 약 몇 mg/m^3인가? (단, 표준상태 기준)
① 286   ② 325
③ 452   ④ 571

해설 배출시설에서 줄여야 할 농도는 발생농도에서 배출기준농도를 제외한 값으로 계산된다.
〈계산식〉 ΔC = 발생농도 - 배출허용농도
· 발생농도 = $\dfrac{240mL}{m^3} \Big| \dfrac{64mg}{22.4mL} = 685.71mg/m^3$
∴ $\Delta C = 685.71 - 400 = 285.71mg/m^3$

03 다음 중 온실효과의 기여도가 가장 높은 것은?
① N_2O
② CFC 11&12
③ CO_2
④ CH_4

해설 지구온실효과에 대한 추정 기여도는 CO_2 약 55%로 가장 높다.
[참고] 온실효과 기여도
① N_2O : 약 6%
② CFC 11&12 : 약 22%
④ CH_4 : 약 15%

04 대표적인 증상으로 인체 혈액 헤모글로빈의 기본요소인 포르피린 고리의 형성을 방해함으로써 헤모글로빈의 형성을 억제하므로, 중독에 걸렸을 경우 만성 빈혈이 발생할 수 있는 대기오염물질에 해당하는 것은?
① 납   ② 아연
③ 안티몬   ④ 비소

해설 인체 혈액 헤모글로빈의 기본요소인 포르피린 고리의 형성을 방해함으로써 헤모글로빈의 형성을 억제하므로, 중독에 걸렸을 경우 만성 빈혈이 발생할 수 있는 대기오염물질은 납이다. 납은 호흡기, 소화기, 피부 등을 통해 흡수되고, 가장 중요한 경로는 폐를 통한 흡수이다. 납에 중독될 경우 만성 빈혈 또는 용혈성 빈혈을 유발한다.

05 대기 중에 존재하는 기체상의 질소산화물 중 대류권에서는 온실가스로 알려져 있고 일명 웃음기체라고도 하며, 성층권에서는 오존층 파괴물질로 알려져 있는 것은?
① N_2O ② NO_2
③ NO_3 ④ N_2O_5

해설 아산화질소(N_2O)를 설명하고 있다. 아산화질소는 상쾌하고 달콤한 냄새를 가진 무색의 기체로서 대기압 하에서는 불활성으로 매우 안정하며, 대류권 내에서 온실가스로 작용한다.

정답 1.① 2.① 3.③ 4.① 5.①

06 다음 그림에서 D상태에 해당되는 연기의 형태는? (단, 점선은 건조단열감률선)

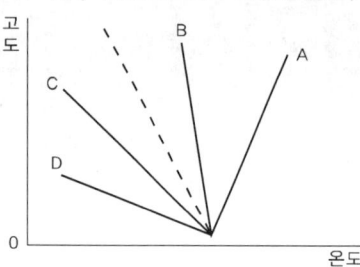

① fumigation ② lofting
③ fanning ④ looping

해설 환경감률선이 건조단열감률선보다 음의 값으로 확연히 클 때 대기의 상태는 절대불안정상태 혹은 과단열상태라 불리며, 이때 연기의 확산형태는 수직혼합이 왕성한 Looping형이 된다.

07 다음 설명하는 대기오염물질로 옳은 것은?

> 석유정제, 포르말린 제조 등에서 발생되며, 휘발성이 높은 물질로서 인체에는 급성 중독 시 마취증상이 강하고, 두통, 운동 실조 등을 일으킬 수 있다.
> 원유에서 콜타르를 분류하고 경유의 부분을 재증류하여 얻어지며, 석유의 접촉분해와 접촉개질에 의해서도 얻어진다.

① 벤젠 ② 이황화탄소
③ 불소 ④ 카드뮴

해설 보기의 특성은 벤젠에 관한 설명이다. 벤젠은 상온에서 무색 혹은 엷은 노란색의 액체로 석유정제, 포르말린 제조, 도장공업 등이 주된 배출원이며, 휘발성이 높은 물질로서 인체에는 급성 중독 시 마취증상이 강하고, 두통, 운동 실조 등을 일으킬 수 있고, 심할 경우 급성 백혈병, 다발성 골수종 및 임파종을 유발한다.

08 원형굴뚝의 반경 1.5m, 배출속도 7m/sec, 평균풍속은 3.5m/sec일 때, 다음 식을 이용하여 $\triangle h$(유효상승고)를 계산하면?

$$\triangle h = 1.5 \left(\frac{V_s}{U}\right) \times D$$

① 18m ② 9m
③ 6m ④ 4.5m

해설 제시된 식을 이용하여 계산한다.

〈계산식〉 $\triangle h = 1.5 \left(\frac{V_s}{U}\right) \times D$

여기서, V_s : 토출속도, U : 풍속
D : 원형굴뚝의 직경

$\therefore \triangle h = 1.5 \left(\frac{7}{3.5}\right) \times 3 = 9$

09 다음 대기오염의 역사적 사건에 대한 주 오염물질의 연결로 옳은 것은?

① 보팔시 사건 : SO_2, H_2SO_4-mist
② 포자리카 사건 : H_2S
③ 체르노빌 사건 : PCBs
④ 뮤즈계곡 사건 : methylisocynate

해설 ②항만 옳다.
≪바르게 고쳐보기≫
① 보팔시 사건 : 메틸이소시아네이트(MIC) 누출사고
③ 체르노빌 사건 : 방사능 누출 사건
④ 뮤즈계곡 사건 : SO_2, H_2SO_4-mist

10 오존층 보호를 위한 국제 협약으로만 연결된 것은?

① 헬싱키의정서-소피아의정서-람사르협약
② 소피아의정서-비엔나협약-베젤협약
③ 런던회의-비엔나협약-바젤협약
④ 비엔나협약-몬트리올의정서-코펜하겐회의

해설 오존층 보호를 위한 국제협약은 비엔나협약(1985), 몬트리올의정서(1987), 런던회의(1990), 코펜하겐회의(1992)이다.

11 Aerodynamic diameter의 정의로 가장 적합한 것은?

① 본래의 먼지보다 침강속도가 작은 구형입자의 직경
② 본래의 먼지와 침강속도가 동일하며, 밀도 $1g/cm^3$인 구형입자의 직경
③ 본래의 먼지와 밀도 및 침강속도가 동일한 구형입자의 직경
④ 본래의 먼지보다 침강속도가 큰 구형입자의 직경

해설 공기역학적 직경(Aerodynamic diameter)은 원래의 입자상 물질과 침강속도는 동일하고, 단위밀도($\rho_a = 1g/cm^3$)를 갖는 구형입자의 직경을 말한다.

정답 6.④ 7.① 8.② 9.② 10.④ 11.②

12 일산화탄소에 대한 설명으로 가장 거리가 먼 것은?

① 연료의 불완전연소에 의해 발생한다.
② 인체 내 호흡기관을 통해 들어오며 곧바로 배출되고, 축적성이 없다.
③ 비흡연자보다 흡연자의 체내 일산화탄소 농도가 높다.
④ 일산화탄소의 헤모글로빈 친화력은 산소보다 더 크다.

해설 일산화탄소는 헤모글로빈에 대해 산소보다 약 210배 이상의 친화력이 있으므로 카르복시헤모글로빈을 형성하므로 곧바로 배출되지 않고 축적성을 갖는다.

13 대기권의 오존층과 관련된 설명으로 가장 거리가 먼 것은?

① 290nm 이하의 단파장인 UV-C는 대기 중의 산소와 오존분자 등의 가스 성분에 의해 대부분이 흡수되므로 지표면에 거의 도달하지 않는다.
② 오존의 생성 및 분해반응에 의해 자연상태의 성층권 영역에서는 일정한 수준의 오존량이 평형을 이루고, 다른 대기권 영역에 비해 오존 농도가 높은 오존층이 생긴다.
③ 오존 농도의 고도분포는 지상 약 25km에서 평균적으로 약 10ppb의 최대 농도를 나타낸다.
④ 지구 전체의 평균 오존량은 약 300Dobson 전후이지만, 지리적 또는 계절적으로 평균치의 ±50% 정도까지도 변화한다.

해설 오존 농도의 고도분포는 지상 약 25km에서 평균적으로 약 10ppm의 최대 농도를 나타낸다.

14 다음 특정물질 중 오존 파괴지수가 가장 큰 것은?

① CF_3Br ② CCl_4
③ CH_2BrCl ④ CH_2FBr

해설 항목 중 오존 파괴지수가 가장 큰 것은 CF_3Br이다. 오존층 파괴지수(ODP)는 프레온-11(CCl_3F)을 1.0을 기준으로 표시하고 있는데 프레온류의 상대적인 크기는 $CF_3Br(10.0) > CCl_4(1.1) > CH_2FBr(0.73) > CH_2BrCl(0.12)$ 이다.

15 라돈에 관한 설명으로 옳지 않은 것은?

① 지구상에서 발견된 자연방사능 물질 중의 하나이다.
② 사람이 매우 흡입하기 쉬운 가스성 물질이다.
③ 반감기는 3.8일이며, 라듐의 핵분열 시 생성되는 물질이다.
④ 액화되면 푸른색을 띠며, 공기보다 1.2배 무거워 지표에 가깝게 존재하며, 화학적으로 반응을 나타낸다.

해설 라돈은 무색, 무취의 기체로 액화되어도 색을 띠지 않는 물질이다.

16 로스엔젤레스형 대기오염의 특성으로 옳지 않은 것은?

① 광화학적 산화물(photochemical oxidants)을 형성하였다.
② 질소산화물과 올레핀계 탄화수소 등이 원인물질로 작용했다.
③ 자동차 연료인 석유계 연료 등이 주원인물질로 작용했다.
④ 초저녁에 주로 발생하였고, 복사역전층과 무풍상태가 계속되었다.

해설 로스엔젤레스형 스모그 사건은 자동차 배기가스에 의한 2차 오염물질이 원인이고, 24℃의 한낮에 발생했으며 침강성역전에 의한 공중역전이 형성되었다.

17 대기오염물질과 그 영향에 대한 설명 중 가장 거리가 먼 것은?

① CO : 혈액 내 Hb(헤모글로빈)과의 친화력이 산소의 약 21배에 달해 산소 운반능력을 저하시킨다.
② NO : 무색의 기체로 혈액 내 Hb과의 결합력이 CO보다 수백 배 더 강하다.
③ O_3 및 기타 광화학적 옥시던트 : DNA, RNA에도 작용하여 유전인자에 변화를 일으킨다.
④ HC : 올레핀계 탄화수소는 광화학적 스모그에 적극 반응하는 물질이다.

해설 일산화탄소와 헤모글로빈의 친화력은 산소의 약 210배에 달한다.

정답 12.② 13.③ 14.① 15.④ 16.④ 17.①

18 다음은 어떤 대기오염물질에 대한 설명인가?

> - 독특한 풀냄새가 나는 무색(시판용품은 담황녹색)의 기체(액화가스)로 끓는점은 약 8°C이다.
> - 건조상태에서는 부식성이 없으나, 수분이 존재하면 가수분해되어 금속을 부식시킨다.

① $Pb(C_2H_5)_4$ ② H_2S
③ HCN ④ $COCl_2$

해설 보기의 설명과 같은 특성을 가진 대기오염물질은 $COCl_2$(포스겐)이다. 포스겐은 난용성으로 자극성의 풀냄새가 나는 무색(시판용품은 담황녹색)의 기체(액화가스)로 건조상태에서는 부식성이 없으나, 수분이 존재하면 가수분해되어 금속을 부식시킨다. 물에는 서서히 작용하여 염산과 이산화탄소로 가수분해되고, 유독성 무색의 기체이다.

19 지상 20m에서의 풍속 3.9m/sec일 때, 60m의 풍속은? (단, Deacon 법칙 적용, $p=0.4$)

① 약 4.7m/sec ② 약 5.1m/sec
③ 약 5.8m/sec ④ 약 6.1m/sec

해설 Deacon의 계산식을 적용하여 푼다.

〈계산식〉 $U_2 = U_1 \times \left(\dfrac{Z_2}{Z_1}\right)^p$

$\therefore U_2 = 3.9 \times \left(\dfrac{60}{20}\right)^{0.4} = 6.1 \text{m/sec}$

20 대류권에서 광화학 대기오염에 영향을 미치는 중요한 태양빛 흡수기체의 흡수성에 관한 설명으로 옳지 않은 것은?

① 오존은 200~320nm의 파장에서 강한 흡수가, 450~700nm에서는 약한 흡수가 있다.
② 이산화황은 파장 340nm 이하와 470~550nm에 강한 흡수를 보이며, 대류권에서 쉽게 광분해된다.
③ 케톤은 300~700nm에서 약한 흡수를 하여 광분해된다.
④ 알데히드는 313nm 이하에서 광분해된다.

해설 SO_2는 대류권에서는 거의 광분해되지 않는다.

[제2과목] **대기오염공정시험기준**

21 다음 중 대기오염공정시험기준에서 다음 조건에 해당하는 규정농도 이상의 것을 사용해야 하는 시약은? (단, 따로 규정이 없는 상태)

• 농도 : 85% 이상 • 비중(약) : 1.69

① $HClO_4$ ② H_3PO_4
③ HCl ④ HNO_3

해설 단순히 염산, 질산, 황산 등으로 표시할 때는 따로 규정이 없는 한 다음의 규정한 농도 이상의 것을 뜻한다.

명 칭	화학식	농도(%)	비중(약)
염산	HCl	35.0~37.0	1.18
질산	HNO_3	60.0~62.0	1.38
황산	H_2SO_4	95 이상	1.84
초산(acetic acid)	CH_3COOH	99.0 이상	1.05
인산	H_3PO_4	85.0 이상	1.69
암모니아수	NH_4OH	28.0~30.0 (NH_3로서)	0.90
불화수소산	HF	46.0~48.0	1.14
아이오드화수소산	HI	55.0~58.0	1.70
브롬화수소산	HBr	47.0~49.0	1.48
과염소산	$HClO_4$	60.0~62.0	1.54
과산화수소수	H_2O_2	30.0~35.0	1.11

22 굴뚝 배출가스 중 불소화합물 분석방법으로 옳지 않은 것은?

① 자외선/가시선 분광법은 시료가스 중에 알루미늄(Ⅲ), 철(Ⅱ), 구리(Ⅱ) 등의 중금속이온이나 인산이온이 존재하면 방해효과를 나타내므로 적절한 증류방법에 의해 분리한 후 정량한다.
② 자외선/가시선 분광법은 증류온도를 145±5°C, 유출속도를 3~5mL/min으로 조절하고, 증류된 용액이 약 220mL가 될 때까지 증류를 계속한다.
③ 적정법은 pH를 조절하고 네오트린을 가한 다음 수산화바륨용액으로 적정한다.
④ 자외선/가시선 분광법을 흡수파장은 620nm를 사용한다.

정답 18.④ 19.④ 20.② 21.② 22.③

해설 굴뚝 배출가스 중 불소화합물을 적정법으로 분석할 경우 불소이온을 방해이온과 분리한 다음, 완충액을 가하여 pH를 조절하고 네오트린을 가한 다음 질산소듐용액으로 적정한다.

23 다음은 배출가스 중의 페놀류의 기체크로마토그래프 분석방법을 설명한 것이다. ( ) 안에 알맞은 것은?

> 배출가스를 (㉠)에 흡수시켜 이 용액을 산성으로 한 후 (㉡)(으)로 추출한 다음 기체크로마토그래프로 정량하여 페놀류의 농도를 산출한다.

① ㉠ 증류수, ㉡ 과망간산칼륨
② ㉠ 수산화소듐용액, ㉡ 과망간산칼륨
③ ㉠ 증류수, ㉡ 아세트산에틸
④ ㉠ 수산화소듐용액, ㉡ 아세트산에틸

해설 페놀류를 기체크로마토그래프로 분석할 경우 배출가스를 수산화소듐에 흡수시켜 이 용액을 산성으로 한 후 아세트산에틸로 추출한 다음 기체크로마토그래프로 정량하여 페놀류의 농도를 산출한다.

24 램버트 비어(Lambert-Beer)의 법칙에 대한 설명으로 옳지 않은 것은? (단, I_0=입사광의 강도, I_t=투사광의 강도, C=농도, l=빛의 투사거리, ε= 흡광계수, t=투과도)

① $I_t = I_0 \cdot 10^{-\varepsilon c l}$로 표현한다.
② $\log(1/t) = A$를 흡광도라 한다.
③ ε는 비례상수로서 흡광계수라 하고, C= 1mol, l= 1mm 일 때의 ε의 값을 몰흡광계수라 한다.
④ $I_t/I_0 = t$를 투과도라 한다.

해설 램버트 비어(Lambert-Beer) 법칙에 따른 흡광도 (A)는 $\log(1/t)$이고, t는 투과도로서 입사강도(I_0) 대비 투사광의 강도(I_t)를 나타낸다.
ε는 비례상수로서 흡광계수라 하고, C= 1mol, l= 10mm일 때의 ε의 값을 몰흡광계수라 한다.

25 기체크로마토그래피의 충전물에서 고정상 액체의 구비조건에 대한 설명으로 거리가 먼 것은?

① 분석대상 성분을 완전히 분리할 수 있는 것이어야 한다.
② 사용온도에서 증기압이 높은 것이어야 한다.
③ 화학적 성분이 일정한 것이어야 한다.
④ 사용온도에서 점성이 작은 것이어야 한다.

해설 기체크로마토그래프의 충전물에서 고정상 액체의 구비조건은 다음과 같다.
- 분석대상 성분을 완전히 분리할 수 있는 것이어야 한다.
- 사용온도에서 증기압이 낮고, 점성이 작은 것이어야 한다.
- 화학적으로 안정된 것이어야 한다.
- 화학적 성분이 일정한 것이어야 한다.

26 휘발성 유기화합물(VOCs) 누출확인방법에서 사용하는 용어 정의 중 "응답시간"은 VOCs가 시료채취장치로 들어가 농도변화를 일으키기 시작하여 기기 계기판의 최종값이 얼마를 나타내는데 걸리는 시간을 의미하는가? (단, VOCs 측정기기 및 관련장비는 사양과 성능기준을 만족한다.)

① 80% ② 85%
③ 90% ④ 95%

해설 VOCs가 시료채취장치로 들어가 농도변화를 일으키기 시작하여 기기 계기판의 최종값이 90%를 나타내는데 걸리는 시간을 응답시간이라 한다.

27 화학분석 일반사항에 관한 설명으로 옳지 않은 것은?

① "약"이란 그 무게 또는 부피에 대하여 ±5% 이상의 차가 있어서는 안 된다.
② 표준품을 채취할 때 표준액이 정수로 기재되어 있어도 실험자가 환산하여 기재수치에 "약"자를 붙여 사용할 수 있다.
③ "방울수"라 함은 20℃에서 정제수 20방울을 떨어뜨릴 때 그 부피가 약 1mL 되는 것을 뜻한다.
④ 시험에 사용하는 표준품을 원칙적으로 특급시약을 사용하며 표준액을 조제하기 위한 표준용 시약은 따로 규정이 없는 한 데시케이터에 보존된 것을 사용한다.

해설 "약"이란 그 무게 또는 부피에 대하여 ±10% 이상의 차가 있어서는 안 된다.

28 환경대기 중의 탄화수소 농도를 측정하기 위한 주 시험법은?

① 총탄화수소 측정법
② 비메탄 탄화수소 측정법
③ 활성 탄화수소 측정법
④ 비활성 탄화수소 측정법

[해설] 환경대기 중 탄화수소 측정법은 비메탄 탄화수소 측정법을 주 시험법으로 한다.

29 다음은 측정용어의 정의이다. ( ) 안에 가장 적합한 용어는?

- (㉠)은/는 측정결과에 관련하여 측정량을 합리적으로 추정한 값의 산포 특성을 나타내는 인자를 말한다.
- (㉡)은/는 측정의 결과 또는 측정의 값이 모든 비교의 단계에서 명시된 불확도를 갖는 끊어지지 않는 비교의 사실을 통하여 보통 국가표준 또는 국제표준에 정해진 기준에 관련시켜 질 수 있는 특성을 말한다.
- 시험분석 분야에서 (㉡)의 유지는 교정 및 검정곡선 작성과정의 표준물질 및 순수물질을 적절히 사용함으로써 달성할 수 있다.

① ㉠ 대수정규분포도, ㉡ (측정의) 유효성
② ㉠ (측정)불확도, ㉡ (측정의) 유효성
③ ㉠ 대수정규분포도, ㉡ (측정의) 소급성
④ ㉠ (측정)불확도, ㉡ (측정의) 소급성

[해설] 대기환경측정에 대한 측정·분석 결과의 정밀·정확도를 관리하기 위한 "정도보증"/"정도관리"의 설명으로 ㉠항은 불확도를, ㉡항은 소급성을 설명하고 있다.

30 배출가스 중 납화합물을 자외선/가시선 분광법으로 분석할 때 사용되는 시약 또는 용액에 해당하지 않는 것은?

① 디티존
② 시안화포타슘용액
③ 클로로폼
④ 아세틸아세톤

[해설] 배출가스 중 납화합물을 자외선/가시선 분광법으로 분석할 경우 납이온이 시안화포타슘용액 중에서 디티존과 반응하여 생성되는 납 디티존착염을 클로로폼으로 추출하고, 과량의 디티존은 시안화포타슘용액으로 씻어내어, 납착염의 흡광도를 520nm에서 측정하여 정량하는 방법이다.

31 배출가스 중 입자상 물질 시료채취를 위한 분석기기 및 기구에 관한 설명으로 옳지 않은 것은?

① 흡입노즐은 스테인리스강 재질, 경질유리, 또는 석영 유리제로 만들어진 것으로 사용한다.
② 흡입노즐의 안과 밖의 가스흐름이 흐트러지지 않도록 흡입노즐 내경(d)은 3mm 이상으로 한다.
③ 흡입관은 수분응축방지를 위해 시료가스 온도를 120±14℃로 유지할 수 있는 가열기를 갖춘 보로실리케이트, 스테인리스강 재질 또는 석영 유리관을 사용한다.
④ 흡입노즐의 꼭지점은 60° 이하의 예각이 되도록 하고 매끈한 반구모양으로 한다.

[해설] 흡입노즐의 꼭지점은 30° 이하의 예각이 되도록 하고 매끈한 반구모양으로 한다.

32 기체크로마토그래피에서 A, B 성분의 보유시간이 각각 2분, 3분이었으며, 피크폭은 32초, 38초이었다면 이때 분리도(R)는?

① 1.1
② 1.4
③ 1.7
④ 2.2

[해설] 기체크로마토그래피에서 2개의 근접한 피크의 분리정도를 나타내기 위하여 분리계수 또는 분리도를 가지고 정량적으로 정의하여 사용하며 그 계산은 다음과 같다.

〈계산식〉 분리도$(R) = \dfrac{2(t_{R_2} - t_{R_1})}{W_1 + W_2}$

$\therefore R = \dfrac{2 \times (3-2) \times 60}{32+38} = 1.71$

33 자동기록식 광전분광광도계의 파장교정에 사용되는 흡수 스펙트럼은?

① 홀륨유리
② 석영유리
③ 플라스틱
④ 방전유리

[해설] 자동기록식 광전분광광도계의 파장교정에 사용되는 흡수 스펙트럼으로 이용하는 것은 홀륨유리이다.

34 환경대기 시료채취방법에 관한 설명으로 옳지 않은 것은?

① 용기채취법은 시료를 일단 일정한 용기에 채취한 다음 분석에 이용하는 방법으로 채취관-용기, 또는 채취관-유량조절기-흡입펌프-용기로 구성된다.
② 용기채취법에서 용기는 일반적으로 진공병 또는 공기주머니(air bag)를 사용한다.
③ 용매채취법은 측정대상 기체와 선택적으로 흡수 또는 반응하는 용매에 시료가스를 일정유량으로 통과시켜 채취하는 방법으로 채취관-여과재-채취부-흡입펌프-유량계(가스미터)로 구성된다.
④ 직접채취에서 채취관은 PVC관을 사용하며, 채취관의 길이는 10m 이내로 한다.

[해설] 채취관은 일반적으로 4불화에틸렌수지(teflon), 경질유리, 스테인리스강제 등으로 된 것을 사용한다. 채취관의 길이는 5m 이내로 되도록 짧은 것이 좋다.

35 다음은 유류 중의 황함유량 분석방법 중 연소관식 공기법에 관한 설명이다. ( ) 안에 알맞은 것은?

이 시험기준은 원유, 경유, 중유의 황함유량을 측정하는 방법을 규정하며 유류 중 황함유량이 질량분율 0.01% 이상의 경우에 적용한다. (㉠)로 가열한 석영재질 연소관 중에 공기를 불어넣어 시료를 연소시킨다. 생성된 황산화물을 과산화수소 3%에 흡수시켜 황산으로 만든 다음, (㉡) 표준액으로 중화적정하여 황함유량을 구한다.

① ㉠ 450~550℃, ㉡ 질산칼륨
② ㉠ 450~550℃, ㉡ 수산화소듐
③ ㉠ 950~1,100℃, ㉡ 질산칼륨
④ ㉠ 950~1,100℃, ㉡ 수산화소듐

[해설] 연소관식 공기법은 950~1,100℃로 가열한 석영재질 연소관 중에 공기를 불어넣어 시료를 연소시키고 생성된 황산화물을 과산화수소(3%)에 흡수시켜 황산으로 만든 다음, 수산화소듐 표준액으로 중화적정하여 황함유량을 구하는 방법이다.

36 다음은 배출가스 중 황화수소 분석방법에 관한 설명이다. ( ) 안에 알맞은 것은?

시료 중의 황화수소를 (㉠)용액에 흡수시킨 다음 염산산성으로 하고, (㉡)용액을 가하여 과잉의 (㉡)을(를) 싸이오황산소듐용액으로 적정하여 황화수소를 정량한다. 이 방법은 시료 중의 황화수소가 (㉢)ppm 함유되어 있는 경우의 분석에 적합하다.

① ㉠ 메틸렌블루, ㉡ 아이오딘, ㉢ 5~1,000
② ㉠ 아연아민착염, ㉡ 아이오딘, ㉢ 100~2,000
③ ㉠ 메틸렌블루, ㉡ 디에틸아민동, ㉢ 100~2,000
④ ㉠ 아연아민착염, ㉡ 디에틸아민동, ㉢ 5~1,000

[해설] 배출가스 중 황화수소를 아이오딘 적정법으로 분석하는 것으로 시료 중의 황화수소를 아연아민착염 용액에 흡수시킨 다음 염산산성으로 하고, 아이오딘 용액을 가하여 과잉의 아이오딘을 싸이오황산소듐용액으로 적정하여 황화수소를 정량하는 방법이다. 이 방법은 시료 중의 황화수소가 100~2,000ppm 함유되어 있는 경우의 분석에 적합하다.

37 굴뚝 배출가스 중 질소산화물의 연속자동 측정방법으로 가장 거리가 먼 것은?

① 화학발광법   ② 이온전극법
③ 적외선흡수법 ④ 자외선흡수법

[해설] 배출가스 중 질소산화물의 연속자동측정법은 측정원리에 따라 화학발광법, 적외선흡수법, 자외선흡수법, 정전위전해법 등으로 분류된다.

38 환경대기 중의 아황산가스 측정을 위한 시험방법이 아닌 것은?

① 불꽃광도법
② 용액전도율법
③ 파라로자닐린법
④ 나프틸에틸렌디아민법

[해설] 환경대기 중 아황산가스는 자동측정법-자외선형광법, 용액전도율법, 불꽃광도법, 흡광차분광법. 수동측정법-파라로자닐린법, 산정량수동법, 산정량반자동법으로 분석한다.

39 일반적으로 환경대기 중에 부유하고 있는 총부유먼지와 10μm 이하의 입자상 물질을 여과지 위에 채취하여 질량농도를 구하거나 금속 등의 성분분석에 이용되며, 흡입펌프, 분립장치, 여과지홀더 및 유량측정부의 구성을 갖는 분석방법으로 가장 적합한 것은?

① 고용량 공기시료채취기법
② 저용량 공기시료채취기법
③ 광산란법
④ 광투과법

해설 저용량 공기시료채취기법 관련 설명이다. 고용량 공기시료채취기법의 경우 공기흡입부, 여과지홀더, 유량측정부 및 보호상자로 구성된다.

40 굴뚝반경이 3.2m인 원형굴뚝에서 먼지를 채취하고자 할 때의 측정점 수는?

① 8   ② 12
③ 16 ④ 20

해설 원형단면의 측정점은 다음과 같다.

굴뚝직경(m)	반경 구분 수	측정점 수
1 이하	1	4
1 초과 2 이하	2	8
2 초과 4 이하	3	12
4 초과 4.5 이하	4	16
4.5 초과	5	20

따라서 직경이 6.4m이므로 ④항이 옳다.

[제3과목] 대기오염방지기술

41 탄소 85%, 수소 11.5%, 황 2.0% 들어 있는 중유 1kg, 12Sm³의 공기를 넣어 완전연소시킨다면 표준상태에서 습윤 배출가스 중의 SO_2 농도는? (단, 중유 중의 S성분은 모두 SO_2로 된다.)

① 708ppm   ② 828ppm
③ 1,107ppm ④ 1,408ppm

해설 주어진 조건에 따른 습윤 배출가스 중의 SO_2 농도 계산은 다음과 같다.

〈계산식〉 $X_{SO_2}(\text{ppm}) = \dfrac{SO_2}{G_w} \times 10^6$

• $G_w = (m - 0.21)A_o + CO_2 + H_2O + SO_2$
• $O_o = 1.867C + 5.6H + 0.7S$
  $= (1.867 \times 0.85) + (5.6 \times 0.115) + (0.7 \times 0.02)$
  $= 2.245 \text{ m}^3/\text{kg}$
• $A_o = O_o \times \dfrac{1}{0.21} = 2.245 \times \dfrac{1}{0.21} = 10.69 \text{m}^3/\text{kg}$
• $m = \dfrac{A}{A_o} = \dfrac{12}{10.69} = 1.123$
• $CO_2 = 1.867 \times 0.85 = 1.58695 \text{m}^3/\text{kg}$
• $H_2O = 11.2 \times 0.115 = 1.288 \text{m}^3/\text{kg}$
• $SO_2 = 0.7 \times 0.02 = 0.014 \text{m}^3/\text{kg}$
⇨ $G_w = (1.123 - 0.21) \times 10.69 + 1.58695 + 1.288 + 0.014$
   $= 12.65 \text{m}^3/\text{kg}$
∴ $G_w = \dfrac{0.7 \times 0.02}{12.65} \times 10^6 = 1,107 \text{ppm}$

42 다음 집진장치 중 관성충돌, 확산, 증습, 응집, 부착성 등이 주 포집원리인 것은?

① 원심력집진장치   ② 세정집진장치
③ 여과집진장치   ④ 중력집진장치

해설 액적에 입자의 충돌, 미립자의 확산, 입자를 핵으로 한 증기의 응결, 배기 증습에 의한 포집을 원리로 하는 것은 세정집진장치이다.

43 전기집진장치의 유지관리에 관한 설명으로 가장 거리가 먼 것은?

① 시동 시에는 배출가스를 도입하기 최소 1시간 전에 애관용 히터를 가열하여 애자관 표면에 수분이나 먼지의 부착을 방지한다.
② 시동 시에는 고전압회로의 절연저항이 100MΩ 이상이 되어야 한다.
③ 운전 시 2차 전류가 매우 적을 때에는 먼지농도가 높거나 먼지의 겉보기저항이 이상적으로 높은 경우이므로 조습용 스프레이의 수량을 늘려 겉보기저항을 낮추어야 한다.
④ 정지 시에는 접지저항을 적어도 연 1회 이상 점검하고 10Ω 이하로 유지한다.

해설 시동 시에는 배출가스를 도입하기 최소 6시간 전에 애관용 히터를 가열하여 애자관 표면에 수분이나 먼지의 부착을 방지한다.

정답 39.② 40.④ 41.③ 42.② 43.①

44 관성력 집진장치의 일반적인 효율 향상조건에 관한 설명으로 옳지 않은 것은?

① 기류의 방향전환 시 곡률반경이 작을수록 미립자의 포집이 가능하다.
② 기류의 방향전환 각도가 작고, 방향전환 횟수가 많을수록 압력손실은 커지지만 집진은 잘 된다.
③ 충돌 직전의 처리가스의 속도는 작고, 처리 후 출구 가스속도는 클수록 미립자의 제거가 쉽다.
④ 적당한 모양과 크기의 dust box가 필요하다.

해설 입구측 방해판 충돌 직전 처리가스 속도는 크고, 처리 후 출구 가스속도는 작을수록 미립자의 제거가 쉽다.

45 다음 중 일반적으로 착화온도가 가장 높은 것은?

① 메탄 ② 수소
③ 목탄 ④ 중유

해설 메탄의 착화온도는 610℃로 보기 중 가장 높다.
[참고] 물질별 착화온도

연 료	착화온도	연 료	착화온도
목탄(흑탄)	320~370℃	수소	580~600℃
갈탄(건조)	250~450℃	일산화탄소	580~650℃
역청탄	320~400℃	메탄	650~750℃
무연탄	440~550℃	가스코크스	500~600℃
중유	530~580℃	발생로가스	700~800℃

46 유압분무식 버너에 관한 설명으로 옳지 않은 것은?

① 구조가 간단하여 유지 및 보수가 용이하다.
② 유량조절 범위가 좁아 부하변동에 적응하기 어렵다.
③ 연료분사 범위는 15~2,000kL/hr 정도이다.
④ 분무각도가 40~90° 정도로 크다.

해설 유압분무식 버너의 분사 범위는 15~2,000L/hr 정도이다.

47 메탄의 치환 염소화 반응에서 C_2Cl_4를 만들 경우 메탄 1kg당 부생되는 HCl의 이론량(부피)은? (단, 표준상태 기준)

① $4.2Sm^3$ ② $5.6Sm^3$
③ $6.4Sm^3$ ④ $7.8Sm^3$

해설 메탄을 염소와 반응시켜 사염화탄소 또는 테트라클로로에틸렌과 HCl을 부산물로 회수하는 반응식을 통해 이론량을 계산한다.

〈계산식〉 HCl량 = 반응 메탄 × 반응비$\left(\dfrac{HCl}{CH_4}\right)$

〈반응식〉 $2CH_4 + 6Cl_2 \rightarrow C_2Cl_4 + 8HCl$
$\quad\quad\quad 2 \times 16kg \quad : \quad 8 \times 22.4m^3$

$\therefore HCl = 1kg \times \dfrac{8 \times 22.4Sm^3}{2 \times 16kg} = 5.6Sm^3$

48 A굴뚝 배출가스 중 염소가스의 농도가 $150mL/Sm^3$이다. 이 염소가스의 농도를 $25 mg/Sm^3$로 저하시키기 위하여 제거해야 할 양(mL/Sm^3)은 약 얼마인가?

① 95 ② 111
③ 125 ④ 142

해설 입구농도와 출구농도의 차를 계산한다.
〈계산식〉 제거량 = 입구농도 - 출구농도

· C_o(출구농도) = $\dfrac{25mg}{Sm^3} \left| \dfrac{22.4mL}{71mg} \right. = 7.89mL/Sm^3$

$\therefore$ 제거량 $= 150 - 7.89 = 142.1mL/Sm^3$

49 어떤 유해가스와 물이 일정 온도에서 평형상태에 있다. 유해가스의 분압이 기상에서 60mmHg일 때 수중 유해가스의 농도가 2.7 $kmol/m^3$이면 이때 헨리상수$(atm \cdot m^3/kmol)$는? (단, 전압은 1atm이다.)

① 0.01 ② 0.02
③ 0.03 ④ 0.04

해설 헨리 법칙의 관계식을 적용한다.

〈계산식〉 $H = \dfrac{P}{C}$

$\therefore H = \dfrac{60mmHg}{} \left| \dfrac{1atm}{760mmHg} \right| \dfrac{m^3}{2.7kmol}$
$= 0.029 atm \cdot m^3/kmol$

50 유량 $40,715m^3/hr$의 공기를 원형 흡수탑을 거쳐 정화하려고 한다. 흡수탑의 접근 유속을 2.5m/sec로 유지하려면 소요되는 흡수탑의 지름(m)은?

① 약 2.8 ② 약 2.4
③ 약 1.7 ④ 약 1.2

해설 유량과 유속, 단면적의 관계식을 적용한다.

〈계산식〉 $Q = A \times V = \dfrac{\pi D^2}{4} \times V$

- $Q = 40,715 \text{m}^3/\text{hr} = 11.31 \text{m}^3/\text{sec}$
- $V = 2.5 \text{m/sec}$

$\Rightarrow 11.31 = \dfrac{3.14 \times D^2}{4} \times 2.5$

$\therefore D = 2.4 \text{m}$

51 먼지농도가 10g/Sm³인 배연을 집진율 80%인 집진장치로 1차 처리하고 다시 2차 집진장치로 처리한 결과 배출가스 중 먼지농도가 0.2g/Sm³이 되었다. 이때 2차 집진장치의 집진율은? (단, 직렬 기준)

① 70%   ② 80%
③ 85%   ④ 90%

해설 직렬연결 집진장치의 효율 계산식을 적용한다.

〈계산식〉 $\eta_t = \eta_1 + \eta_2(1-\eta_1)$

- 총효율 $\eta_t = \left(1 - \dfrac{C_o}{C_i}\right) \times 100$

$= \left(1 - \dfrac{0.2}{10}\right) \times 100 = 98\%$

$\Rightarrow 0.98 = 0.8 + \eta_2(1-0.8)$

$\therefore \eta_2 = 90\%$

52 초기에 98% 집진율로 운전되고 있던 집진장치가 성능의 저하로 집진율이 96%로 떨어졌다. 집진장치 입구의 함진농도는 일정하다고 할 때, 출구의 함진농도는 초기에 비해 어떻게 변화하겠는가?

① $\dfrac{1}{4}$로 감소한다.   ② $\dfrac{1}{2}$로 감소한다.
③ 2배로 증가한다.   ④ 4배로 증가한다.

해설 초기(정상운전) 출구농도와 성능 저하 후 농도와의 관계를 정리하여 변화농도를 산출한다.

〈계산식〉 C_o (출구농도) = C_i (유입농도) $\times (1-\eta)$

- 초기농도 : $C_{o98} = C_i \times (1-0.98)$
- 성능 저하 후 농도 : $C_{o96} = C_i \times (1-0.96)$

$\therefore \dfrac{C_{o96}}{C_{o98}} = \dfrac{C_i \times (1-0.96)}{C_i \times (1-0.98)} = 2$배

53 다음 집진장치 중 일반적으로 압력손실이 가장 큰 것은?

① 여과집진장치
② 원심력집진장치
③ 전기집진장치
④ 벤투리스크러버

해설 보기 중 압력손실이 가장 큰 것은 벤투리스크러버(300~800mmH₂O)이다. 여과집진장치는 100~200 mmH₂O, 원심력집진장치는 50~150mmH₂O, 전기집진장치는 10~20mmH₂O이다.

54 중력집진장치의 효율을 향상시키기 위한 조건에 관한 설명으로 거리가 먼 것은?

① 침강실 내의 처리가스의 속도가 작을수록 미립자가 포집된다.
② 침강실 내의 배기가스의 기류는 균일해야 한다.
③ 침강실의 높이는 작고, 길이는 길수록 집진율이 높아진다.
④ 유입부의 유속이 클수록 처리효율이 높다.

해설 침강실의 입구 폭을 크게 하여 유입부 유속을 느리게 할수록 미세한 입자 포집효율을 증가시킬 수 있다.

55 Butane 1Sm³을 공기비 1.05로 완전연소시키면, 연소가스(건조) 부피는 얼마인가?

① 10Sm³   ② 20Sm³
③ 30Sm³   ④ 40Sm³

해설 부탄의 연소반응식과 건조가스 계산식을 이용하여 문제를 푼다.

〈계산식〉 $G_d = (m - 0.21)A_o + CO_2$
〈반응식〉 $C_4H_{10} + 6.5O_2 \rightarrow 4CO_2 + 5H_2O$
　　　　　1 : 6.5 : 4 : 5

- $O_o = 6.5 \text{ m}^3/\text{m}^3$
- $A_o = O_o \times \dfrac{1}{0.21} = 6.5 \times \dfrac{1}{0.21} = 30.95 \text{m}^3/\text{m}^3$

$\therefore G_d = (1.05 - 0.21) \times 30.95 + 4 = 30 \text{m}^3$

56 유해가스 제거를 위한 흡수제의 구비조건으로 옳지 않은 것은?

① 용해도가 크고, 무독성이어야 한다.
② 액가스비가 작으며, 점성은 커야 한다.
③ 착화성이 없으며, 비점이 높아야 한다.
④ 휘발성이 적어야 한다.

해설 흡수장치에 사용되는 흡수제는 화학적으로 안정해야 하며, 빙점은 낮고 비점은 높아야 한다. 또한 흡수제는 휘발성이 없거나 적어야 하며 점성은 작아야 한다.

57 송풍관(duct)에서 흄(fume) 및 매우 가벼운 건조 먼지(예 나무 등의 미세한 먼지와 산화아연, 산화알루미늄 등의 흄)의 반응속도로 가장 적합한 것은?

① 1~2m/sec ② 10m/sec
③ 25m/sec   ④ 50m/sec

해설 송풍관에서 흄 및 매우 가벼운 건조 먼지, 산화아연, 산화알루미늄 등의 반응속도는 10~15m/sec 범위이다.

58 세정집진장치에 관한 설명으로 옳지 않은 것은?

① 고온다습한 가스나 연소성 및 폭발성 가스의 처리가 가능하다.
② 점착성 및 조해성 먼지의 처리가 가능하다.
③ 소수성 입자의 집진율은 낮다.
④ 입자상 물질과 가스의 동시 제거는 불가능하나, 타 집진장치와 비교 시 장기운전이나 휴식 후의 운전 재개 시 장애는 거의 없다.

해설 세정집진장치는 입자상 물질과 가스의 동시 제거가 가능하다.

59 Propane 432kg을 기화시킨다면 표준상태에서 기체의 용적은?

① 560Sm³   ② 540Sm³
③ 280Sm³   ④ 220Sm³

해설 프로판의 질량을 비체적으로 보정하여 계산한다.

〈계산식〉 $V(\text{m}^3) = m(\text{kg}) \times \dfrac{22.4}{M_w(\text{분자량})}$

∴ $X(\text{Sm}^3) = 432\,\text{kg} \times \dfrac{22.4\,\text{m}^3}{114\,\text{kg}} = 220\,\text{m}^3$

60 먼지의 진비중(S)과 겉보기비중(S_B)이 다음과 같을 때 다음 중 재비산 현상을 유발할 가능성이 가장 큰 것은?

구 분	먼지의 배출원	진비중(S)	겉보기비중(S_B)
㉠	미분탄보일러	2.10	0.52
㉡	시멘트킬른	3.00	0.60
㉢	산소제강로	4.75	0.65
㉣	황동용전기로	5.40	0.36

① ㉠ ② ㉡
③ ㉢ ④ ㉣

해설 겉보기비중이 작게 되면 입자는 미세하고 비표면적이 크게 되어 함진가스로부터 분진을 분리하는 것이 곤란하며 탈진 및 추타 시에 청정가스 중으로 동반되는 재비산량이 많게 되어 집진율이 저하된다. 따라서 겉보기비중이 가장 작은 황동용전기로가 재비산 현상 유발 가능성이 가장 크다.

제4과목 대기환경관계법규

61 대기환경보전법령상 초과부과금 대상이 되는 대기오염물질에 해당되지 않는 것은?

① 일산화탄소 ② 암모니아
③ 먼지   ④ 염화수소

해설 [시행령 제23조] 배출부과금 부과대상 오염물질은 다음과 같다.
1. 황산화물   2. 암모니아   3. 황화수소
4. 이황화탄소 5. 먼지   6. 불소화물
7. 염화수소   8. 염소   9. 시안화수소
※ 주의 : 2020년 1월 1일 이후 염소 대신 질소산화물이 대체

62 대기환경보전법령상 사업장별 환경기술인의 자격기준으로 거리가 먼 것은?

① 전체배출시설에 대하여 방지시설 설치면제를 받은 사업장은 5종 사업장에 해당하는 기술인을 둘 수 있다.
② 4종 사업장에서 환경부령에 따른 특정대기유해물질이 포함된 오염물질을 배출하는 경우에는 3종 사업장에 해당하는 기술인을 두어야 한다.
③ 공동방지시설에서 각 사업장의 대기오염물질 발생량의 합계가 4종 및 5종 사업장의 규모에 해당하는 경우에는 4종 사업장에 해당되는 기술인을 둘 수 있다.
④ 대기오염물질 배출시설 중 일반보일러만 설치한 사업장과 대기오염물질 중 먼지만 발생하는 사업장은 5종 사업장에 해당하는 기술인을 둘 수 있다.

해설 [시행령 별표 10] 공동방지시설에서 각 사업장의 대기오염물질 발생량의 합계가 4종 사업장과 5종 사업장의 규모에 해당하는 경우에는 3종 사업장에 해당하는 기술인을 두어야 한다.

63 대기환경보전법령상 인증을 생략할 수 있는 자동차에 해당하지 않는 것은?

① 항공기 지상 조업용 자동차
② 주한 외국 군인의 가족이 사용하기 위하여 반입하는 자동차
③ 훈련용 자동차로서 문화체육관광부장관의 확인을 받은 자동차
④ 주한 외국군대의 구성원이 공용 목적으로 사용하기 위한 자동차

해설 [시행령 제47조] 인증의 면제·생략 자동차는 다음과 같다.
1. 국가대표 선수용 자동차 또는 훈련용 자동차로서 문화체육관광부장관의 확인을 받은 자동차
2. 외국에서 국내의 공공기관 또는 비영리단체에 무상으로 기증한 자동차
3. 외교관 또는 주한 외국 군인의 가족이 사용하기 위하여 반입하는 자동차
4. 항공기 지상 조업용 자동차
5. 인증을 받지 아니한 자가 그 인증을 받은 자동차의 원동기를 구입하여 제작하는 자동차
6. 국제협약 등에 따라 인증을 생략할 수 있는 자동차
7. 그 밖에 환경부장관이 인증을 생략할 필요가 있다고 인정하는 자동차

64 환경정책기본법령상 납(Pb)의 대기환경기준($\mu g/m^3$)으로 옳은 것은? (단, 연간 평균치)

① 0.5 이하
② 5 이하
③ 50 이하
④ 100 이하

해설 환경정책기본법령상 납(Pb)의 대기환경기준은 0.5 $\mu g/m^3$ 이하이다.

65 악취방지법규상 배출허용기준 및 엄격한 배출허용기준의 설정범위와 관련한 다음 설명 중 옳지 않은 것은?

① 배출허용기준의 측정은 복합악취를 측정하는 것을 원칙으로 하지만 사업자의 악취물질 배출 여부를 확인할 필요가 있는 경우에는 지정악취물질을 측정할 수 있다.
② 복합악취의 시료 채취는 사업장 안에 지면으로부터 높이 5m 이상의 일정한 악취배출구와 다른 악취발생원이 섞여 있는 경우에는 부지경계선 및 배출구에서 각각 채취한다.
③ "배출구"라 함은 악취를 송풍기 등 기계장치 등을 통하여 강제로 배출하는 통로(자연환기가 되는 창문·통기관 등을 제외한다)를 말한다.
④ 부지경계선에서 복합악취의 공업지역에서의 배출허용기준(희석배수)은 1,000 이하이다.

해설 [악취방지법 시행규칙 별표 3] 부지경계선에서 복합악취의 공업지역에서의 배출허용기준(희석배수)은 20 이하이다. 1,000 이하인 것은 '배출구' 기준이다.

66 대기환경보전법령상 대기오염물질 발생량의 합계에 따른 사업장 종별 구분 시 다음 중 "3종 사업장" 기준은?

① 대기오염물질 발생량의 합계가 연간 20톤 이상 80톤 미만인 사업장
② 대기오염물질 발생량의 합계가 연간 20톤 이상 50톤 미만인 사업장
③ 대기오염물질 발생량의 합계가 연간 10톤 이상 20톤 미만인 사업장
④ 대기오염물질 발생량의 합계가 연간 2톤 이상 10톤 미만인 사업장

해설 [시행령 제13조 별표 1의3] 3종 사업장은 대기오염물질 발생량의 합계가 연간 10톤 이상 20톤 미만인 사업장이다. 1종(80톤 이상), 2종(20~80톤), 3종(10~20톤), 4종(2~10톤), 5종(2톤 미만)

67 대기환경보전법규상 자동차 연료(휘발유) 제조기준으로 옳지 않은 것은?

항 목	구 분	제조기준
㉠	벤젠함량(부피%)	0.7 이하
㉡	납함량(g/L)	0.013 이하
㉢	인함량(g/L)	0.058 이하
㉣	황함량(ppm)	10 이하

① ㉠
② ㉡
③ ㉢
④ ㉣

해설 [시행규칙 별표 33] 인 함량기준(g/L)은 0.0013 이하이다.

정답 63.④ 64.① 65.④ 66.③ 67.③

68 악취방지법규상 악취검사기관의 검사시설·장비 및 기술인력 기준에서 대기환경기사를 대체할 수 있는 인력요건으로 거리가 먼 것은?

① 「고등교육법」에 따른 대학에서 대기환경 분야를 전공하여 석사 이상의 학위를 취득한 자
② 국·공립연구기관의 연구직공무원으로서 대기환경연구분야에 1년 이상 근무한 자
③ 대기환경산업기사를 취득한 후 악취검사기관에서 악취분석요원으로 3년 이상 근무한 자
④ 「고등교육법」에 의한 대학에서 대기환경 분야를 전공하여 학사학위를 취득한 자로서 같은 분야에서 3년 이상 근무한 자

해설 [악취방지법 시행규칙 별표 7] 악취방지법규상 악취검사기관의 검사시설·장비 및 기술인력 기준에서 대기환경기사를 대체할 수 있는 인력요건은 대기환경산업기사를 취득한 후 악취검사기관에서 악취분석요원으로 5년 이상 근무한 사람이다.

69 다음은 대기환경보전법규상 비산먼지의 발생을 억제하기 위한 시설의 설치 및 필요한 조치에 관한 엄격한 기준 중 "싣기와 내리기" 작업공정이다. ( ) 안에 알맞은 것은?

> 가. 최대한 밀폐된 저장 또는 보관시설 내에서만 분체상 물질을 싣거나 내릴 것
> 나. 싣거나 내리는 장소 주위에 고정식 또는 이동식 물뿌림시설(물뿌림 반경 (㉠) 이상, 수압 (㉡) 이상)을 설치할 것

① ㉠ 5m, ㉡ 3.5kg/cm^2
② ㉠ 5m, ㉡ 5kg/cm^2
③ ㉠ 7m, ㉡ 3.5kg/cm^2
④ ㉠ 7m, ㉡ 5kg/cm^2

해설 [시행규칙 별표 15] 싣거나 내리는 장소 주위에 고정식 또는 이동식 물뿌림시설(물뿌림 반경 7m 이상, 수압 5kg/cm^2 이상)을 설치하여야 한다.

70 대기환경보전법상 장거리이동 대기오염물질 대책위원회에 관한 사항으로 옳지 않은 것은?

① 위원회는 위원장 1명을 포함한 25명 이내의 위원으로 성별을 고려하여 구성한다.
② 위원회와 실무위원회 및 장거리이동 대기오염물질연구단의 구성 및 운영 등에 관하여 필요한 사항은 환경부령으로 정한다.
③ 위원장은 환경부차관으로 한다.
④ 위원회의 효율적인 운영과 안건의 원활한 심의 지원을 위해 실무위원회를 둔다.

해설 [보전법 제14조] 장거리 이동 대기오염물질 대책위원회의 위원회와 실무위원회 및 장거리이동 대기오염물질연구단의 구성 및 운영 등에 관하여 필요한 사항은 대통령령으로 정한다.

71 대기환경보전법규상 환경기술인의 준수사항 및 관리사항을 이행하지 아니한 경우 각 위반차수별 행정처분기준(1차~4차)으로 옳은 것은?

① 선임명령-경고-경고-조업정지 5일
② 선임명령-경고-조업정지 5일-조정정지 30일
③ 변경명령-경고-조업정지 5일-조정정지 30일
④ 경고-경고-경고-조업정지 5일

해설 [시행규칙 별표 36] 행정처분에서 환경기술인의 준수사항 및 관리사항을 이행하지 아니한 경우 행정처분은 경고(1차)-경고(2차)-경고(3차)-조업정지 5일(4차)이다.

72 다음은 실내공기질관리법령상 이 법의 적용대상이 되는 "대통령령으로 정하는 규모" 기준이다. ( ) 안에 가장 알맞은 것은?

> 의료법에 의한 연면적 (㉠) 이상이거나 병상수 (㉡) 이상인 의료기관

① ㉠ 2천제곱미터, ㉡ 100개
② ㉠ 1천제곱미터, ㉡ 100개
③ ㉠ 2천제곱미터, ㉡ 50개
④ ㉠ 1천제곱미터, ㉡ 50개

해설 "대통령령으로 정하는 규모"에 해당하는 의료기관은 연면적 2,000m^2 이상이거나 병상 수 100개 이상인 의료기관이다.

정답 68.③ 69.④ 70.② 71.④ 72.①

73 환경정책기본법령상 각 항목에 대한 대기환경기준으로 옳은 것은?

① 아황산가스의 연간 평균치 : 0.03ppm 이하
② 아황산가스의 1시간 평균치 : 0.15ppm 이하
③ 미세먼지(PM-10)의 연간 평균치 : $100\mu g/m^3$ 이하
④ 오존(O_3)의 8시간 평균치 : 0.1ppm 이하

해설 [환경정책기본법 시행령 별표 1] 대기환경기준에서 아황산가스의 연간 평균치 : 0.02ppm 이하, 24시간 평균치 : 0.05ppm 이하, 1시간 평균치 : 0.15ppm 이하이다. (20년 개정기준)

74 악취방지법규상 위임업무 보고사항 중 악취검사기관의 지정, 지정사항 변경보고 접수 실적의 보고횟수 기준은?

① 수시   ② 연 1회
③ 연 2회   ④ 연 4회

해설 [악취방지법 시행규칙 별표 10] 악취검사기관의 지정, 지정사항 변경보고 접수 실적의 보고횟수 기준은 연 1회이다.

75 대기환경보전법규상 특정대기유해물질이 아닌 것은?

① 히드라진
② 크롬 및 그 화합물
③ 카드뮴 및 그 화합물
④ 브롬 및 그 화합물

해설 [시행규칙 별표 2] 특정대기유해물질(21년 기준)에서 브롬 및 그 화합물은 포함되지 않는다.

76 대기환경보전법규상 휘발성 유기화합물 배출규제와 관련된 행정처분기준 중 휘발성 유기화합물 배출억제·방지시설 설치 등의 조치를 이행하였으나 기준에 미달하는 경우 위반차수(1차-2차-3차)별 행정처분기준으로 옳은 것은?

① 개선명령-개선명령-조업정지 10일
② 개선명령-조업정지 30일-폐쇄
③ 조업정지 10일-허가취소-폐쇄
④ 경고-개선명령-조업정지 10일

해설 [시행규칙 별표 36] 행정처분기준에서 휘발성 유기화합물 배출억제·방지시설 설치 등의 조치를 이행하였으나 기준에 미달하는 경우 행정처분은 개선명령(1차)-개선명령(2차)-조업정지 10일(3차)이다.

77 실내공기질관리법규상 신축 공동주택의 실내공기질 권고기준으로 틀린 것은?

① 벤젠 : $30\mu g/m^3$ 이하
② 톨루엔 : $1,000\mu g/m^3$ 이하
③ 자일렌 : $700\mu g/m^3$ 이하
④ 에틸벤젠 : $300\mu g/m^3$ 이하

해설 [실내공기질관리법 시행규칙 별표 4의2] 신축 공동주택의 실내공기질 권고기준에서 에틸벤젠은 $360\mu g/m^3$ 이하이다.

78 대기환경보전법상 5년 이하의 징역이나 5천만 원 이하의 벌금에 처하는 기준은?

① 연료사용 제한조치 등의 명령을 위반한 자
② 측정기기 운영·관리기준을 준수하지 않아 조치명령을 받았으나, 이 또한 이행하지 않아 받은 조업정지명령을 위반한 자
③ 배출시설을 설치금지 장소에 설치해서 폐쇄명령을 받았으나 이를 이행하지 아니한 자
④ 첨가제를 제조기준에 맞지 않게 제조한 자

해설 [보전법 제90조] 벌칙기준에서 연료사용 제한조치 등의 명령을 위반한 자는 5년 이하의 징역이나 5천만 원 이하의 벌금에 처하게 된다.

79 대기환경보전법상 환경부장관은 대기오염물질과 온실가스를 줄여 대기환경을 개선하기 위하여 대기환경개선 종합계획을 수립하여야 한다. 이 종합계획에 포함되어야 할 사항으로 거리가 먼 것은? (단, 그 밖의 사항 등은 고려하지 않음)

① 시, 군, 구별 온실가스 배출량 세부명세서
② 대기오염물질의 배출현황 및 전망
③ 기후변화로 인한 영향평가와 적응대책에 관한 사항
④ 기후변화 관련 국제적 조화와 협력에 관한 사항

정답 73.② 74.② 75.④ 76.① 77.④ 78.① 79.①

해설 [보전법 제11조] 대기환경개선 종합계획 수립 시 포함되어야 할 사항은 다음과 같다.
1. 대기오염물질의 배출현황 및 전망
2. 대기 중 온실가스의 농도변화 현황 및 전망
3. 대기오염물질을 줄이기 위한 목표 설정과 이의 달성을 위한 분야별·단계별 대책
4. 환경분야 온실가스 배출을 저감하기 위한 목표 설정과 이의 달성을 위한 분야별·단계별 대책
5. 기후변화로 인한 영향평가와 적응대책에 관한 사항
6. 대기오염물질과 온실가스를 연계한 통합 대기환경 관리체계의 구축
7. 기후변화 관련 국제적 조화와 협력에 관한 사항
8. 그 밖에 대기환경을 개선하기 위해 필요한 사항

80 대기환경보전법령상 "사업장의 연료사용량 감축 권고" 조치를 하여야 하는 대기오염 경보발령 단계기준은?

① 준주의보 발령단계
② 주의보 발령단계
③ 경보 발령단계
④ 중대경보 발령단계

해설 [시행령 제2조] 사업장의 연료사용량 감축 권고 조치를 하여야 하는 대기오염 경보발령 단계기준은 경보 발령단계이다.
1. 주의보 발령 : 주민의 실외활동 및 자동차 사용의 자제 요청
2. 경보 발령 : 주민의 실외활동 제한 요청, 자동차 사용의 제한 명령, 사업장의 연료사용량 감축 권고
3. 중대경보 발령 : 주민의 실외활동 금지요청, 자동차의 통행금지 및 사업장의 조업시간 단축 명령 등

2019 제2회 대기환경기사

2019. 4. 27 시행

[제1과목] 대기오염개론

01 열섬현상에 관한 설명으로 가장 거리가 먼 것은?

① Dust dome effect라고도 하며, 직경 10km 이상의 도시에서 잘 나타나는 현상이다.
② 도시지역 표면의 열적 성질의 차이 및 지표면에서의 증발잠열의 차이 등으로 발생된다.
③ 태양의 복사열에 의해 도시에 축적된 열이 주변지역에 비해 크기 때문에 형성된다.
④ 대도시에서 발생하는 기후현상으로 주변지역보다 비가 적게 오며, 건조해져 코, 기관지 염증의 원인이 되며, 태양복사량과 관련된 비타민 C의 결핍을 초래한다.

[해설] 열섬현상(heat island effect)이 빈번하게 발생하는 지역은 대기오염물질이 응결핵으로 작용하기 때문에 주변지역보다 비가 많이 오며, 다습하고, 태양복사량과 관련된 비타민 D의 결핍을 초래한다.

02 해륙풍에 관한 설명으로 옳지 않은 것은?

① 육지와 바다는 서로 다른 열적 성질 때문에 주간에는 육지로부터, 야간에는 바다로부터 바람이 분다.
② 야간에는 바다의 온도 냉각률이 육지에 비해 작으므로 기압차가 생겨나 육풍이 존재한다.
③ 육풍은 해풍에 비해 풍속이 작고, 수직 수평적인 범위도 좁게 나타나는 편이다.
④ 해륙풍이 장기간 지속되는 경우에는 폐쇄된 국지 순환의 결과로 인하여 해안가에 공업단지 등의 산업도시가 있는 지역에서는 대기오염물질의 축적이 일어날 수 있다.

[해설] 육지와 바다는 서로 다른 열적 성질 때문에 주간에는 바다로부터, 야간에는 육지로부터 바람이 분다.

03 지구온난화가 환경에 미치는 영향 중 옳은 것은?

① 온난화에 의한 해면상승은 지역의 특수성에 관계없이 전 지구적으로 동일하게 발생한다.
② 대류권 오존의 생성반응을 촉진시켜 오존의 농도가 지속적으로 감소한다.
③ 기상조건의 변화는 대기오염의 발생횟수와 오염농도에 영향을 준다.
④ 기온상승과 토양의 건조화는 생물성장의 남방한계에는 영향을 주지만 북방한계에는 영향을 주지 않는다.

[해설] ③항만 옳다.
≪바르게 고쳐보기≫
지구온난화로 인한 기후변화는 고위도 지방과 저위도 지방의 특수성에 따라 영향이 다르며, 저온성 또는 중온성 식물의 생육환경에 직접적인 영향을 주므로 북방한계(열대식물이 북쪽에서 자랄 수 있는 한계 지점)에 영향을 준다.

04 어떤 연기 형태에 해당하는 설명인가?

> 대기가 매우 안정한 상태일 때에 아침과 새벽에 잘 발생하며, 강한 역전조건에서 잘 생긴다. 이런 상태에서는 연기의 수직방향 분산은 최소가 되고, 풍향에 수직되는 수평방향의 분산은 아주 적다.

① fanning
② coning
③ looping
④ lofting

정답 1.④ 2.① 3.③ 4.①

[해설] 대기가 매우 안정하고 일출 전의 아침과 새벽에 잘 발생하는 연기의 모형은 fanning형이다. fanning형은 굴뚝 중심의 상·하로 연기가 확산하지 않고, 접지역전이 발달하여 대기오염이 심할 때 관찰되며, Plume의 수직 및 수평 확산폭이 가장 적어 최대착지 거리(X_{max})가 가장 큰 특징을 나타낸다.

05 대기오염모델 중 수용모델에 관한 설명으로 거리가 먼 것은?

① 기초적인 기상학적 원리를 적용, 미래의 대기질을 예측하여 대기오염 제어정책 입안에 도움을 준다.
② 입자상 물질, 가스상 물질, 가시도 문제 등 환경과학 전반에 응용할 수 있다.
③ 모델의 분류로는 오염물질의 분석방법에 따라 현미경분석법과 화학분석법으로 구분할 수 있다.
④ 측정자료를 입력자료로 사용하므로 시나리오 작성이 곤란하다.

[해설] 기초적인 기상학적 원리를 적용, 미래의 대기질을 예측하여 대기오염 제어정책 입안에 도움을 주는 것은 분산모델이다.

06 광화학반응과 관련된 오염물질 일변화의 일반적인 특징으로 가장 거리가 먼 것은?

① NO_2와 HC의 반응에 의해 오후 3시경을 전후로 NO가 최대로 발생하기 시작한다.
② NO에서 NO_2로의 산화가 거의 완료되고 NO_2가 최고농도에 도달하는 때부터 O_3가 증가되기 시작한다.
③ Aldehyde는 O_3 생성에 앞서 반응초기부터 생성되며 탄화수소의 감소에 대응한다.
④ 주요 생성물로는 PAN, Aldehyde, 과산화기 등이 있다.

[해설] NO는 오전 4시부터 증가하여 오전 6시 전후 최대가 된다.

07 CFCs(염화불화탄소)의 배출원과 거리가 먼 것은?

① 냉장고의 냉매 ② 우레탄 발포제
③ 형광등 안정기 ④ 스프레이의 분사제

[해설] 형광등 안정기로 인한 배출오염물질은 수은이다.

08 대기오염 농도를 추정하기 위한 상자모델에서 사용하는 가정으로 옳지 않은 것은?

① 고려되는 공간에서 오염물질의 농도는 균일하다.
② 오염물질의 배출원이 지면 전역에 균등히 분포되어 있다.
③ 오염물질의 분해는 0차 반응에 의한다.
④ 고려되는 공간의 수직단면에 직각방향으로 부는 바람의 속도가 일정하여 환기량이 일정하다.

[해설] 상자모델에서 오염물질의 분해가 있는 경우는 1차 반응으로 간주한다.
[참고] 상자모델(Box model)의 가정조건
1. 상자 내의 농도는 균일하며, 배출원은 지면 전역에 균일하게 분포되어 있다.
2. 배출된 오염물질은 즉시 공간 내에 균일하게 혼합된다.
3. 바람은 상자의 측면에서 불며, 그 속도는 일정하다.
4. 상자 내의 풍향, 풍속 분포도는 균일하다.
5. 오염물질의 분해가 있는 경우는 1차 반응으로 취급한다.

09 유효굴뚝높이 200m인 연돌에서 배출되는 가스량은 20m³/sec, SO_2 농도는 1,750 ppm이다. $K_y=0.07$, $K_z=0.09$인 중립 대기조건에서 SO_2의 최대지표농도(ppb)는? (단, 풍속은 30m/sec이다.)

① 28ppb ② 22ppb
③ 12ppb ④ 9ppb

[해설] Sutton의 확산방정식을 이용한다.

⟨계산식⟩ $C_{max} = \dfrac{2Q}{\pi e U H_e^2} \times \left(\dfrac{K_z}{K_y}\right)$

∴ $C_{max} = \dfrac{2 \times 20 \times 1,750}{\pi \times 2.718 \times 30 \times 200^2} \times \left(\dfrac{0.09}{0.07}\right)$
$= 8.79 \times 10^{-3}$ ppm
$= 8.79$ ppb

10 먼지농도가 40㎍/m³일 때 가시거리는? (단, 상대습도 70%, $A=1.2$)

① 15km
② 30km
③ 42km
④ 48km

정답 5.① 6.① 7.③ 8.③ 9.④ 10.②

해설 상대습도 70% 기준, 가시거리 계산식을 이용한다.

〈계산식〉 $L_v(km) = \dfrac{A \times 10^3}{G}$

∴ $L_v = \dfrac{1.2 \times 10^3}{40} = 30km$

11 가스상 물질의 영향에 관한 설명으로 거리가 먼 것은?

① SO_2는 1ppm 정도에서도 수 시간 내에 고등식물에게 피해를 준다.
② CO_2 독성은 10ppm 정도에서 인체와 식물에 해롭다.
③ CO는 100ppm까지는 1~3주간 노출되어도 고등식물에 대한 피해는 약한 편이다.
④ HCl은 SO_2보다 식물에 미치는 영향이 훨씬 적으며, 한계농도는 10ppm에서 수시간 정도이다.

해설 CO_2는 대류권 내에서 극히 안정된 물질로서(정상 공기 중 약 0.03~0.04% 존재) 보건 및 건강에 위해를 끼치는 실내 오염농도는 10%이다.

12 분산모델 중 미국에서 개발한 것으로 광화학모델이며, 점오염원이나 면오염원에 적용하고, 도시지역의 오염물질 이동을 계산할 수 있는 것은?

① ISCLT ② TCM
③ UAM   ④ RAMS

해설 UAM은 미국에서 개발된 모델로 도시지역에서의 광화학반응을 고려하여 오염물질의 이동을 계산하는 모델이나.

13 다음 그림은 고도에 따른 대기의 기온변화를 나타낸 것이다. 다음 중 대기 중에 섞인 오염물질이 가장 잘 확산되는 기온변화 형태는?

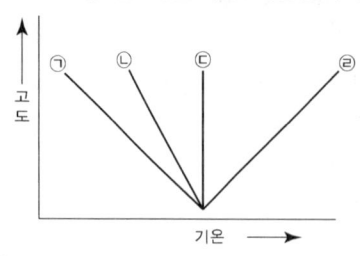

① ㉠ ② ㉡
③ ㉢ ④ ㉣

해설 고도에 따른 기온의 변화가 음(-)의 값으로 클 때 대기는 불안정한 상태가 되고, 이때 오염물질이 가장 잘 확산된다. 따라서 보기 중 ①항이 옳다.

14 PAN(Peroxy Acetyl Nitrate)의 구조식을 옳게 나타낸 것은?

① $C_6H_5-\overset{\overset{O}{\|}}{C}-O-O-NO_2$

② $CH_3-\overset{\overset{O}{\|}}{C}-O-O-NO_2$

③ $C_2H_5-\overset{\overset{O}{\|}}{C}-O-O-NO_2$

④ $C_4H_8-\overset{\overset{O}{\|}}{C}-O-O-NO_2$

해설 PAN의 화학구조식은 $CH_3COOONO_2$이다.

15 대기오염물질의 분류 중 2차 오염물질에 해당하지 않는 것은?

① NOCl   ② 알데하이드
③ 케톤   ④ N_2O_3

해설 N_2O_3는 산화질소의 하나로 오존 등의 산화제를 사용하는 인위적 공정이나 토양 중의 유기질소가 미생물에 의해 분해될 때 N_2O로 발생될 수 있는데 이때 일부가 산화되어 N_2O_3로 전환되어 대기로 방출될 수도 있다.

16 가솔린 연료를 사용하는 차량은 엔진 가동형태에 따라 오염물질 배출량은 달라진다. 다음 중 통상적으로 탄화수소가 제일 많이 발생하는 엔진 가동형태는?

① 정속(60km/hr)
② 가속
③ 정속(40km/hr)
④ 감속

해설 HC가 가장 많이 배출되는 엔진의 작동상태는 감속상태이다. 가솔린자동차의 운전모드에 따른 배출 특성은 다음 표와 같다.

구 분	HC	CO	NO_x
많이 나올 때	감속	공전	가속
적게 나올 때	운행(정속)	운행(정속)	공전

정답 11.② 12.③ 13.① 14.② 15.④ 16.④

17 지표부근에 존재하는 오존(O_3)에 관한 설명 중 틀린 것은?

① 질소산화물과 탄화수소의 광화학적 반응에 의해 생성되며, 강력한 산화작용을 한다.
② 오존에 강한 식물로는 담배, 앨팰퍼, 무 등이 있다.
③ 식물의 엽록소 파괴, 동화작용의 억제, 산소작용의 저해 등을 일으킨다.
④ 식물의 피해정도는 기공의 개폐, 증산작용의 대소 등에 따라 달라진다.

해설 담배, 파, 시금치, 무 등의 농작물은 오존에 약한 지표식물이다. 오존에 강한 식물에는 양파, 해바라기, 국화, 아카시아 등이 있다.

18 Down Wash 현상에 관한 설명은?

① 원심력집진장치에서 처리가스량의 5~10% 정도를 흡인하여 줌으로써 유효원심력을 증대시키는 방법이다.
② 굴뚝의 높이가 건물보다 높은 경우 건물 뒤편에 공동현상이 생기고 이 공동에 대기오염물질의 농도가 낮아지는 현상을 말한다.
③ 굴뚝 아래로 오염물질의 농도가 높아지는 현상을 말한다.
④ 해가 뜬 후 지표면이 가열되어 대기가 지면으로부터 열을 받아 지표면 부근부터 역전층이 해소되는 현상을 말한다.

해설 ③항이 다운워시(Down wash) 현상에 대한 설명이다. 다운워시 현상은 배출구의 풍하방향으로 연기가 휘말려 떨어지는 현상으로 굴뚝 아래로 오염물질의 농도가 높아지는 현상을 말한다.
《바르게 고쳐보기》
①항 : 사이클론 집진기의 블로다운에 대하여 설명하고 있다.
②항 : 굴뚝 풍하측의 건물이나 지형에 의해 확산이 저해되는 다운드래프트에 대한 설명이다.
④항 : 연기의 확산모형에서 일출 후 나타나는 훈증형에 대한 설명이다.

19 가우시안 모델에 도입된 가정조건으로 거리가 먼 것은?

① 연기의 분산은 정상상태 분포를 가정한다.
② 바람에 의한 오염물의 주 이동방향은 x축 이며, 풍속은 일정하다.
③ 연직방향의 풍속은 통상 수평방향의 풍속보다 크므로 고도변화에 따라 반영한다.
④ 난류확산계수는 일정하다.

해설 연직방향으로의 이류확산(풍속)은 수평방향의 이류확산(풍속)보다 무시할 정도로 작다.

20 지상으로부터 500m까지의 평균기온감률이 0.85℃/100m이다. 100m 고도기온이 15℃라 하면 400m에서의 기온은?

① 15.33℃
② 12.45℃
③ 11.89℃
④ 10.24℃

해설 다음의 관계식을 적용하여 온도를 계산한다.
〈계산식〉 $t(℃) = t_1 - \gamma_s \times \Delta Z$
• t_1 : 고도 100m에서의 온도=15℃
• γ_s : 기온감률(환경감률)=0.85℃/100m
• ΔZ : 고도차=400-100=300m
∴ $t(℃) = 15 - \left(\dfrac{0.85}{100} \times (400-100)\right)$
       $= 12.45℃$

제2과목 연소공학

21 중유의 특성에 관한 설명으로 가장 거리가 먼 것은?

① 중유는 비중이 클수록 유동점, 점도가 증가한다.
② 중유는 인화점이 150℃ 이상으로 이 온도 이하에서는 인화의 위험이 적다.
③ 중유의 잔류 탄소함량은 일반적으로 7~16% 정도이다.
④ 점도가 낮은 것은 일반적으로 낮은 비점의 탄화수소를 함유한다.

해설 중유의 인화점은 60~120℃이다.

22 공기를 사용하여 propane을 완전연소시킬 때 건조연소가스 중의 CO_{2max}(%)는?

① 13.76
② 17.76
③ 18.25
④ 25.43

해설 최대탄산가스율(%, CO_{2max})은 이론 건조연소가스를 기준한 CO_2의 발생 백분율(%)로 표시되므로 다음과 같이 산출한다.

〈계산식〉 $CO_{2max}(\%) = \dfrac{CO_2}{G_{od}} \times 100$

〈반응식〉 $C_3H_8 + 5O_2 \rightarrow 3CO_2 + 4H_2O$
   1 : 5 : 3 : 4

- $G_{od} = (1-0.21)A_o + CO_2$
- $A_o = O_o \times \dfrac{1}{0.21} = 5 \times \dfrac{1}{0.21} = 23.81 m^3/m^3$

⇒ $G_{od} = (1-0.21) \times 23.81 + 3 = 21.81 m^3/m^3$

∴ $CO_{2max} = \dfrac{3}{21.81} \times 100 = 13.76\%$

23 화학반응속도 및 반응속도상수에 관한 설명으로 옳지 않은 것은?

① 1차 반응에서 반응속도상수의 단위는 s^{-1}이다.
② 반응물의 농도를 무제한 증가할지라도 반응속도에 영향을 미치지 않는 반응을 0차 반응이라 한다.
③ 화학반응 속도론에서 반응속도상수 결정에 활성화에너지가 가장 주요한 영향인자로 작용하며, 넓은 온도 범위에 걸쳐 유효하게 적용된다.
④ 반응속도상수는 온도에 영향을 받는다.

해설 화학반응 속도론에서 반응속도상수 결정에 온도가 가장 주요한 영향인자로 작용한다.

24 착화점의 설명으로 옳지 않은 것은?

① 화학적으로 발열량이 작을수록 착화점은 낮다.
② 화학결합의 활성도가 클수록 착화점은 낮다.
③ 분자구조가 복잡할수록 착화점은 낮다.
④ 산소농도가 클수록 착화점은 낮다.

해설 화학적으로 발열량이 클수록 착화점은 낮다.

25 기체연료 연소장치에 해당하지 않는 것은?

① 송풍 버너   ② 선회 버너
③ 방사형 버너 ④ 로터리 버너

해설 기체연료 연소장치를 분류하면 확산연소에는 포트형, 버너형(선회식, 방사식)이 있고, 예혼합연소장치에는 고압버너, 저압버너, 송풍버너 등이 있다.

26 석유류의 물성에 관한 설명으로 옳지 않은 것은?

① 비중이 커지면 화염의 휘도가 커지며, 점도가 증가한다.
② 증기압이 크면 인화점 및 착화점이 높아져서 안전하지만, 연소효율은 저하된다.
③ 점도가 낮아지면 인화점이 낮아지고 연소가 잘 된다.
④ 유체온도를 서서히 냉각하였을 때 유체가 유동할 수 있는 최저온도를 유동점이라 하고, 일반적으로 응고점보다 2.5℃ 높은 온도를 유동점이라 한다.

해설 석유류의 증기압은 통상 40℃에서의 압력(kg/cm^2)으로 나타내며, 증기압이 높은 것은 인화점 및 착화점이 낮고, 연소성이 좋으나 폭발 및 화재 위험성은 증가한다.

27 용적 $100m^3$의 밀폐된 실내에서 황함량 0.01%인 등유 200g을 완전연소시킬 때, 실내의 평균 SO_2 농도(ppb)는? (단, 표준상태 기준, 황은 전량 SO_2로 산화된다.)

① 140   ② 240
③ 430   ④ 570

해설 황의 연소반응을 토대로 계산한다.

〈반응식〉 $S + O_2 \rightarrow SO_2$
        32kg : $22.4m^3$

∴ $X_{SO_2}(ppb) = \dfrac{200g(등유)}{} \Big| \dfrac{0.01(S)}{100(등유)} \Big| \dfrac{1}{100m^3}$
$\Big| \dfrac{22.4m^3(SO_2)}{32kg(S)} \Big| \dfrac{1kg}{10^3 g} \Big| \dfrac{10^9 \mu L}{m^3}$

= 140ppb

28 탄화도의 증가에 따른 연소특성의 변화에 대한 설명으로 옳지 않은 것은?

① 착화온도는 상승한다.
② 발열량은 증가한다.
③ 산소의 양이 줄어든다.
④ 연료비(고정탄소%/휘발분%)는 감소한다.

해설 탄화도가 증가할수록 연료비, 고정탄소, 착화온도, 발열량은 높아진다. 휘발분, 매연발생률 비열, 산소농도, 연소속도는 탄화도가 증가할수록 감소한다.

정답 23.③ 24.① 25.④ 26.② 27.① 28.④

29 연료 연소 시 공기비가 이론치보다 작을 때 나타나는 현상으로 가장 적합한 것은?

① 완전연소로 연소실 내의 열손실이 작아진다.
② 배출가스 중 일산화탄소의 양이 많아진다.
③ 연소실벽에 미연탄화물 부착이 줄어든다.
④ 연소효율이 증가하여 배출가스의 온도가 불규칙하게 증가 및 감소를 반복한다.

해설 연료 연소 시 공기비가 이론치보다 작을 경우 공기 부족에 의해 불완전연소를 하게 되고, CO 및 매연의 발생량은 증가하게 된다.

30 탄소 85%, 수소 15%된 경유(1kg)를 공기 과잉계수 1.1로 연소했더니 탄소 1%가 검댕(그을음)으로 된다. 건조배기가스 1Sm³ 중 검댕의 농도(g/Sm³)는?

① 약 0.72   ② 약 0.86
③ 약 1.72   ④ 약 1.86

해설 연소가스 중 검댕의 농도(X_d)는 다음과 같이 계산된다.

〈계산식〉 $X_d(\text{g/m}^3) = \dfrac{\text{검댕(g/kg)}}{G_d(\text{m}^3/\text{kg})}$

• $G_d = (m - 0.21)A_o + CO_2$
• $O_o = 1.867C + 5.6H$
  $= 1.867 \times 0.85 + 5.6 \times 0.15 = 2.43 \text{m}^3/\text{kg}$
• $A_o = O_o \times \dfrac{1}{0.21} = 2.43 \times \dfrac{1}{0.21} = 11.56 \text{m}^3/\text{kg}$
• $CO_2 = 1.867 \times 0.85 \times 0.99 = 1.571 \text{m}^3/\text{kg}$
• 검댕 $= \dfrac{0.85\text{kg}}{1\text{kg}} \left| \dfrac{1}{100} \right| \dfrac{10^3\text{g}}{1\text{kg}} = 8.5 \text{g/kg}$
⇨ $G_d = (1.1 - 0.21) \times 11.56 + 1.571 = 11.86 \text{m}^3/\text{kg}$

∴ $X_d = \dfrac{8.5}{11.86} = 0.72 \text{g/Sm}^3$

31 연료의 이론공기량의 개략치(Sm³/kg)가 가장 큰 것은?

① LPG   ② 고로가스
③ 발생로가스 ④ 석탄가스

해설 이론공기량의 개략치가 크기 위해서는 이론산소량의 값이 커야 하며 분자구조에 탄소와 수소가 많을수록 산소를 많이 소모하게 되므로 LPG 주성분인 프로판(C_3H_8), 부탄(C_4H_{10})은 보기의 항목 중 이론공기량이 가장 크다. 이외 고로가스는 CH_4가 주성분, 발생로가스는 CO 및 H_2가 주성분, 석탄가스는 CH_4 및 H_2가 주성분이다.

32 유압분무식 버너의 특징과 거리가 먼 것은?

① 유량조절범위가 1 : 10 정도로 넓어서 부하변동에 적응이 쉽다.
② 연료분사범위는 15~200L/hr 정도이다.
③ 연료의 점도가 크거나 유압이 5kg/cm² 이하가 되면 분무화가 불량하다.
④ 구조가 간단하여 유지 및 보수가 용이한 편이다.

해설 유압분무식 버너는 유량조절범위가 1 : 3 정도로 가장 적으며 부하변동에 적응하기 어렵다.

33 9,000kcal/kg 열량을 내는 석탄을 시간당 80kg 연소하는 보일러가 있다. 실제로 이 보일러에서 시간당 흡수된 열량이 600,000 kcal라면 이 보일러의 열효율(%)은?

① 66.7   ② 75.0
③ 83.3   ④ 90.0

해설 보일러의 열효율은 다음과 같이 계산한다.

〈계산식〉 열효율$(\eta, \%) = \dfrac{\text{유효 출열}}{\text{총 입열}} \times 100$

• 총 입열=연료의 연소열+공기 및 연료의 보유열
• 유효 출열=유효하게 사용된 열량

∴ $\eta = \dfrac{600,000}{9,000 \times 80} \times 100 = 83.3\%$

34 저위발열량이 7,000kcal/Sm³의 가스연료의 이론연소온도(℃)는? (단, 이론연소가스량의 10m³/Sm³, 연료연소가스의 평균 정압비열은 0.35kcal/Sm³·℃, 기준온도는 15℃, 지금 공기는 예열되지 않으며, 연소가스는 해리되지 않음)

① 1,515   ② 1,825
③ 2,015   ④ 2,325

해설 이론연소온도는 다음 계산식으로 산출된다.

〈계산식〉 $t_o = \dfrac{Hl}{GC_p} + t$

∴ $t_o = \dfrac{7,000}{10 \times 0.35} + 15 = 2,015$

대기환경기사/산업기사

35 폐열회수장치가 설치된 소각로의 특징에 관한 설명으로 거리가 먼 것은? (단, 폐열회수를 하지 않는 소각로와 비교)

① 연소가스 배출 부분과 수증기 보일러관에서 부식의 염려가 없다.
② 열 회수로 연소가스의 온도와 부피를 줄일 수 있다.
③ 공기와 연소가스의 양이 비교적 적으므로 용량이 작은 송풍기를 쓸 수 있다.
④ 수증기 생산을 위한 수냉로벽, 보일러 등 설비가 필요하다.

해설 폐열회수장치가 설치된 소각로는 연도로 배출되는 배기가스 중의 폐열을 이용하여 과잉증기를 생산하거나, 응축수의 재가열, boiler의 연소용 공기를 예열하기 위한 열교환기가 장착되는데 열교환기의 내외부 온도차는 연소가스 배출 부분과 수증기 보일러관에서 부식문제를 유발하는 원인이 될 수 있다.

36 기체연료의 연소방식과 연소장치에 관한 설명으로 옳지 않은 것은?

① 확산연소는 주로 탄화수소가 적은 발생로가스, 고로가스 등에 적용되는 연소방식이다.
② 예혼합연소는 화염온도가 낮아 국부가열의 염려가 없고 연소부하가 작은 경우 사용이 가능하며, 화염의 길이가 길다.
③ 저압버너는 역화방지를 위해 1차 공기량을 이론공기량의 60% 정도만 흡입하고 2차 공기는 로내의 압력을 부압(-)으로 하여 공기를 흡입한다.
④ 예혼합연소에 사용되는 버너에는 저압버너, 고압버너, 송풍버너 등이 있다.

해설 예혼합연소는 화염온도가 높아 연소부하가 큰 경우에 사용이 가능하고, 화염의 길이가 짧다.

37 A기체연료 $2Sm^3$을 분석한 결과 C_3H_8 $1.7Sm^3$, CO $0.15Sm^3$, H_2 $0.14Sm^3$, O_2 0.01 Sm^3였다면 이 연료를 완전연소시켰을 때 생성되는 이론 습연소가스량(Sm^3)은?

① 약 $41Sm^3$
② 약 $45Sm^3$
③ 약 $52Sm^3$
④ 약 $57Sm^3$

해설 이론 습연소가스량 계산식을 적용한다.
〈계산식〉 $G_{ow} = (1-0.21)A_o + CO_2 + H_2O$
〈연소반응〉
㉠ $C_3H_8 + 5O_2 \rightarrow 3CO_2 + 4H_2O$
　　1 : 5 : 3 : 4
　$1.7Sm^3 : 8.5Sm^3 : 5.1Sm^3 : 6.8Sm^3$
㉡ $CO + 0.5O_2 \rightarrow CO_2$
　　1 : 0.5 : 1
　$0.15Sm^3 : 0.075Sm^3 : 0.15Sm^3$
㉢ $H_2 + 0.5O_2 \rightarrow H_2O$
　　1 : 0.5 : 1
　$0.14Sm^3 : 0.07Sm^3 : 0.14Sm^3$

・ $A_o = O_o \times \dfrac{1}{0.21}$
　$= (8.5 + 0.075 + 0.07 - 0.01) \times \dfrac{1}{0.21}$
　$= 41.12 Sm^3$

∴ $G_{ow} = (1-0.21) \times 41.12 + (5.1 + 0.15)$
　　　$+ (6.8 + 0.14)$
　　$= 44.68 Sm^3$

38 CH_4 : 30%, C_2H_6 : 30%, C_3H_8 : 40%인 혼합가스의 폭발범위로 가장 적합한 것은? (단, 르 샤틀리에의 식 적용)

・ CH_4 폭발 범위 : 5~15%
・ C_2H_6 폭발 범위 : 3~12.5%
・ C_3H_8 폭발 범위 : 2.1~9.5%

① 약 2.9~11.6%
② 약 3.7~13.8%
③ 약 4.9~14.6%
④ 약 5.8~15.4%

해설 혼합가스의 폭발범위 계산식으로 산출한다.
〈계산식〉 $\dfrac{100}{LEL} = \dfrac{V_1}{X_1} + \dfrac{V_2}{X_2} + \dfrac{V_3}{X_3}$

$\dfrac{100}{UEL} = \dfrac{V_1}{L_1} + \dfrac{V_2}{L_2} + \dfrac{V_3}{L_3}$

㉠ 하한치 : $\dfrac{100}{LEL} = \dfrac{30}{5} + \dfrac{30}{3} + \dfrac{40}{2.1} = 2.85\%$

㉡ 상한치 : $\dfrac{100}{UEL} = \dfrac{30}{15} + \dfrac{30}{12.5} + \dfrac{40}{9.5} = 11.61\%$

∴ 폭발범위는 약 2.9~11.6%이다.

39 Butane 2kg을 표준상태에서 완전연소시키는데 필요한 이론산소의 양(kg)은?

① 3.59
② 5.02
③ 7.17
④ 11.17

정답 35.① 36.② 37.② 38.① 39.③

해설 부탄의 반응식을 통해 이론산소량을 산출한다.
〈반응식〉 $C_4H_{10} + 6.5O_2 \rightarrow 4CO_2 + 5H_2O$
$58kg : 6.5 \times 32kg$
$2kg : X(kg)$
∴ $X = 7.17kg$

40 미분탄연소의 특징에 관한 설명으로 거리가 먼 것은?
① 부하변동에 대한 응답성이 좋은 편이어서 대용량의 연소에 적합하다.
② 석탄의 종류에 따른 탄력성이 부족하고, 로벽 및 전열면에서 재의 퇴적이 많은 편이다.
③ 분무연소와 상이한 점은 가스화 속도가 빠르고, 화염이 연소실 중앙부에 집중하여 명료한 화염면이 형성된다는 것이다.
④ 화격자연소보다 낮은 공기비로서 높은 연소효율을 얻을 수 있다.

해설 미분탄연소는 화염이 연소실 전체에 퍼지며, 가스화 속도가 낮고 연소완료에 시간이 다소 소요된다.

[제3과목] **대기오염방지기술**

41 사이클론의 반경이 50cm인 원심력집진장치에서 입자의 접선방향속도가 10m/sec이라면 분리계수는?
① 10.2   ② 20.4
③ 34.5   ④ 40.9

해설 분리계수 계산식을 적용한다.
〈계산식〉 분리계수$(S) = \dfrac{원심력}{중력} = \dfrac{V^2}{Rg}$
∴ $S = \dfrac{10^2}{0.5 \times 9.8} = 20.4$

42 유해가스의 물리적 흡착에 관한 설명으로 옳지 않은 것은?
① 온도가 낮을수록 흡착량은 많다.
② 흡착제에 대한 용질의 분압이 높을수록 흡착량이 증가한다.
③ 가역성이 높고 여러 층의 흡착이 가능하다.
④ 흡착열이 높고, 분자량이 작을수록 잘 흡착된다.

해설 물리적 흡착은 반 데르 발스 힘에 의해 흡착되므로 흡착열이 낮고(40kJ/mol), 분자량이 클수록 잘 흡착된다.

43 시간당 5톤의 중유를 연소하는 보일러의 배기가스를 수산화나트륨 수용액으로 세정하여 탈황하고 부산물로 아황산나트륨을 회수하려고 한다. 중유 중 황(S)함량이 2.56%, 탈황장치의 탈황 효율이 87.5%일 때, 필요한 수산화나트륨의 이론량은 시간당 몇 kg인가?
① 300kg   ② 280kg
③ 250kg   ④ 225kg

해설 아황산가스와 NaOH의 흡수 반응식을 이용한다.
〈연소반응〉 $S + O_2 \rightarrow SO_2$
$32kg : 64kg$
〈반응식〉 $SO_2 + 2NaOH \rightarrow Na_2SO_3 + H_2O$
$64kg : 2 \times 40kg$
⇒ $\dfrac{5ton}{hr} \left| \dfrac{2.56}{100} \right| \dfrac{64}{32} \left| \dfrac{87.5}{100} \right| \dfrac{10^3 kg}{1ton} : X$
∴ $X(= NaOH) = 280kg/hr$

44 암모니아의 농도가 용적비로 200ppm인 실내공기를 송풍기로 환기시킬 때 실내용적이 4,000m³이고, 송풍량이 100m³/min이면 농도를 20ppm으로 감소시키기 위해 소요되는 시간은?
① 82min   ② 92min
③ 102min   ④ 112min

해설 오염원의 발생량이 제시되지 않았으므로 비연속 배출원(일시 배출원)의 환기량 계산식을 적용한다.
〈계산식〉 $C_2 = C_1 \times e^{-\frac{Q_o}{\forall} \times t}$
⇒ $20 = 200 \times e^{-\frac{100}{4,000} \times t}$
∴ $t = -\dfrac{4,000}{100} \times \ln\left(\dfrac{20}{200}\right) = 92.1 min$

45 $(CH_3)_2CHCH_2CHO$의 냄새특성으로 가장 적합한 것은?
① 양파, 양배추 썩는 냄새
② 분뇨 냄새
③ 땀 냄새
④ 자극적이며, 새콤하고 타는 듯한 냄새

해설 이소발레릴알데히드[(CH₃)₂CHCH₂CHO] 등과 같은 알데하이드류는 자극적이며, 새콤하고 타는 듯한 냄새를 풍긴다.

46 냄새물질에 관한 다음 설명 중 가장 거리가 먼 것은?

① 물리화학적 자극량과 인간의 감각강도 관계는 Ranney 법칙과 잘 맞다.
② 골격이 되는 탄소(C) 수는 저분자일수록 관능기 특유의 냄새가 강하고 자극적이며, 8~13에서 가장 향기가 강하다.
③ 분자 내 수산기의 수는 1개일 때 가장 강하고 수가 증가하면 약해져서 무취에 이른다.
④ 불포화도가 높으면 냄새가 보다 강하게 난다.

해설 물리화학적 자극량과 인간의 감각강도 관계는 Weber-fechner 법칙으로 설명된다.

47 유해가스의 연소처리에 관한 설명으로 가장 거리가 먼 것은?

① 직접연소법은 경우에 따라 보조연료나 보조공기가 필요하며, 대체오염물질의 발열량이 연소에 필요한 전체 열량의 50% 이상일 때 경제적으로 타당하다.
② 직접연소법은 after burner법이라고도 하며, HC, H₂, NH₃, HCN 및 유독가스 제거법으로 사용된다.
③ 가열연소법은 배기가스 중 가연성 오염물질의 농도가 매우 높아 직접연소법으로 불가능할 경우에 주로 사용되고 조업의 유동성이 적어 NO_x 발생이 많다.
④ 가열연소법에서 연소로 내의 체류시간은 0.2~0.8초 정도이다.

해설 가열연소법은 대상오염물질의 농도가 낮아 직접연소법으로 처리가 불가능할 경우에 이용되는 방법으로 조업의 유동성이 높고, 직접연소에 비해 NO_x의 발생이 적다.

48 탈취방법에 관한 설명으로 옳지 않은 것은?

① 산화법 중 염소주입법은 페놀이 다량 함유되었을 때에는 클로로페놀을 형성하여 2차 오염문제를 발생시킨다.
② BALL 차단법은 밀폐형 구조물을 설치할 필요가 없고, 크기와 색상이 다양한 편이다.
③ 약액세정법은 조작이 복잡하고, 대상악취 물질에 대한 제한성이 크지만, 산성가스 및 염기성 가스의 별도 처리가 필요하지 않다.
④ 수세법은 수온변화에 따라 탈취효과가 변하고, 처리풍향 및 압력손실이 크다.

해설 약액세정법은 중화, 산화반응과 물리적인 흡수법을 사용하여 악취를 제거하는 방법으로 산성 또는 염기성 가스를 별도 처리할 필요가 있다.

49 여과집진장치에 사용되는 각종 여과재의 성질에 관한 연결로 가장 거리가 먼 것은? (단, 여과재의 종류-산에 대한 저항성-최고 사용온도)

① 목면-양호-150℃
② 글라스화이버-양호-250℃
③ 오론-양호-150℃
④ 비닐론-양호-100℃

해설 목면(cotton)의 최고사용온도는 80℃로 내산성이 약하다.

50 흡수에 관한 설명으로 옳지 않은 것은?

① 가스측 경막저항은 흡수액에 대한 유해가스의 농도가 클 때 경막저항을 지배하고, 반대로 액측 경막저항은 용해도가 작을 때 지배한다.
② 대기오염물질은 보통 공기 중에 소량 포함되어 있고, 유해가스의 농도가 큰 흡수제를 사용하므로 가스측 경막저항이 주로 지배한다.
③ Baker는 평형선과 조작선을 사용하여 NTU를 결정하는 방법을 제안하였다.
④ 충전탑의 조건이 평형곡선에서 멀어질수록 흡수에 대한 추진력은 더 작아지며, NTU는 Berl number에 의해 지배된다.

해설 충전탑의 조건이 평형곡선에서 멀어질수록 조작선과 간격이 커지므로 흡수에 대한 추진력은 더욱 커진다. NTU는 Berl number와는 무관하며, 장치 내의 물질수지와 흡수액-피흡수물질 간의 평형관계 및 입·출구 조성에 의해 지배적인 영향을 받는다.

정답 46.① 47.③ 48.③ 49.① 50.④

51 직경 15cm인 원형관에서 층류로 흐를 수 있게 임계 레이놀즈 수를 2,100으로 할 때, 최대평균유속(cm/sec)은? (단, $\nu = 1.8 \times 10^{-6} \text{m}^2/\text{sec}$)

① 1.52　　② 2.52
③ 4.59　　④ 6.74

해설 레이놀즈 수 계산식을 이용한다.

〈계산식〉 $Re = \dfrac{DV\rho}{\mu} = \dfrac{DV}{\nu}$

- $\nu = \dfrac{1.8 \times 10^{-6} \text{m}^2}{\text{sec}} \left| \dfrac{100^2 \text{cm}^2}{1^2 \text{m}^2} \right. = 0.018 \text{cm}^2/\text{sec}$

⇒ $2,100 = \dfrac{15 \times V}{0.018}$

∴ $V = 2.52 \text{cm/sec}$

52 덕트 설치 시 주요원칙으로 거리가 먼 것은?

① 공기가 아래로 흐르도록 하향구배를 만든다.
② 구부러짐 전후에는 청소구를 만든다.
③ 밴드는 가능하면 완만하게 구부리며, 90°는 피한다.
④ 덕트는 가능한 한 길게 배치하도록 한다.

해설 압력손실을 적게 하기 위해서 덕트는 가능한 한 짧게 배치하도록 해야 한다.

53 전기집진장치에서 비저항과 관련된 내용으로 옳지 않은 것은?

① 배연설비에서 연료에 S함유량이 많은 경우는 먼지의 비저항이 낮아진다.
② 비저항이 낮은 경우에는 건식 전기집진장치를 사용하거나, 암모니아가스를 주입한다.
③ $10^{11} \sim 10^{13} \Omega \cdot \text{cm}$ 범위에서는 역전리 또는 역이온화가 발생한다.
④ 비저항이 높은 경우는 분진층의 전압손실이 일정하더라도 가스상의 전압손실이 감소하게 되므로, 전류는 비저항의 증가에 따라 감소된다.

해설 비저항이 낮은 경우에는 재비산 현상이 일어나기 쉬우므로 습식 전기집진장치를 사용하거나, 암모니아 가스를 주입한다.

54 설치 초기 전기집진장치의 효율이 98%였으나, 2개월 후 성능이 96%로 떨어졌다. 이때 먼지 배출농도는 설치 초기의 몇 배인가?

① 2배　　② 4배
③ 8배　　④ 16배

해설 초기(정상가동)의 출구농도와 성능 저하 후 출구농도의 배수를 산출한다.

〈계산식〉 C_o(출구농도) $= C_i$(입구농도) $\times (1-\eta)$

- 초기농도 : $C_{o98} = C_i \times (1-0.98)$
- 성능 저하 후 농도 : $C_{o96} = C_i \times (1-0.96)$

∴ $\dfrac{C_{o96}}{C_{o98}} = \dfrac{C_i \times (1-0.96)}{C_i \times (1-0.98)} = 2$배

55 입자상 물질의 크기를 결정하는 방법 중 입자상 물질의 그림자를 2개의 등면적으로 나눈 선의 길이를 직경으로 하는 입경은?

① 마틴직경　　② 스톡스직경
③ 피렛직경　　④ 투영면직경

해설 입자상 물질의 그림자를 2개의 등면적으로 나눈 선의 길이를 직경으로 하는 입경을 Martin 직경이라 한다.

56 유해가스에 대한 설명 중 가장 거리가 먼 것은?

① Cl_2가스는 상온에서 황록색을 띤 기체이며 자극성 냄새를 가진 유독물질로 관련 배출원은 표백공업이다.
② F_2는 상온에서 무색의 발연성 기체로 강한 자극성이며 물에 잘 녹고 관련 배출원은 알루미늄 제련공업이다.
③ SO_2는 무색의 강한 자극성 기체로 환원성 표백제로도 이용되고 화석연료의 연소에 의해서도 발생된다.
④ NO는 적갈색의 특이한 냄새를 가진 물에 잘 녹는 맹독성 기체로 자동차배출이 가장 많은 부분을 차지한다.

해설 NO_2는 적갈색의 난용성 기체이다. NO는 무색이며, 물에 잘 녹지 않는 난용성 기체이다.

57 가스 1m^3당 50g의 아황산가스를 포함하는 어떤 폐가스를 흡수 처리하기 위하여 가스 1m^3에 대하여 순수한 물 2,000kg의 비율로 연속 향류 접촉시켰더니 폐가스 내 아황산가스의 농도가 1/10로 감소하였다. 물 1,000kg에 흡수된 아황산가스의 양(g)은?

① 11.5   ② 22.5
③ 33.5   ④ 44.5

[해설] 물에 흡수된 아황산가스의 양(g)은 농도와 제거효율에 비례한다.

〈계산식〉 흡수량 $= C_i \times \eta$

- C_i : 유입농도 $= 50 g/m^3$
- η : 흡수율 $= (1 - 1/10) = 0.9$

$\therefore$ 흡수량 $= \dfrac{50g}{m^3} \times 0.9 \times \dfrac{m^3}{2,000 kg} \times 1,000 kg = 22.5 g$

58 흡착장치에 관한 다음 설명 중 가장 거리가 먼 것은?

① 고정층 흡착장치에서 보통 수직으로 된 것은 대규모에 적합하고, 수평으로 된 것은 소규모에 적합하다.
② 일반적으로 이동층 흡착장치는 유동층 흡착장치에 비해 가스의 유속을 크게 유지할 수 없는 단점이 있다.
③ 유동층 흡착장치는 고정층과 이동층 흡착장치의 장점만을 이용한 복합형으로 고체와 기체의 접촉을 좋게 할 수 있다.
④ 유동층 흡착장치는 흡착제의 유동에 의한 마모가 크게 일어나고, 조업조건에 따른 주어진 조건의 변동이 어렵다.

[해설] 고정층 흡착장치에서 보통 수직으로 된 것은 소규모에 적합하고, 수평으로 된 것은 대규모에 적합하다.

59 Bag filter에서 먼지부하가 $360 g/m^2$일 때마다 부착먼지를 간헐적으로 탈락시키고자 한다. 유입가스 중의 먼지농도가 $10 g/m^3$이고, 겉보기여과속도가 $1 cm/sec$일 때 부착먼지의 탈락시간 간격은? (단, 집진율은 80%이다.)

① 약 0.4hr   ② 약 1.3hr
③ 약 2.4hr   ④ 약 3.6hr

[해설] 먼지부하량 계산 공식을 이용한다.

〈계산식〉 $L_d (g/m^3) = C_i \times V_f \times \eta \times t$

$\therefore t = \dfrac{L_d}{C_i \times V_f \times \eta}$

$= \dfrac{360 g/m^3}{10 g/m^3 \times 0.01 m/sec \times 0.8} \times \dfrac{1 hr}{3,600 sec}$

$= 1.25 hr$

60 원심력집진장치에서 압력손실의 감소원인으로 가장 거리가 먼 것은?

① 장치 내 처리가스가 선회되는 경우
② 호퍼 하단 부위에 외기가 누입 될 경우
③ 외통의 접합부 불량으로 함진가스가 누출될 경우
④ 내통이 마모되어 구멍이 뚫려 함진가스가 by pass될 경우

[해설] 원심력집진장치에서 장치 내 처리가스가 설계 값으로 정상적으로 선회하는 경우는 압력손실이 정상범위로 증가하면서 목표한 집진효율을 얻을 수 있다.

[**제4과목**] **대기오염공정시험기준**

61 다음은 시험의 기재 및 용어에 관한 설명이다. ( ) 안에 알맞은 것은?

> 시험조작 중 "즉시"란 (㉠) 이내에 표시된 조작을 하는 것을 뜻하며, "감압 또는 진공"이라 함은 따로 규정이 없는 한 (㉡) 이하를 뜻한다.

① ㉠ 10초, ㉡ $15 mmH_2O$
② ㉠ 10초, ㉡ $15 mmHg$
③ ㉠ 30초, ㉡ $15 mmH_2O$
④ ㉠ 30초, ㉡ $15 mmHg$

[해설] 시험 조작 중 "즉시"란 30초 이내에 표시된 조작을 하는 것을 뜻하며, "감압 또는 진공"이라 함은 따로 규정이 없는 한 "$15 mmHg$" 이하를 뜻한다.

62 굴뚝 배출가스 중 시안화수소를 질산은 적정법으로 분석할 때 필요한 시약으로 거리가 먼 것은?

① p-다이메탈아미노벤젤리덴로다닌의 아세톤용액
② 아세트산(99.7%) (부피분율 10%)
③ 메틸레드-메틸렌블루 혼합지시약
④ 수산화소듐용액(질량분율 2%)

[해설] 시안화수소를 질산은 적정법으로 분석할 때 필요한 시약은 p-다이메탈아미노벤젤리덴로다닌의 아세톤용액, 아세트산(99.7%, 부피분율 10%), 수산화소듐용액(질량분율 2%), 0.01N 질산은용액이다.

정답 58.① 59.② 60.① 61.④ 62.③

63 대기오염공정시험기준상 굴뚝 배출가스 중 불화수소를 연속적으로 자동 측정하는 방법은?
① 자외선형광법 ② 이온전극법
③ 적외선흡수법 ④ 자외선흡수법

해설 굴뚝 배출가스 중 불화수소를 연속적으로 측정하는 방법은 이온전극법이다.

64 굴뚝 배출가스 중의 이황화탄소 분석방법에 관한 설명이다. ( ) 안에 알맞은 것은?

> 자외선/가시선 분광법은 다이에틸아민구리용액에서 시료가스를 흡수시켜 생성된 다이에틸 다이사이오카밤산구리의 흡광도를 (㉠)의 파장에서 측정한다. 이 방법은 시료가스 채취량 10L인 경우 배출가스 중의 이황화탄소 농도 (㉡)의 분석에 적합하다.

① ㉠ 340nm, ㉡ 0.05~1ppm
② ㉠ 340nm, ㉡ 3~60ppm
③ ㉠ 435nm, ㉡ 0.05~1ppm
④ ㉠ 435nm, ㉡ 3~60ppm

해설 굴뚝 배출가스 중 이황화탄소를 자외선/가시선 분광법으로 분석할 때 흡광도는 435nm, 시료가스 채취량 10L인 경우 배출가스 중의 이황화탄소 농도 3~60ppm의 분석에 적합하다.

65 자외선/가시선 분광법에 관한 설명으로 옳지 않은 것은?
① 시료물질 등에 적당한 시약을 넣어 발색시킨 용액의 흡광도를 측정하여 시료 중의 목적성분을 정량하는 방법으로 파장 200~1,200nm에서 액체의 흡광도를 측정한다.
② 일반적으로 광원으로 나오는 빛을 단색화장치(monochromer) 또는 필터(filter)에 의하여 좁은 파장범위의 빛만을 선택하여 액층을 통과시킨 다음 광전측광으로 흡광도를 측정하여 목적성분의 농도를 정량하는 방법이다.
③ (투사광의 강도/입사광의 강도)를 투과도(t)라 하며, 투과도(t)의 상용대수를 흡광도라 한다.
④ 광원부-파장선택부-시료부-측광부로 구성되어 있고, 가시부와 근적외부의 광원으로는 주로 텅스텐램프를 사용한다.

해설 흡광도는 투과도(t) 역수의 상용대수이다.

66 이온크로마토그래피에 관한 설명으로 옳지 않은 것은?
① 분리관의 재질은 용리액 및 시료액과 반응성이 큰 것을 선택하며 스테인리스관이 널리 사용된다.
② 용리액조는 일반적으로 폴리에틸렌이나 경질유리제를 사용한다.
③ 검출기는 일반적으로 전도도검출기를 많이 사용하고, 그 외 자외선, 가시선 흡수 검출기(UV, VIS 검출기), 전기화학적 검출기 등이 사용된다.
④ 송액펌프는 일반적으로 맥동이 적은 것을 사용한다.

해설 분리관의 재질은 내압성, 내부식성으로 용리액 및 시료액과 반응성이 적은 것을 선택하며 에폭시 수지관 또는 유리관이 사용된다.

67 다음은 비분산적외선분광분석기의 성능기준이다. ( ) 안에 알맞은 것은?

> 제로 조정용 가스를 도입하여 안정된 후 유로를 스팬가스로 바꾸어 기준 유량으로 분석계에 도입하여 그 농도를 눈금 범위 내의 어느 일정한 값으로부터 다른 일정한 값으로 갑자기 변화시켰을 때 스텝(step) 응답에 대한 소비시간이 (㉠)이어야 한다. 또 이때 최종 지시치에 대한 90%의 응답을 나타내는 시간은 (㉡)이어야 한다.

① ㉠ 10초 이내, ㉡ 30초 이내
② ㉠ 10초 이내, ㉡ 40초 이내
③ ㉠ 1초 이내, ㉡ 30초 이내
④ ㉠ 1초 이내, ㉡ 40초 이내

해설 비분삭적외선분광분석기에서 정확한 분석을 위하여 눈금 범위를 조정할 때, 스텝(step) 응답에 대한 소비시간은 1초 이내이어야 하고 최종 지시치에 대한 90%의 응답을 나타내는 시간은 40초 이내이어야 한다.

68 원자흡수분광광도법에 사용되는 용어의 정의로 옳지 않은 것은?

① 분무실(Nebulizer-Chamber) : 분무기와 함께 분무된 시료용액의 미립자를 더욱 미세하게 해주는 한편 큰 입자와 분리시키는 작용을 갖는 장치
② 선프로파일(Line Profile) : 파장에 대한 스펙트럼선의 강도를 나타내는 곡선
③ 예복합 버너(Premix Type burner) : 가연성 가스, 조연성 가스 및 시료를 분무실에서 혼합시켜 불꽃 중에 넣어주는 방식의 버너
④ 근접선(Neighbouring Line) : 원자가 외부로부터 빛을 흡수했다가 다시 먼저 상태로 돌아갈 때 방사하는 스펙트럼선

해설 근접선은 목적하는 스펙트럼선에 가까운 파장을 갖는 다른 스펙트럼선을 의미한다. 보기 ④항은 공명선(Resonance Line)을 설명하고 있다.

69 비산먼지의 농도를 구하기 위해 측정한 조건 및 결과가 다음과 같을 때 비산먼지의 농도(mg/m^3)는?

〈측정조건 및 결과〉
- 채취먼지량이 가장 많은 위치에서의 먼지농도(mg/m^3) : 5.8
- 대조위치에서의 먼지 농도(mg/m^3) : 0.17
- 전 시료채취 기간 중 주 풍향이 45~90° 변한다.
- 풍속이 0.5m/sec 미만 또는 10m/sec 이상 되는 시간이 전 채취시간의 50% 이상이다.

① 5.6　　② 6.8
③ 8.1　　④ 10.1

해설 비산먼지의 농도 계산식을 적용한다.
〈계산식〉 $C = (C_H - C_B) \times W_D \times W_S$
∴ $C = (5.8 - 0.17) \times 1.2 \times 1.2$
　　$= 8.12 mg/m^3$

[참고]
1. 풍향에 대한 보정

풍향변화 범위	보정계수
전 시료채취 기간 중 주풍향이 90° 이상 변할 때	1.5
전 시료채취 기간 중 주풍향이 45~90° 이상 변할 때	1.2
전 시료채취 기간 중 풍향 변동이 없을 때(45° 미만)	1.0

2. 풍속에 대한 보정

풍속범위	보정계수
풍속이 0.5m/s 미만 또는 10m/s 이상 되는 시간이 전 채취시간의 50% 미만일 때	1.0
풍속이 0.5m/s 미만 또는 10m/s 이상 되는 시간이 전 채취시간의 50% 이상일 때	1.2

70 수산화소듐(NaOH)용액을 흡수액으로 사용하는 분석대상가스가 아닌 것은?

① 염화수소　　② 시안화수소
③ 불소화합물　　④ 벤젠

해설 벤젠은 기체크로마토그래프법으로 측정하며 흡수액이 존재하지 않는다.

71 기체크로마토그래피에 관한 설명으로 옳지 않은 것은?

① 기체시료 또는 기화한 액체나 고체시료를 운반가스에 의하여 분리, 관내에 전개, 응축시켜 액체상태로 각 성분을 분리 분석한다.
② 일반적으로 대기의 무기물 또는 유기물의 대기오염물질에 대한 정성, 정량분석에 이용된다.
③ 일정유량으로 유지되는 운반가스는 시료도입부로부터 분리관 내를 흘러서 검출기를 통해 외부로 방출된다.
④ 시료도입부로부터 기체, 액체 또는 고체 시료를 도입하면 기체는 그대로, 액체나 고체는 가열기화되어 운반가스에 의하여 분리관 내로 송입된다.

해설 기체크로마토그래피는 기체시료 또는 기화한 액체나 고체시료를 운반가스에 의하여 분리, 관내에 전개시켜 기체상태에서 분리되는 각 성분을 크로마토그래피적으로 분석하는 방법이다.

72 분석대상가스별 흡수액으로 잘못 짝지어진 것은?

① 암모니아 - 붕산용액(질량분율 0.5%)
② 비소 - 수산화소듐용액(질량분율 0.4%)
③ 브롬화합물 - 수산화소듐용액(질량분율 0.4%)
④ 질소산화물 - 수산화소듐용액(질량분율 0.4%)

정답　68.④　69.③　70.④　71.①　72.④

해설 질소산화물의 2가지 시험방법에 대한 흡수액은 다음과 같다.
- 자외선/가시선 분광법(페놀디술폰산법) : 황산+과산화수소
- 자외선/가시선 분광법(아연환원나프틸에틸렌디아민법) : 증류수

73 화학분석 일반사항에 관한 설명으로 옳지 않은 것은?
① 1억분율은 ppm, 10억분율은 pphm으로 표시한다.
② 실온은 1~35℃로 하고, 찬 곳은 따로 규정이 없는 한 0~15℃의 곳을 뜻한다.
③ "냉후"(식힌 후)라 표시되어 있을 때는 보온 또는 가열 후 실온까지 냉각된 상태를 뜻한다.
④ 액의 농도를 (1→2), (1→5) 등으로 표시한 것은 그 용질의 성분이 고체일 때는 1g을, 액체일 때는 1mL를 용매에 녹여 전량을 각각 2mL 또는 5mL로 하는 비율을 뜻한다.

해설 1억분율은 pphm(Parts Per Hundred Million), 10억분율은 ppb(Parts Per Billion)으로 표시한다.

74 굴뚝 배출가스 중 폼알데하이드를 정량할 때 쓰이는 흡수액은?
① 아세틸아세톤 함유 흡수액
② 아연아민착염 함유 흡수액
③ 질산암모늄+황산(1+5)
④ 수산화소듐용액(0.4W/V%)

해설 폼알데하이드의 2가지 시험법에 대한 흡수액은 다음과 같다.
- 자외선/가시선 분광법(아세틸아세톤법) : 아세틸아세톤함유 흡수액
- 자외선/가시선 분광법(크로모트로핀산법) : 크로모트로핀산+황산

75 대기오염공정기준에 의거, 환경대기 중 각 항목별 분석방법으로 옳지 않은 것은?
① 질소산화물-살츠만법
② 옥시던트-광산란법
③ 탄화수소-비메탄탄화수소 측정법
④ 아황산가스-파라로자닐린법

해설 환경대기 중 옥시던트일 경우 분석방법은 (자동)중성요오드화칼륨법, (수동)중성요오드화칼륨법, 알칼리성요오드화칼륨법이다.

76 연료용 유류 중의 황함유량을 연소관식 공기법으로 분석하는 방법이다. ( ) 안에 알맞은 것은?

950~1,100℃로 가열한 석영재질 연소관 중에 공기를 불어넣어 시료를 연소시킨다. 생성된 황산화물을 (㉠)에 흡수시켜 황산으로 만든 다음, (㉡)으로 중화적정하여 황함유량을 구한다.

① ㉠ 과산화수소(3%), ㉡ 수산화칼륨표준액
② ㉠ 과산화수소(3%), ㉡ 수산화소듐표준액
③ ㉠ 10% AgNO$_3$, ㉡ 수산화칼륨표준액
④ ㉠ 10% AgNO$_3$, ㉡ 수산화소듐표준액

해설 연료용 유류 중의 황함유량을 연소관식 공기법으로 분석할 때 연소시킨 시료로 생성된 황산화물을 과산화수소(3%)에 흡수시켜 황산으로 만든 다음, 수산화소듐표준액으로 중화적정하여 황함유량을 구한다.

77 고용량 공기시료 채취기로 비산먼지를 채취하고자 한다. 측정결과가 다음과 같을 때 비산먼지의 농도는?

- 채취시간 : 24시간
- 채취개시 직후의 유량 : 1.8m^3/min
- 채취종료 직전의 유량 : 1.2m^3/min
- 채취 후 여과지의 질량 : 3.828g
- 채취 전 여과지의 질량 : 3.419g

① 0.13mg/m^3
② 0.19mg/m^3
③ 0.25mg/m^3
④ 0.35mg/m^3

해설 질량농도 측정 계산식으로 산출한다.

〈계산식〉 $C_d(\text{mg/m}^3) = \dfrac{m_d}{Q}$

- $m_d = 3.828 - 3.419 = 0.409\text{g} = 409\text{mg}$
- $Q = \dfrac{1.8+1.2}{2} \times 24 \times 60 = 2,160\text{m}^3$

∴ $C_d = \dfrac{408}{2,160} = 0.19\text{mg/m}^3$

78 기체-고체 크로마토그래피법에서 사용하는 흡착형 충전물과 거리가 먼 것은?
① 알루미나
② 활성탄
③ 담체
④ 실리카겔

해설 기체-고체 크로마토그래피법에서는 사용되는 흡착형 충전물은 실리카겔, 활성탄, 알루미나, 합성 제올라이트(Zeolite)이다.

79 A도시면적이 150km²이고 인구밀도가 4,000명/km²이며, 전국평균 인구밀도가 800명/km²일 때, 인구비례에 의한 방법으로 결정한 A도시의 환경기준 시험을 위한 시료측정점 수는? (단, A도시면적은 지역의 가주지 면적(총면적에서 전답, 호수, 임야, 하천 등의 면적을 뺀 면적)이다.)

① 30 ② 35
③ 40 ④ 45

해설 인구비례에 의한 측정점 수 산정식을 이용한다.

⟨계산식⟩ 측정점 수 $= \dfrac{거주지면적}{25km^2} \times \dfrac{지역인구밀도}{전국인구밀도}$

∴ 측정점 수 $= \dfrac{150}{25} \times \dfrac{4,000}{800} = 30$

80 굴뚝 배출가스 중 불꽃이온화검출기에 의한 총탄화수소 측정에 관한 설명으로 옳지 않은 것은?

① 결과농도는 프로판 또는 탄소등가농도로 환산하여 표시한다.
② 배출원에서 채취된 시료는 여과지 등을 이용하여 먼지를 제거한 후 가열채취관을 통하여 불꽃이온화분석기로 유입되어 분석된다.
③ 반응시간은 오염물질농도의 단계변화에 따라 최종값의 50% 이상에 도달하는 시간을 말한다.
④ 시료채취관은 스테인리스강 또는 이와 동등한 재질의 것으로 하고 굴뚝중심 부분의 10% 범위 내에 위치할 정도의 길이의 것을 사용한다.

해설 굴뚝 배출가스 중 불꽃이온화검출기에 의한 총탄화수소 측정에서 반응시간은 오염물질농도의 단계변화에 따라 최종값의 90%에 도달하는 시간으로 한다.

제5과목 대기환경관계법규

81 실내공기질관리법규상 건축자재의 오염물질 방출기준이다. ( ) 안에 알맞은 것은? (단, 단위는 mg/m²·hr)

오염물질	접착제	페인트
톨루엔	0.08 이하	(㉠)
총휘발성 유기화합물	(㉡)	(㉢)

① ㉠ 0.02 이하, ㉡ 0.05 이하, ㉢ 1.5 이하
② ㉠ 0.05 이하, ㉡ 0.1 이하, ㉢ 2.0 이하
③ ㉠ 0.08 이하, ㉡ 2.0 이하, ㉢ 2.5 이하
④ ㉠ 0.10 이하, ㉡ 2.5 이하, ㉢ 4.0 이하

해설 [실내공기질관리법 시행규칙 별표 5] 건축자재의 오염물질 방출기준은 다음과 같다.

구 분	오염물질 종류	폼알데하이드	톨루엔	총휘발성 유기화합물
1. 접착제		0.02 이하	0.08 이하	2.0 이하
2. 페인트				2.5 이하
3. 실란트				1.5 이하
4. 퍼티				20.0 이하
5. 벽지				4.0 이하
6. 바닥재				4.0 이하
7. 목질판상제품	1) 2021년 12월 31일까지 적용되는 기준		0.12 이하	0.8 이하
	2) 2022년 1월 1일부터 적용되는 기준		0.05 이하	0.4 이하

[비고] 위 표에서 오염물질의 종류별 측정단위는 mg/m²·hr로 한다. 다만, 실란트의 측정단위는 mg/m·hr로 한다.

82 환경정책기본법령상 초미세먼지(PM-2.5)의 연간 평균치 기준은?

① $15\mu g/m^3$ 이하
② $35\mu g/m^3$ 이하
③ $50\mu g/m^3$ 이하
④ $100\mu g/m^3$ 이하

해설 환경정책기본법령상 초미세먼지(PM-2.5)의 연간 평균치는 $15\mu g/m^3$ 이하이다.

83 대기환경보전법규상 자동차의 종류에 대한 설명으로 옳지 않은 것은? (단, 2015년 12월 10일 이후 적용)

① 이륜자동차의 규모는 차량 총중량이 1천킬로그램을 초과하지 않는 것이다.
② 이륜자동차는 측차를 붙인 이륜자동차와 이륜자동차에서 파생된 삼륜 이상의 자동차는 제외한다.
③ 소형화물자동차에는 승용자동차에 해당되지 않는 승차인원이 9명 이상인 승합차를 포함한다.
④ 초대형 승용자동차의 규모는 차량 총중량이 15톤 이상이다.

해설 [시행규칙 별표 5] 자동차 등의 종류에서 이륜자동차는 측차를 붙인 이륜자동차와 이륜자동차에서 파생된 삼륜 이상의 자동차를 포함한다.

84 대기환경보전법규상 휘발유를 연료로 사용하는 자동차연료 제조기준으로 옳지 않은 것은?

① 90% 유출온도(℃) : 170 이하
② 산소함량(무게%) : 2.3 이하
③ 황함량(ppm) : 50 이하
④ 벤젠함량(부피%) : 0.7 이하

해설 [시행규칙 별표 33] 휘발유를 연료로 사용하는 자동차연료 제조기준에서 황함량은 10ppm 이하이다.

85 다음은 대기환경보전법규상 자가측정 자료의 보존기간(기준)이다. ( ) 안에 가장 적합한 것은?

> 법에 따라 사업자는 자가측정에 관한 기록을 보존하여야 하는데, 자가측정 시 사용한 여과지 및 시료채취기록지의 보존기간은 「환경분야 시험·검사 등에 관한법률」에 따른 환경오염공정시험기준에 따라 측정한 날부터 ( )(으)로 한다.

① 1개월 ② 3개월
③ 6개월 ④ 1년

해설 [시행규칙 제52조] 자가측정 시 사용한 여과지 및 시료채취기록지의 보존기간은 「환경분야 시험·검사 등에 관한 법률」에 따른 환경오염공정시험기준에 따라 측정한 날부터 6개월로 한다.

86 대기환경보전법령상 배출허용 기준 초과와 관련한 개선명령을 받은 사업자는 그 명령을 받은 날부터 며칠 이내에 개선계획서를 환경부령으로 정하는 바에 따라 시·도지사에게 제출하여야 하는가? (단, 연장이 없는 경우)

① 즉시 ② 10일 이내
③ 15일 이내 ④ 30일 이내

해설 [시행령 제21조] 개선계획서의 제출에서 조치명령(적산전력계의 운영·관리기준 위반으로 인한 조치명령은 제외한다.) 또는 개선명령을 받은 사업자는 그 명령을 받은 날부터 15일 이내에 개선계획서(굴뚝자동측정기기를 부착한 경우에는 전자문서로 된 계획서를 포함)를 환경부령으로 정하는 바에 따라 환경부장관 또는 시·도지사에게 제출해야 한다.

87 대기환경보전법규상 환경부장관이 대기오염물질을 총량으로 규제하고자 할 때 고시해야 하는 사항으로 거리가 먼 것은? (단, 기타사항은 제외)

① 총량규제구역
② 총량규제 대기오염물질
③ 대기오염물질의 저감계획
④ 규제기준농도

해설 [시행규칙 제24조] 환경부장관은 그 구역의 사업장에서 배출되는 대기오염물질을 총량으로 규제하려는 경우에는 다음의 사항을 고시하여야 한다.
1. 총량규제구역
2. 총량규제 대기오염물질
3. 대기오염물질의 저감계획
4. 그 밖에 총량규제구역의 대기관리를 위하여 필요한 사항

88 실내공기질관리법령의 적용대상이 되는 다중이용시설 중 대통령령이 정하는 규모기준으로 옳지 않은 것은?

① 항만시설 중 연면적 5천제곱미터 이상인 대합실
② 연면적 1천제곱미터 이상인 실내주차장(기계식 주차장을 포함한다.)
③ 모든 대규모점포
④ 연면적 430제곱미터 이상인 국공립어린이집, 법인어린이집, 직장어린이집 및 민간어린이집

해설 [실내공기질관리법 시행령 제2조] 실내주차장의 적용대상은 연면적 2,000m² 이상이다.

89 대기환경보전법규상 대기환경 규제지역을 관할하는 시·도지사 등이 해당 지역의 환경기준을 달성, 유지하기 위해 수립하는 실천계획에 포함될 사항과 거리가 먼 것은?

① 대기오염 측정결과에 따른 대기오염기준 설정
② 계획달성연도의 대기질 예측결과
③ 대기보전을 위한 투자계획과 오염물질
④ 대기오염원별 대기오염물질 저감계획 및 계획의 시행을 위한 수단

해설 [시행규칙 제18조] 실천계획에 포함될 사항은 다음과 같다. (단, 해당 규칙 내용은 2020년 4월 삭제되었음에 유의 바람)
1. 일반환경 현황
2. 조사결과 및 대기오염 예측모형을 이용하여 예측한 대기오염도
3. 대기오염원별 대기오염물질 저감계획 및 계획의 시행을 위한 수단
4. 계획달성연도의 대기질 예측결과
5. 대기보전을 위한 투자계획과 대기오염물질 저감효과를 고려한 경제성 평가
6. 그 밖에 환경부장관이 정하는 사항

90 대기환경보전법령상 오염물질의 초과부과금 산정 시 위반횟수별 부과계수 산출방법이다. ( ) 안에 알맞은 것은?

> 2차 이상 위반한 경우는 위반 직전의 부과계수에 ( )을(를) 곱한 것으로 한다.

① 100분의 100   ② 100분의 105
③ 100분의 110   ④ 100분의 120

해설 [시행령 제26조] 연도별 부과금 산정지수 및 위반횟수별 부과계수 위반횟수별 부과계수는 다음의 구분에 따른 비율을 곱한 것으로 한다.
1. 위반이 없는 경우 : 100분의 100
2. 처음 위반한 경우 : 100분의 105
3. 2차 이상 위반한 경우 : 위반 직전의 부과계수에 100분의 105를 곱한 것

91 대기환경보전법규상 대기오염방지시설과 가장 거리가 먼 것은?

① 미생물을 이용한 처리시설
② 촉매반응을 이용하는 시설
③ 흡수에 의한 시설
④ 확산에 의한 시설

해설 [시행규칙 별표 4]에서 규정하는 대기오염방지시설은 집진시설(중력, 관성력, 원심력, 세정, 여과, 전기, 음파), 유해가스 처리시설(흡수시설, 흡착시설, 직접연소, 촉매반응시설, 응축시설, 산화·환원시설) 기타 미생물을 이용한 처리시설, 연소조절에 의한 시설 등이다.

92 대기환경보전법상 황함유 기준을 초과하는 연료를 공급·판매한 자에 대한 벌칙기준으로 옳은 것은?

① 5년 이하의 징역이나 5천만 원 이하의 벌금
② 3년 이하의 징역이나 3천만 원 이하의 벌금
③ 2년 이하의 징역이나 2천만 원 이하의 벌금
④ 1년 이하의 징역이나 1천만 원 이하의 벌금

해설 [법 제90조의2] 벌칙규정에서 황함유 기준을 초과하는 연료를 공급·판매한 자는 3년 이하의 징역이나 3천만 원 이하의 벌금에 처한다.

93 대기환경보전법상 사용하는 용어의 정의로 옳지 않은 것은?

① "검댕"이란 연소할 때에 생기는 유리(遊離)탄소가 응결하여 입자의 지름이 1미크론 이상이 되는 입자상 물질을 말한다.
② "온실가스 평균배출량"이란 자동차제작자가 판매한 자동차 중 환경부령으로 정하는 자동차의 온실가스 배출량의 합계를 해당 자동차 총 대수로 나누어 산출한 평균값(g/km)을 말한다.
③ "온실가스"란 적외선 복사열을 흡수하거나 다시 방출하여 온실효과를 유발하는 대기 중의 가스상태 물질로서 이산화탄소, 메탄, 아산화질소, 수소불화탄소, 과불화탄소, 육불화황을 말한다.
④ "냉매(冷媒)"란 열전달을 통한 냉난방, 냉동·냉장 등의 효과를 목적으로 사용되는 물질로서 산업통상자원부령으로 정하는 것을 말한다.

정답 89.① 90.② 91.④ 92.② 93.④

[해설] [법 제2조] 정의에서 "냉매(冷媒)"란 기후·생태계 변화 유발물질 중 열전달을 통한 냉난방, 냉동·냉장 등의 효과를 목적으로 사용되는 물질로서 환경부령으로 정하는 것을 말한다.

94 대기환경보전법규상 배출시설에서 배출되는 입자상 물질인 아연화합물(Zn로서)의 배출 허용기준은? (단, 모든 배출시설)

① 5mg/Sm³ 이하
② 10mg/Sm³ 이하
③ 15mg/Sm³ 이하
④ 20mg/Sm³ 이하

[해설] [시행규칙 별표 8] 대기오염물질의 배출허용기준 중에서 아연화합물의 배출허용기준은 5mg/Sm³ 이하이다.

95 대기환경보전법규상 휘발성 유기화합물 배출 억제·방지시설 설치 및 검사·측정결과의 기록보존에 관한 기준 중 주유소 저장시설에 관한 기준이다. ( ) 안에 알맞은 것은?

- 회수설비의 유증기 회수율은 (㉠)이어야 한다.
- 회수설비의 적정가동 여부 등을 확인하기 위한 압력 감쇄·누설 등을 (㉡) 검사하고, 그 결과를 다음 검사를 완료하는 날까지 기록 및 보존하여야 한다.

① ㉠ 75% 이상, ㉡ 1년마다
② ㉠ 75% 이상, ㉡ 2년마다
③ ㉠ 90% 이상, ㉡ 1년마다
④ ㉠ 90% 이상, ㉡ 2년마다

[해설] [시행규칙 별표 16] 휘발성 유기화합물 배출 억제·방지시설 설치 및 검사·측정결과의 기록보존에 관한 기준에서 주유소 저장시설 기준은 다음과 같다.
1. 회수설비의 유증기 회수율은 90% 이상이어야 한다.
2. 설치한 대기밸브는 다음의 압력 차이에서 작동되어야 한다.
   - 정압 : 0.6kPa 이상 1.5kPa 이하
   - 부압 : 1.5kPa 이상 3kPa 이하
3. 회수설비의 적정가동 여부 등을 확인하기 위한 압력 감쇄·누설 등을 2년마다 검사하고, 그 결과를 다음 검사를 완료하는 날까지 기록 및 보존하여야 한다.

96 대기환경보전법규상 위임업무 보고사항 중 보고횟수가 연 1회인 것은?

① 자동차 연료 제조·판매 또는 사용에 대한 규제현황
② 수입자동차 배출가스 인증 및 검사현황
③ 측정기기 관리대행업의 등록, 변경등록 및 행정처분 현황
④ 환경오염사고 발생 및 조치사항

[해설] [시행규칙 별표 37] 대기환경보전법규상 위임업무 보고사항 중 보고 횟수가 연 1회인 것은 ③이다.
① 자동차 연료 제조·판매 또는 사용에 대한 규제현황 : 연 2회
② 수입자동차 배출가스 인증 및 검사현황 : 연 4회
③ 측정기기 관리대행업의 등록, 변경등록 및 행정처분 현황 : 연 1회
④ 환경오염사고 발생 및 조치사항 : 수시

97 대기환경보전법령상 Ⅱ지역의 기본부과금의 지역별 부과계수로 옳은 것은? (단, Ⅱ지역은 「국토의 계획 및 이용에 관한 법률」에 따른 공업지역 등이 해당)

① 0.5
② 1.0
③ 1.5
④ 2.0

[해설] [시행령 별표 7] 기본부과금의 지역별 부과계수는 다음과 같다.

구 분	지역별 부과계수
Ⅰ지역	1.5
Ⅱ지역	0.5
Ⅲ지역	1.0

98 대기환경보전법령상 대기오염물질 발생량의 합계가 연간 25톤인 사업장에 해당하는 것은? (단, 기타사항 제외)

① 1종 사업장
② 2종 사업장
③ 3종 사업장
④ 4종 사업장

[해설] [시행령 제13조] 대기오염물질 발생량의 합계가 연간 25톤인 사업장은 2종 사업장에 해당한다.
① 1종 사업장 : 연간 80톤 이상인 사업장
② 2종 사업장 : 연간 20톤 이상 80톤 미만 사업장
③ 3종 사업장 : 연간 10톤 이상 20톤 미만 사업장
④ 4종 사업장 : 연간 2톤 이상 10톤 미만인 사업장

99 악취방지법상에 사용하는 용어의 뜻으로 옳지 않은 것은?

① "상승악취"란 두 가지 이상의 악취물질이 함께 작용하여 사람의 후각을 자극하여 불쾌감과 혐오감을 주는 냄새를 말한다.
② "악취배출시설"이란 악취를 유발하는 시설, 기계·기구 그 밖의 것으로서 환경부장관이 관계 중앙행정기관의 장과 협의하여 환경부령으로 정하는 것을 말한다.
③ "악취"란 황화수소, 메르캅탄류, 아민류, 그 밖에 자극성이 있는 물질이 사람의 후각을 자극하여 불쾌감과 혐오감을 주는 냄새를 말한다.
④ "지정악취물질"이란 악취의 원인이 되는 물질로서 환경부령으로 정하는 것을 말한다.

[해설] 악취방지법에 상승악취는 정의되어 있지 않다.

100 대기환경보전법령상 시·도지사가 배출시설의 설치를 제한할 수 있는 경우이다. ( ) 안에 알맞은 것은?

> 배출시설 설치지점으로부터 반경 1킬로미터 안의 상주인구가 (㉠) 명 이상인 지역으로서 특정대기유해물질 중 한 가지 종류의 물질을 연간 10톤 이상 배출하거나 두 가지 이상의 물질을 연간 (㉡) 톤 이상 배출하는 시설을 설치하는 경우

① ㉠ 1만, ㉡ 20   ② ㉠ 2만, ㉡ 20
③ ㉠ 1만, ㉡ 25   ④ ㉠ 2만, ㉡ 25

[해설] [시행령 제12조]에서 시·도지사가 배출시설의 설치를 제한할 수 있는 경우는 다음과 같다.
1. 배출시설 설치지점으로부터 반경 1킬로미터 안의 상주인구가 2만 명 이상인 지역으로서 특정대기유해물질 중 한 가지 종류의 물질을 연간 10톤 이상 배출하거나 두 가지 이상의 물질을 연간 25톤 이상 배출하는 시설을 설치하는 경우
2. 대기오염물질(먼지·황산화물 및 질소산화물만 해당한다)의 발생량 합계가 연간 10톤 이상인 배출시설을 특별대책지역(총량규제구역으로 지정된 특별대책지역은 제외한다)에 설치하는 경우

정답 99.① 100.④

2019 제2회 대기환경산업기사

2019. 4. 27 시행

[제1과목] 대기오염개론

01 2,000m에서의 대기압력이 820mbar이고, 온도가 15℃이며 비열비가 1.4일 때 온위는? (단, 표준압력은 1,000mbar)

① 약 189K ② 약 236K
③ 약 305K ④ 약 371K

해설 온위 계산식을 이용한다.

〈계산식〉 $\theta = T\left(\dfrac{1,000}{P}\right)^{R/C}$

- P : 임의고도에서 압력 = 820mb
- P_o : 표준고도에서 압력 = 1,000mb
- T : 임의고도의 온도(K) = 273 + 15 = 288K
- C : 비열비 = 1.4
- R : 비열비 − 1 = 0.4

∴ $\theta = 288 \times \left(\dfrac{1,000}{820}\right)^{0.4/1.4} = 305K$

02 공중역전에 해당하지 않는 것은?
① 복사역전 ② 전선역전
③ 해풍역전 ④ 난류역전

해설 공중역전에 해당하는 것은 침강, 전선, 난류, 해풍역전 등이다. 복사역전은 접지역전에 해당한다.

03 1985년 채택된 협약으로, 오존층 파괴 원인물질의 규제에 대한 것을 주 내용으로 하는 국제협약은?
① 제네바협약
② 비엔나협약
③ 기후변화협약
④ 리우협약

해설 1985년 채택된 오존층 보호 국제협약은 비엔나 협약이다.

04 다음 물질의 지구온난화지수(GWP)를 크기 순으로 옳게 배열한 것은? (단, 큰 순서 > 작은 순서)

① $N_2O > CH_4 > CO_2 > SF_6$
② $CO_2 > SF_6 > N_2O > CH_4$
③ $SF_6 > N_2O > CH_4 > CO_2$
④ $CH_4 > CO_2 > SF_6 > N_2O$

해설 지구온난화지수(Global Warming Potential, GWP)는 이산화탄소를 기준(CO_2=1)으로 하여 상대적인 온실효과 잠재력을 나타내는데 CH_4가 21, H_2O가 310, HFCs가 1,300, PFCs가 7,000, SF_6가 23,900이다.

05 황화수소(H_2S)에 비교적 강한 식물이 아닌 것은?
① 복숭아
② 토마토
③ 딸기
④ 사과

해설 황화수소에 강한 식물은 복숭아, 딸기, 사과 등이다.

06 오존(O_3)에 관한 설명으로 옳지 않은 것은?
① 폐수종과 폐충혈 등을 유발시키며, 섬모운동의 기능장애를 일으킨다.
② 식물의 경우 고엽이나 성숙한 잎보다는 어린잎에 주로 피해를 일으키며, 오존에 강한 식물로는 시금치, 파 등이 있다.
③ 오존에 약한 식물로는 담배, 자주개나리 등이 있다.
④ 인체의 DNA와 RNA에 작용하여 유전인자에 변화를 일으킬 수 있다.

해설 오존은 주로 성숙한 잎에 피해를 일으키며, 오존에 강한 식물로는 양파, 해바라기, 국화, 아카시아 등이 있다.

07 광화학반응에 관한 설명 중 가장 거리가 먼 것은?

① NO 광산화율이란 탄화수소에 의하여 NO가 NO_2로 산화되는 율을 뜻하며, ppb/min의 단위로 표현된다.
② 일반적으로 대기에서의 오존농도는 NO_2로 산화된 NO의 양에 비례하여 증가한다.
③ 과산화기가 산소와 반응하여 오존이 생성될 수도 있다.
④ 오존의 탄화수소 산화(반응)율은 원자상태의 산소에 의한 탄화수소의 산화에 비해 빠르게 진행한다.

해설 NO_2의 광분해에 의해 생성된 산소(O)는 각종 탄화수소 특히, 올레핀(Olefin)과 치환된 탄화수소를 공격하여 산화시킨다. 이때 산소원자의 산화속도는 오존에 비하여 약 10^8배나 빠른 것으로 알려져 있다.

08 엘니뇨(El Nino) 현상에 관한 설명으로 틀린 것은?

① 스페인어로 여자아이(the girl)라는 뜻으로, 엘니뇨가 발생하면 동남아시아, 호주 북부 등에서는 홍수가 주로 발생한다.
② 열대태평양 남미해안으로부터 중태평양에 이르는 넓은 범위에서 해수면의 온도가 평년보다 보통 0.5℃ 이상 높은 상태가 6개월 이상 지속되는 현상을 의미한다.
③ 엘니뇨가 발생하는 이유는 태평양 적도 부근에서 동태평양의 따뜻한 바닷물을 서쪽으로 밀어내는 무역풍이 불지 않거나 불어도 약하게 불기 때문이다.
④ 엘니뇨로 인한 피해가 주요 농산물 생산지역인 태평양 연안국에 집중되어 있어 농산물 생산이 크게 감축되고 있다.

해설 엘니뇨는 스페인어로 아기예수 또는 귀여운 소년이란 뜻으로 동태평양 바닷물의 온도가 상승하고 동남아시아 호주 북부 등에는 가뭄이 발생하게 된다.

09 자동차 운행 때와 비교하여 감속할 경우 특징적으로 가장 크게 증가하는 것은?

① NOx ② CO_2
③ H_2O ④ HC

해설 탄화수소가 가장 많이 배출되는 엔진의 작동상태는 "감속"상태이다. 가솔린 자동차의 운전모드에 따른 오염물질 배출특성은 다음 [표]와 같다.

구 분	HC	CO	NOx
많이 나올 때	감속	공전	가속
적게 나올 때	운행(정속)	운행(정속)	공전

10 가우시안 연기모델에 도입된 가정으로 옳지 않은 것은?

① 연기의 분산은 시간에 따라 농도와 기상조건이 변하는 비정상상태이다.
② x방향을 주 바람방향으로 고려하면, y방향(풍횡방향)의 풍속은 0이다.
③ 난류확산계수는 일정하다.
④ 연기 내 대기반응은 무시한다.

해설 연기의 분산은 시간에 따른 농도변화가 없는 정상상태를 가정한다.

11 유효굴뚝의 높이가 3배로 증가하면 최대착지농도는 어떻게 변화되는가? (단, Sutton의 확산식에 의한다.)

① 1/3로 감소한다.
② 1/9로 감소한다.
③ 1/27로 감소한다.
④ 1/81로 감소한다.

해설 Sutton의 최대착지농도(C_{max}) 확산식을 이용하여 계산한다.

〈계산식〉 $C_{max} = \dfrac{2Q}{\pi e U H_e^2} \times \left(\dfrac{K_z}{K_y}\right)$

• H_e를 제외한 모든 조건이 일정하다면,
  ⇨ $C_{max} : K \times \dfrac{1}{H_e^2}$

• $C_{max} : \dfrac{1}{H_e^2} = X : \dfrac{1}{(3H_e)^2}$

∴ $X = \dfrac{1}{3^2} C_{max}$,

즉 처음의 $\dfrac{1}{9}$로 변화

정답 7.④ 8.① 9.④ 10.① 11.②

12 바람과 관련된 설명이다. ( ) 안에 순서대로 들어갈 말로 옳은 것은?

> 풍향별로 관측된 바람의 발생빈도와 ( )을/를 동심원상에 그린 것을 ( )(이)라고 한다. 이때 풍향에서 가장 빈도수가 많은 것을 ( )(이)라고 한다.

① 풍속-바람장미-주풍
② 풍향-바람분포도-지균풍
③ 난류도-연기형태-경도풍
④ 기온역전도-환경감률-확산풍

[해설] 풍배도(바람의 지속도표)는 풍향과 풍속에 관한 자료를 그림으로 나타낸다고 하여 풍화 또는 풍배도 또는 바람장미(wind rose)라 부른다. 바람장미는 풍향별로 관측된 바람의 발생빈도와 풍속의 크기를 동심원상에 나타낸 것으로 가장 빈번히 관측된 풍향을 주풍이라 한다.

13 악취(냄새)의 물리적, 화학적 특성에 관한 설명으로 옳지 않은 것은?

① 일반적으로 증기압이 높을수록 냄새는 더 강하다고 볼 수 있다.
② 악취 유발물질들은 paraffin과 CS_2를 제외하고는 일반적으로 적외선을 강하게 흡수한다.
③ 악취 유발가스는 통상 활성탄과 같은 표면 흡착제에 잘 흡착된다.
④ 악취는 물리적 차이보다는 화학적 구성에 의해서 결정된다는 주장이 더 지배적이다.

[해설] 악취는 화학적 구성에 의해서 결정되기보다는 구성 그룹(Group)의 배열에 의하여 나타나는 물리적 차이에 의해서 결정된다는 견해가 지배적이다.

14 인체에 대한 피해로서 "발열"을 일으킬 수 있는 물질로 가장 적합한 것은?

① 바륨, 철화합물
② 황화수소, 일산화탄소
③ 망간화합물, 아연화합물
④ 벤젠, 나프탈렌

[해설] 망간화합물과 아연화합물은 대표적인 발열물질이다.

15 온실효과에 대한 기여도가 가장 큰 것은?

① CH_4
② CFC 11&12
③ N_2O
④ CO_2

[해설] 지구온실효과에 대한 추정 기여도는 CO_2가 약 55%로 가장 높다.
[참고] 온실효과 기여도
① CH_4 : 약 15%
② CFC 11&12 : 약 22%
③ N_2O : 약 6%

16 직경이 25cm인 관에서 유체의 점도가 1.75×10^{-5} kg/m·sec이고, 유체의 흐름속도가 2.5m/sec라고 할 때 이 유체의 레이놀즈 수(Re)와 흐름특성은? (단, 유체밀도는 1.15 kg/m³이다.)

① 2,245, 층류
② 2,350, 층류
③ 41,071, 난류
④ 114,703, 난류

[해설] 레이놀즈 수 계산식을 적용한다.

〈계산식〉 $Re = \dfrac{D \cdot \rho \cdot V}{\mu}$

∴ $Re = \dfrac{0.25 \times 1.15 \times 2.5}{1.75 \times 10^{-5}} = 41,071.43$, 난류상태

17 휘발성 유기화합물질(VOCs)은 다양한 배출원에서 배출되는데 우리나라의 경우 최근 가장 큰 부분(총배출량)을 차지하는 배출원은?

① 유기용제 사용
② 자동차 등 도로이동 오염원
③ 폐기물처리
④ 에너지 수송 및 저장

[해설] 국내의 휘발성 유기화합물질(VOCs) 배출량은 2016년 기준, 유기용제 사용>생산공정>폐기물처리>도로이동 오염원>비도로이동 오염원>에너지 수송 및 저장 등의 순으로 나타나고 있다.

18 역사적인 대기오염 사건 중 가장 먼저 발생한 사건은?

① 도노라 사건
② 뮤즈계곡 사건
③ 런던스모그 사건
④ 포자리카 사건

[해설] 역사적인 대기오염 사건은 뮤즈계곡(1930)-횡빈 사건(1946)-도노라(1948)-포자리카(1950)-런던스모그(1952)-LA 스모그(1954)-보팔 사건(1984)이다.

정답 12.① 13.④ 14.③ 15.④ 16.③ 17.① 18.②

19 실내 오염물질에 관한 설명으로 옳지 않은 것은?

① 라돈은 자연계의 물질 중에 함유된 우라늄이 연속 통과하면서 생성되는 라듐이 붕괴할 때 생성되는 것으로서 무색, 무취이다.
② 폼알데하이드는 자극성 냄새를 갖는 무색 기체로 폭발의 위험성이 있으며, 살균 방부제로도 이용된다.
③ VOCs 중 하나인 벤젠은 피부를 통해 약 50% 정도 침투되며, 체내에 흡수된 벤젠은 주로 근육조직에 분포하게 된다.
④ 석면은 자연계에서 산출되는 가늘고 긴 섬유상 물질로서 내열성, 불활성, 절연성의 성질을 갖는다.

해설 벤젠은 대부분 호흡기를 통해 체내에 흡수되며 지방이 풍부한 피하조직과 골수에서 고농도로 오래 잔존 가능하여 혈중 농도보다 20배나 더 높은 농도를 유지하기도 한다.

20 "석유정제, 석탄건류, 가스공업, 형광물질의 원료 제조" 등과 가장 관련이 깊은 대기배출 오염물질은?

① Br_2 ② HCHO
③ NH_3 ④ H_2S

해설 황화수소의 주요 발생공정은 가스공업, 암모니아공업, 펄프공업, 석유화학공업, 도시가스 제조업, 폐수처리장, 매립장 등이 있다.

[제2과목] 대기오염공정시험기준

21 자외선/가시선 분광법에 관한 설명으로 거리가 먼 것은?

① 흡수셀의 재질 중 유리제는 주로 가시 및 근적외부 파장범위, 석영제는 자외부 파장범위를 측정할 때 사용한다.
② 광전광도계는 파장 선택부에 필터를 사용한 장치로 단광속형이 많고 비교적 구조가 간단하여 작업분석용에 적당하다.
③ 파장의 선택에는 일반적으로 단색화장치 (monochrometer) 또는 필터(filter)를 사용하고, 필터에는 색유리 필터, 젤라틴 필터, 간접필터 등을 사용한다.
④ 광원부의 광원에는 중공음극램프를 사용하고, 가시부와 근적외부의 광원으로는 주로 중수소방전관을 사용한다.

해설 자외선/가시선 분광법에서 광원부의 광원에는 텅스텐램프 중수소방전관 등을 사용하며, 가시부와 근적외부의 광원으로는 주로 텅스텐램프를 사용하고, 자외부의 광원으로는 주로 중수소방전관을 사용한다.

22 휘발성 유기화합물(VOCs) 누출 확인을 위한 휴대용 측정기기의 규격 및 성능기준으로 옳지 않은 것은?

① 기기의 계기눈금은 최소한 표시된 누출농도의 ±5%를 읽을 수 있어야 한다.
② 기기의 응답시간은 30초보다 작거나 같아야 한다.
③ VOCs 측정기기의 검출기는 시료와 반응하지 않아야 한다.
④ 교정 정밀도는 교정용 가스값의 10%보다 작거나 같아야 한다.

해설 VOCs 측정기기의 검출기는 시료와 반응하여야 한다. 검출기는 촉매산화, 불꽃이온화, 적외선흡수, 광이온화 검출기 및 기타 시료와 반응하는 검출기 등이 있다.

23 배출가스 중 수은화합물 측정을 위한 냉증기 원자흡수분광광도법에 관한 설명이다. ( ) 안에 알맞은 것은?

배출원에서 등속으로 흡입된 입자상과 가스상 수은은 흡수액인 (㉠)에 채취된다. Hg^{2+} 형태로 채취한 수은을 Hg^0 형태로 환원시켜서, 광학셀에 있는 용액에서 기화시킨 다음 원자흡수분광광도계로 (㉡)에서 측정한다.

① ㉠ 산성 과망간산포타슘용액, ㉡ 193.7nm
② ㉠ 산성 과망간산포타슘용액, ㉡ 253.7nm
③ ㉠ 다이메틸글리옥심용액, ㉡ 193.7nm
④ ㉠ 다이메틸글리옥심용액, ㉡ 253.7nm

해설 배출가스 중 수은화합물을 냉증기 원자흡수분광광도법으로 측정할 경우 배출원에서 등속으로 흡입된 입자상과 가스상 수은은 흡수액인 산성 과망간산포타슘용액에 채취된다. 적용파장은 253.7nm에서 측정한다.

24 배출가스 중 크롬을 원자흡수분광광도법으로 정량할 때 측정파장은?

① 217.0nm
② 228.8nm
③ 232.0nm
④ 357.9nm

[해설] 크롬을 원자흡수분광광도법으로 정량할 때 측정파장은 357.9nm이다.

25 원자흡수분광광도법에 사용하는 불꽃 조합 중 불꽃의 온도가 높기 때문에 불꽃 중에서 해리하기 어려운 내화성 산화물(Refractory Oxide)을 만들기 쉬운 원소의 분석에 가장 적합한 것은?

① 아세틸렌-공기불꽃
② 수소-공기불꽃
③ 아세틸렌-아산화질소불꽃
④ 프로판-공기불꽃

[해설] 불꽃의 온도가 높아 불꽃 중에서 해리하기 어려워 내화성 산화물을 만들기 쉬운 원소의 분석에 사용되는 조합은 '아세틸렌-아산화질소' 불꽃이다.
[참고] 원자흡수분광광도법에 사용되는 불꽃의 종류는 다음과 같다.
1. 수소-공기, 아세틸렌-공기, 아세틸렌-아산화질소 및 프로판-공기 : 가장 널리 이용
2. 수소-공기, 아세틸렌-공기 : 거의 대부분의 원소분석에 유효하게 사용
3. 수소-공기 : 원자외 영역에서 분석선을 갖는 원소의 분석에 적합
4. 아세틸렌-아산화질소 : 내화성 산화물(Refractory Oxide)을 만들기 쉬운 원소의 분석에 적당
5. 프로판-공기 : 불꽃온도가 낮고 일부 원소에 대하여 높은 감도를 나타냄

26 다음 중 분석대상가스가 이황화탄소(CS_2)인 경우 사용되는 채취관, 도관의 재질로 가장 적합한 것은?

① 보통강철
② 석영
③ 염화비닐수지
④ 네오프렌

[해설] 분석대상가스가 이황화탄소일 경우 사용되는 채취관, 도관은 경질유리, 석영, 불소수지이다.

27 굴뚝연속자동측정기 설치방법 중 도관부착방법으로 가장 거리가 먼 것은?

① 냉각 도관 부분에는 반드시 기체-액체 분리관과 그 아래쪽에 응축수 트랩을 연결한다.
② 응축수의 배출에 쓰는 펌프는 충분히 내구성이 있는 것을 쓰며, 이때 응축수 트랩은 사용하지 않아도 좋다.
③ 냉각도관은 될 수 있는 대로 수평으로 연결한다.
④ 기체-액체 분리관은 도관의 부착위치 중 가장 낮은 부분 또는 최저온도의 부분에 부착하여 응축수를 급속히 냉각시키고 배관계의 밖으로 빨리 방출시킨다.

[해설] 도관은 되도록 짧게 수직으로 연결한다.

28 흡광차분광법에서 측정에 필요한 광원으로 적합한 것은?

① 200~900nm 파장을 갖는 중공음극램프
② 200~900nm 파장을 갖는 텅스텐램프
③ 180~2,850nm 파장을 갖는 중공음극램프
④ 180~2,850nm 파장을 갖는 제논램프

[해설] 흡광차분광법에서 측정에 필요한 광원은 180~2,850nm의 파장을 갖는 제논(Xenon)램프를 사용하여 이산화황, 질소산화물, 오존 등의 대기오염물질 분석에 적용한다.

29 황화수소를 아이오딘 적정법으로 정량할 때, 종말점의 판단을 위한 지시약은?

① 아르세나조Ⅲ
② 염화제이철
③ 녹말용액
④ 메틸렌블루

[해설] 굴뚝 배출가스 중 황화수소를 아이오딘 적정법으로 분석할 때 종말점의 판단을 위한 지시약은 녹말용액이다. 녹말 지시약은 가용성 녹말 1g을 소량의 물과 섞어 끓는 물 10mL 중에 잘 흔들어 섞으면서 가한다. 약 1분간 끓인 후 식혀서 사용한다.

30 굴뚝 배출가스 중 가스상 물질 시료채취 시 주의사항에 관한 설명으로 옳지 않은 것은?

① 습식가스미터를 이동 또는 운반할 때에는 반드시 물을 빼고, 오랫동안 쓰지 않을 때도 그와 같이 배수한다.
② 가스미터는 250mmH₂O 이내에서 사용한다.
③ 시료가스의 양을 재기 위하여 쓰는 채취병은 미리 0℃ 때의 참부피를 구해둔다.
④ 시료채취장치의 조립에 있어서는 채취부의 조작을 쉽게 하기 위하여 흡수병, 마노미터, 흡입펌프 및 가스미터는 가까운 곳에 놓는다.

해설 가스상 물질을 분석하기 위한 시료채취 시 가스미터는 100mmH2O 이내에서 사용한다.

31 "항량이 될 때까지 건조한다"에서 "항량"의 범위를 벗어나지 않는 것은?

① 검체 8g을 1시간 더 건조하여 무게를 달아 보니 7.9975g이었다.
② 검체 4g을 1시간 더 건조하여 무게를 달아 보니 3.9989g이었다.
③ 검체 1g을 1시간 더 건조하여 무게를 달아 보니 0.999g이었다.
④ 검체 100mg을 1시간 더 건조하여 무게를 달아 보니 99.9mg이었다.

해설 항량이 될 때까지 건조한다는 것은 항량 시 시료의 전후 무게의 차가 매 g당 0.3mg 이하가 되어야 한다. 따라서 각 검체에 적용하여 그 전후의 차를 통해 항량의 범위를 다음과 같이 산정한다.
①항은 8g-8g×0.3mg/g×10⁻³g/mg=7.9976g>7.9975g이므로 항량의 범위를 벗어난다.
②항은 4g-4g×0.3mg/g×10⁻³g/mg=3.9988g<3.9989g이므로 항량의 범위를 벗어나지 않는다.
③항은 1g-1g×0.3mg/g×10⁻³g/mg=0.9997g>0.999g이므로 항량의 범위를 벗어난다.
④항은 100mg-100mg×0.3mg/g×10⁻³g/mg= 99.97mg>99.9mg이므로 항량의 범위를 벗어난다.
따라서 ②항만 항량(恒量)의 범위를 벗어나지 않는다.

32 형광분광광도법을 이용한 환경대기 내의 벤조(a)피렌 분석을 위한 박층판 만드는 방법이다. ( ) 안에 알맞은 것은?

알루미나에 적당량의 물을 넣고 Slurry로 만들고 이것을 Applicator에 넣고 유리판 위에 약 250μm의 두께로 피복하여 방치한다. 이 Plate 100℃에서 (㉠) 가열 활성하여 보통 황산수용액에서 상대습도를 약 45%로 조성시킨 진공 데시케이터 안에 넣고 (㉡) 보존시킨 것을 사용한다.

① ㉠ 30분간, ㉡ 2시간 이상
② ㉠ 30분간, ㉡ 3주 이상
③ ㉠ 2시간, ㉡ 2시간 이상
④ ㉠ 2시간, ㉡ 3주 이상

해설 환경대기 내의 벤조(a)피렌을 형광분광광도법으로 분석할 때, 박층판은 Plate 100℃에서 30분간 가열한 후 3주 이상 보존시킨 것을 사용한다.

33 환경대기 내의 탄화수소 농도 측정방법 중 총탄화수소 측정법에서의 성능기준으로 옳지 않은 것은?

① 응답시간 : 스팬가스를 도입시켜 측정치가 일정한 값으로 급격히 변화되어 스팬가스 농도의 90% 변화할 때까지의 시간은 2분 이하여야 한다.
② 지시의 변동 : 제로가스 및 스팬가스를 흘려보냈을 때 정상적인 측정치의 변동은 각 측정단계(Range)마다 최대눈금치의 ±1%의 범위 내에 있어야 한다.
③ 예열시간 : 전원을 넣고 나서 정상으로 작동할 때까지의 시간은 6시간 이하여야 한다.
④ 재현성 : 동일조건에서 제로가스와 스팬가스를 번갈아 3회 도입해서 각각의 측징치의 평균치로부터 구한 편차는 각 측정단계(Range)마다 최대눈금치의 ±1%의 범위 내에 있어야 한다.

해설 환경대기 중 총탄화수소를 측정할 때 측정기의 예열시간은 전원을 넣고 나서 정상으로 작동할 때까지의 시간은 4시간이다.

34 NaOH 20g을 물에 용해시켜 800mL로 하였다. 이 용액은 몇 N인가?

① 0.0625N ② 0.625N
③ 6.25N   ④ 62.5N

정답 30.② 31.② 32.② 33.③ 34.②

[해설] 수산화나트륨(NaOH) 1mol=40(분자량), 1eq당량 은 40g이다.

∴ $N(eq/L) = \frac{20g}{0.8L} \bigg| \frac{1eq}{40g} = 0.625$

35 환경대기 중 먼지 측정방법 중 저용량 공기 시료채취기법에 관한 설명으로 가장 거리가 먼 것은?

① 유량계는 여과지홀더와 흡입펌프의 사이에 설치하고, 이 유량계에 새겨진 눈금은 20℃, 1기압에서 10~30L/min 범위를 0.5L/min 까지 측정할 수 있도록 되어 있는 것을 사용한다.
② 흡입펌프는 연속해서 10일 이상 사용할 수 있고, 진공도가 낮은 것을 사용한다.
③ 여과지홀더의 충전물질은 불소수지로 만들어진 것을 사용한다.
④ 멤브레인필터와 같이 압력손실이 큰 여과지를 사용하는 진공계는 유량의 눈금값에 대한 보정이 필요하기 때문에 압력계를 부착한다.

[해설] 환경대기 중 먼지 측정을 위한 저용량 공기 시료채취기법에서 사용하는 흡입펌프는 연속해서 30일 이상 사용할 수 있고 되도록 다음의 조건을 갖춘 것을 사용한다.
1. 진공도가 높을 것
2. 유량이 큰 것
3. 맥동이 없이 고르게 작동될 것
4. 운반이 용이할 것

36 자외선/가시선 분광법을 사용한 브롬화합물 정량방법이다. ( ) 안에 알맞은 것은?

배출가스 중 브롬화합물을 수산화소듐용액에 흡수시킨 후 일부를 분취해서 산성으로 하여 (㉠)을 사용하여 브롬으로 산화시켜 (㉡)으로 추출한다.

① ㉠ 중성요오드화포타슘용액, ㉡ 헥산
② ㉠ 중성요오드화포타슘용액, ㉡ 클로로폼
③ ㉠ 과망간산포타슘용액, ㉡ 헥산
④ ㉠ 과망간산포타슘용액, ㉡ 클로로폼

[해설] 브롬화합물을 자외선/가시선 분광법으로 분석할 경우 배출가스 중 브롬화합물을 수산화소듐용액에 흡수시킨 후 일부를 분취해 산성으로 하여 과망간산포타슘용액으로 산화시켜 클로로폼으로 추출한다. 클로로폼층에 물과 황산제이철암모늄용액 및 싸이오시안산제이수은용액을 가하여 발색한 물층의 흡광도를 측정해서 브롬을 정량하며 흡수파장은 460nm이다.

37 다음은 환경대기 내의 유해 휘발성 유기화합물(VOCs) 시험방법 중 고체흡착법에 사용되는 용어의 정의이다. ( ) 안에 알맞은 것은?

일정 농도의 VOC가 흡착관에 흡착되는 초기 시점부터 일정시간이 흐르게 되면 흡착관 내부에 상당량의 VOC가 포화되기 시작하고 전체 VOC량의 ( )가 흡착관을 통과하게 되는데, 이 시점에서 흡착관 내부로 흘러간 총 부피를 파과부피라 한다.

① 0.1% ② 5%
③ 30% ④ 50%

[해설] 일정 농도의 VOC가 흡착관에 흡착되는 초기 시점부터 일정시간이 흐르게 되면 흡착관 내부에 상당량의 VOC가 포화되기 시작하고 전체 VOC량의 5%가 흡착관을 통과하게 되는데, 이 시점에서 흡착관 내부로 흘러간 총부피를 파과부피(breakthrough volume)라 한다.

38 굴뚝 배출가스 내 폼알데하이드 및 알데하이드류의 분석방법 중 고성능 액체크로마토그래피(HPLC)에 관한 설명으로 옳지 않은 것은?

① 배출가스 중의 알데하이드류를 흡수액 2,4-다이나이트로페닐하이드라진(DNPH, dini-trophenylhydrazine)과 반응하여 하이드라존 유도체(hydrazone derivative)를 생성한다.
② 흡입노즐은 석영제로 만들어진 것으로 흡인노즐의 꼭짓점은 45° 이하의 예각이 되도록 하고 매끈한 반구모양으로 한다.
③ 하이드라존(Hydrazone)은 UV영역, 특히 350~380nm 최대흡광도를 나타낸다.
④ 흡입관은 수분 응축 방지를 위해 시료가스 온도를 100℃ 이상으로 유지할 수 있는 가열기를 갖춘 보로실리케이트 또는 석영 유리관을 사용한다.

해설 굴뚝 배출가스 내 폼알데하이드 및 알데하이드류를 고성능 액체크로마토그래피(HPLC)로 분석할 때 흡입노즐은 스테인리스강 또는 유리제로 만들어진 것으로 흡입노즐의 안과 밖의 기체흐름이 흐트러지지 않도록 흡입노즐 내경(d)은 3mm 이상으로 한다. 그리고 흡입노즐의 꼭짓점은 30° 이하의 예각이 되도록 하고 매끈한 반구모양으로 한다. 흡입노즐의 내·외면은 매끄럽게 되어야 하며 급격한 단면의 변화와 굴곡이 없어야 한다.

39 원자흡수분광광도법에서 광원부로 가장 적합한 장치는?

① 텅스텐램프 ② 플라즈마젯
③ 중공음극램프 ④ 수소방전관

해설 원자흡광분석용 광원은 원자흡광 스펙트럼선의 선폭보다 좁은 선폭을 갖고 휘도가 높은 스펙트럼을 방사하는 중공음극램프가 많이 사용된다.

40 원형굴뚝 단면의 반경이 0.5m인 경우 측정점 수는?

① 1 ② 4
③ 8 ④ 12

해설 원형단면의 측정점 수는 다음과 같다.

굴뚝직경(m)	반경 구분 수	측정점 수
1 이하	1	4
1 초과 2 이하	2	8
2 초과 4 이하	3	12
4 초과 4.5 이하	4	16
4.5 초과	5	20

굴뚝의 반경이 0.5m이므로 직경은 1.0m이다. 따라서 측정점 수는 4개이다.

[**제3과목**] **대기오염방지기술**

41 250Sm³/hr의 배출가스를 배출하는 보일러에서 발생하는 SO_2를 탄산칼슘을 사용하여 이론적으로 완전 제거하고자 한다. 이때 필요한 탄산칼슘의 양(kg/hr)은? (단, 배출가스 중의 SO_2 농도는 2,500ppm이고 이론적으로 100% 반응하며, 표준상태 기준)

① 0.28 ② 2.8
③ 28 ④ 280

해설 아황산가스(SO_2)와 탄산칼슘의 흡수반응식을 이용한다.

〈반응식〉 $SO_2 + CaCO_3 + \frac{1}{2}O_2 \rightarrow CaSO_4 + CO_2$

$22.4m^3 : 100kg$

$$\therefore CaCO_3 = \frac{\frac{2,500mL}{m^3} \left| \frac{250m^3}{hr} \right| \times 10^{-6}(m^3/mL)}{\frac{22.4m^3(SO_2)}{100kg(CaCO_3)}} = 2.79kg/hr$$

42 처리가스량 1,200m³/min, 처리속도 2cm/sec인 함진가스를 직경 25cm, 길이 3m의 원통형 여과포를 사용하여 집진하고자 할 때 필요한 원통형 여과포의 수는?

① 524개 ② 425개
③ 323개 ④ 223개

해설 여과포의 개수를 계산하는 식을 통해 산출한다.

〈계산식〉 $n = \frac{Q_f}{Q_i} = \frac{Q_f}{\pi DLV_f}$

• Q_f(총유량) $= 1,200m^3/min \times 1min/60sec$
$= 20m^3/sec$
• Q_i(1개의 유량) $= \pi DLV_f$
$= \pi \times 0.25m \times 3m \times 0.02m/sec$
$= 0.047m^3/sec$

$\therefore n = \frac{20}{0.047} = 424.4482 \cdots \fallingdotseq 425$개

43 전기집진장치의 유지관리 사항 중 가장 거리가 먼 것은?

① 조습용 spray 노즐은 운전 중 막히기 쉽기 때문에 운전 중에도 점검, 교환이 가능해야 한다.
② 운전 중 2차 전류가 매우 적을 때에는 조습용 spray의 수량을 증가시켜 겉보기저항을 낮춘다.
③ 시동 시 애자 등의 표면을 깨끗이 닦아 고전압회로의 절연저항이 50Ω 이하가 되도록 한다.
④ 접지저항은 적어도 연 1회 이상 점검하여 10Ω 이하가 되도록 유지한다.

해설 시동 시에는 애자, 애관 등의 표면을 깨끗이 닦아 고압회로의 절연저항이 100MΩ 이하가 되도록 한다.

정답 39.③ 40.② 41.② 42.② 43.③

44 A집진장치의 입구와 출구에서의 먼지농도가 각각 11mg/Sm³와 0.2×10⁻³g/Sm³이라면 집진율(%)은?

① 96.2% ② 97.2%
③ 98.2% ④ 99.4%

해설 분진의 농도를 이용한 집진장치의 효율은 다음의 식에 따른다.

〈계산식〉 $\eta = \left(1 - \dfrac{C_o}{C_i}\right) \times 100$

- C_i : 입구농도 = 11mg/Sm³
- C_o : 출구농도 = 0.2×10⁻³g/Sm³ = 0.2mg/Sm³

∴ $\eta = \left(1 - \dfrac{0.2}{11}\right) \times 100 = 98.18\%$

45 각종 먼지 중 진비중/겉보기비중이 가장 큰 것은?

① 카본블랙 ② 미분탄보일러
③ 시멘트 원료분 ④ 골재 드라이어

해설 카본블랙(Carbon black)은 연소과정에서 탄소의 중합반응에 의해 생성되는 미연탄소로 흑색의 미세한 탄소분말로 보기 중 진비중이 가장 크다. 진비중/겉보기비중의 크기는 카본블랙(76)>제지용 흑액로 분진(25)>황동용 전기로 분진(15)>중유보일러 분진(9.8)>시멘트킬른 분진(5.0)>미분탄보일러 분진(4.0)의 순서이다.

46 입자를 크기별로 구분할 때 평균입자 지름이 0.1μm 이하인 핵영역, 0.1~2.5μm인 집적영역, 2.5μm보다 큰 조대영역으로 나눌 수 있다. 각 영역 입자의 특성에 대한 설명으로 가장 거리가 먼 것은?

① 조대영역 입자는 대부분 기계적 작용에 의해 생성된다.
② 핵영역 입자는 연소 등 화학반응에 의해 핵으로 형성된 부분이다.
③ 집적영역의 입자는 핵영역이나 조대영역의 입자에 비해 대기에서 잘 제거되므로 체류시간이 짧다.
④ 핵영역과 직접영역의 미세입자는 입자에 의한 여러 대기오염 현상을 일으키는 데 큰 역할을 한다.

해설 0.1~2.5μm 범위의 미세 입자영역에서는 브라운 운동을 하여 상호응집하거나 활발하게 움직이면서 장시간 체류한다. 해당 입자영역에 속하는 안개나 미스트 형태의 입자상 물질들은 가시거리 감소현상을 일으킨다.

47 수소가스 3.33Sm³를 완전연소시키기 위해 필요한 이론공기량(Sm³)은?

① 약 32 ② 약 24
③ 약 12 ④ 약 8

해설 수소의 연소반응을 적용한다.

〈계산식〉 $A = O_o \times \dfrac{1}{0.21}$

〈연소반응〉 $H_2 + 0.5O_2 \rightarrow H_2O$
   1 : 0.5

- $O_o = 0.5H_2 = 0.5 \times 3.33 = 1.665m^3$

∴ $A_o = 1.665 \times \dfrac{1}{0.21} = 7.93Sm^3$

48 화합물별 주요 원인물질 및 냄새 특징을 나타낸 것으로 가장 거리가 먼 것은?

	화합물	원인물질	냄새 특징
㉠	황화합물	황화메틸	양파, 양배추 썩는 냄새
㉡	질소화합물	암모니아	분뇨 냄새
㉢	지방산류	에틸아민	새콤한 냄새
㉣	탄화수소류	톨루엔	가솔린 냄새

① ㉠ ② ㉡
③ ㉢ ④ ㉣

해설 지방산류의 냄새 원인물질은 프로피온산(CH_3CH_2COOH, 자극적인 신냄새), 노말부티르산($CH_3(CH_2)_2COOH$, 땀냄새) 등이다. 에틸아민은 질소화합물의 냄새 원인물질이다.

49 유압식 Burner의 특징으로 옳은 것은?

① 분무각도 40~90° 정도이다.
② 유량조절범위는 1 : 10 정도이다.
③ 소형가열로의 열처리용으로 주로 쓰이며, 유압은 1~2kg/cm² 정도이다.
④ 연소용량은 2~5L/hr 정도이다.

해설 ①항만 옳다.
유압식 버너의 유량조절범위는 1 : 3으로 액체연료 버너 중 가장 좁고, 분무각도는 40~90°로 가장 넓다. 구조가 간단하고 주로 중·소형 보일러 등에 이용되나 대용량 버너 제작도 가능하다. 유압은 5~30kg/cm², 연소량은 15~2,000L/hr이다.

50 90° 곡관의 반경비가 2.25일 때 압력손실계수는 0.26이다. 속도압 50mmH$_2$O라면 곡관의 압력손실은?

① 0.6mmH$_2$O　　② 13mmH$_2$O
③ 22.2mmH$_2$O　　④ 112.5mmH$_2$O

해설 곡관의 압력손실 계산을 적용한다.
〈계산식〉 $\Delta P = f_c \times P_v$
∴ $\Delta P = 0.26 \times 50 = 13$ mmH$_2$O

51 석회석을 연소로에 주입하여 SO$_2$를 제거하는 건식탈황방법의 특징으로 옳지 않은 것은?

① 연소로 내에서 긴 접촉시간과 아황산가스가 석회분말의 표면 안으로 쉽게 침투되므로 아황산가스의 제거효율이 비교적 높다.
② 석회석과 배출가스 중 재가 반응하여 연소로 내에 달라붙어 열전달을 낮춘다.
③ 연소로 내에서의 화학반응은 주로 소성, 흡수, 산화의 3가지로 나눌 수 있다.
④ 석회석을 재생하여 쓸 필요가 없어 부대시설이 거의 필요 없다.

해설 건식 석회석주입법은 부대시설은 적게 들고, 탈황효율은 40% 정도로 아주 낮다.

52 입자가 미세할수록 표면에너지는 커지게 되어 다른 입자 간에 부착하거나 혹은 동종 입자간에 응집이 이루어지는데 이러한 현상이 생기게 하는 결합력 중 거리가 먼 것은?

① 분자 간의 인력
② 정전기적 인력
③ 브라운 운동에 의한 확산력
④ 입자에 작용하는 항력

해설 항력은 입자가 침강하거나 상승할 때 유체로부터 받는 저항력으로 입자가 충돌 및 접촉해 응집할 때 응집력과 반대로 작용하는 힘이다.

53 C=82%, H=14%, S=3%, N=1%로 조성된 중유를 12Sm^3 공기/kg 중유로 완전연소했을 때 습윤 배출가스 중의 SO$_2$ 농도는 약 몇 ppm인가? (단, 중유의 황성분은 모두 SO$_2$로 된다.)

① 1,784ppm　　② 1,642ppm
③ 1,538ppm　　④ 1,420ppm

해설 습윤 배출가스 중 SO$_2$ 농도 계산식을 적용한다.

〈계산식〉 SO$_2$(ppm) = $\dfrac{SO_2}{G_w} \times 10^6$

- $G_w = (m - 0.21)A_o + CO_2 + H_2O + SO_2 + N_2$
- $O_o = 1.867C + 5.6H + 0.7S$
   $= 1.867 \times 0.82 + 5.6 \times 0.14 + 0.7 \times 0.03$
   $= 2.336$ m^3/kg
- $A_o = O_o \times \dfrac{1}{0.21} = 2.336 \times \dfrac{1}{0.21} = 11.12$ m^3/kg
- $m = \dfrac{A}{A_o} = \dfrac{12}{11.12} = 1.08$
- $CO_2 = 1.867C = 1.531$ m^3/kg
- $H_2O = 11.2H = 1.568$ m^3/kg
- $SO_2 = 0.7S = 0.021$ m^3/kg
- $N_2 = 0.8N = 0.008$ m^3/kg

⇒ $G_w = (1.08 - 0.21) \times 11.12 + 1.531 + 1.568 + 0.021 + 0.008$
$= 12.80$ m^3/kg

∴ $C = \dfrac{0.021}{12.80} \times 10^6 = 1,641$ ppm

54 다음 중 벤투리스크러버(Venturi scrubber)에서 물방울 입경과 먼지 입경의 비는 충돌효율 면에서 어느 정도의 비가 가장 좋은가?

① 10 : 1　　② 25 : 1
③ 150 : 1　　④ 500 : 1

해설 벤투리스크러버에서 물방울 입경과 먼지 입경비는 150 : 1 전후가 가장 좋다.

55 A집진장치의 압력손실 25.75mmHg, 처리용량 42m^3/sec, 송풍기효율 80%이다. 이 장치의 소요동력은?

① 13kW　　② 75kW
③ 180kW　　④ 240kW

해설 송풍기의 소요동력 계산식을 이용한다.

〈계산식〉 $P(kW) = \dfrac{\Delta P \, Q}{102 \, \eta_s} \times \alpha$

- η_s : 송풍기효율 = 0.8

∴ $P = \dfrac{25.75 \times (13.6/1) \times 42}{102 \times 0.8} \times 1.0 = 180.25$ kW

정답 50.② 51.① 52.④ 53.② 54.③ 55.③

56 충전물이 갖추어야 할 조건으로 가장 거리가 먼 것은?

① 단위부피 내의 표면적이 클 것
② 가스와 액체가 전체에 균일하게 분포될 것
③ 간격의 단면적이 작을 것
④ 가스 및 액체에 대하여 내식성이 있을 것

해설 충전탑의 충전물 구비조건은 다음과 같다.
1. 단위용적에 대하여 표면적이 클 것
2. 공극률이 클 것
3. 압력손실이 작고 충진밀도가 클 것
4. 액가스 분포를 균일하게 유지할 수 있을 것
5. 내식성과 내열성이 크고, 내구성이 있을 것
6. 단위부피의 무게가 가벼울 것
7. 간격의 단면적이 클 것

57 집진장치의 집진효율이 99.5%에서 98%로 낮아지는 경우 출구에서 배출되는 먼지의 농도는 몇 배로 증가하게 되는가?

① 1.5배   ② 2배
③ 4배   ④ 8배

해설 집진장치의 집진효율과 출구농도의 관계식을 이용한다.

⟨계산식⟩ $C_o = C_i \times (1-\eta)$

• $C_{o99.5} = C_i \times (1-0.995) = 0.005 C_i$
• $C_{o98} = C_i \times (1-0.98) = 0.02 C_i$

∴ $\dfrac{C_{o98}}{C_{o99.5}} = \dfrac{0.02 C_i}{0.005 C_i} = 4$배

58 흡착제의 흡착능과 가장 관련이 먼 것은?

① 포화(saturation)
② 보전력(retentivity)
③ 파과점(break point)
④ 유전력(dielectric force)

해설 유전력은 전기집진장치와 관련된 용어로써 비전도성 물질을 통해 전하를 유도하여 분극현상이 잘 일어나게 하는 힘이다.

59 전기집진장치의 집진실을 독립된 하전설비를 가진 단위 집진실로 전기적 구획을 하는 주된 이유로 가장 적합한 것은?

① 순간 정전을 대비하고, 전기안전 사고를 예방하기 위함이다.
② 집진효율을 높이고, 효율적으로 전력을 사용하기 위함이다.
③ 처리가스의 유량분포를 균일하게 하고, 먼지입자의 충분한 체류시간을 확보하게 하기 위함이다.
④ 집진실 청소를 효과적으로 하기 위함이다.

해설 전기집진장치의 집진실을 독립된 하전설비를 가진 단위 집진실로 전기적 구획을 하는 주된 이유는 집진효율을 높이고, 효율적으로 전력을 사용하기 위함이다.

60 층류영역에서 Stokes의 법칙을 만족하는 입자의 침강속도에 관한 설명으로 옳지 않은 것은?

① 입자와 유체의 밀도차에 비례한다.
② 입자 직경의 제곱에 비례한다.
③ 가스의 점도에 비례한다.
④ 중력가속도에 비례한다.

해설 스토크스 법칙에 따르는 입자의 침강속도는 가스의 점도에 반비례한다.

⟨계산식⟩ $V_g = \dfrac{d_p^{\,2}(\rho_p - \rho)g}{18\mu}$

[제4과목] **대기환경관계법규**

61 대기환경보전법규상 자동차연료·첨가제 또는 촉매제의 검사를 받으려는 자가 국립환경과학원장 등에게 검사 신청 시 제출해야 하는 항목으로 거리가 먼 것은?

① 검사용 시료
② 검사시료의 화학물질 조성비율을 확인할 수 있는 성분분석서
③ 제품의 공정도(촉매제만 해당함)
④ 제품의 판매계획

해설 [시행규칙 제120조 3] 자동차연료·첨가제 또는 촉매제의 검사를 받으려는 자가 검사신청 시 제출해야 하는 항목은 다음과 같다.
1. 검사용 시료
2. 검사시료의 화학물질 조성비율을 확인할 수 있는 성분분석서
3. 최대첨가비율을 확인할 수 있는 자료(첨가제만 해당)
4. 제품의 공정도(촉매제만 해당)

62 대기환경보전법상 이 법에서 사용하는 용어의 뜻으로 옳지 않은 것은?

① "공회전제한장치"란 자동차에서 배출되는 대기오염물질을 줄이고 연료를 절약하기 위하여 자동차에 부착하는 장치로서 환경부령으로 정하는 기준에 적합한 장치를 말한다.
② "촉매제"란 배출가스를 증가시키기 위하여 배출가스 증가장치에 사용되는 화학물질로서 환경부령으로 정하는 것을 말한다.
③ "입자상물질(粒子狀物質)"이란 물질이 파쇄·선별·퇴적·이적(移積)될 때, 그 밖에 기계적으로 처리되거나 연소·합성·분해될 때에 발생하는 고체상 또는 액체상의 미세한 물질을 말한다.
④ "온실가스 평균배출량"이란 자동차제작자가 판매한 자동차 중 배출량의 합계를 해당 자동차 총 대수로 나누어 산출한 평균값(g/km)을 말한다.

해설 [법 제2조] "촉매제"란 배출가스를 줄이는 효과를 높이기 위하여 배출가스 저감장치에 사용되는 화학물질로서 환경부령으로 정하는 것을 말한다.

63 실내공기질관리법규상 PM-10의 실내공기질 유지기준이 100μg/m³ 이하인 다중이용시설에 해당하는 것은?

① 실내주차장 ② 대규모점포
③ 산후조리원 ④ 지하역사

해설 [시행규칙 별표 2] PM-10의 실내공기질 유지기준이 100μg/m³ 이하인 다중이용시설은 지하역사ㅣ지하도상가ㅣ철도역사의 대합실ㅣ여객자동차터미널의 대합실ㅣ항만시설 중 대합실ㅣ공항시설 중 여객터미널ㅣ도서관·박물관 및 미술관ㅣ장례식장ㅣ대규모점포ㅣ장례식장ㅣ영화상영관ㅣ학원ㅣ전시시설ㅣ인터넷 컴퓨터게임시설 제공업의 영업시설ㅣ목욕장업의 영업시설이다.
※ 해당연도 출제 당시 기준으로 대규모점포와 지하역사는 150μg/m³ 이하로 100μg/m³ 이하인 다중이용시설에 해당하지 않았지만 20년 개정된 내용으로는 둘 다 100μg/m³ 이하로 되었음을 주의한다.

64 대기환경보전법령상 사업장의 분류기준 중 4종 사업장의 분류기준은?

① 대기오염물질 발생량의 합계가 연간 20톤 이상 50톤 미만인 사업장
② 대기오염물질 발생량의 합계가 연간 10톤 이상 20톤 미만인 사업장
③ 대기오염물질 발생량의 합계가 연간 2톤 이상 10톤 미만인 사업장
④ 대기오염물질 발생량의 합계가 연간 1톤 이상 10톤 미만인 사업장

해설 [시행령 제13조]의 규정에 따른 사업장의 분류기준은 다음과 같다.

종 별	오염물질 발생량 구분
1종 사업장	대기오염물질 발생량의 합계가 연간 80톤 이상인 사업장
2종 사업장	대기오염물질 발생량의 합계가 연간 20톤 이상 80톤 미만인 사업장
3종 사업장	대기오염물질 발생량의 합계가 연간 10톤 이상 20톤 미만인 사업장
4종 사업장	대기오염물질 발생량의 합계가 연간 2톤 이상 10톤 미만인 사업장
5종 사업장	대기오염물질 발생량의 합계가 연간 2톤 미만인 사업장

65 대기환경보전법령상 자동차제작자는 부품의 결함건수 또는 결함비율이 대통령령으로 정하는 요건에 해당하는 경우 환경부장관의 명에 따라 그 부품의 결함을 시정해야 한다. 이와 관련하여 ( ) 안에 가장 적합한 건수기준은?

> 같은 연도에 판매된 같은 차종의 같은 부품에 대한 부품결함 건수(제작결함으로 부품을 조정하거나 교환한 건수를 말한다.)가 ( )인 경우

① 5건 이상 ② 10건 이상
③ 25건 이상 ④ 50건 이상

해설 [시행령 제51조]의 규정에 따르면 환경부장관은 관련법에 의하여 다음과 같은 경우 그 부품의 결함을 시정하도록 명령해야 한다.
1. 같은 연도에 판매된 같은 차종의 같은 부품에 대한 부품결함 건수(제작결함으로 부품을 조정하거나 교환한 건수를 말한다. 이하 이 항에서 같다)가 50건 이상인 경우
2. 같은 연도에 판매된 같은 차종의 같은 부품에 대한 부품결함 건수가 판매 대수의 4퍼센트 이상인 경우

66 대기환경보전법규상 자동차의 규모기준에 관한 설명이다. ( ) 안에 알맞은 것은? (단, 2015년 12월 10일 이후)

> 소형승용자동차는 사람을 운송하기 적합하게 제작된 것으로, 그 규모기준은 엔진 배기량이 1,000cc 이상이고, 차량 총중량이 (㉠)이며, 승차인원이 (㉡)

① ㉠ 1.5톤 미만, ㉡ 5명 이하
② ㉠ 1.5톤 미만, ㉡ 8명 이하
③ ㉠ 3.5톤 미만, ㉡ 5명 이하
④ ㉠ 3.5톤 미만, ㉡ 8명 이하

해설 [시행규칙 별표 5] 소형승용자동차는 사람을 운송하기 적합하게 제작된 것으로, 그 규모기준은 엔진 배기량이 1,000cc 이상이고, 차량 총중량이 3.5톤 미만이며, 승차인원이 8명 이하인 자동차를 말한다.

67 대기환경보전법상 저공해자동차로의 전환 또는 개조명령, 배출가스 저감장치의 부착·교체명령 또는 배출가스 관련 부품의 교체명령, 저공해엔진(혼소엔진을 포함한다)으로의 개조 또는 교체명령을 이행하지 아니한 자에 대한 과태료 부과기준은?

① 500만 원 이하의 과태료
② 300만 원 이하의 과태료
③ 200만 원 이하의 과태료
④ 100만 원 이하의 과태료

해설 [법 제95조] 저공해자동차로의 전환 또는 개조명령, 배출가스 저감장치의 부착·교체명령 또는 배출가스 관련 부품의 교체명령, 저공해엔진(혼소엔진을 포함한다)으로의 개조 또는 교체명령을 이행하지 아니한 자에 대한 과태료 부과기준은 300만 원 이하의 과태료이다.

68 악취방지법규상 악취검사기관과 관련한 행정처분기준이다. ( ) 안에 가장 적합한 처분기준은?

> 검사시설 및 장비가 부족하거나 고장난 상태로 7일 이상 방치한 경우 4차 행정처분기준은 ( )이다.

① 경고
② 업무정지1개월
③ 업무정지3개월
④ 지정취소

해설 [악취방지법 시행규칙 별표 9]의 행정처분기준에 따르면 검사시설 및 장비가 부족하거나 고장난 상태로 7일 이상 방치한 경우 행정처분기준은 1차 경고, 2차 업무정지 1개월, 3차 업무정지 3개월, 4차 이상은 지정취소이다.

69 대기환경보전법령상 초과부과금 산정기준에서 다음 오염물질 중 오염물질 1킬로그램당 부과금액이 가장 적은 것은?

① 먼지 ② 황산화물
③ 불소화물 ④ 암모니아

해설 [시행령 별표 4]의 초과부과금 산정기준에서 부과금액이 가장 낮은 것은 황산화물이다.
① 먼지 : 770
② 황산화물 : 500
③ 불소화물 : 2,300
④ 암모니아 : 1,400

70 악취방지법상 악취배출시설에 대한 개선명령을 받은 자가 악취배출 허용기준을 계속 초과하여 신고대상시설에 대해 시·도지사로부터 악취배출시설의 조업정지명령을 받았으나, 이를 위반한 경우 벌칙기준은?

① 1년 이하의 징역 또는 1천만 원 이하의 벌금
② 2년 이하의 징역 또는 2천만 원 이하의 벌금
③ 3년 이하의 징역 또는 3천만 원 이하의 벌금
④ 5년 이하의 징역 또는 5천만 원 이하의 벌금

해설 [악취방지법 제26조] 악취방지법상 다음과 같은 경우 3년 이하의 징역 또는 3천만 원 이하의 벌금에 처한다.
1. 악취배출시설에 대한 개선명령을 받은 자가 배출 허용기준을 반복하여 초과하여 신고대상시설에 대한 조업정지명령을 받았으나 그 명령을 위반한 자
2. 위법시설에 대한 폐쇄명령 또는 사용중지 명령을 위반한 자

71 대기환경보전법규상 자동차연료 제조기준 중 휘발유의 황함량 기준(ppm)은?

① 2.3 이하 ② 10 이하
③ 50 이하 ④ 60 이하

해설 [시행규칙 별표 33] 자동차연료 제조기준 중 휘발유의 황함량 기준은 10ppm 이하이다.

72 대기환경보전법규상 배출시설을 설치·운영하는 사업자에 대하여 조업정지를 명하여야 하는 경우로서 그 조업정지가 주민의 생활 등 그 밖에 공익에 현저한 지장을 줄 우려가 있다고 인정되는 경우 조업정지처분을 갈음하여 과징금을 부과할 수 있다. 이때 과징금의 부과기준에 적용되지 않는 것은?

① 조업정지일수
② 1일당 부과금액
③ 오염물질별 부과금액
④ 사업장 규모별 부과계수

해설 [시행규칙 제51조] 과징금의 부과규정에 따르면 위반행위와 종류·정도 등에 따른 과징금의 금액과 그 밖에 필요한 사항은 환경부령으로 정하며 그 내용은 다음과 같다.
1. 과징금은 행정처분기준에 따라 조업정지일수 1일당 부과금액과 사업장 규모별 부과계수를 곱하여 산정할 것
2. 1일당 부과금액은 300만 원으로 하고, 1종 사업장에 대하여는 2.0, 2종 사업장에 대하여는 1.5, 3종 사업장에 대하여는 1.0, 4종 사업장에 대하여는 0.7, 5종 사업장에 대하여는 0.4로 할 것

73 대기환경보전법규상 다음 정밀검사 대상 자동차에 따른 정밀검사 유효기간으로 옳지 않은 것은? (단, 차종의 구분 등은 자동차관리법에 의함)

① 차령 4년 경과된 비사업용 승용자동차 : 1년
② 차령 3년 경과된 비사업용 승용자동차 : 1년
③ 차령 2년 경과된 사업용 승용자동차 : 1년
④ 차령 2년 경과된 사업용 승용사동차 : 1년

해설 [시행규칙 별표 25]에서 정밀검사 대상 자동차의 정밀검사 유효기간은 다음과 같다.

차 종		정밀검사 대상 자동차	검사 유효기간
비사업용	승용 자동차	차령 4년 경과된 자동차	2년
	기타 자동차	차령 3년 경과된 자동차	
사업용	승용 자동차	차령 2년 경과된 자동차	1년
	기타 자동차	차령 2년 경과된 자동차	

74 대기환경보전법규상 배출시설에서 발생하는 오염물질이 배출허용기준을 초과하여 개선명령을 받은 경우, 개선해야 할 사항이 배출시설 또는 방지시설인 경우 개선계획서에 포함되어야 할 사항으로 거리가 먼 것은?

① 굴뚝 자동측정기기의 운영·관리 진단계획
② 배출시설 또는 방지시설의 개선명세서 및 설계도
③ 대기오염물질의 처리방식 및 처리효율
④ 공사기간 및 공사비

해설 [시행규칙 제38조]에 의하면 개선계획서에는 다음 사항이 포함되거나 첨부되어야 한다.
1. 조치명령을 받은 경우
 ① 개선기간·개선내용 및 개선방법
 ② 굴뚝 자동측정기기의 운영·관리 진단계획
2. 개선명령을 받은 경우로서 개선하여야 할 사항이 배출시설 또는 방지시설인 경우
 ① 배출시설 또는 방지시설의 개선명세서 및 설계도
 ② 대기오염물질의 처리방식 및 처리효율
 ③ 공사기간 및 공사비
 ④ 다음의 경우에는 이를 증명할 수 있는 서류
  ㉠ 개선기간 중 배출시설의 가동을 중단하거나 제한하여 대기오염물질의 농도나 배출량이 변경되는 경우
  ㉡ 개선기간 중 공법 등의 개선으로 대기오염물질의 농도나 배출량이 변경되는 경우

75 대기환경보전법규상 비산먼지의 발생을 억제하기 위한 시설의 설치 및 필요한 조치에 관한 엄격한 기준이다. ( ) 안에 알맞은 것은?

"싣기와 내리기 공정"인 경우 싣거나 내리는 장소 주위에 고정식 또는 이동식 물뿌림시설(물뿌림 반경 (㉠) 이상, 수압 (㉡) 이상)을 설치할 것

① ㉠ 1.5m, ㉡ 2.5kg/cm^2
② ㉠ 1.5m, ㉡ 5kg/cm^2
③ ㉠ 7m, ㉡ 2.5kg/cm^2
④ ㉠ 7m, ㉡ 5kg/cm^2

해설 [시행규칙 별표 15]에서 싣거나 내리는 장소 주위에 고정식 또는 이동식 물뿌림시설(물뿌림 반경 7m 이상, 수압 5kg/cm^2 이상)을 설치하여야 한다.

정답 72.③ 73.① 74.① 75.④

76 대기환경보전법령상 시·도지사는 부과금을 부과할 때 부과대상 오염물질량, 부과금액, 납부기간 및 납부장소 등을 기재하여 서면으로 알려야 한다. 이 경우 부과금의 납부기간은 납부통지서를 발급한 날부터 얼마로 하는가?

① 7일   ② 15일
③ 30일 ④ 60일

해설 [시행령 제33조]의 부과금의 납부통지에 관련한 사항은 다음과 같다.
1. 초과부과금은 초과부과금 부과 사유가 발생한 때(자동측정자료의 30분 평균치가 배출허용기준을 초과한 경우에는 매 반기 종료일부터 60일 이내)에, 기본부과금은 해당 부과기간의 확정배출량 자료제출기간 종료일부터 60일 이내에 부과금의 납부통지를 하여야 한다. 다만, 배출시설이 폐쇄되거나 소유권이 이전되는 경우에는 즉시 납부통지를 할 수 있다.
2. 환경부장관 또는 시·도지사는 부과금을 부과할 때에는 부과대상 오염물질량, 부과금액, 납부기간 및 납부장소, 그 밖에 필요한 사항을 적은 서면으로 알려야 한다. 이 경우 부과금의 납부기간은 납부통지서를 발급한 날부터 30일로 한다.

77 환경정책기본법령상 이산화질소(NO_2)의 대기환경기준으로 옳은 것은?

① 연간 평균치 0.03ppm 이하
② 24시간 평균치 0.05ppm 이하
③ 8시간 평균치 0.3ppm 이하
④ 1시간 평균치 0.15ppm 이하

해설 [환경정책기본법 시행령 별표 1]에서 정하고 있는 대기환경기준(20년 개정기준)에서 이산화질소에 대한 기준은 연간 평균치 : 0.03ppm 이하, 24시간 평균치 : 0.06ppm 이하, 1시간 평균치 : 0.10ppm 이하이다.

78 대기환경보전법규상 석유정제 및 석유화학제품 제조업 제조시설의 휘발성 유기화합물 배출억제·방지시설 설치 등에 관한 기준으로 옳지 않은 것은?

① 중간집수조에서 폐수처리장으로 이어지는 하수구(Sewer line)는 검사를 위해 대기 중으로 개방되어야 하며, 금·틈새 등이 발견되는 경우에는 30일 이내에 이를 보수하여야 한다.

② 휘발성 유기화합물을 배출하는 폐수처리장의 집수조는 대기오염공정시험방법(기준)에서 규정하는 검출 불가능 누출농도 이상으로 휘발성 유기화합물이 발생하는 경우에는 휘발성 유기화합물을 80퍼센트 이상의 효율로 억제·제거할 수 있는 부유지붕이나 상부덮개를 설치·운영하여야 한다.
③ 압축기는 휘발성 유기화합물의 누출을 방지하기 위한 개스킷 등 봉인장치를 설치하여야 한다.
④ 개방식 밸브나 배관에는 뚜껑, 브라인드프렌지, 마개 또는 이중밸브를 설치하여야 한다.

해설 [시행규칙 별표 16]에 따르면 휘발성 유기화합물 배출억제·방지시설 설치 및 검사·측정 결과의 기록보존에 관한 기준에 따라 중간집수조에서 폐수처리장으로 이어지는 하수구(sewer line)가 대기 중으로 개방되어서는 아니 되며, 금·틈새 등이 발견되는 경우에는 15일 이내에 이를 보수하여야 한다.

79 대기환경보전법규상 환경부장관이 그 구역의 사업장에서 배출되는 대기오염물질을 총량으로 규제하려는 경우 고시하여야 할 사항으로 거리가 먼 것은? (단, 그 밖의 사항 등은 제외)

① 총량규제구역
② 총량규제 대기오염물질
③ 대기오염방지시설 예산서
④ 대기오염물질의 저감계획

해설 [시행규칙 제24조]의 규정에 의하면 환경부장관은 그 구역의 사업장에서 배출되는 대기오염물질을 총량으로 규제하려는 경우에는 다음 사항을 고시하여야 한다.
1. 총량규제구역
2. 총량규제 대기오염물질
3. 대기오염물질의 저감계획
4. 그 밖에 총량규제구역의 대기관리를 위하여 필요한 사항

80 대기환경보전법규상 위임업무의 보고사항 중 수입자동차 배출가스 인증 및 검사현황의 보고기일 기준으로 옳은 것은?

① 다음 달 10일까지
② 매분기 종료 후 15일 이내
③ 매반기 종료 후 15일 이내
④ 다음 해 1월 15일까지

해설 [시행규칙 별표 37] 위임업무의 보고사항 중 수입자동차 배출가스 인증 및 검사현황의 보고기일 기준은 매분기 종료 후 15일 이내이다.

정답 80.②

2019 제4회 대기환경기사

2019. 9. 21 시행

[제1과목] 대기오염개론

01 산란에 관한 설명으로 옳지 않은 것은?
① Rayleigh는 "맑은 하늘 또는 저녁노을은 공기분자에 의한 빛의 산란에 의한 것"이라는 것을 발견하였다.
② 입자에 빛이 조사될 때 산란의 경우, 동일한 파장의 빛이 여러 방향으로 다른 강도로 산란되는 반면, 흡수의 경우는 빛에너지가 열, 화학반응의 에너지로 변환된다.
③ Mie 산란의 결과는 입사빛의 파장에 대하여 입자가 대단히 작은 경우에만 적용되는 반면, Rayleigh의 결과는 모든 입경에 대하여 적용된다.
④ 빛을 입자가 들어있는 어두운 상자 안으로 도입시킬 때 산란광이 나타나며 이것을 틴달빛(光)이라고 한다.

해설 미산란(Mie scattering)은 가시광선의 파장과 비슷한 크기의 입자상 물질(0.1~1μm 범위)의 산란에 적용된다. 반면 Rayleigh의 결과는 입자가 대단히 작은 경우에만 적용된다.

02 먼지의 농도가 0.075mg/m³인 지역의 상대습도가 70%일 때, 가시거리는? (단, 계수 =1.2로 가정)
① 4km
② 16km
③ 30km
④ 42km

해설 상대습도 70%일 때의 가시거리 계산식을 쓴다.

〈계산식〉 $L_v(km) = \dfrac{A \times 10^3}{G(\mu g/m^3)}$

∴ $L_v = \dfrac{1.2 \times 10^3}{75 \mu g/m^3} = 16 km$

03 황산화물의 각종 영향에 대한 설명으로 옳지 않은 것은?
① 공기가 SO_2를 함유하면 부식성이 강하게 된다.
② SO_2는 대기 중의 분진과 반응하여 황산염이 형성됨으로써 대부분의 금속을 부식시킨다.
③ 대기에서 형성되는 아황산 및 황산은 석회, 대리석, 시멘트 등 각종 건축재료를 약화시킨다.
④ 황산화물은 대기 중 또는 금속의 표면에서 황산으로 변함으로써 부식성을 더욱 약하게 한다.

해설 황산화물은 대기 중 또는 금속의 표면에서 황산으로 변함으로써 부식성을 더욱 악화시킨다. SO_2는 일정 습도가 존재할 경우 쉽게 황산으로 변하여 금, 백금을 제외한 거의 모든 금속과 석회석·대리석·슬레이트·모르타르·피혁·섬유 등을 부식시킨다.

04 다음과 같이 인체에 피해를 유발시킬 수 있는 오염물질로 가장 적합한 것은?

혈액 헤모글로빈의 기본요소인 포르피린 고리의 형성을 방해함으로써 인체 내 헤모글로빈의 형성을 억제하여 만성빈혈이 발생할 수 있다.

① 다이옥신
② 납
③ 망간
④ 바나듐

해설 혈액 헤모글로빈의 기본요소인 포르피린 고리의 형성을 방해함으로써 인체 내 헤모글로빈의 형성을 억제하여 만성빈혈이 발생할 수 있는 것은 납(Pb)이다. 납은 부드러운 청회색의 금속으로 만성빈혈이나 용혈성 빈혈 등을 일으키며, 세포 내에서 -SH기와 결합하여 헴(Heme) 합성효소의 효소작용을 방해하고 만성 중독 시에는 혈중 프로토폴피린이 현저하게 증가한다. 다발성 신경염을 일으키는 대표적인 오염물질은 아크릴아마이드(C_3H_5NO)이다.

정답 1.③ 2.② 3.④ 4.②

05 다음 대기오염물질 중 바닷물의 물보라 등이 배출원이며, 1차 오염물질에 해당하는 것은?

① N_2O_3 ② 알데하이드
③ HCN ④ NaCl

[해설] 보기의 항목 중 바닷물의 물보라 등이 배출원이며, 1차 오염물질에 해당하는 것은 NaCl(해염입자)이다.

06 Fick의 확산방정식을 실제 대기에 적용시키기 위해 세우는 추가적인 가정으로 거리가 먼 것은?

① $dC/dt = 0$이다.
② 바람에 의한 오염물의 주 이동방향은 x축으로 한다.
③ 오염물질의 농도는 비점오염원에서 간헐적으로 배출된다.
④ 풍속은 x, y, z 좌표 내의 어느 점에서든 일정하다.

[해설] Fick의 확산방정식을 실제 대기에 적용시키기 위한 가정조건은 다음과 같다.
1. 바람에 의한 오염물의 주(主) 이동방향은 x축이며, 풍속은 일정하다.
2. 하류로의 확산은 오염물이 바람에 의하여 x축을 따라 이동하는 것보다 강하다.
3. 과정은 안정상태($dC/dt = 0$)이고, 풍속은 x, y, z 좌표 시스템 내의 어느 점에서든 일정하다.
4. 오염물은 점오염원으로부터 연속적으로 방출된다.

07 다음 Dobson unit에 관한 설명 중 ( ) 안에 알맞은 것은?

> 1Dobson은 지구 대기 중 오존의 총량을 0℃, 1기압의 표준상태에서 두께로 환산했을 때 ( )에 상당하는 양을 의미한다.

① 0.01mm ② 0.1mm
③ 0.1cm ④ 1cm

[해설] 1Dobson은 지구 대기 중 오존의 총량을 0℃, 1기압의 표준상태에서 두께로 환산했을 때 0.01mm에 상당하는 양을 의미한다.

08 NOx 중 이산화질소에 관한 설명으로 옳지 않은 것은?

① 적갈색의 자극성을 가진 기체이며, NO보다 5~7배 정도 독성이 강하다.
② 분자량 46, 비중은 1.59 정도이다.
③ 수용성이지만 NO보다는 수중 용해도가 낮으며 일명 웃음기체라고도 한다.
④ 부식성이 강하고 산화력이 크며, 생리적인 독성과 자극성을 유발할 수도 있다.

[해설] 이산화질소(NO_2)는 적갈색의 자극성을 가진 기체로 물에 대하여 난용성이지만 NO보다는 용해도가 높다. 웃음기체라 불리는 질소산화물은 아산화질소(N_2O)이다.

09 오염물질이 식물에 미치는 영향에 대한 설명으로 가장 거리가 먼 것은?

① 오존은 0.2ppm 정도의 농도에서 2~3시간 접촉하면 피해를 일으키며, 보통 엽록소 파괴, 동화작용 억제, 산소작용의 저해 등을 일으킨다.
② 양배추, 클로버, 상추 등은 에틸렌가스에 대해 저항성 식물이다.
③ 질소산화물은 엽록소가 갈색으로 되어 잎의 내부에 갈색 또는 흑갈색의 반점이 생기며, 담배, 해바라기, 진달래 등은 이산화질소에 대한 식물의 감수성이 약한 편이다.
④ 보리, 목화 등은 아황산가스에 대해 저항성이 강한 식물이며, 까치밤나무, 쥐당나무 등은 저항성이 약한 식물에 해당한다.

[해설] 아황산가스(SO_2)에 대해 저항성이 강한 식물은 협죽도, 수랍목, 무궁화, 까치밤나무, 쥐똥나무이며 저항성이 약한 식물은 알팔파, 담배, 육송, 고구마, 시금치, 보리, 목화 등이다. 또한 아황산가스(SO_2)는 주로 성숙한 잎에 피해를 준다.

10 역사적인 대기오염 사건에 관한 설명으로 옳은 것은?

① 포자리카 사건은 MIC에 의한 피해이다.
② 런던스모그 사건은 복사역전 형태였다.
③ 뮤즈계곡 사건은 PAN이 주된 오염물질로 작용했다.
④ 도쿄 요코하마 사건은 PCB가 주된 오염물질로 작용했다.

정답 5.④ 6.③ 7.① 8.③ 9.④ 10.②

[해설] 보기 ②항만 옳다.
① 포자리카 사건은 황화수소(H_2S) 누출에 의한 인재이다.
③ 뮤즈계곡 사건은 SO_x와 먼지가 주된 오염물질로 작용한 사건이다.
④ 도쿄 요코하마 사건은 SO_x와 먼지(TSP)가 주된 오염물질로 작용했다.

11 역전에 관한 설명으로 옳지 않은 것은?
① 복사역전층은 보통 가을로부터 봄에 걸쳐서 날씨가 좋고 바람이 약하며, 습도가 적을 때 자정 이후 아침까지 잘 발생한다.
② 침강역전은 고기압 중심부분에서 기층이 서서히 침강하면서 기온이 단열변화로 승온되어 발생하는 현상이다.
③ 전선역전층은 빠른 속도로 움직이는 경향이 있어서 오염문제에 심각한 영향을 주지는 않는 편이다.
④ 해풍역전은 정체성 역전으로서 보통 오염물질을 오랫동안 정체시킨다.

[해설] 해풍역전은 정체성 역전이 아니므로 오염물질을 오랫동안 정체시키지 않는다.

12 최대혼합고도가 500m일 때 오염농도는 4ppm이었다. 오염농도가 500ppm일 때 최대혼합고도는 얼마인가?
① 50m   ② 100m
③ 200m ④ 250m

[해설] 오염물질의 농도와 최대혼합고도(MMD)의 관계는 3승에 반비례하므로 이를 적용한다.

〈계산식〉 $C_2 = C_1 \times \left(\dfrac{MMD_1}{MMD_2}\right)^3$

$\Rightarrow 500 = 4 \times \left(\dfrac{500}{MMD_2}\right)^3$

$\therefore MMD_2 = 100m$

13 도시 대기오염물질 중 태양빛을 흡수하는 기체 중의 하나로서 파장 420nm 이상의 가시광선에 의해 광분해되는 물질로 대기 중 체류시간이 약 2~5일 정도인 것은?
① SO_2 ② NO_2
③ CO_2 ④ RCHO

[해설] NO_2는 도시 대기오염물질 중에서 가장 중요한 태양빛 흡수기체로서 파장 420nm 이상의 가시광선에 의해 NO와 O로 광분해하고, 체류시간은 2~5일로 짧다.

14 가우시안 모델의 대기오염 확산방정식을 적용할 때 지면에 있는 오염원으로부터 바람 부는 방향으로 200m 떨어진 연기의 중심축상 지상 오염농도(mg/m^3)는? (단, 오염물질의 배출량은 6g/sec, 풍속은 3.5m/sec, σ_y, σ_z는 각각 22.5m, 12m이다.)
① 0.96   ② 1.41
③ 2.02   ④ 2.46

[해설] 가우시안 확산식을 적용한다.

〈계산식〉 $C = \dfrac{Q}{2\pi \sigma_y \sigma_z U}\left[\exp\left\{-\dfrac{1}{2}\left(\dfrac{y}{\sigma_y}\right)^2\right\}\right]$
$\times \left[\exp\left\{-\dfrac{1}{2}\left(\dfrac{z-H}{\sigma_z}\right)^2\right\} + \exp\left\{-\dfrac{1}{2}\left(\dfrac{z+H}{\sigma_z}\right)^2\right\}\right]$

• 지상 오염농도를 산출하므로 : $z = 0$
• 중심축상 오염농도를 산출하므로 : $y = 0$
• 배출원(발생원)이 지면에 있으므로 : $H = 0$

$\Rightarrow C = \dfrac{Q}{\pi \sigma_y \sigma_z U}$

$\therefore C(mg/m^3) = \dfrac{6}{\pi \times 22.5 \times 12 \times 3.5}$
$= 2.02 \times 10^{-3} g/m^3 \times 10^3 mg/g$
$= 2.02 mg/m^3$

15 수용모델의 분석법에 관한 설명으로 옳지 않은 것은?
① 광학현미경법은 입경이 $0.01\mu m$보다 큰 입자만을 대상으로 먼지의 형상, 모양 및 색깔별로 오염원을 구별할 수 있고, 미숙련 경험자도 쉽게 분석 가능하다.
② 전자주사현미경은 광학현미경보다 작은 입자를 측정할 수 있고, 정성적으로 먼지의 오염원을 확인할 수 있다.
③ 시계열분석법은 대기오염 제어의 기능을 평가하고 특정오염원의 경향을 추적할 수 있으며, 타 방법을 통해 제시된 오염원을 확인하는 데 매우 유용한 정성적 분석법이다.
④ 공간계열법은 시료채취기간 중 오염배출 속도 및 기상학 등에 크게 의존하여 분산모델과 큰 연관성을 갖는다.

해설 광학현미경법은 투영면을 대상으로 분석하므로 먼지의 입체적 형상이나 색깔을 구별할 수 없다. 수용모델에 이용되는 화학분석법은 광학현미경법, 전자현미경법, 자동전자현미경법 등이 있다.
[참고] 수용모델(receptor model)의 종류
1. 현미경분석법 : 분진을 입자단위로 분석하는 방법으로 분진의 크기, 모양, 형상, 입경분포, 화학적 조성까지도 분석이 가능하므로 오염원의 확인 및 검증에 주로 이용된다. 수많은 오염원을 쉽게 확인할 수 있으나 정량적인 분석에는 어려움이 있다. (광학현미경법, 전자현미경법, 자동전자현미경법 등이 있다.)
2. 화학분석법 : 분진시료를 채취하여 각종 실험장비를 이용, 물리화학적 정보를 얻고 이를 토대로 각종 응용통계학(應用統計學)을 이용하여 오염원의 정량적 기여도를 얻는 데 이용된다. 화학적 분석법은 정량적 분석이 가능하지만 극히 한정된 오염원의 수에 의존하는 결점이 있다. (농축계수법, 시계열분석법, 공간계열분석법, 화학질량수지법, 다변량분석법 등이 있다.)

16 오존에 관한 설명으로 옳지 않은 것은? (단, 대류권 내 오존 기준)

① 보통 지표오존의 배경농도는 1~2ppm 범위이다.
② 오존은 태양빛, 자동차 배출원인 질소산화물과 휘발성 유기화합물 등에 의해 일어나는 복잡한 광화학반응으로 생성된다.
③ 오염된 대기 중 오존농도에 영향을 주는 것은 태양빛의 강도, NO_2/NO의 비, 반응성 탄화수소농도 등이다.
④ 국지적인 광화학스모그로 생성된 Oxidant의 지표물질이나.

해설 보통 지표오존의 배경농도는 0.04ppm 범위이다.

17 대기오염가스를 배출하는 굴뚝의 유효고도가 87m에서 100m로 높아졌다면 굴뚝의 풍하측 지상 최대오염농도는 87m일 때의 것과 비교하면 몇 %가 되겠는가? (단, 기타 조건은 일정)

① 47% ② 62%
③ 76% ④ 88%

해설 최대착지농도 계산식을 이용한다.

〈계산식〉 $C_{max} = \dfrac{2Q}{\pi e U H_e^2} \times \left(\dfrac{C_z}{C_y}\right)$

$\Rightarrow C_{max} = K \times \dfrac{1}{H_e^2}$

• $C_{max(87)} = K \times \dfrac{1}{87^2}$

• $C_{max(100)} = K \times \dfrac{1}{100^2}$

∴ $\dfrac{C_{max(87)}}{C_{max(100)}} \times 100 = \left(\dfrac{87^2}{100^2}\right) \times 100 = 75.69\%$

18 다음 중 2차 대기오염물질에 해당하지 않는 것은?

① SO_3 ② H_2SO_4
③ NO_2 ④ CO_2

해설 2차 대기오염물질은 O_3, PAN($CH_3CHOOONO_2$), H_2O_2, NOCl, 아크로레인(CH_2CHCHO)이다. SO_3, H_2SO_4, NO_2 등은 1차 오염물질이자 2차 오염물질로 분류된다.

19 다음 특정물질 중 오존파괴지수가 가장 큰 것은?

① Halon-1211 ② Halon-1301
③ CCl_4 ④ HCFC-22

해설 오존파괴지수(ODP)가 가장 큰 것은 Halon-1301(CF_3Br, 10.0)이다. 한편, Halon-1211(CF_2BrCl, 3.0), CCl_4(1.0), HCFC-22(0.05)이다.

20 벤젠에 관한 설명으로 옳지 않은 것은?

① 체내에 흡수된 벤젠은 지방이 풍부한 피하조직과 골수에서 고농도로 축적되어 오래 잔존할 수 있다.
② 체내에서 마뇨산(hippuric acid)으로 대사하여 소변으로 배설된다.
③ 비점은 약 80℃ 정도이고, 체내 흡수는 대부분 호흡기를 통하여 이루어진다.
④ 벤젠 폭로에 의해 발생되는 백혈병은 주로 급성 골수아성 백혈병(acute myeloblas-ticleukemia)이다.

해설 체내에서 마뇨산(馬尿酸, Hippuric Acid)으로 대사된 후 소변으로 배설되는 것은 톨루엔이다. 체내에 흡수된 벤젠은 피하조직과 골수에서 고농도로 축적되어 오래 잔존한다. 마뇨산(馬尿酸, hipuric acid)은 포유류의 간 속에서 벤조산의 해독작용에 의해 생성되어 요(尿)로 배출되는 물질이다. 이 물질은 생체 내에서 생긴 유독한 벤조산과 글리신이 결합하여 형성된다.

제2과목 연소공학

21 화격자 연소로에서 석탄을 연소시킬 경우 화염이동속도에 대한 설명으로 옳지 않은 것은?
① 입경이 작을수록 이동속도는 커진다.
② 발열량이 높을수록 이동속도는 커진다.
③ 공기온도가 높을수록 이동속도는 커진다.
④ 석탄화도가 높을수록 이동속도는 커진다.

[해설] 탄화도가 높을수록 휘발분이 낮아지므로 화염의 이동속도는 낮아지고, 착화온도는 높아진다.

22 연료의 특성에 대한 설명 중 옳은 것은?
① 석탄의 비중은 탄화도가 진행될수록 작아진다.
② 중유의 비중이 클수록 유동점과 잔류탄소는 감소한다.
③ 중유 중 잔류탄소의 함량이 많아지면 점도가 낮아진다.
④ 메탄은 프로판에 비해 이론공기량이 적다.

[해설] ④항만 옳다.
≪바르게 고쳐보기≫
① 석탄의 탄화도가 진행될수록 비중은 커진다.
② 중유의 비중이 클수록 유동점과 점도가 증가하고 잔류탄소 등이 증가한다.
③ 잔류탄소 함량이 많아지면 점도는 증가한다.

23 정상연소에서 연소속도를 지배하는 요인으로 가장 적합한 것은?
① 연료 중의 불순물 함유량
② 연료 중의 고정탄소량
③ 공기 중의 산소의 확산속도
④ 배출가스 중의 N_2 농도

[해설] 연소속도의 영향인자는 다음과 같다.
1. 산소농도 및 산소의 확산속도
2. 분무기의 확산 및 산소와의 혼합
3. 반응계의 온도 및 농도
4. 촉매
5. 활성화에너지

24 휘발유, 등유, 알코올, 벤젠 등 액체연료의 연소방식에 해당하는 것은?
① 자기연소   ② 확산연소
③ 증발연소   ④ 표면연소

[해설] 보기의 항목 중 액체연료의 대표적인 연소방식은 증발연소이다. 증발연소는 비교적 융용점이 낮은 양초나 파라핀계의 고체연료가 연소하기 전에 용융되어 가열 기화된 증기가 연소하는 형태이다.

25 다음은 연료의 분류에 관한 설명이다. ( ) 안에 들어갈 가장 적합한 것은?

( )는 가솔린과 유사하거나 또는 약간 높은 끓는점 범위의 유분으로 240℃에서 96% 이상이 증류되는 성분을 말하며, 옥탄가가 낮아 직접적으로 내연기관의 연료로 사용될 수 없기 때문에 가솔린에 혼합하거나 석유화학 원료용으로 주로 사용된다.

① 나프타   ② 등유
③ 경유   ④ 중유

[해설] 보기의 특성을 갖는 것은 나프타이다. 나프타는 조제(粗製) 휘발유라고도 하는데 가솔린과 유사하거나 약간 높은 끓는점 범위의 유분으로 증류된다. 옥탄가가 낮기 때문에 직접적으로 내연기관의 연료로 사용되지 않고, 가솔린에 혼합하거나 석유화학공업의 원료로 사용되고 있다.

26 중유조성이 탄소 87%, 수소 11%, 황 2%이었다면 이 중유연소에 필요한 이론 습연소가스량(Sm^3/kg)은?
① 9.63   ② 11.35
③ 13.63   ④ 15.62

[해설] 제시된 조건에 따른 습연소가스량(Sm^3/kg) 계산은 다음과 같다.

〈계산식〉 $G_{ow} = (1-0.21)A_o + CO_2 + H_2O + SO_2$

• $O_o = 1.867C + 5.6H + 0.7S$
$= 1.867 \times 0.87 + 5.6 \times 0.11 + 0.7 \times 0.02$
$= 2.254 \, m^3/kg$

• $A_o = O_o \times \dfrac{1}{0.21} = 2.254 \times \dfrac{1}{0.21} = 10.73 \, m^3/kg$

• $CO_2 = 1.867C = 1.624 \, m^3/kg$

• $H_2O = 11.2H = 1.232 \, m^3/kg$

• $SO_2 = 0.7S = 0.014 \, m^3/kg$

∴ $G_{ow} = (1-0.21) \times 10.73 + 1.624 + 1.232 + 0.014$
$= 11.35 \, Sm^3/kg$

[정답] 21.④ 22.④ 23.③ 24.③ 25.① 26.②

27 목재, 석탄, 타르 등 연소 초기에 가연성 가스가 생성되고 긴 화염이 발생되는 연소의 형태는?

① 표면연소 ② 분해연소
③ 증발연소 ④ 확산연소

해설 분해연소는 증발온도보다 열분해온도가 낮은 목재나 연탄, 석탄, 종이 등이 가열에 의해 분리된 휘발분이 연소하는 형태로 가연성 가스가 생성되고 긴 화염을 발생시키며 연소한다.

28 분무연소기의 자동제어방법인 시퀀스제어(순차제어, Sequential control)에 관한 설명으로 가장 거리가 먼 것은?

① 안전장치가 따로 필요 없다.
② 분무연소기의 자동점화, 자동소화, 연소량 자동제어 등이 행해진다.
③ 화염이 꺼진 경우 화염검출기가 소화를 검출하고, 점화플러그를 다시 작동시킨다.
④ 지진에 의해서 감지기가 작동하면 연료 개폐밸브가 닫힌다.

해설 순차제어(Sequential control)는 버너가 자동으로 점화, 소화, 조작의 미리 정해진 순서로 진행 및 제어하는 방식을 말하는데 천재지변, 기계의 오작동으로 인한 연료의 과한 증기화방지 및 연료 보유수량의 제어를 위한 안전장치를 필요로 한다.

29 유동층 연소에 관한 설명으로 거리가 먼 것은?

① 사용연료의 입도범위가 넓기 때문에 연료를 미분쇄할 필요가 없다.
② 비교적 고온에서 연소가 행해지므로 열생성 NO_x가 많고, 전열관의 부식이 문제가 된다.
③ 연료의 층내 체류시간이 길어 저발열량의 석탄도 완전연소가 가능하다.
④ 유동매체에 석회석 등의 탈황제를 사용하여 로내 탈황도 가능하다.

해설 유동층 연소는 전열면적이 적게 들고 화염층을 작게 할 수 있으므로 열생성 NO_x가 적고, 전열관의 부식문제가 다른 연소장치에 비해 적다.

30 COM(Coal Oil Mixture, 혼탄유) 연소에 관한 설명으로 옳지 않은 것은?

① COM은 주로 석탄과 중유의 혼합연료이다.
② 연소실 내 체류시간의 부족, 분사변의 폐쇄와 마모 등 주의가 요구된다.
③ 재의 처리가 용이하고, 중유 전용 보일러의 연료로서 개조 없이 COM을 효율적으로 이용할 수 있다.
④ 중유보다 미립화 특성이 양호하다.

해설 COM 연료는 미분탄에 50~60Wt%의 중유와 휘발분을 추가하여 조제되는 연료로 연소방식은 분무연소에 가깝고, 연소 시 화염의 길이는 미분탄연소에 가까운 반면, 화염의 안정성은 중유 연소에 가까운 편이다. COM을 중유 전용 보일러에 사용하기 위해서는 별도의 시설 개조가 필요하다.

31 옥탄가에 대한 설명으로 옳지 않은 것은?

① n-Paraffine에서는 탄소수가 증가할수록 옥탄가는 저하하여 C_7에서 옥탄가는 0이다.
② 방향족 탄화수소의 경우 벤젠고리의 측쇄가 C_3까지는 옥탄가가 증가하지만 그 이상이면 감소한다.
③ 방향족 탄화수소보다는 옥탄가가 작지만 n-Paraffine계보다는 큰 옥탄가를 가진다.
④ iso-Paraffine에서는 methyl 가지가 적을수록, 중앙에 집중하지 않고 분산될수록 옥탄가가 증가한다.

해설 iso-Paraffine에서는 methyl기의 가지가 적을수록, 중앙에 집중하지 않고 분산될수록 n-Paraffine이 되어 옥탄가는 감소한다.

〈관계식〉 $K = \dfrac{iso-Ocatane}{iso-Ocatane + N-Heptane} \times 10^2$

32 연소가스 분석결과 CO_2는 17.5%, O_2는 7.5%일 때 $(CO_2)_{max}$(%)는?

① 19.6 ② 21.6
③ 27.2 ④ 34.8

해설 연소가스 분석을 통한 최대탄산가스율 계산은 다음과 같다.

〈계산식〉 $(CO_2)_{max} = \dfrac{21(CO_2)}{21-(O_2)}$

∴ $(CO_2)_{max} = \dfrac{21 \times 17.5}{21-7.5} = 27.22\%$

정답 27.② 28.① 29.② 30.③ 31.④ 32.③

33 내용적 160m³의 밀폐된 실내에서 2.23kg의 부탄을 완전연소할 때, 실내에서의 산소농도(V/V, %)는? (단, 표준상태, 기타 조건은 무시하며, 공기 중 용적산소비율은 21%)

① 15.6%   ② 17.5%
③ 19.4%   ④ 20.8%

해설 부탄(C_4H_{10})의 연소반응을 이용한다.
〈계산식〉 $O_2(\%) = \dfrac{\text{연소 후 실내 잔류산소량}}{\text{실내 용적}} \times 100$
〈반응식〉 $C_4H_{10} + 6.5O_2 \rightarrow 4CO_2 + 5H_2O$
58kg : $6.5 \times 22.4m^3$

- 연소 전 실내산소 $= 160m^3 \times \dfrac{21}{100} = 33.6m^3$
- 소모산소 $= 2.23kg \times \dfrac{6.5 \times 22.4m^3}{58kg} = 5.6m^3$
- 잔류산소 $= 33.6m^3 - 5.6m^3 = 28m^3$

∴ $O_2 = \dfrac{28}{160} \times 100 = 17.5\%$

34 액체연료의 연소용 버너 중 유량의 조절 범위가 일반적으로 가장 큰 것은?

① 저압기류분무식 버너
② 회전식 버너
③ 고압기류분무식 버너
④ 유압분무식 버너

해설 유류 버너의 유량조절범위의 크기 순서는 고압공기식(1:10) > 회전식(1:5) > 유압식(1:3)이다.

35 미분탄 연소의 특징으로 거리가 먼 것은?

① 스토커 연소에 비해 작은 공기비로 완전연소가 가능하다.
② 사용연료의 범위가 넓고, 스토커 연소에 적합하지 않은 점결탄과 저발열량탄 등도 사용 가능하다.
③ 부하변동에 쉽게 적용할 수 있다.
④ 설비비와 유지비가 적게 들고, 재비산의 염려가 없으며, 별도 설비가 불필요하다.

해설 미분탄 연소시설은 설비비와 유지비가 많이 들고, 재비산의 염려가 많으며, 별도 설비가 필요하다. 미분탄 연소시설은 연소 후 비산재가 많이 발생하기 때문에 고효율 집진장치가 구비되어야 하고, 파쇄시설 등 부대시설이 필요하므로 대형, 대용량 설비에 적용되며 설비비와 유지비가 많이 들기 때문에 소형 연소시설에는 채용되지 않는다.

36 다음 중 그을음이 잘 발생하기 쉬운 연료 순으로 나열한 것은? (단, 쉬운 연료>어려운 연료)

① 타르>중유>석탄가스>LPG
② 석탄가스>LPG>타르>중유
③ 중유>LPG>석탄가스>타르
④ 중유>타르>LPG>석탄가스

해설 보기의 연료 중 그을음이 가장 잘 발생하는 연료는 타르(Tar)이다. 타르는 석탄, 석유, 목재 등의 유기물질을 건류하여 얻어지는 흑갈색의 끈끈한 액체로 연소 시 그을음이 다량 발생한다. 석탄가스는 역청탄의 건류 시 발생하는 휘발분이나 코크스 연소 시 발생되는 부산물로서 주 가연성분은 휘발분, 일산화탄소 및 수소이다. 액화석유가스(LPG)는 프로판과 부탄을 주성분으로 한다.

37 고압기류분무식 버너에 관한 설명으로 옳지 않은 것은?

① $2 \sim 8kg/cm^2$의 고압공기를 사용하여 연료유를 분무화시키는 방식이다.
② 분무각도는 30° 정도, 유량조절비는 1:10 정도이다.
③ 분무에 필요한 1차 공기량은 이론공기량의 80~90% 범위이다.
④ 연료유의 점도가 커도 분무화가 용이하나 연소 시 소음이 큰 편이다.

해설 고압기류분무식 버너의 경우 분무에 필요한 1차 공기량은 이론공기량의 7~12% 정도이다.

38 가연한계에 대한 설명으로 옳지 않은 것은?

① 일반적으로 가연한계는 산화제 중의 산소 분율이 커지면 넓어진다.
② 파라핀계 탄화수소의 가연범위는 비교적 좁다.
③ 기체연료는 압력이 증가할수록 가연한계가 넓어지는 경향이 있다.
④ 혼합기체의 온도를 높게 하면 가연범위는 좁아진다.

해설 가연한계란 가연특성(폭발성)을 나타내는 최저치와 최고치의 혼합비를 말하며, 혼합기체의 온도를 높게 하면 가연범위는 넓어지는 경향이 있다.

39 저 NOx 연소기술 중 배가스 순환기술에 관한 설명으로 거리가 먼 것은?

① 일반적으로 배가스 재순환비율을 연소공기 대비 10~20%에서 운전된다.
② 배가스 순환기술은 희석에 의한 산소농도 저감효과보다는 화염온도 저하효과가 작기 때문에, 연료 NOx보다는 고온 NOx 억제효과가 작다.
③ 장점으로 대부분의 다른 연소제어기술과 병행해서 사용할 수 있다.
④ 저 NOx 버너와 같이 사용하는 경우가 많다.

[해설] 배기가스 재순환방식(EGR)은 희석에 의한 산소농도 저감효과보다는 화염온도 저하효과가 크기 때문에 연료 NOx 보다는 Thermal NOx 억제효과가 크다. 연료 NOx 억제효과는 단계연소(2단 연소, 농담연소 등)나 유동층 연소에서 크다.

40 착화점이 낮아지는 조건으로 거리가 먼 것은?

① 산소의 농도는 낮을수록
② 반응활성도는 클수록
③ 분자의 구조는 복잡할수록
④ 발열량은 높을수록

[해설] 착화온도가 낮아지는 조건은 다음과 같다.
1. 산소와의 친화력이 클수록
2. 분자량이 클수록
3. 분자구조가 복잡할수록
4. 발열량이 클수록
5. 가연물의 압력이나 화학적 활성도가 클수록
6. 공기 중의 산소농도 및 압력이 클수록
7. 비표면적이 클수록
8. 열전도율이 낮을수록
9. 습도가 낮을수록
10. 활성화에너지가 낮을수록
11. 탄화도가 낮을수록

[제3과목] **대기오염방지기술**

41 악취물질의 성질과 발생원에 관한 설명으로 가장 거리가 먼 것은?

① 에틸아민($C_2H_5NH_2$)은 암모니아취 물질로 수산가공, 약품제조 시에 발생한다.
② 황화수소(H_2S)는 썩은 계란취 물질로 석유정제, 약품제조 시에 발생한다.
③ 메틸머캡탄(CH_3SH)은 부패 양파취 물질로 석유정제, 가스제조, 약품제조 시에 발생한다.
④ 아크로레인(CH_2CHCHO)은 생선취 물질로 하수처리장, 축산업에서 발생한다.

[해설] 아크로레인(CH_2CHCHO)은 자극취 물질로 타는 듯한 냄새를 내며, 석유화학, 약품제조 시에 발생한다. 메틸아민, 트리메틸아민은 썩은 생선냄새, 고기 부패 냄새를 풍기며 하수처리장, 축산업에서 발생한다.

42 각 집진장치의 특징에 관한 설명으로 옳지 않은 것은?

① 여과집진장치에서 여포는 가스온도가 350°C를 넘지 않도록 하여야 하며, 고온가스를 냉각시킬 때에는 산노점 이하로 유지해야 한다.
② 전기집진장치는 낮은 압력손실로 대량의 가스처리에 적합하다.
③ 제트스크러버는 처리가스량이 많은 경우에는 잘 쓰지 않는 경향이 있다.
④ 중력집진장치는 설치면적이 크고 효율이 낮아 전처리설비로 주로 이용되고 있다.

[해설] 여과집진장치에서는 가스온도가 각 여과포의 내열온도를 넘지 않도록 운전해야 하고, 고온가스를 냉각시킬 때에는 산노점 이상으로 유지해야 한다.

43 복합 국소배기장치에서 댐퍼조절평형법 (또는 저항조절평형법)의 특징으로 옳지 않은 것은?

① 오염물질 배출원이 많아 여러 개의 가지덕트를 주덕트에 연결할 필요가 있는 경우 사용한다.
② 덕트의 압력손실이 큰 경우 주로 사용한다.
③ 작업공정에 따른 덕트의 위치변경이 가능하다.
④ 설치 후 송풍량 조절이 불가능하다.

[해설] 댐퍼조절평형법은 설치 후 송풍량의 조절이 비교적 용이한 장점을 갖고 있다. 이 방법은 각 덕트에 댐퍼를 부착하여 압력을 평형으로 조정, 유지하는 방법으로 분지관의 수가 많고 덕트의 압력손실이 클 때 사용한다.

정답 39.② 40.① 41.④ 42.① 43.④

44 배출가스 중 먼지농도가 3,200mg/Sm³인 먼지처리를 위해 집진율이 각각 60%, 70%, 75%인 중력집진장치, 원심력집진장치, 세정집진장치를 직렬로 연결해서 사용해왔다. 여기에 집진장치 하나를 추가로 직렬연결하여 최종배출구 먼지농도를 20mg/Sm³ 이하로 줄이려면, 추가 집진장치의 집진율은 최소 몇 %가 되어야 하는가?

① 약 79.2% ② 약 85.6%
③ 약 89.6% ④ 약 92.4%

해설 4번째 집진장치의 효율은 4번째 입구농도와 최종 출구농도를 이용하여 계산한다.

〈계산식〉 $\eta_4 = \left(1 - \dfrac{C_o}{C_{i4}}\right) \times 100$

- $C_{i4} = C_i \times (1 - \eta_T)$
  $= 3,200 \times [1 - (1 - 0.6)(1 - 0.7)(1 - 0.75)]$
  $= 96 \text{mg/m}^3$

$\therefore \eta_4 = \left(1 - \dfrac{20}{96}\right) \times 100 = 79.17\%$

45 유해가스 처리를 위한 흡수액의 구비조건으로 거리가 먼 것은?

① 용해도가 커야 한다.
② 휘발성이 적어야 한다.
③ 점성이 커야 한다.
④ 용매의 화학적 성질과 비슷해야 한다.

해설 흡수액의 점성은 작아야 한다. 유해가스 처리를 위한 흡수액의 구비조건은 다음과 같다.
1. 재생사용이 용이할 것
2. 용해도가 크고, 빙점이 낮을 것
3. 부식성과 독성이 없을 것
4. 휘발성이 없을 것
5. 점성이 작고, 화학적으로 안정될 것
6. 가격이 저렴할 것
7. 용매의 화학적 성질과 비슷할 것

46 선택적 촉매환원법과 선택적 비촉매환원법으로 주로 제거하는 오염물질은?

① 악취물질
② 질소산화물
③ 황산화물
④ 휘발성 유기화합물

해설 선택적 촉매환원법(SCR)과 선택적 비촉매환원법(NCR)은 주로 질소산화물을 제거하는 공정이다.

47 탈황과 탈질 동시 제어공정으로 거리가 먼 것은?

① SCR
② 전자빔 공정
③ NOXSO 공정
④ 산화구리 공정

해설 SCR은 촉매를 사용하여 배출되는 질소산화물을 NH_3로 선택적으로 환원처리하는 공법으로 탈황과 탈질을 동시 제어하는 공정으로 볼 수 없다. 단, SCR 공정 이용 시 연소로 내 석회석을 투입하여 탈황시키는 경우인 SCR+석회는 동시 제어가 가능한 공정이다.

48 벤투리스크러버 적용 시 액가스비를 크게 하는 요인으로 옳지 않은 것은?

① 먼지의 친수성이 클 때
② 먼지의 입경이 작을 때
③ 처리가스의 온도가 높을 때
④ 먼지의 농도가 높을 때

해설 처리분진이 친수성이거나 입자가 큰 경우 액가스비를 작게 한다.

49 사이클론에서 가스 유입속도를 2배로 증가시키고, 입구폭을 4배로 늘리면 50% 효율로 집진되는 입자의 직경, 즉 Lapple의 절단입경(d_{p50})은 처음에 비해 어떻게 변화되겠는가?

① 처음의 2배
② 처음의 $\sqrt{2}$ 배
③ 처음의 $\dfrac{1}{2}$
④ 처음의 $\dfrac{1}{\sqrt{2}}$

해설 Lapple의 절단입경(cut diameter) 계산식을 이용한다.

〈계산식〉 $d_{p50} = \sqrt{\dfrac{9\mu B_c}{2(\rho_p - \rho)\pi N_e V}} \times 10^6$

- $d_{p50(A)} : \sqrt{\dfrac{B_c}{V}} = d_{p50(B)} : \sqrt{\dfrac{4B_c}{2V}}$

$\therefore \dfrac{d_{p50(B)}}{d_{p50(A)}} = \sqrt{2}$ 배 ≒ $1.41 d_p$

50 벤투리스크러버에 관한 설명으로 가장 적합한 것은?

① 먼지부하 및 가스유동에 민감하다.
② 집진율이 낮고 설치 소요면적이 크며, 가압수식 중 압력손실은 매우 크다.
③ 액가스비가 커서 소량의 세정액이 요구된다.
④ 점착성, 조해성 먼지처리 시 노즐막힘 현상이 현저하여 처리가 어렵다.

해설 ①항만 옳다.
≪바르게 고쳐보기≫
② 가압수식 중 압력손실이 300~800mmH₂O로 가장 높지만, 처리유속이 빨라 집진율이 높고, 소요설치면적이 작게 드는 것이 특징이다.
③ 액가스비는 0.3~1.5L/m³로 제트스크러버나 충전탑 등에 비해 적다.
④ 물을 이용하기 때문에 점착성이나, 조해성 분진처리에 용이하다.

51 전기집진장치의 장해현상 중 2차 전류가 현저하게 떨어질 때의 원인 또는 대책에 관한 설명으로 거리가 먼 것은?

① 분진의 농도가 너무 높을 때 발생한다.
② 대책으로는 스파크의 횟수를 늘리는 방법이 있다.
③ 대책으로는 조습용 스프레이의 수량을 늘리는 방법이 있다.
④ 분진의 비저항이 비정상적으로 낮을 때 발생하며, CO를 주입시킨다.

해설 전기집진장치의 장해현상 중 분진의 비저항이 낮아 2차 전류가 현저하게 떨어질 때는 암모니아가스를 주입하여야 한다.

52 유해물질을 함유하는 가스와 그 제거장치의 조합으로 거리가 먼 것은?

① 시안화수소 함유 가스-물에 의한 세정
② 사불화규소 함유 가스-충전탑
③ 벤젠 함유 가스-촉매연소법
④ 삼산화인 함유 가스-표면적이 충분히 넓은 충전물을 채운 흡수탑 안에서 알칼리성 용액에 의한 흡수 제거

해설 사불화규소(SiF_4)가 물에 흡수될 때 생성되는 규산(SiO_2)이 수면에 고체막을 형성하여 충전제의 공극을 막고 흡수를 저해하므로, 액분산형 장치 중에서 충전탑은 사용하지 않고 분무탑을 사용하면 효과적이다.
$SiF_4 + 2H_2O \rightleftarrows SiO_2 + 4HF$
$2HF + SiF_4 \rightleftarrows H_2SiF_6$(규불화수소산)

53 흡수탑의 충전물에 요구되는 사항으로 거리가 먼 것은?

① 단위부피 내의 표면적이 클 것
② 간격의 단면적이 클 것
③ 단위부피의 무게가 가벼울 것
④ 가스 및 액체에 대하여 내식성이 없을 것

해설 충전물은 가스 및 액체에 대하여 내식성이 있어야 한다. 충전물의 구비조건은 다음과 같다.
1. 단위용적에 대하여 표면적이 클 것
2. 공극률이 클 것
3. 압력손실이 작고, 충진밀도가 클 것
4. 액가스 분포를 균일하게 유지할 수 있을 것
5. 내식성과 내열성이 크고, 내구성이 있을 것

54 석유정제 시 배출되는 H_2S의 제거에 사용되는 세정제는?

① 암모니아수
② 사염화탄소
③ 다이에탄올아민용액
④ 수산화칼슘용액

해설 황화수소(H_2S)는 알칼리를 사용한 충전탑식 흡수처리, 중화 및 산화처리, 첨착활성탄 흡착처리, 다이에탄올아민용액에 의한 흡수처리를 적용한다.

55 후드 설계 시 고려사항으로 옳지 않은 것은?

① 잉여공기의 흡입을 적게 하고 충분한 포착속도를 가지기 위해 가능한 한 후드를 발생원에 근접시킨다.
② 분진을 발생시키는 부분을 중심으로 국부적으로 처리하는 로컬 후드방식을 취한다.
③ 후드 개구면의 중앙부를 열어 흡입풍량을 최대한으로 늘리고, 포착속도를 최소한으로 작게 유지한다.
④ 실내의 기류, 발생원과 후드 사이의 장애물 등에 의한 영향을 고려하여 필요에 따라 에어커튼을 이용한다.

해설 후드 설계 시 후드의 개구면을 작게 하여 높은 포집속도를 유지해야 한다.

정답 50.① 51.④ 52.② 53.④ 54.③ 55.③

56 다음 입경측정법에 해당하는 것은?

> 주로 1μm 이상인 먼지의 입경 측정에 이용되고, 그 측정장치로는 앤더슨 피펫, 침강천칭, 광투과장치 등이 있다.

① 표준체측정법   ② 관성충돌법
③ 공기투과법   ④ 액상침강법

해설 입경측정방법 중 액상침강법은 Stokes 법칙의 원리에 근거를 두고 있으며, 공기나 물과 같은 유체 속에 분산시킨 입자가 침강하는 최종 종말속도의 크기를 이용하여 입경을 구한다. 액상침강법의 측정장치는 앤더슨 피펫(Andersen pipette), 켈리 튜브법(Kelly tube method) 등이 있다.

57 배출가스 내의 황산화물 처리방법 중 건식법의 특징으로 가장 거리가 먼 것은? (단, 습식법과 비교)

① 장치의 규모가 큰 편이다.
② 반응효율이 높은 편이다.
③ 배출가스의 온도 저하가 거의 없는 편이다.
④ 연돌에 의한 배출가스의 확산이 양호한 편이다.

해설 황산화물 처리방법에서 건식법은 습식법에 비해 반응효율 및 제거효율이 낮다.

58 입자상 물질과 NO_x 저감을 위한 디젤엔진 연료분사 시스템의 적용 기술로 가장 거리가 먼 것은?

① 분사압력 저압화   ② 분사압력 최적제어
③ 분사율 제어   ④ 분사시기 제어

해설 디젤엔진은 압축점화방식으로 운영되나 플런저(분사펌프)를 이용한 분사시스템일 경우, 전자제어 가능한 고압분사방식을 이용한다. 연료는 공급펌프를 통해 불순물을 제거 후 분사펌프-분사밸브-실린더 순으로 연료가 분출되는데 분사되는 압력은 고압을 유지한다. 또한 연료는 분사시기, 압력, 분사율 등을 각각의 제어장치로 조절한다.

59 펄스제트 여과집진기에서 압축공기량 조절장치와 가장 관련이 깊은 것은?

① 확산관(diffuser tube)
② 백케이지(bag cage)
③ 스크레이퍼(scraper)
④ 방전극(discharge electrode)

해설 디퓨저튜브(Diffuser tube)는 유공을 가진 튜브로서 펄스 제트 여과집진기에서 여과포 상단에 주입되는 압축공기의 힘을 여과포 하단까지 도달시키기 위해 여과포를 통과하여 외부로 빠지는 압축공기량을 조절해 주는 장치이다.

60 밀도 0.8g/cm³인 유체의 동점도가 3Stokes 이라면 절대점도는?

① 2.4Poise   ② 2.4Centi Poise
③ 2,400Poise   ④ 2,400Centi Poise

해설 절대점도와 동점도의 관계를 통한 계산식을 이용한다.

〈계산식〉 $\nu = \dfrac{\mu}{\rho} \Rightarrow 3\text{cm}^2/\text{sec} = \dfrac{\mu}{0.8\text{g/cm}^3}$

$\therefore \mu = 2.4 \text{g/cm} \cdot \text{sec}(\text{Poise})$

제4과목 대기오염공정시험기준

61 흡광차분광법(DOAS)의 원리와 적용범위에 관한 설명으로 거리가 먼 것은?

① 50~1,000m 정도 떨어진 곳의 빛의 이동경로(Path)를 통과하는 가스를 실시간으로 분석할 수 있다.
② 아황산가스, 질소산화물, 오존 등의 대기오염물질 분석에 적용할 수 있다.
③ 측정에 필요한 광원은 180~380nm 파장을 갖는 자외선램프를 사용한다.
④ 흡광광도법의 기본원리인 Beer-Lambert 법칙을 응용하여 분석한다.

해설 흡광차분광법(DOAS) 측정에 필요한 광원은 180~2,850nm 파장을 갖는 제논(Xenon) 램프를 사용하며, 이산화황, 질소산화물, 오존 등의 대기오염물질 분석에 적용된다.

62 자기분광광전광도계를 사용하여 과망간산포타슘용액(20~60mg/L)의 흡수곡선을 작성할 경우 다음 중 흡광도 값이 최대가 나오는 파장의 범위는?

① 350~400nm   ② 400~450nm
③ 500~550nm   ④ 600~650nm

해설 자기분광광전광도계를 사용하여 흡수곡선 작성 시 과망간산포타슘용액의 흡광도 최대치는 500~550nm 파장의 범위이다.

63 환경대기 중의 옥시던트 측정법에 사용되는 용어의 설명으로 옳지 않은 것은?
① 옥시던트는 전옥시던트, 광화학 옥시던트, 오존 등의 산화성 물질의 총칭을 말한다.
② 전옥시던트는 중성요오드화칼륨용액에 의해 요오드를 유리시키는 물질을 총칭한다.
③ 광화학옥시던트는 전옥시던트에서 오존을 제외한 물질이다.
④ 제로가스는 측정기의 영점을 교정하는데 사용하는 교정용 가스이다.

해설 광화학옥시던트는 전옥시던트에서 이산화질소를 제외한 물질을 말한다.

64 메틸렌블루법은 배출가스 중 어떤 물질을 측정하기 위한 방법인가?
① 황화수소 ② 불화수소
③ 염화수소 ④ 시안화수소

해설 메틸렌블루법(흡광광도법)은 황화수소(H_2S) 측정 방법이다.

65 원형굴뚝의 직경이 4.3m이었다. 굴뚝 배출가스 중의 먼지 측정을 위한 측정점 수는 몇 개로 하여야 하는가?
① 12 ② 16
③ 20 ④ 24

해설 원형굴뚝 단면의 측정점은 다음과 같다.

굴뚝직경(m)	반경 구분 수	측정점 수
1 이하	1	4
1 초과 2 이하	2	8
2 초과 4 이하	3	12
4 초과 4.5 이하	4	16
4.5 초과	5	20

굴뚝직경은 4.3m이므로 ②항이 올바르다.

66 이온크로마토그래피에서 사용되는 서프레서에 관한 설명으로 옳지 않은 것은?
① 관형과 이온교환막형이 있다.
② 용리액으로 사용되는 전해질 성분을 분리 검출하기 위하여 분리관 앞에 병렬로 접속시킨다.
③ 전해질을 물 또는 저전도도의 용매로 바꿔 줌으로써 전기전도도 셀에서 목적이온 성분과 전기전도도만을 고감도로 검출할 수 있게 해준다.
④ 관형 서프레서 중 음이온에는 스티롤계 강산형(H^+) 수지가 충진된 것을 사용한다.

해설 서프레서란 용리액에 사용되는 전해질 성분을 제거하기 위한 것으로 분리관 뒤에 직렬로 접속시킨다.

67 시험분석에 사용하는 용어 및 기재사항에 관한 설명으로 옳지 않은 것은?
① "약"이란 그 무게 또는 부피에 대하여 ±10% 이상의 차가 있어서는 안 된다.
② "정확히 단다"라 함은 규정한 양의 검체를 취하여 분석용 저울로 0.1mg까지 다는 것을 뜻한다.
③ "항량이 될 때까지 건조한다 또는 강열한다"라 함은 따로 규정이 없는 한 보통의 건조방법으로 30분간 더 건조 또는 강열할 때 전후 무게의 차가 0.3mg 이하일 때를 뜻한다.
④ 액체성분의 양을 "정확히 취한다"라 함은 홀피펫, 눈금 플라스크 또는 이와 동등 이상의 정도를 갖는 용량계를 사용하여 조작하는 것을 뜻한다.

해설 "항량이 될 때까지 건조한다 또는 강열한다"라 함은 따로 규정이 없는 한 보통의 건조방법으로 1시간 더 건조 또는 강열할 때 전후 무게의 차가 매 g당 0.3mg 이하일 때를 뜻한다.

68 환경대기 중에 있는 아황산가스 농도를 자동연속측정법으로 분석하고자 한다. 이에 해당하지 않는 것은?
① 적외선형광법 ② 용액전도율법
③ 흡광차분광법 ④ 불꽃광도법

해설 환경대기 중 아황산가스는 자동측정법은 자외선형광법, 용액전도율법, 불꽃광도법, 흡광차분광법으로 분석하고, 수동측정법은 파라로자닐린법, 산정량수동법, 산정량반자동법으로 분석한다.

정답 63.③ 64.① 65.② 66.② 67.③ 68.①

69 소각로, 소각시설 및 그 밖의 배출원에서 배출되는 입자상 및 가스상 수은(Hg)의 측정·분석방법 중 냉증기 원자흡수분광광도법에 관한 설명으로 옳지 않은 것은?

① 배출원에서 등속으로 흡입된 입자상과 가스상 수은은 흡수액인 산성 과망간산포타슘용액에 채취된다.
② 정량범위는 0.005~0.075mg/m³이고 (건조시료 가스량 1m³인 경우), 방법검출한계는 0.003mg/m³이다.
③ Hg^{2+} 형태로 채취한 수은을 Hg^0 형태로 환원시켜서 측정한다.
④ 시료채취 시 배출가스 중에 존재하는 산화유기물질은 산화유기물질은 수은의 채취를 방해할 수 있다.

해설 소각로, 소각시설 및 그 밖의 배출원에서 배출되는 입자상 및 가스상 수은(Hg)을 측정·분석하는데 적용된다. 정량범위는 0.0005~0.0075mg/m³이고 (건조시료 가스량 1m³인 경우), 방법검출한계는 0.00015 mg/m³이다.

70 굴뚝 배출가스 중 시안화수소를 피리딘피라졸론법으로 분석할 경우 시안화수소 표준원액을 제조하기 위해서는 시안화수소용액 몇 mL를 취하여 수산화소듐용액(1N) 100mL를 가하고 다시 물로 전량을 1L로 하여야 하는가? (단, 시안화수소 표준원액 1mL는 기체상 HCN 0.01mL(0℃, 760mmHg)에 상당하며, f : 0.1N 질산은용액의 역가, a : 0.1N 질산은용액의 소비량(mL))

① $\dfrac{10}{0.448 \times a \times f}$ ② $\dfrac{10}{0.0448 \times a \times f}$
③ $\dfrac{10}{0.112 \times a \times f}$ ④ $\dfrac{10}{0.0112 \times a \times f}$

해설 시안화수소를 피리딘피라졸론법으로 분석할 때 시안화수소 표준원액은 시안화수소용액 10.0/(0.0448 $\times a \times f)^{-1}$mL를 취하여 수산화소듐용액(1N) 100mL를 가하고 다시 물을 가하여 전량을 1L로 한다.

71 원자흡수분광광도법에서 사용하는 용어 설명으로 거리가 먼 것은?

① 공명선(Resonance Line) : 원자가 외부로 빛을 반사했다가 방사하는 스펙트럼선
② 근접선(Neighbouring Line) : 목적하는 스펙트럼선에 가까운 파장을 갖는 다른 스펙트럼선
③ 역화(Flame Back) : 불꽃의 연소속도가 크고 혼합기체의 분출속도가 작을 때 연소현상이 내부로 옮겨지는 것
④ 원자흡광(분광)측광 : 원자흡광 스펙트럼을 이용하여 시료 중의 특정원소의 농도와 그 휘선의 흡광 정도와의 상관관계를 측정하는 것

해설 원자흡수분광광도법에서 공명선은 원자가 외부로부터 빛을 흡수했다가 다시 먼저 상태로 돌아갈 때 방사하는 스펙트럼선을 말한다.

72 굴뚝 배출가스 중 산소를 오르자트(Orsat) 분석법(화학분석법)으로 시료의 흡수를 통해 시료 중 산소농도를 구하고자 할 때, 장치 내의 흡수액을 넣은 흡수병에 가장 먼저 흡수되는 가스 성분은?

① CO_2(탄산가스) ② O_2(산소)
③ CO(일산화탄소) ④ N_2(질소)

해설 오르자트(Orsat) 분석법(화학분석법)은 연소가스 분석은 탄산가스, 산소, CO의 순으로 흡수하여 측정한다.

73 다음 원자흡수분광광도법의 측정 순서 중 일반적으로 가장 먼저 하여야 하는 것은?

① 분광기의 파장눈금을 분석선의 파장에 맞춘다.
② 광원램프를 점등하여 적당한 전류 값으로 설정한다.
③ 가스유량 조절기의 밸브를 열어 불꽃을 점화한다.
④ 시료용액을 불꽃 중에 분무시켜 지시한 값을 읽어둔다.

해설 보기 중 원자흡수분광광도법의 측정 순서로 가장 먼저 하는 것은 보기 ②항이다.
[참고] 원자흡수분광광도법의 측정 순서
1. 전원스위치 및 관련 스위치를 넣어 측광부에 전류를 통하게 한다.
2. 광원램프를 점등하여 적당한 전류 값으로 설정한다. 다수의 광원램프를 동시에 사용할 경우에는 미리 예비점등 시켜두면 편리하다.

정답 69.② 70.② 71.① 72.① 73.②

3. 가연성 가스 및 조연성 가스 용기가 각각 가스 유량조절기를 통하여 버너에 파이프로 연결되어 있는가를 확인한다.
4. 가스 유량조절기의 밸브를 열어 불꽃을 점화하여 유량조절밸브로 가연성 가스와 조연성 가스의 유량을 조절한다.
5. 분광기의 파장눈금을 분석선의 파장에 맞춘다.
6. 0을 맞춘다. (이때 광원으로부터 광속을 차단하고 용매를 불꽃 중에 분무시킨다.) 0을 맞춘다는 것은 투과백분율 눈금으로 지시계기의 가르킴을 0%에 맞추는 것이다.
7. 100을 맞춘다. (이때 광원으로부터 광속은 차단을 푼다.) 100을 맞춘다는 것은 투과백분율 눈금으로 지시계기의 가르킴을 100%에 맞추는 것이다.
8. 시료용액을 불꽃 중에 분무시켜 지시한 값을 읽어 둔다. 지시한 값이 투과백분율만으로 표시되는 경우는 보통 흡광도로 환산한다.
9. 6, 7, 8에 나타낸 바와 같이 0이나 100을 맞추는 조작을 행하지 않고 표준용액 영역에 지시된 값에 대응하는 적당한 눈금을 맞추는 방법도 있다.

74 배출허용기준 중 표준산소농도를 적용받는 항목에 대한 배출가스유량 보정식으로 옳은 것은? [단, Q : 배출가스유량(Sm³/일), Q_a : 실측 배출가스유량(Sm³/일), O_a : 실측 산소농도(%), O_s : 표준산소농도(%)]

① $Q = Q_a \times [(21 - O_s)/(21 - O_a)]$
② $Q = Q_a \div [(21 - O_s)/(21 - O_a)]$
③ $Q = Q_a \times [(21 + O_s)/(21 + O_a)]$
④ $Q = Q_a \div [(21 + O_s)/(21 + O_a)]$

해설 표준산소농도로 보정하는 유량식은 다음과 같다.

〈계산식〉 $Q = Q_a \div \dfrac{21 - \text{표준산소농도}}{21 - \text{실측산소농도}}$

75 환경대기 중 위상차현미경을 사용한 석면시험방법과 그 용어의 설명으로 옳지 않은 것은?

① 위상차현미경은 굴절률 또는 두께가 부분적으로 다른 무색투명한 물체의 각 부분의 투과광 사이에 생기는 위상차를 화상면에서 명암의 차로 바꾸어, 구조를 보기 쉽도록 한 현미경이다.
② 석면먼지의 농도표시는 0℃, 760mmH₂O의 기체 1μL 중에 함유된 석면섬유의 개수(개/μL)로 표시한다.
③ 대기 중 석면은 강제흡인장치를 통해 여과장치에 채취한 후 위상차현미경으로 계수하여 석면농도를 산출한다.
④ 위상차현미경을 사용하여 섬유상으로 보이는 입자를 계수하고 같은 입자를 보통의 생물현미경으로 바꾸어 계수하여, 그 계수치들의 차를 구하면 굴절률이 거의 1.5인 섬유상의 입자 즉 석면이라고 추정할 수 있는 입자를 계수할 수가 있게 된다.

해설 석면먼지의 농도표시는 표준상태(0℃, 760mmHg)의 기체 1mL 중에 함유된 석면섬유의 개수(개/mL)로 표시한다.

76 특정발생원에서 일정한 굴뚝을 거치지 않고 외부로 비산되는 먼지를 고용량 공기시료채취법으로 측정한 결과 다음과 같은 자료를 얻었다. 이때 비산먼지의 농도는 몇 mg/m³인가?

- 채취먼지량이 가장 많은 위치에서의 먼지 농도 : 65mg/m³
- 대조위치에서의 먼지농도 : 0.23mg/m³
- 전 시료채취기간 중 주 풍향이 90° 이상 변하고, 풍속이 0.5m/sec 미만 또는 10m/sec 이상 되는 시간이 전 채취시간의 50% 이상이다.

① 117　　② 102
③ 94　　④ 87

해설 비산먼지 농도는 다음과 같이 계산한다.
〈계산식〉 $C(\text{mg/m}^3) = (C_H - C_B) \times W_D \times W_S$
- C_H : 측정점의 최대먼지농도
- C_B : 대조위치의 먼지농도
- W_D : 풍향이 90° 이상 변할 때의 풍향계수=1.5
- W_S : 0.5m/sec 미만 또는 10m/sec 이상 되는 시간이 50% 이상일 때의 풍속계수=1.2

∴ $C = (65 - 0.23) \times 1.5 \times 1.2 = 116.59 \text{mg/m}^3$

77 대기오염공정시험기준상 따로 규정이 없는 한 "시약명칭 – 화학식 – 농도(%) – 비중(약)" 기준으로 옳은 것은?

① 암모니아수 – NH₄OH – 30.0~34.0(NH₃로서) – 1.05
② 아이오도화수소산 – HI – 46.0~48.0 – 1.25
③ 브롬화수소산 – HBr – 47.0~49.0 – 1.48
④ 과염소산 – H₂ClO₃ – 60.0~62.0 – 1.34

해설 ③항만 옳다.
[참고] 공정시험법상 시약의 농도와 비중은 다음과 같다.

명칭	화학식	농도(%)	비중(약)
염산	HCl	35.0~37.0	1.18
질산	HNO_3	60.0~62.0	1.38
황산	H_2SO_4	95 이상	1.84
초산 (acetic acid)	CH_3COOH	99.0 이상	1.05
인산	H_3PO_4	85.0 이상	1.69
암모니아수	NH_4OH	28.0~30.0 (NH_3로서)	0.90
불화수소산	HF	46.0~48.0	1.14
요오드화수소산	HI	55.0~58.0	1.70
브롬화수소산	HBr	47.0~49.0	1.48
과염소산	$HClO_4$	60.0~62.0	1.54
과산화수소수	H_2O_2	30.0~35.0	1.11

78 비분산적외선분광분석법(Non Dispersive Infrared Photometer Analysis)에서 사용되는 용어에 관한 설명으로 옳지 않은 것은?

① 비교가스는 시료셀에서 적외선 흡수를 측정하는 경우 대조가스로 사용하는 것으로 적외선을 흡수하지 않는 가스를 말한다.
② 비교셀은 시료셀과 동일한 모양을 가지며 아르곤 또는 질소와 같은 불활성 기체를 봉입하여 사용한다.
③ 광학필터는 시료광속과 비교광속을 일정주기로 단속시켜, 광학적으로 변조시키는 것으로 단속방식에는 1~20Hz의 교호단속방식과 동시단속방식이 있다.
④ 시료셀은 시료가스가 흐르는 상태에서 양단의 창을 통해 시료광속이 통과하는 구조를 갖는다.

해설 ③항은 회전섹터에 관련된 내용이다. 비분산적외선광법에서 광학필터는 시료가스 중에 간섭물질가스의 흡수파장역의 적외선을 흡수제거하기 위하여 사용하며, 가스필터와 고체필터가 있는데 이것은 단독 또는 적절히 조합하여 사용한다.

79 기체크로마토그래피에 의한 정량분석에서 이용되는 정량법으로 거리가 먼 것은?
① 표준넓이추가법 ② 보정넓이 백분율법
③ 상대검정곡선법 ④ 절대검정곡선법

해설 기체크로마토그래피에 의한 정량분석에서 이용되는 정량법은 절대검정곡선법, 넓이백분율법, 보정넓이 백분율법, 상대검정곡선법, 표준물첨가법이 있다.

80 다음 중 현행 대기오염공정시험기준상 일반적으로 자외선/가시선 분광법으로 분석하지 않는 물질은?
① 배출가스 중 이황화탄소
② 유류 중 황함유량
③ 배출가스 중 황화수소
④ 배출가스 중 불소화합물

해설 유류 중 황함유량은 방사선여기법, 연소관식 공기법으로 분석한다.

제5과목 대기환경관계법규

81 다음은 대기환경보전법상 과징금 처분기준이다. ( ) 안에 알맞은 것은?

환경부장관은 자동차제작자가 거짓으로 제작차의 인증 또는 변경인증을 받은 경우에는 그 자동차제작자에 대하여 매출액에 (㉠)(을)를 곱한 금액을 초과하지 아니하는 범위에서 과징금을 부과할 수 있다. 이 경우 과징금의 금액은 (㉡)을 초과할 수 없다.

① ㉠ 100분의 3, ㉡ 100억 원
② ㉠ 100분의 3, ㉡ 500억 원
③ ㉠ 100분의 5, ㉡ 100억 원
④ ㉠ 100분의 5, ㉡ 500억 원

해설 [보전법 제56조] 과징금 처분 규정에서 환경부장관은 자동차제작자가 거짓으로 제작차의 인증 또는 변경인증을 받은 경우는 그 자동차제작자에 대하여 매출액에 100분의 5를 곱한 금액을 초과하지 아니하는 범위에서 과징금을 부과할 수 있다. 이 경우 과징금의 금액은 500억 원을 초과할 수 없다.

82 실내공기질관리법규상 자일렌 항목의 신축 공동주택의 실내공기질 권고기준은?
① $30\mu g/m^3$ 이하 ② $210\mu g/m^3$ 이하
③ $300\mu g/m^3$ 이하 ④ $700\mu g/m^3$ 이하

정답 78.③ 79.① 80.② 81.④ 82.④

해설 [실내공기질관리법 시행규칙 별표 4의2] 신축 공동주택의 실내공기질 권고기준에서 자일렌 항목의 기준은 700μg/m³ 이하이다.
1. 폼알데하이드 : 210μg/m³ 이하
2. 벤젠 : 30μg/m³ 이하
3. 톨루엔 : 1,000μg/m³ 이하
4. 에틸벤젠 : 360μg/m³ 이하
5. 자일렌 : 700μg/m³ 이하
6. 스티렌 : 300μg/m³ 이하
7. 라돈 : 148Bq/m³ 이하

83 대기환경보전법규상 배출시설 및 방지시설 등과 관련된 행정처분기준 중 "부식·마모로 인하여 대기오염물질이 누출되는 배출시설을 정당한 사유 없이 방치한 경우"의 3차 행정처분기준은?

① 개선명령
② 경고
③ 조업정지 10일
④ 조업정지 30일

해설 [시행규칙 별표 36] 행정처분기준 규정에서 대기환경보전법규상 배출시설 및 방지시설 등과 관련된 행정처분기준 중 "부식·마모로 인하여 대기오염물질이 누출되는 배출시설을 정당한 사유 없이 방치한 경우" 1차 경고, 2차 조업정지 10일, 3차 조업정지 30일, 4차 허가취소 또는 폐쇄이다.

84 다음은 대기환경보전법규상 "초미세먼지(PM-2.5)"의 주의보 발령기준이다. ( ) 안에 알맞은 것은?

〈주의보 발령기준〉
기상조건 등을 고려하여 해당 지역의 대기자동측정소 PM-2.5 시간당 평균농도가 ( ) 지속인 때

① 50μg/m³ 이상 1시간 이상
② 50μg/m³ 이상 2시간 이상
③ 75μg/m³ 이상 1시간 이상
④ 75μg/m³ 이상 2시간 이상

해설 [시행규칙 별표 7] 대기오염경보 단계별 대기오염물질의 농도기준에서 초미세먼지(PM-2.5)의 경우 주의보 발령기준은 기상조건 등을 고려하여 해당 지역의 대기자동측정소 PM-2.5 시간당 평균농도가 75μg/m³ 이상 2시간 이상 지속인 때이다.

85 다음은 대기환경보전법령상 부과금의 납부통지기준에 관한 사항이다. ( ) 안에 알맞은 것은?

초과부과금은 초과부과금 부과 사유가 발생한 때(자동측정자료의 (㉠)가 배출허용기준을 초과한 경우에는 (㉡))에, 기본부과금은 해당 부과기간의 확정배출량 자료제출기간 종료일부터 (㉢)에 부과금의 납부통지를 하여야 한다. 다만, 배출시설이 폐쇄되거나 소유권이 이전되는 경우에는 즉시 납부통지를 할 수 있다.

① ㉠ 30분 평균치, ㉡ 매 분기 종료일부터 30일 이내, ㉢ 30일 이내
② ㉠ 30분 평균치, ㉡ 매 반기 종료일부터 60일 이내, ㉢ 60일 이내
③ ㉠ 1시간 평균치, ㉡ 매 분기 종료일부터 30일 이내, ㉢ 30일 이내
④ ㉠ 1시간 평균치, ㉡ 매 반기 종료일부터 60일 이내, ㉢ 60일 이내

해설 [시행령 제33조] 부과금의 납부통지 관련 규정은 다음과 같다.
1. 초과부과금은 초과부과금 부과 사유가 발생한 때(자동측정자료의 30분 평균치가 배출허용기준을 초과한 경우에는 매 반기 종료일부터 60일 이내)에, 기본부과금은 해당 부과기간의 확정배출량 자료제출기간 종료일부터 60일 이내에 부과금의 납부통지를 하여야 한다. 다만, 배출시설이 폐쇄되거나 소유권이 이전되는 경우에는 즉시 납부통지를 할 수 있다.
2. 환경부장관 또는 시·도지사는 부과금을 부과할 때에는 부과대상 오염물질량, 부과금액, 납부기간 및 납부장소, 그 밖에 필요한 사항을 적은 서면으로 알려야 한다. 이 경우 부과금의 납부기간은 납부통지서를 발급한 날부터 30일로 한다.

86 대기환경보전법규상 운행차 배출허용기준에 관한 설명으로 옳지 않은 것은?

① 휘발유와 가스를 같이 사용하는 자동차의 배출가스 측정 및 배출허용기준은 가스의 기준을 적용한다.
② 알코올만 사용하는 자동차는 탄화수소 기준을 적용한다.
③ 건설기계 중 덤프트럭, 콘크리트믹서트럭, 콘크리트펌프트럭에 대한 배출허용기준은 화물자동차기준을 적용한다.
④ 수입자동차는 최초등록일자를 제작일자로 본다.

정답 83.④ 84.④ 85.② 86.②

해설 [시행규칙 별표 21] 운행차 배출허용기준에서 알코올만 사용하는 자동차는 탄화수소 기준을 적용하지 않는다.

87 대기환경보전법상 해당 연도의 평균 배출량이 평균 배출허용기준을 초과하여 그에 따른 상환명령을 이행하지 아니하고 자동차를 제작한 자에 대한 벌칙기준은?

① 7년 이하의 징역이나 1억 원 이하의 벌금
② 5년 이하의 징역이나 5천만 원 이하의 벌금
③ 3년 이하의 징역이나 3천만 원 이하의 벌금
④ 1년 이하의 징역이나 1천만 원 이하의 벌금

해설 [법 제89조] 벌칙 규정에서 평균 배출허용기준을 초과한 자동차제작자에 대한 상환명령을 이행하지 아니하고 자동차를 제작한 자에게는 7년 이하의 징역이나 1억 원 이하의 벌금에 처한다.

88 대기환경보전법규상 자동차 종류 구분기준 중 전기만을 동력으로 사용하는 자동차로서 1회 충전 주행거리가 80km 이상 160km 미만에 해당하는 것은?

① 제1종   ② 제2종
③ 제3종   ④ 제4종

해설 [시행규칙 별표 5]에서 전기만을 동력으로 사용하는 자동차는 1회 충전 주행거리에 따라 다음과 같이 구분한다.

구 분	1회 충전 주행거리
제1종	80km 미만
제2종	80km 이상 160km 미만
제3종	160km 이상

89 대기환경보전법규상 자가측정 시 사용한 여과지 및 시료채취 기록지의 보존기간은 환경오염 공정시험기준에 따라 측정한 날부터 얼마로 하는가?

① 3개월
② 6개월
③ 1년
④ 3년

해설 [시행규칙 제52조] 자가측정의 대상 및 방법 등 자가측정 시 사용한 여과지 및 시료채취 기록지의 보존기간은 측정한 날부터 6개월로 한다.

90 대기환경보전법규상 위임업무 보고사항 중 "자동차 연료 및 첨가제의 제조·판매 또는 사용에 대한 규제현황"의 보고횟수 기준은?

① 연 1회   ② 연 2회
③ 연 4회   ④ 수시

해설 [시행규칙 제52조] 자가측정의 대상 및 방법 등 위임업무 보고사항 중 "자동차 연료 및 첨가제의 제조·판매 또는 사용에 대한 규제현황"의 보고횟수는 연 2회이다.

91 대기환경보전법상 환경부장관은 대기오염물질과 온실가스를 줄여 대기환경을 개선하기 위하여 대기환경개선 종합계획을 몇 년마다 수립하여 시행하여야 하는가?

① 1년마다   ② 3년마다
③ 5년마다   ④ 10년마다

해설 [보전법 제11조]에서 환경부장관은 대기오염물질과 온실가스를 줄여 대기환경을 개선하기 위하여 대기환경개선 종합계획을 10년마다 수립하여 시행하여야 한다.

92 대기환경보전법령상 초과부과금 산정기준에서 다음 중 오염물질 1킬로그램당 부과금액이 가장 적은 것은?

① 이황화탄소
② 암모니아
③ 황화수소
④ 불소화합물

해설 [시행령 별표 4] 보기 항목 중 부과금액이 가장 낮은 것은 암모니아이다.
① 이황화탄소 : 1,600
② 암모니아 : 1,400
③ 황화수소 : 6,000
④ 불소화합물 : 2,300

93 대기환경보전법규상 대기오염방지시설과 가장 거리가 먼 것은? (단, 그 밖의 경우 등은 제외)

① 산화·환원에 의한 시설
② 응축에 의한 시설
③ 미생물을 이용한 처리시설
④ 이온교환시설

정답 87.① 88.② 89.② 90.② 91.④ 92.② 93.④

해설 [시행규칙 별표 4]에서 규정하는 대기오염방지시설은 집진시설(중력, 관성력, 원심력, 세정, 여과, 전기, 음파), 유해가스 처리시설(흡수시설, 흡착시설, 직접연소, 촉매반응시설, 응축시설, 산화·환원시설) 기타 미생물을 이용한 처리시설, 연소조절에 의한 시설 등이다.

94 실내공기질관리법상 다중이용시설을 설치하는 자는 환경부령으로 정한 기준을 초과한 오염물질방출 건축자재를 사용해서는 안 되는데, 이 규정을 위반하여 사용한 자에 대한 벌칙기준으로 옳은 것은?

① 1년 이하의 징역 또는 1천만 원 이하의 벌금
② 500만 원 이하의 과태료
③ 200만 원 이하의 과태료
④ 100만 원 이하의 과태료

해설 실내공기질관리법상 다중이용시설을 설치하는 자는 환경부령으로 정한 기준을 초과한 오염물질방출 건축자재를 사용해서는 안 되는데, 이 규정을 위반하여 사용한 자에 대한 벌칙기준 1년 이하의 징역 또는 1천만 원 이하의 벌금이다.

95 대기환경보전법령상 특별대책지역에서 환경부령에 따라 신고해야 하는 휘발성 유기화합물 배출시설 중 "대통령령으로 정하는 시설"에 해당하지 않는 것은? (단, 그 밖에 휘발성 유기화합물을 배출하는 시설로서 환경부장관이 관계 중앙행정기관의 장과 협의하여 고시하는 시설 등은 제외한다.)

① 저유소의 저장시설 및 출하시설
② 주유소의 서장시설 및 주유시설
③ 석유정제를 위한 제조시설, 저장시설, 출하시설
④ 휘발성 유기화합물 분석을 위한 실험실

해설 [시행령 제45조] 대기환경보전법령상 특별대책지역에서 환경부령으로 정하는 바에 따라 신고해야 하는 휘발성 유기화합물 배출시설 중 "대통령령으로 정하는 시설"은 다음과 같다.
1. 석유정제를 위한 제조시설, 저장시설 및 출하시설(出荷施設)과 석유화학제품 제조업의 제조시설, 저장시설 및 출하시설
2. 저유소의 저장시설 및 출하시설
3. 주유소의 저장시설 및 주유시설
4. 세탁시설

5. 그 밖에 휘발성 유기화합물을 배출하는 시설로서 환경부장관이 관계 중앙행정기관의 장과 협의하여 고시하는 시설

96 환경정책기본법령상 환경기준으로 옳은 것은? (단, ㉠, ㉡은 대기환경기준, ㉢, ㉣은 수질 및 수생태계 '하천'에서의 사람의 건강보호기준)

	항목	기준값
㉠	O_3(1시간 평균치)	0.06ppm 이하
㉡	NO_2(1시간 평균치)	0.15ppm 이하
㉢	Cd	0.5mg/L 이하
㉣	Pb	0.05mg/L 이하

① ㉠
② ㉡
③ ㉢
④ ㉣

해설 ④항만 옳다. [환경정책기본법 시행령 별표] 환경기준에 의하면,
㉠ O_3 : 1시간 평균치 0.1ppm 이하
㉡ NO_2 : 1시간 평균치 0.1ppm 이하
㉢ Cd : 0.05mg/L 이하
㉣ Pb : 0.05mg/L 이하

97 대기환경보전법령상 일일 기준 초과배출량 및 일일유량의 산정방법으로 옳지 않은 것은?

① 특정대기유해물질의 배출허용기준 초과 일일오염물질 배출량은 소수점 이하 셋째 자리까지 계산하고, 일반오염물질은 소수점 이하 둘째 자리까지 계산한다.
② 먼지의 배출농도 단위는 표준상태(0℃, 1기압을 말한다.)에서의 세제곱미터당 밀리그램(mg/Sm^3)으로 한다.
③ 측정유량의 단위는 시간당 세제곱미터(m^3/h)로 한다.
④ 일일조업시간은 배출량을 측정하기 전 최근 조업한 30일 동안의 배출시설 조업시간 평균치를 시간으로 표시한다.

해설 [시행령 별표 5] 특정대기유해물질의 배출허용기준 초과 일일오염물질 배출량은 소수점 이하 넷째 자리까지 계산하고, 일반오염물질은 소수점 이하 첫째 자리까지 계산한다.

98 다음 중 대기환경보전법령상 3종 사업장 분류기준에 속하는 것은?

① 대기오염물질 발생량의 합계가 연간 9톤인 사업장
② 대기오염물질 발생량의 합계가 연간 12톤인 사업장
③ 대기오염물질 발생량의 합계가 연간 22톤인 사업장
④ 대기오염물질 발생량의 합계가 연간 33톤인 사업장

해설 [시행령 제13조] 대기오염물질 발생량의 합계가 연간 10톤 이상 20톤 미만인 사업장은 3종 사업장에 해당한다.

99 다음은 대기환경보전법상 용어의 뜻이다. ( ) 안에 알맞은 것은?

> ( )(이)란 연소할 때 생기는 유리탄소가 응결하여 입자의 지름이 1미크론 이상이 되는 입자상 물질을 말한다.

① 스모그　　② 안개
③ 검댕　　　④ 먼지

해설 [보전법 제2조] 정의에서 "검댕"이란 연소할 때에 생기는 유리(流離)탄소가 응결하여 입자의 지름이 1미크론 이상이 되는 입자상 물질을 말한다.

100 악취방지법상 악취방지계획에 따라 악취방지에 필요한 조치를 하지 아니하고 악취배출시설을 가동한 자에 대한 벌칙기준으로 옳은 것은?

① 1천만 원 이하의 벌금
② 500만 원 이하의 벌금
③ 300만 원 이하의 벌금
④ 100만 원 이하의 벌금

해설 [악취방지법 제28조] 악취방지에 필요한 조치를 하지 아니하고 악취배출시설을 가동한 자에 대한 벌칙기준은 300만 원 이하의 벌금이다.

2019 제4회 대기환경산업기사

2019. 9. 21 시행

제1과목 대기오염개론

01 다음 중 2차 오염물질로 볼 수 없는 것은?
① 이산화황이 대기 중에서 산화하여 생성된 삼산화황
② 이산화질소의 광화학반응에 의하여 생성된 일산화질소
③ 질소산화물의 광화학반응에 의한 원자상 산소와 대기 중의 산소가 결합하여 생성된 오존
④ 석유정제 시 수소첨가에 의하여 생성된 황화수소

해설 석유정제 시 수소첨가에 의하여 생성된 황화수소는 발생원에서 대기 중으로 직접 방출되는 오염물질이므로 1차 오염물질에 해당한다. 반면에 발생원에서 배출된 1차 오염물질이 공기 또는 상호간의 가수분해, 산화 혹은 광화학적 반응에 의해 대기 중에서 형성되어진 오염물질을 2차 대기오염물질이라고 한다.

02 분자량이 M인 대기오염물질의 농도가 표준상태(0℃, 1기압)에서 448ppm으로 측정되었다. 표준상태에서 mg/m³로 환산한 것은?
① $\dfrac{1}{20M}$
② $\dfrac{M}{20}$
③ $20M$
④ $\dfrac{20}{M}$

해설 분자량 M인 대기오염물질 448ppm(=mL/m³)을 mg/m³으로 환산한다.

〈계산식〉 $C_m = \dfrac{448\text{mL}}{\text{m}^3} \left| \dfrac{M\text{mg}}{22.4\text{mL}} \right| = 20M(\text{mg/m}^3)$

03 Panofsky에 따른 Richardson 수(Ri)의 크기와 대기의 혼합 간의 관계로 옳지 않은 것은?

① Richardson 수가 0에 접근하면 분산은 줄어든다.
② $0.25 < Ri$: 수직방향의 혼합은 없다.
③ Ri가 0.2보다 크게 되면 수직혼합이 최대가 되고, 수평혼합은 없다.
④ $Ri = 0$: 기계적 난류만 존재한다.

해설 Ri가 0.2보다 크게 되면 수직혼합은 없어지고 수평상의 소용돌이만 남게 된다.

04 다음 중 "무색의 기체로 자극성이 강하며, 물에 잘 녹고, 살균 방부제로도 이용되고, 단열재, 피혁 제조, 합성수지 제조 등에서 발생하며, 실내공기를 오염시키는 물질"에 해당하는 것은?
① HCHO
② C_6H_5OH
③ HCl
④ NH_3

해설 포름알데하이드(HCHO)는 무색의 기체로 자극성이 강하며, 물에 잘 녹고, 살균 방부제로도 이용되고, 실내공기를 오염시키는 물질이다.

05 굴뚝 직경 2m, 배출가스 속도 5m/sec, 굴뚝 배출가스 온도 400K, 대기온도 300K, 풍속 3m/sec일 때 연기 상승높이(m)는? (단, $F = g\left(\dfrac{D}{2}\right)^2 V_s \left(\dfrac{T_s - T_a}{T_a}\right)$, $\Delta h = \dfrac{114CF^{1/3}}{U}$, $C = 1.58$이다.)
① 142.6m
② 152.3m
③ 168.5m
④ 198.2m

해설 제시된 계산식을 이용한다.

〈계산식〉 $\Delta h = \dfrac{114CF^{1/3}}{U}$

• $C = 1.58$
• $F = g\left(\dfrac{D}{2}\right)^2 V_s \left(\dfrac{T_s - T_a}{T_a}\right)$

정답 1.④ 2.③ 3.④ 4.① 5.②

$$= 9.8 \times \left(\frac{2}{2}\right)^2 \times 5 \times \left(\frac{400-300}{300}\right)$$
$$= 16.33 \, m^4/sec^3$$
$$\therefore \Delta h = \frac{114 \times 1.58 \times 16.33^{1/3}}{3} = 152.324 \, m$$

06 다음 오염물질 중 수산기를 포함하는 것은?

① Chloroform ② Benzene
③ Phenol ④ Methyl Mercaptan

해설 ─OH의 수산기를 가지는 것은 보기의 항목 중 페놀이다.
① Chloroform : $CHCl_3$
② Benzene : C_6H_6
③ Phenol : C_6H_5OH
④ Methyl Mercaptan : CH_3SH

07 로스엔젤레스 스모그 사건에서 시간에 따른 광화학스모그 구성 성분 변화추이 중 가장 늦은 시간에 하루 중 최고치를 나타내는 물질은?

① NO_2 ② 알데하이드
③ 탄화수소 ④ NO

해설 일반적으로 하루 중에서 최고농도를 나타내는 순서는 NO → NO_2 → O_3, 탄화수소류 → 알데하이드 → 옥시던트이다.

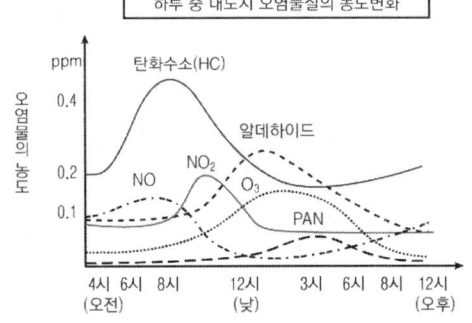
하루 중 대도시 오염물질의 농도변화

08 대기오염 사건과 관련된 설명 중 ( ) 안에 가장 알맞은 것은?

런던스모그 사건은 (㉠)이 형성되고 거의 무풍상태가 계속되었으며, 로스엔젤레스 스모그 사건은 (㉡)이 형성되고 해안성 안개가 낀 상태에서 발생하였다.

① ㉠ 복사역전, ㉡ 이류성역전
② ㉠ 이류성역전, ㉡ 침강역전
③ ㉠ 침강역전, ㉡ 복사역전
④ ㉠ 복사역전, ㉡ 침강역전

해설 런던스모그 사건은 공장 매연과 가정난방으로 사용되는 석탄연소의 배기가스가 무풍상태, 복사역전상태에서 축적되어 발생된 스모그 사건이며, LA스모그 사건은 주로 자동차 배출가스 중의 질소산화물과 반응성 탄화수소가 침강역전 상태 및 해안성 안개가 작용하는 환경 하에서 발생한 광화학 스모그 사건이다.

09 연기의 배출속도 50m/sec, 평균풍속 300m/min, 유효굴뚝높이 55m, 실제굴뚝높이 24m인 경우 굴뚝의 직경(m)은? (단, $\Delta H = 1.5 \times (V_s/U) \times D$ 식 적용)

① 0.3 ② 1.6
③ 2.1 ④ 3.7

해설 제시된 계산식을 통해 굴뚝의 직경을 산출한다.

⟨계산식⟩ $\Delta H = D \times \left(\dfrac{V_s}{U}\right) \times 1.5$

• U : 풍속 = 300m/min = 5m/sec
• H_e (유효굴뚝고) = 55m = 24 + ΔH, $\Delta H = 31$m
⇨ $31 = D \times \left(\dfrac{50}{5}\right) \times 1.5$
$\therefore D = 2.1$

10 지구상에 분포하는 오존에 관한 설명으로 옳지 않은 것은?

① 오존량은 돕슨(Dobson) 단위로 나타내는데, 1Dobson은 지구 대기 중 오존의 총량을 0℃, 1기압의 표준상태에서 두께로 환산하였을 때 0.01cm에 상당하는 양이다.
② 오존층 파괴로 인해 피부암, 백내장, 결막염 등 질병유발과, 인간의 면역기능의 저하를 유발할 수 있다.
③ 오존의 생성 및 분해반응에 의해 자연상태의 성층권 영역에는 일정 수준의 오존량이 평형을 이루게 되고, 다른 대기권 영역에 비해 오존의 농도가 높은 오존층이 생성된다.
④ 지구 전체의 평균오존 전량은 약 300Dobson이지만, 지리적 또는 계절적으로 그 평균값의 ±50% 정도까지 변화하고 있다.

[해설] 1돕슨(Dobson)은 지구 대기 중 오존의 총량을 0℃, 1기압의 표준상태에서 두께로 환산하였을 때 0.01mm에 상당하는 양이다.

11 오존층 보호를 위한 오존층 파괴물질의 생산 및 소비감축에 관한 내용의 국제협약으로 가장 적절한 것은?

① 바젤협약 ② 리우선언
③ 그린피스협약 ④ 몬트리올의정서

[해설] 오존층 보호를 위한 국제협약은 비엔나협약(1985), 몬트리올의정서(1987), 런던회의(1990), 코펜하겐회의(1992) 등이 있다.

12 교토의정서의 2020년까지 연장 및 한국의 녹색기후기금(GCF) 유치를 인준한 당사국회의 개최장소는?

① 모로코 마라케쉬 ② 케냐 나이로비
③ 멕시코 칸쿤 ④ 카타르 도하

[해설] GCF(Green Climate Fund)는 개발도상국의 이산화탄소 절감과 기후변화에 대응하기 위해 만들어진 국제금융기구로서 2010년 12월 멕시코 칸쿤에서 기금설립이 승인되고, 2012년 12월 카타르 도하에서 교토의정서의 2020년까지 연장 및 한국의 GCF 유치를 인준하였다.

13 수은에 관한 설명으로 옳지 않은 것은?

① 원자량 200.61, 비중 6.92이며, 염산에 용해된다.
② 만성중독의 경우 전형적인 증상은 특수한 구내염, 눈, 입술, 혀, 손발 등이 빠르고 엷게 떨린다.
③ 만성중독의 경우 손과 팔의 근력이 저하되며, 다발성 신경염도 일어난다고도 보고된다.
④ 일본의 미나마타지방에서 발생한 미나마따병은 유기수은으로 인한 공해병이며, 구심성 시야협착, 난청, 언어장해 등이 나타난다.

[해설] 수은의 비중은 13.5952이며 질산에 용해되며 물이나 묽은 염산에는 용해되지 않는다.

14 일반적으로 냄새의 강도와 농도 사이에 성립하는 법칙으로 가장 적합한 것은?

① Nernst-Planck의 법칙
② Weber Fechner의 법칙
③ Albedo의 법칙
④ Wien의 변위 법칙

[해설] 물리화학적 자극량과 인간의 감각강도 관계는 Weber-Fechner 법칙으로 가장 잘 표현된다.

15 다음 대기오염물질 중 혈관 내 용혈을 일으키며, 3대 증상으로는 복통, 황달, 빈뇨이며, 급성중독일 경우 활성탄과 하제를 투여하고 구토를 유발시켜야 하는 것은?

① Asbestos ② Arsenic(As)
③ Benzo[a]pyrene ④ Bromine(Br)

[해설] 용혈성 빈혈은 비소(As)에 의한 중독증상이다. 농약취급과 같은 급성중독일 경우 치료방법은 활성탄과 삼투성 하제(Osmotic Laxactives)를 투여하는 것으로 알려져 있다.

16 먼지농도가 $160\mu g/m^3$이고, 상대습도가 70%인 상태의 대도시에서의 가시거리는 몇 km인가? (단, $A=1.2$)

① 4.2km ② 5.8km
③ 7.5km ④ 11.2km

[해설] 상대습도 70%인 가시거리 계산은 다음과 같다.

〈계산식〉 $L_v(km) = \dfrac{A \times 10^3}{G}$

• $G = 160\mu g/m^3$

$\therefore L_v = \dfrac{1.2 \times 10^3}{160} = 7.5km$

17 다음 그림에서 "가" 쪽으로 부는 바람은?

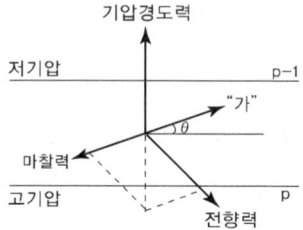

① geostropic wind ② Föhn wind
③ Surface wind ④ gradient wind

[해설] 기압경도력=마찰력+전향력의 균형에 의해 결정되므로 지상풍을 의미한다.

18 다음 대기오염물질 중 비중이 가장 큰 것은?
① 포름알데히드 ② 이황화탄소
③ 일산화질소   ④ 이산화질소

해설 기체상 물질에 대한 비중 계산식을 적용한다.
〈계산식〉 $S = \dfrac{\text{대상물질의 밀도}(\rho)}{\text{공기의 밀도}(\rho_a)} = \dfrac{M_w/22.4}{M_a/22.4}$
따라서 기체상 물질의 분자량이 큰 것=비중이 큰 것이 된다. 보기 중 가장 비중이 큰 물질은 CS_2이다.
① $HCHO = 30$ ② $CS_2 = 76$
③ $NO = 30$ ④ $NO_2 = 46$

19 다음 대기분산모델 중 벨기에서 개발되었으며, 통계모델로서 도시지역의 오존농도를 계산하는데 이용했던 것은?
① ADMS(Atmosphere Dispersion ozone Model System)
② ODC(Offshore and Coastal ozone Dispersion model)
③ SMOGSTOP(Statistical Models Of Ground-level Short Term Ozone Pollution)
④ RAMS(Regional Atmosphere ozone Model System)

해설 벨기에서 개발된 도시지역의 오존농도를 계산하는데 이용했던 모델은 SMOGSTOP이다.

20 통상적으로 대기오염물질의 농도와 혼합고간의 관계로 가장 적합한 것은?
① 혼합고에 비례한다.
② 혼합고의 2승에 비례한다.
③ 혼합고의 3승에 비례한다.
④ 혼합고의 3승에 반비례한다.

해설 오염물질의 농도와 혼합고(MMD)의 관계는 3승에 반비례한다.
〈계산식〉 $C_2 = C_1 \times \left(\dfrac{MMD_1}{MMD_2}\right)^3$

[제2과목] **대기오염공정시험기준**

21 굴뚝반경이 2.2m인 원형굴뚝에서 먼지를 채취하고자 할 때의 측정점 수는?

① 8   ② 12
③ 16   ④ 20

해설 원형단면의 측정점 수는 다음과 같다.

굴뚝직경(m)	반경 구분 수	측정점 수
1 이하	1	4
1 초과 2 이하	2	8
2 초과 4 이하	3	12
4 초과 4.5 이하	4	16
4.5 초과	5	20

따라서 굴뚝의 직경이 4.4m이므로 측정점 수는 16개이다.

22 굴뚝 배출가스 중 황화수소(H_2S)를 자외선/가시선 분광법(메틸렌블루법)으로 측정했을 때 농도범위가 5~100ppm일 때 시료채취량 범위로 가장 적합한 것은?
① 10~100mL   ② 0.1~1L
③ 1~10L   ④ 50~100L

해설 황화수소(H_2S)를 자외선/가시선 분광법(메틸렌블루법)으로 측정했을 때 농도범위가 5~100ppm일 때 시료채취량은 1~10L이고, 농도범위가 100~2,000ppm일 때는 0.1~1L이다.
[참고] 황화수소를 메틸렌블루법으로 측정할 경우 시료채취량 및 흡입속도

황화수소의 농도(ppm)	(5~100)		(100~2,000)	
분석방법의 종류	채취량	흡입속도	채취량	흡입속도
메틸렌블루법	(1~10)L	(0.1~0.5)L/min	(0.1~1)L	(0.1)L/min

23 분석대상가스가 질소산화물인 경우 흡수액으로 가장 적합한 것은? (단, 페놀디설폰산법 기준)
① 황산+과산화수소+증류수
② 수산화소듐(0.5%) 용액
③ 아연아민착염용액
④ 아세틸아세톤함유 흡수액

해설 질소산화물의 흡수액은 자외선/가시선 분광법(페놀디설폰산법)일 경우 황산+과산화수소수+증류수이며, 자외선/가시선 분광법(아연환원나프틸에틸렌디아민법)일 경우 증류수이다.

24 기체크로마토그래피에 관한 설명으로 옳지 않은 것은?

① 일정유량으로 유지되는 운반가스(carrier gas)는 시료도입부로부터 분리관 내를 흘러서 검출기를 통하여 외부로 방출된다.
② 일반적으로 무기물 또는 유기물의 대기오염물질에 대한 정성, 정량 분석에 이용된다.
③ 시료의 각 성분이 분리되는 것은 분리관을 통과하는 성분의 흡광성에 의한 속도변화 차이 때문이다.
④ 기체시료 또는 기화한 액체나 고체시료를 운반가스(carrier gas)에 의하여 분리, 관 내에 전개시켜 기체상태에서 분리되는 각 성분을 크로마토그래피적으로 분석하는 방법이다.

해설 시료의 각 성분이 분리되는 것은 분리관을 통과하는 각 성분의 흡착성 또는 용해성의 차이에 따라 분리관 내에서의 이동속도가 달라지기 때문이다.

25 0.1N H_2SO_4 용액 1,000mL를 제조하기 위해서는 95% H_2SO_4를 약 몇 mL 취하여야 하는가? (단, H_2SO_4의 비중은 1.84)

① 약 1.2mL ② 약 3mL
③ 약 4.8mL ④ 약 6mL

해설 시약 조제 희석식을 적용한다.
〈계산식〉 $NV = N'V'$

- $NV = \dfrac{X(mL)}{} \Big| \dfrac{1.84g}{mL} \Big| \dfrac{95}{100} \Big| \dfrac{1eq}{(98/2)g}$
  $= 0.036\,eqX$
- $N'V' = \dfrac{0.2eq}{L} \Big| 500mL \Big| \dfrac{1L}{10^3 mL} = 0.1eq$

⇒ $0.036\,eqX = 0.1eq$
∴ $X = 2.78mL$

26 500mmH_2O는 약 몇 mmHg인가?

① 19mmHg ② 28mmHg
③ 37mmHg ④ 45mmHg

해설 10,332mmH_2O(수주)와 760mmHg(수은주)의 관계를 이용한다.
〈계산식〉
$X(mmHg) = P(mmH_2O) \times \dfrac{760mmHg}{10,332mmH_2O}$
∴ $X = 500mmH_2O \times \dfrac{760mmHg}{10,332mmH_2O} = 36.78mmHg$

27 환경대기 중 아황산가스의 농도를 산정량 수동법으로 측정하여 다음과 같은 결과를 얻었다. 이때 아황산가스의 농도는?

- 적정에 사용한 0.01N-알칼리용액의 소비량 0.2mL
- 시료가스 채취량 1.5m³

① 43μg/m³
② 58μg/m³
③ 65μg/m³
④ 72μg/m³

해설 산정량 수동법에 따른 농도 계산식에 따른다.
〈계산식〉 $S = \dfrac{32,000 \times N \times v}{V}$

- S : 아황산가스의 농도(μg/m³)
- N : 알칼리의 규정도(0.01N)
- v : 적정에 사용한 알칼리의 양(mL)
- V : 시료가스 채취량(m³)

∴ $S = \dfrac{32,000 \times 0.01 \times 0.2}{1.5} = 42.67 μg/m^3$

28 대기오염공정시험기준 중 원자흡수분광광도법에서 사용되는 용어의 정의로 옳지 않은 것은?

① 슬롯버너 : 가스의 분출구가 세극상으로 된 버너
② 충전가스 : 중공음극램프에 채우는 가스
③ 선프로파일 : 파장에 대한 스펙트럼선의 강도를 나타내는 곡선
④ 근접선 : 목적하는 스펙트럼선과 동일한 파장을 갖는 같은 스펙트럼선

해설 근접선은 목적하는 스펙트럼선과 가까운 파장을 갖는 다른 스펙트럼선을 말한다.

29 원자흡수분광광도법으로 배출가스 중 Zn을 분석할 때의 측정파장으로 적합한 것은?

① 213.8nm
② 248.3nm
③ 324.8nm
④ 357.9nm

해설 배출가스 중 아연을 원자흡수분광광도법으로 분석할 때 측정파장은 213.8nm이다.

30 자외선가시선분광법에 관한 설명으로 옳지 않은 것은? (단, I_o : 입사광의 강도, I_t : 투사광의 강도, C : 용액의 농도, l : 빛의 투사길이, ε : 비례상수(흡광계수))
① 램버트 비어의 법칙을 응용한 것이다.
② I_t/I_o = 투과도라 한다.
③ 투과도($t = I_t/I_o$)를 백분율로 표시한 것을 투과퍼센트라 한다.
④ 투과도($t = I_t/I_o$)의 자연대수가 흡광도이다.

[해설] 흡광도$(A) = \log\left(\dfrac{1}{t}\right)$, 즉 흡광도는 투과도 t의 역수의 상용대수이다.

31 시험의 기재 및 용어에 대한 정의로 옳지 않은 것은?
① 용액의 액성표시는 따로 규정이 없는 한 유리전극법에 의한 pH미터로 측정한 것을 뜻한다.
② "액체성분의 양을 정확히 취한다"라 함은 홀피펫, 눈금플라스크 또는 이와 동등 이상의 정도를 갖는 용량계를 사용하여 조작하는 것을 뜻한다.
③ "항량이 될 때까지 건조한다"라 함은 따로 규정이 없는 한 보통의 건조방법으로 1시간 더 건조할 때 전후 무게의 차가 매 g당 0.5mg 이하일 때를 뜻한다.
④ "바탕시험을 하여 보정한다"라 함은 시료에 대한 처리 및 측정을 할 때 시료를 사용하지 않고 같은 방법으로 조작한 측정치를 빼는 것을 뜻한다.

[해설] "항량이 될 때까지 건조한다 또는 강열한다"라 함은 따로 규정이 없는 한 보통의 건조방법으로 1시간 더 건조 또는 강열할 때 전후 무게의 차가 매 g당 0.3mg 이하일 때를 뜻한다.

32 다음 중 특정발생원에서 일정한 굴뚝을 거치지 않고 외부로 비산 배출되는 먼지를 고용량 공기시료채취법으로 측정하여 농도 계산 시 "전 시료채취 기간 중 주 풍향이 45~90° 변할 때"의 풍향보정계수로 옳은 것은?
① 1.0   ② 1.2
③ 1.5   ④ 1.8

[해설] 굴뚝을 치지 않고 외부로 비산 배출되는 먼지를 고용량 공기시료채취법으로 측정하여 농도 계산 시 전 시료채취 기간 중 주 풍향이 45~90° 변할 때의 풍향보정계수는 1.2이다.

33 환경대기 내의 옥시던트(오존으로서) 측정방법 중 알칼리성 요오드화칼륨법에 관한 설명으로 가장 거리가 먼 것은?
① 대기 중에 존재하는 저농도의 옥시던트(오존)를 측정하는데 사용된다.
② 이 방법에 의한 오존의 검출한계는 0.1~65 μg이며, 더 높은 농도의 시료는 중성요오드화 칼륨법으로 측정한다.
③ 대기 중에 존재하는 미량의 옥시던트를 알칼리성 요오드화칼륨용액에 흡수시키고 초산으로 pH 3.8의 산성으로 하면 산화제의 당량에 해당하는 요오드가 유리된다.
④ 유리된 요오드를 파장 352nm에서 흡광도를 측정하여 정량한다.

[해설] 이 방법에 의한 오존의 검출한계는 1~16μg이며, 더 높은 농도의 시료는 흡수액으로 적당히 묽혀 사용할 수 있다.

34 황산 25mL를 물로 희석하여 전량을 1L로 만들었다. 희석 후 황산용액의 농도는? (단, 황산순도는 95%, 비중은 1.840이다.)
① 약 0.3N   ② 약 0.6N
③ 약 0.9N   ④ 약 1.5N

[해설] 시약 조제 희석식을 이용한다.
〈계산식〉 $NV = N'V'$

· $NV = \dfrac{1.84g}{mL} \bigg| \dfrac{1,000mL}{L} \bigg| \dfrac{eq}{49g} \bigg| \dfrac{95}{100}$
　　$= 35.674 eq/L$

· $N'V' = \dfrac{X(eq)}{L} \times 1,000mL$
　⇒ $35.67 \times 25 = X \times 1,000$
　∴ $X = 0.89N$

35 굴뚝 배출가스 중 페놀화합물을 자외선/가시선분광법으로 측정할 때 시료액에 4-아미노안티피린용액과 헥사사이아노철(Ⅲ)산포타슘용액을 가한 경우 발색된 색은?
① 황색   ② 황록색
③ 적색   ④ 청색

해설 페놀화합물을 자외선/가시선 분광법으로 측정할 때 시료액에 4-아미노안티피린용액과 헥사시아노철(Ⅲ)산포타슘용액을 순서대로 가하면 적색액을 얻을 수 있다.

36 굴뚝 배출가스 내 휘발성 유기화합물질(VOCs) 시료채취방법 중 흡착관법의 시료채취장치에 관한 설명으로 가장 거리가 먼 것은?

① 채취관 재질은 유리, 석영, 불소수지 등으로, 120℃ 이상까지 가열이 가능한 것이어야 한다.
② 시료채취관에서 응축기 및 기타 부분의 연결관은 가능한 짧게 하고, 불소수지 재질의 것을 사용한다.
③ 밸브는 스테인리스 재질로 밀봉윤활유를 사용하여 기체의 누출이 없는 구조이어야 한다.
④ 응축기 및 응축수 트랩은 유리재질이어야 하며, 응축기는 기체가 앞쪽 흡착관을 통과하기 전 기체를 20℃ 이하로 낮출 수 있는 부피이어야 한다.

해설 굴뚝 배출가스 내 휘발성 유기화합물질(VOCs) 시료채취방법 중 흡착관법에서 시료채취장치의 밸브는 불소수지, 유리 및 석영재질로 밀봉윤활유(sealing grease)를 사용하지 않고 기체의 누출이 없는 구조이어야 한다.

37 굴뚝 배출가스 중 아황산가스를 연속적으로 분석하기 위한 시험방법에 사용되는 정전위전해분석계의 구성에 관한 설명으로 옳지 않은 것은?

① 가스투과성격막은 전해셀 안에 들어 있는 전해질의 유출이나 증발을 막고 가스투과성 성질을 이용하여 간섭성분의 영향을 저감시킬 목적으로 사용하는 폴리에틸렌 고분자격막이다.
② 작업전극은 전해셀 안에서 산화전극과 한 쌍으로 전기회로를 이루며 아황산가스를 정전위전해 하는데 필요한 산화전극을 대전극에 가할 때 기준으로 삼는 전극으로서 백금전극, 니켈 또는 니켈화합물 전극, 납 또는 납화합물 전극 등이 사용된다.
③ 전해액은 가스투과성 격막을 통과한 가스를 흡수하기 위한 용액으로 약 0.5M 황산용액으로 사용한다.
④ 정전위전원은 작업전극에 일정한 전위의 전기에너지를 부가하기 위한 직류전원으로 수은전지가 이용된다.

해설 아황산가스의 정전위전해분석계 작업전극은 전해셀 안에서 작업전극과 한쌍으로 전기회로를 이루며 아황산가스를 정전위전해 하는데 필요한 산화전극을 작업전극에 가할 때 기준으로 삼는 전극이다. 백금전극, 니켈 또는 니켈화합물 전극, 납 또는 납화합물 전극 등이 사용된다.

38 대기오염공정시험기준에서 정의하는 기밀용기(機密容器)에 관한 설명으로 옳은 것은?

① 물질을 취급 또는 보관하는 동안에 이물이 들어가거나 내용물이 손실되지 않도록 보호하는 용기
② 물질을 취급 또는 보관하는 동안에 외부로부터의 공기 또는 다른 가스가 침입하지 않도록 내용물을 보호하는 용기
③ 물질을 취급 또는 보관하는 동안에 내용물이 광화학적 변화를 일으키지 않도록 보호하는 용기
④ 물질을 취급 또는 보관하는 동안에 기체 또는 미생물이 침입하지 않도록 내용물을 보호하는 용기

해설 ②항이 기밀용기에 대한 설명이다.

39 외부로 비산배출되는 먼지를 고용량 공기시료채취법으로 측정한 조건이 다음과 같을 때 비산먼지의 농도는?

- 대조위치의 먼지농도 : $0.15 mg/m^3$
- 채취먼지량이 가장 많은 위치의 먼지농도 : $4.69 mg/m^3$
- 전 시료채취 기간 중 주 풍향이 90° 이상 변했으며, 풍속이 0.5m/sec 미만 또는 10m/sec 이상 되는 시간이 전 채취시간의 50% 미만이었다.

① $4.54 mg/m^3$ ② $5.45 mg/m^3$
③ $6.81 mg/m^3$ ④ $8.17 mg/m^3$

정답 36.③ 37.② 38.② 39.③

[해설] 비산먼지 농도는 다음과 같이 계산한다.
〈계산식〉 $C(\text{mg/m}^3) = (C_H - C_B) \times W_D \times W_S$
- C_H : 측정점의 최대먼지농도
- C_B : 대조위치의 먼지농도
- W_D : 풍향이 90° 이상 변할 때의 풍향계수=1.5
- W_S : 0.5m/sec 미만 또는 10m/sec 이상 되는 시간이 50% 미만일 때의 풍속계수=1.0

∴ $C = (4.69 - 0.15) \times 1.5 \times 1.0 = 6.81 \text{ mg/m}^3$

40 굴뚝 배출가스 중 이황화탄소를 자외선/가시선 분광법으로 측정 시 분석파장으로 가장 적합한 것은?

① 560nm　② 490nm
③ 435nm　④ 235nm

[해설] 이황화탄소를 자외선/가시선 분광법으로 측정할 경우 다이에틸아민구리용액에서 시료가스를 흡수시켜 생성된 다이에틸다이사이오카밤산구리의 흡광도를 435nm의 파장에서 측정하여 이황화탄소를 정량한다.

제3과목 대기오염방지기술

41 관성충돌, 확산, 증습, 응집, 부착원리를 이용하여 먼지입자와 유해가스를 동시에 제거할 수 있는 장점을 지닌 집진장치로 가장 적합한 것은?

① 음파집진장치　② 중력집진장치
③ 전기집진장치　④ 세정집진장치

[해설] 관성충돌, 확산, 증습, 응집, 부착원리를 이용하여 먼지입자와 유해가스를 동시에 제거할 수 있는 장점을 지닌 집진장치는 세정집진장치이다. 유의점은 여과집진장치와 세정집진장치는 중력에 의한 침강, 관성에 의한 충돌, 확산에 의한 부착, 접촉에 의한 차단의 4가지 기본 메카니즘에 더하여 여과집진장치는 분자 간 인력에 의한 집진, 세정집진장치는 증습에 의한 집진이 포함된다.

42 다음 석탄의 특성에 관한 설명으로 옳은 것은?

① 고정탄소의 함량이 큰 연료는 발열량이 높다.
② 회분이 많은 연료는 발열량이 높다.
③ 탄화도가 높을수록 착화온도는 낮아진다.
④ 휘발분 함량과 매연발생량은 무관하다.

[해설] 석탄의 탄화도가 증가하면 고정탄소의 함량이 많아지며, 고정탄소의 함량이 큰 연료는 발열량이 높다.

43 유압식과 공기분무식을 합한 것으로서 유압은 보통 7kg/cm² 이상이며, 연소가 양호하고, 소형이며, 전자동 연소가 가능한 연소장치는?

① 증기분무식버너　② 방사형버너
③ 건타입버너　④ 저압기류분무식버너

[해설] 건타입버너는 유압식과 공기분무식을 합한 형태로써 유압은 보통 7kg/cm² 이상으로 연소가 양호하며, 전자동 연소가 가능하다.

44 사이클론과 전기집진장치를 순서대로 직렬로 연결한 어느 집진장치에서 포집되는 먼지량이 각각 300kg/hr, 195kg/hr이고, 최종 배출구로부터 유출되는 먼지량이 5kg/hr이면 이 집진장치의 총집진효율은? (단, 기타 조건은 동일하며, 처리과정 중 소실되는 먼지는 없다.)

① 98.5%　② 99.0%
③ 99.5%　④ 99.9%

[해설] 직렬연결 집진효율 계산식을 적용한다.

〈계산식〉 $\eta_T = \eta_1 + \eta_2(1-\eta_1)$
$\eta_T = \left(1 - \dfrac{S_o}{S_i}\right)$

- $S_i = 300 + 195 + 5 = 500 \text{ kg/hr}$
- $S_o = 5 \text{ kg/hr}$

∴ $\eta_T = \left(1 - \dfrac{5}{500}\right) \times 100 = 99\%$

45 불화수소를 함유하는 배기가스를 충전 흡수탑을 이용하여 흡수율 92.5%로 기대하고 처리하고자 한다. 총괄이동단위높이(H_{OG})가 0.44m일 때, 이론적 충전탑의 높이는? (단, 흡수액상 불화수소의 평형분압은 0이다.)

① 0.91m　② 1.14m
③ 1.41m　④ 1.63m

[해설] 충전탑의 높이 계산식을 적용한다.

〈계산식〉 $h = H_{OG} \times N_{OG} = H_{OG} \times \ln\dfrac{1}{1-\eta}$

∴ $h = 0.44 \times \ln\dfrac{1}{1-0.925} = 1.14 \text{m}$

정답 40.③ 41.④ 42.① 43.③ 44.② 45.②

46 기체연료의 연소방식 중 확산연소에 관한 설명으로 옳지 않은 것은?

① 확산연소 시 연료류와 공기류의 경계에서 확산과 혼합이 일어난다.
② 연소 가능한 혼합비가 먼저 형성된 곳부터 연소가 시작되므로 연소형태는 연소기의 위치에 따라 달라진다.
③ 화염이 길고, 그을음이 발생하기 쉽다.
④ 역화의 위험이 있으며, 가스와 공기를 예열할 수 없는 단점이 있다.

해설 확산연소방식은 역화의 위험성이 없고, 연소용 공기의 예열이 가능하다. 또한 화염이 길고 그을음이 발생하기 쉽다.

47 Propane gas $1Sm^3$을 공기비 1.21로 완전연소시켰을 때 생성되는 건조배출가스량은? (단, 표준상태 기준)

① $26.8Sm^3$ ② $24.2Sm^3$
③ $22.3Sm^3$ ④ $20.8Sm^3$

해설 건조배출가스량 계산식을 적용한다.
〈계산식〉 $G_d = (m-0.21)A_o + CO_2$
〈반응식〉 $C_3H_8 + 5O_2 \rightarrow 3CO_2 + 4H_2O$
$\qquad\qquad\quad 1\ :\ 5\ :\ 3\ :\ 4$

• $O_o = 5\,m^3/m^3$
• $A_o = O_o \times \dfrac{1}{0.21} = 5 \times \dfrac{1}{0.21} = 23.81\,m^3/m^3$
• $CO_2 = 3\,m^3/m^3$

$\therefore G_d = (1.21 - 0.21) \times 23.81 + 3 = 26.81\,m^3$

48 유해가스와 물이 일정온도 하에서 평형상태를 이루고 있을 때, 가스의 분압이 60mmHg, 물 중의 가스농도가 $2.4kg \cdot mol/m^3$이면, 이때 헨리정수는? (단, 전압은 1기압, 헨리정수의 단위는 $atm \cdot m^3/kg \cdot mol$이다.)

① 0.014   ② 0.023
③ 0.033   ④ 0.417

해설 헨리 법칙을 적용한다.
〈계산식〉 $C = \dfrac{P}{H}$

• $P(atm) = \dfrac{60mmHg}{} \left| \dfrac{1atm}{760mmHg} \right. = 0.07895\,atm$

$\therefore H = \dfrac{0.07895}{2.4} = 0.033\,atm \cdot m^3/kmol$

49 적정조건에서 전기집진장치의 분리속도(이동속도)는 커닝햄(stokes Cunningham) 보정계수 K_m에 비례한다. 다음 중 K_m이 커지는 조건으로 알맞게 짝지은 것은? (단, $K_m \geq 1$)

① 먼지의 입자가 작을수록, 가스압력이 낮을수록
② 먼지의 입자가 클수록, 가스압력이 낮을수록
③ 먼지의 입자가 작을수록, 가스압력이 높을수록
④ 먼지의 입자가 클수록, 가스압력이 높을수록

해설 커닝햄 보정계수는 가스의 온도가 높을수록, 분진이 미세할수록, 가스분자의 직경이 작을수록, 가스압력이 낮을수록 증가하게 된다.

50 다음 연료 중 검댕의 발생이 가장 적은 것은?

① 저휘발분 역청탄   ② 코크스
③ 이탄   ④ 고휘발분 역청탄

해설 코크스는 착화가 곤란한 반면 휘발분이 거의 함유되어 있지 않아 검댕 및 매연발생이 적다.

51 통풍에 관한 설명 중 옳지 않은 것은?

① 압입통풍은 역화의 위험성이 있다.
② 압입통풍은 로 앞에 설치된 가압송풍기에 의해 연소용 공기를 연소로 안으로 압입하며, 내압은 정압(+)이다.
③ 흡인통풍은 연소용 공기를 예열할 수 있다.
④ 평형통풍은 2대의 송풍기를 설치, 운용하므로 설비비가 많이 소요되는 단점이 있다.

해설 흡인통풍은 공기를 예열하는데 부적합하다.

52 공기가 과잉인 경우로 열손실이 많아지는 때의 등가비(ϕ) 상태는?

① $\phi = 1$ ② $\phi < 1$
③ $\phi > 1$ ④ $\phi = 0$

해설 등가비(ϕ)는 공기비의 역수로써, 공기비 m이 1보다 클 경우 이론공기보다 실제공기가 과잉공급되어 열손실이 많아진다. 따라서 공기비의 반대 부등호인 $\phi < 1$이 옳다.

정답 46.④ 47.① 48.③ 49.① 50.② 51.③ 52.②

53 다음 중 사이클론 집진장치에서 50%의 효율로 집진되는 입자의 크기를 나타내는 것으로 가장 적합한 용어는?
① 임계입경 ② 한계입경
③ 절단입경 ④ 분배입경

[해설] 부분집진율이 50%에 상당하는 분진을 절단경 또는 절단입경(Cut diameter)이라 한다.

54 송풍기에 관한 설명으로 거리가 먼 것은?
① 원심력송풍기 중 전향날개형은 송풍량이 적으나, 압력손실이 비교적 큰 공기조화용 및 특수 배기용 송풍기로 사용한다.
② 축류송풍기는 축 방향으로 흘러들어온 공기가 축 방향으로 흘러나갈 때의 임펠러의 양력을 이용한 것이다.
③ 원심력송풍기 중 방사날개형은 자체정화 기능을 가지기 때문에 분진이 많은 작업장에 사용한다.
④ 원심력송풍기 중 후향날개형은 비교적 큰 압력손실에도 잘 견디기 때문에 공기정화 장치가 있는 국소배기 시스템에 사용한다.

[해설] 원심력송풍기 중 전향날개형은 저압, 대풍량을 요할 때 주로 사용되며 전체환기나 공기조화용으로 사용되거나 저압 난방 및 환기에 이용된다.

55 다음 집진장치 중 통상적으로 압력손실이 가장 큰 것은?
① 충전탑   ② 벤투리스크러버
③ 사이클론 ④ 임펠스스크러버

[해설] 보기 중 벤투리스크러버의 압력손실이 300~800 mmH$_2$O로 가장 높다. 충전탑은 100~250mmH$_2$O, 사이클론은 120~150mmH$_2$O, 임펠스스크러버는 30~100mmH$_2$O 정도이다.

56 후드를 포위식, 외부식, 레시버식으로 분류할 때, 다음 중 레시버식 후드에 해당하는 것은?
① Canopy type   ② Cover type
③ Glove box type ④ Booth type

[해설] 레시버식(수형, Receiver type)은 열부력에 의해 상승하는 오염물질을 상부에서 처리하는 방법으로 Canopy형과 Grinder cover형이 있다.

57 연소 시 발생되는 질소산화물(NOx)의 발생을 감소시키는 방법으로 옳지 않은 것은?
① 2단 연소   ② 연소부분 냉각
③ 배기가스 재순환 ④ 높은 과잉공기 사용

[해설] 질소산화물(NOx)은 과잉산소를 공급할 경우 발생량이 증가된다.

58 탄소 89%, 수소 11%로 된 경유 1kg을 공기과잉계수 1.2로 연소 시 탄소 2%가 그을음으로 된다면 실제 건조연소가스 1Sm^3 중 그을음의 농도(g/Sm^3)는 약 얼마인가?
① 0.8   ② 1.4
③ 2.9   ④ 3.7

[해설] 그을음의 농도 계산은 다음과 같이 한다.
〈계산식〉 $X(g/Sm^3) = \dfrac{m_d(g/kg)}{G_d(Sm^3/kg)}$

- $G_d = (m - 0.21)A_o + CO_2$
- $O_o = 1.867C + 5.6H$
  $= (1.867 \times 0.89) + (5.6 \times 0.11)$
  $= 2.278 \, m^3/kg$
- $A_o = O_o \times \dfrac{1}{0.21}$
  $= 2.278 \times \dfrac{1}{0.21} = 10.846 \, m^3/kg$
- $CO_2 = 1.867C \times 0.98 = (1.867 \times 0.89) \times 0.98$
  $= 1.628 m^3/kg$
- $m_d(검댕) = \dfrac{0.89kg(탄소)}{1kg(경유)} \Big| \dfrac{2(검댕)}{100(탄소)} \Big| \dfrac{10^3 g}{1kg}$
  $= 17.8 g/kg$
- $\Rightarrow G_d = (1.2 - 0.21) \times 10.846 + 1.628$
  $= 12.366 m^3/kg$
∴ $X = \dfrac{17.8}{12.366} = 1.4 g/m^3$

59 다음 중 각종 발생원에서 배출되는 먼지입자의 진비중(S)과 겉보기비중(S_B)의 비(S/S_B)가 가장 큰 것은?
① 시멘트킬른   ② 카본블랙
③ 골재건조기   ④ 미분탄보일러

[해설] 진비중과 겉보기비중의 비(S/S_B)의 크기는 카본블랙(76)>제지용 흑액로 분진(25)>황동용 전기로 분진(15)>중유보일러 분진(9.8)>시멘트킬른 분진(5.0)>미분탄보일러 분진(4.0)의 순서이다.

60 VOC 제어를 위한 촉매소각에 관한 설명으로 가장 거리가 먼 것은?

① 백금, 팔라듐 등이 촉매로 사용된다.
② 고농도의 VOC 및 열용량이 높은 물질을 함유한 가스는 연소열을 낮춰 촉매활성화를 촉진시키므로 유용하게 사용할 수 있다.
③ 촉매를 사용하여 연소실의 온도를 300~400℃ 정도로 낮출 수 있다.
④ Pb, As, P, Hg 등은 촉매의 활성을 저하시킨다.

해설 고농도의 VOC 및 열용량이 높은 물질을 함유한 가스는 직접연소법이 적합하다. 촉매연소방법은 저농도의 오염물질 처리에 많이 사용된다. 촉매연소법은 촉매를 사용하여 공기 중의 오염물질을 산화 제거하는 방법으로 페인트 공장, 질산공장의 VOCs나 악취 제거에 적용된다.

[제4과목] **대기환경관계법규**

61 대기환경보전법규상 관제센터로 측정결과를 자동전송하지 않는 사업장 배출구의 자가측정 횟수기준으로 옳은 것은? (단, 1종 배출구이며, 기타 경우는 고려하지 않음)

① 매주 1회 이상
② 매월 2회 이상
③ 2개월마다 1회 이상
④ 반기마다 1회 이상

해설 [시행규칙 별표 11] 제1종 배출구는 먼지·황산화물 및 질소산화물의 연간 발생량 합계가 80톤 이상인 배출구로서 매주 1회 이상 전송하여야 한다. 제2종 배출구는 매월 2회 이상, 제3종 배출구는 2개월마다 1회 이상, 제4종 및 5종 배출구는 반기마다 1회 이상 전송하여야 한다.

62 대기환경보전법규상 개선명령과 관련하여 이행상태 확인을 위해 대기오염도 검사가 필요한 경우 환경부령으로 정하는 대기오염도 검사기관과 거리가 먼 것은?

① 유역환경청
② 환경보전협회
③ 한국환경공단
④ 시·도의 보건환경연구원

해설 [시행규칙 제40조] 대기오염도 검사기관은 국립환경과학원, 보건환경연구원, 환경청, 한국환경공단 등이다.

63 다음은 대기환경보전법상 과징금 처분에 관한 사항이다. ( ) 안에 가장 적합한 것은?

> 환경부장관은 인증을 받지 아니하고 자동차를 제작하여 판매한 경우 등에 해당하는 때에는 그 자동차제작자에 대하여 매출액에 (㉠)을/를 곱한 금액을 초과하지 아니하는 범위에서 과징금을 부과할 수 있다. 이 경우 과징금의 금액은 (㉡)을 초과할 수 없다.

① ㉠ 100분의 3, ㉡ 100억 원
② ㉠ 100분의 3, ㉡ 500억 원
③ ㉠ 100분의 5, ㉡ 100억 원
④ ㉠ 100분의 5, ㉡ 500억 원

해설 [법 제56조] 인증을 받지 아니하고 자동차를 제작하여 판매한 자동차제작자에게 매출액에 100분의 5를 곱한 금액을 초과하지 아니하는 범위 내에서 과징금을 부과할 수 있고, 이 과징금은 500억 원을 초과할 수 없다.

64 다음은 대기환경보전법규상 비산먼지 발생을 억제하기 위한 시설의 설치 및 필요한 조치에 관한 기준이다. ( ) 안에 알맞은 것은?

> 싣기 및 내리기(분체상 물질을 싣고 내리는 경우만 해당하다) 배출공정의 경우, 싣거나 내리는 장소 주위에 고정식 또는 이동식 물을 뿌리는 시설(살수반경 (㉠) 이상, 수압 (㉡) 이상)을 설치·운영하여 작업하는 중 다시 흩날리지 아니하도록 할 것(곡물작업장의 경우는 제외한다)

① ㉠ 3m, ㉡ $1.5kg/cm^2$
② ㉠ 3m, ㉡ $3kg/cm^2$
③ ㉠ 5m, ㉡ $1.5kg/cm^2$
④ ㉠ 5m, ㉡ $3kg/cm^2$

해설 [시행규칙 별표 14] 싣기 및 내리기(분체상 물질을 싣고 내리는 경우만 해당한다.) 배출공정의 경우, 싣거나 내리는 장소 주위에 고정식 또는 이동식 물을 뿌리는 시설(살수반경 5m 이상, 수압 $3kg/cm^2$ 이상)을 설치·운영하여 작업하는 중 다시 흩날리지 아니하도록 할 것(곡물작업장의 경우는 제외)

정답 60.② 61.① 62.② 63.④ 64.④

65 다음은 대기환경보전법령상 변경신고에 따른 가동 개시신고의 대상규모 기준에 관한 사항이다. ( ) 안에 알맞은 것은?

> 배출시설에서 "대통령령으로 정하는 규모 이상의 변경"이란 설치허가 또는 변경허가를 받거나 설치신고 또는 변경신고를 한 배출구별 배출시설 규모의 합계보다 ( ) 증설(대기배출시설 증설에 따른 변경신고의 경우에는 증설의 누계를 말한다)하는 배출시설의 변경을 말한다.

① 100분의 10 이상 ② 100분의 20 이상
③ 100분의 30 이상 ④ 100분의 50 이상

[해설] [시행령 제15조] 배출시설에서 "대통령령으로 정하는 규모 이상의 변경"이란 설치허가 또는 변경허가를 받거나 설치신고 또는 변경신고를 한 배출구별 배출시설의 규모의 합계보다 100분의 20 이상 증설(대기배출시설 증설에 따른 변경신고의 경우에는 증설의 누계를 말한다)하는 배출시설의 변경을 말한다.

66 대기환경보전법규상 대기환경규제지역 지정 시 상시 측정을 하지 않는 지역은 대기오염도가 환경기준의 얼마 이상인 지역을 지정하는가?

① 50퍼센트 이상   ② 60퍼센트 이상
③ 70퍼센트 이상   ④ 80퍼센트 이상

[해설] [시행규칙 제17조] 대기환경규제지역의 지정대상 지역은 다음과 같다.
1. 상시 측정결과 대기오염도가 「환경정책기본법」에 따라 설정된 환경기준의 80퍼센트 이상인 지역
2. 상시 측정을 하지 아니하는 지역 중 조사된 대기오염물질 배출량을 기초로 산정한 대기오염도가 환경기준의 80퍼센트 이상인 지역

67 대기환경보전법상 저공해자동차로의 전환 또는 개조명령, 배출가스 저감장치의 부착·교체명령 또는 배출가스 관련 부품의 교체명령, 저공해엔진(혼소엔진을 포함한다)으로의 개조 또는 교체명령을 이행하지 아니한 자에 대한 과태료 부과기준은?

① 1,000만 원 이하의 과태료
② 500만 원 이하의 과태료
③ 300만 원 이하의 과태료
④ 200만 원 이하의 과태료

[해설] [보전법 제95조] 과태료 규정에서 다음과 같은 경우 300만 원 이하의 과태료를 부과한다.
1. 배출시설 등의 운영상황을 기록·보존하지 아니하거나 거짓으로 기록한 자
2. 환경기술인을 임명하지 아니한 자
3. 결함시정명령을 위반한 자
4. 저공해자동차로의 전환 또는 개조명령, 배출가스 저감장치의 부착·교체명령 또는 배출가스 관련 부품의 교체명령, 저공해엔진(혼소엔진을 포함한다)으로의 개조 또는 교체명령을 이행하지 아니한 자
5. 저공해자동차의 구매·임차 비율을 준수하지 아니한 자

68 대기환경보전법상 거짓으로 배출시설의 설치허가를 받은 후에 시·도지사가 명한 배출시설의 폐쇄명령까지 위반한 사업자에 대한 벌칙 기준으로 옳은 것은?

① 7년 이하의 징역이나 1억 원 이하의 벌금
② 5년 이하의 징역이나 3천만 원 이하의 벌금
③ 1년 이하의 징역이나 500만 원 이하의 벌금
④ 300만 원 이하의 벌금

[해설] [보전법 제89조] 배출시설의 설치허가 또는 변경허가를 받지 아니하거나 거짓으로 허가나 변경허가를 받아 배출시설을 설치 또는 변경하거나 그 배출시설을 이용하여 조업한 자는 7년 이하의 징역이나 1억 원 이하의 벌금에 처한다.

69 다음은 대기환경보전법상 장거리이동 대기오염물질 대책위원회에 관한 사항이다. ( ) 안에 알맞은 것은?

> 위원회는 위원장 1명을 포함한 (㉠) 이내의 위원으로 성별을 고려하여 구성한다. 위원회의 위원장은 (㉡)이 된다.

① ㉠ 25명, ㉡ 환경부장관
② ㉠ 25명, ㉡ 환경부차관
③ ㉠ 50명, ㉡ 환경부장관
④ ㉠ 50명, ㉡ 환경부차관

[해설] [보전법 제14조]에 의한 장거리이동 대기오염물질 대책위원회는 위원장 1명을 포함한 25명 이내의 위원으로 성별을 고려하여 구성한다. 위원회의 위원장은 환경부차관이 된다.

70 대기환경보전법령상 초과부과금 산정기준에서 다음 오염물질 중 1킬로그램당 부과금액이 가장 적은 것은?

① 염화수소　② 시안화수소
③ 불소화물　④ 황화수소

해설　보기 중 1킬로그램당 부과금액이 가장 적은 것은 불소화물이다.
① 염화수소 : 7,400
② 시안화수소 : 7,300
③ 불소화물 : 2,300
④ 황화수소 : 6,000

71 실내공기질관리법규상 실내공기 오염물질에 해당하지 않는 것은?

① 아황산가스　② 일산화탄소
③ 폼알데하이드　④ 이산화탄소

해설　[실내공기질 시행규칙 별표 1]에 의하면 ①항은 실내공간 오염물질에 해당되지 않는다.

72 대기환경보전법규상 위임업무의 보고사항 중 '수입자동차 배출가스 인증 및 검사현황'의 보고횟수 기준으로 적합한 것은?

① 연 1회　② 연 2회
③ 연 4회　④ 연 12회

해설　[시행규칙 별표 37] 위임업무 보고사항 수입자동차 배출가스 인증 및 검사현황의 보고기일 기준은 다음과 같다.

업무내용	보고횟수	보고기일	보고자
수입자동차 배출가스 인증 및 검사현황	연 4회	매분기 종료 후 15일 이내	국립환경 과학원장

73 실내공기질관리법령상 이 법의 적용대상이 되는 다중이용시설로서 "대통령령으로 정하는 규모의 것"의 기준으로 옳지 않은 것은?

① 공항시설 중 연면적 1천5백제곱미터 이상인 여객터미널
② 연면적 2천제곱미터 이상인 실내주차장 (기계식 주차장은 제외한다)
③ 철도역사의 연면적 1천5백제곱미터 이상인 대합실
④ 항만시설 중 연면적 5천제곱미터 이상인 대합실

해설　실내공기질관리법[시행령 제2조](2020년 개정 기준)에 의한 다중이용시설로서 "대통령령으로 정하는 규모의 것"에 적용되는 철도역사는 연면적 2,000m² 이상인 대합실이다.

74 환경정책기본법령상 오존(O_3)의 대기환경기준으로 옳은 것은? (단, 1시간 평균치)

① 0.03ppm 이하　② 0.05ppm 이하
③ 0.1ppm 이하　④ 0.15ppm 이하

해설　환경정책기본법령상 오존(O_3)의 1시간 평균 대기환경기준은 0.1ppm 이하이다.

75 대기환경보전법령상 규모별 사업장의 구분 기준으로 옳은 것은?

① 1종 사업장-대기오염물질 발생량의 합계가 연간 70톤 이상인 사업장
② 2종 사업장-대기오염물질 발생량의 합계가 연간 20톤 이상 80톤 미만인 사업장
③ 3종 사업장-대기오염물질 발생량의 합계가 연간 10톤 이상 30톤 미만인 사업장
④ 4종 사업장-대기오염물질 발생량의 합계가 연간 1톤 이상 10톤 미만인 사업장

해설　②항만 옳다. [시행령 제13조] 사업장의 분류기준에서 1종 사업장 : 연간 80톤 이상인 사업장, 3종 사업장 : 연간 10톤 이상 20톤 미만인 사업장, 4종 사업장 : 연간 2톤 이상 10톤 미만인 사업장, 5종 사업장 : 연간 2톤 미만인 사업장이다.

76 대기환경보전법령상 배출시설 설치허가를 받거나 설치신고를 하려는 자가 시·도지사 등에게 제출할 배출시설 설치허가신청서 또는 배출시설 설치신고서에 첨부하여야 할 서류가 아닌 것은?

① 배출시설 및 방지시설의 설치명세서
② 방지시설의 일반도
③ 방지시설의 연간 유지관리계획서
④ 환경기술인 임명일

해설　[시행령 제11조] 규정에서 환경기술인 임명일은 배출시설 설치허가신청서 또는 배출시설 설치신고서에 첨부하여야 할 서류와 무관하다.

정답　70.③　71.①　72.③　73.③　74.③　75.②　76.④

77 대기환경보전법규상 휘발유를 연료로 사용하는 소형 승용자동차의 배출가스 보증기간 적용기준은? (단, 2016년 1월 1일 이후 제작자동차)

① 2년 또는 160,000km
② 5년 또는 150,000km
③ 10년 또는 192,000km
④ 15년 또는 240,000km

해설 [시행규칙 별표 18] 규정에서 휘발유를 연료로 사용하는 소형 승용자동차의 배출가스 보증기간은 15년 또는 240,000km이다.

78 대기환경보전법규상 비산먼지 발생을 억제하기 위한 시설의 설치 및 필요한 조치에 관한 기준 중 "야외 녹 제거 배출공정" 기준으로 옳지 않은 것은?

① 야외작업 시 이동식 집진시설을 설치할 것. 다만, 이동식 집진시설의 설치가 불가능할 경우 진공식 청소차량 등으로 작업현장에 대한 청소작업을 지속적으로 할 것
② 풍속이 평균 초속 8m 이상(강선건조업과 합성수지선 건조업인 경우에는 10m 이상)인 경우에는 작업을 중지할 것
③ 야외작업 시에는 간이칸막이 등을 설치하여 먼지가 흩날리지 아니하도록 할 것
④ 구조물의 길이가 30m 미만인 경우에는 옥내작업을 할 것

해설 [시행규칙 별표 14] ④항에서 구조물의 길이가 15m 미만인 경우에 옥내작업을 하여야 한다.

79 다음은 대기환경보전법규상 주유소 주유시설의 휘발성 유기화합물 배출 억제·방지시설 설치 및 검사·측정결과의 기록보존에 관한 기준이다. ( ) 안에 알맞은 것은?

> 유증기 회수배관은 배관이 막히지 아니하도록 적절한 경사를 두어야 한다. 유증기 회수배관을 설치한 후에는 회수배관 액체막힘 검사를 하고 그 결과를 ( ) 기록·보존하여야 한다.

① 1년간   ② 2년간
③ 3년간   ④ 5년간

해설 [시행규칙 별표 16]에서 유증기 회수배관을 설치한 후에는 회수배관 액체막힘 검사를 하고 그 결과를 5년간 기록·보존하여야 한다.

80 다음은 대기환경보전법규상 배출시설별 배출원과 배출량 조사에 관한 사항이다. ( ) 안에 알맞은 것은?

> 시·도지사, 유역환경청장, 지방환경청장 및 수도권대기환경청장은 법에 따른 배출시설별 배출원과 배출량을 조사하고, 그 결과를 ( )까지 환경부장관에게 보고하여야 한다.

① 다음 해 1월 말   ② 다음 해 3월 말
③ 다음 해 6월 말   ④ 다음 해 12월 31일

해설 [시행규칙 제16조] 규정에 의하면 시·도지사, 유역환경청장, 지방환경청장 및 수도권대기환경청장은 관련법에 따른 배출시설별 배출원과 배출량을 조사하고, 그 결과를 다음 해 3월 말까지 환경부장관에게 보고하여야 한다.

2020 제1,2회 대기환경기사

2020. 6. 6 시행

[제1과목] 대기오염개론

01 열섬효과에 관한 설명으로 옳지 않은 것은?
① 열섬현상은 고기압의 영향으로 하늘이 맑고 바람이 약한 때에 잘 발생한다.
② 열섬효과로 도시주위의 시골에서 도시로 바람이 부는데, 이를 전원풍이라 한다.
③ 도시의 지표면은 시골보다 열용량이 적고 열전도율이 높아 열섬효과의 원인이 된다.
④ 도시에서는 인구와 산업의 밀집지대로서 인공적인 열이 시골에 비하여 월등하게 많이 공급된다.

해설 도시의 지표면은 시골보다 열용량이 크고, 열전도율이 낮아 열섬효과의 원인이 된다.

02 다음 중 주로 연소 시 배출되는 무색의 기체로 물에 매우 난용성이며, 혈액 중의 헤모글로빈과 결합력이 강해 산소운반능력을 감소시키는 물질은?
① HC
② NO
③ PAN
④ 알데히드

해설 연소 시 배출되는 무색의 기체로 물에 매우 난용성이며, 혈액 중의 헤모글로빈과 결합력이 강해 산소운반능력을 감소시키는 물질은 NO이다. NO는 무색, 무취, 무자극성의 기체로 혈액 중의 헤모글로빈과 결합하여 NOHb(메타헤모글로빈)을 형성하여 산소운반능력을 감소시킨다.

03 실내공기 오염물질인 라돈에 관한 설명으로 가장 거리가 먼 것은?
① 무색, 무취의 기체로 액화되어도 색을 띠지 않는 물질이다.
② 반감기는 3.8일로 라듐이 핵분열할 때 생성되는 물질이다.
③ 자연계에 널리 존재하며, 건축자재 등을 통하여 인체에 영향을 미치고 있다.
④ 주기율표에서 원자번호가 238번으로, 화학적으로 활성이 큰 물질이며, 흙속에서 방사선 붕괴를 일으킨다.

해설 라돈(Rn)은 원자번호 86번 원소로서 방사성 물질 중 생활환경과 가장 밀접한 관계가 있으며, 토양, 콘크리트, 벽돌·석재 등으로부터 방출되어 인체에 영향을 미치게 된다. 라돈(Rn)은 비활성 기체로서 무색, 무취이고, 액화되어도 색을 띠지 않으며, 끓는점과 녹는점이 매우 낮고 밀도는 9.73kg/m³으로 공기(1.3kg/m³)보다 7.5배(최대 9배) 무겁기 때문에 특히, 지하공간에서 그 농도가 높다.

04 LA스모그에 관한 설명으로 옳지 않은 것은?
① 광화학적 산화반응으로 발생한다.
② 주 오염원은 자동차 배기가스이다.
③ 주로 새벽이나 초저녁에 자주 발생한다.
④ 기온이 24℃ 이상이고, 습도가 70% 이하로 낮은 상태일 때 잘 발생한다.

해설 LA형 스모그는 한낮에 발생한다.

05 전기자동차의 일반적 특성으로 가장 거리가 먼 것은?
① 내연기관에 비해 소음과 진동이 적다.
② CO_2나 NOx를 배출하지 않는다.
③ 충전 시간이 오래 걸리는 편이다.
④ 대형차에 잘 맞으며, 자동차 수명보다 전지 수명이 길다.

해설 전기자동차는 소형차에 잘 맞으며, 자동차 수명보다 전지 수명이 짧다. 전기자동차는 배터리 충전에 소요시간이 길고 소형차에 국한되어 적용되고 있다.

정답 1.③ 2.② 3.④ 4.③ 5.④

06 디젤자동차의 배출가스 후처리 기술로 옳지 않은 것은?

① 매연여과장치 ② 습식 흡수방법
③ 산화촉매장치 ④ 선택적 촉매환원

해설 습식 흡수법은 산업시설에 주로 사용된다. 디젤자동차의 대표적인 배출가스 후처리 기술은 디젤 산화촉매(Diesel oxidation catalyst), 선택적 촉매환원(Selective catalytic reduction), 매연여과장치(Diesel Particulate filter trap) 등이다.

07 Panofsky에 의한 리차드슨 수(Ri)의 크기와 대기의 혼합 간의 관계에 관한 설명으로 옳지 않은 것은?

① $Ri=0$: 수직방향의 혼합이 없다.
② $0<Ri<0.25$: 성층에 의해 약화된 기계적 난류가 존재한다.
③ $Ri<-0.04$: 대류에 의한 혼합이 기계적 혼합을 지배한다.
④ $-0.03<Ri<0$: 기계적 난류와 대류가 존재하나 기계적 난류가 혼합을 주로 일으킨다.

해설 $Ri=0$은 중립상태로서 기계적 난류가 지배적인 상태를 나타낸다.

08 도시 대기오염물질의 광화학반응에 관한 설명으로 옳지 않은 것은?

① O_3는 파장 200~320nm에서 강한 흡수가, 450~700nm에서는 약한 흡수가 일어난다.
② PAN은 알데히드의 생성과 동시에 생기기 시작하며, 일반적으로 오존농도와는 관계가 없다.
③ NO_2는 도시 대기오염물질 중에서 가장 중요한 태양빛 흡수 기체로서 파장 420nm 이상의 가시광선에 의하여 NO와 O로 광분해한다.
④ SO_3는 대기 중의 수분과 쉽게 반응하여 황산을 생성하고 수분을 더 흡수하여 중요한 대기오염물질의 하나인 황산입자 또는 황산미스트를 생성한다.

해설 알데히드(알데하이드)는 오존(O_3) 생성에 앞서 광화학반응 초기(오전)부터 생성되며, 탄화수소의 감소에 대응하는 반면 PAN은 유기과산화기($CH_3COOO\cdot$)와 NO_2가 반응하여 생성되는 광화학반응의 2단계 최종부산물에 해당되므로 오후 2~3시에 최고농도를 보인다.

09 실제 굴뚝 높이가 50m, 굴뚝내경 5m, 배출가스의 분출속도가 12m/sec, 굴뚝 주위의 풍속이 4m/sec라고 할 때, 유효굴뚝의 높이(m)는? [단, $\Delta H=1.5\times D\times(V_s/U)$이다.]

① 22.5 ② 27.5
③ 72.5 ④ 82.5

해설 제시된 조건에 따른 유효굴뚝의 높이(m)는 다음과 같이 계산한다.

〈계산식〉 $H_e = H + \Delta H$

· $\Delta H = 1.5 \times D \times \left(\dfrac{V_s}{U}\right)$
$= 1.5 \times 5 \times \left(\dfrac{12}{4}\right) = 22.5m$

∴ $H_e = 50 + 22.5 = 72.5m$

10 다음 [보기]가 설명하는 오염물질로 옳은 것은?

[보기]
- 상온에서 무색이며 투명하여 순수한 경우에는 냄새가 거의 없지만 일반적으로 불쾌한 자극성 냄새를 가진 액체
- 햇빛에 파괴될 정도로 불안정하지만 부식성은 비교적 약함
- 끓는점은 약 46℃이며, 그 증기는 공기보다 약 2.64배 정도 무거움

① $COCl_2$ ② Br_2
③ SO_2 ④ CS_2

해설 보기와 같은 특성을 보이는 물질은 이황화탄소(CS_2)이다. 이황화탄소는 비스코스 섬유공업(레이온 제조업) 등에서 배출된다.

11 대기 중 각 오염원의 영향평가를 해결하기 위한 수용모델에 관한 설명으로 옳지 않은 것은?

① 지형, 기상학적 정보 없이도 사용가능하다.
② 수용체 입장에서 영향평가가 현실적으로 이루어질 수 있다.
③ 오염원의 조업 및 운영 상태에 대한 정보 없이도 사용가능하다.
④ 측정자료를 입력자료로 사용하므로 배출원 조건의 시나리오 작성이 용이하다.

해설 측정자료를 입력자료로 사용하므로 배출원 조건의 시나리오 작성이 곤란한 것은 수용모델의 단점이다.

12 산성비가 토양에 미치는 영향에 관한 설명으로 옳지 않은 것은?

① Al^{3+}은 뿌리의 세포분열이나 Ca 또는 P의 흡수나 흐름을 저해한다.
② 교환성 Al은 산성의 토양에만 존재하는 물질이고, 교환성 H와 함께 토양 산성화의 주요한 요인이 된다.
③ 토양의 양이온 교환기는 강산적 성격을 갖는 부분과 약산적 성격을 갖는 부분으로 나누는데, 결정도가 낮은 점토광물은 강산적이다.
④ 산성강수가 가해지면 토양은 산적 성격이 약한 교환기부터 순서적으로 Ca^{2+}, Mg^{2+}, Na^+, K^+ 등의 교환성 염기를 방출하고, 대신 그 교환자리에 H^+가 흡착되어 치환된다.

해설 토양의 양이온 교환기는 강산성 성분을 갖는 부분과 약산성 성분을 갖는 부분으로 나눌 수 있다. 결정성의 점토광물은 강산성이고, 결정도가 낮은 점토광물은 약산성이다.

13 다음 중 2차 오염물질(secondary pollutants)은?

① SiO_2 ② N_2O_3
③ NaCl   ④ NOCl

해설 2차 대기오염물질의 종류는 O_3, PAN($CH_3COOONO_2$), H_2O_2, NOCl, 아크롤레인(CH_2CHCHO) 등이 있다.

14 다음 오염물질 중 온실효과를 유발하는 것으로 거리가 먼 것은?

① 메탄   ② CFCs
③ 이산화탄소 ④ 아황산가스

해설 지구온난화를 일으키는 온실가스는 CO_2, CH_4, N_2O, CFCs, SF_6, H_2O, O_3 등이다.

15 지름이 1.0μ m이고 밀도가 $10^6 g/m^3$인 물방울이 공기 중에서 지표로 자유낙하할 때 Reynolds 수는? (단, 공기의 점도는 0.0172 g/m·sec, 밀도는 $1.29 kg/m^3$이다.)

① 1.9×10^{-6}
② 2.4×10^{-6}
③ 1.9×10^{-5}
④ 2.4×10^{-5}

해설 입자 레이놀즈 수(R_{ep}) 계산과 침강속도(V_g) 계산식을 이용하여 산출한다.

〈계산식〉 $R_{ep} = \dfrac{d_p V_g \rho}{\mu}$, $V_g = \dfrac{d_p^2(\rho_p - \rho)g}{18\mu}$

• $\mu = \dfrac{0.0172g}{m \cdot sec} \Big| \dfrac{1kg}{10^3 g} = 1.72 \times 10^{-5} kg/m \cdot sec$

• $\rho_p = \dfrac{10^6 g}{m^3} \Big| \dfrac{1kg}{10^3 g} = 1,000 kg/m^3$

$\Rightarrow V_g = \dfrac{(1.0 \times 10^{-6})^2 \times (1,000 - 1.29) \times 9.8}{18 \times 1.72 \times 10^{-5}}$
$= 3.16 \times 10^{-5} m/sec$

$\therefore R_{ep} = \dfrac{(1.0 \times 10^{-6}) \times 3.16 \times 10^{-5} \times 1.29}{1.72 \times 10^{-5}}$
$= 2.37 \times 10^{-6}$

16 대기오염 사건과 대표적인 주 원인물질 또는 전구물질의 연결이 옳지 않은 것은?

① 뮤즈계곡 사건 - SO_2
② 도노라 사건 - NO_2
③ 런던스모그 사건 - SO_2
④ 보팔 사건 - MIC(Methyl Isocyanate)

해설 도노라 사건의 원인물질은 SO_2이다. 도노라 사건은 미국의 소규모 공업도시 도노라(Donora)에서 제철공장, 아연정련공장, 황산공장 등에서 발생한 SO_2와 SO_3의 에어로졸과 입자상 물질이 복합적인 상가작용(相加作用)을 한 것으로 알려져 있다.

17 20℃, 750mmHg에서 측정한 NO의 농도가 0.5ppm이다. 이때 NO의 농도($\mu g/Sm^3$)는?

① 약 463
② 약 524
③ 약 553
④ 약 616

해설 ppm과 질량농도($\mu g/Sm^3$) 환산식을 적용한다.

〈계산식〉 $C_m = C_p \times \dfrac{M_w}{22.4}$

$\therefore C_m = \dfrac{0.5mL}{m^3} \Big| \dfrac{30mg}{22.4mL} \Big| \dfrac{273}{273+20} \Big| \dfrac{750}{760} \Big| \dfrac{1\mu g}{10^{-3}mg}$
$= 615.72 \mu g/Sm^3$

정답 12.③ 13.④ 14.④ 15.② 16.② 17.④

18 대기압력이 900mb인 높이에서의 온도가 25℃일 때 온위(potential temperature, K)는? [단, $\theta = T(1{,}000/P)^{0.288}$]

① 307.2 ② 377.8
③ 421.4 ④ 487.5

해설 주어진 계산식을 이용한다.

⟨계산식⟩ $\theta = T\left(\dfrac{1{,}000}{P}\right)^{0.288}$

- P : 임의고도의 압력 = 900mb
- P_o : 표준고도의 압력 = 1,000mb
- T : 임의고도의 온도(K) = 273 + 25 = 298K
- $R/C = 0.288$

∴ $\theta = 298 \times \left(\dfrac{1{,}000}{900}\right)^{0.288} = 307.18\,\mathrm{K}$

19 대기 중에 존재하는 가스상 오염물질 중 염화수소와 염소에 관한 설명으로 옳지 않은 것은?

① 염소는 강한 산화력을 이용하여 살균제, 표백제로 쓰인다.
② 염화수소가 대기 중에 노출될 경우 백색의 연무를 형성하기도 한다.
③ 염소는 상온에서 적갈색을 띠는 액체로 휘발성과 부식성이 강하다.
④ 염화수소는 무색으로서 자극성 냄새가 있으며 상온에서 기체이다. 전지, 약품, 비료 등에 사용된다.

해설 염소가스는 상온에서 황록색의 기체이며 자극성 냄새를 가진 유독물질로 표백공업 등이 주요 배출원이다. 상온에서 적갈색 기체는 NO_2이다.

20 대기오염원의 영향을 평가하는 방법 중 분산모델에 관한 설명으로 가장 거리가 먼 것은?

① 오염물의 단기간 분석 시 문제가 된다.
② 지형 및 오염원의 조업조건에 영향을 받는다.
③ 먼지의 영향평가는 기상의 불확실성과 오염원이 미확인인 경우에 문제점을 가진다.
④ 현재나 과거에 일어났던 일을 추정, 미래를 위한 전략을 세울 수 있으나 미래 예측은 어렵다.

해설 분산모델은 미래의 대기질을 예측할 수 있고, 오염원의 운영 및 설계요인의 효과를 예측 가능하다.

제2과목 연소공학

21 액체연료 연소장치 중 건타입(Gun type) 버너에 관한 설명으로 옳지 않은 것은?

① 유압은 보통 $7\mathrm{kg/cm^2}$ 이상이다.
② 연소가 양호하고 전자동 연소가 가능하다.
③ 형식은 유압식과 공기분무식을 합한 것이다.
④ 유량조절 범위가 넓어 대형 연소에 사용한다.

해설 건타입(Gun type) 버너는 유량조절 범위가 좁아 소형, 소용량의 자동연소시설에 주로 사용된다.

22 기체연료의 특징 및 종류에 관한 설명으로 옳지 않은 것은?

① 액화석유가스는 액체에서 기체로 될 때 증발열(90~100kcal/kg)이 있으므로 사용하는데 유의할 필요가 있다.
② 천연가스는 화염전파속도가 크며, 폭발범위가 크므로 1차 공기를 적게 혼합하는 편이 유리하다.
③ 액화천연가스는 메탄을 주성분으로 하는 천연가스를 1기압 하에서 −168℃ 근처에서 냉각, 액화시켜 대량수송 및 저장을 가능하게 한 것이다.
④ 부하의 변동범위가 넓고 연소의 조절이 용이한 편이다.

해설 천연가스는 화염전파속도가 느리고, 폭발범위가 좁으며, 자기착화온도가 높기 때문에 압축점화방식보다는 불꽃점화방식인 가솔린엔진에 적합하게 사용된다.

23 액체연료의 특징으로 옳지 않은 것은?

① 저장 및 계량, 운반이 용이하다.
② 점화, 소화 및 연소의 조절이 쉽다.
③ 발열량이 높고, 품질이 대체로 일정하며 효율이 높다.
④ 소량의 공기로 완전연소되며, 검댕발생이 없다.

해설 액체연료는 기체연료에 비해 더 많은 과잉공기를 필요로 하며, 불완전연소로 인한 검댕발생이 많다.

24 어떤 물질이 1차 반응에서 반감기가 10분이었다. 반응물이 1/10 농도로 감소할 때까지 얼마의 시간(분)이 걸리겠는가?

① 6.9
② 33.2
③ 693
④ 3,323

해설 1차 반응식을 적용한다.

〈계산식〉 $\ln\left(\dfrac{C_t}{C_o}\right) = -K \cdot t$

• $\ln\left(\dfrac{0.5 C_o}{C_o}\right) = -K \times 10, \quad K = 0.0693$

• $\ln\left(\dfrac{0.1}{1}\right) = -0.0693 \times t$

∴ $t = 33.23 \,\text{min}$

25 다음 기체연료 중 고위발열량(kcal/Sm³)이 가장 낮은 것은?

① Ethane
② Ethylene
③ Acetylene
④ Methane

해설 동일한 화학적 성질을 가지는 경우 기체연료는 분자량이 증가할수록 발열량이 높다.

26 유류연소버너 중 유압식 버너에 관한 설명으로 가장 거리가 먼 것은?

① 대용량 버너 제작이 용이하다.
② 유압은 보통 50~90kg/cm² 정도이다.
③ 유량조절 범위가 좁아(환류식 1 : 3, 비환류식 1 : 2) 부하변동에 적응하기 어렵다.
④ 연료유의 분사각도는 기름의 압력, 점도 등으로 약간 달라지지만 40~90° 정도의 넓은 각도로 할 수 있다.

해설 유압식 버너의 유압은 보통 5~30kg/cm² 정도이다.

27 액화석유가스에 관한 설명으로 옳지 않은 것은?

① 저장설비비가 많이 든다.
② 황분이 적고 독성이 없다.
③ 비중이 공기보다 가볍고, 누출될 경우 쉽게 인화·폭발될 수 있다.
④ 유지 등을 잘 녹이기 때문에 고무 패킹이나 유지로 된 도포제로 누출을 막는 것은 어렵다.

해설 액화석유가스(LPG)는 비중이 공기보다 무거워 누출 시 인화·폭발의 위험성이 높은 편이다.

28 기체연료의 연소방식 중 확산연소에 관한 설명으로 옳지 않은 것은?

① 역화의 위험성이 없다.
② 붉고 긴 화염을 만든다.
③ 가스와 공기를 예열할 수 없다.
④ 연료의 분출속도가 클 경우는 그을음이 발생하기 쉽다.

해설 확산연소는 역화의 위험이 없으며, 포트형의 경우 가스와 공기를 예열할 수 있는 장점이 있다.

29 다음 연소장치 중 일반적으로 가장 큰 공기비를 필요로 하는 것은?

① 오일버너
② 가스버너
③ 미분탄버너
④ 수평수동화격자

해설 제시된 항목 중 가장 많은 공기비를 필요로 하는 것은 고체연료 연소장치인 화격자이다.

30 프로판과 부탄이 용적비 3 : 2로 혼합된 가스 1Sm³가 이론적으로 완전연소할 때 발생하는 CO_2의 양(Sm³)은?

① 2.7
② 3.2
③ 3.4
④ 4.1

해설 프로판과 부탄의 연소반응에 의해 생성되는 CO_2의 합을 산출한다.

〈계산식〉 $CO_2 = 3C_3H_8 + 4C_4H_{10}$

• $C_3H_8 + 5O_2 \rightarrow 3CO_2 + 4H_2O$
  1mol : 3mol
  0.6m³ : 1.8m³

• $C_4H_{10} + 6.5O_2 \rightarrow 4CO_2 + 5H_2O$
  1mol : 4mol
  0.4m³ : 1.6m³

∴ $CO_2 = 1.8 + 1.6 = 3.4 \,\text{m}^3$

31 연소 시 매연 발생량이 가장 적은 탄화수소는?

① 나프텐계
② 올레핀계
③ 방향족계
④ 파라핀계

정답 24.② 25.④ 26.② 27.③ 28.③ 29.④ 30.③ 31.④

해설 파라핀계는 탄화수소 중 탄수소비(C/H)가 낮다. 매연은 연료 중의 C/H비가 클수록 발생하기 쉽고, 탈수소가 용이한 연료일 때 발생하기 쉽다. 제시된 보기 중 파라핀계는 가장 C/H비가 작고, 탈수소가 용이하지 못하므로 매연 발생량이 적다.

32 C 80%, H 20%로 구성된 액체탄화수소 연료 1kg을 완전연소시킬 때 발생하는 CO_2의 부피(Sm^3)는?

① 1.2　　② 1.5
③ 2.6　　④ 2.9

해설 탄소의 연소반응을 이용하여 CO_2량을 구한다.

〈반응식〉 $C + O_2 \rightarrow CO_2$
　　　　　12kg　:　22.4m^3
　　　　　0.8kg　:　$X(m^3)$

∴ $X = 1.49 m^3$

33 저위발열량이 5,000kcal/Sm^3인 기체연료의 이론연소온도(℃)는 약 얼마인가? (단, 이론연소가스량 15Sm^3/Sm^3, 연료연소가스의 평균 정압비열 0.35kcal/$Sm^3 \cdot$℃, 기준온도는 0℃, 공기는 예열하지 않으며, 연소가스는 해리되지 않는다고 본다.)

① 952　　② 994
③ 1,008　④ 1,118

해설 이론연소온도 계산식을 이용한다.

〈계산식〉 $t_o(℃) = \dfrac{Hl}{GC_p} + t$

∴ $t_o = \dfrac{5,000}{15 \times 0.35} + 0 = 952.38℃$

34 프로판 2kg을 과잉공기계수 1.31로 완전연소시킬 때 발생하는 습연소가스량(kg)은?

① 약 24　　② 약 32
③ 약 38　　④ 약 43

해설 제시된 조건에 따른 습연소가스량 계산은 다음과 같다. 단, 무게비로 계산함을 유의한다.

〈계산식〉 $G_w^* = (m - 0.232)A_{om} + CO_2^* + H_2O^*$
〈반응식〉 $C_3H_8 + 5O_2 \rightarrow 3CO_2 + 4H_2O$
　　　　　44kg : 5×32kg : 3×44kg : 4×18kg
　　　　　2kg : 7.273kg : 6kg : 3.273kg

• $A_{om} = O_{om} \times \dfrac{1}{0.232} = 7.273 \times \dfrac{1}{0.232} = 31.35$ kg/kg

• $CO_2^* = 6$ kg

• $H_2O^* = 3.273$ kg

∴ $G_w^* = (1.31 - 0.232) \times 31.35 + 6 + 3.273$
　　　　= 43.07 kg/kg

35 착화온도(발화점)에 대한 특성으로 옳지 않은 것은?

① 분자구조가 복잡할수록 착화온도는 낮아진다.
② 산소농도가 낮을수록 착화온도는 낮아진다.
③ 발열량이 클수록 착화온도는 낮아진다.
④ 화학반응성이 클수록 착화온도는 낮아진다.

해설 산소농도가 높을수록 착화온도는 높아진다.

36 S함량 3%의 벙커 C유 100kL를 사용하는 보일러에 S함량 1%인 벙커 C유로 30% 섞어 사용하면 SO_2 배출량은 몇 % 감소하는가? (단, 벙커 C유 비중 0.95, 벙커 C유 함유 S는 모두 SO_2로 전환된다.)

① 16　　② 20
③ 25　　④ 28

해설 황의 연소반응에 따른 SO_2 발생량을 비교하여 감소율을 산출한다.

〈계산식〉 감소율(%) $= \dfrac{SO_{2(1)} - SO_{2(2)}}{SO_{2(1)}} \times 100$

• $SO_{2(1)}$: 황함량이 3%일 때
$S + O_2 \rightarrow SO_2$
32kg : 22.4m^3

$100 \times 10^3 L \times \dfrac{3}{100} \times \dfrac{0.95 kg}{L} = 2,850 kg : SO_{2(1)}$
　　　　　　　　　　　　　$SO_{2(1)} = 1.995 m^3$

• $SO_{2(2)}$: 혼합했을 때
$S + O_2 \rightarrow SO_2$
32kg : 22.4m^3

$100 \times 10^3 L \times \dfrac{(3 \times 0.7) + (1 \times 0.3)}{100} \times \dfrac{0.95 kg}{L}$
$= 2,280 kg : SO_{2(2)}$, $SO_{2(2)} = 1.596 m^3$

∴ 감소율 $= \dfrac{1.995 - 1.596}{1.995} \times 100 = 20\%$

37 옥탄(C_8H_{18})을 완전연소시킬 때의 AFR(Air Fuel Ratio)은? (단, 무게비 기준으로 한다.)

① 15.1　　② 30.8
③ 45.3　　④ 59.5

정답 32.② 33.① 34.④ 35.② 36.② 37.①

해설 무게비의 공연비 계산식을 이용한다.

〈계산식〉 $AFR_m = \dfrac{m_a \times M_a}{m_f \times M_f}$

〈반응식〉 $C_8H_{18} + 12.5O_2 \rightarrow 8CO_2 + 9H_2O$
　　　　　1mol : 12.5mol

- $m_a = 12.5 \times \dfrac{1}{0.21} = 59.524$
- $M_a = 28.9$, $m_f = 1$, $M_f = 114$

$\therefore AFR_m = \dfrac{59.524 \times 28.9}{1 \times 114} = 15.09$

38 황화수소의 연소반응식이 다른 [보기]와 같을 때 황화수소 1Sm³의 이론연소공기량(Sm³)은?

[보기]
$$2H_2S + 3O_2 = 2SO_2 + 2H_2O$$

① 5.54　② 6.42
③ 7.14　④ 8.92

해설 제시된 연소반응식을 이용한다.

〈계산식〉 $A_o = O_o \times \dfrac{1}{0.21}$

〈반응식〉 $2H_2S + 3O_2 = 2SO_2 + 2H_2O$
　　　　　2mol : 3mol
　　　　　1Sm³ : X(Sm³),　$X = 1.5$Sm³

$\therefore A_o = 1.5 \times \dfrac{1}{0.21} = 7.14\,\text{Sm}^3$

39 어떤 액체연료를 보일러에서 완전연소시켜 그 배출가스를 Orsat 분석장치로서 분석하여 CO₂ 15%, O₂ 5%의 결과를 얻었다면, 이때 과잉공기계수는? (단, 일산화탄소 발생량은 없다.)

① 1.12　② 1.19
③ 1.25　④ 1.31

해설 배기가스 중 CO가 존재하지 않으므로 완전연소 조건의 공기비 계산식을 적용한다.

〈계산식〉 $m = \dfrac{21}{21 - O_2}$

$\therefore m = \dfrac{21}{21 - 5} = 1.31$

40 다음 연소의 종류 중 흑연, 코크스, 목탄 등과 같이 대부분 탄소만으로 되어 있는 고체연료에서 관찰되는 연소형태는?

① 표면연소　② 내부연소
③ 증발연소　④ 자기연소

해설 흑연, 코크스, 숯 등은 표면연소를 한다. 표면연소는 분해연소가 끝난 후 연료 내에 잔류하는 탄소가 빨갛게 적열하며, 불꽃이 발생하지 않는 연소를 말한다.

[제3과목] **대기오염방지기술**

41 중력침전을 결정하는 중요 매개변수는 먼지입자의 침전속도이다. 다음 중 먼지의 침전속도 결정과 가장 관계가 깊은 것은?

① 입자의 온도　② 대기의 분압
③ 입자의 유해성　④ 입자의 크기와 밀도

해설 중력침강속도 계산식을 응용한다.

〈계산식〉 $V_g = \dfrac{d_p^2(\rho_p - \rho)g}{18\mu}$

∴ 침강속도는 입자 크기의 제곱에 비례하고, 밀도차와 중력가속도에 비례하며, 가스의 점도에 반비례한다.

42 처리가스량 25,420m³/hr, 압력손실이 100 mmH₂O인 집진장치의 송풍기 소요동력(kW)은 약 얼마인가? (단, 송풍기효율은 60%, 여유율은 1.30이다.)

① 9　② 12
③ 15　④ 18

해설 송풍기의 소요동력 계산식을 이용한다.

〈계산식〉 $P(\text{kW}) = \dfrac{\Delta P \times Q}{102 \cdot \eta} \times \alpha$

- $Q = \dfrac{25{,}420\,\text{m}^3}{\text{hr}} \Big| \dfrac{1\,\text{hr}}{3{,}600\,\text{sec}} = 7.061\,\text{m}^3/\text{sec}$

$\therefore P = \dfrac{100 \times 7.061}{102 \times 0.6} \times 1.3 = 15\,\text{kW}$

43 다음 악취물질 중 공기 중의 최소감지농도가 가장 낮은 것은?

① 염소　② 암모니아
③ 황화수소　④ 이황화탄소

해설 제시된 항목의 최소감지농도는 다음과 같다.
1. 염소 : 0.049ppm
2. 암모니아 : 0.1ppm
3. 황화수소 : 0.0005ppm
4. 이황화탄소 : 0.21ppm

44 다음은 활성탄의 고온활성화 재생방법으로 적용될 수 있는 다단로(multi-hearth furnace)와 회전로(rotary kiln)의 비교표이다. 비교 내용 중 옳지 않은 것은?

구 분		다단로	회전로
가	온도 유지	여러 개의 버너로 구분된 반응영역에서 온도분포 조절이 가능하고 열효율이 높음	단 1개의 버너로 열공급영역별 온도 유지가 불가능하고 열효율이 낮음
나	수증기 공급	반응영역에서 일정하게 분사	입구에서만 공급하므로 일정치 않음
다	입구 분포	입도에 비례하여 큰 입자가 빨리 배출	입도분포에 관계없이 체류시간을 동일하게 유지 가능
라	품질	고품질 입상 재생설비로 적합	고품질 입상 재생설비로 부적합

① 가
② 나
③ 다
④ 라

[해설] 보기 '다'항은 좌↔우 상반된 특성을 기술하고 있다.

45 환기 및 후드에 관한 설명으로 옳지 않은 것은?

① 폭이 넓은 오염원 탱크에서는 주로 '밀고 당기는(push/pull)' 방식의 환기공정이 요구된다.
② 후드는 일반적으로 개구면적을 좁게 하여 흡인속도를 크게 하고, 필요 시 에어커튼을 이용한다.
③ 폭이 좁고 긴 직사각형의 슬로트후드(slot hood)는 전기도금공정과 같은 상부개방형 탱크에서 방출되는 유해물질을 포집하는 데 효과적으로 이용된다.
④ 천개형 후드는 포착형보다 유입공기의 속도가 빠를 때 사용되며, 주로 저온의 오염공기를 배출하고 과잉습도를 제거할 때 제한적으로 사용된다.

[해설] 천개형 후드는 포착형보다 유입공기의 속도가 느릴 때 사용되며, 주로 고온의 오염공기를 처리할 때 제한적으로 사용된다.

46 접선유입식 원심력집진장치의 특징에 관한 설명 중 옳은 것은?

① 장치의 압력손실은 5,000mmH$_2$O이다.
② 입구의 가스속도는 18~20cm/sec이다.
③ 유입구 모양에 따라 나선형과 와류형으로 분류된다.
④ 도익선회식이라고도 하며 반전형과 직진형이 있다.

[해설] ③항만 옳은 설명을 하고 있다.
《바르게 고쳐보기》
① 장치의 압력손실은 100~150mmH$_2$O 전후이다.
② 장치입구의 가스속도는 7~15m/sec이다.
④ 축류식을 도익선회식이라고 한다.

47 A집진장치의 입구 및 출구의 배출가스 중 먼지의 농도가 각각 15g/Sm^3, 150mg/Sm^{3}이었다. 또한 입구 및 출구에서 채취한 먼지시료 중에 포함된 0~5μm의 입경분포의 중량 백분율이 각각 10%, 60%이었다면 이 집진장치의 0~5μm의 입경범위의 먼지시료에 대한 부분집진율(%)은?

① 90
② 92
③ 94
④ 96

[해설] 입경분포와 부분집진율 계산식을 이용한다.
〈계산식〉 $\eta_d(\%) = \left(1 - \dfrac{C_o R_o}{C_i R_i}\right) \times 100$

$\therefore \eta_d = \left(1 - \dfrac{0.15 \times 0.6}{15 \times 0.1}\right) \times 100 = 94\%$

48 직경이 D인 구형 분진입자의 비표면적(S_v, m^2/m^3)에 관한 설명으로 옳지 않은 것은? (단, ρ는 구형입자의 밀도이다.)

① $S_v = 3\rho/D$로 나타낸다.
② 입자가 미세할수록 부착성이 커진다.
③ 먼지의 입경과 비표면적은 반비례 관계이다.
④ 비표면적이 크게 되면 원심력집진장치의 경우에는 장치벽면을 폐색시킨다.

[해설] 구형입자의 부피당 비표면적은 $S_v = 6/d_p$로 나타내고, 질량당 비표면적은 $S_v = 6/(d_p \times \rho_p)$로 나타낸다.

49 염소농도 0.2%인 굴뚝 배출가스 3,000 Sm³/hr를 수산화칼슘용액을 이용하여 염소를 제거하고자 할 때, 이론적으로 필요한 시간당 수산화칼슘의 양(kg/hr)은? (단, 처리효율은 100%로 가정한다.)

① 16.7　　　　② 18.2
③ 19.8　　　　④ 23.1

해설 염소와 수산화칼슘의 반응을 이용한다.
〈반응식〉 $Cl_2 + Ca(OH)_2 \rightarrow CaOCl_2 + H_2O$
　　　　$22.4m^3 : 74kg$

∴ $Ca(OH)_2 = \dfrac{0.2(Cl_2)}{100} \Big| \dfrac{3,000Sm^3}{hr} \Big| \dfrac{74kg(Ca(OH)_2)}{22.4m^3(Cl_2)}$
　　　　　　$= 19.8 \, kg/hr$

50 헨리의 법칙에 관한 설명으로 옳지 않은 것은?

① 비교적 용해도가 적은 기체에 적용된다.
② 헨리상수의 단위는 $atm/m^3 \cdot kmol$이다.
③ 헨리상수의 값은 온도가 높을수록, 용해도가 적을수록 커진다.
④ 온도와 기체의 부피가 일정할 때 기체의 용해도는 용매와 평형을 이루고 있는 기체의 분압에 비례한다.

해설 헨리상수의 단위는 $atm \cdot m^3/kmol$이다.

51 탈취방법 중 촉매연소법에 관한 설명으로 옳지 않은 것은?

① 직접연소법에 비해 질소산화물의 발생량이 높고, 고농도로 배출된다.
② 직접연소법에 비해 연료소비량이 적어 운전비는 절감되나, 촉매독이 문제가 된다.
③ 적용 가능한 악취성분은 가연성 악취성분, 황화수소, 암모니아 등이 있다.
④ 촉매는 백금, 코발트, 니켈 등이 있으며, 고가이지만 성능이 우수한 백금계의 것이 많이 이용된다.

해설 촉매연소법은 직접연소법에 비해 질소산화물의 발생량이 적고, 낮은 농도로 배출할 수 있다.

52 다음 중 물리흡착과 화학흡착의 비교표이다. 비교 내용 중 옳지 않은 것은?

구분		물리흡착	화학흡착
가	온도범위	낮은 온도	대체로 높은 온도
나	흡착층	단일분자층	여러 층이 가능
다	가역정도	가역성이 높음	가역성이 낮음
라	흡착열	낮음	높음(반응열 정도)

① 가　　　　② 나
③ 다　　　　④ 라

해설 물리적 흡착은 다분자흡착층이 형성되며, 화학적 흡착층은 단분자흡착층이 형성된다.

53 벤투리스크러버의 액가스비를 크게 하는 요인으로 가장 거리가 먼 것은?

① 먼지의 농도가 높을 때
② 처리가스의 온도가 높을 때
③ 먼지입자의 친수성이 클 때
④ 먼지입자의 점착성이 클 때

해설 액가스비를 크게 해야 할 경우는 다음과 같다.
1. 먼지의 농도가 높을 때
2. 처리가스의 온도가 높을 때
3. 먼지입자가 소수성일 때
4. 먼지입자의 점착성이 클 때

54 다음 중 유해물질 처리방법으로 가장 거리가 먼 것은?

① CO는 백금계의 촉매를 사용하여 연소시켜 제거한다.
② Br_2는 산성 수용액에 의한 세정법으로 제거한다.
③ 이황화탄소는 암모니아를 불어넣는 방법으로 제거한다.
④ 아크로레인은 NaClO 등의 산화제를 혼입한 가성소다용액으로 흡수제거한다.

해설 Br_2는 알칼리(NaOH) 수용액에 의한 흡수처리를 적용한다.

55 80%의 효율로 제진하는 전기집진장치의 집진면적을 2배로 증가시키면 집진효율(%)은 얼마로 향상되는가?

① 92　　　　② 94
③ 96　　　　④ 98

[해설] Deutsch-Anderson 식을 이용한다.

〈계산식〉 $\eta = 1 - e^{-\frac{A \times W_e}{Q}} \Rightarrow A = \ln(1-\eta)K$

- 80%의 효율일 때
  $\ln(1-0.8) = -A \times K$, $K = 1.6094A$
- 집진면적을 2배로 증가시키면
  $\eta = 1 - e^{-2A \times K} = 1 - e^{-2A \times 1.6094} = 0.9599$

∴ $\eta = 96\%$

56 굴뚝 배출가스량은 2,000Sm³/hr, 이 배출가스 중 HF 농도는 500mL/Sm³이다. 이 배출가스를 50m³의 물로 세정할 때 24시간 후 순환수인 폐수의 pH는? (단, HF는 100% 전리되며, HF 이외의 영향은 무시한다.)

① 약 1.3
② 약 1.7
③ 약 2.1
④ 약 2.6

[해설] pH를 계산식을 적용한다.

〈계산식〉 $pH = \log\frac{1}{[H^+]}$

- $[HF] = \left|\frac{500mL}{Sm^3}\right|\left|\frac{2,000Sm^3}{hr}\right|\left|\frac{1}{50m^3}\right|\left|\frac{24hr}{}\right|$

  $\left|\frac{1mol}{20g}\right|\left|\frac{1g}{10^3mg}\right|\left|\frac{20mg}{22.4mL}\right|\left|\frac{1m^3}{10^3L}\right|$

  $= 0.02143mol/L$

- $HF \leftrightarrow H^+ + F^-$
  1mol : 1mol
  0.02143mol/L : 0.02143mol/L

∴ $pH = \log\frac{1}{0.02143} = 1.7$

57 먼지의 입경분포에 관한 설명으로 옳지 않은 것은?

① 대수정규분포는 미세한 입자의 특성과 잘 일치한다.
② 빈도분포는 먼지의 입경분포를 적당한 입경간격의 개수 또는 질량의 비율로 나타내는 방법이다.
③ 먼지의 입경분포를 나타내는 방법 중 적산분포에는 정규분포, 대수정규분포, Rosin Rammler 분포가 있다.
④ 적산분포(R)는 일정한 입경보다 큰 입자가 전체의 입자에 대하여 몇 % 있는가를 나타내는 것으로 입경분포가 0이면 $R=100\%$이다.

[해설] 대수정규분포는 미세한 입자의 특성과는 잘 일치되지 않는 문제점이 있어 이용에 제한이 있다.

58 사이클론의 원추부 높이 1.4m, 유입구 높이 15cm, 원통부 높이 1.4m일 때, 외부선회류의 회전수는? [단, $N=(1/H_a)[H_b+H_c/2]$]

① 6회
② 11회
③ 14회
④ 18회

[해설] 주어진 식을 통해 회전수를 산출한다.

〈계산식〉 $N = \frac{1}{H_a}\left[H_b + \frac{H_c}{2}\right]$

∴ $N_e = \frac{1}{0.15}\left[1.4 + \frac{1.4}{2}\right] = 14$회

59 세정집진장치의 특징으로 옳지 않은 것은?

① 압력손실이 작아 운전비가 적게 든다.
② 소수성 입자의 집진율이 낮은 편이다.
③ 점착성 및 조해성 분진의 처리가 가능하다.
④ 연소성 및 폭발성 가스의 처리가 가능하다.

[해설] 세정집진장치는 압력손실이 크므로 동력소비가 많다. 압력손실의 크기는 세정집진장치 중의 벤투리스크러버(300~800mmH₂O) > 여과집진장치(100~200 mmH₂O)이다.

60 국소배기시설에서 후드의 유입계수가 0.84, 속도압이 10mmH₂O일 때 후드에서의 압력손실(mmH₂O)은?

① 4.2
② 8.4
③ 16.8
④ 33.6

[해설] 후드의 압력손실 계산은 다음과 같다.

〈계산식〉 $\Delta P(mmH_2O) = F \times P_v$

- F(압력손실계수) $= \frac{1-C_e^2}{C_e^2}$

∴ $\Delta P = \frac{1-0.84^2}{0.84^2} \times 10 = 4.17 mmH_2O$

정답 56.② 57.① 58.③ 59.① 60.①

[제4과목] **대기오염공정시험기준**

61 대기 및 굴뚝 배출기체 중의 오염물질을 연속적으로 측정하는 비분산 정필터형 적외선가스분석계(고정형)의 성능 유지조건에 대한 설명으로 옳은 것은?

① 최대눈금 범위의 ±5% 이하에 해당하는 농도변화를 검출할 수 있는 감도를 지녀야 한다.
② 측정가스의 유량이 표시한 기준유량에 대하여 ±10% 이내에서 변동하여도 성능에 지장이 있어서는 안 된다.
③ 동일 조건에서 제로가스를 연속적으로 도입하여 24시간 연속 측정하는 동안 전체눈금의 ±5% 이상의 지시변화가 없어야 한다.
④ 전압변동에 대한 안정성 측면에서 전원전압이 설정 전압의 ±10% 이내로 변화하였을 때 지시값 변화는 전체눈금의 ±1% 이내이어야 한다.

해설 보기 ④항만 옳다.
≪바르게 고쳐보기≫
① 최대눈금 범위의 ±1% 이하에 해당하는 농도변화를 검출할 수 있는 감도를 지녀야 한다.
② 측정가스의 유량이 표시한 기준유량에 대하여 ±2% 이내에서 변동하여도 성능에 지장이 있어서는 안 된다.
③ 동일 조건에서 제로가스를 연속적으로 도입하여 24시간 연속 측정하는 동안 전체눈금의 ±2% 이상의 지시변화가 없어야 한다.

62 배출가스 중 질소산화물 농도 측정방법으로 옳지 않은 것은?

① 화학발광법
② 자외선형광법
③ 적외선흡수법
④ 아연환원 나프틸에틸렌다이아민법

해설 자외선형광법은 환경대기 중 아황산가스의 자동 연속 측정법의 주시험법이다.
배출가스 중 질소산화물의 자동 측정법은 정전위전해법, 화학발광법, 적외선흡수법, 자외선흡수법이 있으며, 배출가스 중 질소산화물의 자외선가시선분광법으로 아연환원 나프틸에틸렌다이아민법이 있다.

63 적정법에 의한 배출가스 중 브롬화합물의 정량 시 과잉의 하이포아염소산염을 환원시키는데 사용하는 것은?

① 염산
② 폼산소듐
③ 수산화소듐
④ 암모니아수

해설 적정법에 의한 배출가스 중 브롬(브로민)화합물 분석은 배출가스 중 브롬화합물을 수산화소듐용액에 흡수시킨 다음 브로민을 하이포아염소산소듐용액을 사용하여 브로민산이온으로 산화시키고 과잉의 하이포아염소산염은 폼산소듐(포름산나트륨)으로 환원시켜 이 브로민산이온을 아이오딘 적정법으로 정량하는 방법이다.

64 화학반응 공정 등에서 배출되는 굴뚝 배출가스 중 일산화탄소 분석방법에 따른 정량 범위로 틀린 것은?

① 정전위전해법 : 0~200ppm
② 비분산형적외선분석법 : 0~1,000ppm
③ 기체크로마토그래피 : TCD의 경우 0.1% 이상
④ 기체크로마토그래피 : FID의 경우 0~2,000ppm

해설 굴뚝 배출가스 중 일산화탄소 분석법에서 정전위전해법의 정량범위는 0~1,000ppm범위이다.

65 대기오염공정시험기준상 비분산적외선분광분석법에서 응답시간에 관한 설명이다. ( ) 안에 알맞은 것은?

응답시간은 제로 조정용 가스를 도입하여 안정된 후 유로를 스팬가스로 바꾸어 기준 유량으로 분석계에 도입하여 그 농도를 눈금 범위 내의 어느 일정한 값으로부터 다른 일정한 값으로 갑자기 변화시켰을 때 스텝(Step) 응답에 대한 소비시간이 (㉠) 이내이어야 한다. 또 이때 최종 지시값에 대한 90%의 응답을 나타내는 시간은 (㉡) 이내이어야 한다.

① ㉠ 1초, ㉡ 1분
② ㉠ 1초, ㉡ 40초
③ ㉠ 10초, ㉡ 1분
④ ㉠ 10초, ㉡ 40초

해설 비분산적외선분광분석법에서 응답시간은 스텝(Step) 응답에 대한 소비시간이 1초 이내이어야 한다. 또 이때 최종 지시값에 대한 90%의 응답을 나타내는 시간 40초 이내이어야 한다.

66 액의 농도에 관한 설명으로 옳지 않은 것은?
① 단순히 용액이라 기재하고 그 용액의 이름을 밝히지 않은 것은 수용액을 뜻한다.
② 혼액(1+2)은 액체상의 성분을 각각 1용량 대 2용량의 비율로 혼합한 것을 뜻한다.
③ 황산(1:7)은 용질이 액체일 때 1mL를 용매에 녹여 전량을 7mL로 하는 것을 뜻한다.
④ 액의 농도를 (1→5)로 표시한 것은 그 용질의 성분이 고체일 때는 1g을 용매에 녹여 전량을 5mL로 하는 비율을 말한다.

해설 황산(1:7)은 용질이 액체일 때 1mL를 용매에 녹여 전량을 8mL로 하는 것을 뜻한다.

67 배출가스 유속을 피토관으로 측정한 결과가 다음과 같을 때 배출가스 유속(m/sec)은?

- 동압 : 100mmH₂O
- 배출가스 온도 : 295℃
- 표준상태 배출가스 밀도 : 1.2kg/m³(0℃, 1기압)
- 피토관계수 : 0.87

① 43.7   ② 48.2
③ 50.7   ④ 54.3

해설 피토관(Pitot tube)의 유속 계산은 다음과 같다.

〈계산식〉 $V = C\sqrt{\dfrac{2gP_v}{\gamma}}$

- γ(비중량) $= \dfrac{1.2\text{kg}}{\text{Sm}^3} \Big| \dfrac{273}{273+295} = 0.577\text{kg/am}^3$

∴ $V = 0.87 \times \sqrt{\dfrac{2 \times 9.8 \times 100}{0.577}} = 50.72\text{m/sec}$

68 기체크로마토그래피의 장치구성에 관한 설명으로 옳지 않은 것은?
① 분리관유로는 시료도입부, 분리관, 검출기기 배관으로 구성되며, 배관의 재료는 스테인리스강이나 유리 등 부식에 대한 저항이 큰 것이어야 한다.
② 분리관(column)은 충전물질을 채운 내경 2~7mm의 시료에 대하여 불활성 금속, 유리 또는 합성수지관으로 각 분석방법에서 규정하는 것을 사용한다.
③ 운반가스는 일반적으로 열전도도형검출기(TCD)에서는 순도 99.8% 이상의 아르곤이나 질소를, 수소염이온화검출기(FID)에서는 순도 99.8% 이상의 수소를 사용한다.
④ 주사기를 사용하는 시료도입부는 실리콘고무과 같은 내열성 탄성체격막이 있는 시료기화실로서 분리관온도와 동일하거나 또는 그 이상의 온도를 유지할 수 있는 가열기구가 갖추어져야 한다.

해설 운반가스는 일반적으로 열전도도형검출기(TCD)에서는 순도 99.8% 이상의 수소나 헬륨을, 불꽃(수소염)이온화검출기(FID)에서는 99.8% 이상의 질소 또는 헬륨을 사용한다.

69 다음 중 굴뚝에서 배출되는 가스의 유량을 측정하는 기기가 아닌 것은?
① 피토우관   ② 열선유속계
③ 와류유속계 ④ 위상차유속계

해설 굴뚝에서 배출되는 가스의 유량 측정방법에는 피토관, 열선유속계, 와류유속계를 이용하는 방법이 있다.

70 배출가스 중 가스상 물질의 시료채취방법 중 다음 분석물질별 흡수액과의 연결이 옳지 않은 것은?

	분석물질	흡수액
가	불소화합물	수산화소듐용액(0.1N)
나	벤젠	질산암모늄+황산(1→5)
다	비소	수산화칼륨용액(0.4W/V%)
라	황화수소	아연아민착염용액

① 가   ② 나
③ 다   ④ 라

해설 비소의 흡수액은 수산화소듐용액(0.4W/W%)이다.
※ 공개된 정답은 ②, ③으로 되어 있으나 현재 개정된 공정시험기준에는 벤젠의 분석방법 중 자외선/가시선 분광법이 삭제되었으므로 관련된 흡수액이 존재하지 않는 상태로 되었음을 참조하기 바란다.

71 배출가스 중 암모니아를 인도페놀법으로 분석할 때 암모니아와 같은 양으로 공존하면 안 되는 물질은?
① 아민류   ② 황화수소
③ 아황산가스 ④ 이산화질소

해설 암모니아를 인도페놀법으로 분석할 때 간섭물질은 이산화질소(100배 이상), 아민류(몇 십배 이상), 이산화황(10배 이상), 황화수소(같은 양)이다.

72 다음은 배출가스 중 입자상 아연화합물의 자외선/가시선 분광법에 관한 설명이다. ( ) 안에 알맞은 것은?

> 아연이온을 (㉠)과 반응시켜 생성되는 아연 착색물질을 사염화탄소로 추출한 후 그 흡수도를 파장 (㉡)에서 측정하여 정량하는 방법이다.

① ㉠ 디티존, ㉡ 460nm
② ㉠ 디티존, ㉡ 535nm
③ ㉠ 디에틸디티오카바민산나트륨, ㉡ 460nm
④ ㉠ 디에틸디티오카바민산나트륨, ㉡ 535nm

해설 배출가스 중 아연화합물을 자외선/가시선 분광법으로 할 때, 아연이온을 디티존과 반응시켜 생성되는 아연착색물질을 사염화탄소로 추출한 후 그 흡수도를 파장 535nm에서 측정하여 정량한다.

73 대기오염공정시험기준상 원자흡수분광광도법 분석장치 중 시료원자화장치에 관한 설명으로 옳지 않은 것은?

① 시료원자화장치 중 버너의 종류로 전분무버너와 예혼합버너가 있다.
② 내화성산화물을 만들기 쉬운 원소의 분석에 적당한 불꽃은 프로판-공기 불꽃이다.
③ 빛이 투과하는 불꽃의 길이를 10cm 이상으로 해주려면 멀티패스(Multi Path)방식을 사용한다.
④ 분석의 감도를 높여주고 안정한 측정치를 얻기 위하여 불꽃 중에 빛을 투과시킬 때 불꽃 중에서의 유효길이를 되도록 길게 한다.

해설 원자흡수분광광도법의 시료원자화장치에서 내화성산화물을 만들기 쉬운 원소의 분석에 적합한 불꽃은 아세틸렌-아산화질소 불꽃이다.

[참고] 원자흡수분광광도법에 사용되는 불꽃의 종류는 다음과 같다.
1. 수소-공기, 아세틸렌-공기, 아세틸렌-아산화질소 및 프로판-공기 : 가장 널리 이용
2. 수소-공기, 아세틸렌-공기 : 거의 대부분의 원소분석에 유효하게 사용
3. 수소-공기 : 원자 외 영역에서 분석선을 갖는 원소의 분석에 적합
4. 아세틸렌-아산화질소 : 내화성산화물(Refractory Oxide)을 만들기 쉬운 원소의 분석에 적당
5. 프로판-공기 : 불꽃온도가 낮고 일부 원소에 대하여 높은 감도를 나타냄

74 배출허용기준 중 표준산소농도를 적용받는 항목에 대한 배출가스유량 보정식으로 옳은 것은? [단, Q : 배출가스유량(Sm³/일), Q_a : 실측 배출가스유량(Sm³/일), O_a : 실측산소농도(%), O_s : 표준산소농도(%)]

① $Q = Q_a \times [(21 - O_s)/(21 - O_a)]$
② $Q = Q_a \div [(21 - O_s)/(21 - O_a)]$
③ $Q = Q_a \times [(21 + O_s)/(21 + O_a)]$
④ $Q = Q_a \div [(21 + O_s)/(21 + O_a)]$

해설 표준산소농도로 보정하는 유량식은 다음과 같다.
〈계산식〉 $Q = Q_a \div \dfrac{21 - 표준산소농도}{21 - 실측산소농도}$

75 대기오염공정시험기준상 분석시험에 있어 기재 및 용어에 관한 설명으로 옳은 것은?

① 시험조작 중 "즉시"란 10초 이내에 표시된 조작을 하는 것을 뜻한다.
② "감압 또는 진공"이라 함은 따로 규정이 없는 한 10mmHg 이하를 뜻한다.
③ 용액의 액성표시는 따로 규정이 없는 한 유리전극법에 의한 pH미터로 측정한 것을 뜻한다.
④ "정확히 단다"라 함은 규정한 양의 검체를 취하여 분석용 저울로 0.3mg까지 다는 것을 뜻한다.

해설 ③항만 옳다.
《바르게 고쳐보기》
① 시험조작 중 "즉시"란 30초 이내에 표시된 조작을 하는 것을 뜻한다.
② "감압 또는 진공"이라 함은 따로 규정이 없는 한 15mmHg 이하를 뜻한다.
④ "정확히 단다"라 함은 규정한 양의 검체를 취하여 분석용 저울로 0.1mg까지 다는 것을 뜻한다.

76 공정시험방법상 환경대기 중의 탄화수소 농도를 측정하기 위한 주 시험법은?

① 총탄화수소 측정법
② 활성탄화수소 측정법
③ 비활성탄화수소 측정법
④ 비메탄탄화수소 측정법

해설 환경대기 중 탄화수소 농도 측정 시 주 시험법은 비메탄탄화수소 측정법이다.

77 굴뚝배출가스 중 아황산가스의 자동연속 측정방법 중 자외선 흡수분석계에 관한 설명으로 옳지 않은 것은?

① 광원 : 저압수소방전관 또는 저압수은등이 사용된다.
② 분광기 : 프리즘 또는 회절격자분광기를 이용하여 자외선영역 또는 가시광선영역의 단색광을 얻는 데 사용된다.
③ 검출기 : 자외선 및 가시광선에 감도가 좋은 광전자증배관 또는 광전관이 이용된다.
④ 시료셀 : 시료셀은 200~500mm의 길이로 시료가스가 연속적으로 통과할 수 있는 구조로 되어 있다.

해설 아황산가스의 자동연속 측정방법 중 자외선 흡수분석계의 광원에는 중수소방전관 또는 중압수은등이 사용된다.

78 굴뚝배출가스 중 수분량이 체적백분율로 10%이고, 배출가스의 온도는 80℃, 시료채취량은 10L, 대기압은 0.6기압, 가스미터 게이지압은 25mmHg, 가스미터 온도 80℃에서의 수증기 포화압이 255mmHg라 할 때, 흡수된 수분량(g)은?

① 0.15   ② 0.21
③ 0.33   ④ 0.46

해설 가스 중 수분량 체적백분율 계산식을 이용한다.

〈계산식〉 $X_w = \dfrac{1.244 m_a}{표준상태\ 습가스\ 부피(L)} \times 100$

$10 = \dfrac{1.244 m_a}{10 \times \dfrac{273}{273+80} \times \dfrac{456+25-255}{760} + 1.244 m_a} \times 100$

∴ $m_a = 0.21g$

79 배출가스 중 이황화탄소를 자외선/가시선 분광법으로 정량할 때 흡수액으로 옳은 것은?

① 아연아민착염용액
② 제일염화주석용액
③ 다이에틸아민구리용액
④ 수산화제이철암모늄용액

해설 배출가스 중 이황화탄소를 자외선/가시선 분광법으로 정량할 때 사용되는 흡수액은 다이에틸아민구리용액이다.

80 원자흡광분석에서 발생하는 간섭 중 분석에 사용하는 스펙트럼의 불꽃 중에서 생성되는 목적원소의 원자증기 이외의 물질에 의하여 흡수되는 경우에 발생되는 것은?

① 물리적 간섭   ② 화학적 간섭
③ 분광학적 간섭   ④ 이온학적 간섭

해설 원자흡광분석법에서 일어나는 간섭은 일반적으로 분광학적 간섭, 물리적 간섭, 화학적 간섭으로 나눈다. 이 중 분광학적 간섭은 분석에 사용하는 스펙트럼선이 다른 인접선과 완전히 분리되지 않는 경우, 분석에 사용하는 스펙트럼의 불꽃 중에서 생성되는 목적원소의 원자증기 이외의 물질에 의하여 흡수되는 경우 발생한다.

제5과목 대기환경관계법규

81 대기환경보전법령상 기본부과금 산정기준 중 "수산자원보호구역"의 지역별 부과계수는? (단, 지역구분은 국토의 계획 및 이용에 관한 법률에 의한다.)

① 0.5   ② 1.0
③ 1.5   ④ 2.0

해설 [시행령 별표 7] 기본부과금의 지역별 부과계수는 다음과 같다.

구 분	지역별 부과계수
Ⅰ지역	1.5
Ⅱ지역	0.5
Ⅲ지역	1.0

단, 지역구분은 국토의 계획 및 이용에 관한 법률에 의해 정해진다.
- Ⅰ지역 : 주거지역, 상업지역, 취락지구, 택지개발지구
- Ⅱ지역 : 공업지역, 개발진흥지구(관광·유행개발진흥지구는 제외한다), 수산자원보호구역, 국가산업단지·일반산업단지·도시첨단산업단지, 전원개발사업구역 및 예정구역
- Ⅲ지역 : 농지지역·관리지역·농림지역 및 자연환경보전지역, 관광·휴양 개발진흥지구

82 대기환경보전법규상 사업자는 자가측정 시 사용한 여과지 및 시료채취 기록지는 환경오염공정시험기준에 따라 측정한 날부터 얼마동안 보존(기준)하여야 하는가?

① 2년 ② 1년
③ 6개월 ④ 3개월

해설 [시행규칙 제52조] 자가측정 시 사용한 여과지 및 시료채취 기록지의 보존기간은 공정시험기준에 따라 측정한 날부터 6개월로 한다.

83 환경정책기본법령상 각 항목별 대기환경 기준으로 옳지 않은 것은? (단, 기준치는 24시간 평균치이다.)

① 아황산가스(SO_2) : 0.05ppm 이하
② 이산화질소(NO_2) : 0.06ppm 이하
③ 오존(O_3) : 0.06ppm 이하
④ 미세먼지(PM-10) : 100$\mu g/m^3$ 이하

해설 환경정책기본법령상 오존(O_3)에 대해서는 24시간 평균 대기환경기준이 설정되어 있지 않다.

84 대기환경보전법령상 초과부과금의 부과대상이 되는 오염물질이 아닌 것은?

① 황산화물 ② 염화수소
③ 황화수소 ④ 페놀

해설 대기환경보전법령상 페놀, 벤젠, 염소, CO 등은 초과부과금 대상이 아니다.

85 실내공기질관리법규상 "영화상영관"의 실내공기질 유지기준($\mu g/m^3$)은? (단, 항목별 미세먼지(PM-10)($\mu g/m^3$)이다.)

① 10 이하 ② 100 이하
③ 150 이하 ④ 200 이하

해설 실내공기질관리법규상 "영화상영관"의 실내공기질 미세먼지(PM-10) 유지기준은 100$\mu g/m^3$ 이하이다.
[시행규칙 별표 2] 실내공기질 유지기준(2020년 개정 기준)

86 대기환경보전법규상 수도권대기환경청장, 국립환경과학원장 또는 한국환경공단이 설치하는 대기오염 측정망에 해당하는 것은?

① 도시지역의 휘발성 유기화합물 등의 농도를 측정하기 위한 광화학 대기오염물질 측정망
② 도시지역의 대기오염물질 농도를 측정하기 위한 도시대기 측정망
③ 도로변의 대기오염물질 농도를 측정하기 위한 도로변대기 측정망
④ 대기 중의 중금속농도를 측정하기 위한 대기중금속 측정망

해설 [시행규칙 제11조] 측정망의 종류 및 측정결과보고에서 2021년 개정기준에 따르면 수도권대기환경청장, 국립환경과학원장 또는 한국환경공단이 설치하는 대기오염 측정망의 종류는 다음과 같다.
1. 지역 배경농도 측정 교외대기 측정망
2. 국가 배경농도 측정망
3. 특정대기유해물질(중금속 제외) 측정망
4. 광화학 대기오염물질 측정망
5. 산성강하물 측정망
6. 지구대기 측정망
7. 장거리 이동대기오염물질의 대기오염집중 측정망
8. 초미세먼지(PM-2.5)의 미세먼지성분 측정망

87 대기환경보전법규상 한국환경공단이 환경부장관에게 행하는 위탁업무 보고사항 중 "자동차배출가스 인증생략 현황"의 보고횟수 기준은?

① 수시 ② 연 1회
③ 연 2회 ④ 연 4회

해설 위탁업무 보고사항 중 "자동차 배출가스 인증생략 현황"의 보고 횟수 기준은 연 2회이다.

88 악취방지법상 악취검사를 위한 관계 공무원의 출입·채취 및 검사를 거부 또는 방해하거나 기피한 자에 대한 벌칙기준은?

① 100만 원 이하의 벌금
② 200만 원 이하의 벌금
③ 300만 원 이하의 벌금
④ 1,000만 원 이하의 벌금

해설 [악취방지법 제28조] 벌칙규정에 따르면 악취검사를 위한 관계 공무원의 출입·채취 및 검사를 거부 또는 방해하거나 기피한 자에 대해서는 300만 원 이하의 벌금에 처한다.

정답 82.③ 83.③ 84.④ 85.② 86.① 87.③ 88.③

89 다음은 대기환경보전법령상 시·도지사가 배출시설의 설치를 제한할 수 있는 경우이다. ( ) 안에 알맞은 것은?

> 배출시설 설치지점으로부터 반경 1km 안의 상주인구가 (㉠) 이상인 지역으로서 특정대기유해물질 중 한 가지 종류의 물질을 연간 (㉡) 이상 배출하거나 두 가지 이상의 물질을 연간 (㉢) 이상 배출하는 시설을 설치하는 경우는 시·도지사가 배출시설의 설치를 제한할 수 있다.

① ㉠ 2만 명, ㉡ 10톤, ㉢ 25톤
② ㉠ 2만 명, ㉡ 5톤, ㉢ 15톤
③ ㉠ 1만 명, ㉡ 10톤, ㉢ 25톤
④ ㉠ 1만 명, ㉡ 5톤, ㉢ 15톤

해설 [시행령 제12조] 배출시설 설치의 제한규정에 따르면 배출시설 설치지점으로부터 반경 1km 안의 상주인구가 2만 명 이상인 지역으로서 특정대기유해물질 중 한 가지 종류의 물질을 연간 10톤 이상 배출하거나 두 가지 이상의 물질을 연간 25톤 이상 배출하는 시설을 설치하는 경우의 시·도지사가 배출시설의 설치를 제한할 수 있다.

90 다음은 대기환경보전법규상 비산먼지 발생을 억제하기 위한 시설의 설치 및 필요한 조치에 관한 엄격한 기준이다. ( ) 안에 알맞은 것은?

> 배출공정 중 "싣기와 내리기 공정"은 싣거나 내리는 장소 주위에 고정식 또는 이동식 물뿌림시설(물뿌림 반경 (㉠) 이상, 수압 (㉡) 이상)을 설치하여야 한다.

① ㉠ 3m ㉡ 2kg/cm²
② ㉠ 3m ㉡ 3kg/cm²
③ ㉠ 5m ㉡ 2kg/cm²
④ ㉠ 7m ㉡ 5kg/cm²

해설 [시행규칙 별표 15] 싣거나 내리는 장소 주위에 고정식 또는 이동식 물뿌림시설(물뿌림 반경 7m 이상, 수압 5kg/cm² 이상)을 설치하여야 한다.

91 실내공기질관리법규상 "산후조리원"의 현행 실내공기질 권고기준으로 옳지 않은 것은?

① 라돈(Bq/m³) : 5.0 이하
② 이산화질소(ppm) : 0.05 이하
③ 총휘발성 유기화합물($\mu g/m^3$) : 400 이하
④ 곰팡이(CFU/m³) : 500 이하

해설 실내공기질관리법규상 "산후조리원"의 실내공기질 권고기준 중 라돈은 148Bq/m³ 이하이어야 한다.

92 실내공기질관리법규상 신축 공동주택의 오염물질 항목별 실내공기질 권고기준으로 옳지 않은 것은?

① 폼알데하이드 : 300$\mu g/m^3$ 이하
② 에틸벤젠 : 360$\mu g/m^3$ 이하
③ 자일렌 : 700$\mu g/m^3$ 이하
④ 벤젠 : 30$\mu g/m^3$ 이하

해설 신축 공동주택의 실내공기질 권고기준 중 폼알데하이드는 210$\mu g/m^3$ 이하이어야 한다.

93 대기환경보전법상 제작차배출허용기준에 맞지 아니하게 자동차를 제작한 자에 대한 벌칙기준은?

① 7년 이하의 징역이나 1억 원 이하의 벌금에 처한다.
② 5년 이하의 징역이나 5천만 원 이하의 벌금에 처한다.
③ 3년 이하의 징역이나 3천만 원 이하의 벌금에 처한다.
④ 1년 이하의 징역이나 1천만 원 이하의 벌금에 처한다.

해설 [보전법 제89조] 벌칙규정에 의하면 제작차배출허용기준에 맞지 아니하게 자동차를 제작한 자는 7년 이하의 징역이나 1억 원 이하의 벌금에 처한다.

94 대기환경보전법령상 인증을 생략할 수 있는 자동차에 해당하지 않는 것은?

① 훈련용 자동차로서 문화체육관광부장관의 확인을 받은 자동차
② 주한 외국군인의 가족이 사용하기 위하여 반입하는 자동차
③ 항공기 지상 조업용 자동차
④ 자동차제작자 및 자동차 관련 연구기관 등이 자동차의 개발 또는 전시 등 주행 외의 목적으로 사용하기 위하여 수입하는 자동차

해설 [시행령 제47조] 인증을 생략할 수 있는 자동차는 다음과 같다.
1. 국가대표선수용 자동차 또는 훈련용 자동차로서 문화체육관광부장관의 확인을 받은 자동차
2. 외국에서 국내의 공공기관 또는 비영리단체에 무상으로 기증한 자동차
3. 외교관 또는 주한 외국군인의 가족이 사용하기 위하여 반입하는 자동차
4. 항공기 지상 조업용 자동차
5. 인증을 받지 아니한 자가 그 인증을 받은 자동차의 원동기를 구입하여 제작하는 자동차
6. 국제협약 등에 따라 인증을 생략할 수 있는 자동차
7. 그 밖에 환경부장관이 인증을 생략할 필요가 있다고 인정하는 자동차

95 대기환경보전법규상 미세먼지(PM-10)의 "주의보" 발령기준 및 해제기준이다. ( )안에 알맞은 것은?

- 발령기준 : 기상조건 등을 고려하여 해당 지역의 대기자동측정소 PM-10 시간당 평균농도가 (㉠) 지속인 때
- 해제기준 : 주의보가 발령된 지역의 기상조건 등을 검토하여 대기자동측정소의 PM-10 시간당 평균농도가 (㉡)인 때

① ㉠ $150\mu g/m^3$ 이상 2시간 이상
  ㉡ $100\mu g/m^3$ 미만
② ㉠ $150\mu g/m^3$ 이상 1시간 이상
  ㉡ $150\mu g/m^3$ 미만
③ ㉠ $100\mu g/m^3$ 이상 2시간 이상
  ㉡ $100\mu g/m^3$ 미만
④ ㉠ $100\mu g/m^3$ 이상 1시간 이상
  ㉡ $80\mu g/m^3$ 미만

해설 [시행규칙 별표 7]에 의하면 미세먼지(PM-10)의 주의보 발령기준은 대기자동측정소 PM-10 시간당 평균농도가 $150\mu g/m^3$ 이상 2시간 이상 지속인 때이고, 해제기준은 대기자동측정소의 PM-10 시간당 평균농도가 $100\mu g/m^3$ 미만인 때이다.
참고로 초미세먼지(PM-2.5)의 주의보 발령기준은 시간당 평균농도가 $75\mu g/m^3$ 이상 2시간 이상 지속인 때이고, 해제기준은 시간당 평균농도가 $35\mu g/m^3$ 미만인 때이다.

96 다음은 대기환경보전법규상 고체연료 사용시설 설치기준이다. ( )안에 가장 적합한 것은?

석탄사용시설의 경우 배출시설의 굴뚝높이는 100m 이상으로 하되, 굴뚝상부 안지름, 배출가스 온도 및 속도 등을 고려한 유효굴뚝높이가 ( )인 경우에는 굴뚝높이를 60m 이상 100m 미만으로 할 수 있다.

① 150m 이상
② 220m 이상
③ 350m 이상
④ 440m 이상

해설 [시행규칙 별표 12] 고체연료 사용시설 설치기준에서 석탄사용시설의 경우 배출시설의 굴뚝높이는 100m 이상으로 하되, 굴뚝상부 안지름, 배출가스 온도 및 속도 등을 고려한 유효굴뚝높이가 440m 이상인 경우에는 굴뚝높이를 60m 이상 100m 미만으로 할 수 있다.

97 환경정책기본법령상 일산화탄소(CO)의 대기환경기준은? (단, 8시간 평균치이다.)

① 0.15ppm 이하
② 0.3ppm 이하
③ 9ppm 이하
④ 25ppm 이하

해설 환경정책기본법령상 일산화탄소(CO)의 8시간 평균 대기환경기준은 9ppm 이하이다.

98 다음은 대기환경보전법상 기존 휘발성 유기화합물 배출시설 규제에 관한 사항이다. ( )안에 알맞은 것은?

특별대책지역, 대기관리권역 또는 휘발성 유기화합물 배출규제 추가지역으로 지정·고시될 당시 그 지역에서 휘발성 유기화합물을 배출하는 시설을 운영하고 있는 자는 특별대책지역, 대기관리권역 또는 휘발성 유기화합물 배출규제 추가지역으로 지정·고시된 날부터 ( )에 시·도지사 등에게 휘발성 유기화합물 배출시설 설치신고를 하여야 한다.

① 15일 이내
② 1개월 이내
③ 2개월 이내
④ 3개월 이내

해설 [보전법 제45조] 휘발성 유기화합물이 추가로 고시된 경우 특별대책지역이나 대기환경규제지역에서 그 추가된 휘발성 유기화합물을 배출하는 시설을 운영하고 있는 자는 그 물질이 추가로 고시된 날부터 3개월 이내에 신고를 하여야 한다.

99 대기환경보전법령상 대기오염 경보단계의 3가지 유형 중 "경보발령" 시 조치사항으로 가장 거리가 먼 것은?

① 주민의 실외활동 제한요청
② 자동차 사용의 제한
③ 사업장의 연료사용량 감축권고
④ 사업장의 조업시간 단축명령

해설 대기환경보전법령상 대기오염 경보단계의 3가지 유형 중 "경보발령" 시 조치사항은 사업장의 조업시간 단축명령이다.

100 대기환경보전법령상 대기오염물질 발생량의 합계가 연간 25톤인 사업장은 몇 종 사업장에 해당하는가?

① 2종 사업장 ② 3종 사업장
③ 4종 사업장 ④ 5종 사업장

해설 대기오염물질 발생량의 합계가 연간 20톤 이상 80톤 미만인 사업장은 2종 사업장에 해당한다.

2020 제1,2회 대기환경산업기사

2020. 6. 6 시행

[제1과목] 대기오염개론

01 다음 [보기]의 설명에 적합한 입자상 오염물질은?

[보기]
금속산화물과 같이 가스상 물질이 승화, 증류 및 화학반응 과정에서 응축될 때 주로 생성되는 고체입자

① 훈연(fume)   ② 먼지(dust)
③ 검댕(soot)   ④ 미스트(mist)

해설 훈연(fume)은 금속물질이 가스상 물질로 승화된 후 응축될 때 주로 생성되는 미세한 고체입자이다.

02 다음 대기분산모델 중 가우시안모델식을 적용하지 않는 것은?

① RAMS   ② ISCST
③ ADMS   ④ AUSPLUME

해설 RAMS는 바람장과 오염물질의 분산(점/면)을 동시에 계산하는 것으로 가우시안모델식을 적용하지 않는다.

03 다음 [보기]가 설명하는 대기오염물질로 옳은 것은?

[보기]
- 석탄, 석유 등 화석연료의 연소에 의해서 주로 발생하는 입자상 물질에 함유되어 있는 물질
- 촉매제, 합금제조, 잉크와 도자기 제조공정 등에서도 발생
- 대기 중 $0.1 \sim 1\mu g/m^3$ 정도 존재하며 코, 눈, 기도를 자극하는 물질

① 비소   ② 아연
③ 바나듐   ④ 다이옥신

해설 보기의 특성에 해당하는 물질은 바나듐(V)이다. 바나듐은 석탄 및 중유 등 화석연료의 연소, 폐기물 소각시설 등을 통하여 배출되며, 코·눈·인후를 강하게 자극하고 인체 내에서 콜레스테롤, 인지질 및 지방분의 합성을 저해하거나 기타 다른 영양물질의 대사장애를 일으키며 만성 폭로 시 설태가 끼는 대기오염물질이다.

04 다음은 입자 빛산란의 적용 결과에 관한 설명이다. ( ) 안에 알맞은 것은?

(㉠)의 결과는 모든 입경에 대하여 적용되나, (㉡)의 결과는 입사 빛의 파장에 대하여 입자가 대단히 작은 경우에만 적용된다.

① ㉠ Mie, ㉡ Rayleigh
② ㉠ Rayleigh, ㉡ Mie
③ ㉠ Maxwell, ㉡ tyndall
④ ㉠ tyndall, ㉡ Maxwell

해설 미산란(Mie scattering)은 가시광선의 파장과 비슷한 크기의 입자상 물질($0.1 \sim 1\mu m$ 범위)의 산란에 적용된다. 반면 Rayleigh의 결과는 입자가 대단히 작은 경우에만 적용된다.

05 다음 가스성분 중 일반적으로 대기 내의 체류시간이 가장 짧은 것은? (단, 표준상태 0℃, 760mmHg 건조공기)

① CO   ② CO_2
③ N_2O ④ CH_4

해설 대기 내 체류시간은 $N_2 > O_2 > N_2O > CO_2 > CH_4 > H_2 > CO > SO_2$의 순서이다.

정답 1.① 2.① 3.③ 4.① 5.①

06 대기의 특성과 관련된 설명으로 옳지 않은 것은?

① 지표면으로부터의 마찰효과가 무시될 수 있는 층에서 기압경도력과 전향력의 평형에 의하여 이루어지는 바람을 지균풍이라고 한다.
② 공기의 절대습도란 이론적으로 함유된 수증기 또는 물의 함량을 말하며 단위는 %이다.
③ 대기안정도와 난류는 대기경계층에서 오염물질의 확산정도를 결정하는 중요한 인자이다.
④ 공기는 약 0~50℃의 온도범위 내에서 보통 이상기체의 법칙을 따른다.

[해설] 공기의 절대습도(absolute humidity)란 공기 $1m^3$ 속에 포함되는 수증기의 g수로 나타낸다. 한편, 상대습도(relative humidity)는 그 온도에 있어서 공기가 수증기로 포화된 경우의 수증기 장력에 대한 비율, 즉 포화습도와 현재 공기 중 $1m^3$에 함유된 수증기량(절대습도)과의 백분율(%)로 표시된다.

07 다음 4종류의 고도에 따른 기온분포도 중 plume의 상하 확산폭이 가장 적어 최대착지거리가 큰 것은?

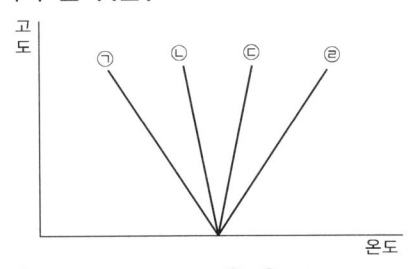

① ㉠ ② ㉡
③ ㉢ ④ ㉣

[해설] Plume의 상하 확산폭이 적어 최대착지거리가 긴 연기형태는 부채형(fanning)이고, 고도에 따른 온도가 상승하여 굴뚝의 상·하층 모두 역전상태인 기상조건이다.

08 지상 25m에서의 풍속이 10m/sec일 때 지상 50m에서의 풍속(m/sec)은? (단, Deacon식을 이용하고, 풍속지수는 0.2)

① 약 10.8 ② 약 11.5
③ 약 13.2 ④ 약 16.8

[해설] 풍속의 지수 법칙 중 Deacon식을 적용하여 계산한다.

〈계산식〉 $U = U_1 \times \left(\dfrac{Z}{Z_1}\right)^p$

∴ $U = 10 \times \left(\dfrac{50}{25}\right)^{0.2} = 11.49 m/sec$

09 다음 물질 중 오존파괴지수가 가장 낮은 것은?

① CCl_4
② CFC-115
③ Halon-2402
④ Halon-1301

[해설] 보기의 물질 중 오존파괴지수(ODP)가 가장 낮은 것은 CFC-115(0.6)이다. 이외 물질의 ODP는 다음과 같다.
① CCl_4(1.0)
③ Halon-2402(6.0)
④ Halon-1301(10.0)

10 대기오염과 관련된 설명으로 옳지 않은 것은?

① 멕시코의 포자리카 사건은 황화수소의 누출에 의해 발생한 것이다.
② 카르보닐황은 대류권에서 매우 안정하기 때문에 거의 화학적인 반응을 하지 않는다.
③ 대기 중의 황화수소(H_2S)는 대부분 OH에 의해 산화 제거되며, 그 결과 SO_2를 생성한다.
④ 도노라 사건은 포자리카 사건 이후에 발생하였으며 1차 오염물질에 의한 사건이다.

[해설] 도노라 사건은 포자리카 사건 이전에 발생하였다. 도노라 사건은 1948년 10월(미국)에 공업지대의 배기가스(SO_x, 분진 등)에 의해 발생하였고, 포자리카 사건은 1950년 11월(멕시코)에 공장의 H_2S 누출사고로 의해 발생하였다.

11 유효 굴뚝높이 120m인 굴뚝으로부터 배출되는 SO_2가 지상 최대의 농도를 나타내는 지점(m)은? (단, Sutton의 식 적용, 수평 및 수직 확산계수는 0.05, 안정도계수(n)는 0.25)

① 약 4,457
② 약 5,647
③ 약 6,824
④ 약 7,296

해설 Sutton의 최대착지거리 계산식을 이용한다.

〈계산식〉 $X_{max} = \left(\dfrac{H_e}{K_z}\right)^{\frac{2}{2-n}}$

∴ $X_{max} = \left(\dfrac{120}{0.05}\right)^{2/(2-0.25)} = 7,296.23\,m$

12 NO$_x$의 피해에 관한 설명으로 옳은 것은?
① 저항성이 약한 식물로는 담배, 해바라기 등이 있다.
② 식물에는 별로 심각한 영향을 주지 않으나, 주 지표식물로는 아스파라거스, 명아주 등이 있다.
③ 잎 가장자리에 주로 흰색 또는 은백색 반점을 유발하고, 인체독성보다 식물의 고목에 민감한 편이다.
④ 스위트피가 주 지표식물이며, 인체독성보다 식물의 고엽, 성숙한 잎에 민감한 편이며, 0.2ppb 정도에서 큰 영향을 끼친다.

해설 ①항만 옳다. NO$_2$에 민감한 식물은 담배, 해바라기, 진달래 등이며, 잎 가장자리의 엽맥 사이에 백색~황갈색의 불규칙한 반점이 나타난다. 담배는 오존(O$_3$)과 아황산가스(SO$_2$)의 지표식물이며, 해바라기는 암모니아(NH$_3$)의 대표적인 지표식물이다.

13 [보기]와 같은 연기의 형태로 가장 적합한 것은?

[보기]
- 이 연기 내에서는 오염의 단면분포가 전형적인 가우시안 분포를 이룬다.
- 대기가 중립조건일 때 발생한다. 즉 날씨가 흐리고 바람이 비교적 약하면 약한 난류가 발생하여 생긴다.
- 지면 가까이에는 거의 오염의 영향이 미치지 않는다.

① 부채형   ② 원추형
③ 환상형   ④ 지붕형

해설 보기의 특성은 원추형에 대한 설명이다. 원추형의 연기확산 형태는 일몰 전 오후 또는 한낮 이전에 발생하는데, 바람이 다소 강하고, 흐린 날 혹은 일사량이 약하고 부분적으로 흐린 날 주로 관찰되며 오염물의 단면분포가 가우시안 분포(정규분포)를 이루는 특징이 있다.

14 다음 대기오염물질 중 2차 오염물질이 아닌 것은?
① O$_3$ ② NOCl
③ H$_2$O$_2$ ④ CO$_2$

해설 2차 대기오염물질은 O$_3$, PAN(CH$_3$CHOOONO$_2$), H$_2$O$_2$, NOCl, 아크로레인(CH$_2$CHCHO) 등이다.

15 비스코스 섬유제조 시 주로 발생하는 무색의 유독한 휘발성 액체이며, 그 불순물은 불쾌한 냄새를 갖는 대기오염물질은?
① 암모니아(NH$_3$)   ② 일산화탄소(CO)
③ 이황화탄소(CS$_2$)   ④ 폼알데하이드(HCHO)

해설 이황화탄소(CS$_2$)는 주로 비스코스 섬유(Viscose Rayon)공업에서 발생되며, 자극성 냄새, 화학적 불안정 물질로 중추신경계에 대한 특징적인 독성작용으로 중독될 경우 심한 급성 또는 아급성 뇌병증 유발하는 물질이다.

16 다음 설명과 관련된 복사 법칙으로 가장 적합한 것은?

흑체의 단위(1cm^2) 표면적에서 복사되는 에너지(E)의 양은 그 흑체 표면의 절대온도(K)의 4승에 비례한다.

① 비인의 법칙
② 알베도의 법칙
③ 플랑크의 법칙
④ 스테판-볼츠만의 법칙

해설 스테판-볼츠만의 법칙에 관한 설명이다. 스테판-볼츠만의 법칙은 흑체의 단위표면적에서 방출되는 모든 파장의 빛에너지 총합(E)은 흑체의 절대온도(T)의 4제곱에 비례한다는 법칙으로 다음과 같이 표현한다.
〈관계식〉 $E = \sigma \times T^4$

17 광화학적 스모그(smog)의 3대 생성요소와 가장 거리가 먼 것은?
① 자외선
② 염소(Cl$_2$)
③ 질소산화물(NO$_x$)
④ 올레핀(Olefin)계 탄화수소

해설 광화학적 스모그(smog)의 3대 생성요소는 질소산화물, 탄화수소(또는 VOCs), 광자에너지(자외선 또는 가시광선)이다.

18 R.W. Moncrieff와 J.E. Ammore가 지적한 냄새물질의 특성과 거리가 먼 것은?

① 아민은 농도가 높으면 암모니아 냄새, 낮으면 생선냄새를 나타낸다.
② 냄새가 강한 물질은 휘발성이 높고, 또 화학반응성이 강한 것이 많다.
③ 동족체에서는 분자량이 클수록 강하지만 어느 한계 이상이 되면 약해진다.
④ 원자가가 낮고, 금속성 물질이 냄새가 강하고, 비금속물질이 냄새는 약하다.

해설 냄새물질은 4가인 탄소를 기준으로 그 이상의 원자가를 갖는 물질이 냄새가 강하다. 또한 안정성이 높고, 휘발성이 낮은 금속성 물질보다 안정성이 낮고, 휘발성이 높은 물질(에테르, 아세톤 등)이 냄새가 강하다.

19 지구대기의 연직구조에 관한 설명으로 옳지 않은 것은?

① 중간권은 고도 증가에 따라 온도가 감소한다.
② 성층권 상부의 열은 대부분 오존에 의해 흡수된 자외선 복사의 결과이다.
③ 성층권은 라디오파의 송수신에 중요한 역할을 하며, 오로라가 형성되는 층이다.
④ 대류권은 대기의 4개층(대류권, 성층권, 중간권, 열권) 중 가장 얇은 층이다.

해설 ③항은 열권에 관한 설명이다. 지표로부터 고도를 높여 열권에 도달하게 되면 대기의 주요물질들은 분자상태가 아닌 하나의 이온형태로 존재하게 되는데, 이 층을 전리층(해리층) 혹은 이온층이라 한다. 이온층의 영역에서는 이온들이 라디오 신호에 회절과 흩뿌림을 일으켜 라디오파 송수신에 중요한 역할을 한다.

20 온실효과에 관한 설명으로 옳지 않은 것은?

① 온실효과에 대한 기여도(%)는 $CH_4 > N_2O$이다.
② CO_2의 주요 흡수 파장영역은 35~40μm 정도이다.
② O_3의 주요 흡수 파장영역은 9~10μm 정도이다.
④ 가시광선은 통과시키고 적외선을 흡수해서 열을 밖으로 나가지 못하게 함으로써 보온작용을 하는 것을 대기의 온실효과라고 한다.

해설 온실가스들은 각각 적외선의 흡수대가 있으며, CO_2의 주요 흡수대는 파장 13~17μm 정도이다.

[제2과목] **대기오염공정시험기준**

21 대기오염공정시험기준상 굴뚝에서 배출되는 가스와 분석방법의 연결이 옳지 않은 것은?

① 암모니아-인도페놀법
② 염화수소-오르토톨리딘법
③ 페놀-4아미노 안티피린 자외선/가시선분광법
④ 폼알데하이드-크로모트로핀산 자외선/가시선 분광법

해설 염화수소는 자외선/가시선 분광법(사이오시안산제이수은법)과 이온크로마토그래피법으로 분석한다.

22 다음은 배출가스 중 벤젠분석방법이다. ( ) 안에 알맞은 것은?

> 흡착관을 이용한 방법, 테들러백을 이용한 방법을 시료채취방법으로 하고 열탈착장치를 통하여 (㉠)방법으로 분석한다. 배출가스 중에 존재하는 벤젠의 정량범위는 0.1~2,500ppm이며, 방법 검출한계는 (㉡)이다.

① ㉠ 원자흡수분광광도, ㉡ 0.03ppm
② ㉠ 원자흡수분광광도, ㉡ 0.07ppm
③ ㉠ 기체크로마토그래피, ㉡ 0.03ppm
④ ㉠ 기체크로마토그래피, ㉡ 0.07ppm

해설 배출가스 중에서 채취된 벤젠시료는 열탈착장치를 통하여 기체크로마토그래피방법으로 분석한다. 벤젠의 정량범위는 0.1~2,500ppm이며, 방법 검출한계는 0.03ppm이다.

23 대기오염공정시험기준에서 정하고 있는 온도에 대한 설명으로 옳지 않은 것은?

① 실온 : 1~35℃
② 온수 : 35~50℃
③ 냉수 : 15℃ 이하
④ 찬 곳 : 따로 규정이 없는 한 0~15℃의 곳

해설 온수(溫水)는 60~70℃이고, 열수(熱水)는 약 100℃를 말한다.

24 다음은 굴뚝 배출가스 중 크롬화합물을 자외선/가시선 분광법으로 측정하는 방법이다. ( ) 안에 알맞은 것은?

> 시료용액 중의 크롬을 과망간산포타슘에 의하여 6가로 산화하고, (㉠)을/를 가한 다음, 아질산소듐으로 과량의 과망간산염을 분해한 후 다이페닐카바자이드를 가하여 발색시키고, 파장 (㉡)nm 부근에서 흡수도를 측정하여 정량하는 방법이다.

① ㉠ 요소, ㉡ 460
② ㉠ 요소, ㉡ 540
③ ㉠ 아세트산, ㉡ 460
④ ㉠ 아세트산, ㉡ 540

해설 크롬의 자외선/가시선 분광법은 시료 용액 중의 크롬을 과망간산칼륨에 의하여 6가로 산화하고, 요소를 가한 다음, 아질산소듐으로 과량의 과망간산염을 분해한 후 다이페닐카바자이드를 가하여 발색시키고, 파장 540nm 부근에서 흡광도를 측정하여 정량하는 방법이다.

25 흡광광도계에서 빛의 강도가 I_o인 단색광이 어떤 시료용액을 통과할 때 그 빛의 90%가 흡수될 경우 흡광도는?

① 0.05
② 0.2
③ 0.5
④ 1.0

해설 램버트 비어(Lambert-Beer)의 법칙에 따른 흡광도의 계산식을 적용한다.

〈계산식〉 $A = \log\frac{1}{t} = \log\frac{1}{I_t/I_o}$

$\therefore A = \log\frac{1}{0.1/1} = 1$

26 대기오염공정시험기준상 링겔만 매연 농도표를 이용한 배출가스 중 매연 측정에 관한 설명으로 옳지 않은 것은?

① 농도표는 측정자의 앞 16cm에 놓는다.
② 매연의 검은 정도를 6종으로 분류한다.
③ 링겔만 매연 농도표는 매연의 정도에 따라 색이 진하고 연하게 나타난다.
④ 굴뚝 배출구에서 30~45cm 떨어진 곳의 농도를 측정자의 눈높이의 수직이 되게 관측 비교한다.

해설 링겔만 매연농도 측정은 농도표를 측정치의 앞 16m에 놓고, 200m 이내(가능하면 연돌에서 16m)의 적당한 위치에 서서 연도배출구에서 30~45cm 떨어진 곳의 농도를 측정자의 눈높이와 수직이 되게 하여 관측 비교한다.

27 기체크로마토그래피에 사용되는 검출기 중 미량의 유기물을 분석할 때 유용한 것은?

① 질소인검출기(NPD)
② 불꽃이온화검출기(FID)
③ 불꽃광도검출기(FPD)
④ 전자포획검출기(ECD)

해설 기체크로마토그래피에 사용되는 검출기 중 미량의 유기물을 분석할 때 유용한 것은 불꽃이온화검출기(FID)이다.

28 굴뚝 배출가스 중의 산소농도를 오르자트 분석법으로 측정할 때 사용되는 탄산가스 흡수액은?

① 피로가롤용액
② 염화제일동용액
③ 물에 수산화포타슘을 녹인 용액
④ 포화식염수에 황산을 가한 용액

해설 탄산가스의 흡수액은 수산화포타슘(KOH)의 용액을 사용한다.

29 대기오염공정시험기준상 이온크로마토그래피의 장치에 관한 설명 중 ( ) 안에 알맞은 것은?

> ( )(이)란 용리액에 사용되는 전해질 성분을 제거하기 위하여 분리관 뒤에 직렬로 접속시킨 것으로써 전해질을 물 또는 저 전도도의 용매로 바꿔줌으로써 전기전도도 셀에서 목적이온 성분과 전기전도도만을 고감도로 검출할 수 있게 해주는 것이다.

① 분리관
② 용리액조
③ 송액펌프
④ 서프레서

해설 보기의 설명은 서프레서에 관한 내용이다.

30 대기오염공정시험기준상 다음 [보기]가 설명하는 것은?

> 물질을 취급 또는 보관하는 동안에 기체 또는 미생물이 침입하지 않도록 내용물을 보호하는 용기를 뜻한다.

① 밀폐용기 ② 기밀용기
③ 밀봉용기 ④ 차광용기

해설 보기의 설명에 해당하는 용기는 밀봉용기이다.

31 수산화소듐 20g을 물에 용해시켜 750mL로 제조하였을 때 이 용액의 농도(M)는?

① 0.33 ② 0.67
③ 0.99 ④ 1.33

해설 NaOH 수용액의 mol농도 계산식을 적용한다.

〈계산식〉 $M(\text{mol/L}) = \dfrac{\text{용질(mol)}}{\text{용액(L)}}$

∴ $M = \dfrac{20g}{750mL} \Big| \dfrac{1mol}{40g} \Big| \dfrac{10^3 mL}{1L} = 0.67 \text{mol/L}$

32 냉증기 원자흡수분광광도법으로 굴뚝 배출가스 중 수은을 측정하기 위해 사용하는 흡수액으로 옳은 것은? (단, 흡수액의 농도는 질량분율이다.)

① 4% 과망간산포타슘, 10% 질산
② 4% 과망간산포타슘, 10% 황산
③ 10% 과망간산포타슘, 4% 질산
④ 10% 과망간산포타슘, 4% 황산

해설 수은을 냉증기 원자흡수분광광도법으로 분석할 경우 10%의 황산(순도 1급 이상)에 과망간산포타슘 40g을 넣어 10% 황산을 가하여 최종 1L로 한다. 분해를 막기 위해 유리병에 보관한다.

33 연료용 유류(원유, 경유, 중유) 중의 황 함유량을 측정하기 위한 분석방법으로 옳은 것은? (단, 황함유량은 질량분율 0.01% 이상이다.)

① 광산란법 ② 광투과율법
③ 연소관식 공기법 ④ 전기화학식 분석법

해설 연료용 유류 중의 황함유량을 연소관식 공기법으로 분석할 경우 연소시킨 시료로 생성된 황산화물을 과산화수소(3%)에 흡수시켜 황산으로 만든 다음 수산화소듐 표준액으로 중화적정하여 황함유량을 구한다.

34 농도 7%(W/V)의 H_2O_2 100mL가 이론상 흡수할 수 있는 SO_2의 양(L)으로 옳은 것은?

① 약 0.1 ② 약 0.5
③ 약 1.2 ④ 약 4.6

해설 SO_2의 양(L)은 다음과 같이 계산한다.

〈계산식〉 $SO_2(L) = H_2O_2$량 × 반응비

〈반응식〉 $SO_2 + H_2O_2 \rightarrow H_2SO_4$
 22.4L : 34g

∴ $SO_2(L) = \dfrac{7g}{100mL} \Big| \dfrac{100mL}{} \Big| \dfrac{22.4L}{34g} = 4.6L$

35 대기오염공정시험기준상 원자흡수분광광도법에 대한 원리를 설명한 것으로 옳은 것은?

① 여기상태의 원자가 기저상태로 될 때 특유의 파장의 빛을 투과하는 현상 이용
② 여기상태의 원자가 이 원자증기층을 투과하는 특유 파장의 빛을 흡수하는 현상 이용
③ 기저상태의 원자가 여기상태로 될 때 특유 파장의 빛을 투과하는 현상 이용
④ 기저상태의 원자가 이 원자증기층을 투과하는 특유 파장의 빛을 흡수하는 현상

해설 ④항이 가장 옳다. 원자흡수분광광도법은 시료를 적당한 방법으로 해리시켜 중성원자로 증기화하여 생긴 기저상태(Ground State or Normal State)의 원자가 이 원자증기층을 투과하는 특유 파장의 빛을 흡수하는 현상을 이용하여 광전측광과 같은 개개의 특유 파장에 대한 흡광도를 측정하여 시료 중의 원소 농도를 정량하는 방법으로 대기 또는 배출가스 중의 유해 중금속, 기타 원소의 분석에 적용한다.

36 굴뚝에서 배출되는 배출가스 중 암모니아를 중화적정법으로 분석하기 위하여 사용하는 흡수액으로 옳은 것은?

① 질산용액
② 붕산용액
③ 염화칼슘용액
④ 수산화소듐용액

해설 굴뚝에서 배출되는 배출가스 중 암모니아를 중화적정법으로 분석할 경우 흡수액은 붕산용액(0.5W/V%)을 사용한다.

37 다음 중 환경대기 중의 탄화수소농도를 측정하기 위한 시험방법과 가장 거리가 먼 것은?

① 총탄화수소 측정법
② 용융탄화수소 측정법
③ 활성탄화수소 측정법
④ 비메탄탄화수소 측정법

해설 환경대기 중 탄화수소를 측정할 경우 자동연속(수소염이온화검출기법), 총탄화수소 측정법, 비메탄탄화수소 측정법, 활성탄화수소 측정법이 있으며 이 중 비메탄탄화수소 측정법을 주 시험법으로 한다.

38 대기오염공정시험기준상 굴뚝 배출가스 중의 일산화탄소 분석방법으로 가장 거리가 먼 것은?

① 정전위전해법
② 음이온전극법
③ 기체크로마토그래피
④ 비분산형적외선분석법

해설 굴뚝 배출가스 중 일산화탄소(CO)를 분석방법은 비분산형적외선분석법(주 시험법), 전기화학식(정전위전해법), 기체크로마토그래피이다.

39 굴뚝 단면이 상·하 동일 단면적의 직사각형 굴뚝의 직경 산출방법으로 옳은 것은? (단, 가로 : 굴뚝 내부 단면 가로치수, 세로 : 굴뚝 내부 단면 세로치수)

① 환산직경 $= \left(\dfrac{\text{가로} \times \text{세로}}{\text{가로} + \text{세로}}\right)$

② 환산직경 $= 2 \times \left(\dfrac{\text{가로} \times \text{세로}}{\text{가로} + \text{세로}}\right)$

③ 환산직경 $= 4 \times \left(\dfrac{\text{가로} \times \text{세로}}{\text{가로} + \text{세로}}\right)$

④ 환산직경 $= 8 \times \left(\dfrac{\text{가로} \times \text{세로}}{\text{가로} + \text{세로}}\right)$

해설 사각형 굴뚝으로서 상·하 동일 단면적인 경우 환산직경은 '$2ab/a+b$'로 나타내는 등가직경을 산출하여 측정공의 위치를 선정하여야 한다. 여기서, a는 가로, b는 세로를 나타낸다.
1. 원형 연도 : 내경을 D로 한다.
2. 정사각형 : 한 변을 D로 한다.
3. 직사각형 : 등가직경으로 환산한다.
$\left(\text{환산직경} = \dfrac{2 \times \text{가로} \times \text{세로}}{\text{가로} + \text{세로}}\right)$

40 다음은 시안화수소 분석에 관한 내용이다. ( ) 안에 가장 적합한 것으로 옳게 나열된 것은?

> 굴뚝 배출가스 중 시안화수소를 피리딘피라졸론법으로 분석할 때 ( ), ( ) 등의 영향을 무시할 수 있는 경우에 적용한다.

① 철, 동
② 알루미늄, 철
③ 인산염, 황산염
④ 할로겐, 황화수소

해설 굴뚝 배출가스 중 시안화수소를 피리딘피라졸론법으로 분석할 경우 할로겐 등의 산화성 가스와 황화수소 등의 영향을 무시할 수 있는 경우에 적용한다.

[**제3과목**] **대기오염방지기술**

41 다음 [보기]가 설명하는 송풍기의 종류로 가장 적합한 것은?

> - 타 기종에 비해 대풍량, 저정압구조로서 설치면적이 작다.
> - 날개의 형상에 따라 저속운전으로 저소음 및 운전상태가 정숙하다.
> - 풍량변동에 따른 풍압의 변화가 적다.
> - 베인댐퍼(Vane damper)의 설치로 풍량 및 정압 조정이 용이해 position에 따라 정압 조정이 용이하다.

① 터보팬
② 다익송풍기
③ 레이디얼팬
④ 익형송풍기

해설 보기의 특성은 원심형 송풍기에 속하는 전향날개형(=다익형, 시로코형)에 관한 설명이다. 전향날개형은 저압, 대풍량을 요할 때 주로 사용되며 전체환기나 공기조화용으로 사용되거나 저압난방 및 환기에 이용된다. 익현의 길이가 짧고 다수의 전경깃이 존재한다.

42 염소농도가 200ppm인 배출가스를 처리하여 15mg/Sm³로 배출한다고 할 때, 염소의 제거율(%)은? (단, 온도는 표준상태로 가정한다.)

① 95.7
② 97.6
③ 98.4
④ 99.6

해설 제거효율(%) 계산식을 이용한다.

〈계산식〉 $\eta = \left(1 - \dfrac{C_o}{C_i}\right) \times 100$

- $C_i = \dfrac{200\text{mL}}{\text{m}^3} \left| \dfrac{71\text{mg}}{22.4\text{mL}} \right. = 633.93\,\text{mg/Sm}^3$

∴ $\eta = \left(1 - \dfrac{15}{633.93}\right) \times 100 = 97.63\%$

43 먼지의 입경(d_p, μm)을 Rosin-Rammler 분포에 의해 체상분포 $R(\%)=100\exp(-\beta d_p^n)$으로 나타낸다. 이 먼지는 입경 35$\mu m$ 이하가 전체의 약 몇 %를 차지하는가? (단, $\beta=0.063$, $n=1$)

① 11 ② 21
③ 79 ④ 89

해설 Rosin-Rammler 분포(체상분포) 계산식을 이용한다.

〈계산식〉 $R(\%) = 100\exp(-\beta d_p^n)$

- $R = 100\exp(-0.063 \times 35^1) = 11.03\%$

∴ D(체하분포, %) $= 100 - 11.03 ≒ 89\%$

44 다음 연료 중 일반적으로 착화온도가 가장 높은 것은?

① 목탄 ② 무연탄
③ 역청탄 ④ 갈탄(건조)

해설 무연탄의 착화온도는 약 440~550℃로 보기 중 가장 높다.

45 사이클론의 운전조건이 집진율에 미치는 영향으로 옳지 않은 것은?

① 출구의 직경이 작을수록 집진율은 감소하고 동시에 압력손실도 감소한다.
② 가스의 온도가 높아지면 가스의 점도가 커져 집진율은 저하되나 그 영향은 크지 않다.
③ 원통의 길이가 길어지면 선회류 수가 증가하여 집진율은 증가하나 큰 영향은 미치지 않는다.
④ 가스의 유입속도가 클수록 집진율은 증가하나, 10m/s 이상에서는 거의 영향을 미치지 않는다.

해설 원심력집진장치는 원통부 직경 및 내통의 직경이 작을수록 집진율이 증가한다.

46 관성력집진장치에 관한 설명으로 옳지 않은 것은?

① 충돌식과 반전식이 있으며, 고온가스의 처리가 가능하다.
② 관성력에 의한 분리속도는 회전기류반경에 비례하고, 입경의 제곱에 반비례한다.
③ 집진 가능한 입자는 주로 10μm 이상의 조대입자이며, 일반적으로 집진율은 50~70% 정도이다.
④ 기류의 방향전환 각도가 작고, 방향전환 횟수가 많을수록 압력손실은 커지나 집진은 잘 된다.

해설 관성력집진장치의 분리속도 관계식을 살펴보면 입경의 제곱과 선회속도 제곱에 비례하고, 선회기류 반경에 반비례한다.

〈관계식〉 $V_e = \dfrac{d_p^2 \cdot V_\theta^2}{R}$

47 중량조성이 탄소 85%, 수소 15%인 액체 연료를 매시 100kg 연소한 후 배출가스를 분석하였더니 분석치가 CO_2 12.5%, CO 3%, O_2 3.5%, N_2 81%이었다. 이때 매 시간당 필요한 공기량(Sm^3/hr)은?

① 약 13
② 약 157
③ 약 657
④ 약 1,271

해설 시간당 소요공기량은 다음과 같이 산출한다.

〈계산식〉 $A_h = A \times G_f$

- $O_o = 1.867C + 5.6H$
  $= 1.867 \times 0.85 + 5.6 \times 0.15 = 2.43\,\text{m}^3/\text{kg}$
- $A_o = O_o \times \dfrac{1}{0.21} = 2.43 \times \dfrac{1}{0.21} = 11.56\,\text{m}^3/\text{kg}$
- $A = mA_o$
- $m = \dfrac{N_2}{N_2 - 3.76(O_2 - 0.5CO)}$
  $= \dfrac{81}{81 - 3.76(3.5 - 0.5 \times 3)} = 1.102$

⇒ A(실제공기량) $= 1.102 \times 11.56 = 12.74\,\text{m}^3/\text{kg}$

∴ $A_h = 12.74\,\text{m}^3/\text{kg} \times 100\text{kg/hr} = 1,274\,\text{m}^3/\text{hr}$

48 입자상 물질에 대한 설명으로 옳지 않은 것은?

① 입경이 작을수록 집진이 어렵다.
② 단위체적당 입자의 표면적은 입경이 작을수록 작아진다.
③ 비중은 항상 일정한 값을 취하는 진비중과 입자의 집합 상태에 따라 달라지는 겉보기 비중으로 구별할 수 있다.
④ 입자는 반드시 구형만은 아니고 선형, 부정형 등이 있다.

해설 단위체적당 입자의 표면적(비표면적)은 입경이 작을수록 커진다.

〈관계식〉 S_v(비표면적) $= \dfrac{6}{d_p(\text{입자직경})}$

49 점도(Viscosity)에 관한 설명으로 옳지 않은 것은?

① 기체의 점도는 온도가 상승하면 낮아진다.
② 점도는 유체이동에 따라 발생하는 일종의 저항이다.
③ 액체인 경우 분자 간 응집력이 점도의 원인이다.
④ 일반적으로 액체의 점도는 온도가 상승함에 따라 낮아진다.

해설 기체의 온도가 상승하면 점도는 증가한다. 한편 액체의 점도는 온도가 상승하면 감소한다.

50 세정식 집진장치 중 가압수식에 해당하는 것은?

① 충진답   ② 로터형
③ 분수형   ④ S형 임펠러

해설 세정식 집진장치 중 가압수식에 해당하는 것은 충진탑, 분무탑, 벤투리스크러버, 제트스크러버, 사이클론스크러버 등이다. S임펠러형, 로터형, 가스선회형, 분수형 등은 유수식 세정집진장치이다.

51 다음 표는 전기로에 부설된 Bag filter의 유입구 및 유출구의 가스량과 먼지농도를 측정한 것이다. 먼지 통과율(%)로 옳은 것은?

구 분	유입구	유출구
가스량(Sm^3/h)	11.4	16.2
먼지농도(g/Sm^3)	13.25	1.24

① 약 3.3   ② 약 6.6
③ 약 10.3 ④ 약 13.3

해설 통과율(P)은 다음과 같이 산출된다.
〈계산식〉 $P(\%) = (1-\eta) \times 100$
- $\eta = \left(1 - \dfrac{C_o Q_o}{C_i Q_i}\right) = \left(1 - \dfrac{1.24 \times 16.2}{13.25 \times 11.4}\right) = 0.867$
∴ $P(\%) = (1-0.867) \times 100 = 13.3\%$

52 다음 [보기]가 설명하는 연소장치로 가장 적합한 것은?

[보기]
기체연료의 연소장치로서 천연가스와 같은 고발열량 연료를 연소시키는데 사용되는 버너

① 선회버너   ② 건식버너
③ 방사형 버너 ④ 유압분무식 버너

해설 [보기]에 설명하는 연소장치는 확산연소에 사용되는 방사형 버너이다. 방사형 버너는 주로 천연가스와 같은 고발열량의 가스를 연소시키는데 사용되는 반면에 선회형 버너는 고로가스 등 저발열량 기체연료를 연소시킬 때 사용된다.

53 저위발열량 5,000kcal/Sm^3의 기체연료 연소 시 이론연소온도(℃)는? (단, 이론연소가스량은 20Sm^3/Sm^3, 연소가스의 평균정압 비열은 0.35kcal/$Sm^3 \cdot$℃이며, 기준온도는 실온(15℃)이며, 공기는 예열되지 않고, 연소가스는 해리되지 않는다.)

① 약 560   ② 약 610
③ 약 730   ④ 약 890

해설 이론연소온도 계산식을 사용한다.
〈계산식〉 $t_o = \dfrac{Hl}{GC_p} + t$
∴ $t_o = \dfrac{5,000}{20 \times 0.35} + 15 = 730$℃

54 세정집진장치에 관한 설명으로 옳지 않은 것은?

① 타이젠와셔는 회전식에 해당한다.
② 입자포집은 관성충돌, 확산작용이 있다.
③ 벤투리스크러버에서 물방울 입경과 먼지 입경의 비는 5 : 1 정도가 좋다.
④ 사용하는 액체는 보통 물이지만 특수한 경우에는 표면활성제를 혼합하는 경우도 있다.

정답 48.② 49.① 50.① 51.④ 52.③ 53.③ 54.③

[해설] 벤투리스크러버의 최적 액적경(물방울입경과 먼지입경) 충돌효율비는 150 : 1 전후가 좋다.

55 흡수장치의 총괄이동단위높이(H_{OG})가 1.0m이고, 제거율이 95%라면, 이 흡수장치의 높이(m)는 약 얼마인가?

① 1.2　　② 3.0
③ 3.5　　④ 4.0

[해설] 흡수탑의 높이 계산식을 이용한다.

〈계산식〉 $h = H_{OG} \times N_{OG} = H_{OG} \times \ln\dfrac{1}{1-\eta}$

∴ $h = 1.0 \times \ln\dfrac{1}{1-0.95} = 3\text{m}$

56 먼지의 입경측정방법 중 주로 1μm 이상인 먼지의 입경측정에 이용되고, 그 측정장치로는 앤더슨 피펫, 침강천칭, 광투과장치 등이 있는 것은?

① 관성충돌법
② 액상침강법
③ 표준체 측정법
④ Bacho 원심기체 침강법

[해설] 액상침강법은 Stokes 법칙의 원리에 근거를 두고 있다. 액상침강법은 공기나 물과 같은 유체 속에 분산시킨 입자가 침강하는 최종종말속도의 크기를 이용하여 입경을 구하는 방법으로 측정장치로는 앤더슨 피펫(Andersen pipette), 켈리 튜브법(Kelly tube method) 등이 있다.

57 연소조절에 의한 질소산화물(NOx) 저감 대책으로 가장 거리가 먼 것은?

① 과잉공기량을 크게 한다.
② 2단 연소법을 사용한다.
③ 배출가스를 재순환시킨다.
④ 연소용 공기의 예열온도를 낮춘다.

[해설] 과잉공기량을 적게, 저산소연소를 해야 질소산화물 배출을 저감시킬 수 있다.

58 하루에 5톤의 유비철광을 사용하는 아비산 제조공장에서 배출되는 SO$_2$를 NaOH 용액으로 흡수하여 Na$_2$SO$_3$로 제거하려 한다. NaOH 용액의 흡수효율을 100%라 하면 이론적으로 필요한 NaOH의 양(톤)은? (단, 유비철광 중의 유황분 함유량은 20%이고, 유비철광 중 유황분은 모두 산화되어 배출된다.)

① 0.5　　② 1.5
③ 2.5　　④ 3.5

[해설] SO와 NaOH의 흡수반응을 이용한다.

〈계산식〉 NaOH량 = 제거 SO$_2$량 × 반응비$\left(\dfrac{\text{NaOH}}{\text{SO}_2}\right)$

〈반응식〉 SO$_2$ + 2NaOH → Na$_2$SO$_3$ + H$_2$O
　　　　　64kg : 2×40kg

• 제거 SO$_2$ = $\dfrac{5\text{ton(철광)}}{\text{hr}} \left|\dfrac{20(\text{S})}{100(\text{철광})}\right| \dfrac{64(\text{SO}_2)}{32(\text{S})}$
= 2ton/hr

∴ NaOH량 = $2 \times \left(\dfrac{2\times 40}{64}\right) = 2.5$ton/hr

59 화학적 흡착과 비교한 물리적 흡착의 특성에 관한 설명으로 옳지 않은 것은?

① 흡착제의 재생이나 오염가스 회수에 용이하다.
② 일반적으로 온도가 낮을수록 흡착량이 많다.
③ 표면에 단분자막을 형성하며, 발열량이 크다.
④ 압력을 감소시키면 흡착물질이 흡착제로부터 분리되는 가역적 흡착이다.

[해설] 물리적 흡착은 흡착층 내부로 피흡착물질이 확산·부착되므로 다층 흡착이 이루어지며, 흡착과정에서 발생하는 열량이 거의 없다.

60 크기가 가로 1.2m, 세로 2.0m, 높이 1.5m인 연소실에서 저위발열량이 10,000kcal/kg인 중유를 1.5시간에 100kg씩 연소시키고 있다. 이 연소실의 열발생률(kcal/m³·hr)은? (단, 연료는 완전연소하며, 연료 및 공기의 예열이 없고 연소실 벽면을 통한 열손실도 전혀 없다고 가정한다.)

① 약 165,246　　② 약 185,185
③ 약 277,778　　④ 약 416,667

[해설] 연소실 열발생률(θ_v)은 연소실의 용적당 단위시간에 발생하는 열량으로 연소실의 시간당 열발생량($G_f \cdot Hl$)을 연소실의 부피($\forall$)로 나누어 산출한다.

〈계산식〉 $\theta_v = \dfrac{G_f \cdot Hl}{\forall}$

• $\begin{cases} \forall = 1.2 \times 2 \times 1.5 = 3.6\text{m}^3 \\ Hl = 10{,}000\text{ kcal/kg} \\ G_f = 100\text{kg}/1.5\text{hr} = 66.67\text{kg/hr} \end{cases}$

∴ $\theta_v = \dfrac{66.67 \times 10{,}000}{3.6} = 185{,}185.19\text{kcal/m}^3\cdot\text{hr}$

정답　55.②　56.②　57.①　58.③　59.③　60.②

[제4과목] **대기환경관계법규**

61 대기환경보전법상 "기타 고체연료 사용시설"의 설치기준으로 틀린 것은?
① 배출시설의 굴뚝높이는 100m 이상이어야 한다.
② 연료와 그 연소재의 수송은 덮개가 있는 차량을 이용하여야 한다.
③ 연료는 옥내에 저장하여야 한다.
④ 굴뚝에서 배출되는 매연을 측정할 수 있어야 한다.

해설 [시행규칙 별표 12] 고체연료 사용시설 설치기준에서 배출시설의 굴뚝높이는 20m 이상이어야 한다.

62 대기환경보전법상 위임업무 보고사항 중 "측정기기 관리대행업의 등록, 변경등록 및 행정처분 현황"에 대한 유역환경청장의 보고횟수 기준은?
① 수시   ② 연 4회
③ 연 2회   ④ 연 1회

해설 대기환경보전법규상 위임업무 보고사항 중 "측정기기 관리대행업의 등록, 변경등록 및 행정처분 현황"에 대한 유역환경청장의 보고횟수 기준은 연 1회이다.

63 대기환경보전법상 Ⅲ지역에 대한 기본부과금의 지역별 부과계수는? (단, Ⅲ지역은 국토의 계획 및 이용에 관한 법률에 따른 녹지지역·관리지역·농림지역 및 자연환경보전지역이다.)
① 0.5   ② 1.0
③ 1.5   ④ 2.0

해설 [시행령 별표 7] 기본부과금의 지역별 부과계수

구 분	지역별 부과계수
Ⅰ 지역	1.5
Ⅱ 지역	0.5
Ⅲ 지역	1.0

64 다음 중 대기환경보전법상 대기오염경보에 관한 설명으로 틀린 것은?
① 대기오염경보 대상 지역은 시·도지사가 필요하다고 인정하여 지정하는 지역으로 한다.
② 환경기준이 설정된 오염물질 중 오존은 대기오염경보의 대상오염물질이다.
③ 대기오염경보의 단계별 오염물질의 농도기준은 시·도지사가 정하여 고시한다.
④ 오존은 농도에 따라 주의보, 경보, 중대경보로 구분한다.

해설 [시행령 제2조]에 의하면 대기오염경보 단계는 대기오염경보 대상 오염물질의 농도에 따라 구분하되, 대기오염경보 단계별 오염물질의 농도기준은 환경부령으로 정한다.

65 대기환경보전법상 연료를 연소하여 황산화물을 배출하는 시설에서 연료의 황함유량이 0.5% 이하인 경우 기본부과금의 농도별 부과계수 기준으로 옳은 것은? (단, 대기환경보전법에 따른 측정결과가 없으며, 배출시설에서 배출되는 오염물질농도를 추정할 수 없다.)
① 0.1   ② 0.2
③ 0.4   ④ 1.0

해설 연료를 연소하여 황산화물을 배출하는 시설의 부과계수는 황함유량이 0.5% 이하인 경우 0.2이고, 1.0% 이하(0.4), 1.0% 초과(1.0)이다.

66 환경정책기본법상 일산화탄소의 대기환경기준으로 옳은 것은?
① 1시간 평균치 25ppm 이하
② 8시간 평균치 25ppm 이하
③ 24시간 평균치 9ppm 이하
④ 연간 평균치 9ppm 이하

해설 환경정책기본법상 일산화탄소의 1시간 평균 대기환경기준은 25ppm 이하이다.

67 대기환경보전법상 초과부과금 산정기준에서 다음 오염물질 중 1kg당 부과금액이 가장 높은 것은?
① 이황화탄소
② 먼지
③ 암모니아
④ 황화수소

정답 61.① 62.④ 63.② 64.③ 65.② 66.① 67.④

[해설] 보기 중 1kg당 초과부과금액이 가장 높은 것은 황화수소이다.
① 이황화탄소 : 1,600
② 먼지 : 770
③ 암모니아 : 1,400
④ 황화수소 : 6,000

68 대기환경보전법상 과태료의 부과기준으로 옳지 않은 것은?

① 일반기준으로서 위반행위의 횟수에 따른 부과기준은 최근 1년간 같은 위반행위로 과태료 부과처분을 받은 경우에 적용한다.
② 일반기준으로서 부과권자는 위반행위의 동기와 그 결과 등을 고려하여 과태료 부과금액의 80% 범위에서 이를 감경한다.
③ 개별기준으로서 제작차배출허용기준에 맞지 않아 결함시정명령을 받은 자동차제작자가 결함시정 결과보고를 아니한 경우 1차 위반 시 과태료 부과금액은 100만 원이다.
④ 개별기준으로서 제작차배출허용기준에 맞지 않아 결함시정명령을 받은 자동차제작자가 결함시정 결과보고를 아니한 경우 3차 위반 시 과태료 부과금액은 200만 원이다.

[해설] [시행령 별표 15] 과태료의 부과기준에서 과태료 부과권자는 위반행위의 정도, 동기와 그 결과 등을 고려하여 과태료 금액을 줄일 필요가 있다고 인정되는 경우는 과태료 금액의 2분의 1의 범위에서 그 금액을 경감할 수 있다.

69 대기환경보전법상 대기오염방지시설이 아닌 것은?

① 흡수에 의한 시설
② 소각에 의한 시설
③ 산화·환원에 의한 시설
④ 미생물을 이용한 처리시설

[해설] [시행규칙 별표 4]에서 규정하는 대기오염방지시설은 집진시설(중력, 관성력, 원심력, 세정, 여과, 전기, 음파), 유해가스 처리시설(흡수시설, 흡착시설, 직접연소, 촉매반응시설, 응축시설, 산화·환원시설) 기타 미생물을 이용한 처리시설, 연소조절에 의한 시설 등이다.

70 대기환경보전법상 신고를 한 후 조업 중인 배출시설에서 나오는 오염물질의 정도가 배출허용기준을 초과하여 배출시설 및 방지시설의 개선명령을 이행하지 아니한 경우의 1차 행정처분기준은?

① 경고
② 사용금지명령
③ 조업정지
④ 허가취소

[해설] [시행규칙 별표 36] 행정처분기준에 따르면 환경부장관 또는 시·도지사는 배출시설 등의 가동개시 신고를 한 후 조업 중인 배출시설에서 나오는 오염물질의 정도가 배출허용기준을 초과한다고 인정하면 대통령령으로 정하는 바에 따라 기간을 정하여 사업자에게 그 오염물질의 정도가 배출허용기준 이하로 내려가도록 개선명령을 할 수 있으며 이를 이행하지 아니한 경우, 1차-조업정지, 2차-허가취소 또는 폐쇄명령을 할 수 있다.

71 대기환경보전법상 100만 원 이하의 과태료 부과대상인 자는?

① 황함유 기준을 초과하는 연료를 공급·판매한 자
② 비산먼지의 발생억제시설의 설치 및 필요한 조치를 하지 아니하고 시멘트·석탄·토사 등 분체상 물질을 운송한 자
③ 배출시설 등 운영상황에 관한 기록을 보존하지 아니한 자
④ 자동차의 원동기 가동제한을 위반한 자동차의 운전자

[해설] [보전법 제94조] 과태료 규정에 따르면 터미널, 차고지 등의 장소에서 자동차의 원동기를 가동한 상태로 주차하거나 정차하는 행위를 한 자는 100만 원 이하의 과태료가 부과된다.

72 대기환경보전법상 배출허용기준의 준수 여부 등을 확인하기 위해 환경부령으로 지정된 대기오염도 검사기관으로 옳은 것은? (단, 국가표준기본법에 따른 인정을 받은 시험·검사기관 중 환경부장관이 정하여 고시하는 기관은 제외한다.)

① 지방환경청
② 대기환경기술진흥원
③ 환경관리연구소
④ 한국환경산업기술원

정답 68.② 69.② 70.③ 71.④ 72.①

해설 [시행규칙 제40조] 규정에 의한 대기오염도 검사기관은 국립환경과학원, 보건환경연구원, 환경청, 한국환경공단 등이다.

73 대기환경보전법상 환경부장관은 장거리이동 대기오염물질 피해방지를 위하여 5년마다 관계 중앙행정기관의 장과 협의하고 시·도지사의 의견을 들은 후 장거리이동 대기오염물질 대책위원회의 심의를 거쳐 종합대책을 수립하여야 하는데, 이 종합대책에 포함되어야 하는 사항으로 틀린 것은?

① 장거리이동 대기오염물질 피해방지를 위한 국내대책
② 종합대책 추진실적 및 그 평가
③ 장거리이동 대기오염물질 피해방지 기금 모금
④ 장거리이동 대기오염물질 발생 감소를 위한 국제협력

해설 [법 제13조] 장거리이동 대기오염물질 피해방지 종합대책에는 다음의 사항이 포함되어야 한다.
1. 장거리이동 대기오염물질(황사) 발생 현황 및 전망
2. 종합대책 추진실적 및 그 평가
3. 장거리이동 대기오염물질(황사) 피해방지를 위한 국내대책
4. 장거리이동 대기오염물질(황사) 발생 감소를 위한 국제협력
5. 그 밖에 장거리이동 대기오염물질(황사) 피해방지를 위하여 필요한 사항

74 악취방지법상 위임업무 보고사항 중 "악취검사기관의 지정, 지정사항 변경보고 접수 실적"의 보고횟수 기준은? (단, 보고자는 국립환경과학원장으로 한다.)

① 연 1회 ② 연 2회
③ 연 4회 ④ 수시

해설 [악취방지법 시행규칙 별표 10] 위임업무 보고사항 악취검사기관의 지도·점검 및 행정처분 실적은 연 1회, 다음 해 1월 15일까지 보고하여야 한다.

75 대기환경보전법상 수도권대기환경청장, 국립환경과학원장 또는 한국환경공단이 설치하는 대기오염 측정망의 종류에 해당하지 않는 것은?

① 도시지역 또는 산업단지 인근지역의 특정대기유해물질(중금속 제외)의 오염도를 측정하기 위한 유해대기물질 측정망
② 산성 대기오염물질의 건성 및 습성 침착량을 측정하기 위한 산성강하물 측정망
③ 도로변의 대기오염물질 농도를 측정하기 위한 도로변 대기 측정망
④ 장거리이동 대기오염물질의 성분을 집중 측정하기 위한 대기오염집중 측정망

해설 [시행규칙 제11조](2021년 개정기준) 수도권대기환경청장, 국립환경과학원장 또는 한국환경공단이 설치하는 대기오염 측정망의 종류는 다음과 같다.
1. 대기오염물질의 지역 배경농도를 측정하기 위한 교외대기 측정망
2. 대기오염물질의 국가 배경농도와 장거리이동현황을 파악하기 위한 국가 배경농도 측정망
3. 도시지역 또는 산업단지 인근지역의 특정대기유해물질(중금속을 제외한다)의 오염도를 측정하기 위한 유해대기물질 측정망
4. 도시지역의 휘발성 유기화합물 등의 농도를 측정하기 위한 광화학 대기오염물질 측정망
5. 산성 대기오염물질의 건성 및 습성 침착량을 측정하기 위한 산성강하물 측정망
6. 기후·생태계 변화유발물질의 농도를 측정하기 위한 지구대기 측정망
7. 장거리이동 대기오염물질의 성분을 집중 측정하기 위한 대기오염집중 측정망
8. 초미세먼지(PM-2.5)의 성분 및 농도를 측정하기 위한 미세먼지성분 측정망

76 대기환경보전법상 자동차연료 제조기준 중 경유의 황함량 기준은? (단, 기타의 경우는 고려하지 않음)

① 10ppm 이하 ② 20ppm 이하
③ 30ppm 이하 ④ 50ppm 이하

해설 대기환경보전법상 자동차연료 제조기준 중 경유의 황함량 기준은 10ppm 이하이다.

77 환경정책기본법상 대기환경기준이 설정되어 있지 않은 항목은?

① O_3 ② Pb
③ PM-10 ④ CO_2

해설 환경정책기본법상 대기환경기준으로 설정되어 있는 항목은 아황산가스(SO_2), 일산화탄소(CO), 이산화질소(NO_2), 미세먼지(PM-10), 미세먼지(PM-2.5), 오존(O_3), 납(Pb), 벤젠이다.

정답 73.③ 74.① 75.③ 76.① 77.④

78 대기환경보전법상 운행차의 정밀검사 방법·기준 및 검사대상 항목기준(일반기준)에 관한 설명으로 틀린 것은?

① 관능 및 기능검사는 배출가스 검사를 먼저 한 후 시행하여야 한다.
② 휘발유와 가스를 같이 사용하는 자동차는 연료를 가스로 전환한 상태에서 배출가스 검사를 실시하여야 한다.
③ 운행차의 정밀검사는 부하검사방법을 적용하여 검사를 하여야 하지만, 상시 4륜 구동 자동차는 무부하검사방법을 적용할 수 있다.
④ 운행차의 정밀검사는 부하검사방법을 적용하여 검사를 하여야 하지만, 2행정 원동기 장착자동차는 무부하검사방법을 적용할 수 있다.

[해설] 관능 및 검사를 먼저 한 후 배출가스 검사를 시행하여야 한다.

79 다음 중 대기환경보전법상 특정대기유해물질에 해당하는 것은?

① 오존 ② 아크롤레인
③ 황화에틸 ④ 아세트알데히드

[해설] [시행규칙 별표 2]에 따르면 제시된 항목 중 특정대기유해물질(2021년 기준 33개 항목)인 것은 아세트알데히드이다.

80 다음 중 대기환경보전법상 휘발성 유기화합물 배출규제대상 시설이 아닌 것은?

① 목재가공시설
② 주유소의 저장시설
③ 저유소의 저장시설
④ 세탁시설

[해설] [시행령 제45조] 규정에서 대기환경보전법령상 특별대책지역에서 환경부령으로 정하는 바에 따라 신고해야 하는 휘발성 유기화합물 배출시설 중 "대통령령으로 정하는 시설"은 다음과 같다.
1. 석유정제를 위한 제조시설, 저장시설 및 출하시설(出荷施設)과 석유화학제품 제조업의 제조시설, 저장시설 및 출하시설
2. 저유소의 저장시설 및 출하시설
3. 주유소의 저장시설 및 주유시설
4. 세탁시설
5. 그 밖에 휘발성 유기화합물을 배출하는 시설로서 환경부장관이 관계 중앙행정기관의 장과 협의하여 고시하는 시설

2020 제3회 대기환경기사

2020. 8. 22 시행

[제1과목] 대기오염개론

01 오존에 관한 설명으로 옳지 않은 것은?
① 대기 중 오존은 온실가스로 작용한다.
② 대기 중에서 오존의 배경농도는 0.1~0.2ppm 범위이다.
③ 단위체적당 대기 중에 포함된 오존의 분자수(mol/cm^3)로 나타낼 경우 약 지상 25km 고도에서 가장 높은 농도를 나타낸다.
④ 오존전량(total overhead amount)은 일반적으로 적도지역에서 낮고, 극지의 인근 지점에서는 높은 경향을 보인다.

해설 대기 중에서 오존의 배경농도는 약 0.01~0.02ppm (최대 0.04ppm) 범위이다.

02 대기가 가시광선을 통과시키고 적외선을 흡수하여 열을 밖으로 나가지 못하게 함으로써 보온작용을 하는 것을 무엇이라 하는가?
① 온실효과
② 복사균형
③ 단파복사
④ 대기의 창

해설 지구로부터 방사되는 복사선의 파장범위는 4.0~80μm 정도이며, 이 중 8~13μm는 완전히 투과시키고, 그 외 영역을 흡수하여 지구의 온도를 유지시키는 현상을 온실효과라 한다.

03 햇빛이 지표면에 도달하기 전에 자외선의 대부분을 흡수함으로써 지표 생물권을 보호하는 대기권의 명칭은?
① 대류권
② 성층권
③ 중간권
④ 열권

해설 성층권 내의 오존층(25~35km)은 300nm 이하의 파장을 갖는 자외선의 대부분을 흡수하여 성층권의 온도를 상승시키고 지표면으로 복사되는 유해한 우주선을 차단하여 지표 생물권을 보호한다.

04 대기오염이 식물에 미치는 영향에 관한 설명으로 가장 거리가 먼 것은?
① SO_2는 회백색 반점을 생성하며, 피해부분은 엽육세포이다.
② PAN은 유리화, 은백색 광택을 나타내며, 주로 해면연조직에 피해를 준다.
③ NO_2는 불규칙 흰색 또는 갈색으로 변화되며, 피해부분은 엽육세포이다.
④ HF는 SO_2와 같이 잎 안쪽부분에 반점을 나타내기 시작하며, 늙은 잎에 특히 민감하고 밤이 낮보다 피해가 크다.

해설 HF는 잎의 끝(선단)이나 주변에 엽록반점을 일으키며 특히 어린잎에 현저한 피해를 입힌다.

05 다음 황화합물에 관한 설명 중 ( ) 안에 가장 알맞은 것은?

전지구적으로 해양을 통해 자연적 발생원 중 가장 많은 양의 황화합물이 ( ) 형태로 배출되고 있다.

① H_2S
② CS_2
③ OCS
④ $(CH_3)_2S$

해설 해양을 통해 자연적 발생원 중 가장 많은 양의 황화합물이 DMS 형태로 배출되고 있으며, 일부는 H_2S, OCS, CS_2 형태로 배출되고 있다.

정답 1.② 2.① 3.② 4.④ 5.④

06 44m 높이의 연돌에서 배출되는 가스의 평균온도가 250℃이고, 대기의 온도가 25℃일 때, 굴뚝의 통풍력(mmH₂O)은? (단, 표준상태의 가스와 공기의 밀도는 1.3kg/Sm³이고, 굴뚝 안에서의 마찰손실은 무시한다.)

① 약 12.4 ② 약 15.8
③ 약 22.5 ④ 약 30.7

해설 자연통풍력 계산식을 적용한다.

〈계산식〉 $Z(\text{mmH}_2\text{O}) = 273H\left(\dfrac{1.3}{273+t_a} - \dfrac{1.3}{273+t_g}\right)$

$\therefore Z = 273 \times 44\left(\dfrac{1.3}{273+25} - \dfrac{1.3}{273+250}\right)$
$= 22.54 \text{mmH}_2\text{O}$

07 다음 대기오염물질과 관련되는 주요 배출업종을 연결한 것으로 가장 적합한 것은?

① 벤젠-도장공업
② 염소-주유소
③ 시안화수소-유리공업
④ 이황화탄소-구리정련

해설 ①항만 옳다.
≪바르게 고쳐보기≫
② 염소-소다공업, 플라스틱공업, 타이어소각장, 아연도금공업, 고무제조업, 화학공업 등
③ 시안화수소-청산제조공업, 제철공업, 화학공업, 가스공업 등
④ 이황화탄소-비스코스 섬유공업(레이온제조), 고무제품제조, 화학공업 등

08 다음 중 지구온난화지수가 가장 큰 것은?

① CH₄ ② SF₆
③ N₂O ④ HFCs

해설 보기 중 지구온난화지수(GWP)가 가장 높은 것은 SF₆(육불화황, GWP-23,900)이다. 지구온난화지수(GWP)는 CO₂(이산화탄소)를 1로 하여 상대적인 온실효과 잠재력을 나타내는 것으로 CO₂=1, CH₄=21, N₂O=310, HFCs=1,300, PFCs=7,000, SF₆=23,900이다.

09 시정장애에 관한 설명 중 옳지 않은 것은?

① 시정장애 직접원인은 부유분진 중 극미세먼지 때문이다.
② 시정장애 물질들은 주민의 호흡기계 건강에 영향을 미친다.
③ 빛이 대기를 통과할 때 시정장애 물질들은 빛을 산란 또는 흡수한다.
④ 2차 오염물질들이 서로 반응, 응축, 응집하여 생성된 물질들이 직접적인 원인이다.

해설 시정장애는 1차 오염물질들이 서로 반응, 응축, 응집하여 생성된 2차 오염물질이 그 원인이 되기도 한다. 입경 0.2~1.0μm 범위의 입자상 물질들은 대기 중에 축적되어 시정장애, 호흡기질환 야기, 빛의 산란 등을 유발한다.

10 석면이 가지고 있는 일반적인 특성과 거리가 먼 것은?

① 절연성 ② 내화성 및 단열성
③ 화학적 불활성 ④ 흡습성 및 저인장성

해설 석면은 내열성, 내산성, 내알칼리성, 절연성, 불활성의 성질을 가지고 있으며, 화학적으로 잘 분해되지 않는다.

11 A굴뚝으로부터 배출되는 SO₂가 풍하측 5,000m 지점에서 지표 최고농도를 나타냈을 때, 유효굴뚝 높이(m)는? (단, Sutton의 확산식을 사용하고, 수직확산계수는 0.07, 대기안정도지수(n)는 0.25이다.)

① 약 120 ② 약 140
③ 약 160 ④ 약 180

해설 Sutton의 최대착지거리 계산식을 이용한다.

〈계산식〉 $X_{\max} = \left(\dfrac{H_e}{K_z}\right)^{\frac{2}{2-n}}$

• $5,000 = \left(\dfrac{H_e}{0.07}\right)^{\frac{2}{2-0.25}}$

$\therefore H_e = 120.7 \text{m}$

12 산성비에 관한 설명 중 옳은 것은?

① 산성비 생성의 주요원인물질은 다이옥신, 중금속 등이다.
② 일반적으로 산성비에 대한 내성은 침엽수가 활엽수보다 강하다.
③ 산성비란 정상적인 빗물의 pH 7보다 낮게 되는 경우를 말한다.
④ 산성비로 인해 호수나 강이 산성화되면 물고기 먹이가 되는 플랑크톤의 생장을 촉진한다.

해설 ②항이 대체로 옳다. 일반적으로 대기 중의 이산화탄소(약 360ppm)와 평형관계에 있는 빗물의 pH 5.6을 산성비의 기준으로 하고 있다. 강우의 산성화에 가장 큰 영향을 미치는 것은 아황산가스로서 50% 이상을 차지하며, 질소산화물은 약 20%, 염소이온은 12% 정도 기여하는 것으로 나타나고 있다. 그리고 수계의 산성화는 수중의 Al·Cd 등과 같은 금속이온의 활성도를 증가시키고, 수중생태계의 먹이사슬 교란, 빈 영양상태로 전환시키며, 수중생물의 생장환경을 악화, 수중생태를 단순화시키는 원인이 되고 있다.

13 다음 [보기]가 설명하는 주위 대기조건에 따른 연기의 배출형태를 옳게 나열한 것은?

[보기]
㉠ 지표면 부근에 대류가 활발하여 불안정하지만, 그 상층은 매우 안정하여 오염물의 확산이 억제되는 대기조건에서 발생한다. 발생시간 동안 상대적으로 지표면의 오염물질농도가 일시적으로 높아질 수 있는 형태
㉡ 대기상태가 중립인 경우에 나타나며, 바람이 다소 강하거나 구름이 많이 낀 날 자주 볼 수 있는 형태

① ㉠ 지붕형, ㉡ 원추형
② ㉠ 훈증형, ㉡ 원추형
③ ㉠ 구속형, ㉡ 훈증형
④ ㉠ 부채형, ㉡ 원추형

해설 ㉠항은 훈증형의 발생과정을 설명하고 있다. 훈증형은 일출 후 역전층이 해소되는 과정에서 상층부는 안정하고, 하층부만 불안정한 상태에서 발생한다. ㉡항은 원추형의 발생과정을 설명하고 있다. 일몰 전 오후에 짧은 시간 동안 관찰되며, 전형적인 가우시안 분포를 이루며 확산된다.

14 상온에서 녹황색이고 강한 자극성 냄새를 내는 기체로서 공기보다 무겁고, 표백작용이 강한 오염물질은?

① 염소
② 아황산가스
③ 이산화질소
④ 포름알데히드

해설 염소가스는 상온에서 녹황색을 나타내며, 강한 자극성 냄새를 내는 기체로서 분자량이 71로 공기보다 무겁다.

15 로스엔젤레스 스모그 사건에 대한 설명 중 옳지 않은 것은?

① 대기는 침강성 역전상태였다.
② 주 오염성분은 NO_x, O_3, PAN, 탄화수소이다.
③ 광화학적 및 열적 산화반응을 통해서 스모그가 형성되었다.
④ 주 오염발생원은 가정 난방용 석탄과 화력발전소의 매연이다.

해설 ④항은 런던스모그 사건의 발생원인이 되었다.

16 다음 ( ) 안에 들어갈 용어로 옳은 것은?

지구의 평균지상기온은 지구가 태양으로부터 받고 있는 태양에너지와 지구가 (㉠) 형태로 우주로 방출하고 있는 에너지의 균형으로부터 결정된다. 이 균형은 대기 중의 (㉡), 수증기 등이 (㉠)을(를) 흡수하는 기체가 큰 역할을 하고 있다.

① ㉠ 자외선, ㉡ CO
② ㉠ 적외선, ㉡ CO
③ ㉠ 자외선, ㉡ CO_2
④ ㉠ 적외선, ㉡ CO_2

해설 태양에너지는 자외선 영역에서 지구로 도달하며 적외선 형태로 방출된다. 지구에서 복사되는 4~80μm의 파장영역 중 약 8~15μm만 완전히 통과되며, 그 외 파장범위는 온실기체(CO_2, CH_4 등)와 H_2O에 의해 흡수되어 지구의 온도 균형에 기여한다.

17 빛의 소멸계수(σ_{ext})가 0.45km^{-1}인 대기에서, 시정거리의 한계를 빛의 강도가 초기강도의 95%가 감소했을 때의 거리라고 정의할 경우, 이때 시정거리 한계(km)는? (단, 광도의 Lambert-Beer 법칙을 따르며, 자연대수로 적용한다.)

① 약 0.1
② 약 6.7
③ 약 8.7
④ 약 12.4

해설 Lambert-Beer의 법칙에 따르되 제시된 빛의 소멸계수를 이용하여 시정거리를 계산한다.

〈계산식〉 $\ln\left(\dfrac{I_t}{I_o}\right) = \exp(-\sigma_{ext} \times L)$

• $\ln\left[\dfrac{I_o(1-0.95)}{I_o}\right] = \exp(-0.45 \times L)$

∴ $L = 6.7$km

18 다음 ( ) 안에 가장 적합한 물질은?

> 방향족 탄화수소 중 (   )은 대표적인 발암물질이며, 환경호르몬으로 알려져 있고, 연소과정에서 생성된다. 숯불에 구운 쇠고기 등 가열로 검게 탄 식품, 담배연기, 자동차 배기가스, 석탄타르 등에 포함되어 있다.

① 벤조피렌
② 나프탈렌
③ 안트라센
④ 톨루엔

[해설] 제시된 항목 중 방향족 탄화수소이고, 대기 중에서 고체로 존재하며, 발암물질인 것은 벤조피렌이다. 벤조피렌은 피렌에 또 하나의 벤젠고리가 축합한 5고리식 방향족 탄화수소로서 벤조(a)피렌이 대표적이다.

[벤조(a)피렌]

19 안료, 색소, 의약품 제조공업에 이용되며 색소침착, 손·발바닥의 각화, 피부암 등을 일으키는 물질로 옳은 것은?

① 납   ② 크롬
③ 비소   ④ 니켈

[해설] 비소(As)는 안료, 색소, 의약품 제조공업에 이용되며 색소침착, 손·발바닥의 각화, 피부암 등을 일으키는 물질로 알려져 있다. 비소의 배출원은 화학공업, 유리공업, 농약, 안료, 색소, 의약품 제조업, 방부제, 살충제 제조과정 등이다.

20 Fick의 확산방정식을 실제 대기에 적용시키기 위한 추가적 가정에 관한 내용과 가장 거리가 먼 것은?

① 오염물질은 플룸(plum) 내에서 소멸된다.
② 바람에 의한 오염물의 주 이동방향은 x축이다.
③ 풍향, 풍속, 온도, 시간에 따른 농도변화가 없는 정상상태 분포를 가정한다.
④ 풍속은 x, y, z 좌표시스템 내의 어느 점에서든 일정하다.

[해설] Fick의 확산방정식을 실제 대기에 적용시키기 위한 가정조건은 다음과 같다.
1. 오염물은 점원으로부터 계속적으로 방출된다.
2. 풍향, 풍속, 온도, 시간에 따른 농도변화가 없는 정상상태 분포를 가정한다.
3. 과정은 안정상태이다. 즉 $dC/dt = 0$
4. 바람에 의한 오염물의 주 이동방향은 x축이며, 풍속은 x, y, z 어느 점에서든 일정하다.
5. 바람이 부는 방향(x축)의 확산은 이류에 의한 이동량에 비하여 무시할 수 있을 정도로 적다.
6. 풍하측의 대기안정도와 확산계수는 변하지 않는다.
7. 오염물질은 플룸(plume) 내에서 소멸되거나 생성되지 않는다.
8. 배출오염물질은 기체(입경이 미세한 에어로졸은 포함)이다.

제2과목 연소공학

21 연료의 연소 시 과잉공기의 비율을 높여 생기는 현상으로 옳지 않은 것은?

① 에너지손실이 커진다.
② 연소가스의 희석효과가 높아진다.
③ 공연비가 커지고 연소온도가 낮아진다.
④ 화염의 크기가 커지고 연소가스 중 불완전 연소물질의 농도가 증가한다.

[해설] 연료의 연소 시 과잉공기의 비율을 높이면 화염의 크기가 작아지고 연소가스 중 불완전 연소물질의 농도는 감소한다.

22 다음 가스 중 1Sm³를 완전연소할 때 가장 많은 이론공기량(Sm³)이 요구되는 것은? (단, 가스는 순수가스임)

① 에탄
② 프로판
③ 에틸렌
④ 아세틸렌

[해설] 이론공기(Sm³)의 요구량은 이론산소량에 비례하는데 이론산소량은 탄수소비(C/H)에 비례한다.
[참고] 〈연소 반응식〉
- $C_2H_6 + 3.5O_2 \rightarrow 2CO_2 + 3H_2O$
- $C_3H_8 + 5O_2 \rightarrow 3CO_2 + 4H_2O$
- $C_2H_4 + 3O_2 \rightarrow 2CO_2 + 2H_2O$
- $C_2H_2 + 1.5O_2 \rightarrow 2CO_2 + H_2O$

23 기체연료 연소방식 중 예혼합연소에 관한 설명으로 옳지 않은 것은?

① 연소조절이 쉽고, 화염길이가 짧다.
② 역화의 위험이 없으며, 공기를 예열할 수 있다.
③ 화염온도가 높아 연소부하가 큰 경우에 사용 가능하다.
④ 연소기 내부에서 연료와 공기의 혼합비가 변하지 않고, 균일하게 연소된다.

해설 예혼합연소는 역화의 위험이 있으므로 역화방지기를 반드시 부착하여야 한다.

24 가스의 조성이 CH_4 70%, C_2H_6 20%, C_3H_8 10%인 혼합가스의 폭발범위로 가장 적합한 것은? (단, CH_4 폭발범위 : 5~15%, C_2H_6 폭발범위 : 3~12.5%, C_3H_8 폭발범위 : 2.1~9.5%이며, 르 샤틀리에의 식을 적용한다.)

① 약 2.9~12%   ② 약 3.1~13%
③ 약 3.9~13.7%   ④ 약 4.7~7.8%

해설 폭발 하한치와 상한치를 각각 계산하여 폭발범위를 산정한다.

- $\dfrac{100}{LEL} = \dfrac{V_1}{L_1} + \dfrac{V_2}{L_2} + \cdots \dfrac{V_n}{L_n}$

  $\Rightarrow \dfrac{100}{LEL} = \dfrac{70}{5} + \dfrac{20}{3} + \dfrac{10}{2.1} = 3.93$

- $\dfrac{100}{UEL} = \dfrac{V_1}{U_1} + \dfrac{V_2}{U_2} + \cdots \dfrac{V_n}{U_n}$

  $\Rightarrow \dfrac{100}{UEL} = \dfrac{70}{15} + \dfrac{20}{12.5} + \dfrac{10}{9.5} = 13.66$

∴ 하한(3.9%) ~ 상한(13.7%)

25 다음 설명에 해당하는 기체연료는?

- 고온으로 가열된 무연탄이나 코크스 등에 수증기를 반응시켜 얻은 기체연료이다.
- 반응식
  $C + H_2O \rightarrow CO + H_2 + Q$
  $C + 2H_2O \rightarrow CO_2 + 2H_2 + Q$

① 수성가스   ② 오일가스
③ 고로가스   ④ 발생로가스

해설 수성가스의 주성분은 H_2와 CO이고, 고온으로 가열한 코크스에 수증기를 작용시켜 얻는다.

26 다음 중 기체연료의 확산연소에 사용되는 버너 형태로 가장 적합한 것은?

① 심지식 버너   ② 회전식 버너
③ 포트형 버너   ④ 증기분무식 버너

해설 기체연료의 확산연소에 사용되는 버너형식은 포트형과 버너형이 있다. 포트형 버너는 버너 자체가 노벽과 함께 내화벽돌로 조립되어 노 내부에 개구된 것이며, 가스와 공기를 함께 가열할 수 있는 이점이 있다.

27 연소실 열발생률에 대한 설명으로 옳은 것은?

① 연소실의 단위면적, 단위시간당 발생되는 열량이다.
② 연소실의 단위용적, 단위시간당 발생되는 열량이다.
③ 단위시간에 공급된 연료의 중량을 연소실 용적으로 나눈 값이다.
④ 연소실에 공급된 연료의 발열량을 연소실 면적으로 나눈 값이다.

해설 연소실 열발생률이란 연소실 단위용적당 단위시간에 발생하는 열량으로 다음의 관계식을 갖는다.

⟨관계식⟩ $Q_v(\text{kcal/m}^3 \cdot \text{hr}) = \dfrac{G_f \cdot Hl}{\forall}$

여기서, G_f : 시간당 연소량, Hl : 저위발열량
$\forall$: 연소실 체적

28 1.5%(무게기준) 황분을 함유한 석탄 1,143 kg을 이론적으로 완전연소시킬 때 SO_2 발생량(Sm^3)은? (단, 표준상태 기준이며, 황분은 전량 SO_2로 전환된다.)

① 12   ② 18
③ 21   ④ 24

해설 황의 연소반응을 이용한다.
⟨반응식⟩ $S + O_2 \rightarrow SO_2$
       $32\text{kg} : 22.4\text{m}^3$

∴ $SO_2 = 1,143\text{kg} \times \dfrac{1.5}{100} \times \dfrac{22.4\text{m}^3}{32\text{kg}} = 12\text{Sm}^3$

29 코크스나 목탄 등이 고온으로 될 때 빨강 짧은 불꽃을 내면서 연소하는 것으로 휘발성분이 없는 고체연료의 연소형태는?

① 자기연소   ② 분해연소
③ 표면연소   ④ 내부연소

정답 23.② 24.③ 25.① 26.③ 27.② 28.① 29.③

해설 코크스, 숯, 목탄 등은 표면연소를 한다. 표면연소는 분해연소가 끝난 후 연료 내에 잔류하는 탄소가 빨갛게 적열하며 연소하는 것으로 불꽃이 발생하지 않는다.

30 쓰레기 이송방식에 따라 가동화격자(moving stoker)를 분류할 때 다음 [보기]가 설명하는 화격자 방식은?

[보기]
- 고정화격자와 가동화격자를 횡방향으로 나란히 배치하고, 가동화격자를 전후로 왕복운동시킨다.
- 비교적 강한 교반력과 이송력을 갖고 있으며, 화격자의 눈이 메워짐이 별로 없다는 이점이 있으나, 낙진량이 많고, 냉각작용이 부족하다.

① 직렬식
② 병렬요동식
③ 부채반전식
④ 회전로울러식

해설 [보기]는 병렬요동식 화격자에 대한 설명이다.

31 다음 연료 중 착화온도(℃)의 대략적인 범위가 옳지 않은 것은?

① 목탄 : 320~370℃
② 중유 : 430~480℃
③ 수소 : 580~600℃
④ 메탄 : 650~750℃

해설 중유의 착화온도는 530~580℃ 정도이다.

32 벙커 C유에 2.5%의 S성분이 함유되어 있을 때 건조연소가스량 중의 SO_2 양(%)은? (단, 공기비 1.3, 이론공기량 $12Sm^3/kg-oil$, 이론건조연소가스량 $12.5Sm^3/kg-oil$이고, 연료 중의 황성분은 95%가 연소되어 SO_2로 된다.)

① 약 0.1
② 약 0.2
③ 약 0.3
④ 약 0.4

해설 건조연소가스 중 SO_2의 농도(%)는 다음과 같이 계산한다.

⟨계산식⟩ $SO_2(\%) = \dfrac{SO_2}{G_d} \times 100$

• $G_d = G_{od} + (m-1)A_o$
  $= 12.5 + (1.3-1) \times 12 = 16.1 Sm^3$

• $SO_2 = \dfrac{2.5}{100} \Big| \dfrac{95}{100} \Big| \dfrac{22.4}{32} = 0.017 Sm^3$

∴ $SO_2(\%) = \dfrac{0.017}{16.1} \times 100 = 0.1\%$

33 배기장치의 송풍기에서 $1,000Sm^3/min$의 배기가스를 배출하고 있다. 이 장치의 압력손실은 $250mmH_2O$이고, 송풍기의 효율이 65%라면 이 장치를 움직이는데 소요되는 동력(kW)은?

① 43.61
② 55.36
③ 62.84
④ 78.57

해설 송풍기의 동력 계산식을 이용한다.

⟨계산식⟩ $P(kW) = \dfrac{\Delta P \times Q}{102 \times \eta} \times \alpha$

• $Q = \dfrac{1,000Sm^3}{min} \Big| \dfrac{1min}{60sec} = 16.67 m^3/sec$

∴ $P = \dfrac{250 \times 16.67}{102 \times 0.65} = 62.86 kW$

34 유동층 연소에서 부하변동에 대한 적응성이 좋지 않은 단점을 보완하기 위한 방법으로 가장 거리가 먼 것은?

① 층의 높이를 변화시킨다.
② 층 내의 연료비율을 고정시킨다.
③ 공기분산판을 분할하여 층을 부분적으로 유동시킨다.
④ 유동층을 몇 개의 셀로 분할하여 부하에 따라 작동시키는 수를 변화시킨다.

해설 유동층 연소는 부하변동에 대한 적응성이 좋지 않은 단점이 있다. 이를 보완하기 위해서는 유동층 내의 연료비율을 변화시킬 수 있도록 하는 것이 좋다.

35 [보기]에서 설명하는 내용으로 가장 적합한 유류연소 버너는?

[보기]
- 화염의 형식 : 가장 좁은 각도의 긴 화염이다.
- 유량조절범위 : 약 1:10 정도이며, 대단히 넓다.
- 용도 : 제강용 평로, 연속가열로, 유리용해로 등의 대형 가열로 등에 많이 사용된다.

① 유압식
② 회전식
③ 고압기류식
④ 저압기류식

해설 유량조절범위가 넓고, 대형 가열로에 이용되며, 화염이 가장 좁은 각도(30° 이하)의 화염을 갖는 유류버너는 고압기류식 버너이다. 고압기류(공기/증기)식 버너는 유류를 증기 또는 공기(압력 2~10kg/cm²)를 사용하여 액적(液滴)을 분산·미립화하여 연소시키는 버너로서 유량조절범위가 1 : 10 정도로서 가장 크고, 분무각도는 20~30°로 가장 작으며 연소특성이 우수하기 때문에 제강용 평로, 연속가열로, 유리용해로 등의 대형 가열로에 주로 사용된다. 연소 시 소음이 발생되는 것이 문제점이다.

36 탄소 80%, 수소 15%, 산소 5% 조성을 갖는 액체연료의 $(CO_2)_{max}(\%)$는? (단, 표준상태 기준)

① 12.7 ② 13.7
③ 14.7 ④ 15.7

해설 $(CO_2)_{max}(\%)$의 계산식을 이용한다.

〈계산식〉 $(CO_2)_{max}(\%) = \dfrac{CO_2}{G_{od}} \times 100$

- $G_{od} = (1-0.21)A_o + CO_2$
- $O_o = 1.867C + 5.6H + 0.7S - 0.7O$
  $= 1.867 \times 0.8 + 5.6 \times 0.15 - 0.7 \times 0.05$
  $= 2.3 \, Sm^3/kg$
- $A_o = O_o \times \dfrac{1}{0.21} = 2.3 \times \dfrac{1}{0.21} = 10.95 \, Sm^3/kg$
- $CO_2 = 1.867C = 1.494$

⇨ $G_{od} = (1-0.21) \times 10.95 + 1.4936$
$= 10.144 \, Sm^3/kg$

∴ $(CO_2)_{max} = \dfrac{1.494}{10.144} \times 100 = 14.72\%$

37 메탄 1mol이 공기비 1.2로 연소할 때의 등가비는?

① 0.63 ② 0.83
③ 1.26 ④ 1.62

해설 등가비는 공기비의 역수로 정의된다.

〈계산식〉 $\phi = \dfrac{1}{m}$

∴ $\phi = \dfrac{1}{1.2} = 0.83$

38 메탄의 고위발열량이 9,900kcal/Sm³이라면 저위발열량(kcal/Sm³)은?

① 8,540 ② 8,620
③ 8,790 ④ 8,940

해설 기체연료의 저위발열량 계산은 다음과 같다.

〈계산식〉 $Hl = Hh - 480\Sigma iH_2O$
〈반응식〉 $CH_4 + 2O_2 \rightarrow CO_2 + 2H_2O$
  1mol : 2mol

∴ $Hl = 9,900 - 480 \times 2 = 8,940 \, kcal/Sm^3$

39 액화천연가스의 대부분을 차지하는 구성 성분은?

① CH_4 ② C_2H_6
③ C_3H_8 ④ C_4H_{10}

해설 액화천연가스(LNG)의 주성분은 메탄이다.

40 H_2 40%, CH_4 20%, C_3H_8 20%, CO 20%의 부피조성을 가진 기체연료 1Sm³을 공기비 1.1로 연소시킬 때 필요한 실제공기량(Sm³)은?

① 약 8.1 ② 약 8.9
③ 약 10.1 ④ 약 10.9

해설 실제공기량 계산식을 이용한다.
〈계산식〉 $A = mA_o$
〈연소반응〉 $H_2 + 1/2O_2 \rightarrow H_2O$
  $CH_4 + 2O_2 \rightarrow CO_2 + 2H_2O$
  $C_3H_8 + 5O_2 \rightarrow 3CO_2 + 4H_2O$
  $CO + 1/2O_2 \rightarrow CO_2$

- $O_o = 0.5 \times 0.4 + 2 \times 0.2 + 5 \times 0.2 + 0.5 \times 0.2$
  $= 2 \, m^3/m^3$
- $A_o = O_o \times \dfrac{1}{0.21} = 2 \times \dfrac{1}{0.21} = 9.524 \, m^3/m^3$

∴ $A = 1.1 \times 9.524 = 10.48 \, m^3$

제3과목 대기오염방지기술

41 전기집진장치로 함진가스를 처리할 때 입자의 겉보기 고유저항이 높을 경우의 대책으로 옳지 않은 것은?

① 아황산가스를 조절제로 투입한다.
② 처리가스의 습도를 높게 유지한다.
③ 탈진의 빈도를 늘리거나 타격강도를 높인다.
④ 암모니아를 조절제로 주입하고, 건식집진장치를 사용한다.

해설 ④항은 비저항이 낮은 경우의 대책을 설명하고 있다. 전기비저항이 $10^4 \Omega \cdot cm$ 이하일 경우 재비산 현상이 일어나며 방지대책으로 NH_3가스 주입, 습식집진장치 사용, 습도 및 온도조절 등이 있다.

42 다음 중 각 집진장치의 유속과 집진특성에 대한 설명 중 옳지 않은 것은?

① 건식 전기집진장치는 재비산 한계 내에서 기본유속을 정한다.
② 벤투리스크러버와 제트스크러버는 기본유속이 작을수록 집진율이 높다.
③ 중력집진장치와 여과집진장치는 기본유속이 작을수록 미세한 입자를 포집한다.
④ 원심력집진장치는 적정 한계 내에서는 입구유속이 빠를수록 효율은 높은 반면 압력손실은 높아진다.

해설 세정집진장치 중 벤투리스크러버, 제트스크러버 등은 목(throat)부의 유속을 크게 유지할 수록 충돌효율과 차단효율이 증가된다.

43 먼지함유량이 A인 배출가스에서 C만큼 제거시키고, B만큼을 통과시키는 집진장치의 효율 산출식과 가장 거리가 먼 것은?

① $\dfrac{C}{A}$ ② $\dfrac{C}{(B+C)}$
③ $\dfrac{B}{A}$ ④ $\dfrac{(A-B)}{A}$

해설 모든 집진장치는 공통적으로 제거량/유입량 또는 (유입량−유출량)/유입량으로 집진효율을 산정할 수 있다. 따라서 유입량을 A, 유출량을 B, 제거량을 C로 할 경우, 이에 근접하지 않는 것은 보기 ③항이 된다.

44 흡수장치에서 충전탑(packed tower)과 단탑(plate tower)에 대해 적용 방법을 비교한 설명으로 가장 거리가 먼 것은?

① 포말성 흡수액일 경우 충전탑이 유리하다.
② 흡수액에 부유물이 포함되어 있는 경우 단탑을 사용하는 것이 더 효율적이다.
③ 온도변화에 따른 팽창과 수축이 우려될 경우는 충전제 손상이 예상되므로 단탑이 유리하다.
④ 운전 시 용매에 의해 발생하는 용해열을 제거해야 할 경우 냉각오일을 설치하기 쉬운 충전탑이 유리하다.

해설 운전 시 용매에 의해 발생하는 용해열을 제거해야 할 경우 냉각오일을 설치하기 쉬운 단탑(plate tower)이 보다 유리하다.

45 평판형 전기집진장치의 집진판 사이의 간격이 10cm, 가스의 유속은 3m/sec, 입자가 집진극으로 이동하는 속도가 4.8cm/sec일 때, 층류영역에서 입자를 완전히 제거하기 위한 이론적인 집진극의 길이(m)는?

① 1.34   ② 2.14
③ 3.13   ④ 4.29

해설 전기집진장치에서 층류영역 즉, 이론적 관계식을 이용한다.

〈계산식〉 $\dfrac{W_e}{V} = \dfrac{R}{L}$

∴ $L = \dfrac{R \times V}{W_e} = \dfrac{0.05 \times 3}{0.048} = 3.125 \, m$

46 습식 배연탈황법의 특징에 대한 설명 중 옳지 않은 것은?

① 반응속도가 빨라 SO_2의 제거율이 높다.
② 처리한 가스의 온도가 낮아 재가열이 필요할 수 있다.
③ 장치의 부식 위험이 있고, 별도의 폐수처리시설이 필요하다.
④ 상업성 부산물의 회수가 용이하지 않고, 보수가 어려우며, 공정의 신뢰도가 낮다.

해설 습식 배연탈황법으로 탈황할 경우 건식법에 비해 제거속도가 빠르고 효율이 높으며, 석고, 황산 등 상업성 부산물의 회수가 용이하고, 공정의 신뢰도가 높다. 그러나 처리한 가스의 온도가 낮아 재가열이 필요한 경우가 있으며, 장치의 부식 위험이 있고, 별도의 폐수처리시설이 필요한 단점이 있다.

47 다음 [보기]가 설명하는 원심력 송풍기는?

[보기]
- 구조가 간단하여 설치장소의 제약이 적고, 고온, 고압 대용량에 적합하며, 압입통풍기로 주로 사용된다.
- 효율이 좋고 적은 동력으로 운전이 가능하다.

① 터보형   ② 평판형
③ 다익형   ④ 프로펠러형

해설 [보기]에 해당하는 송풍기는 후향날개형(터보형) 송풍기이다. 후향날개형은 비교적 큰 압력손실에도 잘 견디기 때문에 공기정화장치가 있는 국소배기 시스템에 사용한다.

48 배출가스 중 염화수소 제거에 관한 설명으로 옳지 않은 것은?

① 누벽탑, 충전탑, 스크러버 등에 의해 용이하게 제거할 수 있다.
② 염화수소 농도가 높은 배기가스를 처리하는 데는 관외 냉각형, 염화수소 농도가 낮은 때는 충전탑 사용이 권장된다.
③ 염화수소의 용해열이 크고 온도가 상승하면 염화수소의 분압이 상승하므로 완전 제거를 목적으로 할 경우는 충분히 냉각할 필요가 있다.
④ 염산은 부식성이 있어 장치는 플라스틱, 유리라이닝, 고무라이닝, 폴리에틸렌 등을 사용해서는 안 되며 충전탑, 스크러버를 사용할 경우는 mist catcher는 설치할 필요가 없다.

해설 흡수된 염화수소의 염산은 부식성이 있어 장치의 접촉부는 플라스틱, 유리라이닝, 고무라이닝, 폴리에틸렌 등의 내식성 재료로 구성해야 하고 출구에는 비말동반을 차단할 수 있는 부대설비가 필요하다. 한편, 염화수소 농도가 낮은 때는 충전탑을 사용할 수 있으나 농도가 높은 때는 관 외 냉각이 용이한 누벽탑 등 단탑을 사용하는 것이 좋다.

49 가스 중 불화수소를 수산화나트륨용액과 향류로 접촉시켜 87% 흡수시키는 충전탑의 흡수율을 99.5%로 향상시키기 위한 충전탑의 높이는? (단, 흡수액상의 불화수소의 평형분압은 0이다.)

① 2.6배 높아져야 함
② 5.2배 높아져야 함
③ 9배 높아져야 함
④ 18배 높아져야 함

해설 충전탑의 높이(m) 계산식을 이용한다.

〈계산식〉 $h = H_{OG} \times N_{OG} = H_{OG} \times \ln\dfrac{1}{1-\eta}$

- 효율 87% : $h_{87} = H_{OG} \times \ln\dfrac{1}{1-0.87} = 2.04 H_{OG}$
- 효율 99.5% : $h_{99.5} = H_{OG} \times \ln\dfrac{1}{1-0.995} = 5.30 H_{OG}$

$\therefore \dfrac{h_{99.5}}{h_{87}} = \dfrac{5.30 H_{OG}}{2.04 H_{OG}} = 2.6$배

50 중력집진장치에서 집진효율을 향상시키기 위한 조건으로 옳지 않은 것은?

① 침강실의 입구폭을 작게 한다.
② 침강실 내의 가스흐름을 균일하게 한다.
③ 침강실 내의 처리가스의 유속을 느리게 한다.
④ 침강실의 높이는 낮게 하고, 길이는 길게 한다.

해설 중력집진장치의 집진효율을 향상시키기 위해서는 침강실의 입구폭을 크게 하여 유속을 낮게 유지하여야 한다.

51 다음 [보기]가 설명하는 흡착장치로 옳은 것은?

> 가스의 유속을 크게 할 수 있고, 고체와 기체의 접촉을 크게 할 수 있으며, 가스와 흡착제를 향류로 접촉할 수 있는 장점은 있으나, 주어진 조업조건에 따른 조건변동이 어렵다.

① 유동층 흡착장치
② 이동층 흡착장치
③ 고정층 흡착장치
④ 원통형 흡착장치

해설 [보기]에 해당하는 흡착장치는 유동층 흡착장치이다. 유동층 흡착장치는 고정층과 이동층 흡착장치의 혼용하여 이용한 복합형이다.

52 후드의 종류에 관한 설명으로 옳지 않은 것은?

① 일반적으로 포집형 후드는 다른 후드보다 작업자의 작업방해가 적고, 적용이 유리하다.
② 포위식 후드의 예로는 완전포위식인 글러브상자와 부분포위식인 실험실 후드, 페인트 분무도장 후드가 있다.
③ 후드는 동작원리에 따라 크게 포위식과 외부식으로, 포위식은 다시 레시버형 또는 수형과 포집형 후드로 구분할 수 있다.
④ 포위식 후드는 적은 제어풍량으로 만족할 만한 효과를 기대할 수 있으나, 유입공기량이 적어 충분한 후드 개구면 속도를 유지하지 못하면 오히려 외부로 오염물질이 배출될 우려가 있다.

해설 후드는 오염물질이 발생원을 기준으로 발생원이 후드 안에 위치할 경우 포위식, 발생원이 후드 밖에 위치하는 경우 외부식, 발생원의 운동력을 이용하는 경우 레시버식 후드로 구분한다.

53 45° 곡관의 반경비가 2.0일 때, 압력손실계수는 0.27이다. 속도압이 26mmH₂O일 때, 곡관의 압력손실(mmH₂O)은?

① 1.5 ② 2.0
③ 3.5 ④ 4.0

해설 곡관의 압력손실 계산을 이용한다.

〈계산식〉 $\Delta P = f_c \times P_v \times \dfrac{\theta}{90°}$

∴ $\Delta P = 0.27 \times 26 \times \dfrac{45°}{90°} = 3.51 \text{mmH}_2\text{O}$

54 전기집진장치의 각종 장해현상에 따른 대책으로 가장 거리가 먼 것은?

① 먼지의 비저항이 낮아 재비산 현상이 발생할 경우 baffle을 설치한다.
② 배출가스의 점성이 커서 역전리 현상이 발생할 경우 집진극의 타격을 강하게 하거나 빈도수를 늘린다.
③ 먼지의 비저항이 비정상적으로 높아 2차 전류가 현저하게 떨어질 경우 스파크의 횟수를 줄인다.
④ 먼지의 비저항이 비정상적으로 높아 2차 전류가 현저하게 떨어질 경우 조습용 스프레이의 수량을 늘린다.

해설 2차 전류가 현저하게 떨어질 경우의 대책은 다음과 같다.
1. 스파크의 횟수를 늘린다.
2. 조습용 스프레이 수량을 늘린다.
3. 입구먼지의 농도를 적절히 조절한다.

55 공기의 유속과 점도가 각각 1.5m/sec, 0.0187cP일 때, 레이놀즈 수를 계산한 결과 1,950이었다. 이때 덕트 내를 이동하는 공기의 밀도(kg/m³)는 약 얼마인가? (단, 덕트의 직경은 75mm이다.)

① 0.23 ② 0.29
③ 0.32 ④ 0.40

해설 레이놀즈 수 계산식을 이용한다.

〈계산식〉 $Re = \dfrac{DV\rho}{\mu}$

• μ(점도) $= \dfrac{0.0187\text{mg}}{\text{mm} \cdot \text{sec}} \left| \dfrac{1\text{kg}}{10^6\text{mg}} \right| \dfrac{10^3\text{mm}}{1\text{m}}$
$= 1.87 \times 10^{-5} \text{kg/m} \cdot \text{sec}$
• D(관경) $= 75\text{mm} = 0.075\text{m}$
• V(유속) $= 1.5\text{m/sec}$
• Re(레이놀즈 수) $= 1,950$

⇨ $1,950 = \dfrac{1.5 \times 0.075 \times \rho}{1.87 \times 10^{-5}}$

∴ $\rho = 0.32 \text{ kg/m}^3$

56 일반적인 활성탄 흡착탑에서의 화재방지에 관한 설명으로 가장 거리가 먼 것은?

① 활성탄 흡착탑의 접촉시간은 30초 이상, 선속도는 0.1m/sec 이하로 유지한다.
② 축열에 의한 발열을 피할 수 있도록 형상이 균일한 조립상 활성탄을 사용한다.
③ 사영역이 있으면 축열이 일어나므로 활성탄 층의 구조를 수직 또는 경사지게 하는 편이 좋다.
④ 운전 초기에는 흡착열이 발생하여 15~30분 후에는 점차 낮아지므로 물을 충분히 뿌려주어 30분 정도 공기를 공회전시킨 다음 정상 가동한다.

해설 흡착탑 내에서의 접촉시간은 가급적 짧게 하고 (0.6~6sec 이내), 처리가스 속도를 빠르게 하여(최고유속 60cm/sec) 흡착열로 인한 화재를 방지한다.

57 광학현미경을 이용하여 입자의 투영면적을 관찰하고 그 투영면적으로부터 먼지의 입경을 측정하는 방법 중 "입자의 투영면적 가장자리에 접하는 가장 긴 선의 길이"로 나타내는 입경(직경)은?

① 등면적 직경 ② Feret 직경
③ Martin 직경 ④ Heyhood 직경

해설 Feret경(정방향경, d_F)은 입자의 투영면적 가장자리에 접하는 가장 긴 선의 거리에 상당하는 직경을 말한다.

58 다음 중 활성탄으로 흡착 시 효과가 가장 적은 것은?

① 알코올류 ② 아세트산
③ 담배연기 ④ 일산화질소

정답 53.③ 54.③ 55.③ 56.① 57.② 58.②

해설 Tuck와 Bownes에 의하면 물리적 흡착방법으로 제거할 수 있는 물질의 분자량은 정상상태에 있는 공기량보다 커야 하고, 실제적으로 가스 증기의 제거는 분자량이 45 이상일 때 가능한 것으로 알려지고 있다. 따라서 NH_3, CO, NO 등에 대한 흡착효과는 현저히 떨어진다.

59 배출가스 중의 NO_x 제거법에 관한 설명으로 옳지 않은 것은?

① 비선택적인 촉매환원에서는 NO_x뿐만 아니라 O_2까지 소비된다.
② 선택적 촉매환원법의 최적온도범위는 700~850℃ 정도이며, 보통 50% 정도의 NO_x를 저감시킬 수 있다.
③ 선택적 촉매환원법은 TiO_2, V_2O_5를 혼합하여 제조한 촉매에 NH_3, H_2, CO, H_2S 등의 환원가스를 작용시켜 NO_x를 N_2로 환원시키는 방법이다.
④ 배출가스 중의 NO_x 제거는 연소조절에 의한 제어법보다 더 높은 NO_x 제거효율이 요구되는 경우나 연소방식을 적용할 수 없는 경우에 사용된다.

해설 공개된 답안에는 ③항이 정답으로 되어있지만 ②항과 ③항 모두 틀린 답으로 볼 수 있다.
②항의 경우 선택적 촉매환원법의 최적온도범위는 300℃ 정도이며, 보통 80% 이상의 NO_x 저감시킬 수 있다.
③항의 경우 선택적 환원제가 아닌 비선택적 환원제(H_2, CO)를 포함하고, 선택적 촉매환원법에 대해 설명하고 있으므로 이 또한 틀린 보기가 된다.

60 반지름 250mm, 유효높이 15m인 원통형 백필터를 사용하여 농도 6g/m³인 배출가스를 20m³/sec로 처리하고자 한다. 겉보기 여과속도를 1.2cm/sec로 할 때 필요한 백필터의 수는?

① 49 ② 62
③ 65 ④ 71

해설 백필터의 개수 계산식을 이용한다.

〈계산식〉 $n = \dfrac{Q_f}{\pi D L V_f}$

∴ $n = \dfrac{20}{\pi \times 0.5 \times 15 \times 0.012} = 70.73 ≒ 71$개

[**제4과목**] **대기오염공정시험기준**

61 대기오염공정시험기준상 고성능 이온크로마토그래피의 장치 중 서프레서에 관한 설명으로 가장 거리가 먼 것은?

① 장치의 구성상 서프레서 앞에 분리관이 위치한다.
② 용리액에 사용되는 전해질 성분을 제거하기 위한 것이다.
③ 관형 서프레서에 사용하는 충전물은 스티롤계 강산형 및 강염기형 수지이다.
④ 목적성분의 전기전도도를 낮추어 이온성분을 고감도로 검출할 수 있게 해준다.

해설 서프레서란 용리액에 사용되는 전해질성분을 제거하기 위하여 분리관 뒤에 직렬로 접속시킨 것으로, 전해질을 물 또는 저전도도의 용매로 바꿔줌으로써 전기전도도 셀에서 목적이온성분과 전기전도도만을 고감도로 검출할 수 있게 해주는 것이다.

62 굴뚝 배출가스 중 먼지농도를 반자동식 시료 채취기에 의해 분석하는 경우 채취장치 구성에 관한 설명으로 옳지 않은 것은?

① 흡인노즐의 꼭지점은 80° 이하의 예각이 되도록 하고 주위장치에 고정시킬 수 있도록 충분한 각(가급적 수직)이 확보되도록 한다.
② 흡인노즐의 안과 밖의 가스흐름이 흐트러지지 않도록 흡인노즐 안지름(d)은 3mm 이상으로 하고, d는 정확히 측정하여 0.1mm 단위까지 구하여 둔다.
③ 흡입관은 수분 농축방지를 위해 시료가스 온도를 120±14℃로 유지할 수 있는 가열기를 갖춘 보로실리케이트, 스테인리스강 재질 또는 석영유리관을 사용한다.
④ 피토관은 피토관계수가 정해진 L형(C : 1.0 전후) 또는 S형(웨스턴형 C : 0.85 전후) 피토관으로서 배출가스 유속의 계속적인 측정을 위해 흡입관에 부착하여 사용한다.

해설 흡인노즐의 꼭지점은 30° 이하의 예각이 되도록 하고 매끈한 반구모양으로 한다.

정답 59.②, ③ 60.④ 61.④ 62.①

63 굴뚝에서 배출되는 건조 배출가스의 유량을 계산할 때, 필요한 값으로 옳지 않은 것은? (단, 굴뚝의 단면은 원형이다.)

① 굴뚝 단면적
② 배출가스 평균온도
③ 배출가스 평균동압
④ 배출가스 중의 수분량

해설 건조배출가스의 유량 계산식은 다음과 같다.

〈계산식〉 $Q_N = V \times A \times \dfrac{273}{273+t_s} \times \dfrac{P_a + P_s}{760}$
$\times \left(1 + \dfrac{X_w}{100}\right) \times 3{,}600$

- Q_N : 건조 배출가스 유량(Sm^3/hr)
- V : 배출가스 평균유속(m/sec)
- A : 굴뚝 단면적(m^2)
- t_s : 배출가스 평균온도(℃)
- P_a : 대기압(mmHg)
- P_s : 배출가스 평균정압(mmHg)
- X_w : 배출가스 중의 수분량(%)

64 대기오염공정시험기준상 원자흡수분광광도법에서 사용하는 용어의 정의로 옳지 않은 것은?

① 선프로파일(Line Profile) : 파장에 대한 스펙트럼선의 강도를 나타내는 곡선
② 공명선(Resonance Line) : 목적하는 스펙트럼선에 가까운 파장을 갖는 다른 스펙트럼선
③ 예복합버너(Premix Type Burner) : 가연성 가스, 조연성 가스 및 시료를 분무실에서 혼합시켜 불꽃 중에 넣어주는 방식의 버너
④ 분무실(Nebulizer-Chamber) : 분무기와 함께 분무된 시료용액의 미립자를 더욱 미세하게 해주는 한편 큰 입자와 분리시키는 작용을 갖는 장치

해설 공명선(Resonance Line)은 원자가 외부로부터 빛을 흡수했다가 다시 먼저 상태로 돌아갈 때 방사하는 스펙트럼선을 말한다. 목적하는 스펙트럼선에 가까운 파장을 갖는 다른 스펙트럼선은 근접선(Neighbouring Line)이라 한다.

65 굴뚝 배출가스 내의 산소측정방법 중 덤벨형(dumb-bell) 자기력 분석계에 관한 설명으로 옳지 않은 것은?

① 측정셀은 시료 유통실로서 자극 사이에 배치하여 덤벨 및 불균형 자계발생 자극편을 내장한 것이어야 한다.
② 편위검출부는 덤벨의 편위를 검출하기 위한 것으로 광원부와 덤벨봉에 달린 거울에서 반사하는 빛을 받는 수광기로 된다.
③ 피드백 코일은 편위량을 없애기 위하여 전류에 의하여 자기를 발생시키는 것으로 일반적으로 백금선이 이용된다.
④ 덤벨은 자기화율이 큰 유리 등으로 만들어진 중공의 구체를 막대 양 끝에 부착한 것으로 수소 또는 헬륨을 봉입한 것을 말한다.

해설 덤벨은 자기화율이 적은 석영 등으로 만들어진 중공의 구체를 막대 양 끝에 부착한 것으로 질소 또는 공기를 봉입한 것이어야 한다.

66 대기오염공정시험기준상 일반화학분석에 대한 공통적인 사항으로 따로 규정이 없는 경우 사용해야 하는 시약의 규격으로 옳지 않은 것은?

	명 칭	농도(%)	비중(약)
가	암모니아수	32.0~38.0(NH_3로서)	1.38
나	플루오르화수소	46.0~48.0	1.14
다	브롬화수소	47.0~49.0	1.48
라	과염소산	60.0~62.0	1.54

① 가   ② 나
③ 다   ④ 라

해설 암모니아수의 농도는 28~30%이다.

67 어떤 굴뚝 배출가스의 유속을 피토관으로 측정하고자 한다. 동압 측정 시 확대율이 10배인 경사 마노미터를 사용하여 액주 55mm를 얻었다. 동압은 약 몇 mmH_2O인가? (단, 경사 마노미터에는 비중 0.85의 톨루엔을 사용한다.)

① 4.7   ② 5.5
③ 6.5   ④ 7.0

해설 단위환산으로 계산한다. 단, 확대율 10배를 보정하는 것에 유의하여야 한다.

$$\therefore h = \frac{55mm \cdot toluene}{1} \left|\frac{1}{10}\right| \frac{0.85mmH_2O}{1mm \cdot toluene}$$
$$= 4.7mmH_2O$$

68 환경대기 중 석면농도를 측정하기 위해 위상차현미경을 사용한 계수방법에 관한 설명으로 ( ) 안에 알맞은 것은?

> 시료채취 측정시간은 주간 시간대에(오전 8시 ~오후 7시) (㉠)으로 1시간 측정하고, 시료채취조작 시 유량계의 부자를 (㉡)되게 조정한다.

① ㉠ 1L/min, ㉡ 1L/min
② ㉠ 1L/min, ㉡ 10L/min
③ ㉠ 10L/min, ㉡ 1L/min
④ ㉠ 10L/min, ㉡ 10L/min

해설 환경대기 중 석면농도를 측정하기 위해 위상차현미경을 사용한 시료채취 및 측정시간은 주간 시간대에(오전 8시~오후 7시) 10L/min으로 1시간 측정하고, 시료채취조작 시 유량계의 부자를 10L/min 되게 조정한다.

69 굴뚝 배출가스량이 125Sm³/hr이고, HCl 농도가 200ppm일 때, 5,000L 물에 2시간 흡수시켰다. 이때 이 수용액의 pOH는? (단, 흡수율은 60%이다.)

① 8.5   ② 9.3
③ 10.4 ④ 13.3

해설 제시된 조건에 따른 pOH 계산은 다음과 같다.

〈계산식〉 $pOH = 14 - pH$, $pH = \log\frac{1}{[H^+]}$

• $HCl \rightleftharpoons H^+ + Cl^-$
  1mol : 1mol : 1mol

• $[H^+](mol/L) = \frac{200mL}{m^3}\left|\frac{125m^3}{hr}\right|\frac{1}{5,000L}\left|\frac{2hr}{}\right|$
$\frac{60}{100}\left|\frac{1mol}{36.5g}\right|\frac{36.5mg}{22.4mL}\left|\frac{1g}{10^3mg}\right|$
$= 2.6786 \times 10^{-4} mol/L$

• $pH = \log\frac{1}{2.68 \times 10^{-4}} = 3.57$

$\therefore pOH = 14 - 3.57 = 10.43$

70 대기오염공정시험기준상 화학분석 일반사항에 대한 규정 중 옳지 않은 것은?

① "약"이란 그 무게 또는 부피에 대하여 ±10% 이상의 차가 있어서는 안 된다.
② 냉수는 15℃ 이하, 온수는 60~70℃, 열수는 약 100℃를 말한다.
③ "방울수"라 함은 10℃에서 정제수 10방울을 떨어뜨릴 때 그 부피가 약 1mL 되는 것을 뜻한다.
④ "밀봉용기"라 함은 물질을 취급 또는 보관하는 동안에 기체 또는 미생물이 침입하지 않도록 내용물을 보호하는 용기를 뜻한다.

해설 방울수라 함은 20℃에서 정제수 10방울을 떨어뜨릴 때 그 부피가 약 1mL 되는 것을 뜻한다.

71 대기오염공정시험기준상 원자흡수분광광도법에서 분석시료의 측정조건 결정에 관한 설명으로 가장 거리가 먼 것은?

① 분석선 선택 시 감도가 가장 높은 스펙트럼선을 분석선으로 하는 것이 일반적이다.
② 양호한 SN비를 얻기 위하여 분광기의 슬릿 폭은 목적으로 하는 분석선을 분리할 수 있는 범위 내에서 되도록 넓게 한다(이웃의 스펙트럼선과 겹치지 않는 범위 내에서).
③ 불꽃 중에서의 시료의 원자밀도 분포와 원소불꽃의 상태 등에 따라 다르므로 불꽃의 최적위치에서 빛이 투과하도록 버너의 위치를 조절한다.
④ 일반적으로 광원램프의 전류 값이 낮으면 램프의 감도가 떨어지는 등 수명이 감소하므로 광원램프는 장치의 성능이 허락하는 범위 내에서 되도록 높은 전류 값에서 동작시킨다.

해설 일반적으로 광원램프의 전류값이 높으면 램프의 감도가 떨어지고 수명이 감소하므로 광원램프는 장치의 성능이 허락하는 범위 내에서 되도록 낮은 전류 값에서 동작시킨다.

72 굴뚝 내의 온도(t)는 133℃이고, 정압(P_s)은 15mmHg이며 대기압(P_a)은 745mmHg이다. 이때 대기오염공정시험기준상 굴뚝 내의 배출가스 밀도(kg/m³)는? (단, 표준상태의 공기의 밀도(γ_o)는 1.3kg/Sm³이고, 굴뚝 내 기체성분은 대기와 같다.)

① 0.744 ② 0.874
③ 0.934 ④ 0.984

해설 표준상태 가스밀도(γ_o)를 온도와 압력보정을 하여 실측상태 밀도로 전환한다.

〈계산식〉 $\gamma = \gamma_o (kg/Sm^3) \times \dfrac{273}{273+t} \times \dfrac{P_a+P_s}{760}$

∴ $\gamma = 1.3 \times \dfrac{273}{273+133} \times \dfrac{745+15}{760} = 0.874 kg/m^3$

73 고용량 공기시료채취기를 이용하여 배출가스 중 비산먼지의 농도를 계산하려고 한다. 풍속이 0.5m/sec 미만 또는 10m/sec 이상 되는 시간이 전 채취시간의 50% 이상일 때 풍속에 대한 보정계수는?

① 1.0 ② 1.2
③ 1.4 ④ 1.5

해설 비산먼지농도 계산 시 풍속이 0.5m/sec 미만 또는 10m/sec 이상 되는 시간이 전 채취시간의 50% 이상일 때 풍속에 대한 보정계수는 1.2를 적용한다.

74 굴뚝 배출가스 중 아황산가스의 연속자동측정방법의 종류로 옳지 않은 것은?

① 불꽃광도법
② 광전도전위법
③ 자외선흡수법
④ 용액전도율법

해설 굴뚝 배출가스 중의 아황산가스의 연속자동측정법은 용액전도율법, 적외선흡수법, 자외선흡수법, 정전위전해법, 불꽃광도법이다.

75 대기오염공정시험기준상 환경대기 중 가스상 물질의 시료채취방법에 관한 설명으로 옳지 않은 것은?

① 용기채취법에서 용기는 일반적으로 수소 또는 헬륨 가스가 충진된 백(bag)을 사용한다.

② 용기채취법은 시료를 일단 일정한 용기에 채취한 다음 분석에 이용하는 방법으로 채취관-용기, 또는 채취관-유량조절기-흡입펌프-용기로 구성된다.
③ 직접채취법에서 채취관은 일반적으로 사불화에틸렌수지(teflon), 경질유리, 스테인리스강제 등으로 된 것을 사용한다.
④ 직접채취법에서 채취관의 길이는 5m 이내로 되도록 짧은 것이 좋으며, 그 끝은 빗물이나 곤충 기타 이물질이 들어가지 않도록 되어 있는 구조이어야 한다.

해설 환경대기 중 가스상 물질의 시료채취법 중 용기채취법에서 사용하는 용기는 일반적으로 진공병 또는 공기주머니(air bag)이다.

76 배출가스 중 굴뚝 배출 시료채취방법 중 분석대상 기체가 포름알데히드일 때 채취관, 도관의 재질로 옳지 않은 것은?

① 석영 ② 보통강철
③ 경질유리 ④ 불소수지

해설 배출가스 중 굴뚝 배출 시료채취방법 중 분석대상 기체가 포름알데히드일 때 채취관, 도관의 재질은 경질유리, 석영, 불소수지이다.
채취관, 도관의 재질이 보통강철인 분석대상 기체는 암모니아, 일산화탄소이다.

77 굴뚝의 배출가스 중 구리화합물을 원자흡수분광광도법으로 분석할 때의 측정파장(nm)은?

① 213.8 ② 228.8
③ 324.8 ④ 357.9

해설 굴뚝의 배출가스 중 구리를 원자흡수분광광도법으로 정량할 경우 324.8nm의 파장에서 시료용액의 흡광도를 측정한다.

79 다음 굴뚝 배출가스를 분석할 때 아연환원 나프틸에틸렌다이아민법이 주 시험방법인 물질로 옳은 것은?

① 페놀
② 브롬화합물
③ 이황화탄소
④ 질소산화물

해설 아연환원 나프틸에틸렌다이아민법이 주 시험방법인 물질은 질소산화물이다.
≪바르게 고쳐보기≫
① 페놀 : 기체크로마토그래피(주 시험법), 4-아미노안티피린 자외선/가시선 분광법
② 브롬화합물 : 자외선/가시선 분광법(주 시험법), 적정법
③ 이황화탄소 : 기체크로마토그래피(주 시험법), 자외선/가시선 분광법

79 대기오염공정시험기준상 비분산적외선분광분석법의 용어 및 장치구성에 관한 설명으로 옳지 않은 것은?

① 제로드리프트(zero drift)는 측정기의 교정범위 눈금에 대한 지시값의 일정 기간 내의 변동을 말한다.
② 비교가스는 시료 셀에서 적외선 흡수를 측정하는 경우 대조가스로 사용하는 것으로 적외선을 흡수하지 않는 가스를 말한다.
③ 광원은 원칙적으로 흑체발광으로 니크롬선 또는 탄화규소의 저항체에 전류를 흘려 가열한 것을 사용한다.
④ 시료셀은 시료가스가 흐르는 상태에서 양단의 창을 통해 시료광속이 통과하는 구조를 갖는다.

해설 제로드리프트(zero drift)는 측정기의 최저눈금에 대한 지시치의 일정기간 내의 변동을 말한다.

80 환경대기 중 아황산가스를 파라로자닐린법으로 분석할 때 다음 간섭물질에 대한 제거방법으로 옳은 것은?

① NO_x : 측정시간을 늦춘다.
② Cr : pH를 4.5 이하로 조절한다.
③ O_3 : 설퍼민산(NH_3SO_3)을 사용한다.
④ Mn, Fe : EDTA 및 인산을 사용한다.

해설 ④항만 옳다.
≪바르게 고쳐보기≫
① NO_x : 설퍼민산(NH_3SO_3) 사용
② Cr : EDTA 및 인산을 사용한다.
③ O_3 : 측정시간을 늦춘다.

제5과목 대기환경관계법규

81 대기환경보전법령상 황함유 기준에 부적합한 유류를 판매하여 그 해당 유류의 회수처리명령을 받은 자는 시·도지사 등에게 그 명령을 받은 날부터 며칠 이내에 이행완료보고서를 제출하여야 하는가?
① 5일 이내에   ② 7일 이내에
③ 10일 이내에 ④ 30일 이내에

해설 [시행령 제40조] 저황유의 사용규정에 따르면 대기환경보전법령상 황함유 기준에 부적합한 유류의 회수처리명령 또는 사용금지명령을 받은 자는 명령을 받은 날부터 5일 이내에 이행완료보고서를 환경부장관 또는 시·도지사에게 제출하여야 한다.

82 대기환경보전법령상 자동차 연료형 첨가제의 종류가 아닌 것은?
① 세척제   ② 청정분산제
③ 성능향상제 ④ 유동성 향상제

해설 대기환경보전법령상 성능향상제는 자동차 연료형 첨가제에 포함되지 않는다.

83 대기환경보전법령상 수도권대기환경청장, 국립환경과학원장 또는 한국환경공단이 설치하는 대기오염 측정망의 종류에 해당하지 않는 것은?

① 대기오염물질의 국가배경농도와 장거리이동 현황을 파악하기 위한 국가배경농도 측정망
② 대기오염물질의 지역배경농도를 측정하기 위한 교외대기 측정망
③ 도시지역의 휘발성 유기화합물 등의 농도를 측정하기 위한 광화학대기오염물질 측정망
④ 대기 중의 중금속농도를 측정하기 위한 대기중금속 측정망

해설 [시행규칙 제11조] 수도권대기환경청장, 국립환경과학원장 또는 「한국환경공단법」에 따른 한국환경공단이 설치하는 대기오염 측정망에는 도시지역 또는 산업단지 인근지역의 특정대기유해물질(중금속을 제외한다)의 오염도를 측정하기 위한 유해대기물질 측정망이다.

84 대기환경보전법령상 용어의 뜻으로 틀린 것은?

① 대기오염물질 : 대기 중에 존재하는 물질 중 심사·평가 결과 대기오염의 원인으로 인정된 가스·입자상 물질로서 환경부령으로 정하는 것을 말한다.
② 기후·생태계 변화유발물질 : 지구온난화 등으로 생태계의 변화를 가져올 수 있는 기체상 물질로서 온실가스와 환경부령으로 정하는 것을 말한다.
③ 매연 : 연소할 때에 생기는 유리탄소가 주가 되는 미세한 입자상 물질을 말한다.
④ 촉매제 : 자동차에서 배출되는 대기오염물질을 줄이기 위하여 자동차에 부착 또는 교체하는 장치로서 환경부령으로 정하는 저감효율에 적합한 장치를 말한다.

해설 [법 제2조] 용어의 정의에서 "촉매제"란 배출가스를 줄이는 효과를 높이기 위하여 배출가스 저감장치에 사용되는 화학물질로 환경부령을 정하는 것을 말한다. ④항의 정의는 "배출가스 저감장치"를 설명하고 있다.

85 대기환경보전법령상 초과부과금 산정기준 중 오염물질과 그 오염물질 1kg당 부과금액(원)의 연결로 모두 옳은 것은?

① 황산화물-500, 암모니아-1,400
② 먼지-6,000, 이황화탄소-2,300
③ 불소화합물-7,400, 시안화수소-7,300
④ 염소-7,400, 염화수소-1,600

해설 ①항만 옳다.
② 먼지-770, 이황화탄소-1600
③ 불소화합물-2,300, 시안화수소-7,300
④ 염화수소-7,400
※ 2020년 1월 1일 이후 염소 대신 질소산화물로 대체되었음

86 다음은 대기환경보전법령상 대기오염물질 배출시설기준이다. ( ) 안에 알맞은 것은?

배출시설	대상 배출시설
폐수·폐기물 처리시설	- 시간당 처리능력이 (㉮)세제곱미터 이상인 폐수·폐기물 증발시설 및 농축시설 - 용적이 (㉯)세제곱미터 이상인 폐수·폐기물 건조시설 및 정제시설

① ㉮ 0.5, ㉯ 0.3   ② ㉮ 0.3, ㉯ 0.15
③ ㉮ 0.3, ㉯ 0.3   ④ ㉮ 0.5, ㉯ 0.15

해설 [시행규칙 별표 3] 대기오염물질 배출시설 기준 중 폐수·폐기물·폐가스 소각시설은 시간당 처리능력이 0.5세제곱미터 이상인 폐수·폐기물 증발시설 및 농축시설이고, 용적이 0.15세제곱미터 이상인 폐수·폐기물 건조시설 및 정제시설이어야 한다.

87 대기환경관계법령상 자가측정 대상 및 방법에 관한 기준이다. ( ) 안에 알맞은 것은?

사업자가 자가측정 시 사용한 여과지 및 시료채취기록지의 보존기간은 「환경분야 시험·검사 등에 관한 법률」에 따른 환경오염공정시험기준에 따라 측정한 날부터 (   )(으)로 한다.

① 6개월   ② 9개월
③ 1년   ④ 2년

해설 [시행규칙 제52조] 사업자가 자가측정 시 사용한 여과지 및 시료채취기록지의 보존기간은 「환경분야 시험·검사 등에 관한 법률」에 따른 환경오염공정시험기준에 따라 측정한 날부터 6개월로 한다.

88 대기환경보전법령상 측정기기의 부착·운영 등과 관련된 행정처분기준 중 사업자가 부착한 굴뚝 자동측정기기의 측정자료를 관제센터로 전송하지 아니한 경우 각 위반 차수별(1차~4차) 행정처분 기준으로 옳은 것은?

① 경고 – 조치명령 – 조업정지 10일 – 조업정지 30일
② 조업정지 10일 – 조업정지 30일 – 경고 – 허가취소
③ 조업정지 10일 – 조업정지 30일 – 조치이행명령 – 사용중지
④ 개선명령 – 조업정지 30일 – 사용중지 – 허가취소

해설 [시행규칙 별표 36] 대기환경보전법령상 측정기기의 부착·운영 등과 관련된 행정처분기준 중 사업자가 부착한 굴뚝 자동측정기기의 측정자료를 관제센터로 전송하지 아니한 경우 1차 경고, 2차 조치명령, 3차 조업정지 10일, 4차 조업정지 30일의 행정처분을 받게 된다.

정답 84.④ 85.① 86.④ 87.① 88.①

89 대기환경보전법령상 위임업무 보고사항 중 자동차 연료 및 첨가제의 제조·판매 또는 사용에 대한 규제현황에 대한 보고횟수 기준은?

① 연 1회 ② 연 2회
③ 연 4회 ④ 연 12회

해설 [시행규칙 별표 37] 위임업무 보고사항 중 자동차 연료 및 첨가제의 제조·판매 또는 사용에 대한 규제현황에 대한 보고횟수 기준은 연 2회이다.

90 악취방지법령상 지정악취물질에 해당하지 않는 것은?

① 염화수소 ② 메틸에틸케톤
③ 프로피온산 ④ 뷰틸아세테이트

해설 [악취방지법 시행규칙 별표 1] 암모니아, 메틸메르캅탄, 황화수소, 메틸에틸케톤, 프로피온산, 뷰틸아세테이트 등은 지정악취물질이지만 염화수소는 지정악취물질에 해당되지 않는다.

91 대기환경보전법령상 배출가스 관련 부품을 장치별로 구분할 때 다음 중 배출가스 자기진단장치(On Board Diagnostics)에 해당하는 것은?

① EGR 제어용 서모밸브(EGR Control Thermo Valve)
② 연료계통 감시장치(Fuel System Monitor)
③ 정화조절밸브(Purge Control Valve)
④ 냉각수온센서(Water Temperature Sensor)

해설 [시행규칙 별표 20] 제시된 항목 중 배출가스 관련 부품 중 배출가스 자기진단장치에 해당하는 것은 연료계통 감시장치이다.

92 대기환경보전법령상 배출허용기준 준수 여부를 확인하기 위한 환경부령으로 정하는 대기오염도 검사기관에 해당하지 않는 것은?

① 환경기술인협회
② 한국환경공단
③ 특별자치도 보건환경연구원
④ 국립환경과학원

해설 [시행규칙 제40조] 대기오염도 검사기관은 국립환경과학원, 보건환경연구원, 유역환경청, 지방환경청 또는 수도권대기환경청, 한국환경공단 등이다.

93 대기환경보전법령상 사업자가 환경기술인을 바꾸어 임명하려는 경우 그 사유가 발생한 날부터 며칠 이내에 임명하여야 하는가? (단, 기타의 경우는 고려하지 않는다.)

① 당일 ② 3일 이내
③ 5일 이내 ④ 7일 이내

해설 [시행령 제39조] 환경기술인을 바꾸어 임명하는 경우에는 그 사유가 발생한 날부터 5일 이내. 다만, 환경기사 1급 또는 2급 이상의 자격이 있는 자를 임명하여야 하는 사업장으로서 5일 이내에 채용할 수 없는 부득이한 사정이 있는 경우에는 30일의 범위에서 4종·5종 사업장의 기준에 준하여 환경기술인을 임명할 수 있다.

94 환경정책기본법령상 미세먼지(PM-10)의 환경기준으로 옳은 것은? (단, 24시간 평균치)

① $100\mu g/m^3$ 이하
② $500\mu g/m^3$ 이하
③ $35\mu g/m^3$ 이하
④ $15\mu g/m^3$ 이하

해설 환경정책기본법령상 미세먼지(PM-10)의 환경기준은 $100\mu g/m^3$ 이하이다.

95 실내공기질관리법령상 신축 공동주택의 실내공기질 권고기준으로 틀린 것은?

① 자일렌 : $600\mu g/m^3$ 이하
② 톨루엔 : $1,000\mu g/m^3$ 이하
③ 스티렌 : $300\mu g/m^3$ 이하
④ 에틸벤젠 : $360\mu g/m^3$ 이하

해설 [실내공기질관리법 시행규칙 별표 4] 자일렌의 권고기준은 $700\mu g/m^3$ 이하이다.

96 대기환경보전법령상 기후·생태계변화 유발물질과 가장 거리가 먼 것은?

① 이산화질소
② 메탄
③ 과불화탄소
④ 염화불화탄소

해설 [법 제2조] 기후·생태계변화 유발물질은 이산화탄소, 메탄, 아산화질소, 과불화탄소, 육불화황, 염화불화탄소 및 수소불화탄소(환경부령)이다.

정답 89.② 90.① 91.② 92.① 93.③ 94.① 95.① 96.①

97 대기환경보전법령상 배출시설 설치허가를 받은 자가 대통령령으로 정하는 중요한 사항의 특정대기유해물질 배출시설을 증설하고자 하는 경우 배출시설 변경허가를 받아야 하는 시설의 규모기준은? (단, 배출시설의 규모의 합계나 누계는 배출구별로 산정한다.)

① 배출시설 규모의 합계나 누계의 100분의 5 이상 증설
② 배출시설 규모의 합계나 누계의 100분의 20 이상 증설
③ 배출시설 규모의 합계나 누계의 100분의 30 이상 증설
④ 배출시설 규모의 합계나 누계의 100분의 50 이상 증설

해설 [시행령 제11조] 설치허가 또는 변경허가를 받거나 변경신고를 한 배출시설 규모의 합계나 누계의 100분의 50 이상(특정대기유해물질 배출시설의 경우에는 100분의 30 이상으로 한다) 증설할 경우 배출시설 규모의 합계나 누계는 배출구별로 산정한다.

98 환경정책기본법령상 "벤젠"의 대기환경기준($\mu g/m^3$)은? (단, 연간 평균치)

① 0.1 이하   ② 0.15 이하
③ 0.5 이하   ④ 5 이하

해설 [환경정책기본법 시행령 별표 1] 환경정책기본법령상 벤젠의 대기환경기준은 연간 평균치 $5\mu g/m^3$ 이하이다.

99 환경정책기본법령상 환경부장관은 국가환경종합계획의 종합적·체계적 추진을 위해 몇 년마다 환경보전중기종합계획을 수립하여야 하는가?

① 1년   ② 2년
③ 3년   ④ 5년

해설 [환경정책기본법 제17조] 환경부장관은 국가환경종합계획의 종합적·체계적 추진을 위하여 5년마다 환경보전중기종합계획을 수립하여야 한다.

100 대기환경보전법령상 대기오염경보의 발령 시 단계별 조치사항으로 틀린 것은?

① 주의보 → 주민의 실외활동 자제요청
② 경보 → 주민이 실외활동 제한요청
③ 경보 → 사업장의 연료사용량 감축권고
④ 중대경보 → 자동차의 사용제한명령

해설 [시행령 제2조] 중대경보 발령 : 주민의 실외활동 금지요청, 자동차의 통행금지 및 사업장의 조업시간 단축명령 등
※ 실제 출제된 문제는 보기 2항에서 '주민의' 실외활동 제한요청이 아닌 '주민이' 실외활동 제한요청이라는 오타로 공개된 확정 답안이 2개이었음

2020 제3회 대기환경산업기사

2020. 8. 22 시행

제1과목 대기오염개론

01 다음 [보기]가 설명하는 오염물질로 옳은 것은?

[보기]
- 급성 중독증상은 구토, 복통, 이질 등이 나타나며 기관지 염증을 일으키는 경우도 있다.
- 만성적인 경우에는 후각신경의 마비와 폐기종 등을 일으키는 한편 이로 인한 동맥경화증이나 고혈압증의 유발요인이 되기도 한다.
- 이것에 의한 질환은 수질오염으로 인하여 발생한 이따이이따이병이 있다.

① As   ② Hg
③ Cr   ④ Cd

해설 [보기]의 특성을 갖는 오염물질은 카드뮴이다. Cr은 푸른색을 띠는 은백색 금속으로 아연광석의 채광이나 제련 시 발생한다. 카드뮴에 의한 대표적인 피해증상은 단백뇨, 골연화 증 및 골수공증, 이따이이따이병이 있다.

02 실내공기 오염물질인 라돈에 관한 설명으로 옳지 않은 것은?

① 무색, 무취의 기체로 폐암을 유발한다.
② 반감기는 3.8일 정도이고 호흡기로의 흡입이 현저하다.
③ 토양, 콘크리트, 벽돌 등으로부터 공기 중에 방출된다.
④ 자연계에는 존재하지 않으며, 공기에 비해 약 3배 정도 무겁다.

해설 석면은 자연계에서 산출되는 길고, 가늘고, 강한 섬유상 물질이다. 석면은 얇고 긴 섬유의 형태로서 규소, 수소, 마그네슘, 철, 산소 등의 원소를 함유하며, 그 기본구조는 산화규소의 형태를 취한다.

03 대류권 내 공기의 구성 물질을 [보기]와 같이 분류할 때 다음 중 "쉽게 농도가 변하는 물질"에 해당하는 것은?

[보기]
- 농도가 가장 안정된 물질
- 쉽게 농도가 변하지 않는 물질
- 쉽게 농도가 변하는 물질

① Ne   ② Ar
③ NO_2 ④ CO_2

해설 [보기] 중 "쉽게 농도가 변하는 물질"은 NO_2이다. 이산화질소는 대류권 내 체류시간이 2~5일로 짧은 편으로 광분해되거나 수증기와 반응하여 질산염 형태로 산성비의 원인이 되기도 한다.

04 과거의 역사적으로 발생한 대기오염 사건 중 런던형 스모그의 기상 및 안정도 조건으로 옳지 않은 것은?

① 침강성 역전
② 바람은 무풍상태
③ 기온은 4°C 이하
④ 습도는 85% 이상

해설 침강성 역전은 LA 스모그와 관련되는 기상인자이다. 런던형 스모그는 복사(방사성)역전으로 대기가 안정한 상태에서 발생하였다.

05 벨기에의 뮤즈계곡 사건, 미국의 도노라 사건 및 런던 스모그 사건의 공통적인 주요 대기오염 원인물질로 가장 적합한 것은?

① SO_2 ② O_3
③ CS_2 ④ NO_2

해설 벨기에의 뮤즈계곡 사건, 미국의 도노라 사건 및 런던 스모그 사건 모두 SO_2가 주요 대기오염 원인물질이었다.

정답 1.④ 2.④ 3.③ 4.① 5.①

06 오존 및 오존층에 관한 설명으로 옳지 않은 것은?

① 오존은 약 90% 이상이 고도 10~50km 범위의 성층권에 존재하고 있다.
② 오존층에서는 오존의 생성과 소멸이 계속적으로 일어나며 지표면의 생물체에 유해한 자외선을 흡수한다.
③ 지구 전체의 평균오존량은 약 300Dobson 정도이고, 지리적 또는 계절적으로 평균치의 ±50% 정도까지 변화한다.
④ CFCs는 독성과 활성이 강한 물질로서 대기 중으로 배출될 경우 빠르게 오존층에 도달한다.

[해설] CFCs 및 할론류(halons)는 불활성이고, 인체에 무독성이다.

07 유효굴뚝높이 60m에서 SO_2가 980,000 m^3/day, 1,200ppm으로 배출되고 있다. 이때 최대지표농도(ppb)는? (단, Sutton의 확산식을 사용하고, 풍속은 6m/sec, 이 조건에서 확산계수 K_y=0.15, K_z=0.18이다.)

① 96   ② 177
③ 361 ④ 485

[해설] Sutton의 최대착지농도 계산식을 이용한다.

〈계산식〉 $C_{max} = \dfrac{2Q}{\pi e U H_e^2} \times \left(\dfrac{K_z}{K_y}\right)$

• $Q = \dfrac{1,200mL}{m^3} \left| \dfrac{980,000m^3}{day} \right| \dfrac{1day}{24hr} \left| \dfrac{1hr}{3,600sec} \right.$
$= 13,611.11 mL/sec$

∴ $C_{max} = \dfrac{2 \times 13,611.11}{\pi \times 2.718 \times 6 \times 60^2} \times \left(\dfrac{0.18}{0.15}\right)$
$= 0.1771 mL/m^3 = 177.11 \mu L/m^3$

08 공업지역의 먼지농도 측정을 위해 여과지를 이용하여 0.45m/sec 속도로 3시간 포집한 결과 깨끗한 여과지에 비해 사용한 여과지의 빛 전달률이 66%인 경우 1,000m당 Coh는 약 얼마인가?

① 3.0   ② 3.2
③ 3.7   ④ 4.0

[해설] Coh(헤이즈계수) 계산식을 적용한다.

〈계산식〉 $Coh_{1,000} = \dfrac{100 \times \log(1/t)}{L} \times 10^3$

• $L = \dfrac{0.45m}{sec} \left| \dfrac{3,600sec}{1hr} \right| \dfrac{3hr}{} = 4,860m$

∴ $Coh_{1,000} = \dfrac{100 \times \log(1/0.66)}{4860} \times 1,000 = 3.7$

09 다음 중 지구온난화의 주 원인물질로 가장 적합하게 짝지어진 것은?

① CH_4-CO_2 ② SO_2-NH_3
③ CO_2-HF   ④ NH_3-HF

[해설] 지구온난화를 일으키는 기체상 물질은 아산화질소, 메탄, 이산화탄소, 수소불화탄소 등의 온실기체이다.

10 다음 중 SO_2에 대한 저항력이 가장 강한 식물은?

① 콩   ② 옥수수
③ 양상추 ④ 사루비아

[해설] SO_2(아황산가스)의 지표식물은 담배, 목화, 보리, 육송, 자주개나리(알팔파) 등이며, 강한 식물은 감귤, 옥수수, 무궁화, 협죽도, 까치밥나무, 쥐똥나무 등이다.

11 다음 각 대기오염물질의 영향에 관한 설명으로 옳지 않은 것은?

① O_3는 DNA, RNA에 작용하여 유전인자에 변화를 일으키며, 염색체 이상이나 적혈구의 노화를 가져온다.
② 바나듐은 인체에 콜레스테롤, 인지질 및 지방분의 합성을 저해하거나 다른 영양물질의 대사장해를 일으키기도 한다.
③ 유기수은은 무기수은과 달리 창자로부터의 배출은 적고, 주로 신장으로 배출되며, 혈압강하가 주된 증상이다.
④ 납중독은 조혈기능 장애로 인한 빈혈을 수반하고, 신경계통을 침해하며, 더 나아가 시신경 위축에 의한 실명, 사지의 경련도 일으킬 수 있다.

[해설] 유기수은은 장관흡수율이 매우 높다. 유기수은(RHgX) 특히, 메틸수은의 독성이 높은데 알킬수은(메틸·에틸수은 등)은 미나마타병을 유발하고, 주 표적장기는 신경계이며, 헌터루셀 증후군 일으킨다.

정답 6.④ 7.② 8.③ 9.① 10.② 11.③

12 다음 중 2차 대기오염물질과 가장 거리가 먼 것은?

① NOCl
② H_2O_2
③ PAN
④ NaCl

해설 1차 대기오염물질은 발생원에서 직접 대기 중으로 배출된 오염물질로서 SO_2, NO, NO_2, CO, H_2S, HCl, Cl_2, NH_3 등의 가스상 오염물질과 매연, 분진, SiO_2, NaCl, 중금속 입자(Pb 등) 등이 이에 속한다.

13 다음 각 오염물질에 대한 지표식물로 가장 거리가 먼 것은?

① PAN : 시금치
② 황화수소 : 토마토
③ 아황산가스 : 무궁화
④ 불소화합물 : 글라디올러스

해설 SO_2(아황산가스)의 지표식물은 담배, 목화, 보리, 육송, 자주개나리(알팔파) 등이며, 강한 식물은 감귤, 옥수수, 무궁화, 협죽도, 까치밤나무, 쥐똥나무 등이다.

14 국지풍에 관한 설명으로 옳지 않은 것은?

① 낮에 바다에서 육지로 부는 해풍은 밤에 육지에서 바다로 부는 육풍보다 보통 더 강하다.
② 열섬효과로 인해 도시의 중심부가 주위보다 고온이 되므로 도시 중심부에서는 상승기류가 발생하고 도시 주위의 시골(전원)에서 도시로 부는 바람을 전원풍이라 한다.
③ 고도가 높은 산맥에 직각으로 강한 바람이 부는 경우에는 산맥의 풍하쪽으로 건조한 바람이 불어내리는데 이러한 바람을 휀풍이라 한다.
④ 곡풍은 경사면 → 계곡 → 주 계곡으로 수렴하면서 풍속이 가속화되므로 낮에 산 위쪽으로 부는 산풍보다 보통 더 강하다.

해설 ④항은 산풍에 대한 설명이다. 산풍은 경사면 → 계곡 → 주계곡으로 수렴하면서 풍속이 가속되기 때문에 낮에 산 위쪽으로 부는 곡풍보다 더 강하다.

15 연소과정에서 방출되는 NO_x 배출가스 중 NO : NO_2의 개략적인 비는 얼마 정도인가?

① 5 : 95
② 20 : 80
③ 50 : 50
④ 90 : 10

해설 연소과정에서 방출되는 NO_x 중 대부분을 차지하는 것은 NO이다. NO : NO_2의 비는 약 90 : 10이다.

16 다음은 풍향과 풍속의 빈도분포를 나타낸 바람장미(wind rose)이다. 여기서 주풍은?

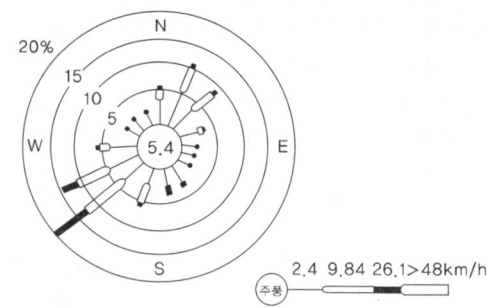

① 서풍
② 북동풍
③ 남동풍
④ 남서풍

해설 주풍(prevailing wind)은 풍배도에서 가장 빈번히 관측된 풍향, 즉 막대길이가 가장 긴 방향이다. 따라서 제시된 그림에서 남서풍이 주풍에 해당한다.

17 다음 [보기]가 설명하는 연기모양으로 옳은 것은?

[보기]
보통 30분 이상 지속되지 않으며, 일단 발생해 있던 복사역전층이 지표온도가 증가하면서 하층에서부터 해소되는 과정에서 상층은 역전상태로 안정층이 되고, 하층에는 불안정층이 되어 굴뚝에서 배출된 오염물질이 아래로 지표면에까지 영향을 미치면서 발생하는 연기모양

① Looping형
② Fanning형
③ Trapping형
④ Fumigation형

해설 [보기]에서 설명하고 있는 연기의 확산형태는 훈증형(Fumigation)이다. 훈증형은 일출 후 지표면 부근부터 역전층이 해소될 때 연원의 하층은 불안정, 상층은 역전상태일 때 관찰된다.

18 다음 중 레일라이 산란(Rayleigh scattering) 효과가 가장 뚜렷이 나타나는 조건은?

① 입자의 반경이 입사광선의 파장보다 훨씬 큰 경우
② 입자의 반경이 입사광선의 파장보다 훨씬 작은 경우
③ 입자의 반경과 입사광선의 파장이 비슷한 크기인 경우
④ 입자의 반경과 입사광선 파장의 크기가 정확히 일치하는 경우

해설 레일라이 산란은 기체와 같은 미세한 입자에 의해 일어난다. 레일라이 산란은 입자의 크기에 비해 파장이 클 때 일어나는 산란으로, 빛의 파장의 4제곱에 반비례한다. 즉 파장이 길수록 산란되는 빛의 양이 급격하게 줄어든다.

19 흑체의 최대에너지가 복사될 때 이용되는 파장(λ_m : μm)과 흑체의 표면온도(T : 절대온도)와의 관계를 나타내는 다음 복사이론에 관한 법칙은?

$$\lambda_m = a/T$$
(단, 비례상수 a : $0.2898 cm \cdot K$)

① 알베도의 법칙
② 플랑크의 법칙
③ 비인의 변위 법칙
④ 스테판-볼츠만의 법칙

해설 문제에서 제시하는 관계식은 빈의 변위 법칙이다. 비인의 변위 법칙(Wien's displacement law)은 흑체로부터 방출되는 파장 가운데 에너지밀도가 최대인 파장과 흑체의 온도가 반비례한다는 법칙이다.

20 보통 가을부터 봄에 걸쳐 날씨가 좋고, 바람이 약하며, 습도가 적을 때 자정 이후부터 아침까지 잘 발생하고, 낮이 되면 일사로 인해 지면이 가열되면 곧 소멸되는 역전의 형태는?

① Lofting inversion
② Coning inversion
③ Radiative inversion
④ Subsidence inversion

해설 시간적으로 밤에서 새벽 사이에 잘 발생하는 역전은 방사역전이다. 복사역전(Radiation inversion)은 일출 후 지표면의 온도가 상승하면서 역전층의 하층부터 소멸되기 시작한다.

[제2과목] 대기오염공정시험기준

21 다음은 환경대기 중 옥시던트 측정방법-중성요오드화칼륨법(Determination of Oxidants-Neutral Buffered Potassium Iodide Method)의 적용범위이다. ( ) 안에 가장 적합한 것은?

> 이 방법은 오존으로서 ( ) 범위에 있는 전체 옥시던트를 측정하는데 사용되며 산화성 물질이나 환원성 물질이 결과에 영향을 미치므로 오존만을 측정하는 방법은 아니다.

① $0.0001 \sim 0.001 \mu mol/mol$
② $0.001 \sim 0.01 \mu mol/mol$
③ $0.01 \sim 10 \mu mol/mol$
④ $100 \sim 1,000 \mu mol/mol$

해설 환경대기 중 옥시던트 측정방법-중성요오드화칼륨법은 오존으로서 $0.01 \sim 10 \mu mol/mol$ 범위의 총옥시던트를 측정하는데 적용되며 산화성 물질이나 환원성 물질이 결과에 영향을 미친다.

22 굴뚝 배출가스 중 수은화합물을 냉증기 원자흡수분광광도법으로 분석할 때 측정파장(nm)으로 옳은 것은?

① 193.7
② 253.7
③ 324.8
④ 357.9

해설 굴뚝 배출가스 중 수은의 냉증기 원자흡수분광광도법의 측정파장은 253.7nm이다.

23 비분산적외선분광분석법에 관한 설명으로 옳지 않은 것은?

① 광원은 원칙적으로 중공음극램프를 사용하며 감도를 높이기 위하여 텅스텐램프를 사용하기도 한다.
② 대기 및 굴뚝 배출기체 중의 오염물질을 연속적으로 측정하는 비분산 정필터형 적외선가스 분석계에 대하여 적용한다.

③ 선택성 검출기를 이용하여 시료 중 특정 성분에 의한 적외선의 흡수량 변화를 측정하여 시료 중 들어있는 특정 성분의 농도를 측정한다.
④ 광학필터는 시료가스 중에 간섭물질가스의 흡수파장역의 적외선을 흡수제거하기 위하여 사용하며, 가스필터와 고체필터가 있는데 이것은 단독 또는 적절히 조합하여 사용한다.

해설 비분산적외선광분석법의 광원은 원칙적으로 흑체발광으로 니크롬선 또는 탄화규소의 저항체에 전류를 흘러 가열한 것을 사용한다.

24 단면의 모양이 사각형인 어느 연도를 6개의 등면적으로 구분하여 각 측정점에서 유속과 굴뚝 건조배출가스 중 먼지농도를 수동식으로 측정한 결과가 다음과 같았다. 이때 전체단면의 평균먼지농도(g/Sm^3)는?

측정점	1	2	3	4	5	6
먼지농도 (g/Sm^3)	0.48	0.45	0.51	0.47	0.45	0.46
유속 (m/sec)	8.2	7.8	8.4	8.0	8.0	7.9

① 0.45 ② 0.47
③ 0.49 ④ 0.50

해설 사각형 연도의 먼지농도는 다음과 같이 구한다.

〈계산식〉 $C_m = \dfrac{\Sigma CV}{\Sigma V}$

- $\Sigma CV = 0.48 \times 8.2 + 0.45 \times 7.8 + 0.51 \times 8.4 + 0.47 \times 8.0 + 0.45 \times 8.0 + 0.46 \times 7.9$
- $\Sigma V = 8.2 + 7.8 + 8.4 + 8.0 + 8.0 + 7.9$

∴ $C_m = 0.47 g/Sm^3$

25 대기오염공정시험기준상 시약, 표준물질, 표준용액에 관한 설명으로 옳지 않은 것은?

① 시험에 사용하는 표준물질은 원칙적으로 특급시약을 사용한다.
② 표준용액을 조제하기 위한 표준용 시약은 따로 규정이 없는 한 데시케이터에 보존된 것을 사용한다.
③ 시험시약 중 따로 규정이 없고, 단순히 질산으로 표시했을 때는, 그 비중은 약 1.38, 농도는 60.0~62.0% 이상의 것을 뜻한다.
④ 표준물질을 채취할 때 표준액이 정수로 기재되어 있는 경우에는 실험자가 환산하여 기재한 수치에 "약"자를 붙여 사용할 수 없다.

해설 표준물질을 채취할 때 표준액이 정수로 기재되어 있는 경우에는 실험자가 환산하여 기재한 수치에 "약"자를 붙여 사용할 수 있다.

26 굴뚝 배출가스 중 먼지를 연속적으로 자동 측정하는 방법에서 사용되는 용어의 의미로 옳지 않은 것은?

① 검출한계 : 제로드리프트의 5배에 해당하는 지시치가 갖는 교정용 입자의 먼지농도를 말한다.
② 균일계 단분산입자 : 입자의 크기가 모두 같은 것으로 간주할 수 있는 시험용 입자로서 실험실에서 만들어진다.
③ 교정용 입자 : 실내에서 감도 및 교정오차를 구할 때 사용하는 균일계 단분산입자로서 기하평균입경이 0.3~3μm인 인공입자로 한다.
④ 응답시간 : 표준교정판(필름)을 끼우고 측정을 시작했을 때 그 보정치의 95%에 해당하는 지시치를 나타낼 때까지 걸린 시간을 말한다.

해설 검출한계 : 제로드리프트의 2배에 해당하는 지시치가 갖는 교정용 입자의 먼지농도를 말한다.

27 환경대기 중 아황산가스 측정을 위한 파라로자닐린법(Pararosaniline Method)의 장치구성에 관한 설명으로 옳지 않은 것은?

① 필터는 0.8~2.0μm의 다공질막 또는 유리솜 필터를 사용한다.
② 흡입펌프는 유량조절기와 펌프 사이에 적어도 0.7기압의 압력 차이를 유지하여야 한다.
③ 분광광도계로 376nm에서 흡광도를 측정하고, 측정에 사용되는 스펙트럼 폭은 50nm이어야 한다.
④ 시료분산기는 외경 8mm, 내경 6mm 및 길이 152mm의 유리관으로서 끝은 외경 0.3~0.8mm로 가늘게 만든 것을 사용한다.

해설 아황산가스 측정을 위한 파라로자닐린법의 분광광도계는 548nm에서 흡광도를 측정할 수 있어야 하고, 측정 스펙트럼폭은 15nm이어야 한다.

28 배출가스 중의 질소산화물을 페놀디설폰산법으로 측정할 경우 사용하는 시료가스 흡수액으로 옳은 것은?

① 붕산용액
② 암모니아수
③ 오르토톨리딘용액
④ 황산+과산화수소+증류수

해설 배출가스 중의 질소산화물을 페놀디설폰산법으로 측정할 경우 흡수액은 황산+과산화수소+증류수이다.

29 배출가스를 피토관으로 측정한 결과, 동압이 6mmH$_2$O일 때, 배출가스 평균유속(m/sec)은? (단, 피토관계수는 1.5, 중력가속도는 9.8m/sec^2, 굴뚝 내 습한 배출가스 밀도는 1.3kg/m^3)

① 12.8　　② 14.3
③ 15.8　　④ 16.5

해설 피토관 유속 계산식을 사용한다.

$$\langle 계산식 \rangle \quad V = C\sqrt{\frac{2gP_v}{\gamma}}$$

$$\therefore V = 1.5 \times \sqrt{\frac{2 \times 9.8 \times 6}{1.3}} = 14.3 \text{m/sec}$$

30 다음은 굴뚝 배출가스 중 시안화수소의 자외선/가시선 분광법(피리딘피라졸론법)에 관한 설명이다. ( ) 안에 알맞은 것은?

이 방법은 시안화수소를 흡수액에 흡수시킨 다음 발색시켜서 얻은 발색액에 대하여 흡광도를 측정하여 시안화수소를 정량하는 방법으로써, 이 방법의 방법검출한계는 (　　)이다. 그리고 할로겐 등의 산화성 가스와 황화수소 등의 영향을 무시할 수 있는 경우에 적용한다.

① 0.005ppm　　② 0.010ppm
③ 0.016ppm　　④ 0.032ppm

해설 시안화수소의 자외선/가시선 분광법의 방법검출한계는 0.016ppm이다.

31 환경대기 중 위상차현미경법에 의한 석면먼지의 농도 표시에 관한 설명으로 옳은 것은?

① 0℃, 1기압 상태의 기체 1mL 중에 함유된 석면섬유의 개수(개/mL)로 표시한다.
② 0℃, 1기압 상태의 기체 1μL 중에 함유된 석면섬유의 개수(개/μL)로 표시한다.
③ 20℃, 1기압 상태의 기체 1mL 중에 함유된 석면섬유의 개수(개/mL)로 표시한다.
④ 20℃, 1기압 상태의 기체 1μL 중에 함유된 석면섬유의 개수(개/μL)로 표시한다.

해설 석면 먼지의 농도 표시는 20℃, 1기압 상태의 기체 1mL 중에 함유된 석면섬유의 개수(개/mL)로 표시한다.

32 대기오염공정시험기준 총칙에 관한 사항으로 옳지 않은 것은?

① 냉수는 15℃ 이하, 온수는 (60~70)℃, 열수는 약 100℃를 말한다.
② 기체 중의 농도를 mg/m^{3}로 표시했을 때는 m^{3}은 표준상태 (0℃, 1기압)의 기체용적을 뜻하고 Sm^{3}로 표시한 것과 같다.
③ "냉후"(식힌 후)라 표시되어 있을 때는 보온 또는 가열 후 표준상태 온도까지 냉각된 상태를 뜻한다.
④ 시험에 사용하는 물은 따로 규정이 없는 한 정제증류수 또는 이온교환수지로 정제한 탈염수를 사용한다.

해설 "냉후"(식힌 후)라 표시되어 있을 때는 보온 또는 가열 후 실온까지 냉각된 상태를 뜻한다.

33 굴뚝 배출가스 중 일산화탄소 분석방법으로 옳지 않은 것은?

① 정전위전해법
② 이온선택적정법
③ 비분산적외선분석법
④ 기체크로마토그래피

해설 일산화탄소의 분석방법은 비분산적외선분석법(연속분석방법, 포집용백), 전기화학식(정전위전해법), 기체크로마토그래프법이 있다.

34 이온크로마토그래피 장치요건으로 옳지 않은 것은?

① 송액펌프는 맥동이 적은 것을 사용한다.
② 검출기는 분리관 용리액 중의 시료 성분의 유무와 양을 검출하는 부분으로 일반적으로 전도도검출기를 많이 사용한다.
③ 서프레서는 관형과 이온교환막형이 있으며, 관형은 음이온에는 스티롤계 강산형(H^+)의 수지가, 양이온에는 스티롤계 강염기형(OH^-)의 수지가 충진된 것을 사용한다.
④ 용리액조는 이온성분이 잘 용출되는 재질로 용리액과 공기와의 접촉이 효과적으로 되는 것을 선택하며, 일반적으로 실리카 재질의 것을 사용한다.

[해설] 용리액조는 이온성분이 용출되지 않는 재질로 용리액을 직접 공기와 접촉시키지 않는 밀폐된 것을 선택한다. 일반적으로 폴리에틸렌이나 경질유리제를 사용한다.

35 비분산적외선분석계의 장치구성에 관한 설명으로 옳지 않은 것은?

① 비교셀은 시료셀과 동일한 모양을 가지며 수소 또는 헬륨 기체를 봉입하여 사용한다.
② 시료셀은 시료가스가 흐르는 상태에서 양단의 창을 통해 시료광속이 통과하는 구조를 갖는다.
③ 광학필터는 시료가스 중에 간섭물질가스의 흡수파장역의 적외선을 흡수제거하기 위하여 사용한다.
④ 검출기는 광속을 받아들여 시료가스 중 측정성분 농도에 대응하는 신호를 발생시키는 선택적 검출기 혹은 광학필터와 비선택적 검출기를 조합하여 사용한다.

[해설] 비교셀은 시료셀과 동일한 모양을 가지며 아르곤 또는 질소와 같은 불활성 기체를 봉입하여 사용한다.

36 가스상 물질 시료채취장치에 대한 주의사항으로 옳지 않은 것은?

① 습식 가스미터를 이동 또는 운반할 때에는 반드시 물을 뺀다.
② 가스미터는 100mmH_2O 이내에서 사용한다.
③ 시료가스의 양을 재기 위하여 쓰는 채취병은 미리 0℃ 때의 참부피를 구해둔다.
④ 흡수병은 각 분석법에 공용 사용을 원칙으로 하고, 대상 성분이 달라질 때마다 메틸알코올로 3회 정도 씻은 후 사용한다.

[해설] 흡수병은 대상 성분마다 전용으로 하는 것이 좋다. 만일 공용으로 할 때에는 대상 성분이 달라질 때마다 묽은 산 또는 알칼리 용액과 물로 깨끗이 씻은 다음 다시 흡수액으로 3회 정도 씻은 후 사용한다.

37 다음은 환경대기 중 중금속화합물 동시분석을 위한 유도결합 플라즈마분광법에 사용되는 용어정의이다. ( ) 안에 알맞은 것은?

> 검출한계는 지정된 공정시험방법(기준)에 따라 시험하였을 때 바탕용액 농도의 오차범위와 통계적으로 다르게 나타나는 최소의 측정 가능한 농도를 의미하며, 보통 신호대 잡음비(S/N)가 (㉠)(이)가 되는 시료의 농도를 의미함. 실제로는 바탕용액의 농도를 여러 번 측정하여, 이 값의 표준편차의 (㉡)을(를) 곱한 농도로 산출한다.

① ㉠ 1, ㉡ 2
② ㉠ 2, ㉡ 3
③ ㉠ 5, ㉡ 10
④ ㉠ 10, ㉡ 10

[해설] 검출한계는 지정된 공정시험방법에 따라 시험하였을 때 바탕용액 농도의 오차범위와 통계적으로 다르게 나타나는 최소의 측정 가능한 농도를 의미하며, 보통 신호대 잡음비(S/N, Signal to Noise ration)가 2가 되는 시료의 농도를 의미하는데 실제로는 바탕용액의 농도를 여러 번 측정하여, 이 값의 표준편차의 3을 곱한 농도를 산출한다.

38 질산은적정법으로 배출가스 중 시안화수소를 분석할 때 사용되는 시약이 아닌 것은?

① 질산(부피분율 10%)
② 수산화소듐용액(질량분율 2%)
③ 아세트산(99.7%) (부피분율 10%)
④ p-다이메틸아미노벤질리덴로다닌의 아세톤용액

[해설] 시안화수소의 질산은적정법에 사용되는 시약은 흡수액(수산화소듐), p-다이메틸아미노벤질리덴로다닌의 아세톤용액, 아세트산(10V/V%), 수산화소듐용액(2W/V%), 질산은용액(N/100) 등이다.

39 원자흡수분광광도법(Atomic Absorption Spectrophotometry)에서 사용되는 용어로 옳지 않은 것은?

① 제로가스(Zero Gas)
② 멀티패스(Multi-path)
③ 공명선(Resonance Line)
④ 선프로파일(Line Profile)

해설 제로가스는 비분산적외선분광법(NDIR)과 관련된 용어이다. 제로가스는 분석계의 최저 눈금값을 교정하기 위하여 사용하는 가스를 말한다.
② 멀티패스 : 불꽃 중에서의 광로를 길게 하고 흡수를 증대시키기 위하여 반사를 이용하여 불꽃 중에 빛을 여러 번 투과시키는 것
③ 공명선 : 원자가 외부로부터 빛을 흡수했다가 다시 먼저 상태로 돌아갈 때 방사하는 스펙트럼선
④ 선프로파일 : 파장에 대한 스펙트럼선의 강도를 나타내는 곡선

40 원자흡수분광광도법의 장치에 관한 설명으로 옳지 않은 것은?

① 아세틸렌-아산화질소 불꽃은 불꽃온도가 낮고 일부 원소에 대하여 높은 감도를 나타낸다.
② 램프 점등장치 중 교류점등방식은 광원의 빛 자체가 변조되어 있기 때문에 빛의 단속기(Chopper)는 필요하지 않다.
③ 원자흡광분석용 광원은 원자흡광 스펙트럼선의 선폭보다 좁은 선폭을 갖고 휘도가 높은 스펙트럼을 방사하는 중공음극램프가 많이 사용된다.
④ 분광기(파장선택부)는 광원램프에서 방사되는 휘선스펙트럼 가운데서 필요한 분석선만을 골라내기 위하여 사용되는데 일반적으로 회절격자나 프리즘(Prism)을 이용한 분광기가 사용된다.

해설 아세틸렌-아산화질소 불꽃은 불꽃의 온도가 높아 불꽃 중에서 해리하기 어렵고, 내화성 산화물을 만들기 쉬운 원소의 분석에 사용된다.

[제3과목] **대기오염방지기술**

41 A굴뚝 배출가스 중 염소농도를 측정하였더니 100ppm이었다. 이때 염소농도를 50 mg/Sm³로 저하시키기 위하여 제거해야 할 염소농도(mg/Sm³)는?

① 약 32
② 약 50
③ 약 267
④ 약 317

해설 발생농도와 기준농도의 차를 구한다.
〈계산식〉 제거량=발생농도-기준농도
· 발생농도= $\frac{100\text{mL}}{\text{m}^3} \left| \frac{71\text{mg}}{22.4\text{mL}} \right. = 316.96\text{mg/Sm}^3$
∴ 제거량= $316.96 - 50 = 267\text{mg/Sm}^3$

42 다음 [보기]가 설명하는 원심력송풍기의 유형으로 옳은 것은?

[보기]
축차의 날개는 작고 회전축차의 회전방향 쪽으로 굽어있다. 이 송풍기는 비교적 느린 속도로 가동되며, 이 축차는 때로는 '다람쥐축차'라고 불린다. 주로 가정용 화로, 중앙난방장치 및 에어컨과 같이 저압난방 및 환기 등에 이용된다.

① 프로펠러형
② 방사날개형
③ 전향날개형
④ 방사경사형

해설 [보기]의 특징을 갖는 것은 원심형 송풍기에 속하는 전향날개형(=다익형, 시로코형)이다. 전향날개형은 저압, 대풍량을 요할 때 주로 사용되며 전체환기나 공기조화용으로 사용되거나 저압난방 및 환기에 이용된다. 익현의 길이가 짧고 다수의 전경깃이 존재한다.

43 전기집진장치의 집진율이 98%이고, 집진시설에서 배출되는 먼지농도가 0.25g/m^3일 때 유입되는 먼지농도(g/m^3)는?

① 12.5
② 15.0
③ 17.5
④ 20.0

해설 제시된 조건에 따른 유입먼지농도(g/m^3) 계산은 다음과 같다.
〈계산식〉 $C_i = C_o \times \frac{1}{P}$
· $P = 1 - \eta = 1 - 0.98 = 0.02$
∴ $C_i = 0.25 \times \frac{1}{0.02} = 12.5\text{g/m}^3$

44 오염가스의 처리를 위한 소각법에 관한 설명으로 옳지 않은 것은?

① 가열소각법의 연소실 내의 온도는 850~1,100℃, 체류시간 3~5초로 설계하고 있다.
② 촉매소각은 Pt, Co, Ni 등의 촉매를 사용하며, 400~500℃ 정도에서 수백분의 1초 동안에 소각시키는 방법이다.
③ 가열소각법은 오염기체의 농도가 낮을 경우 보조연료가 필요하며, 보통 경제적으로 오염가스의 농도가 연소하한치의 50% 이상일 때 적합한 방법이다.
④ 촉매소각은 소각효율도 높고, 압력손실도 작다는 장점이 있으나, Zn, Pb, Hg 및 분진과 같은 촉매독 때문에 촉매의 수명이 짧아지는 단점도 있다.

해설 가열연소(소각)방법은 연소실 내의 온도 700~850℃, 반응시간은 0.2~0.8초 정도로 설계된다.

45 다음 중 착화성이 좋은 경유의 세탄값 범위로 가장 적합한 것은?

① 0.1~1 ② 1~5
③ 5~10 ④ 40~60

해설 착화성이 좋은 경유의 세탄값 범위는 40~60% 정도이다. 세탄가는 착화성이 우수한 n-세탄($C_{16}H_{34}$)의 세탄가를 100으로 하고, 착화성이 나쁜 α-메틸나프탈렌($C_{11}H_{10}$)의 세탄가를 0이라 할 때 세탄의 함유 백분율을 의미한다.

⟨관계식⟩ 세탄가(%) $= \dfrac{C_{16}H_{34}}{C_{16}H_{34} + C_{10}H_{11}} \times 100$

46 다음 가스연료의 완전연소 반응식으로 옳지 않은 것은?

① 수소 : $2H_2 + O_2 \rightarrow 2H_2O$
② 메탄 : $CH_4 + O_2 \rightarrow CO_2 + 2H_2$
③ 일산화탄소 : $2CO + O_2 \rightarrow 2CO_2$
④ 프로판 : $C_3H_8 + 5O_2 \rightarrow 3CO_2 + 4H_2O$

해설 메탄(CH_4)의 연소반응은 $CH_4 + 2O_2 \rightarrow CO_2 + 2H_2O$ 이다.

47 여과집진장치에서 처리가스 중의 SO_2, HCl 등을 함유한 200℃ 정도의 고온배출가스를 처리하는데 가장 적합한 여포재는?

① 양모(wool)
② 목면(cotton)
③ 나일론(nylon)
④ 유리섬유(glass fiber)

해설 운전온도 200℃ 정도로 내열성을 가지고 내산성이 있는 것은 보기의 항목 중 유리섬유이다. 양모, 목면는 80℃, 나일론은 110~150℃ 정도의 내열성을 가진다.

48 사이클론의 직경이 56cm, 유입가스의 속도가 5.5m/sec일 때 분리계수는?

① 약 11.0 ② 약 23.3
③ 약 46.5 ④ 약 55.2

해설 분리계수 계산식을 이용한다.

⟨계산식⟩ $S = \dfrac{원심력}{중력} = \dfrac{V^2}{R\,g}$

$\therefore S = \dfrac{5.5^2}{(56/2) \times 10^{-2} \times 9.8} = 11.02$

49 기상농도와 액상농도의 평형관계를 나타내는 헨리 법칙이 잘 적용되지 않는 기체는?

① O_2 ② N_2
③ CO ④ Cl_2

해설 난용성인 기체의 물에 대한 용해도에 적용되는 것이 헨리 법칙이다. 수용성인 Cl_2는 헨리 법칙이 적용되지 못한다. 물에 대해 난용성인 기체는 CO, NO_2, N_2, O_2, NO, CO_2 등이다.

50 옥탄(C_8H_{18})이 완전연소될 때 부피기준의 AFR(Air Fuel Ratio)은?

① 약 15.0 ② 약 59.5
③ 약 69.6 ④ 약 71.2

해설 부피기준 AFR 계산식을 이용한다.

⟨계산⟩ $AFR_v = \dfrac{m_a}{m_f}$

⟨연소식⟩ $C_8H_{18} + 12.5O_2 \rightarrow 8CO_2 + 9H_2O$
　　　　　　1　　:　12.5

$\therefore AFR_v = \dfrac{(12.5/0.21)}{1} = 59.52$

51 유해가스 성분을 제거하기 위한 흡수제의 구비조건 중 옳지 않은 것은?

① 흡수제의 손실을 줄이기 위하여 휘발성이 적어야 한다.
② 흡수제는 화학적으로 안정해야 하며, 빙점은 높고, 비점은 낮아야 한다.
③ 흡수율을 높이고 범람(flooding)을 줄이기 위해서는 흡수제의 점도가 낮아야 한다.
④ 적은 양의 흡수제로 많은 오염물을 제거하기 위해서는 유해가스의 용해도가 큰 흡수제를 선정한다.

[해설] 흡수제는 화학적으로 안정해야 하며, 빙점은 낮고, 비점은 높아야 한다.

52 직경 0.3m인 덕트로 공기가 1m/sec로 흐를 때, 공기의 레이놀즈 수는? (단, 공기밀도 1.3kg/m³, 점도 1.8×10⁻⁴kg/m·sec)

① 약 1,083   ② 약 2,167
③ 약 3,251   ④ 약 4,334

[해설] 레이놀즈 수 계산식을 이용한다.

〈계산식〉 $Re = \dfrac{DV\rho}{\mu}$

∴ $Re = \dfrac{0.3 \times 1 \times 1.3}{1.8 \times 10^{-4}} = 2{,}167$ (천이영역)

53 악취처리기술에 관한 설명으로 옳지 않은 것은?

① 흡수에 의한 방법 중 단탑은 충전탑에서 가스액의 분리가 문제될 때 유용하다.
② 흡착에 의한 방법에서 흡착제를 재생하기 위해서는 증기를 사용하여 충전층을 340℃ 정도로 가열하여 준다.
③ 통풍 및 희석에 의한 방법을 사용할 경우 가스 토출속도는 50cm/sec 정도로 하고 그 이하가 되면 다운워시(down wash)현상을 일으킨다.
④ 흡수에 의한 처리방법을 사용할 경우 흡수에 의해 제거되는 가스상 오염물질은 세정액에 대해 가용성이어야 하고, H₂S의 경우는 에탄올과 아민 등에 흡수된다.

[해설] 통풍 및 희석법은 하나의 대책은 될 수 있으나 배출 총량 감소나 농도를 저감하는 처리법에 포함되지 않는다. 또한 다운워시(down wash) 현상은 주변 풍속보다 굴뚝의 토출속도를 2.5배 이상 높게 유지하지 않았을 때 나타나는 확산저해 현상이며, 일률적인 토출속도 값으로 정할 수 있는 것은 아니다.

54 휘발성 유기화합물과 냄새를 생물학적으로 제거하기 위해 사용하는 생물여과의 일반적 특성으로 가장 거리가 먼 것은?

① 설치에 넓은 면적을 필요로 한다.
② 습도제어에 각별한 주의가 필요하다.
③ 고농도 오염물질의 처리에는 부적합한 편이다.
④ 입자상 물질 및 생체량이 감소하여 장치의 막힘 우려가 없다.

[해설] ④항이 정답으로 되기 위해서는 "생물여과에서 입자상 물질 및 생체량이 증가하여도 장치의 막힘 우려가 없다."라고 하여야 한다. 출제오류이다. 생물여과는 입자상 물질이 많이 유입되거나 생체량 증가하면 그로 인해 장치가 막힐 우려가 있는 것이 결점이다. 그런데 입자상 물질 및 생체량이 감소하면 장치의 막힘 우려는 없다.

55 중력침강실 내 가스의 유속이 2m/sec인 경우, 바닥면으로부터 1m 높이로 유입된 먼지는 수평으로 몇 m 떨어진 지점에 착지하겠는가? (단, 층류기준, 먼지침강속도는 0.4m/sec)

① 2.5   ② 3.0
③ 4.5   ④ 5.0

[해설] 중력집진장치의 이론적 관계식을 이용한다.

〈계산식〉 $\dfrac{V_g}{V} = \dfrac{H}{L} \Rightarrow L = \dfrac{VH}{V_g}$

∴ $L = \dfrac{2 \times 1}{0.4} = 5\text{m}$

56 습식 세정장치의 특징으로 옳지 않은 것은?

① 가연성, 폭발성 먼지를 처리할 수 있다.
② 부식성 가스와 먼지를 중화시킬 수 있다.
③ 단일장치에서 가스흡수와 먼지포집이 동시에 가능하다.
④ 배출가스는 가시적인 연기를 피하기 위해 별도의 재가열이 불필요하고, 집진된 먼지는 회수가 용이하다.

해설 습식세정처리에 의한 배출가스는 처리 후 가시적인 연기를 피하기 위해 별도의 재가열이 필요하고, 집진된 먼지는 회수가 용이하지 못하다.

57 입자의 비표면적(단위체적당 표면적)에 관한 설명으로 옳은 것은?
① 입자의 입경이 작아질수록 비표면적은 커진다.
② 입자의 비표면적이 커지면 응집성과 흡착력이 작아진다.
③ 입자의 비표면적이 작으면 원심력집진장치의 경우 입자가 장치의 벽면에 부착하여 장치벽면을 폐색시킨다.
④ 입자의 비표면적이 작으면 전기집진장치에서는 주로 먼지가 집진극에 퇴적되어 역전리 현상이 초래된다.

해설 ①항만 옳다.
〈관계식〉 $S_v = \dfrac{6}{d_p(입자직경)}$
② 입자의 비표면적이 커질수록 응집성과 흡착력은 커진다.
③ 입자의 비표면적이 크면 원심력집진장치의 경우 입자가 장치의 벽면에 부착하여 장치벽면을 폐색시킨다.
④ 입자의 비표면적이 크면 전기집진장치에서는 주로 먼지가 집진극에 퇴적되어 역전리 현상이 초래된다.

58 유입공기 중 염소가스의 농도가 80,000 ppm이고, 흡수탑의 염소가스 제거효율은 80%이다. 이 흡수탑 3개를 직렬로 연결했을 때 유출공기 중 염소가스의 농도(ppm)는?
① 460 ② 540
③ 640 ④ 720

해설 직렬연결장치의 제거효율 계산식을 이용한다.
〈계산식〉 $C_o = C_i \times (1-\eta_T)$
· $\eta_T = 1-(1-\eta_i)^n = 1-(1-0.8)^3 = 0.992$
∴ $C_o = 80,000 \times (1-0.992) = 640$ ppm

59 선택적 촉매환원법(SCR)에서 질소산화물을 N_2로 환원시키는데 가장 적당한 반응제는?
① 오존 ② 염소
③ 암모니아 ④ 이산화탄소

해설 질소산화물의 선택적 촉매환원법(SCR)에서 주로 사용되는 환원제는 암모니아(NH_3)이다.

60 연소 계산에서 연소 후 배출가스 중 산소 농도가 6.2%일 때, 완전연소 시 공기비는?
① 1.15 ② 1.23
③ 1.31 ④ 1.42

해설 완전연소 시 공기비 계산식을 적용한다.
〈계산식〉 $m = \dfrac{21}{21-O_2}$
∴ $m = \dfrac{21}{21-6.2} = 1.42$

[제4과목] 대기환경관계법규

61 대기환경보전법령상 비산먼지 발생사업 신고 후 변경신고를 하여야 하는 경우로 옳지 않은 것은?
① 사업장의 명칭 또는 대표자를 변경하는 경우
② 비산먼지 배출공정을 변경하는 경우
③ 건설공사의 공사기간을 연장하는 경우
④ 공사중지를 한 경우

해설 [시행규칙 제58조] 변경신고를 해야 하는 경우는 다음과 같다.
1. 사업장의 명칭 또는 대표자 변경
2. 비산먼지 배출공정 변경
3. 사업의 규모를 늘리거나 그 종류를 추가하는 경우
4. 비산먼지 발생 억제시설 또는 조치사항의 변경
5. 공사기간을 연장하는 경우(건설공사의 경우에만 해당)

62 대기환경보전법령상 위임업무 보고사항 중 자동차연료 제조기준 적합 여부 검사현황의 보고횟수 기준으로 옳은 것은?
① 수시
② 연 1회
③ 연 2회
④ 연 4회

해설 [시행규칙 제52조] 자동차연료 제조기준 적합 여부 검사현황의 보고횟수 기준은 연 4회이다. 이 외에 수입자동차 배출가스 인증 및 검사현황도 연 4회이다.

정답 57.① 58.③ 59.③ 60.④ 61.④ 62.④

63 다음은 대기환경보전법령상 총량규제구역의 지정사항이다. ( ) 안에 가장 적합한 것은?

> (㉠)은/는 법에 따라 그 구역의 사업장에서 배출되는 대기오염물질을 총량으로 규제하려는 경우에는 다음 각 호의 사항을 고시하여야 한다.
> 1. 총량규제구역
> 2. 총량규제 대기오염물질
> 3. (㉡)
> 4. 그 밖에 총량규제구역의 대기관리를 위하여 필요한 사항

① ㉠ 대통령, ㉡ 총량규제부하량
② ㉠ 환경부장관, ㉡ 총량규제부하량
③ ㉠ 대통령, ㉡ 대기오염물질의 저감계획
④ ㉠ 환경부장관, ㉡ 대기오염물질의 저감계획

해설 [시행규칙 제24조] 대기환경보전법 규정에 의하여 사업장에서 배출되는 대기오염물질을 총량으로 규제하고자 할 때 고시하여야 할 사항은 다음과 같다.
1. 총량규제구역
2. 총량규제 대기오염물질
3. 대기오염물질의 저감계획
4. 그 밖에 필요한 사항

64 대기환경보전법령상 청정연료를 사용하여야 하는 대상시설의 범위로 옳지 않은 것은?

① 산업용 열병합 발전시설
② 건축법 시행령에 따른 공동주택으로서 동일한 보일러를 이용하여 하나의 단지 또는 여러 개의 단지가 공동으로 열을 이용하는 중앙집중난방방식으로 열을 공급받고, 단지 내의 모든 세대의 평균 전용면적이 $40.0m^2$를 초과하는 공동주택
③ 전체보일러의 시간당 총증발량이 0.2톤 이상인 업무용 보일러(영업 및 공공용 보일러를 포함, 산업용 보일러는 제외)
④ 집단에너지사업법 시행령에 따른 지역 냉난방사업을 위한 시설(단, 지역 냉난방사업을 위한 시설 중 발전폐열을 지역 냉난방용으로 공급하는 산업용 열병합 발전시설로서 환경부장관이 승인한 시설은 제외)

해설 [시행령 별표 11의3] 대기환경보전법령상 청정연료를 사용하여야 하는 대상시설의 범위에서 발전시설이 포함되지만 산업용 열병합 발전시설은 제외한다.

65 다음은 대기환경보전법령상 오염물질 초과에 따른 초과부과금의 위반횟수별 부과계수이다. ( ) 안에 알맞은 것은?

> 위반횟수별 부과계수는 각 비율을 곱한 것으로 한다.
> - 위반이 없는 경우 : (㉠)
> - 처음 위반한 경우 : (㉡)
> - 2차 이상 위반한 경우 : 위반 직전의 부과계수에 (㉢)을(를) 곱한 것

① ㉠ 100분의 100, ㉡ 100분의 105, ㉢ 100분의 105
② ㉠ 100분의 100, ㉡ 100분의 105, ㉢ 100분의 110
③ ㉠ 100분의 105, ㉡ 100분의 110, ㉢ 100분의 110
④ ㉠ 100분의 105, ㉡ 100분의 110, ㉢ 100분의 115

해설 [시행령 제26조] 위반횟수별 부과계수는 다음의 구분에 따른 비율을 적용한다.
1. 위반이 없는 경우 : 100분의 100
2. 처음 위반한 경우 : 100분의 105
3. 2차 이상 위반한 경우 : 위반 직전의 부과계수에 100분의 105를 곱한 것

66 대기환경보전법령상 자동차제작자는 자동차 배출가스가 배출가스 보증기간에 제작차배출허용기준에 맞게 유지될 수 있다는 인증을 받아야 하는데, 이 인증받은 내용과 다르게 자동차를 제작하여 판매한 경우 환경부장관은 자동차제작자에게 과징금 처분을 명할 수 있다. 이 과징금은 최대 얼마를 초과할 수 없는가?

① 500억 원   ② 100억 원
③ 10억 원   ④ 5억 원

해설 [법 제56조] 인증을 받지 아니하고 자동차를 제작하여 판매한 자동차제작자에게 매출액에 100분의 5를 곱한 금액을 초과하지 아니하는 범위 내에서 과징금을 부과할 수 있고, 이 과징금의 금액은 500억 원을 초과할 수 없다.

67 실내공기질관리법령상 실내공간 오염물질에 해당하지 않는 것은?

① 이산화탄소(CO_2) ② 일산화질소(NO)
③ 일산화탄소(CO) ④ 이산화질소(NO_2)

해설 [실내공기질 시행규칙 별표 1] 실내공간 오염물질에는 일산화질소(NO)가 포함되지 않고, 이산화질소가 포함된다.

68 대기환경보전법령상 초과부과금 산정 시 다음 오염물질 1kg당 부과금액이 가장 큰 오염물질은?

① 불소화물 ② 황화수소
③ 이황화탄소 ④ 암모니아

해설 보기 중 오염물질 1kg당 부과금액이 가장 큰 오염물질은 황화수소이다.
① 불소화물 : 2,300
② 황화수소 : 6,000
③ 이황화탄소 : 1,600
④ 암모니아 : 1,400

69 악취방지법령상 위임업무 보고사항 중 "악취검사기관의 지정, 지정사항 변경보고 접수실적"의 보고횟수 기준은?

① 연 1회 ② 연 2회
③ 연 4회 ④ 수시

해설 [악취방지법 시행규칙 별표 10] 악취검사기관의 지정, 지정사항 변경보고 접수실적의 보고횟수 기준은 연 1회이다.

70 대기환경보전법령상 시·도지사가 설치하는 대기오염 측정망의 종류에 해당하지 않는 것은?

① 도시지역의 대기오염물질 농도를 측정하기 위한 도시대기 측정망
② 도로변의 대기오염물질 농도를 측정하기 위한 도로변대기 측정망
③ 대기 중의 중금속 농도를 측정하기 위한 대기중금속 측정망
④ 도시지역의 휘발성 유기화합물 등의 농도를 측정하기 위한 광화학 대기오염물질 측정망

해설 [시행규칙 제11조] 특별시장·광역시장·특별자치시장·도지사 또는 특별자치도지사가 설치하는 대기오염 측정망의 종류는 다음과 같다.
1. 도시지역의 대기오염물질농도를 측정하기 위한 도시대기 측정망
2. 도로변의 대기오염물질농도를 측정하기 위한 도로변대기 측정망
3. 대기 중의 중금속농도를 측정하기 위한 대기중금속 측정망

71 악취방지법령상 악취방지계획에 따라 악취방지에 필요한 조치를 하지 아니하고 악취배출시설을 가동한 자에 대한 벌칙기준은?

① 1년 이하의 징역 또는 1천만 원 이하의 벌금
② 500만 원 이하의 벌금
③ 300만 원 이하의 벌금
④ 100만 원 이하의 벌금

해설 [악취방지법 제28조] 악취방지계획에 따라 악취방지에 필요한 조치를 하지 아니하고 악취배출시설을 가동한 자에 대한 벌칙기준은 300만 원 이하의 벌금이다.

72 환경정책기본법령상 오존(O_3)의 대기환경기준으로 옳은 것은? (단, 8시간 평균치 기준)

① 0.10ppm 이하
② 0.06ppm 이하
③ 0.05ppm 이하
④ 0.02ppm 이하

해설 환경정책기본법령상 오존(O_3)의 8시간 평균치는 0.06ppm이하이다.

73 환경정책기본법령상 초미세먼지(PM-2.5)의 ㉠ 연간 평균치 및 ㉡ 24시간 평균치 대기환경 기준으로 옳은 것은? (단, 단위는 $\mu g/m^3$)

① ㉠ 50 이하, ㉡ 100 이하
② ㉠ 35 이하, ㉡ 50 이하
③ ㉠ 20 이하, ㉡ 50 이하
④ ㉠ 15 이하, ㉡ 35 이하

해설 환경정책기본법령상 초미세먼지(PM-2.5)의 연간 평균치는 $15\mu g/m^3$ 이하, 24시간 평균치는 $35\mu g/m^3$ 이하이다.

정답 67.② 68.② 69.① 70.④ 71.③ 72.② 73.④

74 대기환경보전법령상 자동차에 온실가스 배출량을 표시하지 아니하거나 거짓으로 표시한 자에 대한 과태료 부과기준으로 옳은 것은?

① 500만 원 이하의 과태료
② 300만 원 이하의 과태료
③ 200만 원 이하의 과태료
④ 100만 원 이하의 과태료

[해설] [보전법 제94조] 대기환경보전법령상 자동차에 온실가스 배출량을 표시하지 아니하거나 거짓으로 표시한 자는 500만 원 이하의 과태료를 부과한다.

75 대기환경보전법령상 장거리이동 대기오염물질 대책위원회에 관한 사항으로 거리가 먼 것은?

① 위원회는 위원장 1명을 포함한 25명 이내의 위원으로 성별을 고려하여 구성한다.
② 위원회의 위원장은 환경부차관이 된다.
③ 위원회와 실무위원회 및 장거리이동 대기오염물질연구단의 구성 및 운영 등에 관하여 필요한 사항은 환경부령으로 정한다.
④ 소관별 추진대책의 수립·시행에 필요한 조사·연구를 위하여 위원회에 장거리이동 대기오염물질연구단을 둔다.

[해설] 위원회와 실무위원회 및 장거리이동 대기오염물질연구단의 위원회와 실무위원회 및 장거리이동 대기오염물질연구단의 구성 및 운영 등에 관하여 필요한 사항은 대통령령으로 정한다.

76 대기환경보전법령상 2016년 1월 1일 이후 제작자동차 중 휘발유를 연료로 사용하는 최고속도 130km/hr 미만 이륜자동차의 배출가스 보증기간 적용기준으로 옳은 것은?

① 2년 또는 20,000km
② 5년 또는 50,000km
③ 6년 또는 100,000km
④ 10년 또는 192,000km

[해설] [시행규칙 별표 18] 제작자동차 중 휘발유를 연료로 사용하는 최고속도 130km/hr 미만 이륜자동차의 배출가스 보증기간은 2년 또는 20,000km이다.

77 대기환경보전법령상 유해성 대기감시물질에 해당하지 않는 것은?

① 불소화물   ② 이산화탄소
③ 사염화탄소   ④ 일산화탄소

[해설] [시행규칙 별표 1의2] 이산화탄소는 유해성 대기감시물질에 해당되지 않는다.

78 대기환경보전법령상 개선명령 등의 이행 보고 및 확인과 관련하여 환경부령으로 정한 대기오염도 검사기관과 거리가 먼 것은?

① 수도권대기환경청
② 시·도의 보건환경연구원
③ 지방환경보전협회
④ 한국환경공단

[해설] [시행규칙 제40조] 대기오염도 검사기관은 국립환경과학원, 보건환경연구원, 환경청, 한국환경공단 등이다.

79 대기환경보전법령상 기본부과금 산정을 위해 확정배출량 명세서에 포함되어 시·도지사 등에게 제출해야 할 서류목록으로 거리가 먼 것은?

① 황함유분석표 사본
② 연료사용량 또는 생산일지
③ 조업일지
④ 방지시설개선 실적표

[해설] [시행규칙 제45조] 방지시설개선 실적표는 기본부과금 산정을 위해 확정배출량 명세서에 포함하여 제출할 서류목록에 포함되지 않는다.

80 대기환경보전법령상 대기오염물질 배출시설의 설치가 불가능한 지역에서 배출시설 설치허가를 받지 않거나 신고를 하지 아니하고 배출시설을 설치한 경우의 1차 행정처분기준으로 옳은 것은?

① 조업정지   ② 개선명령
③ 폐쇄명령   ④ 경고

[해설] [시행규칙 별표 36] 대기환경보전법령상 대기오염물질 배출시설의 설치가 불가능한 지역에서 배출시설 설치허가(변경허가를 포함한다)를 받지 아니하거나 신고를 하지 아니하고 배출시설을 설치한 경우 1차 행정처분기준은 폐쇄명령이다.

2020 제4회 대기환경기사

2020. 9. 26 시행

제1과목 대기오염개론

01 대기환경보호를 위한 국제의정서와 설명의 연결이 옳지 않은 것은?
① 소피아의정서-CFC 감축의무
② 교토의정서-온실가스 감축목표
③ 몬트리올의정서-오존층 파괴물질의 생산 및 사용의 규제
④ 헬싱키의정서-유황배출량 또는 국가 간 이동량 최저 30% 삭감

해설 소피아의정서는 산성비와 관련된 국제협약의 하나로 질소산화물 감축을 결의한 의정서이다.

02 대기오염 사건과 기온역전에 관한 설명으로 옳지 않은 것은?
① 로스엔젤레스스모그 사건은 광화학스모그의 오염형태를 가지며, 기상의 안정도는 침강역전 상태이다.
② 런던스모그 사건은 주로 자동차 배출가스 중의 질소산화물과 반응성 탄화수소에 의한 것이다.
③ 침강역전은 고기압 중심부분에서 기층이 서서히 침강하면서 기온이 단열변화로 승온되어 발생하는 현상이다.
④ 복사역전은 지표에 접한 공기가 그보다 상공의 공기에 비하여 더 차가워져서 생기는 현상이다.

해설 자동차 배출가스 중의 질소산화물과 반응성 탄화수소에 의한 대기오염사건은 LA스모그 사건이다.

03 입자에 의한 산란에 관한 설명으로 옳지 않은 것은? (단, λ : 파장, d_p : 입자직경으로 한다.)
① 레일리산란은 d_p/λ가 10보다 클 때 나타나는 산란현상으로 산란광의 광도는 λ^4에 비례한다.
② 맑은 하늘이 푸르게 보이는 까닭은 태양광선의 공기에 의한 레일리산란 때문이다.
③ 레일리산란에 의해 가시광선 중에서는 청색광이 많이 산란되고, 적색광이 적게 산란된다.
④ 입자의 크기가 빛의 파장과 거의 같거나 큰 경우에 나타나는 산란을 미산란이라고 한다.

해설 레일리산란은 입자상 물질의 반경(r)이 입사광선의 파장(λ)보다 훨씬 작은 경우의 산란으로, 산란광의 광도는 λ^4에 반비례한다.

04 다음 중 이산화탄소의 가장 큰 흡수원으로 옳은 것은?
① 토양   ② 동물
③ 해수   ④ 미생물

해설 해양(해수)은 대기로 배출하는 이산화탄소의 20~30%를 흡수하는 가장 큰 흡수원이다.

05 지표에 도달하는 일사량의 변화에 영향을 주는 요소와 가장 거리가 먼 것은?
① 계절
② 대기의 두께
③ 지표면의 상태
④ 태양 입사각의 변화

해설 일사량에 미치는 요소는 태양 입사각의 변화, 계절, 대기의 두께, 대기의 구성, 하루 중 시간 등이다.

정답 1.① 2.② 3.① 4.③ 5.③

06 최대에너지의 파장과 흑체 표면의 절대온도는 반비례함을 나타내는 법칙은?

① 플랑크 법칙
② 알베도의 법칙
③ 비인의 변위 법칙
④ 스테판-볼츠만의 법칙

[해설] 최대에너지의 파장과 흑체 표면의 절대온도는 반비례함을 나타내는 법칙은 비인의 변위 법칙이다.

〈관계식〉 $\lambda_m = \dfrac{2,897}{T}$

07 다음 중 일반적으로 대도시의 산성강우 속에 가장 높은 농도로 존재할 것으로 예상되는 이온성분은? (단, 산성강우는 pH 5.6 이하로 본다.)

① K^+
② F^-
③ Na^+
④ SO_4^{2-}

[해설] 산성비 내의 음이온의 함량 순서는 SO_4^{2-}(약 51%) > NO_3^-(약 20%) > Cl^-(약 12%) > 기타 17%이다. 따라서 보기 중 가장 높은 농도로 존재하는 이온성분은 SO_4^{2-}이다.

08 대기압력이 950mb인 높이에서 공기의 온도가 -10°C일 때 온위(potential temperature)는? [단, $\theta = T(1,000/P)^{0.288}$를 이용한다.]

① 약 267K
② 약 277K
③ 약 287K
④ 약 297K

[해설] 온위 계산식을 이용한다.

〈계산식〉 $\theta = T\left(\dfrac{1,000}{P}\right)^{0.288}$

∴ $\theta = (273-10) \times \left(\dfrac{1,000}{950}\right)^{0.288} = 267K$

09 광화학적 산화제와 2차 대기오염물질에 관한 설명으로 옳지 않은 것은?

① 오존은 산화력이 강하므로 눈을 자극하고, 폐수종과 폐충혈 등을 유발시킨다.
② PAN은 강산화제로 작용하며, 빛을 흡수하여 가시거리를 증가시키고, 고엽에 특히 피해가 큰 편이다.
③ 오존은 성숙한 잎에 피해가 크며, 섬유류의 퇴색작용과 직물의 셀룰로오스를 손상시킨다.
④ 자외선이 강할 때, 빛의 지속시간이 긴 여름철에, 대기가 안정되었을 때 대기 중 광산화제의 농도가 높아진다.

[해설] PAN은 강산화제로 작용하며 빛을 흡수시켜 거리를 단축시킨다. 또한, 어린잎에 피해가 현저하다.

10 다음 중 CFC-12의 올바른 화학식은?

① CF_3Br
② CF_3Cl
③ CF_2Cl_2
④ $CHFCl_2$

[해설] CFC-12는 일자리 수의 2는 불소 수이다. 불소가 2개인 것은 ③항이다. 좀 더 정확히 하면, CFC-12에 +90을 하면 → CFC-102이므로 [탄소수][수소수][불소수]로 표현하면 탄소 1개, 수소 0개, 불소 2개, 나머지는 염소의 자리가 된다. 따라서 분자식은 CF_2Cl_2이다.

$$\begin{array}{c} F \\ | \\ Cl - C - Cl \\ | \\ F \end{array}$$

〈CFC-12〉

11 Richardson 수(Ri)에 관한 설명으로 옳지 않은 것은?

① $R=0$은 대류에 의한 난류만 존재함을 나타낸다.
② $0.25 < R$은 수직방향의 혼합이 거의 없음을 나타낸다.
③ Richardson 수(R)가 큰 음의 값을 가지면 바람이 약하게 되어 강한 수직운동이 일어난다.
④ $-0.03 < R < 0$ 기계적 난류와 대류가 존재하나 기계적 난류가 혼합을 주로 일으킴을 나타낸다.

[해설] $R=0$일 때는 기계적 난류만 존재한다.

12 온실효과에 관한 설명 중 가장 적합한 것은?
① 실제 온실에서의 보온작용과 같은 원리이다.
② 일산화탄소의 기여도가 가장 큰 것으로 알려져 있다.
③ 온실효과가스가 증가하면 대류권에서 적외선 흡수량이 많아져서 온실효과가 증대된다.
④ 가스 차단기, 소화기 등에 주로 사용되는 NO_2는 온실효과에 대한 기여도가 CH_4 다음으로 크다.

해설 ③항만 올바르다.
≪바르게 고쳐보기≫
① 온실효과의 메커니즘은 실제 온실에서의 보온작용과 다르다.
② 수증기를 제외한 온실효과에 대한 기여도는 CO_2가 가장 높다.
④ 가스 차단기, 소화기 등에 주로 사용되는 것은 할론류(Halons)이다.

13 라돈에 관한 설명으로 가장 거리가 먼 것은?
① 무색, 무취의 기체로 액화되어도 색을 띠지 않는 물질이다.
② 공기보다 9배 정도 무거워 지표에 가깝게 존재한다.
③ 주로 토양, 지하수, 건축자재 등을 통하여 인체에 영향을 미치고 있으며 흙 속에서 방사선 붕괴를 일으킨다.
④ 일반적으로 인체의 조혈기능 및 중추신경계통에 가장 큰 영향을 미치는 것으로 알려져 있으며, 화학적으로 반응성이 크다.

해설 라돈은 인체에 폐암을 유발하는 것으로 알려져 있으며, 화학적으로 거의 반응을 일으키지 않는다.

14 50m의 높이가 되는 굴뚝 내의 배출가스 평균온도가 300℃, 대기온도가 20℃일 때 통풍력(mmH₂O)은? (단, 연소가스 및 공기의 비중을 1.3kg/Sm³이라고 가정한다.)
① 약 15   ② 약 30
③ 약 45   ④ 약 60

해설 굴뚝의 자연통풍력 계산식을 적용한다.

〈계산식〉 $Z = 273H\left(\dfrac{1.3}{273+t_a} - \dfrac{1.3}{273+t_g}\right)$

$\therefore Z = 273 \times 50 \left(\dfrac{1.3}{273+20} - \dfrac{1.3}{273+300}\right) = 30\,mmH_2O$

15 다음 중 염소 또는 염화수소 배출 관련 업종으로 가장 거리가 먼 것은?
① 화학공업
② 소다제조업
③ 시멘트제조업
④ 플라스틱제조업

해설 염소의 주요 배출 관련 업종은 소다공업, 플라스틱공업, 타이어소각시설, 화학공업 등이며, 염화수소의 주요 배출 관련 업종은 소다공업, 플라스틱공업, PVC 소각시설, 활성탄제조 등이다.

16 온위(Potential temperature)에 대한 설명으로 옳은 것은?
① 환경감률이 건조단열감률과 같은 기층에서는 온위가 일정하다.
② 환경감률이 습윤단열감률과 같은 기층에서는 온위가 일정하다.
③ 어떤 고도의 공기덩어리를 850mb 고도까지 건조단열적으로 옮겼을 때의 온도이다.
④ 어떤 고도의 공기덩어리를 1,000mb 고도까지 습윤단열적으로 옮겼을 때의 온도이다.

해설 ①항만 옳다. 환경감률이 건조단열감률과 같은 기층에서는 중립상태로 온위가 일정하다.
≪바르게 고쳐보기≫
② 환경감률이 습윤단열감률과 같은 기층에서는 온위가 증가한다.
③, ④ 어떤 고도의 공기덩어리를 1,000mb 고도까지 건조단열적으로 하강시켰을 때의 온도이다.

17 충분히 발달된 지표경계층에서 측정된 평균풍속 자료가 다음 표와 같은 경우 마찰속도(U^*)는? [단, $U = (U^*/k)\ln[Z/Z_o]$, Karman constant : 0.40]

고도(m)	풍속(m/sec)
2	3.7
1	2.9

① 0.12m/sec   ② 0.46m/sec
③ 1.06m/sec   ④ 2.12m/sec

정답 12.③ 13.④ 14.② 15.③ 16.① 17.②

해설 정답 산출은 제시된 계산식을 이용하지만, 필자는 문제의 오류라 생각된다.

〈계산식〉 $U = \dfrac{U^*}{k} \ln \dfrac{Z}{Z_o}$

$\Rightarrow (3.7 - 2.9) = \dfrac{U^*}{0.4} \ln \dfrac{3.7}{2.9}$

$\therefore U^* = 0.46 \text{m/sec}$

※ 문제에서는 지표경계층(지표로부터 약 20~50m 상층부)의 풍속을 산출하는 것인데, 마찰이 존재하지 않는 자유대기층까지 고도를 높일수록 풍속은 증가하므로 상기식으로 계산된 풍속은 표에서 제시된 풍속보다도 훨씬 커야 한다.

18 다음 중 대기층의 구조에 관한 설명으로 옳은 것은?

① 지상 80km 이상을 열권이라고 한다.
② 오존층은 주로 지상 약 30~45km에 위치한다.
③ 대기층의 수직구조는 대기압에 따라 4개 층으로 나뉜다.
④ 일반적으로 지상에서부터 상층 10~12km 까지를 성층권이라고 한다.

해설 ①항만 옳다.
≪바르게 고쳐보기≫
② 오존층은 주로 지상 약 25~30km에 위치한다.
③ 대기층의 수직구조는 통상 온도구배(溫度勾配)에 따라 4개의 층으로 나뉜다.
④ 일반적으로 지상에서부터 상층 10~12km까지를 대류권이라고 한다.

19 광화학 옥시던트 중 PAN에 관한 설명으로 옳은 것은?

① 분자식은 CH₃COOONO₂이다.
② PBzN보다 100배 정도 강하게 눈을 자극한다.
③ 눈에는 자극이 없으나 호흡기 점막에는 강한 자극을 준다.
④ 푸른색, 계란 썩는 냄새를 갖는 기체로서 대기 중에서 강산화제로 작용한다.

해설 ①항만 옳다.
≪바르게 고쳐보기≫
② PBzN(Peroxy Benzonyl Nitrate)은 PAN과 같은 유기성 옥시던트로서 PAN보다 100배 정도 눈을 강하게 자극한다.
③ PAN은 호흡기 점막에 강한 자극을 주며, 특히 눈에 통증을 유발하는 자극감을 준다.
④ PAN은 무색, 무미의 액체로서 대기 중에서 강산화제로 작용한다.

20 건물에 사용되는 대리석, 시멘트 등을 부식시켜 재산상의 손실을 발생시키는 산성비에 가장 큰 영향을 미치는 물질로 옳은 것은?

① O_3
② N_2
③ SO_2
④ TSP

해설 강우의 산성화에 가장 큰 영향을 미치는 것은 SO_2(아황산가스)이다.

제2과목 연소공학

21 다음의 조성을 가진 혼합기체의 하한연소범위(%)는?

성 분	조성(%)	하한연소범위(%)
메탄	80	5.0
에탄	15	3.0
프로판	4	2.1
부탄	1	1.5

① 3.46
② 4.24
③ 4.55
④ 5.05

해설 연소하한범위는 관계식을 이용한다.

〈계산식〉 $\dfrac{100}{\text{LEL}} = \dfrac{V_1}{L_1} + \dfrac{V_2}{L_2} + \dfrac{V_3}{L_3} + \dfrac{V_4}{L_4}$

$\Rightarrow \dfrac{100}{\text{LEL}} = \dfrac{80}{5} + \dfrac{15}{3} + \dfrac{4}{2.1} + \dfrac{1}{1.5}$

$\therefore \text{LEL} = 4.24\%$

22 연료연소 시 매연이 잘 생기는 순서로 옳은 것은?

① 타르>중유>경유>LPG
② 타르>경유>중유>LPG
③ 중유>타르>경유>LPG
④ 경유>타르>중유>LPG

해설 C/H비가 클수록 매연이 발생하기 쉬우므로 타르>중유>경유>LPG 순으로 매연이 발생하기 쉽다.

23 C : 78(중량%), H : 18(중량%), S : 4(중량%)인 중유의 $(CO_2)_{max}$는? (단, 표준상태, 건조가스 기준으로 한다.)

① 약 13.4%   ② 약 14.8%
③ 약 17.6%   ④ 약 20.6%

해설 $(CO_2)_{max}$(%) 계산식을 사용한다.

〈계산식〉 $(CO_2)_{max}$(%) $= \dfrac{CO_2}{G_{od}} \times 100$

- $G_{od} = (1-0.21)A_o + CO_2$
- $O_o = 1.867C + 5.6H + 0.7S - 0.7O$
  $= 1.867 \times 0.78 + 5.6 \times 0.18 + 0.7 \times 0.04$
  $= 2.49 \, Sm^3/kg$
- $A_o = O_o \times \dfrac{1}{0.21} = 2.49 \times \dfrac{1}{0.21} = 11.86 \, Sm^3/kg$
- $CO_2 = 1.867C = 1.867 \times 0.78 = 1.456 \, Sm^3/kg$
- $\Rightarrow G_{od} = (1-0.21) \times 11.86 + 1.456 = 10.83 \, Sm^3/kg$

$\therefore (CO_2)_{max}$(%) $= \dfrac{1.456}{10.83} \times 100 = 13.4\%$

24 다음 중 NOx 발생을 억제하기 위한 방법으로 가장 거리가 먼 것은?

① 연료대체
② 2단 연소
③ 배출가스 재순환
④ 버너 및 연소실의 구조개량

해설 단순히 연료대체만으로 NOx 발생을 억제한다고 볼 수 없다. '청정연료로의 대체' 혹은 '저질소연료로의 전환' 등으로 특정해야만 NOx 발생을 억제할 수 있는 대책이다.

25 액체연료의 연소장치에 관한 설명 중 옳은 것은?

① 건타입(gun type) 버너는 유압식과 공기분무식을 혼합한 것으로 유압이 30kg/cm^2 이상으로 대형 연소장치이다.
② 저압기류 분무식 버너의 분무각도는 30~60° 정도이고, 분무에 필요한 공기량은 이론연소공기량의 30~50% 정도이다.
③ 고압기류 분무식 버너의 분무각도는 70°이고, 유량조절비가 1 : 3 정도로 부하변동 적응이 어렵다.
④ 회전식 버너는 유압식 버너에 비해 연료유의 입경이 작으며, 직결식은 분무컵의 회전수가 전동기의 회전수보다 빠른 방식이다.

해설 ②항만 옳다.
《바르게 고쳐보기》
① 건타입 버너는 연소가 양호하고 소형이며 전자동 연소가 가능하다.
② 고압기 분무식 버너의 분무각도는 20~30°이고, 유량조절비가 1 : 10 정도로 부하변동 대응이 가능하다.
④ 직결식은 분무컵의 회전수와 전동기의 회전수가 일치하는 방식으로 3,000~3,500rpm 정도이며 분사유량은 1,000L/hr 이하이다.

26 액화석유가스(LPG)에 대한 설명으로 옳지 않은 것은?

① 유황분이 적고 유독성분이 거의 없다.
② 천연가스에서 회수되기도 하지만 대부분은 석유정제 시 부산물로 얻어진다.
③ 비중이 공기보다 가벼워 누출될 경우 인화·폭발 위험성이 크다.
④ 사용에 편리한 기체연료의 특징과 수송 및 저장에 편리한 액체연료의 특징을 겸비하고 있다.

해설 액화석유가스(LPG)의 비중은 공기보다 무거워 누출 시 인화·폭발의 위험성이 높은 편이다.

27 다음 중 화학적 반응이 항상 자발적으로 일어나는 경우는? (단, $\Delta G°$는 Gibbs 자유에너지 변화량, $\Delta S°$는 엔트로피 변화량, ΔH는 엔탈피 변화량이다.)

① $\Delta G° < 0$ ② $\Delta G° > 0$
③ $\Delta S° < 0$ ④ $\Delta H < 0$

해설 $\Delta G° < 0$이면 반응은 자발적이다. 깁스(Gibbs) 자유에너지와 관련하여 화학적 반응이 항상 자발적으로 일어나는 경우는 "$\Delta G° < 0$"인 상태이다.

28 다음 중 석탄의 탄화도 증가에 따라 감소하는 것은?

① 비열   ② 발열량
③ 고정탄소 ④ 착화온도

해설 탄화도가 증가할수록 연료비, 고정탄소, 착화온도, 비중이 증가하고 휘발분, 비열이 감소한다.

정답 23.① 24.① 25.② 26.③ 27.① 28.①

29 액체연료가 미립화 되는 데 영향을 미치는 요인으로 가장 거리가 먼 것은?

① 분사압력 ② 분사속도
③ 연료의 점도 ④ 연료의 발열량

해설 연료의 미립화와 발열량은 상호관계 요인으로 작용하지 않는다. 액체연료 미립화 특성에 영향을 미치는 요인은 ①, ②, ③항 이외에 연료의 분무유량, 분무입경 등이다.

30 저위발열량이 4,900kcal/Sm³인 가스연료의 이론연소온도(℃)는? (단, 이론연소가스량 : 10Sm³/Sm³, 기준온도 : 15℃, 연료연소가스의 평균정압비열 : 0.35kcal/Sm³·℃, 공기는 예열되지 않으며, 연소가스는 해리되지 않는 것으로 한다.)

① 1,015 ② 1,215
③ 1,415 ④ 1,615

해설 이론연소온도 계산식을 적용한다.

〈계산식〉 $t_o(℃) = \dfrac{Hl}{G \cdot C_p} + t$

$\therefore t_o(℃) = \dfrac{4,900}{10 \times 0.35} + 15 = 1,415℃$

31 어떤 화학반응 과정에서 반응물질이 25% 분해하는데 41.3분 걸린다는 것을 알았다. 이 반응이 1차라고 가정할 때, 속도상수 $k(\sec^{-1})$는?

① 1.022×10^{-4} ② 1.161×10^{-4}
③ 1.232×10^{-4} ④ 1.437×10^{-4}

해설 1차 반응식을 이용한다.

〈계산식〉 $\ln \dfrac{C_t}{C_o} = -k \times t$

$\Rightarrow \ln \dfrac{75}{100} = -k \times 41.3 \min$

$\therefore k = 6.9657 \times 10^{-3} \min^{-1} = 1.161 \times 10^{-4} \sec^{-1}$

32 중유에 관한 설명과 거리가 먼 것은?

① 점도가 낮을수록 유동점이 낮아진다.
② 잔류탄소의 함량이 많아지면 점도가 높게 된다.
③ 점도가 낮은 것이 사용상 유리하고, 용적당 발열량이 적은 편이다.
④ 인화점이 높은 경우 역화의 위험이 있으며, 보통 그 예열보다 약 2℃ 정도 높은 것을 쓴다.

해설 인화점이 낮은 경우 역화의 위험이 있으며, 인화점은 보통 그 예열보다 약 5℃ 이상 높은 것을 쓴다.

33 중유를 시간당 1,000kg씩 연소시키는 배출시설이 있다. 연돌의 단면적이 3m²일 때 배출가스의 유속(m/sec)은? (단, 이 중유의 표준상태에서의 원소 조성 및 배출가스의 분석치는 다음 표와 같고, 배출가스의 온도는 270℃이다.)

[중유의 조성]
C : 86.0%, H : 13.0%, 황분 : 1.0%

[배출가스의 분석결과]
$(CO_2) + (SO_2)$: 13.0%, O_2 : 2.0%, CO : 0.1%

① 약 2.4 ② 약 3.2
③ 약 3.6 ④ 약 4.4

해설 배출가스의 유속(m/sec)은 배출가스 유량을 단면적으로 나누어 산출한다.

〈계산식〉 $V = \dfrac{Q(\text{유량})}{A(\text{단면적})}$

• $Q(\text{m}^3/\sec) = G_w \times G_f$
• $G_w = (m - 0.21)A_o + CO_2 + H_2O + SO_2$
• $m = \dfrac{N_2}{N_2 - 3.76(O_2 - 0.5CO)}$
  $= \dfrac{84.9}{84.9 - 3.76 \times (2 - 0.5 \times 0.1)} = 1.09$
• $O_o = 1.867C + 5.6H + 0.7S - 0.7O$
  $= 1.867 \times 0.86 + 5.6 \times 0.13 + 0.7 \times 0.01$
  $= 2.35 \text{Sm}^3/\text{kg}$
• $A_o = O_o \times \dfrac{1}{0.21} = 2.35 \times \dfrac{1}{0.21} = 11.18 \text{Sm}^3/\text{kg}$

$\Rightarrow G_w = (1.09 - 0.21) \times 11.18 + 1.867 \times 0.86$
  $ + 11.2 \times 0.13 + 0.7 \times 0.01$
  $= 12.91 \text{Sm}^3/\text{kg}$

$Q = \dfrac{12.91 \text{Sm}^3}{\text{kg}} \Big| \dfrac{1,000 \text{kg}}{\text{hr}} \Big| \dfrac{1 \text{hr}}{3,600 \sec} \Big| \dfrac{273 + 270}{273}$
  $= 7.133 \text{m}^3/\sec$

$\therefore V = \dfrac{7.133 \text{m}^3/\sec}{3 \text{m}^2} = 2.4 \text{m/sec}$

34 중유의 원소 조성은 C : 88%, H : 12%이다. 이 중유를 완전연소시킨 결과, 중유 1kg당 건조배기가스량이 15.8Sm³이었다면, 건조배기가스 중의 CO_2의 농도(%)는?

① 10.4
② 13.1
③ 16.8
④ 19.5

해설 배기가스 중 CO_2 농도(%) 계산식을 적용한다.

〈계산식〉 $CO_2(\%) = \dfrac{CO_2}{G_d} \times 100$

- $G_d = 15.8 Sm^3/kg$
- $CO_2 = 1.867C = 1.867 \times 0.88 = 1.643 Sm^3/kg$

∴ $CO_2(\%) = \dfrac{1.643}{15.8} \times 100 = 10.4\%$

35 메탄올 2.0kg을 완전연소하는데 필요한 이론공기량(Sm^3)은?

① 2.5
② 5.0
③ 7.5
④ 10.0

해설 메탄올의 연소반응식을 이용한다.

〈계산식〉 $A_o = O_o \times \dfrac{1}{0.21}$

〈연소반응〉 $CH_3OH + 0.5O_2 \rightarrow CO_2 + 2H_2O$
  32kg : 1.5×22.4m³
  2kg : $X(m^3)$, $X(m^3) = 2.1m^3$

∴ $A_o = 2.1 \times \dfrac{1}{0.21} = 10 Sm^3$

36 연료의 종류에 따른 연소특성으로 옳지 않은 것은?

① 기체연료는 부하의 변동범위(turn down ratio)가 좁고 연소의 조절이 용이하지 않다.
② 기체연료는 저발열량의 것으로 고온을 얻을 수 있고, 전열효율을 높일 수 있다.
③ 액체연료는 회분은 아주 적지만, 재 속의 금속산화물이 장해원인이 될 수 있다.
④ 액체연료는 화재, 역화 등의 위험이 크며, 연소온도가 높아 국부적인 과열을 일으키기 쉽다.

해설 기체연료는 부하변동범위가 넓고 연소조절이 용이한 반면 저장 및 수송이 용이하지 못하다.

37 옥탄가(Octane number)에 관한 설명으로 옳지 않은 것은?

① N-paraffine에서는 탄소수가 증가할수록 옥탄가가 저하하여 C_7에서 옥탄가는 0이다.
② Iso-paraffine에서는 methyl 측쇄가 많을수록 특히 중앙부에 집중할수록 옥탄가는 증가한다.
③ 방향족 탄화수소의 경우 벤젠고리의 측쇄가 C_3까지는 옥탄가가 증가하지만 그 이상이면 감소한다.
④ Iso-octane과 N-octane, Neo-octane의 혼합표준연료의 노킹 정도와 비교하여 공급가솔린과 동등한 노킹 정도를 나타내는 혼합표준연료 중의 Iso-octane(%)를 말한다.

해설 Iso-paraffine에서는 methyl기의 가지가 적을수록 중앙에 집중하지 않고 분산될수록 N-paraffine이 되어 옥탄가를 감소시킨다.

〈관계식〉 $K = \dfrac{Iso-ocatane}{Iso-ocatane + N-heptane} \times 100$

38 다음 각종 가스의 완전연소 시 단위부피당 이론공기량(Sm^3/Sm^3)이 가장 큰 것은?

① Ethylene
② Methane
③ Acetylene
④ Propylene

해설 기체연료는 탄수소비(C/H)가 클수록 이론공기량은 증가한다. 각 보기의 분자식은 ① 에틸렌(C_2H_4), ② 메탄(CH_4), ③ 아세틸렌(C_2H_2), ④ 프로필렌(C_3H_6)이다.

39 다음 각종 연료성분의 완전연소 시 단위체적당 고위발열량($kcal/Sm^3$)의 크기 순서로 옳은 것은?

① 일산화탄소 > 메탄 > 프로판 > 부탄
② 메탄 > 일산화탄소 > 프로판 > 부탄
③ 프로판 > 부탄 > 메탄 > 일산화탄소
④ 부탄 > 프로판 > 메탄 > 일산화탄소

해설 탄화수소류의 발열량은 탄소수비(C/H)가 클수록, 분자량이 클수록 높다. 따라서 부탄 > 프로판 > 메탄 > 일산화탄소 순이다.

정답 34.① 35.④ 36.① 37.② 38.④ 39.④

40 A석탄을 사용하여 가열로의 배출가스를 분석한 결과 CO_2 14.5%, O_2 6%, N_2 79%, CO 0.5%이었다. 이 경우의 공기비는?

① 1.18
② 1.38
③ 1.58
④ 1.78

해설 CO가 존재하므로 불완전연소 공기비 계산식을 사용한다.

〈계산식〉 $m = \dfrac{N_2}{N_2 - 3.76(O_2 - 0.5CO)}$

$\therefore m = \dfrac{79}{79 - 3.76(6 - 0.5 \times 0.5)} = 1.38$

[**제3과목**] **대기오염방지기술**

41 가로 a, 세로 b인 직사각형의 유로에 유체가 흐를 경우 상당직경(equivalent diameter)을 산출하는 간이식은?

① $\sqrt{ab}$
② $2ab$
③ $\sqrt{\dfrac{2(a+b)}{ab}}$
④ $\dfrac{2ab}{a+b}$

해설 상당직경은 다음 식으로 나타낼 수 있다.

〈계산식〉 $D_o = \dfrac{2ab}{a+b}$

42 중력집진장치의 효율을 향상시키는 조건에 대한 설명으로 옳지 않은 것은?

① 침강실 내의 배기가스 기류는 균일하여야 한다.
② 침강실의 침전높이가 작을수록 집진율이 높아진다.
③ 침강실의 길이를 길게 하면 집진율이 높아진다.
④ 침강실 내 처리가스 속도가 클수록 미세한 분진을 포집할 수 있다.

해설 침강실 내 처리가스 속도가 느릴수록 미세한 분진을 포집할 수 있다.

43 다음 [보기]가 설명하는 축류송풍기의 유형으로 옳은 것은?

- 축류형 중 가장 효율이 높으며, 일반적으로 직선류 및 아담한 공간이 요구되는 HVAC 설비에 응용된다. 공기의 분포가 양호하며 많은 산업장에서 응용되고 있다.
- 효율과 압력상승 효과를 얻기 위해 직선형 고정날개를 사용하나, 날개의 모양과 간격은 변형되기도 한다.

① 원통축류형 송풍기
② 방사경사형 송풍기
③ 고정날개축류형 송풍기
④ 공기회전차축류형 송풍기

해설 고정날개축류형 송풍기는 축류형 중 효율이 높고, 중·고압을 얻을 수 있다. 공기의 분포가 양호하여 국소통풍용, 터널환기용 등으로 사용되며, 효율과 압력상승 효과를 얻기 위해 직선형 고정날개를 주로 사용한다.

44 벤투리스크러버의 액가스비를 크게 하는 요인으로 옳지 않은 것은?

① 먼지의 입경이 작을 때
② 먼지입자의 친수성이 클 때
③ 먼지입자의 점착성이 클 때
④ 처리가스의 온도가 높을 때

해설 일반적으로 친수성이거나 입자가 큰 경우는 액가스비를 작게 하고, 소수성이거나 입자가 미세한 경우는 액가스비를 크게 유지한다.

45 습식 전기집진장치의 특징에 관한 설명 중 틀린 것은?

① 집진면이 청결하여 높은 전계강도를 얻을 수 있다.
② 고저항의 먼지로 인한 역전리 현상이 일어나기 쉽다.
③ 건식에 비하여 가스의 처리속도를 2배 정도 크게 할 수 있다.
④ 작은 전기저항에 의해 생기는 먼지의 재비산을 방지할 수 있다.

해설 습식 전기집진장치를 사용할 경우 역전리 현상 및 재비산 현상을 방지할 수 있다.

46 면적 1.5m²인 여과집진장치에 먼지농도가 1.5g/m³인 배기가스가 100m³/min으로 통과하고 있다. 먼지가 모두 여과포에서 제거되었으며, 집진된 먼지층의 밀도가 1g/cm³라면 1시간 후 여과된 먼지층의 두께(mm)는?

① 1.5 ② 3
③ 6 ④ 15

해설 여과 먼지층의 두께는 분진부하에 비례하고, 밀도에 반비례한다.

〈계산식〉 $L = \dfrac{L_d}{\rho_p}$

• $L_d = \dfrac{m_d}{A_f} = \dfrac{C_i \, Q_i \, \eta \, t}{A_f}$

$= \dfrac{1.5g}{m^3} \left| \dfrac{100m^3}{min} \right| \dfrac{1hr}{} \left| \dfrac{1}{1.5m^2} \right| \dfrac{60min}{1hr}$

$= 6,000 g/m^2$

∴ $L = \dfrac{6,000g}{m^2} \left| \dfrac{cm^3}{1g} \right| \dfrac{1m^2}{100^2 cm^2} \left| \dfrac{10mm}{1cm} \right| = 6mm$

47 입자상 물질에 관한 설명으로 가장 거리가 먼 것은?

① 직경 d인 구형입자의 비표면적(단위체적당 표면적)은 $d/6$이다.
② Cascade impactor는 관성충돌을 이용하여 입경을 간접적으로 측정하는 방법이다.
③ 공기동력학경은 Stokes경과 달리 입자밀도를 1g/cm³으로 가정함으로써 보다 쉽게 입경을 나타낼 수 있다.
④ 비구형입자에서 입자의 밀도가 1보다 클 경우 공기동력학경은 Stokes경에 비해 항상 크다고 볼 수 있다.

해설 직경 d인 구형입자의 비표면적은 $6/d$이다.

48 황함유량 2.5%인 중유를 30ton/hr로 연소하는 보일러에서 배기가스를 NaOH 수용액으로 탈황하여 Na_2SO_3로 회수할 경우, 이때 필요한 NaOH의 이론량(kg/hr)은? (단, 황성분은 전량 SO_2로 전환된다.)

① 1,750 ② 1,875
③ 1,935 ④ 2,015

해설 SO_2와 NaOH의 흡수반응을 이용한다.

〈계산식〉 NaOH = 탈황 SO_2 × 반응비
〈반응식〉 $SO_2 + 2NaOH \rightarrow Na_2SO_3 + H_2O$
64kg : 2×40kg

∴ NaOH $= \dfrac{30 ton}{hr} \left| \dfrac{2.5}{100} \right| \dfrac{64}{32} \left| \dfrac{10^3 kg}{1 ton} \right| \dfrac{2 \times 40 kg}{64 kg}$

$= 1,875 kg/hr$

49 배연 탈황기술과 가장 거리가 먼 것은?

① 암모니아법 ② 석회석주입법
③ 수소화탈황법 ④ 활성산화망간법

해설 수소화탈황법은 원유 및 중유 탈황기술이다.

50 배출가스의 온도를 냉각시키는 방법 중 열교환법의 특성으로 가장 거리가 먼 것은?

① 운전비 및 유지비가 높다.
② 열에너지를 회수할 수 있다.
③ 최종 공기부피가 공기희석법, 살수법에 비해 매우 크다.
④ 온도 감소로 인해 상대습도는 증가하지만 가스 중 수분량에는 거의 변화가 없다.

해설 열교환법은 최종 공기부피가 공기희석, 살수에 비해 작은 이점이 있다.

51 다음 유해가스 처리에 관한 설명 중 가장 거리가 먼 것은?

① 시안화수소는 물에 대한 용해도가 매우 크므로 가스를 물로 세정하여 처리한다.
② 염화인(PCl_3)은 물에 대한 용해도가 낮아 암모니아를 불어넣어 병류식 충전탑에서 흡수 처리한다.
③ 아크로레인은 그대로 흡수가 불가능하며 NaClO 등의 산화제를 혼입한 가성소다 용액으로 흡수 제거한다.
④ 이산화셀렌은 코트렐집진기로 포집, 결정으로 석출, 물에 잘 용해되는 성질을 이용해 스크러버에 의해 세정하는 방법 등이 이용된다.

해설 염화인(PCl_3)은 무색의 투명한 발연성 액체로 에테르, 벤젠, 클로로포름, 사염화탄소 등에 녹으며, 물에 의하여 가수분해된다.

정답 46.③ 47.① 48.② 49.③ 50.③ 51.②

52 여과집진장치에 관한 설명으로 옳지 않은 것은?
① 폭발성, 점착성 및 흡습성에 분진의 제거에 효과적이다.
② 탈진방식 중 간헐식은 여포의 수명이 연속식에 비해 길다.
③ 탈진방식 중 간헐식은 진동형, 역기류형, 역기류 진동형으로 분류할 수 있다.
④ 여과재는 내열성이 약하므로 고온가스 냉각 시 산노점(dew point) 이상으로 유지해야 한다.

해설 여과집진장치는 폭발성, 점착성에 분진의 제거가 곤란하다.

53 다음 발생 먼지 종류 중 일반적으로 S/S_B가 가장 큰 것은? (단, S는 진비중, S_B는 겉보기비중이다.)
① 카본블랙
② 시멘트킬른
③ 미분탄보일러
④ 골재드라이어

해설 진비중과 겉보기비중의 비(S/S_B)의 크기는 카본블랙(76)>제지용 흑액로 분진(25)>황동용 전기로 분진(15)>중유보일러 분진(9.8)>시멘트킬른 분진(5.0)>미분탄보일러 분진(4.0)의 순서이다.

54 집진장치의 압력손실이 400mmH₂O, 처리가스량이 30,000m³/hr이고, 송풍기의 전압효율 70%, 여유율 1.2일 때 송풍기의 축동력(kW)은? (단, 1kW=102kgf·m/sec이다.)
① 36   ② 56
③ 80   ④ 95

해설 송풍기의 축동력을 계산할 경우 여유율을 고려하지 않는다. 그런데 본 문제는 여유율 1.2를 곱해야만 정답이 56kW가 되므로 출제오류라 생각한다. 송풍기의 축동력(kW)은 다음과 같이 계산해야 한다.

⟨계산식⟩ $P(\text{kW}) = \dfrac{\Delta P \cdot Q}{102 \times \eta_s}$

• $Q(\text{m}^3/\text{sec}) = 30,000\text{m}^3/\text{hr} = 8.33\text{m}^3/\text{sec}$

∴ $P_a = \dfrac{400 \times 8.33}{102 \times 0.7} = 46.67 \text{kW}$

55 흡착과정에 대한 설명으로 옳지 않은 것은?
① 파과곡선의 형태는 흡착탑의 경우에 따라서 비교적 기울기가 큰 것이 바람직하다.
② 포화점에서는 주어진 온도와 압력조건에서 흡착제가 가장 많은 양의 흡착질을 흡착하는 점이다.
③ 실제의 흡착은 비정상상태에서 진행되므로 흡착의 초기에는 흡착이 천천히 진행되다가 어느 정도 흡착이 진행되면 빠르게 흡착이 이루어진다.
④ 흡착제층 전체가 포화되어 배출가스 중에 오염가스 일부가 남게 되는 점을 파과점이라 하고, 이점 이후부터는 오염가스의 농도가 급격히 증가한다.

해설 실제의 흡착은 비정상상태에서 진행되므로 흡착의 초기에는 흡착이 빠르게 진행되다가 어느 정도 흡착이 진행되면 느리게 흡착이 이루어진다.

56 압력손실이 250mmH₂O이고, 처리가스량 30,000m³/hr인 집진장치의 송풍기 소요동력(kW)은? (단, 송풍기의 효율은 80%, 여유율은 1.25이다.)
① 약 25
② 약 29
③ 약 32
④ 약 38

해설 송풍기의 소요동력(kW) 계산식을 이용한다.

⟨계산식⟩ $P(\text{kW}) = \dfrac{\Delta P \times Q}{102 \times \eta_s} \times \alpha$

• $Q(\text{m}^3/\text{sec}) = 30,000\text{m}^3/\text{hr} = 8.33\text{m}^3/\text{sec}$

∴ $P = \dfrac{250 \times 8.33}{102 \times 0.8} \times 1.25 = 32 \text{kW}$

57 흡수장치에 사용되는 흡수액이 갖추어야 할 요건으로 옳은 것은?
① 용해도가 낮아야 한다.
② 휘발성이 높아야 한다.
③ 부식성이 높아야 한다.
④ 점성은 비교적 낮아야 한다.

해설 ④항만 옳다. 흡수액의 구비조건에 대하여 ①, ②, ③항은 반대로 설명하고 있다.

58 유량측정에 사용되는 가스 유속측정장치 중 작동원리로 Bernoulli 식이 적용되지 않는 것은?

① 로터미터(Rotameter)
② 벤투리장치(Venturi meter)
③ 건조가스장치(Dry gas meter)
④ 오리피스장치(Orifice meter)

해설 베르누이(Bernoulli) 식은 유체의 흐름과 그에 따른 에너지(또는 압력)의 수지(방정식)로부터 가스의 유속이나 유량을 측정하는 것이므로 건조가스장치의 유속측정 원리와는 거리가 멀다. 건조가스장치는 유체가 흐르는 단면적과 유속으로부터 유량을 산출하는 장치이다.

59 어떤 집진장치의 입구와 출구의 함진가스의 분진농도가 $7.5g/Sm^3$과 $0.055g/Sm^3$이었다. 또한 입구와 출구에서 측정한 분진시료 중 입경이 $0 \sim 5\mu m$인 입자의 중량분율은 전분진에 대하여 0.1과 0.5이었다면 $0 \sim 5\mu m$의 입경을 가진 입자의 부분집진율(%)은?

① 약 87   ② 약 89
③ 약 96   ④ 약 98

해설 입경별 부분집진율(%) 계산식을 이용한다.

〈계산식〉 $\eta_d(\%) = \left(1 - \dfrac{C_o R_o}{C_i R_i}\right) \times 100$

∴ $\eta_d = \left(1 - \dfrac{0.055 \times 0.5}{7.5 \times 0.1}\right) \times 100 = 96.33\%$

60 실내에서 발생하는 CO_2의 양이 시간당 $0.3m^3$일 때 필요한 환기량(m^3/hr)은? (단, CO_2의 허용농도와 외기의 CO_2 농도는 각각 0.1%와 0.03%이다.)

① 약 145
② 약 210
③ 약 320
④ 약 430

해설 CO_2의 허용농도와 외기의 CO_2 유입에 따른 환기량은 다음과 같이 계산한다.

〈계산식〉 $Q = \dfrac{G}{C_{TLV} - C_o} \times 100$

∴ $Q = \dfrac{0.3}{0.1 - 0.03} \times 100 = 428.57 m^3/hr$

제4과목 대기오염공정시험기준

61 굴뚝 배출가스 중 총탄화수소 측정을 위한 장치 구성조건 등에 관한 설명으로 옳지 않은 것은?

① 기록계를 사용하는 경우에는 최소 4회/분이 되는 기록계를 사용한다.
② 총탄화수소분석기는 흡광차분광방식 또는 비불꽃(non flame) 이온크로마토그램방식의 분석기를 사용하며 폭발위험이 없어야 한다.
③ 시료채취관은 스테인리스강 또는 이와 동등한 재질의 것으로 하고 굴뚝 중심 부분의 10% 범위 내에 위치할 정도의 길이의 것을 사용한다.
④ 영점가스로는 총탄화수소농도(프로판 또는 탄소등가 농도)가 $0.1mL/m^3$ 이하 또는 스팬 값의 0.1% 이하인 고순도 공기를 사용한다.

해설 총탄화수소분석기는 성능규격에 적합하거나 그 이상의 성능을 가진 불꽃이온화 또는 비분산적외선 방식의 분석기를 사용하며 기기선택, 설치 및 사용 시에 불꽃 등에 의한 폭발위험이 없어야 한다.

62 다음은 연소관식 공기법을 사용하여 유류 중 황함유량을 분석하는 방법이다. ( ) 안에 알맞은 것은?

> $950 \sim 1,100℃$로 가열한 석영 재질 연소관 중에 공기를 불어넣어 시료를 연소시킨다. 생성된 황산화물을 (㉠)에 흡수시켜 황산으로 만든 다음, (㉡)으로 중화적정하여 황함유량을 구한다.

① ㉠ 수산화소듐, ㉡ 염산표준액
② ㉠ 염산, ㉡ 수산화소듐 표준액
③ ㉠ 과산화수소(3%), ㉡ 수산화소듐 표준액
④ ㉠ 사이오시안산용액, ㉡ 수산화칼슘 표준액

해설 연소관식 공기법을 사용하여 유류 중 황함유량을 분석할 경우 $950 \sim 1,100℃$로 가열한 석영 재질 연소관 중에 공기를 불어넣어 시료를 연소시킨다. 생성된 황산화물을 과산화수소(3%)에 흡수시켜 황산으로 만든 다음, 수산화소듐 표준액으로 중화적정하여 황함유량을 구한다.

정답 58.③ 59.③ 60.④ 61.② 62.③

63 굴뚝 배출가스 중 먼지의 자동 연속측정 방법에서 사용하는 용어의 뜻으로 옳지 않은 것은?

① 검출한계는 제로드리프트의 2배에 해당하는 지시치가 갖는 교정용 입자의 먼지농도를 말한다.
② 응답시간은 표준교정판을 끼우고 측정을 시작했을 때 그 보정치의 90%에 해당하는 지시치를 나타낼 때까지 걸린 시간을 말한다.
③ 교정용 입자는 실내에서 감도 및 교정오차를 구할 때 사용하는 균일계 단분산입자로서 기하평균 입경이 0.3~3μm인 인공입자로 한다.
④ 시험가동시간이란 연속자동측정기를 정상적인 조건에서 운전할 때 예기치 않는 수리, 조정 및 부품교환 없이 연속가동할 수 있는 최소시간을 말한다.

[해설] 굴뚝 배출가스 중 먼지의 자동 연속측정방법에서 응답시간은 표준교정판(필름)을 끼우고 측정을 시작했을 때 그 보정치의 95%에 해당하는 지시치를 나타낼 때까지 걸린 시간을 말한다.

64 다음은 굴뚝 배출가스 중 황산화물의 중화 적정법에 관한 설명이다. ( ) 안에 알맞은 것은?

> 메틸레드-메틸렌블루 혼합지시약 (3~5)방울을 가하여 (㉠)으로 적정하고 용액의 색이 (㉡)으로 변한 점을 종말점으로 한다.

① ㉠ 에틸아민동용액, ㉡ 녹색에서 자주색
② ㉠ 에틸아민동용액, ㉡ 자주색에서 녹색
③ ㉠ 0.1N 수산화소듐용액, ㉡ 녹색에서 자주색
④ ㉠ 0.1N 수산화소듐용액, ㉡ 자주색에서 녹색

[해설] 굴뚝 배출가스 중 황산화물을 중화적정법으로 분석할 경우 메틸레드-메틸렌블루 혼합지시약 (3~5)방울을 가하여 0.1N 수산화소듐용액으로 적정하고 용액의 색이 자주색에서 녹색으로 변한 점을 종말점으로 한다.

65 배출가스 중 먼지를 여과지에 포집하고 이를 적당한 방법으로 처리하여 분석용 시험용액으로 한 후 원자흡수분광광도법을 이용하여 각종 금속원소의 원자흡광도를 측정하여 정량분석하고자 할 때, 다음 중 금속원소별 측정파장으로 옳게 짝지어진 것은?

① Pb-357.9nm ② Cu-228.8nm
③ Ni-283.3nm ④ Zn-213.8nm

[해설] ④항만 옳다.
≪바르게 고쳐보기≫
① Pb-217.0nm 또는 283.3nm
② Cu-324.8nm
③ Ni-232nm

66 보통형(Ⅰ형) 흡입노즐을 사용한 굴뚝 배출가스 흡입 시 10분간 채취한 흡입가스량(습식 가스미터에서 읽은 값)이 60L이었다. 이 때, 등속흡입이 행하여지기 위한 가스미터에 있어서의 등속흡입유량(L/min)의 범위는?
[단, 등속흡입 정도를 알기 위한 등속 흡입계수 $I(\%) = \dfrac{V_m}{q_m \times t} \times 100$이다.]

① 3.3~5.3 ② 5.5~6.3
③ 6.5~7.3 ④ 7.5~8.3

[해설] 등속흡인유량의 범위는 등속계수를 산출한 값이 95~110% 범위 이내에 속하도록 한다.

〈계산식〉 $I(\%) = \dfrac{V_m}{q_m \times t} \times 100$

• $95\% = \dfrac{60}{q_m \times 10} \times 100$, $q_m = 6.31 \text{L/min}$
• $110\% = \dfrac{60}{q_m \times 10} \times 100$, $q_m = 5.45 \text{L/min}$

∴ $q_m = 5.5 \sim 6.3 \text{L/min}$

67 자외선/가시선 분광분석 측정에서 최초광의 60%가 흡수되었을 때의 흡광도는?

① 0.25 ② 0.3
③ 0.4   ④ 0.6

[해설] 흡광도 계산식을 사용한다.

〈계산식〉 $A = \log \dfrac{1}{t} = \log \dfrac{1}{I_t/I_o}$

• 투과도$(t) = I_t/I_o = 0.4/1 = 0.4$

∴ 흡광도$(A) = \log \dfrac{1}{0.4} = 0.4$

68 자외선/가시선 분광법에 의한 불소화합물 분석방법에 관한 설명으로 옳지 않은 것은?

① 분광광도계로 측정 시 흡수파장은 460nm를 사용한다.
② 이 방법의 정량범위는 HF로서 0.05~1,200ppm이며, 방법검출한계는 0.015ppm이다.
③ 시료가스 중에 알루미늄(Ⅲ), 철(Ⅱ), 구리(Ⅱ), 아연(Ⅱ) 등의 중금속이온이나 인산이온이 존재하면 방해 효과를 나타낸다.
④ 굴뚝에서 적절한 시료채취장치를 이용하여 얻은 시료 흡수액을 일정량으로 묽게 한 다음 완충액을 가하여 pH를 조절하고 란탄과 알리자린콤플렉손을 가하여 생성되는 생성물의 흡광도를 분광광도계로 측정한다.

[해설] 자외선/가시선 분광법에 의한 불소화합물을 분광광도계로 측정 시 흡수파장은 620nm를 사용한다.

69 배출허용기준 중 표준산소농도를 적용받는 어떤 오염물질의 보정된 배출가스 유량이 50Sm³/day이었다. 이때 배출가스를 분석하니 실측산소농도는 5%, 표준산소농도는 3%일 때, 실측배출가스 유량(Sm³/day)은?

① 46.25
② 51.25
③ 56.25
④ 61.25

[해설] 배출가스 유량 보정식을 이용한다.

〈계산식〉 $Q = Q_a \div \dfrac{21 - O_s}{21 - O_a}$

• $50 = Q_a \div \dfrac{21 - 3}{21 - 5}$

∴ $Q_a = 56.25 \, \text{Sm}^3/\text{day}$

70 비분산적외선분석법에서 사용하는 주요 용어의 의미로 옳지 않은 것은?

① 스팬가스 : 분석계의 최저 눈금 값을 교정하기 위하여 사용하는 가스
② 스팬드리프트 : 측정기의 교정범위 눈금에 대한 지시값의 일정기간 내의 변동
③ 정필터형 : 측정성분이 흡수되는 적외선을 그 흡수파장에서 측정하는 방식
④ 비교가스 : 시료셀에서 적외선 흡수를 측정하는 경우 대조가스로 사용하는 것으로 적외선을 흡수하지 않는 가스

[해설] 스팬가스는 분석계의 최고 눈금 값을 교정하기 위하여 사용하는 가스이다.

71 흡광차분광법을 사용하여 아황산가스를 분석할 때 간섭성분으로 오존(O_3)이 존재할 경우 다음 조건에 따른 오존의 영향(%)을 산출한 값은?

- 오존을 첨가했을 경우의 지시값
  $0.7 \mu \text{mol/mol}$
- 오존을 첨가하지 않은 경우의 지시값
  $0.5 \mu \text{mol/mol}$
- 분석기기의 최대 눈금값
  $5 \mu \text{mol/mol}$
- 분석기기의 최소 눈금값
  $0.01 \mu \text{mol/mol}$

① 1
② 2
③ 3
④ 4

[해설] 흡광차분광법에서 오존의 영향을 받을 때 다음의 계산식을 이용하여 오존의 영향(%)을 산출한다.

〈계산식〉 $R_t = \dfrac{(A - B)}{C} \times 100$

∴ $R_t = \dfrac{0.7 - 0.5}{5} \times 100 = 4$

72 원자흡수분광광도법의 장치구성이 순서대로 옳게 나열된 것은?

① 광원부 → 파장선택부 → 측광부 → 시료원자화부
② 광원부 → 시료원자화부 → 파장선택부 → 측광부
③ 시료원자화부 → 광원부 → 파장선택부 → 측광부
④ 시료원자화부 → 파장선택부 → 광원부 → 측광부

[해설] 원자흡수분광광도법의 장치구성 순서는 광원부 → 시료원자화부 → 파장선택부 → 측광부이다.

73 굴뚝 배출가스 중 질소산화물의 연속자동측정법으로 옳지 않은 것은?

① 화학발광법
② 용액전도율법
③ 자외선흡수법
④ 적외선흡수법

정답 68.① 69.③ 70.① 71.④ 72.② 73.②

[해설] 굴뚝 배출가스 중 질소산화물의 연속자동측정법은 화학발광법, 적외선흡수법, 자외선흡수법, 정전위전해법 등이다. 용액전도율법은 배출가스 중 아황산가스의 연속자동측정법이다.

74 기체-액체 크로마토그래피에서 사용되는 고정상액체(Stationary Liquid)의 조건으로 옳은 것은?

① 사용온도에서 증기압이 낮고, 점성이 작은 것이어야 한다.
② 사용온도에서 증기압이 낮고, 점성이 큰 것이어야 한다.
③ 사용온도에서 증기압이 높고, 점성이 작은 것이어야 한다.
④ 사용온도에서 증기압이 높고, 점성이 큰 것이어야 한다.

[해설] 기체-액체 크로마토그래피에서 사용되는 고정상액체(Stationary Liquid)의 조건은 사용온도에서 증기압이 낮고, 점성이 작은 것이어야 한다.

75 다음은 기체크로마토그램에서 피크(peak)의 분리 정도를 나타낸 그림이다. 분리계수(d)와 분리도(R)을 구하는 식으로 옳은 것은?

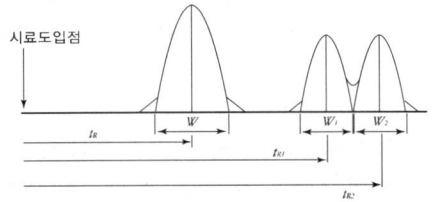

① $d = \dfrac{t_{R2}}{t_{R1}}, \quad R = \dfrac{2(t_{R2}-t_{R1})}{W_1+W_2}$

② $d = t_{R2} - t_{R1}, \quad R = \dfrac{t_{R1}+t_{R2}}{W_1+W_2}$

③ $d = \dfrac{t_{R2}-t_{R1}}{W_1+W_2}, \quad R = \dfrac{t_{R2}}{t_{R1}}$

④ $d = \dfrac{t_{R2}-t_{R1}}{2}, \quad R = 100 \times d$

[해설] 2개의 접근한 피크의 분리 정도를 나타내기 위하여 분리계수 또는 분리도를 구한다.

- 분리계수(d) = $\dfrac{t_{R2}}{t_{R1}}$
- 분리도(R) = $\dfrac{2(t_{R2}-t_{R1})}{W_1+W_2}$

76 다음 중 물질을 취급 또는 보관하는 동안에 기체 또는 미생물이 침입하지 않도록 내용물을 보호하는 용기를 뜻하는 것은?

① 기밀용기 ② 밀폐용기
③ 밀봉용기 ④ 차광용기

[해설] 밀봉용기(密封容器)라 함은 물질을 취급 또는 보관하는 동안에 기체 또는 미생물이 침입하지 않도록 내용물을 보호하는 용기를 뜻한다.

77 굴뚝 배출가스 중의 황화수소를 아이오딘 적정법으로 분석하는 방법에 관한 설명으로 거리가 먼 것은?

① 다른 산화성 및 환원성 가스에 의한 방해는 받지 않는 장점이 있다.
② 시료 중의 황화수소를 염산산성으로 하고, 아이오딘용액을 가하여 과잉의 아이오딘을 사이오황산소듐용액으로 적정한다.
③ 시료 중의 황화수소가 100~2,000ppm 함유되어 있는 경우의 분석에 적합한 시료채취량은 10~20L, 흡입속도는 1L/min 정도이다.
④ 녹말지시약(질량분율 1%)은 가용성 녹말 1g을 소량의 물과 섞어 끓는 물 100mL 중에 잘 흔들어 섞으면서 가하고, 약 1분간 끓인 후 식혀서 사용한다.

[해설] 굴뚝 배출가스 중의 황화수소를 아이오딘적정법으로 분석하는 경우 다른 산화성가스와 환원성가스에 의하여 방해를 받는다.

78 대기오염공정시험기준상 자외선/가시선 분광법에서 사용되는 흡수셀의 재질에 따른 사용파장범위로 가장 적합한 것은?

① 플라스틱제는 자외부 파장범위
② 플라스틱제는 가시부 파장범위
③ 유리제는 가시부 및 근적외부 파장범위
④ 석영제는 가시부 및 근적외부 파장범위

[해설] 자외선/가시선 분광법에서 사용되는 흡수셀은 유리, 석영, 플라스틱 등을 사용한다. 유리제는 주로 가시 및 근적외부 파장범위, 석영제는 자외부 파장범위, 플라스틱제는 근적외부 파장범위를 측정할 때 사용한다.

79 다음 분석가스 중 아연아민착염용액을 흡수액으로 사용하는 것은?

① 황화수소   ② 브롬화합물
③ 질소산화물 ④ 포름알데히드

[해설] 황화수소를 아이오딘적정법으로 정량할 경우 아연아민착염용액에 흡수시킨 다음 염산산성으로 하고, 아이오딘용액을 가하여 과잉의 아이오딘을 싸이오황산소듐용액으로 적정한다.

80 다음 [보기]가 설명하는 굴뚝 배출가스 중의 산소측정방식으로 옳은 것은?

[보기]
이 방식은 주기적으로 단속하는 자계 내에서 산소분자에 작용하는 단속적인 흡입력을 자계 내에 일정유량으로 유입하는 보조가스의 배압변화량으로서 검출한다.

① 전극방식   ② 덤벨형 방식
③ 질코니아방식 ④ 압력검출형 방식

[해설] [보기]는 압력검출형 방식을 설명하고 있다. 굴뚝 배출가스 중 산소를 자동측정법은 전기화학식, 자기풍(磁氣風)방식, 자기력(磁氣力)방식이 있으며, 자기력(磁氣力)방식은 다시 덤벨형과 압력검출형으로 나뉜다. 덤벨(dumb-bell)형은 덤벨과 시료 중의 산소와의 자기화 강도의 차에 의하여 생기는 덤벨의 편위량을 검출한다.

[제5과목] **대기환경관계법규**

81 대기환경보전법령상 자동차 연료(휘발유)의 제조기준 중 벤젠함량(부피 %) 기준으로 옳은 것은?

① 1.5 이하   ② 1.0 이하
③ 0.7 이하   ④ 0.0013 이하

[해설] [시행규칙 별표 33] 자동차 연료(휘발유)의 제조기준 중 벤젠함량(부피 %) 기준은 0.7 이하이다.

82 대기환경보전법령상 청정연료를 사용하여야 하는 대상시설의 범위에 해당하지 않는 시설은?

① 산업용 열병합발전시설

② 전체 보일러의 시간당 총증발량이 0.2톤 이상인 업무용 보일러
③ 「집단에너지사업법 시행령」에 따른 지역냉난방 사업을 위한 시설
④ 「건축법 시행령」에 따른 중앙집중난방방식으로 열을 공급받고 단지 내의 모든 세대의 평균전용면적이 $40.0m^2$를 초과하는 공동주택

[해설] [시행령 별표 11의3] 청정연료 사용 기준에서 발전시설을 포함한다. 다만, 산업용 열병합발전시설은 제외한다.

83 대기환경보전법령상 먼지·황산화물 및 질소산화물의 연간발생량 합계가 18톤인 배출구의 자가측정횟수 기준은? (단, 특정대기유해물질이 배출되지 않으며, 관제센터로 측정결과를 자동전송하지 않는 사업장의 배출구이다.)

① 매주 1회 이상
② 매월 2회 이상
③ 2개월마다 1회 이상
④ 반기마다 1회 이상

[해설] [시행규칙 별표 11] 먼지·황산화물 및 질소산화물의 연간발생량 합계가 18톤인 배출구의 자가측정횟수 기준은 2개월마다 1회 이상이다.

84 대기환경보전법령상 가스 형태의 물질 중 소각용량이 시간당 2톤(의료폐기물 처리시설은 시간당 200kg) 이상인 소각처리시설에서의 일산화탄소 배출허용기준(ppm)은? (단, 각 보기항의 ( ) 안의 값은 표준산소농도(O_2의 백분율)를 의미한다.)

① 30(12) 이하
② 50(12) 이하
③ 200(12) 이하
④ 300(12) 이하

[해설] [시행규칙 별표 8] 대기오염물질의 배출허용기준 가스 형태의 물질 중 소각용량이 시간당 2톤(의료폐기물 처리시설은 시간당 200kg) 이상인 소각처리시설에서의 일산화탄소 배출허용기준(ppm)은 50(12)ppm이다.

정답 79.① 80.④ 81.③ 82.① 83.③ 84.②

85 대기환경보전법령상 벌칙기준 중 7년 이하의 징역이나 1억 원 이하의 벌금에 처하는 것은?

① 대기오염물질의 배출허용기준 확인을 위한 측정기기의 부착 등의 조치를 하지 아니한 자
② 황연료사용 제한조치 등의 명령을 위반한 자
③ 제작차 배출허용기준에 맞지 아니하게 자동차를 제작한 자
④ 배출가스 전문정비사업자로 등록하지 아니하고 정비·점검 또는 확인검사 업무를 한 자

[해설] [보전법 제89조] 보기 ③항만 7년 이하의 징역이나 1억 원 이하의 벌금에 처한다. 보기 ①, ②, ④항은 모두 5년 이하의 징역이나 5천만 원 이하의 벌금에 처한다.

86 악취방지법령상 지정악취물질이 아닌 것은?

① 아세트알데하이드 ② 메틸메르캅탄
③ 톨루엔   ④ 벤젠

[해설] [악취방지법 시행규칙 별표 1] 벤젠은 지정악취물질에 포함되지 않는다.

87 대기환경보전법령상 대기오염도 검사기관과 거리가 먼 것은?

① 유역환경청
② 환경보전협회
③ 한국환경공단
④ 수도권대기환경청

[해설] [시행규칙 제40조] 대기오염도 검사기관은 국립환경과학원, 보건환경연구원, 환경청, 한국환경공단 등이다.

88 환경정책기본법령상 미세먼지(PM-10)의 대기환경기준은? (단, 연간 평균치 기준이다.)

① $10\mu g/m^3$ 이하
② $25\mu g/m^3$ 이하
③ $30\mu g/m^3$ 이하
④ $50\mu g/m^3$ 이하

[해설] 환경정책기본법령상 미세먼지(PM-10)의 연간 평균치는 $50\mu g/m^3$ 이하이다.

89 다음은 대기환경보전법령상 환경기술인에 관한 사항이다. ( ) 안에 알맞은 것은?

환경기술인을 두어야 할 사업장의 범위, 환경기술인의 자격기준, 임명기간은 ( )으로 정한다.

① 시·도지사령
② 총리령
③ 환경부령
④ 대통령령

[해설] [보전법 제40조] 환경기술인을 두어야 할 사업장의 범위, 환경기술인의 자격기준, 임명(바꾸어 임명하는 것을 포함)기간은 대통령령으로 정한다.

90 다음은 대기환경보전법령상 환경부령으로 정하는 첨가제 제조기준에 맞는 제품의 표시방법이다. ( ) 안에 알맞은 것은?

표시 크기는 첨가제 또는 촉매제 용기 앞면의 제품명 밑에 제품명 글자 크기의 ( )에 해당하는 크기로 표시하여야 한다.

① 100분의 10 이상 ② 100분의 20 이상
③ 100분의 30 이상 ④ 100분의 50 이상

[해설] [시행규칙 별표 34] 첨가제 또는 촉매제 용기 앞면의 제품명 밑에 제품명 글자 크기의 10분의 30 이상에 해당하는 크기로 표시하여야 한다.

91 실내공기질관리법령상 신축 공동주택의 실내공기질 권고기준으로 옳은 것은?

① 스티렌 $360\mu g/m^3$ 이하
② 폼알데하이드 $360\mu g/m^3$ 이하
③ 자일렌 $360\mu g/m^3$ 이하
④ 에틸벤젠 $360\mu g/m^3$ 이하

[해설] [실내공기질관리법 시행규칙 별표 4] ④항만 올바르다. 신축 공동주택의 실내공기질 권고기준은 다음과 같다.
1. 폼알데하이드 $210\mu g/m^3$ 이하
2. 벤젠 $30\mu g/m^3$ 이하
3. 톨루엔 $1,000\mu g/m^3$ 이하
4. 에틸벤젠 $360\mu g/m^3$ 이하
5. 자일렌 $700\mu g/m^3$ 이하
6. 스티렌 $300\mu g/m^3$ 이하
7. 라돈 $148Bq/m^3$ 이하

92 다음은 악취방지법령상 악취검사기관의 준수사항에 관한 내용이다. ( ) 안에 알맞은 것은?

> 검사기관이 법인인 경우 보유차량에 국가기관의 악취검사차량으로 잘못 인식하게 하는 문구를 표시하거나 과대표시를 해서는 아니되며, 검사기관은 다음의 서류를 작성하여 ( ) 보존하여야 한다.
> 가. 실험일지 및 검량선 기록지
> 나. 검사결과 발송대장
> 다. 정도관리 수행기록철

① 1년간　　② 2년간
③ 3년간　　④ 5년간

해설 [악취방지법 시행규칙 별표 8] 검사기관은 서류 보존기간이 3년이다.

93 악취방지법령상 위임업무 보고사항 중 "악취검사기관의 지도·점검 및 행정처분 실적" 보고횟수 기준은?

① 연 1회　　② 연 2회
③ 연 4회　　④ 수시

해설 [악취방지법 시행규칙 별표 10] 악취검사기관의 지도·점검 및 행정처분 실적 보고횟수 기준은 연 1회이다.

94 다음은 대기환경보전법령상 운행차정기검사의 방법 및 기준에 관한 사항이다. ( ) 안에 알맞은 것은?

> 배출가스 검사대상 자동차의 상태를 검사할 때 원동기가 충분히 예열되어 있는 것을 확인하고, 수냉식 기관의 경우 계기판 온도가 (㉠) 또는 계기판 눈금이 (㉡)이어야 하며, 원동기가 과열되었을 경우에는 원동기실 덮개를 열고 (㉢) 지난 후 정상상태가 되었을 때 측정한다.

① ㉠ 25℃ 이상 ㉡ 1/10 이상 ㉢ 1분 이상
② ㉠ 25℃ 이상 ㉡ 1/10 이상 ㉢ 5분 이상
③ ㉠ 40℃ 이상 ㉡ 1/4 이상 ㉢ 1분 이상
④ ㉠ 40℃ 이상 ㉡ 1/4 이상 ㉢ 5분 이상

해설 [시행규칙 별표 22] 배출가스 검사대상 자동차의 상태를 검사할 때 원동기가 충분히 예열되어 있을 때 검사방법은 수냉식 기관의 경우 계기판 온도가 40℃ 이상 또는 계기판 눈금이 1/4 이상이어야 하며, 원동기가 과열되었을 경우에는 원동기실 덮개를 열고 5분 이상 지난 후 정상상태가 되었을 때 측정한다. 온도계가 없거나 고장인 자동차는 원동기를 시동하여 5분이 지난 후 측정한다.

95 다음은 대기환경보전법령상 기본부과금 부과대상 오염물질에 대한 초과배출량 산정방법 중 초과배출량 공제분 산정방법이다. ( ) 안에 알맞은 것은?

> 3개월간 평균배출농도는 배출허용기준을 초과한 날 이전 정상 가동된 3개월 동안의 ( )를 산술평균한 값으로 한다.

① 5분 평균치　　② 10분 평균치
③ 30분 평균치　　④ 1시간 평균치

해설 [시행령 별표 5의2] 초과배출량 공제분은 (배출허용기준농도−3개월간 평균배출농도)×3개월간 평균배출유량으로 산정한다. 이때 3개월간 평균배출농도는 배출허용기준을 초과한 날 이전 정상 가동된 3개월 동안의 30분 평균치를 산술평균한 값으로 한다.

96 대기환경보전법령상 환경부장관이 특별대책지역의 대기오염방지를 위하여 필요하다고 인정하면 그 지역에 새로 설치되는 배출시설에 대해 정할 수 있는 기준은?

① 일반배출허용기준　② 특별배출허용기준
③ 심화배출허용기준　④ 강화배출허용기준

해설 [보전법 제16조] 환경부장관은 「환경정책기본법」에 따른 특별대책지역의 대기오염방지를 위하여 필요하다고 인정하면 그 지역에 설치된 배출시설에 대하여 기준보다 엄격한 배출허용기준을 정할 수 있으며, 그 지역에 새로 설치되는 배출시설에 대하여 특별배출허용기준을 정할 수 있다.

97 대기환경보전법령상 기관출력이 130kW 초과인 선박의 질소산화물 배출기준(g/kWh)은? [단, 정격 기관속도 n(크랭크샤프트의 분당 속도)이 130rpm 미만이며 2011년 1월 1일 이후에 건조한 선박의 경우이다.]

① 17 이하
② $44.0 \times n^{(-0.23)}$ 이하
③ 7.7 이하
④ 14.4 이하

정답　92.③　93.①　94.④　95.③　96.②　97.④

해설 [시행규칙 별표 35] 선박의 배출허용기준

기관 출력	정격 기관속도 (n : 크랭크샤프트의 분당 속도)	질소산화물 배출기준(g/kWh)		
		기준 1	기준 2	기준 3
130 kW 초과	n이 130rpm 미만일 때	17 이하	14.4 이하	3.4 이하
	n이 130rpm 이상 2,000rpm 미만일 때	$45.0 \times$ $n(-0.2)$ 이하	$44.0 \times$ $n(-0.23)$ 이하	$9.0 \times$ $n(-0.2)$ 이하
	n이 2,000rpm 이상 일 때	9.8 이하	7.7 이하	2.0 이하

※ 1. 기준 1은 2010년 12월 31일 이전에 건조된 선박
   2. 기준 2는 2011년 1월 1일 이후에 건조된 선박
   3. 기준 3은 2016년 1월 1일 이후에 건조된 선박

98 대기환경보전법령상 배출시설 설치허가 신청서 또는 배출시설 설치신고서에 첨부하여야 할 서류가 아닌 것은?

① 원료(연료를 포함)의 사용량 및 제품 생산량을 예측한 명세서
② 배출시설 및 방지시설의 설치명세서
③ 방지시설의 상세 설계도
④ 방지시설의 연간 유지관리 계획서

해설 [시행령 제11조] 방지시설의 상세 설계도가 아닌 방지시설의 일반도(一般圖)이다.

99 대기환경보전법령상 대기오염 경보단계 중 오존에 대한 "경보" 해제기준과 관련하여 ( ) 안에 알맞은 것은?

> 경보가 발령된 지역의 기상조건 등을 고려하여 대기자동측정소의 오존농도가 ( )인 때는 주의보로 전환된다.

① 0.1ppm 이상 0.3ppm 미만
② 0.1ppm 이상 0.5ppm 미만
③ 0.12ppm 이상 0.3ppm 미만
④ 0.12ppm 이상 0.5ppm 미만

해설 [시행규칙 별표 7] "경보" 해제기준은 경보가 발령된 지역의 기상조건 등을 고려하여 대기자동측정소의 오존농도가 0.12ppm 이상 0.3ppm 미만인 때는 주의보로 전환된다.

100 다음 중 대기환경보전법령상 초과부과금 산정기준에 따른 오염물질 1킬로그램당 부과금액이 가장 높은 것은?

① 질소산화물
② 황화수소
③ 이황화탄소
④ 시안화수소

해설 [시행령 별표 4] 보기의 항목 중 1킬로그램당 초과부과금액이 가장 높은 것은 시안화수소이다.
① 질소산화물 : 2,130
② 황화수소 : 6,000
③ 이황화탄소 : 1,600
④ 시안화수소 : 7,300

2021

제1회 대기환경기사

2021. 3. 7 시행

제1과목 | 대기오염개론

01 시골에서 먼지농도를 측정하기 위하여 공기를 0.15m/sec의 속도로 12시간 동안 여과지에 여과시켰을 때, 사용된 여과지의 빛 전달률이 깨끗한 여과지의 80%로 감소하였다. 1,000m당 Coh는?

① 0.2 ② 0.6
③ 1.1 ④ 1.5

해설 Coh(헤이즈계수) 계산식을 적용한다.

〈계산식〉 $Coh_{1,000} = \dfrac{\log(1/t)0.01}{L} \times 1,000$

• $L = V \times \theta$
 $= \dfrac{0.15\text{m}}{\text{sec}} \left| \dfrac{12\text{hr}}{} \right| \dfrac{3,600\text{sec}}{1\text{hr}} = 6,480\text{m}$

∴ $Coh_{1,000} = \dfrac{\left(\log\dfrac{1}{0.80}\right) \div 0.01}{6,480} \times 1,000 = 1.5$

02 비인의 변위 법칙에 관한 식은?

① $\lambda_m = 2,897/T$
 (λ_m : 최대에너지가 복사될 때의 파장, T : 흑체의 표면온도)
② $E = \sigma T^4$
 (E : 흑체의 단위표면적에서 복사되는 에너지, σ : 상수, T : 흑체의 표면온도)
③ $I = I_o \exp(-K\rho L)$
 (I_o, I : 각각 입사 전후의 빛의 복사속밀도, K : 감쇠상수, ρ : 매질의 밀도, L : 통과거리)
④ $R = K(1-\alpha) - L$
 (R : 순복사, K : 지표면에 도달한 일사량, α : 지표의 반사율, L : 지표로부터 방출되는 장파복사)

해설 비인의 변위 법칙(Wien's displacement law)은 최대에너지 파장(λ_m)과 흑체표면의 절도온도(T, K)는 반비례함을 나타내는 법칙으로 다음과 같은 계산식으로 표현된다.

〈계산식〉 $\lambda_m = \dfrac{2,897}{T}$

03 폼알데하이드의 배출과 관련된 업종으로 가장 거리가 먼 것은?

① 피혁제조공업 ② 합성수지공업
③ 암모니아제조공업 ④ 포르말린제조공업

해설 폼알데하이드의 주요 배출원은 포르말린제조공업, 피혁공업, 합성수지공업, 접착제 등이다.

04 다음에서 설명하는 오염물질로 가장 적합한 것은?

- 매우 낮은 농도에서 피해를 일으킬 수 있으며, 주된 증상으로는 상편생장, 전두운동의 저해, 황화현상, 줄기의 신장저해, 성장 감퇴 등이 있다.
- 0.1ppm 정도의 저농도에서도 스위트피와 토마토에 상편생장을 일으킨다.

① 오존 ② 에틸렌
③ 아황산가스 ④ 불소화합물

해설 에틸렌은 매우 낮은 농도에서 스위트피와 토마토에 상편생장을 일으키는 오염물질로 알려져 있다. 에틸렌에 노출된 식물피해의 주된 증상은 상편생장, 전두운동의 저해, 조기낙엽, 성장감퇴 등이다.

05 2차 대기오염물질에 해당하는 것은?

① H_2S ② H_2O_2
③ NH_3 ④ $(CH_3)_2S$

해설 2차 대기오염물질은 O_3, PAN($CH_3COOONO_2$), H_2O_2, NOCl, 아크로레인(CH_2CHCHO) 등이다.

정답 1.④ 2.① 3.③ 4.② 5.②

06 일산화탄소에 관한 설명으로 옳지 않은 것은?
① 대류권 및 성층권에서의 광화학반응에 의하여 대기 중에서 제거된다.
② 물에 잘 녹아 강우의 영향을 크게 받으며, 다른 물질에 강하게 흡착하는 특징을 가진다.
③ 토양 박테리아의 활동에 의하여 이산화탄소로 산화되어 대기 중에서 제거된다.
④ 발생량과 대기 중의 평균농도로부터 대기 중 평균 체류시간이 약 1~3개월 정도일 것이라 추정되고 있다.

[해설] 일산화탄소는 난용성으로 강우에 의한 영향을 거의 받지 않으나, 강수(降水)가 많은 여름철에는 농도가 낮은 편이고 겨울철에 대체로 최고농도를 보이며, 광화학반응에 의하여 대기 중에서 산화제거된다.

07 세류현상(Down Wash)이 발생하지 않는 조건은?
① 오염물질의 토출속도가 굴뚝높이에서 풍속과 같을 때
② 오염물질의 토출속도가 굴뚝높이에서 풍속의 2.0배 이상일 때
③ 오염물질의 토출속도가 굴뚝높이에서 풍속의 1.5배 이상일 때
④ 오염물질의 풍속이 오염물질 토출속도 2.0배 이상일 때

[해설] 세류현상(down wash)이란 연돌출구에서 방출되는 연기가 풍속에 의해 굴뚝 가까이로 침강하는 현상을 말한다. 따라서 이를 방지하기 위해서는 연기의 토출속도를 상승시켜야 하는데, 통상 풍속의 2배 이상으로 배출속도를 높게 유지하면 방지되는 것으로 알려져 있다.

08 국지풍에 관한 설명으로 옳지 않은 것은?
① 일반적으로 낮에 바다에서 육지로 부는 해풍은 밤에 육지에서 바다로 부는 육풍보다 강하다.
② 고도가 높은 산맥에 직각으로 강한 바람이 부는 경우 산맥의 풍하 쪽으로 건조한 바람이 부는데 이러한 바람을 휀풍이라 한다.
③ 곡풍은 경사면 → 계곡 → 주 계곡으로 수렴하면서 풍속이 가속되기 때문에 일반적으로 낮에 산 위쪽으로 부는 산풍보다 더 강하게 분다.
④ 열섬효과로 인하여 도시 중심부가 주위보다 고온이 되어 도시 중심부에서 상승기류가 발생하고 도시 주위의 시골에서 도시로 바람이 부는데 이를 전원풍이라 한다.

[해설] 곡풍은 산의 비탈면을 따라 상승하는 바람이다. 산풍은 경사면 → 계곡 → 주 계곡으로 수렴하면서 풍속이 가속되기 때문에 낮에 산 위쪽으로 부는 곡풍보다 일반적으로 더 강하다.

09 다음에서 설명하는 오염물질로 가장 적합한 것은?

- 부드러운 청회색의 금속으로 밀도가 크고 내식성이 강하다.
- 소화기로 섭취되면 대략 10% 정도가 소장에서 흡수되고, 나머지는 대변으로 배출된다. 세포 내에서는 SH기와 결합하여 헴(heme) 합성에 관여하는 효소 등 여러 효소작용을 방해한다.
- 인체에 축적되면 적혈구 형성을 방해하며, 심하면 복통, 빈혈, 구토를 일으키고 뇌세포에 손상을 준다.

① Cr ② Hg
③ Pb ④ Al

[해설] 납(Pb)은 부드러운 청회색의 금속으로 만성빈혈이나 용혈성 빈혈 등을 일으키며, 세포 내에서 -SH기와 결합하여 헴(Heme) 합성효소의 효소작용을 방해하고 만성중독 시에는 혈중 프로토포피린이 현저하게 증가한다.

10 고도에 따른 대기층의 명칭을 순서대로 나열한 것은? (단, 낮은 고도 → 높은 고도)
① 지표 → 대류권 → 성층권 → 중간권 → 열권
② 지표 → 대류권 → 중간권 → 성층권 → 열권
③ 지표 → 성층권 → 대류권 → 중간권 → 열권
④ 지표 → 성층권 → 중간권 → 대류권 → 열권

[해설] 고도에 따른 대기층은 지표 → 대류권 → 성층권 → 중간권 → 열권으로 구분된다.

정답 6.② 7.② 8.③ 9.③ 10.①

11 지표면의 오존농도가 증가하는 원인으로 가장 거리가 먼 것은?

① CO
② NO_x
③ VOCs
④ 태양열 에너지

[해설] 대류권 오존발생과 관련되는 인자는 NO, NO_2, VOCs, 태양열에너지이다.

12 다음에서 설명하는 대기분산모델로 가장 적합한 것은?

- 가우시안 모델식을 적용한다.
- 적용 배출원의 형태는 점, 선, 면이다.
- 미국에서 최근에 널리 이용되는 범용적인 모델로 장기농도 계산용이다.

① RAMS
② ISCLT
③ UAM
④ AUSPLUME

[해설] ISCLT는 가우시안 모델로서 미국에서 널리 이용되는 범용적 모델로 장기농도 계산에 유용하다.
[참고]
1. RAMS : 미국에서 개발된 모델로 바람장과 오염물질의 분산(점/면)을 동시에 계산한다.
2. UAM : 미국에서 개발된 광화학 모델로서 도시지역에서 광화학반응을 고려하여 오염물질의 이동을 계산하는 데 사용된다.
3. AUSPLUME : 호주에서 개발된 모델로 미국의 ISC-LT와 ISC-ST 모델을 개조하여 만든 모델이다.

13 굴뚝에서 배출되는 연기의 형태 중 환상형(looping)에 관한 설명으로 옳은 것은?

① 대기가 과단열감률 상태일 때 나타나므로 맑은 날 오후에 발생하기 쉽다.
② 상층이 불안정, 하층이 안정일 경우에 나타나며, 지표 부근의 오염물질 농도가 가장 낮다.
③ 전체 대기층이 중립상태일 때 나타나며, 매연 속의 오염물질 농도는 가우시안분포를 갖는다.
④ 전체 대기층이 매우 안정할 때 나타나며, 상하 확산 폭이 적어 굴뚝의 높이가 낮을 경우 지표 부근에 심각한 오염문제를 야기한다.

[해설] ①항이 환상형(looping)을 설명하고 있다. ②항은 지붕형(lofting), ③항은 추형(coning), ④항은 부채형(fannig)을 설명하고 있다.

14 다음 오존파괴물질 중 평균수명(년)이 가장 긴 것은?

① CFC-11
② CFC-115
③ HCFC-123
④ CFC-124

[해설] CFC-115의 대기 중 수명(년)은 550년 정도이다.

물질 코드	분자식	대기 중 수명(년)	O.D.P
CFC-11	CCl_3F	71	1.0
CFC-12	CCl_2F_2	150	1.0
CFC-113	$CClF_2 \cdot CCl_2F$	117	0.8
CFC-114	$CClF_2 \cdot CClF_2$	320	1.0
CFC-115	$CClF_2 \cdot CF_3$	550	0.6

15 0℃, 1기압에서 SO_2 10ppm은 몇 mg/m^3인가?

① 19.62
② 28.57
③ 37.33
④ 44.14

[해설] ppm을 mg/m^3 단위로 전환한다.

〈계산식〉 $C_m (mg/m^3) = C_p (ppm) \times \dfrac{M_w}{22.4}$

$\therefore C_m = \dfrac{10mL}{m^3} \Big| \dfrac{64mg}{22.4mL} = 28.57 mg/m^3$

16 Fick의 확산방정식을 실제 대기에 적용시키기 위하여 필요한 가정조건으로 가장 거리가 먼 것은?

① 바람에 의한 오염물질의 주 이동방향은 x축이다.
② 오염물질은 점배출원으로부터 연속적으로 배출된다.
③ 풍향, 풍속, 온도, 시간에 따른 농도변화가 없는 정상상태이다.
④ 하류로의 확산은 바람이 부는 방향(x축)의 확산보다 강하다.

해설 Fick 확산식의 가정조건은 다음과 같다.
- 오염물은 점원으로부터 연속적으로 방출된다.
- 시간에 따른 농도변화가 없는 정상상태 분포로 가정하고, 과정은 안정상태를 가정한다.
  즉, $dC/dt = 0$
- 바람에 의한 오염물의 주 이동방향은 x축이며, 풍속은 x, y, z 모든 지점에서 일정하다.
- 풍하측(x축)의 확산은 이류에 의한 이동량에 비하여 무시할 수 있을 정도로 작다.

17 다음 중 오존파괴지수가 가장 큰 것은?
① CCl_4
② $CHFCl_2$
③ CH_2FCl
④ $C_2H_2FCl_3$

해설 보기 중 오존파괴지수가 가장 큰 것은 $CCl_4(1.1)$이다.
②항 $CHFCl_2$(디클로로플루오르메탄) : 0.04
③항 CH_2FCl(클로로플루오르에탄) : 0.02
④항 $C_2H_2FCl_3$(트리클로로플루오르에탄) : 0.007~0.05

18 다음에서 설명하는 오염물질로 가장 적합한 것은?

- 분자량이 98.9이고, 비등점이 약 8℃인 독특한 풀냄새가 나는 무색(시판용품은 담황녹색) 기체(액화가스)이다.
- 수분이 존재하면 가수분해되어 염산을 생성하여 금속을 부식시킨다.

① 페놀　　　　② 석면
③ 포스겐　　　④ T.N.T

해설 포스겐($COCl_2$)은 독특한 풀냄새가 나는 무색(시판용품은 담황녹색)의 기체(액화가스)로 끓는점은 약 8℃이다. 건조상태에서는 부식성이 없으나, 수분이 존재하면 가수분해되어 금속을 부식시킨다.

19 역사적인 대기오염 사건에 관한 설명으로 가장 적합하지 않은 것은?
① 로스엔젤레스 사건은 자동차에서 배출되는 질소산화물, 탄화수소 등에 의하여 침강성 역전조건에서 발생했다.
② 뮤즈계곡 사건은 공장에서 배출되는 아황산가스, 황산, 미세입자 등에 의하여 기온역전, 무풍상태에서 발생했다.
③ 런던 사건은 석탄연료의 연소 시 배출되는 아황산가스, 먼지 등에 의하여 복사성 역전, 높은 습도, 무풍상태에서 발생했다.
④ 보팔 사건은 공장조업사고로 황화수소가 다량누출 되어 발생하였으며 기온역전, 지형상 분지 등의 조건으로 많은 인명피해를 유발했다.

해설 인도의 보팔 사건은 메틸이소시아네이트(MIC)에 의한 대기오염 사건이며, 황화수소(H_2S)에 의한 대기오염 사건은 포자리카 사건이다.

20 불안정한 조건에서 굴뚝의 안지름이 5m, 가스온도가 173℃, 가스속도가 10m/sec, 기온이 17℃, 풍속이 36km/hr일 때, 연기의 상승높이(m)는? (단, 불안정 조건 시 연기의 상승높이는 $\Delta H = 150 F/U^3$이며, F는 부력을 나타냄)

① 34　　　　② 40
③ 49　　　　④ 56

해설 제시된 계산식을 사용한다.

〈계산식〉 $\Delta H = 150 \dfrac{F}{U^3}$

- $F = g \times V_s \times \left(\dfrac{D}{2}\right)^2 \times \dfrac{T_s - T_a}{T_a}$
  $= 9.8 \times 10 \times \left(\dfrac{5}{2}\right)^2 \times \dfrac{(273+173)-(273+17)}{273+17}$
  $= 329.48 \, m^4/sec^3$

- $U(m/sec) = \dfrac{36km}{hr} \left| \dfrac{10^3 m}{1km} \right| \dfrac{1hr}{3,600sec} = 10 \, m/sec$

∴ $\Delta H = 150 \times \dfrac{329.48}{10^3} = 49 \, m$

제2과목　연소공학

21 분무화 연소방식에 해당하지 않는 것은?
① 유압분무화식　　② 충돌분무화식
③ 여과분무화식　　④ 이류체분무화식

해설 분무화 연소방식에는 여과분무화식이 존재하지 않는다. 중질유 연소에 사용되는 분무화 연소방식은 건타입버너, 유압버너, 회전식버너, 저압·고압 공기식 버너, 충돌무화식 등이 있다.

22 연소에 관한 설명으로 옳지 않은 것은?

① 표면연소는 휘발분 함유율이 적은 물질의 표면 탄소분부터 직접연소되는 형태이다.
② 다단연소는 공기 중의 산소공급 없이 물질 자체가 함유하고 있는 산소를 사용하여 연소하는 형태이다.
③ 증발연소는 비교적 융점이 낮은 고체연료가 연소하기 전에 액상으로 융해한 후 증발하여 연소하는 형태이다.
④ 분해연소는 분해온도가 증발온도보다 낮은 고체연료가 기상 중에 화염을 동반하여 연소할 경우 관찰되는 연소형태이다.

해설 보기 ②항은 자기연소(내부연소)에 관한 설명이다.

23 회전식 버너에 관한 설명으로 옳지 않은 것은?

① 분무각도가 40~80°로 크고, 유량조절범위도 1:5 정도로 비교적 넓은 편이다.
② 연료유는 0.3~0.5kg/cm² 정도로 가압하여 공급하며, 직결식의 분사유량은 1,000L/hr 이하이다.
③ 연료유의 점도가 크고, 분무컵의 회전수가 작을수록 분무상태가 좋아진다.
④ 3,000~10,000rpm으로 회전하는 컵 모양의 분무컵에 송입되는 연료유가 원심력으로 비산됨과 동시에 송풍기에서 나오는 1차 공기에 의해 분무되는 형식이다.

해설 회전식 버너는 연료유의 점도가 낮을수록, 분무집의 회전수가 클수록 분무상태가 좋아진다.

24 고위발열량이 12,000kcal/kg인 연료 1kg의 성분을 분석한 결과 탄소가 87.7%, 수소가 12%, 수분이 0.3%이었다. 이 연료의 저위발열량(kcal/kg)은?

① 10,350
② 10,820
③ 11,020
④ 11,350

해설 저위발열량 계산식을 이용한다.
〈계산식〉 $Hl = Hh - 600(9H + W)$
$\therefore Hl = 12,000 - 600(9 \times 0.12 + 0.003)$
$= 11,350 \text{kcal/kg}$

25 폭굉유도거리(DID)가 짧아지는 요건으로 가장 거리가 먼 것은?

① 압력이 높다.
② 점화원의 에너지가 강하다.
③ 정상의 연소속도가 작은 단일가스이다.
④ 관 속에 방해물이 있거나 관내경이 작다.

해설 폭굉(爆轟)이란 폭발범위 내의 어떤 특정농도 범위에서는 연소의 속도가 폭발에 비해 수백 내지 수천 배에 이르는 현상을 말하며, 폭굉유도거리란 최초의 완만한 연소속도가 격렬한 폭굉으로 변할 때까지의 시간을 말한다. 폭굉유도거리가 짧아지는 조건은 다음과 같다.
1. 정상 연소속도가 큰 혼합물일 경우
2. 점화원의 에너지가 큰 경우
3. 압력이 높을 때
4. 관경이 작을 때
5. 관 속에 방해물이 있을 때

26 C 85%, H 11%, S 2%, 회분 2%의 무게비로 구성된 벙커 C유 1kg을 공기비 1.3으로 완전연소시킬 때, 건조배출가스 중의 먼지농도(g/Sm³)는? (단, 모든 회분성분은 먼지가 됨)

① 0.82
② 1.53
③ 5.77
④ 10.23

해설 건조가스량 계산을 토대로 먼지농도를 구한다.
〈계산식〉 $C_d(\text{g/Sm}^3) = \dfrac{m_d(\text{회분})}{G_d}$

- $G_d = (m - 0.21) \times A_o + CO_2 + SO_2$
- $O_o = 1.867C + 5.6H + 0.7S$
  $= 1.867 \times 0.85 + 5.6 \times 0.11 + 0.7 \times 0.02$
  $= 2.22 \text{Sm}^3/\text{kg}$
- $A_o = O_o \times \dfrac{1}{0.21} = 2.22 \times \dfrac{1}{0.21} = 10.56 \text{Sm}^3/\text{kg}$
- $CO_2 = 1.867C = 1.59 \text{Sm}^3/\text{kg}$
- $SO_2 = 0.7S = 0.014 \text{Sm}^3/\text{kg}$
- $m_d = \dfrac{2\text{kg}-\text{회분}}{100\text{kg}-\text{연료}} \left| \dfrac{10^3\text{g}}{1\text{kg}} \right. = 20 \text{g/kg}$

⇨ $G_d = (1.3 - 0.21) \times 10.56 + 1.59 + 0.014$
$= 13.11 \text{Sm}^3/\text{kg}$

$\therefore C_d = \dfrac{20 \text{g/kg}}{13.11 \text{Sm}^3/\text{kg}} = 1.53 \text{g/Sm}^3$

정답 22.② 23.③ 24.④ 25.③ 26.②

27 액화석유가스(LPG)에 관한 설명으로 옳지 않은 것은?

① 천연가스 회수, 나프타 분해, 석유정제 시 부산물로부터 얻어진다.
② 비중이 공기의 1.5~2.0배 정도로 누출 시 인화 폭발의 위험이 크다.
③ 액체에서 기체로 될 때 증발열이 있으므로 사용하는 데 유의할 필요가 있다.
④ 메탄, 에탄올 주성분으로 하는 혼합물로 1atm에서 -168℃ 정도로 냉각하면 쉽게 액화된다.

해설 액화석유가스(LPG)의 주성분은 프로판과 부탄이다. 상온에서 약간의 압력(10~20atm)을 가하면 쉽게 액화시킬 수 있다.

28 옥탄가에 관한 설명이다. ( ) 안에 들어갈 말로 옳은 것은?

> 옥탄가는 시험가솔린의 노킹 정도를 (㉠)과 (㉡)의 혼합표준연료의 노킹 정도와 비교했을 때, 공급가솔린과 동등한 노킹 정도를 나타내는 혼합표준연료 중의 (㉠) %를 말한다.

① ㉠ iso-octane, ㉡ n-butane
② ㉠ iso-octane, ㉡ n-heptane
③ ㉠ iso-propane, ㉡ n-pentane
④ ㉠ iso-pentane, ㉡ n-butane

해설 옥탄가(octane number)는 가솔린의 내폭성(anti-knock)을 표시하는 데 쓰이는 단위이다.

〈관계식〉 옥탄가 $= \dfrac{\text{iso ocatane}}{\text{iso ocatane} + \text{n heptane}} \times 10^2$

옥탄가는 시험가솔린의 노킹 정도를 iso-octane과 n-heptane의 혼합표준연료의 노킹 정도와 비교했을 때, 공급가솔린과 동등한 노킹 정도를 나타내는 혼합표준연료 중의 iso-octane %를 말한다.

29 다음 중 황함량이 가장 낮은 연료는?

① LPG   ② 중유
③ 경유   ④ 휘발유

해설 보기에서 제시된 연료의 황함량은 중유>경유>휘발유>LPG 순서이다.

30 표준상태에서 CO_2 50kg의 부피(m^3)는? (단, CO_2는 이상기체라 가정)

① 12.73   ② 22.40
③ 25.45   ④ 44.80

해설 기체의 부피계산은 다음과 같다.

〈계산식〉 $V = m \times \dfrac{22.4}{M_w}$

$\therefore V = 50\text{kg} \times \dfrac{22.4\text{Sm}^3}{44\text{kg}} = 25.45\text{Sm}^3$

31 석탄의 탄화도가 증가할수록 나타나는 성질로 옳지 않은 것은?

① 착화온도가 높아진다.
② 연소속도가 느려진다.
③ 수분이 감소하고 발열량이 증가한다.
④ 연료비(고정탄소(%)/휘발분(%))가 감소한다.

해설 탄화도가 증가하면 고정탄소의 함량이 증가한다. 고정탄소가 증가하면 착화온도와 발열량이 증가하고, 휘발분은 낮아지므로 매연과 비열, 산소는 감소한다.

32 S함량이 5%인 벙커 C유 400kL를 사용하는 보일러에 S함량이 1%인 벙커 C유를 50% 섞어서 사용하면 SO_2의 배출량은 몇 % 감소하는가? (단, 기타 연소조건은 동일하며, S는 연소 시 전량 SO_2로 변환되고, S함량에 무관하게 벙커 C유의 비중은 0.95임)

① 30%   ② 35%
③ 40%   ④ 45%

해설 황의 연소반응에 따른 SO_2 발생량을 비교하여 감소율을 산출한다.

〈계산식〉 감소율(%) $= \dfrac{SO_{2(1)} - SO_{2(2)}}{SO_{2(1)}} \times 100$

• $SO_{2(1)}$: 황함량이 5%일 때
  $S + O_2 \rightarrow SO_2$
  $32\text{kg} : 22.4\text{m}^3$
  $400 \times 10^3 \text{L} \times \dfrac{5}{100} \times \dfrac{0.95\text{kg}}{\text{L}} = 19{,}000\text{kg} : SO_{2(1)}$
  $SO_{2(1)} = 13{,}300\text{m}^3$

• $SO_{2(2)}$: 혼합했을 때
  $S + O_2 \rightarrow SO_2$
  $32\text{kg} : 22.4\text{m}^3$
  $400 \times 10^3 \text{L} \times \dfrac{(5 \times 0.5) + (1 \times 0.5)}{100} \times \dfrac{0.95\text{kg}}{\text{L}}$
  $= 11{,}400\text{kg} : SO_{2(2)}, \ SO_{2(2)} = 7{,}980\text{m}^3$

$\therefore$ 감소율 $= \dfrac{13{,}300 - 7{,}980}{13{,}300} \times 100 = 40\%$

정답 27.④ 28.② 29.① 30.③ 31.④ 32.③

33 당량비(ϕ)에 관한 설명으로 옳지 않은 것은?

① $\phi > 1$ 경우는 불완전연소가 된다.
② $\phi > 1$ 경우는 연료가 과잉인 경우이다.
③ $\phi < 1$ 경우는 공기가 부족한 경우이다.
④ $\phi = \dfrac{\text{실제의 연료량/산화제}}{\text{완전연소를 위한 이상적 연료량/산화제}}$ 이다.

[해설] 등가비(ϕ)는 공기비(m)의 역수($\phi = 1/m$)이다. 그러므로 $\phi < 1$ 경우는 연료가 부족한 경우(공기가 과잉)이다. 그러므로 ③항이 정답이다. ④항의 개념은 연공비로 등가비를 나타낸 것이다.

34 기체연료의 연소방법 중 예혼합연소에 관한 설명으로 옳지 않은 것은?

① 화염길이가 길고 그을음이 발생하기 쉽다.
② 역화의 위험이 있어 역화방지기를 부착해야 한다.
③ 화염온도가 높아 연소부하가 큰 곳에 사용 가능하다.
④ 연소기 내부에서 연료와 공기의 혼합비가 변하지 않고 균일하게 연소된다.

[해설] 예혼합연소는 화염길이가 짧고, 그을음 생성이 적다. 예혼합연소는 화염온도가 높고, 고부하 연소를 요하는 공업연소시설에 주로 사용된다.

35 다음 회분성분 중 백색에 가깝고 융점이 높은 것은?

① CaO
② SiO_2
③ MgO
④ Fe_2O_3

[해설] MgO는 회분성분 중 Fe_2O_3, CaO, NaO, K_2O 등과 함께 염기성 성분으로 백색이나 베이지색에 가깝고 가벼우며, 융점이 높다. 정답은 2개이다.

36 고체연료의 연소방법 중 유동층 연소에 관한 설명으로 옳지 않은 것은?

① 재나 미연탄소의 배출이 많다.
② 미분탄연소에 비해 연소온도가 높아 NO_x 생성을 억제하는 데 불리하다.
③ 미분탄연소와는 달리 고체연료를 분쇄할 필요가 없고 이에 따른 동력손실이 없다.
④ 석회석 입자를 유동층 매체로 사용할 때, 별도의 배연탈황설비가 필요하지 않다.

[해설] 유동층 연소는 미분탄연소에 비해 연소온도가 낮아 NO_x 생성을 억제하는 데 유리하다.

37 고체연료의 화격자 연소장치 중 연료가 화격자 → 석탄층 → 건류층 → 산화층 → 환원층을 거치며 연소되는 것으로, 연료층을 항상 균일하게 제어할 수 있고 저품질 연료도 유효하게 연소시킬 수 있어 쓰레기 소각로에 많이 이용되는 장치로 가장 적합한 것은?

① 체인 스토커(chain stoker)
② 포트식 스토커(pot stoker)
③ 산포식 스토커(spreader stoker)
④ 플라스마 스토커(plasma stoker)

[해설] 제시된 항목 중 하급식 연소방식으로 채용 가능한 것은 체인 스토커(Chain stoker)이다.

38 디젤 노킹을 억제할 수 있는 방법으로 옳지 않은 것은?

① 회전속도를 높인다.
② 급기온도를 높인다.
③ 기관의 압축비를 크게 하여 압축압력을 높인다.
④ 착화지연 기간 및 급격연소 시간의 분사량을 적게 한다.

[해설] 디젤 노킹을 억제하기 위해서는 엔진온도를 높이고 회전속도를 낮추어야 한다. 디젤 노킹의 방지방법은 다음과 같다.
1. 착화성(세탄가)이 좋은 경유를 사용한다.
2. 압축비, 압축압력, 압축온도를 높인다.
3. 엔진의 온도를 높이고 회전속도를 낮춘다.
4. 분사시기를 알맞게 조정한다.
5. 분사개시 때 분사량을 감소시켜 착화지연을 짧게 한다.
6. 흡입공기에 와류가 일어나게 한다.

39 어떤 액체연료의 연소배출가스 성분을 분석한 결과 CO_2가 12.6%, O_2가 6.4%일 때 $(CO_2)_{max}$(%)는? (단, 연료는 완전연소됨)

① 11.5
② 13.2
③ 15.3
④ 18.1

해설 배기가스 분석을 이용한 최대탄산가스율 계산식을 적용한다.

〈계산식〉 $(CO_2)_{max}(\%) = \dfrac{21(CO_2)}{21-O_2}$

∴ $(CO_2)_{max} = \dfrac{21 \times 12.6}{21-6.4} = 18.12\%$

40 액체연료에 관한 설명으로 옳지 않은 것은?
① 회분이 거의 없으며 연소, 소화, 점화의 조절이 쉽다.
② 화재, 역화의 위험이 크고, 연소온도가 높기 때문에 국부가열의 위험이 존재한다.
③ 기체연료에 비해 밀도가 커 저장에 큰 장소가 필요하지 않고 연료의 수송도 간편한 편이다.
④ 완전연소 시 다량의 과잉공기가 필요하므로 연소장치가 대형화되는 단점이 있으며, 소화가 용이하지 않다.

해설 연소 시 다량의 과잉공기가 필요한 것은 석탄(고체연료)이다.

제3과목 대기오염방지기술

41 입경측정방법 중 관성충돌법(cascade im-pactor)에 관한 설명으로 옳지 않은 것은?
① 입자의 질량크기 분포를 알 수 있다.
② 되튐으로 인한 시료의 손실이 일어날 수 있다.
③ 관성충돌을 이용하여 입경을 간접적으로 측정하는 방법이다.
④ 시료채취가 용이하고 채취준비에 많은 시간이 소요되지 않는 장점이 있으나, 단수를 임의로 설계하기가 어렵다.

해설 관성충돌법은 시료채취가 용이하지 못하고, 채취준비에 시간이 많이 걸리는 단점이 있다.

42 유체의 점성에 관한 설명으로 옳지 않은 것은?
① 액체의 온도가 높아질수록 점성계수는 감소한다.
② 점성계수는 압력과 습도의 영향을 거의 받지 않는다.
③ 유체 내에 발생하는 전단응력은 유체의 속도구배에 반비례한다.
④ 점성은 유체분자 상호 간에 작용하는 응집력과 인접 유체층간의 운동량 교환에 기인한다.

해설 Hagen의 점성 법칙에 따라 점성의 결과로 생기는 전단응력(τ)은 유체의 속도구배(dV/dy)에 비례한다.

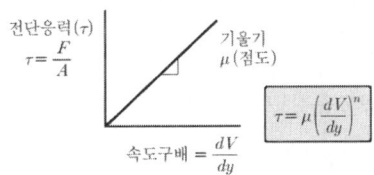

43 일정한 온도 하에서 어떤 유해가스와 물이 평형을 이루고 있다. 가스분압이 38mmHg이고 Henry 상수가 0.01atm·m³/kg·mol일 때, 액 중 유해가스 농도(kg·mol/m³)는?
① 3.8
② 4.0
③ 5.0
④ 5.8

해설 헨리 법칙의 관계식을 이용한다.
〈계산식〉 $P = H \times C$
∴ $C = \dfrac{P}{H} = \dfrac{38mmHg}{} \left| \dfrac{1atm}{760mmHg} \right| \dfrac{kg \cdot mol}{0.01atm \cdot m^3}$
$= 5 kg \cdot mol/m^3$

44 광학현미경을 사용하여 분진의 입경을 측정할 수 있다. 이때 입자의 투영면적을 2등분하는 선의 거리로 나타낸 분진의 입경은?
① Feret경
② Martin경
③ 등면적경
④ Heyhood경

해설 Martin경은 입자의 투영면적을 2등분하는 선의 거리에 상당하는 직경을 말한다.

정답 40.④ 41.④ 42.③ 43.③ 44.②

45 가연성 유해가스를 제거하기 위한 방법 중 촉매산화법에 관한 설명으로 옳지 않은 것은?
① 압력손실이 커서 운영비용이 많이 든다.
② 체류시간은 연소장치에서 요구되는 것보다 짧다.
③ 촉매로는 백금, 팔라듐 등의 귀금속이 활성이 크기 때문에 널리 사용된다.
④ 촉매들은 운전 시 상한온도가 있기 때문에 촉매층을 통과할 때 온도가 과도하게 올라가지 않도록 한다.

[해설] 촉매산화법은 초기설치비가 많이 들고, 촉매의 수명이 유한하기 때문에 주기적으로 교체하는 비용이 많이 든다. 촉매산화법 저농도의 가연물질과 공기를 함유하는 기체 폐기물에 대하여 적용되며, 백금 및 팔라듐을 촉매로 사용한다. 낮은 온도에서 조작이 가능하다.

46 탈취방법 중 수세법에 관한 설명으로 옳지 않은 것은?
① 고농도의 악취가스 전처리에 효과적이다.
② 조작이 간단하며 탈취효율이 우수하여 전처리 없이 사용된다.
③ 수온에 따라 탈취효과가 달라지고 압력손실이 큰 것이 단점이다.
④ 알데히드류, 저급유기산류, 페놀 등 친수성 극성기를 가지는 성분을 제거할 수 있다.

[해설] 탈취방법 중 수세법은 조작이 간단하나 탈취효율이 낮고, 선택성이 있으므로 단독으로는 잘 사용하지 않는다. 또한 처리수는 재이용할 수 있으나 방류 시에는 수처리시설을 거쳐야 한다.

47 하전식 전기집진장치에 관한 설명으로 옳지 않은 것은?
① 2단식은 1단식에 비해 오존의 생성이 적다.
② 1단식은 일반적으로 산업용에 많이 사용된다.
③ 2단식은 비교적 함진농도가 낮은 가스처리에 유용하다.
④ 1단식은 역전리 억제에는 효과적이나 재비산방지는 곤란하다.

[해설] 1단식은 재비산방지에는 효과적이나 역전리를 억제하는데 불리하다.

48 송풍기 회전수(N)과 유체밀도(ρ)가 일정할 때 성립하는 송풍기 상사 법칙을 나타내는 식은? (단, Q : 유량, P_s : 풍압, P : 동력, D : 송풍기의 크기)

① $Q_2 = Q_1 \times \left(\dfrac{D_1}{D_2}\right)^2$

② $P_{s2} = P_{s1} \times \left(\dfrac{D_1}{D_2}\right)^2$

③ $Q_2 = Q_1 \times \left(\dfrac{D_2}{D_1}\right)^3$

④ $P_2 = P_1 \times \left(\dfrac{D_1}{D_2}\right)^3$

[해설] 송풍기의 회전수(N)와 유체밀도(ρ)가 일정할 때의 상사 법칙은 다음과 같다.
㉠ 유량 : 송풍기의 크기의 3승에 비례한다.
$\Rightarrow Q_2 = Q_1 \times \left[\dfrac{D_2}{D_1}\right]^3$
㉡ 풍압 : 송풍기의 크기의 2승에 비례한다.
$\Rightarrow P_{s2} = P_{s1} \times \left[\dfrac{D_2}{D_1}\right]^2$
㉢ 동력 : 송풍기의 크기의 5승에 비례한다.
$\Rightarrow P_2 = P_1 \times \left[\dfrac{D_2}{D_1}\right]^5$

49 유해가스를 처리할 때 사용하는 충전탑(packed tower)에 관한 내용으로 옳지 않은 것은?
① 충전탑에서 Hold-up은 탑의 단위면적당 충전제의 양을 의미한다.
② 흡수액에 고형물이 함유되어 있는 경우에는 침전물이 생기는 방해를 받는다.
③ 일정 양의 흡수액을 흘릴 때 유해가스의 압력손실은 가스속도의 대수 값에 비례하며, 가스속도가 증가할 때 나타나는 첫번째 파괴점(Break Point)을 Loading Point라 한다.
④ 충전물을 불규칙적으로 충전했을 때 접촉면적과 압력손실이 커진다.

[해설] 홀드업(Hold-up)은 충전층 내의 액보유량을 말한다. 흡수탑에 흡수액을 통과시키면서 유량속도를 증가시킬 경우 충전층 내의 유효하지 않은 액보유량이 증가하는데 이것을 홀드업(Hold up)이라 한다.

정답 45.① 46.② 47.④ 48.③ 49.①

50 사이클론(cyclone)의 운전조건과 치수가 집진율에 미치는 영향으로 옳지 않은 것은?

① 동일한 유량일 때 원통의 직경이 클수록 집진율이 증가한다.
② 입구의 직경이 작을수록 처리가스의 유입속도가 빨라져 집진율과 압력손실이 증가한다.
③ 함진가스의 온도가 높아지면 가스의 점도가 커져 집진율이 감소하나 그 영향은 크지 않은 편이다.
④ 출구의 직경이 작을수록 집진율이 증가하지만 동시에 압력손실이 증가하고 함진가스의 처리능력이 감소한다.

[해설] 원심력집진장치는 동일한 유량일 때 원통의 직경이 작을수록 집진율은 증가한다.

〈관계식〉 $\eta = \dfrac{d_p^2(\rho_p - \rho)V\pi N_e}{9\mu B_c}$

51 사이클론(cyclone)을 사용하여 입자상 물질을 집진할 때, 입경에 따라 집진효율이 달라진다. 집진효율이 50%인 입경을 나타내는 용어는?

① stokes diameter
② critical diameter
③ cut size diameter
④ aerodynamic diameter

[해설] 사이클론(cyclone)을 사용하여 입자상 물질을 집진할 때, 집진율이 50%인 입경을 절단입경(cut size diameter)이라 한다.

52 시멘트산업에서 일반적으로 사용하는 전기집진장치의 배출가스 조절제는?

① 물(수증기)
② SO_3 가스
③ 암모늄염
④ 가성소다

[해설] 산업공정에서 배출되는 입자상 물질을 전기집진장치로 제거하고자 할 때, 일반적으로 조습수량 및 온도조절을 우선 고려하고, 일반적인 방법으로 제거되지 않을 경우 약품을 사용한다.

53 유량이 5,000m³/hr인 가스를 충전탑을 사용하여 처리하고자 한다. 충전탑 내의 가스유속을 0.34m/sec로 할 때, 충전탑의 직경(m)은?

① 1.9
② 2.3
③ 2.8
④ 3.5

[해설] 충전탑의 직경은 다음과 같이 계산한다.

〈계산식〉 $A = \dfrac{Q}{V} = \dfrac{\pi D^2}{4}$

• $A = \dfrac{5,000\text{m}^3}{\text{hr}} \left| \dfrac{\text{sec}}{0.34\text{m}} \right| \dfrac{1\text{hr}}{3,600\text{sec}} = 4.09\text{m}^2$

⇒ $A = 4.09 = \dfrac{3.14 \times D^2}{4}$

∴ $D = 2.28\text{m}$

54 가스분산형 흡수장치로만 짝지어진 것은?

① 단탑, 기포탑
② 기포탑, 충전탑
③ 분무탑, 단탑
④ 분무탑, 충전탑

[해설] 가스분산형 흡수장치는 단탑(포종탑, 다공판탑)과 기포탑이다.

55 20℃, 1기압에서 공기의 동점성계수는 $1.5 \times 10^{-5}\text{m}^2/\text{sec}$이다. 관의 지름이 50mm일 때, 그 관을 흐르는 공기의 속도(m/sec)는? (단, 레이놀즈 수는 3.5×10^4)

① 4.0
② 6.5
③ 9.0
④ 10.5

[해설] 레이놀즈 수 계산식을 적용한다.

〈계산식〉 $R_e = \dfrac{\text{관성력}}{\text{점성력}} = \dfrac{DV\rho}{\mu} = \dfrac{DV}{\nu}$

∴ $V = \dfrac{R_e \times \nu}{D} = \dfrac{3.5 \times 10^4 \times 1.5 \times 10^{-5}}{0.05} = 10.5\text{m/sec}$

56 촉매산화식 탈취공정에 관한 설명으로 옳지 않은 것은?

① 대부분의 성분은 탄산가스와 수증기가 되기 때문에 배수처리가 필요 없다.
② 비교적 고온에서 처리하기 때문에 직접연소식에 비해 질소산화물의 발생량이 많다.
③ 처리하고자 하는 대상가스 중의 악취성분 농도나 발생상황에 대응하여 최적의 촉매를 선정함으로서 뛰어난 탈취효과를 확보할 수 있다.
④ 광범위한 가스조건 하에 적용이 가능하며 저농도에서도 뛰어난 탈취효과를 발휘할 수 있다.

정답 50.① 51.③ 52.① 53.② 54.① 55.④ 56.②

해설 촉매연소법은 300~400℃의 비교적 저온에서 조업하므로 직접연소법에 비해 NO_x 발생량이 적다.

57 임의로 충진한 충진탑에서 혼합물을 물리적으로 분리할 때, 액의 분배가 원활하게 이루어지지 못하면 어떤 현상이 발생할 수 있는가?

① Mixing 현상 ② Flooding 현상
③ Blinding 현상 ④ Channeling 현상

해설 편류현상(Chnneling Effect)은 흡수탑 내로 유입된 가스가 균일하게 분산하여 흐르지 않고 부분적으로 불균일하게 흐르는 현상을 말한다.

58 다음 여과포의 재질 중 최고사용온도가 가장 높은 것은?

① 오론
② 목면
③ 비닐론
④ 나일론(폴리아미드계)

해설 보기 중 최고사용온도가 높은 여과포의 재질은 오론이다.
① 오론 : 150℃
② 목면 : 80℃
③ 비닐론 : 100℃
④ 나일론(폴리아미드계) : 110℃

59 직경이 1.2m인 직선덕트를 사용하여 가스를 15m/sec의 속도로 수송할 때, 길이 100m당 압력손실(mmHg)은? (단, 덕트의 마찰계수 0.005, 가스의 밀도는 1.3kg/m³)

① 19.1 ② 21.8
③ 24.9 ④ 29.8

해설 출제 오류로 전항 정답처리되었다. 직선관의 마찰손실은 다음과 같이 산출한다.

〈계산식〉 $\Delta P = f \dfrac{L}{D} \times \dfrac{\gamma V^2}{2g}$

$\therefore \Delta P = 0.005 \times \dfrac{100}{1.2} \times \dfrac{1.3 \times 15^2}{2 \times 9.8} = 6.22 \text{ mmH}_2\text{O}$
$= 0.46 \text{ mmHg}$

60 사이클론(Cyclone)의 가스 유입속도를 4배로 증가시키고 유입구의 폭을 3배로 늘렸을 때, 처음 Lapple의 절단입경 d_{p50}에 대한 나중 Lapple의 절단입경 d_{p50}의 비는?

① 0.87 ② 0.93
③ 1.18 ④ 1.26

해설 Cyclone의 절단입경 계산식을 적용한다.

〈계산식〉 $d_{p50} = \sqrt{\dfrac{9\mu B_c}{2(\rho_p - \rho)V\pi N_e}} \times 10^6$

• $d_{p50(1)} = K \times \sqrt{\dfrac{B_c}{V}}$

• $d_{p50(2)} = K \times \sqrt{\dfrac{3B_c}{4V}}$

$\therefore \dfrac{d_{p50(2)}}{d_{p50(1)}} = \dfrac{K \times \sqrt{\dfrac{3B_c}{4V}}}{K \times \sqrt{\dfrac{B_c}{V}}} = 0.87$

제4과목 대기오염공정시험기준

61 배출가스 중의 건조시료가스 채취량을 건식 가스미터를 사용하여 측정할 때 필요한 항목에 해당하지 않는 것은?

① 가스미터의 온도
② 가스미터의 게이지압
③ 가스미터로 측정한 흡입가스량
④ 가스미터 온도에서의 포화수증기압

해설 배출가스 중의 건조시료가스 채취량을 건식 가스미터를 사용하여 측정할 경우 포화수증기압은 고려하지 않는다.

〈관계식〉 $V_s = V \times \dfrac{273}{273+t} \times \dfrac{P_a + P_m}{760}$

62 비분산적외선분석계의 구성에서 ( ) 안에 들어갈 기기로 옳은 것은? (단, 복광속분석계 기준)

광원 → (㉠) → (㉡) → 시료셀 → 검출기 → 증폭기 → 지시계

① ㉠ 광학섹터, ㉡ 회전필터
② ㉠ 회전섹터, ㉡ 광학필터
③ ㉠ 광학필터, ㉡ 회전필터
④ ㉠ 회전섹터, ㉡ 광학필터

해설 비분산적외선분석계의 구성은 광원－회전섹터－광학필터－시료셀－검출기－증폭기－지시계로 구성된다.

63 대기 중의 유해휘발성 유기화합물을 고체흡착법에 따라 분석할 때 사용하는 용어의 정의이다. ( ) 안에 들어갈 내용으로 가장 적합한 것은?

> 일정 농도의 VOC가 흡착관에 흡착되는 초기 시점부터 일정시간이 흐르게 되면 흡착관 내부에 상당량의 VOC가 포화되기 시작하고 전체 VOC량의 5%가 흡착관을 통과하게 되는데, 이 시점에서 흡착관 내부로 흘러간 총부피를 ( )라 한다.

① 머무름부피(retention volume)
② 안전부피(safe sample volume)
③ 파과부피(breakthrough volume)
④ 탈착부피(desorption volume)

해설 환경대기 중 유해휘발성 유기화합물을 고체흡착법에 따라 분석할 경우, 일정농도의 VOC가 흡착관에 흡착되는 초기 시점부터 일정시간이 흐르게 되면 흡착관 내부에 상당량의 VOC가 포화되기 시작하고 전체 VOC량의 5%가 흡착관을 통과하게 되는데, 이 시점에서 흡착관 내부로 흘러간 총부피를 파과부피라 한다.

64 이온크로마토그래피의 검출기에 관한 설명이다. ( ) 안에 들어갈 내용으로 가장 적합한 것은?

> (㉠)는 고성능 액체크로마토그래피 분야에서 가장 널리 사용되는 검출기로, 최근에는 이온크로마토그래피에서도 전기전도도검출기와 병행하여 사용되기도 한다. 또한 (㉡)는 전이금속 성분의 발색반응을 이용하는 경우에 사용된다.

① ㉠ 광학검출기, ㉡ 암페로메트릭검출기
② ㉠ 전기화학검출기, ㉡ 염광광도검출기
③ ㉠ 자외선흡수검출기, ㉡ 가시선흡수검출기
④ ㉠ 전기전도도검출기, ㉡ 전기화학적검출기

해설 자외선흡수검출기(UV 검출기)는 고성능 액체크로마토그래피 분야에서 가장 널리 사용되는 검출기이며, 최근에는 이온크로마토그래피에서도 전기전도도검출기와 병행하여 사용되기도 한다. 또한 가시선흡수검출기(VIS 검출기)는 전이금속 성분의 발색반응을 이용하는 경우에 사용된다.

65 굴뚝 배출가스 중의 일산화탄소를 기체크로마토그래피법에 따라 분석할 때에 관한 설명으로 옳지 않은 것은?

① 부피분율 99.9% 이상의 헬륨을 운반가스로 사용한다.
② 활성알루미나(Al_2O_3 93.1%, SiO_2 0.02%)를 충전제로 사용한다.
③ 메테인화 반응장치가 있는 불꽃이온화검출기를 사용한다.
④ 내면을 잘 세척한 안지름이 2~4mm, 길이가 0.5~1.5m인 스테인리스강 재질관을 분리관으로 사용한다.

해설 굴뚝 배출가스 중의 일산화탄소를 기체크로마토그래피법에 따라 분석할 경우 충전제는 합성제올라이트를 사용한다.

66 굴뚝 배출가스 중의 질소산화물을 연속자동측정할 때 사용하는 화학발광분석계의 구성에 관한 설명으로 옳지 않은 것은?

① 반응조는 시료가스와 오존가스를 도입하여 반응시키기 위한 용기로서 내부압력조건에 따라 감압형과 상압형으로 구분된다.
② 오존발생기는 산소가스를 오존으로 변환시키는 역할을 하며, 에너지원으로서 무성방전관 또는 자외선 발생기를 사용한다.
③ 검출기에는 화학발광을 선택적으로 투과시킬 수 있는 발광필터가 부착되어 있어 전기신호를 발광도로 변환시키는 역할을 한다.
④ 유량제어부는 시료가스 유량제어부와 오존가스 유량제어부가 있으며 이들은 각각 저항관, 압력조절기, 니들밸브, 면적유량계, 압력계 등으로 구성되어 있다.

해설 굴뚝 배출가스 중의 질소산화물을 연속자동측정할 때 사용하는 화학발광분석계에서 검출기에는 화학발광을 선택적으로 투과시킬 수 있는 광학필터가 부착되어 있으며 발광도를 전기신호로 변환시키는 역할을 한다.

67 굴뚝 배출가스 중의 황산화물을 분석하는데 사용하는 시료흡수용 흡수액은?

① 질산용액
② 붕산용액
③ 과산화수소수
④ 수산화나트륨용액

정답 63.③ 64.③ 65.② 66.③ 67.③

[해설] 굴뚝 배출가스 중의 황산화물의 흡수액은 과산화수소수이다.
[참고]
① 질산용액 : 불소화합물 시료흡수용 흡수액
② 붕산용액 : 암모니아 시료흡수용 흡수액
④ 수산화나트륨용액 : 염화수소, 불소, 시안, 페놀, 브롬, 비소 시료흡수용 흡수액

68 굴뚝 배출가스 중의 염화수소를 분석하는 방법 중 자외선/가시선 분광법(흡광광도법)에 해당하는 것은?

① 질산은법
② 4-아미노안티피린법
③ 사이오시안산제이수은법
④ 란탄-알리자린 콤플렉손법

[해설] 배출가스 중 염화수소를 분석하는 방법은 이온크로마토그래피법과 자외선/가시선 분광법(사이오시안산제이수은법)이 있다.

69 굴뚝 배출가스 중의 무기 불소화합물을 자외선/가시선 분광법에 따라 분석하여 얻은 결과이다. 불소화합물의 농도(ppm)는? (단, 방해이온이 존재할 경우임)

- 검정곡선에서 구한 불소화합물이온의 질량 : 1mg
- 건조시료가스량 : 20L
- 분취한 액량 : 50mL

① 100　　② 155
③ 250　　④ 295

[해설] 불소화합물의 농도 계산식을 적용한다.

$$\langle 계산식 \rangle \ C = \frac{A_F \times \frac{250}{v}}{V_s} \times 1,000 \times \frac{22.4}{19}$$

$$\therefore C = \frac{1 \times \frac{250}{50}}{25} \times 1,000 \times \frac{22.4}{19} = 294.74 \text{ppm}$$

70 굴뚝 배출가스 중의 일산화탄소를 분석하는 방법에 해당하지 않는 것은?

① 정전위전해법
② 자외선가시선분광법
③ 비분산형적외선분석법
④ 기체크로마토그래피법

[해설] CO 분석방법은 다음과 같다.
1. 비분산형적외선분석법(연속분석방법, 포집용백 방법)
2. 전기화학식(정전위전해법)
3. 기체크로마토그래피법

71 대기 중의 다환방향족탄화수소(PAH)를 기체크로마토그래피법에 따라 분석하고자 한다. 다음 중 체류시간(retention time)이 가장 긴 것은?

① 플루오렌(fluorene)
② 나프탈렌(naphthalene)
③ 안트라센(anthracene)
④ 벤조(a)피렌(benzo(a)pyrene)

[해설] 다환방향족탄화수소류(PAH) 중 고리의 연결이 많을수록 체류시간이 길어지므로 벤조(a)피렌(5개 이상)이 정답이 된다.

72 굴뚝 배출가스 중의 질소산화물을 아연환원 나프틸에틸렌다이아민법에 따라 분석할 때에 관한 설명이다. ( ) 안에 들어갈 내용으로 옳은 것은?

시료 중의 질소산화물을 오존 존재 하에서 물에 흡수시켜 (㉠)으로 만들고 (㉡)을 사용하여 (㉢)으로 환원한 후 설파닐아마이드(sulfanilamide) 및 나프틸에틸렌다이아민(naphthyl ethylene diamine)을 반응시켜 얻어진 착색의 흡광도로부터 질소산화물을 정량한다.

① ㉠ 아질산이온, ㉡ 분말금속아연, ㉢ 질산이온
② ㉠ 아질산이온, ㉡ 분말황산아연, ㉢ 질산이온
③ ㉠ 질산이온, ㉡ 분말황산아연, ㉢ 아질산이온
④ ㉠ 질산이온, ㉡ 분말금속아연, ㉢ 아질산이온

[해설] 배출가스 중의 질소산화물을 아연환원 나프틸에틸렌다이아민법에 따라 분석할 경우, 시료 중의 질소산화물을 오존 존재 하에서 물에 흡수시켜 질산이온으로 만들고 분말금속아연을 사용하여 아질산이온으로 환원한 후 설파닐아마이드(sulfanilamide) 및 나프틸에틸렌다이아민(naphthyl ethylene diamine)을 반응시켜 얻어진 착색의 흡광도로부터 질소산화물을 정량하는 방법으로서 배출가스 중의 질소산화물을 이산화질소로 하여 계산한다.

정답 68.③ 69.④ 70.② 71.④ 72.④

73 원자흡수분광법에 따라 분석하여 얻은 측정결과이다. 대기 중의 납농도(mg/m³)는?

- 분석용 시료용액 : 100mL
- 표준시료 가스량 : 500L
- 시료용액 흡광도에 상당하는 납농도 : 0.0125mg Pb/mL

① 2.5 ② 5.0
③ 7.5 ④ 9.5

해설 원자흡수분광법에 따른 대기 중의 납농도 계산은 다음과 같이 한다.

〈계산식〉 $C = \dfrac{m \times 10^3}{V_s}$

$\therefore C = \dfrac{0.0125\text{mg(Pb)}}{\text{mL}} \bigg| \dfrac{100\text{mL}}{500\text{L}} \bigg| \dfrac{1}{1} \bigg| \dfrac{10^3\text{L}}{1\text{m}^3}$

$= 2.5\text{mg/m}^3$

74 대기 중의 가스상 물질을 용매채취법에 따라 채취할 때 사용하는 순간유량계 중 면적식 유량계는?

① 노즐식 유량계 ② 오리피스 유량계
③ 게이트식 유량계 ④ 미스트식 가스미터

해설 용매채취법으로 채취 시 순간유량계 중 면적식 유량계 종류는 부자식(floater), 피스톤식, 게이트식 유량계 등이 있다.

75 이온크로마토그래피의 설치조건(기준)으로 옳지 않은 것은?

① 대형변압기, 고주파가열 등으로부터 전자유도를 받지 않아야 한다.
② 부식성 가스 및 먼지발생이 적고, 진동이 없으며 직사광선을 피해야 한다.
③ 실온 10~25℃, 상대습도 30~85% 범위로 급격한 온도변화가 없어야 한다.
④ 공급전원은 기기의 사양에 지정된 전압전기용량 및 주파수로 전압변동은 40% 이하이고, 급격한 주파수 변동이 없어야 한다.

해설 이온크로마토그래피의 설치조건 중 공급전원은 기기의 사양에 지정된 전압 전기용량 및 주파수로 전압변동은 10% 이하이고 주파수 변동이 없어야 한다.

76 대기오염공정시험기준 총칙상의 시험 기재 및 용어에 관한 내용으로 옳지 않은 것은?

① 액체성분의 양을 "정확히 취한다"는 홀피펫, 눈금플라스크 또는 이와 동등 이상의 정도를 갖는 용량계를 사용하여 조작하는 것을 뜻한다.
② "감압 또는 진공"이라 함은 따로 규정이 없는 한 50mmHg 이하를 뜻한다.
③ 용액의 액성표시는 따로 규정이 없는 한 유리전극법에 의한 pH미터로 측정한 것을 뜻한다.
④ 시험조작 중 "즉시"란 30초 이내에 표시된 조작을 하는 것을 뜻한다.

해설 "감압 또는 진공"이라 함은 규정이 없는 한 15mmHg 이하를 뜻한다.

77 오염물질 A의 실측농도가 250mg/Sm³이고, 그 때의 실측산소농도가 3.5%이다. 오염물질 A의 보정농도(mg/Sm³)는? (단, 오염물질 A는 표준산소농도를 적용받으며, 표준산소농도는 4%임)

① 219 ② 243
③ 247 ④ 286

해설 오염물질의 보정농도 식을 적용한다.

〈계산식〉 $C = C_a \times \dfrac{21 - O_s}{21 - O_a}$

$\therefore C = 250 \times \dfrac{21 - 4}{21 - 3.5} = 242.86\text{mg/Sm}^3$

78 대기오염공정시험기준 총칙상의 용어 정의로 옳지 않은 것은?

① 냉수는 4℃ 이하, 온수는 60~70℃, 열수는 약 100℃를 말한다.
② 시험에 사용하는 시약은 따로 규정이 없는 한 특급 또는 1급 이상 또는 이와 동등한 규격의 것을 사용하여야 한다.
③ 기체 중의 농도를 mg/m³로 나타냈을 때 m³은 표준상태의 기체용적을 뜻하는 것으로 Sm³로 표시한 것과 같다.
④ ppm의 기호는 따로 표시가 없는 한 기체일 때는 용량 대 용량(V/V), 액체일 때는 중량 대 중량(W/W)으로 표시한 것을 뜻한다.

해설 대기오염공정시험기준 총칙상의 용어 중 냉수는 15℃ 이하, 온수는 60~70℃, 열수는 100℃를 말한다.

79 굴뚝을 통해 대기 중으로 배출되는 가스상의 시료를 채취할 때 사용하는 도관에 관한 설명으로 옳지 않은 것은?

① 도관의 안지름은 도관의 길이, 흡인가스의 유량, 응축수에 의한 막힘 또는 흡인펌프의 능력 등을 고려해서 4~25mm로 한다.
② 하나의 도관으로 여러 개의 측정기를 사용할 경우 각 측정기 앞에서 도관을 병렬로 연결하여 사용한다.
③ 도관의 길이는 가능한 한 먼 곳의 시료 채취구에서도 채취가 용이하도록 100m 정도로 가급적 길게 하되, 200m를 넘지 않도록 한다.
④ 도관은 가능한 한 수직으로 연결해야 하고 부득이 구부러진 관을 사용할 경우에는 응축수가 흘러나오기 쉽도록 경사지게(5° 이상) 한다.

해설 굴뚝배출가스 시료 채취 시 도관의 길이는 되도록 짧게 하고, 부득이 길게 해서 쓰는 경우에는 이음매가 없는 배관을 써서 접속부분을 적게 하고 받침기구로 고정해서 사용해야 하며, 76m를 넘지 않도록 해야 한다.

80 자외선/가시선 분광법에 관한 설명으로 옳지 않은 것은? (단, I_o : 입사광의 강도, I_t : 투사광의 강도)

① I_t/I_o를 투과도(t)라 한다.
② $\log(I_t/I_o)$을 흡광도(A)라 한다.
③ 투과도(t)를 백분율로 표시한 것을 투과퍼센트라 한다.
④ 자외선/가시선 분광법은 램버트-비어 법칙을 응용한 것이다.

해설 흡광도(A) = $\log\left(\dfrac{1}{t}\right)$ = $\log\left(\dfrac{I_o}{I_t}\right)$이다.

제5과목 대기환경관계법규

81 실내공기질관리법령상 이 법의 적용대상이 되는 시설 중 "대통령령이 정하는 규모의 것"에 해당하지 않는 것은?

① 여객자동차터미널의 연면적 1천5백 제곱미터 이상인 대합실
② 연면적 430제곱미터 이상인 어린이집
③ 공항시설 중 연면적 1천5백 제곱미터 이상인 여객터미널
④ 연면적 2천 제곱미터 이상이거나 병상 수 100개 이상인 의료기관

해설 [실내공기질 시행령 제2조] 실내공기질관리법령상 이 법의 적용대상이 되는 시설은 여객자동차터미널의 경우 연면적 2,000m² 이상인 대합실이다.

82 대기환경보전법령상 운행차 배출허용기준을 초과하여 개선명령을 받은 자동차에 대한 운행정지표지의 색상기준으로 옳은 것은?

① 바탕색은 노란색, 문자는 검정색
② 바탕색은 흰색, 문자는 검정색
③ 바탕색은 초록색, 문자는 흰색
④ 바탕색은 노란색, 문자는 흰색

해설 [시행규칙 별표 31] 운행정지표지의 색상기준은 바탕색은 노란색, 문자는 검정색으로 하여야 한다.

83 대기환경보전법령상 배출시설 설치신고를 하고자 하는 경우 배출시설 설치신고서에 포함되어야 하는 사항과 가장 거리가 먼 것은?

① 배출시설 및 방지시설의 설치명세서
② 방지시설의 일반도
③ 방지시설의 연간 유지관리 계획서
④ 유해오염물질 확정 배출농도 내역서

해설 [시행령 제11조] ④항은 사용 연료의 성분 분석과 황산화물 배출농도 및 배출량 등을 예측한 명세서이어야 한다.

84 환경정책기본법령상 대기환경기준에 해당되지 않는 항목은?

① 탄화수소(HC)
② 아황산가스(SO_2)
③ 이산화탄소(CO)
④ 이산화질소(NO_2)

해설 탄화수소(HC)는 환경정책기본법 시행령에 따른 환경기준으로 지정되어 있지 않다.

85 실내공기질관리법령상 신축 공동주택의 실내공기질 권고기준 중 "에틸벤젠" 기준으로 옳은 것은?

① $210\mu g/m^3$ 이하 ② $300\mu g/m^3$ 이하
③ $360\mu g/m^3$ 이하 ④ $700\mu g/m^3$ 이하

해설 [실내공기질관리법 시행규칙 별표 4] 신축 공동주택의 실내공기질 권고기준 중 에틸벤젠에 대한 기준은 $360\mu g/m^3$ 이하이다.

86 대기환경보전법령상 비산먼지 발생사업으로서 "대통령령으로 정하는 사업" 중 환경부령으로 정하는 사업과 가장 거리가 먼 것은?

① 비금속물질의 채취업, 제조업 및 가공업
② 제1차 금속제조업
③ 운송장비 제조업
④ 목재 및 광석의 운송업

해설 [시행령 제44조] 비산먼지 발생사업에서 환경부령으로 정하는 사업 중 운송업은 시멘트, 석탄, 토사, 사료, 곡물 및 고철의 운송업만 해당된다.

87 대기환경보전법령상 위임업무 보고사항 중 "자동차 연료 및 첨가제의 제조·판매 또는 사용에 대한 규제현황" 업무의 보고횟수 기준은?

① 연 1회   ② 연 2회
③ 연 4회   ④ 수시

해설 [시행규칙 별표 37] 자동차 연료 및 첨가제의 제조·판매 또는 사용에 대한 규제현황 업무의 보고횟수 기준은 연 2회이다.

88 대기환경보전법령상 환경부장관은 오염물질 측정기기의 운영·관리기준을 지키지 않는 사업자에 대해 조치명령을 하는 경우, 부득이한 사유인 경우 신청에 의한 연장기간까지 포함하여 최대 몇 개월의 범위에서 개선기간을 정할 수 있는가?

① 3개월   ② 6개월
③ 9개월   ④ 12개월

해설 [시행령 제18조] 환경부장관 또는 시·도지사는 관련법에 따른 조치명령을 하는 경우 6개월 이내의 개선기간을 정해야 하고, 조치명령을 받은 자가 천재지변이나 그 밖의 부득이한 사유로 개선기간 내에 조치를 마칠 수 없는 경우에는 조치명령을 받은 자의 신청을 받아 6개월의 범위에서 개선기간을 연장할 수 있다.

89 대기환경보전법령상 수도권대기환경청장, 국립환경과학원장 또는 한국환경공단이 설치하는 대기오염 측정망의 종류가 아닌 것은?

① 도시지역의 휘발성 유기화합물 등의 농도를 측정하기 위한 광화학대기오염물질 측정망
② 기후, 생태계변화 유발물질의 농도를 측정하기 위한 지구대기 측정망
③ 대기 중의 중금속농도를 측정하기 위한 대기중금속 측정망
④ 대기오염물질의 지역배경농도를 측정하기 위한 교외대기 측정망

해설 [시행규칙 제11조] 수도권대기환경청장, 국립환경과학원장 또는 「한국환경공단법」에 따른 한국환경공단이 설치하는 대기오염 측정망에서 특정유해물질 중 중금속 측정망은 제외한다.

90 대기환경보전법령상 장거리이동 대기오염물질 대책위원회의 위원에는 대통령령으로 정하는 분야의 학식과 경험이 풍부한 전문가를 위촉할 수 있다. 여기서 나타내는 '대통령령으로 정하는 분야'와 가장 거리가 먼 것은?

① 예방의학 분야
② 유해화학물질 분야
③ 국제협력 분야 및 언론 분야
④ 해양 분야

해설 [시행령 제4조] 대기환경보전법령상 장거리이동 대기오염물질 대책위원회의 대통령령으로 정하는 분야는 산림 분야, 대기환경 분야, 기상 분야, 예방의학 분야, 보건 분야, 화학사고 분야, 해양 분야, 국제협력 분야 및 언론 분야를 말한다.

91 대기환경보전법령상 장거리이동 대기오염물질 대책위원회에 관한 사항으로 틀린 것은?

① 위원회는 위원장 1명을 포함한 25명 이내의 위원으로 구성한다.
② 위원회의 위원장은 환경부장관이 되고, 위원은 환경부령으로 정하는 중앙행정기관의 공무원 등으로서 환경부장관이 위촉하거나 임명하는 자로 한다.
③ 위원회와 실무위원회 및 장거리이동 대기오염물질 연구단의 구성 및 운영 등에 관하여 필요한 사항은 대통령령으로 정한다.
④ 환경부장관은 장거리이동 대기오염물질 피해방지를 위하여 5년마다 관계 중앙행정기관의 장과 협의하고 시·도지사의 의견을 들어야 한다.

해설 [보전법 제14조] 장거리이동 대기오염물질 대책위원회의 위원장은 환경부차관이 되고, 위원은 환경부장관이 위촉하거나 임명하는 사람으로 한다.

92 대기환경보전법령상 분체상 물질을 싣고 내리는 공정의 경우, 비산먼지 발생을 억제하기 위해 작업을 중지해야 하는 평균풍속(m/sec)의 기준은?

① 2 이상   ③ 7 이상
② 5 이상   ④ 8 이상

해설 [시행규칙 별표 14] 대기환경보전법령상 분체상 물질을 싣고 내리는 공정의 경우, 풍속이 8m/sec 이상일 경우 작업을 중지해야 한다.

93 대기환경관계법령상 비산먼지 발생을 억제하기 위한 시설의 설치 및 필요한 조치에 관한 기준 중 시멘트 수송공정에서 적재물은 적재함 상단으로부터 수평으로 몇 cm 이하까지 적재하여야 하는가?

① 5cm 이하
② 10cm 이하
③ 20cm 이하
④ 30cm 이하

해설 [시행규칙 별표 14] 수송(시멘트·석탄·토사·사료 등) 공정에서 적재물은 적재함 상단으로부터 수평으로 5cm 이하까지 적재물을 수평으로 적재하여야 한다.

94 대기환경보전법령상 대기오염경보에 관한 설명으로 틀린 것은?

① 시·도지사는 당해 지역에 대하여 대기오염경보를 발령할 수 있다.
② 지역의 대기오염 발생 특성 등을 고려하여 특별시, 광역시 등의 조례로 경보단계별 조치사항을 일부 조정할 수 있다.
③ 대기오염경보의 대상지역, 대상오염물질, 발령기준, 경보단계 및 경보단계별 조치 등에 필요한 사항은 환경부령으로 정한다.
④ 경보단계 중 경보발령의 경우에는 주민의 실외 활동제한 요청, 자동차 사용의 제한 및 사업장의 연료사용량 감축권고 등의 조치를 취하여야 한다.

해설 [보전법 제8조] 대기오염경보의 대상지역, 대상오염물질, 발령기준, 경보단계 및 경보단계별 조치 등에 필요한 사항은 대통령령으로 정한다.

95 대기환경보전법령상 개선명령의 이행보고와 관련하여 환경부령으로 정하는 대기오염도 검사기관에 해당하지 않는 것은?

① 보건환경연구원
② 유역환경청
③ 한국환경공단
④ 환경보전협회

해설 [시행규칙 제40조] 대기오염도 검사기관은 국립환경과학원, 보건환경연구원, 환경청, 한국환경공단 등이다.

96 대기환경보전법령상 환경기술인 등의 교육을 받게 하지 아니한 자에 대한 행정처분기준으로 옳은 것은?

① 50만 원 이하의 과태료를 부과한다.
② 100만 원 이하의 과태료를 부과한다.
③ 100만 원 이하의 벌금에 처한다.
④ 200만 원 이하의 벌금에 처한다.

해설 [보전법 제94조] 대기환경보전법령상 환경기술인 등의 교육을 받게 하지 아니한 자는 100만 원 이하의 과태료를 부과한다.

정답 91.② 92.④ 93.① 94.③ 95.④ 96.②

97 환경정책기본법령상 오존(O_3)의 환경기준 중 8시간 평균치 기준 (㉠)과 1시간 평균치 기준 (㉡)으로 옳은 것은?

① ㉠ 0.06ppm 이하, ㉡ 0.03ppm 이하
② ㉠ 0.06ppm 이하, ㉡ 0.1ppm 이하
③ ㉠ 0.03ppm 이하, ㉡ 0.03ppm 이하
④ ㉠ 0.03ppm 이하, ㉡ 0.1ppm 이하

해설 환경정책기본법령상 오존(O_3)의 환경기준 중 8시간 평균치는 0.06ppm 이하, 1시간 평균치는 0.1ppm 이하이다

98 대기환경보전법령상 그 배출시설이 발전소의 발전설비로서 국민경제에 현저한 지장을 줄 우려가 있어 조업정지처분을 갈음하여 과징금을 부과할 때, 3종 사업장인 경우 조업정지 1일당 과징금 부과금액 기준으로 옳은 것은?

① 900만 원
② 600만 원
③ 450만 원
④ 300만 원

해설 [시행규칙 제51조] 대기환경보전법령상 과징금은 행정처분기준에 따라 조업정지 일수에 1일당 부과금액과 사업장 규모별 부과계수를 곱하여 산정한다. 이때 1일당 부과금액은 300만 원, 사업장 규모별 부과계수는 1종 사업장에 대하여는 2.0, 2종 사업장에 대하여는 1.5, 3종 사업장에 대하여는 1.0, 4종 사업장에 대하여는 0.7, 5종 사업장에 대하여는 0.4로 한다.

99 대기환경보전법령상 기후·생태계변화 유발물질 중 "환경부령으로 정하는 것"에 해당하는 것은?

① 염화불화탄소와 수소염화불화탄소
② 염화불화산소와 수소염화불화산소
③ 불화염화수소와 불화염소화수소
④ 불화염화수소와 불화수소화탄소

해설 [보전법 제2조] 기후·생태계변화 유발물질이란 지구온난화 등으로 생태계의 변화를 가져올 수 있는 기체상 물질로서 온실가스(육불화황, 과불화탄소, 수소불화탄소, 아산화질소, 메탄, 이산화탄소)와 환경부령으로 정하는 것(염화불화탄소와 수소염화불화탄소)을 말한다.

100 실내공기질관리법령상 "의료기관"의 라돈(Bq/m^3)항목 실내공기질 권고기준은?

① 148 이하
② 400 이하
③ 500 이하
④ 1000 이하

해설 실내공기질관리법규상 "의료기관"의 실내공기질 권고기준 중 라돈은 148Bq/m^3 이하이어야 한다.

2021 제2회 대기환경기사

2021. 5. 15 시행

[제1과목] 대기오염개론

01 대기압력이 990mb인 높이에서의 온도가 22℃일 때, 온위(K)는?

① 275.63
② 280.63
③ 286.46
④ 295.86

해설 온위 계산식을 적용한다.

〈계산식〉 $\theta = T\left(\dfrac{P_o}{P}\right)^{R/C}$

∴ $\theta = (272+22) \times \left(\dfrac{1,000}{990}\right)^{0.288} = 295.86\,K$

02 자동차 배출가스 정화장치인 삼원촉매장치에 관한 내용으로 옳지 않은 것은?

① HC는 CO_2와 H_2O로 산화되며, NO_x는 N_2로 환원된다.
② 우수한 효율을 얻기 위해서는 엔진에 공급되는 공기연료비가 이론공연비이어야 한다.
③ 두 개의 촉매 층이 직렬로 연결되어 CO, HC, NO_x를 동시에 처리할 수 있다.
④ 일반적으로 로듐촉매는 CO와 HC를 저감시키는 반응을 촉진시키고 백금촉매는 NO_x를 저감시키는 반응을 촉진시킨다.

해설 삼원촉매 전환장치에서 NO_x는 CO, HC와 환원촉매인 로듐(Rh)과 접촉시켜 N_2로 환원 처리하고, 잔류하는 CO와 HC는 산화제인 공기와 산화촉매인 백금(Pt)을 사용하여 CO_2와 H_2O로 처리하는 방식이다.

03 다음 중 오존층 보호와 가장 거리가 먼 것은?

① 헬싱키의정서
② 런던회의
③ 비엔나협약
④ 코펜하겐회의

해설 오존층 보호를 위한 국제협약은 비엔나협약(1985), 몬트리올의정서(1987), 런던회의(1990), 코펜하겐회의(1992)이다. 산성비와 관련된 국제협약에 제네바협약, 헬싱키의정서, 소피아의정서가 있다.

04 다음 중 오존파괴지수가 가장 작은 물질은?

① CCl_4
② CF_3Br
③ CF_2BrCl
④ $CHFClCF_3$

해설 오존파괴지수(ODP)가 가장 작은 것은 HCFC-124 (C_2HF_4Cl) : 0.04이다.
[참고]
① CCl_4 : 1.0
② Halon-1301(CF_3Br) : 10.0
③ Halon-1211(CF_2BrCl) : 3.0

05 산성비에 관한 설명으로 가장 거리가 먼 것은?

① 산성비는 대기 중에 배출되는 황산화물과 질소산화물이 황산, 질산 등의 산성물질로 변하여 발생한다.
② 산성비 문제를 해결하기 위하여 질소산화물 배출량 또는 국가 간 이동량을 최저 30% 삭감하는 몬트리올의정서가 채택되었다.
③ 산성비가 토양에 내리면 토양은 Ca^{2+}, Mg^{2+}, Na^+, K^+ 등의 교환성 염기를 방출하고, 그 교환자리에 H^+가 치환된다.
④ 일반적으로 산성비란 pH가 5.6 이하인 강우를 뜻하는데, 이는 자연상태에 존재하는 CO_2가 빗방울에 흡수되어 평형을 이루었을 때의 pH를 기준으로 한 것이다.

해설 몬트리올의정서는 오존층 파괴물질의 규제와 관련한 국제협약이다. 산성비와 관련된 국제협약은 제네바협약, 헬싱키의정서, 소피아의정서이다.

정답 1.④ 2.④ 3.① 4.④ 5.②

06 1984년 인도 중부지방의 보팔시에서 발생한 대기오염 사건의 원인물질은?

① CH_3CNO ② SO_x
③ H_2S ④ $COCl_2$

[해설] 1984년 인도 중부지방의 보팔시에서 발생한 대기오염원인물질은 MIC(Methyl Isocyanate, CH_3CNO)이다.

07 리차드슨 수(Ri)에 관한 내용으로 옳지 않은 것은?

① Ri 수가 0에 접근하면 분산이 줄어든다.
② Ri 수가 0일 때 대기는 중립상태가 되고 기계적 난류가 지배적이다.
③ Ri 수가 큰 양의 값을 가지면 대류가 지배적이어서 강한 수직운동이 일어난다.
④ Ri 수는 무차원수로 대류난류를 기계적 난류로 전환시키는 비율을 나타낸 것이다.

[해설] Ri 수가 큰 음의 값을 가지면 대류가 지배적이어서 바람이 약하게 되어 강한 수직운동이 일어나며, 굴뚝의 연기는 수직 및 수평방향으로 분산한다.

08 대기 중의 광화학반응에서 탄화수소와 반응하여 2차 오염물질을 형성하는 화학종과 가장 거리가 먼 것은?

① CO ② $-OH$
③ NO ④ NO_2

[해설] 대기 중으로 배출된 질소산화물은 광분해되어 NO와 O· 형태로 존재하며, O_2와 반응하여 오존 등의 2차 오염물질을 생성하며 탄화수소류(HC)의 경우, 광분해된 O·과 대기 중 OH·과 산화반응하여 PAN 등의 2차 오염물질을 부생시킨다. 이때 가장 반응성이 좋은 것은 Olefine계 탄화수소류이다.

09 입자상 물질의 농도가 0.25mg/m³이고, 상대습도가 70%일 때, 가시거리(km)는? (단, 상수 A는 1.3)

① 4.3   ② 5.2
③ 6.5   ④ 7.2

[해설] 상대습도 70%의 가시거리 계산식을 이용한다.

〈계산식〉 $L_v(km) = \dfrac{A \times 10^3}{G}$

∴ $L_v = \dfrac{1.3 \times 10^3}{250\,\mu g/m^3} = 5.2km$

10 대기오염물질은 발생방법에 따라 1차 오염물질과 2차 오염물질로 구분할 수 있다. 2차 오염물질에 해당하는 것은?

① CO ② H_2S
③ $NOCl$ ④ $(CH_3)_2S$

[해설] 2차 대기오염물질은 O_3, PAN($CH_3CHOOONO_2$), H_2O_2, NOCl, 아크로레인(CH_2CHCHO) 등이다.

11 탄화수소가 관여하지 않을 경우 NO_2의 광화학반응식이다. ㉠~㉣에 알맞은 것은? (단, O는 산소원자)

[㉠] + hv → [㉡] + O
O + [㉢] → [㉣]
[㉣] + [㉡] → [㉠] + [㉢]

① ㉠ NO, ㉡ NO_2, ㉢ O_3, ㉣ O_2
② ㉠ NO_2, ㉡ NO, ㉢ O_2, ㉣ O_3
③ ㉠ NO, ㉡ NO_2, ㉢ O_2, ㉣ O_3
④ ㉠ NO_2, ㉡ NO, ㉢ O_3, ㉣ O_2

[해설] 대기 중 배출된 NO_2는 광자에너지(hv)에 의해 NO와 O· 형태로 광분해되며, 대기 중 O_2와 반응하여 O_3을 생성한다. 생성된 O_3은 다시 NO와 반응하여 NO_2와 O_2가 되어 균형을 이룬다.

12 표준상태에서 CO 12ppm은 몇 $\mu g/Sm^3$인가?

① 12,000   ② 15,000
③ 20,000   ④ 22,400

[해설] ppm과 질량농도 관계식을 이용한다.

〈계산식〉 $C_m = C_p \times \dfrac{M_w}{22.4}$

∴ $C_m = \dfrac{12mL}{m^3} \Big| \dfrac{28mg}{22.4mL} \Big| \dfrac{10^3 \mu g}{1mg} = 15,000 \mu g/m^3$

13 열섬효과에 관한 내용으로 가장 거리가 먼 것은?

① 구름이 많고 바람이 강한 주간에 주로 발생한다.
② 일교차가 심한 봄, 가을이나 추운 겨울에 주로 발생한다.
③ 교외지역에 비해 도시지역에 고온의 공기층이 형성된다.
④ 직경이 10km 이상인 도시에서 자주 나타나는 현상이다.

정답 6.① 7.③ 8.① 9.② 10.③ 11.② 12.② 13.①

[해설] 열섬현상은 구름이 없고 바람이 약한 야간에 주로 발생한다.

14 질소산화물(NO_x)에 관한 내용으로 옳지 않은 것은?
① NO_2는 적갈색의 자극성 기체로 NO보다 독성이 강하다.
② 질소산화물은 fuel NO_x와 thermal NO_x로 구분될 수 있다.
③ NO는 혈액 중 헤모글로빈과의 결합력이 CO보다 강하다.
④ N_2O는 무색 무취의 기체로 대기 중에서 반응성이 매우 크다.

[해설] N_2O는 무색, 상쾌하고 달콤한 냄새가 나는 기체로 대류권에서 태양에너지에 대하여 매우 안정한 물질로서 성층권의 오존을 소모하는 물질 중 하나이며, 일명 웃음의 기체라고도 한다.

15 고도가 높아짐에 따라 기온이 급격하게 떨어져 대기가 불안정하고 난류가 심할 때, 연기의 확산형태는?
① 상승형(Lofting)
② 환상형(Looping)
③ 부채형(Fanning)
④ 훈증형(Fumigation)

[해설] 환상형은 날씨가 맑고 태양복사가 강한 계절에 잘 발생하며, 대기가 불안정하고 난류가 심할 때 발생하므로 Plum의 확산폭이 가장 큰 연기형태이다.

16 납이 인체에 미치는 영향에 관한 일반적인 내용으로 가장 거리가 먼 것은?
① 신경, 근육장애가 발생하며 경련이 나타난다.
② 헤모글로빈의 기본요소인 포르피린 고리의 형성을 방해한다.
③ 인체 내 노출된 납의 99% 이상은 뇌에 축적된다.
④ 세포 내 SH기와 결합하여 헴(Heme) 합성에 관여하는 효소를 포함한 여러 세포의 효소작용을 방해한다.

[해설] 납은 호흡기, 소화기, 피부를 통해 흡수되고 가장 중요한 경로는 폐를 통한 흡수이다. 흡수된 납은 헤모글로빈의 형성을 억제하고, 중독될 경우 만성빈혈 또는 용혈성 빈혈을 유발한다. 만성 납중독 현상은 혈액, 신경, 위장관 등에 나타나는 것으로 알려져 있다.

17 가우시안모델을 전개하기 위한 기본적인 가정으로 가장 거리가 먼 것은?
① 연기의 확산은 정상상태이다.
② 풍하방향으로의 확산은 무시한다.
③ 고도가 높아짐에 따라 풍속이 증가한다.
④ 오염분포의 표준편차는 약 10분간의 대표치이다.

[해설] 가우시안 모델의 가정조건에서 바람에 의한 오염물질의 주 이동방향은 x축으로 하며, 풍속은 일정하다고 가정한다.

18 물질의 특성에 관한 설명으로 옳은 것은?
① 디젤차량에서는 탄화수소, 일산화탄소, 납이 주로 배출된다.
② 염화수소는 플라스틱공업, 소다공업 등에서 주로 배출된다.
③ 탄소의 순환에서 가장 큰 저장고 역할을 하는 부분은 대기이다.
④ 불소는 자연상태에서 단분자로 존재하며 활성탄 제조공정, 연소공정 등에서 주로 배출된다.

[해설] ②항만 옳다. 염화수소의 배출원은 플라스틱공업, 타이어 소각장, 아연도금공업, 고무제조업, 화학공업 등이다.
≪바르게 고쳐보기≫
① 납이 주로 배출되는 것은 가솔린차량이다.
③ 탄소의 순환에서 가장 큰 저장고 역할을 하는 것은 해양이다.
④ 불소는 자연상태에서 단분자로 거의 존재하지 않으며 주 배출원은 알루미늄을 정련하는 알루미늄공업, 형석을 사용하여 유리를 제조하는 유리공업, 인광석을 사용하여 인산비료를 생산하는 비료공업 등이다.

정답 14.④ 15.② 16.③ 17.③ 18.②

19 대기 중의 오존층 파괴에 관한 설명으로 옳지 않은 것은?

① 오존층의 두께는 적도지방이 극지방보다 얇다.
② 오존층 파괴물질이 오존층을 파괴하는 자유라디칼을 생성시킨다.
③ 성층권의 오존층 농도가 감소하면 지표면에 보다 많은 양의 자외선이 도달한다.
④ 프레온가스의 대체물질인 HCFCs(Hydrochlorofluorocarbons)은 오존층 파괴능력이 없다.

해설 CFCs(프레온가스)를 대체하기 위해 개발된 HCFCs(수소염화불화탄소)는 오존층 파괴능력은 상대적으로 약하지만 몬트리올의정서의 코펜하겐 수정안에 따라 2030년까지 모두 폐기하도록 하고 있다.

20 바람에 관한 내용으로 옳지 않은 것은?

① 경도풍은 기압경도력, 전향력, 원심력이 평형을 이루어 부는 바람이다.
② 해륙풍 중 해풍은 낮 동안 햇빛에 더워지기 쉬운 육지쪽 지표상에 상승기류가 형성되어 바다에서 육지로 부는 바람이다.
③ 지균풍은 마찰력이 무시될 수 있는 고공에서 기압경도력과 전향력이 평형을 이루어 등압선에 평행하게 직선운동을 하는 바람이다.
④ 산풍은 경사면 → 계곡 → 주 계곡으로 수렴하면서 풍속이 감속되기 때문에 낮에 산 위쪽으로 부는 곡풍보다 세기가 약하다.

해설 산풍은 경사면 → 계곡 → 주 계곡으로 수렴하면서 풍속이 가속되기 때문에 낮에 산 위쪽으로 부는 곡풍보다 일반적으로 더 강하다.

[**제2과목** 연소공학]

21 석탄의 탄화도가 증가할수록 나타나는 성질로 옳지 않은 것은?

① 휘발분이 감소한다.
② 발열량이 증가한다.
③ 착화온도가 낮아진다.
④ 고정탄소의 양이 증가한다.

해설 석탄의 탄화도가 증가할수록 고정탄소, 발열량, 착화온도 등은 증가한다. 반면 감소하는 것은 휘발분, 매연발생률, 비열, 산소농도, 연소속도 등이다.

22 착화온도에 관한 설명으로 옳지 않은 것은?

① 발열량이 낮을수록 높아진다.
② 산소농도가 높을수록 낮아진다.
③ 반응활성도가 클수록 높아진다.
④ 분자구조가 간단할수록 높아진다.

해설 착화온도는 반응활성도가 클수록 낮아진다.
[참고] 착화온도가 낮아지는 조건
1. 산소와의 친화력이 클수록
2. 분자량이 클수록
3. 분자구조가 복잡할수록
4. 발열량이 클수록
5. 가연물의 압력이나 화학적 활성도가 클수록
6. 공기 중의 산소농도 및 압력이 클수록
7. 비표면적이 클수록
8. 열전도율이 낮을수록
9. 습도가 낮을수록
10. 활성화 에너지가 낮을수록
11. 탄화도가 낮을수록

23 확산형 가스버너 중 포트형에 관한 설명으로 가장 거리가 먼 것은?

① 포트의 입구가 작으면 슬래그가 부착되어 막힐 우려가 있다.
② 역화의 위험이 있기 때문에 반드시 역화방지기를 부착해야 한다.
③ 가스와 공기를 함께 가열할 수 있다.
④ 밀도가 큰 가스 출구는 상부에, 밀도가 작은 가스 출구는 하부에 배치되도록 설계한다.

해설 포트형 버너는 버너 자체가 로(爐) 벽과 함께 내화벽돌로 조립되어 로 내부에 개구된 것이며, 가스와 공기를 함께 가열할 수 있는 이점이 있고, 확산연소 방식을 취하므로 역화위험이 적다.

24 공기 중의 산소공급 없이 연료 자체가 함유하고 있는 산소를 이용하여 연소하는 연소형태는?

① 자기연소 ② 확산연소
③ 표면연소 ④ 분해연소

해설 자기연소는 내부연소라고도 하는데 니트로글리세린 등과 같이 외부 산소를 필요로 하지 않고, 화합물 자체에 함유된 산소에 의해 스스로 연소하는 형태이다.

25 석탄·석유 혼합연료(COM)에 관한 설명으로 가장 적합한 것은?
① 별도의 탈황, 탈질 설비가 필요 없다.
② 별도의 개조 없이 중유 전용 연소시설에 사용될 수 있다.
③ 미분쇄한 석탄에 물과 첨가제를 섞어서 액체화시킨 연료이다.
④ 연소가스의 연소실 내 체류시간 부족, 분사변의 폐쇄와 마모 등의 문제점을 갖는다.

해설 유혼합미분탄(COM)은 미분탄에 50~60Wt%의 중유와 휘발분을 추가하여 고체연료를 보다 효율적인 분무연소방식으로 연소시키는 방법이다. 고체연료연소에 비해 연소실 내 체류시간이 부족하고 점도가 높기 때문에 중유연소에 가까운 불안정한 화염이 생성되며 미분탄에 의한 분사변의 폐쇄, 중유로 인한 높은 점도와 유동성이 낮으므로 항상 가열하여 사용해야 하는 결점이 있다.

26 저발열량이 6,000kcal/Sm³, 평균정압비열이 0.38kcal/Sm³·℃인 가스연료의 이론연소온도(℃)는? (단, 이론연소가스량은 10Sm³/Sm³, 연료와 공기의 온도는 15℃, 공기는 예열되지 않으며 연소가스는 해리되지 않음)
① 1,385 ② 1,412
③ 1,496 ④ 1,594

해설 이론연소온도 계산식을 사용한다.
〈계산식〉 $t_o = \dfrac{H_l}{G \times C_p} + t$
$\therefore t_o = \dfrac{6,000}{10 \times 0.38} + 15 = 1,594℃$

27 기체연료의 일반적인 특징으로 가장 거리가 먼 것은?
① 적은 과잉공기로 완전연소가 가능하다.
② 연소조절, 점화 및 소화가 용이한 편이다.
③ 연료의 예열이 쉽고, 저질연료로 고온을 얻을 수 있다.
④ 누설에 의한 역화·폭발 등의 위험이 작고, 설비비가 많이 들지 않는다.

해설 기체연료는 다른 연료에 비해 저장이 곤란하며, 공기와 혼합해서 점화할 경우 폭발 등의 위험이 있다.

28 중유를 A, B, C 중유로 구분할 때, 구분기준은?
① 점도 ② 비중
③ 착화온도 ④ 유황함량

해설 중유를 A, B, C 중유로 구분할 때, 구분기준은 중유의 점도이다.

29 중유를 사용하는 가열로의 배출가스를 분석한 결과 N_2 : 80%, CO : 12%, O_2 : 8%의 부피비를 얻었다. 공기비는?
① 1.1 ② 1.4
③ 1.6 ④ 2.0

해설 배기가스 분석치를 이용한 공기비 계산식(CO가 존재하므로 불완전연소)을 사용한다.
〈계산식〉 $m = \dfrac{N_2}{N_2 - 3.76(O_2 - 0.5CO)}$
$\therefore m = \dfrac{80}{80 - 3.76(8 - 0.5 \times 12)} = 1.1$

30 메탄 1mol이 완전연소할 때, AFR은? (단, 부피 기준)
① 6.5 ② 7.5
③ 8.5 ④ 9.5

해설 부피비 공연비(AFR) 계산식을 적용한다.
〈계산식〉 $AFR_v = \dfrac{m_a}{m_f}$
〈반응식〉 $CH_4 + 2O_2 \rightarrow CO_2 + 2H_2O$
  1 : 2
• $m_a = O_2(mol) \times \dfrac{1}{0.21} = 2 \times \dfrac{1}{0.21} = 9.52$
$\therefore AFR_v = \dfrac{9.52}{1} = 9.52$

31 프로판과 부탄을 1 : 1의 부피비로 혼합한 연료가 연소했을 때, 건조배출가스 중의 CO_2 농도가 10%이다. 이 연료 4m³를 연소했을 때 생성되는 건조배출가스의 양(Sm³)은? (단, 연료 중의 C성분은 전량 CO_2로 전환)
① 105 ② 140
③ 175 ④ 210

정답 25.④ 26.④ 27.④ 28.① 29.① 30.④ 31.②

해설 프로판(C_3H_8)과 부탄(C_4H_{10})의 연소반응식을 이용한다.

〈계산식〉 $CO_2(\%) = \dfrac{CO_2}{G_{od}} \times 100$

㉠ $C_3H_8 + 5O_2 \rightarrow 3CO_2 + 4H_2O$
   1 : 3
   4×0.5 : $x(m^3)$, $x = 6m^3$

㉡ $C_4H_{10} + 6.5O_2 \rightarrow 4CO_2 + 5H_2O$
   1 : 4
   4×0.5 : $y(m^3)$, $y = 8.0m^3$

• $CO_2(m^3) = x + y = 6 + 8 = 14m^3$

⇨ $10\% = \dfrac{14}{G_{od}} \times 100$

∴ $G_{od} = 140\ m^3$

32 액화석유가스(LPG)에 관한 설명으로 가장 거리가 먼 것은?

① 발열량이 높고, 유황분이 적은 편이다.
② 증발열이 5~10kcal/kg로 작아 취급이 용이하다.
③ 비중이 공기보다 커서 누출 시 인화·폭발의 위험성이 높은 편이다.
④ 천연가스에서 회수되거나 나프타의 열분해에 의해 얻어지기도 하지만 대부분 석유정제 시 부산물로 얻어진다.

해설 액화석유가스(LPG)는 액체에서 기체로 기화할 때 증발열이 약 100kcal/kg(프로판 101.8kcal/kg, 부탄 92.1528kcal/kg) 이상으로 크기 때문에 취급에 유의하여야 한다.

33 C : 85%, H : 10%, S : 5%의 중량비를 갖는 중유 1kg을 1.3의 공기비로 완전연소시킬 때, 건조배출가스 중의 이산화황 부피분율(%)은? (단, 황성분은 전량 이산화황으로 전환)

① 0.18   ② 0.27
③ 0.34   ④ 0.45

해설 SO_2의 부피분율(%) 계산식을 적용한다.

〈계산식〉 $SO_2(\%) = \dfrac{SO_2}{G_d} \times 100$

• $G_d = (m - 0.21)A_o + CO_2 + SO_2$
• $O_o = 1.867C + 5.6H + 0.7S$
  $= 1.867 \times 0.85 + 5.6 \times 0.10 + 0.7 \times 0.05$
  $= 2.182 m^3/kg$
• $A_o = O_o \times \dfrac{1}{0.21} = 2.182 \times \dfrac{1}{0.21} = 10.39 m^3/kg$
• $CO_2 = 1.867C = 1.867 \times 0.85 = 1.587 m^3/kg$
• $SO_2 = 0.7S = 0.7 \times 0.05 = 0.035 m^3/kg$

⇨ $G_d = (1.3 - 0.21) \times 10.39 + 1.587 + 0.035$
   $= 12.95 m^3/kg$

∴ $SO_2(\%) = \dfrac{0.7 \times 0.05}{12.95} \times 100 = 0.27\%$

34 수소 13%, 수분 0.7%이 포함된 중유의 고발열량이 5,000kcal/kg일 때, 이 중유의 저발열량(kcal/kg)은?

① 4,126   ② 4,294
③ 4,365   ④ 4,926

해설 저위발열 계산식을 이용한다.
〈계산식〉 $Hl = Hh - 600(9H + W)$
∴ $Hl = 5,000 - 600(9 \times 0.13 + 0.007) = 4,294 kcal/kg$

35 매연발생에 관한 설명으로 옳지 않은 것은?

① 연료의 C/H비가 클수록 매연이 발생하기 쉽다.
② 분해되기 쉽거나 산화되기 쉬운 탄화수소는 매연발생이 적다.
③ 탄소결합을 절단하기보다 탈수소가 쉬운 쪽이 매연이 발생하기 쉽다.
④ 중합 및 고리화합물 등과 같이 반응이 일어나기 쉬운 탄화수소일수록 매연발생이 적다.

해설 중합 및 고리화합물 등과 같이 반응이 일어나기 쉬운 탄화수소일수록 매연발생이 많다.

36 불꽃점화기관에서 연소과정 중 발생하는 노킹현상을 방지하기 위한 기관의 구조에 관한 설명으로 가장 거리가 먼 것은?

① 연소실을 구형(Circular type)으로 한다.
② 점화플러그를 연소실 중심에 설치한다.
③ 난류를 증가시키기 위해 난류생성 pot을 부착시킨다.
④ 말단가스를 고온으로 하기 위해 삼원촉매 시스템을 사용한다.

해설 삼원촉매 시스템(TCCS)은 노킹현상 방지와 거리가 멀다. 삼원촉매 시스템은 내연기관의 연소배기가스를 처리하기 위한 후처리 시스템이다.

37 연소배출가스의 성분 분석결과 CO_2가 30%, O_2가 7%일 때, $(CO_2)_{max}(\%)$는? (단, 완전연소 기준)

① 35 ② 40
③ 45 ④ 50

해설 연소가스 분석치를 사용하는 최대탄산가스율 계산식을 이용한다.
⟨계산식⟩ $(CO_2)_{max}(\%) = \dfrac{21(CO_2)}{21-(O_2)}$
∴ $(CO_2)_{max}(\%) = \dfrac{21 \times 30}{21-7} = 45\%$

38 가연성 가스의 폭발범위와 그 위험도에 관한 설명으로 옳지 않은 것은?

① 폭발하한값이 높을수록 위험도가 증가한다.
② 일반적으로 가스의 온도가 높아지면 폭발범위가 넓어진다.
③ 폭발한계농도 이하에서는 폭발성 혼합가스를 생성하기 어렵다.
④ 가스압력이 높아졌을 때 폭발하한값은 크게 변하지 않으나 폭발상한값은 높아진다.

해설 폭발하한값이 낮을수록 위험도가 증가한다.
⟨관계식⟩ $H = \dfrac{L-X}{X}$ $\begin{cases} H : \text{위험도} \\ L : \text{폭발상한값} \\ X : \text{폭발하한값} \end{cases}$

39 액체연료의 연소버너에 관한 설명으로 가장 거리가 먼 것은?

① 유압분무식 버너는 유량조절범위가 좁은 편이다.
② 회전식 버너는 유압식 버너에 비해 연료유의 분무화 입경이 크다.
③ 고압공기식 버너의 분무각도는 40~90° 정도로 저압공기식 버너에 비해 넓은 편이다.
④ 저압공기식 버너는 주로 소형 가열로에 이용되고, 분무에 필요한 공기량은 이론연소 공기량의 30~50% 정도이다.

해설 고압공기식 버너는 유량조절범위가 넓고 대형 가열로에 이용되며, 화염이 가장 좁은 각도(30° 이하)의 화염을 갖는 유류버너이다.

40 등가비(ϕ, Equivalent ratio)에 관한 내용으로 옳지 않은 것은?

① 등가비(ϕ)는 (실제연료량/산화제)/(완전연소를 위한 이상적 연료량/산화제)로 정의된다.
② $\phi < 1$일 때, 공기과잉이며 일산화탄소(CO) 발생량이 적다.
③ $\phi > 1$일 때, 연료과잉이며 질소산화물(NO_x) 발생량이 많다.
④ $\phi = 1$일 때, 연료와 산화제의 혼합이 이상적이며 연료가 완전연소된다.

해설 등가비는 공기비의 역수로써 $\phi > 1$일 때, 연료과잉이며, 질소산화물(NO_x) 발생량이 적다.

제3과목 대기오염방지기술

41 집진율이 85%인 사이클론과 집진율이 96%인 전기집진장치를 직렬로 연결하여 입자를 제거할 경우, 총집진효율(%)은?

① 90.4 ② 94.4
③ 96.4 ④ 99.4

해설 직렬집진장치의 총효율 식을 적용한다.
⟨계산식⟩ $\eta_T = \eta_1 + \eta_2(1-\eta_1)$
∴ $\eta_T = 0.85 + 0.96(1-0.85) \times 100 = 99.4\%$

42 다음에서 설명하는 후드 형식으로 가장 적합한 것은?

> 작업을 위한 하나의 개구면을 제외하고 발생원 주위를 전부 에워싼 것으로 그 안에서 오염물질이 발산된다. 오염물질의 송풍 시 낭비되는 부분이 적은데 이는 개구면 주변의 벽이 라운지 역할을 하고, 측벽은 외부로부터 분기류에 의한 방해에 대한 방해판 역할을 하기 때문이다.

① Slot형 후드 ② Booth형 후드
③ Canopy형 후드 ④ Exterior형 후드

해설 부스형(Booth)형 후드는 작업을 위한 하나의 개구면을 제외하고 발생원 주위를 전부 에워싼 형태의 후드로써, 후드의 외부작업이 필요한 유독한 물질의 처리공정에 적합하다.

정답 37.③ 38.① 39.③ 40.③ 41.④ 42.②

43 다음에서 설명하는 송풍기 유형은?

> 후향날개형을 정밀하게 변형시킨 것으로 원심력송풍기 중 효율이 가장 좋아 대형 냉난방 공기조화장치, 산업용 공기청정장치 등에 주로 사용되며, 에너지 절감효과가 뛰어나다.

① 프로펠러형(propller)
② 비행기날개형(airfoil blade)
③ 방사날개형(radial blade)
④ 전향날개형(forward curved)

해설 비행기날개형(익형)은 원심력송풍기 중 효율이 가장 좋아 대형 냉난방 공기조화장치, 상업용 공기청정장치 등에 주로 이용되며, 비교적 고속에서 가동되고, 에너지 절감효과가 뛰어나다.

44 전기집진기의 음극(-)코로나 방전에 관한 내용으로 옳은 것은?

① 주로 공기정화용으로 사용된다.
② 양극(+)코로나 방전에 비해 전계강도가 약하다.
③ 양극(+)코로나 방전에 비해 불꽃 개시 전압이 낮다.
④ 양극(+)코로나 방전에 비해 코로나 개시 전압이 낮다.

해설 음극(-)코로나 방전이 양극(+)코로나 방전에 비해 코로나 개시 전압이 높다. 전계강도는 전압이 높을수록 강해지고, 전계강도가 높을수록 집진률이 좋아지므로 양극(+)코로나보다 음극(-)코로나 방전이 집진효율이 좋다.

45 층류의 흐름인 공기 중을 입경이 2.2μm, 밀도가 2,400g/L인 구형입자가 자유낙하고 있다. 구형입자의 종말속도(m/sec)는? (단, 20℃에서 공기의 밀도는 1.29g/L, 공기의 점도는 1.81×10^{-4}poise)

① 3.5×10^{-6}
② 3.5×10^{-5}
③ 3.5×10^{-4}
④ 3.5×10^{-3}

해설 입자의 스토크스 침강속도식을 적용한다.

〈계산식〉 $V_g = \dfrac{d_p^2(\rho_p - \rho_g)g}{18\mu}$

• $d_p = 2.2\mu m = 2.2 \times 10^{-6}$m

• $\rho_p = 2,400 g/L = \dfrac{2,400 g}{L} \left| \dfrac{1kg}{10^3 g} \right| \dfrac{10^3 L}{1m^3}$
  $= 2,400 kg/m^3$

• $\mu = \dfrac{1.81 \times 10^{-4} g}{cm \cdot sec} \left| \dfrac{1kg}{10^3 g} \right| \dfrac{100cm}{1m}$
  $= 1.81 \times 10^{-5} kg/cm \cdot sec$

∴ $V_g = \dfrac{(2.2 \times 10^{-6})^2 (2,400 - 1.29) \times 9.8}{18 \times 1.81 \times 10^{-5}}$
  $= 3.49 \times 10^{-4} m/sec$

46 유해가스 흡수장치 중 충전탑(Packed tower)에 관한 설명으로 옳지 않은 것은?

① 온도의 변화가 큰 곳에는 적응성이 낮고, 희석열이 심한 곳에는 부적합하다.
② 충전제에 흡수액을 미리 분사시켜 엷은층을 형성시킨 후 가스를 유입시켜 기·액 접촉을 극대화한다.
③ 액분산형 가스흡수장치에 속하며, 효율을 높이기 위해서는 가스의 용해도를 증가시켜야 한다.
④ 흡수액을 통과시키면서 가스유속을 증가시킬 때, 충전층 내의 액보유량이 증가하는 것을 flooding이라 한다.

해설 흡수액을 통과시키면서 가스유속을 증가시킬 때, 충전층 내의 액보유량이 증가하는 것을 loading(부하)이라 하고, loading(부하)이 지속되어 충전탑 외부로 액이 유출되는 것을 flooding(범람)이라 한다.

47 미세입자가 운동하는 경우에 작용하는 마찰저항력(drag force)에 관한 내용으로 가장 거리가 먼 것은?

① 마찰저항력은 항력계수가 커질수록 증가한다.
② 마찰저항력은 입자의 투영면적이 커질수록 증가한다.
③ 마찰저항력은 레이놀즈 수가 커질수록 증가한다.
④ 마찰저항력은 상대속도의 제곱에 비례하여 증가한다.

해설 마찰저항력은 항력계수에 비례하고, 미세입자가 특정 유체 중에서 운동하는 경우에 작용하는 항력(drag force)은 레이놀즈 수(R_{ep})가 커질수록 감소하므로 마찰저항력은 레이놀즈 수가 커질수록 감소한다.

〈관계식〉 C_D(항력계수) $= \dfrac{24}{R_{ep}}$

정답 43.② 44.④ 45.③ 46.④ 47.③

48 유해가스 처리에 사용되는 흡수액의 조건으로 옳은 것은?

① 점성이 커야 한다.
② 끓는점이 높아야 한다.
③ 용해도가 낮아야 한다.
④ 어는점이 높아야 한다.

[해설] 흡수액은 용매의 화학적 성질과 비슷해야 하고, 용해도가 높아야 하며, 어는점이 낮고, 끓는점이 높아야 한다. 또한 점성이 작아야 한다.

49 다이옥신의 처리방법에 관한 내용으로 옳지 않은 것은?

① 촉매분해법 : 금속산화물(V_2O_5, TiO_2), 귀금속(Pt, Pd)이 촉매로 사용된다.
② 오존분해법 : 산성 조건일수록 분해속도가 빨라지는 것으로 알려져 있다.
③ 광분해법 : 자외선파장(250~340nm)이 가장 효과적인 것으로 알려져 있다.
④ 열분해방법 : 산소가 아주 적은 환원성 분위기에서 탈염소화, 수소첨가반응 등에 의해 분해시킨다.

[해설] 다이옥신의 오존분해법은 수중에 함유된 다이옥신을 처리하기 위해 개발된 방법으로 용액 중에 오존을 주입하여 PCDDs를 산화·분해시키는 방법이다. 수중환경이 염기성 조건일수록, 온도가 높을수록 분해속도가 커진다.

50 원형 덕트(duct)의 기류에 의한 압력손실에 관한 내용으로 옳지 않은 것은?

① 곡관이 많을수록 압력손실이 적아진다.
② 관의 길이가 길수록 압력손실은 커진다.
③ 유체의 유속이 클수록 압력손실은 커진다.
④ 관의 직경이 클수록 압력손실은 작아진다.

[해설] 곡관이 많을수록 압력손실은 커진다.

51 배출가스 중의 일산화탄소를 제거하는 방법 중 가장 실질적이고 확실한 것은?

① 활성탄 등의 흡착제를 사용하여 흡착제거
② 벤투리스크러버나 충전탑 등으로 세정하여 제거
③ 탄산나트륨을 사용하는 시보드법을 적용하여 제거
④ 백금계 촉매를 사용하여 무해한 이산화탄소로 산화시켜 제거

[해설] 배출가스 중의 일산화탄소를 제거하는 방법 중 가장 실질적이고, 확실한 것은 촉매를 사용하여 연소시켜 처리하는 것이다.

52 NO 농도가 250ppm인 배기가스 2,000 Sm^3/min을 CO를 이용한 선택적 접촉환원법으로 처리하고자 한다. 배기가스 중의 NO를 완전히 처리하기 위해 필요한 CO의 양(Sm^3/hr)은?

① 30 ② 35
③ 40 ④ 45

[해설] 질소산화물과 CO의 환원반응을 이용한다.

⟨계산식⟩ CO량 = NO량 × 반응비$\left(\dfrac{CO}{NO}\right)$

⟨반응식⟩ NO + CO → $1/2 N_2$ + CO_2
     1mol : 1mol

$\therefore CO = \dfrac{250mL(NO)}{m^3} \bigg| \dfrac{2,000 Sm^3}{min} \bigg| \dfrac{1m^3}{10^6 mL}$
$\bigg| \dfrac{1mol(CO)}{1mol(NO)} \bigg| \dfrac{60min}{1hr}$
$= 30 Sm^3/hr$

53 유해가스의 처리에 사용되는 흡착제에 관한 일반적인 설명으로 가장 거리가 먼 것은?

① 실리카겔은 250℃ 이하에서 물과 유기물을 잘 흡착한다.
② 활성탄은 극성물질 제거에는 효과적이지만, 유기용매 회수에는 효과적이지 않다.
③ 활성알루미나는 기체건조에 주로 사용되며 가열로 재생시킬 수 있다.
④ 합성제올라이트는 극성이 다른 물질이나 포화 정도가 다른 탄화수소의 분리에 효과적이다.

[해설] 극성물질 제거에는 실리카겔이 효과적이다. 활성탄은 소수성 비극성 흡착제로 표면적이 600~1,400 m^2/g으로 매우 크며, 비극성 물질(알코올류, 벤젠 등의 탄화수소류, 할로겐화탄화수소류, 에스테르류, 에테르류, 석유계 냄새 등)의 흡착에 효과적이다.

정답 48.② 49.② 50.① 51.④ 52.① 53.②

54 여과집진장치의 탈진방식에 관한 설명으로 옳지 않은 것은?

① 간헐식의 여포수명은 연속 시에 비해서는 긴 편이고, 점성이 있는 조대먼지를 탈진할 경우 여포손상의 가능성이 있다.
② 연속식은 탈진 시 먼지의 재비산이 일어나 간헐식에 비해 집진율이 낮고 여포의 수명이 짧은 편이다.
③ 연속식은 포집과 탈진이 동시에 이루어져 압력손실의 변동이 크므로 고농도, 저용량의 가스처리에 효율적이다.
④ 간헐식은 먼지의 재비산이 적고 높은 집진율을 얻을 수 있다.

[해설] 압력손실의 변동이 크므로 고농도, 저용량의 가스처리에 효율적인 것은 간헐식이다. 연속식은 포집과 탈진이 동시에 이루어지므로 압력손실이 거의 일정하고 고농도, 대용량의 가스를 처리할 수 있다.

55 집진장치의 압력손실이 300mmH$_2$O, 처리가스량이 500m^3/min, 송풍기효율이 70%, 여유율이 1.0이다. 송풍기를 하루에 10시간씩 30일을 가동할 때, 전력요금(원)은? (단, 전력요금 1kWh당 50원)

① 525,210
② 1,050,420
③ 31,512,605
④ 22,058,823

[해설] 전력요금은 다음과 같이 계산한다.

〈계산식〉 요금 = P(kW)×kW당 요금×가동시간

• $P = \dfrac{\Delta P Q}{102\,\eta} = \dfrac{300 \times (500/60)}{102 \times 0.7} = 35.014\,\text{kW}$

∴ 요금 = $35.014\,\text{kW} \times \dfrac{50원}{1\text{kWh}} \times \dfrac{10\text{hr}}{\text{day}} \times 30\text{day}$
  = 525,210원

56 전기집진장치에서 먼지의 전기비저항이 높은 경우 전기비저항을 낮추기 위해 일반적으로 주입하는 물질과 가장 거리가 먼 것은?

① NH$_3$
② NaCl
③ H$_2$SO$_4$
④ 수증기

[해설] 암모니아는 전기비저항이 낮을 때 주입하는 물질이다. 암모니아는 황산화물과 반응하여 황산암모늄을 형성하게 함으로써 먼지의 겉보기 전기저항을 증가시키는 역할을 한다.

57 사이클론(cyclone)에서 50%의 집진효율로 제거되는 입자의 최소입경을 나타내는 용어는?

① critical diamter
② average diameter
③ cut size dimeter
④ analytical dimeter

[해설] 사이클론에서 50%의 집진효율로 제거되는 최소입경을 절단입경(cut size diameter)이라 한다.

58 다음 그림과 같은 배기시설에서 관 DE를 지나는 유체의 속도는 관 BC를 지나는 유체의 속도의 몇 배인가? (단, ϕ는 관의 직경, Q는 유량, 마찰손실과 밀도변화는 무시)

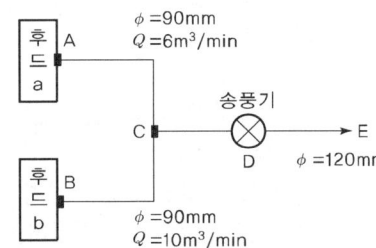

① 0.8
② 0.9
③ 1.2
④ 1.5

[해설] 후드 A, B에서 발생되는 총유량과 DE 구간의 유속을 이용하여 계산한다.

〈계산식〉 $\dfrac{V_2(\text{DE 구간})}{V_1(\text{BC 구간})} = \dfrac{Q_2/A_2}{Q_1/A_1}$

• $V_1(\text{BC}) = \dfrac{Q_1}{A_1} = \dfrac{Q_1}{\pi D^2/4} = \dfrac{10}{\pi \times (0.09)^2/4}$
  = 1,571.9 m/min

• $V_2(\text{DE}) = \dfrac{6(\text{AC}) + 10(\text{BC})}{\pi D^2/4}$
  = $\dfrac{16}{\pi \times (0.12)^2/4}$ = 1,414.71 m/min

∴ $\dfrac{V_2(\text{DE})}{V_1(\text{BC})} = \dfrac{1,414.71}{1,571.9} = 0.9$

정답 54.③ 55.① 56.① 57.③ 58.②

59 배출가스 내의 NO_x 제거방법 중 건식법에 관한 설명으로 옳지 않은 것은?

① 현재 상용화된 대부분의 선택적 촉매환원법(SCR)은 환원제로 NH_3 가스를 사용한다.
② 흡착법은 흡착제로 활성탄, 실리카겔 등을 사용하며, 특히 NO를 제거하는데 효과적이다.
③ 선택적 촉매환원법(SCR)은 촉매층에 배기가스와 환원제를 통과시켜 NO_x를 N_2로 환원시키는 방법이다.
④ 선택적 비촉매환원법(SNCR)의 단점은 배출가스가 고온이어야 하고, 온도가 낮을 경우 미반응된 NH_3가 배출될 수 있다는 것이다.

해설 흡착법은 NO를 제거하는데 효과적이지 못하다. Tuck와 Bownes에 의하면 물리적 흡착방법으로 제거할 수 있는 물질의 분자량은 정상상태에 있는 공기량보다 커야 하고, 실제적으로 가스 증기의 제거는 분자량이 45 이상일 때 가능한 것으로 알려지고 있다. 따라서 NH_3, CO, NO 등에 대한 흡착효과는 현저히 떨어진다.

60 환기시설의 설계에 사용하는 보충용 공기에 관한 설명으로 가장 거리가 먼 것은?

① 환기시설에 의해 작업장에서 배기된 만큼의 공기를 작업장 내로 재공급하여야 하는데 이를 보충용 공기라 한다.
② 보충용 공기는 일반 배기가스용 공기보다 많도록 조절하여 실내를 약간 양(+)압으로 하는 것이 좋다.
③ 보충용 공기의 유입구는 작업장이나 다른 건물의 배기구에서 나온 유해물질의 유입을 유도하기 위해서 최대한 바닥에 가깝도록 한다.
④ 여름에는 보통 외부공기를 그대로 공급하지만, 공정 내의 열부하가 커서 제어해야 하는 경우에는 보충용 공기를 냉각하여 공급한다.

해설 환기시설 설계에서 보충용 공기의 유입구는 작업장이나 다른 건물의 배기구에서 나온 유해물질의 유입을 차단할 수 있는 위치로서 바닥에서 1~1.5m 정도에서 유입되도록 하여야 한다.

제4과목 대기오염공정시험기준

61 굴뚝 배출가스 중의 브롬화합물 분석에 사용되는 흡수액은?

① 붕산용액
② 수산화소듐용액
③ 다이에틸아민동용액
④ 황산+과산화수소+증류수

해설 수산화소듐을 흡수액으로 하는 분석대상 가스는 염화수소, 불화수소, 시안화수소, 페놀, 브롬, 비소 등이다.

62 불꽃이온화검출기법에 따라 분석하여 얻은 대기시료에 대한 측정결과이다. 대기 중의 일산화탄소농도(ppm)는?

- 교정용 가스 중의 일산화탄소농도 30ppm
- 시료 공기 중의 일산화탄소 피크높이 10mm
- 교정용 가스 중의 일산화탄소 피크높이 20mm

① 15   ② 35
③ 40   ④ 60

해설 불꽃이온화검출기법에 따른 CO농도 계산식을 이용한다.

〈계산식〉 $C = C_s \times \dfrac{L}{L_s}$

$\therefore C = 30 \times \dfrac{10}{20} = 15\text{ppm}$

63 굴뚝 배출가스 중의 산소를 오르자트분석법에 따라 분석할 때에 관한 설명으로 옳지 않은 것은?

① 탄산가스 흡수액으로 수산화포타슘용액을 사용한다.
② 산소흡수액을 만들 때는 되도록 공기와의 접촉을 피한다.
③ 각각의 흡수액을 사용하여 탄산가스, 산소 순으로 흡수한다.
④ 산소흡수액은 물에 수산화소듐을 녹인 용액과 물에 피로가롤을 녹인 용액을 혼합한 용액으로 한다.

[해설] 산소흡수액은 물 100mL에 수산화칼륨(수산화포타슘) 60g을 녹인 용액과 물 100mL에 피로갈롤(Pyrogallool, $C_6H_3(OH)_3$) 12g을 녹인 용액을 혼합한 용액을 사용한다.

64 염산(1+4) 용액을 조제하는 방법은?

① 염산 1용량에 물 2용량을 혼합한다.
② 염산 1용량에 물 3용량을 혼합한다.
③ 염산 1용량에 물 4용량을 혼합한다.
④ 염산 1용량에 물 5용량을 혼합한다.

[해설] 염산(1+4)는 염산 1용량에 물 4용량을 혼합한 것을 말한다.

65 굴뚝 배출가스 중의 폼알데하이드를 크로모트로핀산 자외선/가시선 분광법에 따라 분석할 때, 흡수 발색액 제조에 필요한 시약은?

① H_2SO_4
② NaOH
③ NH_4OH
④ CH_3COOH

[해설] 폼알데하이드의 크로모트로핀산 자외선/가시선 분광법에서 사용되는 흡수 발색액은 크로모트로핀산 1g을 80% 황산에 녹여 1,000mL로 한다.

66 흡광차분광법에 따라 분석하는 대기오염물질과 그 물질에 대한 간섭성분의 연결이 옳은 것은?

① 오존(O_3) - 벤젠(C_6H_6)의 영향
② 아황산가스(SO_2) - 오존(O_3)의 영향
③ 일산화탄소(CO) - 수분(H_2O)의 영향
④ 질소산화물(NOx) - 톨루엔($C_6H_5CH_3$)의 영향

[해설] ②항만 옳다. 환경대기 중 아황산가스를 흡광차분광법으로 분석할 때 간섭물질은 오존, 질소산화물 등이며 흡수 스펙트럼 신호의 처리과정에서 간섭물질의 영향을 제거할 수 있다.
≪바르게 고쳐보기≫
① 오존(O_3) - 환경대기 중의 유기화합물, 상대습도
③ 일산화탄소(CO) - 흡광차분광법이 존재하지 않음
④ 질소산화물(NOx) - 오존, 아황산가스

67 기체크로마토그래피의 장치 구성에 관한 설명으로 옳지 않은 것은?

① 분리관 오븐의 온도조절 정밀도는 전원 전압변동 10%에 대하여 온도변화가 ±0.5℃ 범위 이내(오븐의 온도가 150℃ 부근일 때)이어야 한다.
② 방사성 동위원소를 사용하는 검출기를 수용하는 검출기 오븐의 경우 온도조절기구와 별도로 독립작용할 수 있는 과열방지기구를 설치하여야 한다.
③ 보유시간을 측정할 때는 10회 측정하여 그 평균치를 구하며 일반적으로 5~30분 정도에서 측정하는 봉우리의 보유시간은 반복시험할 때 ±5% 오차범위 이내이어야 한다.
④ 불꽃이온화검출기는 대부분의 화합물에 대하여 열전도도검출기보다 약 1,000배 높은 감도를 나타내고 대부분의 유기화합물은 검출할 수 있기 때문에 흔히 사용된다.

[해설] 보유시간을 측정할 때는 3회 측정하여 그 평균치를 구한다. 일반적으로 5~30분 정도에서 측정하는 봉우리의 보유시간은 반복시험할 때 ±3% 오차범위 이내이어야 한다. 보유치의 표시는 무효부피(dead volume)의 보정 유무를 기록하여야 한다.

68 휘발성 유기화합물질(VOCs)의 누출확인 방법에 관한 설명으로 옳지 않은 것은?

① 교정가스는 기기 표시치를 교정하는데 사용되는 불활성 기체이다.
② 누출농도는 VOCs가 누출되는 누출원 표면에서의 VOCs 농도로서 대조화합물을 기초한 기기의 측정값이다.
③ 응답시간은 VOCs가 시료채취장치로 들어가 농도변화를 일으키기 시작하여 기기 계기판의 최종값이 90%를 나타내는데 걸리는 시간이다.
④ 검출불가능 누출농도는 누출원에서 VOCs가 대기 중으로 누출되지 않는다고 판단되는 농도로서 국지적 VOCs 배경농도의 최대값이다.

[해설] 교정가스는 기기 표시치를 교정하는데 사용되는 VOCs 화합물로서 일반적으로 누출농도와 유사한 농도의 대조화합물이다.

69 원자흡수분광광도법에 따라 원자흡광분석을 수행할 때, 빛이 스펙트럼의 불꽃 중에서 생성되는 목적원소의 원자증기 이외의 물질에 의하여 흡수되는 경우에 일어나는 간섭은?

① 물리적 간섭 ② 화학적 간섭
③ 이온학적 간섭 ④ 분광학적 간섭

해설 분광학적 간섭은 장치나 불꽃의 성질에 기인하는 것으로서 다음과 같은 경우에 일어난다.
㉠ 스펙트럼선이 다른 인접선과 완전히 분리되지 않는 경우
㉡ 스펙트럼의 불꽃 중에서 생성되는 목적원소의 원자증기 이외의 물질에 의하여 흡수되는 경우

70 굴뚝 배출가스 중의 오염물질과 연속자동측정방법의 연결이 옳지 않은 것은?

① 염화수소-이온전극법
② 불화수소-자외선흡수법
③ 아황산가스-불꽃광도법
④ 질소산화물-적외선흡수법

해설 굴뚝 배출가스 중 불화수소의 연속자동 측정법은 이온전극법이다.

71 굴뚝 배출가스 중의 암모니아를 중화적정법에 따라 분석할 때에 관한 설명으로 옳은 것은?

① 다른 염기성 가스나 산성가스의 영향을 받지 않는다.
② 분석용 시료용액을 황산으로 적정하여 암모니아를 정량한다.
③ 시료채취량이 40L일 때 암모니아의 농도가 1~5ppm인 것의 분석에 적합하다.
④ 페놀프탈레인용액과 메틸레드용액을 1:2의 부피비로 섞은 용액을 지시약으로 사용한다.

해설 ②항만 옳다. 굴뚝 배출가스 중 암모니아를 중화적정법으로 분석할 경우 분석용 시료용액을 황산으로 적정하여 암모니아를 정량한다.
≪바르게 고쳐보기≫
① 중화적정법은 다른 염기성 가스나 산성가스의 영향을 무시할 수 있는 경우에 적합하다.
③ 시료량 40L인 경우, 시료 중의 암모니아의 농도가 약 100ppm 이상인 것의 분석에 적합하다.
④ 혼합지시약은 메틸레드 : 메틸렌블루 부피비 2:1을 사용한다.

72 환경대기 중의 벤조(a)피렌 농도를 측정하기 위한 주 시험방법으로 가장 적합한 것은?

① 이온크로마토그래피법
② 가스크로마토그래피법
③ 흡광차분광법
④ 용매포집법

해설 벤조(a)피렌 분석방법에는 가스(기체)크로마토그래피법과 형광분광광도법이 있으며, 가스(기체)크로마토그래피법이 주 시험방법이다.

73 굴뚝 배출가스 중의 일산화탄소 분석방법에 해당하지 않는 것은?

① 이온크로마토그래피법
② 기체크로마토그래피법
③ 비분산형적외선분석법
④ 정전위전해법

해설 굴뚝 배출가스 중의 일산화탄소의 분석방법은 비분산적외선분석법(연속분석방법, 포집용백법), 전기화학식(정전위전해법), 기체크로마토그래프법이 있다.

74 굴뚝 A의 배출가스에 대한 측정결과이다. 피토관으로 측정한 배출가스의 유속(m/s)은?

- 배출가스 온도 : 150℃
- 비중이 0.85인 톨루엔을 사용했을 때의 경사마노미터 동압 : 7.0mm 톨루엔주
- 피토관계수 : 0.8584
- 배출가스의 밀도 : 1.3kg/Sm³

① 8.3
② 9.4
③ 10.1
④ 11.8

해설 피토(pitot)관의 유속 계산식을 이용한다.

⟨계산식⟩ $V(\text{m/sec}) = C\sqrt{\dfrac{2gP_v}{\gamma}}$

• $P_v = 7.0\text{mm} \times \dfrac{0.85\text{mmH}_2\text{O}}{\text{mm} \cdot \text{Tolune}} = 5.95\text{mmH}_2\text{O}$

• $\gamma = \dfrac{1.3\text{kg}}{\text{Sm}^3} \left| \dfrac{273}{273+150} \right. = 0.84\text{kg/am}^3$

∴ $V = 0.8584 \times \sqrt{\dfrac{2 \times 9.8 \times 5.95}{0.84}} = 10.11\text{m/sec}$

정답 69.④ 70.② 71.② 72.② 73.① 74.③

75 굴뚝 배출가스 중의 황산화물을 아르세나조Ⅲ법에 따라 분석할 때에 관한 설명으로 옳지 않은 것은?

① 아세트산바륨용액으로 적정한다.
② 과산화수소를 흡수액으로 사용한다.
③ 아르세나조Ⅲ을 지시약으로 사용한다.
④ 이 시험법은 오르토톨리딘법이라고도 불린다.

해설 황산화물의 아르세나조Ⅲ법은 침전적정법이라고도 불린다. 오르토톨리딘법은 배출가스 중 염소를 분석할 때, 오르토톨리딘 염산용액 흡수액을 사용하는 자외선/가시선 분광법 명칭이다.

76 배출가스 중의 금속원소를 원자흡수분광광도법에 따라 분석할 때, 금속원소와 측정파장의 연결이 옳은 것은?

① Pb-357.9nm
② Cu-228.8nm
③ Ni-217.0nm
④ Zn-213.8nm

해설 배출가스 중 아연을 원자흡수분광광도법(원자흡광광도법)으로 분석할 때 측정파장은 213.8nm이다.
≪바르게 고쳐보기≫
① Pb-283.3nm
② Cu-324.8nm
③ Ni-232nm

77 분석대상가스와 채취관 및 도관 재질의 연결이 옳지 않은 것은?

① 일산화탄소-석영
② 이황화탄소-보통강철
③ 암모니아-스테인리스강
④ 질소산화물-스테인리스강

해설 보통강철을 채취관, 도관의 재질로 사용하는 것은 일산화탄소와 암모니아이다.

78 대기오염공정시험기준 총칙에 관한 내용으로 옳지 않은 것은?

① 정확히 단다-분석용 저울로 0.1mg까지 측정
② 용액의 액성 표시-유리전극법에 의한 pH 미터로 측정
③ 액체성분의 양을 정확히 취한다-피펫, 삼각플라스크를 사용해 조작
④ 여과용 기구 및 기기를 기재하지 아니하고 여과한다-KS M 7602 거름종이 5종 또는 이와 동등한 여과지를 사용해 여과

해설 액체성분의 양을 "정확히 취한다"함은 홀피펫, 메스플라스크 정도의 정확도를 갖는 용량계 사용을 말한다.

79 원자흡수분광광도법에 사용되는 불꽃을 만들기 위한 가연성 가스와 조연성 가스의 조합 중, 불꽃온도가 높아서 불꽃 중에서 해리하기 어려운 내화성 산화물을 만들기 쉬운 원소의 분석에 가장 적합한 것은?

① 수소(H_2)-산소(O_2)
② 프로판(C_3H_8)-공기(air)
③ 아세틸렌(C_2H_2)-공기(air)
④ 아세틸렌(C_2H_2)-아산화질소(N_2O)

해설 내화성 산화물을 만들기 쉬운 원소분석에 적합한 불꽃은 아세틸렌-아산화질소 불꽃이다.

80 배출가스 중의 먼지를 원통여지 포집기로 포집하여 얻은 측정결과이다. 표준상태에서의 먼지농도($\mu g/m^3$)는?

- 대기압 : 765mmHg
- 가스미터의 가스게이지압 : 4mmHg
- 15℃에서의 포화수증기압 : 12.67mmHg
- 가스미터의 흡인가스 온도 : 15℃
- 먼지포집 전의 원통 여지무게 : 6.2721g
- 먼지포집 후의 원통 여지무게 : 6.2963g
- 습식 가스미터에서 읽은 흡인가스량 : 50L

① 386
② 436
③ 513
④ 558

해설 습식 가스미터를 사용하는 먼지농도 계산식을 적용한다.

〈계산식〉 $C_m = \dfrac{m_d}{V_s}$

- $V_s = V_m \times \dfrac{273}{273+t_m} \times \dfrac{P_a+P_m-P_v}{760} \times 10^3$

  $= 0.05 \times \dfrac{273}{273+15} \times \dfrac{765+4-12.67}{760} \times 10^3$

  $= 47.17 m^3$

- $m_d = 6.2963 - 6.2721 = 0.0242g = 24.2mg$

∴ $C_m = \dfrac{24.2}{47.17} = 0.513 mg/m^3 = 513.07 \mu g/m^3$

제5과목 대기환경관계법규

81 환경정책기본법령상 시·도로부터 해당 지역의 환경적 특수성을 고려하여 필요하다고 인정되어 보다 확대·강화된 별도의 환경기준을 설정 또는 변경한 경우, 누구에게 보고하여야 하는가?

① 국무총리 ② 환경부장관
③ 보건복지부장관 ④ 국토교통부장관

해설 시·도로부터 해당 지역의 환경적 특수성을 고려하여 필요하다고 인정되어 보다 확대·강화된 별도의 환경기준을 설정 또는 변경한 경우에는 환경부장관에게 보고하여야 한다.

82 대기환경보전법령상 한국환경공단이 환경부장관에게 보고하여야 하는 위탁업무 보고사항 중 "결함확인 검사결과"의 보고기일 기준은?

① 매 반기 종료 후 15일 이내
② 매 분기 종료 후 15일 이내
③ 다음 해 1월 15일까지
④ 위반사항 적발 시

해설 "결함확인 검사결과"는 수시로 보고한다.

83 대기환경보전법령상의 자동차 연료·첨가제 또는 촉매제 검사기관의 지정기준 중 자동차 연료 검사기관의 기술능력 및 검사장비 기준에 관한 내용으로 옳지 않은 것은?

① 검사원은 2명 이상이어야 하며, 그 중 한 명은 해당 검사업무에 10년 이상 종사한 경험이 있는 사람이어야 한다.
② 휘발유·경유·바이오디젤(BD 100) 검사장비로 1ppm 이하 분석이 가능한 황함량분석기 1식을 갖추어야 한다.
③ 검사원은 자동차, 화공, 안전관리(가스), 환경분야의 기사자격 이상을 취득한 사람이어야 한다.
④ 휘발유·경유·바이오디젤 검사기관과 LPG·CNG·바이오가스 검사기관의 기술능력 기준은 같으며, 두 검사업무를 함께 하려는 경우에는 기술능력을 중복하여 갖추지 아니할 수 있다.

해설 [시행규칙 별표 34-2] 검사원은 4명 이상이어야 하며 그 중 2명 이상은 해당 검사업무에 5년 이상 종사한 경험이 있는 사람이어야 한다.

84 대기환경보전법령상 배출시설의 변경신고를 하여야 하는 경우에 해당하지 않는 것은?

① 배출시설 또는 방지시설을 임대하는 경우
② 사업장의 명칭이나 대표자를 변경하는 경우
③ 종전의 연료보다 황함유량이 낮은 연료로 변경하는 경우
④ 배출시설에서 허가받은 오염물질 외의 새로운 대기오염물질이 배출되는 경우

해설 ③항은 해당되지 않는다. [시행규칙 제27조]에 따르면 배출시설의 변경신고 등에서 사용하는 원료나 연료를 변경하는 경우는 변경신고를 하여야 하지만 새로운 대기오염물질을 배출하지 아니하고 배출량이 증가되지 아니하는 원료로 변경하는 경우 또는 종전의 연료보다 황함유량이 낮은 연료로 변경하는 경우는 제외한다.

85 환경정책기본법령상 "일정한 지역에서 환경오염 또는 환경훼손에 대하여 환경이 스스로 수용, 정화 및 복원하여 환경의 질을 유지할 수 있는 한계"를 의미하는 것은?

① 환경기준
② 환경한계
③ 환경용량
④ 환경표준

해설 [환경정책기본법 제3조] "환경용량"이란 일정한 지역에서 환경오염 또는 환경훼손에 대하여 환경이 스스로 수용, 정화 및 복원하여 환경의 질을 유지할 수 있는 한계를 말한다.

86 환경정책기본법령상 일산화탄소의 대기환경기준은? (단, 8시간 평균치 기준)

① 5ppm 이하
② 9ppm 이하
③ 25ppm 이하
④ 35ppm 이하

해설 환경정책기본법령상 일산화탄소의 8시간 평균치는 9ppm 이하이다.

정답 81.② 82.④ 83.① 84.③ 85.③ 86.②

87 대기환경보전법령상 비산먼지 발생사업에 해당하지 않는 것은?

① 화학제품제조업 중 석유정제업
② 제1차 금속제조업 중 금속주조업
③ 비료 및 사료제품의 제조업 중 배합사료제조업
④ 비금속물질의 채취·제조·가공업 중 일반도자기제조업

해설 [시행령 44조] 비산먼지 발생사업으로서 "대통령령으로 정하는 사업" 중 환경부령으로 정하는 사업은 다음과 같다.
1. 시멘트·석회·플라스터 및 시멘트 관련 제품의 제조업 및 가공업
2. 비금속물질의 채취업, 제조업 및 가공업
3. 제1차 금속제조업
4. 비료 및 사료제품의 제조업
5. 건설업(지반 조성공사, 건축물 축조 및 토목공사, 조경공사로 한정)
6. 시멘트, 석탄, 토사, 사료, 곡물 및 고철의 운송업
7. 운송장비 제조업
8. 저탄시설의 설치가 필요한 사업
9. 고철, 곡물, 사료, 목재 및 광석 하역업·보관업
10. 금속제품의 제조업 및 가공업
11. 폐기물 매립시설 설치·운영 사업

88 대기환경보전법령상 배출허용기준 초과와 관련하여 개선명령을 받은 경우로서 개선하여야 할 사항이 배출시설 또는 방지시설인 경우 사업자가 시·도지사에게 제출하여야 하는 개선계획서에 포함 또는 첨부되어야 하는 사항에 해당하지 않는 것은?

① 배출시설 또는 방지시설의 개선명세서 및 설계도
② 대기오염물질의 처리방식 및 처리효율
③ 운영기기 진단계획
④ 공사기간 및 공사비

해설 [규칙 제38조] 운영기기 진단계획은 시·도지사에게 제출하는 개선계획서에 포함 또는 첨부되어야 할 사항이 아니다.

89 대기환경보전법령상 특정대기유해물질에 해당하지 않는 것은?

① 이황화메틸 ② 아크릴로니트릴
③ 황화수소   ④ 염소 및 염화수소

해설 [시행규칙 별표 2] 황화수소는 특정대기유해물질에 해당하지 않는다.

90 대기환경보전법령상 환경기술인의 임명 기준에 관한 내용이다. ( ) 안에 알맞은 것은? (단, 1급은 기사, 2급은 산업기사와 동일)

환경기술인을 바꾸어 임명하는 경우에는 그 사유가 발생한 날부터 (Ⓐ) 이내에 임명하여야 한다. 다만, 환경기사 1급 또는 2급 이상의 자격이 있는 자를 임명하여야 하는 사업장으로서 (Ⓐ) 이내에 채용할 수 없는 부득이한 사정이 있는 경우에는 (Ⓑ)의 범위에서 규정에 적합한 환경기술인을 임명할 수 있다.

① Ⓐ 5일, Ⓑ 30일
② Ⓐ 5일, Ⓑ 60일
③ Ⓐ 10일, Ⓑ 30일
④ Ⓐ 10일, Ⓑ 60일

해설 [시행령 제39조] 환경기술인을 바꾸어 임명하는 경우에는 그 사유가 발생한 날부터 5일 이내. 다만, 환경기사 1급 또는 2급 이상의 자격이 있는 자를 임명하여야 하는 사업장으로서 5일 이내에 채용할 수 없는 부득이한 사정이 있는 경우에는 30일의 범위에서 4종·5종 사업장의 기준에 준하여 환경기술인을 임명할 수 있다.

91 대기환경보전법령상 일일유량은 측정유량과 일일조업시간의 곱으로 환산한다. 이때, 일일조업시간의 표시기준은?

① 배출량을 측정하기 전 최근 조업한 1일 동안의 배출시설 조업시간 평균치를 시간으로 표시한다.
② 배출량을 측정하기 전 최근 조업한 7일 동안의 배출시설 조업시간 평균치를 시간으로 표시한다.
③ 배출량을 측정하기 전 최근 조업한 30일 동안의 배출시설 조업시간 평균치를 시간으로 표시한다.
④ 배출량을 측정하기 전 최근 조업한 전체 기간의 배출시설 조업시간 평균치를 시간으로 표시한다.

해설 [대기환경보전법 시행령 별표 5] 일일조업시간은 배출량을 측정하기 전 최근 조업한 30일 동안의 배출시설 시간 평균치를 시간으로 표시한다.

92 대기환경보전법령상 수도권대기환경청장, 국립환경과학원장 또는 한국환경공단이 설치하는 대기오염 측정망에 해당하지 않는 것은?
① 대기오염물질의 지역배경농도를 측정하기 위한 교외대기 측정망
② 도시지역의 대기오염물질 농도를 측정하기 위한 도시대기 측정망
③ 산성 대기오염물질의 건성 및 습성침착량을 측정하기 위한 산성 강하물 측정망
④ 도시지역의 휘발성 유기화합물 등의 농도를 측정하기 위한 광화학 대기오염물질 측정망

해설 [시행규칙 제11조] 도시지역의 대기오염물질 농도를 측정하기 위한 도시대기 측정망은 시·도지사가 설치하는 대기오염 측정망이다.

93 대기환경보전법령상 배출부과금을 부과할 때 고려하여야 하는 사항에 해당하지 않는 것은? (단, 그 밖에 대기환경의 오염 또는 개선과 관련되는 사항으로서 환경부령은 정하는 사항은 제외)
① 사업장 운영현황
② 배출허용기준 초과 여부
③ 대기오염물질의 배출기간
④ 배출되는 대기오염물질의 종류

해설 [보전법 제35조] 사업장 운영현황은 배출부과금을 부과할 때 고려사항에 해당하지 않는다.

94 대기환경보전법령상 환경부장관이 사업장에서 배출되는 대기오염물질을 총량으로 규제하고자 할 때 고시하여야 하는 사항에 해당하지 않는 것은?
① 총량규제구역
② 측정망 설치계획
③ 총량규제 대기오염물질
④ 대기오염물질의 저감계획

해설 [시행규칙 제24조] 환경부장관은 그 구역의 사업장에서 배출되는 대기오염물질을 총량으로 규제하려는 경우에는 다음 사항을 고시하여야 한다.
1. 총량규제구역
2. 총량규제 대기오염물질
3. 대기오염물질의 저감계획
4. 그 밖에 필요한 사항

95 악취방지법령상 지정악취물질과 배출허용기준의 연결이 옳지 않은 것은?

항목	구분	배출허용기준(ppm) 공업지역	기타지역
㉠	암모니아	2 이하	1 이하
㉡	메틸메르캅탄	0.008 이하	0.005 이하
㉢	황화수소	0.06 이하	0.02 이하
㉣	트라이메틸아민	0.02 이하	0.005 이하

① ㉠ ② ㉡ ③ ㉢ ④ ㉣

해설 [악취방지법 시행규칙 별표 3] 악취방지법령상 메틸메르캅탄의 허용기준은 공업지역일 때 0.004ppm 이하, 기타 지역일 때 0.002 이하이다.

96 대기환경보전법령상 환경부장관이 배출시설의 설치를 제한할 수 있는 경우에 관한 사항이다. ( ) 안에 알맞은 말은?

> 배출시설 설치지점으로부터 반경 1킬로미터 안의 상주인구가 (㉠)명 이상인 지역으로서 특정대기유해물질 중 한 가지 종류의 물질을 연간 (㉡) 이상 배출하는 시설을 설치하는 경우

① ㉠ 1만, ㉡ 1톤
② ㉠ 1만, ㉡ 10톤
③ ㉠ 2만, ㉡ 1톤
④ ㉠ 2만, ㉡ 10톤

해설 [시행령 제12조] 배출시설 설치지점으로부터 반경 1킬로미터 안의 상주인구가 2만 명 이상인 지역으로서 특정대기유해물질 중 한 가지 종류의 물질을 연간 10톤 이상 배출하거나 두 가지 이상의 물질을 연간 25톤 이상 배출하는 시설을 설치하는 경우는 배출시설 설치의 제한을 할 수 있다.

97 실내공기질관리법령상 "실내주차장"에서 미세먼지(PM-10)의 실내공기질 유지기준은?
① $200\mu g/m^3$ 이하
② $150\mu g/m^3$ 이하
③ $100\mu g/m^3$ 이하
④ $25\mu g/m^3$ 이하

해설 [시행규칙 별표 2] 실내주차장에서 PM-10의 실내공기질 유지기준은 $200\mu g/m^3$ 이하이다.

98 대기환경보전법령상 대기오염경보 발령 시 포함되어야 할 사항에 해당하지 않는 것은? (단, 기타사항은 제외)
① 대기오염경보단계
② 대기오염경보의 대상지역
③ 대기오염경보의 경보대상기간
④ 대기오염경보단계별 조치사항

해설 [시행규칙 제13조] 대기환경보전법규상 대기오염경보 발령 시 포함되어야 할 사항은 ①, ②, ④항 이외에 대기오염물질의 농도이다.

99 대기환경보전법령상 4종 사업장의 분류기준에 해당하는 것은?
① 대기오염물질 발생량의 합계가 연간 80톤 이상 100톤 미만
② 대기오염물질 발생량의 합계가 연간 20톤 이상 80톤 미만
③ 대기오염물질 발생량의 합계가 연간 10톤 이상 20톤 미만
④ 대기오염물질 발생량의 합계가 연간 2톤 이상 10톤 미만

해설 [시행령 제13조 별표 1의3] 대기오염물질 발생량의 합계가 연간 2톤 이상 10톤 미만인 사업장이 4종 사업장으로 분류된다.

100 실내공기질관리법령상 노인요양시설의 실내공기질 유지기준이 되는 오염물질 항목에 해당하지 않는 것은?
① 미세먼지(PM-10)
② 폼알데하이드
③ 아산화질소
④ 총부유세균

해설 아산화질소는 실내공기질관리법령상 유지기준에 포함되지 않는다.

2021

제4회 **대기환경기사**

2021. 9. 12 시행

[제1과목] 대기오염개론

01 온실효과와 지구온난화에 관한 설명으로 옳은 것은?
① CH_4가 N_2O보다 지구온난화에 기여도가 낮다.
② 지구온난화지수(GWP)는 SF_6가 HFCs보다 작다.
③ 대기의 온실효과는 실제 온실에서의 보온 작용과 같은 원리이다.
④ 북반구에서 대기 중의 CO_2 농도는 여름에 감소하고 겨울에 증가하는 경향이 있다.

해설 ④항만 옳다.
《바르게 고쳐보기》
① 지구온난화에 대한 기여도는 CO_2가 약 55%, CFC 17%, CH_4 15%, N_2O 5% 등으로 알려져 있다.
② 지구온난화지수(GWP)는 SF_6 23,900, HFCs 1,300 정도이다.
③ 대기의 온실효과는 인간이 인위적으로 방출하는 온실기체 유무에 따라 달라지므로 실제 온실에서의 보온 작용과는 다르다.

02 대기오염물질의 확산을 예측하기 위한 바람장미에 관한 내용으로 옳지 않은 것은?
① 풍향은 바람이 불어오는 쪽으로 표시한다.
② 풍속이 0.2m/sec 이하일 때를 정온(calm)이라 한다.
③ 가장 빈번히 관측된 풍향을 주풍이라 하고 막대의 굵기를 가장 굵게 표시한다.
④ 바람장미는 풍향별로 관측된 바람의 발생 빈도와 풍속을 16방향인 막대기형으로 표시한 기상도형이다.

해설 가장 빈번히 관측된 풍향을 주풍이라 하고 막대의 길이를 가장 길게 표시한다.

03 다음 중 광화학반응과 가장 관련이 깊은 탄화수소는?
① Paraffin계 탄화수소
② Olefin계 탄화수소
③ Acetylene계 탄화수소
④ 지방족 탄화수소

해설 대기 중 질소산화물의 광화학반응에 가장 반응성이 좋은 탄화수소류는 Olefin계이다.

04 광화학반응으로 생성되는 오염물질에 해당하지 않는 것은?
① 케톤 ② PAN
③ 과산화수소 ④ 염화불화탄소

해설 광화학반응으로 생성되는 오염물질은 O_3, PAN, H_2O_2(과산화수소), NOCl, 아크롤레인, 알데하이드, 유기산, 케톤류 등이다.

05 다음 중 오존파괴지수가 가장 큰 것은?
① CFC-113 ② CFC-114
③ Halon-1211 ④ Halon-1301

해설 제시된 보기 중 오존파괴지수(ODP)가 가장 큰 것은 Halon-1301(CF_3Br, 10.0)이다.
그 외 CFC-113($C_2F_3Cl_3$, 0.8), CFC-114($C_2F_4Cl_2$, 1.0), Halon-1211(CF_2BrCl 3.0)이다.

06 LA스모그에 관한 내용으로 가장 적합하지 않은 것은?
① 화학반응은 산화반응이다.
② 복사역전 조건에서 발생했다.
③ 런던스모그에 비해 습도가 낮은 조건에서 발생했다.
④ 석유계 연료에서 유래되는 질소산화물이 주 원인물질이다.

정답 1.④ 2.③ 3.② 4.④ 5.④ 6.②

[해설] LA스모그는 공중(침강)역전 조건에서 발생했다. 복사역전 조건에서 발생한 스모그 사건은 런던스모그 사건이다.

07 가우시안 모델을 적용하기 위한 가정으로 가장 적합하지 않은 것은?
① 고도변화에 따른 풍속변화는 무시한다.
② 수평방향의 난류확산보다 대류에 의한 확산이 지배적이다.
③ 배출된 오염물질은 흘러가는 동안 없어지거나 다른 물질로 바뀌지 않는다.
④ 이류방향으로의 오염물질 확산을 무시하고 풍하방향으로의 확산만을 고려한다.

[해설] 바람이 부는 방향(x축)의 확산은 이류에 의한 이동량에 비하여 무시할 수 있을 정도로 적은 것으로 가정한다.

08 먼지의 농도를 측정하기 위해 공기를 0.3m/s의 속도로 1.5시간 동안 여과지에 여과시킨 결과 여과지의 빛 전달률이 깨끗한 여과지의 80%로 감소했다. 1,000m당 Coh는?
① 6.0 ② 3.0
③ 2.5 ④ 1.5

[해설] Coh(헤이즈계수) 계산식을 이용한다.
〈계산식〉 $Coh_{1,000} = \dfrac{\log(1/t) \div 0.01}{L} \times 1,000$
• $L(m) = V \times \theta$
  $= \dfrac{0.3m}{sec} \left| \dfrac{1.5hr}{} \right| \dfrac{3,600sec}{1hr} = 1,620m$
∴ $Coh_{1,000} = \dfrac{\log(1/0.8) \div 0.01}{1,620} \times 1,000$
  $= 5.98 ≒ 6$

09 일반적으로 자동차 배출가스의 구성 중 자동차가 공회전할 때 특히 많이 배출되는 오염물질은?
① 일산화탄소 ② 탄화수소
③ 질소산화물 ④ 이산화탄소

[해설] 가솔린 자동차의 운전모드에 따른 공회전 시 가장 많이 배출되는 오염물질은 일산화탄소이다.

10 산성비에 관한 설명 중 ( ) 안에 알맞은 것은?

일반적으로 산성비는 pH (㉠) 이하의 강우를 말하며, 이는 자연상태의 대기 중에 존재하는 (㉡)가 강우에 흡수되었을 때의 pH를 기준으로 한 것이다.

① ㉠ 3.6, ㉡ CO_2 ② ㉠ 3.6, ㉡ NO_2
③ ㉠ 5.6, ㉡ CO_2 ④ ㉠ 5.6, ㉡ NO_2

[해설] 일반적으로 산성비는 pH 5.6 이하의 강우를 말하며, 이는 자연상태의 대기 중에 존재하는 CO_2가 강우에 흡수되었을 때의 pH를 기준으로 한 것이다.

11 온위에 관한 내용으로 옳지 않은 것은?
[단, θ는 온위(K), T는 절대온도(K), P는 압력(mb)]
① 온위는 밀도와 비례한다.
② $\theta = T(1,000/P)^{0.288}$로 나타낼 수 있다.
③ 고도가 높아질수록 온위가 높아지면 대기는 안정하다.
④ 표준압력(1,000mb)에서 어느 고도의 공기를 건조단열적으로 끌어내리거나 끌어올려 1,000mb 고도에 가져갔을 때 나타나는 온도를 온위라고 한다.

[해설] 온위가 증가하면 밀도는 감소하므로 밀도는 온위에 반비례한다.

12 표준상태에서 NO_2 농도가 0.5g/m³이다. 150℃, 0.8atm에서 NO_2 농도(ppm)는?
① 472 ② 492
③ 570 ④ 595

[해설] ppm을 질량농도로 환산하는 계산식을 이용한다.
〈계산식〉 $C_p(ppm) = C_m \times \dfrac{22.4}{M_w}$
∴ $C_p = \dfrac{0.5g}{Sm^3} \left| \dfrac{22.4mL}{46mg} \right| \dfrac{10^3 mg}{1g} \left| \dfrac{423}{273} \right| \dfrac{0.8atm}{1atm}$
  $\left| \dfrac{273}{273+150} \right| \dfrac{1atm}{0.8atm}$
  $= 243.48 amL/am^3$
※ 해당 문제는 출제오류로 정답 없음

13 불화수소(HF) 배출과 가장 관련 있는 산업은?
① 소다공업 ② 도금공장
③ 플라스틱공업 ④ 알루미늄공업

해설 불화수소(HF) 배출과 가장 관련 있는 산업은 알루미늄공업이다. 소다공업이나 플라스틱공업은 염화수소, 도금공장은 페놀이 주로 배출되는 산업이다.

14 환기를 위한 실내공기오염의 지표가 되는 물질은?

① SO_2 ② NO_2
③ CO ④ CO_2

해설 환기를 위한 실내공기오염의 지표가 되는 것은 CO_2이다.

15 환경기온감률이 다음과 같을 때 가장 안정한 조건은?

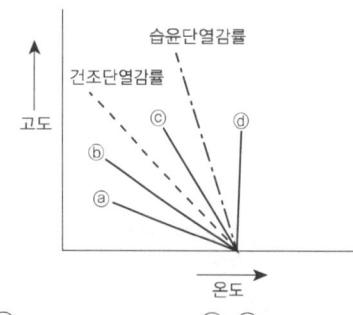

① ⓐ ② ⓑ
③ ⓒ ④ ⓓ

해설 고도에 따른 온도가 증가(기온역전)하는 보기 ⓓ가 가장 안정한 상태이다.

16 유효굴뚝높이가 1m인 굴뚝에서 배출되는 오염물질의 최대착지농도를 현재의 1/10로 낮추고자 할 때, 유효굴뚝높이를 몇 m 증가시켜야 하는가? (단, Sutton의 확산방정식 사용, 기타조건은 동일)

① 0.04 ② 0.20
③ 1.24 ④ 2.16

해설 Sutton의 최대착지농도($C_{\max}$) 확산식을 이용하여 계산한다.

〈계산식〉 $C_{\max} = \dfrac{2Q}{\pi e U H_e^2} \times \left(\dfrac{K_z}{K_y}\right)$

• H_e를 제외한 모든 조건이 일정하다면,

  ⇨ $C_{\max} : K \times \dfrac{1}{H_e^2}$

• $C_{\max} : \dfrac{1}{1^2} = \dfrac{1}{10} C_{\max} : \dfrac{1}{H_e^2}$

⇨ $H_e = 1 \times \sqrt{10} = 3.16\text{m}$

∴ 증가해야 할 $H_e = 3.16 - 1 = 2.16\text{m}$

17 지균풍에 관한 설명으로 가장 적합하지 않은 것은?

① 등압선에 평행하게 직선운동을 하는 수평의 바람이다.
② 고공에서 발생하기 때문에 마찰력의 영향이 거의 없다.
③ 기압경도력과 전향력의 크기가 같고 방향이 반대일 때 발생한다.
④ 북반구에서 지균풍은 오른쪽에 저기압, 왼쪽에 고기압을 두고 분다.

해설 지균풍은 기압경도력과 전향력의 크기가 같고, 방향이 반대일 때 주로 발생하며, 북반구에서는 기압이 낮은 쪽을 왼쪽에 두고 등압선과 평행하게 분다. (남반구에서는 기압이 낮은 쪽이 반대로 오른쪽이 된다).

18 유효굴뚝높이가 60m인 굴뚝으로부터 SO_2가 125g/sec의 속도로 배출되고 있다. 굴뚝높이에서의 풍속이 6m/sec일 때, 이 굴뚝으로부터 500m 떨어진 연기중심선 상에서 오염물질의 지표농도($\mu g/m^3$)는? (단, 가우시안 모델식 사용, 수평확산계수(σ_y)는 36m, 수직확산계수(σ_z)는 18.5m, 배출되는 SO_2는 화학적으로 반응하지 않음)

① 52 ② 66
③ 2,483 ④ 9,957

해설 가우시안 확산식을 적용한다.

〈계산식〉 $C = \dfrac{Q}{2\pi \sigma_y \sigma_z U} \left[\exp\left\{-\dfrac{1}{2}\left(\dfrac{y}{\sigma_y}\right)^2\right\}\right]$

$\times \left[\exp\left\{-\dfrac{1}{2}\left(\dfrac{z-H}{\sigma_z}\right)^2\right\} + \exp\left\{-\dfrac{1}{2}\left(\dfrac{z+H}{\sigma_z}\right)^2\right\}\right]$

• 지상 오염농도를 산출하므로 : $z = 0$
• 중심축상 오염농도를 산출하므로 : $y = 0$
• 배출원(발생원) 높이 : $H_e = 60$

⇨ $C(x, y, z, H_e) = \dfrac{Q}{\pi \sigma_y \sigma_z U} \exp\left[-\dfrac{1}{2}\left(\dfrac{H_e}{\sigma_z}\right)^2\right]$

∴ $C(\mu g/m^3) = \dfrac{125\text{g/sec} \times 10^6 \mu g/1\text{g}}{\pi \times 36\text{m} \times 18.5\text{m} \times 6\text{m/sec}} \exp\left[-\dfrac{1}{2}\left(\dfrac{60}{18.5}\right)^2\right]$

$= 51.77 \mu g/m^3$

정답 14.④ 15.④ 16.④ 17.④ 18.①

19 냄새물질에 관한 일반적인 설명으로 옳지 않은 것은?

① 분자량이 작을수록 냄새가 강하다.
② 분자 내에 황 또는 질소가 있으면 냄새가 강하다.
③ 불포화도(이중결합 및 삼중결합의 수)가 높을수록 냄새가 강하다.
④ 분자 내 수산기의 수가 1개일 때 냄새가 가장 약하고 수산기의 수가 증가할수록 냄새가 강해진다.

해설 분자 내 수산기의 수가 1개일 때 냄새가 가장 강하고 수산기의 수가 증가할수록 냄새가 약해진다.

20 광화학반응에 의해 고농도 오존이 나타날 수 있는 조건에 해당하지 않는 것은?

① 무풍상태일 때
② 일사량이 강할 때
③ 대기가 불안정할 때
④ 질소산화물과 휘발성 유기화합물의 배출이 많을 때

해설 광화학반응으로 인해 생성되는 2차 오염물질(O_3, PAN, NOCl 등)은 무풍상태, 기온역전상태(대기가 안정한 상태)일 때 대기 중 고농도로 존재하며, 강한 일사량에 분해되는 질소산화물에 비례하여 오존농도는 증가한다.

제2과목 연소공학

21 화염으로부터 열을 받으면 가연성 증기가 발생하는 연소로 휘발유, 등유, 알코올, 벤젠 등 액체연료의 연소형태는?

① 증발연소
② 자기연소
③ 표면연소
④ 확산연소

해설 보기 중 액체연료의 연소방식은 증발연소이다. 증발연소는 비교적 융융점이 낮은 양초나 파라핀계의 고체연료가 연소하기 전에 용융되어 가열 기화된 증기가 연소하는 형태이다. 자기연소, 표면연소는 고체연료 연소방식이며, 확산연소는 기체연료 연소방식이다.

22 가연성가스의 폭발범위에 관한 일반적인 설명으로 옳지 않은 것은?

① 가스의 온도가 높아지면 폭발범위가 넓어진다.
② 폭발한계농도 이하에서는 폭발성 혼합가스가 생성되기 어렵다.
③ 폭발상한과 폭발하한의 차이가 클수록 위험도가 증가한다.
④ 가스의 압력이 높아지면 상한값은 크게 변하지 않으나 하한값이 높아진다.

해설 가스의 압력이 높아지면 하한값은 크게 변화되지 않으나 상한값이 높아진다.

23 자동차 내연기관에서 휘발유(C_8H_{18})가 완전연소될 때 무게 기준의 공기연료비(AFR)는? (단, 공기의 분자량은 28.95)

① 15
② 30
③ 40
④ 60

해설 무게비 공연비 계산식을 이용한다.

〈계산식〉 $\text{AFR}_m = \dfrac{m_a \times M_a}{m_f \times M_f}$

〈반응식〉 $C_8H_{18} + 12.5O_2 \rightarrow 8CO_2 + 9H_2O$
1mol : 12.5mol

$\therefore \text{AFR}_m = \dfrac{(12.5/0.21) \times 28.95}{1 \times 114} = 15.12$

24 등가비(ϕ)에 관한 내용으로 옳지 않은 것은?

① ϕ = 공기비(m)
② ϕ = 1일 때 완전 연소
③ ϕ < 1일 때 공기가 과잉
④ ϕ > 1일 때 연소가 과잉

해설 등가비(ϕ)는 공기비(m)의 역수($\phi = 1/m$)이다.

25 공기비가 클 때 나타나는 현상으로 가장 적합하지 않은 것은?

① 연소실 내의 온도 감소
② 배기가스에 의한 열손실 증가
③ 가스폭발의 위험 증가와 매연발생
④ 배기가스 내의 SO_2, NO_2 함량 증가로 인한 부식 촉진

해설 공기비(m)가 작을 경우, 불완전연소로 인한 가스폭발의 위험 증가, 매연 및 검댕발생의 원인이 된다.

26 기체연료의 종류에 관한 설명으로 가장 적합한 것은?
① 수성가스는 코크스를 용광로에 넣어 선철을 제조할 때 발생하는 기체연료이다.
② 석탄가스는 석유류를 열분해, 접촉분해 및 부분연소시킬 때 발생하는 기체연료이다.
③ 고로가스는 고온으로 가열된 무연탄이나 코크스 등에 수증기를 반응시켜 얻은 기체연료이다.
④ 발생로가스는 코크스나 석탄, 목재 등을 적열상태로 가열하여 공기 또는 산소를 보내 불완전연소시켜 얻은 기체연료이다.

[해설] ④항만 옳다.
《바르게 고쳐보기》
① 수성가스의 주성분은 H_2와 CO이고, 고온으로 가열한 코크스에 수증기를 작용시켜 얻는다.
② 석탄가스는 석탄을 건류할 때 생기는 가스를 총칭한 것으로 주성분은 CO, CO_2이고, 산업시설의 동력용으로 많이 사용된다.
③ 고로가스는 제철용 고로에서 부산물로 얻어지는 가스이며, 발생로가스와 유사하지만 H_2, O_2가 많다.

27 과잉산소량(잔존산소량)을 나타내는 표현은? (단, A : 실제공기량, A_o : 이론공기량, m : 공기비($m>1$), 표준상태, 부피 기준)
① $0.21mA_o$ ② $0.21mA$
③ $0.21(m-1)A_o$ ④ $0.21(m-1)A$

[해설] 과잉산소량은 과잉공기량 계산식 $(m-1)A_o$에 산소의 부피비인 0.21을 곱하여 산출한다. 따라서 보기 ③항이 옳다.

28 C:80%, H:15%, S:5%의 무게비로 구성된 중유 1kg을 1.1의 공기비로 완전연소시킬 때, 건조배출가스 중의 SO_2 농도(ppm)는? (단, 모든 S성분은 SO_2가 됨)
① 3,026   ② 3,530
③ 4,126   ④ 4,530

[해설] 건조배출가스 중 농도(ppm) 계산식을 이용한다.
〈계산식〉 $SO_2(ppm) = \dfrac{SO_2}{G_d} \times 10^6$
- $G_d = (m-0.21)A_o + CO_2 + SO_2$
- $O_o = 1.867C + 5.6H + 0.7S$
  $= 1.867 \times 0.8 + 5.6 \times 0.15 + 0.7 \times 0.05$
  $= 2.369 m^3/kg$
- $A_o = O_o \times \dfrac{1}{0.21} = 2.369 \times \dfrac{1}{0.21} = 11.28 m^3/kg$
- $CO_2 = 1.867C = 1.494 m^3/kg$
- $SO_2 = 0.7S = 0.035 m^3/kg$
⇨ $G_d = (1.1-0.21) \times 11.28 + 1.4936 + 0.035$
$= 11.57 m^3/kg$
∴ $SO_2 = \dfrac{0.035}{11.57} \times 10^6 = 3,026 ppm$

29 고체연료 중 코크스에 관한 설명으로 가장 적합하지 않은 것은?
① 주성분은 탄소이다.
② 연료탄보다 회분의 함량이 많다.
③ 연소 시에 매연이 많이 발생한다.
④ 원료탄을 건류하여 얻어지는 2차 연료로 코크스로에서 제조된다.

[해설] 코크스는 착화가 곤란한 반면 휘발분이 거의 함유되어 있지 않아 연소 시에 매연이 발생하지 않는다.

30 화격자연소에 관한 설명으로 가장 적합하지 않은 것은?
① 상부투입식은 투입되는 연료와 공기가 향류로 교차하는 형태이다.
② 상부투입식의 경우 화격자상에 고정층을 형성해야 하므로 분체상의 석탄을 그대로 사용할 수 없다.
③ 정상상태에서 상부투입식은 상부로부터 석탄층 → 건조층 → 건류층 → 환원층 → 산화층 → 회층의 구성 순서를 갖는다.
④ 하부투입식은 저융점의 회분을 많이 포함한 연료의 연소에 적합하며 착화성이 나쁜 연료도 유용하게 사용 가능하다.

[해설] 상부투입연소는 투입되는 연료와 공기의 방향이 향류(向流)로 교차되는 형태로서 착화기능이 우수하여 착화성이 나쁜 무연탄이나 수분함량이 높은 저품질의 연료를 연소시키는 데 적합하다.

31 CH_4의 최대탄산가스율(%)은? (단, CH_4는 완전연소함)
① 11.7   ② 21.8
③ 34.5   ④ 40.5

정답 26.④ 27.③ 28.① 29.③ 30.④ 31.①

해설 최대탄산가스율 계산식을 적용한다.

〈계산식〉 $(CO_2)_{max}(\%) = \dfrac{CO_2}{G_{od}} \times 100$

〈반응식〉 $CH_4 + 2O_2 \rightarrow CO_2 + 2H_2O$
　　　　　　1 : 2 : 1

- $G_{od} = (1-0.21)A_o + CO_2$
- $A_o = O_o \times \dfrac{1}{0.21} = 2 \times \dfrac{1}{0.21} = 9.524 \, m^3/m^3$
- $\Rightarrow G_{od} = (1-0.21) \times 9.521 + 1 = 8.523 \, m^3/m^3$

$\therefore (CO_2)_{max} = \dfrac{1}{8.523} \times 100 = 11.7\%$

32 다음 조건을 갖는 기체연료의 이론연소온도(℃)는?

- 연료의 저발열량 : 7,500kcal/Sm³
- 연료의 이론연소가스량 : 10.5Sm³/Sm³
- 연료연소가스의 평균정압비열 0.35kcal/Sm³·℃
- 기준온도 : 25℃
- 공기는 예열되지 않고, 연소가스는 해리되지 않음

① 1,916　　② 2,066
③ 2,196　　④ 2,256

해설 이론연소온도(℃) 계산식을 사용한다.

〈계산식〉 $t_o(℃) = \dfrac{Hl}{G \cdot C_p} + t(℃)$

$\therefore t_o = \dfrac{7,500}{10.5 \times 0.35} + 25 = 2,065.82℃$

33 가솔린 기관의 노킹현상을 방지하기 위한 방법으로 가장 적합하지 않은 것은?

① 화염속도를 빠르게 한다.
② 말단가스의 온도와 압력을 낮춘다.
③ 혼합기의 자기착화온도를 높게 한다.
④ 불꽃진행거리를 길게 하여 말단가스가 고온·고압에 충분히 노출되도록 한다.

해설 가솔린 기관의 노킹현상을 방지하기 위해서는 불꽃진행거리를 짧게 하여 말단가스가 고온·고압에 노출되는 시간을 줄여야 한다.

34 에탄(C_2H_6) 고발열량이 15,520kcal/Sm³일 때 저발열량(kcal/Sm³)은?

① 18,380　　② 16,560
③ 14,080　　④ 12,820

해설 저발열량 계산식을 적용한다.

〈계산식〉 $Hl = Hh - 480 \Sigma i H_2O$

〈반응식〉 $C_2H_6 + 3.5O_2 \rightarrow 2CO_2 + 3H_2O$
　　　　　1mol 　　:　　 3mol

$\therefore Hl = 15,520 - 480 \times 3 = 14,080 \, kcal/Sm^3$

35 89%의 탄소와 11%의 수소로 이루어진 액체연료를 1시간에 187kg씩 완전연소할 때 발생하는 배출가스의 조성을 분석한 결과 CO_2 : 12.5%, O_2 : 3.5%, N_2 : 84%이었다. 이 연료를 2시간 동안 완전연소시켰을 때 실제 소요된 공기량(Sm³)은?

① 1,205　　② 2,410
③ 3,610　　④ 4,810

해설 실제공기량 계산식을 적용한다.

〈계산식〉 $A_h = mA_o \times G_f$

- $m = \dfrac{N_2}{N_2 - 3.76O_2} = \dfrac{84}{84 - 3.76 \times 3.5} = 1.186$
- $O_o = 1.867C + 5.6H$
  　　$= 1.867 \times 0.89 + 5.6 \times 0.11 = 2.27 \, m^3/kg$
- $A_o = O_o \times \dfrac{1}{0.21}$
  　　$= 2.278 \times \dfrac{1}{0.21} = 10.85 \, m^3/kg$

$\therefore A_h = 1.186 \times 10.85 \, m^3/kg \times 187 kg/hr \times 2hr$
　　$= 4,810.83 \, m^3$

36 연소에 관한 용어 설명으로 옳지 않은 것은?

① 유동점은 저온에서 중유를 취급할 경우의 난이도를 나타내는 척도가 될 수 있다.
② 인화점은 액체연료의 표면에 인위적으로 불씨를 가했을 때 연소하기 시작하는 최저온도이다.
③ 발열량은 연료가 완전연소할 때 단위중량 혹은 단위부피당 발생하는 열량으로 잠열을 포함하는 저발열량과 포함하지 않는 고발열량으로 구분된다.
④ 발화점은 공기가 충분한 상태에서 연료를 일정 온도 이상으로 가열했을 때 외부에서 점화하지 않더라도 연료 자신의 연소열에 의해 연소가 일어나는 최저온도이다.

해설 발열량은 연료가 완전연소할 때 단위중량 혹은 단위부피당 발생하는 열량으로 잠열을 포함하는 고발열량과 포함하지 않는 저발열량으로 구분된다.

정답 32.② 33.④ 34.③ 35.④ 36.③

37 석탄의 유동층 연소에 관한 설명으로 가장 적합하지 않은 것은?

① 부하변동에 쉽게 적응할 수 없다.
② 유동매체의 보충이 필요하지 않다.
③ 유동매체를 석회석으로 할 경우 로 내에서 탈황이 가능하다.
④ 비교적 저온에서 연소가 행해지기 때문에 화격자 연소에 비해 thermal NO_x 발생량이 적다.

해설 유동층 연소는 유동매체인 유동사의 소실이 있으므로 보충을 필요로 한다.

38 석유류의 특성에 관한 내용으로 옳은 것은?

① 일반적으로 인화점은 예열온도보다 약간 높은 것이 좋다.
② 인화점이 낮을수록 역화의 위험성이 낮아지고 착화가 곤란하다.
③ 일반적으로 API가 10° 미만이면 경질유, 40° 이상이면 중질유로 분류된다.
④ 일반적으로 경질유는 방향족계 화합물을 50% 이상 함유하고 중질유에 비해 밀도와 점도가 높은 편이다.

해설 ①항만 옳다.
≪바르게 고쳐보기≫
② 인화점이 높을수록 역화의 위험성이 낮아지고 착화가 곤란하다.
③ 일반적으로 API가 30° 미만이면 중질원유, 34° 이상이면 경질유로 분류된다.
④ 일반적으로 경질유는 방향족계 화합물을 10% 미만 함유하고 중질유에 비해 밀도와 점도가 낮은 편이나.

39 액체연료를 비점(℃)이 큰 순서대로 나열한 것은?

① 등유>중유>휘발유>경유
② 중유>경유>등유>휘발유
③ 경유>휘발유>중유>등유
④ 휘발유>경유>등유>중유

해설 비중이 크고, 잔류탄소의 함량이 높은 중질유일수록 비점이 높으므로 ②항이 옳다.

40 25℃에서 탄소가 연소하여 일산화탄소가 될 때 엔탈피변화량(kJ)은?

$C+O_2(g) \rightarrow CO_2(g)$ $\Delta H = -393.5kJ$
$CO+1/2O_2(g) \rightarrow CO_2(g)$ $\Delta H = -283.0kJ$

① -676.5
② -110.5
③ 110.5
④ 676.5

해설 탄소가 연소하여 CO가 될 때 엔탈피변화량은 탄소가 연소하여 CO_2가 될 때의 엔탈피에서 CO가 연소하여 CO_2가 될 때의 엔탈피를 뺀 값이다.
〈관계식〉 $\Delta H° = \Delta H_1 - \Delta H_2$
∴ $\Delta H° = -393.5 - (-)283.0 = -110.5kJ$

제3과목 대기오염방지기술

41 질소산화물(NO_x) 저감방법으로 가장 적합하지 않은 것은?

① 연소영역에서의 산소농도를 높인다.
② 부분적인 고온영역이 없게 한다.
③ 고온영역에서 연소가스의 체류시간을 짧게 한다.
④ 유기질소화합물을 함유하지 않는 연료를 사용한다.

해설 연소영역에서의 산소농도를 높이면 질소산화물의 발생률은 증가한다.

42 유해가스를 처리하는 흡수장치의 효율을 높이기 위한 흡수액의 조건은?

① 점성이 커야 한다.
② 어는점이 높아야 한다.
③ 휘발성이 적어야 한다.
④ 가스의 용해도가 낮아야 한다.

해설 ③항만 바르게 설명하고 있다. 나머지 항목은 반대의 조건으로 설명하고 있다.

정답 37.③ 38.① 39.② 40.② 41.① 42.③

43 먼지의 자유낙하에서 종말침강속도에 관한 설명으로 옳은 것은?

① 입자가 바닥에 닿는 순간의 속도
② 입자의 가속도가 0이 될 때의 속도
③ 입자의 속도가 0이 되는 순간의 속도
④ 정지된 다른 입자와 충돌하는데 필요한 최소한의 속도

[해설] 자유낙하에서 종말침강속도는 스토크스 법칙과 정상 상태 가정하에 산정되는 값이므로 종말속도는 입자에 작용하는 항력과 중력침강력이 같게 되어 입자의 가속도가 0이 될 때의 속도를 말한다.

44 후드에 의한 먼지흡입에 관한 설명으로 옳지 않은 것은?

① 국소적인 흡인방식을 취한다.
② 배풍기에 충분한 여유를 둔다.
③ 후드를 발생원에 가깝게 설치한다.
④ 후드의 개구면적을 가능한 크게 한다.

[해설] 후드를 설계할 때 후드의 개구면적을 가능한 작게 하여 충분한 포착속도를 유지할 수 있게 하여야 한다.
[참고] 후드의 흡인효율을 증가시키기 위한 조건
1. 후드를 발생원에 접근시킨다.
2. 국소적 흡인방식을 취한다.
3. 후드의 개구면을 좁게 한다.
4. 충분한 제어속도를 유지시킨다.
5. 기류의 흐름과 장해물의 영향을 고려한다.
6. 송풍기의 정격용량에 여유를 갖게 한다.

45 집진장치의 입구 측 처리가스 유량이 300,000m³/hr, 먼지농도가 15g/m³이고, 출구 측 처리가스 유량이 305,000m³/hr, 먼지농도가 40mg/m³일 때, 집진효율(%)은?

① 89.6   ② 95.3
③ 99.7   ④ 103.2

[해설] 집진효율 계산식을 적용한다.

〈계산식〉 $\eta_d = \left(1 - \dfrac{C_o Q_o}{C_i Q_i}\right) \times 100$

$\therefore \eta_d = \left(1 - \dfrac{0.04 \times 305{,}000}{15 \times 300{,}000}\right) \times 100 = 99.72\%$

46 직경이 10μm인 구형입자가 20℃ 층류영역의 대기 중에서 낙하하고 있다. 입자의 종말침강속도(m/sec)와 레이놀즈 수를 순서대로 나열한 것은? (단, 20℃에서 입자의 밀도 1,800kg/m³, 공기의 밀도 1.2kg/m³, 공기의 점도 1.8×10⁻⁵kg/m·sec)

① 5.44×10^{-3}, 3.63×10^{-3}
② 5.44×10^{-3}, 2.44×10^{-6}
③ 3.63×10^{-6}, 2.44×10^{-6}
④ 3.63×10^{-6}, 3.63×10^{-3}

[해설] 입자의 침강속도 계산식과 레이놀즈 수 계산식을 이용한다.

• 침강속도 계산

〈계산식〉 $V_g = \dfrac{d_p^2(\rho_p - \rho)g}{18\mu}$

$\therefore V_g = \dfrac{(10 \times 10^{-6})^2 \times (1{,}800 - 1.2) \times 9.8}{18 \times 1.8 \times 10^{-5}}$
$= 5.44 \times 10^{-3}\,\text{m/sec}$

• 입자 레이놀즈 수 계산

〈계산식〉 $R_{ep} = \dfrac{\rho\, d_p\, V_g}{\mu}$

$\therefore R_{ep} = \dfrac{1.2 \times (10 \times 10^{-6}) \times 5.44 \times 10^{-3}}{1.8 \times 10^{-5}}$
$= 3.63 \times 10^{-3}$

47 표준상태의 공기가 내경이 50cm인 강관 속을 2m/sec의 속도로 흐르고 있을 때, 공기의 질량유속(kg/sec)은? (단, 공기의 평균분자량 29)

① 0.34   ② 0.51
③ 0.78   ④ 0.97

[해설] 질량유속(질량유량)은 부피유량을 밀도로 보정하여 계산한다.

〈계산식〉 $Q_m = \dfrac{\pi D^2}{4} \times V \times \rho$

$\therefore Q_m = \dfrac{3.14 \times (0.5)^2}{4} \times 2 \times \dfrac{1.3\,\text{kg}}{\text{m}^3} = 0.51\,\text{kg/sec}$

48 촉매소각법에 관한 일반적인 설명으로 옳지 않은 것은?

① 열소각법에 비해 연소반응시간이 짧다.
② 열소각법에 비해 thermal NOx 생성량이 작다.
③ 백금, 코발트는 촉매로 바람직하지 않은 물질이다.
④ 촉매제가 고가이므로 처리가스량이 많은 경우에는 부적합하다.

해설 촉매소각법에 사용되는 촉매는 백금, 팔라듐과 기타 코발트, 텅스텐 등의 비금속이다.

49 여과집진장치의 탈진방식 중 간헐식에 관한 설명으로 옳지 않은 것은?
① 연속식에 비해 먼지의 재비산이 적고 높은 집진효율을 얻을 수 있다.
② 고농도, 대량가스 처리에 적합하며 점성이 있는 조대먼지의 탈진에 효과적이다.
③ 진동형은 여과포의 음파진동, 횡진동, 상하진동에 의해 포집된 먼지를 털어내는 방식이다.
④ 역기류형은 단위집진실에 처리가스의 공급을 중단시킨 후 순차적으로 탈진하는 방식이다.

해설 고농도, 대량가스 처리에 적합한 방식은 연속식이다.

50 물리적 흡착에 의한 가스처리에 관한 설명으로 옳지 않은 것은?
① 처리가스의 분압이 낮아지면 흡착량이 감소한다.
② 처리가스의 온도가 높아지면 흡착량이 증가한다.
③ 흡착과정이 가역적이기 때문에 흡착제의 재생이 가능하다.
④ 다분자층 흡착이며 화학적 흡착에 비해 오염가스의 회수가 용이하다.

해설 물리적 흡착은 처리가스의 온도가 높아지면 흡착량은 감소한다.

51 원심력집진장치(cyclone)의 집진효율에 관한 내용으로 옳은 것은?
① 원통의 직경이 클수록 집진효율이 증가한다.
② 입자의 밀도가 클수록 집진효율이 감소한다.
③ 가스의 온도가 높을수록 집진효율이 증가한다.
④ 가스의 유입속도가 클수록 집진효율이 증가한다.

해설 ④항만 옳다. 적절한 범위 내에서 가스의 유입속도가 클수록 집진효율이 증가한다.

⟨관계식⟩ $\eta = \dfrac{(\rho_p - \rho)V \cdot \pi \cdot N_e}{9\mu B_c}$

상기 효율관계식에 근거하여 입자밀도와 공기밀도의 차가 클수록, 유속이 적절히 빠를수록, 회전수가 많을수록, 점성이 낮을수록, 원통직경이 작을수록 집진효율은 증가한다.

52 세정집진장치의 장점으로 가장 적합한 것은?
① 점착성 및 조해성 먼지의 제거가 용이하다.
② 별도의 폐수처리시설이 필요하지 않다.
③ 먼지에 의한 폐쇄 등의 장애가 일어날 확률이 낮다.
④ 소수성 먼지에 대해 높은 집진효율을 얻을 수 있다.

해설 ①항만 옳다. 세정집진장치는 물을 사용하므로 입자상 물질과 가스상 물질을 동시에 처리할 수 있고, 발생하는 폐수를 처리할 시설이 필요하다. 소수성 분진일 경우 집진효율이 낮아지는 단점이 있다.

53 흡인통풍의 장점으로 가장 적합하지 않은 것은?
① 통풍력이 크다.
② 연소용 공기를 예열할 수 있다.
③ 굴뚝의 통풍저항이 큰 경우에 적합하다.
④ 노 내압이 부압(-)으로 역화의 우려가 없다.

해설 흡인통풍은 노 내의 압력을 부압(-)으로 유지하므로 연소용 공기를 예열할 수 없다.

54 원통형 전기집진장치의 집진극 직경이 10cm이고, 길이가 0.75m이다. 배출가스의 유속이 2m/sec이고 먼지의 겉보기이동속도가 10cm/sec일 때, 이 집진장치의 실제 집진효율(%)은?
① 78
② 86
③ 95
④ 99

해설 관형(원통형) 전기집진장치의 집진효율 계산식을 적용한다.

⟨계산식⟩ $\eta = 1 - \exp^{-\dfrac{4LW_e}{DV}}$

∴ $\eta = 1 - \exp^{-\dfrac{4 \times 0.75 \times 0.1}{0.1 \times 2}}$
$= 0.7769 = 77.69\%$

정답 49.② 50.② 51.④ 52.① 53.② 54.①

55 유체의 점도를 나타내는 단위에 해당하지 않는 것은?

① poise
② Pa · s
③ L · atm
④ g/cm · s

해설 점도의 단위는 mg/mm · sec(Centi poise), g/cm · sec(Poise), kg/m · sec 단위로 표현하므로 ③항은 옳지 않다.

56 외기유입이 없을 때 집진효율이 88%인 원심력집진장치(cyclone)가 있다. 이 원심력집진장치에 외기가 10% 유입되었을 때, 집진효율(%)은? (단, 외기가 10% 유입되었을 때 먼지통과율은 외기가 유입되지 않은 경우의 3배)

① 54
② 64
③ 75
④ 83

해설 통과율과 집진율의 관계식을 적용한다.
〈계산식〉 P(통과율) $= 1 - \eta$(집진율)
- $P_{(정상)} = 1 - 0.88 = 0.12$
- $P_{(유입)} = 3 \times 0.12 = 0.36$
∴ $\eta = 1 - 0.36 = 0.64 = 64\%$

57 불소화합물 처리에 관한 내용이다. ( ) 안에 들어갈 화학식으로 가장 적합한 것은?

사불화규소는 물과 반응해서 콜로이드 상태의 규산과 ( )을(를) 생성한다.

① CaF_2
② $NaHF_2$
③ $NaSiF_6$
④ H_2SiF_6

해설 사불화규소(SiF_4)는 물(H_2O)과 반응해서 콜로이드 상태의 규산과 규불산(H_2SiF_6)을 생성된다.

58 중력집진장치에 관한 설명으로 가장 적합하지 않은 것은?

① 배기가스의 점도가 낮을수록 집진효율이 증가한다.
② 함진가스의 온도변화에 의한 영향을 거의 받지 않는다.
③ 침강실의 높이가 낮고, 길이가 길수록 집진효율이 증가한다.
④ 함진가스의 유량, 유입속도 변화에 거의 영향을 받지 않는다.

해설 중력집진장치는 함진가스 유량이 많을수록, 유속이 빠를수록 집진효율은 낮아진다.
〈관계식〉 $\eta = \dfrac{d_p^2(\rho_p - \rho)g\,WL}{18\mu\,Q}$

59 처리가스량이 30,000m³/hr, 압력손실이 300mmH₂O인 집진장치를 효율이 47%인 송풍기로 운전할 때, 송풍기의 소요동력(kW)은?

① 38
② 43
③ 49
④ 52

해설 송풍기 소요동력(kW) 계산식을 이용한다.
〈계산식〉 $P(kW) = \dfrac{\Delta PQ}{102\,\eta} \times \alpha$
- $Q = 30{,}000\,\mathrm{m^3/hr} = 8.333\,\mathrm{m^3/sec}$
∴ $P = \dfrac{300 \times 8.333}{102 \times 0.47} = 52\,kW$

60 먼지의 입경측정방법을 직접측정방법과 간접측정방법으로 구분할 때, 직접측정방법에 해당하는 것은?

① 광산란법
② 관성충돌법
③ 액상침강법
④ 표준체측정법

해설 먼지입경의 직접측정방법은 표준체측정법과 현미경법이다.

[제4과목] **대기오염공정시험기준**

61 배출가스 중의 수은화합물을 냉증기 원자흡수분광광도법에 따라 분석할 때 사용하는 흡수액은?

① 질산암모늄+황산용액
② 과망간산포타슘+황산용액
③ 시안화포타슘+디티존용액
④ 수산화칼슘+피로가롤용액

해설 배출가스 중의 수은화합물을 냉증기 원자흡수분광광도법에 따라 분석할 때 사용하는 흡수액은 4%의 과망간산포타슘과 10%의 황산이다.

62 비분산적외선분석계의 장치구성에 관한 설명으로 옳지 않은 것은?

① 비교셀은 시료셀과 동일한 모양을 가지며 산소를 봉입하여 사용한다.
② 광원은 원칙적으로 흑체발광으로 니크롬선 또는 탄화규소의 저항체에 흘려 가열한 것을 사용한다.
③ 광학필터는 시료가스 중에 포함되어 있는 간섭물질가스의 흡수파장역 적외선을 흡수제거하기 위해 사용한다.
④ 회전섹터는 시료광속과 비교광속을 일정 주기로 단속시켜 광학적으로 변조시키는 것으로 측정광신호의 증폭에 유효하고 잡신호의 영향을 줄일 수 있다.

해설 비분산적외선분석계의 장치구성에서 비교셀은 시료셀과 동일한 모양을 가지며 아르곤 또는 질소와 같은 불활성 기체를 봉입하여 사용한다.

63 다음 자료를 바탕으로 구한 비산먼지의 농도(mg/m^3)는?

- 채취먼지량이 가장 많은 위치에서의 먼지 농도 : $115mg/m^3$
- 대조위치에서의 먼지농도 : $0.15mg/m^3$
- 전 시료채취기간 중 주 풍향이 90° 이상 변함
- 풍속이 0.5m/sec 미만 또는 10m/sec 이상이 되는 시간이 전 채취시간의 50% 이상임

① 114.9 ② 137.8
③ 165.4 ④ 206.7

해설 비산먼지 농도는 다음과 같이 계산한다.
〈계산식〉 $C(mg/m^3) = (C_H - C_B) \times W_D \times W_S$
- C_H : 측정점의 최대먼지농도
- C_B : 대조위치의 먼지농도
- W_D : 풍향이 90° 이상 변할 때의 풍향계수=1.5
- W_S : 0.5m/sec 미만 또는 10m/sec 이상 되는 시간 50% 이상일 때의 풍속계수=1.2
∴ $C = (115 - 0.15) \times 1.5 \times 1.2 = 206.73\ mg/m^3$

64 대기오염공정시험기준상의 용어정의 및 규정에 관한 내용으로 옳은 것은?

① "약"이란 그 무게 또는 부피에 대해 ±1% 이상의 차가 있어서는 안 된다.
② 상온은 15~25℃, 실온은 1~35℃, 찬 곳은 따로 규정이 없는 한 0~15℃의 곳을 뜻한다.
③ "방울수"라 함은 20℃에서 정제수 10방울을 떨어뜨릴 때 그 부피가 약 1mL 되는 것을 뜻한다.
④ 10억분율은 pphm으로 표시하고 따로 표시가 없는 한 기체일 때는 용량 대 용량(V/V), 액체일 때는 중량 대 중량(W/W)을 표시한 것을 뜻한다.

해설 ②항만 옳다.
≪바르게 고쳐보기≫
① "약"이란 그 무게 또는 부피에 대해 ±10% 이상의 차가 있어서는 안 된다.
③ "방울수"라 함은 20℃에서 정제수 20방울을 떨어뜨릴 때 그 부피가 약 1mL 되는 것을 뜻한다.
④ 10억분율은 ppb로 표시하고 따로 표시가 없는 한 기체일 때는 용량 대 용량(V/V), 액체일 때는 중량 대 중량(W/W)을 표시한 것을 뜻한다.

65 가로길이가 3m, 세로길이가 2m인 상·하 동일 단면적의 사각형 굴뚝이 있다. 이 굴뚝의 환산직경(m)은?

① 2.2   ② 2.4
③ 2.6   ④ 2.8

해설 환산직경(상당직경) 계산식을 이용한다.
〈계산식〉 $D_o = \dfrac{2ab}{a+b}$
∴ $D_o = \dfrac{2 \times 3 \times 2}{3+2} = 2.4\ m$

66 굴뚝 배출가스 중의 황산화물 시료채취에 관한 일반적인 내용으로 옳지 않은 것은?

① 채취관과 삼방콕 등 가열하는 실리콘을 제외한 보통 고무관을 사용한다.
② 시료가스 중의 황산화물과 수분이 응축되지 않도록 시료가스 채취관과 콕 사이를 가열할 수 있는 구조로 한다.
③ 시료채취관은 유리, 석영, 스테인리스강 등 시료가스 중의 황산화물에 의해 부식되지 않는 재질을 사용한다.
④ 시료가스 중에 먼지가 섞여 들어가는 것을 방지하기 위해 채취관의 앞 끝에 알칼리(alkali)가 없는 유리솜 등의 적당한 여과재를 넣는다.

[해설] 굴뚝 배출가스 중 황산화물 시료채취할 경우 채취관과 어댑터(adapter), 삼방콕 등 가열하는 접속부분은 갈아맞춤 또는 실리콘 고무관을 사용하고 보통 고무관을 사용하면 안 된다.

67 배출가스 중의 산소를 오르자트 분석법에 따라 분석할 때 사용하는 산소흡수액은?

① 입상아연+피로가롤용액
② 수산화소듐용액+피로가롤용액
③ 염화제일주석용액+피로가롤용액
④ 수산화포타슘용액+피로가롤용액

[해설] 배출가스 중의 산소를 오르자트 분석법에 따라 분석할 때 사용하는 산소흡수액은 KOH(수산화포타슘용액)+피로가롤용액이다.

68 굴뚝 배출가스 중의 폼알데하이드 및 알데하이드류의 분석방법에 해당하지 않는 것은?

① 차아염소산염 자외선/가시선 분광법
② 아세틸아세톤 자외선/가시선 분광법
③ 크로모트로핀산 자외선/가시선 분광법
④ 고성능 액체크로마토그래피법

[해설] 굴뚝 배출가스 중의 폼알데하이드 및 알데하이드류의 분석방법은 고성능 액체크로마토그래피법, 크로모트로핀산 자외선/가시선 분광법, 아세틸아세톤 자외선/가시선 분광법이 있다.

69 환경대기 중의 시료채취 시 주의사항으로 옳지 않은 것은?

① 시료채취 유량은 규정하는 범위 내에서 되도록 많이 채취하는 것을 원칙으로 한다.
② 악취물질의 채취는 되도록 짧은 시간 내에 끝내고 입자상 물질 중의 금속성분이나 발암성물질 등은 되도록 장시간 채취한다.
③ 입자상 물질을 채취할 경우에는 채취관 벽에 분진이 부착 또는 퇴적하는 것을 피하고 특히 채취관을 수평방향으로 연결할 경우에는 되도록 관의 길이를 길게 하고 곡률반경을 작게 한다.
④ 바람이나 눈, 비로부터 보호하기 위해 측정기기는 실내에 설치하고 채취구를 밖으로 연결할 경우 채취관 벽과의 반응, 흡착, 흡수 등에 의한 영향을 최소한도로 줄일 수 있는 재질과 방법을 선택한다.

[해설] 채취관을 수평방향으로 연결할 경우 되도록 관의 길이는 짧게 하고 곡률반경은 크게 한다. 또한 기체의 흡착, 유기성분의 증발, 기화 또는 변화하지 않도록 주의한다.

70 분석대상가스가 암모니아인 경우 사용가능한 채취관의 재질에 해당하지 않는 것은?

① 석영
② 불소수지
③ 실리콘수지
④ 스테인리스강

[해설] 분석대상가스가 암모니아인 경우 실리콘수지는 사용 불가하다.

71 환경대기 중의 석면을 위상차현미경법에 따라 측정할 때에 관한 설명으로 옳지 않은 것은?

① 시료채취 시 시료포집면이 주 풍향을 향하도록 설치한다.
② 시료채취 지점의 실내기류는 0.3m/sec 이내가 되도록 한다.
③ 포집한 먼지 중 길이가 $10\mu m$ 이하이고 길이와 폭의 비가 5 : 1 이하인 섬유를 석면섬유로 계수한다.
④ 시료채취는 해당 시설의 실제 운영조건과 동일하게 유지되는 일반 환경상태에서 수행하는 것을 원칙으로 한다.

[해설] 환경대기 중의 석면을 위상차현미경법에 따라 측정할 때 포집한 먼지 중 길이가 $5\mu m$ 이하이고 길이와 폭의 비가 3 : 1 이하인 섬유를 석면섬유로 계수하여 식별한다.

72 단색화장치를 사용하여 광원에서 나오는 빛 중 좁은 파장범위의 빛만을 선택한 뒤 액층에 통과시켰다. 입사광의 강도가 10이고, 투사광의 강도가 0.5일 때, 흡광도는? (단, Lambert-Beer 법칙 적용)

① 0.3
② 0.5
③ 0.7
④ 1.0

정답 67.④ 68.① 69.③ 70.③ 71.③ 72.①

해설 흡광도 계산식을 적용한다.

〈계산식〉 $A = \log\dfrac{1}{t}$

- $t = \dfrac{I_t}{I_o} = \dfrac{0.5}{1} = 0.5$

$\therefore A = \log\dfrac{1}{0.5} = 0.3$

73 유류 중의 황함유량을 측정하기 위한 분석방법에 해당하는 것은?

① 광학기법
② 열탈착식 광도법
③ 방사선식 여기법
④ 자외선/가시선 분광법

해설 연료용 유류의 황함유량 분석방법은 연소관식 공기법, 방사선 여기법이 있다.

74 피토관으로 측정한 결과 Duck 내부 가스의 동압이 13mmH₂O이고 유속이 20m/sec이었다. 덕트의 밸브를 모두 열었을 때 동압이 26mmH₂O일 때, 덕트의 밸브를 모두 열었을 때의 가스유속(m/sec)은?

① 23.2 ② 25.0
③ 27.1 ④ 28.3

해설 동압 계산식을 이용한다.

〈계산식〉 $P_v = \dfrac{\gamma V^2}{2g}$

- $13\,\text{mmH}_2\text{O} = (20\,\text{m/sec})^2 \times K$, $K = 0.0325$
- $26\,\text{mmH}_2\text{O} = V^2 \times 0.0325$

$\therefore V = 28.3\,\text{m/sec}$

75 흡광차분광법에 관한 설명으로 옳지 않은 것은?

① 광원부는 발·수광부 및 광케이블로 구성된다.
② 광원으로 180~2,850nm 파장을 갖는 제논램프를 사용한다.
③ 일반흡광광도법은 적분적이며 흡광차분광법은 미분적이라는 차이가 있다.
④ 분석장치는 분석기와 광원부로 나누어지며, 분석기 내부는 분광기, 샘플채취부, 검지부, 분석부, 통신부 등으로 구성된다.

해설 일반흡광광도법은 미분적(일시적)이며 흡광차분광법은 적분적(연속적)이란 차이가 있다.

76 원자흡수분광광도법에 따라 분석할 때, 분석오차를 유발하는 원인으로 가장 적합하지 않은 것은?

① 검정곡선 작성의 잘못
② 공존물질에 의한 간섭영향 제거
③ 광원부 및 파장선택부의 광학계 조정 불량
④ 가연성 가스 및 조연성 가스의 유량 또는 압력의 변동

해설 원자흡수분광광도법에 따라 분석할 때, 분석오차를 유발하는 원인은 다음과 같다.
1. 표준시료 선택의 부적당 및 제조의 잘못
2. 분석시료의 처리방법과 희석의 부적당
3. 시료의 조성·물리적 화학적 성질의 차이
4. 공존물질에 의한 간섭
5. 광원램프의 드리프트 열화
6. 광원부 및 파장선택부 광학계의 조정 불량
7. 측광부의 불안정 또는 조절 불량
8. 분무기 또는 버너의 오염이나 폐색
9. 가연성·조연성 가스의 유량이나 압력의 변동
10. 불꽃을 투과하는 광속의 위치의 조정 불량
11. 검정곡선 작성의 잘못
12. 계산의 잘못

77 어떤 사업장의 굴뚝에서 배출되는 오염물질의 농도가 600ppm이고 표준산소농도가 6%, 실측산소농도가 8%일 때, 보정된 오염물질의 농도(ppm)는?

① 692.3 ② 722.3
③ 832.3 ④ 862.3

해설 농도의 산소보정 계산식을 적용한다.

〈계산식〉 $C = C_a \times \dfrac{21 - O_s}{21 - O_a}$

$\therefore C = 600 \times \dfrac{21 - 6}{21 - 8} = 692.3\,\text{ppm}$

78 환경대기 시료채취방법 중 측정대상 기체와 선택적으로 흡수 또는 반응하는 용매에 시료가스를 일정 유량으로 통과시켜 채취하는 방법으로 채취관-여과재-채취부-흡입펌프-유량계(가스미터)로 구성되는 것은?

① 용기채취법 ② 고채흡착법
③ 직접채취법 ④ 용매채취법

정답 73.③ 74.④ 75.③ 76.② 77.① 78.④

해설 환경대기 시료채취방법 중 용매채취법은 측정대상 기체와 선택적으로 흡수 또는 반응하는 용매에 시료가스를 일정 유량으로 통과시켜 채취하는 방법으로 채취관-여과재-채취부-흡입펌프-유량계(가스미터)로 구성된다.

79 이온크로마토그래피법에 관한 일반적인 설명으로 옳지 않은 것은?

① 검출기로 수소염이온화검출기(FID)가 많이 사용된다.
② 용리액조, 송액펌프, 시료주입장치, 분리관, 서프레서, 검출기, 기록계로 구성되어 있다.
③ 강수(비, 눈, 우박 등), 대기먼지, 하천수 중의 이온성분을 정성, 정량 분석하는데 사용된다.
④ 용리액조는 이온성분이 용출되지 않는 재질로써 용리액을 직접 공기와 접속시키지 않는 밀폐된 것을 선택한다.

해설 이온크로마토그래피법의 검출기로는 일반적으로 전기전도도검출기를 많이 사용하고, 그 외 자외선, 가시선 흡수검출기(UV, VIS 검출기), 전기화학적 검출기 등이 사용된다.

80 굴뚝연속자동측정기기에 사용되는 도관에 관한 설명으로 옳지 않은 것은?

① 도관은 가능한 짧은 것이 좋다.
② 냉각도관은 될 수 있는 한 수직으로 연결한다.
③ 기체-액체 분리관은 도관의 부착위치 중 가장 높은 부분에 부착한다.
④ 응축수의 배출에 사용하는 펌프는 내구성이 좋아야 하고, 이때 응축수 트랩은 사용하지 않아도 된다.

해설 굴뚝연속자동측정기기에 사용되는 도관은 기체-액체 분리관일 경우 도관의 부착위치 중 가장 낮은 부분 또는 최저온도의 부분에 부착하여 응축수를 급속히 냉각시키고, 배관계 밖으로 빨리 방출되도록 하여야 한다.

제5과목 대기환경관계법규

81 대기환경보전법령상 환경기술인의 준수사항으로 옳지 않은 것은?

① 배출시설 및 방지시설의 운영기록을 사실에 기초하여 작성해야 한다.
② 환경기술인을 공동으로 임명한 경우 환경기술인이 해당 사업장에 번갈아 근무해서는 안 된다.
③ 배출시설 및 방지시설을 정상가동하여 대기오염물질 등의 배출이 배출허용기준에 맞도록 해야 한다.
④ 자가측정 시 사용한 여과지는 환경오염공정시험기준에 따라 기록한 시료채취 기록지와 함께 날짜별로 보관·관리해야 한다.

해설 [시행규칙 제54조] 환경기술인은 사업장에 상근할 것. 다만, 규정에 따라 환경기술인을 공동으로 임명한 경우 그 환경기술인은 해당 사업장에 번갈아 근무하여야 한다.

82 대기환경보전법령상 환경부장관 또는 시·도지사가 배출부과금의 납부의무자가 납부기한 전에 배출부과금을 납부할 수 없다고 인정하여 징수를 유예하거나 징수금액을 분할납부하게 할 경우에 관한 설명으로 옳지 않은 것은?

① 부과금의 분할납부 기한 및 금액과 그 밖에 부과금의 부과·징수에 필요한 사항은 환경부장관 또는 시·도지사가 정한다.
② 초과부과금의 징수유예기간은 유예한 날의 다음 날부터 2년 이내이며 그 기간 중의 분할납부횟수는 12회 이내이다.
③ 기본부과금의 징수유예기간은 유예한 날의 다음 날부터 다음 부과기간의 개시일 전일까지이며 그 기간 중의 분할납부횟수는 4회 이내이다.
④ 징수유예기간 내에 징수할 수 없다고 인정되어 징수유예기간을 연장하거나 분할납부횟수를 증가시킬 경우 징수유예기간의 연장은 유예한 날의 다음 날부터 5년 이내이며, 분할납부횟수는 30회 이내이다.

해설 [시행령 제36조] 징수유예기간의 연장은 유예한 날의 다음 날부터 3년 이내로 하며, 분할납부의 횟수는 18회 이내로 한다.

83 대기환경보전법령상 "자동차 사용의 제한 및 사업장의 연료사용량 감축권고" 등의 조치사항이 포함되어야 하는 대기오염경보단계는?

① 경계발령   ② 경보발령
③ 주의보발령 ④ 중대경보발령

해설 [시행령 제2조] 자동차 사용의 제한 및 사업장의 연료사용량 감축권고 등의 조치사항이 포함되어야 하는 대기오염경보단계는 경보발령단계이다.

84 대기환경보전법령상 일일 기준 초과배출량 및 일일 유량의 산정방법으로 옳지 않은 것은?

① 측정유량의 단위는 m³/hr로 한다.
② 먼지를 제외한 그 밖의 오염물질의 배출농도 단위는 ppm으로 한다.
③ 특정대기유해물질의 배출허용기준 초과 일일 오염물질 배출량은 소수점 이하 넷째 자리까지 계산한다.
④ 일일 조업시간은 배출량을 측정하기 전 최근 조업한 3개월 동안의 배출시설 조업시간 평균치를 일 단위로 표시한다.

해설 [시행령 별표 5] 일일 조업시간은 배출량을 측정하기 전 최근 조업한 30일 동안의 배출시설 조업시간 평균치를 시간으로 표시한다.

85 환경정책기본법령상 SO₂의 대기환경기준은? (단, ㉠ 연간 평균치, ㉡ 24시간 평균치, ㉢ 1시간 평균치)

① ㉠ : 0.02ppm 이하, ㉡ : 0.05ppm 이하, ㉢ : 0.15ppm 이하
② ㉠ : 0.03ppm 이하, ㉡ : 0.06ppm 이하, ㉢ : 0.10ppm 이하
③ ㉠ : 0.05ppm 이하, ㉡ : 0.10ppm 이하, ㉢ : 0.12ppm 이하
④ ㉠ : 0.06ppm 이하, ㉡ : 0.10ppm 이하, ㉢ : 0.12ppm 이하

해설 [환경정책기본법 시행령 별표 1] 환경기준에 따른 SO₂의 대기환경기준은 연간기준 0.02ppm 이하, 24시간 기준 0.05ppm 이하, 1시간 기준 0.15ppm 이하이다.

86 대기환경보전법령상 배출시설 및 방지시설 등과 관련된 1차 행정처분기준이 조업정지에 해당하지 않는 경우는?

① 방지시설을 설치해야 하는 자가방지시설을 임의로 철거한 경우
② 배출허용기준을 초과하여 개선명령을 받은 자가 개선명령을 이행하지 않은 경우
③ 방지시설을 설치해야 하는 자가 방지시설을 설치하지 않고 배출시설을 가동하는 경우
④ 배출시설 가동개시 신고를 해야 하는 자가 가동개시 신고를 하지 않고 조업하는 경우

해설 [시행규칙 별표 36] 행정처분기준에 따라 배출시설 가동개시 신고를 해야 하는 자가 가동개시 신고를 않고 조업하는 경우 1차 경고, 2차 허가취소 또는 폐쇄에 해당한다.

87 실내공기질관리법령상 공동주택 소유자에게 권고하는 실내 라돈농도의 기준은?

① 1세제곱미터당 148베크렐 이하
② 1세제곱미터당 348베크렐 이하
③ 1세제곱미터당 548베크렐 이하
④ 1세제곱미터당 848베크렐 이하

해설 [실내공기질관리법 시행규칙 별표 4] 신축 공동주택의 실내공기질 권고기준에서 라돈농도는 1세제곱미터당 148베크렐 이하이나.

88 대기환경보전법령상 첨가제·촉매제 제조기준에 맞는 제품의 표시방법에 관한 내용 중 ( ) 안에 알맞은 것은?

> 표시 크기는 첨가제 또는 촉매제 용기 앞면의 제품명 밑에 제품명 글자 크기의 ( )에 해당하는 크기이어야 한다.

① 100분의 50 이상
② 100분의 30 이상
③ 100분의 15 이상
④ 100분의 5 이상

정답 83.② 84.④ 85.① 86.④ 87.① 88.②

해설 [시행규칙 별표 34] 첨가제·촉매제 제조기준에 맞는 제품의 표시방법에서 첨가제 또는 촉매제 용기 앞면의 제품명 밑에 제품명 글자 크기의 100분의 30 이상에 해당하는 크기로 표시하여야 한다.

89 대기환경보전법령상 제조기준에 맞지 않는 첨가제 또는 촉매제임을 알면서 사용한 자에 대한 과태료 부과기준은?

① 1천만 원 이하의 과태료
② 500만 원 이하의 과태료
③ 300만 원 이하의 과태료
④ 200만 원 이하의 과태료

해설 [보전법 제93조] 제조기준에 맞지 않는 첨가제 또는 촉매제임을 알면서 사용한 자에 대한 과태료 부과기준은 200만 원 이하의 과태료를 부과한다.

90 대기환경보전법령상 환경부령으로 정하는 바에 따라 특별자치시장·특별자치도지사·시장·군수·구청장에게 신고하고 비산먼지의 발생을 억제하기 위한 시설을 설치하거나 필요한 조치를 해야 할 경우에 해당하지 않는 경우는?

① 비산먼지를 발생시키는 운송장비 제조업을 하려는 자
② 비산먼지를 발생시키는 비료 및 사료 제품의 제조업을 하려는 자
③ 비산먼지를 발생시키는 금속물질의 채취업 및 가공업을 하려는 자
④ 비산먼지를 발생시키는 시멘트 관련 제품의 가공업을 하려는 자

해설 [시행령 제44조] 환경부령으로 정하는 비산먼지 발생사업은 다음과 같다.
1. 시멘트·석회·플라스터 및 시멘트 관련 제품의 제조업 및 가공업
2. 비금속물질의 채취업, 제조업 및 가공업
3. 제1차 금속제조업
4. 비료 및 사료제품의 제조업
5. 건설업(지반조성공사, 건축물축조공사, 토목공사, 조경공사 및 도장공사로 한정)
6. 시멘트, 석탄, 토사, 사료, 곡물 및 고철의 운송업
7. 운송장비 제조업
8. 저탄시설의 설치가 필요한 사업
9. 고철, 곡물, 사료, 목재·광석 하역업·보관업
10. 금속제품의 제조업 및 가공업
11. 폐기물 매립시설 설치·운영 사업

91 대기환경보전법령상 자동차연료형 첨가제의 종류에 해당하지 않는 것은? (단, 그 밖에 환경부장관이 자동차의 성능을 향상시키거나 배출가스를 줄이기 위해 필요하다고 정하여 고시하는 경우를 제외)

① 세척제
② 청정분산제
③ 매연발생제
④ 옥탄가향상제

해설 [시행규칙 별표 6] 자동차연료형 첨가제의 종류는 다음과 같다.
1. 세척제
2. 청정분산제
3. 매연억제제
4. 다목적첨가제
5. 옥탄가향상제
6. 세탄가향상제
7. 유동성 향상제
8. 그 밖에 환경부장관이 정하여 고시하는 것

92 악취방지법령상 지정악취물질에 해당하지 않는 것은?

① 메틸메르캅탄
② 트라이메틸아민
③ 아세트알데하이드
④ 아닐린

해설 [악취방지법 시행규칙 별표 1] 아닐린은 지정악취물질이 아니다.

93 실내공기질관리법령의 적용 대상이 되는 대통령령으로 정하는 규모의 다중이용시설에 해당하지 않는 것은?

① 모든 지하역사
② 여객자동차터미널의 연면적 2천2백제곱미터인 대합실
③ 철도역사의 연면적 2천2백제곱미터인 대합실
④ 공항시설 중 연면적 1천1백제곱미터인 여객터미널

해설 [실내공기질관리법 제3조] 실내공기질관리법령의 적용이 되는 다중이용시설에서 공항시설 중 연면적 1천5백제곱미터 이상인 여객터미널이 해당된다.

94 대기환경보전법령상 시·도지사가 설치하는 대기오염 측정망에 해당하는 것은?

① 대기 중의 중금속농도를 측정하기 위한 대기중금속 측정망
② 대기오염물질의 지역배경농도를 측정하기 위한 교외대기 측정망
③ 도시지역의 휘발성 유기화합물 등의 농도를 측정하기 위한 광화학 대기오염물질 측정망
④ 산성 대기오염물질의 건성 및 습성 침착량을 측정하기 위한 산성 강하물 측정망

해설 [시행규칙 제11조] 시·도지사가 설치하는 대기오염 측정망의 종류는 다음과 같다.
1. 도시지역의 대기오염물질농도를 측정하기 위한 도시대기 측정망
2. 도로변의 대기오염물질농도를 측정하기 위한 도로변대기 측정망
3. 대기 중의 중금속농도를 측정하기 위한 대기중금속 측정망

95 대기환경보전법령상 배출시설 설치허가를 받은 자가 변경신고를 해야 하는 경우에 해당하지 않는 것은?

① 배출시설 또는 방지시설을 임대하는 경우
② 사업장의 명칭이나 대표자를 변경하는 경우
③ 종전의 연료보다 황함유량이 높은 연료로 변경하는 경우
④ 배출시설의 규모를 10% 미만으로 폐쇄함에 따라 변경되는 대기오염물질의 양이 방지시설의 처리용량 범위 내일 경우

해설 [시행규칙 제27조] 배출시설의 규모를 10% 미만으로 폐쇄함에 따라 변경되는 대기오염물질의 양이 방지시설의 처리용량 범위 내인 경우는 변경신고 대상에서 제외된다.

96 대기환경보전법령상 초과부과금 부과대상이 되는 오염물질에 해당하지 않는 것은?

① 일산화탄소   ② 암모니아
③ 시안화수소   ④ 먼지

해설 [시행령 별표 4] 일산화탄소는 초과부과금 산정 기준 항목이 아니다.

97 환경부장관은 라돈으로 인한 건강피해가 우려되는 시·도가 있는 경우 해당 시·도지사에게 라돈 관리계획을 수립하여 시행하도록 요청할 수 있다. 이때 라돈 관리계획에 포함되어야 하는 사항에 해당하지 않는 것은? (단, 그 밖에 라돈 관리를 위해 시·도지사가 필요하다고 인정하는 사항은 제외)

① 다중이용시설 및 공동주택 등의 현황
② 라돈으로 인한 건강피해의 방지대책
③ 인체에 직접적인 영향을 미치는 라돈의 양
④ 라돈의 실내 유입차단을 위한 시설 개량에 관한 사항

해설 [실내공기질관리법 제11조의9] 라돈 관리계획에는 다음 사항이 포함되어야 한다.
1. 다중이용시설 및 공동주택 등의 현황
2. 라돈으로 인한 실내공기오염 및 건강피해의 방지대책
3. 라돈의 실내 유입차단을 위한 시설 개량에 관한 사항

98 실내공기질관리법령상 의료기관의 폼알데하이드 실내공기질 유지기준은?

① $10\mu g/m^3$ 이하
② $20\mu g/m^3$ 이하
③ $80\mu g/m^3$ 이하
④ $150\mu g/m^3$ 이하

해설 [실내공기질관리법 시행규칙 별표 2] 의료기관의 폼알데하이드 유지기준은 $80\mu g/m^3$ 이하이다.

99 대기환경보전법령상 대기오염방지시설에 해당하지 않는 것은? (단, 환경부장관이 인정하는 기타 시설은 제외)

① 흡착에 의한 시설
② 응집에 의한 시설
③ 촉매반응을 이용하는 시설
④ 미생물을 이용한 처리시설

해설 [시행규칙 별표 4]에서 규정하는 대기오염방지시설은 집진시설(중력, 관성력, 원심력, 세정, 여과, 전기, 음파), 유해가스 처리시설(흡수시설, 흡착시설, 직접연소, 촉매반응시설, 응축시설, 산화·환원시설) 기타 미생물을 이용한 처리시설, 연소조절에 의한 시설 등이다.

100 대기환경보전법령상의 용어정의로 옳은 것은?

① "온실가스"란 적외선 복사열을 흡수하거나 다시 방출하여 온실효과를 유발하는 대기 중의 가스상 물질로써 이산화탄소, 메탄, 아산화질소, 수소불화탄소, 과불화탄소, 육불화황을 말한다.
② "기후·생태계변화 유발물질"이란 지구온난화 등으로 생태계의 변화를 가져올 수 있는 액체상 물질로써 환경부령으로 정하는 것을 말한다.
③ "매연"이란 연소할 때에 생기는 탄소가 주가 되는 기체상 물질을 말한다.
④ "검댕"이란 연소할 때에 생기는 탄소가 응결하여 생성된 지름이 10μm 이상인 기체상 물질을 말한다.

해설 ①항만 옳다.
≪바르게 고쳐보기≫
② "기후·생태계변화 유발물질"이란 지구온난화 등으로 생태계의 변화를 가져올 수 있는 기체상물질로서 온실가스와 환경부령으로 정하는 것을 말한다.
③ "매연"이란 연소할 때에 생기는 유리탄소가 주가 되는 미세한 입자상 물질을 말한다.
④ "검댕"이란 연소할 때에 생기는 유리탄소가 응결하여 입자의 지름이 1μm 이상이 되는 입자상 물질을 말한다.

2022 제1회 대기환경기사

2022. 3. 5 시행

[제1과목] 대기오염개론

01 지구온난화가 환경에 미치는 영향에 관한 설명으로 옳은 것은?
① 지구온난화에 의한 해면상승은 지역의 특수성에 관계없이 전 지구적으로 동일하게 발생한다.
② 오존의 분해반응을 촉진시켜 대류권의 오존 농도가 지속적으로 감소한다.
③ 기상조건의 변화는 대기오염 발생횟수와 오염농도에 영향을 준다.
④ 기온상승과 이에 따른 토양의 건조화는 남방계생물의 성장에는 영향을 주지만 북방계생물의 성장에는 영향을 주지 않는다.

해설 ③항만 옳다. 지구온난화로 인한 기후변화는 고위도 지방과 저위도 지방의 특수성에 따라 영향이 다르며, 저온성 또는 중온성 식물의 생육환경에 직접적인 영향을 주므로 북방한계(열대식물이 북쪽에서 자랄 수 있는 한계지점)에 영향을 준다.

02 다음 중 PAN의 구조식은?
① $C_6H_5 - \overset{O}{\underset{\|}{C}} - O - O - NO_2$
② $CH_3 - \overset{O}{\underset{\|}{C}} - O - O - NO_2$
③ $C_2H_5 - \overset{O}{\underset{\|}{C}} - O - O - NO_2$
④ $C_4H_8 - \overset{O}{\underset{\|}{C}} - O - O - NO_2$

해설 PAN의 분자식은 $CH_3COOONO_2$이다.

03 실내공기오염물질 중 라돈에 관한 설명으로 옳지 않은 것은?
① 무취의 기체로 액화 시 푸른색을 띤다.
② 화학적으로 거의 반응을 일으키지 않는다.
③ 일반적으로 인체에 폐암을 유발하는 것으로 알려져 있다.
④ 라듐의 핵분열 시 생성되는 물질로 반감기는 3.8일 정도이다.

해설 라돈은 비활성 기체로서 무색·무취이고, 액화되어도 색을 띠지 않으며, 끓는점과 녹는점이 매우 낮고 밀도는 $9.73kg/m^3$으로 공기($1.3kg/m^3$)보다 7.5배(최대 9배) 무겁기 때문에 특히 지하공간에서 그 농도가 높다.

04 고도가 증가함에 따라 온위가 변하지 않고 일정할 때, 대기의 상태는?
① 안정 ② 중립
③ 역전 ④ 불안정

해설 온위(Pontential temperature)가 일정하면 중립 조건, 증가하면 안정조건, 감소하면 대기안정도는 불안정한 조건이 된다.

05 흑체의 표면온도가 1,500K에서 1,800K로 증가했을 경우, 흑체에서 방출되는 에너지는 몇 배가 되는가? (단, 슈테판-볼츠만 법칙 기준)
① 1.2배 ② 1.4배
③ 2.1배 ④ 3.2배

해설 슈테판 볼츠만 법칙에 따른 계산식을 통해 산출한다.
〈계산식〉 $E = \sigma T^4$
$\therefore \dfrac{E_2}{E_1} = \dfrac{\sigma(1,800)^4}{\sigma(1,500)^4} = 2.07 ≒ 2.1$배

06 Thermal NOx에 관한 내용으로 옳지 않은 것은? (단, 평형 상태 기준)

정답 1.③ 2.② 3.① 4.② 5.③ 6.③

① 연소 시 발생하는 질소산화물의 대부분은 NO와 NO_2이다.
② 산소와 질소가 결합하여 NO가 생성되는 반응은 흡열반응이다.
③ 연소온도가 증가함에 따라 NO 생성량이 감소한다.
④ 발생원 근처에서는 NO/NO_2의 비가 크지만 발생원으로부터 멀어지면서 그 비가 감소한다.

해설 연소온도가 증가함에 따라 NO 생성량은 증가한다.

07 연기의 형태에 관한 설명으로 옳지 않은 것은?

① 지붕형 : 상층이 안정하고 하층이 불안정한 대기상태가 유지될 때 발생한다.
② 환상형 : 대기가 불안정하여 난류가 심할 때 잘 발생한다.
③ 원추형 : 오염의 단면분포가 전형적인 가우시안 분포를 이루며 대기가 중립조건일 때 잘 발생한다.
④ 부채형 : 하늘이 맑고 바람이 약한 안정한 상태일 때 잘 발생하며 상·하 확산폭이 적어 굴뚝부근 지표의 오염도가 낮은 편이다.

해설 ① 지붕형은 상층이 불안정하고 하층이 안정한 대기상태일 때 발생한다.

08 대기오염모델 중 수용모델에 관한 설명으로 옳지 않은 것은?

① 오염물질의 농도 예측을 위해 오염원의 조업 및 운영상태에 대한 정보가 필요하다.
② 새로운 오염원, 불확실한 오염원과 불법배출 오염원을 정량적으로 확인 평가할 수 있다.
③ 오염물질의 분석방법에 따라 현미경 분석법과 화학분석법으로 구분할 수 있다.
④ 측정자료를 입력자료로 사용하므로 시나리오 작성이 곤란하다.

해설 수용모델은 지형 및 오염원의 조업조건에 영향을 받지 않으며, 현재나 과거에 일어났던 일을 추정, 미래를 위한 전력은 세울 수 있지만 미래예측은 어렵다.

※ 참고 : 수용모델의 종류
1. 현미경분석법 : 분진을 입자단위로 분석하는 방법으로 분진의 크기, 모양, 형상, 입경분포, 화학적 조성까지도 분석이 가능하므로 오염원의 확인 및 검증에 주로 이용된다. 수많은 오염원을 쉽게 확인할 수 있으나 정량적인 분석에는 어려움이 있다.(광학현미경법, 전자현미경법, 자동전자현미경법 등이 있다.)
2. 화학분석법 : 분진시료를 채취하여 각종 실험장비를 이용, 물리화학적 정보를 얻고 이를 토대로 각종 응용통계학(應用統計學)을 이용하여 오염원의 정량적 기여도를 얻는데 이용된다. 화학적 분석법은 정량적 분석이 가능하지만 극히 한정된 오염원의 수에 의존하는 결점이 있다.(농축계수법, 시계열분석법, 공간계열분석법, 화학질량수지법, 다변량분석법 등이 있다.)

09 Fick의 확산방정식의 기본 가정에 해당하지 않는 것은?

① 시간에 따른 농도변화가 없는 정상상태이다.
② 풍속이 높이에 반비례한다.
③ 오염물질이 점원에서 계속적으로 방출된다.
④ 바람에 의한 오염물질의 주 이동방향이 x축이다.

해설 Fick의 확산방정식을 실제 대기에 적용시키기 위한 가정조건은 다음과 같다.
- 오염물은 점원으로부터 계속적으로 방출된다.
- 풍향, 풍속, 온도, 시간에 따른 농도변화가 없는 정상상태 분포를 가정한다.
- 과정은 안정상태이다. 즉 $dC/dt = 0$
- 바람에 의한 오염물의 주 이동방향은 x축이며, 풍속은 x, y, z 어느 점에서든 일정하다.
- 바람이 부는 방향(x축)의 확산은 이류에 의한 이동량에 비하여 무시할 수 있을 정도로 적다.
- 풍하측의 대기안정도와 확산계수는 변하지 않는다.
- 오염물질은 플룸(Plume)내에서 소멸되거나 생성되지 않는다.
- 배출오염물질은 기체(입경이 미세한 에어로졸은 포함)이다.

10 대표적인 대기오염물질인 CO_2에 관한 설명으로 옳지 않은 것은?

① 대기 중의 CO_2 농도는 여름에 감소하고 겨울에 증가한다.
② 대기 중의 CO_2 농도는 북반구가 남반구보다 높다.
③ 대기 중의 CO_2는 바다에 많은 양이 흡수되나 식물에게 흡수되는 양보다는 작다.

정답 7.① 8.① 9.② 10.③

④ 대기 중의 CO_2 농도는 약 410ppm 정도이다.

[해설] 화석연료 연소과정에서 배출되는 CO_2의 약 50%는 대기 내에 축적되고 나머지 50%는 해양(30%)이나 식물(20%)에 의해 흡수되는 것으로 추측되고 있으며, 그 과정과 흡수능력은 잘 알려져 있지 않다.

11 다음 악취물질 중 최소감지농도(ppm)가 가장 낮은 것은?
① 암모니아
② 황화수소
③ 아세톤
④ 톨루엔

[해설] 제시된 보기 중 최소감지농도가 가장 낮은 악취물질은 황화수소이다.
① 암모니아 : 0.1ppm
② 황화수소 : 0.0005ppm
③ 아세톤 : 42ppm
④ 톨루엔 : 0.9ppm

12 실내공기오염물질 중 석면의 위험성은 점점 커지고 있다. 다음에서 설명하는 석면의 분류에 해당하는 것은?

전 세계에서 생산되는 석면의 95% 정도에 해당하는 것으로 백석면이라고도 한다. 섬유다발의 형태로 가늘고 잘 휘어지며 이상적인 화학식은 $Mg_3(SiO_5)(OH)_4$이다.

① Chrysotile
② Amosite
③ Saponite
④ Crocidolite

[해설] 석면은 자연계에 존재하는 수화(水化)된 규산염 광물의 총칭이고, 미국에서 가장 일반적인 석면은 백석면($3MgO \cdot 2SiO_2 \cdot 2H_2O$, Chrysotile이다.)

13 일산화탄소 436ppm에 노출되어 있는 노동자의 혈중 카르복시헤모글로빈(COHb) 농도가 10%가 되는데 걸리는 시간(h)은?

혈중 COHb 농도(%) $= \beta(1-e^{-\sigma t}) \times C_\infty$
(여기서, $\beta = 0.15\%/ppm$, $\sigma = 0.402h^{-1}$, C_∞의 단위는 ppm)

① 0.21
② 0.41
③ 0.61
④ 0.81

[해설] 제시된 계산식을 통해 문제를 푼다.
〈계산식〉 $COHb(\%) = \beta(1-e^{-\sigma t}) \times C_\infty$
⇒ $10\% = 0.15 \times (1-e^{-0.402 \times t}) \times 436$
∴ $t = 0.41$

14 역전에 관한 설명으로 옳지 않은 것은?
① 침강역전은 고기압 기류가 상층에 장기간 체류하며 상층의 공기가 하강하여 발생하는 역전이다.
② 침강역전이 장기간 지속될 경우 오염물질이 장기 축적될 수 있다.
③ 복사역전은 주로 지표 부근에서 발생하므로 대기오염에 많은 영향을 준다.
④ 복사역전은 주로 구름이 많은 날 일출 후, 겨울보다 여름에 잘 발생한다.

[해설] 복사역전은 주로 구름이 없는 맑은 밤부터 이른 아침 사이, 여름보다 겨울에 잘 발생한다.

15 납이 인체에 미치는 영향에 관한 설명으로 옳지 않은 것은?
① 일반적으로 납 중독증상은 Huter-Russel 증후군으로 일컬어지고 있다.
② 납 중독의 해독제로 Ca-EDTA, 페니실아민, DMSA 등을 사용한다.
③ 헤모글로빈의 기본요소인 포르피린 고리의 형성을 방해하여 빈혈을 유발한다.
④ 세포 내의 SH기와 결합하여 헴(heme) 합성에 관여하는 효소를 포함한 여러 효소 작용을 방해한다.

[해설] "헌터러셀증후군(Huter-Russel syndrome)"은 1930년대 영국의 Norwich라는 지역의 종자포장공장에서 발생한 수은중독 연구로부터 생긴 병명이다.

16 산성강우에 관한 내용 중 ( ) 안에 알맞은 것을 순서대로 나열한 것은?

일반적으로 산성강우는 pH ( ) 이하의 강우를 말하며, 기준이 되는 이 값은 대기 중의 ( )가 강우에 포화되어 있을 때의 산도이다.

① 7.0, CO_2
② 7.0, NO_2
③ 5.6, CO_2
④ 5.6, NO_2

[해설] 일반적으로 산성강우는 pH 5.6 이하의 강우를 말하며, 기준이 되는 이 값은 대기 중의 CO_2가 강우에 포화되어 있을 때의 산도이다.

정답 11.② 12.① 13.② 14.④ 15.① 16.③

17 굴뚝의 반경이 1.5m, 실제높이가 50m, 굴뚝높이에서의 풍속이 180m/min일 때, 유효굴뚝 높이를 24m 증가시키기 위한 배출가스의 속도(m/s)는? (단, $\Delta H = 1.5 \times \dfrac{V_s}{U} \times D$, ΔH : 연기상승높이, V_s : 배출가스의 속도, U : 굴뚝높이에서의 풍속, D : 굴뚝의 직경)

① 5 ② 16
③ 33 ④ 49

해설 제시된 계산식을 통해 문제를 푼다.
〈계산식〉 $\Delta H = 1.5 \times \dfrac{V_s}{U} \times D$

⇨ $24 = 1.5 \times \dfrac{V_s}{180/60} \times (2 \times 1.5)$

∴ $V_s = 16\text{m/sec}$

18 지상 50m에서의 온도가 23℃, 지상 10m에서의 온도가 23.3℃일 때, 대기안정도는?

① 미단열 ② 과단열
③ 안정 ④ 중립

해설 먼저 기온감률(γ) 즉, $(\Delta T/\Delta Z)_{env}$을 계산하면 다음과 같다.

〈계산식〉 $\gamma = \left(\dfrac{23℃ - 23.3℃}{50\text{m} - 10\text{m}}\right) = -7.5 \times 10^{-3} ℃/\text{m}$

$= -0.75℃/100m$

⇨ 건조단열 체감률(γ_d, $-0.98℃/100\text{m}$)과 비교했을 때 $\gamma_d > \gamma$이므로 미단열 상태이다.

19 다음은 탄화수소가 관여하지 않을 때 이산화질소의 광화학반응을 도식화하여 나타낸 것이다. ㉠, ㉡에 알맞은 분자식은?

$NO_2 + h_v \rightarrow (㉡) + O^*$
$O^* + O_2 + M \rightarrow (㉠) + M$
$(㉡) + (㉠) \rightarrow NO_2 + O_2$

① ㉠ SO_3, ㉡ NO   ② ㉠ NO, ㉡ SO_3
③ ㉠ O_3, ㉡ NO   ④ ㉠ NO, ㉡ O_3

해설 NO_2는 광자에너지를 받아 NO와 O로 광분해 된 후 O는 O_2와 반응하여 O_3을 생성하고, O_3는 NO를 NO_2로 산화시키면서 O_2로 전환된다.

〈반응식〉 $NO_2 \xrightarrow{h_v} NO + O^*$
$O^* + O_2 \rightarrow O_3$
$NO + O_3 \rightarrow NO_2 + O_2$

20 황산화물(SO_x)에 관한 설명으로 옳지 않은 것은?

① SO_2는 금속에 대한 부식성이 강하며 표백제로 사용되기도 한다.
② 황 함유 광석이나 황 함유 화석연료의 연소에 의해 발생한다.
③ 일반적으로 대류권에서 광분해되지 않는다.
④ 대기 중의 SO_2는 수분과 반응하여 SO_3로 산화된다.

해설 대기 중의 SO_2는 광화학반응에 의하여 SO_3로 산화되거나 건성 또는 습성침착에 의하여 대기 중에서 제거되며, 대류권에서 280~290nm에서 강한 흡수를 보이지만 거의 광분해되지 않는다.

제2과목 **연소공학**

21 연탄소 : 79%, 수소 : 14%, 황 : 3.5%, 산소 : 2.2%, 수분 : 1.3%로 구성된 연료의 저발열량은? (단, Dulong식 적용)

① 9,100kcal/kg ② 9,700kcal/kg
③ 10,400kcal/kg ④ 11,200kcal/kg

해설 제시된 조건에 따른 저발열량 계산은 다음과 같다.
〈계산식〉 $Hl = Hh - 600(9H + W)$
〈관계식〉
$Hh = 8,100C + 34,250 \times \left(H - \dfrac{O}{8}\right) + 2,250S$

⇨ $Hh = 8,100 \times 0.79 + 34,250 \times \left(0.14 - \dfrac{0.022}{8}\right) + 2,250 \times 0.035$
$= 11,178.56 \text{kcal/kg}$

∴ $Hl = 11,178.56 - 600 \times (9 \times 0.14 + 0.013)$
$= 10414.76 \text{kcal/kg}$

22 액체연료의 일반적인 특징으로 옳지 않은 것은?

① 인화 및 역화의 위험이 크다.
② 고체연료에 비해 점화, 소화 및 연소조절이 어렵다.
③ 연소온도가 높아 국부적인 과열을 일으키기 쉽다.
④ 고체연료에 비해 단위 부피당 발열량이 크고 계량이 용이하다.

해설 액체연료는 고체연료에 비해 발열량, 연소효율, 연소온도 등이 높고 점화, 소화 및 연소조절이 용이하다.

23 연소공학에서 사용되는 무차원수 중 Nusselt number의 의미는?
① 압력과 관성력의 비
② 대류 열전달과 전도 열전달의 비
③ 관성력과 중력의 비
④ 열 확산계수와 질량 확산계수의 비

해설 넛셀수(Nusselt number)는 전도열 이동속도에 대한 대류열 이동속도의 비를 나타내는 무차원수로서 열전도속도에 분자의 운동이 미치는 영향을 평가하는데 이용된다. 넛셀수가 클수록 열전도속도에 분자의 운동이 미치는 영향이 작다.
〈관련식〉
$$N = \frac{\text{대류열 이동속도}}{\text{전도열 이동속도}} = \frac{QL}{KA_s(T_0-T_1)} = \frac{hL}{K}$$

(T_0-T_1) : 온도차
K : 유체의 열전도율
A_s : 열전도 표면적
Q : 단위시간의 교환열량
L : 대표적인 길이
h : 대류열전달계수

24 다음 연료 중 $(CO_2)_{max}(\%)$가 가장 큰 것은?
① 고로 가스 ② 코크스로 가스
③ 갈탄   ④ 역청탄

해설 보기 중 고로가스의 최대탄산가스율 즉, $(CO_2)_{max}(\%)$가 20~25%로 가장 크다.
※ 참고 : 연료의 조성과 최대탄산가스율$(CO_2)_{max}(\%)$

연료	연료조성(개략치)	$(CO_2)_{max}(\%)$
고로가스	CO 29%, N_2 60%, CO_2 10%, H_2 1%	20~25%
코크스로 가스	H_2 50%, CH_4 30%, CO 10%, CO_2 5%, N_2 5%	10~15%
발생로 가스	CO 25%, N_2 55%, H_2 15%, CH_4 5%	12~17%
탄소	C 100%	21%
코크스	C 90%, H 15%, N 0.5%, O 0.5%, S 0.5%, A 7%	20.0~20.5%
석탄 (무연탄<역청탄<갈탄)	C 90%, H 2%, N 0.5%, O 2%, S 1%, A 4.5%	17~19.5%
석유	C 85%, H 11%, N 0.5%, O 3%, S 0.5%	13~17%

25 연소에 관한 설명으로 옳은 것은?
① 공연비는 공기와 연료의 질량비(또는 부피비)로 정의되며 예혼합연소에서 많이 사용된다.
② 등가비가 1보다 큰 경우 NO_x 발생량이 증가한다.
③ 등가비와 공기비는 비례관계에 있다.
④ 최대탄산가스율은 실제 습연소가스량과 최대탄산가스량의 비율이다.

해설 ① 항만 옳다.
≪바르게 고쳐보기≫
② 등가비는 공기비의 역수($\phi = \frac{1}{m}$)이므로 등가비가 1보다 큰 경우 CO, HC 발생량이 증가한다.
③ 등가비는 공기비와 반비례관계에 있다.
④ 최대탄산가스율은 이론 건조연소가스량과 최대탄산가스량의 비율이다.

26 프로판 : 부탄=1:1의 부피비로 구성된 LPG를 완전 연소시켰을 때 발생하는 건조 연소가스의 CO_2 농도가 13%이었다. 이 LPG $1m^3$를 완전연소할 때, 생성되는 건조 연소가스량(m^3)은?
① 12   ② 19
③ 27   ④ 38

해설 제시된 조건에 따른 건조연소가스량 계산은 다음과 같다.
〈계산식〉 $CO_2(\%) = \frac{\text{프로판}_{CO_2}+\text{부탄}_{CO_2}}{G_d} \times 100$
〈반응식〉 $C_3H_8 + 5O_2 \rightarrow 3CO_2 + 4H_2O$,
1mol : 5mol : 3mol : 4mol
0.5 : 2.5 : 1.5 : 2.0
$C_4H_{10} + 6.5O_2 \rightarrow 4CO_2 + 5H_2O$
1mol : 6.5mol : 4mol : 5mol
0.5 : 3.25 : 2 : 2.5
$\Rightarrow 13\% = \frac{1.5+2}{G_d} \times 100$
$\therefore G_d = 26.92 m^3/m^3$

27 공기의 산소 농도가 부피기준으로 20%일 때, 메탄의 질량기준 공연비는? (단, 공기의 분자량은 28.95g/mol)
① 1   ② 18
③ 38   ④ 40

정답 23.② 24.① 25.① 26.③ 27.②

해설 제시된 조건에 따른 메탄의 AFR_m(질량기준 공연비) 계산은 다음과 같다.

〈계산식〉 $AFR_m = \dfrac{m_a \times M_a}{m_f \times M_f}$

〈반응식〉 $CH_4 + 2O_2 \rightarrow CO_2 + 2H_2O$
  1mol : 2mol

- $\begin{cases} m_a(\text{공기의 몰 수}) = 2\text{mol} \times \dfrac{1}{0.2} = 10\text{mol} \\ M_a(\text{공기의 분자량}) = 28.95\text{g} \\ m_f(\text{연료의 몰 수}) = 1\text{mol} \\ M_f(\text{연료의 분자량}) = 16\text{g} \end{cases}$

$\therefore AFR_m = \dfrac{10 \times 28.95}{1 \times 16} = 18.09$

28 다음 탄화수소 중 탄화수소 $1m^3$를 완전 연소할 때 필요한 이론공기량이 $19m^3$인 것은?

① C_2H_4 ② C_2H_2
③ C_3H_8 ④ C_3H_4

해설 보기의 탄화수소류의 반응식을 토대로 이론공기량이 $19m^3$인 이론산소량을 파악한다.

〈계산식〉 $A_o = O_o \times \dfrac{1}{0.21}$

$\Rightarrow 19m^3/m^3 = O_o \times \dfrac{1}{0.21}$, $O_o = 4m^3/m^3$

〈반응식〉
① $C_2H_4 + 3O_2 \rightarrow 2CO_2 + 2H_2O$
② $C_2H_2 + 2.5O_2 \rightarrow 2CO_2 + H_2O$
③ $C_3H_8 + 5O_2 \rightarrow 3CO_2 + 4H_2O$
④ $C_3H_4 + 4O_2 \rightarrow 3CO_2 + 2H_2O$
$\therefore C_3H_4$(프로파인)의 이론공기량이 $19m^3$이다.

29 $A(g) \rightarrow$ 생성물 반응의 반감기가 $0.693/k$일 때, 이 반응은 몇 차 반응인가? (단, k는 반응속도상수)

① 0차 반응 ② 1차 반응
③ 2차 반응 ④ 3차 반응

해설 반감기(半減期, Half-Life)는 반응물의 초기 농도가 반(1/2)으로 감소되는데 소요되는 시간을 말한다. 따라서 $t=0$일 때 초기 농도를 C_o라 하고 그 농도의 1/2이 되는 반감기(t_o)는 반응 차원에 따라 다음과 같이 나타낼 수 있다. 아래에 보는 바와 같이 반감기가 $0.693/K$인 반응은 1차 반응이다.

㉠ 0차 반응의 반감기
$\dfrac{1}{2}C_o = C_o - K \times t_o \rightarrow t_o = \dfrac{C_o - 0.5C_o}{K}$
$\therefore t_o = \dfrac{C_o}{2 \times K}$

㉡ 1차 반응의 반감기
$\dfrac{1}{2}C_o = C_o \times \exp[-K \times t_o]$
$\rightarrow t_o = \ln\left(\dfrac{0.5C_o}{C_o}\right) \times \dfrac{1}{(-K)}$
$\therefore t_o = \dfrac{0.693}{K}$

㉢ 2차 반응의 반감기
$\dfrac{1}{0.5C_o} = \dfrac{1}{C_o} + K \times t_o \rightarrow t_o = \left(\dfrac{1}{0.5C_o} - \dfrac{1}{C_o}\right) \times \dfrac{1}{K}$
$\therefore t_o = \dfrac{1}{C_o \times K}$

30 기체연료의 연소에 관한 설명으로 옳지 않은 것은?

① 예혼합연소에는 포트형과 버너형이 있다.
② 확산연소는 화염이 길고 그을음이 발생하기 쉽다.
③ 예혼합연소는 화염온도가 높아 연소부하가 큰 경우에 사용 가능하다.
④ 예혼합연소는 혼합기의 분출속도가 느릴 경우 역화의 위험이 있다.

해설 예혼합연소에는 고압버너, 저압버너, 송풍버너 등이 있다. 포트형과 버너형은 확산연소 장치의 종류이다.

31 매연 발생에 관한 일반적인 내용으로 옳지 않은 것은?

① -C-C-(사슬모양)의 탄소결합을 절단하기 쉬운 쪽이 탈수소가 쉬운 쪽보다 매연이 잘 발생한다.
② 연료의 C/H비가 클수록 매연이 잘 발생한다.
③ LPG를 연소할 때보다 코크스를 연소할 때 매연의 발생빈도가 더 높다.
④ 산화하기 쉬운 탄화수소는 매연발생이 적다.

해설 -C-C-의 탄소결합을 절단하는 것보다 탈수소가 쉬운 쪽이 매연이 잘 발생한다.

32 고체연료의 일반적인 특징으로 옳지 않은 것은?

① 연소 시 많은 공기가 필요하므로 연소장치가 대형화된다.
② 석탄을 이탄, 갈탄, 역청탄, 무연탄, 흑연으로 분류할 때 무연탄의 탄화도가 가장 작다.

③ 고체연료는 액체연료에 비해 수소함유량이 작다.
④ 고체연료는 액체연료에 비해 산소함유량이 작다.

해설 탄화도는 석탄의 오래된 정도를 나타내는 것으로써, 석탄의 탄화는 이탄(Peat) → 아탄, 갈탄(Lignite) → 아역청탄 → 역청탄 → 무연탄(Anthracite)으로 진행된다.

33 메탄 : 50%, 에탄 : 30%, 프로판 : 20%으로 구성된 혼합가스의 폭발범위는? (단, 메탄의 폭발범위는 5~15%, 에탄의 폭발범위는 3~12.5%, 프로판의 폭발범위는 2.1~9.5%, 르 샤틀리에의 식 적용)

① 1.2~8.6%   ② 1.9~9.6%
③ 2.5~10.8%   ④ 3.4~12.8%

해설 제시된 조건에 따른 혼합가스의 폭발범위 계산은 다음과 같다.

〈계산식〉 · $\dfrac{100}{LEL} = \dfrac{V_1}{X_1} + \dfrac{V_2}{X_2} + \dfrac{V_3}{X_3}$

· $\dfrac{100}{UEL} = \dfrac{V_1}{L_1} + \dfrac{V_2}{L_2} + \dfrac{V_3}{L_3}$

㉠ 폭발하한치 : $\dfrac{100}{LEL} = \dfrac{50}{5} + \dfrac{30}{3} + \dfrac{20}{2.1} = 3.39\%$

㉡ 폭발상한치 : $\dfrac{100}{UEL} = \dfrac{50}{15} + \dfrac{30}{12.5} + \dfrac{20}{9.5} = 12.76\%$

∴ 폭발범위는 약 3.4~12.8%이다.

34 다음 기체연료 중 고발열량(kcal/Sm³)이 가장 낮은 것은?

① 메탄   ② 에탄
③ 프로판   ④ 에틸렌

해설 탄화수소류(C_mH_n)의 발열량은 대체로 탄수소비(C/H)가 클수록, 분자량이 클수록 높다.
*참고 : 각종 연료의 발열량
〈기체연료〉
· 부탄(C_4H_{10}) : 32,000kcal/m³, 프로판(C_3H_8) : 23,000kcal/m³
· 에탄(C_2H_6) : 16,000kcal/m³, 메탄(CH_4) : 9,500kcal/m³
· 수소(H_2) : 2,600kcal/m³, 일산화탄소(CO) : 3,000kcal/m³
· 고로 가스 : 1,000kcal/m³, 발생로 가스 : 1,500kcal/m³
· 코크스로 가스 : 5,100kcal/m³, 수성가스, 2,800kcal/m³

〈액체연료〉
· 중유 : 10,000~11,000kcal/kg, 경유<등유<휘발유 : 11,000~15,000kcal/kg
〈고체연료〉
· 석탄 : 4,500~8,000kcal/kg, 코크스 : 6,000~7,500kcal/kg

35 S성분을 2wt% 함유한 중유를 1시간에 10t씩 연소시켜 발생하는 배출가스 중의 SO_2를 $CaCO_3$를 사용하여 탈황할 때, 이론적으로 소요되는 $CaCO_3$의 양(kg/h)은? (단, 중유 중의 S 성분은 전량 SO_2로 산화됨, 탈황율은 95%)

① 594   ② 625
③ 694   ④ 725

해설 제시된 조건에 따른 $CaCO_3$ 소모량 계산은 다음과 같다.

〈계산식〉
소모 $CaCO_3$ = 제거 SO_2 × 반응비$\left(\dfrac{CaCO_3}{SO_2}\right)$

〈반응식〉 $SO_2 + CaCO_3 + 1/2O_2 \rightarrow CaSO_4 + CO_2$
32kg : 100kg

· 제거 SO_2량 = $\dfrac{10\text{t on}}{\text{hr}} \Big| \dfrac{2}{100} \Big| \dfrac{95}{100} \Big| \dfrac{64}{32} \Big| \dfrac{10^3\text{kg}}{1\text{t on}}$
= 380kg/hr

∴ 소모 $CaCO_3$ = 380kg/hr × $\dfrac{100}{64}$ = 593.75kg/hr

36 2.0Mpa, 370℃의 수증기를 1시간에 30t씩 생성하는 보일러의 석탄 연소량이 5.5t/h이다. 석탄의 발열량이 20.9MJ/kg, 발생수증기와 급수의 비엔탈피는 각각 3,183kJ/kg, 84kJ/kg일 때, 열효율은?

① 65%   ② 70%
③ 75%   ④ 80%

해설 제시된 조건에 따른 열효율 계산은 다음과 같다.

〈계산식〉 열효율(η, %) = $\dfrac{\text{유효출열}}{\text{총 입열}} \times 100$

· 총 입열 = 시간당 연료소비량×발열량
· 유효 출열 = (발생수증기 엔탈피 − 급수 엔탈피) × 생성발열량

∴ 열효율(η, %) = $\dfrac{30 \times (3,183 - 84)}{5.5 \times 10^3 \times 20.9} \times 100 = 80.88\%$

37 연료를 2.0의 공기비로 완전 연소시킬 때, 배출가스 중의 산소 농도(%)는? (단, 배출가스에는 일산화탄소가 포함되어 있지 않음)

① 7.5 ② 9.5
③ 10.5 ④ 12.5

해설 제시된 조건에 따른 배출가스 중의 산소 농도(%) 계산은 다음과 같다.

〈계산식〉 $m = \dfrac{21}{21-O_2}$

⇨ $2.0 = \dfrac{21}{21-O_2}$

∴ $O_2 = 10.5$

38 액체연료의 연소방식을 기화 연소방식과 분무화 연소방식으로 분류할 때 기화연소 방식에 해당하지 않는 것은?

① 심지식 연소 ② 유동식 연소
③ 증발식 연소 ④ 포트식 연소

해설 액체연료의 연소방식은 크게 분무화연소방식과 기화연소방식으로 분류되며, 기화연소방식의 종류는 포트식, 심지식, 증발식이 있다.

39 어떤 2차 반응에서 반응물질의 10%가 반응하는데 250s가 걸렸을 때, 반응물질의 90%가 반응하는 데 걸리는 시간(s)은? (단, 기타 조건은 동일)

① 5,500 ② 2,500
③ 20,300 ④ 28,300

해설 제시된 조건에 따른 반응 소요 시간(s) 계산은 다음과 같다.

〈계산식〉 $\dfrac{1}{C_t} - \dfrac{1}{C_o} = K \cdot t$

- $\dfrac{1}{90} - \dfrac{1}{100} = K \cdot 250$, $K = 4.444 \times 10^{-6}$

- $\dfrac{1}{10} - \dfrac{1}{100} = 4.444 \times 10^{-6} \cdot t$

∴ $t = 20,252.03$

40 연소에 관한 설명으로 옳지 않은 것은?

① $(CO_2)_{max}$는 연료의 조성에 관계없이 일정하다.
② $(CO_2)_{max}$는 연소방식에 관계없이 일정하다.
③ 연소가스 분석을 통해 완전 연소, 불완전 연소를 판정할 수 있다.
④ 실제공기량은 연료의 조성, 공기비 등을 사용하여 구한다.

해설 $(CO_2)_{max}$는 연료의 조성에 따라 가스량이 달라진다.

[**제3과목**] **대기오염방지기술**

41 80%의 집진효율을 갖는 2개의 집진장치를 연결하여 먼지를 제거하고자 한다. 집진장치를 직렬 연결한 경우(A)와 병렬 연결한 경우(B)에 관한 내용으로 옳지 않은 것은? (단, 두 집진장치의 처리가스량은 동일)

① (A)방식의 총 집진효율은 94%이다.
② (A)방식은 높은 처리효율을 얻기 위한 것이다.
③ (B)방식은 처리가스의 양이 많은 경우 사용된다.
④ (B)방식의 총 집진효율은 단일집진장치와 동일하게 80%이다.

해설 (A)방식의 총 집진율은 96%이다.

42 중력집진장치에 관한 설명으로 옳지 않은 것은?

① 배출가스의 점도가 높을수록 집진효율이 증가한다.
② 침강실 내의 처리가스 속도가 느릴수록 미립자를 포집할 수 있다.
③ 침강실의 높이가 낮고, 길이가 길수록 집진효율이 높아진다.
④ 배출가스 중의 입자상 물질을 중력에 의해 자연 침강하도록 하여 배출가스로부터 입자상물질을 분리·포집한다.

해설 배출가스의 점도가 낮을수록 집진효율이 증가한다.

43 여과집진장치의 특징으로 옳지 않은 것은?

① 수분이나 여과속도에 대한 적응성이 높다.
② 폭발성, 점착성 및 흡습성 먼지의 제거가 어렵다.
③ 다양한 여과재의 사용으로 설계 시 융통성이 있다.
④ 여과재의 교환이 필요해 중력집진장치에 비해 유지비가 많이 든다.

해설 여과집진장치는 수분이나 여과속도에 대한 적응성이 낮다.

44 동일한 밀도를 가진 먼지입자 A, B가 있다. 먼지입자 B의 지름이 먼지입자 A지름의 100배일 때, 먼지입자 B의 질량은 먼지입자 A질량의 몇 배인가?

① 100
② 10,000
③ 1,000,000
④ 100,000,000

해설 질량(M)은 밀도(ρ)와 부피(V)의 곱으로 나타낼 수 있으므로 관계식을 통해 먼지입자 A, B의 관계배수를 산출한다.
⟨계산식⟩
$$\frac{V_B = \frac{\pi 100^3}{6} \times \rho_p}{V_A = \frac{\pi d_p^3}{6} \times \rho_p} = \frac{V_B = k \times 100^3}{V_A = k \times d_p^3} = 1,000,000 배$$

45 공장 배출가스 중의 일산화탄소를 백금계 촉매를 사용하여 처리할 때, 촉매독으로 작용하는 물질에 해당하지 않는 것은?

① Ni
② Zn
③ As
④ S

해설 촉매산화법에서 촉매독을 유발하는 물질은 Fe, Pb, Zn, Si, As, P, S 등이다.

46 전기집진장치에서 발생하는 각종 장애현상에 대한 대책으로 옳지 않은 것은?

① 재비산 현상이 발생할 때에는 처리가스의 속도를 낮춘다.
② 부착된 먼지로 불꽃이 빈발하여 2차전류가 불규칙하게 흐를 때에는 먼지를 충분하게 탈리시킨다.
③ 먼지의 비저항이 비정상적으로 높아 2차전류가 현저히 떨어질 때에는 스파크 횟수를 줄인다.
④ 역전리 현상이 발생할 때에는 집진극의 타격을 강하게 하거나 타격빈도를 늘린다.

해설 먼지의 비저항이 비정상적으로 높아 2차전류가 현저히 떨어질 때에는 스파크 횟수를 높인다.

47 배출가스 중의 NO_x를 저감하는 방법으로 옳지 않은 것은?

① 2단 연소시킨다.
② 배출가스를 재순환시킨다.
③ 연소용 공기의 예열온도를 낮춘다.
④ 과잉공기량을 많게 하여 연소시킨다.

해설 과잉공기량이 클수록 질소산화물(NO_x) 발생량은 증가하고, CO, HC는 감소한다.

48 후드의 압력손실이 3.5mmH₂O, 동압이 1.5mmH₂O일 때, 유입계수는?

① 0.234
② 0.315
③ 0.548
④ 0.734

해설 제시된 조건에 따른 유입계수 계산은 다음과 같다.
⟨계산식⟩ $\Delta P = F_i \times P_v$

- $\begin{cases} \Delta P(압력손실) = 3.5mmH_2O \\ F_i(압력손실계수) = \dfrac{1-C_e^2}{C_e^2} \\ P_v(동압) = 1.5mmH_2O \end{cases}$

$\Rightarrow 3.5 = \dfrac{1-C_e^2}{C_e^2} \times 1.5$

$\therefore C_e = 0.548$

49 상온에서 유체가 내경이 50cm인 강관 속을 2m/s의 속도로 흐르고 있을 때, 유체의 질량유속(kg/s)은? (단, 유체의 밀도는 1g/cm³)

① 452.9
② 415.3
③ 392.7
④ 329.6

해설 제시된 조건에 따른 유체의 질량 유속(kg/s) 계산은 다음과 같다.
⟨계산식⟩ $V_s = Q \times \rho_p$
⟨관계식⟩ $Q = AV = \dfrac{\pi D^2}{4} \times V$

$\Rightarrow Q = \dfrac{3.14 \times 0.5^2}{4} \times 2 = 0.3925 m^3/sec$

$\therefore V_s = \dfrac{0.3925m^3}{sec} \left| \dfrac{1g}{cm^3} \right| \dfrac{(100cm)^3}{(1m)^3} \left| \dfrac{1kg}{10^3 g} \right| = 392.5 kg/sec$

$= 392.5 kg/sec$

50 원심력집진장치(cyclone)의 집진효율에 관한 내용으로 옳지 않은 것은?

① 유입속도가 빠를수록 집진효율이 증가한다.
② 원통의 직경이 클수록 집진효율이 증가한다.
③ 입자의 직경과 밀도가 클수록 집진효율이 증가한다.
④ Blow-down 효과를 적용했을 때 집진효율이 증가한다.

정답 44.③ 45.① 46.① 47.④ 48.③ 49.③ 50.②

[해설] 원통의 직경이 작을수록 유입유속이 빨라지므로 집진효율은 증가한다.

〈관계식〉 $\eta = \dfrac{d_p^2(\rho_p - \rho)V\pi N_c}{9\mu B_c}$

51 액측 저항이 지배적으로 클 때 사용이 유리한 흡수장치는?

① 충전탑 ② 분무탑
③ 벤츄리스크러버 ④ 다공판탑

[해설] 액측 저항이 클 경우 가스분산형 흡수장치를 사용하고, 가스측 저항이 클 경우 액분산형 흡수장치를 사용한다.
※ 참고 : 흡수장치의 종류
1. 가스분산형 흡수장치
 ① 다공판탑(plate tower)
 ② 포종탑(tray tower)
 ③ 기포탑 등
2. 액분산형 흡수장치
 ① 충전탑(packed tower)
 ② 분무탑(spray tower)
 ③ 벤투리 스크러버(venturi scrubber) 등 각종 스크러버

52 충전탑 내의 충전물이 갖추어야 할 조건으로 옳지 않은 것은?

① 공극률이 클 것
② 충전밀도가 작을 것
③ 압력손실이 작을 것
④ 비표면적이 클 것

[해설] 충전물은 충전밀도가 커야 한다. 충전물의 구비조건은 다음과 같다.
1. 단위용적에 대하여 표면적이 클 것
2. 공극률이 클 것
3. 압력손실이 작고, 충전밀도가 클 것
4. 액가스 분포를 균일하게 유지할 수 있을 것
5. 내식성과 내열성이 크고, 내구성이 있을 것

53 여과집진장치의 여과포 탈진방법으로 적합하지 않은 것은?

① 진동형
② 역기류형
③ 충격제트기류 분사형(pulse jet)
④ 승온형

[해설] 승온형의 탈진방식은 존재하지 않는다. 진동형과 역기류형은 주로 간헐식 탈진방식으로, 충격제트기류 분사형은 연속식 탈진방식으로 많이 사용된다.

54 scale 방지대책(습식석회석법)으로 옳지 않은 것은?

① 순환액의 pH 변동을 크게 한다.
② 탑 내에 내장물을 가능한 설치하지 않는다.
③ 흡수액량을 증가시켜 탑 내 결착을 방지한다.
④ 흡수탑 순환액에 산화탑에서 생성된 석고를 반송하고 슬러리의 석고농도를 5% 이상으로 유지하여 석고의 결정화를 촉진한다.

[해설] 순환액의 pH값 변동은 적게 해야 한다.

55 대기오염물질의 입경을 현미경법으로 측정할 때, 입자의 투영면적을 2등분하는 선의 길이로 나타내는 입경은?

① Feret경 ② 장축경
③ Heyhood경 ④ Martin경

[해설] Matrin경에 대한 설명이다. Matrin경(정방향면적 등분경, d_M)은 입자의 투영면적을 2등분하는 선의 거리에 상당하는 직경을 말한다.
※ 참고
1. Heyhood경(투영면적경, d_H)은 입자의 투영상과 같은 투영면적을 갖는 원의 직경을 말한다.
2. Feret경(정방향경, d_F)은 입자의 투영면적 가장자리에 접하는 가장 긴 선의 거리에 상당하는 직경을 말한다.

56 직경이 30cm, 높이가 10m인 원통형 여과 집진장치를 사용하여 배출가스를 처리하고자 한다. 배출가스의 유량이 750m³/min, 여과속도가 3.5cm/s일 때, 필요한 여과포의 개수는?

① 32개 ② 38개
③ 45개 ④ 50개

[해설] 제시된 조건에 따른 여과포 개수 계산은 다음과 같다.

〈계산식〉 $n = \dfrac{Q_f}{Q_i} = \dfrac{Q_f}{\pi D L V_f}$

• $Q = 750\text{m}^3/\text{min} = 12.5\text{m}^3/\text{sec}$

∴ $n = \dfrac{12.5\text{m}^3}{\text{sec}} \left| \dfrac{}{3.14} \right| \dfrac{}{0.3m} \left| \dfrac{}{10m} \right| \dfrac{\text{sec}}{0.035m}$
$= 37.91 ≒ 38$개

57 유입구 폭이 20cm, 유효회전수가 8인 원심력 집진장치(cyclone)을 사용하여 다음 조건의 배출가스를 처리할 때, 절단입경(μm)은?

- 배출가스의 유입속도 : 30m/s
- 배출가스의 점도 : $2×10^{-5}$kg/m·s
- 배출가스의 밀도 : 1.2kg/m³
- 먼지입자의 밀도 : 2.0g/cm³

① 2.78　　　　② 3.46
③ 4.58　　　　④ 5.32

해설 제시된 조건에 따른 절단입경 계산은 다음과 같다.

$$\langle\text{계산식}\rangle\ d_{p50}(\mu m) = \sqrt{\frac{9\mu B_c}{2(\rho_p-\rho)V\pi N_e}}\times 10^6$$

- ρ_p(입자의 밀도) = 2.0g/cm³ = 2,000kg/m³
- ρ_a(가스의 밀도) = 1.2kg/m³
- V(유입속도) = 30m/sec
- N_e(유효회전수) = 8
- μ(유체점도) = $2×10^{-6}$kg/m·sec
- B_c(유입구 폭) = 20cm = 0.2m

$$\therefore d_{p50}(\mu m) = \sqrt{\frac{9\times 2\times 10^{-6}\times 0.2}{2\times(2,000-1.2)\times 30\times\pi\times 8}}\times 10^6$$
$$= 3.46\mu m$$

58 세정집진장치에 관한 설명으로 옳지 않은 것은?

① 분무탑은 침전물이 발생하는 경우에 사용이 적합하다.
② 벤튜리스크러버는 점착성, 조해성 먼지의 제거에 효과적이다.
③ 제트스크러버는 처리가스량이 많은 경우에 사용이 적합하다.
④ 충전탑은 온도 변화가 크고 희석열이 큰 곳에는 사용이 적합하지 않다.

해설 Jet scrubber(제트스크러버)는 이젝터를 사용, 물을 고압분무하여 수적과 접촉포집하는 방식으로 송풍기를 계통적으로 설치할 수 없는 상황에서 비교적 처리가스량이 적을 때 쓰이며, 사용수량이 다른 세정장치에 비해 10~20배 정도, 액가스비가 10~100L/m³로 세정 집진장치 중 액가스비가 가장 크다.

59 공기의 평균분자량이 28.85일 때, 공기 100Sm³의 무게(kg)는?

① 126.8　　　　② 127.8
③ 128.8　　　　④ 129.8

해설 제시된 조건에 따른 공기의 무게(kg) 계산은 다음과 같다.

$\langle\text{계산식}\rangle\ m = V\times\rho$

$$\therefore m = \frac{100\text{Sm}^3}{}\left|\frac{28.85\text{kg}}{22.4\text{Sm}^3}\right| = 128.79\text{kg}$$

60 점성계수가 $1.8×10^{-5}$kg/m·s, 밀도가 1.3 kg/m³인 공기를 안지름이 100mm인 원형파이프를 사용하여 수송할 때, 층류가 유지될 수 있는 최대 공기유속(m/s)은?

① 0.1　　　　② 0.3
③ 0.6　　　　④ 0.9

해설 제시된 조건에 따른 공기유속 계산은 다음과 같다. 단, 층류(R_e < 2,100)의 조건을 확인해야 한다.

$$\langle\text{계산식}\rangle\ R_e = \frac{\rho DV}{\mu}$$

- D(직경) = 100mm = 0.1m

$$\Rightarrow 2,100 = \frac{1.3\times 0.1\times V}{1.8\times 10^{-5}}$$

$\therefore V = 0.3$m/sec

제4과목　대기오염공정시험기준

61 배출가스 중의 수분량을 별도의 흡습관을 이용하여 분석하고자 한다. 측정조건과 측정결과가 다음과 같을 때, 배출가스 중 수증기의 부피 백분율(%)은? (단, 0℃, 1atm 기준)

- 흡입한 건조 가스량(건식가스미터에서 읽은 값) : 20L
- 측정 전 흡습관의 질량 : 96.16g
- 측정 후 흡습관의 질량 : 97.69g

① 6.4　　　　② 7.1
③ 8.7　　　　④ 9.5

해설 제시된 조건에 따른 수증기의 부피 백분율(%) 계산은 다음과 같다.

$$\langle\text{계산식}\rangle\ X_w(\%) = \frac{\text{수분량(부피)}}{\text{습윤가스(부피)}}\times 100$$

- 포집된 수분량(L) = $\frac{(97.69-96.16)\text{g}}{}\times\frac{22.4\text{L}}{18\text{g}}$
  $= 1.904L$
- 습윤 가스량(L) = (20+1.904) = 21.904L

$$\therefore X_w(\%) = \frac{1.904}{21.904}\times 100 = 8.69\%$$

62 원자흡수분광광도법의 원자흡광분석장치 구성에 포함되지 않는 것은?

① 분리관　　　　② 광원부
③ 분광기　　　　④ 시료원자화부

해설 원자흡수분광광도법의 장치 구성과 순서는 다음과 같다.
광원부 → 시료원자화부 → 파장선택부(분광부) → 측광부

63 대기오염공정시험기준 총칙 상의 내용으로 옳지 않은 것은?

① 액의 농도를 (1→2)로 표시한 것은 용질 1g 또는 1mL를 용매에 녹여 전량을 2mL로 하는 비율을 뜻한다.
② 황산 (1 : 2)라 표시한 것은 황산 1용량에 정제수 2용량을 혼합한 것이다.
③ 시험에 사용하는 표준품은 원칙적으로 특급 시약을 사용한다.
④ 방울수라 함은 4℃에서 정제수 20방울을 떨어뜨릴 때 부피가 약 1mL 되는 것을 뜻한다.

해설 방울수라 함은 20℃에서 정제수 20방울을 떨어뜨릴 때 부피가 약 1mL 되는 것을 뜻한다.

64 이온크로마토그래피에 관한 설명으로 옳지 않은 것은?

① 분리관의 재질로 스테인리스관이 널리 사용되며 에폭시수지관 또는 유리관은 사용할 수 없다.
② 일반적으로 용리액조로 폴리에틸렌이나 경질 유리제를 사용한다.
③ 송액펌프는 맥동이 적은 것을 사용한다.
④ 검출기는 일반적으로 전도도 검출기를 많이 사용하고 그 외 자외선/가시선 흡수검출기, 전기화학적 검출기 등이 사용된다.

해설 이온크로마토그래피에서 분리관의 재질은 내압성, 내부식성으로 용리액 및 시료액과 반응성이 적은 것을 선택하며 에폭시수지관 또는 유리관이 사용된다. 일부는 스테인레스관이 사용되지만 금속이온 분리용으로는 좋지 않다.

65 굴뚝 배출가스 중의 이산화황을 연속적으로 자동 측정할 때 사용하는 용어 정의로 옳지 않은 것은?

① 검출한계 : 제로드리프트의 2배에 해당하는 지시치가 갖는 이산화황의 농도를 말한다.
② 제로드리프트 : 연속자동측정기가 정상적으로 가동되는 조건하에서 제로가스를 일정시간 흘려준 후 발생한 출력신호가 변화한 정도를 말한다.
③ 경로(path) 측정시스템 : 굴뚝 또는 덕트 단면 직경의 5% 이하의 경로를 따라 오염물질 농도를 측정하는 배출가스 연속자동측정 시스템을 말한다.
④ 제로가스 : 정제된 공기나 순수한 질소를 말한다.

해설 경로(path) 측정시스템 - 굴뚝 또는 덕트 단면 직경의 10% 이하의 경로 또는 단일점에서 오염물질 농도를 측정하는 배출가스 연속자동측정 시스템을 말함

66 기체크로마토그래피의 정성분석에 관한 내용으로 옳지 않은 것은?

① 동일 조건에서 특정한 미지성분의 머무름 값과 예측되는 물질의 봉우리의 머무름 값을 비교해야 한다.
② 머무름 값의 표시는 무효부피(dead volume)의 보정유무를 기록해야 한다.
③ 일반적으로 5~30분 정도에서 측정하는 봉우리의 머무름시간은 반복시험을 할 때 ±10% 오차범위 이내이어야 한다.
④ 머무름 시간을 측정할 때는 3회 측정하여 그 평균치를 구한다.

해설 일반적으로 5~30분 정도에서 측정하는 봉우리의 머무름시간은 반복시험을 할 때 ±3% 오차범위 이내이어야 한다.

67 굴뚝 배출가스 중의 질소산화물을 분석하기 위한 시험방법은?

① 아르세나조 Ⅲ법
② 비분산적외선분광분석법
③ 4-피리딘카복실산-피라졸론법
④ 아연환원나프틸에틸렌다이아민법

해설 굴뚝 배출가스 중 질소산화물 분석방법은 자외선/가시선분광법(아연환원나프틸에틸렌다이아민법), 자동측정법이 있다.
① 아르세나조 Ⅲ법 - 황산화물
② 비분산적외선분광분석법 - 일산화탄소
③ 4-피리딘카복실산-피라졸론법 - 염소, 시안화수소

정답 63.④ 64.① 65.③ 66.③ 67.④

68 특정 발생원에서 일정한 굴뚝을 거치지 않고 외부로 비산되는 먼지의 농도를 고용량 공기 시료채취법으로 분석하고 한다. 측정조건과 결과가 다음과 같을 때 비산먼지의 농도($\mu g/m^3$)는?

- 채취시간 : 24시간
- 채취개시 직후의 유량 : $1.8m^3/min$
- 채취종료 직전의 유량 : $1.2m^3/min$
- 채취 후 여과지의 질량 : 3.828g
- 채취 전 여과지의 질량 : 3.419g
- 대조위치에서의 먼지 농도 : $0.15\mu g/m^3$
- 전 시료채취 기간 중 주풍향이 90° 이상 변함
- 풍속이 0.5m/s 미만 또는 10m/s 이상 되는 시간이 전 채취시간의 50% 미만임

① 185.76 ② 283.80
③ 294.81 ④ 372.70

해설 제시된 조건에 따른 비산먼지의 농도($\mu g/m^3$) 계산은 다음과 같다.

〈계산식〉 $C = (C_H - C_B) \times W_D \times W_S$

- $\begin{cases} C_H(측정점의\ 최대\ 먼지\ 농도) = \dfrac{m_d}{\forall} \\ C_B(대조위치의\ 먼지\ 농도) = 0.15\mu g/m^3 \\ W_D(풍향계수) = 1.5 \\ W_S(풍속계수) = 1.0 \end{cases}$

〈관계식〉 $C_H = \dfrac{m_d}{\forall}$

- $m_d = (3.828 - 3.419)g \times 10^6 \mu g/g = 409,000\mu g$
- $\forall = \dfrac{(1.8+1.2)m^3/min}{2} \left| \dfrac{60min}{1hr} \right| \dfrac{24hr}{} = 2160m^3$

$\Rightarrow C_H = \dfrac{409,000}{2,160} = 189.35\mu g/m^3$

$\therefore C = (189.35 - 0.15) \times 1.5 \times 1.0 = 283.80\mu g/m^3$

※ 참고 : 풍향, 풍속에 대한 보정
1. 풍향에 대한 보정

풍향 변화 범위	보정계수
전 시료채취 기간 중 주풍향이 90° 이상 변할 때	1.5
전 시료채취 기간 중 주풍향이 45~90° 이상 변할 때	1.2
전 시료채취 기간 중 풍향 변동이 없을 때(45° 미만)	1.0

2. 풍속에 대한 보정

풍속 범위	보정계수
풍속이 0.5m/s 미만 또는 10m/s 이상 되는 시간이 전 채취시간의 50% 미만일 때	1.0
풍속이 0.5m/s 미만 또는 10m/s 이상 되는 시간이 전 채취시간의 50% 이상일 때	1.2

69 환경대기 중의 탄화수소 농도를 측정하기 위한 주 시험방법은?
① 총탄화수소 측정법
② 비메탄 탄화수소 측정법
③ 활성 탄화수소 측정법
④ 비활성 탄화수소 측정법

해설 환경대기 중의 탄화수소 농도를 측정하기 위한 시험방법은 총탄화수소 측정법, 비메탄 탄화수소 측정법, 활성 탄화수소 측정법이 있으며, 그 중 비메탄 탄화수소 측정법을 주시험법으로 한다.

70 대기오염공정시험기준상의 용어 정의로 옳지 않은 것은?
① "밀폐용기"라 함은 물질을 취급 또는 보관하는 동안에 이물이 들어가거나 내용물이 손실되지 않도록 보호하는 용기를 뜻한다.
② "감압 또는 진공"이라 함은 따로 규정이 없는 한 15mmHg 이하를 뜻한다.
③ "항량이 될 때까지 건조한다."라 함은 따로 규정이 없는 한 보통의 건조방법으로 1시간 더 건조 또는 강열할 때 전후 무게의 차가 매 g당 0.3mg 이하일 때를 뜻한다.
④ "정량적으로 씻는다"라 함은 어떤 조작에서 다음 조작으로 넘어갈 때 사용한 비커, 플라스크 등의 용기 및 여과막 등에 부착한 정량대상 성분을 증류수로 깨끗이 씻어 그 세액을 합하는 것을 뜻한다.

해설 "정량적으로 씻는다"라 함은 어떤 조작으로부터 다음 조작으로 넘어갈 때 사용한 비커, 플라스크 등의 용기 및 여과막 등에 부착한 정량대상 성분을 사용한 용매로 씻어 그 세액을 합하고 먼저 사용한 값을 용매로 채워 일정용량으로 하는 것을 뜻한다.

71 원자흡수분광광도법의 분석원리로 옳은 것은?
① 시료를 해리 및 증기화시켜 생긴 기저상태의 원자가 이 원자증기층을 투과하는 특유파장의 빛을 흡수하는 현상을 이용하여 시료중의 원소농도를 정량한다.
② 선택성 검출기를 이용하여 시료 중의 특정 성분에 의한 적외선 흡수량 변화를 측정하여 그 성분의 농도를 구한다.

정답 68.② 69.② 70.④ 71.①

③ 기체시료를 운반가스에 의해 관 내에 전개시켜 각 성분을 분석한다.
④ 발광부와 수광부 사이에 형성되는 빛의 이동경로를 통과하는 가스를 실시간으로 분석한다.

해설 ①항이 원자흡수분광광도법에 대한 설명이다. ②항은 비분산 적외선분광분석법, ③항은 기체크로마토그래피법, ④항은 흡광차분광법에 대한 설명이다.

72 굴뚝연속자동측정기기의 설치방법으로 옳지 않은 것은?

① 응축된 수증기가 존재하지 않는 곳에 설치한다.
② 먼지와 가스상 물질을 모두 측정하는 경우 측정위치는 먼지를 따른다.
③ 수직굴뚝에서 가스상 물질의 측정위치는 굴뚝 하부 끝에서 위를 향하여 1/2배 이상이 되는 지점으로 한다.
④ 수평굴뚝에서 가스상 물질의 측정위치는 외부공기가 새어들지 않고 요철이 없는 곳으로 굴뚝의 방향이 바뀌는 지점으로부터 굴뚝내경의 2배 이상 떨어진 곳을 선정한다.

해설 굴뚝연속자동측정기기를 통해 수직굴뚝에서 가스상 물질의 측정위치는 하부 끝단으로부터 위를 향하여 그곳의 굴뚝 내경의 8배 이상이 되고, 상부 끝단으로부터 아래를 향하여 그곳의 굴뚝내경의 2배 이상이 되는 지점에 측정공 위치를 선정하는 것을 원칙으로 하되, 위의 기준에 적합한 측정공 설치가 곤란하거나 측정 작업의 불편, 측정자의 안정성 등이 문제될 때에는 하부 내경의 2배 이상과 상부 내경의 1/2배 이상 되는 지점에 측정을 위치를 선정할 수 있다.

73 다음 중 2,4-다이나이트로페닐하이드라진(DNPH)과 반응하여 생성된 하이드라존 유도체를 액체크로마토그래피로 분석하여 정량하는 물질은?

① 아민류　　② 알데하이드류
③ 벤젠　　　④ 다이옥신류

해설 배출가스 중의 알데하이드류는 흡수액 2,4-다이나이트로페닐하이드라진(DNPH)과 반응하여 하이드라존 유도체(hydrazone derivative)를 생성하게 되고, 이를 액체크로마토그래프로 분석하여 정량한다. 하이드라존은 UV 영역, 특히 350~380nm에서 최대흡광도를 나타낸다.

74 배출가스 중의 염소를 오르토톨리딘법으로 분석할 때 분석에 영향을 미치지 않는 물질은?

① 오존　　　② 이산화질소
③ 황화수소　④ 암모니아

해설 배출가스 중 염소를 오르토톨리딘법으로 분석할 때 브로민, 아이오딘, 오존, 이산화질소, 이산화염소 등의 산화성 가스나 황화수소, 이산화황 등의 환원성 가스가 공존할 경우 영향을 받는다.

75 피토관을 사용하여 굴뚝 배출가스의 평균유속을 측정하고자 한다. 측정조건과 결과가 다음과 같을 때, 배출가스의 평균유속(m/s)은?

- 동압 : 13mmH$_2$O
- 피토관계수 : 0.85
- 배출가스의 밀도 : 1.2kg/Sm^3

① 10.6　　　② 12.4
③ 14.8　　　④ 17.8

해설 제시된 조건에 따른 배출가스의 평균유속(m/s) 계산은 다음과 같다.

〈계산식〉 $V = C \times \sqrt{\dfrac{2gP_v}{r}}$

$\begin{cases} P_v(\text{동압}) = 13\text{mmH}_2\text{O} \\ C(\text{피토관계수}) = 0.85 \\ r(\text{공기 비중}) = 1.2\text{kg/Sm}^3 \\ g(\text{중력 가속도}) = 9.8\text{m/sec}^2 \end{cases}$

$\therefore V = 0.85 \times \sqrt{\dfrac{2 \times 9.8 \times 13}{1.2}} = 12.39\text{m/sec}$

76 위상차현미경법으로 환경대기 중의 석면을 분석할 때 계수대상물의 식별방법에 관한 내용으로 옳지 않은 것은? (단, 적정한 분석능력을 가진 위상차현미경을 사용하는 경우)

① 구부러져 있는 단섬유는 곡선에 따라 전체 길이를 재어서 판정한다.
② 섬유가 헝클어져 정확한 수를 헤아리기 힘들 때에는 0개로 판정한다.
③ 길이가 7μm 이하인 단섬유는 0개로 판정한다.
④ 섬유가 그래티큘 시야의 경계선에 물린 경우 그래티큘 시야 안으로 한쪽 끝만 들어와 있는 섬유는 1/2개로 인정한다.

해설 위상차현미경법으로 환경대기 중의 석면을 분석할 때 식별방법에 따른 단섬유일 경우 길이 7μm 이상인 단섬유는 1개로 판정한다.
※ 식별방법 : 포집한 먼지 중에 길이 5μm 이상이고, 길이와 폭의 비가 3:1 이상인 섬유를 석면섬유로서 계수한다.

77 직경이 0.5m, 단면이 원형인 굴뚝에서 배출되는 먼지 시료를 채취할 때, 측정점수는?

① 1
② 2
③ 3
④ 4

해설 굴뚝 단면적이 0.25m² 이하로 소규모일 경우에는 그 굴뚝 단면의 중심을 대표점으로 하여 1점만 측정하므로 다음 계산식을 통해 측정점 수를 산정할 수 있다.

〈계산식〉

$A(굴뚝\ 단면적,\ m^2) = \dfrac{\pi D^2}{4} = \dfrac{3.14 \times 0.5^2}{4}$
$= 0.196 m^2$

따라서, 직경이 0.5m일 경우 측정점수는 1점이다.
※ 참고 : 원형 연도의 직경에 따른 측정점수는 다음과 같다.

굴뚝직경(m)	반경 구분 수	측정점 수
1이하	1	4
1 초과 2 이하	2	8
2 초과 4 이하	3	12
4 초과 4.5 이하	4	16
4.5 초과	5	20

78 자외선/가시선분광법에 사용되는 장치에 관한 내용으로 옳지 않은 것은?

① 시료부는 시료액을 넣은 흡수셀 1개와 셀 홀더, 시료실로 구성되어 있다.
② 자외부의 광원으로 주로 중수소 방전관을 사용한다.
③ 파장 선택을 위해 단색화장치 또는 필터를 사용한다.
④ 가시부와 근적외부의 광원으로 주로 텅스텐램프를 사용한다.

해설 자외선/가시선분광법에서 시료부는 시료액을 넣은 흡수셀과 대조액을 넣는 흡수셀이 있고, 이 셀을 보호하기 위한 셀홀더와 이것을 광로에 올려 놓은 시료실로 구성된다.

79 굴뚝 배출가스 중의 카드뮴화합물을 원자흡수분광광도법으로 분석하고자 한다. 채취한 시료에 유기물이 함유되지 않았을 때 분석용 시료 용액의 전처리 방법은?

① 질산법
② 과망간산칼륨법
③ 질산-과산화수소수법
④ 저온회화법

해설 굴뚝 배출가스 중의 카드뮴화합물을 원자흡수분광광도법으로 분석하는 경우 채취한 시료에 유기물이 함유되지 않았을 때의 처리방법은 질산법, 마이크로파산분해법이다.
※ 참고 : 시료의 성상 및 처리방법

성상	처리방법
타르 기타 소량의 유기물을 함유하는 것	질산-염산법, 질산-과화수소수법, 마이크로파산분해법
유기물을 함유하지 않는 것	질산법, 마이크로파산분해법
셀룰로스 섬유제 필터를 사용한 것	저온 회화법

80 환경대기 중의 벤조(a)피렌을 분석하기 위한 시험방법은?

① 이온크로마토그래피법
② 비분산적외선분광분석법
③ 흡광차분광법
④ 형광분광광도법

해설 환경대기 중 벤조(a)피렌 분석방법은 기체크로마토그래피법과 형광분광광도법이 있다.

[**제4과목**] **대기환경관계법규**

81 실내공기질 관리법령상 건축자재의 오염물질 방출 기준 중 ( ) 안에 알맞은 것은? (단, 단위는 mg/m² · h)

오염물질	접착제	페인트
톨루엔	0.08 이하	(㉠)
총휘발성 유기화합물	(㉡)	(㉢)

① ㉠ 0.02 이하, ㉡ 0.05 이하 ㉢ 1.5 이하
② ㉠ 0.05 이하, ㉡ 0.1 이하 ㉢ 2.0 이하

③ ㉠ 0.08 이하, ㉡ 2.0 이하 ㉢ 2.5 이하
④ ㉠ 0.10 이하, ㉡ 2.5 이하 ㉢ 4.0 이하

해설 [실내공기질 관리법 시행규칙 별표 5] 건축자재의 오염물질 방출 기준

구분 \ 오염물질 종류	폼알데하이드	톨루엔	총휘발성유기화합물
1. 접착제	0.02 이하	0.08 이하	2.0 이하
2. 페인트			2.5 이하
3. 실란트			1.5 이하
4. 퍼티			20.0 이하
5. 벽지			4.0 이하
6. 바닥재			4.0 이하
7. 목질판상제품 1) 2021년 12월 31일까지 적용되는 기준	0.12 이하		0.8 이하
7. 목질판상제품 2) 2022년 1월 1일부터 적용되는 기준	0.05 이하		0.4 이하

비고 : 위 표에서 오염물질의 종류별 측정단위는 mg/m²·h로 한다. 다만, 실란트의 측정단위는 mg/m·h로 한다.

82 대기환경보전법령상 경유를 사용하는 자동차에 대해 대통령령으로 정하는 오염물질에 해당하지 않는 것은?

① 탄화수소 ② 알데하이드
③ 질소산화물 ④ 일산화탄소

해설 [시행령 제46조] 배출가스의 종류
대기환경보전법령상 대통령령으로 정하는 제작차 배출허용기준으로 설정된 오염물질의 종류는 다음과 같다.
1. 휘발유, 알코올 또는 가스를 사용하는 자동차
   가. 일산화탄소   나. 탄화수소
   다. 질소산화물   라. 알데히드
   마. 입자상물질   바. 암모니아
2. 경유를 사용하는 자동차
   가. 일산화탄소   나. 탄화수소
   다. 질소산화물   라. 매연
   마. 입자상물질   바. 암모니아

83 대기환경보전법령상의 운행차 배출허용기준으로 옳지 않은 것은?

① 휘발유와 가스를 같이 사용하는 자동차의 배출가스 측정 및 배출허용기준은 가스의 기준을 적용한다.
② 건설기계 중 덤프트럭, 콘크리트믹서트럭, 콘크리트펌프트럭의 배출허용기준은 화물자동차기준을 적용한다.
③ 희박연소 방식을 적용하는 자동차는 공기과잉률 기준을 적용하지 않는다.
④ 알코올만 사용하는 자동차는 탄화수소 기준을 적용한다.

해설 [시행규칙 별표 21] 운행차배출허용기준 중 일부 발췌
1. 일반기준
   가. 자동차의 차종 구분은 관련법 시행규칙에 따른다.
   나. "차량중량"이란 관련법 시행규칙에 따라 전산정보처리조직에 기록된 해당 자동차의 차량중량을 말한다.
   다. 휘발유와 가스를 같이 사용하는 자동차의 배출가스 측정 및 배출허용기준은 가스의 기준을 적용한다.
   라. 알코올만 사용하는 자동차는 탄화수소 기준을 적용하지 아니한다.
   마. 휘발유사용 자동차는 휘발유·알코올 및 가스(천연가스를 포함한다)를 섞어서 사용하는 자동차를 포함하며, 경유사용 자동차는 경유와 가스를 섞어서 사용하거나 같이 사용하는 자동차를 포함한다.
   바. 건설기계 중 덤프트럭, 콘크리트믹서트럭, 콘크리트펌프트럭에 대한 배출허용기준은 화물자동차기준을 적용한다.
   사. 시내버스는 「여객자동차 운수사업법 시행령」에 따른 시내버스운송사업·농어촌버스운송사업 및 마을버스운송사업에 사용되는 자동차를 말한다.
   아. 운행차 정밀검사의 배출허용기준 중 배출가스 정밀검사를 무부하정지가동 검사방법(휘발유·알코올 또는 가스사용 자동차) 및 무부하급가속검사방법(경유사용 자동차)로 측정하는 경우의 배출허용기준은 관련 규칙의 운행차 수시점검 및 정기검사의 배출허용기준을 적용한다.
   자. 희박연소(Lean Burn)방식을 적용하는 자동차는 공기과잉률 기준을 적용하지 아니한다.
   차. 1993년 이후에 제작된 자동차 중 과급기(Turbo charger)나 중간냉각기(Intercooler)를 부착한 경유사용 자동차의 배출허용기준은 무부하급가속 검사방법의 매연 항목에 대한 배출허용기준에 5%를 더한 농도를 적용한다.
   카. 수입자동차는 최초등록일자를 제작일자로 본다.
   타. 원격측정기에 의한 수시점검 결과 배출허용기준을 초과한 차량(휘발유·가스사용 자동차)에 대한 정비·점검 및 확인검사 시 배출허용기준은 관련 규칙 정밀검사 기준(휘발유·가스사용 자동차)을 적용한다.

정답 82.② 83.④

84 악취방지법령상 악취배출시설의 변경신고를 해야 하는 경우에 해당하지 않는 것은?

① 악취배출시설을 폐쇄하는 경우
② 사업장의 명칭을 변경하는 경우
③ 환경담당자의 교육사항을 변경하는 경우
④ 악취배출시설 또는 악취방지시설을 임대하는 경우

해설 [악취방지법 시행규칙 제10조] 악취배출시설의 변경신고
악취방지법규에 의거 악취배출시설의 변경신고를 하여야 하는 경우는 다음과 같다.
1. 악취배출시설의 악취방지계획서 또는 악취방지시설을 변경하는 경우
2. 악취배출시설을 폐쇄하거나 악취방지법 시행규칙에 따른 시설 규모의 기준에서 정하는 공정을 추가하거나 폐쇄하는 경우
3. 사업장의 명칭 또는 대표자를 변경하는 경우
4. 악취배출시설 또는 악취방지시설을 임대하는 경우
5. 악취배출시설에서 사용하는 원료를 변경하는 경우

85 대기환경보전법령상 사업장별 환경기술인의 자격기준에 관한 설명으로 옳지 않은 것은?

① 대기오염물질 배출시설 중 일반보일러만 설치한 사업장은 5종사업장에 해당하는 기술인을 둘 수 있다.
② 2종사업장의 환경기술인 자격기준은 대기환경산업기사 이상의 기술자격 소지자 1명 이상이다.
③ 대기환경기술인이 「물환경보전법」에 따른 수질환경기술인의 자격을 갖춘 경우에는 수질환경기술인을 겸임할 수 있다.
④ 1종사업장과 2종사업장 중 1개월 동안 실제 작업한 날만을 계산하여 1일 평균 12시간 이상 작업하는 경우에는 해당 사업장의 기술인을 각각 2명 이상 두어야 한다.

해설 [시행령 별표 10] 사업장별 환경기술인의 자격기준
1종 사업장과 2종 사업장 중 1개월 동안 실제 작업한 날만을 계산하여 1일 평균 17시간 이상 작업하는 경우에는 해당 사업장의 기술인을 각각 2명 이상 두어야 한다. 이 경우, 1명을 제외한 나머지 인원은 3종 사업장에 해당하는 기술인 또는 환경기능사로 대체할 수 있다.

86 대기환경보전법령상 오존의 대기오염 중대경보 해제기준에 관한 내용 중 ( ) 안에 알맞은 것은?

중대경보가 발령된 지역의 기상조건 등을 고려하여 대기자동측정소의 오존농도가 (㉠) ppm 이상 (㉡)ppm 미만일 때는 경보로 전환한다.

① ㉠ 0.3, ㉡ 0.5   ② ㉠ 0.5, ㉡ 1.0
③ ㉠ 1.0, ㉡ 1.2   ④ ㉠ 1.2, ㉡ 1.5

해설 중대경보가 발령된 지역의 기상조건 등을 고려하여 대기자동측정소의 오존농도가 0.3ppm 이상 0.5ppm 미만일 때는 경보로 전환한다.
[시행규칙 별표 7] 대기오염경보단계별 대기오염물질의 농도기준 : 오존

경보단계	발령기준	해제기준
주의보	기상조건 등을 고려하여 해당 지역의 대기자동측정소 오존농도가 0.12ppm 이상일 때	주의보가 발령된 지역의 기상조건 등을 검토하여 대기자동측정소의 오존농도가 0.12ppm 미만일 때
경보	기상조건 등을 고려하여 해당 지역의 대기자동측정소 오존농도가 0.3ppm 이상일 때	경보가 발령된 지역의 기상조건 등을 고려하여 대기자동측정소의 오존농도가 0.12ppm 이상 0.3ppm 미만일 때는 주의보로 전환
중대경보	기상조건 등을 고려하여 해당 지역의 대기자동측정소 오존농도가 0.5ppm 이상일 때	중대경보가 발령된 지역의 기상조건 등을 고려하여 대기자동측정소의 오존농도가 0.3ppm 이상 0.5ppm 미만일 때는 경보로 전환

87 대기환경보전법령상 배출시설로부터 나오는 특정대기유해물질로 인해 환경기준의 유지가 곤란하다고 인정되어 시·도지사가 특정대기 유해물질을 배출하는 배출시설의 설치를 제한할 수 있는 경우에 관한 내용 중 ( ) 안에 알맞은 것은?

배출시설 설치지점으로부터 반경 1킬로미터 안의 상주인구가 2만 명 이상인 지역으로서 특정대기유해물질 중 한 가지 종류의 물질을 연간 (ⓐ) 이상 배출하거나 두 가지 이상의 물질을 연간 (ⓑ) 이상 배출하는 시설을 설치하는 경우

① ⓐ 5톤, ⓑ 10톤
② ⓐ 5톤, ⓑ 20톤

정답 84.③ 85.④ 86.① 87.④

③ ⓐ 10톤, ⓑ 20톤
④ ⓐ 10톤, ⓑ 25톤

해설 [시행령 제12조] 배출시설 설치의 제한
규정에 따라 시·도지사가 배출시설의 설치를 제한할 수 있는 경우는 다음과 같다.
1. 배출시설 설치지점으로부터 반경 1km 안의 상주인구가 2만 명 이상인 지역으로서 특정대기유해물질 중 한 가지 종류의 물질을 연간 10톤 이상 배출하거나 두 가지 이상의 물질을 연간 25톤 이상 배출하는 시설을 설치하는 경우
2. 대기오염물질(먼지·황산화물 및 질소산화물만 해당한다.)의 발생량 합계가 연간 10톤 이상인 배출시설을 특별대책지역에 설치하는 경우

88 대기환경보전법령상 자동차 결함확인검사에 관한 내용 중 환경부장관이 관계 중앙행정 기관의 장과 협의하여 정하는 사항에 해당하지 않는 것은?

① 대상 자동차의 선정기준
② 자동차의 검사방법
③ 자동차의 검사수수료
④ 자동차의 배출가스 성분

해설 [보전법 제51조] 결함확인검사 및 결함의 시정
1. 자동차 제작자는 배출가스보증기간 내에 운행 중인 자동차에서 나오는 배출가스가 배출허용기준에 맞는지에 대하여 환경부장관의 검사를 받아야 한다.
2. 환경부장관이 결함확인검사 대상 자동차의 선정기준, 검사방법, 검사절차, 검사기준, 판정방법, 검사수수료 등에 필요한 사항에 대하여 환경부령으로 정하는 경우 관계중앙행정기관의 장과 협의하여야 한다.

89 악취방지법령상 지정악취물질과 배출허용기준(ppm)의 연결이 옳지 않은 것은? (단, 공업지역 기준, 기타 사항은 고려하지 않음)

① n-발레르알데하이드 : 0.02 이하
② 톨루엔 : 30 이하
③ 프로피온산 : 0.1 이하
④ i-발레르산 : 0.004 이하

해설 악취방지법령상 프로피온산의 배출허용기준(공업지역)은 0.07ppm 이하이다.
[악취방지법 시행규칙 별표 3] 배출허용기준 및 엄격한 배출허용기준의 설정 범위

구분	배출허용기준 (ppm)		엄격한 배출허용기준의 범위 (ppm)	적용시기
	공업지역	기타지역	공업지역	
암모니아	2 이하	1 이하	1~2	2005년 2월 10일 부터
메틸메르캅탄	0.004 이하	0.002 이하	0.002~0.004	
황화수소	0.06 이하	0.02 이하	0.02~0.06	
다이메틸설파이드	0.05 이하	0.01 이하	0.01~0.05	
다이메틸다이설파이드	0.03 이하	0.009 이하	0.009~0.03	
트라이메틸아민	0.02 이하	0.005 이하	0.005~0.02	
아세트알데하이드	0.1 이하	0.05 이하	0.05~0.1	
스타이렌	0.8 이하	0.4 이하	0.4~0.8	
프로피온알데하이드	0.1 이하	0.05 이하	0.05~0.1	
뷰틸알데하이드	0.1 이하	0.029 이하	0.029~0.1	
n-발레르알데하이드	0.02 이하	0.009 이하	0.009~0.02	
i-발레르알데하이드	0.006 이하	0.003 이하	0.003~0.006	
톨루엔	30 이하	10 이하	10~30	2008년 1월 1일 부터
자일렌	2 이하	1 이하	1~2	
메틸에틸케톤	35 이하	13 이하	13~35	
메틸아이소뷰틸케톤	3 이하	1 이하	1~3	
뷰틸아세테이트	4 이하	1 이하	1~4	
프로피온산	0.07 이하	0.03 이하	0.03~0.07	2010년 1월 1일 부터
n-뷰틸산	0.002 이하	0.001 이하	0.001~0.002	
n-발레르산	0.002 이하	0.0009 이하	0.0009~0.002	
i-발레르산	0.004 이하	0.001 이하	0.001~0.004	
i-뷰틸알코올	4.0 이하	0.9 이하	0.9~4.0	

90 환경정책기본법령에서 환경기준을 확인할 수 있는 항목에 해당하지 않는 것은?

① 납
② 일산화탄소
③ 오존
④ 탄화수소

해설 환경정책기본법령상 대기환경기준 항목은 아황산가스(SO_2), 일산화탄소(CO), 이산화질소(NO_2), 미세먼지(PM-10, PM-2.5), 오존(O_3), 납(Pb), 벤젠이다.

91 대기환경보전법령상 과징금 처분에 관한 내용이다. ( ) 안에 알맞은 것은?

> 환경부장관은 자동차제작자가 거짓으로 자동차의 배출가스가 배출가스 보증기간에 제작차배출허용기준에 맞게 유지될 수 있다는 인증을 받은 경우 그 자동차 제작자에 대하여 매출액에 (㉠)(을)를 곱한 금액을 초과하지 않는 범위에서 과징금을 부과할 수 있다. 이 때 과징금의 금액은 (㉡)을 초과할 수 없다.

① ㉠ 100분의 3, ㉡ 100억 원
② ㉠ 100분의 3, ㉡ 500억 원
③ ㉠ 100분의 5, ㉡ 100억 원
④ ㉠ 100분의 5, ㉡ 500억 원

해설 [보전법 제56조] 과징금 처분
환경부장관은 자동차제작자가 거짓으로 제작차의 인증 또는 변경인증을 받은 경우에는 그 자동차제작자에 대하여 매출액에 100분의 5를 곱한 금액을 초과하지 아니하는 범위에서 과징금을 부과할 수 있다. 이 경우 과징금의 금액은 500억 원을 초과할 수 없다.

92 대기환경보전법령상 공급지역 또는 사용시설에 황함유기준을 초과하는 연료를 공급·판매한 자에 대한 벌칙기준은?

① 7년 이하의 징역 또는 1억 원 이하의 벌금에 처한다.
② 5년 이하의 징역 또는 3천만 원 이하의 벌금에 처한다.
③ 3년 이하의 징역 또는 3천만 원 이하의 벌금에 처한다.
④ 500만 원 이하의 벌금에 처한다.

해설 [보전법 제90조의 2] 벌칙
대기환경보전법령상 공급지역 또는 사용시설에 황함유기준을 초과하는 연료를 공급·판매한 자는 3년 이하의 징역이나 3천만 원 이하의 벌금에 처한다.

93 대기환경보전법령상 환경기술인의 교육에 관한 내용으로 옳지 않은 것은? (단, 정보통신매체를 이용하여 원격교육을 하는 경우를 제외)

① 환경기술인으로 임명된 날부터 1년 이내에 1회 신규교육을 받아야 한다.
② 교육과정의 교육기간은 7일 정도로 한다.
③ 환경기술인은 환경보전협회, 환경부장관, 시·도지사가 교육을 실시할 능력이 있다고 인정하여 위탁하는 기관에서 실시하는 교육을 받아야 한다.
④ 교육대상이 된 사람이 그 교육을 받아야 하는 기한의 마지막 날 이전 3년 이내에 동일한 교육을 받았을 경우에는 해당 교육을 받은 것으로 본다.

해설 [시행규칙 제125조] 환경기술인의 교육
1. 환경기술인은 다음의 구분에 따라「환경정책기본법」에 따른 환경보전협회, 환경부장관 또는 시·도지사가 교육을 실시할 능력이 있다고 인정하여 위탁하는 기관(교육기관)에서 실시하는 교육을 받아야 한다. 다만, 교육대상이 된 사람이 그 교육을 받아야 하는 기한의 마지막 날 이전 2년 이내에 동일한 교육을 받았을 경우에는 해당 교육을 받은 것으로 본다.
   ㉠ 신규교육 : 환경기술인으로 임명된 날부터 1년 이내에 1회
   ㉡ 보수교육 : 신규교육을 받은 날을 기준으로 3년마다 1회
2. 제1항에 따른 교육기간은 4일 이내로 한다. 다만, 정보통신매체를 이용하여 원격교육을 하는 경우에는 환경부장관이 인정하는 기간으로 한다.
3. 교육대상자를 고용한 자로부터 징수하는 교육경비는 교육내용 및 교육기간 등을 고려하여 교육기관의 장이 정한다.

94 대기환경보전법령상 자동차의 운행정지에 관한 내용 중 ( ) 안에 알맞은 것은?

> 환경부장관, 특별시장·광역시장·특별자치시장·특별자치도지사·시장·군수·구청장은 운행차의 배출가스가 운행차배출허용기준을 초과하여 개선명령을 받은 자동차 소유자가 이에 따른 확인검사를 환경부령으로 정하는 기간 이내에 받지 않는 경우 ( )의 기간을 정하여 해당 자동차의 운행정지를 명할 수 있다.

① 5일 이내   ② 7일 이내
③ 10일 이내 ④ 15일 이내

해설 [보전법 제70조의 2] 자동차의 운행정지
환경부장관, 특별시장·광역시장·특별자치시장·특별자치도지사·시장·군수·구청장은 운행차의 배출가스가 운행차배출허용기준을 초과하여 개선명령을 받은 자동차 소유자가 이에 따른 확인검사를 환경부령으로 정하는 기간 이내에 받지 아니하는 경우에는 10일 이내의 기간을 정하여 해당 자동차의 운행정지를 명할 수 있다.

정답 91.④ 92.③ 93.② 94.③

95 대기환경보전법령상 배출시설 설치신고를 하려는 자가 배출시설 설치신고서에 첨부하여 환경부장관 또는 시·도지사에게 제출해야 하는 서류에 해당하지 않는 것은?

① 질소산화물 배출농도 및 배출량을 예측한 명세서
② 방지시설의 연간 유지관리 계획서
③ 방지시설의 일반도
④ 배출시설 및 대기오염방지시설의 설치명세서

해설 [시행령 제11조] 배출시설의 설치허가 및 신고 등
배출시설 설치허가를 받거나 신고를 하려는 자는 배출시설 설치허가신청서 또는 배출시설 설치신고서에 다음의 서류를 첨부하여 환경부장관에게 제출하여야 한다.
① 원료(연료를 포함한다.)의 사용량 및 제품생산량과 오염물질 등의 배출량을 예측한 명세서(배출시설 설치허가를 신청하는 경우에만 첨부한다.)
② 배출시설 및 방지시설의 설치명세서
③ 방지시설의 일반도
④ 방지시설의 연간 유지관리계획서
⑤ 사용연료의 성분분석과 황산화물 배출농도 및 배출량 등을 예측한 명세서
⑥ 배출시설 설치허가증(변경허가를 신청하는 경우에만 해당한다.)

96 대기환경보전법령상 특정 대기오염물질의 배출허용기준이 300(12)ppm일 때, (12)의 의미는?

① 해당배출허용농도(백분율)
② 해당배출허용농도(ppm)
③ 표준산소농도(O_2의 백분율)
④ 표준산소농도(O_2의 ppm)

해설 대기오염물질의 배출허용기준 표시에서 (12)는 표준산소농도(O_2의 백분율)를 의미한다.

97 대기환경보전법령상 "3종사업장"에 해당하는 경우는?

① 대기오염물질발생량의 합계가 연간 9톤인 사업장
② 대기오염물질발생량의 합계가 연간 11톤인 사업장
③ 대기오염물질발생량의 합계가 연간 22톤인 사업장
④ 대기오염물질발생량의 합계가 연간 52톤인 사업장

해설 대기오염물질발생량의 합계가 연간 11톤인 사업장은 3종사업장에 해당한다.
[시행령 제13조 별표 1의 3] 사업장 분류기준

종 별	오염물질발생량 구분
1종 사업장	대기오염물질 발생량의 합계가 연간 80톤 이상인 사업장
2종 사업장	대기오염물질 발생량의 합계가 연간 20톤 이상 80톤 미만인 사업장
3종 사업장	대기오염물질 발생량의 합계가 연간 10톤 이상 20톤 미만인 사업장
4종 사업장	대기오염물질 발생량의 합계가 연간 2톤 이상 10톤 미만인 사업장
5종 사업장	대기오염물질 발생량의 합계가 연간 2톤 미만인 사업장

98 대기환경보전법령상 대기오염경보 단계 중 '경보 발령'단계의 조치사항으로 옳지 않은 것은?

① 주민의 실외활동 제한 요청
② 자동차 사용의 제한
③ 사업장의 연료사용량 감축 권고
④ 사업장의 조업시간 단축명령

해설 [시행령 제2조] 대기오염경보의 대상 지역 등
1. 주의보 발령 : 주민의 실외활동 및 자동차 사용의 자제 요청 등
2. 경보 발령 : 주민의 실외활동 제한 요청, 자동차 사용의 제한 및 사업장의 연료사용량 감축 권고 등
3. 중대경보 발령 : 주민의 실외활동 금지 요청, 자동차의 통행금지 및 사업장의 조업시간 단축명령 등

99 실내공기질 관리법령상 실내공기질의 측정에 관한 내용 중 ( ) 안에 알맞은 것은?

> 다중이용시설의 소유자 등은 실내공기질 측정대상오염물질이 실내공기질 권고기준의 오염물질항목에 해당하는 경우 실내공기질을 (ⓐ) 측정해야 한다. 또한 실내공기질 측정결과를 (ⓑ) 보존해야 한다.

① ⓐ 연 1회, ⓑ 10년간
② ⓐ 연 2회, ⓑ 5년간
③ ⓐ 2년에 1회, ⓑ 10년간
④ ⓐ 2년에 1회, ⓑ 5년간

해설 [실내공기질 관리법 시행규칙 제11조] 실내공기질의 측정
다중이용시설의 소유자 등은 측정대상오염물질이 실내공기질 권고기준의 오염물질항목에 해당하는 경우 실내공기질을 2년에 한 번 측정해야 한다. 또한, 실내공기질 측정결과를 10년간 보존해야 한다.
※ 다중이용시설의 소유자 등은 실내공기질 측정대상오염물질이 실내공기질 유지기준의 오염물질항목에 해당하는 경우 실내공기질을 1년에 한 번 측정해야 한다.

100 대기환경보전법령상 대기오염방지시설에 해당하지 않는 것은?

① 흡착에 의한 시설
② 응축에 의한 시설
③ 응집에 의한 시설
④ 촉매반응을 이용하는 시설

해설 [시행규칙 별표 4] 대기오염방지시설
대기환경보전법규상 대기오염방지시설의 종류는 다음과 같다.
1. 중력집진시설
2. 관성력집진시설
3. 원심력집진시설
4. 세정집진시설
5. 여과집진시설
6. 전기집진시설
7. 음파집진시설
8. 흡수에 의한 시설
9. 흡착에 의한 시설
10. 직접연소에 의한 시설
11. 촉매반응을 이용하는 시설
12. 응축에 의한 시설
13. 산화·환원에 의한 시설
14. 미생물을 이용한 처리시설
15. 연소조절에 의한 시설
16. 1~15까지의 시설과 같은 방지효율 또는 그 이상의 방지효율을 가진 시설로서 환경부장관이 인정하는 시설

2022 제2회 대기환경기사

2022. 4. 24 시행

[제1과목] 대기오염개론

01 가우시안 확산모델에 관한 내용으로 옳지 않은 것은?

① 확산계수(σ_y, σ_z)를 구하기 위한 시료 채취시간을 10분 정도로 한다.
② 고도에 따른 풍속 변화가 power law를 따른다고 가정한다.
③ 오염물질이 배출원에서 연속적으로 배출된다고 가정한다.
④ 경계조건을 달리 설정함으로써 오염원의 위치와 형태에 따른 오염물질의 농도를 예측할 수 있다.

해설 고도에 따른 풍속변화는 없는 것으로 가정한다. 고도에 따른 풍속의 변화가 power low를 따르는 것은 Deacon의 지수법칙에 해당하는 내용이다.
※ 참고 : 가우시안 모델 가정조건
1. 점배출원으로부터 오염물질이 연속적으로 방출된다고 가정
2. 연기의 확산은 정상상태(Steady State)로 가정
3. 바람에 의한 오염물질의 주 이동방향은 x축으로 하며, 풍속을 일정하다고 가정
4. 풍하측의 대기 안정도와 확산계수는 변하지 않음
5. 오염물질은 플룸(Plume) 내에서 소멸되거나 생성되지 않음
6. 마찰에 의한 풍향변화는 고려하지 않음
7. 연기가 지면에 도달할 때 흡수되거나 침전하는 것을 고려하지 않음
※ 참고 : 가우시안 분산모델의 표준편차(σ_y, σ_z)의 설정조건과 제한성
1. σ_y, σ_z 값은 평탄한 지형에 기준을 두고 있다.
2. σ_y, σ_z 값의 성립조건으로 시료채취시간은 약 10분이다.
3. σ_y, σ_z 값은 대기의 안정상태와 풍하거리 x의 함수이다.
4. σ_y, σ_z 값은 고도에 따라 변하므로 고도는 대기 중에서 하부 수백 m에 국한된다.

02 PAN에 관한 내용으로 옳지 않은 것은?

① 대기 중의 광화학반응으로 생성된다.
② PAN의 지표식물에는 강낭콩, 상추, 시금치 등이 있다.
③ 황산화물의 일종으로 가시광선을 흡수해 가시거리를 단축시킨다.
④ 사람의 눈에 통증을 일으키며 식물의 잎에 흑반병을 발생시킨다.

해설 PAN(니트로화과아세트산)은 옥시던트의 일종으로 무색, 무미의 액체로서 O_3과 함께 강산화제로 작용하며 호흡기 점막에 강한 자극을 주고 특히 눈에 통증을 유발하는 자극감을 준다.

03 오존의 반응을 나타낸 다음 도식 중 ( ) 안에 알맞은 것은?

㉠ $CCl_3 \xrightarrow{h_v} CFCl_2 + (\ )$
$(\ ) + O_3 \longrightarrow ClO + O_2$
$ClO + O \cdot \longrightarrow (\ ) + O_2$
㉡ $CF_3Br \xrightarrow{h_v} CF_3 + (\ )$
$(\ ) + O_3 \longrightarrow BrO + O_2$
$BrO + O \cdot \longrightarrow (\ ) + O_2$

① ㉠ : F·, ㉡ : C·
② ㉠ : C·, ㉡ : F·
③ ㉠ : Cl·, ㉡ : Br·
④ ㉠ : F·, ㉡ : Br·

해설 성층권에 도달한 CFCs 및 할론류(Halon)는 강한 자외선의 영향을 받아 해리되어 유리상태의 Cl·와 Br·를 방출시키고 방출된 이 Cl·와 Br·는 오존을 소모하면서 지속적으로 순환된다.

04 Stokes 직경의 정의로 옳은 것은?

① 구형이 아닌 입자와 침강속도가 같고 밀도가 1g/cm³인 구형입자의 직경
② 구형이 아닌 입자와 침강속도가 같고 밀도가 10g/cm³인 구형입자의 직경
③ 침강속도가 1cm/s이고 구형이 아닌 입자와 밀도가 같은 구형입자의 직경
④ 구형이 아닌 입자와 침강속도가 같고 밀도가 같은 구형입자의 직경

해설 Stokes 직경은 구형이 아닌 입자와 침강속도와 밀도를 가진 구형입자의 직경을 말한다.

05 다음에서 설명하는 굴뚝에서 배출되는 연기의 모양은?

- 대기가 중립조건일 때 나타난다.
- 오염물질이 멀리 퍼져 나가고 지면 가까이에는 오염의 영향이 거의 없다.
- 오염의 단면분포가 전형적인 가우시안 분포를 이룬다.

① 환상형   ② 원추형
③ 지붕형   ④ 부채형

해설 대기가 중립조건일 때 잘 발생하며, 연기 내에서는 오염의 단면분포가 전형적인 가우시안 분포를 나타내는 연기의 모양은 원추형(Conning)이다.

06 공장에서 대량의 H_2S 가스가 누출되어 발생한 대기오염사건은?

① 도노라사건   ② 포자리카사건
③ 요코하마사건   ④ 보팔시사건

해설 1950년 멕시코 공장에서 대량의 H_2S 가스가 누출되어 발생한 대기오염사건은 포자리카사건이다.
① 도노라사건 - 1948년 미국의 소규모 공업도시 도노라(Donora)에서 제철공장, 아연정련공장, 황산공장 등에서 발생한 사건으로 SO_2와 SO_3의 에어로졸과 입자상 물질이 복합적인 상가작용(相加作用)을 일으킨 사건이다.
③ 요코하마사건 - 1946년 일본 요코하마의 공업지대의 배기가스 중 SO_x와 먼지(TSP)가 주된 오염물질로 작용한 사건이다.
④ 보팔시사건 - 1984년 인도에서 일어난 사건으로 비료공장 저장탱크에서 MIC가스가 유출되어 발생한 사건이다.

07 20℃, 750mmHg에서 이산화황의 농도를 측정한 결과 0.02ppm이었다. 이를 mg/m³로 환산한 값은?

① 0.008   ② 0.013
③ 0.053   ④ 0.157

해설 제시된 조건에 따른 질량농도 계산은 다음과 같다.

〈계산식〉 $C_m = C_p \times \dfrac{M_w}{22.4}$

$\therefore C_m = \dfrac{0.02 \text{amL}}{\text{am}^3} \left| \dfrac{273+20}{273} \right| \dfrac{760}{750} \left| \dfrac{64\text{mg}}{22.4\text{SmL}} \right|$

$\dfrac{273}{273+20} \left| \dfrac{750}{760} \right| = 0.057 mg/Sm^3$

08 자동차 배출가스 저감기술에 관한 내용으로 옳지 않은 것은?

① 입자상물질 여과장치는 세라믹 필터나 금속필터를 사용하여 입자상 물질을 포집하는 장치이다.
② 후처리 버너는 엔진의 배기계통에 장착하여 배출가스 중의 가연성분을 제거하는 장치이다.
③ 디젤 산화촉매는 자동차 배출가스 중의 HC, CO를 탄산가스와 물로 산화시켜 정화한다.
④ EBD는 촉매의 존재 하에 NO_x와 선택적으로 반응할 수 있는 환원제를 주입하여 NO_x를 N_2로 환원하는 장치이다.

해설 EBD(Electronic Brake force Distribution) 브레이크 페달 작동시의 압력을 전자적으로 제어하는 기능으로써 배출가스 저감기술과 연관이 없다.
※ 참고
① 매연 여과장치(DPF ; Diesel Particulate Filter trap) : 세라믹 필터나 금속필터를 사용하여 탄소성분의 미립자를 포집하고, 포집된 미립자를 태워 필터를 재생하는 방식의 장치
② 후처리버너(After burner) : 연소 후 배기가스 중의 가연성분(CO 및 HC)을 직접 불꽃으로 재연소(再燃燒)시키는 장치
③ 디젤 산화촉매(DOC ; Diesel Oxidation Catalyst) : DOC는 배기가스 중의 HC, CO 및 PM(Particulate Matter)의 용해성 유기물질(SOF ; Soluble Organic Fraction)을 산화시키고, 디젤 악취와 흑연을 저감시키기 위해 사용되는 장치

09 다음 NO_x의 광분해 사이클 중 ( ) 안에 알맞은 빛의 종류는?

정답 4.④ 5.② 6.② 7.③ 8.④ 9.②

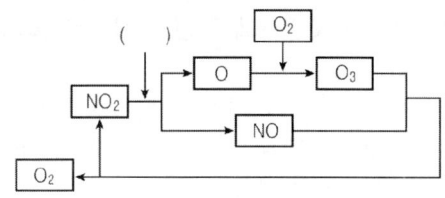

① 가시광선 ② 자외선
③ 적외선   ④ β선

해설 대기 중 배출된 NO₂는 광자에너지(h_v)에 의해 NO와 O·형태로 광분해되며, 대기 중 O₂와 반응하여 O₃을 생성한다. 생성된 O₃은 다시 NO와 반응하여 NO₂와 O₂가 되어 균형을 이룬다.

10 먼지 농도가 40μg/m³, 상대습도가 70%일 때, 가시거리(km)는? (단, 계수 A는 1.2)

① 19   ② 23
③ 30   ④ 67

해설 제시된 조건에 따른 가시거리(km) 계산은 다음과 같다. 단위에 유의할 것

〈계산식〉 $L_v(km) = \dfrac{A \times 10^3}{C}$

- $\begin{cases} L_v(\text{가시거리}) \\ A(\text{실험적 정수}) = 1.2 \\ C(\text{먼지농도}, \mu g/m^3) = 40\mu g/m^3 \end{cases}$

∴ $L_v(km) = \dfrac{1.2 \times 10^3}{40} = 30km$

11 다이옥신에 관한 내용으로 옳지 않은 것은?

① 250~340nm의 자외선 영역에서 광분해될 수 있다.
② 2개의 벤젠고리와 산소, 2개 이상의 염소가 결합된 화합물이다.
③ 완전 분해되더라도 연소가스 배출 시 저온에서 재생될 수 있다.
④ 증기압이 높고 물에 잘 녹는다.

해설 다이옥신은 증기압이 매우 낮은 고형화합물이며, 수용성은 낮으나 벤젠 등에 용해되며 토양 등에 흡수된다.

12 하루 동안 시간에 따른 대기오염물질의 농도 변화를 나타낸 그래프이다. A, B, C에 해당하는 물질은?

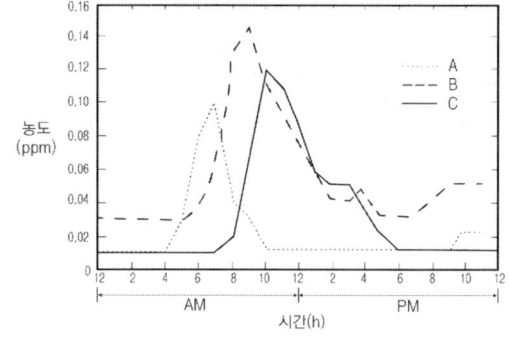

① A=NO₂, B=O₃, C=NO
② A=NO, B=NO₂, C=O₃
③ A=NO₂, B=NO, C=O₃
④ A=O₃, B=NO, C=NO₂

해설 출근시간 전·후로 자동차의 교통량이 증가하면서 NOx 농도가 증가하고, 일출 후 태양 복사에너지를 흡수한 NO가 NO₂로 산화되면서 NO의 농도는 감소하고, NO₂의 농도는 증가함. 대기 중에 존재하는 유기물이 광산화되어 과산화기를 만들고 이들이 NO를 산화시켜 대기 중의 NO₂ 농도와 O₃ 농도는 한낮을 전후하여 최고농도를 나타내게 된다.

13 지상 100m에서의 기온이 20℃일 때 지상 300m에서의 기온(℃)은? (단, 지상에서부터 600m까지의 평균기온감률은 0.88℃/100m)

① 15.5   ② 16.2
③ 17.5   ④ 18.2

해설 제시된 조건에 따른 지상 300m에서의 기온(℃) 계산은 다음과 같다.

〈계산식〉
$t(℃) = 20℃ - \dfrac{0.88}{100} \left| (300-100)m \right| = 18.24℃$

14 다음 중 불화수소의 가장 주된 배출원은?

① 알루미늄공업   ② 코크스연소로
③ 농약   ④ 석유정제업

해설 불화수소(HF)의 주요 배출 관련 업종은 화학비료공업, 알루미늄공업, 유리공업이다.

15 직경이 1~2μm 이하인 미세입자의 경우 세정(rain out) 효과가 작은 편이다. 그 이유로 가장 적합한 것은?

① 응축효과가 크기 때문
② 휘산효과가 작기 때문

③ 부정형의 입자가 많기 때문
④ 브라운 운동을 하기 때문

해설 1~2μm 이하인 미세입자의 경우 세정(rain out) 효과가 작은데, 그 이유는 입자가 브라운 운동을 하기 때문이다.

16 파스킬(Pasquill)의 대기안정도에 관한 내용으로 옳지 않은 것은?

① 낮에는 풍속이 약할수록(2m/s 이하), 일사량이 강할수록 대기가 안정하다.
② 낮에는 일사량과 풍속으로, 야간에는 운량, 운고, 풍속으로부터 안정도를 구분한다.
③ 안정도는 A~F까지 6단계로 구분하며 A는 매우 불안정한 상태, F는 가장 안정한 상태를 뜻한다.
④ 지표가 거칠고 열섬효과가 있는 도시나 지면의 성질이 균일하지 않은 곳에서는 오차가 크게 나타날 수 있다.

해설 파스킬(Pasquill)의 대기안정도는 낮에는 일사량과 풍속(지상 10m)으로, 야간에는 운량(雲量)·운고(雲高)와 풍속으로부터 안정도 계급을 A~F등급까지 6단계로 구분하며 일사량이 약하고 풍속이 강할수록(6m/s 이상) 대기는 안정하다.

17 부피가 100m^3인 복사실에서 분당 0.2mg의 오존을 배출하는 복사기를 연속적으로 사용하고 있다. 복사기를 사용하기 전 복사실의 오존 농도가 0.1ppm일 때, 복사기를 5시간 사용한 후 복사실의 오존 농도(ppb)는? (단, 0℃, 1기압 기준, 환기를 고려하지 않음)

① 260
② 380
③ 420
④ 520

해설 제시된 조건에 따른 복사실의 오존 농도(ppb) 계산은 다음과 같다.

〈계산식〉 O_3 농도 = 복사기 사용 전 O_3 농도 + 복사기 사용 후 O_3 농도

• 복사기 사용 전 O_3 농도
$$= \frac{0.1ppm}{} \left| \frac{10^3 ppb}{1ppm} \right. = 100ppb$$

• 복사기 사용 후 O_3 농도
$$= \frac{0.2mg}{min} \left| \frac{5hr}{} \right| \frac{60min}{1hr} \left| \frac{22.4mL}{48mg} \right| \frac{10^3 \mu L}{1mL} \left| \frac{}{100m^3} \right.$$
$$= 280 \mu L/m^3 (= ppb)$$

∴ O_3 농도 = 100 + 280 = 380ppb

18 오존과 오존층에 관한 내용으로 옳지 않은 것은?

① 1돕슨단위는 지구 대기 중의 오존총량을 0℃, 1atm에서 두께로 환산했을 때 0.01mm에 상당하는 양이다.
② 대기 중의 오존 배경농도는 0.01~0.04ppm 정도이다.
③ 오존의 생성과 소멸이 계속적으로 일어나면서 오존층의 오존 농도가 유지된다.
④ 오존층은 성층권에서 오존의 농도가 가장 높은 지상 50~60km 구간을 말한다.

해설 오존층은 성층권에서 오존의 농도가 가장 높은 지상 25~35km 구간을 말한다.

19 인체에 다음과 같은 피해를 유발하는 오염물질은?

> 헤모글로빈의 기본요소인 포르피린 고리의 형성을 방해함으로써 인체 내 헤모글로빈의 형성을 억제하여 빈혈이 발생할 수 있다.

① 다이옥신
② 납
③ 망간
④ 바나듐

해설 납(Pb)은 혈액 헤모글로빈의 기본요소인 포르피린 고리의 형성을 방해함으로써 헤모글로빈의 형성을 억제한다.

20 다음 중 복사역전이 가장 발생하기 쉬운 조건은?

① 하늘이 흐리고, 바람이 강하며, 습도가 낮을 때
② 하늘이 흐리고, 바람이 약하며, 습도가 높을 때
③ 하늘이 맑고, 바람이 강하며, 습도가 높을 때
④ 하늘이 맑고, 바람이 약하며, 습도가 낮을 때

해설 복사역전은 하늘이 맑고, 바람이 약하며, 습도가 낮을 때 가장 잘 발생한다.

정답 16.① 17.② 18.④ 19.② 20.④

제2과목 연소공학

21 다음 내용과 관련있는 무차원 수는? (단, μ : 점성계수, ρ : 밀도, D : 확산계수)

- 정의 : $\dfrac{\mu}{\rho D}$
- 의미 : $\dfrac{운동량의\ 확산속도}{물질의\ 확산속도}$

① Schmidt number
② Nusselt number
③ Grashof number
④ Karlovitz number

해설 슈미트 수(Schmidt number)는 물질 이동에서 농도 경계층과 속도 경계층의 상대적 크기에 관계되는 무차원수로서 물질이동에 관계되는 중요한 물성상수 (20℃ 공기는 약 0.75)이다.

22 어떤 연료의 배출가스가 CO_2 : 13%, O_2 : 6.5%, N_2 : 80.5%로 이루어졌을 때, 과잉공기계수는? (단, 연료는 완전 연소됨)

① 1.54   ② 1.44
③ 1.34   ④ 1.24

해설 제시된 조건에 따른 과잉공기계수 계산은 다음과 같다.

〈계산식〉 $m = \dfrac{21}{21 - O_2}$

$\therefore m = \dfrac{21}{21 - 6.5} = 1.448$

23 연료의 연소과정에서 공기비가 너무 낮은 경우 발생하는 현상은?

① CO, 매연의 발생량이 증가한다.
② 연소실 내의 온도가 감소한다.
③ SOx, NOx 발생량이 증가한다.
④ 배출가스에 의한 열손실이 증가한다.

해설 공기비가 낮을 경우 연소실 온도가 상승하고, 불완전 연소로 인한 CO, 매연의 발생이 증가한다.

24 연료의 일반적인 특징으로 옳은 것은?

① 석탄의 휘발분이 많을수록 매연발생량이 적다.
② 공기의 산소농도가 높을수록 석탄의 착화온도가 낮다.
③ C/H비가 클수록 이론공연비가 증가한다.
④ 중유는 점도를 기준으로 A, B, C 중유로 구분할 수 있으며 이 중 A 중유의 점도가 가장 높다.

해설 ②항만 옳다.
-바르게 고쳐보기-
① 석탄의 휘발분이 많을수록 매연발생량이 많다.
③ C/H비가 클수록 이론공연비는 감소한다.

〈계산식〉 $AFR_m (W/W) = \dfrac{34.21 + 11.48(C/H)}{1 + (C/H)}$

④ 중유는 점도를 기준으로 A, B, C 중유로 구분할 수 있으며 이 중 C중유의 점도가 가장 높다.

25 다음 중 착화온도가 가장 높은 연료는?

① 수소   ② 휘발유
③ 무연탄   ④ 목재

해설 연료의 착화온도는 탄화수소류의 경우 분자량이 클수록 낮아지며, 분자의 구조가 복잡하거나 발열량이 높을수록 착화온도는 낮아진다. 일반적으로 기체 연료의 착화온도가 높다.
※ 참고 : 연료별 착화온도

연료	착화온도	연료	착화온도
목탄(흑탄)	320~370℃	수소	580~600℃
갈탄(건조)	250~450℃	일산화탄소	580~650℃
역청탄	320~400℃	메탄	650~750℃
무연탄	440~550℃	가스 코크스	500~600℃
중유	350℃	발생로가스	700~800℃
경유	380℃	등유	400℃
알코올	450℃	휘발유	500℃

26 석탄의 유동층 연소방식에 관한 설명으로 옳지 않은 것은?

① 부하변동에 적응력이 낮다.
② 유동매체의 손실로 인한 보충이 필요하다.
③ 유동매체를 석회석으로 할 경우 로 내에서 탈황이 가능하다.
④ 공기소비량이 많아 화격자 연소장치에 비해 배출가스량이 많은 편이다.

해설 유동층 연소방식은 화격자 연소방식에 과잉공기율이 낮아 배출가스량이 적은 편이다.

27 굴뚝 배출가스 중의 HCl 농도가 200ppm 이다. 세정기를 사용하여 배출가스 중의 HCl 농도를 32mg/m³으로 저감했을 때 세정기의 HCl 제거효율(%)은? (단, 0℃, 1atm 기준)

① 75　　　　　　② 80
③ 85　　　　　　④ 90

해설 제시된 조건에 따른 세정기의 HCl 제거효율(%) 계산은 다음과 같다.

〈계산식〉 $\eta = \left(1 - \dfrac{C_o}{C_i}\right) \times 100$

- $\begin{cases} C_i(\text{기존 배출농도}) = \dfrac{200\text{mL}}{\text{m}^3} \bigg| \dfrac{36.5\text{mg}}{22.4\text{mL}} \\ \qquad\qquad\qquad\quad = 325.89\text{mg/m}^3 \\ C_o(\text{저감 배출농도}) = 32\text{mg/m}^3 \end{cases}$

$\therefore \eta = \left(1 - \dfrac{32}{325.89}\right) \times 100 = 90.18\%$

28 디젤기관의 노킹현상을 방지하기 위한 방법으로 옳은 것은?

① 착화지연기간을 증가시킨다.
② 세탄가가 낮은 연료를 사용한다.
③ 압축비와 압축압력을 높게 한다.
④ 연료 분사개시 때 분사량을 증가시킨다.

해설 ③항만 옳다. 디젤엔진에서의 노킹현상은 연소실 내에서 착화지연에 의한 비정상적 시기의 폭발반응으로 압력파 및 충격음이 발생하는 현상을 말한다. 이를 방지하기 위해서는 기관의 압축비를 높여 압축압력을 크게 한다.

29 기체연료의 특징으로 옳지 않은 것은?

① 적은 과잉공기로 완전 연소가 가능하다.
② 연료의 예열이 쉽고 연소 조절이 비교적 용이하다.
③ 공기와 혼합하여 점화할 때 누설에 의한 역화·폭발 등의 위험이 크다.
④ 운송이나 저장이 편리하고 수송을 위한 부대설비 비용이 액체연료에 비해 적게 소요된다.

해설 기체연료는 저장 및 수송에 불편함이 따르고 시설비가 많이 든다.

30 수소 8%, 수분 2%로 구성된 고체연료의 고발열량이 8,000kcal/kg일 때, 이 연료의 저발열량(kcal/kg)은?

① 7,984　　　　② 7,779
③ 7,556　　　　④ 6,835

해설 제시된 조건에 따른 연료의 저발열량(kcal/kg) 계산은 다음과 같다.

〈계산식〉 $Hl = Hh - 600(9H + W)$
$\therefore Hl = 8,000 - 600(9 \times 0.08 + 0.02) = 7,556\text{kcal/kg}$

31 반응물의 농도가 절반으로 감소하는데 1,000s가 걸렸을 때, 반응물의 농도가 초기의 1/250으로 감소할 때까지 걸리는 시간(s)은? (단, 1차 반응 기준)

① 6,650　　　　② 6,966
③ 7,470　　　　④ 7,966

해설 제시된 조건에 따른 농도 감소 시 소요시간(s) 계산은 다음과 같다.

〈계산식〉 $\ln\left(\dfrac{C_t}{C_o}\right) = -K \cdot t$

- $\ln\left(\dfrac{0.5}{1}\right) = -K \times 1,000\text{sec}, \ K = 6.9315 \times 10^{-4}$
- $\ln\left(\dfrac{1}{250}\right) = -6.9315 \times 10^{-4} \times t$

$\therefore t = 7965.78\text{sec}$

32 일반적인 디젤기관의 특징으로 옳지 않은 것은?

① 가솔린기관에 비해 납 발생량이 적은 편이다.
② 압축비가 높아 가솔린기관에 비해 소음과 진동이 큰 편이다.
③ NOx는 가속 시 특히 많이 배출되며 HC는 감속 시 특히 많이 배출된다.
④ 연료를 공기와 혼합하여 실린더에 흡입, 압축시킨 후 점화플러그에 의해 강제로 연소 폭발시키는 방식이다.

해설 디젤기관은 먼저 흡입된 공기가 압축되었을 때 연료가 분사되어 자체폭발을 일으키는 방식이다.

33 C : 85%, H : 10%, O : 3%, S : 2%의 무게비로 구성된 액체연료를 1.3의 공기비로 완전연소 할 때 발생하는 실제 습연소가스량(Sm³/kg)은?

① 8.6　　　　② 9.8
③ 10.4　　　　④ 13.8

정답 27.④　28.③　29.④　30.③　31.④　32.④　33.④

[해설] 제시된 조건에 따른 실제 습연소가스량(Sm^3/kg) 계산은 다음과 같다.

⟨계산식⟩ $G_w = (m-0.21)A_o + CO_2 + H_2O + SO_2$

- $A_o = O_o \times \dfrac{1}{0.21} = 2.14 \times \dfrac{1}{021} = 10.19 Sm^3/kg$
- $O_o = 1.867C + 5.6H + 0.7S - 0.7O$
  $= 1.867 \times 0.85 + 5.6 \times 0.1 + 0.7 \times 0.02 - 0.7 \times 0.03$
  $= 2.14 Sm^3/kg$
- $CO_2 = 1.867C = 1.867 \times 0.85 = 1.58695 Sm^3/kg$
- $H_2O = 11.2H = 11.2 \times 0.1 = 1.12 Sm^3/kg$
- $SO_2 = 0.7S = 0.7 \times 0.02 = 0.014 Sm^3/kg$
- $\therefore G_w = (1.3-0.21) \times 10.19 + 1.58695 + 1.12 + 0.014$
  $= 13.83 Sm^3/kg$

34 C : 85%, H : 7%, O : 5%, S : 3%의 무게비로 구성된 중유의 이론적인 $(CO_2)_{max}$(%)는?

① 9.6 ② 12.6
③ 17.6 ④ 20.6

[해설] 제시된 조건에 따른 $(CO_2)_{max}$(%) 계산은 다음과 같다.

⟨계산식⟩ $(CO_2)_{max}(\%) = \dfrac{CO_2}{G_{od}} \times 100$

- $G_{od} = (1-0.21)A_o + CO_2 + SO_2$
- $A_o = O_o \times \dfrac{1}{0.21} = 1.965 \times \dfrac{1}{0.21} = 9.36 Sm^3/kg$
- $O_o = 1.867C + 5.6H + 0.7S - 0.7O$
  $= 1.867 \times 0.85 + 5.6 \times 0.07 + 0.7 \times 0.03 - 0.7 \times 0.05$
  $= 1.965 Sm^3/kg$
- $CO_2 = 1.867C = 1.867 \times 0.85 = 1.58695 Sm^3/kg$
- $SO_2 = 0.7S = 0.7 \times 0.03 = 0.021 Sm^3/kg$
- $\Rightarrow G_{od} = (1-0.21) \times 9.36 + 1.58695 + 0.021$
  $= 9 Sm^3/kg$
- $\therefore (CO_2)_{max}(\%) = \dfrac{1.58695}{9} \times 100 = 17.63\%$

35 확산형 가스버너 중 포트형에 관한 내용으로 옳지 않은 것은?

① 포트 입구의 크기가 작으면 슬래그가 부착하여 막힐 우려가 있다.
② 기체연료와 연소용 공기를 버너 내에서 혼합시킨 뒤 로 내에 주입시킨다.
③ 밀도가 큰 공기 출구는 상부에, 밀도가 작은 가스 출구는 하부에 배치되도록 한다.
④ 버너 자체가 로 벽과 함께 내화벽돌로 조립되어 로 내부에 개구된 것으로 가스와 공기를 함께 가열할 수 있는 장점이 있다.

[해설] 포트형(port type) 확산버너는 큰 단면적의 화구로부터 공기와 가스를 연소실에 보내는 방식으로 버너 자체가 노벽과 함께 내화벽돌로 조립되어 있으며, 밀도가 큰 공기출구는 상부에, 밀도가 작은 가스 출구는 하부에 배치되어 있다. 구조상 공기압을 높이지 못하는 경우에 사용된다.

36 기체연료의 연소형태로 옳은 것은?

① 증발연소 ② 표면연소
③ 분해연소 ④ 예혼합연소

[해설] 기체연료의 연소형태는 확산연소, 예혼합연소, 부분예혼합연소로 분류된다.

37 부탄가스를 완전 연소시킬 때, 부피 기준 공기연료비(AFR)는?

① 15.23 ② 20.15
③ 30.95 ④ 60.46

[해설] 제시된 조건에 따른 부피기준 AFR 계산은 다음과 같다.

⟨계산식⟩ $AFR_v = \dfrac{m_a \times 22.4}{m_f \times 22.4}$

⟨반응식⟩ $C_4H_{10} + 6.5O_2 \rightarrow 4CO_2 + 5H_2O$
1mol : 6.5mol

- $\begin{cases} m_a(\text{공기의 몰수}) = 6.5 \times 1/0.21 = 30.95 \\ m_f(\text{연료의 몰수}) = 1 \end{cases}$

$\therefore AFR_v = \dfrac{30.95 \times 22.4}{1 \times 22.4} = 30.95$

38 COM(coal oil mixture) 연료의 연소에 관한 내용으로 옳지 않은 것은?

① 재와 매연 발생 등의 문제점을 갖는다.
② 중유만을 사용할 때보다 미립화 특성이 양호하다.
③ 중유전용 보일러를 사용하는 곳에 별도의 개조 없이 사용할 수 있다.
④ 화염길이는 미분탄연소에 가깝고 화염안전성은 중유연소에 가깝다.

[해설] 유혼합미분탄(COM)은 미분탄에 50~60Wt%의 중유와 휘발분을 추가하여 고체연료를 보다 효율적인 분무연소 방식으로 연소시키는 방법이다. 고체연료 연소에 비해 연소실 내 체류시간이 부족하고 점도가 높으므로 중유연소에 가까운 불안정한 화염이 생성되며 미분탄에 의해 분서변의 폐쇄를 일으킬 수 있고, 중유에 의해 점도가 높고, 유동성이 낮으므로 항상 가열하여 사용하는 등의 문제점이 있다.

정답 34.③ 35.② 36.④ 37.③ 38.③

39 가동(이동식)화격자의 일반적인 특징으로 옳지 않은 것은?

① 역동식화격자는 폐기물의 교반 및 연소조건이 불량하여 소각효율이 낮다.
② 회전로울러식화격자는 여러 개의 드럼을 횡축으로 배열하고 폐기물을 드럼의 회전에 따라 순차적으로 이송한다.
③ 병렬요동식화격자는 고정화격자와 가동화격자를 횡방향으로 나란히 배치하고 가동화격자를 전·후로 왕복 운동시킨다.
④ 계단식화격자는 고정화격자와 가동화격자를 교대로 배치하고 가동화격자를 왕복운동시켜 폐기물을 이송한다.

해설 역동식화격자는 쓰레기 교반 및 연소조건이 양호하고 소각효율이 높으나 화격자의 마모가 많다.

40 황의 농도가 3Wt%인 중유를 매일 100kL씩 사용하는 보일러에 황의 농도가 1.5Wt%인 중유를 30% 섞어 사용할 때, SO_2 배출량(kL)은 몇 % 감소하는가? (단, 중유의 황 성분은 모두 SO_2로 전환, 중유의 비중은 1.0)

① 30%   ② 25%
③ 15%   ④ 10%

해설 제시된 조건에 따른 SO_2 감소율(%) 계산은 다음과 같다.

〈반응식〉 $S + O_2 \rightarrow SO_2$
　　　　　32kg : 22.4m³

㉠ 황함량이 3%일 때
$$\frac{100kL}{1} \Big| \frac{3}{100} \Big| \frac{1.0kg}{L} \Big| \frac{10^3 L}{1kL} : X,$$
$X(=SO_2) = 2,100 Sm^3$

㉡ 황함량 1.5%를 30% 섞을 때
$$\frac{100kL}{1} \Big| \frac{(3 \times 0.7)+(1.5 \times 0.3)}{100} \Big| \frac{1.0kg}{L} \Big| \frac{10^3 L}{1kL} : X,$$
$X(=SO_2) = 1,785 Sm^3$

∴ 감소율(%) = $\frac{2,100-1,785}{2,100} \times 100 = 15\%$

제3과목　대기오염방지기술

41 유체의 흐름에서 레이놀즈(Reynolds)수와 관련이 가장 적은 것은?

① 관의 직경   ② 유체의 속도
③ 관의 길이   ④ 유체의 밀도

해설 레이놀즈(Reynolds)수 관계식을 통해 문제를 푼다.

〈관계식〉 $R_e = \dfrac{\rho D V}{\mu}$

- ρ : 유체의 밀도
- D : 관의 직경
- V : 유체의 속도
- μ : 점도

42 분무탑에 관한 설명으로 옳지 않은 것은?

① 구조가 간단하고 압력손실이 작은 편이다.
② 침전물이 생기는 경우에 적합하고 충전탑에 비해 설비비, 유지비가 적게 든다.
③ 분무에 상당한 동력이 필요하고 가스 유출 시 비말동반의 위험이 있다.
④ 가스분산형 흡수장치로 CO, NO, N_2 등의 용해도가 낮은 가스에 적용된다.

해설 분무탑은 액 분산형 흡수장치로 HCl, HF, NH_3 등의 용해도가 높은 가스에 적용된다.

43 자동차 배출가스 중의 질소산화물을 선택적 촉매환원법으로 처리할 때 사용되는 환원제로 적합하지 않은 것은?

① CO_2 ② NH_3
③ H_2 ④ H_2S

해설 선택적 촉매환원법(SCR)에 사용되는 환원제는 NH_3, $(NH_2)_2CO$, H_2S이다. 비선택적 촉매환원법(NSCR)에 사용되는 환원제는 CO, H_2, CH_4 등이다.

44 다음 먼지의 입경 측정방법 중 직접측정법은?

① 현미경측정법   ② 관성충돌법
③ 액상침강법   ④ 광산란법

해설 먼지의 입경 측정방법 중 직접측정법은 표준체측정법, 현미경측정법이 있다.

45 여과집진장치를 사용하여 배출가스의 먼지 농도를 10g/m³에서 0.5g/m³으로 감소시키고자 한다. 여과집진장치의 먼지부하가 300 g/m²이 되었을 때 탈진할 경우, 탈진주기(min)은? (단, 겉보기 여과속도는 2cm/s)

① 26 ② 34
③ 43 ④ 46

해설 제시된 조건에 따른 탈진주기(min) 계산은 다음과 같다.

〈계산식〉

$$L_d = \frac{m_d}{A_f} = \frac{(C_i - C_o) \times Q_f \times t}{A_f} = (C_i - C_o) \times V_f \times t$$

$$\Rightarrow t = \frac{L_d}{(C_i - C_o) \times V_f}$$

- $\begin{cases} L_d(\text{분진부하량, g/m}^2) = 300\text{g/m}^2 \\ m_d(\text{여과포에 포집된 분진량}) \\ A_f(\text{여과포의 총 면적, m}^2) \\ Q_f(\text{유입 합진가스량, m}^3/\text{sec}) \\ V_f(\text{여과속도, m/sec}) = 2cm/\text{sec} \\ C_i(\text{유입 분진 농도, g/m}^3) = 10\text{g/m}^3 \\ C_o(\text{유출 분진 농도, g/m}^3) = 0.5\text{g/m}^3 \end{cases}$

$$\therefore t = \frac{300}{(10-0.5) \times 0.02} = 1,578.95\text{sec} = 26.32\text{min}$$

46 집진효율이 90%인 전기집진장치의 집진면적을 2배로 증가시켰을 때, 집진효율(%)은? (단, Deutsch-Anderson식 적용, 기타 조건은 동일)

① 93 ② 95
③ 97 ④ 99

해설 제시된 조건에 따른 집진효율(%) 계산은 다음과 같다.

〈계산식〉

$$\eta = 1 - e^{-\frac{A \cdot W_e}{Q}} \xrightarrow{\text{집진면적을 제외한 나머지를 }K\text{로 놓고 식을 작성하면}} \eta$$
$$= 1 - e^{-K \times A}$$

- $0.9 = 1 - e^{-K \times A}$
  $\Rightarrow \ln(1 - 0.9) = -K \times A, K = 2.3026$

$\therefore \eta = 1 - e^{-2.3026 \times 2A} = 0.99 = 99\%$

47 먼지의 입경분포(누적분포)를 나타내는 식은?

① Rayleigh 분포식
② Freundlich 분포식
③ Rosin-Rammler 분포식
④ Cunningham 분포식

해설 분진입도 분포(누적분포)식은 일반적으로 Rosin-Rammler 분포식이 가장 많이 사용된다.

48 먼지의 폭발에 관한 설명으로 옳지 않은 것은?

① 비표면적이 큰 먼지일수록 폭발하기 쉽다.
② 산화속도가 빠르고 연소열이 큰 먼지일수록 폭발하기 쉽다.
③ 가스 중에 분산·부유하는 성질이 큰 먼지일수록 폭발하기 쉽다.
④ 대전성이 작은 먼지일수록 폭발하기 쉽다.

해설 분진(먼지)의 정전기 대전에 의한 방전불꽃·폭발의 위험성은 대전성이 큰 먼지일수록 높다.

49 여과집진장치의 탈진방식 중 간헐식에 관한 설명으로 옳지 않은 것은?

① 간헐식 중 진동형은 여포의 음파진동, 횡진동, 상하진동에 의해 포집된 먼지를 털어내는 방식으로 점착성 먼지에는 사용할 수 없다.
② 집진실을 여러 개의 방으로 구분하고 방 하나씩 처리가스의 흐름을 차단하여 순차적으로 탈진하는 방식이다.
③ 간헐식 중 역기류형은 여포의 먼지를 0.03 0.10초 정도의 짧은 시간 내에 높은 충격 분출압을 주어 제거하는 방식이다.
④ 연속식에 비해 먼지의 재비산이 적고 높은 집진효율을 얻을 수 있다.

해설 간헐식 중 역기류 형은 처리가스의 흐름에 반대방향으로 정화용 공기를 주입하여 탈리하는 방법으로써 여과속도는 약 0.5~1.5cm/sec이다. 충격 분출압을 주어 제거하는 방식은 연속식 탈진방법 중 충격기류 제트식(Pulse jet)이다.

50 다음은 어떤 법칙에 관한 내용인가?

> 휘발성인 에탄올을 물에 녹인 용액의 증기압은 물의 증기압보다 높다. 그러나 비휘발성인 설탕을 물에 녹인 용액인 설탕물의 증기압은 물보다 낮다.

① 헨리의 법칙 ② 렌츠의 법칙
③ 샤를의 법칙 ④ 라울의 법칙

해설 해당 지문은 라울의 법칙을 설명하고 있다. 라울의 법칙(Raoult's Law)은 어떤 물질이 혼합된 용액에서 한 성분의 부분증기압력(P_v)은 혼합액에서 그 물질의 몰분율(x_i)에 순수한 성분의 증기압(P_{ov}^*)을 곱한 것과 같다는 법칙이다.

51 회전식 세정집진장치에서 직경이 10cm인 회전판의 9,620rpm으로 회전할 때 형성되는 물방울의 직경(μm)은?

① 93
② 104
③ 208
④ 316

해설 제시된 조건에 따른 물방울의 직경(μm) 계산은 다음과 같다.

〈계산식〉 $d_w = \dfrac{200}{N\sqrt{R}} \times 10^4$

- $\begin{cases} d_w(\text{물방울 직경, }\mu m) \\ N(\text{원판의 회전수, rpm}) = 9,620\,\text{rpm} \\ R(\text{회전판의 회전반경, cm}) = 10/2 = 5\,\text{cm} \end{cases}$

$\therefore d_w = \dfrac{200}{9,620 \times \sqrt{5}} \times 10^4 = 93\,\mu m$

52 유해가스 처리에 사용되는 흡수액의 조건으로 옳지 않은 것은?

① 용해도가 커야 한다.
② 휘발성이 작아야 한다.
③ 점성이 커야 한다.
④ 용매와 화학적 성질이 비슷해야 한다.

해설 유해가스 처리에 사용되는 흡수액의 조건상 점성은 작아야 한다.
  *참고 : 흡수액의 구비 조건
  1. 용해도가 클 것
  2. 빙점이 낮고, 비점이 높을 것
  3. 휘발성이 없을 것
  4. 부식성이 없을 것
  5. 독성이 없을 것
  6. 가격이 저렴할 것
  7. 화학적으로 안정할 것
  8. 점도가 낮을 것

53 지름이 20cm, 유효높이가 3m인 원통형 백필터를 사용하여 배출가스 4m³/s를 처리하고자 한다. 여과속도를 0.04m/s로 할 때, 필요한 백필터의 개수는?

① 53
② 54
③ 70
④ 71

해설 제시된 조건에 따른 백필터의 소요개수 계산은 다음과 같다.

〈계산식〉 $n = \dfrac{Q_f}{Q_i} = \dfrac{Q_f}{\pi D L V_f}$

- $\begin{cases} n(\text{여과포 개수}) \\ Q_f(\text{처리가스 부하량}) \\ Q_i(\text{여과포 1개당 처리가스량}) \\ D(\text{직경}) = 20\,\text{cm} = 0.2\,\text{m} \\ L(\text{길이 또는 유효높이}) = 3\,\text{m} \\ V_f(\text{여과유속}) = 0.04\,\text{m/sec} \end{cases}$

$\therefore n = \dfrac{4\,\text{m}^3}{\text{sec}} \left|\dfrac{}{\pi}\right| \dfrac{}{0.2\,m} \left|\dfrac{}{3\,m}\right| \dfrac{\text{sec}}{0.04\,m} = 53.08$
≒ 54개

54 처리가스량이 10⁶m³/h, 입구 먼지농도가 2g/m³, 출구 먼지농도가 0.4g/m³, 총 압력손실이 72mmH₂O일 때, blower의 소요동력(kW)은?

① 425
② 375
③ 245
④ 187

해설 제시된 조건에 따른 소요동력(kW) 계산은 다음과 같다.

〈계산식〉 $P(\text{소요동력, kW}) = \dfrac{\Delta P \times Q}{102 \times \eta} \times \alpha$

- $\begin{cases} \Delta P(\text{전압력손실}) = 72\,\text{mmH}_2\text{O} \\ Q(\text{처리가스량}) = 277.78\,\text{m}^3/\text{sec} \\ \eta(\text{효율}) = 0.8 \\ \alpha(\text{여유율}) = \text{무시} \end{cases}$

- $Q(\text{m}^3/\text{sec}) = \dfrac{10^6\,\text{m}^3}{hr} \left|\dfrac{1\,\text{hr}}{3,600\,\text{sec}}\right| = 277.78\,\text{m}^3/\text{sec}$

- $\eta = 1 - \dfrac{C_o}{C_i} = 1 - \dfrac{0.4}{2} = 0.8$

$\therefore P(\text{소요동력, kW}) = \dfrac{72 \times 277.78}{102 \times 0.8} = 245\,\text{kW}$

55 탈취방법 중 수세법에 관한 설명으로 옳지 않은 것은?

① 용해도가 높고 친수성 극성기를 가진 냄새 성분의 제거에 사용할 수 있다.
② 주로 분뇨처리장, 계란건조장, 주물공장 등의 악취제거에 적용된다.
③ 수온변화에 따라 탈취효과가 크게 달라지는 것이 단점이다.
④ 조작이 간단하며 처리효율이 우수하여 주로 단독으로 사용된다.

해설 수세법은 조작이 간단하지만 탈취효율이 낮고, 선택성이 있으므로 단독으로는 잘 사용되지 않는다. 또한 처리수는 재이용할 수 있으나 방류 시에는 수처리시설을 거쳐야 한다.

정답 51.① 52.③ 53.② 54.③ 55.④

56 다이옥신 제어방법에 관한 설명으로 옳지 않은 것은?

① 250~340nm의 자외선을 조사하여 다이옥신을 분해할 수 있다.
② 다이옥신의 발생을 억제하기 위해 PVC, PCB가 포함된 제품을 소각하지 않는다.
③ 소각로에서 접촉촉매산화를 유도하기 위해 철, 니켈 성분을 함유한 쓰레기를 투입한다.
④ 다이옥신은 저온에서 재생될 수 있으므로 소각로를 고온으로 유지해야 한다.

[해설] 다이옥신의 제어방법 중 접촉촉매분해법은 금속산화물(V_2O_5, TiO_2) 또는 귀금속(P_t, P_d) 촉매를 사용하여 다이옥신을 분해시키는 방법으로 현재 사용되고 있는 SCR 시스템이 여기에 속한다.

57 다음 중 알칼리용액을 사용한 처리가 가장 적합하지 않은 오염물질은?

① HCl
② Cl_2
③ HF
④ CO

[해설] CO는 난용성으로 흡수처리에 적합하지 않다.

58 원심력 집진장치에 블로우 다운(Blow down)을 적용하여 얻을 수 있는 효과에 해당하지 않는 것은?

① 유효 원심력 감소를 통한 운영비 절감
② 원심력 집진장치 내의 난류억제
③ 포집된 먼지의 재비산 방지
④ 원심력 집진장치 내의 먼지부착에 의한 장치폐쇄 방지

[해설] 블로우 다운(Blow down)을 적용할 경우 유효 원심력 증대를 통한 효율이 증대된다.

59 복합 국소배기장치에 사용되는 댐퍼조절평형법(또는 저항조절평형법)의 특징으로 옳지 않은 것은?

① 오염물질 배출원이 많아 여러 개의 가지덕트를 주 덕트에 연결할 필요가 있을 때 주로 사용한다.
② 공정 내의 방해물이 생겼을 때 설계변경이 용이하다.
③ 덕트의 압력손실이 클 때 주로 사용한다.
④ 설치 후 송풍량 조절이 불가능하다.

[해설] 댐퍼조절평형법은 각 덕트에 댐퍼를 부착하여 압력을 평형으로 조정, 유지하는 방법으로 분지관의 수가 많고 덕트의 압력손실이 클 때 사용한다. 설치 후 송풍량의 조절이 비교적 용이한 장점을 갖고 있다.

60 후드의 설치 및 흡인에 관한 내용으로 옳지 않은 것은?

① 발생원에 최대한 접근시켜 흡인한다.
② 주 발생원을 대상으로 국부적인 흡인방식을 취한다.
③ 후드의 개구면적을 넓게 한다.
④ 충분한 포착속도(capture velocity)를 유지한다.

[해설] 후드의 흡인성능을 향상시키기 위해서는 후드의 개구면적을 작게 하여야 통제거리와 통제속도를 크게 유지할 수 있다.

[제4과목] **대기오염공정시험기준**

61 자외선/가시선 분광법에 따라 10mm 셀을 사용하여 측정한 시료의 흡광도가 0.1이었다. 동일한 시료에 대해 동일한 조건에서 20mm 셀을 사용하여 측정한 흡광도는?

① 0.05
② 0.10
③ 0.12
④ 0.20

[해설] 제시된 조건에 따른 흡광도 계산은 다음과 같다.

〈계산식〉 $A = \log\left(\dfrac{1}{t}\right) = \varepsilon C \ell$

〈관계식〉 $I_t = I_o \times 10^{-\varepsilon C \ell}$

- A : 흡광도
- I_t : 투사광의 강도
- I_o : 입사광의 강도
- C : 농도
- ℓ : 빛의 투사거리
- ε : 흡광계수

- $A(0.1) = K \times 10$, $K = 0.01$
∴ $A = 0.01 \times 20 = 0.2$

62 대기오염공정시험기준 총칙 상의 시험기재 및 용어에 관한 내용으로 옳지 않은 것은?

① 시험조작 중 "즉시"란 30초 이내에 표시된 조작을 하는 것을 뜻한다.
② "정확히 단다"라 함은 규정한 양의 검체를 취하여 분석용 저울로 0.1mg까지 다는 것을 뜻한다.
③ 액체성분의 양을 "정확히 취한다"함은 메스피펫, 메스실린더 또는 이와 동등 이상의 정도를 갖는 용량계를 사용하여 조작하는 것을 뜻한다.
④ "항량이 될 때까지 건조한다"라 함은 따로 규정이 없는 한 보통의 건조방법으로 1시간 더 건조 또는 강열할 때 전후 무게의 차가 매 g당 0.3mg 이하일 때를 뜻한다.

해설 액체성분의 양을 "정확히 취한다"함은 홀피펫, 부피플라스크 또는 이와 동등 이상의 정도를 갖는 용량계를 사용하여 조작하는 것을 뜻한다.

63 다음 중 여과재로 "카아보란덤"을 사용하는 분석대상물질은?

① 비소   ② 브로민
③ 벤젠   ④ 이황화탄소

해설 보기 중 여과재로 "카보런덤"을 사용하는 분석대상물질은 비소이다.
※ 참고 분석 대상가스별 채취관 - 연결관의 재질과 여과재의 재료

분석 대상가스	채취관·연결관의 재질	여과재	범례
암모니아	①②③④⑤⑥	ⓐⓑⓒ	① 경질유리
일산화탄소	①②③④⑤⑥⑦	ⓐⓑⓒ	② 석영
염화수소	①② ⑤⑥⑦	ⓐⓑⓒ	③ 보통강철
염소	①② ⑤⑥⑦	ⓐⓑⓒ	④ 스테인리스강
황산화물	①② ④⑤⑥⑦	ⓐⓑⓒ	⑤ 세라믹
질소산화물	①② ④⑤⑥	ⓐⓑⓒ	⑥ 플루오린수지
이황화탄소	①②	ⓐⓑ	⑦ 염화비닐수지
폼알데하이드	①② ⑥	ⓐⓑ	⑧ 실리콘수지
황화수소	①② ④⑤⑥⑦	ⓐⓑⓒ	⑨ 네오프렌
플루오린화합물	④ ⑥	ⓒ	
HCN	①② ④⑤⑥⑦	ⓐⓑⓒ	
브로민(브롬)	①② ⑥	ⓐⓑ	ⓐ 알칼리성분이 없는 유리솜 또는 실리카솜
벤젠	①② ⑥	ⓐⓑ	
페놀	①② ④ ⑥	ⓐⓑ	ⓑ 소결유리
비소	①② ④⑤⑥⑦	ⓐⓑⓒ	ⓒ 카보런덤

64 기체 중의 오염물질 농도를 mg/m³로 표시했을 때 m³이 의미하는 것은?

① 100℃, 1atm에서의 기체용적
② 표준상태에서의 기체용적
③ 상온에서의 기체용적
④ 절대온도, 절대압력 하에서의 기체용적

해설 기체 중의 오염물질 농도를 mg/m³로 표시했을 때 m³이 의미하는 것은 표준상태에서의 기체부피(용적)이다.

65 환경대기 중의 아황산가스 측정방법에 해당하지 않는 것은?

① 적외선형광법   ② 용액전도율법
③ 불꽃광도법   ④ 흡광차분광법

해설 환경대기 중 아황산가스 측정방법은 다음과 같다.
• 환경대기 중 SO_2 자동측정
  - 자외선형광법(주시험법)
  - 용액전도율법
  - 불꽃광도법
  - 흡광차분광법
• 환경대기 중 SO_2 측정
  - 자외선형광법(주시험법)
  - 파라로자닐린법
  - 산정량수동법, 산정량반자동법

66 이온크로마토그래프의 일반적인 장치 구성을 순서대로 나열한 것은?

① 펌프 - 시료주입장치 - 용리액조 - 분리관 - 검출기 - 써프렛서
② 용리액조 - 펌프 - 시료주입장치 - 분리관 - 써프렛서 - 검출기
③ 시료주입장치 - 펌프 - 용리액조 - 써프렛서 - 분리관 - 검출기
④ 분리관 - 시료주입장치 - 펌프 - 용리액조 - 검출기 - 써프렛서

해설 이온크로마토그래프의 일반적인 장치 구성 순서는 다음과 같다.
순서 : 용리액조 - 펌프 - 시료주입장치 - 분리관 - 써프렛서 - 검출기

67 배출가스 중의 휘발성 유기화합물(VOCs) 시료 채취방법에 관한 내용으로 옳지 않은 것은?

① 흡착관법의 시료채취량은 1~5L 정도로, 시료흡입속도는 100~250mL/min 정도로 한다.
② 흡착관법에서 누출시험을 실시한 후 시료를 도입하기 전에 가열한 시료채취관 및 연결관을 시료로 충분히 치환해야 한다.

정답 63.① 64.② 65.① 66.② 67.④

③ 시료채취주머니방법에 사용되는 시료채취 주머니는 빛이 들어가지 않도록 차단해야 하며 시료채취 이후 24시간 이내에 분석이 이루어지도록 해야 한다.

④ 시료채취주머니방법에 사용되는 시료채취 주머니는 새 것을 사용하는 것을 원칙으로 하되 재사용하는 경우 수소나 아르곤 가스를 채운 후 6시간 동안 놓아둔 후 퍼지(purge) 시키는 조작을 반복해야 한다.

해설 시료채취주머니방법에 사용되는 시료채취 주머니는 새 것을 사용하는 것을 원칙으로 하되 만일 재사용 시에는 제로기체와 동등 이상의 순도를 가진 질소나 헬륨기체를 채운 후 24시간 혹은 그 이상 동안 시료채취 주머니를 놓아둔 후 퍼지(purge) 시키는 조작을 반복하고, 시료채취 주머니 내부의 기체를 채취하여 기체크로마토그래프를 이용하여 사용 전에 오염여부를 확인하고 오염되지 않은 것을 사용한다.

68 환경대기 중의 유해 휘발성 유기화합물을 고체흡착 용매추출법으로 분석할 때 사용하는 추출용매는?

① CS_2
② PCB
③ C_2H_5OH
④ C_6H_{14}

해설 환경대기 중의 유해 휘발성 유기화합물을 고체흡착 용매추출법으로 분석할 때 추출용매는 이황화탄소(CS_2)이다.

69 대기오염공정시험기준 총칙 상의 온도에 관한 내용으로 옳지 않은 것은?

① 상온은 15~25℃, 실온은 1~35℃로 한다.
② 온수는 60~70℃, 열수는 약 100℃를 말한다.
③ 찬 곳은 따로 규정이 없는 한 0~30℃의 곳을 뜻한다.
④ 냉후(식힌 후)라 표시되어 있을 때는 보온 또는 가열 후 실온까지 냉각된 상태를 뜻한다.

해설 찬 곳은 따로 규정이 없는 한 0~15℃의 곳을 뜻한다.

70 환경대기 중의 다환방향족탄화수소류를 기체크로마토그래피/질량분석법으로 분석할 때 사용되는 용어에 관한 설명 중 ( ) 안에 알맞은 것은?

( )은 추출과 분석 전에 각 시료, 바탕시료, 매체시료(matrix-spiked)에 더해지는 화학적으로 반응성이 없는 환경시료 중에 없는 물질을 말한다.

① 절대표준물질 ② 외부표준물질
③ 매체표준물질 ④ 대체표준물질

해설 환경대기 중의 다환방향족탄화수소류를 기체크로마토그래피/질량분석법으로 분석할 때 대체표준물질(Surrogate)은 추출과 분석 전에 각 시료, 바탕시료, 매체시료(matrix-spiked)에 더해지는 화학적으로 반응성이 없는 환경시료 중에 없는 물질을 말한다.

71 4-아미노안티피린 용액과 헥사사이아노철(Ⅲ)산포타슘 용액을 순서대로 가해 얻어진 적색액의 흡광도를 측정하여 농도를 계산하는 오염물질은?

① 배출가스 중 페놀화합물
② 배출가스 중 브로민화합물
③ 배출가스 중 에틸렌옥사이드
④ 배출가스 중 다이옥신 및 퓨란류

해설 배출가스 중 페놀화합물을 4-아미노안티피린 자외선/가시선분광법으로 분석할 경우 배출가스를 수산화소듐 용액에 흡수시켜 이 용액의 pH를 10±0.2로 조절한 후 여기에 4-아미노안티피린 용액과 헥사사이아노철(Ⅲ)산포타슘 용액을 순서대로 가하여 얻어진 적색액을 510nm의 파장에서 흡광도를 측정하여 페놀화합물의 농도를 계산한다.

72 굴뚝 내부 단면의 가로길이가 2m, 세로길이가 1.5m일 때, 굴뚝의 환산직경(m)은? (단, 굴뚝 단면은 사각형이며, 상·하 면적이 동일함)

① 1.5 ② 1.7
③ 1.9 ④ 2.0

해설 제시된 조건에 따른 환산직경(상당직경) 계산은 다음과 같다.

〈계산식〉 $D_o = \dfrac{2ab}{a+b}$

$\therefore D_o = \dfrac{2 \times 2 \times 1.5}{2 + 1.5} = 1.7$

73 원자흡수분광광도법에서 사용하는 용어 정의로 옳지 않은 것은?

① 충전가스 : 중공음극램프에 채우는 가스
② 선프로파일 : 파장에 대한 스펙트럼선의 폭을 나타내는 곡선
③ 공명선 : 원자가 외부로부터 빛을 흡수했다가 다시 먼저 상태로 돌아갈 때 방사하는 스펙트럼선
④ 역화 : 불꽃의 연소속도가 크고 혼합기체의 분출속도가 작을 때 연소현상이 내부로 옮겨지는 것

해설 원자흡수분광광도법에서 사용하는 용어 중 선프로파일(Line profile)은 파장에 대한 스펙트럼선의 강도를 나타내는 곡선이다. 파장에 대한 스펙트럼선의 폭을 나타내는 곡선은 선폭(Line width)이다.

74 유류 중의 황함유량 분석방법 중 방사선 여기법에 관한 내용으로 옳지 않은 것은?
① 여기법 분석계의 전원 스위치를 넣고 1시간 이상 안정화시킨다.
② 석유 제품의 시료채취 시 증기의 흡입은 될 수 있는 한 피해야 한다.
③ 시료에 방사선을 조사하고 여기된 황 원자에서 발생하는 γ선의 강도를 측정한다.
④ 시료를 충분히 교반한 후 준비된 시료셀에 기포가 들어가지 않도록 주의하여 액층의 두께가 5~20mm가 되도록 시료를 넣는다.

해설 유류 중의 황함유량 분석방법 중 방사선 여기법은 원유, 경유, 중유 등의 황함유량을 측정하는 방법으로 유류 중 황함유량이 질량분율 0.03~5%인 경우에 적용하며 방법검출한계는 질량분율 0.009%이다. 시료에 방사선을 조사하고 여기된 황이 원자에서 발생하는 형광 X선의 강도를 구한다.

75 환경대기 중의 금속화합물 분석을 위한 주시험방법은?
① 원자흡수분광광도법
② 자외선/가시선분광법
③ 이온크로마토그래피법
④ 비분산적외선분광분석법

해설 환경대기 중 금속화합물 분석을 위한 방법은 원자흡수분광법, 유도결합플라스마 원자발광분광법, 자외선/가시선 분광법이 있으며 이 중 원자흡수분광법을 주 시험방법으로 한다.

76 굴뚝 배출가스 중의 질소산화물을 연속적으로 자동측정하는데 사용되는 자외선흡수분석계의 구성에 관한 내용으로 옳지 않은 것은?
① 광원 : 중수소방전관 또는 중압수은 등을 사용한다.
② 시료셀 : 시료가스가 연속적으로 흘러갈 수 있는 구조로 되어 있으며 그 길이는 200~500mm이고 셀의 창은 자외선 및 가시광선이 투과할 수 있는 재질이어야 한다.
③ 광학필터 : 프리즘과 회절격자 분광기 등을 이용하여 자외선 또는 적외선 영역의 단색광을 얻는 데 사용된다.
④ 합산증폭기 : 신호를 증폭하는 기능과 일산화질소 측정파장에서 아황산가스의 간섭을 보정하는 기능을 가지고 있다.

해설 굴뚝 배출가스 중의 질소산화물을 연속적으로 자동측정하는데 사용되는 자외선흡수분석계의 구성에서 광학필터는 특정파장 영역의 흡수나 다층박막의 광학적 간섭을 이용하여 자외선 영역 또는 가시광선 영역의 일정한 폭을 갖는 빛을 얻는 데 사용한다.

77 굴뚝에서 배출되는 건조배출가스의 유량을 연속적으로 자동 측정하는 방법에 관한 내용으로 옳지 않은 것은?
① 유량 측정방법에는 피토관, 열선유속계, 와류유속계를 사용하는 방법이 있다.
② 와류유속계를 사용할 때에는 압력계와 온도계를 유량계 상류 측에 설치해야 한다.
③ 건조배출가스 유량은 배출되는 표준상태의 건조배출가스량[Sm^3(5분 적산치)]으로 나타낸다.
④ 열선유속계를 사용하는 방법에서 시료채취부는 열선과 지주 등으로 구성되어 있으며 열선으로 텅스텐이나 백금선 등이 사용된다.

해설 와류유속계를 사용할 때에는 압력계와 온도계를 유량계 하류 측에 설치해야 한다.

78 굴뚝 단면이 상·하 동일 단면적의 원형인 경우 굴뚝 배출시료 측정점에 관한 설명으로 옳지 않은 것은?

정답 74.③ 75.① 76.③ 77.② 78.④

① 굴뚝 직경이 1.5m인 경우 측정점수는 8점이다.
② 굴뚝 직경이 3m인 경우 반경 구분수는 3이다.
③ 굴뚝 직경이 4.5m를 초과할 경우 측정점수는 20점이다.
④ 굴뚝 단면적이 1m² 이하로 소규모일 경우 굴뚝 단면의 중심을 대표점으로 하여 1점만 측정한다.

해설 굴뚝 단면적이 0.25m² 이하로 소규모일 경우 굴뚝 단면의 중심을 대표점으로 하여 1점만 측정한다.

79 비분산적외선분광분석법에서 사용하는 용어정의로 옳지 않은 것은?

① 정필터형 : 측정성분이 흡수되는 적외선을 그 흡수파장에서 측정하는 방식
② 비분산 : 빛을 프리즘이나 회절격자와 같은 분산소자에 의해 분산하지 않는 것
③ 비교가스 : 시료 셀에서 적외선 흡수를 측정하는 경우 대조가스로 사용하는 것으로 적외선을 흡수하지 않는 가스
④ 반복성 : 동일한 방법과 조건에서 동일한 분석계를 사용하여 여러 측정대상을 장시간에 걸쳐 반복적으로 측정하는 경우 각각의 측정치가 일치하는 정도

해설 비분산적외선분광분석법에서 사용하는 용어정의 중 반복성은 동일한 분석계를 이용하여 동일한 측정대상을 동일한 방법과 조건으로 비교적 단시간에 반복적으로 측정하는 경우로서 각각의 측정치가 일치하는 정도를 뜻한다.

80 기체크로마토그래피의 고정상 액체가 만족시켜야 할 조건에 해당하지 않는 것은?

① 화학적 성분이 일정해야 한다.
② 사용온도에서 점성이 작아야 한다.
③ 사용온도에서 증기압이 높아야 한다.
④ 분석대상 성분을 완전히 분리할 수 있어야 한다.

해설 기체크로마토그래피의 고정상 액체는 사용온도에서 증기압이 낮아야 한다.
※참고 : 고정상 액체의 구비조건
1. 분석대상 성분을 완전히 분리할 수 있는 것이어야 한다.
2. 사용온도에서 증기압이 낮고, 점성이 작은 것이어야 한다.
3. 화학적으로 안정된 것이어야 한다.
4. 화학적 성분이 일정한 것이어야 한다.

[제4과목] **대기환경관계법규**

81 대기환경보전법령상 사업장별 환경기술인의 자격기준에 관한 내용으로 옳지 않은 것은?

① 4종사업장과 5종사업장 중 기준 이상의 특정대기유해물질이 포함된 오염물질을 배출하는 경우 3종사업장에 해당하는 기술인을 두어야 한다.
② 1종사업장과 2종사업장 중 1개월 동안 실제 작업한 날만을 계산하여 1일 평균 17시간 이상 작업하는 경우 해당 사업장의 기술인을 각각 2명 이상 두어야 한다.
③ 대기환경기술인이 소음·진동관리법에 따른 소음·진동환경기술인 자격을 갖춘 경우에는 소음·진동환경기술인을 겸임할 수 있다.
④ 전체배출시설에 대해 방지시설 설치 면제를 받은 사업장과 배출시설에서 배출되는 오염물질 등을 공동방지시설에서 처리하는 사업장은 5종사업장에 해당하는 기술인을 둘 수 없다.

해설 [시행령 별표 10] 사업장별 환경기술인의 자격기준 전체배출시설에 대하여 방지시설 설치 면제를 받은 사업장과 배출시설에서 배출되는 오염물질 등을 공동방지시설에서 처리하는 사업장은 5종사업장에 해당하는 기술인을 둘 수 있다.

82 대기환경보전법령상 배출부과금 납부의무자가 납부기한 전에 배출부과금을 납부할 수 없다고 인정되어 징수를 유예하거나 그 금액을 분할 납부하게 할 수 있는 경우에 해당하지 않는 것은?

① 천재지변으로 사업자에 재산에 중대한 손실이 발생한 경우
② 사업에 손실을 입어 경영상으로 심각한 위기에 처하게 된 경우

③ 배출부과금이 납부의무자의 자본금을 1.5배 이상 초과하는 경우
④ 징수유예나 분할납부가 불가피하다고 인정되는 경우

해설 [시행령 제36조] 부과금의 징수유예·분할납부 및 징수절차
배출부과금이 납부의무자의 자본금 또는 출자총액(개인사업자인 경우에는 자산총액)을 2배 이상 초과하는 경우로서 천재지변이나 그 밖의 재해로 사업자의 재산에 중대한 손실이 발생한 경우, 사업에 손실을 입어 경영상으로 심각한 위기에 처하게 된 경우, 그 밖에 징수유예나 분할납부가 불가피하다고 인정되면 징수유예기간을 연장하거나 분할납부의 횟수를 늘려 배출부과금을 내도록 할 수 있다. 이에 따른 징수유예기간의 연장은 유예한 날의 다음 날부터 3년 이내로 하며, 분할납부의 횟수는 18회 이내로 한다.

83 환경정책기본법령상 일산화탄소(CO)의 대기환경기준(ppm)은? (단, 1시간 평균치 기준)

① 0.25 이하
② 0.5 이하
③ 25 이하
④ 50 이하

해설 환경정책기본법령상 일산화탄소의 1시간 평균치 대기환경기준은 25ppm 이하이다.
[환경정책기본법 시행령 별표 1] 환경기준

항목	기준
아황산가스 (SO$_2$)	연간 평균치: 0.02ppm 이하 24시간 평균치: 0.05ppm 이하 1시간 평균치: 0.15ppm 이하
일산화탄소 (CO)	8시간 평균치: 9ppm 이하 1시간 평균치: 25ppm 이하
이산화질소 (NO$_2$)	연간 평균치: 0.03ppm 이하 24시간 평균치: 0.06ppm 이하 1시간 평균치: 0.10ppm 이하
미세먼지 (PM-10)	연간 평균치: 50$\mu g/m^3$ 이하 24시간 평균치: 100$\mu g/m^3$ 이하
미세먼지 (PM-2.5)	연간 평균치: 15$\mu g/m^3$ 이하 24시간 평균치: 35$\mu g/m^3$ 이하
오존 (O$_3$)	8시간 평균치: 0.06ppm 이하 1시간 평균치: 0.1ppm 이하
납(Pb)	연간 평균치: 0.5$\mu g/m^3$ 이하
벤젠	연간 평균치: 5$\mu g/m^3$ 이하

84 대기환경보전법령상 대기오염물질 발생량 산정에 필요한 항목에 해당하지 않는 것은?

① 배출시설의 시간당 대기오염물질 발생량
② 일일조업시간
③ 배출허용기준 초과 횟수
④ 연간가동일수

해설 [시행규칙 제42조] 대기오염물질 발생량 산정방법
대기오염물질 발생량은 예비용 시설을 제외한 사업장의 모든 배출시설별 대기오염물질 발생량을 더하여 산정하되, 배출시설별 대기오염물질 발생량의 산정방법은 다음과 같다.
• 배출시설의 시간당 대기오염물질 발생량×일일조업시간×연간가동일수

85 실내공기질 관리법령상 공항시설 중 여객터미널에 대한 라돈의 실내공기질 권고기준은? (단, 단위는 Bq/m^3)

① 100 이하
② 148 이하
③ 200 이하
④ 248 이하

해설 실내공기질 관리법규상 "산후조리원"의 실내공기질 권고기준 중 라돈은 148Bq/m^3 이하이어야 한다.
[실내공기질 시행규칙 별표 3] 실내공기질 권고기준

오염물질 항목 다중이용시설	NO$_2$ (ppm)	라돈 (Bq/m^3)	VOC ($\mu g/m^3$)	곰팡이 (CFU/m^3)
지하역사ㅣ지하도상가ㅣ철도역사의 대합실ㅣ여객자동차터미널의 대합실ㅣ항만시설 중 대합실ㅣ공항시설 중 여객터미널ㅣ도서관·박물관 및 미술관ㅣ장례식장ㅣ대규모점포ㅣ장례식장ㅣ영화상영관ㅣ학원ㅣ전시시설ㅣ인터넷컴퓨터게임시설제공업의 영업시설ㅣ목욕장업의 영업시설	0.1 이하	148 이하	500 이하	-
의료기관ㅣ산후조리원ㅣ노인요양시설ㅣ어린이집ㅣ실내 어린이놀이시설	0.05 이하		400 이하	500 이하
실내주차장	0.30 이하		1,000 이하	-

86 대기환경보전법령상 사업자가 스스로 방지시설을 설계·시공하려는 경우 시·도지사에게 제출해야 하는 서류에 해당하지 않는 것은?

① 기술능력 현황을 적은 서류
② 공정도
③ 배출시설의 위치 및 운영에 관한 규약
④ 원료(연료를 포함) 사용량, 제품생산량 및 대기오염물질 등의 배출량을 예측한 명세서

정답 83.③ 84.③ 85.② 86.③

해설 [시행규칙 제31조]
사업자가 방지시설을 설계·시공하려는 경우에는 다음의 서류를 유역환경청장, 지방환경청장, 수도권대기환경청장 또는 시·도지사에게 제출해야 한다. 다만, 배출시설의 설치허가·변경허가·설치신고 또는 변경신고 시 제출한 서류는 제출하지 않을 수 있다.
① 배출시설의 설치명세서
② 공정도
③ 원료(연료를 포함한다) 사용량, 제품생산 량 및 대기오염물질 등의 배출량을 예측한 명세서
④ 방지시설의 설치명세서와 그 도면
⑤ 기술능력 현황을 적은 서류

87 대기환경보전법령상 위임업무의 보고 횟수 기준이 '수시'인 업무내용은?
① 환경오염사고 발생 및 조치사항
② 자동차 연료 및 첨가제의 제조·판매 또는 사용에 대한 규제현황
③ 자동차 첨가제의 제조기준 적합여부 검사현황
④ 수입자동차의 배출가스 인증 및 검사현황

해설 [시행규칙 제136조 별표 37] 위임업무 보고사항
위임업무 보고사항에 따른 보고횟수 기준은 다음과 같다.

업무내용	보고 횟수	보고기일	보고자
1. 환경오염사고 발생 및 조치사항	수시	사고발생 시	시·도지사, 유역환경청장 또는 지방환경청장
2. 수입자동차 배출가스 인증 및 검사현황	연4회	매분기 종료 후 15일 이내	국립환경과학원장
3. 자동차 연료 및 첨가제의 제조·판매 또는 사용에 대한 규제현황	연2회	매반기 종료 후 15일 이내	유역환경청장 또는 지방환경청장
4. 자동차 연료 또는 첨가제의 제조기준 적합여부 검사현황	연료: 연4회 첨가제: 연2회	연료 : 매분기 종료 후 15일 이내 첨가제 : 매반기 종료 후 15일 이내	국립환경과학원장
5. 측정기기 관리대행업의 등록, 변경등록 및 행정처분 현황	연1회	다음 해 1월 15일까지	유역환경청장, 지방환경청장 또는 수도권대기환경청장

88 대기환경보전법령상 1년 이하의 징역이나 1천만 원 이하의 벌금에 처하는 경우에 해당하지 않는 것은?
① 배출시설의 설치를 완료한 후 가동개시 신고를 하지 않고 조업한 자
② 환경상의 위해가 발생하여 제조·판매 또는 사용을 규제당한 자동차 연료·첨가제 또는 촉매제를 제조하거나 판매한 자
③ 측정기기 관리대행업의 등록 또는 변경 등록을 하지 않고 측정기기 관리업무를 대행한 자
④ 환경부장관에게 받은 이륜자동차정기검사 명령을 이행하지 아니한 자

해설 환경부장관에게 받은 이륜자동차정기검사 명령을 이행하지 아니한 자는 300만 원 이하의 벌금에 처한다.

89 대기환경보전법령상 석탄사용시설의 설치기준에 관한 내용으로 옳지 않은 것은? (단, 유효굴뚝높이가 440m 미만인 경우)
① 배출시설의 굴뚝높이는 100m 이상으로 한다.
② 석탄저장은 옥내저장시설(밀폐형 저장시설 포함) 또는 지하저장시설에 해야 한다.
③ 굴뚝에서 배출되는 아황산가스, 질소산화물, 먼지 등의 농도를 확인할 수 있는 기기를 설치해야 한다.
④ 석탄연소재는 덮개가 있는 차량을 이용하여 운반해야 한다.

해설 [시행규칙 별표 12] 고체연료 사용시설 설치기준
1. 배출시설의 굴뚝높이는 100m 이상으로 하되, 굴뚝상부 안지름, 배출가스 온도 및 속도 등을 고려한 유효굴뚝높이(굴뚝의 실제 높이에 배출가스의 상승고도를 합산한 높이를 말한다. 이하 같다)가 440m 이상인 경우에는 굴뚝높이를 60m 이상 100m 미만으로 할 수 있다. 이 경우 유효굴뚝높이 및 굴뚝높이 산정방법 등에 관하여는 국립환경과학원장이 정하여 고시한다.
2. 석탄의 수송은 밀폐이송시설 또는 밀폐통을 이용하여야 한다.
3. 석탄저장은 옥내저장시설(밀폐형 저장시설 포함) 또는 지하저장시설에 저장하여야 한다.
4. 석탄연소재는 밀폐통을 이용하여 운반하여야 한다.
5. 굴뚝에서 배출되는 아황산가스(SO_2), 질소산화물(NOx), 먼지 등의 농도를 확인할 수 있는 기기를 설치하여야 한다.

90 실내공기질 관리법령의 적용대상에 해당하지 않는 것은?

① 지하역사
② 병상 수가 100개인 의료기관
③ 철도역사의 연면적 1천5백제곱미터인 대합실
④ 공항시설 중 연면적 1천5백제곱미터인 여객터미널

해설 [실내공기질 시행령 2조] 정의
실내공기질 관리법령상 "대통령령이 정하는 규모의 것"은 다음과 같다.
1. 모든 지하역사(출입통로·대합실·승강장 및 환승통로와 이에 딸린 시설을 포함한다)
2. 연면적 2,000m² 이상인 지하도상가(지상건물에 딸린 지하층의 시설을 포함한다. 이 경우 연속되어 있는 둘 이상의 지하도상가의 연면적 합계가 2,000m² 이상인 경우를 포함한다.
3. 철도역사의 연면적 2,000m² 이상인 대합실
4. 여객자동차터미널의 연면적 2,000m² 이상인 대합실
5. 항만시설 중 연면적 5,000m² 이상인 대합실
6. 공항시설 중 연면적 1,500m² 이상인 여객터미널
7. 연면적 3,000m² 이상인 도서관
8. 연면적 3,000m² 이상인 박물관 및 미술관
9. 연면적 2,000m² 이상이거나 병상 수 100개 이상인 의료기관
10. 연면적 500m² 이상인 산후조리원
11. 연면적 1,000m² 이상인 노인요양시설
12. 연면적 430m² 이상인 어린이집과 실내 어린이놀이시설
13. 모든 대규모점포
14. 연면적 1,000m² 이상인 장례식장(지하에 위치한 시설로 한정한다)
15. 모든 영화상영관(실내 영화상영관으로 한정한다)
16. 연면적 1,000m² 이상인 학원
17. 연면적 2,000m² 이상인 전시시설(옥내시설로 한정한다)
18. 연면적 300m² 이상인 인터넷컴퓨터게임시설제공업의 영업시설
19. 연면적 2,000m² 이상인 실내주차장(기계식 주차장은 제외한다)
20. 연면적 3,000m² 이상인 업무시설
21. 연면적 2,000m² 이상인 둘 이상의 용도)에 사용되는 건축물
22. 객석 수 1천석 이상인 실내 공연장
23. 관람석 수 1천석 이상인 실내 체육시설
24. 연면적 1,000m² 이상인 목욕장업의 영업시설

91 대기환경보전법령상 자가측정의 대상·항목 및 방법에 관한 내용으로 옳지 않은 것은?

① 굴뚝 자동측정기기를 설치하여 먼지항목에 대한 자동측정자료를 전송하는 배출구의 경우 매연항목에 대해서도 자가측정을 한 것으로 본다.
② 안전상의 이유로 자가측정이 곤란하다고 인정받은 방지시설설치면제사업장의 경우 대행기관을 통해 연 1회 이상 자가측정을 해야 한다.
③ 굴뚝 자동측정기기를 설치한 배출구의 경우 자동측정자료를 전송하는 항목에 한정하여 자동측정자료를 자가측정자료에 우선하여 활용해야 한다.
④ 측정대상시설이 중유 등 연료유만을 사용하는 시설인 경우 황산화물에 대한 자가측정은 연료의 황함유분석표로 갈음할 수 있다.

해설 [시행규칙 별표 11] 자가측정의 대상·항목 및 방법
방지시설설치면제사업장은 해당 시설에 대하여 연 1회 이상 자가측정을 해야 한다. 다만, 물리적 또는 안전상의 이유로 자가측정이 곤란하거나 대기오염물질 발생을 저감하는 장치를 상시 가동하는 등의 사유로 자가측정이 필요하지 않다고 환경부장관(환경부장관에게 허가를 받거나 환경부장관에게 신고를 한 배출시설만 해당) 또는 시·도지사가 인정하는 경우에는 그렇지 않다.

92 대기환경보전법령상 "온실가스"에 해당하지 않는 것은?

① 수소불화탄소   ② 과염소산
③ 육불화황   ④ 메탄

해설 [대기환경보전법 제2조] 정의
"온실가스"란 적외선 복사열을 흡수하거나 다시 방출하여 온실효과를 유발하는 대기 중의 가스상태 물질로서 이산화탄소, 메탄, 아산화질소, 수소불화탄소, 과불화탄소, 육불화황을 말한다.

93 대기환경보전법령상 인증을 면제할 수 있는 자동차에 해당하는 것은?

① 항공기 지상 조업용 자동차
② 국가대표 선수용 자동차로서 문화체육관광부 장관의 확인을 받은 자동차
③ 여행자 등이 다시 반출할 것을 조건으로 일시 반입하는 자동차

정답 90.③ 91.② 92.② 93.③

④ 주한 외국군인의 가족이 사용하기 위해 반입하는 자동차

해설 여행자 등이 다시 반출할 것을 조건으로 일시 반입하는 자동차는 인증을 면제할 수 있다.
[시행령 제47조] 인증의 면제·생략
인증을 면제할 수 있는 자동차는 다음과 같다.
1. 군용 및 경호업무용 등 국가의 특수한 공용 목적으로 사용하기 위한 자동차와 소방용 자동차
2. 주한 외국공관 또는 외교관이나 그 밖에 이에 준하는 대우를 받는 자가 공용 목적으로 사용하기 위한 자동차로서 외교부장관의 확인을 받은 자동차
3. 주한 외국군대의 구성원이 공용 목적으로 사용하기 위한 자동차
4. 수출용 자동차와, 박람회나 그 밖에 이에 준하는 행사에 참가하는 자가 전시의 목적으로 일시 반입하는 자동차
5. 여행자 등이 다시 반출할 것을 조건으로 일시 반입하는 자동차
6. 자동차 제작자 및 자동차 관련 연구기관 등이 자동차의 개발 또는 전시 등 주행 외의 목적으로 사용하기 위하여 수입하는 자동차
7. 외국인 또는 외국에서 1년 이상 거주한 내국인이 주거(住居)를 옮기기 위하여 이주물품으로 반입하는 1대의 자동차

94 대기환경보전법령상 자동차 운행정지표지의 바탕색은?
① 회색 ② 녹색
③ 노란색 ④ 흰색

해설 대기환경보전법령상 자동차 운행정지표지의 바탕색은 노란색이다.
[시행규칙 별표 31] 운행정지표지
1. 바탕색은 노란색으로, 문자는 검정색으로 한다.
2. 자동차의 전면 유리 우측 상단에 붙인다.
3. 운행정지기간 내에는 부착위치를 변경하거나 훼손하여서는 아니 된다.
4. 운행정지기간이 지난 후에 담당 공무원이 제거하거나 담당 공무원의 확인을 받아 제거하여야 한다.
5. 이 자동차를 운행정지기간 내에 운행하는 경우에는 대기환경보전법에 따라 300만 원 이하의 벌금을 물게 된다.

95 대기환경보전법령상 자동차연료형 첨가제의 종류에 해당하지 않는 것은? (단, 기타 사항은 고려하지 않음)
① 세탄가첨가제 ② 다목적첨가제
③ 청정분산제 ④ 유동성향상제

해설 [시행규칙 별표 6] 자동차연료형 첨가제의 종류
1. 세척제 3. 매연억제제
2. 청정분산제 4. 다목적첨가제
5. 옥탄가향상제 6. 세탄가향상제
7. 유동성향상제 8. 윤활성 향상제
9. 그 밖에 환경부장관이 자동차의 성능을 향상시키거나 배출가스를 줄이기 위하여 필요하다고 정하여 고시하는 것

96 대기환경보전법령상의 용어 정의로 옳지 않은 것은?
① 가스 : 물질이 연소·합성·분해될 때 발생하거나 물리적 성질로 인해 발생하는 기체상물질
② 기후·생태계 변화유발물질 : 지구온난화 등으로 생태계의 변화를 가져올 수 있는 기체상물질로서 온실가스와 환경부령으로 정하는 것
③ 휘발성 유기화합물 : 석유화학제품, 유기용제, 그 밖의 물질로서 관계 중앙행정기관의 장이 고시하는 것
④ 매연 : 연소할 때 생기는 유리탄소가 주가 되는 미세한 입자상 물질

해설 [대기환경보전법 제2조] 정의
"휘발성 유기화합물"이란 탄화수소류 중 석유화학제품, 유기용제, 그 밖의 물질로서 환경부장관이 관계 중앙행정기관의 장과 협의하여 고시하는 것을 말한다.

97 악취방지법령상의 용어 정의로 옳지 않은 것은?
① "통합악취"란 두 가지 이상의 악취물질이 함께 작용하여 사람의 후각을 자극하여 불쾌감과 혐오감을 주는 냄새를 말한다.
② "악취배출시설"이란 악취를 유발하는 시설, 기계, 기구, 그 밖의 것으로서 환경부장관이 관계 중앙행정기관의 장과 협의하여 환경부령으로 정하는 것을 말한다.
③ "악취"란 황화수소, 메르캅탄류, 아민류, 그 밖에 자극성이 있는 물질이 사람의 후각을 자극하여 불쾌감과 혐오감을 주는 냄새를 말한다.
④ "지정악취물질"이란 악취의 원인이 되는 물질로서 환경부령으로 정하는 것을 말한다.

해설 [악취방지법 제2조] 정의
"복합악취"란 두 가지 이상의 악취물질이 함께 작용하여 사람의 후각을 자극하여 불쾌감과 혐오감을 주는 냄새를 말한다.

98 대기환경보전법령상 특정대기유해물질에 해당하지 않는 것은?

① 프로필렌 옥사이드
② 니켈 및 그 화합물
③ 아크롤레인
④ 1,3-부타디엔

해설 보기 중 아크롤레인은 특정대기유해물질에 해당하지 않는다.
[시행규칙 별표 2] 특정대기유해물질
1. 카드뮴 및 그 화합물   2. 시안화수소
3. 납 및 그 화합물   4. 폴리염화비페닐
5. 크롬 및 그 화합물   6. 비소 및 그 화합물
7. 수은 및 그 화합물   8. 프로필렌 옥사이드
9. 염소 및 염화수소   10. 불소화물
11. 석면   12. 니켈 및 그 화합물
13. 염화비닐   14. 다이옥신
15. 페놀 및 그 화합물   16. 베릴륨 및 그 화합물
17. 벤젠   18. 사염화탄소
19. 이황화메틸   20. 아닐린
21. 클로로포름   22. 포름알데히드
23. 아세트알데히드   24. 벤지딘
25. 1,3-부타디엔   26. 다환 방향족 탄화수소류
27. 에틸렌옥사이드   28. 디클로로메탄
29. 스틸렌   30. 테트라클로로에틸렌
31. 1,2-디클로로에탄   32. 에틸벤젠
33. 트리클로로에틸렌   34. 아크릴로니트릴
35. 히드라진

99 악취방지법령상 지정악취물질과 배출허용기준, 엄격한 배출허용기준 범위의 연결이 옳지 않은 것은? (단, 공업지역 기준)

지정악취물질	배출허용기준(ppm)	엄격한배출허용기준 범위(ppm)
㉠ 톨루엔	30 이하	10~30
㉡ 프로피온산	0.07 이하	0.03~0.07
㉢ 스타이렌	0.8 이하	0.4~0.8
㉣ 뷰틸아세테이트	5 이하	1~5

① ㉠   ② ㉡   ③ ㉢   ④ ㉣

해설 뷰틸아세테이트의 배출허용기준은 공업지역의 경우 4ppm 이하, 엄격한 배출허용기준에 따른 공업지역의 경우 1~4ppm 이하이다.

[악취방지법 시행규칙 별표 3] 배출허용기준 및 엄격한 배출허용기준의 설정 범위

구분	배출허용기준 (ppm)		엄격한 배출허용기준의 범위 (ppm)	적용시기
	공업지역	기타지역	공업지역	
암모니아	2 이하	1 이하	1~2	2005년 2월 10일부터
메틸메르캅탄	0.004 이하	0.002 이하	0.002~0.004	
황화수소	0.06 이하	0.02 이하	0.02~0.06	
다이메틸설파이드	0.05 이하	0.01 이하	0.01~0.05	
다이메틸다이설파이드	0.03 이하	0.009 이하	0.009~0.03	
트라이메틸아민	0.02 이하	0.005 이하	0.005~0.02	
아세트알데하이드	0.1 이하	0.05 이하	0.05~0.1	
스타이렌	0.8 이하	0.4 이하	0.4~0.8	
프로피온알데하이드	0.1 이하	0.05 이하	0.05~0.1	
뷰틸알데하이드	0.1 이하	0.029 이하	0.029~0.1	
n-발레르알데하이드	0.02 이하	0.009 이하	0.009~0.02	
i-발레르알데하이드	0.006 이하	0.003 이하	0.003~0.006	
톨루엔	30 이하	10 이하	10~30	2008년 1월 1일부터
자일렌	2 이하	1 이하	1~2	
메틸에틸케톤	35 이하	13 이하	13~35	
메틸아이소뷰틸케톤	3 이하	1 이하	1~3	
뷰틸아세테이트	4 이하	1 이하	1~4	
프로피온산	0.07 이하	0.03 이하	0.03~0.07	2010년 1월 1일부터
n-뷰틸산	0.002 이하	0.001 이하	0.001~0.002	
n-발레르산	0.002 이하	0.0009 이하	0.0009~0.002	
i-발레르산	0.004 이하	0.001 이하	0.001~0.004	
i-뷰틸알코올	4.0 이하	0.9 이하	0.9~4.0	

정답 98.③ 99.④

100 대기환경보전법령상 초과부과금의 산정에 필요한 오염물질 1kg당 부과금액이 가장 높은 것은?

① 시안화수소　　② 암모니아
③ 먼지　　　　　④ 이황화탄소

해설 보기 중 초과부과금이 가장 높은 물질은 시안화수소이다.

[시행령 별표 4] 초과부과금 산정기준

오염물질	구분	오염물질 1kg당 부과금액
	황산화물	500
	먼지	770
	질소산화물	2,130
	암모니아	1,400
	황화수소	6,000
	이황화탄소	1,600
특정대기유해물질	불소화물	2,300
	염화수소	7,400
	시안화수소	7,300

정답 100.①

MEMO

대기환경 기사/산업기사 필기

2022년 1월 31일 초   판 발행
2023년 1월 10일 2판 1쇄 발행

저　　자 이승원 · 이동경
발 행 인 한인환 · 한재성
발 행 처 도서출판 **기문사**
등　　록 1978. 8. 9. NO. 6-0637
주　　소 서울시 동대문구 안암로 50-1(용두동) 홍신빌딩 3층
전　　화 02) 2265-7214(代)/922-8662~3
팩　　스 02) 922-8772

homepage : www.kimoonsa.co.kr
e-mail : book@kimoonsa.co.kr

ISBN : 978-89-7723-935-7   13530

정가 : 43,000원

● 불법복사는 지적재산을 훔치는 범죄행위입니다.
　저작권법 제97조의 5(권리의 침해죄)에 따라 위반자는 5년 이하의 징역 또는
　5천만 원 이하의 벌금에 처하게 됩니다.